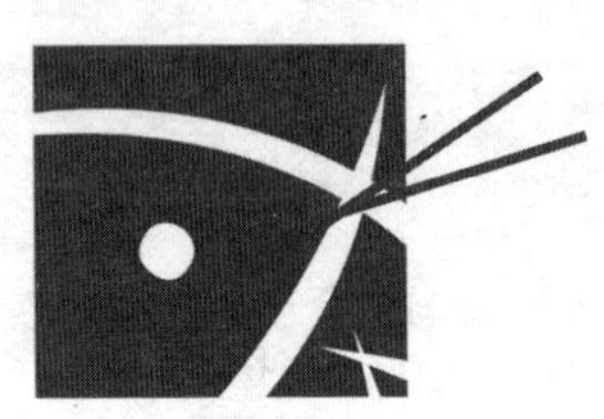

本书精选的上万道菜品，汇集了我国东南西北名菜精华，融合了各地或甜或辣的不同口味，讲解了生活中常用的烹饪技术，介绍了健康科学的饮食方法。

中国菜谱大全

刘凤桐 编著

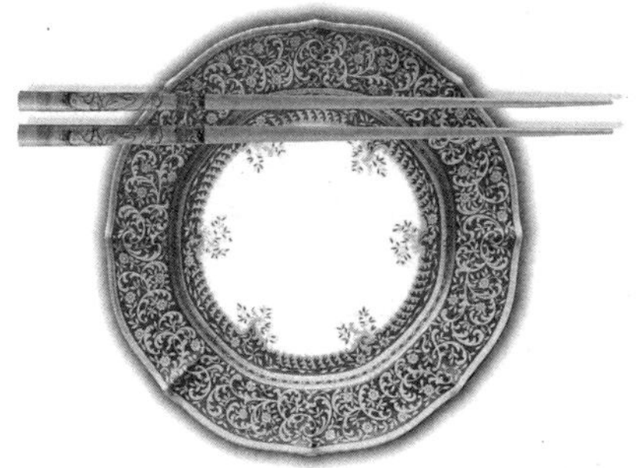

天津出版传媒集团
天津科学技术出版社

图书在版编目（CIP）数据

中国菜谱大全 / 刘凤桐编著 . — 天津 : 天津科学技术出版社，2014.1（2024.1 重印）

ISBN 978-7-5308-8723-3

Ⅰ . ①中… Ⅱ . ①刘… Ⅲ . ①菜谱－中国 Ⅳ . ① TS972.182

中国版本图书馆 CIP 数据核字（2014）第 009598 号

中国菜谱大全

ZHONGGUO CAIPU DAQUAN

策划编辑：杨　譞

责任编辑：杨　譞

责任印制：兰　毅

出　　版：天津出版传媒集团 / 天津科学技术出版社

地　　址：天津市西康路 35 号

邮　　编：300051

电　　话：（022）23332490

网　　址：www.tjkjcbs.com.cn

发　　行：新华书店经销

印　　刷：河北松源印刷有限公司

开本 889 × 1 230　1/32　印张 44.75　字数 1 550 000

2024 年 1 月第 1 版第 4 次印刷

定价：88.00 元

前言

美食是一种享受，美食是一种诱惑，美食带来的那份喜悦值得我们去共享。用心烹饪，用爱制作，醇香味美的饭菜让你忙碌而平凡的生活变得美好。吃得健康，吃得营养，吃得美味已经成为人们一日三餐的基本要求，然而花样百变的饭菜让人大伤脑筋，宴请亲朋好友更是使人力不从心。如果你为此烦恼伤神，不妨捧起这本我们精心编写的《中国菜谱大全》，按照书中介绍的烹饪方法，烹调出一道道美味佳肴献给家人或亲朋，让你在美味中享受生活、享受快乐。

本书共分十五篇，主要包括：中餐烹饪基础知识入门篇、美味可口热菜篇、家常爽口凉菜篇、简单营养主食篇、滋补强身汤羹篇、芳香保养粥膳篇、款式多样糕点篇、五彩缤纷饮品篇、延年益寿药膳篇、防患未然养生篇、热情丰盛锅仔篇、随性自在烧烤篇、开胃下饭腌菜篇、花样百变烘焙篇、欲罢不能小吃篇。本书主要有以下特色：

每一篇章在内容分类上不拘一格，如欲罢不能小吃篇按地域划分，详细介绍了各个省市的特色小吃，有北京的蜜三刀、武汉的热干面、江苏的蟹黄汤包等；还如防患未然养生篇，则以保养方法和各种症状来区分，涵盖美白塑身、抗皱防衰、强筋健骨等食疗食谱；再如延年益寿药膳篇，则以一些常见和多发疾病来划分，有高血压、心脑血管病、肠胃病、肝肺病等药膳。本书可谓是包罗万象，无所不有。

本书在每道菜的制作中，不仅给出了原料、配料的精准克数，在做法上也有详细的指导和准确的说明，使读者易于操作，便于使用。本书为了给大家提供更多的饮食知识和烹饪技巧，还特设了“营养功效”“健康贴士”“举一反三”和“巧手妙招”栏目，让你在实际的制作过程中，不但能了解各种食材的营养价值、食疗功效、食材的饮食宜忌与搭配，还能学到更多的烹饪技巧，使你在制作过程中能更加得心应手，让你和家人吃得更合理、更健康。

本书内容全面、实用性强，易学易做、随查随用，是一本适合家庭使用和值得收藏的经典菜谱全书。相信掌握了本书介绍的这些菜品，你一定能烹调出一道道醇香可口、滋滋诱人的美味饭菜。

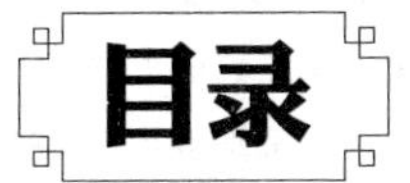

目录

中餐烹饪常识基础入门篇

美味可口热菜篇

蔬菜类

豆菌藻类

禽蛋类

水产类

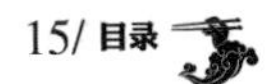

家常爽口凉菜篇

禽蛋类

荤菜类

水产类

沙拉类

滋补强身汤羹篇

营养家畜汤

美味禽蛋汤

清爽蔬果汤

鲜美水产汤

甘润甜汤

滋补炖汤

简单营养主食篇

米饭

焖饭 / 577

焗饭 / 588

煲仔饭 / 594

面条 / 624

芳香保养粥膳篇

海鲜河鲜粥

果粥

花草粥

杂粮粥

款式多样糕点篇

糕类

酥类

五彩缤纷饮品篇

果汁

果蔬汁

豆浆

咖啡

奶茶

奶昔

冰沙

冰激凌

延年益寿药膳篇

家庭常用中药一览表

高血压病药膳

骨质疏松症药膳

心脑血管病药膳

糖尿病药膳

肝肺病药膳

术后恢复药膳

胃肠病药膳

痛风病药膳

防患未然养生篇

女士养生

男性养生

随性自在烧烤篇

鲜香扑鼻水产烧烤

油滋滋香肉类烧烤

腴嫩多汁蔬果烧烤

热情丰盛锅仔篇

锅仔高汤的制作

百吃不厌的家畜类锅仔

浓醇味香的家禽类锅仔

鲜美绝伦的水产类锅仔

创意非凡的其他类锅仔

开胃下饭腌菜篇

花样百变烘焙篇

饼干

蛋糕

欲罢不能小吃篇

福建

浙江

上海

江苏

安徽

江西

湖南

云贵

川渝

湖北

河南

山东

西北

东北

港澳台

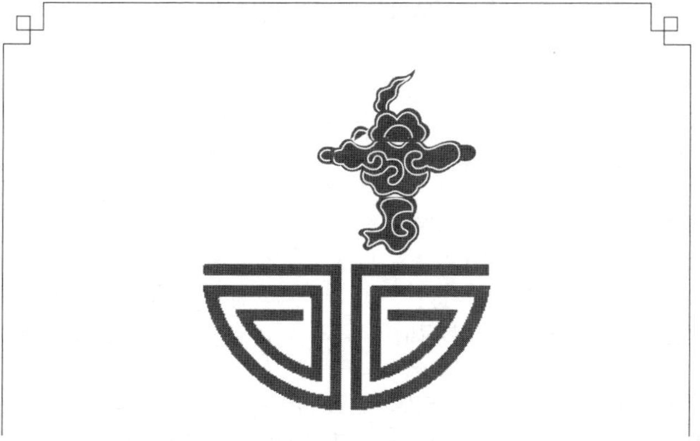

中餐烹饪常识基础

入门篇

中华饮食文化速读

中华饮食文化博大情深、源远流长，在世界上享有很高的声誉。

首先，在食具的使用上，“筷子”是中国人自古以来饮食习俗的一大特色，而且一直沿用至今。筷子，古代叫箸，在中国有悠久的历史。《礼记》中曾说：“饭黍无以箸。”可见至少在殷商时代，已经使用筷子进食。筷子一般以竹制成，一双在手，运用自如，既简单经济，又很方便。许多欧美人看到东方人使用筷子，叹为观止，赞为一种艺术创造。

其次，中国饮食十分注重礼仪。中国人的饮食礼仪是比较发达的，也是比较完备的，而且有从上到下一一贯通的特点。《礼记·礼运》说：“夫礼之初，始诸饮食”。所以说，礼指的是一种秩序和规范，座席的方向，匙箸的排列，上菜的次序都体现了一个“礼”字。中国的这种饮食礼仪，可谓是一种内在的伦理精神和道德理念，它是我国饮食文化的逻辑起点。

再次，中国饮食讲究与四季变化协调同步。春夏秋冬、朝夕晦明要吃不同性质的食物，即冬天味醇浓厚，夏天清淡凉爽；冬天多炖、焖、煨，夏天多凉拌、冷冻。甚至加工烹饪食物也要考虑到季节、气候等因素。这些思想早在先秦就已经形成，在《礼记·月令》就有明确的记载，而且反对颠倒季节。孔子说的“不食不时”，即是说人要定时吃饭，不要吃反季节食品。

于是，在上古时期烹调实践和理论的影响下，有人提出了“中和之美”的观点。这一观点通过调谐而实现的想法也影响了人们整个的饮食生活，对于追求艺术生活化、生活艺术化的古代文人士大夫，尤其如此。极端是与“中和”恰好相反的一种思想，极端在烹饪上也不被视为正宗，对于“咸过头，辣过头，酸过头”的食品，只是受少数人的追捧，这些食物对他们的身体也是极为不利的。所以说，社会生活、政治生活要求一种中和，毕竟极端主义其弊是不可胜言的。

此外，中国人讲吃，不仅仅是一日三餐，解渴充饥，它往往蕴含着中国人认识事物、理解事物的哲理，一个小孩子生下来，亲友要吃红蛋表示喜庆。“蛋”表示着生命的延续，“吃蛋”寄寓着中国人传宗接代的厚望。孩子周岁时要“吃”，十八岁时要“吃”，结婚时要“吃”，到了六十大寿，更要觥筹交错地庆贺一番。这种“吃”，表面上看是一种生理满足，但实际上“醉翁之意不在酒”，它借吃这种形式表达了一种丰富的心理内涵。吃的文化已经超越了“吃”本身，获得了更为深刻的社会意义。

由于我国幅员辽阔，地大物博，各地气候、物产、风俗习惯都存在着差异，长期以来，在饮食上也就形成了许多风味。中国一直就有“南米北面”的说法，口味上有“南甜北咸东酸西辣”之分，主要是巴蜀、齐鲁、淮扬、粤闽四大风味。以热食、熟食为主，也是中国人饮食习俗的一大特点。这和中国文明开化较早和烹调技术的发达有关。中国人的饮食历来以食谱广泛、烹调技术的精湛而闻名于世。据史书记载，南北朝时，梁武帝的厨师，能将一个瓜做出十几种不同的样式，而且一道菜能做出几十种味道。足见其烹调技术的高超，不禁令人惊叹中国饮食文化的博大精深！

近年来，通过中西交流，在与世界各国文化碰撞中，中国的饮食文化又出现了新的时代特色。如于色、香、味、型外又讲究营养，这是一种时代的进步。十大碗八大盘的做法得到了改革，充分说明中国的饮食文化又在博采众长的过程中得到完善和发展，保持着经久不衰的生命力。

约定俗成的中餐礼仪

中国自古就是礼仪之邦，五千年的历史

积淀，造就了现在的饮食礼仪文化。关于中餐宴席礼仪中的座位礼仪、点菜礼仪、就餐礼仪、喝酒礼仪等都形成了一种十分讲究的方式。饮食礼仪不仅可以给人留下良好的印象，还是许多重要场合应该掌握的东西，这样能反映一个人的素质和修养。

座位礼仪

古人云“民以食为天”，而在“食”中又以“坐”为先，无论是便宴还是家宴，最讲究的一个礼就是安排座位。

饮食礼仪因宴席的性质、目的而不同，不同的地区，也是千差万别。古代的中餐用餐礼仪是按阶层划分：宫廷，官府，行帮，民间等。现代食礼则简化为主人和客人了。

作为客人，赴宴讲究仪容，根据关系亲疏决定是否携带小礼品或好酒。赴宴守时守约。抵达后，先根据认识与否，自报家门，或由主人进行引见介绍，听从主人安排，然后入座。

“座席次序”是整个中国食礼中最重要的一项。总的来讲，座次是“尚左尊东”“面朝大门为尊”。比如《史记·项羽本纪》中的“鸿门宴”：“项王即日因留沛公与饮。项王、项伯东向坐；亚父南向坐，亚父者，范增也；沛公北向坐；张良西向侍”。从座位可以看出项羽的自高自大，既不尊重长辈项伯，更是把刘邦看得连他的谋士范增都不如。家宴首席为辈分最高的长者，末席为最低者。

若是圆桌，则正对大门的为主客，左手边依次为2、4、6…右手边依次为3、5、7…直至汇合。《林黛玉进贾府》曾有这方面的涉及：

茶未吃了，只见一个穿红绫袄青缎掐牙背心的丫鬟走来笑说道：“太太说，请林姑娘到那边坐吧。”老嬷嬷听了，于是又引黛玉出来，到了东廊三间小正房内。正房炕上横设一张炕桌，桌上垒着书籍茶具，靠东壁面西设着半旧的青缎背引枕。王夫人却坐在西边下首，亦是半旧的青缎靠背坐褥。见黛玉来了，便往东让。黛玉心中料定这是贾政之位。因见挨炕一溜三张椅子上，也搭着半旧的弹墨椅袱，黛玉便向椅上坐了。王夫人再四携他上炕，他方挨王夫人坐了。

这一段就可以很容易看出来古时官场座次尊卑有别，十分严格。官高为尊居上位，官低为卑处下位。

若为八仙桌，如果有正对大门的座位，则正对大门一侧的右位为主客，如果不正对大门，则面东的一侧右席为首席。然后首席的左手边坐开去为2、4、6，右手边为3，5，7。

如果为大宴，桌与桌间的排列讲究首席居前居中，左边依次2、4、6席，右边为3、5、7席，根据主客身份、地位、亲疏分坐。

点菜礼仪

根据人们的饮食习惯，与其说是“请吃饭”，还不如说成“请吃菜”。所以对菜单的安排马虎不得。它主要涉及点菜和准备菜单两方面的问题。

1. 主人点菜

点菜时，不仅要吃饱、吃好，而且必须量力而行，力求做到不超支，不乱花，不铺张浪费。可以点套餐或包桌。这样费用固定，菜肴的档次和数量相对固定，省事。也可以根据“个人预算”，在用餐时现场临时点菜。这样比较灵活，而且可以兼顾个人的财力和口味。

2. 客人点菜

客人在点菜时，应该告诉请客者，自己没有特殊要求，请随便点，这实际上正是对方欢迎的。或是认真点上一个不太贵、又迎合大家口味的菜，再请别人点。别人点的菜，无论如何都不要挑三拣四。

3. 上菜顺序

一顿标准的中餐大菜，不管什么风味，上菜的次序都大致相同。通常先上冷盘，接下来是热炒，随后是主菜，然后上点心和汤，最后上果盘。需要注意的是，如果上咸点心的话，讲究上咸汤；如果上甜点心的话，就要上甜汤。

了解中餐标准的上菜次序，不仅有助于在点菜时巧做搭配，而且还可以避免因为不懂而出洋相、闹笑话。

4. 中餐点菜优先考虑的菜肴

在宴请前，主人需要事先对菜单进行再三斟酌。在准备菜单的时候，主人要着重考虑哪些菜可以选用、哪些菜不能用。优先考虑的菜肴有四类：

（1）有中餐特色的菜肴。宴请外宾的时候，这一条更要重视。像炸春卷、煮元宵、蒸饺子、狮子头、宫保鸡丁等，并不是佳肴美味，但因为具有鲜明的中国特色，所以受到很多外国人的推崇。

（2）有本地特色的菜肴。比如西安的羊肉泡馍，湖南的毛家红烧肉，上海的红烧狮子头，北京的涮羊肉，在当地宴请外地客人时，上这些特色菜，恐怕要比千篇一律的生猛海鲜更受好评。

（3）本餐馆的特色菜。很多餐馆都有自己的特色菜。上一份本餐馆的特色菜，能说明主人的细心和对被请者的尊重。

（4）主人的拿手菜。举办家宴时，主人一定要当众露上一手，多做几个自己拿手菜。其实，所谓的拿手菜不一定十全十美。只要主人亲自动手，单凭这一条，足以让对方感觉到你的尊重和友好。

5. 中餐点菜的禁忌

在安排菜单时，还必须考虑来宾的饮食禁忌，特别是要对主宾的饮食禁忌高度重视。这些饮食方面的禁忌主要有三条：

（1）出于健康的原因，对于某些食品会有所禁忌。比如，心脏病、脑血管、脉硬化、高血压和中风后遗症的人，不适合吃狗肉；肝炎病人忌吃羊肉和甲鱼；胃肠炎、胃溃疡等消化系统疾病的人也不适合吃甲鱼，高血压、高胆固醇患者，要少喝鸡汤等。

（2）不同地区，人们的饮食偏好往往不同。对于这一点，在安排菜单时要兼顾。比如，湖南省份的人普遍喜欢吃辛辣食物，少吃甜食。英美国家的人通常不吃宠物、稀有动物、动物内脏、动物的头部和脚爪。另外，宴请外宾时，尽量少点儿生硬需啃食的菜肴，老外在用餐中不太会将咬到嘴中的食物再吐出来，这也需要顾及。

（3）有些职业，出于某种原因，在餐饮方面往往也有各自不同的特殊禁忌。例如，国家公务员在执行公务时不准吃请，在公务宴请时不准大吃大喝，不准超过国家规定的标准用餐，不准喝烈性酒。再如，驾驶员工作期间不得喝酒。要是忽略了这一点，还有可能使对方犯错误。

安排菜单前，尽量了解客人以上几种情况，也能给客人留下主人细心和考虑周到的好印象。

吃菜礼仪

中国人很讲究吃，也很讲究“吃”的礼仪，随着职场礼仪越来越被重视，商务餐桌上的吃和吃相也更加讲究。以下以中餐为例，教你如何在餐桌上有礼有仪，得心应手。

中餐宴席进餐伊始，服务员送上的第一道湿毛巾是擦手的，不要用它去擦脸；上龙虾、鸡、水果时，会送上一只小小水盅，其中飘着柠檬片或玫瑰花瓣，它不是饮料，而是洗手用的；洗手时，可两手轮流沾湿指头，轻轻涮洗，然后用小毛巾擦干。

用餐时要注意文明礼貌对外宾不要反复劝菜，可向对方介绍中国菜的特点，吃不吃由他。有人喜欢向他人劝菜，甚至为对方夹菜，外宾没这个习惯，你要是一再客气，没准人家会反感：说过不吃了，你非逼我干什么？依此类推，参加外宾举行的宴会，也不要指望主人会反复给你让菜，你要是等别人给自己布菜，那就只能饿肚子。

客人入席后，不要立即动手取食而应待主人打招呼，由主人举杯示意开始时，客人才能开始；客人不能抢在主人前面夹菜，应等菜肴转到自己面前时，再动筷子；不要抢在邻座前面，一次夹菜也不宜过多，要细嚼慢咽，这不仅有利于消化，也是餐桌上的礼仪要求，决不能大块往嘴里塞，狼吞虎咽，这样会给人留下贪婪的印象；不要挑食，不要只盯住自己喜欢的菜吃，或者急忙把喜欢的菜堆在自己的盘子里。用餐的动作要文雅，夹菜时不要碰到邻座，不要把盘里的菜拨到桌上，不要把汤泼翻，不要发出不必要的声音，如喝汤时咕噜咕噜的声音，吃菜时嘴里叭叭作响，这都是粗俗的表现；不要一边吃东西，一边和人聊天，嘴里的骨头和鱼刺不要吐在桌子上，可用餐巾掩口，用筷子取出来放在碟子里；掉在桌子上的菜，不要再吃；进餐过程中不要玩弄碗筷，或用筷子指向别人；不要用手去嘴里乱抠；用牙签剔牙时，应用手或餐巾掩住嘴，不要让餐具发出任何声响。

用餐结束后，可以用餐巾纸或服务员送来的小毛巾擦嘴，但不宜擦头颈或胸脯；餐后不要不加控制地打饱嗝或嗳气；在主人还没示意结束时，客人不能先离席。

喝酒礼仪

俗话说，酒是越喝越厚，但在酒桌上也有很多学问讲究，以下总结一些酒桌上的你不得不注意的小细节：

（1）领导相互喝完才轮到自己敬酒。敬酒一定要站起来，双手举杯。

（2）可以多人敬一人，决不可一人敬多人，除非你是领导。

（3）自己敬别人，如果不碰杯，自己喝多少可视乎情况而定，比如对方酒量，对方喝酒态度，切不可比对方喝得少，要知道是自己敬人。

（4）自己敬别人，如果碰杯，一句，我喝完，你随意，方显大度。

（5）记得多给领导或客户添酒，不要瞎给领导代酒，就是要代，也要在领导或客户确实想找人代，还要装作自己是因为想喝酒而不是为了给领导代酒而喝酒。比如领导甲不胜酒力，可以通过旁敲侧击把准备敬领导甲的人拦下。

（6）端起酒杯（啤酒杯），右手扼杯，左手垫杯底，记着自己的杯子永远低于别人。自己如果是领导，不要放太低。

（7）如果没有特殊人物在场，碰酒最好按时针顺序，不要厚此薄彼。

（8）碰杯，敬酒，要有说辞。

（9）桌面上不谈生意，喝好了，生意也就差不多了，大家心里面了然，不然人家也不会敞开了跟你喝酒。

（10）假如遇到酒不够的情况，酒瓶放在桌子中间，让人自己添。

关于餐桌上的敬酒顺序：

（1）主人敬主宾。

（2）陪客敬主宾。

（3）主宾回敬。

（4）陪客互敬。

记住：做客绝不能喧宾夺主乱敬酒，那样是很不礼貌，也是很不尊重主人的。

倒茶礼仪

首先，茶具要清洁。客人进屋后，先请坐，后备茶。冲茶之前，一定要把茶具洗干净，尤其是久置未用的茶具，难免沾上灰尘、污垢，更要细心地用清水洗刷一遍。在冲茶、倒茶之前最好用开水烫一下茶壶、茶杯。这样，既讲究卫生，又显得彬彬有礼。如果不管茶具干净不干净，胡乱给客人倒茶，是不礼貌的表现。人家一看到茶壶、茶杯上的斑斑污迹就反胃，怎么还愿意喝你的茶呢？现在一般的公司都是用一次性杯子，在倒茶前要注意给一次性杯子套上杯托，以免水热烫手，让客人一时无法端杯喝茶。

其次，茶水要适量。茶叶不宜过多，也不宜太少。茶叶过多，茶味过浓；茶叶太少，冲出的茶没味道。假如客人主动介绍自己喜欢喝浓茶或淡茶的习惯，那就按照客人的口味把茶冲好。倒茶时，无论是大杯还是小杯，都不宜倒得太满，太满了容易溢出，把桌子、凳子、地板弄湿。不小心，还会烫伤自己或客人的手脚，使宾主都很难为情。当然，也不宜倒得太少。倘若茶水只遮过杯底就端给客人，会使人觉得是在装模作样，不是诚心实意。

再次，端茶要得法。按照我国的传统习惯，只要两手不残废，都是要用双手给客人端茶的。但是，现在有的年轻人不懂得这个规矩，用一只手把茶递给客人了事。双手端茶也要很注意，对有杯耳的茶杯，通常是用一只手抓住杯耳，另一只手托住杯底，把茶端给客人。没有杯耳的茶杯倒满茶之后周身滚烫，双手不好接近，有的同志不管三七二十一，用五指捏住杯口边缘就往客人面前送。这种端茶方法虽然可以防止烫伤事故发生，但很不雅观，也不够卫生。

添茶，如果上司和客户的杯子里需要添茶了，你可以示意服务生来添茶，若让服务生把茶壶留在餐桌上，由你自己亲自来添则更好。当然，添茶的时候要先给上司和客户添茶，最后再给自己添。

离席礼仪

一般酒会和茶会的时间很长，大都在2小时以上。也许逛了几圈，认得一些人后，你很快就想离开了。这时候，中途离席的一些技巧，你不能不了解。

常见一场宴会进行得正热烈的时候，因为有人想离开，而引起众人一哄而散的结果，使主办人急得直跳脚。欲避免这种煞风景的后果，当你要中途离开时，千万别和谈话圈里的每一个人一一告别，只要悄悄地和身边的两三个人打个招呼，然后离去便可。

中途离开酒会现场，一定要向邀请你来的主人说明、致歉，不可一溜烟便不见了。

和主人打过招呼，应该马上就走，不要拉着主人在大门聊个没完。因为当天对方要做的事很多，现场也还有许多客人等待他（她）去招呼，你占了主人太多时间，会造成他（她）在其他客人面前失礼。

有些人参加酒会、茶会，当中途准备离去时，会一一问她所认识的每一个人要不要一块走。结果本来热热闹闹的场面，被她这么一鼓动，一下子便提前散场了。这种闹场的事，最难被宴会主人谅解，一个有风度的人，可千万不要犯下这种错误。

相得益彰的饮食餐具

中餐的餐具主要有杯、盘、碗、碟、筷、匙六种。在正式的宴会上，水杯放在菜盘上方，酒杯放在右上方。筷子与汤匙可放在专用的座子上，或放在纸套中。公用的筷子和汤匙最好放在专用的座子上。下面我们就介绍一下中餐餐具使用的一些注意事项与使用礼仪：

筷子

中国人吃饭离不开筷子，筷子在我们日常生活中是不可缺少的，每天吃饭时都要用到筷子，一般我们在使用筷子时，正确的方法是用右手执筷，大拇指和示指捏住筷子的上端，另外三个手指自然弯曲扶住筷子，并且筷子的两端一定要对齐。在使用过程当中，用餐前筷子一定要整齐码放在饭碗的右侧，用餐后则一定要整齐的竖向码放在饭碗的正中。

中餐用餐礼仪中，用筷子用餐取菜时，需注意下面几个问题：

（1）要注意筷子是用来夹取食物的。用来挠痒、剔牙或用来夹取食物之外的东西都是失礼的。

（2）在等待就餐时，不能坐在餐桌边，一手拿一根筷子随意敲打，或用筷子敲打碗盏或茶杯。

（3）在餐前发放筷子时，要把筷子一双双理顺，然后轻轻地放在每个人的餐桌前；距离较远时，可以请人递过去，不能随手掷在桌上。

（4）筷子不能一横一竖交叉摆放，不能一根是大头，一根是小头。筷子要摆放在碗的旁边，不能搁在碗上。

（5）在夹菜时，不能把筷子在菜盘里挥来挥去，上下乱翻，遇到别人也来夹菜时，要有意避让，谨防“筷子打架”。

（6）不论筷子上是否残留食物，千万不要去舔。因为用舔过的筷子去夹菜，有点儿倒人胃口。

（7）与人交谈时，要暂时放下筷子，不能一边说话，一边像指挥棒似的舞筷子。

（8）在用餐中途因故需暂时离开时，不能插在饭碗里。要把筷子轻轻搁在桌子上或餐碟边，因为在中国习俗中只在祭奠死者的时候才用这种插法。

此外主人给客人夹菜时，客人千万不要因为客气在途中把主人筷中的食物接走，这是非常不礼貌的，万一接不好，食物掉到桌上就更尴尬了。

以上所说使用筷子应注意的地方，是我

们日常生活当中所应当注意的，作为礼仪之邦，通过一双小小筷子的用法，就能够让人们看到他那深厚的文化积淀。

勺子

中餐里勺子的主要作用是舀取菜肴和食物。有时，在用筷子取食的时候，也可以使用勺子来辅助取食，但是尽量不要单独使用勺子去取菜。同时在用勺子取食物时，不要舀取过满，以免溢出弄脏餐桌或衣服。在舀取食物后，可在原处暂停片刻，等汤汁不会再往下流时再移过来享用。

用餐间，暂时不用勺子时，应把勺子放在自己身前的碟子上，不要把勺子直接放在餐桌上，或让勺子在食物中“立正”。用勺子取完食物后，要立即食用或是把食物放在自己碟子里，不要再把食物倒回原处。若是取用的食物太烫，则不可用勺子舀来舀去，也不要用嘴对着勺子吹，应把食物先放到自己碗里等凉了再吃。还要注意不要把勺子塞到嘴里，或是反复舔食吮吸。

碗

中餐的碗可以用来盛饭、盛汤，进餐时，可以手捧饭碗就餐。拿碗时，用左手的四个手指支撑碗的底部，拇指放在碗端。吃饭时，饭碗的高度大致和下巴保持一致。

盘子

中餐的盘子有很多种，稍小点儿的盘子叫碟子，主要用于盛放食物，使用方法和碗大致相同。用餐时，盘子在餐桌上一般要求保持原位，且不要堆在一起。

需要重点介绍的是一种用途比较特殊的盘子——食碟。食碟在中餐里的主要作用，是用于暂放从公用的菜盘中取来享用之菜肴。使用食碟时，一般不要取放过多的菜肴在食碟里，那样看起来既繁乱不堪，又好像是饿鬼投胎，十分不雅。不吃的食物残渣、骨头、鱼刺不要吐在饭桌上，而应轻轻取放在食碟的前端，取放时不要直接从嘴吐到食碟上，而要使用筷子夹放到碟子前端。如食碟放满了，可示意让服务员换食碟。

汤盅

汤盅是用来盛放汤类食物的。用餐时，使用汤盅有一点需注意的是：将汤勺取出放在垫盘上并把盅盖反转平放在汤盅上就是表示汤已经喝完。

水杯

中餐的水杯主要用于盛放清水、果汁、汽水等饮料。注意不要用水杯来盛酒，也不要倒扣水杯。另外需注意喝进嘴里的东西不能再吐回水杯里，这样是十分不雅的。

爱心贴士：女性用餐礼仪五忌

禁忌 1：避免在餐桌上咳嗽、打喷嚏、怄气。万一不禁，应说声“对不起”。

禁忌 2：不应在用餐时吐东西，如遇太辣或太烫之食物，可赶快喝口冰水作调适，实在吃不下时便到洗手间处理。

禁忌 3：菜肴中有异物时，切勿花容失色地告知邻座的人，以免影响别人的食欲。应保持镇定，赶紧用餐巾把它挑出来并弃之。

禁忌 4：食物屑塞进牙缝时，别一股脑儿用牙签把它弄出，应喝点儿水，试试情况能否改善。若不行，便该到洗手间处理。

禁忌 5：刀叉、餐巾掉在地上时别随便趴到桌下捡回，应请服务员另外补给。

中华厨艺博大精深，甚至在外国人眼中，烹饪几乎和功夫一样，成为中国人的标签。单就说吃鱼，就有清蒸、红烧、煎炸、烤、熏、炖等不同的烹饪方法，味道自然也是千变万化。

在汉语里面，“烹”是指将食物加热，“饪”是指将食物制熟。烹饪，即是指对食物原料进行热加工，将生的食材变成熟食。听起来简简单单的制作过程，实际上却是对厨师的十足考验——从烹饪技巧上来说如此，从营养学角度来说亦是如此。

对于大部分叶菜，生食能够减少烹饪过程中营养成分的损失，这是因为蔬菜里面含有的维生素 C 能够得到最大限度的保留。但是，一些含有脂溶性维生素的蔬菜却是需要经过烹饪，营养才能被人体吸收的。例如胡萝卜素含量丰富的胡萝卜，只有在加热后与肉类一同食用才能发挥其功效；再例如富含番茄红素的西红柿，只有经过加热，其营养成分才能分解并被吸收。对于大部分动物性食物，其实不适合生食，因为只有充分加热，动物性食物的蛋白质才能得到更好地分解和吸收，同时也能防止细菌和寄生虫对人体的侵害。

中国菜肴的特点

中国菜肴是由历代宫廷菜、官府菜及各地方菜系组成。其主体是各地方风味菜，其高超的烹饪技艺和丰富的文化内涵，堪称世界一流，它们选料考究，制作精细，讲究色、香、味、形、器俱佳的协调统一。集中了各民族烹饪技艺的精华，利用不同的火候、调味的不同、投料的先后、上浆挂糊勾芡的差异和操作的快慢等工艺变化，使得中国菜肴风格独特、品种丰富。具有如下特点：

用料广泛

中国菜肴的用料是极其丰富的。从其种类上，可以说无所不包，天上的、地下的、水中的、地底的、植物的、动物的，几乎无所不用。例如，动物的内脏在不少西方国家是丢弃的，是排除在烹饪原料范围之外的。但在中国，这些内脏在很久以前就进入了烹饪的视野，并且烹制出不少受人欢迎的美味佳肴，比如香辣脆肚、红烧猪肚、香辣鸡胗等。

选料讲究

选料是中国厨师首先要掌握的技艺，是做好中国菜肴的基础，要具备丰富的知识和熟练运用的技巧。每种菜肴美食所取的原料，包括主料、配料、酱料、调料等，都有很多讲究和一定规则。如北京烤鸭，选用北京产的“填鸭”，体重以 2.5 千克左右为优，过大则肉质老，过小则不肥美。有时还要根据菜肴风味，对选料进行特殊处理。如杭州名菜“西湖醋鱼”，用的是湖产活草鱼，虽鲜美，但肉质松散并带有泥土味，须装入特制竹笼，放入清水“饿养”2 天，一待肉质结实，二待脱去泥土味，再加以烹调，便更为鲜嫩味美，且有蟹肉滋味。“宫保鸡丁”，要选用当年鸡的鸡脯部位的嫩肉，才能保证肉味鲜嫩；“滑熘肉片”，必须选用猪的里脊部位的肉，方合标准，吃起来嫩滑味美；“荷叶粉蒸肉”，要选用五花肉，才能汁润不干，肉嫩清香。

刀工精细

刀功是菜肴制作的重要环节，是菜肴定型和造型的关键。中国菜肴在加工原料时非常讲究大小、粗细、厚薄一致，无论是条、块、片、丝、丁、粒，均做到整齐划一，利落清爽。精巧细腻的刀功，不仅可以使制作的菜肴更加精致，增添美感，而且还使食材利于烹饪加工，如玉兰片、葱、姜、蒜、木耳等，经过刀功处理切成小雪花片、象眼片、马牙段、大小骰子丁或加工成花、米、茸等。

技法多样

烹调技法，是我国厨师的又一门绝技。常用的技法有：炒、爆、炸、烹、熘、煎、贴、烩、扒、烧、炖、焖、氽、煮、酱、塌、卤、蒸、烤、拌、炝、熏，以及甜菜的拔丝、蜜汁、挂霜等。

味型丰富

中国各大菜系都有自己独特而可口的调味味型，除了要求掌握各种调味品的调和比例外，还要求巧妙地使用不同的调味方法。就拿川菜来说，菜的各种调味品不同的配比，就产生了鱼香、麻辣、椒麻、怪味等各种味型川菜。

菜品繁多

我国幅员辽阔，各地区的自然气候、地理环境和产物都不尽相同，因此各地区、各民族人民的生活习惯和菜肴风格都各具特色。如四川润泽、潮湿的气候特征，其菜就以麻、辣为主。如湖南大部分地区地势较低，气候温暖潮湿，就以辣为主，因为辣椒有提热、开胃、去湿、祛风的功效。

注重火候

火候，是形成菜肴美食的风味特色的关键之一。但火候瞬息万变，没有多年操作实践经验很难做到恰到好处。如烹饪“清汤”“浓汤”“奶汤”等，都讲究小火慢，原汁原味。

讲究盛器

中国饮食器具之美，美在质，美在形，美在装饰、美在与馔品的和谐。美器之美还不仅限于器物本身的质、形、饰，而且表现在它的组合之美，它与菜肴的匹配之美。如中国名菜“贵妃鸡”盛在饰有仙女拂袖正舞图案的莲花碗中，会使人很自然地联想到善舞的杨贵妃酒醉百花亭的故事。“糖醋鱼”盛在饰有鲤鱼跳龙门图案的鱼盘中，会使人情趣盎然，食欲大增。因此要根据菜肴选用图案与其内容相称的盛器。

注意造型

中国菜肴造型美的追求是有悠久传统的。造型在菜肴的质量评价中是相当重要的。菜肴的造型美主要由色和形两部分组成。色对菜肴的作用主要有两个方面，一是增进食欲，二是视觉上的欣赏。形包括原料的形态、成品的造型或图形等外观形式。各种冷盆、水果沙拉等在拼摆中就特别注重形式的美化。不少冷盘在制作中还借鉴工艺美术的创作手法，把雕刻等手段运用到冷盘制作中，成为造型冷盘。这些工艺型的冷盘菜色彩绚丽，造型生动，给人带来更多的视觉美感。

中西交融

中餐吸收西餐的长处，洋为中用，是提高和改进中国烹饪的一个可行的方法。西菜注重营养搭配，清洁卫生，分食制，以及某些烹调特色，如西式面点、快餐等，虽口味千篇一律，但节省时间，且营养良好，都可以借鉴到中国烹饪中来。

地方性强

不同地区的饮食习俗都有鲜明的民族性和地域性，饮食原料的不同，饮食习惯就有明显的差异。比如蒙古族人爱吃烤肉、烧肉、手抓肉；广东人一般口味喜清鲜，以甜为主，酸辣次之，并讲究吃时菜；江西人喜食各种水产品、鸡、鸭、狗肉和豆制品，习惯食用味浓油重、稠芡厚汁、鲜咸香辣、主料突出的整鸡、整鸭、整鱼和整块的猪前腿肉。各民族饮食生活习惯的形成，有其社会根源和历史根源。

食材选购很重要

作家周涛说："吃是身体的读书。"我们每天都在吃，却不见得读懂吃这本书，能够享受吃的内在乐趣，懂得吃的科学方法的人也寥寥无几。以善良的心态享受食物会使我们的生活更加美好，以科学的方式选择食物会使我们的生活更加健康，我们何不满怀敬意和感恩进行这身体的读书，领略健康饮食的含义和买菜做饭的学问，形成一种健康的生活形态，使我们的生活充满健康的气息，让身体沁着快乐的味道。

健康果蔬的选购

蔬菜和水果，是大家生活中必不可少的食品。一般来说，冬春季可多选用绿叶菜，秋季多选购茄果瓜类、包心类菜叶，夏季选购卷心类的叶菜食用。这两类食品该怎么挑选呢？

1. 选果蔬，要好色

一般来说，综合营养价值最高的蔬菜水果为深绿色叶菜，每天要吃200克这类蔬菜，比如菠菜、油菜、小白菜、茼蒿等，它们中的维生素 B_2、叶酸、维生素K、维生素C、胡萝卜素、钾、钙、镁、类黄酮等健康成分含量都非常高，对预防心脏病和癌症极有帮助。

橙黄色的蔬菜水果也很不错，比如胡萝卜、南瓜、杧果、木瓜之类。其中的胡萝卜素能在人体内转变成维生素A，而中国人很容易缺乏维生素A。

紫黑色系的蔬菜水果也很好，比如蓝莓、草莓、红樱桃、桑葚，还有蔬菜中的紫薯、紫甘蓝、红菜薹等，它们富含花青素，具有非常强的抗氧化能力，对提高身体抵抗力、改善视力等都有很好的作用。

在同一色系的果蔬当中，颜色越深，保健价值越高。

2. 买水果，不选美

水果个头大，并不意味着味道更好或者营养更高。测定表明，在同一种水果当中，小果往往比大果更健康，因为靠近皮的部分往往是营养素和保健成分含量最高的地方。小果的皮所占比例较大，所以抗氧化成分、维生素含量反而更高。味道甜也不意味着营养好，相反，很多保健成分都是多少带一点儿苦涩味的。

3. 本地产，优先选

在同一种水果蔬菜当中，本地、应季的产品往往是最好的。本地产品不需要长途运输，这些产品可以在达到最佳成熟度之后再采收，品质更优良。如果购买远方的水果，在七成熟的时候就采下来，很难吃到它的最佳风味。

4. 识标签，保安全

按照蔬菜水果的栽培管理和质量认证方式，可以分为普通产品、无公害产品、绿色食品产品和有机产品四类。有认证的产品，安全性会比没有认证的更好。

5. 冷柜存，更放心

大部分水果可以存放一段时间，但蔬菜贵在新鲜，特别是绿叶蔬菜。如果采收后放在室温下，维生素的分解速度非常快，有毒物质亚硝酸盐的含量却会迅猛上升。所以蔬菜应当储藏在冷柜当中，而不是露天存放。

营养禽、蛋、肉的选购

禽、蛋、肉是一类营养价值很高的食物，其中每类食物所含的营养成分都有各自的特点，因此，注意饮食安全是非常重要的。为避免食用到被污染的禽肉食品，要诀就是彻底煮熟食物，杀死食物中的细菌和病毒再食用，那么，在选购时应注意些什么呢？

1. 活鸡、鸭、鹅的选购

健康的鸡羽翼丰满，鸡冠鲜红，眼有神，头、口、鼻色正常。手摸鸡嗉囊内无积食、水、气体和硬物，软而有弹性，倒提没有液体流出口外。手摸鸡胸骨两侧可知鸡的肥瘦程度，然后再拨开羽毛观其皮肤。健康的鸡胸肌肉和腿肌肉肥厚，皮色正常。检查鸡肛门：健康的鸡可见肛门紧缩，周围绒毛干净，无绿色和白色污物，没有石灰质粪便。

病鸡的一般特征为两只眼睛紧闭或半闭，明显暗淡无光，并有分泌物流出。精神萎靡、四肢无力、步伐不稳甚至瘫软。喙间有黏液，不爱吃食。手摸嗉囊发硬。鸡的双翅和尾巴下垂，羽毛松乱而无光泽，皮肤有红斑与肿块，胸肌十分消瘦，肛门松懈，周围羽毛有脏物和白色污物。

购买优质鸡除了鸡要健康外，全身肥瘦与重量也要适中。活鸡一般以2千克左右为佳。

2. 鸡蛋的选购

不论哪种鸡蛋，等量的蛋白、蛋黄，其营养含量都是差不多的。挑选鸡蛋，并非挑选其营养含量，更多的是挑选新鲜程度高和农残、药残、细菌少的鸡蛋。对于包装好的鸡蛋，首先要购买大品牌放心产品；其次要看生产日期，最好购买7天以内的。这样的鸡蛋能保证新鲜。而对于散装鸡蛋，一般有三种方法挑选。

第一，看外观。蛋壳上有沙点的鸡蛋最好不要买，因为它的蛋壳薄，细菌容易进入鸡蛋内部。

第二，听声音。拿起鸡蛋在耳边摇晃，如果没有声音，就表示鸡蛋较新鲜；有水晃荡的声音就说明是陈蛋。

第三，用水泡。鸡蛋买回家，放得时间长了，可以将其放在水中检测。倒一小盆清水，将鸡蛋放进水里，如果鸡蛋迅速沉底则说明是新鲜的蛋，漂浮在水面上的鸡蛋就不能吃了。

另外，打开鸡蛋后，新鲜鸡蛋的蛋黄接近半球形，有弹性，同时可以看到蛋白分成浓稀两部分，鸡蛋越新鲜，蛋白分界越明显。

有人说蛋壳粗糙的鸡蛋更新鲜，从蛋壳的光滑程度不能判断鸡蛋是否新鲜。因为很多厂家为保证鸡蛋清洁，在出厂前会对鸡蛋进行清洗消毒，再涂上一层油脂，这样的鸡蛋外壳都很光滑。这样做的原因是，鸡的产道和粪道结合在一起，鸡蛋表面很容易残留鸡粪，如果不清洗，鸡粪中的细菌通过蛋壳表面的气孔进入，从而导致污染，所以挑选洁蛋更安全。

3. 新鲜禽肉与注水禽肉的识别

新鲜禽肉的特征：气味正常；皮肤有光泽，富有弹性；外表微湿，不粘手；眼球饱满。

注水禽肉的特征：用手拍肌肉会听到“波波”的声音；身上像有肿块似的，高低不平；周围有针眼的，也说明是明显注水的。

如何识别含有瘦肉精的猪肉？

（1）看猪肉是否具有脂肪（猪油），如该猪肉在皮下就是瘦肉或仅有少量脂肪，则该猪肉就存在含有“瘦肉精”的可能。

（2）喂过“瘦肉精”的猪瘦肉外观特别鲜红，后臀较大，纤维比较疏松，切成二三指宽的猪肉比较软，不能立于案板上，瘦肉与脂肪间有黄色液体流出，脂肪特别薄；一般健康的瘦猪肉是淡红色，肉质弹性好，瘦肉与脂肪间没有任何液体流出。

鲜美水产的选购

很多人爱吃鱼、虾等水产品。如何确保水产品的安全和卫生，也成为大家关心的话题。下面我们就为大家介绍一些水产品的安全知识，以便为大家掌握健康水产品的选购方法。

1. 鲜鱼的选购

消费者挑选鲜活的鱼时要看体表、鱼鳞、鱼鳃、鱼眼、鱼肉的新鲜程度。首先看鱼眼、鱼鳃，一般鲜鱼眼饱满、角膜光亮透明、无下陷，且腮盖紧合，鳃丝鲜红或紫红色，清晰，黏液透明，无异味；其次检查鳞片的色泽与完整状况，一般鲜鱼体表鲜明清亮，表面黏液不粘手，鱼鳞完整或稍有掉鳞，紧贴鱼体不易剥落，无异味。再次，用手指按压肌肉坚实而有弹性，光亮，光滑不粘手。

2. 鉴别受到污染的水产品

看鱼形——污染较重的鱼，其鱼形不整齐，头大尾小，脊椎弯曲或尾脊弯曲，僵硬或头特大而身瘦、尾长又尖。这种鱼含有铬、铅等有毒有害重金属。

观全身——鱼鳞部分脱落，鱼皮发黄，尾部灰青，有的肌肉呈绿色，有的鱼肚膨胀。这是铬污染或鱼塘大量使用碳酸铵化肥所致。

辨鱼鳃——有的鱼表面看起来新鲜，但如果鱼鳃不光滑、形状较粗糙，呈红色或灰色，这些鱼大都是被污染的鱼。

瞧鱼眼——有的鱼看上去体形、鱼鳃虽正常，但其眼睛浑浊失去正常光泽，有的眼球甚至明显向外突起，这也是被污染的鱼。

闻鱼味——被不同毒物污染的鱼有不同的气味。有煤油味是被酚类污染；有大蒜味是被三硝基甲苯污染；有杏仁苦味是被硝基苯污染；有氨水味、农药味是被氨盐类、农药污染。

3. 鉴别冻鱼的质量

鲜鱼经 -23℃低温冻结后，鱼体发硬，其质量优劣不如鲜鱼那么容易鉴别。冻鱼的鉴别应注意以下几个方面：

体表：质量好的冻鱼，色泽光亮，体表清洁，肛门紧缩。质量差的冻鱼，体表暗无光泽，肛门凸出。

鱼眼：质量好的冻鱼，眼球饱满凸出，角膜透明，洁净无污物。质量差的冻鱼，眼球平坦或稍陷，角膜混浊发白。

组织：质量好的冻鱼，体型完整无缺，用刀切开检查，肉质结实不寓刺，脊骨处无红线，胆囊完整不破裂。质量差的冻鱼，体型不完整，用刀切开后，肉质松散，有寓刺（瘀刺，鱼腹部大刺与肌肉分离）现象，胆囊破裂。

4. 鉴别虾、蟹、鳖等水产品品质

虾类：新鲜虾体表洁净有光泽，触之有干燥感；河虾呈紫青色，对虾呈透明的淡红色；虾肉有弹性，尾节弯曲性强，具有虾特有的腥味，头胸节和腹节连接越紧则越新鲜。变质虾头与虾体易脱落，甲壳发红或呈灰红色，有臭味。在食用烹调加工虾时，尾部曲卷度高的虾新鲜度较好。

小龙虾：活小龙虾煮熟后尾部卷曲度高，里面的肉比较紧，而死小龙虾煮熟后尾部不卷曲，肉也比较松；活小龙虾的鳃煮熟后呈白色，且形状比较规则，而死小龙虾煮熟后鳃的颜色发黑，且形状不规则。小龙虾对不良环境的耐受能力较强，如果死亡，一般已经严重变质，误食了死小龙虾，可能会引起中毒。

蟹类：本地主要消费河蟹，新鲜河蟹动作灵敏、活力强，蟹壳青绿，鳃和底板清白，掂量分量感觉厚实沉重。体表有绿色或黑色棉花状的绒毛、黑褐色斑点，鳃发黑的河蟹品质较差。撑腿蟹，仰放时不能翻身，但蟹足能稍微活动，这样的河蟹新鲜度较差。死亡河蟹绝对不能食用，含有毒素。另外，冰鲜虾蟹类如果头部和体表有黑斑和黑箍，则质量低劣，接近变质或已变质。

鳖：品质良好的鳖体表清白，完整，活力强，脖子伸缩自如。若裙边、背甲上有小白点儿、底板发红或者有红斑，四肢、颈部、背甲、裙边、尾部糜烂，脖子红肿，伸缩困难的均为劣等品。

蛤蜊：选购时，可拿两只蛤蜊以尾端互敲，如果声音坚实，则代表蛤蜊仍鲜活；若是听起来空空的，就不宜选购了。

5. 鉴别毒死鱼

在农贸市场上，常见有被农药毒死的鱼类出售。购买时，要特别注意。毒死鱼要从以下方面鉴别：

鱼嘴：正常鱼死亡后，闭合的嘴能自然拉开。毒死的鱼，鱼嘴紧闭，不易自然拉开。

鱼鳃：正常死的鲜鱼，其鳃色是鲜红或淡红。毒死的鱼，鳃色为紫红或棕红。

鱼鳍：正常死的鲜鱼，其腹鳍紧贴腹部。毒死的鱼，腹鳍张开而发硬。

气味：正常死的鲜鱼，有一股鱼腥味，无其他异味。毒死的鱼，从鱼鳃中能闻到一点儿农药味，但不包括无味农药。

6. 哪些水产品不宜吃

水产品保存不当很容易腐败变质，食之就会引起中毒，损害人体健康。那么，哪些水产品不宜吃呢？

死鳝鱼、死甲鱼、死河蟹不能吃。这些水产品只能活宰现吃，不能死后再宰食，因为它们的肠胃里带有大量的致病细菌和有毒物质，一旦死后便会迅速繁殖和扩散，食之极易中毒甚至有生命危险，所以不能吃。

皮青肉红的淡水鱼不应吃。这类鱼往往鱼肉已经腐烂变质，由于含组胺较高，食后会引起中毒，故绝对不可食用。

染色的水产品切勿吃。有些不法商贩将一些不新鲜的水产品进行加工，如给黄花鱼染上黄色，给带鱼抹上银粉，再将其速冻起来，冒充新鲜水产品出售，以获厚利。着色用的化学染料肯定对人体健康不利，所以购买这类鱼时一定要细心辨别。

反复冻化的水产品应少吃。有些水产品销售时解冻，白天售不出去晚上再冻起来，日复一日反复如此，这不仅影响了水产品的品质、口味，而且会产生不利于人体健康的有害物质，故购买时需加以注意。

用对人体有害的防腐剂保鲜的水产品不宜吃。有些价格较贵的鱼类通常是吃鲜活的，如死了再速冻就卖不出好价钱了，所以有些商贩将这些名贵死鱼泡在亚硝酸盐或经稀释的福尔马林溶液中，或将少量福尔马林注入鱼体中，甚至将鱼在含有毒性较强的甲醛溶液中浸泡，以保持鱼的新鲜度。这类水产品对人体危害是很大的，不吃为妙。

各种畸形的鱼不能吃。各江河湖海水域极易受到农药以及含有汞、铅、铜、锌等金属废水、废物的污染，从而导致生活在这些水域环境中的鱼类也受到侵害，使一些鱼类生长不正常，如头大尾小、眼球突出、脊椎弯曲、鳞片脱落等。购买时要仔细观察，发现各种畸形的鱼以及食用时若发现鱼有煤油味、火药味、氨味以及其他不正常的气味时就应毫不犹豫地弃掉，以保安全。

7. 鉴别甲醛泡发的水产品

甲醛是一种用作防腐与消毒的化学品。国内外的食品管理法，都禁止将甲醛用于食品加工。用甲醛处理过的水产品，不易腐烂，保存期延长。同时，吸水后膨胀定型，体积增大，重量增加。因此，售价较便宜。那么，怎么判断呢？一是看，一般来说，使用甲醛溶液泡发过的鱿鱼、虾仁，外观虽然鲜亮悦目，但色泽偏红；二是闻，会嗅出一股刺激性的异味，掩盖了食品固有的气味；三是摸，甲醛浸泡过的水产品，特别是海参，触之，手感较硬，而且，质地较脆，手捏易碎；四是口尝，吃在嘴里，会感到生涩，缺少鲜味。不过，凭这些方法并不能完全鉴别出水产品是否使用了甲醛。若甲醛用量较小，或者已将鱿鱼、海参、虾仁加工成熟，施以了调味料，就更难辨别了。

将品红亚硫酸溶液滴入水发食品的溶液中，如果溶液呈现蓝紫色，即可确认浸泡液中含有甲醛。此法可供单位食堂与饭店一次性大量采购水发品时使用。

不法商贩用甲醛泡发水产品的伎俩，流行多年，屡禁不止。潜伏在水产品里的甲醛是健康的隐形杀手，由于其浓度低，不太可能造成急性损害，但却会产生潜在性的毒作用。如果要到饭店吃虾仁、鱿鱼花之类的菜肴，一定要选择信誉好的大饭店。

8. 为什么不能吃鱼胆

有些人认为，鱼胆可治疗高血压、慢性支气管炎和眼病，便贸然食用。在我国南方，经常有人因食用鱼胆而发生中毒，甚至导致死亡。

食用青鱼、草鱼、鲢鱼、鲤鱼、鳙鱼等的鱼胆后，均有中毒的报道。这些鱼类的胆汁中含有一种胆汁毒素，毒性较大。这种毒素进入人体后，首先损害肝细胞，使之变性、坏死，在它的排泄过程中又可使肾小管受损，引起肾小管的急性坏死，集合管阻塞，导致急性肾功能衰竭。

鱼胆毒素不易被加热和被乙醇破坏，无论生熟均可使人中毒，而且毒性又异常剧烈，因此切勿食用鱼胆。

9. 鉴别水产干货的好坏

看包装：正规的产品都有生产厂家的厂名厂址、联系电话、生产日期、保质日期以及产品说明等方面的内容，而且在包装袋内还有产品合格证。

看颜色：一般来说颜色比较纯正的、有光泽无虫蛀，同时看上去没有其他的杂质混杂在其中，干而轻的就是比较好的干货产品。干货颗粒整齐、均匀、完整，可以较直接反映质量好坏。

闻味道：一定要注意如果散装干货闻起

来有异味，质量也就有问题了。

美味主食的选购

主食是构成中国烹饪体系的重要组成部分，具有悠久的历史，并且在长期的发展中，经过历代厨师的不断实践和广泛交流，创造了品种繁多、口味丰富、色形俱佳的家常主食。而家常主食的主要原料是大米和面粉。大米和面粉是人民生活中的主要食品，家家户户都得购买。选购什么样的大米和面粉，是人们很关心的问题。

1. 大米的选购

购买大米时一般要注意四点：

看：看大米的整体色泽和整齐度，好的大米色泽发亮，表皮去除得干净，碎米较少，颗粒饱满整齐，均匀一致，无米糠、黄粒及砂石、虫、草等杂质。米粒透明部分较多，腹白较少的，蒸出饭来更好吃。

闻：可抓一把米放在手心闻一闻气味。新米有一股天然的清香味。陈米则有陈味，色泽也发暗。如闻起来有霉味和酸味等异味，并呈黄、灰等色，这种米就不能再食用了。

摸：新米摸起来光滑，并有凉爽感；陈米则较涩，严重变质的米，用手一捻容易碎。

洗：有条件时可抓些米放进水里，虫蛀过的米会飘在水面，严重霉变的大米经淘洗后水也会变成黄绿色。

这里要指出的是黄粒米中不一定就有黄曲霉毒素，特别是在北方干燥地区，所以消费者不必谈“黄”色变。当然，色泽发黄有霉味的米，最好不要购买。

2. 面粉的选购

在选购面粉时，应注意以下几点：

看色泽：正常面粉为白中略显微黄色。过量加用增白剂会使面粉呈灰白色甚至青灰色，因此面粉并不是越白越好。

看麸星：面粉加工时混入少量麸星是允许的，麦麸可食且对人体有益，但过多则不允许。

测水分：用手摸取面粉时手心有凉爽感，握紧时成团久而不散为水分过高。

闻气味：合格的小麦粉没有酸、霉等异味。

尝味道：取少量小麦粉入口仔细品尝，合格的不牙碜。

专家警醒：面粉并非越白越好

面粉并不是越白越好，当我们购买的面粉白得过分时，很可能是因为添加了面粉增白剂——过氧化苯甲酰。过氧化苯甲酰会使皮肤、黏膜产生炎症，长期食用过氧化苯甲酰超标的面粉会对人体肝脏、脑神经产生严重损害。

烹调中常见的调味料

调味料的分类

调味料,也称作料,少量加入其他食物中,能起到改善食物味道的作用。调味料是不可或缺的食材之一,也是菜肴中的点睛之笔。虽然天天和它们打交道,但你真正了解它们吗?

1. 液状调味料

料酒：调味作用主要为去腥、增香。

酱油:又分为生抽和老抽,可使菜肴入味,更能增加食物的色泽。适合红烧及制作卤味。

蚝油：蚝油本身很咸，可以加糖稍微中和其咸度。

色拉油：常见的烹调用油，亦可用于烹制糕点。

香油（麻油）：菜肴起锅前淋上，可增香味。腌制食物时，可加入以增添香味。

米酒、绍酒、黄酒、白酒：烹调鱼、肉类时添加少许的酒，可去腥味。

辣椒酱：红辣椒磨成的酱，呈赤红色黏稠状，又称辣酱。可增添辣味，并增加菜肴色泽。

甜面酱：味咸，用油以小火炒过可去酱酸味。亦可用水调稀，并加少许糖调味，风味更佳。

辣豆豉：以豆豉调味之菜肴，无须加入太多酱油，以免成品过咸。以油爆过色泽及味道较好。

芝麻酱：可以冷水或冷高汤调稀。

番茄酱：常用于茄汁、糖醋等菜肴，并可增加菜肴色泽。

醋:乌醋不宜久煮,于起锅前加入即可,以免香味散去。白醋略煮可使酸味较淡。

鲍鱼酱:采用天然鲍鱼精浓缩制造而成,适用于：煎、煮、炒、炸、卤等。

XO酱：大部分是由诸多海鲜精华浓缩而成，适用于各项海鲜料理。

鱼露：鱼露除咸味外，还带有鱼类的鲜味。故潮州菜烹制菜肴，厨师多喜欢用鱼露，而不用食盐。

需要提醒的是，鱼露于清代中叶始创于澄海区。制作的主要原料大多为公鱼和食盐。先将公鱼拌入食盐腌制，经一年以上时间至公鱼腐化，再加进盐水进行水浴保温约15天便成鲑，再经过一个星期浸渍，滤去渣质便成褚红色的味道鲜美香醇的鱼露。需要注意的是，食用鱼露与胃癌死亡率之间存在显著关联。

2. 固态调味料

盐（低钠盐）：烹调时最重要的味料。其渗透力强，适合腌制食物，但需注意腌制时间与用量。

糖：红烧及卤菜中加入少许糖，可增添菜肴风味及色泽。

味精：可增添食物之鲜味。尤其加入汤类共煮最适合。

发粉:加入面糊中,可增加成品之膨胀感。

小苏打粉：以适量小苏打腌浸肉类，可使肉质较松滑嫩。

3. 辣香调味料

葱：常用于爆香、去腥。

姜：可去腥、除臭，并提高菜肴风味。

辣椒：可使菜肴增加辣味，并使菜肴色彩鲜艳。

蒜头：常用之爆香料，可搭配菜色切片或切碎。

花椒：亦称川椒，常用来红烧及卤。花椒粒炒香后磨成的粉末即为花椒粉，若加入炒黄的盐则成为花椒盐，常用于油炸食物蘸食之用。

胡椒：辛辣中带有芳香，可去腥及增添香味。白胡椒较温和，黑胡椒味则较重。

大料：又称大茴香或八角，常用于红烧及卤。香气极浓，宜酌量使用。

干辣椒：可去腻、膻味。将子去除，以油爆炒时，需注意火候，不宜炒焦。

红葱头：可增香。切碎爆香时，应注意火候，若炒得过焦，则会有苦味。

五香粉：五香粉包含桂皮、大茴香、花椒、丁香、甘香、陈皮等香料，味浓，宜酌量使用。

此外，烹调中还需使用油脂和淀粉，它们不算调味料，但需常备。油脂分菜油、豆油、花生油、葵花子油、玉米油（统称植物油）等以及动物油（如猪油、鸡油），眼下多用经过精炼的烹调油。

烹调时巧用 7 种调料

酱油

酱油在加热过程中会有一部分糖分解，所以用酱油做出来的菜常常有股酸味，通常可以通过加一点儿糖的方法来弥补。还可以通过控制酱油放入的时间来解决。应该在菜快熟时再放酱油，这样不但能起调味作用，保持应有的风味，而且还不损失其中的营养。

味精

味精是调味品，但若使用不当，不但会失去鲜味，而且还可能产生毒性。味精加热过度或遇碱会失去鲜味，加热到 120℃时，味精便会产生毒性。所以，使用味精时，一般应在菜做好后放入，且不要把它放入加有小苏打的菜中。

酒

烹调时，恰当使用酒能解腥起香，使菜肴鲜美可口，用得不当则难达效果，甚至会适得其反。烹调过程中最合理的用酒时间，应该是整个烧菜过程中锅内温度最高的时候。比如煸炒肉丝，酒应当在煸炒刚完毕的时候放；红烧鱼，必须在鱼煎制完成后立即烹酒；炒菜、爆菜、烧菜时，酒一喷入如果立即爆出响声，并随之冒出一股水汽，就说明用法正确。

葱、姜、蒜、椒

葱、姜、蒜、椒不仅能调味，而且能杀菌去霉，对人体健康大有裨益。但在烹调中如何投放才能更提味、更有效，却是一门学问。

畜肉重点多放花椒。花椒有助暖作用，还能去毒。烧肉时宜多放花椒，烹制牛肉、羊肉、狗肉更应多放。

鱼类重点多放姜。鱼腥气大，性寒，食之不当会产生呕吐。生姜既可缓和鱼的寒性，又可解腥味，烹制时多放姜，可以帮助消化。

贝类重点多放葱。大葱不仅能缓解贝类（如螺、蚌、蛏等）的寒性，而且还能抗过敏。不少人食用贝类后会产生过敏性咳嗽、腹痛等症，烹调时应多放大葱，避免过敏反应。

禽肉重点多放蒜。蒜能提味，烹调鸡、鸭、鹅肉时宜多放蒜，可使肉更香更好吃，也不会因为消化不良而腹泻。

烹调中常见酱料

“柴米油盐酱醋茶”，开门七件事中，酱料占主要席位。一道厚味佳肴，除了用料新颖、烹调得法之外，佐以适合的酱料，是为精益求精。可见酱料的作用不容小觑。中国菜肴中常用的酱料有以下几种。

三合油

【原料】米醋、酱油、香油。

【制作】由以上原料按 3 ∶ 2 ∶ 1 的比例调制而成。

芥末油

芥末油是以黑芥子或者白芥子经榨取而得来的一种调味汁，具有强烈的刺激味。主要辣味成分是芥子油，其辣味强烈，可刺激唾液和胃液的分泌。

葱油

用熟猪油加大葱炸制而成的调味品。将大葱择净、洗净，切成段，放入熟猪油内（葱、油比例为 1 ∶ 0.6），用慢火炸至金黄色时，捞出葱段，即成葱油，多用凉、热菜调味。

怪味汁

【原料】酱油、芝麻酱、米醋、红油、白糖、盐、鸡精、花椒粉、料酒、葱姜末、蒜泥、香油、熟芝麻。

【制作】用酱油把芝麻酱化开，然后加入剩余所有原料，调匀即可。

葱油汁

【原料】葱白、香油、盐、味精。

【制作】葱白切末，浇上烧热的香油拌出香味，加少许水、盐、味精调匀即可。

咖喱香汁

【原料】植物油、洋葱末、咖喱粉。

【制作】植物油烧热，加入洋葱末爆出香味，稍凉凉后调入咖喱粉拌匀即可。

鱼香汁

四川首创的调味料之一。因源于四川民间独具特色的烹鱼调味方法，故名“鱼香汁”。

调味要点：以泡红辣椒、川盐、酱油、白砂糖、醋、姜米、蒜米、葱粒等调制而成。用于凉菜时，调料不下锅，不用芡，醋应略少于热菜的用量，而盐的用量稍多。

常用原料广泛用于热菜和凉菜。主要用于家禽、家畜、蔬菜、禽蛋等的加工。凉菜多以豆类蔬菜为原料。

糖醋汁

调味要点：以糖、醋为主要原料。佐以川盐、酱油、味精、姜、葱、蒜调制而成。

常用原料猪肉、鱼肉、白菜、莴笋、蜇皮等。

香糟汁

【原料】香糟（红或黄），清汤。

【制作】将香糟（红或黄）用清汤泡开，用洁白纱布过滤，其过滤出的汁即为香糟汁。

剁椒酱

【原料】鲜小红椒 500 克，鲜小青椒 150 克，香辣酱 100 克，特制豆瓣油 200 克，油酥豆豉末 30 克，小葱花、姜米、蒜米各 20 克，盐、白砂糖、味精、香油各适量。

【制作】鲜小红椒和鲜小青椒洗净，晒干水分，剁成细粒后入盆，加盐腌渍 60 ~ 70 分钟。滗去盆中多余辣椒水，加入香辣酱、油酥豆豉末、小葱花、姜米、蒜米、白砂糖、味精、香油和特制豆瓣油等拌匀，入坛密封保存即可。

此酱可用于拌制凉菜，如剁椒拌凉茄、剁椒拌鹅（鸭）肠、剁椒拌鸡杂；也可用于热菜，比如剁椒鱼头。

辣味蘸酱

【原料】辣豆瓣酱、白砂糖、醋、香油、辣油各 15 克。

【制作】将所有原料混合调匀即可。

辣豆瓣酱的滋味与辣椒酱有所不同，风味依制作方法的不同而略有差异。

沙茶蘸酱

【原料】沙茶酱、酱油各 15 克，蛋黄 1 个。

【制作】将所有原料混合调匀即可。

可依个人口味添加花生粉、辣油、辣椒粉、香油或白醋，有吃素习惯的人可以购买素食沙茶酱。

川味蘸酱

【原料】花椒粉、芝麻酱、蒜泥、葱末、酱油、糖、辣油、香油各 15 克。

【制作】将所有原料混合调匀即可。

此蘸酱最适合搭配具有四川风味的火锅，辣的程度可依个人口味而定。

肥牛调料

【原料】酱油、鱼露、生抽、味精、白糖。

【制作】将所有原料加少许水，烧开调匀即可。

醋味蘸酱

【原料】酱油、糖、白醋各 15 克。

【制作】将所有原料加少许水，烧开调匀即可。

应用范围：此蘸酱适合搭配口味清淡的素食火锅或海鲜火锅。

蒜泥蘸酱

【原料】蒜泥、酱油、香油

【制作】将所有原料加少许水，烧开调匀即可。

芥末蘸酱

【原料】芥末酱、酱油各 15 克。

【制作】将所有原料混合调匀即可。

绿色芥末味道最够劲，不敢吃辣的人可蘸食黄色芥末。

烤肉酱

【原料】酱油 30 克，白砂糖、米酒、冰糖各 5 克，柴鱼精、干海带、姜粉各 10 克。

【制作】将所有原料混合调匀即可。

麻辣酱

【原料】柠檬汁 60 克，番茄酱 30 克，辣椒油、辣椒酱、黑胡椒粉各 5 克，蚝油、辣椒末、黄酒、红糖各 15 克，蒜末 2.5 克。

【制作】将所有原料混合调匀即可。

五味酱

【原料】酱油、香油、黑醋、白醋各 10 克，番茄酱 15 克，姜末、蒜泥、辣椒末各 5 克。

【制作】将所有原料混合调匀即可。

蒜泥酱

【原料】蒜泥 10 克，酱油 15 克，味精、米酒、白醋各 5 克，细砂糖 5 克，胡椒粉适量。

【制作】将所有原料混合调匀即可。

常见烹饪用语

在我们翻阅菜谱书时，总会看到一些比较专业的烹饪用语，比如焯水、汆烫、过油、汽蒸、上浆、勾芡、油温七成热等。而这些相对专业的用语，对于成菜的色泽、口感、营养等方面都有重要的作用。

因此，我们在制作菜肴时，也要对这些用语加以了解，从而增加对这些烹调常识方面的认知，并且掌握，以便在制作菜肴时真正做到心中有数。

焯水

焯水，又称出水、冒水、飞水等，是指将经过初步加工的食材，根据用途放入不同的水锅中加热至半熟或全熟，取出以备进一步烹调或调味。它是烹调中特别是凉拌菜不可缺少的一道工序。对菜肴的色、香、味，特别是色起着关键作用。

焯水是较常用的一种初步热处理方法。需要焯水的烹饪食材比较广泛，大部分植物性烹饪食材及一些有血污或腥膻气味的动物性食材，在正式烹调前一般都要焯水。根据水温的高低可分为冷水锅焯水和沸水锅焯水两种方法。

1. 冷水锅焯水

冷水锅焯水，是将食材与冷水同时下锅加热焯烫，主要用于异味较重的动物性烹饪食材，如牛肉、羊肉、牛肚、牛肠等。

用冷水锅焯水应掌握以下关键：

（1）锅内的加水量不宜过多，以淹没食材为度。

（2）在逐渐加热过程中，必须对食材勤翻动，以使食材受热均匀，达到焯水的目的。

2. 沸水锅焯水

沸水锅焯水是将锅内的清水加热至沸腾，然后将食材下锅，加热至一定程度后捞出。这种方法多用于植物性原料，如：芹菜、菠菜、莴笋等。焯水时要特别注意火候，时间稍长，食材颜色就会变淡，而且也不脆、嫩。因此食材放入锅内后，水微开时即可捞出凉凉。

用沸水锅焯水应掌握以下关键：

（1）叶类蔬菜食材应先焯水再切配，以免营养成分损失过多。

（2）焯水时应水宽火旺，以使投入食材后能及时开锅；焯制绿叶蔬菜时，应略滚即捞出。

（3）蔬菜类食材在焯水后应立即投凉控干，以免因余热而使之变黄、熟烂。

汆烫

“汆烫”是入水烫的意思。汆烫可视为食材的前处理，是利用高温使食材快速熟成的烹调方法。具体方法为大火滚水，在短时间内使入锅食物达到约八成熟的状态，锁住颜色和美味。

在处理纤维较粗的蔬菜，如青花菜、芥蓝菜时，应先汆烫再快速拌炒，这样不仅能保持菜色翠绿，也比较容易炒透。

水中可加入盐、油，让蔬菜类的食材有些许味道，并使蔬菜的外表覆有一层油，保持其翠绿的颜色。

加醋则具有减缓食材氧化的作用，如腰果、马铃薯、莲藕等，加入醋不易氧化而变黑。

烹制海鲜如虾、乌鱼、贝类等时，为使汤汁清澈、去腥味，也常汆烫后再入锅炒。

带有血水的肉类和骨头，在熬汤前通常会先入锅汆烫，去掉腥味和血水，再以清水熬煮。

挂糊

挂糊是指将经过初加工的烹饪食材，在烹制前用水淀粉或蛋泡糊及面粉等辅助材料挂上一层薄糊，使制成后的菜达到酥脆可口的一种烹饪方法。

挂糊的种类较多，一般有如下几种。

1. 蛋黄糊的调制

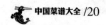

将鸡蛋黄放入小碗中搅拌均匀。再加入适量的淀粉（或面粉）调匀。然后放入少许植物油。充分搅拌均匀即可。

2. 全蛋糊的调制

鸡蛋磕入碗中，打散成全蛋液。再加入淀粉、面粉调拌均匀。然后放入植物油搅匀即可。

3. 发粉糊的调制

发酵粉用清水调匀。面粉、发酵粉水放入碗中搅匀。再加入冷水，静置 20 分钟即可。

4. 蛋泡糊的调制

将鸡蛋清放入大碗中。用打蛋器顺着一个方向连续抽打。至均匀呈泡沫状。再拌入淀粉，轻轻搅匀即可。

勾芡

勾芡是指借助淀粉在遇热糊化的情况下，具有吸水、黏附及光滑润洁的特点。在菜肴接近成熟时，将调好的粉汁淋入锅内，使卤汁稠浓，增加卤汁对原料的附着力，从而使菜肴汤汁的粉性和浓度增加，改善菜肴的色泽和味道。

要勾好芡，需掌握几个关键问题：

一是掌握好勾芡时间，一般应在菜肴九成熟时进行，过早勾芡会使卤汁发焦，过迟勾芡易使菜受热时间长，失去脆、嫩的口味。

二是勾芡的菜肴用油不能太多，否则卤汁不易粘在原料上，不能达到增鲜、美形的目的。

三是菜肴汤汁要适当，汤汁过多或过少，会造成芡汁的过稀或过稠，从而影响菜肴的质量。

四是用单纯粉汁勾芡时，必须先将菜肴的口味，色泽调好，然后再淋入水淀粉勾芡，才能保证菜肴的味美色艳。

上浆

上浆就是在经过刀工处理的食材上挂上一层薄浆，使菜肴达到滑嫩的一种技术措施。通过上浆食材可以保持嫩度，美化形态，保持和增加菜肴的营养成分，还可以保留菜的鲜美滋味。

在此要说明的是上浆和挂糊是有区别的，在烹调的具体过程中，浆是浆，糊是糊，上浆和挂糊是一个操作范畴的两个概念。上浆的种类较多，依上浆用料组配形式的不同，可把浆分成如下几种。

1. 鸡蛋清粉浆的处理

食材洗净、搌干，放入碗中。加入适量的鸡蛋清。再放入少许淀粉，充分抓拌均匀即可。

2. 水粉浆的处理

将淀粉和适量清水放入碗中调成水粉浆。再将食材（鸡肉）洗净，切成细丝，放入小碗中。加入适量的水粉浆拌匀上浆即可。

3. 全蛋粉浆的处理

食材（里脊片）洗净，放入碗中，磕入整个鸡蛋。先用手（或筷子）轻轻抓拌均匀。再放入适量的淀粉搅匀。 然后加入少许植物油拌匀即可。

油温

1. 低油温

即是三四成热：温油锅，油温在 120 ~ 140℃。表现为无青烟、无响声、油面平静，手放在油面上方能感到微微的热气。筷子放入油锅中，周围基本上不起油泡。

2. 中油温

即是五六成热：热油锅，油温在 150 ~ 160℃。表现为微有青烟，油从四周往中间翻动，手放在油面上方能感到明显的热气。筷子放入油锅中，周围开始冒起少许油泡。

3. 高油温

即是七八成热：旺油锅，油温在 160 ~ 180℃。表现为有大量青烟上升，油面较平静。筷子放入油锅中，周围会快速冒起很多的油泡。

过油

过油，是将备用的食材放入油锅进行初步热处理的过程。过油能使菜肴口味滑嫩软润，保持和增加原料的鲜艳色泽，而且富有菜肴的风味特色，还能去除原料的异味。过油时要根据油锅的大小、原料的性质以及投料多少等方面正确地掌握油的温度。

过油主要分为滑油和炸油两种。

1. 滑油

又称拉油，是将细嫩无骨或质地脆韧的食材改切成较小的丁、丝、条、片等，上浆后放入四五成热油中滑散，断生后捞出。滑油要求操作速度快，尽量使食材少失水分。成品菜肴有滑嫩柔软的特点。

2. 炸油

炸油又称走油，是将改刀的食材挂糊后放入七八成热的油锅中炸至一定程度的过程。炸油操作速度的快慢、使用的油温高低要根据食材或品种而定。一般来说，若食材形状较小，多数要炸至熟透；若食材形状较大，多数不用炸熟，只要表面炸上颜色即可。

常用的烹饪工具、刀具及方法

古语说："工欲善其事，必先利其器"，就是说，无论做什么工，干什么活，首先要准备好工具，烹饪也是如此，烹炒美味佳肴，只有良好的烹饪技术，而缺乏必要的烹饪炊具，会给烹制菜肴带来许多不便，甚至会影响菜肴的质量，所以，我们要想烹饪美味佳肴，先要把烹调工具准备好，以便配合我们制作出美味的菜肴。

常用的烹饪工具

1. 锅

锅是一种用于煎、炸、蒸、煮等烹调操作的加工器具，是最主要的烹调器具。根据烹调工艺、用途和结构特点，常用的主要有炒锅、蒸锅、煮锅等。

（1）炒锅。炒锅是使用最频繁的一类锅。根据不同的材质主要分为铁锅、不锈钢锅、不粘锅、电炒锅、复合金属锅等几类。铁锅是我们生活烹饪中最常用的一类，分生铁锅和熟铁锅两种，均具有锅环薄、传热快、外观精美的特点。

（2）蒸锅。蒸锅用于蒸炖菜肴和面点时的专用锅，有铁质、铝质和不锈钢三种。其结构主要分两种类型：一是中算式蒸锅，由高腰锅内置1～2个蒸算组成；二是架笼蒸锅，由一般深锅架上蒸笼组成。

（3）煮锅。煮锅是用于煮肉、煲汤、烧水和煮粥的锅，常用的工具有砂锅、瓦罐、汽锅、不粘汤锅、电饭煲、高压锅等。

2. 蒸器

这是一类专门用于蒸制各种食物的烹饪器具，与前面所述的蒸锅配合使用，包括蒸屉、蒸笼、蒸箱、蒸柜等，一般把圆形的称为蒸笼，小矩形的称为蒸箱，大矩形的称为蒸柜。蒸屉是置于蒸箱和蒸柜内的形似抽屉的小蒸具；蒸箱和蒸柜一般设门，内设多格层，可同时放多个蒸屉，其中每个蒸屉可以间歇使用而不影响其他蒸屉的蒸制；蒸笼一般带锥顶盖，可重叠若干个同时使用。

3. 锅勺、锅铲、锅刷、锅架

锅勺和锅铲都是在搅拌、调味、出锅和装盘时使用的工具，都带有不同长度的长柄。其中锅铲还可以用来搅米、起饭和盛饭，锅勺则还可用来出汤和盛粥。锅刷和锅架是洗刷锅和架锅使用的小用具。

4. 滤器

滤器是用来过滤或沥干油、水、液汁和用来分离粉状物的工具。常用的滤器有漏勺、笊篱和网筛三种。

漏勺勺深如锅，带长柄，底部有小孔，用于沥油炸食物。笊篱由铁丝、钢丝或竹丝制成，用途与漏勺基本相同，常在捞取水饺、面条、汤圆等水煮食物时使用。网筛由细钢丝、铜丝或尼龙丝编制成的圆形筛，主要用于固体粉末原料的分离，亦可用来滤汤汁。

5. 菜刀

切菜、切肉准备的刀，家用菜刀根据材质的不同，主要分为铁质菜刀和不锈钢菜刀两种。其中，不锈钢菜刀是近十年来发展起来的，因其具有轻便、耐用、无锈等特点而越来越受到人们的喜爱。

6. 菜板

菜板有竹质、木质以及塑料三种。其中竹制菜板、木质菜板主要用于切肉和切制较粗硬的果蔬；塑料菜板多用来切蔬菜和切水果，这样分开使用既卫生又方便。

7. 水瓢

水瓢又称水勺，是专门用来舀水或大量舀汤的勺具。形状主要有桶形和半圆形两种，以塑料、不锈钢和铝制品多见。

8. 调料罐

调料罐专门用来盛装盐、酱油、醋等调味料的容器。多以不锈钢材质制成。

9. 油罐子

油罐子是用于盛装油的罐子，一般摆放在灶台上，多为不锈钢制成，可放漏勺或笊篱。

常用的烹饪刀具

刀具是切配菜的基本工具，常用的有砍刀、切刀、片刀、前批后斩刀、刮刀、旋刀和雕刻刀等。

砍刀，用来砍带骨的肉类或坚硬原料的刀，刀体厚重，呈长方形。切刀，用来切块、切丁、切条、切粒、切丝的刀，刀身略宽，背厚刃薄，呈长方形。片刀，用于将原料片制成片或切细丝的专用刀，刀身窄而薄成长方形，体轻锋利。前批后斩刀（文武刀），可用于批、斩、切等多种用途的刀，使用广泛，刀背较厚，刀口锋利，刀型多样。刮刀，供刮洗肉皮或去鱼鳞用的刀，刀体小而灵活。旋刀，主要用于果蔬原料的去皮，前尖后圃，背厚刃利。雕刻刀，专门用于食品雕刻的刀具，种类较多，形状各异。

刀工及刀法

刀工对于一道菜的烹制和成型都起着至关重要的作用。像武侠小说一样出神入化的刀法，不仅能使食物美味可口，更能使食物呈现出诱人的外观。就拿一道上品中餐菜式来说，其色、香、味、形、养五大元素，往往是一个都不能少。这其中，“色”与“形”关乎刀工，所以就有“菜之品”取决于“刀之形”之说。刀工在菜品制作中的重要性可见一斑。如制作一个角形盘，如果刀工运用得好，可把各种原料雕成鸟兽花草，堆砌成美丽的图案，配成鲜艳调和的色彩，引起人们的食欲，并可得到艺术享受。

对刀工人基本要求是必须配合烹饪需要，如汆、爆类菜肴都是大火短时速成，原料要切得薄、小；焖、炖类菜肴用小火长时间烹制，原料就要厚大一些；而叉烧、烧鸡等则是整块、整只的原料。经过刀工加工过的原料，不论是块、片、条、丝、粒、丁等，必须整齐划一，粗细均匀，大小一致，长短相等，否则会出现入味不一、生熟不均的现象。刀工处理后的原料应有助于美化菜肴形态，突出主料，配料的形状应与主料配合，如主料是片或丝、丁、则配料也应是这种形状，而且比主料略小、略细，使主配料形状和谐一致。经加工过的原料应清爽利落，截然分开，切忌似断未断，肉断筋连。切肉时，要注意纤维纹路，牛肉最老，应横着纤维切，猪肉较嫩，应斜着纤维切，而鸡肉最嫩，应顺着纤维切。另外在操作时要计划用料，合理搭配，量材使用，选刀用法得当，使各类原料得到充分利用。

常用的烹饪刀法

在中国几千年的饮食长河中，人们根据口味和口感的多样、食材的不同和饮食习惯的差异，在刀工的运用上逐渐发展出直刀、平刀、斜刀等刀法。正是这些各异的刀法为人们呈现出异彩纷呈的美食世界。

1. 直刀法

直刀法是指刀与菜墩或原料接触面成垂直角度的一类刀法。按用力的大小和手、腕、臂膀运动的方式，又可以分为切、斩、砍、剁等几种刀法。

（1）切：切是指刀与菜墩和原料保持垂直角度，由上而下用力的一种刀法。切时以腕力为主，小臂辅助运刀。适用于植物性和动物性无骨原料。操作中根据运刀方向的不同，又分为直切、推切、锯切、滚料切、拖刀切、铡切、翻刀切。

直切：又称为“跳切”，是指刀与菜墩和原料垂直，运刀方向直上直下的切法。切时刀身始终平行于原料截面，既不前移位，又不左右偏斜，一刀一刀有规律地、呈跳动状地、笔直地切下去。直切法通常适用于嫩脆性的植物原料，如莴笋、菜头、萝卜、莲白、茭白等。

直切刀法的要点：

①左手指自然弓曲，并用中指抵住刀身，按稳所切原料，根据所需料的规格，呈蟹爬姿势不断退后移动；右手持稳切刀，运用腕

力，刀身紧贴着左手中指指背，并随着左手移动，按原料加工规格为移动的距离，一刀一刀灵活跳动地直切下去。

②刀与菜墩和原料垂直，不能偏内斜外，使加工后的原料整齐、均匀、美观，同时保证原料切断而不要相连。

③两手必须有规律地配合。切时从右到左，在切刀距离相等的情况下，做匀速运动。不能忽宽忽窄或者产生空切切伤手指等。

④在保证原料规格要求的前提下，逐步加快刀速。做到好、稳、快的熟练技法。

⑤所切的原料不能堆码太高或切得过长，如原料体积过大，应放慢运刀速度。

推切：刀与菜墩和原料垂直，运刀方向由原料的上方向前下方推进的切法。切时刀由原料的后上方向前下方推切下去，一刀推到底，不需要再拉回来，推切法适合于切细嫩而有韧性的原料，如肥瘦肉、大头菜等。

推切刀法的要点：

①持刀稳，靠小臂和手腕用力，从刀前部位推至刀后部位时，刀刃才完全与菜墩吻合，一刀到底，保证断料。

②推切时，进刀轻柔有力，下切刚劲，断刀干脆利爽，前端开片，后端断料。用力均匀而有规律。

③对一些质嫩的原料，如肝、腰等，下刀宜轻；对一些韧性较强的原料，如大头菜、腌肉、肚等，进刀的速度宜缓。

锯切：又称“推拉切”。是刀与菜墩和原料垂直，运刀方向前后来回推切，推切到一定程度，再向后拉切。这样一推一拉，像拉锯一样地切下去。锯切适用于质地坚韧或松软易碎的熟料，如带筋的瘦肉、白肉、回锅肉、火腿、面包、甜烧白、卤牛肉等。

锯切刀法的要点：

①下刀要垂直，不偏外、偏里。否则，不仅加工原料的形状厚薄大小不一，而且还会影响到以后下刀的效果。

②下刀宜缓，不能过快。否则，遇到某些特别坚韧的原料时就力不从心，产生运刀的紊乱，使切出的料不符合要求，或切伤手指。

③下刀用力不宜过重，手腕灵活，运刀要稳，收刀干脆。有些易碎、易裂、易散的原料，如下刀过重，由于它承受不了太大的压力，就会碎裂散烂；收刀过缓，会使已切而未断的原料，因撕力和摇摆，而碎裂。

④锯切时，左手按稳原料，一刀未切完时，手不能移动。

⑤对特别易碎、裂、烂的原料，则应酌情增加切的厚度，以保证成形完整为准。

滚料切：又称为“滚刀切”“滚切”。是指刀与菜墩、原料垂直，所切原料随刀的运动而不断滚动的切法。滚料切时，刀和原料都要按所需的规格定好角度，双手动作协调，左手送料及右手下刀紧密配合，切成不规则的多面体。滚料适用于质地嫩脆，体积较小的圆形或圆柱形的植物原料，如胡萝卜、土豆、笋等。

滚料切的要点：

①左手控制原料按要求以一定的角度滚动。

②右手下刀的角度及运刀速度与原料的滚动紧密配合。下刀准确，刀身不能与原料的横截面平行，而是成一定的角度，角度小则原料成形长，反之则短。

拉切：又称“拖刀切”。指运刀方向由前上方向后下方拖拉的切法。拉切时，刀口不是平着向下，而是刀前端略低，刀后跟略高，成一定的倾斜度，刀的着力点在前端，由前端向后端拖拉切原料。拉切适用于体积薄小，质地细嫩而易裂的原料，如鸡脯肉，嫩瘦肉等。

拉切的要点：拉切时，进刀轻轻向前推切一下，再顺势向后下方一拉到底，即所谓“虚推实拉”，便于原料断面成形；或先用前端微剁后，再向后方拉切。要注意刀刃与菜墩的吻合，保证断料效果。

铡切：刀与菜墩和原料垂直，刀的中端或前端部位要压住原料，然后再压切下去的切法。

铡切的方法有三：

①交替铡切。右手握住刀柄，左手按住刀背前端，运刀时，刀跟着墩，刀尖则抬起；刀跟抬起，刀尖着墩。刀尖、刀跟，一上一下，

反复铡切断料。

②单压铡切。持刀方法与前相同，只是把刀刃平压住原料，运刀时，平压用力铡切下去断料。

③击掌铡切。右手握住刀柄，将刀刃前端部位放在原料要切的位置上，然后左手掌用力猛击前端刀背，使刀铡切断料。铡切适用于带壳，体小圆滑，略带小骨的原料，如花椒、蛋、烧鸡、卤鸡、蟹等。

翻刀切：以推切为基础，待刀刃断开原料时，刀身顺势向外偏倒的运刀手法。其作用在于使切料能按刀口次序排列，保持切料形状的整齐，成形后不沾刀身，干净利索。运刀时掌握好翻刀时机，翻刀早了原料不能完全断面，翻刀迟了，则刀刃容易刮着菜墩。必须在刀刃断料的一瞬间顺势翻刀，刀刃几乎不接触菜墩墩面。

（2）斩：斩是指从原料上方垂直向下猛力运刀断料的刀法。斩切时左手按稳原料，右手持稳斩刀，对准原料要斩的位置，垂直斩下，使原料一切两断。斩切法适用于肉类、带骨禽类、鱼类等原料。

斩的要点：

①以小臂用力，将刀提高至与前胸平齐。运刀时看准位置，落刀敏捷、利索，要一刀两断，保证原料刀口整齐，成形大小均匀。斩切时不能复刀，复刀容易产生一些碎肉、碎骨，影响原料形状的整齐美观。

②手按稳原料，离刀的落点要有一定的距离，以免伤手。

③斩有骨的原料时，肉多骨少的一面在上，骨多肉少的一面在下，以免在断骨时将肉砸烂。

（3）砍：砍又称为“劈”，指持刀向下砍（劈）开原料的刀法。砍又分为直砍、跟刀砍两种。

直砍：将刀对准要砍的部位，运用臂膀之力，垂直向下断开原料的刀法。直砍时左手按稳原料，右手持稳砍刀，提高至头部，对准原料要砍的部位，用力向下直砍。直砍适用于带骨的原料，如猪排骨、龙骨、大鱼头等。

直砍的要点：

①用手腕之力持刀，用臂膀之力砍料，下刀准，速度快，力量大，一刀断料；如需复刀必须砍在同一刀口处。

②左手按原料之处与落刀点远一些，如原料已砍得太短时，最好将左手放开，只用刀对准备原料砍断即可。砍是一种较猛烈的动作，不能盲目、无规律地乱砍，防止砍伤和震伤手指与腕、臂。

跟刀砍：是将刀刃先稳嵌进要砍原料的部位，刀与原料一齐起落，垂直向下断开原料的砍法。操作时，右手持刀，先对准要砍的部位，直砍一刀并在砍的部位上嵌稳，然后刀与原料一齐起落砍断原料。跟刀砍一般用于一次不易砍断的大块原料，如猪头、羊头、大鱼头、蹄髈等。

跟刀砍的要点：两手紧密配合，左手持好原料，右手握住刀柄，两手同时垂直起落，下落时持原料的左手即可离开原料。要注意，一定要将刀嵌稳原料，不能松动脱落，否则容易发生事故。

（4）剁：剁是指刀垂直向下频率较高地斩碎原料的刀法。剁时右手持刀稍高于原料，运刀时用手腕力为主，带动小臂，刀口垂直向下反复斩碎原料。为了提高工作效率，通常左、右手持刀同时操作。这种剁法也叫排剁。剁适用于去骨后的肉类和部分蔬菜原料。

剁的要点：

①一般两手持刀，保持一定的距离。

②运用腕力，提刀不宜过高，以剁断原料为准。

③匀速运刀，同时左右来回移动，并酌情翻动原料。

④原料要先切后剁，最好先切成厚片或小快。这样易剁匀，不粘连。

⑤为防止肉粒沾刀、飞溅，剁时可随时将刀入清水中浸湿再剁。

⑥剁时注意用力适度，尽量避免剁坏菜墩。

2. 平刀法

平刀法又称片刀法，是使刀面与菜墩面接近平行的一类刀法。

按运刀的不同手法，又分为拉刀片和推拉刀片两种。

（1）拉刀片：又称“拉刀批”是指刀与菜墩和原料接近平行，刀前端从原料右上角进刀，然后由外向里（由右向左）运刀断料的片法。操作时左手按稳原料，右手持刀，刀前端片进原料左上角，一定深度后，顺势一拉，片下原料。拉刀片适用于体小，嫩脆或细嫩的动、植物原料，如莴笋、萝卜、蘑菇、猪腰、鱼肉等。

拉刀片的要点：

①持刀稳，刀身始终与原料平行，出刀果断有力，一刀断面。

②左手手指平按于原料上，力量适当，既固定原料又不影响刀的运行。

③左手示指与中指应分开一些，以便观察每片的厚薄。随着刀的片进，左手的手指尖应稍起。

（2）推拉刀片：又称“推拉刀批”“锯片”。指来回推拉的片法。其刀法基本同于拉刀片，只是再增加推的动作，运刀时来回推拉平片，从右到左反复推拉直至平片断料。推拉刀片可结合原料的厚薄、形状，有从上起片或从下起片两种方法。从上起片时可以用目测到左手示指与中指缝间所片原料的厚度，便于掌握厚薄，直至片完一片，但原料成形不易平整。从下起片，原料成形平整，但因在起片时只能以墩子的表面为依托来估计刀刃与墩面之间的距离，难于掌握厚薄。推拉刀片法适用于体大，韧性强，筋较多的原料，如牛肉、猪肉等。

推拉刀片的要点，基本上与拉刀片相同。只是由于推拉刀片要在原料上一推一拉反复几次，手持刀时更要持稳、端平，刀始终平行于原料，随着刀的片进，左手指逐渐翘起，以掌心按稳原料。操作时一般在每片的末端不片断，将原料转动 180 度后，再接着片。这样原料成形张片大，呈折扇形，便于下一步的刀工处理。

3. 斜刀法

斜刀法是指刀与菜墩和原料成小于 90 度角的一类刀法。

按运刀的不同又可分为斜刀片和反刀斜片两种。

（1）斜刀片：又称为“斜刀批”，是刀刃向左，刀与菜墩和厚料成锐角，运刀方向倾斜向下，一刀断料的片法。操作时以左手按稳原料的左端，右手持刀，刀刃向左，定好厚薄后，刀身呈倾斜状片进原料，直片到左下方将原料断面。此法适用于质软、性韧、体薄的原料，如鱼肉、猪腰、鸡脯肉等。

斜刀片的要点：

①运用腕力，进刀轻准，出刀果断。

②左手手指轻轻按稳所片的原料，在刀刃片断原料的同时，左手指顺势将片下的原料往后带，再接着片第二片，两手动作有节奏地配合。

③注意掌握落刀的部位、刀身的斜度及运刀的动作以控制片的厚薄。

（2）反刀斜片：又称“反刀斜批”，是指刀向外，刀与菜墩和原料成锐角，运刀方向由内向外的片法。反刀斜片时，右手持刀向怀内成倾斜状并靠着左手指背，左手指背贴着倾斜的刀身，刀背向里（怀内）刀刃向外，进刀后由里向外将原料片断。此刀法适用于体薄、韧性强的原料，如玉兰片、熟肚等。

反刀斜片的要点：

①左手按稳原料，并以左手指背抵住刀身，右手持稳刀，使刀身紧贴左手指背片进原料。左手以同等的距离向后移动，使片下的原料在形状、厚薄上一致。

②运刀时，手指随运刀的角度变化而抬高或放低，运刀角度的大小，应根据所片原料的厚度和对原料成形的要求而定。

③刀不宜提得过高，防止伤手。

4. 综合刀法

综合刀法亦称“锲刀法”“剞刀法”“花刀”。

它是以切和片为基础的一种综合运刀方法，具有要求高而技术性强的特点。在具体操作中，由于运刀方向和角度的不同，又可分为：直刀剞、推刀剞、斜刀剞、反刀剞四种。它们分别与直刀切、推刀切、斜刀片、反刀斜片相似，只是不将原料切断而已。综合刀法适用于质地嫩脆、收缩大、形大体厚的原

料，如腰、肝、肚、肉、鱼类等。

综合刀法的要点：

①不论哪种刀法，都要持刀稳，下刀准，每一刀用力均衡，运刀倾斜角度一致，刀距均匀、整齐。

②运刀的深浅一般为原料的 1/2 或 2/3，少数韧性强的原料可深达到原料的 3/4。

③根据烹制方法不同，对原料形状要求也不同，几种剞法应结合运用。但要注意防止刀纹深浅不一，刀距不等，以影响成菜后的形态美观。也不要剞穿（断）原料，影响菜肴规格和质量。

5. 其他刀法

（1）剔，是指对带骨原料除骨取肉的刀法，适用于畜禽、鱼类原料。剔时，下刀的刀路要准确，随部位不同分别使用分尖、刀跟，保证取料的完好。

（2）剖，是用刀将整形原料剖开的刀法。如鸡、鸭、鱼剖腹时，根据烹调方法的需要掌握下刀部位及剖口大小。

（3）起，是将原料分割成两部分的刀法。如将猪肉起下猪皮，就是将刀反片进猪皮与肥膘之间，连推带拉地把肉皮与肥膘分离。

（4）刮，指用刀将原料表皮或污垢去掉的运刀方法。如刮肚子、刮鱼鳞等。

（5）戳，指用刀跟戳刺原料（如鸡腿、猪蹄筋等），而又不致断裂的刀法。戳时要从左到右，从上到下，肌腱多的多戳，肌腱少的少戳。戳后仍保持原料的形状，使原料松弛，平整，易于入味，易于成熟，成菜质感松嫩。

（6）捶，是用刀背将原料砸成泥茸状的刀法。适用于各种肉类原料。捶茸时，刀身应与菜墩垂直，刀背与菜墩吻合，有节奏，有顺序的左右移动，均匀捶制。

（7）排，是用刀背在原料上有顺序的轻捶的刀法。适用于鸡肉、猪肉等原料。排时刀背在原料表面有顺序地排出，使其疏松，保证成菜细嫩入味。

（8）剐，是肉离骨的加工运刀方法。如剐黄鳝。原料加工中，常与剔法结合，对鸡、鸭等进行整料出骨。

（9）削，是用刀平着去掉原料表层的运刀方法。原料加工中，用于初加工和一些原料的成形，如削莴笋、萝卜，将胡萝卜削成算盘珠形等。

（10）剜，指用刀具将原料挖空的加工运刀方法。如挖空西瓜、番茄、苹果、雪梨等，以便制作瓤馅菜肴。剜时要注意原料四周的厚薄均匀，不漏馅。

（11）车，又称“旋”，可分为手刀配合和菜墩与刀配合两种操作方法。手与刀配合：右手持稳专用车刀，左手握稳原料，入刀后左手将原料向右旋转，刀与原料相互用力，不停转动，使原料外皮薄而均匀的成螺旋形片下。这种方法主要是车去原料的外皮，如苹果、梨子等。菜墩与刀配合：将圆柱形的原料放在菜墩上，左手按稳，右手持稳切刀、放平刀身，紧贴墩面，以刀去适应原料，从原料贴菜墩面的部位，一面片，一面转动原料，直至片完，使圆柱体形原料成张薄片。如车莴笋、胡萝卜、黄瓜等。

（12）背刀，右手握刀柄，将刀倾斜，刀口向左，用刀口的另一面压着原料，连拖带按的一种运刀方法。其用意是为了观察加工的原料（如鸡茸、肉茸等）中有无肌腱、碎骨，以便于剔除。或者直接将某些原料背蒜泥、豆豉茸等。

（13）拍，是用刀身拍破或拍松原料的方法。如生姜、葱等，将其拍破使容易出味。又如猪肉、牛肉等，拍松后厚薄均匀，烹时容易入味、酥松。

爱心贴士：厨房用具的禁忌

生活中各类厨具，功能、作用不同，应科学地使用。否则，不但无益反而有害。

（1）忌铁锅煮绿豆。因绿豆中含有单宁，在高温条件下遇铁会生成黑色的单宁铁，使绿豆汤汁变黑，有特殊气味，不但影响食欲、味道，而且对人体有害。

（2）忌不锈钢或铁锅熬中药。因中药中含有多种生物碱以及各类生物化学物质，尤其在加热条件下，会与不锈钢或铁发生多种化学反应，或使药物失效，甚至产生一定毒性（结合物较多时）。

（3）忌用铝锅盛菜肴。铝锅属淘汰厨具。因其抗腐蚀性能力差，遇弱酸、弱碱、盐等物质会发生化学反应，生成特殊的化合物，故菜肴、酒、味精等不应装在铝制容器中过夜。还有鸡蛋也不宜在铝锅中搅拌，因为蛋清遇到铝会变成灰白色，蛋黄则变成绿色。剩饭、剩汤等也不应在铝制容器中过夜。

（4）忌用乌柏木或有异味的木料做菜板。乌柏木含有异味和有毒物质，用它做菜板其味不但污染了菜肴，而且极易引起呕吐、头昏、腹痛。因此，民间制作菜板的首选木料是白果木、皂角木、桦木和柳木等。

（5）忌用油漆或雕刻镌镂的竹筷。涂在筷子上的油漆不但含铅、苯等化学物质，对健康有害，且遇热后有异味，影响食欲。雕刻的竹筷看似漂亮，因其藏污纳垢，滋生细菌，不易清洗，容易致病。

（6）忌用各类花色瓷器盛佐料。佐料最好以玻璃器皿盛装。花色瓷器含铅、苯等致病、致癌物质。随着花色瓷器的老化和衰变，图案颜料内的“氡”对食品产生污染，对人体有害。

中餐常见烹调技法

中国菜以烹调方法多样著称于世，多达几十种，常用的有以下几种。

炒

炒是将经加工后的食物，放入加热后的油锅内翻炒的烹制方法。炒又分为清炒、煸炒、熟炒、生炒、软炒、爆炒几种。

1. 清炒

清炒是家常炒菜中比较常见的方法，是将经过初步加工的小型食材，经过入味、滑油后，放入热油锅中用大火急速翻炒至熟的一种炒法。清炒与滑炒等其他炒法有很多相似之处，不同之处是清炒通常只有主料量较大，不加或少用配料，并且不用淀粉和芡汁。比如清炒空心菜、蒜苗炒莴笋等菜肴。

2. 滑炒

滑炒是将加工成形的小型食材先上浆，再用大火热油滑熟（或用沸水焯至断生），然后下入加有少量油的炒锅中，在大火上急速翻炒，最后勾芡或烹汁的一种炒法。滑炒的特点是先给食材上一层糊状的薄浆，再入锅中加热，将一次加热变为两次加热（即滑和炒），成菜有爽滑柔软、形态饱满、鲜嫩香成的特色。比如宫保兔丁、什锦青鱼丁等菜肴。

3. 煸炒

煸炒又称干炒，是将切配好的食材用中火加热翻炒，使食材成熟，再加入调味料等继续炒熟，使调味料充分渗入食材至见油不见汁，达到干香、酥软、化渣的一种方法。煸炒与生炒、熟炒有很多相似之处，但煸炒的关键在于通过油加热的方法将食材直接热化，使其水分因受热外渗而挥发，体现煸干之功效。如干煸四季豆、干煸茭白、干煸羊肚等菜肴。

4. 熟炒

熟炒是将经过初加工的食材，经过煮、烧、蒸、炸等方法，加工成半熟或全熟的食材，再改刀成片、丝、丁、条等，不入味、不上浆，放入烧热的油锅中，加入配料和调味料炒至成熟的一种炒法。熟炒的食材通常不挂糊，锅离火后可立刻勾芡（亦可不勾芡），其特点是鲜嫩味美且带有少许汤汁。比如丝瓜炒鸡蛋、苦瓜炒蛋等菜肴。

5. 生炒

生炒是中餐中常用的炒菜方法。其选料主要限于畜肉、禽蛋、鱼肉的细嫩部位和鲜嫩的蔬菜，还要加工成片、丁、条、丝和小块等细小形状。生炒要求将加工好的生料直接下锅，既不用事先腌渍，也无须上浆挂糊，在锅内调味，用大火沸油，快速煸炒至肉类食材变色、蔬菜食材断生即可。成品要求汁少，鲜香脆嫩。比如茶树菇炒肉丝、苦瓜炒腊肠等菜肴。

6. 软炒

软炒又称推炒、泡炒、湿炒等，是指将食材加工成比较小的形状，放入液体食材（如鸡蛋清、牛奶等）中搅匀调味，再用中火热油匀速翻炒，使其凝结成菜的烹调方法。另外还有一种软炒是指将食材加工成泥蓉后，用汤或水调成液态状，放入有少量油锅中炒至而成。比如西葫芦炒肉片、滑子菇炒肉丝等菜肴。

7. 爆炒

爆炒就是将小块脆嫩食材，先在油锅中用大火快速加热至断生，捞出后加入配料、调料急炒成熟的一种炒制方法。爆炒与滑炒很相似，都是大火速成，区别是爆炒在加热时油温更高，有些爆炒菜肴在油爆前食材还要放入沸水中焯烫一下。因为选用的是脆性食材，所以爆炒菜口感脆嫩，而滑炒菜的口感是滑嫩。比如爆炒腰花、爆炒牛肝菌等菜肴。

烧

烧，就是原料经过炸、煎、煸、炒、蒸、

煮等初步加热后再加汤和调料进一步加热成熟的一种烹调方式。烧适用于制作各种不同原料的菜肴，是厨房里最常用的烹饪法之一。烧主要分为红烧、干烧两类。

1. 红烧

红烧是指原料经过初步热加工后，调味须放酱油，成熟后勾芡为酱红色。红烧的方法适用于烹制红烧肉、红烧鱼、四喜肉丸等。红烧要掌握的技法要点是，对主料做初步热处理时，切不可上色过重，过重会影响成菜的颜色。下酱油、糖调味上色，宜浅不宜深，调色过深会使成菜颜色发黑，味道发苦。红烧放汤时用量要适中，汤多则味淡，汤少则主料不容易烧透。

2. 干烧

干烧又称自来芡烧。操作时不勾芡，靠原料本身的胶汁烹制成芡，如干烧猴头菇、干烧肚丝即用此法。干烧菜肴要经过长时间的小火烧制，以使汤汁渗入主料内。干烧菜肴一般见油不见汁，其特点是油大、汁紧、味浓。干烧要掌握的技法要点是，上色不可过重，否则烧制后的菜肴颜色发黑；干烧菜要把汤汁烧尽。

3. 白烧、酱烧、葱烧等

除了上述红烧、干烧以外，还有白烧、酱烧、葱烧等常见烧法。白烧不放酱油，一般用奶汤烧制。酱烧、葱烤与红烧的方法基本相同，酱烧用酱调味上色，酱烧菜色泽金红，带有酱香味；葱烧用葱量大，约是主料的 1/3，味以咸鲜为主，并带有浓重葱香味。

爆

就是急、速、烈的意思，加热时间极短。用爆的方法烹制的菜肴脆嫩鲜爽。爆可分为油爆、水爆，其技法如下：

1. 油爆

就是热油爆炒。油爆菜有两种制作方法：一种方法流行于我国北方地区，油爆时主料不上浆，只在沸水中一烫就捞出，然后放入热油锅中速爆，再下配料翻炒，烹入芡汁即可起锅。另一种方法流行于我国南方地区，油爆时主料要上浆，在热油锅中拌炒，炒熟后盛出，沥去油，锅内留少许余油，再把主料、配料、芡汁一起倒入爆炒即成。油爆的烹调方法，适用于烹制油爆腰花、油爆肚仁等菜肴。制作油爆菜时，主料应切成块、丁等较小的形状，用沸水焯主料的时间不可过长，以防主料变老，焯后要沥干水分，主料下油锅爆炒时油量应为主料的两倍。油爆菜用的芡汁，以能包裹住主料和配料为度。

2. 水爆

以水为加热体的一种爆法。水爆时把原料在沸水中加热至熟捞出，即可蘸调味料食用。烹制荤料水爆菜的关键，是掌握好沸水焯原料的时间，以焯至主料无血，颜色由深变浅为好。如焯水的时间过长，主料便老而不脆；如焯水时间过短，主料会有腥味或半生不熟的现象。

爆的方法，除了油爆、水爆外，还有芫爆、葱爆、酱爆等法。这些爆菜的制作方法，与油爆法基本相同，不过配料和调料有所不同。芫爆以芫荽（香菜）为主要配料；葱爆以葱丝或葱块（滚刀块）为配料，制作时和主料一起爆炒；酱爆就是爆制时放入炒熟甜面酱、黄酱或酱豆腐。

炖

炖是把原料放在锅内，用小火长时间加热制成菜肴的一种烹调方法。炖最好使用砂锅或搪瓷锅。炖制法适用于肌纤维比较粗老的肉类、禽类原料。此类原料在炖前必须焯过水，以排出血污和腥臊味。炖时在原料下面可放锅垫，以防粘锅。炖菜的特点是，汤水多，肉酥软，保持原汁原味。

煎

煎是用少量油润滑锅底后再用中、小火把原料两面煎黄至熟的一种烹调方法。煎的原料单一，一般不加配料，原料多刀工处理成扁平状，煎前先把原料用调料浸渍一下，在煎制时不再调味。煎的技法要求，一是掌握火候，不能用大火煎；二是用油要纯净，煎制时要适量加油，不使油过少；三是掌握好调味的方法，有的要在煎制前先把原料调好味，有的要在原料即将煎好时，趁热烹入调味品，有的要把原料煎熟装盘食用时蘸调味品吃。

炸

炸是油锅加热后，放入原料，以食油为介质，使其成熟的一种方法。采用这种方法加热的原料，一般要间隔炸两次，才能烹好。

炸的技法要领是，油量要多，对一些老的、形状大的原料，下锅时油温可低一些，炸的时间可长一些。用炸的方法，烹制好的菜肴具有口感香酥、脆嫩的特色。

家庭厨房常用的炸的方法有清炸、干炸、软炸、酥炸、加面包粉炸等多种。

1. 清炸

原料不经过挂糊上浆，用料拌好后即投入油锅大火炸制。清炸主料外面没有保护层，必须根据原料的老嫩、大小来决定油温高低。主料质嫩或形状较小的，在油温五成热时下锅，炸的时间要短，炸至约八成熟时捞出，待炸料冷却后再下锅复炸一次即成。如果用较长时间在油中一次炸成，就会失去炸料中的水分，使其变得干枯，不能达到外脆里嫩的效果。主料块头较大、质地较老，则应在油温七成热时下锅，炸的时间可长一些，中间改用温油反复炸几次，使油温逐渐传导到原料的内部，炸熟即可。

2. 干炸

干炸方法与清炸差不多，也是先把原料加以调味腌渍再炸。所不同的是，干炸的原料下锅前还要拍粉挂糊。干炸时间要稍长一些，开始用大火热油，中途改用温油小火，把原料炸至外皮焦脆即可。干炸菜肴的特点，是原料失去水分较多，成菜外酥香，里软嫩。

3. 软炸

把主料腌渍后挂一层鸡蛋糊，再投入油锅炸制。软炸的油温，以控制在五成热为宜，炸到原料断生，外表发硬时，即可捞出，然后把油温烧到七八成热时，再把已断生的炸料下油锅稍炸即可。这种炸法时间短，成菜外脆里嫩。

4. 酥炸

酥炸是先把原料煮熟或蒸熟后再下油锅炸。酥炸的原料要先在蒸、煮时调味好，下油锅炸时，火力要旺，油温控制在六七成热，炸至原料外层呈深黄色即可。酥炸的特点，是成菜酥香肥嫩。

5. 滚面包粉炸

把主料调味腌渍后，上浆，再滚一层面包粉，然后上油锅炸制。这种炸法，适用于炸猪排、炸鱼等。用面包粉炸制的菜肴色泽金黄，外脆里嫩。

塌

将食物沾上鸡蛋面糊，下油锅，先用少量油及温水煎至两面金黄，煎好后，捞出、倾油，再入锅加上调料与少许汤汁，在微火上塌透入味，收干汁。分为：锅塌、糟塌、水塌、油塌、松塌等几种。塌的菜肴色泽鲜丽，质地酥嫩，味醇。比如锅塌蒲菜。

烹

烹，是在煎或炸的基础上，烹上清汁入味成菜的一种烹调技法，使用“烹”制作的菜肴汁清不加芡粉呈隐红色，配料一般用葱姜丝、蒜片、香菜段，口味特点是咸鲜，微带酸甜，与“盐爆”类的菜肴相似。所以“盐爆”不属于“爆”，应属于烹的技法，只是其主料多选用动物性的脆性原料，初步熟处理的方法不同而已。烹，可分为两种具体方法，一是“炸烹”，二是“煎烹”。

1. 炸烹

将加工成形的原料，挂糊或不挂糊，投入急火热油中炸熟取出，烹上清汁入味成菜的一种方法。

2. 煎烹

在煎的基础上，烹入清汁入味成菜的一种烹调技法。

烤

烤是把食物原料放在烤炉中利用辐射热使成熟的一种烹调方法。烤制的菜肴，由于原料是在干燥的热气烘烤下成熟的，表面水分蒸发，凝成一层脆皮，原料内部水分不能继续蒸发，因此成菜形状整齐，色泽光滑，外层干香、酥脆，里面鲜美、软嫩，是别有风味的美食。

随着电烤箱的普及，使用烤的方法做菜的家庭日益增多。烤肉、烤鸡鸭要掌握以下的技术要领：

（1）原料要经过腌渍或加工成半成品后放入烤炉，调味要调好。

（2）烤肉时，要用竹签在肉上扎几个眼，深度以接近肉皮为度，切不可扎穿肉皮。扎眼的目的是防止原料鼓泡、烤破皮面，影响菜肴的质量。

（3）烤鸡鸭时，原料的表皮要涂上一层饴糖（麦芽糖），以防止原料表面干燥变硬。而且饴糖能与原料表皮的氨基酸结合，使原料表面呈现诱人食欲的枣红色，表皮也易松脆。将饴糖涂在原料上还能防止原料里脂肪的外溢，使菜肴味浓重。

蒸

蒸是经过调味的原料用蒸气使食物变熟的一种烹调方法。蒸的方法在厨房里使用较广，不仅用于蒸制菜肴，而且还可用于原料的初步加热和成菜的回笼加热。

蒸可分为干蒸、清蒸、粉蒸等蒸法。将洗涤干净并经刀工处理的原料，放在盘碗里，不加汤水，只放佐料，直接蒸制，称为干蒸。将经初步加工的主料，加主调料和适量的鲜汤上屉蒸熟，称为清蒸。将主料蘸上米粉，再加上调料和汤汁，上笼屉蒸熟，称为粉蒸。

根据原料的不同质地和不同的烹调要求，蒸制菜肴必须使用不同的火候和不同的蒸法。

（1）大火沸水速蒸。此法适用于蒸制质地较嫩的原料以及只要蒸熟不要蒸酥的菜肴，一般约蒸制 15 分钟即成，如粉蒸芋头、粉蒸肉片、米粉蒸鸡翅。

（2）大火沸水长时间蒸。此法适用于制作香酥鸡、粉蒸排骨等菜肴。这类菜肴原料质地较老、形状大，又要求蒸得酥烂。

（3）中小火沸水慢蒸。适用于蒸制原料质地较嫩、要求保持原料鲜嫩的菜肴如蒸鸡、蒸鸭等。蒸蛋糕、蒸参汤也适用此法。

蒸制菜肴要求严格，原料必须新鲜，蒸时要让蒸笼盖稍留缝隙，以便使少量蒸汽逸出，这样可避免蒸汽在锅内凝结成水珠流入菜肴的汤汁，冲淡原味。

煮

煮是将生料或经过初步熟处理的半成品，放入多量的汤汁或清水中，先用大火烧沸，再转中小火煮熟的一种烹调方法。煮的方法应用相当广泛，既可独立用于制作菜肴，又可与其他烹调法配合制作菜肴，还常用于制作和提取鲜汤，又用于面点制作等，因其加工、食用等方法的不同，其成品的特点各异。

炖

炖有隔水炖和不隔水炖两种方法：

1. 隔水炖

是隔水加热使原料成熟的方法。做法是，禽、肉类原料先在沸水中烫去血污，再放入瓷制或陶制的器皿内加葱姜、料酒等调料和汤汁，封口，然后放在锅内隔水炖制。此法适用于炖鸡、炖甲鱼等菜肴。

2. 不隔水炖

把原料放入陶制器皿中，加入调料和水直接放在火上炖制。炖时，先用大火或中火烧开，撇去浮沫，再用小火炖制，炖的时间可根据原料质地和烹调要求而定。比如冬笋鹅掌砂锅、香菇鹌鹑砂锅等菜肴。

煲

煲是指用小火煮食物，慢慢地熬。一般来讲煲汤需要的烹调时间很长，没有耐心是很难煲出好汤的。煲汤有一秘诀，那就是“三

煲四炖”。直白地讲，煲一般需要3个小时左右，炖则需要4个小时左右。餐桌上有碗热气腾腾的鲜汤，常使人垂涎欲滴，特别是在冬春季，汤既能助人取暖，又能使人的胃口大开。

焖

焖是由烧、煮、炖、煨演变而来，是我们经常用到的烹饪方法之一。是指将加工处理的食材，放入锅中加入适量的汤水和调料盖紧锅盖烧开，改用中火进行较长时间的加热，待原料酥软入味后，留少量味汁成菜的多种技法总称。按预制加热方法分为炸焖、爆焖、煎焖、生焖、熟焖、油焖；按调味种类分为红焖、黄焖、酱焖、原焖。

烩

烩指将食材油炸或煮熟后改刀，放入锅内加辅料、调料、高汤烩制的方法。具体做法是将原料投入锅中略炒，或在滚油中过油，或在沸水中略烫之后，放在锅内加水或浓肉汤，再加佐料，用大火煮片刻，然后加入芡汁拌匀至熟。这种方法多用于烹制鱼虾和肉丝、肉片，如烩鱼块、肉丝、鸡丝、虾仁之类。

扒

扒是将经过初步烹调处理过的材料（有的是生料，有的是经过蒸、煮等初步加工的半熟品），用小火烹至酥烂，烧透入味，最后再用大火收干汤汁并勾芡的一种烹调技法。比如白灵菇扒油菜、鸡腿菇扒竹笋。扒有红扒、白扒、鱼香扒、蚝油扒、鸡油扒等。不论中餐还是西餐，“扒”菜都是重要的烹调技法。

煨

煨是指用小火或余热对食物进行较长时间的烹制。煨是制作汤羹菜肴比较常见的烹调技法，是将经过炸、煎、煸、炒或焯水的食材，放入陶制锅中，加入调料和汤汁，先用大火烧沸，再转小火长时间煨至熟烂的烹调方法。煨菜和焖菜比较相似，区别在于煨加热时间比焖长，汤汁一般比焖宽，通常不用勾芡。常见菜肴有砂锅煨甲鱼肉、牛肉香菇汤、东坡羊肉等。

熬

熬指先将锅内加底油，烧热后，用葱或姜炝锅，再放进主料。稍炒，再加汤汁和调味品，在温火上煮熟。适用片、块、丁、丝、条等原料。这种做法很普通，操作简单，菜品酥烂，汤汁不腻。

涮

涮是将易熟的原料切薄片，放入沸水火锅中，经极短时间捞出，蘸调味料食用的技法，在卤汤锅中涮的可直接食用。原料在沸水中所用时间很短，原料的鲜香味不受流失，成品滋味浓厚。涮法必须在特制的炊具即火锅中进行。

拔丝

拔丝主要用于制作甜菜，是中国甜菜制作的基本之一。比如拔丝红薯、拔丝土豆等。拔丝大致分为两种：一种水炒糖，一种油炒糖。

1. 水炒糖

用水来调和糖。做法：锅洗净，然后开火烧至锅大约六成热时加入糖，最好是绵糖，出来的效果比较好。炒时一定要控制好锅的温度，太热了就失败了。炒到糖差不多变成红色时加入少许的水，水的比例按糖的比例加。火的温度一定不要太高，继续拌炒，一直炒到糖和水融合并成黏稠状时关火即可。

2. 油炒糖

做法比水的难，这种炒法更考验功夫。锅洗净烧热入油，油的比例和糖差不多但也可以稍多些。油温六成左右。怎么样测油温呢。我们常做饭的一看就知道，大家不太会的就用手放在离锅一段距离用手感觉一下。油温够了就加入糖，然后开炒，感觉糖要糊时即刻离火，但这时要注意火不要关，因为一开一关温度会反差很大，炒出来的效果不好。还是和上面一样炒到糖发红有黏稠度时就行，炒时可以用勺子在锅里搅拌效果也不错。

烙

烙是用平锅、煎盘、铁铛等置火上，经金属传热使食材成熟的一种方法。烙与煎相似，只是用油量少或不用油。烙可分为干烙、刷油烙和加水烙三种。干烙是把平锅置火上烧热，直接放入制品，烙完一面，再翻个烙另一面，如此反复数次直至成熟。刷油烙与干烙方法基本相同，只是在烙的过程中，或在锅底刷少许油，或在制品表面刷少许油，但油量要比煎少；加水烙做法与水油煎法相似，是在干烙以后洒水焖熟，只烙一面，即把一面烙成焦黄色即可。

烙适用于水调面团、发酵面团、米粉面团、粉浆面团等，如大饼、火烧、发面饼、山东煎饼等。

卤

卤是凉菜的烹调方法，也有热卤，即将经过初加工处理的家禽家畜肉放入卤锅加热浸煮，待其冷却即可。

酱

酱是一种凉菜的烹调方法。一般程序为将食材汆熟，放入酱油、盐、葱、姜、桂皮、砂仁、大料等调制而成的酱汁中，煮熟后放凉即可。

清爽蔬菜烹调技法

保住蔬菜的营养

蔬菜含有维生素、矿物质。不合理的烹调方法，可能会损失全部的维生素和矿物质，虽然吃了这些蔬菜，但却得不到营养。所以，要想保持蔬菜的维生素、矿物质，就要注意合理烹调。

（1）所有蔬菜应该先洗干净后再切碎。如要是先切碎，然后再浸到水里去洗，一部分维生素和矿物质就会溶解在水里，随着水倒掉了，所以菜要先洗后切。

（2）烧菜所出的汤，应该与菜一同吃进去，不能倒掉。因为在汤里溶解了许多养料，要是光吃菜不吃汤，就等于少吃进去了一部分养料。

（3）做饺子、馄饨馅不要挤掉菜汁。正确的方法是：将洗净的菜直接剁碎，再放入已调好味的肉糜中拌匀，剁菜时可能出现的少量菜汁很快渗入到肉糜中，拌好的馅马上就用，不要放太长的时间再用。菜汁较多的，可利用它来做汤。

（4）最不好的烹调方法是先用开水把菜烫一遍或放在开水锅里煮软，捞出、挤出菜汁而后再炒，这种做法损失维生素、矿物质较多。

（5）烹调蔬菜的时间不要太长，长时间放在火上加热，会损失大量维生素C。炒菜时，火力要大，待油温升高后再加入蔬菜，迅速成菜。做菜汤时，等煮开后再加菜，煮时应加盖。

（6）有些维生素怕氧化，和空气多接触就容易损失。为了避免氧化，蔬菜应该在临吃以前才切，不要很早地切碎放着，也不要老早就买来堆在院子里和晒台上曝晒好几天，免得维生素C受到氧化而损失。

凉拌青蔬如何快速入味

凉拌时要去除青蔬的涩味，一般会用盐抓腌使之脱水，以达到保存及保持风味的效果。不过高盐分对人体有一定害处，因此不妨采用“偷懒”杀青法，也就是将青菜放入沸水中略微焯烫至微微软化后捞起，再以大量冰水冲凉。经高温余烫和低温冲凉后，不但能使蔬菜快速入味，还能顺便除去涩味。

怎样把青菜炒得碧绿青翠

炒菜关键是火候，用大火快速拌炒，才能瞬间保留青菜应有的颜色。例如：叶菜类应先放入大量沸水中快速焯烫，冲凉后再下入已爆香的锅中拌炒，这样既能保持原貌外，也能顺便去除青菜的青涩味道；瓜果、根茎类蔬菜因体积大、密度高，常以过油的方式锁色。操作不熟练时，除了以大火快速加热，尽量在1分钟内起锅外，加入少许盐，在锅边炝入酒，也可帮助菜肴保持青翠的外观。

如何烹炒根茎类富含淀粉的蔬菜

土豆、山药、牛蒡和莲藕等，因富含铁质，切开或去皮后很容易氧化变黑，可采取如下方法解决：要防止食材氧化，可先在水中倒入1 ~ 2滴白醋，再放入莲藕略微浸泡，即可保持原有色泽；若食材一次没有用完，可覆上保鲜膜，特别要将切口的部分包覆好，放入冰箱冷藏保存，约可保鲜1星期。

南瓜、土豆等蔬菜如何烹调不糊烂

南瓜、土豆和芋头如果煮得糊糊烂烂的，不仅不美观，而且会影响到菜肴整体的口感。如何才能做出柔软又不糊烂的南瓜、土豆或芋头呢？

防止食材糊烂的做法有很多，一般的做法是切成角块后油炸，待食物表面凝固后就不容易糊烂了。

根茎类食物都很容易吸收咸鲜味，所以在烹调萝卜、牛蒡、土豆等食材时，盐都要最后放，才能兼顾口感和味道。

煎豆腐不粘不破的窍门

豆腐中 80%以上都是水，入锅煎煮时，豆腐受热会释放出更多的水分，不但容易起油爆，也容易粘锅，所以煎豆腐的首要任务，就是减少水分散失。

1. 防水小帮手：盐和面粉

豆腐入锅煎前先浸泡盐水 30 分钟，一般就不会破了。盐有助于豆腐出水。也可减少入锅后释出水分。将浸泡过盐水的豆腐拭干水分，再于豆腐表面撒上面粉，略待返潮后入锅。面粉不但能够吸水，在煎的过程中，还可在豆腐表面形成一层保护膜，这样煎出来的豆腐，不仅不容易破，吃起来还更酥脆。此处的面粉也可换成其他粉类，如淀粉、红薯粉等。

2. 耐心等待，减少翻面

煎豆腐时，要尽量减少翻面，以摇锅的方式使豆腐均匀受热，待一面凝固后再翻面，就能煎出形状完整、不破碎的豆腐了。

美味畜肉烹调技法

选好肉是烹制美味肉菜的基础。肉要做得好吃，首先要先选好部位。油脂较多的部位有三层肉、五花肉等，油脂较少的有里脊肉等。

什么肉适合生炒，什么肉需要过油

炒肉丝粘成一团，和腌肉丝时加入的淀粉有关，淀粉虽然可以让肉吃起来更滑嫩，但遇上水分很容易将肉丝粘成一团。因此，应在腌肉丝时加入少许油，帮助肉丝入锅时滑开。由于肉遇热会释出水分和油分，因此可以适当减少用油量。

餐厅的师傅们多半还是会选择将肉丝过油后再入锅炒，以避免粘锅。如果不想过油，使用不粘锅也可有效解决粘锅的问题。

如何煎出鲜嫩的猪肉

用来煎的肉应带有油花，如梅花肉、霜降肉等。不论是肉片还是肉排，最好要切薄、拍松，这样煎出来才不会干硬。肉入锅只要略煎一下，待两面变色后就可以起锅了。

猪肉切片时，最好能整块稍微冷冻一下，这样更容易切成薄片。切片时要顺着油花的方向逆纹切，这样煎出的肉片口感较好。

如何烹调大块肉软烂入味又多汁

首先要选择油脂较多的部位，例如猪的三层肉、五花肉，牛的牛腩部位。因为有油脂的释出，让肉保有肉汁，所以口感才会较好。

此外，肉煮好后隔夜吃更美味，试试看，肉煮好后放冰箱中第二天再吃，是不是既入味又多汁呢？这是因为肉在温度上升的过程中，会不断释放出本身的美味氨基酸；在温度下降的过程中，释放出的美味氨基酸会再吸附回去。因此，肉经过一段时间低温保存后会更加美味。今天做好，明天再吃，风味更佳。

如何煮出鲜嫩原味的肉类

水煮是肉类、海鲜凉拌的重要前处理方法，不过您也许不知道，鲜嫩的肉并非是一锅到底彻底煮熟的，关键在于焖泡至熟的过程。所谓焖泡至熟，是指在食物快熟时熄火，以余温使之熟透的方法。这需要锅内水量足够，完全覆盖食材，先煮滚 10 分钟，盖上盖，然后以余温焖 1 小时。在冷却的过程中，氨基酸回填也会让肉更鲜美。

另外，处理五花肉时为了防止肉变形，也为了使肉更易熟，可在两侧插上筷子作为支撑。

如何用烤箱烤肉

家用的小烤箱烤东西容易焦，主要是由于烤箱的电热管和食物近距离直射的缘故。不妨将锡箔纸做成拱形，盖上食物，这样电热管不会直射到食物，上层不易焦；同时呈拱形的锡箔纸受热后会形成热循环，让食物均匀受热，可有效避免食物外焦内生。

如何炒出鲜嫩的牛肉

首先要选购优质牛肉及合适的部位。牛肉由于肌纤维较长，肉质较粗糙，所以相对于猪肉和鸡肉更易失水，口感也较老。烹饪牛肉时常用于拌炒的部位为牛里脊，也可选用更高档的部位如沙朗、去骨牛小排等。这些部位的牛肉油脂分布均匀，炒起来自然不易老。只要不误用作为烧卤之用的牛腱、牛腩等部位，相信您也能轻松做出口感柔嫩的炒牛肉。

其次要注意改刀和腌制。处理牛里脊时记得要逆纹切。所谓逆纹切也就是切的时候看不到一条条的纹路。再利用淀粉和蛋清拌腌，如此一来就能确保肉质滑嫩不过老了。

花样禽蛋烹调技法

怎样炒出鲜嫩多汁的鸡丁

鸡肉含脂量低，倘若处理不当，口感容易显得干涩。为避免出现此类问题，可选择用鸡腿肉取代鸡胸肉。这是因为鸡腿肉是鸡肉中含脂量最高的部位，烹调后能保留较多的肉汁，口感自然较好。鸡经宰杀后会丧失水分，肉会变得干涩，烹制前可先腌渍一下，将腌料及水分抓进肉里。另外还可将鸡肉先过油，瞬间封住鸡肉表面，锁住肉汁，这种方法在一般家庭中使用较少，但却是餐馆中不可缺少的热炒前处理方法。

如何熬出清澈爽口、无腥味的鸡汤

1. 先汆烫再入锅

为了做出清澈、无腥味的鸡汤，一定要先将鸡肉汆烫后再入锅；其他以肉骨熬煮的汤品，也要先汆烫去血水，捞起后用清水漂净表面浮沫，这样才能去除腥味，使滋味更鲜美。

2. 小火炖煮，汤不混浊

汤澄清还是混浊，取决于火候控制。炖煮时火力大，产生气泡大，食材被翻搅幅度大，蛋白质释出多，这样煮出来的汤会较混浊，口感也较浓郁。

为了熬出澄清的汤，要以小火炖煮，且锅盖不盖满，使食材被翻搅幅度小，这样蛋白质释出较少，汤就会比较清澈。也可采用隔水加热炖煮的方法，锅内的滚水须没过炖碗的60%，让水温保持在100%，这样食材被翻搅的幅度极小，虽然汤汁清澈，但浓缩了所有食材精华。还有一种更简便的方法：将汤品以大火煮滚后改用电饭锅蒸煮，一样有隔水加热的效果。

怎样做出滑嫩的炒蛋

做出滑嫩炒蛋的关键在于水分的添加，即加入少量的水可以让炒蛋更滑嫩。可以搭配炒蛋的食材有很多，蔬果、海鲜、肉类均适宜。不易熟的食材最好能先汆烫或过油后再入锅，以缩短拌炒的时间

如何煎出又酥又嫩的蛋

首先要掌握蛋和水的最佳比例。4个蛋可加入约50毫升的水，蛋液和水用量的最佳比例为2 ∶ 1。刚开始练习的时候，先不要加水，待熟练后再慢慢将水加入蛋液，直到获得最佳效果为止。

其次要掌握煎蛋不粘锅的小窍门。比如萝卜干煎蛋，虽说先煎萝卜干，香气会更足，但是放入蛋液后，锅中的水分会让蛋液粘锅，也容易焦，看起来不太美观。正确的做法是，将蛋液和萝卜干拌匀后一同下锅，锅要热，油温约在160℃，油量足够，才不易粘锅。一般而言，煎4个蛋约30克油蛋液吃足油才能柔软膨发，酥嫩可口。蛋液入锅后要快速用筷子划圆，使蛋均匀成熟待蛋液旋转成快凝结的网饼状时，随即转小火，这样煎出来的蛋就能又酥又嫩了。

鲜香水产烹调技法

鱼肉怎样炒才不会散

要想炒得鱼肉不散，应注意以下三点：

（1）要选新鲜的鱼，鱼肉要有弹性，且肉质要结实。

（2）切鱼肉时应将鱼皮朝下，刀口倾斜切入，下刀方向最好顺着鱼刺。以免切韧性较强的鱼皮时，把下面的鱼肉同时挤碎。正确的方法是：先看清鱼肉生长的方向，再斜入刀口，将鱼肉片下。

（3）入锅前，在鱼身上蘸上粉料，可起到保护作用，让鱼肉不散。

巧煎鱼不溅油

要煎出一尾金黄香酥的鱼，真是太不容易了，除了怕鱼破皮外，鱼在油锅里噼里啪啦地响，油溅得到处都是，让人心惊胆战。如何才能防止不溅油呢？

煎鱼会溅油是因为鱼的表面沾有水分，碰到热油时油就会外溅。因此，鱼在入锅时，须先用纸巾彻底拭干水分。除了从鱼身到鱼腹内部全都擦干外，也别忘了用刀尖戳破眼睛，防止眼睛中的水分遇热油爆。

1. 加盐防油爆

先用盐略腌一下再煎。腌过后，鱼身会出水，拭干水分后，只要在入锅前在表面撒上薄薄一层干粉，封住水分就能保持干燥了。如果是直接干煎的话，除了拭干水分，入锅前撒上少许盐，也可防止油爆。

2. 安全措施靠锅盖

鱼鳞下的脂肪总会在入锅后，出其不意地溅出来。除了以少量油滑锅和拭干水分外，盖上锅盖煎也是重要的保护措施。除了防油爆、油烟外，盖上锅盖还可以让热气循环，节省火力。

鱿鱼、章鱼等头足类海鲜如何烹制

鱿鱼、章鱼都是非常受欢迎的头足类海鲜，不过处理不当往往会变得像橡皮筋一样咬不动，那么怎么煮才能保证熟而不老呢？

以鱿鱼为例，鱿鱼采用泡熟的方式会获得最佳效果。由于头足类海鲜易熟也容易变老，所以当滚水煮开后，放入鱿鱼时要转成小火，使锅中水保持微微冒泡、不能大滚的状态，以免鱿鱼缩小，变得干硬。以一尾鱿鱼为例，以小火煮 1 分钟后，熄火焖 5 分钟就完成了。也可以用红茶入菜为鱿鱼去腥增香；同时加入两种茶叶，可让香气和颜色互补，效果更好。

如何用烤箱烤鱼

鱼受热会释出水分和油脂，很容易粘连。烤鱼的时候，可以先在烤盘上刷上适量的油，防止粘连。当然，如果能彻底隔绝鱼身和烤盘的接触就更好了，不妨切些洋葱丝或葱丝，放入烤盘中垫底，再放上腌制好并拭干水分的鱼身，这样不仅烤鱼不粘连，而且还能烤出辛香料的滋味，使鲜鱼更加味美，一举两得。

营养主食烹调技法

主食烹调有讲究

精米、精面的营养价值不如糙米及标准面粉，因此主食要粗细搭配，以提高其营养价值。淘米尽量用冷水淘，最多3遍，并不要过分用手搓，以避免大米外层的维生素损失过多。煮米饭时尽量用热水，可使维生素B族保存。吃面条或饺子时，也应连汤吃，以保证水溶性维生素的摄入。

如何做出美味炒饭

首先米饭要煮好，最好选用那种颗粒大、黏性好的米，煮饭的时候也要注意让米饭饱满爽韧。在对饭冷处理时，常规一点的方法是用隔夜饭来炒，也有用冰箱来急冻的。

炒饭的时候要热锅下冷油，饭一定要炒够火候，不可急忙下配料，要把饭炒到匀散、富有弹性，饭粒能在锅里"跳起舞"来为好，然后再放其他的配料，这样炒出来的饭才会美味可口。

馄饨的包法

1. 大馄饨皮

大馄饨皮一般呈等边梯形，包时短边面对自己，将肉馅放中间，在馅的外围上用示指蘸清水画个圆，然后将皮子的下沿往上折，使两个半圆重合，用两示指沿水迹扫一下，使其黏合；再将皮子折合后的底边两角在肉馅的下面黏合（一角可以蘸一点儿水，另一角压在上面捏紧），这样馄饨就站起来了。

2. 小馄饨皮

手抓皮子，右手拿筷子或宽冰激凌棍沾点儿肉馅，刮在皮子中间，捏紧即可。

和面的技巧

和面是制作面食的基础，也是关键。和面之前把不锈钢盆或搪瓷盆放在火上烤一烤，时间为几秒到二十秒，当盆的温度达到39℃（摸上去温温的）之后再用这个盆和面，面就不容易沾到盆上了。

和面时首先应注意的是水的温度，要求冬天用温水，其他季节则用凉水。因为面团的温度易受自然气温的影响，通过和面时用水温度的不同，使和好的面团温度始终保持在30℃左右，因为此时面粉中的蛋白质吸水性最高。

火烧的不同做法

火烧扁圆如烧饼，含馅似饺子，皮薄馅多，外酥里绵，鲜香味浓，轻咬一口，油水便滋溢而出。火烧分为干火烧和油火烧二种。

1. 干火烧的做法

把面和好揉好，切成50克左右大小的面节，用擀面杖擀成薄皮，薄至纸张一般，抹上油卷起，竖立压开，包入肉馅，再压成直径10厘米左右的圆饼，放在专用的鏊子上烙至外皮焦黄即可。

2. 油火烧的做法

面皮做好后直接用面皮包馅，在平底锅浅油中煎熟，食用时浇蘸上醋蒜汁，清香解腻，美味可口，其馅多用猪肉、大葱剁碎拌成，也有用羊肉或牛肉的。

高压锅巧做烙饼

用高压锅烙饼时，先用中火将锅烧热，在锅底抹一层油，将做好的生饼放入锅内，随即盖上锅盖和压力阀，火减至微火，两分钟后去阀开盖，把饼铲起，再往锅底抹一层油，烙另一面。用高压锅烙出的饼，色黄味香、皮脆好吃。按上述办法烙饼，可以节省燃料，且易掌握烙饼的火候。

美味可口热菜篇

蔬菜类

菠菜

菠菜富含胡萝卜素、维生素C、维生素E、钙、磷、铁、辅酶Q_{10}、膳食纤维等营养物质。富含的维生素A帮助维护视力和上呼吸道健康，经常食用可以提高人体免疫力，减少感冒等常见病的发病概率；菠菜中含有一定的铁元素，贫血者可以经常食用，尤其适合“虚不受补”人群，中年女性食用菠菜可以为自己带来一个好气色；菠菜所含的维生素E和辅酶Q_{10}能够抗衰老，食用菠菜可以保持青春活力，中年人食用菠菜可以推迟老年期的到来；菠菜所含的大量膳食纤维具有促进肠道蠕动的作用，对于便秘、痔疮、肛裂等疾病治疗效果明显。

中医认为，菠菜性凉，味甘辛，无毒，入肠、胃经；具有补血止血、利五脏、通血脉、止渴润肠、滋阴平肝、助消化等功效，主治高血压、头痛、目眩、风火赤眼、糖尿病、便秘等病症。

菠菜排骨

【主料】排骨400克，菠菜200克。

【配料】盐、白砂糖各3克，料酒、醋、老抽各10克。

【制作】① 菠菜去根，洗净，入沸水中焯水后，捞出，沥干水分，置盘底。② 排骨洗净，入锅加入盐、白砂糖、料酒、醋、老抽以中火煮开后，转用小火焖煮至汤汁呈浓稠状。③ 将排骨盛出置菠菜上即可。

【烹饪技法】焯，煮，焖。

【营养功效】补气养血，健骨强身。

【健康贴士】菠菜中草酸含量较高，肾结石患者不宜食用。

【巧手妙招】菠菜去掉其根部再进行烹饪，口感会更好。

碧绿圈子

【主料】猪大肠300克，菠菜100克。

【配料】植物油20克，蚝油、酱油、水淀粉、盐各5克，鸡精2克。

【制作】① 菠菜洗净，焯水，捞出，摆盘底；猪大肠处理干净，切段，加入盐和料酒腌渍。② 锅置火上，入油烧热，放入猪大肠炸至表面金黄色且变硬，捞出沥油，倒在菠菜上。③ 锅底留油，加入盐、鸡精、蚝油、酱油、水淀粉调成味汁，淋在猪大肠上即可。

【烹饪技法】腌，炸。

【营养功效】润肠通便，防癌抗癌

【健康贴士】菠菜性凉，肠胃虚寒者不宜食用。

【巧手妙招】菠菜易熟，因此焯水的时间不宜过长。

上汤菠菜

【主料】菠菜500克。

【配料】皮蛋1个，咸蛋1个，鸡蛋1个，姜片5克，鸡汤300毫升，白胡椒粉3克，盐5克，植物油30克。

【制作】① 皮蛋、咸蛋蒸15分钟，冷却后去壳，切成粒；菠菜洗净，沥干水分。② 锅置火上，入油烧热，放入姜片爆香，随后放入皮蛋粒、咸蛋粒翻炒几下。③ 把菠菜放入锅内翻炒后调入少许白胡椒粉和盐，并倒入鸡汤一起炒2分钟左右，出锅盛碗即可。

【烹饪技法】蒸，爆，炒。

【营养功效】防老抗衰，增强免疫。

【健康贴士】菠菜不宜与豆腐同食，易患结石病。

【巧手妙招】煮食菠菜前先投入沸水中快速焯烫，即可去除草酸，有利于人体吸收菠菜中的钙。

炸菠菜脯

【主料】菠菜 250 克，海米末 20 克，猪肥肉膘 25 克，冬笋 20 克，冬菇 20 克。

【配料】豆腐皮 15 克，鸡蛋清 20 克，盐 7.5 克，味精 2 克，绍酒 25 克，葱椒汁 15 克，淀粉 50 克，植物油 500 克。

【制作】① 菠菜心洗净，入沸水焯烫，捞出沥干水分，切成末；海米末、肥肉膘、冬笋、冬菇均切成小方丁，与菠菜一起加盐、味精、绍酒、葱椒汁调成菜馅，豆腐皮截成 3.5 厘米的圆片，包上菠菜馅；鸡蛋清打散，加淀粉，搅成糊。② 把包好的菠菜脯逐个挂匀糊，入四成热的油锅中炸至漂起后，翻个捞出，再入五成热油锅中炸成杏黄色，捞出，沥油装盘。

【烹饪技法】焯，炸。

【营养功效】补肾壮阳，滋阴润燥。

【健康贴士】菠菜不宜与黄豆同食，影响消化吸收。

菠菜炒羊肝

【主料】菠菜 300 克，羊肝 150 克。

【配料】盐 2 克，味精 1 克，植物油 15 克，水淀粉 10 克。

【制作】① 菠菜择洗干净，切成段；羊肝切成片，洗净血渍，沥干水分。② 锅置火上，入油烧至六成热，下羊肝翻炒，炒至七成熟时，放入菠菜和盐、味精继续翻炒至熟，用水淀粉勾芡即可。

【烹饪技法】炒。

【营养功效】补血益精，养血生血。

【健康贴士】菠菜不宜与韭菜同食，易引起腹泻。

蛋皮菠菜包

【主料】菠菜 300 克，鸡蛋 3 个。

【配料】植物油 15 克，香菜 5 克，盐 3 克。

【制作】① 菠菜洗净，放到加盐的沸水中焯烫，过冷水，沥干；香菜洗净，入沸水焯烫。② 锅置火上，入油烧热，将鸡蛋加盐打散，倒入平底锅，摊成薄薄的蛋皮，等分切成小蛋皮，每块蛋皮上放一勺菠菜，把菠菜包住，用香菜捆绑即可。

【烹饪技法】焯，煎。

【营养功效】润肠通便，健胃消食。

【健康贴士】菠菜不宜与鳝鱼同食，可能引起腹泻。

【巧手妙招】摊蛋皮的时候，平底不粘锅先加热一些，抹上薄薄的一层油，转中小火，倒入蛋液，慢慢晃动锅子，让蛋液铺满锅底，凝固，就好了。

蒜蓉菠菜

【主料】菠菜 500 克。

【配料】蒜 15 克，盐 5 克，香油 5 克，鸡精 3 克，植物油 20 克。

【制作】① 蒜洗净，去皮，切成薄片状；菠菜择洗干净。② 锅置火上，入水烧沸，加入少许盐和植物油，放入菠菜过水焯烫后，捞出，沥干水分。③ 净锅置火上，入油烧热，下入蒜片爆香，加入菠菜，调入盐、鸡精炒匀后，滴入香油出锅即可。

【烹饪技法】焯，爆，炒。

【营养功效】滋阴补血，润肤养颜。

【健康贴士】菠菜不宜与乳酪同食，影响消化吸收。

鱼香菠菜

【主料】菠菜 500 克。

【配料】泡椒 20 克，盐 3 克，白砂糖 2 克，醋 3 克，老抽 5 克，料酒 8 克，淀粉 5 克，味精 1 克，植物油 15 克，葱 5 克，蒜 3 克，姜 3 克。

【制作】① 菠菜洗净；葱、姜、蒜洗净，切末；盐、白砂糖、醋、酱油、料酒、淀粉、味精混合调成味汁。② 锅置火上，入油烧热，下入菠菜稍炒后，盛盘备用。③ 净锅后置火上，入油烧热，放入泡椒、姜末、蒜末煸炒出香味；烹入兑好的味汁炒熟，放入菠菜炒匀，撒入葱末即可。

【烹饪技法】煸，炒。

【营养功效】润肠通便，生津益血。

【健康贴士】菠菜还可与腐竹搭配食用，具有改善贫血、气虚的作用，适合体倦乏力、气短声低、面色不华等病症患者食用。

黄花菜菠菜

【主料】菠菜 200 克，黄花菜 100 克，红椒 50 克。

【配料】植物油 20 克，葱、姜、盐各 5 克。

【制作】① 黄花菜泡发洗净，焯水；菠菜洗净；红椒洗净，切丝。② 锅置火上，入油烧热，放入菠菜爆炒片刻，加入黄花菜、红椒翻炒，调入盐炒熟，出锅装盘即可。

【烹饪技法】焯，煸，炒。

【营养功效】润肠通便，生津益血。

【健康贴士】菠菜也可与鸡血搭配食用，有养肝保肝的作用，适宜肝炎病患者食用。

油菜

油菜含有多种营养元素，其中包括大量胡萝卜素和维生素 C，而且其所含钙量在绿叶蔬菜中也为最高，故常吃油菜有助于增强机体免疫能力；油菜为低脂肪蔬菜，且含丰富膳食纤维，能与胆酸盐和食物中的胆固醇及三酰甘油结合，并从粪便排出，从而减少脂类的吸收，故可用来降血脂，同时还能活血化瘀，对治疗疖肿、丹毒有一定的功效；油菜中所含的植物激素，能够增加酶的形成，对进入人体内的致癌物质有吸附排斥作用，故有防癌功能；此外，油菜还能增强肝脏的排毒机制，对皮肤疮疖、乳痈有治疗作用。油菜中含有大量的植物纤维素，能促进肠道蠕动，增加粪便的体积，缩短粪便在肠腔停留的时间，从而能治疗多种便秘，预防肠道肿瘤。

中医认为，油菜性温、味辛，无毒，入肝、肺、脾经；其茎、叶可以消肿解毒，治痈肿丹毒、血痢、劳伤吐血，而种子则可行滞活血，能治产后心、腹诸疾及恶露不下、蛔虫肠梗阻等症。

双冬扒油菜

【主料】油菜 500 克，冬菇、冬笋各 50 克。

【配料】盐 5 克，味精 2 克，蚝油 10 克，老抽 5 克，白砂糖 20 克，水淀粉 8 克，香油 3 克，植物油 30 克。

【制作】① 油菜洗净，入沸水中焯烫；锅中加入少许油烧热，下油菜翻炒，调入盐、味精，炒熟盛出，摆盘呈圆形。② 冬菇、冬笋洗净，均切片，放入油锅中煸炒，加蚝油、水，调入酱油、白砂糖，焖约 5 分钟。③ 用水淀粉勾芡，调入香油，盛出放在摆有油菜的碟中间即可。

【烹饪技法】煸，焯，炒，焖。

【营养功效】美容瘦身，润肠排毒。

【健康贴士】油菜性温，患有疥疮、狐臭等慢性病患者要少食。

【巧手妙招】油菜不宜烫得太久，以免发黄。

上汤油菜

【主料】油菜 200 克，皮蛋 100 克，香菇、草菇各 50 克。

【配料】枸杞 10 枚，盐 3 克，蒜末 5 克，高汤 400 毫升。

【制作】① 皮蛋去壳，切块；香菇、草菇分别洗净切块；枸杞洗净。② 锅置火上，倒入高汤加热，油菜洗净，倒入高汤中焯熟后，盛出摆放入盘。③ 继续往汤中倒入皮蛋、香菇、草菇、枸杞，煮熟后，加盐和蒜末调味，出锅倒在油菜中间即可。

【烹饪技法】焯，煮。

【营养功效】增强免疫，降脂减压。

【健康贴士】油菜还可与豆腐搭配食用，具有生津润燥、清热解毒、润肺止咳的作用，适宜口干口渴及肺炎等病患者食用。

【巧手妙招】烹饪油菜时可将其梗剖开，以

便更入味。

仿罗汉菜心

【主料】油菜心 250 克，豌豆苗 150 克，鸡脯肉 150 克，鸡蛋清 30 克。

【配料】高汤 300 毫升，料酒 5 克，熟鸡油 10 克，淀粉 30 克，火腿 50 克，盐 5 克。

【制作】① 油菜心洗净，在每棵菜心根部划一个十字花刀，放入加盐的沸水中焯烫，捞出逐棵沾上淀粉。② 鸡脯肉砸成泥，用高汤冲开，再加入鸡蛋清、盐、料酒和熟鸡油，拌成糊状，用手挤成一个个半圆球形，分别镶在每棵菜心根部，上面用豌豆苗和火腿末加以适当点缀，随后上大火蒸熟，放在盘中。③ 锅置大火上，倒入高汤烧沸，再下入绍酒、盐，用余下的水淀粉调稀后勾薄芡，淋上熟鸡油，浇在油菜心上即可。

【烹饪技法】焯，拌，蒸。

【营养功效】健脾补血，滋养肌肤。

【健康贴士】油菜不宜与胡萝卜同食，否则会影响人体对维生素 C 的吸收。

【巧手妙招】油菜要先放入洗涤液或淘米水中浸泡，再用清水冲洗。

典食趣话：

据说慈禧既想信佛，却又嫌素菜无味。于是太监李莲英挖空心思，叫厨师给她做了一些名为素菜实则是荤腥的“花斋”。“仿罗汉菜心”就是其中一例，果然不出李莲英所料，慈禧胃口大开。

油菜炒猪肝

【主料】猪肝、油菜各 200 克。

【配料】料酒 8 克，盐 6 克，白砂糖 10 克，淀粉 10 克，香油 5 克，姜末 3 克，蒜片 5 克，植物油 30 克。

【制作】① 猪肝洗净，切片，用淀粉拌匀上浆；油菜去叶，洗净，切段。② 把蒜片、姜末、料酒、盐、白砂糖及淀粉放在碗内，加适量水，调成芡汁备用。③ 锅置火上，入油烧热，下猪肝片、油菜片炒熟，随即把芡汁倒入，炒均匀，淋上香油即可。

【烹饪技法】拌，炒。

【营养功效】活血养血，明目消肿。

【健康贴士】油菜不宜与竹笋同食，会破坏维生素 C，降低营养价值。

【举一反三】可以把猪肝换成虾片。

玉石青松

【主料】鱼肉 250 克，油菜心 500 克。

【配料】黄鸡油 50 克，猪油 200 克（实耗 50 克），高汤 50 毫升，鸡蛋清 50 克，淀粉、绍酒各 8 克，火腿 50 克，姜汁 8 克，盐 6 克，白砂糖 5 克，大蒜 15 克，味精 2 克。

【制作】① 鱼肉洗净，切成大片，用绍酒、盐、味精拌均匀；蛋清和淀粉调成糊，把鱼片浆好备用；油菜心洗净，切成两半，菜根削成箭头，再改成段；火腿、大蒜切片。② 锅置火上，入油烧至五成热，下鱼片，待鱼片全部漂浮在油面上时，捞出；锅内留少许底油，下大蒜片略炸，加入高汤，放入鱼片，加入鸡蛋清、淀粉、绍酒、火腿、姜汁、盐、白砂糖、味精在小火煨一会儿，再改大火，撒少许水淀粉勾芡，加黄鸡油出锅，盛在平盘中间。③ 净锅置火上，放入油菜心油，烧至四成熟即捞出，锅内留少许底油，下姜末和火腿片略炸一下，加入高汤，放入油菜，加入鸡蛋清、淀粉、绍酒、火腿、姜汁、盐、白砂糖、味精在小火上慢煨 5 分钟，转大火收汤出锅，油菜心根头朝里，码平盘一圈，每棵油菜心上放一片火腿片即可。

【烹饪技法】拌，煨，炸。

【营养功效】舒筋活血，补虚壮骨。

【健康贴士】油菜不宜与山药同食，影响营养素的吸收。

典食趣话：

据传，汉高祖刘邦未登基之前，常去朋友吕公家吃肉喝酒聊天，久而久之吕公便看出刘邦非等闲之辈，是一个今后能成大业的人。于是吕公决定将自己的女儿许配给刘邦，双方都高兴的同意之后，吕公对他的女儿说，今天是你们定亲的日子，你去做个菜，菜要形美、味香、名字还要有意义。过了一会儿，吕公的女儿做出了一道叫“玉石青松”的菜，配诗是，“玉陷污浊晶莹在，石坚磐如任日晒；青青野草烧不尽，松柏万年色不变。”

鼎湖上素

【主料】油菜心200克，干香菇30克，水发口蘑30克，草菇75克，干银耳30克，水发榆蘑50克，水发黄耳30克，干竹荪30克，冬笋120克，胡萝卜150克，莲子150克。

【配料】淀粉（蚕豆）20克，盐5克，味精3克，白砂糖15克，蚝油25克，生抽20克，植物油50克，香油20克，料酒20克。

【制作】①水发香菇用清水洗净，片成片；鲜草菇洗净，在圆面切成十字花刀；水发口蘑、水发黄耳、水发榆蘑用清水洗净，均切成片；净冬笋、胡萝卜用花刀法刻成蝴蝶花形，切成片；竹荪水发后由中间剖开，切成5厘米的长条；油菜洗净，剥去老帮，油菜心每片改刀切成两片；莲子剥去外皮，挖去苦心，备用。②香菇、冬笋、口蘑、草菇、黄耳、榆耳、红萝卜、竹荪分别入沸水焯烫至熟，捞出后过凉；水发银耳入沸水焯烫。③锅置火上，入油烧热，加入盐、白砂糖、味精、蚝油、汤，下入香菇、冬笋、口蘑、草菇、黄耳、榆耳、胡萝卜、竹荪放入锅内烧至入味，倒去余汁，依次排在汤碗内。④净锅置火上，入油烧热，加入盐、白砂糖、汤、味精，下入银耳、油菜心烧至入味，备用。⑤另取锅置火上，入油烧热，加入素汤、生抽、白砂糖、味精，烧沸后调好口味，用水淀粉勾芡，浇在汤碗内，并上屉用大火蒸5分钟；油菜心捞出，整齐地码放在菜盘的周围，蒸好的菜肴翻扣在码入油菜心的盘子中央，银耳摆放在上面，浇上烧银耳余下的汁即可。

【烹饪技法】焯，烧，蒸。

【营养功效】滋阴益气，补虚壮骨。

【健康贴士】油菜也与香油搭配食用，具有预防癌症、保护眼睛的作用，适宜于肿瘤及夜盲症患者食用。

【巧手妙招】①此菜用料较多，刀工处理时，要求大小一致，薄厚均匀，否则菜肴杂乱无章，影响外形美观。②银耳用体形大而丰满者为佳，剪修整齐。烹制时不应加入深色配料，免失银耳洁白。③本菜应勾“二流芡”，芡汁过稠则使菜肴失去清爽特点。

典食趣话：

“鼎湖上素”是广东肇庆鼎湖山庆云寺一位老和尚创于明朝永历年间，以银耳为制作主料，鼎湖上素的烹饪技巧以蒸菜为主，口味属于清香味。食时鲜嫩滑爽，清香四溢，乃素菜上品。

金针菇烩油菜

【主料】金针菇 100 克，油菜 200 克，火腿 50 克。

【配料】植物油 15 克，耗油 10 克，盐 3 克，姜 5 克，水淀粉 5 克。

【制作】① 油菜去老叶，洗净；金针菇洗净；火腿、姜切成细丝。② 锅置火上，入水烧沸，放入油菜、少许盐煮熟，捞出装盘。③ 净锅置火上，入油烧热，下姜丝，有香味溢出后，放入火腿丝、金针菇炒熟，加盐、耗油调味，最后用水淀粉勾芡，将其倒在已装盘的油菜上即可。

【烹饪技法】煮，炒。

【营养功效】宽肠通便，防病抗癌。

【健康贴士】油菜与虾同食，可消肿散血，清热解毒。

香菇扒油菜

【主料】水发香菇 60 克，油菜 200 克，香肠 50 克。

【配料】植物油 15 克，葱 5 克，蒜 5 克，盐 4 克，花椒粉 2 克，水淀粉 10 克，鸡精 2 克。

【制作】① 香菇洗净，切片；嫩油菜择洗干净，入加盐和少许油的沸水中焯烫；香肠切片；葱切末；蒜拍瓣。② 锅置火上，入油烧热，下入蒜瓣炒出蒜香，再入葱末爆香，放入香菇炒五分钟至软，放入油菜继续翻炒 2 分钟，下入香肠片，调入花椒粉、生抽和蚝油，用水淀粉勾芡，最后撒盐、鸡精翻炒均匀，出锅装盘即可。

【烹饪技法】焯，爆，炒。

【营养功效】润肠通便，减肥轻身。

【健康贴士】油菜还可与鸡肉搭配食用，具有强化肝脏、滋养肌肤的作用。

空心菜

空心菜属碱性食物，并含有钾、氯等调节水液平衡的元素，食后可降低肠道的酸度，预防肠道内的菌群失调，对防癌有益；所含的烟酸、维生素 C 等能降低胆固醇、三酰甘油，具有降脂减肥的功效；空心菜中的叶绿素有“绿色精灵”之称，可洁齿防龋除口臭，健美皮肤，堪称美容佳品；空心菜的粗纤维素的含量较丰富，这种食用纤维是纤维素、半纤维素、木质素、胶浆及果胶等组成，具有促进肠蠕动、通便解毒作用。

中医认为，空心菜性凉、味甘，无毒，入胃、肠经；具有润肠通便、清热凉血、疗疮解毒等功效，适用于便秘、衄血、咯血、血尿、热淋、痈疮肿毒、毒蛇及蜈蚣咬伤等症。

椒丝空心菜

【主料】空心菜 400 克，红椒 50 克。

【配料】鸡精 3 克，蚝油 5 克，蒜蓉 10 克，植物油 10 克。

【制作】① 空心菜洗净，去头，切段；红椒洗净，切丝。② 锅置火上，入油烧热，下入蒜蓉爆香，放入空心菜、红椒倒入锅略炒，加入鸡精、蚝油、蒜蓉，炒匀即可。

【烹饪技法】爆，炒。

【营养功效】解毒消肿，去脂降压。

【健康贴士】空心菜性凉，肠燥便秘、痔疮便血者宜食。

【巧手妙招】炒空心菜时如要保持绿色素不受破坏，炒的时间不宜过长。

【举一反三】可以把红椒换成合乎自己口味的青椒。

豆豉辣椒炒空心菜梗

【主料】空心菜 500 克，豆豉 10 克，干辣椒 50 克。

【配料】蒜 10 克，盐 3 克，味精 2 克，陈醋 10 克，植物油 20 克。

【制作】① 辣椒去蒂、子，切段；蒜去皮，切粒备用；空心菜择洗干净，去叶留梗，切细段备用。② 锅置火上，入油烧热，放入辣椒段、蒜粒、豆豉炒香，倒入空心菜梗，调入盐、味精、陈醋炒匀入味即可。

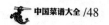

【烹饪技法】炒。

【营养功效】润肠通便，清热凉血。

【健康贴士】空心菜性凉，体质虚弱、脾胃虚寒、大便溏泄者不宜多食。

砂锅虾酱空心菜

【主料】空心菜 500 克。

【配料】虾酱 5 克，蒜 5 克，姜 5 克，盐 2 克，鸡精 1 克，白砂糖 3 克，植物油 15 克。

【制作】① 空心菜去根去叶，洗净，留梗切长段；姜去皮洗净切丝；蒜去皮，洗净切粒。② 炒锅置火上，入油烧热，下蒜粒、姜丝、虾酱炒香，放入洗净的空心菜梗翻炒至空心菜熟，调入盐、鸡精、白砂糖拌匀，出锅装盘即可。

【烹饪技法】炒，拌。

【营养功效】洁齿防龋，润肤美颜。

【健康贴士】空心菜不宜与酸奶同食，影响钙质的吸收。

炝炒空心菜

【主料】空心菜 500 克，干红椒 30 克。

【配料】植物油 15 克，盐 3 克。

【制作】① 空心菜择洗干净，水中加盐浸泡 15 分钟，捞出沥干水分，梗捏扁，切成两寸长的段儿；干红椒切段。② 锅置火上，入油烧热，下入干红椒段炒，加入空心菜翻炒，调盐入味，出锅装盘即可。

【烹饪技法】炒。

【营养功效】宽肠通便，降低血压。

【健康贴士】空心菜含有降低血压的成分，故血压低的人不宜多食。

乳椒空心菜

【主料】空心菜 500 克。

【配料】泡椒 10 克，腐乳汁 12 克，植物油 15 克，盐 3 克，白砂糖 2 克，味精 2 克，蒜泥 5 克，植物油 15 克。

【制作】① 空心菜剪去老根，嫩头一切两断，洗净。② 锅置火上，入油烧热，下入蒜泥炒散，放入空心菜煸炒，最后下入泡辣椒节、腐乳汁、盐、白砂糖、味精略炒即可。

【烹饪技法】煸，炒。

【营养功效】清热凉血，健脾利湿。

【健康贴士】空心菜还可与红椒搭配食用，具有降压消肿的作用，高血压患者宜食。

清炒空心菜

【主料】空心菜 500 克。

【配料】葱 3 克，蒜末 5 克，盐 3 克，味精 2 克，香油 3 克，植物油 15 克。

【制作】① 空心菜择洗干净，沥干水分。② 锅置大火上，入油烧至七成热时，下入葱、蒜煸炒片刻，加入空心菜炒至断生时，调入盐、味精翻炒，淋上香油，出锅装盘即可。

【烹饪技法】煸，炒。

【营养功效】通便排毒，清热去火。

【健康贴士】空心菜也与鸡爪搭配食用，具有滋润肌肤、润肠通便的作用，皮肤粗糙、便秘者宜食。

蒜蓉空心菜

【主料】空心菜 500 克。

【配料】蒜 5 克，花椒 3 克，鸡精 1 克，盐 3 克，植物油 15 克。

【制作】① 空心菜洗净，切段；蒜切成末。② 锅置火上，入油烧热，下花椒爆香，放蒜末、空心菜翻炒变色后，加鸡精和盐炒匀，出锅装盘即可。

【烹饪技法】爆，炒。

【营养功效】凉血排毒，降脂减肥。

【健康贴士】空心菜不宜与枸杞同食，易引起腹胀、腹痛。

【巧手妙招】新鲜的空心菜要用大火快速炒出，时间长了会破坏较多的营养素。

菜心

菜心是中国广东的特产蔬菜，品质柔嫩、风味可口，营养丰富。菜心富含钙质，能补血顺气、化痰下气、祛瘀止带、解毒消肿、活血降压；菜心富含粗纤维、维生素C和胡萝卜素，不但能够刺激肠胃蠕动起到润肠、助消化的作用，对护肤和养颜也有一定的作用；菜心还含有吲哚三甲醇等对人体有保健作用。

中医认为，菜心性凉、味辛，无毒，入肝、肺、脾经；茎、叶可以消肿解毒，治痈肿丹毒、血痢、劳伤吐血；种子可行滞活血，治产后心、腹诸疾及恶露不下、蛔虫肠梗阻等。

香菇蚝油菜心

【主料】香菇200克，菜心150克。

【配料】鸡精3克，老抽5克，蚝油30克。

【制作】① 香菇洗净，去蒂；菜心洗净，择去黄叶，入沸水中焯烫至熟。② 锅置火上，入蚝油烧热，下入菜心、香菇、鸡精、老抽同炒入味，出锅装盘即可。

【烹饪技法】焯，炒。

【营养功效】开胃消食，降脂减压。

【健康贴士】菜心性凉，脾胃虚寒者应慎食。

【举一反三】可以把香菇换成白灵菇，或者其他自己喜欢吃的菌类。

盐水菜心

【主料】菜心200克，红椒50克。

【配料】盐3克，鸡精3克，姜丝5克，高汤200毫升，植物油20克。

【制作】① 红椒洗净，去蒂，切丝；菜心洗净，择去黄叶，入沸水中焯烫至熟，捞出装盘。② 净锅置火上，入油烧热，爆香姜丝、红椒丝，下入高汤、盐、鸡精烧沸，倒入装有菜心的盘中即可。

【烹饪技法】焯，爆，烧。

【营养功效】消炎散肿，防癌抗癌。

【健康贴士】菜心性凉，贫血者不宜食用。

【巧手妙招】菜心焯水后捞出，摊开放凉，再装盘，这样可以保证菜心的颜色不变。

蘑菇小番茄扒菜心

【主料】菜心150克，小番茄100克，蘑菇100克。

【配料】植物油30克，盐5克，鸡精3克，白砂糖3克。

【制作】① 蘑菇去蒂洗净；菜心择去黄叶，洗净，入沸水中焯烫，捞出，沥干水分；小番茄洗净后对切。② 锅置火上，入油烧热，下入蘑菇、小番茄翻炒，加入菜心、盐、鸡精、白砂糖即可。

【烹饪技法】焯，炒。

【营养功效】健胃消食，防癌抗癌。

【健康贴士】菜心不宜和醋同食，会破坏营养价值。

【巧手妙招】菜心稍烫即可，不可太熟。

菜心豆腐炒鸡肉

【主料】菜心200克，鸡胸肉100克，豆腐200克。

【配料】红椒50克，黑豆10克，金银花5克，甘草3克，盐3克，料酒8克，淀粉5克，葱末15克，蒜末10克，水淀粉15克，植物油35克。

【制作】① 黑豆、金银花、甘草以3碗水煎煮成1碗药汁；鸡肉、菜心与豆腐均洗净，切丁；红椒洗净，切片。② 把鸡肉用料酒、盐和淀粉拌匀腌渍20分钟，再入热油锅中滑熟，捞出，沥干水分，下葱末、蒜末爆香，加入油菜与药汁煮开后，用水淀粉勾芡，倒入豆腐、鸡丁、红椒片煮 2 分钟即可。

【烹饪技法】拌，腌，爆，煮。

【营养功效】益气补虚，活血调经。

【健康贴士】菜心还可与豆皮搭配食用，常吃可促进人体的新陈代谢。

【巧手妙招】菜心宜用大火爆炒，效果更佳。

草菇菜心煲

【主料】草菇 250 克，菜心 250 克。

【配料】松仁 50 克，高汤 150 毫升，料酒 10 克，老抽 5 克，蚝油 20 克，白砂糖 3 克，味精 2 克，芝麻 8 克，水淀粉 10 克，香油 5 克。

【制作】① 草菇洗净，用刀剖开，下沸水锅中焯烫；菜心洗净，切成两半；松仁用温水浸泡至涨起。② 锅置火上，入蚝油烧至四成热，下松仁炸至浅黄色，捞出冷却，放入菜心煸炒，放入高汤烧沸，放入草菇，加入料酒、老抽、白砂糖、味精、芝麻，再沸时用水淀粉勾成薄芡，下入松仁，立即出锅，淋上香油即可。

【烹饪技法】焯，炸，炒，煲。

【营养功效】增强免疫，防病抗病。

【健康贴士】菜心性凉，腹泻者不宜食用。

芥菜

芥菜含有维生素 A、维生素 B、维生素 C 和维生素 D 很丰富。芥菜含有大量的抗坏血酸，是活性很强的还原物质，参与机体重要的氧化还原过程，能增加大脑中氧含量，激发大脑对氧的利用，有提神醒脑，解除疲劳的作用；其次还有解毒消肿之功，能抗感染和预防疾病的发生，抑制细菌毒素的毒性，促进伤口愈合，可用来辅助治疗感染性疾病；芥菜还有开胃消食的作用，因为芥菜腌渍后有一种特殊鲜味和香味，能促进胃、肠消化功能，增进食欲，可用来开胃，帮助消化；因芥菜组织较粗硬、含有胡萝卜素和大量食用纤维素，故有明目与宽肠通便的作用，可作为眼科患者的食疗佳品，还可防治便秘，尤宜于老年人及习惯性秘者食用。

中医认为，芥菜性温、味辛，入肺、胃经；具有宣肺豁痰，利气温中，解毒消肿，开胃消食，温中利气，明目利膈的功效，主治咳嗽痰滞、胸膈满闷、疮痈肿痛、耳目失聪、牙龈肿烂、寒腹痛、便秘等病症。

芥菜炒牛肉

【主料】芥菜梗、牛肉各 200 克。

【配料】盐 4 克，味精 1 克，老抽 5 克，香油 5 克，料酒 6 克，鸡蛋清 30 克，水淀粉 10 克，干红椒段 10 克，植物油 35 克。

【制作】① 芥菜梗洗净，切成片；牛肉洗净，切成片，放入料酒、鸡蛋清、水淀粉上浆腌渍。② 锅置火上，入油烧热，下干红椒爆香，入牛肉炒散，放芥菜同炒片刻，调入盐、味精、老抽炒匀，淋入香油即可。

【烹饪技法】腌，爆，炒。

【营养功效】补脾益气，防癌抗癌

【健康贴士】芥菜性温，患疮疡的人不宜食。

【巧手妙招】腌渍牛肉时，不要放盐，否则会使牛肉肉质紧缩，口感变老。

芥菜梗炒肉丁

【主料】芥菜梗 100 克，猪肉、青椒、红椒各 50 克。

【配料】辣椒酱 20 克，香油 10 克，盐 3 克，味精 1 克，植物油 20 克。

【制作】① 芥菜梗洗净，切丁；猪肉洗净，切丁；青椒、红椒均洗净，切圈。② 锅置火上，入油烧热，下入肉丁爆炒，再加入辣椒酱、芥菜丁和青椒、红椒煸炒，待猪肉、芥菜均熟时，放入盐、味精拌匀，淋上香油即可。

【烹饪技法】爆炒，拌。

【营养功效】暖肠健胃，增强免疫。

【健康贴士】芥菜不宜与鲫鱼同食，易引发水肿。

【巧手妙招】炒这道菜的时候要多放葱和姜才会好吃，腌肉和菜出锅前滴入香油会增香。

炒芥菜

【主料】芥菜 500 克。

【配料】酱油 5 克，白砂糖 3 克，味精 2 克，香油 5 克，植物油 20 克。

【制作】① 芥菜择洗净，沥干水分，切成 4.5 厘米长、1.5 厘米宽的条。② 锅置火上，入油烧热，放入芥菜煸炒，再放入酱油、白砂糖烧沸后，改用小火至汤汁收干，加味精，淋入香油炒匀，出锅装盘即可。

【烹饪技法】煸炒，炒。

【营养功效】暖肠健胃，提神益智。

【健康贴士】芥菜性温，眼疾患者慎食。

【巧手妙招】芥菜收干汤汁后分量会大大减少，因此做此菜时要多准备食材。

白果菜心

【主料】嫩芥菜心 150 克，白果 50 克。

【配料】植物油 20 克，老抽 5 克，白砂糖 5 克，姜末 5 克，盐 3 克，味精 2 克。

【制作】① 芥菜心择洗净，切成小段。② 锅置火上，入油烧热，将菜心过油，捞出，沥油。③ 锅中留少许油，姜末爆香，把菜心回锅，加入老抽、盐、味精、白砂糖调味，放入白果翻炒均匀，出锅装盘即可。

【烹饪技法】爆，炒。

【营养功效】补肺养阴，止咳平喘。

【健康贴士】青椒也可与芥菜搭配食用，有治疗头痛的作用，适宜于偏头痛患者食用。

【巧手妙招】如用干白果，需事先泡软煮熟，新鲜白果直接用即可。

蒜炒芥菜

【主料】芥菜 1000 克，蒜 35 克。

【配料】盐 5 克，植物油 30 克。

【制作】① 芥菜洗净，切成节，入加盐的沸水中焯烫，捞出，沥干水分；蒜切成片。② 锅置火上，入油烧热，下蒜片爆香，加入芥菜大火翻炒 2 分钟，调入盐翻匀，出锅装盘即可。

【烹饪技法】焯，爆，炒。

【营养功效】提神健脑，排毒消肿。

【健康贴士】芥菜性温，肝火旺者不宜食用。

【巧手妙招】此菜要大火快炒，以保持菜的鲜嫩，蚝油要最后放才能保持营养。

鲜菇熘芥菜

【主料】鲜香菇 100 克，芥菜心 300 克。

【配料】葱 5 克，盐 3 克，味精 1 克，高汤 150 毫升，水淀粉 10 克，香油 5 克，植物油 20 克。

【制作】① 香菇洗净，入开水中煮至断生，切成斜片；芥菜心洗净，削成叶片状；葱洗净，切成末备用。② 锅置火上，入油烧热，下入葱末爆香，加入高汤，放入芥菜心、香菇、盐、味精煮熟，用水淀粉勾芡，淋上香油即可出锅。

【烹饪技法】煮，熘。

【营养功效】开胃消化，益智补脑。

【健康贴士】芥菜属于一种温性时蔬，患有热性咳嗽患者不宜食用。

【举一反三】夏季时，也可用其他青菜代替芥菜。

芥菜炒黄豆

【主料】黄豆 50 克，芥菜 200 克，猪肉 60 克，胡萝卜 50 克。

【配料】老抽 5 克，白砂糖 2 克，植物油 30 克，味精 2 克，葱 3 克，姜 3 克。

【制作】① 黄豆泡发，入沸水锅中煮熟，捞出备用。② 锅置火上，入油烧热，下肉丁、葱、姜、酱油、糖煸炒至香，放入煮熟的黄豆、芥菜、胡萝卜丁混合翻炒，加入少许水盖锅盖焖约 5 分钟，待汁浓后放入味精翻炒数下，出锅装盘即可。

【烹饪技法】煮，煸炒，焖。

【营养功效】提神健脑，清热除烦。

【健康贴士】芥菜不宜与醋同食，会破坏胡萝卜素。

【举一反三】可以把黄豆换成豆干。

白菜

“百菜不如白菜”，白菜含有丰富的维生素 B_1、维生素 B_2、维生素 C、烟酸、钙、磷和膳食纤维。丰富的维生素 C 具有护肤养颜的功效，秋冬季节空气干燥，多食白菜可以保护皮肤，老年人食用白菜可提高机体免疫功能，预防感冒与抗癌；白菜富含的膳食纤维能够促进肠胃蠕动，防治便秘、痔疮等疾病，对肠癌也有预防效果；所含的微量元素可以降低乳腺癌的发病概率。

中医认为，白菜性平、微寒，味甘，无毒，入肠、胃经；具有消食养胃、除烦解渴、利尿通便、化痰止咳、清热解毒之功效，主治肺热、咳嗽、咽干、口渴、头痛、大便干结、丹毒、痔疮出血等病症，是清凉降泻兼补益之良品。

开洋白菜

【主料】大白菜 300 克，虾米 30 克。

【配料】火腿 25 克，辣椒 20 克，泡发木耳 15 克，香菜 5 克，盐 5 克，植物油 15 克。

【制作】① 白菜洗净，切丝；火腿、辣椒、木耳均切丝；香菜切末；虾米泡发。② 锅置火上，入油烧热，将火腿丝炒香，盛出备用，继续爆炒虾米至香味溢出，再倒入白菜及木耳丝以大火炒熟，调入盐炒匀。③ 最后加入火腿丝及辣椒丝略炒，出锅装盘即可。

【烹饪技法】爆炒，炒。

【营养功效】润肺滑肠，滋阴补肾。

【健康贴士】白菜性微寒，气虚胃寒的人不能多吃。

【巧手妙招】虾米洗净后泡软可以降低咸味与腥味。

枸杞大白菜

【主料】大白菜 500 克，枸杞 30 枚。

【配料】盐 3 克，鸡精 3 克，上汤 150 毫升，水淀粉 5 克。

【制作】① 白菜洗净，切片，入沸水中；枸杞入清水中洗净，切片。② 锅中倒入上汤煮开，下大白菜煮至软，捞出装盘，汤中放入枸杞，加盐、鸡精调味，用水淀粉勾芡，浇淋在大白菜上即可。

【烹饪技法】煮。

【营养功效】养胃补肝，补血养颜。

【健康贴士】白菜和辣椒同食，能促进肠胃蠕动，帮助消化。

一品大白菜

【主料】大白菜 250 克，虾干 30 克，咸肉 50 克。

【配料】高汤 50 毫升，植物油 30 克，盐 3 克，味精 1 克，鸡油 15 克。

【制作】① 大白菜洗净，切成条；咸肉切成片。② 大白菜中拌入少许盐、味精、鸡油，整齐码于盘中，铺上虾干、咸肉片，淋入高汤，入蒸锅中用大火蒸熟即可。

【烹饪技法】拌，淋，蒸。

【营养功效】益气补血，丰胸美体。

【健康贴士】大白菜性偏寒凉，大便溏泻及寒痢者不可多食。

【巧手妙招】切大白菜时，宜顺着大白菜的丝切，这样更易熟。

大白菜粉丝盐煎肉

【主料】大白菜 200 克，五花肉 200 克，粉丝 50 克。

【配料】盐 5 克，老抽 10 克，葱末 8 克，植物油 20 克。

【制作】① 大白菜洗净，切大块；粉丝用温水泡软；五花肉洗净，切片，用盐腌 10 分钟。② 锅置火上，入油烧热，下葱末爆香，放猪肉炒变色，加白菜炒匀，倒入粉丝和开水，以开水没过菜为宜，加酱油、盐炒匀，大火烧沸，中小火焖至汤汁浓稠，出锅装盘即可。

【烹饪技法】腌，炒，烧，焖

【营养功效】补肾养血，防癌抗癌。

【健康贴士】白菜还可与豆腐搭配食用，具

有益气补中、清热利尿的作用，适宜于大小便不利、咽喉肿痛、支气管炎等患者食用。

【巧手妙招】粉丝泡好后，最好用剪刀剪短，这样吃起来既方便，口感也好。

鱼香白菜

【主料】大白菜 350 克。

【配料】豆瓣酱 20 克，高汤 50 毫升，白砂糖 3 克，醋 3 克，老抽 5 克，泡椒 10 克，葱丝 5 克，姜丝 5 克，蒜末 5 克，盐 3 克，味精 2 克，水淀粉 10 克，植物油 20 克，红油 5 克。

【制作】① 白菜洗净，沥干水分，切成丝；豆瓣酱剁碎；白砂糖、醋、老抽、盐、味精、高汤、水淀粉兑成味汁。② 锅置火上，入油烧热，放入白菜丝煸炒出水分，将菜倒入漏勺滤水。③ 锅内另加油烧热，放入豆瓣酱、泡椒丝、葱丝、姜丝、蒜末炒出香味，倒入白菜丝煸炒，再烹入味汁，翻炒均匀，淋上红油，出锅装盘即可。

【烹饪技法】煸炒，炒。

【营养功效】润肠排毒，养胃生津。

【健康贴士】白菜也可与黄豆搭配食用，具有防止乳腺癌的作用，适宜于乳腺炎、乳腺增生等病患者食用。

熬白菜

【主料】白菜 250 克，豆腐 200 克，干粉丝 50 克。

【配料】植物油 30 克，葱 5 克，盐 8 克，味精 2 克，高汤 250 毫升。

【制作】① 白菜洗净，切成 1 寸左右长方块，入沸水焯烫，捞出沥水；豆腐切成小长方块；干粉丝泡发好。② 锅置火上，入油烧热，下葱炸香，放白菜稍炒后加入高汤，再下豆腐、粉丝及盐，用温水将白菜熬烂，出锅前加入味精拌匀即可。

【烹饪技法】焯，炸，熬。

【营养功效】清热消暑，补气养血。

【健康贴士】白菜还可以和牛肉搭配食用，具有健脾开胃，调理气血的作用。

典食趣话：

唐代武则天曾下严令禁止屠杀生灵，官员们被蔬菜搞得困顿不堪。当时娄师德作为御史，出使到陕西，当地的一名厨师为让娄师德早点儿离开，于是就熬了一份白菜给他吃。娄师德见状，觉得食之无味，就回京师去了。此后，这位厨师逢人就说自己当时是怎样用熬白菜把娄师德撵走的。后来，“熬白菜”就成了陕西民间的一道最普通的素菜。

干贝白菜

【主料】干贝 30 克，香菇 200 克，白菜 300 克。

【配料】虾米 10 克，姜 5 克，辣椒 20 克，干贝汤 300 毫升，蚝油 10 克，老抽 10 克，糖 3 克，盐 5 克，料酒 5 克，水淀粉 5 克，植物油 30 克。

【制作】① 干贝用两碗水泡软拆成丝，以小火煮至汤汁收至一碗左右。② 香菇泡软切丝；白菜切长条；姜切片；辣椒切片；虾米用少许油爆酥香。③ 锅置火上，入油烧热，放进姜片、辣椒片爆香，加香菇、白菜翻炒片刻后加一碗清水，加少许盐。上盖焖煮至熟烂，倒掉余出汤汁，加爆香的虾米拌匀后摆盘。④ 干贝丝及汤烧沸，加所有配料拌煮均匀，用水淀粉勾芡，淋于白菜上即可。

【烹饪技法】爆，炒，焖，煮，拌。

【营养功效】健脾开胃，清热解毒。

【健康贴士】白菜也可与猪血搭配食用，不但有利于补气血，更可以起到显著的清肠胃、除烦解渴的作用。

【巧手妙招】浸泡干贝的水很鲜，一定要原汁留用才好。

开水白菜

【主料】大白菜 1000 克。

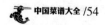

【配料】盐、绍酒、葱、姜各 5 克，胡椒粉、味精各 2 克，鸡茸汤 500 毫升。

【制作】① 取大白菜嫩心，削去帮上的筋膜，在圆锥形的顶部打十字花刀，冲洗干净，入沸水焯烫，捞出过凉，理顺切去多余的菜叶部分，整齐地码放在汤盆内。② 锅置火上，入鸡茸汤、清水、葱、姜、胡椒粉、绍酒煮沸，倒入盛有白菜心的汤盆内，上屉大火蒸透即可。

【烹饪技法】焯，烧，蒸。

【营养功效】清热解毒，防癌抗癌。

【健康贴士】白菜还能与猪肉搭配食用，可以起到非常好的滋阴润燥的作用，且可为人体提供丰富营养，适用于营养不良、贫血、头晕、大便干燥的人食用。

典食趣话：

20 世纪初三四十年代，原做过清朝御膳厨师的黄敬临在成都开办了一家餐厅叫“姑姑筵”，他“看人下菜”，往往使得主客皆喜，全都满意。有意思的是，黄敬临无论给什么口味的人配菜，都离不开“开水白菜”。为什么呢？因为这道菜东西南北中无人不吃。后来川菜大师罗国荣调来北京饭店国宴厅掌厨，他将黄敬临的“开水白菜”的烹调技术带回北京，并在邀请里根的回宴中上席，得到了客人很高的评价，“开水白菜”成为北京饭店高档筵席上的一味佳肴。

清炒小白菜

【主料】小白菜 300 克。

【配料】植物油 20 克，葱、姜各 10 克，盐 3 克。

【制作】① 小白菜洗净，切成小段。② 锅置火上，入油烧热，下姜炒香，放入小白菜段大火炒至六成熟后，加入酱油和盐，再翻炒几下出锅装盘，撒上葱末即可。

【烹饪技法】炒。

【营养功效】宽肠通便，壮骨瘦身。

【健康贴士】小白菜也能与薏米同食，可以辅助治疗脾虚湿热证。

醋熘白菜

【主料】白菜 300 克。

【配料】植物油 20 克，香油 5 克，花椒 3 克，盐 3 克，老抽 5 克，米醋 5 克，白砂糖 2 克，水淀粉 10 克。

【制作】① 白菜帮部位用刀侧削，使之呈薄片，以便入味；白菜叶子部位可手撕成片状；将白砂糖、醋、酱油、盐、水淀粉混合，搅匀备用。② 锅置火上，入油烧热，下入花椒炸煳，拣出，投入白菜帮薄片，煸炒数分钟，再加入白菜叶同炒 2 ~ 3 分钟，将步骤 1 中的混合物倒入作为勾芡，翻炒 1 分钟左右即可出锅。

【烹饪技法】炸，煸炒，炒。

【营养功效】健脾开胃，防癌抗癌，防老抗衰。

【健康贴士】白菜性凉，脾胃虚寒、大便溏薄者不宜多食。

上汤娃娃菜

【主料】娃娃菜 300 克，

【配料】松花蛋 1 个，咸鸭蛋 1 个，大蒜 5 克，盐 3 克，鸡精 1 克，高汤 300 毫升，植物油 15 克。

【制作】① 娃娃菜洗净，从底部用刀横竖各划一刀（“十字状”），划的时候不要完全划开，连一点儿；皮蛋切成丁；咸鸭蛋取黄，切成丁；蒜头也切成丁，备用。② 锅置火上，注水烧沸，将娃娃菜放入锅中烫熟，捞出，沥干水分，盛放至一个较大较深的碗中。③ 净锅置火上，入少许油，烧至五成热，下入蒜蓉炸至金黄，盛起，撒在娃娃菜上。④ 另起锅置火上，入水1500毫升，大火煮沸，下入皮蛋丁、咸蛋黄，煮1分钟，调入盐、鸡精，汤汁淋在娃娃菜上即可。

【烹饪技法】炸，煮。

【营养功效】清热去火，防癌抗癌。

【健康贴士】小白菜还可与排骨搭配食用，不仅营养丰富，更能清热除烦，通利肠胃，食疗功效颇佳。

【巧手妙招】娃娃菜很嫩很容易烫软烫熟，大概烫3分钟即可。

典食趣话：

杨玉环爱喝白菜汤，于是唐玄宗令御膳房将一棵棵大白菜都剥成小巧玲珑的整棵小菜心，用沸水烫熟后浇上高汤。杨玉环大悦，于是汤浸娃娃菜就成了杨贵妃养颜美容的“专有美食”，但当时并没有传入民间。直至清代，“满汉全席”中有了“上汤”一说，当年玄宗御膳房厨师的一位后裔藏有贵妃“汤浸娃娃菜”的做法秘笈，并将其进行完善，从此，“上汤娃娃菜”才正名后流入民间。

奶汁白菜

【主料】白菜500克。

【配料】火腿15克，虾米15克，牛奶50克，高汤150毫升，水淀粉5克，植物油100克（实耗30克），味精2克，盐3克，香油5克，姜5克。

【制作】① 把白菜叶切成1.5厘米宽、5厘米长的块。② 锅置火上，入油烧至七成热时，将白菜块下锅炸1分钟左右，见白菜块四周呈米黄色时捞出，控净余油。③ 原锅留油，放入姜末炝锅，倒入炸好的白菜、牛奶、虾米、盐、味精和高汤，用小火焖之。④ 待汁少时放火腿末，用水淀粉勾芡，淋香油，出锅装盘即可。

【烹饪技法】炸，炝，焖。

【营养功效】清热解暑，减肥瘦身。

【健康贴士】白菜不宜与牛肝同食，会降低营养价值及功效。

麻辣白菜

【主料】白菜800克。

【配料】干辣椒10克，盐、味精各5克，料酒25克，老抽30克，花椒10克，植物油100克。

【制作】① 白菜洗净，切成条；干辣椒切成段。② 锅置火上，入油烧热，下花椒爆香，下辣椒炒至变色，加入白菜一同翻炒，烹入料酒、加盐、酱油、味精翻炒入味，出锅装盘即可。

【烹饪技法】爆，炒。

【营养功效】开胃消食，利尿通便。

【健康贴士】白菜还能与虾同食，可以达到祛热除燥、防治牙龈出血的作用，适宜发热、胸闷心烦等人食用。

水煮白菜

【主料】白菜750克，土豆250克，瘦肉150克，肥肉20克。

【配料】盐4克，味精2克，植物油50克。

【制作】① 白菜、土豆洗净备用；瘦肉切片；肥肉切薄片；土豆切滚刀块。② 锅置火上，入油烧热，放入肥肉小火炸至金黄色时把火调大；油烧滚，直接放瘦肉，翻炒，待肉色变白，收完水即可；放入土豆，直接加入水，淹过土豆，盖上锅盖烧 5 分钟。③ 白菜用手撕好，放进锅里，菜帮放在下面，菜叶一层一层地盖在上面，加入水淹过菜面。④ 盖上锅盖大火烧沸，再加入盐、味精调味，改用中火煮约 25 分钟即可。

【烹饪技法】烧，煮。

【营养功效】润肠通便，清脂排毒，养颜护肤。

【健康贴士】白菜还可与栗子搭配食用，具有健脑益智、提高乳汁质量的作用，适宜产妇食用。

【举一反三】不喜欢吃土豆的可以烹调时不放土豆。

脆香炒白菜

【主料】白菜 250 克，姜 5 克，辣椒 50 克。

【配料】盐 5 克，植物油 15 克，香油 5 克。

【制作】① 将新鲜大白菜剥掉外层的叶子，用水洗净，沥干水分。② 把白菜帮和菜叶分开来切，切的时候顺着白菜的纹理竖着切成 3 厘米左右的小条，白菜帮和菜叶分别放置。③ 锅置火上，入油烧热，放入姜片和切好的辣椒圈煸炒出香，然后放入白菜帮的部分，大火翻炒约 1 分多钟，最后将白菜叶的部分放入，约半分钟之后菜叶就变软炒熟了。④ 迅速关火，趁热撒上盐，滴上香油，用炒勺拌匀即可。

【烹饪技法】煸炒，炒，拌。

【营养功效】清热解毒，润肺化痰。

【健康贴士】白菜还能与甘草搭配食用，具有治疗风毒、愈合伤口的作用。

扒白菜条

【主料】白菜 250 克，栗子 50 克。

【配料】植物油 20 克，老抽 5 克，盐、味精 2 克，葱片 4 克，姜末 3 克，高汤 100 毫升，水淀粉 5 克。

【制作】① 将栗子切成片；白菜去叶洗净，切成 1 厘米宽、6.6 厘米长的条，下沸水汆烫，捞出，沥干水分。② 锅置火上，入油烧热，下葱、姜炝锅，放入栗子煸炒一会儿，再加白菜条、酱油、盐，添适量高汤，煨 5 分钟，加少许味精，用水淀粉勾芡，出锅装盘即可。

【烹饪技法】汆，煸炒，煨，扒。

【营养功效】健脾养胃，润肠排毒。

【健康贴士】白菜也可与生姜搭配食用，对感冒、咳嗽等症有很好的辅助疗效。

【举一反三】此菜也可用猪肉替换栗子，称为猪肉扒白菜。

酸白菜粉丝

【主料】酸白菜 300 克，粉丝 100 克，猪肉 50 克。

【配料】葱油 5 克，盐 2 克，鸡精 1 克，老抽 5 克，植物油 15 克。

【制作】① 酸白菜切丝；粉丝用水泡好；猪肉洗净，切成细丝。② 锅置火上，入油烧热，下葱末爆香，放入猪肉丝翻炒几下，再放少许老抽（调色）。③ 翻炒几下后，放入酸白菜丝同炒，快出锅时，放粉丝、盐、鸡精略炒一会儿，出锅装盘即可。

【烹饪技法】爆，炒。

【营养功效】润肠通便，消脂养颜。

【健康贴士】白菜也可与鲤鱼搭配食用，具有非常好的滋阴润燥的作用，且能为人体提供丰富营养，适用于营养不良、贫血、头晕、大便干燥等症。

卷心菜

卷心菜富含延缓衰老的抗氧化成分，具有提高免疫力、增进身体健康的作用；卷心菜中的维生素 C 和钾对防治高血压很有益处；卷心菜中还含有较多的维生素 K，有助于增强骨质；卷心菜中含有一定量的维生素 U 是它的最大特点，它具有保护黏膜细胞的作用，对胃炎及胃溃疡的防治有较好的临床效果；它还具有较强的抗氧化作用，医学上把这种防止体内氧化过程的作用称作“抗氧化”过程，也是抗衰老的过程。此外，卷心菜富含叶酸，卷心菜富含叶酸，而叶酸对巨幼细胞贫血和胎儿畸形有很好的预防作用，因此，怀孕妇女、贫血患者及生长发育时期的儿童、青少年应该多吃。

中医认为，卷心菜性平，味甘，无毒，入脾、胃经；具有益肾、补髓、利关节、壮筋骨、利五脏、调六腑、清热、止痛等功效，适用于肾虚腰痛，胃和十二指肠溃疡等症，还可缓解胆绞痛。

珊瑚卷心菜

【主料】卷心菜 500 克，青椒、红椒各 20 克，冬笋 50 克，水发香菇 20 克。

【配料】盐 3 克，醋 6 克，红油 10 克，干辣椒丝 5 克，葱丝 15 克，姜丝 10 克，白砂糖 2 克，植物油 15 克。

【制作】① 卷心菜洗净一切为二切丝，放入沸水中焯烫，捞出装盘；青椒、红椒、冬笋、水发香菇洗净，切丝。② 锅置火上，入油烧热，放入葱丝、姜丝、干辣椒丝、香菇丝、冬笋丝、青椒丝、红椒丝、盐翻炒。③ 加入清水煮开后调入白砂糖，凉凉浇入装有卷心菜的盘中，淋入红油、醋拌匀即可。

【烹饪技法】焯，炒，煮，拌。

【营养功效】增强免疫，防病抗毒。

【健康贴士】卷心菜还可与木耳搭配食用，具有补肾壮骨、填精健脑、健骨通络的作用。

炝炒卷心菜

【主料】卷心菜 300 克，干辣椒 10 克

【配料】盐 5 克，醋 6 克，味精 1 克，植物油 20 克。

【制作】① 卷心菜洗净，切成三角片状；辣椒剪成小段。② 锅置火上，入油烧热，下干椒段炒出炝味。③ 放入卷心菜片炒熟后，再加入盐、醋、味精炒匀，出锅装盘即可。

【烹饪技法】炒。

【营养功效】润肠通便，祛脂降压。

【健康贴士】卷心菜含有粗纤维量多，且质硬，故脾胃虚寒、泄泻以及小儿脾弱者不宜多食。

【巧手妙招】炝干辣椒的时候，要用小火，否则干辣椒易煳。

卷心菜焖羊肉

【主料】羊肉 750 克，卷心菜 1000 克。

【配料】淀粉 25 克，香叶 3 克，柠檬汁 10 克，小茴香子 3 克，盐 8 克，胡椒粉 5 克。

【制作】① 羊肉切成 10 块；卷心菜洗净，切成块。② 先把 5 块羊肉放在锅底，上边放上卷心菜，再放上 5 块羊肉，撒上一层淀粉，加入盐、香叶、柠檬汁、小茴香子、胡椒粉和适量清水。③ 用大火烧沸，改用小火焖熟，出锅装盘即可。

【烹饪技法】烧，焖。

【营养功效】益气补血，暖胃瘦身。

【健康贴士】一般人皆宜食用，尤其适合虚寒怕冷者食用。

【巧手妙招】用刀从卷心菜的根部至菜心斜切可以很容易地剥掉外皮。

辣炒卷心菜

【主料】卷心菜 250 克，干红椒 10 克，

【配料】味精 1 克，盐 5 克，植物油 15 克。

【制作】① 卷心菜洗净，切成不规则的片。② 锅置火上，入油烧热，下干辣椒爆香。③ 炒片刻后放入卷心菜，加盐和味精炒匀至熟，出锅装盘即可。

【烹饪技法】爆，炒。

【营养功效】增强免疫，防癌抗癌。

【健康贴士】卷心菜不宜和黄瓜同食，会破坏卷心菜中的维生素 C。

【巧手妙招】卷心菜宜大火快炒。

番茄炒卷心菜

【主料】卷心菜220克，番茄150克。
【配料】葱5克，老抽5克，盐5克，植物油15克。
【制作】① 卷心菜外面的黄叶撕掉，切成丝用清水清洗一下，沥干水分；番茄顶部切个十字花刀，用热水烫一下去除番茄的皮，切成块状；葱斜切成细葱丝。② 锅置火上，入油烧热，下葱炒出葱香味，加入卷心菜丝，倒入老抽翻炒，待卷心菜炒软后加入番茄，炒出番茄汁后加盐调味，出锅装盘即可。
【烹饪技法】炒。
【营养功效】补肾悦颜，防老抗癌。
【健康贴士】卷心菜不宜和苹果同食，影响维生素的吸收。

茭白

茭白富含碳水化合物、膳食纤维、蛋白质、脂肪、核黄素、维生素E、钾、钠等。茭白含有丰富的有解酒作用的维生素。嫩茭白的有机氮素以氨基酸状态存在，并能提供硫元素，味道鲜美，营养价值较高，容易被人体所吸收。但由于茭白含有较多的草酸，其钙质不容易被人体所吸收。

中医认为，茭白性寒、味甘，入肝、脾、肺经；具有清热生津、利尿除湿、通利大便、降血压、催乳、清湿热、解酒毒等效，主治烦热、消渴、二便不通、黄疸、痢疾、热淋、目赤、乳汁不下、疮疡等。

香辣茭白

【主料】茭白500克，红尖椒30克，香菜10克。
【配料】植物油35克，盐3克，酱油8克，白砂糖3克，淀粉5克，味精1克。
【制作】① 茭白削去外皮，洗净，切滚刀块；红椒去蒂及子，洗净，切段；香菜择洗干净，切段。② 锅置火上，入油烧热，放入茭白炸1分钟左右，捞出沥油。③ 锅中留少许底油，再次放入沥过油的茭白，加入辣椒段、酱油、盐、白砂糖、高汤，用小火烧约1分钟；倒入淀粉、味精炒匀，盛盘后撒上香菜段即可。
【烹饪技法】炸，烧
【营养功效】温胃散寒，养脾解酒。
【健康贴士】茭白不宜与豆腐同食，易形成结石。

干煸茭白

【主料】茭白750克。
【配料】豆瓣8克，醋5克，料酒2克，味精2克，胡椒粉2克，白砂糖2克，淀粉15克，香油10克，辣椒油10克，大葱8克，姜盐5克，高汤30毫升，植物油30克。
【制作】① 茭白去皮，去老壳，切成稍厚一点儿的片；葱、姜、郫县豆瓣剁成碎末。② 把酱油、奶汤、盐、料酒、醋、辣椒油、白砂糖、胡椒粉、味精、淀粉同放碗内兑成鱼香汁。③ 锅置火上，入油烧至六七成热，下入茭白片炸一下，捞出，沥油。④ 锅内留底油烧热，下入葱、姜末和豆瓣稍煸炒，随即倒入茭白片、鱼香汁翻炒均匀，再淋入香油即可出锅。
【烹饪技法】炸，炒。
【营养功效】润肠健胃，清热除烦。
【健康贴士】茭白含草酸较多，患肾脏疾病、尿路结石者不宜多食。

甜面酱烧茭白

【主料】嫩茭白500克，甜面酱30克。
【配料】绍酒10克，白砂糖20克，葱末5克，水淀粉5克，鸡精2克，香5克，植物油15克。
【制作】① 茭白削去外皮，去老跟，洗净后纵切成两半，用刀背稍拍一下，使其质地变松软，切成条待用。② 锅置火上，入油烧至六成热，将茭白条下锅炸熟，捞出。③ 锅中留少许油，趁热放入甜面酱、绍酒、葱末、白砂糖、少量水、鸡精，烧沸后，放入茭白炒匀，用水淀粉勾芡，淋上香油即可出锅。

【烹饪技法】炸，烧，炒。
【营养功效】生津开胃，滋阴润燥。
【健康贴士】茭白性寒能发旧病，凡肠胃虚寒及疮疡化脓者不宜多食。

辣味茭白

【主料】茭白 250 克，辣椒 50 克。
【配料】植物油 20 克，盐 5 克，味精 1 克，葱末 5 克，蒜蓉 5 克。
【制作】① 茭白洗净，切成细丝；辣椒洗净，切成条。② 锅置火上，入水烧沸，下入茭白丝稍汆后，捞出，沥干水分。③ 锅置火上，入油烧热，下入蒜蓉、葱末、辣椒爆香后，加入茭白丝一起拌炒，待熟后调入盐、味精，出锅装盘即可。
【烹饪技法】汆，爆，拌，炒。
【营养功效】补虚健体，减肥美容。
【健康贴士】茭白性寒滑，脾寒虚冷，精滑便泄者少食为宜。
【巧手妙招】茭白在烹饪前要先用水焯烫，以除去其中含有的草酸。

茭白肉片

【主料】茭白 300 克，瘦肉 150 克。
【配料】红椒 50 克，盐 5 克，味精 1 克，淀粉 5 克，生抽 6 克，姜片 5 克，植物油 15 克。
【制作】① 茭白洗净，切成薄片；瘦肉切片；红辣椒切片；肉片用淀粉、生抽腌渍。② 锅置火上，入油烧热，将肉片炒至变色后加入茭白、红椒片炒 5 分钟，调入盐、味精，出锅装盘即可。
【烹饪技法】腌，炒。
【营养功效】补肾养血，滋阴润燥。
【健康贴士】茭白性凉，精滑便泻者忌食。
【巧手妙招】茭白要炒至水分全干，才可出锅。

茭白炒五花肉

【主料】茭白 300 克，五花肉 150 克。
【配料】红椒 20 克，盐 3 克，味精 1 克，植物油 20 克。
【制作】① 五花肉洗净，切片；将茭白、红椒分别洗净，切片。② 锅置火上，入油烧热，下五花肉炒至五成熟，盛出备用。③ 锅中留底油烧热，放入茭白、红椒，翻炒 5 分钟，倒入五花肉，加进盐，大火爆炒至飘香，放入味精，盛起即可。
【烹饪技法】炒，爆炒。
【营养功效】补虚健体，调肠减肥。
【健康贴士】茭白还能与鸡蛋、红椒搭配食用，具有开胃，解酒的作用，平素食欲不振者宜食。
【举一反三】不食肉者可以把五花肉换成鸡蛋。

茭白蚕豆

【主料】茭白 350 克，蚕豆 50 克，红椒 30 克。
【配料】盐 5 克，胡椒粉 3 克，排骨酱 10 克，鸡精 2 克，高汤 150 毫升，葱末 3 克，姜末 3 克，水淀粉 6 克，植物油 30 克。
【制作】① 将茭白洗净，切成斜块，入沸水汆烫，捞出，沥干水分；红椒洗净，切片。② 砂锅置火上，入油烧至四成热，放入葱、姜末炒出香味，倒入蚕豆、红椒片、茭白煸炒，加入排骨酱、盐、胡椒粉、鸡精、高汤炒匀，水淀粉勾成薄芡，出锅装盘即可。
【烹饪技法】汆，煸炒，炒。
【营养功效】益智健脑，提神除烦。
【健康贴士】茭白不宜与蜂蜜同食，易引发痼疾。
【举一反三】可以把蚕豆换成毛豆。

茭白炒黑木耳

【主料】青椒 100 克，茭白 460 克，小蘑菇 200 克，黑木耳 20 克
【配料】香油 20 克，盐 3 克，味精 2 克，蒜末 5 克。
【制作】① 青椒去籽、蒂，洗净，切丝；茭白去老的部分，洗净，切丝；小蘑菇洗净，

切片；黑木耳浸泡30分钟后，除去老的、硬的部分，洗净，切丝。② 锅置火上，入油烧热，下青椒丝煸炒至熟，盛出。③ 锅内留余油加热，放入蒜末爆香，加茭白丝、蘑菇片、黑木耳丝煸炒，加盐、水烧沸转中小火焖烧2～3分钟，倒入青椒丝翻炒片刻，加味精调味，淋香油，出锅装盘即可。

【烹饪技法】煸炒，炒，焖，烧。

【营养功效】养血驻颜，延缓衰老。

【健康贴士】茭白还可与番茄搭配食用，具有清热解毒，利尿降压的作用，高血压患者宜食。

【举一反三】可以把木耳换成虾仁。

茭白炒花鳝丝

【主料】鳝鱼250克，茭白150克，青椒、红椒、黄椒各20克。

【配料】植物油15克，姜、酱油、盐各5克，鸡精2克。

【制作】① 鳝鱼宰杀，洗净，切条；茭白洗净，切条；青椒、红椒、黄椒均去蒂，洗净，切条；姜去皮，洗净，切片。② 锅置火上，入油烧热，下姜片爆香，放入鳝鱼炒至变色，加入茭白、青椒、红椒、黄椒炒匀。③ 调入盐、酱油、鸡精炒熟，出锅装盘即可。

【烹饪技法】爆，炒。

【营养功效】保肝护肾，祛风解毒。

【健康贴士】茭白也可与鸡蛋搭配食用，具有滋补养颜的作用，爱美的女性宜食。

芥菜烧茭白

【主料】茭白400克，芥菜100克。

【配料】酱油15克，黄酒15克，大葱3克，姜2克，味精3克，白砂糖2克，玉米淀粉3克，花椒2克，清汤50毫升，植物油50克。

【制作】① 茭白去净外皮，切成长3.5厘米，宽1.5厘米的块，用刀一拍，入沸水汆过，捞出；芥菜洗净，切成细末；花椒放热油锅内炸成花椒油；淀粉放碗内加水调制出水淀粉。② 锅置火上，入油烧至七成热时，放入芥菜稍煸，加入酱油、黄酒、清汤、白砂糖、茭白，以小火煨烧。③ 待汤将尽时，用水淀粉勾芡，调入味精，淋花椒油，出锅装盘即可。

【烹饪技法】汆，炸，煸，煨，烧。

【营养功效】保肝护肾，祛风解毒。

【健康贴士】茭白还可与蘑菇搭配食用，不仅能解毒、除烦渴，还能增进食欲。

虾子烧茭白

【主料】茭白1000克，虾子10克，水发香菇35克。

【配料】植物油100克，酱油25克，盐8克，味精2克，料酒5克，水淀粉10克，鲜汤200毫升，葱段、姜片各10克，花椒5克。

【制作】① 茭白洗净，断切成3厘米长的段，再顺切成手指粗的条，投入沸水锅内汆透，捞出，沥干水分；香菇切成片，同茭白放在一起。② 锅置火上，入油烧热，先将花椒、葱段、姜片炸一下，捞出，再放入茭白和香菇翻炒，然后加入酱油、盐、料酒、味精、虾子、鲜汤烧至汁浓菜鲜时，勾稀薄芡，炒拌均匀即可。

【烹饪技法】汆，炸，炒，烧。

【营养功效】行溺解毒，补肾壮阳。

【健康贴士】茭白还可与口蘑搭配食用，具有清热除烦，通利肠胃的作用，适宜口渴、便秘等病症患者食用。

茭白熘鸡片

【主料】茭白350克，鸡肉150克，胡萝卜、青椒各25克，鸡蛋1个。

【配料】植物油30克，盐4克，鸡精2克，淀粉5克。

【制作】① 茭白去皮，切成菱形片，入沸水焯烫；青椒去籽，切成菱形块。② 鸡肉切片，用沸水汆过后捞出，加适量盐、鸡精、淀粉和蛋清腌渍10分钟左右。③ 锅置火上，入油烧热，下入茭白和鸡肉片熘炒，调入盐、鸡精，出锅装盘即可。

【烹饪技法】焯，汆，腌，熘，炒。

【营养功效】滋阴补血，养颜活肤。

【健康贴士】茭白也可与榨菜搭配食用，具有健脾开胃的作用，适宜脾虚、食欲不振等病症患者食用。

莴笋

莴笋富含维生素 A、维生素 B_1、维生素 B_2、维生素 C 等多种维生素以及钙、磷、铁、钾、镁、氟等矿物质，膳食纤维的含量也很丰富。莴笋含有丰富的氟元素，对牙齿有很好的保护作用，可以保护中年人的牙齿处于良好状态；所含的大量膳食纤维能防止便秘，缓解痔疮，同时帮助祛除多余脂肪，达到减肥的效果；莴笋可以增进食欲，刺激消化酶的分泌，维护消化器官功能，中年人经常食用莴笋可增进消化系统的健康。

中医认为，莴笋性寒、味苦，入肠、胃经；具有利五脏、通经脉、清胃热、清热利尿的功效，可用于小便不利、尿血、乳汁不通等症。

炒鲜莴笋

【主料】莴笋 500 克。

【配料】盐 3 克，花椒 3 克，葱末 3 克，老抽 5 克，植物油 30 克。

【制作】① 莴笋去掉笋叶和皮，洗净，从笋的斜面切成 3 厘米长的薄片放入盆中，用沸水烫一下，用凉水过凉，沥干水分。② 锅置火上，入油烧热，下花椒炸至九成熟，取出，放入葱末稍炸，随即放入莴笋，翻炒均匀后，加入酱油、盐炒拌均匀，出锅装盘即可。

【烹饪技法】炸，炒，拌。

【营养功效】开通疏利，消积下气。

【健康贴士】莴笋不宜与胡萝卜同食，会造成营养流失。

翡翠莴笋丝

【主料】莴笋 300 克，红椒 100 克。

【配料】盐 4 克，味精 5 克，鸡精 2 克，植物油 15 克。

【制作】① 莴笋削去皮，切成细丝；红椒去蒂、子，切成丝。② 锅置火上，倒入适量清水烧沸，下莴笋丝稍烫后，捞出，沥干水分。③ 净锅置火上，入油烧热，放入莴笋丝、红椒丝，调入盐、味精、鸡精，炒匀入味即可。

【烹饪技法】炒。

【营养功效】强壮机体，防癌抗癌。

【健康贴士】莴笋还可与木耳搭配食用，具有益气养胃、润肺的作用，适宜于气虚、肺炎等病症患者食用。

【巧手妙招】莴笋丝要切得粗细均匀，过水不宜太熟。

莴笋炒肚条

【主料】猪肚 200 克，莴笋 250 克，青椒、红椒各适量。

【配料】盐 8 克，料酒 5 克，红油 15 克，蒜末 5 克。

【制作】① 莴笋去皮，切条，焯熟后摆盘；猪肚洗净，汆水后，捞出，切条；青椒、红椒均洗净，切条。② 锅置火上，入油烧热，下青椒、红椒、蒜末炒香，放入猪肚炒片刻，注入水烧沸。③ 继续烧至肚条熟透、汤汁浓稠时，调入盐、料酒、红油拌匀，出锅至于莴笋条上即可。

【烹饪技法】焯，汆，炒，烧，拌

【营养功效】健脾养胃，益气补虚。

【健康贴士】莴笋还可与香菇等其他菌类搭配食用，具有利尿通便、降脂、降压的作用，脂肪肝、高血压等病患者宜食。

莴笋炒肉

【主料】莴笋 200 克，瘦猪肉 150 克

【配料】沙参 30 克，麦冬 20 克，葱丝、姜

丝、蒜片各5克，盐3克，味精2克，醋5克，酱油15克，植物油15克。

【制作】① 莴笋去皮，洗净，切成薄片；瘦猪肉切片。② 用清水将沙参、麦冬洗净，再用温水浸泡，待泡软后切成细丝，入沸水焯烫，捞出，放进冷水中冷却。③ 锅置大火上，入油烧热，先炒肉，再加葱丝、姜丝翻炒，肉丝八成熟时放入沙参、麦冬、莴笋、盐、酱油，翻炒至熟，再放入味精、醋、蒜片炒均匀，出锅装盘即可。

【烹饪技法】焯，炒。

【营养功效】生津止渴，收汗养阴。

【健康贴士】莴笋还可与牛肉搭配食用，具有调理气血的作用。

莴笋炒银耳

【主料】莴笋500克，银耳300克，红椒100克。

【配料】葱10克，姜5克，糖3克，盐5克，鸡精2克，植物油15克。

【制作】① 莴笋去皮洗净，切成片，用清水涤凉，捞出，沥干水分；银耳用水泡发；红椒切丝。② 锅置火上，入油烧热，下葱姜煸香，放入红椒丝和银耳大火翻炒，放莴笋片，加糖，盐，鸡精翻炒几下，出锅装盘即可。

【烹饪技法】煸，炒。

【营养功效】健脾养胃，补肾壮骨。

【健康贴士】莴笋不宜与蜂蜜同食，易引起腹泻。

蒜苗炒莴笋

【主料】莴笋500克，蒜苗100克，红椒25克，黄椒25克。

【配料】盐4克，味精2克，植物油30克。

【制作】① 莴笋去皮，取茎，切粗丝；蒜苗洗净，切段；红椒、黄椒洗净，切长条。② 锅置火上，入油烧热，倒入莴笋丝、蒜苗、红椒、黄椒一同翻炒，将熟时，放盐和味精调味，翻炒至入味即可。

【烹饪技法】炒。

【营养功效】强筋健骨，通便解毒。

【健康贴士】莴笋也可与蒜薹同食，有防治高血压的作用，适宜于高血压患者食用。

炒莴笋片

【主料】莴笋150克。

【配料】红椒、豆豉各20克，植物油15克，料酒、蒜末、葱、盐各5克，味精2克。

【制作】① 莴笋去皮，切片；红椒洗净，切圈；葱洗净，切末。② 锅置火上，入油烧热，下蒜末爆香；放入莴笋片翻炒；待快熟时，加入豆豉和红椒圈拌炒；调入盐、味精、料酒翻炒均匀。③ 最后撒葱末，出锅装盘即可。

【烹饪技法】爆，炒。

【营养功效】宽肠通便，护肤养颜。

【健康贴士】莴笋不宜与石榴同食，易产生毒素。

生菜

生菜含有十分丰富的碳水化合物、维生素C、莴苣素、甘露醇以及膳食纤维等营养物质。生菜富含的维生素C不仅可以消除多余脂肪，还可以维护皮肤健康，同时提高老年人的机体免疫功能；生菜还有丰富的水分和膳食纤维，热量极低，被称为“减肥生菜”，经常食用可帮助老年人减去身上的赘肉，预防各种因为肥胖引发的疾病；所含的甘露醇具有利尿、促进血液循环的作用，有助于消除浮肿；常吃生菜可以提高免疫力，因为生菜中含有一种“干扰素诱生剂”，可刺激人体正常细胞产生干扰素，从而抑制病毒；生菜含有的莴苣素能够镇痛催眠、降低胆固醇、辅助治疗神经衰弱，有助于缓解老年人失眠多梦的症状。

中医认为，生菜性凉、味甘，入脾、胃经；具有镇痛催眠、降低胆固醇、辅助治疗神经衰弱等功效，适宜胃病患者、维生素C缺乏者及肥胖、减肥者、高胆固醇、神经衰弱者、肝胆病患者食用。

蚝油生菜

【主料】生菜 600 克，蚝油 30 克。

【配料】植物油 20 克，酱油 10 克，白砂糖 10 克，料酒 20 克，蒜 5 克，胡椒粉 2 克，盐 5 克，香油 5 克，糖 5 克，味精 2 克，酱油 10 克，汤 50 毫升，水淀粉 10 克。

【制作】① 生菜老叶去掉，清洗干净，切成块。② 锅置火上，注入水，加盐、白砂糖、油烧沸后，下生菜稍焯，捞出，沥干水分，装盘备用。③ 锅置火上，入油烧热，下蒜炒一下，放生菜快速翻炒，加盐调味，出水前出锅。④ 锅底留少许油，倒入蚝油、料酒、胡椒粉、白砂糖、味精、酱油、汤烧沸后勾芡，淋香油，浇在生菜上，出锅装盘即可。

【烹饪技法】焯，炒，烧

【营养功效】清肝明目，安神降压。

【健康贴士】生菜性凉，尿频、胃寒者不宜食用。

【巧手妙招】生菜和蚝油不要同锅炒，防止炒时间长了生菜出水，这样可以保持生菜的水分和营养。

蒜蓉生菜

【主料】生菜 500 克，蒜蓉 10 克。

【配料】植物油 20 克，盐 5 克，蘑菇精 3 克，白砂糖 3 克，胡椒粉 3 克，鸡精 3 克，生粉 5 克。

【制作】① 生菜洗净。② 锅置火上，入油烧热，下蒜蓉爆香，放入生菜大火快炒，待生菜变软之后，加盐、蘑菇精、味精、白砂糖、胡椒粉、鸡精、生粉调味，出锅装盘即可。

【烹饪技法】爆，炒。

【营养功效】清热解毒，增强免疫。

【健康贴士】生菜还能与海带搭配食用，可促进铁的吸收。

蒜蓉紫边生菜

【主料】紫边生菜 300 克，大蒜 10 克。

【配料】盐 3 克，味精 2 克，植物油 15 克。

【制作】① 紫边生菜洗净；大蒜剁成蓉。② 锅置火上，入油烧热，下蒜蓉爆香，放紫边生菜、盐、味精炒熟，出锅装盘即可。

【烹饪技法】爆，炒。

【营养功效】通便解毒，安神除烦。

【健康贴士】生菜也可与鸡蛋搭配食用，具有滋阴润燥、清热解毒的作用。

蚝油香菇生菜

【主料】生菜 250 克，水发香菇 100 克，蚝油 25 克。

【配料】植物油 15 克，姜 5 克，葱碎 5 克，白砂糖 3 克，盐③ 5 克，水淀粉 10 克。

【制作】① 生菜洗净；水发香菇洗净。② 锅置火上，入油烧至五成热，下姜片和葱碎爆香，下香菇炒约 3 分钟，再放盐、白砂糖蚝油翻炒均匀后改大火，倒入生菜略翻炒。③ 用水淀粉勾芡，出锅装盘即可。

【烹饪技法】爆，炒。

【营养功效】除燥生津，防癌抗癌。

【健康贴士】生菜还可与兔肉搭配食用，可促进营养物质的消化和吸收。

牛肉生菜小炒

【主料】生菜 250 克，牛绞肉 100 克，胡萝卜 25 克。

【配料】生粉、生抽、蛋清、葱末各 5 克，盐 4 克，植物油 15 克。

【制作】① 牛绞肉用生粉、生抽和蛋清抓匀，略为腌渍；胡萝卜洗净，切成小粒；生菜洗净，沥干水分，切条。② 锅置火上，入油烧热，下葱末略爆锅，再放腌好的牛绞肉和胡萝卜，迅速翻炒。等到牛绞肉炒变色，熟了后再加盐调味。③ 放入生菜条，翻炒均匀，出锅装盘即可。

【烹饪技法】腌，爆，炒。

【营养功效】健脾养胃，利尿通便。
【健康贴士】生菜不宜与醋同食，会降低营养价值。

椒香炝生菜

【主料】生菜250克，黄瓜50克，红椒15克。
【配料】蒜末5克，花椒2克，干辣椒5克，生抽、豉油各5克，鸡精2克，胡椒2克，糖3克，植物油20克，白芝麻15克。
【制作】① 生菜去蒂，拨下菜叶，洗净，将菜叶层层叠起，卷起来，横切成宽丝；黄瓜、红椒分别洗净，切片。② 将蒜末、生抽、豉油、鸡精、胡椒、糖放入碗中调成汁。③ 生菜、黄瓜、红椒放入盘子里，淋上调味汁，稍稍拌匀。④ 锅置火上，入油烧至七成热，加入花椒、干辣椒爆香，关火，浇在拌好的菜里，撒上白芝麻即可。
【烹饪技法】烧，爆。
【营养功效】清肝利胆，瘦身养颜。
【健康贴士】生菜也可与豆腐搭配食用，具有排毒养颜的作用，非常适合爱美的年轻女性食用。

白萝卜

白萝卜含有葡萄糖、维生素C、膳食纤维以及多种矿物质和氨基酸。白萝卜富含维生素C，经常食用能够增强机体免疫力，抑制癌细胞的生长，具有防癌、抗癌的作用，为中年人的健康竖起一道坚实的保护屏障；白萝卜所含的芥子油和膳食纤维可以起到开胃助消化的作用，同时还可以帮助人体排出废物，有利于人体消化道健康。

中医认为，白萝卜性凉、味甘、辛，入肺、胃、肺、大肠经；具有下气，消食，除疾润肺，解毒生津，利尿通便等功效，主治肺痿、肺热、便秘、吐血、气胀、食滞、消化不良、痰多、大小便不通畅、酒精中毒等症。

干贝蒸萝卜

【主料】萝卜250克，干贝24克。
【配料】盐3克。
【制作】① 干贝泡软；萝卜削皮，洗净，切成段；中间挖一小洞，将干贝一一塞入，盛于碗内，将盐均匀撒上。② 将萝卜移入蒸锅，蒸熟即可。
【烹饪技法】蒸。
【营养功效】养阴清胃，防癌抗癌。
【健康贴士】萝卜还能与白菜搭配同食，能保持人体的健康，有助长寿。
【巧手妙招】可淋上少许油后再入蒸锅煮熟，口感会更好。

牡丹燕菜

【主料】白萝卜500克，绿豆粉100克，熟鸡丝、熟火腿丝、香菇丝、海参丝、鱿鱼丝、竹笋丝各50克。
【配料】盐5克，胡椒粉5克，料酒2克，味精2克，醋2克、鸡清汤750毫升，香油12克，黄蛋糕120克，青菜叶200克。
【制作】① 白萝卜洗净，切成5厘米长、0.1厘米粗的银针丝，放入清水中浸泡约30分钟除去萝卜的苦涩味，然后捞出，沥干水分。② 绿豆粉放在案板上擀细过筛，再均匀地撒在萝卜丝上，用手拌匀（以不粘不湿为度），放在笼屉上摊开，用大火蒸约6分钟，取出凉凉。③ 凉开水放入适量盐、胡椒粉调匀后，把蒸过的萝卜丝放进去，用手将其弄散，再摊开放在笼屉上，撒少许盐、胡椒粉，再次上火蒸约5分钟取出，即成“素燕菜”。④ 将熟鸡丝、熟火腿丝、香菇丝、海参丝、鱿鱼丝、竹笋丝分别入沸水锅中焯水，捞出放入清鸡汤锅里，加入盐、胡椒粉、味精煨入味。⑤ 把制好的“素燕菜”放入一大汤盆内，再把煨入味的熟鸡丝、熟火腿丝、香菇丝、海参丝、鱿鱼丝、竹笋丝等呈放射状整齐地摆在素燕菜上，沿盆边倒入用盐、料酒、胡椒粉、味精等调好味的鸡清汤，上笼蒸约

30分钟取出，淋入醋、香油，在上面用黄蛋糕切的片拼摆成一朵牡丹花形，另用青菜叶衬为绿叶，即可。

【烹饪技法】焯，拌，蒸。

【营养功效】调气养胃，补虚抗衰。

【健康贴士】萝卜也可与酸梅搭配食用，具清热化痰的作用，适用于急、慢性支气管炎，咳嗽，痰多，久咳等病患者食用。

典食趣话：

相传唐代武则天称帝年间，有一年秋后，洛阳东关下园菜地生长出一个特大萝卜，重36.9斤，菜农视为奇物，就把它当作吉祥物进献宫廷。女皇见之大悦，随命人送御膳房让厨师做菜。御厨将萝卜配以山珍海味烹制成汤羹奉献女皇。女皇一尝，味道鲜嫩爽口，大有燕窝风味，菜形美色艳，于是遂赐名“牡丹燕菜”。从此不论王公大臣、皇亲国戚或平民百姓，设宴均用白萝卜为原料制作“燕菜”，使之登上大雅之堂。

萝卜烧肉

【主料】五花肉1000克，白萝卜300克。

【配料】冰糖8克，老抽10克，料酒少许，花椒5克，大料2克，葱、姜、蒜各5克，盐5克，桂皮5克。

【制作】① 五花肉切成麻将块大小，入沸水中焯熟，捞出，沥干水分。② 锅置火上，入油烧热，放入冰糖，中火用锅铲晃动冰糖。③ 待约30秒钟，用锅铲将冰糖压碎，继续翻炒，炒到糖变成棕红色时，迅速下五花肉翻炒挂上糖色，加入老抽将无五花肉上色，放花椒，大料、姜、蒜，翻炒出香味，倒入开水，调入料酒，盐，大火烧沸转小火烧制1个小时。④ 1个小时后，放入切成小块的白萝卜，转中火烧15～20分钟，撒上葱末，出锅装盘即可。

【烹饪技法】焯，炒，烧。

【营养功效】健脾开胃，润肺止咳。

【健康贴士】萝卜还可与兔肉搭配食用，具有增强免疫力的作用。

银丝绿段

【主料】白萝卜300克，茼蒿100克。

【配料】25克，花椒5克，高汤30毫升，盐3克，水淀粉10克，香油各适量。

【制作】① 白萝卜洗净，去根须，切成细丝；茼蒿洗净，切成小段。② 锅置火上，入油烧热，下花椒爆香；捞出花椒不要，下萝卜丝翻炒，放入高汤焖一会儿。③ 放茼蒿快速翻炒，加盐、香油调味，出锅时用水淀粉勾芡即可。

【烹饪技法】爆，炒，焖。

【营养功效】开胃消食，疏肝润肺。

【健康贴士】萝卜还可与豆腐搭配食用，可促进消化吸收，有利于人体吸收豆腐的营养。

湘辣萝卜干

【主料】萝卜干150克，香菜叶30克。

【配料】植物油20克，辣椒粉、辣椒油各10克，盐5克，味精2克。

【制作】① 萝卜干用温水泡软，捞出，沥干水分，切小段；香菜叶洗净。② 锅置火上，入油烧热，加入切好的萝卜干炒3分钟，调入盐、味精炒匀。③ 加入辣椒粉、辣椒油拌炒，装盘，撒香菜叶即可。

【烹饪技法】炒。

【营养功效】开胃消食，化滞消积。

【健康贴士】萝卜也可与羊肉搭配食用，起到清凉祛火、解毒的功效，既滋补了身体，又不易上火。

虾米素炒萝卜丝

【主料】白萝卜 350 克，虾米 50 克。

【配料】植物油 20 克，姜 5 克，葱段 5 克，红椒 15 克。

【制作】① 白萝卜去皮，先切片，再切成丝，盛入大碗中，加盐拌匀，腌渍 30 分钟后，挤去多余水分；虾米用温水清洗 2 ～ 3 次；红椒切丝；生姜和葱段均切末。② 锅置火上，入油烧热，下虾米、姜末、葱末煸炒 1 分钟，倒入萝卜丝一同翻炒，3 分钟后下入红椒丝，继续炒 2 分钟左右，至萝卜丝的水分收得差不多干时，出锅装盘即可。

【烹饪技法】腌，煸炒，炒。

【营养功效】通乳利尿，消暑解毒。

【健康贴士】萝卜还可与粳米搭配食用，具有消食止渴的作用。

胡萝卜

胡萝卜富含糖类、脂肪、挥发油、胡萝卜素、维生素 A、维生素 B_1、维生素 B_2、花青素、钙、铁等营养成分，对人体具有多方面的保健功能，因此被誉为“小人参”。胡萝卜能提供丰富的维生素 A，具有促进机体正常生长、防止呼吸道感染及保护视力的功能；胡萝卜中含有的维生素 C，有助于肠道对铁的吸收，提高肝脏对铁的利用率，可以帮助治疗缺铁性贫血；胡萝卜富含 β－胡萝卜素，不仅能够保护基因结构，预防癌症，还能改善皮肤，增强视力；胡萝卜还含有丰富的膳食纤维，吸水性强，在肠道中体积容易膨胀，是肠道中的“充盈物质”，可加强肠道的蠕动，从而起到清除肠道垃圾的作用，有利于预防便秘、痔疮、直肠癌，结肠癌的作用。另外胡萝卜所含有的某些物质，还有降糖、降压、强心的作用，所以胡萝卜还是糖尿病、高血压、冠心病患者的食疗佳品。

中医认为，胡萝卜性平、味甘，入脾、胃、肺经；具有健脾消食、补肝明目、清热解毒、透疹、降气止咳等功效，用于小儿营养不良、麻疹、夜盲症、便秘、高血压、肠胃不适、久痢、饱闷气胀等症。

胡萝卜炒蘑菇

【主料】胡萝卜 250 克，蘑菇 100 克，黄豆、西蓝花各 30 克。

【配料】色拉油 25 克，盐 5 克，味精 2 克，白砂糖 1 克。

【制作】① 胡萝卜去皮，切成小块；蘑菇切件；黄豆泡透蒸熟；西蓝花改成小朵。② 锅置火上，入油烧热，下胡萝卜、蘑菇翻炒数次，倒入清水用中火煮。③ 待胡萝卜块软烂时，下入泡透的黄豆、西蓝花，调入盐、味精、白砂糖，煮透即可食用。

【烹饪技法】蒸，煮，炒。

【营养功效】明目益气，补血养肝。

【健康贴士】胡萝卜还能与红枣搭配食用，具有解毒止咳的作用，平素痰多、咳嗽患者宜食。

胡萝卜烩木耳

【主料】胡萝卜 200 克，木耳 20 克。

【配料】植物油 20 克，盐 5 克，白砂糖 3 克，生抽 5 克，鸡精 2 克，料酒 5 克，葱段 10 克，姜片 5 克。

【制作】① 木耳用冷水泡发洗净；胡萝卜洗净，切片。② 锅置火上，入油烧至七成热时，下姜片、葱段煸炒，随后放入木耳稍炒一下，再放胡萝卜片，再依次放料酒、盐、生抽、塘、鸡精炒匀，出锅装盘即可。

【烹饪技法】煸炒，炒。

【营养功效】补血护肝，清热明目。

【健康贴士】胡萝卜还可与狗肉同食，具有温补脾胃、增温助阳的作用，适用于胃寒、消化不良、肾虚阳痿等病症患者食用。

【巧手妙招】放入食材后，改用大火烹饪，口感会更好。

胡萝卜炒猪肝

【主料】胡萝卜 150 克，猪肝 200 克。
【配料】植物油 20 克，盐 3 克，味精 2 克，香葱段 5 克。
【制作】① 胡萝卜洗净，切成薄片；猪肝清洗浸泡后，切片。② 锅置火上，入油烧热，下胡萝片翻炒，再放入猪肝炒熟，加盐、味精翻炒匀，出锅时下入香葱段即可。
【烹饪技法】炒。
【营养功效】益肠通便，明目养肝。
【健康贴士】胡萝卜也可与菠菜搭配食用，能起到防止中风的功效，还能活血通络，特别适合风湿病患者食用。

同心协力

【主料】胡萝卜 200 克，马蹄 200 克，干贝 50 克，芥菜 150 克。
【配料】植物油 20 克，蚝油 15 克，酱油 10 克，生抽 12 克，鸡精 5 克。
【制作】① 胡萝卜洗净，切成圆形 12 粒；马蹄去皮；芥菜切成 6 厘米长形；干贝入锅蒸 45 分钟备用。② 胡萝卜、马蹄、干贝、芥菜一起入沸水中焯水，捞出，沥干水分。③ 将胡萝卜、马蹄、干贝、芥菜摆在圆碟上蒸 10 分钟即可。④ 锅置火上，入油烧热，把蚝油、酱油、生抽、鸡精倒入锅内煮滚，淋在碟中的蒸菜上即可。
【烹饪技法】蒸，煮。
【营养功效】健脾开胃，生津养血。
【健康贴士】胡萝卜还可与菊花搭配食用，具有滋肝、养血、明目的作用，经常食用，可防止眼目昏花。

千丝万缕

【主料】猪肉、洋葱各 50 克，胡萝卜 150 克，芹菜、豆芽各 80 克。
【配料】盐 3 克，鸡精、香油各 2 克，植物油 20 克。
【制作】① 猪肉洗净，切丝；洋葱洗净，切丝；芹菜取梗洗净，切段；胡萝卜洗净，切丝；豆芽洗净。② 锅置火上，倒入水烧沸，下洋葱、芹菜、胡萝卜、豆芽焯熟，捞出装盘。③ 净锅置火上，入油烧热，放入猪肉滑炒，调入盐、鸡精炒熟，倒在菜上，淋上香油即可。
【烹饪技法】焯，炒。
【营养功效】益气补血，平肝降压。
【健康贴士】胡萝卜不宜与木瓜同食，会破坏木瓜中的维生素。

胡萝卜炒肉丝

【主料】胡萝卜 200 克，猪肉 250 克。
【配料】植物油 15 克，盐 3 克，老抽 6 克。
【制作】① 胡萝卜洗净，切成丝；猪肉处理干净，切丝。② 锅置火上，入油烧热，下肉丝翻炒至八成熟时，倒入老抽上色。③ 放入胡萝卜丝快速翻，炒至胡萝卜变熟后，加盐调味，出锅装盘即可。
【烹饪技法】炒。
【营养功效】健脾消食，补肝明目。
【健康贴士】胡萝卜不宜与醋同食，会破坏胡萝卜素。

胡萝卜炒茭白

【主料】胡萝卜、茭白各 300 克。
【配料】葱段 15 克，酱油 5 克，盐 3 克，鸡精 1 克。
【制作】① 胡萝卜、茭白洗净，切丝均焯水，捞出。② 锅置火上，入油烧热，下葱段爆香，倒入茭白丝、胡萝卜丝一起翻炒。③ 加入酱油、盐、鸡精调味炒匀，出锅装盘即可。
【烹饪技法】焯，爆，炒。
【营养功效】清热解毒，利膈宽肠。
【健康贴士】胡萝卜不宜与酒同食，会损伤肝脏。
【巧手妙招】茭白焯水的时间不能太短，要烫透。

菇笋胡萝卜

【主料】蘑菇200克，莴笋、胡萝卜各80克。

【配料】高汤250毫升，植物油15克，盐6克，水淀粉、料酒各10克，味精2克，姜末5克。

【制作】① 把蘑菇剞成十字形槽口；胡萝卜、莴笋洗净，削皮切成扁圆形片。② 锅置火上，入油烧至八成热时，下蘑菇、胡萝卜片煸炒，再放入莴笋、姜末、料酒、盐、味精、高汤烧沸，用水淀粉勾芡即可。

【烹饪技法】煸炒，烧。

【营养功效】健脾和胃，滋阴润燥。

【健康贴士】胡萝卜也可与黄芪、山药搭配食用，可增加营养、补虚弱，丰满肌肉，适宜于脾胃虚弱、消瘦、消化不良等人食用。

胡萝卜丁

【主料】大红萝卜200克，冬笋20克，胡萝卜15克，鸡蛋1个，洋葱20克。

【配料】植物油15克，高汤550毫升，番茄酱10克，盐5克，白砂糖、面粉各5克，水淀粉10克，醋3克。

【制作】① 大红萝卜去皮，切成1厘米见方的丁，放入沸水中烫透，捞出，凉凉，沥干水分。② 鸡蛋、水淀粉、面粉放入碗中制成糊；将胡萝卜丁倒入碗中挂糊，放入油锅中炸熟。③ 胡萝卜、洋葱、冬笋洗净，切成丁。④ 锅置火上，入油烧热，放洋葱丁、胡萝卜丁、冬笋丁、番茄酱煸炒，加醋、白砂糖、高汤、盐调味，用水淀粉勾芡后，倒入炸好的大红萝卜丁翻炒均匀，淋上明油即可。

【烹饪技法】炸，煸炒，炒。

【营养功效】开胃生津，益气健脾。

【健康贴士】胡萝卜还可与香菜搭配食用，具有健脾补虚、祛脂强身的作用。

西蓝花

西蓝花含有蛋白质、脂肪、磷、铁、胡萝卜素、维生素 B_1、维生素 B_2 和维生素C、维生素A等，尤以维生素C丰富，不但有利于人的生长发育，更重要的是能提高人体免疫功能，促进肝脏解毒，增强人的体质，增加抗病能力。此外，研究表明，西蓝中提取的一种酶能预防癌症，这种物质叫萝卜子素，有提高致癌物解毒酶活性的作用。

中医认为，西蓝花性凉、味甘，入肾、脾、胃经；具有补肾填精、健脑壮骨、补脾和胃的功效，适用于久病体虚、肢体痿软、耳鸣健忘、脾胃虚弱、小儿发育迟缓等。

杂锦西蓝花

【主料】胡萝卜30克，黄瓜50克，西蓝花200克，蜜豆100克，木耳10克，百合50克。

【配料】植物油30克，蒜蓉10克，盐4克，鸡精2克。

【制作】① 黄瓜洗净，去皮，切片；西蓝花去根，切朵；百合洗净，切片；胡萝卜去皮，切片；蜜豆去筋，切菱形段；木耳泡发，切片。② 锅中加水、盐及鸡精烧沸，放入备好的胡萝卜、黄瓜、西蓝花、蜜豆、木耳、百合稍烫，捞出。③ 锅置火上，入油烧热，下蒜蓉炒香，倒入烫过的胡萝卜、黄瓜、西蓝花、蜜豆、木耳、百合翻炒，调入剩余盐、鸡精炒匀至香，出锅装盘即可。

【烹饪技法】炒。

【营养功效】健脑益智，益气补血。

【健康贴士】西蓝花还可与猪肉搭配食用，具有美白肌肤、消除疲劳、提高免疫力的作用。

【巧手妙招】若使用的是干百合，可先将干百合洗净，放在准备好的碗中，加入适量的开水，加盖浸泡30分钟左右，取出后洗净杂质即可烹饪。

西蓝花烧鲫鱼

【主料】鲫鱼肉 250 克，西蓝花 120 克。
【配料】植物油 50 克，姜片 10 克，枸杞 12 枚，胡椒粉 3 克，盐 4 克，香油 5 克。
【制作】① 鲫鱼处理干净，用盐水浸泡 5 分钟，洗净；西蓝花去粗梗、洗净，掰成朵；枸杞洗净。② 锅置火上，入油烧热，下姜片炝锅，放入鲫鱼煎至两面呈金黄色。③ 加适量水煮 30 分钟，下香油、西蓝花、枸杞煮熟，撒入胡椒粉，用盐调味即可。
【烹饪技法】炝，煎，煮。
【营养功效】提神健脑，补肾嫩肤。
【健康贴士】西蓝花也可与糙米搭配食用，具有护肤、防衰老、抗癌的作用。
【巧手妙招】鲫鱼的土腥味比较重，所以一定要去除鱼腹内的黑膜。

奶汁西蓝花

【主料】西蓝花 250 克，口蘑 100 克。
【配料】黄油 15 克，鲜奶 100 克，白砂糖 5 克，盐 3 克。
【制作】① 西蓝花洗净，择成小朵；口蘑洗净，切片。② 锅置火上，入油烧热，倒入鲜奶、口蘑片，放入西蓝花煮至成熟，加盐、白砂糖调味，出锅装盘即可。
【烹饪技法】煮。
【营养功效】强筋壮骨，健脑添髓。
【健康贴士】西蓝花不宜与牛肝同食，会使维生素氧化，降低营养价值。

番茄草菇西蓝花

【主料】西蓝花 200 克，小番茄、草菇各 80 克。
【配料】植物油 15 克，葱 10 克，蒜 10 克，盐 5 克，味精 3 克，白砂糖 3 克。
【制作】① 西蓝花放入锅中，加入盐、白砂糖、植物油焯烫后取出。② 再将草菇、小番茄分别过水焯烫备用。③ 锅置火上，入油烧热，下葱蒜片爆香，加入西蓝花、草菇、小番茄，大火翻炒，撒入盐、味精、白砂糖炒匀，出锅装盘即可。
【烹饪技法】焯，爆，炒。
【营养功效】益气补肾，清热降糖。
【健康贴士】西蓝花不宜与猪肝同食，影响人体对铜、铁等矿物质的吸收。

香肠炒西蓝花

【主料】香肠 100 克，西蓝花 150 克。
【配料】植物油 30 克，蒜片 5 克，盐 5 克，水淀粉 10 克，味精 2 克，料酒 15 克。
【制作】① 香肠切成片；西蓝花洗净，撕成小朵，入沸水锅中焯烫，捞出，沥干水分。② 锅置火上，入油烧热，下蒜片爆香，放西蓝花、香肠、料酒、盐和味精快速煸炒，最后用水淀粉勾芡，出锅装盘即可。
【烹饪技法】焯，爆，煸炒。
【营养功效】开胃助食，利尿通便。
【健康贴士】西蓝花性凉，尿路结石、红斑狼疮、痛风等病症患者应禁食。
【巧手妙招】西蓝花焯水时，可放入少许白砂糖，味道会更好。

蒜蓉西蓝花

【主料】西蓝花 400 克、大蒜 10 克。
【配料】植物油 30 克，盐 5 克。
【制作】① 西蓝花洗净，掰小朵；大蒜洗净，剁碎。② 将西蓝花入沸水中焯 1 分钟至水再次煮开，捞出，浸入凉水中以防变黄。③ 锅置火上，入油烧至七成热，下蒜末翻炒出香味，倒入焯好的西蓝花翻炒 3 分钟加盐调味，出锅装盘即可。
【烹饪技法】焯，煮，炒。
【营养功效】清热解毒，祛脂降压。
【健康贴士】西蓝花还能与玉米搭配食用，具润肤、延缓衰老的作用，是脾胃虚弱、脘痞胀闷、食少瘦弱、黄疸水肿等病患者的食疗菜肴。

香辣西蓝花

【主料】西蓝花 300 克，青椒 50 克，红柿子椒 50 克，香菇 50 克。

【配料】姜 20 克，植物油 20 克，蚝油 10 克，白砂糖 3 克，水淀粉 10 克，盐 4 克。

【制作】① 西蓝花洗净，切块；香菇洗净，切片；青椒洗净，去蒂、子，切片；红柿子椒洗净，去蒂、子，切块；姜洗净，切末。② 碗中加适量植物油、蚝油、白砂糖、水淀粉、盐和姜末搅拌均匀制成调味汁。③ 锅中加适量清水，煮沸后分别倒入西蓝花、香菇、青椒、红柿子椒略焯，捞出，沥干水分，装盘，浇上调味汁。④ 蒸锅中加适量清水，煮沸后放入装有食材的盘子，蒸熟即可。

【烹饪技法】焯，煮，炒。

【营养功效】延缓衰老，健脾开胃。

【健康贴士】西蓝花也可与蚝油搭配使用，具有健脾壮阳、抗衰老的作用，适用于慢性胃炎、性欲低下、疲劳综合征及癌症的防治。

菜花

菜花的营养较一般蔬菜丰富。它含有蛋白质、脂肪、碳水化合物、食物纤维、维生素 A、维生素 B、维生素 C、维生素 E、维生素 P、维生素 U 和钙、磷、铁等矿物质。菜花是含有类黄酮最多的食物之一，可以防止感染，阻止胆固醇氧化，防止血小板凝结成块，从而减少心脏病与中风的危险。常吃菜花还可以增强肝脏的解毒能力，提高机体的免疫力。菜花中含有二硫酚硫酮，有助于降低形成黑色素的酶的活性，以减少皮肤色素斑的形成和使斑块逐渐褪色。

中医认为，菜花性凉、味甘，入胃、肝、肺经；具有助消化、增食欲、生津止渴等功效，是肝炎、咳嗽、肺结核患者的食疗佳品。

珍珠菜花

【主料】菜花 400 克，鲜玉米 100 克。

【配料】植物油 15 克，淀粉 5 克，猪油 50 克，盐 5 克，味精 2 克，姜汁 5 克，葱汁 5 克，花椒 2 克。

【制作】① 把菜花洗净，掰成小朵，用沸水烫至六成熟，用清水投凉，沥干水分。② 锅置火上，入油烧至五成热，放入菜花炒几下，加入盐和玉米粒、高汤、味精、葱姜汁、花椒，待汤汁烧沸。③ 用淀粉勾芡，淋猪油颠翻几下，出锅装盘即可。

【烹饪技法】炒，烧。

【营养功效】健脾补虚，开胃消食。

【健康贴士】菜花还可与番茄搭配食用，能清血健身、增强机体抗毒能力，预防疾病，可治疗胃肠溃疡、便秘、皮肤化脓及预防牙周病。

香肠烧菜花

【主料】新鲜菜花 400 克，熟香肠 100 克。

【配料】葱末 10 克，姜末 5 克，水淀粉 15 克，绍酒 15 克，盐 3 克，鸡精 2 克，植物油 15 克。

【制作】① 菜花洗净，掰成小块；香肠切片。② 锅置火上，入油烧热，下葱末、姜末爆香，随后烹入绍酒，加入香肠、菜花、水、鸡粉、盐烧至入味，用水淀粉勾芡，出锅装盘即可。

【烹饪技法】爆，烧。

【营养功效】开胃助食，清热润肺。

【健康贴士】菜花也可与玉米搭配食用，不仅能健脾胃，还能防治癌症。

青条白花菜

【主料】菜花 500 克，青蒜 50 克。

【配料】植物油 30 克，盐 5 克，味精 2 克，料酒 5 克，白砂糖 3 克，淀粉 5 克，姜末 5 克。

【制作】① 青蒜、菜花均洗净，青蒜切成条，菜花切成朵；菜花入沸水焯烫，沥干。② 锅置火上，入油烧至八成热，将青蒜条入锅煸炒，然后加烫过的菜花，加入盐、味精、料酒、少量白砂糖、淀粉、少量细姜末拌匀，再炒约 2 分钟，加入一点点油，出锅装盘即可。

【烹饪技法】焯，煸炒，拌，炒。

【营养功效】杀菌解毒，防癌抗衰。

【健康贴士】菜花也可与鸡蛋搭配食用，具有健脾益胃、防老抗衰的作用。

典食趣话：

相传唐朝大历年间，大诗人杜甫被贬官罢职到三峡深谷的白帝城下，在流放期间，杜甫常吃那里的青蒜炒白菜花，流放期满后，杜甫回到京城，皇上见他白发转青，脸放红光，龙行虎步，颇有神仙之风，大吃一惊，便问他吃了什么，杜甫说吃了三峡特产——青条白花菜。从此，人们也都说杜甫是吃了长江三峡的青蒜炒白花菜，才成了诗圣的。

酱香菜花

【主料】菜花 200 克。

【配料】植物油 15 克，蒜 5 克，拌饭酱 20 克。

【制作】① 菜花用手掰成小朵，入热水过中焯烫至八成熟。② 锅置火上，入油烧热，下蒜片爆香，加入焯好的花菜和拌饭酱，继续翻炒入味即可。

【烹饪技法】焯，爆，炒

【营养功效】开胃助食，防癌抗癌。

【健康贴士】菜花还能与豆浆搭配食用，具有益肠胃、增强人体免疫力的作用。

【举一反三】如没有拌饭酱可以用其他的酱料代替。

红烩菜花

【主料】菜花 500 克，胡萝卜 150 克，番茄 150 克，芹菜 50 克，洋葱 75 克。

【配料】蒜 25 克，醋精 10 克，盐 5 克，番茄酱 125 克，胡椒粉 8 克，香叶 10 克，干辣椒 20 克，白砂糖 50 克。

【制作】① 菜花拆成小朵，用盐水浸泡 5 ~ 10 分钟，然后洗净，用沸水煮烫 5 分钟左右，捞出，沥干水分。② 胡萝卜、芹菜、洋葱洗净，分别切成片、段、丝。③ 锅置火上，入油烧热，下洋葱丝炒，炒到微黄时放香叶、胡椒粉、干辣椒、胡萝卜片、番茄酱，再继续炒到油呈红色时，放水调匀，再放入菜花和芹菜段，沸后放盐、糖醋精和蒜调好口味，移小火上再微沸 10 分钟，倒耐酸器皿内，凉后即可食用。

【烹饪技法】炒，煮，烩。

【营养功效】益气健胃，补虚强身。

【健康贴士】菜花也可与蚝油同食，具有健脾益胃、抗老防衰的作用，适合脾胃虚弱等人使用。

素熘菜花

【主料】菜花 500 克，辣椒 50 克。

【配料】水淀粉 10 克，酱油 5 克，白砂糖 5 克，盐 3 克，醋 5 克，味精 2 克，植物油 20 克。

【制作】① 菜花洗净，分成小块，倒入沸水中焯烫后，捞出。② 辣椒洗净，去子，切成小块。在水淀粉中加入白砂糖、酱油、盐、醋、味精等调好。③ 锅置中火上，入油烧热，下辣椒，翻炒几下，待辣味出来后，倒入菜花，翻炒几下，加适量水烧沸后，倒入已调好的水淀粉勾芡，再翻炒均匀即可。

【烹饪技法】焯，炒。

【营养功效】健脾开胃，通便防癌。

【健康贴士】菜花还能与鸡肉搭配食用，具有提高免疫力的作用，能预防感冒。

【巧手妙招】切菜花的时候，不要切得太碎了，以免影响口感。

香菇烧菜花

【主料】菜花300克，香菇50克。

【配料】鸡汤200毫升，水淀粉10克，味精2克，葱2克，姜2克，盐4克，鸡油10克，植物油15克。

【制作】① 菜花洗净，掰成小块；香菇洗净，切成片。② 锅置火上，入水烧沸后，下菜花焯至熟透后，捞出。③ 锅置火上，入油烧热，下葱末、姜片煸出香味，放入盐、味精、鸡汤，烧沸后将香菇、菜花分别倒入锅内，用小火烧至入味后，用水淀粉勾芡，淋鸡油翻匀即可。

【烹饪技法】焯，煸，烧。

【营养功效】益气助食，防癌抗癌。

【健康贴士】菜花不宜与笋瓜同食，会破坏营养成分。

【巧手妙招】菜花要将老柄去掉，削去花序再进行烹饪。

菜花炒肉片

【主料】菜花250克，瘦肉100克。

【配料】植物油20克，盐5克，味精3克，姜片10克，干辣椒15克，葱末5克。

【制作】① 菜花洗净，切成小块；瘦肉洗净，切片；干椒切断。② 锅置火上，入油烧热，下入干辣椒炒香，再加入肉片、菜花、姜片、葱末炒匀，再加少量水，盖上盖烧焖，加盐、味精调味即可。

【烹饪技法】炒，烧。

【营养功效】滋阴润燥，强身壮体。

【健康贴士】菜花不宜与牛奶同食，影响钙的吸收。

【巧手妙招】做此菜时焖的时间不要太长，否则就失去了脆韧的口感。

番茄炒菜花

【主料】菜花200克，番茄200克。

【配料】植物油40克，鸡汤500毫升，盐3克，味精1克。

【制作】① 菜花掰成小朵，洗净，入沸水中煮至七八成熟，捞出，沥干水分。② 番茄用沸水烫过，去皮，切成小块。③ 锅置火上，入油烧热，放入鸡汤出味，倒入菜花、番茄，加盐、味精翻炒几下，出锅装盘即可。

【烹饪技法】煮，炒。

【营养功效】滋阴润肺，防癌抗癌。

【健康贴士】菜花不宜与猪肝同食，影响矿物质的吸收。

茄汁菜花

【主料】菜花250克，

【配料】番茄酱25克，白砂糖30克，植物油20克，淀粉、盐、味精各适量。

【制作】① 将菜花掰成小朵，入沸水锅中焯透，捞出，过凉沥干水分。② 锅置火上，入油烧热，下番茄酱煸炒几下，倒入菜花，加盐、白砂糖一同翻炒，调入味精，最后用淀粉勾芡即可。

【烹饪技法】焯，煸炒，炒。

【营养功效】养颜护肤，止咳平喘。

【健康贴士】菜花还可与猴头菇等其他菌类搭配食用，具有防癌抗癌的作用。

【举一反三】此菜也可加牛肉丝同炒，味道也很好。

素炒菜花

【主料】菜花300克。

【配料】植物油15克，盐5克，味精3克，高汤300毫升，面粉、明油、淀粉、葱、姜各5克。

【制作】① 菜花切成小块，洗净，入沸水焯烫，捞出，沥干水分；葱、姜切末备用。② 锅置火上，入油烧热，下葱、姜炝锅，添高汤，加盐、味精调味。③ 放入焯好的菜花，用大火烧沸后，转小火慢烧至酥烂入味时，再用淀粉勾芡，淋明油，出锅装盘即可。

【烹饪技法】焯，炝，烧。

【营养功效】健脾和胃，润肺生津。

【健康贴士】菜花还可与平菇搭配食用，具有增强体质，促进身体健康的作用，特别适于中老年人食用。

莜麦菜

莜麦菜富含胡萝卜素、维生素C以及铁、钙和钾等多种微量元素，对降低胆固醇、治疗神经衰弱以及治疗贫血有一定的辅助作用。

中医认为，莜麦菜性寒、味甘，入肠、胃经；具有降低胆固醇、治疗神经衰弱、清燥润肺、化痰止咳等功效，是一种低热量、高营养的蔬菜。

豆豉鲮鱼莜麦菜

【主料】莜麦菜500克，鲮鱼肉200克。

【配料】豆豉50克，植物油20克，盐5克，葱、淀粉、姜、鸡精各适量。

【制作】① 莜麦菜洗净，沥干水分，切段；鲮鱼肉处理干净，加盐、淀粉拌匀上浆，入油锅中炸熟，捞出备用。② 锅置火上，入油烧热，下葱、姜煸出香味，放入豆豉翻炒，然后加入莜麦菜翻炒，加盐，翻炒到菜变色出锅，加入鸡精，装盘。③ 把鲮鱼放到已经炒好的菜上即可。

【烹饪技法】拌，炸，煸，炒。

【营养功效】益气润肺，健骨强身。

【健康贴士】莜麦菜还可与青蒜搭配食用，具有防治高血压的作用。

紫菜河虾莜麦菜

【主料】莜麦菜250克，水发紫菜50克，河虾50克

【配料】植物油15克，盐5克，料酒15克，味精2克，葱末5克，香油5克。

【制作】① 水发紫菜撕成小块；河虾处理干净，入沸水锅中汆熟后，捞出；莜麦菜择洗净，切成5厘米长的段。② 锅置火上，入油烧热，下葱末爆香，再下入河虾，烹入料酒，随即下入莜麦菜、紫菜翻炒，调入盐和味精炒熟后，淋入香油，出锅装盘即可。

【烹饪技法】汆，炒。

【营养功效】补肾壮阳，益气止咳。

【健康贴士】莜麦菜也可以与黑木耳搭配食用，具有降脂、降压、降糖的作用，适合高血压、糖尿病等病症患者食用。

蚝油莜麦菜

【主料】莜麦菜400克。

【配料】植物油20克，蚝油30克，蒜蓉50克。

【制作】① 蒜去皮，切成蓉；莜麦菜切成段。② 锅置火上，入油烧热，下一半蒜蓉炒香，加入莜麦菜翻炒至菜叶微软时，倒入蚝油。③ 最后再放入剩下的蒜蓉翻炒后，出锅装盘即可。

【烹饪技法】炒。

【营养功效】补血益气，防癌抗癌。

【健康贴士】莜麦菜还可与豆豉搭配食用，不仅能清心除烦，还可治疗神经衰弱。

【巧手妙招】因为蚝油本身已有咸味，所以不用再加盐。

白灼莜麦菜

【主料】莜麦菜500克。

【配料】植物油15克，海鲜酱油10克。

【制作】① 莜麦菜择洗干净。② 炒锅置火上，入油烧热，下莜麦菜炒匀，装盘，淋上海鲜酱油。

【烹饪技法】炒。

【营养功效】润肺养颜，降脂降压。

【健康贴士】莜麦菜也可与豆腐搭配食用，具有减肥健美的作用。

炝炒莜麦菜

【主料】莜麦菜500克。

【配料】植物油15克，干辣椒5克，花椒粉5克，盐5克，鸡精2克，葱10克。

【制作】① 莜麦菜择洗干净。② 锅置火上，入油烧热，下干辣椒和葱段炝锅，放入花椒粉，倒入莜麦菜，翻炒至熟，加入盐和鸡精，炒匀，出锅装盘即可。

【烹饪技法】炝，炒。

【营养功效】开胃提神，安神除烦。

【健康贴士】莜麦菜不宜与蜂蜜同食，易导致腹泻。

清炒莜麦菜

【主料】莜麦菜 300 克。

【配料】植物油 20 克，盐 3 克，蒜末 5 克，味精 2 克，白砂糖 2 克。

【制作】① 莜麦菜洗净，切成小段。② 锅置大火上，入油烧热，下蒜末煸出味，放莜麦菜快速翻炒，加盐、味精和白砂糖，翻炒几下，出锅装盘即可。

【烹饪技法】煸，炒。

【营养功效】提神醒脑，清热润喉。

【健康贴士】莜麦菜性寒，胃寒、尿频的人应慎食。

黄瓜

黄瓜富含维生素 B_1、维生素 B_2、维生素 E、葫芦素 C、黄瓜酶、磷、膳食纤维等营养物质。黄瓜中的黄瓜酶具有很强的生物活性，能够促进人体新陈代谢，中年人经常食用黄瓜可以帮助机体保持活力；黄瓜中所含的丙氨酸、精氨酸和谷胺酰胺可以防治酒精中毒，适合经常在外应酬和嗜酒的中年人保护肝脏。黄瓜含有维生素 B_1 可以健脑安神，辅助治疗失眠症，有助于中年人缓解工作压力，提高工作效率和睡眠质量；黄瓜是肥胖者的福音，它所含的丙醇二酸能够抑制糖类物质转变为脂肪，帮助中年发福者轻松减肥；富含的膳食纤维可以促进肠胃蠕动，帮助人体排出毒素，防治便秘和痔疮；黄瓜富含葫芦素 C，这种物质可以提高人体免疫力，治疗肝炎，还具有抗癌作用，经常食用黄瓜可帮助中年人抵御疾病的侵袭。

中医认为，黄瓜性凉、味甘，入肺、胃、大肠经；具有清热利水、解毒消肿、生津止渴的功效，主治身热烦渴、咽喉肿痛、风热眼疾、湿热黄疸、小便不利等病症。

腰果青瓜圈

【主料】黄瓜 400 克，腰果 50 克。

【配料】盐 4 克，鸡精、葱末、水淀粉各 5 克，鸡汤 50 毫升，香油 3 克，植物油 30 克。

【制作】① 黄瓜去皮，切段，用筷子捅去中间的瓤，直刀切圈。② 锅置火上，入油烧热，下腰果，小火炸脆后，捞出沥油。③ 净锅置火上，入油烧至三成热，放葱末煸香，倒入黄瓜圈略炒，加鸡汤、盐、鸡精翻炒 2 分钟，用水淀粉勾芡，淋香油，最后加入腰果，翻炒片刻即可。

【烹饪技法】炸，煸，炒，淋。

【营养功效】润肠通便，利水养颜。

【健康贴士】黄瓜性凉，慢性支气管炎、结肠炎、胃溃疡病等虚寒证患者宜少食。

黄瓜滑肉

【主料】黄瓜 500 克，应山滑肉 300 克。

【配料】红枣 10 枚，黑木耳 30 克，盐 5 克，鸡精 2 克，胡椒粉 3 克，葱、姜片各 10 克，香油 5 克，高汤 100 毫升，色拉油 20 克。

【制作】① 黄瓜去皮，切滚刀块；应山滑肉切块；黑木耳用水泡发。② 锅置火上，入油烧热，下葱、姜片炝锅，加入高汤、滑肉和黑木耳，放盐、鸡精调味，焖 1 分钟，放入黄瓜、红枣、胡椒粉，再焖 10 秒钟，淋入香油，出锅装盘即可。

【烹饪技法】炝，炒，焖。

【营养功效】清热解毒，滋阴润燥。

【健康贴士】黄瓜还可与粳米搭配食用，具有解毒美容的作用。

黄瓜东坡肘

【主料】猪肘400克，黄瓜100克，熟芝麻10克。

【配料】盐3克，味精2克，醋8克，老抽15克，料酒10克，白砂糖5克。

【制作】① 猪肘洗净，切块；黄瓜去皮，洗净，切长片待用。② 锅置火上，入油烧热，下猪肘炸至金黄色时，调入盐，注水，烹饪醋、老抽、料酒、白砂糖一起焖至汤汁收干。③ 出锅装入盘中，再将黄瓜片排于两侧，配以熟芝麻、醋、老抽、味精调成的汤汁即可。

【烹饪技法】炸，焖。

【营养功效】嫩肤除皱，抗老防衰。

【健康贴士】黄瓜不可与花生同食，易导致腹泻。

黄瓜炒猪肝

【主料】黄瓜200克，猪肝150克，水发木耳10克。

【配料】植物油75克，酱油5克，盐3克，味精3克，白砂糖4克，料酒10克，淀粉、水淀粉各15克，葱末、姜末、蒜末各5克。

【制作】① 猪肝洗净，切片，用淀粉、盐上浆；黄瓜洗净，切片；木耳择洗干净，撕成小块备用。② 锅置大火上，入油烧至九成热时，下猪肝，用筷子轻轻搅散，待八成熟时，倒出沥油。③ 锅放回大火上，留适量底油，烧热后，放葱末、姜末、蒜末和黄瓜、木耳稍炒几下，即倒入猪肝，迅速洒上料酒，再加酱油、盐、白砂糖、清水少许翻炒，撒味精，用水淀粉勾芡，翻炒均匀，出锅装盘即可。

【烹饪技法】炸，炒。

【营养功效】养阴清热，清肝明目。

【健康贴士】黄瓜不宜与番茄同食，会破坏维生素C，降低营养价值。

虾仁烧黄瓜

【主料】黄瓜500克，虾仁25克。

【配料】猪油30克，酱油30克，料酒15克，白砂糖5克，大葱2克，水淀粉10克，味精2克。

【制作】① 黄瓜洗净，切成滚刀块，入沸水焯烫，捞出。② 锅置火上，入油烧热，先放入虾仁炸一下，随即将葱末入锅，再下入黄瓜煸炒片刻，烹入料酒、酱油，加入味精，白砂糖翻炒片刻，淋入水淀粉勾芡，淋上少许明油即可。

【烹饪技法】焯，炸，煸，炒。

【营养功效】去脂降压，防癌抗癌。

【健康贴士】黄瓜中含有大量的维生素，用铁锅烹饪蔬菜能减少蔬菜中维生素C的损失。

黄瓜炒河虾

【主料】黄瓜300克，河虾200克。

【配料】植物油30克，盐5克，鸡精2克。

【制作】① 黄瓜洗净，切小块；河虾处理干净。② 锅置火上，入油烧热，放河虾炸至金黄，捞出，沥油。③ 锅底留少许油，放黄瓜片略炒；加入河虾翻炒片刻，调入盐、鸡精炒匀，出锅装盘即可。

【烹饪技法】炸，炒。

【营养功效】补虚养身，补气养血。

【健康贴士】黄瓜性凉，脾胃虚弱者不宜多食。

【巧手妙招】河虾炒前先用淀粉挂糊，炒出来更美味。

黄瓜炒肉

【主料】黄瓜300克，猪瘦肉200克。

【配料】植物油20克，酱油、醋、盐、干辣椒各5克，味精2克。

【制作】① 黄瓜洗净，切圆片；猪瘦肉洗净，切片，用酱油、盐抓腌。② 锅置火上，入油烧热，下干辣椒炒香；放入瘦肉翻炒片刻，加入黄瓜同炒至熟。③ 调入酱油、醋、味精、盐炒匀，出锅装盘即可。

【烹饪技法】腌，炒。

【营养功效】解毒润燥，丰肌泽肤。

【健康贴士】黄瓜不宜与柑橘同食，会降低营养价值。

【巧手妙招】河虾炒前先用淀粉挂糊，炒出来更美味。

苦瓜

苦瓜含有蛋白质、胡萝卜素、维生素 B_1、维生素 B_2、维生素 C、苦瓜素、钙、磷等营养物质。富含的维生素 C 能够保护心脏、防止动脉粥样硬化，同时具有提高人体免疫功能，防癌抗癌的作用；所含的苦瓜素被誉为“脂肪杀手”，能够减少人体对脂肪和糖类的吸收，是减肥人士的得力助手。

中医认为，苦瓜性寒、味苦，入脾、胃、心、肝经；具有清凉解渴、除邪热、治丹火毒气、泻六经实火、益气止渴、解劳乏、清心明目、能增强食欲、养血滋肝、润脾补肾之功效，主治中暑、暑热烦渴、暑疖、痱子过多、目赤肿痛、痈肿丹毒、烧烫伤、少尿等病症。

大刀苦瓜

【主料】苦瓜 300 克。

【配料】植物油 20 克，盐、味精各 3 克，生抽、豆豉、红椒、蒜蓉各 15 克。

【制作】① 苦瓜去瓤，洗净，切成条状，入沸水中焯至断生；红椒洗净，切圈。② 锅置火上，入油烧至六成热，下红椒、蒜蓉炒香；再放苦瓜翻炒均匀，加入盐、味精、生抽、豆豉调味，出锅装盘即可。

【烹饪技法】焯，炒。

【营养功效】滋肝补肾，明目解毒。

【健康贴士】苦瓜也可与豆腐搭配食用，具有清热解毒的作用。

【巧手妙招】红椒、蒜蓉下锅时应将火调小一点，否则蒜蓉很快会被煎焦；苦瓜下锅后则应大火翻炒。

苦瓜炒蛋

【主料】苦瓜 200 克，鸡蛋 2 个。

【配料】植物油 20 克，盐 3 克，香油 10 克。

【制作】① 鸡蛋磕入碗中，搅匀；苦瓜、红椒均洗净，切片。② 锅置上火，入油烧热，倒入鸡蛋液，炒熟后盛起。③ 锅内留油烧热，下苦瓜、红椒翻炒片刻，再倒入鸡蛋同炒，调入盐炒匀，淋入香油即可。

【烹饪技法】炒。

【营养功效】养血明目，壮骨固齿。

【健康贴士】苦瓜还可与猪肝搭配食用，抗癌效果更佳。

【巧手妙招】苦瓜质地较嫩，不宜炒太久，以免影响口感。

苦瓜牛柳

【主料】苦瓜 150 克，牛柳 200 克。

【配料】植物油 30 克，盐、辣椒各 3 克，酱油、香油各 10 克。

【制作】① 牛柳切成片，加油、酱油腌 15 分钟；苦瓜洗净，去瓤，改刀后入沸水中烫熟；辣椒洗净，切片。② 锅置火上，入油烧热，下牛肉滑熟，捞出；油锅烧热，放入苦瓜、辣椒炒一下。③ 再放牛肉炒匀，加盐、味精、香油调味，出锅装盘即可。

【烹饪技法】腌，烫，炒。

【营养功效】养血益气，补肾健脾。

【健康贴士】苦瓜也可与青椒搭配食用，可以很好地防治癌症，还能美容。

【巧手妙招】宜选用果肉晶莹肥厚、瓜体嫩绿、皱纹深、掐上去有水分的苦瓜。

苦瓜炒猪肉

【主料】苦瓜 300 克，猪肉（瘦）50 克。

【配料】植物油 30 克，盐 10 克，味精 2 克。

【制作】① 先将苦瓜切断，用盐腌渍片刻；即除掉苦味，再横切成片；猪肉洗净，切成丝。② 锅置上火，入油烧热，下肉丝煸炒一下；

再放入苦瓜一起煸炒片刻，加水适量，焖烧10分钟，调入盐、味精，出锅装盘即可。

【烹饪技法】煸炒，焖，烧。

【营养功效】滋阴润燥，清热明目。

【健康贴士】苦瓜性寒，经期、哺育期应少食。

【巧手妙招】苦瓜不要炒得太老，脆脆的才好吃。

苦瓜炒腊肉

【主料】苦瓜300克，腊肉200克。

【配料】高汤50毫升，植物油20克，指天椒、淀粉、料酒10克，姜、盐、蒜各5克，胡椒粉、味精各2克。

【制作】① 腊肉切片，用温水浸泡15分钟；苦瓜洗净，切片；红辣椒切段；姜切丝；蒜切末。② 锅置火上，入油烧热，下姜丝、蒜末、辣椒段炒香，放入腊肉翻炒，烹入料酒。③ 加入苦瓜片、高汤、胡椒粉、盐与味精，炒至只剩汤汁，勾点儿淀粉，装盘即可。

【烹饪技法】炒。

【营养功效】健脾开胃，提神解烦。

【健康贴士】苦瓜性凉，脾胃虚寒者不宜多食。

苦瓜炒腊肠

【主料】腊肠150克，苦瓜100克。

【配料】植物油20克，料酒、红椒、大葱各5克，盐、香油各4克。

【制作】① 腊肠用温水泡开，洗净，切条；苦瓜去瓤，洗净，切片；红椒洗净，切圈；大葱洗净，切段。② 锅置火上，入油烧热，下腊肠、苦瓜同炒，加入红椒、大葱炒片刻，调入盐、料酒炒匀，淋入香油，出锅装盘即可。

【烹饪技法】炒。

【营养功效】消暑开胃，清心明目。

【健康贴士】①市场上卖的腊肉，咸味比较重，血压高的人要适当去咸。②苦瓜不宜与滋补药同食，会降低滋补效果。

干煸苦瓜

【主料】苦瓜300克，海米、猪肉各50克。

【配料】植物油30克，盐3克，蒜末5克，料酒10克，辣椒碎、花椒、红油、白砂糖、各适量。

【制作】① 苦瓜去子，切成4厘米长的条；猪肉切末；海米切碎。② 将苦瓜入沸水焯烫，再下入六成热的油锅炸一下，盛出。③ 锅置火上，入油烧热，放蒜末、花椒、辣椒碎、海米炒至出香味，再加苦瓜，边翻炒边加盐、白砂糖，最后淋入红油，出锅装盘即可。

【烹饪技法】焯，炸，炒。

【营养功效】益气补血，清肝凉血。

【健康贴士】苦瓜也可与茄子搭配食用，具有清心明目、益气壮阳的作用，是心血管病人的理想菜。

鱼香苦瓜

【主料】苦瓜400克。

【配料】酱油10克，盐3克，糖5克，醋10克，豆瓣辣酱15克，葱10克，姜10克，蒜10克，水淀粉20克，味精2克，植物油15克。

【制作】① 苦瓜洗净，去子，切成细丝；葱、姜切细丝；蒜剁成细末。② 锅置火上，入油烧热，下苦瓜丝煸炒至略熟，盛出备用。③ 锅内放油烧热后，放入豆瓣辣酱和炒好的苦瓜丝合炒，再加入酱油、盐、醋、糖、葱丝、蒜末炒匀、最后用水淀粉勾稀芡，颠匀出锅。

【烹饪技法】煸炒，炒。

【营养功效】清热消暑，养血益气。

【健康贴士】苦瓜还可与洋葱搭配食用，可提高机体免疫功能，还能够辅助治疗癌症。

油焖苦瓜

【主料】苦瓜500克。

【配料】植物油15克，绍酒15克，葱5克，蒜瓣、豆豉、高汤、糖、盐、香油各适量。

【制作】① 苦瓜切成宽丝，在沸水锅中烫一下，再用凉水浸泡；葱切成葱末；蒜瓣捣成泥；豆豉切碎。② 锅置火上，入油烧热，下苦瓜丝煸炒 2 分钟左右；再放入绍酒、蒜泥、葱末、豆豉末、盐、糖和高汤用小火焖烧入味，汤汁快干时，淋香油，出锅装盘即可。

【烹饪技法】煸炒，焖，烧。

【营养功效】清热去火，生津止渴。

【健康贴士】用苦瓜煮水，擦洗皮肤，可以祛痱止痒。

豉汁苦瓜

【主料】苦瓜 500 克，豆豉 50 克。

【配料】蒜泥 5 克，盐 3 克，酱油 10 克，白砂糖 2 克，鸡精 2 克，水淀粉 10 克，植物油 15 克。

【制作】① 苦瓜去瓜蒂，平剖成两瓣，去瓤，切成大厚片；豆豉切成碎末。② 锅置火上，入油烧至六成热，下苦瓜片煎至两面金黄色，再放入大半杯水。③ 加鸡精、酱油、豆豉、盐、白砂糖、蒜泥用大火烧至汤汁浓稠时，用水淀粉勾芡，出锅装盘即可。

【烹饪技法】煎，烧。

【营养功效】健脾开胃，清肝明目。

【健康贴士】苦瓜性凉，体虚、大便溏薄、腹泻等病症患者应禁食。

冬瓜

冬瓜含蛋白、糖类、胡萝卜素、多种维生素、粗纤维和钙、磷、铁，且钾盐含量高，钠盐含量低。高血压、肾脏病、浮肿病等患者食之，可达到消肿而不伤正气的作用；冬瓜中所含的丙醇二酸，能有效地抑制糖类转化为脂肪，加之冬瓜本身不含脂肪，热量不高，对于防止人体发胖具有重要意义，还可以有助于体形健美。

中医认为，冬瓜性凉，味甘、淡，入肺、大肠、小肠、膀胱经；具有润肺生津、化痰止渴、利尿消肿、清热祛暑、解毒排脓的功效，可用于暑热口渴、痰热咳喘、水肿、脚气、胀满、消渴、痤疮、面斑、脱肛、痔疮等症的治疗，还能解鱼、酒毒。

芝麻酱冬瓜

【主料】冬瓜 400 克，韭菜 10 克，芝麻酱 25 克。

【配料】植物油 15 克，香油 5 克，盐 3 克，味精 2 克，葱末 10 克，花椒油 5 克。

【制作】① 冬瓜去皮、瓤，切成约 1 厘米的大片；芝麻酱用油、水和好；韭菜洗净，切成末。② 把切好的冬瓜片放入盘中，入锅蒸至熟软。③ 锅置火上，入油烧热，下盐、味精、香油烧热后与和好的芝麻酱一起浇于冬瓜上，撒上韭菜末、葱末即可。

【烹饪技法】蒸。

【营养功效】润肺止咳，利水消肿。

【健康贴士】冬瓜还可与海带搭配食用，具有清热利尿、祛脂降压的作用，适宜肥胖、高血压等病症患者食用。

【巧手妙招】冬瓜宜选老的，嫩冬瓜有潺滑感，不够爽脆鲜甜。

油焖冬瓜

【主料】冬瓜 300 克，青椒、红椒各 20 克。

【配料】植物油 30 克，盐 3 克，鸡精 2 克，葱末 10 克，姜片 10 克，酱油 3 克。

【制作】① 冬瓜去皮、子，洗净，切块，面上划十字花刀；青椒、红椒洗净，切片。② 将切好的冬瓜入沸水中稍烫，捞出，沥干水分。③ 锅置火上，入油烧热，下冬瓜焖 10 分钟，加入青椒片、红椒片、盐、鸡精、葱末、姜片、酱油，炒匀即可。

【烹饪技法】焖，炒。

【营养功效】清热利尿，解毒祛湿。

【健康贴士】冬瓜性寒，体虚、胃弱易泄者需慎食之。

【巧手妙招】冬瓜不宜煮得太烂，炒的时间不宜过长。

火腿冬瓜夹

【主料】冬瓜 200 克，火腿 200 克。
【配料】盐 3 克，水淀粉 15 克。
【制作】① 冬瓜去皮、子，切合叶片；火腿洗净，用水煮熟取出，待凉后，切成长形薄片。② 取一片冬瓜夹入一片火腿片，依次夹好，排入盘中，入锅蒸 15 分钟，取出，倒出蒸汁。③ 将蒸汁倒入锅中，待汁滚开，调入盐，用水淀粉勾薄芡，淋在冬瓜夹上即可。
【烹饪技法】蒸。
【营养功效】利水通经，催乳消肿。
【健康贴士】冬瓜还可与蘑菇搭配食用，具有清热利尿、补肾益气的作用。
【巧手妙招】鸡胸肉尽量剁碎一些，这样更易熟透。

冬瓜炒蒜薹

【主料】冬瓜 200 克，蒜薹 200 克。
【配料】植物油 15 克，盐 3 克，胡椒粉 5 克，香油 5 克，姜末 5 克。
【制作】① 冬瓜洗净，去皮、子，切成片；蒜薹洗净，切成小段。② 锅置火上，入油烧至五成热，下姜末炸香，加入胡椒粉，放入冬瓜片和蒜薹段煸炒，撒入盐烧至入味，淋入香油，出锅装盘即可。
【烹饪技法】炸，煸炒，烧。
【营养功效】利肺化痰，解毒消肿。
【健康贴士】冬瓜也可与火腿搭配食用，可促进营养素的吸收。

水晶冬瓜

【主料】冬瓜 200 克。
【配料】冰糖 20 克，枸杞 10 枚。
【制作】① 冬瓜洗净，去皮，切成薄片（最好在 1 厘米以内）。② 锅置火上，注入水，加入冬瓜，大火烧沸，改小火慢煮。③ 煮到 40 分钟以后，加入冰糖，枸杞再煮 10 钟，汁收浓即可。
【烹饪技法】煮。
【营养功效】健脾养颜，止咳化痰。
【健康贴士】冬瓜还可与鲤鱼搭配食用，具有利水消肿、清暑止渴、安胎通乳的功效。可用于慢性肾炎浮肿，妇女妊娠浮肿及乳汁淡薄不足等症，也可作为暑夏的保健菜肴。

虾米蒸冬瓜

【主料】冬瓜 400 克，虾米 30 克。
【配料】盐 2 克、白砂糖 1 克、味精 3 克、葱 4 克，姜片 4 克，水淀粉 10 克。
【制作】① 虾米洗净，入清水浸泡 30 分钟。② 冬瓜去皮，切片，摆入盘内，下葱、姜片、虾米，撒上盐、白砂糖、味精，入笼蒸 15 分钟，取出用水淀粉勾芡即可。
【烹饪技法】蒸。
【营养功效】润肺生津，美白瘦身。
【健康贴士】冬瓜也可与芦笋搭配食用，具有降脂降压、清热解毒的作用，适宜高血压等病症患者食用。

红烧冬瓜

【主料】冬瓜 500 克。
【配料】葱油 10 克，植物油 30 克，甜酱 25 克，酱油 25 克，白砂糖 10 克，盐 3 克，味精 2 克，姜末少许，水淀粉 20 克，高汤 100 毫升。
【制作】① 冬瓜去皮，洗净，切成 3 厘米、1.2 厘米宽的块。② 锅置火上，入油烧热，下葱、姜、甜酱，再放入冬瓜、酱油、白砂糖、味精、高汤，烧沸后转小火烧，冬瓜块烂时，用水淀粉勾芡，淋上葱油搅匀即可。
【烹饪技法】烧。
【营养功效】补虚祛寒，开胃健力。
【健康贴士】冬瓜不宜与红豆同食，会造成身体脱水。

烧冬瓜

【主料】冬瓜 400 克。

【配料】盐 3 克，香菜 10 克，味精 2 克，植物油 30 克。

【制作】① 冬瓜削去皮，切成长方块；香菜洗净，切成小段。② 锅置中火上，入油烧热，下冬瓜煸炒到稍软，加盐、少量水，盖上锅盖烧熟后加味精，放入香菜炒匀即可。

【烹饪技法】煸炒，烧。

【营养功效】清热解毒，利水生津。

【健康贴士】冬瓜不宜与鲫鱼同食，会造成身体脱水。

海米冬瓜

【主料】冬瓜 500 克。

【配料】植物油 20 克，海米 15 克，葱末 2 克，姜末 2 克，盐 4 克，鸡精 2 克，料酒 15 克，水淀粉 10 克。

【制作】① 冬瓜削去外皮（留一点儿青皮），去掉内瓤、子，冲洗干净，切成片，用少许盐腌 5 分钟，滗去水备用，海米用温水泡软。② 锅置火上，入油烧至六成热，下冬瓜片炒至嫩绿时，捞出，沥油备用。③ 锅内留少许底油，放入葱末、姜末炝锅，加入盐、料酒、鸡精、海米，烧沸后放入冬瓜片，用大火翻炒均匀，待烧沸后转小火焖烧，冬瓜透明入味后，用水淀粉勾芡，出锅装盘即可。

【烹饪技法】腌，炒，炝，烧，焖。

【营养功效】排毒通便，减肥美容。

【健康贴士】冬瓜性寒，久病骨泻、阳虚肢冷者忌食。

琥珀冬瓜

【主料】冬瓜 1000 克。

【配料】白砂糖 250 克，冰糖 250 克，糖色 10 克，猪油 30 克。

【制作】① 冬瓜去皮、去瓤，切成 5 厘米见方的块，放沸水锅内焯烫，捞出，在锅垫（竹篦）上摆两圈，如直径 10 厘米大小的圆形。② 锅置火上，注入水，下入白砂糖和冰糖，用中火熬化成汁，撇去浮沫，下入糖色和猪油。③ 将铺好冬瓜的锅垫放入锅内，用盘扣压，糖汁沸起后随即改为小火，收汁，冬瓜明亮时离火，用漏勺托住锅垫反扣在平盘内，并将原汁均匀地浇在冬瓜上，即可上桌。

【烹饪技法】焯，熬，烧。

【营养功效】清热祛暑，益气除烦。

【健康贴士】冬瓜还可与鸡肉搭配食用，既可补中益气、清热利尿、消肿减肥，又能排毒养颜、美体纤体，辅助食疗功效十分显著。

金沙冬瓜条

【主料】冬瓜 400 克，蛋黄 100 克。

【配料】花椒 3 克，葱、姜末各 5 克，红椒 10 克，芝麻 10 克，淀粉 40 克，盐 3 克，料酒 15 克，植物油 15 克。

【制作】① 冬瓜切成条，加盐拌匀；熟蛋黄压碎；芝麻炒熟。② 把冬瓜条蘸上淀粉，入六成热的油中炸熟，捞出，油温升高时再入锅，炸至香脆呈金黄色时，捞出。③ 锅置火上，入油烧热，放入红椒、花椒、葱姜末及蛋黄煸炒片刻，再放入冬瓜条及料酒，最后撒上芝麻即可。

【烹饪技法】拌，炸，煸炒。

【营养功效】清热解毒，祛湿解暑。

【健康贴士】冬瓜也可与螃蟹搭配食用，具有养精、益气的作用，适用于男子性功能障碍、遗精、阳痿等症。

南瓜

南瓜含有丰富的多糖、氨基酸、活性蛋白、类胡萝卜素、果胶以及钙、锌、钾、磷、镁等矿物质。南瓜所含的多糖能提高机体的免疫功能，调节免疫系统的功能，有利于老年人预防疾病；南瓜所含的果胶可以吸附和消除体内毒素和多种有害重金属，对铅、汞、镉等具有良好的解毒作用，减少环境污染对老年人的危害；果胶还可以保护胃肠道黏膜，促进溃疡愈合，对胃病有很好的疗效，适合胃肠道功能弱化的老年人食用；南瓜所含的维生素 A 可以保护皮肤健康，消除人体自由基，经常食用可提高人体免疫功能；南瓜中含有丰富的钴元素，能够活跃人体的新陈代谢和造血功能，还是胰岛细胞所必需的微量元素，对防治糖尿病有特殊的疗效；南瓜能消除亚硝胺的突变作用，因此可以有效预防癌症。

中医认为，南瓜性温、味甘，入脾，胃经；具有补中益气，消炎止痛，解毒杀虫，降糖止渴的功效，主治久病气虚、脾胃虚弱、气短倦怠、便溏、糖尿病、蛔虫等病症。

八宝南瓜

【主料】老南瓜 300 克。

【配料】糯米 100 克，蜜饯 50 克，葡萄干 5 克，细豆沙 50 克，莲子 15 克，白砂糖 50 克，糖桂花 10 克，香油 5 克。

【制作】① 老南瓜去皮，切成约 6 厘米长的梯形状；糯米洗净，放沸水锅中焯至断生。② 蜜饯、葡萄干、莲子、细豆沙、白砂糖同炒熟的糯米拌匀，装入摆在碗里定形的南瓜中，上蒸笼蒸至南瓜熟，取出。③ 用白砂糖、糖桂花打汁，淋上少许香油拌匀，浇在八宝南瓜上即可。

【烹饪技法】焯，炒，拌，蒸。

【营养功效】益气补血，补虚强身。

【健康贴士】一般人皆宜食用，特别适合女性食用。

【巧手妙招】糯米要焯至断生，但不能过熟，否则成菜色泽暗淡。

红枣蒸南瓜

【主料】老南瓜 500 克，红枣 12 枚。

【配料】白砂糖 10 克。

【制作】① 老南瓜削去硬皮、瓤，切成厚薄均匀的片；红枣泡发洗净备用。② 将南瓜装入盘中，加入白砂糖搅匀，摆上红枣。③ 蒸锅上火，放入备好的南瓜蒸约 30 分钟，至南瓜熟烂即可食用。

【烹饪技法】蒸。

【营养功效】补中益气，美容养颜。

【健康贴士】南瓜不宜与羊肉同食，易导致胸腹闷胀。

【巧手妙招】蒸前加入少许香油，口感会更佳。

西芹炖南瓜

【主料】南瓜 200 克，西芹 150 克。

【配料】姜片 10 克，葱段 10 克，盐 3 克，味精 2 克，淀粉 5 克。

【制作】① 西芹取茎洗净，切菱形片；南瓜去皮、去瓤，洗净，切菱形片。② 将西芹片、南瓜片一起下沸水锅中焯水，然后捞出，沥干水分。③ 装入砂锅中，于中火上炖 15 分钟，下入姜片、葱段、盐、味精、淀粉炒匀即可。

【烹饪技法】焯，炖。

【营养功效】平肝降压，清肺止咳。

【健康贴士】服药期间不宜多食。

【巧手妙招】南瓜切片不要切得太厚，以免不易熟透。

豉汁南瓜蒸排骨

【主料】南瓜 200 克，排骨 200 克。

【配料】豉汁 20 克，葱段 10 克，辣椒粒 5 克，盐 2 克，老抽 5 克，料酒 15 克，葱末 5 克。

【制作】① 排骨洗净，剁成块，加盐、料酒、豉汁腌渍入味；豆豉放入油锅内炒香后，去油汁备用；南瓜去皮、瓤，洗净，切成大块，排于碗中。② 排骨放入碗中，入蒸锅蒸 30 分钟，至熟后取出。③ 将盐、老抽、料酒、辣椒粒、葱末调成味汁，淋在排骨上即可。

【烹饪技法】腌，炒，蒸。

【营养功效】润肠通便，解毒杀虫。

【健康贴士】糖尿病、冠心病、高血脂、肥胖者宜食。

【巧手妙招】挑南瓜和挑冬瓜一样，表面带有白霜的好。

清炒南瓜丝

【主料】嫩南瓜 500 克，青椒 50 克，红椒 50 克。

【配料】植物油 15 克，盐 3 克，酱油 3 克，水淀粉 5 克。

【制作】① 嫩南瓜去蒂、瓤，切成 6 厘米长的丝；青、红椒去蒂、子，切丝。② 锅置大火上，入油烧热，下南瓜丝和青、红椒丝，加入盐、酱油炒拌断生，用水淀粉勾芡，出锅装盘即可。

【烹饪技法】炒。

【营养功效】润肺消炎，化痰止痛。

【健康贴士】南瓜还可与山药搭配食用，具有健胃消食、降血糖的作用，适合患有胃病的人食用。

上汤南瓜苗

【主料】南瓜苗 400 克，皮蛋 60 克。

【配料】植物油 15 克，上汤 200 毫升，大蒜 5 克，姜片 5 克，盐 3 克，鸡精 2 克。

【制作】① 南瓜苗择洗干净，入沸水焯烫 2 分钟，捞出，装碗备用。② 锅置大火上，入油烧热，下蒜片、姜片、皮蛋块炒香至表面微黄。③ 加入清水一碗，再放入高汤，煮 3 分钟左右，汤色变白，倒入装南瓜苗的碗里即可。

【烹饪技法】焯，炒，煮。

【营养功效】清热润肺，醒酒止痛。

【健康贴士】南瓜也可与绿豆搭配食用，具有补中益气、清热生津的作用，适合气虚、发热等病症患者食用。

蛋黄炒南瓜

【主料】南瓜 500 克，咸鸭蛋黄 3 个。

【配料】植物油 15 克，鸡精 2 克。

【制作】① 南瓜切薄片备用；咸鸭蛋黄捣碎。② 锅置火上，入油烧至五六成热，下蛋黄炒至蛋黄冒泡，放入南瓜片炒，加入盐翻炒片刻，加鸡精，翻炒均匀，出锅装盘即可。

【烹饪技法】炒。

【营养功效】清肺去热，生津开胃。

【健康贴士】南瓜还可与莲子搭配食用，具有补中益气，清心利尿的作用，适宜肥胖、便秘等病症患者食用。

蜜汁南瓜

【主料】南瓜 300 克。

【配料】糯米、枣各 50 克，葡萄干 5 克，粽子叶 10 克，白砂糖 50 克，糖桂花 10 克，水淀粉 5 克。

【制作】① 粽子叶、小枣、黄米、糯米、葡萄干一起放入碗中，用沸水浸泡 1 小时左右备用。② 南瓜挖去瓤洗干净，切成片，放入盘中。③ 把泡好的粽子叶、小枣、黄米、糯米、葡萄干也放进盘中，入蒸锅蒸 40 分钟，取出。④ 锅中加少许水，加入白砂糖、糖桂花，烧沸后用水淀粉勾芡，淋在蒸好的糯米南瓜上即可。

【烹饪技法】蒸。

【营养功效】美容养颜，抗癌防癌。

【健康贴士】南瓜也可与红枣搭配食用，具有补中益气，收敛肺气的作用。

南瓜什锦

【主料】南瓜 300 克，青豆 30 克，玉米粒 30 克，胡萝卜、土豆、番茄、菠萝各约 30 克。

【配料】植物油 30 克，盐 5 克，味精 2 克，水淀粉 5 克。

【制作】① 南瓜去皮、去子，洗净，切块，放盘，上笼蒸熟，取出备用；胡萝卜、土豆、番茄、菠萝等都洗净，切成丁。② 锅置火上，入油烧热，下南瓜、胡萝卜、土豆、青豆、玉米粒入锅炒。③ 快熟时，放入番茄、菠萝、盐、味精翻炒，用水淀粉勾芡，出锅，倒入南瓜盘中即可。

【烹饪技法】蒸，炒。

【营养功效】抗老防癌，美容养颜。

【健康贴士】南瓜性温，胃热炽盛者不宜多食。

西葫芦

西葫芦含有丰富的维生素 B_1、维生素 B_2、维生素 C、烟酸、钙、磷和膳食纤维等营养素。西葫芦热量低，水分足，经常食用可以减肥去脂，帮助老年人摆脱老来发福的烦恼；西葫芦含有一种干扰素诱生剂，能够刺激机体产生干扰素，从而提高免疫力，经常食用可以抗病毒、防肿瘤；西葫芦中含有大量的水分，经常食用可以为肌肤补水，使得皮肤滋润光泽。

中医认为，西葫芦性凉、味甘淡，入肺、肝经；具有清热利尿、除烦止渴、润肺止咳、消肿散结的功效，可用于辅助治疗水肿腹胀、烦渴、疮毒以及肾炎、肝硬化腹水等症。

蒜蓉西葫芦

【主料】西葫芦 500 克。

【配料】植物油 20 克，蒜 200 克，虾米 50 克，盐 3 克，味精 2 克。

【制作】① 西葫芦洗净，切成片；大蒜剁成蓉。② 锅置火上，入油烧热，下蒜蓉炒出香味，再放入西葫芦片翻炒，加入少量的清水，放入虾米、盐，味精，直至西葫芦片变软即可。

【烹饪技法】炒。

【营养功效】润肺止咳，排毒养颜。

【健康贴士】西葫芦性凉，脾胃虚寒者应少食。

蜜汁西葫芦

【主料】西葫芦 300 克。

【配料】蜂蜜 10 克。

【制作】① 西葫芦洗净，去瓤，加适量蜂蜜在空心中。② 将处理好的西葫芦放入蒸锅中蒸熟即可。

【烹饪技法】蒸。

【营养功效】祛痰止喘，利尿养颜。

【健康贴士】西葫芦还可与鸡柳搭配食用，具有润泽肌肤的作用，适宜脸色暗黄粗糙者食用。

鲜虾扒西葫芦

【主料】西葫芦 250 克，鲜虾仁 100 克。

【配料】植物油 30 克，盐 3 克，味精 2 克，面粉 2 克，高汤 300 毫升，水淀粉 5 克，香油 5 克。

【制作】① 西葫芦洗净去瓤，切成长方片，放入沸水锅中煮至酥烂时，捞出，投凉，整齐地放入盘内，上面摆上洗净的虾虾仁。② 锅置火上，入油烧至七成热，放入面粉搅匀炒开，加高汤、盐、味精，投入西葫芦和鲜虾仁，小火扒至熟，用水淀粉勾芡，淋香油，略煨，装盘即可。

【烹饪技法】煮，炒，扒，煨。

【营养功效】润肠养胃，益智健骨。

【健康贴士】西葫芦还可与醋搭配食用，能增加营养素的吸收。

红烧西葫芦

【主料】西葫芦 500 克。

【配料】火腿 50 克，辣椒 50 克，水淀粉 10 克，甜、咸酱油各 10 克，香油 10 克，盐 4 克，味精 2 克，鸡高汤 80 毫升，植物油 30 克。

【制作】① 西葫芦削皮，切为滚刀块；火腿切成 3 厘米见方的块；辣椒去子，洗净，切成 3 厘米见方块。② 锅置大火上，入油烧至五成热，下西葫芦，滑至五成熟出锅，倒入漏勺，沥净油。③ 炒锅回中火，留底油，下火腿、辣椒煸出香味，下西葫芦，注入鸡高汤、甜、咸酱油、盐烧 1 分钟，再转为大火收汁，下味精，用水淀粉勾芡，淋香油，出锅装盘即可。

【烹饪技法】煸，烧。

【营养功效】生津止渴，润肺清热。

【健康贴士】西葫芦不宜与苦瓜同食，会导致低血糖。

西葫芦烩番茄

【主料】西葫芦 500 克，番茄 200 克。

【配料】盐 5 克，蒜 5 克，白砂糖 2 克。

【制作】① 蒜切末；西葫芦去瓤，切片；番茄切块。② 锅置火上，入水烧沸，倒入西葫芦加盐焯汤，捞出装盘备用。③ 锅置大火上，入油烧热，下蒜末煸炒爆香，然后加入番茄翻炒，倒入西葫芦，加入盐、白砂糖翻炒几下即可。

【烹饪技法】焯，煸炒，爆，炒，烩。

【营养功效】润泽肌肤，减肥瘦身。

【健康贴士】西葫芦性凉，胃寒者应少食。

【巧手妙招】番茄一定要用熟透的，才能炒出红油。

西葫芦炒肉片

【主料】西葫芦 500 克，瘦猪肉 100 克。

【配料】鸡蛋清 30 克，盐 3 克，酱油 15 克，料酒 15 克，大葱 10 克，姜 10 克，淀粉 25 克，香油 5 克，植物油 500 克（实耗 40 克）。

【制作】① 西葫芦去皮瓤，切成 0.4 厘米厚的片；猪肉切薄片，放碗内，加盐 1 克、蛋清、水淀粉 20 克拌匀。② 锅置中火上，入油烧至五成热，放入西葫芦炸约 15 秒，捞出沥油，放入肉片划散，捞出沥油。③ 锅留底油烧至七成热，加入葱、姜、肉片、料酒、酱油稍炒，再加高汤及西葫芦片翻炒，加盐、味精拌匀，用水淀粉勾芡，淋入香油，装盘即可。

【烹饪技法】拌，炸，炒。

【营养功效】润肺止咳，滋阴润燥。

【健康贴士】西葫芦性凉，腹泻者忌食。

西葫芦炒牛肉

【主料】西葫芦 500 克，牛肉 100 克。

【配料】盐 3 克，鸡精 2 克，蒜白 10 克，淀粉 20 克，生抽 5 克，辣椒粉 5 克。

【制作】① 西葫芦洗净，切成丝；牛肉用少许盐、生抽、淀粉腌渍 10 分钟。② 锅置火上，入油烧热，下蒜白煸香，放入腌渍好的牛肉入锅滑散至表面变色，加入西葫芦丝煸炒，加入盐、辣椒粉煸炒出水，3 分钟后，加入鸡精炒匀，出锅装盘即可。

【烹饪技法】腌，煸，煸炒，炒。

【营养功效】化痰止咳，强筋壮骨。

【健康贴士】一般人皆宜食用，尤其适合男性食用。

虾米炒西葫芦

【主料】西葫芦 500 克，海米 20 克。

【配料】番茄 50 克，盐 3 克，酱油 10 克，蒜片 5 克，味精 2 克，水淀粉 10 克，植物油 15 克。

【制作】① 西葫芦顺长切成两半，再切成片；海米洗净，沥水后，入油锅煸炒片刻，捞出备用；番茄洗净，切成小块。② 锅置火上，入油烧热，下蒜片爆香，先放海米，再放西葫芦、番茄炒至断生，加淀粉勾芡，再加盐、味精、酱油调味即可。

【烹饪技法】煸炒，爆，炒。

【营养功效】补血养颜，润胃健美。

【健康贴士】西葫芦有清热作用，适合烦渴、疮毒等病症患者食用。

番茄

番茄富含维生素 A、维生素 B_1、维生素 B_2、维生素 C、胡萝卜素等维生素以及钙、磷、钾、镁、铁、锌、铜、碘、番茄素、苹果酸、柠檬酸、纤维素邓营养物质。番茄含有丰富的维生素A和维生素C，既能有效预防白内障和夜盲症，又能提高机体免疫功能，此外还可以保护肌肤健康；番茄所含的苹果酸和柠檬酸具有促使胃液分泌、增加胃酸浓度的作用，能够促进脂肪和蛋白质的消化，有助于促进营养的吸收和利用；番茄含有大量的钾和碱性矿物质，这些物质具有降压、利尿、消肿的作用，可以辅助治疗高血压、肾脏病，是患有各种“富贵病”的中年人的健康食材；富含的果酸和膳食纤维可以润肠通便，同时还可以抱住人体去除多余脂肪，达到减肥瘦身的目的；番茄有“长寿果”的美誉，所含的番茄素具有强大的抗氧化能力，所含的谷胱甘肽可清除体内有毒物质、延缓人体衰老。

中医认为，番茄性凉、微寒，味甘酸，入胃经；具有生津止渴，健胃消食，清热解毒，凉血平肝，补血养血和增进食欲的功效，可治口渴，食欲不振等多种疾病。

奶油番茄

【主料】番茄250克，鲜牛奶100克，豌豆50克。

【配料】味精1克，白砂糖、盐各3克，淀粉5克。

【制作】①番茄去皮，每个切成6块。②用鲜牛奶、味精、白砂糖、盐、淀粉调成稍稠的汁。③锅置火上，入水烧沸，把番茄、豌豆倒入锅内煮片刻，用调好的汁勾芡，待汤汁略浓出锅即可。

【烹饪技法】煮。

【营养功效】美容护肤，壮骨益智。

【健康贴士】发热口干、暑热烦渴、食欲不振、高血压、维生素C缺乏症患者宜食。

【巧手妙招】切番茄时，要先弄清番茄表面的纹路，然后依着纹路切，能使切口的子不与果肉分离，汁也不会流出来。

番茄烧鸡

【主料】番茄150克，鸡肉200克。

【配料】洋葱50克，红椒50克，番茄酱10克，盐3克，料酒适量，胡椒粉少许。

【制作】①鸡肉洗净，切成小块；番茄洗净，切块；洋葱、红椒切片备用。②锅置火上，入油烧热，下番茄酱炒，加入鸡块、料酒、胡椒粉炒片刻，再加入洋葱、红椒、番茄和盐继续烧10分钟即可。

【烹饪技法】炒，烧。

【营养功效】滋阴润燥，益精补血。

【健康贴士】番茄性凉，女士有痛经史者在月经期间不宜食用。

【巧手妙招】选用肉质紧密、颜色粉红而有光泽，皮呈米色、有光泽和张力的鸡肉烹饪更佳。

番茄煮牛肉

【主料】番茄250克，鲜牛肉100克。

【配料】植物油20克，盐5克，酱油10克，生姜5克，白砂糖2克。

【制作】①番茄用清水洗净，摘除果蒂，切成粗块；鲜牛肉用清水洗净，去除血污，切成薄片；生姜用清水洗净，去掉姜皮，切成细丝。②将番茄、牛肉准备就绪后，用大火将锅烧至高温，然后放入油、盐，同时放进牛肉片及生姜丝一起同炒1分钟，然后再放进番茄略作翻动，再加进适量清水，继续用火煮至食物熟透，此时再加进白砂糖调味便可。

【烹饪技法】炒，煮。

【营养功效】补血抗衰，益气强身。

【健康贴士】番茄不宜与猪肝同食，会降低营养价值。

鱼香番茄

【主料】番茄300克，油菜200克，鸡蛋1个。

【配料】泡椒20克，淀粉12克，盐15克，酱油5克，醋5克，料酒15克，味精2克，高汤50毫升，白砂糖3克，大蒜（白皮）、大葱、姜各5克，植物油30克。

【制作】①番茄用沸水烫后，去皮、子，切成四片；鸡蛋、干淀粉调成糊；泡椒去蒂，洗净，切细丝；蒜切末；葱切花；姜切片；油菜洗净。② 把酱油、白砂糖、醋、料酒、味精、高汤、水淀粉调成鱼香汁。③ 锅置火上，入油烧六成热，将番茄逐片蘸匀蛋糊，放入锅内稍炸，捞出。④ 待油温上升，再倒入炸成黄色，皮酥捞出，装盘。⑤ 倒去锅中余油，下泡辣椒丝，炒出红色，放姜、葱、蒜炒出香味，烹入鱼香汁收浓，装入两个小碗；在炒锅内放油、盐，将油菜炒熟，装饰在炸番茄的盘子边上，和鱼香汁一同上桌即可。

【烹饪技法】炸，炒。

【营养功效】平肝降压，生津止渴。

【健康贴士】番茄不宜与牛肝同食，会降低营养价值。

芙蓉番茄

【主料】番茄 400 克，鸡蛋清 100 克，洋葱 50 克，核桃仁 50 克。

【配料】盐 3 克，料酒 3 克，白砂糖 3 克，味精 2 克，植物油 15 克。

【制作】① 番茄放入盆中用沸水烫去表皮，切好。② 鸡蛋打散加入盐、料酒搅拌均匀备用；洋葱去皮，洗净，切末。③ 锅置火上，入油烧四成热，倒入洋葱末炒出香味，再放入鸡蛋液炒散，加入番茄丁、白砂糖、鸡精、盐炒均匀，撒入核桃仁即可。

【烹饪技法】拌，炒。

【营养功效】防癌抗癌，延缓衰老。

【健康贴士】番茄还可与芹菜搭配食用，具有降压、健胃、消食的作用，适宜高血压等病症患者食用。

【巧手妙招】番茄放入沸水中烫一下，就容易去皮了。

茄子

茄子富含维生素 C、维生素 E、维生素 P、胆碱、葫芦巴碱、水苏碱、龙葵碱以及铁、磷、钙、钾等多种矿物质。茄子富含的维生素 C 可以提高机体免疫功能；茄子含有丰富的维生素 E，可以延缓衰老，维持皮肤弹性，稳定人体胆固醇水平，有利于中年人抵抗岁月的无情摧残；茄子含有丰富的维生素 P，可以保持血管壁弹性，保护心血管，降低毛细血管的脆性及渗透性，可以预防高血压、冠心病、动脉硬化等心血管疾病；茄子含有大量的钾元素，具有调节血压和心脏的功能，常吃茄子有利于预防心脏病。

中医认为，茄子性凉，味甘，入脾、胃、大肠经；具有清热止血、消肿止痛的功效，用于热毒痈疮、皮肤溃疡、口舌生疮、痔疮下血、便血、衄血等症。

清蒸茄子

【主料】茄子 500 克。

【配料】辣椒油 15 克，葱末 6 克，姜末 3 克，蒜末 6 克，盐 3 克，味精 1 克。

【制作】① 茄子去皮，洗净，切成一指长的条。② 辣椒油加入葱末、姜末、蒜末、盐、味精一起拌匀备用。③ 将切好的茄条放入蒸笼中，蒸 7 分钟后，取出，淋上辣椒油即可。

【烹饪技法】拌，蒸。

【营养功效】清热解毒，止血之痛。

【健康贴士】茄子不宜与螃蟹同食，易引起腹泻。

【巧手妙招】茄子切开后应置于盐水中浸泡，使其不被氧化，保持本色。

松仁脆皮茄子

【主料】茄子 300 克，松仁 20 克。

【配料】植物油 50 克，淀粉 15 克，草莓酱 10 克，盐 3 克，白砂糖 3 克。

【制作】① 茄子洗净，切条，均匀裹上淀粉。② 锅置火上，入油烧热，下茄子炸至金黄，捞出；净锅后置火上，放入草莓酱、白砂糖、盐，加入少许水炒匀，放入茄子炒入味，盛出装入盘中。③ 松仁入油锅中炸香，撒在茄子上即可。

【烹饪技法】炸，炒，炸。

【营养功效】健脑壮骨，防癌抗癌。

【健康贴士】茄子还可与苦瓜搭配食用，具有活血名目的作用，适宜眼疾等病患者食用。

【巧手妙招】炸松仁时宜用小火，这样口感才会酥脆。

五味茄子

【主料】茄子 500 克，猪肉、胡萝卜丁各 100 克，米豆腐丁 100 克，豌豆 50 克。

【配料】植物油 40 克，盐 5 克，味精 2 克，料酒、甜面酱各 15 克。

【制作】① 茄子洗净，切条；猪肉洗净，切末；豌豆洗净备用。② 茄子入锅蒸熟，捞出，放碗里。③ 锅置火上，入油烧热，下肉末、豌豆，加盐、料酒、甜面酱炒匀，炒至七成熟时，放入胡萝卜丁、米豆腐丁炒匀，再调入味精炒匀，倒在茄子上，搅拌均匀即可。

【烹饪技法】炒，拌。

【营养功效】补血益脑，清热解毒。

【健康贴士】茄子也可与黄豆搭配食用，具有通气、养血、保护血管的作用，适宜心血管病患者食用。

【巧手妙招】茄子吸油，在炒茄子时，建议多加点儿油，炒出来味道会更佳。

猪蹄扒茄子

【主料】猪蹄 300 克，茄子 200 克，胡萝卜 50 克。

【配料】盐 3 克，醋 10 克，酱油 20 克。

【制作】① 猪蹄刮洗干净；胡萝卜洗净，切成块；茄子去皮，洗净，剖开，在茄子表面打上十字花刀，入油锅中炸至表面金黄色，捞出装盘。② 锅置火上，入油烧热，下猪蹄炸至金黄色，放入胡萝卜炒匀，加盐、醋、酱油，再注入水焖煮 90 分钟。③ 将猪蹄置于茄子上，淋上猪蹄原汤即可。

【烹饪技法】炸，炒，焖，煮。

【营养功效】消食健胃，理气止痛。

【健康贴士】茄子不宜与魔芋同食，易引起腹泻。

【巧手妙招】一定要将猪蹄焖至软烂才可食用。

辣汁茄丝

【主料】茄子 500 克，红椒 50 克。

【配料】植物油 30 克，干辣椒 10 克，蒜泥 2 克，酱油 2 克，糖 1 克，绍酒 10 克，葱丝、姜丝各 10 克。

【制作】① 茄子去蒂，洗净，切成长 4 厘米的细丝；红椒和干辣椒切成细丝。② 锅置火上，入油烧至微热，下干辣椒丝炸出辣椒油，撇去干辣椒丝，辣椒油留用。③ 将辣椒油继续加热，炒香葱丝、姜丝和红椒丝，倒入茄丝炒熟，加入绍酒、酱油、糖、蒜泥和少量水，用大火将汁收浓出锅即可。

【烹饪技法】炸，炒。

【营养功效】健脾开胃，防癌抗癌。

【健康贴士】茄子还可与牛肉搭配食用，具有强身健体的作用，特别适合肝肾不足所致的腰膝酸软、气短乏力的人食用。

风林茄子

【主料】茄子 200 克，肉泥 20 克。

【配料】香葱 10 克，生姜 10 克，植物油 100 克，盐 10 克，味精 5 克，白砂糖 3 克，水淀粉 20 克，香油 5 克，鸡汤 50 克，老抽 10 克。

【制作】① 茄子去皮，切大粗条；香葱洗净，切段；姜切成末。② 锅置火上，入油烧至八成热，下茄条，炸至金黄，捞出。③ 锅内留油，放入姜末、肉泥、茄子、鸡汤、盐、味精、白砂糖、老抽，用小火烧至汁浓时再用水淀粉勾芡，淋香油即可。

【烹饪技法】炸，烧。

【营养功效】祛脂降压，增强免疫。

【健康贴士】茄子性寒，关节炎患者忌食。

鱼香茄子

【主料】圆茄子 500 克，红椒 50 克，豆瓣酱100克。

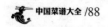

【配料】料酒20克，酱油15克，淀粉、水淀粉各10克，葱、姜、蒜末各15克，盐、味精、植物油、高汤各适量。

【制作】① 茄子去蒂、皮，洗净后切成长约5厘米、宽约1厘米的条，然后用干淀粉裹红椒洗净后，切成细片。② 锅置火上，入油烧至八成热，下茄子条炸至淡黄色，捞出，沥油。③ 锅内留底油烧热，放入豆瓣酱、葱姜蒜末煸炒至飘出香味，烹入料酒，再加酱油、盐、味精、高汤、红椒片烧沸，倒入茄子翻炒1分钟，用水淀粉勾芡，淋上明油，出锅即可。

【烹饪技法】炸，煸，炒。

【营养功效】开胃消食，活血化瘀。

【健康贴士】茄子性凉，脾胃虚寒者忌食。

典食趣话：

相传很久以前在四川有户人家在烧茄子时，为使上次烧鱼所剩的葱、姜、蒜、酒、醋、酱油等去腥增味的调料不浪费，于是都放在了所烧的茄子中，原以为不好吃，没想到男主人公食后，大赞好吃，于是取名为鱼香炒，由此而得名。后来这款菜经过了四川人若干年的改进，叫作鱼香茄子。

香煎茄片

【主料】长茄子300克，虾米50克，青、红椒各30克。

【配料】青蒜段10克，盐3克，胡椒粉2克，鸡蛋黄1个，葱末、姜末、蒜末各3克，白砂糖1克，生抽5克，鸡精2克，淀粉5克，水淀粉10克，高汤100毫升，植物油30克。

【制作】① 长茄子去皮，洗净，切成厚片，再剞十字花刀，用盐腌入味，拍上淀粉，蘸上蛋黄液。② 锅置火上，入油烧至四成热时，放入茄子片炸至金黄色，捞出。③ 锅内留余油烧热，放入姜、葱、蒜，炒出香味时，倒入青红椒丁、海米粒、高汤、茄子片、盐、胡椒粉、生抽、白砂糖、鸡精，烧至茄子软透入味，用水淀粉勾芡，放入青蒜段炒匀出锅即可。

【烹饪技法】炸，炒，烧。

【营养功效】补钙健骨，消肿止痛。

【健康贴士】茄子还可与羊肉搭配食用，可预防心血管疾病。

火腿炒茄子

【主料】火腿50克，茄子150克，青椒、红椒各10克。

【配料】生姜5克，植物油30克，盐5克，味精2克，白砂糖2克，蚝油5克，香油5克，生抽5克，水生粉10克。

【制作】① 火腿切片；茄子去皮，切条；青椒、红椒洗净，切片；生姜切片。② 锅置火上，入油烧热，下生姜、青椒、红椒、盐、火腿片炒至入味断生。③ 加入茄子、味精、蚝油、生抽用大火爆炒，然后用水生粉打芡，淋入香油，翻炒几下，出锅入碟即可。

【烹饪技法】炒，爆炒。

【营养功效】健脾开胃，生津益血。

【健康贴士】茄子还可与海米搭配食用，具有消肿止痛的作用。

肉末茄子

【主料】茄子300克，猪肉50克。

【配料】九层塔15克，大蒜（白皮）5克，盐3克，白砂糖3克，醋3克，淀粉5克，植物油20克。

【制作】① 茄子洗净，切成约 6 厘米长的段，再对剖成 4 长条。② 锅置火上，入油烧热，下茄子用中火炸软，捞出。③ 锅中留油，放入绞好的肉炒散，再放入蒜末炒香，放入九层塔、茄子及盐、白砂糖、醋、淀粉炒匀即可。
【烹饪技法】炸，炒。
【营养功效】滋阴补肾，降压活血。
【健康贴士】茄子还可与黄酒、蛇肉搭配食用，具有凉血驱风、消肿止痛的功效，对心源性水肿有辅助治疗作用。

青椒茄丝

【主料】茄子 300 克，青椒 150 克。
【配料】盐 3 克，植物油 30 克。
【制作】① 茄子洗净，切丝，用盐水浸泡备用；青椒切丝。② 锅置火上，入油烧热，将茄丝沥干水分，放入锅中煸炒至软，盛出。③ 放入青椒丝，加少许盐煸炒片刻，加入茄丝炒匀，最后加盐调味，出锅装盘即可。
【烹饪技法】煸炒，炒。
【营养功效】降低血压，止痛消炎。
【健康贴士】茄子还可与黄豆搭配食用，具有润燥补血、舒心通脉的作用，适宜于心血管病人食用。

怪味茄子

【主料】茄子 400 克。
【配料】葱丝、姜末、蒜泥各 3 克，干辣椒 5 克，胡椒粉 3 克，香菜 10 克，白砂糖 1 克，植物油 20 克，醋 5 克，酱油 5 克，鸡精 2 克，蚝油 5 克。
【制作】① 茄子洗净，切成条。② 锅置火上，入油烧热，茄子入锅内炸熟，捞出。③ 锅内留油，放入干辣椒煸出香味，加入葱丝、姜末、蒜泥、醋、白砂糖、鸡精、蚝油、酱油搅匀，熬至起泡出锅倒在茄子上，撒上胡椒粉、香菜即可。
【烹饪技法】炸，煸，熬。
【营养功效】清热消暑，解毒消肿。
【健康贴士】茄子还可与猪肉搭配食用，具有降压的作用，适宜高血压等病患者食用。

家常茄子

【主料】茄子 500 克，青蒜 100 克，青辣椒 250 克，水发木耳 50 克。
【配料】豆瓣酱 10 克，酱油 5 克，盐 3 克，水淀粉 10 克，辣椒油 6 克。
【制作】① 茄子削皮洗净，切成长 4 厘米、粗 1 厘米的条；青蒜洗净，切成段；青辣椒洗净，切成小块。② 锅置火上，入油烧热，倒入茄子条翻炒片刻，加盐，炒焙至茄子条的水分基本收干时，捞出沥油备用。③ 炒锅再置火上，入油烧热，炒香豆瓣酱，下青蒜段、木耳和青辣椒块炒香，倒入茄子条，再用酱油调味，用水淀粉勾芡，淋入辣椒油炒匀即可。
【烹饪技法】炒，淋。
【营养功效】补血养心，宁神定志。
【健康贴士】茄子还可与兔肉搭配食用，可以保护心血管。

蒜香茄子

【主料】茄子 400 克，大蒜 150 克。
【配料】植物油 30 克，豆瓣酱 10 克，白砂糖 2 克。
【制作】① 茄子去蒂、去皮，切成小块，在凉水中泡 5 分钟，捞出，沥水；大蒜去皮，切片。② 锅置火上，入油烧至八成熟，放入茄子块，炒至茄子变软变烂时，盛出备用。③ 锅内入油烧热，用大火炒香豆瓣酱，放入白砂糖，把茄子倒入锅中炒入味，加入蒜片炒出蒜香后出锅即可。
【烹饪技法】炒。
【营养功效】减肥降脂，补血降压。
【健康贴士】茄子性寒，孕妇不宜食用。

烧茄子

【主料】茄子 200 克，青椒 100 克，番茄 100 克。

【配料】水淀粉10克，蛋清20克，盐3克，味精2克，植物油200克，葱末、姜末、蒜末各5克，料酒15克，白砂糖3克。

【制作】① 茄子切成滚刀块，泡入清水中；番茄切块；青椒切片；蛋清与水淀粉调成面糊。② 锅置火上，入油烧热，将茄子块捞出，沥干水分，挂上面糊，入油锅炸至金黄色，捞出，沥油。③ 锅内留少许油烧热，放入葱末、姜末、蒜末煸出香味，加入茄子块、青椒片、番茄块。然后依次调入盐、味精、料酒和白砂糖，翻炒几下即可。

【烹饪技法】炸，煸，炒。

【营养功效】润肠防癌，美容消脂。

【健康贴士】茄子还可与鳝鱼搭配食用，具有减肥降脂、补血降压的作用，适宜肥胖、高血压病患者食用。

辣椒

辣椒含有丰富的维生素等，食用辣椒，能增加饭量，增强体力，改善怕冷、冻伤、血管性头痛等症状。辣椒含有一种特殊物质，能加速新陈代谢，促进荷尔蒙分泌，保健皮肤。辣椒还含有一种成分，可以通过扩张血管，刺激体内生热系统，有效地燃烧体内的脂肪，加快新陈代谢，使体内的热量消耗速度加快，从而达到减肥的效果。

中医认为，辣椒性热、味辛，入脾、胃、肝、大肠经；具有温中散寒、健胃消食之功效，主治寒滞腹痛、呕吐、泻痢，冻疮、脾胃虚寒、伤风感冒等症。

油焖双椒

【主料】青椒、红椒各100克。

【配料】植物油35克，姜末5克，盐2克，香油5克。

【制作】① 青椒、红椒洗净，用盐水腌渍3天。② 取出腌好的辣椒，用凉开水冲洗干净，沥干水分。③ 锅置火上，入油烧热，放入辣椒焖熟，调入姜末、盐、香油即可。

【烹饪技法】腌，焖。

【营养功效】开胃提神，驱寒除湿。

【健康贴士】青椒还可与鳝鱼搭配食用，能降低血糖，非常适合糖尿病患者食用。

【巧手妙招】辣椒腌好后，到锅里用油焖一下，会更显香辣特色。

青椒皮蛋

【主料】青椒150克，皮蛋120克。

【配料】盐3克，香油5克，醋5克，酱油5克，味精2克。

【制作】① 皮蛋剥去皮，每个皮蛋切6块，摆入盘中；青椒去蒂，用小火烧熟，撕成条，放在皮蛋上。② 将酱油、味精、醋、香油拌匀成汁，浇在皮蛋上搅匀即可。

【烹饪技法】拌。

【营养功效】健脾开胃，清热去火。

【健康贴士】青椒不宜与胡萝卜同食，会降低营养价值。

【巧手妙招】切辣椒时，如果放冰箱里冷冻一下再切，眼睛就不会被辣得直流眼泪了。

鱼米杭椒

【主料】杭椒250克，鱼肉、玉米粒各50克。

【配料】植物油30克，盐3克，香油5克，酱油5克，味精2克，料酒5克，水淀粉10克，葱末、姜末各5克。

【制作】① 杭椒去蒂，洗净，切成小节；鱼肉切小丁，上浆，划油至熟。② 锅置火上，入油烧热，下葱末、姜末、杭椒、玉米粒翻炒，加入料酒、味精、盐、酱油炒匀，倒入划好的鱼丁，用水淀粉勾少许芡，出锅装盘即可。

【烹饪技法】炒。

【营养功效】开胃助食，补虚养身。

【健康贴士】杭椒性温，易引发痔疮，应少食。

虎皮尖椒

【主料】青尖椒500克。

【配料】植物油30克，酱油5克，醋3克，白砂糖5克，盐4克，味精2克，大葱5克，姜5克。

【制作】① 辣椒去蒂、子，洗净；葱、姜切丝。② 把酱油、葱姜丝、白砂糖、醋、盐放入碗中调匀备用。③ 锅置火上，入油烧热，下辣椒煎至两面黄棕色，倒入调好的味汁，加盖略焖，撒入味精即可。

【烹饪技法】煎，焖。

【营养功效】健脾开胃，防癌去脂。

【健康贴士】青尖椒性温，咳喘、咽喉肿痛患者应少食。

青椒肉末

【主料】青椒300克，瘦肉末200克。

【配料】植物油15克，姜5克，蒜3克，盐5克，味精3克。

【制作】① 青椒洗净，切成小块；姜、蒜均剁成蓉。② 锅置火上，入油烧热，下姜、蒜爆香，再放入肉末炒至变色，加入青椒继续炒熟后，调入盐、味精，炒匀即可。

【烹饪技法】爆，炒。

【营养功效】温中开胃，健骨强身。

【健康贴士】青椒不宜与动物肝脏同食，会相互降低营养价值。

酿青椒

【主料】青椒400克，猪肉200克。

【配料】姜5克，盐4克，酱油5克，葱3克，水淀粉10克，花椒粉5克，香菜10克，味精2克。

【制作】① 猪肉馅加花椒粉、葱末、姜末、酱油、盐调成水肉馅；青椒剖两半，挖去种子，填上肉馅大火蒸20分钟。② 滗出青椒渗出的汁，加水淀粉烧沸，加香菜末调味，浇在青椒上。

【烹饪技法】蒸，酿。

【营养功效】滋阴补肾，益气补血。

【健康贴士】青椒还能与苦瓜搭配食用，具有清心明目、护肤、抗衰老的作用，适宜视力模糊、面色萎黄、气血不足等人食用。

虾胶酿柿子椒

【主料】柿子椒150克，虾200克。

【配料】盐3克，味精1克，酱油5克，蚝油3克。

【制作】① 柿子椒洗净，切圈；虾处理干净，剁碎打成虾胶；酱油、蚝油、盐、味精一起加入水煮成味汁。② 把虾胶酿入柿子椒内，入锅中蒸5分钟，熟后取出，淋上味汁即可。

【烹饪技法】煮，酿，蒸。

【营养功效】益气滋阳，解热提神。

【健康贴士】柿子椒也可与白菜搭配食用，能促进肠胃蠕动，有利于营养物质的吸收消化，适宜消化不良、腹胀者食用。

竹笋

竹笋的种类很多，有春笋、冬笋、山笋和鞭笋，富含B族维生素及烟酸等营养素，具有低脂肪、低糖、多膳食纤维的特点，本身可吸附大量的油脂来增加味道。所以肥胖的人，如果经常吃竹笋，每顿饭进食的油脂就会被它所吸附，降低了胃肠黏膜对竹笋脂肪的吸收和积蓄，从而达到减肥目的，而且竹笋还含大量纤维素，不仅能促进肠道蠕动、去积食、防便秘，而且也是肥胖者减肥佳品，并能减少与高脂有关的疾病。另外由于竹笋富含烟酸、膳食纤维等，能促进肠道蠕动、帮助消化、消除积食、防止便秘，故有一定的预防消化道肿瘤的功效。

中医认为，竹笋性微寒、味甘，入胃、肺经；具有清热化痰、益气和胃、治消渴、利水道、利膈爽胃等功效，主治食欲不振、胃口不开、脘痞胸闷、大便秘结、痰涎壅滞、形体肥胖、酒醉恶心等病症。

南肉春笋

【主料】五花咸肉200克，春笋250克，小白菜 10 克。

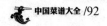

【配料】黄酒 10 克，咸肉原汤 100 克，味精 2 克，香油 5 克。

【制作】① 五花咸肉入锅煮熟，切成 2 厘米见方的块；春笋削皮，洗净切斜刀块；小白菜择洗干净，用沸水焯熟备用。② 锅内倒入清水，加入咸肉原汤，用大火煮沸，下入咸肉、笋块，加入黄酒，转小火煮 10 分钟左右，放入味精，淋上香油，放入焯熟的小白菜即可。

【烹饪技法】焯，煮。

【营养功效】健脾利尿，通便排毒。

【健康贴士】竹笋不易与红糖同食，二者功效相抵。

典食趣话：

苏东坡爱吃猪肉，他写了不少关于吃肉的诗，但他更爱居室四周之竹，传闻他曾这样写道："可使食无肉，不可居无竹，无肉令人瘦，无竹令人俗。"有人接此句曰："若要不瘦又不俗，最好餐餐笋烧肉。"这就引申出"南肉春笋"这一菜的典故。此菜选用薄皮五花南肉与鲜嫩春笋同煮，爽嫩香糯、汤鲜味美。也许是这个缘故，"南肉春笋"便成为人们爱吃的杭州传统名菜。

鲍汁扣笋尖

【主料】竹笋尖 200 克，鸡肉 100 克，火腿 150 克，瘦猪肉 100 克，腔骨 300 克。

【配料】盐 6 克，鸡精 5 克，香油 10 克，鸡油 30 克，鲍鱼汁 100 克。

【制作】① 竹笋尖、鸡肉、火腿、瘦猪肉都洗净，均切片；腔骨处理干净。② 鸡肉、火腿、鸡油、猪瘦肉、腔骨放入锅内，加入开水，用小火熬 12 小时，加上鲍鱼汁即成鲍汁。③ 笋尖放入锅中用清水煮熟后，捞出，再整齐地扣在碟内，加入盐、鸡精、香油和鲍汁拌匀即可。

【烹饪技法】熬，煮，拌。

【营养功效】平肝开胃，补虚强身。

【健康贴士】一般人都可食用，尤其适合肝炎患者食用。

【巧手妙招】笋尖在食用前应先用沸水焯过，以去除笋中的草酸。

芥菜春笋

【主料】春笋 300 克，芥菜 100 克，毛豆 150 克。

【配料】植物油 15 克，酱油 5 克，白砂糖 5 克，香油 5 克，盐 3 克。

【制作】① 春笋去壳，切成丁；芥菜洗净，切成细末；毛豆加热水煮熟，捞出，取粒。② 锅置火上，入油烧热，下笋丁、芥菜末和毛豆粒炒约 3 分钟，加入酱油、盐翻炒匀，放入白砂糖调味后出锅，淋入香油即可。

【烹饪技法】炒。

【营养功效】祛脂降压，养肝明目。

【健康贴士】春笋为发物，哮喘病人不宜吃，会诱发哮喘。

【巧手妙招】竹笋质地稚嫩，不宜炒至过老，否则影响口感。

竹笋肉丝

【主料】竹笋 250 克，猪肉 100 克，红椒 5 克。

【配料】植物油 15 克，葱段 5 克，盐 4 克，味精 1 克，酱油 10 克，水淀粉 10 克。

【制作】① 竹笋去皮，洗净，切丝，入水焯烫；红椒洗净，切丝；猪肉洗净，切丝，放盐、水淀粉腌约 30 分钟。② 锅置火上，入油烧热，下红椒、肉丝爆香，放竹笋、葱段翻炒，加盐、味精、酱油调味，出锅装盘即可。

【烹饪技法】焯，腌，爆，炒。

【营养功效】滋养肝肾，补血益精。

【健康贴士】竹笋还可与猪腰搭配食用，具有滋补肾脏、利尿消肿的作用，适宜肾虚、小便不利等症患者食用。

【巧手妙招】选用嫩一点儿的竹笋烹饪，口感会更好，老的竹笋纤维太多。

糟烩鞭笋

【主料】鞭笋 300 克，香糟 50 克。

【配料】水淀粉 25 克，植物油 15 克，盐 5 克，味精 2.5 克，香油 10 克。

【制作】① 笋肉切成 5 厘米长的段，对剖开，用刀轻轻拍松。② 香糟放入碗内，加水搅散、捏匀，用细筛子或纱布滤去渣子，留下糟汁备用。③ 锅置中火上，入油烧热，将鞭笋倒入锅内略煸，再加水烧 5 分钟左右，再放入盐、味精，倒入香糟汁，用水淀粉调稀勾芡，淋上香油即可。

【烹饪技法】煸，烧。

【营养功效】清热去火，平肝明目。

【健康贴士】竹笋为发物，过敏性鼻炎患者不宜多食。

【巧手妙招】① 拍鞭笋，不可用力过猛，以拍松其纤维但仍保持其笋形为准。② 低油温炒笋，出笋香后，下入清水，与香糟同烧，为食笋妙法。③ 倒入香糟汁，和匀后立即勾芡，时间一长，糟香味走失。

典食趣话：

相传，苏东坡出任杭州刺史时，与孤山的广元寺里和尚有所交往，他常常到寺院里与和尚一起学佛经，吃素食，并研究了很多素食的做法。其中有道菜，他用嫩鞭笋加上香糟，经过煸、炒、烩等而制，香味浓郁，十分入味，富有特色。寺里的住持就决定把苏东坡教会的这道菜作为寺院菜继承下来，并取名叫“糟烩鞭笋”。

芥菜炒冬笋

【主料】冬笋肉 350 克，芥菜 75 克

【配料】猪油 50 克，白砂糖 1 克，盐 3 克，水淀粉 10 克，香油 5 克，高汤 50 毫升。

【制作】① 冬笋切成小旋刀块；雪菜去掉残叶和老梗，切成末。② 锅置火上，入油烧热，下笋入锅炒约 2 分钟，倒出，沥油。③ 再将芥菜放入锅内略炒，然后放入笋，加高汤、白砂糖、盐烧约 1 分钟，加水淀粉勾芡，淋上香油，出锅装盘即可。

【烹饪技法】炒。

【营养功效】祛热化痰，解渴益气。

【健康贴士】竹笋也可与鲫鱼搭配食用，具有清热、利尿、开胃的作用，适宜暑热口渴、小便不利、食欲不振的人食用。

油焖笋

【主料】春笋 500 克。

【配料】料酒 10 克，酱油 5 克，白砂糖 2 克，鸡精 2 克，盐 3 克，香油 5 克。

【制作】① 春笋去壳，洗净，切成小滚刀块。② 锅置火上，入油烧热，将笋块放入锅中煸炒 1 分钟，倒入料酒，放入酱油、白砂糖和清水 100 毫升，大火锅开后转小火加盖焖 5 分钟左右。③ 5 分钟后，改大火将汤汁收浓，加入鸡精、盐调味，最后淋入香油拌匀，出锅装盘即可。

【烹饪技法】煸炒，焖，拌。

【营养功效】清热消痰，益气和胃。

【健康贴士】竹笋不宜与胡萝卜同食，会破坏类胡萝卜素，降低营养价值。

地鲜三珍

【主料】竹笋150克，荸荠150克，香菇50克。

【配料】盐3克，植物油15克，味精2克，葱5克，酱油6克，五香粉5克。青椒、红椒丝各5克。

【制作】① 荸荠去皮，洗净，切成片；竹笋切成片；香菇用十字花刀切开。② 锅置火上，入油烧热，下葱丝爆香，放香菇加少许水焖一会儿，再放入笋片、荸荠片一起翻炒。③ 加入酱油、五香粉、盐、味精调味，最后加上少许青椒、红椒丝点缀即可。

【烹饪技法】爆，焖，炒。

【营养功效】清热化痰，消脂防癌。

【健康贴士】竹笋不宜与羊肝同食，易生结石。

烧二冬

【主料】冬菇200克，熟冬笋片100克。

【配料】植物油35克，葱末、姜末各3克，酱油5克，味精2克，料酒10克，白砂糖2克，水淀粉10克，香油5克。

【制作】① 冬菇择去硬根，洗干净，挤去水分备用。② 锅置大火上，入油烧热，下冬笋片炸一下，捞出，沥油；冬菇入沸水焯烫，捞出。③ 锅置大火上，放葱末、姜末煸出味，倒入冬菇、冬笋片煸炒，加酱油、料酒、味精、白砂糖调味，最后用水淀粉勾芡，淋上香油，出锅装盘即可。

【烹饪技法】焯，炸，煸，煸炒，烧。

【营养功效】清热凉血，养阴生津。

【健康贴士】竹笋为发物，皮炎患者不宜多食。

鲜蘑冬笋

【主料】冬菇200克，熟冬笋片100克。

【配料】葱段3克，植物油30克，鸡汤200克，盐2克，味精1克，淀粉5克。

【制作】① 鲜蘑洗净，切成片，连同冬笋放入沸水中焯烫，捞出，沥干水分；将鸡汤、盐、味精、淀粉放入碗中，调成均匀的汁。② 锅置火上，入油烧热，放入冬笋、鲜蘑煸炒，快熟时倒入调好的味汁，翻炒几下，出锅装盘即可。

【烹饪技法】焯，炒。

【营养功效】滋阴补血，降压防癌。

【健康贴士】竹笋不宜与豆腐同食，会破坏营养，产生结石。

炒笋片

【主料】竹笋200克。

【配料】植物油30克，盐2克，味精1克，酱油5克。

【制作】① 竹笋去皮，洗净，切成长方片，用酱油稍微浸泡，捞出。② 锅置火上，入油烧至八成热，放入笋片炒成黄色，加入盐、味精调味，出锅装盘即可。

【烹饪技法】炒。

【营养功效】补虚益气，清热生津。

【健康贴士】竹笋也可与乳鸽搭配食用，具有滋补肝肾的功效，适宜肾虚、肝火旺者食用。

家常焖笋

【主料】竹笋200克。

【配料】植物油15克，酱油5克，香油5克，花椒3克，料酒5克，白砂糖2克，味精1克。

【制作】① 竹笋切条，用刀面拍松；花椒放入热油中炸香后，捞出。② 把笋条放入炸过花椒的油中，不断煸炒，笋条略收缩、颜色变黄时，加入酱油、味精、料酒、白砂糖颠锅，倒入适量开水，用小火慢烧至汤汁收干，淋上香油，拌匀即可。

【烹饪技法】炸，煸炒，烧，焖。

【营养功效】健脾消食，消渴益气

【健康贴士】竹笋中含有较多草酸，不宜与豆类食物、牛奶等富含蛋白质和钙质的食物一同食用，容易形成难以消化的沉淀物，长期大量同食还会导致结石。

浓味烧冬笋

【主料】冬笋250克，水发冬菇30克，胡萝卜25克，毛豆25克。

【配料】植物油30克，料酒10克，素汤200克，盐3克，白砂糖2克，葱末、姜片各5克。

【制作】① 冬笋切片，剞十字花刀后切粗长条；冬菇、胡萝卜切丁；郫县豆瓣剁碎；葱姜切末。② 把冬笋、冬菇、胡萝卜丁、毛豆都下入沸水中煮透，捞出。③ 锅置火上，入油烧热，下葱末炝锅，放豆瓣炒出红油，加料酒、素汤、盐、白砂糖烧沸，再放入冬笋、水发冬菇、胡萝卜、毛豆，烧沸后用小火煨10分钟，改中火收汁，至汁尽油清时装盘即可。

【烹饪技法】煮，炝，烧，煨。

【营养功效】补气益血，防癌抗癌。

【健康贴士】竹笋也与猪蹄搭配食用，具有补肾填髓的作用，适宜肾虚腰痛、骨折等人食用。

鲜蘑炒笋片

【主料】蘑菇200克，竹笋片300克。

【配料】植物油30克，葱、姜各3克，绍酒10克，盐3克，香油5克，水淀粉10克。

【制作】① 蘑菇去根蒂，洗净，切成片，和笋片分别入沸水中焯烫，过凉，沥干水分。② 锅置火上，入油烧热，下葱、姜、盐、绍酒烧沸，除去葱、姜加入笋片、蘑菇片再烧沸，最后用水淀粉勾芡，淋上香油，出锅装盘即可。

【烹饪技法】焯，烧。

【营养功效】减肥润肤，通利肠胃。

【健康贴士】竹笋性寒，脾虚、肠滑者应少食。

四季豆炒竹笋

【主料】四季豆150，竹笋350克，红椒100克。

【配料】植物油30克，味精1克，盐5克，姜、蒜片15克，白砂糖3克，水淀粉10克。

【制作】① 竹笋洗净，切片；四季豆去筋，洗净，切段；红椒洗净，切斜段。② 四季豆及竹笋入沸水中焯烫，捞出。③ 锅置火上，入油烧热，下入姜片、蒜片、红椒段、四季豆和笋片炒熟，再加入盐、白砂糖、味精调味即可。

【烹饪技法】焯，炒。

【营养功效】益气健脾，清热解毒。

【健康贴士】竹笋还可与牛蹄筋搭配食用，具有填髓固齿的作用，适宜体质久虚、牙龈萎缩者食用

【巧手妙招】烹饪此菜时选用嫩一点儿的竹笋，口感会更好。

芦笋

芦笋是一种高档而名贵的蔬菜，含有多种维生素和微量元素，其蛋白质组成具有人体所必需的各种氨基酸，含量比例恰当，无机盐中有较多的硒、钼、镁、锰等微量元素，还含有大量以天门冬酰胺为主体的非蛋白质含氮物质和天门冬氮酸。经常食用对心脏病、高血压、心率过速、疲劳症、水肿、膀胱炎、排尿困难等病症有一定的疗效。同时芦笋对心血管病、血管硬化、肾炎、胆结石、肝功能障碍和肥胖均有益。而且芦笋对于淋巴结癌、膀胱癌、肺癌、肾结石、皮肤癌以及其他癌症、白血症等也有很好效果。

中医认为，芦笋性寒、味甘，入肺、胃经；有清热解毒，生津利水的功效，对心血管病、水肿等疾病均有疗效。

番茄酱炒芦笋

【主料】小番茄150克，芦笋100克。

【配料】番茄酱20克，鸡精2克，盐3克，白砂糖3克，植物油15克。

【制作】① 小番茄洗净对切，摆盘；芦笋洗

净，切小段，再对切，入沸水中焯至断生，捞出。② 锅置火上，入油烧热，下番茄酱、芦笋翻炒均匀，加入鸡精、盐、白砂糖炒熟，盛出放在摆好的小番茄上即可。

【烹饪技法】焯，炒。

【营养功效】健脾益气，排毒瘦身。

【健康贴士】芦笋还可与冬瓜搭配食用，具有降脂降压、清热解毒的作用，适宜肥胖、高血压患者及暑热烦闷之人食用。

【巧手妙招】将鸡精、盐、白砂糖调入水淀粉中，再放入锅中，这样调味会让此菜更美味。

什锦芦笋

【主料】芦笋、冬瓜各 200 克，无花果、百合各 100 克。

【配料】香油 10 克，味精 2 克，盐 5 克，植物油 15 克。

【制作】① 芦笋洗净，切斜段，下入沸水锅内焯熟，捞出，沥干水分；鲜百合洗净，掰片；冬瓜洗净，切片；无花果洗净。② 锅置火上，入油烧热，下芦笋、冬瓜煸炒，放入百合、无花果炒片刻，下盐、味精，淋香油装盘即可。

【烹饪技法】煸炒，炒。

【营养功效】滋阴润肺，补脾利水。

【健康贴士】芦笋不宜生吃，有微毒。

【巧手妙招】芦笋中的叶酸很容易被破坏，所以不要烹饪过久。

芦笋红豆炒虾球

【主料】鲜芦笋、红豆各 50 克，虾仁 200 克，红椒 15 克。

【配料】植物油 15 克，盐 5 克，味精 2 克，香油 10 克，料酒 10 克，水淀粉 10 克。

【制作】① 鲜芦笋洗净，切段；红豆泡发，洗净，煮熟；红椒洗净，切片；虾仁处理干净，用盐、料酒腌渍。② 锅置火上，入油烧热，下虾球炒至变色，放入鲜芦笋、红豆、红椒同炒，加盐、味精、香油炒至入味，勾芡后即可出锅。

【烹饪技法】腌，炒。

【营养功效】滋阴润燥，通乳抗毒。

【健康贴士】芦笋也可与百合搭配食用，具有养心润肺的作用，适宜心脏病、肺热咳嗽等病症患者食用。

【巧手妙招】粗大点儿的芦笋需要去老茎再进行烹饪，口感更佳。

芦笋牛肉爽

【主料】芦笋 150 克，牛肉 200 克。

【配料】葱末、盐各 3 克，水淀粉、酱油各 10 克，辣椒 8 克，植物油 15 克。

【制作】① 牛肉洗净，切片，用水淀粉上浆；芦笋洗净，切成斜段，焯水；辣椒洗净，切碎。② 锅置火上，入油烧热，下牛肉滑熟，加辣椒、芦笋炒香，下盐、酱油调味，撒上葱末即可。

【烹饪技法】焯，炒。

【营养功效】补虚健身，防癌抗癌。

【健康贴士】芦笋还可与黄花菜搭配食用，具有养血止血、除烦抗癌的功效，适用于功能性子宫出血及各种贫血的辅助治疗。

【巧手妙招】牛肉可用料酒抓腌一下再烹饪，味道更鲜。

上汤芦笋

【主料】芦笋 150 克，鸡汤 300 毫升。

【配料】姜丝 10 克，盐 5 克，鸡精 1 克，胡椒粉 1 克。

【制作】① 芦笋洗净，切段。② 锅置火上，倒入水烧沸，下入芦笋段稍焯后，捞出装盘。③ 将鸡汤调入姜丝、盐、鸡精、胡椒粉煮开，淋在芦笋上面即可。

【烹饪技法】焯，煮。

【营养功效】滋阴润燥，利尿解毒。

【健康贴士】芦笋性寒，痛风病人不宜多食。

【巧手妙招】较粗的大芦笋可能需要用盐开水煮约 5 分钟才会软熟。

三鲜芦笋

【主料】芦笋 300 克，虾仁、海参、鲜贝各 30 克。

【配料】料酒 10 克，姜汁 5 克，醋 5 克，盐 4 克，味精 2 克，胡椒粉 3 克，水淀粉 20 克，鸡汤 50 克，植物油 30 克。

【制作】① 海参切片，入沸水中汆透；芦笋切成段，入油锅中滑油，捞出备用。② 把虾仁、鲜贝用淀粉拌匀，同海参一起入四成热的油锅内滑透。③ 锅置火上，入油烧热，烹入料酒、姜汁，下芦笋、虾仁、海参、鲜贝同炒，加入盐、鸡汤、味精调味，最后用淀粉勾芡即可。

【烹饪技法】汆，拌，炒。

【营养功效】益智健脑，开胃化痰。

【健康贴士】芦笋也可与银杏搭配食用，具有强身健体、润肺定喘的作用，特别适宜体质虚弱者及免疫力低下者食用。

【巧手妙招】此菜宜大火快炒，取其鲜味。

多彩芦笋

【主料】芦笋 300 克，熟火腿、蘑菇各 50 克。

【配料】植物油 30 克，葱末 3 克，姜末 5 克，盐 3 克。

【制作】① 芦笋洗净，削去根部；火腿切成薄片；蘑菇洗净；葱、姜分别切末备用。② 将芦笋和蘑菇分别放入沸水中焯烫，捞出过凉，沥干水分，切段。③ 锅置火上，入油烧至五成热，下葱末、姜末爆香，随后放入芦笋、火腿、蘑菇翻炒，最后加盐调味，炒匀出锅即可。

【烹饪技法】焯，爆，炒。

【营养功效】健脾养胃，润肠补气。

【健康贴士】芦笋还可与螃蟹搭配食用，可以起到非常显著的补虚消食、提高免疫力的功效，有助于促进儿童生长发育。

百合炒芦笋

【主料】百合 100 克，芦笋 200 克，白果 20 克。

【配料】植物油 30 克，盐 3 克，鸡精 1 克，胡椒粉 3 克，辣椒（红、尖、干）80 克，大蒜 10 克。

【制作】① 芦笋洗净，切段，下入沸水锅内焯烫，捞出，沥干水分；百合掰片，洗净，辣椒去蒂、子洗净，切片；葱切成末。② 锅置火上，入油烧热，下蒜末爆香，放入辣椒片、百合煸炒，加入芦笋、白果炒片刻，调入盐、鸡精、胡椒粉炒匀即可。

【烹饪技法】焯，爆，煸炒，炒。

【营养功效】润肺止咳，养阴消热。

【健康贴士】芦笋也可与杏鲍菇搭配食用，对防治癌症有辅助疗效。

玉米

玉米中含有大量的营养保健物质，除了含有碳水化合物、蛋白质、脂肪、胡萝卜素外，玉米中还含有核黄素等营养物质。玉米含有丰富的纤维素，不但可以刺激胃肠蠕动，防止便秘，还可以促进胆固醇的代谢，加速肠内毒素的排出；玉米含有维生素 A、维生素 E 及谷氨酸，有抗衰老的作用；玉米还含有赖氨酸和微量元素硒，其抗氧化作用有益于预防肿瘤，同时玉米还含有丰富的维生素 B_1、维生素 B_2、维生素 B_6 等，对保护神经传导和胃肠功能，预防脚气病、心肌炎、维护皮肤健美效果良好。

中医认为，玉米性平、味甘，归胃、膀胱经；具有开胃、利胆、通便、利尿、软化血管、延缓细胞衰老、防癌抗癌等功效，适合用于高血压、高血脂、动脉硬化、老年人习惯性便秘、慢性胆囊炎、小便晦气等疾患的食疗保健。

香油玉米

【主料】玉米粒 300 克，青椒、红椒各 20 克。

【配料】盐 3 克，香油 5 克，味精 2 克，植物油 15 克。

【制作】① 青椒、红椒洗净，去蒂、子，切成粒状。② 锅置火上，加水烧沸后，将玉米粒下入焯熟，捞出，装入碗内。③ 玉米碗内加入青椒、红椒粒和盐、香油、味精一起搅匀即可。

【烹饪技法】焯，炒。

【营养功效】健脾益胃，利尿消肿。

【健康贴士】玉米还可与草莓搭配食用，具有减退皮肤的黑斑和雀斑，促进皮肤的还原变白。

玉米炒蛋

【主料】玉米粒 150 克，鸡蛋 3 个，火腿 25 克，毛豆 15 克，胡萝卜 20 克。

【配料】植物油 15 克，盐 3 克，水淀粉 4 克，葱末 5 克。

【制作】① 胡萝卜洗净，切粒，与玉米粒、毛豆入锅煮熟；鸡蛋入碗中打散，加入盐和水淀粉调匀；火腿切丁。② 锅置火上，入油烧热，倒入蛋液炒熟；锅内再放玉米粒、胡萝卜粒、毛豆和火腿粒，炒香时再放入鸡蛋块，加盐调味，炒匀盛出时撒入葱末即可。

【烹饪技法】煮，炒。

【营养功效】益智健脑，抑癌抗瘤。

【健康贴士】玉米不宜与红薯同食，易导致肠胃不适。

【巧手妙招】煮玉米时，加一点儿食用碱在水中一起煮，可以避免腹泻。

松仁玉米

【主料】玉米粒 400 克，熟松仁、胡萝卜、毛豆各 20 克。

【配料】植物油 15 克，盐 3 克，白砂糖 2 克，水淀粉 5 克，鸡精 2 克。

【制作】① 胡萝卜洗净，切丁；毛豆、玉米粒均洗净，焯水，捞出，沥干水分。② 锅置火上，入油烧热，放入胡萝卜丁、玉米粒、毛豆炒熟，加入盐、白砂糖、鸡精炒匀，勾芡后装盘，撒上松仁即可。

【烹饪技法】焯，炒。

【营养功效】益智健脑，延缓衰老。

【健康贴士】玉米还可与柿子搭配食用，具有健脾润肺、滋润肌肤的作用，适宜脾肺气虚、干咳少痰、皮肤干燥等人食用。

玉米炒鸡丁

【主料】鸡胸肉 150 克，玉米 100 克，青椒 50 克，红椒 50 克。

【配料】植物油 15 克，盐 3 克，料酒 5 克，鸡精 3 克，姜末 5 克。

【制作】① 鸡胸肉切成丁；青椒、红椒去蒂、去子，切丁。② 将鸡胸肉加盐、料酒、姜末腌渍入味，入锅中滑炒后捞出备用。③ 锅置火上，入油烧热，下玉米、青椒、红椒炒香，放入鸡丁炒入味，加入盐、鸡精调味，出锅装盘即可。

【烹饪技法】腌，滑炒，炒。

【营养功效】益气补血，养精填髓。

【健康贴士】玉米也可与洋葱搭配食用，具有生津解渴、降糖、降脂的作用，适宜暑热口渴、肥胖等人食用。

【巧手妙招】可将玉米粒也剁碎，更易入味。

尖椒玉米粒

【主料】新鲜玉米 300 克，青尖椒 100 克。

【配料】植物油 20 克，盐 3 克，大蒜 5 克，干花椒 2 克。

【制作】① 新鲜玉米洗净，沥干水分；将青尖椒洗净，切成小丁。② 锅置火上，入油烧至七成热，放入大蒜片、干花椒炒香，再倒入玉米粒翻炒均匀，加水；焖至玉米变软，锅中水分收干，放入青椒翻炒断生，加盐调味即可。

【烹饪技法】炒，焖。

【营养功效】调中开胃，益肺宁心。

【健康贴士】腹胀、尿失禁患者忌食。

玉米粒煎肉饼

【主料】猪肉 500 克，玉米粒 200 克，青豆 100 克。

【配料】植物油 20 克，水淀粉、盐各 5 克，鸡精 2 克。

【制作】① 猪肉洗净，剁成蓉；玉米粒、青豆洗净。② 将猪肉与水淀粉、玉米、青豆混合均匀，加入盐、鸡精，搅匀做成饼状。③ 锅置火上，入油烧热，将肉饼放入锅中，用中火煎炸至熟，捞出，沥油，装盘即可。

【烹饪技法】煎。

【营养功效】滋阴养颜，丰肌泽肤。

【健康贴士】皮肤病患者忌食玉米。

红薯

红薯含有膳食纤维、胡萝卜素、维生素 A、维生素 B、维生素 C、维生素 E 及钾、铁、铜、硒、钙等，营养价值很高，是世界卫生组织评选出来的“十大最佳蔬菜”的冠军。红薯中含有丰富的钙，吃红薯能促进钙的吸收，防治骨质疏松症；红薯由于膳食纤维质地细致更可替代青菜来吃，同时能阻止糖类转变为脂肪，又增进饱腹感，减少热量的摄取，是减肥上品。

中医认为，红薯味甘，性平，入脾、肾经；具有补虚乏、益气力、健脾胃、强肾阴、通便秘的功效，主治脾虚水肿、疮疡肿毒、肠燥便秘。

拔丝红薯

【主料】红薯 500 克，熟芝麻 25 克。

【配料】植物油 500 克，白砂糖 100 克。

【制作】① 红薯去皮，切成大小适中的块状，用七成热的油把红薯块炸至浅黄，待红薯熟后，捞出。② 锅置火上，注入清水 100 毫升，下入白砂糖翻炒至白砂糖起花，放入炸好的红薯块翻炒均匀，使糖花均匀地挂在红薯块上。③ 撒上芝麻，迅速装盘即可。

【烹饪技法】炸，炒，拔丝。

【营养功效】补中和血，益气生津。

【健康贴士】红薯的含糖量较高，吃多了可刺激胃酸大量分泌，使人感到“胃灼热”，故不宜多食。

姜丝红薯

【主料】红薯 500 克。

【配料】酱油、盐各 5 克，植物油 500 克（实耗 80 克），姜丝 10 克，水淀粉 10 克。

【制作】① 红薯去皮，洗净，切块。② 锅置火上，入油烧热，将红薯块投入油锅，炸至金黄色待外皮脆时，捞出，沥油。③ 锅留底油，先放姜丝炝锅，再将红薯倒进锅内，加适量清水，调入酱油、盐、焖至红薯入味，勾芡即可。

【烹饪技法】炸，炝，焖。

【营养功效】润肠宽胃，通便解毒。

【健康贴士】红薯不宜与柿子同食，易形成胃结石。

【巧手妙招】将姜丝切成细丝，放在冷水中浸泡一会儿，即可使老姜变得嫩一些。

芝麻红薯

【主料】红薯 500 克，芝麻 20 克。

【配料】白砂糖 10 克，冰糖 20 克，植物油 15 克。

【制作】① 芝麻炒香，盛出碾碎；冰糖砸碎；将芝麻和冰糖拌匀；红薯去皮，洗净，切成小块，放入锅里蒸熟，稍凉时压成薯泥。② 锅置火上，入油 20 克烧热，下薯泥反复翻炒，炒干后调入白砂糖，再加入油 5 克，炒至红薯沙时，撒上芝麻冰糖渣即可。

【烹饪技法】蒸，炒，焖。

【营养功效】和血暖胃，防癌抗癌。

【健康贴士】红薯不宜与鸡蛋同食，易导致腹痛。

【举一反三】炒至红薯沙时也可撒上香菜叶做装饰。

太极护国菜

【主料】红薯叶 250 克，火腿 25 克，草菇 25 克。

【配料】植物油 30 克，大葱 10 克，姜 5 克，盐 3 克，味精 2 克，料酒 5 克，鸡粉 2 克，淀粉 5 克，鸡汤 250 毫升，香油 10 克，胡椒粉 2 克。

【制作】① 火腿、姜、草菇切片，葱切段；火腿片、草菇片分别入沸水锅中焯透。② 姜片入油锅中爆香，加料酒、鸡汤、盐、白砂糖、味精、鸡粉、火腿片和草菇片搅匀，开锅后下入地瓜叶搅匀，用水淀粉勾芡，最后淋入香油，出锅装盘即可。

【烹饪技法】焯，爆，烧。

【营养功效】滋阴补肾，抗老防衰。

【健康贴士】红薯叶也可与橄榄油搭配食用，具有美容瘦身的作用，适合肥胖者食用。

【巧手妙招】草菇焯水时间不宜太长，火腿焯水可以去其腥味。

典食趣话：

相传宋代末期，元兵南下，小皇帝赵丙在张世杰、陆秀夫等一班臣子和官兵的护卫下，逃亡到广东潮州的一座山中古庙。庙中的一个小和尚到地里摘些红薯叶来，洗净后用沸水汤泡，除去苦涩味，再剁碎下锅煮成羹汤，拌上一点儿油盐。逃难中的小皇帝饥饿难忍，啧啧连声称赞此菜好吃，住持趁机说：贫僧能助皇上解除饥渴，重振军威，保大宋江山安然无恙，足矣！阿弥陀佛！小皇帝听后，大为感动，于是开“金口”封这道菜为“太极护国菜”。

炒红薯叶

【主料】红薯叶 500 克。

【配料】植物油 15 克，枸杞 12 枚，盐 3 克，蒜 5 克。

【制作】① 红薯叶洗净；蒜切片；枸杞用温水浸泡。② 锅置火上，入油烧热，下蒜片爆香，倒入红薯叶，放入枸杞，不断翻炒至红薯叶变软即关火，调入盐调味炒匀，即可出锅装盘。

【烹饪技法】爆，炒。

【营养功效】止血降糖，解毒明目。

【健康贴士】红薯叶中有丰富的黏液蛋白，它具有提高人体免疫力，增强免疫功能、促进新陈代谢的作用。

土豆

土豆是一种粮菜兼用型的蔬菜，学名马铃薯，与稻、麦、玉米、高粱一起被称为全球五大农作物。在法国，土豆被称作“地下苹果”。土豆所含营养素齐全，含有大量碳水化合物，同时含有蛋白质、矿物质（磷、钙等）、维生素及大量的优质纤维素，经常吃土豆的人身体健康，老得慢。在欧美享有“第二面包”的称号。

中医认为，土豆性平、味甘，无毒，入胃、大肠经；具有健脾和胃、益气调中、缓急止痛、通利大便等功效，对脾胃虚弱、消化不良、肠胃不和、脘腹作痛、大便不畅的患者效果显著。

土豆小炒肉

【主料】土豆 250 克，猪肉 100 克。

【配料】植物油 15 克，辣椒 10 克，盐 4 克，水淀粉 10 克，酱油 15 克，味精 1 克。

【制作】① 土豆洗净，去皮，切小块；辣椒洗净，切菱形片。② 猪肉洗净，切片，加盐、水淀粉、酱油拌匀备用。③ 锅置火上，入油烧热，下辣椒炒香，放入肉片煸炒至变色，加入土豆炒熟，调入酱油、盐、味精，出锅装盘即可。

【烹饪技法】拌，煸炒，炒。

【营养功效】润肠健脾，去脂降压。

【健康贴士】土豆也可和茄子搭配食用，具有降压的作用，适宜高血压患者食用。

【巧手妙招】烹饪土豆时放入少量醋，既可以起到解毒作用，又可以起到调味作用。

草菇焖土豆

【主料】土豆 500 克，草菇 250 克，番茄 100 克。

【配料】植物油 35 克，番茄酱 30 克，盐 3 克，胡椒粉 2 克。

【制作】① 土豆、草菇洗净，切片；番茄切成滚刀块。② 锅置火上，入油烧热，下土豆片、番茄、草菇和番茄酱一起炒。③ 倒入适量水焖至八成熟，加入盐、胡椒粉调好味，焖熟，出锅装盘即可。

【烹饪技法】炒，焖。

【营养功效】宽肠通便，利水消肿。

【健康贴士】一般人都可食用，尤其适合便秘、水肿等患者食用。

【巧手妙招】切土豆片时，在刀上沾少许水，土豆片就不会粘在刀上了。

拔丝土豆

【主料】土豆 500 克。

【配料】淀粉 20 克，鸡蛋 1 个，植物油 40 克，盐 2 克，白砂糖 50 克。

【制作】① 淀粉加入打好的蛋液里，加盐搅成全蛋糊。② 土豆去皮，洗净，切大块，裹上淀粉下油锅炸熟。③ 锅置火上，入油烧热，下白砂糖炒至起泡，再下入土豆，至糖完全裹在土豆上面，能够拔出糖丝时即可。

【烹饪技法】炸，拔丝。

【营养功效】益肾强身，消炎活血。

【健康贴士】糖尿病、孕妇不宜多食。

【巧手妙招】带皮的土豆煮熟后用冷水洗一下，皮就很容易剥了。

地三鲜

【主料】茄子 100 克，土豆 150 克，红椒 50 克，青椒 50 克。

【配料】植物油 15 克，酱油 10 克，白砂糖 3 克，大葱 5 克，大蒜 5 克，盐 2 克，水淀粉 5 克，高汤少许。

【制作】① 土豆去皮，洗净，切块；茄子洗净，切滚刀块；葱洗净，切成葱末；蒜洗净，剁泥；青、红椒去蒂、去子，洗净，切块。② 锅置火上，入油烧至七成热，下土豆炸至金黄，捞出；再将茄子倒入炸至金黄，放入青、红椒块略炸，一同捞出。③ 锅内留少量余油，放入葱末、蒜泥爆香，加入高汤、酱油、白砂糖、盐、土豆、茄子、青红椒略烧，用水淀粉勾薄芡，出锅装盘即可。

【烹饪技法】炸，爆，烧。

【营养功效】美容抗衰，减肥补虚。

【健康贴士】土豆不宜与柿子同食，易形成结石。

【巧手妙招】带皮的土豆煮熟后用冷水洗一下，皮就很容易剥了。

蒜香土豆泥

【主料】土豆 500 克，牛奶 200 克，大蒜 100 克。

【配料】植物油 50 克，盐 3 克，胡椒粉 5 克。

【制作】① 土豆洗净，削去皮，放入锅内加入水、牛奶上火煮熟，将余汤汁倒出。② 把土豆制成泥状，不能有疙瘩（如果太黏，可适当加入牛奶或开水），调制土豆泥的同时加入盐和胡椒粉。③ 锅置火上，入油烧热，下蒜末炒香出味，浇在土豆泥上或直接拌入土豆泥中均可。

【烹饪技法】炒，煮。

【营养功效】排毒养颜，益气活血。

【健康贴士】土豆含有微量的有毒物质龙葵素，加入醋，则可以有效地分解有毒物质。

老干妈土豆片

【主料】土豆 500 克，五花肉 100 克。
【配料】植物油 30 克，葱 5 克，姜 3 克，老干妈 30 克，酱油 10 克。
【制作】① 土豆洗净，切片，入沸水锅中焯水至八成熟，捞出备用。② 锅置火上，入油烧热，下姜和肉煸炒至出油，放酱油、葱，再下入老干妈翻炒入味，下土豆片用大火炒干水分，均匀的裹好酱料即可。
【烹饪技法】焯，煸炒，炒。
【营养功效】健脾开胃，利湿消肿。
【健康贴士】土豆还可与牛肉搭配食用，具有健脾养胃的作用，适宜脾胃衰弱、食欲不振患者食用。

回锅土豆

【主料】土豆 300 克。
【配料】植物油 15 克，盐 3 克，辣椒粉 15 克，花椒粉 3 克，孜然粉 3 克，味精 3 克，香油 5 克，芝麻 10 克，15 克。
【制作】① 土豆去皮，洗净，入沸水锅中煮至刚熟时，捞出，切成片。② 锅置火上，入油烧热，下盐、辣椒粉、花椒粉、孜然粉炒出香味，再下土豆片炒匀，放入味精调味，淋入香油，撒上葱末、芝麻，出锅装盘即可。
【烹饪技法】煮，炒。
【营养功效】润肠通便，防癌抗衰。
【健康贴士】土豆也可与芹菜搭配食用，具有健脾除湿、降压的作用，适宜气虚湿阻型高血压患者食用。

洋葱炒土豆

【主料】土豆 500 克，洋葱 150 克。
【配料】植物油 40 克，盐 3 克，胡椒粉 3 克，黑芝麻 5 克。
【制作】① 洋葱剥去老皮，洗净，切成碎末。② 土豆带皮洗净，放入锅里加水，上火煮沸，加上锅盖把土豆煮至嫩熟为止，煮好的土豆凉凉，去皮，切成小薄片备用。③ 煎盘置火上，入油烧热，先下入薄薄的一层熟土豆片，不停地转动煎盘，使土豆片在煎盘里转动，待其中一面呈金黄色时，翻个，加入洋葱末继续转动，撒匀盐和胡椒粉。④ 将土豆再翻个，待其两面都呈金黄色，洋葱发出香味时，撒上少许黑芝麻，出锅装盘即可。
【烹饪技法】煮，煎，炒。
【营养功效】滋肝益肾，利湿解毒。
【健康贴士】土豆含钾高，高钾患者忌食。

干煸土豆丝

【主料】土豆 250 克，干辣椒 15 克。
【配料】葱 5 克，植物油 40 克，盐 3 克，味精 2 克。
【制作】① 土豆洗净，去皮，切细丝，用清水把土豆丝表面的淀粉漂洗干净后，沥干水分；葱切成小段。② 锅置火上，入油用中火烧至六成热，下干辣椒段稍炸后，倒入土豆丝改用大火煸炒。③ 煸炒约 2 分钟，放葱段改中火继续煸炒约 1 分钟，放盐、味精炒匀后，出锅装盘即可。
【烹饪技法】炸，煸炒。
【营养功效】和胃调中，益气健脾。
【健康贴士】土豆富含的碳水化合物和维生素可以和牛奶中的蛋白质和钙相互作用，促进人体对这些营养物质的吸收。

土豆炖南瓜

【主料】南瓜、土豆各 300 克。
【配料】植物油 35 克，盐 5 克，料酒 10 克，香菜 3 克，高汤 500 毫升，葱 3 克，姜 5 克。
【制作】① 土豆去皮，洗净，切成稍厚点儿的片；南瓜去皮，切成厚片，清水洗净；香菜择洗干净。② 锅置火上，入油烧热，下葱、姜爆香，放入土豆、南瓜，倒入高汤，烹入料酒，大火烧沸后改用小火炖熟，撒上少许香菜，出锅盛碗即可。
【烹饪技法】爆，烧，炖。
【营养功效】补气益血，健脾强肾。

【健康贴士】土豆不宜与番茄同食，易导致食欲不佳。

尖椒土豆丝

【主料】土豆 200 克，青椒 100 克。
【配料】植物油 35 克，盐 3 克，葱末 3 克，料酒 5 克，味精 2 克。
【制作】① 土豆刮去皮，切成细丝，泡入清水中；青椒洗净，切成丝。② 将青椒丝、土豆丝放入沸水中焯烫，捞出，沥干水分。③ 锅置火上，入油烧热，倒入葱末煸出味，将土豆丝、青椒丝放入炒匀，烹入料酒，加盐和味精翻炒几下，出锅装盘即可。
【烹饪技法】焯，煸，炒。
【营养功效】健脾和胃，活血消肿。
【健康贴士】土豆还可与黄瓜搭配食用，具有健脾养胃的作用，适宜脾胃虚弱者食用。

土豆炖豇豆

【主料】土豆 200 克，豇豆 200 克
【配料】姜5克，大蒜5克，盐3克，酱油5克，植物油 20 克
【制作】① 土豆洗净，去皮，切长条；豇豆择洗干净，大蒜洗净，切末；姜洗净，切末。② 锅置火上，入油烧热，下姜末、蒜末爆香，倒入豇豆翻炒至变色。③ 倒入土豆继续翻炒，调入酱油，加水盖上锅盖焖至土豆和豇豆熟烂，加盐调味，出锅盛碗即可。
【烹饪技法】炒，爆，焖，炖。
【营养功效】疏肝健脾，利水消胀。
【健康贴士】发芽的土豆以及皮色变绿、变紫者有毒，不可食用。

芥菜炒土豆

【主料】土豆 250 克，芥菜 150 克，豆干 100 克，花生仁 50 克。
【配料】葱3克，姜3克，大料2克，酱油5克，盐 2 克，味精 1 克。
【制作】① 芥菜切成碎丁；豆干切成丁；花生仁加大料入锅煮熟，捞出；土豆去皮，洗净，切丁入沸水锅中焯烫，捞出，沥干水分。② 锅置火上，入油烧热，下葱、姜爆香，放土豆煸炒几下，加酱油、盐炒匀，再下入芥菜、豆干和花生仁，加味精，翻炒入味，出锅装盘即可。
【烹饪技法】焯，煮，爆，煸炒，炒。
【营养功效】开胃消食，解毒消肿。
【健康贴士】土豆也可与酸奶搭配食用，具有开胃通便、瘦身养颜的作用，适宜便秘、肥胖患者食用。

醋熘土豆丝

【主料】土豆 350 克。
【配料】醋 10 克，葱 5 克，植物油 20 克，花椒 5 克，干红辣椒 10 克。
【制作】① 土豆切丝，放入凉水中泡 30 分钟，捞出，沥干水分；葱切段。② 锅置火上，入油烧热，下花椒炸至表面开始变黑时，捞出，放入干红辣椒，再把沥干水的土豆丝倒进去，翻炒 5 分钟后，加入醋、盐，继续翻炒。③ 待土豆丝九成熟时，加入葱段、鸡精拌炒均匀，出锅装盘即可。
【烹饪技法】炸，炒。
【营养功效】健脾益气，益肾解毒。
【健康贴士】土豆皮去皮食用更有益健康。

山药

山药除含蛋白质、碳水化合物、钙、磷、铁、胡萝卜素及维生素等多种营养成分外，还含淀粉酶、胆碱、黏液汁酶及薯蓣皂苷等。其中的淀粉酶又叫消化素，能分解淀粉等物质，若与碱性物质相混合，则淀粉酶作用消失。山药补而不腻，香而不燥。

中医认为，山药性平、味甘，入肺、脾、肾经；具有健脾补肺、益胃补肾、固肾益精、聪耳明目、助五脏、强筋骨、长志安神、延年益寿的功效，主治脾胃虚弱、倦怠无力、食欲不振、久泄久痢、肺气虚燥、痰喘咳嗽、

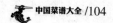

肾气亏耗、腰膝酸软、下肢痿弱、消渴尿频、遗精早泄、带下白浊、皮肤赤肿、肥胖等病症。

什锦山药

【主料】山药 80 克，胡萝卜 50 克，秋葵 60 克，玉米笋 40 克。

【配料】红枣 15 枚，味精 2 克，盐 5 克，植物油 20 克。

【制作】① 山药、胡萝卜均削皮，切片；秋葵、玉米笋洗净，切斜段。② 山药、胡萝卜、秋葵、玉米笋入沸水焯熟，捞出备用；红枣洗净，去核，放入沸水中煮 15 分钟后，捞出，沥干备用。③ 锅置火上，入油烧热，放入秋葵、玉米笋、胡萝卜拌匀，再加山药片、红枣、盐、味精拌匀即可食用。

【烹饪技法】焯，煮，拌。

【营养功效】补肺益气，健脾补虚。

【健康贴士】山药有收涩作用，大便燥结者不宜食用。

【巧手妙招】秋葵在炒前最好在沸水中焯烫 3 分钟以上，以去除涩味。

蜜汁金枣

【主料】山药 500 克。

【配料】面粉 25 克，枣泥 150 克，蜂蜜 50 克，青梅 10 克，桂花酱 3 克，白砂糖 200 克，香精 200 克，淀粉 50 克，植物油 50 克。

【制作】① 山药洗净，上屉蒸熟取出去皮，用刀压成细泥，加面粉拌匀，做成直径 3 厘米的圆饼 40 个。② 枣泥分成 40 份，包入山药饼内，做成枣状的丸子，在“枣”的一端插上一根青梅条为枣蒂，外面滚上一层淀粉。③ 锅置火上，入油用中火烧至六成热，将“枣”逐个下入油内，炸至金黄色时捞出控净油。④ 锅内留油，加入白砂糖 25 克，中火炒至呈红色，加水 100 克、白砂糖 175 克、蜂蜜、桂花酱成浓汁，倒入炸好的“金枣”，过 30 秒，颠翻沾匀蜜汁，出锅装盘即可。

【烹饪技法】蒸，拌，炸。

【营养功效】补肾健脾，益寿抗衰。

【健康贴士】山药也可与莲子搭配食用，具有健脾补肾的作用，适宜体倦乏力、肾虚羸瘦者食用。

炒山药丝

【主料】山药 300 克，冬笋 50 克，香菇 50 克。

【配料】植物油 45 克，盐 2 克，辣椒丝 10 克，醋 10 克，料酒 8 克，淀粉 5 克，水淀粉 10 克，胡椒粉 2 克，高汤 80 毫升。

【制作】① 山药去皮洗净，切成丝，用淀粉和清水搅拌；香菇、冬笋洗净，切成丝。② 锅置火上，入油烧至六成热，下山药、冬笋、香菇翻炒，加入盐、辣椒丝、醋、料酒、胡椒粉和高汤至熟，用水淀粉勾芡，出锅装盘即可。

【烹饪技法】拌，炒。

【营养功效】抗衰益寿，防癌抗癌。

【健康贴士】山药还可与杏仁搭配食用，具有润肺止咳、益肾的作用，适宜肺热、肾虚者食用。

虾仁山药

【主料】山药 150 克，虾仁 100 克，黑木耳 50 克。

【配料】葱 3 克，姜 3 克，料酒 10 克，盐 3 克，鸡精 2 克。

【制作】① 山药去皮，切片，用沸水焯 2 分钟。② 锅置火上，入油烧热，将虾过油后，盛出。③ 锅中留底油，烧热后，下葱丝，姜丝爆香，放入木耳，山药，虾仁翻炒，加盐、料酒翻炒入味后，加鸡精调味，出锅装盘即可。

【烹饪技法】焯，爆，炒。

【营养功效】健脾开胃，补肾降压。

【健康贴士】山药不宜与香蕉同食，易引起腹部胀痛。

【巧手妙招】山药汁很容易引起部分人的皮肤过敏，所以削皮的时候最好戴上手套。

清炒四色山药

【主料】山药 250 克，芹菜 250 克，胡萝卜 60 克，黑木耳 50 克。
【配料】植物油 30 克，盐 2 克，鸡精 1 克，蒜 3 克，香油 5 克。
【制作】① 山药去皮，切片，入沸水中焯烫，盛出；胡萝卜去皮切片；黑木耳洗净，撕成小块；西芹去表面筋膜，也切成细片。② 胡萝卜、木耳放入沸水中烫至将熟，加入西芹稍微烫下即可盛出。③ 锅置火上，入油烧热，下蒜片爆香，加入焯烫过的山药、芹菜、胡萝卜、黑木耳和少许的水快速翻炒均匀，加入盐、鸡精、香油调味，出锅装盘即可。
【烹饪技法】焯，爆，炒。
【营养功效】补脾健胃，平肝降压。
【健康贴士】山药还可与鸭肉搭配食用，具有健脾养胃、固肾的作用，适宜脾胃虚弱、消化不良、腰酸背痛等病症患者食用。

五彩山药

【主料】山药 150 克，胡萝卜 50 克，玉米粒 50 克，豌豆 50 克，红甜椒 25 克。
【配料】植物油 40 克，盐 3 克，鸡精 1 克，糖 1 克，葱、蒜各 3 克，生抽 5 克，黑胡椒粉 3 克，水淀粉 5 克。
【制作】① 胡萝卜、红甜椒切成豌豆大小的粒；山药去皮洗净，切成豌豆大小的粒。② 锅置火上，入水烧沸，倒入山药、胡萝卜、玉米粒、豌豆、红甜椒汆烫 2 分钟左右，捞出置于流水下，冲洗一遍。③ 锅置火上，入油烧热，下葱蒜末爆香，倒入山药、胡萝卜、玉米粒、豌豆、红甜椒翻炒 2 ~ 3 分钟，加盐、鸡精、糖、少许生抽、黑胡椒粉调味，放水淀粉勾上薄芡，出锅装盘即可。
【烹饪技法】汆，爆，炒。
【营养功效】开胃健脾，补虚瘦身。
【健康贴士】山药不宜与油菜同食，二者功效不同，影响营养素的吸收。
【巧手妙招】汆烫过的五彩粒已经呈半熟状态，所以烹炒时间不宜过长，以免失去爽脆之口感。

山药炒木耳

【主料】山药 250 克，黑木耳 200 克。
【配料】植物油、青椒、红椒、黄椒各 20 克，盐 5 克，鸡精 2 克。
【制作】① 山药去皮，洗净，切菱形块；黑木耳泡发洗净，撕片；青椒、红椒、黄椒分别洗净，切片。② 锅置火上，入油烧热，下黑木耳和山药爆炒，放入青椒、红椒、黄椒炒匀；加入盐、鸡精炒匀，出锅装盘即可。
【烹饪技法】爆炒，炒。
【营养功效】补血润肺，健脾养胃。
【健康贴士】山药与羊肉同食，可补血，养颜，强身。

芋头

芋头的营养价值近似于土豆，又不含龙葵素，易于消化而不会引起中毒，是一种很好的碱性食物。芋头富含蛋白质、胡萝卜素、B 族维生素、维生素 C、烟酸、皂角苷及钙、氟、磷、铁、钾、镁、钠等多种营养物质。芋头含有丰富的氟元素，具有洁齿防龋、保护牙齿的作用，有助于老年人保护牙齿，延迟牙齿脱落；芋头具有增强人体免疫功能的作用，所含的黏液蛋白被人体吸收后能产生免疫球蛋白，经常食用可防癌抗癌；老年人经常会遇到食欲下降、消化不良的情况，芋头所含的黏液皂素及多种微量元素可增进食欲、帮助消化，十分适合老年人食用；

芋头还含有十分丰富的多糖类胶体物质，这种物质可以帮助老年人摆脱习惯性便秘的困扰。

中医认为，芋头性平、味甘辛，有小毒，入肠、胃经；具有益胃、宽肠、通便、解毒、补中益肝肾、消肿止痛、益胃健脾、散结、调节中气、化痰、添精益髓等功效，主治肿块、痰核、瘰疬、便秘等病症。

芋头扣鸭肉

【主料】芋头 500 克，鸭肉 400 克。

【配料】盐 5 克，味精 1 克，淀粉 5 克，老干妈辣酱 8 克，蒸肉粉 8 克，胡椒粉 2 克。

【制作】① 鸭肉洗净，剁块；芋头去皮，切成薄片，摆入碗底备用。② 鸭肉加老干妈辣酱、蒸肉粉、淀粉拌匀腌片刻，然后倒入芋头碗中。③ 锅内注入适量水，上蒸架，放鸭肉、芋头入锅，撒上胡椒粉、盐、味精蒸 1 小时，取出扣入盘中即可（可用法香装饰）。

【烹饪技法】拌，腌，蒸。

【营养功效】清热益气，防癌抗癌。

【健康贴士】芋头和猪肉同食，可预防糖尿病。

【巧手妙招】芋头一定要煮熟，否则其中的黏液会刺激咽喉。

拔丝芋头

【主料】芋头 500 克。

【配料】芝麻 10 克，白砂糖 200 克，植物油 750 克（实耗 100 克）。

【制作】① 先把芋头洗净，去皮，切成滚刀或切菱形块，放盘内待炸；芝麻拣去杂质。② 锅置火上，入油烧至六成熟时，下芋头块炸至两面金黄色时，捞出沥油。③ 将炒锅内油倒出，留余油 15 克，放入白砂糖，小火不停地搅动，使糖受热均匀熔化，等糖液起小针尖大小的泡时，迅速将炸好的芋头块倒入，撒上芝麻，颠翻均锅后即可。

【烹饪技法】炸，拔丝。

【营养功效】洁齿防龋，增强免疫。

【健康贴士】本菜含糖量高，糖尿病患者应禁食。

翻砂芋

【主料】芋头 500 克。

【配料】白砂糖 100 克，芝麻 25 克，植物油 300 克（实耗 100 克）。

【制作】① 芋头削皮，切成条，锅置火上，入油烧至六成热后，下芋条用小火炸 3 分钟左右，捞出，待芋头稍凉后，下锅用中火再炸 1 分钟，上色后，捞出沥油。② 净锅置火上，倒入水以及白砂糖，将砂糖融成浆，把炸好的芋头下锅翻炒，让糖浆均匀地裹在芋头条上，即可关火。③ 熄火后，用铲不停用力翻炒芋头，至砂糖均匀地粘在芋头上，撒上芝麻，即可上桌食用。

【烹饪技法】炸，炒。

【营养功效】益胃宽肠，美容乌发。

【健康贴士】芋头还可与鱼肉搭配食用，具有调中补虚的作用，适宜气血虚弱的人食用。

【巧手妙招】① 切芋头时要戴上手套，否则会手痒。② 炸芋头应分开两次炸，炸出来的芋头会比较香脆。③ 炒芋头时，可以加入一些葱末和柠檬皮，味道更美，口感层次更丰富。

典食趣话：

翻砂芋的来历要追溯到元代，那时期，广东人不满元朝的统治，于是有一年 8 月 15 日，潮州的百姓将围攻潮州的元兵全部杀光。为庆祝胜利，当地老百姓把元兵帐篷里的芋头合到一起，切成块状，入油锅中煎，然后捞上来后，加些糖，当作中秋盛宴吃掉。后来，这件事成了潮汕地区的美谈，人们为纪念胜利，渐渐地形成了当地的一种风俗——中秋节吃翻砂芋。

素烧芋

【主料】芋头500克，白菜200克。
【配料】盐3克，鸡精2克，糖2克，植物油15克。
【制作】① 芋头、白菜均洗净，芋头切成块，白菜切成条。② 锅置火上，入水烧沸，下入芋头煮软，捞出。③ 净锅置火上，入油烧热，下白菜翻炒几下，放芋头同炒翻匀，掺热水，大火烧沸转小火，盖上锅盖烧熟，调入盐、鸡精、糖，翻炒几下，出锅装盘即可。
【烹饪技法】煮，炒，烧。
【营养功效】健脾润肺，通便润肠。
【健康贴士】芋头也可与牛肉搭配食用，可防治食欲不振及便秘，预防皮肤老化。

典食趣话：

由于海南儋州盛产芋，苏轼被贬至儋州时，便与儋州的芋结下了不解之缘，常常自己下厨做素烧芋，并吃芋赋诗，当地的老百姓就把这道的“素烧芋”沿袭了下来。

香葱芋艿

【主料】小芋头400克，香葱100克。
【配料】番茄酱50克，植物油20克，盐5克，鸡精2克。
【制作】① 小芋头洗净；小葱洗净，切葱末。② 锅置火上，入油烧热，下小芋头翻炒至熟，加入盐、鸡精、番茄酱调味，出锅装盘，撒上葱末即可。
【烹饪技法】炒。
【营养功效】健脾和胃，疏肝理气。
【健康贴士】芋头还可与梨搭配食用，具有防病通便、开胃止咳的作用，特别适宜虚弱病人食用。
【巧手妙招】炒小芋头时可加入适量水，更容易炒熟。

太极香芋泥

【主料】芋头500克，油菜25克。
【配料】白砂糖2克，猪油25克，红枣10枚，冬瓜糖2克，瓜子肉5克，樱桃5颗。
【制作】① 芋头去皮，洗净，置于蒸笼上蒸熟，碾压成泥，放进盆中，放入白砂糖、猪油、开水搅拌均匀，再置于大火上蒸熟取出。② 炒锅置火上，入猪油烧沸，淋在芋头上，撒上红枣碎片、冬瓜糖，用瓜子肉、樱桃，装饰成太极图案即可。
【烹饪技法】蒸，拌。
【营养功效】健脾开胃，化痰生津。
【健康贴士】芋头味辛，肠胃虚热者忌食。

粉蒸芋头

【主料】芋头300克、米粉150克。
【配料】淀粉10克，五香粉10克，植物油20克，盐3克，酱油5克，味精1克。
【制作】① 芋头洗净，去皮，切成约0.5厘米厚的块，放盆中，加植物油、盐、味精、酱油拌匀。② 将干淀粉、米粉、五香粉逐一撒入放芋头的盆中拌匀，入笼，大火蒸25分钟至熟即可。
【烹饪技法】拌、蒸。
【营养功效】温中益气，健胃和脾。
【健康贴士】芋头多糖，糖尿病患者应少食。

洋葱

洋葱含有丰富的维生素A、维生素B_1、维生素B_2、维生素C以及烟酸、挥发油、苹果酸、大蒜素、钙、磷、铁等营养素。洋葱的辛辣味来自一种叫作硫化丙烯的油脂性挥发物，这种物质具有抗寒、杀菌的作用，流感季节可以通过食用洋葱来预防感冒，帮助人体抵御疾病的侵袭；硒元素在洋葱中含量很多，可以帮助人体消除自由基，抗衰老作用十分明显，中年人食用可延缓衰老；洋葱中含有的钙质能够提高骨密度，有助于防治骨质疏松症；洋葱独有的前列腺素 A 能够扩张血管、降低血液黏度，是心血管疾病患者的上佳食材；洋葱含有的“栎皮黄素”具有显著的抗癌效果，经常食用可以起到防癌抗癌作用。

中医认为，洋葱性温、味辛甘，入肠、胃经；具有健胃、消食、平肝、润肠、祛痰、利尿及发汗等功效，可治肠炎、虫积腹痛、赤白带下等病症。

洋葱炒芦笋

【主料】洋葱 200 克，芦笋 150 克。

【配料】盐 3 克，味精 1 克。

【制作】① 芦笋洗净，切成斜段；洋葱洗净，切块。② 锅置火上，入水烧沸，下芦笋段稍焯后，捞出，沥干水分。③ 净锅置火上，入油烧热，放洋葱爆炒，放入芦笋稍炒，加入盐、味精炒匀，出锅装盘即可。

【烹饪技法】焯，爆炒，炒。

【营养功效】降压排毒，减肥瘦身。

【健康贴士】一般人都可食用，尤其适合高血压、肥胖者食用。

【巧手妙招】在切洋葱前，将菜刀在凉水里浸泡一下再切，或在菜板旁放一盆凉水边蘸水边切，均可有效地减轻辣味的散发，防止流泪。

洋葱烩土豆

【主料】土豆 500 克，洋葱（白皮）40 克，芹菜 30 克。

【配料】酱油 25 克，大蒜（白皮）10 克，香叶 2 克，盐 3 克，胡椒粉 2 克，植物油 40 克，上汤 125 毫升，白葡萄酒 10 克。

【制作】① 土豆洗净，去皮，切丁；洋葱去皮，切碎；蒜去皮，拍碎；芹菜摘去叶，洗净，留梗切碎末；② 锅置火上，入油烧热，下蒜、洋葱炒至呈透明时，放入土豆丁同炒，炒至全部挂上油后，加入上汤、香叶、少许盐、胡椒粉、味精搅拌均匀。③ 转小火煮，并不停搅拌，煮至土豆熟时，再放些油和酒混合好，装盘时撒上一些芹菜末即可。

【烹饪技法】炒，拌，煮，烩。

【营养功效】排毒通便，延缓衰老。

【健康贴士】洋葱还可与苦瓜搭配食用，具有提高机体免疫力的作用，适宜大脑神经衰弱、健忘和记忆力低下者食用。

洋葱炒羊肉

【主料】瘦羊肉 200 克，洋葱（黄皮）100 克。

【配料】花椒 10 克，姜 10 克，干红椒 5 克，盐 3 克，黄酒 15 克，味精 2 克，醋 2 克，植物油 15 克。

【制作】① 羊肉洗净，切成丝；葱头去老皮，洗净，切成丝；姜洗净，切丝。② 锅置火上，入油烧热，下花椒、辣椒炸焦，捞出，放羊肉丝、姜丝、洋葱丝翻炒，加入盐、黄酒、味精、醋调味，熟透收汁即可。

【烹饪技法】炸，炒。

【营养功效】温中暖肾，益气补虚。

【健康贴士】洋葱不宜与蜂蜜同食，易导致腹胀、腹泻，还会损伤眼睛，严重者可导致失明。

洋葱牛肉丝

【主料】洋葱 150 克，牛肉 150 克。

【配料】姜丝 3 克，蒜片 3 克，料酒 8 克，葱末、盐、味精各适量。

【制作】① 牛肉洗净，去筋，切丝，用料酒、盐腌渍；洋葱洗净，切丝。② 锅置火上，入油烧热，下入牛肉丝快火煸炒，再放入蒜片、姜丝，待牛肉炒出香味后，调入盐、味精，放入洋葱丝、葱末略炒，出锅装盘即可。

【烹饪技法】腌，煸炒，炒。

【营养功效】化痰降脂，益气增力。

【健康贴士】洋葱还可与鸡肉搭配食用，具有滋阴益肾、活血降脂的功效，适宜产妇食用。

【巧手妙招】洋葱不宜烧得过老，以免破坏其营养物质。

洋葱番茄炒豆皮

【主料】洋葱 30 克，番茄 30 克，豆腐皮 15 克，鸡蛋 1 个。

【配料】盐 3 克，植物油 20 克。

【制作】① 洋葱洗净，切成丁；番茄洗净，去皮，切小块；豆腐皮入沸水焯烫，切菱形片；鸡蛋磕入碗中打散，搅拌均匀。② 锅置火上，入油烧热，下洋葱丁翻炒至洋葱变软时，放入番茄和豆腐皮一同翻炒。③ 待熟时淋入蛋液，加少许盐调味，翻炒均匀，出锅装盘即可。

【烹饪技法】焯，拌，炒。

【营养功效】补脑增智，祛脂排毒。

【健康贴士】洋葱与猪肝同食，可补虚损，强身健体。

杂炒洋葱

【主料】洋葱 150 克，鸡蛋 2 个，素丸子 100 克。

【配料】盐 4 克，酱油 10 克，味精 1 克，植物油 15 克。

【制作】① 素丸子切成片，不要太薄；洋葱切成丝；鸡蛋打成蛋液。② 锅置火上，入油烧热，先把鸡蛋摊成蛋饼然后滑散，盛出备用。③ 锅内放入底油，下洋葱丝和素丸子一起炒，炒到洋葱变软，加入酱油、盐，最后下入鸡蛋、味精翻炒均匀，出锅装盘即可。

【烹饪技法】炒。

【营养功效】补钙健骨，防癌抗老。

【健康贴士】洋葱不宜与海带搭配食用，易引起便秘。

洋葱炒虾

【主料】虾仁 200 克，洋葱 250 克。

【配料】姜 10 克，青葱 15 克，鱼露 4 克，料酒 15 克，生抽 10 克，老抽 10 克，盐 5 克，白砂糖 2 克。

【制作】① 姜、洋葱、青葱洗净，切丝备用。② 锅置火上，入油烧热，下洋葱丝炒软；加入盐炒至入味，盛出装盘。③ 净锅置火上，入油烧热，下姜丝爆香，放虾仁快速炒，同时滴入鱼露在锅底迅速爆香，烹入料酒，加入生抽调味，待虾的颜色变红，下入青葱丝、洋葱丝，继续翻炒 30 秒左右，出锅装盘即可。

【烹饪技法】爆，炒。

【营养功效】强身开胃，防病抗癌。

【健康贴士】洋葱还可与玉米搭配食用，具有生津止渴、降糖降脂的作用。

大蒜

大蒜富含胡萝卜素、维生素 B_1、维生素 C、大蒜辣素、大蒜苷、钙、磷、铁等营养物质。大蒜中所含的大蒜素可杀死多种病菌；大蒜具有降血压、降血糖、降胆固醇的作用，可消除积存在血管中的脂肪，具有明显的降脂作用；大蒜具有阻断亚硝胺类致癌物在体内合成的作用，是防癌佳品。

中医认为，大蒜性温、味辛，入脾、胃、肺经；具有温中消食、行滞气、暖脾胃、消积、解毒、杀虫的功效，主治饮食积滞、脘腹冷痛、水肿胀满、泄泻、痢疾、疟疾、百日咳、痈疽肿毒、白秃癣疮、蛇虫咬伤以及钩虫、蛲虫等病症。

蒜蓉木耳菜

【主料】木耳菜 300 克，大蒜 15 克。

【配料】盐 3 克，鸡精 1 克，香油 5 克，植物油 15 克。

【制作】① 木耳菜洗净，去掉根部；蒜洗净，剁蓉。② 锅置火上，入油烧热，下入蒜蓉炒香，放入木耳菜翻炒几下，调入盐、鸡精炒匀，淋入香油，出锅装盘即可。

【烹饪技法】炒。

【营养功效】养胃润肺，凉血止血。

【健康贴士】大蒜不宜与杧果同食，易使皮肤发黄。

【巧手妙招】快出锅时放少许白醋炒匀，会让此菜更美味。

蒜薹炒腊肉

【主料】蒜薹 150 克，腊肉 200 克。

【配料】干辣椒 10 克，盐 2 克，味精 2 克，姜片 5 克，植物油 30 克。

【制作】① 蒜薹洗净，切段；腊肉洗净，切成薄片；干辣椒剪成段。② 锅置火上，入油烧热，下腊肉、蒜薹一起炸至干香后，捞出沥油。③ 原锅入油烧热，放入姜片、干椒段炒出香味，再加入腊肉、蒜薹一起炒匀，加入盐、味精调味，出锅装盘即可。

【烹饪技法】炸，炒。

【营养功效】健脾开胃，暖身去寒。

【健康贴士】大蒜性温，阴虚火旺、目口舌有疾者忌食。

大蒜烧茄

【主料】茄子 500 克，大蒜（白皮）25 克。

【配料】盐 2 克，白砂糖 5 克，酱油 10 克，味精 1 克，姜 5 克，大葱 10 克，淀粉（豌豆）10 克，清汤 100 毫升，植物油 50 克。

【制作】① 茄子去蒂，洗净，剖成两瓣，在每瓣的表面上划成约 1 厘米的宽十字花刀，然后切成约 4 厘米长、2 厘米宽的长方块（深切不断）。② 姜、葱洗净，分别切成姜米、葱末；大蒜去净表皮，洗净，切成两瓣。③ 锅置大火上，入油烧热，逐个放入茄子锅中翻炒，再下入姜末、酱油、盐、蒜瓣及清汤烧沸，转小火焖 1 分钟，翻匀，撒入葱末。④ 白砂糖、淀粉加水调成芡，倒入锅中，收汁和匀，加入味精调味，出锅装盘即可。

【烹饪技法】炒，烧，焖。

【营养功效】清热暖胃，保肝防癌。

【健康贴士】大蒜也可与黄瓜搭配食用，具有降低胆固醇、减肥的作用，适宜肥胖患者食用。

金香大蒜

【主料】大蒜 400 克，咸鸭蛋黄 3 个。

【配料】葱末、姜末各 5 克，味精 2 克，植物油 100 克。

【制作】① 大蒜剥去外皮，选择大小近似均匀的蒜瓣用刀两头切齐。② 锅置火上，入油烧至七层热，下蒜瓣油炸至金黄色，捞出，沥油。③ 锅中留底油，放葱末、姜末和熟鸭蛋黄煸炒。④ 待鸭蛋黄炒散后，加入炸好的蒜瓣略翻炒。出锅时调入味精即可。

【烹饪技法】炸，煸炒，炒。

【营养功效】解毒暖胃，润肠通便。

【健康贴士】一般人都可食用，尤其适合胃寒者食用。

【巧手妙招】火不宜过大，油温不宜过高，蒜瓣一定要炸透，使鸭蛋黄裹在蒜瓣上。

独蒜烧虾仁

【主料】独蒜 300 克，净虾仁 200 克。

【配料】植物油 15 克，豆瓣酱 30 克，高汤 150 毫升。

【制作】① 锅置火上，入油烧至六七成热，下入豆瓣酱炒 2 ~ 3 分钟后，再下独蒜炒 5 ~ 6 分钟。② 加高汤盖盖焖 10 分钟左右，然后加入用沸水汆过的虾仁再焖 3 ~ 4 分钟，出锅装盘即可。

【烹饪技法】汆，炒，焖，烧。

【营养功效】健脑益智，养胃润肠。

【健康贴士】大蒜也可与牛肉搭配食用，具有降血脂的作用，特别适合高血脂患者食用。

三丝蒜苗

【主料】蒜苗 250 克，鲜平菇 100 克，红椒 40 克，鸡丝 100 克。

【配料】盐 4 克，味精 1 克，料酒 15 克，蚝油 15 克，鸡精 2 克，生抽 5 克，白砂糖 2 克，醋5克，淀粉5克，葱、姜末各少许。

【制作】① 蒜苗择洗干净，切成小段；平菇、红椒洗净，切成细丝；鸡丝加盐、料酒、味精、淀粉搅拌均匀备用。② 锅置火上，入油烧至五成热，下葱、姜煸出香味，放鸡丝滑散，加入料酒、蚝油、生抽、白砂糖炒匀，再加入蒜苗、红椒丝、平菇翻炒入味，水淀粉勾芡即可。

【烹饪技法】拌，煸，炒。

【营养功效】健脾养胃，防癌抗癌。

【健康贴士】大蒜不宜与蜂蜜同食，易导致腹泻。

【巧手妙招】新鲜的平菇出水较多，易疲沓老韧，炒菜时须掌握好火候。还要注意随吃随洗，洗早了会变黑。

韭菜

韭菜营养丰富，含有胡萝卜素、维生素 B_1、维生素 B_2、维生素C、钙、磷、铁和膳食纤维等营养素。韭菜富含的粗纤维可以促进胃肠蠕动，帮助人体排出体内毒素，预防便秘、痔疮和肠癌，有助于老年人防治习惯性便秘；韭菜所含的挥发性精油和硫化物具有独特的辛香气味，可以帮助人体疏调肝气、增进食欲，促进老年人的食欲，具有开胃的效果。

中医认为，韭菜性温、味甘、辛咸，入肝、胃、肾经；具有温中开胃、行气活血、补肾助阳、散瘀的功效。

韭菜炒豆干

【主料】豆干150克，韭菜50克。

【配料】植物油15克，盐、味精各2克，香油5克，白砂糖2克，绍酒10克，植物油30克。

【制作】① 豆干放开水中泡约15分钟，取出，用刀切成片，再用刀切成长6厘米的丝，放入盘中；韭菜切成丝，备用。② 锅置火上，入油烧至八成热，下韭菜炒软，出锅沥油，放盐、绍酒和白砂糖，煸炒2分钟，把豆腐干放入锅，再煸炒2分钟，加味精调味，淋香油，出锅装盘即可。

【烹饪技法】炒，煸炒。

【营养功效】补肾壮阳，益气补血。

【健康贴士】韭菜不宜与牛奶同食，影响钙的吸收。

【巧手妙招】韭菜下锅后一定要大火快炒，否则韭菜易变老。

典食趣话：

相传战国时期，孙膑被庞涓陷害，被打入猪圈。有幸被河南朱仙镇卖豆腐的王义相救，王义每天用咸豆干和韭菜炒制的菜给他充饥。后来孙膑做了齐国的军师，为了感谢王义的救命之恩，便特意传授给王义做豆干的传统方法，即让王义的豆干里增加理气止痛的茴香、温热祛风的花椒、健脾消闷的砂仁及导滞的作料，与韭菜合炒成菜，既美味，又有保健滋补功能。于是，朱仙镇上王义做的韭菜炒豆干越发出名。

韭菜腰花

【主料】韭菜150克，猪腰150克，核桃仁20克，红椒30克。

【配料】盐3克，高汤15毫升，水淀粉10克，植物油20克。

【制作】① 韭菜洗净，切段；猪腰处理干净，切花刀，再横切成条，入沸水中汆烫去血水，捞出，沥干水分；红椒洗净，切丝。② 盐、水淀粉和高汤搅成芡汁。③ 锅置火上，入油烧热，加红椒爆香，再依次加入腰花、韭菜、核桃仁翻炒，快出锅时调入芡汁炒匀即可。

【烹饪技法】汆，爆，炒。

【营养功效】补肾强要，散瘀活血。

【健康贴士】韭菜性温，阴虚火旺、有眼疾和胃肠虚弱者不宜多食。

【巧手妙招】猪腰一定要剥去外面的白色筋膜，否则会有腥味。

韭菜薹炒咸肉

【主料】韭菜薹 300 克，咸猪肉 200 克，红椒 50 克。

【配料】姜末 10 克，蒜蓉、干葱蓉各 5 克，水淀粉 10 克，白砂糖、鸡精各 2 克，盐 1 克，植物油 30 克。

【制作】① 先把咸肉汆水，然后用 200℃油温把咸肉炸一下。② 韭菜薹洗净，切断，焯水至七成熟；红椒洗净，切丝。③ 将姜末、蒜蓉、干葱蓉用油爆香，再下入韭菜薹、咸肉、红椒丝、盐、白砂糖、鸡精炒熟，最后加水淀粉勾芡即可。

【烹饪技法】汆，炸，爆，炒。

【营养功效】开胃提神，散瘀解毒。

【健康贴士】韭菜不宜与牛肉同食，易发热动火，引起牙龈发炎、肿痛口疮。

【巧手妙招】咸肉中含有一定量的盐分，因此烹饪韭菜时可少放点儿盐。

虾皮炒韭菜

【主料】韭菜 200 克，虾皮 100 克。

【配料】植物油 50 克，盐 3 克，味精 2 克，醋 2 克。

【制作】① 韭菜洗净，切成 3.5 厘米长的段；② 锅置火上，入油烧至五成热，下虾皮炒至色泽转深变酥时，放韭菜同炒，加入盐、味精煸炒至韭菜断生，待韭菜色泽翠绿时，淋醋出锅装盘即可。

【烹饪技法】炒，煸炒。

【营养功效】开胃健脾，补肾壮阳。

【健康贴士】韭菜还可与蘑菇搭配食用，具有通便解毒、提高免疫力的作用，适宜血虚肠燥、体质虚弱、经常性便秘的人食用。

豆腐皮炒韭菜

【主料】豆腐皮 200 克，韭菜 150 克，红椒 80 克。

【配料】葱末 3 克，姜末 3 克，盐 3 克，酱油 5 克，豆瓣酱 5 克，白砂糖 5 克，料酒 6 克，高汤 20 毫升，水淀粉 5 克，植物油 15 克。

【制作】① 豆腐皮洗净，切成丝；韭菜择洗干净，切成段。② 锅置火上，入油烧热，下豆瓣酱、姜末、葱末爆香，倒入韭菜段、豆腐皮丝、红椒丝翻炒片刻，再加入盐、料酒、酱油、白砂糖、高汤翻炒至入味，用水淀粉勾芡即可。

【烹饪技法】爆，炒。

【营养功效】益肾壮阳，补虚散寒。

【健康贴士】韭菜不宜与白酒同食，会引起胃炎、溃疡病复发。

韭菜炒豆芽

【主料】绿豆芽 400 克，韭菜 100 克。

【配料】植物油 20 克，盐 3 克，葱 3 克，姜 3 克。

【制作】① 绿豆芽去掉两头，放入凉水内淘洗干净，捞出，沥干水分；韭菜洗净，切成 3 厘米长的段，葱、姜切成丝。② 锅置火上，入油烧热，下葱、姜丝炝锅，放入豆芽翻炒几下，再加入韭菜，放入盐翻炒几下即可。

【烹饪技法】炝，炒。

【营养功效】散血去脂，瘦身养颜。

【健康贴士】韭菜也可与鲫鱼搭配食用，具有润肠止泻的作用，适宜腹泻者食用。

韭菜炒蚕豆

【主料】韭菜 150 克，蚕豆 50 克。

【配料】白砂糖 2 克，盐 3 克，料酒 5 克，香油 5 克，葱、姜、蒜各 5 克。

【制作】① 蚕豆除去外壳，韭菜洗净，切成小段。② 锅置火上，入油烧热，下姜末爆香，放蚕豆加水炒至熟软，再下入韭菜，加白砂糖、盐、料酒、香油、葱、姜、蒜翻炒入味即可。

【烹饪技法】爆，炒。

【营养功效】益气健脾，散瘀消肿。

【健康贴士】韭菜不宜与菠菜同食，易引起腹泻。

芹菜

芹菜含有胡萝卜素、维生素C、芹菜素、挥发油、香柠檬内酯、绿原酸、咖啡酸、烟酸、氨基酸、糖类、磷、铁、钙、磷等营养物质。芹菜所含的酸性的降压成分，可扩张血管，对于原发性、妊娠性及更年期高血压都有良好的效果；富含的膳食纤维可以促进胃肠道蠕动，帮助人体排出毒素。同时还可以产生一种木质素，抑制肠内细菌产生的致癌物质，可以有效预防结肠癌；芹菜中含有大量的铁元素，女性经常食用芹菜可以帮助补血，使面色红润，头发乌亮，所以，芹菜是中年女性保持靓丽的上佳食材。

中医认为，芹菜性凉、味甘辛，入肺、胃、肝经；具有清热除烦、平肝、利水消肿、凉血止血等功效，主治高血压，头痛，头晕，暴热烦渴，黄疸，水肿，小便热涩不利，妇女月经不调，赤白带下，瘰疬，痄腮等病症。

腰果芹菜

【主料】芹菜250克，腰果50克，胡萝卜50克。

【配料】盐3克，味精1克，水淀粉5克，植物油15克。

【制作】① 芹菜洗净，切成菱形片；胡萝卜洗净也切菱形片。② 腰果下油锅炸香，捞出，沥干油备用；芹菜、胡萝卜下沸水锅中稍烫。③ 锅置火上，入油烧热，下入芹菜、胡萝卜合炒，用盐、味精调味后勾芡，出锅装盘，撒上腰果即可。

【烹饪技法】炸，炒。

【营养功效】润肠通便，排毒养颜。

【健康贴士】芹菜性凉质滑，故脾胃虚寒，肠滑不固者慎食。

【巧手妙招】炸腰果的时候，要用慢火浸炸，不然容易炸焦。

香芹炒鱿鱼

【主料】芹菜300克，鱿鱼300克。

【配料】姜丝5克，葱段5克，盐5克，香油3克，胡椒粉1克，料酒3克。

【制作】① 鱿鱼洗净，切条；芹菜择洗干净，切断。② 锅置火上，入水烧沸，放入鱿鱼汆烫，沥干水分。③ 净锅置火上，入油烧热，下芹菜、姜丝、葱段、鱿鱼炒香，再将料酒、胡椒粉、盐放入锅内一起翻炒，最后淋入香油出锅即可。

【烹饪技法】汆，炒。

【营养功效】保肝护肾，宁心安神。

【健康贴士】芹菜不宜和螃蟹同食，会影响蛋白质的吸收。

芹菜炒肉

【主料】芹菜150克，瘦肉100克，红辣椒50克。

【配料】大蒜2克，姜3克，酱油5克，盐3克，味精2克。

【制作】① 芹菜择洗干净，去掉老叶、根，然后切成小段；瘦肉切成小片；红辣椒去子，切成小片。② 锅置火上，入油烧热，下入大蒜和姜爆锅，放入芹菜和红辣椒片，加盐、味精炒熟，盛出。③ 净锅置火上，入油烧热，下瘦肉片、酱油翻炒一下，倒入芹菜、辣椒，翻炒入味，出锅装盘即可。

【烹饪技法】爆，炒。

【营养功效】平肝降压，抗癌防癌。

【健康贴士】一般人皆宜食用，尤宜高血压患者食用。

芹菜三丝

【主料】芹菜、卷心菜、土豆各150克。

【配料】干辣椒6克，花椒2克，盐4克，

味精 1 克，白砂糖 2 克，酱油 5 克，醋 5 克，水淀粉 5 克，香油 5 克，植物油 30 克。

【制作】① 芹菜择去叶和根，洗净后顺长剖两下，切段；土豆去皮，洗净，切成粗丝；卷心菜洗净，沥干，切丝。② 锅置火上，入油烧热，下干辣椒、花椒炒出香味，拣出，放土豆丝炒一下，再下入卷心菜丝及芹菜丝同炒，加入盐、酱油、醋、白砂糖、味精调味，用水淀粉勾芡，淋香油，出锅盛盘中即可。

【烹饪技法】炒。

【营养功效】安眠降压，益智健脑。

【健康贴士】芹菜性凉，痢疾、腹泻患者不宜多食。

豆干炒芹菜

【主料】芹菜 300 克，豆干 120 克。

【配料】植物油 30 克，料酒 10 克，盐 3 克，味精 2 克。

【制作】① 芹菜去根、叶、筋，洗净，切成段，粗茎切成两半；豆干洗净，切成丝；小葱洗净，切成葱末。② 锅置火上，入油烧热，加适量清水烧沸，把芹菜放入煮 3 ~ 5 分钟，捞出沥干。③ 净锅置火上，入油烧热，下葱末煸炒，将芹菜放入炒半分钟，再把豆干倒入，烹上料酒，加适量盐、味精翻炒几下，出锅装盘即可。

【烹饪技法】煮，煸炒，炒。

【营养功效】降脂降压，清热润肠。

【健康贴士】高血压、高脂血、血管硬化、糖尿病患者宜食。

芹菜炒花生米

【主料】芹菜 150 克，花生米 50 克，红椒 30 克。

【配料】植物油 10 克，盐 5 克，白砂糖 1 克，水淀粉 5 克。

【制作】① 花生米用油炸熟至脆；芹菜去叶、根洗净，切成小段；红椒切成小段。② 锅置火上，入油烧热，下芹菜、红椒段中火炒至八成熟时，放入盐、白砂糖调味，加入炸花生米炒透、用水淀粉勾芡炒匀，出锅入碟即可。

【烹饪技法】炒，炸。

【营养功效】清肝降压，润肺止血。

【健康贴士】芹菜能够健脑、降血压、降血脂、保护血管，花生可以益智、抗衰老、延寿，二者同食，能够很好地降血压、降血脂、延缓衰老，是十分合理健康的食物搭配，食疗效果颇佳。

玉米笋炒芹菜

【主料】芹菜 250 克，玉米笋 100 克，红椒 20 克。

【配料】姜 10 克，蒜 10 克，盐 3 克，味精 5 克，鸡精 2 克，淀粉 5 克。

【制作】① 玉米笋洗净，从中间剖开一分为二；芹菜洗净，切成与玉米笋尺度相当的长度；辣椒洗净，切丝；三者皆入沸水锅中焯烫，捞出，沥干水分。② 锅置大火上，入油烧热，爆香姜、蒜、辣椒，再倒入玉米笋、芹菜一起翻炒均匀，待熟时，调入盐、味精、鸡精，出锅装盘即可。

【烹饪技法】焯，爆，炒。

【营养功效】平肝清热，祛湿降压。

【健康贴士】芹菜不宜与蛤蜊同食，会破坏维生素 B_1。

金钩芹菜

【主料】芹菜 350 克，虾米 50 克。

【配料】植物油 15 克，香油 5 克，盐 4 克，味精 3 克，料酒 10 克，葱、姜各 5 克。

【制作】① 芹菜择洗干净，入沸水锅中焯烫，凉凉后，切段；海米洗净，用开水泡透；番茄洗净，切片；葱、姜切末。② 锅置火上，入油烧热，下入葱、姜爆香，下虾米煸炒，调入盐、味精、料酒炒匀后盛出，和芹菜一起放盆内，加少许香油拌匀，装盘即可。

【烹饪技法】焯，爆，煸炒，炒，拌。

【营养功效】补肾壮阳，益气和中。

【健康贴士】芹菜也可与牛肉同食，具有健脾利尿、降压的作用，适宜高血压患者食用。

芹菜双鲜

【主料】墨鱼 200 克，鲜虾仁 100 克，芹菜 250 克。

【配料】植物油 40 克，盐 3 克，糖 2 克，味精 2 克，淀粉 5 克。

【制作】① 墨鱼只用背肉部分，不用头，从有背骨的那面开刀（这样才能卷起来），切成花刀状。② 将切好的墨鱼和鲜虾仁在烧沸的沸水中略滚一下，捞出，沥干水分；鲜虾仁挑去背上的沙肠洗净，用淀粉上浆备用。③ 铁锅置火上，入油烧至五成热，放入上浆后的鲜虾仁炸熟后，取出，利用油锅，把切好的芹菜倒进锅里翻炒至五成熟，再放入炸熟后的鲜虾仁和墨鱼卷，一起翻炒，放入加盐、糖、味精，略加点儿水，炒熟即可出锅装盘。

【烹饪技法】炸，炒。

【营养功效】益肾补气，补血降压。

【健康贴士】芹菜也可与核桃搭配食用，具有润发、明目、补血的作用，适宜头发枯燥、视力模糊、贫血等病症患者食用。

黄花菜

黄花菜又称金针菜，富含蛋白质、脂肪、钙、铁、维生素 B_1、维生素 B_2 等脑及神经系统需要的营养物质，常食之对脑有益，能保持精神的安定，故人们称之为“健脑菜”；黄花菜中的维生素 C 及多种微量元素，具有降低胆固醇的功效，对神经衰弱、高血压、动脉硬化、慢性肾炎均有治疗作用；黄花菜中含丰富的维生素 E，能滋润皮肤，增强皮肤的韧性和弹力，可使皮肤细嫩饱满、润滑柔软，皱褶减少、色斑消退、美容养颜；它还有很高的营养价值，对胎儿发育很有益处，是孕产妇必吃的食品。

中医认为，黄花菜性凉、味甘，入肝经；具有解郁、宽胸膈、利湿热、安心神等功效。

黄花菜炒瘦肉

【主料】黄花菜 300 克，猪瘦肉 200 克。

【配料】植物油 15 克，盐 3 克，料酒 5 克，味精 3 克，淀粉 5 克，干红辣椒 10 克。

【制作】① 黄花菜洗净；瘦肉洗净，切丝，用淀粉腌渍片刻；干红辣椒切段。② 锅置火上，入水烧沸，下入黄花菜焯烫后，捞出。③ 锅置火上，入油烧热，下入肉丝、黄花菜、盐、料酒、味精、淀粉、干红辣椒炒至入味，出锅装盘即可。

【烹饪技法】腌，焯，炒。

【营养功效】健脑益智，滋阴补血。

【健康贴士】一般人都可食用，尤其适合青少年食用。

【巧手妙招】黄花菜一定要炒熟透，否则易中毒。

黄花菜百合炒鸡丝

【主料】黄花菜 200 克，鸡肉 200 克，百合 20 克。

【配料】植物油30克，盐5克，黑胡椒粉2克。

【制作】① 鸡肉洗净，切丝；百合剥瓣，修去老边和心；黄花菜去蒂，洗净。② 锅置火上，入油烧热，下鸡丝拌炒，续下黄花菜、百合，加盐调味，并加适量水快炒，待百合变半透明状，撒黑胡椒粉即可。

【烹饪技法】拌，炒。

【营养功效】活血养颜，安神补脑。

【健康贴士】黄花菜也可与黄瓜搭配食用，二者都能用于防治酒精中毒，同食，可使解酒毒的功效更为显著。

【巧手妙招】干黄花菜不宜用热水泡发，否则拌炒时容易软烂不成型，用冷水泡发的黄花菜，口感会更好。

炒新鲜黄花菜

【主料】黄花菜 300 克，腰果 50 克，青、红椒各 25 克，猪里脊肉 300 克。

【配料】植物油 40 克，姜粉 5 克，盐 5 克。

【制作】① 黄花菜去蒂和花蕊，洗净，放置淡盐水中浸泡 30 分钟。② 锅置火上，入油烧热，把腰果炒到微黄盛出，再热锅爆香姜粉，下肉丝炒至变色后，加青、红椒丝大火翻炒 2 分钟，加入新鲜黄花菜翻炒 1 分钟，加盐调味；下入腰果拌匀出锅即可。

【烹饪技法】炒，爆，拌。

【营养功效】平肝降压，健脑抗衰。

【健康贴士】黄花菜还可与鸡蛋搭配食用，能为人体提供丰富的营养成分。

素什锦

【主料】黄花菜 50 克，豆干、白菜各 25 克，笋丝、韭菜、香菇各 15 克，绿豆芽 60 克，豌豆苗 20 克，猪腿肉 45 克。

【配料】植物油 30 克，白砂糖 15 克，水淀粉 30 克，酱油 5 克，盐 3 克，香油 5 克，味精 2 克。

【制作】① 绿豆芽去根；豆干、白菜、香菇、猪腿肉均切成丝。② 锅置火上，入油烧至六成热，下肉丝煸炒，加黄花菜、豆干、笋丝、香菇、白菜煸炒，加酱油、白砂糖、味精、盐煸炒至透，再下绿豆芽、豌豆苗略煸。③ 煸炒至菜九成熟时，放入水淀粉炒合，下入韭菜搅拌均匀，淋上香油即可。

【烹饪技法】煸炒，煸，拌。

【营养功效】健脑强体，平肝补虚。

【健康贴士】黄花菜为发物，皮肤瘙痒者不宜食。

黑木耳炒黄花菜

【主料】木耳 20 克，干黄花菜 80 克。

【配料】盐 2 克，葱 3 克，生抽 5 克，植物油 15 克，水淀粉 15 克，素高汤 100 毫升。

【制作】① 干木耳放入温水中泡发，去掉杂质，洗净，用手撕小块；黄花菜用温水泡发，去掉杂质，洗净，挤去水分。② 锅置火上，入油烧热，下葱、姜炒香，再下木耳、黄花菜翻炒，加盐、生抽、高汤炒，至木耳、黄花菜熟入味时用水淀粉勾芡，出锅装盘即可。

【烹饪技法】炒。

【营养功效】明目清心，养颜补血。

【健康贴士】黄花菜也可与鳝鱼搭配食用，具有通血脉、利筋骨、去烦闷，适合儿童食用。

上汤黄花菜

【主料】黄花菜 300 克。

【配料】盐 5 克，鸡精 3 克，上汤 200 克。

【制作】① 黄花菜洗净，沥干水分。② 锅置火上，烧沸上汤，下入黄花菜，加入盐、鸡精调味，出锅装盘即可。

【烹饪技法】烧。

【营养功效】清热利湿，安神除烦。

【健康贴士】黄花菜性凉，有支气管炎哮喘的患者忌食。

【巧手妙招】黄花菜煮沸的时间不能太长，以免影响口感过老。

豇豆

豇豆的营养价值很高，含大量蛋白质、糖类、磷、钙、铁和维生素 B_1、维生素 B_2 及烟酸、膳食纤维等，可补充机体的营养素，增强免疫能力，其中以磷的含量最为丰富，每 100 克豇豆中约含 456 毫克的磷。豇豆中所含的维生素 C 能促进抗体的合成，提高机体抗病毒的作用，有防癌抗癌的功效；豇豆中所含 B 族维生素能维持正常的消化腺分泌，抑制胆碱酶活性，可帮助消化，增进食欲。

中医认为，豇豆性平、味甘，入脾、胃、肾经；具有健脾、利湿、补肾涩精等功效，适用于脾胃虚弱、痢疾、吐逆、肾虚腰痛、遗精、消渴、白带、白浊、小便频数等症。

金钩烧豇豆

【主料】豇豆 500 克，海米 20 克。

【配料】葱 5 克，植物油 15 克，香油 5 克，料酒 8 克，味精 2 克，盐 5 克。

【制作】① 豇豆洗净焯水后，凉凉，切成长段，盛入盘中；葱洗净，切葱末。② 锅置火上，入油烧热，下豇豆翻炒，待表皮发皱后，盛出备用。③ 净锅置火上，入油烧热，下葱末炝锅，倒入海米末煸炒片刻，然后倒入豇豆段，加料酒、味精、盐和清水大火收汁，淋入香油翻炒均匀，出锅装盘即可。

【烹饪技法】焯，炒，炝，煸炒。

【营养功效】补肾健脾，理中益气，利尿除湿。

【健康贴士】豇豆不宜与糖同食，会影响糖的吸收。

【巧手妙招】豇豆烹调的时间不宜过长，以免造成营养流失。

茄子炒豇豆

【主料】豇豆 200 克，茄子 200- 克。

【配料】盐 3 克，酱油、香油、辣椒各 15 克。

【制作】① 茄子、辣椒洗净，切段；豇豆洗净，撕去荚丝，切段。② 锅置火上，入油烧热，下辣椒爆香，放入茄子、豇豆大火煸炒，加入盐、酱油、香油翻炒均匀即可。

【烹饪技法】爆，煸炒，炒。

【营养功效】健脾养胃，利尿消肿。

【健康贴士】豇豆也可与鸡肉搭配食用，具有健脾补肾、益气生津、填精补髓的作用，适宜气虚乏力、腰酸膝软等人食用。

肉末豆角

【主料】豇豆 300 克，瘦猪肉 50 克，红椒 50 克。

【配料】植物油 35 克，盐 5 克，味精 1 克，姜末、蒜末各 10 克。

【制作】① 豇豆择洗干净切碎；瘦肉洗净，切末；红椒切碎备用。② 锅置火上，入油烧热，下肉末炒香，放红椒碎、姜末、蒜末一起炒出香味，加鲜豇豆碎，调入盐、味精炒匀入味，出锅装盘即可。

【烹饪技法】炒。

【营养功效】补中益气，健脾开胃。

【健康贴士】豇豆不宜与桂圆同食，会引起腹胀。

【举一反三】可以把猪肉换成鸡肉

酸豇豆煎蛋

【主料】酸豇豆、青椒、红椒各 50 克，鸡蛋 2 个。

【配料】盐 3 克，植物油 20 克。

【制作】① 酸豇豆、青椒、红椒均洗净，切粒。② 鸡蛋磕入碗中，加盐、酸豇豆、青椒、红椒拌匀。③ 锅置火上，入油烧热，倒入拌好的鸡蛋液煎成饼状，出锅装盘即可。

【烹饪技法】拌，炒，煎。

【营养功效】开胃消食，润肠通便。

【健康贴士】豇豆还可与菜花搭配食用，具有补肾、健脾胃、清肺爽喉的作用。

【巧手妙招】煎蛋时要用中火，把握好火候，以免煎煳，影响口感。

肉末酸豆角

【主料】酸豇豆 250 克，五花肉 150 克，红椒 25 克。

【配料】花椒 2 克，味精 2 克，姜 10 克，大葱 10 克，植物油 100 克，香油 2 克。

【制作】① 酸豇豆洗净，切粒；姜、葱剁末；红椒洗净，切粒；五花肉洗净，切末；② 锅置火上，入油烧至五成热，下葱末、姜末和肉末炒出香味，待肉变色时，放酸豇豆粒、红椒粒翻炒，再放花椒、味精调味，淋香油即可出锅。

【烹饪技法】炒。

【营养功效】健脾开胃，补血益气。

【健康贴士】豇豆还可与粳米搭配食用，可增加营养。

香菇豇豆

【主料】豇豆 400 克，香菇 75 克。

【配料】油 40 克，葱、姜末各 2 克，酱油 5 克，料酒 15 克，盐 2 克，味精 5 克，水淀粉 30 克，香油 5 克，高汤 100 毫升。

【制作】① 豇豆去筋洗净，斜刀切成 3 厘米长的段，入沸水焯烫；香菇择洗净，去蒂，切段。② 锅置火上，入油烧热，下葱、姜炝锅，烹料酒，放豇豆、香菇翻炒，再调入酱油、盐、味精、高汤烧沸，最后用水淀粉勾芡，淋少许香油，出锅即可。

【烹饪技法】焯，炝，炒，烧。

【营养功效】防病抗癌，开胃瘦身。

【健康贴士】豇豆含糖量高，糖尿病患者应慎食。

【巧手妙招】豇豆含有一种皂角素，加热不够食用容易发生中毒，烹调时应特别注意火候。

扁豆

扁豆的营养成分相当丰富，包括蛋白质、脂肪、糖类、钙、磷、铁及食物纤维、维生素 A、维生素 B_1、维生素 B_2、维生素 C 和氨基酸等。另外扁豆中还含有血球凝集素，这是一种蛋白质类物质，可增加脱氧核糖核酸和核糖核酸的合成，抑制免疫反应和白细胞与淋巴细胞的移动，故能激活肿瘤病人的淋巴细胞产生淋巴毒素，对机体细胞有非特异性的伤害作用，故有显著的消退肿瘤的作用。

中医认为，扁豆性微温、味甘，入脾、胃经；有健脾、和中、益气、化湿、消暑之功效；主治脾虚兼湿、食少便溏、湿浊下注、妇女带下过多、暑湿伤中、吐泻转筋等症。

椒丝扁豆

【主料】青椒、红椒各 50 克，扁豆 200 克。

【配料】植物油 20 克，盐 4 克，味精 1 克，姜丝 5 克。

【制作】① 扁豆择洗干净，切丝，入沸水中焯水，捞出，沥干水分；青椒、红椒洗净，切丝。② 锅置火上，入油烧热，下姜丝、扁豆、辣椒丝爆炒熟，放入盐、味精炒匀即可。

【烹饪技法】焯，爆，炒。

【营养功效】健脾止泻，解毒下气。

【健康贴士】扁豆还可与粳米搭配食用，具有健脾止泻的作用，适用于夏季中暑所致的吐泻、食欲不振等病。

【巧手妙招】扁豆焯水时，可加少许盐，以便入味。

扁豆丝炒肉

【主料】扁豆 250 克，猪肉 150 克。

【配料】植物油 30 克，盐 5 克，甜面酱 5 克，酱油 30 克，料酒 10 克，香油 10 克，味精 2 克，水淀粉 10 克，大葱 2 克，姜 2 克。

【制作】① 猪肉洗净，切丝；扁豆择洗干净，切丝，入沸水锅内焯透，用凉水过凉，沥干水分。② 锅置火上，入油烧热，下肉丝煸炒变色，加葱、姜末、甜面酱、酱油，投入扁豆，烹料酒，加盐、味精调味，翻炒均匀；用水淀粉勾芡，淋香油，出锅装盘即可。

【烹饪技法】焯，煸炒，炒。

【营养功效】健脾利湿，补益气血。

【健康贴士】扁豆也与干香菇搭配食用，具有护眼、防癌、抗老化的作用。

素炒扁豆丝

【主料】扁豆 300 克。

【配料】植物油 15 克，酱油 4 克，花椒粒 3 克，盐 3 克，味精 1 克，大葱 5 克，姜 2 克。

【制作】① 扁豆去筋洗净，斜着切成条。② 锅置火上，入油烧热，下花椒粒炸焦，放葱末、姜片煸炒出香味，倒入扁豆炒至熟透，加酱油、盐炒匀，撒入味精即可。

【烹饪技法】炸，煸炒，炒。

【营养功效】益气生津，解毒下气。

【健康贴士】扁豆性微温，适宜脾胃虚弱者食用。

干炒扁豆丝

【主料】扁豆 400 克。

【配料】植物油 15 克，青椒 20 克，干红椒 10 克，蒜 5 克，盐 3 克。

【制作】① 扁豆去筋，洗净，斜着切成丝；青椒和红椒切丝；蒜拍扁。② 锅置火上，入油烧热，下入蒜和红椒爆香，放入青椒稍微快炒，加入切好的扁豆丝，大火快炒，炒至扁豆丝熟透后放盐调味出锅即可。
【烹饪技法】爆，炒。
【营养功效】补脾止泻，祛湿止带。
【健康贴士】扁豆还可与山药搭配食用，具有补肾、健脾、止泻的作用。

红烧扁豆

【主料】扁豆 500 克。
【配料】植物油 15 克，酱油 10 克，豆瓣辣酱 20 克，大蒜 10 克，盐 3 克。
【制作】① 扁豆洗净，切段装入盘内备用；大蒜去皮洗净切片。② 锅置火上，入油烧热，下入蒜、辣酱翻炒出香味；放入扁豆、水、盐，小火焖煮至九成熟，大火把水分焖干，出锅盛盘。
【烹饪技法】炒，焖，煮，烧。
【营养功效】健脾开胃，消暑化湿。
【健康贴士】扁豆有解毒作用，适宜酒精和食物中毒者食用。

豌豆

豌豆不仅蛋白质含量丰富，且包含了人体所必需的 8 种氨基酸。豌豆含有丰富的维生素 C，能阻断人体中亚硝胺的合成，阻断外来致癌物的活化，解除外来致癌物的致癌毒性，提高机体免疫机能，具有较好的防癌、抗癌作用；同时其所含的维生素还具有美容养颜的功效。

中医认为，豌豆性平、味甘，入脾、胃经；具有益中气、止泻痢、调营卫、利小便、消痈肿、解乳石毒之功效，对脚气、痈肿、乳汁不通、脾胃不适、呃逆呕吐、心腹胀痛、口渴泻痢等病症具有一定的食疗作用。

豌豆炒肉

【主料】豌豆 250 克，瘦肉 100 克，红椒 20 克。
【配料】植物油 15 克，盐 3 克，味精 1 克，胡椒粉 2 克，淀粉 10 克。
【制作】① 豌豆洗净；瘦肉洗净，切成片；红椒切圈。② 瘦肉加少许水，淀粉腌渍 5 分钟后入温油中滑开。③ 锅置火上，入油烧热，爆香红椒，下豌豆翻炒，再下入少许水焖 5 分钟，加入肉片、盐、味精、胡椒粉炒匀即可。
【烹饪技法】腌，炒，焖。
【营养功效】健脾开胃，防癌抗癌。
【健康贴士】豌豆还可与小麦搭配食用，可有效预防结肠癌。
【巧手妙招】豌豆也可入沸水中煮熟再炒，以免颜色发黄。

豌豆牛肉粒

【主料】豌豆 250 克，牛肉 250 克。
【配料】植物油 15 克，干辣椒粒 30 克，姜片 10 克，料酒 20 克，淀粉 5 克，盐 5 克，水淀粉 10 克。
【制作】① 牛肉洗净，切丁，加入料酒、淀粉上浆；豌豆洗净，入锅中煮熟后，捞出，沥干水分。② 锅置火上，入油烧热，下辣椒粒、姜片爆香，放入豌豆、牛肉翻炒，再加入盐调味，用水淀粉勾芡装盘即可。
【烹饪技法】煮，爆，炒。
【营养功效】健脾开胃，祛斑护肤。
【健康贴士】豌豆还可与鸡肉搭配食用，可提高营养价值。
【巧手妙招】切牛肉的时候竖着切，这样烹饪出来的牛肉口感会更好。

炒豌豆尖

【主料】豌豆尖 500 克。
【配料】植物油 15 克，盐 3 克，味精 1 克。
【制作】① 豌豆尖，洗净，沥干水分。

② 锅置火上，入油烧热，下豌豆尖翻炒几下，加盐、味精再翻炒几下，断生出锅装盘即可。

【烹饪技法】炒。

【营养功效】润肠通便，减肥瘦身

【健康贴士】豌豆还可与虾搭配食用，具有补肾壮阳的作用，特别适合男性食用。

典食趣话：

相传早在唐朝初期，川西有一家农民家中无菜，就想，人穷困时连野菜都能吃，这豌豆尖总不会连野菜都不如吧？于是就试着把家中的豌豆尖用点儿油炒了下饭，结果这一吃，一家人都吃上瘾了。次日，他与家人四处奔走相告，让四邻都知道豌豆尖不但可以吃，而且比其他的菜都好吃，而且烹法极为简单。于是炒豌豆尖这种习俗一直到了宋代，连大诗人苏东坡也爱吃。

肉焖豌豆

【主料】猪肉 150 克，豌豆 350 克。

【配料】植物油 15 克，白砂糖 8 克，盐 10 克，味精 5 克，水淀粉 10 克。

【制作】① 猪肉洗净，切成豌豆大小的块；豌豆洗净，沥干水分。② 锅置大火上，入油烧热，下猪肉粒炒散，即倒入豌豆与肉粒合炒，然后，掺汤加盐在小火上焖烧。③ 豌豆熟透酥烂时，加白砂糖、味精合炒，用水淀粉勾芡，出锅装碟即可。

【烹饪技法】炒，焖，烧。

【营养功效】滋阴补血，补血益智。

【健康贴士】豌豆不宜和酸奶同食，会降低营养。

清炒豌豆

【主料】豌豆 500 克。

【配料】植物油 15 克，葱丝 10 克，姜丝 5 克，盐 3 克，味精 2 克，料酒 10 克，香菜 5 克。

【制作】① 豌豆洗净，捞出，沥干水分。② 锅置火上，入油烧至五成热，下葱姜丝爆香，倒入豌豆翻炒，烹入料酒，加盐、味精、香菜段炒至豌豆断生即可。

【烹饪技法】爆，炒

【营养功效】润肠通便，排毒养颜。

【健康贴士】豌豆粒多食会发生腹胀，故不宜长期大量食用。

萝卜干炒豌豆

【主料】豌豆 150 克，萝卜干 80 克。

【配料】植物油 15 克，盐 2 克，味精 1 克，白砂糖 2 克。

【制作】① 豌豆洗净，放入锅内煮熟；萝卜干切成丁。② 锅置火上，入油烧热，将豌豆、萝卜干、盐和白砂糖一起下锅煸炒 4 ~ 5 分钟后放入味精，翻炒数下即可出锅。

【烹饪技法】煮，煸炒，炒。

【营养功效】健脾开胃，润肠通便。

【健康贴士】豌豆含糖高，糖尿病患者应慎食。

荷兰豆

荷兰豆含有胡萝卜素和钙，B 族维生素的含量也较高；富含多种蛋白质和多种氨基酸，常食对脾胃有益，能增进食欲。夏天多吃有消暑清口的作用。

中医认为，荷兰豆性平、味甘，入脾、胃经；具有和中下气、利小便、解疮毒等功效，能益脾和胃、生津止渴、除呃逆、止泻痢、解渴通乳，常食用对脾胃虚弱、小腹胀满、呕吐泻痢、产后乳汁不下、烦热口渴均有疗效。

松仁荷兰豆

【主料】松仁 20 克，荷兰豆 250 克。

【配料】植物油 15 克，盐 5 克，味精 1 克，干辣椒 20 克，香油 10 克。

【制作】① 松仁、荷兰豆分别洗净，入沸水中焯熟，盛起凉凉；荷兰豆切成细丝。② 干辣椒洗净，切丝，下油锅炝香，加盐、味精、香油与松仁、荷兰豆一起炒匀，出锅装盘即可。

【烹饪技法】焯，炝，炒。

【营养功效】养血润肠，消食化积。

【健康贴士】一般人都可食用，尤其适合胃胀患者食用。

荷兰豆炒鲮鱼片

【主料】荷兰豆 200 克，鲮鱼肉 150 克。

【配料】植物油 30 克，盐 4 克，味精 1 克，干辣椒 15 克，香油 10 克。

【制作】① 荷兰豆洗净，择去头、尾、筋；鲮鱼切成片，下入沸水中煮熟后，捞出。② 锅置火上，入油烧热，下荷兰豆炒熟后，加入鲮鱼片、盐，用水淀粉勾芡即可。

【烹饪技法】煮，炒。

【营养功效】健脾和胃，补血生津。

【健康贴士】荷兰豆也可与蘑菇搭配食用，具有开胃消食的作用，适合消化不良的人食使用。

【巧手妙招】用大火烹饪荷兰豆，可以更多地保留蔬菜中的营养成分。

鱼香荷兰豆

【主料】荷兰豆 300 克。

【配料】植物油 15 克，酱油 3 克，醋 4 克，辣椒油 5 克，白砂糖 5 克，淀粉 3 克，盐 2 克，味精 2 克，泡椒 5 克，大葱 5 克，姜 2 克，大蒜 4 克。

【制作】① 荷兰豆去蒂洗净，下入沸水锅内焯烫。② 酱油、醋、盐、白砂糖、淀粉、味精拌匀调成味汁；葱、姜、蒜切末；泡椒洗净切末。③ 锅置火上，入油烧至七成热，下荷兰豆过油，捞出，控油。④ 炒锅留底油烧热，下入葱、姜、蒜末炝锅，放入泡椒煸出香味，再放入荷兰豆，味汁炒熟即可。

【烹饪技法】焯，拌，炝，煸，炒。

【营养功效】益气健脾，消食开胃。

【健康贴士】一般人皆可食用，尤其适合中年人食用。

腊味荷兰豆

【主料】荷兰豆 200 克，胡萝卜 25 克，腊肉 100 克。

【配料】植物油 40 克，盐 3 克，生抽、香油各 10 克。

【制作】① 荷兰豆洗净，撕去荚丝；胡萝卜洗净，切片；腊肉洗净，切片。② 锅置火上，入油烧热，下腊肉爆香，放入荷兰豆、胡萝卜炒熟，加入盐、生抽、香油调味，翻炒均匀，装盘即可。

【烹饪技法】爆，炒。

【营养功效】健胃消食，温中下气。

【健康贴士】未熟透的荷兰豆忌食，易产生中毒。

【巧手妙招】由于荷兰豆含有蛋白质凝激素，在100℃时才能破坏，如果未经充分焖煮，则容易导致中毒，故要烹饪熟透方可食用。

蒜香荷兰豆

【主料】荷兰豆 600 克。

【配料】植物油 30 克，蒜蓉 10 克，料酒 10 克，高汤 100 毫升，水淀粉 10 克，盐 5 克，味精 1 克。

【制作】① 荷兰豆撕去筋，洗净，入沸水中焯烫，沥干水分。② 锅置火上，入油烧热，放入蒜蓉煸出味，加入荷兰豆、料酒、高汤、盐、味精翻炒几下，最后用水淀粉勾芡，出锅装盘即可。

【烹饪技法】焯，煸，炒。

【营养功效】抗老防衰，排毒养颜。

【健康贴士】荷兰豆还可与牛肉搭配食用，具有补虚养身的作用，适宜面色萎黄、气虚乏力等患者食用。

蒜蓉荷兰豆

【主料】荷兰豆 300 克。

【配料】植物油 20 克，蒜 20 克，盐 3 克，味精 1 克，水淀粉 5 克。

【制作】① 荷兰豆洗净，撕去荚丝；蒜洗净剁成蓉。② 锅置火上，入油烧热后，放一半蒜蓉煸香，下入荷兰豆翻炒，炒至九成熟时，放盐、味精和另外一半蒜蓉，继续翻炒至熟，出锅前用水淀粉勾芡即可。

【烹饪技法】煸，炒。

【营养功效】防癌抗癌、美容保健功能。

【健康贴士】荷兰豆多食会发生腹胀，易产气，腕痛及慢性胰腺炎或者忌食。

【巧手妙招】此菜宜大火快炒，整个过程不要超过 2 分钟。

四季豆

四季豆富含蛋白质和多种氨基酸及多种维生素，常食对脾胃兼湿、食少便溏、湿浊下注、妇女带下过多有一定的帮助，还可用于暑湿伤中、吐泻转筋等症；四季豆中含有的可溶性膳食纤维可降低胆固醇，且其中丰富的维生素 A 和维生素 C 可防止胆固醇；四季豆含有皂苷、尿毒酶和多种球蛋白等成分，能提高机体的免疫力和抗病能力。

中医认为，四季豆性微温、味甘淡，入脾、胃经；具有调和脏腑、安养精神、益气健脾、消暑化湿和利水消肿的功效，主治脾虚兼湿、食少便溏，湿浊下注、妇女带下过多，还可用于暑湿伤中、吐泻转筋等症。

干煸四季豆

【主料】四季豆 400 克。

【配料】盐 3 克，鸡精 2 克，蚝油 10 克，花椒油 15 克，蒜片 15 克，葱段 10 克，干辣椒 20 克，植物油 50 克。

【制作】① 四季豆撕去头尾筋后洗净，切段；干辣椒切段。② 锅置火上，入油烧热，下四季豆炸至焦干，捞出，沥油备用。③ 锅内放少许底油，放入干辣椒段、蒜片炒香，加入四季豆，调入盐、鸡精、蚝油、花椒油、葱段炒匀入味即可。

【烹饪技法】炸，炒。

【营养功效】健脾开胃，安神益气。

【健康贴士】四季豆不宜与鸭肉同食，易引起恶心、呕吐。

【巧手妙招】为防止中毒，四季豆食前应加以处理，可用沸水焯透或热油煸，直到变色熟透方可食用。

红椒四季豆

【主料】四季豆 400 克，红椒 150 克。

【配料】盐 5 克，鸡精 2 克，植物油 15 克，香油 5 克，蒜片 10 克。

【制作】① 去除四季豆头尾及筋后洗净；红椒洗净，切成丝。② 锅置火上，入水烧沸，放入油和四季豆，过水捞出，沥干水分。③ 净锅置火上，入油烧热，下红椒丝、蒜片炒香，再将四季豆放入锅内一起翻炒，加入盐、鸡精炒匀后，淋入香油即可。

【烹饪技法】炒。

【营养功效】健脾开胃，利水消肿。

【健康贴士】四季豆也可与辣椒搭配食用，具有开胃消食的作用，适宜胃肠道功能弱，经常腹胀腹疼的儿童和老年人。

【巧手妙招】四季豆切斜刀片，更容易炒熟。

四季豆炒肉

【主料】四季豆 300 克，猪肉 100 克。

【配料】盐 5 克，植物油 20 克，料酒 10 克，葱 3 克，干辣椒 10 克。

【制作】① 四季豆去筋切段，入沸水锅中，加盐焯烫 2 ~ 3 分钟捞出，沥干水分；猪肉处理干净，切丝，用盐和料酒腌渍 10 分钟。

② 锅置火上，入油烧热，下葱段、辣椒爆香一下，倒入肉丝煸炒至肉丝发白，倒入四季豆，加盐大火炒 3 分钟，出锅装盘即可。

【烹饪技法】焯，腌，爆，煸炒，炒。

【营养功效】健脾益气，防癌抗癌。

【健康贴士】四季豆不宜与贝类海同食，易引起痛风。

金沙四季豆

【主料】四季豆 300 克，咸蛋黄 35 克。

【配料】盐 3 克，味精 1 克，植物油 15 克，香油 5 克。

【制作】① 四季豆洗净，去头、尾、筋，切成长短一致的条，放入沸水中焯熟，捞出，沥干水分。② 把四季豆加入味精、盐调味，再淋上香油拌匀；鸭蛋黄切粒，入锅中炒干。③ 四季豆装入盘中，再放上鲜鸭蛋黄即可。

【烹饪技法】焯，拌，炒。

【营养功效】开胃消食，清心安神。

【健康贴士】四季豆也可与香菇搭配食用，具有益气养胃、解毒抗癌的功效，适宜化疗或术后体质衰弱者食用。

【巧手妙招】鸭蛋黄切碎后要再入油锅中炒至干香，这样味道更好。

四季豆炒鸡蛋

【主料】四季豆 200 克，鸡蛋 2 个，红椒 50 克。

【配料】植物油 20 克，盐 5 克，味精 1 克，香油 5 克。

【制作】① 四季豆去除头尾及筋后，洗净，切成菱形块，入沸水锅中煮熟；红椒去蒂洗净切菱形块；鸡蛋打入碗中，搅匀。② 锅置火上，入油烧热，把打好的鸡蛋液入锅中炒成鸡蛋块，再下入四季豆、红椒炒熟，加入盐、味精、香油炒匀，出锅装盘即可。

【烹饪技法】煮，炒。

【营养功效】健脑益智，健骨强身。

【健康贴士】四季豆还可与甘草搭配食用，对治疗百日咳有辅助疗效。

【巧手妙招】烫四季豆的时候，在水中加少许盐，会更入味，且色泽更绿。

宫保百合四季豆

【主料】四季豆 300 克，百合、熟腰果各 50 克。

【配料】植物油 20 克，干辣椒 10 克，大蒜 3 克，酱油 5 克，冰糖 3 克，白胡椒 2 克，香油 5 克。

【制作】① 四季豆切成段，百合洗净剥开，大蒜切片。② 锅置火上，油烧热，下干辣椒、蒜片爆香，倒入四季豆煸炒，加酱油、冰糖、胡椒粉炒匀，再加入百合同炒，熟时再加入熟腰果，淋少许香油即可。

【烹饪技法】爆，煸炒，炒。

【营养功效】健脾润肺，清热解毒。

【健康贴士】腹胀者应禁食四季豆。

蒜炒四季豆

【主料】蒜 30 克，四季豆 400 克。

【配料】酱油 10 克，盐、姜各 5 克，味精 3 克，葱 10 克，植物油 50 克。

【制作】① 蒜去皮，切薄片；四季豆去两端及筋，切 4 厘米长的段；姜切片，葱切段。② 锅置大火上，入油烧至六成热，下入葱、姜爆香，随即下入蒜、四季豆炒熟，加入盐、酱油、味精，出锅装盘即可。

【烹饪技法】爆，炒。

【营养功效】杀虫除湿，温中消食。

【健康贴士】四季豆还可与花椒搭配食用，可降低转氨酶水平。

老干妈肉末四季豆

【主料】四季豆 400 克，肉末 50 克。

【配料】干辣椒 30 克，老干妈豆豉、植物油各 15 克，姜、葱末、盐各 5 克。

【制作】① 四季豆处理干净，切段；干辣椒洗净，切段；姜去皮，洗净切片。② 锅置火上，入油烧热，放入干辣椒、豆豉、姜片爆香；

放入肉末炒香，加入四季豆、盐翻炒；待熟时，撒上葱末略炒，出锅装盘即可。

【烹饪技法】爆，炒。

【营养功效】健脾开胃，消暑利尿。

【健康贴士】四季豆不宜与醋同食，会破坏其中的类胡萝卜素，使营养流失。

肉炒萝卜四季豆

【主料】五花肉 250 克，四季豆、干萝卜各 100 克。

【配料】植物油 15 克，红椒、辣椒油、豆瓣酱各 10 克，蒜头、酱油、盐各 5 克，味精 2 克。

【制作】① 五花肉洗净，切块；四季豆洗净，切段；干萝卜、红椒、蒜头洗净，切片。② 锅置火上，入油烧热，下入红椒、蒜爆香；放入五花肉大火煸 2 分钟；加入四季豆、干萝卜煸炒。③ 倒入少许水焖熟，调入盐、味精、酱油、辣椒油、豆瓣酱炒均，出锅装盘即可。

【烹饪技法】煸，炒，焖。

【营养功效】健脾开胃，益气补血。

【健康贴士】四季豆不宜与咸鱼同食，影响钙的吸收。

毛豆

毛豆既富含植物性蛋白质，又有非常高的钾、镁元素含量，维生素 B 族和膳食纤维特别丰富，同时还含有皂苷、植酸、低聚糖等保健成分，对于保护心脑血管和控制血压很有好处。此外，夏季吃毛豆还能预防因为大量出汗和食欲不振而造成营养不良、体能低落、容易中暑等情况。

中医认为，毛豆性平、味甘，入脾、大肠经；具有健脾宽中，润燥消水、清热解毒、益气的功效，主治疳积泻痢、腹胀羸瘦、妊娠中毒、疮痈肿毒、外伤出血等症。

毛豆炒虾

【主料】河虾、毛豆各 150 克，红椒 30 克。

【配料】植物油 20 克，盐 3 克，香油 10 克。

【制作】① 河虾处理干净；毛豆洗净，下入沸水锅中煮至八成熟，捞出；红椒洗净，切块。② 锅置火上，入油烧热，下入河虾爆炒，放入毛豆炒熟，加入红椒同炒片刻，调入盐炒匀，淋入香油即可。

【烹饪技法】煮，爆炒，炒。

【营养功效】益脑增智，补钙健骨。

【健康贴士】毛豆也可与牛肉搭配食用，具有增强人体免疫力的作用。

【巧手妙招】毛豆煮好后放入凉水中泡一下，口感更好。

芥菜肉碎毛豆

【主料】毛豆 200 克，芥菜、肉末各 50 克。

【配料】植物油 15 克，干辣椒段 50 克，盐 3 克，味精 2 克，胡椒粉 1 克，香油 5 克，葱末、姜末各 5 克，高汤 30 毫升。

【制作】① 毛豆洗净，下入沸水锅中煮至八成熟时，捞出；芥菜洗净，切末。② 锅置火上，入油烧热，下肉末煸炒，放入干辣椒段、葱末、姜末、芥菜、毛豆、高汤炒至入味，加入盐、味精调味，淋香油，出锅装盘即可。

【烹饪技法】煮，煸炒，炒。

【营养功效】健脾开胃，益气健体。

【健康贴士】毛豆中的卵磷脂是人体生长发育不可缺少的营养之一，有助于改善记忆力和智力水平。

青豆

青豆富含不饱和脂肪酸和大豆磷脂，有保持血管弹性、健脑和防止脂肪肝形成的作用；青豆中富含的皂角苷、蛋白酶抑制剂、异黄酮、钼、硒等抗癌成分，对前列腺癌、皮肤癌、肠癌、食道癌等几乎所有的癌症都有抑制作用。

中医认为，青豆性平、味甘，入脾、大肠经；具有健脾宽中，润燥消水的功效；主治疳积泻痢、腹胀羸瘦、妊娠中毒、疮痈肿毒、外伤出血等症。

鲜蘑炒青豆

【主料】青豆250克，鲜蘑菇100克。
【配料】盐3克，植物油50克，酱油20克，玉米淀粉5克，味精1克，鸡汤100毫升。
【制作】① 鲜蘑菇洗净，入沸水锅中略焯，捞出，沥干水分，切成小丁。② 锅置大火上，入油烧热，下青豆、鲜蘑菇丁煸炒片刻，倒入鸡汤，放盐、酱油、味精烧沸，用水淀粉勾芡，出锅装盘。
【烹饪技法】煸炒，烧。
【营养功效】润肠通便，防癌抗癌。
【健康贴士】青豆不宜与牛肝同食，会降低营养素。

丝瓜炒青豆

【主料】丝瓜200克，青豆200克，红椒15克。
【配料】植物油30克，盐4克，味精2克，白砂糖2克，水淀粉5克。
【制作】① 丝瓜去皮，洗净，切成小块；红椒洗净，切片。② 把丝瓜、青豆、红椒片都放入沸水中焯烫，捞出，沥干水分。③ 锅置火上，入油烧热，把焯好的丝瓜、青豆、红椒片入锅煸炒，加入盐、味精、白砂糖调味，最后用水淀粉勾芡，出锅装盘即可。
【烹饪技法】焯，煸炒。
【营养功效】清热祛痰，通便下乳。
【健康贴士】青豆也可与香菇搭配食用，能促进食欲。

萝卜干炒青豆

【主料】青豆500克，萝卜干200克。
【配料】植物油30克，酱油15克，白砂糖5克，味精2克，盐3克。
【制作】① 青豆洗净去豆荚；萝卜干洗净，切0.8厘米方丁。② 锅置火上，入油烧热，下萝卜干丁煸炒1分钟盛入盘内。③ 净锅后置火上，入油烧热，放青豆煸炒，再加酱油、白砂糖、盐继续炒至毛豆上色至熟，加入萝卜干、味精煸炒入味，装盘即可。
【烹饪技法】煸炒，炒。
【营养功效】健脾益胃，清热化痰。
【健康贴士】青豆不宜与黄鱼同食，会破坏营养素的吸收。

丝瓜

丝瓜中含防止皮肤老化的B族维生素，增白皮肤的维生素C等成分，能保护皮肤、消除斑块，使皮肤洁白、细嫩，是不可多得的美容佳品，故丝瓜汁有“美人水”之称。女士多吃丝瓜还对调理月经不顺有帮助。丝瓜中维生素C含量较高，可用于预防各种维生素C缺乏症；由于丝瓜中维生素B等含量高，有利于小儿大脑发育及中老年人大脑健康；丝瓜藤茎的汁液具有保持皮肤弹性的特殊功能，能美容去皱；丝瓜提取物对乙型脑炎病毒有明显预防作用，在丝瓜组织中还提取到一种具抗过敏性物质叫泻根醇酸，其有很强的抗过敏作用。

中医认为，丝瓜性凉、味甘，入肝、胃经；具有消热化痰、凉血解毒、解暑除烦、通经活络、祛风等功效，可用于治疗身热烦渴、痰喘咳嗽、肠风痔漏、崩漏、带下、血淋、疔疮痈肿、妇女乳汁不下等病症。

丝瓜毛豆

【主料】毛豆350克，丝瓜400克，青椒、红椒各15克。
【配料】蒜瓣、葱段各15克，高汤75毫升，盐3克。
【制作】① 丝瓜削皮洗净，斜切成块；青椒、红椒洗净，切圈；毛豆洗净。② 锅置火上，入油烧至五成热，下葱段、蒜瓣、辣椒炒香，再放入毛豆、丝瓜炒熟，倒入高汤烧至汤汁将干，加盐调味即可。

【烹饪技法】炒，烧。

【营养功效】清热祛痰，下乳通便。

【健康贴士】丝瓜不宜和菠菜同食，易引起腹泻。

清炒丝瓜

【主料】丝瓜 500 克。

【配料】植物油 15 克，盐 2 克，黑胡椒粉 1 克，鸡精 1 克，香油 3 克，葱末 5 克。

【制作】① 丝瓜削皮洗净，切成长段。② 锅置火上，入油烧至八成热，下葱末炝锅，放丝瓜略炒，加鸡精和黑胡椒粉，翻炒至丝瓜断生，放盐快速翻炒一下，淋香油装盘即可。

【烹饪技法】炝，炒。

【营养功效】润肌美容，通经活络。

【健康贴士】丝瓜不宜和芦荟同食，易引起腹痛、腹泻。

丝瓜炒鸡蛋

【主料】丝瓜 400 克，鸡蛋 3 个。

【配料】植物油 15 克，盐 3 克，料酒 10 克，葱末 5 克。

【制作】① 鸡蛋磕入碗中，加少量盐和料酒，搅拌均匀备用；将丝瓜去皮，切片或切丁备用。② 锅置大火上，入油烧热，下鸡蛋炒熟，盛碗备用。③ 净锅置大火上，入油烧热，倒入丝瓜炒熟，倒入已熟鸡蛋同炒，加入盐、葱末翻炒几下即可。

【烹饪技法】拌，炒。

【营养功效】清热解毒，滋阴润燥，养血通乳。

【健康贴士】丝瓜还可与虾米搭配食用，具有滋肺阴、补肾阳、下乳汁的作用，适宜产妇食用。

三菇烩丝瓜

【主料】丝瓜 300 克，鸡腿菇、香菇、草菇各 30 克。

【配料】植物油 15 克，蒜 5 克，葱 5 克，盐 5 克，味精 2 克，胡椒粉 2 克，香油 10 克，白砂糖 5 克，水淀粉 10 克。

【制作】① 丝瓜去皮切块，加少许盐腌渍片刻，再过油翻炒，冲入适量清水略煮，捞出备用。② 锅置火上，入油烧热，下蒜片、葱末爆香，加入鸡腿菇、香菇、草菇翻炒，放入丝瓜烩几分钟，调入盐、白砂糖、胡椒粉，用水淀粉勾芡，淋香油出锅即可。

【烹饪技法】腌，爆，烩。

【营养功效】清热解毒，防癌抗癌。

【健康贴士】丝瓜还可与鲫鱼搭配食用，可以很好地通乳催乳，适用于妇女产后乳汁不通之症。

甜椒炒丝瓜

【主料】丝瓜 300 克，甜椒 100 克。

【配料】味精 1 克，葱 10 克，姜 10 克，盐 5 克，白砂糖 5 克，大蒜 5 克，水淀粉 10 克，胡椒 1 克，素汤 50 毫升，植物油 30 克。

【制作】① 丝瓜去皮，洗净，切成 4 厘米长的节，再改刀切成条；洗净甜椒，去子，切成丝。② 锅置火上，入油烧热，下甜椒炒至五成熟，出锅备用。③ 净锅置中火上，入油烧至六成热，下入丝瓜翻炒片刻，加入甜椒、姜、葱、蒜、素汤推炒几下，加盐、胡椒粉、白砂糖、味精调味后，用水淀粉勾薄芡，淋明油，出锅装盘即可。

【烹饪技法】炒。

【营养功效】清热明目，解暑开胃。

【健康贴士】丝瓜也可与鸭肉搭配食用，具有清热利肠的作用，适宜热性便秘和习惯性肠燥便秘者食用。

香菇烩丝瓜

【主料】丝瓜 500 克，干香菇 15 克。
【配料】植物油 30 克，香油 15 克，姜 15 克，水淀粉 10 克，盐 8 克，味精 2 克，料酒 10 克。
【制作】① 香菇水发后，捞出，去蒂，切片，放置另一个碗内备用。② 丝瓜去皮，一剖两半，横切成片，用沸水稍烫过凉；姜去皮，剁成细末，用水泡上，取用其汁。③ 锅置火上，入油烧热，烹入姜汁、料酒，放入香菇汤、盐、味精、香菇、丝瓜煮开锅，用以水淀粉勾芡，淋入香油，翻匀，出锅盛碗即可。
【烹饪技法】烩。
【营养功效】清暑解毒，防癌抗癌。
【健康贴士】丝瓜性凉，体虚内寒者不宜多食。

芙蓉丝瓜

【主料】丝瓜 250 克，蛋清 3 个，红椒 30 克。
【配料】植物油 20 克，盐 3 克，水淀粉 10 克。
【制作】① 丝瓜去皮，洗净，切成滚刀块；红椒洗净，去蒂，切片；蛋清加少许盐、水淀粉调好备用。② 锅置火上，入油烧热，加入蛋清炒至成固体，盛出待用。③ 净锅后置火上，入油烧热，放入丝瓜块、红辣椒片煸炒至八成熟，加入炒好的蛋清、盐、味精炒匀，最后用水淀粉勾芡，出锅装盘即可。
【烹饪技法】煸炒，炒。
【营养功效】健脾和胃，养血宽气。
【健康贴士】丝瓜性凉，腹泻者不宜多食。

素烧丝瓜

【主料】丝瓜 400 克。
【配料】植物油 20 克，盐 3 克，味精 1 克。
【制作】① 把丝瓜去皮，洗净，切长条备用。② 锅置火上，入油烧至五成热，放入丝瓜翻炒至微软时，加盐、味精翻炒入味，出锅装盘即可。
【烹饪技法】炒，烧。
【营养功效】润肌美容，解毒通便。
【健康贴士】丝瓜还也可与菊花搭配食用，具有清热、养颜润肤的作用，适宜身热烦渴、气短懒言、面色萎黄者食用。

香菇烧丝瓜

【主料】香菇 50 克，丝瓜 500 克。
【配料】植物油 20 克，盐 6 克，味精 2 克，姜汁 3 克，水淀粉 20 克，香油 15 克，料酒 10 克。
【制作】① 香菇去杂洗净；嫩丝瓜去皮，顺长切成两半，再切成片，下沸水锅焯透，捞出。② 锅置火上，入油烧热后，用姜汁烹，放入料酒、盐、味精、香菇、丝瓜烧沸后，改为小火烧至入味，用水淀粉勾芡，淋入香油，颠翻，出锅装盘即可。
【烹饪技法】焯，烧。
【营养功效】清热利咽，养颜润肤。
【健康贴士】丝瓜和猪肉同食，可清热利肠。

蒜香丝瓜

【主料】丝瓜 400 克。
【配料】植物油 20 克，蒜蓉 10 克，盐 5 克，糖 2 克，米酒 10 克，鸡精 2 克。
【制作】① 丝瓜去皮，切成 3 厘米高的 1 小段，放在碟子里，入蒸锅蒸 7 分钟后，取出。② 锅置火上，入油烧热，下蒜蓉、盐、糖、米酒、鸡精放锅里爆香，注入适量水烧沸，将蒜汁平摊在蒸好的丝瓜面上即可。
【烹饪技法】蒸，爆，烧。
【营养功效】清热排毒，生津止渴。
【健康贴士】丝瓜具有润肺作用，痰喘咳嗽者宜食。

黄豆芽

黄豆芽是一种营养丰富，味道鲜美的蔬菜，是较多的蛋白质和维生素的来源。黄豆芽含有一种叫天门冬氨酸的物质，人吃后能减少体内乳酸的堆积，能消除人体疲劳；黄豆芽中含铁极为丰富，多吃黄豆芽可防缺铁性贫血；黄豆芽中的维生素 E 能保护皮肤和毛细血管，能防治小动脉硬化和老年高血压；黄豆芽富含维生素 C，常吃黄豆芽能营养毛发，使头发保持乌黑光亮，对面部雀斑有较好的淡化效果。

中医认为，黄豆芽性寒、味甘，入脾、大肠经；具有清热利湿、消肿除痹、祛黑痣、治疣赘、润肌肤的功效，对脾胃湿热、大便秘结、寻常疣、高血脂有食疗作用。

如意菜

【主料】黄豆芽 200 克，香菇、黄花菜各 40 克，木耳 20 克，豆干 80 克，芹菜 50 克，冬菜、红萝萝、榨菜各 15 克。

【配料】植物油 30 克，盐 5 克。

【制作】① 冬菜、红萝萝分别煮熟后，切粗丝；豆干焯水后，切条；黄花菜择洗干净泡发；木耳去蒂，泡软后，切丝；香菇泡软后，切丝；芹菜洗净，去掉叶子后，切段；黄豆芽洗净；榨菜切丝。② 将黄豆芽、香菇、黄花菜、木耳、豆干、芹菜、冬菜、红萝萝分别炒熟，加入适量的盐调味即可。③ 把黄豆芽、香菇、黄花菜、木耳、豆干、芹菜、冬菜、红萝萝、榨菜和盐拌匀，等凉后冷藏，食用前取出适当的量即可。可保存 10 天左右，可当作凉拌菜，也可加热食用。

【烹饪技法】焯，炒，拌。

【营养功效】减肥瘦身，延寿抗癌。

【健康贴士】黄豆芽性寒，慢性腹泻者忌食。

典食趣话：

有一年春天，清朝乾隆皇帝装扮成一个乞丐到安徽察访民情，走进一家路边餐馆乞讨，店家叫厨子用黄豆芽和黄花菜拌了个菜给乾隆吃，以防他叫嚷，砸了他们店的生意。乾隆吃完后给了店家一大把银子，店家不知是皇帝，以为他是贼，便派人报官，边和他巧周旋，编故事说此菜吃了很如意，这里的人把这种菜都叫“如意菜”。当乾隆正要起身言谢走人，哪知店里来了一行人马，领头的正是当地的知县。知县认得乾隆模样，一看皇帝在上，慌忙叩头。乾隆非但没有责怪店主，还封此店为“如意菜馆”。从此，由黄豆芽、金针拌出来的“如意菜”便在江淮广泛流传开来。

黄豆芽炒大肠

【主料】黄豆芽 250 克，猪大肠 100 克，红椒 10 克。

【配料】植物油 30 克，干葱段 5 克，蒜蓉 5 克，盐 5 克，白砂糖 2 克，XO 酱 15 克，鸡精 3 克，香油 5 克，醋 5 克。

【制作】① 猪大肠处理干净，切小段；红椒洗净，切丝；黄豆芽洗净，入锅中炒至八成熟备用。② 锅置火上，入油烧热，下猪大肠炸至金黄色，捞出沥油。③ 锅留底油，下入干葱段、蒜蓉、红椒爆香，放入黄豆芽、大肠和盐、白砂糖、XO 酱、鸡精、醋炒香，淋上香油，出锅装盘即可。

【烹饪技法】炸，炒，爆。

【营养功效】润肠通便，清热开胃。

【健康贴士】烹饪黄豆芽不可加碱，要加少量醋，这样才能保持维生素 B_2 不减少。

炝黄豆芽

【主料】黄豆芽 300 克，黄瓜 150 克。

【配料】植物油 15 克，盐 3 克，味精 1 克，花椒 15 克，大葱 3 克，干红辣椒 3 克。

【制作】① 黄瓜刷洗干净，切成 1 厘米见方的丁；黄豆芽去掉豆皮，洗净，用沸水烫透，捞出，用凉水过凉，沥干水分，放入盆内；干辣椒切成丝；大葱洗净，切成末备用。② 锅置火上，入油烧热，下入花椒炸好后，去掉花椒成花椒油；干红辣椒丝用油炸酥。③ 将黄瓜丁放在黄豆芽上，加葱末和炸酥的红辣椒，浇上花椒油略焖一会儿，再加入盐，味精拌匀，出锅装盘即可。

【烹饪技法】炝，炸，焖，拌。

【营养功效】理气和血，排毒通便。

【健康贴士】黄豆芽性寒，脾胃虚寒者不宜食。

白菜炒黄豆芽

【主料】白菜 200 克，黄豆芽 200 克。

【配料】酱油5克，盐3克，味精2克，姜5克，植物油 20 克。

【制作】① 白菜洗净，切条；黄豆芽洗净，去掉豆皮等杂质。② 锅置火上，入油烧热，下葱末、姜丝煸香，放黄豆芽、白菜等煸炒，炒至将熟，加入酱油、盐继续炒至白菜、豆芽熟透入味时，加味精调味，出锅装盘即可。

【烹饪技法】煸，煸炒，炒。

【营养功效】清热利肠，防癌抗癌。

【健康贴士】黄豆芽还可与猪血搭配食用，具有助眠安神的作用，适宜失眠者食用。

绿豆芽

绿豆芽富含纤维素，有预防消化道癌的功效，它能清除血管壁中胆固醇和脂肪，防止心血管病变；绿豆芽中含量丰富的维生素 C，有助于治疗坏血病；

中医认为，绿豆芽性寒、味甘，入肝、脾经，具有清暑热、调五脏、解诸毒、利尿除湿等功效，经常食用有益于血压偏高、血脂偏高、多嗜烟酒肥腻者保持健康。

香辣绿豆芽

【主料】绿豆芽 300 克。

【配料】干红辣椒丝 15 克，香菜 10 克，植物油 15 克，酱油 5 克，醋 5 克，盐 4 克，味精 1 克，花椒 2 克，香油 6 克，葱丝 8 克。

【制作】① 绿豆芽择洗干净，入沸水中焯烫片刻，捞出，沥干水分。② 锅置火上，入油烧热，下入花椒炸出香味，捞出不要，放葱丝炝锅，烹醋，下入绿豆芽、干红辣椒丝煸炒片刻，加盐、酱油、味精翻炒均匀，淋香油，撒香菜段，出锅装盘即可。

【烹饪技法】焯，炸，炝，煸炒，炒。

【健康贴士】绿豆芽性寒，凡体质属痰火虚热者不宜多食。

【巧手妙招】绿豆芽焯水时间不宜过长，否则易烂，炒制时须大火速成。

豆芽炒韭菜

【主料】绿豆芽 300 克，韭菜 150 克。

【配料】姜5克，白醋2克，盐3克，鸡精1克，植物油 15 克。

【制作】① 豆芽洗净；韭菜洗净，切成寸段；姜切成丝。② 锅置火上，入油烧热，下姜丝爆香，放豆芽翻炒，淋上白醋，加入盐，鸡精调味，加入韭菜段翻炒至熟，出锅装盘即可。

【烹饪技法】爆，炒。

【营养功效】散瘀解毒，调和脏腑。

【健康贴士】绿豆芽还可以与猪腰同食，具有滋肾润燥的作用，适宜腰酸膝软，肾虚所致的腰酸膝软、肢体不遂、小便频数者食用。

翡翠银针

【主料】绿豆芽 500 克，茹笋 250 克。

【配料】花椒 2 克，盐 3 克，味精 1 克，植物油 40 克。

【制作】① 茹笋切丝，入沸水烫五成熟，再将鲜嫩的绿豆芽掐去根和芽，清洗干净备用。② 锅置火上，入油烧至九成热，放入花椒油炸。③ 将豆芽和茹笋一起放在密孔的漏勺中，左手拿住漏勺搁置油锅之上，右手拿着炒菜的手勺，不停地用手勺舀滚热的油往豆芽上浇，等绿豆芽烫得断生时，倒入平盘之中，再往菜上撒些盐，稍拌即可。

【烹饪技法】炸，拌。

【营养功效】疏肝健脾，消肿解毒。

【健康贴士】绿豆芽性质寒凉，脾胃虚寒者慎食。

典食趣话：

相传，乾隆当政时期，他把心爱的格格下嫁给了孔子后代衍圣公当媳妇，于是他隔三岔五地往曲阜跑。有次衍圣公为招待乾隆，叫厨师做菜时，取一部分绿豆芽先放进漏勺里，用炸过花椒的热油淋浇绿豆芽梗，撒上盐和调料后，与用同样方法操作的茹笋分圈摆入盘中，送给乾隆皇帝品尝。乾隆食后，龙颜大悦，倍加赞赏。便问此菜何名，衍圣公说此菜叫作“翡翠银针”。于是由绿豆芽做成的“翡翠银针”，从此盛行不衰。

海带

海带富含藻胶酸、甘露醇、蛋白质、脂肪、糖类、粗纤维、胡萝卜素、维生素 B_1、维生素 B_2、维生素 C、烟酸、碘、钙、磷、铁等多种成分。尤其是含丰富的碘，对人体十分有益，可治疗甲状腺肿大和碘缺乏而引起的病症。它所含的蛋白质中，包括 8 种氨基酸。海带的碘化物被人体吸收后，能加速病变和炎症渗出物的排出，有降血压、防止动脉硬化、促进有害物质排泄的作用。另外，海带表面上有一层略带甜味儿的白色粉末，是极具医疗价值的甘露醇，具有良好的利尿作用，可以治疗药物中毒、浮肿等症，所以，海带是理想的排毒养颜食物。

中医认为，海带性寒、味咸，入肝、胃、肾经；具有降压、消痰利水、平喘、排毒通便的功效。

海带豆腐

【主料】干海带 100 克，豆腐 200 克。

【配料】酱油 15 克，白砂糖 10 克，水淀粉 5 克，香油 5 克，盐 4 克，葱末 5 克，植物油 40 克。

【制作】① 海带冲洗干净，以清水浸泡 30 分钟，取出后切成小块。② 豆腐切 2 块，用油两面煎黄，并淋入酱油调味，再放入海带及清水烧沸，加白砂糖调味，改小火烧入味，汤汁稍干时勾芡，盛出后淋香油，撒上葱末，出锅装盘即可。

【烹饪技法】煎，烧。

【营养功效】清热解毒，利尿消肿。

【健康贴士】海带还可与冬瓜搭配食用，具有益气、利尿、降脂的作用，适宜气虚乏力、小便不利、肥胖的人食用。

【巧手妙招】干海带先蒸 30 分钟，取出用碱片搓一遍，再用清水泡 24 小时，这样会让海带又脆又嫩。

海带烧土豆

【主料】水发海带 200 克，土豆 100 克，红椒 25 克。

【配料】盐 4 克，葱末 5 克，蒜末 5 克，生抽 5 克，香油 5 克，植物油 30 克。

【制作】① 海带洗净，改刀成三角开形或菱形，入沸水焯 5 分钟至半熟；土豆去皮，切成薄片；红椒洗净，切成三角形。② 锅置火上，入油烧至三成热，下葱末、蒜末爆香，放海带、土豆、红椒翻炒均匀，加入生抽继续翻炒，八成熟时调入盐炒匀，淋入香油，出锅装盘即可。

【烹饪技法】焯，爆，炒，烧。

【营养功效】清热利肠，排毒消肿。

【健康贴士】海带不可与白酒同食，易导致消化不良。

辣椒炒海带

【主料】海带200克，辣椒40克。

【配料】盐4克，味精2克，酱油5克，醋3克，白砂糖2克，葱末5克，姜末5克，香油5克，植物油30克。

【制作】①海带、辣椒洗净，均切成细丝。②锅置火上，入油烧热，下葱末、姜末、辣椒、盐爆香，再加入海带大火快炒，放入味精、酱油、醋、白砂糖和香油翻炒，出锅装盘即可。

【烹饪技法】爆，炒。

【营养功效】开胃消食，祛湿提神。

【健康贴士】海带还可与虾搭配食用，可以补钙补碘，促进营养吸收，非常适合青少年食用。

海带炖黄豆芽

【主料】海带150克，黄豆芽100克。

【配料】盐3克，醋5克，蒜5克，葱5克，植物油30克，高汤150毫升。

【制作】①黄豆芽洗净，放在碗里，入高压锅上汽蒸10分钟。②锅置火上，入油烧热，下葱末、蒜蓉爆香；放海带段和黄豆芽炒匀，加少量醋，再翻匀，加入高汤炖10分钟，调入盐翻炒均匀，出锅盛碗即可。

【烹饪技法】蒸，爆，炒，炖。

【营养功效】清脂排毒，美容养颜。

【健康贴士】海带不可与柿子同食，易导致肠胃不适。

小炒海带丝

【主料】海带丝200克，胡萝卜50克，火腿15克，洋葱25克。

【配料】葱5克，姜5克，盐3克，生抽3克，醋5克，植物油15克。

【制作】①海带丝洗净，切段；胡萝卜洗净，切丝；洋葱去皮，洗净，切丝；火腿切丝。②锅置火上，入油烧至五成热，下葱、姜、蒜爆香，倒入洋葱先煸炒，再下胡萝卜丝炒至半熟时倒入海带丝和火腿丝炒，加入盐、生抽、醋炒匀，出锅装盘即可。

【烹饪技法】爆，煸，炒。

【营养功效】健脾宽胃，祛暑降压。

【健康贴士】海带也可与排骨搭配食用，具有祛湿止痒的作用，适宜皮肤瘙痒者食用。

芝麻海带结

【主料】海带结300克，白芝麻100克。

【配料】酱油15克，盐3克，白砂糖2克，香油5克。

【制作】①芝麻入干锅内炒香，取出备用；海带结洗净，入沸水锅中煮熟，捞出，沥干水分。②海带结放锅里，加上酱油、盐、白砂糖煮至汤浓，淋上香油，撒上芝麻，出锅装盘即可。

【烹饪技法】炒，煮。

【营养功效】健脑益智，美容养颜。

【健康贴士】海带不宜与洋葱同食，易引起便秘。

【巧手妙招】煮海带结时，可加入少许醋，容易煮熟。

莲藕

莲藕含有丰富的蛋白质、糖类、钙、铁和多种维生素，尤以维生素为多，故具有滋补、美容养颜的功效，并可改善缺铁性贫血症状；莲藕中的膳食纤维能刺激肠道，防治便秘，促进有害物质的排出；莲藕富含维生素C和粗纤维，既能帮助消化、防止便秘，又能供给人体需要的碳水化合物和微量元素，防止动脉硬化，改善血液循环，有益于身体健康；莲藕含有大量的单宁酸，有收缩血管的作用，可用来止血。藕还能凉血，散血，中医认为其止血而不留瘀，是热病血症的食疗佳品；

中医认为，莲藕性寒、味甘，入心、脾、胃经；具有清热、生津、凉血、散瘀、补脾、开胃、止泻的功效；主治热病烦渴、吐血、衄血、热淋等症。

西湖藕片

【主料】莲藕450克，糯米150克。

【配料】白砂糖6克，麦芽糖6克，桂花糖3克。

【制作】① 糯米洗净；莲藕洗净，将莲藕一端切开，将糯米灌进小孔中，封牢，放入沸水中浸泡1小时。② 将浸好的藕放在高压锅中加清水、白砂糖、麦芽糖炖1小时，捞出切片，装盘，淋入原汁，撒上桂花糖即可。

【烹饪技法】炖。

【营养功效】补中益气，健脾养血。

【健康贴士】莲藕还可与莲子搭配食用，具有补肺益气、除烦止血的作用，适宜支气管哮喘、心烦气躁者食用。

【巧手妙招】莲藕入锅中熬炖，要使白砂糖、麦芽糖自然收汁，颜色才亮丽。

田园小炒

【主料】莲藕、胡萝卜各200克，甜豆、黑木耳各100克。

【配料】生抽5克，盐4克，味精1克，香油6克。

【制作】① 莲藕洗净，切薄片；黑木耳洗净，泡发；胡萝卜洗净，切片。② 锅置火上，入油烧热，然后放入莲藕、胡萝卜、甜豆、黑木耳与生抽一起滑炒至熟，下盐、味精炒匀，淋入香油，出锅装盘即可。

【烹饪技法】滑炒，炒。

【营养功效】润肺止咳，养血补血。

【健康贴士】莲藕还可与排骨搭配食用，具有滋阴养血的作用，适宜产妇食用。

【巧手妙招】炒此菜时，时间不宜太长，以保持原汁原味的口感。

沙嗲滑肉炒藕片

【主料】莲藕150克，猪肉120克，沙嗲酱15克，青椒、红椒各30克。

【配料】酱油10克，盐3克，水淀粉10克，植物油15克。

【制作】① 莲藕去皮，洗净，切片，放入沸水中焯水；猪肉洗净，切片，放盐、酱油、水淀粉腌渍30分钟；青椒、红椒洗净，切片。② 锅置火上，入油烧热，下青椒、红椒、猪肉爆炒至肉色微变，加入莲藕翻炒至熟，加沙嗲酱、酱油、盐一起炒香即可。

【烹饪技法】焯，腌，爆炒，炒。

【营养功效】滋阴养血，健脾养胃。

【健康贴士】莲藕也可与鸭肉搭配食用，具有清热润燥的作用，适宜咽喉肿痛患者食用。

【巧手妙招】莲藕切开后易变黑，可放入水中，加一点儿醋，这样可以防止变色。

酸辣藕丁

【主料】莲藕400克，小米椒30克，泡椒30克。

【配料】盐4克，鸡精1克，醋10克，香油5克，植物油20克。

【制作】① 莲藕洗净，切成小丁后，放入沸水中稍烫，捞出，沥干水分；小米椒、泡椒切碎备用。② 锅置火上，入油烧热，下小米椒、泡椒炒香，加入莲藕丁，调入盐、鸡精、醋、香油炒匀入味，出锅装盘即可。

【烹饪技法】炒。

【营养功效】健脾开胃，益血补心。

【健康贴士】莲藕也可与百合搭配食用，具有益心润肺、除烦止咳的作用，适宜于熬夜后干咳、失眠、心烦、心悸等症患者食用。

【巧手妙招】烹饪莲藕时忌用铁器，以免引起食物发黑。用不锈钢的炒锅为好，藕会保持原色并且味道鲜醇。

香辣藕条

【主料】莲藕150克。

【配料】干红椒25克，水淀粉35克，盐、味精各4克，老抽10克，香菜5克，植物油20克。

【制作】① 莲藕去皮，洗净，切成小段，放入沸水中焯熟，裹上水淀粉；干红椒洗净，切成小段；香菜洗净。② 锅置于火上，入油大火烧热，放入莲藕炸香，锅内留底油下入干红椒炒香后，捞出备用，将莲藕放入锅内翻炒入盐、老抽，再加入味精调味后，出锅装盘，撒上干红椒椒、香菜即可。

【烹饪技法】焯，炸，炒。

【营养功效】清热解烦，解渴止呕。

【健康贴士】藕煎汤内服顺气宽中，炒炭可止血散瘀，用于各种出血症。一般产后 1 ~ 2 周后再吃藕可以逐渐得到缓解。

醋熘藕片

【主料】莲藕 400 克。

【配料】植物油 30 克，高汤 50 毫升，酱油 10 克，醋 15 克，盐 4 克，水淀粉 5 克，香油 20 克，葱 8 克，姜 10 克。

【制作】① 藕去节，削皮洗净，再顶刀切成薄片，下入沸水锅中略烫，捞出，沥干水分备用。② 锅置火上，入油烧热，下葱末、姜末，随即烹入醋，加入酱油、盐、高汤、葱片略炒，用水淀粉勾芡，淋入香油翻炒均匀，出锅装盘即可。

【烹饪技法】炒。

【营养功效】清热润肺，凉血行瘀。

【健康贴士】莲藕还可与鳝鱼搭配食用，可保持体内酸碱平衡，是强肾壮阳的食疗良方。

琉璃藕

【主料】莲藕 500 克。

【配料】植物油 20 克，蜂蜜 6 克，盐 3 克，花椒 2 克，味精 1 克。

【制作】① 鲜藕洗净，去皮，切成瓦状。② 锅置火上，入油烧热，下莲藕入锅中炸熟后，涂一层稀稀的蜂蜜，藕片变成金黄色，鲜艳发亮很像琉璃瓦，下盐、花椒、味精调味，出锅装盘即可。

【烹饪技法】炸。

【营养功效】调中开胃，益血补髓。

【健康贴士】莲藕还可与桃仁搭配食用，具有活血化瘀的作用，适宜妇女产后恶露排出不畅或闭经等症。

典食趣话：

宋仁宗皇帝寿庆时，包拯精心设计了一样看上去很像琉璃瓦的食品——特制糖藕，向宋仁宗进贡，结果仁宗皇帝非常喜欢这糖藕。于是吃了包拯做的糖藕，既合己心，又做了合乎民意的事。后来，由于此藕馔被仁宗皇帝赐名“琉璃藕”，做法又简单，便从宫廷名菜传到民间。

炒藕片

【主料】鲜藕 250 克、青椒、红椒各 15 克。

【配料】植物油 15 克，葱末 3 克，姜末 5 克，蒜末 4 克，盐 3 克，味精 1 克，醋 5 克。

【制作】① 藕去皮，洗净，切成薄片；青、红辣椒洗净，切成小片。② 锅置火上，入油烧热，下葱末、姜末、蒜末煸出味，再放入藕片、青、红辣椒片煸炒，加入醋、盐、味精，翻炒几下，出锅装盘即可。

【烹饪技法】煸，煸炒，炒。

【营养功效】健脾开胃，延年益寿。

【健康贴士】莲藕也可与羊肉搭配食用，具有润肺补血的作用，适宜咳嗽痰多、贫血患者食用。

【巧手妙招】藕片含淀粉多，为防止焦煳，炒时可适当淋些清水。

糖醋莲藕

【主料】莲藕 500 克。

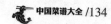

【配料】植物油 30 克，香油、料酒各 5 克，白砂糖 20 克，醋 10 克，盐 1 克，花椒 3 克，葱末 3 克。

【制作】① 莲藕去节、削皮，粗节一剖两半，切成薄片，用清水漂洗干净。② 锅置火上，入油烧至七成热，下花椒炸香后，捞出，再下葱末略煸，倒入藕片翻炒，加入料酒、盐、白砂糖、米醋继续翻炒，待藕片成熟，淋入香油，出锅装盘即可。

【烹饪技法】炸，煸，炒。

【营养功效】健脾益气，止泻止血。

【健康贴士】莲藕不宜与菊花同食，易导致腹泻。

南乳藕片炒五花肉

【主料】莲藕 300 克，五花肉 200 克，青椒、黄椒各 25 克。

【配料】南乳 50 克，植物油各 30 克，酱油、料酒各 10 克，盐 5 克，鸡精 2 克。

【制作】① 莲藕洗净，切片，焯水；五花肉洗净，切片，用盐、酱油腌渍；青椒、黄椒均去蒂，洗净，切片。② 锅置火上，入油烧热，下五花肉炒至出油；加入料酒、藕片、青椒、黄椒及放南乳炒熟，调入盐、鸡精炒匀，出锅装盘即可。

【烹饪技法】焯，腌，炒。

【营养功效】健脾养胃，滋阴补血。

【健康贴士】莲藕的营养成分对防治感冒、咳嗽、畏冷和食欲不振均有功效，可作为果品生吃、煮熟或磨鲜莲藕汁饮用。

【巧手妙招】莲藕切片后放入水中浸泡，可防止氧化变黑。

豉油皇焗藕盒

【主料】莲藕 300 克，猪肉 100 克。

【配料】酱油 50 克，面粉 30 克，植物油 20 克，红椒、黄椒 15 克，盐 5 克。

【制作】① 猪肉洗净，剁成肉末，加入盐和酱油拌匀；莲藕去皮洗净切片，两片莲藕中间夹上肉馅，加入面粉裹匀，成藕盒；红椒、黄椒洗净，切片。② 锅置火上，入油烧热，藕盒炸至表面成金黄色，捞出。③ 锅底留油，放入红椒、黄椒炒香，加入藕盒炒匀，调入盐，即可。

【烹饪技法】拌，炸，炒。

【营养功效】开胃醒脾，滋阴养血。

【健康贴士】莲藕含丰富的铁，故对贫血之人颇宜。

荸荠

荸荠含有丰富的淀粉、蛋白质、粗脂肪、钙、磷、铁、锌、维生素 A、维生素 B_1、维生素 B_2、维生素 C 等。还含有抗癌、降低血压的有效成分——荸荠英。针对近年来动物性食物比重不断升高，酸性和内热体质的人日益增多，适当吃些荸荠等寒性、碱性食物，是有百利而无一害的。

中医认为，荸荠性寒、味甘，入肺、胃经；具有生津润肺、化痰利肠、通淋利尿、消痈解毒、凉血化湿、消食除胀的功效，主治热病消渴、黄疸、目赤、咽喉肿痛、小便赤热短少、外感风热、痞积等病症。

荸荠炒虾仁

【主料】芦笋、胡萝卜各 30 克，荸荠 100 克，鲜虾仁 120 克。

【配料】盐 3 克，白砂糖 2 克，植物油 20 克，鸡精 3 克，高汤 150 毫升。

【制作】① 胡萝卜洗净，切成片，虾仁洗净，去掉虾线。② 锅置火上，入油烧热，下胡萝卜片、荸荠翻炒，放入虾仁、白砂糖、盐、高汤、鸡精同炒至熟，用水淀粉勾芡，出锅装盘即可。

【烹饪技法】炒。

【营养功效】益气安中，健脾开胃。

【健康贴士】荸荠也可与银耳搭配食用，具有养心润肺的作用，适宜心悸、失眠、咳嗽等人食用。

荸荠炒肉丝

【主料】荸荠300克，猪里脊肉100克。

【配料】青线椒15克，红小米辣15克，大蒜5克，盐3克，生抽10克，老抽5克，水淀粉10克，香油5克，味精2克，植物油50克。

【制作】① 猪里脊肉切成细丝，用生抽、老抽、盐先腌渍入味，然后放入水淀粉与香油拌匀；荸荠削皮切成片，放进清水里泡一会儿，捞出，沥干水分；线椒和小米椒分别斜切成圈；蒜切成末。② 锅置火上入油烧热，下肉丝大火滑炒至变色后，盛盘备用。③ 锅置火上油小火加热，下蒜末煸出香味后，加大火，放荸荠和椒圈同炒，加盐调味，荸荠断生即可关火，下肉丝拌炒匀，调入味精增鲜，出锅装盘即可。

【烹饪技法】滑炒，煸，炒，拌。

【营养功效】滋阴养颜，健脾养胃。

【健康贴士】荸荠性寒，脾胃虚弱者不宜多食。

滑炒蛤蜊荸荠

【主料】荸荠200克，蛤蜊100克，鸡蛋1个。

【配料】盐5克，鸡精2克，料酒10克，胡椒粉5克，葱末5克，姜末5克。

【制作】① 蛤蜊用盐水洗泡去净泥沙，入沸水焯开，取出壳中肉；荸荠洗净，去皮，切片。② 将鸡蛋磕入碗中，加盐、料酒、胡椒粉、鸡精、葱末、姜末搅拌均匀，再放入蛤蜊肉和荸荠片拌匀。③ 锅置火上，入油烧至四成热，倒入搅拌好的蛤蜊荸荠鸡蛋液翻炒至熟，出锅装盘即可。

【烹饪技法】焯，拌，炒。

【营养功效】滋阴养胃，清热生津。

【健康贴士】荸荠也可与胡萝卜搭配食用，具有健脾养胃的作用，适宜脾胃衰弱、食欲不振者食用。

脆炒荸荠

【主料】荸荠300克，木耳100克。

【配料】盐3克，酱油5克，白砂糖2克，料酒10克，姜末5克，水淀粉5克，香油5克，鸡精1克，高汤100毫升，植物油20克。

【制作】① 荸荠去皮，切成厚片。② 锅置火上，入油烧至五成热，下入荸荠炒至变色，捞出沥油。③ 锅内留余油烧热，放入姜末、荸荠、木耳、料酒、高汤、白砂糖、鸡精、酱油、翻炒均匀，用水淀粉勾芡，淋入香油，出锅装盘即可。

【烹饪技法】炒。

【营养功效】清热化痰，滋阴生津。

【健康贴士】一般人都可食用，尤其适宜肺热痰多者食用。

鲜蘑炒荸荠

【主料】荸荠150克，蘑菇（鲜蘑）100克。

【配料】葱末3克，姜末3克，盐2克，植物油15克。

【制作】① 蘑菇、荸荠均洗净，切片。② 锅置火上，入油烧热，下葱末、姜末煸炒至出香味时，加入蘑菇、荸荠、盐炒匀，出锅装盘即可。

【烹饪技法】煸炒，炒。

【营养功效】补气养胃，养心益血。

【健康贴士】荸荠性寒，胃病患者及儿童不宜多食。

荸荠炒豆苗

【主料】荸荠350克，豌豆苗100克，胡萝卜50克。

【配料】植物油20克，白砂糖4克，盐4克，味精2克。

【制作】① 荸荠去皮，洗净，切成圆片；豌豆苗择洗干净；胡萝卜洗净，切圆片；② 锅置火上，入油烧热，下荸荠片、胡萝卜片煸炒，加盐、白砂糖炒匀，再放入豌豆苗翻炒，撒入味精，出锅装盘即可。

【烹饪技法】煸炒，炒。

【营养功效】去火明目，润肠通便。

【健康贴士】荸荠还可与杨梅搭配食用，对预防铜中毒有一定作用。

糖醋荸荠

【主料】荸荠 500 克。

【配料】盐 3 克，白砂糖 2 克，水淀粉 5 克，醋 5 克，植物油 20 克，香油 5 克。

【制作】① 荸荠洗净，去皮，入锅煮熟后，捞出，沥干水分，切成小菱形块。② 锅置火上，入油烧热，下醋、白砂糖、盐、适量清水和荸荠，大火烧沸，用水淀粉勾芡，最后淋上香油，出锅装盘即可。

【烹饪技法】烧。

【营养功效】清热解毒，祛脂降压。

【健康贴士】荸荠还可与豆浆搭配食用，具有清热解毒、改善便血的作用，适宜痔疮患者食用。

荸荠海米鸡蛋

【主料】荸荠 150 克，海米 50 克，鸡蛋 300 克。

【配料】植物油 20 克，玉米淀粉 6 克，盐 3 克，香菜 10 克。

【制作】① 荸荠去皮，洗净，剁成碎末；海米洗净，剁成碎末；淀粉放碗内加水调成水淀粉；香菜择洗干净。② 鸡蛋磕入碗内，加入荸荠末、海米末、盐、水淀粉、水搅拌均匀。③ 锅置火上，入油烧热，倒入蛋液迅速翻炒至熟，撒入香菜，出锅装盘即可。

【烹饪技法】拌，炒。

【营养功效】益智健脑，养心安神。

【健康贴士】荸荠也可与白酒搭配食用，可改善妇女崩漏等症，非常适合更年期妇女食用。

豆菌藻类

豆干

豆干营养丰富，含有大量蛋白质、脂肪、碳水化合物，还含有钙、铁、磷等多种人体所需的矿物质。豆干既香又鲜，被誉为“素火腿”。

中医认为，豆干性凉、味甘淡，入脾、胃、大肠经；常食豆干能防止血管硬化，预防心血管疾病，保护心脏；补充钙质，防止因缺钙引起的骨质疏松，促进骨骼发育，对小儿、老人的骨骼生长极为有利。

豆干肉丝

【主料】豆干 100 克，瘦肉 100 克，芹菜 100 克。

【配料】红椒 10 克，榨菜 25 克，老抽 10 克，鸡精 2 克，白砂糖 3 克，蒜片 5 克，水淀粉 10 克。

【制作】① 豆干、瘦肉、芹菜、红椒分别洗净，切成丝，芹菜与肉丝焯水备用。② 锅置火上，入油烧热，下蒜片、红椒煸炒香，放入老抽调色，倒入豆干、芹菜，再加芹菜和肉丝炒匀，加入鸡精、白砂糖调味，水淀粉勾芡即可出锅。

【烹饪技法】焯，煸炒，炒

【营养功效】补脑益智，强筋健骨。

【健康贴士】一般人皆可食用，尤其适合孕妇食用。

萝卜干炒豆干

【主料】豆干 200 克，萝卜干 150 克。

【配料】植物油 15 克，红椒 10 克，青蒜 10 克，生抽 20 克，胡椒粉 2 克，白砂糖 5 克，香油 5 克。

【制作】① 萝卜干洗净，剁成末；豆干切成小丁；红椒切片；青蒜洗净，切成小段。② 锅置火上，入油烧热，先把豆干煸炒至黄，盛出，用剩余的油把萝卜干炒出香味后，再把豆干放回锅中。③ 放入红椒、青蒜及生抽、胡椒粉、白砂糖、香油大火炒匀即可。

【烹饪技法】煸炒，炒。

【营养功效】开胃消食，补血补钙。

【健康贴士】豆干中钠含量较高，糖尿病、肾病患者应慎食。

【巧手妙招】萝卜干要先用盐水浸泡，洗时多冲洗几遍，以冲去上面的泥沙。

青椒炒豆干

【主料】豆干 200 克，青椒 90 克。

【配料】植物油 15 克，盐 3 克，酱油 5 克，鸡精 2 克。

【制作】① 豆干、青椒分别洗净都切成丝。② 锅置火上，入油烧热，下青椒翻炒 1 ~ 2 分钟后，放豆干同炒，加盐、鸡精、酱油翻炒下即可出锅。

【烹饪技法】炒。

【营养功效】健脾开胃，保护心脏。

【健康贴士】豆干含有较高的钠，高血脂患者应慎食。

小炒豆干

【主料】豆干 200 克。

【配料】植物油 15 克，红泡椒 15 克，蒜苗 10 克，生姜 5 克，生抽 5 克，豆瓣酱 10 克。

【制作】① 豆干洗净，切成约 2 毫米厚的片；泡椒切成圈；蒜苗洗净，切成段；生姜切丝。② 锅置火上，入油烧热，下泡椒与姜丝，将其煸出辣味，放入豆干，小心翻炒约1分钟后，放入适量的豆瓣酱，炒出红油，加入蒜苗、盐及生抽炒至蒜苗断生即可。

【烹饪技法】煸，炒。

【营养功效】健脾益胃，补气养血，美容养颜。

【健康贴士】豆干性凉，平素脾胃虚寒，经常腹泻便溏之人忌食。

青红豆干

【主料】豆干250克，红椒、青辣各50克。

【配料】植物油15克，大蒜叶10克，盐3克，味精1克，香油5克，酱油5克，水淀粉10克。

【制作】① 豆干洗净，切片；青椒、红椒洗净，切圈，大蒜叶洗净，切段。② 锅内加水煮开，豆干入水焯烫一下，捞出，沥干水分。③ 炒锅置火上，入油烧热，下豆干，青椒、红椒、大蒜叶煸炒，加入蒜段、盐、味精、酱油翻炒均匀，最后淋上香油即可。

【烹饪技法】焯，煸炒，炒。

【营养功效】滋补开胃，抗癌防病。

【健康贴士】豆干中含有高嘌呤，痛风病患者不宜食用。

【巧手妙招】豆干入水时间不可太长，否则炒时易碎。

蒜薹炒豆干

【主料】蒜薹250克，豆干200克。

【配料】胡椒粉3克，盐5克，味精2克，酱油40克，植物油15克。

【制作】① 蒜薹择洗干净，切成3厘米长的段；豆腐干切成丝，放在沸水锅里烫一下，捞出沥干水分，放在小盆内。② 锅置大火上，入油烧至七成热，下胡椒粉、酱油、豆干丝，加一勺水，把豆干丝炒拌开，待汤汁炒干出锅。③ 净锅后置火上，入油烧至七成热，把蒜薹段倒入锅中煸炒片刻，放入豆干丝，加盐、味精炒拌均匀，出锅即可。

【烹饪技法】煸炒，炒。

【营养功效】清热通便，排毒养颜。

【健康贴士】豆干还可与四季豆搭配食用，具有补气开胃的作用，适宜气虚乏力、食欲不振的人食用。

大煮干丝

【主料】豆干500克，鸡蛋清30克，熟鸡丝50克，火腿10克，笋片30克，豌豆苗10克，虾仁30克。

【配料】植物油150克，酱油15克，盐5克，高汤500毫升，淀粉10克。

【制作】① 豆干切成丝，入沸水中焯烫，捞出，沥干水分；虾仁加蛋清、盐、淀粉拌匀上浆，入油锅内炒熟，盛出备用；豌豆苗入沸水中略烫，捞出，沥干水分。② 锅内放入适量高汤，下豆干丝、鸡丝、火腿、笋片、虾仁煮至汤汁发白，加酱油、盐，盖上锅盖烧约5分钟，至熟即可。

【烹饪技法】焯，煮，烧。

【营养功效】补钙强体，益气补血。

【健康贴士】豆干还可与茭白搭配食用，具有解毒醒酒、美白肌肤的作用，适宜醉酒者、肤色暗沉的人食用。

豆腐皮

豆腐皮营养丰富，不但含有丰富的蛋白质、糖类、脂肪、膳食纤维、氨基酸，还含有铁、钙、钾等人体所需的矿物质，长期食用，能降低人体的血压和胆固醇，增强人体对肝炎和软骨病的防治能力，是男女老幼皆宜的高蛋白保健品。

中医认为，豆腐皮性平、味甘，入肺、胃经，具有清热润肺、止咳消痰、养胃、解毒、止汗等功效。

豆腐皮炒竹笋

【主料】竹笋200克，豆腐皮250克。

【配料】酱油15克，白砂糖5克，盐1克，水淀粉、香油各10克，葱末5克，植物油

60克。

【制作】① 竹笋洗净，切斜刀块；豆腐皮洗净，去边筋，切成四方块。② 锅置中火上，入油烧热，将豆腐皮炸至金色时，捞出；锅内留油15克，烧至三成热，下竹笋煸炒1分钟，加入盐、酱油、白砂糖和适量清水煮约2分钟，再放入豆腐皮炒匀，待汤烧沸后，用水淀粉勾薄芡，淋入香油，撒葱末即可。

【烹饪技法】炸，煸炒，煮，炒。

【营养功效】降压去脂，益脑增智。

【健康贴士】豆腐皮也可与辣椒搭配食用，具有开胃消食的作用，从而改善一些人厌食挑食的习惯。

【巧手妙招】竹笋洗净切好后可放入沸水中焯下水，这样既去涩味，又易炒入味。

【举一反三】可以将竹笋换成海带。

尖椒豆腐皮

【主料】豆腐皮300克，青尖椒100克。

【配料】葱10克，盐3克，味精2克，植物油30克，蚝油20克，酱油5克，香油5克，花椒2克，干辣椒10克。

【制作】① 豆腐皮洗净，切条；青尖椒洗净，切条。② 锅置火上，入水烧沸，放入豆腐皮焯烫。③ 净锅置火上，入油烧热，下葱末、干辣椒略炒，放入豆腐皮，加青尖椒、蚝油、酱油、味精、葱、盐、花椒炒匀，淋香油，出锅装盘即可。

【烹饪技法】焯，炒。

【营养功效】保心护脏，延年益寿。

【健康贴士】豆腐皮不可与菠菜同食，阻碍钙的吸收。

炒豆腐皮

【主料】豆腐皮200克，香菇25克，冬笋25克，红椒20克，青椒20克。

【配料】水淀粉5克，花椒3克，姜10克，料酒10克，盐4克，味精2克，白砂糖3克，植物油30克。

【制作】① 豆腐皮泡软，洗净，切成大菱形片；香菇洗净，切成抹刀片；青椒、红椒、冬笋洗净切成象眼片；花椒泡水后留水备用。② 香菇及冬笋入沸水中焯烫捞出。③ 锅置火上，入油烧热，下姜末炝锅，烹入花椒水，放豆腐皮、香菇、青椒、红椒炒熟，加味精，用水淀粉勾芡，淋入料酒，出锅装盘。

【烹饪技法】焯，炝，炒。

【营养功效】强筋通络，壮骨添髓。

【健康贴士】豆腐皮还可与玉竹搭配食用，具有养颜润肤的作用，特别适合女性使用。

洋葱豆腐皮

【主料】洋葱100克，豆腐皮200克，胡萝卜50克。

【配料】植物油15克，料酒5克。

【制作】① 洋葱、豆腐皮、胡萝卜洗净，全切成丝。② 锅置火上，入油烧至四成热，下入洋葱丝，烹入料酒煸炒片刻，放入豆腐丝、胡萝卜丝下锅均匀翻炒，出锅即可。

【烹饪技法】煸炒，炒。

【营养功效】清热解毒，润肠养胃。

【健康贴士】豆腐皮还可与香菜搭配食用，具有清热解表、治感冒的作用，适宜风寒感冒者食用。

酸辣豆腐皮

【主料】豆腐皮300克。

【配料】辣椒20克，酱油30克，醋20克，白砂糖10克，香油10克，盐10克，花椒油5克，味精5克，姜汁5克，植物油60克。

【制作】① 豆腐皮用温水洗净，切成块。② 锅置火上，入油烧热，放入豆腐皮炸至金黄色，倒出多余的油，加水适量，放入盐、酱油、姜汁、白砂糖、辣椒煮沸，改用小火再煮一会儿，待汁浓稠时加入花椒油、味精、醋、香油，再煨片刻，即可出锅。

【烹饪技法】炸，煮，煨。

【营养功效】开胃消食，减肥瘦身。

【健康贴士】豆腐皮还可与粳米搭配食用，具有补脑益智、健脾和胃的作用，适宜记忆力不佳者食用。

腐竹

腐竹也是一种豆制品，腐竹中谷氨酸含量很高，而谷氨酸在大脑活动中起着重要作用，所以腐竹具有良好的健脑作用；腐竹中所含的磷脂能降低血液中胆固醇的含量，有防止高脂血症、动脉硬化的作用；腐竹还含有多种矿物质，可补充钙质，防止因缺钙导致的骨质疏松，增进骨骼发育。

中医认为，腐竹性平、味甘淡，入肺、胃经；具有清肺热、养胃阴等功效。

韭菜腐竹

【主料】腐竹 200 克，韭菜 150 克。

【配料】盐 5 克，鸡精 3 克，胡椒粉 5 克，蚝油 8 克，蒜片 5 克，植物油 15 克。

【制作】① 腐竹、韭菜分别洗净，切段。② 锅中加水煮沸后，下腐竹略焯，捞出，沥干水分。③ 锅置火上，入油烧热，爆香蒜片，下入韭菜炒熟，加入腐竹，调入盐、鸡精、胡椒粉、蚝油、蒜片炒匀即可。

【烹饪技法】煮，爆，炒。

【营养功效】补肾助阳，清热健胃。

【健康贴士】腐竹不宜和蜂蜜同食，会影响消化。

【巧手妙招】韭菜洗净切好后，可加入少量盐腌渍，这样炒出来的韭菜会更美味。

腐竹大蒜焖塘虱

【主料】腐竹 100 克，塘虱 300 克。

【配料】姜丝、盐、蚝油各 5 克，老抽 2 克，蒜瓣 20 克，植物油 30 克。

【制作】① 塘虱处理干净，切成块状；腐竹泡发，切段。② 锅置火上，入油烧热，爆香姜丝、蒜瓣，下入适量水、蚝油、老抽、塘虱、腐竹焖至入味时，下盐炒匀即可。

【烹饪技法】爆，焖，炒。

【营养功效】滋阴养胃，益气补血。

【健康贴士】腐竹还可与香菇搭配食用，具有降脂降压、软化血管的作用，适宜高血压、高血脂的人食用。

腐竹炒木耳

【主料】腐竹 100 克，木耳 50 克，猪肉 50 克，清水笋 30 克，胡萝卜 30 克。

【配料】盐 5 克，鸡精 2 克，植物油 30 克。

【制作】① 腐竹泡发，切段；木耳泡开，洗净，切条；清水笋用水泡一下，捞出，沥干水分；猪肉处理干净，切片；萝卜洗净，切花型。② 锅置火上，入油烧热，下猪肉翻炒，炒出油后，放入清水笋、木耳、腐竹翻炒，加盐，放入胡萝卜，加少许水加盖焖 1 分钟，加鸡精调味即可。

【烹饪技法】炒，焖。

【营养功效】补血活血，清热润肺。

【健康贴士】腐竹也可与青蒜搭配食用，具有健脾开胃的作用，适宜虚弱病人食用。

蘑菇炒腐竹

【主料】鲜蘑菇 150 克，腐竹 75 克。

【配料】酱油 5 克，白砂糖 2 克，绍酒 10 克，鸡精 1 克，水淀粉 5 克，味精 1 克，香油 5 克，高汤 150 毫升，植物油 35 克。

【制作】① 蘑菇用清水冲净，入沸水锅焯烫，捞出，沥干水分。② 锅置火上，入油烧热，下腐竹翻炒几下，烹入绍酒，放入蘑菇，加高汤、酱油、白砂糖、鸡精改小火焖透，加味精调味，水淀粉勾薄芡，淋上香油即可。

【烹饪技法】焯，炒，焖。

【营养功效】健脾益胃，降脂降压。

【健康贴士】腐竹含有大量的高蛋白，肾炎、肾功能不全者最好少食腐竹，否则会加重病情。

青椒烧腐竹

【主料】腐竹 300 克，青椒 75 克。

【配料】水淀粉20克，花椒3克，姜汁10克，酱油5克，盐3克，白砂糖2克，味精1克，素高汤50毫升，植物油30克。

【制作】① 腐竹先泡软，切成4厘米长的斜段；青椒洗净，切成菱形片。② 锅置火上，入油烧热，烹入花椒、姜汁、酱油，加素高汤、盐、白砂糖及腐竹用小火烧透入味，至汤汁浓时，加入青椒片及味精略炒几下。③ 用水淀粉勾芡，淋明油，出锅装盘。

【烹饪技法】烧，炒。

【营养功效】健脾开胃，清热解毒。

【健康贴士】腐竹还可与菠菜搭配食用，具有补气养血的作用，适宜病后虚羸、气血不足、营养不良、脾胃薄弱的人食用。

腐竹烩小白菜

【主料】腐竹150克，小白菜150克，木耳50克。

【配料】蒜5克，植物油15克，水淀粉5克，鸡精2克，盐3克。

【制作】① 腐竹洗净，放入温水中浸泡至软，捞出，切段；小白菜洗净，切段；木耳洗净，切丝，蒜洗净，切末。② 锅置火上，入油烧热，下蒜末炝锅，倒入腐竹翻炒片刻。③ 把小白菜段和木耳丝倒入锅中，加鸡精和盐调味，翻炒至九成熟，用水淀粉勾芡，出锅即可。

【烹饪技法】炝，炒，烩。

【营养功效】补钙壮骨，通便瘦身。

【健康贴士】腐竹比其他豆制品所含的热量高，故减肥者应少食。

豆腐渣

豆腐渣为制豆腐时，滤去浆汁后所剩下的渣滓，豆腐渣是膳食纤维中最好的纤维素，被称为“大豆纤维”。豆腐渣中含有大量食物纤维，常吃豆腐渣能增加粪便体积，使粪便松软、促进肠蠕动，有利于排便，可防治便秘、肛裂、痔疮和肠癌，还可以有效地降低血中胆固醇的含量，对预防血黏度增高、高血压、动脉粥样硬化、冠心病、中风等的发生都非常有利；豆腐渣除含食物纤维外，还含有粗蛋白质、不饱和脂肪酸，这些物质有利于延缓肠道对糖的吸收，降低餐后血糖的上升速度，对控制糖尿病患者的血糖十分有利；据测定，豆腐渣中含有较多的抗癌物质，经常食用能大大降低乳腺癌、胰腺癌及结肠癌的发病率；此外，豆腐渣中的钙含量也很多，且容易消化吸收，因此，常食豆腐渣对防治中老年人骨质疏松症极为有利。

中医认为，豆腐渣性凉、味甘，入脾、胃、大肠经；有防治便秘、降脂、降糖、减肥、抗癌等功效。可治疮疡肿毒，脚膝肿痛等症。

韭菜炒豆腐渣

【主料】韭菜200克，豆腐渣100克，火腿50克，花生米40克。

【配料】蒜瓣10克，盐3克，糖3克，酱油6克，植物油15克。

【制作】① 韭菜洗净，切段。② 锅置火上，入油烧热，下豆渣，炒匀，倒入半碗水，中火煮熟，待水分差不多干的时候，调入盐，水干后装起备用。③ 净锅置火上，入油烧热，倒入切细的韭菜和火腿炒香，然后把豆渣重新放回锅，炒匀后倒入花生，最后调入酱油，出锅即可。

【烹饪技法】煮，炒。

【营养功效】强身益肾，消炎活血。

【健康贴士】一般人皆可食用，尤其适合男性食用。

荠菜豆腐渣

【主料】豆腐渣150克，荠菜100克，腊肠80克。

【配料】蒜5克，洋葱35克，葱5克，糖3克，盐② 5克，面豉酱15克，香油5克，芝麻10克，葱末5克，料酒10克。

【制作】① 荠菜洗净，切段；腊肠切段。② 将不粘锅把豆腐渣烘干表面，烘至表面略略起焦即可。③ 炒锅置火上，入油烧热，下蒜头，腊肠，腊肉爆香，然后把豆腐渣放进去炒匀，再放糖、盐、面豉酱及料酒调味，捞出备用。④ 在锅中炒香荠菜和洋葱，把之前炒好的豆腐渣倒进去兜匀，淋上少许香油、芝麻和葱末，出锅即可。

【烹饪技法】烘，爆，炒。

【营养功效】解毒明目，清肝止血。

【健康贴士】豆腐渣还可与猪蹄搭配食用，长期食用能使皮肤光滑，富有弹性，具有美容养颜的作用。

豆腐渣丸子

【主料】豆腐渣 300 克，冬笋粒 100 克，马蹄粒 100 克，蛋清 2 个。

【配料】香葱 12 克，盐 5 克，味精 2 克，淀粉 15 克，色拉油 25 克。

【制作】① 豆腐渣挤净豆汁，加冬笋粒、马蹄粒，用蛋清、香葱、盐、味精、淀粉调味后做成小丸子。② 将豆腐渣丸子下油锅炸呈金黄色即可。

【烹饪技法】炸。

【营养功效】降脂降压，利水消肿。

【健康贴士】豆腐渣也可与猪肉搭配食用，具有滋阴补肾、补虚养身的作用，适宜肾阳不足、阳痿遗精、小便频数等人食用。

豆腐

豆腐营养丰富，含有铁、钙、磷、镁等人体必需的多种矿物质，还含有糖类和丰富的优质蛋白，素有“植物肉”之美称。

中医认为，豆腐性凉、味甘，入脾、胃、大肠经；具有益气和中、生津润燥、清热解毒等功效，可用以治疗赤眼、消渴、解硫黄、烧酒毒等症。

三虾豆腐

【主料】嫩豆腐 500 克，干虾子 5 克，浆虾仁 50 克，虾油卤 15 克，熟笋肉 25 克，熟猪瘦肉 250 克。

【配料】绍酒 15 克，葱段 2 克，味精 2.5 克，盐 4 克，白汤 250 毫升，水淀粉 50 克，猪油 25 克。

【制作】① 豆腐去皮，切成 11 厘米见方的丁，清水漂过，沥干水分；笋肉、瘦肉切丁。② 锅置火上，加白汤烧沸，下虾仁滑散，将豆腐、笋丁、肉丁入锅，烧沸，撇去浮沫，加入料酒、虾油卤、味精调味，水淀粉勾芡匀撒上葱段，浇入猪油，出锅装入荷叶碗，撒上虾子即可。

【烹饪技法】烧。

【营养功效】开胃消食，降脂降压。

【健康贴士】豆腐还可与金针菇搭配食用，具有益气化痰、滋阴、强身的作用，适宜阴虚之人食用。

红烧豆腐

【主料】豆腐 500 克。

【配料】植物油 40 克，豆瓣酱 10 克，辣椒酱 10 克，酱油 5 克，盐 3 克，葱段 5 克，水淀粉 10 克。

【制作】① 豆腐冲洗下，切块，入沸水中焯下，捞出。② 锅置火上，入油烧热，下葱段、豆瓣酱、辣椒酱爆香。③ 锅中加适量水，放入盐、酱油烧沸，倒入豆腐大火烧 3 ~ 4 分钟，用水淀粉勾芡出锅即可。

【烹饪技法】焯，爆，烧。

【营养功效】解毒润燥，补精添髓。

【健康贴士】豆腐不宜与菠菜、香葱同食，易形成结石。

鱼片豆花

【主料】豆花 200 克，草鱼 1000 克。

【配料】植物油 40 克，豆瓣 10 克，花椒 3 克，姜末 5 克，干辣椒 5 克，葱末 3 克，淀粉 5 克。

【制作】① 草鱼处理干净，切片，加盐、淀粉拌匀，码味。② 将豆瓣、姜末入油锅煸香，加入干辣椒、花椒略炒，倒入清水，放入豆花烧入味后盛盘。③ 鱼片下锅中煮熟，捞入豆花中，撒上葱末即可。

【烹饪技法】拌，煸，烧，煮。

【营养功效】健脑益智，健脾消肿。

【健康贴士】豆腐也可与虾搭配食用，具有降压、降血脂、促进消化吸收的作用，适宜高血压、肥胖等人食用。

麻婆豆腐

【主料】豆腐 300 克，肉末 50 克。

【配料】植物油 30 克，豆瓣辣酱、水淀粉各 20 克，骨头汤 200 毫升，红油 5 克，盐 3 克，花椒粉、味精各 2 克，香油 5 克，葱 10 克，姜、蒜头各 5 克。

【制作】① 豆腐切成 1 厘米见方的丁，装入碗内，倒入1000毫升开水，浸泡10分钟左右，倒入漏勺沥干；葱、姜、蒜头洗净，切成细末。② 锅置火上，入油烧热，下肉末炒散至转色，加入葱、姜、蒜末，炒出香味，放入豆瓣辣酱，炒出红油。③ 豆腐丁下锅，加入骨头汤、味精烧沸，用水淀粉勾芡，再淋入香油，转动锅子，用汤勺轻轻推几下，淋入红油，撒上花椒粉，出锅装盘即可。

【烹饪技法】炒，烧。

【营养功效】健脾开胃，强筋壮骨。

【健康贴士】豆腐还可与香菇搭配食用，具有抗癌、降压、降血脂，适宜高血压、高血脂等病症患者食用。

典食趣话：

陈麻婆豆腐（人们人习惯于称之为麻婆豆腐）始创于清朝同治元年（1862 年），开创于成都外北万福桥边，店主陈春富早殁，小饭店便由老板娘经营，女老板面上微麻，人称陈麻婆，当年的万福桥上常有贩夫走卒光顾此小店，这些人经常是买点儿豆腐、牛肉，再从油篓子里舀些菜油要求陈麻婆代为加工。日子一长，陈麻婆对烹制豆腐有了一套独特的烹饪技巧。烹制豆腐色香味俱全。不同凡响，深得人们喜爱，麻婆豆腐由此扬名。

豌豆烩豆腐

【主料】豌豆 150 克，豆腐 400 克。

【配料】植物油 30 克，枸杞 10 枚，盐 5 克，味精 1 克。

【制作】① 豆腐洗净，沥干水分，切成四方体小块。② 锅置火上，入水烧沸，下入豆腐、枸杞煮开，加入豌豆煮至熟时，调入盐、味精即可。

【烹饪技法】煮，烩。

【营养功效】健脾开胃，强身健体。

【健康贴士】豆腐不含胆固醇，是高血脂、高胆固醇症及动脉硬化、冠心病患者的药膳佳肴。

【巧手妙招】用水淀粉勾一层薄芡，会让此菜更美味。

玉米烩豆腐

【主料】玉米粒 100 克，豆腐 400 克，香菇 20 克。

【配料】植物油 30 克，枸杞 10 枚，盐 5 克，味精 1 克，水淀粉 10 克，上汤 500 毫升。

【制作】① 豆腐去除表面硬皮，洗净，改刀成丁；香菇泡发，洗净，切丁。② 锅置火上，入水烧沸，加少许盐，放入豆腐焯烫，捞出，沥干水分。③ 净锅置火上，入油烧热，下豆腐、香菇、玉米粒、上汤烧煮，待豆腐、香菇、玉米粒熟时，加入盐、味精调味，再用水淀粉勾薄芡，出锅即可。

【烹饪技法】焯，烧，煮。

【营养功效】补钙壮骨，开胃健脑。

【健康贴士】豆腐不宜与猪肚同食，一温一凉，不利于健康。

平桥豆腐

【主料】南豆腐300克，海参50克，鸡肉50克，虾米25克，蘑菇25克，干贝25克。

【配料】青蒜15克，大葱15克，姜10克，料酒20克，高汤100毫升，盐10克，味精3克，淀粉25克，香油5克。

【制作】① 整块豆腐放入冷水锅中煮至微沸，以去除豆腥黄浆水，捞出，片成雀舌形，放入热鸡汤中汆2次；鸡肉、蘑菇、海参均切成豆腐大小的片。② 虾米洗净，用温水泡透；干贝洗净，去除老筋，入碗内，加葱姜、绍酒、水，上笼蒸透取出。③ 锅置火上，入油烧热，下海参、虾米、鸡肉、蘑菇、高汤、干贝，烧沸。④ 将豆腐加入锅中，加盐、绍酒、味、精，沸后用水淀粉勾芡，淋入香油，盛入碗中，撒上青蒜末即可。

【烹饪技法】汆，煮，蒸，烧，淋。

【营养功效】补中益气，清热润燥。

【健康贴士】豆腐性偏寒，胃寒者和易腹泻、腹胀、脾虚者以及常出现遗精的肾亏者不宜多食。

典食趣话：

相传，乾隆皇帝下江南，路过山阳县（现在叫楚州区）平桥镇，当地有个大财主林百万，叫厨师用鲫鱼脑子加老母鸡原汁汤烩豆腐给乾隆皇帝吃。皇帝吃后十分满意，赞不绝口，追问菜名，林百万告知此菜叫“平桥豆腐”。乾隆皇帝走后，林家别具一格、别有风味的“平桥豆腐”便一传十、十传百的流传至今。

日本豆腐

【主料】日本豆腐600克，青椒30克，香菇50克，竹笋50克，胡萝卜30克，鸡蛋清30克。

【配料】植物油30克，葱5克，淀粉10克，姜5克，盐5克，白砂糖1克，味精2克，生抽5克。

【制作】① 日本豆腐小心拆开包装，切成2厘米左右的片状；青椒、香菇、竹笋、胡萝卜切成薄片。② 日本豆腐裹上蛋清，粘上淀粉，过油略炸成金黄色，捞出。③ 锅置火上，入油烧热，将葱、姜爆香，然后把切成薄片的青椒、香菇、竹笋、胡萝卜倒入略炒，放入盐、味精、生抽调味，最后把炸过的豆腐倒入，小心翻动，出锅时加入白砂糖即可。

【烹饪技法】炸，爆，炒

【营养功效】益气养血，和中补虚，养颜润肤。

【健康贴士】豆腐也可与猪肝搭配食用，具有滋阴降火、补肝明目的作用，适宜阴虚火旺者食用。

牛肉末烧豆腐

【主料】豆腐400克，牛肉100克。

【配料】植物油30克，姜末5克，蒜末5克，豆瓣酱10克，干红辣椒2克，盐5克，葱末5克。

【制作】① 豆腐洗净，切丁，焯水，沥干水分；牛肉洗净，切末。② 锅置火上，入油烧热，下姜末、蒜末爆香，放牛肉末、豆瓣酱、干红辣椒炒上色后加水，再放入豆腐，加盐，烧入味后出锅，撒上葱末即可。

【烹饪技法】爆，炒，烧。

【营养功效】益气补血，生津止渴。

【健康贴士】豆腐不宜和猪肝同食，易引发痼疾。

【巧手妙招】在调制煮豆腐的牛肉末酱汤时，可熬久一点儿，待姜汤中的材料全出味后再放入豆腐。

太守豆腐

【主料】豆腐300克，松仁末、香菇各30克，熟鸡肉50克，熟火腿25克。

【配料】瓜子仁末2.5克，植物油20克，香油、绍酒各5克，熟猪油、水淀粉各20克。高汤150毫升，虾米15克，盐3克，味精2克。

【制作】① 豆腐洗净，去掉边，切成小方块，放在碗里；虾米加绍酒稍浸；把鸡肉、火腿分别切成末。② 锅置火上，入油烧热，把高汤和豆腐块一起倒入锅里，加入虾米、盐烧沸，放进鸡肉末、香菇末、瓜子仁末、松仁末，小火稍烩后，再用大火收紧汤汁，加入味精，用水淀粉勾芡，出锅装汤碗里，撒上火腿末，浇上香油即可。

【烹饪技法】烧，烩。

【营养功效】养生防病，延年益寿。

【健康贴士】豆腐有清热作用，脾胃虚寒者不宜食用。

典食趣话：

据说，康熙在位时十分喜欢食用豆腐，一次，御厨用优质黄豆制成的嫩豆腐，加猪肉末、鸡肉末、虾仁末、火腿末、香菇末、蘑菇末、瓜子仁末、松子仁末，用鸡汤烩煮成羹状的菜肴。康熙品尝后，感到豆腐绝嫩，口味异常鲜美，极为满意。至乾隆时代，其方已传给了楼村姓王的外甥孟亭太守，故称“太守豆腐”

咸酸菜蒸豆腐

【主料】豆腐500克，咸酸菜75克。

【配料】植物油30克，豆豉15克，姜末5克，老抽5克，红椒片10克。

【制作】① 咸酸菜洗净，切小薄片，用清水浸15分钟，捞出，沥干水分；豆腐切四方厚片，放入开水锅中煮2分钟，捞出，沥干水分，排在碟上。② 咸酸菜放在开水锅中煮2分钟，捞出，沥干水分，排在碟上。③ 豆腐、姜末、红椒片拌匀放在咸酸菜上入锅蒸7分钟，淋入熟油、老抽即可。

【烹饪技法】煮，拌，蒸。

【营养功效】健骨固齿，开胃消食。

【健康贴士】豆腐还可与海带搭配食用，具有补碘的作用，可预防甲状腺等疾病的发生。

鱼头豆腐

【主料】豆腐500克，鳙鱼头1个。

【配料】植物油100克，绍酒25克，白砂糖3克，盐6克，生姜5克。

【制作】① 豆腐切大块，与鳙鱼头一起放入砂锅中。② 加入白砂糖、盐、生姜、绍酒用小火煲50分钟即可食用。

【烹饪技法】煲。

【营养功效】健脑益智，补气养胃。

【健康贴士】豆腐与猴头菇搭配食用，具有补虚抗癌的作用，适宜年老体弱者食用。

典食趣话：

乾隆微服出访到浙江吴山，半山腰逢大雨，淋成落汤鸡。他饥饿交加，便走进一户人家找东西吃。屋主见来人如此模样，顿生同情心，便把一个鱼头和一块豆腐放进一个破砂锅中炖好给乾隆吃。乾隆食后觉得胜似山珍海味，“鱼头豆腐”由此扬名。

平菇

平菇含蛋白质、氨基酸、硒、多糖体及多种维生素和矿物质，可以改善人体新陈代谢，增强体质、调节自主神经功能等作用，故可作为体弱病人的营养品，对肝炎、慢性胃炎、胃和十二指肠溃疡、软骨病、高血压等都有疗效。对降低血胆固醇和防治尿道结石也有一定效果，对妇女更年期综合征可起调理作用。

中医认为，平菇性温、味甘，入肝、胃经；具有祛风散寒、舒筋活络的功效，适用于腰腿疼痛、手足麻木、筋络不通等病症。

素烧平菇

【主料】平菇400克。

【配料】蒜1头，盐2克，酱油5克，料酒8克，味精1克，水淀粉10克，植物油20克。

【制作】① 平菇去掉老根，切片；蒜去皮洗净，切片。② 锅中放水适量烧沸，平菇片下锅稍煮，捞出。③ 锅置火上，入油烧热，下蒜片爆香，烹入料酒、酱油，放清水，随即把平菇、盐下锅，烧沸，移至小火，慢烧至透，加入味精，用水淀粉勾芡即可。

【烹饪技法】煮，爆，烧。

【营养功效】抑制肿瘤，抗癌防癌。

【健康贴士】平菇还可与葱、蒜搭配食用，具有清热杀菌、降血脂的作用，适宜肥胖等人食用。

平菇炒蛋

【主料】鲜平菇150克，鸡蛋3个。

【配料】植物油15克，盐4克，胡椒粉2克，葱丝5克。

【制作】① 平菇去杂、洗净，切成细丝；鸡蛋磕入碗内搅匀。② 锅置火上，入油烧热，下平菇丝、葱丝煸炒，加盐、胡椒粉调味，把炒好的平菇丝放于锅边，再将鸡蛋炒熟，然后拌匀调味即可。

【烹饪技法】煸炒，炒，拌。

【营养功效】气血双补，滋补强身。

【健康贴士】平菇不宜和野鸡同食，易引发痔疮。

平菇肉片

【主料】平菇200克，猪肉100克，青椒、红椒各25克。

【配料】植物油30克，盐3克，胡椒粉1克，水淀粉10克，上汤50毫升，蒜片20克。

【制作】① 猪肉处理干净，切片；平菇洗净，撕小块；青椒、红椒去子、蒂洗净，切菱形片。② 锅置火上，入油烧至七成热，再放入肉片炒香，再放蒜片、平菇、青椒片、红椒片、上汤、盐、胡椒粉烧熟入味，用水淀粉勾芡，出锅装盘即可。

【烹饪技法】炒，烧。

【营养功效】滋阴润燥，健胃补脾。

【健康贴士】平菇不宜和驴肉同食，易引起腹痛、腹泻。

青椒平菇炒肉丝

【主料】平菇200克，猪肉100克，青椒50克。

【配料】盐5克，鸡精2克，料酒2克，淀粉5克，植物油30克。

【制作】① 青椒去籽，洗净，切丝；平菇洗净，撕条；猪肉切丝，加少许盐、料酒、淀粉拌匀。② 平菇倒入沸水锅焯烫，捞出，沥干水分；青椒下热油锅翻炒1分钟，盛出备用。③ 锅置火上，入油烧至七成热，倒入肉丝翻炒至八成熟，再倒入青椒和平菇翻炒2分钟，加盐、鸡精调味即可。

【烹饪技法】焯，拌，炒。

【营养功效】补脾健胃，温中散寒。

【健康贴士】平菇还可与鲫鱼搭配食用，具有滋补强身、健脑益智的作用，适宜身体虚弱、记忆力不佳者食用。

平菇炒鲜蔬

【主料】平菇 200 克，西葫芦、胡萝卜各 100 克，尖椒 30 克。

【配料】葱末 3 克，生抽 5 克，水淀粉 5 克，植物油 30 克。

【制作】① 平菇洗净，撕条，入沸水焯软，捞出，沥干水分；尖椒去子、蒂，洗净，切片；西葫芦、胡萝卜洗净，切片。② 锅置火上，入油烧热，下葱末爆香，放入西葫芦片爆炒，再放入平菇继续翻炒，加生抽、尖椒片，用水淀粉勾芡盛盘即可。

【烹饪技法】焯，爆，炒。

【营养功效】养血滋阴，养颜润肤。

【健康贴士】平菇还可与韭菜搭配食用，具有通便、解毒、提高免疫力的作用，适宜便秘、血液热毒过高、营养不良的人食用。

香菇

香菇富含维生素 B_1、维生素 B_2、维生素 C、烟酸等维生素以及钙、磷、铁等矿物质，此外香菇还含有蛋白质、氨基酸、香菇素、香菇酸、丁酸、天门冬素、胆碱、亚油酸、甘露醇、香菇多糖、膳食纤维等营养素。香菇所含的多糖类物质能够提高机体免疫力，可用于防癌抗癌；香菇富含的香菇素可以增强机体活力，防止未老先衰，经常食用有助于中年人延缓衰老；香菇所含的膳食纤维能够维持肠道健康，帮助身体排出毒素，防止消化不良、便秘的发生；香菇中含有的嘌呤、胆碱、酪氨酸、氧化酶以及某些核酸物质具有降血压、降胆固醇、降血脂的功效，经常食用可以预防心血管疾病，降低中年人罹患高血压、动脉硬化、冠心病的概率。

中医认为，香菇性平、味甘，无毒，入胃、肝经；具有降血脂、降胆固醇、祛风活血、化痰、抗癌、防衰老等功效，对贫血、肝炎、肿瘤、佝偻病、麻疹及食欲不振有一定的食疗功效。

干焖香菇

【主料】香菇 250 克。

【配料】白砂糖 10 克，香油 5 克，盐 3 克，料酒 5 克，老抽 5 克，葱段 3 克，姜末 3 克，高汤 150 毫升，植物油 20 克。

【制作】① 香菇洗净，入沸水焯烫，捞出，沥干水分。② 锅置火上，入油烧热，下葱段、姜末炝锅，加入酱油、白砂糖、料酒、盐、高汤和香菇，待汤汁收浓后，淋香油，出锅即可。

【烹饪技法】焯，炝，焖。

【营养功效】增强免疫，抗癌防癌。

【健康贴士】一般人皆宜食用。

香菇豌豆炖白果

【主料】香菇150克，白果50克，豌豆30克。

【配料】盐 3 克，味精 1 克，老抽 5 克，白砂糖 10 克，水淀粉 10 克，香油 5 克，高汤 500 毫升，植物油 15 克。

【制作】① 香菇去蒂，洗净，切片，入沸水焯烫，捞出，沥干水分；白果洗净，下油锅略炸。② 锅置火上，入油烧热，下香菇、豌豆略煸炒，加盐、白砂糖、高汤、老抽、味精用大火烧沸，改小火炖至入味，再用水淀粉勾芡，淋上香油即可。

【烹饪技法】焯，炸，煸炒，炖。

【营养功效】补气养血，健脾消食。

【健康贴士】香菇与豌豆搭配食用，可以起到开胃消食、增强人体免疫力的功效。

酿香菇盒

【主料】香菇 50 克，肉末 300 克。

【配料】盐 5 克，味精 1 克，蚝油 8 克，老抽 4 克，葱末 15 克，高汤 100 毫升，植物油 30 克。

【制作】① 香菇泡发洗净，去蒂；肉末放入碗中，调入盐、味精、葱末拌匀。② 将拌匀的肉末酿入香菇中。③ 平底锅置火上，入油烧热，放入香菇煎至八成熟，调入蚝油、老抽和高汤煮熟，出锅即可。

【烹饪技法】拌，煎，煮。

【营养功效】益肾和胃，健身强体。

【健康贴士】香菇还可与菜花搭配食用，具有通利肠胃、降低血脂的作用，适宜平时血虚肠枯而致大便秘结、高血压、高血脂等患者食用。

丝雨菇云

【主料】香菇 250 克，粉丝 50 克，白菜 100 克，青椒 25 克，红萝卜 35 克。

【配料】盐4克，老抽5克，味精2克，姜3克，水淀粉 10 克。

【制作】① 香菇剪成 5 厘米长、1 厘米宽的丝条，用老抽、味精稍腌片刻，下锅煸炒入味；粉丝泡水回软；白菜切长条；红萝卜、青椒、姜均切丝。② 锅置火上，入油烧热，放入姜丝炒香，下白菜条炒熟，调入盐、味精。③ 碗中放入软粉丝，香菇丝卷成云状铺在粉丝上，中间放白菜条，加盐、老抽、味精、姜蒸 10 分钟，倒扣在圆盘中。④ 红萝卜、青椒、笋丝煸炒几下，调味勾芡，淋在粉丝上即可。

【烹饪技法】腌，煸炒，炒，蒸。

【营养功效】美白肌肤，养护秀发。

【健康贴士】香菇也可与油菜搭配食用，具有益智健脑、润肠通便的作用，适宜神经衰弱、记忆力不佳、便秘等人食用。

典食趣话：

1981 年春，中国佛教协会会长赵朴初先生在厦门参观南普陀寺吃晚膳。当时天下小雨，却见天边云层里有一朵乌云逆向而行，正巧佛膳房端上一道菜，此菜制作细腻、造型精美、风味奇异迷人，赵朴初问其菜名，住持介绍其名曰“丝雨孤云”，赵朴初品尝后连连称好，随即触景生情，挥毫写下“丝雨菇云”4 个字，因以谐音“菇”字代替了“孤”使菜名更富有诗意。

长寿菜

【主料】香菇 500 克，冬笋 50 克。

【配料】老抽 10 克，白砂糖 5 克，味精 1 克，植物油 30 克，香油 15 克，水淀粉 3 克，高汤 150 毫升。

【制作】① 香菇去蒂，用清水反复洗干净；冬笋切成 4 厘米长的薄片。② 锅置火上，入油烧至六七成热，下冬笋片煸炒，然后下香菇，加酱油、白砂糖、味精、高汤大火烧沸后，移小火上焖煮 15 分钟左右，至香菇熟吸入卤汁发胖时，移大火上收汁，用水淀粉勾芡，翻炒几下，淋上香油，出锅装盘即可。

【烹饪技法】煸，炒烧，焖，煮。

【营养功效】抗癌降脂，延年益寿。

【健康贴士】香菇也可与薏米搭配食用，具有健脾利湿、防癌抗癌的作用，适宜脾胃薄弱、病后虚羸、气血不足、营养不良等人食用。

【巧手妙招】香菇选中等肉厚的为佳，要浸软发透；烹制时要用小火焖煮，使其吸足卤汁，食时鲜香可口。

罗汉菜

【主料】发菜 30 克，香菇 50 克，冬笋 50 克，素鸡 50 克，黄花菜 25 克，白果 25 克，菜花 25 克，蘑菇 50 克，胡萝卜 25 克，木耳 25 克。

【配料】料酒 2 克，老抽 3 克，淀粉 5 克，植物油 75 克，姜 2 克，白砂糖 2 克，味精 2 克，高汤 150 毫升，香油 25 克。

【制作】① 发菜洗净，沥干水分；香菇、鲜蘑、冬笋、胡萝卜洗净均分别切成长方形块；菜花洗净切块；白果拍碎；黄花菜切成 3 厘米长的段；素鸡切成3厘米长的片；木耳去蒂，洗净，沥干水分。② 将菜花、白果、胡萝卜放入沸水锅中汆熟。③ 锅置上火，入油烧至八成热，将除发菜以外的所有主料下锅煸炒，加老抽、姜末、白砂糖、味精、料酒、高汤炒拌均匀，再下发菜，见汤汁起滚，用水淀粉勾芡，淋香油，即可装盘上桌。

【烹饪技法】汆，煸炒，炒，烧。

【营养功效】祛暑解热，排毒瘦身。

【健康贴士】香菇是易致气喘的发物之一，哮喘、支气管炎患者不宜食用。

香菇烧冬笋

【主料】冬笋、豆苗各300克，香菇100克。

【配料】植物油20克，酱油、蚝油各10克，盐5克。

【制作】① 香菇洗净，放入水中浸泡至软；豆苗洗净；冬笋洗净，切片。② 锅置火上，入水烧沸，下入豆苗焯烫片刻，捞出，沥干水分。③ 另取锅置火上，入油烧热，放入冬笋、香菇翻炒；加入豆苗、酱油、盐炒匀，出锅装盘即可。

【烹饪技法】焯，炒。

【营养功效】清热消痰，利膈爽胃。

【健康贴士】香菇为发物，顽固性皮肤瘙痒患者应禁食。

【巧手妙招】加入适量鸡精，会让此菜更美味。

金针菇

金针菇以其菌盖嫩滑、柄脆、营养丰富、味美而著称于世。据测定，金针菇氨基酸的含量非常丰富，高于一般菇类，尤其是赖氨酸的含量特别高，赖氨酸具有促进儿童智力发育的功能。金针菇干品中约含蛋白质8.87%，碳水化合物60.2%，膳食纤维达7.4%，经常食用可防治溃疡病。最近研究又表明，金针菇含有一种叫朴菇素的物质，具有很好的抗癌作用。

中医认为，金针菇性凉、味甘，入脾、大肠经；具有补肝、益肠胃、抗癌等功效，适用于肝病、胃肠道炎症、溃疡、癌瘤等病症。

金菇玉子豆腐

【主料】内酯豆腐500克，金针菇100克，红椒50克。

【配料】盐3克，味精1克，生抽8克，水淀粉15克，葱段5克，姜末5克，植物油60克。

【制作】① 内酯豆腐切小块；金针菇去根，洗净；红椒洗净，切菱形块。② 锅置火上，入水烧沸，放金针菇稍焯，捞出，沥干水分；豆腐块入油锅中炸至金黄色，捞出沥油。③ 净锅后置火上，入油烧热，下葱段、姜末、红椒片炒香，放入金针菇和豆腐，加入盐、味精、生抽炒匀入味，用水淀粉勾芡即可。

【烹饪技法】焯，炸，炒。

【营养功效】益智强体，防癌抗癌。

【健康贴士】一般人都可食用，尤其适合青少年食用。

【巧手妙招】炸豆腐时油温不宜过高，将豆腐炸至金黄色即可。

金针菇炒肉丝

【主料】猪肉250克，金针菇200克，鸡蛋清50克，胡萝卜50克，芥蓝梗25克。

【配料】葱丝5克，盐5克，料酒5克，淀粉5克，高汤50毫升，香油3克，植物油15克。

【制作】① 猪肉切成丝，放入碗内，加蛋清、盐、料酒、淀粉拌匀；金针菇洗净，去蒂；胡萝卜洗净，切丝；芥蓝梗洗净，切丝。② 锅置火上，入油烧热，下肉丝滑熟，放葱丝炒香，放高汤调好味，倒入金针菇、胡萝卜、芥蓝丝拌匀，颠翻几下，淋上香油，出锅即可。

【烹饪技法】拌，炒。

【营养功效】开胃消食，润肠通便。

【健康贴士】金针菇也可与绿豆芽搭配食用，具有清热解毒、预防中毒的作用，老少皆宜。

【举一反三】以鸡丝、笋丝、火腿丝等材料代替本菜中的肉丝，会别有一番美味。

家常炒金针菇

【主料】金针菇 300 克，海蜇皮 150 克，猪肉 50 克。

【配料】盐 4 克，味精 1 克，老抽 3 克，葱 5 克，姜 3 克，香油 5 克，植物油 30 克。

【制作】① 金针菇去蒂，洗净；猪肉处理干净，切丝；海蜇皮泡去盐分，用清水洗净。② 金针菇、海蜇皮分别焯水，捞出，用清水冲凉。③ 锅置火上，入油烧热，下入猪肉丝煸炒八成熟，下葱、姜爆香，调入老抽、盐、味精，下入金针菇、海蜇迅速翻炒均匀，淋香油，出锅即可。

【烹饪技法】煸炒，炒。

【营养功效】补脑增智，防病强身。

【健康贴士】金针菇还可与萝卜搭配食用，具有清肺化痰、益智健脑的作用，适宜咳嗽痰多、记忆力不佳的人食用。

金针菇炒墨鱼丝

【主料】金针菇 150 克，墨鱼 300 克，青椒丝、红椒丝各 50 克。

【配料】盐 4 克，料酒 10 克，植物油 30 克。

【制作】① 金针菇去蒂，洗净，切段；墨鱼处理干净，切丝。② 锅置火上，入油烧热，下墨鱼丝煸炒，加盐、料酒炒匀，加入金针菇、青椒丝、红椒丝翻炒至熟，出锅装盘即可。

【烹饪技法】煸炒，炒。

【营养功效】保肝护肾，滋阴补血。

【健康贴士】一般人都可食用，尤其适合产妇食用。

金针菇扣豌豆苗

【主料】金针菇 250 克，豌豆苗 300 克。

【配料】植物油 30 克，鸡精 2 克，味精 1 克，盐 4 克。

【制作】① 金针菇洗净，入沸水中略焯，捞出，沥干水分，放入碗中加适量鸡精、味精和盐调味，蒸熟备用。② 锅置火上，入油烧热，倒入洗净的豌豆苗炒熟，盛出装盘，将蒸好的金针菇扣入盘中即可。

【烹饪技法】焯，蒸，炒。

【营养功效】通便美容，防癌瘦身。

【健康贴士】金针菇性凉，脾胃虚寒者不宜食用。

凤尾菇

凤尾菇含有丰富的蛋白质、氨基酸、维生素等物质，几乎没有脂肪，是糖尿病人和肥胖症患者的理想食品，还有降低胆固醇的作用。鲜凤尾菇每百克含维生素 C 高达 33 毫克，有助于提高人体免疫功能。还含有维生素 B_1、维生素 B_2、烟酸、多种矿物质。另据最近研究证实，凤尾菇还含有的一些生理活性物质，具有诱发干扰素的合成，提高人体免疫功能，具有防癌、抗癌的作用。人们称之为“健康食品”“安全食品”。

中医认为，凤尾菇性平、味甘，入脾、胃经；具有补中益气、降血脂、降血压、降胆固醇的功效，很适用于肥胖病、高血压、高血脂的人食用。

蚝油凤尾菇

【主料】凤尾菇 300 克。

【配料】植物油 20 克，葱 50 克，蒜 10 克，姜 5 克，蚝油 20 克，盐 3 克，味精 1 克。

【制作】① 凤尾菇洗净，沥干水分，撕成小片；葱洗净，切段；蒜切片；姜切丝。② 锅置火上，入油烧至七成热，下蒜片、姜丝、葱段、蚝油以小火炒出香味，倒入凤尾菇炒匀，加适量水加盖中火烧约 5 分钟，汁刚干时出锅，装盘即可。

【烹饪技法】炒，烧。

【营养功效】去脂降压，美容瘦身。

【健康贴士】凤尾菇也可与鸡肉搭配食用，

具有滋补强身的作用，适宜身体虚弱乏力者食用。

锅包凤尾菇

【主料】凤尾菇 200 克，樱桃 5 颗。
【配料】植物油 50 克，洋葱 5 克，姜 5 克，番茄酱 10 克，白砂糖 10 克，醋 5 克，盐 3 克，淀粉 5 克。
【制作】① 凤尾菇去蒂，洗净，切片，粘上淀粉糊备用。② 锅置火上，入油烧热，下凤尾菇炸至金黄色捞出，沥油。③ 起锅入底油，加入洋葱、姜、番茄酱、白砂糖、醋、盐熬至黏稠时，放入凤尾菇翻炒均匀，撒入樱桃即可。
【烹饪技法】炸，熬，炒。
【营养功效】补气益胃，健身强体。
【健康贴士】一般人皆可食用，尤其适合孕产妇食用。

凤尾菇炒肉丝

【主料】鲜凤尾菇 500 克，猪肉 250 克。
【配料】植物油 15 克，料酒 5 克，盐 3 克，老抽 3 克，葱末 3 克，姜丝 5 克，白砂糖 2 克。
【制作】① 凤尾菇去蒂洗净，切条；猪肉洗净，切丝。② 锅置火上，入油烧热，放入肉丝煸至水干，加入老抽煸炒，再加入盐、料酒、白砂糖、葱末、姜和适量水煸至肉丝熟，加凤尾菇炒至入味即可。
【烹饪技法】煸，煸炒。
【营养功效】补气健身，防病抗病。
【健康贴士】凤尾菇还可与茄子、鹅血搭配食用，对防治癌症有一定疗效。

茶树菇

茶树菇是集高蛋白、低脂肪、低糖分、保健食疗于一身的纯天然无公害保健食用菌。据国家食品质量监督检验中心测定，茶树菇富含人体所需的天门冬氨酸、谷氨酸等 17 种氨基酸和十多种矿物质微量元素与抗癌多糖，其药用保健疗效高于其他食用菌。

中医认为，茶树菇性温、味甘，无毒，入脾、肺经；有益气开胃、健脾止泻、补肾滋阴、提高人体免疫力、增强人体防病能力的功效，适用于肾虚、尿频、水肿、风湿、小儿低热、尿床等症。

茶树菇炒肉丝

【主料】茶树菇 200 克，猪肉 250 克，红椒、青椒各 25 克。
【配料】植物油 15 克，盐 3 克，味精 2 克，醋 8 克，料酒 10 克，老抽 15 克，青蒜 5 克。
【制作】① 茶树菇去蒂，洗净；猪肉洗净，切丝；红椒、青椒洗净，切丝；青蒜洗净，切段。② 锅置火上，入油烧热，下肉丝爆炒，调入盐，烹入醋、料酒、老抽、味精炒至快熟时，放入茶树菇、红椒、青椒、青蒜一起炒至熟，出锅装盘即可。
【烹饪技法】爆炒，炒。
【营养功效】补中益气，健脾止泻。
【健康贴士】茶树菇不宜和酒同食，有碍人体营养吸收。

茶树菇炒鸡丝

【主料】茶树菇 100 克，鸡肉 400 克，鸡蛋清 30 克，红椒丝、青椒丝各 20 克。
【配料】植物油 15 克，盐 3 克，味精 2 克，黄酒 10 克，白砂糖 3 克，淀粉 10 克。
【制作】① 茶树菇泡透；鸡胸肉洗净，切丝。② 将鸡肉丝与鸡蛋清、盐、淀粉抓散、拌匀；味精、黄酒、白砂糖加清水对成汁。③ 锅置火上，入油烧热，下鸡肉丝滑锅，盛出。④ 锅内留少量油上火，放茶树菇略炒，再下入鸡肉丝、青椒丝、红椒丝，倒入兑好的汁搅匀即可。
【烹饪技法】炒。
【营养功效】温胃散寒，健脾止泻。
【健康贴士】茶树菇还可与灵芝搭配食用，具有延年益寿的作用，非常适合老年人食用。

茶树菇炒牛柳

【主料】牛柳、茶树菇各 200 克，青椒、红椒各 20 克，洋葱 15 克。

【配料】植物油 15 克，盐 4 克，味精 1 克，老抽 10 克。

【制作】① 牛柳洗净，切条；茶树菇洗净；洋葱洗净，切小片；青椒、红椒洗净，切条。② 锅置火上，入油烧热，入牛柳爆香，捞出；锅内留油，下茶树菇炒熟，放入洋葱、青椒、红椒炒香，入盐、味精、老抽炒匀，与牛柳一起盛盘即可。

【烹饪技法】爆，炒。

【营养功效】驻容养颜，防老抗病。

【健康贴士】茶树菇还可与茼蒿搭配食用，具有清肝、明目、降压的作用，适宜急性肝炎患者食用。

【巧手妙招】炒的时间不宜太长，否则牛柳会变老。

草菇

草菇含胡萝卜素、维生素 B_1、维生素 B_2、维生素 B_6、维生素 B_{12}、维生素 E、叶酸、泛酸、烟酸及多种矿物质元素。草菇的维生素 C 含量高，能促进人体新陈代谢，提高机体免疫力，增强人体抗病能力；此外，草菇能减少人体对碳水化合物的吸收，是糖尿病患者的良好食品。

中医认为，草菇性寒、味甘、微咸，无毒，入脾、胃经；具有消食、祛热、补脾益气、清暑热、滋阴壮阳、增加乳汁、促进创伤愈合、护肝健胃、增强人体免疫力的功效，是优良的食药兼用型的营养保健食品。

小番茄草菇

【主料】草菇 150 克，小番茄 100 克。

【配料】植物油 30 克，盐 3 克，水淀粉 10 克，葱段 8 克，鸡汤 50 克。

【制作】① 草菇、小番茄洗净，切成两半，小番茄摆盘。② 草菇用沸水焯至变色后，捞出。③ 锅置火上，入油烧热，倒入葱段煸炒出香味，放入草菇炒匀，加入清水，待草菇熟时放盐调味，用水淀粉勾芡，盛出放在小番茄上即可。

【烹饪技法】焯，煸炒，炒。

【营养功效】清热解暑，降低血压。

【健康贴士】草菇还可与豆腐搭配食用，具有降压、降脂、健脾胃的作用，适宜高血压、高血脂、脾胃虚弱的人食用。

草菇虾仁

【主料】草菇 150 克，虾仁 300 克，胡萝卜 30 克。

【配料】植物油 30 克，鸡蛋清 30 克，盐 3 克，料酒 5 克，葱段 10 克。

【制作】① 虾仁挑净泥肠，洗净后拭干；草菇洗净，焯烫后捞出，冲凉；胡萝卜洗净去皮，切片。② 锅置火上，入油烧热，下虾仁炸至弯曲变红时，捞出，余油倒出，另用油炒葱段、胡萝卜片和草菇，然后将虾仁回锅，加入鸡蛋清、盐、料酒同炒至匀，盛出即可。

【烹饪技法】炸，炒。

【营养功效】强肝补肾，补虚温阳。

【健康贴士】草菇性寒，寒性哮喘患者应禁食。

草菇玉米笋

【主料】草菇 150 克，玉米笋 150 克，黄瓜 50 克。

【配料】植物油 30 克，红椒 30 克，大蒜 5 克，黑胡椒 2 克，老抽 5 克，盐 5 克。

【制作】① 草菇洗净，放入沸水锅中焯烫，捞出，沥干水分；黄瓜洗净，切滚刀块；玉米笋洗净，对切两半；红椒洗净，去蒂，切段；大蒜去皮，切片。② 锅置火上，入油烧热，爆香红椒及大蒜，放入黄瓜及玉米笋炒熟，放入草菇及红椒段、黑胡椒、老抽、盐炒匀，出锅装盘即可。

【烹饪技法】焯，爆，炒。
【营养功效】清热解暑，利肝健胃。
【健康贴士】草菇也可与猪肉搭配食用，具有补脾、益气的作用，适宜疲弱乏力、气血不足的人食用。

蚝油草菇爆花蛤

【主料】草菇 100 克，花蛤 250 克，青椒 25 克，红尖椒 20 克。
【配料】姜片 5 克，蒜瓣 3 克，料酒 20 克，生抽 10 克，蚝油 20 克，盐 5 克，白砂糖 3 克。
【制作】① 花蛤提前浸泡在水里，撒入一勺盐，让其张开吐沙，之后反复清洗；青椒洗净，切菱形片，草菇洗净，对半切开，红椒切段。② 锅内加入适量水，大火烧沸后，加入姜片，料酒，倒入花蛤，焯水至张口，捞出备用。③ 锅置火上，入油烧热，爆香姜片和蒜瓣，加入青椒、草菇翻炒，倒入花蛤、红尖椒继续翻炒，加入生抽、蚝油，出锅前再加白砂糖调鲜即可。
【烹饪技法】焯，爆，炒。
【营养功效】通利肠胃，清热化痰。
【健康贴士】草菇性寒，脾胃虚寒者不宜多食。
【巧手妙招】买回来的花蛤需要用盐水浸泡让其张口吐沙，盐的量多放或者少放都不能使其张口，可以观察花蛤的张口状态适量的加盐，浸泡时间最好 1 小时以上，在烹饪之前，花蛤一定要多次冲洗以去除吐出来的沙。

奶香菇芥

【主料】草菇 150 克，芥蓝 150 克。
【配料】牛奶 200 克，盐 3 克，鸡精 1 克，胡椒粉 2 克，玉米淀粉 5 克，香油 5 克。
【制作】① 草菇洗净，对半切开；芥蓝菜洗净，入沸水汆烫，捞出过凉控水，切成段。② 锅置火上，加适量牛奶，下放芥蓝，用盐、鸡精、胡椒粉调好味，小火烧 5 分钟左右，捞出后装盘内。③ 把草菇倒入烧芥蓝的汤内煮透，用玉米粉勾芡，最后淋上香油，出锅后倒在装芥蓝的盘中即可。
【烹饪技法】汆，烧，煮。
【营养功效】润肠通便，排毒瘦身。
【健康贴士】一般人都可食用，尤其适合女性食用。

口蘑

口蘑热量少，营养多，除基本的膳食纤维、蛋白质和多种维生素外，还含有叶酸、铁、钾、硒、铜、维生素 B 等。口蘑富含的微量元素硒，能够防止过氧化物损害机体，提高人体免疫力；口蘑还含有多种抗病毒成分，对辅助治疗由病毒引起的疾病有很好的效果。

中医认为，口蘑性平、味甘，入脾、胃、大肠经；具有益气、散血热、解表化痰、理气等功效，可用于高血压、肺结核、软骨病、肝炎等病症的治疗。

健康三宝

【主料】香菇 200 克，口蘑 200 克，红枣 30 枚，青椒、红椒各 30 克。
【配料】盐 3 克，鸡精 1 克，生抽 15 克，料酒 20 克，植物油 30 克。
【制作】① 香菇、口蘑洗净，切块，用热水烫过后，晾干备用；红枣洗净，切成两半，去核；青椒、红椒洗净切成斜片。② 锅置火上，入油烧热，下料酒，放入香菇、口蘑翻炒至熟后，加入红枣炒出香味，加盐、生抽炒匀，再加入青椒片、红椒片稍炒后，加入味精调味，出锅装盘即可。
【烹饪技法】炒。
【营养功效】润肠排毒，滋补抗癌。
【健康贴士】口蘑不宜与驴肉同食，会导致腹痛、腹泻。
【巧手妙招】红枣可先用温水泡涨后，再切

半，去核，这样口感更好。

风味口蘑

【主料】口蘑200克，油菜100克，猪肉50克。

【配料】盐3克，鸡精1克，生抽10克，料酒8克，植物油30克。

【制作】①口蘑洗净，切块，用热水焯烫过后，捞出沥干；油菜洗净；猪肉洗净，切丝。②锅置火上，入油烧热，下料酒，放入焯过的口蘑与肉丝一起翻炒，再放入油菜与盐、生抽，放入少量水焖煮，加入味精调味，出锅装盘即可。

【烹饪技法】焯，炒，焖，煮。

【营养功效】健脾益胃，减肥美容。

【健康贴士】口蘑有清热、润肺的作用，适宜肺热咳嗽、血热等病症患者食用。

红烧口蘑

【主料】口蘑500克。

【配料】蚝油10克，红烧汁15克，糖5克，胡椒粉2克，香葱3克，植物油20克。

【制作】①口蘑洗净，切片，放入沸水中焯烫，捞出，沥干水分。②锅置火上，入油烧热，加入口蘑片翻炒片刻，然后加蚝油炒匀，加适量的水、红烧汁、糖和胡椒粉大火烧沸，转中火烧至收汁，撒入香葱粒即可

【烹饪技法】焯，炒，烧。

【营养功效】益气解表，化痰理气。

【健康贴士】口蘑还可与冬瓜搭配食用，具有减肥美容的作用，很适合减肥人士和年老体弱者食用。

口蘑炒五花肉

【主料】口蘑200克，五花肉150克，红椒30克。

【配料】盐2克，味精1克，老抽5克，料酒10克，姜片、香菜各2克，植物油15克。

【制作】①口蘑洗净，切片，焯烫后，捞出沥干水分备用；五花肉洗净，切片；红椒洗净，切段；香菜洗净。②锅置火上，入油烧热，下姜片炒香，放入肉片爆炒至呈金黄色时，加入盐、老抽、料酒、红椒与口蘑一起翻炒至汤汁快收干时，放香菜略炒后，调入味精，出锅装盘即可。

【烹饪技法】焯，爆炒，炒。

【营养功效】清肠排毒，祛脂降压。

【健康贴士】口蘑也可与青豆搭配食用，具有清热解毒、健身宁心的作用，适宜暑热口渴、心烦气躁、少气懒言的人食用。

【巧手妙招】做此菜时，最好用点儿水淀粉收汁，菜的味道和品相都会更好。

鸡腿菇

鸡腿蘑含有丰富的蛋白质、碳水化合物、多种维生素、多种矿物质。

中医认为，鸡腿菇性平、味甘，入脾、胃经；具有益胃、清神、助消化、治痔的功效，经常食用有助消化、增加食欲和治疗痔疮的作用。

蚝油鸡腿菇

【主料】鸡腿菇400克，蚝油20克。

【配料】青椒、红椒各20克，盐3克，老抽5克，植物油15克。

【制作】①鸡腿菇洗净，用水焯过后，沥干；青椒、红椒洗净，切成菱形片。②锅置火上，入油烧热，放入焯过的鸡腿菇翻炒，再放入盐、老抽、蚝油烧至汤汁收浓时，再放入青椒片、红椒片稍炒，出锅装盘即可。

【烹饪技法】焯，炒，烧。

【营养功效】开胃消食，通便防痔。

【健康贴士】鸡腿菇不宜和酒同食，易导致呕吐。

【巧手妙招】清洗鸡腿菇时，最好用淡盐水浸泡一会儿，可除去菇体中的异味。

素炒鸡腿菇

【主料】鸡腿菇 200 克，胡萝卜 50 克。
【配料】盐 3 克，鸡精 1 克，植物油 20 克，水淀粉 5 克，香油 3 克。
【制作】① 鸡腿菇、胡萝卜洗净，切成片，入沸水焯烫。② 锅置火上，入油烧热，下鸡腿菇和胡萝卜翻炒，用盐、鸡精调味后勾芡，出锅时撒香油即可。
【烹饪技法】炒。
【营养功效】益脾健胃，清热解毒。
【健康贴士】鸡腿菇也可与海螺搭配食用，具有降脂、降血糖的作用，适宜糖尿病患者食用。

三杯鸡腿菇

【主料】鸡腿菇 300 克。
【配料】蒜 5 克，淀粉 10 克，姜 10 克，香油 5 克，生抽 5 克，料酒 10 克，白砂糖 3 克，植物油 30 克。
【制作】① 鸡腿菇洗净后，用手撕成条，并裹上淀粉，放置 3 分钟。② 锅置火上，入油烧至六成热，下鸡腿菇炸至金黄色，捞出沥油；净锅小火焙炒姜片至其水汽散尽，呈焦黄状。③ 锅中入香油，小火，入姜片炒到边角起卷，入蒜瓣爆出香味后，倒入香油、生抽、料酒、白砂糖和鸡腿菇翻炒均匀后，中火稍微焖 1 分钟，大火收干汤汁即可。
【烹饪技法】炸，炒，爆，焖。
【营养功效】健胃消食，清神益智。
【健康贴士】鸡腿菇具有增进食欲的作用，适宜食欲不振者食用。

鸡腿菇香芹炒牛肉

【主料】鸡腿菇、芹菜各 150 克，牛肉 200 克，红椒 35 克。
【配料】盐 3 克，水淀粉 10 克，植物油 15 克。
【制作】① 鸡腿菇洗净，切片；芹菜去叶，洗净，切段；牛肉洗净，切片；红椒洗净，切片。② 锅置火上，入油烧热，下牛肉炒开，加入鸡腿菇、盐焖至入味，再加入红椒片、芹菜段炒匀，用水淀粉勾芡即可。
【烹饪技法】炒。
【营养功效】健脾养胃，安中益气。
【健康贴士】鸡腿菇也可与猪肚搭配食用，具有益胃清神、助消化、降血糖、降脂的作用，适宜体弱、病后调养者食用。
【巧手妙招】牛肉切好后加适量淀粉腌渍，炒熟后口感会更嫩。
【举一反三】可以把红椒换成剁椒。

鸡腿菇扒竹笋

【主料】鸡腿菇 200 克，竹笋 300，青椒、红椒各 25 克。
【配料】盐 3 克，水淀粉 10 克，植物油 35 克。
【制作】① 鸡腿菇洗净沥干水分；青椒、红椒洗净切片；竹笋洗净，切片，入沸水中焯烫，捞出，装盘备用。② 锅置火上，入油烧热，下入鸡腿菇、竹笋快炒，放盐、酱油，翻炒均匀，加入青椒、红椒炒熟，淋上香油，出锅即可。
【烹饪技法】焯，炒。
【营养功效】清热润肠，降脂利尿。
【健康贴士】鸡腿菇也可与羊肉搭配食用，具有通乳治带、利尿的作用，适宜女性产后乳汁不足者食用。

滑子菇

滑子菇含有粗蛋白、脂肪、碳水化合物、粗纤维、灰分、钙、磷、铁、维生素 B、维生素 C、烟酸和人体所必需的其他各种氨基酸。附着在滑子菇菌伞表面的黏性物质是一种核酸，有助于保持脑细胞活性，能消除疲劳，补充精力，是补脑、健脑的理想食品；滑子菇中蛋白质质量高，容易被人体消化吸收，而且氨基酸种类丰富，能有效提高人体免疫力，抵抗多种病毒的侵袭，强身健体；滑子菇中大量的钾，是高效的碱性食品，可中和因吃肉而产生的酸，可预防血液酸性过高、高血压、动脉硬化等症。

中医认为，滑子菇性平、味甘，入脾、胃经，具有补脾胃、益气等功效，主治食欲减退、少气乏力等症。

滑子菇小白菜

【主料】滑子菇200克，小白菜200克。

【配料】盐2克，味精1克，生抽8克，植物油30克。

【制作】① 滑子菇洗净，焯水后，沥干水分；小白菜洗净，切段。② 锅置火上，入油烧热，下入滑子菇翻炒，加入盐、生抽入味后，再放入小白菜翻炒后，加入味精调味，出锅装盘即可。

【烹饪技法】焯，炒。

【营养功效】强身健体，防癌抗癌。

【健康贴士】一般人皆可食用，尤其适合中老年人及儿童食用。

【巧手妙招】滑子菇不可长时间浸泡，以免菌盖的黏性物质流失掉。

滑子菇炒肉丝

【主料】滑子菇200克，猪肉150克，红椒20克，鸡蛋清30克。

【配料】葱丝10克，盐3克，味精1克，淀粉5克，植物油15克。

【制作】① 滑子菇洗净；猪肉洗净，切成细丝，用蛋清、淀粉拌匀；红椒洗净，切丝。② 锅置火上，入油烧热，下肉丝滑炒至肉色发白时，捞出。③ 净锅后置火上，入油烧热，下葱丝、红椒丝爆香，再下入滑子菇炒2分钟，下入炒好的肉丝及盐、味精翻炒均匀即可。

【烹饪技法】滑炒，爆，炒。

【营养功效】健脑提神，益智安神。

【健康贴士】一般人皆可食用，尤其适合青少年食用。

【巧手妙招】在腌渍猪肉时，可加一点儿盐，这会让肉丝更加入味。

滑子菇炒牛肉

【主料】滑子菇100克，牛肉200克，生菜50克，青椒、红椒各25克。

【配料】盐3克，味精1克，料酒5克，老抽15克，淀粉5克，香油3克，植物油30克。

【制作】① 滑子菇洗净；牛肉洗净、切片，用盐、料酒、酱油、淀粉腌渍，生菜洗净，垫盘底；青椒、红椒洗净，去蒂，切片。② 锅置火上，入油烧热，下牛肉稍炒后盛出；锅内留油烧热，下青椒片、红椒片爆香，入滑子菇翻炒，再倒入牛肉同炒片刻。③ 出锅前调入味精、香油炒匀，盛出放在生菜上即可。

【烹饪技法】炒。

【营养功效】益胃健脾，增强免疫。

【健康贴士】一般人皆可食用，尤其适合老年人食用。

【巧手妙招】生菜洗净后可放入沸水中稍焯烫。

滑子菇炒鸡柳

【主料】鸡柳300克，滑子菇100克。

【配料】盐3克，味精1克，老抽15克，醋8克，植物油30克。

【制作】① 鸡柳洗净；滑子菇洗净。② 锅置火上，入油烧热，下鸡柳翻炒至发白，加入滑子菇一起炒匀，再放入盐、老抽、醋翻炒至熟后，加入味精调味，出锅装盘即可。

【烹饪技法】炒。

【营养功效】排毒养颜，美白抗衰。

【健康贴士】一般人皆可食用，尤其适合女性食用。

牛肝菌

牛肝菌营养丰富，是一种世界性著名食用菌。牛肝菌含有人体必需的8种氨基酸及丰富的蛋白质、碳水化合物、核黄素、腺膘呤、胆碱和腐胺等生物碱。

中医认为，牛肝菌性温，味甘，入肾、胃经；具有清热解烦、养血和中、祛风散寒、舒筋活血等功效。另外，还有抗流感病毒、防治感冒的作用。

素炒牛肝菌

【主料】牛肝菌 350 克，西蓝花 50 克，红椒 20 克。
【配料】蒜 3 克，盐 3 克，植物油 15 克。
【制作】① 牛肝菌洗净，入沸水焯烫，捞出，沥干水分；西蓝花秆撕去老筋，洗净，切片；蒜切片；红椒切块。② 锅置火上，入油烧热，下蒜片煸香，然后倒入红椒、西蓝花秆翻炒，然后再下牛肝菌，继续翻炒大约 3 分钟以上，下入盐、蒜调味，出锅。
【烹饪技法】煸，炒。
【营养功效】益气补血，补虚健脑。
【健康贴士】牛肝菌还可鸡肉搭配食用，具有强身健体的作用，适宜身体虚弱的人食用。
【巧手妙招】为了保持新鲜牛肝菌的口感，可以事先过油脱水以后再炒。

双椒牛肝菌

【主料】牛肝菌 300 克，青椒、红椒各 50 克。
【配料】盐 3 克，味精 1 克，生抽 10 克，料酒 15 克，植物油 30 克。
【制作】① 牛肝菌洗净，用沸水焯过后，沥干待用；红椒、青椒洗净，均切成菱形片。② 锅置火上，入油烧热，下牛肝菌翻炒，加入盐、生抽、料酒翻炒至汤汁收浓时，放入红椒片、青椒片稍炒，加入味精调味后，出锅装盘即可。
【烹饪技法】焯，炒。
【营养功效】祛风散寒，补虚提神。
【健康贴士】牛肝菌性温，上火时不宜多食。
【巧手妙招】用水淀粉勾一层薄芡，会让此菜更美味。

爆炒牛肝菌

【主料】盐渍牛肝菌 350 克。
【配料】姜 10 克，蒜 8 克，大葱 3 克，青椒 30 克，甜椒 30 克，盐 3 克，味精 2 克，鸡精 1 克，植物油 30 克。
【制作】① 盐渍牛肝菌冲净盐味，切片；姜、蒜去皮洗净，切片；大葱洗净，取其葱白，切成马耳朵形；青椒、甜椒去蒂及子，洗净，切成菱形块。② 锅置大火上，注水至沸，下牛肝菌焯烫，捞出，沥干水分。③ 锅置火上，入油烧至六成热，放青椒、甜椒、姜片、蒜片炒香，加入牛肝菌，调入盐翻炒至辣椒断生入味，下葱、味精、鸡精颠锅翻炒均匀，出锅装盘中即可。
【烹饪技法】焯，炒。
【营养功效】舒筋活络，通乳治带。
【健康贴士】一般人皆可食用，尤其适合孕产妇食用。

牛肝菌扒菜心

【主料】牛肝菌 400 克，菜心 200 克。
【配料】盐 8 克，鸡精 2 克，香油 3 克，水淀粉 20 克，高汤 100 毫升，植物油 30 克。
【制作】① 牛肝菌洗净切片；菜心洗净。② 锅置火上，入油烧热，下入菜心炒熟，整齐放在盘中待用。③ 牛肝菌炒香，下入盐、鸡精、高汤烧 3 分钟，用水淀粉勾芡出锅，淋上香油，放在菜心上即可。
【烹饪技法】炒，烧，淋。
【营养功效】清热除烦，抗菌防病。
【健康贴士】牛肝菌也可与猪肉搭配食用，具有益气补血、强筋健骨的作用，适宜气血虚弱，筋骨软弱者食用。

猪肚菇

猪肚菇是一种较常见的野生食用菌，因其风味独特，有似竹笋般的清脆，猪肚般的滑腻，因而被称之为“笋菇”和“猪肚菇”。菌盖中的氨基酸含量占干物质的16.5%以上，其中必需氨基酸占氨基酸总量的45%，高于大多数食用菌，菌盖中粗脂肪的含量高达11.4%，还含有蛋白质、糖、脂肪、维生素和铁、钙、钼、锌等，对人体健康十分有利。

中医认为，猪肚菇性平、味甘，入脾、肾经；具有补肾、滋阴、美容、抗癌、降压、防衰等功效。

清蒸猪肚菇

【主料】猪肚菇450克，鸡肉150克。

【配料】姜5克，葱3克，红椒15克，青椒15克，盐8克，黄酒10克，香油10克。

【制作】① 姜洗净，切片；葱洗净，打结；青椒、红椒洗净，去子，切末；猪肚菇用清水轻轻冲洗表面浮尘后，掰成小片，浸入淡盐水中片刻，冲洗干净，沥干水分。② 鸡肉洗净，锅里放适量清水，放入鸡脯、姜片和葱结，大火煮沸，倒入黄酒，调入盐，小火煮至筷子可轻松插入鸡肉中，捞出鸡肉，冷却后沿纹路用手撕成细丝待用。③ 猪肚菇放入盘中，放上姜片，中火蒸15分钟，调入盐与香油拌匀，加鸡丝，撒青红椒末即可。

【烹饪技法】煮，蒸，拌。

【营养功效】滋阴壮阳，强身健体。

【健康贴士】猪肚菇还可与豆腐搭配食用，具有补钙健骨、益智健脑的作用，适宜筋骨软弱或疼痛、记忆力不佳者食用。

蚝油猪肚菇

【主料】猪肚菇350克，红椒35克，青椒35克。

【配料】蒜5克，盐3克，鸡精1克，水淀粉5克，蚝油12克，植物油15克。

【制作】① 猪肚菇洗净，入沸水焯烫，捞出，过凉备用；青椒、红椒洗净，切块。② 锅置火上，入油烧热，用小火炒香蒜末，倒入猪肚菇和青椒、红椒翻炒均匀，加入蚝油，盐炒匀；用水淀粉勾薄芡，出锅前放点儿鸡精调味。

【烹饪技法】焯，炒。

【营养功效】抗老防衰，抗癌降压。

【健康贴士】一般人皆可食用，尤其适合老年人食用。

猴头菇

猴头菇肉嫩、味香、鲜美可口。是四大名菜（猴头、熊掌、海参、鱼翅）之一。有“山珍猴头、海味燕窝”之称。猴头菇含有多种氨基酸和丰富的多糖体，能助消化，对胃炎、胃癌、食道癌、胃溃疡、十二指肠溃疡等有食疗功效；猴头菇含不饱和脂肪酸，能降低血胆固醇和三酰甘油含量，调节血脂，利于血液循环，是心血管患者的理想食品。

中医认为，猴头菇性平、味甘，入脾、胃、肾经；利五脏，助消化，具有健胃、补虚、抗癌、益肾精之功效。

鲍汁猴头菇

【主料】猴头菇200克，油菜300克。

【配料】鲍汁50克，酱肉卤汁15克，蚝油5克，冰糖5克，水淀粉10克，香油少许。

【制作】① 猴头菇泡发洗净，切成两半；油菜洗净，入沸水中焯水后，捞出，沥干水分，装盘备用。② 将猴头菇烫去土腥味；取鲍汁和一半酱肉卤汁拌匀，浇在猴头菇上大火蒸20分钟，取出稍凉，蒸汁留用。③ 锅内放猴头菇，加蒸汁、另一半酱肉汁、蚝油、冰糖烧沸，用水淀粉勾芡，倒在装有油菜的盘里，淋少许香油即可。

【烹饪技法】焯，拌，蒸。

【营养功效】清火养胃，强身健体。

【健康贴士】猴头菇也可与鸡肉搭配食用，可调理肠胃。

【巧手妙招】先将猴头菇洗净，然后放在热水或沸水中浸泡3小时以上，这样才能充分泡发。

葱油猴头菇

【主料】猴头菇200克。

【配料】植物油15克，葱丝10克，花椒3克，蒸鱼豉油20克。

【制作】① 新鲜猴头菇清水浸泡三四个小时（为把猴头菇本身的苦味泡出，泡一会儿就挤一次，挤干水分，换水再泡）。② 泡好的猴头菇挤干水分切厚片，入蒸锅中蒸20分钟，取出备用，蒸出的汤留用。③ 锅置火上，入油烧热，炸香花椒，油冒烟时关火，投入葱丝、蒸鱼豉油和蒸出来的汤汁，沸锅后浇在蒸好的猴头菇上即可。

【烹饪技法】蒸，炸。

【营养功效】降脂降压，养胃抗癌。

【健康贴士】猴头菇还可与豆腐搭配食用，具有补虚抗癌的作用，适宜体质虚弱及癌症患者食用。

猴头菇炒菜心

【主料】猴头菇150克，鲜香菇10克，油菜10克。

【配料】盐2克，水淀粉（豌豆）10克，米酒3克，植物油15克。

【制作】① 猴头菇洗净，切片；香菇洗净后，以沸水略烫；菜心剖成两半，以沸水略烫。② 锅置火上，入油烧热，下猴头菇片、菜心、香菇同炒；再加入鸡汤、米酒、盐、将猴头菇烧入味后，用水淀粉勾芡即可。

【烹饪技法】炒，烧。

【营养功效】养肠护胃，补虚抗癌。

【健康贴士】猴头菇是护发美发中的佼佼者之一，常吃有助促进头发生长。

干烧猴头菇

【主料】猴头菇500克，猪肉150克，冬菜25克。

【配料】植物油75克，醪糟汁20克，酱油10克，姜末15克，葱白段15克，蒜瓣15克，盐3克，泡椒10克，香油10克，高汤100毫升。

【制作】① 猴头菇洗净，切成0.7厘米厚的片；猪肉洗净，剁成茸；冬菜洗净，去杂质，沥干水分，切成颗粒；泡椒去蒂，去子，切成6厘米长的节。② 锅置火上，入油烧至六成热，下入蒜瓣炸一下捞出，再放入猪肉茸炒散，直至出油。③ 放入姜末、葱段、泡椒煸炒出香味，加入酱油、鲜汤、猴头菇、蒜瓣、冬菜、盐、醪糟汁烧沸后改用小火慢熬入味，待汤汁收干油亮，淋入香油即可。

【烹饪技法】炸，炒，烧，熬。

【营养功效】舒筋活血，补虚抗癌。

【健康贴士】猴头菇还可与红枣搭配食用，具有补血养胃的作用，适宜贫血、胃虚少食者食用。

白灵菇

白灵菇是一种食用和药用价值都很高的珍稀食用菌。其菇体色泽洁白、肉质细腻、味道鲜美，约含蛋白质14.7%，脂肪3.31%，粗纤维15.4%，氨基酸总量约为10.6%，并含多种有益健康的矿物质，特别是真菌多糖，具有增强人体免疫力，调节人体生理平衡的作用；不仅如此，白灵菇还含有丰富的维生素D和较少的脂肪，是爱美女性理想的塑身食品；此外它富含矿物质成分，对小朋友们补钙很有帮助。

中医认为，白灵菇性平，味甘，入脾、肾经。具有滋阴、强肾、补脑、提神、活血、止血、解毒、消积、杀虫、镇咳、消炎和防治妇科肿瘤等功效。

鸡汁白灵菇

【主料】白灵菇200克，鸡汁200克。

【配料】盐3克，味精1克，生抽8克，醋2克。

【制作】① 白灵菇洗净，切成薄片，用沸水焯过后，沥干备用。② 锅置火上，入油烧热，加入鸡汁炒香后，再放入白灵菇、盐、生抽、醋翻炒至汤收浓时，加入味精调味，出锅即可。

【烹饪技法】焯，炒。

【营养功效】滋阴补虚，减肥瘦身。

【健康贴士】白灵菇还可与排骨搭配食用，具有滋养脏腑、补虚损的作用，适宜气血亏虚、脏腑耗损之人食用。

【巧手妙招】用水淀粉勾一层薄芡，此菜会更美味。

鲍汁扣白灵菇

【主料】白灵菇500克，鸡肉1500克，鸡油200克，瘦肉750克，腔骨500克，火腿肉骨750克，五花肉500克。

【配料】盐5克，味精1克，鸡精5克，白砂糖4克，香油1克，鲍鱼汁50克，水淀粉10克。

【制作】① 白灵菇过水后和其他主料及配料㸆10小时，倒出，将白灵菇和鲍汁分开。② 把煲好的白灵菇放在碟上，倒鲍汁入锅里煮开，用水淀粉勾芡，再加入香油，淋到白灵菇上面即可。

【烹饪技法】㸆，煮。

【营养功效】滋阴补血，增强免疫。

【健康贴士】一般人皆可食用，尤其适合女性食用。

【巧手妙招】白灵菇过水后一定要用冷水冲凉、冲透，然后才能放入锅中煲，否则会影响此菜的口感。

【举一反三】可以将鲍鱼汁换成蚝汁。

素炒白灵菇

【主料】白灵菇250克，青椒、红椒各15克。

【配料】蒜苗10克，盐3克，糖1克，料酒5克，植物油20克。

【制作】① 白灵菇洗净，在沸水中焯烫，捞出，沥干水分，切片；青椒、红椒洗净，去子，切片。② 锅置火上，入油烧热，炝炒蒜苗和青椒、红椒，放入白灵菇片，翻炒少许，依次调入盐、糖、料酒翻炒均匀后，出锅即可。

【烹饪技法】焯，炝炒，炒。

【营养功效】驱虫消炎，解毒防病。

【健康贴士】白灵菇还可与小麦搭配食用，具有促消化的作用，适宜胃肠道功能弱，经常腹胀腹疼的人食用。

海带白灵菇

【主料】白灵菇250克，海带丝100克。

【配料】姜5克，葱3克，盐3克，卤水15克，水淀粉10克。

【制作】① 白灵菇洗净后，从顶部平行切开，但不切断，海带丝洗净备用。② 锅中放清水、姜、葱烧沸后，放入白灵菇焯水。③ 盘中放入海带丝，均匀撒上盐，把白灵菇放在海带丝上，周围撒上姜丝，上锅蒸15分钟。④ 锅中放清水、卤水、盐煮开后，用水淀粉勾薄芡，浇在白灵菇上即可。

【烹饪技法】焯，烧，蒸，煮。

【营养功效】滋阴强肾，清热解毒。

【健康贴士】白灵菇也可与芦笋搭配食用，具有利尿消肿的作用，可防治各种原因引起的水肿，适宜妇女妊娠水肿、胎动不安、产后乳汁缺少之人食用。

红烧白灵菇

【主料】鲜白灵菇500克，猪里脊肉250克，鸡蛋3个，甜椒150克。

【配料】盐5克，老抽15克，姜片5克，葱白4克，蒜片5克，香油10克，水淀粉15克，植物油150克。

【制作】① 白灵菇洗净，滚刀切成三角块；甜椒洗净，去蒂、籽，切小菱片；猪里脊肉切片，盛入碗内；磕取蛋清沥入碗内，加水淀粉和盐，捏匀肉片，使之上浆。② 锅置火上入油，用大火烧热，将肉片和白灵菇下锅滑过，沥去余油。③ 原锅留底油烧热，下蒜片炸黄，再放姜片、葱段炒香，即将甜椒片、滑过的里脊肉片和滑过的白灵菇先后入锅煸炒，加入盐、老抽调味，用水淀粉勾芡，淋上香油出锅装盘即可。

【烹饪技法】炸，煸炒，烧。
【营养功效】安神补气，益智健脑。
【健康贴士】一般人都可食用，尤其适合青少年食用。

白灵菇扒油菜

【主料】白灵菇 250 克，油菜 100 克。
【配料】盐 3 克，料酒 15 克，酱油 10 克，鸡精 2 克，蚝油 10 克，植物油 15 克，白砂糖 2 克，高汤 50 毫升。
【制作】① 白灵菇洗净，切片；油菜摘去根部、黄叶，洗净。② 锅置火上，注水煮沸后，将白灵菇片沸水中焯水，以去除土腥味，焯熟，捞出，沥干水分；油菜放入沸水中，放一点儿盐，几滴油，焯 1 ~ 2 分钟后，捞出，沥干水分。③ 锅置火上，入油烧热，下白灵菇、盐、鸡精、蚝油、酱油、料酒、高汤、白砂糖烧沸，转中小火 10 ~ 15 分钟，使白灵菇入味；然后把焯好的小油菜放入翻炒一下，勾薄芡出锅装盘，把油菜放在白灵菇旁边，围边即可。
【烹饪技法】焯，烧，扒。
【营养功效】消积化瘀，清热解毒。
【健康贴士】白灵菇还可与海参搭配食用，具有滋阴补血、清肠补肾的作用，适用于体虚瘦弱、大病初愈之人食用

秀珍菇

秀珍菇的蛋白质含量比双孢菇、香菇、草菇更高，质地细嫩，纤维含量少；还含有纤维素、矿物质等。它的蛋白质含量，接近于肉类，比一般蔬菜高 3 ~ 6 倍，秀珍菇含有 17 种以上氨基酸，更为可贵的是，它含有人体自身不能制造，而日常饮食中通常又缺乏的苏氨酸、赖氨酸、亮氨酸等。可见，秀珍菇是一种高蛋白、低脂肪的营养食品，它鲜美可口，具有独特的风味，美其名曰“味精菇”。

中医认为，秀珍菇性平，味甘，入脾、胃经；具有清理肠胃、调节新陈代谢、镇静安神等功效。

香油秀珍菇

【主料】秀珍菇 300 克。
【配料】盐 5 克，味精 2 克，香油 10 克，植物油 20 克。
【制作】① 秀珍菇洗净。② 锅置火上，入水烧沸，放入油、盐，再加入秀珍菇焯水，捞出，沥干水分。③ 净锅置火上，入油烧热，将秀珍菇放入锅内滑炒至熟，加入盐、味精、香油炒匀即可。
【烹饪技法】焯，滑炒，炒。
【营养功效】润肠通便，益气清神。
【健康贴士】秀珍菇还可与鸡肉搭配食用，具有健脾开胃的作用，特别适宜虚弱病人经常食用。

秀珍菇炒肉

【主料】秀珍菇 100 克，猪肉 200 克，红椒 50 克。
【配料】盐 5 克，鸡精 2 克，葱段 5 克，植物油 30 克。
【制作】① 秀珍菇洗净；辣椒洗净，去蒂，切成片；猪肉洗净，切成薄片。② 锅置火上，入油烧热，下入秀珍菇、猪肉、红椒、葱段、鸡精、盐炒至入味即可。
【烹饪技法】炒。
【营养功效】补虚强身，增强免疫。
【健康贴士】秀珍菇也可与土豆搭配食用，具有益智养胃的作用，适宜记忆力减退、消化不良的人食用。
【巧手妙招】秀珍菇洗净后最好是焯烫水，这样更易炒入味。
【举一反三】可以将猪肉换成虾仁。

秀珍菇烩豆腐

【主料】秀珍菇 500 克，豆腐 300 克，胡萝卜 100 克。

【配料】盐 8 克，葱 3 克，姜 3 克，鸡精 2 克，胡椒粉 3 克，香油 10 克，白砂糖 3 克，香菜 3 克，植物油 35 克。

【制作】① 秀珍菇洗净；胡萝卜去皮切薄片；豆腐切块。② 锅置火上，入油烧热，加入葱、姜爆香后，下入秀珍菇翻炒，依次放入胡萝卜、水、豆腐块，大火煮开之后，转中火煮 10 分钟，加入盐、鸡精、胡椒粉、白砂糖，再稍煮片刻，淋香油后出锅，撒点儿香菜。

【烹饪技法】爆，炒，煮。

【营养功效】降脂减肥，补虚抗癌。

【健康贴士】一般人皆可食用，尤其适合老年人使用。

本菇

本菇是生长在自然状态下的一种野生珍稀名贵食用菌，产量极其稀少。它闻似山珍松茸，食同海味鲜甜，质地脆嫩，无渣无纤，满口溢香，并且含有丰富的蛋白质、糖质、多种维生素、多种微量元素和矿物质。本菇中的赖氨酸和精氨酸含量高过一般菇类，这对青少年增智增高有重要作用；本菇实体中的提取物含有多种糖体，有提高机体免疫力、防癌抗癌的功效。据日本医学研究证实，本菇在防治老年痴呆症、心脑血管疾病和胰腺炎等疾病以及提高人体免疫力等方面有明显疗效。

肉末荷兰豆炒本菇

【主料】荷兰豆 150 克，本菇 200 克，猪肉 100 克。

【配料】红椒圈 10 克，盐 5 克，鸡精 2 克，酱油 5 克，植物油 15 克。

【制作】① 荷兰豆择去头尾和老筋，洗净；本菇洗净，撕成小朵；猪肉洗净，剁成肉末，加酱油、味精腌渍 10 分钟；荷兰豆和本菇分别放入沸水中焯烫。② 锅置火上，入油烧热，下红椒圈、肉末炒香，再加入荷兰豆、本菇、盐、鸡精、酱油一起炒匀即可。

【烹饪技法】焯，腌，炒。

【营养功效】益脾和胃，强肌增体。

【健康贴士】本菇还可与鸡蛋搭配食用，具有健脑益智的作用，适宜记忆力减退、智力低下的儿童食用。

本菇炒蟹柳

【主料】本菇 200 克，蟹柳 100 克。

【配料】葱末 10 克，姜片 5 克，蒜片 5 克，盐 5 克，鸡精 2 克，植物油 15 克。

【制作】① 蟹柳切菱形片；本菇洗净，切小朵，入沸水中汆烫至熟。② 锅置火上，入油烧热，下入蟹柳、本菇，加入葱末、姜片、蒜片、盐、鸡精、一起炒匀即可。

【烹饪技法】汆，炒。

【营养功效】清心保肝，防癌抗癌。

【健康贴士】一般人都可食用，尤其适合老年人食用。

杏鲍菇

杏鲍菇菌肉肥厚，质地脆嫩，特别是菌柄组织致密、结实、乳白，可全部食用，且菌柄比菌盖更脆滑、爽口，被称为“平菇王”“干贝菇”，具有愉快的杏仁香味和如鲍鱼的口感，适合保鲜、加工，深得人们的喜爱。

中医认为，杏鲍菇性凉、味甘，入胃、肺、大肠经；具有抗癌、降血脂、润肠胃、美容等功效，是体弱人群和亚健康人群的理想营养品。

乳汁杏鲍菇

【主料】杏鲍菇 300 克，西蓝花 150 克。

【配料】姜末 2 克，盐 3 克，白砂糖 10 克，植物油 100 克（实耗 30 克），红豆腐乳 12 克，绍酒 5 克，高汤 150 毫升，水淀粉 10 克。

【制作】① 杏鲍菇切成 4 厘米长、2 厘米宽段，横切花刀备用。② 锅置火上，入油以中火烧至五成热，入杏鲍菇油炸至软，捞出，沥油。③ 西蓝花去外皮，取小朵嫩部花状，洗净，入沸水中加姜末、盐、白砂糖汆烫至熟后，捞出，沥干，摆盘备用。④ 另取锅置火上，入油烧热，先爆香姜末后，依序加入红豆腐乳、绍酒、高汤、白砂糖及杏鲍菇以小火烧至汤汁略干，加水淀粉勾芡即可。

【烹饪技法】汆，炸，爆，烧。

【营养功效】润肠护胃，提高免疫。

【健康贴士】杏鲍菇性凉，脾胃虚寒者不宜食。

杏鲍菇烧肉丸

【主料】杏鲍菇 50 克，肉馅 150 克，芹菜 50 克，鸡蛋 1 个。

【配料】盐 5 克，老抽 5 克，鸡精 2 克，水淀粉 5 克，姜片 5 克，葱段 6 克，蒜片 5 克，植物油 30 克。

【制作】① 鸡蛋打散，加水淀粉、肉馅拌匀；杏鲍菇洗净，对切。② 将肉馅做成肉丸，与杏鲍菇一同入油锅中稍炸。③ 锅置火上，入油烧热，下入姜片、葱段、蒜片炝锅，放入肉丸、杏鲍菇炒熟，加入盐、老抽、鸡精调味，炒匀即可。

【烹饪技法】拌，炸，炝，炒。

【营养功效】去脂降压，美容养颜。

【健康贴士】杏鲍菇性凉，腹泻便溏者不宜多食。

豆豉杏鲍菇

【主料】杏鲍菇 300 克，五花肉 75 克，豆豉 35 克，蒜头 150 克，红椒 50 克，蒜苗 15 克。

【配料】淀粉 5 克，水淀粉 5 克，老抽 5 克，香油 5 克，植物油 30 克。

【制作】① 杏鲍菇洗净，去头，切长条，入沸水中焯烫，捞出过凉，沥干水分；红椒洗净，去子，与蒜头切成片状；蒜苗择洗干净，切段；五花肉切片。② 锅置火上，入油烧热，下入五花肉拌炒 5 分钟，加红椒、蒜头爆香，再入豆豉、杏鲍菇与淀粉、老抽拌炒均匀，最后加入蒜苗略炒后，以水淀粉勾芡，淋上香油，出锅装盘即可。

【烹饪技法】焯，炒。

【营养功效】开胃消食，补钙健骨。

【健康贴士】杏鲍菇还可与油菜搭配食用，具有润肠通便的作用，常吃可防治便秘。

三色杏鲍菇

【主料】杏鲍菇 200 克，火腿肠 25 克，荷兰豆 50 克。

【配料】盐 3 克，葱、姜、蒜各 5 克，鸡精 2 克，胡椒粉、白砂糖、香油、水淀粉各 5 克，植物油 15 克。

【制作】① 杏鲍菇、火腿肠、荷兰豆分别洗净，切片，入沸水中焯烫备用。② 锅置火上，入油烧热，下葱丝、姜片、蒜片炒出香味时，倒入杏鲍菇、火腿肠、荷兰豆，加入清水、盐、鸡精、胡椒粉、白砂糖，水淀粉勾薄芡，淋入香油，出锅即可。

【烹饪技法】焯，炒。

【营养功效】润肠开胃，护肤养颜。

【健康贴士】杏鲍菇也可与牛肉搭配食用，具有强身健体的作用，适宜气短体虚、筋骨酸软的人食用。

鸡汁杏鲍菇

【主料】杏鲍菇 500 克，五花肉 50 克。

【配料】盐 5 克，鸡汁 20 克，葱末 5 克，植物油 15 克。

【制作】① 杏鲍菇洗净，切片，过油；五花肉切片。② 锅置火上，入油烧热，下五花肉煸香，加盐、鸡汁调味，加入杏鲍菇翻炒均匀，撒葱末，盛盘即可。

【烹饪技法】煸，炒。

【营养功效】补血养颜，强肾健体。

【健康贴士】杏鲍菇不宜与鹌鹑肉同食，易引发痔疮。

松茸

松茸的营养价值和药用价值很高，富含粗蛋白，粗脂肪、多种纤维素、多种氨基酸、不饱和脂肪酸；丰富的生物活性物质，使松茸可以延缓组织器官衰退，改善心血管功能，促进新陈代谢。

中医认为，松茸性温、味淡，入肾、胃经；具有填精强肾、补益肠胃、理气化痰等功效，主治腰膝酸软、头昏目眩、湿痰之咳嗽、胸膈痞闷、恶心呕吐、肢体困倦等症。

松茸炒鲜鱿

【主料】松茸30克，鱿鱼100克，红椒20克。

【配料】盐5克，鸡精2克，酱油5克，料酒6克，胡椒粉2克，植物油20克。

【制作】① 鱿鱼洗净，切麦穗花刀；松茸洗净，切片；红椒洗净，切片。② 将鱿鱼、松茸入沸水中焯烫，捞出，沥干水分。③ 锅置火上，入油烧热，下入鱿鱼、松茸、红椒，烹入料酒，加入盐、鸡精、酱油、胡椒粉炒熟即可。

【烹饪技法】焯，炒。

【营养功效】强精补肾，健脑益智。

【健康贴士】松仁还可与鸡肉搭配食用，具有强身健体的作用，适宜体虚气短、筋骨酸软等病症患者食用。

松茸炒肉

【主料】松茸20克，猪肉150克，红椒50克。

【配料】盐5克，白砂糖2克，老抽2克，淀粉3克，葱段10克。

【制作】① 猪肉洗净，切片；松茸洗净，用手撕成块；红椒洗净，切丝。② 猪肉放少许水，加淀粉拌匀，入锅中炒散。③ 锅置火上，入油烧热，用红椒丝、葱段炝锅，下松茸、猪肉片、盐、白砂糖、老抽炒至入味，出锅装盘即可。

【烹饪技法】拌，炒，炝。

【营养功效】补虚强心，滋阴补血。

【健康贴士】松茸具有抗辐射的作用，适宜电脑工作者食用。

【巧手妙招】可将松茸放入沸水中焯烫，然后再入锅炒，会更易炒入味。

松茸牛蛙

【主料】牛蛙200克，松茸蘑150克，火腿20克，油菜心50克。

【配料】盐5克，味精2克，黄酒15克，大葱8克，姜7克，香油10克，鸡汤500毫升。

【制作】① 牛蛙用刀在脊背开五分长的小口，取出内脏，剁去四爪用八成热水汆烫，捞出，洗去黑皮；鲜松茸蘑择洗干净，切块，入沸水汆烫，捞出沥水；火腿切片；油菜心洗净。② 锅内放入鸡汤、盐、味精、黄酒、葱、姜、香油，加牛蛙和松茸蘑，用中火炖10分钟，下入火腿、油菜心煮沸即可。

【烹饪技法】汆，煮，炖。

【营养功效】养心安神，降压补脑。

【健康贴士】一般人皆可食用，尤其适合更年期妇女食用。

青椒松茸

【主料】松茸200克，青椒100克。

【配料】盐5克，蒜5克，水淀粉5克，鸡精1克，植物油15克，香油3克，高汤200毫升。

【制作】① 松茸洗净，切片；青椒洗净，切块；蒜切成片。② 锅置火上，入油烧至六成热时，倒入松茸爆炒出锅。③ 锅内留余油烧热，下蒜片炒出香味时，加入青椒块、盐、鸡精、高汤，用水淀粉勾薄芡加入松茸，翻炒均匀，出锅前淋入香油即可。

【烹饪技法】爆，炒。

【营养功效】益胃补气，强心补血。

【健康贴士】松茸还可与冬笋搭配食用，具有补气利胃的作用，适宜气虚、胃虚的人食用。

黑木耳

木耳含有蛋白质、氨基酸、胡萝卜素、维生素 B_1、维生素 B_2、维生素 K、烟酸、钙、磷、铁、多糖胶体等营养物质。木耳所含的大量胶质能够把残留在人体消化系统内的灰尘、杂质排出体外，从而保护人体不受损害，长期在污染严重的环境中工作的人群可以经常食用木耳来减少环境给身体带来的不利影响；木耳所含的维生素 K 具有减少血液凝块、预防血栓的作用，对于动脉粥样硬化和冠心病有很好的防治效果；木耳富含铁元素，可用于防治缺铁性贫血，常吃木耳还可以令人面色红润，让中年人拥有好气色；木耳含有抗肿瘤活性物质，不仅可以增强机体免疫力，经常食用还具有防癌抗癌的效果，是中年人防病抗癌的理想食材。

中医认为，木耳性平、味甘，入胃、大肠经；具有有益气、补血、润肺、镇静、止血等功效，对久病体弱、贫血、痔疮、高血压、便秘、血管硬化等有一定的食疗效果。

木耳大葱炒肉片

【主料】黑木耳 20 克，五花肉 200 克，大葱段 50 克。

【配料】盐 3 克，香油、酱油各 10 克，植物油 30 克。

【制作】① 黑木耳泡发，洗净，撕小片，入沸水锅中焯烫；五花肉洗净，切片，用盐、酱油腌 30 分钟。② 锅置火上，入油烧热，下入五花肉爆炒，至肉色微变，放黑木耳翻炒，下入大葱、盐、香油调味炒匀，出锅装盘即可。

【烹饪技法】焯，腌，爆，炒。

【营养功效】滋阴美容，补中益气。

【健康贴士】木耳不宜与麦冬同食，易引起胸闷。

【巧手妙招】炒肉时动作一定要快、大火，以保肉质鲜嫩。

木耳烧鸡

【主料】鸡肉 300 克，黑木耳 20 克，红椒 30 克。

【配料】盐 5 克，生抽 8 克，料酒 5 克，水淀粉 15 克，味精 1 克，植物油 40 克。

【制作】① 鸡肉洗净，剁成块，入沸水氽烫，捞出沥水；黑木耳泡发，切成小块；红辣椒切片。② 锅置火上，入油烧热，下鸡块炸至金黄色，捞出。③ 锅留底油，放入鸡块、黑木耳、红椒和适量水，炖约 20 分钟，再调入盐、生抽、料酒、味精煮熟勾芡即可。

【烹饪技法】氽，炸，炖，烧。

【营养功效】滋阴补血，清胃涤肠。

【健康贴士】一般人都可食用，尤其适合产后女性食用。

金针菇炒黑木耳

【主料】黑木耳 100 克，金针菇、小黄瓜、菠萝各 50 克。

【配料】盐 3 克，白砂糖 2 克，味精 1 克，植物油 20 克。

【制作】① 黑木耳洗净，撕成小片；菠萝肉切块；小黄瓜洗净，切片；金针菇去根处理干净。② 锅置火上，入油烧热，下木耳、金针菇、黄瓜翻炒 1 分钟，加盐、味精、白砂糖和菠萝块大火炒 1 分钟，出锅装盘即可。

【烹饪技法】炒。

【营养功效】补脑强心，降脂降压。

【健康贴士】一般人都可食用，尤其适合高血压患者食用。

大葱炒木耳

【主料】木耳 30 克，大葱 100 克。

【配料】盐 3 克，酱油 3 克，水淀粉 5 克，植物油 20 克。

【制作】① 木耳泡发后，入沸水中焯熟；大葱择洗干净，切成细丝。② 锅置火上，入油烧热，放入葱丝炒出香味，再加入木耳翻炒几下，放入酱油、盐，出锅前用水淀粉勾芡即可。

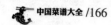

【烹饪技法】焯，炒。

【营养功效】健脑强心，养血驻颜。

【健康贴士】木耳还可与黄瓜搭配食用，具有滋补强壮、平衡营养的作用，适宜身体虚弱、营养不良的人食用。

豆腐泡烧黑木耳

【主料】水发黑木耳 150 克，豆腐泡 80 克。

【配料】盐 3 克，味精 1 克，酱油 5 克，胡椒粉 2 克，姜片、香葱各 5 克，高汤 150 毫升，水淀粉 6 克，植物油 20 克。

【制作】① 水发木耳入沸水中焯水；香葱切葱末。② 锅置火上，入油烧热，下姜片煸香，放豆腐泡、黑木耳烧 10 分钟，加盐、味精、酱油、胡椒粉调味，淋入高汤，待汁收浓时勾芡，装盘，撒上葱末即可。

【烹饪技法】焯，煸，烧。

【营养功效】养胃润肺，凉血止血。

【健康贴士】木耳还可与猪腰搭配食用，具有补肾利尿的作用，适宜慢性肾炎者食用。

蚕豆

蚕豆含有钙、锌、锰、磷脂等，可增强记忆力；蚕豆中富含钙，能促进人体骨骼生长发育；蚕豆中的蛋白质含量丰富，且不含胆固醇，可以提高食品营养价值，预防心血管疾病；蚕豆中的维生素 C 可延缓动脉硬化；蚕豆皮中的膳食纤维可促进肠胃蠕动，预防肠癌。

中医认为，蚕豆性平、味甘，入脾、胃经；具有健脾利湿、涩精、补肾明目、壮筋骨，通便凉血的功效，适用于中气不足、倦怠少食、高血压、妇女带下等症。

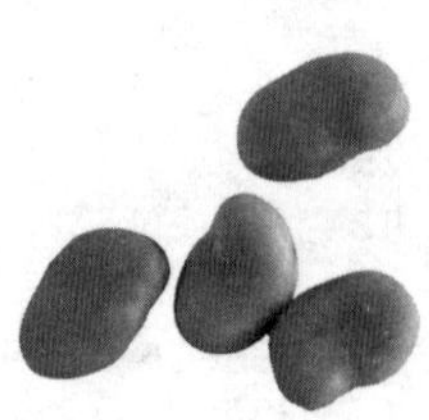

葱香蚕豆

【主料】蚕豆 500 克。

【配料】大葱 80 克，植物油 50 克，五香粉 5 克，盐 10 克。

【制作】① 蚕豆洗净，捞出，晾干，置于碗中。② 锅置火上，入油烧热，下入蚕豆翻炒，待蚕豆皮爆裂炒熟时取出装盘，拌入葱末、盐、五香粉即可。

【烹饪技法】炒，拌。

【营养功效】清热利湿，止血降压。

【健康贴士】一般人都可食用，尤其适合高血压患者食用。

蚕豆炒韭菜

【主料】水发蚕豆 500 克，韭菜 150 克。

【配料】姜末 5 克，白砂糖、盐各 3 克，料酒 5 克，葱末、蒜末、香油各 3 克，植物油 30 克。

【制作】① 蚕豆剥去外壳；韭菜洗净，沥干水分，切段备用。② 锅置火上，入油烧热，下姜末爆炒至金黄色，下入蚕豆并加适量水炒至熟软，最后加韭菜、白砂糖、盐、料酒、葱末、蒜末、香油拌炒片刻即可。

【烹饪技法】爆，炒。

【营养功效】润肠通便，补肾助阳。

【健康贴士】蚕豆不宜过多食用，以免损伤脾胃，引起消化不良。

剁椒蚕豆米

【主料】蚕豆 500 克，鸡蛋 1 个，红剁椒 50 克。

【配料】盐 5 克，鸡精 2 克，高汤 350 毫升，植物油 30 克。

【制作】① 鸡蛋打散，入油锅炒熟，捞出备用。② 利用炒鸡蛋的油，先下红剁椒，煸出香味，然后下入蚕豆炒至颜色变翠绿后放入炒好的鸡蛋，下入盐、鸡精调味，倒入高汤，略煮出锅即可。

【烹饪技法】炒，煸，煮。
【营养功效】健脾开胃，润肠防癌。
【健康贴士】蚕豆不宜与牡蛎同食，阻碍人体对锌的吸收。

孔乙己茴香豆

【主料】蚕豆 500 克。
【配料】茴香 5 克，桂皮 3 克，盐 3 克，白砂糖 10 克。
【制作】① 蚕豆洗净，置于碗中，加清水浸泡至豆软，捞出，洗净。② 锅中加桂皮、茴香、盐、白砂糖和清水，再放入蚕豆，大火烧沸后，改用小火煮至豆香四溢、豆质软糯、卤汁被豆基本吸尽后即可。
【烹饪技法】煮。
【营养功效】补中益气，健脾益胃。
【健康贴士】蚕豆还可与月季花搭配食用，营养更全面。

典食趣话：

因为鲁迅笔下的主人公孔乙己形象逼真，于是有一家餐馆就以“孔乙己”命名卖茴香豆，由于生意红火，被绍兴一位叫张秀珍的女老板看中，于是她在绍兴市鲁迅路旁开了一家卖茴香豆的小店，特意将自己制作的茴香豆取名“孔乙己茴香豆”，并抢先向工商部门注册了商标，成了刚一出世就名冠天下的绍兴美馔。

火腿蚕豆酥

【主料】熟火腿 75 克，鲜蚕豆 300 克。
【配料】白砂糖 10 克，高汤 100 毫升，香油 10 克，味精 2 克，盐 3 克，水淀粉 5 克，植物油 30 克。
【制作】① 蚕豆剥皮、除去豆眉，洗净，在沸水中煮熟；熟火腿切成 0.3 厘米厚、1 厘米见方的丁。② 锅置中火上，入油烧热，倒入蚕豆，煸炒 10 秒钟，下入火腿丁，倒入高汤，加白砂糖、盐煮 1 分钟，加入味精，用水淀粉调稀勾芡，颠动炒锅，淋上香油，盛入盘内即可。
【烹饪技法】煮，煸炒。
【营养功效】益智健脑，强筋壮骨。
【健康贴士】蚕豆还可与猪肉搭配食用，具有补钙益智的作用，适宜儿童及青少年食用。

清炒蚕豆

【主料】鲜蚕豆 500 克。
【配料】葱末 3 克，蒜 2 克，糖 2 克，盐 5 克，味精 1 克，植物油 15 克。
【制作】① 蚕豆洗净，捞出晾干，置于大碗中。② 锅置火上，入油烧至八成热，下葱末爆香，然后将蚕豆下锅翻炒 5 分钟，加水焖煮至蚕豆表皮裂开后，加盐、糖、味精调味，撒上蒜蓉，盛盘即可。
【烹饪技法】爆，炒，焖，煮。
【营养功效】补中益气，健脾益胃。
【健康贴士】脾胃虚弱、消化不良、痔疮出血、慢性结肠炎等病症患者应少食蚕豆。

苔菜

苔菜富含碳水化合物、蛋白质、粗纤维及矿物质，同时还含有脂肪和维生素。在苔菜蛋白质中，氨基酸种类齐全，必需氨基酸含量较高，其中缘管苔菜的限制氨基酸为赖氨酸，氨基酸评分为 79；条苔菜的限制氨基酸为蛋氨酸，氨基酸评分为 80。苔菜的脂肪酸组成中，多不饱和脂肪酸、单不饱和脂肪酸和饱和脂肪酸的含量为分别为 50.5%、12.7% 和 36.8%，其中包括近 4% 的奇数碳原子脂肪酸。因此苔菜是高蛋白、高膳食纤维、低脂肪、低能量，且富含矿物质和维生素的天然理想营养食品。

中医认为，苔菜性寒、味咸，入肝、脾、胃经；具有消结、软坚、化痰、清热等功效，用于甲沟炎、颈淋巴结肿等。

海米炒苔菜

【主料】苔菜 500 克，水发海米 50 克。

【配料】植物油 100 克，高汤 100 毫升，香油 5 克，绍酒 10 克，盐 3 克，味精 1 克，葱、姜各 3 克。

【制作】① 苔菜留菜心，在根部划十字花刀，切成 4 厘米长的段，洗净；葱、姜切末。② 锅置大火上，入油烧热，下葱、姜末爆香，随即倒入苔菜翻炒，加入水发海米、盐、味精、绍酒，待菜熟，淋入香油，出锅装盘即可。

【烹饪技法】爆，炒。

【营养功效】清热解毒，防癌抗癌。

【健康贴士】苔菜还可与鸡蛋同食，具有清热解毒、软坚散结、润肺利咽的作用。

苔菜小方烤

【主料】猪五花肋肉 600 克，干苔菜 25 克。

【配料】葱段 5 克，白砂糖 40 克，红腐乳卤 25 克，绍酒 25 克，酱油 25 克，猪油 25 克，植物油 50 克。

【制作】① 肋肉刮净皮上余毛洗净，放入沸水锅煮至八成熟，捞出，原汤留用，抽去肋骨，切成 3 厘米见方的块；干苔菜拣去杂质，扯松，切成 3 厘米长的段。② 锅置大火上，入油烧至七成热时，下一半葱段略煸，放肉块，加绍酒、红腐乳卤和白砂糖 20 克，倒入煮肉的原汤；沸后改用小火焖至酥烂，转大火收浓卤汁，淋上猪油，转动炒锅，将肉块翻个面，放上另一半葱段，装入盘的一边。③ 另取锅置大火上，下熟菜肉炒至五成熟，投入苔菜速炸，即用漏勺捞出置于盘的另一边，撒上白砂糖 20 克即可。

【烹饪技法】煸，煮，焖，炒，炸。

【营养功效】益肾健骨，软坚散结。

【健康贴士】一般人都可食用，尤其适合青少年食用。

苔菜炒肉片

【主料】苔菜 300 克，五花肉 100 克。

【配料】植物油 40 克，蚝油 5 克，酱油 10 克，料酒 10 克，淀粉 5 克，盐 2 克，葱、姜各 3 克。

【制作】① 苔菜去根摘掉黄叶，洗净略控水，五花肉、葱、姜洗净备用；将苔菜的茎和叶分别切好，五花肉切薄片，葱、姜分别切丝。② 锅置旺火上，加入植物油，烧至七成热倒入葱、姜丝煸炒出香味；倒入肉片煸炒至变色；依次倒入酱油、蚝油煸炒均匀。③ 转大火，倒入苔菜茎翻炒至七成熟，再倒苔菜叶翻炒一会即可出锅。

【烹饪技法】炒。

【营养功效】清洁肠道，利尿消石。

【健康贴士】苔菜性凉，阴虚者不宜多食。

【巧手妙招】① 苔菜的茎翻炒到七成熟时，再放苔菜叶翻炒，使其受热均匀；② 倒入苔菜后要急火快炒，一熟即可，宁可偏“生”也不要炒得过熟，因为青菜中的维生素 B 和维生素 C 最怕热，炒的时间越长，损失的营养就越多，要尽量减少青菜在锅中炒的时间。

苔菜豆腐炒肉

【主料】苔菜 300 克，豆腐 200 克，猪肉 80 克。

【配料】花生油 25 克，清水 30 克，盐 5 克，葱 10 克，姜 5 克。

【制作】① 豆腐切成 1 厘米见方的小块，苔菜择洗干净后控水备用，猪肉切成片。② 锅置旺火上，加入花生油烧至七成热时放入葱姜炒出香味，然后放入切好的肉片炒至出油，放入豆腐块翻炒，炒至豆腐表面变成黄色。③ 放入苔菜，炒至出水，加清水和盐等，炒匀烧 2 分钟关火即可出锅。

【烹饪技法】炒，烧。

【营养功效】补血健脑，促进发育。

【健康贴士】对感冒发热无汗、麻疹透发不畅、小便不利等症有食疗作用。

苔菜花生米

【主料】花生米 250 克，苔菜梗 50 克。

【配料】植物油 750 克（实耗 50 克），绵白糖 25 克。

【制作】① 将花生米泡软后剥去红皮，洗净晒干；苔菜梗用手撕成条待用。② 锅置旺火上，加入植物油，烧至四成热时，把花生米倒入锅中，炸至金黄色时捞出，沥尽油冷透；再用五成热的油把苔菜炸透，捞出沥干油，切成细末。③ 将花生米、苔菜末和绵白糖一起拌匀，装盘即可。

【烹饪技法】炒。

【营养功效】祛脂降压，养颜护肤。

【健康贴士】苔菜性凉，脾胃虚弱者不宜多食。

【巧手妙招】将花生米泡软后剥去皮再油炸，不容易产生外焦里不熟的现象，炸出来的花生米也会酥松脆香。

畜肉类

猪肉

猪肉是目前人们餐桌上重要的肉类食品之一。猪肉中含有丰富的蛋白质、脂肪。每百克猪肉平均产热量 138 ~ 188 千焦（330 ~ 450 千卡），含热量为肉食之首。猪肉的平均胆固醇含量高过牛、羊、鸡、鸭肉。猪肉中的脂肪除能提供热量外，还有助于脂溶性维生素的吸收，猪瘦肉含有的矿物质铁，属血红素铁，能有效改善缺铁性贫血；猪肉中的蛋白质对肝脏组织具有很好的保护作用，可以保护肝脏。

中医认为，猪肉性平、味甘，入脾、胃、肾经；具有润肠胃、生津液、补肾气、解热毒的功效，主治热病伤津、消渴羸瘦、肾虚体弱、产后血虚、燥咳、便秘等症。

糖醋里脊

【主料】猪里脊肉 300 克。

【配料】料酒、白醋、白砂糖、淀粉各 10 克，鸡蛋清 30 克，胡椒粉 5 克，盐 3 克，番茄酱 100 克，植物油 15 克。

【制作】① 里脊肉洗净，切成片状，在肉片上打十字花刀。② 将切好的肉放入碗中，加料酒、盐、胡椒粉腌渍约 5 分钟，加入鸡蛋清、淀粉抓浆上糊。③ 锅置火上，入油烧至三成热，放入抓好糊的里脊肉片炸至金黄色后，捞出沥油。④ 锅中留少许底油，加入白醋、番茄酱和白砂糖打匀成糊状，盛起，淋在炸好的里脊肉上即可。

【烹饪技法】腌，炸，淋。

【营养功效】健胃消食，清心润燥。

【健康贴士】一般人皆宜食用，尤其适合脾虚积滞、暑热口渴的人食用。

青豆肉丁

【主料】青豆 250 克，猪瘦肉 200 克。

【配料】盐 5 克，鸡精 2 克，香油 3 克，淀粉、酱油、料酒各少许，植物油 20 克。

【制作】① 猪瘦肉洗净，切成肉丁，加入盐、淀粉和料酒腌渍。② 锅内倒入适量水，下入青豆煮熟，捞出，沥干水分。③ 锅置火上，入油烧热，放入猪瘦肉丁炒散后，加入青豆翻炒，再加入盐、鸡精和少许酱油翻炒熟，淋入香油，出锅装盘即可。

【烹饪技法】腌，煮，炒。

【营养功效】补肾养血，益智健脑，

【健康贴士】一般人皆可食用，尤其适合儿童及青少年食用。

锅包肉

【主料】猪里脊肉 400 克，胡萝卜丝 5 克。

【配料】白砂糖 30 克，醋 30 克，番茄酱 50 克，水淀粉 10 克，葱丝 5 克，姜丝 4 克，香菜段 5 克。

【制作】① 里脊肉切片，用水淀粉挂糊上浆备用。② 锅置火上，入油烧至七八成热，投入里脊肉炸至外焦里嫩、色泽金黄时捞出。③ 锅留底油，下入葱丝、姜丝、胡萝卜丝炒香，放入白砂糖、醋、番茄酱烧沸，放入里脊肉快速翻炒几下，放入香菜段即可。

【烹饪技法】炸，烧，炒。

【营养功效】健脾化痰，消食除胀。

【健康贴士】猪肉不宜与杏仁同食，易引起腹痛。

红菜薹炒腊肉

【主料】红菜薹 500 克，腊肉 200 克。

【配料】盐5克，姜末5克、鸡精、香油各3克，香油3克，植物油30克。

【制作】① 红菜薹用手折成段，洗净，沥干水分；腊肉切成长薄片。② 锅置火上，入油烧热，再滴入香油，下姜末稍煸，放腊肉煸炒1分钟，用漏勺捞出。③ 锅内留余油，用大火烧至七成热，放菜薹煸炒2分钟，放盐和腊肉片再合炒1分钟，撒鸡精颠勺，沥油装盘。

【烹饪技法】煸炒，炒。

【营养功效】补钙健身，健脾开胃。

【健康贴士】高血脂患者不宜多食腊肉。

典食趣话：

据传，清朝的光绪年间安徽合肥人李翰章任湖广总督酷爱吃红菜薹，后来李翰章又被调任两湖总督，到老也不愿意离开两湖，因为“湖南的腊肉、湖北的菜薹”把他征服了。他的私人厨子经常用这两样东西组合成一道菜，即“红菜薹炒腊肉”，再后来因为他的私人厨师告老还乡了，李翰章自己也学会了做“红菜薹炒腊肉”。这位厨师走出李府后，自己就在民间开店，炒这道菜让来往食客品尝，结果得到人们的广泛认可，因此，“红菜薹炒腊肉”渐渐地声名远扬。

金城宝塔肉

【主料】五花肉500克，宜宾芽菜100克，西蓝花200克。

【配料】老酱汤50克，水淀粉10克。

【制作】① 五花肉洗净，入老酱汤中煮至七成熟；西蓝花洗净，汆水备用。② 煮熟的五花肉切成片，放入碗中，放上芽菜，淋上老酱汤，入蒸笼蒸2小时。③ 肉扣入盘中，用西蓝花圈边，原汁用水淀粉勾芡，淋在盘中即可。

【烹饪技法】汆，煮，蒸。

【营养功效】防病开胃，补血养颜。

【健康贴士】猪肉还可与西蓝花搭配食用，具有强身健体、有益五脏的作用，适宜身体虚弱、五脏虚损等人食用。

【巧手妙招】猪肉要斜切，这样既不会碎散，吃的时候也不会塞牙。

腐竹烧肉

【主料】猪肉500克，腐竹50克。

【配料】姜片10克，葱段15克，盐7克，料酒10克，大料15克，淀粉10克，老抽10克，植物油30克。

【制作】① 猪肉洗净切成块，加少许老抽、淀粉腌5分钟；腐竹泡透，切成段。② 锅置火上，入油烧热，放肉块炸至金黄，捞出沥油。③ 将肉放入锅内，加入适量水、老抽、盐、料酒、大料、葱段、姜片，待煮开后转小火，焖至肉八成熟时加腐竹同烧入味即可。

【烹饪技法】炸，焖，烧。

【营养功效】清热利尿，减肥健美。

【健康贴士】一般人都可食用，尤其适合身体虚弱、营养不良者食用。

芋头烧肉

【主料】五花肉250克，芋头150克。

【配料】泡辣椒20克，豆瓣6克，胡椒粉2克，料酒5克，白砂糖2克，盐3克，花椒粒3克，葱末5克，高汤50毫升。

【制作】① 五花肉处理干净，切成小块；芋头去皮，洗净，切滚刀块。② 将五花肉和芋头过油后，捞出备用。③ 锅置火上，入油烧热，下豆瓣炒红，放入花椒粒、葱末略炒，掺高汤熬汁后去渣料，放进五花肉，调入胡椒粉、料酒、泡辣椒。④ 肉熟时下芋头烧至熟软，加入盐、白砂糖、豆瓣即可。

【烹饪技法】炒，熬，烧。

【营养功效】健脾止泻，滋补保健。

【健康贴士】一般人皆宜食用，尤其适合脾胃虚寒、腹泻者食用。

【巧手妙招】剥洗芋头时宜戴上手套，否则其黏液中的化合物会令手部皮肤变痒。

梅菜扣肉

【主料】五花肉500克，梅菜150克。

【配料】豆豉15克，腐乳10克，蒜头15克，白砂糖25克，辣椒20克，料酒25克，盐5克，老抽10克，葱末5克，姜片5克，葱段5克，水淀粉10克，植物油30克。

【制作】① 五花肉洗净，入沸水锅中煮至刚刚熟，取出备用。② 锅置火上，入油烧至八成热，把用老抽涂匀的肉皮入锅炸至无响声时捞出，凉凉后切成长8厘米、宽4厘米的薄片，排放在扣碗内。③ 将豆豉、蒜头、腐乳一起挤烂，放碗中，再加入辣椒、料酒、盐、白砂糖、老抽、葱段、姜片一起调成味汁，浇在装肉的扣碗内，然后把碗放在锅中蒸约90分钟，取出备用。④ 梅菜洗净，切碎，用白砂糖、老抽拌匀，放在肉上，再蒸1个小时后取出，滤出原汁，然后将肉再扣在盘中，将原汁烧滚，加水淀粉勾芡，淋在扣肉上，再撒上葱末即可。

【烹饪技法】煮，炸，蒸，拌。

【营养功效】生津止渴，强身健体。

【健康贴士】妇女、青少年、儿童均宜食。

典食趣话：

北宋年间，苏东坡居惠州时，专门选派两位名厨远道至杭州西湖学厨，两位厨师学成返回后，苏东坡又叫他们仿杭州西湖的“东坡扣肉”，用梅菜制成“梅菜扣肉”，果然美味可口，爽口而不腻人，深受广大惠州市民的欢迎，一时，成为惠州宴席上的美味菜肴。

毛氏红烧肉

【主料】五花猪肉500克。

【配料】植物油20克，姜10克，老抽15克，白砂糖10克，料酒5克，干红尖椒3克，花椒2克，大料2克，桂皮2克。

【制作】① 五花肉切块，加清水煮沸捞出，洗净，滤干。② 锅置火上，入油烧热，放入白砂糖，等到糖变成焦茶色起大泡时，倒入肉块迅速翻炒，炒至所有的肉块都均匀变成红褐色，加入料酒、姜、老抽、干红尖椒、花椒、大料、桂皮，稍微加少许水，小火煮20分钟，等汤汁收浓，出锅装盘即可。

【烹饪技法】煮，炒。

【营养功效】滋补肾阴，健脾开胃。

【健康贴士】猪肉不宜与羊肝同食，易导致气滞胸闷。

典食趣话：

毛氏红烧肉属于湘菜，是常见的家常菜之一。据说当年毛主席是最喜欢吃这道菜，遍布全国各大城市的毛家餐馆都用红烧肉来做招牌菜，故美其名曰“毛氏红烧肉”。

鱼香肉丝

【主料】猪瘦肉250克，泡辣椒40克，水发木耳、水发玉兰片各30克。

【配料】绍酒5克，老抽10克，白砂糖15克，醋15克，盐5克，味精2.5克，香油10克，高汤30毫升，淀粉15克，植物油100克，姜末、葱末、蒜末各5克。

【制作】① 猪瘦肉切丝；水发玉兰片切丝或小片；水发木耳撕成小块；辣椒切成碎末。② 小碗内加入姜末、葱末、蒜末、盐、白砂糖、醋、老抽、淀粉调匀备用。③ 锅置火上，入油烧至六成热，煸炒泡辣椒待出红油后，撒入辣椒粉，放入肉丝煸炒，再加入玉兰和木耳，菜肴将熟时，把小碗内兑好的汁倒入锅内翻拌均匀，淋入香油即可。

【烹饪技法】煸炒，拌，淋。

【健康贴士】滋阴美容，补中益气。

【巧手妙招】猪肉也可与山楂搭配食用，具有祛斑、消瘀的作用，适宜产妇食用。

【举一反三】可以把水发木耳或水发玉兰换成水发竹笋丝。

典食趣话：

相传很久以前，四川有一户生意人家，家里的人很喜欢吃鱼，对烹鱼调味也很讲究，所以女主人在烧鱼的时候总要放一些葱、姜、蒜、酒、醋、老抽等去腥增味的调料。有一天晚上女主人在炒另一道菜的时候，她为了不使调料浪费，她把上次烧鱼时用剩的配料都放在这款菜中炒和，她的老公做生意回家吃后，觉得很好吃，便问此菜的做法，于是老婆就一五一十地给他讲了一遍。而这款菜是用烧鱼的调料和其他菜肴同炒，才会其味无穷；所以取名为鱼香肉丝。

红椒酿肉

【主料】红泡椒500克，五花肉300克，鸡胸肉100克。

【配料】大蒜50克，植物油、金钩虾各30克，姜、老抽各5克，水淀粉5克，水发香菇15克，鸡蛋1个，香油、盐各5克。

【制作】① 猪肉剁成泥；虾、香菇洗净，剁碎，加入肉泥、鸡蛋、味精、盐，淀粉调成软馅。② 红泡椒在蒂部切口，去瓤，填入肉馅，用水淀粉封口，下油锅炸至八成熟，捞出。③ 底朝下码入碗内，撒上蒜瓣，上笼蒸透；倒出原汁翻扣在盘中；原汁加入调料勾芡，淋在红椒上即可。

【烹饪技法】炸，蒸，酿。

【营养功效】滋阴补肾，补血防癌。

【健康贴士】红泡椒性温，肝火旺者不宜多食。

东坡肉

【主料】五花肉1500克。

【配料】绍酒20克，姜块10克，老抽25克，白砂糖15克，葱结12克。

【制作】① 选用皮薄、肉厚的猪五花肉，刮净皮上余毛，用温水洗净，放入沸水锅内煮5分钟，煮出血水，再洗净，切成20块方块（均匀切，每块约重75克）。② 取大砂锅1只，用小蒸架垫底，先铺上葱、姜块，然后将猪肉皮朝下整齐地排在上面，加白砂糖、老抽、绍酒再加葱结，盖上锅盖，用大火烧沸后密封，改用小火焖2小时左右，至肉八成熟时，启盖，将肉块翻身皮朝上，再加盖密封，继续用小火焖酥。③ 然后将砂锅端离火口，撇去浮油，皮朝上装入2只特制的小陶罐中，加盖，用“桃花纸”条密封罐盖四周，上笼用大火蒸30分钟左右，至肉酥透。食前将罐放入蒸笼，再用大火蒸 10 分钟左右即可上席。

【烹饪技法】煮，烧，焖，蒸。

【营养功效】滋阴养血，补肾调经。

【健康贴士】猪肉还可与南瓜搭配食用，具有降血糖的作用，适宜糖尿病患者食用。

典食趣话：

苏东坡任杭州知州时，因疏浚西湖有功。大家抬酒担肉给他拜年，苏轼便命将猪肉和酒烧好后给民工吃，大家吃后反而觉得更加酥香味美，便取名为“东坡肉”。

东北乱炖

【主料】红烧肉 200 克，茄子、土豆各 50 克，青椒 5 克，番茄 20 克，豆腐 30 克，粉条 20 克，豆角 50 克。

【配料】葱末 5 克，姜片 5 克，蒜末 5 克，盐 5 克，味精 2 克，高汤 100 毫升，老抽 10 克，料酒 10 克，白砂糖 5 克，大料 3 克，植物油 30 克。

【制作】① 茄子去皮切块；土豆去皮切块；尖椒切滚刀块；番茄切块；粉条用水泡；豆角切段；豆腐切三角片。② 锅置火上，入油烧热，下入茄子块、土豆块、豆角段、青椒块炸熟，捞出沥油。③ 锅内留底油烧热，放入葱末、姜片、蒜末炒香，加入红烧肉、粉条、高汤、大料烧 5 分钟，再加入炸好的茄子块、土豆块、豆腐片、豆角段、尖椒块及番茄块炖至入味，加盐、味精、老抽、料酒、白砂糖再煮 3 分钟，盛入碗中即可。

【烹饪技法】炸，炖，煮。

【营养功效】保肝护肾，增强免疫。

【健康贴士】猪肉还可与竹笋搭配食用，可清热化痰、解渴益气，适宜肺热痰多、暑热口渴的人食用。

典食趣话：

东北的习俗大多和东北的民族有关，有人说炖菜就是东北游牧民族遗留的吃法，这里曾是蒙古、大金、大辽、满族的世居地，这些游牧民族过着马背上的颠沛流离的生活，一口大铁锅驮在马背上，每到宿营，只好连荤带素扔到一个锅里烩，慢慢地形成了东北特色的炖。

农家小炒肉

【主料】五花肉 400 克，青椒 100 克，红椒 100 克。

【配料】豆瓣酱 150 克，豆豉 5 克，盐 5 克，味精 2 克，老抽 10 克，料酒 5 克，白砂糖 3 克，植物油 30 克。

【制作】① 将五花肉洗净后，切成片；豆瓣酱剁成末；豆豉压成泥；青、红椒洗净后，斜刀切成圈。② 锅置火上，入油烧至五成热，下入五花肉片翻炒出油，再放入豆瓣酱、豆豉煸炒出味。③ 加入盐、味精、老抽、料酒、白砂糖炒匀，倒入青、红椒圈翻炒至熟即可。

【烹饪技法】煸炒，炒。

【营养功效】益智补脑，健脾开胃。

【健康贴士】猪肉含有较多的脂肪，高脂血症患者不宜食。

狮子头

【主料】猪肉（五成肥，七成瘦）500 克，生粉适量。

【配料】植物油 100 克，火腿 50 克，虾米

10克，慈姑10克，鸡蛋1个，水发玉兰片、香菌、鲜菜心各20克，老抽20克，绍酒5克，姜5克，葱5克，淀粉50克，胡椒面4克，味精3克，上汤100毫升。

【制作】① 猪肉洗净，用刀斩成细颗粒；慈姑洗净，去皮；虾米用水发胀与火腿同样切成颗粒。玉兰片、香菌片成片，姜剁细。② 将斩细的猪肉装入碟内，加入慈姑、火腿、虾米、盐、老抽、味精、绍酒、胡椒面、鸡蛋、生粉水拌匀，分成4份，做成4个略扁的大圆子备用。③ 锅置火上，入油烧至七成热，把做好的大圆子下油锅内炸至金黄色时捞出，放入碟内，加老抽、绍酒、上汤、姜、葱隔水蒸约1小时。④ 净锅后置火上，入油烧热，下水发玉兰片、香菌、鲜菜心略炒一下，加入蒸圆子的汁，再将圆子放入锅内同烧一下，下胡椒面、味精，然后把圆子装入碟中摆成狮子头形，锅内的原汁下淀粉水收浓，淋于圆子上即可。

【烹饪技法】拌，炸，蒸，炒，烧。

【营养功效】养颜嫩肤，补中益气。

【健康贴士】猪肉还可与海带搭配食用，具有解腻除热、充胃汁、滋肝阴、润肌肤、利二便、止消渴的作用。

典食趣话：

相传唐代，有一次，郇国公韦陟宴客，府中的名厨韦巨元做了道扬州名菜——葵花斩肉。当这道菜端上来时，只见那巨大的肉团子做成的葵花心精美绝伦，有如雄狮之头。于是韦陟便把“葵花斩肉”改名为“狮子头”，并流传至今。

木须肉

【主料】猪瘦肉150克，鸡蛋4个，金针菜50克，水发木耳50克，黄瓜100克。

【配料】植物油150克，葱丝5克，姜丝5克，盐3克，酱油30克，白砂糖10克，料酒10克，香油5克。

【制作】① 猪肉洗净，切成薄片；鸡蛋打入碗中，搅拌均匀；黄瓜洗净，切成薄片。② 锅置火上，入油烧热，倒入鸡蛋液，炒成固体状，盛出备用。③ 净锅后置火上，入油烧热，放入猪肉片炒至变色，加葱丝、姜丝，再放料酒、酱油、白砂糖、盐调味，翻炒均匀后，再加入金针菜、木耳、黄瓜片和鸡蛋一同翻炒，最后淋上香油，出锅装盘即可。

【烹饪技法】炒。

【营养功效】开胃补虚，壮骨防病。

【健康贴士】猪肉也可与豆苗搭配食用，具有利尿、消肿、止痛的作用，非常适合孕妇食用。

水煮肉片

【主料】猪瘦肉250克，青菜100克。

【配料】盐3克，姜丝3克，淀粉5克，蒜丝3克，花椒2克，辣椒粉5克，胡椒2克，味精2克，葱末3克，豆瓣10克，料酒5克，老抽5克，植物油15克。

【制作】① 肉洗净，切片，用少许老抽和淀粉、料酒腌渍片刻。② 锅置火上，入油烧至七成热，下姜、蒜丝、豆瓣爆香，倒入凉水烧沸后放入青菜烫一下，断生后捞起放进汤碗，将肉片一片片放到锅里，待水开后，盛到有青菜垫底的汤碗里，撒上辣椒粉，胡椒。③ 锅置火上烧热，放入花椒炒一下，然后放到案板上捻碎，撒到肉片上。④ 炒锅入油，烧热后浇到煮好的肉片上即可。

【烹饪技法】腌，爆，煮。

【营养功效】滋阴润燥，补血养颜。

【健康贴士】猪肉也可与白菜搭配食用，可滋阴、润燥、补血，适宜产妇食用

抓炒里脊

【主料】猪里脊肉200克。

【配料】植物油15克，醋5克，白砂糖10克，老抽、绍酒各5克，盐2克，味精1克，葱、姜各5克，湿玉米粉20克。

【制作】① 先把里脊肉切成长5厘米的滚刀片，倒入少许绍酒、老抽、盐拌匀入味，再放入玉米粉轻轻抓匀。② 锅置火上，入油烧至七八成热，把裹好玉米糊的肉片放到锅里炸，边炸边用筷子拨开，防止黏结，待油大热时再改小火炸5分钟左右，捞入漏勺。③ 把适量的玉米粉、糖、醋、酱油、盐、味精、绍酒、葱末、姜末放到碗里，合成汁。另起锅烧热，加入油，油热倒入碗内，等炒到黏稠时，再将炸好的肉片倒入，颠翻炒匀，再浇点儿明油便可食用。

【烹饪技法】拌，炸，炒。

【营养功效】健脾开胃，宽肠通便。

【健康贴士】猪肉还可与香菇搭配食用，具有强身健体的作用，适宜身体虚弱的人食用。

典食趣话：

话说清朝有个姓王的伙夫给慈禧做晚膳，操起勺抓了些剩下的猪里脊片放在碗里，又倒入一些蛋清和水淀粉，胡乱地抓了一阵子，便投入锅里烹调起来……不料慈禧吃后，连连叫好，并问此菜菜名。上菜的太监告诉慈禧此菜名叫“抓炒里脊”。从此，“抓炒里脊”闻名宫廷，并逐渐形成了宫廷的四大抓炒，后来成为北京地方风味中的独特名菜。

宫爆肉丁

【主料】瘦肉250克，花生米30克。

【配料】老抽5克，绍酒5克，醋3克，盐3克，辣椒粉2克，淀粉5克，味精1克，糖5克，花椒1克，鸡蛋半个，葱10克，姜3克，辣椒10克，蒜3克，植物油20克。

【制作】① 将肉切成1.2厘米方丁，放入老抽、绍酒、淀粉、鸡蛋上浆，抓匀；葱、姜、蒜均切成片。② 将花生米放入油锅，用中火炒至成熟且脆香（不可炒煳），放入盘中；将葱、姜、蒜、老抽、绍酒、醋、盐、味精、糖、淀粉放入碗中，调成汁。③ 炒锅上火，放入油2中匀，放入花椒、辣椒煸炒，至花椒黑、辣椒紫时，将肉丁放入煸炒，再加入辣椒粉同炒，炒出红油，待肉成熟后，将汁倒入，翻炒均匀，随即放入花生米，炒匀后即可。

【烹饪技法】煸炒，炒。

【营养功效】养阴润燥，美容嫩肤。

【健康贴士】猪肉也可与黑木耳搭配食用，具有补虚养血、滋阴润燥的作用，适宜身体虚弱、贫血、阴虚的人食用。

典食趣话：

清朝时候，四川有个老厨师见四川总督丁宫保为禁烟而操心，就精心地把花生米用油一炸，将瘦肉切成小方肉丁，配好嫩豌豆和一些葱蒜之类的东西合炒成一道菜，恭请丁宫保吃，丁宫保吃完后，问此菜名，老厨便灵机给菜取名“宫保肉丁”。久而久之，人们把“宫保”叫成了“宫爆”。

糖蒸肉

【主料】猪肉500克，红糖150克。

【配料】蜜桂花3克，熟大米粉100克，绍酒10克，葱末5克，老抽15克，姜末5克，胡椒粉2克。

【制作】① 猪肉洗净，切成长块，盛入碗中，加少许硝水、老抽、绍酒、胡椒粉、蜜桂花、葱末、姜末、红糖100克、熟大米粉一起拌匀腌渍；将红糖50克、清水50克放入另一碗内，溶化成糖水。② 将肉块整齐地码入碗内，上笼用大火蒸1小时出笼，再将肉的周围拨松，浇入溶化的红糖水，继续蒸30分钟，待肉熟透味时出笼，翻扣入盘即可。

【烹饪技法】拌，蒸。

【营养功效】健脾养胃，强筋补肾。

【健康贴士】猪肉还可与茄子搭配食用，具有增加血管弹性的作用，适宜胆囊炎、糖尿病患者食用。

典食趣话：

相传苏东坡谪居黄州时，曾在黄坡木兰山讲学。学生因素知东坡喜食猪肉和甜食，便纷纷送上鲜猪肉和红、白砂糖作为答谢。不料学生不慎将糖和猪肉混在一起，“糖蒸肉”便成了当地传统名肴。

回锅肉

【主料】五花肉400克，蒜苗100克，豆瓣20克。

【配料】植物油15克，白砂糖3克，老抽10克，绍酒5克，甜酱10克。

【制作】① 猪肉洗净，入汤锅煮至断生捞出（约煮15分钟），晾冷后切成长片；豆瓣剁细；蒜苗切成长约3厘米的节。② 锅置火上，入油烧热，放肉炒至呈“灯盏窝”形，烹入绍酒，下豆瓣炒香上色，再放甜酱炒出香味，然后放白砂糖和老抽炒匀，下蒜苗迅速炒至断生出锅，装盘即可。

【烹饪技法】煮，炒。

【营养功效】健脾开胃，防癌抗癌。

【健康贴士】猪肉的脂肪含量高，肥胖者不宜食用。

典食趣话：

据说清末时期，成都有位姓凌的翰林，他将先煮后炒的回锅肉改为先将猪肉去腥味，以隔水容器密封的方法蒸熟后再煎炒成菜。因为久蒸至熟，减少了可溶性蛋白质的损失，保持了肉质的浓郁鲜香，原味不失，色泽红亮。自此，名噪锦城的“回锅肉”便流传开来。

蚂蚁上树

【主料】干粉丝250克，猪肉末100克。

【配料】高汤30毫升，绍酒、老抽5克，豆瓣酱6克，蒜茸3克，葱末、姜末5克，糖2克，味精1克，盐3克，花椒粉2克，植物油35克。

【制作】① 把粉丝用沸水泡透、泡软，滤干备用。② 锅置火上，入油烧热，下肉末大火煸炒；炒干水分后，加入豆瓣酱、姜末、蒜茸略煸炒，加入高汤、盐、糖、味精、老抽和绍酒，放入粉丝，汤烧沸后略烧片刻，撒上葱末和花椒粉出锅。

【烹饪技法】煸炒，炒。

【营养功效】开胃消食，消脂瘦身。

【健康贴士】猪肉生痰，风痰、湿痰、寒痰者都应忌食。

【举一反三】可以把猪肉换成水面筋。

典食趣话：

相传窦娥的丈夫死后不久，婆婆也卧病在床，为了给婆婆调理身体，窦娥常常变换着花样做菜。有次窦娥去买肉时，她看见一旁的粉丝，于是，便买了些粉丝，回家将肉块切称小肉末，混着粉丝一块煮。因肉末形似蚂蚁，婆婆便把此菜叫“蚂蚁上树”。

板栗香焖肉

【主料】猪肉 500 克，板栗 250 克。

【配料】葱 15 克，姜 10 克，植物油 30 克，香油 5 克才，酱油 6 克，白砂糖 5 克，料酒 15 克，味精 2 克，盐 5 克。

【制作】① 板栗洗净，放入锅中加适量清水略煮，捞出剥壳取肉，放入蒸锅中蒸至八成熟；猪肉洗净，切块；葱洗净，切段；姜洗净，后切片。② 锅置火上，入油烧热，下葱段、姜片炝锅，倒入肉块翻炒片刻，加料酒、酱油和清水，开小火焖至肉八成熟，倒入板栗，加适量白砂糖、味精和盐调味，改大火收汁，淋上香油后即可出锅。

【烹饪技法】煮，蒸，炒，焖。

【营养功效】补肾活血，滋阴养胃。

【健康贴士】猪肉也可与洋葱搭配食用，具有滋阴润燥的作用，适宜阴虚干咳、口渴、体倦、乏力、便秘等病症患者食用。

时蔬蒸肉

【主料】猪瘦肉 100 克，西蓝花 100 克，菜花 100 克，香菇 15 克，菜梗 7 个。

【配料】盐 3 克，黄酒 15 克。

【制作】① 猪瘦肉洗净，切成小丁；西蓝花、菜花、香菇、菜梗切成小块备用。② 锅置火上，加入适量清水，放入切好的肉丁、黄酒一起煮至熟烂。③ 把切好的四种蔬菜放在盘子中，然后将煮好的肉汤淋在上面，入蒸锅蒸 30 分钟左右即可。

【烹饪技法】煮，蒸。

【营养功效】强身健体，通便益智。

【健康贴士】猪肉还可与蘑菇搭配食用，能促进营养物质的吸收。

扒烧整猪头

【主料】猪头 1 个。

【配料】绍酒 1000 克，老抽 250 克，香醋 250 克，冰糖 500 克，姜片 50 克，葱结 100 克，桂皮 25 克，大料 15 克，小茴香子 10 克。

【制作】① 猪头镊净毛，洗净，从脑后正中间用刀劈开，但不要切破舌头和面部的皮，剔去硬骨（连猪脑），放入清水中浸 2 小时，漂尽血污，再放入沸水锅内烧 20 分钟，捞出用清水重新刮洗，刮净眼毛和耳毛，挖去两眼，割下两耳、两腮肉、猪嘴尖，刮去舌苔。再将眼、耳、腮、舌和头肉放入清水锅内烧至七成熟。将桂皮、大料、小茴香三种香料同装入一纱袋内备用。② 铁锅内先放竹垫，铺上姜片、葱结，将眼、耳、腮、头肉、舌顺序下锅，放入冰糖、老抽、香醋、香料袋，加清水（与肉相平），盖好锅，用大火烧沸，再用小火焖约 2 小时，直至汤卤黏稠，头肉酥烂。③ 出锅时，用大圆盘一只，先将舌头装在盘的当中，头肉面部朝上，盖好舌头，再将腮肉、猪耳、眼珠分别安置在原来部位，滗出原卤汁浇上即可。

【烹饪技法】烧，焖，卤，扒。

【营养功效】滋阴补肾，健脾开胃。

【健康贴士】猪肉的脂肪含量高，高血脂患者不宜食用。

排骨

排骨分为大排和小排，排骨富含铁，磷，蛋白质，钙等营养成分，能提供人体生理活动必需的优质蛋白质、脂肪，尤其是丰富的钙质可维护骨骼健康。

中医认为，排骨性平、味甘，入脾、胃经；具有补脾胃、益气血、强筋骨的功效。

红烧排骨

【主料】排骨 750 克。

【配料】老抽 20 克，盐 10 克，料酒 8 克，葱 30 克，姜 15 克，大料 5 克，水淀粉 80 克，植物油 500 克。

【制作】① 葱切段；姜切片；排骨剁成 4 厘米长的块，洗净，沥干水分，加入少许老抽、水淀粉拌匀，用热油炸成金黄色捞出。② 将排骨放入锅内，加入水（以漫过排骨为度）、老抽、料酒、盐、大料、葱段、姜片用大火烧沸后，转小火焖至排骨肉烂即可。

【烹饪技法】炸，拌，焖。

【营养功效】补气养血，健脾开胃。

【健康贴士】排骨还可与西洋参搭配食用，具有滋养生津的作用，适合体倦乏力者食用。

【巧手妙招】排骨挂上淀粉后，要用大火热油炸，多分几次下锅，这样排骨才炸得好。

糖醋排骨

【主料】排骨 500 克。

【配料】料酒 15 克，盐 4 克，淀粉、面粉各 10 克，桂圆干、酱油、白砂糖各 5 克，醋、姜片、葱段各 5 克，植物油 30 克。

【制作】① 排骨剁成 5 厘米长的段，放沸水中汆去血水，加料酒、盐拌匀。② 把淀粉、油、面粉、桂圆干及适量水一起调成糊，倒入排骨挂糊；酱油、白砂糖、料酒、醋、姜片、盐一起调成味汁。③ 锅置火上，入油烧热，下排骨炸至熟透，捞出沥油。④ 锅内留少许油，下葱段爆香，排骨倒进去，淋入味汁翻炒均匀，出锅时淋上点儿香油即可。

【烹饪技法】汆，拌，炸，爆，焖，炒。

【营养功效】开胃消食，滋阴养颜。

【健康贴士】排骨性温，感冒发热者不宜食用。

芋头蒸子排

【主料】排骨 300 克，芋头 100 克，菜心 30 克，红椒 25 克。

【配料】盐 5 克，老抽 10 克，料酒 5 克，蒜蓉 5 克，香油 5 克，水淀粉 10 克。

【制作】① 排骨洗净，剁成块，汆水后捞出，加入盐、老抽、料酒、蒜蓉、水淀粉拌匀，腌渍入味；芋头去皮洗净，摆在排骨的四周；菜心洗净，入沸水中焯烫；红椒洗净，切圈。② 将排骨和芋头一起入蒸锅中蒸 25 分钟至熟后，取出，以青菜围边，再撒上红椒圈，淋上香油即可。

【烹饪技法】汆，焯，拌，腌，蒸。

【营养功效】滋阴壮阳，益精补血。

【健康贴士】排骨含有较高的胆固醇，高血脂患者不宜多食。

周庄酥排

【主料】排骨 600 克。

【配料】鸡精 2 克，白砂糖 10 克，胡椒粉 2 克，桂皮少许，葱段 3 克，姜片 5 克，排骨酱 5 克，蚕豆酱 5 克。

【制作】① 排骨洗净，剁成 5 厘米长的段。② 把排骨入沸水锅中汆烫净血水，捞出，沥干水分，加入鸡精、白砂糖、胡椒粉、桂皮、葱段、姜片、排骨酱、蚕豆酱拌匀，上蒸锅蒸1～2小时即可。

【烹饪技法】氽，蒸。

【营养功效】健脾开胃，补脑益智。

【健康贴士】排骨也可与白萝卜搭配食用，具有消除腹胀的作用，食滞腹胀者尤为适宜。

无锡排骨

【主料】小排骨600克，白菜50克。

【配料】葱5克，姜10克，蒜10克，绍酒10克，老抽20克，冰糖15克，大料5克，番茄酱15克，植物油100克。

【制作】①排骨洗净，放进微波炉强微波2分钟，然后放净血水，放入绍酒、老抽、冰糖、大料、番茄酱拌匀，腌50分钟。葱切段，拍扁，蒜也拍扁备用。②准备一锅炸油，烧至高温，将排骨放入炸到颜色转褐黄色，捞出。③锅置火上，入油烧热，爆香葱段、姜片和蒜瓣，煸炒至颜色微焦，把葱姜蒜捞出，放入绍酒、老抽、冰糖、大料、番茄酱烧沸，加入排骨，改中小火烧煮入味至汤汁收干，约需40分钟，中途须偶尔翻动。④白菜洗净，切段，用滚水烫热，铺盘。将煮好的排骨摆放在白菜上，然后把汤汁浇淋上即可。

【烹饪技法】拌，腌，炸，爆，煸炒，煮。

【营养功效】养胃健脑，壮骨强身。

【健康贴士】排骨也可与香菇搭配食用，具有均衡营养、强身健体的作用，适宜体质差的人食用。

【巧手妙招】小排骨炸至颜色变成金黄色时，可先捞出来约5秒，让热蒸气散一些，再放回油锅炸1分钟，如此炸出来的排骨才会外酥内嫩，口感更好。

典食趣话：

相传宋朝济公有天假装叫花子去一家熟肉铺乞讨，在乞讨中，他随手撕下几根蒲扇上的筋，叫店主阿福把扇筋和肉骨头一起烧，店主将信将疑地按照那个叫花子说的煮肉骨头。果然如济公说的，十分可口。消息传开去，很快轰动了无锡城。人们纷纷跑来买陆阿福的肉骨头，于是，“无锡排骨”由此出名，并一直流传至今。

粉蒸排骨

【主料】排骨500克，米粉100克。

【配料】豆豉5克，鸡精2克，豆腐乳30克，豆瓣酱15克，香菜叶少许。

【制作】①排骨洗净，剁段；豆瓣酱、豆豉用油炒香，凉后加入米粉和鸡精、豆腐乳拌匀。②将排骨放入蒸盘中，上铺拌好的调味料，入蒸笼蒸40分钟，撒香菜叶即可。

【烹饪技法】炒，拌，蒸。

【营养功效】补虚强身，滋阴润燥。

【健康贴士】排骨还可与海带搭配食用，具有清热祛火的作用，适宜心烦口渴、口舌生疮、便干尿黄的人食用。

小米蒸排骨

【主料】排骨500克，小米250克。

【配料】豆豉50克，豆瓣酱35克，姜、蒜各5克，花椒1克，味精2克，盐4克。

【制作】①小米淘洗干净，放入水中浸泡；姜洗净，切末；蒜剥皮，切末。②排骨洗净，剁成小段，加豆瓣酱、豆豉、花椒、盐、味精、姜末、蒜末一起搅拌均匀，然后放入泡好的小米，再次拌匀后将其放入蒸锅中蒸熟即可。

【烹饪技法】拌，蒸。

【营养功效】补虚壮骨，安神开胃。

【健康贴士】排骨还可与红菇搭配食用，具有补血养血、滋润肌肤的作用，适用于气血亏虚、面黄肌瘦的人食用。

黄花银耳焖肉排

【主料】肉排500克，黄花菜50克，银耳50克，红椒30克。

【配料】姜片10克，蒜蓉15克，葱段10克，盐5克，生抽10克，花雕酒15克，胡椒粉少许，香油5克，淀粉15克。

【制作】① 肉排洗净，沥干水分，用盐、花雕酒腌15分钟；红椒洗净，切片。② 黄花菜及银耳用水浸透，洗净后剪去梗蒂，入沸水中焯烫，冲净后沥水。③ 锅置火上，入油烧热，爆香姜片、葱段，加入肉排翻炒，倒入适量水焖煮30分钟，加入蒜蓉、黄花菜、银耳，加入盐、胡椒粉、香油、淀粉焖煮至肉排熟，加红椒片炒匀即可。

【烹饪技法】焯，腌，爆，炒，焖，煮。

【营养功效】补肾养血，滋阴润燥。

【健康贴士】排骨和山楂搭配食用，具有祛斑消瘀的作用，适宜气滞血瘀的黄褐斑患者食用。

【巧手妙招】银耳用温水更易泡发开，可缩短烹饪时间。

农家排骨

【主料】排骨600克，熟玉米块、四季豆、西红柿50克。

【配料】盐6克，姜片、葱段各5克。

【制作】① 排骨洗净，下入加盐、姜片、葱段的清水锅中煮熟，捞出备用。② 四季豆洗净，去筋，切段；西红柿洗净，切瓣。③ 锅置火上，入油烧热，放入四季豆、西红柿，加盐炒匀，加排骨、玉米炒匀，装盘即可。

【烹饪技法】煮，炒。

【营养功效】补益气血，美容养颜。

【健康贴士】排骨还可与红薯搭配食用，不仅提供人体所需的热量，更能提供充足的膳食纤维，具有润肠通便的作用。

【巧手妙招】排骨入沸水焯烫后，再进行烹饪，更易熟。

菠萝香排骨

【主料】排骨400克，菠萝200克。

【配料】葱、姜各10克，番茄酱12克，料酒10克，白砂糖5克，酱油15克，色拉油30克，味精2克，盐5克。

【制作】① 菠萝去皮，切块，放入淡盐水中浸泡片刻；葱洗净，切段；姜洗净，切丝；排骨洗净，剁成小段，加酱油腌渍后，沥去酱油。② 锅置火上，入油烧热，倒入排骨段炸至表面变色后捞出。③ 锅中加适量油烧至六成热后下葱段、姜丝炒至香气四溢，然后倒入适量清水、料酒、番茄酱、酱油、白砂糖、味精和排骨段一起煮烂，再放入菠萝块炒熟即可装盘。

【烹饪技法】腌，炸，炒，煮。

【营养功效】强筋壮骨，益气消食。

【健康贴士】排骨还可与莴笋搭配食用，具有补益气血的作用，适宜女性产后体虚者食用。

猪肚

猪肚含有蛋白质、脂肪、碳水化合物、维生素及钙、磷、铁等，不仅可以食用，而且具有补虚损、健脾胃的作用。

中医认为，猪肚性微温、味甘，入脾、胃经，有补中益气、止渴、通血脉、消食化积之功效。

红烧猪肚

【主料】猪肚150克，冬菇10克，红椒20克。

【配料】姜10克，葱10克，植物油30克、盐10克、味精8克、白砂糖3克、胡椒粉2克，老抽10克，鸡汤50毫升。

【制作】① 猪肚洗干净，煮熟切片；冬菇、红椒、生姜都切片；香葱切段。② 锅置火上，入油烧热，放入姜片、红椒、冬菇、猪肚炒香，再加入鸡汤，调入盐、味精、白砂糖、老抽烧透，撒入胡椒粉即可。

【烹饪技法】煮，炒，烧。

【营养功效】补中益气，健脾和胃。

【健康贴士】猪肚不宜与芦荟同食，对身体不利。

【巧手妙招】猪肚很难洗，必须用盐和面粉反复清洗，直到猪肚上没有黏液才行。

干烧肚丝

【主料】猪肚 300 克，茶树菇、拳头菜各 100 克，青椒 40 克，红椒 40 克。

【配料】姜 5 克，葱 5 克，蒜 5 克，香菜 5 克，干辣椒丝 10 克，生抽 5 克，盐 5 克，味精 2 克，鲜味酱油 5 克，植物油 30 克，热红油 10 克。

【制作】① 猪肚洗净，加葱、姜煮熟，切成丝。茶树菇、拳头菜焯水备用。② 锅置火上，入油烧热，用干辣椒丝、葱、姜、蒜爆锅，加入猪肚丝、茶树菇、拳头菜翻炒，加生抽、盐、味精调味，出锅盛于盘中，上面撒青红椒丝、香菜段，加鲜味酱油，淋入热红油即可。

【烹饪技法】焯，爆，炒，淋。

【营养功效】补气养血，健脑益智。

【健康贴士】猪肚含有较多的脂肪，高脂血症患者不宜多食。

白果莴笋烩猪肚

【主料】白果 50 克，莴笋 200 克，猪肚 150 克。

【配料】盐 5 克，味精 2 克，花雕酒 10 克，水淀粉 20 克，白卤适量。

【制作】① 猪肚洗净，入沸水中汆烫，取出入白卤里卤 50 分钟。② 猪肚取出，切成块；莴笋去皮，切块；白果蒸熟备用。③ 锅中加水下入猪肚、白果、莴笋块烧入味，下入盐、味精、花雕酒调味，用水淀粉勾芡即可。

【烹饪技法】汆，卤，蒸，烧。

【营养功效】补肝益肾，利水通便。

【健康贴士】猪肚不宜与啤酒同食，易引发痛风。

【巧手妙招】汆猪肚的时候，千万不要放盐，否则猪肚会紧缩，不易切烂。

尖椒猪肚

【主料】猪肚 500 克，青尖椒、红尖椒各 50 克。

【配料】葱段 5 克，姜片 5 克，蒜片 3 克，胡椒粉 2 克，盐、鸡精各 5 克，香油 5 克，植物油 30 克。

【制作】① 猪肚洗净后从中间剖开，放入高压锅内煮熟，取出，沥干水分；尖椒洗净，切片；猪肚切成片备用。② 锅置火上，入油烧熟，下入姜片、蒜片爆香，加入猪肚炒熟，再下入辣椒片、葱段、胡椒粉、香油、盐和鸡精调匀后即可。

【烹饪技法】煮，爆，炒。

【营养功效】健脾养胃，强筋壮骨。

【健康贴士】猪肚性微温，温热内盛者不宜多食。

【举一反三】可以把尖椒换成芹菜。

猪肝

猪肝含有多种营养物质。猪肝中铁质丰富，是补血食品中最常用的食物，食用猪肝可调节和改善贫血病人造血系统的生理功能；猪肝中含有丰富的维生素 A，具有维持人体正常生长和生殖机能的作用；能保护眼睛，维持正常视力，防止眼睛干涩、疲劳，维持健康的肤色，对皮肤的健美具有重要意义；猪肝中还具有一般肉类食品不含的维生素 C 和微量元素硒，能增强人体的免疫反应，防衰老，并能抑制肿瘤细胞的产生，也可治急性传染性肝炎。

中医认为猪肝性温、味甘苦，入肝经，有补肝、明目、养血的功效，可用于血虚萎黄、夜盲、目赤、浮肿、脚气等症。

小炒猪肝

【主料】猪肝 300 克，青蒜 30 克，小米椒 50 克。

【配料】盐3克，绍酒5克，淀粉5克，鸡精2克，大蒜5克，米醋3克，生抽5克，胡椒粉2克。

【制作】① 猪肝切薄片洗净，加盐、绍酒、淀粉码味上浆，用温水滑熟；青蒜切成象眼片，大蒜切片，小米椒切成段，② 锅置火上，入油烧热，下青蒜、大蒜片、小米椒爆香，加入肝片，加盐、鸡精、米醋、生抽、胡椒粉调味，炒匀即可。

【烹饪技法】爆，炒。

【营养功效】补血明目，养血美容。

【健康贴士】猪肝不宜与鸡蛋同食，容易造成血管硬化。

【巧手妙招】猪肝要先用清水冲净血水，再加入适量的牛奶浸泡，才可以有效去除异味。

韭菜花炒猪肝

【主料】何首乌20克，猪肝300克，韭菜花250克。

【配料】淀粉5克，豆瓣酱8克，盐3克，植物油30克。

【制作】① 猪肝洗净，切片，入沸水汆烫，沥干；韭菜花洗净，切段；何首乌放入沸水中煮10分钟后滤取药汁，与淀粉混合拌匀。② 锅置火上，入油烧热，下入豆瓣酱炒香，放猪肝、韭菜花炒片刻，加盐调味，淋上药汁即可。

【烹饪技法】汆，煮，拌，炒。

【营养功效】滋阴养血，补肝明目。

【健康贴士】猪肝胆固醇含量较高，血脂高的人应慎食。

泡椒猪肝

【主料】猪肝300克，泡椒50克。

【配料】盐5克，胡椒粉2克，料酒15克，姜片10克，葱段10克，红椒片少许，植物油15克。

【制作】① 猪肝洗净，切片；泡椒切段。② 猪肝放入胡椒粉、料酒和盐腌渍，油烧热后，放入猪肝翻炒片刻，加入泡椒、葱段、姜片、红椒片和料酒炒香，颠簸几下，出锅装盘即可。

【烹饪技法】腌，炒。

【营养功效】补血护肝，增强免疫。

【健康贴士】猪肝中含有较多的胆固醇，冠心病患者不宜食用。

【巧手妙招】清洗猪肝时，可先将其切成片，用白醋抓拌均匀，静置5分钟，再烹制，这样可去除猪肝的异味。

芹菜炒猪肝

【主料】猪肝200克，芹菜300克。

【配料】盐5克，植物油30克，酱油25克，香醋15克，白砂糖20克，黄酒10克，淀粉15克，水淀粉15克。

【制作】① 猪肝去筋膜，快刀切成薄片，用淀粉、黄酒和盐同猪肝片拌匀；芹菜去菜叶，取净茎，用清水洗净，切成3厘米长的段。② 锅置火上，入油烧至六成热，投入猪肝，将其搅散，待变色后，倒入漏勺沥油。③ 锅中留油少许，油热后，投入芹菜煸炒，待熟前加入酱油、白砂糖、盐，用水淀粉勾芡，再倒入猪肝，翻几下，在锅里淋上少许香醋，即可出锅装盘。

【烹饪技法】拌，煸炒，炒。

【营养功效】养肝明目，清肠降压。

【健康贴士】猪肝不宜与绿豆芽搭配食用，会产生色素沉着而生黯。

【举一反三】可以把芹菜换成黑木耳。

猪腰

猪腰含有蛋白质、脂肪、碳水化合物、核黄素、维生素A、硫胺素、抗坏血酸钙、磷、铁和维生素等营养物质，有补肾气、通膀胱、消积滞、止消渴之功效。可用于治疗肾虚腰痛、水肿、耳聋等症。

中医认为，猪腰性平、味咸，入肾经；具有理肾气、补水脏的功效，用于肾虚腰痛、身面浮肿等症。

什锦腰花

【主料】猪腰 500 克，木耳 20 克，荷兰豆、胡萝卜各 50 克。

【配料】盐 4 克，植物油 35 克。

【制作】① 猪腰平剖为二，剔去内面腰臊，洗净，切菱形花刀再切片，放入清水浸泡，不断换水至去尽血水，再放入沸水汆烫后捞出。② 木耳洗净，泡发，去蒂，切片；荷兰豆撕去边丝，洗净；胡萝卜削皮，洗净，切片。③ 锅置火上，入油烧热，下木耳、荷兰豆、胡萝卜片炒匀，下入腰花同炒，加盐调味，至腰片熟即可。

【烹饪技法】汆，炒，拌。

【营养功效】壮腰健肾，健脑提神。

【健康贴士】猪腰不宜与茶树菇同食，会影响营养吸收。

【巧手妙招】猪腰打花刀的时候，刀纹不要太深，否则炒制时易碎。

木耳黄瓜熘腰花

【主料】猪腰 500 克，木耳 15 克，黄瓜 20 克。

【配料】料酒 5 克，盐 3 克，味精 2 克，酱油 5 克，胡椒粉少许，植物油 30 克。

【制作】① 猪腰洗净，切花；木耳泡发；黄瓜洗净，切片。② 锅置火上，入油烧热，下猪腰入油锅滑炒熟盛出，再放木耳、黄瓜炒香，加入腰花同炒，调入盐、味精、酱油、料酒、胡椒粉，加入清水煮至腰花熟入味即可。

【烹饪技法】滑炒，炒，煮。

【营养功效】补肾壮阳，补血养颜。

【健康贴士】猪腰含有较多的胆固醇和嘌呤，血脂偏高者不宜食用。

【巧手妙招】猪腰切好后也可以放在淡盐水中浸泡一会儿再烹饪。

爆炒腰花

【主料】鲜猪腰 250 克，水发木耳 30 克。

【配料】青蒜 10 克，酱油 15 克，料酒 15 克，葱、姜各 5 克，高汤 50 毫升，水淀粉 25 克，香油 2 克，植物油 75 克，盐 3 克，味精 2 克，醋 3 克。

【制作】① 猪腰一剖两半，片去腰臊，剞麦穗花刀，改为三角刀块；葱、姜切丝；青蒜洗净，切段。② 碗中放葱姜丝、酱油、料酒、盐、味精、醋、水淀粉、香油及高汤兑成芡汁。③ 将腰花用沸水汆去血水，捞出控净水。锅置火上，入油烧至八成热，将腰花爆炸，捞出控油。④ 锅留底油，倒入腰花，下入木耳、青蒜段翻炒，烹入汁芡速炒，待汁裹住腰花上时淋香油即可。

【烹饪技法】汆，炸，炒。

【营养功效】强腰壮阳，温胃消食。

【健康贴士】猪腰还可与核桃搭配食用，具有补肾、健脑的作用，适宜腰酸背痛、记忆力减退的人食用。

肝腰合炒

【主料】猪肝 200 克，猪腰 200 克。

【配料】豆瓣酱 15 克，酱油 10 克，泡辣椒 10 克，泡姜 5 克，葱段 5 克，生姜 3 克，蒜 3 克，鸡精 2 克，生粉 5 克，料酒 10 克，花椒粒 5 克。

【制作】① 猪肝切片，猪腰洗净，剔掉中间白色的东西，多洗几遍，切成花，用生粉、料酒拌匀。② 锅置火上，入油烧热，用花椒粒炸香，倒入肝腰翻炒几下，加入豆瓣酱炒匀。放入泡姜、泡辣椒、生姜、蒜瓣快速翻几下。加入少许酱油、葱段、鸡精调味出锅装盘即可。

【烹饪技法】拌，炒。

【营养功效】补肝益肾，益精明目。

【健康贴士】猪腰也可与竹笋搭配食用，具有补肾、利水的作用，适宜肾虚、水肿患者食用。

猪肠

猪肠分为大肠、小肠和肠头，它不但是

人们喜食的宴席中的佳品，还含有蛋白质、脂肪、碳水化合物、多种维生素及矿物质钙、锰、硒、磷、铁等，具有补虚损的功效。

中医认为，猪肠性寒、味甘，入大、小肠经；具有润肠、祛风、解毒、补虚、止渴、止血、止小便的功效。

脆皮大肠

【主料】大肠头 500 克。

【配料】麦芽糖水 20 克，冰花梅酱 5 克，椒盐 5 克，植物油 50 克。

【制作】① 大肠头洗净，汆水，用高压锅焖熟捞出，挂麦芽糖水，晾干。② 锅置火上，入油烧热，放入大肠头炸至红亮，捞出改刀成小段，蘸冰花梅酱或椒盐食用即可。

【烹饪技法】汆，焖，炸。

【营养功效】健胃消食，润肠通便。

【健康贴士】猪肠性寒，感冒期间应忌食。

【巧手妙招】用酸菜水洗猪肠，只需两次，其腥臭味便可基本消除。

豉油皇大肠

【主料】猪大肠 400 克，豉油 50 克。

【配料】蒜蓉 10 克，葱末 10 克，白砂糖 10 克，鸡精 3 克。

【制作】① 猪大肠洗净，切成 4 厘米长的段，煮烂备用。② 上锅入油，下入猪大肠炸至表面金黄色后捞出。③ 锅中留少许油，放入蒜蓉、葱末爆香，再加入豉油、大肠和白砂糖、鸡精炒熟装盘即可。

【烹饪技法】煮，炸，爆，炒。

【营养功效】润肠通便，防癌抗癌。

【健康贴士】猪肠也可与香菜搭配食用，具有增强免疫力的作用，适宜久病体虚者食用。

【巧手妙招】洗猪肠的时候要翻转过来清洗内壁。

豆腐烧肥肠

【主料】豆腐 400 克，肥肠 100 克。

【配料】葱末 6 克，姜末 5 克，蒜末 5 克，盐 3 克，鸡精、料酒各 2 克，豆瓣酱 10 克。

【制作】① 豆腐洗净，切丁；肥肠洗净，切块。② 锅置火上，注水烧沸，下豆腐焯烫，捞出，沥干水分；净锅后置火上，入油烧热，下姜末、蒜末、豆瓣酱炒香，放入肥肠炒熟，加少许清水煮沸，加入豆腐丁烧沸，加入盐、鸡精、料酒、葱末炒匀即可。

【烹饪技法】焯，煮，炒。

【营养功效】润肠治燥，生津止渴。

【健康贴士】一般人都可食用，尤其适合痔疮、大便出血或血痢患者食用。

【巧手妙招】炒肥肠的时候要炒至肥肠出油，再加水煮。

傻儿肥肠

【主料】猪大肠 400 克，菜心 200 克，蚕豆少许。

【配料】盐 3 克，味精 2 克，酱油 15 克，料酒 10 克，植物油 15 克。

【制作】① 猪大肠洗净，切片；菜心洗净，切段，用沸水焯熟后装入盘中；蚕豆去壳洗净。② 锅置火上，入油烧热，下入猪大肠炒至变色，再放入蚕豆一起翻炒，炒至熟时，倒入酱油、料酒拌匀，加上盐、味精调味，出锅倒在盘中的菜心上即可。

【烹饪技法】炒。

【营养功效】健脾理肠，消火解毒。

【健康贴士】猪肠性寒，脾虚便溏者不宜食用。

【巧手妙招】炒肥肠时要把水分炒干才香。

熘大肠

【主料】熟猪大肠 100 克，水发玉兰片 50 克，油菜 50 克，胡萝卜 50 克，水发冬菇 50 克。

【配料】植物油 40 克，酱油 15 克，醋 5 克，花椒水 5 克，绍酒 10 克，味精 2 克，葱 5 克，姜 3 克，蒜 3 克，香菜梗 5 克，鸡汤 60 毫升，水淀粉 10 克。

【制作】① 熟大肠切成斜刀厚片；水发玉兰

片、胡萝卜切成片；油菜切成段；葱切成小块；姜、蒜切成末；香菜切成段；冬菇切两半；油菜和胡萝卜入沸水中烫透后捞出。② 酱油、醋、花椒水、绍酒、味精、水淀粉、鸡汤兑成汁水。③ 锅置火上，入油烧至八成热的时候，倒大肠入锅内冲炸片刻，倒入漏勺里沥油。④ 锅里放少量油烧热，用葱、姜、蒜炸锅，放入玉兰片、油菜、胡萝卜、冬菇略加煸炒，接着将炸好的大肠倒入锅内，将兑好的汁水烹上，再放入香菜段颠炒几下装盘即可。

【烹饪技法】炸，煸炒，炒，熘。

【营养功效】饱腹润肠，降脂减肥。

【健康贴士】猪肠也可与木耳搭配食用，具有润肠养血的作用，适宜气血两虚的便秘患者食用。

猪蹄

猪蹄含有较多的蛋白质、脂肪和碳水化合物，并含有钙、磷、镁、铁及维生素 A、维生素 D、维生素 E、维生素 K 等有益成分，它含有丰富的胶原蛋白质，能防治皮肤干瘪起皱、增强皮肤弹性和韧性，对延缓衰老和促进儿童生长发育都具有良好的食效。为此，人们把猪蹄称为“美容食品”和“类似于熊掌的美味佳肴”。

中医认为，猪蹄性平、味甘咸，入胃经；具有补气血、润肌肤、通乳汁、托疮毒等功效，适用于虚劳羸瘦、产后乳少、面皱少华、痈疽疮毒等。

驰名猪蹄

【主料】猪蹄 1 只。

【配料】葱丝、姜末、蒜末各 10 克，大料 10 克，桂皮 15 克，酱油 20 克，料酒 10 克，盐 6 克，白砂糖 5 克，鸡精 2 克，植物油 80 克。

【制作】① 酱猪蹄处理干净备用。② 猪蹄放入高压锅内，加葱丝、姜末、蒜末、大料、桂皮、酱油、料酒、盐、白砂糖、鸡精煮至猪蹄酥烂。③ 锅置火上，入油烧热，加入猪蹄炸至金黄即可。

【烹饪技法】煮，炸。

【营养功效】壮腰补膝，护肤养颜。

【健康贴士】一般人皆宜食用，尤其适宜腰膝酸软、面色晦暗无光的患者食用。

【巧手妙招】洗净猪蹄，用开水煮到皮发胀，然后取出用指甲钳将毛拔除，省时省力。

花生蒸猪蹄

【主料】猪蹄 1 只，花生米 100 克，红椒 10 克。

【配料】盐 5 克，酱油 5 克，植物油 100 克。

【制作】① 酱猪蹄处理干净，砍成段；花生米洗净；红椒切片。② 锅置火上，入油烧热，将猪蹄放入锅中炸至金黄后捞出，盛入碗内，加入花生米，用酱油、盐、红椒拌匀。③ 上蒸笼蒸约 1 小时至猪蹄肉烂滑即可。

【烹饪技法】炸，蒸。

【营养功效】补血催乳，通经活络。

【健康贴士】猪蹄含脂肪较多，慢性肝炎、胆囊炎患者不宜食用。

【巧手妙招】炸猪蹄时，一定要炸至金黄色。否则，蒸制时，猪蹄收缩，残毛又会露出。

鱼香蹄花

【主料】猪蹄 1 只，芥菜 100 克。

【配料】葱 10 克，姜 10 克，蒜 10 克，料酒 5 克，白砂糖 2 克，醋 5 克，酱油 15 克，淀粉 5 克。

【制作】① 猪蹄洗净，剁成小块，入沸水汆烫后，过凉，沥干水分；芥菜洗净，切成小段，入油锅炒熟，加少许盐盛出。② 猪蹄加入葱、姜、蒜入锅煮至熟软后关火。③ 炒锅另加油，倒入猪蹄和葱、姜、蒜、料酒、白砂糖、醋、酱油、淀粉，炒好后盛到放芥菜的盘子里即可。

【烹饪技法】炒，煮。

【营养功效】提神健脑，强身健体。

【健康贴士】猪蹄含有大量胶原蛋白，对于丰胸非常有效。

猪肘

猪肘含有丰富的人体生长发育所需的优质蛋白、脂肪、维生素等，而且肉质较嫩，易消化。

中医认为，猪肘性平、味甘咸，入胃经；具有和血脉、润肌肤、填肾精、健腰脚的功效。

东坡肘子

【主料】猪肘 1 只，香菇 30 克，青豆 30 克，胡萝卜 20 克。

【配料】姜片 10 克，盐 5 克，酱油 3 克，白砂糖 5 克，大料、桂皮各 3 克。

【制作】① 猪肘洗净，入热油中炸至表皮金黄色时捞出；香菇泡发洗净；青豆洗净；胡萝卜洗净，切丁。② 将大料、桂皮、白砂糖、酱油、盐、姜片制成卤水，下入肘子卤至骨酥时捞出，剁成大块。③ 碗底放上胡萝卜、香菇和青豆，将剁好的猪肘子盛入碗内，上锅蒸 30 分钟后取出，扣入盘中即可。

【烹饪技法】炸，卤，蒸。

【营养功效】益髓健骨，生精养血。

【健康贴士】一般人皆可食用，尤其适合女性食用。

典食趣话：

相传苏东坡的妻子王弗一次在炖肘子时因一时疏忽，肘子焦黄粘锅，她连忙加各种配料再细细烹煮，以掩饰焦味。不料这么一来微黄的肘子味道出乎意料的好，顿时乐坏了东坡。苏东坡向有美食家之名，不仅自己反复炮制，还向亲友大力推广，于是，“东坡肘子”也就得以传世。

酱汁肘子

【主料】猪前肘子 1 只。

【配料】卤汁 50 克，盐 2 克。

【制作】① 猪前肘去尽骨质，切成半圆形。用烙铁烙尽肘皮上的余毛，置清水中浸泡 10 分钟后，刮洗干净，在肘子肉的一面剞上刀。② 锅内放冷水，将肘子煮至四成熟取出，移入卤锅内，用中火煮至八成烂。③ 将煮烂的肘子扣入钵内，再取卤锅里的卤汁 50 克，加盐搅匀，淋在肘子上，入笼蒸烂即可。

【烹饪技法】煮，蒸。

【营养功效】延缓衰老，美容健体

【健康贴士】猪肘还可与花生搭配食用，具有促进乳汁分泌的作用，适宜女性产后乳汁不足者食用。

猪血

猪血的营养十分丰富，猪血含铁量较高，而且以血红素铁的形式存在，容易被人体吸收利用，处于生长发育阶段的儿童和孕妇或哺乳期妇女多吃些有动物血的菜肴，可以防治缺铁性贫血，并能有效地预防中老年人患冠心病、动脉硬化等症；猪血中含有的钴是防止人体内恶性肿瘤生长的重要微量元素；猪血含有维生素 K，能促使血液凝固，因此有止血作用；猪血还能为人体提供多种微量元素，对营养不良、肾脏疾患、心血管疾病的病后的调养都有益处。除此之外，猪血还能较好地清除人体内的粉尘和有害金属微粒对人体的损害；现代医学研究发现，猪血中的蛋白质经胃酸分解后，可产生一种消毒及润肠的物质，这种物质能与进入人体内的粉尘和有害金属微粒起生化反应，然后通过排泄将这些有害物带出体外，堪称人体污物的“清道夫”。

中医认为，猪血性平、味咸，无毒，入心、肝经；具有理血祛瘀、止血、利大肠、解毒之功效，可医治干血痨。

红白豆腐

【主料】豆腐、猪血各150克。

【配料】葱末3克，姜片5克，辣椒1克，盐6克，鸡精3克，植物油15克。

【制作】① 豆腐、猪血切成小块；辣椒洗净，切片。② 锅置火上，入水烧沸，下入猪血、豆腐焯水后捞出。③ 净锅后置火上，入油烧热，下葱、姜、辣椒片爆香，放入猪血、豆腐稍炒，加入适量清水焖熟后，加盐、鸡精调味即可。

【烹饪技法】焯，爆，炒，焖。

【营养功效】健脾开胃，补气养血。

【健康贴士】一般人都可食用，尤其适合气血两虚者食用。

【巧手妙招】清洗猪血时，先用清水冲去表面污物，再放入清水中浸泡30分钟即可。

春笋炒血豆腐

【主料】猪血300克，春笋150克。

【配料】酱油5克，料酒10克，葱段10克，水淀粉、盐各适量。

【制作】① 猪血洗净，切成小块，春笋去皮，洗净，切成片，一起于锅中焯水，捞出，沥干水分。② 锅置火上，入油烧热，下葱段炝锅，加入春笋、猪血、料酒、酱油、盐翻炒至熟，下水淀粉勾芡，炒几下即可。

【烹饪技法】炝，炒。

【营养功效】解毒清肠，补血美容。

【健康贴士】猪血还可与菠菜搭配食用，有助于调理肠胃，便秘、贫血患者宜食。

青蒜炒猪血丸子

【主料】湖南猪血丸子2个，青椒1个，红椒2个，青蒜30克。

【配料】盐5克，鸡精2克，植物油30克。

【制作】① 青椒、红椒去蒂和子，洗净，切成片；青蒜叶择洗净，切小段；猪血丸子切片备用。② 将猪血丸子放入沸水中汆烫后，沥干水分，再入油锅炸熟，捞出备用。③ 锅内留少许底油，放入青红椒片炒香，再放入猪血丸子片，调入盐、鸡精，加入青蒜叶炒香入味即可。

【烹饪技法】汆，炸，炒。

【营养功效】补血养心，抗衰养颜。

【健康贴士】高胆固醇血症、肝病、高血压和冠心病患者不宜多食猪血。

【巧手妙招】青蒜不宜久炒，在快出锅时放入会更香。

猪耳

猪耳含有蛋白质、脂肪、碳水化合物、维生素及钙、磷、铁。适用于气血虚损、身体瘦弱者食用。而猪耳朵的主要成分是软骨，是人体补钙的佳品。

中医认为，猪耳性平、味甘，入脾、胃经；具有补肾虚，健脾之功效，适用于气血虚损、身体瘦弱者食用。

青椒炒猪耳

【主料】猪耳200克，青椒150克。

【配料】大料3克，桂皮4克，葱5克，姜5克，生抽15克，白砂糖3克，料酒15克，老抽3克，盐5克，植物油35克。

【制作】① 猪耳洗净；葱洗净，打成结；姜切片。② 将猪耳倒入高压锅中，加少许盐，大料，桂皮，水沸后再煮15分钟，取出，切成丝，青椒也切成丝。③ 锅置火上，入油烧热，下葱姜丝炒香，放入猪耳丝同炒，加入生抽、老抽、料酒翻炒均匀后，加入青椒丝，白砂糖炒，出锅时加盐调味即可。

【烹饪技法】煮，炒。

【营养功效】开胃消食，解热镇痛。

【健康贴士】猪耳还可与芝麻搭配食用，具有排毒养颜的作用，适宜中年期女性食用。

香炒麻辣猪耳朵

【主料】猪耳 250 克。
【配料】葱 5 克，姜 5 克，蒜 5 克，白芝麻 12 克，花椒 5 克，干辣椒 6 克，白砂糖 3 克，料酒 15 克，老抽 3 克，盐 3 克，植物油 30 克。
【制作】① 猪耳朵清理干净后加清水，煮到用筷子可插透，水要多一些。煮好之后切成条，备用；葱切段；姜蒜切片。② 锅置火上，入油烧热，爆香葱姜蒜、花椒，接着加入干辣椒爆香，下猪耳朵，放酱油、料酒、白砂糖，拌炒上色，炒至收汁，出锅前放入白芝麻即可。
【烹饪技法】煮，炒。
【营养功效】补血生津，排毒养颜。
【健康贴士】猪耳不宜与菱角同食，易引起腹痛。

香辣猪耳丝

【主料】猪耳 250 克。
【配料】干红椒 50 克，蒜片 10 克，姜片 10 克，葱段 10 克，花椒 3 克，白芝麻 12 克，酱油 15 克，白砂糖 6 克，料酒 10 克，盐 4 克，植物油 30 克。
【制作】① 猪耳朵清理干净后加水，煮至筷子可插透，约 40 分钟。然后切成细条，备用。② 锅置火上，入油烧热，爆香葱段，姜片，蒜片和花椒，随后加入干辣椒爆香，加入切好的猪耳丝，随后加酱油，料酒，糖，盐和白芝麻，炒至汤汁收干，出锅盛盘即可。
【烹饪技法】煮，爆，炒。
【营养功效】开胃消食，去皱补钙。
【健康贴士】猪耳也可与香菇搭配食用，具有健身强体的作用，适宜体质虚弱、脾胃气虚等人食用。

猪尾

猪尾由皮质和骨节组成，含有较多的蛋白质，主要成分是胶原蛋白质，是皮肤组织不可或缺的营养成分，可以改善痘疮所遗留下的疤痕。

中医认为，猪尾性平、味甘咸，入脾、胃、肾经；具有强健腰腿、补血润燥、填肾益精的功效。

红酒焖猪尾

【主料】猪尾 400 克，白萝卜、胡萝卜、红酒各 50 克。
【配料】盐 3 克，大料 2 克，桂皮 2 克，葱段、姜末各 5 克，酱油 15 克。
【制作】① 猪尾洗净，切段，入沸水汆烫，捞出；胡萝卜、白萝卜洗净，去皮，切块。② 猪尾放入高压锅，加大料、桂皮、葱段、姜末、水至没过猪尾煮 30 分钟，猪尾放锅中，加酱油、盐、红酒焖 15 分钟，加入胡萝卜、白萝卜焖熟即可。
【烹饪技法】汆，煮，焖。
【营养功效】补肾壮阳，强筋健骨。
【健康贴士】猪尾还可与花生搭配食用，具有健脾和胃的作用，适宜脾胃虚热、反胃呕吐、腹泻及产后、病后体虚者食用。

黄豆焖猪尾

【主料】猪尾 250 克，黄豆 100 克。
【配料】盐 3 克，料酒、耗油、香油、酱油各 10 克，胡椒粉 2 克，味精 2 克，鲜汤 100 毫升，植物油 30 克。
【制作】① 猪尾洗净，汆水后捞出，切长块；黄豆用冷水浸泡，再上蒸笼蒸 20 分钟，取出。② 锅置火上，入油烧热，下入猪尾，中火略煸，烹入料酒，放耗油、酱油炒匀，加入鲜汤，小火焖至猪尾软烂时，放入黄豆，大火收浓汤汁，放盐、味精、胡椒粉调味，盛入碗中，淋香油即可。
【烹饪技法】汆，焯，蒸，煸，焖，淋。
【营养功效】补阴益髓，防老抗衰。
【健康贴士】猪尾也可与黑豆搭配食用，具有补肾健骨的作用，适宜站立行走迟缓、骨软乏力患者食用。

红烧猪尾

【主料】猪尾500克，胡萝卜50克，土豆50克。

【配料】葱段、姜片、蒜片各5克，盐5克，酱油15克，料酒25克，白砂糖70克，大料2克，花椒1克，水淀粉20克，植物油20克。

【制作】① 猪尾斩去尾根尖部，其余按尾节切开，用清水泡洗干净，再入沸水锅内，加大料、葱段、姜片、花椒煮至熟烂捞出；胡萝卜、土豆去皮，切成菱形片，用沸水焯熟。② 锅置火上，入油烧热，加入全部主料及配料烧沸后用小火煨烂入味，待汁基本收尽时，用水淀粉勾芡，淋入明油，出锅盛装盘即可。

【烹饪技法】焯，煮，煨。

【营养功效】壮骨补腰，利水通便。

【健康贴士】猪尾还可与木瓜搭配食用，具有丰胸美白的作用，适宜女性食用。

牛肉

牛肉是中国人的第二大肉类食品，仅次于猪肉，享有“肉中骄子”的美称。牛肉含有丰富的蛋白质，氨基酸组成比猪肉更接近人体需要，能够增强人体免疫力，提高机体抗病能力，促进蛋白质的合成，对人体生长发育及手术后、病后调养的人在补充失血、修复组织等方面特别适宜。

中医认为，牛肉性平、味甘，入脾、胃经；具有补脾胃、益气血、强筋骨、消水肿等功效。

干烧牛肉片

【主料】牛肉500克，芹菜50克。

【配料】姜丝5克，豆瓣酱15克，辣椒粉5克，味精2克，料酒10克，醋5克，糖3克，植物油30克。

【制作】① 牛肉洗净，切成薄片；芹菜洗净，切段。② 锅置火上，入油烧热，放入牛肉用大火煸炒，加姜丝、豆瓣酱、辣椒粉略炒至油变红，加料酒、味精、白砂糖、芹菜翻炒几下，淋少许醋，装盘，撒花椒粉即可。

【烹饪技法】煸炒，炒。

【营养功效】健脾，利尿，降压。

【健康贴士】牛肉的肌肉纤维较粗糙不易消化，更有很高的胆固醇和脂肪，故老人、幼儿及消化力弱的人不宜多吃。

【巧手妙招】牛肉应横切，顺着纤维组织切会导致久嚼不烂。

水煮牛肉

【主料】牛肉500克，青笋200克，油菜心适量，鸡蛋清30克。

【配料】酱油30克，豆瓣酱30克，清汤100毫升，水淀粉20克，料酒15克，盐5克，胡椒粉3克，葱末、蒜末、姜片各5克，味精2克，干辣椒段10克，花椒末3克，猪油、色拉油25克。

【制作】① 将牛肉洗净，切成片，用盐、鸡蛋清、水淀粉抓匀；青笋洗净后切成片；油菜心洗净，放入沸水中烫透。② 锅置火上，入色拉油烧热，下入豆瓣酱、姜片炒香，加入清汤烧沸，放入酱油、料酒、胡椒粉、味精、青笋片、油菜心炒熟，捞入汤碗内垫底。③ 下入牛肉片煮至牛肉片变色熟透，勾芡后倒入碗中，撒上干辣椒段、花椒末、蒜末、葱末。④ 锅内再放入猪油烧至九成热后，浇在牛肉上即可。

【烹饪技法】炒，煮。

【营养功效】健脾养胃，强骨壮筋。

【健康贴士】一般人都可食用，尤其适合儿童、青少年食用。

【巧手妙招】牛肉不宜煮时间太长，以免太老，影响口感。

泡椒牛肉

【主料】泡椒300克，牛肉400克。

【配料】盐3克，植物油30克，葱、姜、蒜各5克，醋6克，糖3克，淀粉10克。

【制作】① 牛肉洗净，切薄片，用油、盐、酱油、淀粉腌渍 30 分钟；姜切片；葱切段。② 泡椒放锅里小火煮开，加盐、醋、糖调味；将姜、蒜放进泡椒里，继续小火煮 5 ~ 8 分钟。③ 把已经腌好的牛肉放进调好味道的泡椒里，大火煮大约 5 分钟，待牛肉熟了，放进葱白即可。

【烹饪技法】腌，煮。

【营养功效】开胃消食，排毒瘦身。

【健康贴士】一般人都可食用，尤其适合胃口不佳者食用。

家乡小炒牛肉

【主料】牛肉 450 克，芹菜 120 克，辣椒 15 克。

【配料】盐 3 克，味精 3 克，红油、辣椒酱、水淀粉各 10 克，植物油 30 克。

【制作】① 牛肉洗净，切条，用盐、味精、水淀粉腌 20 分钟；芹菜洗净，切段；辣椒洗净，切丝。② 锅置火上，入油烧热，下牛肉滑熟，捞出；锅内留油，下芹菜、辣椒炒香，放入牛肉炒匀，加盐、味精、红油、辣椒酱调味，盛盘即可。

【烹饪技法】腌，煮。

【营养功效】开胃消食，降低血压。

【健康贴士】牛肉不宜与板栗同食，会降低营养价值。

【举一反三】可以把芹菜换成苦瓜。

洋葱炒牛肉

【主料】牛肉 400 克，洋葱 50 克。

【配料】葱 5 克，盐 3 克，料酒 5 克，淀粉 10 克，姜丝 5 克，香油 5 克，醋 5 克，植物油 15 克。

【制作】① 牛肉切成丝，加入料酒、淀粉、姜丝、香油拌匀腌约 30 分钟；洋葱洗净，切成片。② 将腌好的牛肉，用油炒，加少许醋，约七成熟时拿起备用。③ 锅中余油烧热，倒入葱段爆香，加入洋葱翻炒片刻，再加入炒好的牛肉，再加入盐、料酒、醋、姜丝、香油拌炒即可出锅。

【烹饪技法】腌，拌，炒，爆。

【营养功效】开胃消食，养颜补血。

【健康贴士】牛肉不宜与韭菜同食，会令人发热动火。

芹菜炒牛肉

【主料】芹菜 200 克，牛肉 100 克。

【配料】酱油 5 克，料酒 10 克，淀粉 10 克，植物油 20 克，葱 5 克，姜 5 克，盐 3 克。

【制作】① 牛肉洗干净，切成细丝，用酱油、料酒、淀粉调拌好。② 芹菜洗净，切成 3 厘米长的段，沸水焯烫；葱、姜洗净，切成丝。③ 锅置火上，入油烧热，放入葱丝、姜丝爆炒出香味，倒入牛肉丝，大火快炒至熟时，把芹菜下锅，调入盐急炒片刻即可出锅。

【烹饪技法】拌，爆炒，炒。

【营养功效】健脾养胃，利尿降压。

【健康贴士】一般人都可食用，尤其适合高血压患者食用。

黄焖牛肉

【主料】熟牛肉 200 克，番茄 200 克。

【配料】面酱 20 克，植物油 35 克，大料 15 克，葱末 5 克，姜末 5 克，盐 5 克，酱油 10 克，水淀粉 15 克，高汤 500 毫升。

【制作】① 牛肉切成长 3.5 厘米、宽 3 厘米左右的块；西红柿洗净、去蒂，切块。② 锅置火上，入油烧热，将大料炸至枣红色，放葱、姜炝锅，炒面酱，加高汤、盐，放牛肉煸炒片刻，再下入西红柿、白砂糖，再㸆一会儿，用水淀粉勾芡，炒均匀后出锅。

【烹饪技法】炸，炝，煸炒，㸆，炒，焖。

【营养功效】健胃生津，补脾益气。

【健康贴士】牛肉为发物，内热、过敏者应禁食。

豆腐烧牛肉

【主料】牛肉 300 克，豆腐 300 克。

【配料】豆瓣15克，豆豉15克，盐5克，葱、姜各5克，干辣椒10克，料酒12克，五香粉8克，植物油30克。

【制作】① 豆腐切1.5厘米左右的方块，加少许盐，入沸水焯烫；牛肉切碎丁，用少许料酒、盐、五香粉腌渍一下。② 锅置火上，入油烧热，下牛肉末炒至变色，放入豆瓣、豆豉、少许盐、葱、姜、干辣椒碎翻炒几下，加入与豆腐基本持平的清水加盖煮5分钟即可。

【烹饪技法】焯，腌，炒，煮。

【营养功效】健脾开胃，清热润燥。

【健康贴士】牛肉也可与土豆搭配食用，具有保护胃黏膜的作用，适宜胃病患者食用。

牛柳炒茶树菇

【主料】牛柳、茶树菇各100克。

【配料】辣椒8克，盐、味精各3克，酱油10克，洋葱3克，植物油30克。

【制作】① 牛柳洗净，切条；茶树菇洗净；洋葱、辣椒洗净，切片。② 锅置火上，入油烧热，入牛柳爆香，捞出；锅内留油，下茶树菇炒熟，放入洋葱、辣椒炒香，入盐、味精、酱油炒匀，与牛柳一起盛盘即可。

【烹饪技法】爆，炒。

【营养功效】排毒瘦身，润肤养颜。

【健康贴士】牛柳不宜与白酒同食，易导致牙龈发炎。

杭椒牛柳爆鱿鱼

【主料】杭椒、牛柳、鱿鱼各100克。

【配料】盐、鸡精各3克，酱油、绍酒、香油各10克，植物油35克。

【制作】① 杭椒洗净，切段；牛柳洗净，切条，加鸡精、酱油、绍酒腌渍片刻；鱿鱼洗净，切花刀。② 锅置火上，入油烧热，下牛柳炒至七成熟捞出；锅内留油烧热，下鱿鱼爆炒，再入杭椒、牛柳同炒，调入盐炒匀，淋入香油，出锅装盘即可。

【烹饪技法】炒，爆炒。

【营养功效】增强免疫，养血安神。

【健康贴士】鱿鱼不宜与茄子同食，会产生对人体有害的物质。

野山椒炒牛柳

【主料】牛柳600克，野山椒150克，辣椒50克。

【配料】盐3克，生抽5克，葱4克，味精2克，植物油35克。

【制作】① 牛柳洗净，切片，用盐、生抽腌渍；辣椒洗净，切块备用；葱洗净，切段。② 锅置火上，入油烧热，放入野山椒煸炒出香味，加入牛柳翻炒均匀，放入辣椒、葱段炒匀，加入味精调味，出锅装盘即可。

【烹饪技法】腌，煸炒，炒。

【营养功效】开胃消食，减肥瘦身。

【健康贴士】牛肉不宜与生姜同食，会发热助火，易发口疮。

【巧手妙招】腌渍牛柳时加入少量水淀粉，可使肉质更嫩更滑。

【举一反三】可以把野山椒换成杭椒。

香菇烧牛肉

【主料】牛肉500克，鲜香菇200克。

【配料】葱、姜、蒜各15克，植物油50克，豆瓣酱20克，沙姜5克，大料5克，桂皮3克，花椒、胡椒粉各2克，高汤120毫升，水淀粉15克，味精3克，料酒15克，白砂糖15克，酱油10克，盐5克。

【制作】① 香菇洗净，切块，倒入沸水中焯烫，捞出，沥干水分；牛肉洗净，切块，倒入沸水中焯烫，捞出用清水冲洗后沥干；葱、姜、蒜洗净，葱切段，姜切片，蒜拍开。② 锅置火上，入油烧热，放入适量豆瓣酱，炒至香气四溢后倒入高汤煮沸。③ 将煮沸的高汤倒入高压锅，放入牛肉块，加入沙姜、大料、桂皮、花椒、胡椒粉、酱油、料酒以及葱段、姜片和蒜熬煮20分钟。④ 将高压锅中的食材连汤一起倒入准备好的砂锅中，拣出葱、姜、蒜和香料不用，倒入香菇，烧熟入味后加适砂糖、味精和盐调味，最后用水淀粉勾芡即可出锅。

【烹饪技法】焯，炒，煮。

【营养功效】补气健身，延年益寿。

【健康贴士】牛肉为发物，患有湿疹、疮毒、瘙痒等皮肤病者应忌食。

牛肉烧萝卜

【主料】牛肉 250 克，萝卜 250 克。

【配料】葱 10 克，姜 15 克，料酒 15 克，酱油 10 克，盐 3 克，植物油 30 克。

【制作】① 牛肉洗净，切块；萝卜洗净，切块；葱洗净，切段；姜洗净，切片。② 锅置火上，加适量清水，倒入牛肉煮至水面浮出泡沫，加葱段、姜片、适量料酒和酱油小火煮至八成熟，将萝卜块倒入锅中，煮至熟烂，加盐调味即可。

【烹饪技法】煮，烧。

【营养功效】补血补虚，开胃健体。

【健康贴士】牛肉还可与鸡蛋搭配食用，具有延缓衰老的作用，适宜中老年人食用。

香葱炒牛肉

【主料】大葱 100 克，牛肉 250 克。

【配料】姜 5 克，酱油 15 克，料酒 15 克，味精 2 克，盐 3 克，植物油 30 克。

【制作】① 葱洗净，切段；姜洗净，切丝；牛肉洗净，切成片，加姜丝和料酒、酱油、味精、盐搅拌均匀，腌渍片刻备用。② 锅置火上，入油烧热，倒入牛肉片翻炒至熟，倒入葱段，翻炒入味，出锅装盘即可。

【烹饪技法】腌，炒。

【营养功效】补虚补血，健体开胃。

【健康贴士】牛肉还可与蚕豆搭配食用，对于营养性水肿有较好的辅助食疗功效。

粉蒸牛肉

【主料】瘦牛肉 370 克，大米 75 克。

【配料】植物油 50 克，酱油 30 克，花椒、胡椒粉各 3 克，辣椒粉 2 克，葱、姜各 8 克，料酒 13 克，豆瓣酱 30 克，四川豆豉 5 克，香菜 3 克。

【制作】① 大米炒黄，磨成粗粉；葱洗净，切成葱末；豆豉剁细；姜捣烂后，用少许水泡，香菜洗净，切碎。② 牛肉切成薄片（长 4 厘米、宽 2.5 厘米），用油、酱油、姜水、豆豉、豆瓣酱、胡椒粉、大米粉等拌匀，放入碗中上屉蒸熟，取出扣盘中撒上葱末。另用小碟盛香菜、花椒粉、胡椒粉上桌。

【烹饪技法】拌，蒸。

【营养功效】保肝护肾，聪耳明目。

【健康贴士】牛肉也可与蒜苗搭配食用，具有补益气血、强壮筋骨的作用，适宜气血两虚、腰膝酸软等病症患者食用。

牛排

牛排中的肌氨酸含量比任何食品都高，对增长肌肉、增强骨骼特别有效。铁、钙、锌等青少年生长必须元素，以及 B 族维生素，都高于其他食品；牛排含有丰富的维生素 B_6、锌、谷氨酸盐，能有效增强人体免疫力；牛排中的卡尼汀、肌氨酸，可支持脂肪新陈代谢，产生支链氨基酸，有利于美食瘦身；牛排脂肪含量很低，但却富含亚油酸和丙氨酸，能促进分解吸收糖分，可抗机体疲劳、衰老。

中医认为，牛排性平、味甘，入脾、胃经；具有补中益气、滋养脾胃、强健筋骨、化痰熄风、止渴止涎的功效，适用于中气下陷、气短体虚，筋骨酸软、贫血久病及面黄目眩之人食用。

小炒牛排

【主料】牛排 300 克，韭菜薹 200 克。

【配料】红椒 20 克，蒜片 5 克，盐、红酒各 3 克，糖 6 克，老抽 5 克，味精 1 克，高汤 30 毫升。

【制作】① 牛排洗净，切块，加入盐、红酒、淀粉腌渍；韭菜薹、红椒洗净，切段。② 锅置火上，入油烧热，倒入牛排炒至八成熟后，捞出沥油；锅中留油烧热，放入蒜片、韭菜薹、红椒、牛排同炒片刻，加入高汤煮至牛排熟透，加糖、老抽、味精调味，收干汤汁即可。

【烹饪技法】腌，炒、煮。

【营养功效】降低血脂，强健筋骨。

【健康贴士】一般人都可食用，尤其适合高血脂患者食用。

橙汁小牛排

【主料】牛排 1000 克，橙子 2 个。

【配料】盐 3 克，白砂糖 10 克，料酒 5 克，酱油 5 克，植物油 120 克。

【制作】① 牛排洗净，每片切成三等份；橙子洗净，一个榨汁备用，另一个切四瓣，果肉切片，1/4 的橙皮切条。② 取一大碗，下入牛排，加入盐、白砂糖、料酒、酱油拌匀，腌至入味。③ 锅置火上，入油烧热，放入牛排煎 3 ~ 5 分钟，再加入橙汁、橙肉，快速翻炒，待牛排全熟、吸入橙汁后盛盘。④ 原锅洗净，入油烧沸，立即放入橙皮炸一下后立刻捞出，撒在牛排上即可。

【烹饪技法】拌，腌，煎，炒，炸。

【营养功效】生津止渴，疏肝理气。

【健康贴士】气短体虚、筋骨酸软、贫血久病及面黄目眩者宜食牛排。

香煎牛排

【主料】牛排 250 克，甜豆、胡萝卜各 20 克。

【配料】黄油 15 克，橄榄油 50 克，芥末 10 克。

【制作】① 甜豆、胡萝卜切片洗净，放入沸水中焯熟备用。② 平底锅抹上黄油、橄榄油，将牛排煎熟后摆入盘中，以焯好的甜豆、胡萝卜片装饰即可，芥末装小碗中，吃时蘸取。

【烹饪技法】焯，煎。

【营养功效】健脾消食，强健筋骨。

【健康贴士】牛排还可与香菇搭配食用，具有促进消化和吸收的作用，适宜处于生长发育期的儿童，及术后、病后调养的人食用。

五香牛排

【主料】牛排 350 克，肉椒 50 克。

【配料】盐 3 克，五香粉 5 克，胡椒粉 3 克，酱油 5 克，料酒 10 克，味精 2 克，植物油 30 克。

【制作】① 牛排洗净，切块；肉椒洗净，切片。② 锅置火上，入油烧热，下牛排，加盐和料酒煎炸，倒入适量清水大火烧沸，淋酱油，放入肉椒、五香粉、胡椒粉转小火焖熟，加味精调味即可。

【烹饪技法】煎，烧，淋，焖。

【营养功效】防癌增智，增强免疫。

【健康贴士】一般人都可食用，尤其适合肿瘤患者食用。

【举一反三】用高汤代替清水味道更佳。

扒牛排

【主料】牛里脊肉 500 克，西蓝花 50 克，小番茄 30 克。

【配料】橄榄油 50 克，黑胡椒粉 8 克，红酒 15 克，辣酱油 10 克。

【制作】① 牛肉洗净，切厚长片；西蓝花洗净，掰成小朵，焯熟，装盘；小番茄洗净，切两半，放入盛有西蓝花的盘中。② 取一大盘，加入橄榄油、红酒、辣酱油、黑胡椒粉拌匀，放入牛肉片腌渍 1 小时，翻面再腌渍 1 小时。③ 将腌渍好的牛肉放在烤架上，烤熟后放入盛有蔬菜的盘中即可。

【烹饪技法】焯，拌，腌，烤，扒。

【营养功效】开胃消食，强筋壮骨。

【健康贴士】老人、儿童、青少年、女士贫血者及体虚男士均宜食。

牛肚

牛肚含蛋白质、脂肪、钙、磷、铁、硫胺素、核黄素、烟酸等，具有补益脾胃，补气养血、益精、消渴、风眩之功效。

中医认为，牛肚性平、味甘，入脾、胃经；具有补虚、益脾胃的功效，可治病后虚羸，气血不足，消渴，风眩等症。

油面筋炒牛肚

【主料】油面筋、香菇各50克，牛肚100克。
【配料】红椒30克，姜片6克，蒜片、葱段、盐各5克，鸡精2克，植物油15克。
【制作】① 油面筋对切；香菇洗净，切片；牛肚洗净，煲烂，切片；红椒洗净，切片。② 锅置火上，入油烧热，将牛肚入油锅中滑熟。③ 净锅后置火上，入油烧热，爆香姜片、蒜片、葱段、红椒片，放入油面筋、牛肚、香菇同炒片刻，加盐、鸡精调味即可。
【烹饪技法】爆，炒。
【营养功效】和中益气，增强免疫。
【健康贴士】牛肚还可与鸡蛋搭配食用，具有滋补身体、抗衰老的作用，适宜体质虚弱，营养不良的人食用。

辣椒炒牛肚

【主料】牛肚300克，青椒、红椒各50克。
【配料】盐2克，味精1克，酱油12克，大蒜6克，植物油30克。
【制作】① 牛肚洗净，切丝；青椒、红椒洗净，切丝；大蒜洗净，切片。② 锅置火上，入油烧热，放入青椒、红椒、大蒜一起炒匀，再加入牛肚翻炒至熟后，加入盐、味精、酱油调味，出锅装盘即可。
【烹饪技法】炒。
【营养功效】开胃消食，解毒祛寒。
【健康贴士】牛肚也可与洋葱搭配食用，可促进营养素的吸收。

川香肚丝

【主料】牛肚200克，辣椒150克。
【配料】盐、味精各3克，辣椒油、香油各10克，植物油30克。
【制作】① 牛肚处理干净，入开水煮熟，切丝；辣椒洗净，切丝。② 锅置火上，入油烧热，下牛肚煸炒，放辣椒炒香，加盐、味精、辣椒油、香油炒匀，盛盘即可。
【烹饪技法】煮，煸炒，炒。
【营养功效】保肝护肾，强健身心。
【健康贴士】一般人皆宜食用。

香辣脆肚

【主料】牛肚350克，红椒丝30克，蒜薹25克。
【配料】盐3克，味精2克，红油5克，酱油6克，料酒10克，泡椒15克，植物油30克。
【制作】① 牛肚处理干净，切丝，用盐、酱油、料酒腌渍；泡椒切段。② 锅置火上，入油烧热，下牛肚滑熟后盛出；锅内留油烧热，下蒜薹、红椒、泡椒爆香，再倒入牛肚同炒片刻，调入味精、红油炒匀即可。
【烹饪技法】腌，爆，炒。
【营养功效】健胃保肝，补血养颜。
【健康贴士】牛肚还可与芹菜搭配食用，具有健脾、利尿、降压的作用，适宜脾虚、高血压患者食用。

生炒脆肚

【主料】牛肚300克，泡椒100克。
【配料】盐3克，味精2克，醋8克，生抽15克，大蒜5克，植物油35克。
【制作】① 牛肚洗净，切丝；泡椒洗净，切圈；大蒜洗净，切片。② 锅置火上，入油烧热，下牛肚炒至熟时，加入盐、醋、生抽同炒片刻，再放入泡椒、大蒜片炒至熟时，加入味精调味即可。
【烹饪技法】炒。
【营养功效】健脾开胃，增强免疫。
【健康贴士】牛肚还可与白萝卜搭配食用，具有清热解毒的作用，适宜口燥咽干、便秘尿黄患者食用。

香辣牛百叶

【主料】牛肚 500 克，莲藕 300 克。
【配料】料酒 10 克，糖 3 克，酱油 6 克，盐 5 克，鸡精 2 克，红油 8 克，植物油 40 克。
【制作】① 牛肚洗净，入冷水锅中煮好，捞出，切丝；莲藕洗净，去皮，切片，入开水稍煮备用。② 锅置火上，入油烧热，下入牛肚，放入料酒、糖、酱油、红油、盐炒匀，加入莲藕翻炒均匀，调入鸡精炒匀，出锅装盘即可。
【烹饪技法】煮，炒。
【营养功效】健脾养胃，补肾润肤。
【健康贴士】牛肚含中等量的胆固醇，高血脂患者不宜多食。

酸辣百叶

【主料】牛百叶 400 克，泡菜 50 克。
【配料】干辣椒 10 克，香菜末 20 克，料酒 10 克，白醋 20 克，香油 5 克，鸡汤 30 毫升，植物油 35 克，水淀粉 10 克。
【制作】① 牛百叶洗净切丝，锅内放清水及少许盐烧沸将百叶焯烫，沥干水分。② 锅置火上，入油烧热，投入干辣椒、泡菜、牛百叶、料酒、醋、盐、味精、鸡汤炒匀，勾芡、淋香油、撒香菜末即可。
【烹饪技法】焯，炒。
【营养功效】祛脂排毒，美容瘦身。
【健康贴士】牛肚性平，诸无所忌。

好丝百叶

【主料】生牛百叶 750 克，水发玉兰片 50 克。
【配料】水淀粉 15 克，味精 1 克，干红椒末 1.5 克，盐 3 克，牛清汤 50 毫升，芝麻渍 2.5 克，葱段 10 克，黄醋 10 克，植物油 50 克。
【制作】① 生牛百叶分割成 5 块，放入桶内，倒入沸水中浸没，用木棍不停地搅动 3 分钟，捞出放在案板上，用力搓去上面的黑膜，用清水漂洗干净，下冷水锅煮 1 小时，至七成熟捞出。② 把牛百叶逐块平铺在案板上，剔去外壁，切成约 5 厘米长的细丝盛入碗中，用黄醋 10 克、盐 1 克拌匀，用力抓揉去掉腥味，然后用冷水漂洗干净，沥干水分。③ 玉兰片切成小段，取小碗 1 只，加牛清汤、味精、芝麻油、黄醋 10 克、葱段和水淀粉兑成芡。④ 锅置大火，入油烧至八成热，先把玉兰片丝和干椒末下锅炒几下，随后下牛百叶丝、盐炒香，倒入调好的汁，快炒几下，出锅即可。
【烹饪技法】煮，炒。
【营养功效】补益脾胃，抗疲解乏。
【健康贴士】牛肚为发物，感染性疾病发热期间忌食。

牛蹄筋

牛蹄筋向来为筵席中的上品，含有丰富的胶原蛋白质，脂肪含量也比肥肉低，并且不含胆固醇。食用蹄筋能增强细胞生理代谢，使皮肤更富有弹性，延缓皮肤的衰老。

中医认为，牛蹄筋性温、味甘，入脾、肾经；具有补虚益气、温中暖中的功效，治虚劳羸瘦、腰膝酸软、产后虚冷、腹痛寒疝、中虚反胃等症。

小炒牛蹄筋

【主料】牛蹄筋 250 克，蒜薹段 50 克。
【配料】盐 3 克，胡椒粉 2 克，酱油 3 克，水淀粉 10 克，红椒圈 10 克，植物油 30 克。
【制作】① 牛蹄筋洗净，切块，加水煮至八成烂时取出。② 锅置火上，入油烧热，下红椒爆香，再放牛蹄筋炒片刻，放蒜薹同炒片刻，调入盐、酱油炒匀，用水淀粉勾芡，撒上胡椒粉即可。
【烹饪技法】煮，爆，炒。
【营养功效】益气护肝，补血养颜。
【健康贴士】牛蹄筋性温，凡外感邪热或内有宿热者忌食。

苦瓜烧牛蹄筋

【主料】牛蹄筋 150 克，苦瓜 200 克，红椒 30 克。

【配料】盐 3 克，葱 20 克，植物油 30 克。

【制作】① 苦瓜洗净，去子，切圈；牛蹄筋洗净，切块；红椒洗净，去子，切块；葱洗净，切碎。② 锅置火上，注水烧热，下牛蹄筋汆烫片刻，捞出。③ 净锅后置火上，入油烧热，放入红椒爆香，再放入苦瓜、牛蹄筋炒匀，加少许水烧至熟透，调入盐、撒上葱末，装盘即可。

【烹饪技法】汆，煮，爆，炒。

【营养功效】抗老防衰，强筋壮骨。

【健康贴士】牛蹄筋还可与花生搭配食用，具有补气血的作用，适宜虚劳羸瘦、腰膝酸软、产后虚冷的人食用。

红烧牛蹄筋

【主料】牛蹄筋 750 克，上海青 100 克。

【配料】水淀粉 15 克，姜 10 克，桂皮 1 克，香葱 10 克，黄酒 30 克，香油 2 克，酱油 2 克，味精 1 克，植物油 40 克。

【制作】① 牛蹄筋洗净，放入冷水锅中，以大火烧沸，煮 10 分钟捞出，剔去碎骨，刮去表面衣皮，再切成 7 厘米长的条。② 取大瓦钵 1 只，用竹箅子垫底，依次放入牛蹄筋、桂皮、黄酒、酱油、盐、葱结、姜片和清水 2000毫升，大火上烧沸，改小火煨 4 ~ 5小时。③ 煨至蹄筋软烂，剩少量浓汁时离火，去掉葱、姜、桂皮，将粗的牛蹄筋挑出，从中切开，使其粗细均匀。④ 锅置大火上，入油烧至八成热，把洗净的上海青下锅，放入盐煸熟，盛入在瓷盘的周围。⑤ 锅内再放入油，烧至八成热，倒入牛蹄筋煸炒，再烹入原汁，烧沸后，放入味精，用水淀粉勾薄芡，盛入大瓷盘的中间，淋上香油即可。

【烹饪技法】煮，烧，煨，煸炒。

【营养功效】益气补血，强筋健骨。

【健康贴士】牛蹄筋不宜与板栗同食，会降低营养价值。

黄焖牛筋

【主料】牛蹄筋 500 克。

【配料】干红椒 5 克，蒜 10 克，青椒片 5 克，葱 10 克，姜 10 克，味精、辣酱、白砂糖各 5 克，黄酒 6 克，酱油 10 克，高汤 30 毫升，红油 8 克，陈醋 5 克，胡椒粉 3 克，香油 10 克，植物油 40 克。

【制作】① 牛筋清洗干净，放入高压锅内焖 10 分钟至七成熟，取出改刀备用。② 炒锅置火上，油烧至六成热，加入葱、姜、蒜、干红椒、青椒片炒香，放入改刀好的牛筋煸炒，加入高汤、味精、辣酱、白砂糖、黄酒、酱油、红油、陈醋、胡椒粉烧沸，转小火焖 20 分钟，待汤汁快干时淋入香油即可。

【烹饪技法】煸炒，烧，焖，淋。

【营养功效】强筋壮骨，养颜补血。

【健康贴士】牛蹄筋不含胆固醇，能增强细胞生理代谢，具有强筋壮骨之功效，对腰膝酸软、身体瘦弱者有很好的食疗作用。

牛鞭

牛鞭富含雄激素、蛋白质、脂肪，可补肾扶阳。此外，牛鞭的胶原蛋白含量高达 98%，也是女性美容助颜首选之佳品。

中医认为，牛鞭性温、味甘咸，入肝、肾经；有补肾壮阳，益肾暖宫之功效，主治肾虚阳痿、遗精、腰膝酸软等症。

大蒜烧牛鞭

【主料】牛鞭 300 克，大蒜 100 克。

【配料】盐、味精各 3 克，红油、酱油、水淀粉各 10 克，鲜汤 30 毫升，植物油 30 克。

【制作】① 牛鞭处理干净，放入沸水中焖发 1 天，取出改刀呈菊花形；大蒜去皮，洗净。② 锅置火上，入油烧热，下大蒜爆香，再入鞭花同炒片刻，掺鲜汤烧沸，再放盐、味精调味，淋入红油、酱油，用水淀粉勾芡，出锅装盘即可。

【烹饪技法】焖，炒，烧，淋。

【营养功效】保肝护肾，健脾暖胃。

【健康贴士】一般人皆宜食用，尤适合男士食用。

香菇烧牛鞭

【主料】牛鞭300克，香菇200克。

【配料】盐5克，鸡精2克，水淀粉12克，植物油30克。

【制作】① 牛鞭洗净，入沸水锅中汆烫，捞出去皮，切段；香菇洗净，切块。② 锅置火上，入油烧至七成热，下入牛鞭炒至八成熟，倒入香菇同炒，注入适量清水焖煮。③ 待汤汁快干时，加盐和鸡精，用水淀粉勾芡，出锅装盘即可。

【烹饪技法】汆，炒，焖，煮，烧。

【营养功效】养心润肺，祛痰止咳。

【健康贴士】牛鞭不宜与韭菜同食，易导致上火。

板栗炒鞭花

【主料】牛鞭300克，熟板栗200克，辣椒30克。

【配料】料酒10克，姜片5克，糖3克，酱油6克，味精2克，植物油30克。

【制作】① 牛鞭洗净，切成花状；辣椒洗净，切片。② 将牛鞭花放高压锅中，加料酒、姜片、清水煮好，捞出。③ 锅置火上，入油烧热，下牛鞭花，加糖、盐、酱油翻炒均匀，加入板栗、辣椒烧好，加入味精调味，出锅装盘即可。

【烹饪技法】煮，炒，烧。

【营养功效】保肝护肾，理气化痰。

【健康贴士】牛鞭还可与人参搭配食用，对肝肾不足的人有很好的补益作用。

【巧手妙招】用盐和醋搓洗牛鞭，以去除其腥臊味。

牛尾

牛尾含有蛋白质、脂肪、维生素等成分，既有牛肉补中益气之功，又有牛髓填精补髓之效。

中医认为，牛尾性平、味甘，入脾、胃经；具有补气、养血、强筋骨的功效。

香辣牛尾

【主料】牛尾200克，干红椒35克，竹笋50克。

【配料】葱末、盐、味精各5克，酱油、香油各10克，植物油15克。

【制作】① 牛尾处理干净，按节剁成段，入沸水中汆烫；竹笋、干红椒洗净，切段；葱洗净，切碎。② 锅置火上，入油烧热，下牛尾炸熟；净锅后置火上，入油烧热，下干红椒爆香，加入竹笋和酱油炒至变色，再将牛尾倒入同炒至熟，加入盐、味精、香油炒匀，撒上葱末即可。

【烹饪技法】炸，爆，炒。

【营养功效】保肝护肾，消温益气。

【健康贴士】牛尾还可与红枣搭配食用，有利于肌肉生长，特别适宜肾虚腰痛、下肢酸软等病症患者食用。

红烧牛尾

【主料】牛尾250克，胡萝卜50克

【配料】蒜头、盐、醋、白砂糖各4克，鸡精3克，植物油15克。

【制作】① 牛尾洗净剁段，入沸水中汆烫，捞出，沥干水分，蒜头去皮洗净；胡萝卜去皮切块。② 锅置火上，入油烧热，下入牛尾炸熟，加盐、酱油、醋、白砂糖炒匀，放入高汤烧沸，转小火煨至汤汁浓稠时，放入蒜头、胡萝卜烧熟，出锅盛盘即可。

【烹饪技法】汆，炸、煨、炒，烧。

【营养功效】润肺补肾，泽肌悦面。

【健康贴士】一般人皆可食用，尤其适合中

年男性食用。

红酒烩牛尾

【主料】牛尾400克，洋葱50克，胡萝卜50克，番茄60克。

【配料】红酒20克，盐4克，蒜蓉10克，黄汁10克，面粉8克，胡椒粉5克，植物油30克。

【制作】① 牛尾洗净，切块，撒上盐、胡椒粉及面粉腌渍入味；洋葱、胡萝卜、番茄洗净切块。② 锅置火上，入油烧热，下牛尾煎至金黄，加洋葱、胡萝卜、番茄炒软，加入蒜蓉，烹饪红酒、黄汁、清水，加盖煮至酥软，最后调入盐和胡椒粉即可。

【烹饪技法】腌，煎、煮。

【营养功效】养肝护肾，美容养颜。

【健康贴士】一般人皆可食用，尤其适合中老年人食用。

【巧手妙招】牛尾在煎之前可以先汆烫一下，以去除腥味。

牛杂

牛杂包括牛骨髓、牛心、牛肝、牛肺、牛肠、牛舌等。牛骨髓内服可治肺痨、消瘦、肾亏及健忘等症；牛心可养血补心，治健忘、惊悸之症；牛肝含有丰富的维生素A原，能补肝、养血、明目；牛肺有补肺、止咳之功效；牛肠可治风冷所致肠风下血，便血；牛舌可补胃。

金针菇烧牛骨髓

【主料】牛骨髓300克，金针菇25克，上海青200克。

【配料】盐3克，醋8克，酱油15克，葱段5克，植物油40克。

【制作】① 牛骨髓洗净，切段，上海青洗净，用沸水焯熟后，捞出排于盘中；金针菇洗净。② 锅置火上，入油烧热，下葱段炒香，放入牛骨髓、金针菇翻炒至熟时，调入盐，烹入醋、酱油，出锅装入有上海青的盘中即可。

【烹饪技法】焯，炒，烧。

【营养功效】保肝护肾，益智健体。

【健康贴士】牛骨髓为滋腻之品，易助湿生痰，痰湿之体慎食。

香炒牛杂

【主料】牛肉、牛舌、牛筋、牛肚各100克。

【配料】鲜花椒8克，盐3克，醋8克，料酒10克，酱油15克，植物油35克。

【制作】① 牛肉、牛舌、牛筋、牛肚洗净，切块；鲜花椒洗净。② 锅置火上，入油烧热，下牛肉、牛舌、牛筋、牛肚一起翻炒至变色，加水煮熟，调入盐、醋、料酒、酱油炒至熟时，撒上鲜花椒即可。

【烹饪技法】炒。

【营养功效】增强免疫，强身健体。

【健康贴士】牛舌还可与仙人掌搭配食用，具有抗癌止痛的作用，特别适合于肿瘤疼痛者食用。

韵味牛肠

【主料】牛肠400克，红椒50克。

【配料】盐3克，大蒜10克，葱末、酱油、味精、料酒各5克，植物油35克。

【制作】① 牛肠处理干净，切段；红椒洗净，切条或切圈；大蒜洗净，切片。② 锅置火上，入油烧热，下大蒜爆香后下入牛肠，加酱油、料酒翻炒至断生，加入红椒，注入沸水炖至牛肠八成熟后加盐和味精继续炖至熟，撒上葱末即可。

【烹饪技法】爆，炒、炖。

【营养功效】润肠通便，开胃止泻。

【健康贴士】一般人都可食用，尤其适合消化不良的人食用。

巴巴口牛舌

【主料】牛舌300克，柠檬50克，饼槽1个，生菜叶 50 克。

【配料】盐 3 克，料酒、香油各 5 克。

【制作】① 牛舌洗净，切薄片，用盐、料酒、香油腌渍；柠檬洗净，切薄片；生菜叶洗净，焯水后装盘。② 把牛舌围成团摆在饼槽中间，周围贴上柠檬片；把饼槽放入装生菜叶的盘中，将盘子放入蒸笼蒸 20 分钟后取出即可。

【烹饪技法】焯，蒸。

【营养功效】排毒瘦身，抗癌止痛。

【健康贴士】牛舌也可与红枣搭配食用，有助肌肉生长，促进伤口愈合的作用，适宜术后病人食用。

牛肝炒韭菜

【主料】牛肝 300 克，韭菜 100 克，豆芽 100 克。

【配料】盐 3 克，酱油 5 克，料酒 10 克，味精 2 克，植物油 30 克。

【制作】① 牛肝处理干净，切片；韭菜洗净，切段；豆芽洗净。② 锅置火上，入油烧热，倒入牛肝，加盐和料酒翻炒，再倒入韭菜和豆芽，淋酱油，翻炒几遍，加味精调味即可出锅。

【烹饪技法】炒，淋。

【营养功效】补肾益阳，补肝明目。

【健康贴士】牛肝不宜与鳗鱼同食，会发生化学反应，对人体不利。

辣椒炒牛肠

【主料】牛肠 300 克，黑木耳、青椒、红椒各 50 克。

【配料】盐 3 克，蒜苗 20 克，酱油 5 克，料酒 10 克，味精 2 克，植物油 40 克。

【制作】① 牛肠洗净，切斜段，用盐和料酒腌渍；青椒、红椒洗净，切片；蒜苗洗净，切段；黑木耳水发后，切块。② 锅置火上，入油烧热，倒入青椒、红椒、蒜苗、黑木耳，加盐翻炒至熟后放味精调味，出锅装盘即可。

【烹饪技法】炒。

【营养功效】润肺益气，防癌抗癌。

【健康贴士】一般人皆可食用，尤其适合老年人食用。

牛腩

牛腩提供高质量的蛋白质，含有全部种类的氨基酸，各种氨基酸的比例与人体蛋白质中各种氨基酸的比例基本一致，其中所含的肌氨酸比任何食物都高；牛腩的脂肪含量很低，但它却是低脂的亚油酸的来源，还是潜在的抗氧化剂；牛腩含有矿物质和 B 族维生素，包括烟酸，维生素 B_1 和核黄素；牛腩还含卡尼汀，主要用于支持脂肪的新陈代谢。

中医认为，牛腩性平、味甘，入脾、胃经；具有补中益气，滋养脾胃的功效。

四季豆烧牛腩

【主料】四季豆 200 克，牛腩 300 克，胡萝卜 50 克。

【配料】盐 3 克，味精 1 克，醋 6 克，酱油 15 克，植物油 35 克。

【制作】① 四季豆洗净，切段；牛腩洗净，切块；胡萝卜洗净，切条。② 锅置火上，入油烧热，下牛腩炒至变色，调入盐，再烹入醋、酱油，加入四季豆、胡萝卜炒至熟时，加入味精调味即可。

【烹饪技法】炒。

【营养功效】补气开胃，通便防癌。

【健康贴士】高胆固醇、高脂肪、老年人、儿童、消化力弱的人不宜多食牛腩。

开胃双椒牛腩

【主料】青椒、红椒各 20 克，牛腩 300 克。

【配料】葱 5 克，糖 3 克，盐 2 克，酱油 4 克，耗油 10 克，植物油 30 克。

【制作】① 牛腩洗净，切块; 青椒、红椒洗净，切段; 葱洗净，切碎。② 锅置火上，入油烧热，下牛腩炒熟，加入糖、盐、酱油、耗油炒匀，下入青椒、红椒炒香，出锅撒上葱末即可。

【烹饪技法】炒。
【营养功效】开胃消食，排毒祛湿。
【健康贴士】牛腩可帮助伤口恢复，术后病人宜食。

银萝牛腩

【主料】白萝卜 200 克，牛腩 400 克。
【配料】陈皮 5 克，大料 6 克，料酒 10 克，酱油 15 克，盐 3 克，胡椒粉、青红椒丁各少许。
【制作】① 牛腩切成小块，入沸水焯烫一下，捞出冲净。② 锅内加适量水烧沸，放入牛腩，加料酒、大料、陈皮小火煮 40 分钟。③ 白萝卜去皮，切块后放锅内，加酱油、盐、胡椒粉，待白萝卜、牛腩熟烂时，拣出大料、陈皮不要，可撒上少许青红椒丁点缀，盛盘即可。
【烹饪技法】焯，煮。
【营养功效】补气养血，健体开胃
【健康贴士】牛腩还可与胡萝卜搭配食用，有利于营养吸收。

番茄牛腩

【主料】牛腩 300 克，番茄 100 克。
【配料】盐 3 克，醋 8 克，酱油 10 克，干辣椒 10 克。
【制作】① 牛腩洗净，切块；西红柿洗净，切块；干辣椒洗净，切圈。② 锅置火上，入油烧热，下干辣椒炒香，放入牛腩翻炒至熟，放入盐、醋、酱油，再放入番茄翻炒至熟，加入适量清水烧至汁浓即可。
【烹饪技法】炒，烧。
【营养功效】补血养颜，暖胃祛寒。
【健康贴士】牛腩也可与红枣搭配食用，具有暖中养气、补肾健胃的作用，适宜脾胃气虚、肾气不足的人食用。

羊肉

羊肉含有很高的蛋白质和丰富的维生素，但脂肪、胆固醇含量极低。其赖氨酸、精氨酸、组氨酸、丝氨酸等必需氨基酸均高于牛肉、猪肉和鸡肉。羊肉肉质细嫩，容易被消化，多吃羊肉可以提高身体素质，提高抗疾病能力。

中医认为，羊肉性温、味甘，入脾、胃、肾、心经；具有益肾壮阳，补虚温中等作用，主治虚劳羸瘦，腰膝酸软，产后虚冷，腹痛寒疝，中虚反胃，尿频阳痿等症。

香辣羊肉丝

【主料】羊肉 300 克，红椒 100 克。
【配料】葱丝、姜丝各 5 克，酱油 10 克，料酒 10 克，白砂糖、盐各 3 克，淀粉 15 克，香油 5 克，植物油 15 克。
【制作】① 羊肉洗净，切丝，加入酱油、料酒搅拌均匀腌渍 15 分钟以上；红椒去蒂、子，洗净切成丝。② 锅置火上，入油烧热，下入葱丝、姜丝爆出香味，再下羊肉丝煸炒，放入红椒丝炒至断生，加料酒、盐、白砂糖一起翻炒，再用淀粉勾芡，最后淋上少许香油，出锅装盘即可。
【烹饪技法】腌，爆，煸炒，炒。

鱼羊鲜

【主料】鳜鱼肉（带骨）600 克，带皮羊肉 500 克。
【配料】葱丝 5 克，盐、味精、白砂糖各 3 克，酱油 10 克，葱段 10 克，姜片 10 克，黄酒 15 克，胡椒粉 2 克，植物油 50 克。
【制作】① 鳜鱼肉和羊肉洗净，切成小长块。② 锅置火上，入油烧热，放入葱段、姜片煸炒出香味，下入鳜鱼块煎至变色。③ 放入羊肉块、酱油、盐、黄酒、清水，炖至羊肉熟烂，加白砂糖、味精，用大火收浓汁，撒上胡椒粉，装盘后撒上葱丝即可。
【烹饪技法】煸炒，煎，炖。
【营养功效】补血养颜，健胃暖身。
【健康贴士】羊肉性温，体虚胃寒、反胃、腹痛、骨质疏松、肾虚腰痛者宜食。

【营养功效】开胃健力，祛湿散寒。

【健康贴士】羊肉多食易生热，不宜在夏秋食用，易上火。

典食趣话：

相传清代，徽州府有个农民带着四只羊乘船过练江，船小，一羊不慎落水，引来鱼群，群鱼抢食羊肉，一位渔民荡舟经过，撒了一网，收获众多。回家后，渔夫宰鱼，惊奇发现鱼肚装满碎羊肉，便将鱼宰净，碎羊肉重新填入鱼肚中，一道烧煮。结果烧出来的鱼，骨酥肉烂，不腥不膻，鱼汤鲜美，羊肉奇香，风味极其独特，久而久之，便成了徽菜中的名品。

芙蓉羊肉

【主料】羊里脊肉 350 克，鸡蛋 2 个，玉米笋片 20 克。

【配料】盐 3 克，鸡汤 50 毫升，料酒 15 克，姜汁 5 克，水淀粉 15 克，味精 3 克，植物油 35 克。

【制作】① 羊肉洗净，剁成细泥；鸡蛋取蛋清，打入碗中，搅拌均匀。② 将蛋清、盐倒入羊肉泥中，用筷子搅匀。③ 锅置火上，入油烧至五成热，放入羊肉泥，炒成白色后将大部分油倒出，留少许底油，加入玉米笋片、鸡汤、料酒、味精、姜汁煮开后，用水淀粉勾芡即可。

【烹饪技法】拌，炒，煮。

【营养功效】滋阴补肾，催乳补血。

【健康贴士】羊肉不宜与梨同食，会阻碍消化，致腹胀肚痛、内热不散。

手扒羊肉

【主料】羊肉 500 克。

【配料】大葱 5 克，姜 6 克，大料 10 克，盐 3 克，花椒 5 克，酱油 10 克，香菜 15 克。

【制作】① 把羊肉切成长方块放锅内，倒入适量水，加花椒、大料、盐、葱片、姜片，上火煮 2 ~ 3 小时后捞出。② 将羊肉码在碗内，上笼蒸 10 分钟左右，然后取出扣在盘里，再将酱油、葱姜末、香菜末、辣椒末兑成汁，将羊肉蘸汁佐餐。

【烹饪技法】煮，蒸，扒。

【营养功效】活血祛寒，健胃强身。

【健康贴士】羊肉多食易生热，最适于冬季食用，可以达到进补和御寒的双重效果。

羊肉烧豆角

【主料】羊肉 300 克，豆角 200 克。

【配料】葱末、姜末、蒜末各 5 克，盐 3 克，料酒 6 克，味精 2 克，香油 5 克，大料 10 克，植物油 15 克，鲜汤 50 毫升。

【制作】① 羊肉洗净，切成薄片；豆角洗净，切成长段，入沸水锅中汆烫，捞出，沥干水分。② 锅置火上，入油烧热，下葱末、姜末、蒜末、大料爆香后，放入羊肉翻炒，再放豆角煸炒，加料酒、盐、味精和少许鲜汤，待豆角软烂时，淋少许香油，即可出锅。

【烹饪技法】汆，爆，煸炒，烧。

【营养功效】益气健胃，暖肾温脾。

【健康贴士】羊肉性温，多食易发热、上火，高血压、肝病、痢疾、急性肠炎患者不宜多食。

东坡羊肉

【主料】羊肉（肥瘦）1000 克，土豆（黄皮）100 克，胡萝卜 100 克。

【配料】料酒 15 克、酱油 10 克，味精 2 克，白砂糖 5 克，大葱、姜、大蒜（白皮）、大料各 10 克，桂皮 5 克，植物油 35 克，盐、糖各 3 克。

【制作】① 羊肉洗净，切成大骨牌块，在光面处交叉剞入十字刀纹；胡萝卜、土豆削去外皮，切成菱形块。② 将羊肉、土豆、胡萝卜分别在热油中煸炸至呈金黄色；放入砂锅内，加入开水、料酒、酱油、盐、白砂糖烧沸，撇去浮沫。③ 放入葱段、姜片、蒜片、大料、桂皮、糖色，用小火煨至肉烂；再放入炸好的胡萝卜、土豆块煨透，调入味精即可。

【烹饪技法】炸，烧，煨。

【营养功效】延缓衰老，补虚驱寒。

【健康贴士】羊肉与胡萝卜搭配食用，不仅能够去除羊肉的腥膻，而且因胡萝卜含有丰富的维生素 A、羊肉含有丰富的蛋白质和多种维生素，从而使食物具有很高的营养价值。

水煮羊肉

【主料】羊肉 300 克。

【配料】蒜蓉5克，干红椒10克，生姜丝3克，大葱5克，大料、桂皮、花椒各5克，料酒5克，生粉 10 克，盐、鸡精各 3 克，植物油 35 克。

【制作】① 羊肉洗净，切片，加上蒜蓉、生姜丝、大葱、大料、桂皮、料酒、生粉、盐、鸡精腌渍 1 ~ 2 小时。② 锅置火上烧热，将花椒、干红椒放入锅中干煸一下，去水分，温度不能高。等香气出来后，出锅，把煸好的花椒、干红椒用菜刀压碎。③ 锅置火上，入油烧热，把煸好的花椒、干红椒倒入锅中，再把腌好的羊肉倒入，迅速爆炒。待羊肉发白时，加入开水，煮熟即可。

【烹饪技法】腌，干煸，爆炒，煮。

【营养功效】补肾壮阳，补虚温中。

【健康贴士】羊肉不宜与霉干菜搭配食用，会引起胸闷。

清炖羊肉

【主料】羊肉 500 克，萝卜 15 克。

【配料】葱 25 克，香菜 10 克，味精 2 克，盐 5 克，姜、醋、胡椒粉各 5 克，香油 5 克。

【制作】① 羊肉剁成 2.5 厘米见方的块；姜用刀拍破；葱一部分切丝，一部分切断；萝卜切两半。② 羊肉用沸水汆去血污，倒入陶制盆内，加入姜、葱段、萝卜、沸水（以没过羊肉为限），再放在锅内的小铁架上，锅内加适量的水（盆的下部分应泡在水中），盖紧锅盖，烧至肉烂时撇去浮油，捞去葱、姜、萝卜，吃时加入葱丝、香菜、醋、胡椒粉、香油、味精、盐等调味。

【烹饪技法】汆，烧。

【营养功效】补血养颜，丰体泽肤。

【健康贴士】羊肉不宜与乳酪同食，不利于健康。

红扣羊肉

【主料】羊五花肉 1000 克。

【配料】姜、盐、蒜各 5 克，植物油 20 克，蚝油 10 克，卤料 15 克，红干椒节 10 克，辣八豆 15 克，植物油 20 克。

【制作】① 羊五花肉去尽内骨洗尽，冷水入锅煮至七成熟凉透，改 1.5 厘米宽，15 厘米长的块备用。② 锅置火上，入油烧热，下姜大火炒香，放入羊肉块煸干水分，加入卤料煨至入味，捞出装盘摆形，加入姜、蒜、红干椒节、辣八豆、蚝油调味入笼蒸 30 分钟即可。

【烹饪技法】煮，炒，煸，煨，蒸。

【营养功效】开胃消食，益气补血。

【健康贴士】贫血、缺钙、营养不良、肾亏阳痿者宜食羊肉。

番茄蛋花蒸羊肉

【主料】羊肉 150 克，鸡蛋 1 个，番茄 50 克。

【配料】香菜 8 克，香油 5 克，淀粉 10 克，胡椒粉 1 克，盐 3 克，植物油 30 克。

【制作】① 番茄洗净，切成瓣状；香菜洗净，切末；鸡蛋打散制成蛋液；羊肉洗净，剁成末，加鸡蛋、淀粉、盐搅拌均匀。② 取 1 只大碗，将番茄瓣摆在碗底四周，羊肉放在番茄瓣中间，淋上蛋液，加半碗水、胡椒粉、盐，放入蒸锅中蒸熟，取出后撒上香菜末，淋上香油即可食用。

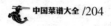

【烹饪技法】拌，蒸。

【营养功效】补虚补血、强筋壮骨。

【健康贴士】羊肉还可与香菜搭配食用，具有增强人体免疫力的作用，适宜营养不良、病后或产后身体虚亏等病症患者以及中老年体质虚弱者食用。

羊排

羊排肉质细嫩，容易消化，高蛋白、低脂肪、含磷脂多，较猪肉和牛肉的脂肪含量都要少，胆固醇含量少，是冬季防寒温补的美味之一。

中医认为，羊排性温、味甘，入脾、肾经；具有益气补虚，温中暖下，补肾壮阳，生肌健力，抵御风寒之功效。

酱烧羊排

【主料】羊排 500 克。

【配料】豆瓣酱 15 克，花椒 5 克，大料 3 克，桂皮 4 克，酱油 20 克，白砂糖 10 克，香菜 10 克，植物油 30 克。

【制作】① 羊排洗净，剁块，入沸水中汆去血沫。② 锅置火上，入油烧热，放入白砂糖炒糖色，炒好后放入羊排挂上糖色，加入酱油、花椒、大料、桂皮、酱油、豆瓣酱炒匀，注水烧沸后转小火 1 个小时放入香菜即可。

【烹饪技法】汆，炒。

【营养功效】补阳健肾，壮骨壮腰。

【健康贴士】油炸羊排不宜吃，会造成肠道功能紊乱。

蒜香羊排

【主料】羊排 500 克，芹菜、胡萝卜各 50 克，鸡蛋 3 个。

【配料】盐 5 克，鸡精 2 克，料酒 10 克，嫩肉粉 15 克，白砂糖 5 克，面粉 10 克，淀粉 3 克，大蒜 5 克，腐乳 10 克，植物油 30 克。

【制作】① 芹菜洗净，切段；胡萝卜洗净，切丝；羊排洗净，剁成 6 厘米长的节，放入大碗中，加芹菜、胡萝卜、蒜泥、料酒、盐、白砂糖、鸡精、腐乳、嫩肉粉拌匀腌渍片刻备用。② 将鸡蛋打入碗中，放入面粉和淀粉，加少许油，搅拌成糊，取出排骨放入蛋液面粉糊沾均匀，然后再沾上干淀粉。③ 锅置火上，入油烧至五成热，逐个下排骨炸透，至表面酥脆，捞出即可。

【烹饪技法】拌，腌，炸。

【营养功效】降低血压，防癌抗癌。

【健康贴士】羊排还可与胡椒粉搭配食用，具有祛寒补血的作用，适宜腹部冷痛、体虚怕冷者食用。

奇香羊排

【主料】羊排 350 克。

【配料】酱油 15 克，料酒 10 克，盐 3 克，白砂糖 2 克，花椒粉 2 克，辣椒粉 6 克，鸡精 1 克，植物油 30 克。

【制作】① 羊排洗净，入沸水中汆烫除去血水，捞出后放进盆里，加入酱油、料酒、盐、白砂糖、花椒粉、辣椒粉、鸡精拌匀腌渍约 30 分钟。② 锅置火上，入油大火烧热后离火，冷却 2 分钟后，把羊排放进去炸至呈金黄色，再打开火炸 1 ~ 2 分钟即可。

【烹饪技法】汆，腌，拌，炸。

【营养功效】开胃消食，壮腰健力。

【健康贴士】羊排性温，发热者应禁食。

新疆炒羊排

【主料】羊排 400 克，青椒、红椒各 25 克，蒜薹 50 克。
【配料】辣椒粉 5 克，孜然粒 12 克，盐 5 克，味精 2 克，白砂糖 3 克，生粉 5 克，植物油 30 克。
【制作】① 羊排洗净，剁块，用高压锅压熟；蒜薹洗净，切粒；青红椒洗净，切圈。② 羊排沥干水分，拍生粉，过油后捞出备用。③ 锅置火上，入油烧热，放入青红椒圈、羊排爆炒，加辣椒粉、孜然粒、盐、味精、白砂糖调味，撒蒜薹粒稍炒，出锅装盘即可。
【烹饪技法】爆炒，炒。
【营养功效】补肾健脑，活血化瘀。
【健康贴士】羊排性温，夏秋季节气候燥热，不宜吃。

豉汁蒸羊排

【主料】羊排 500 克。
【配料】盐 1 克，酱油、葱末、姜片各 8 克，豉汁、料酒各 15 克，胡椒粉、味精各 3 克。
【制作】① 羊排洗净，剁成 3 厘米长的段，汆去血水。② 羊排沥干水分，装入碗中，调入盐、酱油、豉汁、料酒、胡椒粉、味精拌匀，放入葱末、姜片，入笼大火蒸 50 分钟即可。
【烹饪技法】汆，拌，蒸。
【营养功效】暖胃生津，祛寒解毒。
【健康贴士】羊排不宜与半夏同食，影响营养成分吸收。

手抓羊排

【主料】羊排 250 克。
【配料】盐 5 克，花椒 10 克，孜然 5 克，鸡精 2 克，植物油 100 克。
【制作】① 羊排剁成长条块，下入沸水中汆烫。② 锅中放入盐、花椒、孜然、鸡精卤制熟透，盛出，沥干水分。③ 锅置火上，入油烧热，放入羊排炸至金黄色时捞出即可。
【烹饪技法】汆，卤，炸。
【营养功效】补肾壮阳，补虚温中。
【健康贴士】一般人皆宜食用，尤其适合肾虚腰痛、体虚怕冷者食用。

古浪羊排

【主料】羊排 750 克。
【配料】盐 5 克，洋葱、青椒、红椒各 10 克，植物油 200 克。
【制作】① 羊排放入盐水中煮熟入味后斩断；洋葱、青椒、红椒洗净，切粒。② 羊排下油锅中用大火炸至金黄色。③ 锅内留油，放入洋葱粒及青椒粒、红椒粒翻炒后，撒在羊排上即可。
【烹饪技法】煮，炸，炒。
【营养功效】保肝护肾，开胃消食。
【健康贴士】羊排不宜和南瓜同食，易生黄疸和脚气病。

羊腿

羊腿肉质细嫩，是冬季温补的常用食材。中医认为，羊腿性温、味甘，入脾、胃、肝、肾经；具有助元阳、补精血、疗肺虚、益劳损等功效。

原汁羊腿

【主料】羊腿 1 只。
【配料】盐 3 克，辣酱 20 克，葱末、香菜各 5 克，味精 2 克，料酒 12 克。
【制作】① 羊腿洗净，用料酒腌渍；香菜洗净，切段。② 锅里倒水，再放入羊腿，大火煮开后，转小火慢炖至熟烂，放入盐、味精、香菜、辣酱、葱末放在味碟里拌匀，用羊肉蘸食即可。
【烹饪技法】腌，煮，炖，拌。
【营养功效】增强免疫，延年益寿。
【健康贴士】一般人皆宜食用，尤其适宜老人食用。

双椒炒羊腿肉

【主料】羊腿肉 450 克，青椒、红椒、葱、干辣椒各 30 克。

【配料】熟芝麻 20 克，红油 10 克，盐 4 克，鸡精 2 克，植物油 30 克。

【制作】① 羊腿肉洗净，切片；青椒、红椒洗净，切片，干辣椒洗净，切段。② 锅置火上，入油烧热，下入干辣椒爆香，倒入羊腿肉爆炒至九成熟，加入青椒片、红椒片同炒至熟，调入盐、鸡精和红油，出锅装盘，撒上熟芝麻和葱段即可。

【烹饪技法】爆，炒。

【营养功效】开胃消食，防癌抗癌。

【健康贴士】羊腿还可与白萝卜搭配食用，具有防癌抗癌的作用，适宜中老年人及体虚羸弱者食用。

清蒸羊腿肉

【主料】羊腿 1 只，西蓝花 40 克。

【配料】盐 3 克，胡椒粉 2 克，酱油、料酒、香油各 10 克。

【制作】① 羊腿洗净，入沸水中汆烫后剔下羊腿肉，用盐、料酒、胡椒粉和酱油腌渍；西蓝花洗净，掰成小朵，焯水后沥干备用。② 把羊腿肉装盘，淋上香油放入蒸笼里，大火蒸熟后取出，在盘子里摆上西蓝花即可。

【烹饪技法】蒸。

【营养功效】补肾壮阳，健脑壮骨。

【健康贴士】羊腿不宜与红酒同食，会产生化学反应。

【巧手妙招】蒸时要让蒸笼盖稍留缝隙，以便使少量蒸气逸出。

羊蹄

羊蹄，即羊的四足。羊蹄含有丰富的胶原蛋白质，脂肪含量也比肥肉低，并且不含胆固醇，能增强人体细胞生理代谢，使皮肤更富有弹性和韧性，延缓皮肤的衰老；羊蹄还具有强筋壮骨之功效，对腰膝酸软、身体瘦弱者有很好的食疗作用，有助于青少年生长发育和减缓中老年人骨质疏松的速度。羊蹄是胶质组织，与海参、鱼翅相比价廉味美，是烹制筵席佳肴的重要原料。

中医认为，羊蹄肉性温、味甘，无毒，入脾、肾经；具有益气补虚、温中暖下、补肾壮阳、生肌健力、抵御风寒等功效。

烧羊蹄

【主料】羊蹄 500 克。

【配料】盐 3 克，酱油 10 克，醋 10 克，香菜 15 克，味精 2 克，胡椒粉 3 克。

【制作】① 羊蹄处理干净，入沸水锅汆烫，捞出，沥干水分；香菜洗净，切段。② 锅内注入适量清水，放入羊蹄用大火烧沸，下酱油、醋、胡椒粉和香菜，改小火慢焖至熟，大火收汁，加盐和味精即可。

【烹饪技法】汆，焯，烧，焖。

【营养功效】补肾强身，补脚力，除风湿。

【健康贴士】一般人皆宜食用，尤其适宜肾气不足、元气亏损、精身体虚的人食用。

红扒羊蹄筋

【主料】羊蹄筋 400 克。

【配料】葱 10 克，姜 10 克，盐 5 克，酱油 30 克，冰糖 10 克，味精 1 克，黄酒 30 克，大料 2 克，胡椒 1 克，羊肉汤 500 毫升。

【制作】① 羊蹄筋放在温水中浸泡 30 分钟后洗净；洗净的羊蹄筋放入锅内，加清水没过羊蹄筋 3 厘米左右，用大火烧。② 待烧沸后，再转成小火细炖，并经常翻动，以免黏结锅底，待炖至八成烂时取出。③ 锅置大火上，放入羊蹄筋加羊肉汤，再加黄酒、酱油、冰糖、胡椒，用大火烧至上色。④ 取大碗 1 只，放入葱、姜、大料，将羊蹄筋捞出码入放有葱姜等的碗内，倒入原汁，加味精，上笼用大火蒸 20 分钟左右，取出翻扣在碗里，拣去葱、姜、大料即可。

【烹饪技法】烧，炖，蒸。
【营养功效】补虚养身，润肌滑肤。
【健康贴士】羊蹄含有丰富的胶原蛋白，是爱美女性去皱的法宝。

糊辣羊蹄

【主料】羊蹄 500 克，蒜苗、青椒、红椒各 50 克。
【配料】盐 3 克，酱油 10 克，醋 10 克，味精 2 克，红油 15 克。
【制作】① 羊蹄处理干净，剁成块；蒜苗洗净，切段；青椒、红椒香菜洗净，切片。② 锅置火上，入油烧热，下羊蹄炒至变色，放入蒜苗、青椒、红椒翻炒片刻，加入盐、醋、酱油、红油翻炒至熟时，调入味精调味即可。
【烹饪技法】炒。
【营养功效】醒脾开胃，补肾护肝。
【健康贴士】羊蹄性温，发热者最好不要食用。
【巧手妙招】羊蹄炒前可入沸水焯烫，去除异味。

扒羊蹄

【主料】羊蹄 1 只。
【配料】酱油 25 克，味精 2 克，料酒 10 克，糖色 5 克，淀粉 25 克，白汤 150 毫升，植物油 15 克，香油 5 克，大葱 10 克，姜 10 克，大蒜 10 克，大料 2 克。
【制作】① 羊蹄去掉内骨，冲洗干净，一切两开，整齐地码放盘内。② 锅置火上，放入香油烧热，投入大料、葱段、姜片、蒜片炒出香味，加入料酒、白汤、酱油烧沸，捞出佐料，将羊蹄推入，用小火煨至入味。③ 转大火，调入味精、糖色、水淀粉勾成浓汁，淋入香油，翻匀，装入盘中。
【烹饪技法】炒，煨，扒。
【营养功效】温中补虚，暖胃祛寒。
【健康贴士】羊蹄具有强筋壮骨的作用，适宜生长发育的青少年及患有骨质疏松的中老年妇女食用。

香辣羊蹄

【主料】羊蹄 350 克，西蓝花 150 克。
【配料】干辣椒 15 克，料酒 10 克，冰糖 6 克，酱油 5 克，盐 3 克。
【制作】① 羊蹄处理干净，剁成块；干辣椒洗净，切碎；西蓝花洗净，摘成小朵，入沸水焯烫至熟后，捞出装盘。② 锅中倒入水，放入羊蹄烧至水滚后捞出。③ 高压锅中倒水，放入羊蹄，加入盐、料酒、冰糖、酱油、干辣椒焖至熟烂时即可装盘。
【烹饪技法】焯，烧，焖。
【营养功效】驱寒解毒，健脑壮骨。
【健康贴士】一般人皆宜食用，尤其适宜体寒怕冷者食用。

羊肚

羊肚含有蛋白质、脂肪、碳水化合物、钙、磷、铁、维生素 B_2 和烟酸等，胆固醇含量较高。

中医认为，羊肚性温、味甘，入脾、胃经；具有补虚，健脾，和胃的功效。

爆炒尖椒羊肚

【主料】羊肚 350 克，红椒、青椒各 15 克。
【配料】盐 3 克，味精 1 克，葱白 15 克，植物油 30 克。
【制作】① 羊肚处理干净，放入沸水中焯熟后凉凉，切丝；红椒、青椒洗净，切条；葱白洗净，切片。② 锅置火上，入油烧热，放入羊肚、红椒、青椒大火翻炒，调入盐、味精入味，放入葱片炒匀即可。
【烹饪技法】炒。
【营养功效】益气补虚，温中健胃。
【健康贴士】羊肚性温，素体阴虚或阳热亢盛者禁食。

三丝羊肚

【主料】羊肚300克，绿豆芽、香菜各100克。

【配料】葱白、干辣椒各5克，盐3克，香油5克，植物油15克。

【制作】① 羊肚处理干净，切条；绿豆芽洗净；香菜、干辣椒分别洗净，切段；葱白洗净，切丝。② 锅置火上，入油烧热，下入羊肚炒熟，加入绿豆芽、香菜一起同炒熟，下入葱丝、干辣椒和盐翻炒入味，出锅淋上香油即可。

【烹饪技法】炒。

【营养功效】防癌抗癌，延年益寿。

【健康贴士】羊肚还可与山药搭配食用，对脾胃虚弱有辅助治疗效果。

泡椒羊肚

【主料】羊肚300克，泡椒20克，青椒、红椒各15克。

【配料】盐3克，味精1克，醋5克，酱油10克，大蒜8克，植物油30克。

【制作】① 羊肚处理干净，切片；泡椒洗净，切片；青椒、红椒洗净，切圈。② 锅置火上，入油烧热，下羊肚炒至变色，加入青椒、红椒、大蒜一起翻炒，再加入盐、醋、酱油一起翻炒至熟，加入味精调味即可。

【烹饪技法】炒。

【营养功效】增强免疫，防癌抗癌。

【健康贴士】一般人皆可食用，尤其适合老年人食用。

山药条炒羊肚

【主料】羊肚300克，山药200克。

【配料】青椒、红椒各5克，盐3克，酱油2克，植物油30克。

【制作】① 羊肚处理干净，切条；山药洗净，去皮切条；青椒、红椒各洗净，切片。② 锅置火上，入油烧热，下山药炸至金黄，下入羊肚炒熟，加入青椒、红椒一起炒匀，加入盐和酱油调味，炒匀后即可出锅。

【烹饪技法】炸，炒。

【营养功效】健脾和胃，祛寒解毒。

【健康贴士】羊肚的胆固醇含量高，肝炎病人不宜食用。

【巧手妙招】羊肚可用盐搓洗，以去除污垢。

干煸羊肚

【主料】羊肚300克，红椒50克，芹菜梗12克。

【配料】盐3克，味精2克，酱油8克，香菜、料酒各10克，植物油30克。

【制作】① 羊肚处理干净，切小块；红椒洗净，斜切圈；香菜、芹菜梗洗净，切段。② 羊肚在沸水中煮熟，捞出。③ 锅置火上，入油烧热，下入羊肚，加入盐、料酒、酱油翻炒均匀，下入红椒同炒，加入芹菜、味精炒匀，撒入香菜段即可。

【烹饪技法】煮，炒。

【营养功效】健脾暖胃，降低血压。

【健康贴士】羊肚的胆固醇含量高，高血压患者不宜食用。

炖羊肚

【主料】羊肚500克，胡萝卜50克，花生50克。

【配料】味精2克，盐5克，香油10克，绍酒15克，牛奶30毫升，高汤200毫升，水淀粉10克，葱、姜各10克。

【制作】① 羊肚处理干净，切成寸段，入沸水锅中汆烫，捞出，沥干水分；葱洗净，切段；姜洗净，切片；胡萝卜洗净，切成片。② 锅置火上，加入高汤，放入胡萝卜、羊肚、花生、味精、盐、绍酒、葱、姜烧沸，改用小火炖烂，汤汁变白时加入牛奶，水淀粉勾芡，淋少许香油即可出锅。

【烹饪技法】汆，焯，炖。

【营养功效】健脾暖胃，补虚强身。

【健康贴士】一般人群均可食用，尤适宜体质羸瘦、虚劳衰弱之人食用。

羊杂

羊杂包括羊血、羊肠、羊心、羊肝、羊肺等，羊杂含有多种营养素，主要成分有蛋白质、脂肪、碳水化合物、钙、磷、铁、维生素 B、维生素 C、烟酸、肝素等多种营养素，有益精壮阳、健脾和胃、养肝明目、补气养血等功效。

蒜苗炒羊血

【主料】羊血 400 克，蒜苗、红椒各 50 克。
【配料】味精 3 克，盐 3 克，料酒 10 克，红油 10 克，植物油 30 克。
【制作】① 羊血洗净，切块；蒜苗洗净，切段；红椒洗净，切条。② 锅置火上，入油烧热，下羊血滑熟；再入蒜苗翻炒片刻，放红椒同炒，下入盐、味精、料酒炒匀，淋入红油，出锅摆盘即可。
【烹饪技法】炒。
【营养功效】养心润肺，活血祛瘀。
【健康贴士】一般人皆可食用，尤其适合女性食用。

尖椒羊腰

【主料】羊腰、青椒、红椒各 100 克。
【配料】盐 3 克，酱油 5 克，料酒 5 克，淀粉 6 克，姜 10 克，植物油 35 克。
【制作】① 青椒、红椒洗净，去子切小块；姜去皮洗净，切片；羊腰对剖成两半洗净，切成片，用淀粉拌匀。② 锅置火上，入油烧热，下羊腰煸炒，烹入料酒，倒入姜片，青椒、红椒翻炒均匀，加入酱油、盐炒至入味即可。
【烹饪技法】拌，煸炒，炒。
【营养功效】保肝护肾，填精益髓。
【健康贴士】一般人皆可食用，尤其适合男性肾虚阳痿者食用。

双椒炒羊杂

【主料】羊肠、羊肚、羊蹄筋各 100 克，青椒、红椒各 30 克。
【配料】盐 3 克，酱油 5 克，味精 2 克，香油 10 克，蒜苗 10 克，植物油 30 克。
【制作】① 羊肠处理干净，切段；羊肚处理干净，切丝；羊蹄筋洗净，切块；青椒、红椒洗净，切条。② 锅置火上，入油烧热，下羊肠、羊肚、羊蹄筋同炒，调入酱油炒至上色，再放青椒、红椒、蒜苗翻炒片刻，调入盐、味精炒匀，淋入香油即可。
【烹饪技法】炒。
【营养功效】开胃消食，美容减肥。
【健康贴士】羊肾性微温，感冒发热患者应禁食。

木耳炒羊杂

【主料】羊腰、羊肝各 100 克，黑木耳 50 克，青椒、红椒各 30 克。
【配料】盐 3 克，味精 3 克，香油 10 克，植物油 30 克。
【制作】① 青椒、红椒洗净，切片；羊腰处理干净，切花刀；羊肝洗净，切片；黑木耳洗净，撕成小片。② 锅置火上，入油烧热，下羊腰、羊肝爆炒，入木耳、青椒、红椒同炒片刻，调入盐、味精炒匀，淋入香油即可。
【烹饪技法】炒，淋。
【营养功效】降低血脂，延年益寿。
【健康贴士】羊肝有明目作用，适宜眼干枯燥、夜盲症、青盲、目暗昏花等病症患者食用。
【巧手妙招】烹饪时加少许料酒，可去除羊杂膻味。

烩羊杂

【主料】羊血、羊肚、羊肉各 200 克，粉丝 300 克。
【配料】盐 5 克，香菜段 6 克，料酒 10 克，醋 15 克，红油 10 克，高汤 250 毫升，植物油 50 克。
【制作】① 羊血、羊肚、羊肉都处理干净；羊肚、羊肉在沸水中汆烫，过冷水，捞出，沥干水分。② 锅置火上，入油烧热，下羊肚、羊肉，加盐、料酒、醋炒匀。③ 另取砂锅置火上，加入高汤以及羊肚、羊肉、羊血，淋入红油，炖好后，加入泡发的粉丝，撒上香菜段即可。

【烹饪技法】汆，炒，炖。

【营养功效】明目养肝，清热补虚。

【健康贴士】羊肝含胆固醇高，高脂血症患者应忌食。

冬笋炒羊肝

【主料】羊肝 175 克，冬笋 25 克。

【配料】香油 15 克，料酒 10 克，酱油 12 克，味精 2 克，水淀粉 15 克，葱丝、姜末、蒜末各 5 克，植物油 30 克。

【制作】① 羊肝洗净，切薄片，用水淀粉浆好；冬笋切成片。② 将料酒、酱油、味精、淀粉、葱丝、姜末、蒜末放碗内，调成冷芡。③ 锅置火上，入油烧热，将羊肝片放入滑透；再放入笋片稍炸，倒出沥油。④ 再将羊肝片、笋片放回锅内，上火，倒冷芡，颠炒均匀，淋入香油，出锅装盘即可。

【烹饪技法】炸，炒。

【营养功效】补血明目，补虚养身。

【健康贴士】一般人皆宜食用，尤其适合贫血、肾虚劳损、眼干枯燥、腰脚酸痛等症患者食用。

兔肉

兔肉含丰富的蛋白质，较多的糖类，比一般肉类都高，少量脂肪（胆固醇含量低于多数肉类）及硫、钾、钠、维生素 B_1、卵磷脂等成分，故对它有“荤中之素”的说法。兔肉还含有丰富的卵磷脂，卵磷脂有抑制血小板凝聚和防止血栓形成的作用，还有保护血管壁，防止动脉硬化的功效。

中医认为，兔肉性凉、味甘，入脾、胃、大肠经；具有补脾益气，止渴清热、滋阴、解毒等功效，对消渴羸瘦、胃热呕吐、便血等症有一定疗效。

辣椒炒兔肉

【主料】兔肉 200 克，辣椒 150 克。

【配料】姜丝、葱丝各 10 克，盐 3 克，鸡精 2 克，植物油 15 克。

【制作】① 兔肉洗净，切成细丝；辣椒洗净，去子，切成细丝。② 将兔肉丝和辣椒丝一起入油锅中过油后捞出。③ 锅置火上，入油烧热，下姜丝、葱丝爆香，加入兔肉与辣椒丝一起炒匀后，加入盐、鸡精，调味即可。

【烹饪技法】爆，炒。

【营养功效】补虚益气，开胃壮骨。

【健康贴士】兔肉不宜茭白同食，易形成结石。

豌豆烧兔肉

【主料】兔肉 200 克，豌豆 150 克。

【配料】姜末、盐各 5 克，葱末、鸡精各 3 克，植物油 30 克。

【制作】① 兔肉洗净，切成大块，入沸水中汆去血水；豌豆洗净。② 锅置火上，入油烧热，下入兔肉、豌豆炒熟后，加姜末、盐、葱末、鸡精调味即可。

【烹饪技法】炒。

【营养功效】止渴健脾，健脑益智。

【健康贴士】兔肉性凉，孕妇和患有四肢畏寒等明显阳虚症状者慎食。

翡翠兔肉丝

【主料】兔肉 100 克，绿豆芽 200 克。

【配料】料酒 10 克，淀粉 5 克，姜、青椒、红椒、香油、盐、白砂糖各 5 克，植物油 30 克。

【制作】① 兔肉洗净，切成丝，用盐、白砂糖、料酒、淀粉拌匀腌渍 30 分钟；姜、青椒、红椒都切成丝，豆芽洗净，切去头尾。② 锅置火上，入油烧热，下入兔肉炒至泛白，放姜丝、盐、料酒、白砂糖翻炒均匀，下入绿豆芽、青椒、红椒快速翻炒，出锅时淋少许香油即可。

【烹饪技法】腌，炒。
【营养功效】补中益气，止渴健脾。
【健康贴士】兔肉、绿豆芽均为凉性之物，脾胃虚寒者不宜多食。

花生兔肉丁

【主料】兔肉200克，油炸花生米100克。
【配料】辣椒5克，葱4克，盐3克，味精5克，淀粉10克，姜3克，酱油、料酒、醋、白砂糖各5克，植物油30克。
【制作】① 兔肉去血水，切成肉丁，加淀粉拌匀；辣椒切成段，酱油、醋、糖、淀粉、盐、味精调成芡汁。② 锅置火上，入油烧热，下入兔肉丁和辣椒段煸炒，至肉变色时，倒入芡汁，汤汁变浓时，撒上葱末和花生米，翻炒均匀即可。
【烹饪技法】拌，煸炒，炒。
【营养功效】益智健脑，通便养身。
【健康贴士】肝病、阴虚失眠、热气湿痹、心血管病、糖尿病、便血患者宜多食兔肉。

炸兔肉

【主料】兔肉200克，鸡蛋100克。
【配料】面包渣10克，酱油、味精、黄酒各5克，姜丝4克，椒盐3克，植物油30克。
【制作】① 兔肉洗净，切成薄片，放入大碗内，加入酱油、味精、黄酒、姜丝腌渍15分钟。② 把腌渍过的兔肉挂上鸡蛋糊，挂糊的兔肉片滚上面包渣。③ 锅置火上，入油烧至八成热，下兔肉入锅炸至金黄色，捞出沥油，切成条，装入盘内，撒上椒盐即可。
【烹饪技法】腌，炸。
【营养功效】宽肠通便，降低血脂。
【健康贴士】兔肉还可与花生米搭配食用，具有补中益气、活血解毒的作用，适宜气血不足、热气湿痹等患者食用。

香菇蒸兔肉

【主料】兔肉500克，香菇60克。
【配料】姜5克，盐5克，米酒5克，植物油10克，白砂糖3克，味精2克，淀粉2克，香油5克。
【制作】① 香菇剪去蒂，用清水浸软，切条；生姜刮皮，洗净，切丝；兔肉洗净，切小块。② 把兔肉、香菇放入碟中，用姜丝、盐、米酒、生油、白砂糖、味精、芡粉拌匀，放入锅中大火蒸至刚熟，淋少许香油即可。
【烹饪技法】拌，蒸。
【营养功效】补益脾胃，清热除烦。
【健康贴士】兔肉也可与枸杞搭配食用，具有益气补血、滋肝养肾的作用，对肝肾亏虚所致的痛经疗效显著。

青豆炒兔肉丁

【主料】兔肉250克，青豆120克，香菇30克。
【配料】姜5克，白酒2克，盐3克，酱油5克，水淀粉10克，植物油30克。
【制作】① 青豆洗净；冬菇去蒂，浸软，洗净，切粒；兔肉洗净，切成小粒；姜刮皮，洗净，切碎。② 锅置火上，入油烧热，下兔肉炒至刚熟取出，另取锅置火上，下青豆粒，加盐炒至熟，下兔肉丁、香菇粒、生姜粒、酱油炒片刻，加入水淀粉勾芡即可。
【烹饪技法】炒。
【营养功效】安神健脑，清热去火。
【健康贴士】一般人皆宜食用，尤其适合青少年食用。

宫保兔丁

【主料】兔肉500克，花生60克，鸡蛋清50克，青椒、红椒各50克。
【配料】干辣椒、葱、蒜各10克，姜7克，植物油45克，白砂糖3克，醋5克，酱油10克，淀粉5克，料酒15克，鸡精2克，盐4克。
【制作】① 花生洗净，捞出沥干水分，倒入锅中炒熟，盛出放凉备用；青椒、红椒洗净去蒂、子，切丁；干辣椒洗净，切段；葱、姜、蒜洗净，分别切片；兔肉洗净，切丁，加鸡蛋清、淀粉、鸡精、料酒、盐搅拌均匀，腌渍片刻。② 取一个干净碗，倒入适量清水，加白砂糖、醋、酱油、料酒、鸡精、盐，一起搅拌制成调味汁。③ 锅置火上，入油烧热，倒入腌好的兔丁，滑炒至熟，盛出备用。④ 原锅加油烧热，下干辣椒段、葱、姜、蒜片炝锅，倒入青红椒丁翻炒至熟，然后倒入滑熟的兔丁和调味汁，继续翻炒均匀，撒入炒熟的花生即可出锅装盘。

【烹饪技法】拌，腌，滑炒，炒。

【营养功效】强筋壮骨，开胃健脾。

【健康贴士】兔肉性寒，有四肢怕冷等明显阳虚症状的女子不宜食用。

银芽炒兔丝

【主料】绿豆芽 300 克，兔肉 150 克。

【配料】姜 8 克，植物油 35 克，香油 5 克，白砂糖 10 克，淀粉 5 克，盐 4 克。

【制作】① 兔肉洗净，切成细丝，加适量白砂糖、淀粉和盐搅拌均匀，腌渍片刻备用；绿豆芽洗净，沥干水分；姜洗净，切丝。② 锅置火上，入油烧热，倒入腌好的肉丝翻炒至九成熟，盛出备用。③ 净锅后置火上，入油烧热，下姜丝炝锅，倒入绿豆芽翻炒，加盐调味，倒入肉丝一起翻炒至熟，淋上香油，即可出锅。

【烹饪技法】拌，腌，炝，炒。

【营养功效】降压通便，清热解毒。

【健康贴士】肥胖者、儿童、老年人和消渴羸瘦、营养不良、气血不足者宜多食兔肉。

兔头

兔头含有丰富的卵磷质，对激活脑细胞增强记忆力有独特的作用，是健脑补脑的佳品；兔头两腮有发达的肌肉群，是通过不断食草咀嚼形成的，富含高蛋白及粗纤维，风味独特；兔眼有明目养神的作用。

中医认为，兔头性平、味甘，无毒，入肝、脾、胃经；具有平肝熄阳、生津止渴、催生的功效，可治头痛眩晕，消渴，难产，恶露不下，小儿疳痢，痈疽疮毒。

五香兔头

【主料】兔头 5000 克。

【配料】大葱 250 克，姜 50 克，桂皮 10 克，大料 5 克，酱油 500 克，盐 25 克，白砂糖 250 克，料酒 250 克。

【制作】① 兔头入沸水汆后洗净，放入大锅。② 把大葱、姜、桂皮、大料、酱油、盐、白砂糖、料酒一起下锅，加水至浸没，大火烧滚，转中火煮至酥时出锅，装盘即可。

【烹饪技法】烧，煮。

【营养功效】补气养阴，清热凉血。

【健康贴士】兔头肉不宜与鸡蛋同食，会刺激腹肠道，导致腹泻。

香辣酱兔头

【主料】兔头 400 克，生菜 100 克，白芝麻 10 克。

【配料】豆瓣酱 10 克，花椒粉、辣椒粉各 20 克，料酒 10 克，卤水 500 克。

【制作】① 兔头处理干净，放入卤水中卤约 30 分钟后捞出，装盘；生菜洗净，排于盘中。② 取少许卤水烧沸，下料酒、豆瓣酱用小火稍炒，再加入花椒粉、辣椒粉炒几分钟，下入兔头不停地翻炒，炒至卤汁将干时，撒白芝麻，出锅盛在生菜上即可。

【烹饪技法】卤，炒。

【营养功效】健脾开胃，强身壮骨。

【健康贴士】兔头肉还可与枸杞搭配食用，具有补肺益肾、凉血解毒的作用，适宜肺炎肾虚型病人食用。

歪嘴兔头

【主料】兔头 500 克，榨菜、白芝麻各 10 克。

【配料】盐 3 克，味精 2 克，酱油 20 克，料酒 10 克，干辣椒、葱白各 8 克，植物油 40 克。

【制作】① 兔头处理干净，切块；榨菜洗净，切条；葱白洗净，切段；干辣椒洗净，切圈。② 锅置火上，入油烧热，下干辣椒炒香，放入兔头翻炒，再加入榨菜、葱白、白芝麻炒匀，注入适量清水，倒入酱油、料酒炒至熟后，调入盐、味精拌匀，出锅装盘即可。

【烹饪技法】炒，拌。

【营养功效】滋补养颜，健脑明目。

【健康贴士】一般人皆宜食用，尤其适宜中年女性食用。

酱香麻辣兔头

【主料】兔头 500 克。

【配料】豆瓣酱 20 克，辣椒粉 10 克，花椒粉 10 克，卤水 100 毫升。

【制作】① 兔头处理干净后放入卤水中卤制约 30 分钟至软，捞出装盘备用。② 锅中留约一些卤水烧沸，下豆瓣改小火略炒，再下辣椒、花椒粉炒约半分钟，下兔头不停翻炒，炒至卤汁干时出锅装盘即可食用。

【烹饪技法】卤，烧，炒。

【营养功效】开胃消食，通便健身。

【健康贴士】兔头也可与玉兰花搭配食用，具有滋阴养气、清热凉血的作用，适宜阴虚咳嗽、口渴、体弱、吐血、便血等病症患者食用。

驴肉

驴肉不仅是高蛋白质、低脂肪、低胆固醇的保健食品，而且因肌束纤细，肌间脂肪含量较多，使其肉质细嫩可口。加之，驴肉色氨酸含量高，必需氨基酸占总氨基酸的比例大，具有很高的蛋白质含量。驴肉中的高级脂肪酸中，不饱和脂肪酸多，亚油酸和亚麻酸含量高，使驴肉具有极高的生物学价值。驴肉中的鲜味氨基酸也高于猪肉、牛肉和马肉，因而驴肉更加鲜美，人们往往将它与“天上的龙肉”并列。

中医认为，驴肉性凉、味甘酸，入心、肝经；具有补益气血、滋阴壮阳、熄风安神的功效，适用于气血亏虚、气短乏力、心悸、健忘、睡眠不宁、头晕等症。

香焖驴肉

【主料】驴肉 400 克，干辣椒 30 克。

【配料】香菜段 5 克，大蒜 5 克，盐 3 克，味精 1 克，酱油 10 克，植物油 30 克。

【制作】① 驴肉洗净，切片；干辣椒洗净，切段；香菜洗净；大蒜洗净，切块。② 锅置火上，入油烧热，放入干辣椒、大蒜爆炒出香味，放入驴肉炒至变色，注入适量清水焖煮，煮至熟时，加入酱油、盐、味精调味，撒上香菜段即可。

【烹饪技法】爆炒，炒，焖，煮。

【营养功效】降低血脂，安神去烦。

【健康贴士】驴肉还可与豆豉搭配食用，具有补体虚，解表安神的作用，适宜更年期妇女食用。

辣炒小驴肉

【主料】驴肉、馒头各 300 克，蒜薹 50 克，红椒 10 克。

【配料】盐 3 克，老抽、香油各 5 克，植物油 15 克。

【制作】① 驴肉洗净，切片，汆水；红椒去蒂，洗净，切段；蒜薹洗净，切段。② 锅置火上，入油烧热，下入驴肉、红椒炒至五成熟，放入蒜薹同炒至熟，加入盐、老抽、香油调味后即可装盘，馒头放置旁边即可。

【烹饪技法】汆，炒。

【营养功效】补血益气，护肤养颜。

【健康贴士】驴肉也可与红枣搭配食用，具有补气养血的作用，适宜气血不足的人食用。

辣味驴皮

【主料】驴皮 200 克，红椒、青椒、黄椒各 10 克。

【配料】卤水 50 克，盐 3 克，鸡精 2 克，红油 5 克，芝麻 10 克，植物油 30 克。

【制作】① 驴皮洗净，切条；红椒、青椒、黄椒洗净，切条备用。② 驴皮放卤水中煮熟，捞出沥干水分。③ 锅置火上，入油烧热，放入芝麻炒香，再放入驴皮、红椒、青椒、黄椒翻炒，调入盐、鸡精、红油炒熟，出锅装盘即可。

【烹饪技法】煮，炒。

【营养功效】益肾壮阳，强筋健骨。

【健康贴士】驴肉性凉，慢性肠炎、腹泻者不宜食用

乡村驴肉

【主料】驴肉 300 克，红椒、青椒各 30 克。

【配料】盐、鸡精各 3 克，姜 4 克，老抽、香油各 5 克，植物油 30 克。

【制作】① 驴肉洗净，切片，汆水；红椒、青椒去蒂，洗净，切圈；姜去皮，洗净，切片。② 锅置火上，入油烧热，下入驴肉，用大火炒至五成熟，下入姜、青椒、红椒同爆炒至熟，放入盐、鸡精、老抽、香油调味即可。

【烹饪技法】汆，炒，爆炒。

【营养功效】滋阴补肾，生精提神。

【健康贴士】驴肉也可与粳米搭配食用，具有补气健脾的作用，适宜气虚乏力者食用。

禽蛋类

鸡肉

鸡的肉质细嫩，滋味鲜美，适合多种烹调方法，并富含蛋白质、脂肪、钙、磷、铁、镁、钾、钠、维生素 A、维生素 B_1、维生素 B_2、维生素 C、维生素 E 和烟酸等成分。脂肪含量较少，其中含有高度不饱和脂肪酸。另含胆固醇，组氨酸，有滋补养身的作用。鸡肉不但适于热炒、炖汤，而且是比较适合冷食凉拌的肉类。但切忌吃过多的鸡翅等鸡肉类食品，以免引起肥胖。

中医认为，鸡肉性温、味甘，入脾、胃经，有温中，益气，补精，添髓的功效，主治脾胃虚弱、虚痨羸瘦、纳呆食少、消渴、小便频数、崩漏带下、产后乳少等症。

百鸟朝凤

【主料】活嫩母鸡 1 只，鸽蛋 10 个，菜心 100 克，熟火腿 50 克。

【配料】绍酒 50 克，荷叶半张，蟹黄、猪油各 100 克，水发香菇、鸭胗各 15 克，盐、白砂糖各 10 克，味精 5 克，姜 5 克，葱 10 克，水淀粉 15 克，胡椒粉 2 克。

【制作】① 先把活鸡宰杀、煺毛、除去内脏后，放在砧板上，把鸡胸向下，用刀把鸡背骨拍平，鸡胸的龙骨也拍平，别起鸡翅膀，盘好鸡腿，使鸡成为卧趴状，放到沸水锅里稍烫，捞出用清水洗净。用半张荷叶，垫进砂锅底，把鸡和洗好的鸭胗放进砂锅，倒入绍酒、葱段、姜片，然后倒入清水没过鸡为好，用中火烧沸后，移小火煨煮 2 小时。② 锅置火上烧热，加入猪油 50 克，烧到五六成热时，放进蟹黄，煸出香味和蟹黄油倒进砂锅，撒上盐和胡椒粉，继续用小火煨。③ 拿出 10 只小酒盅，把每只酒盅里都抹上一层猪油，盅内用香菇条和火腿条，摆成小鸟的翅膀和尾形，再将每盅里打进一只鸽蛋，浇上一滴盐水，放笼里蒸约 5 分钟取出，趁热扣出鸽蛋即成小鸟形，放到大汤盘周围，把砂锅里鸡取出，背朝上放到盘中央，把鸭胗插在鸽蛋的空隙处。再将汤汁倒入锅里烧沸，放进味精，用水淀粉勾芡，淋在鸡和鸽蛋上便可食用。

【烹饪技法】煨，煮，蒸。

【营养功效】补肾滋阴，活血养颜。

【健康贴士】虚劳瘦弱、营养不良、气血不足、头晕心悸、面色萎黄、脾胃虚弱者宜食。

辣子鸡丁

【主料】鸡肉 125 克，鸡蛋清 50 克，红椒 20 克。

【配料】大葱 10 克，姜 5 克，大蒜 5 克，淀粉 10 克，醋 5 克，料酒 5 克，酱油 5 克，盐 5 克，植物油 100 克。

【制作】① 红椒剁碎；淀粉 5 克、料酒 2.5 克、鸡蛋清、盐搅拌均匀做成蛋清淀粉糊；姜、蒜去皮切薄片，葱白切丝，剩余的淀粉加水调湿，再加酱油、料酒、混合，制成葱姜汤糊备用。② 鸡肉用刀背轻拍，使其松软，易入味。然后切成鸡丁，加入调好的蛋清淀粉糊拌匀，放置 2 分钟。③ 锅置大火上，入油烧热，将鸡丁倒入过油，并用勺随时拨散，以免粘连，过油后捞出，沥净余油。④ 把锅中余油倒出，随即将过油后的鸡丁再倒入热锅中加入红椒末略炒，并将已调好的葱姜汤糊倒入，再翻炒几下，滴入醋汁少许，拌匀即可。

【烹饪技法】拌，炒。

【营养功效】健脾开胃，益气养血。

【健康贴士】鸡肉性温，内火偏旺、痰湿偏重者不宜食。

宫保鸡丁

【主料】鸡肉350克，花生仁150克。

【配料】干辣椒、葱段白各15克，水淀粉15克，生抽10克，醋5克，鸡精2克，盐3克，料酒10克，植物油30克。

【制作】①鸡肉洗净，拍松，切丁，汆水，加部分盐、水淀粉、料酒拌匀；干红辣椒洗净，切段。②将醋、鸡精、盐、生抽、水淀粉、料酒兑成味汁。③锅置火上，入油烧热，放干辣椒、花生炒香，下入鸡丁、葱白段炒散，烹入味汁，翻炒至熟装盘即可。

【烹饪技法】汆，拌，炒。

【营养功效】保肝护肾，益气养血。

【健康贴士】一般人皆宜食用，尤其适合老年人食用。

典食趣话：

“宫保鸡丁”是以四川总督丁宝桢的加衔“太子少保”命名的。丁宝桢有一次外出公干，日落时方偕友同归，众人饥肠辘辘。家厨现抓鸡丁、辣子、花生米等原料急炒成菜，竟大受赞赏。宫保鸡丁一时风靡蜀都，享有“国菜”之誉。

栗子烧鸡

【主料】鸡肉400克，栗子150克，四季豆50克。

【配料】酱油5克，盐3克，料酒15克，姜片、葱段各5克，白砂糖2克，水淀粉10克，植物油15克。

【制作】①鸡肉切成块，放入酱油、精盐、料酒、白砂糖拌匀，腌片刻；栗子用热水煮5分钟后，去壳除衣；四季豆切成长段，用油浸泡后，捞出沥油，备用。②锅置火上，入油烧热，放入鸡块略炸至微黄色捞出，待油再烧至高温时，下入鸡块重炸，并加入栗子略炸，熄火，捞出鸡块和栗子。③锅内留油再烧热，放入姜片，炒至飘出香味，下入鸡块、栗子和酱油、盐、料酒、姜片、葱段、白砂糖大火煮大约5分钟后，中火烧至汁液将干；最后，下入少许油和四季豆，翻炒片刻，用水淀粉勾芡即可。

【烹饪技法】拌，腌，炸，炒。

【营养功效】养胃、健脾、补肾、壮腰、强筋、活血。

【健康贴士】鸡肉不宜与芥末同食，易生热助火。

芋头烧鸡

【主料】鸡肉300克，芋头200克，红椒50克。

【配料】盐5克，味精1克，生抽5克，姜片、葱末5克，植物油30克。

【制作】①芋头洗净，切块；鸡肉洗净，剁成块；红椒洗净，切片；将鸡肉、芋头下入沸水中汆烫后，捞出。②锅置火上，入油烧热，下入鸡肉炒开，加入芋头、红椒、盐、味精、生抽、姜片、葱末烧至熟即可。

【烹饪技法】汆，炒，烧。

【营养功效】益胃宽肠，通便解毒，补肝益肾。

【健康贴士】鸡肉性温，感冒发热者不宜食用。

香酥鸡

【主料】净鸡1只。

【配料】盐7.5克，葱10克，丁香5克，姜10克，大料5克，酱油10克，糖30克，绍酒20克，花椒3克，花椒盐5克，植物油1500克（实耗油100克），清汤100毫升。

【制作】① 鸡洗净，从脊背劈开剔去筋骨，用刀背砸断鸡翅大转弯处，剁去鸡爪、嘴，抽去大、小腿骨。② 用花椒、盐腌拌鸡身，葱、姜拍松与丁香、大料一起放鸡肚内，腌渍2小时后，放入盘内，加酱油、糖、绍酒、清汤上笼蒸烂取出，去葱、姜、花椒、丁香、大料，鸡身抹上酱油，放入九成热（约225℃）的油锅中炸至金黄色时，捞出沥油，剁成长条，照鸡原样摆入盘内，外带花椒盐上桌即可。

【烹饪技法】腌，拌，蒸，炸。

【营养功效】疏肝理气，活血化瘀。

【健康贴士】鸡肉含有胆固醇，高脂血症、胆囊炎等患者不宜食用。

重庆辣子鸡

【主料】鸡1只。

【配料】花椒8克，干红尖椒30克，大葱15克，姜10克，味精2克，盐8克，料酒15克，生抽10克，植物油15克，大蒜5克，白砂糖2克。

【制作】① 把整只鸡切成小丁；洒上生抽、盐和味精，调好味，放入料酒中码味30分钟左右。② 锅置火上，入油烧热，先倒入葱、姜丝及蒜炝锅，倒入码好味的鸡肉翻炒，再放进干红辣椒、花椒，急火翻炒，煸出香味，加盐、味精、白砂糖调味，盛出即可。

【烹饪技法】炝，炒，煸。

【营养功效】益气补血，健脾开胃。

【健康贴士】鸡肉还可与菜花搭配食用，具有补气壮骨、健胃益肝的作用，适宜脾气不足、肝血气虚的人食用。

红烧鸡块

【主料】鸡肉1000克，水发玉兰片200克。

【配料】酱油5克，盐6克，白砂糖3克，料酒13克，味精3克，水淀粉20克。葱、姜各6克，植物油55克。

【制作】① 鸡洗净，剁成2.5厘米见方的块；水发玉兰片切片；葱切段；姜切片。② 锅置火上，入油烧至八成热，将鸡块放一盆内，加少许酱油抓匀，入锅炸成金黄色捞出，沥油。③ 另取锅置火上，入油烧热，下入葱段、姜片稍煸，即下水、酱油、料酒、精盐、白砂糖、味精、水发玉兰片、鸡块，开锅后，撇去浮沫，转小火，㸆十几分钟，待汤汁烧去一半，鸡软烂，转大火，挑去葱、姜，用水淀粉勾芡，即可出锅。

【烹饪技法】炸，煸，㸆，烧。

【营养功效】补中益气，润肺和胃。

【健康贴士】一般人皆宜食用。

口蘑鸡片

【主料】鸡肉150克，水发口蘑50克。

【配料】鸡蛋清50克，油菜心、笋片、青豆各15克，植物油30克，盐4克，料酒12克，味精2克，香油5克，水淀粉5克。

【制作】① 鸡肉片成薄片，加鸡蛋清、淀粉调匀；菜心切成片，下沸水锅焯烫，捞出；水发口蘑切片后用少许精盐搓一下，洗净。② 锅置火上，入油烧热，下入鸡肉片，用筷子拨开，滑熟用漏勺捞出沥油。③ 锅内留底油，加入鸡汤、青豆、笋片、精盐、料酒烧沸，撇去浮沫，用水淀粉勾稀芡，加上味精、口蘑片、鸡肉片、菜心片，烧至入味出锅，淋上香油装盘即可。

【烹饪技法】焯，烧。

【营养功效】滋补强身、增进食欲、助消化、补益健身。

【健康贴士】鸡肉与口蘑搭配食用，具有补中益气、补虚养胃的作用，适宜气血不足、脾胃虚弱患者食用。

干贝水晶鸡

【主料】鸡脯肉500克，干贝75克，鸡蛋清100克。

【配料】黄酒20克，盐⑥5克，菱粉65克。

【制作】① 鸡脯开花刀，再切成方块，先用盐抓匀，再用打散调匀的蛋清抓匀。② 将鸡块一块块地放入沸水锅内汆烫，使鸡块稍微结实一些。③ 把鸡块放入大碗，加清水（也可用清汤，但蒸好后较混浊）、干贝、黄酒、盐，上笼蒸熟（约 50 分钟）即好。

【烹饪技法】汆，蒸。

【营养功效】滋补强身，开胃消食。

【健康贴士】一般人皆宜食用，尤其适合中年期女性食用。

三杯鸡

【主料】鸡肉 1000 克。

【配料】洋葱段 10 克，蒜 10 克，红椒片 15 克，酱油 15 克，植物油 20 克，米酒 15 克，清汤 50 毫升，香油 10 克。

【制作】① 鸡洗净、剁块，连同鸡肝、鸡心一起汆水捞出，用清水冲洗干净。② 将鸡放入砂锅内，加入其余配料（香油除外），用小火炖煮，约 15 分钟后翻动一次，再炖 50 分钟至烂，淋上香油，盛盘即可。

【烹饪技法】汆，炖，煮。

【营养功效】滋阴益肾，活血降脂。

【健康贴士】鸡肉还可与丝瓜搭配食用，具有清热利肠的作用，适宜大便秘结干燥者食用。

典食趣话：

南宋末年，民族英雄文天祥抗元被俘，江西人们为祭奠文天祥，在烹制鸡时，把宰杀洗净的鸡斩成小块，置于砂钵中，不放汤水，只需配以一杯甜米酒、一杯香油、一杯酱油同煨而成，故名“三杯鸡”。

鸡丁烧豆腐

【主料】鸡肉 250 克，豆腐 150 克，鸡蛋清 50 克。

【配料】葱、姜、蒜各 5 克，豆瓣酱 15 克，白砂糖 3 克，淀粉 5 克，植物油 15 克，酱油 10 克，盐 3 克。

【制作】① 豆腐洗净，切块；葱洗净，切葱末；姜、蒜洗净，切丝；鸡肉洗净，切丁，加淀粉、蛋清、盐搅拌均匀备用。② 锅置火上，入油烧至四成热，下姜、蒜炝锅，倒入鸡丁，加盐调味，放少许水煮沸，下豆腐块，加白砂糖、豆瓣酱、酱油和盐调味，最后用水淀粉勾芡，出锅装盘撒上葱末即可。

【烹饪技法】拌，炝，煮。

【营养功效】强筋壮骨，开胃补虚。

【健康贴士】一般人皆可食用，尤其适合儿童食用。

蕨菜炒鸡丝

【主料】蕨菜 300 克，鸡脯肉 150 克。

【配料】淀粉 150 克，葱、姜各 15 克，植物油 45 克，料酒 12 克，酱油 15 克，味精 2 克，盐 4 克。

【制作】① 蕨菜洗净，倒入沸水中略焯，捞出，沥干水分，切成小段；葱、姜洗净，切丝备用；鸡脯肉洗净，切成丝，加适量淀粉、味精和盐搅拌均匀，腌渍片刻备用。② 锅置火上，入油烧热，倒入腌好的鸡丝滑炒至熟，盛出备用。③ 原锅加油烧热，下葱、姜丝、料酒、酱油炝锅，炒至香气四溢，然后倒入蕨菜和鸡丝炒熟，加盐调味出锅即可。

【烹饪技法】焯，拌，腌，炒，炝。

【营养功效】健脾益胃，补虚强身。

【健康贴士】一般人皆可食用，尤其适合老年人食用。

蒸米粉全鸡

【主料】三黄鸡 1 只，糯米 350 克。

【配料】酱油 5 克，料酒 3 克，盐 2 克，味精 2 克，甜面酱 10 克，葱段、姜粒各 5 克，香油 10 克，大料 10 克，色拉油 50 克。

【制作】① 鸡洗净，用刀从脊背切开，取出内脏，冲洗干净，用清水将鸡泡 30 分钟，捞出，沥干水分。② 将鸡放墩子上，剁成长 3 厘米、宽 2 厘米的长方块，放入盆内，调入酱油、料酒、盐、味精、甜面酱、香油、葱段、姜粒、大料，腌渍 1 小时备用。③ 糯米放入锅内，加入大料炒黄、炒酥，放案板上，用擀面杖擀碎，放入腌鸡盆内，注入色拉油，搅拌均匀，腌渍 30 分钟。④ 取大碗 1 个，把拌好的鸡块先用米粉垫底，再把鸡块滚匀米粉码在碗里，不整齐部分放中间，码完为止。⑤蒸锅上火加热，烧沸后将蒸碗放锅内蒸 1 小时，取出扣在盘里即可。

【烹饪技法】腌，蒸。

【营养功效】益精补髓，聪耳明目。

【健康贴士】鸡肉性温，烦躁、便秘者应禁食。

土豆烧鸡块

【主料】鸡块 350 克，土豆 250 克。

【配料】植物油 250 克，酱油 3 克，蚝油 3 克，料酒 3 克，盐 2 克，味精 2 克，白胡椒粉 2 克，白砂糖 2 克，葱段、姜块各 10 克，水淀粉 5 克，香油 10 克，大料 3 克，桂皮 3 克，香叶 5 克，丁香 1 克，高汤 100 毫升。

【制作】① 净鸡块洗净，放入沸水中汆烫，过凉；土豆洗净，去皮，切块，过油炸成金黄色。② 锅置火上，入油烧热，把葱段、姜块炒出香味，放入高汤，调入酱油、蚝油、料酒、盐、味精、白胡椒粉、白砂糖、大料、桂皮、香叶、丁香烧沸，撇去浮沫，放入鸡块煮 10 分钟，再放入炸好的土豆，收浓汤汁，勾上芡汁，淋入香油，倒入盘内即可。

【烹饪技法】汆，炸，炒，煮，烩，烧。

【营养功效】开胃通便，益气补虚。

【健康贴士】鸡肉还可与洋葱搭配食用，具有健胃活血、益气散寒的作用，适宜食少反胃、气血不足的人食用。

叉烧鸡块

【主料】鸡块 500 克。

【配料】酱油 5 克，料酒 3 克，盐 2 克，味精 2 克，白砂糖 25 克，醋 20 克，高汤 1500 毫升，大料 3 克，桂皮 3 克，香叶 5 克，丁香 1 克，色拉油 50 克，葱段、姜块各 10 克，水淀粉 10 克。

【制作】① 鸡块洗净，放入沸水中汆烫，捞出，过凉备用。② 锅置火上，入油烧热，把葱段、姜块炒出香味，放入鸡块煸炒，加入高汤，调入酱油、料酒、盐、味精、白砂糖、醋、大料、桂皮、香叶、丁香烧沸，撇去浮沫，烧 5 分钟，转入小火烧 10 分钟，捡出大料、桂皮、香叶、丁香、葱段、姜块，收浓汤汁，勾上芡汁，淋入明油，装盘即可。

【烹饪技法】烧，淋。

【营养功效】滋阴补肾，温中补气。

【健康贴士】鸡肉还可与冬瓜搭配食用，具有与补中益气、消肿轻身的作用，适宜脾胃虚弱、体虚水肿患者食用。

红焖鸡块

【主料】鸡块 300 克。

【配料】植物油 50 克，肉汤 30 毫升，料酒 20 克，酱油 20 克，白砂糖 10 克，水淀粉 10 克，葱 5 克，姜 5 克，大料 4 克，盐 2 克，味精 1 克。

【制作】① 鸡肉洗净，切块，放入盆内，用少许酱油、料酒腌渍 20 分钟；葱切段；姜切片。② 锅置火上，入油烧至八成热，将腌好的鸡块放入锅内炸透，捞出沥油；把鸡块放入碗内，加入酱油、盐、肉汤、葱段、姜片、大料、白砂糖，上笼用大火蒸 30 分钟取出。③ 将蒸鸡块的汤汁倒入锅内，鸡块扣在盘内。④ 把锅内汤汁烧沸，加入味精调好味，用水淀粉勾芡，收浓汤汁，浇在鸡块上即可。

【烹饪技法】腌，炸，蒸，焖。

【营养功效】益气补虚，活血调经。

【健康贴士】鸡肉也可与红豆搭配食用，具有补血明目、祛风解毒的作用，适宜气血不足、眼睛干涩及风热型荨麻疹患者食用。

韭黄鸡柳

【主料】鸡胸肉 300 克，韭黄 50 克。

【配料】葱、姜、蒜各 5 克，红椒 10 克，米酒 10 克，蚝油 15 克，酱油 5 克，白砂糖 3 克，胡椒粉 3 克，鸡蛋清 30 克，水淀粉 10 克，香油 5 克。

【制作】① 鸡肉洗净，去骨，切成条状，先用鸡蛋清及少许水淀粉腌渍一会儿；韭黄择洗干净，切成段；葱、姜洗净，切成小段；蒜去皮，切成小片；红椒洗净，去子，切成小段。② 锅置火上，入油烧至五成热，将鸡条倒进去过油，熟后捞出。③ 锅内另放少量油，放入葱、姜、蒜爆香，加米酒、蚝油、酱油、白砂糖、胡椒粉翻炒一下，再倒入鸡肉、韭黄及红辣椒段炒匀，以水淀粉勾芡，淋上香油，出锅即可。

【烹饪技法】爆，炒。

【营养功效】补血壮阳，活血散瘀。

【健康贴士】鸡肉性温，哮喘、黄疸、痢疾等病症患者不宜食用。

【巧手妙招】做菜前可先将鸡肉在冰箱里冷冻一下，方便操作。

小鸡炖蘑菇

【主料】小鸡 1 只，蘑菇 75 克。

【配料】植物油 20 克，葱、姜各 10 克，干红辣椒 15 克，大料 8 克，酱油、料酒各 15 克，盐、糖各 5 克。

【制作】① 小鸡处理干净，剁成小块；蘑菇用温水泡 30 分钟，洗净。② 锅置火上，入油烧热，下入鸡块翻炒至鸡肉变色，放入葱、姜、大料、干红辣椒、盐、酱油、糖、料酒，将颜色炒匀，注入适量水炖 10 分钟左右后，加入蘑菇，中火炖 30 ~ 40 分钟，出锅即可。

【烹饪技法】炒，炖。

【营养功效】益气健体，暖身温中

【健康贴士】鸡肉还可与海参搭配食用，具有益气润燥、补血健脑的作用，适宜贫血、体虚多病、失眠等病症患者食用。

鸡翅

鸡翅含有大量可强健血管及皮肤的胶原及弹性蛋白等，对于保持血管、皮肤及内脏的健康颇具效果；鸡翅还含大量维生素 A，对视力、生长、上皮组织及骨骼的发育、精子的生成和胎儿的生长发育都有益。

中医认为，鸡翅性温、味甘，入脾、胃经；具有温中益气、补精添髓、强腰健胃等功效。

红烧鸡翅

【主料】鸡翅 400 克。

【配料】葱、姜各 6 克，花椒 3 克，大料 5 克，盐 4 克，白砂糖 3 克，料酒 10 克，味精 2 克，醋 3 克，淀粉 8 克，植物油 150 克（实耗 50 克）。

【制作】① 净鸡翅用水煮熟，开锅后用小火慢炖，其中加葱、姜、花椒、大料、盐，将炖熟的鸡翅捞出沥干。② 将盐、白砂糖、料酒、味精和少许醋混合备用。③ 锅置火上，入油烧热，下鸡翅烹炸至金黄色，将配料均匀浇汁，视情况可加少许水，用小火炖至入味，最后用淀粉加水勾芡即可。

【烹饪技法】炖，炸。

【营养功效】温中益气，补精添髓。

【健康贴士】鸡翅也可与金针菇搭配食用，具有增强记忆力的作用，适宜记忆力不佳或减退的人食用。

蒜香鸡翅

【主料】鸡翅 350 克。

【配料】葱、蒜各 15 克，盐 3 克，味精 2 克，酱油 10 克，植物油 50 克。

【制作】① 鸡翅从各关节处剁开；葱切段；蒜切成末。② 将处理好的鸡翅置盆里，加入葱、蒜、盐、味精、酱油腌渍 30 分钟。③ 把腌好的鸡翅入油锅里炸至金黄即可。

【烹饪技法】腌，炸。

【营养功效】健脾开胃，强筋健骨。

【健康贴士】鸡翅还可与板栗搭配食用，具有增强造血功能的作用，适宜贫血者食用。

典食趣话：

赵匡胤有次在陈平家下棋喝酒，酒过三巡上来一个菜，赵匡胤吃得非常香，便问此菜何名，陈平说叫蒜炸鸡翅，赵匡胤觉得菜名不雅，建议改名叫“蒜香鸡翅”，以期望借助鸡翅的香味，双双起飞。后来，赵匡胤做了皇帝，陈平当了大臣，此菜也被选入宫中，成为御菜之一。

贵妃鸡翅

【主料】鸡翅 1500 克。

【配料】酱油 40 克，姜块 15 克，葱段 20 克，红葡萄酒 150 克，白砂糖 5 克，啤酒 100 克，盐 6 克，植物油 50 克。

【制作】① 鸡翅剁去翅尖，再将每只鸡翅剁成两节，加盐、酱油、姜、葱腌渍 1 小时。② 锅置火上，入油烧热，倒入鸡翅，煸炒到断生，加红葡萄酒和啤酒，放白砂糖，适量加些水，烧沸后撇沫，倒入砂锅中焖烂，最后用大火收浓汤汁即可。

【烹饪技法】腌，煸炒，焖。

【营养功效】聪耳明目，活血通经。

【健康贴士】鸡翅性温，患有热毒疖肿者应忌食。

典食趣话：

相传，杨贵妃平生最爱荔枝和鸡翅。杨玉环被封为贵妃后，曾一度失宠，京剧艺术家据此演义《贵妃醉酒》这出戏，该剧主要是表现杨玉环在宫内备受宠幸，偶尔尼疏，在百花亭独饮。不觉沉醉而哀怨自伤，后来，有厨师受到这些事情的启发，创制了“贵妃鸡翅”一菜。

板栗烧鸡翅

【主料】鸡翅 300 克，板栗 100 克。

【配料】盐 3 克，料酒 10 克，酱油 15 克，蚝油 10 克，植物油 30 克。

【制作】① 鸡翅洗净，砍成小块，用盐、料酒、酱油腌渍；板栗焯水后去皮。② 锅置火上，入油烧热，下鸡翅滑熟，放入板栗翻炒片刻，调入蚝油和适量清水烧沸，再盖盖焖烧入味，收汁装盘即可。

【烹饪技法】焯，腌，炒，烧，焖。

【营养功效】抗氧排毒，健脑益智。

【健康贴士】鸡翅还可与油菜搭配食用，具有美化肌肤的作用，适宜面色萎黄者食用。

【巧手妙招】在鸡翅上划斜刀不但可以入味，还可以缩短烹饪时间。

蜜汁鸡翅

【主料】鸡翅 400 克。

【配料】红酒、蜂蜜各 150 克，老抽 10 克，白砂糖 5 克，盐 3 克，味精 2 克，蒜末 5 克，植物油 40 克。

【制作】① 鸡翅中加老抽、白砂糖、盐、部分红酒腌约 1 小时，取出用部分蜂蜜抹匀。② 锅置火上，入油烧热，放入蒜末炒香，倒入鸡翅中翻炒，加入剩余的蜂蜜、红酒和适量的热水，加盖煮 10 分钟。③ 掀盖将鸡翅搅匀，然后煮至熟，再加味精调味即可出锅。

【烹饪技法】腌，炒，煮。

【营养功效】调经补血，排毒养颜，

【健康贴士】鸡翅含有较高的胆固醇，高血压患者忌食。

可乐鸡翅

【主料】可乐 350 克，鸡翅 250 克。

【配料】姜末、香菜各 5 克，大料 3 克，白砂糖 2 克，酱油 15 克，植物油 45 克。

【制作】① 鸡翅洗净，并用刀割两道口子，加盐、酱油抹匀。② 锅置火上，入油烧热，下姜末爆香，加糖少许，将鸡翅顺锅沿滑入滚烫的油中，适时翻动，待外皮泛黄之后，倒入可乐及大料、酱油改小火炖一会儿。③ 待可乐几近熬尽，即可出锅，洒上少许香菜即可。

【烹饪技法】爆，炖。

【营养功效】清心明目，提神醒脑。

【健康贴士】鸡翅含有较高的胆固醇，胆囊炎患者忌食。

橄榄鸡翅

【主料】鸡翅 250 克，红椒、橄榄各 50 克。

【配料】姜、葱各 5 克，酱油 10 克，味精 2 克，香油 5 克，白砂糖 3 克，蚝油 10 克，米酒 12 克，醋 5 克，植物油 30 克。

【制作】① 橄榄洗净，入沸水焯烫，捞出过凉；红椒洗净，切片；姜切片；葱切段。② 鸡翅洗净，切成两段，加盐、米酒、味精、白砂糖腌渍 10 分钟，入油锅中炸至外皮干酥，捞出沥油。③ 炒锅留油，下红椒、姜片、葱段爆香，下入橄榄和酱油、味精、香油、白砂糖、蚝油、米酒、醋煮开后，放入鸡翅，小火煨至入味即可。

【烹饪技法】焯，腌，炸，爆，煮，煨。

【营养功效】健脾益气，生津开胃。

【健康贴士】鸡翅还可与芝麻搭配食用，具有增强免疫力的作用，适宜虚劳瘦弱、神疲无力等病症患者食用。

糖醋鸡翅

【主料】净鸡翅（中段）450 克，鸡蛋 2 个。

【配料】酱油 5 克，料酒 3 克，精盐 2 克，白胡椒粉 3 克，白砂糖 10 克，醋 5 克，淀粉 50 克，水淀粉 5 克，葱粒、姜粒、蒜粒各 5 克，植物油 500 克（实耗约 50 克），高汤 100 毫升，味精 2 克。

【制作】① 把鸡翅洗净，切成两段，放锅内，加上高汤、料酒、精盐、味精、白胡椒粉烧沸，煮烂离火，原汤浸泡 30 分钟，捞出凉凉，沾上淀粉备用。② 取碗 1 个，放入鸡蛋清、盐、味精、淀粉搅拌均匀，对成淀粉糊。③ 取碗 1 个，放入酱油、料酒、盐、白胡椒粉、白砂糖、醋、葱粒、姜粒、蒜粒、水淀粉、高汤，兑成糖醋汁。④ 锅置火上，入油至烧五成热，鸡翅沾上淀粉糊，放入油锅炸透、炸熟、炸焦，倒入漏勺，沥去余油。⑤净锅置火上，入油烧热，放入炸好的鸡翅煸炒，淋上糖醋汁，淋入明油，盛入盘中，即可食用。

【烹饪技法】烧，煮，拌，炸，煸炒。

【营养功效】健脾开胃，美容养颜。

【健康贴士】鸡翅性温，肝火旺盛或肝阳上亢所致头痛头晕患者不能食用。

黄焖鸡翅

【主料】鸡翅（中段）250 克，冬笋 50 克，香菇 50 克。

【配料】蚝油 5 克，酱油 3 克，料酒 3 克，味精 3 克，盐 2 克，白胡椒粉 2 克，白砂糖 2 克，葱粒、姜粒、蒜粒各 5 克，水淀粉 5 克，香油 5 克，植物油 50 克，高汤 50 毫升。

【制作】① 鸡翅洗净，切成两段，入沸水汆烫，捞出过凉；冬笋、香菇洗净，冬笋切成片，香菇切两片。② 锅置火上，入油烧热，先放蚝油、葱粒、姜粒、蒜粒炒出香味，调入高汤、酱油、料酒、味精、盐、白胡椒粉、白砂糖，再放入鸡翅、香菇、冬笋烧沸，改小火，收浓汤汁，勾入水淀粉，淋入香油，盛入盘中即可。

【烹饪技法】氽，炒。

【营养功效】温胃补虚，防癌抗癌。

【健康贴士】鸡翅还可与黄瓜搭配食用，具有排毒瘦身的作用，适宜肥胖者食用。

葱爆鸡翅

【主料】鸡翅（中段）250 克，大葱 100 克。

【配料】酱油 5 克，味精 3 克，料酒 3 克，盐 2 克，白砂糖 3 克，白胡椒粉 2 克，淀粉 5 克，香油 5 克，生姜 5 克，蒜 10 克，植物油 50 克，高汤 1000 毫升。

【制作】① 鸡翅洗净，放入锅内，加上高汤、料酒、味精、盐、白胡椒粉烧沸，煮熟离火，原汤浸泡 30 分钟，捞出凉凉，用刀切去两头，抽出翅骨，用刀斜切成三段。② 大葱洗净，切块；生姜切成丝；蒜切成片。③ 锅置火上，入油烧热，倒入鸡翅煸炒，放入葱块、姜丝、蒜片翻炒，调入酱油、料酒、盐、味精、白砂糖、白胡椒粉炒匀，勾入芡汁，淋入香油，盛盘即可。

【烹饪技法】煮，炒。

【营养功效】健脾开胃，活血降脂。

【健康贴士】鸡翅含嘌呤，痛风患者不宜食用。

米粉蒸鸡翅

【主料】鸡翅（中段）250 克，蒸肉米粉 150 克。

【配料】酱油 3 克，黄酱 5 克，料酒 3 克，味精 3 克，盐 2 克，白胡椒粉 2 克，葱、姜、蒜各 5 克，白砂糖 5 克，植物油 50 克。

【制作】① 鸡翅洗净，用刀切成两段，放入盆内，调入酱油、黄酱、料酒、盐、白砂糖、白胡椒粉、味精、葱、姜、蒜搅拌均匀，腌渍 30 分钟，放入米粉，再放生菜油拌匀。② 取中汤碗 1 个，先把米粉移碗底一些，再放鸡翅和米粉，放完为止，入蒸锅蒸 1 小时，取出扣在盘里，即可食用。

【烹饪技法】腌，蒸。

【营养功效】补气养血，补钙壮骨。

【健康贴士】鸡翅还可与花雕酒搭配食用，具有保肝护肾的作用，适宜肾虚引起的腰膝酸软，记忆力下降，体虚眼花等病症患者食用。

鸡腿

鸡腿肉质细嫩，滋味鲜美，蛋白质的含量较高，氨基酸种类多，而且消化率高，很容易被人体吸收利用，有增强体力、强壮身体的作用，鸡腿肉含有对人体生长发育有益的磷脂类，是中国人膳食结构中脂肪和磷脂的重要来源之一。

中医认为，鸡腿性温、味甘，入脾、胃经；具有益气、补精、添髓的功效，有益于治疗虚劳瘦弱、中虚食少、泄泻头晕心悸、月经不调、产后乳少、消渴、水肿、小便数频、遗精、耳聋耳鸣等症。

铁扒鸡腿

【主料】鸡腿 500 克，青豆 25 克，胡萝卜 50 克。

【配料】葱汁 10 克，姜汁 10 克，酱油 10 克，番茄酱 50 克，水淀粉 15 克，植物油 75 克，黄酒 15 克，盐 1 克，清汤 200 毫升。

【制作】① 鸡腿洗净，放入碗内，用葱姜汁水、酱油腌渍一下；胡萝卜洗净，煮熟，切块备用。② 锅置大火上，入油烧至八成热，放入鸡腿炸呈金黄色时，用漏勺捞出。③ 原锅置大火上，放入清汤，加盐、番茄酱、倒入鸡腿煮沸，移至小火烧 15 分钟，取出鸡腿，改刀成块。将青豆、胡萝卜同放原鸡卤汁锅中，大火烧沸，然后用水淀粉勾芡，浇在鸡腿上即可。

【烹饪技法】腌，炸，煮，烧。

【营养功效】健脾开胃，排毒祛湿。

【健康贴士】鸡腿还可与柠檬搭配食用，具

有开胃消食的作用，适宜胃肠道功能不好、消化吸收不良的人食用。

茄汁鸡腿

【主料】鸡腿 500 克，生菜 100 克，番茄 150 克，洋葱 80 克，芹菜 50 克。

【配料】大葱 20 克，酱油 30 克，植物油 75 克，料酒 25 克，盐 4 克，白砂糖 15 克，味精 2 克，香油 10 克，姜 5 克，番茄沙司 75 克，胡椒粉 1 克，鸡汤 400 毫升。

【制作】① 鸡小腿洗净，沥干水分后，表面涂上酱油。② 锅置火上，入油烧至八成热时，鸡小腿放入油锅中，炸成金黄色时，倒入漏勺沥去油。③ 把洋葱切成丝，放入油锅内煸炒出香味后，倒入番茄沙司，番茄沙司的颜色转为深红色时，放入炸过的鸡腿，加入鸡汤、葱结、姜、料酒、精盐、白砂糖、味精，用大火烧滚，而后把锅移至小火上煨 15 分钟左右，用手指捏一下鸡腿，无弹性时，用大火把汁水收浓，放入胡椒粉，淋上香油，最后出锅，装于盘中。④ 装盘时将生菜叶平铺盘底，鸡腿小端朝外均匀地放在上面，中心放些氽过水拌制的芹菜叶，然后将鲜番茄切成连底的 8 瓣，放在中心，组成 1 朵花，作装饰。

【烹饪技法】炸，烧，煨。

【营养功效】健胃开脾，活血补血。

【健康贴士】鸡腿不宜与李子同食，会导致腹泻。

红烧鸡腿

【主料】鸡腿 400 克。

【配料】葱、姜、蒜各 5 克，干红椒 10 克，花椒 3 克，白砂糖 2 克，盐 3 克，料酒 10 克，植物油 30 克。

【制作】① 鸡腿剁块，放沸水锅，焯去血沫，捞出备用。② 锅置火上，入油烧热，放入白砂糖，用炒勺不停地同方向搅动，直至变色，冒泡，倒入鸡腿上色，翻炒几下，加料酒，放入葱、姜、蒜、干红椒、花椒翻炒，再倒入沸水没过鸡块，加盐，中火炖，不停地搅拌，以防粘锅。③ 等锅里的汤到黏稠时，即可出锅。

【烹饪技法】炒，炖。

【营养功效】滋阴养血，健脾补气。

【健康贴士】一般人皆宜食用，尤其适合女性食用。

蚝油鸡腿

【主料】去骨鸡腿 150 克，胡萝卜 20 克，青椒 15 克。

【配料】蒜瓣 5 克，葱 5 克，姜 4 克，蚝油 20 克，糖 5 克，酱油 10 克，胡椒粉 3 克，淀粉 10 克，植物油 30 克。

【制作】① 胡萝卜洗净切片，略焯；青椒洗净切片；去骨鸡腿洗净，擦干水，摊平，撒上胡椒粉，均匀地抹上酱油，腌约 20 分钟后再沾裹上淀粉；青椒去籽，切小片；蒜瓣去蒂，以刀背拍松去皮；葱切斜段。② 锅置火上，入油烧热，放入鸡肉煎至金黄色盛起。③ 锅内留油，放入葱姜蒜爆香，放入糖炒至糖化，再放入鸡肉、蚝油及适量水拌炒均匀，焖煮 10 分钟至水快收干时，加入胡萝卜及青椒拌炒均匀即可。

【烹饪技法】腌，煎，爆，炒，焖，煮，拌。

【营养功效】补气养血，润肠排毒。

【健康贴士】鸡腿不宜与芥末同食，易上火。

洋葱烧鸡腿

【主料】鸡腿 250 克，洋葱 150 克，胡萝卜 30 克。

【配料】盐 4 克，酱油 15 克，白砂糖 5 克。

【制作】① 鸡腿洗净；胡萝卜洗净削皮，切小块；洋葱去膜洗净，切小块。② 鸡腿、洋葱、胡萝卜放进锅里，加盐、酱油、白砂糖和水，大火煮开后转小火慢炖 30 分钟，待收汁肉熟烂即可。

【烹饪技法】炖。

【营养功效】健脾祛湿，活血降脂。

【健康贴士】鸡腿还可与当归搭配食用，能

增强人体造血功能，改善贫血状况。

【巧手妙招】将洋葱放进冰箱冷冻室里，过2分钟后拿出再切，就不会刺眼了。

生菜鸡腿

【主料】鸡腿250克，生菜100克。

【配料】酱油3克，料酒3克，味精2克，盐2克，白胡椒粉2克，白砂糖3克，番茄汁5克，海鲜酱5克，酱油5克，葱粒、姜粒、蒜粒各3克，水淀粉5克，植物油500克（实耗约50克），高汤100毫升。

【制作】① 鸡腿洗净，用刀将肉厚的地方切刀口，用热油炸成金黄色备用。② 锅置火上，入油烧热，先把葱粒、姜粒、蒜粒、海鲜酱炒出香味，放入高汤，调入酱油、番茄汁、料酒、味精、精盐、白砂糖、白胡椒粉烧沸，撇去浮沫，放入炸好的鸡腿，先烧5分钟，再移入小火上烧熟焖酥，收浓汤汁，用水淀粉勾芡，将鸡腿与浓汁挂均匀，淋上明油。③ 生菜洗净，用清水洗净，放入盘内，把鸡腿码在生菜上，即可食用。

【烹饪技法】炸，炒，烧，焖。

【营养功效】滋阴补血，理气止痛。

【健康贴士】一般人皆可食用，尤其适合月经不调的妇女食用。

脆皮鸡腿

【主料】鸡腿250克，芹菜150克，鸡蛋清50克，香芋150克。

【配料】料酒2克，味精2克，盐2克，白砂糖2克，白胡椒粉2克，椒粉椒粉2克，葱粒、姜粒、蒜粒各3克，香油5克，面粉25克，淀粉50克，泡打粉2克，鸡蛋清50克，花生油500克（实耗约75克），吉士粉2克。

【制作】① 鸡腿洗净，用刀将肉厚的地方切刀口，放入碗内，调入料酒、味精、盐、白胡椒粉、白砂糖、葱粒、姜粒、蒜粒搅拌均匀，腌渍30分钟，滚上淀粉。② 取碗1个，放入鸡蛋清、干面粉、干淀粉、泡打粉、吉士粉、盐，搅拌均匀，制成脆皮糊，淋入明油拌匀备用。③ 芹菜洗净，切成寸段；香芋用刀片开，切成寸段；分别入沸水焯烫，过凉，放入碗内，调入料酒、味精、盐、白胡椒粉、香油搅拌均匀，码在盘中间备用。④ 锅置火上，入油烧至五成热，把鸡腿裹上脆皮糊，放油锅内炸成金黄色，炸透、炸熟，捞出沥油，码在芹菜盘外边，即可上桌。吃时蘸花椒盐。

【烹饪技法】拌，腌，烧，焖。

【营养功效】补气养血，祛脂降压。

【健康贴士】一般人皆宜食用，尤其适合贫血的人食用。

炸洋葱鸡腿

【主料】鸡腿250克，洋葱150克。

【配料】酱油3克，料酒2克，味精3克，盐2克，白胡椒粉2克，白砂糖2克，葱段、姜块各8克，高汤1500毫升，大料3克，桂皮2克，香叶5克，丁香1克，水淀粉5克，淀粉100克，植物油500克（实耗约100克）。

【制作】① 把鸡腿洗净，用刀把肉厚的地方切刀口，放入汤桶内，加入高汤，调入酱油、料酒、味精、盐、白胡椒粉、白砂糖、葱段、姜块、大料、桂皮、香叶、丁香烧沸，撇去浮沫，煮5分钟，移入小火上，煮熟、煮烂离火，原汤浸泡30分钟，捞出凉凉，先沾上水淀粉，再滚匀淀粉；洋葱洗净，用刀切成粗丝备用。② 锅置火上，入油烧至五成热，先把洋葱炸焦，放盘里，撒上白胡椒粉、味精、盐，再将鸡腿炸成金黄色捞出，沥净余油，码在洋葱上面，即可上桌。

【烹饪技法】煮，炸。

【营养功效】活血通络，补虚养身。

【健康贴士】鸡腿性温，助火，大便秘结者不宜食用。

鸡腿烧豆腐

【主料】鸡腿250克，豆腐100克，绿豆芽50克，花生仁15克。

【配料】葱、姜各3克，香菜5克，豆瓣酱12克，白砂糖5克，料酒15克，淀粉10克，香油5克，植物油45克，酱油15克，鸡精2克，盐3克。

【制作】① 葱、姜、香菜洗净，切末；豆腐洗净，切块；花生仁切碎备用。② 鸡腿去骨洗净，切块，加葱姜末、料酒、酱油和绿豆芽一起搅拌均匀，腌渍30分钟备用。③ 锅置火上，入油烧热至四成热时，倒入腌好的鸡块炒熟盛出。④ 原锅入油烧至五成热，下豆瓣酱炒香，然后放入适量清水，加料酒、鸡精、酱油、白砂糖调味，煮开后倒入豆腐。⑤待豆腐煮入味之后，倒入鸡块，用水淀粉勾芡，出锅装盘后撒上香菜末和花生碎，淋上香油即可。

【烹饪技法】腌，炒，煮。

【营养功效】补虚养身，健脾开胃，强筋壮骨。

【健康贴士】一般人皆可食用，尤其适合孕产妇食用。

鸡爪

鸡爪的营养价值颇高，含有丰富的钙质及胶原蛋白，多吃不但能软化血管，而且具有美容功效。日本科研人员发现，鸡爪中所含的蛋白质能够有效抑制高血压。

中医认为，鸡爪性平、味甘，无毒，入脾、胃经；具有温中益气、补虚填精、健脾胃、活血脉的功效。

群英烩凤爪

【主料】鸡爪200克，盐渍群菇250克。

【配料】韭菜10克，色拉油35克，盐3克，味精2克，鸡精1克，葱末、姜末、蒜末各5克，料酒15克，香油10克。

【制作】① 将群菇用清水浸泡8～12小时，冲洗干净，下沸水锅中焯2分钟，捞出沥干水分；鸡爪洗净；韭菜择干净，切段。② 锅置火上，入油烧热，下葱片、姜片、蒜片爆香，烹入料酒，下入鸡爪、群菇。调入盐、鸡精、味精、酱油炒至成熟，撒入韭菜段，淋香油，将群菇装在盘内，鸡爪摆在两边即可。

【烹饪技法】焯，爆，炒。

【营养功效】滋阴养血，补虚美容。

【健康贴士】鸡爪还可与黑豆搭配食用，具有活血泽肤的作用，适宜气滞血瘀、皮肤暗淡无光泽的人食用。

开胃凤爪

【主料】鸡爪250克，酸菜200克。

【配料】盐15克，味精、鸡精各3克，料酒、泡椒各5克，葱片、姜片、蒜片各6克，白醋2克，植物油70克，小红杭椒10克。

【制作】① 鸡爪砍去趾尖，氽水备用；酸菜洗净，切段；小红杭椒洗净，去蒂。② 锅置火上，入油烧至四成热，下葱片、姜片、蒜片炝锅，再放入泡辣椒、料酒煸香，加入清水、鸡爪和酸菜，待肉熟汤汁将收干时加盐、味精、鸡精、白醋调味，放小红杭椒一起翻炒，出锅即可。

【烹饪技法】氽，炝，煸，炒。

【营养功效】健胃消食，清肠利便。

【健康贴士】鸡爪也可与花生搭配食用，具有气血双补的作用，适宜气血虚弱者食用。

麻辣凤爪

【主料】嫩鸡爪500克。

【配料】料酒8克，白酱油5克，白砂糖3克。葱5克，姜5克，干辣椒10克，花椒5克，味精2克，清汤50毫升，红油15克，蒜泥5克，植物油500克（实耗150克）。

【制作】① 鸡爪洗净，剪去爪尖备用；干辣椒剪成小段。② 锅置大火上，下油烧至八成热，放入鸡爪炸至金黄色，倒入漏勺沥油。③ 锅内留余油，下干辣椒炸黑后，放葱、姜、蒜泥爆香，下料酒、花椒、白酱油、白砂糖、清汤烧沸，再放鸡爪。用大火烧沸后，转用小火将鸡爪焖至酥，放味精，用大火收汁，下红油关火。待鸡爪晾透装盘即可。

【烹饪技法】炸，爆，烧，焖。

【营养功效】健脾消食，暖胃祛寒。

【健康贴士】鸡爪还可与红豆搭配食用，具有理气补虚、生津健脾的作用，适宜气血不足、脾胃虚弱者食用。

香辣凤爪

【主料】肥鸡爪 500 克。

【配料】大蒜 30 克，干红椒粉 5 克，熟猪油 500 克（实耗 50 克），碱水 1000 克，盐 5 克，味精 2 克，白砂糖 3 克，胡椒粉 3 克，水淀粉 15 克，鸡汤 50 毫升，香油 10 克，香辣酱 12 克。

【制作】① 鸡爪去脚尖，放入碱水里泡 2 小时，下入八成热的油锅炸呈金黄色，再下入碱水中泡 2 小时，然后煮烂备用。② 姜切末，葱打结，投入八成热的油锅煸炒出香味后，去掉姜末、葱结，再放入大蒜、香辣酱煸炒，下入鸡爪翻炒几下，放鸡汤、味精、胡椒粉、干红椒粉稍焖，用湿淀粉勾芡，淋香油即可。

【烹饪技法】炸，煮，煸炒，炒，焖。

【营养功效】健胃消食，祛压降脂。

【健康贴士】鸡爪也可与黄豆搭配食用，具有祛湿通络的作用，适宜风湿病患者食用。

蹄筋烧凤爪

【主料】鸡爪 350 克，蹄筋 50 克，红、青尖椒片 10 克，鹌鹑蛋 12 个。

【配料】酱油 3 克，料酒 3 克，味精 3 克，盐 2 克，白胡椒粉 2 克，葱粒、姜粒、蒜粒各 3 克，香油 5 克，白砂糖 2 克，植物油 20 克，高汤 1500 毫升，葱段、姜块各 8 克，水淀粉 5 克。

【制作】① 鸡爪洗净，用刀切掉爪尖、黄皮，洗净，入沸水汆烫，过凉，放入汤桶内，调入高汤、料酒、盐、味精、白胡椒粉、葱段、姜块烧沸，撇去浮沫，烧 5 分钟，移入小火，煮熟、煮烂离火，原汤浸泡 30 分钟，捞出凉凉，剥掉鸡爪上所有骨头；蹄筋洗净，用刀切成寸段，入沸水焯烫，过凉；鹌鹑蛋炸成金黄色，备用。② 锅置火上，入油烧热，把葱粒、姜粒、蒜粒炒出香味，调入高汤、酱油、料酒、盐、白胡椒粉、白砂糖烧沸，撇去浮沫，放入鸡爪、蹄筋、鹌鹑蛋、红、青尖椒片烧片刻，水淀粉勾芡，淋入香油，盛入盘中，即可食用。

【烹饪技法】煮，炸，炒。

【营养功效】补虚益气，养肝护肾。

【健康贴士】鸡爪还可与木瓜搭配食用，具有美容养颜的作用，适宜经常上网、熬夜的人食用。

黑椒凤爪

【主料】鸡爪 350 克，冬笋 10 克，鲜蘑 10 克，水发香菇 15 克。

【配料】黑椒酱 25 克，口蘑酱油 3 克，料酒 3 克，盐 2 克，味精 3 克，白胡椒粉 2 克，白砂糖 2 克，橄榄油 5 克，葱、姜、蒜各 3 克，高汤 1500 毫升，水淀粉 5 克，白胡椒粉 2 克，植物油 15 克。

【制作】① 鸡爪洗净，用刀切掉爪尖、黄皮，洗净，入沸水汆烫，过凉，放入汤桶内，调入高汤、料酒、盐、味精、白胡椒粉烧沸，撇去浮沫，烧 5 分钟，移入小火，煮熟、煮烂离火，原汤浸泡 30 分钟，捞出凉凉，剥掉鸡爪上所有骨头。② 冬笋、鲜蘑、香菇洗净，切片，入沸水焯烫，过凉备用。③ 锅置火上，入油烧热，把葱、姜、蒜炒出香味，再调入黑椒酱煸炒，放入酱油、料酒、盐、白砂糖、高汤，倒入鸡爪、冬笋、鲜蘑、香菇炒匀，用水淀粉勾芡，淋入橄榄油，盛盘即可。

【烹饪技法】煮，炸，煸炒，炒。

【营养功效】温中益气，美容养颜。

【健康贴士】鸡爪也可与猪尾搭配食用，能保持皮肤柔顺、光滑，推迟或减少皱纹的出现。

鸡杂

鸡杂是鸡杂碎的统称，包括鸡心、鸡肝、鸡肠和鸡胗等，鲜美可口，且有多样营养素。

中医认为，它们皆性平、温、味甘，入脾、胃经；具有助消化、和脾胃之功效。

豉汁鸡胗

【主料】鸡胗 500 克，洋葱 25 克，青尖椒 25 克，花椒 5 克。

【配料】豉汁酱50克，辣酱油5克，料酒3克，味精 3 克，盐 2 克，白胡椒粉 2 克，白砂糖 3 克，葱粒、姜粒、蒜粒各 3 克，香油 5 克，水淀粉 5 克，植物油 100 克，高汤 1500 毫升。

【制作】① 鸡胗洗净，放入锅内，加入高汤、料酒、味精、盐、白胡椒粉、花椒烧沸，煮 5 分钟，转小火煮透、煮烂离火，原汤浸泡 30 分钟，捞出凉凉，用刀切成薄片，备用；洋葱、尖椒洗净，切块。② 取碗 1 个，调入料酒、味精、盐、白胡椒粉、白砂糖、香油、水淀粉对成芡汁。③ 锅置火上，入油烧热，下入豉汁酱、辣酱油、葱粒、姜粒、蒜粒、洋葱、尖椒进行煸炒，放入鸡胗片，略炒，淋上芡汁，淋入明油，盛盘即可。

【烹饪技法】煮，煸炒，炒。

【营养功效】消食开胃，健脾祛湿。

【健康贴士】鸡胗还可与菠萝搭配食用，具有养心润肺的作用，适宜病后虚弱的人食用。

香辣鸡胗

【主料】鸡胗 400 克。

【配料】蒜、姜各 5 克，辣椒 10 克，花椒 3 克，料酒 10 克，生抽 5 克，盐 3 克，植物油 15 克。

【制作】① 鸡胗清洗，切小片；蒜、姜切碎。② 锅置火上，入油烧热，加几颗红的干辣椒、蒜、姜、花椒炒出香味；倒入鸡胗，翻炒到变色，倒入料酒、生抽，最后加盐调味即可。

【烹饪技法】炒。

【营养功效】消食导滞，通肠排便。

【健康贴士】鸡胗还可与豇豆搭配食用，具有降低血糖的作用，适宜尿尿病人食用。

爆炒鸡肝

【主料】鸡肝 350 克，水发木耳 25 克，黄瓜 25 克，冬笋 25 克，鸡蛋清 30 克。

【配料】辣酱油 5 克，蚝油 10 克，料酒 3 克，味精 3 克，盐 2 克，白胡椒粉 2 克，白砂糖 2 克，醋 2 克，水淀粉 5 克，淀粉 5 克，植物油 500 克（实耗约 50 克），葱 5 克，姜丝 5 克，蒜片 5 克，香油 5 克。

【制作】① 鸡肝洗净，切片，放入碗内，调入料酒、味精、盐、白胡椒粉、淀粉、鸡蛋清拌匀，腌渍 30 分钟；木耳洗净，切块；黄瓜、冬笋洗净，均切片。② 鸡蛋清放入锅内，调入料酒、蚝油、味精、盐、白胡椒粉、白砂糖、醋、辣酱油、水淀粉对成芡汁。③ 另取锅置火上，入油烧至三成热，放入鸡肝滑炒，再放入黄瓜、冬笋、木耳一起过油，倒入漏勺里，沥出余油。④ 原锅加油烧热，先放葱、姜、蒜炒出香味，倒入鸡肝、木耳、黄瓜、冬笋煸炒，勾入芡汁，淋上香油，盛盘即可。

【烹饪技法】拌，腌，滑炒，煸炒。

【营养功效】护肝益肾，补血明目。

【健康贴士】鸡肝也可与芝麻搭配食用，具有补血养颜的作用，适宜体弱畏寒的男女食用。

尖椒炒鸡肝

【主料】鸡肝 400 克，青椒 100 克，红椒 50 克。

【配料】盐 3 克，味精 1 克，料酒 8 克，水淀粉 10 克，姜片 5 克，植物油 15 克。

【制作】① 鸡肝洗净，切片；青椒、红椒洗净，去蒂及子，切片。② 锅置火上，入油烧热，将鸡肝快速过一下油，捞出。③ 锅内留油，将青椒、红椒炒香，下姜片、鸡肝大火翻炒，调入味精、盐、料酒，加水淀粉勾芡，装盘即可。

【烹饪技法】炒。

【营养功效】补肝益肾，消积化痰。

【健康贴士】鸡肝不宜与茶同食，会降低人体对铁吸收。

爆炒菊花鸡心

【主料】鸡心 500 克，水发木耳 50 克，冬笋片25克。

【配料】蚝油10克，辣酱油5克，料酒3克，味精3克，盐2克，白胡椒粉2克，香油5克，葱粒、姜粒、蒜粒各3克，植物油100克，水淀粉5克，白砂糖3克。

【制作】① 鸡心洗净，用剪刀从鸡心尖内转圈，剪成菊花瓣，洗净，入沸水汆烫，过凉，再过油滑熟，捞出，沥干余油。② 木耳、冬笋洗净，木耳大块撕小，冬笋切成象眼块，入沸水焯烫，过凉备用。③ 取碗1个，调入辣酱油、料酒、味精、盐、白胡椒粉、白砂糖、水淀粉、香油，搅拌均匀，对成芡汁。④ 锅置火上，入油烧热，加上蚝油、葱粒、姜粒、蒜粒、木耳、冬笋煸炒出香味，再放鸡心炒匀，勾上芡汁，淋入明油，盛入盘中，即可食用。

【烹饪技法】焯，拌，煸炒，炒。

【营养功效】养心益脑，补肾益精。

【健康贴士】鸡心还可与花生搭配食用，具有补心安神、理气疏肝、滋养补气的作用，适宜心脾虚损、气血不足等人食用。

爆鸡心

【主料】鸡心500克，龙虾片20克，茅台酒50克。

【配料】酱油3克，料酒3克，味精3克，盐2克，白胡椒粉2克，葱粒、姜粒、蒜粒各3克，植物油500克（实耗约50克），香油5克。

【制作】① 鸡心洗净，用刀连体从心尖切四瓣，放入碗内，调入酱油、料酒、味精、盐、白胡椒粉、香油、葱粒、姜粒、蒜粒搅拌均匀，腌渍30分钟备用。② 锅置火上，入油烧至六成热，放入鸡心炸透、炸脆，倒入漏勺沥油。③ 龙虾片下入油锅炸脆，捞出放入盘中，炸好的鸡心放在龙虾片上，把热茅台酒，淋在鸡心上，即可上桌食用。

【烹饪技法】拌，腌，炸，爆。

【营养功效】补血养肝，益肾填精。

【健康贴士】鸡心也可与莲子搭配食用，具有宁心安神的作用，适宜失眠、心烦、气色不佳的人食用。

洋葱炒鸡杂

【主料】鸡肝250克，鸡心100克，鸡胗100克，洋葱50克，鸡蛋清30克。

【配料】蚝油50克，辣酱油5克，料酒3克，盐2克，味精3克，白胡椒粉3克，白砂糖2克，淀粉5克，香油5克，花椒3克，植物油50克，姜丝、蒜片各5克，高汤1000毫升。

【制作】① 鸡肝、鸡心、鸡胗洗净，鸡肝片成片，鸡心切开，鸡胗放锅内，加高汤、料酒、盐、花椒煮熟、煮烂，捞出凉凉，切片；洋葱洗净，切块。② 鸡肝、鸡心、鸡胗放碗里，放入鸡蛋清、料酒、盐、白胡椒粉、淀粉拌匀，淋入明油。③ 取碗1个，调入辣酱油、蚝油、料酒、味精、盐、白胡椒粉、白砂糖、姜丝、蒜片、香油对成芡汁。④ 锅置火上，入油烧热，放入鸡肝、鸡心、鸡胗、洋葱煸炒，炒散炒熟，勾上芡汁，淋入明油，盛入盘中，即可食用。

【烹饪技法】拌，煸炒。

【营养功效】补益心脾，养血安神。

【健康贴士】鸡肝含胆固醇较高，高脂血症患者应禁食。

红烩鸡杂

【主料】鸡胸肉100克，鸡肝50克，鸡心100克，鸡胗50克，洋葱50克，柿子椒50克，胡萝卜50克。

【配料】蚝油50克，豉汁5克，酱油5克，番茄汁100克，料酒、味精各3克，盐2克，白砂糖2克，白胡椒粉2克，醋2克，水淀粉5克，植物油50克，葱、姜、蒜粒各5克，高汤1000毫升。

【制作】① 鸡胸肉、鸡肝、鸡心、鸡胗均洗净，鸡胸肉切成块，鸡肝片开，鸡心片开，入沸水汆烫，放入盆内。② 洋葱、柿子椒、胡萝卜洗净，洋葱切块，柿子椒切碎，胡萝卜切滚刀块，入沸水焯烫，过凉。③ 锅置火上，入油烧热，先放葱粒、姜粒、蒜粒炒出香味，再放番茄汁、蚝油、豉汁煸炒，炒出香味，调入高汤、料酒、盐、味精、白胡椒粉、白砂糖、酱油，再放入鸡胸肉、鸡肝、鸡心、鸡胗、葱块、柿子椒、胡萝卜烧沸、烧透、烧熟，收浓汤汁，勾上芡汁，淋入明油，盛在盘里，即可上桌。

【烹饪技法】汆，焯，炒，煸炒，烧，烩。

【营养功效】安神补虚，健脾开胃。

【健康贴士】鸡肝有明目作用，适宜肝虚目暗、视力下降者食用。

烩茄汁鸡杂

【主料】鸡肝 150 克，鸡心 100 克，鸡胗 150 克，洋葱 50 克，西红柿 50 克，胡萝卜 50 克，鲜蘑 10 克。

【配料】番茄沙司 50 克，辣酱油 5 克，料酒 3 克，味精 3 克，盐 3 克，白胡椒粉 2 克，白砂糖 2 克，水淀粉 5 克，植物油 50 克。

【制作】① 鸡肝洗净，切片；鸡心洗净，切开，去掉里面的血和心管，去掉外面的油；鸡胗煮熟，切片备用。② 洋葱洗净，去皮，切块；西红柿去子、去皮，洗净；鲜蘑洗净，洋葱、胡萝卜洗净，去皮，入沸水焯烫。③ 锅置火上，入油烧热，下番茄沙司、番茄煸炒，放入鸡杂、洋葱、鲜蘑、胡萝卜，调入料酒、辣酱油、味精、盐、白胡椒粉、白砂糖烧沸煮熟，勾上芡汁，淋入明油，倒入汤盘即可。

【烹饪技法】煮，煸炒，烧。

【营养功效】健脾开胃，养心补肝。

【健康贴士】鸡肝含有丰富的维生素 D，儿童常吃鸡肝可预防佝偻病。

盐爆鸡肠

【主料】鸡肠 350 克，香菜 150 克。

【配料】料酒 3 克，味精 3 克，盐 2 克，白胡椒粉 5 克，醋 5 克，植物油 100 克，葱丝、姜丝、蒜片各 5 克，香油 5 克。

【制作】① 鸡肠里外用醋、盐搓洗，用清水洗净，入沸水汆烫，过凉，再用热油滑熟，用刀切成寸段备用；香菜洗净，去掉老根，用刀切成寸段。② 取碗 1 个，调入料酒、味精、盐、白胡椒粉、醋、葱丝、姜丝、蒜片、香油对成芡汁。③ 锅置火上，入油烧热，放入鸡肠、香菜煸炒至熟，淋入芡汁，再炒匀，盛入盘中，即可食用。

【烹饪技法】汆，煸炒，炒。

【营养功效】润肠通便，利尿止渴。

【健康贴士】鸡肠还可与荔枝搭配食用，具有降低血糖的作用，适宜糖尿病患者食用。

烩酸辣鸡肠

【主料】鸡肠 500 克，冬笋 50 克，木耳 50 克，香菜 10 克。

【配料】海鲜酱油 10 克，料酒 3 克，味精 3 克，盐 2 克，白胡椒粉 10 克，白砂糖 2 克，香油 5 克，葱段、姜块各 5 克，醋 3 克，蒜粒 10 克，植物油 100 克，水淀粉 10 克。

【制作】① 把鸡肠里外用精盐、醋搓洗，再用清水冲净，入沸水中汆烫，过凉，切成斜丝备用；冬笋、木耳洗净，切成丝备用。② 锅置火上，入油烧至三成热，倒入鸡肠、冬笋、木耳丝滑散、滑熟，倒入漏勺沥出余油备用。③ 原锅置火上，加入底油，先把葱段、姜块、蒜粒炒出香味，倒入鸡肠丝、冬笋、木耳煸炒，调入海鲜酱油、料酒、味精、盐、醋、白胡椒粉、白砂糖烧沸，勾上芡汁，淋入香油，倒入汤碗中，撒上香菜，即可食用。

【烹饪技法】汆，炒，煸炒。

【营养功效】益肾清利，排毒瘦身。

【健康贴士】鸡肠还可与苁蓉搭配食用，具有温肾固涩的作用，适宜肾虚、腰膝酸软、四肢无力的人食用。

烩蒜蓉鸡肠

【主料】鸡肠 500 克，蒜苗 50 克，蒜蓉 20 克。

【配料】酱油 5 克，料酒 3 克，味精 3 克，盐、白胡椒粉各 2 克，水淀粉 10 克，植物油 100 克，高汤 1000 毫升。

【制作】① 把鸡肠里外用精盐、醋、碱搓洗，再入清水洗净，入沸水汆烫，过凉；蒜苗洗净，切丝。② 锅置火上，入油烧至三成热，倒入鸡肠、蒜苗丝滑熟，倒入漏勺沥出余油。③ 原锅加油烧热，倒入鸡肠、蒜苗丝煸炒，调入高汤、酱油、味精、料酒、盐、白胡椒粉烧沸，勾上芡汁，撒上蒜蓉，淋入明油，倒入中汤碗里，即可食用。

【烹饪技法】煸炒，烩。

【营养功效】补肾壮阳，润肠通便。

【健康贴士】鸡肠也可与米酒搭配食用，具有补肾气、缩小便的作用，适宜遗尿、小便频数患者食用。

葱爆鸡肠

【主料】鸡肠 350 克，大葱 150 克。

【配料】辣酱油 25 克，料酒 3 克，味精 3 克，盐 2 克，醋 5 克，白胡椒粉 2 克，香油 5 克，姜 5 克，蒜 5 克，植物油 100 克，淀粉 5 克。

【制作】① 把鸡肠里外用醋、盐搓洗后，用清水洗净，入沸水中汆烫，过凉，再过油滑熟，备用。大葱去皮，洗净，切成滚刀块；姜、蒜洗净，姜切成丝，蒜切成片。② 取碗 1 个，调入辣酱油、料酒、味精、盐、白胡椒粉、醋、香油、姜丝、蒜片、淀粉，搅拌均匀，对成芡汁。③ 锅置火上，入油烧热，放入鸡肠、大葱煸炒，葱断生后勾上芡汁炒匀，淋入明油，盛盘即可。

【烹饪技法】汆，煸炒，炒。

【营养功效】益气温阳，利湿解毒。

【健康贴士】鸡肠还可与豆腐搭配食用，具有利尿消肿的作用，适宜肾炎水肿患者食用。

尖椒炒鸡血

【主料】鸡血 300 克，青尖椒 100 克。

【配料】酱油 3 克，料酒 3 克，盐 2 克，味精 3 克，白胡椒粉 3 克，白砂糖 2 克，香油 5 克，水淀粉 5 克，葱粒、姜粒、蒜粒各 3 克，植物油 250 克（实耗约 50 克）。

【制作】① 鸡血洗净，切成 1 厘米见方的丁；尖椒洗净，去子，切成与鸡血丁同样大小的丁，入沸水焯烫，过凉、过油。② 取碗 1 个，调入酱油、料酒、盐、味精、白胡椒粉、白砂糖、水淀粉、香油兑成芡汁。③ 锅置火上，入油烧热，先放入葱粒、姜粒、蒜粒炒出香味，放入鸡血、尖椒煸炒，勾上芡汁，淋入明油，盛入盘中。

【烹饪技法】炒，煸炒。

【营养功效】补血活血，通经祛湿。

【健康贴士】鸡血还可与菠菜搭配食用，具有养血护肝的作用，适宜肝虚目暗、产后贫血患者食用。

蒜苗鸡血

【主料】鸡血 300 克，蒜苗 200 克。

【配料】海鲜酱 50 克，辣酱油 3 克，料酒 3 克，味精 3 克，盐 2 克，白胡椒粉 2 克，白砂糖 2 克，淀粉 5 克，香油 5 克，葱丝、姜丝、蒜片各 5 克，植物油 50 克。

【制作】① 鸡血洗净，切条；蒜苗去掉老根，切段；分别入沸水焯烫，过凉。② 锅置火上，入油烧热，先把海鲜酱、葱丝、姜丝、蒜丝炒出香味，再放入鸡血、蒜苗片煸炒，加入辣酱油、料酒、味精、精盐、白胡椒粉、白砂糖调味，勾上芡汁，淋入香油，盛入盘中即可。

【烹饪技法】炒，煸炒。

【营养功效】补血养血，利肠通便。

【健康贴士】鸡血也可与小麦搭配食用，具有养心补血、益智健脑的作用，适宜心脾两虚、气血不足的健忘者食用。

炒红白豆腐

【主料】鸡血 250 克，豆腐 250 克。

【配料】蚝油、辣酱油、料酒各 3 克，味精 3 克，盐 2 克，白胡椒粉 2 克，香油 5 克，水淀粉 5 克，花生油 50 克，葱丝、姜丝、蒜片各 5 克，高汤 100 毫升，白砂糖 2 克。

【制作】① 鸡血、豆腐均洗净，切成 1.5 厘米见方的块，入沸水汆烫，过凉。② 锅置火上，入油烧热，把蚝油、葱丝、姜丝、蒜丝炒出香味，放入鸡血煸炒，放入高汤、辣酱油、料酒、盐、味精、白胡椒粉、白砂糖烧沸，放入豆腐烧 5 分钟，收浓汤汁，淋入香油，盛盘即可。

【烹饪技法】汆，炒，煸炒，烧。

【营养功效】补血养血，益气安神。

【健康贴士】鸡血中含铁量较高，具有补血的功效，适宜贫血患者食用。

番茄鸡脖

【主料】净鸡脖 500 克。

【配料】番茄酱 75 克，料酒 3 克，盐 2 克，白砂糖 10 克，白醋 5 克，植物油 50 克，水淀粉 5 克，高汤 1500 毫升。

【制作】① 鸡脖洗净，入沸水汆烫，过凉备用。② 锅置火上，入油烧热，放入番茄酱、白砂糖炒熟，加入高汤、白醋、料酒、盐，放入鸡脖，煮 5 分钟，转小火，收浓汤汁，淋上芡汁，淋入明油，盛盘即可。

【烹饪技法】煮。

【营养功效】健脾益胃，祛寒补虚。

【健康贴士】鸡脖性温，属湿热体质，痰湿体质，瘀血体质者不宜食用。

鸭肉

鸭是为餐桌上的上乘肴馔，也是人们进补的优良食品。鸭肉的营养价值与鸡肉相仿。鸭肉蛋白质含量比畜肉含量高得多，脂肪含量适中且分布较均匀，十分美味。

中医认为,鸭肉性寒凉、味甘咸，入脾、胃、肺、肾经。有滋阴、养胃、补肾、除痨热骨蒸、消水肿、止热痢、止咳化痰等作用。凡体内有热的人适宜食鸭肉，体质虚弱，食欲不振，发热，大便干燥和水肿的人食之更为有益。

魔芋啤酒鸭

【主料】鸭肉 500 克，泡椒 100 克，魔芋 200 克，啤酒 350 克。

【配料】盐 5 克，鸡精 2 克，豆瓣酱 3 克，香油 3 克，姜片 20 克，葱末、红椒片、香菜段各 5 克，植物油 30 克。

【制作】① 鸭肉洗净，切块；泡椒洗净，切片；魔芋洗净，切块。② 将切好的鸭放入锅中汆水，捞出沥干水分；锅中加油烧热，放入豆瓣酱、姜片、泡椒炒香，下入鸭、魔芋爆炒，再倒入啤酒小火煮 50 分钟。③ 待鸭熟透后，加入红椒片、盐、鸡精，淋上香油，撒上葱末、香菜段即可。

【烹饪技法】汆，爆炒，煮。

【营养功效】滋阴补肾，止咳化痰。

【健康贴士】鸭肉不宜与甲鱼同食，会导致便秘。

口蘑爆鸭丁

【主料】鸭肉 200 克，口蘑 80 克，花生米 20 克，青椒片、红椒片各 10 克。

【配料】盐 3 克，料酒、香油、红油各 10 克，植物油 30 克。

【制作】① 鸭肉洗净，切丁；口蘑洗净，对切成两半；花生米洗净，沥干入油锅炸熟。② 锅置火上，入油烧热，下鸭丁爆炒，入口蘑、青椒、红椒翻炒，再放花生米同炒片刻，调入盐、料酒炒匀，淋入香油、红油拌匀即可。

【烹饪技法】爆炒，炒，拌。

【营养功效】防癌抗癌，润肠通便。

【健康贴士】鸭肉性寒凉，适宜咽干口渴者食用。

魔芋烧鸭

【主料】鸭肉 500 克，魔芋 200 克。

【配料】青蒜苗段 15 克，绍酒 10 克，盐 5 克，酱油 12 克，味精 2 克，郫县豆瓣酱 20 克，蒜片 5 克，水淀粉 10 克，花椒 5 克，肉汤 200 毫升，猪油 50 克。

【制作】① 鸭肉处理干净，斩成条；魔芋切成条，放沸水锅内汆两次，去掉石灰味，再漂在温水内。② 锅置大火上，入油烧至七成热，放入鸭条煸炒至浅黄色起锅，再将锅洗净加入肉汤烧沸，捞出花椒和豆瓣酱，放入鸭条、魔芋条、姜、蒜、绍酒、盐、酱油烧至汁浓鸭软，魔芋入味时，加入青蒜苗、味精、用水淀粉勾薄芡出锅装盘即可。

【烹饪技法】煸炒，烧。

【营养功效】润肠洁胃，利水排毒。

【健康贴士】鸭肉也可与山药搭配食用，具有滋阴润肺的作用，适宜肺虚咳嗽的患者食用。

典食趣话：

相传，清朝时期的纪晓岚爱吃魔芋，有一天走到峨眉山腰的一家饭店里，看到一帮吃客吃着魔芋烧的鸭子，于是纪晓岚也叫老妇人做了份给他吃，并取名叫“魔芋烧鸭”，于是此菜名扬天下。

霉干菜鸭子

【主料】鸭肉 500 克，霉干菜 150 克。

【配料】酱油、绍酒各 15 克，盐 3 克，味精 2 克，红糖 5 克。

【制作】① 鸭肉处理干净，斩成块。② 锅置大火上，注入清水，下鸭肉煮至 5 分钟，捞出，沥干水分。③ 净锅后置火上，入油烧热，将鸭肉放锅里煎一下，再加入霉干菜、绍酒、红糖、水、酱油一直烧到鸭肉酥烂，最后加点儿味精出锅即可。

【烹饪技法】煮，煎，烧。

【营养功效】益血生津，滋阴养胃。

【健康贴士】鸭肉性寒凉，寒性痛经者不宜食用。

莲藕酱香鸭

【主料】莲藕 200 克，鸭 300 克。

【配料】盐 3 克，味精 1 克，老抽 15 克，白砂糖 10 克，葱末、姜末各 5 克，植物油 30 克。

【制作】① 莲藕去皮洗净，切成块；鸭处理干净，切块，用盐腌渍后备用。② 锅置火上，入油烧热，加入姜末炒香，下莲藕、鸭块翻炒，加入盐、老抽、白砂糖继续翻炒，向锅中注少量水，至肉熟汤汁收浓，加入味精，出锅装盘，撒上葱末即可。

【烹饪技法】腌，炒。

【营养功效】滋阴清热，健脾开胃。

【健康贴士】鸭肉还可与生菜搭配食用，具有清热解毒的作用。

【巧手妙招】在烹饪时将鸭子尾端两侧的臊豆去掉，可去除鸭肉的臊味。

锅烧鸭

【主料】净雏鸭 750 克，肥肉丝 30 克，鸭蛋 1 个。

【配料】酱油 10 克，葱段 10 克，姜 10 克，盐 4 克，绍酒 20 克，大料 5 克，桂皮 3 克，淀粉 15 克，植物油 60 克。

【制作】① 净雏鸭洗净，从脊背处割开，去鸭嘴，放锅内加水烧沸，煮至八成熟捞出。② 剔去鸭骨（保留鸭掌），放大碗内，加酱油、清汤、葱段、姜片、盐、绍酒、大料、桂皮、花椒，切下鸭头、鸭掌备用。③ 把鸭蛋打入碗内，加淀粉和适量清水调成浓糊，将一半倒在平盘上抹平，把鸭子皮面朝上放在盘内的糊上，再把碗内的蛋糊均匀地抹在鸭面上。④ 锅置火上，入油烧至八成热时，把鸭子从盘中慢慢拖进油内，炸至两面均为金黄色时捞出沥油，然后改切长 4 厘米、宽 25 厘米的长条，再将鸭头剁两半，连同鸭掌一并摆成原形，装盘即可。

【烹饪技法】煮，炸。

【营养功效】健脾益气，补血养心。

【健康贴士】鸭肉也可与地黄搭配食用，可提供丰富营养。

清汤柴把鸭

【主料】鲜鸭肉1000克，熟火腿75克，水发玉兰片75克，水发香菇75克，水发青笋50克。

【配料】葱段5克，胡椒粉0.5克，味精1克，盐2克，鸡清汤500毫升，猪油30克。

【制作】① 鲜鸭肉煮熟，剔去鸭骨，切成5厘米长、0.7厘米见方的条；水发香菇去蒂，洗净，与熟火腿、玉兰片均切成5厘米长、0.3厘米见方的丝；水发青笋切成粗丝。② 取鸭条4根，火腿、玉兰片、香菇丝各2根，共计10根，用青笋丝从中间缚紧，捆成小柴把形状，共24把，整齐码入瓦钵内，加入猪油、盐1.5克、鸡清汤250毫升，再加入剔出的鸭骨，入笼蒸40分钟取出，去掉鸭骨，原汤滗入炒锅，鸭子翻扣在大汤碗里。③ 在盛鸭原汤的炒锅内，再加入鸡清汤250毫升烧沸，撇去泡沫，放入精盐0.5克、味精、葱段，倒在大汤碗里，撒上胡椒粉，淋入鸡油即可。

【烹饪技法】蒸，炒。

【营养功效】滋阴润肺，养胃生津。

【健康贴士】鸭肉还可与干贝搭配食用，可提供丰富的蛋白质，适宜生长发育期的儿童和青少年食用。

麻仁酥鸭

【主料】肥鸭1只（约2000克），熟猪肥膘肉50克，熟瘦火腿10克，鸡蛋1个。

【配料】绍酒15克，盐12克，白砂糖5克，葱、姜各5克，味精1.5克，芝麻50克，花椒5克，花椒粉1克，葱15克，淀粉50克，香菜10克，香油5克，植物油30克。

【制作】① 净鸭用绍酒、盐、白砂糖、花椒和拍破的葱、姜腌约2小时，上笼蒸至八成熟，取出凉凉，先切下头、翅、掌，再将鸭身剔净骨，从腿、脯肉厚的部位剔下肉切成丝；火腿切成末；肥膘肉切成细丝；鸡蛋打散开，放入面粉、淀粉、清水调制成糊；香菜择洗干净。② 将鸭皮表面抹一层蛋糊，摊放在抹过油的平盘中，把肥膘肉丝和鸭肉丝放在余下的蛋糊内，加入味精拌匀，平铺在鸭皮内面，下入油锅炸呈金黄色捞出，盛入平盘里。③ 将蛋清打起发泡，加入淀粉调匀成雪花糊，铺在鸭肉面上，撒上芝麻和火腿末。④ 锅置火上，入油烧至六成热，放入麻仁鸭酥炸，面上浇油淋炸，至底层呈金黄色滗去油，撒上花椒粉，淋上香油，捞出切成5厘米长、2厘米宽的条，整齐地摆放在盘内，周围拼上香菜即可。

【烹饪技法】腌，蒸，炸。

【营养功效】养胃生津，益肾壮阳。

【健康贴士】鸭肉有润肺的作用，适宜老年咳嗽气喘患者食用。

盐水鸭

【主料】净鸭1只。

【配料】盐5克，椒盐10克，黄酒15克，大料5克，葱、姜、蒜泥各8克。

【制作】① 鸭洗净，用椒盐内外擦遍，腌大约3个小时，沸水烫后晾干。② 炒锅中加入清水、大料烧沸，放入精盐、姜、葱、黄酒、鸭烧沸，小火焖熟即可。③ 食用时用刀将鸭子切成块，淋上烹煮的汁液，食用时加蒜泥即可。

【烹饪技法】腌，烧，焖。

【营养功效】滋阴养胃，利水消肿。

【健康贴士】鸭肉还可与红菇搭配食用，具有滋阴补血的作用，适宜产后女性食用。

啤酒鸭

【主料】鸭肉1500克，芹菜、萝卜各50克。

【配料】葱、姜、蒜各5克，花椒3克，桂皮3克，香菜10克，啤酒350克，酱油15克，蚝油20克，盐8克，十三香8克，料酒15克。

【制作】① 把鸭子用水煮一下，把鸭肉统统倒入锅中，放料酒、蚝油、酱油、盐炒一下。② 鸭肉炒成金黄色后，倒入啤酒，加萝卜，放入葱、姜、蒜、花椒、桂皮、十三香，用大火煮开，待啤酒煮到半干的时候，加入芹菜，煮开了加少许香菜即可。
【烹饪技法】煮，炒。
【营养功效】清热解毒，健脾开胃。
【健康贴士】鸭肉不宜和蒜同食，二者功能相反，食则滞气。

青椒炒鸭片

【主料】鸭脯肉 200 克，鸡蛋清 30 克，青椒 150 克。
【配料】绍酒 10 克，盐 5 克，味精 2 克，白砂糖 5 克，白汤 50 毫升，葱白末 5 克，水淀粉 10 克，植物油 15 克。
【制作】① 鸭脯肉片成鹅毛薄片，用清水漂洗干净沥去水，加盐、蛋清、水淀粉上浆；青椒去蒂、去子，切菱形片，入沸水锅焯烫，捞出，沥干水分。② 锅置大火上，入油烧至四成热，投入鸭片滑至嫩熟沥出。③ 锅内留油少许，下葱末、青椒炒透，烹绍酒，加入盐、白砂糖、味精、白汤调味，用水淀粉勾芡，倒入鸭片，淋油炒匀，装盘即可。
【烹饪技法】焯，炒。
【营养功效】温中健脾，利水消肿。
【健康贴士】鸭肉性寒凉，素体虚寒，受凉引起的不思饮食，胃部冷痛、腹泻清稀等人应少食。

子姜炒鸭片

【主料】鸭胸脯肉 350 克，子姜、香菇、冬笋各 50 克，鸡蛋清 50 克。
【配料】葱 5 克，淀粉 10 克，盐 3 克，味精 2 克，白砂糖 3 克，料酒 10 克，香油 5 克，胡椒粉 2 克，清汤 50 毫升，植物油 15 克。
【制作】① 鸭胸脯肉斜刀切成薄片；子姜除去皮，切成薄片；香菇去蒂，洗净，切菱形片；冬笋削皮，洗净，入沸水焯熟，切菱形片；葱去根须，洗净，取葱白切马蹄葱。② 蛋清、淀粉调制蛋清浆；鸭片上浆备用；盐、白砂糖、味精、葱、料酒、胡椒粉、香油、清汤调制成卤汁备用。③ 锅置大火上，入油烧热，将上好浆的鸭片、姜片、香菇、冬笋下锅过油，并用筷子拨散，待熟后倒入漏勺沥去油。④ 锅回置大火上，加热八成时倒入卤汁，再倒入过油的主配料，翻颠几下，起锅即可。
【烹饪技法】焯，炒。
【营养功效】健脾开胃，驱寒除湿。
【健康贴士】鸭肉有清热的作用，适用于体内有热、上火的人食用。

腐皮鸭丝卷

【主料】豆腐皮 4 张，烤鸭 100 克，去皮荸荠 30 克，香菇 50 克，胡萝卜 25 克。
【配料】香菜 5 克，盐 3 克，烤鸭汁 30 克，胡椒粉 3 克，番茄酱 20 克，植物油 15 克。
【制作】① 豆腐皮裁成三等份 12 小张；烤鸭去骨、切丝；荸荠切丝；香菇泡软、去蒂、切丝；胡萝卜切丝。② 所有材料混合在大碗内，加入盐、烤鸭汁、胡椒粉调匀所有材料后，每张豆腐皮包入馅料少许，卷成长筒状，封口用少许面糊封好，放入七分热的油中，炸至酥黄时捞出。③ 炸好的鸭丝卷放盘内，配上切好的香菜末，食用时蘸番茄酱即可。
【烹饪技法】炸。
【营养功效】补中健胃，防癌抗癌。
【健康贴士】鸭肉性寒凉，阳虚脾弱者应忌食。

红酒香焖鸭

【主料】鸭肉 750 克，红酒 150 克。
【配料】姜 50 克，蒜 20 克，蒜苗 20 克，植物油 50 克，水淀粉 15 克，干红椒 10 克，大料 8 克，酱油 10 克，冰糖 5 克。
【制作】① 鸭肉处理干净，切块，倒入沸水中焯烫，捞出，沥干水分；姜洗净，拍松，蒜洗净，干红椒洗净，切段；蒜苗洗净，切段。② 锅置火上，入油烧热，下蒜、姜、干红椒炝锅，倒入鸭块，加酱油、大料和盐，翻炒至鸭肉变色，倒入红酒，翻炒均匀后加适量水焖烧，焖制汤汁剩下 1/5，倒入两碗水，加冰糖，继续焖至汤汁所剩无几。③ 锅中倒入水淀粉勾芡，翻炒均匀后撒上蒜苗段即可出锅。

【烹饪技法】焯，炝，炒，焖。

【营养功效】延缓衰老，美容养颜。

【健康贴士】一般人皆可食用，尤其适合女性食用。

菠萝滑香鸭

【主料】鸭肉 500 克，菠萝 150 克，青椒 50 克。

【配料】姜 15 克，植物油 35 克，淀粉 5 克，胡椒粉 2 克，绍酒 10 克，酱油 12 克，盐 3 克。

【制作】① 姜洗净，一半切末，一半切片；菠萝去皮，切片；青椒洗净，切片备用。② 将鸭肉洗净，切成片，加适量淀粉、胡椒粉、绍酒、酱油和姜末搅拌均匀，腌渍片刻备用。③ 锅置火上，入油烧热，下姜片炝锅，倒入腌好的鸭片，迅速翻炒几下，散开后倒入菠萝片、青椒片，炒至九成熟时加盐调味，继续炒熟即可。

【烹饪技法】拌，腌，炝，炒。

【营养功效】开胃补虚，延缓衰老。

【健康贴士】鸭肉中的脂肪有降低胆固醇的作用，妊娠高血压患者吃鸭肉有益。

【巧手妙招】对菠萝过敏的朋友可将菠萝切好后放入淡盐水中浸泡 20 分钟。

核桃鸭子

【主料】核桃仁 200 克，荸荠 150 克，老鸭 1 只（约 1500 克），鸡泥 100 克，蛋清 30 克。

【配料】玉米粉 5 克，味精 2 克，料酒 15 克，盐 8 克，植物油 100 克，10 克，生姜 10 克，油菜末 8 克。

【制作】① 老鸭宰杀后用沸水汆一遍，装入盆内，加入葱、生姜、盐、料酒，上笼蒸至熟透取出凉凉，去骨，把肉切成两块；鸡泥、蛋清、玉米粉、味精、料酒、盐调成糊。② 把核桃仁、荸荠剁碎，加入糊内，淋在鸭子内膛肉上。将鸭子放入油锅内，用温油炸酥，沥去余油，用刀切成长条块，放在盘内，四周撒些油菜末即可。

【烹饪技法】汆，蒸，炸。

【营养功效】补肾固精，温肺定喘，润肠通便。

【健康贴士】鸭肉还可与香菜搭配食用，具有补血养颜的作用，适宜贫血患者食用。

芝麻鸭

【主料】鸭 1 只，鸡蛋 2 个，火腿丝 20 克，熟冬笋 20 克。

【配料】芝麻 10 克，葱末、姜丝各 5 克，黄酒 15 克，花椒 2 克，淀粉 10 克，植物油 30 克，椒盐 8 克。

【制作】① 把鸭子从后面剖开，取出内脏，涮洗干净，用盐把鸭子全身抹一遍，放入盆内，加上葱丝、姜末、黄酒、花椒腌 30 分钟以上。② 把腌过的鸭子上笼蒸一个半小时后取出，去掉骨头，切成小块，放入盘中。③ 把鸡蛋打入碗内，加淀粉调成糊，把冬笋、火腿丝也放进去，一起倒入鸭子上，撒上少许芝麻。④ 锅置火上，入油烧热，鸭子下锅炸至金黄色，捞出沥油，码到盘里，撒少许椒盐即可。

【烹饪技法】腌，炸。

【营养功效】健脾开胃，补虚养身。

【健康贴士】鸭肉还可与红小豆搭配食用，具有利尿解毒的作用，适宜小便不利患者食用。

糟熘三白

【主料】鸭脯肉 75 克，鸭肝 150 克，鸭掌 75 克。

【配料】淀粉（蚕豆）10 克，味精 3 克，白砂糖 7 克，盐 3 克，小葱 10 克，姜 10 克，鸭油 50 克，鸡鸭汤 100 毫升、香糟卤 50 毫升。

【制作】① 鸭脯肉洗净，煮熟，片成 7 厘米长、3.5 厘米宽、0.3 厘米厚的薄片；鸭掌洗净，煮熟，腕部切去，只用脱骨的掌部；鸭肝片成 0.2 厘米厚的薄片；将切好的鸭肉、鸭掌和鸭肝分别入沸水焯烫，鸭肝再用清水洗净。

② 将鸡鸭汤、香糟卤、白砂糖、盐、味精放入炒锅内烧沸，下鸭肉、鸭掌，上面放鸭肝，烧制，待汤烧沸后，撇净浮沫，淋入调稀的湿淀粉勾芡，同时将鸭油烧热，加葱丝、姜片熬成葱姜油。③ 先从炒锅四边淋入一半葱姜油，再颠动炒锅，使鸭肉鸭掌面朝上、浇上另一半葱姜油即可。

【烹饪技法】烧，熬，熘。

【营养功效】益血生津，排毒瘦身。

【健康贴士】鸭肉性寒凉，因受寒引起的胃腹痛，腹泻腰疼、经痛症，均暂时不宜食鸭肉。

【巧手妙招】① 必须用鸡鸭鲜浓汤，以增加三白的鲜味。② 香糟卤在汤烧沸后再放入，保持香味浓郁。③ 勾芡时，用稀薄的水淀粉，勾二流芡。

典食趣话：

清朝时期，山东厨师取用鸡肉、鱼肉、冬笋，以鸡汤、香糟卤等调味制成一道糟味浓郁、独具特色的菜肴。因它取用于三种白色肉食和香糟制成，故名“糟熘三白。”后来山东厨师入京，此菜使在北京出现。因北京填鸭闻名于世，改用鸭脯肉片，鸭掌掌心，白色鸭肝，槽熘而成，仍称“糟熘三白”，现已成为北京许多著名菜馆的拿手菜。

鸭掌

鸭掌含有丰富的胶原蛋白，和同等质量的熊掌的营养相当。掌为运动之基础器官，筋多，皮厚，无肉。筋多则有嚼劲，皮厚则含汤汁，肉少则易入味。从营养学角度讲，鸭掌多含蛋白质，低糖，少有脂肪，所以可以称鸭掌为绝佳减肥食品。

中医认为，鸭掌性凉、味甘，入脾、胃经；具有温补、益气、活血、调经的功效。

黄豆炒鸭掌

【主料】鸭掌 500 克，黄豆 50 克。

【配料】盐 3 克，酱油 10 克，料酒 12 克，红椒各 15 克，植物油 30 克。

【制作】① 鸭掌洗净，用沸水汆过，捞出，沥干备用；黄豆洗净，浸在水中备用；红椒洗净，切段。② 锅置火上，入油烧热，入鸭掌翻炒，再加入黄豆，接着加入盐、酱油、料酒翻炒至鸭掌呈黄色，放入红椒稍翻炒，装盘即可。

【烹饪技法】汆，炒。

【营养功效】益气养血，降低血脂。

【健康贴士】鸭掌性寒，脾胃虚寒者少食。

【巧手妙招】黄豆最后用温水浸泡 15 分钟左右，这样可以减少烹调的时间。

掌上明珠

【主料】鸭掌 500 克，青虾仁 150 克，鹌鹑蛋 50 克，猪肥膘肉 25 克，鸡蛋清 25 克。

【配料】香菜末 5 克，火腿末 10 克，鸡油 5 克，料酒 5 克，盐 1 克、味精 5 克，淀粉 10 克。

【制作】① 鹌鹑蛋放入凉水锅中烧沸后，再用小火煮 5 分钟，把蛋捞出放于冷水中，然后剥去蛋壳；鸭掌煮熟后去骨，将筋挑断，用料酒、盐拌匀稍腌一下；把青虾与肥膘肉一起剁成蓉，并放入盐、味精、鸡蛋清、葱姜水和料酒以及湿淀粉搅匀成虾肉泥。② 将鸭掌蘸些面粉，把用虾肉泥挤成的小丸子放在上面，用尺子抹平，再把鹌鹑蛋按在上面中央部，两边粘上火腿末、香菜末，码入盘中，上屉蒸透即成“掌上明珠”。③ 锅置火上，放入鸡汤，加入盐、料酒、味精，汤烧沸后放入适量湿淀粉勾成芡汁，淋入鸡油，浇在盘中的“掌上明珠”上即可。

【烹饪技法】煮，腌，蒸。

【营养功效】益智补脑，美容养颜。

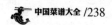

【健康贴士】鸭掌还可与苦笋搭配食用，具有排毒瘦身的作用，适宜水肿型肥胖患者食用。

老干妈炒鸭掌

【主料】鸭掌 400 克，老干妈豆豉酱 30 克，红椒 5 克。

【配料】盐 3 克，醋 8 克，酱油 10 克，植物油 30 克。

【制作】① 鸭掌洗净，入锅中煮熟后，捞出待凉，剔去骨头；红椒洗净，切圈。② 锅置火上，入油烧热，入鸭掌翻炒至变色，加入红椒炒匀，放入老干妈豆豉酱、盐、醋、酱油炒至熟即可。

【烹饪技法】炒。

【营养功效】开胃消食，排毒瘦身。

【健康贴士】鸭掌还可与木耳搭配食用，具有降低血脂的作用，对体质肥胖、高脂血症者最为适宜。

豉椒焖鸭掌

【主料】鸭掌 350 克，豆豉、辣椒各 10 克。

【配料】盐、味精各 4 克，酱油、辣椒油各 10 克。

【制作】① 鸭掌剥去外皮，煮熟，脱骨并去掌筋，用盐、味精、酱油腌 30 分钟；辣椒洗净，切段。② 锅置火上，入油烧热，下豆豉、辣椒爆香，放鸭掌炒熟，倒水焖 3 分钟，加入盐、酱油、辣椒油调味，出锅，盛盘即可。

【烹饪技法】腌，爆，焖。

【营养功效】温中益气，提神健脑。

【健康贴士】鸭掌具有很高的营养价值，一般人群均可食用，尤其适合营养不良者。

腐竹蒸鸭掌

【主料】鸭掌 300 克，腐竹 100 克。

【配料】盐 3 克，醋 8 克，酱油 10 克。

【制作】① 鸭掌洗净，入锅煮至熟软，捞出沥干；腐竹泡发，洗净，切成长短一致的段，排于盘中。② 将鸭掌放入碗中，加盐、醋、酱油腌渍，再将鸭掌置于盘中的腐竹上，放入蒸锅蒸 30 分钟，取出即可食用。

【烹饪技法】煮，腌，蒸。

【营养功效】补血养颜，益智健脑。

【健康贴士】鸭掌还可与芝麻搭配食用，具有提神健脑的作用，适宜熬夜后血压升高、头晕、头痛及眼红者食用。

小炒鸭掌

【主料】鸭掌 400 克，青椒、红椒各 15 克。

【配料】盐 3 克，醋 5 克，酱油 10 克，蒜苗 15 克。

【制作】① 鸭掌洗净，入沸水锅中煮至熟后，捞出剔去骨头；青、红椒洗净，切圈；蒜苗洗净，切段。② 锅置火上，入油烧热，入鸭掌翻炒至变色，再加入青红椒、蒜苗炒匀，加入盐、醋、酱油炒至熟后，出锅装盘即可。

【烹饪技法】煮，炒。

【营养功效】开胃消食，益精补髓。

【健康贴士】鸭掌还可与黄瓜搭配食用，具有排毒瘦身的作用，适宜肥胖者食用。

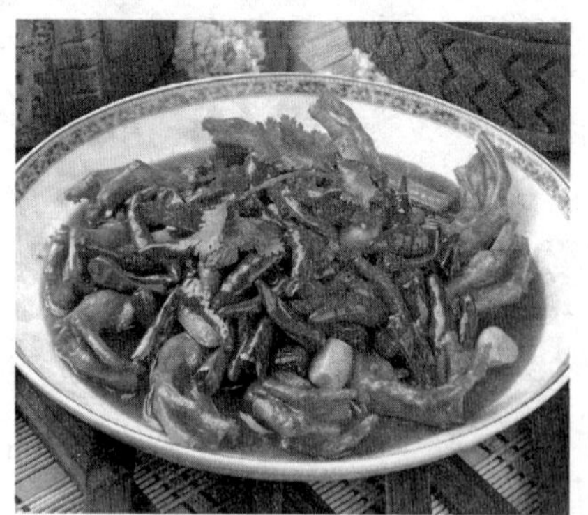

一品鞭花烩鸭掌

【主料】鸭掌、上海青各 250 克，牛鞭 100 克，枸杞 20 枚。

【配料】高汤 50 毫升，鸡汁 15 克，蚝油 15 克，鸡油 20 克，红油 10 克。

【制作】① 牛鞭洗净，切成花状，上笼蒸熟至软透备用；鸭掌洗净，去骨，上笼蒸熟；上海青、枸杞洗净，烫熟，摆盘备用。② 锅置火上，入油烧热，下高汤、牛鞭和鸭掌，放枸杞、蚝油、鸡汁煮开，装入放上海青的盘中，淋红油即可。

【烹饪技法】蒸，煮，烩。

【营养功效】保肝护肾，填精补髓。

【健康贴士】鸭掌含有丰富的胶原蛋白，具有紧致肌肤、修复细纹的作用，适宜皮肤松弛、过早出现细纹，皮肤干燥的人食用。

【巧手妙招】牛鞭摘去外膜及油脂杂物，割去尿道管再切花。

野山蘑烧鸭掌

【主料】鸭掌 250 克，野山蘑 100 克。

【配料】盐 3 克，醋 5 克，酱油 15 克，香菜 5 克，红椒 12 克，葱白 5 克。

【制作】① 鸭掌洗净，入沸水中稍汆后，捞出沥干；野山蘑洗净；香菜洗净；红椒、葱白洗净，切丝。② 锅置火上，入油烧热，下鸭掌翻炒至变色后，加入野山蘑、红椒、葱白、香菜炒匀，加入盐、醋、酱油炒熟。

【烹饪技法】汆，炒。

【营养功效】保肝护肾，益神开胃。

【健康贴士】鸭掌也可与萝卜搭配食用，具有增强人体免疫力的作用。

秘制去骨鸭掌

【主料】鸭掌 180 克，水发木耳 100 克。

【配料】盐 4 克，味精 3 克，酱油 15 克，香油 10 克，葱段、辣椒各 10 克，植物油 15 克，植物油 15 克。

【制作】① 鸭掌剥去外皮，用沸水煮熟，脱骨并去掌筋，切块；水发木耳洗净，摘蒂，撕小块。② 锅置火上，入油烧热，下鸭掌爆香，放入木耳炒熟，加葱段、辣椒炒匀，加入盐、味精、香油、酱油调味，盛盘即可。

【烹饪技法】煮，爆，炒。

【营养功效】降低血脂，养血驻颜。

【健康贴士】一般人皆可食用，尤其适合中老年人食用。

【巧手妙招】将黑木耳放在淘米水中浸泡 10 分钟，再放入清水中漂洗，更容易去除沙粒。

美味鸭掌

【主料】鸭掌 400 克，熟芝麻 15 克，芹菜 20 克。

【配料】盐 4 克，醋 5 克，酱油 5 克，青椒、红椒各 10 克，干辣椒 12 克，蒜苗 10 克，植物油 30 克。

【制作】① 鸭掌洗净；青椒、红椒洗净，切片；干辣椒洗净，切圈；蒜苗、芹菜洗净，切段。② 锅置火上，入油烧热，下鸭掌翻炒，放入芹菜、蒜苗、青椒、红椒、干辣椒炒匀，加入盐、醋、酱油翻炒至熟，撒上熟芝麻即可。

【烹饪技法】炒。

【营养功效】平肝降压，提神健脑。

【健康贴士】一般人皆可食用，尤其适合青少年食用。

鸭杂

鸭杂是鸭杂碎的统称，包括鸭舌、鸭血、鸭肠和鸭胗等，鲜美可口，且有多样营养素。

中医认为，它们皆性凉、味甘，入脾、胃、肺、肾经；具有滋阴、养胃、补肾、清热、消水肿、止咳化痰等功效。

火爆鸭舌

【主料】鸭舌 400 克。

【配料】盐 3 克，醋 5 克，酱油 10 克，青椒、红椒各 15 克，蒜苗 10 克，植物油 15 克。

【制作】① 鸭舌洗净；青椒、红椒洗净，切圈；蒜苗洗净，切段。② 锅置火上，入油烧热，下鸭舌翻炒至变色，加入青椒、红椒、蒜苗一起炒匀，加入盐、醋、酱油翻炒至熟后，出锅装盘即可。

【烹饪技法】炒。

【营养功效】舒筋活血，提神健脑

【健康贴士】鸭舌还可与芝麻搭配食用，具有保肝护肾的作用。

酱爆鸭舌

【主料】鸭舌 320 克，辣椒 100 克。

【配料】盐、味精各 4 克，酱油、香油、甜面酱各 10 克，植物油 30 克。

【制作】① 鸭舌洗净，入水汆烫，加盐、味精、酱油腌 30 分钟；辣椒洗净，切段。② 锅置火上，入油烧热，下鸭舌煸炒，捞出；锅内留油，下甜面酱炒香，再入辣椒、鸭舌炒熟，放盐、酱油、香油调味，盛盘即可。

【烹饪技法】汆，腌，煸炒，炒，爆。

【营养功效】开胃消食，提神健脑

【健康贴士】鸭舌也可与芦笋搭配食用，具有降低血压的作用，适宜高血压患者食用。

椒盐鸭舌

【主料】鸭舌 300 克。

【配料】盐 4 克，料酒 10 克，姜汁 3 克，淀粉、糯米粉各 10 克，植物油 30 克。

【制作】① 鸭舌洗净，加入料酒、姜汁、淀粉腌渍片刻，再加入糯米粉拌匀。② 锅置火上，入油烧热，下鸭舌炸至金黄酥脆，捞出沥干油，再将鸭舌回锅，放入盐炒匀即可。

【烹饪技法】腌，拌，炸，炒。

【营养功效】清热养胃，补血生津。

【健康贴士】鸭舌还可与香菇搭配食用，具有防癌抗癌的作用，适宜肿瘤患者食用。

松子炒鸭舌

【主料】鸭舌、松子各 150 克，生菜 20 克，雀巢 3 个。

【配料】盐 4 克，生抽、辣椒段各 10 克，植物油 30 克。

【制作】① 生菜洗净，在沸水中焯烫，放入盘中；雀巢洗净，放在生菜上；鸭舌洗净，切小段。② 锅置火上，入油烧热，下鸭舌、松子、辣椒段炒香，放入盐、生抽调味，将鸭舌、松子、辣椒一起盛入雀巢中即可。

【烹饪技法】拌，炸，炒。

【营养功效】润肠排毒，防癌抗癌。

【健康贴士】鸭舌也可与皮蛋搭配食用，具有降低血压的作用，适宜高血压患者食用。

芹菜鸭肠

【主料】鸭肠 200 克，芹菜、干辣各 35 克，红椒 10 克。

【配料】盐 4 克，生抽 10 克，植物油 15 克。

【制作】① 鸭肠洗净，切成长段，入沸水中汆烫；干椒、芹菜洗净，切段；红椒洗净，切丝。② 锅置火上，入油烧热，下鸭肠爆炒，放干椒、芹菜、红椒炒香，加水焖 2 分钟，加盐、生抽调味，翻炒均匀，盛盘即可。

【烹饪技法】汆，爆炒，炒，焖。

【营养功效】降低血糖，防癌抗癌。

【健康贴士】鸭肠有润肠作用，适宜痔疮患者食用。

芥末鸭肠

【主料】鸭肠 400 克，芥末 5 克。

【配料】盐 3 克，味精 1 克，醋 8 克，生抽 10 克。

【制作】① 鸭肠剪开洗净，切成长段，用盐、醋稍腌渍后备用。② 锅置火上，入油烧热，下鸭肠炒至发白时，加入盐、醋、芥末、生抽一起炒匀，翻炒至熟后，放入味精调味，盛盘即可。

【烹饪技法】腌，炒。

【营养功效】养心润肺，滋阴润燥。

【健康贴士】鸭肠还可与芝麻搭配食用，具有提神健脑的作用，适宜神疲乏力、头晕患者食用。

尖椒鸭肠

【主料】鸭肠 100 克，尖椒 200 克。

【配料】盐 4 克，生抽 10 克。

【制作】① 鸭肠剖开，洗净，切成长段，入水汆烫；尖辣洗净，去子，切丝。② 锅置火上，入油烧至六成热，下鸭肠爆炒，入尖椒炒香，再加水焖2分钟，加盐、生抽调味，翻炒均匀，盛盘即可。
【烹饪技法】汆，爆炒，炒，焖。
【营养功效】健胃、润肠、排毒。
【健康贴士】鸭肠也可与韭菜搭配食用，具有益肝补肾的作用，适宜肝肾不足所致的眩晕、眼花、发枯发落、头发早白等人食。

火爆鸭肠

【主料】水发木耳80克，鸭肠150克，蒜蓉段、青红椒各15克。
【配料】盐3克，料酒、香油各10克，大蒜5克。
【制作】① 鸭肠洗净，切段；木耳洗净，切片；大蒜去皮洗净，切片。② 锅置火上，入油烧热，下大蒜、青红椒炒香，入鸭肠爆炒片刻，放入蒜苗、木耳同炒，调入盐、料酒炒匀，淋上香油即可。
【烹饪技法】炒，爆炒。
【营养功效】清热明目，降低血脂。
【健康贴士】一般人皆可食用，尤其适合老年人食用。

老干妈爆鸭肠

【主料】老干妈豆豉酱50克，鸭肠200克。
【配料】盐3克，料酒、红油各10克，葱、青椒、红椒各15克，植物油30克。
【制作】① 鸭肠洗净，切段；葱洗净，切段；青椒、红椒洗净，青椒切段，红椒切片。② 锅置火上，入油烧热，下入葱、青椒、红椒炒香，再下鸭肠爆炒片刻，放入老干妈豆豉酱同炒，调入盐、料酒炒匀，淋入红油即可。
【烹饪技法】爆炒，炒。
【营养功效】开胃消食，醒脑提神。
【健康贴士】鸭肠也可与金针菇搭配食用，具有增智健脑的作用，适宜记忆力减退的人食用。

小炒鸭肝

【主料】鸭肝400克，青椒、红椒各15克。
【配料】盐3克，醋5克，酱油15克，葱5克，植物油30克。
【制作】① 鸭肝洗净，切块；青、红椒洗净，切圈；葱洗净，切段。② 锅置火上，入油烧热，入鸭肝翻炒至发白时，再加入青红椒、葱炒匀，加入盐、醋、酱油炒至熟后，出锅装盘即可。
【烹饪技法】炒。
【营养功效】护肝解毒，强身护肾。
【健康贴士】鸭肝还可与芹菜搭配食用，具有降低血糖的作用，适宜高血压、糖尿病患者食用。

口蘑焖鸭翅

【主料】鸭翅300克，口蘑250克。
【配料】姜5克，盐10克，白砂糖5克，鲍鱼汁5克，料酒5克，高汤40毫升，淀粉15克，水淀粉20克，色拉油25克。
【制作】① 鸭翅洗净，斩小块，用盐、淀粉拌匀；口蘑去梗。② 锅置火上，入油烧至七成热，下入鸭块炸至金黄色，捞出沥油。③ 锅内留底油烧热，爆香姜片，放入鸭翅、口蘑略炒，加入高汤焖10分钟，烹入料酒、白砂糖、鲍鱼汁调味炒匀，水淀粉勾芡，待汤汁收浓装盘即可。
【烹饪技法】拌，炸，炒，焖
【营养功效】养阴补虚，抗衰老。
【健康贴士】鸭翅含有较高的胆固醇，冠心病患者不宜食用。

大蒜烧鸭胗

【主料】鸭胗300克，大蒜50克。
【配料】盐、味精各4克，豆瓣酱、酱油各10克，香菜3克，植物油30克。
【制作】① 鸭胗洗净，切成片，用盐、味精、酱油腌15分钟；大蒜去皮，洗净，整棵备用；

香菜洗净，切段。② 锅置火上，入油烧至七成热，下大蒜爆香，再加鸭胗炒香，加水焖2分钟，加入盐、味精、豆瓣酱、酱油调味，炒匀，盛盘，放上香菜即可。

【烹饪技法】爆，炒。

【营养功效】消胀化积，排毒清肠。

【健康贴士】鸭胗还可与花生搭配食用，具有保肝护肾的作用。

酸姜烩鸭胗花

【主料】鸭胗500克，酸姜30克，蒜苗50克。

【配料】红椒50克，盐6克，生抽20克，料酒20克，植物油35克。

【制作】① 鸭胗洗净，切薄片，再改花刀，用料酒、生抽和少量盐拌匀腌渍10分钟。② 酸姜切片；蒜苗洗净，切段；红椒切片。③ 锅置火上，入油烧热，下酸姜片、蒜苗、红椒炝锅，再下鸭胗炒至变色后，加少许生抽和料酒爆炒约1分钟，出锅装盘即可。

【烹饪技法】拌，腌，炒，烩。

【营养功效】保肝护肾，开胃消食。

【健康贴士】鸭胗也可与菊花搭配食用，具有养心润肺的作用，适宜身体虚弱而有心烦失眠、肺热咳嗽者食用。

鸭血炒鸭胗

【主料】鸭胗300克，鸭血200克。

【配料】盐4克，味精2克，醋5克，酱油15克，香菜5克，红椒、青椒各15克，植物油35克。

【制作】① 鸭胗洗净，切块；鸭血洗净，切片；青椒、竹笋洗净，切圈；香菜洗净，切段。② 锅置火上，入油烧热，下鸭胗炒至变色后，加入鸭血、青椒、红椒炒匀，加入盐、醋、酱油翻炒至熟后，加入味精调味，撒上香菜即可。

【烹饪技法】炒。

【营养功效】补血养颜，清热解毒。

【健康贴士】鸭胗也可与菠萝搭配食用，具有补血养胃、健脾的作用，适宜脾胃虚弱、贫血患者食用。

黄金鸭血

【主料】鸭血200克，鸡蛋100克。

【配料】盐3克，味精2克，醋5克，酱油15克，红椒10克，大蒜15克，香菜3克，植物油20克。

【制作】① 鸭血洗净，切成厚片；鸡蛋入油锅煎成荷包蛋；红椒洗净，切圈；大蒜、香菜洗净。② 将鸡蛋装盘，加入盐、味精、醋、酱油拌匀，再放入鸭血，撒上红椒，大蒜，放入蒸锅中蒸熟后，取出，撒上香菜即可。

【烹饪技法】煎，拌，蒸。

【营养功效】补血护肝，排毒瘦身。

【健康贴士】鸭血含铁丰富，适宜失血血虚、血热上冲的人食用。

风味鸭血

【主料】鸭血250克，莴笋100克。

【配料】葱5克，红椒20克，泡椒20克，香油10克，盐5克，味精4克，红油30克，生抽20克，植物油35克。

【制作】① 鸭血洗净，切长方块，烫熟；莴笋去皮洗净，切段；葱洗净，切葱末；红椒洗净，切块。② 锅置火上，入油烧热，下生抽、香油、鸭血、莴笋、泡椒、红椒炒熟，再加适量清水煮开，待熟后下盐、味精调味，淋上红油，撒上葱末即可。

【烹饪技法】煮，炒。

【营养功效】滋阴补血，通便解毒。

【健康贴士】鸭血性寒，脾阳不振，寒湿泻痢者忌食。

韭香鸭血

【主料】鸭血（盒装）400克，韭菜150克。

【配料】色拉油25克，盐3克，味精2克，姜丝5克，料酒15克，香油5克，植物油50克。

【制作】① 鸭血取出，切成长条，入沸水中汆烫，捞出，沥干水分；韭菜洗净，切段。② 锅置火上，入油烧热，下姜丝爆香，烹入料酒，放韭菜炒至八成熟，加入盐、味精，再下入鸭血迅速翻炒均匀，淋香油，装盘即可。

【烹饪技法】汆，爆，炒。

【营养功效】补血壮阳，排毒养肝

【健康贴士】鸭血有吸尘的作用，从事粉尘、纺织、环卫、采掘等工作的人尤其应常食。

脆炒鸭肚

【主料】鸭肚 150 克，莴笋、黄瓜、胡萝卜各 60 克。

【配料】盐、味精各 4 克，酱油 10 克，植物油 15 克。

【制作】① 莴笋去皮，切片，焯水；黄瓜洗净，切片，焯水；胡萝卜洗净，切丝；鸭肚洗净，切丝。② 锅置火上，入油烧热，下入鸭肚爆香，加入胡萝卜丝、盐、味精、酱油炒匀。③ 将莴笋、黄瓜摆在盘中，倒入鸭肚、胡萝卜丝即可。

【烹饪技法】爆，炒。

【营养功效】保肝护肾，排毒瘦身。

【健康贴士】鸭肚也可与砂仁搭配食用，具有健脾补气的作用，适宜神疲乏力、气虚的人食用。

四季豆鸭肚

【主料】鸭肚 150 克，四季豆 160 克。

【配料】盐 4 克，味精 2 克，生抽、香油各 10 克，辣椒、大葱各 15 克，植物油 35 克。

【制作】① 四季豆洗净，撕去豆荚，入沸水中烫熟，捞出，盛盘；辣椒、鸭肚、大葱洗净，切丝。② 锅置火上，入油烧热，下鸭肚煸炒，入辣椒、大葱炒香，加水焖 3 分钟，放盐、味精、生抽、香油调味，翻炒均匀，盛盘即可。

【烹饪技法】煸炒，焖，炒。

【营养功效】益气健脾，防癌抗癌。

【健康贴士】鸭肚性凉，胃肠寒湿之气重，容易腹泻的人要少食。

火燎鸭心

【主料】鸭心 250 克。

【配料】盐 2 克，白酒 10 克，香油 5 克，白砂糖 5 克，酱油 15 克，胡椒粉 1 克，香菜、葱白各 5 克，植物油 35 克。

【制作】① 鸭心处理干净，剞上花刀，加入白酒、盐、酱油、香油、白砂糖、胡椒粉抓匀备用。② 香菜洗净，切段；葱白洗净，切细丝。③ 葱丝、香菜段放在碗中，加盐、香油调拌均匀，围在盘边。④ 锅置火上，入油烧热，下入鸭心炒熟即可。

【烹饪技法】拌，炒。

【营养功效】健脾和胃，安神除烦。

【健康贴士】鸭心还可与燕窝搭配食用，具有健脾益胃、养心安神的作用，适宜脾胃虚弱、心烦气躁、精神倦乏的人食用。

玉米笋鸭心

【主料】鸭心 450 克，玉米笋 100 克。

【配料】盐 3 克，料酒 10 克，酱油 15 克，水淀粉 10 克，干辣椒段 6 克，青、红椒片 5 克，植物油 35 克。

【制作】① 鸭心洗净，汆水，用盐、料酒腌渍；玉米笋洗净，剖开。② 锅置火上，入油烧热，加干辣椒煸炒，再入盐、酱油、料酒、青红椒继续翻炒，用水淀粉勾芡后，起锅即可。

【烹饪技法】汆，腌，煸炒，炒。

【营养功效】醒脑通脉，降压平肝。

【健康贴士】鸭心具有亮发的作用，头发枯燥、发黄、没有光泽的人宜食。

笋爆鸭心

【主料】鸭心 400 克，竹笋 100 克。

【配料】盐 3 克，醋 8 克，酱油 15 克，青椒、红椒各 15 克，植物油 35 克。

【制作】① 鸭心洗净，剖开后，切成大片；青椒、红椒洗净，切片；竹笋洗净，切成梳子片。② 锅置火上，入油烧热，下鸭心翻炒至变色，加入青椒、红椒、竹笋炒匀，再加入盐、醋、酱油炒至熟后，出锅装盘即可。

【烹饪技法】炒，爆。

【营养功效】降低血压，延年益寿。

【健康贴士】一般人皆可食用，尤其适合老年人食用。

芹菜炒鸭杂

【主料】鸭肝、鸭心、鸭胗各 100 克，黑木耳 10 克，芹菜 100 克。

【配料】盐 3 克，味精 2 克，醋 5 克，酱油 15 克，红椒 10 克。

【制作】① 鸭肝、鸭心、鸭胗洗净，切块；黑木耳泡发洗净；红椒洗净，切片；芹菜洗净，切段。② 锅置火上，入油烧热，下入鸭肝、鸭心、鸭胗翻炒至变色，加入黑木耳、芹菜、红椒炒匀，加入盐、醋、酱油炒至熟后，加入味精调味即可。

【烹饪技法】炒，爆。

【营养功效】降低血脂，清肝明目。

【健康贴士】鸭肝中含有较高的胆固醇，胆囊炎患者忌食。

【巧手妙招】芹菜最好先焯水再炒，这样可以去除涩味。

双椒鸭杂

【主料】鸭肝、鸭心、鸭胗各 100 克，红椒、青椒各 12 克。

【配料】盐 4 克，味精 3 克，醋 8 克，酱油 10 克，植物油 35 克。

【制作】① 鸭肝、鸭心、鸭胗洗净，均切成薄片；红椒、青椒洗净，对剖开。② 锅置火上，入油烧热，下鸭肝、鸭心、鸭胗炒至变色后，加入红椒、青椒炒匀，加入盐、醋、酱油炒至熟后，加入味精调味即可。

【烹饪技法】炒。

【营养功效】养心润肺，滋阴补阳。

【健康贴士】鸭心具有通血的作用，适宜气滞血瘀者食用。

炒鸭杂件

【主料】鸭肝、鸭肠、鸭胗、竹笋各 80 克，红椒、青椒各 12 克。

【配料】盐 4 克，味精 3 克，醋 8 克，酱油 10 克，植物油 15 克。

【制作】① 鸭肝、鸭肠、鸭胗洗净，均切片；青椒、竹笋洗净，切块；木耳泡发洗净，撕成小片。② 锅置火上，入油烧热，下鸭肝、鸭肠、鸭胗炒熟，再下木耳、青椒、竹笋炒香，加入盐、味精、酱油、香油调味，翻炒均匀，装盘即可。

【烹饪技法】炒。

【营养功效】滋阴补血，增强免疫。

【健康贴士】一般人皆可食用，尤其适合女性食用。

鹅肉

鹅肉含有人体生长发育所必需的各种氨基酸，其组成接近人体所需氨基酸的比例，从生物学价值上来看，鹅肉是全价蛋白质，优质蛋白质。鹅肉中的脂肪含量较低，仅比鸡肉高一点儿，比其他肉要低得多。鹅肉不仅脂肪含量低，而且品质好，不饱和脂肪酸的含量高，特别是亚麻酸含量均超过其他肉类，对人体健康有利。鹅肉脂肪的熔点亦很低，质地柔软，容易被人体消化吸收。

中医认为，鹅肉性平、味甘，入脾、肺、肝经；具有补阴益气、暖胃开津、祛风湿防衰老等功效，适用于虚弱羸瘦、消渴等症。

清蒸盐水鹅

【主料】鹅肉 650 克。

【配料】姜 50 克，葱 10 克，盐 5 克，胡椒粉 6 克，料酒 6 克，鸡精 3 克。

【制作】① 鹅肉洗净，切成块状；姜切片；葱切花。② 锅中加水煮沸，下入鹅肉块汆烫后捞出滤除血水，再装入碗中，加入盐、胡椒粉、料酒、鸡精腌渍约 3 个小时。③ 将腌渍好的鹅肉与姜片、葱末入锅中蒸约 1 小时，待熟烂后取出，扣入盘中即可。

【烹饪技法】汆，腌，蒸。

【营养功效】补虚益气，暖胃生津。

【健康贴士】鹅肉还可与白萝卜搭配食用，具有止咳化痰的作用，适宜咳嗽痰多患者食用。

诸侯鹅

【主料】活鹅 1 只（约 1500 克），大白菜 750 克，水发香菇 50 克，水发玉兰片 25 克。

【配料】葱 30 克，姜 25 克，酱油 100 克，绍酒 50 克，盐 6 克，味精 3 克，白砂糖 25 克，水淀粉 25 克，大料 0.5 克，桂皮 0.5 克，荜茇 0.5 克，茴香 0.5 克，清汤 500 毫升，猪油 1500 克（实耗 100 克）。

【制作】① 鹅宰杀后，剖出内脏，用水冲净，剔去骨筋，放盆内，注入酱油 30 克、绍酒 10 克腌渍；葱切段；姜切片备用。② 锅置大火上，入油 1500 克烧至七成热，下鹅炸成微黄色捞出，置另一锅中，加水淹没鹅肉，放入盐 2 克、绍酒 20 克、葱段、姜片、大料、茴香、荜茇、桂皮，盖上锅盖煨煮九成熟取出，切成坡刀片，整齐装入碗内，加入煮鹅的原汁，上笼蒸熟。③ 将白菜洗净，切条；玉兰片切成细丝备用。香菇置沸水泡透，放入碗内，加清汤 50 毫升、盐 1 克、绍酒 5 克上笼蒸 1 小时。④ 锅置大火上，入油 500 克烧至八成热，投入切好的白菜炸至金黄色，捞出沥油；另取炒锅置大火上，注入清汤 450 毫升烧沸，加入炸好的白菜及盐 3 克、绍酒 15 克、酱油 70 克、味精 2 克、白砂糖烧沸，将汤滗出，用水淀粉 1 克勾芡，起锅装于盘内。将蒸鹅取出沥去汁（留用），翻转扣在白菜上，将蒸好的香菇点缀其上。⑤净炒锅置中火上，放入蒸鹅的原汁，加入玉兰片丝烧沸，用水淀粉 24 克勾芡，起锅浇于鹅上即可。

【烹饪技法】腌，煨，煮，蒸，炸。

【营养功效】润肺止咳，暖胃生津。

【健康贴士】凡经常口渴、乏力、气短、食欲不振者，可常喝吃鹅肉，这样既可补充老年糖尿病患者营养，又可控制病情发展。

典食趣话：

相传春秋战国时期，齐桓公有一次率兵征战归营途中又饥又渴，有士兵进献一只大肥鹅，桓公大喜，交给一餐馆精心制作。桓公吃后赞不绝口。从此这家餐馆就以做鹅菜出名。这道菜因为首先是齐桓公吃用，就取名“诸侯鹅”。传入陕西年代久远，经历代名厨不断改进，留传至今。

洋葱炒鹅肉

【主料】鹅肉 400 克，洋葱 100 克，青椒、红椒各 15 克。

【配料】盐 3 克，味精 1 克，醋 8 克，酱油 15 克。

【制作】① 鹅肉洗净，切片；洋葱、青椒、红椒分别洗净，切片。② 锅置火上，入油烧热，放入鹅肉翻炒至发白后，加入洋葱、青椒、红椒炒匀，加入盐、醋、酱油翻炒至熟后，加入味精调味，出锅装盘即可。

【烹饪技法】炒。

【营养功效】益气提神，增强免疫。

【健康贴士】鹅肉也可与芋头搭配食用，具有补虚益气的作用，适宜气虚体质的人食用。

腐竹烧鹅

【主料】鹅肉 400 克，腐竹 150 克。

【配料】盐 3 克，味精 1 克，醋 8 克，酱油 15 克，五香粉 10 克，葱末、姜末各 5 克。

【制作】① 鹅肉洗净，切块；腐竹泡发，洗净，切长段；香菜洗净，切段。② 锅置火上，入油烧热，放入鹅肉翻炒至变色时，加入腐竹、五香粉、姜末炒香，注少量水，再加入盐、醋、酱油一起煮至熟后，加入味精调味，撒上香菜即可。

【烹饪技法】炒，煮，烧。

【营养功效】和胃润肺，清热止渴。

【健康贴士】鹅肉不宜与鸡蛋同食，伤元气。

酱爆鹅脯

【主料】鹅脯肉300克，青椒、红椒各10克，上海青30克。

【配料】盐3克，味精1克，醋8克，酱油15克，植物油35克。

【制作】① 鹅脯洗净，切成片；青椒、红椒洗净，切片；上海青洗净，烫熟备用。② 锅置火上，入油烧热，下鹅脯肉翻炒至变色后，放青椒、红椒炒匀，加入盐、醋、酱油翻炒熟后，加入味精调味，出锅装盘，摆上上海青即可。

【烹饪技法】炒。

【营养功效】开胃补血，生津补虚。

【健康贴士】鹅肉为发物，有顽固性皮肤病、淋巴结核以及痈肿疔毒之疾患者应禁食。

【巧手妙招】炒鹅脯肉的时候可以加点儿白砂糖，色泽更佳。

明炉烧鹅

【主料】整鹅1只（约2500克）。

【配料】姜末5克，酱油10克，盐4克，味精1克，香油6克，黄酒6克，大料、花椒、桂皮各5克，蜂蜜3克。

【制作】① 大料、桂皮、花椒炒制在碗中捣碎，加入黄酒、酱油、姜末、味精调匀。② 整鹅洗净，晾干水分，将盐与调匀的黄酒、酱油、姜末、味精填入腹部，蜂蜜均匀涂在鹅身上，放入炉内用炭火烤烧至皮脆，涂上香油后剁成块即可食用。

【烹饪技法】烧。

【营养功效】益气补虚，补心安神。

【健康贴士】鹅肉还可与西蓝花搭配食用，具有止咳润喉、补虚强身的作用，适宜咽喉干燥、体虚的人食用。

北国东山老鹅

【主料】鹅肉600克。

【配料】盐3克，味精2克，醋5克，酱油10克，姜5克，干红椒10克，葱5克，植物油30克。

【制作】① 鹅肉洗净，切块；姜洗净，切末；干红椒洗净；葱洗净，切段。② 锅置火上，入油烧热，下干红椒、姜末炒香，放入鹅块翻炒至发白时，注水焖煮，加入盐、醋、酱油煮至熟后，调入味精，出锅装盘，撒上葱段即可。

【烹饪技法】炒，煮。

【营养功效】祛风驱寒，延缓衰老。

【健康贴士】鹅肉也可与土豆搭配食用，具有生津补虚、益气止渴的作用，适宜体虚火旺患者食用。

扬州风鹅

【主料】鹅肉500克。

【配料】盐3克，味精1克，醋8克，酱油10克，姜5克，香菜、红椒各5克，植物油35克。

【制作】① 鹅肉洗净，切块；用盐、酱油腌渍；红椒洗净，切丝；香菜洗净。② 锅置火上，入油烧至八成热，放入腌好的鹅块翻炒至变色，注水并加入盐、醋、酱油焖煮至熟后，加入味精调味，捞出沥干装入盘中，撒上香菜、红椒即可。

【烹饪技法】腌，炒，焖，煮。

【营养功效】强壮机体，防癌抗癌。

【健康贴士】鹅肉不可与鸭梨同食，易发热病。

一口醉仙鹅

【主料】鹅肉500克，青、红椒20克。

【配料】盐3克，味精2克，陈醋4克，酱油8克，料酒10克。
【制作】① 鹅肉洗净，切块；青、红椒洗净，切条。② 锅置火上，入油烧热，下入鹅块炒至出油，倒入酱油、料酒、陈醋及适量清水焖至软烂，加入青、红椒条翻炒至熟，加盐、味精调味即可。
【烹饪技法】炒，焖。
【营养功效】补虚益气，暖胃祛湿。
【健康贴士】鹅肉为发物，各种肿瘤疾病患者应禁食。
【举一反三】用高汤替换清水，此菜更美味。

鹅肠

鹅肠，富含蛋白质、B族维生素、维生素C、维生素A和钙、铁等微量元素。对人体新陈代谢，神经、心脏、消化和视觉的维护都有良好的作用。

中医认为，鹅肠性平、味甘，入脾、肺、肝经；具有益气补虚、温中散血、行气解毒的功效。

清炒鹅肠

【主料】鹅肠300克。
【配料】酱油10克，盐4克，味精1克，醋8克，葱5克，蒜苗、青椒、红椒各15克，植物油30克。
【制作】① 鹅肠剪开洗净，切成段；葱、蒜苗洗净切段；青、红椒洗净切片。② 锅置火上，入油烧热，放入鹅肠翻炒至变色后，加入盐、醋、酱油翻炒入味。再加入蒜苗、葱、红椒、青椒翻炒至熟后，加味精调味，出锅装盘即可。
【烹饪技法】炒。
【营养功效】保肝护肾，补虚养身。
【健康贴士】鹅肠还可与芹菜搭配食用，具有降低血压的作用，适宜高血压患者食用。
【巧手妙招】清洗鹅肠时，先放入清水中浸泡至鹅肠膨胀，然后再用小刀将污秽刮去，最后冲洗干净。

剁椒鹅肠

【主料】鹅肠400克，剁椒100克。
【配料】酱油10克，盐3克，味精1克，醋8克，葱5克。
【制作】① 鹅肠剖开，洗净，切成长段；葱洗净，切花。② 将鹅肠下入沸水中烫至卷起，至熟时，捞出，沥干水分，装入碗中。③ 锅置火上，入油烧热，下剁椒炒香，再加葱末以外的配料调味后，起锅淋在鹅肠上，并撒上葱末即可。
【烹饪技法】炒。
【营养功效】益气健脾，补血养颜。
【健康贴士】鹅肠也可与黄瓜搭配食用，具有排毒瘦身的作用，适宜便秘、肥胖患者食用。

泡椒鹅肠

【主料】鹅肠400克，泡椒100克。
【配料】花椒1克，盐3克，味精1克，醋15克，酱油20克，蒜苗、葱各8克。
【制作】① 鹅肠剪开，洗净，切段；泡椒洗净；蒜苗洗净，切段；花椒洗净；葱洗净，切花。② 锅置火上，入油烧热，下花椒炒香，放入鹅肠翻炒，加入蒜苗、泡椒一起炒匀，至熟后，加入盐、味精、醋、酱油炒匀入味，出锅装盘，撒上葱末即可。
【烹饪技法】炒。
【营养功效】开胃消食，活血化瘀。
【健康贴士】一般人皆可食用，尤其适合男性食用。

小炒鹅肠

【主料】鹅肠300克，蒜薹100克，红椒30克。
【配料】盐3克，味精1克，醋15克，酱油10克，蒜5克。
【制作】① 鹅肠剪开，洗净，切段；蒜薹洗净；切段；红椒洗净，切圈；蒜洗净，切片。

② 锅置火上，入油烧热，下鹅肠炒至发白后，加入红椒、蒜薹、蒜片炒匀，加入盐、醋、酱油炒至熟后，加入味精调味，出锅装盘即可。

【烹饪技法】炒。

【营养功效】提神健脑，理气解毒。

【健康贴士】一般人皆可食用，尤其适合儿童食用。

鹅掌

鹅掌的营养价值并不亚于熊掌。鹅掌不仅是常用菜肴，而且还是滋补佳品。据食品营养专家分析，每 100 克鹅掌中约含蛋白质 16.8 克、脂肪 11.3 克、碳水化合物 2.7 克。另外，鹅掌中还含有丰富的维生素 A、维生素 B、维生素 C 及钙、磷、铁等营养物质，尤其是鹅掌中的蛋白质水解后，所产生的胱氨酸、精氨酸等 11 种氨基酸之含量均与熊掌不相上下。

中医认为，鹅掌性平、味甘，入脾、肺、肝经；具有生津止渴、养胃、养阴补虚等功效。

鲍汁扣鹅掌

【主料】鹅掌 1 只，面条 20 克，西蓝花 15 克。

【配料】鲍汁 30 克。

【制作】① 鹅掌脱尽外皮，洗净，汆水捞出，下入油锅中炸至金黄色，最后放入锅中，加水煨至熟软。② 西蓝花洗净，掰成小朵，下入沸水中烫熟，面条入锅中煮熟后，再浸入冷水中几分钟以防粘连。③ 将鹅掌、西蓝花、面条装盘，待鲍汁加热，淋在盘中即可。

【烹饪技法】汆，炸，煨，煮。

【营养功效】清解毒肝，补血美颜。

【健康贴士】一般人皆可食用，尤其适合女性使用。

鲍汁辽参扣鹅掌

【主料】鹅掌 1 只，辽参 40 克，鲍汁 30 克。

【配料】耗油 10 克，盐 3 克，火腿汁 8 克，淀粉 15 克，上汤 50 毫升，植物油 15 克。

【制作】① 鹅掌洗净，入油锅稍炸后，再入蒸锅内蒸至熟软；辽参洗净，入沸水中焯烫至八成熟后，捞出。② 锅置火上，入油烧热，加上汤，放耗油、盐调味，加入辽参烧沸后，与鹅掌同装盘，将鲍汁、火腿汁烧沸，勾芡，淋在鹅掌上即可。

【烹饪技法】焯，炸，蒸，烧。

【营养功效】健脾开胃，滋肾养肝，益阴理气。

【健康贴士】鹅掌的蛋白质含量很高，能促进人体的新陈代谢。

鲍汁鹅掌

【主料】鹅掌 1 只，鲍鱼汁 50 克。

【配料】盐 2 克，高汤 200 克，水淀粉 15 克，高汤 50 毫升。

【制作】① 鹅掌洗净，入沸水锅内汆至断生，捞出沥水。② 取砂锅 1 个，加入高汤、鲍鱼汁、盐搅匀烧沸，下水鹅掌焖至入味熟透捞出，装盘。③ 锅内余汁烧热，水淀粉勾芡，淋入盘中即可。

【烹饪技法】汆，焖。

【营养功效】滋肾养肝，益阴理气。

【健康贴士】鹅掌也可与柠檬搭配食用，具有开胃醒脾、补气生津的作用，适宜食欲不振、气虚乏力的人食用。

花菇扣鹅掌

【主料】鹅掌 1 只，花菇 100 克。

【配料】盐 3 克，醋 8 克，酱油 20 克，淀粉 20 克。

【制作】① 鹅掌处理干净，入沸水汆熟；花菇泡发，洗净。② 锅置火上，入油烧热，下鹅掌翻炒至发白后，放花菇并注水焖煮，加入盐、醋、酱油炖煮，淀粉勾芡即可。

【烹饪技法】炒，焖，煮。

【营养功效】健胃理气，生津利尿。

【健康贴士】一般人皆可食用，尤其适合孕产妇食用。

鲍汁花菇扣鹅掌

【主料】鹅掌 1 只，花菇 100 克，百灵菇 100 克，西蓝花 15 克。

【配料】鲍汁 30 克。

【制作】① 鹅掌洗净，汆水，捞出沥干，下入四成热油中炸至金黄色后起锅；花菇泡发，洗净；百灵菇洗净，修整成四方小块。② 锅中加鹅掌、花菇、百灵菇，中火煲熟后取出装入盘中备用。鲍汁加热淋在鹅掌上，西蓝花洗净，烫熟后同摆盘。

【烹饪技法】汆，炸，煲。

【营养功效】开胃健肝，理气活血，安神生津。

【健康贴士】一般人皆可食用，尤其适合男性食用。

鲍汁百灵菇扒鹅掌

【主料】鹅掌 1 只，百灵菇 100 克，鲍汁 30 克，上海青 50 克。

【配料】盐 4 克，鸡精 1 克，耗油 15 克，糖 5 克，生抽 10 克。

【制作】① 百灵菇洗净；鹅掌洗净，沥干；上海青洗净，入锅中烫熟；百灵菇焯烫，捞出，沥水切薄片；鹅掌入油锅中炸至金黄色。② 砂锅置火上，放入百灵菇、鹅掌，调入盐、鸡精、耗油、糖、生抽一起煲熟，盛出装入盘中，淋上鲍汁，摆上上海青即可食用。

【烹饪技法】焯，煲。

【营养功效】祛脂减肥，抗衰养颜，防癌抗癌。

【健康贴士】一般人皆可食用，尤其适合老年人食用。

【举一反三】也可以用香菇代替百灵菇，此菜会另有一番风味。

鸽肉

鸽子的营养价值极高，既是名贵的美味佳肴，又是高级滋补佳品。鸽肉为高蛋白、低脂肪食品，蛋白含量为 2.44%，超过兔、牛、猪、羊、鸡、鸭、鹅和狗等肉类，所含蛋白质中有许多人体的必需氨基酸，鸽子肉中的脂肪含量仅为 0.3%，低于其他肉类，是人类理想的食品。鸽子蛋被人称为“动物人参”含有丰富的蛋白质。中国民间有“一鸽胜九鸡”的说法。

中医认为，鸽肉性平、味咸，入肺、肝、肾经；具有滋肾益气、祛风解毒、调经止痛的功效，主治虚羸、妇女血虚经闭、消渴、久疟、麻疹、肠风下血、恶疮、疥癣等症。

松仁玉米炒乳鸽

【主料】鸽肉 200 克，松仁、玉米各 100 克，粉丝 50 克，生菜 30 克。

【配料】盐 4 克，味精 1 克，酱油 5 克，红椒末 10 克，植物油 30 克。

【制作】① 鸽肉洗净，剔去骨头，切末；松仁、玉米均洗净；粉丝入锅中炸脆，垫入盘底；生菜洗净，置粉丝上。② 锅置火上，入油烧热，下鸽肉炒熟，再下松仁、玉米、红椒同炒片刻，调入盐、味精、酱油炒匀，出锅装盘即可。

【烹饪技法】炸，炒。

【营养功效】养血补虚，健脑益智。

【健康贴士】鸽肉不宜与猪肉同食，易引发滞气。

【巧手妙招】鸽子去毛时可用 60℃的水烫后煺毛，因为鸽皮很嫩，水温不能太高。

纸锅泡椒鸽

【主料】鸽子 1 只，芹菜 50 克。

【配料】盐 4 克，味精 1 克，料酒 10 克，红油 5 克，泡椒、香菜各 5 克，植物油 30 克。

【制作】① 鸽子洗净，剁块；芹菜洗净，切段。② 锅置火上，入油烧热，下鸽肉炒熟，再下泡椒、芹菜同炒片刻，调入盐、味精、料酒炒匀，淋入红油，撒下香菜段，装入纸锅中即可。

【烹饪技法】炒。

【营养功效】滋肾益气，平肝降压。

【健康贴士】鸽肉还可与银耳搭配食用，具有滋阴润肺、补肾强身的作用，适宜肺虚燥咳、肾虚头晕、腰膝酸软等人食用。

脆皮炸乳鸽

【主料】鸽子1只。

【配料】盐4克，桂皮5克，甘草2克，大料5克，料酒、饴糖各10克，鸡汤30毫升，脆皮水15克。

【制作】① 鸽子处理干净；将盐、大料、桂皮、甘草、料酒放入鸡汤内，烧1个小时，制成白卤水。② 鸽子放入白卤水中，浸1小时后取出。③ 将饴糖、脆皮水调匀，涂在鸽子皮上，挂在风凉处吹3小时，再入热油锅炸至金黄色即可。

【烹饪技法】烧，炸。

【营养功效】滋肾暖腰，益精补血。

【健康贴士】常吃鸽肉能治疗神经衰弱，增强记忆力。

【巧手妙招】烧鸽子时，先将油烧至80℃，然后调小火，放入鸽子慢慢炸至金黄色，捞出沥干油即可。

葱油乳鸽

【主料】乳鸽肉700克。

【配料】葱20克，料酒20克，啤酒10克，酱油15克，盐8克，味精3克，白砂糖3克，胡椒粉2克，姜10克，高汤150毫升。

【制作】① 乳鸽处理干净，入沸水中汆烫后，捞出，沥干水分，抹上酱油、料酒，入油锅炸透后捞出。② 乳鸽放盆内，加入盐、酱油、料酒、白砂糖、胡椒粉、姜、高汤，入蒸笼蒸熟，取出切块，按原形摆入盘中。③ 锅置火上，入油烧热，下葱末爆香，倒入适量蒸鸽的原汤，加味精调味，浇在盘中即可。

【烹饪技法】汆，炸，蒸，爆。

【营养功效】祛风解毒，清热利尿。

【健康贴士】鸽肉含有丰富的泛酸，可治疗男子阴囊湿疹瘙痒。

炒白鸽

【主料】白鸽1只，马蹄肉150克，熟火腿末10克，韭黄25克，瘦肉75克。

【配料】鸡蛋清3克，薄饼皮12张，生菜150克，猪油1000克（实耗100克），味精、盐各3克，芝麻油5克。

【制作】① 白鸽焖死，去毛、剖腹，取出内脏，洗净，切去头、尾，拆去粗骨。② 用刀把鸽肉、瘦肉剁成幼蓉，用碗盛起，加入鸡蛋清调和，马蹄肉、韭黄切成细末。③ 锅置火上，入油烧至五成热，将鸽肉下锅炸后，倒在笊篱上，再把鸽肉下锅炒四、五分钟，投入马蹄肉、韭黄、火腿末、味精、盐、芝麻油炒4～5分钟，出锅装盘。④ 另将头、尾炸熟，砌成鸽形；上席时放上薄饼皮、生菜叶即可。

【烹饪技法】炸，炒。

【营养功效】壮体补肾，健脑补神。

【健康贴士】鸽肉是甜血动物，适合贫血者食用。

【巧手妙招】鸽子已经死去而体温尚未散尽时立刻把毛拔尽；等到鸽子完全冷却，毛就难去了。

凤城爆鸽块

【主料】鸽子1只，芦笋80克，榄菜30克。

【配料】盐、味精各3克，香油10克，植物油20克。

【制作】① 鸽子洗净，汆水后捞出，切块；芦笋洗净，切成斜段。② 锅置火上，入油烧热，下鸽块爆熟，再下芦笋翻炒，放入榄菜同炒片刻，加入盐、味精炒匀，淋入香油即可。

【烹饪技法】汆，爆，炒。

【营养功效】增强免疫，开胃消食。

【健康贴士】鸽肉还可与枸杞搭配食用，具有补气养血的作用，适宜气血不足者食用。

虾片乳鸽

【主料】鸽子350克，虾片50克。

【配料】盐 3 克，酱油、料酒各 10 克，卤水 100 毫升，植物油 100 克。
【制作】① 虾片洗净，入锅炸脆，摆盘；鸽子处理干净，加盐、料酒、酱油腌渍。② 将鸽子放入卤水中，卤 1 小时至熟取出。③ 锅置火上，入油烧热，下鸽子炸至金黄色，起锅置于虾片上即可。
【烹饪技法】腌，卤，炸。
【营养功效】益气补血，健脑益智。
【健康贴士】鸽肉不宜与猪肝同食，会使皮肤出现色素沉淀。

清蒸乳鸽

【主料】雏鸽 1 只，草菇 35 克。
【配料】姜 2 克，大葱 15 克，盐 3 克，味精 2 克，淀粉 25 克，猪油 15 克。
【制作】① 草菇去蒂，洗净；姜洗净，切片；葱洗净，切段。② 将乳鸽宰好洗干净斩为件，鸽头切为两边，留回翼尖和脚一起放在碟上，放入盐、味精、淀粉拌匀，加入草菇、姜片、葱段 5 克、猪油再拌匀，拨平在碟中，砌回乳鸽斩头、翼尖及脚，放入笼内蒸至熟取起，加上葱段 10 克便成。
【烹饪技法】拌，蒸。
【营养功效】补肝壮肾，生津止渴。
【健康贴士】鸽肉含有蛋白质，可促进血液循环，改变妇女子宫或膀胱倾斜，防止孕妇流产或早产。

鹌鹑

鹌鹑肉适宜于营养不良、体虚乏力、贫血头晕、肾炎浮肿、泻痢、高血压、肥胖症、动脉硬化症等患者食用。所含丰富的卵磷脂，可生成溶血磷脂，抑制血小板凝聚的作用，可阻止血栓形成，保护血管壁，阻止动脉硬化。磷脂是高级神经活动不可缺少的营养物质，具有健脑作用。

中医学认为，鹌鹑性平、味甘，无毒，入大肠、心、肝、脾、肺、肾经；具有益中补气，强筋骨，耐寒暑，消结热，利水消肿的作用。明代著名医学家李时珍在《本草纲目》中曾指出，鹌鹑的肉、蛋有补五脏、益中续气、实筋骨、耐寒暑、消热结之功效。经临床试验，鹌鹑的肉蛋对贫血、营养不良、神经衰弱、气管炎、心脏病、高血压、肺结核、小儿疳积、月经不调病等都有理想的疗效。

香酥鹌鹑

【主料】鹌鹑 1 只。
【配料】酱油 15 克，盐 3 克，料酒 25 克，花椒盐 5 克，白砂糖、醋、葱段、姜各 10 克，花椒 5 克，大料 5 克，淀粉 25 克，红椒粒 5 克。
【制作】① 鹌鹑处理干净，加酱油、盐、白砂糖、料酒、醋、花椒、大料，加入水淹过鹌鹑，姜拍松和葱段放入碗内。② 将盛鹌鹑的碗盖严，上笼用大火、沸水蒸至熟，去掉汤水和配料，用淀粉抹匀鹌鹑皮表面，稍凉片刻备用。③ 锅置火上，入油烧热，放入鹌鹑炸至皮脆，装盘，撒红椒粒，随花椒盐、酱油上桌。
【烹饪技法】蒸，炸。
【营养功效】健脑益智，强筋壮骨。
【健康贴士】鹌鹑还可与山药搭配食用，具有补脾养胃的作用，适宜脾胃虚弱者食用。

白果炒鹌鹑

【主料】鹌鹑肉 150 克，白果 50 克，青椒、红椒各 80 克，蘑菇 100 克。
【配料】盐 4 克，味精 2 克，白砂糖 1 克，香油 2 克，姜末、葱段 10 克，水淀粉 5 克，植物油 30 克。
【制作】① 鹌鹑肉洗净，切丁，下盐、味精、水淀粉腌渍好；白果去核，取肉；青椒、红椒、蘑菇分别洗净，切丁。② 白果洗净，放入碗中，加清水浸过面，入笼用中火蒸透。③ 锅置火上，入油烧热，加入姜末爆香，放入鹌鹑丁、蘑菇丁、白果、青椒丁、红椒丁，调入盐、味精、白砂糖、葱段爆炒至干香，用水淀粉勾芡，淋入香油即可。
【烹饪技法】腌，蒸，爆，爆炒。

【营养功效】祛脂降压，滋阴养颜。

【健康贴士】鹌鹑也可与小麦搭配食用，能有效治疗神经衰弱。

红烧鹌鹑

【主料】鹌鹑2只，香菇50克，罗汉笋10克。

【配料】酱油15克，盐3克，白砂糖10克，香油10克，米酒15克，葱末、姜片各5克，植物油30克。

【制作】① 鹌鹑洗净，砍切成块；罗汉笋洗净，切成条；香菇泡发，切成片。② 锅置火上，入油烧热，投入鹌鹑烧至变色。③ 加入米酒、葱末、姜片、酱油、盐，加水适量，加盖焖烧，再放入香菇、罗汉笋、白砂糖烧至入味，淋上香油炒匀即可。

【烹饪技法】烧，焖，炒。

【营养功效】养血补血，提神健脑。

【健康贴士】食积胃热者不宜食鹌鹑肉。

板栗焖鹌鹑

【主料】鹌鹑2只，板栗仁140克，青、红椒片各10克。

【配料】料酒、酱油各10克，盐、白砂糖各4克。

【制作】① 鹌鹑处理干净，砍成小块；板栗仁洗净。② 锅置火上，入油烧热，下鹌鹑炒熟，入料酒、白砂糖、盐、酱油炒至上色，加水再焖3分钟，下板栗仁焖至熟透，且汤汁浓稠时加青、红椒炒匀即可。

【烹饪技法】炒，焖。

【营养功效】祛脂降压，提神健脑。

【健康贴士】鹌鹑不宜与猪肝同食，会破坏维生素，降低营养价值。

爆炒鹌鹑

【主料】鹌鹑1只。

【配料】辣椒15克，生姜5克，葱5克，料酒15克，胡椒粉2克，生抽5克，植物油45克。

【制作】① 鹌鹑处理干净，砍成小块；辣椒、生姜洗净，均切成小片；葱洗净，切段。② 锅置火上，入油烧热，下入鹌鹑与姜片，大火爆炒，待水分炒干，鹌鹑肉有些微微发黄时，撒入胡椒粉，下入适量的料酒炒匀，下入辣椒，放入适量的盐翻炒2分钟左右，加入葱段、生抽炒匀后装盘即可。

【烹饪技法】炒，爆炒。

【营养功效】降低血压，补中益气。

【健康贴士】鹌鹑肉是典型的高蛋白、低脂肪、低胆固醇食物，特别适合中老年人以及高血压、肥胖症患者食用。

霉菜鹌鹑

【主料】鹌鹑1只，霉菜末、青椒末、红椒末各20克，花生米10克。

【配料】盐3克，料酒、酱油各10克，味精2克，植物油30克。

【制作】① 鹌鹑处理干净，加酱油、盐、料酒腌渍1小时，入油锅炸熟，取出装盘。② 锅置火上，入油烧热，下霉菜、青椒、红椒、花生米同炒片刻，调入盐、味精炒匀，起锅置于鹌鹑上即可。

【烹饪技法】腌，炸，炒。

【营养功效】补血养颜，健脑提神。

【健康贴士】鹌鹑含有丰富的蛋白质，重症肝炎患者不宜食用。

【举一反三】可以将花生米换成芝麻，会更香更美味。

松仁烩鹌鹑

【主料】鹌鹑1只，松子100克。

【配料】葱、姜各25克，植物油100克，香油5克，料酒15克，酱油10克，白砂糖5克，味精2克，盐3克。

【制作】① 鹌鹑处理干净，洗净，切块备用；松子洗净，晾干；葱洗净，切段；姜洗净，切片备用。② 锅置火上，入油烧热，放入鹌鹑块炸至金黄，捞出沥油，将松子放入热油中炸熟，捞出沥油备用。③ 锅中加适量油，烧热后下葱段、姜片炝锅，倒入适量清水，加适量白砂糖、酱油、料酒、味精和盐调味，煮沸后倒入鹌鹑块，开小火煮至熟烂，倒入松子，改大火收汁，淋入香油即可出锅。

【烹饪技法】炸，炝，煮。

【营养功效】益智补脑，开胃祛寒。

【健康贴士】鹌鹑肉不宜与蘑菇同食，同食易引发痔疮。

口蘑烧鹌鹑

【主料】鹌鹑 1 只，口蘑 100 克，干贝、火腿各 20 克。

【配料】葱 15 克，姜 10 克，胡椒粉 3 克，料酒 15 克，花椒 2 克，味精 1 克，盐 3 克，植物油 30 克。

【制作】① 葱洗净，切段；姜洗净，切片；火腿切片；口蘑、干贝洗净；鹌鹑处理干净，放入沸水中略汆，捞出，再次洗净，捞出，沥干水分备用。② 锅中加适量清水，倒入鹌鹑，加葱段、姜片和适量料酒煮沸后倒入炖盅。③ 将口蘑、干贝、火腿片放入炖盅中，加料酒、花椒、胡椒粉、味精和盐调味，去玻璃纸封住盅口，放入蒸锅中蒸熟即可。

【烹饪技法】汆，煮，蒸。

【营养功效】补血养颜，补虚强身。

【健康贴士】一般人皆可食用，尤其适合女性食用。

【巧手妙招】为了让口蘑更加入味，可以在其伞部划上十字花刀。

鸡蛋

鸡蛋中含有大量的维生素和矿物质及有高生物价值的蛋白质。对人而言，鸡蛋的蛋白质品质最佳，仅次于母乳。一个鸡蛋所含的热量，相当于半个苹果或半杯牛奶的热量，但是它还拥有 8% 的磷、4% 的锌、4% 的铁、12.6% 的蛋白质、6% 的维生素 D、3% 的维生素 E、6% 的维生素 A、2% 的维生素 B、5% 的维生素 B_2、4% 的维生素 B_6，这些营养都是人体必不可少的。它们起着极其重要的作用，如修复人体组织、形成新的组织、消耗能量和参与复杂的新陈代谢过程等。

中医认为，鸡蛋性味平、味甘，入脾、胃经；具有补肺养血、滋阴润燥、补阴益血，除烦安神，补脾和胃的功效，可用于血虚所致的乳汁减少、眩晕、夜盲、病后体虚、营养不良、阴血不足、失眠烦躁、心悸、肺胃阴伤、失声咽痛、呕逆等症。

剁椒炒鸡蛋

【主料】鸡蛋 3 个，剁椒 50 克。

【配料】盐 3 克，香油、葱各 10 克，植物油 20 克。

【制作】① 鸡蛋磕入碗中，加盐搅拌均匀；葱洗净，切成葱末。② 锅置火上，入油烧热，倒入鸡蛋炒散，再放入剁椒同炒片刻，撒上葱末，淋上香油即可。

【烹饪技法】拌，炒。

【营养功效】开胃消食，增强免疫。

【健康贴士】鸡蛋还可与百合搭配食用，具有滋阴清热、补血的作用，适宜体热阴虚、贫血头晕者食用。

番茄炒鸡蛋

【主料】鸡蛋 2 个，番茄 150 克。

【配料】盐 3 克，香油、酱油各 10 克，植物油 15 克。

【制作】① 番茄洗净，切成小瓣；鸡蛋打入碗中，加盐，用筷子沿顺时针方向搅拌均匀。② 锅置火上，入油烧至六成热，下鸡蛋炒散，炒至金黄色时捞出，沥干油分。③ 锅内留油，下番茄炒香，加入鸡蛋炒匀，再放入香油、酱油调味。

【烹饪技法】拌，炒。

【营养功效】健胃消食，凉血平肝，清热解毒。

【健康贴士】鸡蛋也可与苦瓜搭配食用，有利于骨骼、牙齿及血管的健康。

【巧手妙招】炒番茄的时候，可以用锅铲压番茄，使汁多一点儿，口味更好。

黄瓜炒鸡蛋

【主料】黄瓜 200 克，鸡蛋 4 个。

【配料】盐 3 克，植物油 15 克。

【制作】① 黄瓜洗净，切成菱形片；鸡蛋打入碗中，加少许盐搅拌均匀。② 锅置火上，入油烧热，倒入鸡蛋汁炒至成固体，盛入盘中。③ 净锅后置火上，入油烧热，放入黄瓜片爆炒，再加入炒好的鸡蛋，放盐调味，翻炒均匀，出锅即可。

【烹饪技法】拌，爆炒，炒。

【营养功效】排毒瘦身，护肤养颜。

【健康贴士】鸡蛋中的胆固醇含量高，高胆固醇血症、胆囊炎等病症患者不宜食用。

韭菜炒鸡蛋

【主料】鸡蛋 4 个，韭菜 100 克。

【配料】盐 3 克，生抽 5 克，植物油 15 克。

【制作】① 鸡蛋磕入碗中，搅拌均匀；韭菜洗净，切成长段。② 锅置火上，入油烧热，下鸡蛋翻炒至凝固后，捞出备用。③ 原锅再加油烧热，放入韭菜炒至八成熟，倒入鸡蛋炒匀后，加盐、生抽调味即可。

【烹饪技法】拌，炒。

【营养功效】滋阴壮阳，养心安神。

【健康贴士】鸡蛋还可与紫菜搭配食用，具有清肺热、促进营养吸收的作用，适宜肺热体虚的人食用。

青椒炒鸡蛋

【主料】青椒 150 克，鸡蛋 3 个。

【配料】盐 3 克，味精 2 克，香醋 3 克，葱末 5 克，植物油 15 克。

【制作】① 青椒洗净，去子，切成细丝；鸡蛋打在碗里，用筷子搅散。② 锅置火上，入油烧热，将蛋汁倒入炒好装盘。③ 往锅内倒入余油烧热，放入葱末炝锅，随即放入青椒丝，加盐炒几下，见青椒丝呈翠绿色时，放入炒好的鸡蛋、味精，翻炒均匀，用香醋烹一下，即可出锅。

【烹饪技法】炝，炒。

【营养功效】补血滋阴，美容护肤。

【健康贴士】鸡蛋也可与羊肉搭配食用，具有滋阴壮阳的作用，适宜阴虚便秘、精血亏虚者食用。

洋葱炒鸡蛋

【主料】洋葱 150 克，鸡蛋 4 个。

【配料】盐 3 克，植物油 35 克。

【制作】① 洋葱去皮，切成片；鸡蛋打入碗内，加少量盐搅拌均匀。② 锅置火上，入油烧热，下洋葱片，煸炒至洋葱发软，盛到盘中。③ 原锅再加油烧热，将鸡蛋液倒入锅中翻炒几下，然后倒入洋葱，加少许盐翻炒均匀即可出锅。

【烹饪技法】拌，煸炒，炒。

【营养功效】和胃润肠，解毒润燥。

【健康贴士】鸡蛋还可与牛肉搭配食用，具有滋补身体、益气养血的作用，适宜体质虚弱、贫血者食用。

芹菜炒鸡蛋

【主料】芹菜 150 克，鸡蛋 4 个。

【配料】盐 3 克，味精 1 克，葱 3 克，植物油 35 克。

【制作】① 芹菜择洗干净，切段，放入沸水锅内焯烫，捞出，凉凉，沥干水分。② 鸡蛋磕入碗内，加入盐、味精、葱末、少许水搅匀。③ 锅置火上，入油烧热，下入鸡蛋，边炒边淋油，炒至熟，再加芹菜段，炒熟出锅。

【烹饪技法】焯，炒。

【营养功效】平肝降压，养血补血。

【健康贴士】

一般人皆宜食用，尤其适合高血压患者食用。

香椿炒鸡蛋

【主料】香椿 150 克，鸡蛋 3 个。

【配料】盐 3 克，植物油 20 克。

【制作】① 鸡蛋打入碗中，搅拌成蛋液备用。② 香椿洗净，倒入沸水中焯烫，捞出，切末备用。③ 锅置火上，入油烧热，倒入蛋液炒成鸡蛋块，然后放入香椿末一起翻炒，九成熟时加盐调味，继续翻炒几下即可盛出。

【烹饪技法】焯，炒。

【营养功效】滋阴润燥，补血防病。

【健康贴士】鸡蛋具有润燥安胎的作用，适宜心烦失眠、胎动不安的孕妇食用。

干贝鲜虾蒸水蛋

【主料】干贝、鲜虾各 20 克，鸡蛋 3 个。

【配料】盐 3 克，酱油、葱末各 10 克，香菜 3 克，植物油 15 克。

【制作】① 干贝洗净；鲜虾处理干净，掐去头尾；香菜洗净，切段。② 锅置火上，入油烧热，下干贝、鲜虾炒熟，加盐、酱油调味，盛入小碗。③ 鸡蛋打入碗中，加盐、油、清水搅匀，放锅中隔水蒸熟，倒入干贝、鲜虾，再撒上葱末、香菜即可。

【烹饪技法】炒，蒸。

【营养功效】补血养颜，防癌抗癌。

【健康贴士】鸡蛋不宜与柿子茶同食，易引起腹痛、腹泻，形成“柿结石”。

【巧手妙招】蒸蛋的时间不要太长，这样才能使蛋吃起来嫩滑，时间以 8 ~ 10 分钟为好。

鲫鱼蒸蛋

【主料】鲫鱼肉 300 克，鸡蛋 3 个。

【配料】盐 3 克，姜片、葱段各 5 克，葱末 3 克，红椒末 10 克，植物油 15 克。

【制作】① 鲫鱼肉处理干净，装碗，抹上盐，将姜片、葱段塞入鱼肚里，淋上油，加入少许温水，放入微波炉，加热 3 分钟取出。② 鸡蛋磕入碗中，加入盐、温水搅匀。③ 将蛋液倒入盛有鱼的碗中，撒上葱末、红椒末，淋上油，入锅蒸 8 分钟即可。

【烹饪技法】拌，蒸。

【营养功效】强身补脑，活血催乳。

【健康贴士】一般人皆宜食用，尤其适合产后缺乳的女性食用。

鱼香蒸蛋

【主料】鸡蛋 4 个，肉馅 50 克，干木耳 10 克。

【配料】葱末、姜末、蒜末各 5 克，豆瓣辣酱 15 克，盐 3 克，白砂糖 2 克，醋 3 克，香油 5 克，水淀粉 10 克，植物油 15 克。

【制作】① 鸡蛋打入碗中，加盐、少许水搅拌均匀；木耳泡发，去杂质，切碎。② 将鸡蛋液放入蒸锅中，小火蒸至煮熟。③ 锅置火上，入油烧热，下入肉馅炒散，再放入蒜末、姜末、辣豆瓣酱炒香，然后加入盐、白砂糖、少量水煮开，放入木耳再次煮开，用水淀粉勾芡，淋入醋、香油，撒葱末制成鱼香汁，淋在蒸蛋上即可。

【烹饪技法】拌，蒸，炒，煮。

【营养功效】养血明目，聪耳填精。

【健康贴士】鸡蛋不宜与鲤鱼同食，二者性味相克，影响健康。

【举一反三】如果有清汤，在制作鱼香汁时代替水，味道会更好。

三鲜蛋

【主料】韭菜 100 克，鸡蛋 2 个，虾仁 30 克。

【配料】盐 3 克，植物油 15 克。

【制作】① 虾仁洗净；韭菜洗净；切段；鸡蛋打散，制成蛋液备用。② 锅置火上，入油烧热，倒入虾仁翻炒几下后倒入蛋液，翻炒均匀。③ 韭菜段倒入锅中，略炒，加盐调味即可食用。

【烹饪技法】炒。

【营养功效】健胃消食，养脑提神。

【健康贴士】一般人皆可食用，尤其适合老年人食用。

鸭蛋

鸭蛋中蛋白质的含量和鸡蛋一样，有强

壮身体的作用。鸭蛋中各种矿物质的总量超过鸡蛋很多，特别是身体中迫切需要的铁和钙在鸭蛋中更是丰富，对骨骼发育有利，并能预防贫血。鸭蛋含有较多的维生素 B_2，是补充 B 族维生素的理想食品之一。

中医认为，鸭蛋性微寒、味甘咸，入肺、脾经；具有滋阴、清肺、丰肌、泽肤等功效，适应于病后体虚、燥热咳嗽、咽干喉痛、高血压、腹泻痢疾等病患者食用。

木耳蒸鸭蛋

【主料】干木耳 10 克，鸭蛋 2 个。

【配料】冰糖 10 克。

【制作】① 黑木耳泡发后，洗净，切碎。② 将鸭蛋打匀，加入黑木耳，冰糖、少许水搅拌均匀后，隔水蒸熟。

【烹饪技法】拌，蒸。

【营养功效】滋阴养血，润肺美肤。

【健康贴士】鸭蛋含有较高的脂肪和胆固醇，中老年人不宜多食久食。

韭菜炒鸭蛋

【主料】韭菜 200 克，鸭蛋 2 个。

【配料】盐 3 克，油 25 克。

【制作】① 韭菜泡盐水 1 小时洗净，切段备用；鸭蛋磕入碗中打散。② 锅置火上，入油烧热，下打散的鸭蛋翻炒，炒好后出锅装盘备用。③ 原锅再加入油，放入韭菜，大火翻炒至八成熟，再下鸭蛋和韭菜一起炒，加入盐调味炒匀即可。

【烹饪技法】炒。

【营养功效】补肾益阳，去火降压。

【健康贴士】鸭蛋性微寒，寒湿下痢、脾阳不足、气滞痞闷等病症患者应禁食。

酸甜酥衣蛋

【主料】干辣椒 3 克，鸭蛋 4 个。

【配料】糖醋汁、水淀粉各 10 克，番茄汁 25 克，葱段 5 克，姜丝 5 克，植物油 50 克。

【制作】① 锅置火上，入油烧热，将鸭蛋逐个下入锅中炸至蛋清呈金黄色，蛋黄熟透时（即成“酥衣蛋”），捞出沥油，然后切丁。② 倒出炒锅中的热油，放糖醋汁、姜丝、番茄汁炒匀，加入干辣椒丝、葱段净锅煮开，将酥衣蛋入锅炒至熟，勾芡即可。

【烹饪技法】炸，炒，煮。

【营养功效】润肠通便，防癌抗癌。

【健康贴士】鸭蛋性微寒，具有去火清肺热的作用，最适宜阴虚火旺者食用。

姜丝麻油煎鸭蛋

【主料】鸭蛋 2 个。

【配料】姜 25 克，胡麻油 50 克，植物油 20 克。

【制作】① 平底锅生火后，倒入胡麻油 25 克，锅烧热，放入姜丝，炒热，备用。② 倒胡麻油 25 克煎沸后，把两鸭蛋敲破放入，用煎匙弄开蛋黄，成为圆饼状，并将炒好的姜丝分成两份，连同少许的盐，倒在 2 个蛋黄上面，用煎匙合起来，连翻 2 ~ 3 次即可。

【烹饪技法】炒，煎。

【营养功效】补气养血，强化体质。

【健康贴士】鸭蛋含有较高的胆固醇，胆囊炎、胆结石患者不宜食用。

虎皮鸭蛋

【主料】鸭蛋 4 个。

【配料】干淀粉 10 克，小麦面粉 30 克，酱油 15 克，盐 3 克，料酒 20 克，味精 2 克，植物油 40 克。

【制作】① 鸭蛋煮熟去壳，切 4 瓣摆盘内备用。② 将面粉、干淀粉、水、酱油、味精、料酒、盐调成稀糊。③ 锅置火上，入油烧热，将蛋块逐块挂糊下锅炸成虎皮色，捞出装盘即可。

【烹饪技法】炸。

【营养功效】补虚养身，强化体质。

【健康贴士】咸鸭蛋不宜与甲鱼同食，同食引起身体不适。

咸蛋苦瓜

【主料】苦瓜150克，咸鸭蛋2个。
【配料】盐3克，鸡精2克，辣椒15克，葱段8克，植物油15克。
【制作】① 咸鸭蛋去壳，切小丁；苦瓜去子，洗净，切薄片备用。② 锅置火上，入油烧热，中火将咸鸭蛋丁炒香，盛出。③ 再加适量油，放入葱段、苦瓜翻炒，加入盐、味精调味，加入盐鸭蛋丁改用大火炒至水分干透即可。
【烹饪技法】炒。
【营养功效】降火通便，补血养颜。
【健康贴士】鸭蛋含有较高的胆固醇，高血压病、高脂血症、动脉硬化及脂肪肝患者不宜食用。

苦瓜咸蛋炒带子

【主料】苦瓜200克，咸鸭蛋3个，带子250克。
【配料】盐4克，鸡精3克，水淀粉10克，植物油15克。
【制作】① 苦瓜去瓤，洗净，切丝；咸鸭蛋黄入锅蒸15分钟；带子泡发备用。② 锅置火上，注水烧沸，分别将苦瓜丝和带子焯烫，捞出，沥干水分。③ 将苦瓜丝、带子、咸鸭蛋黄放入锅中，倒入少许水煮沸，加入盐、鸡精调味，用水淀粉勾芡即可。
【烹饪技法】焯，蒸，煮。
【营养功效】开胃消食，增强食欲。
【健康贴士】咸鸭蛋不宜与桑葚同食，同食会引起胃痛。
【巧手妙招】煮蛋时，重在掌握时间，一般以8～10分钟为宜。

鸽蛋

鸽蛋含有优质的蛋白质、磷脂、铁、钙、维生素A、维生素B_1、维生素D等营养成分，亦有改善皮肤细胞活性，增加皮肤弹性，使面部红润等作用。被现代医学证明具有美容、壮阳、抗衰老功能。

中医认为，鸽蛋性平，味甘，入心、肾经；具有补肾益气，解毒的功效，主治肾虚气虚、腰膝酸软、疲乏无力、心悸、头晕等症。

山珍烩鸽蛋

【主料】滑子菇、平菇、香菇各50克，西蓝花70克，鸽蛋10个。
【配料】盐3克，植物油30克。
【制作】① 滑子菇、平菇、香菇、西蓝花均洗净，切段，焯水备用；鸽蛋入沸水锅煮熟去壳。② 锅置火上，入油烧热，下入滑子菇、平菇、香菇同炒2分钟，倒入适量清水烧沸，再放入鸽蛋同煮，加入西蓝花，调入盐拌匀即可。
【烹饪技法】焯，煮，炒。
【营养功效】益气补血，护肤养颜。
【健康贴士】鸽蛋与牛奶同食，可清凉解渴。
【巧手妙招】鸽蛋煮至八成熟时用牙签在表面扎几个孔，有助于蛋黄入味。

鸽蛋烧牛筋

【主料】水发牛筋225克，黄瓜100克，鸽蛋15个。
【配料】盐5克，料酒10克，味精2克，胡椒粉3克，酱油15克，高汤150毫升，植物油30克。
【制作】① 黄瓜洗净，切片；水发牛筋洗净，切成条；鸽蛋煮熟，去壳。② 锅置火上，入油烧热，冲入高汤，加入料酒、味精、盐、胡椒粉、酱油，下入牛筋，用小火烧至软糯，下入鸽蛋，与牛筋一起翻炒片刻，出锅装盘，以黄瓜片围边即可。
【烹饪技法】煮，烧，炒。
【营养功效】滋阴补肾，益精填髓。
【健康贴士】一般人皆可食用，尤其适合男性食用。

鸽蛋烧海参

【主料】鸽蛋12个，海参100克。
【配料】枸杞10克，葱、姜各3克，植物油15克，淀粉5克，胡椒粉1克，料酒12克，盐3克。
【制作】① 鸽蛋煮熟剥壳，蘸满淀粉，放入油中炸至金黄，捞出沥油；海参洗净后划花刀，葱、姜洗净，切片备用。② 锅置火上，入油烧热，下葱、姜片炝锅，加适量清水和料酒、胡椒粉、盐，大火煮沸，放入海参，煮沸，改小火熬煮30分钟以上，再放入炸好的鸽蛋和枸杞，继续煮10分钟，倒入水淀粉勾芡后即可出锅。
【烹饪技法】炸，炝，煮，熬。
【营养功效】健肾养心，气血双补。
【健康贴士】一般人皆可食用，尤其适合婴幼儿食用。

锅贴鸽蛋

【主料】豆腐300克，鸽蛋10个。
【配料】盐3克，香油10克，花椒粉3克，香菜5克，水淀粉15克，植物油30克。
【制作】① 鸽蛋洗净，入锅煮熟后去壳；香菜洗净；豆腐洗净，切成菱形块，并将中间掏空。② 将鸽蛋酿入掏空的豆腐中间，均匀裹上水淀粉。③ 煎锅置火上，入油烧热，将豆腐用小火煎至金黄色，撒入盐、胡椒粉，淋入香油摆盘，饰以香菜即可。
【烹饪技法】煎。
【营养功效】降低血糖，防癌抗癌。
【健康贴士】一般人皆可食用，尤其适合老年人食用。

鸽蛋扒海参

【主料】水发海参、油菜各80克，鸽蛋12个。
【配料】盐3克，清鸡汤100毫升，料酒10克，酱油8克，水淀粉15克，植物油35克。
【制作】① 海参、油菜均洗净，入盐开水中汆熟捞出。② 锅置火上，入油烧热，放入海参，加清鸡汤、料酒、盐烧煮，用水淀粉勾芡后装盘。③ 再热油锅，下入鸽蛋炸至金色，油菜放在海参周围即可。
【烹饪技法】烧，煮，炸，扒。
【营养功效】补肾益气，滋阴补阳，益肝明目。
【健康贴士】鸽蛋和桂圆同食，可补肾益气。
【举一反三】可用鲍鱼代替海参。

肉酿鸽蛋

【主料】鸽蛋20个，鸡脯肉100克，荸荠100克，鲜黄豆50克，火腿肠20克，虾米20克，生菜300克，鸡蛋2个。
【配料】盐2克，料酒10克，淀粉5克，胡椒2克，香油5克，白砂糖30克，醋15克，椒盐50克，猪油100克。
【制作】① 鸡蛋打开，蛋清加入碗内。② 把鸡脯肉用刀背拍打成蓉，盛入碗内加清水50克搅散，随即将鸡蛋清、盐、淀粉搅匀成馅。再把火腿、虾米、荸荠（去皮）、鲜黄豆粉碎，与料酒、胡椒一起放入鸡肉馅内搅匀，成20份。③ 选20个大小一样的小酒杯，擦洗干净，内抹少许猪油，将鸽蛋逐个打入杯内，上笼稍蒸一下，鸽蛋呈溏心状时取出，用筷子将每份馅酿入鸽蛋内，使蛋黄流出自然抹口，再上笼蒸至鸽蛋全熟，取出后放入干淀粉内滚一下，使淀粉均匀沾在蛋上。④ 将鸽蛋放入油锅中，炸至呈浅黄色时捞出，排在盘一边，淋上香油，盘的另一边糖醋拌好的生菜，同椒盐味碟一起上桌。
【烹饪技法】蒸，炸。
【营养功效】壮腰健肾，强身健体。
【健康贴士】一般人皆可食用，尤其女性食用。

滑子菇烩鸽蛋

【主料】鸽蛋15个，滑子菇200克，西蓝花50克。
【配料】盐3克，味精1克，黄酒、水淀粉

各10克，植物油15克。

【制作】① 西蓝花洗净，掰成小块，滑子菇洗净；鸽蛋洗净，入锅煮熟，捞出去壳备用。② 将滑子菇与西蓝花分别入沸水中焯水后，捞出沥干备用。③ 锅置火上，入油烧热，加入滑子菇、西蓝花、鸽蛋，用盐、味精、黄酒调味，勾芡即可。

【烹饪技法】煮，烩。

【营养功效】防癌抗癌，预防肿瘤。

【健康贴士】鸽蛋和枸杞同食，可补肾滋肺。

【巧手妙招】鸽蛋煮熟后入冷水中静置片刻，会更容易去皮。

鹌鹑蛋

鹌鹑蛋又名鹑鸟蛋、鹌鹑卵，含有丰富的蛋白质、脑磷脂、卵磷脂、赖氨酸、胱氨酸、维生素A、维生素B_2、维生素B_1、铁、磷、钙、核黄素等营养物质，可补气益血，强筋壮骨。

中医认为，鹌鹑蛋性平、味甘，入心、肝、脾经；具有补五脏、益中续气、强筋骨的功效，被认为是“动物中的人参”，为滋补食疗品，多用于久病或老弱体衰、气血不足、心悸失眠、胆怯健忘、头晕目眩、体倦食少者。

红烧鹌鹑蛋

【主料】鹌鹑蛋30个。

【配料】肉汤100毫升，葱、姜各5克，盐2克，香油5克，辣椒6克，胡椒粉2克。

【制作】① 鹌鹑蛋洗净后，放入沸水锅中煮3分钟左右，捞出，沥干水分，剥去外壳。② 锅置火上，入油烧至五成热，把煮好的鹌鹑蛋放入锅中炸约5分钟捞出。③ 锅内留少许油，加葱、姜末、盐、香油、肉汤烧出香味，放入炸好的鹌鹑蛋，小火焖至入味即可。④ 出锅前调少许的辣椒汁，浇在锅里调味即可。

【烹饪技法】煮，炸，烧，焖。

【营养功效】益气补血，强身健脑。

【健康贴士】鹌鹑蛋含胆固醇高，脑血管患者不宜食用。

鹌鹑蛋烧排骨

【主料】鹌鹑蛋12个，排骨500克。

【配料】青椒、红椒各15克，盐5克，大料、桂皮各3克，蒜片5克，老抽5克，冰糖3克，植物油20克。

【制作】① 排骨洗净，剁小段；青椒、红椒洗净，切圈。② 鹌鹑蛋入锅煮熟，捞出去壳；排骨放入沸水中，汆去血水。③ 锅置火上，入油烧热，爆香大料、桂皮，下入排骨、蒜片、青椒、红椒、冰糖、老抽炒至上色后，再加盐和水煮1小时，下入鹌鹑蛋炒匀，煮至汁浓时即可。

【烹饪技法】汆，煮，爆，炒，烧。

【营养功效】健脑提神，增强免疫。

【健康贴士】鹌鹑蛋不宜与香菇同食，易生色斑，长痔疮。

鹌鹑蛋红烧肉

【主料】鹌鹑蛋25个，带皮五花肉500克，生菜15克。

【配料】冰糖25克，八角2克，桂皮3克，盐5克，酱油5克，料酒10克，植物油20克。

【制作】① 生菜洗净，铺盘底；将鹌鹑蛋煮熟，去壳；五花肉洗净，切块。② 锅置火上，入油烧热，下冰糖炒至溶化，倒入五花肉快速翻动，使其裹匀糖色，再加水烧沸。③ 下入八角、桂皮、盐、酱油、料酒加盖烧30分钟，再下鹌鹑蛋烧至汁浓时，盛在铺有生菜的盘中即可。

【烹饪技法】炒，烧。

【营养功效】保肝护肾，补血养颜。

【健康贴士】鹌鹑蛋还可与牛奶搭配食用，具有美容养颜的作用，适宜因气血不足、脾虚失运所致的面色萎黄、黯淡的人食用。

蘑菇鹌鹑蛋

【主料】鹌鹑蛋10个，蘑菇100克，油菜200克。

【配料】盐3克，香醋5克，生抽、水淀粉各10克，高汤50毫升，植物油30克。

【制作】① 煎锅置火上，入油烧热，下鹌鹑蛋入锅煎成荷包蛋备用；蘑菇泡发洗净；油菜洗净，烫熟装盘。② 炒锅置火上，入油烧热，下蘑菇炒熟后，捞出摆在油菜上，再摆上荷包蛋。③ 锅中加高汤烧沸，加入盐、醋、生抽调味，水淀粉勾芡，淋于盘中即可。

【烹饪技法】煎，炒，烧。

【营养功效】益智健脑，养心宁志。

【健康贴士】鹌鹑蛋含有很高的胆固醇，肥胖者不宜吃。

鱼香鹌鹑蛋

【主料】鹌鹑蛋15个，黄瓜100克。

【配料】盐3克，料酒、红油各10克，生抽5克，水淀粉10克，胡椒粉2克。

【制作】① 黄瓜洗净，切块；鹌鹑蛋煮熟，去壳放入碗内，加黄瓜，调入生抽和盐，入锅蒸约10分钟后，捞出。② 锅置火上，加料酒烧沸，加盐、红油、胡椒粉，勾薄芡后，淋入碗中即可。

【烹饪技法】煮，蒸，烧。

【营养功效】益气减肥，补血润肤。

【健康贴士】银耳还可与鹌鹑蛋搭配食用，具有强精补肾、益气养血的作用，适宜肾虚、贫血患者食用。

木瓜蒸鹌鹑蛋

【主料】鹌鹑蛋8个，木瓜250克。

【配料】冰糖20克，红枣10枚。

【制作】① 银耳泡发洗净，撕碎；红枣洗净；冰糖敲碎；鹌鹑蛋煮熟，去壳，洗净。② 木瓜洗净，去子，制成盅状，放进冰糖、红枣、鹌鹑蛋、少许水，装入盘。③ 蒸锅上火，把盘中放入蒸锅内，蒸约20分钟至木瓜软熟，取出装盘即可。

【烹饪技法】煮，蒸。

【营养功效】益气补血，强身健脑。

【健康贴士】一般人皆宜食用，尤其适合老弱体衰者食用。

水产类

鲫鱼

鲫鱼肉质细嫩，肉味甜美，含大量的铁、钙、磷等矿物质，其营养成分也很丰富，含蛋白质、脂肪、维生素 A、B 族维生素等。另外鲫鱼含动物蛋白和不饱和脂肪酸，常吃鲫鱼不仅能健身，还能减少肥胖，有助于降血压和降血脂，使人延年益寿。

中医认为，鲫鱼性平、味甘，入脾、胃、大肠经；具有补虚、温中下气、利水消肿的功效。

豆腐鲫鱼

【主料】鲜活鲫鱼 1 条，豆腐 200 克。

【配料】豆瓣 20 克，姜末、蒜末各 5 克，泡红椒 10 克，干辣椒粉 5 克，料酒 15 克，葱粒 8 克，盐 6 克，味精 2 克，白砂糖 3 克，醋 5 克，鲜汤 50 毫升，生粉 10 克，植物油 60 克。

【制作】① 活鲫鱼刮鳞、抠鳃、剖腹除去内脏，洗净血污；把豆腐切成条后放入盐开水中焯透，捞出。② 锅置火上，入油烧至四成热，放入豆腐、泡红椒、干辣椒粉、姜末、蒜末等，出色、出味后，掺入鲜汤，沸后稍熬，打去渣料。③ 鱼下锅，再加料酒、糖、醋、味精、盐等，改用小火炖 3 ~ 5 分钟，豆腐下锅，烧制入味且鱼已离骨时出锅，将鱼装盘，摆成放射形，下边装入豆腐。④ 锅中原汁置火上，下生粉放汁，待汁稠且发亮后，下葱粒，推匀出锅，挂淋于鱼和豆腐上即可。

【烹饪方法】焯，烧。

【营养功效】健脾利湿，利水消肿。

【健康贴士】鲫鱼所含的蛋白质质优、齐全且易于被人体消化吸收，是肝肾疾病、心脑血管疾病患者的优质蛋白质来源。

清蒸鲫鱼

【主料】鲫鱼 1 条，水发木耳 35 克。

【配料】料酒 12 克，盐 5 克，白砂糖 3 克，葱段 5 克，姜片 3 克，猪油 25 克，

【制作】① 鲫鱼去鳞、鳃、内脏后，洗净。② 将鲫鱼放入汤盆中，加入姜片、葱段、料酒、白砂糖、盐、猪油，然后放入木耳，上笼蒸大约 20 分钟，出笼后即可食用。

【烹饪方法】蒸。

【营养功效】益智健脑，解乏提神。

【健康贴士】一般人皆可食用，尤其适合青少年食用。

豉香鲫鱼

【主料】鲫鱼肉 500 克，豆豉 50 克。

【配料】蒜苗 5 克，苹果泥 10 克，姜 5 克，盐 4 克，酱油 10 克，植物油 50 克。

【制作】① 鲫鱼处理干净，入油锅两面煎至微黄，捞出备用。② 锅置火上，入油烧热，下姜爆香，然后放入豆豉和苹果泥后加入煎过的鲫鱼。③ 鲫鱼入锅后加入适量的水和酱油，再加一点点盐，烧 2 ~ 3 分钟后把鱼翻身，然后再烧 2 ~ 3 分钟出锅，出锅前撒上蒜苗即可。

【烹饪方法】煎，爆，烧。

【营养功效】和中开胃，健骨强身。

【健康贴士】鲫鱼不宜与猪肝同食，易生痈疮。

东坡鱼

【主料】鲫鱼肉 400 克，大白菜 40 克，青

葱5克，生姜10克，橘皮丝3克。

【配料】咸豆汁6克，酱油10克，味精2克，绍酒10克，植物油45克。

【制作】① 鱼先抹上盐，肚里塞上大白菜叶。② 锅置火上，入油烧热，下鱼与葱段一起煎至半熟，加入生姜片，浇上咸豆汁、酱油与绍酒煮至熟。③ 出锅前，将切橘皮丝撒在鱼上，盛盘即可。

【烹饪方法】煎，煮。

【营养功效】健脾开胃，利水益气。

【健康贴士】鲫鱼不宜与冬瓜同食，会导致身体脱水。

典食趣话：

相传，有一次，苏东坡让厨师做道鱼肴开开鲜。于是厨师偏将鱼去鳞，剖腹，掏出内脏，用刀在鱼肋两边各轻划五刀后，入沸水锅小火煮，煮时锅里还要加姜、葱、橘皮等，出锅时入盐。鱼汤酽而白，鱼肉鲜嫩。吃鱼肉时可蘸酱油，汤尤为鲜美。人称“东坡五柳鱼”，又称东坡鱼。

芙蓉鲫鱼

【主料】鲫鱼1条，鸡蛋清150克，熟瘦火腿15克。

【配料】胡椒粉0.5克，葱25克，姜15克，绍酒50克，鸡蛋清70克，盐5克，鸡油15克。

【制作】① 鲫鱼去鳞、鳃、内脏，洗净，斜切下鲫鱼的头和尾，同鱼身一起装入盘中，加绍酒和拍破的葱姜，上笼蒸10分钟取出，头尾和原汤不动，用小刀剔下鱼肉。② 蛋清打散后，放入鱼肉、鸡汤、鱼肉原汤，加入盐、味精、胡椒粉搅匀，将一半装入汤碗，上笼蒸至半熟取出，另一半倒在上面，上笼蒸熟，即为芙蓉鲫鱼，同时把鱼头、鱼尾蒸熟。③ 将芙蓉鲫鱼和鱼头鱼尾取出，头、尾分别摆放芙蓉鲫鱼两头，拼成鱼形，撒上火腿末、葱末，淋入鸡油即可。

【烹饪方法】蒸。

【营养功效】生精养血，补虚通乳。

【健康贴士】鲫鱼不宜和芥末同食，易引起水肿。

茶香鲫鱼

【主料】鲫鱼肉200克，绿茶30克。

【配料】葱、姜各3克。

【制作】① 鲫鱼肉处理干净，绿茶塞入鱼腹中；葱洗净，切葱末；姜洗净，切丝备用。② 把鲫鱼肉放入炖盅中，加入葱末和姜丝，隔水清蒸至熟即可。

【烹饪方法】蒸。

【营养功效】延年益寿，补虚养身。

【健康贴士】鲫鱼还可与黑木耳搭配食用，具有抗皱养颜、延缓衰老的作用，适宜中老年人食用。

【巧手妙招】将处理干净的鲫鱼放入牛奶中浸泡一会儿，不仅可以去除鱼腥味，还可以帮助提升鲜味。

鲤鱼

鲤鱼的蛋白质不但含量高，而且质量也佳，人体消化吸收率可达96%，并能供给人体必需的氨基酸、矿物质、维生素A和维生素D。鲤鱼的脂肪多为不饱和脂肪酸，能很好地降低血液中的胆固醇，可以防治动脉硬化、冠心病，因此，多吃鱼可以健康长寿。

中医认为，鲤鱼性平、味甘，入脾、肾、肺经；具有健脾、养胃、消水肿、通乳、止嗽下气的功效。对于黄疸、水肿，尤其对怀孕妇女的浮肿、胎支不安有效。

番茄煨鱼

【主料】鲤鱼1条，玉兰片25克，鸡蛋清30克，水发木耳25克。

【配料】黄酒15克，味精1克，白砂糖25克，番茄酱50克，小葱5克，姜汁5克，水淀粉10克，盐8克，黄酒10克，头汤750毫升，猪油50克。

【制作】① 鱼宰杀去鳞挖鳃，从鱼腹外边顺长开3厘米左右长的口，取出内脏，洗净备用。② 把初步加工好的鲤鱼修齐尾鳍，剁去1/3的胸鳍和背鳍，冲洗干净，鱼身两面剞成瓦垄形花纹，尾部划上斜十字花刀纹，放入盘内；鸡蛋清和水淀粉调匀，抹在鱼身两面。③ 锅置大火上，入油烧至六成热，下鱼入锅煎炸，至柿黄色，捞出沥油。④ 锅内留余油，放入葱、姜丝、番茄酱炒匀，加入头汤，再放入玉兰片、木耳和煎好的鱼，再依次加入盐、黄酒煨制，一面煨熟再煨另一面至鱼熟汁浓。⑤出锅前放味精，淋入熟猪油，使其汁亮红润，然后用勺托起鱼头，盛入盘内即可。

【烹饪方法】煎，炸，炒，煨。

【营养功效】开胃健脾，美容养颜。

【健康贴士】鲤鱼也可与白菜搭配食用，具有利水消肿的作用，适宜营养不良性水肿、脚气水肿、妇女妊娠水肿、肾炎水肿患者食用。

典食趣话：

“番茄煨鱼”流传已有60多年历史。当时在河南一家“小有天饭庄”掌厨的师傅对才上市的番茄酱颇感兴趣，试以红艳、酸甜的番茄酱煨制金鳞赤尾，红头白身的黄河鲤鱼，果然做成一味上好菜肴。后经不断提高，终成豫菜名品。

糖醋鲤鱼

【主料】鲤鱼肉250克。

【配料】香醋100克，白砂糖200克，盐2.5克，酱油10克，葱、姜、蒜末各5克，清汤50毫升，水淀粉10克，色拉油35克。

【制作】① 鲤鱼肉洗净，在鱼身两侧切牡丹花刀，在刀口抹些盐，用水淀粉涂抹鱼全身。② 锅置火上，入油烧至七成熟，手持鱼尾使鱼肉张开，入油锅炸至呈金黄色时，捞出沥油，放在盘中。③ 锅内留底油烧热，下葱、姜、蒜末煸香，加盐、香醋、酱油、白砂糖和适量清汤，烧沸后用水淀粉勾芡，调成糖醋汁浇在鱼身上即可。

【烹饪方法】炸，煸，烧。

【营养功效】止咳下气，补虚强身。

【健康贴士】鲤鱼不宜和狗肉同食，易导致上火。

葱油鲤鱼

【主料】鲤鱼肉350克。

【配料】香菜段5克，盐3克，味精2克，酱油5克，胡椒粉3克，葱丝5克，姜丝3克，葱油25克。

【制作】① 鲤鱼肉处理干净，改1厘米柳叶花刀。② 锅置火上，注水烧沸，下鲤鱼肉入锅汆烫，捞出装盘，加盐、味精、姜丝，入笼蒸熟。③ 锅中放葱油、胡椒粉、酱油调匀，均匀地浇在鱼身上，撒香菜段、葱丝即可。

【烹饪方法】汆，蒸。

【营养功效】清热解毒，理肺止咳。

【健康贴士】鲤鱼还可与红豆搭配食用，不仅可以有效地利水消肿，还能够帮助产后乳汁不通的女性通乳催乳。

红烧鲤鱼

【主料】鲤鱼 1 条。

【配料】大葱 10 克，蒜、生姜各 5 克，红椒 12 克，老抽、陈醋各 5 克，花椒粉 3 克，五香粉 2.5 克，盐 3 克，味精 2 克，白砂糖 2 克，料酒 10 克，植物油 500 克。

【制作】① 鲤鱼去鳞、挖鳃、去内脏，用水漂洗干净，切成块；老抽、陈醋、花椒粉、五香粉、盐、味精、白砂糖、料酒倒进碗里，用温水搅拌成汤汁。② 锅置火上，入油烧至五成热时，把鱼放进去炸。用锅铲子来回翻，以免炸煳。③ 净锅后置火上，入油烧热，撒上葱末、蒜末、姜末，翻炒出香味后，再缓缓倒进调好的汤汁。汁滚沸后，把鱼放进锅里，小火煎炖，一般炖 5、6 分钟即可。

【烹饪方法】炸，炒，煎，炖。

【营养功效】健脾益胃，滋补强身。

【健康贴士】鲤鱼为发物，支气管炎患者忌食。

鲥鱼

鲥鱼味鲜肉细，营养价值极高，其含蛋白质、脂肪、核黄素、烟酸及钙、磷、铁均十分丰富。鲥鱼的脂肪含量很高，几乎居鱼类之首，它富含不饱和脂肪酸，具有降低胆固醇的作用，对防止血管硬化、高血压和冠心病等大有益处。

中医认为，鲥鱼性平、味甘，入脾、胃经；具有开胃、醒脾、益气、补虚、强身等功效。

清蒸鲥鱼

【主料】鲥鱼中段 350 克，火腿片 25 克，水发香菇 50 克，笋片 25 克。

【配料】猪网油 150 克，生姜 5 克，葱 6 克，盐 7.5 克，味精 0.5 克，绍酒、猪油、白砂糖各 25 克。

【制作】① 鲥鱼肉不去鳞洗净，用清布揩干；网油洗净沥干，摊在扣碗底内，网油上面放香菇。② 把火腿片、笋片整齐地摆在网油上，最后放入鲥鱼，鳞面朝下，再加葱、姜、绍酒、白砂糖、盐、熟猪油和味精。③ 将盛有鲥鱼的扣碗上笼或隔水用大火急蒸 15 分钟左右，至鲥鱼成熟取出，去掉葱、姜，将汤盘合在扣碗上，把鲥鱼及卤汁翻倒在盘中，上桌食用。

【烹饪方法】蒸。

【营养功效】补虚养身，降低血压。

【健康贴士】鲥鱼为发物，体质过敏及皮肤患有瘙痒性皮肤病者忌食。

典食趣话：

相传东汉初年，浙江余姚有一个叫严光（字子陵）的人，是东汉光武皇帝刘秀的老同学，曾帮刘秀打天下，东汉王朝建立后，便隐居于富春江。刘秀得知后曾请他入朝辅佐，严光一再拒之。其理由之一，说他难舍在富春江垂钓鲥鱼清蒸下酒所享的美味。这当然是严光拒绝做官的借口，但也说明了鲥鱼在汉朝已是席上珍馐。后来此菜又流传至各地。

红烧鲥鱼

【主料】鲥鱼中段 600 克，水发冬菇 50 克，净冬笋 40 克，猪板油 60 克。

【配料】熟猪油 50 克，整葱、姜各 10 克，酱油 25 克，白砂糖 10 克，料酒 50 克，味精 5 克，盐 6 克。

【制作】① 鲥鱼一割两半，除去两鳃、内脏和黑色腹膜，洗净下炒锅，用猪油煎成黄色后，取出。② 把冬菇、笋切成长片，猪板油切成似蚕豆大小的丁。③ 锅置火上，入油烧热，下猪板油丁与笋片、冬菇片、整葱、姜一起煸炒后，放入鲥鱼，加入酱油、料酒、盐、糖、味精和适量的清水，用大火烧沸，再转小火焖 15 分钟，收浓汁即可。

【烹饪方法】煎，煸炒，焖。

【营养功效】暖中补虚，开胃醒脾。

【健康贴士】一般人皆可食用，尤其适合青少年食用。

拆烩鲢鱼头

【主料】鲢鱼头 1 个，金针菇 25 克，水发木耳 30 克，鸡丝 5 克。

【配料】植物油 50 克，盐 4 克，葱、姜各 5 克，原汁鸡汤 50 毫升。

【制作】① 把鱼头劈成两半，冲洗干净后用水煮到离骨时，捞出去骨，再下锅加油、盐、葱、姜烧制。② 放入金针菇、木耳、鸡丝，再加入原汁鸡汤焖 10 分钟即可。

【烹饪方法】烧，焖。

【营养功效】健脾补气，温中暖胃。

【健康贴士】鲢鱼性温，身体阳盛之人和内热盛而口舌生疮者不宜食用。

典食趣话：

清朝末年，镇江城里有一个姓未的财主，请了 5 个瓦木匠为自己建绣楼，正好有天是他老婆的生日，厨师买了 1 条 10 余千克重的大鲢鱼，鱼身做了菜，鱼头没用处，财主觉得弃之可惜，便命厨师将鱼头骨去掉，把鱼肉烧成菜。厨师照办，先把鱼头一劈两半，冲洗干净，再放进锅里用清水煮。煮到离骨时，捞出去骨，将肉归在一起放上油、盐、葱姜等下锅烧烩。“拆烩鲢鱼头”便这样流传开来。

酒酿蒸鲥鱼

【主料】鲥鱼 1 条，甜酒酿 80 克。

【配料】葱丝、红椒丝各 5 克，味精 3 克，盐 5 克，绍酒 10 克，姜汁 5 克。

【制作】① 鲥鱼去内脏，不去鱼鳞，用盐、味精、绍酒、姜汁腌 10 分钟左右。② 把腌好的鲥鱼装盘，甜酒酿抹在鱼身上，入蒸箱蒸 8 分钟，盛出装盘，撒上葱丝、红椒丝即可。

【烹饪方法】腌，蒸。

【营养功效】美白丰胸，防皱抗老。

【健康贴士】鲥鱼还可与豆腐搭配食用，不仅营养上能够实现动植物蛋白互补，且鲥鱼中丰富的维生素能促进豆腐中的钙质被人体吸收，从而起到促进骨骼和牙齿发育的作用，特别适合儿童、青少年和老年人食用。

鲢鱼

鲢鱼含有蛋白质、脂肪、碳水化合物、钙、铁、磷、B 族维生素等。鲢鱼能提供丰富的胶质蛋白，既能健身，又能美容，是女性滋养肌肤的理想食品。它对皮肤粗糙、脱屑、头发干脆易脱落等症均有疗效，是女性美容不可忽视的佳肴。

中医认为，鲢鱼性温、味甘，入脾、胃经；具有健脾补气、暖胃、散热、泽肤、乌发、养颜等功效。

香煎鲢鱼

【主料】鲢鱼 1 条。

【配料】花椒 3 克，料酒 10 克，盐 5 克，生抽 5 克，老抽 5 克，糖 3 克，醋 8 克，蚝油 15 克，生粉 10 克，水淀粉 15 克，植物油 100 克。

【制作】① 用厨房专用纸把鱼身上的水分吸干，用料酒、盐、花椒把鱼提前腌渍 10 分钟；生抽、老抽、糖、醋、蚝油、生粉加水调半碗汁备用；鱼身沾层水淀粉。② 平锅置火上，入油烧热，下鲢鱼段用中火双面煎至微黄，浇入调好的汁，盖盖焖上 2 分钟，大火收汁即可。
【烹饪方法】腌，煎，焖。
【营养功效】益气补虚，强身健体。
【健康贴士】鲢鱼性温，便秘的人不宜食用。
【巧手妙招】煎鱼时不要急于翻面，待鱼肉变白，底部飘出香味了，再给鱼翻面，这样才可以保持完整的鱼身。

茄汁鲢鱼

【主料】鲢鱼 1 条。
【配料】番茄酱 100 克，醋 5 克，白糖 5 克，淀粉 5 克，盐 3 克，植物油 40 克，小麦面粉 20 克。
【制作】① 鲢鱼处理干净，用刀在鱼身上划上“井”字形刀纹，抹上盐，扑上干面粉。② 鱼用油炸至金黄色，捞出入盘。③ 将番茄酱、醋、白砂糖放锅内炒匀，加入水淀粉勾芡，浇在炸好的鱼上即可。
【烹饪方法】炸，炒。
【营养功效】润泽肌肤，美容养颜。
【健康贴士】鲢鱼还可与丝瓜搭配食用，具有生血通乳的作用，适合产后乳汁缺乏的女性食用。

椒麻鱼腰

【主料】鲢鱼中段 400 克，干辣椒 10 克。
【配料】盐 4 克，味精 2 克，酱油 10 克，白砂糖 5 克，料酒 10 克，醋 5 克，植物油 45 克，葱、姜、蒜各 5 克，花椒 3 克。
【制作】① 鲢鱼肉切小块，加酱油、料酒腌渍入味，下入热油锅，炸好，捞出沥油。② 锅置火上，入油烧热，下葱、姜、蒜入锅爆香，加干辣椒、花椒炒香，烹入料酒，放入鱼块，加盐、味精、白砂糖、醋调味，炒匀即可。
【烹饪方法】腌，炸，爆，炒。
【营养功效】散热驱寒，健脾补中。
【健康贴士】鲢鱼含有丰富的胶原蛋白，是女性美容滋养的理想食品。

草鱼

草鱼富含蛋白质、脂肪、钙、铁、磷、维生素 B_1、维生素 B_2、烟酸等。草鱼含有丰富的不饱和脂肪酸，对血液循环有利，是心血管病人的良好食物，同时含有丰富的硒元素，经常食用有抗衰老、养颜的功效，而且对肿瘤也有一定的防治作用。对于身体瘦弱、食欲不振的人来说，草鱼肉嫩而不腻，可以开胃、滋补。

中医认为，草鱼性温、味甘，无毒，入肝、胃经；具有暖胃和中、平降、祛风、治痹、截疟之功效，适用于肝阳上亢型高血压、头痛、久疟等。

热炝草鱼

【主料】草鱼肉 500 克，干红椒 15 克。
【配料】盐、辣椒粉各 3 克，料酒、香油各 10 克，姜丝 5 克，植物油 80 克。
【制作】① 草鱼处理干净，切片，加盐、辣椒面、料酒腌渍；干红椒洗净，切段。② 锅置火上，入油烧热，下姜丝、干红椒炒香，放入草鱼炸熟，淋入香油，出锅装盘即可。
【烹饪方法】腌，炒，炸。
【营养功效】草鱼富含蛋白质、碳水化合物和维生素，对人体有很好的滋补作用，常吃可增强免疫力。
【健康贴士】草鱼也可与鸡蛋搭配食用，具有温补强身的作用，适合脾胃虚寒、食少湿困，神疲乏力者食用。

西湖醋鱼

【主料】草鱼肉 600 克。

【配料】白砂糖、水淀粉各10克，醋3克，生抽、老抽各5克，料酒15克，胡椒粉3克，姜末5克。

【制作】①草鱼肉处理干净，切成雌雄两片。②锅内放清水，用大火烧沸，把改刀好的鱼排整齐放入锅中煮熟，捞出装盘。③锅内留部分汤汁，加入白砂糖、醋、生抽、老抽、料酒，用水淀粉调匀勾芡，浇遍鱼的全身，撒上姜末、胡椒粉即可。

【烹饪方法】煮，烧。

【营养功效】开胃消食，防癌抗癌。

【健康贴士】草鱼还可与黑木耳搭配食用，具有补虚利尿的作用，适合体虚、小便不利者食用。

【巧手妙招】洗鱼时在鱼身上倒入少量的醋，这样鱼鳞容易去掉，且鱼身不滑好洗。

典食趣话：

相传在南宋时，有宋氏兄弟两人，靠打鱼为生。当地有一恶霸，名赵大官人，他见宋嫂年轻貌美，便施阴谋害死了宋兄，欲霸占宋嫂。宋家叔嫂告状不成，反遭毒打，把他们赶出了衙门。回家后，嫂嫂只有让弟弟远逃他乡。叔嫂分手时，宋嫂特用糖、醋烧草鱼一碗，希望叔弟有出头之日。后来，宋弟外出，抗金卫国，立了功劳，回到杭州，惩办了恶棍，但一直查找不到嫂嫂的下落。一次外出赴宴，席间得知此菜，经询问方知嫂嫂隐姓埋名在这里当厨工，由此始得团聚。于是，“叔嫂传珍”这道美菜，也同传说一样在民间流传开来，因其源于西湖之畔，故又称“西湖醋鱼”。

家常鱼块

【主料】草鱼1条，红椒100克。

【配料】姜10克，大蒜5克，盐5克，植物油100克，白酒15克，酱油10克。

【制作】①草鱼处理干净，剁成小块，加适量盐腌渍30分钟以上；红椒切成小圈；姜切片；大蒜切碎备用。②锅置火上，入油烧热，下姜片炸香，将鱼块放入锅内，中火煎制，将一面煎黄后，用筷子将鱼翻至另一面煎黄，将锅倾斜至一边，放入辣椒和大蒜煸香，加入白酒出香味后淋入白开水，盖上锅盖，大火烧沸后改小火焖至汤干即可。

【烹饪方法】腌，炸，煎，煸，焖。

【营养功效】益气补血、暖胃、润肌肤。

【健康贴士】草鱼性温，疮癣患者忌食。

清蒸草鱼

【主料】草鱼1条。

【配料】盐8克，胡椒粉3克，料酒15克，葱丝、姜片各5克，红椒10克，香菜段5克，植物油50克。

【制作】①草鱼处理干净，在鱼身上依次划几刀；姜片放入划开的鱼身上，再将鱼放入碗内；红椒洗净，切丝。②鱼加入盐、胡椒粉、料酒腌渍5分钟后，放入蒸笼蒸15分钟。③待鱼蒸熟后取出，撒上葱丝、红椒丝；锅内留少许油，待油烧热后淋在鱼上，撒香菜段即可。

【烹饪方法】腌，蒸。

【营养功效】益肠明目，润燥减肥。

【健康贴士】草鱼还可与豆腐搭配食用，具有补中调胃、利水消肿的作用，适合胃寒体虚、水肿患者食用。

水煮鱼

【主料】草鱼1条，辣椒120克，黄豆芽350克，蒜苗段10克，鸡蛋1个。

【配料】花椒粉30克，水淀粉10克，盐10克，香油12克，胡椒粉10克，味精3克，芥末油10克，色拉油15克，植物油15克。

【制作】① 将草鱼从鱼尾部脊骨处片为两片，去鱼骨、鱼头、鱼尾，再斜切成片，放入碗中加盐、味精、鸡蛋（打散）、水淀粉抓匀备用。② 锅置火上，入油烧热，下黄豆芽炒干，加盐调味，倒入菜盆内垫底。③ 锅内注水烧沸，放入少许盐，加入鱼片，待鱼片发白后捞出，倒在豆芽上面，然后撒上花椒粉、辣椒、胡椒粉、蒜苗段，淋上芥末油和香油。④ 净锅后置上火，入色拉油烧热后，倒在盆内。上桌时用漏勺捞出辣椒即可。

【烹饪方法】炒。

【营养功效】开胃消食，温中补虚。

【健康贴士】女性在经期食用水煮鱼会加重水肿症状，容易产生疲惫感，故不宜食。

典食趣话：

水煮鱼是闻名全国的重庆特色菜。起源于渝北民间，发展于渝北食肆餐馆。原始的水煮鱼是用水煮制而成，来自船工纤夫的粗放饮食方式。重庆原江北县翠云乡的餐饮从业者在借鉴近代川菜“水煮牛肉”“水煮猪肉”的基础上，率先研究、创制出了现代水煮鱼。不久，水煮鱼就逐渐风行于重庆及川东地区，乃至风靡全国，而重庆市渝北区成为当之无愧的水煮鱼发源地。

酸菜鱼

【主料】草鱼 1 条，泡酸菜 150 克。

【配料】葱丝、红椒丝各 3 克，鸡蛋清 50 克，猪油 120 克，盐 8 克，味精 3 克，白砂糖 5 克，料酒 15 克，花椒粉 3 克，白胡椒粉 5 克，泡椒 15 克，清汤 100 毫升。

【制作】① 草鱼宰杀，去鳞片、内脏、骨刺后，洗净；剁掉鱼头、鱼尾备用。② 将鱼肉切成薄片，放入盐、料酒、鸡蛋清抓匀；泡酸菜、泡辣椒分别切成菱形片。③ 锅置火上，入猪油 50 克烧热，下泡酸菜翻炒片刻，加入适量的水，烧煮 5 分钟，放入鱼头、鱼尾，汤熬成白色时，用漏勺捞出鱼头、鱼尾和酸菜片，装入汤碗内垫底。④ 净锅后置火上，放入清汤烧沸，下入鱼片，炖煮 5 分钟后捞入汤碗里，往汤里加盐、白胡椒粉、味精、白砂糖调味，倒在鱼片上，撒上花椒粉、葱丝、红椒丝。⑤ 锅内放入余下的 70 克猪油，烧热后，放入泡辣椒片煸炒至散发出香味，倒入盛鱼的汤碗里即可。

【烹饪方法】煮，熬，炖，煸炒。

【营养功效】祛脂降压，美容减肥。

【健康贴士】草鱼还可与油条、鸡蛋、胡椒粉同蒸食用，可益眼明目，适合老年人温补健身。

典食趣话：

酸菜鱼属四川菜系。酸菜鱼源于重庆江津的江村渔船。相传，有一善钓鱼的老翁，一天他钓得几尾鱼回家，老伴不注意误将鱼放入了煮酸菜汤的锅里，炖了一会，闻见有香味飘出，老夫妇一尝，感觉味道鲜美至极，后来老渔翁逢人就告诉别人这件事，夸味道鲜美，酸菜鱼由此出了名。

鲈鱼

鲈鱼含有丰富且易消化的蛋白质、脂肪和多种维生素等。

中医认为，鲈鱼性温、味甘，入肝、脾、肾经；具有健脾、补气、益肾、安胎之功效。

钱江鲈鱼

【主料】鲈鱼 1 条，熟火腿 25 克，熟笋片 35 克，水发香菇 40 克，肥膘肉丁 50 克。

【配料】姜片 15 克，葱结 1 克，盐 1 克，葱段 5 克，绍酒 25 克，猪油 40 克，香醋 5 克。

【制作】① 鲈鱼宰杀，处理干净，放入沸水锅中略烫，取出刮去外层黑衣，冲洗干净，鱼身每侧各斜批 5 刀，每刀深度要一致，刀距要相等，装入盘中。② 笋片排列在鱼的两边，鱼身均匀地撒上肥膘肉丁，中间相隔放上火腿、香菇，再放葱结、姜片，加入绍酒、猪油及盐、清水，上蒸笼用大火蒸 15 分钟。③ 取碗一只，放入味精、盐及葱段，将蒸好的鱼取出，汤汁滗入装有姜片、盐、葱段、绍酒、香醋的碗内，调好味。④ 将蒸熟的鲈鱼放入大腰盘中，拣去葱、姜，淋上调好的味汁即可，食用时佐以姜末、香醋。

【烹饪方法】蒸。

【营养功效】益脾健胃，化痰止咳。

【健康贴士】鲈鱼不宜与乳酪同食，易使人消化不良而引起腹泻。

苦中作乐

【主料】鲈鱼 1 条，苦瓜 100 克，小番茄 50 克，芦笋尾 50 克，鱼板 2 条，紫菜 20 克，红萝卜 5 克，红甜椒丝 10 克，火腿片 35 克，蛋 6 个。

【配料】盐 8 克，淀粉 10 克，鸡油 25 克，高汤 50 毫升。

【制作】① 鲈鱼去骨留头尾，鱼肉片成 2 片，一片切薄片，一片切长方形 4 条；苦瓜去头尾，中间塞紫菜、红萝、鱼板，切成一片片。② 苦瓜卷蒸 18 分钟；鱼片卷紫菜、火腿、芦笋以红椒丝绑好，共卷 10 片，蒸熟摆盘。③ 蛋做成芙蓉蛋蒸熟，将苦瓜卷、鱼肉卷置于芙蓉上，以高汤勾芡淋于其上即可。

【烹饪方法】蒸。

【营养功效】疏肝理气，润肺化痰。

【健康贴士】鲈鱼不宜与蛤蜊同食，易导致人体内铜、铁的流失。

山椒鲈鱼

【主料】鲈鱼 1 条。

【配料】盐 3 克，酱油 10 克，青椒、红椒、葱段、野山椒各 10 克，植物油 45 克。

【制作】① 鲈鱼处理干净，头、尾切开，鱼肉切成薄片；野山椒、青椒、红椒洗净，切圈。② 锅置火上，入油烧热，放入鲈鱼片稍滑炒后，注水并加入野山椒、青椒、红椒焖煮，加入盐、酱油煮至熟后，撒上葱段即可。

【烹饪方法】滑炒，焖，煮。

【营养功效】养肝益肾，补脾养心。

【健康贴士】鲈鱼为发物，患有皮肤病疮肿者忌食。

豆腐鲈鱼

【主料】鲈鱼肉 500 克，豆腐 300 克，熟芝麻 35 克。

【配料】盐 5 克，酱油 8 克，蒜 25 克，葱白段、香菜段、黄酒各 10 克，干辣椒块 10 克，植物油 40 克。

【制作】① 鲈鱼处理干净，剁块；豆腐浸泡，切块；蒜去皮洗净。② 锅置火上，入油烧热，下蒜、干辣椒爆香，放入鱼、盐、黄酒、酱油，加水煮开，放入豆腐、葱白炒匀，撒上香菜、熟芝麻即可。

【烹饪方法】爆，煮，炒。

【营养功效】增进智力，加强记忆力。

【健康贴士】鲈鱼还可与南瓜搭配食用，具有预防感冒的作用。

鳙鱼

鳙鱼又名胖头鱼，含有蛋白质、脂肪、碳水化合物、钙、铁、磷、钾、B 族维生素等。鳙鱼鱼脑营养丰富，其中含有一种人体所需的鱼油，而鱼油中富含多不饱和脂肪酸，这是一种人类必需的营养素，可以起到维持、提高、改善大脑机能的作用。另外，鱼鳃下边的肉呈透明的胶状，里面富含胶原蛋白，能够对抗人体老化及修补身体细胞组织；所含水分充足，所以口感很好。

中医认为，鳙鱼性温、味甘，入胃经；具有暖胃、祛头眩、益脑髓、补虚劳、疏肝解郁、健脾、祛风寒、益筋骨之功效。适用于脾胃虚寒、痰多、咳嗽等症状。

红烧胖头鱼

【主料】鳙鱼肉 500 克。

【配料】葱段、姜段、蒜各 10 克，黄酒 35 克，盐 5 克，酱油 10 克，冰糖 12 克。

【制作】① 鳙鱼肉处理干净，切开用盐、黄酒腌渍；葱、姜切成大段；蒜整头备用。② 锅置火上，入油烧热，下鳙鱼肉煎至双面焦黄，捞出，放葱段、姜段入锅爆香，再投入鱼头，黄酒没过鱼头，加入酱油、冰糖小火直到汤汁收干，出锅装盘即可。

【烹饪方法】腌，煎，爆，烧。

【营养功效】温肾益精，强身健体。

【健康贴士】鳙鱼性温，热病及有内热者应忌食。

麻辣鱼头

【主料】鳙鱼头 1 个。

【配料】葱、姜、蒜各 15 克，盐 3 克，老抽 5 克，料酒 15 克，白砂糖 2 克，豆瓣酱 15 克，花椒粉 2 克，淀粉 10 克，色拉油 15 克，高汤 150 毫升。

【制作】① 鱼头洗净，拍上淀粉，入油锅炸熟，捞出备用。② 锅内留底油，下葱、姜、蒜炒香后，放入高汤、葱、姜、蒜、盐、老抽、料酒、白砂糖、豆瓣酱、花椒粉烧沸，再放入鱼头烧透，出锅装盘即可。

【烹饪方法】炸，炒，烧。

【营养功效】暖胃美容，益智抗老。

【健康贴士】鳙鱼属于高蛋白、低脂肪、低胆固醇的鱼类，适合肝炎、肾炎、营养不良等人食用。

椒鱼豆腐

【主料】鳙鱼尾 1 个，豆腐 150 克。

【配料】干辣椒 15 克，葱、姜、蒜各 10 克，胡椒粉 2 克，味精 3 克，淀粉 5 克，水淀粉 10 克，盐 6 克，酱油 15 克，料酒 15 克。

【制作】① 鳙鱼尾处理干净，切块；豆腐切成长方块。② 鱼块放入碗中，加盐、料酒、胡椒粉腌渍 5 分钟，加淀粉上浆；豆腐入油锅炸起壳后捞出，鱼块也入锅炸至金黄色。③ 锅中留油，下酱油、辣椒、葱姜蒜爆香，下入豆腐、鱼块，加适量水烧沸，加胡椒粉、料酒，焖至片刻后用水淀粉勾芡，撒入葱末即可。

【烹饪方法】腌，炸，爆，烧，焖。

【营养功效】健脾利肺，养颜抗衰。

【健康贴士】鳙鱼性温，食用过多容易引发疮疥，故不宜多食。

洞庭鱼头王

【主料】鳙鱼头 1 个，黄椒、红椒各 15 克。

【配料】剁椒20克，浏阳豆豉15克，秘制香油10克，姜片、红葱各10克。

【制作】① 鳙鱼头剁半开，加入剁椒、黄椒、红椒、浏阳豆豉、秘制香油、姜片、红葱。② 上蒸笼大火蒸制约30分钟后，即上桌小火边烹边吃。

【烹饪方法】蒸。

【营养功效】暖胃补虚，祛寒除湿。

【健康贴士】鳙鱼还可与银耳搭配食用，具有补脑安神的作用，适宜神经衰弱者食用。

典食趣话：

相传乾隆年间，在洞庭湖一无名小镇上住着一户渔家，很不幸渔家的大儿子和二儿子被暴雨夺去了生命，于是三儿子为帮父母减轻负担，分解忧愁，担当起了家庭的重担，每天打完鱼后，就在镇上卖鱼，把大家不要的鱼头加上辣椒熬成汤做给父母吃。于是“洞庭鱼头”很快在小镇上流传开来。

鳝鱼

鳝鱼含有蛋白质、脂肪、维生素A、维生素B、氨基酸、钙、磷、铁等。鳝鱼中含有丰富的DHA和卵磷脂，它是构成人体各器官组织细胞膜的主要成分，而且是脑细胞不可缺少的营养。故食用鳝鱼肉有补脑的功效。它所含的特种物质“鳝鱼素”，有清热解毒、凉血止痛、祛风消肿、润肠止血等功效，能降低血糖和调节血糖，对痔疮、糖尿病有较好的治疗作用，加之所含脂肪极少，因而是糖尿病患者的理想食品。

中医认为，鳝鱼性温、味甘，入肝、脾、胃经；具有补中益气、明目、解毒、通血脉、强筋骨、止痔血等功效。

蒜香鳝鱼丝

【主料】鳝鱼600克，蒜苗250克。

【配料】姜丝5克，料酒10克，盐5克，豆粉5克，糖3克，水淀粉10克，鸡精2克，植物油35克。

【制作】① 蒜苗去除根部，洗净，切段。② 把鳝鱼去除内脏、脊骨和头，用少许盐腌去黏液，并放入沸水中汆烫，然后切成丝；再用盐、豆粉、糖、姜腌渍备用。③ 锅置火上，入油烧热，下姜丝爆香，放入鳝鱼丝，加料酒、盐颠炒，然后放入蒜苗快速翻炒，勾入水芡粉，调入鸡精即可出锅。

【烹饪方法】腌，爆，炒。

【营养功效】补脾和胃，理气消食。

【健康贴士】鳝鱼不宜与山楂同食，会降低营养价值，影响消化吸收。

小炒鳝鱼

【主料】鳝鱼500克，红椒50克，青蒜50克。

【配料】盐3克，料酒15克，植物油35克。

【制作】① 红椒洗净，切圆片；青蒜洗净，切小段；鳝鱼去头，剖开后处理干净，切小段。② 锅置火上，入油烧热，倒入鳝鱼，加料酒大火快炒至肉变色后，捞出。③ 余油烧热，倒入红椒炒片刻后，倒入鳝段，放盐、青蒜一同翻炒即可。

【烹饪方法】炒。

【营养功效】开胃消食，补脑健身。

【健康贴士】鳝鱼不宜与柿子同食，会降低营养价值，影响消化吸收。

子龙脱袍

【主料】鳝鱼600克，冬笋丝50克，红柿子椒丝30克，香菇丝10克。

【配料】葱、姜丝各10克，香菜3克，淀粉5克，鸡蛋清30克，植物油35克。

【制作】① 鳝鱼去皮、骨、头，净膛洗净切6厘米长丝，用鸡蛋清、淀粉上浆。② 锅置火上，入油烧热，下入鳝鱼丝滑散，捞出沥油。冬笋丝、柿子椒丝、香菇丝过油。③ 锅留底油，投入葱姜丝爆香，放入鳝鱼、冬笋、香菇、柿子椒丝、盐、味精及料酒，翻炒均匀，撒入胡椒粉，淋香油，放香菜即可。

【烹饪方法】爆，炒。

【营养功效】补肾健脑，益智安神。

【健康贴士】鳝鱼不可与狗肉同食，易上火，引发旧病。

典食趣话：

相传三国时期，蜀国名将赵子龙把刘备儿子阿斗裹在怀中，持枪上马，在长坂坡与曹军浴血奋战，终于杀出重围，回到刘备身边。刘备为感激赵子龙，于是亲自为他下厨，用鳝鱼脱皮而制成一道菜，并取名“子龙脱袍”。

红烧鳝段

【主料】鳝鱼500克，油菜50克。

【配料】盐3克，料酒10克，酱油20克，白砂糖5克，葱段5克，植物油35克。

【制作】① 鳝鱼处理干净，切段；油菜洗净，用沸水焯熟后备用。② 锅置火上，入油烧热，放入鳝段炒至变色后，加入水、酱油、白砂糖焖煮熟后，再加入盐、料酒炒至汤汁收浓，撒上葱段，用油菜围边即可。

【烹饪方法】焯，焖，煮，烧。

【营养功效】鳝鱼中所含的钾有改善机体、增强免疫力的功效。

【健康贴士】鳝鱼不可与菠菜同食，易导致腹泻。

茄香鳝鱼

【主料】鳝鱼500克，茄子250克，青椒50克。

【配料】蒜10克，耗油15克，料酒15克，淀粉5克，鸡精2克，盐5克，植物油35克。

【制作】① 鳝鱼处理干净，切条，加料酒和淀粉搅拌均匀，腌渍15分钟以上。② 茄子洗净，切条；青椒洗净；去蒂、子，切成圆圈状；蒜洗净；切末。③ 锅置火上，入油烧至五成热，下蒜末炝锅，倒入黄鳝条、茄条、青椒圈，加耗油、盐调味，翻炒至茄条发软，加鸡精继续翻炒几下，出锅装盘即可。

【烹饪方法】拌，腌，炝，炒。

【营养功效】减肥降脂，补血降压，强身健体。

【健康贴士】鳝鱼性温，瘙痒性皮肤病患者忌食。

韭菜炒鳝丝

【主料】鳝鱼250克，韭菜100克。

【配料】料酒15克，鸡精2克，盐3克，植物油35克。

【制作】① 韭菜洗净，切段；鳝鱼洗净，切丝。② 锅置火上，入油烧热，倒入鳝丝，急火炒熟，加料酒、鸡精和盐调味，韭菜倒入锅中，翻炒至熟盛出即可。

【烹饪方法】炒。

【营养功效】温补肝肾，明目提神。

【健康贴士】鳝鱼还可与木瓜搭配食用，具有祛风通络、强筋壮骨的作用，适宜风湿病患者食用。

鲶鱼

鳝鱼含有蛋白质、脂肪、多种维生素和矿物质等营养元素，特别适合体弱虚损、营养不良之人食用。

中医认为，鲶鱼性温、味甘，入胃经；具有补中气，滋阴，开胃、催乳、利小便等功效。

腐竹大蒜焖鲶鱼

【主料】腐竹50克，鲶鱼肉600克。
【配料】盐5克，蚝油5克，老抽2克，蒜片20克，姜片5克，高汤100毫升，植物油35克。
【制作】①鲶鱼肉处理干净，切块；腐竹泡发，切段。②锅置火上，入油烧热，爆香姜片、蒜片，加入高汤、蚝油、老抽、鲶鱼块、腐竹焖至入味时，下盐炒匀即可。
【烹饪方法】爆，焖，炒。
【营养功效】排毒养颜，增强免疫力。
【健康贴士】鲶鱼不可与鹿肉同食，影响神经系统。

馋嘴鲶鱼

【主料】鲶鱼肉500克，芹菜100克。
【配料】盐3克，醋10克，酱油15克，鲜花椒、红椒各10克，植物油35克。
【制作】①将鲶鱼肉处理干净，切片；鲜花椒洗净；芹菜洗净，切段；红椒洗净，切圈。②锅置火上，入油烧热，下花椒炒香后，放入鲶鱼、芹菜、红椒炒匀，炒至熟后，加入盐、醋、酱油调味，出锅装盘即可。
【烹饪方法】炒。
【营养功效】开胃消食，促进消化。
【健康贴士】鲶鱼不可与牛肝同食，会产生不良反应，引起身体不适。
【巧手妙招】鲶鱼体表有黏液，宰杀后用沸水烫一下，再用清水洗净，可去除黏液。

枣蒜烧鲶鱼

【主料】鲶鱼肉500克，红枣100克，大蒜100克。
【配料】盐3克，酱油15克，料酒10克，白砂糖3克，高汤50毫升，植物油40克。
【制作】①鲶鱼处理干净，肉切开但不切断，用盐腌5分钟；红枣处理干净；蒜去皮洗净。②锅置火上，入油烧热，放入鲶鱼稍煎，注入高汤，加入蒜、红枣、盐、酱油、醋、白砂糖焖熟即可。
【烹饪方法】腌，煎，焖。
【营养功效】养肝补血，泽肤养颜。
【健康贴士】鲶鱼还可与菠菜搭配食用，具有补血、减肥的作用，适宜贫血、肥胖的人食用。

铁板鲶鱼

【主料】鲶鱼肉500克。
【配料】盐5克，味精2克，酱油5克，料酒10克，黄油12克，植物油30克，洋葱10克，葱、姜、蒜各5克。
【制作】①鲶鱼处理干净，切成小块，加盐、味精、料酒、酱油腌渍入味。②锅置火上，入油烧热，放入鲶鱼炸透捞出。③净锅后置火上，入油烧热，下葱、姜、蒜爆香，加汤调味，放入鲶鱼用慢火烧透。④铁板烧热，放黄油、洋葱，把鱼倒在洋葱上即可。
【烹饪方法】腌，炸，爆，烧。
【营养功效】补中益阳，利水消肿。
【健康贴士】鲶鱼还可与茄子搭配食用，具有补血消肿的作用，适宜贫血、水肿患者食用。

粉蒸鲶鱼

【主料】鲶鱼肉500克，米粉200克。
【配料】葱丝25克，盐5克，味精2克，酱油10克，料酒15克，植物油30克，胡椒粉3克，五香粉2克。
【制作】①鲶鱼肉处理干净，切薄片，加盐、味精、料酒、酱油腌渍入味；米粉加五香粉、胡椒粉、植物油拌匀。②鱼块拍匀拌好的米粉，整齐摆入盘中，上笼蒸熟后取出，撒少许葱丝，用热油浇一下即可。
【烹饪方法】腌，拌，蒸。

【营养功效】滋阴补气，催乳开胃。

【健康贴士】鲶鱼性温，有痼疾者忌食。

银鱼

银鱼是极富钙质、高蛋白、低脂肪的食品，常食对高脂血症有辅助疗效。据现代营养学分析，银鱼营养丰富，具有高蛋白、低脂肪之特点。并认为银鱼不去鳍、骨，属“整体性食物”，营养完全，利于人体增进免疫功能和长寿。

中医认为，银鱼性平、味甘，入脾、胃经；有润肺止咳、善补脾胃、宜肺、利水的功效。可治脾胃虚弱、肺虚咳嗽、虚劳诸疾。

香辣小银鱼

【主料】干银鱼 200 克，青椒 50 克。

【配料】色拉油 25 克，盐 3 克，味精 2 克，葱丝、姜丝各 5 克，干红椒 5 克。

【制作】① 干银鱼用清水浸泡 30 分钟，捞出，沥干水分；青椒洗净，去蒂、子，切丝。② 锅置火上，入油烧至七成热，下银鱼炸至酥脆时，捞出沥油。③ 锅内留底油，下葱丝、姜丝、干红椒爆香，加入青椒丝、银鱼，调入盐、味精，迅速翻炒均匀即可。

【烹饪方法】炸，爆，炒。

【营养功效】健脾开胃，祛瘀活血。

【健康贴士】银鱼为发物，皮肤病患者忌食。

软炸银鱼

【主料】银鱼 300 克，鸡蛋清 100 克。

【配料】盐 3 克，鸡精 2 克，胡椒粉 3 克，料酒 10 克，淀粉 10 克，植物油 15 克。

【制作】① 银鱼洗净，加盐、鸡精、胡椒粉、料酒腌渍入味。② 鸡蛋清、淀粉调成糊，加银鱼拌匀，入油锅中炸熟，出锅装盘即可。

【烹饪方法】腌，拌，炸。

【营养功效】健脾益胃，补虚健体。

【健康贴士】银鱼还可与莼菜搭配食用，具有补虚健胃、排毒清肠的作用，适宜虚劳、消化不良的人食用。

银鱼炒萝卜丝

【主料】干银鱼 200 克，白萝卜 150 克。

【配料】葱、姜各 5 克，料酒 10 克，盐 3 克，生抽 5 克，植物油 15 克。

【制作】① 干银鱼用清水浸泡 30 分钟冲洗干净；姜切成细丝；葱切葱末；白萝卜去皮，切成细丝，入沸水锅中焯 1 分钟，捞出，沥干水分。② 锅置火上，入油烧热，下姜丝小火爆香，再下银鱼大火翻炒，下萝卜丝继续煸炒，烹入料酒，加盐、生抽调味，继续大火翻炒 2 分钟，撒入葱末即可。

【烹饪方法】爆，煸炒，炒。

【营养功效】补气润肺，止咳平喘。

【健康贴士】一般人皆可食用，尤其适宜肺虚咳嗽者食用。

青鱼

青鱼含蛋白质、脂肪、硫胺素、核黄素、烟酸、核酸，以及钙、磷、铁、锌、硒等成分。青鱼含有极其丰富的不饱和脂肪酸以及卵磷脂，经常食用可补充大脑所需营养，增强脑细胞活性，保护脑血管。

中医认为，青鱼肉性平、味甘，无毒，入肝、脾经；具有益气、补虚、健脾、养胃、祛湿、祛风、利水之功效，还可预防妊娠水肿。

青鱼豆腐

【主料】青鱼 1 条，豆腐 200 克，芥菜 30 克。

【配料】盐 6 克，植物 45 克，料酒 15 克，酱油 12 克，白砂糖 2 克，葱、姜各 5 克。

【制作】① 青鱼处理干净，用盐、姜丝腌渍 10 分钟；豆腐洗净，切块；芥菜倒出也冲洗干净。② 锅置火上，入油烧热，鱼块入锅用中火把青鱼煎一下，中途把鱼翻下身，然后加入料酒、酱油、白砂糖翻匀，倒入豆腐和芥菜，加盐焖烧 8 分钟。③ 待汤汁收至快干时，撒上葱末即可出锅。

【烹饪方法】腌，煎，焖，烧。

【营养功效】祛风除湿，利水消肿。

【健康贴士】青鱼不可与咸菜同食，易产生致癌物质，易引起消化道癌肿。

红烧瓦块鱼

【主料】青鱼 1 条，水发木耳 25 克，淀粉 20 克

【配料】醋 25 克，黄酒 5 克，盐 2 克，白砂糖 5 克，酱油 30 克，水淀粉 5 克，小葱 25 克，味精 2 克，姜 25 克，猪油 40 克，猪肉汤 250 毫升。

【制作】① 青鱼处理干净，片取中段鱼肉洗净，皮面剞成斜片纹约 10 刀，两面抹上盐少许、黄酒腌渍；葱、姜洗净，葱切段，姜切末；黑木耳洗净。② 锅置大火上，入油烧至七成热，放入鱼块炸 3 分钟，待呈金黄色，捞出沥油。③ 原锅留余油移至中火，下姜末爆香，加入猪肉汤、黑木耳、酱油，醋、白砂糖、鱼块烧 5 分钟，待汤汁稠浓时放入味精，用水淀粉勾芡，撒上葱段，出锅装盘即可。

【烹饪方法】腌，炸，爆，烧。

【营养功效】补气和胃，养肝明目。

【健康贴士】青鱼不可与芦荟同食，易致腹痛、腹泻。

典食趣话：

相传明清时期的文学家谭元春有一日突然发现去掉头尾的青鱼段酷似木片琴。于是命人顺着肋制出花纹后红烧佐酒。眼观佳肴，如闻木片琴的叮咚雅韵而心旷神怡。此案后来传至民间，因形似屋瓦，故称“红烧瓦块鱼”。

油泼青鱼

【主料】青鱼 1 条，鸡蛋 2 个，红根、豆瓣葱各 15 克，鲜豌豆 25 克，香菜段 50 克，水发香菇 10 克。

【配料】植物油 100 克，料酒 15 克，酱油 50 克，盐 5 克，味精 8 克，葱段、姜块各 10 克，姜末 5 克，胡椒粉 2 克，鸡汤 50 毫升。

【制作】① 香菇和红根切成小丁，入沸水中焯烫，捞出，沥干水分，和豌豆放在一起，注入鸡汤煨透后，捞出，把汤沥净。② 将青鱼宰杀放血，刮鳞、去鳃和内脏，洗净后放入鱼盘，加入盐、料酒、姜块（拍松）、葱段，上屉蒸 20 分钟，取出将汤沥去，另把酱油、味精、胡椒粉放入碗内随鱼上屉。③ 把蒸好的酱油浇在鱼上，撒上豌豆、香菇丁、红根丁，再撒上豆瓣葱和姜末。④ 锅内放少许油烧沸后浇在鱼身上，撒上香菜段即可。

【烹饪方法】焯，煨，蒸。

【营养功效】疏肝健脾，健体强身。

【健康贴士】青鱼不可与李子同食，易伤身体。

什锦青鱼丁

【主料】青鱼肉 300 克，豌豆 100 克，草菇 100 克，鸡蛋清 30 克，火腿 25 克。

【配料】葱 10 克，姜 5 克，猪油 55 克，料酒 15 克，淀粉 5 克，水淀粉 10 克，味精 2 克，盐 5 克。

【制作】① 青鱼肉处理干净，去骨去刺，切成丁，加适量淀粉、料酒和盐搅拌均匀，腌渍片刻备用；草菇洗净，切丁；火腿切丁；葱、姜洗净，切丁；豌豆洗净，放入沸水中煮熟，捞出，沥干水分。② 锅置火上，入油烧热，倒入鱼丁滑炒至熟，盛出沥油。③ 净锅后置火上，下葱、姜丁炝锅，倒入草菇丁、豌豆和火腿丁翻炒片刻，将鱼丁和适量清水倒入锅中，加适量料酒、味精和盐调味，用水淀

粉勾芡即可出锅。

【烹饪方法】拌，腌，煮，滑炒，炝，炒。

【营养功效】养肝明目，健脾开胃。

【健康贴士】青鱼还可与韭菜搭配食用，具有补气除烦的作用，适宜心烦气躁者食用。

武昌鱼

武昌鱼肉质嫩白，含丰富的蛋白质，是低脂肪、高蛋白质的鱼类，可以预防贫血症、低血糖、高血压和动脉血管硬化等疾病。

中医认为，武昌鱼性温、味甘，入脾、胃经；具有补虚、益脾、养血、祛风、健胃之功效。

红烧武昌鱼

【主料】武昌鱼 1 条，瘦肉 50 克，青椒、红椒各 25 克。

【配料】干辣椒 10 克，辣椒酱 20 克，白砂糖 5 克，胡椒粉 2 克，醋 5 克，老抽 3 克，黄酒 10 克，盐 4 克，姜末、葱末各 2 克，高汤 70 毫升，植物油 55 克。

【制作】① 青椒、红椒、干辣椒洗净，切粒；瘦肉洗净，切末；武昌鱼处理干净，打上十字花刀。② 锅置火上，入油烧热，鱼下锅煎黄，盛起沥油。③ 净锅后置火上，入油烧热，放入葱末、姜末、肉末、青椒粒、红椒粒、干辣椒粒，加入辣椒酱、白砂糖、胡椒粉、醋、老抽、黄酒、盐煸炒香，再放入鱼，倒入高汤烧 10 分钟收汁即可。

【烹饪方法】煎，煸炒，烧。

【营养功效】开胃健脾，增进食欲。

【健康贴士】武昌鱼不可和枣同食，会使人腰腹疼痛。

【巧手妙招】煎鱼前可在鱼身上涂一层淀粉，这样不易煎煳。

干烧武昌鱼

【主料】武昌鱼 1 条。

【配料】盐 3 克，白砂糖 2 克，料酒 10 克，酱油 5 克，水淀粉 15 克，红椒 8 克，植物油 50 克。

【制作】① 武昌鱼处理干净，打上十字花刀。② 锅置火上，入油烧热，下鱼煎至两面金黄，放入红椒段，加入料酒、酱油、盐和清水烧沸，至汤汁浓稠，将鱼出锅盛入盘内。③ 将原汁烧沸，下白砂糖，用水淀粉勾芡，浇在鱼上即可。

【烹饪方法】煎，烧。

【营养功效】理气开胃，活血舒络。

【健康贴士】武昌鱼含高蛋白，高血压患者不宜多吃。

开屏武昌鱼

【主料】武昌鱼 1 条，鱼丸 25 克。

【配料】盐 3 克，剁椒 15 克，葱丝 5 克，料酒 10 克，辣椒粉 5 克，蒸鱼豉油 20 克。

【制作】① 武昌鱼处理干净，切成连刀段，用盐、辣椒粉腌渍。② 将武昌鱼摆成孔雀开屏状，放上剁椒、蒸鱼豉油、料酒后放入蒸屉。③ 蒸熟后取出，撒上葱末，淋上热油即可。

【烹饪方法】腌，蒸。

【营养功效】武昌鱼含有一种叫作牛磺酸的氨基酸，对调节血压、减少血脂、防止动脉硬化、增强视力都有作用。

【健康贴士】武昌鱼中的脂肪含量高，肥胖者不宜多食。

鳜鱼

鳜鱼，含有丰富的蛋白质、脂肪、少量维生素、钙、钾、镁、硒等营养元素，肉质细嫩，极易消化，对儿童、老人及体弱、脾胃消化功能不佳的人来说，吃鳜鱼既能补虚，又不必担心消化困难；鳜鱼肉的热量不高，而且富含抗氧化成分，对于贪恋美味、想美容又怕肥胖的女士是极佳的选择。

中医认为，鳜鱼味甘、性平、无毒，入脾、胃经；具有补气血、益脾胃等功效。

松鼠鳜鱼

【主料】鳜鱼1条，松仁、青豆各15克，胡萝卜10克，虾仁25克，鸡蛋2个。

【配料】淀粉30克，白醋50克，白砂糖50克，盐3克，植物油90克。

【制作】①鳜鱼处理干净，去骨，打花刀，用盐、鸡蛋、淀粉腌10分钟；青豆洗净；胡萝卜洗净，切丁；青豆、胡萝卜、虾仁分别入沸水焯熟；松仁入油锅中炸脆。②锅置火上，入油烧热，把鳜鱼放入油锅中炸至金黄色，捞出沥油。③白醋、白砂糖入锅调成糖醋汁，淋在鱼身上，撒上松仁。虾仁、青豆、胡萝卜丁即可。

【烹饪方法】腌，炸。

【营养功效】补血养颜，益脾健胃。

【健康贴士】一般人皆可食用，尤其适合脾胃虚弱、贫血者食用。

典食趣话：

传说，乾隆下苏州时，一次曾信步来到松鹤楼酒楼，见到湖中游着条条鳜鱼，便要提来食用。于是厨师取鱼头做鼠，以避“神鱼”之罪（当时那鱼是用作敬神的祭品）。当一盘松鼠鳜鱼端上桌时，只听鱼身吱吱作响，极似松鼠叫声。尺把长的鳜鱼在盘中昂头翘尾，鱼身已去骨，并创上花刀，油炸后，浇上番茄汁，甜酸适口，外酥里嫩，一块入口，满口香。乾隆吃罢，连声叫绝。由于这道菜货真价实，名不虚传，便流传至今。

水煮鳜鱼

【主料】鳜鱼1条，水发木耳50克。

【配料】胡椒粉3克，盐4克，鸡精4克，白砂糖5克，姜丝10克，葱末15克，植物油90克。

【制作】①鱼处理干净；木耳洗净，切丝。②锅置火上，注入适量水烧沸，下鳜鱼、木耳丝煮熟，盛出装盘。③原锅入油烧热，放入姜丝爆香，调入胡椒粉、盐、鸡精、白砂糖、姜丝，加水适量煮成汁，淋在鱼身上，撒上葱末，再淋入烧热的油即可。

【烹饪方法】煮，爆。

【营养功效】益气补血，聪耳明目。

【健康贴士】鳜鱼含钾丰富，肾功能衰竭者不宜多食。

红烧鳜鱼

【主料】鳜鱼1条，玉兰片、猪肉各50克。

【配料】料酒10克，酱油5克，白砂糖15克，葱、姜、蒜各5克，味精2克，猪油100克。

【制作】①鳜鱼处理干净，在鱼身两侧剞上斜刀；玉兰片、猪肉、葱、姜、蒜均切成片。②锅置火上，入油烧至七八成热，下入鳜鱼略炸一下捞出，沥油。③锅内留少量油烧热，入白砂糖，炒至变色后，下入肉片、玉兰片、葱、姜、蒜、酱油、料酒等配料烧沸，最后放入炸好的鱼，改为小火，约10分钟后，将鱼捞出，余汤加味精，浇在鱼身上即可。

【烹饪方法】炸，烧，炒。

【营养功效】益精补血，强身健体。

【健康贴士】一般人皆宜食用，尤其适合老人、体质虚弱者食用。

姜葱鳜鱼

【主料】鳜鱼1条。

【配料】姜60克，葱20克，盐3克，白砂糖5克，鸡汤60毫升，植物油40克。

【制作】① 鳜鱼肉处理干净；姜洗净，切末；葱洗净，切花。② 锅置火上，注适量水烧沸，下鳜鱼煮熟，盛出沥水装盘。③ 净锅置火上，入油烧热，放入姜末、葱末爆香，调入鸡汤、盐、白砂糖煮开，淋在鱼身上即可。

【烹饪方法】煮，爆，淋。

【营养功效】抗癌防癌，预防肿瘤。

【健康贴士】一般人皆可食用，尤其适合中老年人食用。

【巧手妙招】将鳜鱼去鳞剖腹洗净后，放入盆中倒一些料酒，可去除鱼腥味，并能使鱼滋味鲜美。

罗非鱼

罗非鱼肉味鲜美，肉质细嫩，含有多种不饱和脂肪酸和丰富的蛋白质、氨基酸、矿物质、维生素等，能补充营养，增强机体的免疫力。在日本，称这种鱼为“不需要蛋白质的蛋白源”。

中医认为，罗非鱼性平、味甘，入脾、胃经，具有补阴血、通血脉、补体虚、利水、清热、通经之功效。

清蒸罗非鱼

【主料】罗非鱼 1 条。

【配料】盐 2 克，姜片 5 克，葱 15 克，生抽 10 克，香油 5 克。

【制作】① 罗非鱼去鳞和内脏洗净，在背上划花刀；葱白切段，葱叶切丝。② 将鱼放入盘中，加入姜片、葱白段、盐，放入锅中蒸熟。③ 取出蒸熟的鱼，淋上生抽、香油，撒上葱末即可。

【烹饪方法】蒸。

【营养功效】开胃健脾，补虚强身。

【健康贴士】这道菜适合食欲不振、饮食不香、消化不良者食用。

豆豉罗非鱼

【主料】罗非鱼1条，红椒30克，豆豉50克。

【配料】盐 3 克，葱末 15 克，姜末 10 克，蒜末 5 克，料酒 15 克。

【制作】① 红椒洗净，去蒂，切粒；鱼宰杀洗净，在鱼背上切花刀。② 将鱼放入盘中，红椒、葱末、姜末、豆豉、蒜末、料酒一起拌匀，均匀盖在鱼身上。③ 锅置火上，倒入适量水烧沸，放入鱼蒸 8 ~ 10 分钟至熟即可。

【烹饪方法】拌，烧，蒸。

【营养功效】益气健脾，通经活络。

【健康贴士】罗非鱼还可与西红柿搭配食用，具有增加营养、补血养颜的作用，适宜营养不良、肤色暗沉的人食用。

家常罗非鱼

【主料】罗非鱼 1 条。

【配料】盐 2 克，葱末 15 克，姜末 10 克，蒜末 10 克，料酒 12 克，豆瓣酱 30 克，泡椒 15 克，酱油 5 克，植物油 40 克。

【制作】① 鱼处理洗净，在鱼背上切花刀；泡椒切粒。② 锅置火上，入油烧热，放入鱼煎至两面金黄色，盛出。③ 锅底留油，放入豆瓣酱炒香，加入姜末、蒜末、盐、泡椒、酱油、料酒炒匀，再放入鱼烧焖，撒上葱末即可。

【烹饪方法】煎，炒，焖。

【营养功效】利水消肿，清热解毒。

【健康贴士】罗非鱼也可与豆腐搭配食用，具有补钙健骨的作用，适合骨质疏松患者食用。

红烧罗非鱼

【主料】罗非鱼 1 条，红椒 15 克。

【配料】葱 12 克，姜 10 克，大蒜 10 克，香油 1 小匙、酱油 5 克，料酒 12 克，胡椒粉 3 克，盐 2.5 克，白砂糖 3 克，味精 2 克，植物油 30 克。

【制作】① 罗非鱼处理干净，两侧划3刀；葱切段；姜、蒜、红椒切片。② 锅置火上，入油烧热，将鱼煎至两面呈金黄色盛出。③ 锅内留少许油，将葱、姜、蒜、辣椒爆香后加入酱油、料酒、糖、胡椒粉、盐、味精、水煮沸，放入煎好的罗非鱼，用小火烧至入味后捞出装盘，剩余汤汁煮至稠浓，放入香油后浇在鱼身上即可。
【烹饪方法】煎，爆，煮。
【营养功效】开胃健脾，提神益智。
【健康贴士】罗非鱼含钾多，胃虚弱者不宜食用。

黑鱼

黑鱼中含蛋白质、脂肪、18种氨基酸等，还含有人体必需的钙、磷、铁及多种维生素，适用于身体虚弱，低蛋白血症、脾胃气虚、营养不良、贫血之人食用。西广一带民间常视黑鱼为珍贵补品，用以催乳、补血。此外，黑鱼还有祛风治疳、补脾益气、利水消肿之效，因此三北地区常有产妇、风湿病患者、小儿疳病患者找黑鱼食之，作为一种辅助食疗法。

中医认为，黑鱼性寒、味甘，入脾、胃经；具有补脾利水，去瘀生新，清热等功效，主治水肿、湿痹、脚气、痔疮、疥癣等症。

红烧黑鱼

【主料】黑鱼肉500克。
【配料】盐4克，鸡精2克，胡椒粉1克，香油5克，葱、姜、蒜各5克，花椒2克，红椒2克，大料3克，酱油5克，料酒10克，醋5克，白砂糖10克，植物油30克。
【制作】① 黑鱼肉处理干净，切成段。② 锅置火上，入油烧热，下花椒、红尖椒、大料、葱姜蒜爆香，放入黑鱼段翻炒，加入酱油，淋入醋翻炒，放入糖、清水，大火烧沸后转小火慢炖。③ 炖熟后加入大料、料酒翻炒出锅即可。
【烹饪方法】爆，炒，炖。
【营养功效】黑鱼中含有DHA，有增强智力，提高记忆力的功效。
【健康贴士】黑鱼不可与茄子同食，易引起消化不良。

黑鱼片小炒

【主料】黑鱼片400克，胡萝卜35克，青椒15克，冬笋30克。
【配料】姜片、葱段各5克，盐5克，鸡精2克，胡椒粉1克，料酒15克，淀粉10克，植物油30克。
【制作】① 黑鱼片清洗干净后，调入盐、鸡精，胡椒粉，料酒、淀粉抓匀入冰箱冷藏腌渍10分钟以上；胡萝卜切片；青椒及冬笋也切成片；姜切片；葱切段。② 锅置火上，入油烧热，下入鱼片滑炒一下，至颜色变白关火捞出备用。③ 利用锅中的余油烧热后，放入姜片、葱段煸炒，然后依次放入胡萝卜及冬笋片翻炒，炒至胡萝卜略变软，加入青椒翻炒1分钟，调入少许盐，最后出锅前倒入黑鱼片，倒少许稀的淀粉水勾芡翻匀即可。
【烹饪方法】腌，滑炒，煸炒，炒。
【营养功效】利水消肿，清热解毒。
【健康贴士】黑鱼中的胆固醇含量较高，脂肪肝患者应慎食。

将军过桥

【主料】黑鱼1条，水发黑木耳、水发玉兰片各50克。
【配料】鸡蛋2个，青豆100克，猪油750克（约耗150克），鸡汤50克，白砂糖5克，盐5克，醋10克，味精2克，胡椒粉3克，酱油5克，料酒10克，淀粉10克，水淀粉15克，葱、姜各5克。
【制作】① 黑鱼处理干净，剔下两面鱼肉，脱去鱼皮，切片，盛入碗内，磕入鸡蛋，加盐，淀粉上浆；黑木耳洗净，择去杂质；玉兰片切片；片去鱼片后的骨架，头尾分剁成几大块。② 锅置火上，入油烧至五成热，放入葱结、姜片，煸出香味，倒入鱼块略炒，随即下料酒和适量清水烧沸，撇去浮沫，加盖移至中火熬煮，待锅内汤熬到乳白时，再将锅移到大火上，放入青豆、盐、味精、胡椒粉，出锅盛入汤碗内。③ 净锅后置大火上，入油烧至五成热时，将鱼片逐片下锅拨散，炸至断生，出锅沥干。④ 锅内下少许油，放葱、姜末、黑木耳、玉兰片煸炒，再放酱油、料酒、鸡汤、白砂糖、醋、盐烧沸，用水淀粉调稀勾芡。倒入鱼片，再下少许油翻炒几下，出锅装盘即可。

【烹饪方法】煸，熬，煮，煸炒，炒。

【营养功效】滋阴补血，增强免疫。

【健康贴士】黑鱼含胆固醇较高，胆囊炎患者不宜食用。

典食趣话：

据传三国时期，张飞在长坂坡阻击曹兵，便施用计谋，摆脱了曹兵追击，遂向偏僻处寻食觅宿。当地群众得知是张飞在此，便将从河中打捞起来的黑鱼，连煮带熬，做饭敬献。饭后，张飞除向百姓表达感激之外，并问及此菜。一老者曰："鱼因将军来，菜为将军吃，当阳桥下有根底，如不避嫌，就叫'将军过桥'吧。"从此，"将军过桥"流传至今，成为一道经典苏菜。

甲鱼

甲鱼又名水鱼、王八、鳖，是我国传统的名贵水产品。甲鱼肉具有鸡、鹿、牛、羊、猪 5 种肉的美味，故素有"美食五味肉"的美称。甲鱼含有高蛋白、低脂肪、多种维生素及微量元素，能够增强身体的抗病能力及调节人体的内分泌功能，也是提高母乳质量、增强婴儿的免疫力及智力的滋补佳品。

中医认为，甲鱼肉性平、味甘，入肝经；具有滋阴凉血、补益调中、补肾健骨、散结消痞等作用，可防治身虚体弱、肝脾肿大、肺结核等症。

蒜子铁锅甲鱼

【主料】甲鱼 1 条，蒜子 100 克。

【配料】盐 3 克，煲仔酱 15 克，白砂糖 3 克，生抽 5 克，料酒 15 克，植物油 90 克，香葱末 5 克。

【制作】① 甲鱼处理干净，用沸水汆透，捞出洗净，加盐、料酒腌渍入味。② 铁锅置火上，入油烧热，放蒜子炒香，加入甲鱼块，调入盐、白砂糖、生抽、煲仔酱炒匀，烹入料酒，慢火至甲鱼熟透，撒香葱末即可。

【烹饪方法】汆，腌，炒。

【营养功效】甲鱼含有的蛋氨酸能参与胆碱的合成，具有去脂的功能，能预防动脉化高脂血症。

【健康贴士】孕妇不能吃甲鱼，容易导致胎儿流产。

红烧甲鱼

【主料】甲鱼肉 500 克，水发香菇、冬笋片各 100 克。

【配料】盐 5 克，味精 3 克，白砂糖 10 克，植物油 45 克，葱、姜各 5 克，酱油 10 克，料酒 15 克，香油 10 克，上汤 100 毫升。

【制作】① 甲鱼肉处理干净，剁成块，加盐、料酒、酱油腌渍入味。② 腌好的甲鱼块入五成热的油中滑一下捞出。③ 锅置火上，入油烧热，下葱、姜爆香，加甲鱼块炒匀，放香菇、冬笋，用盐、白砂糖、味精、香油调味，加上汤慢火烧透入味，急火收汁，装盘即可。

【烹饪方法】腌，炒，烧。

【营养功效】补肾强精，延年益寿。

【健康贴士】一般人皆宜食用，尤其适合老年人食用。

黄焖甲鱼

【主料】甲鱼1条，肥母鸡1只。
【配料】花椒油100克，绍酒50克，葱15克，姜15克，大料5克，酱油60克，香油10克。
【制作】①甲鱼、鸡分别宰杀处理干净，放入锅内，加水2500克，葱、姜、大料、大火烧沸后，改用小火煨至熟捞出；拆肉剔骨，将肉切成2厘米宽5厘米长的条。②锅置火上，入油烧热，下花椒油、姜、葱丝炒成黄色，放入酱油、原汤（煮甲鱼和鸡的汤）、酒、味精、然后把甲鱼和鸡肉一起放入锅内，焖烧六七分钟后，淋上香油即可。
【烹饪方法】煨，炒，焖，烧。
【营养功效】滋阴补阳，散结平肝。
【健康贴士】甲鱼含有极丰富的蛋白质，肝炎病人不宜食用，会加重肝脏负担，使食物在肠道中腐败，造成腹胀、恶心呕吐、消化不良等现象。

典食趣话：

相传清代山东潍坊有一个姓陈的乡绅有次宴请郑板桥到家中做客，就把甲鱼和鸡炖煮成菜招待他，郑板桥食后，连连称赞此菜味属上品。后来此菜烧法传给了一家饭店，饭店又配上海参、鱼肚、口蘑之类，先煨、后焖，使味道更佳，并称为“黄焖甲鱼”。从此，这道菜逐渐成为潍坊地区的名菜。

芋头烧甲鱼

【主料】甲鱼肉500克，芋头300克。
【配料】盐3克，干红椒10克，葱段10克，精油5克，啤酒50毫升，高汤100毫升。
【制作】①甲鱼肉处理干净，入沸水中汆水后捞出；芋头洗净；胡萝卜洗净，切块；干红椒切段。②高压锅内注入高汤，放入甲鱼、芋头、胡萝卜，加盐、啤酒、酱油、干红椒。葱段煮熟，捞出装盘即可。
【烹饪方法】焯，煮，烧。
【营养功效】益胃宽肠，防癌抗癌。
【健康贴士】甲鱼属于高蛋白食物，肾功能不全者不宜食用。

牛蛙

牛蛙的营养价值非常丰富，味道鲜美。每100克蛙肉中约含蛋白质19.9克，脂肪0.3克，是一种高蛋白质、低脂肪、低胆固醇营养食品，备受人们的喜爱。牛蛙还有滋补解毒的功效，消化功能差或胃酸过多的人以及体质弱的人可以用来滋补身体。牛蛙的内脏及其下脚料含有丰富的蛋白质，经水解，生成复合氨基酸。其中，精氨酸含量较高，是良好的食品添加剂和滋补品。

中医认为，牛蛙性凉，味咸，无毒，入脾、肾经；具有清火明目、滋补强身的功效，可以治阴虚牙痛，腰痛及久痢等症。

炒牛蛙

【主料】牛蛙肉250克，干辣椒100克。
【配料】郫县豆瓣酱12克，花椒4克，姜末、蒜末各6克，盐3克，鸡精各2克，料酒15克，淀粉5克，香油10克。
【制作】①牛蛙肉处理干净，剁成块，加入鸡精、姜末、蒜末、料酒拌匀，腌渍30分钟，然后放入淀粉拌匀，干辣椒切成节。②锅置火上，入油烧至五成热，下入牛蛙块，大火油炸，炸至表面呈浅金黄色，质地变硬后，捞出沥油。③锅内留底油，放入郫县豆瓣酱、干辣椒节、花椒炒至色泽棕红时，加入牛蛙炝炒，让辣椒、花椒之香味充分融入牛蛙中，最后加入盐、鸡精、香油炒匀出锅。

【烹饪方法】腌，拌，炒。

【营养功效】滋阴壮阳，益气补血。

【健康贴士】牛蛙性凉，孕妇不宜食用，会导致滑胎。

花菇牛蛙

【主料】去皮牛蛙腿 400 克，水发花菇 150 克。

【配料】葱 10 克，蒜 10 克，姜 5 克，干红椒 5 克，香辣粉 10 克，料酒 15 克，盐 4 克，酱油 15 克，鸡精 2 克，猪油 20 克，鸡汤 45 毫升。

【制作】① 牛蛙腿入沸水锅中略烫，捞出洗净，沥干，用姜汁、盐、甜酒、味精腌渍入味，水发花菇去蒂，洗净。② 取碗 1 只，将牛蛙腿排列在碗中，花菇放在牛蛙腿上面，加入猪油、鸡汤，另用 1 只盘子盖好，上笼大火蒸 15 分钟取出，拣出花菇。③ 将蒸牛蛙的原汤滗入锅中，牛蛙腿翻扣在盘中。

【烹饪方法】烫，腌，蒸。

【营养功效】美容养颜，抗老防衰。

【健康贴士】一般人皆宜食用，尤其适合中老年人食用。

烧汁牛蛙腿

【主料】牛蛙腿 500 克。

【配料】白砂糖 10 克，蜂蜜 5 克，酱油 20 克，盐 3 克，胡椒 2 克，植物油 500 克（实耗 20 克），香油 5 克，味精 3 克。

【制作】① 牛蛙腿切成块，洗净放入碗中，加白砂糖、蜂蜜、酱油、盐、胡椒、香油、味精调味，腌制一下。② 锅置火上，入油烧至五成热，下入牛蛙块，大火油炸熟后捞出。③ 净锅后置火上，加烧汁烧沸后，倒入牛蛙腿块翻炒均匀，加入明油即可。

【烹饪方法】腌，炸，炒。

【营养功效】开胃消食，滋补解毒。

【健康贴士】牛蛙肉能开胃，胃弱或胃酸过多的患者最宜吃蛙肉。

蜜柚烧牛蛙

【主料】牛蛙 2 只，柚子 500 克，鸡蛋清 90 克。

【配料】葱 4 克，姜 3 克，盐 3 克，味精 3 克，淀粉（豌豆）5 克，水淀粉 10 克，料酒 3 克，蚝油 2 克，高汤 40 毫升，植物油 15 克。

【制作】① 牛蛙宰杀洗净，去皮、内脏，剁成小块；蜜柚去皮，分成瓣，用鸡蛋清、料酒、淀粉上浆备用。② 锅置火上，入油烧热，下牛蛙过油后捞出，锅内留少许油，下入葱、姜爆锅，放入高汤、蚝油、牛蛙、蜜柚烧熟，加入盐、味精，用水淀粉勾芡，装盘即可。

【烹饪方法】爆，烧。

【营养功效】滋阴补肾，润肺生津。

【健康贴士】牛蛙是发物，荨麻疹患者不宜食用。

河蚌

河蚌肉白、鲜、香、嫩，味道鲜美，营养丰富，含有蛋白质，脂肪，糖类，钙，磷，铁，维生素 A、维生素 B_1、维生素 B_2 等，被广泛应用于保健和膳食，用以烹制多种菜肴，是宴席上的美味佳肴。食用河蚌对提高体质、增进健康有明显的效果，而且无副作用。

中医认为，河蚌性寒、味甘咸，无毒，入肺经；具有止渴、除热、解毒、去眼赤等功效。

蚌肉烩豆腐

【主料】河蚌肉250克，内酯豆腐500克，虾米15克。

【配料】青蒜叶15克，绍酒12克，胡椒粉3克，盐4克，味精2克，糖3克，醋5克，香油10克，水淀粉15克，葱末、姜末各5克，植物油15克。

【制作】① 豆腐切成小方丁，放冷水锅内用小火烧沸，捞出，沥干水分；蚌肉入沸水汆烫捞出，稍凉后切成薄片，原汤保留备用。② 锅置火上，入油烧热，放葱末、姜末炒香，再放入蚌肉炒散，加原汤、盐、豆腐、味精、虾米，盖上锅盖，烧至滚烫入味，下水淀粉推匀，淋上熟油，撒入青蒜叶、胡椒粉，装在盘里。③ 锅内留少许油，加糖、醋、绍酒、鲜汤烧沸，用水淀粉勾薄芡，淋香油，浇在豆腐上即可。

【烹饪方法】烧，炒。

【营养功效】清火明目，滋补强身。

【健康贴士】河蚌含铜丰富，白斑病患者应多吃。

南瓜炒河蚌

【主料】河蚌3只，南瓜250克。

【配料】大蒜5克，盐② 5克，植物油15克。

【制作】① 河蚌去内脏及外皮，洗净；南瓜去皮，切块；大蒜去皮，捣烂。② 锅置火上，入油烧热，放入大蒜煎香，再放入南瓜炒熟，加清水适量，放入河蚌肉，小火煮30分钟至熟，加盐调味即可。

【烹饪方法】煎，炒，煮。

【营养功效】补气益阴，化痰排脓。

【健康贴士】河蚌性寒，脾胃虚寒者不宜食用。

河虾

虾营养丰富，且其肉质松软，易消化，是身体虚弱以及病后需要调养的人的极好食物；虾中含有丰富的镁，镁对心脏活动具有重要的调节作用，能很好地保护心血管系统，它可减少血液中胆固醇含量，防止动脉硬化，同时还能扩张冠状动脉，有利于预防高血压及心肌梗死；虾的通乳作用较强，并且富含磷、钙、对小儿、孕妇尤有补益功效。

中医认为，河虾性温、味甘，入肝、肾经；具有补肾壮阳，通乳抗毒、养血固精、化瘀解毒、益气滋阳、通络止痛、开胃化痰等功效，适宜肾虚阳痿、遗精早泄、乳汁不通、筋骨疼痛、手足抽搐、全身瘙痒、皮肤溃疡、身体虚弱和神经衰弱等患者。

凤尾虾排

【主料】河虾750克。

【配料】盐2克，料酒25克，葱、姜汁30克，花椒盐5克，植物油300克。

【制作】① 河虾去壳留尾，以盐、料酒、葱、姜汁、花椒盐稍腌入味。② 以牙签每4只串为一排，制成虾排。③ 将虾排入油锅中反复炸两次至金黄色酥脆时即可。

【烹饪方法】腌，炸。

【营养功效】开胃消食，化痰止咳。

【健康贴士】河虾为发物，有皮肤病或过敏性体质者不宜食用。

炸河虾

【主料】河虾600克，鸡蛋3个。

【配料】干面包粉25克，淀粉15克，植物油300克。

【制作】① 虾洗净，去掉外壳，用竹签挑去沙线。在腹部横切三刀左右，用纸巾擦干水。② 把虾蘸上淀粉，放进搅拌好的鸡蛋液里蘸匀，放进干面包粉中，裹一层面包粉。放进冰箱30分钟，这样炸的时候，面包粉不易掉。③ 锅内加油烧热，把虾放进去炸，至熟即可。

【烹饪方法】炸。

【营养功效】河虾中含有的铁可协助氧的运

输，预防缺铁性贫血，具有良好的补血疗效。

【健康贴士】河虾不可与南瓜同食，同食会引起痢疾。

番茄焖虾

【主料】河虾 100 克，葱头、芹菜、青椒、番茄各 50 克。

【配料】蒜瓣 5 克，干辣椒 10 克，葱末 5 克，盐 2 克，胡椒 3 克，植物油 30 克。

【制作】① 虾煮熟，剥壳去肠杂切断；葱头、芹菜、青椒、番茄、蒜瓣洗净，切末；胡椒研末；干辣椒洗净，切段。② 锅置火上，入油烧热，下入葱末、蒜末炒至微黄，放入芹菜、青椒、番茄炒至五成熟时，放入胡椒末、干辣椒炒透，倒入适量清水煮沸，加入盐调好口味，放入虾段用小火稍焖即可。

【烹饪方法】煮，炒，焖。

【营养功效】通乳抗毒，益气补血。

【健康贴士】河虾不可与黄豆同食，会引起消化不良。

酱爆河虾

【主料】河虾 200 克。

【配料】甜面酱 10 克，葱末 5 克，盐 2 克，味精 1 克，色拉油 30 克。

【制作】① 河虾去沙线，洗净，加入淀粉拍匀。② 锅置火上，入油烧至五成热，下入河虾炸酥，捞出沥油。③ 锅内留底油，调入甜面酱、味精搅匀，下入河虾翻炒均匀，撒上葱末即可。

【烹饪方法】炸，炒。

【营养功效】润肺补脑，健神益智。

【健康贴士】河虾为发物，过敏性鼻炎、支气管哮喘等病症患者应禁食。

五彩河虾

【主料】河虾 250 克，彩椒 30 克，洋葱 15 克，胡萝卜 10 克。

【配料】盐 2.5 克，味精 1 克，白砂糖 5 克，白酒 10 克，淀粉 10 克，色拉油 30 克。

【制作】① 河虾去沙线，洗净，调入白酒，拍匀淀粉；彩椒、洋葱、胡萝卜处理干净，均切丁。② 锅置火上，入油烧至六成热，下入河虾炸酥，再下入彩椒、洋葱、胡萝卜滑油，捞出沥油。③ 净锅后置火上，入油烧热，加入河虾、彩椒、洋葱、胡萝卜同炒，调入盐、味精、白砂糖，快速翻炒均匀即可。

【烹饪方法】炸，炒。

【营养功效】益智健脑，补钙抗衰。

【健康贴士】肾虚阳痿、腰脚虚弱无力、小儿麻疹、水痘、心血管疾病、中老年人缺钙者宜食河虾。

河蟹

河蟹含蛋白质、脂肪、碳水化合物、钙、磷、维生素 A、核黄素等营养物质。其中，维生素 A 是人体不可或缺的物质，可促进人体生长，抗衰延寿，维持上皮细胞的健康，增强人体对传染病的抵抗力；河蟹中的钙质，有助于儿童佝偻病、老年人骨质疏松的防治。

中医认为，河蟹性寒、味咸，入肝、胃经；具有益阴补髓、清热，散血、利湿等功效。

芙蓉蟹斗

【主料】河蟹 5 只，鸡蛋 3 个，火腿 10 克，青豆 15 克。

【配料】料酒 10 克，酱油 5 克，盐 4 克，白砂糖 6 克，醋 5 克，姜末 8 克，植物油 50 克。

【制作】① 蟹洗净，入锅煮熟后取蟹黄和蟹肉，蟹斗保留好；鸡蛋取蛋清。② 蛋清入油锅中煎熟后放入蟹斗中，姜末入油锅中爆香，倒入蟹肉、蟹黄、青豆、火腿，加入料酒、酱油、盐、白砂糖、醋翻炒一下，盛出装入蟹斗内。③ 将蟹斗放入蒸笼中蒸 3 分钟，取出装盘即可。

【烹饪方法】爆，蒸。

【营养功效】补血养颜，强筋健骨。

【健康贴士】河蟹不可与红薯同食，易引起结石。

清蒸大闸蟹

【主料】河蟹5只。

【配料】白砂糖150克，葱末、姜末各50克，香醋、酱油各100克。

【制作】① 蟹逐只洗净，放入水中养半天，使它排净腹中污物，然后用细绳将蟹钳、蟹脚扎牢。② 用葱末、姜末、醋、糖调和作蘸料，分装5只小碟。③ 将蟹上蒸笼蒸熟后取出，解去细绳，整齐地放入盘内，连同小碟蘸料，专用餐具上席，由食者自己边掰边食用。

【烹饪方法】蒸。

【营养功效】清热解毒，舒筋活络。

【健康贴士】河蟹不可与梨同食，同食会损伤肠胃，致腹泻、腹胀。

典食趣话：

相传清朝时期李鸿章到上海创办江南制造局时，上海的厨子蒸了两只大闸蟹给李鸿章吃。此后李鸿章就爱上了这道菜，不但自己吃，还奉送京师，清蒸大闸蟹因此声名远扬。

炒芙蓉蟹

【主料】熟河蟹肉300克，鸡蛋清100克，熟笋肉50克，水发香菇15克。

【配料】葱白5克，盐3克，味精1克，胡椒粉2克，香油5克，猪油50克。

【制作】① 香菇、葱白切粒，下锅炒香；笋肉切片，加入蟹肉、鸡蛋清、盐、味精、胡椒粉，搅匀备用。② 锅置火上，入油烧热，把拌好的蟹肉倒入锅，用勺翻动几下，随即出锅，淋上香油即可。

【烹饪方法】炒。

【营养功效】河蟹中的维生素B_1可帮助消化，改善食欲不振的状况。

【健康贴士】河蟹与黄酒一同食用，能够舒筋活络，滋阴美容。

酱爆大闸蟹

【主料】河蟹6只。

【配料】面酱10克，盐3克，味精1克，白砂糖5克，酱油10克，胡椒粉2克，上汤100毫升，香油10克，水淀粉15克，葱末、姜末各5克，植物油50克。

【制作】① 河蟹洗净，宰杀，改刀成块。② 锅置火上，入油烧热，下河蟹入锅中炸熟，捞出备用。③ 原锅加油烧热，下葱末、姜末爆香，煸炒面酱，放入河蟹块，加上汤、盐、味精、白砂糖、酱油、胡椒粉调味，烧至入味后勾芡，淋香油，出锅装盘即可。

【烹饪方法】炸，爆，煸炒，烧。

【营养功效】开胃消食，养精益气。

【健康贴士】河蟹不可与茄子同食，同食会导致腹泻。

清蒸小螃蟹

【主料】小螃蟹500克。

【配料】大红浙醋25克，姜丝10克，酱油5克，生抽15克，色拉油50克。

【制作】① 小螃蟹放在清水中，待其吐净脏物，用刷子刷去螃蟹身上的泥沙和杂物。② 把螃蟹捞出，放入碗中，盖上盖子，上蒸箱蒸16分钟后取出装盘。③ 锅置火上，入油烧至八成热，加入浙醋、姜丝、酱油、生抽调匀，浇在螃蟹上即可。

【烹饪方法】蒸。

【营养功效】养颜补血，美容护肤。

【健康贴士】河蟹含有较高的胆固醇，胆结

石患者不宜食。

田螺

田螺肉丰腴细腻，味道鲜美，素有“盘中明珠”的美誉。它富含蛋白质、维生素和人体必需的氨基酸和微量元素，是典型的高蛋白、低脂肪、高钙质的天然动物性保健食品。其中，田螺所含丰富的维生素 B_1，可以防治脚气病，对喝生水引起的腹泻也有一定的功效。

中医认为，田螺性寒、味甘，入心、脾、膀胱经；具有清热、明目、利尿、通淋等功效，可辅助治疗尿赤热痛、黄疸、脚气、水肿、消渴、痔疮、便血症等。

风味小田螺

【主料】田螺 500 克。

【配料】大料、桂皮、草果、豆蔻、小茴香各 10 克，盐 5 克，味精、鸡精各 3 克，蚝油 25 克，豆瓣酱 15 克，白酒 30 克，色拉油、葱姜各 50 克，香油 6 克，干辣椒 20 克，花椒 8 克，清汤 100 毫升。

【制作】① 田螺用清水反复冲洗，放入清水中泡 2 天，使其吐尽泥沙，剪去其尾部，入沸水锅中汆水。② 锅置火上，入油烧至三成热，下入葱、姜、干辣椒、豆瓣酱、白酒、花椒及各种香料炒香，放入田螺翻炒，加盐、味精、鸡精、蚝油调味，加入清汤焖制 2 小时，淋香油即可。

【烹饪方法】汆，炒，焖。

【营养功效】清热利水，除湿解毒。

【健康贴士】吃螺时不可饮用冰水，会导致腹泻。

糟香螺

【主料】田螺 300 克，火腿片 150 克。

【配料】糟卤 120 克，桂皮 5 克，葱、姜各 5 克，糖 3 克，黄酒 15 克，菜籽油 15 克，猪油 20 克，酱油 15 克，高汤 100 毫升。

【制作】① 田螺洗净，放入钵内，加冷水没过田螺，使其吐净泥沙，之后剪去尾尖，葱切成葱末，姜切片。② 锅置火上，放入猪油烧热，下葱、姜，添入清水烧沸，下入糖、黄酒、菜籽油、酱油、高汤调味，待汤汁凉透，下入糟卤调匀制成卤水汁。③ 将吐净泥沙的田螺放入沸水锅中煮熟，倒入调制好的卤水汁中，浸泡 3 ~ 4 小时即可。

【烹饪方法】煮。

【营养功效】清热止渴，解毒抗病。

【健康贴士】田螺性寒，故风寒感冒期间不宜食。

【巧手妙招】加两滴菜籽油在洗田螺的钵内，能让其尽快吐尽泥沙。

泡菜炒田螺

【主料】田螺 600 克，泡菜 40 克。

【配料】郫县豆瓣酱 20 克，大蒜（白皮）20 克，姜 16 克，葱白 25 克，柱侯酱 10 克，生抽 7 克，醋 4 克，料酒 12 克，鸡精 3 克，白砂糖 2 克，水淀粉（玉米）10 克，花椒 3 克，植物油 80 克，鸡清汤 50 毫升，盐 5 克。

【制作】① 田螺放入清水盆内，静养两天，待其吐尽泥沙后捞出，用剪刀剪除田螺尖，用清水泡洗干净，放入沸水锅内汆除腥味后出锅。② 泡菜洗去部分盐分，切成粒，郫县豆瓣酱剁细，大蒜、姜分别切粒，葱白切段；③ 锅置火上，入油烧至五成热，放入郫县豆瓣酱、姜粒、大蒜粒、柱侯酱略炒，放入泡菜粒、葱白段炒香，加入鸡清汤、田螺、料酒、盐、生抽、白砂糖，用小火烧熟，加水淀粉炒匀，出锅装盘即可。

【烹饪方法】汆，炒，烧。

【营养功效】清肝泻火，滋阴润肺。

【健康贴士】田螺性寒，胃寒病等病症患者以及产妇、女子月经来潮期间应禁食。

三文鱼

三文鱼是一种高蛋白、低热量的健康食品。三文鱼含有丰富的不饱和脂肪酸，能有效降低血脂和血胆固醇，防治心血管疾病。所含的 Ω-3 脂肪酸更是脑部、视网膜及神经系统所必不可少的物质，有增强脑功能、防治老年痴呆和预防视力减退的功效。此外，三文鱼还含有多种维生素及钙、铁、锌、镁、磷等矿物质，有助于人体生长发育，延缓肌肉衰老，增强机体免疫力。

中医认为，三文鱼性平、味甘，入肾、胃经；有补虚劳、健脾胃、暖胃和中的功效，可治消瘦、水肿、消化不良等症。

西蓝花烩三文鱼片

【主料】西蓝花 200 克，三文鱼肉 300 克。

【配料】香料 5 克，盐 3 克，植物油 30 克。

【制作】① 西蓝花切成小朵，撕去菜梗硬皮，洗净，入烧沸的淡盐水中烫熟，捞出，沥干水分。② 三文鱼肉处理干净，切片，入油锅中煎至双面稍微变白，加适量水、盐煮熟，盘周围铺上西蓝花，撒上香料即可。

【烹饪方法】煎，煮。

【营养功效】补脾和胃，嫩肤抗老。

【健康贴士】三文鱼还可与苦瓜搭配食用，具有清热解毒的作用，适宜胃火盛或肺有痰热的人食用。

豆腐蒸三文鱼

【主料】豆腐 400 克，三文鱼肉 300 克。

【配料】葱丝、姜丝各 5 克，盐 3 克，植物油 30 克。

【制作】① 豆腐横平面一剖为二，平摆在盘中；三文鱼肉处理干净，斜切成约 1 厘米厚的片状，依序排列在豆腐上；葱丝、姜丝铺在鱼上，均匀撒上盐。② 蒸锅中加 2 碗水煮开后，将盘子移入，以大火蒸 3 ~ 5 分钟即可。

【烹饪方法】煮，蒸。

【营养功效】锁水保湿，防皱抗老。

【健康贴士】三文鱼为发物，过敏体质者不宜食用。

红烧三文鱼

【主料】三文鱼肉 300 克，胡萝卜 30 克，青豆 20 克。

【配料】葱、姜各 5 克，大料 3 克，辣椒 10 克，花椒 4 克，盐 3 克，白砂糖 5 克，生抽 10 克，胡椒粉 2 克，白酒 15 克，水淀粉 10 克，鸡精 2 克，植物油 35 克。

【制作】① 三文鱼肉处理干净，切大块；胡萝卜洗净，切小丁；青豆洗净。② 用盐、白酒、胡椒粉将三文鱼肉腌渍 15 分钟。③ 锅置火上，入油烧至五成热，下三文鱼两面煎熟，取出备用。④ 锅留底油，煸香葱姜片、大料、花椒、干辣椒煸出香味，放入三文鱼块，烹入料酒，加入胡萝卜丁稍炒，放入青豆，加少许水，放盐、生抽、鸡精调味小火入味，大火收汁，水淀粉勾芡出锅装盘即可。

【烹饪方法】腌，煎，煸，炒。

【营养功效】补虚劳，健脾胃，暖胃和中。

【健康贴士】三文鱼中含有的不饱和脂肪酸对胎儿及儿童的生长发育有促进作用。

茄味三文鱼

【主料】三文鱼肉 500 克。

【配料】鸡蛋黄 25 克，葱、姜各 5 克，番茄酱 25 克，白砂糖 5 克，淀粉 10 克，料酒 10 克，盐 5 克，植物油 35 克。

【制作】① 蛋黄打散制成蛋液；葱、姜洗净，切末备用；三文鱼洗净，切成厚片，然后划上十字花刀，加葱姜末、料酒腌渍片刻。② 将蛋液倒在腌好的鱼肉片上，搅拌均匀后蘸满淀粉备用。③ 锅置火上，入油烧至五成热，下入鱼片，炸至金黄色，捞出沥油，将炸好的鱼片装盘摆好，淋上番茄酱即可食用。

【烹饪方法】腌，炸。

【营养功效】健脑益智，开胃强体。

【健康贴士】痛风、高血压患者不适宜食用

三文鱼。

香菇三文鱼头

【主料】三文鱼头 2 个，水发香菇 100 克，胡萝卜 100 克，蒜苗 25 克。

【配料】植物油 30 克，料酒 15 克，白砂糖 10 克，胡椒粉 2 克，酱油 10 克，味精 1 克，盐 2.5 克。

【制作】① 香菇洗净；胡萝卜洗净，切块；蒜苗洗净，切段；三文鱼头洗净，纵向一切为二。② 锅置火上，入油烧热，放入三文头鱼略煎，盛出备用。③ 将胡萝卜块平铺在平底锅底部，然后依次放入香菇和三文鱼头，加料酒、白砂糖、胡椒粉、酱油、味精和盐调味，大火煮沸后改小火收汁，撒入蒜苗段即可出锅。

【烹饪方法】煎，煮。

【营养功效】益智补脑，健脾开胃

【健康贴士】三文鱼有健脑、预防老年痴呆的作用，适合老年人食用。

带鱼

带鱼的脂肪含量高于一般鱼类，且多为不饱和脂肪酸，这种脂肪酸的碳链较长，具有降低胆固醇的作用；带鱼全身的鳞和银白色油脂层中还含有一种抗癌成分 6- 硫代鸟嘌呤，对辅助治疗白血病、胃癌、淋巴肿瘤等有益；带鱼含有丰富的镁元素，对心血管系统有很好的保护作用，有利于预防高血压、心肌梗死等心血管疾病。此外，带鱼还含有丰富的蛋白质、卵磷脂及多种维生素，对产后乳汁不足等具有一定的补益作用。

中医认为，带鱼性温、味甘，入肝、脾经；有补脾、益气、暖胃、养肝、泽肤、补气、养血、健美等功效。

老妈子带鱼

【主料】带鱼肉 600 克。

【配料】泡红椒 12 克，番茄沙司 20 克，红油 15 克，料酒 10 克，姜 6 克，植物油 35 克。

【制作】① 带鱼肉处理干净，切段，加葱、姜、酒、盐、味精、醋腌约 15 分钟。② 锅置火上，入油烧五成热，逐块下带鱼，小火炸至金黄色，捞出沥油。③ 原锅烧热红油，加入番茄沙司、泡红椒同炒至色呈鲜红，加入少许清水烧沸至香味溢出时下炸过的带鱼稍焖入味，至汁稠浓，加少许香油翻炒均匀出锅。

【烹饪方法】腌，炸，炒，焖。

【营养功效】和中开胃，补虚暖胃。

【健康贴士】带鱼还可与黑木耳搭配食用，具有补气养血，开胃润肠的作用，适宜气短乏力、血虚头晕、食少羸瘦的人食用。

农家蒸带鱼

【主料】带鱼肉 400 克。

【配料】葱片 8 克，姜片 6 克，酱油 20 克，料酒 15 克，胡椒粉 3 克，味精 3 克。

【制作】① 带鱼肉洗净，切段入盘。② 调入葱片、姜片、酱油、料酒、味精，入笼蒸 8 分钟取出，拣出葱片、姜片，撒胡椒粉即可。

【烹饪方法】蒸。

【营养功效】泽润肌肤，美容养颜。

【健康贴士】带鱼不宜和甘草同食，同食会降低营养价值。

清蒸带鱼

【主料】带鱼 1 条。

【配料】葱 8 克，姜 6 克，盐 3 克，料酒 15 克，鱼露 10 克，味精 3 克，植物油 20 克。

【制作】① 带鱼去头、尾、内脏，处理干净，在两面划十字花刀，切块备用。② 把带鱼块装盘，加入葱、姜、料酒、盐、味精和鱼露，上蒸笼蒸 10 分钟左右，出笼淋热油即可。

【烹饪方法】蒸。

【营养功效】保肝护肾，健脑益智。

【健康贴士】带鱼所含的一种物质，可抑制血小板凝集，从而加重出血性疾病患者的出血症状，血友病患者不宜食用。

干炸带鱼

【主料】带鱼 1 条，鸡蛋 2 个。
【配料】面粉 15 克，葱、姜各 5 克，盐 3 克，料酒 15 克，植物油 20 克。
【制作】① 带鱼去内脏，洗净，剪掉头和尾巴，稍切成段，放入盆内，倒入料酒腌渍 15 分钟。② 葱白切成段放入，再放一些生姜，少放一些盐，搅拌均匀。③ 用面粉、鸡蛋、水及少许盐调成汁，然后给带鱼的表面蘸一层，入油锅炸熟，出锅装盘即可。
【烹饪方法】腌，炸。
【营养功效】祛寒补虚，益气补血。
【健康贴士】带鱼为发物，凡患有疥疮、湿疹等皮肤病者禁止食用。

带鱼烧茄子

【主料】带鱼肉 300 克，茄子条 200 克，青椒条 50 克。
【配料】盐 4 克，料酒 10 克，淀粉 10 克，水淀粉 15 克，植物油 20 克。
【制作】① 带鱼肉处理干净，切条，加盐、料酒腌渍，再抹上淀粉。② 锅置火上，入油烧热，将带鱼放入，煎至金黄色时取出。③ 净锅后置火上，入油烧热，倒入茄子、青椒炒熟，再下入带鱼焖烧，加入盐炒匀，用水淀粉勾芡即可。
【烹饪方法】腌，煎，炒，焖，烧。
【营养功效】养肝补血，泽肤养发。
【健康贴士】带鱼性温，哮喘患者不宜多食。

红烧带鱼

【主料】带鱼肉 750 克，辣椒片 25 克。
【配料】葱丝、蒜、姜各 10 克，酱油 15 克，植物油 40 克，糖 10 克，鸡精 3 克。
【制作】① 葱洗净，切成丝；蒜洗净，切片；姜洗净，切片；辣椒洗净，切片；带鱼洗净，切段，撒上鸡精浸 10 分钟。② 锅置火上，入油烧热，下入带鱼待煎炸至金黄色，捞出备用。③ 净锅后置火上，入油烧热，放入葱、蒜、姜、辣椒片爆炒至香味，加入带鱼翻炒，调入酱油及糖，出锅装盘即可。
【烹饪技法】煎，爆炒，炒。
【营养功效】益气开胃，强心补肾。
【健康贴士】带鱼还可与牛奶搭配食用，可促进人体对钙质的吸收，适宜腰膝酸软者食用。

沙丁鱼

沙丁鱼肉质鲜嫩，含脂肪高。沙丁鱼中含有一种具有 5 个双键的长链脂肪酸，可防止血栓形成，对治疗心脏病有特效；沙丁鱼含有 ω-3 脂肪酸，可以保护心血管，有效地防止心脏病及中风的发作；沙丁鱼中的磷脂对胎儿的大脑发育具有促进作用。

沙丁鱼性平、味甘微咸，入脾、胃经；具有健脾胃、润肺、补钙、健脑等功效。

剁椒沙丁鱼

【主料】沙丁鱼 1 条，剁椒 100 克。
【配料】盐、辣椒粉各 3 克，料酒、香油各 10 克，豆豉酱 12 克，青椒、红椒各 15 克，香菜段 5 克，植物油 35 克。
【制作】① 沙丁鱼处理干净，加盐、辣椒粉、料酒腌渍；青椒、红椒均洗净，切丝。② 将剁椒、豆豉酱置沙丁鱼上，再放上青椒、红椒，入锅蒸熟后取出，撒上香菜，淋上香油即可。
【烹饪方法】腌，蒸。
【营养功效】养心润肺，防病抗病。
【健康贴士】沙丁鱼不可与甘草同食，同食对身体不利。

豆豉沙丁鱼

【主料】沙丁鱼 1 条，豆豉 50 克。
【配料】盐、辣椒粉各 3 克，料酒、酱油、香油各 10 克，葱段 5 克，植物油 50 克。
【制作】① 沙丁鱼去头，处理干净，加盐、辣椒粉、料酒、酱油腌渍后，入油锅炸至两面金黄，盛出。② 锅置火上，入油烧热，下豆豉、葱段炒香，出锅置沙丁鱼上。③ 将沙丁鱼入锅蒸 10 分钟取出，淋入香油即可。

【烹饪方法】腌，炸，炒，蒸。

【营养功效】降低血压，增强免疫。

【健康贴士】沙丁鱼不可与苦瓜同食，易致荨麻疹。

香辣沙丁鱼

【主料】沙丁鱼 1 条。

【配料】蒜蓉 5 克，葱末、姜末各 5 克，干辣椒末 10 克，料酒 10 克，酱油 5 克，生粉 5 克，色拉油 30 克。

【制作】① 沙丁鱼去掉内脏，洗净放入盆中，放盐腌 20 分钟。② 把蒜蓉、姜末和干辣椒末一起放味碟里，倒料酒和酱油拌成调料汁备用。③ 锅置火上，入油烧热，下沙丁鱼两面煎至金黄色，把调料汁沿锅边倒进锅中，然后撒上葱末，翻匀装盘即可。

【烹饪方法】腌，拌，煎。

【营养功效】开胃消食，益气健脾。

【健康贴士】沙丁鱼还可与菠菜搭配食用，可以促进铁质的吸收，适宜贫血的人食用。

飘香沙丁鱼

【主料】沙丁鱼 1 条。

【配料】盐、辣椒粉各 3 克，料酒 10 克，青椒、红椒各 15 克，水淀粉 12 克，植物油 35 克。

【制作】① 沙丁鱼处理干净，加辣椒粉、料酒腌渍，再用水淀粉上浆；青椒、红椒均洗净，切末。② 锅置火上，入油烧热，下入沙丁鱼炸至金黄色，捞出。③ 净锅后置火上，入油烧热，放椒盐、青椒、红椒炒香，再放入沙丁鱼炒匀即可。

【烹饪方法】腌，炸，炒。

【营养功效】健脑增智，提神解忧。

【健康贴士】一般人皆可食用，尤其适合记忆力不佳、神疲体倦者食用。

三蔬炒沙丁鱼

【主料】沙丁鱼肉 50 克，南瓜 100 克，白菜 100 克，胡萝卜 50 克。

【配料】姜 8 克，味精 1 克，盐 2 克，植物油 35 克。

【制作】① 南瓜、白菜洗净，切片；胡萝卜洗净，切丝；沙丁鱼肉洗净。② 锅置火上，入油烧至五成热，下沙丁鱼、南瓜、胡萝卜和白菜一起翻炒，半熟后加适量姜、味精、盐和少量清水煮至水干，即可装盘。

【烹饪方法】炒，煮。

【营养功效】开胃通便，强身防病。

【健康贴士】沙丁鱼还可与黄豆搭配食用，既可以提高记忆力，又有助于延缓衰老，适合中年人食用。

鳕鱼

鳕鱼为高蛋白、低脂肪、低胆固醇食物，易于被人体消化吸收，有滋补健胃的作用；鳕鱼含有丰富的镁元素，对心血管系统有很好的保护作用，有利于预防高血压、心肌梗死等心血管疾病；鳕鱼含有大量的胰岛素，有较好的降低血糖的作用。此外，鳕鱼还含有丰富的维生素 A、维生素 D、钙、硒等营养元素。

中医认为，鳕鱼性平、味甘，入肾、肝经；具有补肾益精，滋养筋脉、止血、散瘀、消肿等功效，可用于跌打损伤、咯血、便秘、烧伤、子宫炎症、糖尿病的辅助治疗。

生菜鳕鱼

【主料】鳕鱼肉 500 克，生菜 40 克，红椒 25 克。

【配料】水淀粉 15 克，醋 8 克，盐 5 克，生抽 15 克，植物油 35 克。

【制作】① 鳕鱼肉洗净，切块，用水淀粉裹匀；生菜洗净，装盘；红椒洗净，切丝，用沸水焯熟。② 锅置火上，入油烧热，放置鳕鱼块炸至变色后，加入盐、醋、生抽炒匀入味，出锅装入排有生菜的盘中，撒上红椒丝即可。

【烹饪方法】炸，炒。

【营养功效】开胃消食，益智安神。

【健康贴士】鳕鱼为过敏鱼类，婴幼儿应慎食。

清蒸鳕鱼

【主料】鳕鱼肉 400 克。

【配料】葱丝、姜丝各 5 克，豆豉 10 克，盐 3 克，红椒丝 5 克，料酒 15 克，植物油 35 克。

【制作】① 鳕鱼肉洗净放入盘内，上铺葱丝、姜丝、红辣椒丝，再撒上豆豉，放入锅中隔水大火蒸约 10 分钟。② 把盐和料酒加在蒸好的鳕鱼肉上，再用大火蒸 4 分钟，取出即可。

【烹饪方法】蒸。

【营养功效】防病抗病，增强免疫。

【健康贴士】鳕鱼还可与奶酪搭配食用，具有强健骨骼的作用，适合处于生长发育期的儿童、青少年食用。

【巧手妙招】此菜最后再加盐，可防鱼肉水分流失使肉质变老。

香煎鳕鱼

【主料】鳕鱼 1 条，芦笋 100 克，玉米笋 30 克。

【配料】面粉 20 克，胡椒粉 3 克，白葡萄酒 10 克，青柠檬汁 5 克，盐 5 克，忌廉汁 30 克，植物油 35 克。

【制作】① 鳕鱼洗净，用盐、胡椒粉、白葡萄酒、青柠檬汁腌渍 5 ~ 7 分钟。② 将腌好的鳕鱼两面拍上面粉备用；芦笋、玉米笋洗净改刀，入沸水锅中焯透。③ 锅置火上，入油烧热，放入鳕鱼煎至熟透，与玉米笋、芦笋翻炒几下，淋上忌廉汁即可。

【烹饪方法】焯，腌，蒸。

【营养功效】强身健体，舒筋活络。

【健康贴士】鳕鱼含有大量的嘌呤，痛风病人、尿酸过高者不宜食用。

【巧手妙招】忌廉汁配置时要先将牛油烧沸，再加入忌廉汁、柠檬汁、奶酪粉、白酒、盐即可调成。

香菇火腿蒸鳕鱼

【主料】鳕鱼块 100 克，干香菇 15 克，火腿 10 克。

【配料】青葱 5 克，姜 5 克，蒸鱼豉油 15 克，料酒 15 克，糖 5 克，胡椒粉 1 克，香葱末、红椒末各 5 克，植物油 35 克。

【制作】① 鳕鱼块冲净，用纸巾充分吸干鳕鱼表面的水分；香菇提前 1 小时放入 40℃的温水中泡发，洗净，切细丝；火腿洗净，切成细丝。② 姜洗净，切片；青葱洗净，切段；将蒸鱼豉油、料酒、糖、盐和胡椒粉倒入一个小碗，搅拌均匀。③ 取一个可耐高温的盘子，将鳕鱼块放入，铺上一层香菇丝和火腿丝，再倒入调好的汁，最后放上姜片和葱段。④ 蒸锅内倒入清水，将盛放鳕鱼块的盘子放在蒸架上，盖上锅盖，大火加热至沸腾后，继续蒸 5 分钟。拣去葱段和姜片，撒上香葱末和红椒末点缀即刻。

【烹饪方法】拌，蒸。

【营养功效】降脂补血，防老抗衰。

【健康贴士】夜盲症、干眼症、心血管疾病、骨质疏松症、便秘者宜食。

鱼菇双蒸

【主料】鳕鱼肉 150 克，香菇 35 克，红椒 15 克。

【配料】盐 2 克，米酒 10 克，葱、姜片各 5 克，植物油 35 克。

【制作】① 香菇洗净去蒂，入沸水略烫，捞出，沥干水分。② 鳕鱼肉处理干净，放盆中加盐和米酒腌渍片刻；把葱段、姜片、香菇都摆在盘中，放上腌好的鳕鱼，入笼蒸约 30 分钟后取出。③ 盘子取出后，在上面再撒上葱丝、姜丝、红椒丝，把油烧热后浇在上面即可。

【烹饪方法】腌，蒸。
【营养功效】活血止痛，润肠通便。
【健康贴士】鳕鱼是一种高蛋白食物，高血压患者不宜食用。

西芹腰果鳕鱼

【主料】鳕鱼肉 300 克，西芹段、熟腰果、胡萝卜片各 20 克。
【配料】淀粉 15 克，料酒 10 克，辣椒粉、盐各 4 克，鲜汤 50 毫升，植物油 35 克。
【制作】① 鳕鱼洗净，切丁；用小碗加辣椒粉、鲜汤、淀粉调成芡汁。② 锅置火上，入油烧热，下入鱼丁，放西芹、熟腰果、胡萝卜煸炒，烹盐、料酒，浇入兑好的芡汁翻炒均匀即可。
【烹饪方法】煸炒，炒。
【营养功效】鳕鱼含 DHA，可以提高大脑的功能，增强记忆力。
【健康贴士】鳕鱼不宜与腊肉同食，同食易产生致癌物质。

鳗鱼

鳗鱼富含多种营养成分，鳗鲡体内含有一种很稀有的西河洛克蛋白，具有良好的强精壮肾的功效，是年轻夫妇、中老年人的保健食品。鳗是富含钙质的水产品，经常食用，能使血钙值有所增加，使身体强壮。鳗的肝脏含有丰富的维生素 A，是夜盲人的优良食品。

中医认为，鳗鱼性平、味甘，入肺、脾、肾经；具有补虚养血、祛湿、抗结核等功效，是久病、虚弱、贫血、肺结核等病人的良好营养品。

辣炒海鳗

【主料】海鳗肉 300 克，尖椒、香菇、干辣椒各 75 克，香菜 5 克。
【配料】盐 3 克，味精 1 克，白砂糖 5 克，料酒 12 克，醋 5 克，酱油 10 克，水淀粉 10 克，葱、姜、蒜各 5 克，植物油 15 克。
【制作】① 海鳗肉处理干净，切段；尖椒、香菇洗净，分别切片；干辣椒、香菜洗净，均切段。② 锅置火上，入油烧热，下葱、姜、蒜爆香，放入海鳗段炒一下，加入尖椒片、香菇片、干辣椒段及汤，加盐、味精、白砂糖、料酒、醋、酱油调味，慢火烧透至入味，撒香菜段，勾芡即可。
【烹饪方法】炒，烧。
【营养功效】补虚养血，祛湿祛寒。
【健康贴士】鳗鱼不宜和白果同食，影响身体健康。

蒜子烧鳗鱼

【主料】海鳗肉 250 克，蒜子 100 克。
【配料】白砂糖 5 克，米酒 12 克，酱油 10 克，淀粉 15 克，辣椒、姜末各 5 克，香油 5 克，高汤 100 毫升，植物油 15 克。
【制作】① 海鳗肉处理干净，切段，加白砂糖、米酒、酱油、淀粉腌制入味。② 锅置火上，入油烧热，加入蒜子炸至金黄色时捞出，再放入鳗鱼炸至外皮酥黄，捞出备用。③ 锅内留油烧热，爆香姜末和辣椒，加入白辣椒、高汤煮沸，再放入蒜子和鳗鱼煮至汤汁收干即可。
【烹饪方法】炸，爆，煮。
【营养功效】健脾补肺，益肾固冲。
【健康贴士】海鳗为发物，有水产品过敏史者慎食。

栗子烧鳗鱼

【主料】生栗子 150 克，马蹄丁 20 克，鳗鱼片 300 克。
【配料】葱段 5 克，芋头丁 10 克，蒜头丁 5 克，香菇 10 克，花枝浆 10 克，鸡精 2 克，糖 10 克，香油 5 克，胡椒 1 克，植物油 15 克。
【制作】① 把芋头丁、蒜头丁、香菇、栗子全部油炸至酥；马蹄丁入沸水汆烫备用。② 锅置火上，入油烧热，下葱段爆香，放入炸好的芋头丁、蒜头丁、香菇、栗子和马蹄丁及鸡精、糖、香油、胡椒，拌上花枝浆，放上鳗鱼片，入蒸笼蒸 15 分钟即可。

【烹饪方法】汆，炸，烧，蒸。

【营养功效】益气养血，补虚暖身。

【健康贴士】鳗鱼不宜和牛肝同食，会产生不良反应，毒素易存留人体。

福州鱼丸

【主料】鳗鱼肉 750 克，五花肉 250 克。

【配料】葱末 5 克，盐 5 克，味精 3 克，淀粉 100 克，酱油 15 克，香油 5 克，色拉油 25 克。

【制作】① 鳗鱼肉剁成蓉，加入盐、味精、淀粉调成糊，搅打上浆；五花肉剁细，入油锅，加酱油、香油调味，炒香盛出。② 将鱼糊中间填入少许熟五花肉，挤成每个如乒乓球大小的丸子。③ 锅内倒入清水，鱼丸冷水下锅，烧沸，加盐、味精调味，装汤碗，撒上葱末即可。

【烹饪方法】炒，烧。

【营养功效】清热解毒，止嗽下气。

【健康贴士】鳗鱼属发物，皮肤瘙痒症、红斑性狼疮等病症者不宜食用。

焖炒鳗鱼

【主料】海鳗 1 条。

【配料】盐 3 克，味精 1 克，白砂糖 5 克，料酒 12 克，酱油 10 克，色拉油 15 克，葱、姜、八角各 5 克，植物油 15 克。

【制作】① 海鳗处理干净，在鱼身上划斜刀。② 锅置火上，入油烧至五成热，下鳗鱼浸炸至熟，捞出控油。③ 锅内留油烧热，下葱姜、八角爆香，烹入料酒、酱油，下入鳗鱼段，再调入盐、味精、白砂糖焖至入味，撒入香菜段，淋入香油，出锅装盘即可。

【烹饪方法】炸，炒，焖。

【营养功效】补中益气，温肾壮阳。

【健康贴士】鳗鱼还可与荸荠搭配食用，具有养肝明目、清热解毒的作用，适合脸色蜡黄、视力减退、视物模糊的体弱者食用。

鲍鱼

鲍鱼含丰富蛋白质、维生素 A 及钙、铁、碘等营养元素，具双向性调节血压的作用，更有平肝、固肾及调整肾上腺分泌的功能。此外，鲍鱼的肉中还含有一种被称为“鲍素”的成分，能够破坏癌细胞必需的代谢物质，是理想的抗癌食品。

中医认为，鲍鱼性平、味甘咸，入肝经；具有养阴、平肝、固肾、调经、润肠，清热、明目等功效，主治肝热上逆，头晕目眩，骨蒸劳热，青肓内障，高血压眼底出血等症。

明珠鲍鱼

【主料】水发鲍鱼 35 条，鸭掌 12 只，鹌鹑蛋 12 个，鸡脯肉 100 克，青菜心 50 克，发菜 15 克，香菜梗 10 克，火腿丝 20 克，冬笋丝 20 克。

【配料】猪油 50 克，水淀粉 10 克，鸡蛋清 50 克，味精 4 克，绍酒 5 克，盐 4 克，清汤 500 毫升，葱姜水 10 克，葱 3 克，姜 3 克。

【制作】① 鲍鱼宰杀洗净，切成片，入沸水汆烫；用鲍鱼片将火腿丝和冬笋丝卷成喇叭形，以香菜梗捆扎，装入碗内，放葱、姜、盐、味精各 1 克、绍酒 2 克及清汤 250 克，上笼蒸 10 分钟取出；鹌鹑蛋煮熟去壳备用。② 鸭掌下沸水锅中煮 20 分钟，捞出去骨。用盐 1 克、味精 1 克及绍酒 3 克浸一下，再上笼蒸 20 分钟；鸡脯肉砸成泥和鸡蛋清放入盒内，加葱姜水打成糊后，放入猪油拌匀；取鸡糊 50 克分为 12 份，分别抹在 12 只鸭掌上，再把 12 个鹌鹑蛋镶在上面。上笼蒸 5 分钟取出。③ 蒸好的鲍鱼喇叭卷向上，放在盘子中间。青菜心用沸水焯后，围在鲍鱼的周围。鸭掌 12 只均等地放在菜心外边。④ 将剩余的鸡糊，挤成 12 个小丸子，滚上发菜。上笼蒸 5 分钟取出，分放在 12 只鸭掌的空隙中间，形成完整的工艺造型。⑤炒锅置大火上，添清汤 250 毫升、盐 2 克、味精 2 克，放水淀粉勾流水芡，浇在菜上即可。

【烹饪方法】焯，蒸，煮。
【营养功效】润燥利肠，清热明目。
【健康贴士】鲍鱼不宜和啤酒同食，易患中风。

典食趣话：

相传雍正皇帝有次用餐时，御厨做了一道由鲍鱼、鸭掌和鹌鹑蛋烹制而成的美馔。雍正吃后，觉得十分美味，于是问御厨此馔由来。御厨说此馔名为“掌上明珠鲍鱼”。当雍正听到明珠鲍鱼两个菜名时，猛然想起当年给河南民间的情人冯艳珠留下的话语：“日后生子名包玉，生女叫明珠。”御厨见皇上心动了，便不失时机地将冯艳珠携子女进京寻夫的事情讲了出来，雍正皇帝于是答允召见冯艳珠进宫团聚。

卷心菜炒鲍片

【主料】大连鲍 30 条，卷心菜 500 克。
【配料】盐 3 克，味精 1 克，白砂糖 5 克，胡椒粉 3 克，酱油 10 克，花雕酒 5 克，干红辣椒丝 5 克，葱、姜、蒜末各 5 克，鸡精 3 克，生抽 20 克，辣椒油 5 克，植物油 15 克。
【制作】① 大连鲍处理干净，片成片，汆水备用；卷心菜撕成 8 厘米见方的片。② 锅置火上，入油烧热，放葱姜蒜末、干红椒丝爆香，加卷心菜煸炒，边炒边加入盐、味精、白砂糖、胡椒粉、酱油、花雕酒、鸡精、生抽、辣椒油，快炒好时加入鲍鱼片，翻炒几下即可出锅。
【烹饪方法】汆，爆，煸炒，炒。
【营养功效】滋阴养血，通经活血。
【健康贴士】鳗鱼还可与竹笋搭配食用，具有清热利尿的作用，适合风热、小便不利的人食用。

滑熘鲍鱼

【主料】鲍鱼 300 克，青椒、红椒各 15 克，鸡蛋 1 个。
【配料】料酒 10 克，味精 2 克，盐 3 克，玉米粉 8 克，葱、姜、蒜各 5 克，胡椒粉 1 克，鸡精 1 克，香油 5 克，植物油 15 克。
【制作】① 鲍鱼处理干净，切薄片，加鸡蛋、玉米粉上浆；青、红椒切成片；料酒、盐、鸡精、胡椒粉一起调成汁。② 锅置火上，入油烧热，下鲍鱼翻炒，捞出沥油。③ 锅内另加油，入葱、姜、蒜爆香，下青、红椒煸炒，倒入调味汁炒匀，鲍鱼片回锅，翻炒均匀，淋上少许香油即可出锅。
【烹饪方法】炒，煸炒。
【营养功效】平肝潜阳，清热解毒。
【健康贴士】鲍鱼为发物，素有顽癣痼疾者忌食。

鱿鱼

鱿鱼富含钙、磷、铁元素，利于骨骼发育和造血，能有效治疗贫血；鱿鱼除富含蛋白质和人体所需的氨基酸外，还含有大量的牛磺酸，可抑制血液中的胆固醇含量，缓解疲劳，恢复视力，改善肝脏功能；鱿鱼所含多肽和硒有抗病毒、抗射线作用。

中医认为，鱿鱼性温、味咸，入肝、肾经；具有滋阴养胃、补虚泽肤、解毒、排毒之功效。

金针菇炒鱿鱼丝

【主料】水发鱿鱼 1 条，青椒、红椒各 15 克，鸡蛋清 30 克。
【配料】料酒 10 克，味精 2 克，盐 3 克，玉米粉 8 克，葱、姜、蒜各 5 克，胡椒粉 1 克，鸡精 1 克，香油 5 克，植物油 15 克。
【制作】① 鱿鱼处理干净，切成细丝，加鸡蛋清、玉米粉上浆；青、红椒切成片；料酒、盐、鸡精、胡椒粉一起调成汁。② 锅置火上，入油烧热，下鱿鱼丝翻炒，捞出沥油。③ 锅内另加油，入葱、姜、蒜爆香，下青、红椒煸炒，倒入调味汁炒匀，鱿鱼丝回锅，翻炒均匀，淋上少许香油即可出锅。

【烹饪方法】炒，爆，煸炒。

【营养功效】滋阴养胃，补虚泽肤。

【健康贴士】鱿鱼还可与木耳搭配食用，具有嫩滑皮肤的作用，适宜皮肤干燥者食用。

笋干鱿鱼丝

【主料】鱿鱼干 400 克，笋干 200 克，芹菜 15 克。

【配料】盐 3 克，味精 1 克，醋 8 克，酱油 15 克，青椒、红椒各 15 克，植物油 15 克。

【制作】① 鱿鱼、笋干泡发，洗净，切丝；青椒、红椒洗净，切丝；芹菜洗净，切段。② 锅置火上，入油烧热，放入鱿鱼丝翻炒至将熟，加入笋干、芹菜、青椒、红椒炒至熟，加入盐、醋、酱油、味精调味，出锅装盘即可。

【烹饪方法】炒。

【营养功效】祛脂减压，排毒瘦身。

【健康贴士】鱿鱼为过敏食物，内分泌失调、甲亢、过敏、皮肤病患者不宜多食。

【巧手妙招】鱿鱼干最好用 40℃的水温泡发后再进行烹饪。

牛肉酿鲜鱿

【主料】鲜鱿鱼 1 条，剁碎牛肉 240 克。

【配料】姜蓉 10 克，干粟粉 3 克，生抽、粟粉各 5 克，绍酒 15 克。

【制作】① 鱿鱼洗净，去头及内脏，保持圆筒状；牛肉、姜蓉同拌匀，加干粟粉、生抽、粟粉、绍酒拌匀，搅至带胶粘状，便成馅料。② 在鱿鱼筒内侧，抹上薄薄的一层干粉，酿入馅料，末端用牙签穿牢，隔水蒸熟。③ 锅置火上，入油烧热，排入酿鲜鱿，煎至成微焦黄即可。横切厚件供食用。

【烹饪方法】拌，蒸，煎。

【营养功效】补虚益气，强壮筋骨

【健康贴士】鱿鱼含胆固醇较高，冠心病患者不宜食用。

清汤金钱鱿鱼

【主料】鱿鱼 5 条，熟云腿 12 片，料酒 20 克，碱 50 克。

【配料】盐、味精、香菜各 5 克，胡椒粉 1 克，鸡汤 500 毫升。

【制作】① 鱿鱼切成圆形，放入清水浸泡一夜后捞出。② 用净锅放入碱、鱿鱼块和 50 克清水，而后用小火炒至鱿鱼全部沾上碱时，加入清水，用大火烧沸后，再用小火焖 15 分钟，倒去污水，再以同样方法焖 10 分钟，第 3 次焖 5 分钟，然后用沸水漂洗 2 ~ 3 次，使鱿鱼呈嫩白色，碱全部被洗掉，放入香菜。③ 锅置大火上，放入鸡汤和云腿片，再加入味精、盐、料酒，汤烧沸后倒入盛鱿鱼的汤斗中即可。

【烹饪方法】焖，烧。

【营养功效】补虚护肝，解毒排毒。

【健康贴士】鱿鱼还可与香菇搭配食用，对高血压、高脂血症及癌症有辅助疗效。

鱿鱼肉丝

【主料】鱿鱼 150 克，猪肉丝 100 克，柿子椒丝 30 克，冬笋丝 30 克。

【配料】盐 2 克，味精 2 克，酱油 3 克，料酒 5 克，植物油 30 克。

【制作】① 鱿鱼切丝，用沸水焯好，猪肉丝用淀粉上浆。② 锅置火上，入油烧热，下猪肉丝滑散，捞出沥油。③ 锅留底油，下入鱿鱼丝、猪肉丝，加柿子椒丝、冬笋丝及盐、味精、酱油、料酒翻炒，用水淀粉勾芡，淋明油、香油出锅。

【烹饪方法】焯，炒。

【营养功效】舒精活血，润肤养颜。

【健康贴士】鱿鱼也可与绿豆芽搭配食用，具有改善贫血、促进新陈代谢的作用，适合缺铁性贫血、月经不调等病症患者食用。

石斑鱼

石斑鱼蛋白质含量高，而脂肪含量低，除含人体代谢所必需的氨基酸外，还富含多种无机盐和铁、钙、磷以及各种维生素；其中鱼皮胶质的营养成分，对增强上皮组织的完整生长和促进胶原细胞的合成有重要作用，被称为美容护肤之鱼。尤其适合妇女产后食用。此外，石斑鱼还含有一种只有水生动物才含有的多种不饱和脂肪酸，它能降低胆固醇和三酰甘油，防止血液凝固，对冠心病和脑出血病的防治有很好作用。

中医认为，石斑鱼性温、味甘，入脾、心经；具有补气、开胃、强筋骨、补肝肾等功效，可用于脾虚、食少、消化不良等症。

清蒸石斑鱼

【主料】石斑鱼 1 条，猪板油 50 克。

【配料】盐 5 克，味精 0. 5 克，绍酒 15 克，葱段 5 克，酱油 25 克，姜片 10 克。

【制作】① 石斑鱼宰杀，洗净，在鱼身两侧划上 5 刀；猪板油切成 10 片。② 在鱼的每个刀口处塞进猪板油，姜片各 1 片及葱段。③ 再取杯子 1 只，放入盐、酱油和绍酒，连同鱼一起上蒸笼，用大火蒸至鱼刀纹露骨，拣去葱、姜、猪板油片，撒上味精，沾上蒸过的酱油味料即可食用。

【烹饪方法】蒸。

【营养功效】健脾益气，活血通络。

【健康贴士】石斑鱼性温，痰湿体质者不宜食用。

泡菜煨石斑鱼

【主料】石斑鱼 1 条，韩式泡菜 400 克。

【配料】葱 5 克，辣椒 5 克，姜 20 克，米酒 20 克，蚝油 15 克，冰糖 15 克，香油 10 克，香菜段 10 克。

【制作】① 葱洗净，切段；辣椒洗净，切段；姜洗净，切片；石斑鱼洗净，在鱼身两侧划 2 斜刀。② 锅置火上，入油烧热，下入石斑鱼以大火炸约 8 分钟，捞出沥油。③ 净锅后置火上，入油烧热，先放入葱段、辣椒段及姜片爆香，再加炸好的石斑鱼、韩式泡菜及米酒、蚝油、冰糖，大火烧干后即可出锅，淋上香油，洒上香菜即可。

【烹饪方法】炸，爆，烧。

【营养功效】健脾开胃，消食化滞。

【健康贴士】石斑鱼为发物，痛风病患者不宜食用。

麒麟石斑鱼

【主料】石斑鱼 1 条，香菇、火腿、竹笋、油菜心各 50 克。

【配料】盐 5 克，味精 2 克，糖 5 克，胡椒粉 3 克，料酒 10 克，香油 5 克，水淀粉 10 克，上汤 50 毫升。

【制作】① 从鱼两侧将鱼肉切下，顺着鱼身斜刀切成宽约 2 厘米半的长方形鱼片，且保持鱼骨形状完整；火腿、竹笋及香菇焯烫后，冲冷，也切成与鱼片大小相等的片。② 依序将香菇、笋、火腿夹入鱼片间，全部夹好后将鱼摆入盘中，再将鱼头及鱼尾摆于盘中。③ 将摆好的麒麟鱼上笼蒸熟，点缀熟油菜心，将上汤调味、勾芡，淋入香油即可。

【烹饪方法】焯，蒸。

【营养功效】补虚暖胃，强筋壮骨。

【健康贴士】石斑鱼是一种高蛋白食物，湿疹患者不宜食用。

比目鱼

比目鱼肉多刺少，营养价值高，含蛋白质约 20%，脂肪 1% ~ 5%，具有补虚乏、益气力的功效；所含的不饱和脂肪酸易被人体吸收，有助于降低血液中的胆固醇，增强体质；尤其富含大脑的主要组成成分 DHA，经常食用可增强智力。此外还含维生素 A、维生素 D、钙、磷、钾等营养成分。

中医认为，比目鱼性平、味甘，入脾、胃经；

具有消炎、补脾健胃的功效。

萝卜鱼

【主料】比目鱼肉450克，猪肥肉膘25克。

【配料】面包渣30克，盐3克，胡椒粉5克，绍酒15克，葱6克，姜末10克，植物油200克，香菜叶10克，鸡蛋1个。

【制作】① 比目鱼150克洗净，切成片，摆在盘内，撒上盐、胡椒粉、绍酒腌渍入味。② 再将剩下的鱼肉同猪肥肉膘一起剁成细泥放入碗内，加鸡蛋清、绍酒、葱末、姜末、胡椒粉、清水、盐搅匀成馅，均匀地卷入鱼片内，制成一头粗、一头细如萝卜状的鱼卷。鸡蛋打入碗内搅匀，把鱼卷周身沾匀干面粉，挂匀鸡蛋液，沾匀面包渣，每只鱼卷的粗端插入一根竹签。③ 锅置中火上，入油烧至七成热时，将鱼卷投入炸至金黄色取出，抽出竹签，在竹签的小孔内放入一叶消过毒的香菜叶，整齐摆入盘内即可。

【烹饪方法】腌，炸。

【营养功效】补脾健胃，益气补虚。

【健康贴士】一般人皆可食用，尤其适合女性食用。

奶汁比目鱼

【主料】比目鱼1条，火腿75克，鸡蛋1个。

【配料】盐3克，味精2克，白砂糖5克，鲜奶150毫升，料酒15克，水淀粉10克，植物油15克，胡椒粉5克，葱、姜各5克。

【制作】① 比目鱼两面剞花刀，加盐、料酒腌渍入味，入沸水焯烫，捞出，加葱、姜片、料酒，入笼蒸熟取出，滗出汤汁备用，拣去葱、姜片。② 锅内加汤汁、鲜奶烧沸，加配料调味，勾芡，淋入蛋清，撒火腿末，浇在鱼身上即可。

【烹饪方法】腌，焯。

【营养功效】益智健脑，活血通络。

【健康贴士】比目鱼为发物，神经性皮炎患者忌食。

墨鱼

墨鱼又叫乌贼，可以说全身是宝，不但味感鲜脆爽口，而且营养丰富。墨鱼中含有丰富的钙、磷、铁，可预防贫血，同时也有很好的补血作用，是一种高蛋白低脂肪滋补食品。墨鱼富含EPA、DHA，加上含大量的牛磺酸，能补充脑力；墨鱼含有丰富的蛋白质和多种氨基酸，能增强人体自身的免疫力；值得一提的是，它还是女性塑造体型和保养肌肤的理想保健食品。

中医认为，墨鱼性温、味咸，入肝、肾经；具有养血、通经、催乳、补脾、益肾、滋阴、调经、止带之功效，可用于治疗妇女经血不调、水肿、湿痹、痔疮、脚气等症。

韭菜炒墨鱼

【主料】墨鱼1条，韭菜150克。

【配料】醋10克，盐5克，味精2克，植物油35克。

【制作】① 墨鱼洗净，入锅煮熟后剥去皮，切成丝；韭菜洗净，切段。② 锅置火上，入油烧热，放入墨鱼丝，快速翻炒，放醋，然后放入韭菜，一起翻炒，最后放盐、味精调味即可。

【烹饪方法】炒。

【营养功效】滋阴养血，益气强筋。

【健康贴士】墨鱼不宜和茄子同食，同食易损肠胃。

荷兰豆百合炒墨鱼

【主料】墨鱼1条，百合、荷兰豆各100克。

【配料】白砂糖5克，鸡精1克，盐2克，蒜片、姜片、葱末各5克，植物油35克。

【制作】① 墨鱼洗净，去除内脏，切片；百合洗净，掰成片；荷兰豆洗净。② 锅置火上，入油烧热，下姜片、蒜片、葱末炒香，放入百合、荷兰豆、墨鱼片一起翻炒，加入盐、白砂糖、鸡精炒匀即可。

【烹饪方法】炒。
【营养功效】补肝益肾，延缓衰老。
【健康贴士】墨鱼含有胆固醇，高血压、胆囊炎患者不宜食用。

梭鱼

梭鱼又称乌头鱼，身体呈纺锤形，较为细长，头部短而宽，全身布满整齐的圆鳞，背部颜色青灰，腹部银白，体侧有黑色的纹路。梭鱼肉厚，无小刺，味道鲜美，营养极其丰富。

中医认为，梭鱼性平、味甘咸，入脾、胃经；具有补虚弱，健脾胃之功效。

三杯梭鱼

【主料】梭鱼 1 条。
【配料】红椒 10 克，青椒 9 克，姜 5 克，蒜 5 克，香油、酱油、料酒各 10 克，盐 5 克，白砂糖 5 克，植物油 30 克。
【制作】① 梭鱼处理干净，切成厚片；蒜洗净，切片；姜洗净，切丝；红椒、青椒洗净，切圈。② 锅置火上，入油烧热，将梭鱼煎至两面呈金黄色，备用。③ 锅内加香油，爆香姜、蒜、辣椒，加入酱油、料酒、白砂糖、盐和梭鱼片，烧沸后用小火将酱汁煮成稠状，加盖焖 1 分钟即可。
【烹饪方法】煎，爆，焖。
【营养功效】健脾开胃，健骨强身。
【健康贴士】梭鱼为发物，海鲜过敏者忌食。

红烧梭鱼

【主料】梭鱼 1 条。
【配料】盐 5 克，酱油 10 克，白砂糖 5 克，料酒 10 克，淀粉 10 克，胡椒粉 5 克，味精 2 克，葱、姜、蒜各 5 克，植物油 30 克。
【制作】① 梭鱼去鳞、腮、内脏及腹内黑膜，清洗干净，切成段，用盐、白砂糖、胡椒粉、葱、姜腌制 30 分钟，加入干淀粉拌匀；葱、姜、蒜切片。② 平底锅置火上，入油烧热，把梭鱼段放入，煎至表皮微黄，再放入葱、姜、蒜炒出香味，加酱油、料酒、味精及适量水，大火烧沸，转中火炖煮 15 分钟，再开大火把锅内的汁收浓即可。
【烹饪方法】腌，拌，炒，炖，煮。
【营养功效】开胃消食，补虚养身。
【健康贴士】梭鱼还可与黄瓜搭配食用，具有美容瘦身的作用，适宜肥胖者食用。

鲅鱼

鲅鱼肉质细腻，富含蛋白质、维生素 A、矿物质等营养元素，常食鲅鱼对防治贫血、早衰、营养不良、产后体虚和神经衰弱等症会有一定辅助疗效。

中医认为，鲅鱼性温，味甘，入肺经；具有补气、平咳的功效，适宜体弱咳喘、贫血、早衰、产后虚弱和神经衰弱等症。

家常烧鲅鱼

【主料】鲅鱼 1 条，木耳 50 克，五花肉 80 克。
【配料】盐 5 克，味精 2 克，酱油 10 克，白砂糖 5 克，醋 10 克，葱、姜、蒜各 5 克，上汤 100 毫升，植物油 30 克。
【制作】① 鲅鱼处理干净，撕小朵；木耳洗净，切片；五花肉洗净，切片。② 锅置火上，入油烧热，下葱、姜爆香，放五花肉片煸炒，烹入醋、酱油，放鲅鱼块煎匀，加上汤、盐、味精、白砂糖，加入木耳，慢火烧熟即可。
【烹饪方法】爆，煸，炒，煸炒，煎，烧。
【营养功效】润肺生津，止咳平喘。
【健康贴士】鲅鱼含脂肪较多，脂肪肝患者不宜食用。

炝锅鲅鱼

【主料】鲅鱼 1 条，青椒、红椒各 20 克。
【配料】盐 5 克，味精 2 克，鸡精 2 克，干粉 5 克，干辣椒 5 克，花椒 1 克，白砂糖 3 克，胡椒粉 2 克，香葱 5 克，植物油 30 克。

【制作】① 鲅鱼处理干净，切片，拍干粉，入油锅炸至金黄色；青椒、红椒洗净，切片。② 锅置火上，入油烧热，下姜、蒜略炒几下，再加入花椒、干辣椒、青椒、红椒、香葱炒香，加入炸好的鲅鱼片，调入盐、味精、鸡精、白砂糖、胡椒粉、香葱，出锅即可。

【烹饪方法】炸，炒。

【营养功效】健脑益智，健脾养胃。

【健康贴士】吃鲅鱼前后忌喝茶。

孔鳐

孔鳐又叫老板鱼，肉多刺少，无硬骨。孔鳐富含蛋白质，而脂肪含量低，不仅味道鲜美，而且易于人体消化吸收。

中医认为，孔鳐性温，味甘，入脾、胃经；具有补虚、益脾、养血、祛风、健胃之功效，可以预防贫血症、低血糖、高血压和动脉血管硬化等疾病。

椒盐老板鱼翅

【主料】老板鱼翅 300 克，青椒末、红椒末各 10 克。

【配料】盐 3 克，味精 2 克，料酒 10 克，椒盐 12 克，淀粉 10 克，植物油 30 克。

【制作】① 老板鱼翅洗净，切小块，加盐、料酒腌渍入味。② 腌好的鱼翅拍粉，入七成热的油中炸熟，捞出。③ 锅置火上，入油烧热，下入青椒末、红椒末略炒，烹料酒，加椒盐粉，加入鱼翅炒匀即可。

【烹饪方法】腌，炸，炒。

【营养功效】补虚强身，养血祛风。

【健康贴士】一般人皆可食用，尤其适合女性食用。

老板鱼烧豆腐

【主料】老板鱼 1 条，豆腐 200 克。

【配料】盐 4 克，醋 5 克，味精 2 克，葱 5 克，姜 5 克，蒜 5 克，料酒 10 克，胡椒粉 5 克，植物油 30 克。

【制作】① 老板鱼去内脏，洗净，切方块；豆腐切块；葱、蒜切片；姜切丝备用。② 锅置火上，入油烧热，下葱、姜、蒜煸香，放入鱼块干煎 1 分钟，烹入料酒，添加没过鱼块的水，烧沸，用中小火炖 5 分钟。③ 加入豆腐块煮开后小火炖 5 分钟，出锅前调入盐、胡椒粉、味精。

【烹饪方法】炸，煸，煎，炖，煮。

【营养功效】健胃消食，美容护肤。

【健康贴士】孔鳐还可与香菇搭配食用，具有增强身体免疫力的作用，适宜久病体虚的人食用。

【巧手妙招】孔鳐肌肉中含有微量尿素，故鲜食烹调前需用沸水烫一下，以除异味。

鲷鱼

鲷鱼营养丰富，富含蛋白质、钙、钾、硒、B 族维生素、烟酸等营养元素，为人体补充丰富蛋白质及矿物质。

中医认为，鲷鱼性平、味甘，入脾、胃、肝、肾经；具有益肝、健脾、和胃、补肾、润肠、养颜护肤、通血，调经、养阴补虚之功效。

冬瓜烧鲷鱼

【主料】鲷鱼 1 条，冬瓜 100 克。

【配料】豆豉 20 克，豆瓣 15 克，干辣椒 5 克，葱、姜、蒜各 5 克，老抽 5 克，料酒 15 克，盐 4 克，白砂糖 3 克，鸡精 2 克，胡椒粉 1 克，植物油 15 克。

【制作】① 鲷鱼处理干净，切块，加盐、料酒腌 10 分钟；冬瓜洗净，切片。② 锅置火上，入油烧热，下豆豉炒香，再下入葱、姜、蒜、干辣椒，转小火炒豆瓣。③ 鲷鱼下锅，加料酒和老抽，略微翻炒后加水，烧 5 分钟后将冬瓜下锅，加盐、白砂糖、鸡精、胡椒粉调味，烧至冬瓜软烂即可。

【烹饪方法】腌，炒，烧。

【营养功效】滋阴补肾，减脂排毒。
【健康贴士】鲷鱼还可与杏仁搭配食用，具有强化脑力、抗氧化的作用，适宜工作强度大者、繁重体力及脑力劳动者食用。

清蒸鲷鱼

【主料】鲷鱼 1 条，笋片、火腿片、肥肉片、油菜心各 30 克。
【配料】葱 5 克，姜 5 克，盐 3 克，味精 2 克，鸡油 20 克，料酒 12 克，花椒 1 克。
【制作】① 鲷鱼处理干净，改刀，用沸水烫一下，加盐、味精、料酒腌渍入味。② 姜笋片、火腿片、肥肉片、葱、姜、花椒摆在鱼身上，入笼蒸熟取出，滗出汤汁，拣去花椒、葱、姜，点缀熟油菜心。③ 原汤倒入锅中烧沸，浇在鱼上即可。
【烹饪方法】腌，蒸，烧。
【营养功效】补脾养胃，祛风除湿。
【健康贴士】鲷鱼还可与菠菜搭配食用，具有改善贫血的作用，适合缺铁性贫血者食用。

鲳鱼

鲳鱼是名贵的海鲜，享有“河中鲤，海中鲳”的美誉。鲳鱼含有丰富的不饱和脂肪酸，有降低胆固醇的功效，对高血脂、高胆固醇的人来说是一种不错的鱼类食品；鲳鱼含有丰富的微量元素硒和镁，对冠状动脉硬化等心血管疾病有预防作用，并能延缓机体衰老，预防癌症的发生。

中医认为，鲳鱼性平、味甘，入脾、胃经；具有益气养血、舒筋利骨等功效，主消化不良、贫血、筋骨酸痛、四肢麻木等症。

豆豉蒸鲳鱼

【主料】鲳鱼 1 条，豆豉 50 克。
【配料】葱、蒜各 5 克，料酒 15 克。
【制作】① 把豆豉、料酒在碗中调匀成汁备用。② 鲳鱼处理干净，两面各划上几刀，均匀地抹上盐，放盘中腌渍一会儿，再淋上调好的汁，撒上蒜末，入笼蒸熟，取出后撒上少许葱末即可。
【烹饪方法】腌，蒸。
【营养功效】益气养血，补胃益精。
【健康贴士】鲳鱼属于发物，有慢性疾病和过敏性皮肤病的人不宜食用。

红烧鲳鱼

【主料】鲳鱼肉 300 克，香菇 20 克，笋 15 克。
【配料】干辣椒 5 克，大料 2 克，姜、葱末、蒜瓣各 5 克，酱油 10 克，盐 3 克，白砂糖 5 克，醋 5 克，料酒 10 克，植物油 15 克。
【制作】① 鲳鱼肉处理干净，沥干水分；香菇泡软洗净，去蒂，对切两半；笋洗净，切丁；干红辣椒洗净，去蒂及子，切小片。② 锅置火上，入油烧至五六成热，将鲳鱼放入略炸，捞出沥油备用。③ 锅中留底油，放入姜片、蒜瓣、葱段、大料、干辣椒炝锅，出香味后加入盐、酱油、料酒、白砂糖、醋和适量水，大火烧沸，下入炸过的鲳鱼、香菇、笋丁，小火焖熟，出锅前撒上葱末即可。
【烹饪方法】炸，炝，焖。
【营养功效】养血健胃，抗衰防癌。
【健康贴士】鲳鱼不宜与羊肉同食，会增加胆固醇含量，损害健康。

大黄鱼

大黄鱼含有丰富的蛋白质、微量元素和维生素，对人体有很好的补益作用，对体质虚弱和中老年人来说，食用黄鱼会收到很好的食疗效果；大黄鱼含有丰富的微量元素硒，能清除人体代谢产生的自由基，能延缓衰老，并对各种癌症有防治功效。

中医认为，大黄鱼性平、味甘咸，入肝、肾经；黄鱼有和胃止血、益肾补虚、健脾开胃、安神止痢、益气填精之功效。

青豆焖黄鱼

【主料】青豆 50 克，大黄鱼 10 条。
【配料】盐 3 克，香油 10 克，料酒 10 克，红椒 5 克，植物油 60 克。
【制作】① 黄鱼洗净，剖成两半；青豆洗净；红椒洗净，切片。② 锅置火上，入油烧热，下黄鱼煎至表面金黄，注入清水烧沸，放入青豆、红椒，盖上锅盖，焖煮 20 分钟，调入盐、料酒拌匀，淋入香油即可。
【烹饪方法】煎，焖，煮，拌。
【营养功效】健胃消食，补血养颜。
【健康贴士】大黄鱼不宜与洋葱同食，影响蛋白质的吸收，易形成结石。
【巧手妙招】可先将青豆炒至八成熟后再和黄鱼一起焖煮。

雪里蕻蒸黄鱼

【主料】雪里蕻 100 克，大黄鱼 10 条。
【配料】盐 5 克，姜丝 10 克，料酒 10 克，葱末 5 克，辣椒圈 5 克。
【制作】① 将大黄鱼宰杀洗净装盘；雪里蕻洗净切碎。② 在鱼盘中加入雪里蕻、盐、料酒、葱末、姜丝、辣椒圈，放入蒸锅内蒸 8 分钟，取出即可。
【烹饪方法】蒸。
【营养功效】开胃消食，醒脑提神。
【健康贴士】大黄鱼还可与竹笋搭配食用，具有滋补美容的作用，适合老弱妇孺和病后体虚者食用。

家常烧黄鱼

【主料】粉丝 200 克，大黄鱼 8 条，豆腐片、五花肉各 50 克。
【配料】盐 5 克，味精 2 克，白砂糖 6 克，酱油、料酒各 10 克，葱末、姜丝、蒜各 5 克，鸡油、香油各 5 克，汤 50 毫升。
【制作】① 将黄鱼宰杀洗净装盘。② 锅置火上，入油烧热，下葱、姜、蒜爆香，加入五花肉片略炒，烹入酱油、料酒，放入鱼煎一下，加汤及豆腐片、粉条，加盐、味精、白砂糖、香油调味，中火烧沸，慢火烧熟即可。
【烹饪方法】爆，煎，烧。
【营养功效】开胃益气，增强免疫。
【健康贴士】大黄鱼不宜与荞麦同食，益致消化不良。

雪菜大汤黄鱼

【主料】净大黄鱼 3 条，雪菜段 100 克，笋片 15 克。
【配料】盐 10 克，黄酒 15 克，葱结 10 克，味精 2 克，猪油 40 克。
【制作】① 将黄鱼宰杀干净，斜切成十字花刀。② 锅置火上，入油烧至八成热，下黄鱼两面煎成黄色，烹入黄酒，加盖稍焖片刻，放入沸水烧至汤呈奶白色，放入雪菜段、笋片、葱结、盐，焖大约 5 分钟，加味精搅匀，盛入汤碗中即可。
【烹饪方法】煎，焖。
【营养功效】润肤生肌，健身抗衰。
【健康贴士】黄鱼还可与莼菜搭配食用，具有益气开胃、清肠止泻的作用，适合气虚、食欲不振、腹泻等病症患者食用。

小黄鱼

小黄鱼含有丰富的蛋白质、维生素和微量元素，对贫血、失眠、头晕、食欲不振有疗效。

中医认为，大黄鱼性平、味甘，入肾经；有明目安神、壮阳益气、健脾开胃、益气填精等功效。

香辣小黄鱼

【主料】小黄鱼 12 条，熟芝麻 20 克。
【配料】盐 3 克，醋 8 克，酱油 15 克，红油 20 克，葱末 5 克。
【制作】① 小黄鱼处理干净，去头。② 锅置火上，入油烧热，下入小黄鱼炸至熟透，加入酱油、红油、醋翻炒入味，撒上熟芝麻、葱末即可。

【烹饪方法】炒。

【营养功效】开胃益气，明目安神。

【健康贴士】小黄鱼还可与乌梅搭配食用，具有提高机体免疫力的作用，适合免疫力低下者食用。

【巧手妙招】芝麻用油爆一下，再撒在小黄鱼上，此菜更香。

香槽小黄鱼

【主料】小黄鱼 12 条，槽卤 500 克。

【配料】盐 5 克，香叶 2 片，料酒 20 克，植物油 60 克。

【制作】① 小黄鱼处理干净，把盐、香叶、料酒放入槽卤中搅匀。② 锅置火上，入油烧至八成热，下入小黄鱼煎至两面金黄，捞出沥油。③ 将煎好的小黄鱼放入槽卤中，浸泡两小时，撒上香菜段即可。

【烹饪方法】煎。

【营养功效】益肾补虚，益气补精。

【健康贴士】小黄鱼不宜与牛油、黄油同食，会降低营养价值。

章鱼

章鱼含有丰富的蛋白质、矿物质及天然硫黄酸等营养元素，具有抗疲劳、抗衰老，延长寿命的作用。

中医认为，章鱼性寒、味甘咸，无毒，入脾、胃经；具有益气、养血、收敛、生肌的功效，主治气血虚弱，痈疽肿毒，久疮溃烂等症。

韭花酱炒章鱼

【主料】章鱼 1 条。

【配料】盐 5 克，葱末 5 克，孜然粒 2 克，韭花酱 10 克，蛋清 2 个，植物油 30 克。

【制作】① 章鱼处理干净，加蛋清、盐搅拌 20 分钟，用清水冲净。② 锅加水烧沸，将章鱼入锅中汆熟。③ 锅置火上，入油烧热，下入葱末、孜然粒炒香，倒入韭花酱调味，放入章鱼快速翻炒，炒匀即可。

【烹饪方法】汆，拌，炒。

【营养功效】益气养血，滋阴润燥。

【健康贴士】章鱼为发物，有过敏体质慎食。

酱爆章鱼

【主料】章鱼 1 条，大葱 30 克。

【配料】色拉油 25 克，甜面酱 20 克，味精 2 克，姜 5 克，料酒 15 克，香油 5 克。

【制作】① 章鱼处理干净，顺长切开，入沸水锅中汆熟；大葱切段；姜切片。② 锅置火上，入油烧热，下姜片、葱段爆香，烹入料酒，调入甜面酱、味精，下入章鱼快速翻炒均匀，淋香油即可。

【烹饪方法】汆，炒。

【营养功效】益肾补虚，催乳通经。

【健康贴士】章鱼性寒，脾胃虚寒等病症患者不宜食用。

龙虾

龙虾含有人体所必需的 8 种氨基酸，还含有脊椎动物体内含量很少的精氨酸，另外，龙虾还含有对幼儿而言也是必需的组氨酸；龙虾的脂肪含量不但比畜禽肉低得多，比青虾、对虾还低许多，而且其脂肪大多是由不饱和脂肪酸组成，易被人体消化和吸收，并且具有防止胆固醇在体内蓄积的作用；龙虾和其他水产品一样，含有人体所必需的矿物成分，其中含量较多的有钙、钠、钾、镁、磷。龙虾中矿物质总量约为 1.6%，其中钙、磷、钠及铁的含量都比一般畜禽肉高，也比对虾高。因此，经常食用龙虾肉可保持神经、肌肉的兴奋性。龙虾也是脂溶性维生素的重要来源之一，龙虾富含维生素 A、维生素 E、维生素 D，大大超过陆生动物维生素的含量。

中医认为，龙虾性温、味甘咸，入肾、

脾经；具有补肾壮阳、滋阴、健胃安神等功效；适宜于肾虚阳痿、遗精早泄、乳汁不通、筋骨疼痛、手足抽搐、全身瘙痒、皮肤溃疡、身体虚弱和神经衰弱等病人食用。

西蓝花大龙虾

【主料】龙虾净肉 200 克，西蓝花 75 克，生菜叶 10 克，龙虾头 5 克，龙虾尾 5 克。

【配料】盐 2 克，料酒 5 克，味精 1 克，姜汁 5 克，蛋清 1 个，高汤 50 毫升，玉米淀粉 10 克，植物油 20 克。

【制作】① 鲜虾肉片成片，放入碗中，加盐、味精、蛋清、淀粉抓匀；西蓝花掰成小朵，洗净；高汤入碗内，加盐、姜汁和料酒兑成调味汁。② 龙虾头、尾上屉蒸透取出；生菜叶洗净消毒，铺在鱼盘两端，再把蒸好的龙虾头、尾分别摆在生菜叶上。③ 锅置火上，入油烧至五成热，把浆好的龙虾片放入油中，用筷子搅动打散，滑透，随即放入西蓝花略滑，一起倒入漏勺沥油。④ 净锅后置火上，入油烧热后，倒入滑好的龙虾肉及西蓝花，烹入兑好的味汁，颠翻几下，淋入少许葱油，再颠翻几下，盛入盘内龙虾上即可。

【烹饪方法】蒸，烧。

【营养功效】补钙壮腰，益智补脑。

【健康贴士】龙虾不宜与黄豆同食，会引起消化不良。

爆炒小龙虾

【主料】小龙虾 200 克。

【配料】剁椒 15 克，葱、姜、蒜各 5 克，花椒粉 1 克，盐 3 克，味精 1 克，料酒 15 克，酱油 10 克，陈醋 5 克，白砂糖 2 克，香油 5 克，植物油 20 克。

【制作】① 小龙虾洗净，用料酒腌 10 分钟，入油锅炸成虾球，捞出沥油。② 锅置火上，入油烧热，爆香剁椒、葱、蒜，再倒入虾球大火翻炒，放入花椒粉、酱油、陈醋，中火烧 2 ~ 3 分钟，改大火快速翻炒，放盐、味精、香油，待汤汁快干时，出锅装盘，撒葱末，淋香油即可。

【烹饪方法】腌，炸，爆，炒，烧。

【营养功效】滋阴壮阳，益精补血。

【健康贴士】龙虾为发物，面部痤疮、过敏性鼻炎等人不宜食用。

琵琶虾

琵琶虾是一种营养丰富、汁鲜肉嫩的海味食品。对身体虚弱以及病后需要调养的人是极好的食物；虾中含有丰富的镁，镁对心脏活动具有重要的调节作用，能很好地保护心血管系统，它可减少血液中胆固醇含量，防止动脉硬化，同时还能扩张冠状动脉，有利于预防高血压及心肌梗死。

中医认为，琵琶虾性湿、味甘咸，入肾、脾经；具有补肾壮阳、滋阴和镇静等功效。

椒盐富贵虾

【主料】琵琶虾 500 克。

【配料】盐 3 克，味精 1 克，大葱段 5 克，料酒 15 克，青红椒粒 5 克，植物油 100 克。

【制作】① 琵琶虾去肠泥，用盐、大葱段、料酒腌渍入味。② 锅置火上，入油烧至七成热，下入腌好的琵琶虾炸至金黄色，捞出沥油。③ 锅内留底油烧热，放入青红椒粒煸香，加入琵琶虾、盐、味精、料酒，快速翻炒均匀，出锅装盘即可。

【烹饪方法】腌，炸，煸，炒。

【营养功效】通络止痛，催乳抗毒。

【健康贴士】琵琶虾不宜与柿子同食，易引起腹泻。

鱼干琵琶虾

【主料】琵琶虾 300 克，小刀鱼干 200 克。

【配料】盐、鸡精、料酒、小葱白、姜片各 5 克，味精、醋各 3 克，清汤 50 毫升，色拉油 500 克（实耗 60 克）

【制作】① 小刀鱼干用温水泡开；琵琶虾洗净，一起放入八成热的油中炸熟。② 锅置火上，入油烧至七成热，加小葱白、姜片煸香，烹入料酒，加清汤烧沸，再倒入小刀鱼干、琵琶虾共烧 3 分钟后加盐、味精、鸡精调味，烹少许醋即可出锅。

【烹饪方法】炸，烧。

【营养功效】益智健脑，镇镇安神。

【健康贴士】琵琶虾不宜与山楂同食，易引起头晕。

对虾

对虾又称基围虾，是高蛋白、低脂肪的营养佳品，虾中含有较多的锌、镁等矿物质，可以增强人体的免疫功能；对虾的通乳作用较强，并且富含磷、钙、对小儿、孕妇尤有补益功效；对虾体内还含有虾青素，是目前发现的最强的一种抗氧化剂，广泛用在化妆品、食品添加以及药品当中。

中医认为，对虾性湿、味甘咸，入肾、脾经；具有补肾壮阳、滋阴和镇静等功效，可用于辅助治疗肾虚阳痿、手足抽搐、圣经衰弱等症。

腰果虾仁

【主料】虾仁 250 条，熟腰果 100 克，胡萝卜 50 克。

【配料】葱段 5 克，姜片 10 克，盐 5 克，香油 5 克，植物油 15 克。

【制作】① 虾仁取出肠泥，用少许盐稍腌，再用水清洗，沥干水分，胡萝卜洗净切丁。② 锅置火上，入油烧热，投入虾仁炒至呈粉红色，捞出。③ 锅中留少许油烧热，先放入姜片及葱段爆香，再倒入虾仁、胡萝卜及盐、香油快速拌匀，加入炸熟的腰果拌匀，即可出锅。

【烹饪方法】腌，炒，炸，爆，拌。

【营养功效】补肾壮腰，滋阴健胃。

【健康贴士】对虾不宜与南瓜同食，会引起痢疾。

泡椒对虾

【主料】对虾 250 条，泡椒 50 克，香芹 10 克。

【配料】鸡精 3 克，姜片 5 克，盐 5 克，绍酒 10 克，植物油 15 克，咖啡糖 5 克。

【制作】① 对虾洗净，用沸水汆烫；泡椒去蒂；香芹洗净，切菱形片。② 锅置火上，入油烧热，下入姜片、香芹、泡椒、对虾翻炒，烹入绍酒，加入盐、鸡精、咖啡糖翻炒 2 分钟即可。

【烹饪方法】炒。

【营养功效】补肾壮阳，益气和中。

【健康贴士】对虾还可与海带搭配食用，具有壮阳益肾、补钙防癌的作用，适合肾虚阳痿、腰脚虚弱无力、筋骨疼痛等病症患者食用。

青蒜对虾

【主料】对虾 500 条，青蒜 100 克，洋葱 100 克，薄荷叶 50 克，椰汁 100 毫升，红椒片 10 克。

【配料】鸡精 20 克，姜末 10 克，盐 3 克，白砂糖 10 克，植物油 15 克。

【制作】① 对虾洗净，去头去肠；青蒜去皮切段；洋葱切丝。② 锅置火上，入油烧热，下虾炸成金黄色后，捞出沥油。③ 锅中留少许油，爆香青蒜、红椒片、洋葱、薄荷叶、姜末，放入椰汁、虾和盐、鸡精、白砂糖一起煮 4 分钟即可。

【烹饪方法】炸，炒，煮。

【营养功效】醒脾健胃，益气下乳。

【健康贴士】孕妇常吃虾，可预防缺钙抽搐症及胎儿缺钙等症。

【巧手妙招】先用剪刀去虾头部，挤出内脏，再将虾煮至半熟，剥去背上的泥肠即可。

椒盐对虾

【主料】对虾 300 条。
【配料】辣椒粉 3 克，葱末 5 克，姜末 5 克，蒜蓉 5 克，盐 5 克，胡椒粉 3 克，五香粉 5 克，植物油 15 克。
【制作】① 虾洗净，下入八成热的油中炸干水分，捞出。② 将辣椒粉、盐、胡椒粉、五香粉放入锅中制成椒盐炒匀，放入虾，加葱末、姜末、蒜蓉炒匀即可。
【烹饪方法】炸，炒。
【营养功效】强肾壮骨，补脑填髓。
【健康贴士】对虾为发物，皮肤疥癣、急性炎症、面部痤疮、过敏性鼻炎、支气管哮喘等病症者不宜多食。

蛏子

蛏子含丰富蛋白质、钙、硒、维生素 A 等营养元素，具有补虚的功能，有保肝利脏效果，常食能够有效地增强肝脏功能。

中医认为，蛏子性寒、味甘咸，入心、肝、肾经；具有补阴，清热，除烦，解酒毒等功效，可用于产后虚寒、烦热痢疾、咽喉肿痛、胃痛等症。

豉椒炒蛏子

【主料】青椒 15 克，红椒 10 克，蛏子 750 条。
【配料】豆豉 10 克，姜片 20 克，蒜蓉 10 克，盐 4 克，葱白、辣椒酱、耗油各 10 克，生抽 3 克，白砂糖 2 克，水淀粉 15 克，植物油 50 克。
【制作】① 青椒、红椒洗净，切片；蛏子入沸水汆烫后，洗净。② 锅置火上，入油烧热，将葱白、姜片、蒜蓉在锅内炒香后加入青椒、红椒和蛏子、豆豉、辣椒酱，加入适量清水炒 1 分钟，加入盐、白砂糖、生抽、耗油调味，用水淀粉勾芡后即可。
【烹饪方法】汆，炒。
【营养功效】保肝护肾，健脑益智。
【健康贴士】蛏子性寒，腹痛腹泻者忌食。

葱姜炒蛏子

【主料】姜末、葱段各 10 克，蛏子 600 条。
【配料】料酒 10 克，盐 4 克，胡椒粉 8 克，耗油 15 克，植物油 45 克。
【制作】① 蛏子洗净，入沸水加料酒煮熟，捞出，去壳备用。② 锅置火上，入油烧热，放入姜末煸香，放入蛏子，加盐、花椒盐、耗油煸炒至熟，加葱段炒匀，装盘即可。
【烹饪方法】煮，煸，煸炒。
【营养功效】清热解毒，补阴除烦。
【健康贴士】蛏子性寒，脾胃虚寒者不可食用。
【巧手妙招】蛏子肉不可上浆，高温急火爆炒烹制，菜品脆嫩而无汁芡。

扇贝

扇贝味道鲜美，营养丰富，名列海产“八珍”。扇贝含有一种降低血清胆固醇作用的物质，能使体内胆固醇下降，从而保护心脑血管；扇贝含有丰富的核酸、优质蛋白质和多种氨基酸，钙、铁、锌等矿物质含量高出燕窝、鱼翅很多，经常食用可强身健体、保持机体活力。

中医认为，扇贝性平、味甘咸，入脾、胃、肾经；具有滋阴、补肾、调中、下气、利五脏的功效，主治肾虚阳痿，阴虚风动，筋骨疼痛，乳痈，寒性脓肿，疮口日久不敛，麻疹等症。

茼蒿炒扇贝

【主料】扇贝 500 克，茼蒿 100 克。
【配料】色拉油 35 克，盐 4 克，味精 2 克，蒜、姜各 5 克，料酒 10 克，鸡精 1 克，香油 5 克。

【制作】① 扇贝洗净，入锅内煮熟，取肉；茼蒿洗净，切段备用。② 锅置火上，入油烧热，下姜、蒜爆香，烹入料酒，下入茼蒿，炒至八成熟时调入盐、味精、鸡精，再放入扇贝翻炒至成熟，淋香油即可。

【烹饪方法】爆，炒。

【营养功效】延缓衰老，清热解毒。

【健康贴士】扇贝是发物，有宿疾者应慎食。

蒜蓉蒸扇贝

【主料】扇贝 150 克，蒜蓉 50 克，粉丝 30 克。

【配料】葱丝 10 克，红椒丁 10 克，盐 3 克，番茄酱 50 克，植物油 30 克。

【制作】① 扇贝洗净，剖开外壳，留一半壳；粉丝泡发，剪小段。② 将贝肉洗净，去肚、线、沙等杂质，剞二三刀，放在贝壳上，再撒上粉丝，上笼蒸 2 分钟。③ 锅置火上，入油烧热，下蒜蓉、葱丝、红椒丁煸出香味，放入盐翻炒，然后将番茄酱分别淋到每只扇贝上即可。

【烹饪方法】蒸，煸。

【营养功效】补中益气，强筋壮骨。

【健康贴士】扇贝还可与金针菇搭配食用，不但可以补肝明目，而且能起到抗癌的作用，对于预防心血管疾病也有很好的效果。

海蟹

海蟹富含蛋白质、脂肪、碳水化合物、钙、磷、维生素 A、核黄素等营养物质，对身体有很好的滋补作用。此外，常吃海蟹对结核病的康复大有裨益。

中医认为，海蟹性寒、味咸，入肝、胃经；有补骨髓、利肢节、滋肝阴、充胃液之功效，可用于瘀血肿痛、跌打损伤等症。

姜葱炒肉蟹

【主料】肉蟹 400 克。

【配料】姜末、葱段各 5 克，味精 2 克，胡椒粉 1 克，盐 2 克，蚝油 15 克，生粉 5 克，生粉水 10 克，上汤 30 毫升，植物油 100 克。

【制作】① 蟹洗净，斩件，撒上生粉，下油中炸至八成熟，捞出沥油。② 把姜末、葱段下锅爆香，加入适量上汤，倒入肉蟹，加蚝油、味精、盐、胡椒粉，炒匀后用生粉水勾芡，加包尾油装盘即可。

【烹饪方法】炸，爆，炒。

【营养功效】滋阴补髓，清热散瘀。

【健康贴士】海蟹不宜与大枣同食，容易患寒热病。

清蒸大膏蟹

【主料】大膏蟹 1000 克。

【配料】姜 5 克，香油 10 克，料酒 20 克，醋 30 克。

【制作】① 蟹翻过来，揭掉蟹盖，洗净，保留蟹黄，取出羽鳃，蟹肉洗净；姜去皮，切片和末。② 蟹平放，用刀在蟹爪之间逐段剁开成段，每一块上带一只爪，再将蟹块拼在一起，做成蟹形，然后盖上蟹盖，装盘，放入姜片，调入料酒，入笼蒸熟。③ 姜、香油、料酒、醋调成姜醋汁，上碟食用。

【烹饪方法】煮，炒。

【营养功效】滋阴护肝，养筋活血。

【健康贴士】海蟹不宜与红薯同食，易形成结石。

【巧手妙招】蟹不容易洗，可用牙刷将外壳和蟹腿刷干净。

海螺

海螺富含蛋白蛋、维生素和人体必需的氨基酸和微量元素，是典型的高蛋白、低脂肪、高钙质的天然动物性保健食品，常食有很好的滋补功效。

中医认为，海螺性寒、味甘，无毒，入脾、胃、肝、大肠经；具有清热、名目、利尿、通淋等功效，可辅助治疗尿赤热痛、尿闭、痔疮、黄疸等。

韭菜炒海螺

【主料】海螺肉200克，韭菜200克。

【配料】植物油15克，酱油5克，料酒5克，盐4克，味精2克，芝麻5克，大葱10克，姜5克，大蒜（白皮）5克。

【制作】① 海螺肉洗净，切成片，下入沸水锅内烫一下，捞出，沥干水分；韭菜择洗干净，切成段；葱姜切丝，大蒜切末。② 锅置火上，入油烧热，下入葱姜丝、蒜末爆香，放入韭菜略炒，再放入海螺片翻炒，加酱油、味精、料酒、盐炒匀，撒入芝麻即可。

【烹饪方法】爆，炒。

【营养功效】清热明目，利膈益胃。

【健康贴士】海螺性寒，风寒感冒期间忌食。

海带炒螺片

【主料】海螺500克，海带250克。

【配料】色拉油25克，盐3克，味精2克，酱油12克，蒜片5克，料酒10克，香菜段5克。

【制作】① 海螺用刀拍碎，取肉洗净，片成片；海带洗净，切成菱形块。② 锅置火上，倒入水烧沸，下入螺片、海带结焯熟，捞出，沥干水分。③ 净锅后置火上，入油烧热，下蒜片炒香，烹入料酒，放入螺片、海带结，调入盐、味精、酱油翻炒均匀，撒入香菜段即可。

【烹饪方法】炒。

【营养功效】利尿消肿，清肠排毒。

【健康贴士】海螺不宜与冰水同食，易导致腹泻。

牡蛎

牡蛎又叫鲜蚝，被称作“海里的牛奶”，富含十分优良的蛋白质，肝糖原、维生素与矿物质、含有十八种以上的氨基酸，在这些氨基酸中富含可以合成抗酸化物质的谷胱甘肽的氨基酸（谷氨基酸、糖胶）。食用牡蛎后，在人体内合成谷胱甘肽，除去体内的活性酸素，提高免疫力，抑制衰老。同时，亚铅不仅可以抑制细胞的老化，还可以促进新陈代谢；牡蛎中丰富的硫黄酸，有很好的保肝利胆功效，也有利于防治孕期肝内胆汁淤积症。此外，牡蛎含有维生素 B_{12}，具有活跃造血功能的作用。

中医认为，牡蛎性平、味甘咸，入肝、心肾经；具有滋阴、养血、补五脏、活血、充肌等功效。

山药韭菜煎鲜蚝

【主料】山药100克，韭菜150克，鲜蚝300条，枸杞子5克。

【配料】盐3克，淀粉15克，植物油35克。

【制作】① 鲜蚝洗净杂质，沥干；山药削去皮，洗净磨泥；韭菜洗净切细；枸杞子泡软，沥干。② 将淀粉加适量水拌匀，加入鲜蚝和山药泥、韭菜末、枸杞子，并加盐调味。③ 平底锅置火上，入油烧热，倒入鲜蚝等材料煎熟即可。

【烹饪方法】拌，煎。

【营养功效】强肝解毒，益智安神。

【健康贴士】牡蛎不宜与玉米同食，影响锌的吸收。

鸡蛋炒蛎子

【主料】新牡蛎200克，鸡蛋3个。

【配料】盐3克，葱、姜末各5克，香油4克，清汤50毫升，植物油20克。

【制作】① 牡蛎洗净，放入八成开的热水锅中汆烫，捞出，沥干水分，取出牡蛎肉。② 鸡蛋打入碗中，加清汤、盐、牡蛎肉搅拌。③ 锅置火上，入油烧至四五成热，下入葱、姜末爆香，倒入牡蛎鸡蛋液，慢火炒至凝结成块，淋香油即可。

【烹饪方法】汆，拌，炒。

【营养功效】开胃养颜，延缓衰老。

【健康贴士】牡蛎还可与菠菜搭配食用，有

利于缓解更年期不适。

海蛎煎蛋

【主料】海蛎肉 200 克，鸡蛋 3 个。
【配料】盐 3 克，味精 2 克，胡椒粉 4 克，葱末 5 克，香油 5 克，植物油 15 克。
【制作】① 海蛎肉洗净，汆水，捞出，沥干水分备用。② 鸡蛋液打匀，加盐、味精、胡椒粉调味，加入海蛎肉、葱末搅匀。③ 锅置火上，入油烧热，倒入海蛎鸡蛋液煎至两面呈金黄色时出锅，改刀装盘即可。
【烹饪方法】拌，煎。
【营养功效】滋阴明目，清肺养血。
【健康贴士】牡蛎也可与牛奶搭配食用，可强化骨骼与牙齿，促进骨骼的生长发育。

蛤蜊

蛤蜊，大连人称之为蚬子，营养价值很高，属于高蛋白、高铁、高钙、低脂肪的健康食品，具有促进大脑功能、提高情绪的功效。

中医认为，蛤蜊性寒、味咸，入胃经；具有滋阴、化痰、利尿、软坚散结之功效，适用于瘿瘤、痔疮、水肿、痰积等。

芹菜炒蛤蜊

【主料】蛤蜊 300 克，芹菜 150 克。
【配料】盐 5 克，姜 5 克，辣椒 20 克。
【制作】① 芹菜洗净，切段；蛤蜊洗净，入沸水中煮至开壳，捞出取肉；生姜洗净，捣烂。② 芹菜入沸水锅中汆水后，捞出，沥干水分备用。③ 锅置火上，入油烧热放入姜、蛤蜊肉炒熟，再放入芹菜翻炒，加入盐、辣椒调味即可。
【烹饪方法】汆，煮，炒。
【营养功效】滋养肝肾，利水降压。
【健康贴士】蛤蜊性寒，急性或慢性胃炎患者不宜食用。
【巧手妙招】蛤蜊肉取出后最好泡在水中，以防收缩。

双色蛤蜊

【主料】蛤蜊肉 300 克，胡萝卜 100 克，白萝卜 100 克，芹菜末 10 克，肉苁蓉 3 克，当归 2 克。
【配料】水淀粉 215 克。
【制作】① 胡萝卜、白萝卜分别洗净，制成球状，焯水至熟；蛤蜊洗净，放入蒸笼用中火蒸 10 分钟，取蛤蜊肉、汤汁备用。② 肉苁蓉、当归加适量水煮 35 分钟，滤取汤汁。③ 将胡萝卜球、白萝卜球、蛤蜊肉汁加 1/4 碗水，用小火焖煮 3 分钟，加入水淀粉勾芡，放入蛤蜊肉及芹菜末、中药汁拌匀即可食用。
【烹饪方法】焯，蒸，煮，拌。
【营养功效】滋阴补血，排毒瘦身。
【健康贴士】蛤蜊含蛋白质多而含脂肪少，适合脂肪偏高或高胆固醇血症者食用。

葱姜炒蛤蜊

【主料】蛤蜊 400 克，姜、葱各 10 克。
【配料】盐 5 克，料酒 6 克，香油 8 克，耗油 5 克，水淀粉 20 克。
【制作】① 蛤蜊洗净，再将其汆水；姜洗净，切片；葱洗净，切段。② 锅置火上，入油烧热，爆香姜片，下蛤蜊爆炒，再下葱段、盐、料酒、香油、耗油调味，用水淀粉勾芡即可。
【烹饪方法】汆，爆，炒。
【营养功效】蛤蜊中有一种叫哈素的物质，具有抗癌的功效。
【健康贴士】蛤蜊不宜与柑橘同食，会导致气滞腹胀。

青豆蛤蜊煎蛋

【主料】蛤蜊肉 50 克，鸡蛋 300 克，青豆 50 克，萝卜干 50 克，红椒 10 克。
【配料】盐 5 克，料酒 6 克，香油 8 克，耗油 5 克，水淀粉 20 克。

【制作】① 蛤蜊肉洗净；萝卜干、红椒洗净，切丁。② 锅置火上，加适量水、盐和鸡蛋煮沸后，下青豆、蛤蜊肉、萝卜干、红椒丁煮至熟后捞出。③ 鸡蛋打撒，加盐和煮过的材料搅匀，入锅煎黄即可。

【烹饪方法】煮，煎。

【营养功效】补脑益智，滋阴补虚。

【健康贴士】蛤蜊还可与山药搭配食用，具有降血糖的作用，适合糖尿病患者食用。

【巧手妙招】打蛋时可加入约 1 大匙水淀粉一起搅拌，如此煎好的蛋极富弹性。

蛤蜊干贝炒芦笋

【主料】蛤蜊 300 克，干贝 100 克，芦笋 200 克。

【配料】葱 10 克，植物油 35 克，盐 3 克。

【制作】① 蛤蜊洗净，倒入沸水中烫熟，剥壳取肉；芦笋去皮，洗净，切段；葱洗净，切葱末。② 锅置火上，入油烧热，下葱末炝锅，倒入芦笋段和干贝翻炒片刻，然后倒入蛤蜊一起翻炒至熟，加盐调味即可。

【烹饪方法】炝，炒。

【营养功效】补肾健体、补虚养身。

【健康贴士】蛤蜊也可与豆腐搭配食用，具有补气养血、滋养皮肤的作用，适合气血虚弱的人食用。

红糟炒蛤蜊

【主料】蛤蜊 500 克，红糟 100 克。

【配料】酱油 15 克，白砂糖 2 克，葱、姜、蒜各 5 克，植物油 30 克。

【制作】① 姜洗净，切末；葱洗净，切末；蒜洗净，切末；蛤蜊泡入盐水中，待吐沙后，捞出洗净。② 锅置火上，入油烧热，下葱末、姜末、蒜末爆香，再放入红糟、白砂糖、酱油，炒匀，放入蛤蜊翻炒至熟。

【烹饪方法】爆，炒。

【营养功效】益精润脏，生津止渴。

【健康贴士】蛤蜊性寒，阳虚体质和脾胃虚寒腹痛、泻泄者忌食。

风味蛤蜊肉

【主料】蛤蜊肉 300 克，榨菜 150 克，紫甘蓝 200 克。

【配料】盐 3 克，料酒 15 克，植物油 30 克。

【制作】① 蛤蜊肉洗净，用盐、料酒腌渍；榨菜用水冲洗，切丁；紫甘蓝洗净，削成盏段备用。② 锅置火上，入油烧热，下蛤蜊肉煸炒出水分。③ 净锅后置火上，入油烧热，放榨菜翻炒至七成熟时，加入蛤蜊肉炒匀，置于紫甘蓝盏中，装盘即可。

【烹饪方法】腌，煸炒，炒。

【营养功效】滋阴生津，利尿化痰。

【健康贴士】蛤蜊性寒，受凉感冒者忌食。

海蜇

海蜇的营养极为丰富，脂肪含量极低，蛋白质和无机盐类含量丰富，尤其含有人们饮食中所缺的碘，具有补碘的功效。此外，海蜇含有类似于乙酰胆碱的物质，能扩张血管，降低血压，海蜇所含的甘露多糖胶质对防治动脉粥样硬化有一定功效。因此，海蜇是一道药食同源的佳肴。

中医认为，海蜇性寒、味咸，入肝、肾经；具有软坚散结、行瘀化积、清热化痰的功效。

肉香蜇头

【主料】海蜇头 400 克，五花肉 100 克，蒜薹 75 克，海米 5 克。

【配料】色拉油 30 克，盐 2 克，味精 1 克，白砂糖 3 克，酱油 15 克。

【制作】① 海蜇头、五花肉均切片；蒜薹洗净，切段。② 锅置火上，注水烧沸，下入海蜇头汆烫，捞出，沥干水分。③ 锅置火上，入油烧热，下五花肉炒至变色，放菜薹段炒香，烹入酱油，再下入海蜇头，调入盐、味精、白砂糖炒匀即可。

【烹饪方法】汆，炒。

【营养功效】清热解毒，补血降压。

【健康贴士】海蜇不宜与葡萄搭配食用，易引起腹痛。

海底松银肺

【主料】海蜇头150克，猪肺750克，火腿35克。

【配料】绍酒40克，葱25克，姜25克，盐12克，味精3克，鸡汤150毫升。

【制作】① 海蜇头撕去衣膜，洗净，入沸水中烫泡10分钟，使其酥软，捞出，放入清水中漂洗干净；火腿切成块，加入绍酒，上笼蒸酥烂。② 猪肺用清水灌拍，抽去肺内气管筋络（应保持完整），入沸水锅中汆水洗净，装入砂锅，放葱、姜、绍酒、鸡汤，用小火炖3～4小时，使其酥烂。③ 将海蜇头下沸水中略烫，再用沸鸡汤略烫，捞出连同火腿一起放入砂锅内，炖至沸，加盐、味精略焖即可。

【烹饪方法】汆，蒸，炖，焖。

【营养功效】滋阴润肺，清热化痰。

【健康贴士】海蜇性寒，脾胃虚寒者不宜食用。

海肠

海肠含有人体所需维生素E等多种微量元素，还含有蛋白质、胶原蛋白和胶质蛋白、维生素等多种营养成分，具有滋补美容、美颜之功效。

中医认为，海肠性平、味甘，入肝、肾经；具有补肝、益肾、壮阳的功效。

韭菜炒海肠

【主料】海肠1000克，韭菜100克。

【配料】盐10克，植物油30克，味精5克，醋5克，胡椒粉2克，香油5克，水淀粉10克，大葱10克，大蒜（白皮）10克。

【制作】① 海肠切去两头，去掉泥沙，洗净，切寸段；韭菜洗净，切段。② 锅中加水，烧至九成热，放入海肠汆透，捞出。③ 净锅后置火上，入油烧热，爆香葱、姜、蒜，烹醋，加韭菜、海肠和盐、味精、胡椒粉炒匀，用水淀粉勾芡，加香油拌匀，装盘即可。

【烹饪方法】汆，爆，炒，拌。

【营养功效】温补肝肾，壮阳固精。

【健康贴士】海肠属发物，过敏体质者慎食。

毛豆双脆

【主料】海肠350克，虾仁50克，水发木耳30克，毛豆粒100克。

【配料】色拉油25克，盐3克，味精2克，酱油10克，蒜片5克，料酒15克，香油5克。

【制作】① 海肠处理干净，切段；虾仁除沙线，洗净；木耳切块。② 锅中加水，倒入水烧沸，下入毛豆、木耳、虾仁、海肠汆水，捞出，沥干水分。③ 锅置火上，入油烧热，下蒜片炒香，烹入料酒，下入毛豆粒、木耳、虾仁、海肠，调入酱油、盐、味精翻炒至熟，淋香油即可。

【烹饪方法】汆，炒。

【营养功效】保肝护肾，通乳利尿。

【健康贴士】一般人皆可食用，尤其适合男性食用。

海参

海参属于高蛋白、低脂肪、无胆固醇的健康食品，有助于预防各种心血管疾病；海参含有十分丰富的蛋白质、维生素A、烟酸及钠、镁、钾、硒、铁、锰、锌、铅，磷等矿物质及18种氨基酸，具有增强组织的代谢功能、增强机体细胞活力的作用，经常食用可提高人体免疫力、消除疲劳。

中医认为，海参性温、味甘咸，入肺、肾、大肠经；具有降血压、降血脂，提高免疫等功效，是糖料病、高血压、冠心病、脑血栓等患者的理想食疗佳品。

李鸿章杂烩

【主料】海参80克，鱿鱼80克，猪肚100克，熟鸽蛋8个，冬笋20克，火腿20克，鸡肉100克，菠菜15克，鱼肚80克，鱼蓉50克，冬菇20克，熟蛋黄30个。

【配料】干贝5克，料酒10克，盐4克，味精2克，胡椒粉5克，香菜5克，白砂糖3克，葱结6克，鸡汤80毫升，熟猪油25克。

【制作】① 海参、鱼肚、鱿鱼洗净后，切成厚片；冬笋切成片，鸽蛋煮熟后去壳，鸡肉、猪肚加葱结、料酒上蒸笼蒸透入味，取出后切成片；干贝撕成丝后粘上鱼蓉制成球状，放入蒸笼蒸熟；菠菜洗净切成段后备用。② 锅置火上，放入熟鸽蛋、干贝丝球、冬菇、火腿片、冬笋片、鸡肉片、猪肚片、鱿鱼片、鱼肚片、海参片，加入鸡汤炖煮大约5分钟，加盐、味精、胡椒粉、白砂糖调味后倒入大碗中，放入熟蛋黄，撒上香菜，淋上熟猪油即可。

【烹饪方法】蒸，煮，炖，淋。

【营养功效】补肾滋阴，益精明目。

【健康贴士】海参不宜与葡萄同食，易导致腹痛、恶心。

全家富

【主料】水发海参150克，鲍鱼5克，油发鱼肚100克，水发鱼翅50克，蹄筋50克，鸡脯肉100克，鳜鱼肉100克，水发冬菇、口蘑、鲜虾各20克。

【配料】葱、姜汁各5克，植物油30克，盐5克，味精3克，白胡椒4克，高汤50毫升。

【制作】① 鱼片、虾仁过油滑熟；海参、鱼肚、鸡脯片、冬菇、口蘑、蹄筋焯水漂净。② 锅置火上，入油烧热，加葱姜汁、高汤、盐、味精、白胡椒煮沸，倒入各种原料烧烩入味后，勾芡装盘即可。

【烹饪方法】焯，烩。

【营养功效】滋阴补肾，强身抗癌。

【健康贴士】海参不宜与柿子同食，易致腹痛、恶心。

海参烧黑木耳

【主料】海参250克，木耳50克，西芹25克。

【配料】葱15克，姜5克，植物油30克，盐3克。

【制作】① 木耳放入水中泡开，洗净；葱洗净，切段；姜洗净，切片；西芹洗净，切段；海参用水泡发，处理干净后，切成薄片。② 锅置火上，入油烧热，下葱段、姜片炝锅，然后倒入海参、木耳和西芹翻炒片刻。③ 锅中加适量清水和盐，开小火煮25分钟即可。

【烹饪方法】炝，炒，煮。

【营养功效】滋阴养血，润燥滑肠。

【健康贴士】海参为发物，咳痰、气喘、菌痢等病症患者应忌食。

鱼香海参丁

【主料】鳜鱼200克，海参200克，五花肉100克，鸡蛋清100克。

【配料】韭菜、葱各30克，姜20克，猪油40克，香油5克，胡椒粉1克，料酒15克，味精2克，盐4克。

【制作】① 鳜鱼洗净，去骨去刺去皮，剁成蓉；五花肉洗净，剁成末；韭菜洗净，切末；葱、姜洗净，切末。② 将鱼蓉、肉末和一半葱末、姜末混合在一起，加适量蛋清、胡椒粉、味精和盐一起沿同一方向搅拌均匀；海参洗净，切成丁，倒入沸水中焯烫，捞出，沥干水分。③ 锅置火上，入油烧热，倒入搅拌好的鱼肉蓉翻炒片刻，加适量清水，待食材成形后盛出，放入盘中。④ 原锅加适量油，烧热，下剩下的葱末、姜末炝锅，倒入海参丁，加胡椒粉、料酒、味精和盐调味，继续炒熟，撒上韭菜末，淋上香油，翻炒均匀后浇在盘中的鱼肉蓉上即可。

【烹饪方法】焯，拌，炒，炝。

【营养功效】补气养身、滋阴养心。

【健康贴士】海参还可与菠菜搭配食用，具有补血益气、生津润燥的作用，适合气血不足、身体燥热的人食用。

家常爽口凉菜篇

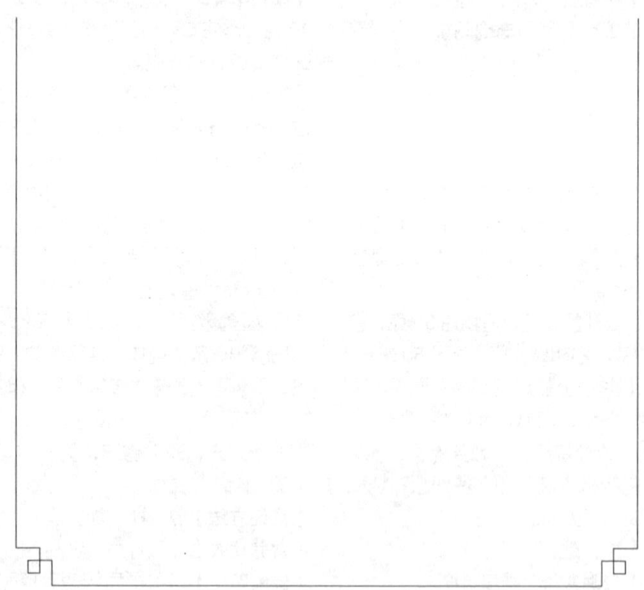

调味汁、卤汁的制作方法

凉菜多使用半成品的食材，经过简单的加工——卤、拌酱等，改刀装盘制成。拌制凉菜的要点：一是选材要新鲜，二是调料的使用要恰当。各种不同的调味料最好先用小碗调匀，放入冰箱冷藏，待要上桌时再和菜肴一起拌匀。调味汁不要太早浇入菜中，因为多数蔬菜会在遇到盐后释放出水分，冲淡调味汁，影响菜肴的口感。

蒜蓉汁

【原料】大蒜末、盐、白糖、醋、白胡椒粉、植物油、味精、水淀粉、料酒。

【制作】① 锅置火上，倒入底油小火烧热，下入大蒜末煸至呈浅金黄色，沿炒锅四周淋入少量料酒。② 待香味飘出时倒入适量开水，见有白烟冒出后盖上锅盖焖片刻，加入盐、味精、白胡椒粉，调入少许醋、白糖略熬，勾薄芡，淋明油，出锅即可。

蒜泥汁

【原料】蒜泥、醋、香油、味精。

【制作】将所有原料一同放入碗中，调匀即可。

麻酱汁

【原料】芝麻酱、酱油、醋、香油、白糖、味精。

【制作】芝麻酱加少许水化开，加酱油、醋、香油、白糖、味精，调匀即可。

红油

【原料】盐、味精、植物油、干辣椒丝。

【制作】炒锅置火上，倒入植物油小火烧热，放入干辣椒丝炸出香味，加盐、味精调匀即可。

姜汁

【原料】鲜姜末、盐、醋、香油、味精。

【制作】将所有原料放入碗中，加适量水调匀即可。

花椒油

【原料】香油、植物油各 100 克，姜 1 块，葱 1 根，花椒 1 小把。

【制作】① 炒锅置火上，加入植物油烧热，放入拍松的姜和整根葱。② 炸至金黄色时捞出，立即放入花椒，用小火稍炸。③ 倒入香油，盖上锅盖焖片刻，关火，拣出花椒粒即成花椒油。④ 花椒油放入密封容器中，随吃随取，可保存半年。

麻辣汁

【原料】花椒、香油、辣椒酱、芝麻、酱油、白糖、盐。

【制作】① 将几粒花椒放在热锅内炒至焦黄色，取出研磨成末。② 锅中倒入香油烧热，下入辣椒酱、芝麻，煸至出红油、香味散出时盛出，加酱油及少许白糖、盐，撒上花椒末搅匀即可。

芥末糊

【原料】芥末粉、醋、味精、香油、糖。

【制作】① 用芥末粉加醋、糖、水调和成糊

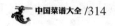

状。② 静置30分钟，加味精、香油调和即可。

椒麻汁

【原料】花椒、葱白、葱叶、酱油、香油、鸡精。

【制作】① 将等量的花椒、葱白、葱叶剁成蓉。② 加入酱油、香油、鸡精调和均匀即可。

一般卤水

【原料】清水3000克，生抽3000克，绍兴花雕酒200克，冰糖300克，姜块100克，葱条200克，大料50克，桂皮100克，甘草100克，草果30克，丁香30克，沙姜30克，罗汉果1个，红曲米100克。

【制作】① 锅入油烧热，爆香葱姜，然后倒入用生抽、清水、花雕酒和冰糖混匀的料汁，用慢火熬煮。② 将卤水药材用汤料袋包裹，红曲米另取汤料袋包裹，一同放入锅内。初次熬卤水时，应将卤水慢火细熬30分钟后再使用，这样香料的香味才能充分溶进卤水中。

精卤水

【原料】大料20克，桂皮30克，花椒10克，丁香5克，甘草15克，草果10克，罗汉果2个，南姜100克，香叶5克，香茅草5克，白胡椒20克，沙姜片20克，炸蒜头500克，冰糖150克，生抽1瓶，老抽300克，香菜150克，玫瑰露酒75克，鱼露200克，鸡精250克，生油、盐各适量。

【汤料】干贝500克，海米500克，猪骨头2500克，老鸡1只，带壳桂圆150克，猪肥肉膘250克，蒜薹、尖椒各适量。

【制作】① 老鸡洗净，从背部劈开；猪骨敲破，剁成大块；桂圆磕破外皮；干贝、海米洗净。将上述原料倒入汤桶内，加入5000克清水，用大火烧开，撇去浮沫，转用小火熬成一锅原汤，倒入卤锅中，老鸡等拣出留用。② 卤水药材用汤料袋包好，放入汤中，调入盐、料酒、鱼露、生抽、老抽等，上火熬煮约1小时至充分出味，调入鸡精，即成卤水。③ 将肥肉膘切片，蒜薹切节，尖椒掰开。锅入油烧热，放入肥膘肉片煸干，放入蒜薹、尖椒炒香，起锅倒入卤水锅中，即可用来卤制各类原料。

红卤汁

【原料】清水5000克，酱油1000克，料酒500克，冰糖750克，盐100克，甘草150克，草果（山楂）75克，花椒25克，丁香25克，沙姜25克，味精50克，大料、桂皮各少许。

【制作】用小布袋将大料、甘草、桂皮、丁香、草果、沙姜、花椒等装袋扎紧口，放入滚水中，加酱油、盐、冰糖、味精等用中火煮1小时即可。

白卤汁

【原料】清水5000克，盐200克，草果50克，甘草50克，沙姜25克，花椒25克，料酒300克，味精50克，大料、桂皮、丁香各少许。

【制作】将清水烧开，加入盐、料酒、味精，用小布袋将大料、桂皮、丁香、沙姜、草果、甘草、花椒等装袋扎紧口，放入汤中用中火煮1小时即可。

蔬菜类

辣白菜

【主料】白菜心 250 克，干红辣椒丝 15 克。
【配料】姜丝 10 克，白砂糖 20 克，醋 15 克，生抽 10 克，香油 10 克，盐 5 克，味精、花椒各适量。
【制作】① 盆内加水 1500 毫升，加盐溶化；白菜逐片剥开，放入盆内腌 5 小时，捞出，沥干水分，放入盆内。② 用白砂糖、醋、酱油、味精兑成汁水，倒在白菜盆内，再把干红辣椒丝、姜丝拌在里面。③ 锅内加香油烧至十成热，放入干红辣椒丝和花椒皮炸焦，将椒油倒入白菜盆内，用大盘扣紧，使椒油汁渍透，取下扣盘即可。
【烹饪方法】腌，拌。
【营养功效】开胃消食，温中散寒。
【健康贴士】白菜性微寒，腹泻者尽量忌食。
【巧手妙招】切大白菜时，宜顺丝切，这样大白菜易熟易腌制。

果汁白菜

【主料】白菜心 150 克，鲜橘汁 10 克，嫩黄瓜 100 克。
【配料】盐 3 克，香油 5 克，味精 1 克。
【制作】① 将白菜心洗净，沥干水分，先切成 3 厘米长的段，再顺切成细丝，放盘内备用。② 嫩黄瓜洗净，沥干水分，先切成 3 厘米长的薄斜片，再切成细丝，放在白菜丝盘内。③ 把盐撒在白菜丝和黄瓜丝上拌匀，腌 20 分钟，滗去盐水，加味精、香油，最后浇上鲜橘汁，拌匀即可。
【烹饪方法】腌，拌。
【营养功效】健胃消食，保护肝脏。
【健康贴士】白菜还可与虾仁搭配食用，具有祛热除燥、防治牙龈出血的作用，适合口干鼻涸、牙龈肿痛等人食用。
【举一反三】可以把鲜橘汁换成自己喜欢的水果汁。

红油拌三丝

【主料】嫩白菜 500 克，干红辣椒 5 个，姜 25 克。
【配料】红油 10 克，醋 8 克，白砂糖 3 克，盐 3 克，味精 1 克，香油 10 克。
【制作】① 嫩白菜除叶留梗，洗净后，切 5 厘米长的细丝，入沸水中烫熟，捞出，用凉开水投凉，沥干水分放碗中加盐，腌 5 分钟。② 干红辣椒去子，用温水泡软，姜去皮，洗净后均切成细丝；腌好的白菜滗掉水放入盘中，加白砂糖、醋、红油、味精略拌，放上姜丝及辣椒丝。③ 净锅置火上，入香油烧热，浇在三丝上，食前拌匀即可。
【烹饪方法】腌，拌。
【营养功效】温中止呕，温肺止咳。
【健康贴士】白菜也可与枣搭配食用，具有润肺除燥、温补调中的作用，适合肺热咳嗽、脾胃虚弱的人食用。
【举一反三】不喜欢吃姜或者不能吃辣椒的人可以把这两样换成别的蔬菜，如土豆丝、笋丝等。

浇汁白菜心

【主料】白菜心 500 克。
【配料】盐 5 克，生抽、醋、姜、干红辣椒、白砂糖各 10 克，香油 5 克，味精 1 克。
【制作】① 白菜心冲洗后，横切成 3 厘米长的段，放在大碗内并且不要让菜散开；干辣椒洗净，去蒂、子，切成细末。② 鲜姜去皮洗净，放碗内，加辣椒末、生抽、醋、白砂糖、盐拌匀，放入锅内蒸透，取出，将汁浇在白菜段上，浸渍片刻，把白菜段中的汁灌入调料碗内，再放入锅内蒸，汁复浇在白菜段上，如此反复四次。白菜中加入香油、味精，将白菜拨散，拌匀即可。

【烹饪方法】蒸，拌。

【营养功效】滋阴润燥，护肤养颜。

【健康贴士】白菜性偏寒凉，胃寒腹痛者不宜多食。

【举一反三】去掉姜、干红辣椒、香油，换成红萝卜丝和番茄沙司可做成一道酸甜口味的浇汁白菜。

白菜拌河鲜

【主料】嫩白菜心 500 克，嫩藕一节。

【配料】干红辣椒、香菜、姜各 5 克，盐 3 克，白砂糖 5 克，白醋 8 克，味精 2 克，生抽 5 克，香油 10 克。

【制作】① 白菜心洗净，只取嫩叶，切丝后放碗中加盐，腌均；干红辣椒洗净切丝；香菜洗净，切段备用。② 嫩藕去泥，洗净，切 5 厘米长段，再切成细丝，放清水中泡去粉汁，入沸水中焯烫，捞出用凉开水投凉，沥干水分。③ 碗中加盐、白砂糖、味精、生抽、香油兑成调味清汁，将白菜丝挤去盐水，加入藕丝、香菜段、姜丝、辣椒丝，浇上调味汁，拌均匀即可。

【烹饪方法】腌，焯，拌。

【营养功效】清热润肺，凉血行瘀。

【健康贴士】白菜不宜与黄瓜同食，会降低营养价值。

【巧手妙招】因莲藕容易变黑，切面孔的部分容易腐烂，所以切过的莲藕要在切口处覆以保鲜膜，可冷藏保鲜一个星期左右。

菠菜花生米

【主料】菠菜 400 克，花生米 100 克。

【配料】盐 4 克，味精 2 克，生抽 8 克，香油 10 克，植物油 15 克。

【制作】① 菠菜洗净，去须根，入沸水中焯烫，捞出，沥干水分备用。② 锅置火上，入油烧热，下入花生，加盐炒好。③ 将菠菜、花生放入钢盆中，加盐、味精、生抽、香油搅拌均匀，装盘即可。

【烹饪方法】焯，炒，拌。

【营养功效】补血养颜，延缓衰老。

【健康贴士】菠菜不宜与黄瓜同食，会破坏维生素 C。

【巧手妙招】将适量菠菜捣烂取汁，服用数次，可解酒醉不醒。

姜汁菠菜

【主料】嫩菠菜 500 克，姜 25 克。

【配料】盐 3 克，生抽 5 克，醋 6 克，味精 1 克，香油 10 克。

【制作】① 菠菜去根、洗净后放入沸水中焯熟，捞出沥水，淋上香油拌匀，放入盘中。② 姜去皮，切成细末，放入碗中，加盐、生抽、醋、味精调成姜汁。③ 将菠菜、姜汁分盘同时上桌，吃时用菠菜蘸姜汁即可。

【烹饪方法】焯，拌。

【营养功效】滋阴润燥，驱寒补血。

【健康贴士】一般人都可食用，尤其适合产妇食用。

炝虾米菠菜

【主料】菠菜 350 克，虾米 25 克。

【配料】熟芝麻 25 克，盐 5 克，味精 2 克，姜 10 克，花椒油 12 克。

【制作】① 菠菜择洗净，用沸水焯至八成熟，捞出，沥干水分，投凉后挤干水分，切成 2 厘米长的段。② 虾米、花椒油、盐、味精、姜末、熟芝麻倒入烫好的菠菜内，调拌均匀即可。

【烹饪技法】焯，拌。

【营养功效】养血润燥，补肾壮阳。

【健康贴士】菠菜不宜与牛奶同食，可能引发痢疾。

菠菜粉条

【主料】菠菜 500 克，粉条 200 克。
【配料】盐、味精各 2 克，干辣椒 8 克，生抽 5 克，香油 10 克。
【制作】① 菠菜洗净，去根须；干辣椒洗净切段；粉条用温水泡发备用。② 将菠菜、粉条放入开水中稍烫，捞出，沥干水分。③ 锅置火上，入油烧热，放入干辣椒，加盐、味精、生抽、香油炒匀，将烫好的菠菜、粉条放入盆中，加入炒好的干辣椒拌均匀装盘即可。
【烹饪方法】炒，拌。
【营养功效】养血益阴，润肠通便。
【健康贴士】一般人都可食用，尤其适合贫血、阴虚、便秘的人食用。

菠菜豆腐卷

【主料】菠菜 500 克，豆腐皮 150 克，甜椒 30 克。
【配料】盐 4 克，味精 2 克，生抽 8 克。
【制作】① 菠菜洗净，去根须；甜椒洗净切丝；豆皮洗净备用。② 将处理好的菠菜、甜椒、豆皮放入沸水中焯烫，捞出，沥干水分；菠菜切碎，加盐、味精、生抽搅拌均匀。③ 把菠菜放在豆腐皮上，卷起来，均匀切段，放上甜椒丝即可。
【烹饪方法】焯，拌。
【营养功效】活血通脉，止渴润燥。
【健康贴士】菠菜不宜与银耳同食，会破坏维生素 C。

椒丝菠菜

【主料】菠菜 600 克，粉丝 150 克，甜椒 50 克。
【配料】盐 4 克，味精 2 克，蒜头 5 克，香油 10 克。
【制作】① 菠菜洗净，去根须；甜椒洗净，切丝；蒜头去皮，切碎；粉丝用温水泡发备用。② 将备好的原材料放入沸水中焯烫，捞出，沥干水分；菠菜切段；盐、味精、蒜头、香油调成味汁，与菠菜、粉丝、椒丝一起拌匀即可。
【烹饪方法】焯，拌。
【营养功效】补血降压，养肝明目。
【健康贴士】菠菜也可与金针菇搭配食用，具有健脾开胃、补脑益智、明目的作用，适宜脾胃虚弱、智力低下、视力模糊的人食用。

腐竹拌菠菜

【主料】水发腐竹 100 克，菠菜 200 克。
【配料】花椒油 10 克，味精 1 克，盐 3 克，姜末 3 克。
【制作】① 水发腐竹切成 3 厘米长的段，加花椒油 5 克、盐、味精，拌匀码在盘中。② 菠菜择洗干净，放入沸水中稍焯至断生，捞出凉凉，沥干水分，切成 3 厘米长的段，加入余下的花椒油、盐、味精拌匀，放在腐竹中间，撒上姜末即可。
【烹饪方法】焯，拌。
【营养功效】滋阴润燥，补血壮骨。
【健康贴士】菠菜也可与腐竹搭配食用，既能预防老年痴呆症的发生，也可以起到补气养血的功效。

菠菜拌魔芋丝

【主料】菠菜 200 克，魔芋丝结 200 克。
【配料】盐 3 克，味精 1 克，醋 5 克，生抽 8 克，香油 10 克，干辣椒少许。
【制作】① 菠菜洗净，去根须，放沸水中焯烫，捞出沥水；魔芋丝结洗净，用沸水煮熟后捞出晾干；干辣椒洗净，切段，用热油煎过后，捞出备用。② 菠菜放入盘中，再放入魔芋丝结，用盐、味精、醋、生抽、香油和干辣椒调成汤汁，淋在盘中即可。
【烹饪方法】焯，煮，煎。
【营养功效】排毒瘦身，补血养颜。
【健康贴士】菠菜还可与羊肝搭配食用，具有补血养血的作用，适合贫血者食用。

拌土豆丝

【主料】土豆350克。

【配料】葱、花椒各3克，植物油、醋各8克，盐、白砂糖各3克，味精1克。

【制作】① 土豆洗净，去皮，切成细丝，泡在清水中浸泡30分钟，再放沸水中焯烫至断生即捞出，放凉开水中漂凉，捞出，沥干水分，装入盘内，加盐拌匀。② 葱洗净，切成葱末，放在土豆丝上，加白砂糖、醋、味精拌匀。③ 锅置火上，入油烧热，放入花椒，炸出香味后，将花椒捞出，趁热倒入土豆丝中，拌匀即可。

【烹饪技法】焯，炸，拌。

【营养功效】健脾和胃，利肠通便。

【健康贴士】土豆也可与豇豆搭配食用，对急性肠胃炎、呕吐、腹泻有辅助疗效。

【巧手妙招】新土豆皮较薄且软，用刀削或刮皮既费时，又会将土豆肉一起削去。较简便的方法是：将土豆放入一个棉质布袋中扎紧口，像洗衣服一样用手揉搓，这样就能很简单地将土豆皮去净，最后用刀剔去有芽部分即可。

【举一反三】炸花椒的同时放点儿干红辣椒即可做另一份香辣土豆丝。

拌土豆泥

【主料】土豆250克、鸡蛋150克、葱头50克。

【配料】醋15克，香油10克，芥末糊5克，盐、胡椒粉各3克。

【制作】① 土豆洗净煮烂，取出去皮，搅碎成泥；葱头洗净，切成碎末；鸡蛋煮熟，去壳，蛋白切成薄片，蛋黄备用。② 锅内放土豆泥、葱头末、鸡蛋黄搅碎和少许水煮沸片刻，加入醋、芥末糊、胡椒粉、香油，搅拌均匀，盛在盘内，用蛋白片围边即可。

【烹饪技法】煮，拌。

【营养功效】和胃健脾，益气强身。

【健康贴士】鸡蛋不宜与红薯同食，会导致腹痛。

【举一反三】可把芥末换成辣椒油，制成酸辣土豆泥。

酸辣土豆片

【主料】土豆300克。

【配料】干红辣椒5克，醋8克，香菜5克，盐、白砂糖各3克，香油10克。

【制作】① 土豆去皮洗净，从中剖开再改成小象眼片放冷水中漂净淀粉，入沸水中焯熟，捞出投凉，沥干水分；香菜择洗干净，切段；干红辣椒洗净，切段。② 将土豆片、香菜段同放碗中，加盐、白砂糖、醋略拌。③ 炒锅置火上，入香油烧热，下辣椒段炸成棕红色，浇入土豆片中，拌匀即可。

【烹饪技法】焯，炸，拌。

【营养功效】健脾开胃，通便排毒。

【健康贴士】土豆也可与扁豆搭配食用，可防治急性肠胃炎。

【巧手妙招】土豆去皮以后，如果一时不用，可以放入冷水中，再向水中滴几滴醋，能保持土豆洁白。

红油土豆丁

【主料】土豆300克。

【配料】红油8克，盐3克，白砂糖3克，生抽6克，醋8克，香油10克。

【制作】① 土豆去皮洗净，切成1厘米的方丁，入沸水中焯熟尚脆时，捞入凉开水中投凉，沥干水分，放碗中加盐，腌5分钟。② 腌土豆滗掉水分，加红油、酱油、白砂糖、醋拌匀，淋香油装盘即可。

【烹饪技法】焯，腌，拌。

【营养功效】开胃消食，减肥瘦身。

【健康贴士】土豆不宜与香蕉同食，会导致面部生斑。

【巧手妙招】年轻人皮肤油脂分泌旺盛，常受青春痘、痤疮困扰，用棉花沾新鲜土豆汁涂抹患处，便可以解决这个问题。

酸辣蓑衣黄瓜

【主料】黄瓜 500 克

【配料】盐 5 克，白砂糖 5 克，醋 7 克，干辣椒 10 克，植物油 15 克。

【制作】① 黄瓜洗净，用刀按 45° 角切黄瓜，不要切到底；切好后，撒上盐腌渍 5 分钟。② 将黄瓜渍出的汁滗掉，挤干水分，放入白砂糖、醋，备用。③ 锅置火上，入油烧热，放入干辣椒，炸成辣椒油浇在黄瓜上即可。

【烹饪技法】腌，炒，炸。

【营养功效】消暑开胃，提神醒脑。

【健康贴士】黄瓜还可与鲤鱼搭配食用，具有减肥降压的作用，适合高血压患者食用。

典食趣话：

黄瓜原来叫“胡瓜”，公元 319 年，羯族人石勒建立了后赵王朝，颁布了一道法令，禁说“胡”字。为试探汉人对他是否忠心，石勒有次故意在席中指着一盘瓜条菜，叫一个汉族官员樊坦指出菜名，平时熟读经书的樊坦就根据胡瓜的色泽，说此菜当称“酸辣蓑衣黄瓜”。石勒听了很满意。据说，从此之后，胡瓜的称呼就被黄瓜取而代之了，而“酸辣蓑衣黄瓜”的菜肴也因此扬名。

酸辣香脆黄瓜条

【主料】黄瓜 350 克、红辣椒 50 克。

【配料】白砂糖 5 克，盐、白芝麻各 3 克，白醋、香油各 10 克。

【制作】① 黄瓜洗净，切成均匀的小段，再切成小条，放入白醋、盐，腌制 10 分钟；红辣椒洗净，切末。② 凉锅倒入香油，凉油中下入辣椒，小火慢慢炸，炸至五成熟，放入白芝麻，立即关火；搅拌均匀。③ 腌好的黄瓜水滗出，用清水冲洗干净，沥干水分，放入白砂糖、盐，淋入香辣油，搅拌均匀即可。

【烹饪技法】腌，炸，拌。

【营养功效】提神醒脑，减肥美容。

【健康贴士】黄瓜性凉，不宜与油脂多的食物同食，易导致腹泻。

【巧手妙招】腌制黄瓜条的时候，放两勺白醋，腌制出来的黄瓜条更加的清脆。

蒜泥黄瓜片

【主料】黄瓜 300 克，蒜 20 克。

【配料】盐 3 克，味精 1 克，醋 6 克，生抽 10 克，香油 12 克。

【制作】① 黄瓜洗净，切成连刀片；蒜洗净，切末。② 将黄瓜放入盘中，把盐、味精、醋、生抽、香油与蒜末调成汁，浇在黄瓜片上即可。

【烹饪技法】浇汁。

【营养功效】排毒养颜，利水消肿。

【健康贴士】黄瓜还可与木耳搭配食用，具有排毒瘦身、补血养颜的作用，适合脾胃失调而肥胖的女性食用。

黄瓜拌皮蛋

【主料】黄瓜 250 克，皮蛋 4 个，蒜 20 克，红椒 10 克。

【配料】盐 3 克，糖 2 克，鲜贝露 10 毫升，醋 8 克，香油 10 克，鸡精 2 克。

【制作】① 黄瓜洗净切片，加入少许盐腌制片刻；皮蛋去壳，洗净切小块；蒜瓣切末，红椒切小块。② 将处理好的黄瓜、皮蛋、蒜瓣、红椒放入大碗中加入盐，糖、鸡精、鲜贝露、醋、香油拌均匀即可。

【烹饪技法】腌，拌。

【营养功效】滋阴补血，清热解毒。

【健康贴士】黄瓜性凉，哺乳期妇女不宜多食。

黄瓜拌面筋

【主料】黄瓜 150 克，面筋 180 克，胡萝卜 25 克。

【配料】盐 3 克，味精 1 克，生抽 6 克，红油 8 克。

【制作】① 黄瓜、面筋洗净，切薄片，分别放入沸水中焯熟，沥干水分装盘；胡萝卜洗净，切花片，放在水中焯一下。② 盐、味精、生抽、红油调成味汁，将黄瓜、面筋与味汁一起拌匀，上面撒上胡萝卜片即可。

【烹饪技法】焯，拌。

【营养功效】健脾开胃，清热去火。

【健康贴士】胡萝卜不宜与山楂同食，会破坏维生素 C。

【巧手妙招】在砧板上撒些盐，放上黄瓜轻压滚动，再用棒轻轻拍打，最后将其撕开，这样加工的黄瓜，咸淡适宜，清脆可口。

沪式小黄瓜

【主料】小黄瓜 500 克，红辣椒 1 个。

【配料】糖 5 克，盐 5 克，味精 5 克，香油 20 克，蒜 10 克。

【制作】① 小黄瓜洗净，切成小块，装盘备用；蒜头去皮洗净，剁成蒜蓉；辣椒洗净，切末。② 将蒜蓉与辣椒末、糖、盐、味精、香油一起拌匀，浇在黄瓜上，再拌匀即可。

【烹饪技法】拌。

【营养功效】健脾开胃，抗老防衰。

【健康贴士】黄瓜还可与黑鱼搭配食用，具有消热利尿、健脾益气、健身美容的作用，适合小便淋漓涩痛、气弱乏力等人食用。

麻辣西葫芦

【主料】西葫芦 500 克。

【配料】熟花椒油、油炸辣椒末各 5 克，味精、盐各适量。

【制作】① 西葫芦刮净，切成片，入沸水焯至断生，沥干水分。② 西葫芦装碗内，加入熟花椒油、油炸辣椒末、味精、盐拌匀调味即可。

【烹饪技法】焯，拌。

【营养功效】清热解毒，利水消肿。

【健康贴士】西葫芦不宜与韭菜同食，会降低营养素的吸收。

黄瓜蘸酱

【主料】黄瓜 600 克。

【配料】陈醋 8 克，辣椒酱 6 克，香油 10 克，盐 3 克，味精 1 克。

【制作】① 黄瓜洗净，切段，再切成两半摆盘。② 将陈醋、辣椒酱、香油、盐、味精调匀成味汁，淋在黄瓜上即可。

【烹饪技法】淋汁。

【营养功效】开胃养颜，清热利水。

【健康贴士】豆腐与黄瓜同食，具有清热解毒、消肿止痛的作用，适合便秘、水肿等病症患者食用。

剁椒茄条

【主料】茄子 250 克。

【配料】红椒 20 克，葱 30 克，盐 5 克，味精 3 克，红油 20 克，香油 10 克，芝麻 10 克。

【制作】① 茄子洗净，切成长条，入沸水中焯熟，捞出，沥干水分，装盘摆好；红椒洗净，剁碎；葱洗净，切成葱末。② 把辣椒末、葱末和红椒、盐、味精、红油、香油、芝麻拌匀，淋在茄子条上即可。

【烹饪技法】焯，拌。

【营养功效】消暑开胃，清热除烦。

【健康贴士】茄子属于寒凉性质的食物。夏天食用，有助于清热解暑，对于容易长痱子、生疮疖的人，尤为适宜。

【巧手妙招】切好茄子后，应趁着还没变色，立刻放入油里直接炸。这样可以炸出茄子中多余的水分，在炖煮时，容易入味。

葱香茄子

【主料】茄子 200 克。
【配料】葱、蒜各 10 克，红椒 3 克，酱油 10 毫升，盐、鸡精各 4 克，植物油 12 克。
【制作】① 茄子去皮，洗净，切成小段，放入沸水中焯熟；红椒洗净，切丝；葱洗净，切成末；蒜洗净，剁碎。② 锅置火上，入油烧热，倒入酱油、盐、鸡精、蒜爆香，制成味汁，将味汁淋在茄子上，撒上红椒、葱末即可。
【烹饪技法】焯，爆，淋汁。
【营养功效】开胃健脾，清热杀菌。
【健康贴士】秋后茄子味偏苦，性凉，脾胃虚寒、体弱、便溏者不宜多食。
【巧手妙招】茄子根煎水，趁热熏洗患处，可治冻疮。

凤尾拌茄子

【主料】茄子 300 克，莴笋叶 50 克。
【配料】盐 3 克，味精 1 克，醋 8 克，生抽 10 克，植物油 12 克，干辣椒少许。
【制作】① 茄子洗净，切条；莴笋叶洗净，用沸水焯过后，排于盘中；干辣椒洗净，斜切圈。② 锅置火上，入油烧热，下干辣椒，再放入茄子条炸至熟，捞出沥干，并放入摆有莴笋叶的盘中。③ 用盐、味精、醋、生抽调成汤汁，浇在茄子上即可。
【烹饪技法】焯，炸，浇汁。
【营养功效】保肝护肾，消肿止痛。
【健康贴士】茄子虽然营养丰富，能防病保健，但它性寒滑，脾胃虚寒、容易腹泻的牛皮癣患者不宜多吃。
【巧手妙招】茄子皮里面含有维生素 B，吃茄子建议不要去皮。

蒜泥茄子

【主料】茄子 500 克，虾皮 20 克。
【配料】料酒 10 克、葱末、辣椒末各 3 克，植物油 20 克，醋、生抽、香油各 8 克，白砂糖、鸡精各 3 克，蒜泥 10 克。
【制作】① 茄子去皮，切段，隔水蒸软。② 锅置火上，入油烧热，煸香辣椒末、蒜泥，下虾皮煸一下，加料酒去腥，放少许水，调入生抽、白砂糖煮一下，放醋、香油、鸡精、葱末盛起，搅拌均匀即可。
【烹饪技法】蒸，煸，煮，拌。
【营养功效】清热活血，排毒防癌。
【健康贴士】茄子性寒，虚寒腹泻者不宜食用。
【巧手妙招】油炸茄子会造成维生素 P 大量损失，挂糊上浆后炸制能减少这种损失。

酱汁茄子

【主料】嫩茄子 500 克。
【配料】甜面酱 50 克，香油 10 克，生抽 15 克，白砂糖 10 克，盐、味精各 3 克，植物油 8 克。
【制作】① 茄子洗净，削去皮，切成长条，放锅中煮熟，捞出，沥干水分，凉凉，放盘中。② 锅置火上，入油烧热，倒入甜面酱、酱油、盐、白砂糖、味精、香油煸炒成酱汁，倒入煮熟的茄条盘内，焖 10 分钟即可。
【烹饪技法】煮，煸炒，焖。
【营养功效】健脾开胃，止血消肿。
【健康贴士】海蟹不宜与茄子同食，会伤肠胃。
【巧手妙招】茄子遇热极易氧化，颜色会变黑而影响美观，如果烹调前先放入热油锅中稍炸，再与其他的材料同炒，便不容易变色。
【举一反三】也可用茄条蘸甜酱汁吃，味鲜美。

红油茄子

【主料】嫩茄子 250 克。
【配料】植物油 20 克，白砂糖 10 克，酱油 10 克，醋 10 克，盐、味精、辣椒粉各 3 克。
【制作】① 茄子洗净，削去皮，切成大片，放锅内蒸烂。凉凉后，将茄片放在盘内，加白砂糖、酱油、醋、盐、味精拌匀。② 锅置火上，入油烧热，倒入辣椒粉炸出辣味后即成红油，浇到茄子上即可。

【烹饪技法】蒸，拌，炸，浇汁。

【营养功效】健脾开胃，延缓衰老。

【健康贴士】茄子属于寒凉性质的食物，消化不良者不宜多食。

【巧手妙招】茄子切成块或片后，由于氧化作用会很快由白变褐。如果将切成块的茄子立即放入水中浸泡起来，待做菜时再捞出滤干，就可避免茄子变色。

风味豇豆

【主料】豇豆 400 克，红椒 50 克。

【配料】盐、味精各 3 克，香油 8 克。

【制作】① 豇豆洗净，切成长短均匀的长条；红椒洗净，切长片。② 将豇豆和红椒同入沸水锅中焯水后，捞出，沥干水分，调入盐、味精、香油拌匀装盘即可。

【烹饪技法】焯，拌。

【营养功效】健脾补肾，利尿除湿。

【健康贴士】由于生豇豆中含有两种对人体有害的物质：溶血素和毒蛋白，因此食用豇豆时一定要熟食。

【巧手妙招】豇豆焯水时加入少许盐和色拉油，可以使豇豆颜色更绿，更鲜嫩。

姜汁豇豆

【主料】豇豆 200 克，姜 100 克。

【配料】盐、味精各 3 克，香油、生抽各 5 克。

【制作】① 豇豆去筋，洗净，切成小段，放入沸水中焯熟，沥干水分装盘；姜去皮洗净，一半切碎，一半捣汁，一起倒在豇豆上。② 将盐、味精、香油、生抽调匀，淋在豇豆上即可。

【烹饪技法】焯，淋汁。

【营养功效】健脾开胃，降糖利尿。

【健康贴士】妇女白带多、皮肤瘙痒、急性肠炎者适合食用豇豆。

【巧手妙招】豇豆焯水后投凉，可以使其口感更脆爽。

蒜香豇豆

【主料】豇豆 500 克，蒜 30 克，红辣椒 30 克。

【配料】香油 10 克，盐 3 克，味精 3 克，植物油 20 克。

【制作】① 豇豆洗净，切长段，打结，放在沸水中焯至断生，捞出，沥干水分装盘；蒜去衣，剁成蒜泥；红辣椒洗净，切成椒圈。② 锅置火上，入油烧热，放入红辣椒、蒜泥，炝香，盛出，与香油、盐、味精拌匀，淋在豇豆上即可。

【烹饪技法】焯，炝，拌。

【营养功效】排毒降糖，健脾补肾。

【健康贴士】小孩食积、气胀的时候，用生豇豆适量，细嚼后咽下，可以起到一定的缓解作用。

香椿芽拌莴笋丝

【主料】莴笋 200 克，香椿芽 200 克，甜椒 30 克。

【配料】盐 4 克，味精 2 克，生抽、香油各 8 克。

【制作】① 莴笋、甜椒洗净，切丝；香椿芽洗净备用。② 将备好的莴笋、甜椒、香椿芽放入沸水中焯烫，捞出，沥干水分，放入小盆中，加盐、味精、生抽、香油搅拌均匀，装盘即可。

【烹饪技法】焯，拌。

【营养功效】清胃润肠，补血生津。

【健康贴士】莴笋中有些物质对视神经有刺激作用，视力弱者不宜多食，有眼疾特别是夜盲症的人也应少食。

香油莴笋丝

【主料】莴笋 200 克。

【配料】盐 3 克，生抽 8 克，红椒 5 克，香油 15 克。

【制作】① 莴笋洗净，去皮，切成丝，放入热水中焯熟；红椒洗净，去蒂、子，切成丝，放入水中焯一下。② 将生抽、盐调成味汁，与莴笋、红椒一起拌匀，淋上香油即可。

【烹饪技法】焯，淋汁。

【营养功效】润肠通便，清热解毒。

【健康贴士】莴笋不宜与石榴同食，易产生毒素。

爽口莴笋丝

【主料】莴笋 180 克。

【配料】红椒 3 克，盐 3 克，鸡精 5 克，醋 5 克，生抽 8 克。

【制作】① 莴笋洗净，去皮，切成细丝，放入沸水中焯熟，沥干水分装盘；红椒洗净，去子，切成细丝。② 将盐、鸡精、醋、生抽调成味汁，淋在莴笋上，撒上红椒即可。

【烹饪技法】焯，淋汁。

【营养功效】明目洁齿，通乳利尿。

【健康贴士】莴笋不宜与乳酪同食，容易导致消化不良，引起腹痛、腹泻。

【巧手妙招】焯莴笋时一定要注意时间和温度，焯的时间过长、温度过高会使莴笋丝绵软，失去清脆口感。

黑芝麻拌莴笋丝

【主料】莴笋 300 克，熟黑芝麻 10 克。

【配料】盐 3 克，味精 1 克，醋 6 克，生抽 10 克。

【制作】① 莴笋去皮洗净，切丝，放入沸水中焯熟，捞出，沥干水分装盘。② 加入盐、味精、醋、生抽拌匀，撒上熟芝麻即可。

【烹饪技法】焯，拌。

【营养功效】保肝和肺，消积下气。

【健康贴士】糖尿病、肥胖、神经衰弱症、高血压患者宜食。

【巧手妙招】莴笋怕咸，盐要少放才好吃。

葱香莴笋

【主料】莴笋 250 克。

【配料】红辣椒 50 克，盐 3 克，味精 2 克，葱油 20 克，香油 10 克。

【制作】① 莴笋去皮、叶，洗净，切成长条，放入沸水中焯熟后，捞出，沥干水分。② 红辣椒洗净，切丝，与莴笋放在一起，将盐、味精、葱油、香油调匀成调味汁，淋在莴笋条和辣椒丝上即可。

【烹饪技法】焯，淋汁。

【营养功效】延缓衰老，润颜养色。

【健康贴士】莴笋也可与鸡肉搭配食用，具有健脾开胃、润肠的作用，适合脾胃虚弱、便秘的人食用。

【巧手妙招】鲜莴笋叶煎汤饮，对浮肿和肝腹水有效。

尖椒莴笋条

【主料】莴笋 150 克，泡青、红椒各 25 克。

【配料】老盐水 500 毫升，淡盐水少许，盐 5 克，醪糟汁、料酒各 10 克，香料包 1 个。

【制作】① 莴笋去皮、叶，洗净，切成长条，用淡盐水泡 1 小时，捞出，晾干。② 老盐水、盐、料酒、醪糟汁拌匀装入坛中，放莴笋、香料包，密封，泡 1 小时。③ 将莴笋捞出，盛盘，放泡青、红椒拌匀即可。

【烹饪技法】拌。

【营养功效】健脾开胃，美白嫩肤。

【健康贴士】莴笋还可与胡萝卜搭配食用，不仅有利于营养吸收，而且还可以促消化。

糖醋莴笋

【主料】莴笋 1000 克。

【配料】白砂糖 100 克，米醋 12 克，盐 4 克。

【制作】① 莴笋去皮、筋，洗净，切成 3.5 厘米长的条，用盐拌匀腌 1 小时，沥干水分，再用洁布搌干。② 倒入白砂糖置小铝锅内，放入少许开水把糖化开，放在火上将糖汁熬浓后，下入米醋，离火凉凉。③ 用熬好的糖醋汁把莴笋条拌匀，腌 2 小时即可。

【烹饪技法】腌，熬，拌。

【营养功效】养心安神，降压利尿。

【健康贴士】莴笋也可与蒜苗搭配食用，可

以预防和辅助治疗高血压。

金塔萝卜

【主料】白萝卜 250 克。
【配料】泡菜汁 20 毫升，泡椒 3 克。
【制作】① 萝卜洗净，去皮，切成圆形片，放入沸水中焯熟，捞出，沥干水分，摆成金塔状。② 淋上泡菜汁，撒上泡椒，放入冰箱中，冷藏一天即可食用。
【烹饪技法】焯，冻。
【营养功效】开胃健脾，顺气化痰。
【健康贴士】白萝卜不宜与黄瓜同食，会破坏维生素 C。

水晶萝卜

【主料】白萝卜 250 克。
【配料】盐5克，醋3克，味精4克，生抽8克。
【制作】① 萝卜洗净，去皮，切成段。② 盐、醋、味精加清水调匀，放入萝卜腌渍3个小时，捞出盛盘，将生抽淋在萝卜上即可。
【烹饪技法】腌，淋汁。
【营养功效】润肺止咳，消食化滞。
【健康贴士】白萝卜不宜与黑木耳同食，同食容易得皮炎。

拌胡萝卜丝

【主料】胡萝卜 250 克，香菜适量。
【配料】盐、味精各 3 克，熟芝麻 5 克，香油 8 克。
【制作】① 萝卜洗净，切丝，香菜洗净，切段，入沸水锅中焯水，捞出沥干水分。② 香菜和胡萝卜同拌，调入盐、味精、香油拌匀，撒上熟芝麻即可。
【烹饪技法】焯，拌。
【营养功效】补肝明目，降气止咳。

酸辣萝卜冻

【主料】果冻粉 200 克，白萝卜 100 克。
【配料】葱 30 克，红油 20 克，盐 5 克，味精 3 克，醋 10 克。
【制作】① 白萝卜去皮，洗净，切碎；葱洗净，切成葱末。② 锅置火上入水，大火烧沸，倒入萝卜碎，搅拌，倒入果冻粉，至粉化开，停火，拌匀。③ 稍稍凉凉，把汤汁装进盆里，放入冰箱冻约半小时至凝结为胶冻，取出萝卜冻切成小块，把葱、红油、盐、味精、醋拌好，均匀淋上即可食用。
【烹饪技法】煮，拌，冻，淋汁。
【营养功效】健脾开胃，清热解毒。
【健康贴士】人参不宜与白萝卜同食，会积食滞气。

糖醋樱桃萝卜

【主料】樱桃萝卜 500 克，香菜 50 克
【配料】盐 5 克，糖 10 克，香醋 15 克，橄榄油 5 克。
【制作】① 樱桃萝卜洗净，削去蒂和底；香菜洗净，切碎备用。② 把将小萝卜均匀的切成蓑衣刀，放入盆里，加入适量盐腌制 3 小时以上，挤去腌制出来的水分，加入香醋，糖，橄榄油拌匀，撒上香菜即可。
【烹饪技法】腌，拌。
【营养功效】补肾壮阳，减肥嫩肤。
【健康贴士】樱桃萝卜不宜与水果同食，易诱发和导致甲状腺肿大。
【巧手妙招】香菜能给这个萝卜增了不少的色和味，一定不能忘了放。

泡椒萝卜

【主料】胡萝卜 100 克，白萝卜 100 克，香芹 100 克。
【配料】盐 3 克，白砂糖 5 克，白醋 10 克。
【制作】① 胡萝卜、白萝卜均洗净，切条，置阳台上晾干水分；香芹洗净，切段；泡椒切碎，备用。② 把晾干水分的萝卜条放入一个干净的大碗里，撒上盐和白砂糖搅匀，加入泡椒和泡椒汁，倒入适量的白醋搅匀，包上保鲜膜，放入冰箱腌 2 个小时间即可。

【烹饪技法】拌，腌。
【营养功效】滋阴平肝，清热减压。
【健康贴士】白萝卜不宜与橘子同食，会伤身体。
【巧手妙招】装泡菜的瓶子里外都要洗干净，再用沸水烫一下，瓶盖也一样，然后晾干。搅动泡菜的筷子不要有油，这样可以防止泡菜变味变质。

黄豆芽拌香菇

【主料】黄豆芽 200 克，鲜香菇 80 克。
【配料】盐、味精各 3 克，葱白丝、红椒各 30 克，香菜末 15 克，红油 10 克。
【制作】① 黄豆芽洗净；鲜香菇洗净，焯水后切片；红椒洗净，焯水后切丝。② 将黄豆芽、香菇、红椒、葱白丝、香菜末同拌调入盐、味精拌匀，淋入红油即可。
【烹饪技法】焯，拌。
【营养功效】润肠补血，防癌抗癌。
【健康贴士】香菇还可与母鸡肉搭配食用，具有补气养血的作用，适合产后女性食用。

炝拌黄豆芽

【主料】黄豆芽 300 克，黄瓜 100 克，干红辣椒 4 个。
【配料】盐 3 克，花椒粒 3 克，味精 2 克，香油 8 克，植物油 10 克，姜 5 克。
【制作】① 黄豆芽洗涤干净，沥干水分，入沸水中焯熟至尚脆时，捞入凉开水中投凉；嫩黄瓜洗净消毒后，切火柴梗丝；干红辣椒洗净后去子，切成丝；姜去皮，洗净，切末。② 将黄豆芽沥干水分，放盘中加黄瓜丝、盐、味精、香油略拌，放上辣椒丝、姜末。③ 锅置火上，入油烧热，下花椒浸炸出香味，捞出花椒不用，将油泼在辣椒丝上，用碗扣上，焖至入味，拌匀即可食用。
【烹饪技法】焯，炸，拌，焖。
【营养功效】清热明目，补气养血。
【健康贴士】黄豆芽性寒，慢性腹泻及脾胃虚寒者忌食。

泡椒黄豆芽

【主料】黄豆芽 300 克，泡红椒 30 克。
【配料】葱 20 克，盐、味精各 3 克，醋 10 克。
【制作】① 黄豆芽去头尾，洗净入沸水中焯水，捞出，沥干水分；葱洗净，切长段；泡红椒洗净，切丝。② 将黄豆芽、泡红椒丝、葱调入盐、味精、醋拌匀即可。
【烹饪技法】焯，拌。
【营养功效】健脾开胃，润肠清便。
【健康贴士】黄豆芽还可配豆腐炖排骨汤，适宜脾胃火气大、消化不良者食用。
【巧手妙招】烹调黄豆芽切不可加碱，要加少量食醋，这样才能保持维生素 B 不减少。

凉拌绿豆芽

【主料】绿豆芽 250 克。
【配料】盐 3 克，蒜泥 6 克，醋 8 克，白砂糖 3 克，味精 2 克，香油 8 克。
【制作】① 绿豆芽择洗干净，放沸水锅中烫至断生，捞出，放凉开水中漂凉，沥干水后装盘。② 放入蒜泥、白砂糖、盐、醋、味精、香油拌匀即可。
【烹饪技法】焯，拌。
【营养功效】清热去火，利尿消肿。
【健康贴士】绿豆芽纤维较粗，不易消化，且性质偏寒，所以脾胃虚寒之人不宜久食。
【巧手妙招】棉质衣服有了霉斑可用几根绿豆芽，在有霉斑的地方反复揉搓，然后用清水漂洗干净，霉点就除掉了。

酸辣银针

【主料】绿豆芽 500 克。
【配料】盐 3 克，味精 1 克，香醋、料酒、红油各 6 克，香油 8 克。
【制作】① 绿豆芽去头、尾洗净，放沸水焯一下，捞出凉凉，沥干水分，装入盘内。② 将盐、味精、香醋、料酒、红油、香油兑成汁，浇在绿豆芽上，拌匀即可。

【烹饪技法】焯，拌。
【营养功效】清热解毒，利尿除湿。
【健康贴士】猪肝不宜与绿豆芽同食，会降低营养。
【巧手妙招】绿豆芽性寒，烹调时应配上一点儿姜丝，以中和它的寒性。

红油豆腐

【主料】嫩豆腐500克，榨菜粒30克。
【配料】红油10克，豆瓣酱30克，植物油10克。① 嫩豆腐洗净，上笼屉蒸，等有蒸汽产生时关火，把豆腐倒入准备好的盆里。② 锅置火上，入油烧热，放入红油5克、豆瓣酱炒制出红油，下入榨菜粒，再倒入红油5克搅匀，浇在嫩豆腐上即可。
【烹饪技法】蒸，炒，浇汁。
【营养功效】开胃消食，生津润燥。
【健康贴士】豆腐还可与韭菜搭配食用，具有润肠通便的作用，适合便秘的人食用。

皮蛋豆腐

【主料】嫩豆腐一盒，皮蛋1个。
【配料】榨菜30克，葱末30克，日本酱油、香油、柴鱼花少许。
【制作】① 嫩豆腐洗净，放盘子里静置片刻，沥干水分。② 榨菜切成碎末，皮蛋切四份，与豆腐拌在一起，淋上香油、日本酱油，撒上葱末、柴鱼花，吃时拌匀即可。
【烹饪技法】拌。
【营养功效】清胃润肠，清热去火。
【健康贴士】豆腐也可与羊肉搭配食用，具有清热泻火的作用，适合患有口角炎的人食用。
【巧手妙招】切豆腐时刀沾凉水豆腐就不会沾刀了。

香葱拌豆腐

【主料】葱50克，豆腐250克。
【配料】生抽、香油各10克，盐、鸡精各3克。
【制作】① 豆腐洗净装盘；葱洗净，切碎。② 锅中放入水，煮沸；豆腐放入生抽、盐、鸡精隔水蒸20分钟。③ 待豆腐熟后出锅撒上葱末、淋上香油即可。
【烹饪技法】煮，蒸，拌。
【营养功效】强筋健骨，健脾利湿。
【健康贴士】豆腐也可与鱼搭配食用，具有补钙的作用，适合腰膝腿软的人食用。
【巧手妙招】做豆腐前，如果用盐水焯一下，再做菜时豆腐就不容易碎了。

香椿豆腐

【主料】香椿、豆芽各200克，豆腐100克。
【配料】盐3克，香油6克。
【制作】① 香椿、豆芽均择去根、洗净，放入沸水中焯烫后焖10分钟。② 豆腐切成樱桃大小的丁，入沸水焯烫后，沥干水分。③ 把香椿、豆芽、豆腐、盐、香油一起拌匀后，装盘即可。
【烹饪技法】焯，焖，拌。
【营养功效】清肺健肤，健脾和胃。
【健康贴士】豆腐还可与萝卜搭配食用，可避免消化不良。
【巧手妙招】豆腐中数内酯豆腐最细腻水嫩，但也最易碎。要想内酯豆腐不碎，烹饪前可先去其包装入锅蒸20分钟，待其冷却后再根据做菜需要切成各种形状烹饪。

炸拌豆腐

【主料】豆腐500克，植物油100克，红油辣椒50克。
【配料】葱、姜、蒜各5克，香油、酱油各10克，花椒粉、豆豉、白砂糖各3克。
【制作】① 豆腐切成5厘米长，3厘米见方的条；葱去根洗净切花；姜去皮、洗净，切成末；蒜去皮，剁成末；豆豉放菜墩上用刀压茸，入油锅中炸酥。② 将豆豉茸、葱末、姜末、蒜末、酱油、红油辣椒、味精、香油、白砂糖入碗调成味汁。③ 锅置大火上，入油烧热烧至八成热，放入豆腐条炸酥浮于油面，捞出沥油，待其冷却后，拌入调料即可。

【烹饪技法】炸，拌。

【营养功效】清肺消痰，补中益气。

【巧手妙招】无论炒何种豆腐，都不要用锅铲铲，而要用锅铲反面轻推，这样既能让豆腐和配料混合均匀，又能防止锅铲铲碎豆腐。

家常拌香干

【主料】豆干 250 克。

【配料】葱 8 克，辣椒油、老抽各 8 克，味精 5 克，盐 3 克。

【制作】① 豆干洗净，切成丝，放入沸水中焯熟，沥干水分装盘；葱洗净，切成末。② 盐、味精、老抽、辣椒油调匀，淋在香干上拌匀，撒上葱末即可。

【烹饪技法】焯，拌。

【营养功效】开胃消食，补气养血。

【健康贴士】豆干还可与金针菇搭配食用，具有增强免疫的作用，适合久病体虚的人食用。

五香卤香干

【主料】香干 400 克。

【配料】姜丝、葱白段各 5 克，生抽 6 克，盐、糖、辣椒粉、桂皮、茴香、花椒、大料各 3 克。

【制作】① 姜和葱白入油锅炸透，放生抽、盐、糖、清水、辣椒粉煮沸，加桂皮、茴香、花椒、大料煮 30 分钟制成卤水。② 香干冲洗一下放入卤水中卤 1 个小时，捞出切片即可。

【烹饪技法】煮，炸，卤。

【营养功效】健脾开胃，美容养颜。

【健康贴士】平素脾胃虚寒，经常腹泻便溏之人忌食。

芹菜拌香干

【主料】红辣椒 30 克，香干 250 克，西芹 250 克。

【配料】香油 10 克，盐 3 克，味精 3 克。

【制作】① 香干洗净，切片，放沸水中焯熟，捞出，沥干水分，装盘凉凉；西芹去叶，洗净切段；红辣椒洗净，切块。② 将西芹与红辣椒一起焯熟，沥干水分后把香干、西芹、红辣椒与香油、盐、味精一起装盘，拌匀即可。

【烹饪技法】焯，拌。

【营养功效】调脂降压，强筋健骨。

【健康贴士】芹菜不宜与醋同食，会损坏牙齿。

麻辣香干

【主料】香干 250 克，红辣椒 30 克。

【配料】大葱 30 克，植物油 12 克，香油 10 克，辣椒油 10 克，花椒粉 5 克，盐 3 克，味精 3 克。

【制作】① 将香干洗净，切成薄片，入锅焯烫，捞出沥干水，装盘凉凉；大葱、红辣椒洗净，大葱切成末，红辣椒切成圈。② 锅置火上，入油烧热，爆香葱末、椒圈盛出与香油、辣椒油、花椒粉、盐拌匀，均匀淋在香干片上即可。

【烹饪技法】爆，拌。

【营养功效】开胃消食，益气提神。

【健康贴士】香干也可与芹菜搭配食用，具有清肝降火、降低血压、降低血脂的作用，适宜高血压及高脂血症患者食用。

菊花辣拌香干

【主料】菊花 10 克，香干 150 克。

【配料】干红椒 3 克，味精 5 克，盐 3 克，生抽 8 克。

【制作】① 香干洗净，切成小段，放入沸水中焯熟，捞出，沥干水分；菊花洗净撕成小片，放入水中焯一下，捞出；干红椒洗净，切丝。② 味精、盐、生抽一起调成味汁淋在香干、菊花上，拌匀，撒入干红椒即可。

【烹饪技法】焯，拌。

【营养功效】清热解毒，泻火明目。

【健康贴士】菊花还可与枸杞搭配食用，具有滋阴补肾的作用，比较适合体弱、气喘的人食用。

马兰头拌香干

【主料】马兰头 200 克，香干 100 克。

【配料】盐 3 克，味精 1 克，醋 6 克，生抽 10 克。

【制作】① 马兰头与香干均洗净备用。② 锅置火上入水烧沸，放入马兰头、香干焯熟，捞出，沥干水分，切成丁，并装入盘中，加入盐、味精、醋、生抽拌匀即可。

【烹饪技法】焯，拌。

【营养功效】清热解毒，美容养颜。

【健康贴士】香干还可与韭菜搭配食用，能促进蛋白质的吸收。

凉拌香干

【主料】豆干 250 克，老卤 600 克。

【配料】盐 1 克，鸡精少许，香油 5 克，辣椒油 10 克，蒜瓣 6 克。① 豆干洗净，放入锅中加入老卤煮制 10 分钟成五香干；蒜瓣捣碎，香葱切碎，加入盐、鸡精、辣椒油、生抽、香油搅拌均匀制成拌汁。② 将卤好的香干捞出沥干凉凉，切丝，装入大碗，加入拌汁，拌均匀后腌制 20 分钟，装盘即可食用。

【烹饪技法】卤，拌，腌。

【营养功效】开胃泻火，理气健脾。

【健康贴士】豆干也可与猪肉搭配食用，具有健脾开胃的作用，适合脾胃虚弱的人食用。

香辣豆腐皮

【主料】红椒 5 克，豆腐皮 250 克，熟芝麻 3 克。

【配料】葱 8 克，盐 3 克，生抽、辣椒油各 10 克。

【制作】① 豆腐皮用清水泡软，切块入沸水焯熟；葱洗净，切末；红椒洗净，切丝。② 将盐、生抽、辣椒油、熟芝麻拌匀淋在豆腐皮上，撒上红椒、葱末即可。

【烹饪技法】焯，拌，淋汁。

【营养功效】补脑益智，壮骨强身。

【健康贴士】豆腐皮含高苯胺类蛋白，红斑狼疮患者应忌食，否则会诱发和促使病情恶化。

【巧手妙招】豆腐皮、豆腐干等豆制食品常含有豆腥味，放入盐开水中浸泡，便可将豆腥味去除，而且可使豆制品色白质韧。

香油豆腐皮

【主料】红椒少许，香油 10 克，豆腐皮 250 克。

【配料】盐 3 克，生抽、香菜各 5 克，葱适量。

【制作】① 豆腐皮用水洗净，切成小块；红椒洗净，切成丝；葱洗净，切成段；香菜洗净，切成末。② 将豆腐皮、红椒分别焯熟，沥干水分，装盘，调入盐、香油、生抽，放入葱段、香菜拌匀即可。

【烹饪技法】焯，拌。

【营养功效】健脾和胃，润肠通便。

【健康贴士】孕妇产后食用豆腐皮既能快速恢复身体健康，又能增加奶水。

香椿苗拌豆腐丝

【主料】豆腐皮 150 克，香椿苗、胡萝卜丝各 30 克。

【配料】盐、味精各 3 克，香油适量。

【制作】① 豆腐皮洗净，切丝；香椿苗洗净。② 将豆腐皮丝、香椿苗、胡萝卜丝分别入沸水锅中焯熟，捞出，沥干水分，调入盐、味精、香油拌匀即可。

【烹饪技法】焯，拌。

【营养功效】益胃和中，润肺化痰。

【健康贴士】胡萝卜不宜与桃子同食，会降低营养。

糟毛豆

【主料】毛豆 500 克，香糟 500 克。

【配料】白砂糖 10 克，盐 5 克，味精 2 克。

【制作】① 将黄酒、白砂糖和香糟一起调和，装入白纱布袋内，过滤成香糟卤。② 毛豆剪去两头尖尖，洗净，加清水用大火烧开，加入盐转小火煮熟，捞出，沥干水分，装入盘内，凉透后，加入香糟卤汁、盐和味精，放入冰箱冰镇 4 小时即可。

【烹饪技法】煮，卤，冻。

【营养功效】健脾益智，开胃消食。

【健康贴士】毛豆不宜与羊肝同食，会失去二者的营养功效

典食趣话：

相传，清道光年间，浙江永嘉有一位叫项怀仁的画家。他性情孤僻古怪且嗜酒成性，可是有一段时间，他却决定戒酒，并和认识他的钱大勇许愿，如再饮酒，可以任意惩罚他，也可以任意拿他的画，颇有心计的钱大勇趁有天下大雨，故意拿了包酒糟腌渍的毛豆来看他，项怀仁头也不抬地一边画，一边顺手就抓着毛豆吃起来。等完画后，钱大勇就赶紧把画塞到自己口袋里，项怀仁这才意识到那是酒糟腌渍的毛豆，至此，“糟毛豆”也就在永嘉传开了。

五香豆腐丝

【主料】干豆腐丝 150 克，紫色洋葱 100 克。

【配料】鸡汤 500 毫升，草果 1 个，香叶几片，姜、大料各 5 克，桂皮 2 克，盐、胡椒粉、料酒、香油、花椒粒、白砂糖、红油各适量。

【制作】① 干豆腐切丝，入沸水中加盐、料酒焯烫，捞出，沥干水分；洋葱洗净，切细丝。② 锅置火上，倒入鸡汤，下入姜、葱、草果、香叶、大料、桂皮、盐，大火煮沸，放入干豆腐丝，转中火煮 15 ~ 20 分钟，捞出凉凉，放上洋葱丝。③ 净锅后置火上，注入香油，下花椒粒炸成椒油，并趁热倒在洋葱丝上，加白砂糖、盐、红油拌匀即可。

【烹饪技法】焯，煮，拌。

【营养功效】健胃润肠，清热解毒。

【健康贴士】洋葱还可与咖喱搭配食用，具有增强免疫力的作用，适合易生病的人食用。

凉拌三丝

【主料】豆腐皮 200 克，韭菜花 75 克，红辣椒 20 克。

【配料】酱油 10 克，盐 3 克，香油 5 克，味精 2 克。

【制作】① 豆腐皮冲洗净，切成丝，用沸水烫一下，放入凉开水内浸泡 20 分钟，捞出，沥干水分；红辣椒去蒂、子，洗净，切成细丝。② 韭菜花切段与辣椒丝放在一起，用沸水烫一下，捞出，沥干水分。③ 把豆腐皮丝、韭菜花段、红辣椒丝放入盘中，加入酱油、味精、盐、香油拌匀即可。

【烹饪技法】焯，拌。

【营养功效】补肾壮阳，止咳平喘。

辣味碎毛豆

【主料】鲜青豆 200 克，去皮花生米 100 克，干红辣椒 3 个。

【配料】酱油、白砂糖各 5 克，味精 2 克，香油 5 克，植物油 40 克，盐 3 克。

【制作】① 鲜青豆洗净，入沸水中焯熟尚脆时，捞出，沥干水分，放盘中撒盐，拨散凉凉；干红辣椒去子，洗净切丁。② 锅置火上，入油烧热，放入去皮花生米入锅浸炸至酥脆时，倒漏勺沥净余油，放案板上用擀面棍碾碎。③ 原锅加入香油，下辣椒丁炸香浇在青豆上，加入白砂糖、味精、盐，将油炸花生米拌入即可。

【烹饪技法】焯，炸，拌。

【营养功效】益智健脑，益气补血。

【健康贴士】青豆还可与红糖搭配食用，具有利尿、通乳、健脾的作用，适合产后乳汁不足的女性食用。

【举一反三】毛豆可以用酱盐渍制，成为豉油毛豆。

芥菜青豆

【主料】芥菜100克，青豆200克，红椒1个。

【配料】芥末油15克，香油5克，盐3克，味精2克。

【制作】① 芥菜洗净，过沸水汆烫后，切末；红椒去蒂、子，切碎。② 青豆择洗净，放入沸水中煮熟，捞出，装入盘中，加入芥菜末，调入芥末油、香油、盐、味精拌匀，即可食用。

【烹饪技法】汆，煮，拌。

【营养功效】开胃消食，宽肠通便。

【健康贴士】芥菜还可与猪肝搭配食用，有助于钙的吸收。

盐水毛豆

【主料】毛豆350克。

【配料】盐3克，姜丝10克，鲜花椒3克。

【制作】① 毛豆淘洗干净，逐个剪去两端；鲜花椒用净纱布包好。② 锅内加清水、盐、姜丝、花椒包、毛豆，用中火煮熟后，倒入盆内，稍加浸泡，捞出装盘即可。

【烹饪技法】煮。

【营养功效】润燥消水，清热解毒。

【健康贴士】毛豆还可与面粉搭配食用，能提高营养价值。

【巧手妙招】若想把毛豆烫成翠绿色，可加一小撮盐分。

韭菜拌蛋丝

【主料】嫩韭菜250克，鸡蛋2个。

【配料】植物油12克，味精2克，白砂糖、香油各适量。

【制作】① 嫩韭菜择洗干净，入沸水锅中焯熟，捞出，沥干水分，切成约3厘米长的段，放入盐拌匀，腌渍后滗去盐水，放在盘中；鸡蛋磕入碗中，加入盐适量搅匀。② 锅置火上，入油烧热，倒入蛋液摊成蛋皮，取出，切成丝，放在韭菜上，加味精、白砂糖、香油拌匀即可。

【烹饪技法】焯，煎，拌。

【营养功效】益气补肾，温中养血。

【健康贴士】韭菜性温，阴虚但内火旺盛者不宜食用。

腌韭菜花

【主料】韭菜花500克。

【配料】盐100克，白矾10克，姜100克。

【制作】① 韭菜花洗净，碾碎；姜切成末。② 把姜末、韭菜花装入盆内，加盐、白矾拌匀，封盖腌7天，每天翻拌2次即可。

【烹饪技法】拌，腌。

【营养功效】健胃消食，散瘀活血。

【健康贴士】有阳亢及热性病症患者不宜食用韭菜。

韭菜拌豆腐皮

【主料】韭菜100克，豆腐皮100克。

【配料】醋25克，香油、盐、酱油、味精、蒜泥各适量。

【制作】① 韭菜择洗干净，放沸水中焯至八成熟，切成约3厘米长的段；发好的豆腐皮切为约3厘米长的细丝。② 将酱油、醋、香油、味精、盐、蒜泥调匀，豆腐丝与韭菜在盘中抓拌均匀，汁浇在盘中即可。

【烹饪技法】焯，拌。

【营养功效】护肤明目，驱寒保暖。

【健康贴士】韭菜的粗纤维较多，不易消化吸收，故一次不宜食用太多，易引起腹泻。

凉拌韭菜

【主料】韭菜350克

【配料】盐1克，大蒜、红辣椒、白芝麻、生抽、老抽、花椒油、香油、陈醋各5克。

【制作】① 嫩韭菜洗净，放在沸水中焯烫6～10秒，捞出过凉水，沥干水分，切成3厘米长的小段；红辣椒切圈，大蒜切末。② 老抽和生抽泡上辣椒圈，放盐、蒜末、陈醋，与韭菜段拌匀，最后淋上花椒油、香油，装盘撒上白芝麻即可。

【烹饪技法】焯，拌。

【营养功效】滋阴壮阳，行气活血。

【健康贴士】韭菜也可与平菇搭配食用，可以增强人体免疫力，有助于通便解毒。

桂花紫米藕

【主料】藕300克，紫糯米200克。

【配料】冰糖10克，红糖5克，糖桂花5克。

【制作】① 紫糯米淘洗干净，用清水浸泡2小时；藕冲洗干净，削皮，切下顶部一小段。② 将浸泡后的紫糯米用筷子捅进藕的孔洞里，再把切下的一小段藕顶部盖住用牙签插住。③ 锅置火上入水，放入藕块，大火煮沸，加入冰糖、红糖，转小火炖煮2小时，至藕酥米糯，汤汁黏稠关火，凉凉后切片装盘，淋上糖桂花即可。

【烹饪技法】煮，炖。

【营养功效】生津止渴，清热除烦。

【健康贴士】藕性偏凉，产妇不宜过早食用。

【巧手妙招】加入红糖是为了给此菜上色，使菜看起来更具有诱惑力。

酸甜藕片

【主料】莲藕500克，山楂糕100克。

【配料】白砂糖50克，米醋25克。

【制作】① 莲藕洗净，刮去皮，切成片，用沸水焯烫一下，捞出放入凉开水过凉，沥干水分；山楂糕切成片。② 将藕片放入盘内，上边放山楂糕片，加入米醋、白砂糖拌匀即可。

【烹饪技法】焯，拌。

【营养功效】健脾开胃，补益气血。

【健康贴士】莲藕不宜与人参同食，二者药性相反，对人体不利。

炝三丝藕片

【主料】嫩藕500克。

【配料】香菜、干红辣椒、姜、白砂糖各5克，盐、白醋、香油、花椒各4克。

【制作】① 藕洗净刮去皮，切成薄厚均匀的圆片，浸泡在清水中；香菜去梗，洗净切段；姜、干红椒洗净，切丝状。② 藕片捞出，沥干水分，入沸水中焯烫至断生，捞出，沥干水分，放盆中加盐、白砂糖、白醋、香油拌腌入味。③ 将藕片整齐地码在平盘中，撒上香菜段、姜丝及辣椒丝。净锅上火加香油、花椒浸炸出香味。将热油浇在三丝上，除去花椒粒，扣上碗焖几分钟，去碗即可。

【烹饪技法】焯，炸，拌，腌，焖。

【营养功效】祛脂降压，凉血散瘀。

【健康贴士】脾胃虚弱及患肺痨者，可常食煮熟的藕。

八仙戏莲

【主料】嫩藕100克，冬瓜条、糖荸荠、糖橘饼、蜜樱桃、蜜枣、苹果脯、杏脯各15克。

【配料】白砂糖200克，白醋100克，青菜叶适量。

【制作】① 白砂糖用沸水溶化成糖浆状，冷却后加入白醋调成糖醋汁。② 嫩藕洗净，去皮，切成薄片，用沸水焯烫一下，捞入凉开水内过凉，浸入糖醋汁中腌制；各种蜜饯果脯除蜜樱桃外，均切成同样的细丁。③ 把浸泡后的藕片，逐片码入盘中，形成盘旋状，藕面上点缀多种蜜饯丁，顶端放置蜜樱桃，盘边摆放青菜叶刻成的荷叶即可。

【烹饪技法】焯，腌，拌。

【营养功效】强身健体，滋阴补虚。

【健康贴士】莲藕还可与糯米搭配食用，具有补中益气、滋阴养血的作用，适宜气血不足、阴虚患者食用。

爽口藕片

【主料】莲藕 200 克。

【配料】青椒 5 克，红椒 10 克，盐 3 克，味精 2 克，香油 10 克，醋 8 克。

【制作】① 莲藕洗净，去皮，切成片，放入沸水中焯熟，捞出，沥干水分装盘；青、红椒洗净，去子，切成圆圈，放入水中焯一下。② 盐、味精、香油、醋调成味汁淋在莲藕上拌匀，撒上青、红椒圈即可。

【烹饪技法】焯，拌。

【营养功效】健脾止泻，开胃健中。

【健康贴士】莲藕不宜与菊花同食，很可能会导致肠胃不适。

【巧手妙招】切过的莲藕要在切口处覆以保鲜膜，冷藏保鲜可达一个星期左右。

糖醋苦瓜

【主料】苦瓜 250 克。

【配料】白砂糖 3 克，白醋 3 克，山楂糕 1 小块，盐少许。

【制作】① 苦瓜洗净，去掉瓤，切成薄片；山楂糕切丁。② 锅置火上入水烧沸，加入少许盐和几滴油，下入苦瓜焯水，捞入凉水中过凉，捞出沥干水分，加入白砂糖，白醋和少许盐搅拌均匀，加入山楂糕丁点缀即可。

【烹饪技法】焯，拌。

【营养功效】补脾止泻，降压补血。

【健康贴士】苦瓜不宜与豆腐同食，易引发结石。

【巧手妙招】苦瓜剖开后去子，切成长条，再用凉水漂洗，漂洗时用手轻轻捏一捏，反复漂洗 3 ~ 4 次，苦味即可去除。

凉拌苦瓜

【主料】苦瓜 500 克，红彩椒 100 克。

【配料】葱 50 克，蒜末 10 克，白砂糖、生抽、盐、醋、香油各适量。

【制作】① 苦瓜洗净，去掉瓜瓤和白色部分，片成片再斜刀切成细丝；红彩椒、大葱均洗净，切丝。② 将蒜末、生抽、糖、盐、醋、香油混合均匀制成碗汁备用。③ 锅内注水烧开，放入盐和少许油，下入苦瓜丝焯烫约 15 秒，盛出苦瓜丝迅速用水冲凉后沥干水分，放上红椒丝和葱丝，淋上调好的汁搅拌均匀即可。

【烹饪技法】焯，拌。

【营养功效】排毒去脂，清热泻火。

【健康贴士】苦瓜含奎宁，会刺激子宫收缩，引起流产，孕妇不宜食。

【巧手妙招】苦瓜切开后，同盐稍放片刻后炒食，不仅能减轻苦味，同时能保存苦瓜的风味。

麻酱苦瓜

【主料】苦瓜 350 克。

【配料】麻酱 50 克，盐 2 克，糖 3 克，醋 8 克，蒜末 5 克。① 苦瓜洗净，一切两半，去掉中心的芯，切丝焯水后装盘备用。② 将麻酱加水、盐、醋和糖搅拌好，放入蒜末，淋入装苦瓜的盘子中，拌匀即可。

【烹饪技法】焯，拌。

【营养功效】清热排毒，降压防癌。

【健康贴士】苦瓜性凉，脾胃虚寒者忌食。

炝拌苦瓜

【主料】苦瓜 500 克。

【配料】盐 4 克，味精 2 克，生抽 8 克，干辣椒、香油各适量。

【制作】① 苦瓜洗净，剖开去瓤，切块，放入沸水中焯烫，捞出，沥干水分，放入盆中。② 锅置火上烧热，加入盐、味精、生抽、干辣椒、香油煮开，淋在苦瓜上，搅拌均匀，装盘即可。

【烹饪技法】焯，拌。

【营养功效】清暑解渴，祛脂降压。

【健康贴士】苦瓜中含有较多的草酸，草酸能与食物中的钙结合，影响人体对钙质的吸收。因此在烹调苦瓜前，最好先将其放入沸水中焯一下，这样可以除去部分草酸，使其不良反应大为减少。

【巧手妙招】将苦瓜子 9 克炒熟，研成粉末，用黄酒送服，每日 3 次，久服可治阳痿。

鱼香苦瓜丝

【主料】苦瓜 300 克，香葱 100 克，红甜椒 50 克。

【配料】植物油 20 克，香油、四川豆瓣酱、酱油、米醋、白砂糖、味精、姜、大蒜泥各适量。

【制作】① 苦瓜洗净，顺长剖成两半，去掉瓜瓤，切成细丝，放入沸水锅内焯一下，捞出放入凉开水内投凉，沥干水分。② 红甜椒去蒂、子，洗净，切成极细的丝，也放入沸水锅内焯一下，捞出，沥干水分，凉凉后，与苦瓜丝一起拌匀装盘；葱、姜均洗净，切丝备用。③ 炒锅置火上，入油烧热，下入葱丝、姜丝煸香，再下四川豆瓣酱煸出红油后，加入酱油、白砂糖、米醋、味精、大蒜泥炒匀，倒入碗内凉凉，浇在苦瓜丝上，淋上香油即可。

【烹饪技法】焯，煸，炒。

【营养功效】美颜嫩肤，增强免疫。

【健康贴士】苦瓜还可与鸭蛋搭配食用，具有清热解毒、养血明目的作用，适合发热、便秘、头晕眼花等病症患者食用。

苦瓜胡萝卜

【主料】苦瓜 500 克，胡萝卜 100 克。

【配料】盐 3 克，味精 2 克，葱油 20 克，香油 10 克。

【制作】① 苦瓜洗净，切成长条；胡萝卜去皮，洗净；切成长条。② 将苦瓜和胡萝卜放沸水中焯熟后，捞出，沥干水分，凉凉，一起装盘码好。③ 把盐、味精、葱油、香油一起放碗中，调匀成调味汁，淋在苦瓜条和胡萝卜条上拌匀即可。

【烹饪技法】焯，拌。

【营养功效】利尿活血，清心明目。

【健康贴士】当不慎被蜈蚣叮咬后，可取少量新鲜的苦瓜叶，将其捣烂后外敷于伤口，即可治疗。

洋葱拌木耳

【主料】泡好的木耳 150 克，洋葱 200 克，青、红椒各 50 克。

【配料】花椒 5 克，干辣椒 5 克，盐 1 克，生抽 5 克，醋 10 克，油 5 克。

【制作】① 洋葱、青、红椒均洗净切丝；木耳过沸水焯一下；干辣椒剪碎。② 盐、生抽、醋兑匀，淋入洋葱、木耳、青、红椒丝上。③ 锅置火上，入油烧热，下入干辣椒碎、花椒爆香，浇在洋葱、木耳、青、红椒丝中，翻均匀即可。

【烹饪技法】焯，拌。

【营养功效】益气补血，排毒养颜。

【健康贴士】洋葱能帮助细胞更好地利用葡萄糖，有提神醒脑、舒缓压力的功效，是精神萎靡患者的食疗佳蔬。

三丝拌木耳

【主料】水发木耳 150 克，黄瓜 75 克，水发粉丝 75 克。

【配料】香油 20 克，盐 3 克，味精 2 克。

【制作】① 木耳发好去蒂，切丝；黄瓜洗净，切成细丝；粉丝洗净，用手掐短；将木耳丝投入沸水锅中略烫一下，立即捞出；再将粉丝投入焯烫成熟，捞出；二者均用凉开水浸凉；黄瓜丝放入碗内，加盐 1 克腌渍片刻。② 食用时，从凉开水中捞出木耳丝、粉丝沥干水，放入盘中，再将黄瓜丝挤去盐水放入，浇入香油，撒上味精，放入盐 2 克拌匀即可。

【烹饪技法】焯，腌，拌。

【营养功效】清心润肺，排毒瘦身。

【健康贴士】木耳不宜与田螺同食，不利于消化。

糖醋木耳

【主料】水发木耳 150 克，黄瓜、胡萝卜各

50 克。

【配料】糖 10 克，醋 15 克。

【制作】① 发好的木耳去蒂，入沸水中焯烫，捞出用凉水过凉，切成块；黄瓜、胡萝卜均洗净，去皮，切成片。② 木耳片、黄瓜片、胡萝卜片放入糖、醋拌匀，装盘即可。

【烹饪技法】焯，拌。

【营养功效】清胃涤肠，益智健脑。

【健康贴士】木耳不宜与白萝卜同食，易导致皮炎。

凉拌双耳

【主料】水发黑木耳、白木耳各 150 克、胡萝卜 50 克。

【配料】柠檬 30 克，香菜 8 克，香油、糖、盐、蒜蓉适量。

【制作】① 泡发后的黑、白木耳放入沸水里，焯烫 1 分钟左右立即捞出，浸泡在冰开水里；柠檬用手按压揉捏，先用刀刮下适量柠檬皮丝，另挤出半只柠檬汁；香菜切段。② 取适量香油、糖、盐、鸡精、香菜、柠檬汁调和成可口调味汁。③ 黑、白木耳去除耳根撕成小片，沥干水分，加香菜叶、胡萝卜丝、柠檬皮丝和调味汁拌匀即可。

【烹饪技法】焯，拌。

【营养功效】补血益气，防癌抗癌。

【健康贴士】木耳不宜与野鸭同食，会导致消化不良。

黑木耳拌西芹

【主料】水发黑木耳 150 克，西芹 100 克，蒜末 10 克。

【配料】生抽、香醋各 7 克，香油 5 克，油辣子 5 克，蜂蜜 3 克。

【制作】① 黑木耳用冷水泡发，漂洗干净摘去老根，撕成块，入沸水中焯烫 3 分钟，捞出浸入冰水中；西芹掰开洗净，刮去老筋，切段，入沸水中焯烫 2 分钟，捞出浸入冰水中。② 把浸泡好的西芹、黑木耳都从冰水中捞出，沥干水分，放入盆中，将生抽、香醋、香油、油辣子、蜂蜜调和成调味汁，倒入盆中拌匀即可。

【烹饪技法】焯，拌。

【营养功效】清脑明目，降压补血。

【健康贴士】木耳不宜与野鸡同食，易诱发痔疮出血。

【巧手妙招】西芹和黑木耳焯水后立即浸入冰水中，可以让两者的口感爽脆，如果家里没有冰水，也可出锅后用凉水迅速冲凉，再用凉水浸泡一会儿。

凉拌青椒木耳

【主料】水发木耳 200 克，青椒辣 50 克。

【配料】椒油 5 克，盐 3 克，醋 8 克，香油 5 克。

【制作】① 黑木耳用冷水泡发，漂洗干净，摘去老根，撕成块，入沸水中焯烫 3 分钟，捞出过凉水，沥干水分；青椒洗净，切成丝。② 木耳片、青椒丝摆盘，倒上醋、辣椒油、香油，撒上盐拌匀即可。

【烹饪技法】焯，拌。

【营养功效】滋阴润肺，祛斑嫩肤。

【健康贴士】木耳还可与鱿鱼搭配食用，具有嫩化皮肤、补血养颜的作用，适合皮肤粗糙、贫血者食用。

凉拌银耳

【主料】干银耳 30 克，小番茄 6 个。

【配料】蜂蜜 5 克，柠檬汁 8 克，白醋 5 克。

【制作】① 银耳用温水泡发，撕成小朵，入沸水中焯烫 2 分钟，捞入凉水中，过凉后捞出，沥干水分；小番茄洗净，均切成两半。② 把银耳、小番茄都放入小盆，加入蜂蜜、柠檬汁、醋，搅拌均匀后装盘即可。

【烹饪技法】焯，拌。

【营养功效】补钙健骨，防癌抗癌。

【健康贴士】番茄不宜与南瓜同食，会降低营养。

银耳拌黄瓜

【主料】水发银耳 150 克，黄瓜 400 克。
【配料】蒜泥 10 克，盐 3 克，陈醋 5 克，香油 5 克。
【制作】① 银耳提前泡发，洗干净，撕小朵，入沸水中焯烫3分钟；黄瓜洗干净，横刀拍烂，切成块，放大碗内加盐拌匀，腌 15 分钟后滗去盐水。② 黄瓜、银耳拌到一起，加上蒜泥、醋、香油搅拌均匀即可。
【烹饪技法】焯，拌，腌。
【营养功效】滋阴补血，润肤祛斑。
【健康贴士】长期食用银耳可以润肤，并有祛除脸部黄褐斑、雀斑的功效，不过注意烹调的时候少放糖。

芹菜花生

【主料】芹菜 500 克，花生米 100 克。
【配料】盐 3 克，糖 5 克，醋 8 克。
【制作】① 花生放入微波炉中加热 3 分钟，取出，凉凉后去皮；芹菜茎洗净，入沸水中焯烫，捞出切成碎粒状，备用。② 芹菜、花生米混合，加上盐、糖、醋拌匀即可。
【烹饪技法】焯，拌。
【营养功效】减肥降压，益智补脑。
【健康贴士】花生米不宜与黄瓜同食，易导致腹泻。

香拌西芹番茄

【主料】嫩西芹 500 克，番茄干 10 克，黄瓜 100 克。
【配料】香油 8 克，盐 3 克。
【制作】① 番茄干用水浸泡至软，捞出，切碎；黄瓜刨成薄片，摆成花瓣形；嫩芹择洗干净，入沸水中焯烫，捞出，切成丁。② 西芹碎、番茄碎加入盐、香油拌均匀，腌 10 分钟后，倒入摆好黄瓜花中即可。
【烹饪技法】焯，拌，腌。
【营养功效】安神除烦，防老抗衰。
【健康贴士】芹菜不宜与鸡肉同食，会伤元气。

芹菜拌腐竹

【主料】芹菜 350 克，水发腐竹 100 克，水发木耳 100 克。
【配料】盐 3 克，鸡精 2 克，香油 8 克，芝麻 5 克。
【制作】① 芹菜洗净，入沸水中焯烫，捞出，切成丁；腐竹、木耳泡发后，洗净，切丝，焯水至熟，备用。② 取大碗，放入芹菜丁、腐竹丝、木耳丝，加入盐、鸡精、香油、芝麻拌匀，码盘即可。
【烹饪技法】焯，拌。
【营养功效】养心护肺，防癌抗癌。
【健康贴士】芹菜还可与番茄搭配食用，具有降脂降压的作用，适合高血压患者食用。

海米拌芹菜

【主料】嫩芹菜 250 克，水发海米 50 克。
【配料】酱油 5 克，盐 3 克，姜末 5 克，醋 8 克，香油 10 克，白砂糖、味精各适量。
【制作】① 芹菜去根、叶，洗净，入沸水中焯烫至变深绿色时捞出，放凉开水中过凉，沥干水分，切成 1.5 厘米长的段，放盘内，撒上盐腌 20 分钟；海米洗净，切成细末。② 滗去芹菜盘中的盐水，撒上海米、姜末，加入酱油、白砂糖、味精、醋、香油拌匀即可。
【烹饪技法】焯，腌，拌。
【营养功效】平肝降压，益智补脑。
【健康贴士】海米还可与紫菜、黄瓜搭配食用，具有清热益肾的作用，适合妇女更年期肾虚烦热之患者食用。
【巧手妙招】面包打开袋以后很容易变干，若把一根芹菜用清水洗干净后，装进面包袋里，将袋口扎上后再放入冰箱，可保鲜存味。

拌西芹百合

【主料】西芹 200 克，百合 100 克。

【配料】盐3克,味精1克,醋5克,香油适量。

【制作】① 西芹洗净，切成斜段，百合洗净。② 锅内注水烧沸，放入西芹、百合焯熟后捞出晾干，并装盘中，加入盐、味精、醋、香油拌匀即可。

【烹饪技法】焯，拌。

【营养功效】美容养颜，清热凉血。

【健康贴士】百合性微寒，风寒咳嗽者不宜食用。

芹菜拌美人椒

【主料】芹菜 150 克，美人椒 50 克。

【配料】盐、味精各 3 克，香油适量。

【制作】① 芹菜洗净，切段；美人椒洗净，切圈。② 将芹菜、美人椒分别入沸水锅中焯熟后，捞出装盘，调入盐、味精，淋入香油拌匀即可。

【烹饪技法】焯，拌。

【营养功效】清热解毒，去病强身。

【健康贴士】芹菜具有辛凉疏风、清热利咽的作用，适合风热感冒者食用。

【巧手妙招】吃剩的芹菜过一两天便会脱水变干、变软。为了保鲜可以用报纸将剩余的芹菜裹起来，用绳子将报纸扎住，将芹菜根部立于水盆中，将水盆放在阴凉处，这样芹菜可保鲜一周左右，且不会出现脱水、变干的现象，食用时依然新鲜爽口。

酱汁西芹

【主料】西芹 250 克。

【配料】水淀粉 15 克，酱油 10 毫升，盐 3 克，味精 2 克

【制作】① 西芹摘去叶子、老茎，洗净，切成小段，放入沸水中焯熟，沥干水分，装盘。② 锅置火上，入油烧热，放入水淀粉、酱油、盐、味精勾芡，将芡汁淋在西芹上即可。

【烹饪技法】焯，淋。

【营养功效】润肤养颜，明目护发。

【健康贴士】西芹不宜与黄瓜同食，会减少营养成分的吸收。

玫瑰西芹

【主料】西芹 300 克，玫瑰适量。

【配料】盐3克,味精1克,醋6克,红椒少许。

【制作】① 西芹洗净，切成薄片；红椒洗净，切丝。② 锅内注水烧沸，放入西芹片焯熟，捞出沥干水分，装盘，加入盐、味精、醋拌匀，撒上红椒丝，用玫瑰点缀即可。

【烹饪技法】焯，拌。

【营养功效】平肝降压，益气补血。

【健康贴士】西芹不宜与螃蟹同食，会影响蛋白质的吸收。

【巧手妙招】将芹菜叶子洗干净，放进冰箱里冷冻。待煮肉汤的时候取出芹菜叶放入汤中，便能使汤的味道更加清香鲜美。

西芹腰果

【主料】西芹 150 克，腰果 50 克。

【配料】香油适量，盐、味精各 3 克。

【制作】① 西芹洗净，切片，放入沸水锅中焯水后，捞出，沥干水分；腰果用香油炸至浅黄色捞出，凉透。② 把西芹与盐、味精、凉透的香油拌匀，撒上腰果即可。

【烹饪技法】焯，炸，拌。

【营养功效】祛风除湿，补脑增智。

【健康贴士】牡蛎不宜与西芹同食，会降低锌的吸收。

【巧手妙招】将芹菜挤汁后服用，可治醉酒后脑胀、头晕和颜面潮红。

辣香海带丝

【主料】干海带 250 克，辣椒 10 克，大蒜 10 克。

【配料】豉油 8 克，盐 3 克，辣椒油 5 克，香油 5 克，熟芝麻少许。

【制作】① 干海带抖净泥土，用清水浸泡一夜，中间勤换水，泡好后洗净切成丝；蒜去皮洗净，捣成蒜泥。② 锅置火上入水，大火煮沸后加入几滴白醋，放海带丝煮 6 分钟，

捞出，沥干水分倒入密封盒里，加入陈醋，豉油，辣椒油。③ 将蒜末、花椒油、盐、熟芝麻放入盒中，盖上密封盖摇动几下后，冷藏一夜即可食用。

【烹饪技法】煮，冻。

【营养功效】开胃消食，补碘防病。

【健康贴士】海带不宜与猪血同食，会导致便秘。

金针拌海带

【主料】金针菇 50 克，海带丝 200 克，香菜 6 克。

【配料】葱段 5 克，花椒 3 克，生抽 5 克，植物油 12 克，糖、盐、香醋、鸡精、香油适量。

【制作】① 金针菇洗净，去老梗，下入沸水中焯烫至熟，捞出备用；香菜洗净，切碎；海带丝洗净，入沸水中煮 5 分钟，捞出沥水。② 将金针菇、海带丝、香菜放入大碗中，加入糖、盐、生抽、香醋、鸡精拌均匀。③ 锅置火上，入油烧热，下入葱段，花椒小火炸香，直到葱段变焦黄，捞出葱段花椒不要，把油浇至海带丝上，拌均匀即可。

【烹饪技法】焯，煮，拌，炸。

【营养功效】清热去火，益智健脑。

【健康贴士】金针菇还可与豆腐搭配食用，具有降脂降压的作用，适合高血脂、高血压患者食用。

蒜香海带丝

【主料】红辣椒 20 克，海带 200 克，蒜 30 克。

【配料】葱白 30 克，香油 10 克，味精 3 克，植物油 12 克，盐 3 克。

【制作】① 海带洗净，用清水浸泡 30 分钟，捞出，切成齿状片，入沸水中焯熟，捞出，沥干水分，装盘摆好；蒜去皮，切片；葱白洗净，切丝；红辣椒洗净，切成椒丝。② 锅置火上，入油烧热，下蒜片、葱丝、椒丝炝香，盛出和其他料一起拌匀，淋在焯熟的海带上即可。

【烹饪技法】焯，炝，拌。

【营养功效】清热解毒，降压去脂。

【健康贴士】海带性凉，寒哮型支气管哮喘患者不宜食用。

酸辣海带丝

【主料】海带 250 克，泡椒 20 克，红辣椒 20 克。

【配料】醋 10 克，香油 10 克，芥末 5 克，盐 3 克。

【制作】① 海带洗净，用清水浸泡 30 分钟，捞出切成齿状片，入沸水中焯熟，捞出，沥干水分。② 泡椒、红辣椒洗净去蒂，下油锅炝香。③ 把炝过的泡椒、红辣椒与焯熟的海带、醋、香油、芥末、盐一起装盘，拌匀即可。

【烹饪技法】焯，炝，拌。

【营养功效】消脂降压，开胃祛寒。

【健康贴士】海带还可与豆腐搭配食用，豆腐中的皂角苷可促进碘的排泄，从而使人体内的碘处于平衡状态。

剁椒海带丝

【主料】红辣椒 20 克，海带 250 克

【配料】盐 5 克，味精 3 克，酱油 10 克，香油 10 克。

【制作】① 海带洗净，放沸水中焯熟，捞出，沥干水分，凉凉切丝装盘。② 红辣椒洗净，剁碎，与海带丝一起装盘。③ 把盐、味精、酱油、香油搅匀成味汁，淋入盘中与海带丝拌匀即可。

【烹饪技法】焯，拌。

【营养功效】疏肝补肾，利尿降压。

【健康贴士】海带也可与木耳搭配食用，具有排毒降压的作用，适合高血压患者食用。

甜椒拌金针菇

【主料】金针菇 500 克，甜椒 50 克。

【配料】盐 4 克，味精 2 克，香菜、酱油、香油各适量。

【制作】① 金针菇洗净，去须根；甜椒洗净，

切丝备用。② 将备好的金针菇、甜椒放入沸水焯烫，捞出，沥干水分，放入盆中，加盐、味精、酱油、香油搅拌均匀，装盘，撒上香菜即可。

【烹饪技法】焯，拌。

【营养功效】润肠益胃，养肝保肝。

【健康贴士】金针菇还可与香菇搭配食用，可防治肝脏、肠胃疾病，增强记忆力。

四蔬拌金针菇

【主料】金针菇200克，黄瓜、胡萝卜、白萝卜、黄花各50克。

【配料】盐3克，味精1克，醋8克，生抽10克。

【制作】① 金针菇洗净；黄瓜、胡萝卜、白萝卜均洗净，切丝；黄花菜洗净，入沸水焯烫，捞出备用。② 锅置火上入水烧沸，放入金针菇焯熟后，捞出晾干并放入盘中，再放入黄瓜丝、胡萝卜丝、白萝卜丝、黄花菜，加入盐、味精、醋、生抽拌匀即可。

【烹饪技法】焯，拌。

【营养功效】健脾和胃，美容养颜。

【健康贴士】金针菇也可与白菜搭配食用，具有养颜嫩肤、减肥瘦身的作用，适合肥胖者食用。

凉拌金针菇

【主料】金针菇200克，黄瓜100克，黄花菜50克。

【配料】盐3克，味精1克，生抽10克，醋8克，香油少许。

【制作】① 金针菇、黄花菜洗净，均用沸水焯熟；黄瓜洗净，切丝。② 将黄瓜丝放入盘中，再放入焯熟的金针菇、黄花菜，将盐、味精、生抽、醋、香油调成味汁，浇在金针菇即可。

【烹饪技法】焯，拌，浇汁。

【营养功效】滋阴润肤，益气补血。

【健康贴士】金针菇还可与鸡肉搭配食用，具有填精补髓、益智健脑的作用，适合用脑过度、脑髓不足而见头转耳鸣、记忆力减退、腰膝酸痛、神疲气短等症者食用。

胡萝卜拌金针菇

【主料】金针菇300克，胡萝卜50克。

【配料】盐3克，味精1克，醋6克，生抽8克，香菜少许。

【制作】① 金针菇洗净；胡萝卜洗净，切丝；香菜洗净，切段。② 锅置火上入水烧沸，放入金针菇、胡萝卜丝焯熟后，捞出，沥干水分并装入盘中，加入盐、味精、醋、生抽拌匀，撒上香菜即可。

【烹饪技法】焯，拌。

【营养功效】补血益气，防癌抗癌。

【健康贴士】皮肤粗糙者应多食胡萝卜。

金针菇拌豆腐皮

【主料】豆腐皮100克，金针菇250，黄瓜50，香菜8克，大蒜8克。

【配料】盐3克，糖5克，味精2克，辣椒油5克，香油8克。

【制作】① 豆腐皮洗净，切丝，焯水后捞出，沥干水分；金针菇减去根部，洗净，焯水后捞出，沥干水分；黄瓜洗净，切丝；大蒜去皮，剁成碎末；香菜洗净，切断备用。② 把豆腐皮丝、金针菇、黄瓜丝、大蒜末混合拌匀，浇上盐、糖、味精、凉开水、辣椒油、香菜、香油拌匀即可。

【烹饪技法】焯，拌。

【营养功效】开胃消食，防癌强身。

【健康贴士】金针菇含人体必需氨基酸，对儿童有促进记忆、开发智力，以及增加身高和体重的作用。

双椒花生米

【主料】熟花生米500克，野山椒100克，红椒15克。

【配料】泡菜汁20克。

【制作】① 熟花生米去红皮；红椒洗净切小

块；野山椒洗净备用。② 将熟花生米放入泡菜坛，腌渍 10 分钟，捞出，红椒放入沸水中焯烫一下。③ 把花生米与红椒、野山椒、泡菜汁放入一个盆里搅拌均匀，装盘即可。

【烹饪技法】腌，焯，拌。

【营养功效】补血养颜，健脑益智。

【健康贴士】花生米还可与红葡萄酒搭配食用，可保护心血管。

煮花生米

【主料】花生米 500 克，胡萝卜 150 克。

【配料】盐 10 克，酱油 8 克，大料适量，香油少许。

【制作】① 胡萝卜洗净，切圆片，入沸水中焯烫，捞出，沥干水分备用。② 花生米放入加了盐、大料的水中煮熟后，捞出。③ 将花生米、胡萝卜片放入盆中加酱油、香油拌匀，码盘即可。

【烹饪技法】焯，煮，拌。

【营养功效】润燥健脑，益气补血。

【健康贴士】花生米不宜与螃蟹同食，易导致腹泻。

香辣花生米

【主料】花生米 250 克，青、红椒各 45 克，香菜、白菜各 50 克，葱 10 克。

【配料】盐 3 克，味精 5 克，生抽、香油各 10 克。

【制作】① 花生米洗净；青、红椒洗净，切成丁；香菜、白菜、葱洗净切碎，放入沸水中焯一下。② 锅置火上，入油烧热，放入花生米、盐炸熟，盛盘；将味精、生抽、香油调成味汁备用。③ 花生米、青红椒、香菜、白菜与味汁搅拌均匀，盛盘，撒上葱末即可。

【烹饪技法】焯，炸，拌。

【营养功效】健脾养胃，补血润燥。

【健康贴士】花生米还可与芹菜搭配食用，具有止血通乳的作用，适合产后乳汁不足的女性食用。

老醋花生

【主料】花生米 500 克，镇江香醋 80 克。

【配料】香菜 10 克，糖 60 克。

【制作】① 锅置火上入油烧热，下入花生米炸至酥脆后捞出装入碗中。② 香菜洗净，切成碎末，撒在花生上，将香醋与糖拌匀后，淋在花生中即可。

【烹饪技法】炸，拌。

【营养功效】健脾开胃，润肤去皱。

【健康贴士】花生米不宜与毛蟹同食，易导致腹泻。

花生米拌莴笋

【主料】花生米 100 克，莴笋 200 克，香菜 5 克。

【配料】花椒 2 克，红辣椒 5 克，大料 2 克，盐、糖各 2 克，蒸鱼豉油 15 克，醋 5 克，熟芝麻、香油适量，鸡精少许。

【制作】① 锅置火上入水，下入花生米、大料煮熟，捞出沥水；莴笋去皮，洗净切片，加盐腌制 5 分钟；香菜洗净，切段。② 炒锅置火上入香油烧热，下入花椒小火炸香，捞出花椒不用，关火余温炸香红辣椒。③ 把莴笋、花生米、香菜、糖、鸡精、蒸鱼豉油、醋拌匀，淋入炸好的麻香油，盛盘后撒上熟芝麻即可。

【烹饪技法】煮，炸，拌。

【营养功效】润肠通便，滋血通乳。

【健康贴士】花生米也可与猪蹄搭配食用，具有补血通乳的作用，适合产后贫血、乳汁不通的女性食用。

油炸花生米

【主料】花生米 300 克。

【配料】植物油 200 克，盐 5 克。

【制作】① 花生米淘洗干净，沥干水分。② 锅置火上，烧热入油，倒入花生米，小火加热，不停翻动，炸至花生米咯咯作响时，再加热30秒，关火，捞出控油，装到盘子内，撒上盐晃匀即可。

【烹饪技法】炸。

【营养功效】开胃消食，润肺止咳。

【健康贴士】花生米含有较多的脂肪，高血脂、糖尿病、胆固醇偏高患者应忌食。

香油开洋蒜苗

【主料】嫩蒜苗300克，海米35克。

【配料】绍酒5克，盐3克，香油15克，味精适量。

【制作】① 海米洗净，切成碎末，放入碗内，加入绍酒、开水、盐、味精浸泡至海米泡软。② 嫩蒜苗洗净，切成3.5厘米长的段，放入沸水锅中焯至断生，捞出，沥干水分，放入盛海米的调味汁碗内拌匀，用小菜盆盖上腌至入味，装入盘内，淋上香油即可。

【烹饪技法】焯，腌，拌。

【营养功效】润肠杀菌，防病强身。

【健康贴士】蒜苗也可与莴笋搭配食用，具有强筋健骨、通便解毒的作用，适合四肢无力、便秘的人的食用。

酸辣蒜苗

【主料】蒜苗350克。

【配料】辣椒油30克，酱油20克，白砂糖、香油、盐、醋、味精各适量。

【制作】① 蒜苗择洗干净，放入沸水锅内煮至断生，捞出凉凉，撕成两半，再切成5厘米长的段备用。② 将蒜苗放入盘内，加入盐、香油拌匀，再加入辣椒油、白砂糖、醋、酱油、味精，拌匀即可。

【烹饪技法】煮，拌。

【营养功效】健脾开胃，醒脾消食。

【健康贴士】蒜苗还可与海带搭配食用，具有健脾消痰的作用，适合脾虚痰多之人食用。

虾米拌卷心菜

【主料】卷心菜250克，虾米100克。

【配料】盐3克，米醋5克，香油8克。

【制作】① 卷心菜洗净，切成2.5厘米见方的小块，入沸水锅内焯烫3分钟，捞出，用凉开水过凉，沥干水分，盛入盘内。② 虾米用沸水发透，放在卷心菜上，加入酱油、米醋、香油、盐拌匀即可。

【烹饪技法】焯，拌。

【营养功效】聪耳明目，清热止痛。

【健康贴士】卷心菜含有一种叫作“硼”的成分，可以活化雌性激素，具有丰胸的作用。

凉拌春蒜苗

【主料】春蒜苗80克，豆腐干200克。

【配料】花椒油50克，盐、味精、红油各适量。

【制作】① 春蒜苗切成1.3厘米长的段，豆腐干切成细丝。② 锅置火上入水烧沸，先放豆腐干丝焯烫，捞出，用凉开水过凉，再放入春蒜苗段略烫捞出，用凉开水过凉。③ 把烫好的豆腐干丝及蒜苗放入一个盆内，加入盐、味精、花椒油、红油拌匀后，放在盘内即可。

【烹饪技法】焯，拌。

【营养功效】消炎止痛，防癌抗癌

【健康贴士】蒜苗为发物，流行性腮腺炎应忌食。

千层卷心菜

【主料】卷心菜500克，甜椒30克。

【配料】盐3克，味精1克，酱油5克，香油5克。

【制作】① 卷心菜、甜椒均洗净，切块，放入沸水中焯烫，捞出，沥干水分。② 将盐、味精、酱油、香油调成味汁，放入卷心菜浸泡10分钟，取出，把卷心菜一层一层叠好放盘中，甜椒放在卷心菜上即可。

【烹饪技法】焯。

【营养功效】清热明目，健脾益肾。

【健康贴士】卷心菜不宜和猪肝一起食用，两者一起食用营养价值会降低。

【巧手妙招】加入适量醋会让此菜更美味。

凉拌卷心菜

【主料】卷心菜 250 克。
【配料】辣椒油 5 克，植物油 15 克，葱末、姜丝各 3 克，盐、味精、白砂糖、醋各适量。
【制作】① 卷心菜洗净，切成细丝。② 炒锅置火上，入油烧至七成熟，放入葱末炝锅，再投入姜丝，加入辣椒油、盐、味精、白砂糖、醋，调和成汁，浇在卷心菜上，拌匀即可。
【烹饪技法】炝，拌。
【营养功效】健脾和胃，益心健骨。
【健康贴士】卷心菜不宜与黄瓜同食，影响人体对维生素 C 的吸收。

蒜味卷心菜

【主料】卷心菜 250 克，蒜瓣 25 克。
【配料】醋 8 克，白砂糖 5 克，盐 3 克。
【制作】① 卷心菜择洗干净，切斜棋子块，入沸水中焯熟，捞出放入凉开水中冷却，沥干水分备用。② 蒜去皮洗净，剁成泥，放入卷心菜中，拌匀装盘，撒上盐、味精，加上醋、白砂糖。③ 麻酱用香油调稀，淋在卷心菜上即可。
【烹饪技法】焯，拌。
【营养功效】排毒减肥，防癌抗癌。
【健康贴士】卷心菜还可与番茄搭配食用，具有益气生津的作用，适合气虚燥热者食用。

香辣五丝

【主料】卷心菜 250 克，冬笋 25 克，水发香菇 100，香油 20 克，青红辣椒各适量。
【配料】辣椒粉 5 克，盐 3 克，植物油 25 克，味精 2 克。
【制作】① 卷心菜洗净，切成细丝；青红椒去子、蒂，洗净，切成细丝；水发香菇、冬笋均切成丝；将卷心菜丝、青红椒丝、笋丝、香菇丝入沸水焯烫，捞出沥水，备用。② 锅置火上，入油烧热，投入红辣椒粉，用小火炸出辣味。③ 将“五丝”放入大碗内，加入盐、味精拌匀，淋上辣椒油即可。
【烹饪技法】焯，炸，拌。
【营养功效】益气补血，润肠清便。
【健康贴士】香菇不宜与鹌鹑蛋同食，易导致面部生黑斑。

卷心菜皮蛋

【主料】卷心菜 150 克，皮蛋 250 克。
【配料】酱油适量。
【制作】① 皮蛋去蛋壳，每个纵向切成六瓣，使其呈橘子瓣状，摆入盘中。② 卷心菜择洗干净，切成长 2 厘米、宽 2.5 厘米的片，放入锅中蒸熟，取出放在皮蛋上，淋上少许酱油即可。
【烹饪技法】蒸。
【营养功效】健脾益肾，清热泻火。
【健康贴士】卷心菜还可与虾仁搭配食用，具有强身健体、防病抗病的作用，适合久病体虚者食用。

红果拌菜花

【主料】菜花 250 克，红果罐头 250 克。
【配料】白砂糖 50 克。
【制作】① 菜花掰成小朵，洗净后，放入沸水中烫一下，捞出，沥干水分，放入大盘内。② 打开红果罐头，连汁一起浇在菜花上，加入白砂糖拌匀即可。
【烹饪技法】拌。
【营养功效】养胃生津，润肺爽喉。
【健康贴士】菜花富含维生素 E，能增强机体的抗病能力，适合体质弱的人食用。

青椒拌菜花

【主料】菜花 300 克，青椒 50 克。
【配料】香油 5 克，白砂糖 10 克，白醋 15 克，盐少许。
【制作】① 菜花洗净，切成小块；青椒去蒂、子，洗净，切成小块。② 将青椒和菜花放入沸水中焯熟，捞出，用凉水过凉，沥干水分，放入盘内。③ 菜花、青椒内放入盐、白砂糖、白醋、香油，拌匀即可。

【烹饪技法】焯，拌。

【营养功效】养胃生津，爽喉润肺。

【健康贴士】菜花也可与香菇搭配食用，具有利肠胃、壮筋骨、降血脂的作用，适合食欲不振、消化不良、腰膝酸软、肥胖等人食用。

【巧手妙招】菜花容易生菜虫，在吃之前，可将菜花放在盐水中浸泡几分钟，菜虫就跑出来了，还有助于去除残留农药。

酸辣姜汁菜花

【主料】菜花 500 克，姜 20 克。

【配料】干红辣椒 5 克，白醋 8 克，盐 2 克，味精 2 克，香油 8 克。

【制作】① 菜花去根折叶洗净，掰成小块，入沸水中焯熟，尚脆时用漏勺捞出趁热撒上盐，拌匀腌制 10 分钟；干红辣椒洗净，切段；姜去皮洗净，加盐捣烂，续加白醋、味精制成姜汁。② 将腌好的菜花茎朝里，排码成半圆球形，放上辣椒段，另将香油烧热浇在辣椒段上，扣上碗略焖，食用时浇上姜汁拌匀即可。

【烹饪技法】焯，拌，焖。

【营养功效】清肝明目，排毒养颜。

【健康贴士】猪肝不宜与菜花同食，会降低人体对两种食物中营养元素的吸收。

珊瑚菜花

【主料】菜花 250 克，番茄酱 10 克，青柿子椒 20 克。

【配料】盐 3 克，糖 4 克，香油 8 克，味精 2 克。

【制作】① 菜花洗净，切成小块，放沸水锅中焯熟，捞出凉凉，放在盘内。② 柿子椒去蒂、子，洗净，放沸水中烫至变深绿色，即捞出凉凉，切成小块，放到菜花盘内，撒上盐拌匀。③ 取小碗加番茄酱、水、糖、盐、味精、香油调拌均匀，浇在菜花上即可。

【烹饪技法】焯，拌。

【营养功效】补虚祛风，防癌抗癌。

【健康贴士】牛奶不宜与菜花同食，两者同食会影响人体对钙的消化吸收。

酸辣瓜皮

【主料】西瓜皮 300 克。

【配料】辣椒丝，姜丝、白砂糖各 10 克，盐、醋各 5 克，味精、香油各适量。

【制作】① 西瓜皮削去外皮，切条，放大碗内，撒盐，揉匀腌渍充分，挤去水分，撒上白砂糖拌匀，盖上保鲜膜放冰箱里冷藏 30 分钟。② 取出冷藏后的瓜皮，撒上辣椒丝、姜丝、醋、盐和味精，淋入香油，拌匀装盘即可。

【烹饪技法】腌，冷藏，拌。

【营养功效】开胃生津，清暑解热。

【健康贴士】西瓜皮还可与薄荷搭配食用，具有生津止渴、醒脑提神的作用，适合口干咽燥、干咳少痰、神疲乏力者食用。

凉拌西瓜皮

【主料】西瓜皮 350 克。

【配料】红椒 10 克，大蒜 10 克，盐、生抽、白砂糖、香油适量。

【制作】① 西瓜皮削去外皮，切成薄片，放大碗内，撒盐，揉匀腌制；大蒜去皮，洗净，切成末；红椒洗净，切丝。② 将腌好的瓜皮用凉白开冲洗一下，挤去水分，加入蒜末、红椒丝、盐、生抽、白砂糖、香油拌匀，放入冰箱冷藏 30 分钟取出即可。

【烹饪技法】腌，拌，冷藏。

【营养功效】健脾消暑，生津止渴。

【健康贴士】西瓜皮不宜与羊肉同食，会伤元气。

酱味瓜皮

【主料】西瓜皮 500 克。

【配料】植物油 5 克，老抽 50 克，料酒 3 克，植物油 20 克，香油 5 克，盐、白砂糖、味精各适量。

【制作】① 西瓜皮削去外皮，除去瓜瓤，只留近外皮绿色的一层，置太阳下晒至六成干。② 将晒好的瓜皮洗净，放沸水中煮一下，除去瓜青味，捞出，放凉开水中冲洗，挤干水，切成小丁。③ 瓜皮中加酱油、盐、白砂糖、水，拌均匀后，腌浸半小时后加入味精，淋上香油拌匀即可。

【烹饪技法】煸炒，拌，焖。

【营养功效】清热解暑，除烦止渴。

【健康贴士】西瓜皮也可与冰糖搭配食用，具有祛暑消肿、消除烦渴的作用，适合暑热口渴、水肿、心烦气躁者食用。

糖醋瓜皮

【主料】西瓜皮 250 克。

【配料】盐 5 克，白砂糖 20 克，醋 15 克，红辣椒、香油、味精各适量。

【制作】① 西瓜皮削掉外皮，除去内层红瓤，洗净，切成细丝，放盘内加盐，腌 20 分钟，滗去盐水，加入白砂糖、盐、味精拌匀。② 红辣椒去蒂、子，洗净，切成细丝放在西瓜皮上，淋上香油拌匀即可。

【烹饪技法】腌，拌。

【营养功效】嫩肤美白，锁水保湿。

【健康贴士】西瓜皮不宜与油炸食品同食，会下痢。

蒜酱冬瓜块

【主料】冬瓜 500 克，蒜 10 克。

【配料】生抽 5 克，盐 3 克，味精 2 克。

【制作】① 先将冬瓜洗净去皮，切成块，用沸水焯熟装盘。② 蒜切成蒜末，将蒜末、生抽、盐、味精与冬瓜拌匀，浸泡 2 小时即可。

【烹饪技法】焯，拌。

【营养功效】解毒除湿，利水消肿。

【健康贴士】冬瓜具有祛湿利水的作用，适合虚火旺盛的人食用。

酸辣冬瓜片

【主料】冬瓜 500 克。

【配料】醋 10 克，红辣椒 5 克，花椒油 5 克，盐适量。

【制作】① 红辣椒洗净，去瓤、子，切成丝；冬瓜洗净，去皮、瓤，切成片，用沸水焯烫。② 把红辣椒丝、花椒油、盐加入冬瓜片，拌匀即可。

【烹饪技法】焯，拌。

【营养功效】减肥瘦身，利尿消肿。

【健康贴士】冬瓜还可与甲鱼搭配食用，具有补血明目、瘦身养颜的作用，适合头晕目眩、肥胖等病症患者食用。

虾皮冬瓜丝

【主料】冬瓜 500 克，虾皮 25 克。

【配料】蒜、葱各 5 克，盐 3 克，味精 2 克，花椒油 5 克。

【制作】① 蒜去皮，切末；葱洗净，切丝；冬瓜洗净，去皮、瓤，切成丝，用沸水焯一下。② 把虾皮、蒜末、葱丝、盐、味精、花椒油投入冬瓜丝中，拌匀即可。

【烹饪技法】焯，拌。

【营养功效】润肺生津，去脂降压。

【健康贴士】虾皮不宜与黄豆同食，会影响消化。

橙汁荸荠

【主料】荸荠 400 克，橙汁 100 克。

【配料】白砂糖 30 克，水淀粉 25 克。

【制作】① 荸荠洗净，去皮，切块，入沸水中煮熟，捞出，沥干水分；橙汁加热，加白砂糖、水淀粉勾芡成汁。② 将加工好的橙汁淋在荸荠上，腌渍入味即可。

【烹饪技法】煮，腌。

【营养功效】清热润肺，生津解渴。

【健康贴士】荸荠性寒，脾肾虚寒者不宜食用。

【巧手妙招】用现榨的橙汁，味道会更鲜美。

酒酿荸荠

【主料】荸荠 400 克。
【配料】醪糟 20 克，枸杞 15 枚。
【制作】① 荸荠去皮，洗净；枸杞洗净。② 将荸荠整齐放入盘中，浇上醪糟，撒上枸杞即可。
【烹饪技法】浇汁。
【营养功效】清热开胃，消食生津。
【健康贴士】荸荠性寒，有血瘀者忌食。

缤纷拌菜

【主料】黄瓜 300 克，香菜 100 克，胡萝卜 200 克，豆腐干 100 克，水发双耳 200 克，蒜 15 克。
【配料】陈醋 10 克，白砂糖 5 克，盐 3 克，生抽 5 克，香油 10 克，辣椒油 5 克，鸡精少许。
【制作】① 将全部配料放入碗中混合搅拌均匀备用。② 双耳用水泡发，去蒂冲洗干净，撕成小块沥干水分，黄瓜、胡萝卜、豆腐干洗净切丝，香菜洗净切段，生蒜去衣切成蒜末，一并装入大碗。③ 将搅拌均匀的配料倒入大碗中，拌匀即可。
【烹饪技法】拌。
【营养功效】健脾开胃，补血防病。
【健康贴士】香菜性味辛、温，具有发汗透疹，消食下气的作用，适用感冒、小儿麻疹或风疹透发不畅、饮食积滞、消化不良等病症患者食用。
【巧手妙招】① 黄瓜一定要切粗丝，因为放入调料后，黄瓜就会缩水。② 材料中全部为生菜，所以清洗干净后最好放入清水中静置 20 分钟，可有效去除农药残留。③ 青菜可替换成自己喜欢的，但是生蒜一定要放，有杀菌的功效。

农家乐大拌菜

【主料】紫甘蓝 100 克，生菜 100 克，圣女果 50 克，樱桃萝卜 50 克，黄甜椒 50 克，黄瓜 100 克。
【配料】陈醋 10 克，白砂糖 5 克，盐 3 克、生抽 5 克，香油 10 克，辣椒油 5 克，鸡精少许。
【制作】① 主料均洗净，改刀，紫甘蓝、黄甜椒入水中焯熟。② 将全部配料放入碗中混合搅拌均匀，倒在主料上拌匀即可。
【烹饪技法】焯，拌。
【营养功效】生津除燥，安神降压。
【健康贴士】生菜具有健脾益气的作用，适合慢性支气管炎、肺气肿、支气管哮喘患者食用。

禽蛋类

茶蛋

【主料】鸡蛋 500 克，上等茶叶 100 克。
【配料】盐 5 克。
【制作】① 锅置火上入水，放入鸡蛋煮熟，冷水过凉，剥去外皮，茶叶用沸水泡开。② 净锅置火上，加茶叶水、盐，将鸡蛋放入，用小火煮 10 分钟，取出即可。
【烹饪技法】煮。
【营养功效】提神醒脑，消除疲劳。
【健康贴士】鸡蛋不宜与鹅肉同食，会伤元气。

玛瑙蛋

【主料】鲜鸡蛋 250 克，咸鸭蛋 120 克，松花蛋 100 克。
【配料】香菜 5 克，香油 10 克。
【制作】① 鸡蛋打开，留清去黄；咸鸭蛋打开，留黄去清；松花蛋去壳，洗净；香菜择洗干净，切段备用。② 将咸鸭蛋黄、松花蛋切成丁放入蛋白液中搅匀，倒入方盘中，上笼蒸 5 ~ 6 分钟，取出凉凉。③ 把蒸好的玛瑙蛋坯取出，切成菱形块淋上香油，撒上香菜即可。
【烹饪技法】蒸。
【营养功效】明目醒脑，提神健体。
【健康贴士】松花蛋性凉，适用牙周病、口疮、咽干口渴等人食用。

叉烧鸽蛋

【主料】鸽蛋 240 克，虾仁 100 克，肥膘肉 50 克，猪花油网 2 大张，鸡蛋清 50 克。
【配料】香葱 250 克，葱椒 20 克，黄酒、干淀粉、葱姜汁、味精、植物油各适量。
【制作】① 鸽蛋煮熟，剥去外壳，切去两头，盛入碗内，加入葱椒、黄酒、味精拌匀备用。② 虾仁、肥肉膘分别剁成细茸，放入碗中，加入葱姜汁、料酒、蛋清、盐、味精，搅拌成虾茸。③ 猪花油网洗净晾干，平摊在案板上扑上干淀粉，虾茸分别放在两张网上抹平，每张网上放个鸽蛋，卷成一个圆形条，在每只鸽蛋的间隙外用细绳扎牢，以便改刀成段。④ 锅置火上，入油烧至六成热时，将卷好的鸽蛋放入油锅内炸 10 秒捞出。另取烤盘一只，盘底垫上香葱，将鸽蛋叉烧生坯放在葱上送进烤炉内烤约 10 分钟取出，切段，装盘即可。
【烹饪技法】煮，炸，烤。
【营养功效】滋阴补肾，益气补血。
【健康贴士】鸽蛋的脂肪含量较低，适合高血脂患者食用。

烤椒皮蛋

【主料】皮蛋 150 克，鲜嫩青椒 100 克，菜叶 100 克。
【配料】酱油 5 克，味精 2 克，香油 8 克。
【制作】① 菜叶洗净，青椒洗净，用菜叶包裹，放于炭火上烧到青椒微带煳点，弃去菜叶，将青椒切成马耳朵形。② 皮蛋剥壳用清水洗净，切成橘瓣形，与青椒盛于同一盘上。③ 酱油、味精、香油放入碗内调匀，浇在青椒、皮蛋上即可。
【烹饪技法】烤，浇汁。
【营养功效】清热消炎，养心养神。
【健康贴士】皮蛋具有清热泻火的作用，适合便秘者食用。

蒸风尾蛋

【主料】鸡蛋 200 克，鸡蛋清 60 克，虾泥子100克，紫菜10克，浓菠菜汁50毫升。

【配料】水淀粉10克，盐3克，味精1克，植物油适量。

【制作】① 鸡蛋破开，蛋清分装两碗，蛋黄一碗，其中一个蛋清碗内加入菠菜汁和水淀粉调匀，三碗均加盐、味精打匀，即成3种不同颜色的蛋液。② 锅置火上，入油烧热，将3种不同色泽的鸡蛋液摊成三张蛋皮，余下的蛋液中各加入水淀粉调匀备用。③ 蛋皮划成15厘米宽的长方形，先将白蛋皮摊开，在其中心4～6厘米宽处顺长抹上白蛋液，叠上绿蛋皮，在蛋皮中心按前法抹上绿蛋液，再叠上黄蛋皮，也在中心抹上黄蛋液。在蛋皮中心贴上4～6厘米宽的紫菜，在紫菜中心抹上虾泥子呈圆柱形，最后将三层蛋皮顺长对折成卷，放在抹过油的鱼盘内，上蒸笼内小火蒸5～6分钟，取出凉凉，食用时顶刀切成片，形同孔雀尾巴的羽毛。

【烹饪技法】煎，蒸。

【营养功效】滋阴益血，健脑益智。

【健康贴士】牛奶不宜与紫菜同食，同食容易致人上吐下泻，对健康极为不利。

咸蛋虾卷

【主料】鸡蛋150克，咸蛋黄100克，鲜虾仁200克。

【配料】盐3克，味精2克，料酒5克，水淀粉5克，植物油、葱姜汁各适量。

【制作】① 鸡蛋磕破，留20克蛋清，其余打成蛋液，烙成一张蛋皮；虾肉去虾线洗净，剁成泥，加盐、味精、葱姜汁、少量淀粉、植物油及蛋清搅拌成茸泥。② 将蛋皮裁成方形，把虾茸泥平抹在蛋皮上，咸蛋黄卷在中间，卷紧，再用洁布裹严，上笼蒸熟，取出凉凉，去布后即可切片装盘。

【烹饪技法】烙，拌，蒸。

【营养功效】开胃消食，通乳抗毒。

【健康贴士】咸蛋黄中胆固醇含量非常高，心脑血管病人、高血压、高血脂病人要少吃或者不吃。

双蛋彩拼

【主料】松花蛋150克，咸鸭蛋2个，番茄250克。

【配料】鲜芹菜叶5克，香油8克，生抽5克，醋8克，姜末适量。

【制作】① 松花蛋、咸鸭蛋剥皮，均切成西瓜瓣形；番茄洗净，用刀从顶部分五等份，向四周切，使底部相连，轻轻掰开成花朵形状。② 取大平盘一个，番茄放在中间，周围交替码一圈松花蛋瓣和一圈咸鸭蛋瓣，再把芹菜叶放在番茄花旁。③ 香油、生抽、醋、姜末放入碗内调成三合油，食前浇在拼盘上即可。

【烹饪技法】浇汁。

【营养功效】开胃美容，滋阴补血。

【健康贴士】番茄不宜与猕猴桃同食，会降低营养。

咸蛋黄瓜筒

【主料】咸鸭蛋黄60克，黄瓜350克，红樱桃2粒。

【配料】盐3克，味精2克。

【制作】① 选用直径3.5厘米粗细的黄瓜，洗净消毒后切去两头，切成1.5厘米长的段，在每段一头的断面上，用小匙将瓜瓤挖去，成为1厘米深的凹沟，放碗内稍加盐、味精腌渍。红樱桃应切成小红粒备用。② 熟蛋黄切成小粒，倒入黄瓜凹窝内抹平，点缀上红樱桃粒，整齐地摆入盘中即可。

【烹饪技法】腌。

【营养功效】防暑祛病，清热去火。

【健康贴士】咸鸭蛋黄不宜与甲鱼同食，会引起身体不适。

香熏鹌鹑蛋

【主料】鹌鹑蛋400克，锅巴50克。

【配料】红糖5克，茶叶20克，葱、姜、白砂糖、盐、花椒、大料、丁香、酱油、料酒、香油、鲜汤各适量。

【制作】① 鹌鹑蛋煮熟，剥去外壳。② 锅中放入鲜汤，加入酱油、料酒、白砂糖、葱、姜、盐、大料、花椒、丁香、鹌鹑蛋，放在火上煮沸转小火卤煮 10 分钟，捞出，沥干水分备用。③ 锅内放入锅巴、茶叶、红糖，将鹌鹑蛋置于金属锅箅上，盖严锅盖上火烧 3 分钟，待烟消散后取出，刷上香油凉凉后装盘即可。

【烹饪技法】煮，卤，熏。

【营养功效】益气补血，悦色减皱。

【健康贴士】鹌鹑蛋还可与银耳搭配食用，可治疗脂溢性秃发。

蛋皮拌韭芽

【主料】鸡蛋 200 克，方腿肉 50 克，韭菜芽 100 克，笋肉 300 克。

【配料】香油 8 克，生抽 5 克，盐 3 克，味精、白砂糖各适量。

【制作】① 鸡蛋磕入碗内打散，在锅内摊成 2 张蛋皮，切成象眼片；韭菜芽洗净，切成 4 厘米长的段，放入沸水锅内焯烫，捞出沥干水分；方腿肉切成丝；笋肉切成细丝，放入沸水锅内焯熟，捞出，沥干水分。② 将笋丝、韭菜芽、鸡蛋皮放入盘内，加入生抽、盐、味精、白砂糖拌匀入味，撒上方腿肉丝，淋上香油即可。

【烹饪技法】煎，焯，拌。

【营养功效】保肝护肾，滋阴补血。

【健康贴士】笋不宜与红糖同食，对身体不利。

鸡蛋菠菜泥

【主料】鸡蛋 200 克，菠菜 75 克，面粉 15 克，牛奶 50 克。

【配料】黄油 5 克，辣酱油 5 克，盐 3 克，胡椒粉、味精各适量。

【制作】① 菠菜择洗干净，焯熟，切碎，炒锅置火上，放入黄油、面粉，稍炒后倒入牛奶、菠菜泥，加入辣酱油、盐、胡椒粉和味精煮沸后，离火，凉凉备用。② 鸡蛋煮熟，去壳，切成两半，将黄挖出，填入菠菜泥，蛋黄搓碎，抹在做好的鸡蛋上即可食用。

【烹饪技法】焯，炒，煮。

【营养功效】补血活血，调中利肠。

【健康贴士】菠菜中含有丰富的叶酸，而缺乏叶酸会导致脑中的血清素减少，出现无法入睡、健忘、焦虑等症状，因此多吃菠菜心情好。

白玉水晶蛋

【主料】鸡蛋 300 克，猪皮冻 150 克，熟火腿茸 10 克。

【配料】盐 3 克，味精 2 克，料酒 5 克，醋 5 克，香油 8 克，香菜适量。

【制作】① 鸡蛋用沸水煮至五成熟时取出，用凉开水冰一下，剥去大头外壳，并在大头挖出一个小洞，将蛋黄倒出他用，再用清水冲洗，逐一坐在酒杯上。② 猪皮冻加热熬化，凉至微温快凝时放入火腿茸，搅拌均匀，逐一灌入空心蛋中凉凉即成白玉水晶蛋。③ 剥去蛋的外壳，切成船形，菊花样码入盘中，用香菜点缀周边，将盐、味精、料酒、醋、香油拌成调味碟，一同上桌即可。

【烹饪技法】煮，熬，拌。

【营养功效】健脾开胃，润肝明目。

【健康贴士】鸡蛋不宜与甲鱼同食，对身体不利。

五彩蛋白卷

【主料】鸡蛋清 90 克，胡萝卜丝 100 克，香菇丝 100 克，笋丝 100 克，青椒丝、红椒丝各 15 克。

【配料】盐 3 克，花椒油 5 克，味精 3 克，水淀粉 6 克，植物油适量。

【制作】① 蛋清打散，加入少量盐、水淀粉搅拌均匀，倒入薄涂植物油的大碗中隔水蒸成蛋白糕，将其片成稍大的大薄片。② 放胡萝卜丝、香菇丝、笋丝、青椒丝、红椒丝入沸水锅中焯熟，捞出，用凉水冲凉，拌入盐、味精、花椒油，以大薄蛋白片卷成圆条，斜切成段，成荸荠状，在盘内码成花朵形即可。

【烹饪技法】蒸，焯。

【营养功效】补血益气，健脑益智。

【健康贴士】鸡蛋不宜与茶同食，同食会影响人体对蛋白质的吸收和利用。

蕨菜拌松花

【主料】松花蛋 4 只，干蕨菜 50 克。

【配料】盐、味精、料酒、香油、辣椒油、蒜末各适量。

【制作】① 蕨菜放入沸水中浸泡至回软发透时，捞出择洗干净，再放入沸水中汆透，捞出沥水，改刀切成 3 厘米长的段，用凉开水反复洗几遍，挤干水分，装入碗中，加盐、料酒、味精、香油、辣椒油、蒜末拌匀，堆在盘子中央。② 松花蛋洗净后放入锅内煮 5 分钟，捞出后剥去蛋皮，改刀切成西瓜瓣，围摆在蕨菜四周即可。

【烹饪技法】汆，拌，煮。

【营养功效】健脾益胃，清热止咳。

【健康贴士】豆浆不宜与鸡蛋同食，会阻碍蛋白质的分解。

松花拌豆腐

【主料】松花蛋 200 克，嫩豆腐 200 克。

【配料】味精 2 克，盐 3 克，姜末、葱末、香油各适量。

【制作】① 松花蛋去壳洗净，上笼用大火蒸 2 分钟凝固取出，切成 1 厘米见方的丁；豆腐切成同样大的丁，放入沸水中焯一下。② 将松花蛋丁、豆腐丁放入碗内，加入盐、味精、姜末、葱末、香油颠翻均匀，装盘即可。

【烹饪技法】焯，拌。

【营养功效】开胃健脾，清热去火。

【健康贴士】豆腐具有健胃养胃的作用，小孩、老年人消化不良时多吃豆腐可改善消化不良症状。

皮蛋虾蔬豆腐

【主料】皮蛋 120 克，嫩豆腐 300 克，豌豆苗、胡萝卜各 100 克，水发海米 15 克，榨菜 10 克。

【配料】姜、葱各 5 克，生抽 5 克，醋 5 克，香油 10 克，辣椒油 5 克，盐、味精各适量。

【制作】① 皮蛋切成小块；豆腐切成 0.5 厘米见方的丁；胡萝卜洗净，切成薄片；海米用沸水焯一下，榨菜、葱、姜、海米切成碎粒；豌豆苗、豆腐、胡萝卜片焯水后用凉开水投凉。② 盘底垫豌豆苗、胡萝卜片上放豆腐丁，再放上皮蛋块，将榨菜、葱、姜、海米切成的碎粒放进碗里，加入生抽、醋、香油、辣椒油、盐、味精调制成汁，浇在皮蛋、豆腐上即可。

【烹饪技法】焯，浇汁。

【营养功效】清热解毒，养颜降压。

【健康贴士】皮蛋的含铅量高，儿童不宜食用。

蛋黄酱拌豇豆

【主料】鸡蛋 200 克，嫩豇豆 150 克，泡辣椒 2 个，鸡鲜汤 25 毫升。

【配料】白砂糖 5 克，盐 3 克，味精、香油各适量。

【制作】① 豇豆择去两端，洗净放入沸水中焯熟，捞出沥干水分，切成段，放盘中撒上盐，拌匀腌制 20 分钟；泡红辣椒切成细丝。② 鸡蛋放入锅中煮熟，冷水投凉剥去外壳，将蛋黄与蛋白分开。蛋白切成条，撒在腌过的豇豆上，蛋黄放入小碗内，加入鸡汤研碎调匀，加入盐、白砂糖、味精和香油，浇在腌过的豇豆上，撒上泡红辣椒丝即可。

【烹饪技法】焯，煮，腌。

【营养功效】健脾开胃，清脂减肥。

【健康贴士】鸡蛋还可与椰子搭配食用，具有滋阴润燥、清热除烦的作用，适合口咽少津、手足心热的人食用。

鲜椒松花茄

【主料】红椒 50 克，茄子 100 克，皮蛋 00 克。

【配料】盐、味精各 3 克，香油、红油、陈醋各适量。

【制作】① 红椒洗净，切碎末；茄子去皮，洗净，切条；皮蛋去壳，切块，摆入盘边。② 锅置火上，入油烧热，下红椒、茄子炸熟，调入盐、味精，装入摆有皮蛋的盘中，淋上陈醋、红油即可。

【烹饪技法】炸。

【营养功效】开胃解腻，生津润肺。

【健康贴士】皮蛋性凉，适合耳鸣、火旺等病症患者食用。

双椒皮蛋

【主料】皮蛋 250 克，青、红椒各 30 克。

【配料】盐 4 克，味精 2 克，酱油、香油各适量。

【制作】① 青、红椒洗净，切条；皮蛋去皮，切成片，摆放在盘子里备用。② 青、红椒放入锅中干煸片刻，去掉水分，加入盐、味精、酱油、香油拌匀，淋在皮蛋上即可。

【烹饪技法】煸，拌。

【营养功效】开胃健脾，补脑益智。

【健康贴士】黄豆芽不宜与皮蛋同食，易致腹泻。

果仁皮蛋

【主料】皮蛋 150 克，熟花生米 80 克。

【配料】青、红椒各 15 克，盐 3 克，醋 8 克，香油 10 克，味精 2 克，生抽 8 克。

【制作】① 皮蛋洗净，去壳，切成小瓣；花生米剁碎；青、红椒洗净，去子，切成丁。② 锅置火上，入油烧热，放入青、红椒炒香，下盐、醋、香油、味精、生抽，调成味汁，淋在皮蛋上，撒上花生米即可。

【烹饪技法】炒，浇汁。

【营养功效】清热解暑，健脑防老。

【健康贴士】皮蛋性凉，适合牙痛、眩晕等病症者食用。

荤菜类

蒜泥白肉

【主料】连皮猪腿肉 400 克。

【配料】盐 3 克，味精 2 克，红油、酱油、白糖、香油各 5 克，大蒜 30 克，冷汤适量。

【制作】① 连皮猪后腿肉处理干净，入冷水锅中煮熟后捞出，趁热片成薄片，摆放于圆盘中。② 大蒜捣成蒜蓉，加香油、盐、冷汤调制成糊，加入红油、酱油、白糖、味精拌匀，兑成味汁，汁淋在盘中即可。

【烹饪技法】煮，拌。

【营养功效】健脾开胃，补气调理。

【健康贴士】猪瘦肉与皮蛋熬粥喝，可养阴益气。

典食趣话：

据说，生活在东北的满族人曾有一个传统大礼叫作“跳神仪”，无论富贵官宦，还是平民百姓，其室内必供奉神牌，敬神祭祖，他们在春秋节择日祭祀后，就会吃“跳神肉”。这种“跳神肉”就是将猪肉用白水煮熟，不加一点儿盐和酱，煮好后片开食用。宋代时，满族人的“白肉”传到京城开封。有一位曾经在江浙一带宦游的四川罗江人刘化楠，将“白肉”的烹饪方法记了下来。到了晚清，“白肉”“椿芽白肉”之类的菜肴已经开始出现在成都餐馆，但是将白肉加蒜泥调和红油等调料调味，则是清代以后的事情了。

葱末拌肉片

【主料】猪肉片 400 克，葱末、红椒末各 30 克，熟芝麻 10 克。

【配料】盐、味精各 3 克，姜块 5 克，花椒粒、大料瓣各适量。

【制作】① 猪肉片处理干净，入沸水锅中煮 10 分钟捞出，切成小长条，放入盆内，加沸水烫一遍，洗净余油。② 锅中注入清水，放入肉片，将各种配料用纱布包好扎紧，放入锅中加水煮沸，撇去浮沫，转小火熬 2 小时取出调料袋。③ 捞出肉丝，调入盐、味精，倒入盘中凉凉，撒熟芝麻、葱末、红椒末即可。

【烹饪技法】煮，熬。

【营养功效】健脾开胃，补肾健体。

【健康贴士】猪肉也可与莴笋搭配食用，具有补益气血的作用，适合气虚、贫血者食用。

白切猪脖肉

【主料】猪脖肉 300 克，生菜 200 克。

【配料】盐 3 克，味精 1 克，醋 8 克，生抽 15 克。

【制作】① 猪脖肉洗净，切片；生菜洗净，撕开排于盘中。② 锅内注水烧沸，放入肉片焯熟后，捞出晾干并装入碗中，加入盐、味精、醋、生抽拌匀腌渍 20 分钟后，装入排有生菜的盘中即可。

【烹饪技法】焯，拌，腌。

【营养功效】补肾养血，滋阴润燥。

【健康贴士】猪肉也可与茶树菇搭配食用，具有增强免疫力的作用，适合感冒反复发作、扁桃体炎反复发作的人食用。

蒜香猪脖肉

【主料】猪脖肉 300 克。
【配料】料酒 5 克，香油 10 克，苹果醋 5 克，豉油、番茄酱、烧烤汁、姜、红糖、柠檬汁、辣椒、蒜蓉、蜂蜜各适量。
【制作】① 猪脖肉处理干净，用料酒、香油、豉油、番茄酱、烧烤汁、姜、红糖腌渍一晚。② 放入烤箱用 180℃的火烤 30 ～ 40 分钟，中途两次翻面并需加上腌汁及蜜糖。③ 烤熟后放凉，切块，食用时蘸上用柠檬汁、苹果醋、辣椒、蒜蓉、蜂蜜调匀的酱汁即可。
【烹饪技法】腌，烤。
【营养功效】解毒强肾，益气补虚。
【健康贴士】猪肉还可与芋头搭配食用，具有养胃益气的作用，适合食物不振、气虚的人食用。

芝麻猪肉

【主料】大蒜 60 克，猪肉 500 克，芝麻 70 克。
【配料】香油 10 克，辣椒油 10 克，酱油 10 克，盐 5 克，鸡精 1 克。
【制作】① 大蒜去衣，剁成蒜泥，加辣椒油、盐、鸡精、酱油、香油调匀，制成味汁；猪肉洗净，放入沸水锅内煮熟，捞出凉凉，片成长薄片备用。② 将味汁浇在肉片上，拌匀，撒上芝麻即可。
【烹饪技法】煮，拌。
【营养功效】补肾壮腰，利水消肿。
【健康贴士】猪肉不宜与黄连同食，会降低药效，且易导致腹泻。

酱香猪嘴

【主料】猪嘴 500 克。
【配料】香料包（内含大料、桂皮、艾叶各适量）1 个，料酒、酱油各 20 克，干红椒、味精、姜各 5 克，盐 3 克。
【制作】① 猪嘴处理干净，放入沸水中焯一下，去除血水；姜洗净，切丝。② 锅中加入香料包、料酒、酱油、干红椒、盐、味精、姜、清水煮开，放入猪嘴，小火炖 2 个小时，捞出猪嘴，沥干水分放凉，切片，装盘即可。
【烹饪技法】焯，炖。
【营养功效】强身开胃，养阴健脾。
【健康贴士】猪肉不宜与羊肝同食，易导致心闷。

凉拌猪耳

【主料】猪耳朵 1 个。
【配料】香油、白酒、醋、酱油、辣椒油 8 克，姜片 6 克，蒜末、香菜、葱末各 5 克，香叶 3 片，茴香子 2 克，干薄荷 2 克，熟芝麻 5 克，白砂糖、盐适量。
【制作】① 猪耳处理干净，与姜片 3 克一起入沸水锅焯烫，捞起过凉，用打火机燎去残留毛发，抹盐腌制 5 分钟，冲洗干净。② 净锅置火上，入水，放入猪耳、白酒，加盖焖煮片刻，倒入香叶、小茴香、干薄荷叶、姜片同煮至猪耳熟透，捞出凉凉切片，加入葱末、香菜、熟芝麻、蒜末、白砂糖、香油、盐、酱油、醋、辣椒油拌匀入味即可。
【烹饪技法】焯，焖，拌。
【营养功效】补虚损，健脾胃。
【健康贴士】适宜于气血虚损、身体瘦弱者食用。

蒜汁猪脸

【主料】猪脸 600 克，蒜头 50 克。
【配料】盐、味精各 4 克，酱油 8 克，香油 10 克，料酒 15 克。
【制作】① 猪脸处理干净；蒜头去皮备用。② 猪脸入水锅，加入盐、酱油、料酒煮好，捞出放凉，切大片装盘。③ 将蒜头捣碎放碟里，然后加味精、香油和一点儿水做成蒜汁，食用猪脸时蘸蒜汁即可。
【烹饪技法】煮。
【营养功效】补肾健脾，杀菌解毒。
【健康贴士】猪脸肉还可与淡菜搭配食用，具有补肾益精、滋阴养血的作用，适合腰膝酸软、形体消瘦、少眠等患者食用。

黄瓜拌白肉

【主料】熟猪肉 300 克，嫩黄瓜 100 克。
【配料】酱油 40 克，香油 10 克，醋 8 克，大蒜适量。
【制作】① 黄瓜洗净，一剖两瓣，切成斜刀片；熟猪肉切薄片；大蒜拍碎，剁成泥。② 放入黄瓜置盘内垫底，熟肉放在黄瓜上面，加入蒜泥、酱油、香油、醋拌匀即可。
【烹饪技法】拌。
【营养功效】清热解毒，滋阴润燥。
【健康贴士】猪肉性温，老少皆宜。

肉丝拌海带

【主料】水发海带 150 克，猪瘦肉 100 克。
【配料】植物油 25 克，姜丝 5 克，生抽 5 克，醋 5 克，盐 2 克，辣椒油 8 克，白砂糖 3 克，味精 1 克，香油 8 克。
【制作】① 海带洗净，切丝，用沸水焯一下，冷水过凉，捞出，沥干水分，放入盘内；瘦肉洗净，切成丝。② 锅置火上，入油烧热，放入肉丝炒熟，凉凉，放在海带丝顶上，再放上姜丝，加入生抽、醋、盐、辣椒油、白砂糖、味精、香油拌匀即可。
【烹饪技法】焯，炒。
【营养功效】清热解毒，润肺化痰。
【健康贴士】一般人都可食用，尤其适合青少年、儿童食用。

肉丝拌腐竹

【主料】熟猪瘦肉 200 克，腐竹 100 克，黄瓜 100 克，海米 10 克。
【配料】香菜 5 克，香油 8 克，生抽 5 克，盐 3 克，味精 1 克，醋、蒜泥各适量。
【制作】① 腐竹用凉水泡发，切丝；熟猪瘦肉切细丝；黄瓜刷洗干净，切丝；香菜洗净，切 2 厘米长段；海米用沸水泡软，洗净。② 盘内依次码入黄瓜丝、肉丝、腐竹丝，拼摆成馒头形，放入海米，撒上香菜，再浇以用各种调料兑好的味汁，食前拌匀即可。
【烹饪技法】拌。
【营养功效】益气开胃，补虚健体。
【健康贴士】腐竹还可与蘑菇、青豆搭配食用，可补充植物蛋白，营养更丰富。

凉拌什锦肉丝

【主料】熟猪肉、熟火腿各 100 克，熟鸡肉、水发海米、水发冬菇各 40 克，鸡蛋 150 克，菠菜心 50 克。
【配料】生抽 5 克，醋 8 克，味精、芥末糊、香油、植物油各适量。
【制作】① 菠菜心洗净，焯水后捞出，切成 3 厘米长的段；冬菇切片，焯水后捞出，沥干水分；鸡蛋磕入碗内，用筷子打匀。② 锅置火上，入油烧热，倒入蛋液，摊成薄饼铲出切成细丝放盘内，将火腿、猪肉、鸡肉切成丝放盘内，冬菇、海米、菠萝覆盖在上面，醋、酱油、芥末糊、香油、味精调成汁，浇在菜上即可。
【烹饪技法】焯，煎，拌。
【营养功效】滋阴补肾，益智健脑。
【健康贴士】猪肉还可与南瓜搭配食用，可预防糖尿病。

腊肉凉切

【主料】腊肉 400 克。
【配料】香油 10 克，辣酱油 75 克。
【制作】① 腊肉用温水洗净，放入蒸笼内，用大火、沸水、急气蒸 40 分钟，取出凉凉，抹上香油备用。② 食用时切成 0.15 厘米厚的片，码入盘内，随辣酱油小碟一同上桌即可。
【烹饪技法】蒸。
【营养功效】开胃祛寒，消食除胀。
【健康贴士】腊肉不宜多食，否则会导致体内胆固醇浓度过高而形成结石。

水晶皮冻

【主料】猪肉皮 500 克，胡萝卜 100 克。
【配料】盐 5 克，鸡精 3 克，料酒 5 克，香油 10 克，葱段 20 克，姜 20 克，清汤 500 毫升。
【制作】① 胡萝卜洗净切丁；姜去皮切片；猪肉皮刮净，切碎。② 锅置火上，入清汤烧沸，放入肉皮碎煮熟，加入盐、鸡精、料酒、香油、葱段、姜烧沸，熬成稠汁，拣去葱段、姜片。③ 将肉皮汁、胡萝卜丁一起趁热倒入盘中，凉后放入冰箱冻结成块，吃时切成小块装盘，淋上香油即可。
【烹饪技法】煮，冻。
【营养功效】滋阴补肾，清热解毒。
【健康贴士】猪肉皮中含有大量的大分子胶原蛋白和弹性蛋白，经常食用可防止皱纹的产生。

肉丝拉皮

【主料】拉皮 400 克，猪肉 80 克，黄瓜 50 克。
【配料】盐 4 克，味精 1 克，醋、酱油、红油各适量。
【制作】① 拉皮洗净，切条；猪肉、黄瓜洗净切丝。② 拉皮放入沸水中焯烫，捞出，沥干水分，装盘，油锅烧热，放入猪肉，加盐、味精炒熟，将盐、醋、酱油、红油调成味汁淋在拉皮上，再放入猪肉、黄瓜，搅拌均匀即可。
【烹饪技法】焯，炒，拌。
【营养功效】开胃生津，护肤美容。
【健康贴士】猪肉也可与豆苗搭配食用，具有利尿、消肿、止痛的作用，适宜小便不利、水肿等人食用。

皮冻黄豆

【主料】猪肉皮 500 克，黄豆 200 克。
【配料】大料、桂皮、香叶、陈皮各 3 克，生抽 5 克，盐 3 克。
【制作】① 猪肉皮处理干净，在沸水中煮 10 分钟，捞出，刮去油污；黄豆在清水中浸泡 3 小时备用。② 锅置火上入水，放入猪肉皮、大料、桂皮、香叶、陈皮，大火烧开，炖 30 分钟，捞出猪肉皮切丁，重新投入锅中，加黄豆、生抽、盐转小火炖好，捞出凉凉切条即可。
【烹饪技法】煮，炖。
【营养功效】补骨添髓，养筋活血。
【健康贴士】黄豆不宜与虾皮同食，会影响钙的吸收。

家乡皮冻

【主料】猪肉皮 120 克。
【配料】盐 3 克，生抽 10 克，味精 2 克。
【制作】① 猪肉皮处理干净，切成丝，入沸水锅中，加盐、酱油、味精、清水小火煮透。② 倒入碗中，待冷却成形后，切成小块即可。
【烹饪技法】煮。
【营养功效】滋阴补虚，养血益气。
【健康贴士】猪肉皮是一种高热量高胆固醇的食物，糖尿病患者应慎食。

辣味肉皮冻

【主料】肉皮冻 250 克。
【配料】葱 5 克，辣椒油 10 克，生抽 5 克，香油 10 克，糖、花椒粉各适量。
【制作】① 葱洗净切丝；肉皮冻撕去包装、切片，放入盘中备用。② 将辣椒油、生抽、香油、糖、花椒粉加入碗中调拌均匀，淋在肉皮冻上，撒上少许葱丝即可。
【烹饪技法】拌。
【营养功效】开胃健脾，益气养血。
【健康贴士】猪肉皮还可与海带搭配食用，有助于恢复体力，调整气色。

双色皮冻

【主料】猪肉皮 300 克。
【配料】葱 5 克，姜、蒜泥各 3 克，大料 2 克，生抽 5 克，料酒少许。

【制作】① 猪皮处理干净，投入沸水中，加葱姜少许、料酒，煮10分钟捞出，放入清水中冲凉刮去肥油，切小段，改刀切丝。② 净锅后置火上。入水，放入大料、葱姜，倒入肉皮，调入盐，大火煮沸，转小火煮至肉皮软烂，汤汁浓稠，挑出调料，取1/2入模具，晾至微温后入冰箱冷藏至彻底凝固。③ 余下的皮冻加入少许酱油煮开上色，待原色皮冻凝固后将酱油色皮冻汤倒入模具冷藏至凝固即可。

【烹饪技法】煮。

【营养功效】润肤抗皱，延缓衰老。

【健康贴士】猪肉皮也可与青豆搭配食用，具有活血补血、润肤抗皱的作用，适合气滞血瘀、皮肤粗糙有细纹的人食用。

芝麻拌猪耳

【主料】猪耳朵300克，熟芝麻50克。

【配料】盐3克，味精1克，生抽10克，醋8克，红油20克，葱少许。

【制作】① 猪耳朵处理干净，切片；葱洗净，切花。② 锅内注水烧沸，放入猪耳朵焯熟后，捞出，沥干水分，装入碗中。③ 用盐、味精、生抽、醋、红油调成汤汁浇在猪耳上，撒上葱末，淋上熟芝麻即可。

【烹饪技法】焯，拌。

【营养功效】排毒解毒，美容养颜。

【健康贴士】猪耳还可与茄子搭配食用，具有健脾开胃的作用，适合脾胃虚弱的人食用。

大刀耳片

【主料】猪耳300克，黄瓜50克。

【配料】盐3克，味精1克，醋8克，生抽1克，红油15克，熟芝麻、葱各少许。

【制作】① 猪耳处理干净切片；黄瓜洗净，切片，装入盘中；葱洗净，切花。② 锅内注水烧沸，放入猪耳片焯熟后，捞出，沥干水分，放入装有黄瓜的盘中。③ 用盐、味精、醋、生抽、红油调成汤汁，浇在耳片上，撒上熟芝麻、葱末即可。

【烹饪技法】焯，浇汁。

【营养功效】补肾健脾，美容养颜。

【健康贴士】猪耳也可与青椒搭配食用，具有开胃消食、解热镇痛的作用，适合食欲不振及各种感冒发热头痛患者食用。

千层脆耳

【主料】猪耳朵600克。

【配料】盐8克，原味老卤200克，葱结、姜片、料酒、香料包各适量。

【制作】① 猪耳朵洗净，去毛，入沸水中焯烫片刻，捞出，洗净血沫备用。② 锅置火上，放入原味老卤、葱结、姜片、料酒、盐、香料包烧开后投入猪耳，熟透捞出，凉凉切片，用盘将卤制好的猪耳朵层层摆放整齐即可。

【烹饪技法】焯，卤。

【营养功效】开胃健脾，补虚强身。

【健康贴士】芝麻也可与猪耳搭配食用，具有排毒养颜的作用，适合便秘者食用。

红油耳片

【主料】红油20克，猪耳350克。

【配料】盐3克，香油、红油、老抽各10克，味精、葱各5克。

【制作】① 猪耳处理干净，入沸水锅中焯熟，切成片，葱洗净，切碎。② 锅置火上，入油烧热，放入盐、香油、红油、味精、老抽调成味汁。③ 将味汁淋在猪耳上，拌匀，撒上葱末即可。

【烹饪技法】焯，拌。

【营养功效】开胃健脾，益气补虚。

【健康贴士】猪耳不宜与菱角同食，会引起腹痛。

生菜拌耳丝

【主料】猪耳300克，生菜适量，熟芝麻少许。

【配料】盐3克，味精1克，醋8克，老抽10克，红油15克，葱适量，青椒少许。

【制作】① 猪耳洗净，切丝；生菜洗净，排于盘底；葱洗净，切花；青椒洗净，切丝。② 锅中注水烧沸，放入猪耳丝焯熟后，捞出，沥干水分，装入碗中，向碗中加入盐、味精、醋、老抽、红油、葱末、青椒丝、熟芝麻拌匀，再倒入摆有生菜的盘中即可。

【烹饪技法】焯，拌。

【营养功效】健脾清肝，益智健脑。

【健康贴士】猪耳也可与花生搭配食用，具有健脾开胃、益脑增智的作用，适合脾胃虚弱、记忆力不佳的人食用。

香干拌猪耳

【主料】香干 200 克，熟猪耳片 200 克，熟花生米 50 克。

【配料】盐 4 克，香菜 5 克，红椒、大葱各 10 克，醋 15 克。

【制作】① 香干洗净，切片，放入沸水中焯 2 分钟，捞出沥水；红椒、大葱洗净切丝；香菜洗净切段。② 锅置火上，入油烧热，放入花生米、盐、醋翻炒，淋在香干、猪耳朵上拌匀，撒上香菜、红椒、大葱丝即可。

【烹饪技法】炒，拌。

【营养功效】补肾壮阳，健脑抗衰。

【健康贴士】猪耳也可与冬瓜搭配食用，具有利尿消肿的作用，适合小便不利、脾虚水肿之人食用。

泡椒耳片

【主料】猪耳 400 克，泡椒 30 克，青椒 15 克。

【配料】植物油 20 克，盐 3 克，味精 2 克，生抽 10 克，醋 8 克。

【制作】① 猪耳处理干净，入锅中煮熟后，捞出切片；青椒洗净，切片。② 锅置火上，入油烧热，加入盐、生抽、醋、青椒翻炒，再放入泡椒略炒片刻，加入味精炒入味，淋在耳片上即可。

【烹饪技法】煮，炒。

【营养功效】开胃健脾，壮骨促长。

【健康贴士】猪耳还可与菜心搭配食用，具有补肾健脾，解毒消肿，适合肾虚浮肿、体倦乏力者食用。

猪耳拌猪嘴

【主料】猪耳 300 克，猪嘴巴 150 克。

【配料】姜块 3 克，老抽 5 克，盐 3 克，植物油 20 克，桂皮、大料、花椒、味精各适量。

【制作】① 猪耳朵、猪嘴巴处理干净，入沸水焯烫，捞出。② 锅置火上，入油烧热，倒入高汤，放入装有姜块、桂皮、大料、花椒的卤料包煮沸，加入老抽、盐、味精熬成卤汤，放入猪耳朵、猪嘴巴浸卤至入味，捞出切片即可。

【烹饪技法】焯，卤，拌。

【营养功效】健脾开胃，益血补肾。

【健康贴士】猪耳还可与青蒜搭配食用，具有调气、补虚、解毒的作用，适合气虚、便秘等人食用。

红油腰花

【主料】红辣椒 50 克，猪腰 300 克。

【配料】红油 10 克，蒜 30 克，香油 10 克，盐 5 克。

【制作】① 猪腰处理干净，入沸水焯熟，捞出，沥干水分，先切成长条，再改切花刀；红辣椒洗净剁成末；蒜去衣，剁成蒜泥，一起装入小碗。② 腰花装盘，将红油、香油、盐倒入小碗中拌匀，淋在腰花上即可。

【烹饪技法】焯，拌。

【营养功效】健肾壮腰，提神健脑。

【健康贴士】猪腰还可与黑木耳搭配食用，具有益肾补虚的作用，适合腰酸背痛者食用。

香葱拌腰花

【主料】腰花 200 克，香葱 100 克，红辣椒少许。

【配料】盐、味精各 3 克，生抽、香油各适量。

【制作】① 腰花处理干净，入沸水焯烫后，捞出；香葱洗净，切段；红椒洗净，切丝，焯水后取出。② 将腰花、香葱、红椒同拌，调入盐、味精拌匀，淋入生抽、香油即可。

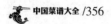

【烹饪技法】焯，拌。

【营养功效】养肾益气，益精添髓。

【健康贴士】猪腰还可与小茴香搭配食用，具有补肾壮阳、散寒止痛的作用，适合风湿病患者食用。

炝拌腰花

【主料】猪腰 400 克，黄瓜 80 克。

【配料】盐 4 克，味精 2 克，胡椒粉 3 克，老抽 3 克，熟芝麻、葱末、料酒、干辣椒段各适量。

【制作】① 猪腰处理洗净，剖开，除去腰臊，再切成片，用料酒腌渍片刻，倒入沸水锅中焯熟，捞出装盘；黄瓜洗净，切成片。② 锅置火上，入油烧热，下入干辣椒段，加入盐、味精、胡椒粉、老抽、熟芝麻、葱末，淋在腰片上拌匀，装盘，黄瓜围边，撒上葱末和熟芝麻即可。

【烹饪技法】腌，焯，拌。

【营养功效】养血平肝，补肾通乳。

【健康贴士】猪腰不宜与茶树菇同食，会影响人体对营养物质的吸收。

醋辣腰片

【主料】猪腰 300 克，红椒 40 克，陈醋 150 克。

【配料】味精 2 克，香油、花椒、葱末各 10 克，酱油 3 克，盐 3 克。

【制作】① 猪腰处理干净，洗净，剞麦穗刀，汆熟。② 葱末、盐、酱油、陈醋、味精、香油调成味汁。③ 花椒、红椒、味汁入油锅爆香，淋于猪腰上即可。

【烹饪技法】汆，爆。

【营养功效】温胃消食，补肾壮阳。

【健康贴士】猪腰含有较高的胆固醇，脂肪肝患者应禁食。

香辣腰片

【主料】猪腰 400 克，红椒少许。

【配料】盐、味精各 3 克，干红椒、葱丝、香菜段、香油各适量。

【制作】① 猪腰处理干净，洗净，切大薄片，入沸水锅焯水后捞出；干红椒洗净，切段，入油锅稍炸后取出；红椒洗净，切丝，焯水后捞出。② 将腰片、红椒、干红椒、香菜、葱丝同拌，调入盐、味精拌匀，淋入香油即可。

【烹饪技法】焯，炸，拌。

【营养功效】补肾助阳，强腰益气。

【健康贴士】猪腰不宜与芦笋同食，会伤脾胃。

拌腰花

【主料】猪腰 600 克，青椒 50 克，蘑菇 50 克。

【配料】葱、姜各 5 克，黄酒 6 克，盐 3 克，蒜泥 5 克，花椒油 5 克，味精适量。

【制作】① 猪腰剖成两片，用小刀批去中间腥臊杂物，用清水洗净，片成椭圆形薄片，一端划三五刀成齿状，入沸水汆过，沥干水分；青椒去蒂、子，切成与腰片相仿块状；蘑菇洗净，切片。② 清水加葱、姜煮沸，依次将蘑菇、青椒、腰片倒入，焯熟捞出，青椒随即入凉开水急凉，捞出，沥干水分。③ 将腰片、青椒片、蘑菇片拌匀，加盐、蒜泥、花椒油、味精调匀即可。

【烹饪技法】汆，焯，炝，拌。

【营养功效】壮腰利水，防癌抗癌。

【健康贴士】猪腰还可与牛蛙肉搭配食用，具有补肾益精、补气养颜的作用，适合肾虚所致的腰酸腰痛、遗精的人食用。

红油肚丝

【主料】红油 50 克，猪肚 500 克。

【配料】葱10克，香菜5克，料酒10克，盐2克，味精2克，白砂糖5克，香油5克。
【制作】① 猪肚处理干净，煮熟凉凉后切成丝，装盘；葱洗净，切花；香菜洗净，切成小段。② 将葱末、香菜与料酒、盐、味精、白砂糖、香油一起拌匀，浇淋在盘中的肚丝上，拌匀即可。
【烹饪技法】煮，拌。
【营养功效】健脾和胃，补中益气。
【健康贴士】猪腰中的胆固醇含量高，儿童不宜食用。

麻香肚丝

【主料】猪肚350克，红椒20克。
【配料】盐、味精各3克，葱白丝、香菜段各20克，香油8克，花椒粉5克。
【制作】① 猪肚处理干净，切丝，焯水后捞出；红椒洗净，切丝，焯水后取出。② 将肚丝、红椒、葱白丝、香菜同拌，调入盐、味精、花椒粉拌匀，淋入香油即可。
【烹饪技法】焯，拌。
【营养功效】健脾开胃，强筋壮骨。
【健康贴士】猪肚还可与红枣搭配食用，可治疗胃病。

双椒拌猪肚

【主料】猪肚300克，青、红椒各50克。
【配料】盐、味精各3克，香油10克。
【制作】① 猪肚处理干净，切条，焯水后捞出；青、红椒均洗净，切段，焯水后取出。② 将猪肚与青、红椒同拌，调入盐、味精拌匀，淋入香油即可。
【烹饪技法】焯，拌。
【营养功效】健脾养胃，益气和中。
【健康贴士】猪肚还可与黄芪搭配食用，具有益气健脾的作用，适合气虚的人食用。

凉拌肚丝

【主料】猪肚150克，红椒5克。
【配料】大葱5克，盐、味精各3克，生抽、香油各10克，香菜5克。
【制作】① 猪肚洗净，切成丝，放入沸水中焯熟；红椒、大葱洗净切成丝；香菜洗净。② 锅置火上，入油烧热，入红椒爆香，下大葱、盐、味精、生抽、香油调成味汁，淋在猪肚上拌匀，撒上香菜即可。
【烹饪技法】焯，爆，拌。
【营养功效】益气补血，调经活络。
【健康贴士】猪肚也可与胡萝卜搭配食用，具有补血补气、健脾和胃的作用，适合气血不足、脾胃功能失调的人食用。

糟香肚尖

【主料】猪肚300克，糟卤适量。
【配料】香油8克，盐3克，面粉5克。
【制作】① 猪肚处理干净，加面粉和盐擦洗，用清水冲净，再用盐擦洗一次，用沸水焯烫。② 锅置火上入水烧沸，加入猪肚煮烂后，泡入糟卤内，置冰箱内冷藏一天，取出切条，淋入香油即可。
【烹饪技法】焯，煮，冷藏。
【营养功效】健脾止泻，益气和胃。
【健康贴士】猪肚也可与山药搭配食用，具有滋养肺肾的作用。

酸萝卜爆肚条

【主料】黄椒20克，泡椒20克，猪肚200克，白萝卜100克。
【配料】醋10克，香油10克，盐3克。
【制作】① 猪肚洗净，放沸水中焯熟，捞出，沥干水分，凉凉切条；黄椒洗净，切段；白萝卜洗净，切长方条；泡椒洗净；黄椒、白萝卜、泡椒一起用醋浸泡3个小时。② 把猪肚和用醋浸泡过的原材料与香油、盐拌匀，一起装盘即可。
【烹饪技法】焯，拌。
【营养功效】健胃清热，止呕镇吐。
【健康贴士】猪肚具有治虚劳羸弱，泄泻，下痢，消渴，小便频数，小儿疳积的功效。

香芹拌肚丝

【主料】猪肚 300 克，香芹 150 克。

【配料】红椒 25 克，盐、味精各 3 克，香油 10 克。

【制作】① 猪肚处理干净，切丝，汆熟后捞出；香芹洗净，切段；红椒洗净，切丝，焯水后取出。② 猪肚丝、香芹段、红椒丝同拌，调入盐、味精拌匀，淋入香油即可。

【烹饪技法】汆，焯，拌。

【营养功效】补血养气，平肝降压。

【健康贴士】猪肚还可与白果搭配食用，具有益气补虚的作用，适合气血虚弱的人食用。

香葱肚丝

【主料】猪肚 400 克，香葱 100 克，红椒 20 克。

【配料】盐、味精各 3 克，香油 10 克，香菜末 20 克。

【制作】① 猪肚处理干净切丝，入沸水锅中汆水后捞出；香葱洗净，切段；红椒洗净，切丝，焯水后取出。② 将肚丝、香葱、香菜、红椒同拌，调入盐、味精拌匀，淋入香油即可。

【烹饪技法】汆，焯，拌。

【营养功效】滋阴润燥，催乳通经。

红油洋葱肚丝

【主料】猪肚 250 克，洋葱 250 克，红尖椒 30 克。

【配料】红油 10 克，葱 20 克，蒜 10 克，香油 10 克，盐 3 克。

【制作】① 猪肚洗净，用盐腌去腥味，洗去盐分，入沸水焯熟，捞出，沥干水分，切丝；洋葱洗净，切丝，入沸水中焯熟；葱洗净，切花；红尖椒切圈；蒜去皮，剁成蒜蓉。② 葱、蒜、红尖椒、红油、香油、盐拌匀，淋到猪肚丝、洋葱丝上即可。

【烹饪技法】腌，焯，拌。

【营养功效】温中健脾，排毒养颜。

【健康贴士】猪肚具有止泻功能，适合腹泻者食用。

麻酱肚丝

【主料】熟猪肚 150 克.

【配料】酱油 5 克，醋 8 克，干红辣椒 5 克，芝麻酱 10 克，香油 5 克。

【制作】① 熟猪肚切成 5 厘米长的丝，放沸水中焯熟，捞出，沥干水分，放盘内；芝麻酱加适量凉开水调匀，再加入酱油、醋调好后，浇在肚丝上。② 干红辣椒先放水中泡软，去蒂、子，洗净后切成细丝。③ 锅内加香油烧热，放入辣椒丝炸出辣味后，将辣椒油浇在肚丝上，拌匀即可。

【烹饪技法】焯，拌。

【营养功效】气血双补，补虚养身。

【健康贴士】猪肚还可与糯米搭配食用，具有健胃、开胃的作用，适合消化不良、食欲不振的人食用。

紫苏椒麻千层肚丝

【主料】千层肚 300 克，紫苏叶 50 克，紫甘蓝 150 克，黄瓜 100 克，芹菜 50 克，小米辣 30 克。

【配料】香葱 50 克，青花椒粒 10 克，生抽 10 克，植物油 5 克，香油 10 克，辣椒油 8 克。盐 3 克，鸡精 4 克。

【制作】① 千层肚丝放入有花椒粒的沸水中汆 1 分钟，捞出放入凉开水中投凉，捞出，沥干水分；紫甘蓝、黄瓜、芹菜均洗净，切成细丝；葱、青花椒粒一起剁碎；小米辣切成小圈；紫苏叶洗净摆盘。② 锅置火上，烧至七成热，倒入香油、植物油，关火用空碗盛出，放入辣椒油，趁热将三种混合油倒入椒麻汁碗里，搅拌均匀。③ 将处理好的食材放入大碗中，倒入椒麻汁、青花椒粒、生抽、盐、鸡精，撒上炒熟的白芝麻拌匀，倒入铺有紫苏叶的盘中即可。

【烹饪技法】汆，烧，拌。

【营养功效】补气和胃，宁心安神。

【健康贴士】猪肚也可与墨鱼搭配食用，具有养胃消胀、祛瘀润燥的作用，适合胃胀、气滞血瘀等病症患者食用。

【巧手妙招】① 喜欢吃辣的朋友可以将小米辣、葱和花椒粒一起剁碎，淋热油。② 千层肚丝放入沸水中，只能汆 1 分钟左右，等水一开，立刻打捞出来过凉水，这样肚丝吃起来才会脆嫩，不塞牙。③ 在冰箱里面冷冻 10 分钟口感更好。

水晶肘子

【主料】猪肘 500 克。

【配料】葱 20 克，姜 10 克，花椒 4 克，生抽 10 克，香油 5 克，盐 3 克，味精 3 克。

【制作】① 猪肘带皮刮洗干净，剔去骨，用沸水焯过；姜去皮切片；葱洗净，切葱段。② 葱段、姜片、花椒装纱袋，放锅中加水煮沸，放入猪肘煮熟，小火收浓汤汁。③ 捞出料袋，汤中加盐、味精、香油、生抽调味，放冰箱中，待汤冻凝固时，取出切片装盘即可。

【烹饪技法】焯，煮，冻。

【营养功效】和血通脉，润肌美肤。

【健康贴士】猪肘还可与黄精搭配食用，具有补血、补虚的作用，适合气血虚弱的人食用。

五香肘花

【主料】猪肘 500 克。

【配料】葱 20 克，姜 10 克，花椒 5 克，五香粉 10 克，香油 10 克，生抽 10 克，盐 5 克。

【制作】① 猪肘带皮刮洗干净，剔去骨，用沸水汆烫；姜去皮，切片；葱洗净，切葱段。② 将葱段、姜片、花椒、五香粉装入纱袋，放锅中加水煮沸，放入猪肘炖烂，捞出猪肘，切成薄片，与酱油、香油、盐一起拌匀，装盘即可。

【烹饪技法】汆，炖，拌。

【营养功效】养胃润肠，活肌美肤。

【健康贴士】猪肘也可与冬瓜搭配食用，具有清热解毒、利尿的作用，适合便秘、小便不利的人食用。

蒜泥肘片

【主料】蒜 20 克，猪肘 500 克。

【配料】酱油 10 克，香油 10 克，蚝油 5 克，盐 3 克，味精 3 克。

【制作】① 猪肘带皮刮洗干净，剔去骨，用沸水汆熟，捞出，沥干水分，凉凉，切成薄片，摆盘放好。② 蒜去衣剁成蒜泥，与酱油、香油、蚝油、盐、味精拌好，均匀淋于肘片上即可。

【烹饪技法】汆，拌。

【营养功效】清肠排毒，抗皱防老。

【健康贴士】猪肘也可与红枣搭配食用，具有益气补血的作用，适合产后女性食用。

凉拌肘花

【主料】熟肘花 500 克，豆皮 150 克，黄瓜 200 克。

【配料】辣椒酱 15 克，大蒜 10 克，植物油 20 克，姜 5 克，香菜 10 克，植物油、老抽、醋各 5 克，十三香、鸡精各 3 克。

【制作】① 肘花取出切片；黄瓜洗净，切条；姜、蒜均去皮，洗净拍碎；香蒜洗净，切小段；豆腐皮取出切段。② 取小碗放姜末、大蒜末、十三香、鸡精、盐和辣椒酱调匀，锅置火上，入油烧热，浇入调料碗中，在碗中加入酱油、老醋，即成油辣子酱。③ 盘中放黄瓜丝、豆腐皮丝，先放 1/2 油辣子酱，把两丝搅拌均匀，取大盘边上码放好肘花片，中间放拌好的黄瓜豆皮丝，将余下的油辣子酱浇到肘花块上面，撒上香菜即可。

【烹饪技法】烧，拌。

【营养功效】护发固齿，嫩肌护肤。

【健康贴士】猪肘含有丰富的胶原蛋白是丰胸食补的佳肴。

巧手猪肝

【主料】猪肝 400 克，洋葱 150 克。

【配料】盐 4 克，味精 2 克，醋 8 克，辣椒油 8 克，香菜、葱各 6 克。

【制作】① 猪肝洗净，入沸水中焯熟，捞出，沥干水分，凉凉后切片；洋葱洗净，切丝；香菜、葱洗净切段，备用。② 用盐、味精、醋、辣椒油调成味汁，淋在猪肝、洋葱上，加香菜、葱搅拌均匀，装盘即可。

【烹饪技法】焯，拌。

【营养功效】疏肝理气，排毒养颜。

【健康贴士】猪肝还可与腐竹搭配食用，能促进营养吸收。

凉拌猪肝

【主料】卤猪肝 400 克，凉粉 150 克，黄瓜 50 克，红椒 20 克。

【配料】盐 4 克，味精 2 克，生抽 8 克，料酒 10 克，植物油 15 克。

【制作】① 卤猪肝切薄片，装盘；凉粉洗净，切条；黄瓜、红椒洗净，切丝；将凉粉、红椒分别焯水，凉粉装盘。② 锅置火上，入油烧热，放入盐、味精、生抽、料酒调汁，浇在猪肝上拌匀，放在凉粉上，撒上黄瓜丝和红椒即可。

【烹饪技法】焯，烧，拌。

【营养功效】明目保肝，清热排毒。

【健康贴士】猪肝不宜与荞麦同食，易导致消化不良，还可能诱发皮肤病。

老干妈拌猪肝

【主料】老干妈豆豉酱 15 克，卤猪肝 250 克，红椒 5 克。

【配料】葱 5 克，盐、味精各 4 克，生抽、红油各 10 克。

【制作】① 卤猪肝洗净，切成片；红椒洗净切段；葱洗净，切碎。② 锅置火上，入油烧热，下红椒爆香，放入老干妈豆豉酱、生抽、红油、味精、盐制成味汁，淋在猪肝上，撒上香菜即可。

【烹饪技法】焯，拌。

【营养功效】滋阴养血，明目补肝。

【健康贴士】夜盲症患者应常食猪肝。

蒜汁猪肝

【主料】鲜猪肝 1000 克，蒜 10 克。

【配料】葱、姜各 5 克，桂皮 3 克，干辣椒 5 克，盐 3 克，老抽 5 克，生抽 5 克，料酒 20 克，醋、香油各 6 克。

【制作】① 猪肝冲洗干净，用清水浸泡 2 小时，中间换水 2 ~ 3 次，捞出入沸水中加料酒 8 克，汆烫 5 分钟。② 汤锅置火上入水，加入料酒 12 克、桂皮、大料、辣椒、葱姜烧沸，放入猪肝，倒入老抽和盐，大火煮开，转中火煮至 30 分钟，关火焖至凉透。③ 大蒜去皮，剁碎，加入生抽、醋、香油搅拌均匀成料汁，把煮好的猪肝切成薄片码放在盘中，倒入料汁即可。

【烹饪技法】汆，煮，焖，拌。

【营养功效】解毒补血，补肝明目。

【健康贴士】猪肝还可与金针菇搭配食用，具有补血益气的作用，适合气血虚弱的人食用。

【巧手妙招】猪肝一定要用水浸泡，根据猪肝的大小来决定煮制的时间，喜欢吃辣的可以在料汁中加入红油。不沾料汁，味道也不错。

葱拌蹄筋

【主料】鲜猪蹄筋 1 只，香菜 30 克。

【配料】葱白 30 克，红辣椒 30 克，盐 3 克，味精 3 克，香油 10 克，生抽 5 克。

【制作】① 猪蹄筋洗净，剁成小段，放入沸水中煮熟，捞出，沥干水分；香菜洗净切段；葱白洗净切丝；红辣椒洗净切丝。② 把凉凉的猪蹄筋与葱丝、椒丝、香菜一起装盘，将盐、味精、香油、生抽拌匀，淋上即可。

【烹饪技法】煮，拌。

【营养功效】养血补肝，强筋壮骨。

【健康贴士】猪蹄还可与大麦搭配食用，营养更丰富。

芥末蹄筋

【主料】水发蹄筋 350 克，黄瓜片 50 克，冬笋片 50 克，芥末糊 10 克。

【配料】醋 8 克，盐 3 克，香油、料酒各 6 克。

【制作】① 蹄筋洗净，从中间剁开，切成段，放入加盐、料酒的沸水中焯透，捞出沥干水分，放入盘内；黄瓜片、冬笋片用沸水焯过，捞出，沥干水分，放入蹄筋盘内。② 把芥末糊、醋、盐、香油调匀，浇到蹄筋上拌匀即可。

【烹饪技法】焯，炒。

【营养功效】益气健脾，美容养颜。

【健康贴士】牛蹄筋还可与面条搭配食用，具有壮腰强肾的作用。

醋香猪蹄

【主料】猪蹄 1 只，陈醋 20 克。

【配料】姜块、辣椒干各 10 克，老抽 8 克，蒜米 3 克，冰糖 10 克。

【制作】① 猪手去毛，剁块，入沸水汆煮，去血水，洗净。② 姜洗净，切大块拍扁，与猪手块一起下锅干炒，炒至泛油时，加蒜米、辣椒干，老抽和陈醋煮滚，加水没过所有材料，煮至猪蹄软烂，放入糖调味，盛盘即可。

【烹饪技法】汆，煮，炒。

【营养功效】抗皱祛斑，延缓衰老。

【健康贴士】猪蹄还可与章鱼搭配食用，具有益气养血的作用，适合气血不足的人食用。

黄豆蹄花冻

【主料】猪蹄 1 只，黄豆 100 克。

【配料】白酒 5 克，姜片 5 克，枸杞 2 克，豌豆粉 5 克，盐 3 克，生抽 5 克，醋 8 克，辣椒油、香油、鸡汁、蒜泥、姜末、香菜、花生碎各适量。

【制作】① 猪蹄处理干净，入沸水中加白酒汆烫去味，捞出洗净；黄豆淘洗干净，泡至软膨胀；姜切片；枸杞洗净泡软；香菜洗净，切段备用。② 猪蹄，黄豆，姜片，一起放进砂锅炖 2 ~ 3 小时，放入枸杞，捞出猪蹄、黄豆、姜片，汤汁放到锅里，大火煮开熬约 5 分钟，用豌豆粉勾芡。③ 猪蹄去骨切成丝，汤汁倒进保鲜盒，黄豆和猪蹄丝混合后放进保鲜盒里，用勺子搅拌均匀，放入冰箱成型，取出切块。④ 将生抽、盐、醋、辣椒油、香油、蒜泥、花生碎、香菜调成汁，食用时蘸汁即可。

【烹饪技法】汆，炖，拌，冻。

【营养功效】补血通乳，丰胸美白。

【健康贴士】猪蹄还可与羊肉搭配食用，具有通乳、祛寒强身的作用，适合产后缺乳者食用。

五香牛肉

【主料】牛肉 500 克。

【配料】香油 10 克，盐 5 克，味精 3 克，五香粉 5 克。

【制作】① 牛肉洗净，放入沸水锅内，放入少许盐煮至牛肉入味，捞出，凉凉，切成片备用。② 把切好的牛肉片倒入盘中，调入味精、盐、五香粉拌匀，装盘，再淋上香油即可。

【烹饪技法】煮，拌。

【营养功效】补气血，益气力，开胃口。

【健康贴士】孱弱虚损的人宜多食牛肉。

麻辣牛肉

【主料】牛肉 300 克。

【配料】花椒油 5 克，葱 10 克，蒜 5 克，姜 5 克，辣椒 5 克，盐 5 克，味精 3 克，卤水、香油各适量。

【制作】① 将牛肉洗净入沸水中汆去血水，再入卤锅中卤至入味，捞出。② 卤入味的牛肉块待冷却后切成薄片。③ 将牛肉片装入碗内，加入花椒油、葱、蒜、姜、辣椒、盐、味精、卤水、香油一起拌匀即可。

【烹饪技法】卤，拌。

【营养功效】健脾开胃，化痰熄风。

【健康贴士】牛肉可治水肿，腰膝酸软。

牛肉黄瓜

【主料】牛肉、黄瓜各250克。
【配料】干辣椒、大料、桂皮各3克，老抽5克，料酒6克，白砂糖3克。
【制作】① 黄瓜洗净，切片，摆入碗中，牛肉洗净，焯水后沥干水分备用。② 锅内加水、老抽、白砂糖、料酒、干辣椒、大料、桂皮、牛肉大火煮沸，转小火煮20分钟，取出牛肉待凉后切成薄片，摆在黄瓜上即可。
【烹饪技法】焯，煮。
【营养功效】补血开胃，强身健体。
【健康贴士】久病体虚、面色萎黄、头晕目眩者宜用牛肉食疗。

醋香牛肉

【主料】卤牛肉300克，醋20克。
【配料】熟芝麻5克，青椒、红椒各5克，盐3克，味精1克，生抽10克。
【制作】① 卤牛肉洗净，切成大小均匀的菱形块；青、红椒洗净切段，入沸水焯熟备用。② 卤牛肉装入盘中，再放入熟芝麻，青、红椒段，加入盐、味精、醋、生抽拌匀即可。
【烹饪技法】焯，拌。
【营养功效】开胃健脾，利水消肿。
【健康贴士】多食牛肉，对肌肉生长有好处。

炝拌牛肉丝

【主料】牛肉400克，莴笋100克，红椒50克。
【配料】盐3克，味精1克，植物油、花椒油各6克，熟芝麻5克。
【制作】① 牛肉洗净，煮熟，捞出切丝，放入大碗中；莴笋去皮，洗净切丝，焯水后捞出，放入大碗中；红椒洗净切丁。② 锅置火上，入油烧热，放入辣椒丁，加盐、味精、花椒油炒好，淋在牛肉、莴笋上，搅拌均匀，装盘，撒上熟芝麻即可。
【烹饪技法】煮，焯，拌。
【营养功效】开胃健脾，驱寒润燥，
【健康贴士】牛肉还可与洋葱搭配食用，具有补脾健胃的作用，适合脾胃功能失调的人食用。

农家牛肉拌菜

【主料】卤牛肉300克，黄豆芽、菠菜、冻豆腐各30克。
【配料】盐4克，味精2克，醋、酱油、香油各适量。
【制作】① 卤牛肉洗净，切片；冻豆腐洗净，切片；黄豆芽、菠菜洗净备用。② 将备好的原材料放入沸水中焯烫，捞出，沥干水分，放入盘中，盐、味精、醋、酱油、香油调成味汁，与原材料搅拌均匀，装盘即可。
【烹饪技法】焯，拌。
【营养功效】健胃润肠，清热消肿。
【健康贴士】牛肉也可与枸杞搭配食用，具有养血补气的人，适合贫血、气虚的人食用。

花生米拌牛肉

【主料】花生米50克，卤牛肉350克，红椒10克。
【配料】葱5克，盐、味精各5克，老抽、红油各10克。
【制作】① 卤牛肉洗净，切成小丁装盘；花生米洗净；红椒洗净，切成圈；葱洗净，切末。② 锅置火上，入油烧热，下入花生米、红椒炒熟，加盐、味精、老抽、红油、清水调成味汁，淋在卤牛肉上，撒上葱末即可。
【烹饪技法】炒，拌。
【营养功效】补肾壮阳，益智健脑。
【健康贴士】牛肉还可与南瓜搭配食用，具有排毒止痛的作用，适合脾胃虚寒者患者食用。

姜汁牛腱

【主料】牛腱子肉500克。
【配料】盐5克，味精2克，葱段、葱末、料酒、姜块、姜末、大料、桂皮、酱油、辣椒油各适量。

【制作】① 牛腱子肉洗净，入沸水焯烫，捞出洗去血沫，切片备用。② 牛腱子肉放入清水锅中，加葱段、料酒、姜块、大料、桂皮、味精、盐煮熟，捞出装盘。③ 锅置火上，入油烧热，放入姜末煸炒，加酱油、辣椒油炒好，淋在牛腱子肉上，撒上葱末即可。

【烹饪技法】焯，煸炒。

【营养功效】安神补血，养颜强体。

【健康贴士】牛肉还可与芋头搭配食用，能治疗食欲不振。

生拌牛肉丝

【主料】牛里脊肉 800 克，白梨 100 克，熟芝麻 25 克，香菜 15 克。

【配料】香油 10 克，辣酱油 8 克，醋 8 克，白砂糖 3 克，盐 2 克，味精 1 克，胡椒粉 3 克，蒜泥 5 克，葱丝 3 克。

【制作】① 牛里脊肉切成丝，用醋拌匀腌制 10 分钟，放入凉开水内洗净醋和血水，与芝麻和各种佐料拌匀备用；把香菜洗净，沥干水分，切段装入盘。② 白梨去皮，切成丝，放入盘内，加入牛里脊丝，拌匀即可。

【烹饪技法】腌，拌。

【营养功效】清热解毒，壮骨促长。

【健康贴士】牛肉还可与白萝卜搭配食用，具有益气补血的作用，适合气虚、贫血者食用。

拌麻辣牛肉

【主料】牛后腿肉 750 克。

【配料】黄酒 25 克，大葱白 15 克，酱油 50 克，芝麻仁 5 克，盐 1 克，花椒 5 克，白砂糖 5 克，香油 15 克，味精 2 克，干辣椒粉 5 克，葱段 15 克，清汤 1500 毫升，姜块 10 克。

【制作】① 牛后腿肉洗净，切成两块，放在冷水里浸泡 1 小时后捞出，放在汤锅中，加清汤、葱段、姜块、花椒、黄酒上火烧沸，撇去浮沫，转小火煮 3 小时，待牛肉九成烂时，捞出控去汤，凉凉。② 芝麻仁炒熟，凉凉；葱白洗净，切成末；干辣椒粉放碗中，加适量沸水调湿，浇入八成热的香油搅匀。③ 花椒放锅内，小火焙至焦黄，取出研成粉，和辣椒油、白砂糖、盐、味精、花椒粉、酱油调匀成麻辣汁。④ 将煮熟的牛肉切成长方形薄片，码在盘中，浇上麻辣汁，撒上熟芝麻仁与葱末，吃时拌匀即可。

【烹饪技法】煮，焙，拌。

【营养功效】健脾益胃，健脑益智。

【健康贴士】牛肉还可与芹菜搭配食用，具有降低血压的作用，适合高血压患者食用。

牛肉冻

【主料】牛肉 100 克，牛蹄 500 克。

【配料】醋 10 克，葱结 20 克，姜丝 2 克，姜块 10 克，黄酒 100 克，盐适量，大料 10 克。

【制作】① 牛肉洗净，切块；将牛蹄上的毛用火燎去，刮洗干净，用刀沿骨节切成块，放沸水锅中略焯，捞出，与牛肉同放汤锅中，加清水，放入葱结、姜块、黄酒、大料煨至牛蹄酥烂脱骨，汤汁浓稠时，加盐调味，离火，将汤汁倒入长方形的铝盘中，待其冷却结冻。② 将凝结实的牛肉冻切成块，装盘，放入姜丝，浇上醋即可。

【烹饪技法】煨，浇汁。

【营养功效】壮骨强身，延年益寿。

【健康贴士】牛肉还可与香菇搭配食用，具有补气养血的作用，适合气血不足的人食用。

芝麻牛肉条

【主料】卤熟牛肉 200 克，熟芝麻 20 克。

【配料】香菜 20 克，植物油 500 克，盐 3 克，味精 2 克，葱米、姜米、蒜蓉、水淀粉、香油各适量。

【制作】① 卤牛肉切成 0.5 厘米粗的条，用水淀粉抓匀浆好备用。② 锅置火上，入油烧至七成热，把已浆好的牛肉条逐条放下，炸至牛肉条焦黄酥香时，提锅倒入漏勺内沥去油。③ 锅留底油，先下葱、蒜、姜米、盐、味精炒出香味，再倒入炸焦酥的牛肉条、熟芝麻拌匀，出锅凉凉，装碟时淋香油即可。

【烹饪技法】炸，炒，拌。

【营养功效】醒脾开胃，益智补脑。

【健康贴士】牛肉富含优质蛋白，多食可增强身体抗病能力。

盐水牛肉

【主料】牛腱子肉 500 克。

【配料】花椒 2 克，葱、姜、香菜各 5 克，白砂糖 5 克、硝、料酒、香油、盐各适量。

【制作】① 牛腱子肉用盐、糖、花椒、硝揉搓腌上（冬季 7 天，夏季 3 天）翻动两次取出洗净；香菜择洗干净。② 炒锅下入牛肉、葱、姜、料酒和适量水，水以没过牛肉为准，煮至七成烂时，捞出凉凉，刷上香油，以防干燥。③ 食用时，切薄片摆盘，淋上香油，拌上香菜即可。

【烹饪技法】腌，煮，拌。

【营养功效】补脾益气，健胃生津。

【健康贴士】牛肉不宜与白酒同食，易上火，引起牙齿发炎。

生菜牛肉

【主料】牛腿肉 500 克，植物油 250 克，生菜 150 克，鸡蛋 100 克。

【配料】料酒 10 克，白砂糖 5 克，盐 2 克，醋 8 克，胡椒粉 3 克，味精 2 克，香油 8 克，大葱、姜各适量。

【制作】① 姜、大葱去皮，洗净，切成碎末，加入料酒、胡椒粉、盐 0.5 克、味精调和均匀成渍汁；鸡蛋打入碗内，加入淀粉调成蛋粉浆；生菜择洗干净，切成丝。② 牛肉去筋膜，洗净，下入沸水锅中焯烫，捞入瓷盆中，倒入渍汁，腌 90 分钟后捞出，入盆，放入蒸笼，蒸熟后取出凉凉，切成长 4 厘米，宽 1 厘米，厚 1 厘米的片；抹上蛋粉浆。③ 锅置火上，入油烧至八成热时，放入牛肉片炸至肉片呈金黄色，捞出沥油，码在盘子的左边，生菜丝加糖、姜、葱、醋、盐 1.5 克、香油拌匀，装在牛肉盘的右边即可。

【烹饪技法】腌，蒸，炸，拌。

【营养功效】益气补虚，止渴止涎。

【健康贴士】牛肉还可与蚕豆搭配食用，可治营养性水肿。

牛肉拌双丝

【主料】熟瘦牛肉 150 克，豆腐干、白菜心各 150 克，香菜 20 克。

【配料】香油 15 克，辣酱油 40 克，盐 4 克，醋 15 克，味精 2 克。

【制作】① 熟牛肉、豆腐干切成丝，用沸水汆透捞出，用凉开水过凉，沥干水分；白菜洗净切丝备用。② 将白菜丝放入盘内，再依次放上豆腐干丝、肉丝、香菜，加入辣酱油、盐、味精、醋、香油拌匀即可。

【烹饪技法】汆，拌。

【营养功效】滋养脾胃，强健筋骨。

【健康贴士】牛肉具有安中益气、健养脾胃的作用，适量食用能补充人体所需的脂肪酸。

口水牛筋

【主料】牛蹄筋 250 克。

【配料】料酒 10 克，盐 3 克，辣椒油 15 克，鸡精 5 克，香菜适量。

【制作】① 牛蹄筋洗净切丝，沥干水分；香菜洗净切段。② 锅置火上入水烧沸，下入牛蹄筋、料酒、盐搅匀，以小火煮 20 分钟，捞出装盘。③ 把辣椒油、鸡精、香菜拌匀，调成味汁，淋在牛蹄筋上即可。

【烹饪技法】煮，拌。

【营养功效】强筋壮骨，益气止痛。

【健康贴士】牛筋不宜与橄榄同食，易引起身体不适。

水晶牛筋

【主料】牛筋 500 克。

【配料】料酒 10 克，味精 3 克，盐 5 克，生抽10克，芝麻5克，清汤250毫升。

【制作】①牛筋用沸水泡发，再入沸水中焯烫，捞出，沥干水分，切段。②锅置火上注入清汤，下料酒、盐、味精、牛筋煮至烂熟，连汤汁一起装盆，凉凉后放冰箱冻结，食时取出切薄片，生抽、芝麻拌匀做蘸料即可。

【烹饪技法】焯，拌，冻。

【营养功效】散血消肿，活血化瘀。

【健康贴士】牛筋还可与大蒜搭配食用，具有美容养颜、添髓健骨的作用，适合腰膝酸软者食用。

风味牛蹄冻

【主料】牛筋200克，花生米150克。

【配料】辣椒10克，姜、葱、生抽各10克，盐3克。

【制作】①牛筋处理干净，煮熟切丁；辣椒、姜、葱均洗净，切碎。②锅置火上入水烧沸，下入牛筋、花生米，把葱、姜、辣椒用纱布包好同入锅熬2个小时，取出纱包，放入盐、生抽，牛筋冻凉凉切块，装盘即可。

【烹饪技法】煮，熬。

【营养功效】强筋健骨，丰乳通乳。

【健康贴士】花生米还可与兔肉搭配食用，具有补中益气、活血解毒的作用，适合气滞血瘀患者食用。

大刀牛肉筋

【主料】牛肉筋400克。

【配料】盐3克，味精1克，醋8克，老抽10克，香油15克。

【制作】①牛肉筋洗净，切成大小均匀的方块。②锅内注水烧沸，放入牛肉筋块汆熟后，捞出，沥干水分并排于盘中。③将盐、味精、醋、老抽、香油调成汁，浇在牛肉筋块上面即可。

【烹饪技法】汆，浇汁。

【营养功效】壮腰强筋，延缓衰老。

【健康贴士】牛肉筋还可与灵芝搭配食用，具有止咳平喘、健骨的作用，适合咳嗽、肢冷不温者食用。

五香牛蹄筋

【主料】牛蹄筋500克。

【配料】香油10克，盐5克，味精3克，五香粉5克，鲜汤250克。

【制作】①牛蹄筋发好，洗净，切段，放沸水中焯熟。②锅置火上，入油烧热，加香油、盐、味精、五香粉炒出香味，加入鲜汤烧沸，再放蹄筋烧至汤汁浓稠。③将牛蹄筋连汤汁一起凉凉后，放冰箱中冷却凝结，食时取出切片装盘即可。

【烹饪技法】焯，炒，煮，冻。

【营养功效】补肾壮腰，强筋健骨。

【健康贴士】牛蹄筋也可与菜心搭配食用，具有解毒消肿、壮骨健身的作用，适合便秘、水肿、四肢无力等病症患者食用。

香菜黄豆牛蹄冻

【主料】牛筋500克，香菜末、黄豆各150克。

【配料】冰糖10克，老抽10克，盐3克，葱末适量。

【制作】①牛筋泡发，洗净，切末；黄豆泡发；锅置火上入水烧沸，加冰糖、老抽、盐、牛筋、黄豆熬至软烂，放香菜。②锅留少许原汤，其他倒入砂锅内，待冷凝结后，取出切块，淋入原汤，撒上葱末即可。

【烹饪技法】熬。

【营养功效】健脾益肾，补血通乳。

【健康贴士】多吃黄豆能降低罹患子宫颈癌的危险。

莴笋牛百叶

【主料】牛百叶500克，莴笋200克。

【配料】盐5克，料酒8克，葱段5克，姜块5克，醋8克，白砂糖3克，香油8克。

【制作】①牛百叶刮除油脂，洗净；莴笋洗净，去皮切条备用。②牛百叶、料酒、盐、葱段、姜块同放至沸水中煮，待牛百叶熟烂后，捞出，沥干水分，凉凉后切块装盘。③ 莴笋焯熟，捞出，沥干水分，与牛百叶拌匀，食时蘸醋、白砂糖、香油、盐调成的味汁即可。

【烹饪技法】焯，煮，拌。

【营养功效】养胃益气，清热利尿。

【健康贴士】牛肉还可与鸡腿菇搭配食用，具有健脾养肝的作用。

香芹金钱肚

【主料】金钱肚 200 克，香芹 100 克，红椒 20 克。

【配料】盐、味精各 3 克，香油 8 克。

【制作】① 金钱肚处理干净，切条，汆水后捞出；香芹洗净，切段；红椒洗净，切长条，焯水后取出。② 将金钱肚、香芹、红椒同拌，调入盐、味精拌匀，淋入香油即可。

【烹饪技法】汆，焯，拌。

【营养功效】清热平肝，健胃下气。

【健康贴士】牛肉与葱同食，可治疗风寒感冒。

香菜拌肚丝

【主料】牛百叶 600 克，香菜 20 克。

【配料】盐 4 克，蒜末 6 克，干辣椒段 3 克，料酒 5 克，姜块 5 克，醋 8 克，香油 10 克，葱白、红椒各适量。

【制作】① 牛百叶入沸水汆煮 5 分钟，捞出后刮除油脂；红椒、葱白洗净切丝；香菜洗净，切段备用。② 牛百叶、干辣椒段、料酒、盐、姜块同放入沸水中煮至牛百叶熟，捞出凉凉，切丝，将所有食材放入盘中，加醋、香油、蒜末搅拌均匀，装盘即可。

【烹饪技法】汆，煮，拌。

【营养功效】开胃醒脾，补中益气。

【健康贴士】牛肉为发物，皮肤过敏者不宜食用。

干拌金钱肚

【主料】牛肚 300 克，香菜适量。

【配料】盐 3 克，味精 1 克，醋 8 克，老抽 10 克，香油 12 克，辣椒油 15 克。

【制作】① 牛肚处理干净，切片；香菜洗净，切段。② 锅内注水烧沸，放入金钱肚汆熟后，捞出晾干，装入盘中。③ 将盐、味精、醋、老抽、香油、辣椒油调成汁，浇在金钱肚上，撒上香菜即可。

【烹饪技法】汆，拌，浇汁。

【营养功效】养胃醒脾，补气化湿。

【健康贴士】牛肚不宜与荔枝同食，会破坏维生素 C。

大蒜炝牛百叶

【主料】牛百叶 500 克，蒜蓉 50 克。

【配料】干辣椒段、葱末、红油、料酒、生抽各 10 克，盐 5 克。

【制作】① 牛百叶处理干净，切条，入沸水中焯熟后，捞出，沥干水分。② 锅置火上，入油烧热，放干辣椒段爆一下，烹入料酒、生抽，依次放入红油、蒜蓉、盐，撒上葱末，翻炒均匀，盛出淋在牛百叶上即可。

【烹饪技法】焯，爆，炒。

【营养功效】健脾开胃，养血益气。

【健康贴士】牛百叶有养胃的作用，适合胃虚的人食用。

麻辣牛百叶

【主料】新鲜牛百叶 1000 克。

【配料】花椒粉、干椒粉各 8 克，大蒜泥、葱段各 5 克，盐 3 克，味精 2 克，白醋 8 克，姜 5 克，料酒 10 克，辣椒油 10 克，香油 8 克。

【制作】① 牛百叶加少许醋、盐洗几遍，放入清水内翻洗干净，再放入沸水锅内煮透，捞出，再冲洗一遍。② 净锅后置火上入水烧沸，放入葱段、姜片、料酒、牛百叶，大火煮至熟透，连汁一起放入盆内，凉凉后捞出，片成肚片，放在盘内。③ 将盐、味精、花椒粉、干椒粉、辣椒油、大蒜泥放牛百叶上拌匀，淋上香油，撒上葱末装碟即可。

【烹饪技法】煮，拌。

【营养功效】和中益气，解毒驱寒。

【健康贴士】牛百叶还可与鲜荷叶搭配食用，具有补中益气，健脾消食的作用，适合胃下垂、脘腹闷胀、食欲不振等病症患者食用。

牛百叶黄瓜

【主料】牛百叶 300 克，黄瓜 100 克。

【配料】盐 3 克，味精 1 克，醋 8 克，生抽 10 克。

【制作】① 牛百叶洗净切片；黄瓜洗净切条，排于盘中。② 锅内注水烧沸，放入百叶汆熟后，捞出，沥干水分，装入碗中。③ 碗中加入盐、味精、醋、生抽拌匀，作蘸汁，捞出百叶晾干，卷成卷放入排有黄瓜的盘中，蘸汁食用即可。

【烹饪技法】汆，拌。

【营养功效】健脾开胃，美容养颜。

【健康贴士】牛百叶有健脾的作用，适合脾虚之人食用。

豆豉牛百叶

【主料】牛百叶 800 克。

【配料】盐 4 克，白砂糖 15 克，生抽 8 克，料酒 8 克，葱段、姜块、葱白、甜椒各 6 克，红油 8 克。

【制作】① 葱白、甜椒洗净切丝。② 把牛百叶、料酒、葱段、姜块同放入沸水中稍煮，捞出切片，油锅烧热，放豆豉加盐、白砂糖、生抽、红油炒好，淋在牛百叶上，撒上葱白和甜椒丝即可。

【烹饪技法】煮，炒。

【营养功效】补虚益精，消渴止眩。

【健康贴士】牛百叶还可与芥末搭配食用，具有健脾开胃的作用，适宜少气懒言、食欲不振的人食用。

酱醋牛百叶

【主料】牛百叶 500 克。

【配料】生抽 10 克，白砂糖 10 克，醋 10 克，葱 5 克，香油、红油各 15 克，盐、熟芝麻各 3 克。

【制作】① 牛百叶处理干净，入沸水中汆熟，切成片，装盘；葱洗净，切末。② 盐、生抽、白砂糖、醋、香油、红油调成味汁，淋在牛百叶上，撒葱末、熟芝麻即可。

【烹饪技法】汆，拌。

【营养功效】补气养血，健脾养胃。

【健康贴士】牛百叶也可与冬笋搭配食用，具有补益脾胃、防癌抗癌的作用。

红油牛百叶

【主料】牛百叶 250 克，红椒 20 克。

【配料】红油、生抽、香油各 10 克，盐、味精各 3 克。

【制作】① 牛百叶处理干净，入沸水中汆熟，切成片装盘；红椒洗净切片。② 盐、生抽、醋、味精、香油调成味汁，淋在牛百叶上拌匀，撒上红椒，食用时按个人口味淋入红油拌匀即可。

【烹饪技法】汆，拌。

【营养功效】补气养血，消渴止眩。

【健康贴士】牛百叶也可与萝卜搭配食用，具有润肺化痰、止咳的作用，适合咳嗽痰多的人食用。

水晶鞭花

【主料】牛鞭 200 克。

【配料】枸杞 5 克，鱼胶 5 克，姜 5 克，绍酒 8 克，盐 3 克，鸡清汤 100 毫升。

【制作】① 牛鞭处理干净，泡发后切段，剞花刀，焯水，捞出，沥干水分。② 姜切片；

枸杞泡发；鱼胶粉煮至溶化；将鞭花加姜片、鸡清汤、绍酒上笼蒸熟，捞出姜片，放枸杞、盐、鱼胶水放冰箱中冻结，取出装盘即可。

【烹饪技法】焯，蒸，冻。

【营养功效】补肾壮阳，益肾暖宫。

【健康贴士】牛鞭还可与枸杞搭配食用，具有补肝肾、壮肾阳的作用。

水晶牛耳

【主料】牛耳 250 克。

【配料】葱 20 克，姜 10 克，花椒 4 克，香油 10 克，盐 8 克，味精 3 克。

【制作】① 牛耳洗净，入沸水汆烫，姜切片，葱洗净切段，葱段、姜片、花椒装入纱袋，放锅中加水烧沸，再放入牛耳煮熟。② 捞出牛耳，凉凉切片，放冰箱中冷冻，食时与香油、盐、味精拌匀即可。

【烹饪技法】汆，煮，冻，拌。

【营养功效】开胃消食，补虚益血。

【健康贴士】一般人都可食用，尤其适合青少年食用。

干拌牛尾

【主料】卤牛尾 300 克，熟芝麻 10 克。

【配料】盐 3 克，味精 1 克，醋 6 克，老抽 10 克。

【制作】① 卤牛尾刮洗净，切段，装盘。② 盐、味精、醋、老抽拌匀后，淋入盘中，撒上熟芝麻即可。

【烹饪技法】拌。

【营养功效】补中益气，填精补髓。

【健康贴士】牛尾还可与黑豆搭配食用，具有益肾补虚的作用，适合倦怠无力、面色苍白、小便频多等病症患者食用。

拌牛舌

【主料】熟牛舌 150 克，水发海米 25 克，菠菜 250 克.

【配料】姜 5 克，大蒜 5 克，盐 3 克，辣椒粉 5 克，香油 8 克，熟芝麻 5 克，味精 2 克。

【制作】① 熟牛舌切成 3 厘米长的片；姜洗净，去皮，拍碎末；大蒜去皮、根，拍成碎末。② 菠菜洗净，择去黄叶和根，切成段，用沸水焯一下，再用凉水冲凉，沥干水分，加入海米搅拌均匀，放在盘里。③ 牛舌片整齐地码放在菠菜拌海米上，把姜末、大蒜末、胡椒面、香油、熟芝麻和味精调好，浇在牛舌上，食时拌匀即可。

【烹饪技法】焯，拌。

【营养功效】补血养颜，排毒瘦身。

【健康贴士】牛舌还可与红枣搭配食用，有助肌肉生长和促伤口愈合之功效。

原汁牛舌

【主料】牛舌 300 克。

【配料】香油、老抽各 10 克，盐 3 克，白砂糖、葱段、姜片、大料各 5 克，干红椒段适量。

【制作】① 牛舌处理干净，放入锅中，加香油、老抽、盐、葱、姜、大料和白砂糖同煮 2 小时，捞出，原汤滤去调料备用。② 牛舌切大片，干红椒用油稍炸后，加入少许汤调成味汁，淋在牛舌上即可。

【烹饪技法】煮，炸，浇汁。

【营养功效】补胃，补脾益气。

【健康贴士】牛舌也可与竹笋搭配食用，具有清热解毒、防止便秘的作用，适合大便干燥的人食用。

夫妻肺片

【主料】牛肉 100 克，牛百叶、牛舌，牛心各 100 克，芝麻 30 克，盐炒花生仁 50 克。

【配料】辣椒油 10 克，花椒粉 5 克，盐 5 克，味精 3 克，酱油 8 克，料酒 10 克、香油 5 克，大料 10 克，葱 30 克。

【制作】① 芝麻炒香；盐炒花生仁研成颗粒状；香葱洗净，切粒；牛肉、牛百叶、牛舌、牛心处理干净，放入沸水锅中，加入大料、料酒煮熟后捞出，沥干水分，凉凉，均改刀切成长约 6 厘米、宽约 3 厘米的薄片，装入盘内。② 将盐炒花生仁颗粒、芝麻装在碗中，加入辣椒油、味精、盐、酱油、花椒面、香油调成麻辣味汁，淋在牛肉、牛杂片上，撒上香葱粒即可。

【烹饪技法】煮。

【营养功效】健脾开胃，养血补心。

【健康贴士】牛肉性平，各种体质的儿童都可以食用。

典食趣话：

早在清朝末年，成都有许多叫卖凉拌肺片的小贩。他们将碎牛杂经加工、卤煮后切片，佐以调料拌食，风味别致，价廉物美，特别受穷苦大众的喜爱。成都有一对夫妇，他们所售肺片实为牛头皮、牛心、牛舌、牛百叶、牛肉，并不用肺，因注重选料，调味讲究，深受食客喜爱。为区别于其他肺片，人们便以“夫妻肺片”称之。

麻酱牛腰片

【主料】芝麻酱 30 克，牛腰子 400 克。

【配料】黄酒 20 克，葱结、酱油各 40 克，姜块 5 克，味精 1 克，胡椒粉 1 克，香油 25 克，青蒜丝 5 克。

【制作】① 牛腰子外部的膜撕去，用刀一剖两片，去掉白色的腰臊，洗净，片切成小薄片，放在清水中漂清；姜块洗净，去皮，拍松。② 锅置大火上，倒入开水烧沸，下姜块、葱结、黄酒，煮片刻，倒入腰片，迅速搅散，见腰片变色断血，立即倒入漏勺沥水，去葱、姜，放碗中，加入芝麻酱、味精、酱油、胡椒粉、青蒜丝、香油拌匀，装盘上桌即可。

【烹饪技法】煮，拌。

【营养功效】补肾壮腰，益气补血。

【健康贴士】牛腰还可与红葡萄酒搭配食用，具有补肾养颜的作用。

葱拌羊肉

【主料】羊肉 300 克，大葱 100 克，红椒 20 克。

【配料】盐 3 克，味精 1 克，醋 6 克，老抽 15 克。

【制作】① 羊肉处理干净，改刀，入水焯熟，装碗；大葱洗净，切段；红椒洗净，切丝。② 向装羊肉的碗中加入盐、味精、醋、老抽拌匀，并腌渍 20 分钟后倒入盘中，撒上大葱段、红椒丝拌匀即可。

【烹饪技法】焯，拌，腌。

【营养功效】补肾壮阳，暖中祛寒。

【健康贴士】羊肉也可与芹菜搭配食用，具有强身健体的作用，适合体质虚弱的人食用。

风干羊腱

【主料】羊肉 400 克。

【配料】盐 3 克，味精 1 克，醋 8 克，老抽 10 克，料酒 12 克。

【制作】① 羊肉洗净，切片，用盐、老抽、料酒腌渍 30 分钟后取出。② 锅置火上，注水烧沸，放入羊肉片汆熟后，捞出晾干并装入盘中。③ 用盐、味精、醋、老抽、料酒调成汁，浇在羊肉片上面即可。

【烹饪技法】腌，汆，浇汁。

【营养功效】开胃健脾，温补气血。

【健康贴士】羊肉还可与莲藕搭配食用，具有温肺补血的作用。

白切羊肉

【主料】羊肉 1000 克

【配料】大料 25 克，桂皮 25 克，料酒 30 克，葱末、红椒片各 20 克，高汤、红油各适量。

【制作】① 羊肉处理洗净；红椒片焯水。② 锅中放入大料、桂皮、料酒、高汤煮热，然后放入羊肉煮熟。③ 将羊肉捞出，沥干水分，切片装盘，放上红椒片，撒上葱末，再淋上红油即可。

【烹饪技法】焯，煮。

【营养功效】补血温经，防寒保暖。

【健康贴士】羊肉不宜与大蒜同食，易上火 。

姜汁羊肉

【主料】羊肉 400 克。

【配料】姜 50 克，葱 20 克，盐 3 克，醋 8 克，料酒 8 克，生抽 5 克，味精 2 克，鲜汤适量。

【制作】① 姜、葱均洗净，切末。② 用部分姜末、醋、盐、味精、生抽加适量鲜汤调成汁。③ 羊肉洗净，放入清水锅中，加入料酒、剩余姜、葱末煮熟，凉凉切片，摆入碗中，浇上汤汁即可。

【烹饪技法】煮，浇汁。

【营养功效】补脾暖胃，驱寒除湿。

【健康贴士】羊肉还可与紫苏搭配食用，可补气消食，促进血液循环。

蒜香羊头肉

【主料】蒜 20 克，羊头肉 250 克。

【配料】盐 20 克，香油 10 克，花椒 5 克，丁香 5 克，砂仁 5 克。

【制作】① 羊头肉洗净，放沸水中煮熟，捞出，沥干水分；蒜去衣，洗净剁成泥。② 锅置火上，入油烧热，将蒜泥、盐、花椒及丁香、砂仁爆香，下羊肉滑熟，盛出凉凉，切片装盘，淋上香油即可。

【烹饪技法】煮，爆。

【营养功效】健脾开胃，温补肝肾。

【健康贴士】羊肉也可与糯米酒搭配食用，具有温中散寒的作用，适合肢冷不温的人食用。

白片羊

【主料】山羊肋肉 500 克，甜酱 50 克。

【配料】白砂糖 25 克，盐 5 克，绍酒 30 克，葱姜 50 克，香油 10 克。

【制作】① 羊肉块入沸水锅焯一下捞出，洗净血秽，盛在盘内，加入盐、绍酒、葱姜，上笼蒸 30 分钟左右取出，除去葱姜，待其自然冷却。② 净锅置火上，下入甜酱下，加入白砂糖、清水略炒一下后，再倒入香油炒匀起锅，分装两个小碟。③ 将冷却后的羊肉切成薄片装盘，同甜酱一起上席即可。

【烹饪技法】焯，蒸，炒。

【营养功效】健胃暖身，补血养颜。

【健康贴士】羊肉为发物，有慢性病史的患者应忌食。

红冻羊肉

【主料】羊腿肉 1500 克，胡萝卜 500，鲜猪肉皮 400 克。

【配料】姜片 10 克，净花椒 6 克，料酒 15 克，盐 5 克，味精 3 克，胡椒粉 5 克，净大蒜 10 克，香油、花椒油各 10 克，清汤适量。

【制作】① 剔除羊腿肉上的肥筋，漂洗净，改切成 2.5 厘米见方的粗条，放入沸水锅内汆去血水，捞出用清水冲过，沥水，置入大碗内；鲜猪肉皮处理干净，切成 0.5 厘米见方的丁，加入羊肉中。② 往装有羊肉和猪皮的碗中注入沸水 2000 毫升，姜片、料酒、盐、味精、胡椒粉、花椒用净纱布包妥也投入其中，搅匀，加盖盖严，置蒸锅中用大火蒸约 4 小时，取出，去掉姜片、花椒包，捞出把羊肉匀铺在平底搪瓷盘中，胶汁水暂留锅中。③ 胡萝卜洗净去蒂，切成细条放蒸锅内，大火蒸 15 分钟，取出再铡成细粒，放入胶汁水中，加盖再蒸 10 分钟，取出缓缓舀入盛羊肉的盘内，凉凉，置冰箱中冻至凝固。④ 用净花椒粒与拍破的净大蒜同切成极细的粒，盛碗内，兑入盐、味精、清汤、香油和椒油调成蒜椒味汁。食用时，将红冻羊肉切成厚 0.5 厘米、长 6 厘米的片盛盘中，淋入蒜椒味汁即可。

【烹饪技法】汆，蒸，冻。

【营养功效】补肾壮阳，活血驱寒。

【健康贴士】羊肉性温，适合体虚怕冷者

食用。

凉拌羊肉丝

【主料】嫩羊肉500克。

【配料】香油10克，生抽30克，盐3克，味精1克，葱、姜末、胡椒粉、辣椒粉各5克。

【制作】① 羊肉洗净，放入锅内，加水煮沸，撇去浮沫，转小火煮熟取出，凉凉备用。② 羊肉切成丝，放入盘内，加入生抽、盐、味精、胡椒粉、辣椒粉、香油、葱姜末拌匀即可。

【烹饪技法】煮，拌。

【营养功效】补气滋阴，暖中补虚。

【健康贴士】羊肉还可与鸡蛋搭配食用，能促进血液的新陈代谢，减缓衰老。

炝羊肉丝蒜薹

【主料】瘦羊肉100克，净蒜薹150克。

【配料】植物油10克，盐3克，味精1克，花椒粒3克，姜丝、辣椒粉各5克。

【制作】① 把蒜薹洗净，切成段，用沸水汆透捞出，凉水过凉，沥干水分；生羊肉切成细丝，入沸水锅内焯一下，断生时捞出，用凉水过凉，沥干水分装盘。② 锅置上火，入油烧热，加入辣椒粉，关火即成辣椒油，再放入蒜薹、羊肉丝、姜丝，拌匀，略焖一下，最后加盐、味精调味即可。

【烹饪技法】汆，焯，焖。

【营养功效】补虚祛寒，补气益血。

【健康贴士】羊肉还可与生菜搭配食用，可补充维生素C。

小米椒拌羊头

【主料】羊头1个，小米椒50克.

【配料】盐3克，味精1克，生抽6克，白砂糖3克，红油6克。

【制作】① 处理好的羊头下入沸水锅中煮，除尽羊膻味，捞入吊锅中吊炖，除尽羊头里的羊骨，羊头皮切成片。② 小米椒用刀剁碎，加入盐、味精、酱油、白砂糖、红油兑成味汁，下入羊头皮，拌匀即可。

【烹饪技法】煮，炖，拌。

【营养功效】补气益血，祛寒止痛。

【健康贴士】羊肉不宜与田螺同食，易积食腹胀。

凉拌羊杂

【主料】羊肝、羊心、羊肚、羊肺各70克，熟芝麻8克，大葱30克。

【配料】香油、酱油、料酒各10克，胡椒粉、盐、味精各3克。

【制作】① 羊肝、羊心、羊肚、羊肺处理干净，汆水后，捞出切片；大葱洗净，取葱白切细丝。② 羊杂中调入香油、酱油、料酒、胡椒粉、盐、味精、熟芝麻拌匀，撒上大葱丝即可。

【烹饪技法】汆，拌。

【营养功效】保肝护肾，明目补血。

【健康贴士】羊肚性温，适合体虚衰弱、尿频、盗汗者食用。

辣子羊血

【主料】羊血250克。

【配料】干红椒20克，料酒、生抽各10克，盐、味精各4克，香菜少许。

【制作】① 羊血洗净，放入沸水中汆熟，切块，装碗；干红椒洗净，切段；香菜洗净备用。② 锅置火上，入油烧热，入干红椒爆香，烹入料酒、生抽，加入盐、味精制成味汁，淋在羊血上，撒上香菜即可。

【烹饪技法】汆，爆。

【营养功效】补血益气，活血化瘀。

【健康贴士】羊血还可与米酒搭配食用，具有化瘀止血的作用，适合气滞血瘀者食用。

水晶羊杂

【主料】羊肝、羊心、羊肚、羊肺、毛豆各50克，红辣椒20克，生菜50克。

【配料】香油5克，鱼胶粉10克，葱5克，味精1克，姜5克，盐3克，芝麻5克。

【制作】① 羊杂处理洗净，改刀，入水汆熟，加香油、盐、味精调味，再下入鱼胶粉煮溶。② 煮好的羊杂放冰箱中冷却凝结；食用时取出切块与生菜一起装盘，撒上葱末、姜丝、椒丝、芝麻即可。

【烹饪技法】汆，煮，冻。

【营养功效】保肝护肾，增强免疫。

【健康贴士】羊肺具有益肺的作用，适合急性支气管炎患者食用。

葱姜拌羊肚

【主料】羊肚 300 克，葱、蒜各 20 克。

【配料】盐 2 克，醋 8 克，味精 1 克，红油 5 克。

【制作】① 羊肚洗净，切成丝；葱、蒜洗净，切成丝。② 锅置火上，入水烧沸，放入羊肚丝汆烫 5 分钟，捞出，晾干装盘，加入盐、醋、味精、红油、葱、蒜搅拌均匀即可。

【烹饪技法】汆，拌。

【营养功效】健脾补虚，益气健胃。

【健康贴士】羊肚还可与胡萝卜搭配食用，具有补虚健胃的作用。

萝卜干拌兔丁

【主料】萝卜干 250 克，兔肉 500 克，花生 50 克。

【配料】盐 4 克，葱段、姜块各 5 克，料酒 10 克，大料、花椒各 3 克。

【制作】① 萝卜干、兔肉处理洗净后改刀，加葱段、姜块、料酒、大料煮好，捞出放入盆中。② 锅置火上，入油烧热，加入花椒煸香，下入花生加盐炸好，捞出与兔肉、萝卜干搅拌均匀，装盘即可。

【烹饪技法】煮，煸，炸，拌。

【营养功效】补中益气，止渴健脾。

【健康贴士】白菜不宜与兔肉同食，易引起呕吐。

芹菜兔肉

【主料】兔肉 600 克，芹菜 150 克，甜椒 50 克。

【配料】盐 3 克，葱、姜、大料、桂皮各 5 克，料酒、香油各 10 克。

【制作】① 兔肉处理干净，改刀切丝；芹菜、甜椒洗净，改刀，入水焯烫；兔肉入高压锅，加盐、葱、姜、大料、桂皮、料酒和适量清水上火压至软烂，取肉撕成丝。② 将兔肉丝、芹菜、甜椒入盘中，加香油搅拌均匀，装盘即可。

【烹饪技法】焯，拌。

【营养功效】清肝降压，健脾开胃。

【健康贴士】兔肉还可与枸杞搭配食用，具有清肝明目、去火的作用，适合肝火旺的人食用。

香辣兔肉丝

【主料】兔肉 400 克。

【配料】盐 3 克，味精 2 克，香油 8 克，姜 5 克片，花椒 3 克，熟芝麻 5 克。

【制作】① 兔肉处理干净，切丝，用沸水汆烫，捞出，沥干水分。② 将盐、花椒、味精、姜片、香油、兔肉丝放入锅中卤 1 个小时，捞出装盘，撒上熟芝麻即可。

【烹饪技法】汆，卤。

【营养功效】祛病强身，健脑益智

【健康贴士】兔肉还可与山药搭配食用，具有补中益气、补肺健脾的作用，适合肺热、脾虚食少的人食用。

农夫拌兔

【主料】兔肉 300 克，竹笋 100 克，蒜薹 100 克。

【配料】盐 3 克，植物油、料酒各 10 克，姜、葱、辣椒各 5 克，红油 8 克，熟芝麻 5 克。

【制作】① 兔肉处理干净，切块；竹笋、蒜薹洗净，切段；辣椒洗净，切圈。② 锅置火上入水，下入兔肉，加料酒、姜、葱煮熟，竹笋入沸水煮熟，捞出。③ 炒锅置火上，入油烧热，放辣椒、盐、红油、蒜薹炒熟，倒在兔肉、竹笋上，撒上芝麻即可。

【烹饪技法】煮，炒，拌。

【营养功效】开胃健脾，丰肌嫩肤。
【健康贴士】兔肉是一种低脂、低胆固醇、高碳水化合物的食物，适合胆囊炎患者食用。

手撕兔肉

【主料】兔肉700克，红椒50克。
【配料】盐3克，葱、姜各5克，大料、桂皮各3克，料酒10克，红油8克，熟芝麻5克。
【制作】① 兔肉洗净，入水汆烫；红椒洗净，切圈；香葱洗净，切段。② 兔肉入高压锅，加盐、姜、大料、桂皮、料酒、清水上火压至软烂，取肉撕成丝，加葱段、红油、熟芝麻搅拌均匀即可。
【烹饪技法】汆，拌。
【营养功效】健胃利肠，凉血解毒。
【健康贴士】兔肉还可与香菇搭配食用，具有补益脾胃、清热除烦、降脂降压的作用，适合脾胃虚弱、心烦气躁、高血压等病症患者食用。

凉拌兔肉丁

【主料】兔肉500克。
【配料】水淀粉、料酒各8克，葱末5克，盐3克，香油10克，味精1克。
【制作】① 兔肉洗净，切丁，加入盐、料酒、水淀粉拌匀。② 将兔肉丁放入屉中蒸30分钟，取出凉凉，与盐、香油、葱末、味精搅拌均匀即可。
【烹饪技法】蒸，拌。
【营养功效】开胃健脾，强筋壮骨。
【健康贴士】兔肉还可与豆腐搭配食用，具有补中益气、化痰利水的作用，适合咳嗽痰多、气喘患者食用。

麻辣兔丁

【主料】净兔肉500克。
【配料】辣椒油75克，酱油25克，豆豉25克，盐3克，味精1克，白砂糖3克，花椒面5克，葱白6克。
【制作】① 兔肉处理洗净，入沸水锅内煮熟，捞出凉凉，用刀剁成1.7厘米见方的丁；葱白切成1.5厘米见方的丁；豆豉在菜板上压成豆豉酱。② 将酱油、白砂糖、豆豉酱、盐、味精、花椒面、辣椒油放入碗内调匀，放入兔肉丁拌匀，下入葱丁，拌匀，盛入盘内即可。
【烹饪技法】煮，拌。
【营养功效】润肠通便，益智健脑。
【健康贴士】兔肉还可与松子搭配食用，具有润肤养颜、益智醒脑的作用，适合内分泌失调、神经衰弱者食用。

手撕狗肉

【主料】狗肉700克，甜椒、香菜各10克。
【配料】盐3克，干辣椒5克，姜5克，花椒、大料各3克，料酒、香油各10克。
【制作】① 狗肉洗净，入沸水中汆烫；甜椒洗净，切丝；香菜洗净，切段。② 高压锅置火上入水，下入狗肉，加盐、干辣椒、花椒、姜、大料、料酒，上火压至软烂，取肉撕成丝。③ 将狗肉丝放入碗内，加香油搅拌均匀，装盘即可。
【烹饪技法】煮，拌。
【营养功效】补肾壮阳，暖胃祛寒。
【健康贴士】狗肉性温，适合脾肾气虚、胸腹胀满等病症患者食用。

蒜香狗肉

【主料】狗肉500克，生菜叶100克，蒜50克。
【配料】红椒10克，生抽5克，香油10克。
【制作】① 狗肉洗净，切成丝，下入沸水中汆熟，捞出，沥干水分，再下油锅中滑熟，淋上生抽，盛出备用。② 蒜去皮，拍破；红椒洗净，切丝；生菜洗净，一起与狗肉摆盘放好，淋上香油即可。
【烹饪技法】汆，炒，拌。
【营养功效】益精明目，活血通络。
【健康贴士】狗肉性温，适合腰膝酸软冷痛、寒症等病症患者食用。

葱香狗肉冻

【主料】狗肉 500 克。

【配料】葱白、姜各 6 克，葱 5 克，花椒 3 克，香油 10 克，盐 3 克，味精 1 克。

【制作】① 狗肉处理干净，入沸水氽透，沥干水分，切片；姜洗净去皮，切片；葱洗净，切段；葱白洗净，切段。② 葱段、姜片、花椒装纱袋，放锅中加水烧沸，放狗肉煮至汁浓，捞出纱袋，汤中加盐、味精，放冰箱中冷却至凝结，取出切片，淋上香油，撒上葱白即可。

【烹饪技法】氽，煮，冻。

【营养功效】开胃健脾，补中益气。

【健康贴士】狗肉不宜与朱砂同食，易上火。

手撕驴肉

【主料】驴肉 500 克，甜椒 50 克。

【配料】葱、香菜、葱白各 6 克，盐、姜、大料、桂皮各 3 克，料酒 8 克，香油 10 克。

【制作】① 驴肉处理干净，入沸水氽烫；甜椒、葱白洗净，切丝；香菜洗净，切段。② 驴肉入高压锅，加盐、葱、姜、大料、桂皮、料酒、清水上火压至软烂，取肉撕成丝。③ 将驴肉丝、甜椒丝、葱白丝、香菜段放入盘中，加香油搅拌均匀，装盘即可。

【烹饪技法】氽，煮，拌。

【营养功效】补气养血，安神去烦。

【健康贴士】驴肉不宜与木耳同食，易得霍乱。

白切鸡

【主料】净鸡 500 克。

【配料】蒜头 8 克，盐 3 克，鸡精 5 克，香油 10 克。

【制作】① 净鸡处理干净，汤锅置火上，入水烧沸，放入鸡煮熟，捞出，沥干水分，凉凉，剁块装入盘中；蒜头洗净，剁成蓉。② 盐、鸡精、蒜蓉、香油调成味汁，装入味碟中，摆在鸡旁，供蘸食即可。

【烹饪技法】煮，拌。

【营养功效】补肾填精，养血乌发。

【健康贴士】鸡肉还可与洋葱搭配食用，具有延缓衰老的作用，适合中老年人食用。

盐焗鸡

【主料】净鸡 700 克。

【配料】盐 25 克，香油 10 克。

【制作】① 净鸡处理干净，晾干，用盐涂抹鸡身内外，锡纸包住。② 煲中铺上锡纸，放入盐、鸡，盖上盖子，慢火焗 6 分钟，翻过鸡身，再焗 6 分钟，最后熄火焗 12 分钟。③ 将鸡取出，斩块，淋上香油即可。

【烹饪技法】焗。

【营养功效】健脾开胃，活血通脉。

【健康贴士】鸡肉不宜与兔肉同食，易导致腹泻。

葱油鸡

【主料】鸡腿 500 克，葱油 10 克。

【配料】盐 3 克，味精 2 克，葱白、蒜头、香菜各 6 克，生抽 8 克。

【制作】① 鸡腿处理干净；葱白洗净，切段；香菜洗净，切段。② 鸡腿入沸水氽熟，捞出凉凉切块，装盘；蒜头去皮入沸水稍烫，捞出放盘中。③ 将盐、味精、生抽、葱油调成味汁，淋在盘中，撒香菜、葱白即可。

【烹饪技法】氽，拌。

【营养功效】健脾开胃，补虚养身。

【健康贴士】鸡肉还可与菜花茶搭配食用，具有补气壮骨、健胃益肝的作用。

手撕鸡

【主料】鸡肉 500 克。

【配料】盐 3 克，老抽 8 克，植物油 12 克，料酒 10 克，蚝油 10 克，糖、胡椒粉、辣椒粉各 3 克，葱、姜、香菜各 5 克。

【制作】① 鸡处理干净，沥干水，涂上酱油，

放入热油中炸至上色，捞出。② 锅置火上，入油烧热，爆香姜、葱，加入盐、料酒、蚝油、糖、胡椒粉、辣椒粉、清水煮沸，下入鸡煮至熟透。③ 捞出鸡，凉凉撕块，装盘，浇鸡汤，撒香菜即可。

【烹饪技法】炸，爆，煮。

【营养功效】健脾开胃，滋阴养心。

【健康贴士】板栗也可与鸡肉搭配食用，具有益肾补虚的作用，适合肾虚的人食用。

鸡丝豆腐

【主料】豆腐 150 克，熟鸡肉 250 克。

【配料】芝麻、红椒、葱末、香菜各 5 克，熟花生米 10 克，盐 3 克，红油 8 克。

【制作】① 豆腐洗净，入水中焯熟，切片；熟鸡肉洗净，撕丝；香菜洗净，切段；红椒洗净，切丁；熟花生米切碎。② 芝麻、红椒、香菜、盐、红油调成味汁，淋在鸡丝、豆腐上，撒葱末、花生米碎即可。

【烹饪技法】焯，拌。

【营养功效】滋阴润肤，祛脂降压。

【健康贴士】百合还可与鸡肉搭配食用，具有开胃的作用，适合食欲不振的人食用。

鸡丝石花菜

【主料】鸡肉 150 克，石花菜 100 克。

【配料】盐、鸡精各 5 克，生抽、香油各 10 克。

【制作】① 鸡肉处理干净，放入加盐的沸水中汆熟，撕成丝，装盘；石花菜洗净，放入沸水中焯熟。② 盐、鸡精、生抽、香油调成味汁，淋在鸡丝、石花菜上拌匀即可。

【烹饪技法】汆，拌。

【营养功效】滋阴降火，补血益气。

【健康贴士】鸡肉也可与山药搭配食用，可防治肝硬化。

鸡丝凉皮

【主料】熟鸡脯肉 200 克，黄瓜 100 克，凉皮 200 克。

【配料】盐 3 克，味精 1 克，香油 10 克，芝麻 5 克，红油 8 克。

【制作】① 凉皮放入沸水中焯熟，捞出，沥干水分，装盘凉凉；黄瓜洗净，切成丝；鸡脯肉撕成细丝，与黄瓜丝、凉皮一起装盘。② 将香油、红油、芝麻、盐、味精拌匀，浇于凉皮上即可。

【烹饪技法】焯，拌，浇汁。

【营养功效】健脾开胃，活血强筋。

【健康贴士】鸡肉也可与竹笋搭配食用，具有减肥的作用，适合肥胖者食用。

红油豆豉鸡

【主料】鸡 500 克，豆豉 20 克，红油 20 克。

【配料】盐 3 克，鸡精 2 克，生抽 6 克，葱末、花生米、红椒各适量

【制作】① 鸡处理干净，放入沸水锅中煮熟，捞出，凉凉切开，红椒洗净切圈。② 锅置火上，入油烧热，下豆豉、红椒、花生米爆香，放入盐、鸡精、红油、生抽、清水调成味汁，淋在鸡上，撒上葱末即可。

【烹饪技法】煮，爆，拌。

【营养功效】温中健脾，舒筋活络。

【健康贴士】鸡肉还可与益母草搭配食用，具有滋阴补血、调经止痛的作用，适合月经不调、痛经者食用。

鸡丝拉皮

【主料】鸡肉 200 克，拉皮 300 克。

【配料】盐 3 克，香菜、红椒丝各 5 克，老抽 6 克，料酒 8 克，植物油 10 克。

【制作】① 鸡肉洗净，切丝，焯水；拉皮洗净，切条；香菜洗净，切段。② 拉皮与红椒丝分别焯水。③ 锅置火上，入油烧热，放盐、酱油、料酒略炒一下成汁，淋在拉皮里，把鸡肉丝放在拉皮上，再放上香菜、红椒即可。

【烹饪技法】焯，拌。

【营养功效】健脾开胃，补虚养身。

【健康贴士】鸡肉也可与糙米搭配食用，能提高睡眠质量。

醉鸡

【主料】嫩母鸡 700 克。
【配料】料酒 10 克，盐 3 克，香糟 200 克，葱段 6 克，姜片 5 克，桂皮、大料各 3 克。
【制作】① 鸡处理干净，锅置火上入水，烧沸后放入鸡，汆煮至鸡皮萎缩时捞出，用清水冲洗，将鸡汤倒入盆中，另换清水，放入鸡，大火煮沸后，改用小火煮 30 分钟，熟后取出放入盘中。② 将锅中放入桂皮、大料、姜片、葱段、盐，倒入原煮鸡的热汤，凉凉后放入香糟拌匀，即成糟卤，盛入碗中。③ 鸡去鸡头、爪、尾部，剖开成两片，从肋骨处斩开，分为 4 块，用盐抹遍鸡身，再洒上料酒，放入有盖子的盘内，送入冰箱内冷冻 3 小时左右。④ 食用时，将鸡切成 10 厘米长，6 厘米宽的块，再改切成 7 厘米长，1 厘米宽的条，先把鸡头、颈及零碎鸡肉垫在盘底，再将整鸡条盖在上面，浇上糟卤即可。
【烹饪技法】汆，煮，醉，冻。
【营养功效】补中益气，温肾散寒。
【健康贴士】鸡肉还可与鹿筋搭配食用，具有补血益精、强筋壮骨的作用，适用于血虚和精气亏虚所致的筋骨萎弱、四肢无力、风湿痹痛等病症患者食用。

糟鸡

【主料】肥嫩光鸡 2 只，香糟 250 克。
【配料】盐 3 克，味精 2 克，葱、姜各 5 克，花椒、大料各 3 克。
【制作】① 鸡处理干净，锅置火上入水烧沸，放入鸡，煮沸后撇去浮沫，放入葱姜、花椒、大料，转小火煮至鸡熟透捞出，鸡汤倒入盆中凉凉，倒入香糟搅拌均匀，备用。② 鸡剁去鸡头、鸡尾，鸡颈剁成三段，鸡身用刀沿脊背划开鸡皮、肉，一一剖两片，每半片再一斩为二。③ 将鸡放入净盆中，用干净白布蒙上，把兑好的糟汁倒在布上，滤入盆内，淹住鸡身，盖严锅盖，扎起布同放盆中浸泡 6 小时以上，入味即可改刀食用。
【烹饪技法】煮，拌，腌。
【营养功效】补肾益气，养血安神。
【健康贴士】鸡肉也可与蘑菇搭配食用，具有补虚养身、抗衰老的作用，适合身体虚弱的人食用。

怪味鸡

【主料】开膛净公鸡 1 只。
【配料】香油、辣椒油、芝麻酱、酱油各 5 克，白砂糖、醋、味精、芝麻、花椒面、葱末各适量。
【制作】① 鸡入沸水锅内煮熟离火，待汤凉凉后，捞出鸡擦干表面水分，抹上香油，除去鸡骨，用斜刀片成坡刀片，摆入盘内。② 把配料兑在一起成怪味汁，浇在鸡片上，撒上芝麻末，拌匀即可。
【烹饪技法】煮，拌。
【营养功效】健脾开胃，补血健骨。
【健康贴士】鸡肉还可与豌豆搭配食用，具有补钙健骨、补脑益智的作用，适合正处在生长发育期的青少年食用。

拌三丝

【主料】熟鸡肉 100 克，水发海参 50 克，黄瓜 150 克，水发海米 25 克。
【配料】生抽 8 克，盐 3 克，味精 2 克，醋 8 克，蒜泥 3 克，香油 10 克。
【制作】① 熟鸡肉、海参、黄瓜切成丝，一起拌匀摆在盘内，再将海米撒在上面。② 用酱油、盐、味精、醋、香油、蒜泥兑成汁水，浇在上面即可。
【烹饪技法】拌。
【营养功效】滋阴补血，补虚通乳。
【健康贴士】鸡肉也可与西洋参搭配食用，具有养胃阴、清胃热的作用，适合胃阴虚及热病伤阴的口干渴者食用。

麻辣鸡

【主料】净小雏鸡 500 克，清汤 250 毫升，植物油25克，辣椒油25克。

【配料】葱、姜各5克，花椒3克，老抽、料酒各8克，盐、白砂糖各3克，味精2克，香油10克。

【制作】①小鸡去爪、颈，洗净，剁成四块，放入盆内，用料酒、盐、老抽、味精、花椒、葱姜腌30分钟，捞出控净水，锅置火上，入油烧至九成热，放入小鸡炸成金黄色，捞出控净油。②锅留底油烧热，下入葱姜、料酒爆锅，加清汤、盐、味精、白砂糖、鸡煮沸，撇去浮沫，转小火焖至鸡熟汁浓时，捞出切成条，装在盘内，浇上余汁，淋上香油即可。

【烹饪技法】腌，炸，爆，焖。

【营养功效】健脾开胃，补血调经。

【健康贴士】鸡肉含有大量的蛋白质，其含量比牛肉、猪肉多得多，而脂肪含量则比猪、羊、牛肉要少，且多为不饱和脂肪酸，是中老年人和心脑血管病人的食疗佳品。

麻酱鸡丝

【主料】熟鸡肉150克。

【配料】生抽5克，醋6克，干红辣椒丝5克，芝麻酱10克，香油8克。

【制作】①熟鸡肉撕成丝，放沸水中汆烫，捞出放盘内；芝麻酱加凉开水搅匀，加入生抽、醋调匀后，浇在鸡丝上。②锅置火上，入香油烧热，放入辣椒丝炸出辣味，倒在鸡丝上，拌匀即可。

【烹饪技法】汆，炸，拌。

【营养功效】健脾开胃，行气活血。

【健康贴士】鸡肉也可与莲藕搭配食用，具有爽口爽胃、补虚养身的作用，适合食欲不振、身体虚弱的人食用。

蛋黄鸡卷

【主料】鸡腿500克，咸蛋黄200克。

【配料】味精2克，醋、生抽各8克，香油10克。

【制作】①鸡腿洗净，去骨；咸蛋黄捣成泥。②将捣碎的咸蛋黄塞入鸡腿中，放入烤炉中烤30分钟后取出，装入盘中，味精、醋、生抽、香油调成味汁，浇在上面即可。

【烹饪技法】烤。

【营养功效】养血健脾，强筋健骨。

【健康贴士】夏天天气炎热，鸡肉较温热，如与青菜相配，不仅可以改善风味，还能防止食后上火。

水晶荷叶鸡

【主料】光仔鸡750克，冻粉10克，净荷叶2张。

【配料】盐3克，味精2克，葱段、姜片各5克，鸡清汤适量。

【制作】①鸡洗净，与葱段、姜片一同放入锅内煮至八成熟，捞出凉凉，鸡脯与鸡腿去骨取肉，其他部分剁块。②鸡脯肉、腿肉切成荷花瓣形状，摆放在大碗底，鸡块放在中间，添入鸡汤，加入盐，盖上净荷叶1张，上笼蒸10分钟取下，去掉荷叶，滗出鸡汤，用鸡汤把冻粉熬化，下入味精，拌匀。③将汁液浇在盛有鸡块的碗中，凉凉后，放入冰箱冷藏。食用时，将剩余的1张净荷叶平放盘内，水晶鸡取出倒扣在荷叶上即可。

【烹饪技法】煮，熬，蒸。

【营养功效】调经活血，美容美颜。

【健康贴士】鸡肉还可与灵芝搭配食用，具有补益肺气、化痰止咳的作用，适合咳嗽痰多者食用。

鸡丝拌辣椒

【主料】鸡脯肉100克，柿子椒100克。

【配料】料酒10克，姜片5克，盐3克，白砂糖3克，香油10克，味精2克。

【制作】①鸡脯肉洗净，入沸水中加入料酒、盐、姜片，盖上锅盖汆煮5分钟，捞出凉凉，切成5厘米长的细丝，放盘内。②柿子椒去蒂、子，洗净，入沸水锅中焯烫，捞出凉凉，切成细丝，放盘内，加入盐、白砂糖腌10分钟，加入香油、味精拌匀即可。

【烹饪技法】汆，焯，腌，拌。

【营养功效】健脾开胃，养阴补血。

【健康贴士】鸡肉含有维生素 E，有延缓衰老和避免性功能衰退的作用。

冻粉拌鸡丝

【主料】冻粉 10 克，熟鸡肉 150 克。

【配料】芝麻酱 25 克，盐 5 克，糖 2.5 克，味精 5 克，香油 5 克，冷开水 500 克。

【制作】① 冻粉切成 5 厘米长的段，放入碗内，加入冷开水 450 毫升，浸发约 3 分钟后捞出，沥干水分装入盆内；熟鸡肉撕成丝，铺放在冻粉上面。② 芝麻酱用冷开水 50 毫升调稀后，加入盐、糖、味精拌和，淋上香油，浇在鸡丝上面即可。

【烹饪技法】拌。

【营养功效】开胃健脾，降糖防病。

【健康贴士】鸡肉还可与墨鱼搭配食用，具有补肝肾、固冲任的作用，适合因肝肾亏损、冲任不固所致的崩漏下血及月经过多的妇女食用。

梅酱拌鸡片

【主料】鸡胸肉 350 克，梅酱 150 克，菠萝 150 克，枇杷 100 克，樱桃 50 克，苹果 50 克，香菜段 15 克，黄瓜 150 克。

【配料】盐 3 克，白砂糖 5 克，香油 10 克，白醋 8 克。

【制作】① 菠萝、枇杷、樱桃、苹果均洗净，去皮，改刀，放入碗中；黄瓜洗净，切片，用盐腌渍 5 分钟，取出挤干水分，一半装盘垫底，余下来的黄瓜片放进水果碗里，拌匀。② 鸡胸肉洗净，切片，入沸水中汆熟，捞出放在黄瓜片上面，把梅酱、白砂糖、香油、白醋调匀后，浇在水果鸡片上拌匀，撒上香菜即可。

【烹饪技法】汆，腌，拌。

【营养功效】健脾润肤，开胃消食。

【健康贴士】菠萝不宜与白萝卜同食，会破坏维生素 C。

油辣童子鸡

【主料】嫩童子鸡肉 500 克。

【配料】盐 3 克、味精 2 克，生抽、醋各 6 克，葱末、香菜、干红辣椒各 5 克，鸡油、香油、辣椒油、鸡清汤各适量。

【制作】① 鸡肉洗干净，入沸水中煮熟，捞出凉凉，剔除粗骨，剁成约 5 厘米长、1 厘米宽的条块；干红辣椒切成细末；香菜择洗干净，切末。② 锅置火上，入香油烧至五成热，先下干红辣椒、葱末炸出香辣味，再放入酱油、香醋、盐、味精、鸡油、鸡清汤，烧成酸辣汁，分盛两个碗中。③ 将鸡条整齐地放入一个碗中，腌渍约 1 个小时后，上桌时将碗反扣在深盘中，另一碗汁浇在鸡条块上面，撒上香菜即可。

【烹饪技法】煮，炸，腌。

【营养功效】壮阳补气，调经止带。

【健康贴士】鸡肉也可与当归搭配食用，具有补养肝血、明目的作用，适合贫血、头晕目眩者食用。

鸡丝拌春笋

【主料】鸡胸肉 100 克，春笋 150 克，红椒丝 25 克，青椒丝 20 克。

【配料】盐 2 克，鸡精 2 克，绍酒 10 克，胡椒粉 1 克，香油 10 克，淀粉 3 克。

【制作】① 春笋切丝；鸡胸肉顺纹路切丝，撒少许盐、胡椒粉，倒入绍兴黄酒抓匀，放入少许干淀粉和清水反复轻抓上劲，直至鸡丝里的水分吸干。② 锅置火上入水烧沸，下入笋丝焯烫 1 分钟，捞出沥水，放入盆中；再放入鸡丝汆烫、搅散，煮至变色，捞出沥水，放入盆中，撒入鸡精拌匀，再加入盐、胡椒粉、香油拌匀即可。

【烹饪技法】焯，煮，拌。

【营养功效】调脏理肠，减肥瘦身。

【健康贴士】中年女性多吃鸡肉，可预防贫血。

西芹拌鸡丝

【主料】鸡脯肉、西芹各 100 克。
【配料】干辣椒 10 克，淀粉 3 克，葱白 5 克，白砂糖 5 克，白醋 8 克，盐 3 克，味精 1 克，香油 10 克，植物油 3 克。
【制作】① 西芹、鸡脯肉、干辣椒、葱白均洗净，切成丝备用。② 锅置火上，入水烧沸，下入西芹丝焯熟过凉，沥干水分；鸡脯肉拌淀粉后焯熟，捞出，沥干水分。③ 净锅置火上，入油烧热，浇在辣椒丝上，把鸡脯肉、西芹、葱白放在上面，再加入剩余的调料拌匀即可。
【烹饪技法】焯，拌。
【营养功效】清肠利便，降压排毒。
【健康贴士】鸡肉还可与玉米搭配食用，具有补脑养血的作用，适合神经衰弱、失眠、健忘、头晕等病症患者食用。

金针木耳鸡丝

【主料】木耳、青红椒、金针菇、鸡脯肉各 75 克。
【配料】淀粉 3 克，生抽 6 克，植物油 5 克，姜片 5 克，盐、鸡精各 3 克，香油 8 克。
【制作】① 木耳用水泡发，洗净，去蒂切丝；青红椒洗净切丝；金针菇洗净去老根；鸡脯肉洗净切丝，加淀粉、生抽拌匀后倒入少许植物油，再搅拌均匀。② 锅置火上，入水烧沸，放姜片，倒入鸡丝焯熟后捞出，木耳丝、金针菇、青红椒丝焯熟，捞出，沥干水分。③ 把所有材料均放入大碗，调入盐、鸡精、香油拌匀即可。
【烹饪技法】焯，拌，煮。
【营养功效】养胃润肺，益气补血。
【健康贴士】鸡肉还可与紫菜搭配食用，具有清热利水、补碘、补血的作用，适合病后体虚、贫血、感冒发热的人食用。

泡菜凤爪

【主料】鸡爪 600 克，白菜 100 克，野山椒 80 克。
【配料】盐 100 克，糖 40 克，白酒 30 克，大蒜叶、姜片各适量。
【制作】① 鸡爪洗净，剁块入沸水中煮熟，捞出；白菜洗净，切块。② 将山椒、白菜与鸡爪、盐、糖、白酒、大蒜叶、姜片、凉开水混合浸泡 1 小时，密封腌渍 2 天，即可捞出装盘食用。
【烹饪技法】煮，腌。
【营养功效】健脾开胃，强筋壮骨。

山椒凤爪

【主料】鸡爪 500 克，山椒 100 克。
【配料】盐 50 克，醋 10 克，葱油、白砂糖、香菜、甜椒各适量
【制作】① 鸡爪洗净，去趾尖，剁块；山椒洗净，去蒂；甜椒洗净，切丝。② 鸡爪入沸水煮熟，捞出，过凉开水捞出，沥水，加盐、甜椒、山椒腌渍，用白砂糖、醋、葱油调成味汁，淋在鸡爪上搅拌均匀，装盘，撒香菜即可。
【烹饪技法】煮，腌，拌。
【营养功效】健脾开胃，壮骨添髓。
【健康贴士】鸡爪还可与啤酒搭配食用，具有开胃、美容养颜的作用，适合食欲不振及面色苍白者食用。

四蔬凤爪

【主料】鸡爪 150 克、胡萝卜、芦笋、芹菜、子姜各 30 克。
【配料】白醋 10 克，野山椒 50 克，盐 5 克，花椒 5 克，味精 2 克。
【制作】① 鸡爪洗净，去趾尖剁块，入沸水汆熟；胡萝卜、芦笋、芹菜、子姜改刀入沸水焯熟。② 将野山椒、白醋、盐、花椒、味精兑成泡菜盐水，分别将鸡爪、胡萝卜、芹菜、子姜泡 4 ~ 6 小时，捞出即可。
【烹饪技法】汆，焯，泡。
【营养功效】清肝降压，健脾润肤。
【健康贴士】胡萝卜不宜与柠檬同食，会破

坏维生素 C。

爽口鸡爪

【主料】鸡爪、猪耳、鹌鹑蛋各 100 克、野山椒 50 克。

【配料】白醋、料酒各 10 克，姜、葱节各 5 克，盐、白砂糖、花椒各 5 克，味精 2 克。

【制作】① 鸡爪、猪耳、鹌鹑蛋、野山椒均洗净改刀，煮熟。② 白醋、料酒、姜、葱节、盐、白砂糖、花椒、味精兑成泡菜盐水，将鸡爪、猪耳放进装有泡菜盐水的泡菜坛子里泡 5 小时后捞出，与鹌鹑蛋一起装盘即可。

【烹饪技法】煮，泡。

【营养功效】养肝清肺，益气补虚。

【健康贴士】花生也可与鸡爪搭配食用，具有理气补血、美容润肤的作用，适合气血不足的人食用。

酸辣凤爪

【主料】去骨凤爪 300 克，葱头 200 克，朝天椒 5 克。

【配料】青露、青柠汁、糖各 10 克，花椒粒、干红辣椒、盐各 3 克。

【制作】① 凤爪洗净，煮烂；葱头切薄片。② 凤爪、葱头、干红辣椒加入青露、青柠汁、糖、花椒粒、干红辣椒、盐，清水少许调拌均匀，放进冰箱冷藏后取出即可食用。

【烹饪技法】煮，拌，冷藏。

【营养功效】开胃健脾，减肥健骨。

【健康贴士】鸡爪还可与胡萝卜搭配食用，具有开胃消食的作用，适合食欲不振者食用。

糟鸡爪

【主料】鸡爪 400 克，糟卤 400 毫升。

【配料】姜、花椒、大料、香叶各 5 克，料酒 10 克。

【制作】① 鸡爪剪去趾甲，入沸水中加料酒汆煮，撇去浮沫，再放入花椒、大料、香叶、姜煮至熟透。② 捞出放凉后，用沸水冲掉鸡爪上的油脂，放在糟卤里浸泡 2 小时，捞出即可食用。

【烹饪技法】汆，煮，泡。

【营养功效】延缓衰老，美容养颜。

【健康贴士】鸡爪也可与排骨搭配食用，具有补虚通乳的作用，适合产后乳汁不足者食用。

水晶凤爪

【主料】鸡爪 500 克，泡椒 100 克，蒜茸 20 克、白醋 300 毫升。

【配料】鸡精 2 克，盐 3 克，味精 1 克，香油 8 克，辣椒油 5 克。

【制作】① 鸡爪去趾甲，处理干净，下入沸水中煮 20 分钟，加白醋再浸泡 30 分钟，取出，置自来水下冲洗 20 分钟。② 另准备凉白开 550 毫升，放入蒜茸、泡椒，加少许盐，放在冰柜里；鸡脚放在砧板上破开，取出冰柜里的凉白开，把破好的鸡脚放进去泡 3 小时。③ 捞出鸡脚放在盘子里，淋上香油，加入盐，鸡精、味精、辣椒油拌匀即可。

【烹饪技法】煮，拌。

【营养功效】排毒降脂，美容养颜。

【健康贴士】鸡爪中含有胶原蛋白，能够让皮肤更加光滑，有弹性，还能起到保湿和防皱的作用。

鸡香肠

【主料】鸡肠子 10 条，猪五花肉 40 克。

【配料】盐 3 克，料酒 8 克，生抽 8 克，五香粉少许。

【制作】① 鸡肠翻开用醋和水洗净；猪肉剁成肉馅。② 将料酒、盐、生抽、肉馅放在一起调匀，灌入鸡肠内，扎紧口，悬挂于阴凉通风处，3 天后即可蒸熟食用。

【烹饪技法】蒸。

【营养功效】固肾止遗，益气补虚。

【健康贴士】鸡肠还可与小麦面粉搭配食用，具有补肾缩尿的作用，适合肾虚所致的小便频数、夜间遗尿患者食用。

拌凤花

【主料】鸡冠 100 克。

【配料】香油 15 克，花椒 3 克，盐 3 克。

【制作】① 生鸡冠用凉开水泡 1 小时，挤净血，切成花刀。② 锅置火上入水，放入花椒、盐煮沸，下入鸡顶花氽 5 分钟，捞出放到盘中，用香油拌匀即可。

【烹饪技法】氽，拌。

【营养功效】补气养血，美颜嫩肤。

【健康贴士】一般人都可食用，尤其适合女士食用。

凉拌鸡尖

【主料】鸡尖 100 克，粉皮 2 张，菠菜 10 克，木耳 35 克。

【配料】香油 10 克，醋、生抽各 7 克，盐 3 克，蒜末少许。

【制作】① 鸡尖剖开，除去骨头，盛到盘中；菠菜、木耳洗净，入沸水锅焯一下，捞出，切成条；粉皮用沸水泡透，切成条，都放入盘中。② 将盐、蒜末、醋、酱油、香油调成味汁，浇在盛鸡尖的碗中，拌均匀即可。

【烹饪技法】焯，拌。

【营养功效】益气补血，提高免疫。

【健康贴士】木耳还可与芦荟搭配食用，对糖尿病的防治有辅助疗效。

凉拌鸡杂

【主料】鸡肝、鸡肫、鸡心、黄瓜各 50 克。

【配料】姜 5 克，盐 3 克，辣椒油 6 克，鸡精 3 克，香油 10 克，黑芝麻、大料、桂皮、香叶、丁香各 3 克，料酒 8 克。

【制作】① 鸡肝、鸡肫、鸡心用水泡 30 分钟，洗净氽水。② 锅置火上，倒入水，加入料酒、姜、盐 1 克、大料、桂皮、香叶、丁香、鸡杂大火煮沸后改小火煮 5 分钟。③ 捞出鸡杂，凉凉切片，黄瓜洗净切丝，加辣椒油，黑芝麻，鸡精、盐 2 克，香油拌匀即可。

【烹饪技法】氽，煮，拌。

【营养功效】健脾开胃。安神补虚。

【健康贴士】鸡心也可与松子搭配食用，具有补心镇惊、健脑益智的作用，适合心悸失眠、记忆力减退者食用。

三丝凤翅

【主料】鸡翅 750 克，胡萝卜 25 克，水发香菇 25 克，青椒 25 克。

【配料】料酒 50 克，香油 10 克，盐 3 克，味精 2 克，葱段、姜块各适量。

【制作】① 鸡翅择洗干净；姜块去皮，用其中 10 克切成丝，其余姜与葱段均拍松；青椒去蒂、子，洗净，胡萝卜、香菇洗净，均切成细丝，入沸水锅内焯透，捞出，沥干水分，放入盘内，加入盐、味精拌匀。② 鸡翅放入锅内，加入葱段、姜块、料酒、盐、味精和适量清水煮沸，煮至鸡翅七成熟时，捞出鸡翅，切去两头，留中间一段，抽出翅骨，使鸡翅成一个空皮。③ 另取锅置火上，入香油烧热，下入姜丝煸出香味，倒入拌好的三丝，稍炒出锅，按鸡翅数量分成份，将每个去骨的鸡翅内，塞入 1 份三丝，切齐两头，码入盘内即可。

【烹饪技法】焯，煮，拌，煸，炒。

【营养功效】补钙壮骨，补气养血。

【健康贴士】鸡翅还可与桂圆搭配食用，具有补虚养血的作用，适合身体虚弱及贫血者食用。

香辣鸡翅

【主料】肉鸡翅 200 克。

【配料】辣椒油 20 克，香油、酱油各 15 克，白砂糖、盐、味精各 3 克，葱末 5 克，植物油 30 克。

【制作】① 鸡翅洗净，入沸水锅中煮熟，捞出，凉凉后，适当切块，放入盘中。② 葱末、辣椒油、香油、酱油、白砂糖、盐、味精放入碗中，调匀，浇在鸡翅上拌匀即可。

【烹饪技法】煮，拌。

【营养功效】补精添髓，强腰健胃。

【健康贴士】鸡翅含有较高的胆固醇，血脂偏高者忌食。

山椒鸡胗拌毛豆

【主料】鸡胗、毛豆各 100 克，泡山椒段、红椒各 50 克。

【配料】盐、味精各 3 克，香油、料酒各 10 克。

【制作】① 鸡胗洗净，切片；毛豆去皮，洗净；红椒洗净，切菱形片；鸡胗、毛豆、红椒焯熟捞出，沥干水分后装盘。② 将盐、味精、香油、料酒调成味汁，淋在鸡胗上即可。

【烹饪技法】焯，拌。

【营养功效】健脾开胃，消食导滞。

【健康贴士】鸡胗还可与鸡肝搭配食用，具有补血明目、调养脾胃的作用，适合头晕目眩、脾胃功能失调者食用。

糟鸭

【主料】光嫩鸭 750 克。

【配料】盐 5 克，绍酒 15 克，葱姜各 50 克，糟卤 1500 克。

【制作】① 光鸭处理洗净，入沸水锅焯烫捞出，洗净血污盛在盘中，加入绍酒、盐、葱姜，上笼用大火蒸 5 分钟取出，除去葱姜。② 将蒸好的鸭放入糟卤中，随即置于炉上煮沸后离火，鸭连同糟卤一起倒入烘干的盆内，浸 24 小时后，捞出改刀装盘即可。

【烹饪技法】焯，煮，蒸。

【营养功效】养胃生津，利水消肿。

【健康贴士】鸭肉还可与粉丝搭配食用，具有健脾补虚、滋阴通便的作用，适合脾胃虚弱、四肢畏冷及便秘患者食用。

酱鸭

【主料】光鸭 1 只。

【配料】红米 25 克，盐 15 克，冰糖 75 克，料酒 50 克，葱姜 20 克，大料、桂皮各 5 克。

【制作】① 光鸭剖腹挖去内脏，洗净斩去嘴巴、脚爪，割去鸭胗，放入沸水锅中焯烫，捞出，再洗净血秽，鸭腹内壁用盐擦匀。② 铁锅放于炉上，加水 1000 毫升，红米、葱姜、大料、桂皮用洁布包好，放入锅中，煮至汁呈红色时捞出布包，放入鸭子，加入冰糖、盐、料酒，转小火煮 2 小时左右，待鸭子酥后汤汁余 200 毫升左右时，即用大火收汁，一边用勺子舀汁，不断浇在鸭上，一边兜锅使鸭子不断转动，待汤汁剩 100 毫升左右时，将鸭子捞出盛入盘内，冷却后斩块装盘即可。

【烹饪技法】焯，煮，酱。

【营养功效】清热健脾，补虚消肿。

【健康贴士】鸭肉还可与海参搭配食用，具有补肝肾、滋阴液的作用。

盐水肥鸭

【主料】肥鸭 1 只，净香菜 100 克。

【配料】花椒 3 克，盐 5 克，香油 8 克。

【制作】① 鸭宰杀去净毛，洗净，用清水泡 4 小时，泡去血水，捞出，沥干水分。② 锅置火上把花椒和盐炒烫，倒出凉凉。③ 鸭用盐揉搓，使盐布满鸭身，腌约 2 天，其中翻一次，取出用清水洗一次，放进白卤锅中用小火煮至能去骨，捞出凉凉，刷上香油。以免干裂。④ 食用时将鸭翅和颈骨拍松，砍成条装盘，再将腿和脯肉砍成条盖在上面，淋香油，撒上香菜即可。

【烹饪技法】煮，腌。

【营养功效】健脾开胃，补虚清热。

【健康贴士】鸭肉属甘凉肉食，会减少生乳，哺乳妈妈最好不要吃。

拌烤鸭丝

【主料】烤鸭肉 200 克，面包 150 克，冻粉 10 克，黄瓜 50 克。

【配料】姜粒、盐各 3 克，生抽 5 克，味精 1 克，料酒 8 克，花椒油 5 克，清汤 20 毫升，植物油适量。

【制作】① 烤鸭肉切成 5 厘米长的丝；黄瓜

洗净，切成丝；冻粉切段，放清水中泡好；面包切成丝，放热油中炸成金黄色，凉凉。② 用清汤、酱油、味精、料酒、盐、姜粒、花椒油对成汁水。③ 将黄瓜丝、面包丝、冻粉段摆到盘内，再把烤鸭丝放在一边，食时浇上兑好的汁水即可。

【烹饪技法】炸，浇汁。

【营养功效】滋阴补肾，利水排毒。

【健康贴士】鸭肉还可与薏米搭配食用，具有清热去火、健脾补虚的作用，很适合干燥季节发热和有内热的人食用。

麻辣鸭块

【主料】鸭 1 只。

【配料】植物油、香油、料酒各 10 克，生抽、醋各 8 克，盐 4 克，白砂糖 3 克，花椒粉 3 克，味精 1 克，姜、葱白、干辣椒各 5 克。

【制作】① 大葱洗净后纵向剖开，一半切成细末，一半切成3.3厘米长的段；鲜姜洗净后，一半切成片，一半切成细末，干辣椒切丝。② 鸭褪净毛，开膛取出内脏，用水洗净，剁成均匀的小长方块，放入盆内，加入姜片、葱段、料酒，放入锅内蒸熟取出，码入盘内。③ 锅置火上，入油烧热，下入干辣椒丝、葱、姜末炒出香味后，加入花椒粉、生抽、白砂糖、盐、料酒、醋，烧开后加入味精，盛入小碗内，浇在鸭块上，淋上香油即可。

【烹饪技法】蒸，炒。

【营养功效】开胃健脾，补血润心。

【健康贴士】鸭肉也可与芝麻搭配食用，具有健脾开胃、益智补脑，适合脾虚乏力、食欲不振、记忆力减退的人食用。

杞菜鸭丝

【主料】剖鸭 1 只，杞菜 100 克。

【配料】香油 10 克，盐 3 克，味精 1 克，葱、姜片、花椒各 5 克。

【制作】① 锅置火上，入水烧沸，将剖鸭洗净，下锅煮熟捞出，冷却后取下胸脯肉、腿肉切成粗丝；杞菜洗净，入沸水锅内焯断生捞出，挤干水分切碎，用盐拌匀。② 净锅置火上，放入香油烧热，下入花椒、葱、姜片煸炒，待出香味后，去掉葱、姜、花椒不要，取姜葱油备用。③ 将鸭丝、杞菜放入盘内，加入盐、味精、姜葱油，拌匀即可。

【烹饪技法】煮，焯，煸炒，拌。

【营养功效】滋阴养胃，益血生津。

【健康贴士】鸭肉性凉，味甘咸，是一种滋阴清补食品。对于妇女更年期阴虚火旺者，食之最宜。

油酥香鸭

【主料】净肥鸭 1 只。

【配料】植物油 60 克，姜片、葱段各 5 克，白酒 6 克，盐、五香粉各 3 克、饴糖水、香油各 10 克。

【制作】① 净肥鸭腹腔、口腔内外仔细洗净，沥干水分，用竹针在胸、腿肉厚处戳孔若干；姜片、葱段、白酒、盐、五香粉盛碗中兑匀后，遍抹鸭身内外，置盆内腌渍 20 小时，其间，不时上下翻动一下。② 把腌渍好的鸭置蒸锅内用大火蒸足 1 小时取出，姜葱弃去，用铁钩钩住颈部，以沸水冲淋一遍，再以净布揩干水气，趁热用饴糖水擦抹鸭身，置通风处晾干水气。③ 锅置火上，倒入植物油烧至六成热，放入整鸭炸至呈金红色时，捞出沥油，剔骨，剁块装盘，淋上香油即可。

【烹饪技法】腌，蒸，炸。

【营养功效】润肺滋阴，益气补虚。

【健康贴士】鸭肉还可与玉兰片搭配食用，具有健脾、补虚、开胃的作用，适合脾虚气若、食欲不振的人食用。

水晶鸭块

【主料】肥鸭 1 只，肉皮 15 克，大红番茄 300 克。

【配料】香菜、葱、姜各 5 克，糖、盐各 4 克，味精 1 克，料酒 8 克。

【制作】① 肉皮刮洗干净切成块，放入沸水锅内焯水洗净；葱、姜洗净，拍破；鸭宰杀去净毛，开膛去内脏洗净，放入沸水锅内煮一下捞出，用钵装上，加放肉皮、葱、姜、盐、糖、料酒和适量的水，上笼蒸至七成烂时取出，去净骨，切成 2.5 厘米长斜象眼块备用。② 把蒸鸭的原汤去掉肉皮和葱姜，撇尽浮油，加入味精调好味，淋上鸭原汤，点缀上香菜叶，使其凝结成冻。③ 食用时，切成象眼块，摆在盘的周围，中间摆香菜、番茄花即可。

【烹饪技法】焯，蒸。

【营养功效】健脾润肠，止咳化痰。

【健康贴士】鸭肉，性凉，味甘，脾胃阴虚、经常腹泻者忌食。

麻酱菠萝鸭

【主料】烧鸭肉 300 克，罐头菠萝 150 克，青椒 60 克。

【配料】植物油 45 克，芝麻酱 60 克，糖醋卤 8 克，盐 3 克，味精 1 克，蒜蓉 5 克，水淀粉 8 克。

【制作】① 烧鸭肉、菠萝均切成 5 厘米长、2 厘米宽的厚片；青椒去蒂、子，洗净，切成同样大小的片，放入沸水锅内焯烫，捞出备用。② 炒锅置火上入油烧热，下入蒜蓉略炒，加入糖醋卤、麻酱、盐、味精调匀，烧开后用水淀粉勾薄芡，推匀，倒入碗内，待其冷却。③ 放入烧鸭片、菠萝片、青椒片置盘内，浇上调味卤汁，拌匀即可。

【烹饪技法】焯，炒，拌。

【营养功效】健脾开胃，美容减肥。

【健康贴士】菠萝不宜与牛奶同食，会影响消化吸收。

烤鸭丝拌韭菜

【主料】烤鸭肉 100 克，绿豆芽、韭菜各 100 克。

【配料】香油 10 克，海鲜酱 8 克，生抽 8 克，白砂糖 3 克，味精 1 克。

【制作】① 韭菜择洗干净，切成小段；鸭肉片薄，切成细丝；绿豆芽掐去根须，洗净，入沸水锅内焯烫，放入凉开水内过凉，沥干水分。② 将绿豆芽放入盘内，再把韭菜放在绿豆芽上，鸭肉丝堆叠在韭菜上，使白、绿、红色主料堆成宝塔形，海鲜酱、生抽、白砂糖、味精、香油调成味汁，淋入盘内即可。

【烹饪技法】焯，拌。

【营养功效】滋阴养肺，健脾益气。

【健康贴士】鸭肉性寒，脾胃虚寒、腹部冷痛者不宜食用。

泡椒鸭胗

【主料】鸭胗 600 克，泡椒 200 克，泡椒水 100 毫升。

【配料】盐 10 克。

【制作】① 鸭胗洗净，入沸水中焯烫，捞出，洗去血沫备用。② 鸭胗下入加了盐的沸水中煮熟，捞出，沥干水分，凉凉切片装盘。③ 将泡椒和泡椒水淋在鸭胗上，腌渍入味即可。

【烹饪技法】焯，煮，腌。

【营养功效】健胃消食，消胀化积。

【健康贴士】鸭肉还可与红枣搭配食用，具有养阴安神、益气补血的作用，适合心悸失眠、气血不足的人食用。

红椒鸭胗

【主料】鸭胗 300 克，红椒、黄瓜、花生米各 50 克。

【配料】香菜 40 克，香油 20 克，酱油、醋各 10 克，盐 3 克。

【制作】① 鸭胗、红椒均洗净，切片焯水后捞出，沥干水分；香菜洗净，切碎末；黄瓜洗净，切片；花生米入锅炸熟。② 将鸭胗、香菜、黄瓜、红椒、花生米加入香油、酱油、醋、盐拌匀即可。

【烹饪技法】焯，炸，拌。

【营养功效】补血养颜，健胃化积。

【健康贴士】鸭胗还可与萝卜搭配食用，具有清热养胃的作用，适合胃热口臭、牙龈肿痛患者食用。

香辣鸭胗

【主料】鸭胗 350 克。
【配料】盐、味精各 3 克，香油、辣椒油各 8 克。
【制作】① 鸭胗处理干净，切片，入锅中煮熟后捞出。② 将鸭胗调入盐、味精拌匀，食用时淋入香油、辣椒油即可。
【烹饪技法】煮，拌。
【营养功效】滋阴润肺，开胃消食。
【健康贴士】鸭胗还可与陈皮搭配食用，具有开胃补虚的作用，适合食欲不振、气虚的人食用。

香菜鸭胗

【主料】鸭胗 250 克，香菜 50 克。
【配料】盐、味精各 3 克，醋、香油各 10 克，红椒 30 克。
【制作】① 鸭胗处理干净，切片，焯水后捞出；香菜洗净，切段；红椒洗净，切丝，焯水后取出备用。② 将鸭胗片、香菜段、红椒丝同拌，调入盐、味精、醋拌匀，淋上香油即可。
【烹饪技法】焯，拌。
【营养功效】健脾开胃，消食下气。
【健康贴士】鸭胗有健胃的作用，上腹饱胀、消化不良者尤其适合食用。

拌鸭掌

【主料】鸭掌 20 克，黄瓜 50 克。
【配料】香油 10 克，生抽 20 克，米醋 5 克，味精 1 克。
【制作】① 鸭掌用水搓洗干净，去掉掌垫，煮熟，捞出凉凉，逐个去净骨，切成斜条，堆放在盘内；黄瓜洗净后，切成小斜片，放在鸭掌上面。② 生抽、米醋、香油、味精兑成三合油，浇在鸭掌上即可。
【烹饪技法】煮，拌。
【营养功效】清热利尿，减肥强体。

【健康贴士】鸭掌还可与香菇搭配食用，具有止咳平喘、益气补血的作用，适合咳嗽气喘、气血不足的人食用。

生菜拌鸭掌

【主料】净熟鸭掌 12 个，生菜 150 克。
【配料】姜粒 5 克，生抽、醋、香油各 8 克。
【制作】① 生菜洗净，切成段，放入盘内。② 鸭掌去骨，一切两半，入沸水中汆烫，捞出沥干水分，凉凉，放在生菜上面。生抽、香油、醋、姜粒兑成汁水，淋入盘中即可。
【烹饪技法】汆，拌。
【营养功效】清热利尿，减肥瘦身。
【健康贴士】鸭掌性寒，胃寒、风湿、脚气、肠风、皮肤病者忌食。

拌鸭肠

【主料】芹菜 200 克，鸭肠 200 克。
【配料】生抽 8 克，盐、白砂糖各 3 克，味精 1 克。
【制作】① 鸭肠刮洗干净，切成 4 厘米长的段，放入沸水锅里焯烫，捞出沥干水分。② 芹菜放沸水锅里焯至变色，捞出抖冷后切成 4 厘米长段，与鸭肠一起放大碗里，加生抽、盐、白砂糖、味精拌匀后装圆盘里，淋上葱油即可。
【烹饪技法】焯，拌。
【营养功效】消脂降压，明目消火。
【健康贴士】鸭肠还可与木耳搭配食用，具有清热解毒、补血养颜的作用，适合便秘、贫血患者食用。

香辣鸭肠

【主料】净鸭肠 400 克，香菜 40 克，青椒 200 克。

【配料】葱、黄酒、醋、香油、盐、味精、辣椒油各适量。

【制作】① 鸭肠洗净，下入沸水中焯熟，捞出后放入凉开水盆中过凉，然后切成段。② 葱、香菜、青椒洗净，切成与鸭肠长短相等的丝，放入鸭肠、醋、盐、味精、黄酒、香油、辣椒油等一起调拌均匀，装盘即可。

【烹饪技法】焯，拌。

【营养功效】清热明目，清新提神。

【健康贴士】鸭肠性寒，凡脾虚便溏者忌食。

水晶鸭舌

【主料】鸭舌 24 条，火腿 30 克，豌豆苗 60 克。

【配料】料酒 8 克，盐 3 克，味精 1 克，黄酒 5 克，水晶汁适量。

【制作】① 鸭舌放在沸水锅中煮 25 分钟后捞出，剔去舌骨，洗去舌油，沥干水分；火腿切成末；豌豆苗洗干净，用沸水焯一下。② 把鸭舌顺序摆在盘内，周边摆上豌豆苗和火腿末，汤锅上火，放入水晶汁化开，再放入黄酒、盐、味精调味，待汁温后浇在鸭舌上，放入冰箱内冷却。食用时，顺刀将鸭舌切成条摆入盘中即可。

【烹饪技法】焯，煮。

【营养功效】清热养胃，提神醒脑。

【健康贴士】鸭舌也可与银耳搭配食用，具有滋阴化痰、防病延年的作用，适合中老年人食用。

盐水鸭肝

【主料】鸭肝 400 克。

【配料】花椒 3 克，葱段 15 克，姜片 10 克，盐 5 克，料酒 15 克。

【制作】① 鸭肝洗净，锅中加清水烧开，下葱段、姜片、花椒稍煮，再放鸭肝、盐、料酒同煮后，将鸭肝捞出装入碗中。② 原汤过滤，淋在鸭肝上即可。

【烹饪技法】煮。

【营养功效】保肝利胆，清热解毒。

【健康贴士】鸭肝含有高脂肪和高胆固醇，胆结石患者不宜食用。

凉粉鸭肠

【主料】红椒 8 克，凉粉 150 克，鸭肠 50 克。

【配料】葱 5 克，盐、味精各 3 克，辣椒油、生抽各 10 克。

【制作】① 红椒、凉粉、鸭肠均洗净改刀，入水焯熟，凉粉与鸭肠沥水，装盘。② 锅置火上入油烧热，入红椒、葱、盐、味精、辣椒油、生抽制成味汁，淋在鸭肠上即可。

【烹饪技法】焯，浇汁。

【营养功效】清热明目，祛脂养颜。

【健康贴士】鸭肠富含蛋白质，能提高机体的免疫力。

鸭黄金钱肉

【主料】鸭蛋 350 克，鸭脯肉 300 克。

【配料】盐 3 克，淀粉 5 克。

【制作】① 鸭蛋洗净，入沸水锅煮熟后，取出去壳切圈，去蛋黄，再入油锅中炸至金黄色。② 鸭脯肉洗净，剁碎，加盐、淀粉搅匀，置于蛋圈内。③ 将装好的蛋圈装盘，入蒸笼蒸 30 分钟，取出即可。

【烹饪技法】煮，炸，蒸。

【营养功效】润肠洁胃，防癌抗癌。

【健康贴士】鸭蛋还可与冰糖搭配食用，具有清热泻火、透表解肌的作用，适合外感热病及风温之邪侵犯肌表而内热者食用。

茶树菇拌鹅胗

【主料】茶树菇 100 克，鹅胗 200 克。

【配料】盐 3 克，味精 1 克，醋 8 克，老抽 10 克，红油 5 克，熟芝麻 3 克，香菜 5 克。

【制作】① 鹅胗洗净，切片；茶树菇洗净；香菜洗净。② 锅置火上入水烧沸，分别放入茶树菇、鹅胗煮熟后，捞出，沥干水分，装盘，加入盐、味精、醋、老抽、红油、熟芝麻拌匀，撒上香菜即可。
【烹饪技法】煮，拌。
【营养功效】健脾养胃，益气补虚。
【健康贴士】茶树菇还可与茼蒿搭配食用，具有开胃健脾、降压的作用。

双椒拌鹅胗

【主料】鹅胗 200 克，锅巴 200 克，青椒 50 克，红椒 50 克。
【配料】盐 3 克，味精 2 克，生抽 20 克，香油 10 克。
【制作】① 鹅胗洗净，切成丝，放沸水中焯熟，捞出，沥干水分；青椒、红椒分别洗净，切成丝。② 把鹅胗丝、椒丝和盐、味精、生抽、香油一起拌匀，装盘即可。
【烹饪技法】焯，拌。
【营养功效】补阴益气，暖胃生津。
【健康贴士】鹅胗为发物，顽固性皮肤炎、疮毒、痈肿疔毒等病症患者应禁食。

一品鹅肝

【主料】鹅肝 100 克，香干 200 克。
【配料】盐、味精各 3 克，红椒、香菜段各 5 克，香油 10 克。
【制作】① 鹅肝洗净，焯水后捞出，切片；香干洗净，焯水切片，摆在盘边；红椒洗净，切丝。② 将鹅肝调入盐、味精拌匀后，置于香干上，撒上红椒丝、香菜，刷上香油即可。
【烹饪技法】焯，拌。
【营养功效】补肝明目，降压降脂。
【健康贴士】鹅肝含有丰富的维生素 A，在促进造血功能的同时，还对视力有极大的好处。

山椒木耳拌鹅肠

【主料】山椒 100 克，芹菜、红椒 30 克，鹅肠、木耳各 200 克。
【配料】盐 4 克，糖 15 克，胡椒粉 3 克，醋 6 克，香油 10 克，姜丝 5 克。
【制作】① 鹅肠洗净；木耳泡发，撕小片；红椒、山椒洗净切圈；芹菜洗净切段。② 鹅肠焯烫后捞出切段；红椒、木耳入沸水稍烫后捞出，将盐、糖、胡椒粉、醋、香油调成味汁。③ 把所有主料加姜丝，淋入味汁，拌匀，撒上香菜即可。
【烹饪技法】焯，拌。
【营养功效】益气补虚，防癌抗癌。
【健康贴士】鹅肠具有益气补虚的作用，适合气虚乏力者食用。

凉粉鹅肠

【主料】黄凉粉 150 克，鹅肠 25 克，香菜 3 克。
【配料】盐 3 克，醋 6 克，香油 10 克，红油 6 克，鸡精 2 克，生抽 8 克。
【制作】① 黄凉粉洗净，切成条，入沸水锅中焯熟后盛盘；鹅肠处理干净，入沸水锅中汆熟，切成小段，放在黄凉粉上，香菜洗净。② 将盐、醋、香油、红油、鸡精、生抽调成味汁，将味汁淋在鹅肠上，撒上香菜即可。
【烹饪技法】焯，汆，拌。
【营养功效】润肠通便，降脂通脉。
【健康贴士】鹅肠具有温中散血的作用，适合阳虚、血虚体质者食用。

水产类

鲮鱼豆苗

【主料】罐头鲮鱼 250 克，豆苗 100 克。
【配料】盐 3 克，味精 1 克，醋、生抽、料酒各 6 克，红椒 5 克。
【制作】① 豆苗洗净，用沸水焯一下，捞出，沥干装盘；红椒洗净，切开备用。② 将罐头鲮鱼取出，放入装有豆苗的盘中，加盐、味精、醋、生抽、料酒拌匀，撒上红椒即可。
【烹饪技法】焯，拌。
【营养功效】益气补虚，利尿消肿。
【健康贴士】鲮鱼还可与白菜搭配食用，具有清热利尿、益智健脑的作用，适合身体燥热、小便不利、记忆力不佳的人食用。

五香鱼块

【主料】草鱼 1 条。
【配料】葱末、姜末各 5 克，黄酒、老抽、香油各 8 克，盐、桂皮、大料、五香粉各 3 克。
【制作】① 草鱼处理干净，切块，用、姜、黄酒、盐腌渍 30 分钟，再入油锅炸至呈金黄色时捞出。② 锅置火上，放黄酒、桂皮、大料、老抽、清水，熬成五香卤汁，淋上香油，把鱼块在卤汁中浸后捞出，撒上五香粉即可。
【烹饪技法】腌，炸，卤。
【营养功效】平肝祛风，抗老防衰。
【健康贴士】草鱼还可与核桃搭配食用，具有补肾平肝、祛风补气的作用。

水晶冻鱼

【主料】草鱼 1 条，虾仁 100 克。
【配料】糖、姜末、盐各 3 克，味精 1 克，黄酒、醋各 6 克，葱姜汁 5 克。
【制作】① 草鱼处理干净，切块，入沸水锅中，加糖、姜末、盐、味精、黄酒、醋、葱、姜汁熬至鱼肉碎烂，滤渣留汤，盛于碗内。② 虾仁洗净，汆水后捞出，置碗内，将碗内的草鱼肉与虾仁入冰箱冷冻后，取出摆盘即可。
【烹饪技法】汆，熬。
【营养功效】益肠明目，补虚养身。
【健康贴士】草鱼也可与酸白菜搭配食用，具有健脾开胃、补血养身的作用，适合脾虚乏力、食欲不振、贫血者食用。

小鱼花生

【主料】小鱼 120 克，花生米 80 克。
【配料】盐 3 克，蚝油、香油各 10 克。
【制作】① 小鱼处理干净，去掉内脏；花生米洗净。② 锅置火上，入油烧热，下花生米爆香，放小鱼煎香，加盐、蚝油、清水再煮 1 分钟，收汁，将小鱼、花生盛盘，淋香油即可。
【烹饪技法】爆，煎，煮。
【营养功效】补血通乳，益智健脑。
【健康贴士】一般人都可食用，尤其适合产后贫血、乳汁不足的女性食用。

鲜椒鱼片

【主料】草鱼肉 500 克，红椒圈、蒜薹段各 20 克。
【配料】盐 3 克，香油、醋各 10 克，鲜花椒 50 克。
【制作】① 草鱼肉处理干净，切片，用盐、醋腌渍 10 分钟，入油锅滑熟后摆盘中。② 鲜花椒、红椒、蒜薹同入油锅爆香后，浇在鱼片上，淋上香油即可。
【烹饪技法】腌，爆。
【营养功效】暖胃平肝，养颜防癌。

【健康贴士】草鱼肉还可与蘑菇搭配食用，具有健脑强身、延年益寿的作用，适合老年人食用。

青葱拌银鱼

【主料】银鱼肉 200 克，葱 50 克。

【配料】盐 3 克，味精 1 克，醋 6 克，生抽 10 克，红椒 10 克。

【制作】① 银鱼肉处理干净；红椒洗净，切丝，用沸水焯一下；葱洗净，切段。② 锅内注水烧沸，放入银鱼汆熟后，捞出，沥干水分，装入盘中，再放入红椒、葱段，加入盐、味精、醋、生抽拌匀即可。

【烹饪技法】焯，汆，拌。

【营养功效】益脾润肺，祛虚活血。

【健康贴士】银鱼还可与芥菜搭配食用，具有健脾养肺、去脂瘦身的作用，适合脾虚、肺虚、肥胖等人食用。

拌墨鱼

【主料】净墨鱼肉 500 克，青椒 200 克，长葱 200 克。

【配料】糖 50 克，老抽、植物油各 10 克，味精 1 克。

【制作】① 墨鱼片成 1 厘米宽，为墨鱼 2/3 深度的井字形花纹，再切成 3 厘米的方块，用沸水烫至脆软；青椒去蒂、子，洗净切成 3 厘米的方块，再切 3 厘米长的段，分别用热油炸 2 分钟。② 酱油内加糖、味精，用温火熬成浓汁，食时将墨鱼块、长葱、青椒、老抽浓汁放一起拌匀即可。

【烹饪技法】炸，熬，拌。

【营养功效】滋阴补血，催乳通经。

【健康贴士】墨鱼也可与桃仁搭配食用，具有养血滋阴、活血通经的作用，适合贫血、月经不调的人食用。

拌鱼片

【主料】净草鱼肉 250 克，胡萝卜 50 克，鸡蛋清 25 克。

【配料】香菜段、姜丝各 5 克，盐 3 克，水淀粉、料酒、花椒油各 8 克，味精 2 克。

【制作】① 鱼肉洗净，切成片，放小碗内，加入蛋清、淀粉糊抓匀，放沸水中汆熟，捞出凉凉，放入盘中；胡萝卜洗净，切成丝，放沸水中焯烫一下，捞出凉凉，放到鱼片上面。② 盘内撒上香菜段、姜丝、料酒、花椒油、盐、味精拌匀即可。

【烹饪技法】汆，焯，拌。

【营养功效】健胃理气，醒脑抗疲。

【健康贴士】草鱼中含有嘌呤，痛风病患者不宜食用。

腐乳鱼条

【主料】净草鱼肉 500 克，青豌豆 50 克，红腐乳汁 20 克。

【配料】葱段、姜片各 5 克，盐、白砂糖各 3 克，料酒、香油、植物油各 10 克。

【制作】① 鱼肉切成 1.5 厘米宽、4.5 厘米长的条，放碗内，撒上盐，腌 30 分钟，取出，用清水冲洗干净，放盆内，加入葱段、姜片、料酒。置蒸锅内蒸熟取出凉凉，码在盘内。② 锅置火上，入油烧热，倒入青豌豆炒至断生，撒在鱼条盘内，将红腐乳汁放碗内，加白砂糖、香油调匀后，浇在鱼条上即可。

【烹饪技法】蒸，腌，炒。

【营养功效】平降肝阳，抗衰养颜。

【健康贴士】豌豆不宜与蕨菜同食，会降低营养价值。

茄汁鱼条

【主料】净鲤鱼肉 500 克，番茄酱 35 克。

【配料】姜片、葱段各 5 克，白砂糖、盐各 3 克，味精 2 克，料酒、香油、植物油各 10 克。

【制作】① 净鲤鱼肉切成 1.2 厘米见方、6 厘米长的条盛到碗内。加盐、姜片、葱段、料酒拌匀浸渍 20 分钟，拣去葱姜，留鱼条备用。② 锅置火上，入油烧至六成热，分散放入鱼条炸熟，色呈棕红时捞出。倒出炸油，另倒入植物油烧热，下入姜片、葱段爆炒出香味，用炒勺将葱姜推在锅的一边，再下入番茄酱。用四成热度慢炒至翻沙，冲入沸水，调入盐、料酒、白砂糖烧沸，撇尽泡沫，煮大约3分钟。拣出葱姜，放入鱼条，并改用小火熬煮。见汁水快干时，转用中火，加入味精、香油后起锅，冷却后装盘即可。

【烹饪技法】炸，熬，爆。

【营养功效】补脾健胃，利水消肿。

【健康贴士】鲤鱼还可与黑木耳搭配使用，具有补脾养血、利水润肠的作用，适合脾虚、贫血、便秘患者食用。

葱酥鲫鱼

【主料】活鲫鱼1条。

【配料】盐3克，姜片5克，青葱15克，泡辣椒5克，料酒8克，糟汁10克，冰糖3克，味精2克，醋、香油各10克，植物油50克。

【制作】① 鲫鱼刮鳞，去鳃、剖腹除内脏，洗净，沥干水分，盛碗内，下入盐、料酒、姜块、青葱拌匀腌渍20分钟；泡辣椒切开去子备用。② 锅置火上，入油烧至七成热时，下鱼炸酥，待色呈棕红时捞出，倒出炸油，另下香油烧至五成热，放青葱、泡辣椒、姜块爆炒出香味，离火。③ 取出一半青葱和辣椒，留一半垫锅底，鱼平放在葱椒上，另一半铺在鱼面，冲入沸水，调进料酒、糟汁、冰糖、盐，置于火上烧沸后，再调入味精、醋，继续烧至汁干亮油时，端锅离火，待冷却后再将泡辣椒、姜块拣出。装盘时，青葱垫底或围边，鱼堆摆其面，淋入剩余的香油即可。

【烹饪技法】腌，爆炒，煮。

【营养功效】益气健脾，生津通乳。

【健康贴士】山药不宜与鲫鱼同食，会影响营养吸收。

香辣鱿鱼丝

【主料】水发鱿鱼1条，芹菜75克。

【配料】熟芝麻7.5克，辣椒油15克，芝麻酱20克，生抽6克，味精2克，盐、白砂糖各3克，胡椒粉、葱末、姜末各5克。

【制作】① 鱿鱼用花刀法先直刀剞，后横切成6厘米长、0.4厘米宽的丝；芹菜择洗干净，切成5厘米长的段备用。② 芝麻酱放入碗内，加入清水20毫升、生抽化开，再加入盐、味精、白砂糖、胡椒粉、葱末、姜末、红油，调成红油汁备用。③ 锅置火上，注水大火烧开，投入鱿鱼和芹菜段一起汆熟后迅速捞出，沥干水分，放入盆内，加入红油汁拌匀，盛入盘内，撒上熟芝麻即可。

【烹饪技法】汆，拌。

【营养功效】保肝利胆，明目健脑。

【健康贴士】鱿鱼不宜与茄子同食，对人体有害。

香麻海蜇

【主料】海蜇180克。

【配料】香菜3克，红椒8克，植物油20克，花椒粉、盐、味精各1克，香油、生抽各10克。

【制作】① 海蜇洗净，切成片，入沸水中焯熟；红椒洗净切成丝；香菜洗净。② 锅置火上，入油烧热，下红椒爆香，放花椒粉、盐、味精、香油、生抽调匀，制成味汁，淋在海蜇上拌匀，撒上香菜即可。

【烹饪技法】焯，爆，拌。

【营养功效】宣气化瘀，消痰行食。

【健康贴士】海蜇具有清热安神的作用，适合处暑季节食用。

黄瓜海蜇

【主料】黄瓜50克，海蜇200克。

【配料】盐3克，味精1克，醋8克，生抽10克，红油15克，熟芝麻、葱、红椒各8克。

【制作】① 黄瓜洗净，切块排于盘中；海蜇洗净；葱洗净、切末；芝椒洗净，切丁。② 锅置火上入水烧沸，放入海蜇汆熟后，捞出，沥干水分，放凉装入盘中。③ 将盐、味精、醋、生抽、红油调成汤汁，浇在海蜇上，撒上熟芝麻、葱末、红椒即可。

【烹饪技法】汆，拌。

【营养功效】清热化痰，润肌嫩肤。
【健康贴士】海蜇还可与木耳搭配食用，具有润肠、美肤嫩白、降压的作用，适合肠热便秘、肤色暗黄、血压高的人食用。

娃娃菜拌海蜇

【主料】娃娃菜、海蜇各150克。
【配料】盐、味精各3克，红椒丝30克。
【制作】① 娃娃菜洗净，焯水，捞出，切丝；海蜇处理干净，焯水，切片。② 红椒丝焯水后与娃娃菜、海蜇同拌，调入盐、味精，淋入香油即可。
【烹饪技法】焯，拌。
【营养功效】保肝护肾，美肤嫩白。
【健康贴士】娃娃菜不宜与黑豆同食，对人体有害。

香菜拌蜇头

【主料】水发海蜇头750克，香菜100克，姜丝20克。
【配料】料酒10克，盐3克，味精1克，花椒油10克。
【制作】① 蜇头片成薄片，放沸水中汆烫，再放凉开水中过凉，漂洗干净，沥干水分放入盘内。② 香菜洗净，切成段，放沸水中焯烫，捞出，沥干水分，放蜇头上面，再加姜丝、盐、料酒、味精、花椒油拌匀即可。
【烹饪技法】汆，焯，拌。
【营养功效】健胃消食，降压消肿。
【健康贴士】海蜇还可与菠菜搭配食用，具有明目、降压、通便的作用。

白灼螺片

【主料】海螺肉500克，豆芽100克。
【配料】盐3克，醋8克，生抽10克，葱、红椒各5克。
【制作】① 海螺肉洗净，切片；红椒洗净，切丝；葱洗净，切段；豆芽洗净，用热水焯烫，备用。② 锅置火上入水烧沸，放入海螺片汆熟后，捞出装盘，再放入豆芽、葱、红椒。③ 盐、醋、生抽调成酱汁装入小碗中，食用时蘸酱汁即可。
【烹饪技法】汆，焯，灼。
【营养功效】清热明目，利膈益胃。
【健康贴士】海螺肉不宜与羊肉同食，会积食腹胀。

海螺拉皮

【主料】海螺100克，拉皮200克，黄瓜、红椒、黄椒、豆皮各50克。
【配料】盐3克，味精1克，醋8克，生抽10克，香菜、熟芝麻各5克。
【制作】① 海螺洗净，入沸水中汆烫；黄瓜、红椒、黄椒、豆皮洗净，均切丝，入沸水中焯烫；拉皮洗净，切条，入沸水中焯烫；香菜洗净。② 拉皮、海螺、黄椒、豆皮、青椒、红椒均装入盘中，用盐、味精、醋、生抽调成汁，浇在上面，撒上熟芝麻、香菜即可。
【烹饪技法】汆，焯，拌。
【营养功效】健脾开胃，解暑养肝。
【健康贴士】海螺肉不宜与牛肉同食，两者同食不易消化，会引起腹胀。

洋葱拌螺片

【主料】红椒3克，洋葱150克，螺肉200克。
【配料】盐、味精各3克，蚝油、生抽各10克，香菜3克。
【制作】① 洋葱洗净，切成丝，入沸水焯熟；螺肉洗净，切成小片，汆熟；红椒洗净，切成丝；香菜洗净。② 锅置火上，入油烧热，下入红椒爆香，放盐、味精、蚝油、生抽炒香调成味汁，淋在洋葱、螺肉上，拌匀，撒上香菜，装盘即可。
【烹饪技法】焯，汆，爆，拌。
【营养功效】清热解毒，健脑提神。
【健康贴士】螺肉性寒，风热目赤肿痛者宜食。

爽口鱼皮

【主料】鱼皮 300 克，青、红椒各 50 克。

【配料】盐 3 克，味精 1 克，醋 8 克，生抽、香油各 10 克。

【制作】① 鱼皮洗净；青、红椒洗净切丝，用沸水焯烫。② 锅置火上入水烧沸，放入鱼皮焯熟后，捞出，沥干，装入碗中，再放入青、红椒，加入盐、味精、醋、生抽、香油拌匀后，倒入盘中即可。

【烹饪技法】焯，拌。

【营养功效】养颜护肤，抗癌强身。

【健康贴士】一般人都可食用，尤其适合更年期女性食用。

花生米拌鱼皮

【主料】三文鱼皮 200 克，熟花生米 50 克。

【配料】盐 3 克，味精 11 克，醋 10 克，生抽 12 克，料酒 15 克，香菜、红椒各 5 克。

【制作】① 三文鱼皮洗净；红椒洗净；切丝，用沸水焯一下；香菜洗净。② 锅置火上入水烧沸，放入鱼皮焯熟后，捞出沥干水分，装入碗中，再放入熟花生米。③ 向碗中加入盐、味精、醋、生抽、料酒拌匀，撒上红椒丝、香菜即可。

【烹饪技法】焯，拌。

【营养功效】润肺利咽，益智健脑。

【健康贴士】三文鱼中的脂肪酸能消除一种对皮肤胶原和保湿因子有破坏作用的生物活性物质，防止皱纹产生，避免皮肤变得粗糙，因此多吃三文鱼皮皮肤好。

胡萝卜脆鱼皮

【主料】鱼皮 100 克，胡萝卜 200 克。

【配料】盐 3 克，味精 1 克，醋 10 克，生抽 12 克，料酒 5 克，葱 5 克。

【制作】① 鱼皮洗净，切丝；胡萝卜洗净，切丝；葱洗净，切末。② 锅置火上，入水烧沸，分别放入鱼皮、胡萝卜丝焯熟后，捞出，沥干水分，装入盘中，加入盐、味精、醋、生抽、料酒拌匀，撒上葱末即可。

【烹饪技法】焯，拌。

【营养功效】益肝明目，美容养颜。

【健康贴士】鱼皮还可与西蓝花搭配食用，具有补虚养颜、防癌抗癌的作用，适合中老年人食用。

姜汁毛蛤蜊

【主料】毛蛤蜊 300 克，姜 30 克。

【配料】盐、糖各 3 克，味精 1 克，料酒 6 克，陈醋 8 克，香油 8 克。

【制作】① 毛蛤蜊洗净，用牙刷仔细刷掉毛蛤蜊身上的小绒毛上附着的泥污，姜剁成姜末。② 锅置火上入水烧沸，下入毛蛤蜊大火煮至陆续有蛤蜊开口时，关火捞出，将毛蛤蜊去一半的壳，摆盘。③ 把盐、糖、味精、料酒、陈醋加少许水烧开，浇在姜末上淋上香油调成姜汁，食用时放在毛蛤蜊边作蘸汁即可。

【烹饪技法】煮。

【营养功效】滋阴润燥，利尿化痰。

【健康贴士】毛蛤蜊富含高蛋白质、高维生素，适合淋巴结核患者食用。

黄瓜蛤蜊肉

【主料】蛤蜊肉 300 克，黄瓜 50 克。

【配料】盐 3 克，醋、生抽各 8 克，红椒 5 克。

【制作】① 蛤蜊肉洗净；黄瓜洗净，切片，用沸水焯烫后，排于盘中；红椒洗净，切斜片。② 锅置火上，入水烧沸，放入蛤蜊肉汆熟后，捞出，沥干水分，装碗，加盐、醋、生抽拌匀，再倒入装有黄瓜的盘中，撒红椒即可。

【烹饪技法】焯，汆，拌。

【营养功效】滋阴明目，防癌抗癌。

【健康贴士】蛤蜊不宜与橙子同食，会影响维生素 C 的吸收。

拌鲜贝

【主料】鲜贝 100 克。

【配料】生抽、醋各 8 克，味精 1 克，香油 10 克，盐 3 克，辣椒酱、大葱、姜、大蒜各 5 克。

【制作】① 鲜贝去内鳃，洗净，用沸水焯熟，过凉后沥干水分，切成 1 厘米的片；大葱、姜、大蒜去皮洗净，均切成末。② 瓷碗中放入大葱末、姜末、大蒜末、生抽、糖、盐、味精、香油、醋，搅匀成调味汁，放入鲜贝肉拌匀，腌渍 30 分钟入味。③ 鲜贝壳洗净消毒，作为容器，把做好的鲜贝肉分装在鲜贝壳中，再码放在小盘里。食用时，辣椒酱分装在每个小碟里，一起上桌，用鲜贝肉蘸辣酱即可。

【烹饪技法】焯，腌。

【营养功效】清热生津，消暑除烦。

【健康贴士】干贝还可与白果搭配食用，具有补虚养身的作用，适合身体虚弱的人食用。

剁椒贵妃贝

【主料】贵妃贝 500 克，剁椒 50 克。

【配料】味精 1 克，盐 3 克，姜、香葱、干豆粉各 5 克，葱油 6 克。

【制作】① 贝壳掰开，取贝肉冲洗净，用直刀法在贝肉上划几刀，将贝肉还原置于贝壳内，摆在盘内；姜切成米；香葱切成末。② 剁椒用水、姜米、干豆粉、味精、盐拌匀，淋于贝壳肉上，上笼蒸几分钟。③ 将出笼的贵妃贝上撒入香葱末，葱油烧至七成热，淋于贝肉上即可。

【烹饪技法】蒸，淋汁。

【营养功效】滋阴养血，补肾调中。

【健康贴士】扇贝还可与鳙鱼搭配食用，具有延缓衰老、增强记忆力的作用，适合中老年人食用。

翡翠鲜贝球

【主料】鲜贝 250 克，熟鸡油 50 克，菠菜叶 300 克，番茄 100 个，鸡蛋清 50 克。

【配料】水淀粉 8 克，味精 1 克，大葱、姜各 5 克，料酒 8 克，盐 3 克，香油 10 克，鸡清汤、干淀粉各适量。

【制作】① 姜洗净，用刀拍碎，放温水中泡 2 个小时左右取水；鲜贝洗净，沥干水分，放在干净的猪皮上砸成泥，加入姜水调成稠糊状，搅拌均匀，加入盐、味精、料酒、蛋清调匀，再加入熟鸡油及干淀粉拌匀。② 菠菜叶择洗干净，用刀剁成泥，放入沸水锅中，取出浮上来的叶绿素，放凉水中备用；鲜贝泥放入瓷盆中，加入叶绿素，搅拌均匀，挤成直径 1.5 厘米的小球，汆熟后，盛入盘内。③ 净锅后，放入鸡清汤，加入料酒、盐、味精烧沸，放水淀粉勾芡，淋上香油，浇在鲜贝球上，番茄洗净，去蒂根，切成西瓜块，围在盘四周即可。

【烹饪技法】泡，拌，浇汁。

【营养功效】降压益气，补血滋阴。

【健康贴士】鲜贝也可与鸡肉搭配食用，具有补血、益气通乳的作用，适合产后贫血、气虚、乳汁不通的女性食用。

苦瓜虾仁

【主料】苦瓜 100 克，虾仁 200 克。

【配料】盐 3 克，味精 1 克，醋、生抽、香油各 8 克。

【制作】① 苦瓜洗净，去瓤，切成圆片，沸水焯熟，捞出，沥干水分装盘；虾仁洗净，入沸水中汆熟，捞出，沥干水分，放入装有苦瓜片的盘中。② 盐、味精、醋、生抽、香油调成汁，浇在盘中即可。

【烹饪技法】焯，汆，浇汁。

【营养功效】清热利湿，益气滋阳。

【健康贴士】虾还可与黄酒搭配食用，具有补肾活血、通乳的作用，适合肾虚、气滞血瘀、乳汁不足的人食用。

虾米包菜

【主料】包菜 150 克，虾米 200 克。

【配料】盐3克，味精1克，香油10克，红椒、香菜叶各5克。

【制作】① 包菜洗净撕片，焯水后切细丝；虾米洗净汆水后捞出；红椒洗净，切丝焯水。② 将包菜、虾米、红椒同拌，调入盐、味精拌匀，撒上香菜叶，淋入香油即可。

【烹饪技法】焯，汆，拌。

【营养功效】清心益气，开胃健脾。

【健康贴士】虾为发物，面部痤疮者不宜食用。

盐水虾

【主料】虾1000克。

【配料】盐3克，葱、姜、花椒、大料各5克。

【制作】① 虾处理干净，葱洗净切段，姜洗净切片。② 锅置火上入水，放入虾，加盐、葱、姜、花椒、大料煮熟，捞出虾，拣去花椒、大料、葱、姜。③ 将原汤过滤，放入虾浸泡20分钟后取出摆盘即可。

【烹饪技法】煮。

【营养功效】清热泻火，滋阴补血。

【健康贴士】虾不宜与百合同食，会降低营养。

生虾片

【主料】活大虾500克，白萝卜100克。

【配料】姜末10克，醋、生抽各6克，盐3克，味精1克，香油10克。

【制作】① 虾去头、尾、皮、肠，洗净，沥干水分，斜刀切成薄片。② 白萝卜洗净，切成细丝，放在凉水中浸泡10分钟，捞出，沥干水分，放入盘内，上面码上虾片。③ 用姜末、生抽、醋、味精、盐、香油调成汁，装在小碗内，与虾盘一并上桌，食用时蘸汁即可。

【营养功效】提神醒脑，强身健体。

【健康贴士】虾不宜与葡萄同食，易导致腹泻。

香辣河虾

【主料】小河虾500克。

【配料】干椒末5克，鲜红椒25克，大蒜20克，姜15克，盐3克，味精1克，老抽6克，葱末5克，香油10克，植物油50克。

【制作】① 小河虾择去头爪，清洗干净，沥干水分；锅置火上入油，烧至五成热，倒入河虾滑油，见虾色转红捞出，倒入盘中凉凉。② 红椒洗干净，切成小粒；大蒜及姜均切成小粒。油锅留底油，先放大蒜稍爆香，再放入干椒粉、红椒粒、姜稍炒，加入少许清水，放盐、味精、老抽烧沸，提起锅将味汁全部淋入河虾上拌匀，再淋上香油，撒上葱末，稍凉后装盘即可。

【烹饪技法】爆，淋汁。

【营养功效】补肾壮阳，通乳抗毒。

【健康贴士】虾为发物，淋巴结核患者应忌食。

蒜泥蛏子

【主料】活蛏子250克，白菜心100克，蒜25克，香菜梗25克。

【配料】醋、生抽各6克，盐3克，味精1克，香油10克。

【制作】① 蛏子洗净，放锅内煮熟，取出，剥取蛏肉，用原汁洗净，放在盘内；白菜心洗净，切成丝，放在盘内；香菜梗洗净，切成段，放在盘内。② 蒜剁成泥，加醋、生抽、盐、味精、香油对成味汁，浇在盘内拌匀即可。

【烹饪技法】煮，拌。

【营养功效】保肝护肾，清热解毒。

【健康贴士】蛏子还可与萝卜搭配食用，具有滋补益气、健脾和胃、润肠的作用，适合脾胃虚弱、便秘患者食用。

沙拉类

水果沙拉

水果西米露

【主料】西米 100 克，火龙果肉 200 克，西瓜果肉 200 克。

【配料】牛奶 500 克。

【制作】① 西米冲洗干净；火龙果肉、西瓜果肉切成丁和牛奶一起放置冰箱冷藏备用。② 锅置火上入水下入西米，大火煮沸后转小火，煮至西米完全透明后关火，捞出西米放入凉水中搅片刻，捞入玻璃盆中，放入水果丁和牛奶，搅拌均匀即可。

【烹饪技法】煮，拌。

【营养功效】止咳平喘，润肠排毒。

【健康贴士】火龙果还可与西番莲搭配食用，具有清热止咳的作用，适合肺热咳嗽的人食用。

火腿腰果沙拉

【主料】咸火腿 200 克，苹果、黄瓜、西芹、洋葱、圣女果、红萝卜、熟腰果、生甜玉米粒、生菜各 50 克。

【配料】沙拉酱 100 克。

【制作】① 火腿切片，煎香，各种果蔬清洗干净，切块备用。② 生菜铺盘，将果蔬块放置生菜上面，撒上熟腰果，淋入沙拉酱搅拌均匀即可。

【烹饪技法】煎，拌。

【营养功效】润肠通便，润肤美容。

【健康贴士】腰果也可与薏米搭配食用，具有利水消肿、消炎抗癌的作用，适合水肿及肿瘤患者食用。

葡萄沙拉

【主料】葡萄 400 克，樱桃 40 克，苹果 50 克。

【配料】沙拉酱 90 克。

【制作】① 苹果洗净后去皮、核，切丁，葡萄洗净后去皮、子；樱桃洗净备用。② 取干净玻璃盆，加入沙拉酱调成汁，再放入葡萄、苹果丁、樱桃搅拌均匀即可。

【烹饪技法】拌。

【营养功效】补气养血，滋肾宜肝。

【健康贴士】葡萄不宜与人参搭配食用，易引起腹泻。

冰白玉水果沙拉

【主料】白玉豆腐盒 100 克，苹果、西瓜、青提各 50 克。

【配料】牛奶 300 毫升，白砂糖 5 克。

【制作】① 苹果、西瓜、豆腐清洗干净改刀成块；青提洗净去子。② 将果蔬块放在果盘中，均匀淋上牛奶，撒上白砂糖拌匀，冰镇后即可食用。

【烹饪技法】拌。

【营养功效】补脑养血，利水养颜。

【健康贴士】西瓜不宜与油果子同食，易导致呕吐。

【巧手妙招】白玉豆腐作为冰点的材料和各种水果搭配起来，冰镇之后，滑嫩清爽，口感极佳。

水果杂拼沙拉

【主料】苹果、梨子、樱桃各 80 克。

【配料】朱古力屑 10 克，沙拉酱 80 克。

【制作】① 苹果、梨子洗净，去皮切块；樱桃洗净备用。② 将苹果、梨子、樱桃加入沙拉酱，搅拌均匀，撒上朱古力屑即可。

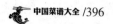

【烹饪技法】拌。

【营养功效】滋阴润肺，安神补脑。

【健康贴士】梨子不宜与螃蟹同食，易导致腹泻。

蔬菜沙拉

甜玉米沙拉

【主料】甜玉米罐头一瓶，甜椒、洋葱各 50 克。

【配料】沙拉酱 90 克。

【制作】① 甜玉米罐头、甜椒、洋葱提前放冰箱冷藏室冻 1 夜。② 甜椒，洋葱切小块，和甜玉米一起放碗中，加入沙拉酱，拌匀即可。

【烹饪技法】冻，拌。

【营养功效】温中益气，健胃补脾。

【健康贴士】洋葱具有提神醒脑、舒缓压力的功效，是精神萎靡患者的食疗佳蔬。

土豆香蕉沙拉

【主料】土豆、香蕉、西芹、黄瓜各 80 克。

【配料】沙拉酱 90 克。

【制作】① 土豆洗净去皮，煮熟切小块；香蕉去皮切段；西芹洗净，切丁，焯熟；黄瓜洗净切细段。② 将土豆块、香蕉段、西芹丁，黄瓜段混合后淋上沙拉酱，拌匀即可。

【烹饪技法】煮，焯，拌。

【营养功效】润肠通便，排毒养颜。

【健康贴士】香蕉不宜与芋头同食，易引起腹胀。

南瓜甜玉米沙拉

【主料】南瓜 300 克，甜玉米 200 克。

【配料】沙拉酱 60 克。

【制作】① 南瓜去皮洗净，上锅蒸熟，片成片；玉米剥去外衣去须洗净，上锅蒸熟剥成粒。③ 取小玻璃碗，放一层南瓜一层甜玉米粒，一层一层铺好后，浇上沙拉酱即可。

【烹饪技法】蒸，浇汁。

【营养功效】开胃消食，降脂美白。

【健康贴士】南瓜不宜与柑橘同食，会破坏维生素 C。

生菜芦荟沙拉

【主料】生菜 150 克，陈皮 50 克，紫甘蓝 30 克，番茄、白芦笋各 80 克。

【配料】盐 4 克，葱白 5 克，沙拉酱 50 克。

【制作】① 生菜洗净，放入盘底；紫甘蓝、葱白洗净切丝；番茄洗净切块；白芦笋洗净对切。② 紫甘蓝入沸水中焯烫，捞出；白芦笋、陈皮放清水锅中，加盐煮好，捞出。③ 将沥干水分的紫甘蓝、白芦笋放入铺好生菜的盘中，淋上沙拉酱即可。

【烹饪技法】焯，淋汁。

【营养功效】清肝利胆，补水养颜。

【健康贴士】芦荟性寒，体质虚弱者、孕期和经期妇女应禁食。

什锦蔬菜沙拉

【主料】黄瓜、胡萝卜各 50 克，番茄 80 克，包菜 150 克。

【配料】沙拉酱 50 克。

【制作】① 黄瓜洗净切薄片；胡萝卜洗净切

薄片，入沸水焯烫捞出，沥干水分；番茄洗净切瓣；包菜洗净切块，入沸水焯烫捞出，沥干水分。② 备好的原材料放入盘中，蘸取沙拉酱即可食用。

【烹饪技法】焯。

【营养功效】养阴凉血，祛斑美白。

【健康贴士】胡萝卜不宜与红枣同食，会降低营养。

红薯包菜沙拉

【主料】红薯 200 克，包菜 30 克，黄瓜、番茄各 150 克 .

【配料】沙拉酱 90 克。

【制作】① 包菜洗净，入沸水中焯烫；黄瓜洗净，切小段；番茄洗净切小块；红薯洗净，去皮，切块。② 将处理好的原材料均放在盘中，淋上沙拉酱即可。

【烹饪技法】焯，淋汁。

【营养功效】健脾和胃，减肥强体。

【健康贴士】红薯不宜与香蕉同食，会引起身体不适。

海鲜肉类沙拉

三文鱼沙拉

【主料】三文鱼、鲜贝、蟹柳各 30 克，鱿鱼 50 克，圆生菜、卷心菜、紫甘蓝、胡萝卜、黄瓜各 50 克。

【配料】蟹子酱 30 克，日式酱油 8 克，寿司醋 5 克，青芥末、洋葱末、姜蒜末各 5 克。

【制作】① 圆生菜、卷心菜、紫甘蓝洗净浸泡 1 小时; 三文鱼、鲜贝、鱿鱼、蟹柳焯水备用; 姜、蒜切末。② 圆生菜切成碎片铺于沙拉盘底，卷心菜、紫甘蓝、胡萝卜、黄瓜均切丝摆放在圆生菜上面，鲜贝、鱿鱼、蟹柳切成小块，均匀放在各种蔬菜丝的顶部，再放上三文鱼。③ 将酱油、寿司醋、青芥末、洋葱末、姜末、蒜末放在一起拌匀制成海鲜汁，食用时浇上海鲜汁，淋上蟹子酱即可。

【烹饪技法】拌，淋汁。

【营养功效】健脾开胃，补虚益气。

【健康贴士】三文鱼含多不饱和脂肪酸，适合肾病综合征患者食用。

海鲜沙拉船

【主料】哈密瓜 600 克，虾、蟹柳各 150 克，芹菜、胡萝卜各 50 克。

【配料】盐 5 克，姜 15 克，沙拉酱 100 克。

【制作】① 哈密瓜挖瓤，修边作为器皿，芹菜洗净切段，胡萝卜洗净切花片，虾处理干净，蟹柳洗净，切段。② 芹菜、胡萝卜入沸水中稍烫捞出与哈密瓜肉一起放入器皿，虾、蟹柳放入清水锅，加盐、姜煮好捞出同放入哈密瓜器皿中，食用时蘸取沙拉酱即可。

【烹饪技法】煮。

【营养功效】清肝明目，益智健脑。

【健康贴士】哈密瓜不宜与海鲜同食，不利于消化。

金枪鱼蔬菜沙拉

【主料】青椒、生菜、胡萝卜、紫甘蓝、玉米粒、黄瓜、海带、金枪鱼、绿包菜、番茄各 50 克。

【配料】沙拉酱 100 克。

【制作】① 生菜洗净，放盘底，包菜洗净切丝；黄瓜洗净切片，番茄洗净切瓣，胡萝卜洗净切花片，青椒洗净切圈，金枪鱼洗净切小片，海带泡发备用。② 包菜、海带、胡萝卜、青椒入沸水焯烫，捞出，沥干水分，金枪鱼煮熟。③ 将处理好的包菜、海带、胡萝卜、青椒、金枪鱼装盘，放玉米粒，淋上沙拉酱即可。

【烹饪技法】焯，煮，拌，淋汁。

【营养功效】润肠通便，减肥养颜。

【健康贴士】金枪鱼是一种酸性强的食物，前列腺增生患者应忌食。

滋补强身汤羹篇

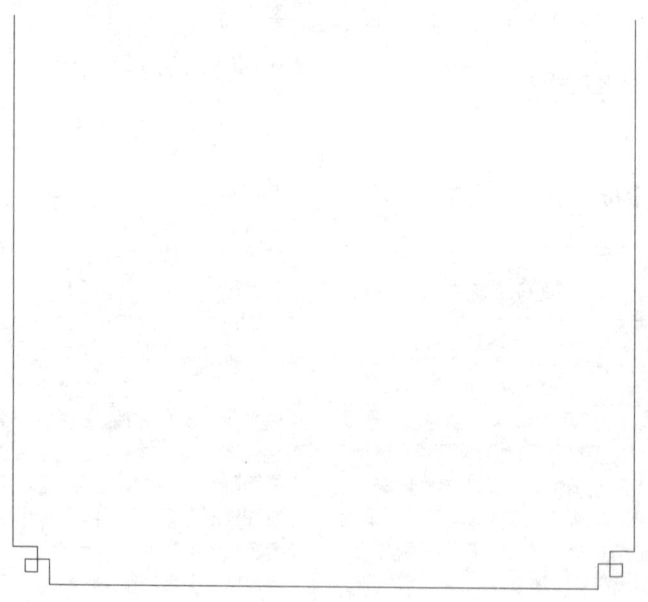

营养家畜汤

榨菜肉丝汤

【主料】榨菜、猪里脊肉各 150 克。
【配料】葱、姜各 5 克。
【制作】① 猪里脊肉洗净，切丝；榨菜洗干净，姜去皮，均切丝；葱洗净，切末备用。② 锅置火上，注入 2000 毫升水烧沸，放入姜丝、榨菜丝煮沸，再放入肉丝煮熟，撒上葱末即可盛出。
【烹饪技法】 煮
【营养功效】补虚强身，滋阴润燥。
【健康贴士】缺铁性贫血患者宜饮用。

猪肉汤

【主料】冬瓜 500 克，猪瘦肉 200 克。
【配料】蚝干 3 粒，薏仁 25 克，橙皮 15 克，盐 5 克。
【制作】① 冬瓜洗净，连皮切成大块，去瓤；蚝干、橙皮用水洗净，用冷水浸泡 30 分钟；薏仁淘洗干净，放入沸水中煮 5 分钟，捞起，放入凉水中浸泡 30 分钟；猪瘦肉在沸水中煮 5 分钟，捞起洗净，切片，备用。② 砂锅置火上入水，大火烧沸后，下入薏仁、冬瓜块、蚝干、橙皮、猪瘦肉片煮沸后转小火，煲 3.5 小时，加盐调味即可。
【烹饪技法】煮，煲。
【营养功效】丰肌泽肤，补肾养血。
【健康贴士】病后体弱、产后血虚、面黄羸瘦者宜饮用。

藕片瘦肉汤

【主料】藕 400 克，猪瘦肉 50 克，干香菇 20 克。
【配料】盐、白砂糖、葱末各 3 克，植物油、生姜丝各 5 克，料酒 7 克。
【制作】① 猪肉洗净，切成薄片，放入大碗内，用葱末、生姜丝、料酒和盐兑汁浸泡 5 分钟；香菇浸泡洗净；藕洗净削皮，切成象眼片。② 汤锅置火上，入油烧热，下入猪肉片炒片刻，注入 2000 毫升清水，加入藕片、香菇、料酒、糖煮 30 分钟，放盐调味即可。
【烹饪技法】炒，煮
【营养功效】清热止渴，滋阴润肺。
【健康贴士】食用猪肉后不宜大量饮茶。

木耳黄花瘦肉汤

【主料】黄花菜 150 克，猪瘦肉 60 克。
【配料】黑木耳 20 克，葱、姜各 5 克，盐 3 克。
【制作】① 黄花菜、黑木耳用清水发透，去除杂质，洗净；猪瘦肉洗净，切成片；葱切成段；姜切成片。② 锅置火上入水，下入黄花菜、黑木耳、猪瘦肉片、葱段、姜片，大火煮沸后转小火煮 30 分钟，加入盐调味即可。
【烹饪技法】 煮
【营养功效】补肾益胃，明目消肿。
【健康贴士】黑木耳富含膳食纤维，可消除脂肪、化解油腻，促进体内毒素的排出，对常吃酒席、饮食无常的人，此汤有很好的调节作用。

紫菜冬菇肉丝汤

【主料】猪瘦肉 40 克，紫菜 15 克，冬菇 20 克。
【配料】淀粉 5 克，盐 3 克，味精 1 克。
【制作】① 猪瘦肉洗净，切丝，用淀粉拌匀；紫菜撕成小片，清水浸开，洗净；冬菇浸软，去蒂，洗净，切成丝。② 锅置火上入水，放入冬菇，大火煮沸 15 分钟，放入紫菜煮沸后，再放肉丝，加入盐、味精调味，煮沸即可。

【烹饪技法】 煮

【营养功效】补血益气，健脾养胃。

【健康贴士】适宜阴虚不足、头晕、贫血、营养不良者饮用。

豆芽肉片汤

【主料】黄豆芽 320 克，猪瘦肉 160 克。

【配料】淀粉、植物油 5 克，姜末、盐、酱油各 3 克。

【制作】① 黄豆芽切去根部，洗净，沥干水分；猪瘦肉洗净，切片，加酱油、淀粉拌匀。② 炒锅置火上，加植物油烧热，下姜末爆香，再下黄豆芽，炒软后盛出。③ 砂锅置火上入水，大火烧沸后，放入姜片、黄豆芽菜煲半小时，放入肉片再煲 15 分钟，加盐调味即可。

【烹饪技法】煮，煲。

【营养功效】清热利湿，祛斑润肌。

【健康贴士】脾胃湿热、大便秘结、寻常疣、高血脂患者宜饮用。

豆腐生菜肉丝汤

【主料】豆腐 200 克，生菜、肉丝各 30 克。

【配料】植物油 35 克，绍酒 10 克，盐 3 克，味精 1 克，清汤 1500 毫升，香油 2 克，淀粉 4 克。

【制作】① 豆腐洗净切块，放入沸水中略焯，再入冷水中浸泡；生菜焯水，切成末；肉丝焯水，捞出备用。② 炒锅置火上，入油烧热，投入肉丝煸炒，烹入绍酒，加清汤、豆腐、生菜末，下盐调味，汤煮沸后加入味精，用淀粉勾芡，淋入香油即可。

【烹饪技法】焯，煸，煮。

【营养功效】润肠生津，补肾解热。

【健康贴士】豆腐含嘌呤较多，痛风病人及血尿酸浓度增高的患者慎食。

鲜贝瘦肉汤

【主料】猪瘦肉 300 克，天冬 20 克，川贝母 20 克。

【配料】鸡蛋 1 个，葱、姜、生豆粉各 5 克，绍酒 10 克，植物油 10 克，盐 3 克。

【制作】① 猪瘦肉洗净，切成薄片，用生豆粉、绍酒、鸡蛋拌匀；葱切成段，生姜切成片。② 炒锅内放入植物油，烧至六成热，下入葱、姜爆香，加清水 1500 毫升，放天冬、川贝母，用小火炖熬 30 分钟，再加入猪瘦肉片、盐，煮 10 分钟即可。

【烹饪技法】炖，煮。

【营养功效】滋阴补肾，调中下气。

【健康贴士】高血糖患者宜饮用。

黄花菜猪瘦肉汤

【主料】猪瘦肉 500 克，黄花菜 80 克。

【配料】红枣 10 枚，盐 3 克。

【制作】① 猪瘦肉洗净，切成小块，备用；黄花菜洗净；红枣去核，洗净。② 瓦煲置火上入水，下入黄花菜、红枣、猪瘦肉，大火煮沸，加入盐转小火煲至猪瘦肉烂，即可饮汤食肉。

【烹饪技法】煲。

【营养功效】益气养血，健脑益智。

【健康贴士】老年人和产后气血不足所致的乳汁缺乏或停乳者宜饮用。

猪肉白菜汤

【主料】猪肉 150 克，肥膘肉 100 克，鸡蛋清 100 克，大白菜 300 克。

【配料】香菜 15 克，香油、盐、味精、葱、姜丝各 3 克，花椒 2 克。

【制作】① 猪瘦肉剁成泥；肥膘肉切成 4 毫米见方的丁，放在碗中，加入鸡蛋清、盐搅拌均匀；白菜择洗干净，切成小块；香菜洗净，切成 3 厘米长的段。② 锅置火上，入水烧沸，肉馅汆成 4 个大丸子放在锅内，煮熟捞出，沥净水分。③ 砂锅洗净，放入白菜块、大丸子，加入盐、葱姜丝、花椒，添水没过主料，用大火烧沸后撇去浮沫，转小火炖 30 分钟，淋上香油，撒上香菜段、味精拌匀即可。

【烹饪技法】汆，煮，炖。
【营养功效】利水消肿，健胃滑肠。
【健康贴士】营养不良、贫血、头晕、大便干燥者宜饮用。

凤菇猪肉汤

【主料】猪肉 200 克，莲子 50 克，凤尾菇 100 克，枸杞 10 枚。
【配料】盐、葱末 5 克，味精 2 克，高汤 2000 毫升。
【制作】① 猪肉洗净，切成丁，锅内放清水烧沸，放入肉丁，汆熟后捞出沥水。② 莲子放温水中洗净，入蒸笼蒸熟，去掉莲心；枸杞用温水泡开；凤尾菇择洗干净备用。③ 锅置火上注入高汤，下入猪肉丁、凤尾菇、莲子、枸杞大火煮沸后，放入盐、味精调味，转小火煮 15 分钟，撒上葱末即可。
【烹饪技法】汆，蒸，煮。
【营养功效】清肝明目，消热解毒。
【健康贴士】凤尾菇脂肪、淀粉含量都很少，是糖尿病人和肥胖症患者的理想食品。

白玉菇豆芽瘦肉蛋汤

【主料】白玉菇 150 克，黄豆芽 150 克，猪瘦肉 100 克，鸡蛋 1 个。
【配料】盐 3 克，葱末 5 克，鸡精 2 克。
【制作】① 白玉菇、黄豆芽均洗净，鸡蛋打碎，搅拌成蛋液；猪瘦肉洗净，切成片，拌入鸡蛋液中，备用。② 锅置火上入水烧沸，下入白玉菇、黄豆芽用大火煮沸后，放入鸡蛋瘦肉，煲至肉熟，调入盐、鸡精，煮 5 分钟，撒上葱末即可。
【烹饪技法】煮，煲。
【营养功效】通便排毒，止咳化痰。
【健康贴士】白玉菇中含有人体难以消化的粗纤维、半粗纤维和木质素，可保持肠内水分平衡，还可吸收余下的胆固醇、糖分，将其排出体外，故便秘、肠癌、动脉硬化、糖尿病患者宜饮用。

苦瓜海带瘦肉汤

【主料】苦瓜 500 克，海带 100 克，猪瘦肉 250 克。
【配料】盐 5 克，味精 2 克。
【制作】① 苦瓜洗净，切两瓣，挖去核，切小块；海带浸泡约 1 小时，洗净，切丝；猪瘦肉洗净切小块。② 砂锅置火上入水，放入苦瓜块、海带丝、猪瘦肉块，大火煮沸后转小火煲至瘦肉烂熟，加入盐、味精调味即可。
【烹饪技法】煲。
【营养功效】清热解毒，去火利肠。
【健康贴士】海带、苦瓜都具降脂、降压、降糖的功效，因此，适宜高血压、高血糖患者宜饮用。

苦瓜瘦肉汤

【主料】苦瓜 2 根，猪瘦肉 150 克。
【配料】姜 10 克，盐 3 克，鸡精 2 克。
【制作】① 苦瓜洗净，切开，去瓤，切成小块；猪瘦肉洗净，切成和苦瓜大小相同的块，放在沸水中汆烫 5 分钟，捞出沥水；姜切片备用。② 锅置火上入水，大火烧至五成热时，下入苦瓜片、瘦肉片，转小火煲至肉熟，调入盐、鸡精拌匀，焖煮 10 分钟即可。
【烹饪技法】汆，煲，焖。
【营养功效】消脂祛暑，益气温中。
【健康贴士】苦瓜性凉，脾胃虚寒者慎食。

冬瓜荷叶瘦肉汤

【主料】冬瓜 500 克，猪瘦肉 320 克
【配料】荷叶 100 克，盐 4 克。
【制作】① 冬瓜洗净，连皮切块；荷叶洗净，扎好；猪瘦肉洗净，切成块。② 瓦煲置火上入水 2500 毫升，放入冬瓜块、荷叶、猪瘦肉块，大火煮沸后，转小火煲小时，加入盐调味即可。
【烹饪技法】煮。
【营养功效】利尿祛湿，清热解毒。

【健康贴士】荷叶不宜与桐油、茯苓同食，性味相反。

瘦肉丝瓜汤

【主料】丝瓜500克，猪瘦肉40克，玉米淀粉25克，鸡蛋1个。

【配料】料酒10克，姜5克，大葱10克，盐3克，鸡精2克，胡椒粉3克，鸡油35克，植物油35克。

【制作】① 猪瘦肉洗净，切成3厘米见方的薄片；丝瓜去皮，洗净，切成3厘米见方的薄片；姜切片；葱切成段。② 猪瘦肉片放在碗中，加入料酒、姜片、葱段、淀粉、盐1克、鸡精1克、蛋清抓匀挂浆。③ 炒锅置大火上烧热，到入植物油，烧至六成热，放入姜片、葱段爆香，注入适量清水煮沸，再放入猪瘦肉片、丝瓜煮熟，调入盐、鸡精、胡椒粉、鸡油略煮即可。

【烹饪技法】炒，煮。

【营养功效】祛风湿，清热化痰。

【健康贴士】风湿疼痛、悸热烦渴患者宜饮用。

老黄瓜瘦肉汤

【主料】老黄瓜500克，猪瘦肉400克，红豆100克。

【配料】蜜枣4枚，陈皮5克，盐3克。

【制作】① 老黄瓜洗净，切边，去瓜瓤，切成大块；猪瘦肉洗净，切块；红豆淘洗干净；陈皮浸软，洗净。② 锅置火上入水，大火煮沸，放入老黄瓜块、瘦肉块、红豆、蜜枣、陈皮，转中火煮35分钟，加盐调味即可。

【烹饪技法】 煮

【营养功效】清热解毒，健胃补血。

【健康贴士】黄瓜有抑糖降脂的功效，故糖尿病、肥胖症患者宜饮用。

薏仁金银花瘦肉汤

【主料】猪瘦肉300克，薏仁50克，金银花25克。

【配料】白菊花15克，蜜枣7枚，盐3克。

【制作】① 金银花、白菊花分别清洗干净，放在纱布中包好备用；薏仁淘洗干净；猪瘦肉洗净，入沸水中汆一下，捞出，切成大块。② 汤煲置火上入水，放入金银花、白菊花包，大火煮沸后下入薏仁、瘦肉块，转小火煲2.5小时，放入蜜枣再煲30分钟，加盐调味即可。

【烹饪技法】汆，煮，煲。

【营养功效】清热解毒，利尿消食。

【健康贴士】口腔溃疡、熬夜上火者宜饮用。

菠菜瘦肉汤

【主料】菠菜100克，猪瘦肉、大米各80克。

【配料】盐3克，鸡精1克，姜末15克。

【制作】① 菠菜择洗干净，切碎；猪瘦肉洗净，切丝，用盐1克稍腌；大米淘洗干净，用水浸泡30分钟。② 锅置火上入水，下入大米大火煮沸后加入猪肉、姜末，转小火煮至米烂肉熟，撒上菠菜末，调入盐、鸡精拌匀即可。

【烹饪技法】腌，煮。

【营养功效】温中养胃，健胃消食。

【健康贴士】老年人多食用菠菜，可降低中风的危险。

南瓜芸豆瘦肉汤

【主料】南瓜400克，芸豆200克，猪瘦肉300克。

【配料】骨汤500毫升，洋葱1个，盐4克，胡椒粉3克。

【制作】① 南瓜洗净，切块；四季豆洗净，切段，洋葱剥去外皮，洗净，切成片，抖散成条；猪瘦肉洗净，切片，放入沸水中汆一下，捞出备用。② 锅置火上入水，大火烧沸后下入南瓜块、芸豆段、洋葱条、骨汤，大火煮沸后转小火煮到南瓜软烂，加盐、胡椒粉调味即可。

【烹饪技法】汆，煮。

【营养功效】补中益气，降糖止渴。

【健康贴士】芸豆在消化吸收过程中会产生过多的气体，造成胀肚。故消化功能不良、有慢性消化道疾病者慎食。
【巧手妙招】切洋葱时，盛一碗水放在边上，可以有效防止洋葱对眼睛的刺激。

太平燕

【主料】猪腿肉300克，肉燕皮150克、鸭蛋1个。
【配料】虾仁50克，盐5克，味精2克，香油5克，红薯粉10克，葱末5克，熟猪油10克，高汤750毫升，粉丝、香菇、腐竹各适量。
【制作】① 猪腿肉、虾仁分别洗净，剁成泥，加盐2克、味精1克、红薯粉、香油，打入鸭蛋液搅拌匀成肉馅。② 肉燕切成每张长、宽各8厘米的方块，配上一份肉馅包成圆头散尾形，装在已抹好底油的盘上，上蒸笼用大火蒸5分钟至熟。③ 锅置火上，倒入高汤大火煮沸，撒上葱末，配以粉丝、香菇、腐竹，加上蒸熟的扁肉燕即可盛碗食用。
【烹饪技法】蒸，煮。
【营养功效】补肾养血，滋阴润燥。
【健康贴士】肾虚体弱、产后血虚、营养不良者宜食。

苹果雪梨瘦肉汤

【主料】苹果2个，雪梨2个，无花果3个，猪瘦肉300克。
【配料】南杏8克，北杏38克，盐5克。
【制作】① 苹果洗净，去心，每个切4块；雪梨洗净，去心，切半；无花果、南杏、北杏均洗净；猪瘦肉切块，洗净，入沸水锅中汆烫。② 瓦煲置火上，入水，大火烧沸后，下入苹果块、雪梨块、无花果、南杏、北杏、猪瘦肉块，大火煮20分钟，再转小火熬煮1小时，加入盐调味即可。
【烹饪技法】汆，煮。
【营养功效】润肺补脏，益气温中。
【健康贴士】脾胃虚弱、消化不良、产后缺乳者宜饮用。

雪梨瘦肉汤

【主料】雪梨2个，猪瘦肉250克，南、北杏各10克。
【配料】麻黄7克，蜜枣3枚，冰糖10克。
【制作】① 雪梨洗净，切成4块，去心、核；猪瘦肉洗净，切块；南、北杏均洗干净。② 瓦煲置火上入水，下入雪梨块，猪瘦肉块，南、北杏，大火煮沸后转小火煮约3小时，加冰糖调味，再煮5分钟即可。
【烹饪技法】煮。
【营养功效】清热降火，润肺止咳。
【健康贴士】久咳、热性哮喘患者宜饮用。

汤爆双脆

【主料】猪肚500克，鸡肫150克。
【配料】胡椒粉3克，香菜3克，盐、味精各2克，香葱10克，花椒5克，黄酒15克，酱油30克，食碱3克，清汤750毫升。
【制作】① 肚头用刀片开，剥去外皮，用清水洗净，去掉筋杂，剞十字花刀，呈鱼网状，然后切成2.5厘米见方的块，放入碱水中浸泡3分钟，捞出，冲洗干净，放入清水中备用；鸡肫剞成斜十字花刀，用清水洗净。② 汤锅置火上入水，大火煮沸，放入鸡肫、肚块汆煮至熟，捞出置碗中，加入香葱末、花椒、黄酒10克拌匀，撒入香菜末、胡椒粉备用。③ 汤锅重置清汤、酱油、盐、黄酒5克，大火烧沸后，撇去浮沫，加味精调味，浇入碗内即可。
【烹饪技法】汆，煮。
【营养功效】补虚损，健脾胃。
【健康贴士】气血虚损、身体瘦弱者宜饮用。

圆白菜果香肉汤

【主料】圆白菜200克，苹果200克，猪肉30克。
【配料】盐5克，白糖2克。

【制作】① 圆白菜择洗干净，切块；苹果洗净，切块；猪肉洗净，切块，备用。② 汤锅置火上入水，下入圆白菜、苹果、猪肉，煲至熟，调入盐、白糖拌匀即可。

【烹饪技法】煲。

【营养功效】排毒养颜，润肠通便。

【健康贴士】此粥有益于女士减肥塑身，老年便秘者也宜饮用。

冬瓜排骨汤

【主料】排骨 200 克，豆腐 200 克，冬瓜 100 克

【配料】雪里蕻 100 克，味精 2 克，盐、葱各 5 克，植物油 35 克。

【制作】① 排骨洗净、剁块；豆腐洗净，切丁；冬瓜洗净，切片；葱切末。② 锅置火上入油，烧热，放入葱末煸香，再放入排骨、冬瓜，炒出香味后加入适量清水，大火煮沸后，放入雪里蕻、豆腐丁，改小火慢煮约 10 分钟，加入盐、味精调味即可。

【烹饪技法】煸炒，煮。

【营养功效】滋阴壮阳，利水消肿。

【健康贴士】儿童和老人可饮，能起到补钙壮骨之效。

章鱼排骨汤

【主料】猪大排 400 克，小冬瓜 400 克，章鱼 50 克。

【配料】山药 25 克，盐 3 克。

【制作】① 章鱼用清水浸泡 10 分钟，洗净；山药洗净，去皮，切片；小冬瓜去皮，洗净，切块；排骨洗净，剁块，放入沸水中，汆烫 3 分钟，捞出，沥干水分。② 汤锅置火上入水，大火烧沸后放入排骨、章鱼、山药片、小冬瓜块，转中小火煮 40 分钟，加盐调味即可。

【烹饪技法】汆，煮。

【营养功效】补血益气，催乳生肌。

【健康贴士】体质虚弱、气血不足、营养不良、产妇乳汁不足者宜饮用。

猪排萝卜汤

【主料】猪排 300 克，白萝卜 100 克。

【配料】大料 5 克，桂皮 3 克，葱末、姜块、蒜片各 5 克，盐 3 克。

【制作】① 猪排洗净，剁成小段，入沸水中汆烫后，捞出，冲洗干净；白萝卜洗净，切成块。② 砂锅置火上入水，放入猪排段、大料、桂皮、葱末、姜块、蒜片，大火煮沸后转小火炖 1 小时，加入白萝卜块，再炖 20 分钟，放入盐调味即可。

【烹饪技法】汆，炖。

【营养功效】清热生津，下气宽中。

【健康贴士】感冒、内分泌失调、熬夜上火者宜饮用。

山药排骨汤

【主料】排骨 500 克，山药 250 克，芹菜 25 克。

【配料】味精、胡椒粉 2 克，花椒 2 克，葱段、姜块、盐各 5 克，料酒 10 克。

【制作】① 排骨剁成 5 厘米的段，放入沸水中汆烫 5 分钟，洗净，沥干水分；山药去皮，洗净，切段，入沸水中焯烫，捞出沥水；芹菜择洗干净，切段；姜块拍松，备用。② 炒锅置火上入水，放入排骨、葱段、姜块、料酒、芹菜，大火煮沸后转小火炖至排骨汤透亮，放入花椒、山药，小火炖至排骨酥烂，山药软黏，拣去葱、姜、芹菜，放入盐、味精、胡椒粉调味即可。

【烹饪技法】汆，焯，炖。

【营养功效】益气固精，健胃补脾。

【健康贴士】因山药有收敛作用，所以患感冒、大便燥结者及肠胃积滞者慎食。

【巧手妙招】削过皮的山药可先放入醋水中，可防止山药变色。

白贝冬瓜排骨汤

【主料】排骨、冬瓜各 500 克，白贝 250 克。

【配料】老姜1块，盐5克，植物油20克，味精3克。

【制作】① 冬瓜去皮，洗净，切块；排骨洗净，剁成段；老姜洗净，去皮，切片；白贝洗净，入沸水锅汆烫后去壳，取肉备用。② 炒锅置火上入油，下入姜片爆香后，放入排骨煸炒片刻，再下入冬瓜爆香，加入白贝肉、水大火煮沸后，转小火煲40分钟，加入盐、味精调味即可。

【烹饪技法】汆，爆，煸，煮。

【营养功效】清热利尿，明目益智。

【健康贴士】高血压、糖尿病患者宜饮用；女子经期忌饮用。

洋葱芋头排骨汤

【主料】小排骨300克，大芋头500克。

【配料】米酒5克，盐4克，植物油100克，红薯淀粉6克，高汤2000毫升，红葱头5粒，香菜6克。

【制作】① 排骨洗净，剁块，加米酒、盐腌20分钟，撒上红薯淀粉；香菜择洗干净，切段；红葱头洗净，切薄片；芋头去皮，洗净，切方块状。② 锅置火上入油，烧至七分热，放入排骨、芋头、红葱头片，炸至表面酥黄后捞出，排骨、芋头放入碗里，置蒸笼蒸1小时，红葱头片捞出，备用。③ 汤锅置火上，加入高汤煮沸，加盐调味，倒入已蒸好的排骨芋头碗里，撒上香菜、红葱头片即可。

【烹饪技法】腌，炸，蒸，煮。

【营养功效】开胃生津，补气益肾。

【健康贴士】芋头含有较多的淀粉，一次不宜多吃，否则导致腹胀。

【巧手妙招】把带皮的芋头装进小口袋里，不要装满，用手抓住袋口，在水泥地上摔几下，再把芋头倒出，就会发现芋头皮全脱掉了。

玉米排骨汤

【主料】猪骨500克，玉米棒2根，胡萝卜100克。

【配料】生姜、红枣各10克，盐5克，味精1克，鸡精2克，绍酒2克。

【制作】① 猪骨洗净，剁成块；玉米棒洗净，切成段；胡萝卜去皮，洗净，切成块；生姜去皮，洗净，切片；红枣洗净，去核，备用。② 锅置火上入水，大火煮沸后，投入猪骨、胡萝卜块，沸水煮5分钟捞出，沥干水分。③ 瓦煲置火上入水，下入猪骨、胡萝卜块、玉米棒段、生姜片、红枣、绍酒，大火煮沸后转小火煲1小时，捞出姜片，调入盐、味精、鸡精，再煲20分钟即可。

【烹饪技法】煮，煲。

【营养功效】开胃益脾，润肺养心。

【健康贴士】老年人宜饮此汤，可延年益寿。

莲藕排骨汤

【主料】排骨300克，莲藕300克。

【配料】料酒5克，胡椒粉3克，盐5克，味精2克，香葱2棵，生姜1块。

【制作】① 排骨洗净，剁成小段；莲藕去皮，洗净，切成块；生姜去皮，洗净，切成两半；香葱洗净，打成数个葱结。② 锅置火上入水，放入半块生姜、香葱结1个、料酒，大火烧沸后，下入排骨，汆烫5分钟捞出备用。③ 汤锅置火上入水，下入排骨、半块生姜、香葱结，大火煮沸后，撇去浮沫，转小火炖约20分钟，再放入莲藕炖至汤成，拣出生姜、香葱结，加入盐、胡椒粉、味精调味即可。

【烹饪技法】汆，炖。

【营养功效】补中养神，清热解毒。

【健康贴士】肝病、便秘、糖尿病患者宜饮用。

胡萝卜玉米排骨汤

【主料】猪大排500克，玉米1根，胡萝卜1根。

【配料】姜末、葱末各10克，大料5克，花椒2克，色拉油10克，盐5克。

【制作】① 胡萝卜削皮，切块；玉米洗净，切小块；排骨洗净，剁块，下入沸水锅中汆烫5分钟，捞出，沥干水分。② 锅置火上入色拉油，下入葱末、姜末爆香，加入排骨翻炒片刻。倒入适量清水，投入大料、花椒，大火煮沸后改小火煲1个小时，放入玉米煲10分钟，再放入胡萝卜块，煲至胡萝卜、玉米熟透，加盐调味即可。

【烹饪技法】汆，煲。

【营养功效】温中养胃，明目利脾。

【健康贴士】湿热痰滞内蕴者和血脂较高者不宜多饮食。

【巧手妙招】猪大排上粘上了脏东西后不易冲洗干净，可用温的淘米水洗两遍，再用清水冲洗，脏东西就会很容易去除。

苦瓜黄豆排骨汤

【主料】苦瓜500克，黄豆200克，猪排骨250克。

【配料】生姜5克，盐5克。

【制作】① 苦瓜洗净，剖开，去瓤，切块；黄豆淘洗干净，用水浸泡15分钟；排骨洗净，剁块；生姜洗净，去皮，拍松。② 瓦煲置火上，加入清水1200毫升，放入苦瓜块、黄豆、排骨、姜块，大火煮沸后，改用小火煲1个小时，加入盐调味即可。

【烹饪技法】煲。

【营养功效】清暑除热，明目解毒。

【健康贴士】感暑烦渴、暑疖、痱子过多、眼结膜炎患者宜饮用。

【巧手妙招】可把苦瓜块放入盐水中泡10分钟，去掉苦味。

栗子龙骨汤

【主料】栗子肉400克，瘦肉150克，脊骨350克，番茄2个。

【配料】生抽8克，盐5克。

【制作】① 栗子肉洗净，去衣；瘦肉洗净，切成块；脊骨洗净，剁成块，番茄去皮，每个切开四份。② 瓦煲置火上入水，大火烧沸后，下入瘦肉、栗子、番茄、脊骨，大火煲30分钟，改小火煲1小时，加入盐调味，即可装碗饮用。

【烹饪技法】煲。

【营养功效】滋阴补肾，健胃补脾。

【健康贴士】中老年关节炎、糖尿病患者宜饮用。

【巧手妙招】去壳栗子放在沸水中煮五分钟，熄火片刻，取出就会很容易撕去外皮。

甘蔗萝卜猪骨汤

【主料】甘蔗250克，红萝卜500克，猪骨500克。

【配料】陈皮5克，盐5克。

【制作】① 甘蔗去皮，斩段，破开后冲洗干净；红萝卜去皮，洗干净，切块；猪骨洗净，剁块；陈皮洗净，备用。② 锅置火上入水，大火烧沸后；下入甘蔗、红萝卜、猪骨，转中火煲3小时，至肉烂味香浓时，加入盐调味，即可盛碗饮用。

【烹饪技法】煲。

【营养功效】生津止渴，养血健骨。

【健康贴士】骨头的营养成分更容易被人体吸收，此汤一般人皆可饮用，儿童和中老年人尤为适宜。

牛蒡海带排骨汤

【主料】排骨200克、牛蒡1根、海带结120克。

【配料】盐5克，醋10克。

【制作】① 排骨洗净，剁块，放沸水中汆烫

去血水，捞出，沥干水分；牛蒡洗净，去皮，切斜块；海带结洗净，备用。② 锅置火上入水，下入排骨块、牛蒡块，大火煮沸后改小火煮至牛蒡变软，加入海带结煮 40 分钟，加入盐、醋调味，即可盛碗饮用。

【烹饪技法】汆，煮。

【营养功效】降糖降脂，补肾壮阳。

【健康贴士】海带、牛蒡都具有降压降糖的功效，故高血脂、高血压、糖尿病患者宜饮用。

老黄瓜排骨汤

【主料】排骨 600 克，老黄瓜 1 根，咸肉 70 克。

【配料】料酒 8 克，盐 3 克，生姜 20 克，味精、胡椒粉各 2 克，香葱 5 克。

【制作】① 黄瓜洗净，去皮、子，切滚刀块；排骨洗净，剁成段，放入冷水锅中，大火烧沸至血沫浮起，捞出排骨，冲洗干净；咸肉切片；香葱洗净，切末；生姜洗净，去皮，切大片。② 汤煲置火上，下入排骨、咸肉片、生姜片、料酒，大火烧沸后，撇去浮沫，转小火炖煮 90 分钟，放入老黄瓜，大火煮 10 分钟，加入胡椒粉、味精、盐调味，撒上香葱末即可。

【烹饪技法】焯，煮。

【营养功效】开胃祛寒，温中益气。

【健康贴士】腌肉含盐量较高，老年人、胃溃疡、十二指肠溃疡患者忌饮用；肥胖、血脂较高、高血压者慎食。

海带排骨汤

【主料】猪排骨 400 克，海带 150 克。

【配料】葱段 10 克，姜片、盐各 5 克，黄酒 10 克，香油 5 克。

【制作】① 海带浸泡 30 分钟，冲洗干净，放笼屉内蒸 30 分钟，取出再用清水浸泡 4 小时，取出洗净沥水，切成长方块；排骨洗净，顺骨切开，横剁成约 4 厘米的段，入沸水锅中焯一下，捞出，用温水泡洗干净。② 锅置火上，加入清水 1000 毫升，下入排骨、葱段、姜片、黄酒，大火煮沸，撇去浮沫，转中火焖煮 20 分钟，倒入海带块，再用大火煮沸 10 分钟，拣去姜片、葱段，加盐调味，淋入香油即可。

【烹饪技法】蒸，焯，煮。

【营养功效】滋阴壮阳，益精补血。

【健康贴士】幼儿、老人、产妇宜饮用。

木瓜排骨汤

【主料】木瓜 1 个，排骨 300 克，红枣 5 枚，枸杞 10 枚。

【配料】葱段、姜片各 5 克，大料 3 克，盐 5 克。

【制作】① 排骨洗净，剁成段，入沸水锅中汆烫，去血水，再捞起，洗净，沥干水分；木瓜洗净，去皮、子，切块；红枣洗净，去核；枸杞用温水泡洗干净。② 汤锅置火上入水，大火烧沸，放入排骨，熬煮 30 分钟后放入木瓜块、红枣、葱段、姜片、大料、盐，转小火炖 1 小时，拣出姜片、葱段、大料即可。

【烹饪技法】汆，煮，炖。

【营养功效】益气补血，丰胸护肤。

【健康贴士】此汤最宜女士饮用。

绿豆排骨汤

【主料】排骨 300 克，绿豆 50 克。

【配料】生姜 10 克，盐 5 克，植物油 15 克，鸡精 3 克。

【制作】① 排骨洗净，剁成段；生姜洗净，去皮，切大片；绿豆淘洗干净，用凉水浸泡 30 分钟备用。② 炒锅置火上，入油烧热，放入生姜片爆香后，下入排骨翻炒至肉边呈浅白色，拣出排骨盛盘，备用。③ 汤煲置火上入水，大火烧沸后，下入排骨，撇去浮沫、油星，转小火煲 40 分钟，下入绿豆，再煲 2 小时，加入盐、鸡精调味即可。

【烹饪技法】炒，煲。

【营养功效】清热解毒，健脾养胃。

【健康贴士】脾胃虚寒、腹泻便溏、服温补药者忌饮用。

银耳木瓜排骨汤

【主料】银耳 50 克，木瓜 100 克，猪排骨 200 克。

【配料】盐、姜片各 5 克，葱段 10 克。

【制作】① 银耳泡发，择洗干净；木瓜去皮、子，切成滚刀块；猪排骨洗净，剁块，入沸水锅中汆烫，去血水后捞出，备用。② 汤锅置火上入水，放入猪排骨段、葱段、姜片，大火烧沸后放入银耳，转小火炖 90 分钟，下入木瓜块，再炖 15 分钟，加入盐调味即可。

【烹饪技法】汆，炖。

【营养功效】滋阴润燥，润肤祛斑。

【健康贴士】银耳适宜与木瓜同食，二者一起炖食可以起到非常显著的美白、滋润肌肤的功效，最宜女士饮用。

山楂莲叶排骨汤

【主料】山楂、新鲜荷叶各 50 克，排骨 500 克，薏仁 50 克。

【配料】乌梅 2 枚，盐 5 克。

【制作】① 排骨洗净，剁成块；山楂、乌梅均用水冲洗干净；薏仁淘洗干净，用水浸泡 30 分钟；新鲜荷叶用清水洗干净，备用。② 瓦煲置火上入水，下入山楂、排骨、乌梅、薏仁，大火煮沸后转小火煲 3 小时，放入荷叶稍煮片刻，加入盐调味即可。

【烹饪技法】煲。

【营养功效】健胃消食，生津止渴。

【健康贴士】虚热口渴、胃呆食少、胃酸缺乏、消化不良、慢性痢疾肠炎者宜饮用。

小排骨冬瓜汤

【主料】排骨 500 克，冬瓜 500 克。

【配料】姜 5 克，大料 3 克，盐 5 克，胡椒粉、味精各 2 克。

【制作】① 排骨洗净，剁成小段，入沸水锅之汆烫 5 分钟，捞出沥水；冬瓜去皮，切块；姜拍松。② 瓦煲置火上入水，下入排骨、姜块、大料，大火煮沸后改用小火炖 1 小时，放入冬瓜块再炖 20 分钟，拣出姜块、大料，加入盐、胡椒粉、味精调味即可。

【烹饪技法】汆，煲。

【营养功效】清热解毒，利水消肿。

【健康贴士】肥胖、高血脂、高血压、糖尿病患者宜饮用。

栗子白菜排骨汤

【主料】排骨 250 克，栗子 250 克，白菜心 300 克。

【配料】干贝 30 克，姜 10 克，盐 5 克。

【制作】① 排骨洗净，剁成块，入沸水锅中汆烫 5 分钟，捞出，沥干水分；栗子去壳、皮，洗净；白菜心洗净；干贝用温水浸泡至软，洗净；姜去皮，洗净，拍松，备用。② 瓦煲置火上入水，下入排骨、栗子、干贝、姜块，大火煮沸后转小火煲 2 小时，加入白菜心煲 5 分钟，调入盐即可。

【烹饪技法】汆，煲。

【营养功效】润肠排毒，补虚养血。

【健康贴士】营养不良、贫血、头晕、大便干燥者宜饮用。

苦瓜薏仁排骨汤

【主料】薏仁 100 克，排骨 250 克，苦瓜 50 克。

【配料】大料、生姜片各 5 克，葱段、料酒各 10 克，盐 5 克。

【制作】① 薏仁淘洗干净，用水浸泡 2 小时；排骨洗净，剁成段，入沸水锅中，加入料酒汆烫 5 分钟，捞出沥水；苦瓜洗净，剖开，去内膜、子，切成小块。② 炖锅之火上入水，下入排骨、大料、生姜片、薏仁、葱段，大火煮沸后转小火煲 3 小时，放入苦瓜煲制 30 分钟，加入盐调味即可。

【烹饪技法】汆，煲。

【营养功效】清热解毒，补肾健脾。

【健康贴士】糖尿病、肥胖症患者宜饮用。

玉米香菇排骨汤

【主料】玉米2根，排骨500克。
【配料】香菇5个，盐5克。
【制作】① 排骨洗净，剁块，入沸水中汆烫5分钟，捞出沥干水分；玉米去皮、须，洗净切块；香菇泡软，去蒂。② 锅置火上入水，大火烧沸，下入排骨、玉米、香菇大火煮沸，转小火炖90分钟，加入盐调味即可。
【烹饪技法】汆，炖。
【营养功效】益肺宁心，健脾开胃。
【健康贴士】玉米与香菇都有降压的功效，故此汤宜高血压患者饮食。
【巧手妙招】把干香菇放入热水中浸泡，用筷子轻轻敲打，就能很容易的洗净香菇里的泥沙。

竹荪排骨汤

【主料】排骨300克，香菇5朵，冬笋1根，竹荪10根。
【配料】蛤蜊10粒，盐3克，干贝3粒。
【制作】① 香菇用水泡软，洗净，沥干水分，去蒂切半；干贝用水浸泡30分钟，洗净；冬笋去壳、老皮，切片；竹荪用水泡软，洗净，切斜段；排骨洗净，剁块，入沸水中汆烫5分钟，捞起沥水，备用。② 汤锅置火上入水，大火烧沸后下入排骨、干贝，转小火炖40分钟，再放入香菇、冬笋、竹荪，炖20分钟，加入蛤蜊，煮至蛤蜊壳张开，肉熟后，加盐调味即可。
【烹饪技法】汆，炖，煮。
【营养功效】清热解毒，开胃健脾。
【健康贴士】竹荪性凉，脾胃虚寒者、腹泻者不宜多饮食。

冬瓜腔骨汤

【主料】猪腔骨300克，冬瓜200克。
【配料】植物油35克，葱末、姜末、盐各5克，料酒10克、味精3克。
【制作】① 冬瓜去皮、子，切成小块，入沸水中焯一下，捞出，沥干水分；腔骨洗净，剁成块，入沸水锅中汆烫5分钟，捞出沥水。② 炒锅入油烧热，下葱、姜爆香，倒入料酒，注入适量清水，大火煮沸后转倒入瓦煲中，放入腔骨转小火炖1小时，放入冬瓜块，加盐、味精调味，炖至冬瓜熟软即可。
【烹饪技法】汆，爆，煮，炖。
【营养功效】利水消肿，强筋健骨。
【健康贴士】老人、儿童、孕妇及肥胖症患者宜饮用。

荷包豆猪骨汤

【主料】荷包豆（干豆）100克，龙骨300克。
【配料】姜、葱白、葱末各5克，白酒2毫升，盐5克
【制作】① 荷包豆淘洗干净，用冷水泡2～3小时；姜洗净，切片；葱白洗净，切段；龙骨洗净，剁块。② 将荷包豆、龙骨、姜片、葱段、白酒和水放入高压锅，高压锅上气后，大火5分钟，小火10分钟，加入盐调味，撒上葱末即可饮用。
【烹饪技法】煮。
【营养功效】健脾壮肾，利尿化湿。
【健康贴士】高血压、糖尿病、风湿患者宜饮用。
【举一反三】此汤还可以配更多的材料，如香菇，白果，枸杞，红枣，白莲，灵芝，白参等，有清补祛湿的功效。

苹果梨猪骨汤

【主料】猪骨500克，苹果1个，雪梨1个，红萝卜1个。
【配料】蜜枣6枚，盐5克，姜5克。
【制作】① 苹果、梨分别用水浸泡10分钟，洗净，去子，切大块 红萝卜洗净，去皮，切块 猪骨洗干净，剁块；姜洗净，拍松。② 锅置火上入水，下入猪骨、蜜枣，姜块，大火煮沸，沸煮20分钟，下入红萝卜煲10分钟，再加入苹果、梨块。转小火炖1小时，加入盐调

味即可。

【烹饪技法】煮，炖，煲。

【营养功效】润肺止咳，护肤养颜。

【健康贴士】苹果宜与梨同食，不仅能帮助孩子润肺止咳，健胃消食，还能帮助女士调理肤质，尤其是干燥的冬季，最宜饮食。

紫菜虾米猪骨汤

【主料】干紫菜 20 克，猪脊骨 500 克。

【配料】虾米 10 克，姜片 5 克，葱 15 克。

【制作】① 干紫菜用清水泡软，洗净；虾米洗净，用清水稍加浸泡；葱洗净，切末；猪脊骨洗净，剁块，入沸水中汆烫 5 分钟，捞起冲洗干净，备用。② 锅置火上入水，大火煮沸后，放入猪骨、虾米、姜片，大火煮 20 分钟，转小火煲 1 小时，放入紫菜再煲 30 分钟，加入盐调味，撒上葱末即可。

【烹饪技法】汆，煮，煲。

【营养功效】健脑补益，滋阴养肾。

【健康贴士】紫菜宜与虾皮同食，可以起到养心除烦、软坚利咽的功效，血管疾病患者宜饮用。

【巧手妙招】紫菜泡发后如果呈蓝紫色，说明该紫菜已受污染，不宜饮用。

霸王花猪骨汤

【主料】猪排骨 300 克，霸王花 50 克，猪里脊肉 200 克。

【配料】杏仁 25 克，蜜枣 6 枚，料酒 10 克，姜末 10 克，盐 5 克，味精 3 克。

【制作】① 霸王花用清水浸软，洗净；杏仁、蜜枣洗净；排骨洗净，剁块；猪里脊肉洗净，切块。② 排骨、里脊肉入沸水锅中，滴料酒，入姜末，焯 2 分钟，捞出洗净，移入瓦锅，加清水 2000 毫升，大火煮沸后转小火煲 40 分钟，放入霸王花、杏仁、蜜枣煮 10 分钟，加入盐、味精调味即可。

【烹饪技法】焯，煲，煮。

【营养功效】清心润肺，除痰止咳。

【健康贴士】脑动脉硬化、心血管疾病、肺结核、支气管炎患者宜饮用。

白菜猪骨汤

【主料】大白菜 350 克，猪骨 300 克，红枣 5 枚。

【配料】姜 5 克，盐 5 克，鸡精 3 克。

【制作】① 白菜叶择洗干净，菜帮、菜叶分开切条，猪骨用清水浸泡，多次换水至水清；红枣洗净，去核；姜洗净，拍松。② 汤煲置火上入水，放入猪骨，大火煮沸后，撇去浮沫，放入白菜帮条、红枣、姜块，转小火煮 40 分钟，放入白菜叶，煮 20 分钟，加入盐、鸡精调味即可。

【烹饪技法】煮。

【营养功效】益气补血，润肠通便。

【健康贴士】白菜宜与姜搭配，二者同食对感冒、咳嗽等症有很好的辅助疗效。

海带豆腐猪骨汤

【主料】猪骨 300 克，海带结 200 克，嫩豆腐 200 克。

【配料】盐 5 克，鸡精 3 克。

【制作】① 猪骨洗净，剁块；入沸水锅中汆烫 5 分钟，去血水，捞出，冲洗干净；海带结洗净；嫩豆腐洗净，切块，备用。② 陶瓷锅置火上入水，下入猪骨，大火煮沸后，下入海带结，转小火煲 40 分钟，放入豆腐块，煮 10 分钟，加入盐、鸡精调味即可。

【烹饪技法】汆，煮，煲。

【营养功效】祛脂降压，养血健骨。

【健康贴士】猪骨与海带炖汤搭配食用，有很好的止痒功效，全身性或以四肢为主的局部性皮肤瘙痒患者宜饮用。

苦瓜猪肚汤

【主料】苦瓜 300 克，猪肚 300 克。

【配料】红椒圈、蒜片、姜片各 5 克，红油、盐各 3 克、鸡精 2 克，高汤 2500 毫升。

【制作】① 猪肚洗净，入沸水中加姜片汆烫

2分钟后捞起，放入冷水中，用刀刮去浮油，切条；苦瓜去蒂，剖成两半去瓤，切成长条，备用。② 锅置火上，注入红油烧热，下入蒜片、肚条略炒，倒入高汤、苦瓜、盐、鸡精大火煮沸，转中火煮15分钟，撒入红椒圈即可。

【烹饪技法】汆，炒，煮。

【营养功效】补脾益胃，清热解毒。

【健康贴士】猪肚不宜与白糖，会引起心肌细胞氧化及代谢紊乱。

【举一反三】猪肚可换成熟猪脑，即成苦瓜猪脑汤。

【巧手妙招】可用面粉洒满猪肚两面，再用清水清洗，能把猪肚处理的更干净。

荸荠腐竹猪肚汤

【主料】猪肚1副，荸荠100克，腐竹50克，白菜100克。

【配料】姜片5克，白胡椒粉3克，盐5克。

【制作】① 猪肚洗净，放入大腕中，加盐抓匀，腌渍10分钟，与姜片一同放入沸水中焯烫5分钟捞出，用清水反复冲洗干净；荸荠去皮洗净；腐竹用温水泡20分钟，洗净；白菜洗净，切小块，备用。② 砂锅置火上入水，大火烧沸后，放入猪肚、白胡椒粉，转用中小火煲1小时，捞出切长块，再与荸荠、腐竹、白菜块一同放回锅中，煮20分钟，加入盐调味即可。

【烹饪技法】腌，焯，煲。

【营养功效】清热解毒，祛火生津。

【健康贴士】高脂血、动脉硬化、心血管疾病患者宜饮用。

【巧手妙招】先将荸荠放在火上烤一下，或先用姜擦拭几遍，再进行剥洗，可以缓解手部与其接触产生的皮肤发痒状况。

芡实白果猪肚汤

【主料】猪肚300克，干白果50克，芡实米150克。

【配料】陈皮5克，盐3克。

【制作】① 猪肚洗净，切条；白果去壳取肉；芡实、陈皮分别洗净。② 锅置火上入水，大火烧沸后，下入猪肚、芡实、白果、陈皮，转中火煲约3小时，加盐调味即可。

【烹饪技法】煲。

【营养功效】健脾补肾，强筋壮骨。

【健康贴士】白果忌与鳗鱼同食。

【巧手妙招】猪肚可用盐反复搓洗，除去异味。

白果腐竹猪肚汤

【主料】猪肚500克，白果15枚，胡椒30粒。

【配料】干腐竹2根，红枣10枚，姜片、葱白段、料酒各5克，盐5克。

【制作】① 胡椒粒拍烂；红枣洗净，去核；白果去皮；腐竹用温水泡软，洗净切段；猪肚处理干净，入沸水中加姜片、葱白、料酒汆烫10分钟，捞起，沥干水分，备用。② 砂锅置火上入水，放入猪肚、胡椒粒、红枣，大火烧沸20分钟后，加入白果，转小火煮50分钟，捞出猪肚切成小块，同腐竹段一起下入锅中煮20分钟，调入盐入味即可。

【烹饪技法】汆，煮。

【营养功效】补脾益胃，滋补虚损。

【健康贴士】猪肚不宜与啤酒同食，因二者均富含嘌呤，且啤酒含酒精，同食使尿酸大量增加，易引发痛风。

南瓜猪肚汤

【主料】南瓜200克，猪肚300克，薏仁100克，

【配料】葱、姜、大料、花椒各5克，盐、白胡椒粉各3克。

【制作】① 南瓜去皮，洗净，切菱形块；葱洗净，切段；姜洗净，切片；猪肚用盐水洗净，冲洗干净；薏仁淘洗干净，用水浸泡30分钟。② 锅置火上入水，放入猪肚、葱段、姜片、花椒、大料，大火煮沸至猪肚熟透，捞出猪肚切片。③ 净锅置火上，入水，放入猪肚片、南瓜块、薏仁，大火煮沸后，转小火煮至薏仁熟透，撒入胡椒粉、盐调味即可。

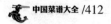

【烹饪技法】煮。

【营养功效】润肺益气，止咳化痰。

【健康贴士】南瓜不宜与海鲜同食，故此汤不宜与海鲜类同食。

良姜胡椒猪肚汤

【主料】高良姜 20 克，猪肚 1 副。

【配料】胡椒 10 粒，盐 5 克。

【制作】① 猪肚去脂，洗净；胡椒粒洗净，拍碎；高良姜洗净与胡椒粒一起纳入猪肚内，扎紧两端。② 锅置火上入水，放入猪肚，大火煮沸后，转小火炖至熟烂，加入盐调味即可。

【烹饪技法】煮。

【营养功效】温胃散寒，消食止痛。

【健康贴士】脘腹寒痛、胃寒吐泻、消积食滞、消化不良者宜饮用。

四季豆猪肚汤

【主料】猪肚 600 克，四季豆 150 克。

【配料】姜 6 克，葱 5 克，米酒 10 克，盐 3 克。

【制作】① 葱洗净，切段；姜洗净，去皮，切片；猪肚洗净，入沸水中汆烫，捞起，冲凉，切片；四季豆洗净，切丝。② 锅置火上入水，放入猪肚、葱段、米酒煮 90 分钟，加入芸豆略煮，调入盐入味即可盛出饮用。

【烹饪技法】汆，煮。

【营养功效】益气健脾，消暑化湿。

【健康贴士】对四季豆过敏、腹胀者忌饮用。

胡椒咸菜猪肚汤

【主料】猪肚 1 副，潮州咸菜 100 克，排骨 300 克。

【配料】白胡椒粒 10 克，盐 3 克，淀粉 20 克。

【制作】① 咸菜洗净切片，用清水浸泡 30 分钟；排骨洗净，剁块，入沸水中汆烫，捞起，沥干水分；白胡椒粒洗净，拍碎；猪肚去脂，用淀粉擦匀揉搓，冲洗干净，如此重复 3 次后，放入沸水中汆烫 3 分钟，捞起，用冷水洗干净，备用。② 锅置火上入水，大火烧沸后，放入猪肚、排骨、白胡椒粒，煮沸后转中小火煲 2 小时，取出猪肚切片，同咸菜片一起放回锅中，再煮 10 分钟，下入盐调味即可。

【烹饪技法】汆，煮。

【营养功效】温中散寒，醒脾开胃。

【健康贴士】胃寒、心腹冷痛、吐清口水、虚寒性的胃、十二指肠溃疡患者宜饮用。

菠菜火腿猪肝汤

【主料】菠菜 200 克，猪肝 100 克。

【配料】猪油 10 克，姜、大葱、水淀粉各 5 克，盐 3 克，味精 2 克。

【制作】① 菠菜择洗干净，在沸水中焯一下即捞出切段；鲜猪肝洗净，切成薄片，与盐、味精、水淀粉拌匀；葱洗净，切段；姜洗净，拍松；蒜去皮，切末。② 锅置火上入水，大火烧沸后，加入姜块、葱段、猪油、猪肝片、菠菜段，煮熟即可。

【烹饪技法】焯，煮。

【营养功效】养血止血，滋阴润燥。

【健康贴士】菠菜宜与猪肝同食，可以防治贫血症的发生。

青菜猪肝汤

【主料】青菜 500 克，猪肝 100 克，

【配料】葱、姜各 10 克，盐 5 克，胡椒粉、鸡精各 2 克，料酒 10 克，香油 3 克。

【制作】① 青菜择洗干净；猪肝洗净，切片；葱洗净，切末；姜洗净，去皮，切末。② 炒锅置火上，入油烧热，下入葱末姜末爆香，倒入猪肝翻炒至猪肝变色，盛出沥去油分。③ 汤锅置火上入水，放入猪肝、料酒，大火煮沸后撇去浮沫，转小火煮 15 分钟，加入胡椒粉、盐调味，放入洗净的青菜稍煮片刻，淋上香油即可。

【烹饪技法】炒，煮。

【营养功效】通肠利胃，养肝明目。

【健康贴士】猪肝不宜与鲤鱼同食，会引起消化不良等症状。

猪肝豆腐汤

【主料】猪肝 80 克，豆腐 250 克。
【配料】盐 3 克，姜末、葱末各 10 克，味精 3 克。
【制作】① 猪肝洗净，切薄片；豆腐洗净，切厚片。② 锅置火上入水，大火煮沸后放入豆腐片、盐，转小火煮 5 分钟，下入猪肝、姜末煮至熟透，加入味精，撒上葱末即可。
【烹饪技法】煮。
【营养功效】清肝和胃，补肝益肾。
【健康贴士】肾阴虚、肝炎患者宜饮用。

粉丝猪肝汤

【主料】猪肝 100 克，水发粉丝 150 克，油菜心 35 克。
【配料】盐 5 克，胡椒粉 3 克，鸡精 6 克，料酒 10 克，姜末 3 克，香油 5 克。
【制作】① 猪肝洗净，切片；粉丝洗净，切段；油菜心择洗干净。② 锅置火上入水，大火烧沸，放入姜末、粉丝、料酒、盐、胡椒粉、鸡精、猪肝煮 15 分钟，放入油菜心煮沸，淋上香油即可。
【烹饪技法】煮。
【营养功效】益气补血，润肠通便。
【健康贴士】猪肝不宜与鹌鹑同食，会使人面生黑斑。

番茄玉米猪肝汤

【主料】猪肝 200 克，甜玉米 2 根，番茄 2 个。
【配料】淀粉 15 克，姜片 5 克，料酒 10 克，生抽 10 克，盐 5 克。
【制作】① 番茄洗净，切成 6 瓣；玉米去衣，洗净，剥出玉米粒，切碎；猪肝洗净，切成薄片，用淡盐水浸泡 30 分钟，捞出，用淀粉、料酒、生抽、盐拌匀腌渍 10 分钟。② 炒锅置火上，放入番茄煸炒至出汁，放入玉米粒、姜片，倒入清水，大火煮 15 分钟后放入腌好的猪肝，转小火煮至猪肝熟透，即可盛碗饮用。
【烹饪技法】腌，煮。
【营养功效】补肝养血，益气生津。
【健康贴士】高血压、高脂血、肥胖症、痛风病症者忌饮用。
【巧手妙招】用一把金属汤匙从番茄顶部轻划至蒂部，各划 4 道，便可轻易用手剥去番茄皮。

韭菜猪肝汤

【主料】韭菜 60 克，猪肝 50 克。
【配料】盐 3 克，胡椒粉 3 克，鸡精 5 克，料酒 10 克，姜末 3 克。
【制作】① 韭菜择洗干净、切碎；猪肝洗净，切片。② 锅置火上入水，大火煮沸后，下入韭菜、猪肝、姜末、料酒，煮至猪肝熟，加入盐、胡椒粉、鸡精调味即可。
【烹饪技法】煮。
【营养功效】滋阴补肝，止汗降火。
【健康贴士】猪肝宜与韭菜搭配食用，可促进营养素的吸收。

黑豆猪肝汤

【主料】猪肝 200 克，黑豆 100 克。
【配料】黑芝麻 25 克，蜜枣 4 枚，姜片 5 克，盐、黑胡椒粉各 3 克。
【制作】① 猪肝用淡盐水浸泡 30 分钟，捞出洗净，切片；黑豆淘洗干净。② 锅置火上入水，下入猪肝片、黑豆、黑芝麻、姜片、蜜枣，大火煮沸后转小火煲 1 小时至豆烂熟，加盐、黑胡椒粉调味即可。
【烹饪技法】煲。
【营养功效】补血健脾，护肝明目。
【健康贴士】黑豆不宜与猪肉同食，容易导致人体出现消化不良、腹痛肚胀等症状。

枸杞猪肝汤

【主料】枸杞叶 150 克，猪肝 200 克，枸杞 10 克。

【配料】盐5克，白胡椒、鸡精各3克，姜8克，鸡汁15克，料酒10克。

【制作】① 枸杞叶洗净；枸杞用温水泡开，洗净；姜洗净，去皮，切丝。② 猪肝洗净，放入清水中加料酒、盐2克浸泡30分钟，捞出切片，加香油、盐3克、鸡精、白胡椒，腌制30分钟去腥入味，下入沸水锅中汆烫至变色，捞出，沥干水分。③ 汤锅置火上入水，下入姜丝、香油，大火煮沸后，下入枸杞叶、枸杞、猪肝，转小火煮15分钟，加入鸡精、白胡椒、鸡汁调味即可。

【烹饪技法】汆，煮。

【营养功效】补肝养血，明目益气。

【健康贴士】贫血、血虚体衰、视力不佳、夜盲、目赤、水肿患者宜饮用。

杜仲猪肝汤

【主料】杜仲5克，猪肝350克。

【配料】姜片10克，青葱15克，盐5克，鸡精3克，糖1克，清汤适量。

【制作】① 杜仲洗净；猪肝切片，入沸水汆烫；葱切段备用。② 净锅置火上，放入清汤、杜仲、姜片、猪肝，大火烧沸转小火炖30分钟，加入盐、糖、鸡精调味，撒上葱段即可。

【烹饪技法】汆，炖。

【营养功效】滋补肝肾，利脾固精。

【健康贴士】心脑血管疾病、高血压、高脂血、肥胖症、痛风患者慎食。

猪蹄黄豆汤

【主料】猪蹄500克，黄豆50克，甜玉米1根。

【配料】大料2枚，生姜片5克，盐少许，料酒、白葡萄酒各10克。

【制作】① 黄豆淘洗干净，放入大碗中注入清水，放冰箱浸泡一夜。② 猪蹄刮洗干净，锅置火上，入水烧沸，下入姜片、大料、料酒、猪蹄，汆烫干净后捞出，冲洗净。③ 高压锅置火上，放入猪蹄、甜玉米、姜片、黄豆，清水，大火煮沸后，倒入白葡萄酒，转中小火高压20～25分钟，关火焖20分钟，加盐调味即可。

【烹饪技法】汆，煮。

【营养功效】补虚弱，通乳汁，美容养颜。

【健康贴士】此品最宜产妇饮用，要注意的是若作为通乳食疗应少放盐、不放味精。

【巧手妙招】① 煮血水的时候加入姜片、大料、料酒，以及煲汤的时候加入白葡萄酒都可以去除部分肉腥味，解腻。② 加甜玉米会使整锅汤充满玉米的甜香，使汤汁味道更清甜。

花生大枣猪蹄汤

【主料】花生米100克，猪蹄2只。

【配料】盐5克，大枣10枚。

【制作】① 花生米、大枣用水浸泡1小时，捞出，沥干水分；猪蹄去毛和甲、洗净、剁开。② 锅置火上，放入适量清水，加入花生米、大枣、猪蹄，大火煮沸后转小火炖至熟烂，放入盐调味，即可饮食。

【烹饪技法】煮，炖。

【营养功效】补气养血，美容除皱。

【健康贴士】猪蹄宜与花生搭配食用，有很好的养血生精之功效。

淡菜猪蹄汤

【主料】猪蹄1只，淡菜30克。

【配料】盐5克，姜片、葱段各10克，黄酒30克，味精3克。

【制作】① 淡菜用黄酒浸泡；猪蹄去毛桩，入沸水内略汤，取出，刮去浮皮，洗净，顺其软档劈开。② 锅置火上，入水烧沸，下入猪蹄煮沸，撇去浮沫，加入姜片、葱段、淡菜，烹入少许黄酒，用小火焖至酥烂，调入盐、味精即可饮用。

【烹饪技法】煮，焖。

【营养功效】补血通乳，温肾助阳。

【健康贴士】血虚，月经不调，产后乳汁不足等妇科病患者宜饮用。

芸豆煲猪蹄

【主料】猪蹄两只，芸豆 200 克。
【配料】盐 5 克，鸡精、胡椒粉 3 克，香油 5 克，葱、姜各 10 克，花椒、大料各 2 克、料酒 10 克
【制作】① 猪蹄洗净，放入加有料酒和葱姜的水中焯 1 ~ 2 分钟，捞出去血水和浮沫；芸豆淘洗干净。② 砂锅置火上，入清水适量，加入葱姜、花椒、大料和少许料酒，煮沸，加入猪蹄、芸豆，小火慢炖至猪蹄和芸豆熟烂，加入盐、鸡精、胡椒粉调味，淋入香油即可饮用。
【烹饪技法】焯，煮，炖。
【营养功效】益气养血，润泽肌肤。
【健康贴士】血虚、腰脚软弱无力以及老年体弱、产后缺乳者宜饮用。

猪蹄瓜菇汤

【主料】猪前蹄 1 只，丝瓜 300 克，豆腐 250 克。
【配料】香菇 30 克，姜片 5 克，红枣 30 克，黄芪、枸杞各 12 克，当归、盐各 5 克。
【制作】① 香菇洗净泡软去蒂；丝瓜去皮洗净切块；豆腐切块。② 猪前蹄去毛洗净剁块，入沸水中煮 10 分钟，捞起用水冲净；黄芪、当归放入过滤袋中备用。③ 净锅置火上，下入药带、猪蹄、香菇、姜片及水 5000 毫升，大火煮沸后，改小火煮 1 小时至肉熟烂，再入丝瓜、豆腐续煮 5 分钟，入盐调味即可。
【烹饪技法】煮。
【营养功效】养血通络，滋阴润燥。
【健康贴士】动脉硬化、高血压、感冒、痰盛阻滞者不宜多饮食。

芸豆莲藕猪蹄汤

【主料】猪蹄 2 只，莲藕 200 克，芸豆 200 克。
【配料】姜片 4 克，大料 2 克，葱段 5 克，盐 4 克。
【制作】① 芸豆提前用温水浸泡 12 小时以上；猪蹄处理干净；莲藕去皮，洗净。② 锅置火上，加入姜片 2 克，大火烧沸后，放入猪蹄，焯出血沫。③ 猪蹄转入煲中，放姜片 2 克、葱段、大料，加入足量的水，大火煮沸，放入芸豆，中火沸煮 30 分钟左右，转入电炖锅中，炖 3 小时，放入莲藕炖 1 小时，加入盐调味即可。
【烹饪技法】焯，煮，炖。
【营养功效】强筋健骨，益气补血。
【健康贴士】猪蹄油脂较多，临睡前不宜饮用此汤，以免增加血黏度。

猪脚黄花煲

【主料】猪前脚 2 只，干黄花菜 200 克。
【配料】红枣 5 枚，花生米 15 克，葱段、姜片各 5 克。
【制作】① 猪脚剁成小块，入沸水汆烫，捞出用凉开水洗净血沫；干黄花菜用清水泡发，洗净；红枣、花生米均淘洗干净，备用。② 将所有材料下入汤锅，入水，大火煮沸，撇掉浮沫，转小火炖 3 小时左右，至肉酥烂即可。
【烹饪技法】汆，煮，炖。
【营养功效】补肾益气，宁神除烦。
【健康贴士】此品对老年人神经衰弱（失眠）有良好的辅助治疗作用。

冬笋猪蹄汤

【主料】猪前蹄髈 1 只，冬笋 50 克，鸡腿菇 100 朵，玉米 1 根。
【配料】黄豆 50 克，生姜片、香葱末各 10 克，胡椒粉 3 克，盐 5 克。
【制作】① 蹄髈洗净，冬笋剥去笋衣，均放入锅中焯水后捞出，冲洗干净，用小镊子拔去蹄髈上残留的猪毛，冬笋切片；鸡腿菇、玉米均洗干净，玉米斩段，备用。② 煲置火上，放入蹄髈、冬笋片、黄豆、姜片，加足量清水大火烧沸，撇去浮沫，加盖转小火炖 4 小时，加入鸡腿菇、玉米段煮 5 分钟，调入盐、

胡椒粉、香葱末即可。
【烹饪技法】焯，炖。
【营养功效】滋补阴液，补血养颜。
【健康贴士】一般人皆宜饮用。

猪蹄萝卜汤

【主料】猪蹄 1 只，萝卜 200 克。
【配料】葱段 10 克，姜片 10 克，枸杞 8 枚，盐 5 克，料酒 5 克。
【制作】① 猪蹄洗净后，剁小块，入沸水焯烫，捞出备用；萝卜洗净去皮，切成滚刀块；枸杞用温水浸泡。② 净锅置火上入水，放入猪蹄、料酒和葱姜，小火煮 2 小时，倒入萝卜块、枸杞煮沸后，加盐调味即可。
【烹饪技法】焯，煮。
【营养功效】美颜护肤，抗衰老。
【健康贴士】猪蹄和猪皮中含有大量的胶原蛋白质，它在烹调过程中可转化成明胶。明胶能使细胞得到滋润，保持湿润状态，防止皮肤过早褶皱，延缓皮肤的衰老过程，适宜女士饮用。

玉米猪蹄汤

【主料】猪蹄 1 只，嫩玉米 1 根。
【配料】香菜 10 克，味精 3 克，盐 5 克，姜片 5 克。
【制作】① 猪蹄洗净，打上花刀，入沸水中焯烫，捞出；玉米切成寸段备用。② 净锅置火上入水，放入猪蹄、玉米段和姜片，大火煮 20 分钟，撇去浮沫，改小火炖 1 小时后，加盐、味精调味，撒上香菜即可。
【烹饪技法】焯，煮，炖。
【营养功效】补虚弱，填肾精。
【健康贴士】此品是老人、女士和手术、失血者的食疗佳品，但老年人每次不可食之过多。

苦瓜猪蹄汤

【主料】苦瓜 250 克，猪蹄 500 克，豆腐 300 克。
【配料】香菇 50 克，大葱末 5 克，姜片 5 克，盐 4 克。
【制作】① 猪蹄去毛，洗净；苦瓜带瓤洗净，切块；豆腐切块；香菇洗净备用。② 猪蹄、香菇放入锅内，加入清水适量，放在火上烧沸，转用小火煮至猪蹄熟时，加入葱末、姜片、盐调味，下入苦瓜、豆腐同煮成汤即可。
【烹饪技法】煮。
【营养功效】滋阴润燥，益气健脾。
【健康贴士】猪蹄含脂肪量高，胃肠消化功能减弱者不宜多饮食。

木耳猪腰汤

【主料】猪腰 1 对，干木耳 10 克。
【配料】胡椒粉 3 克，盐 5 克，白酒少许，上汤适量。
【制作】① 猪腰一剖为二，将中间的白色物切除，用盐腌制 10 分钟，冲洗干净，淋上白酒，浸腌 10 分钟，备用；木耳泡发，去除根蒂以及上面的泥沙。② 将猪腰和木耳一起放入沸水中，煮至熟后，捞出放入碗内。③ 锅置火上，入上汤加水煮沸，放入猪腰、木耳，加胡椒粉、葱段、盐调味即可。
【烹饪技法】腌，煮。
【营养功效】益肾固精，强筋健骨。
【健康贴士】猪腰宜与黑木耳同食，可改善肾虚、治腰酸背痛。

猪腰补肾汤

【主料】猪腰 1 对，杜仲 10 克。
【配料】葱段、姜片各 15 克，盐 5 克。
【制作】① 猪腰洗净，剔除筋膜后切成腰花，入沸水汆烫后洗去浮沫；杜仲洗净，放入砂锅中，加入适量清水后大火煮沸，转小火煮成浓汁，盛出备用。② 砂锅置火上，倒入适量清水，加葱段、姜片、腰花与杜仲药汁同煮 10 分钟，加盐调味即可。
【烹饪技法】汆，煮。
【营养功效】强筋骨，补肾精。

【健康贴士】适宜中年男士饮用，可益于骨骼保健和维持性能力。

【巧手妙招】有的猪腰会有腥味，在烧猪腰时加入适量的黄酒可以消除异味，如果猪腰非常腥，再少放一些醋，就可以全部清除猪腰的腥味了。

芥菜凤尾菇煲猪腰

【主料】凤尾菇200克，芥菜80克，猪腰1对。

【配料】盐5克，蘑菇精3克，酱油5克，鸡汤1500毫升，绍酒15克，植物油15克，泡椒、葱末各5克、蒜片4瓣。

【制作】① 猪腰洗净剖开，去腰臊，改花刀；凤尾菇切片；芥菜切段。② 锅置火上，入油烧热，爆香葱末、蒜片、泡椒，再放入猪腰炒至断生后，淋绍酒，下入凤尾菇、芥菜翻炒，加入鸡汤、盐、蘑菇、酱油炖至入味即可。

【烹饪技法】爆，炒，炖。

【营养功效】改善肾虚，补益腰膝。

【健康贴士】儿童以及患有高脂血、高胆固醇血症、脂肪肝患者忌饮用。

麻酱腰片汤

【主料】猪腰3个，黄瓜100克，芝麻酱50克。

【配料】盐5克，黄酒、香油各10克，白糖3克，清汤适量。

【制作】① 黄瓜洗净，切成蓑衣状，用少许盐抓匀，腌渍10分钟；芝麻酱、盐、白糖、香油调匀，装小碟中。② 猪腰处理干净，切大片，用黄酒、盐抓匀，腌渍15分钟，入沸水汆至断生，捞起沥干水分。③ 锅置火上，注入清汤，大火烧沸后投入黄瓜烧约2分钟，倒入腰片煮熟，用盐调味，淋上香油，带芝麻酱小碟上桌即可。

【烹饪技法】腌，汆，煮。

【营养功效】滋阴补肾，美容嫩肤。

【健康贴士】肾虚热、性欲较差的女士宜饮用。

腰花蛋汤

【主料】腰花1对，鸡蛋2个。

【配料】花椒3克，料酒10克，盐3克，香油5克，香葱末少许。

【制作】① 猪腰洗净除去膜，除去白色的筋，切成腰花，浸泡在清水里，加花椒和料酒5克，腌渍10分钟，除去臊味；鸡蛋加少许盐打散成蛋液备用。② 锅置火上，入水烧沸，下入腰花，煮沸，撇去浮沫，倒入蛋液，等蛋花开后加盐，淋上香油即可。

【烹饪技法】腌，煮。

【营养功效】和肾利脾，通利膀胱

【健康贴士】肾虚、耳聋、耳鸣的老年人宜饮用。

佛手瓜雪耳煲猪腰

【主料】佛手瓜500克，猪腰1个，龙骨20克，猪瘦肉200克。

【配料】银耳50克，盐、鸡精、老姜各5克。

【制作】① 猪腰处理干净；佛手瓜洗净，切块；银耳泡发；老姜洗净，拍松；猪瘦肉洗净，切块；猪腰、龙骨、猪瘦肉入沸水汆烫，除去表面血迹，倒出洗净。② 瓦煲置火上，注入清水烧沸，放入猪腰、龙骨、猪瘦肉、老姜煲2个小时，放入佛手瓜、银耳煮30分钟，加入盐、鸡精调味，即可饮用。

【烹饪技法】汆，煲，煮。

【营养功效】健肾补腰，和肾理气。

【健康贴士】适宜肾虚所致的腰酸腰痛、遗精、盗汗、水肿者饮用。

红枣莲子炖猪肠

【主料】猪肠200克，红枣50克，莲子50克。

【配料】胡椒粉5克，姜10克，盐5克，鸡精3克，糖1克，胡椒粉1克，清汤1000毫升。

【制作】① 猪肠处理干净，入沸水汆烫；红枣、莲子洗净；姜切片备用。② 净锅上火，放入清汤、姜片、胡椒粉、猪肠、红枣、莲子，大火煮沸转中火炖 45 分钟，加盐、糖、鸡精调味即可。

【烹饪技法】汆，煮，炖。

【营养功效】益气补血，滋阴润燥。

【健康贴士】此品比较适宜女士饮用。

葱炖猪肠

【主料】猪小肠 700 克，葱段 700 克。

【配料】姜片 5 克，面粉 10 克，盐 5 克。

【制作】① 猪小肠剪除多余油脂后洗净，内外翻面加盐搓揉后冲洗干净，再加面粉继续搓揉干净，入沸水中汆烫约 10 分钟，捞出冲洗干净备用。② 取大碗，放入猪小肠、葱段、姜片与水，入蒸锅中以中火蒸约 1 小时，取出小肠切小段再放回碗内，加入盐续蒸 15 分钟即可。

【烹饪技法】汆，蒸。

【营养功效】健脾开胃，益气宽中。

【健康贴士】一般人皆宜饮用。

猪肠冬粉

【主料】猪肠 400 克，冬菜 6 把，冬粉 30 克。

【配料】鸡精 5 克，面粉 10 克，盐 5 克，姜 50 克，白胡椒粉 3 克，香油 10 克，高汤、沙拉油适量。

【制作】① 猪小肠翻面洗净，用面粉搓揉后冲洗干净，入锅加沙拉油及水 2000 毫升煮 40 分钟至猪小肠微烂，捞起沥干水分，切小段备用。② 冬粉泡冷水约 20 分钟至软；姜去皮切丝备用。③ 汤煲置火上，注入高汤煮沸后，下入猪小肠、冬菜、冬粉、姜丝一起煮 30 分钟后，调入鸡精、盐、白胡椒粉，淋入香油即可饮用。

【烹饪技法】煮。

【营养功效】温中健胃，去烦消食。

【健康贴士】高胆固醇患者不宜多饮食。

蒜香肠肉泥

【主料】面包 4 ~ 6 片，杏仁片 15 克，猪肉肠 50 克。

【配料】橄榄油 10 克，蒜茸 5 克，上汤 500 毫升，大蒜、大葱末、胡椒粉各 3 克，盐 2 克。

【制作】① 炒锅置火上，入橄榄油烧热，炒香蒜茸，加入杏仁片、面包、上汤、大蒜、大葱末、胡椒粉，煮沸，放入盐、胡椒粉调味。② 猪肉肠以刀切成薄片，放在油锅中煎香，放在汤中，即可趁热食用。

【烹饪技法】炒，煮，煎。

【营养功效】润燥补虚，止渴利脾。

【健康贴士】高血脂患者不宜饮用。

鲜藕猪肠汤

【主料】熟猪肠 50 克，鲜藕 100 克，香菜 50 克。

【配料】虾仁 10 克，姜片、蒜米、大葱段各 3 克，盐 2 克，味精 1 克，醋、酱油各 5 克，香油 8 克。

【制作】① 鲜藕刮去硬皮，洗净，切片；熟猪肠入沸水汆烫，洗去多余的油脂，切成 1 厘米长的段；香菜洗净，沥干水分，切成 2 厘米长的段。② 锅置火上，入油烧热，下入葱、姜片、蒜米炒一下，再加酱油炝锅，放猪肠煸炒 5 分钟，加水烧沸，倒入藕片、香菜、虾仁煮沸，加醋、味精、盐调味，盛入盆内，即可饮用。

【烹饪技法】汆，炒，煸炒，煮。

【营养功效】润肠祛风，解毒止血。

【健康贴士】莲藕微甜而脆，十分爽口，与猪肠搭配食用，有一定的药用价值，尤宜老幼妇孺、体弱多病者饮用。

韭菜猪血汤

【主料】猪血 600 克，酸菜 150 克，韭菜 120 克。

【配料】米酒 10 克，盐 3 克，胡椒粉 2 克，高汤 1200 毫升。

【制作】① 猪血切厚片，入沸水汆烫后捞起备用；酸菜洗净切丝；韭菜切小段。② 锅置火上，入高汤煮沸，放入酸菜丝煮 5 分钟，加入猪血煮 3 分钟，调入米酒、盐、胡椒粉，放入韭菜段煮沸即可。
【烹饪技法】汆，煮。
【营养功效】清肺健脾，延缓衰老。
【健康贴士】便秘、胀腹者宜饮用。

猪血豆腐汤

【主料】猪血 200 克，北豆腐 150 克。
【配料】姜、大葱 3 克，盐 2 克，味精 1 克，料酒 10 克，植物油 15 克。
【制作】① 猪血和豆腐都切成小块；姜、葱切成细末。② 锅置火上，入油烧热，爆香葱姜，下猪血，烹料酒，加水烧沸后，再放入豆腐块煮沸，加盐、味精调味即可。
【烹饪技法】爆，煮。
【营养功效】清肠润道，温中和胃。
【健康贴士】从事粉尘、纺织、环卫、采掘等工作的人宜饮用。

大豆芽菜猪血汤

【主料】大豆芽菜 500 克，熟猪血 500 克。
【配料】姜片 4 克，植物油 10 克，盐 5 克。
【制作】① 大豆芽菜洗净，去根，切段；猪血用清水洗净。② 炒锅置火上烧热，入油，爆香姜片，下大豆芽炒香，注入清水大火沸煮约 30 分钟，下猪血煮沸，加盐调味即可。
【烹饪技法】爆，煮。
【营养功效】解毒清肠，补充营养。
【健康贴士】猪血含有人体容易吸收的血红素铁，对青少年的健康发育有较大帮助。

花生猪血汤

【主料】猪血 300 克，猪肝 50 克，花生米 50 克。
【配料】大料 2 个，盐 4 克，白胡椒粉 3 克，葱白段 5 克，植物油、陈醋各 10 克。
【制作】① 猪血、猪肝洗净，猪血切成 1 厘米见方的小块，猪肝切成 3 厘米宽、4 厘米长的薄片；花生米洗净，用温水浸泡 1 小时，捞出盛碗内备用。② 炒锅置火上，入油烧热，放入大料、葱白放入炸黄透出香味，放入猪血块、猪肝片炒熟，加入沸水 1000 毫升，煮 10 分钟，放入花生米，煮 10 分钟，加入盐、白胡椒粉、陈醋调味，起锅即可。
【烹饪技法】炸，煮。
【营养功效】补血益气，美颜护肤。
【健康贴士】女士常食猪血，可有效防止缺铁性贫血的发生。

酸菜猪血汤

【主料】酸菜 75 克，猪血 100 克。
【配料】米酒 15 克，盐 2 克，胡椒粉 3 克，植物油 10 克，高汤 1200 毫升。
【制作】① 猪血洗净，切成小块；粉丝用水泡发。② 炒锅置火上，入油烧热，放入猪血煸炒片刻，加入高汤，倒入酸菜、粉丝，煮沸，加盐、米酒、胡椒粉调味即可。
【烹饪技法】煸炒，煮。
【营养功效】开胃消食，益气养颜。
【健康贴士】一般人皆宜饮用。
【举一反三】这道菜也可以用鸭血，鸭血比猪血更嫩。

绿波猪血汤

【主料】菠菜 500 克，猪血 100 克。
【配料】葱段 10 克，盐、香油各 5 克。
【制作】① 菠菜择去黄叶，洗净后切段；猪血洗净后切块。② 锅置火上，放入香油，炒香葱段后放入适量清水，大火煮沸，下入猪血，煮至水再次滚沸，加入菠菜段、盐，煮至菠菜变色即可。
【烹饪技法】炒，煮。
【营养功效】养血止血，滋阴润燥。
【健康贴士】猪血与菠菜是黄金搭配，尤其适宜贫血患者饮用。

豆苗猪血汤

【主料】猪血 200 克，豌豆苗 200 克。

【配料】植物油 25 克，盐 3 克，味精 1 克，料酒 5 克，白皮大蒜 3 克，大葱 5 克，姜 3 克。
【制作】① 猪血洗净，切成小块；豆苗去根洗净；葱、姜切末；大蒜剥去外皮，剁成茸备用。② 炒锅置火上，入油烧热，下入蒜茸、葱末、姜末爆香，下入猪血，烹入料酒，加水煮沸，放入豆苗再煮 2 分钟，加盐、味精调味即可。
【烹饪技法】爆，煮。
【营养功效】清肠利肾，温中滋补。
【健康贴士】脾胃虚寒者慎食。

酸辣猪血紫菜汤

【主料】猪血 250 克，干紫菜 25 克。
【配料】酱油 5 克，香葱末 10 克，味精 1 克，醋 10 克，辣椒油 3 克
【制作】① 猪血洗净并切成 1 厘米见方、4 厘米长的条。② 砂锅置火上，入水，放入猪血和紫菜煮沸，加入酱油、味精、葱末、醋、辣椒油调味，烧煮片刻即可。
【烹饪技法】煮。
【营养功效】排毒养颜，益气养血。
【健康贴士】高胆固醇血症、肝病、高血压和冠心病患者不宜多食。

白菜猪血汤

【主料】猪血 500 克，冬菜 50 克，小白菜 100 克。
【配料】大葱 25 克，香油 2 克，盐 5 克，味精 2 克，料酒 10 克，鲜汤适量。
【制作】① 猪血洗净，放入开水锅内焯一下，捞出，切成 5 厘米长、3 厘米宽、1 厘米厚的片；葱切细丝；小白菜去蒂，洗净备用。② 锅置火上，倒入鲜汤，下入冬菜，煮 10 分钟后倒入猪血、小白菜、葱丝、盐、料酒、味精煮 10 分钟，淋入香油，盛入大汤碗中即可。
【烹饪技法】焯，煮。
【营养功效】解毒清肠，补血美容。
【健康贴士】猪血宜与白菜搭配食用，补气血、清肠胃功效明显。

栗子红枣猪尾汤

【主料】栗子肉 500 克，猪尾骨 3 根。
【配料】去核红枣 5 枚，姜片 4 克，盐 5 克。
【制作】① 栗子去掉外壳，用沸水烫一下去内衣；猪尾骨焯水后洗净。② 汤煲置火上，入水烧沸，下红枣、姜片、栗子、猪尾骨大火煮沸，转小火煲 3 小时加盐调味即可。
【烹饪技法】焯，煮。
【营养功效】益气补血，滋阴润燥。
【健康贴士】一般人皆宜饮用。

黑枣煲猪尾汤

【主料】猪尾 2 根，黑枣 10 枚，核桃 20 克。
【配料】姜片 8 克，米酒 12 克，盐 5 克。
【制作】① 猪尾洗净、切段，放入沸水汆烫去血水；黑枣、核桃以冷水冲洗去除杂质，备用。② 砂锅置火上，放入猪尾、水 1500 毫升，大火煮沸后，转小火续煮约 1 小时，加入姜片、米酒、黑枣、核桃煮约 30 分钟，加盐调味即可。
【烹饪技法】汆，煮。
【营养功效】补腰力，益骨髓。
【健康贴士】食欲不振、小儿积食、孕妇宜饮用。

花生猪尾汤

【主料】猪尾 3 根，花生 150 克。
【配料】米酒 10 克，盐 5 克，丁香 3 克，植物油适量。
【配料】① 猪尾毛剔干净剁成小段，以沸水汆烫洗净，放入炒锅炒至皮稍焦黄。② 炖锅置火上，入水 1200 毫升，加花生煮 1 小时，放入猪尾、丁香炖 1 小时，加米酒、盐调味即可。
【烹饪技法】汆，炒，煮，炖。
【营养功效】滋阴益肾，养颜护肤。
【健康贴士】此品尤宜女士饮用，美容功效显著。

【巧手妙招】猪尾毛多，可用铁钳夹着在炉火上烧干，然后泡进热水再刮干净。

莲藕炖猪尾

【主料】莲藕 200 克，猪尾 2 根。
【配料】葱末 5 克，砂糖 3 克，酱油、米酒各 10 克。
【制作】① 猪尾剁段，入沸水锅烫透；莲藕切成小块。② 锅置火上，入油烧至七八成热，下猪尾炸至皮酥。③ 炖锅置火上加高汤，放入猪尾、莲藕，炖煮30分钟至软嫩，调入砂糖、酱油、米酒入味，撒上葱末，盛盆即可。
【烹饪技法】炸，炖。
【营养功效】益气补血，滋阴润肺，
【健康贴士】莲藕宜与猪尾搭配食用，补身强体功效明显。

猪尾海带薏仁汤

【主料】猪尾 1 根，薏仁 100 克，海带 50 克。
【配料】料酒 10 克，盐 5 克，鸡精 3 克，味精 2 克。
【制作】① 猪尾处理好，放炒锅过油；薏仁、海带提前一晚泡好。② 汤锅置火上，放入猪尾，加充足的水，大火煮沸，倒入薏仁和海带，转小火炖 1 小时，加入盐、鸡精、味精调味，即可出锅饮用。
【烹饪技法】煮，炖。
【营养功效】降脂降压，利脾健胃。
【健康贴士】高血压、高血脂患者宜饮用。

粟米胡萝卜煲猪尾

【主料】胡萝卜、玉米、猪尾骨各 1 根，红枣 10 枚。
【配料】姜片 5 克，料酒 10 克，盐、鸡精 5 克，胡椒粉 3 克。
【制作】① 猪尾骨洗净，剁成段；玉米、萝卜洗净切块备用。② 锅置火上，入水，放入猪尾骨，加料酒小火烧沸，撇去血沫，捞出洗净。③ 砂锅置火上入水，下入姜片、猪尾骨，大火沸煮 30 分钟，转中小火炖 40 分钟，下入胡萝卜、玉米、红枣，炖20分钟至萝卜软熟，调入盐、鸡精、胡椒粉即可。
【烹饪技法】煮，炖。
【营养功效】有益脾胃，润燥解乏。
【健康贴士】此品宜中老年人饮用，可延缓骨质老化、抗早衰。

猪尾骨萝卜汤

【主料】猪尾骨 2 根，白萝卜 300 克。
【配料】老姜 10 克，料酒 10 克，盐、鸡精各 5 克。
【制作】① 猪尾骨洗净，剁成段；白萝卜洗净切块；老姜拍破。② 锅置火上，入水，放入猪尾骨，加料酒小火烧沸，撇去血沫，捞出洗净。③ 砂锅置火上入水，下入姜块、猪尾骨，大火沸煮30分钟，转中小火炖40分钟，下入白萝卜，炖20分钟至萝卜软熟，调入盐、鸡精即可。
【烹饪技法】煮，炖。
【营养功效】温中利气，补益腰膝。
【健康贴士】此品可改善腰酸背痛，预防骨质疏松，有益青少年男女发育过程中，促进骨骼发育。

猪尾凤爪香菇汤

【主料】猪尾 2 根，凤爪 3 只，香菇 3 朵。
【配料】姜片 4 克，盐、鸡精各 5 克。
【制作】① 香菇泡软、切半；凤爪对切，备用；猪尾切块，入沸水汆烫。② 将处理后的所有材料、姜片一起放入锅中，加水大火煮沸，再转小火熬 1 小时，加入盐调味即可。
【烹饪技法】汆，煮，熬。
【营养功效】护肤养颜，益气补血。
【健康贴士】一般人皆宜饮用。

木瓜煲猪尾

【主料】木瓜 1 个，猪尾 3 根，花生 100 克。
【配料】姜片 4 克，盐、鸡精各 5 克，胡椒粉3克。

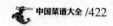

【制作】① 花生洗净，用清水浸泡30分钟，使其充分涨发；木瓜洗净去皮、子，冲洗干净，切厚块；猪尾刮去细毛，洗净，剁段，入沸水锅中焯5分钟，捞起沥干水分。② 汤煲内加入清水，下入木瓜、猪尾、花生、姜片，大火煮沸，转小火煲2小时，加盐、鸡精、胡椒粉调味即可。

【烹饪技法】焯，煮，煲。

【营养功效】美白丰胸，滋阴润燥。

【健康贴士】最适宜女士饮用。

牛肉花菜汤

【主料】牛瘦肉50克，土豆150克，洋葱100克，菜花35克，芹菜30克，胡萝卜100克。

【配料】盐3克，植物油、牛肉汤适量。

【制作】① 洋葱洗干净，切丝；土豆洗净切块；菜花洗净，用手掰成小朵，入沸水焯烫；芹菜择洗干净，切段；熟牛肉切片备用。② 胡萝卜洗净切条，放在锅内用油焖熟，再加入芹菜调味。③ 把适量牛肉汤倒入砂锅内，放入土豆、牛肉片煮沸，加盐调味后下入菜花煮15分钟，加洋葱、胡萝卜、芹菜，煮至菜花熟透即可。

【烹饪技法】焯，焖，煮。

【营养功效】降脂降压，益气润燥。

【健康贴士】牛肉宜与洋葱搭配食用，功效互补，可以有效地促进营养物质的吸收。

苦瓜木棉花牛肉汤

【主料】苦瓜500克，木棉花4朵，牛肉450克。

【配料】盐5克，生姜片5克。

【制作】① 苦瓜洗净，切开去瓤，再切片；木棉花洗净，浸泡；牛肉洗净，切片状。② 瓦煲置火上，加入清水1750毫升，放入生姜片，大火煲沸后，加入苦瓜、木棉花改中火煲45分钟，下入牛肉和盐，煲至牛肉片刚熟便可。

【烹饪技法】煲。

【营养功效】清热消暑，利尿去湿，明目解毒。

【健康贴士】高血压、冠心病、血管硬化和糖尿病患者宜饮用。

牛肉什蔬汤

【主料】牛肉400克，胡萝卜100克，西蓝花50克，土豆100克。

【配料】洋葱、料酒各10克，盐、姜汁各5克，高汤适量。

【制作】① 牛肉切成片；土豆洗净，切成滚刀块；西蓝花切成小朵；胡萝卜去皮切块。② 汤锅置火上，注入高汤，放入牛肉煮沸，加入胡萝卜、土豆煮至熟烂，再放入西蓝花、洋葱和盐、料酒、姜汁大火煮沸，转小火慢炖至熟即可。

【烹饪技法】煮，炖。

【营养功效】补中益气，滋养脾胃，强筋健骨。

【健康贴士】老年人、儿童、贫血、身体虚弱、病后恢复期、目眩者宜饮用。

雪菜牛肉汤

【主料】雪菜150克，熟牛肉400克，胡萝卜1根，红椒两个。

【配料】葱末10克，盐、蒜末各5克，色拉油20克，牛骨高汤2000毫升。

【制作】① 雪菜放入网筐里，流水冲洗去掉咸味，取出切碎；熟牛肉切块；胡萝卜、红椒洗净切丝备用。② 锅置火上，入油烧热，下入葱蒜末翻炒，倒入牛骨高汤、牛肉、雪菜煮沸，再加入胡萝卜丝、红椒丝及盐慢煮15分钟即可。

【烹饪技法】炒，煮。

【营养功效】开胃消食，健脾益肾。

【健康贴士】内热、过敏者慎食。

【举一反三】原料雪菜用四川酸菜替换，可做成酸菜牛肉汤。

牛肉胡萝卜汤

【主料】牛瘦肉 100 克，胡萝卜 200 克。
【配料】料酒 10 克，大料 3 克，姜片 4 克，盐 5 克，花椒、味精各 2 克。
【制作】① 牛肉洗净，切成片；胡萝卜洗净，削去皮，切成斜片。② 锅置火上，入水烧沸，放入牛肉片略煮，撇去浮沫，加入花椒、大料、姜片、料酒改用小火煨至牛肉七成熟时，放入胡萝卜，加盐调味，煮至胡萝卜熟透，放味精化开即可。
【烹饪技法】煮，煨。
【营养功效】温补脾胃，滋肾助阳。
【健康贴士】胡萝卜营养丰富，与牛肉同食，适用于胃寒、消化不良、肾虚阳痿者饮用。

花生牛肉汤

【主料】鸡脯肉 150 克，花生米 100 克，牛里脊肉 150 克。
【配料】姜片 4 克，盐 5 克，味精 2 克，葱段 10 克，料酒 10 克。
【制作】① 牛里脊肉在沸水里煮一下，捞出洗净，放入清水锅中，加入少许葱段、姜片、料酒，用小火炖至八成烂，取出切成 5 厘米长、1 厘米厚的片备用；花生放入温水中浸泡 15 分钟，去皮洗净，加清水煮烂。② 鸡脯肉剁细，与料酒、葱段、姜片合在一起，加入适量的水搅匀，挤出血水后，倒入牛肉汤里，小火熬成清汤。③ 取汤斗 1 只，一边放入花生米，一边加入牛肉片，清汤过箩，注入汤斗内，加盐、味精，上屉蒸至牛肉全烂即可。
【烹饪技法】煮，蒸。
【营养功效】补脾胃，益气血。
【健康贴士】一般人皆宜饮用。

牛肉苦瓜汤

【主料】牛柳肉 200 克，苦瓜 1 根。
【配料】料酒、淀粉、生抽各 10 克，香油 7 克，白砂糖 3 克，盐 5 克。
【制作】① 牛肉切薄片，加淀粉、生抽、白砂糖、料酒、香油腌渍 10 分钟；苦瓜洗净，剖开去瓤。② 锅置火上，入水烧沸，下苦瓜片用中火煮约 10 分钟至软熟，放盐调味，下牛肉片稍煮后搅散，再烫煮 1 分钟至牛肉断生，即可起锅装盆上桌。
【烹饪技法】腌，煮。
【营养功效】强筋骨，化痰熄风。
【健康贴士】虚损羸瘦、消渴、脾弱不运、癖积、水肿、腰膝酸软者宜饮用。

孜然牛肉汤

【主料】牛肉 250 克，洋葱 30 克，豆角 100 克，胡萝卜 1 小根。
【配料】植物油 30 克，料酒、酱油、孜然各 10 克，盐 5 克，大料 3 克，辣椒粉 3 克。
【制作】① 牛肉洗净切片；洋葱去皮切块；豆角择洗干净，切成小段；胡萝卜切成小块备用。② 锅置火上，入油烧热，下入孜然、辣椒粉、牛肉煸炒片刻，倒入清水 2000 毫升煮沸，加入洋葱、豆角、胡萝卜、大料，煮约 30 分钟至菜熟透，加盐、酱油调味即可。
【烹饪技法】煸炒，煮。
【营养功效】益气补肾，滋阴润燥。
【健康贴士】牛肉中的肌氨酸含量比任何其他食品都高，所以牛肉对增长肌肉、增强力量特别有效，是冬季补益佳品。

红枣生姜片牛肉汤

【主料】大枣 8 枚，鲜牛肉 200 克。
【配料】生姜片 5 克，青葱末 10 克，盐 4 克。
【制作】① 大枣用冷水浸泡 15 分钟，洗净备用；牛肉洗净切寸块，汆烫去血水。② 锅置火上，入水 600 毫升煮至 50 ~ 60℃时，加入红枣烧沸，转小火煮 15 分钟，加入生姜片、鲜牛肉，焖煮至肉酥烂时，加入盐、葱末即可。
【烹饪技法】汆，煮，焖。
【营养功效】益气补血，强筋健骨。
【健康贴士】气虚、肌肉松软，体虚乏力、

气短懒言，易出虚汗，不耐寒热者宜饮用。

番茄牛肉汤

【主料】熟牛肉 250 克，鸡汤 2500 毫升，土豆 500 克，鸡蛋 4 个，胡萝卜 2 根，菠菜 500 克，洋葱 2 个。

【配料】香油 50 克，盐 15 克，胡椒粉、花椒粒各 2 克，番茄酱 150 克，醋 20 克，辣椒油 1 克，芝麻 10 克。

【制作】① 洋葱去皮，洗净，切丝；熟牛肉切片；鸡蛋煮熟，去皮，竖切一半；菠菜择洗干净，切成 1.5 厘米的段；土豆去皮，切块；胡萝卜去皮，洗净，切斜花片。② 炒锅置火上，放入香油烧热，下入洋葱丝煸炒出香味，放胡萝卜片，加花椒粒焖至五成熟时，放入番茄酱，焖至油呈红色时，即成汤码。③ 另起锅置火上，注入鸡汤，投入土豆块，焖至九成熟时，放入汤码，加盐、胡椒粉、醋、辣椒油调味，食用时放入牛肉片、菠菜段，拣去花椒粒，煮沸，出锅盛碗，每碗放半个鸡蛋，撒上芝麻即可。

【烹饪技法】煮，煸炒，焖。

【营养功效】美白肌肤，健胃消食。

【健康贴士】番茄中含有番茄红素，可使多种癌症发病率下降，尤其是食道癌、胃癌、结肠癌和前列腺癌的发病率下降更为明显。

家常罗宋汤

【主料】卷心菜 300 克，胡萝卜 2 根，土豆 500 克，番茄 500 克，洋葱 2 个，西芹 150 克，牛肉 500 克，香肠 1 根。

【配料】番茄沙司 250 克，胡椒粉 3 克，奶油 100 克，面粉 50 克，植物油 30 克，盐 5 克，糖 3 克。

【制作】① 牛肉洗净，切成小块，冷水焯烫，撇去浮沫，焖制 3 小时。② 卷心菜洗净，切 1 寸长菱形；土豆、胡萝卜、番茄均洗净，去皮，土豆切滚刀块，胡萝卜切片，番茄切小块；洋葱洗净切丝；芹菜洗净切丁；红肠切片备用。③ 炒锅置火上，烧热，入油和奶油烧七成热，下入土豆块，煸炒 5 分钟，放入红肠炒香，再放入卷心菜、胡萝卜片、番茄块、洋葱丝、芹菜丁，调入番茄沙司、盐，大火煸炒 2 分钟后趁热全部放入牛肉汤中，小火熬制。④ 净锅擦干置火上，倒入面粉，反复炒至面粉发热，颜色微黄，趁热放入汤中，用汤勺搅匀，熬制 20 分钟，加入糖、胡椒粉即可饮用。

【烹饪技法】焯，焖，煸炒，炒，熬。

【营养功效】益肾健骨，强肾补心。

【健康贴士】牛肉宜与洋葱、土豆搭配食用，可以有效地促进营养物质的吸收。

牛肉土豆汤

【主料】肋条牛肉 1000 克，土豆 500 克。

【配料】姜片 15 克，大蒜 25 克，料酒 25 克，桂皮 10 克，葱 15 克，盐 5 克，味精 3 克，胡椒粉 2 克。

【制作】① 牛肉切成 4 厘米长、3 厘米宽、0.5 厘米厚的片，用冷水泡约 2 小时后连水倒入锅内烧沸，撇去浮沫，熟透后倒入沙钵内。② 葱拍破与姜片、桂皮、料酒、盐一同放入沙钵中，转小火炖至牛肉烂熟，拣去葱、姜片、桂皮。③ 土豆削去皮，洗净，切成滚刀块，用碗装上，放入牛肉汤，上笼蒸烂取出；大蒜切米；食用时，将土豆倒入牛肉汤内，上火烧沸后加味精、大蒜调味，盛入汤碗内，撒上胡椒粉即可。

【烹饪技法】煮，炖，蒸。

【营养功效】健脾和胃，调中益气。

【健康贴士】牛肉宜与土豆同食，补益效果明显。

五香辣味牛肉汤

【主料】黄牛肋条肉 1500 克。

【配料】姜块 5 克，桂皮 5 克，砂仁 3 克，大料 4 克，葱段 10 克，豆蔻 2 克，干红辣椒 2 克，花椒粒 1 克，盐 4 克，味精 2 克，青蒜末 5 克。

【制作】① 黄牛肋条肉切成块，放进冷水中洗净，入沸水锅中焯透，捞入清水中漂清，捞起沥干水分，放砂锅中，加足量清水，大火煮沸，撇去浮沫。② 姜块拍破与大料、桂皮、豆蔻、砂仁、花椒粒、干红辣椒、葱段一同用纱布包扎，放在沸水中焯烫片刻，提起，放入牛肉砂锅中，盖上盖，转小火煨至牛肉酥烂，加入盐、味精调味，撒入青蒜末即可。

【烹饪技法】焯，煮，煨。

【营养功效】补中益气，滋养脾胃。

【健康贴士】食欲不振、消化不良者宜饮用。

牛肉芹菜鸡蛋汤

【主料】牛肉300克，芹菜100克，鸡蛋1个，番茄50克。

【配料】料酒10克，盐5克，味精、胡椒粉各3克，清汤适量。

【制作】① 牛肉洗净，剁碎；芹菜择洗干净后，切成小丁；番茄洗净，切成小丁；鸡蛋在碗中打散。② 锅置火上，注入清汤适量，放入牛肉末，大火煮沸后，撇去浮沫，改成小火煮1小时，再加芹菜丁、料酒煮至肉烂，放入番茄丁，稍煮片刻，淋入鸡蛋液，加盐、胡椒粉、味精调味即可。

【烹饪技法】煮。

【营养功效】强健筋骨，化痰熄风。

【健康贴士】适宜生长发育及手术后、病后调养者饮用。

芋头牛肉汤

【主料】芋头300克，牛肉150克。

【配料】料酒15克，葱末、姜片各15克，红椒丝10克，盐3克，白砂糖10克，味精3克，酱油10克，淀粉5克，植物油15克。

【制作】① 牛肉切成丝，放盐、糖、料酒、植物油5克、淀粉腌10分钟入味；芋头洗干净，放入高压锅内煮10分钟，待高压锅冷却后，趁热开盖剥落芋头皮。② 汤锅置火上，入水、油10克、芋头、姜片，盖上盖煲至汤汁变白，芋头变软，下入牛肉丝划开，煮至牛肉丝变色，放盐、味精调味，撒上红椒丝、葱末即可。

【烹饪技法】腌，煮，煲。

【营养功效】止渴止涎，温中养胃。

【健康贴士】牛肉宜与芋头具同食，可以起到补中益气、通便的功效，便秘患者宜饮用。

牛肉丸子汤

【主料】牛腿肉300克，鸡蛋50克，洋葱100克，胡萝卜150克，土豆200克。

【配料】香叶2片，干红椒1个，盐5克，胡椒粉、味精各3克，植物油35克，牛肉高汤2000毫升。

【制作】① 牛肉洗净切成块；洋葱去皮，和牛肉放在一起用绞刀绞两遍，再用刀剁一遍，放入盆内，加入盐2克、植物油25克、胡椒粉、味精1克、鸡蛋搅拌均匀，注入清水150毫升，边注边搅，和成肉泥；胡萝卜洗净切成小方丁；土豆去皮，洗净切成小块。② 汤锅置火上，入水烧沸，用手把肉馅挤成丸子，放入沸水锅中汆煮，待丸子漂起，捞出放入凉白开中洗去浮沫，放入漏勺内，沥干水分。③ 炒锅置大火上，入油10克，烧至五成热时下入胡萝卜丁、香叶、胡椒粉、干红椒，翻炒至熟时，放入牛肉汤、盐3克调味，再放入土豆煮至九成熟，下入丸子煮沸，转小火煮至土豆熟透，加入味精2克即可。

【烹饪技法】汆，炒，煮。

【营养功效】滋补身体，益气养血。

【健康贴士】牛肉宜与鸡蛋搭配食用，能很好地滋补身体。

萝卜牛排汤

【主料】白萝卜1根，牛排500克，胡萝卜1根。

【配料】卤包1包，盐5克，糖4克，香油5克，葱15克，辣椒1个，姜片3克，胡椒粉8克。

【制作】① 白萝卜、胡萝卜去皮洗净，切成块状；葱切段；牛排骨洗净，入沸水汆烫，去除血水，捞起用清水洗净沥干，剁块。② 汤锅置火上，入水烧沸，放入卤包、牛排骨熬煮20分钟后，再放入白萝卜、胡萝卜块，葱段、辣椒、姜片、盐、糖、胡椒粉，煮沸后改中火煮约40分钟，拣去葱段、辣椒、姜片，淋入香油，盛入碗中即可饮用

【烹饪技法】汆，熬，煮。

【营养功效】益肾固精，健脾利气。

【健康贴士】中气下陷、气短体虚，筋骨酸软、贫血久病及面黄目眩者宜饮用。

番茄土豆牛排汤

【主料】牛排骨500克，番茄、土豆各500克，洋葱100克。

【配料】大料2克，葱结10克，盐5克，姜片5克，植物油25克。

【制作】① 牛排骨洗净，剁块，入沸水中汆烫，除去血水，捞出用凉水冲净；土豆去皮洗净，切块；番茄洗净，切片。② 紫砂煲置火上，放入牛排，加入大料、葱结、姜片，大火煮沸后转小火炖2小时，拣出葱结、大料、姜片，放入土豆块、番茄片炖10分钟后，加入盐调味即可。

【烹饪技法】汆，煮，炖。

【营养功效】补脾胃，益气血，强筋骨。

【健康贴士】一般人皆宜饮用。

红酒炖牛排

【主料】红酒50毫升，牛排300克，土豆150克，茄子100克，胡萝卜100克。

【配料】红辣椒1个，醋、酱油、葱、蚝油各10克，姜片5片，冰糖8克，香菜10克。

【制作】① 牛排洗净用清水浸泡5分钟，入沸水汆烫，撇去浮沫；土豆、茄子、胡萝卜均洗净，去皮，切成滚刀块。② 炒锅置火上，入油烧热，爆香葱段、姜片、红辣椒，下入牛排拌炒，然后加水、酱油、红酒、蚝油、盐、冰糖煮沸，倒入煲中，倒入醋，小火慢炖1小时，放入土豆、茄子、胡萝卜煮熟即可。

【烹饪技法】汆，爆，炖，煮。

【营养功效】活血化瘀，温补益肾。

【健康贴士】脾胃气虚、营养不良、高血压、关节疼痛、动脉硬化患者宜饮用。

粉葛牛排汤

【主料】牛排700克，粉葛500克。

【配料】红枣15克，陈皮2克，盐5克。

【制作】① 粉葛去皮洗净，切段；红枣洗净，去核；陈皮浸软。② 牛排洗净，剁块，与粉葛、红枣、陈皮一起放入锅内，加清水适量，大火煮沸后，转小火煲3小时，加盐调味即可饮用。

【烹饪技法】煮，煲。

【营养功效】健脾养阴，生津止渴。

【健康贴士】外感发热、头项强痛、麻疹初起、痢疾、高血压、冠心病患者宜饮用。

番杏牛骨汤

【主料】牛骨3块，番杏叶300克，粉丝50克。

【配料】草果3个，盐、陈皮各5克，白胡椒粒15枚，葱段、姜片各10克。

【制作】① 草果、陈皮、白胡椒粒、葱段、姜片放入料包；番杏叶洗净；粉丝泡好；② 牛骨清洗干净，放入汤煲中，加水450毫升，大火烧沸，撇去浮沫，放入料包煮沸后转小火，炖煮2个小时，撇去牛油，放入番杏、粉丝，煮沸，加盐调味即可。

【烹饪技法】煮，炖。

【营养功效】凉血解毒，滋阴补虚。

【健康贴士】疗疮肿痛、肠炎、败血症、肿瘤患者宜饮用。

香浓牛骨汤

【主料】牛大骨1200克，牛肋条肉600克。

【配料】生姜片20克，大葱30克，盐5克。

【制作】① 牛大骨洗净，剁成小块；牛肋条肉切成3厘米见方的小块；牛大骨、牛肋条均放在凉水里浸泡1小时左右，捞出沥水。② 锅置火上，入水，放入牛大骨、牛肋条，

大火煮沸，撇去浮沫，捞出，用温水冲洗干净；大葱切段；生姜切片。③ 砂锅中加入适量水，放入牛大骨、生姜片和大葱段，大火煮沸转小火炖 3 小时，加入牛肋条块炖 2 小时，撇余浮沫和牛油，调入盐即可。

【烹饪技法】煮，炖。

【营养功效】补肾壮骨，温中止泻。

【健康贴士】牛骨富含磷酸钙、碳酸钙、骨胶原等营养成分，宜饮用补钙者饮用。

白萝卜牛仔骨汤

【主料】鲜金针菇 100 克，黄豆芽 50 克，牛仔骨 400 克，芦笋 2 条，白萝卜 200 克。

【配料】植物油 25 克，姜片 3 片，料酒 12 克，盐 5 克。

【制作】① 白萝卜洗净去皮，切成薄片；芦笋洗净去硬根，斜切成薄片；黄豆芽洗净，摘去根须；金针菇洗净，切去根；牛仔骨洗净，入沸水汆去血水，捞起，剁成小块。② 锅置火上，入油烧热，爆香姜片，加牛仔骨略微翻炒，放料酒拌匀，倒入清水煮沸，放入萝卜，煮至牛仔骨和萝卜微烂，加入芦笋、黄豆芽和金针菇，待煮熟后，下盐调味即可饮用。

【烹饪技法】汆，爆，煮。

【营养功效】益气健脾，滋阴补虚。

【健康贴士】青少年、老人、儿童、身体虚弱者宜饮用。

牛骨香菇萝卜汤

【主料】牛骨 500 克，香菇 6 朵，胡萝卜 2 根。

【配料】大葱段、老姜片各 5 克，香菜 10 克，醋 15 克，花椒 5 克，盐 5 克。

【制作】① 牛骨剁成 5 厘米长的块，洗净备用；香菇用温水浸泡 5 分钟，去蒂洗净；胡萝卜去皮洗净，切块。② 汤煲置火上，放入牛骨，一次性倒入足量清水没过牛骨，大火煮沸，撇去浮沫，放入香菇，大葱，姜片和花椒，调入醋，盖上盖用中火煲 2 小时，放入胡萝卜块炖 15 分钟，调入盐，撒上香菜即可。

【烹饪技法】煮，煲，炖。

【营养功效】化痰理气，益胃和中。

【健康贴士】牛肉宜与香菇搭配食用，可以很好地促进人体的消化和吸收。

【巧手妙招】在煲骨头汤时，调入少许醋，可以促进骨头中的钙和磷更有效的分解到汤中，而且味道更鲜。

杜仲牛骨汤

【主料】牛骨 500 克，杜仲 30 克，骨碎补 15 克。

【配料】大葱 15 克，姜片 10 克，盐 5 克，五香粉 1 克，香油 2 克，料酒 10 克。

【制作】① 杜仲、骨碎补分别洗净，晒干或烘干，切碎或切成片，装入纱布袋中，扎紧袋口，备用；新鲜牛骨洗净，砸成小段或砸碎。② 牛骨与药袋同放入砂锅，加水适量，大火煮沸，烹入料酒，改用小火煨 2 小时，取出药袋，加葱末、姜片末、盐、五香粉煨至沸，淋入香油即可。

【烹饪技法】煮，煨。

【营养功效】壮阳补肾，益精填髓。

【健康贴士】精血不足、腰膝酸软、头昏耳鸣、健忘目眩、遗精阳痿、月经不调者宜饮用。

菠菜牛排汤

【主料】牛排 500 克，菠菜 250 克，洋葱 50 克，土豆 100 克。

【配料】盐 3 克，胡椒粉 2 克。

【制作】① 牛排洗净，剁块，入汤煲中加适量水，小火熬约 2 小时；洋葱去皮，切丝；土豆去皮，洗净切块，菠菜择洗干净，剁成碎末。② 牛排捞出，放入洋葱丝和土豆块，煮至土豆变软，倒入菠菜碎，加盐、胡椒粉调味即可饮用。

【烹饪技法】熬，煮。

【营养功效】补血养肝，健胃利脾。

【健康贴士】一般人皆宜饮用。

红枣节瓜煲牛骨

【主料】节瓜 500 克，牛骨 1500 克，红枣 50 克。

【配料】姜片 25 克，盐 10 克，味精 3 克，植物油 50 克。

【制作】① 节瓜去皮，原个切段；红枣洗净去核；牛骨敲断。② 炒锅置火上，烧热，入油放入节瓜略煸炒，盛起备用。③ 瓦煲置火上，放入沸水 5000 毫升、牛骨、红枣、姜片，大火烧沸后改小火煲约 2 小时，加入节瓜再煲 2 小时，加入盐、味精调味即可。

【烹饪技法】煸炒，煲。

【营养功效】益气养颜，滋阴补虚。

【健康贴士】骨质疏松的老年人和正在发育的青少年宜饮用。

山药牛肚汤

【主料】牛肚 300 克，山药 40 克，芡实、薏仁各 30 克。

【配料】白果仁 20 克，蜜枣 15 克，盐 5 克，姜片 5 克，淀粉 10 克。

【制作】① 牛肚用盐 2 克、淀粉反复搓揉，冲洗干净，切成片；山药、芡实、薏仁、白果仁、蜜枣均洗净，山药去皮切片，薏仁浸泡。② 将牛肚、山药、芡实、薏仁、白果仁、蜜枣、姜片放入汤锅内，加适量清水，大火煮沸后转小火煲 2 小时，加盐调味即可。

【烹饪技法】煮，煲。

【营养功效】补益脾胃，补气养血，补虚益精。

【健康贴士】适宜于病后虚羸、气血不足、营养不良、脾胃薄弱者饮用。

白菜牛肚汤

【主料】鲜白菜 500 克，牛肚 250 克。

【配料】生姜片 3 克，盐 3 克，香油 5 克。

【制作】① 鲜白菜、生姜片洗净；牛肚浸透、洗净，切件。② 锅置火上入油烧热，放入生姜片、牛肚爆一下，加清水适量，大火煮沸后，加入白菜小火煲 1 小时，加入香油、盐、味精调味即可饮用。

【烹饪技法】爆，煮。

【营养功效】补脾强胃，养血益气。

【健康贴士】肺热咳嗽、便秘、肾病患者宜饮用，同时女士宜饮用。

麦芽党参茯苓牛肚汤

【主料】牛肚 500 克，生麦芽 100 克，茯苓 50 克，党参 50 克，淮山药 50 克。

【配料】陈皮、大料各 6 克，生姜片 5 克，红枣 8 枚，盐 5 克。

【制作】① 生麦芽、党参、茯苓、陈皮、大料、生姜片均洗净；红枣去核；淮山药去皮，切块。② 牛肚浸透，洗净，切件，放入锅内，加清水适量，小火煲 30 分钟，放入其他所有食材，煲 2 小时，加盐调味即可。

【烹饪技法】煲。

【营养功效】健脾开胃，消食化滞。

【健康贴士】胸虚胃弱、食欲不振或食少难消、不思饮食，大便溏薄，倦怠乏力者宜饮用。

莲子芡实薏仁牛肚汤

【主料】莲子、芡实各 50 克，薏仁 25 克，牛肚 600 克。

【配料】生姜片 3 片，红枣 6 个，盐 3 克，植物油 20 克。

【制作】① 莲子、芡实、薏仁、红枣均洗净，红枣去核；牛肚洗净，入沸水汆烫 5 分钟，捞起用刀刮去黑衣，冲洗干净，切片。② 将所有材料与生姜片一起放进瓦煲里，加入清水 3000 毫升，大火煮沸后改小火煲 2 小时，调入盐、油稍煮即可。

【烹饪技法】汆，煮，煲。

【营养功效】聚气敛精，健脾益胃。

【健康贴士】此汤则不燥不寒，不腻不滞，十分适合高温天气时进饮。

酸辣牛肚汤

【主料】牛肚 300 克，海米 30 克。
【配料】盐 5 克，味精、胡椒粉各 3 克，花椒油 5 克，水淀粉、醋、料酒、姜丝、葱白丝各 10 克，香菜 5 克，植物油 30 克，清汤适量。
【制作】① 牛肚洗净，切丝，入沸水焯烫，捞出；香菜洗净，切段。② 炒锅置大火上，入植物油烧至五成热，下入葱白丝、姜丝炝锅，倒入醋，待出香味时加入清汤、海米、盐、味精、料酒、胡椒粉，煮 5 分钟，撇去浮沫，加入牛肚丝煮熟，用水淀粉勾芡，撒上香菜段，淋上花椒油即可。
【烹饪技法】焯，炝，煮。
【营养功效】补虚弱，益脾胃。
【健康贴士】食欲不振、消化不良者宜饮用。

牛肚萝卜汤

【主料】牛肚 500 克，萝卜 1000 克。
【配料】陈皮 5 克，盐 5 克。
【制作】① 牛肚入沸水焯烫 3 分钟，取出刮去黑衣，洗净切碎；萝卜洗净切块；陈皮用水浸去白。② 砂锅置火上，放入牛肚、陈皮，加水适量，大火煮沸，再转用小火炖 2 小时，加盐调味即可。
【烹饪技法】焯，煮。
【营养功效】润肺化痰，降气止咳。
【健康贴士】适用于肺燥咳嗽、咯痰不易、食少难消、咽干呛咳者饮用。

白菜蜜枣牛肚汤

【主料】白菜 1000 克，牛肚 500 克，猪瘦肉 500 克。
【配料】蜜枣 6 枚，生抽 8 克，盐 3 克，生姜片 3 克。
【制作】① 白菜洗净，梗、叶切开；猪瘦肉洗净、切片，用生抽、淀粉、生油拌腌片刻；蜜枣洗净去核；牛肚入沸水中焯烫 2 分钟，捞起刮去黑衣，洗净，切成梳形。② 瓦煲置火上，放入菜梗、蜜枣和生姜片，加入清水 2000 毫升，大火煮沸改小火煲 1 小时，放入白菜叶煲 20 分钟，下入牛肚、瘦肉大火煲至熟烂，加入盐、生抽调味即可。
【烹饪技法】腌，焯，煮，煲。
【营养功效】解热除烦，润肺止咳。
【健康贴士】一般人皆宜饮用。

牛筋花生汤

【主料】牛蹄筋 100 克，花生米（生）150 克。
【配料】红糖 5 克。
【制作】① 牛蹄筋洗净泡发；花生米洗净。② 砂锅置火上，放入牛蹄筋、花生米，加适量清水，小火炖煮 2 小时至牛筋与花生熟烂，汤汁浓稠时，加入红糖，搅匀即可。
【烹饪技法】炖。
【营养功效】解热除烦，益气补血。
【健康贴士】花生米宜与红糖搭配食用，滋阴功效明显，适宜女士饮用。

杂菜牛腩牛筋汤

【主料】大白菜、小白菜、菜心各 250 克，腌制大芥菜 200 克，牛腩 300 克，牛筋 250 克，猪脊骨 200 克。
【配料】生姜片 3 克，盐 6 克。
【制作】① 大白菜、小白菜、菜心分别洗净，切段；牛腩、牛筋切好备用；大芥菜洗净切块；猪脊骨置沸水中稍滚片刻，捞出洗净。② 把所有主料与生姜片放进瓦煲内，加入清水 2500 毫升，大火煮沸后改小火煲 2 小时，加盐调味即可。
【烹饪技法】煮，煲。
【营养功效】下气消食，通利肠胃。
【健康贴士】肺热、咳嗽、便秘患者宜饮用。

清炖牛筋汤

【主料】牛蹄筋 100 克，火腿片、水发香菇各 50 克。

【配料】食碱2克，姜片4克，葱段、料酒各10克、味精3克，盐5克，当归、紫丹参各适量。

【制作】① 香菇去蒂，洗净，切片；当归、紫丹参洗净，装入纱布袋中。② 牛蹄筋用温水洗净放入锅内，加入清水及食碱，加盖焖煮30分钟，捞出洗净，待牛蹄筋发胀后切成段备用。③ 煲锅中加入适量清水，放入料酒、牛蹄筋段、姜片、葱段、香菇片、火腿片、纱布袋，大火煮沸后转小火煲约3小时，拣出葱段、姜片、纱布袋，加盐、味精调味即可。

【烹饪技法】焖，煮，煲。

【营养功效】健脾益肾，开胃生津。

【健康贴士】筋骨瘦弱及骨折后遗症患者宜饮用。

牛蹄筋汤

【主料】水发牛蹄筋250克，鸡汤1500毫升。

【配料】植物油、香油、酱油各25克，葱15克，蒜10克，料酒、姜片各5克，味精、白砂糖、大料各少许。

【制作】① 牛蹄筋洗净切成4.5厘米长的条段；葱切斜段；姜片、蒜切片。② 炒锅置火上，入植物油烧热，下大料、葱段、姜片、蒜片略炸至葱变黄时，烹料酒、加鸡汤，煮沸后捞出大料、葱、姜片、蒜，放入蹄筋，加酱油、白砂糖、味精煮沸，转小火炖5分钟，淋入香油即可。

【烹饪技法】炸，煮，炖。

【营养功效】健脾益胃，养精滋阴。

【健康贴士】体弱体虚、营养不良、病后体虚者宜饮用。

牛筋丸小白菜汤

【主料】牛筋丸200克，小白菜100克。

【配料】胡椒粉、香油各2克，盐3克，味精1克，葱末适量。

【制作】① 小白菜洗净切小块。② 锅置火上，入水烧沸，放入牛筋丸，煮沸，再放入小白菜，加盐、胡椒粉、香油、味精，煮沸即可。

【烹饪技法】煮。

【营养功效】补气益血，强筋健骨。

【健康贴士】一般人皆宜饮用。

牛筋腐竹煲

【主料】干腐竹50克，牛筋200克。

【配料】香菇6朵，大料3克，桂皮适量，姜片4克，葱段、料酒、酱油10克，香油8克。

【制作】① 锅置火上，入水下入牛筋，大火煮沸2分钟，捞出，用冷水冲洗血沫，沥干水分；腐竹洗净，用水浸泡；香菇洗净，去蒂。② 净锅置火上，放入牛筋加水没过牛筋，放入大料、桂皮、葱段、姜块、酱油、料酒，大火煮沸后，转小火卤制1小时至牛筋酥烂，捞出大料、桂皮、葱段、姜块，加入腐竹、香菇煮10分钟，转大火稍微收干些汤汁，淋入香油，撒上葱末即可饮用。

【烹饪技法】煮，卤。

【营养功效】补肝强筋，益气固精。

【健康贴士】适宜男士使用。

八宝牛尾汤

【主料】牛尾约750克，干蘑菇8朵，黑豆40克，莲子30克。

【配料】桂圆肉8粒，枸杞15枚，红枣8枚，粉丝30克，藏红花1克，料酒15克。

【制作】① 牛尾洗净，切小段，入沸水焯至断生，去血污；蘑菇洗净，用水泡发；红枣洗净，去核；黑豆淘洗干净，浸泡；藏红花用水泡开；枸杞、莲子、桂圆肉洗净；粉丝用冷水泡软后，剪成小段备用。② 汤煲置火上，入水烧沸，放入牛尾、料酒，焖煮1小时，下入蘑菇、黑豆、红枣、莲子、桂圆肉、藏红花焖煮1小时，加入枸杞煮10分钟。③ 粉丝捞入碗中，浇入牛尾汤即可饮用。

【烹饪技法】焯，焖，煮。

【营养功效】温补益气，健脾利肾。

【健康贴士】虚火旺盛者慎食。

牛尾清汤

【主料】牛尾500克，胡萝卜1根。
【配料】姜片4克，葱段、盐各5克，料酒10克，味精、胡椒粉各3克，鸡清汤适量。
【制作】① 洋葱去皮，切块；胡萝卜洗净，去皮，切块；牛尾修去杂质，用温水洗净，在清水中浸泡1小时，顺关节切成段，放入冷水锅中，加料酒烧沸，放入洋葱、胡萝卜块焯水，捞出洗净，拆去骨头，清水浸泡，备用。② 大砂锅置火上，放入牛尾、牛骨、鸡清汤、洋葱、胡萝卜、葱段，大火煮沸，撇去浮沫，转小火炖至牛尾酥烂，放入盐、味精，继续炖约5分钟，取出洋葱、胡萝卜，盛入大汤碗中，撒上胡椒粉即可。
【烹饪技法】焯，煮，炖。
【营养功效】补血益气，健脾利胃。
【健康贴士】适合癌症、心脏病、中风、高血压、夜盲症、干眼症患者饮用。

牛尾黑豆汤

【主料】黑豆100克，牛尾1200克。
【配料】姜10克，大葱7克，盐5克。
【制作】① 黑豆淘洗干净；牛尾洗净，剁段；姜去皮，洗净切片；葱洗净切段。② 锅置火上，入水，加入黑豆、牛尾、姜片大火煮沸后，改用小火炖至肉烂骨脱，加盐、葱调味即可。
【烹饪技法】煮，炖。
【营养功效】益智乌发，美颜护肤。
【健康贴士】适宜女士饮用。

金宝牛尾汤

【主料】新鲜牛尾1根，牛肉、卷心菜各160克，胡萝卜、番茄、土豆各400克。
【配料】姜、青豆各40克，白砂糖8克。
【制作】① 牛尾斩段，入沸水汆烫，捞出洗净；姜拍碎；胡萝卜、土豆均去皮洗净，切粒；番茄洗净，切块；卷心菜切丝；青豆洗净；牛肉洗净，剁茸。② 汤煲置火上，入水烧沸，下入牛尾、姜，转小火煲约2小时，放入胡萝卜煲30分钟，加土豆、番茄煲至土豆软烂时，下卷心菜、牛肉煮沸，加青豆煮沸，加白砂糖调味即可。
【烹饪技法】汆，煲，煮。
【营养功效】利膈宽肠，滋阴润燥。
【健康贴士】营养不良、食欲不振、皮肤粗糙、动脉粥样硬化患者宜饮用。

黄豆牛尾汤

【主料】牛尾500克，山药片50克，黄豆30克。
【配料】葱、姜、香菜各10克，大料2克，红枣5枚，草果1个。
【制作】① 山药片用水泡软；黄豆淘洗干净，用水浸泡；红枣提前用温水泡开，去核；葱切段；姜切片；香菜切末；牛尾凉水下锅焯净血沫，捞出用温水冲净。② 另起锅置火上入水，放入牛尾煮沸，撇去浮沫，放入料酒、葱段、姜片、大料、草果，转小火炖90分钟倒入黄豆，炖30分钟后加入红枣，调入盐，撒入香菜末，即可出锅。
【烹饪技法】焯，煮，炖。
【营养功效】补虚益气，养血安神。
【健康贴士】脾胃虚弱、气血不足、倦怠无力、失眠等患者宜饮用。

番茄牛尾汤

【主料】牛尾 1 根，番茄酱 500 克，胡萝卜 150 克，芹菜 150 克，洋葱 1 个，煮熟萝卜丁 150 克，罐头豌豆 150 克。

【配料】白砂糖 100 克，盐 20 克，味精 3 克，香叶 2 片，面少司 200 克。

【制作】① 牛尾去掉毛、杂物洗净；洋葱、胡萝卜均去皮，切块；芹菜择洗干净，切段。② 锅置火上，入水 6000 毫升，放入牛尾，大火上煮沸，撇净浮沫，放洋葱、芹菜、胡萝卜、香叶，转小火煮 4 小时（随时补充水，保持汤量 4000 毫升，不断撇去浮沫，以免汤混浊）。③ 牛肉尾煮熟后，汤过罗，放入番茄酱、盐、白砂糖、面少司，搅匀成稀汤状，再煮沸，放入味精，把牛尾的大骨去掉，下半截剁成 20 份，分别放入煮熟的胡萝卜丁、罐头豌豆，即可饮用。

【烹饪技法】煮。

【营养功效】美颜护肤，抗衰老。

【健康贴士】食欲不振、维生素 C 缺乏症、牙龈出血、营养不良者宜饮用。

蔬菜牛腩汤

【主料】牛腩 300 克，玉米 1 根，胡萝卜 1 根，白萝卜 1 根。

【配料】姜片 3 克，白胡椒粒 5 克，料酒 10 克，桂皮 3 克，香叶 3 片，大料 3 克，盐 5 克，鸡精 3 克。

【制作】① 牛腩洗净，切成 3 厘米大小的块，洗净；胡萝卜、白萝卜均洗净去皮，切滚刀；玉米去皮，洗净切段。② 汤煲置火上，入水，放入牛腩块和各种香料和料酒，大火煮沸后转小火炖 30 分钟，至牛腩稍烂，加入胡萝卜、白萝卜、玉米同炖直到牛腩酥烂，加盐、鸡精调味即可。

【烹饪技法】煮，炖。

【营养功效】滋阴润燥，健脾利肾。

【健康贴士】一般人皆宜饮用。

海参牛尾汤

【主料】牛尾 1 根，泡发海参 750 克，番茄 2 个。

【配料】姜片 4 克，枸杞 15 枚，盐 5 克，鸡精 3 克。

【制作】① 牛尾放入锅内加凉水焯一遍，盛出备用；番茄用沸水烫去外皮，切小丁。② 炒锅置火上，入油烧热，放入番茄丁煸炒，煸炒出红汤后加水烧沸，倒入砂锅中，加入牛尾煮沸，放入姜片、枸杞，海参，煮沸，加入盐、鸡精调味，即可饮用。

【烹饪技法】焯，煸炒，煮。

【营养功效】健脾养胃，补精润肺。

【健康贴士】精血不足、腰膝酸软、头昏耳鸣、健忘目眩者宜饮用。

白萝卜牛尾煲

【主料】牛尾 700 克，白萝卜 400 克。

【配料】盐 3 克，料酒 10 克。

【制作】① 牛尾剁成段，用清水泡至少 6 小时，中途换 3 ~ 4 次水；白萝卜洗净，切块。② 泡好的牛尾冲洗干净，放锅内倒入料酒煮沸继续煮 5 分钟，沥去水，温水冲洗干净。③ 汤锅置火上，加入没过牛尾的清水，煮沸后转小火炖 3 小时，倒入白萝卜块，炖 1 小时，加入盐调味即可。

【烹饪技法】煮，炖。

【营养功效】补气养血，强筋健骨。

【健康贴士】高血压、便秘、胃胀胃灼热者宜饮用。

萝卜牛腩煲

【主料】牛腩 500 克，白萝卜 3 根。

【配料】香葱 15 克，姜 30 克，老抽 10 克，鸡精、糖各 3 克，盐 5 克，干红椒 5 个，花椒 3 克。

【制作】① 牛腩切小块，焯水后洗净；白萝卜洗净，切块；香葱打成结、姜拍松与干红椒、花椒一起放入调料包。② 炒锅置火上，入油烧热，放入牛腩煸炒变色后烹入料酒，放老抽上色，再放入糖，加水没过牛腩后放入调料包，倒入高压锅，出气后再压25分钟，解压后往锅内放入白萝卜块，加入盐、鸡精调味，再压5分钟即可。

【烹饪技法】焯，煸炒，煮。

【营养功效】益气补虚，强筋健骨。

【健康贴士】牛肉宜与萝卜搭配食用，有很好的益气血、利五脏之功效。

玉米牛腩汤

【主料】鲜玉米120克，牛腩200克，山珍菌50克。

【配料】盐5克，姜片、葱、料酒各10克。

【制作】① 玉米洗净，切小块；牛腩切块，洗净备用。② 将所有材料及葱、姜片、料酒放入锅中，炖约90分钟，至牛腩熟透后，加入盐调味即可。

【烹饪技法】炖。

【营养功效】健胃消气，理气止痛。

【健康贴士】高血脂患者不宜多饮食。

番茄牛腩浓汤

【主料】牛腩750克，番茄3个。

【配料】番茄酱100克，辣酱油15克，番茄沙司30克，冰糖50克，盐5克，大料、干辣椒、桂皮各3克，姜5克。

【制作】① 锅置火上，入水，放入牛腩，加料酒煮沸，撇净浮沫，捞出牛腩备用；番茄洗净，切块。② 炒锅置火上，入油烧热，下入牛肉、大料、干辣椒、桂皮、姜，大火翻炒至牛肉见黄色，下入番茄酱，继续翻炒至出红油，下入糖、辣酱油、番茄沙司和盐翻炒均匀至糖化开，注入沸水搅匀。③ 将调好味道的牛肉倒入高压锅中，大火烧沸限压阀上气后改小火，保持限压阀微微冒气，煮约40分钟，停火气尽开盖，加入番茄块，再开火煮5分钟即可。

【烹饪技法】煮，炒。

【营养功效】止血降压，生津止渴。

【健康贴士】胃酸、胃溃疡、肠胃功能不全者不宜多饮食。

土豆番茄牛腩汤

【主料】牛腩500克，土豆200克，番茄1个，胡萝卜1根。

【配料】姜片5克，大葱、生抽、料酒各10克，盐5克。

【制作】① 牛腩泡水，去血水，洗净切块，入沸水焯烫捞出；葱切段；番茄划十字，烫沸水后去皮切块；胡萝卜、土豆均去皮，洗净切块。② 锅置火上，放入姜片、葱段，加料酒、生抽，注入适量清水，放入牛肉，大火煮沸后，转小火炖1小时，放入1/2的番茄，继续炖至番茄烂熟，放入剩下的番茄及土豆、胡萝卜，炖至胡萝卜土豆熟烂，加盐调味即可。

【烹饪技法】焯，煮，炖。

【营养功效】益气强身，延缓衰老。

【健康贴士】牛肉宜与土豆同食，不但营养上可以保持酸碱平衡，还能有效保护胃黏膜。

酸汤牛腩

【主料】牛腩500克，小番茄100克，四川泡菜白萝卜、四川泡菜胡萝卜、四川泡菜豇豆、四川泡菜莴笋各100克。

【配料】野山椒30克，盐15克，四川泡菜酸汤200毫升，植物油15克，姜片3克。

【制作】① 牛腩用清水冲洗干净，再切成2厘米见方的小块，锅中放入适量热水，把牛腩和姜片放入，大火烧沸后转小火慢慢炖煮60分钟，使牛腩中的脂肪融入汤中，再将牛腩小块捞出沥干水分备用。② 将四川泡菜莴笋、四川泡菜胡萝卜和四川泡菜白萝卜切成4厘米长、1厘米见方的小条；四川泡菜豇豆切成4厘米长的小段。③ 炒锅置火上，入油烧至五成热时，放入整个小番茄，小火慢慢煎至表皮皱起，注入四川泡菜酸汤，再加入清水500毫升，随后放入各种泡菜、野山椒和牛腩小块，大火烧沸后转小火慢慢烧煮

20分钟，加入盐调味即可。

【烹饪技法】炖，煎，煮。

【营养功效】健胃消食，益气健骨。

【健康贴士】胃酸、胃溃疡、口腔溃疡患者不宜多饮食。

萝卜牛肺汤

【主料】牛肺1副，白萝卜1根。

【配料】葱10克，葱末、姜、盐各5克，野山椒2个，鸡精3克。

【制作】① 牛肺洗净，入沸水锅中焯一下捞出沥干水分；白萝卜洗净，切块；姜块拍松；葱切段。② 汤煲置火上，入水，放入牛肺，大火煮沸后，放入野山椒、姜块和葱段，转小火炖90分钟左右，放入白萝卜炖30分钟，加入盐和鸡精调味，撒上葱末即可。

【烹饪技法】焯，煮，炖。

【营养功效】润肺止咳，益气补血。

【健康贴士】儿童、青少年、老人、职业人群、更年期女士宜饮用。

牛杂粉丝汤

【主料】牛杂100克，粗粉丝50克。

【配料】香菜5克，鸡精3克，葱段、姜片、盐、料酒各5克，大料3克，咖喱粉、胡椒粉各3克。

【制作】① 牛杂切碎，放入锅中，加料酒、葱段、姜片、大料、水煮熟软；粉丝用温热水泡开。② 锅置火上，入油烧热，下入牛杂煸炒，沥去油后加水煮沸，放入粉丝，咖喱粉、盐、鸡精、料酒、胡椒粉煮沸，撒上香菜即可。

【烹饪技法】煮，煸炒。

【营养功效】开胃消食，补虚益精。

【健康贴士】高脂血、高血压、动脉粥样硬化、心脑血管疾病患者不宜多饮食。

桔梗牛杂汤

【主料】金钱肚200克，桔梗100克，萝卜80克。

【配料】蕨菜、黄豆芽各30克，葱、姜末各10克，胡椒粉3克，酱油3克，蒜泥10克，色拉油15克。

【制作】① 金钱肚洗净切条，下入沸水中焯烫，捞出冲凉备用；桔梗洗净，放入碗内浸泡至软撕条；萝卜去皮切块；蕨菜去老根，洗净切段。② 锅置火上，入色拉油烧热，下入葱姜末、料酒、酱油、桔梗、金钱肚炒至上色，倒入清水4000毫升煮沸，放入蕨菜，黄豆芽、萝卜煮10分钟，加入胡椒粉调味即可。

【烹饪技法】焯，炒，煮。

【营养功效】补益脾胃，补气养血。

【健康贴士】脾胃虚弱、气血不足、营养不良以及病后虚弱者宜饮用。

【举一反三】用羊杂替换牛杂，可做成桔梗羊杂汤，配料中重用白醋、胡椒粉，又能做成酸辣牛杂汤。

芹菜牛肝汤

【主料】牛肝200克，芹菜200克。

【配料】猪油10克，盐5克，酱油8克，味精3克，花椒1克。

【制作】① 牛肝煮熟，切成小薄片；芹菜除老梗，嫩梗连同嫩叶切成小段放入沸水中焯一下，捞出沥干水分。② 炒锅置火上，放入猪油，烧热后下入熟牛肝，煸炒5分钟，加入盐、酱油炒匀，倒入适量水烧沸，再放入芹菜煮沸，撒入味精、胡椒粉调味即可。

【烹饪技法】焯，煸炒，煮。

【营养功效】补肝养血，明目益肾。

【健康贴士】夜盲症、青盲、雀目、视力减退、近视、贫血患者宜饮用。

羊肉黄豆芽汤

【主料】羊肉800克，黄豆芽150克。

【配料】盐15克，味精2克，胡椒粉2克，老姜10克。

【制作】① 黄豆芽淘洗干净；老姜洗净，拍松 羊肉块成3厘米长的节，入沸水汆去血水。② 锅置火上入水，下入羊肉，大火煮沸转小火炖1小时，待炖软离骨时，下黄豆芽，煮至断生后，加入盐、味精、胡椒粉、老姜即可。
【烹饪技法】氽，煮，炖。
【营养功效】益气宽中，润燥补血。
【健康贴士】高血压、冠心病、动脉硬化、缺铁性贫血、骨质疏松症、神经衰弱、肿瘤、更年期综合征患者宜饮用。

洋葱萝卜羊骨汤

【主料】羊排骨300克，白萝卜80克，胡萝卜80克。
【配料】洋葱50克，盐5克，料酒、老姜10克。
【制作】① 羊排洗净，剁成块，下沸水锅中氽水，捞出冲洗干净，备用。② 胡萝卜、白萝卜分别洗净，切块；洋葱切段；老姜洗净，拍松。③ 锅置火上，放入羊排，加适量清水，大火烧沸，撇去浮沫，加姜、料酒，转小火煮30分钟，加入胡萝卜、白萝卜、洋葱再煮90分钟，出锅前加盐调味即可。
【烹饪技法】氽，煮。
【营养功效】滋阴润燥，益气补虚。
【健康贴士】胡萝卜与羊肉同食，不仅能够祛除羊肉的腥膻，而且因胡萝卜含有丰富的维生素A、羊肉含有丰富的蛋白质和多种维生素，从而使食物具有很高的营养价值。

羊肉藕片汤

【主料】羊肉350克，莲藕200克，羊汤1500毫升。
【配料】姜片5克，盐5克，味精3克，植物油30克。
【制作】① 羊肉洗净煮熟，切成1厘米见方的块；莲藕洗净，切片。② 炒锅置大火上，倒入植物油，烧至五成热时，下入姜片炝锅，放入羊汤，加入羊肉块与莲藕片，放入盐、味精，同煮30分钟即可。
【烹饪技法】煮。
【营养功效】补虚劳，润肺养血。
【健康贴士】莲藕宜与羊肉同食，能够起到很好滋补功效。

桂圆羊肉汤

【主料】羊肉500克，桂圆肉30克。
【配料】生姜30克，料酒15克，葱段10克，盐5克，味精3克。
【制作】① 羊肉洗净，切成大块，放入锅中加水750毫升，大火煮沸后捞出洗净；生姜拍碎。② 取砂锅或煲，放入羊肉块、桂圆肉，生姜、葱段、料酒、清水适量，大火煮沸，转小火炖2至酥烂，加入盐、味精调味即可。
【烹饪技法】煮，炖。
【营养功效】补虚强身，滋阴益肾。
【健康贴士】本品对更年期肾阳虚之症状，如月经量突然增多且色淡、面色晦暗、精神萎靡、腰痛阴坠等有明显疗效。

山药羊肉奶汤

【主料】羊肉250克，牛奶250克，山药100克。
【配料】盐3克，生姜20克。
【制作】① 羊肉洗净切成小片；生姜洗净，切片，与羊肉一起放入砂锅中，加清水、盐，用小火炖6小时，用筷子搅拌均匀；山药去皮，洗净，切片。② 另取砂锅，倒入羊肉汤500毫升，加入山药片煮烂，倒入牛奶煮沸，即可饮汤食肉。
【烹饪技法】煮。
【营养功效】健脾益气，温补肾阳。
【健康贴士】适合产后虚弱者饮用。

羊肉洋葱汤

【主料】羊肉300克，洋葱2个。
【配料】姜末、盐各5克，蚝油10克，味精3克，色拉油适量。
【制作】① 羊肉洗净刨成薄片，放入热水锅中氽烫去油脂；洋葱去皮，切块，备用。② 锅置火上，入色拉油烧热，下入姜末、洋葱块略炒，加入清水烧沸，放入羊肉片，盐、味精、蚝油煮至入味出锅即可。

【烹饪技法】汆，炒，煮。

【营养功效】降脂降压，温中健脾。

【健康贴士】洋葱具有抗氧化的功效，可使人体产生大量的谷胱甘肽，使癌症发生率大大下降，羊肉可大补元气，两者同食可增强人体免疫力。

【举一反三】主料中的羊肉可用牛肉替换，即成牛肉洋葱汤。

茯苓羊肉汤

【主料】羊肉 200 克，茯苓 30 克，胡萝卜 25 克。

【配料】生姜 10 克，盐 4 克。

【制作】① 羊肉洗净血污，切成厚片；茯苓、胡萝卜刮皮，清洗干净，茯苓切成厚片，胡萝卜切成块状。② 所用材料置于炖盅，加水适量，炖盅加盖，隔水炖至锅内水沸后，转中火炖 60 分钟，再转小火炖 120 分钟即可。

【烹饪技法】炖。

【营养功效】安神宁心，补肝明目。

【健康贴士】老年性浮肿、肥胖症、肿瘤患者宜饮用。

生姜羊肉汤

【主料】当归、生姜 5 克，羊肉 500 克。

【配料】料酒 15 克，香葱结 10 克，葱末、姜丝、盐各 5 克，味精、孜然各 3 克。

【制作】① 当归、生姜洗净后入锅中加水，以中火烧沸捞出，留汁备用；羊肉洗净后入沸水中汆烫，捞出洗清血沫。② 羊肉放入当归汤中，加入料酒、盐及葱结，加水大火煮沸，再用小火煨 20 分钟，加入味精、孜然、葱末和姜丝即可。

【烹饪技法】汆，煮，煨。

【营养功效】益肾固精，温补利脾。

【健康贴士】饮用生姜每次只需要 10 克左右，烂姜、冻姜不要食用，因为姜变质后会产生致癌物。

羊肉清汤

【主料】羊肉 500 克，冬笋 3 条。

【配料】葱 10 克，姜片 5 克，绍酒 15 克，盐 4 克。

【制作】① 羊肉切块，放入沸水中汆汤 8 分钟，取出洗净；冬笋去衣，取笋肉切角块；葱洗净打结；姜拍裂。② 锅置火上，入水大火烧沸，放入全部材料，加入绍酒，中火炖 45 分钟，用盐调味，拣去姜、葱即可。

【烹饪技法】汆，炖。

【营养功效】清热解毒，开胃健脾。

【健康贴士】一般人皆宜饮用。

胡萝卜羊肉汤

【主料】羊腿肉 500 克，胡萝卜、白萝卜各 1 根。

【配料】大葱、姜片、盐各 5 克，胡椒粉 3 克。

【制作】① 胡萝卜去皮洗净，切滚刀块；大葱切末；白萝卜取 1/2，切成滚刀块，用筷子在白萝卜块上钻几个孔；羊腿剁小块，放入沸水里焯水，捞出洗净沥水，放入锅内。② 锅里加适量水，放入姜片和钻了孔的白萝卜，大火煮沸后转小火煮约 30 分钟后，捞出白萝卜块，放入切好的胡萝卜与羊肉同煮至熟烂，加盐，胡椒粉调味后，撒入大葱末即可。

【烹饪技法】焯，煮。

【营养功效】发表散寒，温肺止咳。

【健康贴士】羊肉宜与姜同食，可以有效治疗腰背酸冷、四肢风湿疼痛等病症。

羊肉丸子萝卜粉丝汤

【主料】羊肉 200 克，东北大红萝卜 1/4 个，鸡蛋 1 个。

【配料】姜末 5 克，葱、料酒、生抽各 10 克，胡椒粉 2 克，盐 5 克。

【制作】① 羊肉剁成泥，加葱、姜末、鸡蛋，沿一个方向边搅边加少许清水，加料酒、生柚、胡椒粉、盐3克沿一个方向搅打上劲；萝卜切粗丝；粉丝用温水泡软。② 锅置火上，入水烧沸，放入萝卜丝，水再沸时加盐1克至煮熟，转小火，用虎口将丸子一个一个汆入锅中，撇净浮沫，煮3分钟，放入粉丝，继续煮3钟，加盐1克调味即可。

【烹饪技法】汆，煮。

【营养功效】滋补营养，延缓衰老。

【健康贴士】羊肉宜与鸡蛋同食，抗衰效果明显。

仲景羊肉汤

【主料】羊肉500克，生姜250克，当归150克。

【配料】胡椒粉2克，葱50克，料酒20克，盐3克。

【制作】① 当归、生姜用清水洗净，切成大片；羊肉去骨，剔去筋膜，入沸水汆去血水，捞出凉凉，剁成5厘米长、2厘米宽、1厘米厚的条。② 砂锅置火上入水，下入羊肉、当归、生姜，大火煮沸后，撇去浮沫，改用小火炖1小时，至羊肉熟透即可。

【烹饪技法】汆，煮，炖。

【营养功效】补肾气，益精髓。

【健康贴士】发热、腹泻和体内有积热者不宜饮用。

羊肉白菜汤

【主料】白菜心200克，羊肉（瘦）150克。

【配料】虾仁20克，盐3克，味精3克，葱汁、姜汁各10克，鸡精5克，料酒10克，香油10克。

【制作】① 羊肉洗净切片；白菜心顶刀切细条。② 锅置火上入水，下入羊肉片烧沸，撇去浮沫，加入料酒、葱姜汁，下入虾仁煮沸，放入白菜条、盐、鸡精烧沸至熟，加味精、香油出锅即可。

【烹饪技法】烧，煮。

【营养功效】补血益气，温中暖肾。

【健康贴士】贫血、缺钙、营养不良、肾亏阳痿、腹部冷痛、体虚怕冷者宜饮用。

木瓜羊肉汤

【主料】木瓜、羊肉各1000克，豌豆300克，大米500克，白糖200克。

【配料】草果3克，盐5克，味精、胡椒粉各3克。

【制作】① 大米、草果、豌豆淘洗干净；木瓜取汁备用。② 羊肉洗净切块，放入锅内，加入大米、草果、豌豆、木瓜汁，入水适量，置大火上煮沸，改小火炖至豌豆烂、肉熟，放入白糖、盐、味精、胡椒粉即可。

【烹饪技法】煮，炖。

【营养功效】健脾除湿，温补益肾。

【健康贴士】适用于脾湿下注之腿足肿痛、麻木不仁等症状患者饮用。

羊肉粉丝汤

【主料】羊肉500克，粉丝（干）50克。

【配料】生姜片5克，盐5克。

【制作】① 羊肉洗净，切成块，用水浸泡一夜，捞出洗净后，入沸水中汆除血水，重新洗净；粉丝用水泡发，备用。② 砂锅置火上，放适量的冷水，下入羊肉、生姜片，大火煮沸后转小火煮2小时，放入粉丝，大火煮沸，饮用时加盐调味即可。

【烹饪技法】汆，煮。

【营养功效】补肾壮阳，生肌健力。

【健康贴士】吃完羊肉后不宜马上喝茶，也不宜边吃羊肉边喝茶。

青笋羊肉汤

【主料】熟羊肉100克，青笋100克，原锅羊肉汤400毫升。

【配料】植物油20克，盐3克，味精、胡椒粉各2克，大葱10克，姜片5克。

【制作】① 熟羊肉、青笋切薄片；大葱切葱末，备用。② 炒锅置大火上，入油烧至九成热，下羊肉、盐、姜片爆香，倒入沸水3000

毫升煮沸，下青笋片和原锅羊肉汤炖 1 小时，撒入葱末、味精、胡椒粉调味 即可。

【烹饪技法】爆，煮，炖。

【营养功效】益气补虚，温中暖下。

【健康贴士】吃羊肉不宜加醋，容易引发内热火攻心。

萝卜羊肉汤

【主料】萝卜 1000 克，羊肉 500 克。

【配料】盐 5 克，胡椒粉 3 克，葱、姜各 10 克。

【制作】① 羊肉去筋膜，切成约 3 厘米见方的块，先入沸水锅内焯一下，除去血水，捞出沥水；萝卜去皮，冲洗干净，切成菱形片备用。② 锅置火上入水，放入羊肉、葱、姜，大火煮沸后，改用小火煮约 30 分钟，再放入萝卜同煮至羊肉熟烂，装肉和汤入碗内，加盐、胡椒粉调味即可。

【烹饪技法】焯，煮。

【营养功效】补血温经，益气固阳。

【健康贴士】适用于体虚者饮用。

粉丝羊排汤

【主料】羊肋排 500 克，粉丝 50 克。

【配料】葱段 10 克，盐、姜块各 5 片，香菜、青蒜各 2 根，草果 1 个，花椒 7、8 枚，桂皮 1 根，鸡精，料酒、油泼辣子各适量。

【制作】① 羊排洗净，冷焯水后用热水洗净浮沫；粉丝用温水泡发；香菜与青蒜均切碎，分别放入小碟中备用。② 炖锅置火上入水，放入羊排、葱段、姜块，调入少许料酒，将草果、花椒、桂皮放入香料包，放入锅中，大火煮沸后，改小炖 2 小时，加入粉丝，调入盐、鸡精，煮沸后即可起锅，与香菜碟、青蒜碟、油泼辣子一同上桌，吃时依喜好加入香菜、青蒜以及油泼辣子即可。

【烹饪技法】焯，煮，炖。

【营养功效】助元阳，补精血，疗肺虚。

【健康贴士】产后血虚经寒所致的腹冷痛患者宜饮用。

排骨煨藕汤

【主料】羊排骨 1000 克，老藕 400 克，熟猪油 50 克。

【配料】姜块 15 克，葱末、葱结各 5 克，盐 5 克，味精 3 克，黄酒 5 克。

【制作】① 羊排骨用清水洗净搌干水，剁成长 5 厘米的块；老藕削皮洗净，用刀切成滚刀块。② 炒锅置大火上，下熟猪油烧热，排骨下锅干炸 10 分钟，至排骨水分炸干，呈灰白色时，加入黄酒、葱结、姜块略煸，起锅盛入砂锅，一次放足清水 2500 毫升，中火煨 1 小时。③ 放入老藕转小火煨 1 小时，加味精、盐调味，转中火继续煨 30 分钟，盛入汤碗内，撒上葱末，胡椒粉即可。

【烹饪技法】炸，煸，煨。

【营养功效】温补脾胃，滋阴润燥。

【健康贴士】发热、牙痛、口舌生疮、咳吐黄痰等上火者不宜饮用。

竹荪羊排汤

【主料】竹荪（干）100 克，羊排 150 克。

【配料】大葱段 5 克，姜片 3 克，盐 3 克，白胡椒粉 2 克，料酒 5 克，花椒粉 2 克，鸡精、高汤适量。

【制作】① 竹荪去头，放入盐水中浸泡半小时，用剪刀剪成段；羊排洗净；葱、姜洗净后分别切成段和片。② 取出压力锅的内锅，放入羊排、竹荪、花椒粉、葱段、姜片、白胡椒粉、料酒、盐、鸡精、高汤，盖上锅盖，压力锅调到烹饪挡，调好后保压 1 小时，待压力锅的浮子阀回位后拣出葱段、姜片，即可饮用。

【烹饪技法】煮。

【营养功效】助消化，抗衰老。

【健康贴士】虚劳羸瘦、腰膝无力、筋骨挛痛、贫血等病症者宜饮用。

首乌羊排汤

【主料】首乌20克，黑豆30克，羊排500克，海带100克。

【配料】香菇2朵，姜片5克，盐适量。

【制作】① 羊排切除边骨取精排，剁成4厘米的段，下入沸水中汆烫去血水后捞出。② 黑豆预先浸泡3小时；香菇去柄洗净切十字花刀；海带切块；首乌洗净备用。③ 煲置火上，入清水烧沸，下入所有主料和能料大火煮沸，转小火熬煮3小时，加入盐调味即可。

【烹饪技法】汆，煮。

【营养功效】强筋骨，固牙齿，健脑补血。

【健康贴士】老人、儿童、女士产后宜饮用。

【举一反三】配料中增枸杞、党参，可做成党参羊排补虚汤。

山药羊腿汤

【主料】羊腿肉300克，山药30克，桂圆肉20克。

【配料】盐8克，枸杞5克，鸡精3克，绍酒5克，荸荠15克，生姜15克，胡椒粉少许。

【制作】① 羊腿肉洗净，切成块；山药去皮，切成块；荸荠去皮；生姜去皮，切成片。② 锅置火上，入水烧沸，投入羊腿肉，用大火煮尽血水，捞起备用。③ 取炖盅一个，加入羊腿肉、山药、枸杞、桂圆肉、荸荠、生姜，调入盐、鸡精、绍酒、胡椒粉，注入适量清水，加盖，炖约3小时即可饮用。

【烹饪技法】煮，炖。

【营养功效】益气补虚，温中暖下。

【健康贴士】羊肚宜与山药同食，可缓解胃虚消渴。

荸荠竹蔗羊腿汤

【主料】羊腿700克，竹蔗两节，荸荠6只，胡萝卜1根。

【配料】生姜10克，盐4克。

【制作】① 羊腿剁段，放在加姜片和白酒的水里煮沸，捞起冲洗干净；竹蔗去皮切条；胡萝卜削皮切厚片；荸荠对半切开；生姜拍扁。② 全部材料放进汤锅，加入清水3000毫升，大火煮至水沸，撇净浮沫，继续用大火煮15分钟后，转小火煲2小时，加盐调味即可。

【烹饪技法】煮，煲。

【营养功效】清热解毒，健脾利肾。

【健康贴士】一般人皆宜饮用。

泡菜土豆羊腿汤

【主料】泡菜200克，土豆400克，小羊腿800克。

【配料】葱末、姜块各5克，胡椒粉粒6～8枚。

【制作】① 泡菜切块；土豆洗净，去皮，切块；羊腿剔肉，骨头分割一下备用。② 锅置火上，放入羊腿骨、羊腿肉，姜、清水，大火煮沸，撇清浮沫，加入土豆块、泡菜块、胡椒粉粒，煮沸后转小火煮至羊腿肉软烂，撒入葱末调味即可。

【烹饪技法】煮。

【营养功效】补气健脾，益气强身。

【健康贴士】脾胃气虚、营养不良、胃及十二指肠溃疡患者宜饮用。

清炖羊腿汤

【主料】羊腿1条，白洋葱1个，胡萝卜2根。

【配料】姜片5克，小茴香3克，干迷迭香2克，香叶2片，香菜10克，橄榄油15克，盐5克，黑胡椒粉2克。

【制作】① 锅置火上，入水烧沸，放入羊腿煮5分钟去血水，捞出洗净；洋葱去皮，切小方片；胡萝卜洗净，切滚刀。② 汤锅先加入橄榄油，烧热，放入姜片、洋葱片、小茴香、迷迭香、香叶和少许黑胡椒粉炒香，炒至洋葱变软缩水，放入羊腿，加水盖过羊腿肉，大火煮沸，转中火炖90分钟，捞出羊腿，把肉从骨头上剔下来，放回锅中。③ 放入胡萝卜，加入盐、胡椒粉调味，继续炖至胡萝卜变软，撒上香菜即可。

【烹饪技法】煮，炒，炖。

【营养功效】补肾强筋，固齿健脑。

【健康贴士】洋葱具有抗氧化的功效，可使人体产生大量的谷胱甘肽，使癌症发生率大大下降，羊肉可大补元气，两者同食可增强人体免疫力。

奶油羊肚丝汤

【主料】羊肚 120 克，鸡汤 120 毫升，鸡蛋 2 个，冬笋 15 克，香菇（干）6 个。

【配料】木耳（干)5 克，香菜 4 克，姜 3 克，味精 2 克，胡椒粉 1 克，猪油 15 克。

【制作】① 鸡蛋煮熟，去清取黄；冬菇、木耳用温水泡发，与冬笋、姜，均切成薄片；香菜切成末；羊肚洗净，切成肚条，另在肚条一端，切开若干刀，成佛手形状。② 汤锅置大火上，加入猪油、鸡汤、肚条，煮沸至汤汁呈乳白色时，加入盐、姜、冬笋、冬菇、木耳、熟蛋黄，煮沸，倒在汤盆内，撒上味精、胡椒粉、香菜末即可。

【烹饪技法】煮。

【营养功效】益气补血，健脾利胃。

【健康贴士】冬笋含有较多草酸钙，患尿道结石、肾炎的人不宜多饮食。

蔬菜羊肚汤

【主料】羊肚 300 克，胡萝卜 100 克，土豆 200 克，香椿 50 克。

【配料】姜片 5 克，葱段 10 克，料酒 8 克，盐 10 克，胡椒粉 3 克。

【制作】① 羊肚洗净，用少量温水加盐 5 克，稍加搓洗，切成丝备用；胡萝卜、土豆均洗净、去皮，切块备用；香椿切段备用；② 锅置火上入水，放入胡萝卜、土豆、葱段、姜片，煮至七成熟，加入肚丝、香椿、料酒，煮到肚丝全部浮上汤面时，转小火再煮 15 分钟，加盐、胡椒粉调味即可。

【烹饪技法】煮。

【营养功效】健脾补虚，益气健胃。

【健康贴士】虚劳羸瘦、不能饮食、消渴、盗汗、尿频者宜饮用。

黄芪羊肚汤

【主料】羊肚 500 克，黄芪 25 克，黑豆 50 克。

【配料】盐 5 克，胡椒粉 1 克，羊肉汤适量。

【制作】① 羊肚洗净切丝；黄芪润透切片；黑豆去杂洗净。② 羊肚、黄芪、黑豆、盐同入锅内，注入羊肉汤适量，共煮至羊肚熟烂，调味即可。

【烹饪技法】煮。

【营养功效】温补阳气，益胃固表，托毒生肌，利水退肿。

【健康贴士】男士和体虚多病、小便频繁者宜饮用。

羊肚汤

【主料】羊肚 1 副，蘑菇 30 克，白菜心 150 克。

【配料】盐 10 克，胡椒粉 3 克，味精 2 克，绍酒 10 克，葱段 15 克，鲜姜片 5 克，香菜适量。

【制作】① 羊肚内的黑皮洗净，用少量温水加盐 5 克，反复搓洗干净，切片；香菜、蘑菇、白菜心洗净备用。② 锅置火上入水，放入肚片、蘑菇、盐、胡椒粉、绍酒、葱段、姜片，大火煮至七成熟，再放入白菜心、味精，待肚片浮上汤面时，转小火煮 20 分钟，加入香菜即可。

【烹饪技法】煮。

【营养功效】补虚健胃，益气温中。

【健康贴士】一般人皆宜饮用。

酸辣肚丝汤

【主料】熟羊肚 200 克，水发玉兰片 50 克，淀粉 50 克，水发木耳 25 克，蒜苗末 25 克。

【配料】植物油 30 克，味精 1.5 克，香菜末 15 克，香油 10 克，葱、姜末各 5 克，料酒 25 克，醋 10 克，胡椒粉少许，肉汤适量。

【制作】① 羊肚切丝；玉兰片、木耳切成丝后入沸水汆透。② 炒锅置火上，入油烧热，下葱、姜末煸香，注入肉汤烧沸，下肚丝、玉兰片、木耳丝、料酒、盐、味精煮沸，撇去浮沫，加淀粉，泼醋，入碗，撒入胡椒粉、蒜苗末、香菜末，淋香油即可。

【烹饪技法】煸，煮。

【营养功效】补虚劳，健脾胃。

【健康贴士】羊肚不宜与杨梅同食，二者性味相反。

酸菜炖羊肚

【主料】熟羊肚 400 克，酸菜 300 克。

【配料】大葱 1 根，生姜 1 小块，大蒜 8 瓣，植物油 30 克，香油 5 克，料酒 15 克，胡椒粉 2 克，盐 5 克，味精 1 克。

【制作】① 羊肚切丝，入沸水中稍汆，捞出沥干水分；酸菜切丝；葱、蒜洗净切末；姜洗净切片。② 锅置火上，入油烧热，放入葱末、姜片、蒜末、羊肚和酸菜，煸炒出香味，烹入料酒，加水 500 毫升，煮沸后，加入味精、盐、胡椒粉调味，淋入香油即可。

【烹饪技法】汆，煸炒，煮。

【营养功效】健脾胃，止消渴，固表止汗。

【健康贴士】羊肚宜与葱搭配食用，既可以健脾胃，又能起到很好的杀菌效果。

【巧手妙招】洗羊肚时加点儿醋，可以去除异味。

羊杂蘑菇汤

【主料】羊杂 300 克，蘑菇 200 克，油豆腐 30 克。

【配料】葱末 10 克，盐 5 克，香料粉 2 克，胡椒粉 2 克，陈皮 1 块，花椒水、醋各少许，高汤适量。

【制作】① 羊杂洗净用花椒水、醋浸泡 1 小时，捞出再用流水冲净，入沸水中，加香料粉焯透，捞出切条；油豆腐切条；蘑菇择洗干净备用。② 锅置火上，注入高汤 3500 毫升烧沸，下入所有主料、配料大火煮沸，转小火煮至羊杂软烂，离火撒入葱末即可。

【烹饪技法】焯，煮。

【营养功效】补虚劳，健脾胃。

【健康贴士】动物内脏不宜多饮食。

【举一反三】羊杂用牛杂、猪下水替换，可做成牛杂蘑菇汤和猪杂蘑菇汤；配料中增加香菜、红油可做成香辣羊杂蘑菇汤。

菊花羊肝汤

【主料】羊肝 400 克，鲜菊花 50 克，鸡蛋 50 克，炼制猪油 50 克。

【配料】枸杞 10 克，熟地黄 10 克，淀粉 20 克，香油 10 克，姜 10 克，大葱 10 克，料酒 15 克，盐 2 克，胡椒粉 1 克，味精 1 克。

【制作】① 鲜羊肝洗净片去筋膜，切成薄片；菊花用清水洗净；枸杞用温水洗净；熟地黄用温水冲洗干净，入锅加水熬 2 次，每次收药液 50 毫升；生姜洗净切成薄片；大葱切成葱末；鸡蛋去黄留清，用淀粉调成蛋清淀粉。② 用盐、料酒、蛋清淀粉把羊肝片浆好。③ 炒锅置火上，入猪油烧至六成热时，下姜片煸出香味，注入清水约 1000 毫升，再放入地黄药汁、胡椒粉、盐、羊肝片，煮至汤沸，用筷子轻轻将肝片拨散，下入枸杞、菊花瓣，放味精调味，撒上葱末，起锅装入汤盆，淋上香油即可。

【烹饪技法】熬，煸，煮。

【营养功效】疏风清热，明目解毒，滋补肝肾。

【健康贴士】适用于肝肾精血不足所致的头晕、眼花、夜盲以及老年性眼疾（视物昏花、迎风流泪）者饮用。

白萝卜煲羊腩

【主料】羊腩、白萝卜各 500 克。

【配料】陈皮 5 克，蜜枣 4 枚，姜片 3 克，白醋、料酒各 6 克。

【制作】① 羊腩洗净，斩件；白萝卜去皮，洗净，切块；陈皮烫软，刮净。② 羊腩、萝卜块、陈皮放煲内，加适量水、白醋、料酒，大火煮沸后，转小火煲 2 小时，下盐调味即可。

【烹饪技法】煲。

【营养功效】祛脂降压，补血益气。

【健康贴士】适用于因脾气虚弱，运化无力所致的脘腹胀满，大便溏泄，食欲不振，肢倦乏力症状患者饮用。

萝卜红枣羊腩汤

【主料】羊腩 500 克，白萝卜 400 克。

【配料】红枣 6 枚，生姜片 3 克。

【制作】① 羊腩用清水洗净、切成块状；白萝卜刮去皮、洗净切角形；生姜、红枣分别用清水洗净，生姜切片状，红枣去核。② 以上备用料一齐放入砂煲内，加沸水适量，大火煮沸后，改用小火煲 3 小时即可饮用。

【烹饪技法】煲。

【营养功效】补中益气，健脾养胃。

【健康贴士】身体虚弱、血气不足、精神不振、食欲不佳者宜饮用，尤其在冬天，常觉手脚冰冷、生冻疮，却又虚不受补者宜饮用。

羊杂汤

【主料】白萝卜 300 克，羊肝 100 克，羊心 80 克，羊肚 50 克，羊骨 120 克，羊肺 50 克。

【配料】盐 15 克，味精 2 克，料酒 20 克，姜片、大葱段各 15 克，胡椒粉 2 克，花椒 2 克。

【制作】① 鲜羊肝、肚、心、脊骨、肺用清水泡净血水，放入沸水锅汆烫，捞起洗净；白萝卜去皮洗净，改成为长 4.5 厘米、宽 2 厘米、厚 0.5 厘米的片备用。② 净锅置大火上，注入清水，放入鲜羊肝、肚、心、脊骨、肺，煮沸后撇去浮沫，下料酒、姜片、葱段、胡椒粉、花椒，烧至六成熟时捞起，改刀成片。③ 重新放入锅内，下白萝卜烧至熟时离火，盛入盆中，加味精、盐调味，另备香油豆瓣味碟，香菜碟上桌即可。

【烹饪技法】汆，煮。

【营养功效】养肝明目，益血补血。

【健康贴士】羊肝中含有丰富的维生素 A，可防止夜盲症和视力减退，有助于对多种眼疾的治疗。

附子生姜狗肉汤

【主料】狗肉 1000 克，熟附子 20 克，生姜 150 克。

【配料】陈皮 5 克，米酒 15 克，盐、植物油适量。

【制作】① 狗肉洗净、切块；熟附子、生姜分别用清水洗净，生姜切片，备用。② 锅置火上，入油烧热，下狗肉炒干水，放入熟附子、生姜及陈皮、米酒，炒 1 分钟铲起，放进沙煲内，加清水适量，大火煮沸后，改用小火煲 3 小时，加盐调味即可。

【烹饪技法】炒，煲。

【营养功效】温阳散寒，化痰止咳。

【健康贴士】阳虚咳嗽、咳嗽反复发作、恶寒肢冷、小便清长者宜饮用。

南瓜兔肉汤

【主料】兔肉 300 克，南瓜 200 克，香菇 30 克。

【配料】葱段 10 克，蒜末、盐、姜片 5 克，料酒 10 克，白糖、味精各 3 克。

【制作】① 兔肉洗净，切小块，汆水；南瓜洗净，切块；香菇泡发，去蒂，切片。② 锅置火上，入油烧热，放入兔肉、葱段、姜片、蒜末炒至肉变色，烹入料酒，加入适量水煮 1 小时后，下入南瓜块、香菇片再煮 15 分钟，加入白糖、味精、盐调味即可。

【烹饪技法】汆，煮。

【营养功效】补气养血，和胃消食。

【健康贴士】肥胖者、儿童、老年人和消渴羸瘦、营养不良、气血不足者宜饮用。

【巧手妙招】兔肉切块后用凉水反复泡洗，以去除血腥。

冬瓜薏苡仁兔肉汤

【主料】兔肉 250 克，冬瓜 500 克。

【配料】薏仁 30 克，生姜 4 片，盐 5 克。

【制作】① 冬瓜去瓤，洗净，连皮切成大块；

薏仁淘洗干净；兔肉洗净，切块，去肥脂，用沸水焯去血水。② 把全部用料一齐放入锅内，加清水适量，大火煮沸后，转小火煲 2 小时，加盐调味即可。

【烹饪技法】焯，煲。

【营养功效】利水消暑，消脂减肥。

【健康贴士】高血压、高脂血症、动脉硬化症及肥胖病患者宜饮用。

清炖兔子

【主料】鲜兔肉 1500 克，水发冬菇 25 克，冬笋 50 克，净猪五花肉 350 克，青菜心 75 克。

【配料】盐 8 克，味精 2.5 克，绍酒 25 克，花椒 5 克，胡椒粉 1 克，香油 3 克，葱段、姜片各 15 克，鸡清汤适量。

【制作】① 兔肉洗净，切成 3 厘米见方的块，入清水中浸泡 4 小时，捞出放盆内，加盐、绍酒、葱段 5 克、姜片 5 克、花椒腌制 4 小时，再用清水洗净，入沸水中焯烫片刻，捞出；五花肉切成小丁备用。② 兔肉、猪肉丁、鸡清汤、葱段 10 克、姜片 10 克、绍酒放入砂锅，上火煮沸，撇去浮沫，加盖移至小火炖至兔肉酥烂，拣去葱姜，加入冬菇、冬笋、青菜心煮沸，放入味精、胡椒粉，淋上香油即可。

【烹饪技法】腌，煮，炖。

【营养功效】补中益气，止渴健脾。

【健康贴士】孕妇慎食，患有四肢畏寒等明显阳虚症状者忌饮用。

肉苁蓉芡实兔肉汤

【主料】兔肉 100 克，肉苁蓉、芡实各 30 克。

【配料】盐 3 克，鸡精 3 克。

【制作】① 兔肉洗净，剁块；肉苁蓉略浸，切片；芡实洗净，清水浸半小时。② 把全部用料放入锅内，加清水适量，大火煮沸后，转小火煲 2 小时，加入盐、鸡精调味即可。

【烹饪技法】煮，煲。

【营养功效】补肾涩精，抗衰延寿。

【健康贴士】早衰，老年人肾虚、筋骨瘦弱，腰膝冷痛，小便频数，阳痿遗泄及女士脾肾虚弱者宜饮用。

木耳腐竹兔肉汤

【主料】黑木耳 10 克，腐竹 120 克，兔肉 250 克。

【配料】生姜片 5 克，枸杞 10 克，盐 5 克。

【制作】① 腐竹、黑木耳分别用清水浸软、洗净，腐竹切段；姜片、枸杞洗净；兔肉洗净，切块。② 炒锅置火上，入油烧热，下姜片、兔肉爆香，加清水适量，大火煮沸后，放入黑木耳、腐竹、枸杞，转小火焖至兔肉熟透，加盐调味即可。

【烹饪技法】爆，煮，焖。

【营养功效】健脾益胃，养血凉血。

【健康贴士】气血虚弱、脸色无华、阴虚失眠、热气湿痹、心血管病、糖尿病患者宜饮用。

淮杞炖兔肉汤

【主料】兔肉 500 克，淮山药 200 克，桂圆 10 枚。

【配料】枸杞 10 枚，料酒 10 克，盐、姜 5 克，鸡精 3 克。

【制作】① 兔肉洗净切成块；姜洗净切片；山药去皮，洗净，切块；枸杞用温水泡好备用。② 锅置火上入水，放入兔肉、姜片、桂圆、山药，加入料酒、鸡精，大火煮沸，转小火炖 1 小时，加入枸杞再炖 30 分钟，关火后加盐调味即可饮用。

【烹饪技法】煮，炖。

【营养功效】凉血活血，温补益肾，健脑益智。

【健康贴士】兔肉宜与枸杞同食，可有效缓解头晕、耳鸣的症状。

奶油兔肉汤

【主料】净兔肉 500 克，洋葱、土豆各 75 克，火腿皮 150 克，白葡萄酒 50 克，面粉 40 克。

【配料】黄油 50 克，蒜瓣 10 克，鲜奶油 50 克，盐 6 克，百里香粉、黑胡椒粉各少许，鸡清汤适量。

【制作】① 兔肉洗净；洋葱、土豆、蒜瓣均洗净，切粗末；火腿皮洗净；黄油、面粉炒成油面粉，备用。② 锅置火上入水，放入兔肉、火腿皮大火煮沸，撇去浮沫，放入洋葱、土豆、蒜末，转小火煮至兔肉熟酥，取出兔肉切块。③ 汤汁过箩，汤汁倒回原锅，放入兔肉块、鸡清汤煮沸，倒入油炒面粉调匀，加入盐、胡椒粉、鲜奶油调好口味即可饮用。

【烹饪技法】炒，煮。

【营养功效】补中益气，止渴健脾，滋阴润肤。

【健康贴士】一般人皆宜饮用。

菊花芹菜煲兔肉

【主料】菊花 20 克，芹菜 50 克，兔肉 150 克。

【配料】姜 5 克，葱 10 克，蒜 10 克，盐 3 克，植物油 30 克。

【制作】① 把菊花洗净，去杂质；芹菜洗净，切 4 厘米长的段；兔肉洗净切 4 厘米见方的块；姜洗净，切片；葱洗净，切段，蒜去皮，切片。② 炒锅置大火上烧热，加入植物油，烧至六成热时，放入姜片、葱段、蒜片爆香，加入兔肉、芹菜、菊花、盐炒匀，加水 300 毫升，转小火煲 30 分钟即可。

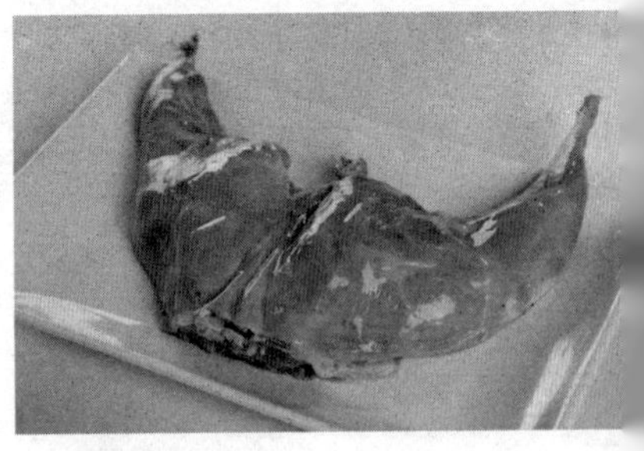

【烹饪技法】爆，煲。

【营养功效】补气血，美容颜，降血压。

【健康贴士】高血压患者宜饮用。

苦瓜兔肉汤

【主料】鲜苦瓜 150 克，兔肉 250 克。

【配料】盐 5 克，味精 3 克，淀粉 10 克。

【制作】① 鲜苦瓜洗净，剖成两半，去瓤，切成片状；兔肉洗净，切成片状，拌以淀粉。② 砂锅置火上，放入苦瓜，加水适量，大火煮沸，转小火煎煮 10 分钟后，放入兔肉、盐再焖煮至肉熟，加入味精调味，即可饮用。

【烹饪技法】煮，煎，焖。

【营养功效】清暑泄热，益气生津，除烦。

【健康贴士】平素怕冷、手足不温、低血压者不宜饮用。

美味禽蛋汤

猴头菇鸡肉汤

【主料】猴头菇 150 克，鸡肉 300 克，火腿 20 克。

【配料】枸杞 10 枚，姜片 5 克，盐 4 克，料酒 10 克。

【制作】① 猴头菇用温水泡 6 个小时，洗净；鸡肉放入沸水中焯水，捞出洗净，切块，加入姜片、料酒去腥，火腿切片。② 砂锅置火上，下入鸡肉、火腿、猴头菇和姜片，注入足量清水，炖 4 小时，加入枸杞、盐续炖 30 分钟，出锅即可。

【烹饪技法】焯，炖。

【营养功效】补脾益气，帮助消化。

【健康贴士】一般人皆宜饮用，尤其适合产妇饮用。

益母草当归乌鸡汤

【主料】乌鸡 1 只，猪瘦肉 250 克，益母草 30 克。

【配料】当归 15 克，红枣 8 枚，盐 6 克。

【制作】① 益母草、当归分别洗净，稍浸泡；猪瘦肉洗净，切小块；乌鸡去除内脏后洗净，斩大块，入沸水锅中汆去血水，捞出备用。② 瓦煲置火上，下入乌鸡、猪瘦肉、益母草、当归，注入适量水，大火煮 15 分钟后，改小火煲 1 小时，加盐调味，出瓦煲去药渣即可。

【烹饪技法】汆，煮，煲。

【营养功效】养血宁神，保肝护肾。

【健康贴士】益母草忌铁器，千万不可使用铁锅。

西施玩月

【主料】鸡肉 50 克，净鱼肉 150 克，肥猪肉膘 25 克，牛奶 50 毫升，鸡蛋清 1 个，鸡清汤 750 毫升。

【配料】香菇片 20 克，小青菜心 20 克，火腿片 15 克，笋片 10 克，葱 15 克，姜汁、盐各 5 克，鸡油 20 克。

【制作】① 净鱼肉、鸡肉、肥猪肉膘剁成肉泥，加入牛奶、鸡蛋清、葱、姜汁、盐等顺着一个方向搅打，搅打成茸料，用手抓，挤压成圆球形。② 锅置火上，注入鸡清汤，下入茸料煮透，捞出，装入大汤碗内，放入香菇片、笋片、小青菜心、火腿入汤中汆熟，淋上鸡油，沿碗边注入鱼圆碗中即可。

【烹饪技法】煮，汆。

【营养功效】健脾开胃，补血宁心。

【健康贴士】鸡肉含蛋白质较高，身心虚弱的人应常食。

典食趣话：

相传，春秋战国时代，吴王夫差为让西施忘却忧愁，在“玩月池”设宴。厨师用太湖的鱼、鸡肉、猪肉肥膘，剁成泥后烹制了一道色香味美的菜肴。西施品尝了这道菜后，极为高兴，吴王夫差自然也高兴不已。从此后，这道“西施玩月”的菜肴就从宫中流传到民间。

栗子鸡爪汤

【主料】鸡爪 100 克，猪瘦肉 500 克，栗子 150 克，胡桃肉 100 克。

【配料】陈皮 15 克，盐 6 克。

【制作】① 鸡爪用沸水汆烫，去皮、爪甲，洗净；猪瘦肉洗净，与鸡爪同时放入清水锅内，用大火煮 5 分钟，捞出洗净。② 栗子去壳，陈皮浸软，刮白、洗净、放入锅内，加适量水，大火煮沸，放入鸡爪、猪瘦肉、胡桃肉煮沸后，改小火熬煮 3 小时，加盐调味即可。

【烹饪技法】汆，煮，熬。

【营养功效】补肾强筋，健脾益气。

【健康贴士】胡桃肉性温，可温肺定喘、润肠。

黑豆鸡爪汤

【主料】黑豆 100 克，鸡爪 250 克。

【配料】盐 3 克，鸡精 3 克。

【制作】① 黑豆拣去杂质，用清水浸泡 30 分钟备用；鸡爪洗净，放入沸水锅中烫透。② 锅置火上，注入水，下入鸡爪、黑豆先用大火煮沸，撇去浮沫，再改用小火煮至肉、豆烂熟，加盐、鸡精调味即可饮用。

【烹饪技法】煮。

【营养功效】滋阴活血，祛斑增白。

【健康贴士】此汤适用于颜面起黑斑者饮用。

菠菜板栗鸡汤

【主料】鸡翅 200 克，栗子 100 克，菠菜 100 克。

【配料】蒜、姜片各 5 克，色拉油 20 克，料酒 10 克，盐 3 克，老抽 5 克，味精 2 克，浇汁 5 克。

【制作】① 鸡翅洗净，改刀，放入沸水中焯透；板栗放入沸水中煮熟，剥壳去薄皮取肉；菠菜洗净，入沸水中烫一下，捞出，沥干水分。② 锅置火上，入油烧热，下蒜、姜片炒香，放入鸡翅、栗子，淋入老抽、浇汁炒至鸡翅上色，烹入料酒，倒入适量清水煮沸后，转小火焖至鸡翅、栗子熟烂后加入菠菜，调入盐、味精续煮 2 分钟即可。

【烹饪技法】焯，炒，煮，焖。

【营养功效】滋阴润肺，补心益气。

【健康贴士】一般人皆宜饮用，尤其肥胖者饮用。

木瓜鸡爪汤

【主料】木瓜 80 克，银耳 25 克，鸡爪 150 克。

【配料】枸杞 10 枚，盐 3 克。

【制作】① 银耳，枸杞泡水；鸡爪剁成段。② 木瓜、鸡爪、银耳一起下锅加清水；大火煮沸后，中火煲 30 分钟至鸡爪软烂后，下入枸杞和盐调味即可。

【烹饪技法】煮，煲。

【营养功效】润肺平肝，抗衰养颜。

【健康贴士】鸡爪含有丰富的骨胶原蛋白，多吃可以令皮肤光滑。

栗子芋头鸡汤

【主料】栗子 300 克，芋头 250 克，鸡腿 300 克。

【配料】盐 5 克，料酒 10 克，香油 5 克，植物油 15 克。

【制作】① 鲜栗子洗净，放入沸水中汆熟，冲凉，用手搓去外膜备用；芋头去皮，切块；鸡腿洗净，用小刀将肉划开，取出骨头及腿筋，肉厚处也用刀划开再切块，放入沸水中汆熟。② 锅置火上，入油烧热，下芋头入锅煎至微黄。③ 取出电饭锅中的深锅，下入栗子、芋头、鸡腿，注入清水淹没，再放入电饭锅中，煮熟，淋入香油，烹入料酒，出锅即可。

【烹饪技法】汆，煎，煮，煲。

【营养功效】调经活血，抗衰养颜。

【健康贴士】芋头也可以和大米熬煮成粥，能治疗老年人习惯性便秘。

苦瓜鸡汤

【主料】净鸡1只，苦瓜50克。

【配料】鲜姜片5克，陈皮2.5克，红枣50克，葱5克，味精10克，盐7.5克，猪油15克，水淀粉5克，老汤1800毫升。

【制作】① 苦瓜去子，洗净；净鸡斩成块，用水淀粉拌匀，放进锅内沸水汆烫；陈皮用水浸洗干净；红枣洗净备用。② 砂锅置火上，入油烧热，下葱、姜片爆香，放入鸡块、苦瓜、红枣、陈皮炒香，加入老汤，用小火煲，加盐调味，出锅即可。

【烹饪技法】汆，爆，炒，煲。

【营养功效】健脾开胃，降火解热。

【健康贴士】苦瓜性寒，痞闷胀满者以及孕妇、经期女士应忌食。

灵芝鸡肉汤

【主料】鸡肉100克，灵芝9克。

【配料】冬虫夏草9克，干红枣20克，盐3克。

【制作】① 将灵芝、冬虫草、鸡肉、红枣洗净，放入瓦锅内。② 加清水适量，大火煮沸后，转小火煮沸至鸡肉烂熟为度，加盐调味即可。

【烹饪技法】煮。

【营养功效】补益肺气，化痰止咳。

【健康贴士】糖尿病并发肺结核属于阴虚火旺，症见咳血盗汗，咽干口渴，舌红无苔，脉细数者不宜饮用本汤。

冬菇凤爪汤

【主料】鸡爪6只，水发香菇30克，花生50克，红枣50克。

【配料】盐5克。

【制作】① 将鸡爪洗净，放入沸水中汆一下，捞出，用凉水冲洗干净；香菇去蒂、洗净，切片；红枣洗净，去核；花生洗净，用水泡软，备用。② 锅置火上，注入适量清水，大火烧沸，放入鸡爪煮约10分钟，放入花生、红枣、冬菇；烧沸后转小火焖至鸡爪、花生、红枣、香菇熟烂，最后加盐搅匀即可。

【烹饪技法】汆，煮，焖。

【营养功效】益气健体，补脾养胃。

【健康贴士】香菇还可以与刀豆同食，可健体防病，益肾补精。

银耳鸡肉汤

【主料】银耳15克，鸡蛋清1个，鸡肉100克，熟火腿100克，豌豆尖叶30克。

【配料】盐5克，味精、胡椒粉各3克，水淀粉、料酒、葱、姜各5克，猪油75克。

【制作】① 鸡肉剁成蓉，装碗中，加葱、姜搅匀过箩，向过箩后的鸡蓉中调入盐、胡椒粉、料酒及味精，搅拌均匀，加入猪油、蛋清搅成泡糊，加入少许水淀粉搅匀。② 将洗净的菊花形小铁模里涂些猪油，并下入4～5片银耳，用调羹将制好的鸡蓉舀成球形，放在银耳中间，使银耳底部粘住鸡蓉，再将豌豆尖叶和火腿小薄片放在鸡蓉上点缀成花草图案。③ 制成后放方盘上，上屉蒸4～5分钟，取出放小汤碗内。再将锅置火上，倒入清汤烧沸，加盐和味精调味，浇在汤碗内。

【烹饪技法】蒸，烧。

【营养功效】强身壮体，御寒美肤。

【健康贴士】一般人皆宜饮用，尤其适合女子更年期肺肾阴虚者食用。

咖喱鸡丁汤

【主料】鸡肉50克，米饭(蒸)25克，洋葱30克。

【配料】植物油15克，咖喱5克，味精2克，盐2克，辣椒粉5克。

【制作】① 洋葱与鸡肉分别洗净，切成小丁备用。② 锅置火上，入油烧热，倒入洋葱丁、咖喱粉煸至焦黄出香味时，倒入鸡汤烧沸，放入盐、味精、辣椒粉调味，加入鸡肉丁和米饭烧沸，改小火煮至米烂肉熟，出锅盛入汤碗内即可。

【烹饪技法】煸，烧，煮。

【营养功效】健脾开胃，消烦除燥。

【健康贴士】咖喱还可与比目鱼搭配同食，有开胃消食，补虚益气之效。

竹笋凤爪汤

【主料】鸡爪 300 克，竹笋 600 克，腌制凤梨 150 克。
【配料】香菇 20 克，陈皮 10 克，盐 5 克，鸡精 3 克。
【制作】① 鸡爪洗净，剁去脚趾，每只都从中间切成两半，入沸水锅中汆烫片刻，捞出备用；竹笋洗净，切滚刀块备用。② 将汆过鸡爪的水倒出，重新加清汤，下入鸡爪、竹笋及腌制凤梨、香菇，盖上电锅盖，以大火煮至汽笛声响，转小火续煮约 8 分钟即熄火。③ 待安全阀降下并排完气后，掀开锅盖，加盐、鸡精、陈皮调味即可。
【烹饪技法】汆，烧，煮。
【营养功效】开胃消食，瘦身排毒。
【健康贴士】一般人皆宜饮用，尤其适合女士饮用。

桂圆鸡心汤

【主料】鸡心 150 克，桂圆 50 克。
【配料】红枣 3 枚，葱丝 6 克，姜丝 5 克，盐 3 克，胡椒粉 3 克，料酒 10 克，味精 3 克，香油 5 克，高汤 150 毫升。
【制作】① 桂圆去壳；鸡心洗净，从顶部切十字花刀，加盐、料酒调味。② 锅置火上，注入高汤烧沸，下入桂圆、鸡心、红枣、葱丝、姜丝，煮至鸡心熟透，调入盐、胡椒粉、味精，淋上香油即可。
【烹饪技法】烧，煮。
【营养功效】补血健脑，益气强身。
【健康贴士】一般人皆宜饮用。

豆腐鸡血汤

【主料】鸡血 150 克，嫩豆腐 250 克。
【配料】香油 10 克，葱花 8 克，酱油 5 克，味精 1 克。
【制作】① 先将鸡血蒸熟后，用刀切 5 分方块，清水漂洗净；嫩豆腐切方块，放入开水锅中稍滚。② 锅置火上，注水烧沸，倒入鸡血、豆腐，待豆腐漂起加入葱花、酱油，再烧沸，调入味精、香油即可。
【烹饪技法】蒸，烧。
【营养功效】养血补血，安神补脑。
【健康贴士】一般人皆宜饮用，尤其适合青少年饮用。

豆芽鸡丝汤

【主料】豆芽 300 克，鸡丝 100 克。
【配料】姜丝 6 克，葱末 5 克，盐 3 克，鸡精 5 克，胡椒粉 2 克，水淀粉 8 克，料酒 6 克，清汤 150 毫升。
【制作】① 鸡丝用盐、料酒、水淀粉拌匀上浆；豆芽洗净。② 锅置火上，注入清汤烧沸，下入豆芽、鸡丝、姜丝、葱末同煮，待鸡丝熟时，用盐、鸡精、胡椒粉调味即可。
【烹饪技法】烧，煮。
【营养功效】清火明目，补气养血。
【健康贴士】此汤可预防牙龈出血。

鸡丝蛋皮韭菜汤

【主料】鸡肉 100 克，韭菜 50 克，鸡蛋 2 个。
【配料】盐 5 克，鸡精 3 克，香油 5 克，高汤 150 毫升。
【制作】① 将鸡肉洗净，煮熟，凉凉后撕成细丝；韭菜择根，洗净，切成寸段备用；鸡蛋磕入碗中搅拌均匀，用油锅摊成蛋皮，凉凉后切成丝。② 锅置火上，注入高汤，大火烧沸，放入鸡丝、蛋皮丝，待开锅后，下入韭菜，调入盐和鸡精，淋入香油即可。
【烹饪技法】煎，煮。
【营养功效】滋阴调经，补血养颜。
【健康贴士】此汤尤其适合月经不调者饮用。

鸡肉蘑菇毛豆汤

【主料】鸡腿 150 克，香菇 80 克，毛豆粒

80克，番茄1个，鲜海带50克。

【配料】碎洋葱粒15克，蚝油10克，盐2克，味精2克，料酒10克，色拉油适量。

【制作】① 鸡腿洗净，斩块，用沸水汆一下，捞出，沥干水分；海带洗净表面黏附的杂质，切块；香菇去蒂，洗净，切块；番茄洗净，切半。② 锅置火上，入油烧热，下入洋葱、番茄炒软，倒入适量清水加鸡腿煮30分钟，下入鸡腿块、香菇、毛豆粒、海带、蚝油、盐、味精、料酒煮至入味离火即可。

【烹饪技法】汆，炒，煮。

【营养功效】补血益气，防癌抗癌。

【健康贴士】一般人皆宜饮用，尤其适合老年人饮用。

乌骨鸡汤

【主料】乌骨鸡半只，新鲜山药600克。

【配料】莲子50克，仙草干50克，红枣5枚。

【制作】① 仙草洗净；山药削皮，洗净，切块；莲子用水泡软备用；乌骨鸡用沸水煮2～3分钟，取出用清水冲洗去血水及油，剁块备用。② 瓦煲置火上，入水2000毫升烧沸，放入仙草干用小火熬2～3小时，取出仙草干丢弃，并将仙草汁过滤去渣。③ 将乌骨鸡、新鲜山药、莲子、红枣放入仙草汁中用小火煮1小时即可。

【烹饪技法】煮，熬。

【营养功效】滋阴壮骨，益气补血。

【健康贴士】鸡肉也可与杧果同食，滋阴壮骨效果显著。

鸡蓉玉米羹

【主料】鸡胸肉50克，新鲜玉米粒100克，青豆30克，火腿30克。

【配料】盐5克，水淀粉15克，植物油20克，鲜味汁适量，香葱5克。

【制作】① 玉米粒、青豆洗净，沥干；鸡胸肉洗净，切成小丁；火腿切丁；香葱洗净，切碎。② 锅置火上，入油烧至五成热，下入鸡胸肉炒散；加入火腿，一起爆香，再加入玉米粒和青豆，翻炒后加水稍煮；水开后加盐和鲜味汁，再用水淀粉勾芡，最后撒上葱碎即可。

【烹饪技法】炒，爆，煮。

【营养功效】补血护肤，益智健脑。

【健康贴士】鸡肉不宜与芥末同食，易上火。

西蓝花鸡汤

【主料】西蓝花150克，胡萝卜、水发黑木耳各50克，净鸡半只，玉米粒40克。

【配料】盐5克，料酒15克，姜片5克。

【制作】① 西蓝花、胡萝卜分别洗净、切块；鸡洗净、切块，入沸水中汆去血水；玉米粒洗净；水发黑木耳洗净，撕成小朵。② 汤煲置火上，注入清水煮沸，加入鸡肉、姜片、料酒转小火煲约1小时，下入胡萝卜、黑木耳、玉米粒续煮30分钟后，加盐调味即可。

【烹饪技法】汆，煮，煲。

【营养功效】健脾开胃，补血滋阴。

【健康贴士】鸡肉还能与榴梿同食，有温补散寒，补虚壮阳功效。

金针菇鸡丝汤

【主料】金针菇150克，鸡胸肉100克。

【配料】盐3克，胡椒粉2克，鸡精6克，姜米5克，小葱段6克，高汤150毫升。

【制作】① 金针菇洗净，切去根部；鸡胸肉切丝，加盐码味备用。② 锅置火上，倒入高汤烧沸，放入姜米、金针菇、鸡丝，用盐、胡椒粉、鸡精调味，出锅后撒上小葱段即可。

【烹饪技法】烧。

【营养功效】抗疲防衰，壮体强身。

【健康贴士】一般人皆宜饮用。

鲜奶炖鸡汤

【主料】土鸡肉500克，鲜奶1000毫升。

【配料】红枣5枚，姜、盐各5克，高汤1000毫升。

【制作】① 土鸡肉洗净，切块，入沸水中汆烫一下；姜切片。② 锅置火上，倒入高汤、鲜奶，加入土鸡块、红枣及姜片，大火煮沸后加锅盖，改小火煮 2 小时，出锅前加盐调味即可。

【烹饪技法】氽，煮。

【营养功效】滋阴补气，补虚养身。

【健康贴士】此汤适于气阴两虚者饮用。

双色老鸡汤

【主料】净老鸡肉 200 克，黑木耳、红枣各 50 克。

【配料】盐 5 克，葱段 10 克，姜片 5 克，大料 3 克。

【制作】① 老鸡肉洗净，剁块，氽水；黑木耳温水泡发，择净；红枣洗净，用温水浸泡。② 锅置火上，注入清水，下入鸡块、红枣、葱段、姜片、大料，大火烧沸后转小火炖 1 小时，捞出葱段、姜片、大料，加入黑木耳、红枣煮沸后，改小火慢炖约 30 分钟，调入盐即可。

【烹饪技法】氽，烧，炖。

【营养功效】补气壮骨，明目养血。

【健康贴士】此汤特别适合贫血者饮用。

香菇蹄筋鸡爪汤

【主料】鸡爪 150 克，香菇 50 克，熟蹄筋 100 克。

【配料】姜片 5 克，淀粉 10 克，料酒 15 克，盐 5 克。

【制作】① 将鸡爪尖剁除、洗净，再剁成两段，全部用沸水烫 30 分钟，捞出洗净；香菇洗净、用凉水泡软，去蒂后用淀粉抓一下，再以水冲净；蹄筋洗净，切成两段。② 锅置火上，注水烧沸，下入鸡爪、香菇和姜片，淋入料酒，先以大火煮沸，再改小火慢炖约 1 小时后，加入蹄筋同炖 10 分钟，加盐调味即可。

【烹饪技法】煮，炖。

【营养功效】健脾养胃，通乳生津。

【健康贴士】鸡肉还能与椰子同食，有益气生津之效。

三黄鸡薏米汤

【主料】三黄鸡 1 只，薏米 20 克，白果 10 枚。

【配料】姜 5 克，大葱段 5 克，盐 5 克，胡椒 3 克，植物油 20 克。

【制作】① 鸡洗净，剁小块；姜切片；葱斜切象眼片；薏米、白果用水泡发，白果去皮。② 锅置火上，入油烧热，下姜片爆香；倒入鸡肉炒至无血水，盛入煲中，大火煮沸，转小火慢炖 20 分钟，下入白果和薏米，加盐调味，煮沸后小火炖 20 分钟。

【烹饪技法】爆，炒，煮，炖。

【营养功效】清肺散热，祛风除湿。

【健康贴士】此汤尤其适合夏季饮用。

鸡架杂菜丝汤

【主料】鸡架 1 个，油菜、圆白菜、紫圆白菜各 20 克。

【配料】葱 10 克，姜 5 克，花椒 2 克。

【制作】① 鸡架、油菜、圆白菜、紫圆白菜洗净；葱切段；姜切片；油菜、圆白菜、紫圆白菜切丝。② 锅置火上，下入鸡架，注水淹没鸡架，放入葱段、姜片和花椒熬煮，撇去浮油，加入盐，放入油菜丝、圆白菜丝、紫圆白菜丝煮软即可。

【烹饪技法】熬，煮。

【营养功效】健脾开胃，强筋壮骨。

【健康贴士】此汤尤其适合儿童饮用。

黄花菜鸡腿汤

【主料】鸡腿 30 克，干黄花菜 30 克，香菇 50 克，红枣 6 枚。

【配料】姜片 10 克、盐 5 克。

【制作】① 鸡腿切块，入沸水中氽烫，除去血水；干黄花菜用水泡软。② 锅置火上，下入鸡腿、黄花菜、香菇、红枣，加适量的水，小火炖煮 30 分钟，加盐调味即可。

【烹饪技法】炖，煮。

【营养功效】补血通乳，健脑益智。

【健康贴士】常饮此汤可让人心境平和，滋补身体。

椰盅鸡球汤

【主料】椰子1个，鸡胸肉200克，莲子50克，白果仁10克，藕粉25克。
【配料】鲜牛奶75毫升，盐3克，姜片5克，绍酒、鸡汤各适量。
【制作】① 鸡胸肉去筋络，洗净，剁成茸，加入藕粉、盐搅匀，挤成小丸子；莲子、白果仁洗净，下油锅炒至半热；鸡汤加盐、姜片、绍酒煮一下备用。② 椰子顶部剖开，挖去瓤，将鸡球、莲子白果仁、鸡汤、牛奶放入，仍盖上顶盖，放入锅中隔水炖至鸡球熟透即可。
【烹饪技法】炒，煮，炖。
【营养功效】暖肠健胃，乌发护发。
【健康贴士】此汤尤其适合头发稀少者饮用。

山药老母鸡汤

【主料】老母鸡半只，山药250克，胡萝卜120克，西蓝花80克，蛋饺适量。
【配料】生姜片10克，白胡椒10克，葱10克。
【制作】① 老母鸡处理干净，斩成块；锅中放入适量清水，下入鸡块焯烫，大火烧沸至鸡肉变色后捞出，用清水洗去血沫，沥干。② 山药去皮，洗净，切成滚刀块后泡入水中；胡萝卜洗净，去皮，也切成滚刀块；西蓝花掰成小朵，洗净，沥干；胡椒用擀面杖或刀柄敲碎成粗粒。③ 砂锅置火上，倒入足够多的清水，下入焯烫好的鸡块、山药、胡萝卜、姜片、胡椒，中火将其烧沸，用勺子捞净表面的浮沫，盖上锅盖，小火煲1～2个小时。④ 下入蛋饺，煮约8分钟；西蓝花放入沸水中焯烫约10秒后，捞出沥干，放入鸡汤中，开盖大约30秒钟，下入葱与适量的盐后，即可出锅。
【烹饪技法】焯，煮。
【营养功效】补血调经，益气补虚。
【健康贴士】此汤尤其适合产妇饮用。

【巧手妙招】焯烫西蓝花的时候可在沸水中滴入几滴油，这样可使其保持翠绿。

鸡丝冬瓜汤

【主料】鸡胸肉100克，冬瓜片200克。
【配料】党参3克，黄酒10克，盐3克，味精2克。
【制作】① 先将鸡胸肉洗净，切成细丝，放入砂锅内，加适量水。② 党参洗净也放入砂锅内，大火煮沸后改为小火炖至八分熟时，汆入冬瓜片，加入黄酒、盐、味精，待冬瓜熟透时即可，早晚2次分服，当日吃完。
【烹饪技法】煮，炖，汆。
【营养功效】健脾利尿，清热解渴。
【健康贴士】一般都可饮用，尤其适合糖尿病患者饮用。

瓦罐鸡汤

【主料】母鸡1只，猪油25克。
【配料】姜片10克，盐6克，味精2克，白胡椒粉4克，葱结15克。
【制作】① 母鸡宰杀处理干净，剁去头、脚，胗、肝、心留用，用清水洗净，斩成4厘米宽、5厘米长的块，保持腿与翅形的完整。② 锅置大火上，入油烧热，下入鸡肉、鸡胗、鸡肝、鸡心和葱结、姜片一起爆炒，待香气扑鼻炒去血色时，加盐出锅，分装入12只小瓦罐中，每罐加适量清水，置小火上煨至汤汁浓稠加入味精，撒上白胡椒粉，原罐上席。
【烹饪技法】爆炒，煨。
【营养功效】活血通脉，安神助眠。
【健康贴士】此汤特别适合神经衰弱者饮用。

老母鸡玉米胡萝卜汤

【主料】老母鸡半只，玉米100克，胡萝卜100克。
【配料】姜10克，红枣10枚，盐4克。
【制作】① 老母鸡处理干净，斩成大块；玉米洗净，切小块；生姜洗净，去皮，用刀背拍扁；胡萝卜洗净，削皮，切块。② 锅置火上，下入鸡块、玉米、胡萝卜、生姜和红枣入锅，加入适量水，大火煮沸后，撇去浮沫，转中火煮 20 分钟，再转小火煮至肉熟烂，调入盐即可。

【烹饪技法】煮。

【营养功效】暖胃益肾，泽肤养颜。

【健康贴士】此汤尤其适合气血不足者饮用。

双豆鸡翅汤

【主料】鸡翅 300 克，黄豆 100 克，青豆 100 克。

【配料】盐 5 克，味精 2 克，料酒 10 克，高汤 1000 毫升。

【制作】① 黄豆、青豆用水泡 30 分钟；鸡翅清洗干净，剁掉翅尖。② 砂锅置火上，下入鸡翅、黄豆、青豆入锅，倒入适量高汤，小火炖熟，加盐、味精、料酒调味即可。

【烹饪技法】炖。

【营养功效】抗衰养颜，润泽肌肤。

【健康贴士】一般人皆宜饮用，尤其适合女士饮用。

【巧手妙招】黄豆和青豆用清水浸泡时注意不要将外皮除去。鸡翅应该选用翅中和翅尖，而不要选择胶原蛋白含量较低的翅根部位。

胡萝卜山药鸡汤

【主料】鸡半只，胡萝卜根，山药 200 克，香菇 20 克。

【配料】红枣 5 枚，枸杞 10 枚，姜 5 克，葱、盐各 5 克。

【制作】① 鸡斩块，汆一下水，用温水洗净；胡萝卜切块；山药去皮，切块，泡入水中；红枣洗净，用清水泡一下；香菇切块，枸杞用清水泡一下；姜切片；葱切段。② 砂锅置火上，下入鸡块和香菇，加足水，放入姜片和葱段，大火煲开后转小火煲 1 小时，加入山药块，红枣，胡萝卜块继续煲 30 分钟，调入盐，加入枸杞，5 分钟后关火即可。

【烹饪技法】汆，煲。

【营养功效】补血养颜，祛斑靓肤。

【健康贴士】此汤尤其适合面色萎黄者饮用。

茶树菇鸡腿汤

【主料】鸡腿 150 克，茶树菇 50 克。

【配料】姜 5 克，香葱 10 克，盐 5 克，白胡椒粉 2 克。

【制作】① 鸡腿洗净；茶树菇浸泡，去根，洗净；姜切片；香葱切成葱花。② 砂锅置火上，倒入足量的水，下入鸡腿和姜片，大火烧沸，撇去浮沫，转小火炖煮 30 分钟，加入茶树菇，继续小火炖煮 1 小时，加盐调味，饮用时，撒上白胡椒粉和葱花即可。

【烹饪技法】炖煮。

【营养功效】补中益气，润肺固精。

【健康贴士】一般人皆宜饮用，尤其适合男性饮用。

雪花鸡汤

【主料】鸡 1 只，雪莲花 15 克，党参 75 克，峨参 7 克。

【配料】薏苡仁 500 克，姜 50 克，葱 50 克，盐 3 克。

【制作】① 姜、葱洗净，切段；党参、雪莲花切成约 4 厘米长的节；峨参切成片，用纱布袋装好，扎紧口；薏苡仁用清水淘洗后，另用纱布袋装好扎口；鸡宰杀后，去毛、剖腹洗净，同包好的药袋一同下锅。② 锅置火上，下入姜、葱，先用大火将汤烧沸，再改用小火烧 2 ~ 3 小时，捞出鸡肉，切成方块，放入碗中，将煮熟的薏苡仁捞出，倒入碗中，加盐调味即可饮用。

【烹饪技法】煮，烧。

【营养功效】滋阴壮阳，调经止血。

【健康贴士】感冒发热、内火偏旺者不宜饮用。

桃仁鸡腿汤

【主料】鸡腿肉 400 克，核桃 6 枚，冬瓜

200 克。

【配料】盐 5 克，绍酒、香油、葱各 10 克，姜 5 克，草果 1 个，大料 8 克，小茴香 2 克。

【制作】① 葱切段、姜切片、冬瓜去皮，切大块；鸡腿肉切块，入冷水锅焯水，大火烧沸，焯出血沫后，捞出鸡腿肉反复冲洗干净。② 锅置火上，倒入清水，下入葱、姜、小茴香、草果、花椒、大料，倒入鸡腿肉，大火烧沸，烹入绍酒，转小火盖盖炖 30 分钟，加盐调味，倒入冬瓜、核桃，直至冬瓜变成透明，淋上香油，出锅即可。

【烹饪技法】焯，炖。

【营养功效】补中益气，活血消肿

【健康贴士】此汤尤其适合虚劳瘦弱者饮用。

白萝卜鸡肋汤

【主料】鸡块 400 克，白萝卜 200 克。

【配料】生姜 5 克，植物油 20 克，盐 5 克。

【制作】① 白萝卜切约 3 毫米左右的厚片；生姜切片。② 锅置火上，入油烧热，倒入姜片和鸡肉翻炒 3 分钟左右，加入白萝卜，加入开水，淹没过白萝卜和鸡肉，大火烧沸后，倒入汤煲内，中火炖煮 2 小时，盛起时加盐调味即可。

【烹饪技法】炒，炖煮。

【营养功效】温中益气，清热活血。

【健康贴士】此汤尤其适合气血不足、头晕心悸者饮用。

【巧手妙招】炒鸡肉时真不用加太多油，因为鸡肉在炒制的过程中，会出一部分鸡油。

腊鸡子萝卜汤

【主料】腊鸡子 1 只，白萝卜 150 克。

【配料】盐 5 克，姜 5 克。

【制作】① 腊鸡子斩成块状后，装入大一点儿的汤碗中，倒入开水没过鸡块，浸泡 10 分钟左右，再冲洗净沥干；白萝卜去皮，切滚刀块；姜切片。② 锅置火上，入油烧热，下入姜片和鸡块，翻炒 3 分钟左右，加入清水没过姜片和鸡块，大火煮沸，转入汤煲内，中小火炖 1 小时后加入萝卜，继续炖至萝卜变软进味即可。

【烹饪技法】炒，煮，炖。

【营养功效】健脾开胃，清热活血。

【健康贴士】此汤特别适合食欲不振者饮用。

木耳鸡汤

【主料】木耳 200 克，白条鸡半只。

【配料】盐 5 克。

【制作】① 木耳温水泡 30 分钟，洗净，去蒂，撕成大小适中的块状；白条鸡洗净，斩成几大块，也可不斩，汆水去腥味。② 锅置火上，入水煮沸，下入鸡块大火煮 20 分钟，放入泡发的木耳，再用小火熬煮 30 分钟，加盐调味即可。

【烹饪技法】汆，煮，熬。

【营养功效】养颜健体，益气补虚。

【健康贴士】鸡属温补，风热感冒的人不宜饮用。

松茸土鸡汤

【主料】土鸡半只，水发松茸 100 克。

【配料】枸杞 10 枚，盐 3 克

【制作】① 土鸡剁成小块，放入凉水中煮沸，除去血沫，捞出沥干。松茸洗净，切薄片。② 砂锅置火上，注入足量水，下入鸡块和松茸、枸杞煮沸，撇去浮沫，转小火煲 1 ~ 2 小时至熟，加盐调味即可。

【烹饪技法】煮，煲。

【营养功效】滋阴补血，益气提神。

【健康贴士】鸡肉还可与海参同食，补血益精功效明显。

山药木耳鸡汤

【主料】山药 100 克，鸡腿肉 200 克，干木耳 10 克。

【配料】白醋 5 克，料酒 10 克，盐 4 克，姜片、葱花各 5 克。

【制作】① 山药洗净，切块，然后用水加点儿白醋泡起来备用，防止氧化；木耳水发，去根洗净，切块；鸡腿肉切块，洗净，倒入沸水锅中汆去血水。② 锅置火上，注入清水，倒入鸡块放入姜片和料酒，大火烧沸，转中火 20 分钟，加入山药和木耳，大火烧沸，转中火煲 20 分钟，待山药可以用筷子穿过，加盐和葱花出锅即可。

【烹饪技法】汆，烧，煲。

【营养功效】养发乌发，补血益气。

【健康贴士】鸡肉宜与山药同食，滋补效果更佳。

鸡腿石锅汤

【主料】鸡腿 200 克，小白菜 150 克，金针菇 50 克，熏豆腐 50 克。

【配料】红椒 10 克，虾皮 20 克，葱、料酒各 10 克，姜、盐各 5 克。

【制作】① 鸡腿洗净，凉水下锅，放少许料酒、葱、姜煮 5 分钟。② 净锅后置火上，入油烧热，下葱、姜爆香后，放小白菜、熏豆腐一起煸炒几分钟后下 2 碗白开水，再放入鸡腿，改小火熬 10 分钟。③ 石锅置火上，倒入熬好的汤，加入金针菇、红椒和虾皮继续炖煮至熟，加盐调味即可。

【烹饪技法】煮，煸炒，熬，炖。

【营养功效】健脾开胃，益智健脑。

【健康贴士】鸡肉还能与洋葱同食，有益气散寒之效。

香菇土鸡汤

【主料】土鸡 1 只，香菇 100 克。

【配料】红枣 10 粒，盐 10 克。

【制作】① 香菇用温水泡发；将土鸡宰杀，除内脏后洗净，去除头、尾部分，切块，用清水漂 20 分钟，然后将水沥干；红枣洗净，去核，用水泡 10 分钟。② 锅置火上，下入香菇、鸡肉和红枣，加清水 1500 毫升，大火将水烧沸改用小火，慢煨 3 小时左右，出锅前加盐调味即可。

【烹饪技法】煨。

【营养功效】温补脾胃，补肾益精，健脑提神。

【健康贴士】红枣入汤要去核，否则食后易上火。

宫廷鸡汤

【主料】老母鸡 1 只。

【配料】姜 5 克，盐 5 克，枸杞 10 枚，红枣 5 枚，香葱 10 克。

【制作】① 老母鸡处理干净；姜切片；红枣和枸杞洗净；香葱切末。② 锅置火上，下入整只鸡，倒入没过鸡身的水，放入姜片，大火煮沸，撇去浮沫，加入红枣、枸杞，盖上盖，小火慢炖 3 ~ 5 小时后，盛入碗中，加盐调味，撒香葱末装饰即可。

【烹饪技法】炖。

【营养功效】健胃益气，活血散寒。

【健康贴士】一般人皆宜饮用，尤其适合产妇饮用。

【巧手妙招】老母鸡最好选用上好的北京油鸡。

什锦杂烩汤

【主料】鸡胸肉 250 克，鲜虾 100 克，黄豆芽 50 克，萝卜 100 克，老豆腐 100 克，干香菇 20 克，粉丝 20 克。

【配料】生抽 10 克，盐 5 克。

【制作】① 将鸡胸肉切小块，用生抽腌 30 分钟，然后用清水洗去；香菇、粉丝用热水泡软。② 锅置火上，入油烧热，下入黄豆芽翻炒，倒入清水烧沸，放入鸡肉、香菇、萝卜、老豆腐，加盐煮 20 分钟，加入粉丝和鲜虾再煮 10 分钟出锅即可。

【烹饪技法】腌，炒，煮。

【营养功效】健脾开胃，防癌抗癌。

【健康贴士】鸡肉不宜与糯米同食，易导致消化不良，腹胀。

黄豆鸡肝汤

【主料】鸡肝 300 克，黄豆 50 克。

【配料】姜片 5 克，葱段 10 克，枸杞 10 枚，盐 5 克，鸡精 3 克。

【制作】① 黄豆泡发；鸡肝用清水泡 2 个小时后反复冲洗干净，入沸水锅焯去血渍。② 砂锅置火上，注入清水，加入姜片、葱段烧沸；放入黄豆、鸡肝煮熟，调入枸杞、盐、鸡精调味再煮 2 分钟即可。

【烹饪技法】焯，煮。

【营养功效】护肝明目，补血通乳。

【健康贴士】一般人皆宜饮用，尤其适合哺乳期女士饮用。

竹荪土鸡汤

【主料】竹荪20克，老鸡半只，干香菇10克。

【配料】葱 5 克，老姜 5 克，料酒 15 克，盐和葱花适量。

【制作】① 竹荪凉水泡发 30 分钟，去掉杂质，挤干水分；香菇泡软后清洗干净，对切；葱洗净，切花；鸡剁成块后清洗干净，在沸水中煮沸，沥干水分。② 锅置火上，入油烧至五成热，放入鸡块、料酒、姜块，大火炒出鸡油。③ 汤煲置火上，下入炒好的鸡块，加入半锅开水、香菇，大火煮沸，转小火炖 2 小时再放入竹荪煲 30 分钟，出锅时加入盐和葱花调味。

【烹饪技法】炒，煮，炖，煲。

【营养功效】补气养阴，宁神健体。

【巧手妙招】土鸡会有很多黄色的鸡油，一定要将鸡油炒出来，鸡汤才会金黄浓香。

鸡脯白菜汤

【主料】小白菜 500 克，熟鸡胸肉 250 克。

【配料】植物油 30 克，料酒、葱花 10 克，味精 3 克，牛奶 50 毫升，水淀粉 10 克。

【制作】① 将小白菜入沸水锅中焯透，捞出用凉水过凉，理齐放入盘内，沥干水分。② 锅置火上，入油烧热，下入葱花炝锅，烹入料酒，放入鸡汤和盐，放入鸡胸肉和小白菜，用大火烧沸，加入味精、牛奶，用水淀粉勾芡，装盘即可。

【烹饪技法】焯，炝。

【营养功效】健脑增智，宁神健体。

【健康贴士】一般人皆宜饮用，尤其适合青少年饮用。

紫菜鸡丝汤

【主料】鸡胸肉 170 克，玉兰片 25 克，鸡蛋 50 克。

【配料】干紫菜 15 克，酱油 8 克，淀粉（玉米）3 克，盐 2 克，味精 1 克。

【制作】① 鸡胸肉洗净，去掉筋，切成细丝；玉兰片切成丝；紫菜切成丝，倒入汤碗中；鸡蛋打散；鸡胸肉加入鸡蛋液和水淀粉拌匀。② 锅置火上，倒入清水烧沸，加入鸡肉丝、玉兰丝、酱油、盐、味精，待汤烧开后，撇去浮沫，倒在汤碗中即可。

【烹饪技法】烧。

【营养功效】补虚养身，键骨强身。

【健康贴士】一般人皆宜饮用，尤其适合儿童饮用。

乌鸡白凤汤

【主料】乌骨鸡 1 只，白凤尾菇 50 克。

【配料】料酒 15 克，葱结、姜片各 5 克，盐 3 克，味精 2 克。

【制作】① 乌骨鸡宰杀后，去血；放入锅中用清水煮至冒水泡时，加入盐离火，浸入鸡，见鸡毛淋湿，提出，脱净毛及嘴尖、脚上硬皮，剪去鸡屁股，开膛取出内脏，用水冲洗干净。② 砂锅置火上，加入清水、姜片煮沸，下入乌鸡、料酒、葱结，用小火焖煮至脱骨，加入白凤尾菇，调入盐、味精煮 3 分钟，出锅即可。

【烹饪技法】焖，煮。

【营养功效】滋阴补血，强筋健骨。

【健康贴士】多食此汤可防治骨质疏松、佝偻病。

茶树菇老鸭煲

【主料】茶树菇 100 克，干蘑菇 15 克，老鸭 1 只，春笋 80 克。

【配料】火腿 10 克，葱 6 克，姜 5 克，盐 5 克。

【制作】① 茶树菇和蘑菇用温水泡发后，捞出洗净，过滤泡发的水；春笋剥去外层硬壳，切去老根，用刀背拍松后切成段。② 老鸭去头、去尾、去爪、去内脏，洗净，斩成大块；锅中倒入清水，大火煮沸后，下入鸭块煮 5 分钟，待表面变色后，捞出；大葱洗净，切段；姜洗净，用刀拍散。③ 将泡发过滤后的蘑菇水，倒入砂锅中，再一次补入足够量的清水，大火煮沸后，放入鸭块，火腿片，葱段，姜块，茶树菇和蘑菇，盖上盖转小火炖 3 小时后，放入笋块，继续炖 20 分钟，饮用前添加少许盐调味即可。

【烹饪技法】煮，炖。

【营养功效】补气养阴，宁神健体。

【健康贴士】吃过鸭肉，可以喝一杯桂花饮，不但去油腻，还能清热益气。

老鸭煲

【主料】老鸭 1 只，酸萝卜 150 克，金华火腿 30 克，香菇 20 克，干笋 10 克。

【配料】葱、姜、料酒各 10 克，盐 4 克，酱油 5 克，白胡椒粉、鸡精各 3 克，植物油 20 克，香菜 5 克，高汤 1000 毫升，竹签适量。

【制作】① 酸萝卜、火腿、香菇洗净，切成丝和片；干笋洗净，切成丝；葱、姜洗净，切成段和片；酸萝卜丝、火腿丝、香菇丝、干笋丝塞进鸭肚里，用竹签封住。② 砂锅置火上，倒入高汤、香菇片、酸萝卜片、火腿片煮 5 小时后，放入鸭子，加入盐、白胡椒粉、鸡精、料酒、葱、姜、酱油，再煲 6 ~ 8 小时，饮用前淋入香菜末即可。

【烹饪技法】煮，煲。

【营养功效】滋阴降燥，缓解暑热。

【健康贴士】一般人皆宜饮用。

鸭血粉丝汤

【主料】鸭汤 450 毫升，粉丝 200 克，香辣鸭血 60 克，鸭胗 10 克，鸭肠 10 克，鸭肝 10 克，豆泡 5 克。

【配料】盐 2 克，味精 1 克，鸡精 1 克，鸭血汤调味料 5 克，酸豆角 2 克，花生米 3 克，榨菜 2 克，香葱 5 克，香菜 5 克，鸭料油 5 克。

【制作】① 取不锈钢烫粉漏勺，加入粉丝、豆泡煮 1 分钟。② 取碗一个，在碗中放入盐、味精、鸡精、鸭血汤调味料、酸豆角、榨菜和鸭料油。③ 倒入烫好的粉丝与鸭汤，泼上香辣鸭血、鸭胗、鸭肠、鸭肝，粉丝上撒香菜、香葱、花生米，即可。

【烹饪技法】煮。

【营养功效】滋阴养胃，利水消肿。

【健康贴士】鸭肉也可与雪里蕻同食，清肺解毒效果明显。

绿豆老鸭汤

【主料】绿豆 200 克，老鸭 1 只，土茯苓 20 克。

【配料】植物油 30 克，盐 5 克。

【制作】① 将老鸭处理干净，去除内脏；绿豆浸洗干净。② 汤煲置火上，下入绿豆、老鸭、土茯苓，入清水约煮 4 小时，加盐调味即可。

【烹饪技法】煮。

【营养功效】清热益气，补虚健胃。

【健康贴士】脾胃虚寒者不宜多饮用。

冬瓜海带鸭骨汤

【主料】鸭骨 500 克，海带 100 克，冬瓜 100 克，四季豆 50 克，玉米棒 50 克。

【配料】陈皮 5 克，盐 3 克。

【制作】① 鸭骨洗净，切块，放入沸水中汆烫捞出；冬瓜洗净，去皮，切块；海带洗净；打结；四季豆择洗干净；玉米棒切段；陈皮浸软，刮去瓤备用。② 汤煲置火上，注入清水烧沸，下入鸭骨、海带、冬瓜、四季豆、玉米棒、陈皮煮 20 分钟后，再转至小火煲 2 小时，加盐调味即可。

【烹饪技法】汆，煲，煮。

【营养功效】滋阴润肺，健胃清热。

【健康贴士】体内有热、上火者尤其适用。

冬瓜鸭架汤

【主料】鸭架 1 个，冬瓜 200 克。

【配料】姜片、香葱各 5 克，盐 3 克。

【制作】① 冬瓜切片；香葱切末；鸭架子掰成几段。② 锅置火上，下入姜片和鸭架煮沸后，继续煮 15 分钟，放入冬瓜片，加盐调味，待冬瓜煮熟后即可关火，撒上葱末即可。

【烹饪技法】煮。

【营养功效】滋阴养胃，清热除烦。

【健康贴士】鸭肉也可以与莲子同食，滋阴润燥效果明显。

老鸭海带汤

【主料】老鸭半只，海带 250 克。

【配料】蒜 10 克，姜 5 克，枸杞 10 枚。

【制作】① 老鸭处理干净，切成大块；海带洗净，切片，姜拍烂备用。② 干锅置火上，下入鸭块翻炒，待皮中的油爆出即可。③ 砂锅置火上，注水烧沸后，倒入炒好的鸭块、海带，加入备好的姜、枸杞，大火炖开后转小火炖 3 ~ 4 小时即可。

【烹饪技法】炒，炖。

【营养功效】利水消肿，防暑祛热。

【健康贴士】夏天吃一些海带和鸭肉可以补充由于天热而流失的维生素和蛋白质。

青萝卜老鸭汤

【主料】青萝卜 60 克，老鸭半只，干香菇 10 克。

【配料】桂圆 10 克，大枣 3 枚，花椒 3 克，料酒 10 克，鸡精、盐各 3 克。

【制作】① 老鸭入冷水锅中焯水，去血，去腥，再用热水洗净沫；干香菇用水泡发，洗净。② 锅置火上，注入热水，加入老鸭及香菇、桂圆、大枣，煲 2 ~ 3 小时后，加入青萝卜、料酒、鸡精、盐，4 小时后出锅即可。

【烹饪技法】煲。

【营养功效】止咳化痰，顺气利尿。

【健康贴士】经常性脾阳不振、寒湿泄泻等病症患者不宜饮用。

姜母老鸭汤

【主料】老鸭 1 只，老姜母 200 克，黄芪 10 克，枸杞 15 枚。

【配料】盐 5 克，鸡精 3 克，植物油 20 克，清汤 200 毫升。

【制作】① 老鸭去除杂毛，洗净，斩块，沥干水分；老姜母刷洗干净，用刀背拍松；黄芪、枸杞洗净。② 锅置火上，入油烧热，下入鸭块翻炒片刻，捞出沥油，锅内倒适量清汤，放黄芪、枸杞、鸭块、老姜母，大火烧沸后转小火慢炖 2 小时，再加入盐和鸡精调味即可。

【烹饪技法】炖。

【营养功效】疏通血脉，补益肾脏。

【健康贴士】适用于血脉循环不畅，手脚冰凉者饮用。

笋干老鸭煲

【主料】隔年老鸭 1 只，天目山笋干 200 克，陈年火腿 100 克。

【配料】煲鸭药料 10 克，粽叶 10 克，葱 10 克，姜 5 克，盐 5 克，味精 3 克，黄酒 10 克，高汤 1000 毫升。

【制作】① 老鸭处理干净，放入沸水锅汆去血污，挖掉鸭臊，洗净。② 砂锅置火上，下入粽叶、老鸭、笋干、火腿，加入葱、姜、黄酒、高汤、老鸭原汤、煲鸭药料，小火炖 4 小时后，拣去粽叶、葱、姜，加盐、味精调味即可。

【烹饪技法】汆，炖。

【营养功效】生津开胃，益气补血。

【健康贴士】此汤尤其适合大便秘结者饮用。

鸭架豆腐汤

【主料】烤鸭骨架1个，胡椒粉0. 5克，豆腐200克。

【配料】味精0.5克，葱段15克，盐1.5克，鸭油5克，植物油15克，鸡清汤750毫升。

【制作】① 将鸭骨架砍成① 5厘米见方的块；豆腐片成2厘米见方的小片。② 锅置大火上，入油烧至七成热，下入鸭骨架块煸炒，待发出香味时，倒入鸡清汤烧沸后，放入瓦钵内，置小火上炖10分钟后，下入豆腐片煮沸，再加入盐、味精，盛入汤碗内，撒上葱段、胡椒粉，淋入鸭油即可。

【烹饪技法】煸炒，炖。

【营养功效】消暑滋阳，补血益气。

【健康贴士】一般人皆宜饮用，尤其适合男性饮用。

章鱼煲鸭

【主料】净鸭750克，章鱼75克。

【配料】黄酒15克，盐5克，味精5克，姜10克，胡椒粉1克，上汤750毫升。

【制作】① 章鱼处理干净，切条；净鸭用刀开背，敲碎翼膊和膝骨，入沸水中汆10分钟，捞出洗净。② 锅置火上，下入鸭（鸭肚朝上）、章鱼条，加入黄酒、盐、味精、上汤、姜块，炖至熟捞出，弃掉姜块，撇去汤面油，撒上胡椒粉即可。

【烹饪技法】汆，炖。

【营养功效】清热去火，滋阴补肾。

【健康贴士】慢性肠炎者不宜饮用。

菜干杏仁鸭肾汤

【主料】白菜干200克，北杏15克，腊鸭肾15克，蜜枣5枚，猪瘦肉150克。

【配料】盐5克，味精2克，姜5克。

【制作】① 白菜干用清水浸软，洗净，切段；北杏、蜜枣用清水稍浸泡，并去心、去核；腊鸭肾洗净，用温开水稍浸泡，切厚片；猪瘦肉洗净，切大块。② 瓦煲置火上，下入白菜、北杏、腊鸭肾、蜜枣、猪瘦肉，加入清水1200毫升，大火煮沸后，改用小火煲2～3小时，调入盐即可。

【烹饪技法】煲。

【营养功效】清燥润肺，止咳生津。

【健康贴士】鸭肉也可与马兰同食，有清热解毒之效。

玉米老鸭汤

【主料】玉米200克，老鸭1只，猪脊骨200克，猪瘦肉100克。

【配料】姜、葱、鸡精、盐各5克。

【制作】① 玉米洗净，斩段；脊骨洗净，斩块；猪瘦肉洗净，切块；姜去皮，洗净；老鸭宰杀、洗净，斩块；葱洗净，切段。② 砂锅置火上，注水烧沸，下入老鸭块、脊骨块、猪瘦肉块汆烫，捞出，洗净血水。③ 净锅后置火上，加入老鸭块、猪瘦肉块、脊骨块、玉米、姜，再加入清水，煲2小时候，调入盐、鸡精，加葱即可。

【烹饪技法】汆，煲。

【营养功效】止咳平喘，清热开胃。

【健康贴士】一般人皆宜饮用，尤其适合老年咳嗽气喘者饮用。

冬瓜煲老鸭

【主料】老鸭1只，冬瓜200克、薏米100克，枸杞 20 枚。

【配料】姜片、葱段各 8 克，白胡椒 2 克，料酒 10 克，味精 3 克，植物油 20 克，盐 5 克。

【制作】① 老鸭处理干净，斩块，入沸水锅汆水；冬瓜去皮，切厚片。② 鸭块入煲，下入葱段、姜片、白胡椒，大火烧沸，去沫，再放入薏米、枸杞，改小火煲约 2 小时至熟透，加入冬瓜改大火滚 5 ~ 6 分钟，加盐调味即可。

【烹饪技法】汆，煲。

【营养功效】清润消暑，利水祛湿。

【健康贴士】最适宜在炎热的夏、秋季节饮用。

酸萝卜老鸭汤

【主料】老鸭 1800 克，酸萝卜 300 克。

【配料】老姜 10 克，花椒 3 克。

【制作】① 老鸭处理干净，取出内脏，剁块；酸萝卜洗净，切片；老姜拍烂备用。② 干锅置火上，下入鸭块翻炒，待水汽收住即可。③ 锅置火上，注水烧沸，放入炒好的鸭块、萝卜，加入备好的老姜、花椒，改用炖锅慢火煨上 2 ~ 3 小时即可。

【烹饪技法】炒，煨。

【营养功效】清热健脾，降脂降压。

【健康贴士】特别适用于体内有热、上火者饮用。

鸭血豆腐汤

【主料】鸭血 250 克，豆腐 300 克。

【配料】盐 2 克，酱油 4 克，味精 2 克，香油 10 克，辣椒粉 5 克，葱末 5 克，高汤 750 毫升。

【制作】① 鸭血清水洗净，切成 1.7 厘米见方的块，豆腐同样切成 1.7 厘米见方的块，分别放入开水同焯一下，捞出，沥干水分。② 汤锅置火上，倒入高汤烧沸，下入鸭血块、豆腐块，煮至豆腐漂起，加入盐、味精、酱油、葱末、辣椒粉，待汤再开，出锅盛入汤碗内，淋入香油即可。

【烹饪技法】焯，煮。

【营养功效】减肥美容，细腻肌肤。

【健康贴士】豆腐不宜与香葱同食，会生成容易形成结石的草酸钙。

腊鸭冬瓜汤

【主料】腊鸭肉 400 克，冬瓜 200 克。

【配料】姜片 5 克，香葱 5 克。

【制作】① 腊鸭肉入沸水锅汆烫，捞出洗净，切小块；冬瓜洗净，切块；姜切片；香葱挽结。② 砂锅置火上，倒入适量水，下入腊鸭肉、香葱结、姜片，加盖大火煮沸后转小火约 1 小时，加入冬瓜块，继续煲 30 分钟，煲至汤色转白，加入葱花即可出锅即可。

【烹饪技法】汆，煮，煲。

【营养功效】清热解渴，健胃补虚。

【健康贴士】此汤特别适宜咽干口渴者饮用。

鸭架白玉汤

【主料】烤鸭架 1 个，嫩笋扁尖 150 克，白萝卜 200 克。

【配料】香菜 5 克，盐 3 克。

【制作】① 鸭架稍稍剁散；嫩笋扁尖洗净盐分，浸泡在清水里，至软切成粗丝；白萝卜去皮，切成筷子粗细丝。② 锅置火上，下入鸭架、嫩笋扁尖，加适量水炖 10 ~ 20 分钟，放入萝卜丝炖至萝卜丝半透明汤色乳白，出锅前加香菜、盐调味即可。

【烹饪技法】炖。

【营养功效】清热利尿，开胃健体。

【健康贴士】此汤有利于缓解小便不利。

【巧手妙招】① 嫩笋扁尖的盐分要洗尽，以免汤头太咸。② 白萝卜不要切的太细，不然久煮以后就失去特有的口感。③ 嫩笋扁尖含有部分盐分，最后调味的盐用量要少。

腊鸭菜干汤

【主料】腊鸭半只，白菜干 20 克，猪瘦肉 200 克。

【配料】蜜枣2枚，胡萝卜15克。

【制作】① 白菜干提前浸泡一个晚上，切成小段；腊鸭斩成大件，与猪瘦肉一起入沸水锅汆水，撇去浮沫；胡萝卜削皮，切大件；蜜枣冲洗干净。② 汤锅置火上，下入腊鸭、白菜干、猪瘦肉、胡萝卜，注入清水，大火煲开后，转小火煲2个小时，出锅前加盐调味即可。

【烹饪技法】汆，煲。

【营养功效】健脾开胃，滋阴润燥。

【健康贴士】一般人皆宜饮用，尤其适合女士饮用。

木耳鸭丝汤

【主料】鸭脯肉200克，水发木耳100克，鸡蛋2个。

【配料】盐4克，淀粉、料酒各10克，胡椒粉2克，鸡精3克。

【制作】① 鸭肉洗净，切丝，加入盐，胡椒粉，淀粉，料酒，蛋清浆好，汆水备用；木耳泡发，去根，焯水后切丝。② 锅置火上，注入清水烧沸，下入鸭肉丝，略煮片刻，加入木耳丝煮沸，略煮片刻，调入盐和鸡精出锅即可。

【烹饪技法】汆，焯，煮。

【营养功效】滋补瘦身，补血养颜。

【健康贴士】寒性痛经者应少食。

山药老鸭汤

【主料】老鸭1只，山药100克。

【配料】生姜5克，香葱6克，盐3克，胡椒粉2克，料酒10克。

【制作】① 老鸭斩件，洗净，沥干水分；生姜分做两份，刀背拍松；香葱洗净，挽成两个葱结；山药洗净，刮去外皮，切滚刀块，清水浸泡备用。② 锅置火上，注水烧热，下入生姜2.5克、葱结3克，大火煮沸后，烹入料酒，下鸭块汆烫至血腥浮沫泛起，捞出冲洗干净，沥干水分。③ 汤煲置火上，下入鸭块放入汤煲中，一次性加入足量清水，投入剩下的生姜、葱结，中大火煮沸，将汤滚后泛起的浮沫再次撇清，加入山药，再次滚开锅后，转小火煲至山药软糯，鸭块肉可用筷头戳透（约2小时），调入盐，胡椒粉即可。

【烹饪技法】煮，汆，煲。

【营养功效】补肾益肺，健脾开胃。

【健康贴士】胃寒、腹泻者应少食。

老鸭双皮汤

【主料】老鸭半只，西瓜皮100克，薏米10克。

【配料】陈皮3克，葱、姜各5克，盐4克，味精、胡椒粉各2克。

【制作】① 西瓜皮去掉红瓤和外皮，切成块；薏米提前用清水浸泡；老鸭切块；汆烫备用。② 锅置火上，入油烧热，下入鸭块小火煸炒出油；注入适量水，加入葱、姜、陈皮、瓜皮、薏米，大火烧沸后，转小火炖15分钟，出锅前加盐、味精、胡椒粉调味即可。

【烹饪技法】汆，煸炒，炖。

【营养功效】滋阴补血，活血消肿。

【健康贴士】此汤尤其适合月经少的女士。

笋干芋头老鸭汤

【主料】老鸭半只，芋头500克，笋干50克，扁尖100克，火腿30克。

【配料】姜片5克，葱5克，黄酒20克。

【制作】① 笋干提前洗去表面盐分，用凉水泡4小时，把内部盐分泡出来，中间换一两次水，然后切成长约4厘米的小段备用；老鸭洗净，下入冷水锅中火煮出血沫，捞出用热水冲净。② 另备半砂锅热水，将老鸭放入，同时加入火腿、姜片、葱段、黄酒，大火烧沸后，改微火煲90分钟。③ 芋头去皮洗净，切成大块，和扁尖一起，放进煲了90分钟的老鸭汤里，接着煲30分钟左右即可。

【烹饪技法】煮，煲。

【营养功效】健胃补脾，利水消肿。

【健康贴士】此汤尤其适合慢性肾炎水肿者饮用。

火腿鸭翅汤

【主料】鸭翅 200 克，火腿 30 克，白萝卜 30 克。

【配料】盐 2 克，鸡精 2 克，料酒 10 克，白胡椒粉 2 克，葱 10 克，姜 5 克。

【制作】① 鸭翅洗净，改成小块，汆水后撇去浮沫，取出用水洗净；火腿切长片；白萝卜切条；葱挽结；姜拍松。② 砂锅置火上，放入汆好的鸭翅、火腿，大火烧沸，烹入料酒，小火炖90分钟，加入白萝卜条，调入盐、鸡精，胡椒粉，再炖 30 分钟即可。

【烹饪技法】汆，炖。

【营养功效】滋阴养胃，清肺解热。

【健康贴士】一般人皆宜饮用，尤其适合产妇饮用。

薏仁绿豆老鸭汤

【主料】老鸭 1 只，薏仁 38 克，绿豆 38 克。

【配料】陈皮 2 克，盐 5 克。

【制作】① 老鸭去内脏，切半，切掉鸭尾，洗净，汆烫；陈皮用水浸软，刮去瓤；薏仁、绿豆洗净。② 汤煲置火上，注水煮沸，下入鸭块、薏仁、绿豆，用大火煮 20 分钟，再改用小火熬煮 2 小时，加盐调味即可。

【烹饪技法】汆，煮，熬。

【营养功效】消暑清热，健脾益脏腑，美容养颜。

【健康贴士】此汤也可加少许黄芪，因为鸭肉与黄芪同食，对老年肺结核及肺气肿有辅助治疗作用。

大鹅肉烩什蔬

【主料】大鹅肉 500 克，香菇柄 45 克，山药 150 克，荷兰豆 50 克，银杏 30 克，胡萝卜 50 克。

【配料】葱花 20 克，姜片 3 克，盐 5 克，色拉油 20 克，料酒 15 克，鸡精 3 克，香叶 2 片，高汤 1500 毫升。

【制作】① 大鹅肉洗净，斩块，放入沸水中汆烫，捞出，用镊子夹净细毛；香菇柄斜刀切片；山药、胡萝卜洗净；去皮，切块；荷兰豆、银杏洗净。② 锅置火上，入油烧热，下入葱花、姜片、大鹅肉翻炒，烹入料酒，倒入适量高汤煮沸，下入香菇柄、山药、荷兰豆、银杏、胡萝卜、盐、鸡精、香叶，转小火煮 30 分钟即可。

【烹饪技法】汆，炒，煮。

【营养功效】暖胃生津，益气和胃。

【健康贴士】一般人皆宜饮用，尤其适合孕妇饮用。

竹荪鹅肉汤

【主料】水发竹荪 200 克，鹅肉 300 克，水发香菇 50 克。

【配料】料酒 10 克，盐 4 克，味精 3 克，酱油 8 克，植物油 15 克，葱花 10 克，姜片 5 克，桂皮 1 块，高汤 1000 毫升。

【制作】① 水发竹荪切去两头，洗净，切段；水发香菇洗净，切块；鹅肉洗净，切块。② 锅置火上，入油烧热，下入葱花、姜片煸香，放入鹅肉块煸炒至变色，加入竹荪段、香菇块煸炒片刻，烹入料酒、酱油、桂皮、盐、高汤烧沸，转小火焖炖至鹅肉熟而入味。

【烹饪技法】煸，煸炒，烧，炖。

【营养功效】益气化痰，健脾益胃。

【健康贴士】鹅肉也可与胡萝卜同食，有益气润燥之效。

砂锅苦瓜鹅肉汤

【主料】苦瓜 300 克，鹅肉 150 克，

【配料】盐 4 克，姜片 5 克，香油 3 克，清汤 800 毫升。

【制作】① 苦瓜剖开，去尽内瓤，用清水洗净，入沸水锅汆一下，捞出，沥干水分，切成块；鹅肉用水洗净，沥干水分，切成薄片。② 砂锅置大火上，倒入清汤烧沸，放入姜片、盐、牛肉片、苦瓜块煮熟，出锅，再将香油滴入汤盆中搅匀即可。

【烹饪技法】汆，煮。
【营养功效】清脂减肥，养胃补气。
【健康贴士】脾胃虚寒者不宜多饮用。

白菜干豆腐腊鸭头汤

【主料】腊鸭头连颈 100 克，鸭肉 300 克，白菜干 75 克，豆腐 300 克，芡实、薏米各 25 克。
【配料】蜜枣 4 枚，陈皮 3 克，生姜 5 克。
【制作】① 蜜枣、陈皮、生姜分别洗净、浸泡，蜜枣去核、陈皮去瓤；豆腐煎至微黄；腊鸭头和鸭肉洗净，切为块状。② 汤锅置火上，下入腊鸭头、鸭肉和生姜，注入适量清水，大火煲沸后，改为小火煲 2 ~ 3 小时。
【烹饪技法】煎，煲。
【营养功效】清热养阴，聚火下气，补脑益气。
【健康贴士】一般人皆宜饮用，尤其适合产妇饮用。

柠檬乳鸽汤

【主料】乳鸽 1 只，猪排骨 200 克。
【配料】柠檬 40 克，姜 10 克，盐 2 克。
【制作】① 柠檬洗净，切去核；乳鸽切去脚，洗净；② 锅置火上，注水烧沸，下入乳鸽、排骨煮五分钟，捞出洗净。③ 汤煲置火上，注入清水，放入乳鸽，排骨，姜煲滚，慢火煲 3 小时，加入柠檬再煲 10 分钟，调入盐即可。
【烹饪技法】煮，煲。
【营养功效】补虚益精，祛暑生津。
【健康贴士】本汤既可作为小儿夏季防暑之用，又可用作糖尿病患者的食疗方。

鸽肉萝卜汤

【主料】乳鸽 1 只，白萝卜 100 克，胡萝卜 50 克。
【配料】姜片 5 克，葱丝 10 克，橙皮丝 3 克，盐 3 克，料酒 10 克。
【制作】① 乳鸽去头、爪、内脏洗净，斩块；白萝卜、胡萝卜分别洗净，切方块。② 锅置火上，注水烧沸，下鸽肉块入沸水中汆烫去血污，捞出备用。③ 汤煲置火上，注入清水，下入鸽肉大火煲滚，加入姜片、料酒、白萝卜、胡萝卜、橙皮丝煲 40 分钟，调入盐，撒上葱丝即可。
【烹饪技法】汆，煲。
【营养功效】补气养血，美容养颜。
【健康贴士】此汤尤其适合术后病人饮用。
【举一反三】可以把萝卜换成雪里蕻。

香菇枸杞鸽子汤

【主料】鸽子 1 只，干香菇 10 克，枸杞 20 枚。
【配料】盐 3 克，葱 10 克，姜片 5 克，料酒 10 克。
【制作】① 鸽子清洗干净，入冷水锅焯水；干香菇水发。② 砂锅置火上，下入葱、姜片和料酒，大火烧沸，撇去浮沫，加入鸽子、香菇，小火炖 3 小时，加入枸杞，调入盐，出锅即可。
【烹饪技法】焯，炖。
【营养功效】健脑补神，延年益寿。
【健康贴士】一般人皆宜饮用，尤其适合老年人饮用。

松茸鸽子汤

【主料】鸽子 1 只，松茸 80 克，枸杞 15 枚。
【配料】姜片 10 克，黄酒 15 克。
【制作】① 松茸提前用水泡发至软，倒掉底部残渣；鸽子处理干净，入冷水锅焯水，加入黄酒，煮至水开漂起血沫后，捞出用温水冲洗干净。② 砂锅置火上，注入适量水，下入鸽子和姜片煮 30 分钟，加入松茸和枸杞继续煮 30 分钟即可。
【烹饪技法】焯，煮。
【营养功效】理气止痛，降糖降压。
【健康贴士】此汤尤其适合糖尿病患者饮用。

去燥润肺老鸽汤

【主料】净鸽2只，沙参20克，玉竹20克。
【配料】麦冬15克，姜片5克，骨汤2000克，盐4克。
【制作】① 每只鸽斩成四大块，入沸水锅内汆烫，洗去血水，捞出沥干；沙参、玉竹、麦冬、姜片洗净。② 砂锅置火上，下入鸽肉、沙参、玉竹、麦冬、姜片，注入骨汤，加盖慢火煨约60分钟至肉熟汤浓，加盐调味即可。
【烹饪技法】汆，煨。
【营养功效】去燥润肺，清热解毒。
【健康贴士】此汤尤其适宜秋季饮用。

枸杞乳鸽汤

【主料】乳鸽500克，枸杞20枚。
【配料】盐3克，白砂糖5克，料酒5克，葱段3克，姜片3克，胡椒粉2克，鸡汤1200毫升。
【制作】① 将乳鸽处理干净，剁成4块，入沸水烫透捞出；枸杞用温水洗净。② 蒸锅置火上，下入鸽块、葱段、姜片、鸡汤和枸杞入锅蒸90分钟左右，取出，拣去葱、姜，烹入料酒，加盐、白砂糖、胡椒粉调味即可。
【烹饪技法】蒸。
【营养功效】益气补虚，强筋壮骨。
【健康贴士】一般人皆宜饮用，尤其适合产妇饮用。

黄精桂圆乳鸽汤

【主料】乳鸽200克，桂圆肉20克。
【配料】黄精40克，陈皮5克，盐3克。
【制作】① 乳鸽宰杀，去毛及内脏；黄精、桂圆肉和陈皮分别洗净。② 汤煲置火上，注入适量水烧沸，下入乳鸽、黄精、桂圆肉和陈皮，用中火煲约3小时，加盐调味即可。
【烹饪技法】煲。
【营养功效】补血养颜，宁心安神，润肺养阴。
【健康贴士】鸽肉不宜与猪肝同食，会使皮肤出现色素沉淀。

绿豆乳鸽汤

【主料】绿豆150克，乳鸽1只，猪骨200克。
【配料】姜5克，酒15克，盐3克，陈皮5克。
【制作】① 陈皮浸软，去白绒；绿豆洗净、略浸20分钟；乳鸽净毛，与猪骨分别焯水备用。② 瓦煲置火上，注入适量水烧沸，依次放入乳鸽、猪骨、绿豆、陈皮、姜、酒，大火煲20分钟，转小火煲60分钟后，加盐调味即可。
【烹饪技法】焯，煲。
【营养功效】补血养颜，清热解毒。
【健康贴士】一般人皆宜饮用，尤其适合经常生痱或多青春痘的人饮用。

莲枣乳鸽汤

【主料】莲子60克，乳鸽1只。
【配料】姜4克，大枣10枚，盐2.5克。
【制作】① 乳鸽处理干净，剁小块，入沸水中汆去血水，捞出沥干；莲子、红枣泡发洗净；姜切片。② 砂锅置火上，下入乳鸽、姜片、莲子，大火煲至2小时后，待鸽肉开始有些烂，加入红枣焖片刻，30分钟后用筷子挑肉，软烂后调入盐即可。
【烹饪技法】汆，煲。
【营养功效】止渴去热，补中益气。
【健康贴士】不宜长期用植物油炸鸽肉，否则会引起机体癌变。

白芍炖乳鸽

【主料】白芍10克，枸杞15枚，乳鸽1只。
【配料】姜10克，盐5克，鸡精3克，糖1克，胡椒粉1克。
【制作】① 乳鸽处理干净，斩块，汆水；白芍洗净；姜切片。② 净锅置火上，注入清水、姜片、乳鸽、白芍、枸杞，大火烧沸转小火炖40分钟，加盐、鸡精、糖、胡椒粉调味即可。
【烹饪技法】汆，炖。

【营养功效】调经止痛，醒脑止眩。

【健康贴士】适宜月经不调者饮用。

黑豆莲藕乳鸽汤

【主料】乳鸽1只，莲藕250克，黑豆50克。

【配料】陈皮5克，红枣4枚，盐4克。

【制作】①黑豆炒至豆皮裂开，洗净；乳鸽去毛、内脏，洗净；莲藕、陈皮和红枣洗净，红枣去核。②汤煲置火上，注入清水烧沸，下入黑豆、乳鸽、莲藕、陈皮和红枣，中火煲3小时，加盐调味即可。

【烹饪技法】煲。

【营养功效】调经止痛，醒脑止眩。

【健康贴士】此汤特别适合痛经女士饮用。

红豆花生鹌鹑汤

【主料】红豆50克，花生60克，鹌鹑2只。

【配料】蜜枣3枚，盐3克，红枣6枚。

【制作】①红豆、花生、蜜枣洗净；鹌鹑宰杀，去毛、内脏，洗净，入沸水锅汆一下。②瓦煲置火上，注入清水，加入红豆、花生、鹌鹑、蜜枣、红枣大火煲沸后，改用小火煲2小时，加盐调味即可。

【烹饪技法】汆，煲。

【营养功效】补血美容，提气补虚。

【健康贴士】本汤偏于补血，外感发热、湿热内盛者慎用。

黑豆红枣鹌鹑汤

【主料】红枣15枚，黑豆100克，鹌鹑2只。

【配料】陈皮3克，姜、葱各5克，花椒、盐各3克。

【制作】①把黑豆放入铁锅，干炒至豆皮裂开；红枣、陈皮洗净。②锅置火上，下入红枣、陈皮和鹌鹑，加水煮沸，撇去浮沫，加入姜、葱、盐和花椒，小火煮烂即可。

【烹饪技法】煮。

【营养功效】滋阴补肾，祛风助阳。

【健康贴士】一般人皆宜饮用，尤其适合糖尿病、高血压患者饮用。

银耳杏仁鹌鹑汤

【主料】干银耳25克，苦杏仁25克，甜杏仁25克，鹌鹑肉400克，猪瘦肉50克。

【配料】无花果10枚，姜3克，盐4克。

【制作】①银耳水发洗净，苦杏仁、甜杏仁、无花果、姜分别用清水洗净；猪瘦肉切厚片，鹌鹑宰杀，处理干净，分别入沸水汆烫。②锅置火上，注入适量清水，下入银耳、苦杏仁、甜杏仁、无花果、姜煮沸；加入鹌鹑及猪瘦肉，改小火煲约3小时，加盐调味即可。

【烹饪技法】汆，煮，煲。

【营养功效】润肺生津，化痰止咳。

【健康贴士】鹌鹑肉也可与紫菜同食，有降压消脂之效。

苦瓜鹌鹑汤

【主料】鹌鹑2只，猪瘦肉100克，苦瓜100克。

【配料】竹芋、黄豆分别30克，盐4克，鸡精3克。

【制作】①鹌鹑处理干净，入沸水中汆烫一下，捞出备用。②锅置火上，下入鹌鹑与苦瓜、竹芋、黄豆、猪瘦肉，小火煮2小时，加盐和鸡精调味即可

【烹饪技法】汆，煮。

【营养功效】美白养颜，益肾补虚。

【健康贴士】此汤尤其适合在炎炎夏日饮用。

小鹌鹑银耳蘑菇汤

【主料】小鹌鹑1只，鹌鹑蛋5个，银耳50克，蘑菇50克，番茄50克。

【配料】料酒10克，盐4克，味精2克，胡椒粉2克。

【制作】①小鹌鹑宰杀，除去内脏，用盐、料酒腌渍30分钟；银耳用温水泡发，去蒂，撕成小朵；蘑菇洗净，撕成小片。②汤锅置火上，下入鹌鹑，注入冷水烧沸，撇去浮沫，

加盐调味，继续炖至熟烂，取出放汤碗中，原汤烧沸，放入银耳、蘑菇、鹌鹑蛋稍煮，加入番茄，调入味精、胡椒粉，浇入鹌鹑汤碗中即可。

【烹饪技法】炖，煮。

【营养功效】美白养颜，益肾补虚。

【健康贴士】便秘、尿频、感冒等病症患者应少食。

橄榄栗子鹌鹑

【主料】鹌鹑 2 只，栗子肉 30 克，胡萝卜 300 克，猪瘦肉 250 克。

【配料】橄榄 8 枚，姜 5 克，盐 4 克。

【制作】① 橄榄洗净，用刀稍拍扁；栗子放入开水里泡 5 分钟，捞出去皮；红萝卜洗净，去皮，切厚片；鹌鹑宰杀，去毛及内脏，洗净；猪瘦肉洗净，切块，和鹌鹑一起汆水，捞出冲净。② 汤煲置火上，注入清水烧沸，下入鹌鹑、栗子肉、胡萝卜、猪瘦肉，大火煮 20 分钟，转小火煲 90 分钟，加盐调味即可。

【烹饪技法】汆，煮，煲。

【营养功效】清热解毒，补肾健脾。

【健康贴士】此汤特别适合营养不良、体虚乏力者饮用。

番茄鸡蛋汤

【主料】番茄 250 克、鸡蛋 2 个。

【配料】香油 8 克，盐 3 克，植物油 30 克，味精 2 克，香菜、葱各 5 克，姜 5 克，高汤 200 毫升。

【制作】① 番茄洗净，去皮，切成小块；葱、姜切丝；香菜洗净，切成小段；鸡蛋磕入碗内打匀。② 锅置火上，入油烧热，下入葱、姜丝炝锅，放入高汤烧沸，放入番茄块、鸡蛋液搅匀，调入盐、味精，撒上香菜，出锅盛碗即可。

【烹饪技法】炝，烧。

【营养功效】开胃润肠，润肤养颜。

【健康贴士】将番茄汁加温，敷在疲惫酸痛的双足上，会有意想不到的感觉。

皮蛋枸杞冻豆腐汤

【主料】皮蛋 4 个，冻豆腐 200 克。

【配料】香菜叶 10 克，盐 3 克，鸡精 1 克，植物油 25 克，猪骨高汤 500 毫升，花生米 30 克，松仁 15 克，枸杞 10 枚。

【制作】① 将皮蛋剥去皮，切成瓣；冻豆腐解冻，厚切成小块；花生米入热油锅炸熟，捞出，搓去皮；热油锅中再放入松仁炸香，捞出。② 锅置火上，注入猪骨高汤，放入皮蛋、冻豆腐、枸杞。加入鸡精、盐煮 10 分钟，撒花生米、松仁、香菜叶即可。

【烹饪技法】炸，煮。

【营养功效】清热健胃，养肝明目，宽中益气。

【健康贴士】此汤特别适合神经衰弱者饮用。

菜心蛋花汤

【主料】菜心 50 克，鸡蛋 1 个，枸杞 15 枚。

【配料】盐 2 克，肉汤 200 毫升。

【制作】① 菜心洗净，切段；鸡蛋磕开，打散。② 锅置火上，注入肉汤及适量清水烧沸，放入菜心及盐，待水沸后略煮片刻，淋入蛋液，加入枸杞，待汤再次烧沸即可。

【烹饪技法】煮。

【营养功效】滋阴养血，润肺利咽。

【健康贴士】一般人皆宜饮用。

紫菜蛋花汤

【主料】干紫菜 30 克，鸡蛋 2 个，虾米 50 克。

【配料】盐 3 克，味精 1 克，葱花 10 克，香油 10 克。

【制作】① 紫菜洗净，撕碎，放入碗中，加入适量虾米；鸡蛋磕入碗中拌匀。② 锅置火上，注水烧沸，下入鸡蛋液，待鸡蛋花浮起时，加盐、味精调味，然后将汤倒入紫菜碗中，淋上香油即可。

【烹饪技法】烧。

【营养功效】对海鲜过敏者慎饮用。

【健康贴士】鸡蛋与白果同食，可滋阴养颜，养血润燥。

【巧手妙招】紫菜易熟，煮一下即可，蛋液在倒的时候可先倒在漏勺中，并且在下入锅中时，火要大，而且要不停地推动，以免蛋形成块而不起花。

丝瓜鸡蛋汤

【主料】丝瓜 200 克，鸡蛋 2 个。

【配料】葱花 10 克，鸡精、盐各 2 克，味精 1 克。

【制作】① 丝瓜洗净，切成长段；鸡蛋下锅煎香备用。② 锅置火上，注水烧沸，下入丝瓜、鸡蛋、盐、味精、鸡精，煮沸，盛入碗中，撒上葱花即可。

【烹饪技法】煎，煮。

【营养功效】滋阴养血，润燥安胎。

【健康贴士】一般人皆宜饮用，尤其适合孕妇饮用。

鸡蛋豆腐汤

【主料】豆腐 250 克，鸡蛋 2 个，青菜 50 克，金针菇 20 克，胡萝卜丝 20 克。

【配料】盐 4 克，香油 10 克。

【制作】① 青菜洗净，切块；豆腐切小块；鸡蛋液打散备用。② 锅置火上，注水煮沸，下入豆腐、金针菇、胡萝卜丝，水开后，将蛋液缓慢倒入，再将青菜放入，加盐调味，熄火后淋上香油即可。

【烹饪技法】烧。

【营养功效】益气润燥，健骨补钙。

【健康贴士】此汤老幼皆宜。

草菇鸡蛋汤

【主料】鲜草菇 75 克，鸡蛋 3 个.

【配料】葱花 3 克，胡椒粉 1 克，猪油 15 克，味精 2 克，盐 3 克，上汤 1500 毫升，香油 2 克。

【制作】① 将鲜草菇用清水洗净，入沸水锅中略汆，捞出，切片；鸡蛋磕入碗内，放盐 1 克打匀。② 汤锅置大火上，入油烧热，下入葱花爆香，倒入上汤，下草菇、盐 2 克、胡椒粉、味精烧沸，倒入鸡蛋液，待汤再沸时，用手勺搅动几下，出锅盛入汤碗，淋入香油即可。

【烹饪技法】汆，爆，煮。

【营养功效】滋阴补血，清热解毒。

【健康贴士】诸无所忌。

番茄金针菇蛋汤

【主料】金针菇 80 克、番茄 200 克，鸡蛋 2 个。

【配料】鸡汤 500 毫升，盐 3 克，香油 5 克。

【制作】① 金针菇择洗干净，去根，切小段；番茄洗净，去皮切片；鸡蛋磕入碗中打散。② 锅置火上，加鸡汤煮沸，放金针菇、番茄煮 2 分钟，改小火淋入鸡蛋液，加入盐调味，盛入碗内，淋入香油即可。

【烹饪技法】煮。

【营养功效】清热解毒，抗衰美容。

【健康贴士】鸡蛋与番茄同食，美容功效更佳。

香菜皮蛋鱼片汤

【主料】鱼片（石斑鱼）125 克，皮蛋 3 个，香菜 70 克。

【配料】盐 3 克。

【制作】① 香菜洗净；皮蛋去壳，每个切成 4 份备用。② 锅置火上，注入清水，下入皮蛋、香菜，中慢火煮 10 分钟后，放入鱼片煮熟，加盐调味即可。

【烹饪技法】煮。

【营养功效】清热解毒，润泽美肤。

【健康贴士】多饮此汤能改善嘴破口苦、口干舌燥的症状。

木耳番茄蛋花汤

【主料】番茄 500 克，葱 10 克，鸡蛋 2 个，木耳 15 克。

【配料】植物油 25 克，盐 3 克。
【制作】① 木耳用温水泡 30 分钟，洗净，去蒂，撕成大小适中的块状；葱洗净，切成葱花；番茄洗净，切成 6 瓣；鸡蛋打入碗里搅拌均匀，加盐搅匀。② 锅置火上，入油烧热后改中火，下入番茄炒约 3 分钟，待番茄出汁，注入水烧沸，放入木耳，煮约 10 分钟，倒入蛋液，稍加搅拌，待蛋熟，加入葱花和盐调味即可。
【烹饪技法】炒，煮。
【营养功效】益血补齐，祛斑养颜。
【健康贴士】此汤非常适合老幼、女士饮用。

丝瓜虾皮蛋汤

【主料】丝瓜 200 克，虾皮 15 克，鸡蛋 2 个。
【配料】香油 10 克，盐 5 克，味精 2 克。
【制作】① 丝瓜洗净，切滚刀片；虾皮拣除杂质，漂洗一遍；鸡蛋磕碗内打散。② 铁锅置火上，入油烧热，下入丝瓜炒片刻，加适量水，下虾皮烧沸，淋入蛋液，见鸡蛋成絮状浮到汤面时，调入盐和味精，淋上香油即可。
【烹饪技法】炒，烧。
【营养功效】补肾滋阴，填精通乳。
【健康贴士】一般人皆宜饮用，尤其适合哺乳期女士饮用。

鸡蛋面片汤

【主料】面粉 400 克，鸡蛋 4 个，菠菜 200 克。
【配料】香油 15 克，酱油 20 克，盐 10 克，味精 3 克。
【制作】① 将面粉放入盆内，加入鸡蛋液，揉成面团，揉好擀成薄片，切成小象眼块；菠菜洗净，切末。② 锅置火上，注入适量水烧沸，下入面片，煮好后，加入菠菜末、酱油、盐、味精，淋入香油即可。
【烹饪技法】炒，煮。
【营养功效】补血健体，益智健脑。
【健康贴士】一般人皆宜饮用，尤其适合 6 ~ 9 个月的幼儿饮用。
【巧手妙招】此面片是用鸡蛋和面，如鸡蛋少，可加少许水调匀。面擀得要薄，片切得要小，要煮烂。

菠菜蛋汤

【主料】鸡蛋 3 个，菠菜 200 克。
【配料】猪油 15 克，料酒 8 克，盐 3 克，鸡精 3 克，姜 5 克。
【制作】① 鸡蛋打散；菠菜洗净；姜洗净，切丝；菠菜洗净。② 锅置火上，入油烧热，倒入蛋液并转动炒锅使蛋液沾满内壁，凝固成蛋皮后切成小块。③ 净锅后置火上，注入清水烧沸，下入菠菜，稍煮片刻，调入盐和姜丝，再放鸡蛋皮，稍煮片刻，淋上香油即可。
【烹饪技法】炒，煮。
【营养功效】养心安神，补血养颜。
【健康贴士】菠菜不宜煮太久，否则会破坏营养成分。

节瓜咸蛋汤

【主料】嫩节瓜 350 克，咸蛋 2 个
【配料】盐 2.5 克，植物油 15 克。
【制作】① 节瓜刮去表层之毛皮，洗净，切长方块。② 砂锅置火上，入油烧热，下入节瓜翻炒，加盐调味，注入清水煲约 30 分钟，加入咸蛋汤中再煲 15 分钟即可。
【烹饪技法】炒，煲。
【营养功效】清热降火，补血养颜。
【健康贴士】一般人皆宜饮用，尤其适合女士饮用。

青菜咸鸭蛋汤

【主料】咸鸭蛋 1 个，青菜 150 克。
【配料】色拉油 15 克，味精 2 克，酱油 5 克，生姜 5 克。
【制作】① 鸭蛋剥皮，取蛋清切成丁，用凉水浸泡，蛋黄碾碎；青菜洗净；生姜切片。② 锅置火上，入油烧热，下入姜片炒出香味，加入清水、青菜、蛋清丁，煮沸后放入蛋黄丁，调入味精、酱油搅匀即可。

【烹饪技法】炒，煮。
【营养功效】健脾开胃，清热除烦。
【健康贴士】此汤特别适合食少便秘腹胀者饮用。

咸蛋冬瓜汤

【主料】冬瓜 200 克，咸鸭蛋 1 个，火腿 15 克，粉丝 30 克。
【配料】葱花 10 克，花椒粉 1 克，植物油 15 克，香油 8 克，盐 1 克，鸡精 3 克，大料 3 克。
【制作】① 冬瓜去皮，洗净；咸鸭蛋去皮，黄和蛋清分离备用；火腿切片；粉丝水发。② 锅置火上，入油烧热，下葱花爆香，放入冬瓜片翻炒，加入鸭蛋继续翻炒，待蛋黄炒成糊状，倒入水，没过冬瓜，调入大料，烧沸后，放入火腿，粉丝，中火待冬瓜煮熟，加入花椒粉、香油、盐、鸡精即可。
【烹饪技法】爆，炒，煮。
【营养功效】清热利水，开胃消食。
【健康贴士】用清水煮咸鸭蛋食用，可增进食欲，治泻痢。

番茄木耳鸭蛋汤

【主料】番茄 100 克，鸭蛋 2 个，木耳 10 克。
【配料】植物油 25 克，盐 3 克，香油 5 克，葱花 10 克。
【制作】① 木耳泡发切碎；番茄切片；鸭蛋打散。② 锅置火上，入油烧热，倒入葱花，放入番茄，调入盐，当番茄炒出浓汁时候，加入木耳继续炒，倒入沸水，煮至食材软烂，淋入香油便即可。
【烹饪技法】炒，煮。
【营养功效】滋阴补血，消食化积。
【健康贴士】鸭蛋性寒，寒湿下痢者不宜饮用。

紫菜鸭蛋汤

【主料】鸭蛋 1 个，干紫菜 10 克。
【配料】盐 3 克，姜末 3 克，香油 1 克。
【制作】① 将紫菜用温水泡发，洗净。② 锅置火上，注入清水烧沸，下入紫菜煮 15 分钟加盐、姜末调味，鸭蛋磕入汤中，一同煮沸即可。
【烹饪技法】煮。
【营养功效】补虚养身，强筋壮骨。
【健康贴士】本汤尤其适宜甲状腺疾病患者饮用。

冬瓜芥菜鸽蛋汤

【主料】鸽蛋 10 个，冬瓜 200 克，芥菜心 100 克。
【配料】盐 3 克，胡椒粉 1 克，鸡精 2 克，白醋 4 克，姜汁 3 克。
【制作】① 冬瓜去皮，挖球形；芥菜心洗净，一切为二；鸽蛋洗净，加适量清水煮熟，放入清水中略泡，捞出去皮。② 汤锅中加入高汤煮沸，下入冬瓜、鸽蛋、芥菜心，盐，煮至冬瓜透明时离火，出锅前加鸡精，白醋、姜汁、胡椒粉调味即可。
【烹饪技法】焯，煮。
【营养功效】滋阴润燥，清热降火，养心安神。
【健康贴士】一般人皆宜饮用，尤其适合孕妇饮用。

西蓝花鸽蛋汤

【主料】鸽蛋 10 个，西蓝花 250 克。
【配料】盐 4 克，葱花 10 克，姜末 2 克，香油 5 克。
【制作】① 西蓝花掰成小朵，洗净，沥干水分。② 锅置火上，注入清水烧沸，改小火将鸽蛋煮熟，捞出。③ 净锅后置火上，倒入清水，下入西蓝花，大火烧沸后煮约 3 分钟，倒入鸽蛋稍煮，加盐调味，撒上葱花、姜末，淋香油即可。
【烹饪技法】煮。
【营养功效】补肾健脑，滋阴养颜。
【健康贴士】鸽子蛋还宜与牛奶同食，美容护肤效果更佳。

菜心鸽蛋蘑菇汤

【主料】鸽蛋 12 个，油菜心 40 克，蘑菇 40 克。
【配料】香油 5 克，盐 3 克，味精 2 克。
【制作】① 鸽蛋煮熟，剥壳；油菜心洗净，切好；蘑菇洗净，一切为二。② 将鸽蛋、油菜心、蘑菇分别投入沸水锅内焯熟备用。③ 锅置火上，注入鲜汤，调入盐、味精，加入鸽蛋、蘑菇同煮，放入菜心，淋入香油，出锅盛汤碗中即可。
【烹饪技法】焯，煮。
【营养功效】滋阴润燥，降压消脂。
【健康贴士】一般人皆宜饮用。

鸽蛋豆腐白菜汤

【主料】鸽蛋 10 个，豆腐 200 克，白菜 150 克。
【配料】猪油 3 克，姜 3 克，葱 10 克，盐、味精各 3 克。
【制作】① 将鸽蛋打入碗中搅散；白菜洗净，折成小片；豆腐切块；姜拍松。② 锅置火上，入油烧热，倒入蛋汁煎成薄饼，放入姜、葱，注水烧沸，加入豆腐、白菜同煮 10 分钟后，调入盐、味精即可。
【烹饪技法】煎，煮。
【营养功效】嫩肤润眼，安神补血。
【健康贴士】此汤非常适合皮肤粗糙的人饮用。

雪耳百合白鸽蛋汤

【主料】干银耳 20 克，鸽蛋 15 个。
【配料】干百合 40 克，盐 3 克。
【制作】① 干银耳水发，洗净；百合浸洗干净；鸽蛋隔水蒸熟，剥壳。② 汤煲置火上，下入鸽蛋、银耳、百合，加入适量清水，中火煲至百合熟透，加盐调味即可。
【烹饪技法】蒸，煲。
【营养功效】补虚养身，安神助眠。
【健康贴士】非常适于婴幼儿饮用，常食可预防儿童麻疹。

番茄鹌鹑蛋汤

【主料】鹌鹑蛋 8 个，大番茄 300 克，小番茄 30 克。
【配料】料酒 8 克，盐 3 克，植物油 25 克，鸡蛋 1 个，白砂糖 3 克，鲜汤 800 毫升，白胡椒粉 1 克。
【制作】① 将鹌鹑蛋放汤锅里，加足量清水，中偏小火煮 10 分钟，捞出，过凉水，剥去蛋壳，加料酒，盐腌 10 分钟；鸡蛋磕入碗里，加盐搅打起泡。② 用煮蛋的沸水将番茄及小番茄烫 1 分钟，捞出，剥皮，将大番茄切成 2 厘米见方的丁，小番茄保留原形备用。③ 锅置中火上，入油烧至七成热，放入蛋液，煎 2 分钟，待蛋呈固状时翻转，煎另一面 1 分钟，然后用锅铲将蛋捣成小碎块，铲出，待锅内余油再热时，放番茄丁，炒 3 分钟，加入炒好的鸡蛋、鲜汤、白胡椒粉、盐、白砂糖和鹌鹑蛋，煮 6 分钟，加入小番茄，煮 5 分钟，装入汤碗即可。
【烹饪技法】煮。
【营养功效】养血补气，美肤除皱。
【健康贴士】鹌鹑蛋与枣同食，可补气养血，除皱美肤。

豆腐皮鹌鹑蛋汤

【主料】豆腐皮 300 克，鹌鹑蛋 8 个，水发香菇 30 克，火腿 25 克。
【配料】葱花 10 克，味精、姜末各 2 克，料酒 10 克，盐 3 克，猪油 15 克。
【制作】① 将豆腐皮撕碎，洒上少许温水湿润；鹌鹑蛋打入碗内，加盐搅拌均匀；香菇择洗干净，切丝；火腿切末。② 锅置火上，入油烧热，下葱花、姜末爆香，倒入鹌鹑蛋翻炒至凝结，加入适量清水烧沸，放入香菇、料酒、盐、味精煮 15 分钟，加入豆腐皮，撒上火腿末，煮沸即可。
【烹饪技法】炒，煮。

【营养功效】补益气血，强身补虚。
【健康贴士】一般人皆宜饮用，尤其适合产妇饮用。

百合鹌鹑蛋汤

【主料】鹌鹑蛋 25 个，百合 100 克，芦笋段 100 克，火腿 50 克。
【配料】姜片 2 克，香葱 15 克，色拉油 5 克，盐 4 克，黄酒 15 克，鸡汤 750 毫升。
【制作】① 火腿切末；鲜百合掰成瓣，每瓣撕去内膜，加盐捏一下，洗净。② 取瓷汤匙 12 只，分别抹上色拉油，磕入鹌鹑蛋，一蛋一匙，撒上火腿末，上笼蒸熟成蛋盘。③ 锅置火上，注入少许水小火焖煮 3 分钟，倒入鸡汤，放入姜片，烧沸，轻轻放入瓷匙，使“蛋船”浮在汤上，下入百合，加入绍酒、盐调味，用中火煮沸，淋上色拉油，撒上葱末，倒在放有芦笋段的大碗内即可。
【烹饪技法】蒸，焖，煮。
【营养功效】润肺止咳，丰胸美白。
【健康贴士】更年期女士尤宜饮用。

鹌鹑蛋粟米羹

【主料】鹌鹑蛋 12 个，鸡肉 200 克，粟米 25 克，鸡蛋 2 个。
【配料】淀粉 10 克，胡椒粉 2 克，糖 2 克，香油 4 克，盐 3 克，上汤 300 毫升，香菜 5 克。
【制作】① 鹌鹑蛋盛碟上，蒸 15 分钟至熟，浸于清水中，等冷后去壳，洗净；鸡蛋打匀；鸡肉洗净，沥干水分，切粒，加淀粉、糖拌成稀糊。② 汤煲置火上，注入上汤，下入粟米、鹌鹑蛋煲沸，再煮片刻，加入鸡肉拌匀煮熟，加盐、胡椒粉、香油调味，放入鸡蛋拌匀，盛汤碗内，撒下香菜即可。
【烹饪技法】蒸，煲，煮。

【营养功效】强身健脑，益气补血。
【健康贴士】鹌鹑蛋也可与紫菜同食，有滋补降压之效。

芙蓉鹌鹑蛋羹

【主料】鹌鹑蛋 20 个，鸡蛋 3 个，鸡胸肉 150 克。
【配料】火腿 10 克，味精 1 克，盐 3 克，料酒 15 克，淀粉（玉米）10 克，猪油 10 克，鸡汤 500 毫升。
【制作】① 鹌鹑蛋煮熟去壳放入碗中；鸡蛋打破，只取蛋清；淀粉放入碗内加水调制成水淀粉备用；鸡胸肉去筋后拍打成肉茸放入碗中，加入料酒、盐、水淀粉、蛋清和清水 30 毫升搅拌均匀，调成鸡茸。② 锅置火上，注入鸡汤，下入鹌鹑蛋，加盐、味精烧沸；水淀粉勾成薄芡，再将鸡茸徐徐倒入搅匀，待鸡茸变稠时放入猪油，即可饮用。
【烹饪技法】烧。
【营养功效】增强体力，强壮身体
【健康贴士】一般人皆宜饮用，尤其适合准备怀孕的女士饮用。

酒酿煮鹌鹑蛋

【主料】酒酿 15 克，鹌鹑蛋 15 个，冰糖 20 克。
【配料】枸杞 10 枚，冰糖 20 克。
【制作】① 鹌鹑蛋煮熟、去皮；枸杞用温水略为浸泡。② 砂锅置火上，下入酒酿，注入凉开水，放入冰糖、枸杞煮沸后，加入鹌鹑蛋一起煮 5 分钟即可。
【烹饪技法】煮。
【营养功效】丰胸催乳，增强免疫。
【健康贴士】适宜女士饮用。

清爽蔬果汤

碧绿菠菜汤

【主料】菠菜 120 克，鲜虾 250 克，鱿鱼 200 克，鸡蛋 1 个。

【配料】水淀粉 30 克，盐 4 克，胡椒粉 2 克。

【制作】① 菠菜去根部，洗净，入沸水中焯一下，捞出，沥干水分，放入搅拌机中，加入适量水搅碎，去渣取汁备用。② 鲜虾去壳，背部剖开 1/3，去除虾线，洗净；鱿鱼剖腹，去内脏，在内侧用刀斜切十字花刀，注意切到肉的厚度的 2/3 即可，不要切断，然后切成小块；鸡蛋打散。③ 锅置火上，注入适量清水，大火烧开，放入虾仁及鱿鱼煮至断生，加入菠菜汁和鸡蛋液煮沸，鸡蛋液放入以后要搅拌使鸡蛋呈絮状，用水淀粉勾芡，使汤汁黏稠，加盐、胡椒粉调味即可。

【烹饪技法】焯，煮。

【营养功效】养血润燥，通利肠胃。

【健康贴士】多吃菠菜可以消除积郁，使心情愉快。

菠菜豆腐汤

【主料】菠菜 200 克，豆腐 200 克，鸡蛋 2 个。

【配料】葱、蒜各 10 克，老陈醋 8 克，香油 4 克，盐 4 克，花椒粉、胡椒粉、鸡精各 3 克。

【制作】① 将豆腐切小块，放入凉水锅中，开火，稍汆一下捞出用凉水浸泡；菠菜择洗干净，切成两段；鸡蛋打散；葱洗净，切末；蒜去皮，切片。② 锅置火上，入油烧热，下入葱末、蒜片炒香，炒出香味后，将沥干水分的菠菜放入，翻炒至变软，注入适量的清水，放入豆腐，用大火烧沸后，加入盐、鸡精、花椒粉、胡椒粉调味。③ 再次大火烧沸后，将打散的鸡蛋倒入锅中，煮出蛋花状，淋入老陈醋、香油即可。

【烹饪技法】汆，烧，煮。

【营养功效】润肠通便，养血止血。

【健康贴士】幼儿不宜多食菠菜。

油菜香菇汤

【主料】油菜 200 克，小香菇 50 克，火腿丝 50 克。

【配料】牡蛎酱 20 克，料酒 5 克，香菇高汤 1000 毫升，鸡精、盐各 2 克。

【制作】① 油菜择洗干净，切成两段；香菇用温水浸透，去柄洗净；火腿丝放入微波炉中烤脆，取出备用。② 锅置火上，注入香菇高汤烧沸，下入香菇、牡蛎酱、料酒煮至香菇熟软，加入油菜煮至翠绿，调入盐、鸡精，撒上火腿丝，搅匀即可。

【烹饪技法】煮。

【营养功效】减肥通便，防癌抗癌。

【健康贴士】杏鲍菇也可与油菜同食，通便降脂功效显著。

油菜玉菇汤

【主料】油菜 200 克，北豆腐 150 克，鸡腿菇、滑子菇各 4 朵。

【配料】盐 4 克，鸡精 3 克，胡椒粉 2 克，米酱适量。

【制作】① 将油菜择洗干净，切成段；鸡腿菇洗净，切成小丁；滑子菇洗净；豆腐切成薄片。② 锅置火上，入油烧热，把豆腐放入油锅中炸成金黄色，捞出，切成宽条。③ 锅中留余油，烧热，放入鸡腿菇和滑子菇大火翻炒片刻，倒入少量清水，加盐、鸡精、胡椒粉调味，烧沸后放入米酱、油菜心、豆腐条略煮片刻，至酱汁溶化烧沸即可出锅。

【烹饪技法】炸，炒，煮。
【营养功效】清热解毒，通便防癌。
【健康贴士】便秘、肠胃消化不好者宜饮用。

玉米粒滚空心菜汤

【主料】玉米粒 250 克，空心菜 300 克。
【配料】姜 5 克，盐 4 克。
【制作】① 玉米粒淘洗干净；空心菜洗净，切碎；姜洗净，切片。② 玉米粒和姜片先放入砂锅内，加入适量清水，砂锅置火上，大火烧沸后，改用小火继续煲约 70 分钟，再放入空心菜，煮沸后再煲 30 分钟，加盐调味即可。
【烹饪技法】煲。
【营养功效】清热去暑，利尿去湿，凉血解毒。
【健康贴士】寒性体质者不宜多饮用。

蛋花空心菜汤

【主料】空心菜 200 克，鸡蛋 2 个。
【配料】葱 5 克，姜 3 克，植物油 15 克，盐 2 克，鸡精、胡椒粉各 1 克，香油 3 克。
【制作】① 空心菜择洗净干净，切成约 2 厘米长的段；鸡蛋打在碗中搅散；葱、姜洗净，切丝备用。② 锅置火上，入油烧热，下入葱丝、姜丝炝锅，放入空心菜略炒，随即加入清汤，煮至汤沸，撇去浮沫，加盐、鸡精、胡椒粉调味，用勺将鸡蛋液拨入汤内，搅拌均匀，淋入香油即可。
【烹饪技法】煮。
【营养功效】润肠通便，防癌抗癌。
【健康贴士】鸡蛋不宜与鹅肉同食，会损伤脾胃。

空心菜姜丝汤

【主料】空心菜 200 克，豆腐皮 150 克。
【配料】姜丝 4 克，香油 8 克，香菇精、胡椒粉各 3 克，盐 4 克。
【制作】① 空心菜择洗干净，切段；豆腐皮冲洗干净，切小片。② 锅置火上，注入清水 1000 毫升，下入豆腐皮、姜丝，煮沸后放入空心菜，加入盐、香菇精、胡椒粉调味，煮至空心菜全熟，淋入香油即可。
【烹饪技法】煮。
【营养功效】凉血解毒，健脾利湿。
【健康贴士】实热型患者宜饮用。

砂锅菜心汤

【主料】青菜心 500 克，水发香菇 50 克，冬笋 50 克，干贝 25 克，熟鸡胸肉 50 克。
【配料】葱末、姜丝各 4 克，熟猪油 20 克，料酒 10 克，盐 4 克，鸡精 2 克，鲜汤适量。
【制作】① 青菜心削去老根，洗净；水发香菇和冬笋均洗净，切成小片：熟鸡胸肉撕成细丝。② 干贝撕去老筋，洗净后放入碗内，加入适量清水、料酒、葱末、姜丝，上笼蒸 30 分钟，取出备用。③ 锅置火上，倒入熟猪油烧至四成热，将青菜心放入油锅中焐熟，沥干油分备用。④ 砂锅置火上，注入鲜汤，加入干贝、水发香菇片、冬笋片、鸡肉丝，浇入料酒烧沸，放入青菜心，5 分钟后加入盐、鸡精调味即可。
【烹饪技法】蒸，焐，烧。
【营养功效】滋阴补血，护肤养颜。
【健康贴士】青菜心宜与鸡肉同食，滋补效果明显，适宜营养不良、身体虚弱者饮用。

荠菜豆腐汤

【主料】嫩豆腐 200 克，荠菜 100 克，胡萝卜、水发香菇、竹笋、水面筋各 25 克。
【配料】香油 5 克，姜末、盐各 5 克，鸡精 2 克，水淀粉 10 克，植物油 15 克。
【制作】① 嫩豆腐、水发香菇、竹笋、水面筋分别洗净，切成小丁；荠菜去杂质，洗净，切成细末；胡萝卜洗净，入沸水锅中焯熟，捞出凉凉，切小丁。② 锅置火上，入油烧至七成热，下姜末炝锅，放入豆腐丁、香菇丁、胡萝卜丁、笋丁、面筋、荠菜末翻炒，注入适量清水，大火烧开，加盐、鸡精调味，用水淀粉勾稀芡，淋上香油，出锅盛入汤碗即可。

【烹饪技法】焯，烧。

【营养功效】补虚益气，健脑益智，清热降压。

【健康贴士】荠菜也可与马齿苋同食，有清热凉血之效。

荠菜鸡蛋汤

【主料】新鲜荠菜 240 克，鸡蛋 4 个。

【配料】盐 3 克，鸡精 2 克，植物油 20 克。

【制作】① 新鲜荠菜去杂，择洗干净，切成段，装入盘内；鸡蛋打入碗内，用筷子搅拌成蛋液。② 锅置大火上，注入适量清水，加盖烧沸，加入荠菜，再煮至沸腾，倒入蛋液稍煮片刻，加盐、鸡精调味，淋入植物油，盛入大汤碗内即可。

【烹饪技法】煮。

【营养功效】补心安神，养血止血，清热降压。

【健康贴士】患有哮喘、便清泄泻、阴虚火旺者不宜多饮用。

四宝上汤

【主料】大白菜 500 克，水发海参、金针菇、鲜香菇、猪里脊肉各 200 克。

【配料】葱 10 克，姜 20 克，淀粉 10 克，料酒 5 克，盐 5 克，鸡精 2 克，高汤 400 毫升。

【制作】① 大白菜择洗干净，放入沸水中焯熟，捞出沥干水分；猪里脊肉洗净，切片，装入碗里，加入淀粉，搅拌均匀，腌制 10 分钟后，放入沸水中汆水，捞出备用。② 水发海参洗净；金针菇、鲜香菇洗净，去老根；葱洗净，切末；姜洗净，切丝。③ 锅置火上，注入足量清水，下入葱末、姜丝，浇入料酒，放入海参煮去腥味，取出后过凉，切成大片；净锅置火上，注入适量清水，下入金针菇、鲜香菇汆烫后，捞出沥干水分备用。④ 取一个大汤盆，将大白菜叶垫在盆底，把海参片、金针菇、香菇各放于盆中四个角落，注入高汤，加盐、鸡精调味，放入蒸锅中，用大火隔水蒸约 10 分钟即可。

【烹饪技法】煮，焯，汆，蒸。

【营养功效】养胃通络，利水消肿。

【健康贴士】大白菜宜与猪肉同食，滋补功效明显。

白菜粉丝汤

【主料】白菜 100 克，粉丝 50 克。

【配料】葱末、香油、盐各 5 克，鸡精 2 克。

【制作】① 将白菜择去老叶，洗净，切丝；粉丝剪成 10 厘米长的段，用温水泡软，捞出沥干水分。② 锅置火上，入油烧热，放入葱末煸炒出香味，加入白菜丝稍加翻炒，注入足量的清水，放入粉丝煮熟，加盐、鸡精调味，最后淋上香油即可。

【烹饪技法】煸，煮。

【营养功效】清热利水，解毒养胃。

【健康贴士】白菜也可与黑木耳搭配食用，通便排毒效果更佳。

【举一反三】可以把清水换成高汤更能提鲜。

白菜豆腐粉丝汤

【主料】白菜 500 克，粉丝 100 克，豆腐 400 克。

【配料】葱末、姜丝、盐各 5 克，植物油 25 克。

【制作】① 将豆腐冲洗干净，切成条；白菜择洗干净，切成片；粉条切段，用温水泡发，捞出沥干水分。② 锅置火上，入油烧热，下入葱末、姜丝炝锅，注入适量清水，放入豆腐，浇入料酒，大火煮沸后，再放入白菜、粉条，炖至白菜、粉条熟软，加盐、鸡精调味即可。

【烹饪技法】炝，炖。

【营养功效】补益脾胃，延年益寿。

【健康贴士】此汤适宜老年人饮用，可预防便秘。

荠菜荸荠汤

【主料】荠菜 100 克、荸荠各 100 克，水发香菇 50 克。

【配料】植物油 20 克，水淀粉 10 克，盐、香油 5 克，鸡精 2 克。

【制作】① 荠菜择去老叶，用清水洗净，切成碎末；荸荠去皮，与香菇一起放入清水里洗净，分别切成小丁。② 锅置大火上，入油烧热，倒入荸荠丁和香菇丁翻炒后，注入适量清水，煮沸后，倒入荠菜末，再煮 15 分钟，加入盐、鸡精、香油调味，以水淀粉勾芡即可。

【烹饪技法】炒，煮。

【营养功效】养心安神，清热降压。

【健康贴士】眼疾、疮疡、风热型感冒等病症者慎食。

豆芽白菜汤

【主料】小白菜 50 克，黄豆芽 50 克。

【配料】姜丝 3 克，盐 2 克，鸡精 1 克，高汤 1000 毫升，植物油 15 克，香油 3 克。

【制作】① 小白菜择洗干净，切段；黄豆芽洗净，沥干水分。② 锅置火上，入油烧至五成热，下入姜丝炝锅，注入高汤，加入豆芽同煮。③ 大火煮沸后，撇去浮沫，放入小白菜段，再煮 2 分钟，调入盐、鸡精，淋上香油即可。

【烹饪技法】炝，煮。

【营养功效】利湿清热，减肥降脂。

【健康贴士】此汤尤其适合于动脉硬化、冠心病患者饮用。

白菜萝卜汤

【主料】大白菜叶 30 克，白萝卜、胡萝卜各 80 克，豆腐 200 克。

【配料】香菜末、辣椒酱各 3 克，清汤 500 毫升，盐 3 克，鸡精 2 克。

【制作】① 大白菜择洗干净，切段；白萝卜、胡萝卜分别去皮，洗净，切成条；豆腐冲洗干净，切片。② 锅置火上，注入适量清水，大火烧开，放入豆腐片汆烫片刻，捞出，沥干水分；锅内的水继续烧开，放入白萝卜条、胡萝卜条，焯熟，捞出沥干水分。③ 锅置火上，入油烧至五成热，下入辣椒酱炒香，倒入清汤，放入白萝卜条、胡萝卜条、豆腐片大火煮沸后，加入大白菜段，再次煮沸，加盐鸡精调味，最后撒上香菜末即可。

【烹饪技法】汆，焯，炒，煮。

【营养功效】养胃生津，保健益寿。

【健康贴士】此汤也可加少许姜片，可预防感冒咳嗽。

什锦小白菜汤

【主料】小白菜 150 克，胡萝卜 50 克，香菇 30 克，黑木耳 25 克。

【配料】盐 3 克，鸡精 2 克，香油 5 克，植物油 15 克。

【制作】① 小白菜择洗干净，放沸水中略焯，捞出凉凉后，切成段；胡萝卜洗净，去皮，切成片；香菇去蒂，洗净，切成丁；黑木耳用温水泡发，洗净，撕成小朵。② 汤锅置火上，注入适量清水，大火烧开后，放入香菇丁、胡萝卜片、黑木耳煮约 10 分钟，放入小白菜段煮沸，加盐和鸡精调味，淋入香油即可。

【烹饪技法】煮。

【营养功效】清热消暑，美容养颜。

【健康贴士】黑木耳具有润肠滑肠的功效，患有慢性腹泻的人应慎食。

白菜豆腐海带汤

【主料】白菜 200 克，豆腐 250 克，海带 150 克，笋片 100 克。

【配料】香菜 2 根，浓汤宝 1 块。

【制作】① 白菜择洗干净，切片；海带刷洗干净，切丝；笋片洗净；豆腐冲洗干净，切块；香菜择洗干净，切末。② 锅置火上，入油烧热，下入白菜片、海带丝、笋片翻炒，注入适量清水，煮沸后放入浓汤宝，煮约 5 分钟，放入豆腐块，煮至食材全部熟透，撒入香菜末，出锅即可。

【烹饪技法】煮。

【营养功效】清热消暑，美容养颜。

【健康贴士】甲亢病人不宜食用海带，会诱发甲状腺肿大。

番茄土豆卷心菜汤

【主料】番茄、土豆、胡萝卜各 50 克，卷心菜 200 克。

【配料】盐 3 克，鸡精 2 克，植物油 20 克。

【制作】① 番茄洗净，先用开水烫一下，剥去外皮，削成小块，放在碗里；土豆和胡萝卜分别去皮，洗净，切成丁；卷心菜择洗干净，切成粗丝。② 锅置火上，入油烧热，下入番茄块翻炒，待番茄块化成汁后，加入胡萝卜丁和土豆丁，略炒一下，注入适量清水，大火煮至胡萝卜丁、土豆丁熟软，加入卷心菜丝，加盐、鸡精调味即可。

【烹饪技法】炒，煮。

【营养功效】健脾开胃，利水消肿。

【健康贴士】卷心菜也可与芹菜同食，助消化、消水肿效果更佳。

卷心菜蘑菇汤

【主料】卷心菜 200 克，蘑菇 20 克，素香肠 200 克。

【配料】植物油 20 克，盐 3 克，胡椒粉 2 克。

【制作】① 卷心菜择洗干净，切成大片；蘑菇去蒂，洗净，切薄片；素香肠洗净，切成小段，在横截面划十字花刀。② 锅置火上，入油 10 克烧热，下入素香肠，用小火煎至香味飘出，盛出备用。③ 原锅复入油 10 克，烧热，下入蘑菇片略炒，再放入卷心菜一起拌炒至微软，倒入适量清水，煮沸后转小火，盖上锅盖焖煮 5 分钟后，加入煎好的素香肠，放盐、胡椒粉调味即可。

【烹饪技法】煎，炒，煮。

【营养功效】滋阴补血，抗衰养颜。

【健康贴士】严重胃溃疡、出血、皮肤瘙痒等病症患者应忌食卷心菜。

莴笋豆浆汤

【主料】莴笋 300 克，豆浆 750 毫升。

【配料】葱、姜各 10 克，盐 5 克，鸡精 2 克，熟猪油 50 克。

【制作】① 莴笋去皮，切成长 7 厘米、筷子头粗的条，洗净；姜洗净，切片；葱洗净，切成段。② 锅置火上，入油烧热至六成热，下姜片，葱段稍炸出香味后，拣去姜片、葱段，放入莴笋条炒至断生，注入豆浆煮沸，加盐、鸡精调味即可。

【烹饪技法】炸，炒。

【营养功效】清热解毒，防癌通便。

【健康贴士】莴笋还可与蕺菜同食，可辅助治疗急性支气管炎。

【巧手妙招】炸姜、葱时，火不宜过大，以免烧焦影响色泽。

莴笋叶豆腐汤

【主料】豆腐 200 克，胡萝卜、水发冬菇各 25 克，莴笋叶 150 克。

【配料】姜末 5 克，植物油 20 克，香油 5 克，盐 4 克，鸡精 2 克，鸡汤适量。

【制作】① 豆腐洗净，切小块；胡萝卜洗净，放入沸水内焯熟，捞出，切成小丁；水发冬菇洗净，切小丁；莴笋叶洗净，切碎。② 锅置火上，入油烧至七成热，加入冬菇丁、胡萝卜丁翻炒，然后注入鸡汤，放入豆腐块烧沸后，放入莴笋叶、姜末略煮，加盐、鸡精调味，出锅前淋入香油即可。

【烹饪技法】焯，煮。

【营养功效】利水消肿，消烦治燥。

【健康贴士】高血压、高血脂、高血糖患者宜饮用。

草菇莴笋汤

【主料】草菇 150 克，莴笋 100 克。

【配料】植物油 10 克，姜 3 克，泡椒 8 克，盐 3 克，清汤 500 毫升。

【制作】① 草菇去蒂，洗净泥沙后，撕成块；莴笋去老叶、皮，洗净，切成长 7 厘米的条；姜洗净，切片。② 锅置火上，入油烧热，放入莴笋条、草菇块同炒，加入姜片、泡椒翻炒入味后，注入清汤，大火煮熟，拣出姜片、泡椒，加盐调味即可。

【烹饪技法】焯，煮。

【营养功效】健脾开胃，防癌抗癌。

【健康贴士】此汤也可加少许鸡肉丝，滋补功效更好。

苋菜笋丝汤

【主料】苋菜 100 克，冬笋 50 克，胡萝卜 1/2 根，香菇 3 朵。

【配料】植物油 25 克，姜末、盐、香油各 4 克，料酒 10 克，鸡精 3 克。

【制作】① 将苋菜摘除老根，洗净，放入沸水中焯烫，捞出过凉，沥干水分；冬笋去壳，切丝，放入沸水中焯熟，捞出；胡萝卜洗净，切丝；香菇去蒂，洗净，切丝，焯水后捞出备用。② 锅置火上，入油烧至六成热，煸香姜末，放入胡萝卜丝煸熟，烹入料酒，盛出备用。③ 汤锅置火上，注入适量清汤，大火烧沸后放入笋丝、香菇丝、苋菜煮沸后，倒入炒熟的胡萝卜丝略煮 3 分钟，加入盐、鸡精调味，淋入香油即可。

【烹饪技法】焯，煮。

【营养功效】健脾明目，化滞消积。

【健康贴士】此汤常食可保护黏膜，抵御呼吸道疾病。

胡萝卜杏仁汤

【主料】胡萝卜 300 克，杏仁 30 克，荸荠 50 克。

【配料】冰糖 20 克。

【制作】① 胡萝卜洗净，去皮，切块；杏仁洗净，用清水水泡 1 个小时；荸荠洗净，去皮，切成两半。② 锅置火上，注入适量清水，放入胡萝卜、杏仁、荸荠，大火煮沸后，加入冰糖，再用小火炖 30 分钟即可。

【烹饪技法】煮，炖。

【营养功效】润肺生津，止咳平喘。

【健康贴士】萝不宜与黑木耳同食，易诱发皮炎。

消暑神仙汤

【主料】白萝卜、胡萝卜、嫩白菜、老豆腐各 50 克。

【配料】植物油 25 克，盐 3 克，鸡精 2 克，香菜、香辣酱、高汤各适量。

【制作】① 白萝卜、胡萝卜、嫩白菜和豆腐分别洗净，切成条状，焯水备用。② 锅置火上，入油烧热，下香辣酱爆香，注入适量高汤，大火煮沸后，放入白萝卜条、胡萝卜条、豆腐条，用大火再次烧沸后，放入嫩白菜继续用大火烧 3 分钟，加入盐、鸡精调味，最后撒上香菜即可。

【烹饪技法】焯，爆，煮。

【营养功效】清热消暑，宁心安神。

【健康贴士】萝卜也可与橄榄同食，有助于脾胃滋养。

【巧手妙招】白菜焯水要迅速，否则煮时易烂；萝卜和豆腐则可以多煮片刻，做汤时就可以节省时间。

清汤燕菜

【主料】干燕窝 25 克，绍酒 10 克。

【配料】清汤 1500 毫升，碱 2 克，盐 3 克，鸡精 1 克。

【制作】① 将燕窝用温水洗净，放入七成热的水中泡软，轻轻捞出，用镊子摘去燕窝内的绒毛杂质，再用清水洗净。② 把碱装入碗里，倒入适量开水，兑成碱液，放入洗净的燕窝，用筷子轻轻搅动一下，泡 5 分钟后捞出，接着再用开水泡 5 分钟，待燕窝涨发后，用温水漂洗数次，洗净碱液，撕成碎块，放入沸水中焯烫片刻，捞出，装入汤碗里备用。③ 锅置火上，注入清汤，大火烧开后，撇去浮沫，浇入料酒，加盐、鸡精调味，再次煮沸后，将煮好的高汤沿着燕窝的周围轻轻浇入碗内即可。

【烹饪技法】焯，烧。

【营养功效】开胃养颜，延年益寿。

【健康贴士】对于爱美的女士来说，燕窝无

疑是最好的食品。

【巧手妙招】

燕窝内的绒毛要摘净，可放在清水内，在水的映照下，用镊子摘净毛和杂质；燕窝最好当日用当日发，发好后存放勿超过 2 天。

五行蔬菜汤

【主料】白萝卜 200 克，白萝卜叶 100 克，大牛蒡 100 克。

【配料】胡萝卜、香菇各 20 克。

【制作】① 白萝卜、大牛蒡、胡萝卜洗净，连皮切大块，放入汤锅中；白萝卜叶择洗干净，切段，放入汤锅中；香菇洗净，去蒂，切块，放入汤锅中。② 汤锅置火上，注入适量清水，大火煮沸后，转小火加盖煮约 1 个小时，去渣取汁即可。

【烹饪技法】煮。

【营养功效】保肝护肾，健脾开胃，通脉润肺。

【健康贴士】萝卜为寒凉蔬菜，先兆性流产、子宫脱垂等病症患者应忌食。

胡萝卜鲜橙汤

【主料】胡萝卜 500 克，柳橙汁 125 毫升，番茄 50 克。

【配料】奶油 20 克， 香草、盐各 3 克，胡椒粉 1 克，蔬菜汤 1000 毫升。

【制作】① 将胡萝卜洗净，去皮，切片；番茄洗净，切块。加入奶油放入锅中，中火熬煮约 10 分钟。② 锅置火上，放入奶油烧热，下入胡萝卜，煎至七成熟时，注入柳橙汁、蔬菜汤，大火煮沸后，加入番茄煮熟，放香草、盐、胡椒粉调味，盛出即可。

【烹饪技法】煎，煮。

【营养功效】健脾开胃，清肝明目。

【健康贴士】瑜伽饮食提倡多吃水果和蔬菜，许多水果和蔬菜也适合一起烹调，这样可以提高饮食的营养价值。

胡萝卜蘑菇汤

【主料】胡萝卜 150 克，蘑菇 50 克，黄豆、西蓝花各 30 克。

【配料】色拉油 5 克，盐 5 克，白砂糖 1 克。

【制作】① 胡萝卜去皮，切成块；蘑菇去蒂，洗净，切块；西蓝花洗净，切成小粒；黄豆淘洗干净，泡发后，捞出装入蒸碗里，放入微波炉蒸熟备用。② 锅置火上，倒入色拉油烧热，下入胡萝卜块、蘑菇块翻炒片刻，注入适量清水，中火煮沸，煮至胡萝卜熟软时，下入黄豆、西蓝花煮透，加盐、白砂糖调味即可。

【烹饪技法】炒，煮。

【营养功效】减肥美容，排毒瘦身。

【健康贴士】此汤对防治高血脂、肥胖症等大有好处。

菊花胡萝卜汤

【制作】菊花 6 克，胡萝卜 100 克。

【配料】葱花 5 克，食盐 3 克，鸡精 2 克，清汤适量，香油 5 克。

【制作】① 胡萝卜洗净，切成片，放入盘中；菊花去杂质，洗净备用。② 锅置上火，注入清汤，放入菊花、胡萝卜片，大火煮沸后，转成小火，炖煮至胡萝卜熟透，加盐、鸡精调味，撒上葱花，淋入香油，盛出即可。

【烹饪技法】煮。

【营养功效】清热解毒，滋肝明目。

【健康贴士】胡萝卜忌与过多的酸醋同食，否则容易破坏其中的胡萝卜素。

山药胡萝卜白果汤

【主料】白果 50 克，胡萝卜、山药各 100 克。

【配料】姜 5 克，植物油 20 克，盐 3 克，白砂糖、鸡精各 2 克，水淀粉 10 克，清汤各适量。

【制作】① 白果洗净，润透；胡萝卜和山药分别去皮，洗净，切成小丁；姜洗净，切片。

② 将胡萝卜丁和山药丁放入沸水中焯熟，捞出过凉，沥干水分。③ 锅置火上，入油烧热，下姜片煸香，注入清汤，放入胡萝卜丁、山药丁和白果，煮沸后转小火炖煮约30分钟后，加入盐、鸡精、白砂糖调味，用水淀粉勾芡即可。

【烹饪技法】煸，炖。

【营养功效】补虚养胃，强身健体。

【健康贴士】胡萝卜也可与鸡肝同食，有助于明目养血。

西蓝花鱼片番茄汤

【主料】西蓝花 200 克，番茄 50 克，鲩鱼肉 250 克。

【配料】生姜 5 克，淀粉 10 克，生抽 8 克，植物油 15 克，盐 3 克。

【制作】① 西蓝花、番茄分别洗净，切块；鲩鱼肉洗净，切成薄片，装入碗里，加入淀粉、生抽、植物油 5 克，搅拌均匀，腌制 10 分钟。② 锅置火上，注入清水 1250 毫升，放入姜片，大火煮沸后，下入西蓝花和番茄，煮至全熟，加入鲩鱼片煮熟后，加盐调味，淋入剩下的植物油即可。

【烹饪技法】煮。

【营养功效】益肝开胃，护肤养颜。

【健康贴士】吃西蓝花对皮肤好。

蘑菇木耳西蓝花腐竹汤

【主料】西蓝花 160 克，蘑菇（干）50 克，腐竹、木耳（干）、胡萝卜各 100 克。

【配料】姜 3 克，盐 3 克，植物油 20 克。

【制作】① 胡萝卜去皮，洗净，切厚片，放入沸水中煮约 5 分钟之后，捞出沥干水分；西蓝花洗净，摘成小朵，放入沸水中焯熟，捞出，沥干水分；蘑菇洗净；在每朵蘑菇背后改十字花刀；木耳用温水泡发，洗净，撕成小块；腐竹剪成小块；姜去皮，切片。② 锅置火上，入油烧热，下入姜片爆香，注入适量开水，大火煮沸之后，放入胡萝卜块、蘑菇、木耳、西蓝花，转小火煮约 39 分钟后，放入腐竹煮至熟透，加盐、鸡精调味即可。

【烹饪技法】焯，煮，煲。

【营养功效】祛脂降压，防癌抗癌。

【健康贴士】服用人参、西洋参时不要同吃萝卜，以免药效相反，起不到补益作用。

黄瓜三丝汤

【主料】牛奶 750 毫升，黄瓜 250 克，鲜海带 50 克，泡青菜 100 克。

【配料】盐 3 克，鸡精 1 克，葱花 5 克，鲜汤 1000 毫升。

【制作】① 黄瓜去皮，洗净，切成 7 厘米长、5 厘米见方的粗丝；泡青菜用清水漂洗，切成丝；鲜海带浸泡 3 个小时后，洗净，切成丝。② 锅置大火上，注入鲜汤，下入鲜海带丝、泡青菜丝，大火煮沸后，加入黄瓜丝，加盐、鸡精调味，撒上葱花即可。

【烹饪技法】煮。

【营养功效】清热防暑，美容瘦身。

【健康贴士】黄瓜用铁锅烹制宜保存维生素。

【巧手妙招】泡青菜要横筋切成丝；黄瓜入锅后不能煮太久，以保持其脆嫩清香。

酸黄瓜冷汤

【主料】酸黄瓜 300 克，蜜枣 10 克。

【配料】香油 10 克。

【制作】① 将酸黄瓜洗净，去蒂，切片；蜜枣洗净，润透。② 砂锅置火上，注入适量清水，大火烧沸后，放入酸黄瓜片、蜜枣，一起煲 10 分钟后，关火。③ 将煮好的汤盛入汤碗，凉凉后放入冰箱冰镇，饮用时加适量香油即可。

【烹饪技法】煲。

【营养功效】排毒瘦身，泽肌润肤。

【健康贴士】黄瓜忌与西红柿一起存放，否则黄瓜就会很快生斑变质。

三鲜苦瓜汤

【主料】苦瓜 500 克，水发香菇、冬笋各

00 克。
【配料】鲜汤 1000 毫升，植物油 15 克，盐 4 克。
【制作】① 将苦瓜去瓜蒂、瓤，切成厚片；冬笋洗净，切成薄片；水发香菇去蒂，洗净，切成薄片。② 锅置火上，注入适量清水，大火烧沸后，下入苦瓜片焯烫片刻，捞出，沥干水分。 ③ 净锅后置大火上，入油烧至七成热，放入苦瓜翻炒，注入鲜汤，烧沸后下冬笋片、香菇片，煮至熟软，加盐调味即可。
【烹饪技法】焯，炒，煮。
【营养功效】利水消肿，防癌抗癌。
【健康贴士】苦瓜性寒，痞闷胀满者以及孕妇、经期女士应忌食。

苦瓜竹笋汤

【主料】竹笋 100 克，苦瓜 300 克，虾皮、萝卜苗各 50 克。
【配料】姜 2 片，香油 8 克，盐 3 克，鸡精 2 克。
【制作】① 竹笋去皮，洗净，切片，放入沸水中，焯去涩味和草酸；苦瓜去瓤，洗净，切段；萝卜苗洗净，沥干水分。② 砂锅置火上，注入适量清水， 加入姜片、虾皮，大火煮沸后，放入竹笋片，煮约 20 分钟后，加入苦瓜煮至断生，加盐、鸡精调味，关火前放入萝卜苗烫熟，淋入香油即可。
【烹饪技法】焯，煮。
【营养功效】去火消脂，排毒养颜。
【健康贴士】这款汤夏日饮用，既爽口又营养，能起到减肥的作用。

苦瓜菊花瘦肉汤

【主料】苦瓜 1 个，干菊花 15 克，瘦肉 500 克。
【配料】姜 2 片，盐 4 克。
【制作】① 苦瓜去瓤、子，洗净后切块；瘦肉洗净后切块，放入沸水中焯去血水；菊花用淡盐水洗净，然后用清水浸 5 分钟，捞出沥干水分。② 将姜片、苦瓜、瘦肉放入电砂煲中，注入清水 1000 毫升，摁下煲汤键，煮约 90 分钟，放入菊花，继续炖煮 30 分钟，加盐调味即可。
【烹饪技法】汆，煮，炖。
【营养功效】清热降火，强健肠胃。
【健康贴士】此汤尤其适合眼结膜炎、小便短赤等病症患者饮用。

薏米冬瓜蛇舌草汤

【主料】薏米 30 克，冬瓜仁 50 克，鲜蛇舌草 60 克。
【配料】蜂蜜 20 克。
【制作】① 薏苡仁淘洗干净；冬瓜仁洗净，润透；鲜蛇舌草洗净备用。一同放入锅中，清水适量，慢火煎煮约 60 分钟。② 锅置火上，注入适量清水，放入薏米、冬瓜仁，大火煮沸后，转小火煎煮约 1 个小时，加入鲜蛇舌草，继续煮约 30 分钟关火。③ 将煮好的汤去渣取汁，倒入汤碗里，加入蜂蜜搅拌均匀即可。
【烹饪技法】煎，煮。
【营养功效】清热解毒，利湿排脓。
【健康贴士】本汤常用于急性单纯性阑尾炎、慢性结肠炎、慢性肝炎、早期肝硬化等属湿热内蕴等症的辅助食疗。

清凉冬瓜汤

【主料】冬瓜 500 克，木耳 10 克。
【配料】姜 4 克，盐 3 克，蘑菇精 3 克，香油 8 克。
【制作】① 冬瓜去皮、瓤及子，洗净，切片；木耳放在水中泡好后，撕成小朵；姜洗净，拍松。② 锅置火上，注入适量清水，放入冬瓜片，大火煮 3 ~ 5 分钟，再放入木耳，煮约 3 分钟后，加入姜块稍煮，加入蘑菇精、盐调味，盛入汤碗里，淋入香油即可。
【烹饪技法】煮。
【营养功效】祛湿排毒，消肿降压
【健康贴士】当身体太寒冷时不宜多饮此汤。
【巧手妙招】为了菜色美观，可加一两片香菜叶作为点缀。

冬瓜粉丝汤

【主料】冬瓜 300 克，粉丝 100 克。
【配料】植物油 30 克，水淀粉 15 克，醋 8 克，香菜 10 克，花椒 5 克，盐 4 克。
【制作】① 粉丝用温水泡开，捞出沥干水分；冬瓜去皮、瓤，切成大片；香菜洗净，切碎。② 锅置火上，入油烧热，下入花椒爆香，随后放入冬瓜翻炒，炒至半透明时，加盐调味，注入适量清水，大火煮沸后，加入粉丝煮熟，倒入水淀粉勾芡，撒入香菜碎，淋入香油即可。
【烹饪技法】爆，炒，煮。
【营养功效】益气补虚，利水消肿。
【健康贴士】此汤尤其适合糖尿病、高血压患者饮用。

干贝冬瓜汤

【主料】干贝 5 个，冬瓜 500 克。
【配料】姜 10 克，盐 3 克，清汤 1000 毫升。
【制作】① 干贝洗净，装入碗里，倒入热水，盖上碗盖焖 30 分钟，泡发。② 冬瓜去皮、子、瓤，洗净，切成厚片；姜洗净，切成丝。③ 锅置火上，注入清汤，加入冬瓜片，煮沸后改小火煮至冬瓜熟烂，将泡发的干贝连同泡干贝的水一起倒入锅内，撒上姜丝，再次煮沸后，加盐调味即可。
【烹饪技法】焖，煮。
【营养功效】润肺化痰，利尿消肿。
【健康贴士】冬瓜属寒，如果加入属寒的海带，可适宜热证者饮用。

南瓜虾仁浓汤

【主料】南瓜 500 克，鲜虾 300 克，熟南瓜子 10 克，淡奶 50 毫升。
【配料】淀粉 20 克，植物油 20 克，盐 3 克。
【制作】① 鲜虾去虾壳（虾壳留着备用）、虾线，洗净，剁碎，装入碗里，加盐、淀粉，拌匀，腌制 10 分钟；南瓜洗净去皮、子，切成小块，装入蒸碗里，上锅蒸 15 分钟，取出备用。② 锅置火上，入油 10 克烧热，倒入剥好的虾壳，炒至虾壳变红，注入适量清水，大火煮沸后，转小火煮约 30 分钟，做成虾壳汤。③ 将蒸熟的南瓜放入搅拌机，倒入淡奶和虾壳汤，打成糊状备用。④ 锅置火上，倒入南瓜糊，用小火煮沸，边煮边搅拌以免粘锅，煮沸后，放入虾仁碎煮熟，盛出用熟南瓜子点缀即可。
【烹饪技法】蒸，煮。
【营养功效】润肺益气、补血美容。
【健康贴士】将南瓜瓤捣烂成泥状，敷在患部，可治疗火烫伤。
【巧手妙招】虾洗净，轻轻把头掰下，可看到有虾线相连，轻扯，即可把虾线也拔出，接着剥壳。剥好后的虾肉用淀粉抓匀后用水冲干净，重复一次，这样虾肉较爽滑。

蚕豆冬瓜汤

【主料】鲜蚕豆、冬瓜、豆腐各 200 克。
【配料】盐 3 克，植物油 10 克。
【制作】① 鲜蚕豆淘洗干净；冬瓜洗净，去皮，切块；豆腐冲洗干净，切小块。② 锅置火上，入油烧热，下入冬瓜块翻炒，放入蚕豆和豆腐块，注入没过食材的清水，大火煮沸后，转小火稍煮约 5 分钟，加盐调味即可。
【烹饪技法】煮。
【营养功效】清热消暑，利水消肿。
【健康贴士】一般人皆宜饮用。

乌梅汤

【主料】干乌梅、山楂干各 250 克。
【配料】桂花、甘草、冰糖各 50 克。
【制作】① 干乌梅和山楂干洗净，润透，装入碗里，用开水泡开。② 将桂花、甘草及泡开的乌梅、山楂用纱布包起来，系好，做成药袋。③ 锅置火上，注入适量清水，放入药袋，大火烧沸后，加入冰糖，转小火，煎煮约 5 个小时，在大约熬去一半的汤汁时，关火，去渣取汁即可。
【烹饪技法】煎、煮。

【营养功效】除烦止渴，爽肤祛痘。

【健康贴士】由于乌梅有内敛的作用，发高烧者不宜饮用。

山药荔枝西米露

【主料】鲜山药 50 克，西米 30 克，荔枝 10 枚。

【配料】椰奶 500 毫升，白砂糖 10 克。

【制作】① 西米用清水淘洗两次，不需用力搓洗，只用清水冲洗；鲜山药去皮，洗净，切成小块 荔枝剥壳，去核备用。② 锅置火上，注入清水 1000 毫升，放入西米，一边加热一边搅拌，防止粘锅，大火烧沸后，掀开盖子继续煮约 10 分钟，关火盖好锅盖焖 15 分钟，捞出西米，放入凉水中漂洗至米粒分散。③ 净锅后置火上，倒入椰奶，加热至沸腾，放入山药，煮至山药熟软后关火，晾至室温时加入西米、荔枝肉和白砂糖，搅拌均匀，放入冰箱冷藏后即可享用。

【烹饪技法】煮，焖。

【营养功效】益气补肾，祛斑美容。

【健康贴士】山药也可与葡萄同食，有助于补虚养身，防衰老。

金黄南瓜汤

【主料】南瓜 300 克。

【配料】白砂糖 200 克。

【制作】① 南瓜去皮、子，洗净，切成菱形块。② 取一钢锅，锅置火上，注入清水 3000 毫升，放入南瓜块，用小火煮约 40 分钟至南瓜熟透后，加入白砂糖搅拌均匀，焖煮至白砂糖全部融化即可。

【烹饪技法】煮。

【营养功效】降糖降压，润肺益气。

【健康贴士】此汤也可加一些莲子，因南瓜与莲子同煮，祛火解毒功效更佳。

豆浆南瓜汤

【主料】南瓜 300 克，洋葱 100 克，豆浆 200 毫升。

【配料】枸杞 6 粒，橄榄油 15 克。

【制作】① 洋葱去皮，洗净，切成碎末；枸杞去杂质，洗净后，用温水泡软；南瓜去子，洗净，切成大块，装入蒸碗里，放入蒸锅中以中火蒸 20 分钟后，取出，去掉瓜皮备用。② 锅置火上，倒入橄榄油，用中火烧至五成热，下入洋葱碎煸炒出香味，注入清水 2000 毫升，盖上盖子，大火煮沸后，加入南瓜块，转小火煮约 10 分钟后，倒入豆浆，搅拌均匀，关火。③ 将煮好的南瓜汤盛入碗中，用泡好的枸杞点缀即可。

【烹饪技法】蒸，炒，煮。

【营养功效】瘦身排毒，消炎止痛。

【健康贴士】服药期间要忌食南瓜。

冰糖南瓜汤

【主料】南瓜 200 克。

【配料】冰糖 50 克。

① 南瓜去皮，洗净，切片。② 锅置火上，注入适量清水，放入南瓜块，大火煮沸后，转成小火煮约 5 分钟，关火焖 1 个小时即可。

【烹饪技法】蒸，炒，煮。

【营养功效】瘦身排毒，润肺沁心。

【健康贴士】脚气、黄疸等病症患者应忌食南瓜。

蔬菜南瓜浓汤

【主料】南瓜 600 克，胡萝卜 50 克，土豆 100 克。

【配料】洋葱 40 克，香芹 30 克，黄油 10 克，盐、咖喱粉各 4 克，鸡精、黑胡椒粉 2 克，奶油白酱、鲜奶油各 50 克。

【制作】① 南瓜、胡萝卜、土豆分别去皮，洗净，切薄片；洋葱洗净，切片；香芹洗净，切碎。② 锅置火上，入油烧热，下入南瓜片、胡萝卜片、土豆片、洋葱片、香芹碎炒香，注入没过蔬菜的水量，用大火煮沸后，转小火煮 20 分钟左右，煮至南瓜、胡萝卜、土豆变软，关火，盛出蔬菜，留汤汁在锅里备用。

③ 把煮熟的南瓜、胡萝卜、土豆、洋葱、香芹倒入搅拌机里，打成泥状。④ 将蔬菜泥倒入汤锅中，放入奶油白酱、鲜奶油，用小火一边煮一边搅拌，煮至奶油化开后，加入盐、鸡精、咖喱粉、黑胡椒粉调味即可。

【烹饪技法】炒，煮。

【营养功效】健脾开胃，明目护肤。

【健康贴士】胃热患者不宜食用南瓜。

【巧手妙招】测试汤的浓度时，可以在汤的表面放上一片菜叶，叶不沉下去便是好汤。

银耳木瓜汤

【主料】干银耳 60 克，木瓜 400 克，蜜枣 6 枚。

【配料】北杏仁 15 克，冰糖 50 克。

【制作】① 干银耳用温水浸泡 30 分钟，使其完全泡发，再剪去根蒂，掰成小朵；木瓜削去外皮，对半剖开，挖去木瓜子，再切成较大的滚刀块；蜜枣和北杏仁用流动水冲洗干净。② 锅置火上，注入清水 2000 毫升，放入银耳小朵、北杏仁、木瓜大块和蜜枣，大火烧沸后，转小火煲煮约 1 小时，加入冰糖，搅拌至化开即可。

【烹饪技法】煲，煮。

【营养功效】滋润养颜，锁水保湿。

【健康贴士】经常饮用这道汤水，会对肌肤有很好的养护作用。

冷制西葫芦豆腐浓汤

【主料】西葫芦 300 克，豆腐 200 克，洋葱 10 克。

【配料】黄油 10 克，淀粉 10 克，盐 3 克。

【制作】① 洋葱洗净，切丝；西葫芦洗净，切薄片，放入清水里浸泡一下；豆腐冲洗干净，放入搅拌机中，打成豆腐泥备用。② 锅置火上，把锅烧干烧热后，放入黄油，加热至化开，下洋葱丝炒香，加入淀粉，翻炒至有些成糊状，下入西葫芦翻炒片刻，注入适量清水，翻动一下，加盖，转小火煮约 10 分钟后，倒入豆腐泥，加盐调味即可。

【烹饪技法】煲，煮。

【营养功效】滋润养颜，锁水保湿。

【健康贴士】西葫芦也可与韭菜同食，有开胃利水之效。

银耳木瓜奶露

【主料】白木耳 5 克，木瓜 50 克，南北杏 3 克。

【配料】红枣 3 枚，牛奶 500 毫升，冰糖 10 克。

【制作】① 将白木耳用温水发透，去蒂，撕成小小朵；木瓜去皮，洗净，切块；南北杏、红枣洗净，润透。② 取一汤锅，锅置火上，放入白木耳、木瓜块、南北杏、红枣、冰糖，倒入牛奶，以大火煮沸后，转小火继续煮约 10 分钟即可。

【烹饪技法】煮。

【营养功效】滋阴润燥，美白护肤。

【健康贴士】此饮最适宜女士饮用，是一道美容佳品。

木瓜银耳蛋花汤

【主料】木瓜 200 克，银耳 20 克，鸡蛋 1 个。

【配料】冰糖 30 克。

【制作】① 银耳洗净，去蒂，撕去周围黄色部位，用温水泡 30 分钟后，撕成几小块；木瓜洗净，削皮去子，切成小块；鸡蛋打进碗里，搅拌成蛋液。② 锅置火上，注入适量清水，大火烧开后，放入银耳、木瓜煲约 1 个小时后，放入冰糖，再煮 20 分钟，倒入蛋液，并快速用筷子搅拌成蛋花，关火即可。

【烹饪技法】煮。

【营养功效】滋润皮肤，防止皱纹。

【健康贴士】特别适合皮肤干燥者饮用。

番茄蔬菜汤

【主料】番茄 200 克，土豆 100 克，胡萝卜、西蓝花各 80 克。

【配料】洋葱 50 克，玉米粒 30 克，黄油 30 克，盐 4 克，黑胡椒 2 克，白砂糖 10 克

【制作】① 胡萝卜、土豆分别洗净，去皮，切成小块；洋葱洗净，切片；西蓝花洗净，摘成小朵；番茄洗净，去皮，切成小块，放入搅拌机打成番茄泥。② 锅置火上，放入黄油，用小火加热至融化，转成大火，下入洋葱片爆香，倒入番茄泥，加入白砂糖炒匀后，注入清水 200 毫升，煮沸后，倒入土豆块和胡萝卜块，再次煮沸时，放入玉米粒和西蓝花，煮至全熟，加盐、胡椒粉调味即可。

【烹饪技法】爆，煮。

【营养功效】减肥瘦身，降糖降压。

【健康贴士】一般人皆宜饮用。

番茄木耳豆腐汤

【主料】番茄 320 克，干木耳 13 克，豆腐 100 克。

【配料】姜末 3 克，盐、胡椒粉各 2 克，上汤 300 毫升。

【制作】① 番茄洗净，切块；木耳用温水泡发，洗净，撕成小块，放入沸水中煮约 5 分钟，捞出，沥干水分。② 豆腐冲洗干净，切小块，放入沸水中汆 2 分钟，捞起，沥干水分。③ 锅置火上，入油烧热，下入姜末爆香，放入番茄翻炒片刻，注入上汤煮沸后，加入木耳及豆腐煮 10 分钟，放盐、胡椒粉调味即可。

【烹饪技法】爆，炒，煮。

【营养功效】排毒瘦身，补血养颜。

【健康贴士】西红柿也可与茭白同食，有助于降压排毒。

素笋汤

【主料】冬笋 200 克，鲜汤 250 毫升，黑木耳（干）10 克。

【配料】葱汁、姜汁、盐各 5 克，鸡精 2 克，香油 10 克，香菜梗 3 克。

【制作】① 冬笋去皮，洗净，切成长 8 厘米、1 厘米宽的薄片，入沸水中焯烫，捞出，放凉水中过凉后，捞出，沥干水分。② 黑木耳用温水泡发后，撕成小朵；香菜梗洗净，切成 3 厘米长的段。③ 锅置大火上，注入鲜汤，加入葱汁、姜汁，再放入竹笋片、黑木耳片，大火煮沸时，撇去浮沫，放盐、鸡精调味，放入香菜梗，淋上香油搅匀即可。

【烹饪技法】焯，煮。

【营养功效】保肝护肾，祛脂降压。

【健康贴士】此汤特别适合肥胖者饮用。

荠菜冬笋羹

【主料】冬笋 300 克，荠菜 100 克，胡萝卜 30 克。

【配料】植物油 25 克，盐 4 克，鸡精 1 克，香油、水淀粉各 10 克，高汤 250 毫升。

【制作】① 冬笋洗净，切成丝；荠菜择洗干净；胡萝卜洗净，切末，放入沸水中焯烫片刻，捞出，沥干水分。② 锅置火上，入油烧至五成熟，下入冬笋丝翻炒约 2 分钟，注入高汤煮沸，放入荠菜略煮，加盐、鸡精调味，用水淀粉勾芡，盛入汤碗里，淋上香油，撒上胡萝卜末装饰即可。

【烹饪技法】煮。

【营养功效】清热去火，健脾降压。

【健康贴士】竹笋不宜与富含蛋白质和钙的食物同食，难消化，易产生结石。

海藻荷叶竹笋汤

【主料】海藻 50 克，竹笋 200克。

【配料】荷叶 5 克。

【制作】① 海藻、荷叶洗净，用过滤袋包好，做成药袋；竹笋洗净，切丝。② 锅置火上，注入适量清水，放入药袋和笋丝，用中火煎煮约 20 分钟即可。

【烹饪技法】煎、煮。

【营养功效】清脂解腻，助消化。

【健康贴士】本汤对肥胖症状有一定的辅助治疗作用。

苋菜竹笋汤

【主料】苋菜 200 克，竹笋 200 克，肉丝 200 克。

【配料】米酒10克，酱油、香油各5克，盐3克，鸡精、胡椒粉2克，太白粉10克，高汤1500毫升。

【制作】① 苋菜择洗干净，切成小段；竹笋洗净，切丝；肉丝洗净，装入碗里，加入米酒、太白粉、酱油，搅拌均匀，腌渍备用。② 锅置火上，倒入高汤煮沸，放入苋菜、笋丝，煮约10分钟至苋菜软化，再加入肉丝，再次煮沸后，加入盐、鸡精、胡椒粉调味，淋入香油，出锅即可。

【烹饪技法】煮。

【营养功效】补气清热，防癌抗癌。

【健康贴士】高血压、高血脂、肥胖者宜饮用。

木耳芦笋蘑菇汤

【主料】芦笋320克，蘑菇160克，干木耳50克。

【配料】酱油5克，盐3克，鸡精2克，胡椒粉3克，香油10克，上汤300毫升。

【制作】① 芦笋洗净，切薄片；蘑菇去泥沙，洗净，放入沸水焯烫一下，捞出过凉，切片；木耳用温水泡发后，洗净，切片。② 锅置火上，注入上汤，大火煮沸后，放入芦笋片、蘑菇片、木耳片，煮约2分钟至熟，加盐、鸡精、胡椒粉调味，淋入酱油、香油即可。

【烹饪技法】焯，煮。

【营养功效】祛瘀消脂，降压利尿。

【健康贴士】木耳不宜与野鸭同食，易消化不良。

上汤双笋

【主料】芦笋200克，竹笋150克，排骨200克，黄豆芽100克。

【配料】盐4克。

【制作】① 排骨洗净，剁成块；黄豆芽洗净，沥干水分；芦笋、竹笋分别洗净，切成小段。② 锅置火上，注入适量清水，放入排骨块，大火烧开后，撇去浮沫，再转成小火炖煮约90分钟，加盐调味，做成高汤。③ 净锅置火上，注入适量清水，大火烧开，放入芦笋竹笋，煮至断生后捞出，摆在汤盘里，将煮好的排骨高汤倒入汤盘内，摆上排骨块即可。

【烹饪技法】煲，煮。

【营养功效】瘦身排毒，补虚抗癌。

【健康贴士】此汤也可加几枚白果，因为芦笋与白果同食，有补虚养颜之效。

山药玉米浓汤

【主料】山药250克，玉米粒200克。

【配料】清汤500毫升，盐4克，白砂糖、鸡精各2克。

【制作】① 玉米粒淘洗干净，沥干水分，放入热锅中干炒后，放入搅拌机中研成碎末；山药去皮，洗净，切成丁。② 锅置火上，注入清汤，大火煮沸后，放入山药丁、玉米粉，煮至再次煮沸后，转成小火煮至山药熟软，加盐、鸡精、白砂糖调味即可。

【烹饪技法】炒，煮。

【营养功效】健脾补肺，聪耳明目。

【健康贴士】一般人皆宜饮用，尤其适合儿童饮用。

无花果黑玉米汤

【主料】无花果干200克，黑玉米200克。

【配料】红豆80克，花生仁100克。

【制作】① 红豆和花生仁淘洗干净，用清水浸泡1小时；黑玉米冲洗干净，切成小段；无花果洗净。② 锅置火上，注入适量清水，放入无花果、黑玉米、红豆和花生仁，大火煮沸后，转中小火煲煮约90分钟，关火，焖5分钟即可。

【烹饪技法】煮。

【营养功效】清热排毒，利水消肿。

【健康贴士】一般人皆宜饮用，尤其适合胆囊炎患者饮用。

泡菜土豆汤

【主料】土豆100克，洋葱80克，豌豆

200克，韩式辣白菜50克。
【配料】葱末、盐各5克，植物油30克，鸡汤500毫升。
【制作】① 土豆去皮，洗净，切成宽条；洋葱洗净，切丝；辣白菜切丝；豌豆淘洗干净。② 锅置火上，入油烧热，下入土豆条和洋葱丝炒软，加入辣白菜、豌豆翻炒，注入高汤煮沸后，改小火炖10分钟，加盐调味，撒入葱末出锅即可。
【烹饪技法】炒，煮。
【营养功效】开胃消食，益气强身。
【健康贴士】土豆也可与扁豆同食，可防治急性肠胃炎。
【举一反三】鸡汤可用煮虾的汤水、海带汤、肉汤或者泡香菇的水代替，如果这些都没有，用清水也可以，味道会更清淡些。

山药豆腐汤

【主料】山药100克，豆腐200克。
【配料】蒜、葱各5克，植物油20克，香油10克，酱油5克，盐3克，鸡精2克。
【制作】① 山药去皮，洗净，切成小丁；豆腐冲洗干净，切成小丁，放入沸水锅中汆烫一下，捞出，用凉水过凉，沥干水分；蒜去皮，剁成蒜末；葱洗净，切葱花备用。② 锅置火上，入油烧热，下入蒜末爆香，倒入山药丁翻炒，注入适量清水，大火煮沸后，倒入豆腐丁，浇入酱油，加盐、鸡精调味，撒上葱花，淋上香油即可。
【烹饪技法】爆，炒，煮。
【营养功效】健脾益气，补虚养身。
【健康贴士】豆腐还能与魔芋同食，营养更丰富。

山药南瓜汤

【主料】南瓜100克，山药100克。
【配料】红枣3枚，桂圆10克。
【制作】① 南瓜洗净，去皮、瓤，切块；山药去皮，洗净，切块；红枣洗净，润透；桂圆去壳取肉备用。② 锅置火上，注入清水800毫升，大火烧沸后，放入南瓜块、山药块、红枣、桂圆肉，煮至山药和南瓜软烂即可。
【烹饪技法】煮。
【营养功效】益胃补肾，长志安神。
【健康贴士】本汤尤其适合尿急尿频者饮用。

荠菜山药羹

【主料】荠菜、山药各200克。
【配料】盐3克，水淀粉5克，高汤400毫升。
【制作】① 荠菜择去黄叶，洗净，用沸水焯烫后，捞出，过冷水，切碎；山药去皮，洗净，切丁。② 锅置火上，注入高汤，大火烧沸，放入山药丁，煮2～3分钟后，加入荠菜煮熟，加盐调味，用水淀粉勾薄芡即可。
【烹饪技法】焯，煮。
【营养功效】健脾益胃，益肺止咳。
【健康贴士】山药不宜生菜同食，会阻碍营养物质的吸收。

芋头米粉汤

【主料】芋头300克，米粉50克，虾米30克，韭菜75克，鲜香菇100克，猪瘦肉200克。
【配料】高汤500毫升，盐3克，鸡精1克。
【制作】① 芋头洗净，去皮，切丁；猪瘦肉、鲜香菇分别洗净，切丝；韭菜洗净，切末；米粉用清水泡软。② 锅置火上，入油烧热，下入香菇丝、虾米与瘦肉丝爆炒片刻，再放入芋头丁一起拌炒，注入高汤，煮至芋头熟烂时，放入泡好的米粉，继续焖煮约3分钟，加盐、鸡精调味，撒上韭菜末即可。
【烹饪技法】爆，炒，煮。
【营养功效】化痰散瘀，开胃益肺。
【健康贴士】老年人晚餐不宜多食芋头，对消化不好。

洋葱番茄汤

【主料】番茄150克，洋葱、胡萝卜、芹菜各50克。
【配料】鲜奶油40克，香叶5克，植物油

30 克，盐 3 克，胡椒粉 2 克。

【制作】① 番茄洗净，切开去子，切成薄片；胡萝卜、洋葱洗净，去皮，切片；芹菜去叶，洗净，切段。② 煎锅置火上，入油烧热，下入胡萝卜片、洋葱片、芹菜段炒至变色，放入番茄拌炒，注入适量清水，大火烧沸，放入香叶，倒入鲜奶油，加盐、胡椒粉调味，搅拌均匀，转小火煮 30 分钟左右即可。

【烹饪技法】炒，煮。

【营养功效】美容养颜，防癌抗癌。

【健康贴士】洋葱也可与玉米同食，有助于降脂降压，抵抗皮肤衰老。

洋姜胡萝卜浓汤

【主料】胡萝卜 200 克，洋葱 50 克。

【配料】姜、蒜各 5 克，香菜 10 克，盐 3 克，橄榄油 15 克。

【制作】① 胡萝卜洗净，切粒；洋葱洗净，切丝；蒜去皮，切小片；姜洗净，切片；香菜择洗干净。② 将胡萝卜粒放入搅拌机里，加入纯净水约 150 毫升，榨成胡萝卜汁备用。③ 锅置火上，入油烧热，下入洋葱丝和蒜片爆香后，倒入胡萝卜汁，加入姜片，煮沸后转小火至黏稠，加盐调味，盛出，用香菜装饰即可。

【烹饪技法】爆，煮。

【营养功效】嫩肤祛斑，健脑安神。

【健康贴士】洋葱宜与蒜同食，能有效杀菌抗癌，增强免疫力。

洋葱土豆蘑菇汤

【主料】洋葱 80 克，土豆 150 克，蘑菇 20 克，薄荷叶 10 克。

【配料】黄油 20 克，牛奶 50 毫升，水淀粉 10 克，盐 3 克，鸡精 2 克。

【制作】① 洋葱洗净，切小粒；蘑菇洗净，去蒂，切片后放入沸水中焯烫片刻，捞出，沥干水分。② 土豆去皮，洗净，切成小块，装入蒸碗里，放入蒸锅中隔水蒸至酥烂，取出，然后用勺子将土豆压成泥状。③ 锅置火上，放入黄油，加入至融化，下入洋葱爆香，再依次放入蘑菇片、土豆泥、薄荷叶，加入牛奶，并兑入适量清水煮沸，用水淀粉勾芡，加入盐、鸡精调味即可。

【烹饪技法】蒸，煮。

【营养功效】开胃健体，防癌抗癌。

【健康贴士】一般人皆宜饮用。

洋葱浓汤

【主料】吐司 100 克，洋葱 150 克。

【配料】色拉油 40 克，盐 3 克，白砂糖 10 克，胡椒粉 2 克。

【制作】① 洋葱剥皮，洗净，切丝；土司切丁。② 炒锅置火上，倒入色拉油，放入洋葱丝炒香，炒到洋葱丝呈焦黄色，注入适量清水，煮约 30 分钟，加入盐、白砂糖、黑胡椒粉调味，撒上吐司丁即可。

【烹饪技法】炒，煮。

【营养功效】健脾开胃，化食消积。

【健康贴士】本汤尤其适合腹胀者饮用。

芋头大蒜汤

【主料】萝卜 30 克，芋头 12 克，大蒜（白皮）10 克。

【配料】白砂糖 15 克。

【制作】① 芋头去皮，洗净，切块；萝卜去皮，洗净，切块；大蒜去皮。② 锅置火上，加水 500 毫升，放入芋头块、萝卜块、大蒜，大火煮沸后，转小火煮至煎汤汁约剩 200 毫升时，加入白砂糖拌匀即可。

【烹饪技法】煎。

【营养功效】健脾开胃，抗菌消炎。

【健康贴士】萝卜也可与杏、姜同食，有润肺止咳、抗癌之效。

芹菜叶汤

【主料】芹菜叶 300 克，鸡蛋 1 个。

【配料】香油 5 克，盐 2 克，鸡精、胡椒粉各 1 克。

【制作】① 芹菜叶洗净，切成末；鸡蛋打入碗里，搅拌成蛋液。② 锅置火上，注入适量清水，大火煮沸后，放入芹菜叶末，继续烧沸后，倒入蛋液，不断搅拌成蛋花，加入盐、鸡精、胡椒粉调味，淋上香油即可。
【烹饪技法】煮。
【营养功效】安定情绪，消除烦躁。
【健康贴士】此汤预防痛风有较好效果。

番茄芹菜汤

【主料】番茄 150 克，芹菜 40 克，猪肉片 70 克，鱼汤 600 毫升。
【配料】姜片 5 克，香油 5 克，盐 3 克，料酒 15 克，白砂糖、白胡椒粉各 2 克。
【制作】① 番茄洗净，用开水烫熟，去皮，切块；猪肉洗净，切片；芹菜洗净，切段。② 取一汤锅，锅置火上，倒入鱼汤以中火煮沸，放入猪肉片、芹菜段、番茄块、姜片，转大火煮约 10 分钟，再转小火续煮 10 分钟，然后加入盐、料酒、白砂糖、白胡椒粉调味，淋入香油即可。
【烹饪技法】烫，煮。
【营养功效】健体养颜，利水消肿。
【健康贴士】芹菜还能与莲藕搭配同食，健体养身效果更佳。

什锦素珍汤

【主料】胡萝卜 100 克，金针菇、白菜梗各 50 克，姬菇 50 克。
【配料】盐 4 克，鸡精 2 克，水淀粉 15 克，高汤 350 毫升。
【制作】① 胡萝卜洗净，切成丝；金针菇切去老根，洗净，切段；白菜梗、姬菇分别洗净，切成丝。② 锅置火上，注入高汤，大火煮沸后，放入胡萝卜、金针菇、白菜梗、姬菇，煮至全熟，加盐、鸡精调味，用水淀粉勾芡即可。
【烹饪技法】烧。
【营养功效】健脾开胃，防癌健体。
【健康贴士】金针菇也可与西蓝花搭配同食，有抗癌之效。

绿豆芹菜汤

【主料】绿豆 50 克，芹菜 50 克，鸡蛋 1 只。
【配料】香油 8 克，盐 3 克。
【制作】① 绿豆淘洗干净，用清水浸泡 2 小时，拣去杂质；芹菜择去叶子，洗净切段；鸡蛋打入碗里，搅拌成蛋液。② 将绿豆、芹菜放搅拌机内，加适量清水，搅成泥。③ 锅置火上，注入清水 600 毫升，倒入绿豆芹菜泥搅匀，大火煮沸后，倒入蛋液搅匀，加盐调味，淋入香油即可。④ 锅中放两碗清水煮沸，放入盐调味即可。
【烹饪技法】烧，煮。
【营养功效】降压降脂，利尿通便
【健康贴士】常吃芹菜可增强食欲、促进血液循环。

地中海蔬菜汤

【主料】豌豆 300 克，番茄 100 克，芹菜 500 克，土豆、蘑菇、四季豆各 200 克。
【配料】橄榄油 25 克，清水 1500 毫升，洋葱 10 克，大蒜 5 克，盐 4 克。
【制作】① 番茄、蘑菇、四季豆分别洗净，切丁；芹菜去叶，洗净，切丁；土豆去皮，洗净，切丁；豌豆淘洗干净；大蒜去皮，切碎备用。② 锅置火上，倒入橄榄油烧热，加入洋葱丁炒香后，放入芹菜丁与大蒜拌炒约 2 分钟，再加入土豆丁、蘑菇丁、番茄丁、四季豆丁，拌炒片刻，注入清水，大火煮约 30 分钟后，用盐调味即可。
【烹饪技法】炒，煮。
【营养功效】减压明目，防癌抗癌。
【健康贴士】土豆不宜与苹果同食，易产生较多的色素沉着，使人面部生斑。

芹菜叶粉丝汤

【主料】嫩芹菜叶 50 克，粉丝 30 克。
【配料】葱花、香油、姜末各 5 克，盐 3 克，鸡精 2 克。

【制作】① 嫩芹菜叶洗净；粉丝用温水泡至回软。② 锅置火上，入油烧至五成热时，下葱花炝锅，加入芹菜叶、姜末翻炒后，注入适量清水，大火煮沸后，加入粉丝，煮至粉丝熟透，加盐调味，淋入香油即可。

【烹饪技法】炝，炒，煮。

【营养功效】降压排毒，润肤养颜。

【健康贴士】一般人皆宜饮用，尤其适合女士饮用。

黄花菜香菇炖饺子

【主料】黄花菜 50 克，速冻饺子 300克，干香菇 10 克，青菜 200 克。

【配料】植物油 20 克，蒜片、姜片、酱油各 5 克，盐 3 克，鸡精 1 克。

【制作】① 黄花菜、干香菇用温水泡发，再用清水浸泡 30 分钟，洗净；青菜择洗干净。② 砂锅置火上，注入适量清水，放入姜片，大火烧开，放入泡好的黄花菜、香菇，下入饺子，煮至饺子浮起，加入青菜炖熟，浇入酱油，加盐、鸡精调味，淋入植物油即可。

【烹饪技法】炖。

【营养功效】清热解毒，安神明目。

【健康贴士】黄花菜还能与鸡肉同食，有助于益气补肾。

韭菜银芽汤

【主料】韭菜 50 克，绿豆芽 100 克，粉丝 20 克。

【配料】植物油 20 克，姜丝、盐 4 克，鸡精各 3 克，香油 5 克，清汤 300 毫升。

【制作】① 韭菜摘去老根，洗净，切段；绿豆芽摘去根须，洗净，焯水过凉，捞出沥干水分；粉丝剪断，用温水泡软备用。② 锅置火上，入油烧至六成热，下入姜丝煸香，注入清汤，大火烧沸后，放入粉丝、绿豆芽煮至断生，撒入韭菜段，待开锅后，调入盐和鸡精，淋入香油即可。

【烹饪技法】煸，煮。

【营养功效】补肾解毒，通便减肥。

【健康贴士】绿豆芽也可与猪肾同食，有滋肾润燥之效。

竹荪炖黄花菜

【主料】干黄花菜 10 克，竹荪 10 克。

【配料】火腿 50 克，盐 3 克。

【制作】① 干黄花菜用热水浸泡 20 分钟，洗净；竹荪洗净，切成段；火腿切小块。② 将处理好的干黄花菜、竹荪、火腿放入大碗中，加满水，撒上盐，放入锅里隔水炖 30 分钟即可。

【烹饪技法】炖。

【营养功效】利尿通乳，消食通便。

【健康贴士】一般人皆宜饮用。

韭菜鸡蛋汤

【主料】韭菜、榨菜丝、粉丝各 50 克，鸡蛋 1 个。

【配料】植物油 25 克，盐 3 克，鸡精 1 克。

【制作】① 鸡蛋打入碗中，搅散；粉丝放入开水中泡软；韭菜择洗干净，切段。② 锅置火上，注入适量开水，放入榨菜丝、粉丝，大火煮沸，加入盐、鸡精调味，淋入植物油，倒入鸡蛋液搅匀，放入韭菜段烫熟即可。

【烹饪技法】煮。

【营养功效】滋阴补阳，开胃壮体。

【健康贴士】韭菜与蚕蛹同食，益精壮阳效果更佳。

豆腐豌豆拌汤

【主料】绿豌豆 400 克，白洋葱 1 个，嫩豆腐 450 克，土豆、胡萝卜各 70 克，新鲜菠菜 170 克。

【配料】橄榄油 15 克，蒜末 5 克，蔬菜汤 950 毫升，干九层塔 3 克，盐、胡椒各 2 克。

【制作】① 白洋葱洗净，切细；土豆洗净，切丁；胡萝卜洗净；去皮，切丁；绿豌豆淘洗干净；菠菜择洗干净，切段。② 将豆腐、菠菜一起放进搅拌机里，将豆腐、菠菜搅拌成泥。③ 煎锅置中火上，入油烧热，下洋葱和蒜末炒软，放入土豆、胡萝卜和绿豌豆拌炒均匀，注入蔬菜汤，大火煮沸后，将菠菜豆腐泥倒入汤里，转成小火炖 1 个小时，用九层塔、盐和胡椒调味即可。

【烹饪技法】炒，炖。

【营养功效】清热利水，润肠通便。

【健康贴士】消化不良、便秘患者宜饮用。

白芦笋豌豆蘑菇汤

【主料】白芦笋 300 克，豌豆、白蘑菇片各 100 克。

【配料】盐 4 克。

【制作】① 芦笋洗净，用开水煮 3 分钟，取出，放入搅拌机里打成芦笋茸；白蘑菇片洗净切片；豌豆淘洗干净。② 锅置火上，倒入芦笋茸，以中火煮沸后，加入白蘑菇片，转小火炖 10 分钟后，加入豌豆，转大火煮沸，加盐调味即可。

【烹饪技法】煮，炖。

【营养功效】益智健脑，防癌抗癌。

【健康贴士】一般人皆宜饮用，尤其适合青少年饮用。

葱香豌豆汤

【主料】豌豆 200 克，小麦面粉 50 克，葱 50 克。

【配料】香菜、蒜、姜各 10 克，大料粉、辣椒粉、咖喱粉各 2 克，盐 4 克，植物油 15 克，鲜汤 300 毫升。

【制作】① 豌豆淘洗干净，放入高压锅内煮软后，捞出，用勺子压烂成豌豆泥；葱洗净，切末；香菜择洗干净，切末；蒜去皮，切末；姜洗净，切末。② 铝锅置火上，入油 10 克烧热，倒入面粉炒至微黄，注入鲜汤，加入豌豆泥，搅拌均匀，大火煮沸，盛出备用。③ 煎锅置火上，入油 5 克烧热，放入葱末、姜末、蒜末、咖喱粉、辣椒粉炒黄，注入煮好的高汤，加盐调味，撒上香菜末即可。

【烹饪技法】煮，炖。

【营养功效】健脾利尿，益气补血。

【健康贴士】豌豆也可与玉米同食，能提高营养价值。

番茄豌豆汤

【主料】番茄 200 克，豌豆 50 克。

【配料】洋葱(白皮)50克，香油8克，盐3克。

【制作】① 番茄洗净，用开水烫一下，去皮、子，切成丁；豌豆淘洗干净，用开水焯一下，捞出，沥干水分；洋葱去皮，洗净，切成片。② 煮锅置火上，注入适量清水，大火烧沸，下入番茄丁、洋葱片、豌豆，再次煮沸后，加盐调味，淋入香油即可。

【烹饪技法】煮，炖。

【营养功效】健脾养胃，排毒润肠。

【健康贴士】豌豆还能与冬瓜同食，有补肾消肿之效。

木耳青豆汤

【主料】水发木耳 150 克，青豆 100 克。

【配料】盐 3 克，鸡精 1 克，高汤 1000 毫升。

【制作】① 水发木耳洗净泥沙，入沸水锅焯水，捞出，沥干水分；青豆淘洗干净，入沸水锅焯水备用。② 锅置火上，注入高汤，大火烧沸，放入木耳、青豆稍煮，加入盐、鸡精调味即可。

【烹饪技法】焯，煮。

【营养功效】补肝养胃，乌发明目。

【健康贴士】此汤尤其适合更年期女士饮用。

毛豆丝瓜汤

【主料】毛豆、丝瓜各 300 克。

【配料】姜、葱各 5 克，料酒、香油各 10 克，盐 4 克，鸡精 1 克。

【制作】① 毛豆剥壳，取仁，淘洗洗净；丝瓜去皮，洗净，切成滚刀块；姜洗净，切片，葱洗净，切段。② 锅置火上，加入适量清水，放入毛豆仁，用大火烧沸后，改用小火煮 10

分钟，再改用大火煮沸，浇入料酒，加入姜片、葱段，再次煮沸后，拣出姜片，放入丝瓜块，加盐、鸡精调味，淋入香油即可。
【烹饪技法】煮。
【营养功效】祛痰通便，强筋健骨。
【健康贴士】毛豆宜与葱同食，可促进新陈代谢，改善睡眠。

香菇丝瓜汤

【主料】丝瓜 200 克，香菇 15 克 .
【配料】植物油 20 克，香油 10 克，盐 4 克，鸡精 2 克。
【制作】① 丝瓜去皮、切成片；香菇泡软后洗净，切成小块。② 炒锅置火上，入油烧热，下入丝瓜煸炒片刻，放入香菇块拌炒均匀后，注入适量清水，大火煮沸后，加入盐、鸡精调味，淋入香油即可。
【烹饪技法】炒，煮。
【营养功效】润肠开胃，祛暑祛湿。
【健康贴士】丝瓜也可与鸡肝同食，补血养颜功效更佳。

灵芝莲子丝瓜黑豆汤

【主料】灵芝 200 克，去心莲子 200 克，丝瓜 150 克，黑豆 100 克。
【配料】葱段、姜片各 5 克，盐 4 克。
【制作】① 莲子清水浸泡，洗净；灵芝洗净，润透；丝瓜去皮，切块；黑豆淘洗干净。② 锅置火上，注入适量清水，放入灵芝、莲子、黑豆、葱段、姜片，大火煮沸后，转小火煲约 40 分钟，加入丝瓜块，转成大火煮沸后，加盐调味即可。
【烹饪技法】煮，煲。
【营养功效】滋阴补血，防癌抗衰。
【健康贴士】此汤尤其适合贫血者饮用。

丝瓜油条汤

【主料】丝瓜 250 克，油条 15 克。
【配料】植物油 20 克，盐 3克，鸡精 1 克，葱 5 克。
【制作】① 油条切成段；丝瓜去蒂、皮，洗净，切成块；葱洗净，切段。② 锅置火上，入油烧热，下葱段爆香，放入丝瓜，迅速翻炒，注入适量清水，大火煮沸后，加盐、鸡精调味，加入油条段即可。
【烹饪技法】爆，煮。
【营养功效】通络行脉，凉血解毒。
【健康贴士】一般人皆宜饮用。

黄豆芽豆腐汤

【主料】 黄豆芽 250 克，豆腐 130 克，雪里蕻 100 克。
【配料】 植物油 15 克，鸡精 2 克，盐 3 克，大葱 10 克。
【制作】① 黄豆芽洗净，沥干水分；豆腐冲洗干净，切成 1 厘米见方的丁；雪里蕻洗净，切丁；葱洗净，切成葱花。② 锅置火上，入油烧热，下入葱花煸炒，放入黄豆芽炒出香味，注入适量清水，大火烧沸，放入雪里蕻、豆腐丁，改小火慢炖 10 分钟，加入盐、鸡精调味，出锅即可。
【烹饪技法】煸炒，炖。
【营养功效】开胃消食，润肠通便。
【健康贴士】黄豆芽也可与猪血同食，促进青少年生长发育。

如意白玉汤

【主料】南豆腐 200 克，冬菇 75 克，青豆 100 克。
【配料】酱油、料酒、白砂糖各 10 克，鸡精 2 克，鲜汤 500 毫升，水淀粉 15 克，植物油 30 克，香油 5 克。
【制作】① 豆腐冲洗干净，切成方块；青豆淘洗干净，放入电饭锅煮熟；冬菇洗净。② 炒锅置火上，倒入香油烧热，下入冬菇、青豆煸炒片刻，盛出备用。③ 锅置火上，入油烧至六成热，下入豆腐块，煎至两面金黄，浇入酱油、料酒，注入鲜汤，大火煮沸后，倒入炒好的冬菇和青豆，转小火炖煮入味后，加盐、鸡精调味，用水淀粉勾芡，盛出即可。

【烹饪技法】煎，煸炒，烧。

【营养功效】健脾生津，防癌抗癌。

【健康贴士】豆腐还能与鱼肉同食，可帮助补充钙质。

银耳海带丝瓜汤

【主料】银耳20克，海带结75克，丝瓜200克。

【配料】荸荠、西蓝花各125克，玉竹35克，天门冬15克，盐4克，香油5克。

【制作】① 银耳泡软，去除黄色部分；海带结洗净；丝瓜洗净，去皮，切块；荸荠去皮，洗净；西蓝花洗净，切小块；玉竹、天门冬洗净，润透。② 锅置火上，注入适量清水，放入银耳、海带结、荸荠、玉竹、天门冬，大火煮约20分钟，再加入西蓝花、丝瓜续煮约5分钟，出锅前加入盐调味，淋入香油即可。

【烹饪技法】煮。

【营养功效】清热润肤，化痰凉血。

【健康贴士】此汤尤其适合哮喘患者饮用。

海带紫菜汤

【主料】海带30克，海藻、紫菜干各20克

【配料】香油10克，盐2克

【制作】① 海带水发，浸泡2个小时，洗净，切丝。② 砂锅置火上，注入适量清水，加入海带丝，大火煮约30分钟后，加入海藻、紫菜，续煮约20分钟后，加盐调味，淋入香油即可。

【烹饪技法】煮。

【营养功效】软坚散结，益智健脑。

【健康贴士】本汤适用于高脂血症患者饮用。

白菜紫菜豆腐汤

【主料】白菜200克，豆腐100克，紫菜25克。

【配料】鸡精2克，盐3克，高汤450毫升。

【制作】① 豆腐洗净，切厚片，入沸水锅焯一下，捞出，沥干水分；白菜择洗干净，切段；紫菜用清水稍稍泡洗，撕成条。② 汤锅置火上，注入高汤，大火煮沸后，放入豆腐片、白菜段、紫菜条，煮约5分钟后，加盐、鸡精调味即可。

【烹饪技法】焯，煮。

【营养功效】清热利湿，通水下气。

【健康贴士】紫菜也能与鹌鹑肉同食，有降压之效。

山药桂花莲藕汤

【主料】山药200克，莲藕150克，桂花10克。

【配料】冰糖50克。

【制作】① 莲藕去皮，洗净，切成厚片，放入清水中浸泡；山药去皮，洗净，切成1厘米厚的片，用清水冲洗数遍，浸泡在清水中备用。② 锅置火上，注入清水500毫升，下入莲藕片大火煮沸，改小火煮20分钟后，加入山药片，以小火续煮20分钟，加入桂花，大火稍煮5分钟，放入冰糖调味即可。

【烹饪技法】煮。

【营养功效】健脾补肾，化痰止咳。

【健康贴士】桂花香味强烈，忌过量饮用。

荸荠鲜藕汤

【主料】荸荠200克，鲜藕60克。

【配料】冰糖5克。

【制作】① 荸荠洗净，去皮；鲜藕洗净，去皮，切片。② 锅置火上，注入适量清水，放入荸荠、鲜藕片，加入600毫升水，大火将水烧沸后，再加入冰糖，以小火再煮10分钟即可。

【烹饪技法】煮。

【营养功效】清热润肺，润肠通便。

【健康贴士】此汤特别适合幼儿饮用。

口袋豆皮汤

【主料】豆皮200克，肉馅100克，海米

25克，草菇、海带丝、油菜心各50克。

【配料】高汤350毫升，酱油10克，盐4克，鸡精2克，香油20克，姜5克，料酒15克。

【制作】① 将豆皮洗净，切成饺子皮的形状；油菜心择洗干净；海带丝洗净，浸泡2个小时，捞出沥干水分。海米洗净；草菇、葱、姜分别洗净，切末。② 锅置大火上，入油烧热，下入豆皮稍煎片刻，盛出。③ 锅留底油，烧至五成热，下入葱末、姜末爆锅，倒入肉馅炒至变色，烹料酒，浇入酱油，加入海米末、草菇末翻炒均匀，盛盘备用。④ 将豆皮摊开，包入炒好的肉馅，再用海带丝系好，做成豆皮饺子。⑤ 锅置大火上，注入高汤，大火烧开后，放入包好的豆皮饺子，再次煮沸后，放入油菜心烫熟，加盐、鸡精调味即可。

【烹饪技法】煎，炒，煮。

【营养功效】清热去火，益智健脑。

【健康贴士】香油与海带同食，降压功效显著。

腐竹瓜片汤

【主料】腐竹、黄瓜各100克。

【配料】葱花、姜丝各5克，盐4克，鸡精2克，清汤500毫升，色拉油15克。

【制作】① 腐竹用温水泡开，切段；黄瓜洗净，切片备用。② 锅置火上，入油烧热，下入葱花、姜丝爆香，注入清汤，放入腐竹大火烧沸后，撇去浮沫，加入黄瓜片煮至断生，加盐、鸡精调味，再煮2分钟，出锅即可。

【烹饪技法】爆，煮。

【营养功效】健脑益智，瘦身嫩肤。

【健康贴士】肾炎、肾功能不全病症患者应忌食腐竹。

五香豆腐干汤

【主料】五香豆腐干350克，香菇150克，鲜草菇100克，粉丝80克，虾米30克，紫菜10克。

【配料】盐4克，植物油15克，鸡精2克，凤尾笋50克。

【制作】① 五香豆腐干切丝；冬菇浸软，去蒂，洗净；鲜草菇去蒂，洗净，放入沸水中焯烫片刻，捞出；粉丝剪成长段，用温水浸软；虾米用温水浸软；凤尾笋洗净，切丝。② 锅置火上，入油烧热，下入虾米爆香后，注入清水1500毫升，大火烧开后，放入冬菇、凤尾笋煮约15分钟，放入五香豆腐丝、粉丝和紫菜，再次烧沸后，加入鲜草菇，煮至断生时，加盐、鸡精调味即可。

【烹饪技法】爆，烧。

【营养功效】健脾开胃，润肠通便。

【健康贴士】豆腐干不宜多食。

青白汤

【主料】嫩豆腐150克，莴苣叶100克。

【配料】鸡精2克，盐3克，香油5克，鲜汤500毫升。

【制作】① 将嫩豆腐冲洗干净，切成片，入沸水锅焯一下，捞出沥干水分；莴苣叶洗净，切成段，入沸水锅焯一下，捞出放在汤碗中。② 锅置火上，注入鲜汤，大火烧沸后，加入豆腐煮透后，加盐、鸡精调味，将煮好的汤倒入装有莴苣叶的汤碗里，淋入香油即可。

【烹饪技法】焯，煮。

【营养功效】清热利水，降压调脂。

【健康贴士】一般人皆宜饮用。

银耳豆腐汤

【主料】银耳50克，豆腐250克。

【配料】植物油15克，盐3克，鸡精2克。

【制作】① 银耳用温水泡软，洗净，撕小朵；豆腐冲洗干净，切成小块。② 锅置火上，入油烧热，下入银耳和豆腐，轻轻翻炒均匀，注入适量清水，以小火煮至银耳黏稠，加盐、鸡精拌匀即可。

【烹饪技法】炒，煮。

【营养功效】降糖降压，清热消暑。

【健康贴士】此汤可调治糖尿病。

芙蓉豆腐汤

【主料】豆腐 400 克，莴笋 50 克，豌豆尖 30 克，鲜香菇、鲜蘑菇各 25 克。

【配料】牛奶 100 毫升，白砂糖 20 克，水淀粉 10 克，盐 5 克，胡椒粉 4 克，鸡精 3 克，素汤 200 毫升。

【制作】① 豆腐去皮，用刀背剁成豆腐泥，放入汤盘里，加入牛奶拌匀，加盐、鸡精、水淀粉调匀，上笼用大火蒸 10 分钟至熟透，做成豆腐糕，取出备用。② 鲜香菇、鲜蘑菇、莴笋、豌豆尖洗净，鲜蘑菇、鲜香菇切薄片，莴笋切菱形片。③ 锅置火上，入油烧热，下入鲜香菇片、鲜蘑菇片、莴笋片拌炒，注入素汤，大火煮沸后，加盐、胡椒粉、白砂糖、鸡精调味，用水淀粉勾芡，关火。④ 捞出香菇片、蘑菇片、莴笋片，摆于豆腐糕的四周，将滚烫的汤水倒入汤盘内即可。

【烹饪技法】蒸，煮。

【营养功效】滋阴补血，健骨强筋。

【健康贴士】豆腐不宜与菠菜、香葱同食，会生成容易形成结石的草酸钙。

冬菜豆腐汤

【主料】嫩豆腐 300 克，冬菜 20 克，海米 10 克，鸡蛋 1 个。

【配料】高汤 300 毫升，水淀粉 10 克，葱花 5 克，鸡精 2 克，盐 3 克，料酒、酱油、香油、植物油各 15 克。

【制作】① 豆腐洗净，切小丁，焯烫后捞出；冬菜洗净，挤干水分，切末；海米用温水泡好，切成米粒大小；鸡蛋打散备用。② 锅置火上，入油烧热，下入海米粒、冬菜末，略炒几下，烹料酒，浇入酱油，注入高汤，大火煮沸后，加入豆腐丁，再次烧沸后，倒入蛋液，用水淀粉勾薄芡，用筷子不断搅拌，撒上葱花，淋上香油即可。

【烹饪技法】焯，炒，烧。

【营养功效】滋阴润燥，排毒生津。

【健康贴士】豆腐也可与鳕鱼同食，可补钙，预防佝偻病。

春雨豆腐汤

【主料】白菜、冻豆腐各 200 克，干香菇、粉丝各 60 克。

【配料】盐 4 克，植物油 15 克，香油 5 克。

【制作】① 干香菇泡发，洗净，切成小块，香菇水发洗净备用；白菜择洗干净，撕成小块；冻豆腐挤去水分；粉丝泡水至软。② 锅置火上，入油烧热，下入香菇翻炒片刻，倒入冻豆腐炒匀，倒入香菇水，并加入适量清水，烧开后，放入白菜叶和粉丝煮熟，加盐调味，淋入香油即可。

【烹饪技法】炒，煮。

【营养功效】通便防癌，祛热退烧。

【健康贴士】豆腐还能与香椿同食，有开胃、补钙之效。

味噌豆腐汤

【主料】豆腐 250 克，干海藻 5 克。

【配料】味噌 30 克，葱花 5 克，鱼露 25 克，盐 2 克。

【制作】① 将干海藻用清水泡发，洗净；豆腐冲洗干净，切成小块；味噌装入碗里，加少许清水化开。② 锅置火上，注入适量清水，大火烧开，下入鱼露，倒入豆腐，再次煮沸后，加入海藻，倒入味噌汁，加盐调味，撒上葱花即可。

【烹饪技法】煮。

【营养功效】消食利水，润肠通便。

【健康贴士】豆腐不宜与核桃同食，会导致腹痛腹泻、消化不良等症状。

鲫鱼萝卜豆腐汤

【主料】小鲫鱼 2 条，白萝卜 50 克，豆腐 100 克。

【配料】枸杞 12 枚，大葱、香葱、香菜各 5 克，姜 3 克，熟猪油 20 克，盐 5 克，白胡椒粉 2 克，鸡精 3 克。

【制作】① 白萝卜洗净，切成丝；豆腐切片；小鲫鱼处理干净；枸杞用温水浸泡片刻，捞出沥干水分；大葱洗净，切片；香葱、香菜洗净，切花；姜洗净，切片。② 锅置火上，倒入熟猪油烧至五成热，下入鲫鱼煎至金黄色，加入大葱片、姜片，注入适量清水，大火烧沸后继续煮 7 ~ 8 分钟，加入萝卜丝、豆腐、枸杞，继续煮 7 ~ 8 分钟，加盐、鸡精、白胡椒粉调味，撒上葱花，关火焖 3 分钟即可。

【烹饪技法】煎，煮。

【营养功效】丰胸催乳，利水保肝。

【健康贴士】一般人皆宜饮用，尤其适合产妇饮用。

【巧手妙招】煎鲫鱼的过程中火力不能小，要中火、中大火相互转换为宜，将两面煎成金黄色。

八宝豆腐羹

【主料】冬笋、干贝、火腿、蘑菇、虾仁、北豆腐、豌豆、鸡胸肉各 100 克，鸡蛋 1 个。

【配料】淀粉 20 克，葱 5 克，香油 5 克，盐 3 克，鸡精、胡椒粉各 2 克，鸡汤 700 毫升。

【制作】① 鸡胸肉剔去筋膜，洗净，切成丁；冬笋、蘑菇分别洗净，切片；火腿切丝；豆腐洗净，去皮，切块；干贝用水泡开；虾仁去虾线，洗净；豌豆淘洗干净；葱洗净，切成葱花。② 将虾仁和鸡胸丁一起装入碗里，打入鸡蛋清，加盐和淀粉调匀，浆 20 分钟。③ 锅置火上，注入鸡汤，下入火腿丝、蘑菇片、冬笋片、干贝、豌豆和豆腐丁，大火煮沸后，撇去浮沫，放入浆好的虾仁和鸡肉丁，煮至断生，加盐、鸡精、胡椒粉调味，盛出，淋入香油即可。

【烹饪技法】煮。

【营养功效】健脾和胃，防癌抗癌。

【健康贴士】豆腐也能与羊肉同食，补虚健体、助消化。

丝瓜平菇汤

【主料】平菇 80 克，丝瓜 180 克。

【配料】浓汤宝 1 块。

【制作】① 平菇用温水浸泡，捞出，沥干水分，切片；丝瓜去皮，洗净，切块。② 锅置火上，注入清水 750 毫升，大火煮沸后，加入浓汤宝，再次煮沸后，加入平菇、丝瓜煮约 3 分钟至熟即可。

【烹饪技法】煮。

【营养功效】清热健胃，润肺爽喉。

【健康贴士】平菇也可与牛肉同食，有抗癌、增强免疫力之效。

香菇茭白汤

【主料】茭白 500 克，蚝油 30 克，香菇 100 克。

【配料】绍酒 15 克，香油 5 克，水淀粉 10 克，植物油 15 克，盐、白砂糖各 4 克，胡椒粉、鸡精各 2 克。

【制作】① 将茭白削去外皮，切去老根，洗净后剖开，斜切成片；香菇洗净。② 锅置火上，入油至五成热，下入茭白片翻炒，加入香菇同炒片刻后，烹入绍酒，注入适量清水，大火煮沸后，放盐、鸡精、胡椒粉和白砂糖调味，加盖焖约 3 分钟，淋上香油，出锅即可。

【烹饪技法】炒，煮。

【营养功效】利尿祛水，清暑止渴。

【健康贴士】此汤解除酒毒，治酒醉不醒。

荸荠香菇汤

【主料】荸荠、水发香菇各 100 克。

【配料】植物油 15 克，盐 4 克，鸡精 2 克，香油、葱末、姜片、香菜段各 5 克。

【制作】① 荸荠洗净，去皮，切碎；香菇洗净，切成片。② 锅置火上，入油烧热，下葱末煸出香味，注入适量清水，同时放入香菇片、荸荠碎，大火烧沸后，放入姜片，煮至荸荠熟烂时，加盐、鸡精调味，撒上香菜段，淋上香油即可。

【烹饪技法】煸，烧。

【营养功效】健脾和胃，清热生津。

【健康贴士】香菇也能与桃仁同食，有润肠

通便、健脾益气之效。

香菇冬瓜汤

【主料】冬瓜 400 克，水发香菇 100 克。
【配料】葱花 5 克，植物油 15 克，盐 4 克，鸡精 2 克，高汤 50 毫升。
【制作】① 冬瓜去皮及瓤，洗净，切块；香菇洗净，去蒂，切块。② 汤锅置大火上，入油烧热，下入葱花炝出香味后，注入高汤，加入香菇，大火煮沸后，加入冬瓜块，继续大火煮至冬瓜熟烂，加盐、鸡精调味即可。
【烹饪技法】煸，烧。
【营养功效】清热补虚，减肥健身。
【健康贴士】此汤尤适用于春季肥胖又内有积热者饮用。

金针菇萝卜汤

【主料】金针菇 150 克，白萝卜 300 克。
【配料】香油 5 克，盐 3 克，白胡椒粉 2 克。
【制作】① 金针菇切除根部，去杂质，洗净；白萝卜洗净，切丝。② 锅置火上，注入适量清水，大火烧开后，先将白萝卜在沸水中烫 1 分钟，再放入金针菇焯烫片刻，一起捞出，沥干水分备用。③ 砂锅置火上，注入清水 700 毫升，大火煮沸后，放入焯好的白萝卜丝、金针菇，再次煮至沸腾后，加盐、白胡椒粉调味，淋入香油即可。
【烹饪技法】焯，煮。
【营养功效】健胃清肺，益智健脑。
【健康贴士】此汤可消食，对想要减肥很有好处。

南瓜金针菇汤

【主料】南瓜 400 克，荷兰豆 100 克，金针菇 250 克。
【配料】鸡汤 800 毫升，盐 2 克。
【制作】① 南瓜去皮、瓤，切块；金针菇洗净；荷兰豆洗净，切段备用。② 锅置火上，注入鸡汤，放入南瓜块，大火煮沸后，转小火煲约 30 分钟，加入金针菇，转大火煮约 10 分钟，再加入荷兰豆，煮至荷兰豆断生后，加盐调味即可。
【烹饪技法】煮，煲。
【营养功效】补肝明目，益气补血。
【健康贴士】金针菇还可与菠菜同食，能帮助消化，预防便秘。

草菇竹荪汤

【主料】干竹荪 30 克，鲜草菇 100 克。
【配料】小油菜 100 克，盐 5 克，鸡精 2 克，香油 5 克。
【制作】① 竹荪用冷水泡软泡发，剪成段；草菇洗净，切片；油菜择洗干净。② 汤锅置火上，注入适量清水，放入竹荪、香菇，大火煮沸后转小火煮至竹荪熟软，放入小油菜，加盐、鸡精、香油调味即可。
【烹饪技法】煮。
【营养功效】益气补脑，护肝健胃。
【健康贴士】竹荪也可与猪肚同食，有益气补虚、健脾胃之效。
【巧手妙招】泡发竹荪时也可以用一些淡盐水，发好后，要剪掉竹荪封闭的那一端，以免有怪味影响口感。
【举一反三】可以将清水换成鸡汤炖煮，味道会更好。

豆腐青苗草菇汤

【主料】豆腐 250 克，青豆苗、草菇各 50 克，
【配料】葱丝、姜丝、白砂糖各 5 克，盐 3 克，鸡精 2 克，生抽 15 克，植物油 30 克。
【制作】① 豆腐洗净，切丁；草菇和豆苗洗净。② 锅置火上，入油烧热，下入姜丝、葱丝爆香，加入豆腐、草菇翻炒 2 分钟，加入白砂糖、生抽拌炒，注入适量清水，大火烧开后，放入青豆苗，加入盐、鸡精调味即可。
【烹饪技法】爆，煮。
【营养功效】补气养阴，补水养颜。
【健康贴士】尤适宜女士饮用。

奶油草菇野米汤

【主料】鲜草菇200克，野米、奶油各100克，洋葱50克。

【配料】黄油15克，鸡汤300毫升，盐4克，胡椒2克。

【制作】① 洋葱洗净，切成末；野米浸入温水中泡好，捞出，沥干水分；鲜草菇洗净。② 锅置火上，放入黄油，加热至化开，下入洋葱末煸香，投入草菇翻炒，注入鸡汤，用大火烧沸后，改小火煨烧约10分钟，关火。③ 用漏勺将草菇捞出，放入搅拌机里打成泥状，再倒回汤内，把野米加入汤锅里。④ 汤锅重新置火上，大火煮至野米全熟，加入奶油，加盐、胡椒调味即可。

【烹饪技法】爆，煮。

【营养功效】滋阴壮阳，强身健体。

【健康贴士】脾胃虚寒、寒性哮喘等病症之人应忌食草菇。

口蘑锅巴汤

【主料】口蘑30克，小米锅巴200克，豌豆苗250克。

【配料】猪油50克，盐8克，鸡精3克，胡椒粉1克，鸡油15克，大葱10克，清汤1250毫升。

【制作】① 口蘑用开水泡上焖透，清除带上的泥沙，用盐轻揉至呈白色，片成片，用清水泡上；豌豆苗摘苞洗净；葱切段。② 锅巴用手掰成约3厘米大的块。③ 将汤、口蘑、盐和鸡精放入锅中烧沸，并加入盐、鸡精调味。④ 撇去泡沫，加入豆苗苞，装入汤盆内，然后撒胡椒粉和葱段，放鸡油，另外将猪油烧沸，下入锅巴，移用温火将其炸成焦酥呈浅黄色，捞出装盘，随同口蘑鸡汤上桌，将锅巴倒入口蘑鸡汤内，发出喳喳的响声即可。

【烹饪技法】焖，炸，烧。

【营养功效】理气化痰，健体防癌。

【健康贴士】此汤特别适合肺热咳嗽者饮用。

口蘑豆芽汤

【主料】口蘑50克，黄豆芽200克。

【配料】植物油25克，香油5克，盐、鸡精、胡椒粉各适量。

【制作】① 口蘑洗净，切成薄片，放入清水中浸泡；黄豆芽择去根须，洗净，沥干水分。② 锅置中火上，入油烧热，下入黄豆芽煸炒至水分收干、柔软时出锅，并放入清水中洗一下，捞出。③ 汤锅置火上，注入清水1000毫升，放入黄豆芽和口蘑片，大火烧沸后，转成中火熬煮约10分钟，撇去浮沫，再改大火烧沸，加盐、鸡精、胡椒粉调味，淋入香油即可。

【烹饪技法】煸炒，熬，煮。

【营养功效】润肠通便，解毒利水。

【健康贴士】此汤特别适合便秘者饮用。

绿叶口蘑汤

【主料】口蘑200克，油菜100克。

【配料】料酒5克，姜片4克，植物油20克，鲜汤400毫升，盐4克，鸡精2克。

【制作】① 口蘑拣去杂质，洗净泥沙，切去蒂头，切片；油菜择洗干净。② 取一个有盖炖盅，放入口蘑片、姜片，浇入料酒，放入蒸锅里，隔水蒸约30分钟后，投入油菜，加盐、鸡精调味，淋入植物油，盖上盖子焖5分钟即可。

【烹饪技法】蒸，煮。

【营养功效】润肠养胃，清热生津。

【健康贴士】此汤特别适合血热病患者饮用。

猴头菇聚味汤

【主料】猴头菇150克，番茄、胡萝卜各100克。

【配料】海带结6个，枸杞10枚，香叶5克，日式酱油3汤匙。

【制作】① 分别用温水泡发枸杞和海带结，用淡盐水泡发猴头菇并用手捏挤几次，泡发好后用剪刀剪去根部，洗净。② 番茄洗净，用沸水焯烫后，去皮，切成片；胡萝卜洗净，切成片。③ 锅置火上，注入适量清水，放入番茄、海带结、香叶和日式酱油，大火煮沸后，放入猴头菇，转小火煲 30 分钟后，加入胡萝卜片、枸杞一起煮约 10 分钟即可。

【烹饪技法】煲，煮。

【营养功效】去油消脂，增强免疫。

【健康贴士】猴头菇还可与猪肝同食，补血、抗癌效果更佳。

荸荠木耳汤

【主料】鲜荸荠 200 克，水发黑木耳 30 克。

【配料】姜丝、白砂糖各 5 克，牛奶 75 毫升。

【制作】① 荸荠削去外皮，清水洗净，捣碎后用纱布绞取汁液；黑木耳洗净，择去根部，撕成小朵，入沸水中焯熟备用。② 锅置火上，倒入荸荠汁，并兑入适量清水，大火煮沸后，下入黑木耳、姜丝稍煮，再倒入牛奶，煮至沸腾，加入白砂糖化开即可。

【烹饪技法】焯，煮。

【营养功效】明目乌发，美颜护肤。

【健康贴士】荸荠也可与海蜇同食，降压功效显著。

黑木耳豆腐汤

【主料】黑木耳 10 克，嫩豆腐 250 克，水发香菇 150 克，胡萝卜 30 克。

【配料】姜丝、香菜末各 5 克，清汤 300 毫升，水淀粉、香油各 10 克，盐 4 克，鸡精 2 克。

【制作】① 黑木耳泡发，去蒂，洗净，撕开；豆腐洗净，切小块；胡萝卜去皮，洗净，切丁；香菇去蒂，洗净，切小丁。② 砂锅置火上，注入清汤，加入黑木耳、胡萝卜丁、香菇丁、姜丝，大火煮沸后，放入豆腐，加盐、鸡精调味，用水淀粉勾薄芡，撒上香菜末，淋上香油即可。

【烹饪技法】烧。

【营养功效】利水消肿，通便利尿。

【健康贴士】一般人皆宜饮用。

冬瓜蚕豆汤

【主料】鲜蚕豆、豆腐、冬瓜各 200 克。

【配料】香油 5 克，植物油 10 克，盐 5 克。

【制作】① 鲜蚕豆淘洗干净；冬瓜洗净，去皮，切块；豆腐冲洗干净，切小块。② 锅置火上，入油烧热，倒入冬瓜块翻炒，随后倒入鲜蚕豆和豆腐块拌炒均匀，注入清水 1000 毫升，大火煮沸后，转成小火煮约 2 分钟，加盐调味，淋入香油即可。

【烹饪技法】炒，煮。

【营养功效】利水消肿，减压提神。

【健康贴士】食蚕豆可增强记忆力。

豆芽木耳汤

【主料】黄豆芽、大白菜各 20 克，黑木耳 10 克，黄瓜 30 克，青花菜 40 克。

【配料】香油 5 克，料酒 15 克，鱼汤 500 毫升，盐 3 克，白砂糖 5 克，白胡椒粉 2 克。

【制作】① 黄豆芽洗净；大白菜择洗干净，切成片；黑木耳泡发，去蒂，撕成小朵；黄瓜洗净，切丝；青花菜洗净，切块。② 汤锅置火上，倒入鱼汤，以中火煮沸后，放入黄豆芽、大白菜、黑木耳，煮沸后转小火煮约 2 分钟，浇入料酒，加入盐、白砂糖、白胡椒粉调味，再放入黄瓜丝、青花菜稍煮片刻即可。

【烹饪技法】煮。

【营养功效】滋阴清热，防治动脉硬化。

【健康贴士】一般人皆宜饮用，尤其适合女士饮用。

芝麻鲜豆羹

【主料】鲜蚕豆 150 克，熟芝麻 5 克。

【配料】清汤 1000 毫升，水淀粉 15 克，盐 3 克，鸡精 6 克。

【制作】① 鲜蚕豆淘洗干净，取一半鲜蚕豆放入搅拌机中，加入清水 100 毫升搅拌成泥。② 锅置火上，注入清汤烧沸，放入蚕豆泥和剩下的鲜蚕豆，煮至鲜蚕豆断生后，加盐、鸡精调味，用水淀粉勾芡，撒上熟芝麻即可。

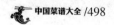

【烹饪技法】煮。

【营养功效】健脾益气，益智健脑。

【健康贴士】痔疮出血者不宜多食蚕豆。

鲍菇蚕豆汤

【主料】鲍鱼菇 250 克，蚕豆 50 克，银耳 10 克，

【配料】高汤 500 毫升，胡椒粉 2 克，盐 4 克。

【制作】① 银耳用清水泡发，摘掉硬黄的部分，撕碎；鲍鱼菇洗净，切片；蚕豆淘洗干净。② 锅置火上，注入高汤，放入鲍鱼菇片，大火煮沸后，下入蚕豆煮至断生，放入银耳煮至黏稠，加盐、胡椒粉调味即可。

【烹饪技法】煮。

【营养功效】健脾益气，利水消肿。

【健康贴士】此汤尤其适合体虚者饮用。

栗子莲藕汤

【主料】莲藕 250 克，栗子 100 克。

【配料】葡萄干 80 克，糖 10 克。

【制作】① 莲藕刮皮，洗净，切片；栗子去壳、去膜后，洗净；葡萄干洗净，润透。② 锅置火上，注入清水 1000 毫升，放入莲藕片、栗子，大火煮沸后，转成中火煮约 15 分钟，放入葡萄干煮约 30 分钟，加入冰糖，煮至冰糖化开即可。

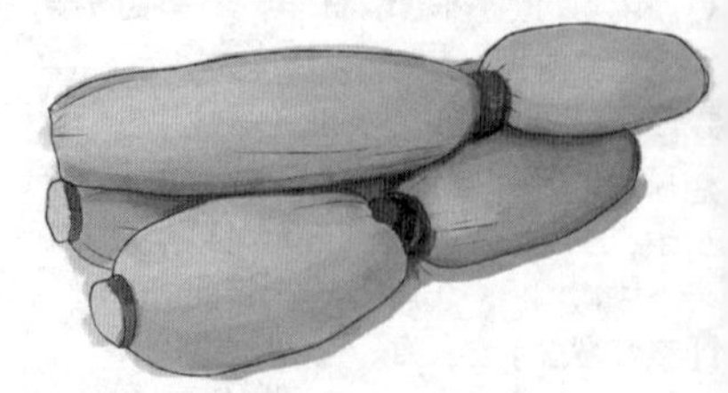

【烹饪技法】煮。

【营养功效】益气补血，抗衰养颜。

【健康贴士】无花果也可以与栗子同食，能改善口腔溃疡。

栗子白菜汤

【主料】栗子（肉）150 克，大白菜 300 克，干香菇 15 克，金华火腿 40 克 。

【配料】植物油 15 克，姜片 4 克，香油 5 克，盐 3 克。

【制作】① 栗子（肉）洗净，放入沸水锅中焯烫，趁热搓去皮膜，对半切开；大白菜择洗干净，切成长条；金华火腿洗净，切成条；干香菇用温水泡发，洗净，切片。② 锅置火上，倒入植物油烧热，下入姜片炒香，注入清水 1500 毫升，放入栗子和香菇，大火煮至板栗熟烂，加入白菜条、火腿条，煮至熟透，加盐调味，淋入香油即可。

【烹饪技法】炒，煮。

【营养功效】补肾强腰，清肺利尿。

【健康贴士】此汤尤其适合肾虚者饮用。

鲜美水产汤

酸菜鲫鱼汤

【主料】鲫鱼4条（约700克），泡酸菜150克。

【配料】泡辣椒碎、姜丝各5克，葱花10克，花椒粒6克，料酒10克，植物油30克，盐3克，鸡精、胡椒粉各2克。

【制作】①将鲫鱼开膛破腹，去鳃、肠、鳞，洗净，用料酒腌制20分钟；泡酸菜洗净，切碎。②锅置火上，入油烧热，放入花椒粒、姜丝炝锅，倒入泡辣椒碎和泡酸菜炒香后，注入适量清水，用大火烧沸，转小火煮10分钟，放入腌制好的鲫鱼，用中火煮20～30分钟后，加盐、鸡精、胡椒粉调味，撒上葱花即可。

【烹饪技法】腌，炒，煮。

【营养功效】生津开胃，健脾养胃。

【健康贴士】鲫鱼也可搭配黑木耳同食，美容效果更佳。

姜丝鲜鱼汤

【主料】鲜鱼肉300克，姜10克。

【配料】枸杞、葱花、米酒各10克，香油8克，盐3克，鸡粉、胡椒粉各2克。

【制作】①鲜鱼块洗净，切块；姜洗净，切丝；枸杞洗净，润透。②锅置火上，注入800毫升的清水，大火煮沸，放入鲜鱼块、姜丝、枸杞，继续煮沸后转小火，煮约10分钟，倒入米酒、香油，加盐、鸡精、胡椒粉调味即可。

【烹饪技法】煮。

【营养功效】滋补肝肾，驱寒暖胃。

【健康贴士】一般人皆宜饮用。

【举一反三】鱼肉可根据个人的喜好选择，如草鱼肉、鲶鱼肉等。

黑木耳莲藕鲫鱼汤

【主料】鲫鱼1条，黑木耳4朵，莲藕300克。

【配料】枸杞10枚，葱、蒜、姜各5克，植物油20克，盐4克，鸡精3克，胡椒粉2克。

【制作】①鲫鱼去鳞、鳃、内脏，洗净；莲藕去皮，洗净，切片；黑木耳用温水泡发好，洗净；葱洗净，切成葱花；蒜去皮，拍扁；姜洗净，切丝。②锅置火上，入油烧热，下入姜、葱、蒜爆香，注入适量清水，大火煮沸，放入鲫鱼、黑木耳、莲藕片、枸杞，煮至汤浓，加盐、鸡精、胡椒粉调味即可。

【烹饪技法】爆，煮。

【营养功效】润肤养颜，利水消肿。

【健康贴士】美容佳品，最宜女士饮用。

【举一反三】没有黑木耳亦可用银耳代替，营养同样丰富。

西洋菜鲫鱼汤

【主料】西洋菜500克，鲫鱼1条，胡萝卜200克，鲜山药150克。

【配料】陈皮1块，蜜枣2枚，姜丝4克，植物油50克，盐4克，鸡精、胡椒粉各2克。

【制作】①鲫鱼去鳞、鳃、内脏，洗净；西洋菜择洗干净；胡萝卜去皮，洗净，切块；鲜山药去皮，洗净，切块。②锅置火上，入油烧热，下姜丝爆香，放入鲫鱼煎炸至两面金黄，捞出，沥干油分，备用。③另起汤锅，置火上，注入清水1000毫升，加入陈皮、蜜枣，大火煮沸后，放入鲫鱼、胡萝卜块、鲜山药块，煮至熟软时，倒入西洋菜稍煮，加盐、鸡精、胡椒粉调味即可。

【烹饪技法】炸，煮。

【营养功效】清热润肺，健脾养胃。

【健康贴士】鲫鱼也可与豆腐同食，可以预

防更年期综合征。

【举一反三】可以将西洋菜换成莼菜，可以起到增强身体免疫力的作用。

豆浆鲫鱼汤

【主料】黄豆 100 克，鲫鱼 3 克。

【配料】姜3克，葱8克，油25克，料酒10克，盐4克。

【制作】① 黄豆提前一晚泡好，淘洗干净，捞出沥干水分；把黄豆和适量的水放入豆浆机，打成豆浆，滤去豆渣取豆浆备用。② 鲫鱼去鳃、内脏，刮去腹内黑膜，抠掉鲫鱼的咽喉齿（位于鳃后咽喉部的牙齿，泥腥味很重），洗净，沥干水分；葱洗净，切段；姜洗净，切片。③ 锅置火上，入油烧至六成热，下葱段、姜片爆香，放入鲫鱼煎至两面金黄，烹料酒，加盖焖至料酒挥发后，倒入豆浆，煮沸后转小火煮 30 分钟，加盐调味即可。

【烹饪技法】煎，煮。

【营养功效】美肤养颜，利水消肿。

【健康贴士】烹饪鲫鱼时放点儿花生，有利于营养的吸收。

酿鲫鱼豆腐汤

【主料】鲫鱼 1 条（约 500 克），豆腐 250 克，猪肉馅 50 克。

【配料】葱、姜各 5 克，蒜 3 瓣，植物油 25 克，绍酒 10 克，盐 4 克，鸡精 2 克。

【制作】① 将豆腐切成方块，用开水冲烫一下；鲫鱼去内脏、鳃、黑膜，洗净，在鱼背上改一字刀；葱、姜分别洗净，切末；蒜去皮，拍破。② 将猪肉馅和葱末、姜末一起放进碗里，加入盐、绍酒拌匀，酿入鲫鱼肚内。③ 锅置火上，入油烧热，用蒜炝锅，注入适量清水，大火煮沸后，放入鲫鱼和豆腐，用大火炖至鲫鱼熟透，放入鸡精调味即可。

【烹饪技法】呛，煮。

【营养功效】滋阴润燥，健脾养胃。

【健康贴士】鲫鱼还能与绿豆芽同食，可起到催奶的作用，产妇多食可以帮助下奶。

【举一反三】没有买到现成的猪肉馅，可以用剁碎的肥瘦猪肉代替。

萝卜鲫鱼汤

【主料】鲫鱼 2 条（约 400 克），白萝卜 150 克，熟猪油 60 克。

【配料】葱、姜 5 克，料酒 15 克，盐 5 克，鸡精、胡椒粉 2 克。

【制作】① 将活鲫鱼去鳞、鳃，从腹部剖开除去内脏，刮去黑膜，洗净；白萝卜用清水洗净，去皮，切成 6 厘米左右长的粗丝；葱洗净，打成葱结；姜洗净，拍松备用。② 将白萝卜丝倒入开水锅中，加入葱结，大火煮约 7 分钟后，捞出，沥干水分。③ 锅置火上，倒入熟猪油烧至五成热时，下入姜爆香，放入鲫鱼煎至两面略黄时，烹料酒，注入清水 700 毫升，煮至汤汁变成乳白色，加盐、鸡精、胡椒粉调味，用勺子将鲫鱼舀入汤碗中，再将汤和萝卜丝倒入碗中即可。

【烹饪技法】煎，煮。

【营养功效】滋补肝肾，利水消肿。

【健康贴士】鲫鱼不宜与鸡肉同食，不利于营养的吸收。

干丝鲫鱼汤

【主料】豆腐皮 100 克，白鲫鱼 1 条（约 250 克），冬菇 20 克。

【配料】姜 8 克，葱 10 克，植物油 5 克，绍酒 3 克，盐 5 克，鸡精、胡椒粉各 2 克。

【制作】① 豆腐皮洗净，切成丝；白鲫鱼去鳞、鳃、内脏，洗净，在鱼背上改一字花刀，洗净；冬菇洗净，切丝；姜去皮，洗净，切丝；葱洗净，切段。② 锅置火上，入油烧热，下姜丝爆香，放入白鲫鱼，用小火煎透，烹入绍酒，注入适量清水，用中火炖煮，待汤变白时，加入豆腐皮丝、冬菇丝、葱段，调入盐、鸡精、胡椒粉调味，转大火滚透即可。

【烹饪技法】爆，煎，煮。

【营养功效】利水消肿，补充蛋白质。

【健康贴士】鲫鱼宜与冬菇同食，利尿美容

功效更佳。

【举一反三】冬菇可以根据个人喜好，换成金针菇、平菇、杏鲍菇等，味道同样鲜美。

莼菜鲫鱼汤

【主料】莼菜20克，鲫鱼1条（约300克）。

【配料】葱段、姜片各5克，料酒10克，植物油20克，盐3克，胡椒粉2克。

【制作】①莼菜择洗干净，洗净；鲫鱼去鳞、鳃、内脏，刮去黑膜，洗净，放入锅中，加入少许清水，加入料酒5克，锅置大火上，煮至鱼表面微熟时关火。②坐锅点火烧热，入油烧热，放入鲫鱼煎制上色，烹入剩下的料酒，注入适量开水，加入葱段、姜片，大火煮至汤色奶白，调入盐、胡椒粉，加莼菜炖熟即可。

【烹饪技法】煮，煎，炖。

【营养功效】增强免疫力，强身健体。

【健康贴士】鲫鱼宜与莼菜同食，帮助人体抵抗病毒。

苦瓜鲫鱼汤

【主料】鲫鱼1条（约400克），苦瓜250克。

【配料】植物油20克，醋10克，白砂糖8克，盐5克，鸡精3克。

【制作】①鲫鱼去鳞、鳃、内脏，洗净后用厨房纸吸干水分；苦瓜洗净，一切两半，去瓤，去子，切片。②汤锅置火上，注入适量清水，放入鲫鱼和苦瓜片，大火煮沸后，加入醋、白砂糖、盐，用大火煮五分钟，放如鸡精调味即可。

【烹饪技法】煮。

【营养功效】清热解毒，补中益气。

【健康贴士】脾胃虚寒者以及孕妇不宜饮用。

眉豆花生鲫鱼汤

【主料】花生、眉豆各100克，鲫鱼1条（约350克）。

【配料】蒜头3个，陈皮1片，植物油15克，盐3克。

【制作】①鲫鱼去鳞、去鳃、去肠脏、刮去黑膜，洗净；眉豆、花生、陈皮分别淘洗干净，润透；蒜头去蒜衣，取蒜肉。②瓦煲置火上，注入适量清水，加入眉豆、花生、蒜肉和陈皮，用大火煮沸后，放入鲫鱼，转小火继续煲至眉豆、花生熟烂，加盐调味，淋入植物油，再焖3分钟即可。

【烹饪技法】煲。

【营养功效】美容养颜，活血化瘀。

【健康贴士】鲫鱼宜与花生同食，可以促进营养的吸收。

孤岛鲜鱼汤

【主料】鲫鱼1条（约重400克），香菜20克。

【配料】混合香料1袋，葱15克，姜5克，料酒8克，干淀粉10克，白砂糖3克，盐5克，鸡精2克，胡椒粉1克。

【制作】①鲫鱼宰杀，去鳞、腮和内脏，冲洗干净；香菜择洗干净，切段；姜洗净，切片；葱洗净，切片。②用厨房纸将鲫鱼表面的水吸干，并用干淀粉抹遍鱼身，腌制10分钟。③锅置火上，入油烧热，下姜、葱片爆香，放入腌制好的鲫鱼，炸至两面金黄，盛出备用。④原锅留油烧热，放入混合香料炒香，再注入适量清水，放入煎好的鲫鱼，大火煮沸后，浇入料酒，转成中火炖煮20分钟，加盐、白砂糖、胡椒粉调味，撒上香菜段即可。

【烹饪技法】煎，炒，煮。

【营养功效】生津开胃，强身健骨。

【健康贴士】没有混合香料，可以到中药铺买香叶、八角、小茴香等代替。

木瓜鲤鱼汤

【主料】鲤鱼1条（约500克），木瓜300克，红枣6枚。

【配料】植物油20克，姜片4克，料酒10克，清汤适量，盐5克，鸡精3克。

【制作】①鲤鱼去鳞、鳃及内脏后，洗净，沥干水分；木瓜洗净，去皮、子，切成滚刀块；

红枣洗净，去核备用。② 锅置火上，入油烧至六成热，下姜片煸香，放入鲤鱼煎至两面微黄，关火。③ 砂锅置火上，注入清汤，大火烧沸后，放入鲤鱼、木瓜块、红枣，再次煮沸后，浇入料酒，转小火煲 2 小时，加盐、鸡精调味即可。

【烹饪技法】煎，煲。

【营养功效】滋阴润肤，有下奶的功效。

【健康贴士】患有腮腺炎的儿童不宜饮用。

青蒜鲤鱼汤

【主料】鲤鱼 1 条，青蒜 2 根。

【配料】姜丝 5 克，植物油 15 克，米酒 10 克，盐 3 克。

【制作】① 鲤鱼去鳞、腮和内脏，洗净，切大块；青蒜洗净，斜切片。② 锅置火上，注入适量清水，大火煮沸，将鲤鱼块、姜丝放入沸水锅中煮，再次煮沸后，浇入米酒，撒下青蒜，放盐调味，淋入植物油即可。

【烹饪技法】煮。

【营养功效】健脾益肾，止咳停喘。

【健康贴士】皮肤湿疹者不宜饮用。

山楂鲤鱼汤

【主料】鲤鱼 1 条(约 500 克)，山楂片 25 克，面粉 150 克，鸡蛋 1 个。

【配料】葱段 10 克，姜 4 片，植物油 50 克，黄酒 10 克，柠檬汁 4 克，盐 5 克，白砂糖 3 克。

【制作】① 鲤鱼去鳞、鳃、内脏，洗净切块，装入碗里，加入黄酒、盐，腌制 15 分钟。② 将面粉装入盆里，加入适量清水和白砂糖，打入鸡蛋，搅拌成面糊，在将鲤鱼块放入面糊中浸透，使鲤鱼块裹满面糊。③ 锅置火上，入油烧热，放入裹着面糊的鲤鱼块，炸约 3 分钟后，捞起，沥干油分。④ 另起煮锅，放入山楂，注入少量清水，大火煮沸后，加入一点儿用剩的生面粉，煮成汤时，倒入炸好的鲤鱼块，煮约 15 分钟，加入葱段、姜片，加入柠檬汁，放鸡精调味即可。

【烹饪技法】腌，炸，煮。

【营养功效】生津开胃，滋补下奶。

【健康贴士】鲤鱼宜与醋同食，可以起到除湿的作用。

竹笋西瓜皮鲤鱼汤

【主料】鲤鱼 1 条（约 750 克），鲜竹笋 500 克，西瓜皮 500 克，眉豆 60 克。

【配料】生姜 4 片，红枣 6 枚，植物油 20 克，盐 4 克，鸡精 3 克。

【制作】① 鲤鱼去鳃、内脏（不去鳞），洗净；鲜竹笋削去硬壳，再削老皮，洗净，切片，提前用清水浸泡一夜，可以去除苦涩。② 眉豆淘洗干净；西瓜皮洗净，切块；红枣洗净，去核备用。③ 锅置火上，注入适量清水，大火煮沸，把全部材料放入沸水锅内，再次煮沸之后，转小火煲 2 小时，加盐、鸡精调味，淋入植物油，焖 3 分钟即可。

【烹饪技法】煮。

【营养功效】利水消肿，补肝明目。

【健康贴士】鲤鱼不宜与狗肉同食，容易引起上火。

红豆鲤鱼汤

【主料】鲤鱼 1 条(约 500 克)，红豆 100 克。

【配料】红枣 4 枚，陈皮 2 克，姜 3 片，植物油 20 克，盐 4 克，鸡精 2 克。

【制作】① 鲤鱼去腮、肠脏，洗净；红豆淘洗干净；红枣洗净，润透，去核；陈皮洗净。② 锅置火上，入油烧热，放入鲤鱼煎至两面金黄，盛出备用。③ 瓦煲置火上，将煎好的鲤鱼放入瓦煲内，注入适量清水，加入红豆、姜片、陈皮，大火煮沸后，转小火炖煮至红豆熟烂，放盐、鸡精调味即可。

【烹饪技法】煎，煮。

【营养功效】滋养脾胃，利水除湿。

【健康贴士】鲤鱼不宜与青枣同食，易引起腰腹疼痛。

鲤鱼羊肉汤

【主料】羊瘦肉 300 克，鲤鱼 1 条，香菜 10 克，奶汤 800 毫升。
【配料】葱丝、姜丝各 5 克，醋、料酒各 10 克，香油 10 克，植物油 20 克，盐 4 克，胡椒粉、鸡精各 2 克。
【制作】① 将羊肉洗净，切成片；鲤鱼处理干净，剁去头、尾，片下鲤鱼肉，入沸水中汆去血水，捞出，沥干水分。② 锅置火上，入油烧至五成热，下葱丝、姜丝炝锅，注入奶汤，兑入适量清水，放入羊肉片、鲤鱼肉，大火煮沸后，撇去浮沫，转小火炖约 1 小时，加醋、盐、鸡精、料酒、胡椒粉调味，再炖至汤汁变浓后，撒入香菜段，淋入香油即可。
【烹饪技法】汆，煮，炖。
【营养功效】益气补虚，促进血液循环。
【健康贴士】羊肉宜与香菜同食，可增强免疫力。

鲫鱼牡蛎年糕汤

【主料】白年糕 600 克，鲥鱼 1 条（约 500 克），牡蛎净肉 200 克，豆腐 100 克，鸡蛋 1 个。
【配料】紫菜 10 克，酱油 15 克，香油 10 克，葱花 5 克，蒜蓉 10 克，芝麻 5 克，盐 3 克，鸡精 2 克。
【制作】① 鲥鱼去鳞、鳃、内脏，洗净，沥干水分；牡蛎净肉用清水冲洗干净，沥干水分；豆腐冲洗干净，切成块。② 锅置火上，注入适量清水，放入鲥鱼熬煮成酱汤；同时，将鸡蛋分蛋清、蛋黄分别打入碗里，再放入油锅煎熟后，切成丝；将紫菜揉碎。③ 鲥鱼酱汤炖好后，将白年糕放进去，煮至白年糕浮起时，放入豆腐和牡蛎净肉，放盐、鸡精调味，盛入汤碗里，放入蒜蓉、鸡蛋丝，撒上葱花、紫菜碎、芝麻，淋上香油即可。④ 盛在碗里后，将鸡蛋，紫菜以及调料放在上面。
【烹饪技法】煎，煮。
【营养功效】利水消肿，健脾养胃。
【健康贴士】紫菜宜与鸡蛋同食，可以补充钙质。

鲢鱼头豆腐汤

【主料】嫩豆腐 2 盒，鲜鲢鱼头 1 个（约 600 克），水发冬笋 75 克，香菜 10 克。
【配料】姜 2 片，葱段 4 克，醋、米酒各 10 克，植物油 20 克，白砂糖、胡椒粉各 5 克，高汤 500 毫升，盐 4 克。
【制作】① 将鲜鲢鱼头洗净，从中间劈开，再剁成几大块，用厨房纸巾吸干水分；嫩豆腐冲洗干净，切成厚片；水发冬笋洗净，切片。② 锅置火上，入油烧热，下姜片爆香，放入鲢鱼头，煎约 3 分钟至表面略黄，注入高汤，大火煮沸后，浇入醋、米酒，放入葱段、笋片，加盖炖煮 20 分钟，炖至汤色变成奶白色时，加入盐、白砂糖、胡椒粉调味，撒入香菜段即可。
【烹饪技法】煎，炖。
【营养功效】温中益气，健脾养胃。
【健康贴士】感冒发热患者不宜食用鲢鱼。

清汤鱼丸

【主料】白鲢鱼肉 300 克，豆苗 25 克，熟笋片、熟鸡油各 20 克。
【配料】鸡汤 750 毫升，盐 3 克，鸡精 1 克。
【制作】① 白鲢鱼肉洗净，剁成肉泥，装入碗里，加少许清水、盐、鸡精搅拌至上浆，并用手挤成鱼丸。② 将鱼丸放入冷水锅中，浮飘 10 分钟，然后将冷水锅置中火上，在水接近沸时加入半碗冷水，如此反复四次将鱼丸汆熟，把鱼丸捞出，沥干水分。③ 砂锅置火上，注入鸡汤，大火煮沸后，将鱼丸放入鸡汤中，加入豆苗、熟笋片稍煮，加盐、鸡精调味，淋上熟鸡油即可。
【烹饪技法】汆，煮。
【营养功效】益智补脑，通乳汁。
【健康贴士】鲢鱼也可与豆腐同食，可以起到解毒美容的功效。

奶汤鲢鱼头

【主料】鲢鱼头500克，鲜肉丝100克，火腿25克，豌豆苗10克。

【配料】香葱5克，姜8克，植物油30克，熟鸡油10克，料酒12克，盐4克，鸡精2克。

【制作】① 将鲢鱼头去鳃，洗净，用刀劈成两瓣，放入沸水中汆烫一下，捞出沥干水分；火腿切片；豌豆苗洗净；香葱洗净后切段；姜洗净，拍松。② 锅置火上，入油烧热，放入鲢鱼头煎至两面呈黄色时，烹入料酒，加入香葱段、姜块、鲜肉丝，注入适量清水，大火煮沸后，再转小火煮10分钟，煮至鲢鱼头酥熟、汤汁乳白时，加盐、鸡精调味后，把鲢鱼头捞入汤碗中，放上豌豆苗，趁着鱼汤沸腾时将鱼汤倒入碗内，把豌豆苗烫熟，摆上火腿片即可。

【烹饪技法】汆，煮。

【营养功效】利水消肿，补充氨基酸。

【健康贴士】鲢鱼还能与苹果同食，有治疗腹泻的功效。

萝卜鲢鱼汤

【主料】鲢鱼500克，白萝卜250克。

【配料】葱、姜各5克，植物油25克，料酒10克，盐4克，白砂糖、胡椒粉各3克。

【制作】① 将萝卜去皮，洗净，切成薄块；鲢鱼去鳞、鳃、内脏后，洗净，沥干水分；葱、姜洗净，葱切成段，姜切成片。② 锅置火上，入油烧热，放入鲢鱼，煎至两面金黄，烹料酒，放入白萝卜片、姜片，注入适量清水，大火煮沸后，加盐、白砂糖、胡椒粉调味后，再焖煮至鱼肉熟烂，撒入葱花即可。

【烹饪技法】煎，煮。

【营养功效】此汤内含蛋白质、脂肪、糖类、钙、磷、铁、维生素等成分。可利用水消肿、减肥通乳、润肤泽肤、清热消渴，产妇常食，能通乳增乳、减肥和润肤，更加健美。

【健康贴士】鲢鱼宜与白萝卜同食，利水消肿效果更佳。

鲢鱼丝瓜汤

【主料】鲢鱼1条(约700克)，丝瓜300克。

【配料】姜5克，植物油30克，盐5克，鸡精2克。

【制作】① 鲢鱼去鳞、鳃、内脏，洗净，切小块；丝瓜去皮，洗净，切块；姜洗净，切片。② 锅置火上，注入适量清水，大火烧开后，放入鲢鱼块、姜片，再次煮沸后，放入丝瓜块稍煮，加盐、鸡精调味即可。

【烹饪技法】煮。

【营养功效】温补气血，增乳通乳。

【健康贴士】鲢鱼是发物，因此有病疾、疮疡者应当慎食或者不食。

草鱼豆腐汤

【主料】草鱼1条(约500克)，豆腐250克，青蒜2克。

【配料】葱、姜各10克，料酒15克，老抽8克，白砂糖5克，豆瓣辣酱10克，熟猪油20克，盐5克，鸡精3克。

【制作】① 草鱼去鳞、鳃、内脏，洗净，切成块；豆腐用清水冲洗干净，切成与草鱼块同样大小的块；青蒜洗净，切成段；葱洗净，切成葱花；姜洗净，切成片。② 锅置火上，倒入熟猪油烧热，下葱花、姜片爆香，放入草鱼块略煎，随即烹入料酒，加盖略焖后，加入生抽、白砂糖，使草鱼块上色，注入清水250毫升，稍煮后，在加入清水400毫升，放入豆腐块、豆瓣辣酱，加盐、鸡精调味，撒上青蒜段即可。

【烹饪技法】煎，煮。

【营养功效】温中补虚，预防乳腺癌。

【健康贴士】草鱼宜与豆腐同食，可以增强人体免疫力。

三丝草鱼汤

【主料】草鱼净肉300克，胡萝卜1根，鲜香菇4朵，鸡脯肉100克，豌豆粉100克，菜心 4 棵。

【配料】香油 15 克，料酒 10 克，盐 5 克，鸡精 2 克。

【制作】① 胡萝卜、鲜香菇分别洗净，切成细丝；菜心择洗干净，焯水备用；鸡胸肉洗净，放入锅中，加入约 1000 毫升的清水，大火烧沸，再转中火煮 15 分钟至熟，捞出鸡脯肉，撕成鸡丝，鸡汤备用。② 草鱼净肉洗净，切成厚片，并在砧板上薄薄地铺上一层豌豆粉，将草鱼片放上面，再在鱼肉上再撒一层豌豆粉，用小木槌从左至右细细敲击，每敲完一次再撒一层豌豆粉，反复此动作 3 次，直至将草鱼肉敲成纸片一样的薄厚，切成小片。③ 汤锅置火上，注入先前煮鸡脯肉的鸡汤，大火煮沸，下入香菇丝、胡萝卜丝，再次煮沸后，放入草鱼片、鸡丝、菜心，淋入料酒，稍煮片刻后，加盐、鸡精调味，关火，淋上香油即可。

【烹饪技法】煮。

【营养功效】滋阴润燥，健脾养胃。

【健康贴士】草鱼不宜与咸菜同食，易生成有毒物质。

苹果草鱼汤

【主料】草鱼 1 条（约 600 克），苹果 1 个，红枣 5 枚。

【配料】姜片 5 克，植物油 20 克，盐 4 克，胡椒粉 2 克。

【制作】① 草鱼去鳞、鳃、内脏，洗净，切块；红枣洗净，去核；苹果洗净，去皮、核，切滚刀块备用。② 锅置火上，入油烧热，放入姜片爆锅，放入草鱼块煎至两面微黄，注入适量清水，加入红枣，大火煮沸后，再转小火炖煮 10 分钟，待汤汁变为奶白色后，加入苹果块，再煮 5 分钟，放入盐、胡椒粉调味即可。

【烹饪技法】煎，煮。

【营养功效】生津止渴，健脾养胃。

【健康贴士】草鱼也可与鸡蛋同食，起到温补强身的作用。

姜丝鲈鱼汤

【主料】鲈鱼 250 克，豆腐 150 克，香芹叶 100 克，枸杞 10 枚。

【配料】姜丝 4 克，植物油 10 克，盐 5 克，胡椒粉 2 克。

【制作】① 鲈鱼处理干净，切块，放入沸水锅中汆水；香芹叶洗净，切末；豆腐洗净，切成厚片，放入沸水锅中焯水；枸杞子洗净，润透备用。② 汤锅置火上，注入适量清水，大火煮沸，倒入豆腐块煮 10 分钟后，再放入鲈鱼块、姜丝和枸杞子同煮 10 分钟，再次煮沸之后，加盐、胡椒粉调味，撒上香芹叶末，淋入植物油即可。

【烹饪技法】汆，焯，煮。

【营养功效】健脾益肾，补气安胎。

【健康贴士】鲈鱼宜与姜丝同食，补虚养血功效更佳。

鲈鱼五味子汤

【主料】鲈鱼 750 克，五味子 50 克。

【配料】葱 10 克，姜 10 克，黄酒 10 克，熟猪油 15 克，盐 4 克，胡椒粉 2 克。

【制作】① 五味子洗净，润透；将鲈鱼去鳞、鳃、内脏，洗净；葱洗净，切段；姜洗净，切片。② 锅置火上，注入适量清水，放入鲈鱼、五味子、葱段、姜片，加入黄酒，注入适量清水，大火煮沸，加盐、胡椒粉调味，再煮至鱼肉熟烂，拣去葱段、姜片，淋入熟猪油即可。具有补心脾、益肝肾的功效。

【烹饪技法】煮。

【营养功效】补五脏、益筋骨、和肠胃、治水气。

【健康贴士】鲈鱼忌与牛羊油、奶酪和中药荆芥同食。

酸菜鲈鱼汤

【主料】鲈鱼 800 克，泡菜 150 克，野山椒 15 克，鸡蛋清 30 克。

【配料】姜片、蒜瓣、葱段各 10 克，熟猪油 25 克，白酒 10 克，淀粉 30 克，盐 5 克，胡椒粉、鸡精各 2 克。

【制作】① 鲈鱼去鳞、鳃、内脏，洗净，在鲈鱼背上斜刀改片，将鲈鱼肉片装入碗里，倒入白酒、蛋清，加入淀粉拌匀，腌制 15 分钟备用。② 泡菜洗净，切丝；野山椒洗净，剁碎。③ 锅置火上，入油烧热，下入泡菜炒香后，再放入野山椒碎、姜片、蒜瓣、葱段，注入适量清水，大火煮沸后，放入鲈鱼肉片，煮至汤汁乳白色时，加盐、鸡精调味，淋入熟猪油即可。

【烹饪技法】腌，煮。

【营养功效】补心脾、益肝肾，生津开胃。

【健康贴士】酸菜属于腌制类食品，含有少量的亚硝酸，不宜长期过量食用。

雪菜黄豆炖鲈鱼

【主料】鲈鱼净肉 500 克，黄豆 200 克，雪菜 200 克，肥瘦猪肉 150 克，青椒 50 克，辣椒(干)50 克。

【配料】姜 5 克，植物油 30 克，白砂糖 5 克，盐 3 克，胡椒粉 2 克。

【制作】① 黄豆提前一晚浸泡，洗净，捞出沥干水分；鲈鱼净肉洗净，切片；肥瘦猪肉洗净，切片；雪菜洗净，切成段；青椒去蒂、子，洗净，切成末；姜洗净，切片。② 锅置火上，入油烧热，将鲈鱼肉片放入油锅，煎至两面呈焦黄色时，捞出，沥干油分。③ 原锅留少许油烧热，下姜片爆锅，放入猪肉片炒透后，加入雪菜、青椒末煸出香味，倒入煎好的鲈鱼片和大豆，注入适量清水，大火炖煮至汤白，加盐、白砂糖、胡椒粉调味，出锅即可。

【烹饪技法】煎，煮。

【营养功效】健脾益气，利水消肿。

【健康贴士】黄豆也可与胡萝卜同食，有助于骨骼的生长。

肥王鱼豆腐

【主料】豆腐 250 克，熟火腿 25 克，活肥王鱼 1 条（约 500 克），水发冬菇 25 克，油菜心 100 克。

【配料】葱、姜各 15 克，料酒 10 克，熟猪油 15 克，植物油 30 克，清汤 1000 毫升，盐 3 克，鸡精、胡椒粉各 2 克。

【制作】① 将肥王鱼处理干净，洗净；豆腐用清水冲洗干净，切成块；葱、姜分别洗净，葱切成段，姜切成丝；油菜心择洗干净，切成段；火腿，冬菇分别洗净，切片。② 锅置火上，入油烧至八成熟，放入肥王鱼，煎至鱼身两面略黄，烹入料酒，加入葱段、姜丝，注入清汤大火煮沸，再转小火煨 10 分钟。③ 待汤色呈乳白色时，下入豆腐块、火腿片、冬菇片，转成大火将所有食材煮熟，加入鸡精、盐、胡椒粉调味，放入油菜心，淋入熟猪油即可。

【烹饪技法】煎，煨。

【营养功效】生津润燥，益气宽中。

【健康贴士】痛风、肾病、缺铁性贫血、腹泻患者不宜饮用。

三鲜鳙鱼汤

【主料】鳙鱼 500 克，火腿 50 克，鸡肉 80 克，香菇（鲜）50 克，油菜心、莴笋各 50 克，鸡蛋 1 个。

【配料】植物油 20 克，淀粉 15 克，盐 10 克，鸡精、胡椒粉各 2 克。

【制作】① 将鳙鱼从胸鳍和腹鳍处下刀，取下鱼头，头一劈两半，去鱼鳃，将鱼身和鱼头一起用清水洗净。② 鸡肉洗净，切片，装入碗里，打入鸡蛋，加入淀粉搅拌均匀；火腿切片；莴笋去皮，洗净，切片；鲜香菇洗净，切片；油菜心择洗干净。③ 锅置火上，注入适量清水，大火煮沸，放入鳙鱼鱼身和鱼头，煮至汤汁乳白色，下入火腿片、鸡片、莴笋片、香菇片煮熟，放入菜心，并加入盐、鸡精、胡椒粉调味即可。

【烹饪技法】煮。

【营养功效】补虚弱，暖脾胃，益脑髓。

【健康贴士】鳙鱼也可与豆腐同食，可以补充钙质。

党参鳙鱼汤

【主料】鳙鱼1000克，党参20克。
【配料】草果、陈皮、桂皮各3克，葱、姜片各10克，植物油50克，黄酒15克，盐5克，鸡精2克。
【制作】① 将党参、草果、陈皮、桂皮、姜洗净，装入纱布袋内，系好袋口备用。② 鳙鱼去鳞、鳃、内脏，洗净，用厨房纸吸干水分；葱洗净，切段。③ 锅置火上，入油烧热，放入鳙鱼煎至两面金黄，注入适量清水，加入药包、葱段、黄酒，煮至鱼肉熟烂，拣去葱、药包，放盐调味即可。
【烹饪技法】煎，煮。
【营养功效】补中益气，健脾养胃。
【健康贴士】适用于慢性胃炎、胃及十二指肠溃疡患者饮用。

砂锅鳙鱼头

【主料】鳙鱼头1000克，豆腐500克，猪肉（肥瘦）100克，冬笋50克，香菇（干）20克
【配料】姜、葱各15克，熟猪油50克，熟鸡油15克，黄酒100克，盐6克，鸡精2克，胡椒粉1克。
【制作】① 将鳙鱼头去鳃，洗净，装入碗里，用黄酒抹遍整个鱼头，腌约30分钟后，取出洗净，沥干水分。② 豆腐冲洗干净，切块；将猪肉、冬笋洗净，切成薄片；香菇用温水泡发，洗净，去蒂，切成小块；葱洗净，切段；姜洗净，拍破。③ 锅置火上，倒入猪油，烧至六成热，将鱼头下锅煎至两面金黄，再加入葱段、姜、冬笋片、猪肉片、香菇，注入清水250毫升，大火煮沸后撇去浮沫，关火。④ 将锅里的鱼头连汤带料一起倒入砂锅内，再加入500毫升清水，砂锅置火上，大火煮10分钟，下入豆腐，加盐、鸡精、胡椒粉调味，淋入熟鸡油即可。
【烹饪技法】煎，煮。
【营养功效】补中益气，补充钙质。
【健康贴士】鳙鱼以头制菜，其头宜大不宜小，头大胶厚肥腴，营养丰富，头小拆骨较难。

丝瓜豆腐鱼头汤

【主料】丝瓜500克，鲜鱼头2个，豆腐100克。
【配料】姜3克，植物油15克，盐5克，鸡精2克。
【制作】① 丝瓜去皮，洗净，切块；鱼头去鳃，洗净，劈成两半；豆腐用清水冲洗干净，切成块；姜洗净，切片。② 锅置火上，将鱼头和生姜片放入锅里，注入适量沸水，用大火煲10分钟后，放入豆腐和丝瓜，再转小火煲15分钟，加盐、鸡精调味，淋上植物油即可。
【烹饪技法】煮。
【营养功效】清热泻火，养阴生津。
【健康贴士】鱼头宜与豆腐同食，有利于钙质的吸收。

鸡丝银鱼汤

【主料】干银鱼50克，鸡脯肉200克，鸡蛋1个。
【配料】姜5克，香油、料酒、生抽、淀粉各10克，高汤500毫升，盐3克，胡椒粉2克。
【制作】① 干银鱼用温水泡软，洗净，捞出，沥干水分；鸡脯肉去筋，洗净，切成细丝，装入碗里，打入鸡蛋清，加入淀粉、生抽拌匀，腌渍10分钟；姜洗净，切末。② 锅置火上，注入适量清水，下入银鱼，大火煮沸，捞出，沥干水分。③ 砂锅置火上，放入银鱼，注入高汤，大火煮沸后，下入鸡丝，煮至鸡肉成白色时，加盐、胡椒粉调味，淋入香油即可。
【巧手妙招】一定要把银鱼泡透、泡软，否则口感不好。
【烹饪技法】腌，煮。
【营养功效】滋阴润燥，健脾养胃。
【健康贴士】此汤可加几枚枸杞，因为鸡肉与枸杞同食有补五脏、益气血之效。
【举一反三】鸡肉可以用猪肉代替，营养同样丰富。

银鱼鸡片汤

【主料】银鱼750克，鸡胸肉250克，火腿20克，鲜香菇15克，鸡蛋1个。

【配料】植物油500克，鸡汤800毫升，淀粉3克，盐2克，鸡精1克。

【制作】① 银鱼洗净，用厨房纸吸干水分；鸡胸肉洗净，切片，装入碗里，打入蛋清，加入水淀粉搅拌均匀，腌制10分钟；火腿切片；鲜香菇洗净，切片。② 锅置火上，入油烧热，下入银鱼，炸至金黄色，捞起盛在蒸碗里，放进蒸笼蒸20分钟后取出备用。③ 将腌制好的鸡肉放入蒸锅蒸熟，取出；取一个面碗，把银鱼放在左边，鸡肉丝放在左边，摆上火腿片备用。④ 汤锅置火上，注入鸡汤，放入香菇片，加盐、鸡精调味，大火煮沸后，倒入面碗里即可。

【烹饪技法】炸，蒸，煮。

【营养功效】生津开胃，温中益气。

【健康贴士】鸡肉与油菜同食，可以美容养颜，因此，在做这道汤时，可以适当添加一些油菜。

奶汤银鱼

【主料】银鱼干、平菇各250克，小白菜150克。

【配料】葱、姜各15克，奶汤1250毫升，熟鸡油20克，料酒50克，盐5克，鸡精3克，胡椒粉1克。

【制作】① 用剪刀将银鱼的头和尾剪去，用冷水浸泡1小时后，换清水洗一遍，拣去杂质后再洗一遍，捞出沥干水分；葱洗净，切段；姜洗净，拍破。② 平菇削去根部，撕去表面一层灰色皮膜，洗净，装入碗里，加入葱段、姜块，放上蒸笼蒸熟，取出切成丝；小白菜择洗干净，用沸水焯烫，捞出过凉。③ 锅置火上，注入适量清水，加入料酒，大火煮沸后，放入银鱼汆熟，捞出，沥干水分，并拣出葱段、姜块，装入汤盘内，撒上胡椒粉。④ 净锅后置火上，注入奶汤，大火煮沸后，加入白菜、平菇略煮，加盐、鸡精调味后，起锅倒入装银鱼的汤盘内，淋上熟鸡油即可。

【烹饪技法】蒸，汆，焯，煮。

【营养功效】补肾增阳，祛虚活血。

【健康贴士】一般人皆宜饮用。

党参青鱼汤

【主料】青鱼500克，党参30克。

【配料】草果、陈皮、桂皮各5克，葱3克，姜4片，熟猪油20克，盐5克，胡椒粉2克。

【制作】① 青鱼去鳞、鳃、内脏，洗净，沥干水分；党参、草果、陈皮、桂皮分别去杂质，洗净，装入纱布袋，系好袋口；葱洗净，切段。② 锅置火上，再注入适量清水，放入青鱼，加入药袋、姜片、葱段，大火煮至青鱼肉熟烂，拣去葱、姜、药袋，加盐、胡椒粉调味，淋上熟猪油即可。

【烹饪技法】煮。

【营养功效】祛风化湿，健脾养胃。

【健康贴士】青鱼也可与韭菜同食，有助于治疗脚气。

酸菜青鱼片汤

【主料】青鱼净肉400克，酸菜150克。

【配料】料酒、姜、蒜、葱各10克，植物油20克，盐5克，鸡精、胡椒粉各2克，淀粉15克。

【制作】① 青鱼净肉洗净，去大骨，片成薄片，装入碗里，加入盐，淀粉，搅拌均匀；雪里蕻酸菜洗净，切碎；姜洗净，切片；蒜去皮，切末；葱洗净，切段。② 锅置火上，入油烧热，放下酸菜煸炒2分钟，炒至酸菜发干，盛出。③ 汤锅置火上，注入适量清水，放入姜片、葱段、鱼大骨头，大火煮沸后，放入酸菜，再次煮沸后，放入青鱼肉片，加入蒜末，浇入料酒，放盐、鸡精、胡椒粉调味即可。

【烹饪技法】煮。

【营养功效】补中益气，健脾养胃。

【健康贴士】一般人皆宜饮用。

醋烧鳜鱼羹

【主料】鳜鱼 200 克，海参 100 克，火腿0 克，冬笋 30 克，鸡蛋 1 个。

【配料】葱 5 克，淀粉、醋、料酒各 10 克，植物油 25 克，盐 3 克，鸡精、白胡椒粉各 3 克。

【制作】① 将鳜鱼去头、骨、刺，取肉洗净，切成条，放入碗里，加入盐、淀粉，打入蛋清，搅拌均匀，上浆入味；将鱼头、鱼骨放入汤锅中，注入适量清水煮熟，取汤备用。② 冬笋洗净，切丝；海参泡发，洗净，切丝；火腿切成丝；将冬笋、海参分别倒入沸水中焯一下，捞出沥干水分；葱洗净，切末；香菜洗净，切成末。③ 坐锅点火，入油烧至五成热时，放入鳜鱼条，略炸，捞出沥干油分，装入盘中，再将鱼汤倒入锅内，煮沸后加入海参丝、冬笋丝、火腿丝以及炸好的鱼条，浇入料酒，放盐、鸡精、白胡椒粉调味，撒入葱末、香菜末，出锅后点入醋即可。

【烹饪技法】炸，煮。

【营养功效】滋阴补肾，生津开胃胃。

【健康贴士】海参宜与葱同食，有助于益气补肾。

炖荷包鳜鱼

【主料】鳜鱼 500 克，猪瘦肉 100 克，冬笋5 克，火腿 15 克。

【配料】鲜香菇 15 克，葱 20 克，姜 15 克，高汤 1000 毫升，香油 5 克，淀粉 3 克，料酒 15 克，盐 4 克，鸡精 2 克。

【制作】① 将鳜鱼去鳞、鳃、内脏，洗净；鲜香菇洗净后 10 克切成碎末，5 克切丁；冬笋、火腿和猪瘦肉均洗净，切成末；葱洗净，切段；姜洗净，切片。② 将冬笋末、火腿末、猪瘦肉末和香菇末同放入碗内，加入盐和淀粉拌匀后，灌入鳜鱼腹内，放在鱼盘上，把葱段、姜片分别放在鳜鱼的两侧，浇入料酒，放入蒸锅内，隔水炖至熟烂，连盘取出，拣去葱段、姜片。③ 锅置火上，注入高汤，放入香菇丁，大火煮沸，倒入蒸鱼的汤汁继续煮沸，加盐、鸡精调味，淋上香油，把煮好的汤浇在鱼身上即可。

【烹饪技法】蒸，煮。

【营养功效】补中益气，健脾养胃。

【健康贴士】鳜鱼还可与白菜搭配，增强造血功能。

胡萝卜鳜鱼汤

【主料】鳜鱼 1000 克，肥猪肉 100 克，香菜 150 克，面包 250 克，鸡蛋 1 个。

【配料】植物油 100 克，高汤 500 毫升，淀粉 50 克，料酒 15 克，盐 5 克，胡椒粉 2 克，鸡精 3 克。

【制作】① 鳜鱼去鳞、鳃，剖腹去内脏，用水洗净，剔去鱼骨，取净肉，切片；面包去外皮，搓碎成屑，装入大盘里；香菜洗净。② 取 2 片鳜鱼肉与洗净的肥猪肉一起剁成肉泥，装入碗里，加入料酒、盐、鸡精、胡椒粉，打入鸡蛋清，搅成糊状。③ 把片好的鱼片平放在案板上，抹上鱼泥，用竹筷子卷起，逐个做成胡萝卜状，放入装面包屑的大盘里，滚上面包屑。④ 锅置火上，入油烧热，将做好的胡萝卜鳜鱼下入油锅，炸成杏黄色，捞出，沥干油分，装入汤盆里，撒入香菜，便成胡萝卜鱼。⑤汤锅置火上，注入高汤，大火煮沸，加入淀粉勾芡，拌匀，将煮好的高汤倒入装有胡萝卜鳜鱼的汤盆内即可。

【烹饪技法】炸，煮。

【营养功效】补五脏，益精血，健脾胃。

【健康贴士】鳜鱼不宜与茶同食，不利于身体健康。

菠菜鳜鱼汤

【主料】菠菜 300 克，鳜鱼净肉 100 克，牛奶 500 毫升，鸡蛋 1 个。

【配料】葱 5 克，姜 3 克，植物油 20 克，料酒 5 克，盐 4 克，鸡精、胡椒粉各 2 克，淀粉 5 克。

【制作】① 将菠菜择洗干净，放入沸水里焯熟，捞出过凉，沥干水分；葱洗净，切段；

姜洗净，切片。② 鳜鱼净肉洗净，切成丝，装入碗里，打入鸡蛋清，加入淀粉、盐，搅拌均匀。③ 锅置火上，入油烧热，将裹满蛋液的鳜鱼丝放入油锅内，滑熟，捞出，沥干油分。④ 原锅留底油烧热，下入葱段、姜片炝锅，倒入牛奶，大火煮沸后，放入菠菜、鳜鱼丝，浇入料酒，加鸡精、胡椒粉调味即可。

【烹饪技法】炸，煮。

【营养功效】润肠通便，滋补肝肾。

【健康贴士】菠菜与鸡蛋是黄金搭配，不但营养丰富，还可以预防贫血和营养不良。

家常熬鳜鱼

【主料】鳜鱼 1000 克，肥猪肉 25 克，香菜 15 克。

【配料】姜、葱各 10 克，植物油 20 克，醋 30 克，黄酒 15 克，香油 10 克，盐 8 克，胡椒粉 5 克。

【制作】① 将鳜鱼刮鳞去腮，清除内脏，洗净，放入沸水中汆烫片刻，再放入冷水中过凉，刮去黑皮，洗净，改一字花刀。② 肥猪肉洗净，切片；葱洗净，一半切成段，一半切成丝；姜洗净，切片；香菜择洗干净，切末。③ 锅置火上，入油烧热，加入姜片、葱段爆香，放入肥猪肉片翻炒，放入处理好的鳜鱼，淋入黄酒，注入清水 1000 毫升，用大火熬煮 10 分钟，待汤呈乳白色时，放入盐、胡椒粉调味，出锅前点入醋，撒入香菜末、葱丝即可。

【烹饪技法】汆，煮。

【营养功效】补气血，健脾胃，补五脏。

【健康贴士】鲑鱼还可与马蹄同食，有凉血解毒、利尿通便之效。

罗非鱼豆腐汤

【主料】罗非鱼 1 条，豆腐 200 克，虾丸、鱼丸各 100 克。

【配料】葱 10 克，姜 5 克，植物油 20 克，盐 4 克。

【制作】① 罗非鱼宰杀，去鳞、鳃、内脏，刮去黑膜，洗净；豆腐冲洗干净，切成块；虾丸、鱼丸分别洗净；葱洗净，打葱结；姜洗净，切片。② 锅置火上，入油烧热，下姜片爆香，放入罗非鱼煎至两面金黄色，注入适量清水，大火煮沸后，加入豆腐、葱结，放盐调味，再焖煮 5 分钟即可。

【烹饪技法】煎，煮。

【营养功效】补中益气，健脾养胃。

【健康贴士】豆腐宜与罗非鱼同食，可以促进钙的吸收。

【举一反三】罗非鱼可以根据个人口味换成鲫鱼、鲑鱼等，味道同样鲜美。

冬瓜黑鱼汤

【主料】黑鱼 500 克，冬瓜 400 克

【配料】葱、姜各 10 克，植物油 30 克，黄酒 15 克，盐 8 克，鸡精 2 克，白砂糖 3 克，胡椒粉 1 克。

【制作】① 黑鱼去鳃、内脏，洗净，切成块；冬瓜洗净，去皮、瓤，切片；葱洗净，切段；姜洗净，切片。② 锅置火上，入油烧热，放入黑鱼块略煎，注入适量清水，大火煮沸后浇入料酒，下入冬瓜片、姜片、葱段，加盖煮至全熟，再放盐、鸡精、白砂糖调味即可

【烹饪技法】煎，煮。

【营养功效】清热解毒，利水消肿。

【健康贴士】黑鱼宜与冬瓜同食，可以辅助治疗产后气血亏虚。

罗非鱼味噌汤

【主料】罗非鱼 1 条（约 400 克）。

【配料】姜、葱各 5 克，橄榄油 15 克，味噌酱 1 勺，盐 5 克，胡椒粉 2 克。

【制作】① 将罗非鱼宰杀，去鳞、鳃、内脏，洗净，切块；葱洗净，切末；姜洗净，切片备用。② 锅置火上，入油烧热，下姜片爆香，放入罗非鱼煎至两面略黄时，注入适量清水，拌入味噌酱，大火煮沸后，转小火煮约 15 分钟，加盐、胡椒粉调味，撒入葱段即可。

【烹饪技法】煎，煮。

【营养功效】开胃生津，促进消化。

【健康贴士】一般人皆宜饮用。

黑鱼汤

【主料】黑鱼2条(约700克)，火腿150克。
【配料】葱20克，姜8克，熟猪油30克，料酒7克，盐5克，胡椒粉2克。
【制作】①将黑鱼宰杀，去鳞、鳃、内脏，洗净，切块，用厨房纸吸干水分；火腿切片；葱洗净，切段；姜洗净，切片备用。②锅置火上，倒入熟猪油烧热，下姜片、葱段爆香，放入黑鱼块，慢慢翻动鱼块，煎炸约1分钟后，烹入料酒，注入适量开水，放入火腿片，转成中火炖煮15分钟，加盐、胡椒粉调味即可。
【烹饪技法】煎，煮。
【营养功效】滋阴补肾，强身健骨。
【健康贴士】适宜身体虚弱、低蛋白血症、脾胃气虚、营养不良，贫血者饮用。

黑鱼豆腐汤

【主料】黑鱼1条，豆腐200克，秀珍菇4朵，鲜香菇4朵，蟹味菇4朵。
【配料】姜片4片，火腿50克，植物油20克，料酒10克，盐5克，鸡精、白砂糖各3克。
【制作】①将黑鱼去鳃、内脏，洗净，切块；豆腐冲洗干净，切块；秀珍菇洗净切片；鲜香菇洗净，去蒂切片；蟹味菇洗净切片；火腿切片备用。②锅置火上，入油烧热，下姜片煸香后，放入黑鱼块，翻炒至鱼肉肉色发白，烹料酒，注入适量开水，加入豆腐块、秀珍菇、鲜香菇、蟹味菇、火腿片，转成中火炖约15分钟后，加盐、鸡精、白砂糖调味，再焖3分钟即可。
【烹饪技法】炒，炖。
【营养功效】补中益气，健脾养胃。
【健康贴士】黑鱼不宜与茄子同食，会损害肠胃。

黑鱼蛋汤

【主料】黑鱼1条。
【配料】葱末5克，姜片5克，盐10克，胡椒粉5克，蒜粒10克，猪油15克，鸡蛋2个。
【制作】①鱼洗净，中间用刀平均分几刀，但不断开。②锅中放油，烧热，下入葱，姜，鱼煸炒，加入沸水适量、猪油、蒜粒，鱼汤翻滚后，去掉浮沫，打入鸡蛋液，稍煮片刻，加入盐、胡椒粉调味，即可起锅。
【烹饪技法】煸，煮。
【营养功效】补中益气，健脾养胃。
【健康贴士】一般人皆宜饮用。

黑鱼红枣南瓜汤

【主料】黑鱼头2个，南瓜200克，红枣6枚。
【配料】葱10克，姜4克，香菜8克，料酒10克，植物油20克，盐5克，胡椒粉2克。
【制作】①黑鱼头去鳃，洗净，劈成两半，剁成块，装入碗里，加盐、料酒、胡椒粉拌匀，腌制入味；南瓜去皮、瓤，洗净，切块；红枣洗净，去核；葱洗净，切段；姜洗净，切片；香菜择洗干净，切末。②锅置火上，入油烧热，下姜片、葱段煸香，放入黑鱼头煎炒片刻，注入适量开水，放入南瓜块，用中火焖煮至南瓜熟软，加胡椒粉调味，出锅前撒上香菜末即可。
【烹饪技法】煎，炒，煮。
【营养功效】补中益气，润肠通便。
【健康贴士】黑鱼子有毒，误食者有生命危险，在处理黑鱼时要将黑鱼子去除。

沙参玉竹炖水鱼

【主料】水鱼200克，沙参、玉竹各15克。
【配料】姜片3克，植物油20克，盐3克。
【制作】①水鱼处理干净，切块；沙参、玉竹洗净，润透；姜片洗净。②炖锅置火上，注入适量清水，放入水鱼块、沙参、玉竹、姜片，加盖大火煮沸后，转小火炖煮50分钟后，加盐调味即可。
【烹饪技法】炖。
【营养功效】润肺补肾，降低血糖。

【健康贴士】糖尿病、高血压病属阴虚者患者适宜饮用。

山药桂圆甲鱼汤

【主料】甲鱼 500 克，干山药 30 克，桂圆肉 20 克。

【配料】姜片 4 克，植物油 15 克，盐 3 克，鸡精 1 克。

【制作】① 将甲鱼宰杀，去内脏、头，洗净，连甲带肉放入砂锅；山药洗净润透；桂圆肉洗净，润透。② 砂锅置火上，注入适量清水，放入山药、桂圆肉，大火煮沸后，撇去浮沫，转小火炖煮约 40 分钟，加盐、鸡精调味即可。

【烹饪技法】煮，炖。

【营养功效】补虚养血，滋阴壮阳。

【健康贴士】适用于肝硬化、慢性肝炎、肝脾肿患者饮用。

冬瓜鳖裙羹

【主料】甲鱼 300 克，冬瓜 150 克，鸡汤 200 毫升。

【配料】姜、葱各 20 克，白醋 25 克，熟猪油 30 克，料酒 8 克，盐 5 克，鸡精 2 克。

【制作】① 将甲鱼刷洗干净，放入沸水中汆烫片刻，捞出后去掉黑皮，去壳、内脏，卸下甲鱼裙备用，将甲鱼肉剁成块。② 冬瓜去皮、瓤，洗净，削成若干个荔枝大小的冬瓜球；姜洗净，切片；葱洗净，切段。③ 炒锅置火上，倒入熟猪油烧至六成热时，放入甲鱼肉滑炒，滗去油分，煸炒片刻后，再放入冬瓜球一起翻炒，注入鸡汤，转小火炖煮 15 分钟，关火。④ 用甲鱼裙垫在蒸碗的底部，把炖好的甲鱼肉连汤带料倒入碗里，加入姜片、葱段、盐、料酒、白醋，上笼蒸至鳖裙边软黏，肉质酥烂即可。

【烹饪技法】炒，炖，蒸。

【营养功效】滋阴潜阳，健脾养胃。

【健康贴士】甲鱼不宜与桃子一起食用，性味相反。

双耳甲鱼汤

【主料】甲鱼 1 只（重约 750 克），银耳、黑木耳各 30 克。

【配料】葱、姜各 5 克，黄酒、香油各 10 克，盐 5 克，鸡精 2 克。

【制作】① 银耳与黑木耳用温水泡发后，去杂质，洗净；葱洗净，切段；姜洗净，切片。② 将甲鱼宰杀后，从头颈处割开，剖腹抽去气管，去内脏，斩去爪子，放入沸水锅中汆去血水，捞出，刮去甲壳内的黑釉膜，剁成块。③ 汤锅置火上，放入甲鱼壳与甲鱼肉，注入适量清水，再放入银耳、黑木耳、葱段、姜片，大火煮沸后，撇去浮沫，浇入黄酒，再转小火炖煮 30 分钟，加盐、鸡精调味，淋入香油即可。

【烹饪技法】汆，煮。

【营养功效】补中益气，滋补肝肾。

【健康贴士】肾病患者长期饮用，可以有效改善肾病病症。

苹果甲鱼汤

【主料】甲鱼 1 只，苹果 50 克，羊肉 500 克。

【配料】姜 8 克，盐 5 克，胡椒粉、鸡精各 3 克。

【制作】① 将甲鱼宰杀后，从头颈处割开，剖腹抽去气管，去内脏，斩去爪子，放入沸水锅中汆去血水，捞出，刮去甲壳内的黑釉膜，剁成块。② 苹果洗净，去皮、心，切块；羊肉洗净，切块；姜洗净，切片。加入苹果、生姜、水，大火煮沸，改用小火炖熟。③ 砂锅置火上，放入甲鱼块、羊肉块、姜片，大火煮沸后，撇去浮沫，加入苹果块，转小火炖煮约 30 分钟，加盐、鸡精、胡椒粉调味即可。

【烹饪技法】汆，煮。

【营养功效】滋阴养血，补中益气。

【健康贴士】一般人皆宜饮用。

美葱甲鱼汤

【主料】甲鱼 1 只（约 500 克）。

【配料】葱 15 克，姜 5 克，植物油 50 克，料酒 15 克，盐 3 克。

【制作】① 甲鱼宰杀后，洗净，切成 6 大块；葱洗净，切段；姜洗净，切丝。② 锅置火上，入油烧至七成热，下葱段、姜片煸香，放入甲鱼块翻炒约 3 分钟，炒至呈灰白色时，烹料酒，注入清水约 1000 毫升，用大火煨 30 分钟，炖至甲鱼熟烂，加盐调味即可。

【烹饪技法】炒，炖。

【营养功效】补虚养血，健脾养胃。

【健康贴士】孕妇、产后泄泻的女士不宜饮用。

蒺藜菟丝甲鱼汤

【主料】甲鱼 1 只，菟丝子 30 克，沙苑蒺藜 30 克。

【配料】姜 5 克，植物油 20 克，盐 3 克。

【制作】① 将沙苑子、菟丝子洗净，润透，用厨房纸吸干水分，装入纱布药袋里，系好袋口；将甲鱼宰杀后，洗净，切成大块；姜洗净，切片。② 锅置火上，入油烧热，下入生姜片煸香，随即倒入甲鱼块，翻炒约 5 分钟后，注入适量清水，大火煮沸后，撇去浮沫，再转小火焖炒 5 分钟，盛入砂锅内。③ 砂锅置火上，放入纱布药袋，兑入适量开水，用大火烧煮沸后，转小火炖约 60 分钟后加盐调味，再炖 30 分钟即可。

【烹饪技法】炒，炖。

【营养功效】滋阴潜阳，强身健骨。

【健康贴士】对于治疗肾虚精衰、性欲减退、阳痿、遗精、失眠、多梦等症，有很好的疗效。

甲鱼煲羊排

【主料】甲鱼 1 只（约 500 克），羊排 200 克，枸杞 5 克。

【配料】葱 10 克，姜 5 克，植物油 10 克，料酒 8 克，大料 3 克，盐 5 克，鸡精、胡椒粉各 2 克。

【制作】① 将甲鱼宰杀，去壳、内脏、爪，洗净，剁成块；羊排洗净，剁成块，放入沸水中汆去血水；枸杞洗净，润透；葱洗净，切段；姜洗净，切片。② 砂锅置火上，放入甲鱼、羊排、大料、料酒、葱段、姜片、枸杞，大火煮沸后，撇去浮沫，转中火炖煮约 1 小时，加盐、鸡精、胡椒粉调味即可。

【烹饪技法】汆，煮，炖。

【营养功效】滋阴补肾，强筋壮阳。

【健康贴士】适用于治疗肾虚之腰膝羸弱、乏力、阳痿者饮用。

三文鱼头豆腐汤

【主料】三文鱼头 2 个，干贝、海带干各 50 克，豆腐 100 克。

【配料】香菜 15 克，葱 10 克，植物油 15 克，盐 4 克。

【制作】① 三文鱼头去鳃，洗净，切块；豆腐用清水冲洗干净，切块；海带用清水泡发，洗净，切片；干贝洗净，用温水泡软，切成丝；香菜择洗干净，切段；葱洗净，切末。② 煮锅置火上，注入适量清水。大火煮沸，放入海带，小火煮 20 分钟，捞起海带，放入干贝丝继续煮。③ 待干贝丝煮约 5 分钟后，将三文鱼头放入汤里，再次煮沸后，下入豆腐，煮透后，加盐调味，淋入植物油，撒入香菜段和葱末，关火即可。

【烹饪技法】煮。

【营养功效】滋阴壮阳，护肝补肾。

【健康贴士】三文鱼还可搭配芥末同食，不仅可以去腥杀菌，还可以补充营养。

三文鱼田园蔬菜汤

【主料】三文鱼净肉 150 克，玉米 1 根，胡萝卜 1 根，佛手瓜 1 个。

【配料】小番茄 6 个，香油 8 克，盐 4 克。

【制作】① 三文鱼净肉洗净，切片；玉米洗净，剁成 3 段；胡萝卜洗净，去皮，切片；佛手瓜洗净，切片；小番茄洗净，对半切开。② 锅置火上，注入适量清水，放入玉米段，大火煮熟后，加入胡萝卜煮约 3 分钟时，倒入佛手瓜、小番茄煮 2 分钟，加入三文鱼片，再次煮沸后，加盐调味，淋入香油即可。
【烹饪技法】煮。
【营养功效】健脑益智，强身健体。
【健康贴士】三文鱼不宜煮得过于熟烂，否则营养物质容易流失。

三文鱼西蓝花蒜子汤

【主料】西蓝花300克，腌渍三文鱼200克，大蒜2头。
【配料】姜4克，植物油10克，绍酒5克，盐3克，清水1200毫升。
【制作】① 西蓝花洗干净，切成小块；大蒜去皮；姜洗净，切片。② 锅置火上，注入适量清水，大火煮沸后，加入蒜瓣，煮约10分钟后，加入腌渍三文鱼，再次煮沸后，浇入绍酒，加盐调味，淋入植物油即可。
【烹饪技法】煮。
【营养功效】补脑益智，健脾养胃。
【健康贴士】三文鱼也可与柠檬同食，有利于营养的吸收。

银带鱼丸汤

【主料】小带鱼150克，肉馅粉适量，鸡蛋1个。
【配料】姜、葱各5克，橄榄油30克，葡萄酒10克，白砂糖、鸡精各3克，盐5克。
【制作】① 姜洗净，切末；葱洗净，切末；带鱼洗净，去掉头、尾，放入绞肉机绞成肉馅，放入姜末、葱末、肉馅粉，打入鸡蛋，加入橄榄油、鸡精、白砂糖、盐、葡萄酒，搅拌均匀。② 汤锅置火上，注入适量清水，大火烧开，用小勺舀起鱼肉馅，放入沸水锅内，做成鱼丸，煮至鱼丸全部浮起时，盛出即可。
【烹饪技法】煮。
【营养功效】补中益气，健脾养胃。
【健康贴士】带鱼还能与苦瓜同食，可以起到保护肝脏的作用。

带鱼春笋汤

【主料】带鱼1条（约500克），春笋250克，咸肉130克，黑木耳16克。
【配料】葱20克，姜片4片，蒜5瓣，植物油30克，黄酒20克，红椒半只，盐3克。
【制作】① 带鱼洗净，切成约6厘米长的段；咸肉洗净，切薄片；春笋去壳，洗净，切成片；红椒洗净，切丝；黑木耳用温水泡发后清洗干净；葱洗净，斜切成小段。② 锅置火上，入油烧热，放入带鱼段，煎至金黄色，盛出。③ 原锅留底油烧热，下葱段、蒜瓣、姜片煸香，倒入咸肉片煸炒至七成熟，烹入黄酒，加入煎好的带鱼和春笋片、黑木耳和红椒丝，注入适量清水，大火煮沸后，转小火煮约20分钟，放盐调味即可。
【烹饪技法】煎，煸，煮。
【营养功效】舒筋活血，补气益胃。
【健康贴士】带鱼腹内的黑膜一定要刮净，这是防止腥气的关键。

荸荠木耳煲带鱼

【主料】带鱼1条（约500克），荸荠150克，干木耳25克。
【配料】姜5克，植物油20克，盐2克。
【制作】① 带鱼去掉鳃、鳍、内脏，刮净鱼腹内的黑膜，洗净，用厨房纸吸干水分；荸荠洗净，去皮，切块；黑木耳用温水泡发，洗净撕成小朵；姜洗净，切片。② 锅置火上，入油烧热，下姜片煸香，放入带鱼段煎至两面金黄，盛出备用。③ 瓦煲置火上，注入适量清水，大火煮沸，然后加入荸荠、黑木耳和煎好的带鱼，转用中火继续煲2小时后，加盐调味即可。
【烹饪技法】煎，煮。
【营养功效】消除疲劳，提精养神。
【健康贴士】带鱼忌用牛油、羊油煎炸。

带鱼番木瓜汤

【主料】鲜带鱼 200 克，番木瓜 300 克。
【配料】姜 5 克，植物油 15 克，盐 3 克。
【制作】① 带鱼去头、尾、内脏，洗净，切段；番木瓜去皮、子，洗净，切成条状；姜洗净，切片。② 锅置火上，注入适量清水，放入带鱼、番木瓜，大火煮沸后，转小火煮至鱼熟透，加盐调味，淋入植物油即可。
【烹饪技法】煮。
【营养功效】补气血，通乳汁。
【健康贴士】适合于产后乳汁不足的产妇和食欲不佳者饮用。

白嫩鳕鱼羹

【主料】鳕鱼片 250 克，豆腐 50 克，鸡蛋 1 个，青蒜 50 克。
【配料】葱 10 克，姜 5 克，植物油 20 克，料酒、水淀粉各 10 克，盐 4 克，胡椒粉 2 克。
【制作】① 鳕鱼片洗净，装入碗里，用盐、料酒和胡椒粉腌渍 15 分钟；青蒜洗净，切丝；豆腐用清水冲洗干净，切小块；鸡蛋打入碗里，搅拌成蛋液；葱洗净，切段；姜洗净，切片。② 锅置火上，入油烧热，下入葱段、姜片煸炒出香后，捞出不用，注入适量清水，大火煮沸后放入豆腐块、鳕鱼片煮至鳕鱼八成熟，用水淀粉勾芡，淋上蛋液，煮约 2 分钟，撒入青蒜丝即可。
【烹饪技法】煸，煮。
【营养功效】活血止痛，润肠通便。
【健康贴士】哺乳期的女士不宜饮用鳕鱼羹。

木瓜雪耳鱼尾汤

【主料】草鱼尾 500 克，沙参 5 条，木瓜 1 个，银耳 5 克。
【配料】姜片 3 片，植物油 30 克，盐 5 克。
【制作】① 草鱼尾刮去鳞片，洗净；沙参洗净，润透；木瓜洗净，去皮、子，切块；银耳用温水泡发，去蒂，撕成小朵。② 锅置火上，入油烧热，下姜片爆锅，放入草鱼尾煎至焦黄色，倒入清水少许，略煮 2 分钟，关火。③ 瓦煲置火上，注入清水 800 毫升，大火煮沸后，倒入煮好的草鱼尾，放入木瓜、雪耳、沙参，小火煲 1 小时，加盐调味即可。
【烹饪技法】爆，煎，煮，煲。
【营养功效】舒筋活络，强壮筋骨，通乳汁。
【健康贴士】对食积不化、胸腹胀满者有辅助的疗效。

红烧鳗鱼汤

【主料】鳗鱼 4 块，大白菜 300 克，黄芪 30克，党参 20 克。
【配料】枸杞 10 克，当归 1 片，姜片 5 克，植物油 20 克，红烧酱油 15 克，米酒 10 克，盐 3 克，鸡精 1 克。
【制作】① 鳗鱼洗净，切成厚片，装入碗里，加入米酒、红烧酱油拌匀，腌制 30 分钟备用。② 大白菜择洗干净，切成片，放入沸水中焯熟，捞出过凉，沥干水分。③ 黄芪、党参、枸杞、当归分别洗净，润透，装入纱布药袋里，系好袋口，做成药包。④ 锅置火上，入油烧热，下姜片炝锅，放入腌制好的鳗鱼片，煎至焦黄色，注入适量清水，放入药袋，大火煮沸后，转小火煮约 20 分钟，加盐、鸡精调味即可。
【烹饪技法】煎，煮。
【营养功效】补虚壮阳，调节血糖。
【健康贴士】鳗鱼可也与马蹄同食，辅助治疗夜盲症。

鳗鱼骨莲藕汤

【主料】鳗鱼骨 200 克，鳗鱼头 1 个，鳗鱼尾 1 条，莲藕 200 克。
【配料】干贝 10 克，葱花 10 克，姜 4 片，植物油 10 克，白兰地 15 克，盐 4 克，白砂糖 2 克。
【制作】① 把鳗鱼头、鳗鱼尾和鳗鱼骨洗净，沥干水分；莲藕洗净，去皮，切块；干贝洗净，润透。② 汤锅置火上，注入适量清水，放入鳗鱼头、鳗鱼尾和鳗鱼骨，加入姜片、莲藕块、干贝，大火烧沸，撇去浮沫，浇入白兰地，加入白砂糖，转小火炖1个小时左右，加盐调味，淋入植物油，出锅前撒上葱花和盐即可饮用。

【烹饪技法】炖。

【营养功效】消食止泻，开胃生津。

【健康贴士】此品是体弱多病者补身体的佳品。

酸菜鱿鱼汤

【主料】冰鲜鱿鱼300克，香菜15克，酸菜200克。

【配料】姜5克，香油10克，白胡椒粉2克，盐3克，高汤1000毫升。

【制作】① 鱿鱼剖开去内脏和黑膜，洗净，打横切成条状，放入沸水中汆水，捞出沥干水分；酸菜洗净后，浸泡20分钟，捞出，切片；姜洗净，切成丝；香菜洗净，切段。② 锅置火上，注入高汤，大火煮沸后，放入酸菜和姜丝，盖上盖子，再次煮沸后，放入鱿鱼条煮约10分钟，加盐、白胡椒粉调味，撒上香菜段，淋上香油即可。

【烹饪技法】汆，煮。

【营养功效】开胃醒神，促进消化，补虚养血。

【健康贴士】鱿鱼与银耳同食，可以起到延年益寿的功效。

三鲜鱿鱼汤

【主料】干鱿鱼150克，猪里脊肉、冬笋各50克，白菜心100克，清汤1000毫升。

【配料】葱、姜各5克，色拉油50克，料酒3克，盐4克，鸡精1克，胡椒粉2克，碱15克。

【制作】① 将鱿鱼提前一天，放在碱水中泡发，洗净后切成片；冬笋洗净，切成片；猪里脊肉洗净，切成片；白菜心择洗干净；葱洗净，切段；姜洗净，切末备用。② 炒锅置火上，倒入色拉油烧至八成热，下葱段、姜末煸香，放入鱿鱼翻炒片刻，注入清汤，浇入料酒，放入笋片、肉片，大火煮沸后，撇去浮沫，放入白菜心烫熟，放盐、鸡精、胡椒粉调味即可。

【烹饪技法】煸，煮。

【营养功效】补虚养气，滋阴养颜。

【健康贴士】鱿鱼宜与冬笋同食，营养互补。

冬笋鱿鱼汤

【主料】干鱿鱼100克，冬笋100克。

【配料】料酒15克，盐5克，胡椒粉2克，鸡精3克，碱25克，鸡汤500毫升。

【制作】① 将鱿鱼提前一天，放在碱水中泡发，洗净后切成片，并放入沸水中汆烫片刻，捞出，沥干水分；冬笋洗净，切片，放入沸水中焯去麻味。② 锅置火上，注入鸡汤，大火烧开，浇入料酒，放入鱿鱼片、冬笋片，煮至全熟时，加盐、鸡精、胡椒粉调味，盛出即可。

【烹饪技法】汆，焯，煮。

【营养功效】补虚养气，滋阴养血。

【健康贴士】鱿鱼也可与菠萝搭配同食，有助于儿童的生长发育。

花生鱿鱼汤

【主料】鱿鱼1条，排骨300克，花生200克。

【配料】红枣10枚，姜片、葱花、盐各5克。

【制作】① 排骨洗净，剁成块，放入沸水中汆去血水；红枣洗净，去核；花生用清水浸40分钟后取出，沥干水分。② 将鱿鱼去掉外衣及内脏，洗净，放入沸水中汆烫片刻，取出再洗净，切条。③ 锅置火上，注入适量清水，放入鱿鱼条、花生、排骨、姜片、红枣，大火煮沸后，转小火煲约3小时，煲至花生熟软，放入盐调味，撒入葱花即可。

【烹饪技法】汆，煮。

【营养功效】滋阴润燥，降低胆固醇。

【健康贴士】鱿鱼还能与鲜虾同食，可以抵抗寒冷。

鲜红椒鱿鱼羹

【主料】干鱿鱼 200 克，鸡肉 100 克，红椒 30 克。

【配料】熟鸡油 15 克，料酒 6 克，鸡精、盐各 2 克，胡椒粉 1 克，高汤 800 毫升。

【制作】① 干鱿鱼放入温水中泡 1 小时，捞出，去头、尾，切成极薄的片，放入盆内，用热水洗净，捞出，沥干水分；红椒洗净，切丝；鸡肉洗净，剁成肉泥。② 锅置火上，注入高汤，大火煮沸，将鸡肉泥倒入烧开的汤里，煮至凝结成块时，捞出鸡肉泥，装入汤碗里，倒入鱿鱼片、红椒丝，浇入料酒，煮至断生，放盐、鸡胡椒粉调味，关火。③ 将煮好的汤倒入装鸡肉泥的汤碗里，淋上熟鸡油即可。

【烹饪技法】煮。

【营养功效】滋阴养血，健脾养胃。

【健康贴士】鱿鱼宜与红椒同食，能促进消化。

石斑鱼浓汤

【主料】石斑鱼 1 条，熟火腿肉 100 克，水发香菇 6 朵，小菜心 10 棵。

【配料】葱末、姜末各 10 克，熟猪油 50 克，料酒 8 克，盐 5 克，鸡精 3 克，鸡汤 500 毫升。

【制作】① 石斑鱼去鳞、鳃、内脏，洗净，沥干水分；熟火腿肉切片；水发香菇洗净，切片；小菜心择洗干净。② 锅置火上，倒入熟猪油烧至八成熟时，放入石斑鱼，炸至两面嫩黄色后捞出。③ 另起一汤锅，置火上，注入鸡汤，放入火腿肉片、香菇片、葱末、姜末，放入煎好的石斑鱼，加入料酒，大火煮约 10 分钟后，放入小菜心，加盐、鸡精调味即可。

【烹饪技法】煎，煮。

【营养功效】健脾益气，滋补强身。

【健康贴士】痰湿体质不宜食用石斑鱼。

红苹果煲石斑鱼

【主料】红苹果 2 个，石斑鱼 1 条（约 250 克）。

【配料】姜 5 克，红枣 5 枚，植物油 20 克，盐 3 克。

【制作】① 石斑鱼去腮、内脏，洗净，用厨房用纸吸干水分；红苹果洗净，去皮、核，切块；红枣洗净，润透，去核；姜洗净，切丝。② 锅置火上，入油烧热，放入石斑鱼，煎至两面金黄，盛出备用。③ 砂锅置火上，注入适量清水，放入煎好的石斑鱼和苹果、红枣、姜片，大火煮沸后，转小火煲 2 小时，加盐调味即可。

【烹饪技法】煎，煮。

【营养功效】补中益气，健脾养胃。

【健康贴士】感冒患者或被烧伤者不宜食用石斑鱼。

海鲜豆腐煲

【主料】鲜虾 10 只，鱼片 200 克，鲜贝 10 粒，鲜香菇 5 朵，豆腐 1 盒，青梗菜心 4 棵。

【配料】葱、姜各 5 克，植物油 15 克，料酒 10 克，蚝油 8 克，水淀粉 5 克，鸡汤 700 毫升，盐 4 克，胡椒粉 2 克。

【制作】① 鲜虾剥壳、去虾线，洗净；鲜贝、鱼片分别洗净；将鲜虾仁、鲜贝、鱼片装入碗里，加入料酒拌匀，腌制 10 分钟后，放入沸水中汆烫片刻，捞出。② 青梗菜心择洗干净，对剖为二，用沸水焯烫一下捞出，过凉；豆腐用清水冲洗干净，切块；新鲜香菇洗净，切小块；葱洗净，切段；姜洗净，切片。③ 锅置火上，入油烧热，爆香葱段和姜片，放入香菇和青梗菜心略炒一下，调入蚝油炒匀，注入高汤煮沸，关火。④ 砂锅置火上，倒入煮好的汤，同时放入豆腐、鲜虾仁、鲜贝、鱼片，大火煮沸后，加盐、胡椒粉调味，用水淀粉勾芡即可。

【烹饪技法】汆，焯，煮。

【营养功效】健脾益胃，补充钙质。

【健康贴士】过敏性体质者慎食。

【举一反三】海鲜可依据个人喜好选择，如选择蟹棒、蛤蜊等。

百合玫瑰墨鱼汤

【主料】墨鱼仔 200 克，鲜百合 50 克，干玫瑰花 5 克。

【配料】清汤 500 毫升，香油 8 克，鸡精、盐 3 克。

【制作】① 墨鱼仔洗净，放入沸水中汆烫片刻，捞出，沥干水分；百合、干玫瑰分别洗净，用 200 毫升温水浸泡 30 分钟。② 锅置火上，注入清汤，加入墨鱼仔，大火煮沸后，将百合、玫瑰连同浸泡的水一起倒入锅内，转小火煮约 3 分钟，加盐、鸡精调味，淋上香油即可。

【烹饪技法】汆，煮。

【营养功效】美容养颜，补益精气，健脾利水。

【健康贴士】墨鱼也可与黄瓜同食，有清热利尿、健脾益气的功效。

冬菇排骨白菜墨鱼干汤

【主料】干墨鱼 50 克，干香菇 40 克，白菜 120 克，猪小排 160 克。

【配料】姜 3 克，植物油 10 克，盐 3 克，鸡精 2 克。

【制作】① 猪小排洗净，剁成段；墨鱼去骨，浸软，切片；香菇用温水泡发，洗净，去蒂，切块；白菜择洗干净，切段；姜洗净，切片。② 锅置火上，入油烧热，放入排骨段爆炒片刻后，放入墨鱼片、香菇、姜片，注入适量清水，大火煮沸后，撇去浮沫，加入白菜段煮熟，放盐、鸡精调味即可。

【烹饪技法】煮。

【营养功效】润肠通便，软化血管，降胆固醇。

【健康贴士】墨鱼不宜与茄子同食，容易引起身体不适。

韭菜丝墨鱼汤

【主料】鲜墨鱼 1 只，韭菜 200 克。

【配料】姜丝 5 克，香油、料酒各 8 克，米醋、酱油、水淀粉各 10 克，盐 3 克，胡椒粉 2 克。

【制作】① 将墨鱼洗净后切成粗丝；韭菜洗净后切成段。② 锅置火上，入油烧热，放入姜丝煸出香味，注入适量清水，并加入料酒、酱油、米醋，大火煮沸后，放入墨鱼丝煮熟，放入韭菜段，加盐、胡椒粉调味，用水淀粉勾芡，淋入香油即可。

【烹饪技法】煮。

【营养功效】滋阴养血，补肾益阳。

【健康贴士】韭菜宜与墨鱼同食，可以降低胆固醇。

上汤双色墨鱼丸

【主料】墨鱼 1 只（约 300 克），胡萝卜 1 根，菠菜 200 克，鸡蛋 1 个。

【配料】香菜 10 克，香油、葱、姜各 5 克，料酒、淀粉各 10 克，盐 4 克，鸡精 3 克，胡椒粉 2 克。

【制作】① 胡萝卜去皮，洗净，放入锅里煮熟，取出备用；菠菜择洗干净，放入沸水中焯熟，捞出；香菜洗净，切成段。② 墨鱼去黑膜，洗净，切片，放入搅拌机内，打入鸡蛋，加入盐、胡椒粉、料酒、淀粉，打成墨鱼泥。③ 将墨鱼泥分成两份，一份加胡萝卜用搅拌机打成红色的墨鱼泥，另一份加菠菜用搅拌机打成绿色的墨鱼泥。④ 锅置火上，注入高汤，大火煮沸，用小勺子将红、绿色的墨鱼泥分别放进沸腾的高汤里，汆成双色墨鱼丸，煮至丸子浮起，盛入汤盘中，撒上香菜段，淋入香油即可。

【烹饪技法】汆，煮。

【营养功效】滋阴养血，健脾利水。

【健康贴士】墨鱼还可与花生同食，可以辅助治疗消化道溃疡。

墨鱼烩汤

【主料】干墨鱼 1 只，猪肉馅 200 克，鲜香菇 6 朵，腐竹 20 克，木耳 3 朵，鸡蛋 1 个。

【配料】葱末、姜末、玉兰片各 5 克，鸡汤 800 毫升，盐 4 克，鸡精 3 克，香油、料酒各 10 克。

【制作】① 将墨鱼、腐竹、木耳分别用温水泡发，洗净；鲜香菇洗净，去蒂，切丁；墨鱼和玉兰片分别用沸水焯烫备用。② 猪肉馅洗净，沥干水分，装入碗里，加入葱末、姜末、香油、料酒，搅拌均匀；鸡蛋打入碗里，搅拌成蛋液，加入等量的清水，放入锅蒸成蛋羹备用。③ 锅置火上，注入鸡汤，大火煮沸后放入墨鱼、玉兰片、木耳稍煮片刻，再放入腐竹，将肉馅做成丸子放入沸腾的鸡汤中，蒸好的蛋羹划成块放入汤中，加盐、鸡精、料酒调味煮熟即可。

【烹饪技法】煮。

【营养功效】滋阴润燥，美肤复发。

【健康贴士】墨鱼若与核桃仁同食，对于女子闭经过早现象会有所改善。

豆腐梭鱼汤

【主料】梭鱼 3 条，豆腐 400 克。

【配料】香菜 15 克，姜、葱各 5 克，醪糟汁 15 克，盐 4 克，高汤精、胡椒粉各 2 克。

【制作】① 梭鱼去鳞、鳃和内脏，刮去腹内黑膜，清洗干净，切成段；豆腐用清水洗净，切成块；香菜择洗干净，切段；葱洗净，切段；姜洗净，切片。② 锅置火上，入油烧热，爆葱段、姜片，注入适量清水，大火煮沸后，放入梭鱼段，再次煮沸时，放入豆腐块，浇入醪糟汁，加盐、高汤精调味，出锅前撒入香菜段即可。

【烹饪技法】煮。

【营养功效】补充钙质，滋补肝肾。

【健康贴士】一般人皆宜饮用。

梭鱼汤

【主料】梭鱼 1 条、胡萝卜 1 根。

【配料】姜、葱、蒜各 4 克，植物油 20 克，牛奶 10 毫升，料酒 5 克，盐 4 克，干红辣椒、胡椒粉、鸡精各 2 克。

【制作】① 梭鱼去鳞、鳃、内脏，刮净鱼腹内的黑膜，清洗干净；胡萝卜去皮，洗净，切片；姜洗净，切片；葱洗净，切成末；蒜去皮，剁成蒜蓉。② 锅置火上，入油烧热，放入梭鱼，煎至两面微黄时，注入适量开水，加入姜片、干红辣椒、蒜蓉，倒入牛奶，大火煮 10 分钟，放入胡萝卜片，浇入料酒，转小火煮 5 分钟，加盐、鸡精、胡椒粉调味即可。

【烹饪技法】煎，煮。

【营养功效】温补身体，护肝明目。

【健康贴士】胡萝卜不能跟梭鱼一起入锅烹煮，否则胡萝卜素会因为烹煮时间太长而流失。

汆鲅鱼丸子

【主料】鲅鱼净肉 200 克，肥猪瘦肉 50 克，韭菜、菠菜各 30 克，鸡蛋 1 个。

【配料】鲜汤 800 毫升，香油 8 克，花椒粉 4 克，盐 3 克，胡椒粉 2 克。

【制作】① 韭菜择洗干净，切末；菠菜择洗干净，切丝；鲅鱼净肉和猪肉一起洗净，剁成肉馅，放入碗中，加入花椒粉，打入鸡蛋，顺一个方向搅匀备用。② 锅置火上，注入鲜汤，大火煮沸，将肉馅挤成丸子下锅，转成中火，煮至丸子熟透时，撒上菠菜丝和韭菜末，淋上香油，加盐、胡椒粉调味即可。

【烹饪技法】煮。

【营养功效】补气润肺，平喘止咳。

【健康贴士】一般人皆宜饮用，尤其适宜体弱咳喘、贫血、早衰、营养不良、产后虚弱和神经衰弱等人群。

鲅鱼三鲜汤

【主料】活鲅鱼 500 克，豌豆苗、熟火腿、水发香菇、熟冬笋各 25 克，鸡汤 750 毫升。

【配料】葱末 5 克，绍酒、熟猪油各 15 克，盐 4 克，鸡精、白胡椒粉各 2 克。

【制作】① 熟火腿切丝；水发香菇、冬笋分别洗净，切成片备用；豌豆苗洗净。② 将鲅鱼宰杀，从胸鳍处沿脊骨两则平刀片至尾，取下两片鱼肉，洗净干净，撕去黑膜，取鱼肝和鱼肉，分别切成片，加盐拌匀后滗去汁水，放入葱末、绍酒拌匀，腌制 10 分钟。③ 锅置火上，注入鸡汤，大火煮沸，加入鱼肉片煮沸后撇去浮沫，下入火腿丝、冬笋片、香菇片、豌豆苗，再次沸后，加盐、鸡精、白胡椒粉调味，淋入熟猪油即可。

【烹饪技法】煮。

【营养功效】提神，抗衰老。

【健康贴士】经常食用鲅鱼对与治疗贫血、早衰、营养不良、产后虚弱和神经衰弱等症有一定的辅助疗效。

老板鱼炖豆腐

【主料】老板鱼 500 克，卤水豆腐 500 克，香菜 10 克。

【配料】葱、姜、蒜各 5 克，植物油 20 克，料酒 8 克，盐 4 克，鸡精 2 克。

【制作】① 老板鱼去鳃、内脏，洗净，切方块，沥干水分；豆腐用清水冲洗干净，切块；香菜洗净，切末；葱洗净，切段；蒜去皮，切片；姜洗净，切丝备用。② 锅置火上，入油烧热，煸香葱段、姜丝、蒜片，下入老板鱼块干煎约 1 分钟，烹入料酒，注入没过鱼块的清水，大火煮沸后，倒入砂锅内。③ 砂锅置火上，中火慢炖，煮沸后，加入豆腐块，转小火炖 5 分钟，出锅前加盐、胡椒粉、鸡精调味，撒上香菜末即可。

【烹饪技法】煎，炖。

【营养功效】补充钙质，健脾养胃。

【健康贴士】老板鱼炖豆腐补钙的效果明显，特别适合中老年人、青少年、孕妇饮用。

豆腐鲷鱼汤

【主料】豆腐（北）200 克，鲷鱼 350 克，海带芽（鲜）100 克，高汤 1000 毫升。

【配料】姜丝 5 克，料酒 10 克，香油 5 克，盐 4 克，鸡精 3 克，胡椒粉 2 克。

【制作】① 海带芽用清水浸泡约 5 分钟，洗净，捞出；豆腐用清水冲洗干净后，切片；鲷鱼宰杀后，去骨，切片，装入蒸碗里，铺上姜丝，用料酒浸泡 20 分钟后，放入微波炉蒸 10 分钟至熟备用。② 锅置火上，注入高汤，放入海带芽，大火煮沸后，转小火炖煮约 20 分钟时，倒入豆腐块，再次煮沸时，倒入蒸好的鲷鱼片，加盐、鸡精、胡椒粉调味，淋上香油即可。

【烹饪技法】煮。

【营养功效】温中养胃，补充钙质。

【健康贴士】一般人皆宜饮用，特别适宜老人、消化不良者和骨质疏松患者。

姜丝鲷鱼汤

【主料】鲷鱼净肉 350 克，金针菇 100 克，豆苗 50 克，鱼骨高汤 1000 毫升。

【配料】姜丝 5 克，植物油 10 克，料酒 15 克，盐 3 克，胡椒粉 2 克。

【制作】① 鲷鱼净肉洗净，切成薄片；金针菇切除根部，去杂质，洗净；豆苗洗净备用。② 锅置火上，注入鱼骨高汤，放入鲷鱼片及姜丝，浇入料酒，大火煮沸后，改小火煮五分钟，倒入金针菇、稍煮片刻后，再加入豆苗，放盐、胡椒粉调味，淋入植物油即可。

【烹饪技法】煮。

【营养功效】祛风化湿，健脾养胃。

【健康贴士】一般人皆宜饮用。

雪蛤红枣鲷鱼汤

【主料】雪蛤 10 克，鲷鱼净肉 80 克。

【配料】红枣 6 枚，姜片 5 克，米酒 15 克，牛奶 30 毫升，盐 3 克。

【制作】① 雪蛤用温水提前浸泡一夜，泡发后用水清洗，去除杂质及黏膜，再用清水浸泡 1 小时，捞出，沥干水分备用。② 鲷鱼净肉洗净，切片，装入碗里，加盐腌制数分钟备用；红枣洗净，去核。③ 取一汤锅，锅置火上，注入适量清水，大火煮沸后，加入雪蛤、鲷鱼片、红枣与姜片，转小火煮约 20 分钟，放盐调味，起锅前倒入米酒、牛奶即可。

【烹饪技法】煮。

【营养功效】补阴补血，美容养颜。

【健康贴士】雪蛤对年老体弱、产后体虚、久病虚羸者有良好的滋补作用。

加吉鱼汤

【主料】加吉鱼1条（约500克）。

【配料】姜片4克，九层塔叶3片，醋8克，料酒10克，盐4克，白砂糖3克，白胡椒粉2克。

【制作】① 加吉鱼去鳞、鳃、内脏，洗净，用厨房纸吸干水分；九层塔叶洗净备用。② 锅置火上，入油烧热，下姜片炝锅，放入加吉鱼煎至两面金黄，注入适量开水，煮至沸腾时，浇入料酒、醋，放入九层塔叶、白砂糖，转成小火煮约30分钟，至汤变成奶白色时，放盐、白胡椒粉调味即可。

【烹饪技法】煮。

【营养功效】补中益气，健脾养胃。

【健康贴士】一般人皆宜饮用。

怀石风味鲷鱼汤

【主料】鲷鱼1条(约500克)，菠菜200克。

【配料】高汤1700毫升，植物油20克，柠檬3片，盐3克。

【制作】① 鲷鱼宰杀后，洗净，将鱼肉片下，切片，鱼头及鱼骨的部分，洗净血水备用；菠菜择洗干净，切段，放入沸水中焯熟；柠檬洗净，切丝。② 汤锅置火上，注入高汤，放入鱼头、鱼骨，小火熬煮约30分钟，加盐、鸡精调味，做成鱼汤。③ 平底锅置火上，入油烧热，放入鱼肉片煎熟，取出，装入汤碗里，摆上焯熟的菠菜，撒上柠檬丝，倒入炖好的鱼汤即可。

【烹饪技法】焯，煮。

【营养功效】润肠通便，滋补肝肾。

【健康贴士】菠菜不宜与黄豆同食，容易造成牙齿损害。

黄鱼豆腐煲

【主料】黄鱼1条，春笋片25克，豆腐150克，鲜汤200毫升，水发香菇10克。

【配料】青蒜15克，植物油20克，香油、黄酒、生抽、水淀粉各10克，盐5克，白砂糖、鸡精各2克。

【制作】① 将黄鱼去鳞、鳃、内脏，洗净，切成两段，放在碗中，加入生抽、黄酒腌制10分钟；豆腐洗净，切块；水发香菇去蒂，洗净，切片；春笋片洗净；青蒜洗净，切段。② 锅置火上，入油烧热，放入黄鱼，煎至两面金黄色时，注入鲜汤，加入春笋片、香菇片煮至断生后，倒入豆腐块，放入青蒜，加盐、胡椒粉、白砂糖调味，稍煮片刻，放入青蒜段，用水淀粉勾芡，淋入香油即可。

【烹饪技法】煎，煮。

【营养功效】增进食欲，开胃生津，补充钙质。

【健康贴士】黄鱼是发物，哮喘病人和过敏体质者慎食。

冬笋芥蓝黄鱼汤

【主料】大黄鱼500克，冬笋、芥蓝各30克，猪肉(肥)30克。

【配料】葱8克，姜5克，植物油20克，黄酒10克，香油5克，盐2克，鸡精、胡椒粉各1克。

【制作】① 黄鱼去鳞、鳃、内脏，洗净，沥干水分；冬笋用温水泡软，洗净，切片；肥猪肉洗净，切片；芥蓝洗净，切段；葱洗净，切段；姜洗净，切片备用。② 锅置火上，入油烧至六成热，放入黄鱼，煎至两面结皮，烹入黄酒，加入葱段、姜片，注入适量清水，大火煮沸后，放入冬笋片、肥猪肉片、芥蓝段，转小火煮约20分钟，加盐、鸡精、胡椒粉调味，淋上香油即可。

【烹饪技法】煎，煮。

【营养功效】补中益气，健脾养胃。

【健康贴士】冬笋芥蓝黄鱼汤属于贫血食疗药膳食谱之一，对改善症状十分有帮助。

雪菜黄鱼羹

【主料】黄鱼1条，白蘑菇2朵，雪菜、嫩

豆腐各 80 克，鸡蛋 1 个。

【配料】高汤 800 毫升，葱、香菜各 10 克，香油、水淀粉各 15 克，盐 3 克，白胡椒粉 2 克。

【制作】① 黄鱼去鳞、鳃、内脏，洗净，从鱼尾起沿脊骨分别片下鱼肉，切丁；雪菜、白蘑菇分别洗净，切丁；嫩豆腐用清水冲洗干净，切丁；葱洗净，切末；香菜洗净，切段。② 锅置火上，注入适量水，大火煮沸，分别放入嫩豆腐丁、白蘑菇丁、黄鱼丁和雪菜丁焯煮 1 分钟，捞出，沥干水分。③ 将水淀粉倒入碗里，打入鸡蛋清，搅拌均匀备用。④ 煮锅中重新加入适量凉水，大火煮沸后，放入焯煮过的豆腐丁、白蘑菇丁、黄鱼丁和雪菜丁，再次煮沸后转小火，用汤勺将锅中的汤沿着一个方向搅动，同时倒入鸡蛋清和水淀粉的混合液，加盐和白胡椒粉调味，撒入葱末、香菜段，淋入香油即可。

【烹饪技法】焯，煮。

【营养功效】生津开胃，健脾养胃。

【健康贴士】不思饮食、经常腹泻者饮用可以起到治疗和缓解症状的作用。

黄鱼汤

【主料】黄鱼净肉 200 克，肥猪肉 25 克，火腿肠 20 克。

【配料】葱 3 克，植物油 20 克，香油、米酒各 5 克，盐 3 克，胡椒粉 2 克，鸡精 3 克。

【制作】① 黄鱼净肉洗净，斜刀切成小片；肥猪肉洗净，切成片；火腿肠切粒；葱洗净，切末。② 锅置火上，入油烧热，下入黄鱼片略爆 2 分钟左右，烹入米酒，注入适量清水，倒入肥猪肉，煮约 10 分钟，加盐、鸡精、胡椒粉调味，淋上香油，撒上火腿粒、葱末即可。

【烹饪技法】爆，煮。

【营养功效】补气养血，温补身体。

【健康贴士】适宜贫血、失眠、头晕、食欲不振患者及产后体虚的女士饮用。

苹果黄鱼汤

【主料】黄鱼 500 克，苹果 400 克，红枣 5 枚。

【配料】姜 10 克，植物油 30 克，盐 3 克，鸡精 2 克。

【制作】① 黄鱼去鳞、鳃，剖腹去内脏，洗净，沥干水分；苹果洗净，去皮、核，切块；姜去皮，洗净，切片；红枣洗净，去核。② 锅置火上，倒入植物油烧热，放入黄鱼，煎至鱼身呈金黄色时，把余油沥出，注入适量开水，放入姜片、红枣、苹果块煮沸后，转小火煮约 2 个小时，加盐、鸡精调味即可。

【烹饪技法】煎，煮。

【营养功效】生津开胃，健脾养胃。

【健康贴士】鱼不能与中药荆芥同食，性味相反。

咸菜大汤黄鱼

【主料】黄鱼 650 克，咸菜 100 克，冬笋 50 克。

【配料】葱 10 克，姜 5 克，熟猪油 75 克，料酒 25 克，盐 5 克，鸡精 3 克。

【制作】① 黄鱼去鳞、鳃，剖腹去内脏，剁去鳍，洗净，在鱼身两侧每隔 3 厘米剞上一刀；咸菜洗净，切碎，稍稍浸泡，捞出，沥干水分；冬笋洗净，切片；葱洗净，切段；姜洗净，切片。② 炒锅置火上烧热，倒入熟猪油，放入黄鱼，两面稍煎，烹入料酒，加盖焖一下，注入沸水 750 毫升，加入葱段、姜片，改小火焖至黄鱼八成熟时，转大火，加入冬笋片、咸菜碎，煮至黄鱼全熟，加盐、鸡精调味即可。

【烹饪技法】煎，煮。

【营养功效】生津开胃，促进消化。

【健康贴士】黄鱼不宜与荞麦同食。

乳白黄鱼汤

【主料】黄鱼 1 条，咸菜 100 克。

【配料】葱、姜各 5 克，熟猪油 35 克，料酒 10 克，盐 3 克，鸡精、胡椒粉各 2 克。

【制作】① 黄鱼去鳞、鳃，剖腹去内脏，剁去鳍，洗净，在鱼背刻一字刀；咸菜浸泡30分钟后洗净，切碎；葱洗净，切段；姜洗净，切片。② 锅置火上，倒入猪油烧热，将黄鱼下入油锅两面稍煎，烹入料酒，加盖略焖片刻，注入适量清水，加入葱段、姜末，用大火煮沸后，改小火烧5分钟，待汤汁呈乳白色时，加盐、鸡精、胡椒粉调味即可。

【烹饪技法】煎，煮。

【营养功效】生津止渴，健胃消食。

【健康贴士】咸菜属于腌制类食品，含有亚硝酸，不宜经常食用。

鸡爪木瓜章鱼汤

【主料】鸡爪8只，木瓜1个，章鱼50克，排骨150克，花生30克。

【配料】陈皮3克，姜5克，盐3克。

【制作】① 花生、陈皮提前浸泡1小时，洗净，捞出，沥干水分；鸡爪剁去脚指甲，洗净；排骨洗净，剁成块，放入沸水中汆去血水，捞出；章鱼浸软后撕去硬膜，洗净；木瓜去皮、子，切大块；姜洗净，切片。② 锅置火上，注入适量清水，下入陈皮，大火煮沸后，放入鸡爪、排骨、章鱼、花生、姜片，煮10分钟后，转小火炖煮1小时。③ 待锅里的汤汁变浓入味时，加入木瓜块，煲1个小时至木瓜熟软，放盐调味即可。

【烹饪技法】汆，煮。

【营养功效】美容养颜，通乳汁。

【健康贴士】章鱼宜与猪肉同食，营养互补，使人体摄入的营养更加丰富。

莲藕章鱼胡萝卜汤

【主料】莲藕300克，章鱼300克，胡萝卜1根。

【配料】葱、姜各5克，植物油15克，绍酒3克，盐3克，胡椒粉2克。

【制作】① 章鱼去掉表面的黑膜后洗净，沥干水分；莲藕去皮，洗净，切块；胡萝卜洗净，切片；葱洗净，切段；姜洗净，切片备用。② 锅置火上，注入适量清水，下入姜片、葱段，大火煮沸后，放入章鱼、莲藕片，再次煮沸后，烹入绍酒，加入胡萝卜，转小火煲约30分钟后，加盐、胡椒粉调味，淋入植物油即可。

【烹饪技法】煮。

【营养功效】补气养血，调节血压。

【健康贴士】章鱼也可与黑木耳同食，美容养颜功效显著。

章鱼腩肉煲

【主料】章鱼150克，牛腩500克。

【配料】姜5克，生抽、老抽、黄酒各5克，植物油30克，盐4克，鸡精3克，白砂糖5克，水淀粉(豌豆)7克。

【制作】① 把章鱼、牛腩分别洗净，切块；姜洗净，切片。② 锅置火上，入油加热，下姜片爆香，倒入牛腩翻炒，加生抽、老抽拌炒，爆炒至牛腩金黄色，关火。③ 砂锅置火上，倒入炒好的牛腩，放入章鱼块，注入适量清水，大火煮沸后，加盐、鸡精、白砂糖调味，继续煮至牛腩熟软时，用水淀粉勾芡即可。

【烹饪技法】炒，煮。

【营养功效】和中养血，健脾养胃。

【健康贴士】牛肉还能与南瓜搭配食用，排毒止痛效果更佳。

荸荠海蜇汤

【主料】荸荠100克，海蜇皮50克。

【配料】姜4克，料酒、醋、香油各53克，盐3克。

【制作】① 将海蜇皮用清水浸泡，洗净，切成丝；荸荠去皮，洗净，切片；姜洗净，切片。② 汤锅置火上，注入适量清水，放入海蜇皮、荸荠片，浇入料酒、醋，大火煮沸后，用盐调味，稍煮片刻，淋上香油即可。

【烹饪技法】煮。

【营养功效】祛痰调理，清热解毒，降低血压。

【健康贴士】脾胃虚寒者慎食。

海蜇羹

【主料】海蜇皮 200 克，火腿 100 克，鸡蛋 3 个。

【配料】高汤 600 毫升，姜 10 克，香油 5 克，盐 2 克，胡椒粉 2 克，水淀粉（豌豆）5 克。

【制作】① 海蜇用加了醋的水浸泡 2 个小时后，洗净，沥干水分；火腿剁成粒；姜洗净，切丝。② 鸡蛋去蛋黄取蛋清，打入碗里，加入凉开水 100 毫升，隔去泡沫，盛入蒸盘里，放入微波炉蒸熟。③ 锅置火上，注入高汤，加入姜丝，大火煮沸后，倒入水淀粉勾芡，并用小勺子将蒸熟的蛋白一勺一勺地放入汤内，下入海蜇皮煮至断生，洒上火腿茸，淋入香油，盛出即可。

【烹饪技法】蒸，煮。

【营养功效】补中益气，滋阴养血。

【健康贴士】适宜高血压、哮喘、胃溃疡、风湿性关节炎等患者饮用。

海蜇猪骨汤

【主料】海蜇头 100 克，猪骨汤 500 毫升。

【配料】葱 8 克，香油、绍酒 10 克，淀粉 10 克，盐 3 克，鸡精 2 克。

【制作】① 海蜇浸泡 2 个小时后，洗净，撕成小条，装入碗里，加入绍酒、盐和干淀粉搅拌均匀；葱洗净，七成葱花。② 锅置火上，注入猪骨汤，大火煮沸，放入海蜇头，加盐、鸡精调味，再次煮沸时，撒上葱花，淋入香油即可。

【烹饪技法】煮。

【营养功效】清热解毒，降压消肿。

【健康贴士】海蜇宜与猪肉同食，可以辅助治疗支气管炎。

丝瓜海蜇汤

【主料】海蜇头 250 克，西瓜皮 150 克，荷叶、白扁豆各 50 克，丝瓜 250 克。

【配料】竹叶菜 15 克，植物油 15 克，盐 3 克。

【制作】① 海蜇用淡盐水浸泡 30 分钟，洗净，捞出沥干水分，切成约 4 厘米长的段；西瓜皮去绿衣，洗净，切块；丝瓜去皮，洗净，切块；白扁豆淘洗干净；荷叶洗净，润透；竹叶菜择洗干净备用。② 锅置火上，注入适量清水，放入西瓜皮、海蜇、白扁豆、荷叶，大火煮沸后，放入竹叶菜，转小火继续煮 1 小时后，倒入丝瓜块，再煮片刻，放盐调味，淋入植物油即可。

【烹饪技法】煮。

【营养功效】清热解毒，利水消肿。

【健康贴士】海蜇也可与豆腐同食，能有效改善气血不足。

清汤海参

【主料】水发海参 250 克，水发玉兰片 25 克，水发冬菇 25 克，鲜汤 1000 毫升。

【配料】香菜 25 克，熟猪油 25 克，香油 5 克，料酒 15 克，盐 4 克，鸡精、胡椒粉各 2 克。

【制作】① 水发海参洗净，顺长向切成抹刀片；水发玉兰片洗净，切成小片；水发冬菇洗净，去蒂，切片；香菜择洗干净，切段。② 汤锅置火上，注入适量清水，大火煮沸后，下入海参片、玉兰片和冬菇片焯烫一下，捞出，沥干水分，盛在汤碗内。③ 炒锅置火上，倒入熟猪油烧至六成热，放入玉兰片、冬菇片翻炒片刻，烹入料酒，注入鲜汤，煮沸后放入海参，加盐、鸡精、胡椒粉调味，撒上香菜段，淋入香油即可。

【烹饪技法】焯，煮。

【营养功效】滋阴补肾，养血益精。

【健康贴士】海参还可与黑木耳搭配同食，润燥滑肠功效明显。

海参鸽蛋汤

【主料】肉苁蓉 20 克，海参 150 克，鸽蛋 12 个。

【配料】红枣 4 枚，香油 5 克，盐 3 克。

【制作】① 海参预先用清水发透，去内脏、内壁膜，洗净，沥干水分；肉苁蓉洗净，润透，切片；红枣洗净，去核。② 锅置火上，注入适量清水，放入鸽子蛋，煮熟，捞出，放入冷水内稍稍浸泡一下，剥去蛋壳备用。③ 瓦煲置火上，将肉苁蓉片、海参片、红枣、鸽蛋一起放入瓦煲中，注入适量清水，用中火煲 3 小时后，加盐调味，淋入香油即可。

【烹饪技法】煮。

【营养功效】滋阴补肾，养血益精。

【健康贴士】对与治疗精血亏损、虚劳、阳痿、遗精等有很好的疗效。

胡椒海参汤

【主料】水发海参 750 克，鸡汤 750 毫升。

【配料】葱 25 克，生姜水 10 克，熟猪油 30 克，料酒 15 克，香油、生抽各 5 克，盐 4 克，鸡精、胡椒粉各 3 克。

【制作】① 水发海参去肠脏、黑膜，洗净泥沙、片成大片，放入沸水中汆透，捞出，沥干水分；香菜择洗干净，切成 3 厘米长的段；葱洗净，切成葱丝。② 锅置火上，入油烧热，下入葱丝煸香，烹入料酒，倒入鸡汤、生姜水，大火煮沸后，加入海参片，再次煮沸后，撇去浮沫，加盐、胡椒粉、鸡精调味，撒入香菜段，淋入香油、生抽即可。

【烹饪技法】汆，煮。

【营养功效】补肾滋阴，养颜乌发。

【健康贴士】海参也可与竹笋同食，滋补效果更佳。

蚌肉冬瓜汤

【主料】河蚌肉 200 克，咸肉 50 克，冬瓜 500 克。

【配料】葱、姜汁各 5 克，料酒 10 克，香油 5 克，盐 4 克，鸡精 2 克。

【制作】① 冬瓜去皮、瓤，洗净，切成片；河蚌肉洗净，装入碗里，加入姜汁，搅拌均匀；咸肉洗净，切成片；葱洗净，切成葱花。② 锅置火上，注入适量清水，下入冬瓜片，大火煮约 5 分钟，放入河蚌肉、咸肉片，烹入料酒，煮沸 3 分钟后转小火炖 1 个小时，加盐、鸡精调味，撒上葱花，淋上香油即可。

【烹饪技法】煮。

【营养功效】清热祛湿，利水消肿。

【健康贴士】慢性胃肠炎患者慎食。

莲子冬瓜牛蛙汤

【主料】牛蛙净肉 150 克，冬瓜 100 克，新鲜莲子、冬菇各 50 克，青豆 10 克。

【配料】香芹叶 20 克，料酒 10 克，盐 4 克，胡椒粉 2 克。

【制作】① 牛蛙净肉洗净，剁成小块，放入沸水中汆去血水；冬瓜洗净，去皮、子，切成块；莲子、青豆分别淘洗干净；冬菇洗净，去蒂；香芹叶洗净。② 汤锅置火上，注入高汤，大火煮沸，放入冬瓜块、莲子、青豆和冬菇煮沸后，再倒入牛蛙，浇入料酒，煮至牛蛙熟透后，加盐、胡椒粉调味，放入香芹叶，淋入植物油即可。

【烹饪技法】煮。

【营养功效】清热解毒，补虚养身。

【健康贴士】一般人皆宜饮用。

冬瓜蚌肉陈皮汤

【主料】冬瓜 500 克，河蚌肉 250 克。

【配料】葱花、黄酒、陈皮各 10 克，香油 8 克，姜末 5 克，盐 3 克，鸡精 2 克。

【制作】① 将冬瓜去皮、瓤，洗净，切块；河蚌肉洗净，沥干水分；陈皮洗净，润透。② 锅置火上，注入适量清水，大火煮沸后，浇入黄酒，放入河蚌肉、冬瓜块、姜末，煮至全熟时，加盐、鸡精调味，撒上葱花，淋入香油即可。

【烹饪技法】煮。

【营养功效】清热解暑，利尿祛湿。

【健康贴士】白带增多的女士经常饮用此汤，可以缓解症状。

金针菇蚌肉汤

【主料】金针菇 100 克，蚌肉 200 克，姜、香芹各 10 克。

【配料】清汤 800 毫升，色拉油 10 克，绍酒 5 克，盐 4 克，鸡精、胡椒粉各 2 克。

【制作】① 金针菇切去老根，去杂质，洗净；蚌肉洗净，沥干水分；姜去皮，洗净，切丝；香芹洗净，切段。② 煮锅置火上，注入适量清水，大火烧开，投入蚌肉，用中火烧煮片刻，捞出，沥干水分备用。③ 锅置火上，倒入色拉油烧热，下姜丝爆香后，倒入蚌肉翻炒，烹入绍酒，注入清汤，下入金针菇、香芹段，煮至断生后，加盐、鸡精、胡椒粉调味即可。

【烹饪技法】炒，煮。

【营养功效】补肝脏，益肠胃，抗癌症。

【健康贴士】金针菇宜与香芹同食，可以起到抗秋燥的功效。

黄芪鳝鱼汤

【主料】黄芪 30 克，鳝鱼 300 克，青蒜 15 克。

【配料】红枣 5 枚，姜 4 克，植物油 10 克，盐 3 克，鸡精 2 克。

【制作】① 黄芪、红枣洗净，润透，红枣去核；鳝鱼宰杀后去肠杂，洗净，切段；青蒜洗净，切段；姜洗净，切丝。② 锅置火上，入油烧热，下姜丝爆锅，放入鳝鱼段翻炒至鳝鱼半熟，注入适量清水，放入黄芪、红枣，大火煮沸后，转小火煲约 1 个小时后，放入青蒜段，加盐、鸡精调味，关火焖 3 分钟即可。

【烹饪技法】炒，煮。

【营养功效】补气养血，健美容颜。

【健康贴士】经常饮用可以改善因气血不足而产生的面色萎黄、消瘦疲乏等。

火腿冬笋鳝鱼汤

【主料】鳝鱼 200 克，火腿 50 克，鸡胸肉 50 克，冬笋 50 克，香菜 15 克。

【配料】清汤 1000 毫升，香油 10 克，醋 20 克，盐 5 克，胡椒粉 1 克，水淀粉 15 克。

【制作】① 鳝鱼宰杀后，去内脏、头、尾，洗净，切成段；火腿切丝；冬笋洗净，切片；鸡胸肉洗净，切成丝；香菜择洗干净，切成细末。② 锅置火上，注入清汤，浇入料酒，放入鳝鱼段、火腿丝、冬笋片、鸡丝，用大火煮沸后，转用小火煮约 5 分钟，倒入水淀粉芡勾，加盐、胡椒粉调味，淋上香油，撒上香菜末即可。

【烹饪技法】煮。

【营养功效】补气养血，祛风化湿。

【健康贴士】鳝鱼也可与青椒同食，有降低血糖的作用。

鳝鱼粉丝汤

【主料】鳝鱼 250 克，粉丝 75 克，清汤 1500 毫升。

【配料】黄酒 15 克，香油 5 克，盐 4 克，鸡精、胡椒粉各 1 克。

【制作】① 鳝鱼宰杀后，去内脏、头、尾，洗净，切成段；粉丝用开水泡软后，捞起，沥干水分。② 锅置上火，倒入 800 清汤，大火煮沸后，放入粉丝烫透，捞出，放入砂锅里，再把鳝鱼段放入烧开的清汤里，汆熟，捞出，倒入装米线的砂锅里。③ 砂锅置火上，注入剩下的清汤，大火煮沸后，浇入黄酒，加盐、胡椒粉调味调味，淋入香油即可。

【烹饪技法】汆，煮。

【营养功效】补气养血，滋阴潜阳。

【健康贴士】鳝鱼不宜与狗肉、狗血、南瓜、菠菜同食，性味相反。

薏米节瓜黄鳝汤

【主料】黄鳝 400 克，薏米 60 克，节瓜 2 个（约 300 克）。

【配料】芡实 30 克，冬菇 5 朵，姜 5 克，植物油 20 克，盐 4 克，鸡精 2 克。

【制作】① 鳝鱼宰杀后，去内脏、头、尾，洗净，切成段，放入沸水中，汆去血水；薏米淘洗干净；芡实洗净，润透；冬菇去蒂，洗净；节瓜去皮，洗净，切块；姜洗净，切片。② 瓦煲置火上，注入清水 1500 毫升，放入鳝鱼段、薏米、芡实、冬菇、姜片，大火煮沸后，撇去浮沫，放入节瓜，煮至断生，加盐、鸡精调味，淋入植物油，焖3分钟即可。

【烹饪技法】汆，煮。

【营养功效】清热祛湿，利水消肿。

【健康贴士】鳝鱼也可与金针菇同食，有补中益血的功效。

泥鳅煲铁棍山药

【主料】泥鳅400克，淮山300克，猪瘦肉200克。

【配料】植物油30克，姜3片，盐5克。

【制作】① 泥鳅宰杀后，去内脏，放入沸水中汆烫，捞出，再用清水冲洗干净泥鳅鱼身上的白潺。② 淮山削皮，洗净，切段；猪瘦肉洗净，切块，汆去血水，捞出，沥干水分；姜洗净，拍破。③ 锅置火上，入油烧热，下姜片煸香，放入泥鳅鱼，稍稍煎炸，盛出备用。④ 瓦煲置火上，注入适量清水，大火煮沸后，放入淮山段、猪瘦肉块和煎好的泥鳅，大火再次煮沸后，转小火煲1个小时至猪瘦肉熟软，加盐调味即可。

【烹饪技法】汆，煎，煲。

【营养功效】滋阴润燥，补中益气。

【健康贴士】药含有淀粉酶、多酚氧化酶等物质，有助于脾胃的消化吸收，对小儿食欲减退有很好的补益作用。

黄芪泥鳅汤

【主料】泥鳅200克，猪瘦肉100克，红枣10枚，黄芪15克。

【配料】姜3克，植物油20克，盐2克，鸡精1克。

【制作】① 泥鳅洗净，用沸水烫一下，再用清水冲洗干净，去内脏，洗净，沥干水分；猪瘦肉洗净，切块，放入沸水中汆去血水；红枣泡发，去核；黄芪洗净，润透；姜洗净，切片。② 锅置火上，入油烧热，下姜片煸香，放入泥鳅，煎至两面金黄，盛出备用。③ 汤锅置火上，注入适量清水，大火煮沸，放入猪瘦肉、黄芪、红枣和煎好的泥鳅，加盖继续煮约2个小时后，加盐、鸡精调味即可。

【烹饪技法】汆，煎，煮。

【营养功效】祛风湿，暖脾胃，强筋骨。

【健康贴士】泥鳅也可与木耳搭配食用，增强免疫力。

茄子炖鲇鱼

【主料】茄子400克，鲶鱼净肉400克，香菜10克。

【配料】葱、姜各5克，植物油20克，香油各5克，料酒10克，盐4克，鸡精、胡椒粉各2克。

【制作】① 将鲇鱼净肉洗净，放入沸水中汆烫，捞出过凉，刮去表面黏液，切成块；茄子去蒂、皮，洗净，切成条；香菜择洗干净，切段；葱洗净，切丝；姜洗净，切丝。② 锅置火上，入油烧热，下入茄条煸炒至软，盛出备用。③ 砂锅置火上，注入适量清水，放入鲇鱼块、茄条、葱丝、姜丝，大火烧沸后，撇去浮沫，浇入料酒，转小火炖20分钟，加盐、鸡精、胡椒粉调味，淋入香油，撒上香菜即可。

【烹饪技法】汆，炒，煮。

【营养功效】清热消肿，活血化瘀。

【健康贴士】鲇鱼不宜与牛羊油、牛肝、鹿肉、野猪肉、野鸡等同食，性味相反。

红花黑豆鲇鱼汤

【主料】川红花12克，黑豆150克，鲇鱼1条。

【配料】陈皮1块，植物油10克，盐4克。

【制作】① 铁锅置火上，烧热，放入黑豆，大火炒至豆皮裂开，盛出，用水洗净，晾干。② 鲇鱼去鳃、内脏，洗净；川红花漂洗干净，装入纱布袋内，系好袋口；陈皮洗净，润透。③ 锅置火上，注入适量清水，放入黑豆、川红花药袋、陈皮、鲇鱼，大火煮沸后，撇去浮沫，改用中火续煮至黑豆熟烂、鱼肉酥烂，放盐调味，淋入植物油即可。

【烹饪技法】汆，煎，煮

【营养功效】活血化瘀，止痛镇痛。

【健康贴士】孕妇忌饮用红花，会造成流产。

汤汆桃花鱼

【主料】桃花鱼肉150克，鸡脯肉、鳜鱼肉各100克，豌豆苗50克。

【配料】葱姜汁50克，鸡汤1000毫升，淀粉、猪油各25克，料酒10克，盐5克，鸡精1克。

【制作】① 桃花鱼肉洗净，沥干水分，装入碗里，用葱姜汁20克、盐、料酒拌匀，腌3分钟；豌豆苗洗净。② 鸡肉、鳜鱼肉分别洗净，剁成泥，分装2只碗内，均用葱姜汁、鸡精、淀粉、盐搅拌至匀，在装鸡肉泥的碗里磕入蛋黄，在装鳜鱼肉泥的碗里打入蛋清，再分别搅拌上劲。③ 锅置火上，倒入鸡汤，煮六七成热时，把鸡肉泥和鳜鱼肉泥分别挤在桃花鱼上，边挤边下锅，煮至桃花鱼浮在汤面上时，下入豌豆苗烫熟，淋入熟猪油即可。

【烹饪技法】煮。

【营养功效】温中养胃，滋阴养血。

【健康贴士】一般人皆宜饮用。

鲜虾蛋饺汤

【主料】鲜虾仁5只，鸡蛋2个，小油菜4棵。

【配料】高汤600毫升，植物油20克，盐5克。

【制作】① 鲜虾仁洗净，放入沸水中汆熟，捞出，沥干水分；鸡蛋打入碗里，搅拌成蛋液；小油菜择洗干净。② 平底锅置火上，入油烧热，舀一勺蛋液摊在平底锅中，煎至稍稍凝固时，在中间摆入1只虾仁，再将蛋皮对折，封好口，即可做成1个鲜虾蛋饺，并逐个将蛋饺做好。③ 汤锅置火上，注入高汤，大火煮沸后，将做好的鲜虾蛋饺放入汤里，加入小油菜烫熟，加盐、鸡精调味即可。

【烹饪技法】煎，煮。

【营养功效】健脾益胃，补充钙质。

【健康贴士】鲜虾宜与鸡蛋同食，滋补效果更佳。

虾丸银耳汤

【主料】银耳、黑木耳各5朵，鲜虾仁300克。

【配料】香油5克，淀粉15克，料酒10克，盐3克，鸡精2克。

【制作】① 将银耳和黑木耳用温水泡发，去杂质，洗净，摘成小朵。② 鲜虾仁去虾线，洗净，剁成泥，装入碗里，加入盐、料酒和淀粉，搅拌均匀，腌制10分钟备用。③ 锅置火上，注入适量清水，大火煮沸，用小勺子将虾泥挤成丸子刮入沸水里，用中火汆成虾丸，捞出。④ 汤锅置火上，注入高汤，大火煮沸后，加入黑木耳和银耳，转中火煮15分钟后，倒入汆好的虾丸，再次沸腾后，加盐、鸡精调味，淋入香油即可。

【烹饪技法】汆，煮。

【营养功效】滋阴补血，美容养颜。

【健康贴士】黑木耳宜与银耳同食，可以提高机体的免疫力。

小龙虾葱头汤

【主料】小龙虾250克，洋葱(红皮)200克，黄油100克，小麦面粉50克，清汤800毫升。

【配料】白兰地、白葡萄酒各25克，大蒜(白皮)5克，盐3克，胡椒粉2克，香叶1克。

【制作】① 将小龙虾去除头、壳和泥肠，洗净，切成片；洋葱去老皮，洗净，切成丝，大蒜去皮，切成末。② 锅置火上，放入50克黄油烧热，下洋葱丝、蒜末煸炒出香味，放入香叶稍炒后盛出。③ 汤锅至火上，注入清汤，大火煮沸。④ 净锅后置火上，放入剩下的黄油，倒入小麦面粉炒出香味后，慢慢倒入煮沸的清汤，边倒边用汤勺搅拌，放入虾片和炒熟的洋葱丝，加盐和胡椒粉调味，倒入白兰地和白葡萄酒，煮至沸腾即可。

【烹饪技法】炒，煮。

【营养功效】降血压，降血糖，降血脂。

【健康贴士】洋葱宜与大蒜同食，可以防癌抗癌。

虾仁冬瓜海带汤

【主料】虾仁200克，冬瓜500克，海带200克，猪瘦肉100克。

【配料】姜5克，植物油100克，盐4克。

【制作】① 虾仁去虾线，洗净，沥干水分；冬瓜去皮，洗净，切成块状；海带浸透，洗净，切片；猪瘦肉洗净，切片，姜洗净，切片。② 锅置火上，注入适量清水，放入海带煮约30分钟后，加入肉片、冬瓜，继续煮约1小时，再加入虾仁和姜片，煮至虾仁变红，加盐调味，淋入植物油即可。

【烹饪技法】煮。

【营养功效】健脾益气，利水消肿。

【健康贴士】海带宜与鲜虾同食，补钙、防癌功效更佳。

虾仁白菜鸡蛋汤

【主料】白菜100克，虾米25克，鸡蛋2个，鸡骨架50克，鱼骨30克，猪肉皮30克。

【配料】葱丝、姜丝各5克，料酒10克，香油2克，盐3克，鸡精1克。

【制作】① 把鸡骨架、鱼骨、猪肉皮洗净，放入汤锅里，汤锅置火上，注入适量清水，大火煮沸后，撇去浮沫，加入葱丝、姜丝，转小火熬至汤浓，滗出鲜汤备用。② 白菜择洗干净，切片；虾米洗净，润透；鸡蛋打入碗里，搅拌成蛋液。③ 汤锅置火上，注入鲜汤，大火煮沸，下入白菜片、虾米，再次煮沸后，倒入蛋液，煮至蛋花浮起，加盐、鸡精调味，淋入香油即可。

【烹饪技法】煮。

【营养功效】利水消肿，补充钙质。

【健康贴士】白菜宜与虾仁同食，可以防止牙龈出血。

虾丸蘑菇汤

【主料】鲜蘑菇250克，虾仁150克，生菜150克。

【配料】姜丝5克，香油10克，料酒8克，盐3克，鸡精2克，鲜汤800毫升。

【制作】① 鲜蘑菇洗净，去蒂，放入沸水中焯烫片刻，捞出过凉，切成丁；生菜择洗干净，切段；虾仁去虾线，洗净，剁成虾泥，装入碗内，加入料酒、盐搅匀，腌制10分钟。② 砂锅置火上，注入适量清水，下入姜丝，大火烧开，将虾仁馅用手挤成丸子放入锅内，转小火慢慢汆熟，然后用漏勺捞出。③ 炒锅上火，注入鲜汤，下入蘑菇丁，煮沸后再下入虾丸，再次煮沸时，加入生菜段烫熟，放鸡精调味，淋入香油即可。

【烹饪技法】汆，煮。

【营养功效】滋阴补肾，通乳汁。

【健康贴士】蘑菇的有效成分可增强T淋巴细胞功能，从而提高机体抵御各种疾病的免疫功能。

红薯虾皮玉米汤

【主料】红薯200克，鲜玉米1根，虾皮20克，胡萝卜50克。

【配料】浓汤宝1块，姜5克，盐3克。

【制作】① 鲜玉米洗净，剁成3段；红薯去皮，洗净，切块；胡萝卜洗净，切片；姜洗净，切片。② 锅置火上，注入适量清水，放入玉米段，大火煮沸后，再放入红薯块、胡萝卜片煮至沸腾，加入虾皮、浓汤宝，转小火煮约10分钟，放盐调味即可。

【烹饪技法】煮。

【营养功效】利尿降压，清热消食。

【健康贴士】红薯具有润肠通便的作用，经常饮用此汤可以治疗便秘。

翡翠鲜虾玉米浓汤

【主料】丝瓜2根，黑玉米1根，鲜虾仁150克，金针菇、蟹味菇各100克。

【配料】植物油15克，盐3克。

【制作】① 鲜虾仁去虾线，洗净；黑玉米去皮，将黑玉米粒掰下来，洗净；丝瓜去掉外皮，洗净，切小段，用小勺挖掉中间的心，做成空心小圆柱；金针菇和蟹味菇切掉根部，用清水洗净。② 锅置火上，注入适量清水，大火烧开，放入黑玉米粒，煮约 10 分钟后，放入金针菇、蟹味菇稍煮，再放入丝瓜、虾仁，煮至丝瓜变翠绿、虾仁变红，加盐调味，淋入植物油即可。

【烹饪技法】煮。

【营养功效】养心润肺，清暑凉血。

【健康贴士】丝瓜宜与虾仁同食，美容功效更佳。

葫芦瓜干冬菜海螺汤

【主料】葫芦瓜 500 克，干冬菜 25 克，鲜海螺肉 400 克，猪瘦肉 100 克。

【配料】姜 5 克，清汤 1200 毫升，植物油 20 克，盐 4 克。

【制作】① 葫芦瓜削皮，洗净，切薄片；鲜海螺肉洗净，切片；猪瘦肉洗净，切薄片；姜洗净，切片。② 锅置火上，入油烧热，下姜片煸香，注入清汤，大火煮沸后，放入葫芦瓜片煮约 3 分钟后，再加入猪瘦肉片、干冬菜、鲜海螺肉片，煮至所有食材熟透，加盐调味即可。

【烹饪技法】煸，煮。

【营养功效】清热利湿，滋阴润燥。

【健康贴士】葫芦瓜还能与鸡蛋同食，可以补充动物蛋白。

大闸蟹苦瓜汤

【主料】大闸蟹 4 只，猪小排 4 段，苦瓜 1 条。

【配料】蒜 5 瓣，植物油 20 克，盐 3 克，鸡精 2 克。

【制作】① 大闸蟹洗净，打开蟹壳，去掉肠脏；猪小排洗净，剁成块；蒜去皮，切末；苦瓜剖开，去瓤后切成薄片。② 锅置火上，入油烧热，下入蒜爆香，再放入猪小排、大闸蟹翻炒片刻后，注入适量清水，并放入苦瓜，大火煮沸，加盐、鸡精调味即可。

【烹饪技法】炒，煮。

【营养功效】清热解渴，舒筋益气。

【健康贴士】大闸蟹不宜与浓茶、柿子、啤酒同食，容易导致腹泻。

螃蟹白菜汤

【主料】螃蟹 1 只，白菜 200 克。

【配料】姜 10 克，植物油 15 克，盐 5 克。

【制作】① 螃蟹用刷子刷洗干净，放入微波炉里蒸熟，取出，凉凉后，打开蟹壳，去除出螃蟹的胃，切成几段。② 白菜择洗干净，切成片；姜洗净，去皮，切片。③ 锅置火上，入油烧热，下姜片爆香，倒入螃蟹块翻炒至蟹壳微红时，放入白菜片拌炒，注入清水 800 毫升，煮至螃蟹全红，加盐调味即可。

【烹饪技法】炒，煮。

【营养功效】理胃消食，舒筋益气。

【健康贴士】螃蟹也可与糯米同食，可以起到治水肿和催乳的作用。

花蟹豆腐汤

【主料】活花蟹 2 只，豆腐 200 克，香菜 10 克。

【配料】葱、姜各 5 克，植物油 20 克，料酒 10 克，盐 4 克，胡椒粉 2 克。

【制作】① 将花蟹洗净，揭开蟹壳，除去蟹鳃，斩下蟹钳，用刀背将蟹钳拍裂，蟹身切块；豆腐切小块，放入沸水中焯烫后，浸入凉水中过凉；香菜择洗干净，切段；葱洗净，切段；姜洗净，切丝。② 锅置火上，入油烧热，下姜丝煸香后，倒入花蟹翻炒出香味，烹入料酒，注入适量清水，大火煮沸后，放入豆腐块，加盐、胡椒粉调味，煮至花蟹全熟，撒上香菜段即可。

【烹饪技法】炒，煮。

【营养功效】清热润肺，滋阴养血。

【健康贴士】花蟹还能与黑木耳搭配同食，可以治疗喉咙肿痛和小便不利。

魔芋蟹腿粉条汤

【主料】魔芋 200 克，蟹腿 150 克，粉条

50克，猪皮30克。

【配料】姜末、蒜末各5克，植物油20克，黄酒10克，花椒油3克，豆瓣、青蒜适量，盐3克。

【制作】① 蟹腿洗净，用刀背拍破；魔芋去皮，洗净，切块；猪皮洗净，切块；粉条洗净，用清水浸泡3个小时备用；青蒜洗净，切末。② 锅置火上，入油烧热，下入豆瓣、姜末、蒜末煸香，放入蟹腿翻炒，烹料酒，注入适量清水，放入猪皮，煮沸后放入魔芋块煮至八成熟时，加入泡好的粉条煮透，出锅前加盐调味，淋入花椒油调味，撒上青蒜末即可。

【烹饪技法】炒，煮。

【营养功效】理胃消食，滋阴润燥。

【健康贴士】螃蟹不宜与红薯同食，容易形成结石。

瓠子蟹棒汤

【主料】瓠子300克，蟹棒6条。

【配料】姜5克，香油3克，盐4克。

【制作】① 瓠子去皮，洗净，切块；蟹棒洗净，切成约3厘米长的段；姜洗净，切片。② 锅置火上，注入适量清水，大火烧开，倒入瓠子块、姜片，煮约3分钟时，放入蟹棒，大火稍煮，加盐调味，淋入香油即可。

【烹饪技法】煮。

【营养功效】利水止渴，清热除烦。

【健康贴士】蟹棒也可与洋葱同食，滋补功效更明显。

甘润甜汤

绿豆淮山饮

【主料】淮山1段，绿豆300克。

【配料】冰糖15克。

【制作】① 淮山去皮，洗净切片，放入锅中加水煮沸，煮5分钟关火，待稍凉后，放入搅拌机打成糊，留下两片切成粒做装饰；绿豆淘洗干净。② 锅置火上，入水烧沸，下绿豆煲到豆开花，放入冰糖、淮山糊搅匀开锅即可关火。

【烹饪技法】煮，煲。

【营养功效】清毒解热，调理肠胃。

【健康贴士】一般人皆宜饮用。

海带绿豆汤

【主料】鲜海带200克，绿豆60克，大米30克。

【配料】陈皮6克，冰糖适量。

【制作】① 鲜海带洗净切丝，入沸水焯烫一下，捞出，沥干水分；大米、绿豆淘洗干净；陈皮洗净备用。② 砂锅置火上，入清水1000毫升，下入大米、绿豆、海带、陈皮，大火烧沸，转小火煮至绿豆开花，放入冰糖即可饮用。

【烹饪技法】焯，煮。

【营养功效】消脂减肥，降脂降压。

【健康贴士】海带表面上有一层略带甜味儿的白色粉末，是极具医疗价值的甘露醇，具有良好的利尿作用。

【举一反三】如果不喜欢喝甜汤，也可以换成少量盐。

蒲公英绿豆汤

【主料】鲜蒲公英60克，绿豆50克。

【配料】白糖10克。

【制作】① 蒲公英洗净切碎；绿豆淘洗干净备用。② 锅置大火上，入水适量，放入蒲公英，大火煮沸后，改用小火煮10～15分钟，去渣，加入绿豆煮至熟烂，调入白糖即可。

【烹饪技法】煮。

【营养功效】清热解毒，润肺化痰，养阴凉血。

【健康贴士】蒲公英与绿豆皆属性寒之物，脾胃虚弱者不宜多饮用。

山药薏仁绿豆汤

【主料】南瓜300克，绿豆200克，薏仁50克，山药30克，枸杞少许。

【配料】冰糖3克。

【制作】① 南瓜去皮洗净，切成长方块；山药去皮洗净，切成薄片；绿豆、薏仁分别洗净；枸杞泡好洗净。② 锅置大火上，注入清水，下入绿豆、薏仁，大火煮沸后，撇去浮沫，放入南瓜、山药，煮沸后改用小火慢炖至绿豆酥烂，加糖调味，撒上枸杞做装饰即可。

【烹饪技法】煮，炖。

【营养功效】降压明目，益肾滋补。

【健康贴士】绿豆宜与南瓜同食，降糖、明目、滋补效果功效明显。

绿豆薏仁南瓜汤

【主料】绿豆、南瓜各100克，薏仁30克。

【配料】冰糖5克。

【制作】① 薏仁洗净，浸泡1～2小时备用；绿豆洗净；南瓜洗净削皮切块。② 砂锅置火上，入水烧沸，下入绿豆和薏仁，小火煮30分钟至绿豆、薏仁微烂，加入南瓜和冰糖，煮至南瓜微烂即可饮用。

【烹饪技法】煮。
【营养功效】清热解暑，美白祛斑。
【健康贴士】绿豆与薏仁同食，不但可以起到排毒塑身的功效，还有很好的美白肌肤作用，适宜女士饮用。

薄荷绿豆汤

【主料】绿豆 300 克。
【配料】薄荷干 5 克，白砂糖 15 克。
【制作】① 绿豆淘洗干净，下入锅中，注入清水 500 毫升，大火煮沸转小火熬至绿豆熟烂，备用。② 薄荷干洗净，放入干净锅中，加水约 300 毫升，浸泡半小时，大火煮沸后冷却，过滤，再与冷却的绿豆汤混合搅匀，即可饮用。
【烹饪技法】煮。
【营养功效】清凉祛火，解暑醒神。
【健康贴士】气色不佳、食欲不振、头昏脑涨者宜饮用。
【举一反三】如在汤中加芡实，薏仁，莲子，蜜枣等，则可制成不同风味，又有健脾益气，利湿解毒的功效。

芸香绿豆沙

【主料】芸香 1 ~ 2 个小枝条，绿豆 300 克。
【配料】果皮 1 片，姜块 5 克，红糖适量。
【制作】① 芸香洗干净备用；果皮热水浸泡至软；绿豆洗干净后用水浸泡 1 小时；姜用刀拍松。② 锅置火上，下入除红糖外的所有材料，大火煮沸后改中火煮约 60 分钟，捞出绿豆壳，煮至绿豆爆开绵滑，加入红糖调味即可。
【烹饪技法】煮。
【营养功效】利湿解毒，健脾利胃。
【健康贴士】常服绿豆汤对常接触有毒、有害化学物质（包括气体）有中毒风险者有一定的防治效果。
【巧手妙招】煮好的绿豆沙冷冻一下味道更好！

绿豆白鸽汤

【主料】老白鸽 1 只，去壳的绿豆 300 克。
【配料】姜片 3 克，瘦肉 50 克，蜜枣适量。
【制作】① 老白鸽处理干净；瘦肉洗净，切块。② 汤煲置火上，下入所有材料，煲 6 小时即可饮用。
【烹饪技法】煲。
【营养功效】补肾固精，健脾益胃。
【健康贴士】此品尤宜男士饮食。

冰镇百合绿豆汤

【主料】绿豆 200 克，百合 50 克。
【配料】冰糖 15 克。
【制作】① 绿豆用水浸泡 4 小时，倒去水洗净；百合洗净。② 锅置火上，入水适量，下入绿豆，大火煮沸后改小火炖约 45 分钟，放入百合、冰糖煮熟离火，待凉后放入冰箱冰镇即可。
【烹饪技法】煮，炖。
【营养功效】消暑解渴，养肝解毒。
【健康贴士】此品最宜夏季饮用。

灵芝莲子黑豆水瓜汤

【主料】灵芝 6 片，鲜莲子 200 克，黑豆 50 克，丝瓜 1 根。
【配料】姜片 3 克，糖适量。
【制作】① 黑豆淘洗干净，用清水浸 6 小时；鲜莲子去壳、心；丝瓜去皮洗净切块。② 锅置大火上，入水烧沸，放入黑豆、灵芝片和姜片，大火沸后改小火煲 40 分钟，加入丝瓜和鲜莲子小火煮 10 分钟后，加入糖调味即可。
【烹饪技法】煮，煲。
【营养功效】滋补强身，益气宁神。
【健康贴士】高血糖、高血压、神经衰弱、肿瘤患者宜饮用。

丰富黑豆浓汤

【主料】火鸡胸肉50克，黑豆120克，生西红柿酱60克，洋葱1个。
【配料】大蒜3克，辣椒粉3克，干牛至、干九层塔叶各5克，红酒醋8克，植物油10克。
【制作】① 黑豆浸泡6小时，沥干水分；洋葱去皮洗净，切丁；大蒜捣碎；火鸡胸肉剁碎备用。② 锅置中火上，入油烧热，放入洋葱和蒜，炒至洋葱变成半透明时，加火鸡肉再翻炒至肉色变褐色后，放入沸水，加入黑豆、辣椒粉、干牛至、干九层塔叶、红酒醋、生西红柿酱大火煮沸，转小火炖60分钟以上即可。
【烹饪技法】炒，炖。
【营养功效】补肾壮阳，补益气血。
【健康贴士】体虚、脾虚水肿、脚气水肿、小儿盗汗、自汗、热病后出汗、小儿夜间遗尿、妊娠腰痛、腰膝酸软、老人肾虚耳聋者宜饮用。

杜仲银耳汤

【主料】干银耳、炙杜仲各10克，冰糖50克。
【制作】① 银耳放入温水中浸泡30分钟，择去杂质、蒂头，淘去泥沙，撕成片状。② 锅置小火上，放入冰糖，加少许水，熬至糖呈微黄色时，滤去渣，放入炙杜仲，加清水熬20分钟，倒出药汁约300毫升，再加清水煮，反复3次，共取药汁1000毫升。③ 净锅置大火上，加入杜仲汁、银耳、清水适量，大火煮沸后，转用小火熬3～4小时，直至银耳酥烂，兑入冰糖溶液稍煮片刻，即可起锅。
【烹饪技法】熬，煮。
【营养功效】补肾清脑，健脾利肾。
【健康贴士】适用于肝肾阴虚的头昏、头痛、腰酸膝软者饮用，宜早、晚空腹时服用。

莲藕发菜红豆汤

【主料】莲藕500克，红豆、干发菜各50克。
【配料】红枣50克。
【制作】① 莲藕去皮用清水洗净，切成薄块备用；发菜浸洗去泥沙；红枣、红豆均洗净，红枣去核。② 烫煲置火上，入水适量，放入莲藕、发菜、蜜枣、红豆，大火煮沸，转小火熬制1小时即可。
【烹饪技法】煮，熬。
【营养功效】滋阴养血，健脾益胃。
【健康贴士】肝病、便秘、糖尿病患者宜饮用。

牛奶红豆热饮

【主料】牛奶500毫升，红豆100克。
【配料】白砂糖10克。
【制作】① 红豆洗净，用清水浸泡2小时。② 锅置火上入水，放入红豆和浸豆水，大火煮沸后转中小火煲2小时，再转用大火煲30分钟，加入白砂糖调味，搅拌至糖溶化呈黏稠状时熄火、放凉。③ 牛奶加热，兑入适量红豆汤即可饮用。
【烹饪技法】煮，煲。
【营养功效】益气补血，缓中止痛。
【健康贴士】适合南方人口味，适合秋冬季节饮用。

四红汤

【主料】红豆80克，花生米60克，红枣10枚，桂圆肉若干。
【配料】红糖15克。
【制作】① 红枣洗净，去核，用温水浸泡片刻；桂圆肉、红豆、花生米均清洗干净，红豆用水浸泡60分钟。② 锅置火上，下入红豆、花生米、桂圆肉，加足量清水，小火慢煮约60分钟，放入红枣、红糖，煮约30分钟即可。
【烹饪技法】煮。
【营养功效】补血养肝，清热健脾。

【健康贴士】此汤对于春季内有积热、肝脾两虚者有益。

芋头红豆奶香甜汤

【主料】鲜芋头150克，红豆75克。
【配料】炼乳适量。
【制作】①红豆洗净用清水浸泡3～4小时；鲜芋头去皮洗净，切成小丁。②汤锅置火上入水，下入红豆，大火烧沸后转小火煲制60分钟，煮至红豆酥烂，放入芋头丁，煮10分钟左右至芋头熟透，调入炼乳搅拌均即可。
【烹饪技法】煮，煲。
【营养功效】滋补强身，健脾养胃。
【健康贴士】糖尿病患者不宜多饮用。

花生黄豆红枣汤

【主料】黄豆、花生、大枣各50克。
【制作】①黄豆洗净泡发一夜；花生洗净备用，大枣用温水泡开洗净，去核。②锅置火上，放入黄豆、花生、大枣，加入清水，大火煮沸后改用小火炖至黄豆熟烂即可。
【烹饪技法】煮，炖。
【营养功效】补血暖胃，利水排毒。
【健康贴士】一般人皆宜饮用。

红枣鸡蛋汤

【主料】鸡蛋2个，红枣60克。
【配料】红糖10克。
【制作】①红枣泡软，去核。②锅置火上入水500毫升，下入红枣，煮30分钟后打入鸡蛋，勿搅拌，煮熟后加入红糖调味即可。
【烹饪技法】煮。
【营养功效】补养气血，美颜护肤。
【健康贴士】体质虚弱、早衰、面色萎黄不华、经期腰痛、腹痛患者宜饮用。
【举一反三】可在此汤中加入老姜片，温补效果更佳。

红枣银耳金橘糖水

【主料】红枣10枚，银耳3大朵，金橘10枚。
【配料】冰糖15克。
【制作】①银耳、红枣分别用温水泡发，银耳去掉没有泡开的根部，择洗干净；金橘洗净。②紫砂锅置火上，入水，下入红枣、银耳、金橘，调到自动挡煲2～3小时后，加入冰糖，熬至银耳软烂黏稠即可。
【烹饪技法】煲，熬。
【营养功效】滋阴润燥，益气补血。
【健康贴士】如果喜欢金橘不太烂的，可以晚一点儿再放金橘，如果有上火症状，建议少放红枣，红枣性温，多食容易上火。

冰糖雪蛤羹

【主料】荸荠100克，雪蛤膏10克。
【配料】姜片3克，冰糖20克。
【制作】①荸荠洗净，去皮，切碎；雪蛤膏用温水发透、发胀，去黑仔及筋膜；冰糖打碎；姜片榨成汁，备用。②发好的雪蛤膏放入锅内，加入姜汁、水100毫升，用小火煮25分钟，除去臊味，沥干水分。③把荸荠、雪蛤膏同放炖杯内，加清水200毫升，放入冰糖，煎煮25分钟即可饮食。
【烹饪技法】煎，煮。
【营养功效】坚益肾阳，化精添髓。
【健康贴士】黄疸型肝炎患者宜饮用。

椰青黑豆炖雪蛤膏

【主料】嫩椰1个，黑豆20克，莲子20克，雪蛤膏10克。
【配料】红枣3枚，姜2片，糖适量。
【制作】①雪蛤膏用清水浸5小时，拣去杂物洗净，和姜片放入沸水内煮15分钟，取出洗净，沥干水分，姜片除去；黑豆、莲子均洗净；红枣去核，洗净。②嫩椰制成盅状，椰汁入净锅中大火煮滚，放入黑豆、莲子、雪蛤膏、红枣，沸腾片刻，加糖调味，所有材料连同椰汁倒回椰壳内，加盖，隔水以大火炖2小时即可。

【烹饪技法】煮，炖。

【营养功效】补虚损，利湿热，解热毒。

【健康贴士】肾虚气弱、精力耗损、记忆力减退、妇产出血、产后出血、产后缺乳及神经衰弱者宜饮用。

冰糖木瓜炖雪蛤

【主料】雪蛤油10克，冰糖100克，木瓜500克。

【配料】白砂糖10克。

【制作】① 雪蛤油盛在大碗里，用70℃温水浸泡2个小时后，换掉水，反复一次，然后用清水漂洗，拣去黑点儿和杂质，洗净捞出沥干水分，放进碗中，加入白糖50克，清水100毫升，放进蒸笼，蒸约90钟后，取出滤干水分，备用。② 木瓜刨皮，用刀切成6条，去子，用刀切成棱角状，放进餐盘，入蒸笼蒸8分钟后，取出备用。③ 炒锅置火上，放入清水、冰糖煮沸至冰糖全部溶化，浮沫撇去，把已蒸好的蛤油、木瓜块分别盛进10个小碗内，淋入糖水即可。

【烹饪技法】蒸，煮。

【营养功效】丰胸美白，滋阴润燥。

【健康贴士】此品最适宜女士饮用。

猪皮阿胶红枣汤

【主料】鲜猪皮100克，阿胶15克，红枣10枚。

【配料】红糖20克。

【制作】① 猪皮刮去碎油脂和猪毛，洗净；阿胶打碎；红枣洗净，捣碎去枣核。② 锅置大火上，加清水1000毫升，下入猪皮烧沸，再加入红枣煮沸后，转用小火炖至猪皮熟烂，下入阿胶、红糖，小火慢熬至完全融化，即可饮食。

【烹饪技法】煮，炖。

【营养功效】滋阴清热，益气补血。

【健康贴士】适用于吐衄便血、体虚疲乏无力、面色无华、低热盗汗、心悸失眠、阴虚血热白血病患者饮用。

黄芪红枣茶

【主料】黄芪3～5片。

【配料】红枣3枚。

【制作】① 红枣用温水泡发，洗净，去核，与黄芪一起用清水浸泡20～30分钟。② 黄芪、红枣连同浸泡水一起倒入砂锅中，大火煮沸后转小火煎煮40分钟，即可饮用。

【烹饪技法】煮，煎。

【营养功效】益气固表，养血敛汗。

【健康贴士】气血不足，慢性溃疡患者宜饮用。

金丝蜜枣羹

【主料】蜜枣100克。

【配料】薏仁、梅子、葡萄干、金橘脯、蜜饯青梅、糖水樱桃各5克，水淀粉3克，蚕豆30克，糖桂花2克，白砂糖10克。

【制作】① 薏仁淘洗干净，拣去杂质，上蒸笼用大火蒸酥；蜜枣去核，切丁。② 炒锅置大火，注入沸水500毫升，加白砂糖烧沸，撇去浮沫，加入水淀粉勾成薄羹。③ 蜜枣、金橘脯、青梅、葡萄干、糖水樱桃、薏仁均切成小丁，放入锅内搅匀，再煮沸时，盛入碗中，撒上糖桂花即可。

【烹饪技法】蒸，煮。

【营养功效】补益脾胃，开胃解腻。

【健康贴士】一般人皆宜饮用，糖尿病患者慎食。

蜜枣汤

【主料】红枣500克。

【配料】冰糖、红糖各10克。

【制作】① 红枣冲洗干净，去核。② 锅置火上，入水1000毫升，下入红枣煮至绵软，枣汤倒入碗中，加红糖搅拌均匀，冷却后放入冰箱即可。

【烹饪技法】煮。
【营养功效】活血化瘀，健脾暖胃。
【健康贴士】本品甘甜味香，含有大量维生素 C，是老幼皆宜的饮品，素有抗衰老饮品之称。

甘草蜜枣汤

【主料】甘草 6 克。
【配料】蜜枣 8 枚。
【制作】① 甘草、蜜枣均洗净，蜜枣去核。② 锅置大火上，入水 1000 毫升，放入蜜枣和甘草，烧沸后，转小火熬至剩水 500 毫升，滤去渣，盛入碗中，即可饮用。
【烹饪技法】熬。
【营养功效】补脾益气，养血滋阴。
【健康贴士】甘草可祛痰止咳，尤其对慢性咽炎有效果明显。

绿豆苦瓜莲子糖水

【主料】绿豆、苦瓜各 200 克，莲子 100 克。
【配料】冰糖适量。
【制作】① 绿豆淘洗干净，用水浸泡 2 小时；苦瓜顺长轴从中间切成两半，用勺子挖出子、瓤，切成小方块，入沸水焯烫捞出，沥干水分；莲子清洗干净。② 瓦罐置火上，入水，下入绿豆、莲子，大火烧沸，转小火煲至绿豆、莲子烂熟，放入苦瓜煲煮 30 分钟，加入冰糖调味，再煲 10 分钟即可。
【烹饪技法】焯，煲。
【营养功效】补血养血，生津消肿。
【健康贴士】脾胃虚弱者慎食。
【巧手妙招】莲子不要浸泡，因为浸泡后不易煮烂。

冰糖银耳莲子汤

【主料】银耳 1 朵，冰糖 30 克，莲子 100 克。
【配料】枸杞 20 枚。
【制作】① 银耳用清水洗净后，放在盆中用温水或凉水浸泡 5 小时，捞出撕小朵；莲子、枸杞均清洗干净。② 锅置火上，入水 2500 毫升，放入银耳、莲子、枸杞、冰糖，大火煮沸，转小火煲至银耳酥烂即可。
【烹饪技法】煮，煲。
【营养功效】滋阴润肺，除烦止渴。
【健康贴士】银耳宜与冰糖一同炖汤饮用，滋润效果显著。

桂圆莲子汤

【主料】桂圆肉 25 克，莲子 15 克，红枣 10 枚。
【配料】冰糖 10 克。
【制作】① 莲子用清水洗净；红枣洗净，去核备用。② 桂圆肉、莲子、红枣均放入锅内，加水适量，大火煮沸，转小火熬煮 30 分钟，加冰糖调味即可饮用。
【烹饪技法】煮，熬。
【营养功效】补血养心，宁神除烦。
【健康贴士】用脑过度者宜饮用，如学生和压力较大的上班族。

莲子绿豆汤

【主料】绿豆 250 克，莲子 100 克。
【配料】冰糖 100 克，盐 2 克。
【制作】① 绿豆淘洗干净，用水浸泡 2 小时；莲子洗净，去心。② 锅置火上，入水 1500 毫升，下入绿豆大火煮沸 15 分钟，盖上锅盖熄火焖 1 小时后，放入莲子再用大火煮沸 5 分钟，加入冰糖、盐调味即可。
【烹饪技法】煮，焖。
【营养功效】益气补血，清热润肺。
【健康贴士】上火、痰多咳嗽、虚火旺盛者宜饮用。

银耳莲子雪梨汤

【主料】干银耳 25 克，干莲子 30 克，雪梨 1 个。
【配料】枸杞 10 克，冰糖适量。
【制作】① 银耳、莲子分别用清水洗净，银耳用水浸泡 10 个小时以上，捞出去蒂，撕成小朵；雪梨去皮，切成小块。② 砂锅置火上，下入银耳、莲子、雪梨、冰糖，入水适量，大火烧沸，转小火慢慢熬 1 小时至汤羹即将发黏时，下入枸杞，熬至银耳胶化，汤黏稠即可。

【烹饪技法】熬。

【营养功效】清肠润燥，滋阴补虚。

【健康贴士】银耳莲子雪梨汤可以增强免疫力，味道也非常的润滑爽口，是冬季保健汤的佳品。

红枣桂圆莲心羹

【主料】鸡蛋 200 克，桂圆肉 50 克，红枣 30 克，当归 30 克，莲子 20 克。

【配料】红糖 50 克。

【制作】① 桂圆肉、红枣、当归，莲子均洗净，红枣去核；鸡蛋煮熟去壳。② 取砂锅一个，放入桂圆肉、红枣、当归，莲子，加清水，用小火煮 20 分钟，再加入鸡蛋，红糖煮 15 分钟即可。

【烹饪技法】煮。

【营养功效】补血养血，滋补安胎。

【健康贴士】此品是一道很不错的安胎佳品，适宜准妈妈饮用。

牛奶窝蛋莲子汤

【主料】鸡蛋 100 克，莲子 100 克，西米 50 克，牛奶 500 毫升。

【配料】姜片 2 克，冰糖 15 克。

【制作】① 西米用清水浸 15 分钟，略洗，沥干水分，备用；莲子去心、洗净。② 烫煲置火上，放入莲子、姜片，加入适量清水，小火将莲子煮软，捞出姜片弃掉，加入冰糖煮溶，注入牛奶煮沸后，放入西米，不停搅拌，煮 15 分钟至西米变得透明，再将鸡蛋逐个打入，煮沸即可。

【烹饪技法】煮。

【营养功效】补肺养胃，营养丰富。

【健康贴士】一般人皆宜饮用。

荷叶莲子粥

【主料】荷叶 1 张，大米 100 克，糯米 20 克，莲子 50 克。

【制作】① 荷叶洗净，切成大片，入砂锅中加入 1500 毫升大火煮沸，转小火煮 20 分钟；大米、糯米均淘洗干净，用水浸泡；莲子洗净。② 将荷叶捞出，把泡好的大米、糯米和莲子倒入荷叶水中，大火煮沸后，转小火煮 1 小时即可。

【烹饪技法】煮。

【营养功效】补益脾胃，益肾涩精。

【健康贴士】糯米具有益气健脾的功效，莲子能够滋补元气，二者同食不仅可以起到益气和胃、补脾养肺的功效，还能强健骨骼和牙齿。

【巧手妙招】整片荷叶煮，粥里总是有荷叶渣，不如用荷叶水来煮，味道更清香。

西米窝蛋莲子汤

【主料】鸡蛋 4 个，莲子 100 克，西米 50 克，牛奶 500 毫升，老姜片 2 克。

【配料】冰糖 15 克。

【制作】① 西米用流动水冲洗干净；莲子洗净备用。② 锅置火上，入水烧沸，放入西米并搅拌，待水再次沸腾，转中小火加盖煮 10 分钟，关火，焖 15 分钟后，用滤网滤出已呈透明状的西米，放入冷开水中过凉，并用凉白开浸泡。③ 莲子放入砂锅，加入姜片和 1.5 升冷水，大火煮沸，转小火加盖焖煮 2 小时至莲子软烂，捞出姜片，加入冰糖和牛奶煮沸，逐个打入鸡蛋，煮 3 分钟后关火，加入西米搅拌均匀即可上桌。

【烹饪技法】煮，焖。

【营养功效】清心醒脾，补脾止泻。

【健康贴士】鸡蛋宜与牛奶搭配使用，营养更丰富，滋补效果更强。

香蕉百合银耳汤

【主料】干百合20克，银耳10克，香蕉2根。
【配料】枸杞5克，冰糖15克。
【制作】① 干百合洗净泡发；银耳泡发，撕成小朵，去蒂洗净；香蕉剥皮切成小薄片；枸杞洗净。② 把银耳装入碗中，加适量水上锅蒸30分钟，放入百合及香蕉片，加冰糖蒸30分钟后撒入枸杞，稍焖即可。
【烹饪技法】蒸，焖。
【营养功效】补肾健脑，养心提神。
【健康贴士】慢性肾炎、身体羸瘦、营养不良、病后产后虚弱者宜饮用。

冰糖莲子汤

【主料】干莲子200克，冰糖75克。
【制作】① 莲子放入水中，洗净，泡入冷水中约1小时至微软。② 锅置火上，放入沥干泡过的莲子，再加水1000毫升，大火煮沸后转小火煲2小时，放入冰糖调味，再煮15分钟即可。
【烹饪技法】煮。
【营养功效】美颜护肤，祛斑抗衰。
【健康贴士】此品是一道美容佳品，最宜女士饮用。

莲子蛋汤

【主料】鸡蛋150克，干山药25克，莲子10克，干银耳25克
【配料】冰糖10克。
【制作】① 莲子放碗中，用水泡好后去皮、心；银耳用水泡发，去杂洗净；淮山药润透去皮，切片。② 将莲子、银耳、淮山药放入锅内，加入适量清水置火上，大火煮沸后转小火煮至莲子、银耳熟烂，打入鸡蛋煮熟，加入冰糖调味，稍煮即可出锅。
【烹饪技法】煮。
【营养功效】益肾固精，滋补健身。
【健康贴士】银耳宜与莲子同食，滋阴补血功效明显。

百合银耳莲子汤

【主料】银耳、百合、桂圆各10克，莲子100克，红枣10枚。
【配料】枸杞5克，冰糖15克。
【制作】① 银耳用水泡透，去蒂，撕成片；枸杞、百合、桂圆、莲子、红枣均洗净，红枣去核。② 锅置火上，入水适量，下入枸杞、百合、桂圆、莲子、红枣、银耳，大火煮沸，转小火熬煮1小时，撒入枸杞、冰糖，稍煮片刻，即可饮用。
【烹饪技法】煮，熬。
【营养功效】清心安神，健脾利胃。
【健康贴士】银耳、莲子、枣及百合四种食材一同煮粥或煲汤饮用，可以起到非常好的益气补血、润肺止咳、滋阴生津的食疗功效，其滋补效用非常强，又能为人体提供十分丰富的营养，是特别理想的滋补佳品。

银耳蜜柑汤

【主料】干银耳20克，柑橘200克
【配料】白砂糖50克，淀粉玉米10克。
【制作】① 银耳用温水泡发，去蒂洗净，撕成小朵；蜜柑剥皮去筋，备用。② 银耳放入碗内，上笼蒸1小时取出，汤锅置火上，加入适量清水，放入银耳、蜜柑，加入白砂糖煮沸，用水淀粉勾薄芡即可。
【烹饪技法】蒸，煮。
【营养功效】益气补血，润肺止咳。
【健康贴士】糖尿病患者不宜多食。

杏仁桂圆炖银耳

【主料】水发银耳200克，甜杏仁25克，桂圆肉25克。
【配料】冰糖100克。
【制作】① 甜杏仁放入热水中浸泡，剥去种膜；桂圆肉放入凉开水中略泡；银耳去杂洗净。② 砂锅置火上，入水适量，下入银耳、

甜杏仁、桂圆肉、冰糖，大火煮沸后改小火炖 1 小时至银耳软糯即可。

【烹饪技法】煮，炖。

【营养功效】补脾润肺，宁神养心。

【健康贴士】银耳汤应当天炖好当天吃完，时间长了容易滋生毒素。

洋参银耳炖燕窝

【主料】西洋参片 15 克，银耳 20 克，燕窝 20 克。

【配料】生姜、葱各 5 克，盐 3 克，味精 2 克。

【制作】① 西洋参片、银耳、燕窝用清水浸透；生姜切片；葱切段。② 将处理好的西洋参片、银耳、燕窝、姜片、葱段一起放入炖盅内，加入清水炖 2 小时，调入盐、味精即可。

【烹饪技法】炖。

【营养功效】补气滋阴，美颜护肤。

【健康贴士】西洋参与银耳都是美容佳品，二者同食，效果更佳。

白雪银耳汤

【主料】银耳 15 克，鸡蛋清 90 克。

【配料】冰糖 30 克。

【制作】① 银耳用七成热水泡开，择去老根，撕成小瓣，放入碗内，加水上笼蒸 20 分钟取出，沥去水，在汤碗中晾干。② 鸡蛋清打入汤碗内与银耳混合，用竹筷顺着一个方向抽打起泡沫，放入笼中蒸 10 分钟取出。③ 冰糖放入碗内，加入适量清水，盖好上笼蒸溶化后取出，滤去杂质，倒入另一汤碗中，推入银耳即可。

【烹饪技法】蒸。

【营养功效】滋阴润燥，补气和血。

【健康贴士】适用于秋燥干咳，口干不欲饮者饮用。

红薯银耳汤

【主料】红薯 200 克，水发银耳 100 克，红枣 10 克。

【配料】冰糖 15 克，姜 5 克。

【制作】① 银耳洗净，去杂质；姜洗净切片；红薯去皮切厚片，在水中浸泡约 30 分钟，中间换两三次水。② 将银耳、红薯、姜片放入锅中，加入足量水，以中火煮沸，放入冰糖，转小火熬煮约 40 分钟，即可盛出饮用。

【烹饪技法】煮，熬。

【营养功效】温中益气，养血利脾。

【健康贴士】银耳不宜与菠菜同食，会减少身体对维生素 C 的吸收。

木瓜银耳汤

【主料】木瓜 200 克，银耳 20 克。

【配料】冰糖 15 克，南、北杏各少许。

【制作】① 木瓜去皮、核，切成小块；银耳浸软去蒂、洗净、入沸水汆烫；南北杏洗净。② 将木瓜、银耳、南北杏、冰糖及清水放进炖盅内，加盖，原盅隔沸水炖 1 小时即可。

【烹饪技法】汆，炖。

【营养功效】丰胸美容，嫩肤抗衰。

【健康贴士】美容佳品，女士宜饮用。

银耳鸽蛋汤

【主料】干银耳 6 克，鸽蛋 250 克，核桃 15 克，荸荠粉 60 克。

【配料】白砂糖 30 克，植物油 50 克。

【制作】① 银耳在温水中浸泡 1 小时，洗净杂质，盛入碗内，加水上蒸笼蒸 1 小时；鸽蛋放入冷水锅中煮熟，捞出去壳备用。② 另取碗 1 个，放入荸荠粉，加清水调成粉浆；核桃仁用温水浸泡 30 分钟，剥皮，沥干水分，入油锅油炸酥，切碎成米烂状。③ 另起锅置火上，加清水，沥入蒸银耳的汁，倒入荸荠粉，加白砂糖、核桃仁，搅拌匀成核桃稀糊，盛入汤碗内，把银耳放在核桃糊的周围，12 只鸽蛋镶在银耳的周围即可。

【烹饪技法】蒸，煮，炸。

【营养功效】润肺补肾，滋阴养胃。

【健康贴士】银耳宜与鸽蛋搭配食用，可以起到益气壮骨、增强人体免疫力的作用。

冰糖雪梨银耳枸杞汤

【主料】雪花梨2个，枸杞50克，干银耳20克。

【配料】冰糖15克。

【制作】① 提前1个小时把干银耳用冷水浸泡，至软后即可，撕小块；雪花梨洗净，去皮、核，切成小块；枸杞洗干净备用。② 砂锅置火上，入水烧沸，下入枸杞、银耳小火煮30分钟，放入雪花梨、冰糖，煮至梨熟，出锅即可饮用。

【烹饪技法】煮。

【营养功效】润肺止咳，化痰利脾。

【健康贴士】便秘、内火虚旺、咳嗽痰多、身体虚弱者宜饮用。

桂圆菠萝汤

【主料】桂圆肉100克，菠萝肉200克，红枣100克。

【配料】红砂糖20克。

【制作】① 菠萝肉切块，放在淡盐水中浸泡10分钟；红枣洗净去核。② 将桂圆肉、菠萝肉、红枣一同入锅，加水800毫升，大火煮沸后改用小火煨2小时至水剩约300毫升时，加入砂糖调味即可。

【烹饪技法】煮，煨。

【营养功效】滋阴润燥，益气补血。

【健康贴士】桂圆与红枣都属补血佳品，宜搭配食用，但不宜过多饮用，以免上火。

花生桂圆红枣汤

【主料】带膜花生米300克，桂圆肉100克，红枣20枚。

【配料】白砂糖80克

【制作】① 花生米洗净，入水浸泡2小时，捞出沥干水分；桂圆肉剥散，洗净；红枣洗净，去核。② 锅置火上，下入花生米、红枣，注入2500毫升清水，大火煮沸，转小火慢炖40分钟放入桂圆肉煮5分钟，加白砂糖调味即可。

【烹饪技法】煮，炖。

【营养功效】壮阳益气，补益心脾。

【健康贴士】桂圆助包心火，故火气大、发炎者应忌食。

百合桂圆汤

【主料】莲子100克，百合20克，桂圆肉30克。

【配料】蜂蜜20克。

【制作】① 莲子、百合用水泡发；桂圆肉洗净。② 锅置火上，入水适量，煮沸，放入莲子、桂圆肉、百合煮约30分钟，关火，待汤晾至温热后，加入蜂蜜调匀即可饮用。

【烹饪技法】煮。

【营养功效】养血安神，润肤美容。

【健康贴士】莲子有清心除烦、健脾益气的作用；百合有宁神镇静的作用，二者搭配是非常好的补养食物。

桂圆鸡蛋红枣糖水

【主料】红枣8枚，桂圆肉6枚，枸杞5克，鸡蛋2个，冰糖10克。

【制作】① 红枣、桂圆肉及枸杞用清水洗净，浸软，红枣去核；鸡蛋煮熟后捞起，剥壳备用。② 净锅置火上，入水烧沸，放入红枣、桂圆、枸杞，大火煮沸后转小火煮30分钟，加入鸡蛋、冰糖煮15分钟即可。

【烹饪技法】煮。

【营养功效】补脾养心，生血益气。

【健康贴士】桂圆性味甘温，滋腻，多吃容易滞气，肺热有黏痰不宜饮用。

百合炖雪梨

【主料】百合20克，雪梨50克，干银耳20克。

【配料】冰糖5克，枸杞3克。

【制作】① 百合洗净，提前浸泡一夜；雪梨削皮切成块状；银耳泡发，去杂质，撕小朵。

② 锅置火上，百合连水一同放入锅中，大火煮沸至黏，倒入梨块、冰糖、银耳，转小火熬煮1小时即可。

【烹饪技法】煮，熬。

【营养功效】滋养润肺，止咳安神。

【健康贴士】适宜由肺燥咳嗽、咯血和热病之后余热未消，以及气阴不足而致的虚烦惊悸、失眠、心神不安症状患者饮用。

百合莲子甜汤

【主料】鲜莲子100克，新鲜百合2片，红枣10枚。

【配料】冰糖80克。

【制作】① 百合、莲子均洗净；红枣用温水略泡，去核。② 锅置火上，入水2500毫升，放入莲子、红枣以大火煮沸，转小火煮约25分钟，加入百合煮至颜色变透明，放入冰糖煮融即可。

【烹饪技法】煮。

【营养功效】养心安神，润肺止咳。

【健康贴士】百合宜与莲子同食，二者搭配清心安神功效更佳。

百合南瓜汤

【主料】南瓜100克，百合30克，枸杞5克。

【配料】白砂糖30克，盐、味精各少许。

【制作】① 南瓜切片，蒸30分钟后，用筷子挤成细蓉；百合、枸杞洗净。② 净锅置火上，加入清水，放入南瓜蓉、百合、枸杞，小火煮沸，加盐、味精、白砂糖调味，撇去浮沫，装入罐中煲制15分钟即可。

【烹饪技法】蒸，煮，煲。

【营养功效】补脾益气，宁神安心。

【健康贴士】一般人皆宜饮用。

百合柿饼鸽蛋汤

【主料】鸽蛋12个，百合80克，柿饼2枚。

【配料】冰糖10克。

【制作】① 鸽蛋煮熟后去壳；百合洗净，稍浸；柿饼洗净，切小块。② 把全部材料放入锅内，加清水适量，大火煮沸后，转小火煲至百合发黏，加冰糖调味即可。

【烹饪技法】煮，煲。

【营养功效】益肺润燥，健脾养心。

【健康贴士】百合宜与鸡蛋搭配食用，可增强身体抵抗力。

百合荸荠汤

【主料】荸荠100克，金针菇50克，香菇1朵，草菇50克，洋葱20克，百合20克，脆皮1张。

【配料】黄油20克，浓汤200毫升，蛋黄30克。

【制作】① 荸荠、金针菇、香菇、草菇、洋葱均洗净，切小丁备用；百合洗净。② 炒锅置火上，入黄油烧热，下入荸荠、金针菇、香菇、草菇、洋葱，小火轻炒5分钟，将炒过的原料加百合，打碎，倒入白浓汤内，小火煮沸，倒入汤碗中。③ 脆皮擦一层蛋黄，覆盖于汤碗上，放入烤箱烤12分钟，出锅上桌即可。

【烹饪技法】炒，煮，烤。

【营养功效】润肺清热，静心安神。

【健康贴士】百合虽能补气，亦伤肺气，不宜多服，适量即可。

哈密瓜百合瘦肉汤

【主料】瘦肉300克，哈密瓜500克，百合20克。

【配料】陈皮30克。

【制作】① 哈密瓜洗净，削皮去核，切块；瘦肉洗净，切大块，入沸水汆烫捞起；陈皮用清水泡软，刮去白瓤；百合洗净。② 锅置火上，入水烧沸，放入所有材料，大火煮沸，转小火煲2小时，下盐调味即可饮用。

【烹饪技法】汆，煮，煲。

【营养功效】消暑解热，利尿消肿，化痰止咳。

【健康贴士】适合烟酒过多者饮用；脾胃虚

寒者不宜多饮。

百合汤

【主料】百合 200 克。
【配料】红枣 20 克，冰糖 10 克。
【制作】① 新鲜百合逐瓣掰开，撕去内衣，洗净；红枣洗净，用清水煮酥。② 汤锅置火上，倒入清水适量，下入百合，煮至酥而不烂，加入红枣、冰糖煮 10 分钟即可。
【烹饪技法】煮。
【营养功效】润肺止咳，益气补血。
【健康贴士】脾胃虚弱、腹泻、倦怠无力和更年期女士宜饮用。

梨藕百合汤

【主料】莲藕 200 克，雪梨 1 个，干百合 20 克。
【配料】枸杞 5 枚。
【制作】① 藕去皮切成小块；雪梨去皮切小块；干百合、枸杞用水冲净。② 砂锅置火上，放入藕块、梨块，加水 1500 毫升，大火煮沸后，转小火煮 30 分钟，放入百合煮约 20 分钟，撒上枸杞即可
【烹饪技法】煮。
【营养功效】生津止渴，降火润燥。
【健康贴士】梨与百合一同煮汤饮用，可以起到润肺止咳的显著效用。

荸荠百合甜汤

【主料】荸荠 200 克，鲜百合 2 朵。
【配料】蜂蜜 10 克。
【制作】① 荸荠削皮，洗净；鲜百合掰开洗净。② 锅置火上，入水烧沸，下入荸荠，中火煮 10 分钟，放入百合稍煮 2 分钟，待汤晾至温热时，调入蜂蜜即可。
【烹饪技法】煮。
【营养功效】清热解毒，祛火生津。
【健康贴士】荸荠与百合同食，有助于人体牙齿和骨骼的发育，并且有辅助治疗口腔炎，促进代谢，维持人体酸碱平衡的作用。

菊花雪梨茶

【主料】雪梨 1 个，杭白菊或野生菊花 20 朵。
【配料】干枸杞 10 粒，冰糖 20 克。
【制作】① 雪梨洗净去皮、核，切成小块。② 锅置火上，注入清水 1000 毫升，放入菊花，大火煮沸后关火，盖上锅盖焖 5 分钟，菊花过滤掉，留菊花水，放入雪梨块、干枸杞、冰糖，大火烧沸后转小火煮 30 分钟即可。
【烹饪技法】煮，焖。
【营养功效】润肺止咳，疏风散热。
【健康贴士】糖尿病患者不宜饮用。

菊花冰糖莲子银耳羹

【主料】菊花 20 朵，干银耳 20 克，莲子 50 克。
【配料】冰糖 15 克，红枣 10 枚，枸杞 3 克。
【制作】① 用沸水将银耳、菊花泡发开，银耳去蒂，洗净后撕成小片；莲子用水泡 10 小时以上，去莲心，洗净；红枣、枸杞洗净备用。② 砂锅置火上，入水适量，放入银耳、莲子，加盖大火煮沸，转小火炖 1 小时，下红枣、冰糖炖 10 分钟，不时搅拌，撒入枸杞，再炖 10 分钟，起锅盛碗即可。
【烹饪技法】煮，炖。
【营养功效】补脾止泻，清热下火。
【健康贴士】莲子、红枣、枸杞、冰糖、银耳宜搭配使用，滋补效果明显。

枸杞菊花绿豆汤

【主料】枸杞 20 克，菊花 15 克，绿豆 30 克。
【配料】白砂糖 10 克。
【制作】① 绿豆淘洗干净，用清水浸约 30 分钟；枸杞、菊花洗净。② 锅置火上，下入绿豆，注入适量清水，大火煮沸后，转小火煮至绿豆烂，加入菊花、枸杞，再煮 10 ~ 20 分钟，加入白砂糖调味即可。

【烹饪技法】煮。
【营养功效】疏散风邪，清热止痛。
【健康贴士】微微发热、头痛时作、口渴咽干、咽喉疼痛者宜饮用。

桂花白果红枣汤

【主料】大红枣 30 枚，新鲜白果 25 枚。
【配料】冰糖 50 克，干桂花 10 克，枸杞 10 枚。
【制作】① 白果用冷水浸泡 5 分钟，剥去白果表皮；红枣洗净，去核；干桂花、枸杞略冲洗。② 锅置火上，入水，放入红枣，中火煮 15 分钟，捞出。③ 净锅注入沸水 1000 毫升，再次将枣子倒入煮 45 分钟，下入白果、冰糖煮 15 ~ 20 分钟，撒上桂花，关火加盖焖 10 分钟至桂花香味渗出即可。
【烹饪技法】煮，焖。
【营养功效】补血美白，益气温中。
【健康贴士】一般人皆宜饮用。
【举一反三】在冬天喝，可把冰糖改成红糖，再加点儿姜片，可活血化瘀，温补滋养。

香芋桂花汤

【主料】糖桂花 10 克，香芋 200 克，西米 50 克，牛奶 500 毫升。
【配料】白砂糖 10 克。
【制作】① 香芋去皮，洗净切成小丁。② 汤锅置火上，注入清水，大火煮沸后下入西米，煮约 10 分钟后，加入白砂糖，盛出备用。③ 净锅置火上，注入清水，大火煮沸后放入香芋，煮沸后放入桂花糖，倒入牛奶，再次煮沸后放入西米即可。
【烹饪技法】煮。
【营养功效】健胃消食，益气利脾。
【健康贴士】其味道清香，营养丰富，增进食欲，夏季饮用最佳。

红糖姜汁蛋包汤

【主料】鸡蛋 130 克。
【配料】老姜 5 克，红砂糖 50 克。
【制作】① 老姜洗净，放入 500 毫升清水用中小火煮 20 分钟，转小火，打入鸡蛋，呈荷包蛋状，煮至鸡蛋浮起；② 加入红砂糖搅拌，盛入碗中即可。
【烹饪技法】煮。
【营养功效】化血化瘀，驱寒暖胃。
【健康贴士】适宜风寒感冒、痛经和女士产后滋补饮用。

桃仁杏仁生姜汤

【主料】核桃仁 50 克，杏仁 20 克。
【配料】生姜 4 克，蜂蜜 10 克。
【制作】① 核桃仁、杏仁分别洗净，放在瓷碗内，加入生姜和温开水，隔水蒸 30 分钟。② 稍凉凉后，加入蜂蜜调匀，即可饮用。
【烹饪技法】蒸。
【营养功效】益智补脑，润肺止咳。
【健康贴士】适宜老年人饮用。

腐竹白果薏仁汤

【主料】干腐竹 50 克，薏仁 40 克，白果 30 克，鸡蛋 2 个。
【配料】冰糖 50 克。
【制作】① 薏仁淘洗干净，沥干水；鸡蛋煮熟去壳；腐竹浸软，备用；白果去壳，浸泡在沸水中，撕去衣，去心。② 锅置火上，入水烧沸，放入薏仁、白果，煲 30 分钟，加入腐竹、冰糖煲至冰糖溶化，放入鸡蛋，再煮沸即可。
【烹饪技法】煮。
【营养功效】美白润肤，养颜抗衰。
【健康贴士】美容佳品，女士宜饮用。

薏仁冬瓜汤

【主料】薏仁 50 克，冬瓜 150 克。
【制作】① 冬瓜去皮，洗净，切块；薏仁用清水泡 4 ~ 5 小时备用。② 锅置火上，下入薏仁、适量清水，大火煮沸后转小火煮熟至薏仁开花，汤稍微变白，下入冬瓜转大火煮沸转中火煮 2 分钟即可出锅。

【烹饪技法】煮。

【营养功效】利水消肿，排毒养颜。

【健康贴士】薏仁、冬瓜均属凉性之物，故滑精、尿频、体寒久病、阴虚火旺者不宜饮用。

花生薏仁芋圆汤

【主料】花生 100 克，莲子、薏仁各 50 克，香芋 100 克，糯米粉 100 克。

【配料】冰糖 15 克，白砂糖 10 克。

【制作】① 莲子、花生、薏仁洗净，提前浸泡一夜。② 香芋去皮、切片，上锅蒸熟，稍微凉后，加入白砂糖，用擀面杖碾碎，和糯米粉按 1:1 的比例糅合成粉团，搓长条，揪成小块，揉成小汤圆状。③ 砂锅置火上，入水适量，下入莲子、花生、薏仁，大火煮沸，加入冰糖，转小火慢炖 40 分钟，下入芋圆，煮至芋圆全部浮在水面时关火，放凉后即可饮用。

【烹饪技法】蒸，煮，炖。

【营养功效】温中补气，养血健脾。

【健康贴士】脾虚便溏者不宜饮用。

滋补炖汤

赛蟹羹

【主料】鲈鱼500克，鸡蛋黄2个，火腿、竹笋、鲜香菇各50克，鸡汤1000毫升。
【配料】葱、姜各6克，香油8克，料酒10克，酱油10克，醋3克，盐3克，鸡精2克，水淀粉15克。
【制作】①将鲈鱼宰杀，去鳞、内脏及鳃，洗净，剁去头、尾，片成对剖两片；火腿切丝；竹笋洗净，切丝；鲜香菇去蒂，洗净，切丝；葱洗净，切段；姜洗净，切片；鸡蛋打入碗里，搅拌成蛋液。②将鲈鱼装入蒸碗里，加入葱段、姜片、料酒拌匀，腌制20分钟，放入微波炉蒸熟，取出，拣去葱段、姜片，剔下鲈鱼肉备用。③锅置火上，注入鸡汤，大火煮沸，放入竹笋丝、香菇丝煮至全熟，加入鲈鱼肉、火腿丝，放盐、鸡精调味，倒入蛋液搅拌成蛋花，用水淀粉勾芡，淋入香油即可。
【烹饪技法】蒸，煮。
【营养功效】健脾益肾，补气安胎。
【健康贴士】鲈鱼宜与姜片同食，补虚养身功效显著。

橄榄螺头汤

【主料】净海螺头400克，橄榄150克，猪瘦肉150克。
【配料】姜5克，鸡汤2000毫升，绍酒10克，盐4克，鸡精、胡椒粉各2克。
【制作】①海螺头刷去黑斑及杂物，洗净；橄榄用刀背拍破，切碎；猪瘦肉洗净，切片；姜洗净，切片。②将海螺头、橄榄、姜片、绍酒、盐、鸡精、胡椒粉一起倒入大盆里，搅拌均匀，平均装入5个炖盅内，再将猪瘦肉片平均分配到5个炖盅内。③把炖盅放入蒸笼里，在每个炖盅里加入适量鸡汤，以没过食材为宜，加盖，用湿的宣纸将盖子密封，然后用大火蒸90分钟左右即可。
【烹饪技法】蒸。
【营养功效】润肺滋阴，清肺利咽，祛痰理气。
【健康贴士】慢性胃肠炎的患者慎食。

丝瓜响螺汤

【主料】丝瓜500克，莲花100克，响螺肉80克。
【配料】红枣5枚，姜8克，植物油10克，盐5克。
【制作】①响螺肉用清水泡发，洗净，切片；丝瓜去皮，洗净，切块；荷花取花瓣，洗净，切丝；红枣洗净，润透，去核；姜洗净，切片。②汤锅置火上，注入适量清水，下入姜片，大火煮沸后，放入响螺肉片、红枣，转小火炖煮约2个小时，加入丝瓜块、荷花丝，稍煮片刻，加盐调味，淋入植物油即可。
【烹饪技法】煮。
【营养功效】清热解暑，利水消肿。
【健康贴士】吃螺后不可饮用冰水，否则会导致腹泻。

田螺汤

【主料】田螺400克，露葵150克，韭菜250克。
【配料】葱、蒜各15克，植物油15克，大酱、辣椒酱各20克，盐4克，鸡精、辣椒粉各2克。
【制作】①田螺用清水浸泡5小时左右吐净泥沙，洗净，捞出，放入沸水中汆烫片刻，捞出，用针把田螺肉挑出，烫田螺的汤留着备用。②露葵洗净，切丝；韭菜择洗干净，切段；葱洗净，切成葱花；蒜去皮，剁成末。

③ 锅置火上，注入田螺汤，加入大酱、辣椒酱，兑入清水300毫升，大火煮沸后，放入田螺肉、露葵丝、韭菜段煮熟后，加盐、鸡精、辣椒粉调味，撒入葱花、蒜末，淋入植物油即可。

【烹饪技法】汆，煮。

【营养功效】清热解暑，护肝明目。

【健康贴士】田螺宜与葱同食，不但有滋补之效，还能清热解酒。

车前子红枣田螺汤

【主料】车前子30克，田螺（连壳）1000克，红枣10枚。

【配料】姜5克，香油10克，盐4克，鸡精2克。

【制作】① 用清水静养田螺1～2天，吐净泥沙（中途勤换水），捞出，斩去田螺笃，洗净；红枣洗净，润透去核；车前子洗净，润透，装入纱布药袋里，系好袋口；姜洗净，切片。② 锅置火上，注入适量清水，放入田螺、红枣、车前子药袋，大火煮沸后，转小火煲2小时，取出药袋不用，加盐、鸡精调味，淋入香油即可。

【烹饪技法】煮。

【营养功效】利水通淋，清热祛湿。

【健康贴士】泌尿系感染、前列腺炎、泌尿系结石患者，经常饮用可以缓解症状。

西洋参螺头汤

【主料】速冻螺头200克，西洋参15克。

【配料】红枣4枚，姜5克，植物油10克，粗盐5克，盐2克。

【制作】① 螺头解冻后去内脏，用粗盐擦洗干净；红枣洗净，去核；西洋参洗净，润透。② 砂锅置火上，注入适量清水，大火煮沸后，放入螺头、红枣、花旗参，转成小火煲3个小时后，加盐调味，淋入植物油，关火焖3分钟即可。

【烹饪技法】煲。

【营养功效】补气养阴，清热生津。

【健康贴士】西洋参中的皂苷可以有效增强中枢神经，达到静心凝神、消除疲劳、增强记忆力等作用，可适用于失眠、烦躁、记忆力衰退及老年痴呆等症状。

冬瓜茯苓蛏肉汤

【主料】蛏子螺肉250克，冬瓜500克，茯苓50克。

【配料】通草15克，陈皮6克，植物油8克，盐5克，鸡精3克。

【制作】① 冬瓜连皮洗净，去瓤、子，切块；蛏子螺肉洗净；茯苓、陈皮、通草洗净，润透。② 锅置火上，注入适量清水，放入蛏子螺肉、茯苓、通草、陈皮，大火煮沸后，加入冬瓜块，转小火煲2小时，加盐、鸡精调味，淋入植物油即可。

【烹饪技法】煲。

【营养功效】清热解毒，利水消肿。

【健康贴士】冬瓜宜与螃蟹同食，减肥健美功效显著，女士宜饮用。

萝卜蛏子汤

【主料】蛏子500克，白萝卜150克，鲜汤1000毫升。

【配料】葱10克，姜、白皮大蒜各5克，料酒10克，熟猪油15克，盐4克，鸡精、胡椒粉各2克。

【制作】① 将蛏子洗净，放入淡盐水中泡约2小时，洗净捞出，放入沸水锅中略汆一下，捞出，取出蛏子肉。② 白萝卜削去外皮，洗净，切成细丝，下入沸水锅中焯去苦涩味，捞出，沥干水分；葱洗净，切段；姜洗净，切片；蒜去皮，切末。③ 锅置火上，放入熟猪油烧热，下入葱段、姜片煸香，注入鲜汤，浇入料酒，大火煮沸，放入蛏子肉、白萝卜丝煮熟，拣去葱段、姜片，加盐、鸡精、胡椒粉调味，盛入汤碗内，撒上蒜末即可。

【烹饪技法】煸，煮。

【营养功效】化痰清热，增进食欲。

【健康贴士】白萝卜也可与紫菜同食，清肺热、治咳嗽效果很好。

干贝蘑菇汤

【主料】蘑菇 25 克，小白菜 50 克，干贝 10 克，高汤 800 毫升。
【配料】姜4克，料酒5克，香油8克，盐2克。
【制作】① 蘑菇洗净、去蒂，切片；小白菜洗净，切成段；干贝洗净，润透；姜洗净，切片。② 锅置火上，注入高汤，下入姜片，大火煮沸，放入蘑菇、干贝煮至蘑菇全熟，加入白菜段，加盐调味，淋入香油即可。
【烹饪技法】煮。
【营养功效】滋阴补肾，调中下气。
【健康贴士】干贝也能与瓠瓜同食，滋补功效更佳。

豆腐扇贝汤

【主料】豆腐 200 克，扇贝肉 150 克。
【配料】葱、姜各5克，植物油8克，盐3克。
【制作】① 将豆腐放入沸水中焯水，捞出沥干水分，切成小块；扇贝肉洗净，切丝；葱洗净，切末；姜洗净，切片。② 锅置火上，入油烧热，下葱末、姜片煸香，倒入扇贝肉丝炒至出水，注入适量开水，大火煮沸后，倒入豆腐块，炖至汤白，加盐调味，淋入香油即可。
【烹饪技法】煮。
【营养功效】健胃消食，补充钙质。
【健康贴士】豆腐还能与韭菜同食，可以改善便秘。

参贝海鲜汤

【主料】牛眼贝 300 克，水发海参 150 克，玉兰片 100 克，青、红辣椒丝各 10 克。
【配料】葱丝 8 克，水淀粉、料酒各 10 克，香油 5 克，盐 3 克。
【制作】① 牛眼贝洗净，放入沸水中汆烫片刻，捞出过凉，沥干水分；海参洗净，切成块；玉兰片洗净，焯水备用。② 锅置火上，注入适量清水，放入牛眼贝、海参块、玉兰片，大火煮5分钟后，浇入料酒，用水淀粉勾薄芡，撒上葱丝、青椒丝、红辣椒丝稍煮，加盐调味，淋上香油即可。
【烹饪技法】汆，焯，煮。
【营养功效】滋阴潜阳，补气养血。
【健康贴士】海参中所含的丰富的蛋白质、精氨酸等是人体免疫功能所必需的物质，常食海参可以预防感冒。

苦瓜牡蛎

【主料】苦瓜 200 克，牡蛎肉 250 克。
【配料】葱花、姜末各 5 克，植物油 25 克，黄酒、水淀粉各 10 克，盐 4 克，鸡精 2 克。
【制作】① 将苦瓜洗净，剖开后去瓤，放入沸水锅中焯一下捞出，过凉，切片；牡蛎肉洗净，斜刀剖片，装入碗中，加入黄酒、淀粉抓匀。② 锅置火上，入油烧热，下入葱花、姜末爆锅，随即放入苦瓜片、牡蛎肉片翻炒，烹入黄酒，注入适量清水，大火煮沸，改用小火煨炖 15 分钟，加盐、鸡精调味即可。
【烹饪技法】炒，煮。
【营养功效】清热解暑，滋阴养血。
【健康贴士】牡蛎若与芡实、大米搭配食用，可以辅助治疗阴道出血。

牡蛎豆腐汤

【主料】牡蛎 260 克，豆腐 200 克。
【配料】葱末 10 克，植物油 15 克，盐 5 克，胡椒粉 2 克。
【制作】① 牡蛎用 2 克盐抓去杂质，清洗干净，放入沸水中汆烫片刻，捞出，沥干水分；豆腐用清水冲洗干净，切丁。② 锅置火上，注入适量清水，大火烧开后，放入牡蛎、豆腐丁，再次煮沸后，加盐、胡椒粉调味，撒入葱末，淋入植物油即可。
【烹饪技法】汆，煮。
【营养功效】补五脏，活气血，通乳汁。
【健康贴士】牡蛎也可与百合同食，润肺效果更佳。

牡蛎萝卜粉丝汤

【主料】牡蛎肉 150 克，白萝卜 100 克，细粉丝 50 克。

【配料】葱花、姜末各 3 克，高汤 600 毫升，料酒 5 克，盐、白胡椒粉各 3 克。

【制作】① 牡蛎肉洗净，沥干水分；白萝卜去皮洗净，切条；细粉丝用开水泡发备用。② 锅置火上，入油烧热，下姜末爆锅，炒出香味后，放入白萝卜条翻炒，注入高汤，淋入料酒，大火煮沸后，加入牡蛎肉和泡好的细粉丝，再次煮沸后，加盐、胡椒粉调味，撒上葱花即可。

【烹饪技法】炒，煮。

【营养功效】滋阴养血，利水消肿。

【健康贴士】牡蛎不宜与山楂同食，易引起肠胃不适。

牡蛎年糕汤

【主料】白年糕 600 克，牡蛎肉 200 克，豆腐 100 克，鸡蛋 1 个，紫菜 2 张。

【配料】香油 4 克，葱、蒜各 5 克，芝麻 3 克，高汤 2000 毫升，酱油 10 克，盐 3 克。

【制作】① 牡蛎洗净，沥干水分；白年糕洗净，切成薄片；豆腐冲洗干净，切小块；葱洗净，切成葱花；蒜去皮，切末。② 平底锅置火上，入油烧热，打入鸡蛋，煎成荷包蛋；紫菜用手抓碎备用。③ 锅置火上，注入高汤，大火煮沸后，放入白年糕略煮，再加入牡蛎肉、豆腐块，大火煮至白年糕浮起，加盐、酱油调味，盛入汤碗里，撒上葱花、蒜末、紫菜碎，摆上荷包蛋，淋入香油即可。

【烹饪技法】煎，煮。

【营养功效】补中益气，健脾养胃。

【健康贴士】牡蛎也可与猪肉、发菜同食，滋补功效显著。

荠菜大酱汤

【主料】荠菜 200 克，蛤蜊 200 克。

【配料】葱 10 克，蒜 5 头，二次淘米水 2000 毫升，大酱 10 克，辣椒酱 1 大勺。

【制作】① 荠菜择洗干净；葱洗净，切末；蒜去皮，剁成蒜蓉；在二次淘米水里倒入大酱和辣椒酱，并用白纱布过滤，去渣取汁备用。② 蛤蜊洗净，放入锅里，加入 200 毫升清水，锅置火上，大火煮至蛤蜊开口后，取出凉凉，挖出蛤蜊肉，蛤蜊汤用纱布过滤后备用。③ 汤锅置火上，注入淘米水大酱汤，并倒入煮蛤蜊的汤，大火煮沸后，放入蛤蜊肉，转中火熬煮 5 分钟，放入荠菜，撒上葱花、蒜蓉即可。

【烹饪技法】煮。

【营养功效】利水消肿，降压明目。

【健康贴士】荠菜还能与黄鱼同食，可以利尿止血。

蛤蜊香菇鱼丸汤

【主料】草鱼净肉、蛤蜊各 300 克，鲜香菇 6 朵，鸡蛋 1 个。

【配料】葱、姜 5 各克，植物油 15 克，淀粉 15 克，盐 4 克。

【制作】① 草鱼净肉洗净，放入搅拌机里将鱼肉搅打成鱼肉末；葱、姜洗净，切丝，并用 50 毫升温水浸泡，做成葱姜水备用；鲜香菇洗净，去蒂。② 将草鱼泥装入碗里，倒入葱姜水，打入鸡蛋，加入淀粉，搅拌至上劲。③ 蛤蜊盐水浸泡数小时，吐净泥沙后，洗净，放入锅里煮至蛤蜊开口时，捞出，凉凉，取出蛤蜊肉。④ 锅置火上，注入适量清水，大火烧开后，放入蛤蜊肉、鲜香菇，再次煮沸后，将搅拌好的鱼肉泥挤成鱼丸，下入汤锅里，转中火煮至鱼丸浮起，加盐调味，淋入植物油即可。

【烹饪技法】煮。

【营养功效】滋补肝肾，化痰理气。

【健康贴士】香菇也能与猪肉搭配同食，可以促进消化。

花蛤鸡蛋汤

【主料】花蛤 500 克，鸡蛋 1 个。

【配料】葱 10 克，姜 5 克，植物油 20 克，料酒 8 克，盐 4 克，鸡精 3 克。

【制作】① 花蛤放盐水里浸泡，吐净泥沙，洗净，沥干水分；鸡蛋打入碗里，搅拌成蛋液；葱洗净，切成葱花；姜洗净，切片。② 锅置火上，入油烧热，下入姜片煸香，倒入花蛤煸炒，烹入料酒，注入适量清水，盖上盖子，大火煮至花蛤开口，倒入蛋液搅拌均匀，加盐、鸡精调味，撒上葱花即可。

【烹饪技法】煸，煮。

【营养功效】益精补气，润肺利咽。

【健康贴士】鸡蛋宜与花蛤、干贝等同食，可以增强人体的免疫力。

蛤蜊萝卜汤

【主料】蛤蜊 300 克，白萝卜 200 克，咸肉 100 克。

【配料】姜、葱各 5 克，香油 8 克，盐 4 克，鸡精、胡椒粉各 2 克。

【制作】① 蛤蜊放盐水里浸泡，吐净泥沙，洗净，沥干水分；白萝卜去皮，洗净，切成丝；咸肉洗净，切成薄片；姜洗净，切丝；葱洗净，切成葱花。② 锅置火上，注入适量清水，大火烧沸后，放入蛤蜊、咸肉片，转小火煮至汤变成乳白色，加入白萝卜丝、姜丝，煮至蛤蜊开口，加盐、鸡精、胡椒粉调味，撒上葱花，淋上香油即可。

【烹饪技法】煮。

【营养功效】利水消肿，健脾养胃。

【健康贴士】白萝卜宜与猪肉同食，可以起到消食、除胀、通便的作用，但咸肉不宜多食。

莲藕海带蛤蜊汤

【主料】蛤蜊 300 克，海带、腌藕片各 150 克。

【配料】姜片 5 片，葱花 10 克，植物油 15 克，酱油 4 克，盐 3 克，胡椒 2 克。

【制作】① 蛤蜊放盐水里浸泡，吐净泥沙，洗净，沥干水分；海带泡软，洗净泥沙，切丝；腌藕片用清水浸泡好后，洗净。② 锅置火上，入油烧热，下姜丝爆锅，放入蛤蜊翻炒，炒至蛤蜊开口，加入海带一起翻炒，浇入酱油，注入适量清水，加盖焖煮，煮至沸腾时，加入腌藕片煮透，加盐、鸡精、胡椒粉调味，撒入葱花即可。

【烹饪技法】爆，煮。

【营养功效】清热化痰，降低血压。

【健康贴士】孕妇以及甲状腺功能亢进患者不宜饮用。

口蘑蛤蜊冬瓜汤

【主料】冬瓜 200 克，口蘑 6 朵，蛤蜊 150 克，枸杞 15 颗。

【配料】香油 10 克，盐 4 克。

【制作】① 蛤蜊放盐水里浸泡，吐净泥沙，洗净，沥干水分；冬瓜洗净，去瓤，切成厚片；口蘑洗净，去蒂，切片；枸杞洗净，润透。② 汤锅置火上，注入适量清水，大火烧沸后，入冬瓜片和口蘑片，煮约 10 分钟至冬瓜和口蘑全熟，然后就可以放入蛤蜊和枸杞，煮至蛤蜊开口，加盐调味，淋入香油即可。

【烹饪技法】煮。

【营养功效】清热解毒，利水消肿。

【健康贴士】口蘑也可与鹌鹑蛋同食，可以防治肝炎。

天麻芸豆蛤蜊汤

【主料】天 麻 10 克， 芸 豆 200 克， 蛤 蜊 400 克。

【配料】鸡汤 400 毫升，姜 5 克，盐 2 克。

【制作】① 芸豆洗净，切段；天麻洗净，润透，切片；蛤蜊放盐水里浸泡，吐净泥沙，洗净，沥干水分。② 汤锅置火上，注入鸡汤，兑入清水 200 毫升，放入芸豆、天麻片、姜片，大火煮沸，转小火炖煮 20 分钟后，加入蛤蜊，煮至蛤蜊开口，加盐调味即可。

【烹饪技法】煮。

【营养功效】补血养颜，祛风止痛。

【健康贴士】一般人皆宜饮用。

蛤蜊蒸蛋汤

【主料】鸡蛋 2 个，蛤蜊 10 个，草菇 2 个，银杏 4 枚。

【配料】高汤 400 毫升，香油 5 克，盐，鸡精各 3 克。

【制作】① 银杏、草菇分别洗净；蛤蜊泡水吐沙，以刀剖开壳，冲洗干净；鸡蛋打入蒸碗里，搅拌成蛋液，放入蒸锅里蒸熟，取出备用。② 锅置火上，注入高汤，下入草菇、银杏，大火煮沸后，放入蛤蜊，煮至蛤蜊熟透，用勺子将蒸蛋搲入汤锅里，加盐和鸡精调味，淋入香油即可。

【烹饪技法】蒸，煮。

【营养功效】滋阴润燥，化痰理气。

【健康贴士】蛤蜊还可与韭菜同食，补肾效果更佳。

简单营养主食篇

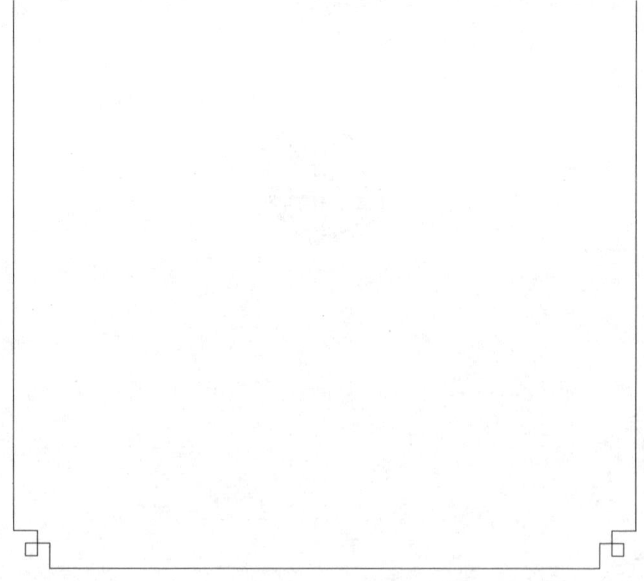

米饭

炒饭

五彩炒饭

【主料】米饭 200 克，鲜虾 100 克，胡萝卜 50 克，青豆、玉米粒各 25 克，鸡蛋 2 个。

【配料】腊肉 30 克，香菇 3 朵，植物油 30 克，盐 3 克，鸡精 1 克。

【制作】① 鲜虾洗净，去壳、头、虾线；胡萝卜、香菇、腊肉分别洗净，切丁；玉米粒、青豆淘洗干净。② 炒锅置火上，入油 10 克烧至六成热，放入虾仁迅速划散，翻炒片刻后盛出；原锅复入油 10 克烧热，依次下入腊肉、香菇、青豆、玉米粒和胡萝卜炒熟，盛出。③ 净锅后复入油 10 克烧至六成热，倒入米饭，炒至米粒散开时，打入鸡蛋，迅速炒散，使每粒米饭都裹上蛋液，将已炒好的辅料加入锅里炒匀，放盐、鸡精调味，关火，盛出即可。

【烹饪技法】炒，拌。

【营养功效】补中益气，健脾养胃。

【健康贴士】虾宜与鸡蛋同食，可以起到十分显著的滋阴补肾、清热解毒之功效。

【举一反三】鲜虾可依据个人口味换成猪肉、鸡肉等，味道同样鲜美。

泡菜炒饭

【主料】米饭 200 克，泡菜 50 克。

【配料】青菜 50 克，胡萝卜 50 克，烤肠 30 克，香油 8 克，植物油 10 克，盐 3 克，鸡精 2 克。

【制作】① 青菜择洗干净，切粒；泡菜洗净，切粒；胡萝卜去皮，洗净，切粒；烤肠切粒。② 锅置大火上入油烧热，放入泡菜炒香，加入青菜、烤肠、胡萝卜翻炒出香，倒入米饭炒散，炒至米饭颜色均匀，加盐、鸡精调味即可。

【烹饪技法】炒。

【营养功效】生津开胃，促进消化。

【健康贴士】泡菜可以促进人体对铁元素的吸收，适宜缺铁性贫血者食用。

【举一反三】将泡菜换成榨菜即可做成榨菜炒饭。

菠菜炒饭

【主料】米饭 200 克，菠菜 70 克。

【配料】植物油 15 克，虾油 5 克，盐 3 克，鸡精 2 克。

【制作】① 菠菜择洗干净，放入沸水焯烫一下，捞出，沥干水分，切碎，放入碗里备用。② 锅置大火上，入油烧至六成热，倒入米饭，煸炒一会儿，将菠菜倒入锅里炒匀后，倒入虾油，放盐、鸡精调味，炒匀即可。

【烹饪技法】焯，炒。

【营养功效】润肠通便，防治痔疮。

【健康贴士】脾虚、便溏者不宜多食菠菜。

【举一反三】将菠菜换成娃娃菜即可做出美味的娃娃菜炒饭。

番茄炒饭

【主料】米饭 200 克，番茄 150 克，鸡蛋 2 个。

【配料】青椒、火腿各 50 克，葱末、姜丝各 3 克，植物油 20 克，盐 3 克，鸡精、黑胡椒粉各 2 克。

【制作】① 把米饭盛在碗里，打入鸡蛋，搅拌均匀；番茄、青椒、火腿洗净，切成小粒。② 锅置火上，入油 10 克烧至六成热，倒入裹着蛋液的米饭，用中火翻炒至米饭干爽，盛出备用。③ 净锅后复入油 10 克烧热，下葱末、姜丝爆香，加入番茄、青椒、火腿粒炒透，再把炒好的米饭倒入锅内翻炒均匀，放盐、鸡精、胡椒粉调味即可。

【烹饪技法】炒。

【营养功效】健胃消食，凉血平肝。

【健康贴士】番茄富含保护心血管的维生素和矿物质元素，与鸡蛋同食能减少心脏病的发作。

【举一反三】将火腿换成猪肉，味道更加鲜美。

黄金炒饭

【主料】米饭 200 克，鸡蛋 2 个。

【配料】料酒 5 克，盐 3 克，鸡精 2 克。

【制作】① 鸡蛋打入碗里，加入盐、料酒搅拌均匀。② 把打散的蛋液倒入米饭里，戴上一次性手套将米饭抓散，让每一粒米饭都裹上蛋液。③ 锅置火上，入油烧至六成热，倒入裹好蛋液的米饭翻炒至米粒松散，熟透，放入鸡精调味，炒匀后把米饭盛入碗中，倒扣在盘中即可。

【烹饪技法】拌，炒。

【营养功效】补中益气，滋阴润燥。

【健康贴士】肝炎、腹泻、皮肤生疮化脓患者忌食。

什锦炒饭

【主料】米饭 200 克，虾仁 50 克，鸡蛋 1 个。

【配料】胡萝卜、鲜香菇、洋葱、黄瓜、豌豆各 30 克，植物油 10 克，盐 3 克。

【制作】① 虾仁去虾线，洗净，切丁；胡萝卜、鲜香菇、洋葱、黄瓜分别洗净，切丁；豌豆淘洗干净，放入沸水中焯烫，捞出，沥干水分；鸡蛋打入碗里，搅拌成蛋液。② 锅置火上，入油烧至六成热，倒入蛋液炒散，盛出；锅中留底油，下入胡萝卜丁和鲜香菇丁翻炒片刻，倒入豌豆、虾仁继续翻炒至虾仁变色，加入黄瓜、洋葱丁炒匀，放入米饭翻炒，炒至米饭松散，倒入炒好的鸡蛋，加盐调味即可。

【烹饪技法】焯，炒。

【营养功效】润肺利咽，清热解毒。

【健康贴士】鸡蛋宜与洋葱同食，洋葱中的有效活性成分能降低鸡蛋中的胆固醇对人体心血管的负面作用，适合高血压、高脂血等心血管病患者食用。

【举一反三】虾仁可依据个人喜好换成猪肉、鸡肉、干贝等。

三丁炒饭

【主料】米饭 200 克，火腿肠 100 克，泡菜 50 克，青椒 30 克。

【配料】老抽 5 克，植物油 10 克，盐 3 克，鸡精 2 克。

【制作】① 火腿肠切丁；泡菜洗净，挤干水分，切丁；青椒去蒂、子，洗净，切丁。② 锅置大火上，入油烧热，倒入泡菜翻炒，滴上老抽上色，将青椒丁和火腿丁放入锅里炒香后，倒入米饭炒散，放盐、鸡精调味即可。

【烹饪技法】炒。

【营养功效】养胃生津，益肾壮阳。

【健康贴士】火腿与青椒同食开胃消食。

【举一反三】三丁可换成猪肉丁、胡萝卜丁、鲜玉米粒，味道同样鲜美。

咖喱炒饭

【主料】米饭 200 克，火腿 100 克，咖喱粉 8 克。

【配料】青红椒 50 克，植物油 10 克，盐 3 克。

【制作】① 青红椒去蒂、子，洗净，切粒；火腿切片。② 锅置大火上，入油烧热，下火腿片翻炒约 3 分钟后盛出备用。③ 用余油炒米饭，炒至米饭散开，放入青红椒粒、火腿片翻炒，放入咖喱粉、盐炒至均匀入味，盛出装盘即可。

【烹饪技法】炒。

【营养功效】活血化瘀，生津开胃。

【健康贴士】胃炎、胃溃疡患者少食，患病

服药期间忌食。

【举一反三】将火腿换成鸡肉即可做出美味的鸡肉咖喱炒饭。

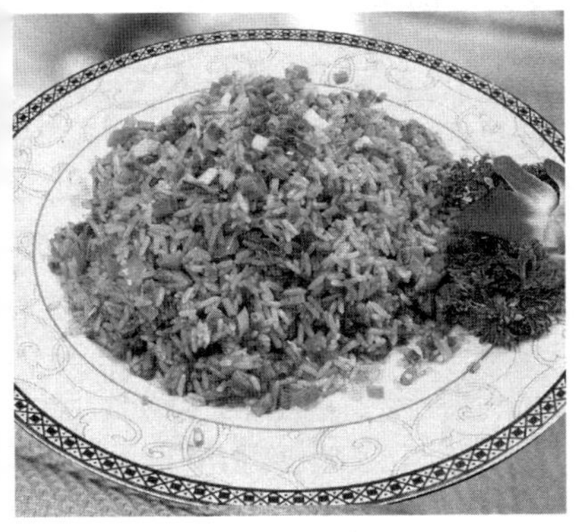

生抽炒饭

【主料】米饭 200 克，生抽 8 克。

【配料】葱末 30 克，猪油 10 克，老抽 3 克，白砂糖 3 克。

【制作】① 生抽、老抽倒入碗里，放入白砂糖搅拌均匀，做成酱汁。② 锅置大火上，倒入猪油，烧至六成热，倒入米饭炒散，倒入酱汁，快速翻炒均匀，撒上葱末，炒至葱末变色即可。

【烹饪技法】拌，炒。

【营养功效】补中益气，健脾养胃。

【健康贴士】高血压、心脏病患者忌食。

虾油炒饭

【主料】米饭 200 克，鲜虾 150 克。

【配料】鲜玉米粒 20 克，火腿 30 克，葱末 5 克，色拉油 20 克，盐 3 克。

【制作】① 火腿切成丁；将鲜虾首尾分开，身子去壳后放在碗里，虾头不丢弃，虾头用来熬虾油。② 锅置火上，入油 5 克烧至六成热，倒入火腿丁炒熟盛在碗里。③ 原锅不洗，倒入剩下的油烧热，放入虾头在油锅中熬，用锅铲压出虾头里的虾黄后，把虾头捞出扔掉，米饭倒入锅中，翻炒至米粒分开，再加入火腿丁、虾仁、鲜玉米粒一起翻炒，加入盐调味，撒上葱末炒匀即可。

【烹饪技法】熬，炒。

【营养功效】养血固精，益气滋阳。

【健康贴士】过敏性鼻炎、支气管炎、反复发作性过敏性皮炎患者忌食。

【举一反三】鲜玉米粒可依据个人口味换成青豆等。

双咸香炒饭

【主料】米饭 200 克，咸蛋黄 1 个，咸鱼仔 25 克。

【配料】豇豆 50 克，姜丝 5 克，植物油 10 克，老抽 3 克。

【制作】① 豇豆洗净，切成粒；咸蛋黄切碎；咸鱼仔洗净。② 锅置火上，入油烧热，下姜丝爆香，放入豇豆爆炒，再放入咸蛋黄粒和咸鱼仔翻炒出香味后，倒入米饭迅速翻炒至米粒分开，加入老抽炒至颜色均匀即可。

【烹饪技法】炒。

【营养功效】补中益气，开胃生津。

【健康贴士】咸鱼属干货，含盐量和防腐物质，不宜多食。

蒜味蛋炒饭

【主料】米饭 200 克，芹菜叶 50 克，蒜 10 克，鸡蛋 2 个。

【配料】料酒 3 克，植物油 10 克，盐 3 克，鸡精 2 克。

【制作】① 芹菜叶洗净，放入沸水中焯烫一下，捞出，沥干水分，切成末；蒜去皮，切末；鸡蛋打入碗中，倒入料酒，搅拌成蛋液。② 锅置火上，入油烧至六成热，放入蒜末，炒出香味后放入米饭快速翻炒均匀，倒入蛋液拌炒，撒上芹菜末炒匀，加盐、鸡精调味即可。

【烹饪技法】焯，炒。

【营养功效】降脂降压，凉血补血。

【健康贴士】芹菜也可与牛肉同食，可增强免疫力。

【举一反三】芹菜叶可依据个人口味换成别的蔬菜。

金包银炒饭

【主料】米饭200克，腊肠30克，黄瓜50克，虾仁30克，鸡蛋2个。

【配料】葱10克，植物油20克，盐4克。

【制作】①腊肠洗净，切粒；黄瓜洗净，切粒丁；虾仁去虾线，洗净，切粒；鸡蛋打入碗里，搅拌成蛋液；葱洗净，切末。②锅置火上，入油10克烧热，倒入腊肠、虾仁翻炒至虾仁变色，放入黄瓜丁爆炒片刻后起锅。③净锅后，锅置小火上，入油烧热，转动炒锅，让油铺满锅底，倒入1/2的蛋液，待蛋液还未凝固时，放入米饭，转成大火，快速翻炒，把米饭炒散至发干，再倒入剩下的蛋液，快速翻炒，加入炒好的腊肠、虾仁、黄瓜充分炒匀，撒上葱末，放盐调味即可。

【烹饪技法】炒。

【营养功效】补中益气，宁心安神。

【健康贴士】一般人皆宜食用。

橄榄菜炒饭

【主料】米饭200克，西蓝花梗、橄榄菜各50克，火腿30克。

【配料】蒜3克，植物油10克，鸡精2克。

【制作】①鸡蛋打入碗里，搅拌成蛋液；火腿切粒；西蓝花梗去皮，洗净，切粒；蒜去皮，剁成蒜蓉。②炒锅置大火上，入油烧热，下蒜蓉爆香，放入西蓝花梗、火腿粒、橄榄菜翻炒1分钟，待西蓝花梗炒软炒香后，倒入米饭一起翻炒均匀，将蛋液倒入米饭内快速拌匀，放盐、鸡精调味即可。

【烹饪技法】炒。

【营养功效】降血压，抗病毒。

【健康贴士】消化不良、大便干结者以及癌症患者、肥胖者、骨质疏松和维生素K缺乏者宜食。

【举一反三】西蓝花梗可根据个人喜好换成莴笋等蔬菜。

【巧手妙招】烹饪前，先将西蓝花放入盐水中浸泡，可以除虫和去除农药残留

鲜香菠萝饭

【主料】米饭200克，菠萝1个，鲜虾仁100克，鸡蛋1个。

【配料】熟腰果仁30克，青、红辣椒各20克，洋葱50克，蚝油8克，植物油20克，盐3克，鸡精2克。

【制作】①菠萝对半切开，取1/2个，用小刀把菠萝肉挖出，切丁，放入盐水中浸泡，保留菠萝壳做器皿；青、红椒去蒂、籽，洗净，切丁；虾仁放入沸水中焯熟，捞出，沥干水分。②锅置大火上，入油烧热，打入鸡蛋炒碎，盛出备用；锅底留油，烧至六成热，依次放入洋葱、青椒、红椒翻炒片刻后，倒入米饭炒匀，放入炒好的鸡蛋碎、菠萝丁、虾仁拌炒至虾仁变色，加盐、蚝油、鸡精调味，将炒好的饭盛入菠萝壳中，撒上熟腰果仁即可。

【烹饪技法】炒。

【营养功效】清热除烦，生津止渴。

【健康贴士】菠萝若与茅根同食，可辅助治疗肾炎。

土豆培根炒饭

【主料】米饭200克，土豆100克，培根50克，洋葱50克。

【配料】植物油15克，盐3克，胡椒粉2克，孜然粉3克。

【制作】①土豆去皮，洗净，切丁；洋葱洗净，切丁；培根切丁。②锅置火上，入油10克烧热，放入土豆煸炒至金黄色，盛出备用。③净锅后，复入油5克烧热，先下洋葱煸香，再下培根用小火煸干，将米饭捣松后和土豆丁一起下锅煸炒，放盐、胡椒粉、孜然粉调味，炒匀即可。

【烹饪技法】煸，炒。

【营养功效】和胃调中，健脾益气。

【健康贴士】土豆宜与培根同食，酸碱平衡，温中养胃。

青椒肉丝蛋炒饭

【主料】米饭200克，肉丝100克，青椒70克，鸡蛋2个。

【配料】姜丝5克，生抽8克，植物油20克，盐3克，鸡精、白砂糖2克。

【制作】① 青椒去蒂、子，洗净，切丝；鸡蛋打入碗中，搅拌成蛋液；肉丝洗净，入碗，加入姜丝、鸡精、生抽、白砂糖拌匀备用。② 锅置火上，入油10克烧热，放入青椒丝大火迅速翻炒变色后盛起；锅底留油，将肉丝放入，迅速大火翻炒至变色后，用碗盛起。③ 净锅后，入油10克烧热，倒入蛋液，用筷子迅速划散后立即倒入米饭拌炒，最后放入炒好的青椒丝、肉丝炒匀，放盐调味即可。

【烹饪技法】炒。

【营养功效】温中下气，散寒除湿。

【健康贴士】青椒与肉丝搭配能促进消化和营养的吸收。

【举一反三】青椒换成榨菜，即可做成美味的榨菜肉丝炒饭。

虾味青菜炒饭

【主料】米饭200克，北极虾100克，油菜50克。

【配料】蒜2克，植物油10克，盐4克，白砂糖、白胡椒粉各2克。

【制作】① 北极虾提前解冻，剥去虾头和虾壳，取出虾仁，虾壳和虾头洗净；青菜择洗干净，切末；蒜去皮，切末。② 锅置火上，入油烧热，下蒜末爆香，放入虾壳、虾头用中火翻炒，炒至红油爆出，将虾壳和蒜末捞出，往锅里倒入米饭，翻炒至米饭松散，颗粒分明，放入青菜末、北极虾仁翻炒至虾仁断生，加入白砂糖炒匀，直到青菜开始变软，放盐、白胡椒粉调味，盛出即可。

【烹饪技法】炒。

【营养功效】健脾养胃，润肠通便。

【健康贴士】北极虾与青菜搭配可以增强机体免疫力。

【举一反三】青菜可根据个人喜好选择。

咖喱卤蛋炒饭

【主料】米饭200克，咖喱8克，卤蛋3个。

【配料】蒜2克，植物油10克，盐4克，白砂糖、白胡椒粉各3克。

【制作】① 卤蛋装入碗里，用勺子背捣碎；米饭装入大碗里，戴上一次性手套，用手抓散；蒜去皮，切末。② 锅置火上，入油烧热，下蒜末炒香，倒入米饭，用中火慢慢将米饭炒散，待米饭炒出香味后，加入捣碎的卤蛋碎，翻炒均匀，加入咖喱粉，迅速翻炒使咖喱均匀地包裹着米饭，炒匀后，放盐、白砂糖、白胡椒粉调味即可。

【烹饪技法】炒。

【营养功效】活血通络，增强食欲。

【健康贴士】咖喱不能与蜂蜜同食，会引起身体不适。

泡菜牛肉炒饭

【主料】粳米饭200克，牛肉40克，泡菜40克。

【配料】白皮洋葱10克，蒜10克，植物油10克，韩式辣酱30克，盐3克，鸡精3克。

【制作】① 牛肉洗净，切丁；白皮洋葱洗净，切末；泡菜切小粒；蒜去皮，切末。② 锅置火上，入油烧至六成热，下蒜末炒香，放入牛肉丁、韩式辣酱快速翻炒至牛肉九成熟时盛出。③ 锅底留油，烧热，爆香洋葱丁后，放入泡菜丁、粳米饭大火翻炒，炒至粳米饭松散后加入牛肉粒炒匀，放盐、鸡精调味，拌匀即可。

【烹饪技法】炒。

【营养功效】补脾胃，强筋骨。

【健康贴士】泡菜与牛肉同食有助于肠胃滋养。

【举一反三】将泡菜换成菠菜，即可做成营养丰富的菠菜牛肉炒饭。

豆角肉糜炒饭

【主料】剩米饭200克，肉糜70克，豇豆50克。

【配料】胡萝卜20克，蒜蓉5克，植物油10克，生抽4克，盐、淀粉各3克。

【制作】① 胡萝卜洗净，切丁；肉糜装入碗里，放盐、淀粉、生抽搅拌均匀，腌制10分钟；豇豆洗净。② 锅置火上，注入适量清水，大火煮沸，放入豇豆焯熟，捞出，过凉，沥干水分，切丁。③ 净锅置火上，入油烧热，下入蒜蓉炒香，放入腌制好的肉糜炒至变色，加入胡萝卜丁翻炒1分钟后，放入豇豆翻炒均匀，倒入米饭炒散，焖煮2分钟即可。

【烹饪技法】焯，炒。

【营养功效】健脾和胃，补肾益气。

【健康贴士】糖尿病、肾虚患者不宜食用。

菠萝鸡肉炒饭

【主料】剩米饭200克，菠萝1个，鸡胸肉50克。

【配料】鲜玉米粒30克，胡萝卜20克，萝卜干5克，植物油10克，生抽8克，盐4克。

【制作】① 冲洗菠萝外表，在蒂下切个小口，取出菠萝肉，留壳备用，果肉切成菱形状；鲜玉米粒洗净，沥干水分；胡萝卜、萝卜干分别洗净切粒；鸡胸肉洗净，入沸水汆熟后，过凉，捞出，切丁。② 锅置火上，入油烧热，先放入萝卜干煸炒片刻，再下鲜玉米粒、胡萝卜粒、鸡丁爆炒2分钟，倒入剩米饭，炒至米饭散开，加盐、生抽调味，将炒好的米饭盛入掏空的菠萝壳内焖1分钟即可。

【烹饪技法】汆，炒。

【营养功效】生津开胃，益气养血。

【健康贴士】鸡肉宜与菠萝同食，滋补效果佳。

【举一反三】把鸡肉换成牛肉，做出菠萝牛肉炒饭，味道更加鲜美。

咸鱼鸡粒炒饭

【主料】剩米饭200克，鸡肉80克，咸鱼、生菜各40克，鸡蛋1个。

【配料】葱末20克，太白粉5克，植物油30克，盐3克，鸡精2克。

【制作】① 鸡肉洗净，切粒；咸鱼洗净，切粒；生菜择洗干净，切成小片；鸡蛋打入碗中，搅拌成蛋液。② 把鸡肉粒装入碗里，放入太白粉拌匀；炒锅置火上，入油10克用中火烧热，放入鸡肉粒炒散后盛出；原锅不洗，置火上复入油10克烧热，放入咸鱼粒，过油至表面略呈焦黄色，捞起。③ 净锅后，入油10克用中火烧热，倒入蛋液炒至五成熟时，倒入剩米饭快速翻炒至米粒散开，放入鸡肉粒和咸鱼粒炒匀，加盐、鸡精调味，撒上葱末，翻炒至米饭干松有味即可。

【烹饪技法】炒。

【营养功效】保肝护肾，益气养血。

【健康贴士】一般人皆宜食用。

菠萝鸭香炒饭

【主料】米饭200克，鸭肉80克，芦笋80克，红甜椒50克，菠萝1个。

【配料】葱末20克，鸭油16克，老抽10克，盐3克，鸡精2克，白胡椒粉3克。

【制作】① 菠萝横切成两半，取一半菠萝，将菠萝肉挖出，取少量菠萝肉切碎丁，菠萝壳不扔备用；芦笋，甜椒，鸭肉分别洗净，切成丁。② 炒锅置大火上，倒入8克鸭油烧热，下葱末爆香后，放入芦笋丁、红甜椒丁稍炒，倒入鸭肉丁炒熟，盛出。③ 净锅后，复入8克鸭油烧热，倒入米饭翻炒至米粒松散，淋上老抽上色，炒至米粒干爽后加入红甜椒丁、芦笋丁、鸭肉丁翻炒均匀，放盐、白胡椒粉、鸡精调味，将炒好的饭盛入菠萝壳中焖1分钟即可。

【烹饪技法】炒。

【营养功效】养肺滋阴，清肺解热。

【健康贴士】患有感冒、慢性肠炎、胆结石、肥胖、小儿痴呆者忌食。

豆豉鸡肉炒饭

【主料】剩米饭 200 克，鸡肉 50 克，豆豉 15 克。

【配料】胡萝卜 50 克，干香菇 30 克，葱末 10 克，姜丝 2 克，植物油 10 克，料酒 5 克，盐 3 克，鸡精 2 克。

【制作】① 干香菇用温水泡发，洗净，去蒂，切丝；胡萝卜洗净，切丁；鸡肉洗净，切丁，装入碗里，加盐、料酒、姜丝充分搅拌，腌制 10 分钟。② 锅置火上，入油烧至六成热，下葱末爆香后，倒入鸡丁翻炒至变色，再放入香菇丝、胡萝卜丁、豆豉一起在翻炒 2 分钟后，往锅里倒入剩米饭，大火不停地翻炒至米饭干松有味，加鸡精调味即可。

【烹饪技法】腌，炒。

【营养功效】健脾养胃，补中益气。

【健康贴士】气滞便秘者慎食。

【举一反三】鸡肉换成猪肉，同样美味诱人。

牛肉丝鸡蛋炒饭

【主料】米饭 200 克，牛肉 100 克，鸡蛋 3 个。

【配料】植物油 20 克，生抽 8 克，料酒 5 克，盐 3 克，鸡精 2 克。

【制作】① 牛肉洗净，切丝；将鸡蛋打入碗中，用筷子充分搅拌成蛋液。② 锅置火上，入油烧热，倒入蛋液，用锅铲不停地搅拌蛋液，直至蛋液凝固成鸡蛋块儿盛出；锅底留油，烧热，倒入牛肉丝滑炒，淋入生抽、料酒翻炒至牛肉七成熟，放入米饭，迅速把米饭炒散，加入鸡蛋块炒匀，放盐、鸡精调味即可。

【烹饪技法】炒。

【营养功效】补脾益气，滋阴养血。

【健康贴士】牛肉宜与鸡蛋同食可延缓衰老。

【举一反三】牛肉可根据个人喜好换成其他动物的肉。

羊肝炒饭

【主料】米饭 200 克，羊肝 100 克，黄瓜 100 克。

【配料】枸杞 20 枚，姜汁 8 克，葱汁、蒜蓉各 10 克，淀粉 5 克，猪油 10 克，料酒 5 克，盐 3 克，鸡精 2 克，胡椒粉 1 克。

【制作】① 羊肝洗净，切丁；黄瓜洗净，切丁；枸杞洗净，沥干水分；羊肝丁装入碗里，加入料酒、葱汁、姜汁、胡椒粉拌匀，再用淀粉拌匀上浆。② 锅置大火上，入油烧热，下蒜蓉爆香，倒入羊肝丁翻炒至熟，再下入黄瓜丁炒熟，撒入洗好的枸杞，倒入米饭，翻炒出香味，最后放盐、鸡精调味即可。

【烹饪技法】炒。

【营养功效】养肝明目，清热补血。

【健康贴士】高脂血症患者忌食，因为羊肝含胆固醇高。

【举一反三】羊肝可根据个人喜好换成猪肝、鸡肝等，也可做出鲜嫩可口的炒饭。

萝卜干炒饭

【主料】米饭 200 克，猪里脊肉 50 克，萝卜干 50 克。

【配料】葱 10 克，蒜 5 克，植物油 10 克，生抽、料酒各 5 克，盐 3 克，鸡精、胡椒粉各 2 克。

【制作】① 猪里脊肉洗净，切末；萝卜干洗净，切碎；蒜去皮，切末；葱洗净，切成葱末。② 锅置火上，入油 5 克烧热，下蒜末爆香，放入肉末翻炒，淋上料酒、生抽，炒至肉末断生时，加入萝卜干炒香，盛出备用。③ 净锅后，复入油 5 克烧热，先下葱末炒香，再倒入米饭炒散，把炒好的萝卜干肉末等配料放入锅内一起翻炒均匀，加盐、鸡精调味即可。

【烹饪技法】炒。

【营养功效】开胃生津，利于消化。

【健康贴士】萝卜干和猪里脊肉搭配，不但味道鲜美，还有祛风行气的功效。

香菇蛋炒饭

【主料】米饭 200 克，火腿肠 50 克，香菇 5 朵，鸡蛋 1 个。

【配料】豌豆50克，葱末5克，植物油10克，盐3克，鸡精2克。

【制作】① 火腿肠切丁；香菇用温水泡发，洗净，去蒂，切丁；豌豆淘洗干净，放入沸水中焯熟，捞出，沥干水分；鸡蛋打入碗中，搅拌成蛋液。② 锅置火上，入油烧至六成热，倒入蛋液炒熟盛出；锅底留油，烧热，放入香菇丁煸香后，倒入米饭和火腿肠粒一起翻炒至米饭散开，加入炒好的鸡蛋，撒上葱末炒匀，放盐、鸡精调味即可。

【烹饪技法】焯，炒。

【营养功效】化痰理气，和中益胃。

【健康贴士】高血压、高脂血、糖尿病、癌症、贫血病症者宜食。

【举一反三】适当加入少许鸡肉，味道更鲜美，营养更丰富。

腊肉蛋炒饭

【主料】米饭200克，腊肉15克，鸡蛋1个。

【配料】葱末5克，植物油10克，盐3克。

【制作】① 鸡蛋打入碗中，搅拌成蛋液；腊肉洗净，切成碎。② 锅置大火上，入油烧热，倒入蛋液炒散，盛出备用；再往炒鸡蛋的锅里放入腊肉碎煸香，然后倒入米饭迅速炒散，加入炒好的鸡蛋翻炒，撒上葱末，最后加盐调味即可。

【烹饪技法】炒。

【营养功效】养胃生津，益肾壮阳。

【健康贴士】腊肉也可与冬瓜同食，有健胃消食的功效。

【举一反三】可加入适量冬瓜，既可解腻又能促进消化。

红椒牛肉炒饭

【主料】米饭200克，牛肉60克，红辣椒25克，尖椒25克。

【配料】葱10克，植物油20克，生抽8克，盐、白砂糖、淀粉各3克。

【制作】① 红辣椒、尖椒分别去蒂、子，洗净，切成丝，放入碗里；葱洗净，切丝；牛肉洗净，切成丝，放入碗中，加生抽、白砂糖、淀粉抓匀后，腌制15分钟。② 锅置火上，入油烧热，放入牛肉丝炒至八成熟时盛出。③ 原锅不洗，将余油烧至五成热，爆香葱丝后，放入红辣椒丝、尖椒丝煸炒片刻，再倒入米饭、牛肉丝拌炒均匀，加盐调味即可。

【烹饪技法】腌，炒。

【营养功效】健脾养胃，温中下气。

【健康贴士】红辣椒与牛肉搭配，能促进消化和吸收。

火腿青菜炒饭

【主料】米饭200克，火腿100克，油菜20克，鸡蛋1个。

【配料】鲜玉米粒20克，青豆20克，植物油20克，盐3克，鸡精、胡椒粉各2克。

【制作】① 油菜择洗干净，切成段；火腿切成丁；鲜玉米粒、青豆均淘洗干净；鸡蛋打入碗中，搅拌成蛋液。② 将油菜段与鲜玉米粒、青豆一起放进沸水中焯透，捞出，沥干水分。③ 锅置火上，入油烧至六成热，倒入蛋液煸炒至定型，放入火腿丁、米饭一起炒散，再加入鲜玉米粒、青豆、油菜快速翻炒均匀，放盐、鸡精、胡椒粉调味，拌炒均匀即可。

【烹饪技法】焯，炒。

【营养功效】温中养胃，活血化瘀。

【健康贴士】高血压、高脂血、皮肤疮疖和乳痈、口角炎、口腔溃疡患者宜食。

培根玉米炒饭

【主料】米饭200克，培根50克，鲜玉米粒20克，鸡蛋1个。

【配料】葱末10克，植物油20克，盐3克，鸡精2克，黑胡椒粉2克。

【制作】① 培根切小片；鲜玉米粒淘洗干净；鸡蛋打到碗里，搅拌成蛋液。② 锅置火上烧热，放入培根片小火煎熟（培根含油量高，炒锅不需要入油），煎熟后盛出备用。③ 原锅不洗，置大火上，入油烧至六成热，将蛋液倒入锅中，小心翻炒几秒钟，至鸡蛋半凝固时将米饭、鲜玉米粒、葱末和培根放进去迅速翻炒，炒至米饭干爽，粒粒分明后，放盐、鸡精、黑胡椒粉调味，盛出装盘即可。

【烹饪技法】煎，炒。

【营养功效】凉血平肝，滋阴补肾。

【健康贴士】玉米也可与刺梨搭配煮水饮用，有健胃消食及清暑的作用。

【举一反三】培根可用五花肉代替，有滋阴润燥功效。

香葱豆干炒饭

【主料】米饭 200 克，猪肉末 50 克，五香豆腐干 50 克。

【配料】葱 15 克，植物油 20 克，生抽 6 克，盐 3 克，鸡精 2 克，白胡椒粉 2 克。

【制作】① 五香豆腐干洗净，切成小方块；葱洗净，切成葱末；猪肉末洗净，沥干水分。② 锅置火上，入油，转动锅柄将油淌满整个锅底，烧热，加入猪肉末，小火煸炒至猪肉末变色后，转中火，放入五香豆腐干翻炒 1 分钟，淋上生抽，炒至生抽收干后，倒入米饭翻炒至米饭和五香豆腐干完全混合，保持中火将米饭炒干，撒上葱末，放盐、鸡精、白胡椒粉调味，炒匀即可。

【烹饪技法】炒。

【营养功效】补脑益智，降脂降压。

【健康贴士】豆腐干与葱搭配，味道鲜美，有增强免疫力的功效。

茄汁豌豆炒饭

【主料】米饭 200 克，豌豆 100 克，猪瘦肉 100 克。

【配料】葱 10 克，姜丝 5 克，熟猪油 15 克，番茄酱 15 克，料酒 5 克，盐 3 克，鸡精 2 克。

【制作】① 猪瘦肉洗净；葱洗净，切段；姜洗净，切丝；番茄酱装入碗里，加入适量凉开水调成汁备用。② 锅置火上，注入适量清水，大火煮沸后放入猪肉、葱段、姜丝、料酒，盖上锅盖将猪瘦肉煮熟后，捞出，凉凉，切成丁。③ 锅置火上，倒入 10 克熟猪油烧热，放入青豆炒熟盛出备用；原锅不洗，再倒入猪油 5 克烧至六成热，放入米饭、肉丁翻炒，再加入青豆、番茄汁炒匀，放盐、鸡精调味，盛出装盘即可。

【烹饪技法】煮，炒。

【营养功效】和中益气，活血化瘀。

【健康贴士】脾胃虚寒、体弱、便溏者慎食。

【举一反三】番茄酱可用新鲜番茄自制，既美味又无添加剂。

水果炒饭

【主料】米饭 200 克，苹果 50 克，菠萝 30 克，猕猴桃 30 克，洋葱 20 克。

【配料】植物油 10 克，盐 3 克，鸡精 2 克，胡椒粉 1 克。

【制作】① 苹果洗净，连皮切丁，并用盐水过一下再捞出，沥干水分；猕猴桃去皮、切丁；菠萝洗净切丁；洋葱洗净，切丁。② 锅置火上，入油烧至六成热，先炒香洋葱丁，再放入米饭迅速翻炒，接着放入水果丁，加盐、鸡精、胡椒粉调味，炒匀即可。

【烹饪技法】炒。

【营养功效】生津开胃，健胃消食。

【健康贴士】多种水果同食可补充多种维生素和矿物质，有利于身体健康。

【举一反三】水果可根据个人喜好换成其他水果，但所选水果的软硬度要相当，利于火候和烹饪时长的控制。

翡翠炒饭

【主料】米饭 200 克，油菜 80 克，火腿 30 克。

【配料】植物油 15 克，蒜 5 克，盐 3 克，鸡精 2 克。

【制作】① 火腿切成丁；油菜择洗干净，切块，用盐搅拌，腌 10 分钟，挤干水分，剁成小粒状；蒜去皮，切成末；鸡蛋打入碗里，搅拌成蛋液。② 锅置大火上，入油 5 克烧至六成热，倒入蛋液，将鸡蛋摊成蛋皮，盛出冷却后切成丁；原锅不洗，锅置火上，入油烧5克至六成热，放入油菜粒，用大火略炒几下，盛入盘内。③ 净锅后置中火上，复入油5克烧至六成热，放入蒜末和米饭不断翻炒，倒入油菜粒、火腿丁、蛋皮丁炒匀后，加入盐、鸡精调味，拌炒至米饭干松即可。

【烹饪技法】腌，炒。

【营养功效】温中养胃，润肠通便。

【健康贴士】油菜宜与鸡肉同食，可以起到强化肝脏、美容养肤的功效。

【举一反三】油菜可换成菠菜、芥菜等青菜。

海参炒饭

【主料】米饭200克，海参100克，鸡蛋1个。

【配料】胡萝卜30克，红椒、火腿各20克，葱丝5克，姜丝4克，植物油10克，老抽5克，盐3克，鸡精2克。

【制作】① 胡萝卜洗净，切丝；海参洗净，切成粒；火腿切成丁；红椒去蒂、子，洗净，切碎；鸡蛋打入碗里，加盐搅拌成蛋液。② 锅置火上，入油5克烧热，倒入蛋液，边炒边用筷子拨散，炒至八成熟时盛出备用。③ 原锅不洗，再入油5克烧至七成热，下葱丝、姜丝爆锅后，放入胡萝卜丝煸炒透，加入老抽着色，倒入海参粒、火腿丁、米饭、红椒碎、鸡蛋翻炒均匀，最后放盐、鸡精调味，炒匀即可。

【烹饪技法】炒。

【营养功效】补气益胃，滋阴补肾。

【健康贴士】脾虚、痰多者忌食海参，因为消化不良会加重肠胃肝脏负担。

海鲜炒饭

【主料】米饭200克，蛤蜊80克，章鱼50克，鸡蛋1个。

【配料】青椒30克，红尖椒5克，葱5克，植物油10克，盐3克，鸡精2克，白胡椒粉2克。

【制作】① 章鱼洗净，分八段切开，焯水，捞出，沥干水分；蛤蜊洗净入锅蒸熟取肉；葱、青椒、红辣椒分别洗净，切末；鸡蛋打入碗里搅拌成蛋液。② 锅置火上，入油5克烧至六成热，将蛋液倒进锅里炒熟，盛出备用。③ 原锅不用清洗，入油5克烧热，下葱末、青椒末、红辣椒末炒香，放入章鱼段、蛤蜊肉翻炒，再将米饭下锅均匀受热，放入炒好的鸡蛋，最后加盐、白胡椒粉、鸡精调味即可。

【烹饪技法】焯，炒。

【营养功效】滋阴润燥，补充钙质。

【健康贴士】体质阳虚、脾胃虚寒、经期、产妇忌食。

【举一反三】海鲜可根据个人喜欢换成其他的海鲜。

香芹炒饭

【主料】米饭200克，芹菜80克，胡萝卜50克，洋葱50克。

【配料】熟花生碎20克，姜末5克，植物油10克，盐3克，鸡精2克。

【制作】① 芹菜择洗干净，切段；胡萝卜洗净，切丁；洋葱洗净，切块。② 锅置大火上，入油烧热，炒香姜末，加入胡萝卜丁、洋葱块翻炒2分钟，再放入芹菜炒至芹菜九成熟，倒入米饭和熟花生碎翻炒均匀，最后放盐、鸡精调味即可。

【烹饪技法】炒。

【营养功效】利水消肿，凉血止血。

【健康贴士】芹菜与花生同食，能够很好地降血压、降血脂、延缓衰老，是十分合理健康的食物搭配，食疗效果颇佳。

【举一反三】香芹可用西芹代替，两者味道一样，品种不一样。

印尼炒饭

【主料】米饭200克，牛里脊肉60克，鲜蘑菇10克。

【配料】咖喱粉10克，葡萄干5克，植物油10克，盐6克，胡椒粉2克。

【制作】① 牛里脊肉洗净，剁成末；鲜蘑菇洗净，切片；葡萄干洗净。② 锅置大火上，入油烧热，下入肉末、鲜蘑菇片炒熟后，放入米饭翻炒，米饭炒热后加入咖喱粉葡萄干再次翻炒匀，放盐、胡椒粉调味即可。

【烹饪技法】炒。

【营养功效】聪耳明目，清热除烦。

【健康贴士】牛肉宜与香菇搭配食用，可以很好地促进人体的消化和吸收。

西式炒饭

【主料】米饭200克，胡萝卜、青豆、火腿、叉烧各30克，粟米25克。

【配料】植物油10克，番茄汁25克，白砂糖5克，盐3克，鸡精2克。

【制作】① 火腿切粒；叉烧切粒；胡萝卜洗净，切粒，焯水，用漏勺捞出，沥干水分；青豆淘洗干净；粟米淘洗干净，沥干水分。② 锅置大火上，入油烧热，放入胡萝卜粒、青豆、粟米、火腿粒、叉烧粒爆炒，炒至断生，再倒入米饭一起炒匀，加入番茄汁、白砂糖、鸡精、盐调味即可。

【烹饪技法】炒。

【营养功效】健脾益气，补血养胃。

【健康贴士】心脏病、中风、高血压、夜盲症、干眼症、营养不良者宜食。

干贝蛋白炒饭

【主料】米饭200克，干贝50克，蛋白50克。

【配料】芥蓝梗、胡萝卜各20克，葱末5克，植物油15克，盐4克，鸡精2克。

【制作】① 干贝提前浸泡30分钟，捞出，沥干水分；芥蓝梗、胡萝卜分别去皮，洗净，切丝。② 锅置火上，入油10克烧热，放入干贝爆炒片刻，盛出；用炒干贝的余油将蛋白炒热，盛出，关火。③ 原锅不用清洗，置火上，入油5克烧热，下入芥蓝梗丝、胡萝卜丝爆炒出香后，放入米饭迅速翻炒至米饭散开，再加入蛋白、干贝炒匀，撒上葱末，最后放盐、鸡精调味，拌匀即可。

【烹饪技法】爆，炒。

【营养功效】滋阴补肾，调中下气。

【健康贴士】干贝宜与鸡蛋同食，对于增强人体免疫力有一定的作用。

素鸡毛豆炒饭

【主料】米饭200克，素鸡100克，毛豆100克，香菇3朵。

【配料】干辣椒2克，植物油15克，老抽4克，盐3克，白砂糖2克，鸡精2克。

【制作】① 香菇放在温水中浸泡30分钟，洗净，捞出，沥干水分，切片；毛豆去壳，洗净；素鸡切片后用厨房用纸吸干水分，装入碗里。② 锅置火上，入油10克烧热，放入素鸡片小火慢煎至两面金黄色，盛出备用。③ 在煎素鸡的锅里入油5克，大火烧热，下干辣椒煸香，放入毛豆翻炒至变色，再加入香菇片翻炒3分钟后放入素鸡，同时放盐、老抽、白砂糖调味，注入清水少许，加盖煮沸，转小火焖15分钟，待汤汁快干时，倒入米饭用力翻炒均匀即可。

【烹饪技法】煸，炒。

【营养功效】润肺生津，降低胆固醇。

【健康贴士】素鸡宜与毛豆搭配，防止血管硬化、预防心血管疾病、保护心脏、促进骨骼发育功效更佳。

【举一反三】毛豆换成豌豆即可做成美味的素鸡豌豆炒饭。

银鱼蛋炒饭

【主料】米饭200克，银鱼50克，豌豆粒30克，鸡蛋1个。

【配料】葱末5克，姜片3克，植物油10克，生抽、料酒各5克，盐3克，胡椒粉2克。

【制作】① 豌豆粒淘洗干净，放入沸水中焯熟，捞出，沥干水分；银鱼洗净，放入沸水中，加入姜片、料酒焯熟，捞出，沥干水分；鸡蛋打入碗中，搅拌成蛋液。② 锅置火上，入油烧至六成热，倒入蛋液，炒至凝固时放入葱末，再放入豌豆粒、银鱼、米饭迅速翻炒至米粒分开，最后加入生抽、盐、胡椒粉调味，炒匀即可。

【烹饪技法】焯，炒。

【营养功效】健胃补虚，利水消肿。

【健康贴士】银鱼也可与蕨菜搭配食用，会起到减肥、补虚、健胃的作用。

肉末雪菜炒饭

【主料】米饭 200 克，猪肉馅 50 克，雪里蕻 100 克，黄豆 30 克。

【配料】葱丝 5 克，姜末 3 克，植物油 20 克，生抽、绍酒各 5 克，盐 3 克，鸡精 2 克。

【制作】① 雪里蕻洗净，切小段；黄豆用冷水浸泡至涨发回软；将雪里蕻、黄豆分别放入沸水中焯烫至熟，捞出，沥干水分。② 锅置火上，入油烧热，下葱丝、姜末爆香，放入猪肉馅煸炒至变色，烹绍酒，淋入生抽使猪肉馅入味，再倒入雪里蕻、黄豆、米饭翻炒均匀，最后放盐、鸡精调味即可。

【烹饪技法】焯，炒。

【营养功效】温中益气，解毒消肿。

【健康贴士】雪里蕻也能与猪肝搭配，有助于钙的吸收。

【举一反三】雪里蕻可换成榨菜、萝卜干等咸菜。

泡椒鸡丁炒饭

【主料】米饭 200 克，鸡腿肉 100 克，青椒、泡椒各 20 克，黄豆 30 克，鸡蛋 1 个。

【配料】植物油 20 克，葱末、生抽、料酒各 5 克，盐 4 克，鸡精 2 克，白砂糖 3 克，水淀粉 10 克。

【制作】① 青椒、泡椒分别洗净，切片；黄豆淘洗干净，沥干水分；鸡蛋去蛋黄，留蛋清，装入碗里；鸡腿肉洗净，切丁，装入碗里，放盐、鸡精、料酒、蛋清、水淀粉拌匀，腌制备用。② 锅置火上，入油烧至五成热，放入鸡肉丁滑炒至熟，盛出；原锅留底油烧热，放入葱末爆香，下泡椒片、鸡腿肉丁、生抽、白砂糖翻炒片刻，倒入米饭、青椒片，翻炒至米饭色泽光亮即可。

【烹饪技法】腌，炒。

【营养功效】益精补髓，聪耳明目。

【健康贴士】鸡肉与泡椒搭配，能开胃，增加营养。

叉烧生抽炒饭

【主料】米饭 200 克，叉烧肉 50 克，鸡蛋 1 个。

【配料】葱 10 克，植物油 15 克，老抽 8 克，绍酒 5 克，鸡精、胡椒粉各 2 克。

【制作】① 叉烧肉切小菱形片；葱洗净，切成葱末；鸡蛋打入碗中，搅成蛋液。② 锅置火上，入油烧热，用葱末、绍酒炝锅，放入叉烧肉翻炒片刻，放入老抽、鸡精、胡椒粉调味，再倒入白米饭，翻炒至均匀入味，直到白米饭变色，淋入蛋液，翻炒均匀即可。

【烹饪技法】炒。

【营养功效】补中益气，健胃补肾。

【健康贴士】肥胖患者、高血脂者、肾功能不全者忌食。

香椿蛋炒饭

【主料】米饭 200 克，香椿 50 克，鸡蛋 2 个。

【配料】蒜苗 10 克，植物油 15 克，盐 3 克。

【制作】① 香椿洗净，放入沸水焯烫，捞出，沥干水分，切末；蒜苗洗净，切末。② 用大碗盛出米饭，将 1 个鸡蛋打入米饭里搅拌均匀备用。③ 炒锅置大火上，入油炒至五成热，放入蒜苗碎炒香，打入 1 个鸡蛋，翻炒至蛋液凝固散开，把炒好的鸡蛋拨到炒锅的一边，将混合蛋液的米饭倒入锅里翻炒至蛋液凝固、米粒散开，再加入香椿碎迅速翻炒，放盐调味即可。

【烹饪技法】炒。

【营养功效】健胃理气，清热解毒。

【健康贴士】香椿也可与竹笋同食，有更好的清热解毒作用。

黑胡椒洋葱蛋炒饭

【主料】米饭 200 克，洋葱 80 克，火腿 20 克，鸡蛋 1 个。

【配料】葱末10克，植物油15克，盐4克，鸡精2克，黑胡椒粉4克，白砂糖3克。

【制作】① 洋葱洗净，切小块；火腿切粒；鸡蛋打入碗中，搅拌成蛋液。② 锅置火上，入油烧至六成热，倒入蛋液翻炒至成型后，放入洋葱块、火腿粒稍炒，倒入米饭用力翻炒均匀，放盐、白砂糖、鸡精、黑胡椒粉调味，最后撒入葱末拌炒均匀即可。

【烹饪技法】炒。

【营养功效】驱寒发汗，降脂降压。

【健康贴士】洋葱与火腿搭配，可防止有害物质的生成。

肉末炒饭

【主料】米饭200克，胡萝卜100克，肥瘦猪肉100克。

【配料】植物油15克，葱10克，料酒5克，鸡精2克，盐4克。

【制作】① 胡萝卜洗净，切成小丁；葱洗净，切末；猪肉洗净，剁碎成肉末。② 锅置大火上，入油烧热，放入胡萝卜丁，煸炒至软，盛出备用。③ 原锅留底油，置大火上烧热，下葱末炒出香味后，放入肉末，迅速炒散，烹料酒，炒至断生，倒入米饭和炒熟的胡萝卜丁炒匀，加少许清水，盖上锅盖，用小火焖约5分钟，加盐、鸡精调味即可。

【烹饪技法】煸，炒。

【营养功效】滋阴润燥，补虚养血。

【健康贴士】猪肉宜与胡萝卜同食，能降低胆固醇。

【举一反三】胡萝卜换成豇豆，即可做成美味的肉末豆角炒饭。

牛肉炒饭

【主料】米饭200克，牛肉100克，青椒50克。

【配料】葱10克，植物油15克，料酒、老抽各5克，水淀粉3克，盐4克，胡椒粉3克。

【制作】① 牛肉洗净，切丝，装入碗里，加入料酒、老抽、水淀粉拌匀，腌制10分钟；青椒去蒂、子，洗净，切丝；葱洗净，切小段。② 锅置火上，入油10克烧热，将腌制过的牛肉过油后盛出。③ 原锅不洗，复入油5克烧至六成热，先下青椒和葱段爆炒，然后放入米饭炒散，加入牛肉翻炒均匀，最后加盐、胡椒粉调味，拌炒均匀即可。

【烹饪技法】腌，炒。

【营养功效】补脾胃，益血气。

【健康贴士】皮肤病、肝病、肾病患者慎食。

【举一反三】牛肉可根据个人喜好换成鸡肉、猪肉等。

茶香炒饭

【主料】大米200克，茶叶10克，虾仁50克，鸡蛋1个。

【配料】熟玉米粒50克，熟豌豆50克，植物油15克，绍酒5克，盐4克。

【制作】① 大米淘洗干净，装入蒸碗里；茶叶用开水泡10分钟，过滤掉茶叶后将茶水倒入大米中，将大米放入蒸锅里蒸熟。② 鸡蛋打入碗里搗成蛋液，锅置火上，入油5克烧热，倒入蛋液翻炒至熟，装盘备用。③ 原锅不洗置大火上，入油10克烧热，倒入熟玉米粒、熟豌豆、虾仁翻炒，烹绍酒，倒入蒸熟的米饭和炒好的鸡蛋炒匀，加盐调味，炒2分钟后盛出装盘，在装好盘的饭上撒少许泡开的茶叶即可。

【烹饪技法】蒸，炒。

【营养功效】温中养胃，清心明目。

【健康贴士】适宜高脂血、高血压、冠心病、动脉硬化、心动过缓、糖尿病患者食用。

烩饭

三鲜烩饭

【主料】米饭200克，蛤蜊、乌贼、虾仁各50克，胡萝卜20克，生菜30克，鲜香菇2朵。

【配料】高汤100毫升，水淀粉10克，植物油 8 克，麻油、蚝油各 5 克，盐 4 克，胡椒粉 2 克。

【制作】① 乌贼、胡萝卜、鲜香菇分别洗净，切片；虾仁洗净；将乌贼片、胡萝卜片、鲜香菇片、虾仁分别用沸水汆烫后，用漏勺捞出，沥干水分。② 米饭装入盘里备用；蛤蜊泡水吐沙约 2 小时后，洗净，捞出，沥干水分。③ 锅置火上，入油烧热，将乌贼片、胡萝卜片、鲜香菇片、虾仁、蛤蜊及生菜全部下锅翻炒片刻，注入高汤，煮至沸腾时，把水淀粉慢慢倒入锅中，边倒边搅拌，调成薄芡，加入蚝油、麻油、盐、胡椒粉调味，关火，将炒好的三鲜淋在白饭上面即可。

【烹饪技法】汆，炒。

【营养功效】滋阴润燥，润肺化痰。

【健康贴士】蛤蜊宜与虾仁、胡萝卜搭配，可促进钙的吸收。

【举一反三】三鲜可根据个人喜好自由搭配。

咖喱鸡烩饭

【主料】米饭 200 克，鸡胸肉 100 克，土豆 70 克，青椒、洋葱、胡萝卜、西蓝花各 30 克，鲜香菇 4 朵，咖喱粉 8 克。

【配料】葱末 10 克，植物油 20 克，沙拉酱 6 克，番茄酱 6 克，老抽 5 克，盐 4 克。

【制作】① 鸡胸肉洗净，切片；土豆去皮，洗净，切小块；青红椒去子，洗净，切丁；洋葱洗净，切丝；鲜香菇洗净，切块；西蓝花洗净，摘成小朵，放入沸水中焯烫，捞出，沥干水分。② 锅置大火上，入油 10 克烧热，先下鸡胸肉和葱末炒至鸡胸肉变白，加入老抽翻炒着色均匀，盛出备用。③ 锅置火上，入油 10 克烧热，放入土豆、洋葱、青红椒、胡萝卜、鲜香菇大火翻炒，加入咖喱粉，把炒好的鸡胸肉放进去，注入少许清水，继续翻炒，大火收汁，放盐调味。④ 将炒好的菜装盘，扣上米饭，用西蓝花、沙拉酱、番茄酱点缀即可。

【烹饪技法】烩。

【营养功效】开胃健脾，消肿催乳。

【健康贴士】鸡肉宜与大米、粳米同食，可改善妊娠水肿和产后缺乳。

辣鸡肉烩饭

【主料】大米 200 克，鸡腿肉 100 克。

【配料】葱末 5 克，姜丝 3 克，植物油 15 克，豆瓣酱 7 克，香油、老抽、料酒、淀粉各 5 克，白砂糖、醋、盐各 4 克。

【制作】① 鸡腿肉洗净，切丁，装入碗里，加入老抽、料酒、淀粉搅拌均匀，腌制 15 分钟备用。② 锅置火上，入油烧热，放入腌制好的鸡丁翻炒至熟，盛出备用。③ 另起锅，放入豆瓣酱、葱末和姜丝炒香后，倒入炒好的鸡丁，沿锅边注入少许清水，翻炒均匀，淋上醋和香油，倒入米饭炒散，最后加盐、白砂糖调味，大火炒匀即可。

【烹饪技法】腌，烩。

【营养功效】温中补脾，益气养血。

【健康贴士】产后体虚、乳汁不足、虚劳羸瘦、糖尿病、慢性消耗性疾病、老年人虚损者宜食。

素鲜菇烩饭

【主料】大米 200 克，鲜冬菇 2 朵，杏鲍菇 10 朵，金针菇 20 克，豌豆 10 克。

【配料】高汤 80 毫升，植物油 15 克，香油、蚝油各 5 克，白砂糖、盐各 4 克，鸡精、胡椒粉各 2 克。

【制作】① 鲜冬菇、杏鲍菇、金针菇分别洗净；豌豆淘洗干净，沥干水分备用。② 炒锅中注入高汤，兑入 50 毫升清水，加入白砂糖、蚝油，大火煮沸，将鲜冬菇、杏鲍菇、金针菇、豌豆放入炒锅内，转小火煮熟，放盐、鸡精、胡椒粉调味。③ 将米饭倒入炒锅与菜一起烩炒，再淋上香油翻炒均匀，盛出装盘即可。

【烹饪技法】烩。

【营养功效】补肝益胃，温中下气。

【健康贴士】多种菌类同食，营养更丰富。

鸡蛋蟹柳烩饭

【主料】大米200克，蟹棒50克，鲜香菇4朵，鲜芦笋20克。

【配料】黑芝麻10克，高汤400毫升，植物油15克，盐4克，鸡精、胡椒粉各2克。

【制作】① 蟹棒解冻，切段，放入沸水汆烫片刻，捞出，沥干水分；鸡蛋打入碗中，搅成蛋液；鲜芦笋洗净，切段；鲜香菇去蒂，洗净，切丁，放入沸水焯烫，捞出，沥干水分；米饭盛入盘中。② 锅置火上，注入高汤，倒入鲜芦笋、香菇丁，烧至沸腾后，放入蟹棒，再淋入蛋液，煮成蛋花，加盐、鸡精、胡椒粉调味，最后淋上香油，将炒好的菜倒在盛放米饭的盘子中，在米饭上撒上黑芝麻即可。

【烹饪技法】汆，焯，烩。

【营养功效】舒筋益气，温中养胃。

【健康贴士】慢性胃炎、胃及十二直肠溃疡、脾胃虚寒患者忌食。

咸鱼鸡粒烩饭

【主料】大米200克，鸡腿肉80克，咸鱼50克，生菜20克。

【配料】葱末10克，姜丝3克，植物油10克，香油5克，老抽8克，料酒5克，白砂糖、盐各4克，太白粉、鸡精、胡椒粉各2克。

【制作】① 大米淘洗干净，浸泡1小时后，捞出，沥干水分，放入煲仔中，注入适量清水后，加盖以大火煮熟至水干；生菜择洗干净，切成小片后用沸水焯熟备用。② 咸鱼洗净，沥干水分后，切成小碎粒，锅置火上，入油烧热，将咸鱼粒放入油锅中炸至焦黄。③ 鸡腿洗净，切小块，放入碗中，加入姜丝、老抽、料酒、太白粉、鸡精、盐、白砂糖、胡椒粉、香油及炒好的咸鱼拌匀后腌制10分钟。④ 在煮好的米饭上均匀地铺上已经腌制好的材料，沿着煲仔边淋上植物油，加盖小火煮3分钟，开盖加入烫好的青菜，撒上葱末即可。

【烹饪技法】煮，焯，炸，腌，烩。

【营养功效】疏肝理气，活血化瘀。

【健康贴士】咸鱼含有较多盐分，高血脂、高血压患者慎食。

腊肉糯米烩饭

【主料】糯米200克，腊肉100克，冬笋50克，榨菜50克。

【配料】葱末10克，植物油15克，鸡精2克。

【制作】① 糯米淘洗干净，用清水浸泡2小时；腊肉、冬笋洗净，切片；榨菜洗净，切丁。② 将泡好的糯米、腊肉片、冬笋片、榨菜丁一起放入电饭煲中，加入植物油和适量清水拌匀，按煮饭挡煮熟，出锅时撒葱末即可。

【烹饪技法】烩。

【营养功效】温补脾胃，补虚长智。

【健康贴士】适宜脾胃气虚、腹泻者食用。

【举一反三】脾胃气虚者不宜食用糯米，烹饪时可将糯米换成大米。

番茄牛肉烩饭

【主料】米饭200克，牛肉100克，番茄100克，鸡蛋1个。

【配料】葱末10克，植物油15克，水淀粉4克，料酒3克，盐4克，鸡精2克。

【制作】① 牛肉洗净，切成片，装入碗里，加料酒、盐2克拌匀，腌制10分钟；番茄洗净，切块；鸡蛋打入碗内，搅拌成蛋液；米饭装盘备用。② 锅置火上，入油5克烧热，倒入腌制好的牛肉翻炒至八成熟，盛出备用。③ 净锅后，复入油10克烧热，下入葱末爆香后，放入番茄块翻炒，注入适量清水，大火煮沸，再放入牛肉煮至汤浓，淋入水淀粉勾芡，倒入蛋液拌匀，放盐、鸡精调味，将炒好的菜浇在米饭上即可。

【烹饪技法】腌，爆，烩。

【营养功效】健胃消食，补脾益气。

【健康贴士】牛肉还可与白萝卜同食，有补五脏，益血气之效。

番茄烩饭

【主料】米饭 200 克，番茄 100 克，鲜玉米粒、青豆、北极甜虾各 20 克，鸡蛋 1 个。

【配料】葱末 10 克，植物油 15 克，水淀粉 4 克，盐 4 克，鸡精 2 克。

【制作】① 番茄去皮，切成小丁；鲜玉米粒、青豆淘洗干净，沥干水分；北极甜虾洗净；鸡蛋打入碗中，搅拌成蛋液，平底锅入油烧热，将蛋液倒入油锅里炒成碎块盛出备用。② 平底锅不洗，加热锅内的余油，将番茄丁倒入翻炒几下，放入鲜玉米粒、青豆炒匀，再倒入米饭炒散，加盖用中火焖煮 3 分钟后，将鸡蛋块、北极甜虾倒入锅中，一同翻炒，收干水分，最后加盐、鸡精调味即可。

【烹饪技法】炒，烩。

【营养功效】生津止渴，清热解毒。

【健康贴士】番茄也可与山楂同食，能降低血压。

滑蛋烩饭

【主料】米饭 200 克，鸡胸肉 100 克，胡萝卜、四季豆各 50 克，圆白菜 40 克，鸡蛋 1 个。

【配料】高汤 100 毫升，植物油 15 克，老抽 5 克，水淀粉、红薯粉、盐各 4 克，鸡精 2 克，蘑菇精 3 克。

【制作】① 四季豆，红萝卜，包菜，鸡胸肉皆洗净，切丝；鸡蛋分出蛋清蛋黄；鸡胸肉丝放入碗中，加盐、老抽、红薯粉和蛋清抓匀，腌制 2 分钟。② 锅置火上，入油烧热，下入腌制好的鸡胸肉丝炒至五成熟，盛出备用；锅内余油烧至六成热，放入四季豆和红萝卜煸炒片刻后，注入高汤，加入蘑菇精、鸡精煮至沸腾，再放入圆白菜丝，最后放入五成熟的鸡胸肉，倒入水淀粉勾芡。③ 米饭放在盘子的一边，再把烩好的蔬菜放于另一边，倒入生的鸡蛋黄即可。

【烹饪技法】腌，烩。

【营养功效】温中益气，补精添髓。

【健康贴士】鸡肉富含蛋白质和多种矿物质，大米富含碳水化合物、维生素及矿物质，二者同食，能为人体提供丰富的营养物质。

牛腩烩饭

【主料】大米 200 克，牛腩 100 克，洋葱、土豆、胡萝卜各 20 克，香菜 10 克。

【配料】葱末 5 克，姜丝 2 克，植物油 15 克，生抽 4 克，冰糖 3 克，蚝油、料酒各 5 克，大料、桂皮、香叶各 2 克，盐 4 克，鸡精 2 克。

【制作】① 牛腩洗净，切块，放入沸水中氽去血水，捞出，沥干水分，放入高压锅，注入适量清水，加入生抽、料酒、蚝油、冰糖、大料、香叶、桂皮卤制备用；大米淘洗干净，放进蒸锅里蒸熟备用。② 洋葱、土豆、胡萝卜分别去皮，洗净，切块；香菜择洗干净，切成段。③ 锅置火上，入油烧热，下入葱末煸香，加入土豆、胡萝卜翻炒至熟烂时加入洋葱，将卤好的牛腩里的香料去掉再倒入炒锅中，注入卤制牛腩的高汤，煨炖至蔬菜全部熟烂时加入水淀粉勾芡，起锅前加入香菜，将菜全部倒入蒸熟的米饭上即可。

【烹饪技法】氽，蒸，烩。

【营养功效】健脾益胃，温中益气。

【健康贴士】牛肉宜与土豆搭配，可起到保护黏膜的作用。

蘑菇烩饭

【主料】米饭 200 克，鸡汤 300 毫升，香菇、金针菇、平菇各 20 克，洋葱 10 克。

【配料】蒜蓉 3 克，香菜 4 克，植物油 15 克，红酒 8 克，奶油 5 克，盐 4 克，鸡精 2 克，黑胡椒粉 3 克。

【制作】① 香菇、平菇洗净，切小块；金针菇洗净，拆散；洋葱洗净，切末；香菜择洗干净，切末；大米淘洗干净。② 锅置中火上，放入奶油加热至融化，倒入洋葱末、蒜蓉和 1/2 的蘑菇稍翻炒后，淋入红酒等，所有材料炒匀，注入鸡汤没过食材，加盐、鸡精、黑胡椒粉调味，转成大火煮沸后，倒入剩下的蘑菇和米饭，转小火煮至鸡汤开始收干，最后撒入香菜末炒匀即可。

【烹饪技法】烩。

【营养功效】补虚抗癌，强身健体。

【健康贴士】香菇、平菇、金针菇搭配食用，可起到防癌抗癌的作用。

上汤烩饭

【主料】米饭 200 克，白菜心 50 克，西蓝花 50 克，虾米 20 克。

【配料】姜丝 3 克，浓汤宝 1 包，盐 4 克，鸡精 2 克，黑胡椒粉 2 克。

【制作】① 用温水泡开虾米；西蓝花洗净，切成小朵；白菜心择洗干净。② 锅中注入适量清水，放入姜丝，把虾仁连同泡发虾米用的水一起放入锅里，大火煮沸，倒入浓汤宝化开，汤再次煮沸后加入白菜心煮片刻，放入西蓝花，待汤汁收干后，放入米饭炒散，放盐、鸡精、黑胡椒粉调味即可。

【烹饪技法】烩。

【营养功效】滋阴补血，增强免疫。

【健康贴士】西蓝花还可与平菇同食，能提高机体免疫力。

黑椒蟹烩饭

【主料】米饭 200 克，螃蟹 1 只，红辣椒 20 克，西蓝花、圆白菜、土豆各 50 克。

【配料】蘑菇 1 朵，植物油 15 克，水淀粉、蚝油各 5 克，白砂糖、盐、黑胡椒粉各 4 克，鸡精 2 克。

【制作】① 螃蟹去壳，处理干净，分成四段；西蓝花洗净，切成小朵；红辣椒去蒂、子，洗净，切成圈；圆白菜择洗干净，切丝；土豆洗净，去皮，切块；蘑菇洗净，撕成条。② 锅置火上，入油烧热，放入螃蟹翻炒至变红，再下土豆、蘑菇翻炒，放入蚝油、黑胡椒粉、盐、白砂糖调味，翻炒均匀后，注入适量清水煮沸，加入圆白菜丝，继续翻炒，待水分收干，放入红辣椒、西蓝花，倒入水淀粉勾芡，做成菜品。③ 用米饭在盘子里摆一圈，把菜品倒入盘子中间即可。

【烹饪技法】炒，烩。

【营养功效】补中益气，强身健骨。

【健康贴士】腹泻者、过敏性体质者忌食。

【举一反三】螃蟹比较难处理，可换成蟹棒，这样烹饪起来更加方便快捷。

什锦海鲜烩饭

【主料】米饭 200 克，鱿鱼、虾仁、鲜干贝、蟹肉各 100 克。

【配料】姜 3 克，西芹、葱、蚝油、料酒、香油、水淀粉各 5 克，盐 4 克，鸡精 2 克，黑胡椒粉 2 克。

【制作】① 把全部的食材清洗干净，鱿鱼切成花；西芹切片；葱切小段；姜切末。② 鱿鱼、虾仁、鲜干贝、蟹肉分别放入沸水中汆烫片刻，捞出，沥干水分；米饭装入盘里。③ 锅置大火上，入油烧热，下入葱段、姜末炒香，注入半杯清水煮沸，再放入鱿鱼、虾仁、鲜干贝、蟹肉、西芹翻炒，待水沸腾后加入蚝油、料酒、香油、盐、鸡精、黑胡椒粉调味，最后用水淀粉勾芡，盛起，淋在米饭上即可。

【烹饪技法】汆，烩。

【营养功效】滋阴补肾，补中下气。

【健康贴士】蟹肉与鸡蛋同食，可补充蛋白质。

【举一反三】海鲜可根据个人喜好，自由搭配。

咖喱牛腩烩饭

【主料】米饭 200 克，牛腩 100 克，洋葱 50 克，土豆、胡萝卜各 20 克。

【配料】豌豆 10 克，姜丝、葱段各 3 克，植物油 30 克，料酒 5 克，咖喱粉 4 克，香叶 1 克，盐 4 克，鸡精 2 克。

【制作】① 牛腩洗净，切块；胡萝卜洗净，切块；土豆去皮，洗净，切块，清水冲洗一下，沥干水分；洋葱洗净，切块；豌豆淘洗干净；米饭装入盘里。② 将牛腩放入沸水中汆烫后，捞出，放入炖锅里，加入葱段、姜丝、料酒、香叶慢炖 2 小时；把胡萝卜和豌豆放入沸水锅中略煮，捞出，沥干水分。③ 炒锅置大火上，入油 20 克烧至八成热，将土豆块放入油锅中炸熟，捞出，沥干油分备用。④ 原锅不洗，置大火上，入油 10 克烧热，放入洋葱、咖喱粉爆香，再加入炖好的牛腩，注入炖牛腩的高汤略煮，倒入胡萝卜、豌豆、土豆块再煮 5 分钟，放盐、鸡精调味，起锅，淋在米饭上即可。

【烹饪技法】汆，炖，烩。

【营养功效】健脾益气，强身健骨。

【健康贴士】内热者以及皮肤病、肝病、肾病患者忌食。

【举一反三】牛腩换成鸡肉，即可做出美味经典的鸡肉咖喱烩饭。

蛋白虾仁烩饭

【主料】米饭 200 克，虾仁、咸鸭蛋白各 50 克，黄瓜 100 克，甜椒 20 克。

【配料】番茄酱、葡萄酒各 10 克，葱段 3 克，水淀粉 5 克，植物油 30 克，白砂糖、盐各 4 克，鸡精 2 克。

【制作】① 洗净所有食材，将黄瓜、甜椒、咸鸭蛋白分别切成粒备用。② 锅置大火上，入油烧至五成热，下葱段爆香，倒入虾仁、蛋白、黄瓜、甜椒粒略炒，注入清水 200 毫升，煮沸后，放入番茄酱、葡萄酒、白砂糖、盐、鸡精调味，倒入水淀粉勾芡，待汤汁收干，关火。③ 米饭装盘，将炒好的菜淋在米饭上即可。

【烹饪技法】爆，炒，烩。

【营养功效】补肾壮阳，舒筋活络。

【健康贴士】虾仁也可与西蓝花搭配食用，滋补功效更佳。

牛肉鲜蔬烩饭

【主料】米饭 200 克，牛肉 100 克，胡萝卜、白玉菇各 30 克，洋葱、青椒各 20 克。

【配料】植物油 30 克，清水 100 毫升，生抽 5 克，盐 4 克，鸡精 2 克。

【制作】① 牛肉、洋葱、胡萝卜、白玉菇分别洗净，切丁；青椒去蒂、子，洗净，切丁。② 锅置大火上，入油烧热，放入胡萝卜丁、洋葱丁翻炒片刻，倒入牛肉丁炒匀，加入生抽、清水，盖上盖子煮至胡萝卜九成熟时，加入青椒丁和白玉菇丁，用锅铲翻炒几下，加盐、鸡精调味，关火。③ 将米饭装盘，把炒好的菜淋在米饭上即可。

【烹饪技法】炒，烩。

【营养功效】健脾益气，润肠通便。

【健康贴士】牛肉宜与洋葱同食，补脾健胃功效明显。

【举一反三】搭配的蔬菜可根据个人喜好自由搭配。

时蔬奶酪烩饭

【主料】米饭 200 克，培根、奶酪各 50 克，洋葱 20 克，土豆、紫甘蓝各 30 克。

【配料】青椒 20 克，黄油 20 克，盐 4 克，鸡精 2 克，黑胡椒粉 2 克。

【制作】① 土豆洗净，去皮，切粒；紫甘蓝洗净，切粒；洋葱洗净，切粒；青椒去蒂、子，洗净，切粒；培根洗净，切粒；奶酪切粒。② 炒锅至中火上，放入黄油加热至融化，转成大火，倒入洋葱、土豆、培根煎一下，再放入紫甘蓝和青椒稍微煸炒几下，撒上黑胡椒、盐、鸡精调味，盛出备用。③ 取 1 张锡纸，将米饭平铺在锡纸上，均匀地把炒好的蔬菜推在米饭上，撒上奶油粒，放进预热 200 度的烤箱内，烤 15 分钟至熟，取出即可。

【烹饪技法】煎，烩，烤。

【营养功效】润肠通便，温中养胃。

【健康贴士】肥胖症和服用单胺氧化酶抑制剂者忌食。

鲜虾鸡腿菇烩饭

【主料】米饭 200 克，鲜虾 150 克，鸡腿菇 朵。

【配料】高汤 100 毫升，玉米粒、莴笋、胡萝卜 30 各克，植物油 25 克，葱 3 克，姜 5 克，盐 4 克，鸡精 2 克。

【制作】① 鲜虾去壳，去除虾肠，切成两段，洗净，装入碗里；莴笋、胡萝卜洗净，切丁；玉米粒淘洗干净；鸡腿菇洗净，切片；葱、姜分别洗净，切末；米饭装入盘内备用。② 锅置火上，入油 10 克烧热，先下鸡腿菇煸炒至发软，再下玉米粒、胡萝卜、莴笋丁煸炒一下，盛出备用。③ 净锅后，锅置大火上，入油 15 克烧热，炒香葱姜末，放入虾仁炒至变白时放入炒好的蔬菜丁，注入高汤，煮沸后，加盐、鸡精调味，最后把炒好的菜淋在米饭上即可。

【烹饪技法】煸炒，烩。

【营养功效】温中益气，滋阴补肾。

【健康贴士】高血脂、动脉硬化、心血管疾病患者慎食。

奶油咖喱杂烩饭

【主料】米饭 200 克，淡奶油 100 克，土豆、洋葱、胡萝卜各 30 克，香菇肠、鲜玉米粒各 20 克。

【配料】植物油 15 克，咖喱粉 6 克，豆瓣酱 4 克，盐 3 克，鸡精 2 克。

【制作】① 土豆洗净，去皮，切片；胡萝卜洗净，切丁；洋葱洗净，切丁；香菇肠切丁。② 将土豆片放入高压锅中，加水煮熟，捞出，沥干水分，用大勺子背压成土豆泥。③ 锅置火上，入油烧热，下洋葱丁炒香后，倒入胡萝卜翻炒，再加入豆瓣酱、咖喱粉、淡奶油、清水翻炒几下之后倒入土豆泥，烩煮至黏稠，加入鲜玉米粒、香菇肠炒熟，放盐、鸡精调味，关火。④ 把米饭装入盘里，淋上炒好的奶油咖喱杂即可。

【烹饪技法】煮，烩。

【营养功效】补充维生素 A，补钙。

【健康贴士】冠心病、高血压、糖尿病、动脉硬化患者忌食。

大酱汁雪莲果烩饭

【主料】米饭 200 克，娃娃菜、雪莲果各 50 克，玉米香肠 20 克。

【配料】大酱 10 克，植物油 15 克，生抽 6 克，蚝油 4 克，盐 4 克，鸡精 2 克。

【制作】① 娃娃菜择洗干净，切块；雪莲果洗净，切块，放入淡盐水里浸泡；玉米香肠切丁。② 把大酱、生抽、蚝油三者倒在碗里，充分搅拌做成酱汁备用。③ 锅置大火上，入油烧热，先把娃娃菜放进锅里翻炒片刻，再倒入米饭、玉米香肠丁迅速炒散，炒至娃娃菜熟软时，加入调好的酱汁，放入雪莲果翻炒均匀，加盐、鸡精调味，盛出装盘即可。

【烹饪技法】烩。

【营养功效】生津开胃，壮阳调经。

【健康贴士】雪莲果寒性大，肠胃不好者慎食。

孜然土豆肉末烩饭

【主料】米饭 200 克，肥瘦猪肉、土豆、胡萝卜各 50 克，孜然粉 8 克。

【配料】植物油 30 克，料酒 6 克，葱 5 克，淀粉 4 克，盐 4 克，胡椒粉 3 克。

【制作】① 土豆去皮，洗净，切丁；猪肉洗净，剁成末；胡萝卜洗净，先刨成丝，再切成碎；把猪肉末和胡萝卜碎放进碗里，加盐、胡椒粉、淀粉、料酒、葱拌匀后，腌制 10 分钟。② 锅置火上，入油 20 克烧热，倒入土豆，用中小火炸至土豆丁变色后捞出，沥干油分。③ 原锅不洗置火上，复入 10 克油烧热，放入腌好的猪肉末和胡萝卜，大火炒熟，倒入土豆丁、孜然粉小焖一会儿，用水淀粉勾芡，关火；将米饭装入盘内，把炒好的菜淋在米饭上即可。

【烹饪技法】腌，炸，烩。

【营养功效】温中和胃，健脾益气。

【健康贴士】孜然宜与猪肉搭配，可以去腥解腻，使肉质鲜美。

【举一反三】将肥瘦猪肉换成牛肉，味道更加鲜美。

蒸饭

八宝蒸饭

【主料】糯米 300 克，蜜彩豆 80 克，葡萄干、蜜金橘各 50 克，蜜枣 30 克。

【配料】冰糖 40 克，玉米油 10 克。

【制作】① 糯米淘洗干净，放入蒸碗里，加入冰糖，注入适量清水浸泡一夜后，放入蒸锅蒸 10 分钟至熟；把蜜金橘和葡萄干分别泡发；蜜枣对半切开。② 取一个碗，底部抹少量的玉米油，摆入泡好的蜜金橘和葡萄干，加入 1/3 的糯米饭后，将蜜枣放在碗边，摆上一层蜜彩豆，再铺上剩下的糯米饭压实，放进锅里再蒸 10 分钟即可。

【烹饪技法】蒸。

【营养功效】滋补肝肾，养血益气。

【健康贴士】葡萄干与蜜金橘同食可预防贫血，排毒养颜。

【举一反三】八宝蒸饭中的八宝可根据个人喜好选择。

红薯蒸饭

【主料】糙米 300 克，红薯 200 克。

【制作】① 红薯去皮，洗净，切成细丝；糙米淘洗干净。② 将糙米、红薯丝放入蒸碗里，注入适量清水 600 毫升，再把蒸碗放入蒸锅中，锅中再放入 1 碗水，蒸 30 分钟至熟即可。

【烹饪技法】蒸。

【营养功效】补中和血，润肠通便。

【健康贴士】红薯吃多了会使人产生胃灼热、吐酸水、腹胀排气等症状，将红薯与大米或面食搭配食用，或者再配以菜汤等，可化解胀气，避免人体出现不适。

【举一反三】红薯换成香芋，即可做成香气浓郁的芋头蒸饭。

木瓜火腿蒸饭

【主料】黑米 100 克，大米 100 克，木瓜 200 克，火腿 50 克。

【配料】葡萄干 50 克，胡萝卜 50 克，红椒 30 克，植物油 8 克，盐 3 克。

【制作】① 黑米淘洗干净，提前浸泡一夜；木瓜去子，把果肉挖出来，切小块，木瓜船不扔备用；胡萝卜洗净，切丁；红椒去蒂、子，洗净，切丁；火腿切成丁；葡萄干洗净。② 将黑米、大米倒入盆里，加入胡萝卜丁、木瓜丁、红椒丁、葡萄干、火腿丁混合，放油、盐搅拌均匀，倒入木瓜船中，注入适量清水，把木瓜船放进蒸锅中蒸 45 分钟至熟即可。

【烹饪技法】蒸。

【营养功效】消暑解渴，平肝和胃。

【健康贴士】青木瓜也可与鱼头顿成汤品，有很好的丰胸的效果。

红豆糯米蒸饭

【主料】糯米 200 克，红豆 100 克。

【配料】高粱 50 克。

【制作】① 红豆、糯米、高粱分别淘洗干净，浸泡 3 小时，分别捞出，沥干水分。② 先把红豆和水按 1:3 的比例放入锅中煮，稍软后捞出；将捞出的红豆与糯米、高粱混合放入蒸碗中搅拌均匀，注入高出食材 1 厘米的清水，放入蒸锅中蒸 40 分钟至熟即可。

【烹饪技法】蒸。

【营养功效】健脾养胃，凉血解毒。

【健康贴士】红豆宜与粳米同食，有益于脾胃，也能通乳汁，适宜女士产后食用。

【举一反三】糯米可换成大米。

七宝蒸饭

【主料】大米100克，糯米70克，小米30克，糯玉米80克。
【配料】枸杞10克，葡萄干20克，大红枣5克。
【制作】① 大米、糯米、小米、糯玉米充分混合，一起用清水淘洗干净；枸杞、葡萄干、大红枣洗净，润透。② 把所有的材料都装进大蒸碗里，注入清水400毫升，盖上盖子放进微波炉蒸20分钟至熟，取出即可。
【烹饪技法】蒸。
【营养功效】温补脾胃，滋阴补血。
【健康贴士】糯米宜与红枣搭配，温中祛寒功效明显。
【举一反三】七宝可根据个人喜好自由搭配。

排骨糯米蒸饭

【主料】糯米200克，排骨100克。
【配料】生抽、料酒各5克，姜丝、葱末各3克，盐4克，鸡精、胡椒粉各2克。
【制作】① 把排骨洗净，剁成块，装入碗里，加入生抽、料酒、盐、鸡精、姜丝、葱末、胡椒粉拌匀，腌制1小时备用。② 糯米淘洗干净，用清水浸泡1小时后，捞出，沥干水分，装入蒸碗里，注入适量清水，将排骨摆在糯米上，倒入腌制排骨的酱汁，把蒸碗放进蒸锅里蒸至糯米熟透即可。
【烹饪技法】腌，蒸。
【营养功效】温补脾胃，补髓填精。
【健康贴士】婴幼儿、老年人、病后消化力弱者忌食。

甜糯南瓜蒸饭

【主料】糯米200克，南瓜100克。
【配料】蜜枣50克。
【制作】① 糯米淘洗干净，浸泡一夜，捞出，沥干水分；南瓜去皮，切成小块。② 取2/3糯米，在盘底铺上一层，摆上南瓜块后，再铺上剩下的糯米，然后把蜜枣摆在糯米上，注入适量清水，放入蒸锅中大火蒸20分钟至熟即可。
【烹饪技法】蒸。
【营养功效】润肺益气，温补脾胃。
【健康贴士】糖尿病、冠心病、高血脂、便秘、肥胖者宜食。

南瓜百合蒸饭

【主料】大米200克，南瓜100克，鲜百合80克。
【配料】冰糖30克，白砂糖20克。
【制作】① 鲜百合逐瓣掰开，清洗干净；大米淘洗干净；南瓜洗净，削去顶部，去子、瓤，做成南瓜盅备用。② 锅中放入冰糖、白砂糖，注入适量清水，大火烧开，煮成糖汁。③ 将大米、百合装入南瓜盅内，倒入糖汁，糖汁没过材料约2厘米为宜，加盖放入蒸锅中蒸30分钟即可。
【烹饪技法】煮，蒸。
【营养功效】润肺益气，降低血糖。
【健康贴士】风寒咳嗽、虚寒出血、脾胃不佳者忌食。
【举一反三】鲜百合也可用晒干的百合代替。

肉汤蒸饭

【主料】大米200克，土豆、胡萝卜各50克。
【配料】鲜香菇4朵，肉汤400毫升。
【制作】① 土豆洗净，去皮，切块；胡萝卜洗净，切块；鲜香菇洗净，切块；大米淘洗干净。② 将大米放进蒸碗里，加入切好的土豆、胡萝卜、香菇，注入肉汤，把蒸碗放入蒸锅中蒸20分钟至熟即可。
【烹饪技法】蒸。
【营养功效】温中和胃，滋补养血。

腊丁蒸饭

【主料】大米200克，腊肉、火腿、面粉各

50克。

【配料】油菜、黄瓜各30克，老抽25克，生抽5克，冰糖5克，香油8克。

【制作】① 油菜择洗干净，切段；黄瓜洗净，切丁；腊肉、火腿洗净，切丁；大米淘洗干净，放进煲仔里，注入没过大米1厘米的清水浸泡40分钟。② 面粉倒入盆内，注入适量清水，和成小面团；把老抽、生抽装入碗里，加入冰糖融化，做成酱汁。③ 将腊肉丁、火腿丁均匀地铺在泡好的大米上，煲仔不加盖，放入蒸锅中大火蒸30分钟后，从蒸锅中取出煲仔，在蒸好的米饭表面撒上油菜段、黄瓜丁，盖上煲仔盖，四周用面团密封，煲仔置小火上加热15分钟，掀开，把酱汁和香油浇在饭上即可。

【烹饪技法】蒸。

【营养功效】养胃生津，补中益气。

【健康贴士】一般人皆宜食用。

玉米蒸饭

【主料】大米200克，鲜玉米粒100克。

【配料】植物油10克，盐4克。

【制作】① 把大米淘洗干净；鲜玉米粒淘洗干净。② 用大碗把大米装起来，加入盐、植物油浸泡30分钟，再把鲜玉米粒倒进去混合均匀，注入没过食材的清水，放进蒸锅里蒸20分钟至熟即可。

【烹饪技法】蒸。

【营养功效】温中养胃，宁心活血。

【健康贴士】鲜玉米粒也可与洋葱同食，有生津止渴之效。

茶水蒸饭

【主料】大米200克，茶叶3克。

【制作】① 茶叶用沸水700毫升浸泡10分钟，滤去茶叶，留茶水备用。② 大米淘洗干净，放入电饭锅中，注入茶水，使茶水高出大米面3厘米左右，煮熟即可。

【烹饪技法】蒸。

【营养功效】祛风清热，降低胆固醇。

【健康贴士】患有习惯性便秘之人忌饮茶。

蛋香蔬菜蒸饭

【主料】大米200克，菠菜150克，鸡蛋4个。

【配料】植物油10克，盐3克。

【制作】① 大米淘洗干净；菠菜择洗干净，放进沸水焯熟，捞出，沥干水分，切末。② 将大米、菠菜末、盐放在一个蒸碗里混合搅拌后，注入清水200毫升，放入蒸锅中大火蒸10分钟后，转中火再蒸20分钟后，掀开盖子在米饭表面分散地打入4个鸡蛋，盖上盖子再蒸10分钟，淋上植物油即可。

【烹饪技法】焯，蒸。

【营养功效】补中益气，延缓衰老。

【健康贴士】菠菜焯水后再进行烹调，可以降低草酸含量。

【举一反三】将菠菜换成香椿，味道更佳。

香菇鸡肉蒸饭

【主料】大米200克，鸡腿、鲜香菇各100克，胡萝卜30克，洋葱20克，豌豆粒10克，葡萄干5克。

【配料】植物油10克，料酒、蚝油各5克，生粉3克，生抽、老抽各4克，盐3克。

【制作】① 大米淘洗干净，浸泡30分钟后，捞出，放入蒸碗里，注入约高于米面1厘米的清水，移入蒸锅，大火蒸10分钟。② 鸡腿去骨、皮，洗净，切成小丁，装入碗里，加入料酒、生粉抓匀；鲜香菇洗净，去蒂，切小丁；胡萝卜洗净，去皮，切小丁；洋葱洗净，切碎；豌豆粒淘洗干净。③ 锅置火上，入油烧热，先下洋葱碎炒香，再倒入鸡肉炒断生，加生抽、老抽翻炒均匀，放入香菇和胡萝卜，翻炒1分钟后，撒入豌豆粒和葡萄干，放盐、蚝油调味，炒成菜品。④ 将炒好的菜品倒入已蒸了10分钟、水分渐干的米饭中，拌匀，转小火继续蒸15分钟至米粒干爽熟透即可。

【烹饪技法】炒，蒸。

【营养功效】补血养颜，温中益气。

【健康贴士】鸡肉与香菇同食，可增强记忆力。

蟹味咖喱蒸饭

【主料】大米200克，螃蟹2只，鸡腿肉50克，咖喱粉8克。

【配料】植物油10克，料酒、醋各4克，白砂糖、盐各3克，鸡精、胡椒粉各2克。

【制作】① 大米淘洗干净，提前浸泡2个小时；鸡腿肉洗净，切丁，装入碗里，加入料酒、醋、白砂糖、胡椒粉腌制30分钟；螃蟹用牙刷清洗干净。② 将泡好的大米和鸡腿肉放入蒸盘里，加入咖喱粉、盐、鸡精搅拌入味后，均匀的摊放在蒸盘上，把螃蟹摆在大米上面，将蒸盘移入蒸锅大火蒸25分钟至熟即可。

【烹饪技法】腌，蒸。

【营养功效】舒筋益气，理胃消食。

【健康贴士】螃蟹对于高血压、动脉硬化、高血脂等疾病都有较好的食疗作用。

【举一反三】螃蟹较难处理，可换成蟹棒，方便快捷。

咖喱土豆鸡蒸饭

【主料】米饭200克，鸡胸肉50克，咖喱粉8克，洋葱、鲜玉米粒、土豆、火腿各30克。

【配料】植物油10克，料酒4克，盐3克，鸡精2克。

【制作】① 土豆去皮，洗净，切丁；洋葱、火腿、鸡胸肉分别洗净，切丁；鲜玉米粒淘洗干净。② 锅置火上，入油烧热，下入土豆丁翻炒，待土豆丁变得透亮时，放入鸡丁炒至肉色发白，再加入洋葱丁迅速翻炒，转成小火，将火腿丁、米饭、鲜玉米粒倒入，炒熟后，放盐、鸡精、咖喱粉翻炒均匀。③ 将炒匀的米饭和食材放入带盖的微波容器中，大火蒸10分钟即可。

【烹饪技法】炒，蒸。

【营养功效】开胃生津，滋阴补气。

【健康贴士】鸡肉也可与冬瓜同食，是道美容佳品组合。

西洋菜鸡蛋蒸饭

【主料】米饭200克，西洋菜100克，牛肉50克，鸡蛋1个。

【配料】植物油10克，老抽6克，鸡精2克，盐3克。

【制作】① 西洋菜择洗干净；牛肉洗净，切片。② 用盘子将米饭摊开，在米饭中央打入鸡蛋，四周摆上牛肉片，放进蒸锅蒸10分钟后，在米饭上放入西洋菜，淋上老抽、植物油，放盐、鸡精调味，再蒸至西洋菜断生即可。

【烹饪技法】蒸。

【营养功效】清热消暑，温中益气。

【健康贴士】脾胃虚寒、肺气虚寒、大便溏泄者慎食。

【举一反三】将西洋菜换成菠菜，即可做成营养丰富的菠菜鸡蛋蒸饭。

紫米乌鸡饭

【主料】紫米200克，大米50克，乌鸡1只。

【配料】米酒、植物油各10克，白砂糖、五香粉各5克，盐3克，鸡精、胡椒粉各2克。

【制作】① 紫米、大米放在一起淘洗干净，用清水浸泡2小时后，捞出，沥干水分，放入电饭锅内煮熟。② 乌鸡洗净，擦干鸡身内外的水分，用米酒抹遍鸡身内外，晾15分钟；在料碗中放入油、盐、鸡精、胡椒粉、白砂糖、五香粉拌匀，涂在鸡身内外，腌渍2小时备用。③ 将煮好的米饭塞入鸡肚内，八分满为宜，把乌鸡放入蒸笼用中火蒸30分钟至熟即可。

【烹饪技法】腌，煮，蒸。

【营养功效】滋阴补肾，健脾开胃。

【健康贴士】乌鸡也可西蓝花同食，不但能够起到防治癌症的作用，还能为人体提供丰富的营养成分。

【举一反三】乌鸡可换成小母鸡。

荷香鸡粒饭

【主料】大米200克，鸡腿肉100克，海米

10克，鲜香菇2朵。

【配料】香油5克，绍酒6克，植物油10克，鸡精2克，盐3克，白砂糖4克。

【制作】① 鲜香菇洗净，去蒂，切片；海米用温水泡发回软；大米淘洗干净；鸡腿肉洗净，切粒；取1张荷叶，放入开水锅中烫软，取出洗净备用。② 炒锅置火上烧干，放入大米，用小火炒至米粒膨胀剔透后盛出，与鸡粒、鲜香菇丁、海米、生抽、香油、绍酒、白砂糖、盐、鸡精一起拌匀，腌渍约30分钟。③ 将腌好的鸡粒饭放在荷叶上，放入蒸笼用大火蒸45分钟即可。

【烹饪技法】腌，蒸。

【营养功效】补气养血，温中养胃。

【健康贴士】一般人皆宜食用。

【举一反三】没有荷叶可用粽叶代替。

奶香红枣饭

【主料】糯米200克，红枣、枸杞、炼乳各20克，牛奶15毫升。

【配料】猪油30克，白砂糖3克。

【制作】① 糯米淘洗干净，用清水浸泡6个小时备用；大枣用温水泡软，去核；枸杞用温水洗净，润透。② 取一不锈钢饭盆，饭盆内抹上猪油，放入大枣、枸杞和泡好的糯米，倒入牛奶、白砂糖和炼乳，上蒸锅蒸约1小时，取出扣入盘中即可。

【烹饪技法】蒸。

【营养功效】滋阴补血，温补脾胃。

【健康贴士】贫血、气血不足者宜食。

【举一反三】糯米可换成大米或粳米。

蜜汁八宝饭

【主料】糯米200克，黑米50克，蜜枣20克。

【配料】红豆、花生、当归、枸杞各10克，葡萄干10克，植物油5克。

【制作】① 糯米、黑米分别浸泡一夜，淘洗干净，捞出，沥干水分；枸杞、葡萄干、蜜枣分别洗净。② 取一蒸碗，内壁涂上一层油，放入1/2的糯米铺均匀，再铺一层黑米，最后再铺上剩下的糯米，注入适量清水，把蒸碗放入加好水的高压锅内，大火蒸20分钟后，关火，待高压锅自然散气后，开盖，将蒸好的米饭扣在盘子上即可。

【烹饪技法】蒸。

【营养功效】温补脾胃，补虚养血。

【健康贴士】糯米宜与当归、枸杞同食，滋补效果更佳。

【举一反三】八宝可根据个人喜好自由搭配。

霉干菜蒸肉饭

【主料】大米200克，猪肉150克，霉干菜100克。

【配料】葱10克，老抽8克，白砂糖4克，盐3克。

【制作】① 猪肉洗净，切成末；霉干菜择洗干净，切碎；葱洗净，切成末；大米淘洗干净，放入清水里浸泡30分钟，捞出，沥干水分。② 猪肉末倒入盆中，加入老抽、白砂糖、盐、葱末，用筷子搅拌至肉末黏稠，再放入霉干菜拌匀，腌制20分钟。③ 把泡好的米放入电饭锅里，上面铺上腌制好的猪肉霉干菜，用电饭锅煮熟即可。

【烹饪技法】拌，蒸。

【营养功效】清脏腑，消积食，治咳嗽。

【健康贴士】冠心病、高血压、高脂血、湿热多痰、舌苔厚腻及体胖者慎食。

【举一反三】霉干菜换成雪里蕻，即可做成美味的雪里蕻蒸肉饭。

豆豉排骨蒸饭

【主料】大米200克，排骨200克，干豆豉40克。

【配料】葱末3克，料酒、蚝油、香油各4克，姜末、蒜末、辣椒末各2克，太白粉、醋、白砂糖、盐各3克，胡椒粉2克。

【制作】① 排骨洗净，剁成块，装入碗里，加入料酒、太白粉、盐、白砂糖、胡椒粉、辣椒末拌匀，腌渍约20分钟；干豆豉用水泡软，装入碗里，加入蚝油、香油、醋调成酱汁；大米淘洗干净，装入大蒸碗里。② 锅置火上，入油烧热，将腌制好的排骨过油略炸后沥干油分，装盘备用。③ 将调制好的酱汁倒在炸好的排骨上，拌匀，一起倒入装大米的大蒸碗里，加适量清水，放入蒸锅用大火蒸约 30 分钟至熟软，起锅前撒上葱末、姜末、蒜末即可。

【烹饪技法】腌，炸，蒸。

【营养功效】生津开胃，补髓填精。

【健康贴士】儿童、中老年人以及女士孕期、产后及哺乳期宜食。

腊肉多味蒸饭

【主料】香米 200 克，腊肉 80 克，干牛肝菌 30 克，胡萝卜 30 克。

【配料】葱 10 克，姜 3 克，植物油 8 克，盐 3 克，鸡精 2 克。

【制作】① 干牛肝菌用温水泡发，洗净，切片；腊肉洗净，切丁；胡萝卜洗净，切成小块；葱、姜分别洗净，切成末；香米淘洗干净，装入蒸碗里，加入适量清水浸泡 1 个小时备用。② 将胡萝卜块、牛肝菌片装入碗里，放油、盐、鸡精拌匀，腌渍 30 分钟。③ 锅中注入适量清水，大火烧开，放入盛放香米的蒸碗，大火蒸至米饭半干，放入腌制好的牛肝菌片、胡萝卜块，加入腊肉丁、葱末、姜末蒸熟即可。

【烹饪技法】腌，蒸。

【营养功效】滋阴润燥，补虚养血。

【健康贴士】牛肝菌含丰富的蛋白质，贫血、体虚、头晕、耳鸣患者宜食。

【举一反三】干牛肝菌、胡萝卜可根据个人喜好换成其他的蔬菜。

葱酥粳米鸡丝饭

【主料】粳米 200 克，鸡腿肉 100 克，南瓜 80 克，洋葱 30 克。

【配料】姜丝 4 克，黄酒、醋各 3 克，植物油 10 克，盐 4 克，白砂糖 3 克，鸡精 2 克，高汤 250 毫升。

【制作】① 粳米淘洗干净；南瓜洗净，去皮，切块；洋葱洗净，切片；鸡腿肉洗净，切块，装入碗里，加入姜丝、白砂糖、黄酒、醋搅拌均匀，腌制 20 分钟。② 锅置大火上，入油烧热，爆香洋葱，放入鸡腿肉翻炒至肉色变白，倒入粳米，炒至透明，注入高汤没过粳米，放上南瓜块，加盐、鸡精调味，大火煮沸后，转小火焖至熟透即可。

【烹饪技法】腌，炒，蒸。

【营养功效】温补脾胃，补益肝肾。

【健康贴士】粳米还可与牛奶同食，有补虚损，润五脏之效。

【举一反三】粳米可换成大米或香米。

焖饭

洋葱土豆焖饭

【主料】大米 200 克，土豆 150 克，洋葱 30 克。

【配料】植物油 10 克，盐 3 克，鸡精 2 克。

【制作】① 土豆洗净，去皮，切成小丁；洋葱洗净，切碎；大米淘洗干净，放入电饭煲内，注入适量的清水，煮熟备用。② 锅置大火上，入油烧至六成热，入洋葱碎翻炒出香味，加入土豆丁，炒熟后关火。③ 把炒好的洋葱碎和土豆丁倒入煮熟的米饭上，放盐、鸡精调味，搅拌均匀，盖上电饭锅盖，再焖 20 分钟即可。

【烹饪技法】炒，焖。

【营养功效】降血压，降血脂。

【健康贴士】消化不良、饮食减少、胃酸不足和高血压、高脂血、糖尿病患者宜食。

【举一反三】加入适量的牛肉，味道更加鲜美。

鸭肉焖饭

【主料】大米 200 克，鸭肉 150 克，洋葱、胡萝卜各 30 克。

【配料】姜 3 克，高汤 300 毫升，植物油

10克，料酒4克，盐3克，鸡精2克。

【制作】① 大米淘洗干净；洋葱、胡萝卜洗净，切块；姜洗净，切丝；鸭肉洗净，切片，装入碗里，加料酒、姜丝、盐、鸡精拌匀，腌制20分钟。② 锅置火上，入油烧至八成热，下洋葱、胡萝卜爆香，再倒入腌制好的鸭肉翻炒断生，盛出备用。③ 将炒好的鸭肉与大米一起倒入电饭锅胆内，搅拌均匀，注入高汤，煮熟即可。

【烹饪技法】炒，焖。

【营养功效】养胃滋阴，利水消肿。

【健康贴士】鸭肉与糯米同食，可以起到十分显著的养胃、益气之食疗功效。

【举一反三】将鸭肉换成鸡肉，即可做出美味的鸡肉焖饭。

鱼肉焖饭

【主料】大米200克，草鱼净肉100克，豌豆40克。

【配料】高汤300毫升，植物油20克，老抽、料酒各4克，姜3克，白砂糖3克，盐4克，鸡精2克。

【制作】① 大米淘洗干净，沥干水分；草鱼净肉洗净，切小丁；豌豆淘洗干净；姜洗净，切末。② 锅置火上，入油烧至八成热，下姜末爆香，放入鱼肉丁炸至金黄色，加入老抽、白砂糖、料酒，煸炒片刻后盛出。③ 原锅不用清洗，注入高汤，大火煮沸后放入大米，再次煮沸后，转小火，放入鱼肉丁、豌豆焖熟即可。

【烹饪技法】炸，焖。

【营养功效】暖胃平肝，温中补虚。

【健康贴士】草鱼还可与冬瓜同食，可以起到祛风、降压、平肝的食疗作用。

【举一反三】根据个人喜好可将草鱼肉换成其他的鱼肉。

蔬菜焖饭

【主料】大米200克，大白菜250克。

【配料】高汤300毫升，植物油10克，蒜4克，盐3克，鸡精2克。

【制作】① 大白菜择洗干净，切片；蒜去皮，切片；大米淘洗干净。② 锅置火上，入油烧至八成热，下蒜片爆香，放入大白菜翻炒，加盐、鸡精调味，再倒入大米，注入高汤，盖上锅盖焖煮至米饭熟即可。

【烹饪技法】炒，焖。

【营养功效】通利肠胃，清热解毒。

【健康贴士】白菜也能与猪肝同食，有保护肝肾，清心明目之效。

南瓜焖饭

【主料】大米200克，南瓜150克，香肚100克。

【配料】葱5克，高汤300毫升，植物油10克，盐3克，鸡精2克，胡椒粉3克。

【制作】① 南瓜去皮，洗净，切块；葱洗净，切段；香肚切块。② 大米淘洗干净，放入电饭煲内，注入高汤，加入南瓜块、香肚块、葱段，充分混合，放入油、盐、胡椒粉调味，按下煮饭键煮熟，焖5分钟即可。

【烹饪技法】煮，焖。

【营养功效】润肺益气，温中养胃。

【健康贴士】南瓜也可与绿豆同食，清热解毒功效更佳。

【举一反三】将南瓜换成土豆即可做成美味的土豆焖饭。

新疆手抓饭

【主料】大米200克，羊腿肉200克，胡萝卜、苹果各100克。

【配料】蒜3克，高汤300毫升，植物油20克，生抽30克，孜然粉3克，盐2克，鸡精2克。

【制作】① 大米淘洗干净，用清水浸泡2小时；蒜去皮，切末；胡萝卜、苹果分别洗净，切丝；羊腿肉洗净，切大块，用沸水汆去血沫，捞出，沥干水分，放入炖锅里，加入生抽、盐，小火炖40分钟后，捞出羊肉备用。② 锅置火上，入油10克烧至八成热，下蒜末炒香，再放入胡萝卜丝、苹果丝翻炒至熟，盛出备用。③ 净锅后复入10克油烧热，放入羊腿肉，煎炸出焦香味后，放入刚炒好的胡萝卜丝、苹果丝，再倒入泡好的大米，翻炒均匀，注入高汤盖上锅盖，小火焖煮30分钟至熟即可。

【烹饪技法】炒，炸，焖。

【营养功效】益气补虚，温中养胃。

【健康贴士】羊肉与豆瓣酱功能相反，不宜同食。

牛肉番茄焖饭

【主料】大米200克，牛肉100克，番茄50克，洋葱、芦笋、西芹各20克。

【配料】蒜3克，牛肉高汤300毫升，植物油10克，香油5克，芝士粉3克，盐2克，鸡精2克。

【制作】① 牛肉洗净，切片；番茄、洋葱、芦笋、西芹分别洗净，切小块；蒜去皮，切末；大米淘洗干净。② 锅置火上，入油烧热，炒香蒜末后，下洋葱块、西芹块、番茄块、牛肉片以中火炒香，倒入大米，转小火炒至汤汁收干，再注入高汤继续煮至高汤略收干时，加入芝士粉、香油、盐、鸡精调味，搅拌均匀即可。

【烹饪技法】炒，焖。

【营养功效】补脾胃，益血气，强筋骨。

【健康贴士】牛肉宜与洋葱同食，补脾健胃，与西芹同食则可降低血压。

韭菜花焖饭

【主料】大米200克，韭菜花30克，咸鸭蛋2个。

【配料】牛肉高汤300毫升，植物油10克，白砂糖2克，盐3克，鸡精2克。

【制作】① 大米淘洗干净，沥干水分，放进电饭锅内，注入高汤浸泡20分钟；韭菜花洗净，用清水浸泡30分钟，捞出，沥干水分，切成小段；咸鸭蛋剥壳后，切丁。② 将咸鸭蛋丁、油、白砂糖、盐、鸡精倒入盛放大米的电饭锅中，与大米一起搅拌均匀，按下煮饭键煮熟。③ 待电饭锅开关跳至保温挡后，放入韭菜花段，盖上锅盖再焖15分钟，最后用饭勺由下往上轻轻拌匀即可。

【烹饪技法】拌，焖。

【营养功效】生津开胃，温中下气。

【健康贴士】夜盲症、皮肤粗糙、便秘、干眼病患者适宜多食。

【举一反三】韭菜花可用韭菜代替。

腊肉扁豆焖饭

【主料】大米200克，腊肉80克，扁豆70克。

【配料】葱末3克，姜末2克，植物油10克，生抽5克，白砂糖2克，盐3克，鸡精2克。

【制作】① 大米淘洗干净，放进电饭锅里，注入清水300毫升，浸泡20分钟；扁豆择去老筋，洗净，掰成小段；腊肉洗净，切丁。② 锅置火上，入油烧热，下入葱末、姜末爆香，倒入腊肉丁和扁豆段同炒，炒至扁豆段变色，放盐、鸡精、生抽调味，炒匀盛出备用。③ 将炒好的腊肉和扁豆一起倒入浸泡大米的电饭锅中，搅拌均匀后按下煮饭键，焖煮至熟即可。

【烹饪技法】炒，焖。

【营养功效】和中益气，健脾养胃。

【健康贴士】扁豆一定要炒熟，否则易引起头痛、恶心、呕吐等症状。

虾仁焖饭

【主料】大米200克，虾仁100克，豌豆50克，黄瓜60克。

【配料】葱末3克，植物油、生抽各10克，盐3克，鸡精2克。

【制作】① 虾仁去虾线，洗净；豌豆淘洗干净，放在清水中泡10分钟；黄瓜洗净，切丁；大米淘洗干净，浸泡10分钟。② 将泡好的大米和豌豆一起放入电饭锅，注入适量清水300毫升，按下煮饭键开始煮饭，待锅中的水快干的时候，放入虾仁继续焖。③ 待电饭锅的煮饭键弹到保温挡时，放入切好的黄瓜丁，浇入生抽，放盐、鸡精调味，拌匀，盖上盖子再焖 10 分钟即可。
【烹饪技法】焖。
【营养功效】补肾壮阳，温中养胃。
【健康贴士】虾宜与黄瓜同食，可促进胶原蛋白的合成，从而可以起到很好的美容养颜的功效。
【举一反三】虾仁可根据个人喜好换成扇贝等。

毛豆焖饭

【主料】糯米 200 克，毛豆 20 克，火腿、胡萝卜各 30 克，鲜香菇 3 朵。
【配料】植物油 10 克，生抽 10 克，盐 2 克，鸡精 2 克。
【制作】① 火腿切丁；胡萝卜、鲜香菇分别洗净，切丁；毛豆去皮，取豆仁，淘洗干净；糯米淘洗干净，浸泡 6 个小时。② 把火腿丁、香菇丁、胡萝卜丁、毛豆和泡好的糯米一起放进砂锅里，搅拌均匀，锅置大火上，煮沸，转小火焖 10 分钟至熟，放盐、油、鸡精调味即可。
【烹饪技法】焖。
【营养功效】温补脾胃，补中益气。
【健康贴士】糯米不易消化，肠胃功能不好者慎食。
【举一反三】对于不宜食用糯米的人群可将糯米替换成大米。

土豆焖饭

【主料】大米 200 克，土豆 200 克。
【配料】高汤 300 毫升，植物油 10 克，盐 3 克，鸡精 2 克。
【制作】① 土豆去皮，洗净，切成丁；大米淘洗干净。② 炒锅置大火上，入油烧至七成热，放入土豆丁煎至表面成金黄色，均匀地撒上盐，搅匀，盛出，沥干油分。③ 将大米倒入电饭锅内，注入高汤，放入煎好的土豆丁，盖上盖子，按下煮饭键，待煮饭键跳到保温挡后，打开盖子，用勺子将米饭和土豆翻拌均匀，加入鸡精调味，再盖上盖子焖 10 分钟即可。
【烹饪技法】煎，焖。
【营养功效】健脾益气，和中益胃。
【健康贴士】此饭可滴几滴白醋，因土豆与醋同食，可分解有毒物质。
【举一反三】加入适量的牛肉或鸡肉，口味更佳。

萝卜焖饭

【主料】大米 200 克，胡萝卜、白萝卜各 80 克。
【配料】姜、葱、蒜各 3 克，高汤 300 毫升，植物油 10 克，生抽 5 克，五香粉、盐、鸡精各 2 克。
【制作】① 胡萝卜、白萝卜分别洗净，去皮，切丁；姜洗净，切末；葱洗净，切末；蒜去皮，切末；大米淘洗干净。② 炒锅置大火上，入油烧热，爆香姜、葱、蒜末，放入胡萝卜丁、白萝卜丁翻炒，加盐、五香粉、生抽、鸡精调味，关火。③ 将炒好的萝卜丁和大米一起放入电饭锅内，搅拌均匀，注入高汤，按平时煮米饭的程序煮熟即可。
【烹饪技法】炒，焖。
【营养功效】化痰清热，补肾壮阳。
【健康贴士】脾胃虚寒者忌食。

豇豆焖饭

【主料】大米 200 克，豇豆 100 克，咸肉 50 克。
【配料】葱末 3 克，高汤 300 毫升，植物油 10 克，盐 3 克，鸡精 2 克。
【制作】① 豇豆洗净，切成丁；咸肉洗净，切丁备用。② 将大米淘洗干净，倒入电饭锅中，加入切好的豇豆丁、咸肉丁，注入高汤，按下电饭锅的煮饭摁钮。③ 饭煮好后，将米饭和豆角肉丁混合加盐、鸡精搅拌均匀后撒入葱末，再焖 5 分钟即可。
【烹饪技法】焖。
【营养功效】健胃补肾，和中益气。
【健康贴士】豇豆也可与空心菜、鸡肉炖煮

食用，可辅助治疗女士白带增多。

【举一反三】豇豆可换成四季豆、扁豆。

牛肝菌焖饭

【主料】米饭 200 克，牛肝菌 100 克，青椒 50 克。

【配料】蒜 3 克，高汤 100 毫升，植物油 10 克，白砂糖 3 克，盐 2 克，鸡精 2 克。

【制作】① 牛肝菌去蒂，洗净，沥干水分，将牛肝菌从颈部和顶端掰开，切成薄片；蒜去皮，切片；青椒去蒂、子，洗净，切成薄片备用。② 炒锅入油烧热，下入蒜片煸炒出香味，蒜片微微变黄后立即捞出，转成中小火放入牛肝菌片，翻炒均匀，保证每片牛肝菌上都能裹上油，保持小火不停地翻炒。③ 牛肝菌片变软后放入之前炸好的蒜片，加入盐、白砂糖继续翻炒，直到菌片出现黏稠状，放入青椒、米饭，注入高汤，加盖焖至米饭松散、汤汁收干即可。

【烹饪技法】煸，炒，焖。

【营养功效】清热解烦，养血和中。

【健康贴士】牛肝菌对糖尿病患者有很好的辅助治疗作用。

【举一反三】加入适量猪肉同烹，口味更佳。

花椒肉焖饭

【主料】大米 150 克，糯米 50 克，培根 60 克，青、红、黄椒各 20 克。

【配料】葱 4 克，花椒 3 克，清水 300 毫升，玉米渣 10 克，植物油 10 克，盐 2 克。

【制作】① 培根切小粒；青、红、黄椒分别去蒂、子，洗净，切小粒；葱洗净，切末；糯米、大米、玉米渣淘洗干净，放入电饭锅混合均匀，注入适量清水浸泡 30 分钟。② 平底锅至小火上，烧热，放入培根粒炒出油脂，转小火，加入花椒炒香，盛出；原锅不洗置大火上，入油烧热，放入青、红、黄椒略炒，盛出备用。③ 将炒好的培根粒放入电饭锅内，与糯米、大米、玉米渣一起拌匀，按下煮饭键煮熟后，倒入青、红、黄椒，放盐调味，用饭勺拌匀，焖 2 分钟即可。

【烹饪技法】炒，焖。

【营养功效】生津养胃，益肾壮阳。

【健康贴士】老年人、肠胃溃疡患者忌食。

香芋红萝卜焖饭

【主料】大米 200 克，五花肉 100 克，香芋 150 克，胡萝卜 60 克，干贝 30 克。

【配料】鲜香菇 5 朵，葱末、姜丝各 3 克，老抽 6 克，植物油 10 克，白砂糖 4 克，盐 2 克，胡椒粉 3 克。

【制作】① 五花肉洗净，切块；香芋去皮，洗净，切块；胡萝卜洗净，切小块；鲜香菇洗净，切丁；干贝用温水泡发；大米淘洗干净。② 锅置火上，入油烧热，将五花肉同姜丝一起下锅翻炒出油，加入老抽、白砂糖给五花肉着色，放入香芋、香菇、红萝卜、干贝翻炒至熟，盛出备用。③ 将炒好的五花肉等菜品倒入装着大米的电饭锅，注入比平时煮饭稍少一点儿的水，按下煮饭键煮熟，放盐、胡椒粉调味，撒入葱末，再焖 3 分钟即可。

【烹饪技法】炒，焖。

【营养功效】补中益气，补髓填精。

【健康贴士】胡萝卜也可与菠菜同食，不仅能起到防止中风的功效，还能活血通络。

鲜蚕豆火腿焖饭

【主料】大米 200 克，蚕豆 80 克，腊肉 60 克。

【配料】葱末 3 克，植物油 12 克，盐 3 克，鸡精 2 克。

【制作】① 大米淘洗干净，用清水浸泡 20 分钟，捞出，浸泡大米的水分备用；蚕豆淘洗干净；腊肉洗净，切粒。② 锅置火上，入油烧至六成热后，转中火炒香腊肉粒，炒至肥肉的部分开始变得透明时，倒入蚕豆，注入清水 100 毫升，煮沸后，将泡好的大米倒入炒锅中，注入浸泡大米的水，待水煮沸时，加入盐、鸡精调味，翻炒均匀盛出。③ 将炒好的食材全部倒进电饭锅中，按下煮饭键煮熟，待电饭锅里的水分快收干时，掀开锅盖撒入葱末，再焖 10 分钟即可。

【烹饪技法】炒，焖。

【营养功效】健脾益气，生津开胃。

【健康贴士】腊肉不宜多食，以免损伤脾胃，引起消化不良。

芦笋萨拉米焖饭

【主料】大米 200 克，萨拉米肉肠 200 克，青椒、芦笋各 80 克，香菇 4 朵。

【配料】姜末 3 克，植物油 10 克，生抽、老抽、蚝油各 3 克，盐 2 克，鸡精 2 克。

【制作】① 萨拉米肉肠洗净，切片；大米淘洗干净；青椒去蒂、子，洗净，切片；芦笋洗净，切段；姜洗净，切成末；香菇泡发，挤干水分，切丁，泡香菇的水不倒备用。② 锅置火上，入油烧热，下姜末、萨拉米肉肠、香菇翻炒，放盐、鸡精、生抽、老抽调味，倒入泡香菇的水，然后调入蚝油，直到汤汁浓稠时盛出备用。③ 将炒好的萨拉米肉肠和大米一起倒入电饭锅，注入适量清水，倒入泡香菇的水，用筷子搅拌均匀，摁下煮饭键开始煮饭。④ 电饭锅跳闸跳至保温之后，迅速将芦笋和青椒迅速倒入电饭锅内，焖 8 分钟即可。

【烹饪技法】炒，焖。

【营养功效】温中养胃，开胃生津。

【健康贴士】芦笋不宜与羊肉同食，会引起人体不适。

【举一反三】萨拉米肉肠可换成一般的火腿肠。

豌豆胡萝卜焖饭

【主料】米饭 200 克，豌豆、胡萝卜、香肠各 50 克。

【配料】高汤 100 毫升，葱末、姜末各 3 克，植物油 15 克，生抽 5 克，盐 3 克，鸡精 2 克。

【制作】① 豌豆淘洗干净，沥干水分；胡萝卜去皮，洗净，切丁；香肠切粒；大米淘洗干净。② 锅置大火上，入油烧热，下姜末爆香，放入胡萝卜丁翻炒 2 分钟后倒入豌豆，加入生抽、水焖煮 10 分钟至熟，放盐、鸡精调味，盛出备用。③ 将大米放入电饭锅内，注入高汤，按下煮饭键，煮至米饭快干时，将炒好的菜平铺在米饭上，最上面再铺上香肠粒和葱末，焖 5 分钟即可。

【烹饪技法】炒，焖。

【营养功效】和中益气，健脾养胃。

【健康贴士】豌豆不宜与菠菜同食，会影响钙的吸收。

火腿杏鲍菇焖饭

【主料】米饭 200 克，火腿 100 克，杏鲍菇 100 克。

【配料】高汤 100 毫升，植物油 15 克，生抽 5 克，盐 2 克，鸡精 2 克。

【制作】① 火腿切丁；杏鲍菇洗净，切丁。② 锅置火上，入油烧热，放入火腿翻炒，继续加入杏鲍菇翻炒至断生，放盐、鸡精、生抽调味，盛出备用。③ 将米饭和炒好的火腿杏鲍菇一起放入砂锅中，注入高汤，砂锅置小火上，焖煮 10 分钟即可。

【烹饪技法】炒，焖。

【营养功效】降血脂、降低胆固醇。

【健康贴士】杏鲍菇有助于胃酸的分泌和食物的消化，适于治疗饮食积滞症。

虾仁海木耳焖饭

【主料】大米 200 克，虾仁 100 克，海木耳 30 克。

【配料】高汤 200 毫升，植物油 12 克，盐 3 克，鸡精 2 克。

【制作】① 大米淘洗干净；海木耳洗净；虾仁去虾线，洗净。② 将海木耳放入锅中，注入高汤，大火煮沸，转小火煮 5 分钟后，倒入大米，搅拌均匀，再用中火煮约 10 分钟，待米饭的水分快干时，放入虾仁，加盐、鸡精调味，盖上锅盖，小火焖 15 分钟即可。

【烹饪技法】煮，焖。

【营养功效】补肾壮阳，补充钙质。

【健康贴士】海木耳可提高人体免疫功能，促进脂肪代谢、降血脂、降血压、软化血管，是抗细胞癌变的天然食品。

印度经典羊肉焖饭

【主料】印度香米 200 克，羊肉 150 克，洋葱 30 克，松仁、葡萄干各 10 克。

【配料】白葡萄酒 10 克，高汤 200 毫升，植物油 10 克，比尔亚尼调料包 1 包，奶油 10 克，原味酸奶 1 杯，盐 2 克。

【制作】① 印度香米淘洗干净，放入电饭锅煮熟备用；羊肉洗净，切块；洋葱洗净，切小丁备用。② 炒锅置火上，烧干，倒入奶油烧至五成热，下洋葱煸炒至软，放入羊肉块继续翻炒至羊肉断生，烹入白葡萄酒，加入酸奶、比尔亚尼调料，搅拌均匀，注入高汤煮沸，小火焖 40 分钟。③ 待汁水大致收干后，将煮熟的米饭捣松，倒入焖羊肉的锅中拌匀，放盐调味，洒上松仁、葡萄干，小火续焖 5 分钟装盘即可。

【烹饪技法】炖，焖。

【营养功效】益气补虚，健脾养胃。

【健康贴士】羊肉也可与山药同食，健脾胃功效显著。

香肠青菜焖饭

【主料】大米 200 克，广式香肠 100 克，青菜 70 克。

【配料】高汤 300 毫升，植物油 10 克，盐 3 克，鸡精 2 克。

【制作】① 大米淘洗干净，放入电饭锅内，然后注入高汤，静置浸泡 30 分钟备用。② 青菜去老叶、根，择洗干净，切末；广式香肠切片。③ 锅置火上，入油烧热，下入香肠片翻炒出香，再放入切好的青菜末，翻炒出菜香，加盐、鸡精调味，关火，盛出备用。④ 把炒好的香肠和青菜倒入浸泡大米的电饭锅内，搅拌均匀，盖上盖子，按下煮饭键，焖煮 10 分钟至熟即可。

【烹饪技法】炒，焖。

【营养功效】润肠通便，生津开胃。

【健康贴士】一般人皆宜食用。

【举一反三】青菜可根据个人喜好换成其他的菜。

腊肠土豆焖饭

【主料】大米 200 克，土豆 100 克，腊肠 70 克，青豆 30 克。

【配料】姜末 5 克，植物油 10 克，香油 4 克，盐 3 克，鸡精 2 克。

【制作】① 腊肠洗净，切片；土豆去皮，洗净，切块；青豆淘洗干净；大米淘洗干净。② 将大米放入电饭锅里，注入适量清水，加入香油，浸泡 20 分钟后，盖上盖子，按下煮饭键开始煮饭。③ 锅置火上，入油烧热，下姜末爆香，倒入广式腊肠煸香，放入土豆块、青豆翻炒，加盐、鸡精调味，盛出，并迅速倒入电饭锅里，盖上盖，直到电饭锅煮饭键弹到保温挡，再焖 10 分钟后，开盖拌匀即可。

【烹饪技法】煸，焖。

【营养功效】健脾益气，温中养胃。

【健康贴士】土豆宜与青豆同食，营养更容易吸收。

红薯腊肠焖饭

【主料】大米 200 克，红薯 100 克，腊肠 70 克。

【配料】高汤 300 毫升，香油 10 克，盐 3 克，鸡精 2 克。

【制作】① 红薯去皮，洗净，切小块；腊肠洗净，切块；大米淘洗干净。② 将大米倒入电饭锅中，加入红薯块、腊肠，加盐、鸡精调味，拌匀，注入高汤，按下煮饭键开始煮饭，煮熟后掀开电饭锅盖，淋入香油，拌匀再焖 5 分钟即可。

【烹饪技法】焖。

【营养功效】润肠通便，补虚益血。

【健康贴士】红薯属于碱性食物，肉类属于酸性食物，二者同食，可以帮助人体维持酸碱平衡，红薯的减肥降脂功能还能降低人体对肉类中脂肪的吸收，达到减肥的功效。

孜然羊肉焖饭

【主料】大米 200 克，羔羊肉 100 克，胡萝卜 50 克，葡萄干 5 克。

【配料】大料、葱段、姜片、孜然粉、胡椒粉各 2 克，高汤 300 毫升，植物油 10 克，盐 3 克，鸡精 2 克。

【制作】① 胡萝卜洗净，切小丁；羔羊肉洗净，切片；葡萄干洗净，润透；大米淘洗干净。② 锅置火上，注入适量清水，大火烧开后投入葱段、姜片，放入羔羊肉片，羔羊肉变成粉白色之后立刻捞出，沥干水分备用。③ 锅置大火上入油烧热，放入羊肉片、大料、胡椒粉、盐、孜然粉翻炒，注入高汤，煮沸后，加入胡萝卜丁，撒上葡萄干，关火，将菜品连汤带料一起倒入电饭锅。④把大米放入电饭锅，覆盖在羊肉汤料上面，使汤汁恰好与米平齐，充分搅拌均匀，盖上盖子，按下煮饭键，焖煮 20 分钟至熟即可。

【烹饪技法】炒，焖。

【营养功效】益气补虚，补肾壮阳。

【健康贴士】羊肉与荞麦功能相反，不宜同食。

【举一反三】羊肉换成牛肉，即可做成美味的孜然牛肉焖饭。

玉米豆角焖饭

【主料】大米 200 克，扁豆 100 克，鲜玉米粒 50 克。

【配料】姜丝、葱段各 2 克，生抽 4 克，高汤 300 毫升，植物油 10 克，盐 3 克，鸡精 2 克。

【制作】① 鲜玉米粒洗净；扁豆洗净，切丝；大米淘洗干净，用清水浸泡 20 分钟，捞出，放入电饭锅后，注入高汤，煮熟备用。② 锅置大火上，入油烧热，下葱段、姜丝煸香，放入扁豆丝翻炒，炒至扁豆八成熟时，放生抽、盐、鸡精调味，翻炒均匀盛出。③ 把炒好的豆角放入煮熟的米饭上，盖上电饭锅的盖子，焖 5 分钟即可。

【烹饪技法】炒，焖。

【营养功效】健脾养胃，清热止咳。

【健康贴士】此饭里也可以加些猪肉粒，因扁豆与猪肉粒同食，有强身健体之效。

土豆培根焖饭

【主料】大米 200 克，培根 100 克，土豆、胡萝卜各 50 克，洋葱 30 克。

【配料】生抽 4 克，韩国辣酱 20 克，高汤 30 毫升，植物油 10 克，盐 3 克，鸡精 2 克。

【制作】① 培根洗净，切片；土豆去皮，洗净，切块；胡萝卜、洋葱洗净，切块；大米淘洗干净，放入电饭锅内，注入适量清水，将大米煮熟备用。② 锅置火上，入油烧热，炒香培根，再依次放入土豆块、胡萝卜块、洋葱块翻炒片刻，盛出，倒入电饭锅内同米饭一起拌匀。③ 再将韩国辣酱、高汤、生抽、盐放入小碗里，搅匀后，再倒入电饭锅里拌匀，按下煮饭键，焖煮 5 分钟即可。

【烹饪技法】炒，焖。

【营养功效】健脾益气，温中养胃。

【健康贴士】腹胀、腹泻患者慎食。

鸡肉蘑菇焖饭

【主料】大米 200 克，鸡腿 100 克，鲜香菇 4 朵。

【配料】青、红椒各 30 克，洋葱 40 克，料酒、生抽各 5 克，植物油 10 克，盐 3 克，鸡精 2 克，胡椒粉 3 克。

【制作】① 鸡腿洗净，去骨，切成小块，放入碗里，加盐、料酒、胡椒粉拌匀，腌渍 10 分钟；鲜香菇洗净，切成小块；青、红椒去蒂、子，洗净，切丁；洋葱洗净，切碎；大米淘洗干净，沥干水分备用。② 把鸡骨放入小汤锅内，注入适量清水，锅置中火上，熬煮 10 分钟，煮成汤备用。③ 锅置火上，入油烧热，下洋葱碎炒香，加入香菇继续炒香，再放入鸡肉块，炒至鸡肉变白，接着倒入大米炒香，然后注入用鸡骨炖的高汤，盖上锅盖，小火焖至汤汁收干后，加入青、红椒丁，放鸡精、生抽调味，再焖 5 分钟即可。

【烹饪技法】腌，煮，焖。
【营养功效】温中益气，护肝明目。
【健康贴士】鸡肉宜与青椒同食，有助于增强食欲。

萝卜干贝焖饭

【主料】大米200克，白萝卜80克，五花肉50克，干贝40克。
【配料】虾皮10克，芹菜20克，生抽5克，植物油10克，盐3克，鸡精2克。
【制作】① 白萝卜洗净，切丝；五花肉洗净，切片；芹菜择洗干净，切丁；干贝泡发；虾皮洗净，沥干水分；大米淘洗干净。② 锅置火上，入油烧热，下五花肉炒至断生，加入白萝卜丝、虾皮、干贝翻炒，再倒入洗净的大米，加生抽、盐、鸡精调味，搅拌均匀后，盛出。③ 将炒好的材料全部倒进电饭锅里，注入适量的清水，按下煮饭键开始煮饭，约煮10分钟后，放入香芹丁，搅匀，盖上盖子，再焖5分钟即可。
【烹饪技法】炒，焖。
【营养功效】滋阴补肾，健胃消食。
【健康贴士】白萝卜宜与五花肉同食，可起到消食、除胀、通便的作用。

芋头香肠焖饭

【主料】大米200克，芋头100克，玉米香肠1根。
【配料】胡萝卜80克，植物油10克，白砂糖3克，盐3克，鸡精2克。
【制作】① 胡萝卜洗净，切丁；芋头去皮，洗净，切丁；玉米香肠切丁。② 大米淘洗干净，放入电饭锅中，注入清水300毫升，放油、盐、白砂糖搅拌，再加入胡萝卜丁、芋头丁，搅拌均匀，按下煮饭键煮熟。③ 在煮熟的米饭上面撒上香肠丁，保温10分钟后，断电再焖10分钟即可。
【烹饪技法】拌，焖。
【营养功效】润肠通便，温中养胃。
【健康贴士】芋头也可与红枣同食，补血养颜功效更佳。
【举一反三】玉米香肠可换成五花肉，味道同样鲜美。

咖喱牛肉焖饭

【主料】大米200克，牛肉80克，咖喱粉25克。
【配料】青椒30克，土豆70克，洋葱50克，蒜3克，清水300毫升，植物油10克，盐3克，鸡精2克。
【制作】① 蒜去皮，切片；土豆去皮，洗净，切小块；洋葱洗净，切块；青椒去蒂、子，洗净，切块；大米淘洗干净。② 锅置大火上，入油烧热，下蒜片、洋葱爆香，放入土豆翻炒均匀后，加入牛肉炒至牛肉断生，倒进咖喱粉迅速搅拌，注入清水，煮沸后，放盐、鸡精调味，盛出。③ 将大米与炒好的咖喱牛肉一起倒入电饭锅，搅拌均匀，调到煮饭挡，焖煮至熟即可。
【烹饪技法】炒，焖。
【营养功效】生津开胃，健脾益气。
【健康贴士】牛肉也可与芋头同食，可改善食欲不振症状。
【举一反三】将牛肉换成鸡肉，即可做成美味经典的咖喱鸡肉焖饭。

香芹培根焖饭

【主料】大米200克，香芹80克，培根70克。
【配料】虾皮、胡萝卜、红椒各20克，鲜香菇4朵，姜丝3克，生抽、老抽、蚝油各4克，植物油10克，盐3克，鸡精2克。
【制作】① 香芹洗净，切段；培根切小片；虾皮洗净；鲜香菇、胡萝卜洗净，切小丁；青椒去蒂、子，洗净，切丁；大米淘洗干净。② 锅置火上，入油烧至八成热，下姜丝爆香，依次放入培根片、香菇丁、胡萝卜丁、红椒丁、虾皮翻炒，放盐、生抽、老抽、鸡精、蚝油调味，炒匀盛出。③ 将大米放入电饭锅内，注入比平时煮饭稍少的水，将炒好的培根等材料倒入电饭锅，稍稍搅拌，按下煮饭键，待煮饭键跳起时，掀开盖子，放入香芹段，焖10分钟即可。

【烹饪技法】炒，焖。

【营养功效】清热除烦，平肝凉血。

【健康贴士】脾胃虚寒者、滑肠不固者慎食。

洋葱羊肉焖饭

【主料】大米200克，羊肉100克，洋葱80克，胡萝卜、花菜各30克。

【配料】香菜、熟芝麻各5克，葱末3克，孜然粉、胡椒粉各2克，十三香3克，植物油10克，盐3克，鸡精2克。

【制作】① 羊肉洗净，切片；洋葱、胡萝卜分别洗净，切丁；花菜洗净，切末；香菜择洗干净，切末；大米淘洗干净。② 锅置火上，入油烧热，下洋葱爆香后，放入羊肉、胡萝卜、花菜翻炒至八成熟，调入孜然粉、胡椒粉、十三香炒匀，放盐、鸡精调味，盛出备用。③ 将大米放进电饭锅里，注入适量清水，按下煮饭键煮熟；把炒熟的洋葱羊肉倒入煮熟的米饭里，撒入葱末、香菜末，焖10分钟后，再撒入熟芝麻即可。

【烹饪技法】炒，焖。

【营养功效】益气补虚，温中养胃。

【健康贴士】洋葱宜与羊肉同食，可增强人体免疫力。

豆角香肠焖饭

【主料】大米200克，豇豆80克，广式香肠50克。

【配料】葱段3克，姜丝2克，高汤200毫升，生抽5克，植物油10克，盐3克，鸡精2克。

【制作】① 豇豆洗净，切段；广式香肠切片；大米淘洗干净，浸泡2小时捞出，沥干水分，放电饭锅里。② 锅置火上，入油烧热，下葱段、姜丝爆香后，放入豇豆煸炒3分钟后，放入生抽、盐、鸡精调味，注入高汤，盖上锅盖，焖4分钟，盛出。③ 将炒好的豇豆连汤带料一起倒入泡好的大米里，用菜的汤汁去焖米饭，按下煮饭键，大约焖煮20分钟后，掀开盖子，放入广式香肠，搅拌均匀，再焖5分钟即可。

【烹饪技法】煸，焖。

【营养功效】补中益气，健胃补肾。

【健康贴士】气滞便结者慎食豇豆。

【举一反三】没有豇豆可用四季豆代替，味道同样鲜美。

咸蛋豌豆焖饭

【主料】剩米饭200克，豌豆80克，咸鸭蛋2个，腊肉50克。

【配料】洋葱、甜椒各30克，高汤200毫升，植物油10克，盐3克，鸡精2克。

【制作】① 将豌豆淘洗干净，放入沸水中煮10分钟，捞出，沥干水分；洋葱洗净，切丁；甜椒去蒂、子，洗净，切丁；腊肉切粒，咸鸭蛋切碎。② 锅置大火上，入油烧热，下洋葱丁爆香，放入咸鸭蛋翻炒均匀后，加入豌豆翻炒，注入高汤，焖煮片刻，倒入剩米饭翻炒均匀，再加入甜椒丁拌匀，放盐、鸡精调味，焖3分钟即可。

【烹饪技法】炒，煮，焖。

【营养功效】和中益气，补血养颜。

【健康贴士】咸鸭蛋属腌制品，不宜多食。

南瓜肉片焖饭

【主料】剩米饭200克，南瓜100克，猪肉60克。

【配料】蒜、葱各3克，料酒、生抽各5克，淀粉3克，高汤200毫升，植物油10克，白砂糖4克，盐3克，鸡精2克。

【制作】① 南瓜去皮，洗净，切块；蒜去皮，切末；葱洗净，切末；猪肉洗净，切片，装入碗里，加生抽、淀粉拌匀腌制10分钟。② 锅置大火上入油烧热，将蒜末爆香，放入腌制好的肉片翻炒至肉片无血色，倒入南瓜块，炒至南瓜稍软，放盐、白砂糖、料酒炒匀，注入高汤，大火煮沸。③ 待锅里还剩1/3的汤汁时，倒入剩米饭，用锅铲迅速翻炒至米饭松散，加盖，用中火焖煮3分钟，放鸡精调味，撒上葱末即可。
【烹饪技法】炒，焖。
【营养功效】润肺益气，消炎止痛。
【健康贴士】南瓜宜与猪肉同食，可预防糖尿病。

黄鳝焖饭

【主料】大米200克，黄鳝200克，红枣20克。
【配料】姜汁5克，高汤200毫升，植物油10克，盐3克，鸡精2克。
【制作】① 黄鳝处理干净，切段，装入碗里，加入姜汁、油、盐拌匀，腌制20分钟；红枣洗净，去核；大米淘洗干净。② 把大米、红枣放入砂锅内，注入高汤，砂锅置大火上开始煮饭，待米饭即将收干水时，放入拌好的黄鳝段，整齐地摆在米饭上，转小火焖五分钟，放盐、鸡精调味后，关火，再焖5分钟即可。
【烹饪技法】腌，焖。
【营养功效】补气养血，温中养胃。
【健康贴士】黄鳝也可与鲜藕同食，有助于保持体内酸碱平衡。
【举一反三】将黄鳝换成泥鳅，即可做出营养丰富，鲜嫩美味的泥鳅焖饭。

海带焖饭

【主料】大米200克，海带50克。
【配料】高汤200毫升，植物油10克，盐3克，鸡精2克。
【制作】① 大米淘洗干净，沥干水分；海带洗净泥沙，放入盆中用清水泡发，捞出，沥干水分，切成小块。② 炒锅置火上，放入海带块，注入高汤，大火煮沸，转小火炖煮5分钟，煮出海带香味，随即放入大米，转大火再次煮沸后，不断翻搅，转小火煮至米汤快收干时，放盐、鸡精调味，盖上锅盖，用小火焖10分钟即可。
【烹饪技法】焖。
【营养功效】祛脂降压，散结抗癌。
【健康贴士】脾胃虚寒者慎食，碘过盛型甲亢患者忌食。

泥鳅焖饭

【主料】粳米200克，泥鳅200克。
【配料】姜丝5克，高汤300毫升，植物油10克，生抽5克，盐3克，鸡精2克。
【制作】① 用沸水将泥鳅烫死后，去肠脏，清洗干净，沥干水分，装入碗里，加入姜丝、油、生抽、盐、鸡精拌匀，腌制10分钟。② 粳米淘洗干净，放入电饭锅里，注入高汤，按下煮饭键开始煮饭，待米饭的水分即将收干时，将腌制好的泥鳅整齐地摆在米饭面上，煮至电饭锅自动跳至保温挡，再焖20分钟即可。
【烹饪技法】腌，焖。
【营养功效】补中益气，健脾暖胃。
【健康贴士】泥鳅鱼也可与甜椒搭配食用，有降低血糖之效。

冬菇黄鳝焖饭

【主料】粳米200克，黄鳝100克，冬菇5朵。
【配料】姜丝5克，高汤300毫升，植物油10克，白酒4克，生抽5克，盐3克，鸡精2克。
【制作】① 黄鳝活宰，去肠脏，用盐腌洗干净，放入沸水中汆去血水、黏液后，切段，装入碗里，用姜丝、白酒、盐、生抽、鸡精拌匀，腌制20分钟备用。② 冬菇泡软，去蒂，洗净，切丝；粳米淘洗干净。③ 把粳米放入锅内，注入高汤，煮至米饭八成熟，放入腌制好的黄鳝和冬菇丝，小火焖20分钟即可。
【烹饪技法】汆，腌，焖。
【营养功效】补气养血，强筋壮骨。
【健康贴士】糖尿病、高脂血、冠心病、动脉硬化以及身体虚弱、气血不足者、产妇宜食。

金针菇田鸡焖饭

【主料】粳米200克，田鸡100克，金针菇

30克。

【配料】姜丝5克，高汤300毫升，香油10克，生抽5克，淀粉3克，白砂糖3克，盐3克。

【制作】① 金针菇洗净，用清水泡软，拆散；粳米淘洗干净。② 青蛙活宰，去肠脏、皮、爪，洗净，切块，与金针菇一起装入碗里，加入白砂糖、盐、姜丝、生油、淀粉拌匀，腌制30分钟备用。③ 把粳米放入锅内，注入高汤，锅置大火上，煮至米饭八成熟时，放入腌制好的田鸡、金针菇，转小火焖20分钟，淋上香油即可。

【烹饪技法】腌，焖。

【营养功效】健脾补虚，滋阴养血。

【健康贴士】田鸡肉易有寄生虫卵，因此一定要煮熟透才能食用。

焗饭

蟹棒焗饭

【主料】米饭200克，蟹棒100克，青椒50克。

【配料】洋葱20克，蒜蓉3克，高汤100毫升，百里香、月桂叶各2克，植物油20克，白酒5克，盐3克，黑胡椒粉2克。

【制作】① 青椒去蒂、子，洗净，切丝；洋葱洗净，切碎；蟹棒切小段。② 锅置火上，入油10克烧热，炒香蒜蓉、洋葱碎，放入蟹棒略炒，烹白酒，盛出备用。③ 净锅后，锅置火上，入油10克烧至六成热，以中火炒香百里香、月桂叶，倒入米饭迅速翻炒均匀，放盐、黑胡椒粉调味，注入高汤，转中火焖10分钟即可。

【烹饪技法】炒，焗。

【营养功效】温中下气，健胃消食。

【健康贴士】蟹肉性寒，不宜多食，孕妇以及患有伤风、发热、胃痛、腹泻、慢性胃炎、胃及十二指肠溃疡、脾胃虚寒等病症者忌食。

牛肉片焗饭

【主料】米饭200克，牛肉100克，洋葱50克。

【配料】植物油15克，生抽、蚝油各5克，白砂糖4克，淀粉、盐各3克，黑胡椒粉2克。

【制作】① 牛肉洗净，切薄片，装入碗里，调入生抽、白砂糖、生粉、油抓匀，腌制10分钟；洋葱洗净，切长条。② 锅置火上，入油烧热，放入牛肉片爆炒，炒至变色盛出。③ 原锅留底油，烧热，下洋葱条煸炒，调入黑胡椒粉、蚝油，将洋葱炒熟后再倒入炒过的牛肉片，倒入米饭与黑椒牛肉片混合拌炒，加盐调味后，再焖3分钟即可。

【烹饪技法】腌，煸，焗。

【营养功效】温中养胃，益气养血。

【健康贴士】牛肉宜与洋葱同食，滋补效果更佳。

番茄奶酪焗饭

【主料】米饭200克，番茄150克，马苏里拉奶酪丝100克，洋葱50克，黑橄榄20克。

【配料】植物油10克，黄油10克，九层塔叶3克，盐3克，黑胡椒粉2克。

【制作】① 番茄洗净，去皮，切丁；洋葱洗净，切丁；九层塔叶洗净，切碎。② 锅置火上，入油烧热，放入黄油块加热至融化，下洋葱丁炒香，再放入番茄翻炒，加入盐、黑胡椒粉调味，注入适量清水，煮成酱汁，盛出。③ 将米饭装入烤盘中，倒入酱汁，拌匀，铺上马苏里拉奶酪丝和一部分黑橄榄，放入预热200度的烤箱内，用上下火烤10分钟后取出，撒上九层塔叶碎和剩下的黑橄榄即可。

【烹饪技法】炒，焗，烤。

【营养功效】健胃消食，润肠通便。

【健康贴士】番茄宜与奶酪同食，补虚降脂的功效明显。

泰式椰子焗饭

【主料】大米100，椰子1个，芦笋、洋葱各30克，青、红椒各20克，鸡蛋1个。
【配料】清水100毫升，植物油15克，奶油10克，咖喱粉5克，盐3克，黑胡椒粉2克。
【制作】① 椰子从蒂头下1/4处切开，倒出椰汁，椰壳做成椰盅；芦笋洗净，切片；牛肉洗净，切丁；洋葱去皮，洗净，切碎；青、红椒去蒂、子，切末。② 大米淘洗干净，放入蒸盆里，注入适量清水及椰汁，浸泡30分钟，再放入蒸锅中蒸40分钟，关火，焖10分钟，取出。③ 锅置中火上，放入奶油烧热，打入鸡蛋炒松，转大火，加入牛肉、芦笋、洋葱、青椒、红椒翻炒，放盐、咖喱粉、黑胡椒粉调味，拌匀盛出。④ 将炒好的菜倒入煮熟的米饭里搅拌均匀后，装入椰子盅焖5分钟即可。
【烹饪技法】炒，焗。
【营养功效】生津止渴，健脾益气。
【健康贴士】糖尿病、脾胃虚寒、腹痛腹泻者慎食。

意大利鱿鱼焗饭

【主料】米饭200克，鱿鱼100克，甜椒20克，鲜玉米粒、青豆、胡萝卜各30克。
【配料】蒜3克，植物油10克，盐3克，黑胡椒粉2克。
【制作】① 甜椒去蒂、子，洗净，切块；胡萝卜洗净，切丝；鲜玉米粒、青豆分别淘洗干净；蒜去皮，切末；鱿鱼洗净，切成鱿鱼花，用沸水汆烫，捞出，用厨房用纸吸去水分。② 锅置火上，入油烧热，下蒜末爆香，放入鱿鱼花爆炒片刻后，加入甜椒块炒香，倒入胡萝卜、青豆、甜玉米粒，炒至有青豆香味时盛出。③ 将炒好的鱿鱼和米饭一起倒入烤盘中，加盐、黑胡椒调味，搅拌，放入烤箱烤10分钟即可。
【烹饪技法】汆，炒，焗，烤。
【营养功效】补虚养气，滋阴养颜。
【健康贴士】鱿鱼也可与青椒同食，可促进消化。

辣白菜焗饭

【主料】米饭200克，辣白菜100克，培根50克，青椒20克，鲜玉米粒30克。
【配料】蒜3克，马苏里拉奶酪80克，白砂糖3克，植物油10克，盐3克，鸡精2克。
【制作】① 辣白菜切末；培根，切粒；青椒去蒂、子，切丝；鲜玉米粒淘洗干净。② 锅置火上，入油烧至三成热时转成中火，下蒜末煸出香味，加入培根，煸炒培根至出油，放入辣白菜，煸炒至出红油后，加入鲜玉米粒、青椒翻炒均匀，再加入米饭充分炒匀后，放盐、鸡精、白砂糖调味，盛出。③ 将炒好的饭放入烤盘，在炒饭上均匀地铺上一层马苏里拉奶酪丝，放入预热好的烤箱中，保持220度，烤至奶酪焦黄即可。
【烹饪技法】炒，烤，焗。
【营养功效】生津开胃，润肠通便。
【健康贴士】肥胖患者、服用单胺氧化酶抑郁剂患者忌食。

西蓝花奶酪焗饭

【主料】米饭200克，西蓝花100克，奶酪50克，鸡蛋1个。
【配料】黄油10克，白砂糖3克，盐3克，鸡精2克。
【制作】① 西蓝花洗净，撕成小朵，用沸水焯汤，捞出，沥干水分；鸡蛋打入碗里，搅拌成蛋液；米饭装入盘里捣碎。② 平底锅置中火上，烧热，放入黄油融化，倒入蛋液，转成小火，炒至蛋液成型后用锅铲捣成鸡蛋碎，倒入米饭，迅速翻炒至米饭温热，放入奶酪片和西蓝花继续炒匀，放盐、鸡精调味，拌炒至奶酪彻底融化，盛出装盘即可。
【烹饪技法】焯，炒，焗。
【营养功效】润肺止咳，开胃生津。
【健康贴士】西蓝花还可与胡萝卜同食，能预防消化系统疾病。

奶酪焗饭

【主料】米饭 200 克，奶酪 50 克，猪里脊肉 50 克，洋葱 50 克，番茄 80 克。

【配料】番茄沙司 10 克，黄油、生抽、水淀粉各 5 克，白砂糖 2 克，盐 3 克。

【制作】① 洋葱洗净，切丝；奶酪切丝；番茄洗净，切成丁；猪里脊肉洗净，切成薄片。② 将洋葱丝、番茄丁、猪里脊肉片放入微波炉专用碗中，调入生抽、番茄沙司、白砂糖和水淀粉，再加入 150 毫升清水，搅拌均匀，将碗移入微波炉用大火加热 3 分钟，做成有肉片的酱料。③ 另取一个微波炉专用的有深度的平底盘，在平底盘内侧抹上一层黄油，将米饭平铺在平底盘底部，米饭上面均匀地倒入做好的酱料，撒上奶酪丝。④ 取一个能放下微波炉平底盘的大盆，往大盆里注入适量冷水，将平底盘放入大盆里，移入微波炉，以隔水加热的方法用大火加热 3 分钟即可。

【烹饪技法】拌，烤，焗。

【营养功效】温中养胃，滋阴润燥。

【健康贴士】猪里脊肉也可与茄子同食，增加血管弹性。

鸡肉焗饭

【主料】大米 200 克，鸡肉 200 克。

【配料】姜、葱、香菜各 3 克，植物油 10 克，生抽、淀粉各 5 克，白砂糖 3 克，盐 3 克。

【制作】① 姜洗净，切片；葱洗净，切成葱末；香菜择洗干净，切末；鸡肉洗净，剁成块，装入碗里，加盐、生抽、白砂糖、淀粉、姜片拌匀，腌制 10 分钟备用。② 大米淘洗干净放入电饭锅，注入比平时少的水，按下煮饭键煮熟备用。③ 米饭煮熟后，把腌好的鸡块连腌料一起倒在米饭的上面，焗 10 分钟后，掀开盖子撒上葱末和香菜碎，淋入油，盖上盖子继续保温 8 分钟即可。

【烹饪技法】腌，煮，焗。

【营养功效】滋阴补血，补中益气。

【健康贴士】一般人皆宜食用。

【举一反三】将鸡肉换成其他动物的肉，味道同样鲜美。

咖喱焗饭

【主料】米饭 200 克，鸡肉 100 克，马苏里拉奶酪 100 克，咖喱粉 10 克。

【配料】胡萝卜、土豆、洋葱各 50 克，植物油 10 克，盐 3 克。

【制作】① 鸡肉洗净，切成小块，放入沸水中汆去血水，捞出，沥干水分；胡萝卜去皮，洗净，切块；土豆去皮，洗净，切块，用清水冲洗掉淀粉；洋葱撕去内层的薄膜后，洗净，切片；奶酪切丝。② 锅置大火上，入油烧热，下胡萝卜煸炒片刻后，加入土豆翻炒，再放入鸡块和洋葱翻炒均匀，注入没过食材的清水，盖上盖子，煮沸后转小火炖 3 分钟，然后放入咖喱粉搅拌均匀，放盐调味，盛出。③ 把米饭盛入焗饭盘中，倒上鸡肉咖喱，撒上一层奶酪丝，移入预热 200 度的烤箱内，烤 20 分钟至奶酪融化即可。

【烹饪技法】汆，炒，焗。

【营养功效】温中益气，护肝明目。

【健康贴士】鸡肉也可与板栗同食，增强造血功能。

【举一反三】没有烤箱也可放入微波炉烤，简便快捷。

火腿焗饭

【主料】米饭 200 克，火腿 20 克，马苏里拉奶酪 100 克，鲜玉米粒 50 克，鸡蛋 2 个。

【配料】植物油 10 克，盐 3 克。

【制作】① 火腿切丁；苏里拉奶酪切丝；鲜玉米粒淘洗干净；鸡蛋打入碗中，搅拌成蛋液。② 锅置火上，入油烧热，倒入蛋液炒散，加入鲜玉米粒、火腿丁、米饭翻炒均匀，放盐调味，拌匀盛出。③ 将炒好的米饭盛入烤碗中，在米饭上面撒上马苏里拉奶酪丝，移入预热 200 度的烤箱内，烤 10 分钟即可。

【烹饪技法】炒，烤，焗。

【营养功效】补虚健脾，生津开胃。

【健康贴士】火腿含有丰富的氨基酸，能提高机体免疫力。

菠萝焗饭

【主料】米饭 100 克，菠萝 1 个，香肠 30 克，鸡蛋 2 个。

【配料】咖喱粉 3 克，葱末 4 克，植物油 10 克，盐 3 克。

【制作】① 菠萝对半切开，取 1/2 个菠萝，把菠萝肉挖出切成丁，菠萝壳不扔备用；香肠切片。② 锅置火上，入油烧热，把香肠片倒入煸炒出油，倒入菠萝丁翻炒，撒入葱末爆香，再倒入蛋液炒散后，加入米饭、咖喱粉拌炒均匀，放盐调味，关火。③ 将炒好的饭装入菠萝壳内，盖好，再放进预热 200 度的烤箱，烤 8 分钟取出，再焖 10 分钟即可。

【烹饪技法】炒，烤，焗。

【营养功效】养胃生津，益肾壮阳。

【健康贴士】菠萝宜与猪肉同食，促进蛋白质的吸收。

蘑菇焗饭

【主料】剩米饭 100 克，蘑菇 10 朵，洋葱 50 克，培根 40 克。

【配料】马苏里拉奶酪 60 克，植物油 10 克，盐 3 克。

【制作】① 剩米饭装入大碗里，加少量水，用勺子搅散；洋葱去老皮，洗净，切成丁；蘑菇洗净，切成片；培根切成片；马苏里拉奶酪切成丝。② 锅置火上，入油烧热，下入洋葱丁炒香，放入培根一起煸炒，加入蘑菇片翻炒至熟，再倒入剩米饭炒匀，转成小火，加盐调味，关火。③ 将炒饭盛出，倒在垫着牛油纸的烤盘里，在米饭上铺上马苏里拉奶酪丝，将烤盘放入预热 200 度的烤箱内，烤至奶酪融化着色即可。

【烹饪技法】炒，烤，焗。

【营养功效】降低血糖，降低血压。

【健康贴士】蘑菇还宜与扁豆同食，可以起到增强人体免疫力、止咳祛痰的作用。

南瓜酱焗饭

【主料】米饭 200 克，南瓜 200 克，培根、鲜香菇、洋葱各 30 克。

【配料】月桂叶 2 克，高汤 500 毫升，意大利综合香料 1 袋，黄油 30 克，马苏里拉奶酪 50 克，盐 3 克，黑胡椒粉 3 克。

【制作】① 南瓜去皮、子，切小丁；洋葱洗净，切末；培根切小片；鲜香菇洗净，切片；马苏里拉奶酪切丝。② 锅置火上，烧热，放入黄油 20 克融化，下洋葱末爆香，放入南瓜炒香，加入月桂叶、意大利综合香料翻炒均匀，注入高汤，煮至南瓜熟烂，去除月桂叶，做成南瓜酱。③ 另起锅，放入 10 克黄油化开，下入培根片、鲜香菇片炒至断生，倒入米饭翻炒均匀，再加入做好的南瓜酱、盐、黑胡椒粉调味，关火。④ 将炒好的米饭盛入烤盘中，撒上马苏里拉奶酪丝，移入预热为 250 度的烤箱，上下火烤 5 分钟即可。

【烹饪技法】炒，烤，焗。

【营养功效】润肺益气，补脾健胃。

【健康贴士】南瓜也能与芦荟同食，有美白肌肤之效。

蔬菜培根焗饭

【主料】剩米饭 200 克，竹笋、芦笋、胡萝卜、培根各 80 克，芝士 100 克。

【配料】蒜 3 克，植物油 10 克，盐 3 克。

【制作】① 竹笋洗净，切丁；芦笋洗净，去皮，切丁；胡萝卜洗净，切丁；培根洗净，切片；蒜去皮，切末；芝士切丝；剩米饭盛入瓷碗里，放入微波炉热 2 分钟后取出。② 锅置大火上，入油烧热，爆香蒜末，加入培根片、竹笋丁、芦笋丁、胡萝卜丁一起翻炒至熟，加盐调味，关火。③ 把炒好的菜铺在热好的米饭上，撒上芝士丝在米饭上，移入预热 200 度的烤箱里，放中层，上下火烤 10 分钟，烤至芝士融化即可。

【烹饪技法】炒，烤，焗。

【营养功效】健胃消食，护肝明目。

【健康贴士】芦笋还可与杏鲍菇同食，能有效防治癌症。

土豆培根焗饭

【主料】剩米饭200克，土豆、培根各100克，洋葱50克。

【配料】马苏里拉芝士粉60克，植物油10克，盐3克，黑胡椒粉2克。

【制作】①土豆去皮，洗净，切小丁，用清水洗去淀粉，捞出，沥干水分；洋葱去皮，洗净，切丁；培根切丁。②锅置火上，入油烧热，放入培根煎出油，加入洋葱炒出香味，然后放入土豆炒软，倒入米饭翻炒均匀，放盐、鸡精、胡椒粉调味，最后撒上芝士粉拌匀，关火。③将炒好的米饭装入烤盘中，均匀地撒上马苏里拉芝士粉，放入预热180度的烤箱中，放中上层，烤至马苏里拉芝士粉融化即可。

【烹饪技法】煎，烤，焗。

【营养功效】温中养胃，开胃生津。

【健康贴士】土豆也可与牛肉同食，能起到平衡酸碱的作用。

腊蔬缤纷焗饭

【主料】剩米饭200克，菜花、腊肠、豌豆粒、鲜玉米粒、番茄、黄豆各50克。

【配料】马苏里拉芝士粉60克，黄油10克，盐3克，黑胡椒粉2克。

【制作】①洗净所有食材，菜花切末；番茄切块；腊肠切片；剩米饭装入烤盘中，抖散。②炒锅置火上，烧至四成热，放入黄油化开，倒入菜花、番茄、黄豆、玉米粒炒香，加入腊肠大火翻炒5分钟，加盐、黑胡椒粉调味，关火。③把炒好的腊肠蔬菜倒在剩米饭上，撒上马苏里拉芝士粉，放入预热200度的烤箱内，烤10分钟即可。

【烹饪技法】炒，烤，焗。

【营养功效】和中益气，润肺止咳。

【健康贴士】菜花宜与番茄同食，降压降脂功效显著。

【举一反三】蔬菜可根据个人喜好自由搭配。

什锦奶酪焗饭

【主料】剩米饭200克，紫甘蓝、培根、尖椒各50克，马苏里拉奶酪60克。

【配料】九层塔叶3克，植物油10克，黄酒5克，盐3克，黑胡椒粉2克。

【制作】①紫甘蓝洗净，切丁；培根洗净，切丁；尖椒去蒂、子，切丁；马苏里拉奶酪切丁。②将紫甘蓝丁、培根丁、尖椒丁装入碗里，放入油、九层塔叶、盐、黄酒、胡椒粉拌匀。③把剩米饭装入烤碗中，将拌好的菜料放在米饭上，撒入马苏里拉奶酪丁，放入预热200度的烤箱中，烤20分钟即可。

【烹饪技法】拌，焗。

【营养功效】健脾开胃，补虚益气。

【健康贴士】常食紫甘蓝可缓解关节疼痛。

蔬菜肉丁焗饭

【主料】剩米饭200克，猪里脊肉50克，土豆70克，胡萝卜60克，青椒50克，火腿40克，洋葱35克。

【配料】马苏里拉奶酪75克，料酒、淀粉各3克，蒜末10克，蚝油5克，植物油10克，盐3克，黑胡椒粉2克。

【制作】①猪里脊肉洗净，切小丁，装入碗里，加入料酒和淀粉抓匀，腌制15分钟；土豆去皮，洗净，切丁；胡萝卜去皮，洗净，切丁；青椒洗净，切丁；火腿切丁；洋葱洗净，切丁；马苏里拉奶酪切丝用。②锅中置火上，注入适量清水，大火煮沸，下入土豆丁和胡萝卜丁，煮约3分钟至熟软，捞出，沥干水分备用。③锅置火上，入油烧热，下入蒜末和洋葱丁，煸炒出香味，倒入猪里脊肉丁，翻炒至肉色变白，放入土豆丁、胡萝卜丁、青椒丁和火腿丁翻炒，放盐、蚝油、黑胡椒粉调味，最后倒入米饭翻炒均匀，关火。④将炒好的米饭装进烤盘里，撒上马苏里拉奶酪丝，放入预热200度的烤箱，烤5分钟至奶酪融化即可。

【烹饪技法】炒，烤，焗。
【营养功效】健脾和胃，护肝明目。
【健康贴士】胡萝卜也可与菠菜同食，防止中风。

薯泥彩椒鸡腿焗饭

【主料】剩米饭 200 克，土豆 150 克，鸡腿 100 克，胡萝卜 50 克，甜椒 70 克。
【配料】蒜 3 克，马苏里拉芝士 40 克，牛奶 200 毫升，黄油 20 克，盐 3 克，胡椒粉 2 克。
【制作】① 胡萝卜洗净，切小块；甜椒去蒂、子，洗净，切小块；鸡腿洗净，切丁；蒜去皮，切末；马苏里拉芝士切丝。② 土豆洗净，放进高压锅大火煮 5 分钟，冷却后去皮，装入大碗里，用勺子捣碎，加入黄油、牛奶拌成土豆泥备用。③ 锅置火上，入油烧热，下蒜末爆香，放入鸡腿肉翻炒至肉色发白，加入胡萝卜、甜椒翻炒 5 分钟，放盐、胡椒粉调味，关火。④ 把剩米饭盛入烤盘里，放入微波炉热 2 分钟后取出，先把做好的土豆泥铺在热米饭上，再倒入炒好的蔬菜鸡肉，撒上马苏里拉芝士丝，移入预热 200 度的烤箱内，放中层，上下火烤 10 分钟，烤至芝士融化变成浅黄即可。
【烹饪技法】煮，炒，烤。
【营养功效】温中养胃，健脾益气。
【健康贴士】脾胃气虚、营养不良、高血压、高脂血宜食，糖尿病、孕妇慎食。

红酒牛肉蔬菜焗饭

【主料】剩米饭 200 克，牛肉 150 克，红酒 30 毫升，胡萝卜、红椒洋葱各 30 克。
【配料】芝士片 40 克，嫩肉粉 3 克，植物油 10 克，蚝油 8 克，盐 3 克，胡椒粉 2 克。
【制作】① 牛肉洗净，切丝，放入碗中，加入红酒、蚝油、嫩肉粉拌匀，腌制 15 分钟备用。② 洋葱洗净，切丝；胡萝卜洗净，切丝；红椒去蒂、子，洗净，切丝。③ 锅置火上，入油烧热，下腌制好的牛肉丝翻炒片刻，加入洋葱丝、胡萝卜丝、红椒丝一起翻炒，再放盐、胡椒粉调味，关火。④ 将米饭均匀地铺在锡纸上，把炒好的牛肉蔬菜盖在米饭上面，再放上芝士片，包好锡纸，放在烤盘上，移入预热 150 度的烤箱里，烤 5 分钟即可。
【烹饪技法】炒，烤，焗。
【营养功效】健脾益气，美容养颜。
【健康贴士】红酒宜与芝士同食，可加速新陈代谢。

红椒鸡肉乳酪焗饭

【主料】米饭 200 克，鸡肉 150 克，洋葱、红椒、甜玉米粒、青豆各 50 克，土豆 100 克。
【配料】奶油、植物油各 10 克，乳酪 30 克，白酒、老抽各 4 克，白砂糖、玉米淀粉、盐各 3 克，黑胡椒粉 2 克。
【制作】① 鸡肉洗净，用刀背拍松，切小块，装入碗里，用玉米淀粉、白酒拌匀，腌制 10 分钟备用。② 将青豆、甜玉米粒淘洗干净，放入沸水中焯熟，捞出，沥干水分；青椒去蒂、子，洗净，切块；洋葱洗净，切小块；土豆洗净，切块 乳酪切碎。③ 把土豆块放入碗中，加入奶油、黑胡椒粉放入微波炉中烤 8 分钟，取出后用勺背压碎，搅拌成奶油土豆泥备用。④ 锅置火上，入油烧热，下洋葱炒香，依次放入鸡块、红椒、甜玉米粒、青豆翻炒，加盐、老抽、白砂糖调味，炒匀，关火。⑤将米饭盛入烤盘内，铺上土豆泥，将炒好的菜料倒在土豆泥上，撒上乳酪碎，移入预热 220 度的烤箱内烤 10 分钟，烤至乳酪融化即可。
【烹饪技法】焯，炒，烤，焗。
【营养功效】温中益气，生津开胃。
【健康贴士】鸡肉宜与红椒搭配，开胃消食，增加食欲。

金枪鱼西蓝花奶酪焗饭

【主料】大米 150 克，西蓝花 100 克，金枪鱼罐头 1 个，奶酪 30 克。
【配料】番茄、洋葱各 30 克，植物油 10 克，黄油 5 克，白砂糖、盐、黑胡椒粉各 2 克。
【制作】① 番茄洗净，去皮，切丁；洋葱洗净，切丁；金枪鱼罐头挤去水分；西蓝花撕成小朵，洗净，用沸水焯烫，捞出，沥干水分；奶酪切丝。② 把大米淘洗干净，放进电饭锅，注入适量清水，煮熟备用。③ 锅置火上，入油烧热，放入黄油烧至融化，下洋葱炒香，加入番茄丁翻炒，再倒入金枪鱼、西蓝花稍煮，放盐、黑胡椒粉、白砂糖调味，大火煮成酱汁，盛出。④ 将煮熟的米饭盛入烤盘中，把酱汁倒在米饭上，搅拌均匀，铺上奶酪丝，放进预热 200 度的烤箱内，烤 8 分钟即可。

【烹饪技法】焯，炒，烤，焗。

【营养功效】预防乳腺癌，促进新陈代谢。

【健康贴士】金枪鱼含有丰富的氨基酸，食用金枪鱼可通过非药物手段补充氨基酸成分，有助于身体健康。

三文鱼焗饭

【主料】剩米饭 200 克，三文鱼 100 克，鲜玉米粒、豌豆各 20 克，鸡蛋 2 个，马苏里拉奶酪碎 100 克。

【配料】植物油 25 克，盐 3 克，黑胡椒粉 2 克。

【制作】① 鲜玉米粒、豌豆淘洗干净；三文鱼洗净，切丁，装入碗中，加胡椒粉拌匀，打入 1 个鸡蛋充分搅拌，使三文鱼全部裹上蛋液。② 锅置大火上，入油 15 克烧热，下三文鱼炒变色后盛出；锅底留油，大火烧热，放入鲜玉米粒、豌豆过一下油盛出。③ 把剩米饭装入碗里，捣松，打入 1 个鸡蛋充分搅拌，使米饭全部裹上蛋液；净锅后，复入油 10 克烧热，倒入米饭翻炒 2 分钟，再放入三文鱼、鲜玉米粒、豌豆炒匀，加盐调味，盛出。④ 将炒好的米饭放入烤碗中，撒上奶酪碎，放入预热 180 度的烤箱内，烤至奶酪表面微黄即可。

【烹饪技法】炒，烤，焗。

【营养功效】补虚劳、健脾胃、益血气。

【健康贴士】三文鱼中含有丰富的不饱和脂肪酸，能有效降低血脂和血胆固醇，可防治心血管疾病。

印度咖喱海鲜焗饭

【主料】米饭 150 克，青口螺 2 只，蟹柳、大头虾各 20 克，鲜鱿鱼 100 克，鸡蛋 1 个。

【配料】青、红椒各 20 克，番茄、洋葱各 30 克，椰丝、蒜蓉各 4 克，高汤 100 毫升，植物油 10 克，咖喱粉 8 克，椰奶 5 克，盐 3 克，鸡精、黑胡椒粉各 2 克。

【制作】① 鲜鱿鱼洗净，切片；蟹柳洗净，切段；大头虾去壳、头、虾线，洗净；青口螺洗净；青、红椒分别去蒂、子，洗净，切小块；番茄洗净，切块；洋葱洗净，切碎。② 锅置火上，入油烧热，下椰丝、蒜蓉、洋葱碎爆香，倒入青椒、红椒、番茄翻炒，加入咖喱粉，注入高汤、椰奶，放入大头虾、鱿鱼、青口螺、蟹柳略煮，打入蛋黄，煮至收干汤汁，关火。③ 将米饭装入大碗里，捣松，把煮好的咖喱海鲜倒在米饭上，放入焗炉焗香即可。

【烹饪技法】炒，煮，焗。

【营养功效】滋阴补血，补肾益阳。

【健康贴士】青口螺不宜与中药蛤蚧、西药土霉素同食。

煲仔饭

腊味煲仔饭

【主料】大米 200 克，腊肉 50 克，腊肠 30 克，菜心 50 克。

【配料】植物油 10 克，豉油鸡汁 20 克，盐 3 克。

【制作】① 大米淘洗干净，用清水浸泡 1 小时，捞出，沥干水分；腊肉洗净；腊肠切片；菜心择洗干净。② 锅置火上，注入适量清水，大火烧开，放入菜心焯烫，变软后立即捞出，过凉，沥干水分；再把腊肉放进焯烫菜心的沸水锅中煮至八成熟，捞出，凉凉，切成薄片。③ 平底锅入油烧至四成热时，转成小火，放入腊肉片、腊肠片，慢慢煎至腊肉变黄出油。④煲仔置大火上，烧热，倒入1/2煎腊肉的油，在煲仔四壁内涂抹一层，然后将大米均匀地铺在锅底，注入没过大米约2厘米的清水，加盖用中火焖煮，煮沸后，放入煎好的腊肉片、腊肠片，加盖，转成小火慢煲。⑤待煲仔中的水逐渐收干，倒入煎腊肉余下的油，放入菜心，继续煲至有焦香味，淋入豉油即可。

【烹饪技法】焯，煮，煲。

【营养功效】温中下气，生津开胃。

【健康贴士】老年人、胃和十二指肠溃疡患者忌食。

排骨煲仔饭

【主料】大米200克，猪排200克，油菜心50克，高汤50毫升。

【配料】姜汁4克，植物油10克，料酒、老抽、蚝油各5克，淀粉4克，白砂糖、盐各3克，鸡精2克。

【制作】① 排骨洗净，剁成块，装入碗里，加入料酒、淀粉、白砂糖、姜汁、老抽、鸡精拌匀，腌制入味；油菜心择洗干净，放入沸水中焯熟，捞出，沥干水分；蚝油装入碗里，兑入高汤搅匀，做成味汁。② 大米淘洗干净，浸泡1个小时后，捞出，沥干水分；在沙煲底部抹上薄薄的一层油，倒入大米，注入适量清水，大火煮沸后，转小火煲至七分熟。③ 待米饭水分收干时，沿锅内米饭的边际淋油，把排骨铺在米饭上面，盖上盖子，小火煲十几分钟至熟，掀开盖子，放入油菜心，倒入蚝油味汁，再焖10分钟即可。

【烹饪技法】焯，腌，煲。

【营养功效】活血化瘀，补髓填精。

【健康贴士】油菜也可与虾搭配食用，有消肿散血、清热解毒之效。

香菇滑鸡煲仔饭

【主料】大米200克，鸡翅200克，干香菇50克。

【配料】姜丝、葱段各3克，植物油10克，料酒、老抽各5克，白砂糖、盐、胡椒粉各3克，鸡精2克。

【制作】① 干香菇用温水泡开，洗净，去蒂，切片；鸡翅洗净，放入碗内，加入生抽、老抽、料酒、胡椒粉、白砂糖拌匀，腌制入味。② 锅置火上，入油烧热，下姜丝和葱段煸香，放入鸡翅和香菇翻炒，倒入腌渍鸡翅的味汁和泡干香菇的水，放盐、鸡精调味，煮沸后盛出。③ 大米淘洗干净，放入煲仔内，注入适量清水，大火煮沸，转小火煲5分钟，待水分收干时，把鸡翅和香菇铺在米饭的上面，沿着煲仔内壁淋入菜汁，盖上盖子，用小火煲5分钟，煲至鸡翅熟透即可。

【烹饪技法】腌，炒，煲。

【营养功效】温中益气，滋阴补血。

【健康贴士】鸡肉也可与绿豆芽同食，能有效降低心血管疾病的发病率。

咸鱼腊味煲仔饭

【主料】大米200克，咸鱼100克，腊肉50克。

【配料】姜丝3克，葱末3克，植物油10克，鸡精2克。

【制作】① 咸鱼洗净，切丁；腊肉洗净，切丁；大米淘洗干净。② 将大米放入煲仔内，注入适量清水，大火煮沸，待水分开始收干时放入腊肉丁，再放入咸鱼丁和姜丝，盖上盖子，转小火煲5分钟。③ 待米饭已熟透时，掀开盖子用勺子搅拌均匀，放鸡精调味，淋上油，撒上葱末，盖上盖子，关火，再焖3分钟即可。

【烹饪技法】煲。

【营养功效】生津开胃，温中养胃。

【健康贴士】咸鱼含有亚硝酸，不宜多食。

豉汁排骨煲仔饭

【主料】大米200克，排骨200克，豆豉8克。

【配料】姜、沙姜、蒜各3克，葱末3克，生抽5克，植物油10克，鸡精2克。

【制作】① 排骨洗净，剁成块，用沸水汆去血水，捞出，沥干水分；沙姜、姜、蒜分别去皮，切碎；豆豉洗净；大米淘洗干净。② 将排骨装入碗里，加入豆豉、生抽、油、盐、鸡精拌匀，腌制15分钟备用。③ 把大米放进煲仔里，注入高出大米2厘米的清水，把腌制好的排骨整齐地放在大米表面，煲仔置大火上，煮沸后，转小火煲20分钟，撒入葱末即可。

【烹饪技法】腌，煲。

【营养功效】滋阴养血，健胃消食。

【健康贴士】适宜风寒感冒、怕冷怕热、寒热头痛、鼻塞喷嚏、腹痛吐泻患者食用，可缓解病情。

窝蛋牛肉煲仔饭

【主料】大米200克，牛肉200克，苹果、胡萝卜各50克，鸡蛋1个。

【配料】姜、葱各3克，柠檬汁2克，生抽、料酒各5克，植物油20克，白砂糖4克，盐3克，鸡精、胡椒粉各2克。

【制作】① 牛肉洗净，沥干水分，横着纹路切片，再剁成末，装入碗里；苹果洗净，切丁，用盐水浸泡，防止氧化；姜洗净，切末；葱洗净，切成葱末；胡萝卜洗净，切丝。② 在牛肉末里滴入柠檬汁，加入苹果丁、胡椒粉、白砂糖、料酒、姜末、葱末、盐、鸡精、生抽，搅拌至牛肉上劲，做成两个牛肉饼备用。③ 锅置大火上，入油烧至六成热，将牛肉饼放进去煎至两面金黄，盛出备用。④ 将大米淘洗干净，放进煲仔里，注入高出大米2厘米的清水，大火煮沸后，转小火煲至水分收干，放入牛肉饼、胡萝卜丝，打入鸡蛋，撒上葱末，盖上盖子，继续小火煲8分钟即可。

【烹饪技法】煎，煲。

【营养功效】健脾益胃，护肝明目。

【健康贴士】牛肉宜与鸡蛋同食，可延缓衰老。

酱肉煲仔饭

【主料】大米200克，酱肉100克，白菜50克，鸡蛋2个。

【配料】生抽5克，水淀粉4克，植物油10克，鸡精2克。

【制作】① 酱肉洗净，切片；白菜择洗干净，切丝；大米淘洗干净，浸泡30分钟后，捞出，沥干水分。② 锅置火上，入油烧至六成热，煎好两个荷包蛋，盛出备用；锅底留油烧至八成热，将酱肉片炒成透明色，加入白菜炒出水，加入生抽、鸡精调味，倒入水淀粉勾芡，盛出。③ 将大米放入煲仔里，注入适量清水，煲仔置大火上，煮沸后，转小火，煲至米饭八成熟时，将炒好的酱肉、白菜平铺在米饭上，再把煎好的荷包蛋摆在最上面，盖上盖子煲3分钟即可。

【烹饪技法】煎，炒，煲。

【营养功效】通利肠胃，健脾益气。

【健康贴士】白菜也可与豆腐同食，多用于治疗大小便不利，是十分健康的食物搭配。

三文鱼煲仔饭

【主料】大米200克，三文鱼肉200克，腊肠50克，西蓝花100克。

【配料】生抽5克，绍酒4克，XO酱4克，植物油10克，盐3克，鸡精2克。

【制作】① 三文鱼肉去刺，洗净，切大丁，装入碗里，加盐、绍酒、生抽、鸡精拌匀，腌制5分钟；腊肠切成片；西蓝花洗净，摘成小朵。② 大米淘洗干净，放入煲仔里，注入适量清水，煲仔置大火上，开始煲饭。③ 米饭煮15分钟后，掀开盖子，放入三文鱼、腊肠、西蓝花，再盖上盖子，转小火煲2分抻猴，放入XO酱，淋入植物油，撒上葱末即可。

【烹饪技法】腌，煲。

【营养功效】温中养胃，降脂降压。

【健康贴士】三文鱼不宜烹调过熟，否则易造成营养物质流失。

素咖喱煲仔饭

【主料】大米200克，土豆100克，胡萝卜、洋葱各50克，咖喱粉10克。

【配料】椰汁10克，植物油10克，盐3克，鸡精2克。

【制作】① 大米淘洗干净，用适量清水浸泡1小时；胡萝卜、土豆、洋葱分别去皮，洗净，切块。② 锅置火上，入油烧热，先下洋葱块煸炒出香，再倒入胡萝卜块翻炒，注入少许清水，放入土豆块，加咖喱粉、盐、鸡精调味，转小火煮至汤汁浓稠，关火。③ 在煲仔内壁刷上一层薄薄的油，将浸泡好的米连同水一起倒入煲仔内，倒入椰汁，煲仔置大火上，开始煮米饭。④ 待米饭煮沸后，掀开盖子，放入炒好的材料，用筷子搅拌均匀，盖上锅盖，转小火煲5分钟后，关火，焖15分钟即可。

【烹饪技法】炒，煲，焖。

【营养功效】健脾和胃，补肝明目。

【健康贴士】胡萝卜能够提高人体的免疫力，常食有益身体健康。

豌豆腊肠煲仔饭

【主料】大米200克，豌豆、猪肉末各100克，腊肠、胡萝卜各50克。

【配料】生抽、老抽各5克，植物油10克，鸡精2克。

【制作】① 腊肠洗净，切片；胡萝卜洗净，切粒；大米淘洗干净；豌豆淘洗干净。② 将大米和豌豆一起放入煲仔内，注入适量清水，中火煮沸后，放盐、生抽、老抽、鸡精调味，转小火继续煲。③ 待米饭煲至八成熟时，放入猪肉末、胡萝卜粒搅拌均匀，把腊肠铺在米饭上，盖上盖子，转小火煲5分钟，直至米饭变干后，关火，淋上油，再焖5分钟即可。

【烹饪技法】煲。

【营养功效】温中益气，护肝明目。

【健康贴士】脾胃较弱、尿路结石、皮肤病和慢性胰腺炎者不宜食用；糖尿病患者、消化不良者慎食。

银鱼腊味煲仔饭

【主料】大米200克，银鱼100克，广式腊肠50克，青菜50克。

【配料】生抽5克，美极鲜味汁3克，植物油10克，白砂糖3克，鸡精2克。

【制作】① 腊肠放入清水中浸泡5分钟，洗净，捞出，切片；银鱼浸泡10分钟后捞出，沥干水分；把青菜择洗干净，用沸水焯熟，捞出，沥干水分。② 锅置大火上，入油烧热，放入腊肠翻炒出油，再倒入银鱼炒香，加入美极鲜汁、白砂糖、鸡精调味，盛出备用。③ 在煲仔底部抹薄薄的一层油，将大米放入煲仔中，注入高出大米2厘米的清水，煲仔置大火上，开始煲饭。④ 待米饭开始收干水分时，放入腊肠和银鱼，盖上盖子，转小火煲8分钟后，掀开盖子，放上油菜，淋入生抽、油，再焖2分钟即可。

【烹饪技法】焯，煲。

【营养功效】开胃生津，益肾壮阳。

【健康贴士】银鱼为腌制类食品，含有亚硝酸，不宜多食。

土豆鸡腿煲仔饭

【主料】大米200克，鸡腿200克，土豆100克。

【配料】老抽5克，生抽5克，米酒3克，淀粉3克，植物油10克，鸡精2克。

【制作】① 鸡腿去皮、骨，洗净，切小块，装入碗里，加入生抽、米酒、淀粉、鸡精拌匀，腌制1小时入味备用；土豆去皮，洗净，切块。② 锅置火上，入油烧热，下土豆块炸至表面金黄色，捞出，沥干油分。③ 将大米淘洗干净，放入煲仔中，注入适量的清水，将腌制好的鸡腿肉和炸好的土豆块均匀地铺在大米上面，煲仔置大火上，开始煲煮。④ 将生抽、老抽、白砂糖倒进碗里，搅拌均匀，调制成酱汁，待米饭煲至八成熟时，将酱汁淋在饭上拌匀，转小火，再煲 2 分钟即可。

【烹饪技法】炸，煲。

【营养功效】温中养胃，滋阴补血。

【健康贴士】鸡肉与柠檬同食，可增强食欲。

榨菜肉丝煲仔饭

【主料】泰国香米 200 克，榨菜丝 80 克，猪肉 100 克。

【配料】红椒、芹菜各 30 克，姜丝、淀粉、蚝油各 3 克，生抽 4 克，植物油 8 克，鸡精 2 克。

【制作】① 泰国香米淘洗干净，用清水浸泡 30 分钟后，捞出，沥干水分；猪肉洗净，切丝；红椒去蒂、子，洗净，切小片；芹菜择洗干净，切粒。② 将蚝油装入碗里，加少量开水调开，做成味汁；把肉丝装入碗里，加入榨菜丝、姜丝、芹菜粒、辣椒片、淀粉、生抽、油、鸡精拌匀，腌制 10 分钟。③ 把泰国香米倒入煲仔里，注入适量清水，大火煮沸后，转小火再煮至水分开始收干，倒入腌制好的榨菜肉丝拌匀，焖煮 5 分钟后，掀开盖子，淋入蚝油味汁、油，盖上盖子，继续小火焖煮 2 分钟即可。

【烹饪技法】腌，煲。

【营养功效】生津开胃，滋阴润燥。

【健康贴士】猪肉若搭配红薯食用，可降低机体胆固醇。

南瓜香蕉煲仔饭

【主料】大米 100 克，南瓜 100 克，葡萄干 20 克，香蕉 1 根。

【配料】蔓越莓干 10 克，芝士片 20 克。

【制作】① 南瓜去皮，洗净，切小块；芝士片，切碎；香蕉剥皮，切片；大米淘洗干净。② 将大米放入煲仔中，加入南瓜块、葡萄干、蔓越莓干、清水充分搅拌，煲仔置大火上煮沸，转小火继续煲。③ 待米饭煲至水分收干时，将香蕉片平铺在煲仔饭上，撒上芝士碎，盖上盖子，煲至芝士碎融化即可。

【烹饪技法】煲。

【营养功效】润肺益气，降低血糖。

【健康贴士】南瓜也可与猪肉同食，能预防糖尿病。

鸡腿茶树菇煲仔饭

【主料】米饭 200 克，鸡胸肉 100 克，牛蹄筋 50 克，茶树菇 50 克，鸡蛋 1 个。

【配料】葱末 3 克，高汤 300 毫升，生抽 4 克，蚝油 3 克，植物油 20 克，盐 3 克，鸡精 2 克。

【制作】① 茶树菇用温水泡开，洗净，切段；鸡腿肉洗净，切片；牛蹄筋洗净，切段。② 锅置火上，入油烧热，放入鸡腿肉和牛蹄筋一起翻炒，加入生抽、蚝油一起红烧，盛出。③ 在煲仔的四壁涂上一层薄薄的油，把米饭放进煲仔里，捣松，注入高汤，然后把红烧好的鸡腿肉和牛蹄筋放进煲仔里，放入茶树菇，煲仔置大火上，焖煮 5 分钟后，往煲仔里打入鸡蛋，撒上葱末，焖 2 分钟即可。

【烹饪技法】炒，煲。

【营养功效】益五脏，补虚损，健脾胃。

【健康贴士】茶树菇具有降血压，抗衰老和抗癌症的特殊功能，常食有益于身体健康。

【举一反三】茶树菇可换成干香菇，味道同样鲜美。

咸菜荸荠肉饼煲仔饭

【主料】米饭 200 克，猪肉馅 150 克，荸荠 30 克，榨菜丝 20 克，青菜 40 克。

【配料】姜 3 克，植物油 8 克，蒸鱼豉油、生抽各 5 克，淀粉、盐各 3 克，鸡精 2 克。

【制作】① 荸荠去皮，洗净，切碎；姜洗净，切末；青菜择洗干净，切段，放入沸水焯熟，捞出，沥干水分；猪肉馅洗净，沥干水分；榨菜丝洗净。② 猪肉馅装入碗里，加入荸荠碎、姜末、淀粉、盐、生抽、鸡精拌匀，同时将肉饼不断摔打，直到肉和荸荠抱成团不分开。③ 用油在煲仔的四壁涂上一层油，把米饭捣松后放进煲仔里，并均匀地铺上肉饼，散上榨菜丝，盖上盖子，煲仔置大火上，焖煮约 7 分钟后，揿开盖子，铺上青菜，淋上蒸鱼豉油即可。

【烹饪技法】焯，煲。

【营养功效】开胃消食、生津润燥。

【健康贴士】痔疮患者常食荸荠有辅助治疗痔疮的功效。

【举一反三】榨菜丝可根据个人喜好换成雪里蕻或霉干菜等。

糍粑

糯米糍

【主料】糯米粉 150 克，牛奶 100 毫升。

【配料】植物油 20 克，白砂糖 50 克，椰丝 10 克，花生酱 80 克。

【制作】① 糯米粉、白砂糖一起放进大盆里充分混合，倒入牛奶和植物油并搅拌均匀，揉成光滑的糯米团，将揉好的糯米团分成乒乓球大小的小糯米团，搓成光滑的糯米圆球。② 像做汤圆一样用手指在小糯米圆球上戳一个洞，放入适量花生酱，然后把四周的糯米团包拢，封好口，搓成圆球，依此方法逐个包好；椰丝装入宽而扁的大盘中备用。③ 煮锅置大火上，注入适量清水煮沸，将包好馅的糯米圆球放入沸水中煮，待煮到糯米圆球浮出水面，捞出，沥干水分，放进椰丝中滚一滚，让糯米圆球均裹上椰丝即可。

【烹饪技法】煮。

【营养功效】温补脾胃，养血益气。

【健康贴士】糯米不易消化，胃炎患者不宜食用。

叶儿粑

【主料】糯米粉 250 克，红豆沙 100 克，白砂糖 50 克。

【配料】植物油 20 克，苏子叶 10 张。

【制作】① 糯米粉倒入盆内，加入白砂糖、植物油、水充分搅拌，和匀，揉成糯米团。② 把糯米团摘成若干小块，用手压成圆片，逐个包入豆沙馅，再揉成椭圆形，用苏子叶包好。③ 将包好的叶儿粑整齐地排在蒸盘里，放入蒸锅中隔水蒸 10 分钟至熟，取出即可。

【烹饪技法】蒸。

【营养功效】补气暖胃，滋阴养血。

【健康贴士】糯米宜与红豆同食，可改善腹泻和水肿症状。

【举一反三】红豆沙可换成绿豆沙。

凉糍粑

【主料】糯米粉 250 克，红豆沙 100 克，白砂糖 50 克。

【配料】植物油 20 克，黄豆粉 25 克。

【制作】① 糯米粉倒入盆里，注入适量清水，加入植物油和成糯米团团；黄豆面、白砂糖分别装入碟子里。② 在糯米团上戳出一个洞，包入红豆沙，搓成长条形，放入蒸笼大火蒸 15 分钟至熟，取出，凉凉，切片，装入盘里，食用时蘸着黄豆面、白砂糖即可。

【烹饪技法】蒸。

【营养功效】补中益气，健脾养胃。

【健康贴士】湿热痰火偏盛、发热、咳嗽痰黄、黄疸、腹胀、糖尿病、痢疾患者不宜多食。

椰蓉豆沙糍粑

【主料】糯米粉 250 克，红豆沙 100 克，椰蓉 50 克。

【配料】植物油 20 克，白砂糖 50 克。

【制作】① 糯米粉装在盆里，缓慢往糯米粉注入温水搅成团，捏成剂子；红豆沙装入碗里，放进蒸锅中蒸 5 分钟，取出，冷却后也捏成小剂子。② 将糯米剂子放入蒸锅蒸 15 分钟，取出，稍凉后在糯米剂子上戳个小洞，包住适量红豆沙馅，做成汤圆状，依此方法逐个把剂子包好。③ 把椰蓉倒在宽而扁的盘子里，将包好的豆沙糍粑放进装椰蓉的盘子里，滚上椰蓉即可。

【烹饪技法】蒸。
【营养功效】滋阴补气，健脾养胃。
【健康贴士】糯米也可与莲子同食，不仅可以起到益气和胃、补脾养肺的功效，还能强健骨骼和牙齿。

桂花蜜糍粑

【主料】糍粑 200 克，糖桂花 10 克。
【配料】蜂蜜 5 克，冰糖橘 2 个。
【制作】① 糍粑用水冲洗干净，切长条状，装入蒸碗里，煮锅中注入适量清水，锅置大火上，煮沸，放入糍粑，隔水蒸 5 分钟，取出备用。② 糖桂花放入碗中，加入蜂蜜调匀作为蘸料，把蒸好的糍粑摆在盘子里，用冰糖橘点缀即可。
【烹饪技法】蒸。
【营养功效】温中养胃，润肺止咳。
【健康贴士】糖尿病患者、火热内盛者慎食。

红糖糍粑

【主料】糍粑 200 克，红糖 100 克。
【配料】植物油 10 克，薄荷叶 2 片。
【制作】① 糍粑买回来后放清水里浸泡 30 分钟，然后放入冰箱里存放备用。② 将红糖放入碗里加水搅拌，调制成红糖水备用；薄荷叶洗净。③ 糍粑用厨房用纸吸干水分，平底锅置中火上，入油烧热，放入糍粑油煎，晃动平底锅，让糍粑在锅底滑动，受热均匀，煎至两面金黄后，浇入红糖水，转小火收汁，用盘子盛出，加两片薄荷叶点缀即可。
【烹饪技法】煎。
【营养功效】滋阴补血，健脾益气。
【健康贴士】糖尿病患者忌食。

香煎糍粑

【主料】糯米糍粑 200 克，白砂糖 20 克。
【配料】植物油 10 克。
【制作】① 糯米糍粑洗净，切片，用厨房纸吸干水分。② 不粘锅置中火上，入油烧热，将糍粑一片片放入平底锅，转小火煎至两面金黄色，将煎好的糍粑取出，摆盘，撒上白砂糖即可。
【烹饪技法】煎。
【营养功效】活血散瘀，温中养胃。
【健康贴士】糯米与板栗搭配食用，温补效果更佳。

腐乳糍粑

【主料】糯米糍粑 200 克，腐乳 2 块，鸡蛋 1 个。
【配料】植物油 10 克，盐 2 克，料酒 4 克。
【制作】① 糍粑切成小块；鸡蛋打在碗里搅拌成蛋液，加入腐乳和少量的腐乳汁，放入料酒、盐，搅拌至腐乳散开。② 平底锅置火上入油烧热，倒入糍粑小火烙软，倒入蛋液腐乳酱，将糍粑的两面都包裹均匀，烙至两面熟透即可。
【烹饪技法】烙。
【营养功效】开胃消食，健脾养胃。
【健康贴士】腐乳含盐和嘌呤量较高，高血压患者、心血管疾病患者、痛风患者、肾病患者及消化道溃疡患者慎食。

烤糍粑

【主料】糯米 200 克，白砂糖 100 克。
【配料】植物油 10 克。
【制作】① 糯米淘洗干净，用清水浸泡 5 小时，捞出，沥干水分，放入蒸碗里，移入蒸锅，用大火蒸 1 小时至熟，取出，倒入盆内，趁热捣成泥状。② 在案板抹上植物油，把糯米泥放在案板上揉匀，搓成圆条，摘成 10 个剂子，并逐个按扁，做成直径约 4 厘米，厚度为 2 厘米的圆形糍粑，摊放在竹筛中凉凉。③ 将炭火烧红，架上铁丝网格烧烤架，把糯米糍粑放在铁丝网格烧烤架上烘烤，烤软烤香后，用小刀在糯米糍粑边侧划一道口子，放入白砂糖，装盘即可。
【烹饪技法】蒸，烤。
【营养功效】健脾补虚，温中益气。

【健康贴士】糯米也宜与红枣同食，有温中祛寒的功效。

蛋烙糍粑

【主料】糯米糍粑 200 克，鸡蛋 1 个。
【配料】葱末 3 克，虾皮 5 克，植物油 10 克，盐 2 克，料酒 4 克。
【制作】① 鸡蛋打入碗里，放盐、料酒、虾皮、葱末搅拌均匀。② 糍粑切片，厚度 1 厘米左右，平底锅置火上，入油烧热，放入糍粑小火煎至两面金黄后，倒入搅拌好的蛋液煎几秒，翻转到另一面，使鸡蛋裹住糍粑，再烙 2 分钟即可。
【烹饪技法】煎，烙。
【营养功效】补气暖胃，滋阴养血。
【健康贴士】糯米不易消化，胃炎、十二指肠炎患者忌食。

葱香糍粑

【主料】糯米 200 克，葱 10 克，姜 5 克。
【配料】植物油 30 克，盐 3 克。
【制作】① 葱洗净，切成葱末；姜洗净，切末备用。② 糯米淘洗干净，放入电饭锅内，注入适量清水，煮熟；在煮熟的糯米饭里加入盐、油、葱末、姜末拌匀。③ 搅拌糯米饭，直到糯米抱成团，双手抹少许油，将糯米饭倒在案板上，摊平，压实，切块。④ 平底锅入油烧热，将糍粑放进油锅煎至两面金黄即可。
【烹饪技法】煮，煎。
【营养功效】健脾补虚，温中益气。
【健康贴士】糯米与当归、枸杞同食，滋补健身功效更佳。

烧糍粑

【主料】糍粑 200 克，蒜苗 100 克，香肠 50 克。
【配料】植物油 20 克，盐 3 克，鸡精 2 克。
【制作】① 糍粑洗净，用厨房纸巾吸干水分，切块；蒜苗洗净，切段；香肠切片。② 锅置火上，入油烧热，放入蒜苗爆香，下糍粑块、香肠片略微翻炒，注入少量清水，盖上盖子焖 3 分钟，放盐、鸡精调味，待糍粑烧透，水分收干即可。
【烹饪技法】炒，煮。
【营养功效】生津开胃，和中益气。
【健康贴士】有肝病的人过量食用蒜苗，可能引起肝病加重，每天使用量应在 60 克左右。

川味糍粑

【主料】糯米 200 克，花生粉 80 克，白砂糖 100 克。
【配料】植物油 10 克。
【制作】① 把 30 克白砂糖和糯米粉一起倒入盆里，混合均匀，缓慢倒入清水调匀，调成糯米浆备用。② 用纸巾在盘子里擦上一层薄薄的油，然后把调匀的糯米浆倒入盘内，放进蒸锅蒸 15 分钟至熟后取出，稍微放凉备用。③ 不粘锅置火上，烧干烧热，倒入花生粉用小火翻炒出香，盛入盘里，加入剩下的 50 克白砂糖拌匀。④ 把稍微放凉的糯米糕用剪刀剪成小块，放进花生粉里滚一下，使糯米糕全身裹上花生粉即可。
【烹饪技法】蒸，炒。
【营养功效】温中养胃，健脾益气。
【健康贴士】糖尿病患者忌食。

蛋酥糍粑

【主料】糯米 200 克，鸡蛋 3 个。
【配料】植物油 40 克，白砂糖 50 克，熟黄豆粉 10 克。
【制作】① 糯米淘洗干净，浸泡 5 个小时，充分泡发后，捞出沥干，放入蒸盘里，上笼蒸熟；将蒸熟的糯米饭搅拌成泥，揉搓成糯米团后，放入浅口盘里压实，放入冰箱冰冻，冰冻成块后，取出，切片备用。② 鸡蛋打入碗里，搅拌成蛋液，把糍粑放入蛋液里，裹上一层薄薄的蛋液，平底锅置火上，入油烧热，放入裹着蛋液的糍粑，小火煎炸至两面金黄色，盛出装盘。③ 将事先准备好的熟黄豆粉和白砂糖混合拌匀，撒在煎好的糍粑上即可。

【烹饪技法】蒸，煎。

【营养功效】补中益气，健脾养胃。

【健康贴士】糯米还可与鲜藕同食，有调和气血、清热生津之效。

蓝莓糍粑

【主料】糯米 200 克，糯米粉 10 克，蓝莓 50 克。

【配料】植物油 50 克，白砂糖 50 克。

【制作】① 糯米淘洗干净，浸泡 5 个小时，捞出，放入蒸锅蒸熟；蓝莓洗净，沥干水分备用。② 糯米饭揣黏后，加入糯米粉、白砂糖、蓝莓干和匀，将和好的糯米饭平铺在浅口方盘里压实，放入冰箱冷冻。③ 拿出冷冻好的糯米饭，切块，平底锅置小火上，入油烧热，放入切好的糯米块，炸至两面金黄即可。

【烹饪技法】蒸，炸。

【营养功效】和中益气，温补脾胃。

【健康贴士】蓝莓可增强人体对传染病的抵抗力，常食对身体有好处。

油炸甜糍粑

【主料】糍粑 200 克，白砂糖 50 克。

【配料】植物油 50 克。

【制作】① 糍粑切成大小均匀的小方块。② 平底锅置小火上，入油烧热，放入糍粑块炸至两面金黄，捞起，沥干油分，装入盘内，趁热撒上白砂糖即可。

【烹饪技法】炸。

【营养功效】滋阴养血，温补脾胃。

【健康贴士】含糖量较高，糖尿病患者忌食。

咸味糍粑

【主料】糯米 200 克，葱末 10 克。

【配料】植物油 50 克，盐 3 克。

【制作】① 糯米淘洗干净，放入电饭锅内，加入没过糯米的清水，煮成糯米饭，凉凉；在冷却的糯米饭里加入盐、葱末，带上一次性手套把糯米抓匀。② 在寿司卷帘上铺上保鲜膜，把糯米饭铺在保鲜膜上，把糯米饭卷成长条，然后放入冰箱冷冻 50 分钟后，取出切成圆片，做成糍粑。③ 平底锅置中火上，入油烧热，放入糍粑炸至微黄，定型捞出，沥干油分，凉凉，然后再次放入油锅再炸一遍，炸至外皮金黄焦脆，捞出，放在吸油纸上即可。

【烹饪技法】煮，炸。

【营养功效】温补脾胃，滋阴益阳。

【健康贴士】内热者、肝火旺盛者慎食。

豆沙糍粑

【主料】糯米 250 克，绿豆沙 100 克。

【配料】植物油 50 克，白砂糖 50 克。

【制作】① 糯米淘洗干净，浸泡 5 个小时，充分泡发后捞出，沥干水分，放进蒸笼里蒸熟。② 将蒸熟的糯米饭用手揉搓成团状，把搓好的糯米饭平铺在浅口方盘里压薄，均匀的铺上绿豆沙、白砂糖，再在绿豆沙上铺一层糯米饭压实，放入冰箱冷藏。③ 将冷藏好的糯米饭拿出切块，平底锅置小火上，入油烧热，将糯米块放进油锅里炸至两面金黄，捞出装盘即可。

【烹饪技法】蒸，炸。

【营养功效】降脂降压，滋补肝肾。

【健康贴士】绿豆沙还宜与燕麦同食，可抑制血糖上升。

红薯糍粑

【主料】糯米粉 100 克，红薯 150 克。

【配料】植物油 50 克。

【制作】① 红薯去皮，洗净，放入电饭锅里，注入适量清水，煮熟，取出凉凉，放进碗里捣烂后加入糯米粉和均，摘成几个剂子，压扁，做成圆饼状备用。② 平底锅至中火上，入油烧热，放入红薯饼炸至金黄色，捞出，沥干油分，装盘即可。

【烹饪技法】煮，炸。
【营养功效】润肠通便，温补脾胃。
【健康贴士】老年人、婴幼儿、肠胃消化不良者不宜食用。

绿豆糍粑

【主料】糯米粉 200 克，绿豆沙 100 克。
【配料】植物油 50 克，白砂糖 50 克。
【制作】① 糯米粉倒入盆里，注入适量清水，加入白砂糖和成稍软的面团后，分成若干小剂子，逐个包入绿豆沙，压成饼状，做成绿豆糍粑生坯。② 平底锅置中火上，入油烧热，将绿豆糍粑放进油锅炸至两面金黄色即可。
【烹饪技法】炸。
【营养功效】降脂降压，清热解毒。
【健康贴士】脾胃虚寒、腹泻便溏、服温补药者忌食。

米粉

鱼蛋米粉

【主料】干米粉 300 克，鱼丸 200 克，油菜 50 克，榨菜丝 10 克。
【配料】葱末 3 克，高汤 500 毫升，植物油 10 克，盐 3 克，鸡精 2 克。
【制作】① 油菜择洗干净；鱼丸解冻，对半切开；榨菜丝洗净。② 锅置火上，注入适量清水，大火煮沸，放入干米粉煮至八成熟，捞出放进冷水里浸泡 10 分钟后，捞出，沥干水分。③ 另起锅，注入高汤，大火煮沸，放入鱼丸煮至鱼丸浮起，再放入米粉、油菜、榨菜丝煮至油菜变色，放盐、油、鸡精调味，撒上葱末，出锅即可。
【烹饪技法】煮。
【营养功效】滋补健胃，利水消肿。
【健康贴士】鱼丸含有丰富的镁元素，对心血管系统有很好的保护作用，有利于预防高血压、心肌梗死等心血管疾病。
【举一反三】榨菜丝可依据个人喜好换成萝卜干、笋丝等。

原汤桂林米粉

【主料】干桂林米粉 300 克，五香卤牛肉 100 克，酸笋 50 克，酸豇豆 30 克，熟花生米 20 克。
【配料】生菜 30 克，高汤 500 毫升，植物油 10 克，辣椒油 5 克，盐 2 克，鸡精 2 克。
【制作】① 五香卤牛肉切片；酸笋洗净，切丝；酸豇豆洗净，切粒；生菜择洗干净。② 锅置火上，注入适量清水，大火煮沸，放入干米粉煮至八成熟，捞出，放进冷水里浸泡 10 分钟后，捞出，沥干水分。③ 原锅置火上，注入高汤，大火煮沸，放入米粉、生菜、酸笋、酸豇豆汆熟，放油、盐、鸡精调味，关火，盛入大碗里，摆上五香卤牛肉片，放入熟花生米，淋上辣椒油即可。
【烹饪技法】汆，煮。
【营养功效】生津开胃，健脾养胃。
【健康贴士】卤牛肉还可与白萝卜同食，有补五脏，益气血之效。
【举一反三】五香卤牛肉换成叉烧肉，味道同样鲜美。

鸡丝米粉

【主料】籼米 500 克，烤鸡肉 200 克，香菜 50 克。
【配料】鸡汤 500 毫升，熟白芝麻 5 克，植物油 10 克，盐 2 克，鸡精 2 克。
【制作】① 籼米反复换水揉搓，洗净，用冷水浸泡 3 个小时，捞出，沥干水分，与清水 600 毫升一起放进豆浆机，磨成细浆，再倒入 5 克植物油充分搅拌，使油、米浆混为一体。② 把剩下的 5 克油抹在宽而扁的瓷盘上，晃动瓷盘，使米浆均匀地铺在瓷盘上，放入蒸笼用大火蒸熟，揭下蒸熟的米粉皮，凉凉后切成韭菜叶宽的粉条备用。③ 烤鸡肉用手撕成细丝；香菜择洗干净；锅置火上，注入鸡汤，大火煮沸，放入粉条、香菜煮至汤沸腾，放盐、鸡精调味，关火，盛入碗里，把鸡丝放在粉条上，撒上熟白芝麻即可。

【烹饪技法】蒸，煮。

【营养功效】补中益气，开胃醒脾。

【健康贴士】一般人皆宜食用。

渔家炒米粉

【主料】湿米粉 500 克，绿豆芽 200 克，肉酱罐头 1 罐，番茄青鱼罐头 1 罐。

【配料】香菜 30 克，洋葱 50 克，高汤 300 毫升，植物油 20 克，盐 3 克，鸡精、胡椒粉各 2 克。

【制作】① 绿豆芽洗净，沥干水分；香菜洗净，切末；洋葱洗净，切丝；番茄青鱼罐头用筷子夹碎；湿米粉抖散。② 锅置大火上，入油烧热，下洋葱爆香，放入肉酱拌炒，加入番茄鲭鱼略微压碎炒匀，注入高汤煮沸，倒入湿米粉用筷子翻炒，再加入绿豆芽以小火翻炒至汤汁收干，放盐、鸡精、胡椒粉调味，盛出装盘，撒上香菜末即可。

【烹饪技法】煮，炒。

【营养功效】补肾利尿，清热解暑。

【健康贴士】绿豆芽也可与韭菜同食，能起到解毒、补肾、减肥的作用。

洋葱炒米粉

【主料】干米粉 300 克，猪肉 200 克，洋葱 100 克，芦笋、水发香菇各 30 克。

【配料】香菜 20 克，高汤 300 毫升，植物油 20 克，盐 3 克，鸡精 2 克。

【制作】① 猪肉洗净，切丝；洋葱洗净，切片；芦笋洗净，切丝；香菇洗净，切片；香菜择洗干净，切末。② 锅置火上，注入适量清水，大火煮沸，放入干米粉煮至八成熟，捞出放进冷水里浸泡 10 分钟后，捞出，沥干水分。③ 另起锅置大火上，入油烧热，下洋葱片炒香，放入猪肉丝翻炒至变白，再加入芦笋丝、香菇片炒匀，注入高汤煮沸，倒入泡好的米粉，用筷子翻炒至汤汁收干，最后加盐、鸡精调味，盛出装盘，撒上香菜末即可。

【烹饪技法】煮，炒。

【营养功效】降脂降压，健胃驱寒。

【健康贴士】洋葱宜与猪肉同食，滋补效果更佳。

榨菜肉丝粉

【主料】干米粉 300 克，猪肉 300 克，榨菜丝 100 克，莜麦菜 30 克。

【配料】高汤 500 毫升，植物油 20 克，鸡精 2 克。

【制作】① 猪肉洗净，切丝；榨菜丝洗净；莜麦菜择洗干净。② 锅置火上，注入适量清水，大火煮沸，放入干米粉煮至八成熟，捞出放进冷水里浸泡 10 分钟后，捞出，沥干水分。③ 另起锅，入油烧热，下榨菜丝煸炒出香味，放入猪肉丝翻炒至肉色变白，注入高汤，大火煮沸，放入泡好的米粉，加入莜麦菜烫熟，放鸡精调味，盛出即可。

【烹饪技法】炒，煮。

【营养功效】生津开胃，滋阴润燥。

【健康贴士】榨菜丝为腌制类食品，含少量亚硝酸，不宜多食。

薄荷肉丸汤米粉

【主料】干米粉 300 克，猪肉丸 200 克，薄荷叶 30 克。

【配料】蒜 5 克，高汤 500 毫升，植物油 10 克，盐 3 克，鸡精 2 克。

【制作】① 猪肉丸解冻，对半切开；薄荷叶洗净；蒜去皮，切末。② 锅置火上，注入适量清水，大火煮沸，放入干米粉煮至八成熟，捞出放进冷水里浸泡 10 分钟后，捞出，沥干水分。③ 另起锅，入油烧热，下蒜末爆香，注入高汤，大火煮沸，放入猪肉丸，煮至猪肉丸浮起，再放入米粉、薄荷叶，煮至薄荷叶变色，放盐、鸡精调味即可。

【烹饪技法】爆，煮。

【营养功效】疏风散热，补血养颜。

【健康贴士】用薄荷叶泡澡可以舒缓紧张愤怒的情绪，提振精神，使身心欢愉，帮助入眠。

粉汤

【主料】干米粉 300 克，鲜虾 100 克，菜心 50 克。

【配料】葱 20 克，高汤 500 毫升，植物油 10 克，盐 3 克，鸡精 2 克。

【制作】① 鲜虾洗净；菜心择洗干净，切段；葱洗净，切成葱末。② 锅置火上，注入适量清水，大火煮沸，放入干米粉煮至八成熟，捞出放进冷水里浸泡 10 分钟后，捞出，沥干水分。③ 另起锅置大火上，注入高汤，煮沸，放入鲜虾煮至变红，再放入米粉、菜心，待高汤再次煮沸，放盐、油、鸡精调味，撒上葱末，关火，盛出即可。

【烹饪技法】煮。

【营养功效】补肾壮阳，通乳汁。

【健康贴士】鲜虾宜与葱同食，通乳效果较好，适宜产后女士食用。

【举一反三】粉汤里的配菜可依据个人喜好自由选择搭配。

大肠猪肝连米粉

【主料】干米粉 300 克，猪大肠 200 克，猪肝 100 克。

【配料】香菜 20 克，虾米 10 克，姜 4 克，高汤 500 毫升，植物油 10 克，盐 3 克，鸡精 2 克。

【制作】① 猪大肠洗净，切块；猪肝洗净，切片；香菜洗净，切成段；姜洗净，切末；虾米用温水泡开，捞出，沥干水分。② 锅置火上，注入适量清水，大火煮沸，放入干米粉煮至八成熟，捞出放进冷水里浸泡 10 分钟后，捞出，沥干水分；再将锅里的水煮沸，放入猪大肠汆透，用漏勺将猪大肠捞出，沥干水分。③ 净锅后，入油烧热，下姜末爆香，放入猪大肠煸炒至焦黄色，注入高汤，大火煮沸后，放入猪肝片、米粉，煮 2 分钟至熟，放入虾米提鲜，加盐、鸡精调味，撒上香菜段，出锅即可。

【烹饪技法】汆，煸，煮。

【营养功效】润肠通便，护肝明目。

【健康贴士】猪肠宜与香菜同食，有助于人体免疫力的增强。

鱼露海鲜炒米粉

【主料】干米粉 300 克，鲜虾仁 300 克，洋葱、金针菇各 50 克。

【配料】葱 20 克，姜 4 克，植物油、虾油各 10 克，生抽 5 克，料酒 4 克，盐 3 克，鸡精 2 克。

【制作】① 洋葱洗净，切丝；金针菇洗净，切段；葱洗净，切成葱末；姜洗净，切末；鲜虾仁去虾线，洗净，装入碗里，放入姜末、生抽、料酒搅拌均匀，腌制 10 分钟。② 煮锅置火上，注入适量清水，大火煮沸，放入干米粉煮至八成熟，捞出放进冷水里浸泡 20 分钟后，捞出，沥干水分。③ 炒锅置大火上，入植物油烧至五成热，下葱末爆香，放入腌制好的虾仁爆炒至虾仁变红，再放入米粉、金针菇段翻炒，放盐、鸡精调味，淋上虾油，拌炒均匀即可。

【烹饪技法】腌，煮，炒。

【营养功效】滋阴补肾，通乳汁。

【健康贴士】虾宜与菌类同食，可以起到补虚和催乳的食疗作用。

雪菜烤鸭丝炒米粉

【主料】干米粉 300 克，烤鸭胸肉 200 克，雪里蕻、豆芽菜、韭黄各 50 克。

【配料】姜 4 克，植物油 50 克，蚝油 5 克，白砂糖 2 克，盐 3 克，鸡精 2 克。

【制作】① 烤鸭胸肉，撕成细丝；雪里蕻洗净，切丁；豆芽菜洗净；韭黄洗净，切粒；姜洗净，切末；干米粉放进冷水里浸泡 30 分钟至软，捞出，沥干水分。② 锅置大火上，入油烧至六成热，放入泡好的米粉，煎至两面金黄，盛出沥干油分。③ 原锅留油烧热，下姜末爆香，放入雪里蕻、鸭肉丝、韭黄粒翻炒片刻，再倒入炸好的米粉炒匀，放蚝油、白砂糖、盐、鸡精调味，翻炒均匀即可。

【烹饪技法】泡，炸，炒。
【营养功效】滋阴养胃，清肺解热。
【健康贴士】鸭肉也可与芥菜同食，有滋阴润肺之效。

素炒米粉

【主料】干米粉 300 克，豇豆、胡萝卜、鲜香菇、圆白菜各 50 克。
【配料】熟腰果 20 克，海苔片 6 克，葱 5 克，高汤 100 毫升，植物油 10 克，甜面酱 15 克，盐 3 克，鸡精 2 克。
【制作】① 豇豆洗净，切段；胡萝卜去皮，洗净，切丝；鲜香菇去蒂，洗净，切片；圆白菜洗净，切丝；葱洗净，切成葱末。② 将干米粉用冷水浸泡 20 分钟至软，再下入沸水锅煮至八分熟，捞出，过凉备用。③ 锅置火上，入油烧至六成热，放入豇豆段、胡萝卜丝、香菇片略炒，注入高汤，盖上锅盖，焖煮至豇豆快熟时，放入圆白菜丝、米粉，用力翻炒，放盐、鸡精、甜面酱调味，盛出装盘，放上海苔片，撒上熟腰果即可。
【烹饪技法】煮，炒。
【营养功效】护肝明目，温中益气。
【健康贴士】腰果含有丰富的油脂，可润肠通便，润肤美容，延缓衰老。

其他米饭

米包子

【主料】糯米饭 150 克，火腿 20 克，榨菜 30 克，鸡蛋 1 个。
【配料】葱末 3 克，植物油 20 克，盐 2 克。
【制作】① 鸡蛋打入碗中，用筷子打散；榨菜、火腿分别洗净，切小丁。② 锅置大火上，入油烧热，下葱末爆香，倒入蛋液，边倒边用筷子搅拌，鸡蛋炒碎后，把火腿丁和榨菜丁倒进锅里翻炒均匀，放盐调味，做好包子馅备用。③ 在案板上铺上保鲜膜，把糯米饭放到保鲜膜上，手蘸水，将取出的糯米饭按扁做成圆饼状，中间放上做好的馅，将保鲜膜四边兜起来，左右攥紧保鲜膜的收口，用手团成包子形状，撕掉保鲜膜即可。
【烹饪技法】炒。
【营养功效】生津开胃，补中益气。
【健康贴士】糯米与蜂蜜都是滋补强身的佳品，同食能够起到补虚养身、美容养颜的功效。

珍珠丸子

【主料】糯米 150 克，猪肉 100 克，虾仁 50 克，鸡蛋 1 个。
【配料】料酒 3 克，淀粉 3 克，植物油 20 克，盐 3 克，鸡精 2 克，青芦叶适量。
【制作】① 糯米淘洗干净，放入清水中浸泡 12 小时，沥干水分用；鸡蛋打入碗内，滤去蛋清留下蛋黄；虾仁洗净，切丁；糯米淘洗干净，装入盘内；青芦叶洗净，放入沸水中焯烫片刻，取出，铺在小蒸笼内备用。② 将猪肉洗净，剁成碎，放入碗内，加料酒、盐、鸡精、蛋黄、虾仁丁、淀粉搅拌均匀，做成馅料。③ 把肉馅挤成核桃大小的丸子，放进装糯米的盘里，使每个丸子上滚上一层糯米，然后放在蒸笼内，把蒸笼放在烧开的蒸锅里，大火蒸 20 分钟即可。
【烹饪技法】焯，蒸。
【营养功效】温中养胃，滋阴补肾。
【健康贴士】高血脂、高血压、动脉硬化等心血管疾病患者忌食。

糯米饭团

【主料】糯米 150 克，香肠 30 克，鸡蛋 1 个。
【配料】葱末 3 克，萝卜干 20 克，植物油 20 克，盐 3 克，鸡精 2 克。
【制作】① 香肠洗净，切丁，装入蒸碗里，放入蒸锅蒸熟；糯米淘洗干净，用清水浸泡 1 小时，捞出，沥干水分，放入蒸碗里，注入适量清水，上蒸锅蒸熟备用。② 萝卜干切碎；鸡蛋打入碗中，搅拌成蛋液；平底锅置小火上，烧干烧热，舀入一勺调好的蛋液，烘至蛋皮自动脱落，起锅，把蛋皮切碎。③ 将糯米饭、香葱、香肠、蛋皮、萝卜干搅拌均匀，揉成团，再分成大小均匀的几个糯米饭团，用白纱布逐个将糯米饭团包好，压实即可。

【烹饪技法】蒸，烘。

【营养功效】温中养胃，健脾开胃。

【健康贴士】儿童、糖尿病患者、肥胖患者慎食。

羊肉烫饭

【主料】米饭 250 克，羊肉 100 克，芹菜 50 克。

【配料】生抽、料酒、姜末、十三香各 3 克，植物油 15 克，盐 3 克，鸡精 2 克。

【制作】① 羊肉洗净，切成小块，放入碗中，加入生抽、料酒、姜末、十三香调匀腌制 15 分钟；芹菜择洗干净，切末。② 锅置大火上，入油烧热，将羊肉下锅煸炒出香，炒至七成熟时，倒入米饭，注入没过米饭的清水，煮沸后，改中火焖煮 5 分钟至羊肉熟透，撒入芹菜末，放盐、鸡精调味即可。

【烹饪技法】腌，炒，煮。

【营养功效】益气补虚，滋阴壮阳。

【健康贴士】羊肉还可与糯米酒同食，祛寒之效更佳。

四色烫饭

【主料】米饭 200 克，番茄 50 克，鸡蛋 2 个，肉丝 50 克。

【配料】葱末、料酒、淀粉各 3 克，植物油 10 克，盐 3 克，鸡精 2 克。

【制作】① 番茄洗净，用开水烫一下，去皮，凉凉，切成块；鸡蛋分蛋清蛋黄分别磕入两个小碗内，不用打散；肉丝洗净，装入小碗内，加料酒、盐、蛋清、淀粉、葱末调匀，腌制 10 分钟。② 锅置大火上，入油烧热，放入腌好的肉丝炒至变色，盛出。③ 大米淘洗干净，放入砂锅里，注入适量清水，大火煮沸后，倒入蛋黄，用筷子挑开蛋黄，然后放入番茄块、肉丝稍煮，加盐、鸡精调匀，再煮 3 分钟即可。

【烹饪技法】腌，炒，煮。

【营养功效】补中益气，延缓衰老。

【健康贴士】番茄宜与鸡蛋同食，抗衰防老，常食可起到美容养颜的功效。

肉汤白菜烫饭

【主料】米饭 200 克，白菜叶 100 克，水发海带 50 克。

【配料】高汤 200 毫升，植物油 10 克，盐 3 克，鸡精、胡椒粉各 2 克。

【制作】① 白菜叶择洗干净，掰成大片；海带洗净，切丝。② 煮锅置火上，注入高汤，大火煮沸，放入海带丝、白菜叶，煮 3 分钟后，倒入米饭拌匀，煮至饭粒散开，放盐、鸡精、胡椒粉调味即可。

【烹饪技法】煮。

【营养功效】通利肠胃，清热化痰。

【健康贴士】海带也可与冬瓜同食，降血脂、降血压功效明显。

油菜火腿烫饭

【主料】米饭 250 克，油菜叶 150 克，火腿肉 100 克。

【配料】虾皮 10 克，高汤 200 毫升，植物油 10 克，盐 3 克，鸡精 2 克。

【制作】① 油菜择洗干净，切成小碎丁；火腿肉切丁。② 将米饭倒入锅中，注入高汤，大火煮沸，然后将油菜丁、火腿丁、虾皮放入锅中一起炖煮，加盐、鸡精调味，拌匀，待汤汁收干时关火，出锅即可。

【烹饪技法】煮。

【营养功效】活血化瘀，温补脾胃。

【健康贴士】一般人皆宜食用。

奶汁鲑鱼炖饭

【主料】大米 200 克，鲑鱼 150 克，牛奶

200毫升。
【配料】洋葱、西蓝花各30克，高汤100毫升，植物油10克，盐3克，鸡精2克。
【制作】① 大米淘洗干净，沥干水分；洋葱洗净，切碎；西蓝花洗净，切成小朵；鲑鱼洗净，切碎。② 锅置火上，入油烧热，爆香洋葱碎，放入鲑鱼碎拌炒，倒入大米，注入牛奶和高汤，用中火炖煮至大米熟软，再加入西蓝花，放盐、鸡精调味，继续煮至汤汁收干即可。
【烹饪技法】炒，煮。
【营养功效】补虚劳，健脾胃，暖肠胃。
【健康贴士】鲑鱼不宜烹调过熟，否则会导致营养物质流失。

水果拌饭

【主料】米饭100克，草莓5个，苹果1/2个，无子红葡萄、圣女果各10个。
【配料】白砂糖10克。
【制作】① 草莓、苹果分别洗净，切小丁；葡萄洗净；圣女果去蒂，洗净；把草莓丁、苹果丁、葡萄、圣女果装入碗里，加入白砂糖拌匀。② 米饭装入大碗里，用筷子充分捣散，保证饭粒都散开，再加入已拌好的水果，拌匀即可。
【烹饪技法】拌。
【营养功效】生津开胃，清热止渴。
【健康贴士】便秘、高血压、高血脂、糖尿病、肥胖症、癌症患者、贫血、维生素C缺乏者宜食。
【巧手妙招】拌饭放冰箱冷藏20分钟口味更佳。

清香豌豆饭

【主料】大米100克，豌豆、圆白菜各50克，鲜香菇2朵。
【配料】植物油10克，盐3克，鸡精、椒粉各2克。
【制作】① 豌豆淘洗干净；圆白菜洗净切丝；鲜香菇洗净，切片；大米淘洗干净② 平底锅置大火上，入油烧热，先下香菇炒香，然后放入圆白菜丝翻炒，倒入豌豆匀，加盐、鸡精、胡椒粉调味，盛出备用③ 将大米放入电饭锅里，注入高出大米2米的开水，按下煮饭键开始熟饭，待米饭至八成熟，掀开电饭锅盖，迅速倒入炒好菜和菜汁，稍微搅拌一下，继续焖煮至熟饭熟透即可。
【烹饪技法】炒，煮。
【营养功效】和中益气，补脾益肾。
【健康贴士】豌豆宜与香菇同食，可消除欲不振。

石锅拌饭

【主料】米饭100克，金针菇、蘑菇、青菜心胡萝卜、辣白菜、水发木耳、豆芽各50克鸡蛋1个。
【配料】葱末3克，韩国大酱、韩国辣酱5克，植物油20克，盐3克，鸡精2克。
【制作】① 胡萝卜洗净，切丝；辣白菜，小片；木耳洗净，撕小条；蘑菇洗净，对切开；青菜心择洗干净；豆芽洗净。② 锅火上，入油烧至四成热，打入一个鸡蛋煎成熟盛出。③ 砂锅洗净，擦干，刷上一层油（5克），将米饭均匀地铺在砂锅底部，再蔬菜铺在米饭上面，放入煎好的鸡蛋，砂置中火上，加热约3分钟后，闻到米饭的香立即关火，放入韩国辣酱、韩国大酱即可
【烹饪技法】煎，煮。
【营养功效】生津开胃，健胃消食。
【健康贴士】蘑菇与鸡蛋同食，滋补效更佳。

面食

馒头

燕麦馒头

【主料】全麦粉 200 克，面粉 200 克，燕麦片 100 克，牛奶 300 毫升，鸡蛋 1 个。

【配料】白砂糖 20 克，牛油 10 克，盐 3 克，小苏打 2 克。

【制作】① 燕麦片和牛奶放进盆里，放入白砂糖、盐、小苏打，打入鸡蛋，充分搅拌，倒入全麦粉、面粉，加入牛油，揉搓成团，静置饧发 30 分钟。② 把饧好的面团分成若干个大小均匀的剂子，逐个捏成馒头的形状，做成燕麦馒头生坯。③ 蒸笼垫上笼屉纸，把做好的燕麦馒头生坯整齐地排在蒸笼里，放入蒸锅蒸大火 15 分钟即可。

【烹饪技法】蒸。

【营养功效】健脾益气，补虚养胃。

【健康贴士】燕麦宜与牛奶同食，营养丰富，利于滋补身心。

菠汁馒头

【主料】面粉 500 克，菠菜 500 克。

【配料】发酵粉 3 克，酵母 2 克。

【制作】① 菠菜择洗干净，放入榨汁机中，加入与菠菜的比例为 1 ∶ 1 的清水，榨成菠菜汁备用。② 面粉装入盆里，倒入菠菜汁、发酵粉充分混合，揉搓成菠汁面团，静置饧发 1 小时。③ 将饧好的菠汁面团放在案板上，再擀成薄面皮，把面皮边缘切整齐，再从外向里卷起，搓至光滑后，切成大小均匀的馒头形状，做成馒头生坯，把做好的馒头生坯整齐地排在蒸笼里，上蒸锅大火蒸 15 分钟即可。

【烹饪技法】蒸。

【营养功效】润肠通便，滋补肝肾。

【健康贴士】菠菜也可与花生同食，美容功效更佳。

双色馒头

【主料】白面粉 400 克，玉米面 200 克。

【配料】发酵粉 4 克。

【制作】① 发酵粉装入碗里，兑入 400 毫升清水，调成发酵液；将 200 克白面粉和 200 克玉米面混合在一起，装入盆里，倒入 250 毫升发酵液，和成玉米面团；200 克白面粉加入 150 毫升发酵液单独和好，揉搓成白面团；将和好的两种面团静置饧发 30 钟。② 将饧好的白面团、玉米面团分别切成大小均匀的剂子；白面粉团擀成约 5 毫米厚的面皮，玉米面团揉成圆形，将玉米面团放在白面皮上，像包包子一样逐个将玉米团包起来，做成双色馒头生坯。③ 将有褶子的一面向下，在光滑的一面上切深约 1 厘米的十字刀，将做好的双色馒头生胚放在 35℃以上的环境里饧发 10 分钟后，整齐地排入蒸笼里，移入锅蒸 15 分钟至熟即可。

【烹饪技法】蒸。

【营养功效】开胃益智，宁心活血。
【健康贴士】玉米面也可与松仁同食，温补功效更佳。

胡萝卜馒头

【主料】面粉 300 克，胡萝卜 200 克。
【配料】发酵粉 3 克，白砂糖 20 克。
【制作】① 胡萝卜洗净，切块，放入榨汁机中，注入清水 100 毫升，榨汁备用。② 面粉、白砂糖、发酵粉混合装入盆里，倒入胡萝卜汁搅拌均匀，和成面团，静置饧发 90 分钟。③ 把饧好的面团放在案板上揉匀，揉搓成长条，再用刀切成若干个大小均匀的馒头生坯，将做好的馒头生坯整齐地排在蒸笼里，上蒸锅大火蒸 15 分钟至熟即可。
【烹饪技法】蒸。
【营养功效】护肝明目，健脾和胃。
【健康贴士】胡萝卜还能与绿豆芽搭配食用，有排毒瘦身之效。

蛋煎馒头

【主料】馒头 3 个，鸡蛋 3 个。
【配料】草莓酱 20 克。
【制作】① 馒头切厚片；鸡蛋打入碗里，搅拌成蛋液备用。② 将馒头片浸入蛋液里，两面裹上蛋液；平底锅置中火上，入油烧至六成热，将裹着蛋液的馒头片放进平底锅里煎至两面金黄色，盛出摆盘，涂上草莓酱即可。
【烹饪技法】煎。
【营养功效】养颜补血，健脾和胃。
【健康贴士】吃蛋煎馒头后不宜喝豆浆，会降低营养。

南瓜馒头

【主料】面粉 300 克，南瓜 300 克，发酵粉 4 克。
【配料】白砂糖 15 克。
【制作】① 南瓜去皮，切成薄片，放入蒸锅蒸熟，用汤匙压成泥，加入 13 克白砂糖拌匀。② 将白砂糖 2 克放进碗里，倒入沸水 200 毫升，把白砂糖化开，等水凉至 35℃左右，把发酵粉倒进水里化开，调成发酵液。③ 取一大盆，倒入面粉、南瓜泥，把发酵液淋在面粉上，然后用筷子拌匀，揉搓成光滑的面团，放在盆里，盖上保鲜膜，静置发酵 1 小时。④ 将饧好的面团放在案板上，揉搓成长条，用刀分切成大小均匀的剂子，捏成馒头状，做成馒头生坯，把做好的馒头生坯整齐地排在蒸笼上，上蒸锅蒸 15 分钟至熟即可。
【烹饪技法】蒸。
【营养功效】润肺益气，温中养胃。
【健康贴士】糖尿病、冠心病、高血脂、便秘、肥胖者宜食。

牛奶馒头

【主料】面粉 500 克，牛奶 300 毫升。
【配料】白砂糖 15 克，发酵粉 3 克。
【制作】① 面粉、发酵粉、牛奶一起放进面包机里和面，全程使用发面挡，制成光滑的面团。② 把面团放在案板上，静置饧发 30 分钟后，揉搓成粗细均匀的长条，用刀将条状面团分切成几个约 6 厘米长的馒头生坯。③ 在蒸笼里垫上玉米叶子，将做好的馒头生坯整齐地排在蒸笼里，往蒸锅里注入适量清水，蒸锅置大火上煮沸，将蒸笼放入蒸锅里，大火蒸 15 分钟即可。
【烹饪技法】蒸。
【营养功效】补充钙质，安神养颜。
【健康贴士】牛奶也可与水果同食，美容效果显著。

香煎馒头片

【主料】馒头 3 个。
【配料】植物油 10 克，番茄酱 10 克。
【制作】① 馒头切成大小均匀的馒头片备用。② 平底锅置中火上，入油烧至六成热，放入馒头片，煎至两面金黄，盛出摆盘，在煎好的馒头片上滴上番茄酱即可。
【烹饪技法】蒸。

【营养功效】生津开胃，润肠通便。

【健康贴士】番茄酱宜与馒头同食，可增进食欲。

黑芝麻馒头

【主料】面粉 400 克，黑芝麻粉 100 克，发酵粉 3 克。

【配料】白砂糖 20 克，盐 2 克。

【制作】① 面粉、温水 250 毫升、白砂糖、盐、发酵粉一起倒入盆里，搅拌均匀，和成面团，静置饧发 1 个小时，发至原来的两倍大。② 在饧好的面团里加入黑芝麻粉，混合揉搓均匀，揉搓成长条，用刀切成大小均匀的馒头生坯，把馒头生坯整齐地排在蒸笼里，移入蒸锅，大火蒸 15 分钟至熟即可。

【烹饪技法】蒸。

【营养功效】补肝肾，益精血，润肠燥。

【健康贴士】女士产后缺乳，可经常食用黑芝麻有下奶的功效。

酸奶桂花豆沙馒头

【主料】面粉 400 克，红豆 100 克，小枣干（无核）70 克。

【配料】发酵粉 3 克，酸奶 100 毫升，白砂糖、桂花糖各 15 克。

【制作】① 发酵粉放入碗里，用温水 300 毫升浸泡 5 分钟，搅匀，调成发酵液。② 将面粉倒入盆里，加入发酵液和酸奶，搅拌均匀，揉搓成光滑的面团，用保鲜膜盖住，静置饧发至原体积的 2 倍大。③ 红豆、小枣干洗净，放入高压锅中，加入红豆 3 倍的水大火煮沸，转小火煮 30 分钟，晾至高压锅自动消气，盛出，加白砂糖、桂花糖，用大勺子将红豆和小枣碾碎成泥，再逐个做成豆沙球。④ 将饧好的面团放在案板上，揉搓成粗细均匀的长条，分切成大小均匀的小剂子，把每个剂子擀成面皮，逐个包入豆沙球，做成豆沙馒头生坯，整齐地排入铺着湿布的蒸锅内，蒸锅置大火上，蒸 15 分钟至熟即可。

【烹饪技法】煮，蒸。

【营养功效】补中益气，养血安神。

【健康贴士】红枣所含的芦丁，可以使血管软化，从而降低血压，对高血压病有防治功效。

小米面红枣窝头

【主料】小米面 400 克，红枣 100 克，小麦粉、豆粉各 50 克。

【配料】发酵粉 3 克。

【制作】① 红枣用温水泡软，去核备用；发酵粉装入碗里，兑入温水 250 毫升溶解，调成发酵液。② 把小米面、小麦粉、豆粉混合倒入面盆里，倒入发酵液，与面粉充分搅拌均匀，和成面团，静置饧发 1 个小时。③ 将饧好的面团加入红枣再充分揉搓和匀后，分成若干个小面剂，把小面剂逐个捏成小窝头，整齐地排在垫有湿布的蒸锅里，蒸锅置大火上蒸 15 分钟即可。

【烹饪技法】蒸。

【营养功效】温中养胃，滋阴补血。

【健康贴士】红枣能促进白细胞的生成，降低血清胆固醇，常食有益健康。

栗子面小窝头

【主料】细玉米面 300 克，栗子粉 150 克。

【配料】发酵粉 3 克，白砂糖 20 克，糖桂花 10 克。

【制作】① 把细玉米面、栗子粉、白砂糖、发酵粉倒入盆里混合均匀，加入糖桂花后，少量多次地加入温水 250 毫升，将面粉揉至成团，面要和得稍微硬一些。② 把饧好的面团搓成长条状，均分成大小均匀的剂子，掌心蘸些水后，将剂子依次搓成圆球状，逐个将剂子捏成外形酷似宝塔的小窝头。③ 将做好的小窝头整齐地放入铺有笼布的蒸锅里，大火蒸 15 分钟至熟即可。

【烹饪技法】蒸。

【营养功效】养胃健脾，补肾强筋。

【健康贴士】生吃栗子可有效改善吐血、便血现象，每日 5 ~ 8 颗。

刀切馒头

【主料】面粉 500 克。
【配料】发酵粉 3 克，白砂糖 30 克，盐 3 克。
【制作】① 白砂糖装入杯子里，用温水 300 毫升化开，待凉至不烫手后，把发酵粉倒进糖水里化开，调成发酵液备用。② 面粉倒入盆里，加入盐、发酵水，用筷子搅拌成絮状后揉成光滑不黏手的面团，静置 10 分钟后接着揉 4 分钟，再静置发酵 30 分钟。③ 将饧好的面团放在案板上，揉搓成条状，再用刀切成大小均匀的馒头生坯，把馒头生坯整齐地排在铺了玉米叶的蒸锅中，蒸锅内注入适量清水，置中火上蒸 15 分钟即可。
【烹饪技法】蒸。
【营养功效】中和胃酸，补脾健胃。
【健康贴士】经常食用馒头有利于肠胃健康。

杂粮馒头

【主料】面粉 300 克，花生杂粮米浆 150 克。
【配料】发酵粉 3 克。
【制作】① 发酵粉装入碗里，加入少量清水化开，搅拌均匀，调成发酵液，静置 5 分钟备用。② 将面粉倒入盆里，加入发酵液，再分次加入杂粮米浆，边加边用筷子搅拌，直到面粉开始结成块状，用手揉搓成光滑的面团，盖上一块湿布，静置饧发 1 个小时。③ 待面团饧发至原来体积的两倍大小时，使劲揉搓面团 10 分钟，把气体赶出，将揉好的面团分切成大小均匀的剂子，逐个捏成馒头状，把做好的馒头生坯整齐地排在垫有湿布的蒸锅里，蒸锅置大火上蒸 15 分钟即可。
【烹饪技法】蒸。
【营养功效】润肠护胃，消食除胀。
【健康贴士】常食杂粮面可补充人体所需的营养物质，有益于身体健康。

菊花馒头

【主料】面粉 300 克，红薯 200 克。
【配料】发酵粉 3 克。
【制作】① 红薯去皮，洗净，切片，放入蒸碗里，移入蒸锅中蒸熟，取出，注入清水 350 毫升，将其打成糊状，加入发酵粉，调成红薯发酵液。② 面粉倒入盆里，加入红薯发酵液，用筷子充分搅拌，和成软硬适中的面团，放温暖处静置饧发 1 个小时。③ 把饧好的面团放在案板上，搓成粗细均匀的长条，用刀写成若干个剂子，每个剂子做成 1 片花瓣，将 5 个剂子做成的花瓣聚在一起，捏合，做成菊花状。④ 将做好的菊花馒头生坯摆在铺着湿布的蒸锅里，蒸锅置大火上，蒸 15 分钟后，关火，再焖 5 分钟即可。
【烹饪技法】蒸。
【营养功效】润肠通便，补虚益气。
【健康贴士】红薯与面搭配食用，可化解胀气，避免人体出现腹胀。

肉丁馒头

【主料】面粉 300 克，肥瘦猪肉 200 克，猪油 10 克，酵面 20 克。
【配料】葱 30 克，甜面酱 5 克，姜末、盐、汾酒、胡椒粉、发酵粉各 3 克，鸡精 2 克。
【制作】① 猪肉洗净切，成肉丁；葱洗净，切成大小均匀的小片；将肉丁放入盆内，依次加入姜末、甜面酱、盐、鸡精、胡椒粉、汾酒、葱片，搅拌均匀，腌制成馅料。② 面粉放入盆内，加入酵面、清水 150 毫升和成面团，放温暖处静置饧发 1 个小时。③ 将饧好的面团放在案板上，加入猪油、发酵粉揉搓至面团光滑，再搓成长条，揪成大小均匀的剂子，然后逐个将剂子按扁，压成小圆面皮，包入肉丁馅，收好口，包成圆馒头生坯。④ 把做好的肉丁馒头生坯整齐地放进蒸笼里，大火蒸约 15 分钟即可。
【烹饪技法】腌，蒸。
【营养功效】滋阴润燥，润肠护胃。

【健康贴士】猪肉也可与芋头同食，有滋阴润燥、养胃益气之效。

炒馒头粒

【主料】馒头2个，腊肠100克，鸡蛋1个。

【配料】胡萝卜、黄瓜各30克，葱末3克，植物油10克，盐3克。

【制作】① 馒头切粒；黄瓜洗净，切粒；胡萝卜洗净，去皮，切粒；腊肉切粒；鸡蛋打入大碗中，搅拌成蛋液，放入馒头粒搅拌均匀，使馒头粒裹上蛋液。② 锅置火上，入油烧至六成热，将裹着蛋液的馒头粒放入油锅，煎至两面金黄，盛起。③ 锅底留油烧热，下腊肠炒出香味，放入胡萝卜粒、黄瓜粒翻炒，倒入煎好的馒头粒翻炒均匀，撒上葱末，临出锅前加盐调味即可。

【烹饪技法】煎，炒。

【营养功效】生津开胃，滋阴养血。

【健康贴士】肝炎、腹泻、胆石症患者慎食。

玫瑰馒头

【主料】小麦面粉400克，紫薯200克。

【配料】发酵粉3克。

【制作】① 紫薯洗净，去皮，放进蒸锅里蒸熟后，取出，用大勺子将紫薯压成泥；将发酵粉装入碗里，加入温水300毫升化开，调成发酵液。② 将面粉倒入盆中，加入凉凉的紫薯泥，倒入发酵液，揉成光滑的面团，静置饧发30分钟。③ 把饧好的面团放在案板上，再次揉匀排出空气后，用刀把面团分切成若干个小剂子，将大部分剂子擀成面皮，小部分搓成橄榄状，用来做花蕊。④ 将5片面片依次叠加，整齐排放，再放上花蕊，从下向上卷起来，然后用手指往中心掐入并左右旋转拧断，收口朝下放，依此方法逐个做成玫瑰馒头生坯。⑤把做好的玫瑰馒头生坯放进蒸笼里，蒸锅中注入适量冷水，将蒸笼移入蒸锅里，蒸锅置大火，蒸15分钟即可。

【烹饪技法】蒸。

【营养功效】健脾养胃，润肠通便。

【健康贴士】湿阻脾胃、气滞食积者慎食。

包子

秋叶包

【主料】面粉300克，油菜、蘑菇、粉丝各70克，鸡蛋2个。

【配料】发酵粉3克，植物油30克，盐4克，鸡精2克。

【制作】① 面粉、发酵粉放入盆中，加入温水200毫升和成面团，静置饧发30分钟备用。② 油菜择洗干净，切末；蘑菇洗净，切丁；锅置火上，入油烧至八成热，放入粉丝炸香，捞出，装入碗里，加入香菇丁、油菜末，打入鸡蛋，放盐、鸡精调味，充分搅拌均匀，制成包子馅。③ 把饧好的面团摘成若干个小剂，擀成圆面皮，包上馅料，捏成秋叶状，做成包子生坯，整齐地放进蒸笼里，盖上湿布，放进蒸锅大火蒸10分钟至熟即可。

【烹饪技法】腌，蒸。

【营养功效】活血化瘀，和中益胃。

【健康贴士】蘑菇与油菜搭配，可提高机体免疫力。

莲蓉寿桃包

【主料】面粉300克，鲜莲子、菠菜各100克。

【配料】植物油15克，发酵粉3克，白砂糖20克，红酒8克。

【制作】① 鲜莲子洗净，去莲心，放入蒸碗里，注入适量清水，移入蒸锅里隔水蒸20分钟至软烂，取出，用大勺子将莲子压成泥；锅置火上，入油烧至五成热，把莲子泥倒进油锅翻炒，加入白砂糖搅拌成糊状，做成馅料备用。② 菠菜择洗干净，用纱布裹起来，拧出菠菜汁备用；取一个小碗装入50克面粉，倒入菠菜汁，搅拌均匀，和成面片，做成桃叶备用。③ 温水250毫升里放入发酵粉搅拌均匀，调成发酵液；将剩下的面粉放入盆里，倒入发酵液，和成光滑的面团，静置饧发 1 个小时。④ 饧好的面团放在案板上，分切成几个剂子，擀成四周薄中间厚的包子皮，包入馅料，捏出寿桃的形状，用刀按出一道深印作为桃纹，然后把寿桃包安在做好的桃叶上。⑤将做好的寿桃包子放进蒸笼里，蒸锅注入适量清水，把蒸笼移入蒸锅里，蒸锅置大火上，蒸 15 分钟至熟，用红酒染出粉红色即可。

【烹饪技法】炒，蒸。

【营养功效】宁心安神，清热解毒。

【健康贴士】莲子也可与黑米搭配，能够起到滋阴安神、补肾健脾的功效。

豌豆包

【主料】面粉 300 克，豌豆 100 克。

【配料】白砂糖 50 克，桂花 10 克，发酵粉 3 克。

【制作】① 豌豆淘洗干净，装入碗里，注入适量清水，放入高压锅煮烂，取出，去皮，用大勺子压成泥状用；锅置火上，入油烧至六成热，放入豌豆泥，加白砂糖、桂花炒匀，做成馅料。② 面粉倒入盆内，加入温水 200 毫升、发酵粉和成光滑的面团，静置饧发 1 个小时。③ 将饧好的的面团放在案板上，揉搓成粗细均匀的长条后，切成几个大小均匀的剂子，擀成中间厚、边沿薄的面皮，包入豌豆馅，封好口，做成包子生坯，整齐地放入垫有湿布的蒸锅里，大火蒸约 10 分钟至熟即可。

【烹饪技法】煮，炒，蒸。

【营养功效】和中益气，消食除胀。

【健康贴士】豌豆与面粉做成包子，可提高豌豆的营养价值。

虾仁包

【主料】面粉 300 克，虾仁 100 克，猪肉 150 克，鸡蛋 2 个。

【配料】白砂糖 5 克，发酵粉 4 克，胡椒粉、淀粉各 3 克，盐 4 克，鸡精 2 克。

【制作】① 面粉、发酵粉、白砂糖放入大盆内混合均匀，加入温水 200 毫升，搅拌均匀，和成光滑的面团，静置饧发 1 个小时。② 猪肉洗净，剁成肉末；虾仁去虾线，洗净，沥干水分，放进碗里，放入猪肉末，打入蛋清，加入鸡精、胡椒粉、淀粉，用筷子搅拌至上劲备用。③ 将饧好的面团放在案板上，揉搓成粗细均匀的长条后，用刀分切成大小均匀的剂子，再擀成面皮，包入馅料，捏好，做成包子生坯，放进蒸锅里，大火蒸 15 分钟至熟即可。

【烹饪技法】蒸。

【营养功效】补肾益阳，通乳汁。

【健康贴士】虾若与鸡蛋、韭菜同食，可起到滋补阳气的功效。

鸡肉包

【主料】面粉 300 克，鸡胸肉 150 克，胡萝卜 50 克，鸡蛋 1 个。

【配料】干香菇 6 朵，发酵粉 3 克，植物油 10 克，盐 3 克，胡椒粉 2 克。

【制作】① 面粉装入盆里，将发酵粉用温水 200 毫升化开后倒入面粉中，搅拌均匀，和成光滑的面团，静置饧发 1 个小时备用。② 鸡胸肉洗净，剁成泥；香菇用开水泡发，洗净，切碎；胡萝卜洗净，切碎；将鸡肉泥、香菇碎、胡萝卜碎装入碗里，打入鸡蛋，放油、盐、胡椒粉拌匀，做成馅料备用。③ 将饧好的面团放在案板上，揉搓成长条，分切成几个大小均匀的剂子，擀成中间厚、边缘薄的包子皮，放入馅料，包好，放进蒸笼里，盖上湿布，移入蒸锅大火蒸 15 分钟至熟即可。

【烹饪技法】蒸。

【营养功效】温中益气，健脾养胃。

【健康贴士】鸡肉与香菇同食，补益效果佳。

白菜包

【主料】面粉 300 克，猪肉 150 克，大白菜 200 克。

【配料】葱末、姜末各 5 克，发酵粉 3 克，植物油 15 克，白砂糖 4 克，盐 3 克，鸡精、胡椒粉各 2 克。

【制作】① 面粉、发酵粉、白砂糖、一起放入盆内混合均匀，加入清水 150 毫升，搅拌成絮状，用手揉搓成团，放在案板上反复揉搓，直至面团光洁润滑，静置饧发 1 小时。② 白菜去叶，洗净，沥干水分，切成碎末，放入碗里，加盐，用手揉捏出水，用清水漂洗后捞出，挤干水分，放回碗中加鸡精、胡椒粉拌匀备用。③ 猪肉洗净，绞成肉馅，放入装白菜末的碗里，加葱末、姜末一起拌匀，做成馅料。④ 将饧好的面团分切成大小均匀的剂子，擀成面皮，包入白菜猪肉馅，捏好，包成包子状，放进蒸笼里，盖上湿布，移入蒸锅，大火蒸 15 分钟即可。

【烹饪技法】拌，蒸。

【营养功效】滋阴润燥，通利肠胃。

【健康贴士】白菜宜与猪肉同食，营养更容易被人体吸收。

糯米鸡肉包

【主料】面粉 300 克，糯米饭 150 克，鸡胸肉 150 克，干香菇 6 朵，鸡蛋 1 个。

【配料】发酵粉 3 克，植物油 15 克，盐 3 克，胡椒粉 2 克。

【制作】① 面粉、发酵粉、白砂糖、一起放入盆内混合均匀，加入温水 200 毫升，搅拌成絮状，用手揉搓成团，放在案板上反复揉搓，直至面团光洁润滑，静置饧发 1 小时。② 鸡胸肉洗净，剁成泥；香菇用开水泡发洗净，切碎；将糯米饭装入碗里，戴上一次性手套，把糯米饭抓散，倒入鸡肉泥、香菇碎，打入鸡蛋，放油、盐、胡椒粉拌匀，做成馅料备用。③ 将饧好的面团分切成大小均匀的剂子，擀成面皮，包入馅料，捏成包子状；把包好的糯米包放到蒸笼里，盖上湿布，移入蒸锅，大火蒸 15 分钟至熟即可。

【烹饪技法】蒸。

【营养功效】温中益气，补虚健脾。

【健康贴士】肝火旺盛、内热者慎食。

香葱肉包

【主料】面粉 300 克，猪肉 200 克，葱 100 克，鸡蛋 1 个。

【配料】发酵粉 3 克，植物油 15 克，盐 3 克，鸡精、胡椒粉各 2 克。

【制作】① 面粉装入盆里，发酵粉用温水 200 毫升化开后倒入面粉中，搅拌均匀，和成光滑的面团，静置饧发 1 个小时备用。② 葱洗净，切末；猪肉洗净，剁成肉末，装入碗里，加入葱末、盐、鸡精、胡椒粉、油，打入鸡蛋，用筷子搅拌均匀，做成馅料备用。③ 将饧好的面团放在案板上，揉搓成长条后，用刀分切成几个大小均匀的剂子，擀成包子皮，包入馅料，捏成包子状，把包好的包子放进蒸笼里，盖上湿布，移入蒸锅，大火蒸 15 分钟至熟即可。

【烹饪技法】蒸。

【营养功效】滋阴润燥，补血养颜。

【健康贴士】伤风感冒、发热无汗、头痛鼻塞、咳嗽痰多、腹痛腹泻、胃寒、食欲不振者宜食。

鲜肉大包

【主料】面粉 300 克，五花肉 200 克，奶粉 20 克。

【配料】葱末、姜末各 5 克，发酵粉 3 克，植物油 150 克，盐 3 克，鸡精 2 克。

【制作】① 将面粉、奶粉装入盆里，发酵粉用温水 200 毫升化开后倒入面粉中，搅拌均匀，和成光滑的面团，静置饧发 1 个小时备用。② 五花肉洗净，剁成肉末，装入碗里，加入葱末、姜末、盐、鸡精、油，用筷子搅拌均匀，做成馅料备用。③ 将饧好的面团放在案板上，揉搓成长条后，用刀分切成几个大小均匀的剂子，擀成包子皮，包入馅料，捏成包子状；把包好的包子放进蒸笼里，盖上湿布，移入蒸锅，大火蒸 15 分钟至熟即可。

【烹饪技法】蒸。

【营养功效】滋阴养血，补虚健脾。

【健康贴士】五花肉也可与竹笋同食，可起到清热化痰、解渴益气的功效。

叉烧餐包

【主料】中筋面粉 300 克，叉烧肉 200 克，洋葱 50 克，叉烧酱、炼乳、椰浆各 30 克。

【配料】黄油 15 克，植物油 10 克，泡打粉、白砂糖各 4 克，盐、发酵粉各 3 克，鸡精、胡椒粉各 2 克。

【制作】① 先将面粉与泡打粉一同过筛，放在案板上开窝；温水 150 毫升加入黄油、白砂糖、发酵粉、胡椒粉、炼乳、椰浆搅匀后倒入面粉窝里，揉搓均匀，和成光滑的面团，静置饧发 1 个小时备用。② 叉烧肉切成粒；洋葱洗净，切粒；锅置大火上，入油烧热，下洋葱炒香，放入叉烧肉、叉烧酱炒匀，盛出，做成叉烧馅备用。③ 将饧好的面团放在案板上，揉搓成长条后，用刀分切成几个大小均匀的剂子，擀成包子皮，包入叉烧馅，捏好，整齐地放在涂上油的烤盘上，放入温度预热为 220℃的烤箱中，烤 15 分钟至熟即可。

【烹饪技法】炒，烤。

【营养功效】补肾养血，滋阴润燥。

【健康贴士】洋葱还可与大蒜同食，二者都富含元素硒，硒元素被科学家称为人体微量元素中的“抗癌之王”，若搭配食用可以称得上是抗癌佳品。

韭菜肉包

【主料】面粉 300 克，猪肉 200 克，韭菜 50 克，鸡蛋 1 个。

【配料】发酵粉 3 克，植物油 10 克，盐 3 克，鸡精 2 克。

【制作】① 面粉装入盆里，发酵粉用温水 100 毫升化开后倒入面粉中，搅拌均匀，和成光滑的面团，静置饧发 1 个小时备用。② 猪肉洗净，剁成肉末，装入碗里；韭菜择洗干净，切末；将韭菜末、盐、鸡精、油放进肉末里，用筷子搅拌均匀，做成馅料。③ 将饧好的面团放在案板上，揉搓成长条，分切成大小均匀的剂子，擀成中间厚、边缘薄的包子皮，放入馅料，包好，放进蒸笼里，盖上湿布，移入蒸锅大火蒸 15 分钟即可。

【烹饪技法】蒸。

【营养功效】温肾壮阳，健脾益胃。

【健康贴士】韭菜与鸡蛋同食，滋补效果更佳。

霉干菜肉包

【主料】面粉 300 克，猪肉 200 克，霉干菜 100 克。

【配料】发酵粉 3 克，生抽、料酒各 4 克，植物油 10 克，盐 3 克，鸡精 2 克。

【制作】① 面粉装入盆里，发酵粉用温水 200 毫升化开后倒入面粉中，搅拌均匀，和成光滑的面团，静置饧发 1 个小时备用。② 猪肉洗净，剁成肉末，装入大碗里；霉干菜用清水浸泡 2 个小时，洗净，沥干水分，去梗，切末；将霉干菜末、盐、鸡精、料酒、生抽、油放进肉末里，用筷子搅拌均匀，做成馅料。③ 将饧好的面团放在案板上，揉搓成长条，分切成大小均匀的剂子，擀成中间厚、边缘薄的包子皮，放入馅料，包好，放进蒸笼里，盖上湿布，移入蒸锅大火蒸 15 分钟至熟即可。

【烹饪技法】蒸。

【营养功效】生津开胃，滋补肝肾。

【健康贴士】阴虚、头晕、贫血、大便秘结、营养不良的女士、青少年、儿童宜食。

猪肉茴香包

【主料】面粉 300 克，猪肉 200 克，茴香 100 克。

【配料】葱末、姜末各 3 克，生抽、料酒各 4 克，植物油 10 克，盐、发酵粉各 3 克，鸡精 2 克。

【制作】① 面粉装入盆里，发酵粉用温水 200 毫升化开后倒入面粉中，搅拌均匀，和成光滑的面团，静置饧发 1 个小时备用。② 猪肉洗净，剁成肉末，装入大碗里；茴香洗净，切末；将茴香末、葱末、姜末、料酒、生抽、盐、鸡精、油一起放进肉末里，用筷子搅拌均匀，做成馅料。③ 将饧好的面团放在案板上，揉搓成长条，分切成大小均匀的剂子，擀成中间厚、边缘薄的包子皮，放入馅料，包好，放进蒸笼里，盖上湿布，移入蒸锅大火蒸 15 分钟即可。

【烹饪技法】蒸。

【营养功效】补虚养血，滋阴润燥。

【健康贴士】猪肉也可与香菇同食，可保持营养均衡。

茄子大肉包

【主料】面粉 300 克，猪肉 200 克，茄子 100 克，甜面酱 50 克。

【配料】发酵粉 3 克，植物油 10 克，温水 200 毫升，盐 3 克，鸡精 2 克。

【制作】① 面粉装入盆里，将发酵粉用温水化开后倒入面粉中，搅拌均匀，和成光滑的面团，静置饧发 1 个小时备用。② 猪肉洗净，剁成肉末，装入碗里；茄子洗净，切丁，放入碗里，倒入油和甜面酱腌制 20 分钟后，将肉末倒进茄丁里，加盐、鸡精调味，并用筷子充分搅拌，做成包子馅。③ 将饧好的面团放在案板上，揉搓成长条，分切成大小均匀的剂子，擀成中间厚、边缘薄的包子皮，放入馅料，包好，放进蒸笼里，盖上湿布，移入蒸锅大火蒸 15 分钟即可。

【烹饪技法】蒸。

【营养功效】活血化瘀，滋阴润燥。

【健康贴士】猪肉还宜与茄子同食，可增加血管弹性，预防心血管疾病。

枣泥包子

【主料】面粉 300 克，红枣 200 克。

【配料】发酵粉 3 克，植物油 15 克，白砂糖 12 克。

【制作】① 面粉装入盆里，发酵粉用温水 200 毫升化开后倒入面粉中，搅拌均匀，和成光滑的面团，静置饧发 1 个小时备用。② 红枣洗净，放入电饭锅煮熟，去核，装入盆里，压烂成泥；白砂糖用温水化开，倒入枣泥中，再加入植物油搅拌均匀；锅置大火上，入油烧至五成热，将枣泥放入锅内炒 10 分钟，待油和白砂糖全被枣泥吸收后，盛出凉凉，做成枣泥馅备用。③ 将饧好的面团放在案板上，揉搓成长条，分切成大小均匀的剂子，擀成中间厚、边缘薄的包子皮，放入馅料，包好，放进蒸笼里，盖上湿布，移入蒸锅大火蒸 15 分钟即可。

【烹饪技法】蒸。

【营养功效】补血养颜，健脾益胃。

【健康贴士】一般人皆宜食用，尤宜贫血者食用。

三丁包子

【主料】面粉 300 克，猪肉、鸡肉各 150 克，春笋 60 克。

【配料】发酵粉 3 克，豆瓣酱 30 克，植物油 15 克，白砂糖 10 克，盐 3 克。

【制作】① 面粉装入盆里，发酵粉用温水 200 毫升化开后倒入面粉中，搅拌均匀，和成光滑的面团，静置饧发 1 个小时备用。② 猪肉、鸡肉、春笋分别洗净，切丁备用；春笋丁用加了盐的沸水焯熟，捞出，沥干水分备用。③ 锅置大火上，入油烧热，倒入猪肉丁、鸡肉丁、豆瓣酱翻炒入味，再放入春笋丁炒匀，做成三丁馅，盛出。④ 将饧好的面团放在案板上，揉搓成长条，分切成大小均匀的剂子，擀成中间厚、边缘薄的包子皮，放入三丁馅，逐个包好，放进蒸笼里，盖上湿布，移入蒸锅大火蒸 15 分钟至熟即可。

【烹饪技法】焯，炒，蒸。

【营养功效】健脾养胃，滋阴润燥。

【健康贴士】春笋与猪肉同食，有利于人体对维生素 B_{12} 的吸收。

燕麦花生包

【主料】面粉、燕麦、花生米各 200 克。

【配料】红糖 50 克，白砂糖 20 克，发酵粉

3克，牛奶200毫升，植物油10克。

【制作】① 面粉、燕麦、红糖、发酵粉放入盆中，倒入牛奶、温水100毫升，揉成光滑的面团，静置饧发1个小时；花生米去皮，捣碎，加入白砂糖拌匀，做成馅料备用。② 将饧好的面团放在案板上，揉搓成长条，分切成大小均匀的剂子，擀成中间厚、边缘薄的包子皮，放入馅料，逐个包好，放进蒸笼里，盖上湿布，移入蒸锅大火蒸15分钟至熟即可。

【烹饪技法】拌，蒸。

【营养功效】健脾益气，补虚养血。

【健康贴士】燕麦还可与玉米同食，有很好的丰胸效果。

酸菜包子

【主料】面粉400克，酸菜150克，猪肉200克。

【配料】白砂糖5克，葱末、姜末、十三香、发酵粉各3克，生抽4克，植物油10克。

【制作】① 面粉装入盆里，发酵粉用温水250毫升化开后倒入面粉中，搅拌均匀，和成光滑的面团，静置饧发1个小时备用。② 酸菜洗净，挤干水分，切碎备用；猪肉洗净，剁成肉末，装入碗里，将酸菜末、葱末、姜末、生抽、十三香、白砂糖倒入肉末中，用力搅拌均匀，做成馅备用。③ 把饧好的面团放在案板上，揉搓成长条，分切成大小均匀的剂子，擀成中间厚、边缘薄的面皮，放入酸菜馅，包好；将包好的包子放到蒸笼里，盖上湿布，放入蒸锅大火蒸15分钟，关火焖3分钟即可。

【烹饪技法】蒸。

【营养功效】生津开胃，滋阴养胃。

【健康贴士】酸菜为腌制类食品，含有亚硝酸，不宜多食。

蜜汁叉烧包

【主料】面粉400克，蜜汁叉烧300克。

【配料】白砂糖5克，发酵粉3克，植物油10克。

【制作】① 面粉装入盆里，加入白砂糖，发酵粉用温水250毫升化开后倒入面粉中，搅拌均匀，和成光滑的面团，静置饧发1个小时备用。② 蜜汁叉烧切碎，装入碗里，加入植物油搅拌均匀，做成蜜汁叉烧馅备用。③ 把饧好的面团放在案板上，揉搓成长条，分切成大小均匀的剂子，擀成中间厚、边缘薄的面皮，放入蜜汁叉烧馅，包好。④ 将包好的蜜汁叉烧包整齐地放在蒸笼里，盖上湿布，放入蒸锅大火蒸15分钟，关火焖3分钟即可。

【烹饪技法】蒸。

【营养功效】消食益气，滋阴润燥。

【健康贴士】叉烧也可与豆苗搭配食用，有利尿、消肿、止痛的作用。

冬菇素菜包

【主料】面粉400克，菠菜300克，黄花菜、冬菇、冬笋各50克。

【配料】姜末3克，植物油20克，盐、白砂糖各5克，鸡精、发酵粉各3克。

【制作】① 菠菜择洗干净，用沸水焯烫后，放入冷水中过凉，捞出，切成末，装在小方巾里挤干水分，放入大碗里；黄花菜、冬菇用开水泡发，洗净，切成细末；冬笋洗净，切丁。② 锅置大火上，入油烧热，放入黄花菜、冬笋、冬菇煸炒，放盐、白砂糖、鸡精调味，盛起装盘，再加入菠菜末、姜末拌匀，做成素菜馅。③ 将面粉、发酵粉放入盆中，注入温水300毫升，揉成面团，静置饧发1个小时后，将面团分切成大小均匀的剂子，擀成中间厚、边缘薄的面皮，放入素菜馅，包好，放进蒸笼里，把蒸笼移入蒸锅，大火蒸15分钟至熟即可。

【烹饪技法】焯，炒，蒸。

【营养功效】润肠通便，消食益气。

【健康贴士】菠菜宜与黄花菜、冬菇、冬笋同食，可预防贫血、营养不良。

韭菜鸡蛋包子

【主料】面粉400克，韭菜400克，鸡蛋5个。

【配料】色拉油30克，盐、白砂糖各5克，发酵粉、五香粉、鸡精各 3 克。

【制作】① 韭菜择洗干净，沥干水分，切末；鸡蛋打入碗里，搅拌成蛋液。② 锅置火上，入油烧至六成热，倒入蛋液炒散，盛出，将韭菜末倒入鸡蛋里，加入盐、油、五香粉、鸡精充分搅拌，做成韭菜鸡蛋馅备用。③ 将面粉、发酵粉、白砂糖放入盆中充分混合，倒入温水 300 毫升，揉成光滑的面团，静置饧发 1 个小时。④ 将饧好的面团分切成几个大小均匀的剂子，擀成中间厚、边缘薄的面皮，放入韭菜鸡蛋馅，包好，整齐地排入蒸笼里，把蒸笼放入蒸锅，大火蒸 15 分钟即可。

【烹饪技法】炒，蒸。

【营养功效】补肾壮阳，润肠通便。

【健康贴士】韭菜能够滋阴壮阳、促进血液循环，鸡蛋能够滋阴养血、润燥，二者同食，可以起到很好的益气补肾效果。

南瓜椰香包子

【主料】面粉 400 克，南瓜 200 克，椰丝 100 克，奶粉 40 克。

【配料】白砂糖 5 克，黄油块 20 克，发酵粉 3 克，牛奶 250 毫升。

【制作】① 面粉、发酵粉、白砂糖放入盆中充分混合，倒入牛奶，揉成光滑的面团，静置饧发 1 个小时。② 南瓜洗净，去皮，装入碗里，注入适量清水，放入蒸锅里蒸熟，取出，压烂成泥，趁热加入黄油块、椰丝搅拌均匀，做成南瓜馅备用。③ 把饧发好的面团分切成几个大小均匀的剂子，擀成中间厚、边缘薄的面皮，放入南瓜椰香馅，包好，整齐地排入蒸笼里，将蒸笼放进蒸锅里大火蒸 15 分钟即可。

【烹饪技法】蒸。

【营养功效】润肺益气，通利肠胃。

【健康贴士】南瓜也可与莲子同食，能起到降脂降压的效果。

茶树菇酱肉包

【主料】面粉 400 克，五花肉 300 克，干茶树菇 100 克，甜面酱 30 克。

【配料】葱 10 克，发酵粉 3 克，盐 4 克，鸡精 2 克。

【制作】① 面粉、发酵粉放入盆中充分混合，倒入温水 300 毫升，用筷子搅拌均匀，和成光滑的面团，静置饧发 1 个小时。② 五花肉洗净，切末，装入碗里；葱洗净，切末；干茶树菇用清水泡开，洗净，切末；将葱末、茶树菇末放进肉末里，加入甜面酱、盐、鸡精搅拌均匀，做成馅料。③ 将饧好的面团放在案板上，揉搓成长条，用刀分切成几个大小均匀的剂子，擀成中间厚、边缘薄的面皮，放入茶树菇酱肉馅，包好，放进蒸笼里大火蒸 15 分钟至熟即可。

【烹饪技法】拌，蒸。

【营养功效】健胃消食，补中益气。

【健康贴士】茶树菇宜与猪肉同食，可增强机体免疫力。

饼

葱饼

【主料】面粉 300 克，葱 50 克，白砂糖 100 克。

【配料】酥油、猪油各 50 克，盐、花椒粉各 5 克。

【制作】① 葱洗净，切成葱末，放入碗中，加盐、酥油、花椒粉拌匀备用。② 将面粉装入盆内，注入 200 毫升清水，和成光滑的面团，把面团搓成条，摘成若干个（约 20 个）剂子，再将剂子逐个搓成圆球，压扁，撒上葱末，整齐地摆在刷着猪油的烤盘里，放进预热 200℃的烤箱中，烤 25 分钟，取出装盘即可。

【烹饪技法】烤。

【营养功效】温中益气，杀菌解毒。

【健康贴士】狐臭及表虚多汗、自汗者忌食。

【举一反三】配料里去掉白砂糖，加入少许肉末，即可做成咸味的葱饼。

煎饼

【主料】小麦面粉 300 克，绿豆芽 200 克，鸡蛋 2 个。

【配料】韭菜 50 克，植物油 30 克，豆瓣酱 10 克，盐 4 克，胡椒粉 5 克。

【制作】① 绿豆芽洗净，装入菜篮，沥干水分; 韭菜择洗干净，切末。② 将面粉倒入盆内，加盐、胡椒粉，打入鸡蛋，注入 200 毫升清水，搅拌均匀，做成小麦面粉糊。③ 平底锅置中火上，擦上一层薄薄的植物油，用大勺舀入一大勺小麦面粉糊，摊平，煎至六分熟时翻面，刷上豆瓣酱，放入适量绿豆芽、韭菜末，煎至全熟，将圆形煎饼对折，叠成长方形，把绿豆芽、韭菜末裹住，即可做成煎饼，依此方法将小麦面粉糊做完即可。

【烹饪技法】煎。

【营养功效】温肾壮阳，利水消肿。

【健康贴士】一般人皆宜食用。

【举一反三】绿豆芽可根据个人口味换成胡萝卜丝、土豆丝、黄瓜丝等。

酸菜饼

【主料】面粉 300 克，酸菜 200 克，肥瘦猪肉 150 克。

【配料】蒜 10 克，葱 15 克，植物油 50 克，生抽 8 克，熟芝麻 5 克，胡椒粉 3 克。

【制作】① 酸菜浸泡半小时后，捞出，挤干水分，切末；肥瘦猪肉洗净，切末；葱洗净，切成葱末；蒜去皮，切末。② 锅置大火上，入油 10 克烧热，下蒜末、葱末爆香后，放入肉末翻炒至变色，倒入酸菜末炒熟，做成馅料，盛出。③ 将面粉装入盆内，加入胡椒粉，注入清水 200 毫升，和成光滑的面团，把面团搓成条，摘成若干个剂子，再将剂子逐个搓成圆球，用示指戳出一个小窝，包入馅料，压扁，做成饼状，依此方法逐个将豆沙饼做好。④ 把做好的酸菜饼整齐地排在刷着油的烤盘里，撒上熟芝麻，放进预热 240℃的烤箱中，烤 20 分钟，取出即可。

【烹饪技法】炒，烤。

【营养功效】生津开胃，滋阴润燥。

【健康贴士】食欲不振、不思饮食、肠胃消化不好者宜食。

【举一反三】将酸菜换成冬菜，即可做成美味的冬菜饼。

豆沙饼

【主料】面粉 300 克，红豆沙 200 克。

【配料】植物油 100 克。

【制作】① 红豆沙装入蒸碗里，放入电饭锅蒸熟备用。② 面粉装入盆内，注入 200 毫升清水，和成光滑的面团，把面团搓成条，摘成若干个剂子，再将剂子逐个搓成圆球，用示指戳出一个小窝，包入红豆沙馅，压扁，做成饼状，依此方法逐个将豆沙饼做好。③ 把做好的豆沙饼整齐地排在刷着油的烤盘里，放进预热 240℃的烤箱中，烤 20 分钟，取出即可。

【烹饪技法】蒸，烤。

【营养功效】健脾养胃，滋补强壮。

【健康贴士】尿频者慎食。

【举一反三】红豆沙可用绿豆沙代替。

芋头饼

【主料】糯米粉 200 克，澄粉 80 克，芋头 300 克。

【配料】鸡蛋 2 个，菠萝包 1 个，白砂糖 30 克。

【制作】① 芋头洗净，放入蒸锅里蒸熟，凉凉，去皮，装入盆里，用勺子背压烂成泥后，加入澄粉、白砂糖，注入 150 毫升沸水，搅拌均匀，和成光滑的面团。② 鸡蛋打入碗里，搅拌成蛋液; 菠萝包，撕成面包屑，装入盘里。③ 将和好的面团搓成长条，摘成若干个剂子，再将剂子逐个搓成圆球，压扁，做成饼状，依此方法逐个将芋头饼做好，放入蛋液中，使每个芋头饼都裹上蛋液，再放入面包屑中，滚上面包屑。④ 平底锅置中火上，入油烧热，放入做好的芋头饼，煎至两面金黄，盛出装盘即可。

【烹饪技法】煮，煎。
【营养功效】健脾益胃，温中益气。
【健康贴士】食滞胃痛、肠胃湿热者忌食。
【举一反三】芋头换成土豆，即可做成土豆饼。

韭菜饼

【主料】面粉500克，韭菜200克，鸡蛋2个。
【配料】虾米10克，植物油100克，盐4克。
【制作】① 韭菜洗净，切末；鸡蛋打入碗里，搅拌成蛋液；虾米用温水泡软，捞出，沥干水分。② 炒锅置大火上，入油20克烧热，放入虾米炒香，打入鸡蛋炒散，再加入韭菜末炒熟，放盐调味，做成馅料，盛出备用。③ 将面粉装入盆内，注入300毫升清水，和成光滑的面团，把面团搓成条，摘成若干个剂子，再将剂子擀成中间厚边缘薄的皮，包入韭菜馅，压扁，做成饼状，依此方法逐个将韭菜饼做好。④ 把做好的韭菜饼整齐地排在刷着油的烤盘里，放进预热240℃的烤箱中，烤20分钟，取出即可。
【烹饪技法】炒，烤。
【营养功效】温肾壮阳，滋补益气。
【健康贴士】韭菜宜与鸡蛋、虾米同食，壮阳效果明显。

手抓饼

【主料】面粉300克。
【配料】植物油30克，盐4克，鸡精2克。
【制作】① 面粉装入盆里，注入清水150毫升，搅拌成絮状，加入油5克、盐、鸡精，和成光滑的面团，静置饧发30分钟。② 将饧好的面团分摘成剂子，擀成薄面片，用刷子逐个刷上一层薄薄的油，把面片像叠扇子一样叠起来，再扯成长条，卷起来，擀成薄饼，即成手抓饼生坯。③ 在电饼铛上刷上一层薄薄的油，放入手抓饼生坯，逐个煎熟即可。
【烹饪技法】煎。
【营养功效】养心益肾，健脾厚肠。
【健康贴士】一般人皆宜食用。

煎肉饼

【主料】精面粉500克，猪肉200克，葱末50克。
【配料】植物油30克，酵母5克，盐4克，鸡精2克。
【制作】① 面粉装入盆里，加入酵母，注入清水250毫升，搅拌成絮状，和成光滑的面团，静置饧发30分钟。② 葱洗净，切成葱末；猪肉洗净，切成肉末，装入碗里，加盐、鸡精搅拌均匀，做成馅料。③ 将饧好的面团摘成剂子，逐个包入馅料，封好口，按扁，擀成薄饼，放入刷好油、烧热的电饼铛里，逐个煎熟即可。
【烹饪技法】煎。
【营养功效】滋阴润燥，补虚理气。
【健康贴士】煎肉饼搭配五谷豆浆，利于消化。

糯米饼

【主料】糯米粉300克。
【配料】植物油30克，白砂糖100克。
【制作】① 白砂糖装入碗里，加入热水150毫升化开；糯米粉倒入盆里，缓缓加入糖水，搅拌成絮状，再和成光滑的糯米面团，静置饧发30分钟。② 将饧好的糯米面团，摘成剂子，放入模具中压成饼状，模具倒扣，取出糯米饼。③ 平底锅置中火上，入油烧热，放入做好的糯米饼，煎至两面金黄，取出装盘即可。
【烹饪技法】煎。
【营养功效】温补脾胃，补养体气。
【健康贴士】老人、儿童、肠胃消化功能不全者慎食。

蔬菜饼

【主料】面粉100克，西葫芦250克，胡萝卜100克，鸡蛋2个。
【配料】植物油30克，盐4克，鸡精2克。

【制作】① 西葫芦洗净，切丝；胡萝卜洗净，切丝。② 面粉装入盆内，加入西葫芦丝、胡萝卜丝，打入鸡蛋，加盐、鸡精，注入温水 50 毫升，搅拌均匀。③ 在电饼铛上刷上一层油，烧热，将搅拌好的蔬菜面糊倒进电饼铛内，摊薄，盖上电饼铛，煎 4 分钟至两面金黄即可。

【烹饪技法】煎。

【营养功效】润肠通便，补充多种维生素。

【健康贴士】便秘、营养不良、肠胃虚弱者宜食。

土豆饼

【主料】面粉 200 克，土豆 300 克。

【配料】葱 10 克，植物油 30 克，盐 4 克，鸡精、孜然粉、咖喱粉各 2 克。

【制作】① 葱洗净，切成葱末；土豆去皮，洗净，切丝。② 将面粉、土豆丝、葱末、盐、鸡精、孜然粉、咖喱粉全部放入盆内，注入清水 200 毫升，搅拌成糊状。③ 平底锅置火上，入油烧热，倒入 1/3 的土豆面粉糊，煎 4 分钟至两面金黄，依此方法将剩下的土豆面粉糊煎熟即可。

【烹饪技法】煎。

【营养功效】温中养胃，健脾益气。

【健康贴士】脾胃气虚、高血压、高脂血、习惯性便秘患者宜食。

南瓜饼

【主料】糯米粉 200 克，南瓜 200 克，绿豆沙 50 克。

【配料】植物油 30 克，面包屑 50 克。

【制作】① 南瓜洗净，去皮，装入蒸碗里，放入蒸锅蒸熟，取出，用勺子背压成泥；面包屑装入宽盘子里备用。② 将糯米粉装入盆里，加入南瓜泥，倒入 50 毫升沸水，搅拌均匀，揉成南瓜糯米团，放入蒸笼蒸熟，取出，凉凉，摘成几个剂子，在每个剂子里包入绿豆沙馅，包好，压扁，做成南瓜饼生坯，放入面包屑里两面滚上面包屑。③ 平底锅置中火上，入油烧热，将做好的南瓜饼生坯放入油锅里，煎 4 分钟至两面金黄即可。

【烹饪技法】蒸，煎。

【营养功效】温中养胃，润肺益气。

【健康贴士】南瓜与绿豆沙同食，可清热解毒，生津止渴。

金钱饼

【主料】低筋面粉 200 克，白砂糖 80 克，牛奶 60 毫升。

【配料】色拉油 50 克，香草精、泡打粉、小苏打各 4 克，熟芝麻粒 10 克。

【制作】① 牛奶、色拉油、白砂糖、香草精一起装入大碗里，搅拌均匀，搅拌至白砂糖化开。② 低筋面粉、泡打粉、小苏打倒入盆里，充分混合，倒入牛奶、白砂糖、香草精的混合液，搅拌均匀，和成光滑的面团，静置饧发 30 分钟。③ 将饧好的面团放在案板上，搓成长条后切成剂子，搓成圆球，按扁，做成金钱饼生坯。④ 取烤盘，垫上牛油纸，把做好的金钱饼生坯整齐地排在烤盘上，撒上熟芝麻粒，放入预热 200℃的烤箱内，烤 15 分钟即可。

【烹饪技法】烤。

【营养功效】补虚养气，健脾厚肠。

【健康贴士】糖尿病、高血脂患者慎食。

姜萝卜饼

【主料】白萝卜 250 克，面粉 300 克，猪瘦肉 100 克。

【配料】姜、葱各 10 克，植物油 50 克，盐 3 克。

【制作】① 白萝卜洗净，切成细丝；猪瘦肉洗净，剁成泥；姜洗净，切末；葱洗净，切成葱花。② 锅置火上，入油 10 克烧热，下白萝卜丝炒至五成熟，盛进碗里，加入姜末、葱花、盐调味，做成馅料。③ 面粉倒入盆里，注入适量清水，和成面团，搓成长条，摘成若干个剂子，用擀面杖擀成薄片，填入馅料，制成夹心饼。④ 锅置中火上，入油 40 克烧至六成热，放入做好的饼，逐个烙至两面金黄即可。

【烹饪技法】炒，烙。

【营养功效】解毒驱寒，补水养胃。

【健康贴士】生姜宜与白萝卜搭配，开胃生津，慢性胃炎患者经常食用可起到养胃的功效。

芝麻酥饼

【主料】面粉 300 克，玉米淀粉 100 克，牛奶 150 毫升。

【配料】植物油 60 克，白砂糖 100 克，芝麻 80 克。

【制作】① 面粉、玉米淀粉、白砂糖倒入盆内，用筷子搅拌，使其充分混合，倒入植物油、牛奶拌匀，揉搓成光滑的面团，放入冰箱冷藏 30 分钟。② 从冰箱取出面团，放在案板上，搓成长条后切成剂子，逐个搓成圆球，压扁，做成芝麻酥饼生坯。③ 取微波炉专用烤盘，垫上牛油纸，把做好的芝麻酥饼生坯整齐地排在烤盘内，放入微波炉里，中火烤 5 分钟即可。

【烹饪技法】烤。

【营养功效】滋补肝肾，滋阴润燥。

【健康贴士】芝麻富含丰富的蛋白质、脂肪、膳食纤维、维生素、烟酸和矿物质等，牛奶富含蛋白质、碳水化合物、维生素、乳糖、卵磷脂等，二者搭配食用，可使人体吸收到的营养更全面。

香葱烧饼

【主料】面粉 400 克，葱 30 克。

【配料】植物油 60 克，盐 8 克，胡椒粉 10 克。

【制作】① 葱洗净，切成葱末；把面粉、胡椒粉一起倒入盆内，用筷子搅拌，使其充分混合，倒入 20 克植物油，注入适量清水拌匀，揉搓成光滑的面团。② 将面团放在案板上，擀成约 5 毫米厚的面皮，刷上植物油，撒上盐、葱末，卷起来成圆柱形，切成 10 份，用手压扁，做成香葱烧饼生坯。③ 取烤盘，垫上牛油纸，把做好的香葱烧饼生坯整齐地排在烤盘内，放入预热 220 摄氏度的烤箱里，烤约 16 分钟即可。

【烹饪技法】烤。

【营养功效】温中养胃，通阳活血。

【健康贴士】一般人皆宜食用。

【举一反三】加入少许肉末和鸡蛋，味道更加鲜美。

牛肉烧饼

【主料】面粉 300 克，牛肉 200 克，洋葱 50 克。

【配料】植物油 60 克，葱 15 克，盐 4 克，鸡精 2 克。

【制作】① 把面粉倒入盆内，注入适量温水拌匀，揉搓成光滑的面团，静置饧发 30 分钟。② 牛肉洗净，剁成末；洋葱洗净，切粒；葱洗净，切成葱末；炒锅置大火上，入油 20 克烧热，放入牛肉炒至变色，盛出，加入洋葱粒、葱末、盐、鸡精拌匀，做成馅料。③ 将面团放在案板上，擀成约 5 毫米厚的面皮，铺上馅料，卷起来成圆柱形，切成 10 份，用手压扁，做成牛肉烧饼生坯。④ 平底锅置中火上，入油 40 克烧热，逐个放入牛肉烧饼生坯，煎至两面金黄即可。

【烹饪技法】炒，煎。

【营养功效】健脾护胃，祛风散寒。

【健康贴士】洋葱宜与牛肉同食，滋补脾胃效果明显。

【举一反三】洋葱可用青椒代替。

大黄米饼

【主料】大黄米粉 500 克，芋头 250 克，鸡蛋 2 个。

【配料】植物油 60 克，白砂糖 100 克，芝麻 10 克。

【制作】① 芋头洗净，放入锅里，注入适量清水，锅置大火上，将芋头煮熟，凉凉，去皮，用勺子背压成泥；鸡蛋打入碗里，搅拌成蛋液。② 大黄米粉倒入盆内，放入芋头泥拌匀，加入适量开水，揉搓成面团，放在案板上，搓成长条后切成剂子，逐个搓成圆球，压扁，做成大黄米饼生坯。③ 平底锅置中火上，入油烧热，将做好的大黄米饼生坯整齐地放入油锅内，刷上蛋液，撒上芝麻，煎至两面金黄即可。

【烹饪技法】煮，煎。

【营养功效】补血养颜，温中益气。

【健康贴士】一般人皆宜食用。

黄桥烧饼

【主料】面粉 500 克。

【配料】熟猪油 100 克，酵母 10 克，饴糖 20 克，芝麻 35 克，碱水、盐各 4 克。

【制作】① 面粉 250 克、酵母 5 克倒入盆里，加盐，充分混合，注入适量温水，揉成发酵面团，静置饧发 30 分钟，再放入碱水，揉搓至无酸味。② 另取盆，倒入剩余面粉，加入熟猪油，和成干油酥，做成馅。③ 将发酵面放在案板上，搓成长条，摘成剂子，逐个包入适量的干油酥馅，封好口，按扁，即成黄桥烧饼生坯。④ 取烤盘，垫上牛油纸，将做好的黄桥烧饼生坯整齐地放在烤盘里，刷上饴糖，撒上芝麻，放入预热240℃的烤箱内，烤 8 分钟即可。

【烹饪技法】烤。

【营养功效】生津开胃，健胃消食。

【健康贴士】高血脂患者不宜多食。

绿豆煎饼

【主料】绿豆粉 200 克。

【配料】植物油 30 克，香菜、红辣椒各 10 克，盐 3 克。

【制作】① 红椒洗净，切片；香菜洗净，切末。② 将绿豆粉倒入盆内，加入适量清水，搅拌成絮状，再撒入盐揉匀后，放在案板上搓成长条，摘成剂子，将剂子逐个擀成薄饼，用香菜末、红辣椒片压入薄饼里，稍加点缀。③ 平底锅至中火上，入油烧热，将做好的绿豆薄饼逐个煎至两面金黄即可。

【烹饪技法】煎。

【营养功效】排毒瘦身，健胃消食。

【健康贴士】脾胃虚寒、腹泻便溏、服温补药者忌食。

【举一反三】把绿豆粉换成红豆粉，即可做成红豆煎饼。

泡菜煎饼

【主料】面粉 300 克，泡菜 150 克，鸡蛋 1 个。

【配料】青椒 50 克，植物油 30 克，盐 2 克。

【制作】① 泡菜洗净，切末；鸡蛋打入碗里，搅拌成蛋液；青椒去蒂、子，切成粒。② 将面粉倒入盆内，加入适量清水，加入泡菜末、青椒粒、盐，倒入蛋液，充分搅拌成面糊状。③ 平底锅至中火上，入油烧热，将拌好的泡菜面糊倒入油锅里，煎至两面金黄即可。

【烹饪技法】煎。

【营养功效】健胃消食，润肠通便。

【健康贴士】泡菜是腌制类食品，含有少许亚硝酸，不宜多食。

【举一反三】将泡菜换成霉干菜，即可做成香酥美味的霉干菜煎饼。

面条

凉面

【主料】凉面 200 克，火腿 100 克，黄瓜 150 克，绿豆芽 50 克，萝卜干 30 克，熟白芝麻 10 克。

【配料】香菜、蒜蓉、葱末、芝麻酱各 5 克，生抽、香油各 15 克，醋 10 克，花椒油、蚝油各 4 克，盐 3 克，鸡精、胡椒粉各 2 克。

【制作】① 生抽、醋、蚝油、芝麻酱、熟白芝麻、花椒油、香油、盐、鸡精、胡椒粉一起放入大碗里，调成味汁备用。② 绿豆芽洗净，入沸水中焯烫，过凉，捞出，沥干水分；黄瓜洗净，切丝；火腿切细丝；香菜择洗干净，切段；萝卜干切碎。③ 将凉面装入面碗中，加入处理好的绿豆芽、黄瓜丝、火腿丝、蒜蓉，淋上调好的味汁，撒上萝卜干碎、葱末、香菜，拌匀即可。

【烹饪技法】焯，拌。

【营养功效】生津开胃，除湿降脂。

【健康贴士】黄瓜宜与蒜蓉同食，可排毒瘦身。

【举一反三】萝卜干可用榨菜丝代替。

干拌面

【主料】挂面 100 克，猪肉 200 克，土豆 150 克，咸鸭蛋 1 个。

【配料】蒜末 3 克，大料 2 克，植物油 10 克，豆瓣酱 30 克，白砂糖、盐各 3 克。

【制作】① 将猪肉洗净，切丝；土豆去皮，洗净，切丁；咸鸭蛋煮熟，剥壳，对半切开。② 炒锅置中火上，入油烧热，加入大料及蒜末炒香，再倒入猪肉丝翻炒至变色，加入豆瓣酱炒匀，待肉丝上色后，放入土豆丁炒至熟软，注入适量清水，放盐、白砂糖调味，大火收汁。③ 煮锅置大火上，注入适量清水，煮沸后，把挂面放进沸水中煮熟，将煮熟的面捞出，放进面碗里，把收好汤汁的菜料倒在面条上，拌匀后配上咸鸭蛋即可。

【烹饪技法】炒，煮。

【营养功效】滋阴润燥，温中养胃。

【健康贴士】土豆也可与豇豆同食，可以治疗食欲不振和大便干燥等症，也能防治急性肠胃炎以及呕吐腹泻等症。

【举一反三】土豆可换成胡萝卜、洋葱、黄瓜等，吃起来更加爽口。

三鲜面

【主料】面粉 200 克，油豆腐 250 克，虾仁 150 克，墨鱼 200 克，水发海参 100 克，胡萝卜、竹笋各 50 克。

【配料】高汤 150 毫升，香菜 3 克，姜末 2 克，色拉油 10 克，白生抽 15 克，盐 5 克，鸡精 3 克，淀粉 2 克。

【制作】① 虾仁去虾线，洗净；墨鱼洗净，切花；海参洗净，斜切片；胡萝卜、竹笋洗净，切花片；香菜择洗干净，切末。② 锅置火上，入油烧热，爆香姜末，下入虾仁、墨鱼花、胡萝卜花、竹笋花，用大火炒 3 分钟后，注入高汤，加入油豆腐翻炒，放盐、鸡精、白生抽调味，用淀粉勾芡，做成三鲜卤。③ 面粉装入盆里，注入适量的清水，搅拌均匀，揉成面团至光滑，静置饧发 20 分钟后，擀成约 2 毫米厚的面饼，撒一些面粉，反复折叠，用刀切成细条状，将面条抖开，撒些面粉，防止粘连。④ 煮锅置大火上，注入适量清水煮沸，将切好的面条下入沸水里煮熟，捞出，沥干水分，将三鲜卤浇在面条上，撒上香菜末即可。

【烹饪技法】炒，煮。

【营养功效】补肾益阳，滋阴养血。

【健康贴士】鲜虾宜与香菜搭配食用，可起到补脾益气的功效。

【举一反三】三鲜中的海鲜可依据个人喜好自由搭配，可用墨鱼、扇贝、海带等。

担担面

【主料】细切面 150 克，油菜 50 克，碎芽菜 1 包，猪肉末 200 克。

【配料】蒜末、姜末、葱末各 3 克，植物油 10 克，生抽、醋、花椒油各 6 克，生抽 5 克，料酒 4 克，白砂糖 4 克，盐 3 克，鸡精 2 克。

【制作】① 油菜择洗干净；猪肉末洗净，沥干水分；将生抽、醋、花椒油、白砂糖、鸡精一起放进料碗里，调成味汁。② 炒锅置火上，入油烧热，下葱末、姜末、蒜末炒香，放入猪肉末、碎芽菜翻炒，加盐、生抽、料酒调味，出锅。③ 煮锅置大火上，注入适量清水煮沸，放入细切面，快熟时放入油菜烫熟，捞出，沥干水分，装进面碗里，将炒好的碎芽菜肉末浇在面条上，淋上味汁即可。

【烹饪技法】炒，煮。

【营养功效】滋阴润燥，生津开胃。

【健康贴士】油菜也可与香菇搭配食用，不但可以促进肠道代谢，减少脂肪在体内的堆积，防治便秘，还能预防癌症。

鸡丝凉面

【主料】凉面 200 克，嫩鸡肉 200 克，黄瓜 150 克。

【配料】生抽、香油各 15 克，醋 10 克，香菜 5 克，盐 3 克，鸡精 2 克，鸡汤、料酒适量。

【制作】① 鸡肉洗净，放入碗中，加入盐、料酒拌匀，上屉蒸约 10 分钟，取出鸡肉撕成细丝；黄瓜洗净，斜切成细丝；香菜择洗干净，切成小段。② 将生抽、醋、鸡精、香油、鸡汤放入小碗内调成凉拌味汁。③ 把凉面盛入面碗里，放入黄瓜丝、鸡肉丝，再撒上香菜，然后浇入调好的凉拌味汁，拌匀即可。

【烹饪技法】蒸，拌。

【营养功效】温中益气，除湿降脂。

【健康贴士】黄瓜宜与醋同食，可开胃消食，增强食欲。

卤肉面

【主料】面条 200 克，五花肉 150 克，洋葱、黄瓜、胡萝卜、油菜各 30 克，水煮蛋 2 个。

【配料】姜末、蒜末各 3 克，植物油 10 克，香油 8 克，生抽、老抽、料酒各 4 克，大料 2 克，淀粉 5 克，冰糖、盐、胡椒粉各 3 克。

【制作】① 五花肉洗净，切块，放进沸水里汆去血水，捞出，切成小丁；黄瓜、胡萝卜分别洗净，切丝；油菜择洗干净；洋葱洗净，切碎；水煮蛋剥壳。② 炒锅置火上，入油烧热，放入洋葱碎煸炒，加入淀粉煎至洋葱两面金黄，盛出，碾碎。③ 原锅留底油大火烧热，下姜末、蒜末爆香后，倒入五花肉丁，炒至肉色变白，然后加入生抽、老抽、大料、料酒、冰糖、胡椒粉、洋葱酥，翻炒均匀，注入适量清水，煮沸后，加入香菇丁，放入水煮蛋，转小火慢炖 2 个小时，做成卤肉汁。④ 煮锅置大火上，注入适量清水煮沸，下入面条、油菜煮熟，捞出，盛入碗中，用香油拌匀，将黄瓜丝和胡萝卜丝码在面条上，摆上卤蛋，浇上卤肉和汤汁即可。

【烹饪技法】汆，煎，炒，煮。

【营养功效】滋阴润肺，护肝明目。

【健康贴士】舌苔厚腻、冠心病、高血压、高血脂患者慎食。

【举一反三】可买回现成的卤肉代替自制的卤五花肉，方便快捷。

排骨面

【主料】长寿面 100 克，排骨 150 克，酸菜 100 克，胡萝卜 30 克，生菜 50 克。

【配料】蒜、姜丝各 3 克，植物油 10 克，料酒 5 克，白砂糖 3 克，盐 4 克。

【制作】① 排骨洗净，剁成块，放入碗里，加入姜丝、料酒腌制 20 分钟；酸菜择洗干净，切末；生菜择洗干净；胡萝卜洗净，切片；蒜拍扁。② 锅置火上，入油烧热，爆香蒜头，放入排骨煎至两面金黄，加入胡萝卜片、酸菜末爆炒 2 分钟，注入适量清水，焖煮 5 分钟后，放白砂糖、盐、鸡精调味，关火。③ 煮锅置大火上，注入适量清水煮沸，把长寿面放入沸水中煮熟，再放入生菜焯熟，捞出，盛入碗中，将煮熟的酸菜排骨放在面条上，浇入适量煮面的汤即可。

【烹饪技法】煎，煮。

【营养功效】补髓填精，生津开胃。

【健康贴士】儿童、中老年人以及女士宜食。

麻辣面

【主料】鲜面条 200 克，黄瓜 50 克。

【配料】植物油、生抽各 10 克，香油、辣椒油各 15 克，醋 30 克，白砂糖 8 克，花椒粉 5 克，蒜末、葱末、盐、熟白芝麻各 3 克。

【制作】① 汤锅置大火上，注入适量清水，煮沸，加入盐、植物油 5 克搅匀，然后放入面条搅散，加盖煮至水沸腾后，转成小火，注入 100 毫升清水，再次将汤煮沸，关火，将面条捞出过凉，沥干水分，盛入碗中，淋上植物油 5 克拌匀。② 将生抽、醋、白砂糖、花椒粉、香油、蒜末放入料碗里混合均匀，倒在面条上，再撒上黄瓜丝、葱末、熟白芝麻拌匀，淋上辣椒油即可。

【烹饪技法】煮，拌。
【营养功效】生津开胃，清热消暑。
【健康贴士】脾胃虚寒、腹痛腹泻、肺寒咳嗽患者慎食。

牛丸面

【主料】挂面 100 克，牛肉丸 200 克，香菜 10 克。
【配料】葱 5 克，植物油 10 克，盐 3 克。
【制作】① 葱洗净，切成葱末；香菜择洗干净，切末；牛肉丸解冻，对半切开。② 锅置大火上，入油烧热，下葱末爆锅后，注入适量的清水，放入牛肉丸，煮沸后再加入面条，再煮至牛肉丸浮起，放盐调味，撒上香菜末即可。
【烹饪技法】爆，煮。
【营养功效】温中暖胃，健脾益气。
【健康贴士】胃溃疡、脚气、疮疡患者忌食。

什锦面

【主料】切面 100 克，香菇 5 朵，虾仁、大白菜、鸡肉各 50 克，牛肉 60 克。
【配料】芹菜、香菜各 5 克，高汤 300 毫升，姜丝 2 克，芝麻油 3 克，绍酒 4 克，盐 3 克，鸡精、胡椒粉各 2 克。
【制作】① 香菇泡软，去蒂，切片；牛肉洗净，切丝；鸡肉洗净，切丁；虾仁去虾线，洗净；大白菜择洗干净，撕成大片；芹菜洗净，切末；香菜择洗干净，切末。② 煮锅注入高汤，加入绍酒、姜丝，大火煮沸后，下入香菇片、牛肉丝、鸡肉丁煮至八成熟，放入切面、虾仁、大白菜煮至全熟，放盐、鸡精调味，盛出，撒上芹菜末、香菜末、胡椒粉，淋上芝麻油即可。
【烹饪技法】煮。
【营养功效】补中益气，补肾益阳。
【健康贴士】牛肉宜与芹菜搭配食用，可降低血压。

刀削面

【主料】面粉 300 克，猪肉 100 克，大骨 250 克。
【配料】植物油 10 克，生抽 3 克，花椒、大料、香叶、草果、姜、桂皮各 2 克、盐 5 克，鸡精 2 克。
【制作】① 大骨洗净，剁成块，与花椒、大料、香叶、草果、姜、桂皮、盐一起放入汤锅里小火慢炖 5 个小时。② 猪肉洗净，切丁；炒锅置火上，入油烧热，下猪肉丁翻炒至肉色变白，倒进汤锅与猪骨一起炖。③ 将面粉放进盆里，加适量清水，搅拌，和成光滑的面团，在揉搓成长约 20 厘米的圆柱形面团，静置饧 30 分钟左右。④ 待大骨汤炖好时，一手拿着削面刀，一手托着柱形面团，用刀沿着面团的外侧向里把面削入汤锅中，煮 3 分钟至刀削面熟透即可。
【烹饪技法】炒，炖，煮。
【营养功效】补精添髓，滋阴壮阳。
【健康贴士】常食猪骨可补充胶原蛋白，有美容养颜，促进骨骼生长的作用。

油泼扯面

【主料】面粉 300 克，葱末 10 克，辣椒粉 12 克。
【配料】醋 30 克，生抽 20 克，葱白 2 克。
【制作】① 面粉放入盆里，加盐，缓缓倒入冷水，顺着一个方向边加水边揉，揉成光滑的面团，静置饧发 20 分钟左右。② 把饧好的面团分成剂子，搓成长的圆柱状，依次摆入盘中，表面刷上油，包上保鲜膜再饧 30 分钟左右。③ 将饧好的剂子压扁，将其上下均匀擀宽，两手揪住剂子的两端将其扯长，扯成宽面；煮锅置火上，注入适量清水煮沸，放入面条搅散后煮至断生，捞出盛在面碗内。④ 炒锅置火上，入油烧热，下葱白煸香后拣出，加入醋、生抽、葱末、辣椒粉拌匀成酱料，最后将酱料浇在煮熟的面条上即可。
【烹饪技法】拌，煮。

【营养功效】生津开胃，润肠护胃。
【健康贴士】口腔溃疡，内热者慎食。

姜葱捞面

【主料】广东生面300克，葱15克，姜5克。
【配料】高汤500毫升，猪油15克，蚝油10克，香油2克。
【制作】① 姜、葱洗净，分别切成长丝。② 煮锅注入高汤，大火煮沸，放入广东生面，加入猪油，边煮边搅拌，约15分钟后捞出，盛在盘中；把姜丝和葱丝放入煮面的沸水中焯熟一会儿，捞出，均匀地铺在面条上，最后淋上蚝油、香油即可。
【烹饪技法】焯，煮。
【营养功效】补中益气，驱寒暖胃。
【健康贴士】伤风感冒、寒性痛经、晕车晕船者食用姜茶可缓解其症状。

鲍汁捞面

【主料】面粉300克，鲍鱼150克，鲜香菇25克。
【配料】料酒、生抽、姜丝各4克，葱5克，植物油15克，鲍鱼汁10克，盐3克。
【制作】① 面粉放入盆里，注入适量清水，和成面团，揉至表面光滑，用保鲜膜盖好，静置饧发20分钟以后再接着揉搓片刻，将面团压扁，擀成面片，把擀好的面片折叠起来，用刀切成面条，抖散。② 鲍鱼刷洗干净；鲜香菇洗净，切丁；锅置大火上，注入适量清水，加入姜丝2克、料酒、鲍鱼煮熟，将煮熟的鲍鱼去肠，切丁。③ 炒锅置火上，入油烧热，下姜丝爆香，然后放入香菇丁翻炒，再放入鲍鱼丁一起炒匀，加入鲍鱼汁、生抽、盐调味，焖煮至熟。④ 煮锅置大火上，注入适量清水，煮沸，将面条下入沸水里煮熟，捞出装在面碗里，浇上香菇鲍鱼汁，撒上葱末即可。
【烹饪技法】炒，煮。
【营养功效】调经止痛，润肠通便。
【健康贴士】鲍鱼宜与葱搭配食用，滋补效果更佳。

韩式冷面

【主料】面条350克，牛肉200克，洋葱、胡萝卜各50克，水煮鸡蛋2个。
【配料】蒜、葱段、姜片各5克，生抽4克，植物油15克，盐4克。
【制作】① 牛肉洗净，切小块，放进冷水中浸泡10分钟，洗净血水；洋葱洗净，切片；胡萝卜洗净，切丝；蒜去皮，拍破；水煮鸡蛋剥壳，对半切开。② 将牛肉、洋葱、蒜、葱段、姜片一起放入高压锅，大火煮沸后转中火炖煮40分钟后，后加盐、生抽、油调味，捞出牛肉，放凉，牛肉汤倒进碗里，放入冰箱冷却后，刮出其上层的所有油分。③ 另起锅，注入适量清水，大火煮沸，下入面条，用筷子搅拌使面条均匀受热，煮熟后把面条捞出，盛入碗里，倒入冷冻的牛肉汤，再加入牛肉块、萝卜丝、鸡蛋即可。
【烹饪技法】炖，煮。
【营养功效】温中养胃，健脾益气。
【健康贴士】一般人皆宜食用。

当归面线

【主料】面线500克，当归2片，黄芪1片，枸杞10枚。
【配料】高汤400毫升，米酒4克，香油8克，盐4克。
【制作】① 当归、枸杞、黄芪放在密菜篮中，用清水冲洗干净。② 汤锅置大火上，注入高汤，兑入适量清水，煮沸，转小火，放入当归、枸杞、黄芪一起炖煮20分钟，加入盐、米酒、香油调味，做成面汤。③ 另起锅，注入适量清水，大火煮沸，下入面线煮熟，将面线用漏勺捞起，放入大面碗中，倒入做好的面汤即可。
【烹饪技法】炖，煮。
【营养功效】温中养胃，滋阴补血。
【健康贴士】当归、枸杞、黄芪三者搭配食用，是滋阴补血的好食材。

一番炒面

【主料】面条 200 克，猪肉 50 克，圆白菜、豆芽、胡萝卜、洋葱、甜椒各 30 克。

【配料】葱、盐、白砂糖各 3 克，生抽 4 克，蚝油 5 克，香油 10 克。

【制作】① 猪肉洗净，切丝；甜椒去蒂、子，洗净，切丝；洋葱、胡萝卜分别洗净，切丝；圆白菜洗净，切块；豆芽洗净；葱洗净，切成葱末。② 煮锅置大火，注入适量清水，煮沸，下入面条，用筷子搅拌至熟，捞出，沥干水分，盛入碗中。③ 炒锅置火上，入油烧热，爆香洋葱，加入肉丝、胡萝卜丝、甜椒丝、圆白菜、豆芽，再加入煮熟的面条，快速翻炒片刻，放盐、白砂糖、生抽、蚝油调味，撒上葱末，盛出装盘即可。

【烹饪技法】煮，炒。

【营养功效】温中养胃，滋阴润燥

【健康贴士】猪肉宜与胡萝卜搭配食用，护肝明目效果更佳。

肉丝炒面

【主料】鸡蛋面 200 克，猪肉里脊 100 克，青椒 20 克，干香菇 3 朵，绿豆芽 50 克。

【配料】葱 5 克，生抽、老抽各 4 克，植物油 10 克，淀粉、香油、盐 3 克。

【制作】① 煮锅置大火上，注入适量清水，煮沸后，把鸡蛋面放入沸水中煮熟，捞出，沥干水分，放入面碗中，凉凉备用。② 猪肉里脊洗净，切成丝，装入碗里，加入盐、淀粉抓匀后，腌制 5 分钟；香菇提前用温水泡发，洗净，切成丝；葱洗净，切丝；青椒去蒂、子后，切成丝；豆芽洗净，沥干水分。③ 将不粘锅置大火上，入油烧至五成热，把凉凉的面条放入锅中，不断用筷子翻拌 2 分钟左右，把面条煎至金黄色后盛出备用。④ 锅底留油，大火烧热，倒入肉丝，炒至肉丝变白时，放入香菇丝、葱丝、青椒丝和豆芽，炒香后倒入煎好的面条，加入生抽、老抽和香油调味，翻炒均匀即可。

【烹饪技法】煮，炒。

【营养功效】健脾养胃，滋阴润燥。

【健康贴士】猪里脊肉宜与青椒同食，可开胃生津，增强食欲。

三色凉面

【主料】切面 300 克，黄瓜、胡萝卜、土豆各 50 克。

【配料】辣椒油 15 克，生抽 4 克，美极鲜 5 克，陈醋、蒜蓉各 10 克，凉白开 10 毫升。

【制作】① 黄瓜、胡萝卜、土豆分别洗净，切丝；煮锅置大火上，注入适量清水，煮沸，把土豆丝放入沸水中焯熟，放入冷水里浸泡 3 分钟，捞出；继续开大火把水煮沸，下入切面，用筷子搅拌至熟，捞出，盛入碗中。② 取小碗，将辣椒油、生抽、美极鲜、陈醋、蒜蓉、凉白开一起放进去充分搅拌，做成味汁。③ 往煮熟的切面里加入黄瓜丝、胡萝卜丝、土豆丝，再倒入调好的味汁，搅拌即可。

【烹饪技法】煮，拌。

【营养功效】生津止渴，补中益气。

【健康贴士】土豆宜与黄瓜同食，有利益身体健康。

什锦拌面

【主料】面粉 500 克，羊肉 300 克，土豆、番茄、洋葱各 50 克。

【配料】蒜、姜、韭菜苔各 4 克，孜然粉 5 克，糖 3 克，盐 3 克，植物油 10 克，番茄酱 10 克，醋 4 克，凉白开 500 毫升。

【制作】① 洗净所有食材，土豆、番茄、洋葱切丁；姜、蒜切末；羊肉切片；韭菜苔切段。② 锅置火上，入油烧热，下姜末炒香，倒入羊肉煸炒至肉丁变色，放入孜然粉、盐翻炒片刻，加入洋葱、土豆、番茄丁翻炒，放鸡精、番茄酱、白砂糖调味，出锅前加入醋、蒜末翻炒均匀，做成卤备用。③ 面粉放入盆中，加入盐和适量清水，用手揉成光滑的面团，盖上保鲜膜，静置饧发 30 分钟；在案板上刷一层薄薄的油，将饧好的面团放在案板上压扁，切成条，捏住两段，轻轻地抻长、拉细后放入沸水锅中煮熟，捞出，放进准备好的凉白开里过凉，沥干水分，盛入大碗里，浇上炒好的卤即可。

【烹饪技法】炒，煮。

【营养功效】益气补虚，润肠护胃。

【健康贴士】羊肉也可与香椿搭配食用，可辅助治疗风湿性关节炎。

三丝炒面

【主料】手擀面300克，火腿50克，胡萝卜30克，圆白菜40克。

【配料】生抽、老抽各5克，葱6克，植物油15克，盐4克，鸡精2克。

【制作】① 胡萝卜洗净，切丝；火腿切丝；圆白菜洗净，切丝；葱洗净，切长段。② 煮锅注入适量清水，加入盐（2克）、油（5克），煮锅置大火上煮沸，下入手擀面煮熟，捞出，盛入碗中。③ 炒锅置大火上，入油10克烧热，放入胡萝卜丝、圆白菜丝炒至断生，加入火腿丝翻炒片刻，将煮熟的面条倒入，用筷子翻炒均匀，放盐、生抽、老抽、鸡精调味，最后撒上葱段再翻炒片刻即可。

【烹饪技法】煮，炒。

【营养功效】护肝明目，温中益气。

【健康贴士】体弱气虚、脾虚泄泻者不宜食用；常人也忌多食，以免耗伤正气，且大量摄入胡萝卜素会令皮肤的色素产生变化，变成橙黄色。

味噌拉面

【主料】拉面300克，甜玉米粒、高丽菜各50克，绿豆芽30克，洋葱40克，柴鱼素2克，奶油3克，味噌酱5克，辛口味噌、甘口味噌各30克。

【配料】葱末4克，盐3克，植物油10克，米酒18克，鸡精2克。

【制作】① 味噌酱、辛口味噌、甘口味噌放入碗里，加少许温水拌匀，做成酱料。② 绿豆芽洗净，放入沸水中焯熟，捞出，沥干水分；洋葱洗净，切细条状；高丽菜撕成片，洗净；甜玉米粒洗净。③ 锅置大火上，入油烧热，下洋葱炒软，放入高丽菜、甜玉米粒略炒，注入清水400毫升，煮沸，再倒入柴鱼素和调好的酱料，炒匀。④ 另起锅，注入适量清水，大火煮沸，下入拉面煮熟，捞起盛入碗中，再将炒好的菜连汤带料一起淋在拉面上，最后将绿豆芽、奶油放在拉面上，撒上葱末即可。

【烹饪技法】煮，焯，炒。

【营养功效】润肠通便，健脾益胃。

【健康贴士】味噌是发酵食品，有很好的整肠理胃功能，但湿热体质者慎食。

地狱拉面

【主料】粗拉面200克，海带芽、油菜各30克，豆芽菜、叉烧肉各20克，鱼板3片，卤蛋1个。

【配料】综合高汤400毫升，植物油10克，七味粉3克，盐3克，鸡精2克。

【制作】① 海带芽泡软，洗净；豆芽菜去根、洗净；叉烧肉切片；油菜择洗干净；卤蛋剥壳，对半切开。② 煮锅置大火上，注入适量清水，煮沸，下入粗拉面煮熟，捞出，沥干水分，放入大碗中备用。③ 综合高汤注入煮锅内，大火煮沸，放盐、七味粉调味，再放入海带芽、豆芽菜、油菜和鱼板煮熟，将煮熟的汤料全部倒入面碗中，摆上叉烧肉、卤蛋即可。

【烹饪技法】煮。

【营养功效】润肠护胃，降脂降压。

【健康贴士】海带芽富含可溶性纤维，协助排便顺畅，常食对肠胃有好处。

泡菜炒面

【主料】阳春面250克，泡菜100克，猪肉150克，水发黑木耳20克。

【配料】葱5克，植物油10克，生抽4克，香油8克，盐、白胡椒粉各3克。

【制作】① 黑木耳去蒂，洗净，切丝；猪肉洗净，切丝；葱洗净，切段；泡菜切成片。

② 煮锅置大火上，注入适量清水，烧至沸腾，将阳春面放入沸水锅中煮熟，捞出，过凉，沥干水分，盛入碗中备用。③ 锅置火上，入油烧热，下葱段爆香，放入猪肉丝炒至八成熟时，将黑木耳丝、泡菜及阳春面一起放入锅中翻炒均匀，再放盐、生抽、白胡椒粉炒匀入味，待所有材料全煮熟透，淋上香油，盛出装盘即可。

【烹饪技法】煮，炒。

【营养功效】生津开胃，活血补气。

【健康贴士】慢性肠炎患者慎食。

三鲜烩面

【主料】面粉 500 克，鸡肉 100 克，火腿、冬笋、蘑菇各 60 克。

【配料】鲜汤 1000 毫升，姜、葱各 10 克，猪油 30 克，生抽 4 克，盐、鸡精、胡椒粉各 3 克。

【制作】① 面粉倒入盆里，注入清水搅拌均匀，揉搓成光滑的面团，静置饧发 30 分钟后，擀成 2 毫米厚的面皮，再切成大约 2 厘米宽、5 厘米长的菱形面片。② 火腿切丝；鸡肉洗净，切丝；冬笋、蘑菇分别洗净，切粒；葱洗净，切段；姜洗净，拍扁。③ 炒锅置大火上，倒入猪油，烧热，下姜块、葱段煸炒出香味，注入鲜汤煮沸，用筷子挑出葱段、姜块后，放入鸡肉丝、火腿丝、冬笋粒、蘑菇粒煮出鲜味，再放入面片一起烩煮，放盐、生抽、胡椒粉、鸡精调味，煮熟盛出即可。

【烹饪技法】炒，煮。

【营养功效】补中益气，健脾益胃。

【健康贴士】鸡肉宜与菌类同食，可以达到十分理想的补虚养胃的食疗功效。

红烧排骨面

【主料】挂面 150 克，排骨 300 克，番茄、洋葱、胡萝卜各 50 克。

【配料】沙茶酱 20 克，蒜蓉辣酱、酒各 5 克，番茄沙司 8 克，蒜、姜各 3 克，植物油 20 克，大料 2 克，桂皮 2 片，生抽、盐各 4 克，白砂糖 3 克。

【制作】① 洗净所有食材，排骨剁成块，放入沸水中汆去血水；番茄切块；洋葱切片；胡萝卜切丝；蒜去皮，切片；姜拍扁。② 炒锅置火上，入油烧热，放蒜片、姜块爆香，倒入沙茶酱、蒜蓉辣酱、番茄沙司炒出香味后，放入排骨翻炒，并淋上生抽，烹料酒，放入番茄、洋葱、胡萝卜翻炒后，加入水、酒、大料、桂皮炒匀，放盐和白砂糖调味，倒入瓦煲炖 2 个小时，把排骨从汤汁中夹出来，汤汁滤去汤渣。③ 另起锅，注入适量清水，大火煮沸，下入挂面煮熟，捞出，装入大碗里，放上炖好的排骨，浇入排骨汤即可。

【烹饪技法】炒，炖，煮。

【营养功效】温中益气，滋阴补肾。

【健康贴士】猪排骨有添精补髓的功效，与胡萝卜同食可平肝明目。

红烧牛肉面

【主料】切面 300 克，牛腱肉 300 克，番茄 100 克，青椒 30 克。

【配料】葱段 5 克，姜片 3 片，生抽 4 克，绍酒 5 克，植物油 20 克，盐 4 克，冰糖、花椒、五香粉各 2 克，清水 800 毫升。

【制作】① 番茄洗净，去皮，切片；青椒去蒂、子，洗净，切片。② 煮锅注入准备好的清水，大火煮沸后，放入葱段、姜片、生抽、绍酒、油、盐、冰糖、花椒、五香粉，大火熬煮 5 分钟，放入牛腱肉、番茄片、青椒片，盖上盖子中火焖煮 40 分钟，然后将牛肉取出，凉凉，切片。③ 把面条放入汤汁中，大火煮 5 分钟至熟，关火，盛入面碗里，摆上牛肉片即可。

【烹饪技法】熬，煮。

【营养功效】健脾养胃，生津止渴。

【健康贴士】牛肉宜与葱同食，除了可以很好地利水消肿以外，葱还可以降低牛肉中的胆固醇。

香菇烧肉面

【主料】面条 200 克，五花肉 200 克，干香菇 8 朵，圆白菜 30 克。

【配料】鲜汤 200 毫升，葱 10 克，姜 5 克，植物油 20 克，白砂糖、盐各 3 克，鸡精、胡椒粉各 2 克。

【制作】① 五花肉洗净，切块，用沸水汆去血水；圆白菜择洗干净，撕成片；干香菇泡发，切丁；姜洗净，切丝；葱洗净，切成葱末。② 锅置大火上，入油烧热，加入白砂糖炒至浅红色，倒入五花肉炒上色，注入鲜汤，放入香菇丁、姜丝、圆白菜片烧熟，加盐、鸡精、胡椒粉调味炒匀。③ 另起锅，注入适量清水，大火煮沸，下入面条煮熟，捞出，盛入面碗中，将炒好的五花肉带汤汁一起浇在面条上，撒上葱末即可。

【烹饪技法】汆，炒，煮。

【营养功效】滋阴润燥，温中养胃。

【健康贴士】脾胃寒湿者、气滞者、皮肤病患者忌食。

酸辣荞麦面

【主料】荞麦面 300 克，红辣椒 5 克，黄瓜 200 克，熟芝麻 10 克。

【配料】橄榄油 15 克，陈醋 30 克，辣椒油 3 克，生抽 6 克，白砂糖 5 克，盐 2 克。

【制作】① 红辣椒洗净，斜切成片；黄瓜洗净，切丝。② 煮锅中注入适量清水，放入荞麦面，大火煮沸后即关火，盖子不要打开，让荞麦面在锅里焖 5 分钟左右，焖至挑起面条能轻松夹断。③ 捞出荞麦面，沥干水分，装入大碗里，淋上橄榄油拌匀后，调入陈醋、生抽、白砂糖、盐、辣椒油搅拌，再加入辣椒片、黄瓜丝、熟白芝麻拌匀即可。

【烹饪技法】煮，拌。

【营养功效】补中益气，降脂降压。

【健康贴士】荞麦面富含蛋白质，且氨基酸组合较平衡，能起到降低血脂的功效；但脾胃虚寒、消化不良、腹泻患者忌食。

茄子汆儿面

【主料】面条 200 克，五花肉 200 克，茄子 150 克。

【配料】鲜汤 200 毫升，姜 5 克，蒜 6 克，植物油 20 克，老抽 5 克，黄酒 4 克，盐 3 克，鸡精 2 克。

【制作】① 茄子洗净，切丝；五花肉洗净，切片；姜洗净，切末；蒜去皮，切末。② 锅置大火上，入油烧热，下蒜末、姜末爆香，倒入五花肉片不断翻炒至肉色变白，淋入老抽上色，继续翻炒片刻，放入茄子丝，炒至茄子变软，烹黄酒，放盐、鸡精调味，做成茄子汆儿。③ 另起锅，注入适量清水，大火煮沸，下入面条煮 3 分钟至熟，捞出，装入面碗中，浇上炒好的茄子汆儿即可。

【烹饪技法】炒，煮。

【营养功效】补虚养血，润肠护胃。

【健康贴士】猪肉宜与茄子同食，能增大血管的弹性，可作为心脑血管疾病的食疗药膳。

青酱意面

【主料】意面 250 克，九层塔叶 20 克，松子仁、芝士粉各 10 克。

【配料】橄榄油 20 克，洋葱 20 克，蒜末 10 克，盐 3 克。

【制作】① 九层塔叶洗净；蒜去皮，切末；洋葱洗净，切丁。② 平底锅置火上，小火将松子炒香，盛入碗里备用；然后将九层塔叶、烤好的松子、蒜末（1/2 的蒜末）、芝士粉、橄榄油一起放入搅拌机搅拌至泥状，做成青酱备用。③ 煮锅置大火上，注入适量清水，水中放入盐和橄榄油（5 克），大火煮沸，放入意大利面煮至 8 成熟，关火，捞出，沥干水分。④ 锅置火上，倒入橄榄油烧热，下入用剩的蒜末爆香后，放洋葱丁小火煸炒出香，将煮好的意面放入锅中简单翻炒，关火，盛出装盘，拌入做好的青酱即可。

【烹饪技法】煮，拌。

【营养功效】温中下气，生津开胃。

【健康贴士】意面润肠通便，九层塔叶可杀死寄生在肠道中的钩虫，意面与九层塔搭配食用，有益于肠胃健康。

川味肥肠面

【主料】手擀面250克，肥肠200克，泡椒10克，干辣椒3克。

【配料】高汤300毫升，姜4克，香菜5克，蒜苗5克，陈醋、辣椒油各4克，植物油15克，盐3克。

【制作】① 泡椒和姜分别洗净，切块；香菜、蒜苗分别择洗干净，切碎；肥肠洗净放入沸水中汆烫，再捞出，凉凉，切块。② 锅置大火上，入油烧热，先把泡椒块、姜块、干辣椒、花椒一起放入锅里煸炒出香味，放入肥肠翻炒至肥肠变干时，注入高汤，大火煮沸，再转小火煮10分钟，放盐调味，盛出。③ 煮锅里放入适量清水，大火煮沸，将手擀面下入沸水里煮熟，捞出，盛入碗中，将煮好的肥肠连汤一起倒进碗里，撒上蒜苗碎和香菜碎，淋上辣椒油即可。

【烹饪技法】煸，煮。

【营养功效】润肠护胃，祛风解毒。

【健康贴士】肥肠宜与香菜搭配食用，可增强免疫力。

砂锅羊肉面

【主料】面条350克，羊肉350克。

【配料】高汤500毫升，姜5克，葱10克，料酒5克，香油10克，盐3克，鸡精、胡椒粉各2克。

【制作】① 葱洗净，切段；姜洗净，切片；羊肉洗净，切小块。② 煮锅置大火上，注入适量清水，煮沸，将羊肉块放到沸水里汆去血水，洗净，放入砂锅中，注入高汤，放料酒、葱段、姜片，砂锅置大火上，煮沸后转小火炖煮1小时。③ 待羊肉炖至熟软后，下入面条煮3分钟至面条熟透，出锅前加盐、胡椒粉、鸡精调味，淋上香油即可。

【烹饪技法】汆，煮。

【营养功效】补肾益阳，温中养胃。

【健康贴士】羊肉宜与姜搭配食用，可改善腹痛、痛经症状。

补气人参面

【主料】面条200克，番茄150克，秋葵170克，火腿100克。

【配料】高汤800毫升，人参须8克，麦冬15克，五味子5克，盐2克，香油4克，胡椒粉1克。

【制作】① 人参须、麦冬、五味子洗净，润透，放在一起，用纱布包裹好，与高汤一起放入汤锅里，汤锅置大火上煮沸，转小火炖10分钟后，关火，过滤出汤汁备用。② 番茄去蒂，洗净，切片；秋葵去蒂，洗净，切片；火腿切丝。③ 煮锅置大火上，注入适量清水，煮沸，下入面条煮熟后，捞出，放入面碗中，加盐、胡椒粉调味。④ 将过滤出来的药膳高汤注入煮锅里，煮锅置大火上，煮沸，放入番茄、秋葵煮熟，连汤带料倒入面碗里，放上火腿丝，淋上香油即可。

【烹饪技法】炖，煮。

【营养功效】补中益气，通利肠道。

【健康贴士】面条可润肠养胃，人参、麦冬、五味子三者搭配可补五脏、益气血、生津止渴，常食可强身健体。

番茄肉酱面

【主料】意大利面200克，瘦肉150克，洋葱50克，番茄60克，水发香菇2朵。

【配料】高汤400毫升，植物油15克，葱5克，蒜4克，豆瓣酱8克，盐3克，鸡精2克。

【制作】① 瘦肉洗净，剁成末；洋葱、番茄、水发香菇洗净，切粒；蒜去皮，切末；葱洗净，切成葱末。② 煮锅中注入高汤，大火煮沸，下入意大利面煮至八成熟，捞出，沥干水分。③ 锅置大火上，入油烧热，放入肉末、番茄粒、洋葱粒、香菇粒、蒜末炒散，加入豆瓣酱大火炒香，转小火，加盐、鸡精调味，最后下入煮好的意大利面拌匀，撒上葱末装盘即可。

【烹饪技法】煮，炒。

【营养功效】滋阴润燥，温中养胃。

【健康贴士】猪肉宜与香菇同食，可保持营养均衡。

咖喱牛肉面

【主料】面条 500 克，牛肉 250 克。

【配料】葱 10 克，姜 5 克，蒜 6 克，料酒、咖喱粉、香油各 10 克，盐 5 克，鸡精 2 克。

【制作】① 葱洗净，切成段；姜刮去皮，洗净，用刀拍扁；蒜去皮，洗净后，切成末。② 牛肉洗净，沥干水分，放入锅里，注入适量清水，放入葱段、姜片、料酒，大火煮沸后，改用小火炖至牛肉熟烂，放盐、鸡精、咖喱粉调味，捞出牛肉，凉凉，切成片，牛肉汤备用。③ 另起锅，注入适量清水，大火煮沸，下入面条煮熟，捞出，装到面碗里，放入熟牛肉片，撒上蒜末，倒入牛肉汤，淋入香油即可。

【烹饪技法】炖，煮。

【营养功效】补脾胃，益血气，强筋骨。

【健康贴士】面条可养胃益气，咖喱可促进肠道蠕动、增进食欲，常食有益于肠胃健康。

日式乌冬面

【主料】乌冬面 250 克，猪肉 200 克，鲜虾 60 克，洋葱、圆白菜、胡萝卜各 50 克，小青菜 30 克。

【配料】日式酱油 8 克，植物油 15 克，料酒 10 克，麻油 10 克，盐 5 克，鸡精 2 克。

【制作】① 锅置大火上，注入适量清水，煮沸，下入乌冬面汆熟，捞出，盛入碗中；小青菜择洗干净，放进煮面的沸水里焯熟，捞出；虾洗净，放进沸水里煮熟，捞出，去壳；洋葱、圆白菜、胡萝卜分别洗净，切丝。② 猪肉洗净，切成薄片，放进碗里，加盐、料酒、麻油、鸡精腌制约 10 分钟；锅置大火上，入油烧热，放入腌制好的猪肉片翻炒，加入洋葱、圆白菜、胡萝卜炒熟，起锅备用。③ 另起锅，注入适量的清水，加入日式酱油，大火煮沸后，放入盐、鸡精调味，煮好面汤。④ 将煮好的面汤盛入煮好的乌冬面里，倒入炒熟的猪肉材料，摆上虾仁、小青菜，淋上麻油盘即可。

【烹饪技法】炒，煮。

【营养功效】滋阴润燥，温中养胃。

【健康贴士】多种蔬菜搭配食用，可增加膳食纤维，促进肠胃的蠕动，有益于肠胃健康。

家常炸酱面

【主料】手擀面 200 克，豆瓣酱、甜面酱各 50 克，猪肉 150 克，土豆 40 克。

【配料】葱 5 克，姜 4 克，植物油 15 克，料酒 5 克，味极鲜 6 克，香油 10 克，盐 3 克，鸡精、胡椒粉各 2 克。

【制作】① 土豆去皮，洗净，切丁；葱、姜洗净，切末；猪肉洗净，切丁。② 锅置大火上，入油烧热，下入葱末、姜末炒香，然后放入猪肉丁翻炒出香，烹料酒，转成小火，放入豆瓣酱和甜面酱炒匀，再放入土豆丁翻炒均匀，加入味极鲜和清水炒匀，小火炖煮 5 分钟，待酱汁收至稍浓时，加盐、鸡精、胡椒粉调味，淋上香油出锅。③ 另起锅，注入适量清水，大火煮沸，放入手擀面煮熟，捞出，浸入冷开水里过凉后，捞出，盛入面碗里，浇入炒熟的炸酱即可。

【烹饪技法】炒，煮。

【营养功效】生津开胃，滋阴润燥。

【健康贴士】猪肉也可与白菜同食，有开胃消食的作用。

老乡炒莜面

【主料】莜面窝窝 1 笼，菠菜 100 克。

【配料】葱末 5 克，蒜末 4 克，生抽 5 克，植物油、香油各 10 克，盐 3 克，鸡精 2 克。

【制作】① 莜面窝窝切成块状；菠菜择洗干净，切段备用。② 锅置大火上，入植物油烧热，下蒜末爆香，放入莜面窝窝翻炒均匀后，倒入菠菜段翻炒，加盐、生抽、鸡精调味，出锅前撒上葱末，淋入香油，装盘即可。

【烹饪技法】炒。

【营养功效】温中益胃，健脾益气。

【健康贴士】便秘、缺铁性贫血者宜食。

鸡丝菠汁面

【主料】面粉300克，鸡肉200克，菠菜300克，黄瓜、胡萝卜各30克，熟花生米10克，熟芝麻5克，鸡蛋2个。

【配料】葱段、蒜、姜片、香菜各4克，醋、生抽、料酒各5克，香油10克，辣椒油4克，盐3克，鸡精2克。

【制作】① 菠菜择洗干净，放入搅拌机，加清水200毫升搅拌成菠菜汁；鸡肉洗净；黄瓜、胡萝卜分别洗净，切丝；香菜择洗干净，切碎；蒜去皮，拍烂后用少许凉白开泡成蒜汁。② 面粉放入盆里，打入鸡蛋，加盐、油，倒入菠菜汁搅拌均匀，搓成面团，静置饧发30分钟。③ 锅置大火上，注入适量清水，放入葱段、姜片、料酒，大火煮沸，再放鸡肉，水开后转小火煮熟，取出鸡肉，放凉后撕成鸡丝。④ 案板上洒上少许干面粉，将面团放在案板上，摘成剂子，擀成面片，再把面片折叠，切成粗条；锅里注入适量清水，大火煮沸，下入面条煮熟，捞出，沥干水分，盛入碗里，将黄瓜丝、鸡丝、胡萝卜丝、生抽、香油、辣椒油、熟花生米、熟芝麻、醋、蒜汁全部倒进面条上，搅拌均匀即可。

【烹饪技法】煮，拌。

【营养功效】生津开胃，滋补肝肾。

【健康贴士】菠菜宜与鸡蛋同食，可预防贫血、营养不良。

雪里蕻肉丝面

【主料】面条200克，雪里蕻20克，猪肉100克。

【配料】植物油10克，香菜5克，香油5克，生抽4克，盐3克，鸡精2克。

【制作】① 雪里蕻清洗干净，切段；猪肉洗净，切丝；香菜择洗干净，切段。② 锅内注入适量清水，置大火煮沸后，下入面条煮熟，加盐、生抽、鸡精调味，关火，用大碗连汤带面一起盛出。③ 另起锅，入油烧热，放入雪里蕻、肉丝、炒熟，关火，将炒好的雪里蕻肉丝倒在面条上，淋入香油即可。

【烹饪技法】煮，炒。

【营养功效】健胃消食，滋阴养血。

【健康贴士】雪里蕻与醋同食，会降低营养价值，因此食用雪里蕻肉面时，不宜加醋。

真味炸酱面

【主料】拉面500克，猪肉200克，洋葱、圣女果各50克，黄瓜、豆角各30克。

【配料】植物油10克，香油5克，干黄酱20克，甜面酱30克，盐3克，鸡精2克。

【制作】① 猪肉洗净，切末；洋葱洗净，切末；豆角洗净，切段；黄瓜洗净，切丝；圣女果洗净，对半切开。② 锅置大火上，入油烧热，放入猪肉末、洋葱末翻炒，加入干黄酱、甜面酱炒香，放盐、鸡精调味，制成炸酱。③ 另起锅，注入适量清水，大火煮沸，先将豆角段焯熟，捞出；再将水煮沸，下入拉面煮熟，捞出，沥干水分，装入大碗里。④ 将炒好的炸酱倒在煮熟的拉面上，放上黄瓜丝、豆角段、圣女果，淋上香油，拌匀即可。

【烹饪技法】焯，炒，煮。

【营养功效】除湿利尿，温补脾胃。

【健康贴士】急性肠炎、菌痢及溃疡活动期患者忌食。

川味鸡杂面

【主料】拉面300克，鸡杂100克，圆白菜50克。

【配料】高汤400毫升，泡椒、葱末、姜片各4克，豆瓣酱20克，淀粉6克，料酒5克，生抽4克，盐3克，鸡精2克。

【制作】① 鸡杂洗净，切片，装入碗里；泡椒切段；圆白菜择洗干净，切片。② 将淀粉放入鸡杂里，抓匀，加入料酒、生抽搅拌均匀；锅置火上，入油烧热，下姜片、泡椒爆香，放入鸡杂翻炒至熟，加入豆瓣酱、盐、鸡精调味，关火。③ 另起锅，注入高汤，大火煮沸，下入面条煮至八成熟时，放入圆白菜煮熟，关火，连汤带面一起倒入大碗里，加入炒好的鸡杂，撒上葱末即可。

【烹饪技法】炒，煮。

【营养功效】护肝明目，温中养胃。

【健康贴士】鸡杂中的鸡肝与面条搭配食用，可辅助治疗贫血和夜盲症。

金牌鸡油面

【主料】鸡蛋面 200 克，油鸡 200 克，生菜 50 克。

【配料】高汤 400 毫升，葱 4 克，香油 8 克，料酒、生抽各 4 克，盐 3 克，鸡精 2 克。

【制作】① 生菜择洗干净；油鸡剁成块，放入碗中；葱洗净，切成葱末。② 锅置火上，注入高汤，大火煮沸，下入鸡蛋面煮熟后，放入生菜焯熟，加盐、鸡精、香油调味后，连汤带面盛入面碗里。③ 将生抽、料酒倒入油鸡里拌匀后，放入微波炉，中火加热 1 分钟后，取出，放在煮熟的鸡蛋面上，撒上葱末即可。

【烹饪技法】焯，煮。

【营养功效】温中益气，健脾暖胃。

【健康贴士】生菜也可与兔肉同食，能促进消化和营养的吸收。

金牌烧鹅面

【主料】鸡蛋面 200 克，烧鹅 100 克，生菜 100 克。

【配料】高汤 400 毫升，盐 3 克，鸡精 2 克。

【制作】① 生菜择洗干净；烧鹅切块，装入碗中。② 锅中注入高汤，大火煮沸，下入鸡蛋面煮熟后，放入生菜焯熟，加盐、鸡精调味后，连汤带面盛入大碗里。③ 将烧鹅放入微波炉里，中火加热 30 秒后，取出，放在煮熟的鸡蛋面上即可。

【烹饪技法】焯，煮。

【营养功效】补虚益气，暖胃生津。

【健康贴士】鹅肉还可与洋葱搭配食用，可以起到非常好的健胃、祛痰的作用，还有预防心血管疾病之效。

叉烧韭黄蛋面

【主料】鸡蛋面 300 克，叉烧 300 克，韭黄 70 克。

【配料】高汤 500 毫升，盐 4 克，鸡精 2 克。

【制作】① 叉烧切片；韭黄择洗干净，切段。② 锅置大火上，注入高汤，煮沸，撒上韭黄段，煮熟，加入盐、鸡精调味，盛在大碗中备用。③ 净锅后，注入适量清水，大火煮沸，下入鸡蛋面，用筷子搅拌鸡蛋面至熟，用漏勺捞出，沥干水分，放入盛汤的碗中，摆上叉烧片即可。

【烹饪技法】煮。

【营养功效】滋阴润燥，补肾益精。

【健康贴士】韭黄也可与虾搭配食用，有补肾壮阳的功效。

卤鸭掌冷面

【主料】冷面 150 克，鸭掌 3 个。

【配料】高汤 400 毫升，葱、香菜各 10 克，香油 8 克，盐 4 克，鸡精、胡椒粉各 2 克。

【制作】① 卤鸭掌去趾甲；葱洗净，切成葱末；香菜择洗干净，切末。② 锅置大火上，注入高汤，大火煮沸，加盐、鸡精、胡椒粉调味，盛入大碗中备用。③ 另起锅，注入适量清水，大火煮沸，下入冷面，用筷子搅散，煮熟后捞出，沥干水分，放入成汤的大碗中，撒上葱末、香菜末，摆上鸭掌，淋入香油即可。

【烹饪技法】煮。

【营养功效】温中养胃，平衡膳食。

【健康贴士】鸭掌含有丰富的胶原蛋白，是美容养颜的佳品。

卤猪蹄龙须面

【主料】龙须面 200 克，卤猪蹄 1 只。

【配料】高汤 500 毫升，葱 15 克，香油 8 克，盐 4 克，鸡精、胡椒粉各 2 克。

【制作】① 葱洗净，切成葱末；卤猪蹄改刀。② 锅置大火上，注入高汤，煮沸，加入盐、鸡精、胡椒粉调味，盛入大碗里。③ 净锅后，注入适量清水，大火煮沸，下入龙须面，盖上锅盖煮沸，用筷子将面条搅散至熟，捞出，沥干水分，放入盛汤的大碗里，趁热撒上葱末，摆上猪蹄，淋入香油即可。

【烹饪技法】煮。

【营养功效】补虚弱，填肾精，益肠胃。

【健康贴士】动脉硬化、高血压患者慎食。

番茄猪肝菠菜面

【主料】面条 250 克，菠菜 50 克，猪肝 80 克，番茄 100 克。

【配料】鸡汤 400 毫升，葱、姜各 6 克，植物油 20 克，香油 8 克，生抽 4 克，花椒 3 克，盐 4 克，鸡精、胡椒粉各 2 克。

【制作】① 菠菜择洗干净，切段；番茄洗净，切片；猪肝洗净，切成片；葱、姜分别洗净，切丝。② 汤锅置大火上，注入适量清水，煮沸，放入菠菜焯烫至变色，捞出，并迅速放在冷水中过凉；接着将锅里的水再次煮沸，倒入猪肝片，汆去血水，捞出，沥干水分。③ 炒锅置火上，入油 10 克烧热，下葱丝、姜丝爆香后，迅速放入猪肝片炒散，加盐、鸡精、胡椒粉、生抽调味，盛出；净锅后，复入油 10 克烧至六成热，放入花椒，炸香捞出，再放入菠菜、番茄翻炒至熟，盛出。④ 另起锅，注入鸡汤，锅置大火上煮沸后，下入面条煮熟，盛入面碗里，再放入番茄、菠菜、猪肝，淋入香油即可。

【烹饪技法】焯，汆，炒，煮。

【营养功效】润肠护胃，健脾益气。

【健康贴士】菠菜宜与猪肝搭配食用可提供丰富的营养，常食能起到护肝明目的功效。

上汤鸡丝蛋面

【主料】鸡蛋面 200 克，鸡肉 100 克，韭黄 80 克。

【配料】上汤 500 毫升，植物油 10 克，香油 8 克，生抽 5 克，花椒 3 克，盐 4 克，鸡精、胡椒粉各 2 克。

【制作】① 鸡肉洗净，切丝；韭黄洗净，切末。② 锅置大火上，入油烧热，下花椒爆香，放入鸡丝翻炒至肉色发白，加盐、鸡精、胡椒粉、生抽调味，注入上汤，煮入味后，盛入大碗中备用。③ 另起锅，锅内注入适量清水，大火煮沸，放入鸡蛋面煮熟，捞出，沥干水分，放入盛有上汤的大碗中，撒上韭黄末，淋上香油即可。

【烹饪技法】炒，煮。

【营养功效】温中益气，健脾养胃。

【健康贴士】韭黄也可与豆腐同食，对辅助治疗心血管疾病效果明显。

香葱腊肉面

【主料】面条 200 克，腊肉 50 克，绿豆芽、圆白菜各 30 克，水发木耳 25 克，卤蛋 1 个。

【配料】上汤 400 毫升，葱 8 克，植物油 10 克，辣椒油 3 克，生抽 4 克，盐 3 克，鸡精 2 克，咖喱粉 5 克。

【制作】① 绿豆芽洗净；圆白菜洗净，切块；腊肉切丁；木耳洗净，切丝；葱洗净，切成葱末。② 锅置大火上，注入适量清水，煮沸，将绿豆芽、圆白菜、木耳丝分别放进沸水中焯烫至熟，捞出，沥干水分。③ 炒锅置火上，入油烧热，放入腊肉爆炒至熟，加生抽、盐、鸡精调味，盛出。④ 汤锅置火上，注入高汤，大火煮沸，下入面条，用筷子搅散，煮熟，加入焯熟的绿豆芽、圆白菜、木耳丝，放入咖喱粉拌匀后，放入腊肉、卤蛋，撒上葱末，淋上辣椒油即可。

【烹饪技法】焯，炒，煮。

【营养功效】开胃生津，滋阴壮阳。

【健康贴士】绿豆芽若与猪肚搭配食用，可降低人体对胆固醇的吸收。

鳗鱼拉面

【主料】面条 150 克，鳗鱼 100 克，绿豆芽、圆白菜各 20 克，水发木耳 25 克。

【配料】高汤 400 毫升，葱 8 克，香油 10 克，生抽、料酒各 4 克，盐 3 克，鸡精 2 克。

【制作】① 绿豆芽洗净；圆白菜择洗干净，切块；木耳洗净，切丝；葱洗净，切葱末；鳗鱼洗净，切块，装入碗中，调入生抽、料酒搅拌均匀，放入微波炉烤熟。② 锅置火上，注入适量清水，大火煮沸，将面条、绿豆芽、圆白菜、木耳丝放入沸水中焯熟，捞出，沥干水分，装入碗里（蔬菜放在面条的上面）。③ 另起锅，注入高汤，大火煮沸，加盐、鸡精调味，关火，将汤汁倒进面条里，摆上鳗鱼块，撒上葱末，淋入香油即可。

【烹饪技法】烤，焯，煮。

【营养功效】补虚壮阳，温中养胃。

【健康贴士】鳗鱼与黑木耳同食，补气益血效果佳。

【举一反三】将鳗鱼换成鳕鱼，即可做出美味的鳕鱼拉面。

九州牛肉面

【主料】面条 150 克，牛腩 100 克，绿豆芽、圆白菜、水发木耳各 30 克。

【配料】高汤 400 毫升，泡椒、指天椒各 2 克，香油 10 克，生抽、料酒各 4 克，盐 3 克，鸡精 2 克。

【制作】① 绿豆芽洗净；圆白菜择洗干净，切块；木耳洗净，切丝；葱洗净，切葱末；泡椒、指天椒切碎；牛腩洗净，切块，装入碗中。② 锅置大火上，入油烧热，下泡椒、指天椒碎爆香，放入牛腩块翻炒，加盐、生抽、料酒、鸡精调味，注入高汤，小火炖煮 90 分钟。③ 另起锅，注入适量清水，大火煮沸，将面条、绿豆芽、圆白菜、木耳丝放入沸水中焯熟，捞出，沥干水分，装入碗里，再把炖好的牛腩，连汤带料一起倒进面里，撒上葱末，淋上香油即可。

【烹饪技法】炒，炖，煮。

【营养功效】补中益气，滋养脾胃，强健筋骨。

【健康贴士】高胆固醇、高脂肪、老年人、儿童、消化力弱者慎食。

【举一反三】牛肉可换成叉烧肉等。

鱼片肥牛拉面

【主料】面条 150 克，鲶鱼肉、肥牛各 100 克，生菜 50 克。

【配料】高汤 400 毫升，蒜 3 克，葱 4 克，盐 3 克，鸡精 2 克。

【制作】① 鲶鱼肉洗净，切薄片；肥牛洗净，切薄片；生菜择洗干净；葱洗净，切成葱末；蒜去皮，切末。② 把鲶鱼片、肥牛片一起装入碗里，加入蒜末、盐、鸡精拌匀，腌制 10 分钟备用。③ 锅内注入适量清水，大火煮沸，下入面条煮熟，捞出，沥干水分，盛入碗中；再次把水煮沸，放入生菜焯熟，捞出，沥干水分，放在面条上。④ 另起锅，注入高汤，大火煮沸，放入鲶鱼片、肥牛烫熟，关火，连汤带料倒入面条里，撒上葱末即可。

【烹饪技法】腌，煮。

【营养功效】滋阴补血，温中养胃。

【健康贴士】清洗鲶鱼时，一定要将鲶鱼卵清除掉，因为鲶鱼卵有毒，忌食。

豌豆肥肠面

【主料】面条 200 克，肥肠 100 克，豌豆 50 克。

【配料】高汤 400 毫升，蒜 3 克，葱 4 克，红油 8 克，盐 3 克，鸡精 2 克。

【制作】① 豌豆淘洗干净；肥肠洗净，切块；葱洗净，切成葱末；蒜去皮，切末。② 将豌豆、肥肠放入锅中，加入少量清水，锅置大火上，将豌豆、肥肠煮熟，盛出。③ 另起锅，注入高汤，大火煮沸，放入盐、鸡精调味，关火，盛入面碗里。④ 锅内注入适量清水，大火煮沸，下入面条煮熟，捞出，沥干水分，倒进盛汤的面碗里，加入肥肠、豌豆，撒上葱末、蒜末，淋上红油即可。

【烹饪技法】煮。

【营养功效】润肠护胃，和中益气。

【健康贴士】豌豆宜与面条搭配食用，可提高营养价值。

意大利肉酱面

【主料】意大利面 300 克，牛肉 200 克，番茄 150 克，意大利香菇 3 朵，洋葱、胡萝卜、芹菜各 20 克。

【配料】高汤 100 毫升，番茄沙司、干红葡萄酒各 30 克，橄榄油 20 克，奶酪粉 8 克，盐 3 克，鸡精、胡椒粉各 2 克。

【制作】① 洗净所有食材，洋葱、胡萝卜、芹菜分别切末；番茄去皮、子，切片；意大利香菇用开水泡开，切丁；牛肉洗净，切粒。② 锅置火上，入橄榄油，烧热，下洋葱末炒香，放入牛肉、胡萝卜、芹菜翻炒，再放入番茄一起煸炒至番茄熟烂，倒入干红葡萄酒和番茄沙司炒匀，注入高汤，加盐、鸡精、胡椒粉调味，炖煮成牛肉酱备用。③ 另起锅，注入适量清水，大火煮沸，把意大利面放入沸水锅中煮至九成熟时，捞出，沥干水分，放入盘子里。④ 将煮好的肉酱浇在煮熟的意大利面上，搅拌均匀，最后撒入奶酪粉即可。

【烹饪技法】炒，炖，煮。

【营养功效】生津开胃，健脾益气。

【健康贴士】老年人、儿童、贫血、身体虚弱、病后恢复期、目眩者宜食。

卤猪肝龙须面

【主料】龙须面 200 克，卤猪肝 300 克。

【配料】高汤 400 毫升，葱 15 克，香油 8 克，盐 3 克，花椒油、鸡精、胡椒粉各 2 克。

【制作】① 葱洗净，切成葱末；卤猪肝切片。② 锅置火上，注入高汤，大火煮沸，加入盐、鸡精、胡椒粉、花椒油调味，关火，盛入大碗里。③ 另起锅，注入适量清水，大火煮沸，放入龙须面，用筷子搅散至煮熟，捞出，沥干水分，放进盛汤的大碗里，撒上葱末，摆上卤猪肝片，淋入香油即可。

【烹饪技法】煮。

【营养功效】温中养胃，补肝明目。

【健康贴士】多食猪肝可预防眼睛干涩，缓解眼部疲劳，对于治疗夜盲症有明显的疗效。

香菇番茄面

【主料】切面 300 克，干香菇 60 克，番茄 100 克，油菜 50 克。

【配料】高汤 600 毫升，姜丝 2 克，葱末 8 克，植物油 10 克，盐 3 克，鸡精 2 克。

【制作】① 干香菇用温水泡发，洗净，去蒂，切丁；油菜择洗干净，切成小块；番茄洗净，切片。② 锅置大火上，入油烧热，爆香姜丝，先放番茄片，炒至出汁后再放入香菇丁，快速翻炒均匀，注入少量清水，煮至水开后加入黄豆酱翻炒，放入油菜丁炒匀，加盐、鸡精调味，盛出备用。③ 净锅后，锅置大火上，注入高汤煮沸，放入切面煮熟，关火，连汤带面一起盛入面碗里，倒入炒好的香菇番茄即可。

【烹饪技法】炒，煮。

【营养功效】生津开胃，和中益气。

【健康贴士】香菇宜与油菜搭配食用，可提高机体免疫力。

【举一反三】没有干香菇可用鲜香菇代替。

真味荞麦面

【主料】荞麦面 150 克，卤牛肉 100 克，黄豆芽 20 克，油菜 30 克，圣女果 20 克。

【配料】高汤 300 毫升，姜丝 2 克，植物油 10 克，盐 3 克，鸡精 2 克。

【制作】① 卤牛肉切片；黄豆芽洗净；油菜择洗干净；圣女果洗净，对半切开。② 锅中注入适量清水，锅置大火上煮沸，放入荞麦面煮熟，捞出，装入面碗中；继续将锅中的水煮沸，下入黄豆芽、油菜焯熟，捞出。③ 锅里注入高汤，大火煮沸，加盐、油、鸡精、姜丝，再次煮沸后，关火，将汤倒入荞麦面里，放入黄豆芽、油菜、卤牛肉片即可。

【烹饪技法】焯，煮。

【营养功效】清热明目，补气养血。

【健康贴士】黄豆芽宜与牛肉搭配食用，可预防感冒，防止中暑。

【举一反三】配料里的蔬菜可依据个人喜好

自由选择。

火腿鸡丝面

【主料】阳春面 250 克，鸡肉 200 克，火腿、韭菜花各 50 克。

【配料】高汤 400 毫升，老抽 4 克，柴鱼粉 5 克，植物油 10 克，淀粉、盐各 3 克，鸡精 2 克。

【制作】① 火腿切丝；韭菜花洗净，切段；鸡肉洗净切丝，装入碗里，加入老抽、淀粉搅拌均匀，腌制 10 分钟。② 炒锅置火上，入油烧热，下入韭菜花稍炒，再放入火腿丝、鸡丝翻炒，加入柴鱼粉、盐、鸡精调味，盛出备用。③ 煮锅置火上，注入高汤，大火煮沸，放入阳春面煮熟，用大碗盛出，倒入炒好的火腿鸡丝即可。

【烹饪技法】炒，煮。

【营养功效】温中养胃，健脾益气。

【健康贴士】胆石症、肥胖症、肝火旺盛、便秘者忌食。

红烧牛筋面

【主料】面条 250 克，牛蹄筋 300 克，金针菇 20 克，西蓝花、胡萝卜各 50 克。

【配料】高汤 400 毫升，姜片、葱白各 5 克，香叶、大料、桂皮各 2 克，白砂糖、老抽、生抽各 3 克，植物油 20 克，盐 3 克，鸡精 2 克。

【制作】① 西蓝花洗净，摘小朵；胡萝卜洗净，切花片；金针菇去根，洗净，拆散。② 将牛蹄筋浸泡 2 小时，除尽血水后捞出，和姜片、葱白、老抽、香叶、大料、桂皮一起放入高压锅内焖煮 30 分钟后，将牛蹄筋捞出切小块，汤水留着备用。③ 锅置大火上，烧热，放入白砂糖，转小火炒至融化，放入牛蹄筋翻炒，淋上老抽炒至牛蹄筋上糖色，注入牛蹄筋汤，大火煮沸后，转小火煮 10 分钟至汤汁浓稠。④ 另起锅，注入适量清水，放油、盐，大火煮沸，放入西蓝花、胡萝卜、金针菇焯熟，捞出，过凉；锅中的水继续煮沸，将面条放入锅内煮熟，捞出装入大碗里，摆上西蓝花、金针菇、胡萝卜，倒入炒好的牛蹄筋，淋上牛蹄筋汤底即可。

【烹饪技法】炖，炒，煮。

【营养功效】补中益气，美容养颜。

【健康贴士】牛蹄筋不宜过食，因为牛蹄筋比较黏腻，不容易被人体消化吸收。

蚝仔意大利面

【主料】意大利面 200 克，生蚝 300 克，花椰菜 300 克。

【配料】高汤 400 毫升，蒜蓉 5 克，橄榄油 20 克，鸡精 2 克，盐、芝士粉各 4 克。

【制作】① 煮锅置火上，注入适量清水，大火煮沸；生蚝洗净，盛出一碗开水，用开水汆烫生蚝后捞出，沥干水分；花椰菜择洗干净，切块，放进开水锅里焯熟，捞出，沥干水分。② 净锅后，注入高汤，大火煮沸，放入意大利面，煮至熟软后捞出，沥干水分。③ 炒锅置火上，入油烧热，下蒜蓉爆香，放入生蚝、花椰菜、意大利面轻轻翻炒，加盐、鸡精调味拌匀，盛出装盘，撒上芝士粉即可。

【烹饪技法】煮，炒。

【营养功效】滋阴养血，润肠护胃。

【健康贴士】皮肤病、脾胃虚寒、滑精、慢性腹泻便溏者忌食。

虾米葱油拌面

【主料】切面 300 克，干虾米 60 克，葱末 30 克。

【配料】葱油 10 克，生抽 8 克，黄酒 5 克，盐 3 克，鸡精 2 克。

【制作】① 干虾米装入蒸碗里，倒入黄酒，放进蒸锅里蒸 30 分钟，取出。② 锅置大火上，入葱油烧热，放入蒸好的虾米炸香后，捞出，沥干油分备用。③ 另起锅，注入适量清水，大火煮沸，放入切面煮熟，加盐、鸡精、生抽调味，再放入炸好的虾米，撒上葱末即可。

【烹饪技法】蒸，炸，煮。

【营养功效】解毒杀菌，补充钙质。

【健康贴士】虾米有镇静作用，神经衰弱、

神经功能紊乱者宜食。

芥末凉面

【主料】凉面300克，黄瓜200克，红椒20克。

【配料】芥末油8克，植物油10克，陈醋15克，芝麻酱20克。

【制作】① 黄瓜洗净，切丝；红椒洗净，去蒂、子，切丝。② 锅内注入适量清水，大火煮沸，将凉面放进沸水里煮熟，捞出，过凉，沥干水分，装入盘中备用。③ 净锅置火上，入油烧热，放入黄瓜丝、红椒丝翻炒至熟，盛出，摆在凉面上。④ 取一小碗，将芥末油、芝麻酱、陈醋一起放进小碗里，充分搅拌，制成味汁，将味汁浇在凉面上即可。

【烹饪技法】煮，炒。

【营养功效】开胃生津，温中散寒。

【健康贴士】三文鱼蘸着芥末食用，有消解体内毒素的作用。

铁板面

【主料】面条250克，洋葱50克，蘑菇酱150克，鸡蛋1个。

【配料】色拉油20克，清水60毫升，盐3克，鸡精2克。

【制作】① 洋葱洗净，切丝；锅置火上，注入适量清水，大火煮沸，放入面条煮熟，捞出，沥干水分备用。② 平底锅置火上，加入色拉油，烧至六成热，打入鸡蛋以中火煎至蛋白定型，再改小火煎至个人喜好的熟度，用锅铲小心盛在盘里。③ 原锅留底油，烧热，转小火爆香洋葱丝，再加入煮熟的面条和清水，用大火拌炒至收汁，加盐、鸡精调味，关火，盛入装鸡蛋的盘内，淋上蘑菇酱即可。

【烹饪技法】煮。

【营养功效】和胃补肾，温肺护肝。

【健康贴士】身体免疫力底下、便秘及癌症患者宜食。

【举一反三】洋葱可换成绿豆芽、韭黄等蔬菜。

素凉面

【主料】手工拉面250克，番茄、黄瓜各50克，生菜20克。

【配料】葱5克，陈醋10克，红油8克，芝麻酱15克，盐3克，鸡精2克。

【制作】① 番茄洗净，切片；黄瓜洗净，切丝；生菜洗净，撕成片；葱洗净，切成葱末。② 锅置火上，注入适量清水，大火煮沸，放入手工拉面，用筷子搅散，煮熟，捞出，沥干水分，装盘。③ 把陈醋、红油、芝麻酱、盐、鸡精放到一个小碗里，充分搅拌，调成味汁，将味汁倒进煮好的拉面里，摆上番茄片、黄瓜丝、生菜，撒上葱末，拌匀即可。

【烹饪技法】煮，拌。

【营养功效】生津开胃，健胃消食。

【健康贴士】脾虚胃寒者慎食。

【举一反三】素凉面里的素菜可依据个人喜好自由搭配。

驰名牛杂捞面

【主料】面条200克，牛肚50克，牛膀20克，牛肠10克，菜心30克。

【配料】姜片3克，蚝油5克，植物油10克，盐3克，鸡精2克。

【制作】① 菜心择洗干净，放入沸水里焯熟，捞出，沥干水分；牛肚、牛膀、牛肠清洗干净，放入焯烫菜心的沸水里汆烫3分钟，捞出，凉凉，牛肚、牛膀、牛肠分别切丝。② 把牛肚丝、牛膀丝、牛肠丝加姜片放入炖锅里，注入适量清水，炖锅置中火上，炖煮90分钟后，加入蚝油、盐、鸡精调味，关火。③ 煮锅置火上，注入适量清水，大火煮沸，放入面条煮熟，捞出，沥干水分，装入大碗里，将炖熟的牛杂倒进面条里，摆上焯熟的菜心即可。

【烹饪技法】焯，汆，炖，煮。

【营养功效】补益脾胃，补气养血。

【健康贴士】高血脂、高血压、胆固醇较高者忌食。

南乳猪蹄捞面

【主料】面条 200 克，猪蹄 1 只，菜心 30 克。
【配料】姜片 3 克，南乳 2 块，生抽 4 克，蚝油 5 克，植物油 10 克，盐 3 克，鸡精 2 克。
【制作】① 菜心择洗干净；猪蹄洗净，剁成块，装入碗里，加盐、鸡精、生抽、南乳拌匀，放进高压锅煲 30 分钟至熟烂。② 锅置火上，注入适量清水，大火煮沸，先放入菜心焯烫至熟，捞出摆于盘侧；再把水煮沸，放入面条煮熟，捞出，沥干水分，装在放菜心的盘里，将炖好的猪蹄盖在面条上即可。
【烹饪技法】煲，煮。
【营养功效】温中养胃，添精补髓。
【健康贴士】猪蹄还可与木瓜搭配炖汤食用，有美容丰胸之效。

豉油皇炒面

【主料】面条 200 克，绿豆芽、三明治火腿各 30 克。
【配料】葱 3 克，生抽、老抽各 3 克，植物油 10 克，盐 3 克，鸡精 2 克。
【制作】① 绿豆芽洗净；三明治火腿切丝；葱洗净，切段。② 锅置火上，注入适量清水，大火煮沸，放入面条煮熟，捞出，沥干水分。③ 另起锅，入油烧热，放入绿豆芽、三明治火腿丝、葱段翻炒至熟，再下入面条，加盐、鸡精、生抽、老抽调味，翻炒均匀，盛出装盘即可。
【烹饪技法】煮，炒。
【营养功效】滋阴壮阳，补气养血。
【健康贴士】绿豆芽宜与火腿同食，可降低心血管疾病的发病率。

大盘鸡面

【主料】面条 150 克，鸡肉 100 克，土豆、洋葱各 30 克，青椒、红椒各 20 克。
【配料】植物油 10 克，豆瓣酱 10 克，香油 15 克，盐 3 克，鸡精 2 克。
【制作】① 土豆去皮，洗净，切块；洋葱洗净，切丝；青椒洗净，切片；红椒洗净，切末。② 锅置火上，注入适量清水，大火煮沸，放入面条煮熟，捞出，沥干水分，装盘备用。③ 另起锅，入油烧热，放入豆瓣酱炒香，再倒入洋葱、青椒、土豆一起翻炒，注入适量清水，焖煮至土豆熟软，盛入装面条的盘里。④ 净锅后，置中火上，倒入盐、鸡精、红椒末翻炒熟透后，淋上香油，盛出浇在面条上即可。
【烹饪技法】煮，炒。
【营养功效】生津开胃，活血散瘀。
【健康贴士】鸡肉宜与青椒同食，生津开胃，增强食欲。

XO 酱捞面

【主料】面条 150 克，火腿 50 克，生菜 20 克，虾米 15 克，干贝 10 克。
【配料】XO 酱 20 克，辣椒酱 5 克，葱 3 克，蒜蓉 2 克，植物油 10 克，白砂糖 4 克，盐 3 克，鸡精 2 克。
【制作】① 生菜择洗干净；葱洗净，取葱白，切段；火腿、虾米、干贝切末。② 煮锅置火上，注入适量清水，大火煮沸，先放入生菜焯烫熟，捞出，摆于盘侧；再把水煮沸，放入面条煮熟，捞出，沥干水分，装在放生菜的盘里。③ 炒锅置火上，入油烧热，下蒜蓉、葱白爆香，再放入火腿、虾米、干贝翻炒，倒入 XO 酱、辣椒酱，加盐、白砂糖、鸡精翻炒成酱汁，关火，把酱汁浇在面条上即可。
【烹饪技法】焯，煮，炒。
【营养功效】滋补肝肾，补中益气。
【健康贴士】痛风等病症者以及儿童忌食。

九层塔面线

【主料】面线 150 克，九层塔茎 100 克，排骨 250 克。
【配料】排骨汤 400 毫升，淀粉 3 克，生抽 4 克，植物油 10 克，盐 3 克，鸡精 2 克。
【制作】① 九层塔茎洗净，切段；排骨洗净，剁成块，放入碗里，加淀粉、生抽拌匀，腌制10分钟备用。② 锅置火上，注入适量清水，大火煮沸，放入面条煮熟，捞出，沥干水分，装入大碗里；再将煮面的水煮沸，放入排骨汆去血水，捞出，与九层塔茎一起放入高压锅，注入少量清水，煮30分钟至排骨熟烂，汤汁收干。③ 锅置火上，注入排骨汤，大火煮沸，将排骨汤倒入面碗里，摆上煮好的排骨即可。

【烹饪技法】腌，汆，煮。

【营养功效】滋补暖胃，行气活血。

【健康贴士】猪排骨也可与洋葱同食，有抗衰老的功效。

回手面

【主料】精面粉250克，羊肉150克，粉丝25克，鸡蛋2个，番茄、洋葱、甜椒各50克。

【配料】羊肉汤250毫升，陈醋5克，香油10克，盐3克，胡椒粉3克，鸡精2克。

【制作】① 精面粉放进盆内，打入鸡蛋，注入适量清水，揉成光滑的面团，静置饧30分钟后，擀成像纸一样薄的面皮，切成约1厘米宽的面条，再切成小方块；粉丝用开水泡好，切成7厘米左右的长段。② 番茄、洋葱分别洗净，切成丁；甜椒去蒂、子，洗净，切丁；羊肉洗净，切丁。③ 锅内注入肉汤煮沸，下面片稍煮，放入羊肉、粉丝、番茄、洋葱、甜椒煮熟，再加盐、鸡精、胡椒粉、陈醋调味，淋入香油煮沸，盛入面碗里即可。

【烹饪技法】泡，煮。

【营养功效】益气补虚，保护胃壁。

【健康贴士】体虚胃寒者、反胃者、中老年体质虚弱者适宜食用。

脆炒面

【主料】刀切面500克，瘦肉150克，火腿、鸡肉、猪肉各30克，青菜、洋葱各50克。

【配料】甜椒20克，盐3克，鸡精2克。

【制作】① 锅置大火上，注入适量清水，煮沸，下入刀削面煮熟，捞出，沥干水分；青菜择洗干净，切小段；洋葱去根、皮洗净，切成丝；瘦肉、鸡肉分别洗净，切成丝；火腿切丝；甜椒去蒂、子，洗净，切丝。② 锅置火上，入猪油15克烧热，先下肉丝煸炒至变成白色，再放入青菜段、火腿丝、洋葱丝、甜椒丝翻炒约30秒，加盐、鸡精调味，盛出。③ 锅置中火上，入剩下的猪油烧至五成热，放入面条翻炒，炒至面条呈浅黄色时，再放入炒好的肉丝等菜料略炒，盛出即可。

【烹饪技法】煮，炒。

【营养功效】滋阴润燥，温中养胃。

【健康贴士】刀削面滋补肠胃，瘦肉、鸡肉等益气养血，搭配食用有益于肠胃健康。

酥鸭面

【主料】刀切面500克，鸭肉300克。

【配料】生抽10克，大料3克，桂皮3克，葱5克，姜片6克，猪骨汤1000毫升，熟猪油30克，盐3克，鸡精2克。

【制作】① 葱洗净，切末；姜去皮，洗净，切片；鸭肉处理干净备用。② 将鸭肉放入锅内，注入适量清水（没过鸭肉），煮沸，捞出凉凉，切成斜刀薄片，放入蒸盆内，加老抽、姜片、大料、桂皮、猪骨汤（500毫升），入锅隔水蒸约2个小时，蒸至鸭肉酥烂时取出。③ 锅置火上，注入适量清水，大火煮沸，放入刀切面，用筷子搅散，煮熟；同时，取一个大碗，在面碗内放入生抽、葱末、熟猪油拌匀，将煮熟的面条放进面碗里。④ 锅置火上，注入猪骨汤，大火煮沸后，盛入面条里，摆上鸭肉即可。

【烹饪技法】蒸，煮。

【营养功效】滋阴养胃，补中益气。

【健康贴士】刀削面温中养胃，鸭肉补虚消肿，二者搭配食用温补效果明显。

鱿鱼羹面

【主料】面条200克，鱿鱼150克，白菜、鲜香菇各30克。

【配料】生抽10克，鸡汤400毫升，植物油 20 克，辣酱 10 克，水淀粉 4 克，盐 3 克，鸡精 2 克。

【制作】① 撕去鱿鱼背后的黑膜，清洗干净，改刀切丝，放入沸水中汆烫，捞出，沥干水分；白菜择洗干净，切丝；鲜香菇洗净，去蒂，切成丝。② 锅置火上，入油烧热，放入辣酱、香菇炒香后，倒入鱿鱼丝翻炒，再加入白菜丝炒至八成熟时，注入鸡汤煮沸后，放盐、鸡精调味，并加入水淀粉勾芡，关火。③ 另起锅，锅置火上，注入适量清水，大火煮沸，放入面条煮熟，捞出，沥干水分，成入面碗里，将做好的鱿鱼羹倒入煮熟的面条中即可。

【烹饪技法】汆，炒，煮。

【营养功效】补虚养气，滋阴暖胃。

【健康贴士】鱿鱼宜与香菇同食，可以起到辅助治疗高血压、高脂血症及癌症的作用。

缤纷炒面

【主料】面条 400 克，鸡胸肉 150 克，胡萝卜 100 克，圆白菜 150 克，干香菇 7 朵。

【配料】葱末 4 克，淀粉 3 克，白砂糖 4 克，植物油 20 克，料酒、生抽、老抽各 5 克，盐 3 克，鸡精 2 克。

【制作】① 鸡胸肉洗净，切丝，装入碗里，用料酒、淀粉、生抽拌匀，腌制 10 分钟；圆白菜洗净，切丝；干香菇用开水泡发，洗净，切丝；胡萝卜去皮，洗净，切丝。② 锅置火上，入油 10 克烧至六成热，先下胡萝卜丝，煸出红油后盛出；锅内注入适量清水，大火煮沸，放入面条，用筷子搅散煮熟，捞出过凉，沥干水分。③ 另起锅，入油 10 克烧热，下入葱末爆香，放入鸡肉，迅速滑散，炒至鸡肉变成白色，放入香菇丝、胡萝卜丝翻炒 2 分钟后，再倒入圆白菜丝翻炒均匀，加盐、白砂糖、鸡精调味，最后把煮熟的面条放进去，淋上老抽上色，用锅铲将面条抖落均匀，出锅装盘即可。

【烹饪技法】腌，煮，炒。

【营养功效】补虚养血，护肝明目。

【健康贴士】圆白菜也可与鲤鱼搭配食用，能改善妊娠水肿。

炒螺蛳面

【主料】小麦面粉 250 克，猪瘦肉 100 克，冬笋 50 克，韭黄 50 克。

【配料】鲜汤 50 毫升，植物油 30 克，生抽、黄酒、白砂糖各 5 克，盐 3 克，鸡精 2 克。

【制作】① 猪肉洗净，切丝；冬笋洗净，切片；韭黄择洗干净，切段。② 面粉放入盆里，注入适量清水，和成光滑的面团，再搓成长条，摘成剂子，将剂子扭成螺丝状备用。③ 锅置火上，注入适量清水，大火煮沸，放入螺丝面，用大火煮沸，转小火略煮，捞出，放进清水里过凉，沥干水分。④ 另起锅，入油 15 克烧热，放入肉丝、冬笋片煸炒至三成熟，烹入黄酒，加生抽、鲜汤、白砂糖略炒，盛出；原锅复入油 15 克烧热，放入螺丝面煸炒片刻，再放韭黄段翻炒，然后将炒好的冬笋、肉丝倒入面条里拌匀，煮至全熟，放盐、鸡精调味，盛出装盘即可。

【烹饪技法】煮，炒。

【营养功效】养心益肾，温中养胃。

【健康贴士】冠心病、肥胖症、便秘、癌症、高血压、糖尿病患者宜食。

传统大肉面

【主料】宽面条 200 克，红烧肉 250 克，水发木耳 30 克，鲜香菇 5 朵，菜心 20 克。

【配料】姜、葱各 5 克，高汤 350 毫升，色拉油 20 克，盐 3 克，鸡精 2 克。

【制作】① 水发木耳洗净，去蒂，切丝；鲜香菇洗净，切片；姜去皮，洗净，切片；葱洗净，切成葱末；菜心择洗干净。② 煮锅置火上，注入适量清水，大火煮沸，下入宽条面煮熟，捞出，沥干水分，盛入碗中。③ 锅置火上，入油烧热，下葱末、姜片爆香，倒入红烧肉翻炒，注入高汤，下入木耳丝、香菇片煮沸，放入菜心烫熟，加盐、鸡精调味，关火，倒入面碗中即可。

【烹饪技法】炒，煮。

【营养功效】滋阴润燥，补中益气。

【健康贴士】红烧肉与面条同食，可补肾养血，滋阴润燥，主治消渴羸瘦、肾虚体弱、产后血虚等症。

西洋风味面

【主料】面条 600 克，腊肉、鲜香菇、洋葱 50 克，鸡蛋 1 个。

【配料】奶油 50 克，橄榄油 20 克，盐 3 克，鸡精、胡椒粉各 2 克。

【制作】① 洋葱洗净，切粒；鲜香菇洗净，切片；腊肉切丁；将鸡蛋的蛋黄蛋白分开，只取蛋黄，装入碗里，搅拌成蛋黄液。② 平底锅置中火上，放入奶油烧热，下洋葱粒爆香后，放入腊肉煸炒，再加入香菇拌炒，倒入蛋黄液翻炒，让蛋黄裹住所有材料，烩香。③ 锅置火上，入橄榄油，烧热，放入煮熟的面条和炒好的食材烩炒，放盐、鸡精调味，撒上葱末，翻炒均匀，出锅装盘即可。

【烹饪技法】煮，炒。

【营养功效】生津开胃，厚肠健胃。

【健康贴士】奶油含有饱和脂肪酸，冠心病、高血压、糖尿病、动脉硬化患者忌食。

全家福汤面

【主料】切面 200 克，水发海参 30 克，大虾仁、带子各 25 克，鲜香菇 15 克，油菜心 10 克。

【配料】鲜汤 400 毫升，姜、葱各 3 克，虾油、绍酒、红辣椒油各 5 克，植物油 15 克，盐 3 克，鸡精 2 克。

【制作】① 海参、大虾仁洗净；带子、鲜香菇洗净，切片；将海参、大虾仁、带子、香菇一起放进沸水里汆透，捞出，沥干水分；姜洗净，切片；葱洗净，切段。② 锅内注入适量清水，大火煮沸，下入切面煮熟，捞出，沥干水分，盛入碗中。③ 炒锅置火上，入油烧热，下葱段、姜片炝锅，烹绍酒，放入海参、大虾仁、带子、香菇、油菜心翻炒，注入鲜汤，放虾油、盐、鸡精调味，煮沸后，关火，盛入面碗中，淋上红辣椒油即可。

【烹饪技法】汆，煮。

【营养功效】滋阴养血，健脾暖胃。

【健康贴士】水发海参、虾仁、带子三者搭配食用，可补充钙质，滋阴补肾。

怪味凉拌面

【主料】挂面 200 克，姜、葱各 5 克。

【配料】植物油、芝麻酱各 15 克，陈醋 10 克，生抽、香油各 5 克，白砂糖、辣椒油各 4 克，盐 3 克，鸡精 2 克，花椒粉 3 克。

【制作】① 芝麻酱倒入碗中，用凉开水 30 毫升调开；葱洗净，切末；姜去皮，洗净，切末。② 锅置中火上，入植物油烧热，放入花椒粉炒香，关火，盛入装芝麻酱的碗里，加入陈醋、生抽、白砂糖、辣椒油、鸡精、香油一起拌匀，做成“怪味汁”。③ 锅内注入适量清水，大火煮沸，放入挂面煮熟，捞出，过凉，沥干水分，装入面碗中；将调拌好的“怪味汁”浇在面条上，再撒上葱末和蒜末，拌匀即可。

【烹饪技法】煮，炒，拌。

【营养功效】生津开胃，活血行气。

【健康贴士】内热、腹泻者忌食。

墨西哥凉面

【主料】面条 150 克，洋葱 30 克，蒜 10 克。

【配料】橄榄油 10 克，番茄罐头 1 个，白酒 5 克，月桂叶 2 克，盐 3 克，鸡精、胡椒粉各 2 克。

【制作】① 洋葱洗净，切丁；蒜去皮，切末。② 锅置火上，注入适量清水，大火煮沸，放入面条，用筷子搅散，煮熟捞出，沥干水分，装入盘中。③ 另起锅，入橄榄油烧热，下入洋葱丁和蒜末一起爆香，把番茄罐中的果粒和果汁倒入，再放入白酒、月桂叶、盐、鸡精、胡椒粉，煮出香味，做成墨西哥酱，最后把墨西哥酱倒在面条上，拌匀即可。

【烹饪技法】煮，拌。

【营养功效】健胃消食，降脂降压。

【健康贴士】洋葱宜与蒜同食，可起到散寒、发汗、杀菌、抗癌等功效。

滋补牛尾面

【主料】面条200克，牛尾200克，土豆、胡萝卜、洋葱各30克，菜心20克。

【配料】葱白5克，姜4克，牛骨老汤500克，盐3克，鸡精、胡椒粉各2克。

【制作】① 牛尾洗净，切块，用清水浸泡30分钟；土豆、胡萝卜、洋葱均去皮，洗净，切丁；菜心择洗干净；葱白洗净，切段；姜去皮，洗净，切片。② 将牛尾、葱段、姜片放进砂锅里，注入牛骨老汤，大火煮沸后撇去血沫，放入土豆、胡萝卜、洋葱，转小火炖到牛尾酥烂，加盐、鸡精、胡椒粉调味，关火。③ 煮锅置火上，注入适量清水，大火煮沸，放入面条煮熟捞出，沥干水分，装在大碗里，将炖好的牛尾汤倒进面条里即可。

【烹饪技法】炖，煮。

【营养功效】补中益气，添精补髓。

【健康贴士】一般人皆宜食用。

香菇青菜面

【主料】面条200克，鲜香菇3朵，油菜30克，茶鸡蛋1个。

【配料】植物油5克，香油4克，盐3克，鸡精、胡椒粉各2克。

【制作】① 鲜香菇洗净，切花刀；油菜择洗干净；茶鸡蛋剥壳，对半切开。② 锅置火上，注入适量清水，大火煮沸，加入植物油，下入面条，用筷子搅散，待水再度煮沸后，放入香菇、青菜煮熟，加盐、胡椒粉、鸡精调味，盛入面碗内，摆上茶鸡蛋，淋上香油即可。

【烹饪技法】煮。

【营养功效】和中益胃，活血化瘀。

【健康贴士】香菇宜与油菜同食，可增强机体免疫力。

杨凌蘸水面

【主料】面粉300克，大白菜150克，水发木耳50克，番茄80克，鲜香菇3朵，鸡蛋1个。

【配料】淡盐水200毫升，植物油15克，陈醋5克，番茄酱5克，五香粉3克，盐3克，鸡精2克，辣椒粉2克。

【制作】① 大白菜择洗干净，切丝；水发木耳洗净，去蒂，切丝；鲜香菇洗净，去蒂，切片；番茄洗净，切块。② 面粉放入盆里，将淡盐水缓缓地倒入面粉里，慢慢地揉搓成光滑的面团，把面团切成小块，再压扁成厚面片，把面片扯长，扯成面条，撒上干面粉，静置饧发20分钟。③ 锅置火上，注入适量开水，大火煮沸，把面条放进去煮至八成熟，捞出，放进冷水里过凉，沥干水分。④ 锅置火上，入油烧热，下香菇片炒香后盛出；鸡蛋打入锅内，煎至半熟时盛出；锅底余油烧热，放入番茄块、大白菜略炒后，注入少量清水，煮至番茄块软化，放入炒好的鸡蛋、香菇片，最后把面条放进去翻炒，放番茄酱、盐、鸡精、辣椒粉、五香粉、陈醋调味，盛出装盘即可。

【烹饪技法】煮，炒。

【营养功效】通利肠胃，清热解毒。

【健康贴士】胃寒者、腹泻者、肺热咳嗽者慎食。

自制方便面

【主料】圆挂面100克，虾仁20克，猪肉50克，指天椒3克。

【配料】葱末、姜末、花椒粉各3克，料酒5克，水淀粉4克，植物油15克，蒸鱼豉油5克，盐3克，鸡精2克。

【制作】① 虾仁去虾线，洗净；猪肉洗净，切丝；指天椒洗净，切碎；把虾仁、肉丝分别放入碗里，加料酒腌制10分钟。② 锅置火上，入油烧热，放入葱末、蒜末、指天椒爆香，倒入肉丝炒散，注入少量清水煮沸后，放入虾仁煮熟，加蒸鱼豉油、盐、鸡精调味，浇入水淀粉勾芡，再焖1分钟后盛出备用。③ 另起锅，锅中注入适量开水，大火煮沸，放入圆挂面，煮1分钟后捞出面条，沥干水分；将电饼铛刷上油，撒上花椒粉，把面条直接放到电饼铛上，煎至两面金黄色，取出，切成小块，摆盘，将虾仁肉丝味汁浇在煎好的方便面上即可。

【烹饪技法】煮，炒，烤。

【营养功效】生津开胃，行气活血。

【健康贴士】内热、腹泻者忌食。

番茄鸡蛋面

【主料】面条100克，番茄100克，鸡蛋1个。

【配料】葱末5克，植物油15克，盐3克，鸡精2克。

【制作】① 番茄洗净，用沸水烫一下，去皮，切片；鸡蛋打入碗中，用筷子充分搅拌，使鸡蛋起泡。② 锅置火上，入油烧热，放入葱末爆香后，倒入鸡蛋液，用筷子向一个方向拨动，让蛋凝成蛋花，盛出。锅底留油，烧至六成热，将番茄倒入锅中炒烂，再将蛋花倒入，翻炒几下，加盐、鸡精调味，盛出备用。③ 另起锅，注入适量开水，大火煮沸，放入面条，煮熟，捞出装入大碗里，将番茄鸡蛋浇在面条上即可。

【烹饪技法】煮，炒。

【营养功效】生津开胃，健脾益胃。

【健康贴士】番茄宜与鸡蛋搭配食用，不仅生津开胃，而且还能美容养颜，抗衰老。

螺旋面

【主料】干螺旋面200克，菠菜100克，火腿、鸡肉丸、水发木耳、番茄各50克。

【配料】葱末3克，干海米50克，植物油15克，盐3克，鸡精2克。

【制作】① 火腿切条；鸡肉丸对半切开；干海米用温水泡好，捞出，沥干水分；水发木耳去蒂，洗净，揪成小朵；菠菜择洗干净，切段；番茄洗净，切小片。② 锅置火上，注入适量清水，大火煮沸，放入干螺旋面，煮至九成熟，捞出。③ 另起锅，入油烧热，下葱末爆香，先放入番茄和海米翻炒，再倒入火腿、鸡肉丸、木耳焯熟，最后放入螺旋面和菠菜煸炒几下，放盐、鸡精调味，盛出装盘即可。

【烹饪技法】煮，炒。

【营养功效】润肠通便，滋补肝肾。

【健康贴士】菠菜也可与鸡血同食，有保肝护肾之效。

香麻面

【主料】面条500克，黄瓜100克，芝麻酱50克。

【配料】白砂糖4克，花椒粉3克，陈醋15克，辣椒酱2克，凉白开8克，盐3克，鸡精2克。

【制作】① 黄瓜洗净，切丝；芝麻酱放入碗中，加盐，边搅拌边缓缓地加凉白开，直至搅拌到稠度适中。② 锅置火上，烧至五成热，把花椒粉放入干燥的炒锅，小火炒5分钟，炒出香味，盛出倒入芝麻酱里，再加入白砂糖，搅拌均匀。③ 锅置火上，注入适量清水，大火煮沸，加入面条，用筷子搅散，大火煮沸后，加小半碗冷水，再转中火煮沸至熟，把面条捞出装盘，加入黄瓜丝、芝麻酱、陈醋、辣椒酱，搅拌均匀即可。

【烹饪技法】煮，炒，拌。

【营养功效】生津开胃，降脂降压。

【健康贴士】黄瓜尾部含有较多的苦味素，苦味素有抗癌的作用，所以不宜将黄瓜尾部全部去掉。

豆角焖面

【主料】鲜面条250克，四季豆150克。

【配料】蒜、葱各5克，生抽、香油各15克，白砂糖8克，盐5克，鸡精2克。

【制作】① 四季豆洗净，撕去两端的茎，然后掰成约4厘米长的段；蒜去皮，拍扁，切碎；葱洗净，切末。② 锅置火上，入油烧至四成热，下葱末和蒜末（3克）炒出香味，放入四季豆煸炒，加入生抽、白砂糖、盐调味拌匀，注入清水没过四季豆表面，然后加盖用中火煮沸，将汤汁倒在一个汤碗中，四季豆留在锅里备用。③ 将火力调到最小，用锅铲将四季豆均匀的铺在锅底，鲜面条分两次加入，均匀地铺在四季豆上面，铺一层面条，淋上一层汤汁，加盖用中小火慢慢焖，直到锅中汤汁收干，最后用筷子将面条和豆角拌匀，撒上剩余的蒜末，淋入香油拌匀即可。

【烹饪技法】煮，煸，拌。

【营养功效】健脾益气，温中养胃。

【健康贴士】常食四季豆可辅助治疗女士白带多、皮肤瘙痒、急性肠炎等症。

羊肉烩面

【主料】面条500克，羊肉150克，豆腐皮、粉丝、黄花、香菜各20克，干木耳10克。

【配料】姜片、葱段、香油各10克，花椒3克，大料、桂皮、小茴香、草果、香叶各2克，当归、丁香各5克，枸杞20枚，盐5克，鸡精3克。

【制作】① 豆腐皮洗净，切丝；粉丝用温水泡发，切长段；黄花菜用温水泡发；木耳用温水泡发，撕成小朵；香菜择洗干净，切段；羊肉洗净，切成小丁，用沸水汆去血水。② 将姜片、葱段、花椒、大料、桂皮、小茴香、草果、香叶、丁香、当归、枸杞用纱布包好，制成香料包。锅置大火上，注入适量清水，放入香料包和羊肉丁，炖煮。③ 锅置火上，注入适量清水，大火煮沸，加入面条，用筷子搅散，大火煮沸后，加小半碗冷水，再转中火煮沸至熟，煮熟，捞出。④ 待羊肉汤快炖好时，下入煮好的面条，用筷子轻轻拨散，待锅中汤汁再次煮沸后，放入豆皮丝、粉丝、黄花、木耳煮熟，放盐、鸡精调味，淋上香油，撒上香菜即可。

【烹饪技法】炖，煮。

【营养功效】益气补虚，滋补肝肾。

【健康贴士】羊肉膻味比较大，用大料或中药材与羊肉同烹，会使其味道鲜美，营养丰富。

古早味车仔面

【主料】宽面200克，猪蹄1只，卤牛肚50克，水发猪皮30克，鱼丸80克，菠菜30克。

【配料】姜片、葱末各5克，大料、香叶、干辣椒、桂皮、陈皮各2克，冰糖4克，老抽8克，盐5克。

【制作】① 将猪蹄放入沸水中，汆去血水，洗净，剁成块；卤牛肚切丝；鱼丸对半切开；菠菜择洗干净。② 锅置火上，入油烧热，放入大料、桂皮、香叶、干辣椒、姜片爆香，再放入猪蹄一起翻炒，烹入料酒，加入生抽翻炒至猪蹄均匀上色，注入高出猪蹄2厘米的清水，放入冰糖和水发猪皮，大火煮沸后转小火焖煮至熟烂。③ 另起锅，注入适量清水，大火煮沸，放入宽面、鱼丸煮熟，捞出，装入面碗；最后将卤牛肚丝、猪蹄、水发猪皮摆在面条上，撒上葱末，淋上一勺猪蹄浓汁即可。

【烹饪技法】炒，炖，煮。

【营养功效】温中养胃，滋阴壮阳。

【健康贴士】猪蹄富含胶原蛋白、脂肪，滋补、美容、润肤的效果明显，常食对身体有益。

紫甘蓝剪刀面

【主料】小麦面粉300克，紫甘蓝500克。

【配料】香油15克，陈醋30克，辣椒粉5克，盐6克，鸡精3克。

【制作】① 紫甘蓝洗净，切丝，放入搅拌机，加入500毫升清水打成浆，用纱布过滤出紫色汁液。将面粉放入盆内，缓缓倒入紫甘蓝液，用筷子搅拌均匀，再揉搓成光滑的紫色面团，静置饧发20分钟左右。② 锅置火上，注入适量清水，大火煮沸；饧好面团后，将面团揉成长条，用剪刀剪面团，剪成兰花瓣大小的小面块，边剪边下入开水锅中，用漏勺搅拌煮到面块浮在水面，捞出，沥干水分，装盘。③ 在煮好的面块里，加盐、鸡精、辣椒粉、陈醋调味，淋上香油，拌匀即可。

【烹饪技法】煮，拌。

【营养功效】润肠护胃，降低胆固醇。

【健康贴士】紫甘蓝富含铁元素，能增加血液中氧气的含量，有助脂肪的燃烧，有减肥的效果。

香辣牛肉面

【主料】面条 200 克，牛腩 200 克，油菜 50 克，酸菜 10 克，洋葱 30 克。

【配料】指天椒、姜片、蒜各 3 克，大料、桂皮、山楂各 2 克，植物油 20 克，老抽 4 克，豆瓣酱 10 克，白砂糖 4 克，辣椒粉 5 克，盐 3 克，鸡精 2 克。

【制作】① 姜洗净，切丝；蒜洗净，切末；指天椒、洋葱洗净，切丝；油菜择洗干净；牛腩洗净切块，放入沸水中汆烫约 10 分钟，捞出洗净；酸菜洗净，切丝。② 锅置火上，入油 10 克烧热，放入酸菜爆炒，加入白砂糖炒匀，盛出备用。③ 净锅后置大火上，入油 10 克烧热，下蒜末、姜丝、指天椒爆香，加入辣豆瓣酱、老抽略炒，放入牛腩炒至豆瓣酱有香味溢出，注入 400 毫升清水，放入大料、桂皮、山楂大火煮沸后转小火炖煮 90 分钟，放盐、鸡精调味。④ 另起锅，注入适量清水，大火煮沸，放入面条煮熟，再放油菜烫熟，一起捞出，沥干水分，放入面碗中，倒入牛腩肉汤，放上酸菜丝即可。

【烹饪技法】炖，煮。

【营养功效】补中益气，健脾益胃。

【健康贴士】高胆固醇患者、高脂肪患者、老年人、儿童、消化能力弱的人慎食。

青蒜香菇面

【主料】面粉 300 克，鲜香菇 50 克，蒜苗 60 克，番茄 100 克。

【配料】高汤 500 毫升，蒜末 3 克，辣黄酒 4 克，植物油 15 克，椒油 5 克，盐 3 克，鸡精 2 克。

【制作】① 鲜香菇洗净，切粒；蒜苗洗净，切段；番茄洗净，切片。② 锅置火上，入油烧热，下入蒜末煸炒出香，倒入番茄小火炒至软烂，放入香菇粒炒匀，注入高汤，加入黄酒煮沸，小火煨炖。③ 面粉装入盆内，注入适量清水，用筷子搅拌均匀，再和成光滑的面团，静置饧发 20 分钟左右。将饧好的面团擀成几张大而薄的面片，面片折叠后切成面条。④ 另起锅，注入适量清水，大火煮沸，放入面条煮至八成熟，捞出，放入香菇番茄汤中煮沸，加盐、鸡精调味，盛入面碗中，最后洒上蒜苗段，淋上辣椒油即可。

【烹饪技法】炒，煨，煮。

【营养功效】生津开胃，健胃消食。

【健康贴士】香菇不宜与螃蟹同食，易引起结石。

饺子

煎饺

【主料】圆饺子皮 300 克，猪肉 250 克，洋葱、圆白菜、韭菜各 50 克。

【配料】蒜 4 克，植物油 15 克，蚝油 5 克，生抽 6 克，白砂糖 4 克，盐 3 克，鸡精 2 克。

【制作】① 猪肉洗净，剁成肉末；洋葱、圆白菜、韭菜分别洗净，切末；蒜去皮，切成蒜蓉。② 将猪肉末、洋葱末、圆白菜末、韭菜末、蒜蓉一起放入碗里，加盐、鸡精、白砂糖、生抽、蚝油充分搅拌，腌制 10 分钟做成饺子馅。③ 把做好的饺子馅包入饺子皮中，捏上花边，逐个将饺子包好，把包好的饺子摆在垫有湿布的蒸盘里，放入电饭锅蒸 5 分钟左右至熟。④ 平底锅置中火上，入油烧热，整齐地放入蒸好的饺子，煎至金黄色即可。

【烹饪技法】腌，蒸，煎。

【营养功效】滋阴润燥，健胃消食。

【健康贴士】圆白菜与猪肉同食，可补充营养、润肠通便。

【巧手妙招】在馅料里打入鸡蛋 1 个共同腌制，可使饺子馅鲜嫩多汁。

油条饺

【主料】圆饺子皮 300 克，猪肉 250 克，油条 2 根，韭菜 100 克。

【配料】植物油15克，白砂糖4克，盐3克，鸡精2克。

【制作】① 猪肉洗净，剁成肉末；油条切粒；韭菜择洗干净，切末。② 将猪肉末、油条粒、韭菜末放入碗里，加白砂糖、盐、鸡精，充分搅拌，腌制10分钟做成饺子馅。③ 把做好的饺子馅包入饺子皮中，捏上花边，逐个将饺子包好，把包好的饺子摆在垫有湿布的盘子里，放入电饭锅蒸5分钟至熟。④ 平底锅置中火上，入油烧热，整齐地放入蒸好的饺子，煎至金黄色即可。

【烹饪技法】腌，蒸，煎。

【营养功效】补肾壮阳，健脾益胃。

【健康贴士】高血脂、肥胖、内热患者慎食。

包菜饺

【主料】饺子皮300克，圆白菜500克，鸡蛋4个。

【配料】虾米5克，植物油10克，香油15克，生抽5克，白砂糖4克，盐3克，鸡精2克，胡椒粉3克。

【制作】① 鸡蛋打入碗里，搅拌成蛋液；圆白菜洗净，切碎，用盐打一下，挤去水分，用植物油拌好。② 锅置火上，入油烧热，放下虾米爆香，倒入蛋液炒散，再放入圆白菜末翻炒，加盐、白砂糖、香油、鸡精、胡椒粉、生抽搅炒匀，做成饺子馅。③ 把做好的饺子馅包入饺子皮中，捏上花边，逐个将饺子包好，把包好的饺子摆在垫有湿布的盘子里，放入电饭锅蒸5分钟至熟即可。

【烹饪技法】炒，蒸。

【营养功效】补骨髓，润五脏、益心力。

【健康贴士】圆白菜宜与虾米同食，不仅营养丰富，还能起到清热凉血、强壮骨骼、补精添髓食疗效果。

【举一反三】将圆白菜换成菠菜，即可做成营养丰富的菠菜鸡蛋饺。

鸡肉饺

【主料】饺子皮300克，鸡肉500克，香菇8朵。

【配料】姜、葱各3克，高汤500毫升，香油15克，生抽5克，白砂糖3克，盐4克，鸡精2克。

【制作】① 鸡肉洗净，剁碎；香菇用开水泡开，去蒂，切粒，挤干水分；姜洗净，切末；葱洗净，切成葱末。② 将鸡肉碎放入碗里，加入香菇粒、姜末、葱末、香油、白砂糖、盐、鸡精、胡椒粉搅拌均匀，腌制10分钟，做成饺子馅。③ 把做好的饺子馅包入饺子皮中，捏上花边，逐个将饺子包好。④ 锅置火上，注入高汤，大火煮沸，把包好的饺子放进高汤里，煮至沸腾，再注入半杯凉开水，再次煮沸，煮至饺子全部浮起，捞出装盘即可。

【烹饪技法】腌，煮。

【营养功效】温中益气，滋阴养血。

【健康贴士】鸡肉与香菇同食，滋补效果佳。

金鱼饺

【主料】澄粉250克，生粉100克，虾仁300克，猪肉150克。

【配料】猪油15克，生抽、淀粉各5克，白砂糖3克，盐4克，鸡精2克。

【制作】① 澄粉、生粉一起放入盆里，充分混合后，缓缓注入沸水，用筷子搅拌至烫熟，将烫熟的面团放在案板上，用力揉搓至面团光滑，摘成30个剂子，擀成饺子皮备用。② 虾仁去虾线，洗净，切粒；猪肉洗净，剁碎；将虾粒和猪肉碎放入碗里，加盐、猪油、鸡精、生抽、白砂糖、淀粉充分搅拌，腌制10分钟，做成饺子馅。③ 把做好的饺子馅包入饺子皮中，捏上花边，逐个将饺子包好，把包好的饺子摆在垫有湿布的盘子里，放入电饭锅蒸6分钟左右至熟即可。

【烹饪技法】腌，蒸。

【营养功效】滋阴润燥，通乳汁。

【健康贴士】鲜虾也可与猪肝同食，能改善肾虚、经量过多的情况。

蛤蜊饺

【主料】饺子皮 300 克，猪肉 150 克，蛤蜊 00 克，莴笋 100 克。

【配料】葱 15 克，猪油 15 克，生抽 5 克，盐 3 克，鸡精 2 克。

【制作】① 蛤蜊洗净，放入锅里，注入适量清水煮沸，凉凉，取出蛤蜊肉，切粒；猪肉洗净剁碎；莴笋去皮切丝，用盐腌制片刻，挤出水分；葱洗净，切成葱末。② 将蛤蜊肉、猪肉碎、莴笋丝一起放入碗里，加葱末、猪油、生抽、鸡精一起搅拌均匀，腌制 10 分钟，做成饺子馅。③ 把饺子皮放在掌心，放入饺子馅，饺子皮对折并将两侧往里折，捏牢，呈饺子状，依此把饺子全部包好，摆在垫有湿布的盘子里，放入电饭锅蒸 6 分钟至熟即可。

【烹饪技法】煮，腌，蒸。

【营养功效】滋阴润燥，消渴化痰。

【健康贴士】脾胃虚寒、经期、产后女士及对海鲜过敏者忌食。

【举一反三】将蛤蜊换成扇贝，即可做出美味可口的扇贝饺。

茄子饺

【主料】饺子皮 300 克，茄子 300 克，猪肉 200 克，葱末 10 克。

【配料】蒜末、姜末各 5 克，泡椒 10 克，豆瓣酱 20 克，植物油 30 克，陈醋 50 克，生抽 5 克，盐、鸡精、胡椒粉各 3 克。

【制作】① 猪肉洗净，切末；茄子去皮，洗净，切丁；泡椒切丁。② 锅置火上，入油烧热，放入茄丁稍炸后捞出；锅底留油，烧至四成热，倒入豆瓣酱煸炒出香，加入猪肉末煸透，放入茄丁、盐、鸡精、胡椒粉调味，炒至汤汁干透，盛出。③ 取饺子皮一张，把饺子馅置于其中，对叠成半月形，用力捏合，做成饺子，依此方法把饺子全部包好，将做好的饺子摆在垫有湿布的盘子里，放入电饭锅蒸 5 分钟左右至熟，取出。④ 另起锅，入油烧至六成热，下葱末、蒜末、姜末爆香，放入泡椒丁翻炒，倒入陈醋、生抽煮沸，做成酱汁，最后把酱汁浇在饺子上即可。

【烹饪技法】炸，炒，蒸。

【营养功效】健脾益胃，养气补血。

【健康贴士】猪肉宜与茄子同食，可增加血管弹性。

茼蒿饺

【主料】小麦面粉 300 克，猪肉 200 克，茼蒿 500 克。

【配料】植物油 30 克，生抽 5 克，盐 3 克，鸡精 2 克。

【制作】① 面粉倒入盆内，缓缓注入适量清水，用筷子搅拌均匀，揉搓成光滑的面团，摘成剂子，擀成圆形饺子皮；茼蒿择洗干净，放入沸水中焯烫后，捞出，过凉，切成末；猪肉洗净，剁碎。② 把茼蒿装入碗里，加入适量清水和盐，用手揉捏，直到出水，再把茼蒿的水分挤干，加入肉末、盐、鸡精、植物油充分搅拌，腌制 10 分钟，做成饺子馅，把茼蒿馅包入饺子皮中，捏上花边，逐个将饺子包好。③ 锅置火上，注入适量清水，大火煮沸，放入包好的茼蒿饺，煮至饺子全部浮起时加入半杯清水再次煮沸后，捞出装盘即可。

【烹饪技法】焯，腌，煮。

【营养功效】平补肝肾，滋阴补血。

【健康贴士】猪肉宜与茼蒿搭配食用，可帮助身体充分吸收食物中的维生素。

【举一反三】可将茼蒿换成白菜，即成猪肉白菜饺。

韭菜水饺

【主料】饺子皮 300 克，猪肉、韭菜各 200 克，虾仁 30 克，鸡蛋 1 个。

【配料】葱 10 克，植物油 20 克，白砂糖 5 克，盐 3 克，鸡精、胡椒粉各 2 克。

【制作】① 虾仁去虾线，洗净，切末；猪肉洗净，剁成末；葱洗净，切末；韭菜择洗干净，用碱水浸泡20分钟，洗净沥干水分，切末。② 将肉末、虾末、葱末、韭菜末放入碗里，打入鸡蛋，加盐、鸡精、白砂糖、胡椒粉、油，充分搅拌，腌制10分钟，做成韭菜馅。③ 把做好的韭菜馅包入饺子皮中，捏上花边，逐个将饺子包好；锅置火上，注入适量清水，大火煮沸，把包好的饺子放进开水锅里，煮至沸腾，再注入半杯凉开水，再次煮沸，至饺子全部浮起，捞出装盘即可。

【烹饪技法】腌，煮。

【营养功效】温肾壮阳，补血养气。

【健康贴士】虾与韭菜、鸡蛋搭配食用，有明显的滋补阳气的效果。

菠菜水饺

【主料】饺子皮300克，猪肉200克，菠菜500克。

【配料】植物油20克，盐3克，鸡精2克。

【制作】① 猪肉洗净，剁成末；菠菜择洗干净，放入沸水中焯烫至变色，捞出过凉，挤干水分，切末。② 将肉末和菠菜末放入碗里，加盐、油、鸡精充分搅拌，腌制10分钟，做成菠菜馅。③ 把做好的菠菜馅包入饺子皮中，捏上花边，逐个将饺子包好；锅置火上，注入适量清水，大火煮沸，把包好的饺子放进开水锅里，煮至沸腾，再注入半杯凉开水，再次煮沸，至饺子全部浮起，捞出装盘即可。

【烹饪技法】焯，腌，煮。

【营养功效】润肠通便，滋阴润燥。

【健康贴士】高血压病、贫血、糖尿病、夜盲症患者及皮肤粗糙、过敏、松弛者宜食。

鲜虾水饺

【主料】饺子皮300克，鲜虾仁300克，荸荠100克，葱20克，洋葱10克。

【配料】植物油20克，白酒5克，太白粉、白砂糖、盐各3克，鸡精、胡椒粉各2克。

【制作】① 鲜虾仁去虾线，洗净，切末；荸荠去皮，洗净，切碎；葱洗净，切成葱末；洋葱洗净，切末。② 将虾末、荸荠、葱末、洋葱末放入碗里，加盐、鸡精、胡椒粉、白酒、太白粉充分搅拌，腌制10分钟，做好鲜虾馅。③ 把做好的鲜虾馅包入饺子皮中，捏上花边，逐个将饺子包好；锅置火上，注入适量清水，大火煮沸，把包好的饺子放进开水锅里，煮至沸腾，再注入半杯凉开水，再次煮沸，至饺子全部浮起，捞出装盘即可。

【烹饪技法】腌，煮。

【营养功效】温肾壮阳，生津止渴。

【健康贴士】海鲜过敏者慎食。

【举一反三】将鲜虾仁换成猪肉，即可做成咸甜的猪肉荸荠水饺。

玉米水饺

【主料】饺子皮300克，猪肉、鲜玉米粒各200克。

【配料】植物油20克，白砂糖、盐各3克，鸡精、胡椒粉各2克。

【制作】① 鲜玉米粒淘洗干净；猪肉洗净，切末。② 将肉末和鲜玉米粒放进碗里，加白砂糖、盐、鸡精、胡椒粉、生抽、油，充分搅拌，腌制10分钟，做成饺子馅。③ 把玉米馅包入饺子皮中，捏上花边，逐个将饺子包好，锅置火上，注入适量清水，大火煮沸，放入包好的玉米饺，煮至饺子全部浮起时加入半杯清水，再次煮沸后，捞出装盘即可。

【烹饪技法】腌，煮。

【营养功效】宁心活血，开胃生津。

【健康贴士】鲜玉米若与烤肉同食，可降低和分解致癌物质。

三鲜水饺

【主料】饺子皮300克，猪肉、鲜虾仁各200克，韭菜100克，鸡蛋1个。

【配料】植物油20克，料酒、生抽各5克，盐3克，鸡精、胡椒粉各2克。

【制作】① 猪肉洗净，切末；鲜虾仁去虾线，洗净，切末；韭菜择洗干净，沥干水分，切末。② 将肉末、虾末、韭菜末放入碗里，打入鸡蛋，加盐、鸡精、胡椒粉、料酒、生抽、油，充分搅拌，腌制10分钟，做成三鲜馅。③ 把三鲜馅包入饺子皮中，捏上花边，逐个将饺子包好；锅置火上，注入适量清水，大火煮沸，放入包好的三鲜饺，煮至饺子全部浮起时加入半杯清水，再次煮沸后，捞出装盘即可。

【烹饪技法】腌，煮。

【营养功效】滋阴润燥，温肾壮阳。

【健康贴士】鲜虾宜与韭菜、鸡蛋同食，补肾壮阳功效明显。

牛肉水饺

【主料】饺子皮300克，牛肉300克，白萝卜300克。

【配料】葱、姜各5克，植物油20克，料酒、生抽、嫩肉粉各5克，盐3克，鸡精、胡椒粉各2克。

【制作】① 白萝卜去皮，洗净，切成厚片，放入到锅里，注入适量清水，煮熟后捞出，放在案板上用刀剁成粒，然后再用纱布包好，挤出水分；牛肉去筋膜，洗净，切末；葱、姜洗净，切末。② 把牛肉末、白萝卜放入碗里，加姜末、葱末、盐、油、鸡精、料酒、生抽、嫩肉粉、胡椒粉一起搅拌，腌制10分钟，做成牛肉馅。③ 将牛肉馅包入饺子皮中，捏上花边，逐个将饺子包好；锅置火上，注入适量清水，大火煮沸，放入包好的牛肉水饺，煮至饺子全部浮起时加入半杯清水，再次煮沸后，捞出装盘即可。

【烹饪技法】腌，煮。

【营养功效】健脾益气，清热化痰。

【健康贴士】白萝卜与牛肉同食，可补五脏、益气血。

【举一反三】将白萝卜换成胡萝卜，更加营养美味。

墨鱼蒸饺

【主料】面粉300克，墨鱼400克，葱末20克。

【配料】植物油20克，料酒、生抽各4克，盐3克，鸡精、胡椒粉各2克。

【制作】① 面粉倒入盆内，缓缓注入适量清水，用筷子搅拌均匀，揉搓成光滑的面团，摘成剂子，擀成圆形饺子皮备用。② 墨鱼洗净，剁成碎粒，装入碗里，加葱末、盐、油、鸡精、胡椒粉、料酒、生抽搅拌均匀，腌制10分钟，做成墨鱼馅。③ 把做好的墨鱼馅包入饺子皮中，捏上花边，逐个将饺子包好；把包好的饺子放入蒸笼中，大火蒸6分钟至熟即可。

【烹饪技法】腌，蒸。

【营养功效】滋阴养血，健脾利水。

【健康贴士】墨鱼若与核桃仁同食，可改善女子过早闭经的情况。

【举一反三】将墨鱼换成鱿鱼，即可做出鲜美的鱿鱼水饺。

金针菇饺

【主料】饺子皮200克，金针菇400克，猪肉300克。

【配料】植物油20克，生抽4克，盐3克，鸡精、胡椒粉各2克。

【制作】① 猪肉洗净，切末；金针菇洗净，放入沸水中焯烫，捞出，过凉，切粒。② 将猪肉末和金针菇一起放入碗里，加盐、油、鸡精、生抽充分搅拌，做成饺子馅。③ 把做好的饺子馅包入饺子皮中，捏上花边，逐个将饺子包好；锅置火上，注入适量清水，大火煮沸，把包好的饺子放进开水锅里，煮至沸腾，再注入半杯凉开水，再次煮沸，至饺子全部浮起，捞出装盘即可。

【烹饪技法】焯，煮。

【营养功效】润肠护胃，滋补肝肾。

【健康贴士】金针菇还可与芹菜食用，能抗秋燥，是秋天补水佳品。

番茄饺

【主料】饺子皮200克，番茄300克，牛肉50克，鸡蛋5个。

【配料】葱10克，姜5克，植物油20克，生抽 4 克，白砂糖 5 克，盐 3 克，鸡精 2 克。

【制作】① 番茄洗净，去皮，切丁；牛肉洗净，剁碎；葱、姜分别洗净，切末；鸡蛋打入碗里，搅拌成蛋液。② 平底锅置火上，入油烧至六成热，倒入蛋液，用筷子搅拌，炒散，盛入碗里备用。③ 将牛肉碎、番茄丁放入盛鸡蛋的碗里，加入葱末、姜末、盐、鸡精、白砂糖、油、生抽，充分搅拌，做成饺子馅，包入饺子皮中，捏上花边，逐个将饺子包好。④ 煮锅置火上，注入适量清水，大火煮沸，把包好的饺子放进开水锅里，煮至沸腾，再注入半杯凉开水，再次煮沸，至饺子全部浮起，捞出装盘即可。

【烹饪技法】炒，煮。

【营养功效】健脾益气，健胃消食。

【健康贴士】番茄宜与鸡蛋同食，可抗衰防老。

冬笋水饺

【主料】饺子皮 300 克，猪肉 250 克，冬笋 200 克。

【配料】植物油 20 克，盐 4 克，鸡精 2 克。

【制作】① 猪肉洗净，剁成末；冬笋洗净，切成粒状。② 锅置火上，注入适量清水，大火煮沸，放入冬笋粒，焯熟，捞出，沥干水分，装入碗里；将猪肉末放入冬笋里，加油、盐、鸡精，充分搅拌，腌制 10 分钟，做好饺子馅，包入饺子皮中，捏上花边，逐个将饺子包好。③ 另起锅，注入适量清水，大火煮沸，放入包好的饺子，煮至饺子全部浮起时加入半杯清水，再次煮沸后，捞出装盘即可。

【烹饪技法】焯，腌，煮。

【营养功效】滋阴凉血，养肝明目。

【健康贴士】冬笋含有较多草酸，与钙结合会形成草酸钙，尿道结石、肾炎患者慎食。

韭黄水饺

【主料】面粉 300 克，猪肉 250 克，韭黄 200 克。

【配料】植物油 20 克，白砂糖 5 克，盐 4 克，鸡精、胡椒粉各 2 克。

【制作】① 面粉倒入盆内，缓缓注入适量清水，用筷子搅拌均匀，揉搓成光滑的面团，摘成剂子，擀成圆形饺子皮备用。② 韭黄择洗干净，切成碎末；猪肉洗净，剁成肉末；把猪肉末、韭黄碎放进碗里，加盐、油、鸡精、白砂糖、胡椒粉，充分搅拌，腌制 10 分钟，做成饺子馅。③ 把饺子馅包入饺子皮中，捏上花边，逐个将饺子包好；锅置火上，注入适量清水，大火煮沸，放入包好的饺子，煮至饺子全部浮起时加入半杯清水，再次煮沸后，捞出装盘即可。

【烹饪技法】腌，煮。

【营养功效】调理肝气，增进食欲。

【健康贴士】韭黄与蜂蜜两者功能相反，不宜同食。

【举一反三】在做韭黄馅时，可加入 2 个鸡蛋，营养会更加全面。

鲜肉水饺

【主料】饺子皮 300 克，猪肉 500 克，葱 20 克。

【配料】植物油 20 克，生抽 4 克，盐 3 克，鸡精、胡椒粉各 2 克。

【制作】① 猪肉洗净，剁成肉末；葱洗净，切末。② 将猪肉末放入碗里，撒上葱末，加盐、油、鸡精、胡椒粉，充分搅拌，做成鲜肉馅。③ 取饺子皮一张，把饺子馅置于其中，对叠成半月形，用力捏合，捏出花边，做成饺子，依此方法把饺子全部包好。④ 锅置火上，注入适量清水，大火煮沸，放入包好的饺子，煮至饺子全部浮起时加入半杯清水，再次煮沸后，捞出装盘即可。

【烹饪技法】煮。

【营养功效】滋阴润燥，补气养血。

【健康贴士】猪肉与海带同食，有止痒的功效。

【举一反三】鲜肉可依据个人口味选择，可以选牛肉、羊肉、鸡肉等。

茴香水饺

【主料】饺子皮300克，五花肉300克，茴香200克。

【配料】猪油20克，生抽5克，盐4克，鸡精、胡椒粉各2克。

【制作】①五花肉去皮，洗净，剁成肉末；茴香择洗干净，切末。②把肉末、茴香末装入碗里，加盐、猪油、鸡精、生抽、胡椒粉，充分搅拌，腌制10分钟，做成茴香馅。③取饺子皮一张，把茴香馅置于其中，对叠成半月形，用力捏合，捏出花边，做成饺子，依此方法把饺子全部包好。④锅置火上，注入适量清水，大火煮沸，放入包好的饺子，煮至饺子全部浮起时加入半杯清水，再次煮沸后，捞出装盘即可。

【烹饪技法】腌，煮。

【营养功效】理气和胃，散寒止痛。

【健康贴士】茴香宜与五花肉同食，能平衡脂肪、健胃理气。

酸汤水饺

【主料】饺子皮300克，五花肉300克，香菜、葱各10克。

【配料】高汤500毫升，植物油20克，辣椒油5克，陈醋10克，生抽4克，盐4克，鸡精2克，十三香2克。

【制作】①五花肉去皮，洗净，剁成肉末；葱洗净，切末；香菜择洗干净，切段。②把五花肉末放入碗里，撒上葱末，加盐、油、生抽、十三香、鸡精，充分搅拌，做成饺子馅。③取饺子皮一张，把饺子馅置于其中，对叠成半月形，用力捏合，捏出花边，做成饺子，依此方法把饺子全部包好。④锅置火上，注入高汤，大火煮沸，放入包好的饺子，煮至饺子全部浮起时加入半杯清水，再次煮沸后，盛入碗中，撒上香菜，浇入陈醋，淋上辣椒油，即可食用。

【烹饪技法】煮。

【营养功效】生津开胃，滋阴补气。

【健康贴士】脾胃虚甚者、胃酸过多者慎食。

上汤水饺

【主料】饺子皮300克，鸡胸肉、鲜虾仁各200克，冬笋、鲜香菇、水发木耳各30克，生菜40克。

【配料】高汤500毫升，植物油20克，料酒5克，生抽4克，白砂糖3克，盐4克，鸡精、十三香各2克。

【制作】①鸡胸肉洗净，切末；鲜虾仁去虾线，洗净，切末；冬笋、鲜香菇洗净，切丁；水发木耳切丝；生菜择洗干净。②将鸡肉末、虾末、冬笋丁、香菇丁、木耳丝放进碗里，加入盐、油、鸡精、生抽、料酒、十三香，搅拌均匀，做成饺子馅。③取饺子皮一张，把饺子馅置于其中，对叠成半月形，用力捏合，捏出花边，做成饺子，依此方法把饺子全部包好。④锅置火上，注入高汤，大火煮沸，放入包好的饺子，煮至饺子全部浮起时加入半杯清水，再次煮沸后，放入生菜，煮至生菜变色，盛出即可。

【烹饪技法】煮。

【营养功效】温肾助阳，健脾益胃。

【健康贴士】虾也可与香菜同食，补脾益气效果佳。

猪肉大葱水饺

【主料】饺子皮300克，五花肉200克，葱150克，五香豆腐干100克。

【配料】猪油20克，生抽5克，盐4克，鸡精2克。

【制作】①五花肉去皮，洗净，剁成肉末；五香豆腐干洗净，切碎；葱洗净，去葱白，切末。②将肉末，切碎的五香豆腐干，葱末放入碗里，加盐、猪油、鸡精、生抽，搅拌均匀，腌制10分钟，做成饺子馅。③把饺子馅包入饺子皮中，捏上花边，逐个将饺子包好；锅置火上，注入适量清水，大火煮沸，放入包好的饺子，煮至饺子全部浮起时加入半杯清水，再次煮沸后，捞出装盘即可。

【烹饪技法】腌，煮。

【营养功效】行气活血，发汗解表。

【健康贴士】葱含大蒜素，具有明显的抵御细菌、病毒的作用，尤其对痢疾杆菌和皮肤真菌抑制作用更强。

【举一反三】葱可换成韭菜或菠菜等蔬菜。

荞麦蒸饺

【主料】荞麦粉 300 克，牛肉 300 克，荸荠 200 克，葱 20 克。

【配料】植物油 20 克，生抽 5 克，盐 4 克，鸡精 2 克。

【制作】① 面粉装入盆内，缓缓倒入清水，用筷子搅拌，揉搓成荞麦面团，再分成多个剂子，擀成饺子皮。② 牛肉去筋，剁碎；荸荠去皮，切粒；葱洗净，切末；将牛肉末、荸荠粒、葱末放进碗里，加盐、油、生抽、鸡精，搅拌均匀，腌制 10 分钟，做成饺子馅。③ 取荞麦饺子皮一张，把饺子馅置于其中，对叠成半月形，用力捏合，捏出花边，做成饺子，依此方法把饺子全部包好；把包好的饺子摆在垫有湿布的盘子里，放入电饭锅蒸 7 分钟左右至熟即可。

【烹饪技法】腌，蒸。

【营养功效】健脾益胃，生津润肺。

【健康贴士】脾胃虚寒者慎食。

鱼肉水饺

【主料】面粉 300 克，鲤鱼净肉 300 克。

【配料】葱 10 克，香油 20 克，生抽 5 克，淀粉 2 克，盐 4 克，鸡精 2 克。

【制作】① 面粉装入盆内，缓缓倒入清水，用筷子搅拌，揉搓成光滑的面团，再分成多个剂子，擀成饺子皮。② 鲤鱼净肉洗净，剁成末；葱洗净，切末；把鲤鱼肉末放进碗里，撒上葱末，加盐、香油、鸡精、生抽、淀粉，充分搅拌，腌制 10 分钟，做成饺子馅。③ 把鱼肉馅包入饺子皮中，捏上花边，逐个将饺子包好；锅置火上，注入适量清水，大火煮沸，放入包好的饺子，煮至饺子全部浮起时加入半杯清水，再次煮沸后，捞出装盘即可。

【烹饪技法】腌，煮。

【营养功效】健脾益胃，通乳汁。

【健康贴士】鲤鱼还可与黄瓜同食，有补气养血之效。

【举一反三】此鱼肉水饺中的鲤鱼肉可换成优质鲜嫩、口感清香的多宝鱼肉。

豆沙酥饺

【主料】面粉 300 克，绿豆沙 250 克，白砂糖 30 克，鸡蛋 1 个。

【配料】泡打粉 5 克，无盐奶油 10 克，植物油 150 克，清水 150 毫升。

【制作】① 面粉倒入盆内，中间拨开筑成粉墙，打入鸡蛋，加白砂糖、泡打粉、无盐奶油，缓缓注入清水，用筷子搅拌，揉搓成光滑的面团，再分成多个剂子，擀成饺子皮。② 将绿豆沙馅包入饺子皮中，捏成三角形，依此方法把饺子逐个包完。③ 锅置火上，入油烧至六成热，放入包好的豆沙饺，炸至浅金黄色即可。

【烹饪技法】炸。

【营养功效】调和五脏，清热解毒。

【健康贴士】绿豆也可与百合同食，解渴润燥效果更佳。

【举一反三】豆沙酥饺中的绿豆沙换成红豆沙，即可做出味道甜美的红豆沙饺。

菜脯煎饺

【主料】饺子皮 300 克，萝卜干、猪肉各 150 克，荸荠 100 克，胡萝卜 50 克。

【配料】淀粉 3 克，植物油 30 克，白砂糖 5 克，盐 3 克，鸡精 2 克。

【制作】① 猪肉洗净，剁成末；萝卜干洗净，切粒；荸荠去皮洗净，切粒；胡萝卜洗净，切碎。② 把猪肉末、萝卜干粒、荸荠粒、胡萝卜粒放进碗里，加盐、油、鸡精、白砂糖，充分搅拌，做成饺子馅。③ 把做好的饺子馅包入饺子皮中，捏上花边，逐个将饺子包好，把包好的饺子摆在垫有湿布的盘子里，放入电饭锅蒸 5 分钟左右至熟；平底锅置火上，入油烧热，整齐地放入蒸好的饺子，煎至金黄色即可。

【烹饪技法】蒸，煎。

【营养功效】生津开胃，滋阴润燥。

【健康贴士】胡萝卜还能与菠菜同食，可防止中风。

翠玉蒸饺

【主料】面粉 300 克，菠菜 300 克，猪肉 350 克。

【配料】植物油 20 克，盐 3 克，鸡精 2 克。

【制作】① 菠菜择洗洗干净，放进搅拌机，加入 1:1 的清水，搅拌成菠菜汁；把面粉放入盆内，缓缓倒入菠菜汁，用筷子搅拌均匀，揉搓成光滑的面团，再分成多个剂子，擀成碧绿的饺子皮。② 猪肉洗净，剁成末，装入碗里，加入盐、油、鸡精，充分搅拌，做成肉馅。③ 把做好的肉馅包入饺子皮中，捏上花边，逐个将饺子包好，把包好的饺子摆在垫有湿布的盘子里，放入电饭锅蒸 7 分钟左右至熟即可。

【烹饪技法】蒸。

【营养功效】滋阴润燥，通利肠道。

【健康贴士】肾炎、肾结石、脾虚便溏患者慎食。

金字塔饺

【主料】澄面 100 克，淀粉 250 克，韭菜、猪肉各 150 克，荸荠 30 克，咸鸭蛋 1 个。

【配料】开水 200 毫升，香油 20 克，白砂糖 3 克，盐 4 克，鸡精、胡椒粉各 2 克。

【制作】① 澄粉、生粉一起放入盆里，充分混合后，缓缓注入开水，用筷子搅拌至烫熟，将烫熟的面团放在案板上，用力揉搓至面团光滑，摘成若干个剂子，擀成饺子皮备用。② 猪肉洗净，剁碎；韭菜择洗干净，切末；取咸鸭蛋黄，切碎；荸荠去皮洗净，切粒；将猪肉末、韭菜末、荸荠粒、鲜鸭蛋黄碎装入碗里，加香油、白砂糖、盐、鸡精、胡椒粉，充分搅拌，腌制 10 分钟至韭菜变色，做好饺子馅。③ 把做好的饺子馅包入饺子皮中，捏上花边，逐个将饺子包好，将包好的饺子整齐地放入蒸笼中，大火蒸 6 分钟至熟即可。

【烹饪技法】腌，蒸。

【营养功效】滋阴润燥，温肾壮阳。

【健康贴士】一般人皆宜食用。

北京锅贴

【主料】锅贴皮 200 克，猪肉 150 克，葱 30 克。

【配料】姜 5 克，葱油 20 克，料酒 3 克，盐 4 克，鸡精 2 克。

【制作】① 猪肉洗净，剁成泥；葱洗净，切成葱末；姜洗净，切末。② 将猪肉泥装入碗里，放入葱末、姜末，加盐、鸡精、料酒，充分搅拌，腌制 10 分钟，做好肉馅。③ 把做好的肉馅包入锅贴皮中，捏合，逐个将锅贴包好；平底锅置火上，倒入葱油，烧至八成热，将包好的锅贴整齐地排入锅里，煎 5 分钟左后至锅贴金黄色即可。

【烹饪技法】腌，蒸。

【营养功效】滋阴润燥，补气养血。

【健康贴士】身体羸弱、气血不足、营养不良者宜食。

【举一反三】猪肉可换成牛肉、鸡肉等。

鲜虾韭黄饺

【主料】饺子皮 300 克，鲜虾仁 300 克，韭黄 100 克，五花肉 50 克。

【配料】植物油 20 克，生抽、料酒各 3 克，盐 4 克，鸡精 2 克。

【制作】① 鲜虾仁去虾线，洗净，切粒；韭黄择洗干净，切末；五花肉去皮，洗净，剁成泥。② 将鲜虾仁粒、韭黄末、五花肉泥装入碗里，放入生抽、料酒，加盐、油、鸡精，充分搅拌，腌制 10 分钟，做成鲜虾韭黄馅。③ 把做好的鲜虾韭黄馅包入饺子皮中，捏上花边，逐个将饺子包好；锅置火上，注入适量清水，大火煮沸，把包好的饺子放进开水锅里，煮至沸腾，再注入半杯凉开水，再次煮沸，至饺子全部浮起，捞出装盘即可。

【烹饪技法】腌，煮。

【营养功效】补肾壮阳，通乳汁。

【健康贴士】虾也可与燕麦同食，有利于牛磺酸的合成。

【举一反三】韭黄可用韭菜代替。

青椒牛肉饺

【主料】饺子皮 300 克，牛肉 250 克，青椒 100 克。

【配料】姜 5 克，植物油 20 克，蚝油 3 克，生粉 4 克，白砂糖 3 克，盐 4 克，鸡精 2 克。

【制作】① 牛肉去筋，剁成肉末；青椒去蒂、子，洗净，切粒；姜洗净，切末。② 将牛肉末、青椒粒、姜末放入碗里，加入生粉、油、蚝油、白砂糖、盐、鸡精，充分搅拌，做成青椒牛肉馅。③ 把做好的青椒牛肉馅包入饺子皮中，捏上花边，逐个将饺子包好。④ 煮锅置火上，注入适量清水，大火煮沸，把包好的饺子放进开水锅里，煮至沸腾，再注入半杯凉开水，再次煮沸，至饺子全部浮起，捞出装盘即可。

【烹饪技法】拌，煮。

【营养功效】温中下气，散寒除湿。

【健康贴士】青椒宜与牛肉搭配食用，可促进消化和营养的吸收。

羊肉玉米饺

【主料】面粉 300 克，羊肉 250 克，鲜玉米粒 100 克。

【配料】姜 5 克，植物油 20 克，盐 4 克，生粉白砂糖、鸡精各 2 克。

【制作】① 面粉倒入盆内，缓缓注入适量清水，用筷子搅拌均匀，揉搓成光滑的面团，摘成剂子，擀成圆形饺子皮备用。② 鲜玉米粒洗净，沥干水分；羊肉洗净，剁成肉泥；姜洗净，切末；将羊肉泥、鲜玉米粒装入碗里，加入姜末、油、盐、白砂糖、鸡精充分搅拌，做成饺子馅。③ 把饺子馅包入饺子皮中，捏上花边，逐个将饺子包好；锅置火上，注入适量清水，大火煮沸，把包好的饺子放进开水锅里，煮至沸腾，再注入半杯凉开水，再次煮沸，至饺子全部浮起，捞出装盘即可。

【烹饪技法】拌，煮。

【营养功效】益气补虚，宁心活血。

【健康贴士】腹胀及肠胃功能较差者慎食。

鸡肉芹菜饺

【主料】饺子皮 300 克，鸡肉 250 克，芹菜 100 克。

【配料】姜 5 克，香油 20 克，盐 4 克，白砂糖、鸡精各 2 克。

【制作】① 鸡肉洗净，切末；芹菜择洗干净，切粒；姜洗净，切末。② 把鸡肉末、芹菜粒、姜末装入碗里，加入香油、白砂糖、盐、鸡精，充分搅拌均匀，腌制 10 分钟，做成鸡肉芹菜馅。③ 把做好的鸡肉芹菜馅包入饺子皮中，捏上花边，逐个将饺子包好；锅置火上，注入适量清水，大火煮沸，把包好的饺子放进开水锅里，煮至沸腾，再注入半杯凉开水，再煮至饺子全部浮起，捞出装盘即可。

【烹饪技法】腌，煮。

【营养功效】健脾益胃，降脂降压。

【健康贴士】多食芹菜可起到降脂降压的作用，高血压、高血脂等患者适宜多食。

家乡咸水饺

【主料】糯米粉 200 克，澄面 100 克，猪肉 300 克，虾米 20 克。

【配料】清水200毫升，植物油150克，白沙糖50克，盐4克，鸡精2克。

【制作】① 猪肉洗净，剁成肉末；虾米用温水泡发，捞出，沥干水分；把猪肉末、虾米装入碗里，加入盐、鸡精调味，充分搅拌，做成饺子馅。② 锅置火上，注入准备好的清水，放入白砂糖，煮沸后，倒入糯米粉、澄粉，用筷子充分搅拌至熟，将烫熟的面团放在案板上，用力揉搓至面团光滑，摘成若干个剂子，擀成饺子皮备用。③ 把做好的饺子馅包入饺子皮中，捏上花边，逐个将饺子包好；平底锅置火上，入油烧至沸腾，放入包好的饺子，炸至浅金黄色即可。

【烹饪技法】煮，炸。

【营养功效】补虚养血，温肾壮阳。

【健康贴士】猪肉也可与白萝卜同食，有消食、除胀、通便的作用。

牛肉葱饺

【主料】饺子皮300克，牛肉300克，葱150克。

【配料】姜4克，香油10克，麻油5克，盐4克，淀粉3克，鸡精2克。

【制作】① 牛肉洗净，剁成肉末；葱洗净，切粒；姜洗净，切末；把牛肉末、葱粒、姜末装进碗里，放入淀粉、香油、盐、鸡精，充分搅拌，做成牛肉葱馅。② 取饺子皮一张，把牛肉葱馅置于其中，对叠成半月形，用力捏合，做成饺子，依此方法把饺子全部包好。③ 锅置火上，注入适量清水，大火煮沸，把包好的牛肉葱饺放进沸水锅里，煮至沸腾，再注入半杯凉开水，再至饺子全部浮起，捞出装盘，淋上麻油即可。

【烹饪技法】拌，煮。

【营养功效】健脾益胃，生津止渴。

【健康贴士】内热、皮肤病、肝病、肾病患者慎食。

白菜猪肉饺

【主料】饺子皮400克，白菜200克，猪肉300克。

【配料】植物油20克，盐4克，鸡精2克。

【制作】① 猪肉洗净，剁成肉泥；大白菜择洗干净，切粒；把猪肉泥、白菜粒装入碗里，加入油、盐、鸡精，充分搅拌均匀，腌制10分钟，做成饺子馅。② 取饺子皮一张，把白菜猪肉馅置于其中，对叠成半月形，用力捏合，做成饺子，依此方法把饺子全部包好。③ 锅置火上，注入适量清水，大火煮沸，把包好的白菜猪肉饺放进沸水锅里，煮至沸腾，再注入半杯凉开水，再煮至饺子全部浮起，捞出装盘即可。

【烹饪技法】腌，拌，煮。

【营养功效】滋阴润燥，润肠通便。

【健康贴士】胃寒者、腹泻者、肺热咳嗽者慎食。

【举一反三】将白菜换成茴香，即可做成茴香猪肉饺。

牛肉冬菜饺

【主料】面粉300克，牛肉300克，冬菜100克。

【配料】姜4克，香油20克，淀粉3克，鸡精2克。

【制作】① 面粉倒入盆内，缓缓注入适量清水，用筷子搅拌均匀，揉搓成光滑的面团，摘成剂子，擀成圆形饺子皮备用。② 牛肉洗净，剁成肉泥；姜洗净，切末；冬菜洗净，放入水中浸泡10分钟去咸，捞出，挤干水分，切末；把牛肉泥、冬菜末、姜末装入碗里，加入淀粉、香油、鸡精，充分搅拌，做成牛肉冬菜馅。③ 取饺子皮一张，把牛肉冬菜馅置于其中，对叠成半月形，用力捏合，做成饺子，依此方法把饺子全部包好。④ 锅置火上，注入适量清水，大火煮沸，把包好的牛肉冬菜饺放进沸水锅里，煮至沸腾，再注入半杯凉开水，再次煮沸，至饺子全部浮起，捞出装盘即可。

【烹饪技法】泡，煮。

【营养功效】开胃健脑，滋阴润燥。

【健康贴士】一般人皆宜食用。

【举一反三】将冬菜换成霉干菜即可做成牛肉霉干菜饺。

鱼肉葱饺

【主料】面粉 300 克，鲶鱼肉 300 克，葱 100 克。

【配料】姜 5 克，香油 20 克，生抽、料酒各 3 克，盐 4 克，鸡精 2 克。

【制作】① 面粉倒入盆内，缓缓注入适量清水，用筷子搅拌均匀，揉搓成光滑的面团，摘成剂子，擀成圆形饺子皮备用。② 鲶鱼肉洗净，剁成末；葱洗净，切末；把鲤鱼肉末放进碗里，撒上葱末，加盐、香油、鸡精、生抽、料酒，充分搅拌，腌制 10 分钟，做成饺子馅。③ 把鱼肉葱馅包入饺子皮中，捏上花边，逐个将饺子包好；把包好的饺子整齐地排在蒸笼上，大火蒸 7 分钟左右至熟即可。

【烹饪技法】腌，蒸。

【营养功效】补中益气，利水消肿。

【健康贴士】体弱虚损、营养不良、小便不利、水肿、消化不良者宜食。

【举一反三】鱼肉可依据个人喜好选择草鱼肉、黑鱼肉、鳕鱼肉等。

云南小瓜饺

【主料】饺子皮 300 克，云南小瓜 150 克，金针菇 100 克，虾仁 50 克。

【配料】香油 20 克，生抽、料酒、淀粉各 3 克，盐 4 克，鸡精、白胡椒粉各 2 克。

【制作】① 云南小瓜去头、尾，洗净，刨成细丝，放入碗，加盐拌匀，腌制 10 分钟后，挤干水分；金针菇洗净，放入沸水中焯烫后，捞出，挤干水分，切小段；虾仁去虾线，洗净，切粒。② 金针菇段、虾仁粒放入装云南小瓜的碗里，加入生抽、料酒、淀粉、香油、鸡精、胡椒粉拌匀，做成饺子馅。③ 把做好的饺子馅包入饺子皮中，捏上花边，逐个将饺子包好，把包好的饺子摆在垫有湿布的盘子里，放入电饭锅蒸 5 分钟左右至熟即可。

【烹饪技法】焯，腌，蒸。

【营养功效】补肝肾，益肠胃，补阳气。

【健康贴士】金针菇也可与鸡肉同食，有健脑益智的功效。

【举一反三】可加入少许肉类与馅料一起腌制，味道更加鲜美。

哈尔滨蒸饺

【主料】饺子皮 300 克，猪肉 300 克，韭菜 150 克。

【配料】鸡汤 300 毫升，香油 20 克，盐 4 克，鸡精 2 克。

【制作】① 猪肉洗净，剁成肉泥；韭菜择洗干净，切末；把猪肉泥、韭菜末装入碗里，加入香油、盐、鸡精，充分搅拌均匀，腌制 10 分钟，做成饺子馅。② 取饺子皮一张，把白菜猪肉馅置于其中，对叠成半月形，用力捏合，做成饺子，依此方法把饺子全部包好，将包好的饺子放入蒸笼中，大火蒸 6 分钟至熟即可。

【烹饪技法】腌，蒸。

【营养功效】滋阴润燥，温肾壮阳。

【健康贴士】韭菜具有明显的壮阳功效，适宜阳痿、早泄患食用。

【举一反三】在馅料里加入 2 个鸡蛋会使做出的饺子更加鲜甜可口。

七彩风车饺

【主料】澄面 350 克，淀粉 150 克，鲜虾仁、菠菜各 200 克。

【配料】青椒、红椒、黄椒各 30 克，香油 20 克，盐 4 克，鸡精 2 克。

【制作】① 澄粉、淀粉一起放入盆里，充分混合后，注入适量开水，用筷子搅拌至烫熟，将烫熟的面团放在案板上，用力揉搓至面团光滑，摘成 30 个剂子，擀成饺子皮备用。② 鲜虾仁去虾线，洗净，切粒；菠菜择洗干净，放入沸水中焯烫至变色，捞出，挤干水分，切末；青椒、红椒、黄椒去蒂、子，洗净，切片。③ 将鲜虾粒、菠菜末装入碗里，加入油、盐、鸡精，充分搅拌，做成饺子馅。③把做好的饺子馅包入饺子皮中，捏上花边，逐个将饺子包好，把包好的饺子摆在垫有湿布的蒸笼里，放上青椒、红椒、黄椒点缀，放入蒸锅内，大火蒸6分钟左右至熟即可。

【烹饪技法】焯，蒸。

【营养功效】温肾壮阳，通利肠道。

【健康贴士】菠菜也可与粉丝同食，有养血润燥、滋补肝肾之效。

榨菜鲜肉煎饺

【主料】面粉300克，猪肉300克，榨菜丝100克，鸡蛋1个。

【配料】香油20克，鸡精2克。

【制作】① 面粉倒入盆内，注入适量清水，用筷子搅拌均匀，揉搓成光滑的面团，摘成剂子，擀成圆形的饺子皮备用。② 猪肉洗净，剁碎；榨菜丝洗净，切粒；把猪肉末、榨菜粒装入碗里，打入鸡蛋，加入鸡精，充分搅拌，做成榨菜鲜肉馅。③ 把做好的榨菜鲜肉馅包入饺子皮中，捏上花边，逐个将饺子包好，把包好的饺子摆在垫有湿布的盘子里，放入电饭锅蒸5分钟左右至熟。④ 平底锅置中火上，入油烧热，整齐地放入蒸好的饺子，煎至金黄色即可。

【烹饪技法】蒸，煎。

【营养功效】生津开胃，滋阴养血。

【健康贴士】榨菜为腌制累食品，含有亚硝酸，不宜多食。

猪肉雪里蕻饺

【主料】饺子皮300克，猪肉300克，雪里蕻100克，鸡蛋1个。

【配料】香油20克，料酒4克，鸡精2克。

【制作】① 猪肉洗净，剁碎；雪里蕻洗净，切粒；把猪肉末、雪里蕻粒装入碗里，打入鸡蛋，加入鸡精、料酒，充分搅拌，做成馅料。② 取饺子皮一张，把饺子馅置于其中，对叠成半月形，用力捏合，做成饺子，依此方法把饺子全部包好。③ 锅置火上，注入适量清水，大火煮沸，把包好的猪肉雪里蕻饺放进沸水锅里，煮至沸腾，再注入半杯凉开水，再次煮沸，至饺子全部浮起，捞出装盘即可。

【烹饪技法】煮。

【营养功效】解毒消肿，开胃消食。

【健康贴士】咳嗽多痰者、牙龈肿痛者、便秘者宜食。

【举一反三】雪里蕻可换成冬菜或者霉干菜，味道同样鲜美。

水晶虾饺

【主料】澄粉250克，淀粉80克，鲜虾仁300克，猪肉50克，金针菇100克。

【配料】香油20克，生抽、料酒各4克，盐3克，鸡精2克。

【制作】① 澄粉、淀粉一起放入盆里，充分混合后，注入适量开水，用筷子搅拌至烫熟，将烫熟的面团放在案板上，用力揉搓至面团光滑，摘成30个剂子，擀成饺子皮备用。② 鲜虾仁去虾线，洗净，切粒；猪肉洗净剁碎；金针菇洗净，切碎；将虾粒、猪肉末、金针菇放入碗里，加盐、鸡精、料酒、生抽调味，充分搅拌，腌制10分钟，做好鲜虾馅。③ 把做好的饺子馅包入饺子皮中，捏上花边，逐个将饺子包好，把包好的饺子摆在垫有湿布的蒸笼里，大火蒸7分钟至熟即可。

【烹饪技法】腌，蒸。

【营养功效】滋阴养血，补气壮阳。

【健康贴士】老年人、肥胖者及高血压患者宜食。

三鲜凤尾饺

【主料】面粉200克，菠菜、鱿鱼各300克，火腿100克。

【配料】香油20克，料酒4克，生抽3克，盐4克，鸡精2克。

【制作】① 鱿鱼洗净，切粒；火腿洗净，切粒；将鱿鱼粒、火腿粒装入碗里，加料酒、生抽、盐、鸡精，充分搅拌均匀，腌制10分钟，做成饺子馅。② 菠菜择洗干净，放进搅拌机，加入 1 ∶ 1 的清水，做成菠菜汁；把面粉放入盆内，倒入菠菜汁，和成光滑的面团，再分成多个剂子，擀成的饺子皮。③ 把做好的饺子馅包入饺子皮中，捏上花边，逐个将饺子包好，把包好的饺子摆在垫有湿布的蒸笼里，大火蒸 7 分钟至熟即可。

【烹饪技法】腌，蒸。

【营养功效】补虚养气，调节血压。

【健康贴士】鱿鱼还可与银耳同食，延年益寿功效更佳。

【举一反三】三鲜中的鱿鱼可换成虾仁。

金元宝饺子

【主料】面粉 200 克，南瓜 300 克，猪肉 200 克，油菜 100 克，虾米 50 克。

【配料】香油 15 克，生抽 3 克，盐 4 克，鸡精、胡椒粉各 2 克。

【制作】① 南瓜去皮，洗净，切块，放入蒸锅里蒸熟后，放入搅拌机，加入 1 ∶ 1 的清水，搅拌成南瓜汁；把面粉放入盆里，缓缓倒入南瓜汁，用筷子搅拌均匀，揉搓成光滑的面团，再分成多个剂子，擀成的南瓜饺子皮。② 猪肉洗净，剁成肉末；油菜择洗干净，切碎；虾米用没过虾米的料酒浸泡 10 分钟后，捞出切粒；把肉末、油菜碎、虾粒装进碗里，加入香油、生抽、盐、鸡精、胡椒粉，充分搅拌，做成饺子馅。③ 把南瓜饺子皮放在掌心，放入饺子馅，对折捏紧成半圆形，将饺子边缘向中间弯拢，然后将两端的边角捏合成元宝状，依此方法把饺子全部包好。④ 锅置火上，注入适量清水，大火煮沸，放入饺子，煮至饺子浮起后，注入半杯冷水，盖上锅盖，再次煮沸后，再淋半杯冷水，待饺子鼓胀后，关火，出锅即可。

【烹饪技法】煮。

【营养功效】润肺益气，消炎止痛。

【健康贴士】南瓜所含的类胡萝卜素耐高温，加油脂烹炒，更有助于人体摄取吸收。

猪肉豇豆饺子

【主料】饺子皮 300 克，豇豆 300 克，猪肉 200 克。

【配料】葱 10 克，姜 5 克，花生酱 10 克，香油 15 克，料酒、蚝油各 5 克，盐 4 克，鸡精 2 克。

【制作】① 猪肉洗净，切末；豇豆择洗干净，放入沸水中焯烫至变色，捞出过冷水使其保持碧绿，沥干水分后切碎；葱洗净，切末；姜洗净，切末。② 把猪肉末装入碗里，倒入花生酱、香油、料酒、蚝油，搅拌均匀，再放入豇豆碎、葱末、姜末、盐、鸡精，充分搅拌腌制 10 分钟，做成饺子馅。③ 把猪肉豇豆馅包入饺子皮中，捏上花边，逐个将饺子包好；锅置火上，注入适量清水，大火煮沸，放入包好的饺子，煮至饺子全部浮起时加入半杯清水，再次煮沸后，捞出装盘即可。

【烹饪技法】焯，腌，煮。

【营养功效】理中益气，健胃补肾。

【健康贴士】豇豆中所含维生素 C 有促进抗体的合成，提高机体抗病毒的作用。

【举一反三】豇豆可根据个人喜好选择鲜豇豆或者酸豇豆。

茴香馅冰花煎饺

【主料】饺子皮 300 克，猪里脊肉 200 克，茴香 150 克。

【配料】香油 15 克，生抽、蚝油各 5 克，盐 4 克，鸡精、白胡椒粉各 2 克。

【制作】① 猪里脊肉洗净，剁成肉末；茴香洗净，沥干水分，切碎；把肉末、茴香碎装入碗里，加入香油、生抽、蚝油上下拌匀，加盐、鸡精、白胡椒粉调味，充分搅拌，腌制 10 分钟，做成饺子馅。② 取饺子皮一张，把饺子馅置于其中，对叠成半月形，用力捏合，捏出花边，做成饺子，依此方法把饺子全部包好。③ 把包好的饺子摆在垫有湿布的盘子里，放入电饭锅蒸 5 分钟左右至熟。④ 平底锅置中火上，入油烧热，整齐地放入蒸好的饺子，煎至金黄色即可。

【烹饪技法】蒸，煎。

【营养功效】滋阴润燥，理气和胃。

【健康贴士】茴香过食易上火，肝火旺盛者、内热者慎食。

馄饨

猪肉馄饨

【主料】面粉 300 克，猪肉 400 克，白菜 200 克，鸡蛋 1 个。

【配料】香菜 5 克，高汤 500 毫升，香油 10 克，盐 4 克，鸡精 2 克。

【制作】① 面粉倒入盆内，缓缓注入适量清水，用筷子搅拌均匀，揉搓成光滑的面团，摘成剂子，擀成馄饨皮备用。② 猪肉洗净，剁成肉末；白菜择洗干净，切碎；香菜择洗干净，切段；把猪肉末、白菜碎装入碗里，加入香油、生抽、盐、鸡精，充分搅拌，腌制 10 分钟，做成猪肉馅。③ 取一张馄饨皮，把腌制好的馅料放在馄饨皮的中央，馄饨皮两边对折，捏紧边缘，并将边缘前后折起，捏成鸡冠形状，依此方法，逐个把馄饨全部包好。④ 锅置火上，注入高汤，大火煮沸，放入包好的馄饨煮 3 分钟至熟，出锅前放入香菜末，盛出即可。

【烹饪技法】腌，煮。

【营养功效】滋阴润燥，通利肠胃。

【健康贴士】白菜宜与猪肉同食，可补充全面营养，润肠通便。

【举一反三】白菜也可换成菠菜、上海青等蔬菜。

玉米馄饨

【主料】馄饨皮 300 克，猪肉 450 克，鲜玉米粒 300 克。

【配料】葱 10 克，香油 10 克，白砂糖 5 克，盐 4 克，鸡精 2 克。

【制作】① 鲜玉米粒洗净，沥干水分；猪肉洗净，剁成肉末；葱洗净，切成葱末；将肉末、鲜玉米粒、葱末装入碗里搅拌均匀，加入白砂糖、盐、鸡精调味，充分搅拌，腌制 10 分钟，做成馄饨馅。② 取一张馄饨皮，把腌制好的馅料放在馄饨皮的中央，将馄饨皮两边对折，捏紧边缘，并将边缘前后折起，捏成鸡冠形状，依此方法，逐个把馄饨全部包好。③ 锅置火上，注入适量清水，大火煮沸，放入包好的馄饨煮 3 分钟至熟，加盐调味，淋上香油即可。

【烹饪技法】腌，煮。

【营养功效】补中益气，开胃益智。

【健康贴士】鲜玉米粒宜与猪肉同食，不仅味道鲜美而且防衰抗老。

萝卜馄饨

【主料】馄饨皮 300 克，猪肉 450 克，白萝卜 300 克。

【配料】葱 10 克，紫菜、虾米各 5 克，香油 10 克，生抽 5 克，盐 4 克，鸡精 2 克。

【制作】① 猪肉洗净，剁成肉末；葱洗净，切成葱末；白萝卜去皮，洗净切块，放进搅拌机里搅碎，装入白色的小布袋里，把水挤干，做成白萝卜蓉。② 把猪肉末、白萝卜蓉、葱末装入碗里，倒入生抽、香油搅拌均匀，做成馄饨馅。③ 取一张馄饨皮，把腌制好的馅料放在馄饨皮的中央，将馄饨皮两边对折，捏紧边缘，并将边缘前后折起，捏成鸡冠形状，依此方法，逐个把馄饨全部包好。④ 锅置火上，注入适量清水，大火煮沸，放入包好的馄饨煮 3 分钟至熟，放入紫菜、虾米，盛出即可。

【烹饪技法】煮。

【营养功效】化痰清热，增进食欲。

【健康贴士】白萝卜宜与猪肉同食，消食、除胀功效明显。

【举一反三】白萝卜也可换成胡萝卜，更加营养美味。

花素馄饨

【主料】馄饨皮 300 克，胡萝卜 300 克，韭黄、水发香菇各 100 克。

【配料】高汤 500 毫升，香油 10 克，白砂糖 5 克，盐 4 克，鸡精 2 克。

【制作】① 胡萝卜洗净，切粒；韭黄洗净，切末；水发香菇洗净，去蒂，切丁。② 把胡萝卜粒、韭黄末、香菇丁装入碗里，加入香油、白砂糖、盐、鸡精，充分搅拌，腌制10分钟，做成馄饨馅。③ 取一张馄饨皮，把腌制好的馅料放在馄饨皮的中央，将馄饨皮两边对折，捏紧边缘，并将边缘前后折起，捏成鸡冠形状，依此方法，逐个把馄饨全部包好。④ 锅置火上，注入高汤，大火煮沸，放入包好的馄饨煮3分钟至熟，盛出即可。

【烹饪技法】腌，煮。

【营养功效】健脾和胃，补肝名目。

【健康贴士】胡萝卜也可与菠菜同食，有防止中风的功效。

韭菜鸡蛋馄饨

【主料】馄饨皮300克，韭菜150克，鸡蛋7个。

【配料】高汤500毫升，香油10克，料酒3克，白砂糖5克，盐4克，鸡精2克。

【制作】① 鸡蛋打入碗里，加入料酒，搅拌成蛋液；韭菜洗净，切粒。② 锅置火上，入油少许，烧至六成热，倒入蛋液，用筷子朝着一个方向搅拌，炒散，盛出，凉凉，切碎；把鸡蛋碎、韭菜粒装入碗里加入香油、盐、鸡精，搅拌，腌制10分钟至韭菜变软做成馄饨馅。③ 取一张馄饨皮，把腌制好的馅料放在馄饨皮的中央，将馄饨皮两边对折，捏紧边缘，并将边缘前后折起，捏成鸡冠形状，依此方法，逐个把馄饨全部包好。④ 锅置火上，注入高汤，大火煮沸，放入包好的馄饨煮3分钟至熟，盛出即可。

【烹饪技法】腌，炒，煮。

【营养功效】益精补气，开胃生津。

【健康贴士】适宜便秘患者、产后乳汁不足的产妇、寒性体质者食用。

【举一反三】韭菜可换成香葱。

鸡肉馄饨

【主料】馄饨皮300克，鸡胸肉400克，葱150克。

【配料】高汤500毫升，香油10克，料
3克，白砂糖5克，盐4克，鸡精2克。

【制作】① 鸡胸肉洗净，切丁；葱洗净，
成葱末；把鸡丁装入碗里，撒上葱末，加
香油、料酒、白砂糖、盐、鸡精，充分搅拌
做成馄饨馅。② 取一张馄饨皮，把腌制好
馅料放在馄饨皮的中央，将馄饨皮两边对折
捏紧边缘，并将边缘前后折起，捏成鸡冠
状，依此方法，逐个把馄饨全部包好。③
置火上，注入高汤，大火煮沸，放入包好
馄饨煮3分钟至熟，盛出即可。

【烹饪技法】煮。

【营养功效】补气养血，发汗解表。

【健康贴士】鸡肉宜与葱、蘑菇同食，可
起到促进血液循环的作用。

【举一反三】在鸡肉馅里加入少许香菇丁，味道更加鲜嫩美味。

牛肉馄饨

【主料】馄饨皮300克，牛肉400克，葱150克，番茄100克。

【配料】香油10克，料酒3克，白砂糖5克，淀粉3克，盐4克，鸡精2克。

【制作】① 牛肉洗净，切丁；葱洗净，切末；番茄洗净，切片；把牛肉丁装入碗里，撒上葱末，加入淀粉、香油、料酒、白砂糖、盐、鸡精，充分搅拌，做成馄饨馅。② 取一张馄饨皮，把腌制好的馅料放在馄饨皮的中央，将馄饨皮两边对折，捏紧边缘，并将边缘前后折起，捏成鸡冠形状，依此方法，逐个把馄饨全部包好。③ 锅置火上，注入适量清水，大火煮沸，放入包好的馄饨煮3分钟至熟，放入番茄片煮2分钟，加盐调味，盛出即可。

【烹饪技法】煮。

【营养功效】健脾益气，生津开胃。

【健康贴士】牛肉不宜与红糖同食，易引起腹胀。

枸杞猪肉馄饨

【主料】馄饨皮300克，猪肉500克，枸杞

0克。

【配料】鸡汤500毫升，香油10克，盐4克，鸡精2克。

【制作】① 猪肉洗净，剁成肉末；枸杞用开水泡开，洗净捞出，沥干水分；把猪肉末、枸杞装进碗里，加香油、盐、鸡精搅拌均匀，做成馄饨馅。② 取一张馄饨皮，把腌制好的馅料放在馄饨皮的中央，将馄饨皮两边对折，捏紧边缘，并将边缘前后折起，捏成鸡冠形状，依此方法，逐个把馄饨全部包好。③ 锅置火上，注入鸡汤，大火煮沸，放入包好的馄饨煮3分钟至熟，盛出即可。

【烹饪技法】煮。

【营养功效】滋阴润燥，补肝明目。

【健康贴士】枸杞宜与猪肉同食，滋阴、美容效果更佳。

【举一反三】鸡肉与枸杞同食可补五脏、益气血，可将猪肉换成鸡肉。

羊肉馄饨

【主料】馄饨皮300克，羊肉300克，葱00克，油菜、胡萝卜、紫甘蓝各50克。

【配料】香油10克，淀粉3克，料酒、生抽、盐各4克，鸡精2克。

【制作】① 羊肉去筋、膜洗净，剁成肉泥；葱洗净，切成葱末；油菜择洗干净；胡萝卜洗净，切片；紫甘蓝洗净，切丝。② 把羊肉泥装入碗里，撒上葱末，加入淀粉、料酒、生抽、盐、鸡精，充分搅拌，腌制10分钟，做成馄饨馅。③ 取一张馄饨皮，把腌制好的馅料放在馄饨皮的中央，将馄饨皮两边对折，捏紧边缘，并将边缘前后折起，捏成鸡冠形状，依此方法，逐个把馄饨全部包好。④ 锅置火上，注入适量清水，大火煮沸，放入包好的馄饨煮至八成熟，下入胡萝卜片、油菜、紫甘蓝稍煮，出锅前淋上香油即可。

【烹饪技法】腌，煮。

【营养功效】益气补虚，补肾壮阳。

【健康贴士】羊肉也可与香菜同食，可增强机体免疫力。

鲜虾馄饨

【主料】馄饨皮300克，鲜虾仁250克，猪肉200克，洋葱50克。

【配料】姜5克，香油10克，淀粉3克，料酒、生抽、盐各4克，五香粉、鸡精各2克。

【制作】① 鲜虾仁去虾线，洗净，切粒；猪肉洗净，剁成肉泥；洋葱洗净，切碎；姜洗净，切末；把虾粒、猪肉泥、姜末放进碗里，加入淀粉、五香粉、料酒、生抽，充分搅拌，做成馄饨馅。② 取一张馄饨皮，把馅料放在馄饨皮的中央，将馄饨皮两边对折，捏紧边缘，并将边缘前后折起，捏成鸡冠形状，依此方法，逐个把馄饨全部包好。③ 锅置火上，注入适量开水，大火煮沸，放入包好的馄饨煮3分钟至熟，加盐、鸡精、香油调味，盛出即可。

【烹饪技法】煮。

【营养功效】温肾壮阳，滋阴润燥。

【健康贴士】鲜虾还能与西蓝花同食，滋补效果佳。

虾米馄饨

【主料】馄饨皮300克，虾米150克，猪肉200克，韭黄50克。

【配料】葱5克，姜5克，香油10克，料酒、生抽、盐各4克，鸡精、胡椒粉各2克。

【制作】① 虾米用温水泡开，洗净；猪肉洗净，剁成肉泥；韭黄洗净，切粒；葱洗净，切成葱末；姜洗净，切末。② 把猪肉泥、虾米、韭黄、姜末放进碗里，加入料酒、生抽、胡椒粉，充分搅拌，做成馄饨馅。③ 取一张馄饨皮，把馅料放在馄饨皮的中央，将馄饨皮两边对折，捏紧边缘，并将边缘前后折起，捏成鸡冠形状，依此方法，逐个把馄饨全部包好。④ 锅置火上，注入适量清水，大火煮沸，放入包好的馄饨煮熟，撒上葱末，加盐、鸡精调味，出锅前淋上香油即可。

【烹饪技法】煮。

【营养功效】滋阴润燥，补充钙质。

【健康贴士】食用虾米的同时不宜服用过多的维生素 C，以免中毒。

【举一反三】虾米可以用鲜虾仁代替。

鱿鱼馄饨

【主料】面粉 300 克，去皮鱿鱼 400 克，荸荠 150 克。

【配料】葱 5 克，香油 10 克，料酒、生抽、盐各 4 克，鸡精、胡椒粉各 2 克。

【制作】① 面粉倒入盆内，缓缓注入适量清水，用筷子搅拌均匀，揉搓成光滑的面团，摘成剂子，擀成馄饨皮备用。② 去皮鱿鱼洗净，切粒；荸荠去皮，洗净，切粒；葱洗净，切成葱末；把鱿鱼粒、荸荠粒装入碗里，加入香油、料酒、生抽、盐、鸡精、胡椒粉，充分搅拌，腌制 10 分钟，做成馄饨馅。③ 取一张馄饨皮，把腌制好的馅料放在馄饨皮的中央，将馄饨皮两边对折，捏紧边缘，并将边缘前后折起，捏成鸡冠形状，依此方法，逐个把馄饨全部包好。④ 锅置火上，注入适量清水，大火煮沸，放入包好的馄饨煮 3 分钟至熟，出锅前撒上葱末，淋上香油，盛出即可。

【烹饪技法】腌，煮。

【营养功效】补虚养气，滋阴养颜。

【健康贴士】内分泌失调、甲亢、皮肤病、脾胃虚寒患者慎食。

【举一反三】将鱿鱼换成墨鱼即可做成墨鱼馄饨。

酸辣馄饨

【主料】馄饨皮 300 克，猪肉 400 克，虾米 15 克，鸡蛋 1 个。

【配料】豌豆苗 50 克，香油 10 克，熟猪油 10，辣椒油 5 克，陈醋 15 克，料酒、生抽、盐各 4 克，鸡精、白胡椒粉各 2 克。

【制作】① 猪肉洗净，剁成肉末；豌豆苗洗净，放入沸水中焯烫至软，捞出，沥干水分；虾米用温水浸泡至软，捞出，留下泡发虾米的水备用，再把虾米切成粒。② 将焯烫好的豌豆苗装入碗里，倒入熟猪油、陈醋、生抽、白胡椒粉、辣椒油，充分搅拌，做成酸辣味汁。③ 把猪肉末、虾粒装入碗里，打入鸡蛋，加香油、料酒、盐、鸡精，充分搅拌，腌制 10 分钟，做成馄饨馅。④ 取一张馄饨皮，把腌制好的馅料放在馄饨皮的中央，将馄饨皮两边对折，捏紧边缘，并将边缘前后折起，捏成鸡冠形状，依此方法，逐个把馄饨全部包好。⑤ 锅置火上，注入适量清水，大火煮沸，放入包好的馄饨煮 3 分钟至熟，捞出，倒入盛放酸辣味汁的碗里，浇上半勺煮馄饨的汤即可。

【烹饪技法】焯，煮。

【营养功效】生津开胃，补虚养血。

【健康贴士】胃炎患者、胃酸过多者忌食。

菜肉馄饨

【主料】馄饨皮 300 克，圆白菜 200 克，猪肉 300 克，木耳 10 克。

【配料】葱、虾皮、紫菜各 5 克，高汤 500 毫升，香油 10 克，料酒、生抽、盐各 4 克，鸡精 2 克。

【制作】① 猪肉洗净，剁成肉末；圆白菜择洗干净，切碎；木耳用温水泡发，去蒂，切碎；葱洗净，切成葱末。② 把猪肉末、圆白菜粒、葱末、木耳碎装入碗里，加入香油、料酒、生抽、盐、鸡精，充分搅拌，腌制 10 分钟，做成馄饨馅。③ 取一张馄饨皮，把腌制好的馅料放在馄饨皮的中央，将馄饨皮两边对折，捏紧边缘，并将边缘前后折起，捏成鸡冠形状，依此方法，逐个把馄饨全部包好。④ 锅置火上，注入高汤，大火煮沸，放入包好的馄饨煮 3 分钟至熟，放入虾皮、紫菜，煮沸即可。

【烹饪技法】腌，煮。

【营养功效】补骨髓，易心力，壮筋骨。

【健康贴士】圆白菜宜与猪肉同食，不仅可以补充营养还可以润肠通便。

蒜薹馄饨

【主料】馄饨皮 300 克，蒜薹 300 克，猪肉 200 克。

【配料】香油 10 克，熟猪油 15 克，盐 4 克，鸡精 2 克。

【制作】① 蒜薹洗净，去根部老茎，切粒；猪肉洗净，剁成肉末；把蒜薹粒和猪肉末一起放进碗里，加入熟猪油、盐、鸡精，充分搅拌，腌制 10 分钟，做成馄饨馅。② 取一张馄饨皮，把腌制好的馅料放在馄饨皮的中央，将馄饨皮两边对折，捏紧边缘，并将边缘前后折起，捏成鸡冠形状，依此方法，逐个把馄饨全部包好。③ 锅置火上，注入高汤，大火煮沸，放入包好的馄饨煮 3 分钟至熟，淋上香油，盛出即可。

【烹饪技法】腌，煮。

【营养功效】补气养血，通便防痔。

【健康贴士】蒜薹与生菜同食，可以杀菌消炎、降压降脂、益智补脑、防止牙龈出血、清理内热。

清汤馄饨

【主料】馄饨皮 300 克，猪肉 300 克，葱 100 克，生菜 50 克。

【配料】香油 10 克，熟猪油 10 克，生抽 5 克，盐 4 克，十三香、鸡精各 2 克。

【制作】① 猪肉洗净，剁成肉末；葱洗净，切成葱末；生菜择洗干净。② 把猪肉末、葱末装入碗里，加入熟猪油、十三香、生抽、盐、鸡精，充分搅拌，腌制 10 分钟，做成馄饨馅。③ 取一张馄饨皮，把腌制好的馅料放在馄饨皮的中央，将馄饨皮两边对折，捏紧边缘，并将边缘前后折起，捏成鸡冠形状，依此方法，逐个把馄饨全部包好。④ 锅置火上，注入适量开水，大火煮沸，放入包好的馄饨煮 3 分钟至熟，放入生菜烫熟，淋上香油，盛出即可。

【烹饪技法】腌，煮。

【营养功效】补虚养血，散寒通阳。

【健康贴士】一般人皆宜食用。

蘑菇馄饨

【主料】馄饨皮 300 克，鸡胸肉 300 克，干香菇 100 克，油菜 50 克。

【配料】香菜 20 克，香油 10 克，熟猪油 10 克，生抽 5 克，盐 4 克，鸡精 2 克。

【制作】① 鸡胸肉洗净，切丁；干香菇用温水泡发，去蒂，切丁；油菜洗净，切末；香菜择洗干净，切段。② 把鸡丁、香菇丁、油菜末装入碗里，加入熟猪油、生抽、盐、鸡精，充分搅拌，腌制 10 分钟，做成馄饨馅。③ 取一张馄饨皮，把腌制好的馅料放在馄饨皮的中央，将馄饨皮两边对折，捏紧边缘，并将边缘前后折起，捏成鸡冠形状，依此方法，逐个把馄饨全部包好。④ 锅置火上，注入适量开水，大火煮沸，放入包好的馄饨煮 3 分钟至熟，放入香菜，淋上香油，盛出即可。

【烹饪技法】腌，煮。

【营养功效】温中益气，化痰理气。

【健康贴士】鸡肉宜与香菇同食，补气养血的功效明显。

淮园馄饨

【主料】面粉 300 克，猪肉 300 克，韭黄 100 克，冬笋 150 克。

【配料】香菜 20 克，高汤 500 毫升，香油 10 克，生抽 5 克，盐 4 克，鸡精 2 克。

【制作】① 面粉倒入盆内，缓缓注入适量清水，用筷子搅拌均匀，揉搓成光滑的面团，摘成剂子，擀成馄饨皮备用。② 猪肉洗净，剁成肉末；韭黄洗净，切碎；冬笋洗净，切粒；香菜择洗干净，切段。把猪肉末、韭黄碎、冬笋粒装入碗里，加入香油、生抽、盐、鸡精，充分搅拌，腌制 10 分钟，做馄饨馅。③ 取一张馄饨皮，把腌制好的馅料放在馄饨皮的中央，将馄饨皮两边对折，捏紧边缘，并将边缘前后折起，捏成鸡冠形状，依此方法，逐个把馄饨全部包好。④ 锅置火上，注入高汤，大火煮沸，放入包好的馄饨煮 3 分钟至熟，出锅前放入香菜，盛出即可。

【烹饪技法】腌，煮。

【营养功效】滋阴凉血，清热益气。

【健康贴士】一般人皆宜食用。

【巧手妙招】冬笋在食用时先用沸水煮滚，

再用冷水泡浸半天，可去掉苦涩味，味道更佳。

鱼肉馄饨

【主料】面粉 300 克，青鱼肉 400 克。

【配料】葱 50 克，姜 5 克，高汤 500 毫升，香油 10 克，料酒、生抽各 5 克，盐 4 克，鸡精 2 克。

【制作】① 面粉倒入盆内，缓缓注入适量清水，用筷子搅拌均匀，揉搓成光滑的面团，摘成剂子，擀成馄饨皮备用。② 青鱼肉洗净，剁成肉泥；葱洗净，切成葱末；姜洗净，切末；把鱼肉泥、葱末、姜末装入碗里，加入香油、料酒、生抽、盐、鸡精，充分搅拌，腌制 10 分钟，做馄饨馅。③ 取一张馄饨皮，把腌制好的馅料放在馄饨皮的中央，将馄饨皮两边对折，捏紧边缘，并将边缘前后折起，捏成鸡冠形状，依此方法，逐个把馄饨全部包好。锅置火上，注入高汤，大火煮沸，放入包好的馄饨煮 3 分钟至熟即可。

【烹饪技法】腌，煮。

【营养功效】健脾益胃，补虚益气。

【健康贴士】脾胃虚弱、气血不足、营养不良、高脂血症、高胆固醇血症、动脉硬化患者宜食。

【举一反三】鱼肉可根据个人喜好换成鲶鱼肉、鳕鱼肉等。

干贝馄饨

【主料】馄饨皮 300 克，猪肉 400 克，干贝 100 克，豌豆苗 50 克。

【配料】葱 10 克，高汤 500 毫升，香油 10 克，料酒、生抽各 5 克，盐 4 克，鸡精、胡椒粉各 2 克。

【制作】① 猪肉洗净，剁成肉末；干贝用温水泡开，洗净，切粒；葱洗净，切成葱末；豌豆苗洗净。② 把猪肉末、干贝粒、葱末放入碗里，加入香油、料酒、生抽、盐、鸡精，充分搅拌，腌制 10 分钟，做馄饨馅。③ 取一张馄饨皮，把腌制好的馅料放在馄饨皮的中央，将馄饨皮两边对折，捏紧边缘，并将边缘前后折起，捏成鸡冠形状，依此方法，逐个把馄饨全部包好。④ 锅置火上，注入高汤，大火煮沸，放入包好的馄饨煮 3 分钟至熟，放入豌豆苗烫熟，出锅即可。

【烹饪技法】腌，煮。

【营养功效】滋阴补肾，温中下气。

【健康贴士】干贝宜与猪肉搭配食用，有显著的滋阴补肾、滋养脏腑食疗效果。

上海小馄饨

【主料】馄饨皮 300 克，鸡胸肉 400 克，榨菜 30 克。

【配料】葱 50 克，虾皮 30 克，紫菜 20 克，高汤 500 毫升，香油 10 克，料酒 5 克，盐 3 克鸡精 2 克。

【制作】① 鸡胸肉洗净，切丁；榨菜洗净，切碎；葱洗净，切成葱末；把鸡肉丁、榨菜碎、葱末放进碗里，加入香油、料酒、盐、鸡精，充分搅拌，腌制 10 分钟，做成馄饨馅。② 取一张馄饨皮，把腌制好的馅料放在馄饨皮的中央，将馄饨皮两边对折，捏紧边缘，并将边缘前后折起，捏成鸡冠形状，依此方法，逐个把馄饨全部包好。③ 锅置火上，注入高汤，大火煮沸，放入包好的馄饨煮 3 分钟至熟，放进虾米、紫菜煮至紫菜散开，出锅即可。

【烹饪技法】腌，煮。

【营养功效】生津开胃，补气养血。

【健康贴士】内火偏旺、感冒发胆结石患者慎食。

【举一反三】可将鸡肉换成猪肉。

三鲜小馄饨

【主料】馄饨皮 300 克，猪肉 200 克，鲜虾仁 200 克，韭菜 100 克，鸡蛋 1 个。

【配料】生菜 30 克，植物油 20 克，料酒 5 克，生抽 4 克，盐 3 克，鸡精、胡椒粉各 2 克。

【制作】① 猪肉洗净，切末；鲜虾仁去虾线，洗净，切粒；韭菜择洗干净，用淡盐水浸泡 20 分钟，洗净沥干水分，切末；生菜择洗干净。② 将肉末、虾粒、韭菜末放入碗里，打入鸡蛋，加盐、鸡精、胡椒粉、料酒、生抽、油，充分搅拌，腌制 10 分钟，做成三鲜馅。③ 取一张馄饨皮，把腌制好的三鲜馅放在馄饨皮的中央，将馄饨皮两边对折，捏紧边缘，并将边缘前后折起，捏成鸡冠形状，依此方法，逐个把馄饨全部包好。④ 锅置火上，注入高汤，大火煮沸，放入包好的馄饨煮 3 分钟至熟，放入菠菜烫熟，出锅即可。

【烹饪技法】腌，煮。

【营养功效】滋阴润燥，温肾壮阳。

【健康贴士】鲜虾宜与韭菜、鸡蛋搭配食用，补肾壮阳的效果明显。

鸡蛋猪肉馄饨

【主料】馄饨皮 300 克，猪肉 200 克，鸡蛋 3 个。

【配料】生菜 30 克，葱 50 克，植物油 20 克，料酒 5 克，生抽 4 克，盐 3 克，鸡精 2 克。

【制作】① 猪肉洗净，切末；葱洗净，切成葱末；生菜择洗干净；鸡蛋打入碗里，搅拌成蛋液。② 锅置火上，入油烧热，倒入蛋液，用筷子沿着一个方向搅拌，炒散，盛进碗里备用。把猪肉末、葱末放进炒好的鸡蛋里，加入料酒、生抽、盐、鸡精，充分搅拌，腌制 10 分钟，做成馄饨馅。③ 取一张馄饨皮，把腌制好的馅料放在馄饨皮的中央，将馄饨皮两边对折，捏紧边缘，并将边缘前后折起，捏成鸡冠形状，依此方法，逐个把馄饨全部包好。④ 锅置火上，注入高汤，大火煮沸，放入包好的馄饨煮 3 分钟至熟，再放入生菜烫熟，出锅即可。

【烹饪技法】腌，煮。

【营养功效】益精补气，补虚养血。

【健康贴士】鸡蛋与醋同食，可降低血脂。

【举一反三】在腌制鸡蛋猪肉馅时，可加入少量香菜，会更加美味。

芹菜牛肉馄饨

【主料】馄饨皮 300 克，牛肉 300 克，芹菜 150 克。

【配料】葱 10 克，植物油 20 克，淀粉 3 克，料酒 5 克，生抽 4 克，盐 3 克，鸡精 2 克。

【制作】① 牛肉洗净，切末；芹菜去叶，洗净，切粒；葱洗净，切成葱末；把牛肉末、芹菜粒、葱末放进碗里，加入淀粉、油、料酒、生抽、盐、鸡精，充分搅拌，腌制 10 分钟，做成馄饨馅。② 取一张馄饨皮，把腌制好的馅料放在馄饨皮的中央，将馄饨皮两边对折，捏紧边缘，并将边缘前后折起，捏成鸡冠形状，依此方法，逐个把馄饨全部包好。③ 锅置火上，注入高汤，大火煮沸，放入包好的馄饨煮 3 分钟至熟，出锅即可。

【烹饪技法】腌，煮。

【营养功效】补脾胃，益气血，强筋骨。

【健康贴士】牛肉宜与芹菜同食，可降低血压。

韭菜猪肉馄饨

【主料】面粉 300 克，猪肉 400 克，韭菜 200 克，鸡蛋 1 个。

【配料】香菜 5 克，高汤 500 毫升，香油 10 克，盐 4 克，鸡精 2 克。

【制作】① 面粉倒入盆内，缓缓注入适量清水，用筷子搅拌均匀，揉搓成光滑的面团，摘成剂子，擀成馄饨皮备用。② 猪肉洗净，剁成末；葱洗净，切末；韭菜择洗干净，用碱水浸泡 20 分钟，洗净沥干水分，切末；香菜择洗干净，切段。③ 将肉末、韭菜末放入碗里，打入鸡蛋，加盐、鸡精、胡椒粉、香油，充分搅拌，腌制 10 分钟，做成韭菜猪肉馅。④ 取一张馄饨皮，把腌制好的韭菜猪肉馅放在馄饨皮的中央，将馄饨皮两边对折，捏紧边缘，并将边缘前后折起，捏成鸡冠形状，依此方法，逐个把馄饨全部包好。⑤ 锅置火上，注入高汤，大火煮沸，放入包好的馄饨煮 3 分钟至熟，出锅前放入香菜，盛出即可。

【烹饪技法】腌，煮。

【营养功效】滋阴润燥，温肾壮阳。

【健康贴士】一般人皆宜食用。

【健康贴士】孜然与牛肉同烹，可去腥解腻，令牛肉肉质鲜美。

霉菜猪肉馄饨

【主料】馄饨皮 300 克，猪肉 300 克，霉干菜 150 克，鸡蛋 1 个。

【配料】香菜 5 克，高汤 500 毫升，香油 10 克，盐 3 克，鸡精 2 克。

【制作】① 猪肉洗净，剁成肉末；香菜择洗干净，切段；霉干菜浸泡 30 分钟后，洗净捞出，挤干水分，切末。② 把猪肉末、霉干菜末装入碗里，打入鸡蛋，加入香油，充分搅拌，做成馄饨馅。③ 取一张馄饨皮，把馅料放在馄饨皮的中央，将馄饨皮两边对折，捏紧边缘，并将边缘前后折起，捏成鸡冠形状，依此方法，逐个把馄饨全部包好。④ 锅置火上，注入高汤，大火煮沸，放入包好的馄饨煮 3 分钟至熟，加盐、鸡精调味，出锅即可。

【烹饪技法】泡，煮。

【营养功效】生津开胃，健胃消食。

【健康贴士】霉干菜属腌制类食品，含有亚硝酸，不宜多食。

【举一反三】霉干菜可换成冬菜或者雪里蕻，味道同样鲜美。

孜然牛肉馄饨

【主料】馄饨皮 300 克，牛肉 400 克，葱 100 克，孜然粉 10 克。

【配料】高汤 500 毫升，香油 10 克，生抽 5 克，白砂糖 4 克，盐 3 克，鸡精 2 克。

【制作】① 牛肉洗净，剁成肉末；葱洗净，切成葱末；把牛肉末、葱末装入碗里，加入香油、生抽、白砂糖、盐、孜然粉，充分搅拌，腌制 10 分钟，做成馄饨馅。② 取一张馄饨皮，把腌制好的馅料放在馄饨皮的中央，将馄饨皮两边对折，捏紧边缘，并将边缘前后折起，捏成鸡冠形状，依此方法，逐个把馄饨全部包好。③ 锅置火上，注入高汤，大火煮沸，放入包好的馄饨煮 3 分钟至熟，加盐、鸡精调味，出锅即可。

【烹饪技法】腌，煮。

【营养功效】健脾益气，祛寒除湿。

香菇肉馄饨

【主料】馄饨皮 300 克，五花肉 300 克，鲜香菇 200 克。

【配料】葱 5 克，高汤 500 毫升，香油 10 克，生抽 5 克，白砂糖 4 克，盐 3 克，鸡精 2 克。

【制作】① 五花肉去皮，洗净，切末；鲜香菇去蒂，洗净，切丁；葱洗净，切成葱末；把五花肉末、鲜香菇丁装进碗里，加入香油、生抽、白砂糖、盐、鸡精，充分搅拌，腌制 10 分钟，做成馄饨馅。② 取一张馄饨皮，把腌制好的馅料放在馄饨皮的中央，将馄饨皮两边对折，捏紧边缘，并将边缘前后折起，捏成鸡冠形状，依此方法，逐个把馄饨全部包好。③ 锅置火上，注入高汤，大火煮沸，放入包好的馄饨煮 3 分钟至熟，加盐、鸡精调味，撒上葱末，出锅即可。

【烹饪技法】腌，煮。

【营养功效】滋阴润燥，和中益胃。

【健康贴士】香菇宜与猪肉同食，可促进消化。

荠菜燕皮馄饨

【主料】燕皮 300 克，五花肉 300 克，荠菜 500 克，鸡蛋 2 个。

【配料】葱、虾皮、紫菜各 5 克，高汤 500 毫升，香油 10 克，黄酒、生抽各 5 克，白砂糖 4 克，盐 3 克，鸡精 2 克。

【制作】① 五花肉去皮，洗净，切末；葱洗净，切成葱末；荠菜择洗干净，放入沸水里焯烫至熟，捞出，挤干水分，切末。把五花肉末、荠菜末装入碗里，鸡蛋去蛋清，把蛋黄打进肉末里，加香油、黄酒、生抽、白砂糖，充分搅拌，做成馄饨馅。② 取一张燕皮，把馅料放在燕皮的中央，将燕皮两边对折，捏紧边缘，并将边缘前后折起，捏成鸡冠形状，依此方法，逐个把馄饨全部包好。③ 锅置火上，注入高汤，大火煮沸，放入包好的馄饨煮 3 分钟至熟，放入紫菜、虾皮煮沸，加盐、鸡精调味，撒上葱末，出锅即可。

【烹饪技法】焯，拌，煮。

【营养功效】补心安神，养血止血。

【健康贴士】荠菜与猪肉、苦瓜同食，可辅助治疗高血压引起的头晕头痛，口渴咽干，或目赤肿痛等症。

其他面食

油饼

【主料】面粉300克，葱末50克。

【配料】发酵粉3克，植物油500克，小苏打2克，白砂糖20克，盐5克。

【制作】① 取一个较大的盆，放入面粉、葱末、盐、白砂糖、小苏打、发酵粉，缓缓注入清水200毫升，用筷子搅拌均匀，和成光滑的面团，盖上保鲜膜，静置饧发50分钟。② 案板上、手上均抹上一层薄薄的油，将面团放在案板上揉搓成长条，摘成若干个剂子，压扁，压成饼状，即成油饼生坯。③ 锅置大火上入油烧热，放入做好的油饼生坯，边炸边翻转，炸至两面金黄色，捞出，沥干油分，装盘即可。

【烹饪技法】炸。

【美食特色】面香酥脆，入口绵软。

【健康贴士】高血脂患者、糖尿病人、肝肾功能不全者忌食。

【举一反三】加入适量的肉类，口感更佳。

油条

【主料】面粉300克，奶粉20克。

【配料】酵母粉3克，植物油500克，小苏打1克，白砂糖20克，盐3克。

【制作】① 面粉倒入盆里，用手旋一个窝；取大碗1个，把奶粉、白砂糖、酵母粉倒进去，注入温水200毫升搅拌均匀后，倒入面粉中，用筷子搅拌，揉成面团，淋上少许油，搓至面团光滑后，静置饧发30分钟，发至原来体积的两倍。② 取小碗1个，放盐和少量温水，搅拌均匀后倒入饧好的面团，充分揉匀，再盖上保鲜膜，静置饧发2小时。案板上、手上、刀上分别抹上一层薄薄的油，将面团放在案板上按压成长方形，厚约1厘米的面片，用刀把面片切成小条，把面条两两重叠，压扁，做成油条生坯。③ 锅置火上，入油烧至十成热，放入做好的油条生坯，边炸边翻转，炸至金黄色，捞出，沥干油分即可。

【烹饪技法】炸。

【美食特色】外酥里嫩，色泽金黄，咸香适口。

【健康贴士】高血脂患者、内热者、肥胖患者慎食。

【举一反三】奶粉可用牛奶代替，但是要注意与面粉和清水的比例。

麻花

【主料】面粉300克。

【配料】发酵粉3克，植物油500克，小苏打2克，白砂糖20克，盐5克。

【制作】① 取一个较大的盆，放入面粉、盐、小苏打、发酵粉，缓缓注入冷水200毫升，用筷子搅拌均匀，将面和成光滑的面团，盖上保鲜膜，静置饧发30分钟。案板上抹上一层薄薄的油，将饧好的面团放在案板上再次揉均，搓成长条摘成剂子，盖上保鲜膜，再饧30分钟。② 将饧好的剂子揉搓成大小均匀的长条，捏住两端向不同方向搓上劲，合并两头捏紧，依此方法做好所有的剂子，即成麻花生坯。③ 锅置大火上入油烧至三成热，放入做好的麻花生坯，边炸边翻转，炸10分钟左右，至金黄色，捞出，沥干油分即可。

【烹饪技法】炸。

【美食特色】色香诱人，香酥可口。

【健康贴士】糖尿病患者、老年人、孕妇、肥胖人群少食或不食。

芳香保养粥膳篇

蔬菜粥

白菜粥

【主料】粳米 100 克，大白菜 150 克。
【配料】姜 3 克，味精 1 克，盐 2 克，炼制猪油 5 克。
【制作】① 大白菜择洗干净，切成粗丝；姜洗净，切成丝备用；粳米淘洗干净，用冷水浸泡 30 分钟，捞出，沥干水分。② 锅置火上倒入猪油烧热，下白菜、姜丝煸炒，起锅盛入碗内；取锅加入约 1000 毫升冷水，倒入粳米，用大火烧沸，改用小火熬煮至粥将成时，加入炒白菜，调入盐，味精拌匀，将粥再略煮片刻即可。
【烹饪技法】煸炒，熬。
【营养功效】养胃生津，除烦解渴，利尿通便。
【健康贴士】粳米不宜与马肉、蜂蜜同食；不可与苍耳同食，同食易导致心痛。

白菜薏仁粥

【主料】小白菜 50 克，薏仁 60 克。
【制作】① 薏仁淘洗干净，加水浸泡 24 小时；小白菜择洗干净，沥干水分。② 泡好的薏仁放入锅内，加水，大火煮沸后再改用小火煮 30 分钟，然后将小白菜加入薏仁粥中，煮沸后即可食用。
【烹饪技法】煮。
【营养功效】利水消肿，健脾去湿。
【健康贴士】薏仁本身具有润泽肌肤，美白补湿，行气活血，调经止痛等功效，女性可多食此粥，但脾虚、大便燥结及孕妇慎服。

白菜蛋花粥

【主料】粳米 100 克，大白菜 150 克，鸡蛋 2 个。
【配料】大葱、姜各 5 克，色拉油 10 克，酱油 2 克，味精 1 克，盐 3 克。
【制作】① 粳米淘洗干净，放入冷水中浸泡发胀；大白菜取心洗净，切成细丝，葱、姜均切成丝；② 锅内加入冷水 1500 毫升，放入粳米，用大火煮沸；然后改小火慢煮，鸡蛋打入碗内，用筷子搅散备用。③ 炒锅置火上加入色拉油烧热，加入葱、姜丝爆香，放入白菜丝、酱油，不停煸炒，待白菜炒熟后，加入盐和味精调味。④ 待粥煮沸后，将鸡蛋液慢慢淋入粥锅里，与炒熟的白菜心拌匀即可。
【烹饪技法】煮，煸炒。
【营养功效】补中益气，平和五脏，止烦渴，止泄，壮筋骨。
【健康贴士】粳米做成粥更易于被人消化吸收，但制作米粥时千万不要放碱，因为米是人体维生素 B_1 的重要来源，碱能破坏米中的维生素 B_1，会导致维生素 B_1 缺乏，出现“脚气病”。

胡萝卜小米粥

【主料】胡萝卜 50 克，小米 50 克。
【制作】① 胡萝卜清洗干净，去掉外皮，切成小圆片。② 小米淘洗干净，和胡萝卜片一起放入汤锅，加水烧沸后转小火，煮约半个小时至熟，即可食用。
【烹饪技法】煮。
【营养功效】益脾开胃，补虚明目。
【健康贴士】小米不宜与杏仁同食，易致人呕吐、恶心。

胡萝卜南瓜粥

【主料】大米、糯米、泰国香米各 50 克。

【配料】南瓜、胡萝卜各 100 克。

【制作】① 大米、糯米、泰国香米淘洗干净，浸泡 2 个小时；南瓜去皮切块，胡萝卜洗净去皮、切碎备用。② 锅置火上入水烧热，倒入浸泡米的水，熬煮 40 分钟，放入南瓜块、胡萝卜碎，边搅拌边煮 30 分钟至软烂即可。

【烹饪技法】煮。

【营养功效】温中养胃，美肤补水。

【健康贴士】胡萝卜素属于脂溶性维生素，所以，胡萝卜应该用油炒，或与其他含油脂类食物同食。

胡萝卜粥

【主料】大米 100 克，胡萝卜 1 根。

【配料】植物油 10 克。

【制作】① 大米淘洗干净。胡萝卜去皮洗净，切小块。② 锅置火上入油烧热，下入胡萝卜翻炒片刻。③ 电饭锅中倒入水 900 毫升，放入淘洗好的米，再倒入煸炒后的胡萝卜，盖好锅盖，按煮粥键，大约 50 分钟后，电饭煲报警提示粥已煮好，盛入碗中即可。

【烹饪技法】煸炒，煮。

【营养功效】健脾和胃，补肝明目，清热解毒。

【健康贴士】禁忌生食，生吃胡萝卜，胡萝卜其所含类胡萝卜素因没有脂肪而很难被人体吸收，从而造成浪费。

土豆粥

【主料】粳米 50 克，土豆 200 克。

【配料】白砂糖 10 克。

【制作】① 粳米淘洗净，浸泡 30 分钟后捞出，沥干水分；土豆冲洗干净，削去皮，切成块。② 锅置火上放入冷水、粳米，大火煮沸后再放入土豆块，改用小火熬煮成粥，待粥成时，放入白糖调味，即可盛起食用。

【烹饪技法】煮。

【营养功效】和中健胃，补脾益气。

【健康贴士】土豆粥高蛋白、低脂肪、低热量，所以肥胖症患者、心脑血管病患者、糖尿病患者宜食。

土豆藕丁粥

【主料】莲藕 100 克，土豆 100 克，小米 50 克。

【配料】盐 3 克，酱油 5 克，味精 1 克。

【制作】① 藕、土豆均洗净去皮、切丁；小米淘洗干净备用。② 砂锅中加入冷水，将小米、土豆丁、藕丁倒入锅中，大火煮沸后转小火熬煮，煮至粥成后加入盐、酱油、味精，搅匀即可食用。

【烹饪技法】煮。

【营养功效】补益肠胃，健脾和中。

【健康贴士】这三种食物搭配在一起食用，对预防感冒、提高睡眠质量和调节心情很有帮助。

山药粥

【主料】鲜山药 120 克，粳米 50 克。

【制作】① 粳米淘净后浸泡 8 个小时；山药洗净去皮，切块。② 泡米的水连米一起倒入锅内，加入山药块，大火烧沸后转小火煲制 90 分钟，熬制米汤黏稠后关火，盛碗即可。

【烹饪技法】煮。

【营养功效】健脾益胃，助消化，滋肾益精。

【健康贴士】山药有收敛的作用，故大便燥结者不宜食用。

【举一反三】这道粥膳中把粳米换成薏仁和红枣，即成山药红枣粥。

山药花生粥

【主料】山药 50 克，花生米 50 克，大米 100 克。

【配料】生姜 8 克，葱 5 克，盐 3 克。

【制作】① 山药去皮切成粒；花生米去皮洗净；大米洗净；生姜去皮切成粒，葱切花。② 取瓦煲 1 个，注入适量清水，烧沸后加入大米、花生米、生姜，煲约 30 分钟，加入山药，调入盐，用小火再煲 10 分钟，撒上葱末即可。

【烹饪技法】煲。

【营养功效】开胃健脾，润肺止咳，养血通乳。

【健康贴士】① 花生炒熟或油炸后，性质燥热，不宜多吃；产妇宜食用此粥。② 花生能增进血凝、促进血栓形成，因此患血黏度高或有血栓的人也不宜食用。

【举一反三】此粥可甜、可咸，如果要喝甜粥，则不用加盐及生姜，改加白砂糖即可。

山药枸杞粥

【主料】山药 100 克，枸杞 20 粒，小米 100 克。

【制作】① 小米洗净用水浸泡 4 小时；山药去皮切小块，放水中备用；枸杞用温水洗净。② 将小米和山药连清水一起倒入砂锅内，大火煮沸后，转小火熬 40 ~ 50 分钟，米烂开花，粥黏稠时加入枸杞，再煮 5 分钟即可。

【烹饪技法】煮。

【营养功效】健脾补肺，益胃补肾，固肾益精。

【健康贴士】山药不宜与甘遂同食；也不可与碱性药物同服。

【巧手妙招】新鲜山药切开时会有黏液，极易滑刀伤手，可以先用清水加少许醋洗，这样可减少黏液。

鲜荷叶莲藕红豆粥

【主料】鲜荷叶 1 张，藕 30 克，红豆 80 克，圆糯米 200 克。

【配料】冰糖 10 克。

【制作】① 鲜荷叶洗净，藕去皮洗净后切小块；红豆、圆糯米洗净后用水浸泡 1 小时。② 锅置火上，放入清水 1000 毫升、冰糖、红豆，大火煮沸后转小火，熬煮 40 分钟。③ 将鲜荷叶、藕、圆糯米放入锅中与红豆一起煮，开锅后转小火煮 40 分钟即可。

【烹饪技法】煮。

【营养功效】荷叶、藕都有滋润生津功效，能清热解暑，降燥去烦。

【健康贴士】此粥对于肝病、便秘、糖尿病等一切有虚弱之症的人十分有益。

【巧手妙招】煮藕时忌用铁器，以免引起食物发黑。

【举一反三】不喜甜食者也可以把冰糖换成盐。

甜藕粥

【主料】糯米 50 克，莲藕 100 克。

【配料】白砂糖 50 克，桂花酱 5 克

【制作】① 糯米淘洗干净，用冷水浸泡 3 小时捞出，沥干水分；嫩藕洗净去节，用刀刨成浆，去渣留汁。② 将藕汁和糯米一起倒入锅内，加入适量冷水，先用大火烧沸，然后改用小火熬煮成粥，粥内下入白砂糖、桂花酱拌匀，再次煮沸，即可盛起食用。

【烹饪技法】煮。

【营养功效】健脾止泻，开胃助食，养血补心。

【健康贴士】适宜久病体虚、产后虚弱、食欲不佳者食用。

芹菜粥

【主料】大米 250 克，芹菜连根 120 克。

【配料】盐 3 克，味精 1 克。

【制作】① 芹菜连根一起洗净，切成长 2 厘米的段，放入铝锅内；把大米淘洗干净，下入锅内，加水适量，置炉上用大火烧沸，用小火熬至米烂成粥。② 在粥内放入味精、盐调味即可。

【烹饪技法】煮。

【营养功效】清肝热，降血压。

【健康贴士】芹菜性凉质滑，故脾胃虚寒，肠滑不固者慎食。

芹菜小米粥

【主料】小米 100 克，芹菜 100 克，熟牛肉 50 克。

【配料】猪油 10 克，盐 5 克，味精 1 克。

【制作】① 芹菜择洗干净，切成粗粒状；熟

牛肉切成粗米粒状。② 小米淘洗干净，放入锅内加清水 1000 毫升上火烧沸，小米粒煮沸时，加入芹菜粒、牛肉粒熬煮成粥，即可盛出食用。

【烹饪技法】煮。

【营养功效】此粥平肝清热，止咳，健胃，降压降脂。

【健康贴士】高血压患者宜食。

芹菜蜜汁粥

【主料】芹菜 150 克。

【配料】蜂蜜 20 克，大米 50 克。

【制作】① 芹菜择洗干净，榨成汁备用；大米淘洗干净，浸泡 2 小时。② 将大米连水倒入砂锅中熬煮 40 分钟至大米黏稠，倒入芹菜汁稍煮片刻，关火。③ 待粥温热时，兑入蜂蜜即可食用。

【烹饪技法】煮。

【营养功效】清热解毒，养肝。

【健康贴士】肝炎患者宜食。

菠菜豆腐粥

【主料】豆腐 200 克，猪肉、冬笋干、木耳、大米、菠菜各 50 克。

【配料】盐 3 克，酱油 5 克，鸡蛋 1 个，清汤 750 毫升。

【制作】① 猪肉，泡过水的冬笋干，木耳均切成细丝，菠菜洗净焯水后切成段。② 锅中放入清汤、肉丝、笋丝、木耳丝、菠菜、酱油、盐烧沸，将鸡蛋打散淋入即可。

【烹饪技法】焯，煮。

【营养功效】补虚养身，健脾开胃。

【健康贴士】菠菜富含草酸，与豆腐中的钙质结合，会影响钙质流失，因此烹调前最好过水焯一下，以减少草酸含量。

菠菜花生粥

【主料】粳米 100 克，花生米 50 克，菠菜 200 克。

【配料】盐 2 克，味精 1 克，色拉油 10 克。

【制作】① 菠菜去掉烂叶，洗净切成细末；花生米用开水浸泡 1 小时，洗净；粳米淘洗干净，用冷水浸泡好。② 将粳米与花生米一同放入锅中，加入 1500 毫升冷水，加入色拉油，先用大火烧沸，再改用小火煮至粥成时放入菠菜末，加盐和味精调味，煮沸即可。

【烹饪技法】煮。

【营养功效】止渴润肠，滋阴平肝，助消化。

【健康贴士】菠菜中的草酸沉淀易结晶，会诱发结石，因此结石患者慎食。

南瓜粥

【主料】南瓜 750 克，大米 300 克。

【制作】① 南瓜去皮洗净，切成块状，米淘净后浸泡 30 分钟。② 将米及南瓜块置入锅中，加入适量水，先用大火煮沸，后改用小火煮并不断搅拌，煮至米粒完全烂熟即可。

【烹饪技法】煮。

【营养功效】补中益气，解毒杀虫。

【健康贴士】因南瓜中含有较多的糖分，不宜多食，以免腹胀。

菠菜绿豆粥

【主料】绿豆 45 克，粳米 150 克，肉末 50 克，菠菜 100 克。

【配料】植物油 25 克，葱末 5 克，盐 3 克。

【制作】① 绿豆在清水中浸泡 4 小时备用；菠菜洗净，切段。② 炒锅置火上，倒入油烧热后，放入葱末、肉末，煸出香味，再放入菠菜翻炒，将熟时，入盐调味，菜熟离火。③ 粳米洗净，与泡好的绿豆一同放入锅中，加适量清水，置大火上煮，水沸后，改小火煮至豆、米烂时，将炒好的菜拌入，搅匀后离火即可。

【烹饪技法】煸炒，熬。

【营养功效】清热止渴，解毒降脂，通便。

【健康贴士】适用于肝高脂血症、习惯性便秘。

南瓜红薯粥

【主料】南瓜 200 克，红薯 300 克，玉米粒、小米各 100 克。

【制作】① 南瓜、红薯均去皮、洗净、切块；玉米粒、小米均洗净，备用。② 锅置火上入水烧沸，先放进南瓜和红薯煮沸后再放入小米和玉米粒，转小火熬煮，直至小米开花，南瓜、红薯熟透，关火焖 10 分钟即可。

【烹饪技法】煮。

【营养功效】补中和血，益气生津。

【健康贴士】红薯和柿子不宜在短时间内同时食用，至少隔五个小时以上。如果同时食用，红薯中的糖分在胃内发酵，会使胃酸分泌增多，和柿子中的鞣质、果胶反应发生沉淀凝聚，产生硬块，量多严重时可使肠胃出血或造成胃溃疡。

南瓜糯米粥

【主料】糯米 150 克，南瓜 175 克，鸡脯肉 75 克。

【配料】清汤 125 毫升，香葱、料酒、香油各 5 克，盐 3 克，味精、胡椒粉各 1 克。

【制作】① 将糯米提前淘洗干净，用温水浸泡 2 ～ 3 小时；南瓜去皮、瓤，放入蒸锅内蒸熟取出，用果汁机打成细蓉泥状；鸡脯肉切成细茸泥；香葱切成末。② 鸡肉茸放入碗内，加入料酒，胡椒粉、清汤搅匀调开。锅内加入清水烧热，倒入糯米煮沸，改成小火熟煮至糯米熟烂。③ 倒入调好的鸡肉茸、南瓜泥搅匀，改用中火煮沸，加入盐调匀，关火，加入味精、香油调匀，出锅盛入碗内，撒上香葱末即可。

【烹饪技法】煮。

【营养功效】温补脾胃，补中益气

【健康贴士】男性步入中年以后，常食南瓜子，可有效预防前列腺肥大。

银耳粥

【主料】小米 200 克，银耳 2 朵，枸杞 20 粒。

【配料】冰糖 5 克。

【制作】① 银耳泡发后去蒂掰成小朵，小米洗净用清水浸泡 1 小时，枸杞用温水洗净。② 银耳倒入锅里，添加清水，大火煮沸后，放小米再次煮沸后，转小火，熬至小米开花，银耳软糯时，加入枸杞和冰糖，煮至冰糖化开即可盛出食用。

【烹饪技法】煮。

【营养功效】补脾开胃，益气清肠。

【健康贴士】冰糖银耳含糖量高，睡前不宜食用，以免血黏度增高。

大枣银耳粥

【主料】干银耳 10 克，莲子 6 克，红枣 10 枚。

【配料】冰糖 5 克，水淀粉适量。

【制作】① 银耳水发后，除去根部泥沙及杂质，放入碗中；红枣洗净去核，放入碗中备用。② 锅置火上，加入适量清水，放入银耳、莲子、红枣煮沸。③ 待银耳、莲子、红枣熟后，加入冰糖调味，盛入碗中即可。

【烹饪技法】煮。

【营养功效】滋阴润肺，益气补血。

【健康贴士】银耳多糖，糖尿病患者忌食。

银耳八宝粥

【主料】百合、莲子各 10 克，银耳、薏仁、红枣、糯米、干桂圆、红豆各 30 克，枸杞 10 粒。

【配料】冰糖适量。

【制作】① 银耳用沸水泡开，然后去掉黄色的蒂部，撕成小朵；莲子用牙签捅去残存的莲心；桂圆去外壳；枸杞用温水浸泡10分钟。②百合、薏仁、红枣、糯米、红豆和处理好的银耳、莲子、桂圆、枸杞均清洗干净，放入高压锅中，再放入清水，煮熟即可。

【烹饪技法】煮。

【营养功效】滋补生津，润肺养胃。

【健康贴士】此粥美容效果显著，女性可多食。

鲜香菇粥

【主料】大米100克，香菇4朵，嫩牛肉150克。

【配料】葱、姜丝各5克，料酒6克，酱油5克，淀粉5克，盐3克，胡椒粉1克。

【制作】①大米洗净，加水浸泡20分钟，移到炉火上煮沸，改小火熬粥。②牛肉切薄片，拌入料酒、酱油、淀粉略腌；香菇泡软切丝，先加入粥内同煮，待煮到米粒熟软时，再加入牛肉煮熟。③加入盐和胡椒粉调匀后熄火，再加入葱姜丝即可盛出食用。

【烹饪技法】腌，熬。

【营养功效】助消化，通便消脂。

【健康贴士】香菇为动风食物，顽固性皮肤瘙痒症患者忌食。

【巧手妙招】香菇的里层长有像鱼鳃一样的鳃瓣，内藏许多细小的沙粒，不易洗净。这时可以把香菇倒在盆内，用60℃的温水浸泡1小时，然后用手将盆中水朝一个方向旋搅约10分钟，让香菇的鳃瓣慢慢张开，沙粒随之落下沉入盆底，随后，轻轻地将香菇捞出并用清水冲净，即可烹食。

香菇芋头粥

【主料】香菇2朵，芋头30克，牛肉20克，大米100克，虾米10克，

【配料】葱末5克，盐3克。

【制作】①香菇泡软切丁；芋头去皮切丁；牛肉洗净切丁；虾米泡软。②大米洗净，加入适量的水先以大火煮沸，接着放入处理好的香菇、芋头、牛肉、虾米，转小火煮至大米熟烂，撒上葱末，加入盐调味即可盛出食用。

【烹饪技法】煮。

【营养功效】补中益气，乌发养颜。

【健康贴士】香菇不宜与河蟹同食，香菇含有维生素D，河蟹也富含维生素D，两者一起食用，会使人体中的维生素D含量过高，造成钙质增加，长期食用易引起结石症状。

杂米香菇粥

【主料】杂米、香菇、燕麦片各100克。

【配料】虾仁、青豆仁各10克，姜丝、香菜末各5克，白胡椒粉1克，盐3克。

【制作】①香菇洗净、泡发、切碎，杂米淘洗干净用水浸泡1小时。②燕麦片、香菇碎与杂米带水一同放入锅中，再加适量水，大火煮沸后加切碎的虾仁、青豆仁，转小火熬煮至黏稠，放入姜丝、白胡椒粉、盐搅拌调味，最后撒上香菜末即可。

【烹饪技法】煮。

【营养功效】健脾利湿，益气补饥。

【健康贴士】香菇与薏仁两者均为抗癌佳品，一起煮制成粥，是肝病以及肝癌患者理想的食疗食品。

韭菜粥

【主料】韭菜100克，大米100克。

【配料】盐3克。

【制作】①韭菜择洗干净，沥干水分，切碎备用。②大米洗净倒入锅内，加水大火煮沸后，再加入切碎的韭菜，转小火煮至粥黏稠即可。

【烹饪技法】煮。

【营养功效】补肾助阳，固精止遗，健脾暖胃。

【健康贴士】消化不良或肠胃功能较弱的人吃韭菜容易胃灼热，不宜多吃。

韭菜子粥

【主料】韭菜子10克，粳米60克。

【配料】盐 3 克。

【制作】① 将韭菜子研细末，粳米淘洗干净。② 锅置火上入水，下入淘净的粳米，大火煮沸后加入韭菜子末及盐，转小火熬煮至粳米软烂即可。

【烹饪技法】煮。

【营养功效】补肾壮阳，固精止遗，暖胃健脾。

【健康贴士】韭菜子温补肝肾，壮阳固精，此粥是男性养生的一道佳肴。

苦瓜粥

【主料】苦瓜 100 克，粳米 50 克。

【配料】冰糖 100 克，盐 5 克。

【制作】① 苦瓜去瓤，洗净，切成小丁块；粳米淘洗干净。② 锅内加入水，放入粳米大火烧沸后，放入苦瓜丁、冰糖、盐熬煮成粥即可。

【烹饪技法】煮。

【营养功效】清暑涤热，清心明目，解毒。

【健康贴士】苦瓜性凉，多食易伤脾胃，脾胃虚寒者不宜食用。

【巧手妙招】苦瓜难清洗，可用干净的牙刷洗刷，既干净又快捷。

苦瓜皮蛋粥

【主料】大米 150 克，苦瓜 50 克，松花蛋 1 个。

【配料】葱末、姜末各 5 克，盐 3 克，冰糖 5 颗，香油适量。

【制作】① 大米淘洗干净，放入清水中浸泡 2 小时；苦瓜洗净，去瓤、子，切成大片，再放入沸水锅中焯烫一下，捞出沥干水分，切成细粒；松花蛋去壳，切成小丁备用。② 锅置火上入水，先下入大米煮至粥将成，再放入苦瓜粒、松花蛋丁、冰糖、盐煮 5 分钟，然后撒入葱末，姜末，淋入香油，即可盛碗食用。

【烹饪技法】煮。

【营养功效】养血滋肝，润脾补肾。

【健康贴士】苦瓜含奎宁，会刺激子宫收缩，引起流产，孕妇慎食。

苦瓜糯米粥

【主料】苦瓜半根，糯米 100 克。

【配料】冰糖 5 颗，盐水适量。

【制作】① 苦瓜洗净，去瓤后切丁，在盐水中浸泡 5 分钟；糯米也用水浸泡 1 小时。② 将水与糯米同放锅里煮，小火煮至黏稠后，加入苦瓜丁和冰糖，小火再煮 5 分钟即可。

【烹饪技法】煮。

【营养功效】温中健胃，消暑去火。

【健康贴士】苦瓜不宜与鸡蛋同吃，两者都属寒性食物，同食寒凉太过。

【巧手妙招】用盐水浸泡可去苦瓜的苦味。

竹笋鲜粥

【主料】熟冬笋 100 克，猪肉末 50 克，粳米 100 克。

【配料】香油 25 克，葱、姜末各 5 克，盐 3 克，味精 1 克。

【制作】① 熟冬笋切成丝，锅内放香油烧热，下入猪肉末煸炒片刻，加入冬笋丝、葱姜末、盐、味精，翻炒入味，装碗备用。② 粳米淘洗干净加水用小火熬粥，粥将成时，把碗中炒好的冬笋丝倒入，稍煮片刻即可。

【烹饪技法】煸炒，熬。

【营养功效】清热化痰、益气和胃

【健康贴士】竹笋与猪肉同食可降低血糖，此粥适宜糖尿病患者食用。

莴笋粥

【主料】粳米 100 克，莴笋 250 克。

【配料】盐 2 克，味精 1 克，香油 3 克。

【制作】① 粳米淘洗干净，用冷水浸泡 30 分钟，捞出，沥干水分；莴笋冲洗干净，削去外皮，切成小块备用。② 锅中加入约 1000 毫升冷水，将粳米放入，先用大火煮沸后，加入莴笋，再改用小火熬煮成粥，然后用盐、味精拌匀，再略煮片刻，调入香油即可。

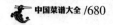

【烹饪技法】煮。
【营养功效】此粥通乳汁，清热利尿。
【健康贴士】脾胃虚寒者或产后妇女不宜生食、多食。

生姜萝卜红糖粥

【主料】生姜15克，白萝卜100克，大米100克，红糖50克。
【制作】① 生姜洗净，切丝；白萝卜洗净，切成小块；大米淘洗干净，备用。② 锅置火上入水，放入大米煮粥，八成熟时，放入萝卜块、生姜丝、红糖，再煮至粥熟即可食用。
【烹饪技法】煮。
【营养功效】此粥开通疏利，消积下气，补血去寒。
【健康贴士】此粥适宜风寒感冒患者食用。

木耳粥

【主料】黑木耳5克，大枣5枚，粳米100克。
【配料】冰糖5颗。
【制作】① 黑木耳放入温水中泡发，择去蒂，除去杂质，撕成瓣状；将粳米淘洗干净；大枣洗净；一同放锅内，加水适量。② 锅置大火上烧沸，移小火上熬煮，至黑木耳软烂、粳米成粥后，加入冰糖熬汁化开后即可食用。
【烹饪技法】煮。
【营养功效】此粥补血益气，止血止痛。
【健康贴士】此粥可调理生理紊乱，失调性子宫出血，有此症状的患者宜食。
【举一反三】也可把黑木耳换成银耳，功效更好。

芋头粥

【主料】芋头2个，肉汤1000毫升。
【配料】盐、酱油各适量。
【制作】① 芋头皮剥掉切成小块，用盐腌一下再洗净，将芋头炖烂后捣碎并过滤。② 把肉汤及芋头放在小锅里煮，并搅拌，煮至黏稠后加酱油调味即可。
【烹饪技法】炖，熬。
【营养功效】宽肠胃，补虚劳。
【健康贴士】食滞胃痛及脾胃湿热者不宜食用；孕妇慎食。

豆腐粥

【主料】米饭200克，肉汤500毫升，豆腐1块。
【配料】盐2克。
【制作】① 豆腐切成小块后，把米饭、肉汤、豆腐加水放在锅中同煮。② 煮至黏稠时加入适量的盐调味即可。
【烹饪技法】煮。
【营养功效】补中益气，清热润燥。
【健康贴士】豆腐中含嘌呤较多，对嘌呤代谢失常的痛风病人和血尿酸浓度增高的患者忌食。

空心菜粥

【主料】空心菜200克，大米100克。
【配料】盐1克，味精2克。
【制作】① 空心菜去杂，洗净，切细；大米淘洗干净，备用。② 锅置火上入水，放入大米煮粥，八成熟时加入空心菜，再煮至粥熟，调入盐、味精即可。
【烹饪技法】煮。

红薯萝卜粥

【主料】鲜红薯200克，胡萝卜100克，粟米100克。
【配料】红糖20克。
【制作】① 鲜红薯、胡萝卜分别洗净，红薯去皮后切成小方丁；胡萝卜剖条切成丁，同放入砂锅，加水浸泡片刻。② 粟米淘净放入砂锅中，大火煮沸，改用小火煨煮1小时，待粟米酥烂，粥黏稠时，调入红糖，拌匀即可。
【烹饪技法】煨，煮。
【营养功效】补肝明目，宽肠胃、通便秘。

【健康贴士】红薯缺少蛋白质和脂质，可以通过其他膳食加以补充。

肉蛋豆腐粥

【主料】大米 100 克，猪瘦肉 25 克，豆腐 15 克，鸡蛋 1 个。
【配料】盐 2 克。
【制作】① 猪瘦肉剁为泥；豆腐研碎；鸡蛋去壳，蛋液搅散。② 大米淘洗干净，加水，小火煨至八成熟时下肉泥熬煮 10 分钟，加入豆腐、蛋液倒入肉粥中，大火煮至蛋熟，调入少许盐即可。
【烹饪技法】煮。
【营养功效】增加营养，帮助消化，增进食欲。
【健康贴士】此粥简单又富含营养最适宜儿童食用。
【营养功效】清热、凉血、利尿。
【健康贴士】孕妇临盆食有滑胎利产的作用。

肉粥

香菇肉粥

【主料】猪肉馅 100 克，香菇 3 朵，芹菜、虾米各 30 克，红葱头 3 粒，大米 50 克。

【配料】酱油 8 克，胡椒粉 2 克，植物油 5 克。

【制作】① 虾米、红葱头、芹菜洗净，分别切细末；香菇泡软，去蒂、切丝；肉馅放入碗中加酱油 4 克拌匀备用。② 炒锅置火上入油烧热，放入红葱头以中火爆香，加入香菇和剩余的酱油快炒，最后加入肉馅、虾米炒熟，盛在碗中。③ 大米淘洗干净，放入锅中加水大火煮沸，改小火煮成半熟稀饭时，倒入炒熟香菇、肉馅、虾米和红葱头以中火煮沸，转小火慢煮约 15 分钟，再加入胡椒粉及芹菜末，即可食用。

【烹饪技法】煸炒，熬。

【营养功效】补虚强身，滋阴润燥。

【健康贴士】猪肉不宜与菱角同食，同食会引起腹痛。

玉米瘦肉粥

【主料】大米 100 克，芡实 10 克，枸杞 5 克，猪瘦肉、玉米粒、淮山药、薏仁各 20 克。

【配料】盐 3 克。

【制作】① 大米、淮山药、薏仁、芡实均洗净，泡水 30 分钟；猪瘦肉洗净，切丝；玉米粒、枸杞均洗净，泡软备用。② 先把大米放入锅中，倒入适量的水煮成粥，再加入淮山药、薏仁、芡实煮至熟透，再放入玉米粒、猪肉丝及盐煮熟，最后撒上枸杞拌匀即可。

【烹饪技法】煮。

【营养功效】调中健胃，清热利尿。

【健康贴士】玉米与猪肉搭配，可使蛋白质的营养价值得到提高。

薏仁冬瓜瘦肉粥

【主料】冬瓜 100 克，薏仁 50 克，猪瘦肉 50 克。

【配料】盐 3 克，鸡精、胡椒粉各 1 克，香油适量。

【制作】① 薏仁洗净，用水浸泡 2 个小时；猪瘦肉洗净切片；冬瓜去皮、子，洗净切成小块。② 把薏仁和瘦肉放砂锅中，放适量水煮沸，改小火煮至熟，放入冬瓜煮至熟透，加入盐、鸡精、胡椒粉、香油调味即可出锅。

【烹饪技法】煮。

【营养功效】健脾渗湿，除痹止泻。

【健康贴士】冬瓜与薏仁都有降糖降压的功效，糖尿病患者宜食此粥。

皮蛋瘦肉粥

【主料】皮蛋 2 个，猪瘦肉馅 200 克，大米 100 克。

【配料】姜丝、葱末各 5 克，油菜 100 克，盐 3 克，鸡精、胡椒粉各 1 克，色拉油适量。

【制作】① 大米淘洗干净，放入砂锅，用色拉油腌制 10 分钟后，锅中倒入水熬煮；皮蛋用棉线勒成丁；肉馅用淀粉浆好备用。② 待粥煮得黏稠时，放入浆好的肉馅和皮蛋丁，搅拌均匀，煮 10 分钟后加葱末、姜丝，转小火再煮 2 分钟，加盐、鸡精、胡椒粉调味，放上油菜即可盛出食用。

【烹饪技法】腌，熬。

【营养功效】温中养胃，温肺去热。

【健康贴士】皮蛋中含有铅，儿童不宜多食。

冬瓜肉丝粥

【主料】大米 100 克，冬瓜 200 克，瘦肉

50 克。
【配料】发好的香菇、木耳各 30 克，盐 3 克，酱油 5 克，生姜末、葱各 5 克，胡椒粉、味精各 1 克，淀粉、香油各适量。
【制作】① 瘦肉洗净切丝，依次加入盐、酱油、生姜末、胡椒粉、味精、淀粉上浆备用；冬瓜洗净，刨皮，切块；香菇木耳洗净切碎。② 大米淘净，加水煮沸后，转小火慢熬至米开花，放入冬瓜块、香菇粒熬煮至米粥浓稠，再加入木耳、盐调味。③ 一片一片地快速把肉片浸入调好味的米粥中，然后滴入香油，撒上葱末，关火，盖上锅盖焖 5 分钟即可。
【烹饪技法】熬，焖。
【营养功效】生津止渴，清热祛暑。
【健康贴士】猪肉不宜与乌梅、桔梗、黄连、小荞麦同食，易使人脱发。
【妙手巧招】米洗净后，可以先浸泡 30 分钟，沥干水后再煮可以节约煮粥时间。

猪肝绿豆粥

【主料】粳米 100 克，猪肝 100 克，绿豆 5 克。
【配料】黄酒 15 克。
【制作】① 猪肝冲洗干净，切片，用黄酒略腌备用，绿豆淘洗干净，用清水浸泡 1 ~ 2 小时。② 粳米淘洗干净，放入锅中，加水和浸泡过的绿豆，先用大火煮沸，再用小火熬煮，煮至粥将成时，放猪肝煮熟即可。
【烹饪技法】煮。
【营养功效】补肝养血，利水清肿。
【健康贴士】肝虚血亏，营养不良者宜食，但此粥不宜加入盐和味精。

猪肝瘦肉粥

【主料】猪肝、瘦肉各 50 克，粳米 60 克。
【配料】葱丝 5 克，料酒 6 克，胡椒粉、盐各适量，淀粉少许。
【制作】① 粳米放水中浸泡 30 分钟，捞出放入锅中加水以小火煮成白粥。② 猪肝、瘦肉分别切成薄片，各加少许料酒、淀粉拌匀后放入粥内，中火煮沸至熟，以胡椒粉、盐调味，撒上葱丝即可。
【烹饪技法】煮。
【营养功效】补肝明目，益气养血。
【健康贴士】因肝中胆固醇含量较高，所以高血压、冠心病患者慎食。

猪腰淮山粥

【主料】粳米 200 克，薏仁 50 克，猪腰子 180 克，山药 100 克。
【配料】盐 2 克，味精 1 克。
【制作】① 猪腰去筋膜和臊腺，切碎，入沸水中，焯去血水；山药洗净去皮，切小块。② 猪腰与山药、薏仁、粳米一同入锅，加水 2000 毫升，先用大火烧沸，再转用小火熬煮成稀粥，加入盐和味精调味即可。
【烹饪技法】焯，熬。
【营养功效】补肾、强腰、益气。
【健康贴士】肾虚、腰酸腰痛、遗精、盗汗者宜食。

豆苗猪腰粥

【主料】豆苗 250 克，猪腰 2 个，猪肝 60 克，干贝 60 克，粳米 120 克。
【配料】盐 3 克，料酒、淀粉各适量。
【制作】① 豆苗洗净；猪肝、猪腰洗净切片；用料酒、淀粉拌匀；粳米洗净；干贝浸软，撕细丝。② 把粳米、干贝入开水锅内，大火煮沸后，再用小火煮 30 分钟，粥成时放入猪肝、猪腰，再煮几分钟，放入豆苗，稍煮，入盐调味即可。
【烹饪技法】煮。
【营养功效】清热解毒，固精益气。
【健康贴士】血脂偏高者、高胆固醇者忌食。

核桃猪腰粥

【主料】核桃 10 枚，猪腰 1 个，大米 100 克。
【配料】葱、姜各 5 克，盐 2 克。
【制作】① 大米淘洗干净，核桃取果肉，猪腰去臊腺，洗净，切细。② 先取大米、核桃放入锅中入水同煮，待煮沸后放入处理好的猪腰及葱、姜、盐，煮至粥黏稠即可。
【烹饪技法】煮。
【营养功效】补肾健脑，益气养血。
【健康贴士】老年人可多食此粥，可健脑益智，预防老年痴呆。

猪腰小米粥

【主料】猪腰 100 克，小米 150 克。
【配料】盐 3 克，葱白、姜各 5 克，香油适量。
【制作】① 猪腰除筋去膜，洗净切片，用盐抓匀稍腌渍后用水冲净，反复两次；小米淘洗干净；葱白洗净切段，姜洗净切片。② 锅置火上，倒入适量水煮沸，放入小米煮沸，加入葱白段、姜片、猪腰片，熬煮至粥熟，加盐调味，淋入香油即可。
【烹饪技法】腌，熬。
【营养功效】温中养胃，固精补肾。
【健康贴士】老年人肾虚耳聋、耳鸣等症状患者宜食。

小米猪肚粥

【主料】小米 50 克，猪肚 1 只。
【制作】① 猪肚洗净滑腻污物后切成小块，小米淘洗干净。② 将猪肚块、小米同时放入锅中，加水适量，共同熬煮成粥即可。
【烹饪技法】煮。
【营养功效】补虚损，健脾胃。
【健康贴士】此粥富含蛋白质、维生素、矿物质，最宜孕妇食用。

猪肚粥

【主料】大米 100 克，猪肚 1 只。
【配料】姜丝、葱末各 5 克，料酒 8 克，姜 2 片，盐 3 克，胡椒粉 1 克。
【制作】① 猪肚洗净，与料酒、姜片一起投入沸水共煮 40 分钟，待猪肚熟软时捞出，切片备用。② 大米淘洗净，加水浸泡 20 分钟，移到炉火上煮沸，改小火熬粥。③ 待粥熬好时加入猪肚片同煮，并加盐调味，再放入姜丝和胡椒粉拌匀后熄火盛出，食用时加入葱末即可。
【烹饪技法】汆，熬。
【营养功效】补虚损，益气止渴。
【健康贴士】此粥益于小儿黄瘦者食用。

排骨粥

【主料】大米 200 克，排骨 200 克，花生米 50 米。
【配料】猪油 35 克，盐 5 克，味精 1 克，香油、胡椒粉、香菜各少许。
【制作】① 大米淘净；排骨洗净，切成小块，放入沸水中焯烫一下，去污断生；花生米用热水浸泡 20 分钟，剥去红衣。② 锅置火上入水，放入大米、排骨块、花生米，大火烧沸，改用中小火煮 2 小时，煮至米烂成粥、排内已酥、花生米已熟，加入盐、味精和猪油，搅拌均匀。③ 食时，将粥分盛在各碗中，每碗淋上一些香油，撒上胡椒粉、香菜末少许即可。
【烹饪技法】焯，熬。
【营养功效】补肾益气，健身壮力。
【健康贴士】此粥一般人皆可食用，产妇更适宜。

糙米排骨粥

【主料】糙米 100 克，猪肋排 200 克。
【配料】姜 5 克，盐 2 克
【制作】① 肋排骨洗净，剁成块，在沸水锅内汆烫一下，捞出冲净；糙米淘洗净，用冷水浸泡好，姜洗净，切片。② 糙米和排骨、姜片一起放入锅中，加入约 2000 毫升冷水，先用大火烧沸，再改用小火熬煮 45 分钟，待米烂肉熟时加入盐，搅拌均匀，即可盛起食用。
【烹饪技法】汆，熬。
【营养功效】滋阴壮阳、益精补血。
【健康贴士】牛奶与糙米汤不宜同食，会导致维生素 A 大量损失，容易导致“夜盲症”。

冬瓜排骨粥

【主料】肋排200克，冬瓜100克，大米00克，糯米50克。
【配料】葱、姜各5克，葱末、香菜末各5克，盐3克，味精1克。
【制作】① 肋排剁成小块，焯水，洗出血水；冬瓜切成1厘米见方的小丁；葱姜切片；大米、糯米均洗净，用水泡30分钟。② 把焯好水的排骨、葱姜放在砂锅里，加满水用大火煮沸，改用小伙慢慢炖90分钟，把葱、姜全部挑出来，再倒入大米、糯米炖20分钟，然后放上冬瓜，再炖10分钟，放入盐、味精调味，撒上香菜末、葱末，即可关火盛碗。
【烹饪技法】焯，熬。
【营养功效】滋阴润燥，清热利水。
【健康贴士】冬瓜与猪排骨同食，可为幼儿和老人提供丰富的钙质。

扁豆猪蹄粥

【主料】猪蹄1只，白扁豆100克，糯米100克。
【配料】料酒5克，葱结、姜块各5克，盐3克，味精1克。
【制作】① 猪蹄刮毛、洗净后在沸水锅中焯一下水，再洗净后放在砂锅中，加满冷水煮沸后除去浮沫。② 糯米淘洗干净，白扁豆择洗干净，与料酒、葱结、姜块一同下入放有猪蹄的砂锅中，小小火熬煮至粥成，调入盐和味精调味，即可盛碗食用。
【烹饪技法】焯，熬煮。
【营养功效】健脾和胃，祛湿补虚，消暑祛湿。
【健康贴士】老人、妇女和手术、失血者宜食。
【巧手妙招】洗净猪蹄，用开水煮到皮发胀，然后取出用指钳将毛拔除，比较省力省时。

猪蹄粥

【主料】猪蹄2个，大米100克。
【配料】盐3克，姜末、葱粒各5克。
【制作】① 猪蹄去毛桩，洗净，剁块，在沸水锅中焯一下水，再洗净后放在砂锅中，加满冷水煮沸后除去浮沫，捞出猪蹄，留汤备用。② 大米淘洗干净后放入猪蹄汤汁中小火熬煮，待粥成时调入姜末、葱粒、盐调味，稍煮片刻即可。
【烹饪技法】焯，熬。
【营养功效】通乳汁，利血脉。
【健康贴士】产后缺乳，乳汁分泌不足的产妇宜食。

猪蹄花生粥

【主料】猪蹄1个，大米100克，花生米30克。
【配料】葱末5克，盐3克，味精1克。
【制作】① 猪蹄洗净，剁成小块，放入沸水中焯烫，去血水，然后再放入开水中煮至汤汁浓稠。② 大米淘净，加水煮沸，放入猪蹄、花生米，煮至烂稠，加入盐、味精、葱末即可。
【烹饪技法】焯，熬。
【营养功效】固精养颜，滋养调气。
【健康贴士】猪蹄含脂肪量高，胃肠消化功能减弱的老年人不宜多食。

猪蹄黄豆粥

【主料】大米200克，猪蹄1只，黄豆150克。
【配料】葱段、姜片、大料、桂皮各2克，料酒、盐、冰糖各3克，香菜段5克。
【制作】① 大米淘净，冷水浸泡30分钟；猪蹄洗净，焯水后捞出；黄豆淘净，冷水浸泡30分钟。② 锅中放入猪蹄、葱段、姜片、大料、桂皮、料酒、冰糖，倒入适量水，大火烧沸，改用小火，煮至猪蹄熟软后，捞出放凉，去骨，切成小块备用。③ 砂锅中放入清水、黄豆、大米、大火煮沸，改用小火煮30分钟，下猪蹄块、盐、煮至米烂粥稠，撒入香菜段即可。
【烹饪技法】焯，熬。
【营养功效】健脾和胃，理气通乳。
【健康贴士】若作为通乳之用应少放盐、不

放味精。

猪脑粥

【主料】大米100克，猪脑1副。

【配料】葱末、姜末各5克，盐3克，味精1克，绍酒5克。

【制作】① 猪脑放入清水中浸泡片刻，排出血筋，再下入沸水中焯烫一下，捞出放入锅中，加入葱末，绍酒，上笼蒸熟，大米淘洗干净，放入清水中浸泡1小时备用。② 锅置火上入水烧沸，先放入大米和蒸猪脑的原汤熬煮制成粥，再加入猪脑、盐、味精，并用手勺将猪脑捣散，待再次煮沸后，撒上葱末，即可装碗食用。

【烹饪技法】焯，蒸，熬。

【营养功效】补虚劳，益智健脑。

【健康贴士】猪脑含有大量胆固醇，高血脂、高胆固醇血症及冠心病患者忌食。

猪尾淮山粥

【主料】猪尾2条，淮山药20克，大米100克。

【配料】姜丝5克，香油3克，盐2克，味精1克

【制作】① 猪尾洗净，切成小段；淮山药洗净，切成薄片。② 大米淘净，下入锅中，加水1000毫升，大火煮沸后，加入猪尾、淮山药片、姜丝和盐，转用小火慢熬成粥，下味精，淋香油即可。

【烹饪技法】煮。

【营养功效】益胃补肺，健脑养神。

【健康贴士】猪尾含有较多的胶原蛋白质，女性可多食养颜修肤。

猪杂粥

【主料】猪肝、猪肉、大米各100克，猪腰1个。

【配料】盐4克，植物油5克，生抽2克，姜片5克，料酒、香油各5克，葱末10克，胡椒粉2克。

【制作】① 猪肝、猪腰分别切好，用清水浸泡，水里加料酒去腥；猪肉剁成肉末用盐克和植物油3克腌制。② 大米淘洗干净，放入砂锅中注入清水，大火煮沸后放入姜片、植物油、猪肝煮2分钟，然后倒入猪腰和猪肉末，用勺子打散，大火煮沸后转小火熬煮至大米黏稠时，加入盐、生抽调味，最后撒上胡椒粉、葱末，淋香油即可。

【烹饪技法】腌，熬。

【营养功效】养肝明目，补肾益精。

【健康贴士】动物内脏胆固醇含量高，高血脂患者慎食。

猪肠糙米粥

【主料】糙米100克，猪小肠250克，猪排骨250克，高汤2000毫升，葱段、姜片各10克。

【配料】米酒8克，盐3克，胡椒粉2克。

【制作】① 小肠、排骨冲洗干净，排骨剁成块后与小肠、米酒、葱段、姜片一起入沸水中汆烫10分钟，取出备用。② 将高汤、糙米、小肠及排骨入锅大火烧沸煮5分钟，转小火熬煮1小时，加入盐、胡椒粉调味即可。

【烹饪技法】汆，熬。

【营养功效】滋阴壮阳，益精补血。

【健康贴士】猪肠所含脂肪较多，老年人和肥胖症患者慎食。

猪血粥

【主料】猪血500克，稻米150克，腐竹100克，干贝15克。

【配料】盐4克，姜片2克，葱末4克，胡椒粉1克。

【制作】① 稻米淘洗净，沥干水分，用盐2克腌制30分钟；腐竹冲洗干净；猪血切块，放清水中浸泡。② 锅置火上入水烧沸，放入浸泡好的稻米、姜片、腐竹大火煮20分钟后转小火熬煮至粥八成熟时，放入猪血块，熬煮至粥成，调入盐、胡椒粉，撒上葱末即可。

【烹饪技法】腌，熬。
【营养功效】补血益气，健脾清肺。
【健康贴士】猪血不宜与黄豆同吃，否则会引起消化不良；猪血也不宜与海带同食，会导致便秘。
【举一反三】此粥还可以入油条段或咸蛋猝，味道更佳。

豌豆牛肉粥

【主料】豌豆150克，牛肉150克，大米100克。
【配料】盐3克，姜末、香葱末各5克，黑胡椒粉2克。
【制作】① 牛肉逆丝切薄片，冷水浸泡45分钟后取出切丁；大米淘洗干净后与牛肉丁一同放入电饭锅中，加入姜末和水，选择煮粥程序。② 豌豆淘洗干净，捞出，沥干水分。另取锅置火上入水，倒入豌豆煮熟后捞出备用。③ 待粥煮好后，再放入熟豌豆，加盐、黑胡椒粉调味，焖5分钟，撒上葱末即可。
【烹饪技法】熬，焖。
【营养功效】补脾胃，除湿气，消水肿，强筋骨。
【健康贴士】此粥不能放醋，豌豆与醋同食易引起消化不良。

牛肉蒜苗粥

【主料】大米100克，牛肉200克。
【配料】蛋清30克，淀粉5克，糖2克，盐3克，蒜苗10克，白胡椒2克。
【制作】① 大米淘洗干净；牛肉切薄片，用蛋清、淀粉、糖、盐2克充分拌匀，腌制10分钟；蒜苗择洗干净，斜刀切小段备用。② 锅置火上入水，下入大米，大火煮沸后转小火熬煮至黏稠，放入牛肉，调入盐、白胡椒粉，熬煮至牛肉片熟，撒上蒜苗段即可。
【烹饪技法】腌，熬。
【营养功效】补中益气，滋养脾胃。
【健康贴士】脾胃虚弱、营养不良、面浮足肿者宜食。

滑蛋牛肉粥

【主料】大米100克，牛里脊肉300克，鸡蛋1个。
【配料】姜丝、葱丝、香菜末各5克，油条1根，小苏打1克，盐3克，料酒4克，淀粉5克，香油少许。
【制作】① 大米淘洗干净；油条切段；牛肉切片，加小苏打、盐、料酒、淀粉腌制30分钟备用。② 锅置火上入水，下入大米大火煮沸后转小火熬制成粥，再加入牛肉片煮至肉色变白，打入生蛋熄火，加葱、姜丝、胡椒粉、香菜末、油条，淋上香油即可。
【烹饪技法】腌，熬。
【营养功效】养脾胃，强筋骨，补虚壮健。
【健康贴士】牛肉不宜与红糖同食，同食会产生胀腹不适。

牛肉粥

【主料】粳米200克，牛肉100克。
【配料】味精1克，五香粉2克，黄酒4克，葱段、姜块各5克，盐3克。
【制作】① 牛肉洗净，剁成肉末；粳米淘洗干净；姜块拍松。② 锅置火上，倒入开水烧沸，放入葱段、拍松的姜块、牛肉末、黄酒、五香粉煮沸，捞出葱、姜，再倒入粳米，熬煮成粥，最后加盐、味精调味即可。
【烹饪技法】煮。
【营养功效】温中养胃，强筋健骨。
【健康贴士】牛肉不宜与栗子同食，同食会引起呕吐。

牛肉什锦粥

【主料】玉米粒100克，冷冻什锦蔬菜50克，大米100克，牛肉150克。
【配料】葱末5克，盐3克，香油5克，淀粉5克，酱油3克。
【制作】① 牛肉逆纹切丝，加入酱油和淀粉拌匀；玉米粒、大米淘洗干净。② 锅置火上下入大米和水，大火煮沸后转小火熬煮成粥时，加入玉米粒、冷冻什锦蔬菜略煮，再放入牛肉丝煮熟，调入盐，淋香油，撒上葱末即可。

【烹饪技法】煮。

【营养功效】健脾养胃，温中益气。

【健康贴士】牛肉与白酒、韭菜、小蒜同食易致牙龈炎症。

牛尾粥

【主料】肥牛尾 2 条，粳米 250 克，干贝 50 克。

【配料】姜片、葱段各 5 克，料酒 5 克，盐 3 克，味精 1 克，鸡油少量。

【制作】① 牛尾用小火燎去残留茸毛，表皮烧呈焦黑色，放入清水内浸软，用小刀刮净表面焦黑，由骨节处切成小段，放在沸水锅内汆透捞出备用；粳米淘洗干净；干贝用温水浸软，撕碎。② 锅置火上放入清水、牛尾，加入料酒、葱段、姜片、干贝，先用大火烧沸，撇去浮沫，再改用小火炖约 2 个小时，拣去葱段、生姜，加入粳米、盐、味精，煮至粥成，淋上鸡油即可。

【烹饪技法】燎，汆，炖，煮。

【营养功效】养精利水，益气补血。

【健康贴士】适用于体质虚弱、老年体衰、浮肿、小便不利，宜于冬季进补。

牛杂粥

【主料】大米 250 克，牛肉、牛腩、牛小肠、牛肝、牛大肠、牛胰、牛心各 100 克。

【配料】盐 3 克，姜丝、香菜、葱粒各 10 克。

【制作】① 大米淘洗干，拌入盐腌制片刻；牛小肠、牛大肠、牛腩、牛胰洗净后改刀；牛肝、牛心、牛肉切片备用。② 锅置火上入水烧沸后下入大米，转小火熬煮至粥八成熟时放入改刀后的牛小肠、牛大肠、牛腩、牛胰，煮至粥成时再放入牛肝片、牛心片、牛肉片，焖煮 10 分钟后熄火，撒入姜丝、香菜、葱粒即可。

【烹饪技法】腌，熬。

【营养功效】健脾强筋，养阴补虚。

【健康贴士】动物内脏不宜多食。

韭菜羊肉丝粥

【主料】嫩韭菜 120 克，羊肉 60 克，大米 100 克。

【制作】① 嫩韭菜择洗干净，切成小段；大米淘洗干净，备用；羊肉洗净，切成丝。② 锅内加水适量，放入大米、羊肉丝煮粥，八成熟时加入韭菜段，再煮至粥熟即可。

【烹饪技法】煮。

【营养功效】暖中补虚，固精滋肾。

【健康贴士】此粥一般人均可食用，尤其适合中老年人，但肝炎病人忌食羊肉。

生姜羊肉粥

【主料】生姜 10 克，羊肉 100 克，大米 130 克。

【配料】盐 3 克，鸡精、胡椒粉各 2 克。

【制作】① 生姜去皮，洗净切成粒；羊肉洗净切成小片；大米淘洗干净。② 取瓦煲一个，注入适量清水，待水煮沸后，下入大米，用小火煲约 20 分钟，再加入羊肉片、姜米，调入盐、鸡精、胡椒粉，续用小火煲 30 分钟即可食用。

【烹饪技法】煲。

【营养功效】开胃祛寒，补中益气。

【健康贴士】身体虚寒、小腹冷痛、孕吐厉害者宜食。

羊肉白萝卜粥

【主料】高粱米 100 克，羊肉片 150 克，白萝卜 250 克。

【配料】高汤 1500 毫升，料酒 6 克，植物油 8 克，盐 3 克，香菜 5 克，胡椒粉 2 克。

【制作】① 高粱米淘洗干净，加水浸泡 30 分钟，加入高汤，移到炉火上煮沸，改小火熬粥。② 白萝卜削皮、切丝，加入粥内煮软，另取小锅置火上入油烧热，下入羊肉片翻炒，烹入料酒炒匀后，放入粥内同煮，再加盐调味。③ 待羊肉片煮熟时即熄火，撒入胡椒粉和香菜，盛出即可食用。

【烹饪技法】炒，熬。

【营养功效】补中益气，养胆明目。

【健康贴士】寒劳虚弱者宜食。

羊肉胡萝卜粥

【主料】胡萝卜 150 克，羊肉馅 50 克，大米 150 克。

【配料】姜末 20 克，料酒 5 克，植物油 15 克，盐 3 克，胡椒粉 2 克。

【制作】① 大米淘洗干净，用清水浸泡 30 分钟；胡萝卜洗净，去皮切成末。② 锅置火上入水烧沸，放入泡好的大米煮沸后转小火熬煮 30 分钟左右，边煮边搅拌直到粥变黏稠。③ 炒锅置火上入油烧热，放入羊肉馅炒散、变色，再放入姜末、料酒、胡萝卜丝炒匀，加入盐调味。④ 将炒好的羊肉胡萝卜放入熬好的白粥当中，搅匀，小火再熬 10 分钟，放入胡椒粉调味即可。

【烹饪技法】熬，炒。

【营养功效】补肝明目，养胃健脾。

【健康贴士】中老年人、电脑一族可多食此粥。

羊肝明目粥

【主料】稻米 100 克，羊肝 60 克。

【配料】大葱 30 克，植物油 10 克。

【制作】① 羊肝去膜洗净，切片；葱洗净，切段；稻米淘洗干净。② 锅置火上入油烧热，将羊肝、葱放入锅中煸炒至熟，盛出备用。③ 另取锅置火上入水烧沸，加入大米煮至米开花，放入炒好的羊肝大葱熬煮至粥成即可。

【烹饪技法】煸炒，熬。

【营养功效】补肝明目，补血，清虚热。

【健康贴士】羊肝含胆固醇高，因此高脂血症患者忌食。

羊杂粥

【主料】大米 150 克，羊肚、羊大肠、羊小肠、羊肝、羊腰、羊胰各 100 克，荸荠 4 个，陈皮 1 张，冲菜 2 片。

【配料】胡椒粉 2 克，盐 3 克，香菜、葱各 5 克。

【制作】① 大米淘洗干净，加盐拌匀；羊肚、羊大肠、羊小肠、羊肝、羊腰、羊胰均洗净，焯水，改刀备用；荸荠去皮切粒。② 锅置火上入水大火烧沸，下入大米煮沸后，转小火放入改刀后的羊肚、羊大肠、羊小肠、陈皮、荸荠粒熬煮 40 分钟。③ 待粥八成熟时放入羊肝片、羊腰片、羊胰片，熬煮至粥成，加入冲菜、胡椒粉、盐、葱调味，撒上香菜即可。

【烹饪技法】焯，熬。

【营养功效】暖胃驱寒，益精壮阳。

【健康贴士】肠类所含脂肪较多，高血脂患者慎食。

香菇鸡粥

【主料】大米 100 克，鸡脯肉 300 克，香菇两朵。

【配料】葱末 5 克，盐 3 克，料酒、生粉、香油各 5 克，胡椒粉 2 克。

【制作】① 鸡脯肉洗净，切成小粒，用料酒、生粉腌制 10 分钟；大米淘洗干净；香菇泡软，切小粒备用。② 砂锅置火上入水，下入大米大火煮沸后，加入鸡脯肉粒、鲜菇粒转小火熬煮。③ 待粥煮成时，加盐、胡椒粉调味，淋入香油，撒上葱末即可。

【烹饪技法】腌，熬。

【营养功效】补虚健胃，强筋壮骨。

【健康贴士】老人、病人、孕妇、体弱者宜食。

荷叶鸡肉粥

【主料】鸡腿 200 克，粳米 100 克。

【配料】姜 5 克，料酒 10 克，新鲜荷叶 1 张，香葱末 10 克，盐 4 克，鸡精 2 克。

【制作】① 鸡腿洗净，骨肉剔分开，鸡肉切成小丁，骨腿剁成小骨块，分别用料酒、盐2克腌30分钟；粳米淘洗干净；荷叶冲洗干净，折成扇形，剪去边缘，呈圆形备用。② 砂锅置火上入水烧沸，把剪掉的荷叶碎放入沸水中焯烫至沸水颜色变绿，荷叶碎捞出，放入鸡腿骨，除去血沫，再下入粳米，盖上荷叶锅盖，转小火煮至粥黏稠。③ 倒入鸡肉，放盐、鸡精调味后煮至鸡肉熟透，撒上香葱末即可。

【烹饪技法】腌，焯，熬。

【营养功效】温中益气，补虚填精.

【健康贴士】鸡腿肉不宜与芝麻、菊花同食，易中毒。

鲜奶鸡肉粥

【主料】鸡脯肉50克，粳米100克，牛奶100毫升。

【配料】清鸡汤适量。

【制作】① 粳米淘洗干净；鸡脯肉洗净，蒸锅置火上，洗净的鸡脯肉放入蒸锅内蒸熟，撕成细丝备用。② 锅置火上，下入粳米，加适量水和清鸡汤大火煮沸，加入鸡肉丝，转小火慢慢熬制，待粥将成时放入牛奶，稍煮几分钟熄火即可。

【烹饪技法】蒸，熬。

【营养功效】补虚损，益肺胃，生津润肠。

【健康贴士】牛奶不宜与巧克力同食，两者同食会结合形成不溶性草酸钙，极大影响牛奶中钙的吸收。

鸡肉粥

【主料】大米100克，鸡脯肉100克。

【配料】香菜5克，料酒、酱油各5克，淀粉3克，高汤2000毫升，盐3克，胡椒粉1克。

【制作】① 大米淘洗干净，放入砂锅中加水浸泡20分钟，再加入高汤，移到炉火上大火煮沸，改小火熬粥。② 鸡脯肉洗净切丁，拌入料酒、酱油腌制5分钟，待粥八成熟时加入鸡肉丁同煮至熟软，调入盐、胡椒粉拌匀，撒上香菜即可。

【烹饪技法】腌，熬。

【营养功效】温中补虚，止渴消肿。

【健康贴士】鸡肉不宜与兔肉同食，会导致腹泻。

葱白乌鸡糯米粥

【主料】乌鸡腿1只，糯米250克，葱白20克。

【配料】盐3克。

【制作】① 乌鸡腿洗净，剁块，汆水后捞起洗净，沥干水分；糯米淘净，备用。② 砂锅置火上，放入乌鸡腿块、清水用大火烧沸后，改小火煮15分钟，然后入糯米，烧沸后改小火熬煮。③ 葱白去头须，切粒，待粥煮熟时加入盐调味，熄火，撒葱粒焖片刻即可。

【烹饪技法】汆，熬，焖。

【营养功效】补气养血，安胎止痛。

【健康贴士】此粥可有效改善气血虚弱所致之胎动，因此孕妇宜食。

萝卜鸡丝粥

【主料】大米100克，胡萝卜30克，鸡脯肉50克，香芹少许。

【配料】盐5克，胡椒粉2克，淀粉、香油各3克，植物油8克。

【制作】① 大米淘洗干净；鸡脯肉洗净，顺着纹路切细丝，加入胡椒粉、盐2克和淀粉抓匀腌制；胡萝卜去皮擦成丝；香芹洗净切粒。② 锅置火上入水1000毫升，大火烧沸下入大米，转小火熬煮。③ 另取炒锅置火上，倒入油，下入胡萝卜丝翻炒1分钟，再下入鸡丝炒至发白后盛出。④ 待米粥煮至米软粥稠时加入炒好的胡萝卜、鸡丝和香芹粒，再次煮沸，加盐、香油调味即可。

【烹饪技法】腌，炒，熬。

【营养功效】益肝明目，养胃健脾。

【健康贴士】肠胃较弱者和糖尿病患者宜食。

鸡肉皮蛋粥

【主料】鸡肉200克，皮蛋2个，粳米200克。
【配料】姜末、葱末各5克，盐2克。
【制作】① 鸡肉处理干净，切成小块；粳米淘洗干净，沥干水分；皮蛋剥皮冲洗干净，切成小丁。② 砂锅置火上，放入鸡块加水煲成浓汁，再放入粳米同煮，待粥将熟时加入皮蛋丁，调入盐、葱末、姜末拌匀即可。
【烹饪技法】煲，煮。
【营养功效】补益气血，开胃生津。
【健康贴士】气血亏损者宜食。

土豆鸡肉粥

【主料】鸡肉300克，土豆200克，大米150克。
【配料】鸡汤2000毫升，盐3克，胡椒粉1克。
【制作】① 鸡肉洗净，汆水后捞出，切丝；土豆去皮，切块；大米淘洗干净。② 锅置火上，倒入鸡汤和土豆块，大火煮沸，转小火煲煮15分钟后，下入大米。再熬煮30分钟至粥成，调入盐、胡椒粉拌匀即可。
【烹饪技法】汆，熬。
【营养功效】和胃健中，解毒消肿。
【健康贴士】脾胃虚弱、胃气不和之腹痛、大便秘结者宜食。

鸡翅粥

【主料】米饭200克，鸡翅100克，青椒50克。
【配料】辣椒粉3克，酱油15克，江米酒10克，姜汁5克，盐2克，高汤2000毫升。
【制作】① 青椒洗净，去蒂、子后切成大块；鸡翅从关节部分切成2块，去掉最尖端的部分，倒入酱油10克、江米酒、姜汁搅拌均匀腌制5分钟。② 将鸡翅放入烤箱中烤至金黄色时取出，锅中倒入高汤、盐、酱油5克煮沸后，把青椒、白饭和鸡翅一同放入锅中煮30分钟，撒上辣椒粉盛碗即可。
【烹饪技法】腌，烤，煮。
【营养功效】补精添髓，强腰健胃。
【健康贴士】鸡翅中胶原蛋白含量丰富，女士宜食。

鸡肝粥

【主料】鸡肝100克，大米150克，肉松50克。
【配料】葱末、姜末各5克，盐、味精各2克，胡椒粉1克。
【制作】① 大米淘洗干净；鸡肝处理干净，切斜刀厚片，焯水烫透备用。② 锅置火上入水，下入大米大火煮沸后转小火熬制粥八成熟时，加入鸡肝、肉松、葱姜末，调入盐、味精、胡椒粉拌匀后熬煮至粥成，出锅装碗即可。
【烹饪技法】焯，熬。
【营养功效】补肾健脾，消疳明目。
【健康贴士】贫血者和常在电脑前工作的人宜食。

鸡杂粥

【主料】鸡肝、鸡肫各50克，大米150克。
【配料】姜3克，韭菜花20克，酱油10克，盐2克，植物油3克。
【制作】① 大米淘洗干净；姜去皮切丝；鸡肝洗净，放在水中去血水并换水2～3次；鸡胗洗净，改刀备用。② 锅置火上入水下入大米，大火煮沸后转小火熬制成粥，倒入酱油、鸡肝、鸡胗和姜丝，煮至入味。③ 把韭菜花放在加了盐和植物油的热水中烫成翠绿色，到入煮好的粥中，焖5分钟即可。
【烹饪技法】熬，焖。
【营养功效】消食导滞，帮助消化。
【健康贴士】动物肝不宜与维生素C、抗凝血药物、左旋多巴、苯乙肼等药物同食。

鸡肝小米粥

【主料】小米 100 克，鸡肝 30 克，菟丝子 15 克。

【配料】盐 2 克，料酒 10 克，味精 2 克，酱油 2 克。

【制作】① 鸡肝去鸡胆，清洗干净，切成薄片，放入碗内，加料酒、酱油拌匀，腌制入味，备用；菟丝子洗净，沥干水分，切成碎末；小米用适量温水浸软后用冷水淘洗干净。② 锅置火上下入小米，加入约 1000 毫升冷水，大火煮沸后加入菟丝子末、鸡肝片，转小火慢慢熬煮。③ 待小米将熟时，放入盐、味精调味，煮至粥成即可盛起食用。

【烹饪技法】腌，熬。

【营养功效】滋阴养血，补虚开胃。

【健康贴士】小米忌与杏仁同食。

鸭肾瘦肉粥

【主料】鲜鸭肾 1 副，腊鸭肾 1 副，瘦羊肉 150 克，粳米 250 克。

【配料】葱末、香菜各 10 克，盐 3 克，味精 1 克，香油 5 克。

【制作】① 鲜鸭肾洗净；腊鸭肾用温水浸泡，冲洗干净；羊肉冲洗干净，切成片；粳米淘洗干净；香菜择洗干净，切碎。② 取锅放入清水、粳米，煮至半熟时，加入羊肉片、鲜鸭肾、腊鸭肾，熬煮至粥成，捞出鸭肾，改刀切成片，再放回粥内，用盐、味精调味，撒上葱末、香菜，淋上香油即可。

【烹饪技法】煮。

【营养功效】补肾利水，健胃消食。

【健康贴士】肾虚腰痛、病后虚损、水肿者宜食。

冬瓜鸭粥

【主料】粳米 100 克，冬瓜 100 克，鸭肉 150 克。

【配料】干贝 25 克，鲜香菇 60 克，荷叶 15 克，陈皮 2 克，大葱 5 克，姜 3 克，酱油 5 克，植物油 10 克。

【制作】① 冬瓜去皮，洗净，切厚块；香菇用温水泡发回软，去蒂，洗净，切抹刀片；大葱、姜洗净切丝；干贝用温水浸软，撕开；鸭肉洗净切块；粳米淘洗干净，浸泡 30 分钟后沥干水分。② 锅置火上下入粳米，加入约 1000 毫升冷水，烧沸以后，将香菇片、冬瓜块、鲜荷叶、陈皮及干贝一同放入，改用小火慢煮。③ 另取锅，将鸭肉煎爆至香，加入粥内同煮，见鸭肉熟透，米粥浓稠时，下入葱姜丝、酱油、植物油调味，再稍焖片刻，即可盛起食用。

【烹饪技法】熬，煎，爆。

【营养功效】补肾养胃，消水肿，止热痢。

【健康贴士】大便干燥和水肿的人宜食。

皮蛋烧鸭粥

【主料】大米 100 克，皮蛋 2 个，烤鸭 250 克，甜玉米 30 克。

【配料】姜 4 片，葱丝 5 克，盐 5 克，植物油 10 克，白胡椒 2 克。

【制作】① 大米淘洗干净后沥干水分，淋入植物油拌匀并腌制 1 小时备用；松花蛋洗净后切成小丁，取一半放入大米中拌匀。② 锅置火上入水烧沸，下入混合的大米和皮蛋丁，转成小火熬煮约 1 小时，煮至大米开花后，再放入另一半皮蛋，小火熬至皮蛋溶化。③ 在熬好的大米粥中放入烧鸭、姜片煮 10 分钟，直到烧鸭出香味，再放入玉米粒，调入盐、白胡椒拌匀，撒上葱丝即可。

【烹饪技法】腌，熬。

【营养功效】养胃生津，止咳自惊。

【健康贴士】肥胖、动脉硬化者、慢性肠炎

者少食。

鸭肉粥

【主料】大米 100 克，鸭肉 300 克。
【配料】老姜 10 克，大葱 20 克，豆豉 30 克，盐 5 克，胡椒粉 1 克，料酒 15 克。
【制作】① 鸭肉洗净，汆烫；大米淘洗干净；大葱洗净切末；老姜拍散块。② 锅置火上入水，大火烧沸后放入鸭肉和料酒、老姜煮 40 分钟，取出鸭肉，放晾、切丝备用。③ 洗净的大米放入煮鸭的高汤中，改小火煮至米粒熟软，再放入鸭肉、盐、胡椒粉同煮片刻，下入豆豉煮沸，撒上葱末即可。
【烹饪技法】煮。
【营养功效】健胃利脾，滋阴补虚。
【健康贴士】鸭肉忌与兔肉、杨梅、核桃、鳖、木耳、胡桃、大蒜、荞麦同食。

海鲜河鲜粥

青鱼芹菜粥

【主料】大米 80 克，青鱼肉 50 克，芹菜 20 克，枸杞 10 粒。

【配料】盐 3 克，味精 2 克，料酒、姜丝、香油各 5 克。

【制作】① 大米淘洗干净，放入清水中浸泡；青鱼肉处理干净，用料酒腌渍；芹菜洗净切好。② 锅置火上入水，下入大米煮至五成熟，放入鱼肉、姜丝、枸杞煮至粥将成时，放入芹菜稍煮后加盐、味精、香油调匀即可。

【烹饪技法】腌，熬。

【营养功效】养肝明目，益气养胃。

【健康贴士】青鱼胆汁有毒，不宜滥服。

生菜鱼丸粥

【主料】米 150 克，鱼肉 50 克，生菜 20 克。

【配料】盐 5 克，姜丝 2 克，鸡精 5 克，料酒 2 克，白胡椒粉 1 克。

【制作】① 生菜、姜匀洗净，切丝；大米淘洗干净后用冷水浸泡 30 分钟；鱼肉洗净放进碗中，捣成鱼泥，料酒用水稀释逐渐加到鱼肉里，反复搅打至上劲，做成鱼丸。② 锅置火上入水，下姜丝，烧至水半开时将鱼丸放入汆至浮起，捞出浸泡在冷水中备用。③ 另取锅置火上，下入大米和水，大火煮沸后转小火煮 20 分钟，放鱼丸再煮 10 分钟，撒盐、白胡椒粉调味，盛碗时再摆生菜丝即可。

【烹饪技法】汆，熬。

【营养功效】健胃利脾，清热解毒。

【健康贴士】鱼肉含有丰富的镁元素，高血压、心肌梗死等心血管疾病患者宜食。

银鱼粥

【主料】大米 100 克，小银鱼 75 克，苋菜 150 克。

【配料】盐 3 克，胡椒粉 2 克。

【制作】① 大米淘洗干净，加水浸泡 20 分钟，移到炉火上大火煮沸，改小火熬粥。② 小银鱼洗净、沥干水分；苋菜摘除硬梗、洗净、切小段；待米粒软烂时加入小银鱼、苋菜段同煮，并加盐调味，煮至粥成时，撒入胡椒粉即可盛出。

【烹饪技法】煮。

【营养功效】补肺清金，滋阴补虚。

【健康贴士】体质虚弱、营养不足、消化不良者宜食。

鲫鱼粥

【主料】粳米 100 克，鲫鱼 300 克。

【配料】姜末 3 克，葱末 2 克，盐 3 克，味精 1 克，料酒 6 克，炼制猪油 10 克。

【制作】① 鲫鱼洗净，剁去鳍，在鱼身两面用直刀划几下，粳米淘洗干净，用冷水浸泡 30 分钟，捞出，沥干水分。② 取炒锅置火上，放入猪油烧热，下鲫鱼煎至两面呈金黄色后倒入开水，加入料酒、盐、葱末、姜末，用大火烧沸再改用小火煨煮约 40 分钟，捞出鲫鱼，滤去汤渣，然后加入粳米，续煮至粥成。③ 鲫鱼趁热去净骨刺，鱼肉再放入粥内，加入味精调匀，即可盛起食用。

【烹饪技法】煎，熬。

【营养功效】益气健脾，消润胃阴。

【健康贴士】高血压、动脉硬化、冠心病患宜食。

玉米鱼肉粥

【主料】鱼肉100克，玉米30克，大米50克。
【配料】盐3克。
【制作】① 大米淘洗干净，浸泡1小时；鱼肉洗净，蒸熟后去骨，捣碎备用；玉米洗净，剥粒。② 电饭锅中倒入清水，加入处理好的鱼肉、玉米粒、大米，按煲粥键煮粥。③ 待粥成时加入盐调味即可。
【烹饪技法】蒸，熬。
【营养功效】温中健胃，益肺宁心。
【健康贴士】此粥营养丰富，最宜儿童食用。

鲤鱼红豆粥

【主料】鲤鱼1条，红小豆100克，大米150克。
【配料】橘皮5克，姜片3克，葱末6克，料酒20克，盐2克，味精1克，熟猪油20克，香油2克，香菜末10克。
【制作】① 将鲤鱼剖杀，去鳞、鳃、内脏，洗净，去骨、刺；红小豆、大米去杂，洗净，备用。② 炒锅置火上，加入熟猪油烧热，投入姜片、葱末炝锅，烹入料酒，放入鲤鱼肉、红小豆、大米、盐、橘皮，加水共煮粥，熟后调入味精、香油即可。
【烹饪技法】煮。
【营养功效】补中益气，利尿消肿，安胎通乳。
【健康贴士】肾炎水肿、肝炎黄疸、阳痿早泄者宜食。

鱼脯粥

【主料】大米100克，鱼脯100克。
【配料】浓汤宝（浓滑鱼汤口味）1块，胡椒粉2克，料酒8克，姜粉3克，香葱5克。
【制作】① 鱼脯切片，用胡椒粉、料酒、姜粉腌制入味，大米淘洗干净。② 锅置火上入水，下入大米大火煮沸，投入浓滑鱼汤口味浓汤宝，转小火慢慢熬30分钟，加入腌好的鱼脯片煮5分钟，撒上香葱即可。
【烹饪技法】腌，熬。
【营养功效】和中暖胃，益肠明目。
【健康贴士】此粥最宜老年人食用。

鲫鱼糯米粥

【主料】糯米100克，鲫鱼250克。
【配料】黄酒、盐各2克，生姜末、葱末各5克，胡椒粉2克。
【制作】① 糯米淘洗干净，用水浸泡30分钟；鲜鲫鱼洗净，开膛去内脏，刮鳞去头、尾及骨刺后，再将鱼肉切成长4厘米、厚1厘米的薄片，把切好的鱼肉片放入盆内，倒上黄酒，撒上生姜末，腌渍备用。② 锅置火上下入糯米，大火煮沸后转小火约煮50分钟，投入腌渍好的鱼片，搅匀，煮至鱼片熟透，调入盐、胡椒粉，撒上葱末即可。
【烹饪技法】腌，熬。
【营养功效】温中养胃，健脾消肿，
【健康贴士】瘀血、浮肿、骨质疏松患者宜食。

小米鳝鱼粥

【主料】小米100克，鳝鱼肉50克。
【配料】生姜5克，胡萝卜30克，盐4克，白砂糖1克。
【制作】① 小米淘洗干净；鳝鱼肉处理干净，切成粒；生姜、胡萝卜均去皮切粒。② 取瓦煲1个，注入适量清水，大火烧沸后下入小米，转小火煮约20分钟，再加入姜米、鳝鱼粒、胡萝卜粒，调入盐、白砂糖，煮约15分钟即可。
【烹饪技法】煮。
【营养功效】清热解毒，润肠止血。
【健康贴士】鳝鱼含有降低血糖和调节血糖的“鳝鱼素”，且所含脂肪极少，因此糖尿病患者宜食。

墨鱼粥

【主料】干墨鱼1条，粳米100克，香菇、冬笋各50克。
【配料】料酒5克，盐3克，味精、胡椒粉

各2克。

【制作】① 墨鱼去骨洗净，切成细丝；香菇、冬笋均洗净，切成细丝。② 砂锅置火上入水、墨鱼、料酒，大火煮沸后转小火熬煮至鱼肉烂熟，下入粳米、香菇、冬笋熬煮成粥时，调入盐、味精、胡椒粉即可。

【烹饪技法】煮。

【营养功效】养血通经，补脾益肾。

【健康贴士】妇女贫血、血虚经闭者宜食。

鱼蓉枸杞粥

【主料】黄花鱼1条，枸杞10粒，圆糯米100克。

【配料】盐3克，姜丝、葱丝各5克，酱油5克，味精1克，植物油10克。

【制作】① 枸杞洗净；圆糯米淘洗干净后用水浸泡1小时；黄花鱼处理干净，用盐腌渍10分钟。② 炒锅置火上入油烧热，放入腌好的小黄鱼，煎至两面金黄。取出剔骨，鱼肉用酱油腌渍10分钟，剁成鱼蓉。③ 锅置火上，放入清水、鱼骨，大火煮沸后转中火炖至汤白，去除鱼骨，加入圆糯米熬煮至黏稠，再加入鱼蓉、枸杞、姜丝、葱丝，调入味精，中火煮沸即可。

【烹饪技法】腌，煎，炖，熬，煮。

【营养功效】健脾开胃，安神止痢，益气填精。

【健康贴士】贫血、失眠、头晕、食欲不振及妇女产后体虚者宜食。

鲤鱼阿胶粥

【主料】糯米100克，阿胶20克，鲤鱼200克。

【配料】大葱、姜各3克，桂皮2克，盐1克。

【制作】① 糯米淘洗干净，用冷水浸泡3小时，捞出，沥干水分；鲤鱼刮鳞去鳃，去除内脏，洗净后切块，放入锅中，加入冷水1000毫升煮汤。② 另取锅置火上，下入糯米，加入冷水约1000毫升，大火烧沸，放入阿胶、鱼汤汁和桂皮，转小火慢煮至糯米熟烂，汤浓稠时，放入葱末、姜丝、盐调味即可。

【烹饪技法】煮。

【营养功效】补脾健胃，利水消肿，通乳，清热解毒。

【健康贴士】鲤鱼是发物，患有恶性肿瘤、淋巴结核、红斑性狼疮、支气管哮喘、小儿痄腮、血栓闭塞性脉管炎、痈疽疔疮、荨麻疹、皮肤湿疹等疾病的患者均忌食。

【巧手妙招】鲤鱼脊背两侧各有一条白筋，它里面含有造成特殊腥味的物质。去白筋的方法是：在靠鲤鱼鳃部的地方切一个小口，显露白筋，用镊子夹住，轻轻用力，即可抽掉。

虾皮紫菜粥

【主料】紫菜100克，虾皮50克，大米100克。

【配料】盐2克，姜末、葱末各5克。

【制作】① 紫菜入水浸泡后，捞出，沥干水分；虾皮用剪刀剪成虾皮粒，冲洗干净；大米淘洗干净。② 锅置火上入水，下入大米大火煮沸后转小火熬煮成粥，再放入虾皮粒、紫菜煮10分钟，撒入姜末、葱粒、盐调味即可。

【烹饪技法】煮。

【营养功效】补钙滋肾，理气开胃。

【健康贴士】含钙丰富，儿童、老人宜食。

泰式鲜虾粥

【主料】鲜虾150克，鸡蛋1个，米饭200克。

【配料】冬菜5克，姜丝、葱末、芹菜丁、香菜各10克，高汤2000毫升，鱼露10克，白醋5克，椰奶10克，糖3克。

【制作】① 鲜虾去壳，剔去肠泥，洗净后沥干水分；鸡蛋取蛋液打散，备用。② 锅置火上，倒入适量的沙拉油烧热，将蛋液煎成蛋皮后切丝，另取锅，下入米饭、高汤、姜丝大火煮至沸腾后放入鲜虾、鱼露、糖、白醋、冬菜拌匀，转小火熬煮至鲜虾熟透。③ 撒上葱末、芹菜丁、香菜与蛋丝，淋入椰奶即可。

【烹饪技法】煎，煮。

【营养功效】补肾壮阳，养血固精。

【健康贴士】虾不宜与含有鞣酸的水果同

食。虾含有比较丰富的蛋白质和钙等营养物质，与含有鞣酸的水果，如葡萄、石榴、山楂、柿子等同食，不仅会降低蛋白质的营养价值，而且鞣酸和钙离子结合形成不溶性结合物会刺激肠胃，引起人体不适，出现呕吐、头晕、恶心和腹痛腹泻等症状。海鲜与这些水果同吃至少应间隔 2 小时。

虾仁韭菜粥

【主料】鲜虾、韭菜各 30 克，粳米 150 克。

【配料】盐 5 克，姜末 3 克。

【制作】① 鲜虾去除泥肠，洗净，切成蓉；韭菜择洗干净，切成小段；姜洗净切末；粳米淘洗干净，用冷水浸泡 30 分钟，捞出，沥干水分。② 锅置火上加入约 1500 毫升冷水，下入粳米，大火烧沸后加入虾蓉，转小火熬煮至粥八成熟时，下姜末、韭菜段、盐调味，再煮至粥成即可。

【烹饪技法】煮。

【营养功效】补肾壮阳，健中固精。

【健康贴士】肾阳亏虚、腰膝酸软、阳痿早泄者宜食。

虾皮粥

【主料】虾皮 150 克，青笋 50 克，珍珠香米 400 克。

【配料】盐 3 克，味精 1 克，香油 10 克，化猪油 15 克，葱 20 克。

【制作】① 虾皮、青笋分别洗净，青笋尖切细粒；珍珠香米淘洗干净；葱择洗净，切葱花。② 锅置火上入水烧沸，下珍珠香米，大火煮沸后改小火熬至粥熟时，下青笋、虾皮、化猪油、盐煮成粥黏稠，调入味精、香油，撒入葱末搅匀即可。

【烹饪技法】煮。

【营养功效】补肾壮阳，宽肠通便。

【健康贴士】虾皮不宜与菠菜同食，虾皮中的钙会与菠菜中的草酸形成草酸钙，影响人体对钙的吸收。

鲜虾冬瓜燕麦粥

【主料】鲜虾仁 50 克，冬瓜 100 克，燕麦 50 克。

【配料】植物油 10 克，料酒 5 克，盐 3 克，味精 1 克。

【制作】① 鲜虾去除泥肠，洗净，切成蓉。冬瓜去皮、洗净切成丁。② 炒锅置火上入油，下入虾蓉和冬瓜翻炒 2 分钟，烹入料酒，加水、燕麦片煮沸后转中小火煮约 20 分钟，调入盐、味精即可。

【烹饪技法】炒，煮。

【营养功效】益脾养心，清热生津。

【健康贴士】冬瓜、燕麦都具有抑糖、化脂的功效，高血糖、肥胖症患者宜食。

山药虾粥

【主料】山药 50 克，虾仁 5 个，大米 100 克。

【配料】盐 3 克，味精 1 克。

【制作】① 大米淘洗干净；山药去皮，洗净，切成小块；虾仁去虾线，洗净，切成两半备用。② 锅置火上入水，投入大米，大火煮沸后加入山药块，转小火煮成粥，待粥将熟时，放入虾仁，加入盐、味精调味即可。

【烹饪技法】煮。

【营养功效】补中益气，利肾固精。

【健康贴士】患过敏性鼻炎、支气管炎、反复发作性过敏性皮炎的老年人慎食。

青菜虾仁粥

【主料】虾仁 60 克，青菜 100 克，大米 150 克。

【配料】浓汤宝（老母鸡汤）1 块。

【制作】① 虾仁用水泡去碱味，处理干净；青菜择洗干净，切成小块；大米淘洗干净。② 锅置火上入水 1500 毫升，下入大米，大火煮沸后加入浓汤宝改小火煮至黏稠，再下入虾仁、青菜，煮沸即可。

【烹饪技法】煮。

【营养功效】润肺养胃，宽肠通便。

【健康贴士】青菜缺乏蛋白质，虾仁蛋白质丰富，两者最宜搭配，互补不足。

五彩虾仁粥

【主料】糯米 150 克，鲜虾仁 100 克，嫩豌豆、玉米粒、香菇、胡萝卜各 50 克。

【配料】盐 3 克，葱末 5 克。

【制作】① 糯米淘洗干净；鲜虾仁处理干净；嫩豌豆、玉米粒洗净，香菇、胡萝卜均洗净，切碎。② 锅置火上入水，下入糯米大火煮沸后转小火熬煮成粥，再放入鲜虾仁、嫩豌豆、玉米粒、香菇、胡萝卜，焖煮 10 分钟即可。

【烹饪技法】熬，焖。

【营养功效】滋养肝肾，润燥滑肠。

【健康贴士】营养丰富，一般人皆宜食用。

虾皮香芹燕麦粥

【主料】燕麦片 150 克，虾皮 20 克，芹菜 50 克。

【配料】盐 2 克，香油 5 克。

【制作】① 芹菜择洗干净，切小丁；虾皮冲洗干净。② 锅置火上入水，下入燕麦大火煮沸后，放入虾皮，转小火煮至软烂，加盐调味，撒上芹菜丁，再淋上香油即可。

【烹饪技法】煮。

【营养功效】温中养胃，降压护心。

【健康贴士】香芹、燕麦都有降糖、降压。保护心血管的功效，此粥最宜老年人食用。

木耳银芽海米粥

【主料】大米 100 克，干木耳 20 克，绿豆芽 50 克，鸡蛋 1 个，海米 10 克，菠菜 50 克。

【配料】姜丝 5 克，味精 1 克，盐 3 克。

【制作】① 大米淘洗干净；鸡蛋打成蛋液，用平锅摊成皮，切丝；木耳用冷水泡发；绿豆芽、菠菜分别择洗干净；海米洗净，涨发回软备用。② 锅置火上入水，下入稻米大火煮沸后转小火熬煮成粥，再下入蛋丝、木耳、绿豆芽、海米、菠菜、姜丝稍煮，调入盐、味精拌匀即可。

【烹饪技法】煎，煮。

【营养功效】清肠胃，解热毒。

【健康贴士】虾的通乳作用较强，并且富含磷、钙，小儿、孕妇宜食。

牡蛎肉末粥

【主料】米饭 200 克，鲜牡蛎 100 克，猪瘦肉 50 克，芹菜末 15 克，冬寒菜末 15 克，小米面 10 克。

【配料】粟粉 5 克，盐 4 克，色拉油 5 克，香油 5 克，胡椒粉 1 克，高汤 2000 毫升。

【制作】① 鲜牡蛎去壳，用粟粉揉擦后冲洗干净，沥干水分备用；猪肉洗净，切末，加盐 2 克、色拉油、胡椒粉、香油拌匀，腌 10 分钟；米饭用热水浸泡 5 分钟，捞出沥干水分。② 锅置火上，倒入高汤，下入米饭大火煮沸，放入猪肉末、牡蛎，转小火熬至熟，调入盐拌匀，再加入芹菜末、冬寒菜末，略煮片刻，即可盛起食用。

【烹饪技法】腌，煮。

【营养功效】益精收涩，安神宁心。

【健康贴士】脾虚肠滑者忌食，孕妇慎食。

海蛎稀粥

【主料】鲜海蛎 200 克，糯米 150 克，猪五花肉 100 克。

【配料】干葱头、鲜大蒜各 10 克，胡椒粉 5 克，酱油 15 克，味精 2 克，熟猪油 30 克。

【制作】① 糯米淘洗干净，浸泡 30 分钟；海蛎洗净，拣去壳渣；猪五花肉切薄片；葱头切粒状；青蒜切斜粒状。② 锅置大火上，加熟猪油烧热，放入葱末煸炒至金黄色，起锅倒入碗内。锅洗净，加清水 4000 毫升烧沸，放入糯米煮沸，再放入海蛎、五花肉，煮至粥八成熟时，加入酱油、味精搅匀，盛入钵内用小火保温，食时撒上葱头油、鲜蒜、胡椒粉即可。

【烹饪技法】煸炒，煮。

【营养功效】补肾壮阳，益气止血。
【健康贴士】牡蛎肉不宜与糖同食。

干贝粥

【主料】大米 100 克，干贝 3 粒，鸡脯肉 150 克。
【配料】香菇 4 片，荸荠 5 粒，葱末 5 克，料酒 6 克，盐 4 克，淀粉 5 克，胡椒粉 2 克。
【制作】① 大米淘洗干净，浸泡 30 分钟；干贝洗净、泡软，上锅蒸熟后撕成丝；鸡脯肉切丝，拌入料酒、盐 2 克、淀粉腌渍；香菇泡软、去梗、切丝；荸荠洗净、切片。② 锅置火上，倒入浸泡的大米和水，大火煮沸后，放入香菇丝、干贝丝和荸荠片，转小火煮粥。③ 待粥熬好时加入鸡肉煮熟，调入盐 2 克、胡椒粉拌匀，撒上葱末即可盛出食用。
【烹饪技法】蒸，腌，煮。
【营养功效】降血压，降胆固醇，补益健身。
【健康贴士】干贝蛋白质含量高，多食可能会引发皮疹，因此皮肤病患者慎食。

皮蛋干贝粥

【主料】大米 100 克，干贝 50 克，皮蛋 1 个。
【配料】葱末、红椒丝各 6 克，盐 3 克，鸡精 1 克，胡椒粉 2 克，香油 6 克。
【制作】① 大米淘洗干净，浸泡约 30 分钟；皮蛋去皮，冲洗干净，切成月牙形；干贝洗净泡软备用。② 锅置火上入水，下入大米大火煮沸，转小火熬煮 40 分钟，放入泡好的干贝同煮 15 分钟，再放入皮蛋块，调入盐、胡椒粉、鸡精拌匀，焖煮片刻，撒上葱末、红椒丝即可。
【烹饪技法】熬煮，焖，煮。
【营养功效】滋阴补肾，和胃调中。
【健康贴士】儿童、痛风病患者不宜食用。

干贝瘦肉粥

【主料】大米 30 克，糯米 30 克，干贝 80 克，猪肉瘦 100 克。
【配料】姜丝 2 克，色拉油 10 克，盐 2 克，豌豆淀粉 20 克。
【制作】① 干贝洗净，用水浸泡 1 小时，捞出撕成丝，水留用；猪肉洗净抹干，切成粗粒，加淀粉、加色拉油拌匀；大米、糯米均淘洗干净。② 锅置火上，下入大米、糯米、干贝丝、猪肉粒、姜丝，注入热水 2500 毫升，再加入浸干贝的水，大火煮沸后转小火熬至粥成，调入盐拌匀，即可盛出食用。
【烹饪技法】煮。
【营养功效】滋阴补肾，调中下气。
【健康贴士】干贝不宜与香肠同食，因干贝含有丰富的胺类物质，香肠含有亚硝酸盐，两种食物同食会结合成亚硝胺，对人体有害。

蛤蜊粥

【主料】蛤蜊 10 个，大米 150 克。
【配料】姜丝 20 克，植物油 5 克，盐 2 克，葱末 5 克。
【制作】① 提前将蛤蜊用盐水浸泡 2 小时以上，让其吐尽泥沙，再用刷子将青蛤表面清洗干净；大米淘洗干净，用清水加盐 1 克、植物油浸泡 30 分钟。② 锅置火上入水 2000 毫升，大火烧沸后下入大米煮沸，转小火熬制 40 分钟左右，放入蛤蜊、姜丝转大火煮沸，等蛤蜊开壳以后即关火，调入盐拌匀，撒上葱末即可。
【烹饪技法】煮。
【营养功效】滋阴润燥，利尿消肿。
【健康贴士】蛤蜊肉宜于韭菜同食，可治疗阴虚所致的口渴、干咳、心烦、手足心热等症。

海螺粥

【主料】大米150克，鲜香菇4朵，海螺2个，油菜心100克。

【配料】腌大头菜10克，色拉油5克，盐2克。

【制作】① 香菇、大头菜清洗干净分别切丝备用；海螺下入沸水中汆熟，取出螺肉切片；大米淘洗干净；油菜心择洗干净。② 炒锅置火上入油烧热，依次放入香菇丝、大头菜丝、螺片加盐翻炒片刻，盛出备用。③ 砂锅置火上入水，下入大米大火煮沸转小火熬制40分钟，放入炒好的香菇丝、大头菜丝、螺片搅匀，加油菜心焖煮5分钟即可。

【烹饪技法】汆，炒，熬，煮。

【营养功效】清热明目，利膈益胃。

【健康贴士】海螺脑神经分泌的物质会引起食物中毒，食用前需去掉头部。

蟹柳豆腐粥

【主料】粳米150克，豆腐200克，蟹肉20克。

【配料】姜5克，鸡精3克，盐1克，高汤1000毫升。

【制作】① 粳米淘洗干净，冷水浸泡30分钟；姜洗净切末；蟹足棒切段；豆腐切块备用。② 锅置火上，下入粳米，加入冷水，大火烧沸后转小火熬煮成稀粥。③ 另取锅加入高汤，上火烧沸，下姜末煮片刻，再下入稀粥、豆腐及盐、鸡精同煮20分钟，放入蟹足棒段煮5分钟，搅拌均匀，即可盛起食用。

【烹饪技法】煮。

【营养功效】清热解毒，补骨添髓，养筋接骨

【健康贴士】螃蟹不可生食，寄生虫较多，此外，吃螃蟹不可饮用冷饮，会导致腹泻。

海蟹糯米粥

【主料】糯米150克，海蟹肉75克。

【配料】芹菜粒、姜丝各10克，味精1克，盐2克，葱头油5克，蟹汤1500毫升。

【制作】① 糯米淘洗干净，沥干水分。② 煲锅置火上放入蟹汤，大火烧沸，下入糯米小火熬煮至米心熟后，放入蟹肉、姜丝、盐、味精稍煮起锅，淋上葱头油，撒上芹菜粒即可。

【烹饪技法】煮。

【营养功效】解结散血，愈漆疮，养筋益气。

【健康贴士】蟹属凉性，肠胃不好的人不宜多吃，出血症患者不宜食用。

蟹肉粥

【主料】螃蟹150克，粳米50克。

【配料】姜丝3克，醋3克，酱油3克。

【制作】① 螃蟹提前2天用清水浸泡，待其吐尽泥沙，捞出冲洗干净，取出蟹肉和蟹黄；粳米淘洗干净。② 锅置火上入水，下入粳米，大火煮沸后转小火熬煮1小时，加入蟹肉和蟹黄，放入姜、醋和酱油，稍煮即可。

【烹饪技法】煮。

【营养功效】散血破结，益气养精，活血祛瘀。

【健康贴士】对螃蟹有过敏史，或有荨麻疹、过敏性哮喘、过敏性皮炎的人，尤其是有过敏体质的儿童、老人慎食，孕妇忌食。

果粥

西米苹果粥

【主料】西米50克，苹果100克。
【配料】玉米淀粉15克，白砂糖30克，糖桂花5克。
【制作】① 苹果冲洗干净，削去果皮，对剖成两半，剔去果核，再改刀切成丁块；西米淘洗干净，用冷水浸泡胀发，捞出，沥干水分；② 锅置火上加入冷水，烧沸后放入西米、苹果块，用大火再次煮沸，然后改用小火略煮，加入白砂糖、糖桂花，用水淀粉勾稀芡即可。
【烹饪技法】煮。
【营养功效】生津止渴，益脾止泻。
【健康贴士】冠心病、心肌梗死、肾病、糖尿病患者慎吃。

苹果牛奶粥

【主料】大米100克，苹果100克，牛奶200毫升。
【配料】糖5克。
【制作】① 大米淘洗干净；苹果冲洗干净，削去果皮，磨碎。② 锅置火上入水，下入大米大火煮沸后转小火熬煮成粥时，倒入牛奶小火煮沸，再放入苹果碎，加糖调味即可。
【烹饪技法】煮。
【营养功效】补虚损，益肺胃，生津润肠。
【健康贴士】苹果和牛奶同食，可清凉解渴，生津去热。
【巧手妙招】喝杯牛奶，可消除留在口中的大蒜味。

银耳苹果瘦肉粥

【主料】银耳25克，红苹果1个，猪瘦肉300克，米饭200克。
【配料】枸杞12粒，太白粉2克，盐2克，鸡精1克。
【制作】① 银耳洗净，泡发，撕成小片；红苹果洗净，去子，切成瓣；猪瘦肉洗净，切成约1厘米的厚片，再用少许太白粉拌匀备用。② 锅置火上加水3000毫升，倒入米饭，小火煮沸后，放入银耳片、红苹果瓣熬煮15分钟，再加入猪瘦肉、枸杞煮至粥成，调入盐、鸡精拌匀即可。
【烹饪技法】煮。
【营养功效】和胃降逆，滋阴润肺。
【健康贴士】高血压、高血脂和肥胖患者宜食。

苹果麦片粥

【主料】燕麦片50克，牛奶250毫升，苹果半个，胡萝卜半根。
【制作】① 苹果、胡萝卜均冲净，去皮，切成细丝。② 锅置火上入水，投入燕麦片、胡萝卜丝，倒入牛奶小火煮沸，再放入苹果丝至煮烂即可。
【烹饪技法】煮。
【营养功效】润肺除烦，健脾益胃。
【健康贴士】此粥特别适宜婴幼儿和中老年人食用。

苹果粥

【主料】大米100克，苹果700克。
【配料】白砂糖20克。
【制作】① 苹果洗净、去核，切成2厘米见方的块；大米淘洗干净。② 将大米、苹果放入铝锅内，加水适量，置大火上烧沸，再用小火煮30分钟即可。
【烹饪技法】煮。

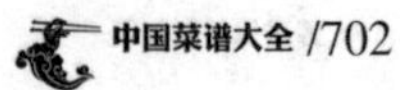

【营养功效】消炎止泻，养心益气。
【健康贴士】慢性胃炎、消化不良、气滞不通患者宜食。

杧果粥

【主料】紫米 200 克，杧果 200 克。
【配料】椰奶 100 毫升，白砂糖 10 克。
【制作】① 杧果去皮取肉，切成丁；紫米淘洗干净。② 杧果核放入锅中，加水煮 20 分钟，把紫米下入杧果水中，转小火煲至粥软糯鲜滑，加糖搅拌均匀，撒上杧果肉，淋入椰奶即可。
【烹饪技法】煮，煲。
【营养功效】祛痰止咳，抗菌消炎。
【健康贴士】杧果叶或汁对过敏体质的人可引起皮炎，故皮肤病患者慎食。
【举一反三】也可以在紫米中加入一些大米，增加粥的软糯感，紫米和大米的比例约为 3 ： 1 即可。

香蕉粥

【主料】香蕉 3 根，糯米 100 克。
【配料】冰糖 100 克。
【制作】① 香蕉剥去外皮，去筋，切成丁；粳米淘洗干净，用冷水浸泡 30 分钟，捞出，沥干水分。② 锅置火上入水，下入粳米，大火煮沸后转小火熬煮，待粥将成时，加入香蕉丁、冰糖，再略煮片刻，即可盛起食用。
【烹饪技法】煮。
【营养功效】清肠胃，治便秘，止烦渴。
【健康贴士】香蕉性寒，脾虚泄泻者慎食。
【巧手妙招】香蕉在冰箱中存放容易变黑，可以把香蕉放进塑料袋里，再放一个苹果，尽量排出袋子里的空气，扎紧袋口，再放在家里不靠近暖气的地方，这样香蕉至少可以保存一个星期左右。

陈皮香蕉粥

【主料】大米 100 克，陈皮 5 克，香蕉 1 根。
【配料】冰糖 20 克。
【制作】① 大米淘洗干净；陈皮冲洗干净，切碎，香蕉剥去外皮，去筋，切成丁。② 锅置火上入水，下入大米、陈皮碎，大火煮沸后转小火煮至黏稠，放入冰糖，冰糖溶化后放入香蕉丁，焖煮片刻即可。
【烹饪技法】煮，焖。
【营养功效】理气开胃，润肠通便。
【健康贴士】陈皮有一定的燥湿作用，气虚、有胃火的人慎食。

小米面香蕉粥

【主料】小米 100 克，香蕉 2 根。
【制作】① 小米淘洗干净；香蕉剥去外皮，去筋，切成丁。② 锅置火上入水，下入小米，大火煮沸后转小火熬煮成粥，下入香蕉丁，焖煮片刻即可。
【烹饪技法】煮，焖。
【营养功效】健脾和胃，润肺滑肠。
【健康贴士】香蕉不宜与芋头同食，容易导致胃部不适、腹部胀满疼痛。

雪梨荸荠粥

【主料】大米 100 克，荸荠 7 个，雪梨 1 个。
【配料】核桃仁 20 克，枸杞 10 粒。
【制作】① 荸荠洗净，去皮，一切两半；大米淘洗干净，浸泡 10 分钟；雪梨洗净，去皮，切成小块；枸杞冲洗干净。② 锅置火上入水，下入大米和泡米水、荸荠，大火煮沸后转小火煮 30 分钟，放入雪梨块煮 5 分钟，再下入核桃仁，焖煮 5 分钟，撒上枸杞即可。
【烹饪技法】煮，焖。
【营养功效】生津润燥，清热化痰
【健康贴士】雪梨性寒，脾胃虚寒、腹部冷痛、血虚者慎食。
【举一反三】喜欢甜粥者可以与雪梨一起下入冰糖 10 克，即成雪梨甜粥。

雪梨百合粥

【主料】糯米 100 克，雪梨 1 个，百合 2 瓣。
【配料】冰糖 10 克。
【制作】① 糯米淘洗干净，冷水浸泡 1 小时，百合洗净；雪梨洗净，去皮，切成小丁。② 锅置火上入水，放入梨块、百合瓣，大火煮沸，下入糯米后转小火熬煮至粥将成时，投入冰糖煮至粥成，即可关火盛碗食用。
【烹饪技法】煮。
【营养功效】清火润肺，安神益气。
【健康贴士】百合与雪梨都具有润肺止咳的功效，对病后虚弱的人非常有益。但两者均属性寒之物，多食伤肺。

牛奶鸡蛋梨片粥

【主料】粳米 150 克，牛奶 200 毫升，鸡蛋 1 个，柠檬 5 克，梨 2 个。
【配料】白砂糖 10 克。
【制作】① 梨去皮、核，切片；柠檬榨汁；粳米淘洗干净，沥干水分；鸡蛋打开取蛋黄备用。② 蒸锅置火上，放入梨片，撒上白砂糖 5 克蒸 15 分钟，将柠檬汁淋于梨片上，拌匀备用。③ 牛奶加白砂糖烧沸，下入粳米，烧沸后转小火焖煮成浓稠粥，放入鸡蛋黄，搅匀后离火，装入碗中，铺上梨片即可。
【烹饪技法】蒸，焖，煮。
【营养功效】化痰止咳，生津健脾。
【健康贴士】胃溃疡、胃酸分泌过多，患有龋齿者和糖尿病患者慎食。
【巧手妙招】柠檬可以当收敛剂用，早上用柠檬水擦在脸上，让柠檬汁在脸上停留 10 分钟，然后用温水洗掉，可以防止皮肤松弛。

止咳川贝水梨粥

【主料】圆糯米 100 克，川贝 5 克，雪梨 1 个。
【配料】冰糖 10 克。
【制作】① 川贝用冷水浸泡 1 个小时后取出；圆糯米淘洗干净，用冷水浸泡 1 小时，沥干水分；雪梨洗净，削去外皮，剖开去心，切片备用。② 砂锅置火上入水，大火烧开后下入糯米，再次煮沸后转小火煮至米粒开花，汤汁浓稠，加入雪梨片煮 10 分钟，投入冰糖调味即可。
【烹饪技法】煮。
【营养功效】清肺止咳，去热化痰。
【健康贴士】脾胃虚寒及寒痰、湿痰者不宜食用。

黄瓜雪梨粥

【主料】糯米 100 克，雪梨 200 克，黄瓜、山楂糕各 50 克。
【配料】冰糖 10 克
【制作】① 糯米淘洗干净，用冷水浸泡 3 小时，捞出沥干水分；雪梨去皮、核，洗净切块；黄瓜洗净，切条；山楂糕切条备用。② 锅置火上入水，下入糯米大火煮沸，转小火熬煮成稀粥时，下入雪梨块、黄瓜条、山楂条、冰糖拌匀，转中火煮沸，即可盛起食用。
【烹饪技法】煮。
【营养功效】清热利水，解毒消肿，生津止渴。
【健康贴士】黄瓜、雪梨都属性寒之物，脾胃虚寒者不宜多食。

梨粥

【主料】梨 2 个，粳米 100 克。
【配料】冰糖 10 克。
【制作】① 梨洗净去皮，切开去核，捣烂过滤取汁；粳米淘洗干净。② 砂锅置火上入水，下入粳米，大火煮沸后转小火熬煮成粥时，兑入梨汁，加入冰糖调匀，稍煮即可。
【烹饪技法】煮。
【营养功效】止咳润燥，清热生津。
【健康贴士】煮熟的梨有助于肾脏排泄尿酸和预防痛风、风湿病、关节炎，老人宜食。

樱桃粥

【主料】西米 100 克，樱桃 200 克。

【配料】白砂糖 50 克，糖桂花 10 克。

【制作】① 鲜樱桃洗净，剔去核，用白砂糖 30 克腌渍；西米淘洗干净，用冷水浸泡 2 小时，捞起沥干水分。② 锅置火上入水，下入西米，用大火煮沸转小火煮至西米浮起，呈稀粥状时加入白砂糖、糖桂花搅拌均匀，再下入樱桃煮沸，即可盛起食用。

【烹饪技法】腌，煮。

【营养功效】补中益气，祛风除湿。

【健康贴士】有溃疡症状者、上火者慎食，糖尿病者忌食。

银耳樱桃粥

【主料】粳米 100 克，干银耳 20 克，樱桃 30 克。

【配料】糖桂花 5 克，冰糖 10 克。

【制作】① 银耳用冷水浸泡回软，择洗净，撕成片；粳米淘洗干净，用冷水浸泡 30 分钟，捞出，沥干水分；樱桃去柄，洗净。② 锅置火上入水，下入粳米，大火煮沸后转小火熬煮至粳米米粒软烂时，加入银耳、冰糖，再煮 10 分钟左右下入樱桃、糖桂花拌匀，煮沸后即可。

【烹饪技法】煮。

【营养功效】调中益气，健脾和胃。

【健康贴士】银耳与樱桃的美白功效十分显著，此粥最适宜女性食用。

猕猴桃粥

【主料】猕猴桃 2 个，大米 100 克。

【配料】枸杞 15 枚，冰糖 3 粒。

【制作】① 大米淘洗干净，用冷水浸泡 30 分钟；猕猴桃去皮，切片；枸杞冲洗干净，备用。② 锅置火上入水，下入大米大火煮沸后转小火熬至米粒开花，粥黏稠时放入枸杞、猕猴桃片再煮 3 分钟，加冰糖煮化调味即可。

【烹饪技法】煮。

【营养功效】调中理气，生津润燥。

【健康贴士】猕猴桃果肉中含有丰富的维生素 C 和维生素 B 微量元素，对预防口腔溃疡有天然的药效作用。

西米猕猴桃粥

【主料】西米 100 克，猕猴桃 100 克。

【配料】白砂糖 20 克。

【制作】① 鲜猕猴桃冲洗干净，去皮取瓤；西米淘洗干净，用冷水浸泡回软后捞出，沥干水分。② 锅置火上入水，下入西米，大火煮沸后转小火煮 30 分钟，加入猕猴桃煮至粥成，加入白砂糖调味，即可盛起食用。

【烹饪技法】煮。

【营养功效】解热止渴，通淋健胃。

【健康贴士】猕猴桃外皮除含有丰富果胶，可降低血中胆固醇，预防心血管疾病，因此老年人宜食。

菠萝粥

【主料】西米 100 克，菠萝 150 克。

【配料】白砂糖 10 克

【制作】① 菠萝切成细丁；西米淘洗干净，放入沸水锅内略汆后捞出，再用冷水反复漂洗，备用。② 锅置火上入水，下入西米大火煮沸后转小火熬煮 30 分钟，放入菠萝丁煮至粥成，加入白砂糖调味，稍焖片刻，即可盛起食用。

【烹饪技法】汆，煮。

【营养功效】清热解暑，生津止渴。

【健康贴士】身热烦躁者、肾炎、高血压、支气管炎、消化不良者宜食。

【举一反三】喜欢粥黏稠一点儿的也可以稍加一些糯米淘洗干净与西米同煮即可。

【巧手妙招】菠萝用淡盐水浸泡后，能减弱酸味，防过敏。

西瓜皮粥

【主料】西瓜皮 200 克，粳米 100 克。

【配料】盐 2 克，白砂糖 30 克。

【制作】① 西瓜皮削去硬皮，冲洗干净，切成细丁，撒上盐腌渍 10 分钟；粳米淘洗干净，用冷水浸泡 30 分钟，捞出，沥干水分。② 锅置火上入水，放入西瓜皮丁、粳米，大火煮沸后，转小火煮约 45 分钟，加入白砂糖调味后，即可盛起食用。

【烹饪技法】腌，煮。

【营养功效】清暑解热，止渴，利小便。

【健康贴士】脾胃寒湿者慎食。

西瓜绿豆粥

【主料】大米 200 克，西瓜 300 克，绿豆 50 克。

【配料】白砂糖 10 克。

【制作】① 绿豆淘洗干净，放入清水中浸泡 4 小时；大米淘洗干净；西瓜去皮、子，切成小丁备用。② 锅置火上入水，下入大米、绿豆大火煮沸后转小火熬煮至粥黏稠，放入西瓜丁、白砂糖煮匀，即可盛出食用。

【烹饪技法】煮。

【营养功效】清热解毒，解烦渴。

【健康贴士】绿豆、西瓜都属性寒凉之物，素体阳虚、脾胃虚寒、泄泻者慎食。

西瓜粥

【主料】西瓜 500 克，西米 100 克。

【配料】橘饼、冰糖各 10 克。

【制作】① 西瓜去子、切块；西米淘洗干净，用冷水浸泡至涨软；橘饼切成细丝状备用。② 锅置火上入水，把去子西瓜瓤、冰糖、橘饼放进锅内大火煮沸，加入浸泡发胀后的西米转小火熬煮成粥即可。

【烹饪技法】煮。

【营养功效】利小便，解酒毒，降血压。

【健康贴士】西瓜多糖，故糖尿病患者忌食。

金橘糯米粥

【主料】糯米 100 克，柠檬 35 克，金橘 100 克。

【配料】冰糖 10 克，蜂蜜 15 克。

【制作】① 金橘洗净，对半切开；糯米淘洗干净后用水浸泡 1 小时。② 锅置火上入水，下入糯米、金橘，大火煮沸后转小火慢慢熬煮至黏稠，加入冰糖后再煮 2 分钟，柠檬挤出汁液来滴入粥中拌匀，关火待粥晾到温热时淋上蜂蜜即可。

【烹饪技法】煮。

【营养功效】理气解郁，化痰止渴。

【健康贴士】脾弱气虚者、糖尿病患者、口舌碎痛、齿龈肿痛者忌食。

橘香绿豆粥

【主料】橘皮 20 克，小米 50 克，绿豆 100 克。

【配料】冰糖 30 克。

【制作】① 小米、绿豆均淘洗干净，橘皮冲洗干净。② 砂锅置火上入水，放入小米、绿豆大火煮沸后转小火熬煮 1 小时，煮至绿豆开花，米花尽碎，撒上橘皮，加入冰糖熬至化开即可。

【烹饪技法】煮。

【营养功效】清热解毒，解暑利水。

【健康贴士】脾虚饮食减少、消化不良，以及恶心呕吐者宜食。

【巧手妙招】将橘子皮切成丝晾干作枕心用，有顺气、降压的功效，对高血压病人很适用。

葡萄粥

【主料】大米 100 克，葡萄干 100 克。

【配料】白砂糖 10 克。

【制作】① 大米淘洗干净，葡萄干冲洗干净。② 锅置火上入水，下入大米大火煮沸后转小火熬煮至粥将成时，放入葡萄干，加入白砂糖调味即可。

【烹饪技法】煮。

【营养功效】益气补血，消脂暖肾。

【健康贴士】葡萄干中的铁和钙含量十分丰富，儿童、妇女、体弱贫血者宜食。

山药莲子葡萄粥

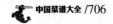

【主料】粳米 100 克，山药 40 克，葡萄干 40 克，莲子 20 克。
【配料】白砂糖 10 克。
【制作】① 山药洗净，去皮，切成小片；莲子洗净，用冷水泡开，除去莲心；葡萄干除去杂质；粳米淘洗干净，浸泡 30 分钟。② 锅置火上入水，下入粳米大火煮沸后放入山药片、莲子肉、葡萄干，转小火熬煮至粥将成时，加白砂糖调味，即可盛起食用。
【烹饪技法】煮。
【营养功效】补脾养胃，生津益肺。
【健康贴士】糖尿病的人忌食，肥胖之人不宜多食。

草莓糯米粥

【主料】鲜草莓 100 克，糯米 150 克。
【配料】红枣 50 克，荔枝干 30 克。
【制作】① 鲜草莓择洗干净，切成半；红枣冲洗干净，去核；糯米淘洗干净，浸泡 1 小时。② 锅置火上入水，下入糯米大火煮沸后，放入草莓块、红枣、荔枝干熬制成粥，盛碗即可。
【烹饪技法】熬，煮。
【营养功效】益气补血，生津止渴。
【健康贴士】身体虚弱、气血不足者宜食。
【举一反三】可以把糯米换成麦片，红枣、荔枝换成牛奶，即可煮成草莓牛奶燕麦粥。
【巧手妙招】草莓表面粗糙，不易洗净，可用淡盐水或高锰酸钾水浸泡 10 分钟既可杀菌又较易清洗。

荔枝粥

【主料】粳米 100 克，荔枝 50 克。
【配料】冰糖 20 克。
【制作】① 粳米淘洗干净，用冷水浸泡 2 小时；干荔枝去壳取肉，用冷水漂洗干净。② 砂锅置火上入水，下入粳米、干荔枝肉大火煮沸，转小火焖煮至米烂粥稠，调入冰糖熬至化开即可。
【烹饪技法】煮。
【营养功效】行气散结，散寒止痛。
【健康贴士】荔枝火气大，阴虚肝热者、糖尿病患者慎食。
【举一反三】可以在粥中加几枚红枣，能起到更好的补血之效。
【巧手妙招】荔枝火大，可以把荔枝连皮浸入淡盐水中，再放入冰柜里冰后食用，这样不仅不会上火，还能解滞，更可增加食欲。如果泡上 1 杯用晒干的荔枝叶煎的荔枝茶，还可能解食荔枝多而产生的滞和泻。

荔枝山药莲子粥

【主料】荔枝肉 50 克，山药、莲子肉各 20 克大米 100 克。
【配料】白砂糖 10 克。
【制作】① 山药洗净，去皮，与荔枝肉、莲子肉一并捣碎；大米淘洗干净。② 放入锅内，加水适量煮至软烂，然后放入淘洗干净的大米煮熟，加入白砂糖煮化即成。
【烹饪技法】煮。
【营养功效】补脑健身，开胃益脾。
【健康贴士】产妇、老人、体质虚弱者、病后调养者宜食。但是荔枝一次不能食用太多或连续多食，否则可能导致以低血糖症状为主的“荔枝病”，严重者会发生昏迷、抽搐和循环衰竭等症。

桂圆糯米粥

【主料】糯米 100 克，桂圆肉 40 克。
【制作】① 糯米淘洗干净，浸泡 2 小时；桂圆肉剥开冲洗一下。② 锅置火上入水，下入糯米大火煮沸后，加入桂圆肉转小火熬煮粥将成时，调入冰糖煮至化开即可。
【烹饪技法】煮。
【营养功效】补血安神，健脑益智。
【健康贴士】此粥最宜由脾胃虚寒引起的反胃、食欲减少、泄泻和气虚引起的汗虚、气短无力、妊娠腹坠胀等症患者食用。

桂圆芡实粥

【主料】糯米 150 克，桂圆肉 25 克，芡实 50 克，酸枣仁 25 克。
【配料】蜂蜜 100 克。
【制作】① 糯米淘洗干净；芡实去除杂质，与糯米混合拌匀；酸枣仁洗净，清水浸发后碾磨成糊备用。② 锅置火上入水，下入桂圆肉、糯米、芡实，大火煮沸后，转小火焖煮至粥八成熟时，兑入酸枣仁糊焖煮至粥成，离火凉至粥温热，调入蜂蜜即可。
【烹饪技法】煮，焖。
【营养功效】健脾暖胃，补心长智。
【健康贴士】脾肾气虚、精气不固者宜食。

桂圆红枣粥

【主料】桂圆 5 颗，糯米 100 克，红枣 8 枚，莲子 30 克，红豆 40 克，黏玉米 1 个。
【制作】① 红枣洗净，去核；桂圆剥开皮，取果肉备用；糯米淘洗干净；黏玉米剥粒，淘洗干净；莲子、红小豆择洗干净。② 锅置火上入水，下入红豆、糯米、莲子、红枣、桂圆、黏玉米粒大火煮沸后，转小火熬煮成粥即可。
【烹饪技法】煮。
【营养功效】补脾止泻，益气补血。
【健康贴士】此粥最适宜女士食用。

桂圆莲子粥

【主料】圆糯米 60 克，桂圆肉 10 克，去心莲子 20 克，红枣 6 克。
【配料】冰糖 10 克。
【制作】① 莲子洗净；红枣去核；圆糯米淘洗干净，清水浸泡 2 小时。② 锅置火上入水，下入莲子、圆糯米大火煮沸后转小火煮 40 分钟，加入桂圆肉、红枣再熬煮 15 分钟，调入冰糖煮至化开即可。
【烹饪技法】煮。
【营养功效】补血益气，利脾健肾。
【健康贴士】有感冒现象者，不适合吃桂圆，易上火。

莲子粥

【主料】糯米 200 克，枸杞 10 枚，大枣 5 枚，莲子 50 克，银耳 20 克。
【配料】冰糖 10 克。
【制作】① 糯米淘洗干净，用水浸泡 2 个小时；莲子洗净，用水浸泡 30 分钟；银耳用水泡软，洗净，摘除蒂头，撕成小朵；枸杞、大枣洗净备用；② 砂锅置火上入水，大火烧沸后下入糯米、莲子一起倒入锅中，煮沸后改小火煮 30 分钟，将银耳倒入锅中再煮 30 分钟，投入枸杞、大枣、冰糖最后煮 30 分钟即可。
【烹饪技法】煮。
【营养功效】清心醒脾，养心安神。
【健康贴士】莲子中所含的棉籽糖，是老少皆宜的滋补品，尤宜久病、产后或老年体虚者食用。

银杏莲枣粥

【主料】百合 30 克，大枣 20 枚，莲子 20 克，白果 15 粒，粳米 100 克。
【配料】冰糖 10 克。
【制作】① 大枣洗净，去核；白果去壳取果肉；粳米淘洗干净；百合洗净。② 锅置火上入水，下入莲子大火煮沸后，再放入百合、大枣、白果、粳米转小火煮至粥黏稠，加入冰糖煮至化开即可。
【烹饪技法】煮。
【营养功效】养阴润肺，健脾和胃。
【健康贴士】白果一定要熟食，生食有毒。

莲子核桃黑米粥

【主料】黑米 100 克，莲子 50 克，核仁 50 克。
【配料】白砂糖 10 克。
【制作】① 黑米淘洗干净；莲子泡发，去掉莲心，洗净；核桃仁入锅中炒至香脆，切成小块。② 锅置火上入水，下入黑米、莲子、核桃仁，先用大火烧沸，再转小火熬煮至黑米软烂、莲子绵软时，调入白砂糖拌匀即可。

【烹饪技法】炒，煮。

【营养功效】益脾和胃，滋阴补肾。

【健康贴士】此粥软烂可口，尤宜老年人常食，但肠燥者，不可多食。

莲子糯米粥

【主料】莲子 50 克，糯米 100 克。

【配料】白砂糖 10 克。

【制作】① 莲子用温水浸泡 2 ~ 3 分钟，去心，清水洗净；糯米淘洗干净，清水浸泡 2 小时。② 锅置火上入水，下入莲子、糯米大火煮沸后转小火熬煮成粥，加入白砂糖调味，即可食用。

【烹饪技法】煮。

【营养功效】补中气，清心养神，健脾和胃。

【健康贴士】此粥适用于治疗孕妇腰部酸痛，常食可以养胎，防止习惯性流产。

莲子百合粥

【主料】大米 150 克，百合干 25 克，莲子 25 克，枸杞 5 枚。

【配料】冰糖 30 克。

【制作】① 百合干用刀背碾成粉状；莲子用热水泡软；枸杞用热水稍泡；大米淘洗干净用冷水浸泡 30 分钟。② 锅中置火上入水，下入大米、百合干煮沸后，再放入莲子，改用中火熬煮至熟，放入冰糖煮化即可。

【烹饪技法】煮。

【营养功效】益肾涩精，滋补元气。

【健康贴士】莲子与百合都有清心安神之效，最宜搭配，失眠多梦者宜食。

莲子小米粥

【主料】小米 50 克，莲子 50 克，泰国香米 30 克。

【制作】① 小米、泰国香米均淘洗干净，莲子去心，洗净备用。② 砂锅置火上入水，下入小米、香米和莲子，大火煮开后转小火熬煮成粥即可。

【烹饪技法】煮。

【营养功效】补中养神，健脾补胃。

【健康贴士】莲子不宜与牛奶同食，会加重便秘。

红豆莲子粥

【主料】大米 100 克，红豆 100 克，莲子 20 克。

【配料】冰糖 20 克。

【制作】① 红豆、莲子、大米均淘洗干净。② 砂锅置火上入水，大火烧沸后下入大米、红豆、莲子，转用中火沸煮 30 分钟，加入冰糖，再用小火煮至粥城即可。

【烹饪技法】煮。

【营养功效】健脾补肾，利尿消肿。

【健康贴士】红豆有利水，消肿，通乳之效，此粥适宜产后乳汁不足者食用。

莲子八宝粥

【主料】糯米 200 克，莲子 100 克，生葵花子 25 克，核桃、蜜枣、葡萄干、梅子各 50 克。

【配料】冰糖 10 克。

【制作】① 莲子淘洗干净，去心；青梅切成细丝；核桃仁、花生仁用温水浸泡后，剥去外衣，切碎；蜜枣去核，切成细丁。② 锅置火上入水，下入糯米大火煮沸，转小火熬成稀粥，再加入莲子、青梅丝、核桃仁、花生仁蜜枣、葡萄干、梅子、生葵花子焖煮片刻，以冰糖调味即可。

【烹饪技法】煮，焖。

【营养功效】补脑益智，健脾宁神。

【健康贴士】此粥最适宜老人、儿童食用。

双莲粥

【主料】血糯米、圆糯米各 50 克，莲子 20 克，莲藕 200 克。

【制作】① 血糯米、圆糯米淘洗干净，用冷水浸泡2小时；莲子洗净，去心，浸泡2小时；莲藕去皮切小粒浸入水中备用。② 锅置火上入水，下入血糯米、圆糯米、莲子、莲藕粒大火煮沸，转小火熬煮成粥即可。
【烹饪技法】煮。
【营养功效】益气补血，清热润肺。
【健康贴士】肝病、便秘、糖尿病患者宜食。

哈密瓜粥

【主料】大米 100 克，哈密瓜 100 克。
【制作】① 大米淘洗干净后，用水浸泡 30 分钟，磨成米粉备用；哈密瓜去皮、子，磨成糊状。② 砂锅置火上入水，倒入米粉大火煮沸，再倒入哈密瓜糊，烧煮片刻即可。
【烹饪技法】煮。
【营养功效】清凉消暑，除烦热，生津止渴。
【健康贴士】婴幼儿宜食。
【举一反三】可根据宝宝的爱好把哈密瓜换成别的水果。

火龙果粥

【主料】燕麦片 100 克，火龙果 200 克。
【配料】葡萄干 20 克。
【制作】① 火龙果取果肉，切成小丁；葡萄干冲洗干净。② 锅置火上入水大火烧沸，下入燕麦片、葡萄干、火龙果丁拌匀，稍煮片刻即可。
【烹饪技法】煮。
【营养功效】养胃润肠，明目降脂。
【健康贴士】火龙果具有低能量、高纤维的特质，因此肠胃消化不好、胆固醇高的患者宜食。
【举一反三】可以把燕麦片换成西米，熬煮成粥后下入葡萄干、火龙果丁略煮，即成西米火龙果粥。

木瓜粥

【主料】粳米 100 克，木瓜 1 个。
【配料】白砂糖 20 克
【制作】① 木瓜剖开，去子，冲洗干净，用冷水浸泡后，上笼蒸熟，趁热切成小块；粳米淘洗干净，用冷水浸泡 30 分钟，捞起，沥干水分。② 锅中置火上加入约 1000 毫升冷水，下入粳米，先用大火煮沸后，再改用小火煮 30 分钟，投入木瓜块，用白砂糖调好味，煮至粳米软烂，即可盛起食用。
【烹饪技法】蒸，煮。
【营养功效】美白丰胸，润肺止咳。
【健康贴士】木瓜不宜和油炸食物同食，易出现肚子疼，拉肚子的现象。
【举一反三】把大米换成薏仁和红枣，即可做成益气补血的薏仁木瓜粥。

甘蔗粥

【主料】高粱米 100 克，甘蔗汁 2500 毫升。
【配料】黄砂糖 10 克。
【制作】① 高粱米淘洗干净，冷水浸泡 30 分钟。② 砂锅置火上，下入高粱米和浸泡的米水，大火煮沸后转小火熬至米烂、黏稠，兑入甘蔗汁再煮 20 分钟，调入黄砂糖拌匀即可。
【烹饪技法】煮。
【营养功效】清热生津，养阴润燥。
【健康贴士】甘蔗含糖分较高，糖尿病患者慎食。

胡桃粥

【主料】糯米 100 克，胡桃 5 枚，红枣 5 枚。
【配料】盐 2 克。
【制作】① 胡桃夹开，取瓤，泡在水里，剥去薄皮，捣碎；红枣洗净，去核，捣碎；糯米淘洗干净，用水浸泡 30 分钟。② 锅置火上入水，下入糯米、胡桃、红枣，大火煮沸后转小火熬煮至粥成，调入盐拌匀即可。
【烹饪技法】煮。
【营养功效】滋补肝肾，强健筋骨。
【健康贴士】胡桃仁含有较多的蛋白质及人体营养必需的不饱和脂肪酸，能滋养脑细胞，增强记忆力，宜食青少年、老年人食用。

百果粥

【主料】米饭200克，水蜜桃半个，苹果100克，小黄瓜丁、红萝卜丁各50克，虾仁5个。

【配料】盐3克，糖4克，奶油球2个。

【制作】① 水蜜桃、苹果冲洗干净，切丁；虾仁去肠泥，洗净备用。② 锅置火上入水，倒入米饭与水搅拌均匀，大火煮沸后，转小火煮成粥状，下入水蜜桃丁、苹果丁、小黄瓜丁、红萝卜丁、盐、糖、奶油球拌匀，放上虾仁转中火焖煮10分钟即可。

【烹饪技法】煮，焖。

【营养功效】补气养血，养阴生津。

【健康贴士】糖尿病患者、胆固醇高者忌食。

山楂粥

【主料】山楂40克，粳米100克。

【配料】砂糖10克，黑枣8枚。

【制作】① 粳米淘洗干净，沥干水分，山楂、黑枣冲洗干净备用。② 锅置火上入水，大火烧沸后下入山楂、黑枣、粳米续煮至滚时稍微搅拌，改中小火熬煮30分钟，加入砂糖煮溶即可。

【烹饪技法】煮。

【营养功效】消食开胃，活血化瘀。

【健康贴士】消化不良、缺少胃酸患者宜食；孕妇禁食，易促进宫缩，诱发流产。

乌梅粥

【主料】粳米100克，乌梅30克。

【配料】冰糖15克。

【制作】① 乌梅洗净，去核；粳米淘洗干净，用冷水浸泡30分钟，捞出，沥干水分。② 锅置火上入水，下入乌梅，煮沸约15分钟，去渣留汁，下入粳米大火烧沸后，转小火熬煮成粥，加入冰糖调味，即可盛起食用。

【烹饪技法】煮。

【营养功效】温胆生津，清凉解暑。

【健康贴士】消化不良、慢性痢疾肠炎、孕妇妊娠者宜食。

花草粥

百合粥

【主料】南瓜半个，大米100克，干百合10片。

【制作】① 大米淘洗干净，用水浸泡30分钟；百合冲洗干净，用水浸泡30分钟；南瓜去皮，洗净，切块。② 蒸锅置火上入水，放上南瓜块蒸至熟烂，捣成南瓜泥备用。③ 另取锅置火上入水，下入大米，大火煮开后加入南瓜泥、百合，转小火煮至大米熟烂即可。

【烹饪技法】蒸，煮。

【营养功效】宁神养心，润肺益气。

【健康贴士】百合中的百合苷A、苷B等植物碱，能抑制癌细胞的增生，因此癌症患者宜食。

百合红豆排骨粥

【主料】大米100克，排骨200克，蜜红豆50克，百合20克。

【配料】盐3克，姜块、葱段各10克，花椒、大料、姜丝各3克。

【制作】① 大米淘洗干净，浸泡30分钟；排骨处理干净，剁块；蜜红豆淘洗干净；百合洗净。② 砂锅置火上入水，下入排骨、姜块、葱段、大料、花椒，大火煮沸，撇去浮沫；捞出大料、花椒，下入大米、蜜红豆、百合、姜丝转小火熬煮2小时至粥黏稠，调入盐拌匀即可。

【烹饪技法】煮。

【营养功效】滋阴润肺，益气补血。

【健康贴士】百合具有益肺养阴的功效，所以这道百合红豆排骨粥，比较适合咳嗽痰多、手脚心发热、气阴两虚的人食用。

【巧手妙招】食用红豆后，常会有胀气等不适感觉。所以在煮红豆粥时加少许盐，可以产生“软坚消积”的作用，有助于排出胀气。

百合薏仁粥

【主料】薏仁30克，大米70克，干百合15克。

【配料】冰糖10克。

【制作】① 薏仁、大米分别淘洗干净，薏仁温水浸泡1小时；干百合用温水浸泡约15分钟。② 锅置火上入水大火烧沸，下入薏仁煮沸后转小火煮10分钟，下入大米煮沸后再煮约20分钟，加入百合，煮至黏稠，投冰糖调味即可。

【烹饪技法】煮。

【营养功效】美白肌肤，祛斑淡纹。

【健康贴士】病后虚弱者和女士宜食。

百合银耳粥

【主料】百合30克，银耳10克，大米100克。

【配料】冰糖10克。

【制作】① 大米淘洗干净，用水浸泡30分钟；百合放入碗中，浸泡30分钟；银耳放入凉水中泡发，撕成小朵备用。② 锅置火上入水，下入大米大火煮沸后，放入百合、银耳片，转小火熬煮至粥八成熟时，调入冰糖煮至化开粥成即可。

【烹饪技法】煮。

【营养功效】滋阴润肺，养心安神。

【健康贴士】风寒咳嗽、虚寒出血、脾胃不佳者忌食。

百合绿豆粥

【主料】绿豆40克，百合20克，大米100克。

【配料】冰糖20克。

【制作】① 百合用水浸泡 30 分钟；大米、绿豆均淘洗干净。② 砂锅置火上入水，下入大米、绿豆大火煮沸后，倒入百合转小火熬煮至粥成，放入冰糖煮至化开即可。
【烹饪技法】煮。
【营养功效】清热去火，温中养胃。
【健康贴士】慢性咳嗽、肺结核、口舌生疮、口干、口臭的患者宜食。

百合小米粥

【主料】干百合 50 克，干银耳 1 朵，红枣 6 枚，花生 30 粒，小米 100 克。
【配料】冰糖 10 克。
【制作】① 干百合用水浸泡 30 分钟；红枣洗净，去核；花生洗净，去掉外皮；小米淘洗干净；干银耳用水泡发，去蒂，撕成小块。② 锅置火上入水，下入小米、银耳、花生，大火煮沸后转小火熬煮 40 分钟，煮至小米粥变得浓稠，再放入红枣、百合、冰糖，入水 500 毫升稀释粥底，小火续煮 30 分钟，即可出锅。
【烹饪技法】煮。
【营养功效】补血益气，和中润肺。
【健康贴士】食欲不振，低热失眠、心烦口渴及更年期的女士宜食。

黑米桂花粥

【主料】黑米 100 克，红豆 50 克，莲子、花生各 30 克，桂花 20 克。
【配料】冰糖 10 克。
【制作】① 黑米淘洗干净，浸泡 6 小时；红豆洗净，浸泡 1 小时；莲子洗净；花生洗净、沥干水分备用。② 锅置火上，将黑米、红豆、莲子放入锅中，加水 1000 毫升，大火煮沸后转小火煮 1 小时；下入花生煮 30 分钟后加入桂花、冰糖，拌匀，煮 3 分钟即可。
【烹饪技法】煮。
【营养功效】开胃益中，健脾暖肝。
【健康贴士】产后血虚、病后体虚、贫血、肾虚、年少须发早白者宜食。

桂花红薯粥

【主料】大米 20 克，红薯 50 克，糖桂花 5 克。
【配料】糖 8 克。
【制作】① 大米淘洗干净，红薯洗净，放入蒸锅中，隔水蒸熟，去皮、筋，碾成红薯泥备用。② 锅置火上入水，下入大米大火煮沸后转小火熬煮成粥，把红薯泥调入大米粥中，加糖后大火煮 5 分钟，撒上糖桂花即可。
【烹饪技法】蒸，煮。
【营养功效】通气滑肠，化痰散瘀。
【健康贴士】食欲不振、痰饮咳喘、痔疮、痢疾、经闭腹痛者宜食。

桂花红豆粥

【主料】红豆 100 克，干桂花 6 克。
【配料】红糖、干淀粉各 30 克。
【制作】① 红豆淘洗干净；桂花略冲洗干净。② 红豆放入高压锅内，加水 1000 毫升，加盖后放到炉子上大火烧沸，转小火煮 30 分钟。③ 待锅内无压力时开盖，放入红糖搅拌均匀，把锅放到火上使锅内再次沸腾，放入已经调好的淀粉水，搅拌均匀，加入干桂花即可。
【烹饪技法】煮。
【营养功效】温中补血，暖胃止痛。
【健康贴士】体弱多病、贫血患者宜食。

桂花糖粥

【主料】糯米 100 克，红小豆 50 克，桂花 15 克。
【配料】白砂糖 10 克。
【制作】① 红豆淘洗干净；糯米淘洗干净，用水浸泡 1 小时；白砂糖放入碗中，加沸水兑成糖水备用。② 锅置火上入水，下入红豆大火煮沸后，改用小火焖两小时，至红豆皮裂开后取出。③ 另取锅置火上入水，下入糯米大火煮沸后，倒入煮酥的红豆转小火熬煮至粥黏稠时，兑入糖水桂花，熬煮 10 分钟即可。

【烹饪技法】煮。

【营养功效】清热除秽，醒脾悦神。

【健康贴士】此粥最适宜因脾胃虚弱、饮食不化、积滞肠胃、蕴而化热、浊热重蒸所致的牙痛、口臭患者食用。对痰湿困难、胃口不开、痰盛、喘咳有辅助治疗效果。

茉莉花粥

【主料】粳米 100 克，葡萄干 10 克，干茉莉花 30 克。

【配料】冰糖 20 克。

【制作】① 糯米淘洗干净，用冷水浸泡 3 小时，捞出，沥干水分；葡萄干、茉莉花均洗净备用。② 锅中加入约 1000 毫升冷水，将糯米放入，用大火煮至米粒开花，加入葡萄干、茉莉花和冰糖煮至米烂粥稠，即可盛起食用。

【烹饪技法】煮。

【营养功效】清热解暑，化湿宽中

【健康贴士】茉莉花辛香偏温，火热内盛，燥结便秘者慎食。

茉莉玫瑰粥

【主料】粳米 100 克，茉莉花 30 克，玫瑰花 20 克。

【配料】冰糖 30 克。

【制作】① 茉莉花与玫瑰花分别用冷水漂洗干净；粳米淘洗干净，浸泡 30 分钟。② 锅置火上入水，下入粳米、茉莉花、玫瑰花 18 克大火煮沸，然后转小火煮至米开汤浓，停火，加入冰糖熬化，撒上玫瑰花 2 克即可。

【烹饪技法】煮。

【营养功效】理气和中，抗菌消炎。

【健康贴士】对女性有痛经者更宜，经期也宜食用。

红枣菊花粥

【主料】红枣 50 克，粳米 100 克，菊花 15 克。

【配料】红砂糖 20 克。

【制作】① 粳米淘洗干净，放入清水内浸泡 30 分钟；红枣洗净，去核，放入温水中泡软；菊花洗净，沥干水分备用。② 锅置火上，下入粳米及泡米水、红枣，用大火煮沸后转小火熬至粥熟，放入菊花瓣略煮，再放入冰糖融化，搅匀即可。

【烹饪技法】煮。

【营养功效】健脾补血，清肝明目。

【健康贴士】红枣和菊花同食可以令肌肤美艳、眼睛明亮、气色绝佳，故此粥最宜女士食用。

蜂蜜菊花糯米粥

【主料】茶菊花 4 朵，枸杞 10 枚，圆糯米 200 克。

【配料】蜂蜜 15 克，柠檬皮细丝适量。

【制作】① 茶菊花、枸杞冲洗干净；圆糯米淘洗干净，用水浸泡 2 小时。② 锅置火上入水，下入圆糯米，大火煮沸后转小火熬煮 40 分钟，放入菊花和枸杞，煮 20 分钟离火，待粥晾至温热时调入蜂蜜，撒上柠檬皮细丝即可。

【烹饪技法】煮。

【营养功效】清头目，利血脉，除湿痹，养肝明目。

【健康贴士】老人、小孩、便秘患者、高血压患者、支气管哮喘患者宜食。

绿豆莲子荷叶粥

【主料】绿豆 150 克，大米 50 克，莲子 50 克，荷叶 1 张。

【配料】冰糖 15 克。

【制作】① 大米、绿豆淘洗干净，用清水泡 2 小时；莲子洗净泡好；荷叶洗净，切块。② 锅置火上入水，下入大米、绿豆大火煮沸后再下入莲子煮沸，转小火熬至粥将成时放入荷叶块、冰糖，焖煮片刻即可。

【烹饪技法】煮。

【营养功效】消热降压，利尿化湿。

【健康贴士】莲子、荷叶尤其适宜肥胖者

食用。

荷叶粥

【主料】新鲜荷叶 1 张，粳米 100 克。

【配料】冰糖 10 克。

【制作】① 粳米淘洗干净；荷叶洗净，撕碎备用。② 锅置火上入水，下入粳米大火煮沸后，转小火熬煮至粥成，放入冰糖搅拌化开后，将荷叶碎碎覆盖粥面上，待粥呈淡绿色取出荷叶即可食用。

【烹饪技法】煮。

【营养功效】清热解暑，健脾升阳，去湿利尿。

【健康贴士】荷叶有降血脂的功效，高血脂患者宜食。

荷花粥

【主料】新鲜荷花 12 克，绿豆 25 克，枇杷叶 10 克，大米 80 克。

【配料】白砂糖 10 克。

【制作】① 大米、绿豆均淘洗干净，用水浸泡 30 分钟；枇杷叶、荷花清洗干净。② 锅置火上入水，下入大米、绿豆，大火煮沸后改小火熬煮成粥，加入荷花、枇杷叶再次煮滚后，放入白砂糖调匀，即可食用。

【烹饪技法】煮。

【营养功效】清热止咳，去湿消风。

【健康贴士】此粥适宜肺部过热引起的咳嗽患者。

荷叶茯苓粥

【主料】茯苓 50 克，粳米 100 克，荷叶 1 张。

【配料】盐 2 克。

【制作】① 荷叶洗净，剪去蒂及边缘；粳米淘洗干净。② 锅置火上入水，放入荷叶煎煮 30 分钟，捞出荷叶，下入茯苓、粳米大火煮沸后转小火熬煮成粥，加入盐调味即可。

【烹饪技法】煎，煮。

【营养功效】健脾和胃，宁心安神。

【健康贴士】高血压、高血脂患者宜食。

【举一反三】可把粳米换成小米，盐换成白砂糖，变成另外一道香甜可口的粥。

荷叶粳米粥

【主料】粳米 250 克，荷叶 50 克。

【配料】白砂糖 20 克。

【制作】① 鲜荷叶洗净，剪去蒂及边缘；粳米淘洗干净。② 锅置火上入水，下入粳米，将荷叶盖于粳米上，大火烧沸，再改用小火煎熬 1 小时待粳米熟透揭去荷叶，放入白砂糖拌匀即可。

【烹饪技法】煎。

【营养功效】健脾利湿，消暑清热。

【健康贴士】暑天受湿泄泻、眩晕、水气浮肿、头痛、吐血、鼻血、产后血晕患者宜食。

桃花粥

【主料】桃花 30 克，粳米 100 克。

【配料】蜂蜜 30 克。

【制作】① 桃花择洗干净，晾干研末；粳米淘洗干净，用冷水浸泡 30 分钟，捞出，沥干水分。② 锅中置火上入水，下入粳米，先用大火烧沸，再用小火熬煮成粥，加入桃花末略煮片刻离火，晾至粥温热时淋入蜂蜜，即可盛起食用。

【烹饪技法】煮。

【营养功效】活血润肤，益气通乳。

【健康贴士】颜面较黑、面有黄褐斑者宜食，此粥最宜女士食用。

金银花红豆粥

【主料】大米 150 克，金银花 50 克，干红豆 50 克。

【制作】① 大米淘洗干净；金银花用温水浸泡；干红豆用开水泡透。② 瓦煲置火上入水，大火烧沸，下入大米、红豆，改用小火煮至大米开花，再加入金银花，调入白砂糖，用小火煮 15 分钟即可食用。

【烹饪技法】煮。

【营养功效】清热解毒，宣散风热。
【健康贴士】金银花宜与蒲公英、紫地丁、野菊花等同用，能增强清热解毒作用。

槐花粥

【主料】粳米 100 克，槐花 30 克。
【配料】盐 1 克
【制作】① 槐花干炒后研末；粳米淘洗干净，用冷水浸泡 30 分钟，捞出，沥干水分。② 锅置火上入水，下入粳米，先用大火煮沸，再改用小火煮至粥将成时，加入槐花末，待沸，用盐调味，即可盛起食用。
【烹饪技法】煮。
【营养功效】清热泻火，凉血止血。
【健康贴士】槐花比较甜，糖尿病人忌食。消化系统不好、过敏性体质和中老年人慎食。

金银花粥

【主料】粳米 100 克，金银花 30 克。
【配料】白砂糖 15 克。
【制作】① 粳米淘洗干净，用冷水浸泡 30 分钟，捞出，沥干水分；金银花择洗干净。② 锅置火上入水，下入粳米，先用大火煮沸，再改用小火煮至粥将成时，加入金银花，待沸，用白砂糖调味，即可盛起食用。
【烹饪技法】煮。
【营养功效】清热解毒，疏利咽喉。
【健康贴士】暑热证、泻痢、流感、疮疖肿毒、急慢性扁桃体炎、牙周炎患者宜食。
【巧手妙招】金银花泡水代茶可治疗咽喉肿痛和预防上呼吸道感染。

月季花粥

【主料】粳米 100 克，桂圆肉 50 克，月季花 30 克。
【配料】蜂蜜 50 克。
【制作】① 粳米淘洗干净，用冷水浸泡 30 分钟，捞出，沥干水分；桂圆肉切成末。② 锅中加入约 1000 毫升冷水，将粳米、桂圆肉末放入，用大火烧沸，然后改用小火熬煮成粥，放入月季花，拌匀离火，晾至粥温热淋入蜂蜜即可食用。
【烹饪技法】煮。
【营养功效】活血消肿，消炎解毒。
【健康贴士】月季花活血调经，消肿止痛，痛经、闭经、疗毒疖肿患者宜食。

白兰花粥

【主料】白兰花 10 朵，粳米 100 克，红枣 5 枚。
【配料】蜂蜜、冰糖各 20 克。
【制作】① 白兰花洗净；红枣洗净，去核，切成丝；粳米淘洗干净。② 锅置大火上，加入适量清水，放入粳米，煮沸后加入红枣，改小火熬煮成粥，加入冰糖、白兰花，稍煮，拌匀离火，晾至粥温热淋入蜂蜜即可食用。
【烹饪技法】煮。
【营养功效】化浊、理气行滞。
【健康贴士】慢性支气管炎、虚劳久咳、前列腺炎患者宜食。

玉竹冰糖粥

【主料】鲜玉竹 60 克，粳米 100 克。
【配料】冰糖 20 克，
【制作】① 鲜玉竹洗净，去掉根须后切碎，粳米淘洗干净，用冷水浸泡 30 分钟，捞出，沥干水分。② 锅置火上入水，下入玉竹碎煎煮 1 小时，取浓汁去渣，下入粳米用大火烧沸后转小火熬煮成粥，加入冰糖熬煮化开，即可盛起食用。
【烹饪技法】煎，煮。
【营养功效】滋阴润肺，养胃生津。
【健康贴士】玉竹可与石膏、知母、麦冬、天花粉同用，有清胃生津之效。

薄荷粥

【主料】粳米 100 克，薄荷 15 克，金银花 10 克。

【配料】白砂糖 10 克。

【制作】① 粳米淘洗干净，浸泡 30 分钟，沥干水分；薄荷、金银花分别去杂质，淘洗干净。② 锅置火上入水，放入薄荷、银花一起煎熬 10 分钟，滤渣取汁，将粳米放入药汁中，加冷水适量，先用大火烧沸，然后改小火煮至米烂粥稠，调入白砂糖拌匀即可。

【烹饪技法】煎，煮。

【营养功效】疏散风热，清利头目，利咽透疹。

【健康贴士】风热感冒、头痛、咽喉痛、口舌生疮、风疹、麻疹患者宜食，但不宜大量食用。

【巧手妙招】被蜂叮肿胀可把薄荷鲜叶贴患处，立即见效。

杂粮粥

小米

小米中钙、维生素 A、维生素 D、维生素 C 和维生素 B_{12} 含量很高。小米中所含的维生素 B_2，能防止男性阴囊皮肤出现渗液、糜烂、脱屑等现象；也能防止女性会阴瘙痒、阴唇皮炎和白带过多。妊娠期妇女补充维生素 B_2，能避免胎儿骨骼畸形。此外小米中所含的锌，是维护性腺健康的微量元素，能使性器官和第二性征发育健全，使男性勃起坚硬、精子数量正常、前列腺不致肿大，女性月经和性欲正常。小米中所含的碘，系合成甲状腺激素必不可少的元素，能维持性的正常发育及性功能正常。妊娠期妇女摄取足够的碘能维持甲状腺功能正常，可避免胎儿痴呆或智力低下或骨骼发育延缓或成为侏儒症患者。

中医认为，小米味甘、咸、性凉；入肾、脾、胃经；有健脾和胃、补益虚损，和中益肾，除热，解毒之功效；主治脾胃虚热、反胃呕吐、消渴、泄泻。

小米粥

【主料】小米 100 克。

【配料】红枣、枸杞各 10 枚。

【制作】① 小米淘洗干净；红枣洗净，去核；枸杞洗净。② 电饭锅加适量水，下入小米煮沸，放入红枣和枸杞再次煮沸，焖煮 30 分钟即可。

【烹饪技法】焖，煮。

【营养功效】益气补血，健脾和胃。

【健康贴士】此粥最适宜产妇食用。

【举一反三】在粥里加点儿红砂糖效果更好。

小米绿豆粥

【主料】小米 150 克，绿豆 50 克。

【配料】食碱 1 克。

【制作】① 绿豆淘洗干净，浸泡 20 分钟；小米淘洗干净。② 电饭锅中加水放入绿豆煮至八成熟时，下入小米、食碱煮沸，再焖煮 10 分钟即可。

【烹饪技法】煮。

【营养功效】清热解暑，健胃消食。

【健康贴士】气滞者忌用；素体虚寒，小便清长者少食。

蘑菇小米粥

【主料】干蘑菇 30 克，小米 100 克，粳米 50 克。

【配料】葱末 3 克，盐 1 克。

【制作】① 蘑菇洗净，在沸水中焯一下，捞出切片；粳米、小米分别淘洗干净，用冷水浸泡 30 分钟，捞出沥干水分。② 锅置火上入水，下入粳米、小米先用大火烧沸，再转用小火熬煮，待米烂粥熟时，加入蘑菇拌匀，下盐调味，焖煮 5 分钟，洒上葱末即可。

【烹饪技法】焯，焖。

【营养功效】通便排毒，和中益肾。

【健康贴士】小米忌与杏仁同食。

【巧手妙招】储存小米可在米中放一粒花椒，以避免生虫。

花生小米粥

【主料】小米 50 克，花生米 50 克，红小豆 30 克。

【配料】桂花糖、冰糖各 10 克。

【制作】① 小米、花生米、红小豆均淘洗干净，放入清水中浸泡4小时，捞出沥干水分，备用。② 锅置火上入水，加入花生米、红小豆大火煮沸后，改用小火煮30分钟，再放入小米，煮至米烂，花生米、红小豆酥软，加入冰糖、桂花糖调味即可。

【烹饪技法】煮。

【营养功效】清热解毒，和胃消肿。

【健康贴士】小米富含维生素 B_1、维生素 B_{12}，消化不良、口角生疮者宜食。

小米红薯粥

【主料】老玉米渣、小米各50克，红薯半个。

【配料】白砂糖10克。

【制作】① 红薯去皮，洗净，切成小块；小米淘洗干净；玉米渣略冲洗。② 锅置火上入水，下入小米、玉米渣、红薯块大火煮沸后，转小火熬煮至小米开花，粥黏稠时，加入白砂糖调味即可。

【烹饪技法】煮。

【营养功效】补虚益气，健脾强肾。

【健康贴士】此粥中放有红薯，食用后应隔5小时才能食用柿子。

牛奶小米粥

【主料】小米100克，牛奶250毫升。

【配料】白砂糖10克。

【制作】① 小米淘洗干净，锅置火上，放入适量清水烧沸，下入小米，先用大火煮至小米粒涨开，倒入牛奶，再次煮沸后，转用小火熬煮。② 煮到米粒烂熟时，加入白砂糖调味即可。

【烹饪技法】煮。

【营养功效】健脾和胃，宁神养心。

【健康贴士】此粥有助于睡眠，适合失眠多梦者晚餐食用。

小米山药粥

【主料】小米100克，山药200克。

【配料】红枣9枚。

【制作】① 红枣洗净，去核，用水浸泡30分钟；山药洗净，去皮，切成片状；小米淘洗干净。② 锅置火上入水，下入红枣、小米、山药，大火煮沸后转小火熬至粥黏稠即可。

【烹饪技法】煮。

【营养功效】补脾胃，助消化。

【健康贴士】山药与小米皆属温补食物，故一般人都宜食。

小米红枣粥

【主料】小米100克，红枣50克。

【配料】白砂糖10克。

【制作】① 小米淘洗干净，用清水浸泡30分钟；红枣洗干净，去核，用水浸泡30分钟。② 锅置火上入水，下入小米、红枣先用大火煮沸后，再改用小火煮成稠粥，加入白砂糖调味，即可食用。

【烹饪技法】煮。

【营养功效】益气补血，健脾和胃。

【健康贴士】此粥对病后体虚者有良好的滋补作用。

双耳小米粥

【主料】干黑木耳、干银耳各25克，小米100克。

【制作】① 干黑木耳、干银耳匀用冷水泡发，撕成小块；小米淘洗干净备用。② 砂锅置火上入水烧沸，放入银耳煮20分钟，再放入黑木耳煮沸，下入小米熬煮至熟即可。

【烹饪技法】煮。

【营养功效】滋阴养血，助消化。

【健康贴士】产后食用此粥可调养产妇虚寒的体质，帮助她们恢复体力。

小米八宝粥

【主料】小米、花生、绿豆、红豆、大红豆、薏仁各50克，龙眼干、莲子各25克。

【配料】冰糖30克。

【制作】① 花生淘洗干净，用电锅蒸1小时后取出；绿豆、薏仁淘洗干净，以冷水浸泡2小时；红豆、大红豆淘洗干净，冷水浸泡5小时；小米淘洗干净；龙眼干、莲子略冲洗。② 锅置火上入水，大火烧沸后转小火，下入花生、绿豆、红豆、大红豆、薏仁、莲子煮40分钟，再放小米、龙眼干煮20分钟，加入冰糖调味即可。

【烹饪技法】蒸，煮。

【营养功效】补精益气，健胃和中。

【健康贴士】不放冰糖，老人、糖尿病人可多食。

南瓜小米粥

【主料】南瓜200克，糯米30克，小米30克。

【配料】白砂糖10克。

【制作】① 南瓜洗净、去皮，切丁；糯米、小米均淘洗干净，浸泡30分钟备用。② 锅置火上入水，下入小米、糯米大火煮沸后，倒入南瓜丁转小火焖煮60分钟，调入白砂糖拌匀即可。

【烹饪技法】焖，煮。

【营养功效】养胃解毒，助消化。

【健康贴士】南瓜所含果胶可以保护胃肠道黏膜，免受粗糙食品刺激，促进溃疡愈合，此粥适宜于胃病患者饮用。

莜麦菜小米粥

【主料】小米100克，莜麦菜50克。

【配料】盐2克。

【制作】① 小米淘洗干净；莜麦菜择洗干净，切碎。② 砂锅置火上入水，加入小米大火煮沸后，改小火煮30分钟至米烂粥稠时，放入莜麦菜末，加盐调味即可。

【烹饪技法】煮。

【营养功效】清燥润肺，化痰止咳。

【健康贴士】此粥可降低胆固醇、治疗神经衰弱。

玉米

玉米油中富含维生素A、维生素E、卵磷脂及矿物元素镁和硒、亚油酸等，长期食用可降低胆固醇，防止动脉硬化，减少和消除老年斑和色素沉着斑，抑制肿瘤的生长。此外，玉米中富含的镁元素还可舒张血管，防止缺血性心脏病，维持心肌正常功能，能够有效治疗高血压、冠心病、脂肪肝等病症。玉米中还含有健脑作用的谷氨酸，它能帮助和促进脑细胞呼吸，在生理活动过程中，能清除体内废物，有利于脑组织里胺的排出。玉米中富含的纤维素可吸收人体内的胆固醇，并将其排出体外可防止动脉硬化，还可加快肠壁蠕动，防止便秘，预防直肠癌的发生。

中医认为，玉米味甘，性平，入胃、脾、心经；有调中健胃益肺宁心、清湿热、利肝胆、延缓衰老的功效。

玉米小米粥

【主料】小米50克，鲜玉米1根。

【制作】① 鲜玉米剥粒，淘洗干净；小米淘洗干净。② 锅置火上入水，下入玉米粒大火煮沸，放入小米，转小火熬煮成粥即可。

【烹饪技法】煮。

【营养功效】调中健胃，利尿。

【健康贴士】老年人、习惯性便秘者宜食。

玉米红枣粥

【主料】玉米粒250克，糯米100克，红枣50克。

【配料】白砂糖10克。

【制作】① 玉米粒淘洗干净，碾压成碎末；糯米淘洗干净。② 锅置火上入水，下入玉米粒碎末、糯米，大火煮沸后，加入红枣，转小火焖煮60分钟左右，调入白砂糖即可。

【烹饪技法】煮。

【营养功效】益气补血，健胃消食。

【健康贴士】高血脂。高胆固醇者宜食。

【巧手妙招】煮玉米时，可以在水开后，往里面加少许盐，再接着煮。这样能强化玉米的口感，吃起口感更佳。

红薯玉米粥

【主料】玉米粒200克，小米100克，红薯200克。

【配料】食碱2克。

【制作】① 红薯洗净，切成块状；小米、玉米粒均淘洗干净。② 锅置火上入水，下入小米、玉米粒，大火煮沸后放入食碱、红薯块，转小火熬煮至粥成即可。

【烹饪技法】煮。

【营养功效】健胃利脾，通气滑肠。

【健康贴士】玉米不宜与田螺同食，会引起不良反应。

鲜菇玉米牛奶粥

【主料】大米100克，玉米粒200克，胡萝卜半根，香菇4朵，火腿1根。

【配料】葱末5克，盐2克，色拉油3克。

【制作】① 大米淘洗干净，用水浸泡1个小时；胡萝卜洗净切成小粒；玉米粒淘洗干净；香菇洗净，切成小粒；火腿切成丁备用。② 锅置火上入水，下入大米，淋上色拉油，再下入香菇粒大火煮沸后，放入胡萝卜粒、玉米粒转小火熬煮30分钟，下入火腿丁熬至粥成时，调入盐拌匀，撒上葱末即可。

【烹饪技法】煮。

【营养功效】清肺明目，平肝利胆。

【健康贴士】玉米宜于牛奶搭配食用，不仅能够促进儿童骨骼发育，还能润泽肌肤，养颜护肤。

玉米粥

【主料】玉米面100克，牛奶500毫升，鸡蛋1个。

【配料】白砂糖10克。

【制作】① 玉米面倒入小盆中，兑入牛奶，调成糊状；鸡蛋打散，搅拌均匀。② 锅置火上入水，大火烧沸后倒入牛奶玉米糊，转小火边煮边搅拌，5分钟后淋入鸡蛋液，调入白砂糖，拌匀煮熟即可。

【烹饪技法】煮。

【营养功效】养颜护肤，助消化。

【健康贴士】此粥适宜婴幼儿食用。

火腿玉米粥

【主料】玉米粒300克，香菇2朵，火腿2片，米饭200克，胡萝卜丁50克。

【配料】葱末5克，高汤2000毫升，盐3克，糖2克，白胡椒粉1克，香油6克。

【制作】① 玉米粒淘洗干净；香菇以温水泡软后洗净，切丁备用；火腿片切小丁备用。② 锅置火上，倒入高汤，下入米饭拌匀，大火煮沸后转小火熬煮至白饭成浓稠状，加入胡萝卜丁、玉米粒、香菇丁、火腿丁、盐、糖及白胡椒粉，熬煮粥熟透，淋上香油，撒上少许葱末即可。

【烹饪技法】煮。

【营养功效】温中健胃，益肺宁心。

【健康贴士】此粥适宜营养不良、高血压、高脂血症、缺乏维生素的患者食用。

玉米山药粥

【主料】玉米面100克，山药50克。

【配料】冰糖10克。

【制作】① 山药洗净，上笼蒸熟后，剥去外皮，切成小丁；玉米面用开水调成厚糊，备用。② 锅置火上，加入约1000毫升冷水，大火烧沸后用竹筷缓缓拨入玉米糊，改用小火熬煮10分钟，下入山药丁，与玉米糊同煮成粥，加入冰糖调味，即可盛起食用。

【烹饪技法】蒸，煮。

【营养功效】利肾益精，健胃消食。

【健康贴士】玉米宜与山药同食，两者同食能有效减少维生素C的氧化，从而使人体获得更多的营养。

【举一反三】也可以把山药换成南瓜、红薯，做成另一道美味粥品。

玉米绿豆粥

【主料】绿豆 120 克，玉米面 120 克。
【制作】① 绿豆拣去杂质，洗净；玉米面用凉水浸透成糊状，备用。② 锅置火上入水，下入绿豆，大火煮沸后转小火熬煮至豆熟，再将玉米面糊徐徐下入煮沸的绿豆锅内，不断搅拌，再烧沸后，改用小火煮至粥熟，出锅即可。
【烹饪技法】煮。
【营养功效】消脂降压，清热解暑。
【健康贴士】脾胃虚弱者慎食。
【举一反三】也可以把绿豆换成青豆，风味独特。

燕麦

燕麦所含营养比较丰富，粗蛋白质达 15.6%，脂肪达 8.5%，还有淀粉以及磷、铁、钙等元素，与其他粮食相比，营养种类及含量均名列前茅。燕麦中水溶性膳食纤维分别是小麦和玉米的 4.7 倍和 7.7 倍。燕麦中的 B 族维生素、烟酸、叶酸、泛酸都比较丰富，特别是维生素 E。此外燕麦粉中还含有谷类食粮中均缺少的皂苷，长期食用燕麦片，不但有利于糖尿病和肥胖病的控制，还能明显降低心血管和肝脏中的胆固醇。

中医认为，燕麦性平，味甘，归肝、脾、胃经；具有益肝和胃、利脾养心、敛汗之功效，

燕麦粥

【主料】燕麦 60 克，大米 50 克。
【配料】枸杞 10 克。
【制作】① 燕麦、大米均淘洗干净，用水浸泡 2 小时；枸杞洗净备用。② 锅置火上入水，下入燕麦、大米，大火煮沸后转小火，熬煮至米烂酥，撒上枸杞，焖煮片刻，即可盛碗食用。
【烹饪技法】煮，焖。
【营养功效】益肝和中，健胃消食。
【健康贴士】燕麦粥有通大便的作用，很多老年人大便干，容易导致脑血管意外，故此粥适宜老年人食用。

燕麦南瓜粥

【主料】燕麦 30 克，大米 50 克，小南瓜 1 个。
【配料】葱末 5 克，盐 2 克。
【制作】① 南瓜洗净，削皮，切成小块；大米淘洗干净，用清水浸泡 30 分钟。② 锅置火上，将大米放入锅中，加水 500 毫升，大火煮沸后换小火煮 20 分钟，然后放入南瓜块，小火煮 10 分钟，再加入燕麦，焖煮 10 分钟。③ 熄火后，加入盐、葱末调味即可。
【烹饪技法】煮，焖。
【营养功效】补中益气，利脾养心。
【健康贴士】脂肪肝、糖尿病、浮肿、便秘患者宜食。

燕麦仁糯米粥

【主料】燕麦仁 60 克，红糯米 200 克，葡萄干 30 粒。
【配料】蜂蜜 15 克。
【制作】① 燕麦仁、红糯米均淘洗干净，分别用水浸泡 1 小时；葡萄干用温水洗净。② 锅置火上入水，下入燕麦仁、红糯米，大火煮沸后转小火熬煮 30 分钟，加入葡萄干，煮至糯米开花黏稠时离火，待粥晾至温热时，调入蜂蜜即可。
【烹饪技法】煮。
【营养功效】温中养胃，消脂降压。
【健康贴士】适宜产妇、婴幼儿、老年人食用。
【举一反三】糯米不宜消化，可换成大米。

皮蛋鸡茸燕麦粥

【主料】鸡肉 20 克，皮蛋 1 个，燕麦片 100 克。
【配料】盐、鸡精各 1 克。

【制作】① 鸡肉洗净，切成茸；皮蛋去皮洗净，切成小块。② 锅置火上入水，倒入燕麦片，大火煮沸后下入鸡肉茸、皮蛋块，转小火熬至肉熟粥成，调入盐、鸡精，拌匀即可。

【烹饪技法】煮。

【营养功效】健脾利胃，补肾益精。

【健康贴士】中老年人宜食，皮蛋多含有铅，婴幼儿不宜食用。

薏仁

薏仁含有多种维生素和矿物质，有促进新陈代谢和减少胃肠负担的作用，可作为病中或病后体弱患者的补益食品，经常食用薏仁食品对慢性肠炎、消化不良等症也有效果。此外，薏仁能增强肾功能，并有清热利尿作用，因此对浮肿病人也有治疗作用。经现代药理研究证明，薏仁有防癌的作用，其抗癌的有效成分中包括硒元素，能有效抑制癌细胞的增殖，可用于胃癌、子宫颈癌的辅助治疗，健康人常吃薏仁，能使身体轻捷，减少肿瘤发病概率。薏仁中含有维生素 E，常食可以保持人体皮肤光泽细腻，消除粉刺、色斑，改善肤色，并且它对于由病毒感染引起的赘疣等有一定的治疗作用。

中医认为，薏仁味甘、淡，性微寒，入脾、胃、肺经；有健脾益胃、利尿除湿、缓和拘挛、清肺热之效。

薏仁粥

【主料】大米、糯米各 50 克，莲子、芸豆、红豆、薏仁各 10 克。

【配料】白砂糖 5 克。

【制作】1 大米、糯米均淘洗干净，分别用水浸泡 1 小时；莲子、芸豆、红豆、薏仁拣去杂质，淘洗干净。② 砂锅置火上入水，下入莲子，红豆，芸豆、薏仁，大火煮沸后下入大米、糯米转小火熬煮 1 小时，煮至粥黏稠时加入白砂糖，拌匀即可盛碗食用。

【烹饪技法】煮。

【营养功效】利水消肿，健脾去湿。

【健康贴士】此粥滋补效果比较缓慢，宜多服久服，但脾虚无湿、大便燥结及孕妇慎服。

红枣薏仁粥

【主料】薏仁、糯米各 50 克，红枣 10 枚。

【配料】冰糖 10 克。

【制作】① 薏仁、糯米均淘洗干净，分别用水浸泡 4 小时，红枣洗净，去核。② 锅置火上入水，下入薏仁，大火煮沸后撇去浮沫，倒入糯米、红枣煮沸，转小火熬煮至米烂粥黏稠时，加入冰糖调味即可。

【烹饪技法】煮。

【营养功效】温中益气，健胃养血。

【健康贴士】薏仁不利于消化，故老人、儿童、肠胃虚弱者不宜多食。

薏仁红豆南瓜粥

【主料】南瓜 200 克，红豆 80 克，薏仁 60 克。

【制作】① 南瓜洗净，去皮、子，切块；红豆、薏仁均淘洗干净，分别用水浸泡 2 小时。② 锅置火上入水，下入红豆、薏仁大火煮沸后，放入南瓜块，转小火熬煮成粥，即可盛碗食用。

【烹饪技法】煮。

【营养功效】健脾利水，补中益气。

【健康贴士】薏仁、红豆都是养颜护肤的食品，尤宜女士食用。

豆腐薏仁粥

【主料】薏仁 30 克，糯米 20 克，嫩豆腐 100 克，红枣 25 克。

【配料】冰糖 10 克。

【制作】① 薏仁、糯米淘洗干净，用水浸泡 2 小时；豆腐洗净切成小丁；红枣洗净，去核，泡涨。② 锅置火上入水烧沸，下入薏仁、糯米、红枣煮沸后转小火熬煮约 30 分钟，放入豆腐、冰糖，煮至粥成即可。

【烹饪技法】煮。

【营养功效】补血益气，美白肌肤。
【健康贴士】此粥不但可美白肌肤，对因燥热而引起的青春痘也有一定帮助。

薏仁麦片粥

【主料】薏仁 100 克，燕麦 50 克，牛奶 400 毫升。
【配料】蜂蜜 10 克，香蕉 1 根，蓝莓 100 克。
【制作】① 香蕉去皮，切小段；蓝莓洗净；薏仁淘洗干净，提前用清水浸泡一夜，备用。② 锅置火上入水，下入薏仁、燕麦，大火煮沸后转小火煮到薏仁软烂，调入牛奶，大火煮沸即可离火，待粥晾至温热时调入蜂蜜，再加入香蕉段、蓝莓拌匀，即可盛碗食用。
【烹饪技法】煮。
【营养功效】健胃消食，明目抗衰。
【健康贴士】薏仁、蓝莓和牛奶都有助于美白护肤，此粥尤宜女士食用。
【举一反三】可把香蕉、蓝莓换成个人喜爱吃的各种水果。

薏仁绿豆粥

【主料】绿豆、薏仁、大米、糙米各 50 克，干百合 20 克。
【配料】白砂糖 15 克。
【制作】① 糙米、薏仁、大米、绿豆均淘洗干净，分别用水浸泡 2 小时。② 锅置火上入水，下入绿豆、薏仁、大米、糙米，大火煮沸后转小火熬煮，煮至粥将成时，加入白砂糖调味，焖煮至熟即可。
【烹饪技法】煮，焖。
【营养功效】消肿利水，清热解毒。
【健康贴士】绿豆与薏仁都有清热利尿作用，因此浮肿病人宜食此粥。

牛奶薏仁果仁粥

【主料】薏仁 50 克，牛奶 250 毫升，核桃仁、葡萄干、松仁各 10 克。
【配料】冰糖、蜂蜜、炼乳各 10 克。
【制作】① 薏仁淘洗干净，用冷水浸泡 2 小时，捞出，沥干水分；核桃仁、葡萄干、松仁分别洗净，备用。② 砂锅置火上入水，下入薏仁，大火煮沸，改用小火煮至米烂，放入牛奶，核桃仁，松仁，冰糖，稍煮片刻，加入葡萄干、蜂蜜、炼乳，搅匀即可。
【烹饪技法】煮。
【营养功效】美白养颜，益智健脑。
【健康贴士】此粥营养丰盛，一般人宜食。

西米

西米几乎是纯淀粉，含 88% 的碳水化合物、0.5% 的蛋白质、少量脂肪及微量 B 族维生素。

中医认为，西米性温，味甘，入脾、肺经；具有健脾、补肺、化痰、补虚冷、消食之效。

绿豆西米粥

【主料】绿豆 100 克，西米 30 克，大米 100 克。
【配料】白砂糖 10 克。
【制作】① 绿豆提前一天浸泡，除去绿豆皮；大米淘洗干净；西米淘洗干净，用清水泡透。② 瓦煲置火上入水，大火烧沸后，下入绿豆、大米，转用小火煮至大米开花，再下入西米，调入白砂糖，用小火焖 10 分钟即可。
【烹饪技法】煮，焖。
【营养功效】减肥瘦身，清热消暑。
【健康贴士】脾胃虚弱者不宜多食。

红薯西米粥

【主料】红薯 250 克，粳米 100 克，西米 50 克。
【配料】白砂糖 10 克。
【制作】① 红薯洗净，去皮，切粒；粳米、西米淘洗干净，备用。② 锅置火上入水，下入粳米、西米、红薯粒大火煮沸后，转小火熬至米软烂，加糖调味即可。

【烹饪技法】煮。
【营养功效】消脂降压，益气温中。
【健康贴士】此粥适宜减肥女士、老年便秘者食用。

西米粥

【主料】西米 50 克，粳米 100 克．
【配料】白砂糖 10 克。
【制作】① 西米淘洗干净，用清水泡软，捞出，沥干水分；粳米淘洗干净。② 砂锅置火上，加入开水 800 毫升，下入粳米小火熬煮成粥，待粥将熟时加入西米、白砂糖，搅匀稍煮即可。
【烹饪技法】煮。
【营养功效】抗癌降脂，暖胃健脾。
【健康贴士】脾胃虚弱、消化不良、食少乏力、体虚消瘦患者宜食，此外老年人常食此粥，可强壮身体，轻身长寿。

绿豆

绿豆含有丰富的蛋白质、脂肪、碳水化合物，维生素 B_1、维生素 B_2、胡萝卜素、叶酸，矿物质钙、磷、铁。其所含的蛋白质主要为球蛋白，其组成中富含赖氨酸、亮氨酸、苏氨酸，但蛋氨酸、色氨酸、酪氨酸比较少。如与小米共煮粥，则可提高营养价值。绿豆皮中含有 21 种无机元素，磷含量最高。绿豆粉有显著降脂作用，此外，绿豆中含有一种球蛋白和多糖，能促进动物体内胆固醇在肝脏分解成胆酸，加速胆汁中胆盐分泌和降低小肠对胆固醇的吸收，从而起到保护肝脏，减少蛋白分解的作用。

中医认为，绿豆味甘，性寒，入心、胃经；具有清热解毒、消暑去烦的功效。

绿豆粥

【主料】稻米 250 克，绿豆 150 克。
【配料】白砂糖 10 克。
【制作】① 稻米淘洗干净，用水浸泡 30 分钟；绿豆拣去杂质，用清水洗净。② 锅置火上，加清水 1700 毫升，下入绿豆，大火煮沸后，转小火焖煮至绿豆酥烂时，下入稻米转中小火熬煮 30 分钟至米粒开花，粥汤稠浓，调入白砂糖拌匀即可。
【烹饪技法】煮，焖。
【营养功效】清热解毒，消肿祛暑。
【健康贴士】高血压、动脉硬化、糖尿病、肾炎患者宜食。

豌豆绿豆粥

【主料】粳米 100 克，绿豆、豌豆各 50 克。
【配料】白砂糖 10 克。
【制作】① 绿豆、粳米淘洗干净，分别用冷水浸泡发胀，捞出，沥干水分；豌豆粒洗净，焯水烫透备用。② 锅置火上，加入约 1500 毫升冷水，下入绿豆，用大火煮沸后，再加入豌豆和粳米，改用小火熬煮，待粥将成时，调入白砂糖拌匀，稍焖片刻，即可盛起食用。
【烹饪技法】焯，煮，焖。
【营养功效】补中益气，助消化。
【健康贴士】脾胃虚寒、肾气不足者宜食。

银耳绿豆粥

【主料】绿豆 100 克，大米 50 克，干银耳 15 克，西瓜 100 克，蜜桃 60 克。
【配料】冰糖 15 克。
【制作】① 大米淘洗干净；绿豆淘洗干净，用冷水浸泡 3 小时；银耳用冷水浸泡，回软，择洗净，撕成小块；西瓜去皮、子，切块；蜜桃去核，切瓣备用。② 锅置火上入水，下入大米、绿豆，大火煮沸后转小火熬煮 40 分钟，下入银耳、冰糖，搅匀，煮约 20 分钟后，加入西瓜块、蜜桃瓣，焖煮片刻，即可盛碗食用。
【烹饪技法】煮，焖。
【营养功效】消暑止渴，宁神养心。
【健康贴士】此粥果味浓厚，营养丰盛，一般人宜食。
【巧手妙招】夏日，待粥自然冷却后，装入

碗中，用保鲜膜密封，放入冰箱，冷冻 20 分钟口味更佳。

糯米绿豆粥

【主料】糯米 200 克，绿豆 120 克。
【配料】红糖 10 克。
【制作】① 糯米淘洗干净，用水浸泡 1 小时；绿豆拣去杂质，洗净后浸泡 1 小时，剔去浮面的劣豆。② 锅置火上入水，下入绿豆、糯米，大火煮沸后改用小火，熬煮至米烂豆开，加入红糖调味即可。
【烹饪技法】煮。
【营养功效】调中益气，清热养颜。
【健康贴士】绿豆不宜与狗肉同食。
【举一反三】糯米不易消化，可把糯米换成大米。

海带绿豆粥

【主料】海带 15 克，大米 100 克，绿豆 15 克，甜杏仁 10 克。
【配料】玫瑰花 6 克，红糖 10 克。
【制作】① 大米淘洗干净；绿豆拣去杂质，淘洗干净；海带洗净，切丝；玫瑰花漂洗干净，装入干净的布包，备用。② 锅置火上入水，放入大米、海带丝、绿豆、甜杏仁，加入玫瑰花包，大火煮沸后转小火熬煮至粥成时，取出玫瑰花布包，加入红糖调味即可。
【烹饪技法】煮。
【营养功效】消脂降压，清肺止咳。
【健康贴士】海带与绿豆都具有降脂降压的功效，因此高血脂、高血压患者宜食。

红薯绿豆粥

【主料】大米 200 克，红薯 300 克，绿豆 50 克。
【配料】白砂糖 10 克。
【制作】① 大米淘洗干净；红薯洗净，去皮，切成块；绿豆淘洗干净，备用。② 锅置火上入水，下入大米、绿豆大火煮沸，放入红薯块，转小火熬煮至粥成，调入白砂糖拌匀即可。
【烹饪技法】煮。
【营养功效】益气消食，健胃温中。
【健康贴士】大米、绿豆、红薯都有助于消化，因此便秘、消化不好者宜食。
【巧手妙招】米粥中撒一点儿盐可以使米不沾锅。

油菜绿豆粥

【主料】大米 150 克，油菜 200 克，绿豆 50 克。
【配料】盐 2 克。
【制作】① 大米淘洗干净，用清水浸泡 30 分钟；油菜择洗干净，切成 2 厘米长的段；绿豆淘净，备用。② 锅置火上入水，下入绿豆大火煮沸，放入大米煮沸，再转小火煮至米粥黏稠，加入油菜，加盐调味，略煮片刻，即可盛碗食用。
【烹饪技法】煮。
【营养功效】解毒消肿，宽肠通便。
【健康贴士】口腔溃疡、齿龈出血、便秘患者宜食。

红枣绿豆粥

【主料】粳米 60 克，红枣、绿豆各 50 克。
【配料】红糖 10 克。
【制作】① 粳米淘洗干净，用清水浸泡 2 小时；红枣洗净泡软，去核；绿豆淘洗干净，用水浸泡 1 小时。② 锅置火上入水，下入粳米、红枣、绿豆大火煮沸后，转小火熬煮至粥黏、绿豆开花时，加入红糖调味，即可盛碗食用。
【烹饪技法】煮。
【营养功效】益气补血，清热解毒。
【健康贴士】绿豆性寒凉，素体阳虚、脾胃虚寒、泄泻者慎食，一般不宜冬季食用。

绿豆黄瓜粥

【主料】绿豆 45 克，黄瓜 100 克，粳米

150克。

【配料】植物油30克，葱末5克，盐2克，味精1克。

【制作】① 绿豆淘洗干净，用清水浸泡4小时；黄瓜洗净，切丁。② 炒锅置火上，入油烧热，放入葱末煸炒出香味，倒入黄瓜丁炒至八成熟时，加入盐、味精炒匀即离火。③ 砂锅置火上入水，下入粳米、绿豆，大火煮沸后，改小火煮至米开花豆烂时，倒入黄瓜菜拌匀即可。

【烹饪技法】煸炒，煮。

【营养功效】温中益气，解暑止渴。

【健康贴士】绿豆忌用铁锅煮。绿豆中含有单宁，在高温条件下遇铁会生成黑色的单宁铁，喝后会影响人的食欲，对人体有害。

黑米

黑米和紫米都是稻米中的珍贵品种，黑米所含锰、锌、铜等无机盐大都比大米高1～3倍，更含有大米所缺乏的维生素C、叶绿素、花青素、胡萝卜素及强心苷等特殊成分，具有清除自由基、改善缺铁性贫血、抗应激反应以及免疫调节等多种生理功能。此外，黑米中的黄酮类化合物能维持血管正常渗透压，减轻血管脆性，防止血管破裂和止血，黑米还具有改善心肌营养，降低心肌耗氧量等功效。

中医认为，性平，味甘，入脾、胃经；具有开胃益中、健脾活血、明目的功效。

黑米粥

【主料】黑米30克，粳米70克，红枣20克，干银耳15克，芝麻10克，黄豆15克。

【配料】冰糖10克。

【制作】① 黄豆用温水浸泡1小时，换水洗净；银耳泡软后摘去老蒂；红枣去核；黑米、粳米均淘洗干净，提前浸泡12小时，备用。② 锅置火上入水，下入黑米、粳米大火煮沸后，加入黄豆、红枣、芝麻，转小火熬煮至米开豆烂熟，加入冰糖搅匀即可盛碗食用。

【烹饪技法】煮。

【营养功效】益气补血，养胃健脾。

【健康贴士】产后血虚、病后体虚者、贫血者宜食。

黑米红豆粥

【主料】红豆50克，黑米100克。

【配料】白砂糖10克。

【制作】① 红豆、黑米均淘洗干净，清水浸泡5小时。② 锅置火上入水，下入红豆、黑米，大火煮沸后转小火熬煮至米开豆烂，加入白砂糖调味，即可盛碗食用。

【烹饪技法】煮。

【营养功效】健脾益胃，滋阴补肾。

【健康贴士】黑米外部有坚韧的种皮包裹，不易煮烂，若不煮烂其营养成分未溶出，多食后易引起急性肠胃炎，因此黑米食用前应尽量延长浸泡时间。

红薯黑米粥

【主料】黑米100克，红薯150克，红枣50克。

【配料】白砂糖10克。

【制作】① 黑米淘洗干净，提前用水浸泡4小时；红枣洗净，去核；红薯洗净后削皮，切成小块。② 锅置火上入水，大火煮沸后下入黑米，煮沸后，放入红薯、红枣，改用小火熬煮至粥成，加入白砂糖调味即可。

【烹饪技法】煮。

【营养功效】补中益气，养血安神。

【健康贴士】体虚、肠燥便秘者宜食，糖尿病患者不宜多食。

黑米红枣粥

【主料】黑米250克，红枣15枚。

【配料】冰糖10克。

【制作】① 黑米淘洗干净，提前用水浸泡10小时，捞出，沥干水分；红枣洗净，去核。② 锅置火上，注入清水1500毫升，下入黑米大火煮沸后，放入红枣，转小火熬煮至粥黏稠，加入冰糖煮化即可。

【烹饪技法】煮。

【营养功效】补益脾胃，益气活血。

【健康贴士】此粥适宜女士食用，但脾胃虚弱的小儿、老年人慎食。

【举一反三】可把红枣换成莲子，可增加清心明目的功效。

山药黑米粥

【主料】黑米 100 克，山药 150 克。

【配料】枸杞 10 枚。

【制作】① 黑米淘洗干净，用冷水浸泡 5 小时；山药去皮，切成小块，浸泡在盐水中。② 锅置火上，下入黑米和浸泡黑米的水，大火煮沸后放入山药块，转小火熬煮至粥黏稠，撒上枸杞，焖煮片刻，即可盛碗食用。

【烹饪技法】煮，焖。

【营养功效】滋肾固精，开胃益中。

【健康贴士】病后、产后、老人、肾虚者宜食，但病后消化能力弱的人不宜急于吃黑米，可换成紫米来调养。

紫米

紫米中含有丰富蛋白质、脂肪、赖氨酸、核黄素、硫安素、叶酸等多种维生素，以及铁、锌、钙、磷等人体所需微量元素，是煮食、加工副食品、食疗的佳品。此外，紫米中纤维素含量也很高，纤维素有充盈肠道、增加粪便体积、促进肠道蠕动、促进消化液的分泌、减少胆固醇吸收等作用。因此，经常食用紫米，对预防动脉硬化、防止肠癌大有益处。

中医认为，紫米味甘，性温，入脾、胃、肺经；具有补中益气、健脾养胃、止虚汗的功效。

紫米粥

【主料】紫米 150 克。

【配料】黄砂糖 10 克。

【制作】① 紫米淘洗干净，用水浸泡 1 小时，捞出，沥干水分。② 锅置火上入水，下入紫米，大火煮沸后转小火熬煮成粥，待粥将成时，加入黄砂糖调味，即可盛碗食用。

【烹饪技法】煮。

【营养功效】补气益血，健脾暖肝。

【健康贴士】营养不良、体质虚弱者宜食。

【举一反三】下紫米时可同放几枚莲子，更有去火清热的功效。

紫米蔬菜粥

【主料】紫米 80 克，胚芽米 160 克，地瓜 100 克，苋菜 100 克，空心菜 100 克，吻仔鱼 60 克。

【配料】盐 3 克，高汤 1700 毫升。

【制作】① 紫米、胚芽米淘洗干净，用水浸泡 6 小时；地瓜洗净，去皮，切成丁状；苋菜、空心菜择洗干净，切成段状；吻仔鱼洗净后备用。② 锅置火上，倒入高汤，下入紫米、胚芽米，大火煮约 20 分钟至软，再加入地瓜丁，煮 5 ~ 6 分钟后，放入苋菜、空心菜段，加盐调味，放入吻仔鱼转小火熬煮熟至粥成即可。

【烹饪技法】煮。

【营养功效】健肾润肝，健胃消食。

【健康贴士】此粥营养比较丰盛，老人、儿童宜食。

椰汁紫米粥

【主料】紫糯米 150 克，椰汁 100 毫升。

【配料】冰糖 10 克。

【制作】① 紫米淘洗干净，用水浸泡 2 小时。② 锅置火上入水，烧沸后下入紫米煮沸，转小火熬煮 1 小时，加入冰糖调味后，再兑入椰汁，熬煮至粥成即可。

【烹饪技法】煮。

【营养功效】强筋健骨，益气补虚。

【健康贴士】产妇、恢复期病人、慢性病患者和体虚者宜食。

花生紫米红豆粥

【主料】花生 100 克，紫米、红豆、山药各 50 克。

【配料】冰糖 10 克。

【制作】① 花生、紫米、红豆淘洗干净，提前浸泡 6 小时；山药削皮，切块。② 锅置火上入水，大火烧沸后，下入花生、紫米、红豆和山药块，转小火熬煮至米开豆烂，再焖煮片刻，调入冰糖即可盛碗食用。

【烹饪技法】煮。

【营养功效】健脾和胃，补益气血。

【健康贴士】此粥养颜补气血，最适宜女士食用。

黑豆

黑豆营养丰富，含有蛋白质、脂肪、维生素、微量元素等多种营养成分，同时又具有多种生物活性物质，如黑豆色素、黑豆多糖和异黄酮等。此外，黑豆中微量元素如锌、铜、镁、钼、硒、氟等的含量也很高，而这些微量元素对延缓人体衰老、降低血液黏稠度等非常重要。黑豆皮为黑色，含有花青素，花青素是很好的抗氧化剂来源，能清除体内自由基，尤其是在胃的酸性环境下，抗氧化效果好，养颜美容，增加肠胃蠕动。

中医认为，黑豆性平，味甘，归脾、肾经；具有解表清热、养血平肝、补肾壮阴、补虚黑发之功效。

泥鳅黑豆粥

【主料】泥鳅 200 克，黑豆 60 克，黑芝麻糊 60 克。

【配料】料酒 10 克，葱末 5 克，姜末 3 克，味精 1 克，盐 2 克。

【制作】① 黑豆淘洗干净，用冷水浸泡 2 小时以上，捞出，沥干水分；黑芝麻淘洗干净；泥鳅处理干净，放入碗内，加入料酒、葱末、姜末、味精、盐上笼蒸至熟透，去骨刺备用。② 锅置火上，加入约 1000 毫升冷水，下入黑豆、黑芝麻，先用大火烧沸、搅拌，再改用小火熬煮，粥熟时放入泥鳅肉，稍煮，撒上葱末、姜末调味即可。

【烹饪技法】蒸，煮。

【营养功效】明目健脾，补肾益阴。

【健康贴士】少儿不宜多食。

红枣黑豆粥

【主料】糯米 100 克，黑豆 40 克，红枣 30 克。

【配料】红砂糖 15 克。

【制作】① 黑豆、糯米淘洗干净，用冷水浸泡 3 小时，捞起，沥干水分；红枣洗净，去核。② 锅置火上，加入约 1500 毫升冷水，下入黑豆、糯米，用大火烧沸后，转小火熬煮 10 分钟，下入红枣，熬煮至米烂豆熟时，调入红糖，再稍焖片刻，即可盛起食用。

【烹饪技法】煮。

【营养功效】祛风除痹，补血安神。

【健康贴士】脾虚水肿、脚浮肿者宜食。

【举一反三】可将糯米换成粳米，加几粒枸杞，功效不变。

芝麻黑豆粥

【主料】粳米 100 克，黑芝麻 50 克，黑豆 50 克。

【配料】白砂糖 15 克

【制作】① 黑豆、粳米分别淘洗干净，黑豆用冷水浸泡 3 小时，粳米浸泡 30 分钟，捞起，沥干水分；黑芝麻淘洗干净备用。② 砂锅置火上，加入约 2000 毫升冷水，依次下入黑豆、粳米、黑芝麻，先用大火烧沸，再转小火熬煮，煮至米烂豆熟后加入白砂糖调味，稍焖片刻即可。

【烹饪技法】煮，焖。

【营养功效】乌发养颜，益智健脑。

【健康贴士】黑豆忌与蓖麻子、厚朴同食。

桂圆黑豆粥

【主料】粳米100克，桂圆60克，黑豆20克。
【配料】姜15克，蜂蜜15克。
【制作】① 桂圆去壳，取果肉冲洗干净；黑豆淘洗干净，用水浸泡1小时；姜去皮，磨成姜汁；粳米淘洗干净，浸泡30分钟，捞出，沥干水分。② 锅置火上，加入约1000毫升冷水，大火烧沸后加入桂圆、黑豆及姜汁拌匀，转小火熬煮至软烂，调入蜂蜜即可。
【烹饪技法】煮。
【营养功效】壮阳益气，养血安神。
【健康贴士】黑豆炒熟后，热性大，桂圆亦属性温之物，两者都不宜多食，易上火。

红豆

红豆含有丰富的蛋白质和胡萝卜素、硫胺素、核黄素、烟酸、维生素、钙、磷、钾、钠等，并且富含淀粉，因此又被人们称为“饭豆”，它具有“生津液、利小便、消胀、除肿、止吐”的功能，被李时珍称为“心之谷”。红豆是人们生活中不可缺少的高营养、多功能的杂粮。

中医认为，红豆味甘，性平，入心、小肠经；有健脾利湿、散血、解毒之功效。

红豆红枣粥

【主料】粳米100克，红小豆、花生米各50克，红枣5枚。
【配料】白砂糖10克。
【制作】① 红豆、花生米淘洗干净，用冷水浸泡至软；红枣洗净，剔去枣核；粳米淘洗干净，用冷水浸泡30分钟，捞出，沥干水分。② 锅置火上，注入约1500毫升冷水，下入红豆、花生米、粳米，大火煮沸后，放入红枣，改用小火慢熬至粥成，加入白砂糖调味即可。
【烹饪技法】煮。
【营养功效】补益心脾，利水消肿。
【健康贴士】红豆与花生、红枣最宜搭配食用，因此此粥一般人宜食。

红豆南瓜粥

【主料】红小豆50克，南瓜200克，大米100克。
【配料】盐2克，高汤500毫升。
【制作】① 南瓜洗净，去皮，切块；红小豆、大米淘洗干净，用水浸泡2小时。② 锅置火上入水，下入南瓜、大米、红小豆，兑入高汤，大火煮沸后，转中小火慢煮30～40分钟，煮至红豆开花、南瓜熟烂，加入盐调味后，即可出锅。
【烹饪技法】煮。
【营养功效】去湿健脾，养颜美容。
【健康贴士】阴虚而无湿热、小便清长者忌食。
【巧手妙招】红小豆储存易生虫，储存时可掺杂几段干辣椒，密封后放置在干燥、通风处，此方法可以起到防潮、防霉、防虫的作用。

鹌鹑红豆粥

【主料】红小豆50克，鹌鹑肉280克，大米50克。
【配料】姜15克，盐2克。
【制作】① 红豆淘洗干净，用温水浸泡2～3小时，捞出沥水；鹌鹑宰杀，去毛和内脏后清洗干净，切成小块；大米淘洗干净；姜洗净，切片。② 锅置火上，加入约1000毫升冷水，放入大米、红豆、姜片，先用大火烧沸后，放入鹌鹑肉，再改用小火慢煮，豆烂肉熟时，加入盐调味即可。
【烹饪技法】煮。
【营养功效】益中补气，强筋健骨。
【健康贴士】此粥最宜老幼病弱者、高血压患者、肥胖症患者食用。

黑芝麻红豆粥

【主料】黑芝麻20克，红小豆50克，大米

100克。

【配料】白砂糖10克。

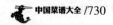

【制作】①红小豆、大米淘洗干净，用水浸泡2小时；黑芝麻炒熟，备用。②锅置火上入水，下入红小豆、大米和白砂糖大火煮沸后转小火熬煮成粥，撒上黑芝麻即可。

【烹饪技法】炒，煮。

【营养功效】乌发养颜，益气补血。

【健康贴士】红豆消肿通乳作用很好，但久食则令人黑瘦结燥。

花生红豆粥

【主料】红豆150克，花生100克，大米100克。

【配料】冰糖15克。

【制作】①红豆淘洗干净，用水浸泡30分钟；花生淘洗干净，用水浸泡10分钟。②锅置火上入水，下入红豆、花生，大火煮沸转小火煮30分钟，加入大米大火煮沸，再转入小火熬煮至粥成，加入冰糖调味即可。

【烹饪技法】煮。

【营养功效】调和脾胃，补血止血。

【健康贴士】花生是高脂肪、高热量的食物，心脑血管疾病患者慎食。

红豆糯米粥

【主料】红小豆30克，糯米30克，燕麦片30克，红枣5枚，干银耳3克。

【配料】冰糖10克。

【制作】①红豆、糯米均淘洗干净，分别用水浸泡2小时；银耳用水泡发；红枣用温水泡洗，去核。②锅置火上入水，下入红小豆、糯米和银耳，炖90分钟后，加入枣和冰糖，再炖30分钟，最后加燕麦焖煮5分钟即可。

【烹饪技法】炖，焖，煮。

【营养功效】润肺滋阴，温中益气。

【健康贴士】此粥尤适宜女士食用，可养颜美容。

红薯

红薯含有丰富的淀粉、膳食纤维、胡萝卜素、维生素A、维生素B、维生素C、维生素E以及钾、铁、铜、硒、钙等10余种微量元素和亚油酸等，营养价值很高，被营养学家们称为营养最均衡的保健食品。此外，食用红薯不仅不会发胖，相反能够减肥、健美、防止亚健康、通便排毒。每100克鲜红薯仅含0.2克脂肪，产生99千卡热能，大概为大米1/3，是很好的低脂肪、低热能食品，同时又能有效地阻止糖类变为脂肪，有利于减肥、健美。红薯含有大量膳食纤维，在肠道内无法被消化吸收，能刺激肠道，增强蠕动，通便排毒，尤其对老年性便秘有较好的疗效。要注意的是食用红薯时要注意一定要蒸熟煮透，且食用红薯不宜过量。

中医认为，红薯味甘，性平，入心、脾经；有补脾益气，宽肠通便，生食有生津止渴之效。

红薯甜粥

【主料】红薯150克，糯米、黑米、黄豆、红豆、绿豆各20克，燕麦50克。

【配料】枸杞5枚，熟黑、白芝麻10克，冰糖10克。

【制作】①红薯洗净切块；糯米、黑米、黄豆、红豆、绿豆淘洗干净后，一起浸泡4小时；枸杞用温水淘洗干净。②锅置火上入水，下入糯米、黑米、黄豆、红豆、绿豆、红薯块，用大火煮沸后，倒入燕麦、枸杞转小火熬煮至粥黏稠，调入冰糖煮至化开，撒上芝麻拌匀即可。

【烹饪技法】煮。

【营养功效】补中和血，助消化。

【健康贴士】五谷杂粮，一般人都可食用。

栗子红薯粥

【主料】香米50克，小米50克，红薯200克，栗子5枚。

【配料】冰糖 10 克。
【制作】① 香米、小米均淘洗干净，用水浸泡 15 分钟；栗子去壳取果肉，切小粒；红薯洗净去皮，切块。② 锅置火上入水，下入香米、小米、栗子粒、红薯块，大火煮沸后转小火熬煮成粥，即可盛碗食用。
【烹饪技法】煮。
【营养功效】养胃健脾，补肾强筋。
【健康贴士】红薯一定要蒸熟煮透。一是因为红薯中淀粉的细胞膜不经高温破坏，难以消化；二是红薯中的“气化酶”不经高温破坏，吃后会产生不适感。

花生

花生含丰富的脂肪和蛋白质。据测定，花生果内脂肪含量为 44% ~ 45%，蛋白质含量为 24% ~ 36%，含糖量为 20% 左右，花生中还含有丰富的维生素 B_2、维生素 PP、维生素 A、维生素 D、维生素 E，钙、铁、硫胺素、核黄素、烟酸等。此外花生的氨基酸含量也很丰富，特别是含有人体必需的氨基酸，有促进脑细胞发育，增强记忆的功能。

中医认为，花生味甘，性平，入脾、肺经；具有健脾和胃、利肾去水、理气通乳的功效。

花生粥

【主料】花生 45 克，粳米 100 克。
【配料】冰糖 5 克。
【制作】① 粳米淘洗干净；花生淘洗干净，连衣捣碎备用。② 锅置火上入水，下入粳米和花生碎大火煮沸后转小火熬煮成粥，待粥将成时，加入冰糖调味，即可食用。
【烹饪技法】煮。
【营养功效】润肠通便，健脾健胃。
【健康贴士】痛风病患者慎食，因为痛风是一组嘌呤代谢紊乱所致的疾病，患者均有高尿酸血症。而高脂饮食会减少尿酸排出，加重病情，所以痛风急性发作期应禁食花生，痛风缓解期也只能适量进食。

花生粟米粥

【主料】粟米 50 克，花生米 50 克，红小豆 30 克。
【配料】桂花糖、冰糖各 10 克。
【制作】① 粟米、花生米、红小豆放入清水中浸泡 4 小时，然后淘洗干净，备用。② 锅置火上入水，下入花生米、红小豆，煮沸后，改用小火约煮 30 分钟，再放入粟米，煮至米烂，花生米、红小豆酥软，再加入冰糖、桂花糖调味即可。
【烹饪技法】煮。
【营养功效】清热解毒，和胃消肿。
【健康贴士】糖尿病患者忌食。

红枣花生粥

【主料】糯米 100 克，花生米 50 克，红枣 50 克。
【配料】红砂糖 5 克。
【制作】① 花生米淘洗干净；糯米淘洗干净，用水浸泡 2 小时；红枣用温水淘洗干净。② 锅置火上入水，下入花生米煮沸至熟烂时，再下入糯米，续加适量清水，煮沸后下入红枣，转小火煮至米烂成粥，加入红糖调味即可。
【烹饪技法】煮。
【营养功效】温中养胃，益气补血。
【健康贴士】此粥最适宜身体虚弱的出血病人食用。

花生牛奶红枣粥

【主料】花生米 30 克，红枣 6 个，牛奶 1 袋，大米 50 克。
【配料】蜂蜜 15 克。
【制作】① 大米、花生米均淘洗干净；红枣用温水淘洗干净，备用。② 锅置火上入水，大火烧沸后下入大米，煮沸后再下入红枣、花生米，转小火熬煮约 30 分钟，煮至大米、花生烂熟后，加入牛奶拌匀，调入蜂蜜即可。
【烹饪技法】煮。

【营养功效】养血通乳，健脾利胃。
【健康贴士】花生含有大量脂肪，蜂蜜又有滑肠功效，因此肠炎、痢疾等脾胃功能不良者慎食，会加重病情。

花生山药粥

【主料】山药250克，花生50克，大米50克。
【制作】① 花生米、粳米淘洗干净，用冷水分别浸泡1小时；山药洗净，去皮，切成细丁。② 锅置火上入水，下入花生米、粳米，大火煮沸后加入山药丁，然后改用小火熬煮成粥，加入冰糖煮至化开，即可盛起食用。
【烹饪技法】煮。
【营养功效】滋肾固精，益气补血。
【健康贴士】对于肠胃虚弱者，花生不宜与黄瓜、螃蟹同食，易导致腹泻。

粳米大麦花生粥

【主料】粳米150克，大麦、花生米各100克。
【配料】冰糖 15 克。
【制作】① 大麦、花生米、粳米分别淘洗干净。② 锅置火上入水，下入大麦、花生米，大火煮至麦粒开花时，放入粳米转小火熬煮至粳米熟烂，加入冰糖调味即可。
【烹饪技法】煮。
【营养功效】益气宽中，补气止血。
【健康贴士】因大麦芽可回乳或减少乳汁分泌，故在怀孕期间和哺乳期内的妇女忌食此粥。

芝麻

芝麻含有大量的脂肪和蛋白质，还有膳食纤维、维生素 B_1、维生素 B_2、尼克酸、维生素 E、卵磷脂、钙、铁、镁等营养成分。芝麻中的亚油酸有调节胆固醇的作用，而丰富的维生素 E，则能防止过氧化脂质对皮肤的危害，抵消或中和细胞内有害物质游离基的积聚，可使皮肤白皙润泽，并能防止各种皮肤炎症。此外，芝麻还具有养血的功效，可以治疗皮肤干枯、粗糙，令皮肤细腻光滑、红润光泽。

中医认为，芝麻味甘，性平，入肝、肾、肺、脾经；有补血明目、祛风润肠、生津通乳、益肝养发、强身体，抗衰老之功效。

核桃芝麻粥

【主料】核桃仁200克，芝麻、粳米各100克。
【制作】① 粳米淘洗干净；核桃仁、芝麻各研末，备用。② 锅置火上入水，下入粳米大火煮沸后，转小火熬煮至粥七成熟时再加入核桃仁、芝麻煮熟即可。
【烹饪技法】煮。
【营养功效】益智补脑，乌发养颜。
【健康贴士】适宜身体虚弱、贫血、高脂血症、高血压病、老年哮喘、肺结核，以及荨麻疹，习惯性便秘者食用。

枸杞黑芝麻粥

【主料】黑芝麻 30 克，大米 80 克，糯米 20 克，枸杞 10 克。
【配料】糖桂花、冰糖各 5 克。
【制作】① 大米淘洗干净；糯米淘洗干净浸泡 2 小时；枸杞用温水泡洗。② 锅置火上入水，大火烧沸，下入大米、糯米、黑芝麻，转小火熬煮成粥，待粥熬至黏稠时放入冰糖和枸杞，焖煮约 15 分钟，淋上桂花糖即可。
【烹饪技法】煮，焖。
【营养功效】滋养肝肾，养血润燥。

【健康贴士】芝麻不宜与巧克力同食，会影响人体营养吸收、消化。

糯米

糯米含有蛋白质、脂肪、糖类、钙、磷、铁、维生素 B_1、维生素 B_2、烟酸及淀粉等，营养十分丰富。但其所含淀粉为支链淀粉，所以在肠胃中难以消化水解。

中医认为，糯米味甘，性温，入脾、胃、肺经；具有补中益气，健脾养胃，止虚汗之功效，适用于脾胃虚寒所致的反胃、食欲减少、泄泻和气虚引起的汗虚、气短无力、妊娠腹坠胀等症。

糯米粥

【主料】燕麦仁 60 克，红糯米 200 克。
【配料】葡萄干 30 粒，蜂蜜 10 克。
【制作】① 燕麦仁、红糯米淘洗干净，分别浸泡 10 小时；葡萄干用温水洗干净。② 锅置火上入水，下入燕麦仁、红糯米大火煮沸后转小火煮 30 分钟，加入葡萄干再煮 30 分钟至糯米开花黏稠，离火，晾至粥温热时调入蜂蜜拌匀即可。
【烹饪技法】煮。
【营养功效】温中补气，健脾养胃。
【健康贴士】体虚自汗、盗汗、多汗、血虚、头晕眼花、脾虚腹泻者宜食。
【巧手妙招】温水泡葡萄干更易清洗。

红枣糯米粥

【主料】糯米 100 克，红枣 70 克。
【配料】白砂糖 5 克。
【制作】① 糯米淘洗干净；红枣洗净，去核，糯米和红枣分别用水浸泡 30 分钟。② 锅置火上入水，大火烧沸后下入糯米、红枣煮沸，转小火熬煮至糯米黏稠，调入白砂糖拌匀，焖煮 10 分钟即可。
【烹饪技法】煮，焖。
【营养功效】益气补血，温中祛寒。
【健康贴士】糯米宜与红枣同食，温中补虚效果更佳。

杏仁糯米粥

【主料】糯米 100 克，杏仁 10 克，金糕 10 克。
【配料】冰糖 10 克。
【制作】① 杏仁淘洗干净；金糕切成丁；糯米淘洗干净，提前用冷水浸泡 3 小时，沥干水分备用。② 把杏仁用豆浆机制成杏仁浆，锅置火上入水约 1200 毫升冷水，烧沸后下入糯米，倒入杏仁浆，煮 30 分钟后加入冰糖煮至化开，撒上山楂糕丁即可。
【烹饪技法】煮。
【营养功效】止咳平喘，益气养胃。
【健康贴士】杏仁不可与板栗、猪肉、小米同食。

眉豆

眉豆的营养成分十分丰富，包括蛋白质、脂肪、糖类、钙、磷、铁及食物纤维、维生素 A 原、维生素 B_1、维生素 B_2、维生素 C 和氰苷、酪氨酸酶等，特别是眉豆衣中的 B 族维生素含量特别丰富。此外，还有磷脂、蔗糖、葡萄糖。眉豆中还含有血球凝集素，这是一种蛋白质类物质，可增加脱氧核糖核酸和核糖核酸的合成，抑制免疫反应和白细胞与淋巴细胞的移动，故能激活肿瘤病人的淋巴细胞产生淋巴毒素，对机体细胞有非特异性的伤害作用，故有显著的消退肿瘤的作用。肿瘤患者宜常吃眉豆，有一定的辅助食疗功效。

中医认为，眉豆味甘，性平，入胃经；有健脾、和中、益气、化湿、消暑之功效；眉豆气清香而不串，性温和而色微黄，与脾性最合。

眉豆粥

【主料】香米 150 克，眉豆 50 克，瘦肉

250 克。

【配料】葱丝 10 克。

【制作】① 香米淘洗干净；瘦肉切成粒状备用；眉豆淘洗干净，用水泡 30 分钟左右。② 把处理好的香米、瘦肉、眉豆一起放进锅里，加 1500 毫升的水，用高压锅压 15 分左右，撒上葱丝即可盛碗食用。

【烹饪技法】煮。

【营养功效】健脾除湿，和中暖胃。

【健康贴士】寒热病患者，疟疾患者忌食。

豌豆

豌豆荚和豆苗的嫩叶中富含维生素 C 和能分解体内亚硝胺的酶，具有抗癌防癌的作用。豌豆与一般蔬菜有所不同，其所含的赤霉素和植物凝素等物质，具有抗菌消炎，增强新陈代谢的功能。此外，豆粒和豆苗中也含有较为丰富的膳食纤维，可以防止便秘，有清肠作用。

中医认为，豌豆味甘，性平，入脾、胃经；具有益中气、止泻痢、调营卫、利小便、消痈肿、解乳石毒之功效。

豌豆豆腐粥

【主料】豆腐 100 克，豌豆 50 克，胡萝卜半根，大米 100 克。

【配料】盐 2 克。

【制作】① 大米淘洗干净，用水浸泡 1 小时；豌豆淘洗干净；豆腐切丁；胡萝卜洗净，切丁。② 锅置火上入水，下入大米、胡萝卜、豌豆，大火烧沸后，加豆腐丁转小火煮至粥黏稠，加入盐调味即可。

【烹饪技法】煮。

【营养功效】养肝明目，健胃消食。

【健康贴士】此粥中不宜加醋，豌豆与醋同食易引起人体消化不良。

豌豆粥

【主料】豌豆 250 克，核桃 3 个，糯米粉 100 克。

【配料】白砂糖 10 克。

【制作】① 豌豆淘洗干净；核桃去壳取出核桃仁。② 锅置火上入水，烧沸后下入豌豆焯熟，捞出放入料理机内，再放入核桃仁、清水打成茸，倒入筛子中，将其过滤，去渣留豆汁备用。③ 在豌豆汁中加入足量的清水，搅拌均匀，倒入糯米粉，搅拌至无颗粒状态后倒入净锅中，小火边熬煮边用勺子搅动，煮至粥烧沸 3 分钟，加入白砂糖调味即可。

【烹饪技法】焯，煮。

【营养功效】健脾和胃，益智补脑。

【健康贴士】此粥适宜脾胃气虚、食纳欠佳、老年人和儿童食用。

【巧手妙招】豌豆焯一下，可以去除豆腥味，但不宜焯太久。

芸豆

芸豆是一种难得的高钾、高镁、低钠食品，尤其适合心脏病、动脉硬化，高血脂、低血钾症和忌盐患者食用。现代医学分析认为，芸豆还含有皂苷、尿毒酶和多种球蛋白等独特成分，具有提高人体自身免疫力，增强抗病能力，激活淋巴 T 细胞，促进脱氧核糖核酸合成的功能，对肿瘤细胞的发展有抑制作用，因而受到医学界的重视。其所含量尿素酶应用于肝昏迷患者效果很好。

中医认为，芸豆味甘，性平，入脾、胃经；有解热，利尿，消肿的功效。

芸豆粥

【主料】粳米 100 克，小米 50 克，芸豆 50 克。

【配料】冰糖 15 克。

【制作】① 粳米、小米、芸豆淘洗干净，芸豆用冷水浸泡 3 小时，粳米、小米浸泡 30

分钟，分别捞起，沥干水分。② 锅中加入约2000毫升冷水，放入芸豆，煮至豆粒开花，再放入粳米和小米，先用大火煮沸，然后改用小火熬煮约45分钟，待米烂豆熟时，下入冰糖拌匀，再稍焖片刻，即可盛起食用。

【烹饪技法】煮。

【营养功效】健脾和胃，利尿消肿。

【健康贴士】芸豆不宜生食，因为芸豆子粒中含有一种毒蛋白，会导致腹泻，呕吐等现象，所以食用芸豆必须煮熟煮透，消除其毒性，更好地发挥其营养效益。

荞麦

荞麦的营养成分主要是丰富的蛋白质、B族维生素、芦丁类强化血管物质、矿物营养素、丰富的植物纤维素等。经常食用荞麦不易引起肥胖症，因为荞麦含有营养价值高、平衡性良好的植物蛋白质，这种蛋白质在体内不易转化成脂肪，所以不易导致肥胖。另外荞麦中所含的食物纤维是面和米的八倍之多，具有良好的预防便秘作用，经常食用对预防大肠癌和肥胖症有益。

中医认为，荞麦性凉，味甘，入胃经；能健胃、消积、止汗。

荞麦粥

【主料】荞麦100克，鸡腿50克，土豆100克，白扁豆20克，胡萝卜20克。

【配料】盐2克，酱油6克，高汤2000毫升。

【制作】① 荞麦淘洗干净，沥干水分；鸡腿肉片成小块；土豆去皮，切小块；胡萝卜切成片。② 锅置火上入水，下入荞麦煮20分钟，捞出沥水，净锅后下入高汤、盐、酱油煮沸，放入荞麦、鸡腿肉片、土豆、胡萝卜、扁豆一起熬煮至粥黏稠即可。

【烹饪技法】煮。

【营养功效】健脾除湿，消积降气

【健康贴士】荞麦中所含的铬可促进胰岛素在人体内发挥作用，起到降血糖的作用，因此，此粥适宜糖尿病患者食用。

粳米

粳米中所含人体必需氨基酸比较全面，此外粳米中还含有脂肪、钙、磷、铁及B族维生素等多种营养成分。此外，粳米米糠层的粗纤维分子，有助胃肠蠕动，对胃病、便秘、痔疮等疗效很好，粳米能提高人体免疫功能，促进血液循环，从而减少高血压的机会。

中医认为，粳米性平，味甘，入脾、胃经；具有补中益气，平和五脏，止烦渴，止泄，壮筋骨，通血脉，益精强志之功效。

粳米粥

【主料】粳米100克，牛奶250毫升。

【配料】冰糖10克。

【制作】① 粳米淘洗干净，锅置火上入水，下入粳米大火煮沸后转小火熬煮1小时。② 待粥黏稠时加入牛奶，搅拌均匀，加入冰糖调味即可。

【烹饪技法】煮。

【营养功效】润肺止咳，养心安神。

【健康贴士】适用于肺阴不足、干咳少痰或痰中带血、虚烦失眠、神志恍惚者。

高粱米

高粱中含的主要营养成分包括粗蛋白质9%，粗脂肪3.3%，碳水化合物85%，粗纤维1%，以及钙、磷、铁等微量元素和维生素B族。其中，蛋白质以醇溶性蛋白质为多，色氨酸、赖氨酸等人体必需的氨基酸较少，是一种不完全的蛋白质，人体不易吸收，如果将其与其他粮食混合食用，则可提高营养价值。高粱籽粒含有的丹宁会妨碍人体对食物的消化吸收，容易引起便秘，所以碾制高粱米时，应尽量将皮层去净，食用时，可通过水浸泡及煮沸，以改善口味和减轻对人体的影响。

中医认为，高粱味甘，性温、涩，入脾、胃经；具有和胃、消积、温中、涩肠胃、止霍乱的功效。

高粱米粥

【主料】高粱米 100 克。
【配料】红豆、绿豆、花生各 50 克。
【制作】① 把高粱米、红豆、绿豆均淘洗干净，放入水中浸泡 1 小时。② 锅置火上入水，下入高粱米、红豆、绿豆大火煮沸后转小火熬煮至粥成，即可盛碗食用。
【烹饪技法】煮。
【营养功效】和胃健脾，温中涩肠。
【健康贴士】慢性腹泻患者宜食，但大便燥结者忌食。

甘蔗高粱粥

【主料】甘蔗汁 500 毫升，高粱米 150 克。
【制作】① 高粱米淘洗干净，用水浸泡至米粒软。② 锅置火上入水，下入高粱米大火煮沸后转小火熬煮至粥黏稠时，兑入甘蔗汁拌匀，稍煮片刻即可。
【烹饪技法】煮。
【营养功效】补脾消食，清热生津，
【健康贴士】适宜热痛恢复期、津液不足所致的心烦口渴、肺燥咳嗽、大便燥结等症。尤其适合老人补阴益寿。

糙米

现代营养学研究发现，糙米中米糠和胚芽部分的维生素 B 和维生素 E，能提高人体免疫功能，促进血液循环，还能帮助人们消除沮丧烦躁的情绪，使人充满活力。此外，糙米中钾、镁、锌、铁、锰等微量元素，有利于预防心血管疾病和贫血症。它还保留了大量膳食纤维，可促进肠道有益菌增殖，加速肠道蠕动，软化粪便，预防便秘和肠癌；膳食纤维还能与胆汁中胆固醇结合，促进胆固醇的排出，从而帮助高血脂患者降低血脂。

中医认为糙米味甘，性温，入心、肝、肺、脾、肾经；健脾养胃、补中益气，调和五脏、镇静神经、促进消化吸收。

红枣糙米粥

【主料】瘦肉馅 25 克，红枣 20 克，糙米 80 克，芹菜 30 克。
【配料】高汤 500 毫升，盐 2 克，太白粉 5 克，酱油 5 克。
【制作】① 肉馅剁成泥状，与太白粉、酱油混合均匀腌渍约 30 分钟至入味后，以沸水汆烫即捞起，沥干水分备用；红枣洗净，去核；糙米淘洗干净，以冷水浸泡 1 小时；芹菜去叶、去根后，洗净切珠。② 汤锅置火上，加入高汤、清水 500 毫升、肉馅、红枣、糙米以中火煮沸后，转小火再煮约 30 分钟，放入盐调味，加入芹菜珠焖煮 5 分钟即可。
【烹饪技法】腌，熬煮，焖。
【营养功效】益气补血，消脂降压。
【健康贴士】高血压患者宜食。
【举一反三】糙米较粗糙，可把糙米换成大米，但营养略低。

糙米粥

【主料】糙米 150 克，荔枝 6 枚，红枣 15 枚。
【制作】① 糙米提前一晚浸泡；红枣洗净，去核，用水浸泡 30 分钟；荔枝去壳，取果肉洗净备用。② 锅置火上入水大火烧沸后，下入糙米、荔枝煮 30 分钟，放入红枣，转小火熬煮至粥成即可。
【烹饪技法】煮。
【营养功效】健脾养胃，补中益气。
【健康贴士】贫血、便秘者宜食。
【举一反三】可在此粥中加一些枸杞，补血益气效果更好。

皮蛋杂米粥

【主料】皮蛋 1 个，香菇 2 朵，黑米、小米、薏仁各 30 克，瘦肉 50 克。

【**配料**】盐 3 克，植物油 8 克，胡椒粉、鸡精各 2 克，虾皮 10 克，葱丝 5 克，料酒 4 克，淀粉 5 克。

【**制作**】① 薏仁、黑米均淘洗干净，用水浸泡 2 小时；小米淘洗干净；香菇泡软、洗净、切丝；虾米洗净；皮蛋切小丁；瘦肉切丝，加少许料酒、盐、淀粉腌 10 分钟。② 锅置火上入水，下入黑米、小米、薏仁，大火煮沸后，转小火熬煮 40 分钟成粥。③ 炒锅置火上入油烧热，放入瘦肉丝、香菇、虾米、皮蛋炒熟后，倒入粥中，加入盐、鸡精、胡椒粉调味，撒上葱丝即可。

【**烹饪技法**】腌，煮，炒。

【**营养功效**】补肾养阴，益血明目。

【**健康贴士**】糙米汤不宜与牛奶同食，会导致维生素 A 大量损失。若长期食用此食物搭配，容易导致“夜盲症”。

款式多样糕点篇

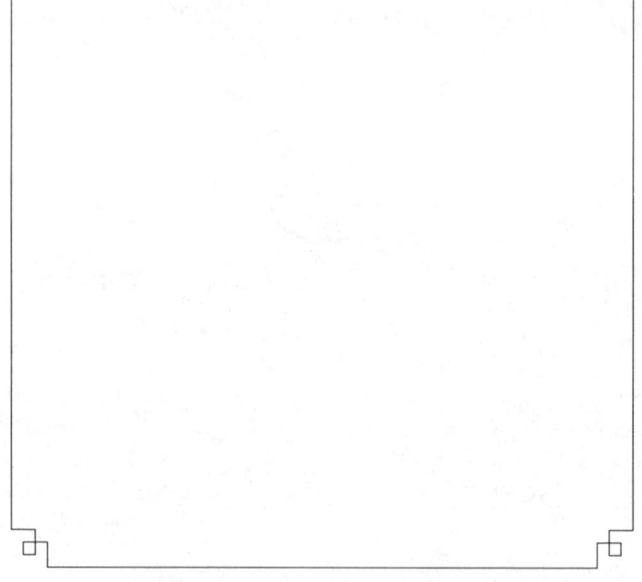

糕类

香油绿豆糕

【主料】绿豆粉 200 克。
【配料】香油 120 克，糖粉 80 克。
【制作】① 绿豆粉、糖粉混合均匀，倒入香油，用手搓成松粉状，过筛制成糕粉。② 在模具内壁涂一层香油，填入糕粉压实，脱模后放入蒸碟中。③ 蒸锅置火上，入水烧沸，放入蒸碟大火蒸 7 ~ 8 分钟，待糕边缘松散且不粘手即可关火，冷却后在糕点表面刷一层香油即可。
【烹饪技法】蒸。
【营养功效】降压降脂，调和五脏。
【健康贴士】糖尿病患者不宜多食。

红豆糕

【主料】红豆 100 克，荸荠粉 350 克。
【配料】冰糖 150 克，植物油 20 克。
【制作】① 荸荠粉加入适量水融化，搅拌均匀备用。② 红豆洗净，入水浸泡 2 小时后沥干水分，放入煲内，加适量水煮沸，改慢火煮至红豆开花，向红豆中加入冰糖搅拌至糖融化，放入植物油拌匀，缓缓倒入荸荠水，小火煮至汤浓稠。③ 倒入糕盆内，入锅大火隔水蒸 30 分钟，冷却后放入冰箱，冷藏片刻即可食用。
【烹饪技法】煮，蒸。
【营养功效】止泻消肿，利尿抗菌。
【健康贴士】女士产后乳汁不通者适量进食。

山药红豆糕

【主料】山药 100 克，红豆 30 克。
【配料】白砂糖 15 克。
【制作】① 山药洗净，入锅蒸熟，去皮，碾压成泥；红豆提前泡 4 ~ 5 个小时，放入锅中，加适量水煮熟，捞出备用。② 锅置火上，倒入白糖，加入适量冷水，大火熬煮至汤汁发黏，倒入红豆，翻拌均匀。③ 把红豆与山药泥混合，搅拌均匀，倒入模具中塑形，糕点脱模后装盘即可食用。
【烹饪技法】蒸，煮。
【营养功效】健脾养胃，增进食欲。
【健康贴士】一般人皆宜食用。

红豆糯米年糕

【主料】糯米 500 克，红豆 200 克。
【配料】白砂糖 30 克，植物油 8 克。
【制作】① 红豆和糯米分别用清水浸泡一夜，泡好的红豆加少量水用高压锅煮熟，趁热加适量糖制成蜜红豆。糯米加少量水煮成糯米饭。② 取模具，里面抹上少许油，取适量糯米饭放进模具里压平，再放一层蜜红豆抹平，依次将糯米饭做完，模具填满后均匀压实，放入冰箱冷藏 4 小时。③ 取出放入锅中蒸 5 ~ 8 分钟，食用时根据个人口味洒上白砂糖即可。
【烹饪技法】煮，蒸。
【营养功效】止泻消肿，清心养神。
【健康贴士】红豆具有消肿、轻身的功效，适宜水肿患者食用。

黑豆糕

【主料】黑豆 200 克，栗粉 400 克。
【配料】荸荠粉 100 克，鲜奶 1000 毫升，白砂糖 800 克，植物油 10 克。
【制作】① 黑豆淘洗干净，加适量水入锅煮熟，取出沥干水分备用。② 荸荠粉、栗粉装入不锈钢盆中，加清水 1000 毫升调匀成稀粉浆，再用细眼箩筛过滤。③ 锅置火上，煮入清水 1000 毫升、白砂糖 800 克煮沸，过滤后加入鲜奶煮沸。④ 向锅中缓缓注入稀粉浆搅拌均匀，用小火煮至冒泡、呈黏稠的糊状时离火，加入熟黑豆拌匀，制成糕粉。⑤ 取方形糕盘，内壁刷少许油，倒入糕粉刮平，待冷却后放入冰箱冷藏，食用时取出，切成小块即可。

【烹饪技法】煮。

【营养功效】明目健脾，清热解毒。

【健康贴士】黑豆具有很好的抗氧化效果，有养颜美容的功效，适宜女性食用。

绿豆馅黑豆糕

【主料】黑豆粉 250 克，糯米粉 40 克。

【配料】白砂糖 80 克，植物油 90 克，蜂蜜 40 克，绿豆馅 80 克。

【制作】① 绿豆馅分成大小均等的小球，搓圆备用；黑豆粉、糯米粉放入盆中，加入适量蜂蜜和白砂糖，用手搓匀，倒入植物油继续搓匀。② 在模具中放入适量黑豆粉，加入一个绿豆馅，再放入适量黑豆粉压实，制成黑豆糕坯。③ 依次做好后放在箅子上，入蒸锅中火蒸 15 分钟左右，凉凉后取出即可。

【烹饪技法】蒸。

【营养功效】活血利水，补肾益阴。

【健康贴士】糖尿病、高血脂患者慎食。

酥炸黄豆糕

【主料】黄豆 300 克，鸡蛋 2 个。

【配料】淀粉 30 克，盐 15 克，椒盐 35 克，植物油 80 克。

【制作】① 黄豆洗净，放入加有盐的沸水锅中煮熟，取出沥干水分，捣蓉，放入盆中，加入鸡蛋调匀，放入模具中制成条形方糕，裹上一层干淀粉。② 锅置火上，入油烧热，下方糕炸至呈金黄色且酥脆时起锅装盘，撒上椒盐即可。

【烹饪技法】煮，炸。

【营养功效】润肠通便，降低固醇。

【健康贴士】油炸食品，不宜多食。

黄豆糕

【主料】黄豆粉 220 克。

【配料】麦芽糖 100 克，白砂糖 20 克，香油 20 克。

【制作】① 黄豆粉包上保鲜膜，入锅蒸 20 分钟。② 将白糖、麦芽糖和热水 50 毫升混合搅拌均匀，加入香油拌匀，筛入蒸好的黄豆粉混合均匀，制成糕粉。③ 取适量糕粉放入模具中压平，脱模后放入盘中，依次做好剩余糕粉即可。

【烹饪技法】蒸。

【营养功效】宽中补血，利水抗癌。

【健康贴士】黄豆也可与玉米同食，能增加肠壁蠕动，从而预防大肠癌的发生。

桂花豌豆糕

【主料】豌豆 500 克。

【配料】糖桂花 10 克，香油 15 克，白砂糖 4 克。

【制作】① 豌豆加水浸泡 4 小时，去皮后放入铝锅内加水煮至酥烂，取出沥干水分，碾压成泥。② 炒锅置火上，加入豌豆泥、白砂糖，用小火翻炒 30 分钟左右。加入桂花糖炒片刻后起锅。③ 取搪瓷盆，四周涂上香油，倒入豆泥刮平，盖上保鲜膜，凉凉后放入冰箱内冷冻片刻，取出切片食用即可。

【烹饪技法】煮，炒。

【营养功效】提高免疫，防癌抗癌。

【健康贴士】一般人皆宜食用。

牛奶豌豆黄

【主料】牛奶 600 毫升，去皮豌豆 300 克。

【配料】琼脂 15 克，白砂糖 80 克。

【制作】① 去皮豌豆冲洗干净，用水浸泡 30 分钟，捞出后沥干水分备用。② 锅置火上，注入冷水 700 毫升，加入泡好的豌豆，大火烧沸后转小火煮 50 分钟，至豌豆彻底软烂。

稍放凉后用搅拌机将豌豆同汤汁一起搅打成豌豆蓉汁，用筛网过滤一下。③ 另起锅，注入冷水 100 毫升，加入白砂糖 40 克、琼脂 5 克，小火熬煮至白砂糖和琼脂彻底溶化。④ 把熬好的琼脂汤水倒入豌豆蓉汁中，用小火慢慢加热并混合均匀，煮好后倒入塑料饭盒中，待放凉后盖上盖子，放入冰箱冷藏约 1 小时使其彻底凝固。⑤ 牛奶倒入锅中，加入白砂糖 40 克、琼脂 10 克，小火加热至琼脂、白糖溶化，稍放凉后倒入已凝固的豌豆黄中继续放入冰箱中冷藏 1 小时，使牛奶彻底凝固。⑥ 将牛奶豌豆黄从塑料饭盒中倒扣出，切成 3 厘米见方的小块摆入盘中即可。

【**烹饪技法**】煮。

【**营养功效**】补肺养胃，生津润肠。

【**健康贴士**】此糕点不宜与螃蟹同食，会破坏豌豆中的维生素 B_1，从而降低豌豆的营养价值。

蚕豆糕

【**主料**】去皮蚕豆 350 克，红豆沙 160 克。

【**配料**】冰糖 50 克。

【**制作**】① 蚕豆去掉皮，放入汤锅中，加水至没过蚕豆，小火煮至蚕豆软烂后关火凉凉。② 将煮好的蚕豆倒入料理机打成泥，倒入炒锅，加入冰糖炒成蚕豆沙。③ 把蚕豆沙、绿豆沙分别分割成每个 60 克和每个 40 克的小团，取一份蚕豆沙按扁，包入一份绿豆沙，揉圆后收口朝下放入模具中压平，脱模入盘，依次做好剩余豆沙即可。

【**烹饪技法**】煮，炒。

【**营养功效**】祛湿通肠，健脑抗癌。

【**健康贴士**】此糕点不宜与牡蛎同食，会导致腹泻。

果仁蚕豆糕

【**主料**】蚕豆 500 克。

【**配料**】白砂糖 50 克，大杏仁 20 克，花生米 10 克，核桃仁 20 克，橄榄油适量。

【**制作**】① 蚕豆去外壳，放入清水中洗净，剥去蚕豆皮；杏仁去壳。② 将蚕豆瓣放入电压力锅中，注水至水面与蚕豆持平，按“豆类”键按钮煮约 3 分钟，待锅中温度冷却后取出。③ 煮好的蚕豆瓣放入料理机内，加入少量蚕豆汤，打成蚕豆泥，入炒锅，加入 50 克白砂糖，小火翻炒至蚕豆泥变浓稠后关火。④ 准备大碗 1 个，碗内铺一层保鲜膜，把炒好的蚕豆泥放入碗中，上面盖一层保鲜膜，放入冰箱中冷却。⑤ 将杏仁、核桃仁、花生米放入碗中，加温水没过坚果表面，浸泡至坚果皮蓬松发胀，去掉果皮。⑥ 把坚果仁平铺在微波炉的玻璃盘上，高火加热 2 分钟至坚果仁熟，放入料理机搅打成坚果粉，倒入冷却的蚕豆泥中，用手抓拌均匀，制成果仁蚕豆泥。⑦ 在手上抹一点儿橄榄油，抓取适量果仁蚕豆泥，用手揉搓成表面光滑的圆球。⑧ 在模具底部和内壁用刷子均匀地抹一层橄榄油，把果仁蚕豆球放入模具中压实，脱模后装入盘中，依次做好剩余果泥即可。

【**烹饪技法**】煮，炒。

【**营养功效**】健脾益气，防癌抗癌。

【**健康贴士**】此糕点可与红茶搭配食用，健脾养胃效果明显。

山药扁豆糕

【**主料**】山药 200 克，红枣 500 克。

【**配料**】鲜扁豆 50 克，陈皮 50 克。

【**制作**】① 山药洗净去皮，切成薄片；红枣、鲜扁豆切碎；陈皮切丝。② 山药、红枣、扁豆、陈皮放入盆中，加适量水调匀，制成糕坯，入蒸锅大火蒸 20 分钟，出锅后切块食用即可。

【**烹饪技法**】蒸。

【**营养功效**】健脾止泻，养护肌肤。

【**健康贴士**】适宜脾胃虚弱、大便溏薄者食用。

扁豆糕

【**主料**】扁豆 600 克，红豆沙 400 克。

【**配料**】白砂糖 200 克，食用色素 3 克，碱 2 克。

【制作】① 扁豆洗净，用开水泡 10 分钟至皮变软，剥去豆皮。碱用适量水溶解，制成碱水备用。② 扁豆放入碗中，加满清水，滴几滴碱水后上笼蒸至酥烂，取出凉凉，过筛制成扁豆泥，包进白布压干水分，放入冰箱冷藏 30 分钟。③ 取白砂糖 100 克，用食用色素染红制成玫瑰色糖。④ 扁豆泥两面用布夹住，整形成33 厘米长、20 厘米宽的薄片，平放于案板上，去掉布，用刀将扁豆泥对切成两块，一块均匀铺上豆沙，将另一块扁豆泥盖在豆沙上，在上面铺上玫瑰色糖，最后铺上白砂糖，抹平、压实，吃时切块即可。

【烹饪技法】蒸。

【营养功效】补脾止泻，解毒下气。

【健康贴士】扁豆生食易导致中毒，故扁豆一定要熟食。

黄金南瓜糕

【主料】南瓜 500 克。

【配料】琼脂 100 克，橙汁 650 克，砂糖 250 克。

【制作】① 南瓜去皮、子，切片，入锅蒸熟；琼脂用清水浸透，煮溶备用。② 用搅拌机将蒸熟的南瓜、橙汁、砂糖搅拌成蓉，再加入琼脂水搅匀，倒入盆中，放入冰箱冷藏片刻，取出后切块装盘即可。

【烹饪技法】蒸。

【营养功效】止咳化痰，降低血压。

【健康贴士】糖尿病患者慎食。

紫薯山药糕

【主料】紫薯 500 克，紫山药 1 根。

【配料】红糖 28 克，蜂蜜 20 克，牛奶 50 毫升，淀粉 100 克。

【制作】① 紫薯、山药去皮，煮烂，分别捣成泥。② 紫薯中加入红糖拌匀，山药中加入蜂蜜和牛奶搅拌均匀。③ 在淀粉中加入适量水搅匀，分成均等的两份，分别倒入紫薯泥和山药泥中。④ 将紫薯泥倒入模具中，用刀刮平表面，再倒入山药泥刮平，放入冰箱冷藏。取出后切块装盘即可。

【烹饪技法】煮。

【营养功效】健脾胃，助消化，补肺肾。

【健康贴士】紫薯与山药都具有降低血糖的功效，此糕点适宜糖尿病患者食用。

枣泥山药糕

【主料】新鲜山药 650 克，无核红枣 100 克。

【配料】枸杞 4 克，白砂糖 30 克，糯米粉 30 克。

【制作】① 红枣、枸杞洗净，分别用清水浸泡一夜；山药去皮、切薄片，清水冲净，捞入碗中，加入白砂糖 10 克拌匀。② 锅置火上，入水烧沸，放入装山药的碗，隔水大火蒸 25 分钟，取出摊开凉凉，捣成泥，加入糯米粉拌匀，用手揉成山药面团，松弛 15 分钟。③ 红枣切细丝，放入碗中，加白砂糖 20 克拌匀，入锅隔水大火蒸 10 分钟，取出摊开凉凉，放入榨汁机中搅打成枣泥，取出备用。④ 取一小块山药面团，压成饼状，包入适量枣泥，用手搓成丸状，制成枣泥山药糕，依次放入碟中。⑤ 锅置火上，入水烧沸，放入枣泥山药糕，大火隔水蒸 10 分钟，取出放入枸杞作点缀即可。

【烹饪技法】蒸。

【营养功效】滋肾益精，延年益寿。

【健康贴士】一般人皆宜食用。

黑糯米糕

【主料】黑糯米 500 克。

【配料】白砂糖 250 克，麦芽糖 20 克，葡萄干 15 克。

【制作】① 黑糯米淘洗干净，加入适量水煮熟，制成黑糯米饭。② 另起锅，加入白砂糖、麦芽糖与适量水煮至浓稠，倒入煮好的黑糯米饭拌匀。③ 盘中抹油，放入糯米饭铺平，放入冰箱冷藏片刻，取出后在上面撒上葡萄干，切片食用即可。

【烹饪技法】煮。

【营养功效】补中益气，健脾养胃。

【健康贴士】糯米中含有的磷与苹果中的果酸结合会产生人体不易消化的物质，容易引起恶心、呕吐、腹痛等症状，故此糕点不宜与苹果同食。

草莓糯米糕

【主料】糯米粉 150 克，红豆沙馅 250 克。

【配料】草莓 50 克，水淀粉 25 克，黄油 20 克，细砂糖 150 克。

【制作】① 草莓洗净去蒂，沥干水分；糯米粉、水 150 毫升、细砂糖混合均匀，搅拌成糊状面浆。② 取饭盒，内壁涂一层黄油，倒入面糊，入锅蒸 15 分钟后取出，涂少许淀粉，切成 10 厘米见方的块。③ 双手蘸少许水淀粉，取红豆沙 20 克，用手压扁，包入一颗草莓，收口、搓成圆球，制成草莓豆沙包馅。④ 双手沾少许淀粉，取糯米糕块，用手按扁，包入做好的草莓豆沙包馅，收口；依次做好后，将草莓豆沙糯米糕从中间切开，放入盘中即可食用。

【烹饪技法】蒸。

【营养功效】润肠通便，助消化。

【健康贴士】糯米会增强人体对酒精的吸收，使醉意增加，因此喝酒后不宜食用糯米糕。

玉米金糕

【主料】玉米粉 200 克，面粉 100 克，鸡蛋 2 个。

【配料】酵母 6 克，白砂糖 50 克，牛奶 80 克，植物油 60 克。

【制作】① 酵母用温水溶解备用；鸡蛋打散，放入白砂糖 20 克、牛奶、植物油 10 克搅拌均匀。② 将玉米粉、面粉、白砂糖 30 克混合拌匀，加入牛奶混合液、酵母水揉成面团，放于温暖处饧发片刻。③ 将发酵好的面团擀成面皮，切成菱形。

炒锅置火上，入油烧至五成热，下入玉米片翻炸，待炸熟后取出装盘即可。

【烹饪技法】炸。

【营养功效】健脾胃，降血压，宁心神。

【健康贴士】此糕点是防治癌症的上佳食物。

百果松糕

【主料】粳米 250 克，糯米粉 250 克。

【配料】莲子 20 克，蜜枣 30 克，核桃 20 克，猪板油 90 克，白砂糖 250 克，玫瑰花 3 克，糖桂花 3 克。

【制作】① 板油撕去膜，切成 0.4 厘米见方的丁，加入白砂糖 50 克拌匀，腌渍 7 ~ 10 天，制成糖板油丁；莲子掰开，蜜枣去核切片，核桃肉切成小块。② 将粳米粉、糯米粉、白砂糖 200 克，清水 30 毫升混合拌匀，用筛子筛去粗粒，放置 1 天。③ 把面粉放入蒸箅上，用刀刮平，将糖板油丁、核桃、玫瑰花、糖桂花、莲子、蜜枣放在糕面上排列成各种图案，入锅蒸至将熟时，开盖洒些温水，再蒸至糕面发白、光亮呈透明状时取出冷却即可。

【烹饪技法】蒸。

【营养功效】健脾补虚，温补生津。

【健康贴士】一般人皆宜食用。

杧果凉糕

【主料】杧果浆 400 毫升，牛奶 200 毫升。

【配料】白砂糖 50 克，鱼胶粉 20 克。

【制作】① 牛奶加热，加入白砂糖搅匀。② 鱼胶粉加入适量冷水搅拌均匀，放入微波炉中加热 1 分钟，倒入杧果浆搅拌，加入牛奶，拌匀后倒入盆中，入冰箱冷藏一天，取出后切块食用即可。

【烹饪技法】蒸。

【营养功效】补充钙质，润泽肌肤。

【健康贴士】脾胃虚寒者不宜多食。

白蜂糕

【主料】大米 500 克，大米饭 75 克。

【配料】白砂糖 125 克，酵母 5 克，蜂蜜 75 克，苏打粉 7 克，干红枣 50 克，核桃仁

50 克，瓜条 50 克。

【制作】① 干红枣洗净，去掉枣核，横切成薄片；生核桃仁洗净，用水 1000 毫升浸泡 8 小时。② 将核桃仁、水、大米饭一同放入搅拌机中磨成细浆，倒入盆内，加入酵母拌匀，盖上盖放置 6 小时使其发酵。③ 米浆发酵好后，加入白砂糖、蜂蜜、苏打粉搅拌均匀，倒入容器中，把红枣丝、核桃仁、瓜条均匀地撒在米浆表面，入锅蒸 20 分钟，取出凉凉，切块食用即可。

【烹饪技法】蒸。

【营养功效】开胃活血，暖脾暖肝。

【健康贴士】适宜中老年人食用。

黑芝麻团糕

【主料】糯米粉 120 克，黑芝麻粉 100 克。

【配料】白砂糖 25 克，蜂蜜 20 克，核桃仁 15 克，瓜子仁 15 克，黑枣 15 克，南瓜子仁 15 克。

【制作】① 糯米粉、白砂糖、水 100 毫升混合均匀，揉成团；核桃仁切碎、黑枣切丝，与瓜子仁、南瓜子仁一起拌入粉团内揉匀。② 盆内抹上黄油，放入揉好的粉团按压铺平，入锅蒸 20 ~ 25 分钟后出锅。③ 锅置火上，注入适量水，放入装有粉团的盆，水沸后蒸 20 分钟，关火焖 5 分钟后出锅。④ 盒中铺上保鲜膜，待糯米团稍凉后取一小块放入黑芝麻粉内滚一圈，让糯米团上粘满黑芝麻粉，放入盒中，盒中放满一层后淋上蜂蜜，依次做完后包好保鲜膜，盖上盖子入冰箱冷藏，取出后切片食用即可。

【烹饪技法】蒸，焖。

【营养功效】乌发养发，延缓衰老。

【健康贴士】巧克力中所含的草酸会与芝麻中所含的钙质形成草酸钙，影响人体对芝麻中钙质的吸收，故此糕点不宜与巧克力同食。

清凉绿豆糕

【主料】绿豆 200 克。

【配料】冰糖 30 克，琼脂 15 克。

【制作】① 绿豆洗净，用无油的炒锅炒干水分后，加入水 400 毫升、冰糖煮至软烂。② 绿豆捞起，放入料理机中打碎成绿豆沙状；绿豆汤滗入碗中加入琼脂，倒入锅中小火煮化，倒入绿豆沙同煮 1 分钟，盛入保鲜盒中凉凉，入冰箱冷藏片刻，取出后切片食用即可。

【烹饪技法】炒，煮。

【营养功效】清热解毒，明目减肥。

【健康贴士】绿豆具有降低血压的功效，此糕适宜高血压患者食用。

端阳豆糕

【主料】绿豆 600 克。

【配料】白砂糖 250 克，梅子 60 克，核桃 60 克，桂花酱 60 克。

【制作】① 绿豆洗净，放入锅中大火煮熟，捞出后晾干，磨成细粉；青梅和核桃仁切成绿豆大小的粒。② 将绿豆粉、青梅粒、核桃仁粒、糖、桂花酱放入盆内搓匀，淋入少许冷开水使绿豆粉湿润，把绿豆粉放入模具内铺匀压实，倒扣脱模即可。

【烹饪技法】煮。

【营养功效】去暑解热，降低血脂。

【健康贴士】一般人皆宜食用。

椰香红豆糕

【主料】红豆 60 克，椰浆 100 克。

【配料】琼脂 5 克，白砂糖 30 克。

【制作】① 红豆洗净后加 240 毫升水浸泡 3 小时以上，琼脂用凉水泡软备用。② 泡好的红豆连水放入锅中煮沸，转小火煨煮 40 分钟至红豆软烂，滤出红豆水。③ 红豆水入汤锅中加热，加入椰浆、泡软的琼脂，琼脂熔化后加入红豆，调入适量糖拌匀后关火，冷却后倒入保鲜盒，入冰箱冷藏，取出后切小块食用即可。

【烹饪技法】煮。

【营养功效】消暑利尿，美容养颜。

【健康贴士】红豆具有润肠通便的功效，此

糕适宜便秘患者食用。

桂花红豆糕

【主料】糯米粉 500 克，粳米粉 500 克，红豆 100 克。

【配料】糖桂花 14 克，白砂糖 100 克。

【制作】① 红豆洗净，入锅加适量水煮烂备用。② 糯米粉、粳米粉、白砂糖倒入盆内拌匀，取出少许作面料用，在剩下的面粉中分次倒入适量清水，用双手拌揉至面粉全部湿透，再把煮烂的红豆倒入拌匀，制成糕料。③ 糕料入锅大火蒸 20 分钟左右，至表面蒸粉呈红色时，把留用的面料均匀撒在上面，加盖略焖片刻，取出后在蒸糕上撒上糖桂花，用刀切成方块食用即可。

【烹饪技法】煮，蒸，焖。

【营养功效】益气健脾，温补生津。

【健康贴士】老人、儿童、肠胃消化不好者不宜多食。

红豆松糕

【主料】红豆 100 克，大米粉 125 克，糯米粉 90 克。

【配料】绵白糖 90 克，蜜红豆 50 克，蜜饯 30 克。

【制作】① 红豆洗净入锅，加入清水煮沸约 15 分钟后关火。取红豆水 200 毫升备用。② 大米粉、糯米粉和绵白糖混合均匀，分次倒入 200 毫升红豆水，用手揉搓松散，制成糕粉。③ 将糕粉过两次筛，取 1/3 糕粉放置另一碗中，加入蜜红豆拌匀，制成红豆糕粉。④ 取一只蒸笼，用刷子刷上一层植物油，放上一张蒸笼纸，先撒入一层糕粉，接着放入一层红豆糕粉，最后再撒入一层糕粉，用刮板抹平表面。⑤ 蜜饯切成丝状，撒在糕粉表面，入蒸锅大火蒸 30 分钟，至松糕边缘与蒸笼分离即可。

【烹饪技法】煮，蒸。

【营养功效】补中益气，滋补强身。

【健康贴士】气血不足者宜食，糖尿病患者慎食。

薄荷绿豆糕

【主料】绿豆粉 30 克，细豆沙 30 克。

【配料】植物油 20 克，白砂糖 10 克，糯米粉 5 克，薄荷香精、食用香精各 2 滴。

【制作】① 绿豆粉、糯米粉、白砂糖、植物油混合均匀后，用细筛过筛，再滴入薄荷香精、食用香精，轻轻搅匀备用。② 取干净小模具，先铺一层绿豆混合粉，中间铺一层细豆沙，上面再铺一层绿豆混合粉压实，上笼用大火蒸熟，取出后入冰箱冷却，食用时切小块即可。

【烹饪技法】蒸。

【营养功效】健脾益胃，清热解毒。

【健康贴士】一般人皆宜食用。

京式黑豆糕

【主料】黑豆 200 克，麦芽糖 100 克。

【配料】白砂糖 20 克，温开水 50 克，玉米油 20 克。

【制作】① 黑豆洗净，捞出沥干水分，放入预热至 170℃的烤箱中烘烤 15 分钟左右，取出凉凉。② 将烤熟的黑豆放入料理机磨成粉，磨好后过筛，再将过筛后的粗颗粒再次放入料理机进行二次干磨，再过筛，直到全部磨成粉。③ 磨好的粉放入小盆中，盖上保鲜膜，放入热锅中蒸 20 分钟，去除豆腥味；白砂糖、麦芽糖、温开水混合拌匀，加入玉米油搅拌均匀，再加入蒸好的黑豆粉搅拌成团。④ 将黑豆粉放入模具中压成型，脱模后装入保鲜膜，入冰箱冷藏一晚即可食用。

【烹饪技法】烤，蒸。

【营养功效】滋润皮肤，补血抗癌。

【健康贴士】糖尿病患者慎食。

广式萝卜糕

【主料】萝卜 1000 克，腊肠 200 克。

【配料】黏米粉 300 克，栗粉 60 克，干虾米 15 克，香菇 60 克，干贝 20 克，盐 20 克，鸡精 5 克，胡椒粉 10 克，姜汁 5 克，料酒 5 克，白砂糖 3 克，植物油 30 克。

【制作】① 干虾米、干贝、香菇用水泡发，捞出沥干水分，虾米切成小粒；干贝用手撕成细丝；腊肠切粒；香菇去蒂，切成小粒；萝卜去皮，切细丝。② 净锅置大火上，入少许底油，下虾米粒、香菇粒、腊肠粒、干贝丝，喷入料酒，爆炒后盛出；萝卜丝入锅煸炒片刻，调入盐、白砂糖、适量水大火熬煮；黏米粉和栗粉混合拌匀，用水调开后淋入锅中，待萝卜变成透明色时关火。③ 在煮好的萝卜汁中加入炒好的腊肠，调入姜汁和鸡精，搅拌均匀，取碗，倒入调好的萝卜糊，入蒸锅大火蒸 1 小时左右即可。

【烹饪技法】炒，煮，蒸。

【营养功效】健脾补虚，清热化痰。

【健康贴士】萝卜糕具有润肠通便的功效，适宜便秘患者食用。

清香蚕豆糕

【主料】去皮鲜蚕豆 300 克。

【配料】绵白糖 30 克，黄油 15 克。

【制作】① 蚕豆洗净，黄油室温软化。锅置火上，入水烧沸，倒入蚕豆煮 3 分钟后捞出，滤干水分凉凉。② 把蚕豆放入保鲜袋中，用擀面杖反复碾压成蚕豆泥，过筛后加入绵白糖和软化的黄油搅拌均匀。③ 将拌好的蚕豆泥放入冰箱冷藏 30 分钟后取出，放入模具中压实，脱模后即可食用。

【烹饪技法】【营养功效】　祛湿通肠，健脑抗癌。

【健康贴士】蚕豆可预防心脑血管疾病，故此糕适宜中老年人食用。

酥类

肉松酥

【主料】中筋面粉 270 克，肉松 200 克。

【配料】猪油 60 克，糖 10 克，火腿肠 1 根，鸡蛋 2 个。

【制作】① 取中筋面粉 150 克、猪油 30 克、糖 10 克混合，用手搓匀，加水 65 毫升揉成面团，饧 30 分以上，制成油皮；将剩下的面粉与猪油混合，充分揉匀，制成油酥；火腿切成八块备用。② 油皮与油酥分别分成七等份，把油皮压扁，包入油酥，团成球状，把面球的收口朝上，擀成牛舌状，卷成筒形，收口朝上，松弛 15 分钟。③ 松弛后的油酥皮擀成长条状，卷成筒形，收口朝下，松弛 20 分钟。④ 取一份松弛好的油酥皮，收口朝上，大拇指压在中间，四边收口，压扁擀开，包入肉松、火腿，包成球状，收口朝下，刷上蛋液。⑤ 依次做好后排入烤盘，放入预热至 180℃的烤箱烘烤 25 分钟左右即可。

【烹饪技法】烤。

【营养功效】生津益血，滋肾填精。

【健康贴士】高血脂、肥胖症患者不宜多食。

豆沙菊花酥

【主料】面粉 175 克，猪油 70 克，红豆沙 120 克。

【配料】糖粉 10 克，蛋黄液 30 克。

【制作】① 取面粉 100 克、猪油 25 克、糖粉 5 克混合拌匀，揉成光滑的面团，盖上保鲜膜饧 15 分钟，制成油皮。② 将剩余的面粉、猪油、糖粉混合拌匀，揉成面团，分成每个 12 克的小面团，揉成圆球形，制成油酥。③ 红豆沙分成十等份，揉成圆形；把饧好的油皮分成每个 13 克的小团，揉成圆球形；取一块油皮压扁，包住油酥面团，揉成圆球形，收口捏紧向下；将面团压扁擀成长面片，卷起来，再次擀成长形、卷起来后竖起。④ 把竖着的面团压扁，擀成饺子皮大小，包入红豆沙，收口捏紧向下，轻轻压扁，用刀在面团四周呈放射状划出 8 个均匀的刀口，沿一个方向往上翻起使馅心露出，制成花瓣状，蛋黄液涂在花瓣中心。⑤ 依次做好后排入烤盘，放入预热至 180℃的烤箱中层，上下火烘烤 12 分钟即可。

【烹饪技法】烤。

【营养功效】健脾养胃，消肿止泻。

【健康贴士】高血脂患者不宜多食。

芝麻豆沙酥

【主料】低筋面粉 150 克，普通面粉 200 克，豆沙馅 400 克。

【配料】植物油 130 克，牛奶 90 克，盐 2 克，白砂糖 3 克，蛋黄液 30 克，黑芝麻 15 克。

【制作】① 取低筋面粉 150 克、植物油 70 克混合均匀，揉成面团，盖上保鲜膜饧 15 分钟，制成油面面团。② 将普通面粉、盐、白砂糖、植物油 60 克、牛奶混合均匀，揉成面团，盖上保鲜膜饧 15 分钟，制成水油面团。③ 把油面面团和水油面团分别分成 12 等份，取一份水油面团压扁成片，包入一份油面，团成球形，其他依次做好。④ 将包好的面团分别擀成长舌型，卷起，盖保鲜膜饧 10 分钟。如此擀卷两次，制成酥皮。⑤ 取一个酥皮擀成片，包入适量豆沙馅，收口朝下摆入烤盘中，其他依次做好，制成豆沙酥饼。⑥ 蛋黄液用刷子刷在豆沙酥饼表面，撒上少许芝麻，将烤盘放入预热至 180℃的烤箱中层，上下火烘烤 20 ~ 25 分钟即可。

【烹饪技法】烤。

【营养功效】安神补血，延缓衰老。

【健康贴士】一般人皆可食用。

菊花奶酥

【主料】高筋面粉 300 克，低筋面粉 700 克。
【配料】奶油 450 克，白油 250 克，细砂糖 200 克，糖粉 250 克，鸡蛋 5 个。
【制作】① 高筋面粉、低筋面粉混合过筛后备用；糖粉过筛，加入奶油、白油、细砂糖混合搅打至体积稍膨大，颜色呈乳白色。② 分次加入打散的鸡蛋液，加完后继续打发，加入过筛后的面粉拌匀至面糊表面光滑细致。③ 将菊花形挤花嘴装入挤花袋中，装入面糊，挤入铺了油纸的烤盘，把烤盘放入预热好的烤箱中，以上火 190℃、下火 150℃烘烤 10 ~ 12 分钟即可。
【烹饪技法】烤。
【营养功效】补脾和胃，保护肝脏。
【健康贴士】糖尿病、高血脂、高血压、肥胖者忌食。

红莲蛋黄紫薯酥

【主料】普通面粉 150 克，低筋面粉 60 克，莲子 250 克，熟蛋黄 100 克，紫薯 40 克。
【配料】细砂糖 35 克，植物油 90 克。
【制作】① 莲子去心、洗净，放入汤锅中，加水大火煮至沸腾，转小火焖煮 1 小时左右至莲子酥软，捞出放入搅拌机中，加水打成泥。② 莲子泥倒入锅中，加入细砂糖搅拌均匀，分次加入植物油 40 克，小火炒至莲子泥开始结大块，制成莲蓉。③ 紫薯洗净切片，放入盘中盖上保鲜膜，入微波炉高火加热 5 分钟，取出后去皮、掰小块，放入搅拌机中，加少许水打成紫薯泥。④ 取普通面粉 150 克、细砂糖 35 克、植物油 40 克、水 60 毫升混合拌匀，揉成面团松弛 30 分钟，制成水油皮；取低筋面粉 60 克、紫薯 40 克、植物油 50 克混合拌匀，揉成面团松弛 30 分钟，制成油酥。⑤ 把松弛好的水油皮按扁，放入油酥面团包好，擀成片状。将面片叠三折，重新擀薄，两端向中间对折，再对折成为小方块，再次将面团擀成薄片，卷成圆柱体，从横截面方向切成均等的小份，制成水油酥皮。⑥ 称取蛋黄、莲蓉共 20 克，搓成小球，取一小块水油酥皮，按扁，包入蛋黄莲蓉馅，底部收口，捏紧，依次做完排入烤盘，把烤盘放入预热至 180℃的烤箱中层，上下火烘烤 25 分钟左右即可。
【烹饪技法】焖，煮，炒，蒸，烤。
【营养功效】补脾止泻，益肾涩精。
【健康贴士】一般人皆宜食用。

榴梿酥

【主料】中筋面粉 150 克，低筋面粉 90 克，榴梿肉 300 克。
【配料】黄油 95 克，糖 35 克，蛋黄液 60 克。
【制作】① 取中筋面粉 150 克、黄油 50 克、糖 35 克、温水 75 毫升，混合均匀，揉成光滑面团，盖上保鲜膜，饧 10 分钟，制成油皮面团；将剩下的黄油与低筋面粉混合均匀，揉成油酥团。② 油皮和油酥分别揉成长条、分成 12 等份，油皮面包入油酥面，用擀面杖压扁、叠三折，再压扁、叠三折，擀成圆片，制成油酥皮。③ 将榴梿肉包入油酥皮中，收口向下排入烤盘，表面刷上蛋黄液，放入预热至 180℃的烤箱中层，烘烤 30 分钟即可。
【烹饪技法】烤。
【营养功效】开胃健脾，补气强身。
【健康贴士】高血脂、老年人不宜多食。

黄梨酥

【主料】牛油 200 克，低筋面粉 300 克，黄梨馅 300 克。
【配料】奶粉 20 克，蛋黄液 100 克，蛋清液 30 克。
【制作】① 牛油切小粒，与蛋黄液 30 克、面粉、奶粉混合，用手抓匀，松弛 20 分钟。② 把黄梨馅分成每个 9 克的小团，搓成圆，面粉团分成每个 12 克的小团。③ 面粉团摊开，包入黄梨馅后搓成自己喜欢的形状，排入烤盘。④ 取蛋黄液 70 克、蛋清液混合蛋液，刷在面团上，将烤盘放入预热至00℃的烤箱，烘烤 20 分钟即可。

【烹饪技法】烤。

【营养功效】增进食欲，滋阴降火。

【健康贴士】黄梨酥性微寒，体质虚寒者不宜食用。

椰蓉酥

【主料】低筋面粉 90 克，椰蓉 80 克，无盐黄油 70 克。

【配料】冰糖粉 25 克，鸡蛋 1 个，白砂糖 25 克，泡打粉 3 克。

【制作】① 黄油软化、切成小丁，加入冰糖粉、白砂糖打发至蓬松，颜色变浅，筛入低筋面粉和泡打粉，加入椰蓉拌匀，再加入打散的鸡蛋液，用手轻轻抓成面团，放入冰箱冷藏 20 分钟。② 将面团分成大小均等的小面团，压扁成饼，排入铺了油纸的烤盘，放入预热至 170℃的烤箱中层，烘烤 20 分钟即可。

【烹饪技法】烤。

【营养功效】利尿消肿，补充营养。

【健康贴士】椰蓉宜与鸡蛋同食，清热除烦的功效更佳。

紫薯酥

【主料】紫薯馅 200 克，低筋面粉 100 克。

【配料】黄油 50 克，盐 0.5 克，糖粉 20 克，牛奶 20 毫升。

【制作】① 在黄油中加入糖粉和盐，用电动打蛋器打发，加入牛奶继续打发，倒入过筛的低筋面粉，混合均匀，盖上盖子饧 20 分钟。② 将面团、紫薯馅分别分成九等份，面团压扁、包入馅料收口，放入洒过面粉的模具中按平，排入烤盘。③ 把烤盘放入预热至 180℃的烤箱中层烘烤 20 分钟左右，翻面，再烤至上色即可。

【烹饪技法】烤。

【营养功效】润肠通便，防癌抗癌。

【健康贴士】紫薯酥具有减肥、美容的功效，适宜女性食用。

【巧手妙招】混合面团时要用翻拌的手法，注意不要出筋。

蓝莓奶酥

【主料】低筋面粉 150 克，高筋面粉 150 克，奶油 120 克，糖粉 100 克，酥油 120 克。

【配料】鸡蛋 1 个，奶粉 20 克，蓝莓果酱 20 克。

【制作】① 奶油软化后，与酥油混合均匀，加入过筛的糖粉一起打至松发变白；鸡蛋打散，分三次加入奶油混合物中搅拌均匀，加入过筛的高筋面粉、低筋面粉、奶粉拌匀，制成面糊。② 烤盘上铺上油纸，挤花嘴放入挤花袋中，把面糊放入挤花袋，在烤盘上以画圆圈的方式挤出花型。将果酱放入另一个挤花袋中，在每份花形面糊中央挤上果酱。③ 将烤盘放入预热至 180℃的烤箱上层烘烤约 20 分钟即可。

【烹饪技法】烤。

【营养功效】养心益肾，健脾厚肠。

【健康贴士】奶酥中含有较多糖分，糖尿病患者不宜食用。

蛋黄酥

【主料】中筋面粉 340 克，猪油 145 克，豆沙馅 400 克。

【配料】咸蛋黄 11 个，朗姆酒 20 毫升，蛋黄液 30 克，黑芝麻 20 克，白砂糖 10 克。

【制作】① 咸蛋黄放入预热至 150℃的烤箱中层烘烤 3 分钟，取出后喷上朗姆酒。② 取中筋面粉 200 克、猪油 70 克、白砂糖 10 克、水 90 毫升混合揉匀，制成油皮；取中筋面粉 140 克、猪油 75 克混合揉匀，制成油酥。分别放入盆中，盖上盖子饧 30 分钟。③ 把油皮和油酥分别分成 22 等份，将油皮包入油酥，擀长后一一卷起，盖上保鲜膜饧 10 分钟后再擀长、卷起，盖上保鲜膜饧 20 分钟，制成油酥面团。④ 咸蛋黄一分为二，豆沙馅分成 22 等份；取一份豆沙馅包入蛋黄，蛋黄的切口向下；取一个油酥面团擀圆，包入豆沙蛋黄馅，蛋黄的切口向上。⑤ 依次做好后排入烤盘，刷上蛋黄液、撒上黑芝麻，放入预热至 190℃的烤箱中层，烘烤 25 分钟左右即可。

【烹饪技法】烤。

【营养功效】健脾养胃，利尿消肿。

【健康贴士】适宜缺铁性贫血患者食用。

蛋黄莲蓉酥

【主料】普通面粉 150 克，莲蓉 100 克，低筋面粉 55 克。

【配料】植物油 68 克，细砂糖 35 克，咸蛋黄 5 个，料酒 40 克，芝麻 20 克，鸡蛋液 40 克。

【制作】① 咸蛋黄用料酒浸泡 20 分钟，放入蒸锅中蒸 15 分钟后取出备用。② 普通面粉、细砂糖、植物油 45 克、清水 40 毫升混合均匀，揉成光滑的面团，制成水油皮；剩余的植物油与低筋面粉混合揉匀，制成油酥面。将揉好的水油皮和油酥面盖上保鲜膜饧 30 分钟。③ 将油皮面和油酥面分别分成 10 等份，取 1 份油皮面用手掌轻轻压扁，包入 1 份油酥面并捏紧收口，制成酥皮面团。依次包完全部酥皮面团，将收口朝下静置约 10 分钟。④ 取 1 份酥皮面团轻轻擀成牛舌形，再从上往下卷起来。依次做完全部面团，盖上保鲜膜松弛 15 分钟后，再擀开、卷起。以上做法重复三次，每做完一次后必须要松弛 15 分钟才能重复下一次。⑤ 把蒸好的咸蛋黄对切 10 个，莲蓉也分成 10 份，取 1 份莲蓉用手按扁，再将切开的蛋黄包入其中并轻轻揉圆，依次做完全部馅心。⑥ 取 1 份酥皮面团轻轻擀开，包入 1 份馅心，捏紧收口、轻轻滚圆，收口朝下放入烤盘中，表面刷一层薄蛋液，撒上少许黑芝麻装饰，依次做完全部。⑦ 将烤盘放入预热至 170℃的烤箱中层烘烤 20 分钟后，移至上层再烘烤 5 分钟即可。

【烹饪技法】蒸，烤。

【营养功效】祛火益气，消除烦躁。

【健康贴士】一般人皆宜食用。

【举一反三】将莲蓉换成豆沙，即可制成蛋黄豆沙酥。

瓜子蝴蝶酥

【主料】酥皮 100 克，瓜子仁 50 克。

【配料】白砂糖 30 克，蛋黄液 40 克。

【制作】① 酥皮擀成 3 ~ 4 毫米的长方形薄片，在面皮刷一层清水，洒上白砂糖和瓜子仁，用擀面杖将瓜子和白砂糖擀进面里。② 将面片从两侧长边向中间卷起，卷成一个长条，切成约一厘米宽的小段，横截面向上排入烤盘，在截面上刷上蛋黄液，③ 放入预热至 200℃的烤箱，烘烤 10 ~ 15 分钟至蛋黄变金黄色即可。

【烹饪技法】烤。

【营养功效】预防疾病，稳定血压。

【健康贴士】肝炎患者食用瓜子仁会损伤肝脏，引起肝硬化，故肝炎患者慎食此糕点。

果仁桃酥

【主料】鸡蛋 4 个，低筋面粉 400 克。

【配料】细砂糖 80 克，核桃仁 50 克，花生 50 克，芝麻 50 克，盐 4 克，泡打粉 10 克。

【制作】① 鸡蛋、细砂糖、盐放入搅拌盆内搅打至发白，加入低筋面粉、泡打粉拌匀成团。② 核桃仁、花生、芝麻用搅拌机粉碎成末，加入面团中搅拌均匀，盖上保鲜膜放入冰箱冷藏 1 小时。③ 取出后分成均等的小面团，搓圆后压成小饼，排入烤盘，放入预热至 150℃的烤箱烘烤 40 分钟左右即可。

【烹饪技法】烤。

【营养功效】滋补肝肾，益智补脑。

【健康贴士】中老年人宜食。

苹果千层酥

【主料】中筋面粉 300 克，青苹果 1 个，油酥 250 克。

【配料】细砂糖 125 克，色拉油 500 克，固体猪油 195 克，鸡蛋液 40 克，柠檬汁 30 毫汁，肉桂粉 8 克，奶油 15 克。

【制作】① 苹果去皮切丁，用盐水浸泡片刻，取出沥干水分备用。② 锅置火上，放入细砂糖 100 克、水 40 毫升，小火煮至浓稠，加入苹果丁拌搅，再加入柠檬汁、肉桂粉、奶油，熄火后轻轻拌匀制成苹果馅料，起锅凉凉备用。③ 中筋面粉、细砂糖 25 克、水 130 毫升、固体猪油 45 克混合揉匀至表面光滑，制成油皮，静置松弛 15 分钟；油酥、固体猪油 150 克混合拌成团，分割成 20 个小圆球，制成油酥。④ 将松弛好的油皮分成 20 等份，取一份油皮用手压扁，包入 1 颗油酥球揉圆，用擀面杖擀成牛舌状，从上往下卷起，如此擀卷两次，静置松弛 15 分钟后即为酥皮。⑤ 将酥皮擀平，包入苹果馅，捏紧收口，涂抹上一层蛋液，在上方切出十字切口，静置松弛 10 分钟。⑥ 锅置火上，入色拉油烧热至 190℃，放入苹果球炸至外表金黄膨胀时捞起，沥干油分装入盘中即可。

【烹饪技法】煮，炸。

【营养功效】健脾益胃，养心益气。

【健康贴士】高血脂、糖尿病患者及孕妇慎食。

宫廷桃酥

【主料】核桃碎 30 克，普通面粉 100 克。

【配料】细砂糖 50 克，植物油 55 克，鸡蛋 1 个，泡打粉 2 克，小苏打 1 克。

【制作】① 鸡蛋打散，与植物油、细砂糖混合均匀；面粉、泡打粉、小苏打混合均匀后过筛，倒入核桃碎拌匀。② 把面粉倒入植物油混合物中揉成面团，分成若干等份的小面团，搓成小圆球。③ 将小圆球压扁，拍入烤盘。在表面刷一层鸡蛋液，放入预热至 180℃的烤箱中层，烘烤约 15 分钟至表面金黄色即可。

【烹饪技法】烤。

【营养功效】润肺强肾，降低血脂。

【健康贴士】高血脂、高血压、糖尿病患者不宜多食。

奶香核桃酥

【主料】核桃仁 20 克，低筋面粉 150 克。

【配料】糖粉 50 克，黄油 75 克，鸡蛋 2 个，苏打粉 2 克，泡打粉 2 克，盐 2 克。

【制作】① 黄油室温软化，低筋面粉过筛，鸡蛋打散。② 黄油、面粉、苏打粉、泡打粉、盐混合均匀，揉搓成散状面粉。③ 取 1/2 鸡蛋液与面粉充分混合，揉成面团，分成每个 15 克左右的小剂子，撮成圆球，压扁后放上核桃仁，排入铺了油纸的烤盘，扫上蛋液。④ 将烤盘放入预热至 170℃的烤箱中层，烘烤 25 分钟左右，关火后焖 10 分钟取出即可。

【烹饪技法】烤。

【营养功效】滋阴补肾，延缓衰老。

【健康贴士】一般人皆可食用。

抹茶酥

【主料】普通面粉 100 克，低筋面粉 82 克，红豆泥 373 克。

【配料】猪油 80 克，糖 12 克，抹茶粉 3 克。

【制作】① 普通面粉、猪油 38 克、水 41 毫升、糖混合揉成团，盖上保鲜膜饧 30 分钟，制成酥皮；低筋面粉、猪油 42 克、抹茶粉混合揉成团，盖保鲜膜饧 30 分钟，制成油酥。② 把酥皮面团、油酥面团分成数量相等的小面团，将酥皮擀圆，包入油酥，捏紧收口。③ 将包好的面团压扁、擀长后卷起，盖上保鲜膜饧 15 分钟，再次擀长、卷起，饧 15 分钟。④ 松弛好的面卷从中间一切为二，切面朝上，按扁、擀圆后包入红豆泥，捏紧收口，揉圆后排入烤盘，放入预热至 180℃的烤箱烘烤 20 分钟左右即可。

【烹饪技法】烤。

【营养功效】止泻消肿，利尿，助消化。

【健康贴士】高血脂患者慎食。

【举一反三】将抹茶粉换成绿茶粉，即可制成绿茶酥。

迷你绿豆酥

【主料】低筋粉 480 克，绿豆 300 克。

【配料】色拉油 170 克，玉米淀粉 30 克，细砂糖 50 克，盐 3 克，蛋黄液 60 克，芝麻 10 克，海苔碎 8 克。

【制作】① 绿豆洗净，用清水浸泡 6 小时以上，放入压力锅中煮熟，捞出，沥干水分，用打蛋器搅打片刻，将打好的绿豆粉放入净锅中小火炒至黏稠后关火。② 取低筋面粉 300 克、色拉油 80 克、盐、细砂糖、清水 120 毫升混合均匀，揉成面团，盖上保鲜膜饧 30 分钟，制成水油皮。③ 将低筋面粉 180 克、色拉油 90 克、玉米淀粉混合制成面团，盖上保鲜膜饧 30 分钟，制成油酥。④ 油酥、水油皮分别分成 20 等份，取一块水油皮，包上一块油酥，擀成椭圆形后由一端卷起，制成面卷饧 20 分钟，饧好的面卷再次擀成椭圆形，由一端卷起，饧 20 分钟。⑤ 面卷竖放，用手按扁后擀成圆饼，包入绿豆馅，收口朝下放入铺了油纸的烤盘中。⑥ 表面刷一层蛋黄液，撒上少许芝麻、海苔，放入预热至 190℃的烤箱中层，烘烤 40 分钟左右即可。

【烹饪技法】烤。

【营养功效】降压降脂，清热解毒。

【健康贴士】脾胃虚寒、肠胃消化不良者不宜多食。

莲蓉皮蛋酥

【主料】起酥片 20 片，莲蓉馅 600 克。

【配料】小皮蛋 20 个。

【制作】① 莲蓉馅分成 20 等份，皮蛋去壳。将莲蓉馅包在皮蛋外备用。

把一片起酥片卷起成圆筒状，外面再包覆第二片起酥片卷起，重复动作，直到将 5 片起酥片卷起成一卷，依序做好其他 3 卷备用。② 将卷好的起酥片均匀分切成 5 份，压平后，用擀面杖擀成牛舌状，包入莲蓉皮蛋馅，捏紧收口，排入铺了油纸的烤盘。③ 烤盘放入预热至 200℃的烤箱，烘烤 25 分钟左右至皮蛋酥呈现金黄干酥状即可。

【烹饪技法】烤。

【营养功效】润肺爽喉，清热凉肠。

【健康贴士】皮蛋与红糖同食易引起腹泻、腹痛，故此糕点不宜与红糖同食。

莲藕酥

【主料】面粉 500 克，酥皮油 350 克，红豆沙馅 150 克。

【配料】黄油 80 克，鸡蛋 1 个，海苔 1 张，植物油适量。

【制作】① 面粉加入黄油、鸡蛋、适量水揉成面团，面团的软硬程度要和酥皮油相同。② 面团擀开，酥皮油放在中间，包起酥皮油，擀成大片，两边对折，再次擀开，两边再对折、擀开，一共重复三次。③ 擀好的酥皮切成 8 厘米宽的长条，共切成四片，刷上少许水，四片叠加起来后，再切成 1 厘米宽的片。④ 将酥皮轻轻擀开，包入豆沙馅，分成小结，做成藕的形状，海苔剪成条，在藕结处扎紧，入 150℃的油锅炸熟，捞出沥干油即可。

【烹饪技法】炸。

【营养功效】润肠通便，利尿解毒。

【健康贴士】一般人皆可食用。

地瓜酥

【主料】中筋面粉 128 克，低筋面粉 80 克，红薯 200 克。

【配料】猪油 94 克，色拉油 32 克，白砂糖 28 克。

【制作】① 红薯洗净蒸熟，捣成泥后加入白砂糖 15 克混合均匀。② 锅置火上，入色拉油烧热，下红薯泥翻炒片刻后装盘备用。③ 中筋面粉、白砂糖 13 克、猪油 54 克混合均匀，揉成面团，制成油皮；低筋面粉、猪油 40 克混合均匀，揉成面团，制成油酥。④ 将油皮和油酥分别分成等份的小面团，将油皮按扁、擀圆，包入油酥，搓成圆球后饧 15 分钟。⑤ 松弛好的油酥面团擀成椭圆形、卷起，再次擀开、卷起，做好后松弛 15 分钟。⑤ 松弛好的面卷从中间切开，切口朝上压扁，擀成圆形包入红薯馅，做成球形，搓长后排入铺了油纸的烤盘，放入预热至 180℃的烤箱中层烘烤 25 分钟即可。

【烹饪技法】炒，烤。

【营养功效】排便通畅，防治便秘。

【健康贴士】高血脂患者慎食。

咖喱牛角酥

【主料】低筋面粉 320 克，植物油 110 克，牛肉馅 150 克。

【配料】白砂糖 20 克，咖喱粉 25 克，洋葱末 60 克，盐 6 克，鸡蛋液 50 克。

【制作】① 锅置火上，入植物油 10 克烧热，下牛肉馅、洋葱末炒香，加入盐、咖喱粉继续翻炒几分钟，出锅放凉备用。② 取低筋面粉 200 克、植物油 50 克、白砂糖 20 克、水 100 毫升混合均匀，揉成面团，室温下松弛 20 分钟，制成水油皮。③ 将低筋面粉 120 克、植物油 50 克、咖喱粉 10 克混合均匀，揉成面团，室温下松弛 20 分钟，制成油酥。④ 把水油皮按扁，包上油酥，捏紧收口，擀成长方形后叠三折。用保鲜膜包好，静置松弛 20 分钟，再次擀成长方形、叠三折，继续松弛 20 分钟。⑤ 松弛好的面团擀成长方形，切成均匀的 16 份三角形面片。⑥ 取一个三角形面片，在底边中间切一个刀口，面片上放一小块肉馅，刀口向左右两边分开，将面片从底部向上卷起，制成牛角状。卷好所有面团后排入烤盘，刷上蛋液。⑦ 烤盘放入预热至 190℃的烤箱，烘烤 20 分钟左右即可。

【烹饪技法】炒，烤。

【营养功效】健脾护胃，补益气血。

【健康贴士】一般人皆可食用。

栗子酥

【主料】板栗 250 克，飞饼 2 张。

【配料】白砂糖 20 克，色拉油 15 克，蛋黄液 30 克。

【制作】① 板栗放入锅中煮熟，捞出后去壳，放入搅拌机打成泥。② 把板栗泥、色拉油、白砂糖一起放入平底锅，小火翻炒至成团，制成板栗馅，分成均等的小球；飞饼稍稍放软，用擀面杖擀大成方形。③ 每张飞饼用刀切割成 4 份，每份飞饼用包包子的方法包入一个板栗馅，包好后收口朝下排入烤盘，用刀在表面划出十字口。④ 在栗子酥表面涂上蛋黄液，放入预热至 180℃的烤箱中烘烤 25 分钟左右即可。

【烹饪技法】煮，炒，烤。

【营养功效】补肾强腰，延年益寿。

【健康贴士】栗子中的高蛋白、多淀粉会刺激胃生成胃酸，故胃溃疡患者不宜食用栗子酥。

迷你枣泥酥

【主料】高筋面粉 150 克，枣泥馅 250 克。

【配料】黄油 80 克，白砂糖 60 克，鸡蛋液 50 克，白芝麻 30 克。

【制作】① 黄油隔水软化后倒入 10 克白砂糖搅拌均匀。② 高筋面粉、白砂糖 50 克混合均匀，倒入黄油，搅拌均匀后加入适量鸡蛋液，揉成一个光滑的面团，放入冰箱冷藏 30 分钟。③ 面团取出后分成 3 等份，取其中一份面团搓成长条后擀开，切取不规整的边角，制成长方形，中间放入适量枣泥馅，卷起后收口朝下，刷上鸡蛋液。④ 撒上白芝麻，切成均等的小段，放入预热至 180℃的烤箱中层，上下火烘烤 25 分钟左右即可。

【烹饪技法】烤。

【营养功效】补益气血，增强免疫。

【健康贴士】高血脂、糖尿病患者慎食。

【举一反三】如果给老人吃，可以将黄油换成橄榄油，白砂糖换成木糖醇。

酥皮小八件

【主料】中筋面粉 180 克，低筋面粉 160 克，莲蓉 100 克，豆沙馅 100 克。

【配料】牛油 155 克，蛋液 40 克。

【制作】① 莲蓉、豆沙馅混合均匀制成馅料；中筋面粉、牛油 70 克、水 75 毫升混合均匀，揉成面团松弛 20 分钟，制成油皮；低筋面粉、牛油 85 克混合均匀，揉成面团松弛 20 分钟，制成油酥。② 把油皮、油酥分别分割成每个 15 克和每个 11 克的小面团，揉圆备用；油皮压扁，包入油酥，收口捏紧朝下，用擀面杖擀成牛舌状，从一边卷起成柱形。③ 把圆柱竖放，压扁后擀圆，包入适量馅料，收口朝下，轻轻按扁。用剪刀在面团的周围剪出花型，排入烤盘，表面刷上蛋液。④ 烤盘放入预热至 170℃的烤箱烘烤 25 分钟左右即可。

【烹饪技法】烤。

【营养功效】养心安神，滋补强壮。

【健康贴士】一般人皆宜食用。

南瓜酥

【主料】中筋面粉 125 克，低筋面粉 104 克，南瓜泥 250 克。

【配料】猪油 102 克，黄油 60 克，细砂糖 65 克，蛋黄液 30 克。

【制作】① 南瓜泥过筛，放入锅中，加细砂糖 50 克翻炒至较浓稠状态，分次加入 60 克黄油炒匀后放凉，制成南瓜馅备用。② 中筋面粉、猪油 50 克、细砂糖 15 克混合均匀，搓成屑状，加入 50 毫升水揉成表面光滑的面团，用保鲜膜包好饧 30 分钟，制成油皮；低筋面粉、猪油 52 克混合揉成面团，用保鲜膜包好，饧 30 分钟，制成油酥。③ 将松弛好的油皮面团和油酥面团分别分割成 12 等份，取一个油皮面团压扁，包入一个油酥，收口朝上按扁，擀成牛舌状，从外向内卷起来，把卷好的面团用擀面杖擀成椭圆形面片，再次卷起来。④ 将卷好的面卷用擀面杖擀成圆形面片，用刀划开分成四份，中间不要切断。将面皮呈放射状切成细条。⑤ 铲起切好的面皮，包入适量南瓜馅。留出面皮切开的边缘部分，收口用手收紧；依次做好后排入烤盘，边缘部分向外翻，整理出花瓣的形状，顶部刷蛋黄液。⑥ 烤盘放入预热至 180℃的烤箱中层，上下火烘烤 25 分钟即可。

【烹饪技法】炒，烤。

【营养功效】止咳化痰，促进新陈代谢。

【健康贴士】南瓜酥不宜与羊肉同食，二者皆属大热补虚之物，同食会令肠胃气壅，导致胸闷腹胀和肠胃不适。

黄油酥

【主料】低筋面粉 130 克。

【配料】黄油 110 克，大米粉 45 克，糖粉 40 克，鸡蛋液 30 克，香草精 2 滴。

【制作】① 黄油切小块备用。低筋面粉、大米粉、糖粉混合过筛，加入黄油，用打蛋器搅打均匀，倒入鸡蛋液和香草精，拌匀后揉成表面光滑的面团。② 将面团分割成大小均等的小面团，按扁后排入铺了油纸的烤盘中，用叉子按压出花纹，表面刷上蛋液。③ 烤盘放入预热至 160℃的烤箱中层烘烤 20 分钟左右即可。

【烹饪技法】烤。

【营养功效】养心益肾，除热止渴。

【健康贴士】高血脂、糖尿病患者慎食。

山药酥

【主料】山药 250 克。

【配料】白砂糖 100 克，植物油 80 克，熟黑芝麻 15 克。

【制作】① 山药去皮，切成长条，入油炸至外硬内软、浮起时捞出备用。② 锅置大火上，入油烧热，放入白砂糖，加入适量水炒至糖汁呈米黄色。③ 放入炸好的山药块不停翻炒，使外皮包上一层糖衣，糖衣未凝固时，撒上熟黑芝麻，起锅即可。

【烹饪技法】炸，炒。

【营养功效】补脾益肾，滋阴美容。

【健康贴士】糖尿病患者慎食。

果酱千层酥

【主料】面粉 250 克。

【配料】黄油 220 克，糖 20 克，盐 1 克，果酱 50 克。

【制作】① 取黄油 40 克，室温融化后与面粉、糖、盐混合均匀，分次加入 120 毫升水，揉成表面光滑的面团，松弛 30 分钟。② 将剩下的黄油切成小片，放入保鲜膜中规则地排好，用擀面杖擀成规整的大薄片，放入冰箱冷藏；松弛好的面团擀成长方形面片，长度约为黄油片长度的 3 倍。③ 取出黄油片，放在面片中间，面片两边向中间折，包住黄油，将上下边缘捏紧，再擀成长方形，放入冰箱冷藏 30 分钟至黄油稍硬。④ 取出冷藏好的面片，两边向中间折，再擀成长方形面片，重复两次折叠过程，擀成厚约 0.5 厘米的面片，制成酥皮，在酥皮上撒一层面粉，折起后放入密封袋中，入冰箱冷藏片刻。⑤ 打开冻好的酥皮，用模具切出形状，每两片为一组，其中一片中间切出一个圆孔，在两层面片中间刷上蛋液，使面片粘住，表面再刷少许蛋液，依次做好后排入铺了油纸的烤盘。⑥ 烤盘放入预热至 200℃的烤箱烘烤 18 分钟左右，出炉后在酥饼中间的圆孔处挤上少许果酱即可。

【烹饪技法】烤。

【营养功效】健脾厚肠，美白除皱。

【健康贴士】高血脂、肥胖者不宜多食。

叉烧酥

【主料】低筋面粉 135 克，高筋面粉 15 克，叉烧肉 80 克，

【配料】黄油 145 克，蚝油 15 克，生抽 7 克，水淀粉 6 克，鸡蛋液 30 克，白芝麻 15 克。

【制作】① 叉烧肉腌制后烤熟，切成小丁，调入耗油、生抽；黄油 125 克放入保鲜袋中，敲打擀压成薄片。② 低筋面粉、高筋面粉、黄油 20 克混合均匀，加水揉成表面光滑的面团，盖上保鲜膜松弛 30 分钟。③ 将松弛好的面团擀成长方形，大小擀至黄油片的 3 倍，黄油片放在面片中间，面片两边折向中间，把黄油包起来，边缘捏紧，擀至 0.5 厘米厚，对折，用保鲜膜包起后入冰箱冷藏 20 分钟。④ 冷藏好的面团取出后压扁，擀成一个四方形面皮，再次对折，包上保鲜膜入冰箱冷藏 20 分钟。⑤ 锅置火上，入油烧热，下叉烧肉丁翻炒均匀，加水小火慢熬至叉烧软烂，至水基本收干后加入水淀粉勾芡，制成馅料。⑥ 冷藏好的面皮取出后擀成薄片，用圆形模具压成圆皮，包入叉烧馅，对折后用叉子轻按封口，不用全封严，依次做好后排入铺了油纸的烤盘。⑦ 烤盘放入预热至 250℃的烤箱中层烘烤 10 分钟，取出后刷上蛋液，撒上白芝麻，再入烤箱烘烤 5 分钟即可。

【烹饪技法】炒，烤。

【营养功效】健脾护肾，补充营养。

【健康贴士】心脏病患者不宜过多食用黄油。

红酒苹果酥

【主料】起酥片 5 片，苹果 3 个。

【配料】细砂糖 100 克，红酒 60 毫升，肉桂粉 15 克，奶油 30 克。

【制作】① 苹果削皮、去子，切小块备用。② 奶油入锅，加热融化后放入苹果块拌炒均匀，再加入细砂糖、红酒、肉桂粉拌匀，煮至收汁后起锅，倒入模具中备用。③ 起酥片剪成与模具一样大小的形状，盖在模具上，放入预热至 200℃的烤箱烘烤 20 分钟，至起酥皮呈金黄色即可。

【烹饪技法】炒，烤。

【营养功效】顺气消食，润肺止渴。

【健康贴士】一般人皆宜食用，糖尿病患者慎食。

五彩缤纷饮品篇

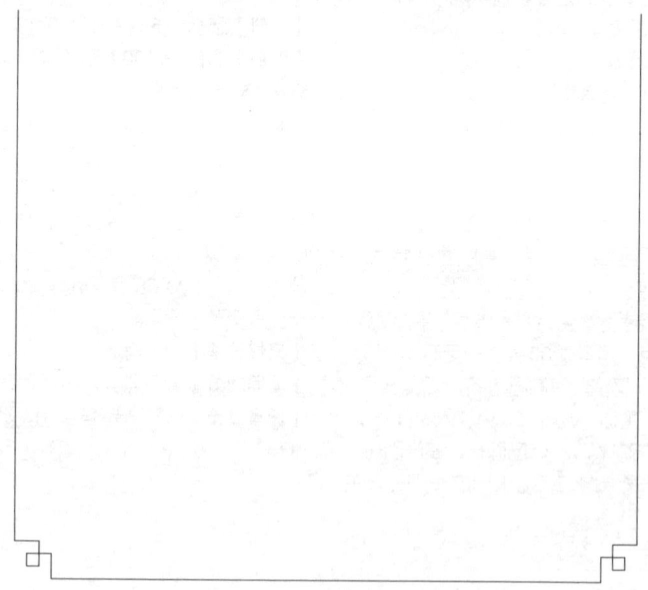

果汁

苹果

苹果中含有的磷、铁等元素，易被肠壁吸收，有补脑养血、宁神安眠的作用。苹果中含有的维生素 C 能有效保护心血管。苹果的香气是治疗抑郁的良药，临床使用证明，让精神压抑患者嗅苹果香气后，患者的心情大有好转，精神轻松愉快，压抑感消失。苹果还具有通便和止泻的双重功效，一方面，苹果中含有的有机酸可刺激胃肠蠕动，促使大便通畅。另一方面，苹果中含有的果胶又能抑制肠道不正常的蠕动，使消化活动减慢，从而抑制轻度腹泻。

中医认为，苹果性平，味甘、酸，归脾、肺经；有补心润肺、生津解毒、益气和胃、醒酒平肝的功效。

苹果汁

【主料】苹果 2 个。
【配料】白砂糖 5 克。
【制作】① 苹果洗净、去核，切成小块。② 把苹果和水 100 毫升放入榨汁机内，搅打均匀即可。
【营养功效】养颜祛斑，延缓衰老。
【健康贴士】苹果质地较硬，不利于肠壁溃疡面的愈合，溃疡性结肠炎患者不宜生食苹果。

苹果西柚汁

【主料】西柚 1/2 个，苹果 1 个。
【配料】白砂糖 10 克，冰水 120 毫升。
【制作】① 西柚对切后榨汁；苹果洗净后切成小块。② 把所有材料放入榨汁机打匀即可。
【营养功效】润肺健脾，生津止渴。
【健康贴士】苹果中富含的锌能增强儿童记忆力，此饮品适宜儿童饮用。
【举一反三】将西柚换成柳橙，即可制成苹果柳橙汁。

苹果葡萄汁

【主料】苹果 3 个，葡萄 500 克。
【配料】柠檬 1 个，蜂蜜 50 克，凉开水 150 毫升。
【制作】① 苹果、柠檬均洗净，去皮切块；葡萄洗净，去皮、核。② 把苹果、葡萄、柠檬和凉开水放入榨汁机打匀。③ 在打好的果汁中加入适量蜂蜜调味即可。
【营养功效】美容护肤，健脑养神。
【健康贴士】葡萄中含有白藜芦醇，对心脑血管病有积极的预防和治疗作用，此饮品适宜老年人饮用。
【举一反三】将葡萄换成雪梨，即可制成苹果雪梨汁。

苹果猕猴桃汁

【主料】苹果 1/2 个，猕猴桃 1 个。
【配料】蜂蜜 1 小勺，冰水 200 毫升。
【制作】① 猕猴桃去皮；苹果去皮、子，洗净后切小块。② 所有材料放入榨汁机内一起搅打成汁，滤出果肉即可。
【营养功效】降脂降压，润肠通便。
【健康贴士】猕猴桃含有丰富的叶酸，能预防胚胎发育畸形，此饮品适宜孕妇饮用。

苹果香蕉柠檬汁

【主料】香蕉 1 根，苹果 1 个，柠檬 1/2 个。

【配料】优酪乳200毫升。

【制作】① 香蕉去皮，切小块；柠檬洗净、切碎；苹果洗净，去核，切成小块。② 把所有材料倒入榨汁机内，搅打均匀即可。

【营养功效】宁静养神，健胃润肠。

【健康贴士】香蕉性寒，体质虚寒者不宜饮用。

【举一反三】把香蕉换成菠萝，即可制成苹果菠萝柠檬汁。

苹果柠檬汁

【主料】苹果60克，柠檬1/2个。

【配料】凉开水60毫升，碎冰60克。

【制作】① 苹果洗净，去皮、核，切成小块；柠檬洗净，取1/2个压汁。② 把上述材料放入榨汁机内，加入凉开水搅打成汁，最后在杯中加入碎冰即可。

【营养功效】美白养颜，止泻消食。

【健康贴士】吸烟者身体需要大量的维生素C，应多吃柠檬。

苹果橘子汁

【主料】苹果1个，橘子1个。

【配料】姜50克。

【制作】① 橘子去皮、子；苹果洗净去核，切成小块；姜洗净，切成片。② 把所有材料放入榨汁机内，搅打2分钟即可。

【营养功效】防癌抗癌，护肤养颜。

【健康贴士】橘子中的有机酸会刺激胃壁的黏膜，胃痛、胃酸、寒胃者不宜饮用此饮品。

橙子

橙子中含有丰富的维生素C、维生素P，能增强机体抵抗力，降低血液中胆固醇的含量。橙子中富含的黄酮类物质具有强化血管和抑制凝血的作用。橙子中所含的纤维素和果胶，可促进肠道蠕动，有利于清肠通便，排出体内有害物质；此外，橙子中的维生素C可以抑制胆固醇转化为胆汁酸，从而使胆汁中胆固醇的浓度下降，形成胆结石的机会也就相应减少，并降低胆结石发生的概率。

中医认为，橙子性寒，味甘、酸，归肺、脾胃、肝经；具有生津止渴、开胃下气的功效。

鲜榨橙汁

【主料】新鲜橙子2个，苹果1个。

【配料】冰水400～500毫升，蜜糖5克。

【制作】① 鲜橙去皮、子；苹果洗净去核，切成2厘米见方的块。② 把所有材料放入榨汁机内，倒入冰水，搅打30秒左右。③ 在打好的果汁中加入5克蜜糖，搅拌均匀即可。

【营养功效】延缓衰老，健胃消食。

【健康贴士】橘子中的有机酸会刺激胃壁的黏膜，严重胃溃疡患者不宜饮用此饮品。

【巧手妙招】把橙子放在桌面上，用手掌压住慢慢地来回揉搓一会儿，橙子皮就可以轻松剥掉。

鲜橙西柚汁

【主料】鲜橙1个，西柚1个，柠檬1/2个。

【配料】蜂蜜5克。

【制作】① 鲜橙、西柚、柠檬均洗净，分别切成两半，用挖勺挖出果肉，放进榨汁器里，榨出果汁。② 将果汁倒入杯子里，加入适量蜂蜜搅拌均匀即可。

【营养功效】降低血脂，消脂减肥。

【健康贴士】橙子多纤维、低热量，含有天然糖分，适宜减肥者饮用。

柳橙柠檬汁

【主料】柳橙2个，柠檬1个。

【配料】蜂蜜5克。

【制作】① 柳橙洗净，切半，用榨汁机榨出汁，倒出；柠檬洗净后切片，放入榨汁机中榨成汁。② 将柳橙汁与柠檬汁混合拌匀，调入蜂蜜即可。

【营养功效】健胃消食，润肠通便。

【健康贴士】橙子中富含的维生素 C 和胡萝卜素能软化血管、降低胆固醇和血脂，高血脂、高血压、动脉硬化患者宜常食橙子。

柳橙草莓汁

【主料】草莓 10 颗，柳橙 1 个。
【配料】鲜奶 90 毫升，蜂蜜 30 克，碎冰 60 克。
【制作】① 草莓洗净，去蒂，切成块；柳橙洗净，对切压汁。② 把除碎冰外的材料放进榨汁机中，高速搅拌 30 秒，取果汁加入碎冰即可。
【营养功效】美容护肤，利尿消肿。
【健康贴士】草莓性微寒，体质较弱者应少吃草莓。

柳橙香蕉酸奶汁

【主料】香蕉 1 根，柳橙 1 个。
【配料】酸奶 130 毫升，凉开水 70 毫升。
【制作】① 柳橙洗净，去皮、切块，榨汁；香蕉去皮，切小段。② 把柳橙汁、香蕉、酸奶、凉开水放入榨汁机，搅打均匀即可。
【营养功效】利胃健脾，强身健体。
【健康贴士】香蕉富含的钾，能防止血压上升及肌肉痉挛，高血压患者宜多食。

柳橙香瓜汁

【主料】柳橙 1 个，香瓜 1 个。
【配料】柠檬 1 个，碎冰 60 克。
【制作】① 柠檬洗净，切块；柳橙去皮、子，切块；香瓜洗净，切块。② 将柠檬、柳橙、香瓜放入榨汁机搅打成汁，加冰块即可。

【营养功效】营养丰富，美白祛斑。
【健康贴士】香瓜蒂含有苦毒素，生食过量会中毒。

西瓜

西瓜含葡萄糖、蔗糖、果糖、胡萝卜素、番茄烃等成分，有清热解暑、利小便、解酒毒等功效。西瓜中所含的糖和盐能利尿并消除肾脏炎症，同时，西瓜中的蛋白酶能把不溶性蛋白质转化为可溶的蛋白质，增加肾炎病人的营养。吃西瓜后尿量会明显增加，这可以减少胆色素的含量，并使大便通畅，对治疗黄疸有一定作用。新鲜的西瓜汁和鲜嫩的瓜皮可增加皮肤弹性，减少皱纹，增添皮肤光泽。

中医认为，西瓜性寒，味甘，归心、胃、膀胱经；具有清热解暑、生津止渴、利尿除烦的功效。

西瓜汁

【主料】西瓜 200 克。
【配料】柠檬 1/4 个。
【制作】① 西瓜去皮、子；均切成小块；柠檬洗净，切片。② 把所有材料放入榨汁机内搅打成汁，滤出果肉即可。
【营养功效】护肤养颜，抗皱延衰。
【健康贴士】西瓜所含的糖和盐能利尿并消除肾脏炎症，适宜肾炎患者饮用。

西瓜柳橙汁

【主料】西瓜 200 克。
【配料】柳橙 1 个。
【制作】① 西瓜去皮、子，切成小块；柳橙用水洗净，去皮榨汁。② 把西瓜与柳橙汁放入榨汁机中，搅打均匀即可。
【营养功效】利尿消肿，润肠利便。
【健康贴士】西瓜寒凉，脾胃虚寒、消化不良及有胃肠道疾患的人不宜多食。

西瓜香蕉汁

【主料】西瓜70克，香蕉1根，菠萝70克。
【配料】苹果1/2个，蜂蜜30克，碎冰60克。
【制作】① 西瓜去皮、子，切成小块；香蕉去皮，切成小块；菠萝去皮、洗净，切成小块。② 把所有材料放入榨汁机，高速搅打成汁即可。
【营养功效】降脂降压，健胃消食。
【健康贴士】西瓜含糖量高，糖尿病人要慎食。

西瓜蜜桃汁

【主料】西瓜100克，鲜桃100克。
【配料】蜂蜜水100克。
【制作】① 西瓜去皮、子，切成小块；鲜桃洗净，去皮、核。② 西瓜、鲜桃与蜂蜜水放入榨汁机中榨成果汁即可。
【营养功效】养血益气，美白护肤。
【健康贴士】未成熟的桃子不能饮用，用后易引起腹胀或生疖痈。

西瓜葡萄柚汁

【主料】西瓜150克，葡萄柚1个。
【配料】蜂蜜5克。
【制作】① 西瓜洗净，去皮、子，葡萄柚去皮。② 把所有材料放入榨汁机内搅打成汁，滤出果肉即可。
【营养功效】消暑解渴，养颜护肤。
【健康贴士】口腔溃疡者不宜过量饮用，否则会加重溃疡程度。

西瓜柠檬蜂蜜汁

【主料】西瓜500克，香瓜50克，鲜桃50克。
【配料】蜂蜜10克，柠檬汁10克，冰块30克。
【制作】① 西瓜、香瓜、鲜桃去皮、核，果肉切小块。② 将上述材料和蜂蜜放入榨汁机中搅打均匀。③ 滤掉果汁里的果渣，然后加入柠檬汁及冰块拌匀即可饮用。
【营养功效】美白肌肤，消脂减肥。
【健康贴士】西瓜性寒，夏至之前和立秋之后体质虚弱者不宜饮用。

西瓜苹果汁

【主料】西瓜100克，苹果150克。
【配料】糖5克。
【制作】① 苹果去皮，切小块；西瓜去皮、子，切小块。② 把西瓜和苹果放进榨汁机，加入适量的水搅打，最后加入糖调味即可。
【营养功效】利尿消肿，降压消炎。
【健康贴士】西瓜含有较多水分，过量饮用会加重心脏和肾脏的负担，充血性心力衰竭者和慢性肾病患者不宜多食。

西瓜酸奶汁

【主料】西瓜1/4个。
【配料】酸奶250毫升，糖5克。
【制作】① 西瓜去皮、子，切小块。② 把西瓜与牛奶放入榨汁机中搅打，最后加入糖调味即可。
【营养功效】健胃消食，清热解暑。
【健康贴士】酸奶不宜和氯霉素、红霉素等抗生素、磺胺类药物同食，否则会破坏酸奶中的乳酸菌。

西瓜菠萝汁

【主料】西瓜100克，菠萝50克。
【配料】蜂蜜8克，凉开水200毫升。
【制作】① 菠萝去皮，洗净，切块；西瓜洗净，去皮、子，切小块备用。② 把菠萝、西瓜和蜂蜜放入榨汁机内搅打均匀即可。
【营养功效】利尿消肿，排毒瘦身。
【健康贴士】菠萝含有的菠萝蛋白酶能防止血栓的形成，减少心脏病人的死亡率，适宜心脏病患者饮用。
【巧手妙招】饮用新鲜菠萝时，先将菠萝用盐水浸洗，味道会更甜。

梨

梨含蛋白质、糖、钙、磷、维生素 B_1、维生素 B_2、维生素 C、烟酸等成分，能够帮助器官排毒，促进食欲，帮助消化，并具有祛痰止咳、利咽平喘、排铅等功效。食梨可防止动脉粥样硬化，抑制致癌物质亚硝胺的形成，起到防癌抗癌的目的。

中医认为，梨性微寒，味甘，归肺、胃经；具有生津润燥、清热化痰等功效，适用于消渴症、热咳、痰热惊狂、噎膈、口渴失音、眼赤肿痛、消化不良等症状。

雪梨汁

【主料】雪梨 1 个。
【制作】① 雪梨用水洗净，切成小块。② 把雪梨和水放入榨汁机内，搅打均匀即可。
【营养功效】开胃消食，消暑解渴。
【健康贴士】梨含糖量较高，过量饮用会引起血糖升高，加重胰腺负担，糖尿病患者应慎食。

梨香蕉可可汁

【主料】梨 1/2 个，香蕉 1 根。
【配料】牛奶 200 毫升，可可 5 克。
【制作】① 香蕉去皮，切段；梨洗净后去皮、核，切小块。② 把所有材料放入榨汁机内搅打成汁，滤出果肉即可。
【营养功效】促进食欲，助消化、保护神经。
【健康贴士】梨性偏寒助湿，脾胃虚寒、畏冷食者应少吃。

雪梨酸奶汁

【主料】雪梨 1 个。
【配料】柠檬 1/2 个，酸奶 200 毫升。
【制作】① 雪梨洗干净，去皮、子，切小块；柠檬洗净，切片。② 把所有原材料放入榨汁机内搅打成汁即可。
【营养功效】减轻疲劳，清热镇静。
【健康贴士】梨含果酸较多，胃酸过多者不可过量饮用。

梨子蜂蜜柚汁

【主料】梨 1 个，柚子 1/2 个。
【配料】蜂蜜 12 克。
【制作】① 梨洗净去皮，切小块；柚子去皮，切小块。② 把梨和柚子放入榨汁机内，榨出汁液，加入蜂蜜搅匀即可。
【营养功效】排毒养颜，美容护肤。
【健康贴士】梨有利尿作用，夜尿频多者睡前应少吃梨。

贡梨双果汁

【主料】贡梨 1 个。
【配料】青苹果 1 个，火龙果 1 个。
【制作】① 火龙果、青苹果及贡梨洗净，去皮、核，切成小块。② 把火龙果、青苹果、贡梨放入榨汁机中，榨出汁即可。
【营养功效】美白肌肤，延缓衰老。
【健康贴士】火龙果中富含的花青素能够增进皮肤的光滑度，适合女士饮用。

雪梨菠萝汁

【主料】雪梨 1/2 个，菠萝汁 30 毫升。
【制作】① 雪梨洗净，去皮、核，切成小块。② 把雪梨放入榨汁机内榨汁，最后加入菠萝汁拌匀即可。
【营养功效】促进消化，润肠通便。
【健康贴士】梨所含的苷及鞣酸等成分可清喉降火、祛痰止咳，适宜播音、演唱人员饮用。

白梨苹果香蕉汁

【主料】白梨 1 个，苹果 1 个，香蕉 1 根。
【配料】冰块 30 克。
【制作】① 白梨、苹果洗净，切小块；香蕉去皮，切小块。② 把白梨和苹果块榨汁，加入香蕉及适量的蜂蜜，一起搅拌，再加入适量冰块即可。

【营养功效】润肠通便，强身健体。

【健康贴士】梨子中含有的硼可以预防妇女骨质疏松症，适宜年龄较大的妇女饮用。

贡梨柠檬优酪乳

【主料】贡梨 1 个，柠檬 1 个。

【配料】优酪乳 150 毫升。

【制作】① 贡梨洗净，去皮、核，切成小块；柠檬洗净，切片。② 把贡梨、柠檬放入榨汁机中榨成汁，最后加入优酪乳调味即可。

【营养功效】美白肌肤，养颜抗皱。

【健康贴士】柠檬味极酸，具有良好的安胎止呕作用，适宜肝虚孕妇饮用。

梨子香瓜柠檬汁

【主料】梨子 1 个，香瓜 200 克。

【配料】柠檬 1/4 个。

【制作】① 梨子洗净，去皮、核，切小块；香瓜洗净，去皮，切小块；柠檬洗净，切片。② 把梨子、香瓜、柠檬一起放入榨汁机，搅打成汁即可。

【营养功效】消暑清热，生津解渴。

【健康贴士】柠檬汁中含有大量柠檬酸盐，能使部分慢性肾结石患者的结石减少，肾结石患者宜多食。

葡萄

葡萄中含有的葡萄糖和果糖在进入体内后会转化成能量，可迅速增强体力，有效地消除肉体的疲劳。葡萄皮中的白藜芦醇不仅能抑制发炎物质的运作，有效缓解过敏症状，还可以防止正常细胞癌变，并能抑制已恶变细胞扩散，有较强的防癌抗癌功能。葡萄汁可以降低血液中的蛋白质和氯化钠的含量，对血管硬化和肾炎病人的康复有辅助疗效。

中医认为，葡萄性平，味酸、甘，归肺、脾、肾经；能补气血、生津液、健脾胃、壮筋骨、消水肿。

葡萄柚子汁

【主料】葡萄 200 克。

【配料】柚子 150 克。

【制作】① 葡萄洗净，去皮、子；柚子去皮、子，取出果粒。② 把柚子果粒和葡萄一起放入榨汁机中榨成汁即可。

【营养功效】清理肠胃，抗菌消炎。

【健康贴士】葡萄性寒凉，脾胃不和、虚寒泄泻者忌食。

葡萄蛋清汁

【主料】葡萄 500 克，蛋清 1 个。

【配料】苏打水 200 毫升，柠檬汁 30 克。

【制作】① 葡萄洗净，去皮、子。② 将葡萄、蛋清和苏打水放入榨汁机榨成汁，加入适量柠檬汁搅拌均匀即可。

【营养功效】提神补脑，保护神经。

【健康贴士】葡萄中含有的黄酮可防御缺血性脑中风，适宜老年人饮用。

葡萄香蕉汁

【主料】香蕉 1 根，紫葡萄 12 粒。

【配料】果糖 15 克，凉开水 100 毫升，碎冰 40 克。

【制作】① 香蕉去皮切成小块。葡萄洗净，去皮、子。② 将所有材料放入榨汁机中，搅打 40 秒钟即可。

【营养功效】增强体质，提高抵抗力。

【健康贴士】葡萄中含有抗恶性贫血作用的维生素 B_{12}，恶性贫血患者宜多食。

葡萄哈密瓜汁

【主料】哈密瓜 150 克，葡萄 70 克。

【制作】① 哈密瓜洗净后去皮、子，切小块；

葡萄洗净，去皮、子。② 将哈密瓜、葡萄、水一起放入榨汁机中搅打均匀即可。

【营养功效】健胃消食，生津除烦。

【健康贴士】葡萄皮中的白藜芦醇能抑制发炎物质，有效缓解过敏症状，适宜过敏患者饮用。

葡萄鲜奶汁

【主料】葡萄 150 克，鲜奶 15 克。

【配料】蜂蜜 5 克。

【制作】① 葡萄洗净，去皮、子；鲜奶倒入碗中，搅打至起泡。② 将葡萄、鲜奶一起榨汁，加入蜂蜜拌匀即可。

【营养功效】美容护肤，延缓衰老。

【健康贴士】常吃葡萄可使肤色红润，秀发乌黑亮丽，适宜女士饮用。

双味葡萄汁

【主料】葡萄 15 颗，红葡萄汁 50 毫升。

【配料】凉开水 100 毫升。

【制作】① 葡萄洗净，放入榨汁机中，倒入凉开水，搅成果汁。② 加入红葡萄汁和凉开水，拌匀即可。

【营养功效】增强免疫，提高血糖。

【健康贴士】葡萄易致泄泻，不宜过量饮用。

柠檬

柠檬含有抗氧化功效的水溶性维生素 C，能有效促进血液循环，每天饮用柠檬有助于强化记忆力、提高头脑灵活度。此外，柠檬含有大量的柠檬酸，可帮助消化，促进造血功能，提高机体抵抗力，加速创伤恢复。柠檬酸还可与钙离子结合形成可溶性络合物，可预防和治疗高血压和心肌梗死。

中医认为，柠檬性微温，味甘、酸，归肝、胃经；具有止渴生津、祛暑安胎、疏滞、健胃、止痛等功能。

柠檬汁

【主料】柠檬 1 个。

【配料】盐 2 克。

【制作】① 柠檬用盐水浸泡 10 分钟，洗干净外皮，切成小块。② 把切好的柠檬带皮放入榨汁机中，加入少量水搅打成汁即可。

【营养功效】生津祛暑，化痰止咳。

【健康贴士】柠檬中含有较多柠檬酸，胃溃疡和胃酸过多者不宜饮用。

金橘柠檬汁

【主料】金橘 200 克，柠檬 100 克。

【配料】蜂蜜 20 克，凉开水 100 毫升。

【制作】① 金橘剥皮，去子，对半切开；柠檬去皮，果肉切小块。② 将金橘、柠檬块放入榨汁机中榨取汁液。③ 汁液倒入杯中，加入凉开水，用蜂蜜调匀即可。

【营养功效】强身健体，提高免疫力。

【健康贴士】柠檬中含有的柠檬酸可降低血压、改善心血管病，适宜老年人饮用。

柠檬蜂蜜汁

【主料】柠檬 600 克。

【配料】蜂蜜 50 克。

【制作】① 柠檬洗净去皮，果肉切块。② 将柠檬块放入榨汁机中榨取汁液，用蜂蜜调匀即可。

【营养功效】美容养颜，减肥瘦身。

【健康贴士】蜂蜜中糖分和热量较高，糖尿病及高血脂患者不宜饮用。

豆浆蜂蜜柠檬汁

【主料】柠檬 1/2 个，豆浆 180 毫升。

【配料】蜂蜜 8 克。

【制作】① 柠檬洗净，去皮去核，切块，放入榨汁机榨汁。② 豆浆、蜂蜜倒入榨汁机容杯中搅拌后，再倒入玻璃杯中。③ 在玻璃杯中加柠檬汁，混合均匀即可。

【营养功效】健胃消食，益气补血。

【健康贴士】豆浆中含有丰富的维生素 B_1、烟草酸及铁等营养素，适宜婴儿饮用。

猕猴桃柠檬汁

【主料】猕猴桃 2 个，柠檬汁 50 毫升。

【配料】冰块 40 克。

【制作】① 猕猴桃洗净、去皮，切成小块备用。② 将猕猴桃放入榨汁机中，加入柠檬汁、冰块搅打均匀即可。

【营养功效】消脂减肥，排毒养颜。

【健康贴士】猕猴桃营养丰富、热量极低，适宜减肥者饮用。

蛋白柠檬菠萝汁

【主料】菠萝 1/2 个，鸡蛋清 30 克。

【配料】柠檬汁 80 毫升，汽水 200 毫升。

【制作】① 菠萝洗净、去皮，切小块备用。② 把菠萝放入榨汁机中，加入鸡蛋清、汽水搅打成汁，倒入杯中，加入柠檬汁调匀即可。

【营养功效】美白护肤，润肠通便。

【健康贴士】鸡蛋清中含有较多的蛋白质，不利于宝宝消化，1 岁以下的婴儿不宜吃蛋清。

芦荟柠檬汁

【主料】芦荟叶 5 厘米，蜂蜜 10 克。

【配料】柠檬汁 15 毫升，冰块 40 克。

【制作】芦荟叶洗净、去刺。

将芦荟叶、柠檬汁和水加入榨汁机中搅打成汁，再加入冰块与蜂蜜调味即可。

【营养功效】祛斑抗皱，延缓衰老。

【健康贴士】芦荟性寒味苦，年老体弱、脾胃虚寒者不宜饮用。

葡萄柠檬汁

【主料】葡萄 20 粒，柠檬汁 15 毫升。

【配料】砂糖 40 克，冰块 40 克。

【制作】① 葡萄洗净，去皮、子。② 将所有材料放入榨汁机中搅打成汁，最后放入适量冰块即可。

【营养功效】降低血脂，降低胆固醇。

【健康贴士】柠檬中含有较多柠檬酸，龋齿患者忌食柠檬。

香蕉

香蕉富含钾和镁，钾能防止血压上升及肌肉痉挛，是高血压患者的首选水果。镁则具有消除疲劳的效果。糖尿病患者进食香蕉可使尿糖相对降低，故对缓解病情也大有益处。香蕉含有的泛酸等成分是人体的“开心激素”，能减轻心理压力，缓解忧郁情绪。睡前吃香蕉，还有镇静的作用。

中医认为，香蕉性寒，味甘，归肺、胃经；具有清热解毒，利尿通便等功效。

香蕉果汁

【主料】香蕉 1 根，苹果 1 个，鲜橙 1 个。

【配料】蜂蜜 8 克，冰水 300 毫升。

【制作】① 苹果洗净，剥皮去核，切成小块，浸于盐水中；鲜橙剥皮，去除果囊、核；香蕉剥皮，切成小段。② 将所有材料放入榨汁机内搅拌 30 ~ 40 秒钟即可。

【营养功效】润肠通便、助消化。

【健康贴士】一般人皆宜饮用。

【巧手妙招】苹果切开后，浸在盐水中可防止果肉变黄。

香蕉红茶果汁

【主料】香蕉 50 克，红茶叶水 50 克。

【配料】白砂糖 6 克。

【制作】① 香蕉去皮切块，将红茶叶水和香蕉放入榨汁机中搅打成汁。② 在打好的果汁中加入适量白砂糖调味即可。

【营养功效】强身健体，利尿消肿。

【健康贴士】一般人皆宜饮用。

香蕉牛奶汁

【主料】香蕉 1 根，牛奶 50 毫升。
【配料】火龙果 1/3 个。
【制作】① 香蕉去皮，切成小段；火龙果去皮，切小块。② 将所有材料一起放入榨汁机中，搅打成汁即可。
【营养功效】润滑肌肤，宁心安眠。
【健康贴士】香蕉宜与牛奶同食，美颜护肤功效显著。

香蕉杧果椰奶汁

【主料】杧果 1 个，香蕉 1 根。
【配料】可可仁 9 克，牛奶 150 毫升，蜂蜜 3 克，椰子水 100 毫升。
【制作】① 杧果洗净，去皮、切小块；香蕉去皮，切小段。② 把所有材料倒入榨汁机搅打成汁，倒入杯中加入蜂蜜调匀即可。
【营养功效】防暑除烦，静心安眠。
【健康贴士】香蕉含有丰富的淀粉质，过量饮用易发胖。

香蕉火龙果汁

【主料】香蕉 1 根，火龙果 1/2 个。
【配料】优酪乳 200 毫升。
【制作】① 火龙果、香蕉均去皮、切块。② 将准备好的材料放入榨汁机内，加入优酪乳搅打成汁即可。
【营养功效】排毒养颜，美白护肤。
【健康贴士】适宜女士饮用。

香蕉燕麦牛奶

【主料】香蕉 1 根，牛奶 200 毫升。
【配料】燕麦 80 克。
【制作】① 香蕉去皮、切小段。② 将所有材料放入榨汁机内，搅打成汁即可。
【营养功效】消除疲劳，缓解忧郁。
【健康贴士】牛奶中含有较多的脂肪，减肥者不宜饮用。

阳桃牛奶香蕉汁

【主料】阳桃 1 个，牛奶 150 毫升，香蕉 1 根。
【配料】柠檬 1/2 个，冰糖 5 克。
【制作】① 阳桃洗净、切块；香蕉去皮切块；柠檬洗净、切片。② 将备好的阳桃、香蕉、柠檬、牛奶一同放入榨汁机中，搅打均匀，加入少许冰糖调味即可。
【营养功效】清燥润肠，美白养颜。
【健康贴士】阳桃中的某种物质可使肾小球毛细血管基底膜和上皮细胞损伤，故肾病患者吃阳桃会有生命危险。

橘子

橘子富含维生素 C 与柠檬酸，前者具有美容作用，后者则具有消除疲劳的作用。此外，橘子中含有一种名为“枸橼酸”的酸性物质，可以预防动脉硬化、解除疲劳。橘瓤上的筋膜则具有通经络、消痰积的作用，可治疗胸闷肋痛、肋间神经痛等症。橘子还有抑制葡萄球菌的作用，可使血压升高、心脏兴奋，抑制胃肠、子宫蠕动，还可降低毛细血管的脆性，减少微血管出血。

中医认为，橘子性寒，味甘、酸，归肺、胃经；具有开胃理气、止咳润肺的功效。

橘子汁

【主料】橘子 4 个，苹果 1/4 个。
【配料】陈皮 8 克。
【制作】① 苹果洗净，去皮、子；橘子带皮洗净，均切成小块。② 将所有材料放入榨汁机中一起搅打成汁。③ 用过滤网把汁滤出来即可。
【营养功效】健胃消食，润肠通便。
【健康贴士】橘子中富含的维生素 C 具有美容作用，适宜女士饮用。

橘子菠萝汁

【主料】橘子 1 个，菠萝 50 克。
【配料】薄荷叶 1 片，陈皮 1 克，冰水 200 毫升。
【制作】① 橘子去皮，撕成瓣；菠萝去皮，洗净，切小块；陈皮泡发，薄荷叶洗净。② 将所有材料放入榨汁机一起搅打成汁，滤出果肉即可。
【营养功效】防癌抗癌，增强体质。
【健康贴士】橘子具有开胃理气、止咳润肺的作用，适宜急慢性支气管炎、老年咳嗽气喘者饮用。

豆浆柑橘汁

【主料】柑橘 1 个，豆浆 180 毫升。
【配料】蜂蜜 10 克。
【制作】① 柑橘洗净，去皮、子，切小块，放入榨汁机榨汁。② 豆浆和蜂蜜倒入榨汁机容杯中搅拌后，再倒入玻璃杯中。③ 在玻璃杯中加入柑橘汁，混合均匀即可。
【营养功效】美容养颜，消除疲劳。
【健康贴士】吃橘子可以降低胆固醇，老年人宜多食。

杧果橘子奶汁

【主料】杧果 150 克，橘子 1 个。
【配料】鲜奶 250 毫升。
【制作】① 杧果洗净，去皮、核，切成小块；橘子去皮、子，撕成瓣；柠檬洗净，切片。② 将所有材料放入榨汁机中搅打成汁即可。
【营养功效】健脾和胃，温肺止咳。
【健康贴士】橘子中的有机酸会刺激胃黏膜，胃溃疡、胃酸过多者不宜饮用此饮品。

橘子蜂蜜汁

【主料】橘子 250 克，豆浆 200 毫升。
【配料】蜂蜜 8 克。
【制作】① 橘子去皮、子，撕成瓣。② 将豆浆、蜂蜜、橘子放入榨汁机容杯中，搅打 2 分钟即可。
【营养功效】排毒瘦身，护肤美容。
【健康贴士】风寒咳嗽者不宜多饮食。

金橘番石榴鲜果汁

【主料】金橘 8 个，番石榴 1/2 个，苹果 50 克
【配料】蜂蜜 10 克，凉开水 400 毫升。
【制作】① 番石榴洗净、切小块；苹果洗净切小块；金橘洗净、切开，把处理好的水果都放入榨汁机中榨汁，倒入杯中。② 将凉开水、蜂蜜加入杯中，搅拌成果泥状，滤出果汁即可。
【营养功效】降低血糖，预防痛风。
【健康贴士】橘子中含有的果胶可以降低胆固醇，适合老年人饮用。

橘子杧果汁

【主料】菠萝 1/3 个，杧果 1/2 个，橘子 1 个
【配料】蜂蜜 12 克，凉开水适量。
【制作】① 菠萝去皮，切成小块；橘子去皮、子，剥成小瓣；杧果去皮、核，切小块备用。② 将菠萝、橘子、杧果放入榨汁机中，加入凉开水、蜂蜜搅打均匀即可。
【营养功效】生津止渴，消暑舒神。
【健康贴士】杧果中富含的维生素能滋润肌肤，适宜女士饮用。

草莓

草莓富含氨基酸、果糖、蔗糖、葡萄糖、柠檬酸、苹果酸、果胶、胡萝卜素、维生素 B_1、维生素 B_2、烟酸及矿物质钙、镁、磷、铁等元素，对人体生长发育有很好的促进作用。研究发现，草莓中含有的维生素 C 比苹果、葡萄中的含量高 10 倍以上，维生素 C 能使脑细胞结构坚固，对大脑和智力发育有重要影响。饭后吃一些草莓，还可分解食物中的

脂肪，利于消化。

中医认为，草莓性寒，味甘，归脾、胃、肺经，有润肺生津、健脾和胃、利尿消肿、解热祛暑之功效，适用于肺热咳嗽、食欲不振、小便短少、暑热烦渴等症。

草莓果汁

【主料】草莓 200 克。

【配料】白砂糖 5 克。

【制作】① 草莓洗净，去蒂，放入榨汁机中打碎，倒入杯中。② 加入白砂糖调味即可。

【营养功效】防癌抗癌，生津润肺。

【健康贴士】草莓能防治冠心病、脑溢血及动脉粥样硬化等病症，适宜老年人饮用。

草莓优酪汁

【主料】草莓 10 颗。

【配料】原味优酪乳 250 毫升。

【制作】① 草莓洗净，去蒂，切成小块。② 将草莓和优酪乳一起放入榨汁机中，搅打 2 分钟即可。

【营养功效】排毒健身，养血润燥。

【健康贴士】一般人皆宜饮用。

山楂草莓汁

【主料】山楂 50 克，草莓 40 克。

【配料】柠檬 1/3 个，冰糖 8 克。

【制作】① 山楂洗净，装入纱布袋中，入锅，煮 30 分钟，放凉备用。② 把草莓、柠檬、凉开水放入榨汁机搅打，取汁。③ 将适量草莓汁放入山楂液中，加入适量的冰糖调味即可。

【营养功效】开胃消食，明目护眼。

【健康贴士】草莓、山楂均属酸性物质，胃溃疡患者忌食。

草莓蜜桃苹果汁

【主料】草莓 3 颗，水蜜桃 1/2 个，苹果 1/2 个。

【配料】碳酸汽水 100 毫升。

【制作】① 草莓洗净、去蒂；苹果洗净、切小块；水蜜桃洗净、切半，去核，切成小块。② 把草莓、水蜜桃、苹果和汽水放入榨汁机内，搅打均匀即可。

【营养功效】益气补血，美容养颜。

【健康贴士】草莓中含有的胺类物质，对再生障碍性贫血有一定疗效，再生障碍性贫血患者宜多食。

草莓菠萝汁

【主料】菠萝 400 克，草莓 100 克。

【配料】凉开水 1200 毫升。

【制作】① 菠萝洗净放入盐水中泡 30 分钟，草莓泡水洗净。② 菠萝切块，和草莓一起放入榨汁机中，加入凉开水搅打成汁即可。

【营养功效】解油腻、助消化。

【健康贴士】草莓中含有的果胶及纤维素，可促进胃肠蠕动，经常腹泻者不宜多食。

草莓西柚汁

【主料】草莓 15 颗，西柚 1 个。

【配料】蜂蜜 5 克。

【制作】① 西柚洗净，去皮、核，取出果肉；草莓洗净、去蒂，切开备用。② 把西柚、草莓放入榨汁机中，搅打成汁调入蜂蜜即可。

【营养功效】调理肠道，预防便秘。

【健康贴士】柚子与某些药品同服会发生不良反应，正在服药的病人不宜吃柚子。

草莓贡梨汁

【主料】草莓 6 个，贡梨 1 个。

【配料】柠檬 1/2 个。

【制作】① 草莓洗净，去蒂；贡梨去皮、核，切成大小适量的块；柠檬挤汁，倒入榨汁机中。② 将草莓、贡梨加入榨汁机中搅打 30 秒即可。

【营养功效】止咳清热，利咽生津。

【健康贴士】产后妇女、女子月经来潮期间以及寒性痛经者不宜多饮用。

桃子

桃子富含蛋白质、脂肪、糖、钙、磷、铁和维生素B、维生素C及大量的水分，可起到养阴生津、补气润肺的保健作用。桃子含有大量的铁，是缺铁性贫血病人的理想辅助食物。桃子含钾多，含钠少，适合水肿病人饮用，此外，桃子还含有大量的果胶，具有整肠的功用。

中医认为，桃子性温，味甘、酸，归胃、大肠经；具有养阴、生津、润燥、活血的功效。

蜜桃汁

【主料】水蜜桃1/3个。
【配料】凉开水适量。
【制作】① 水蜜桃用清水洗净。② 去皮，切小块，在榨汁机内加入适量凉开水，搅打成汁即可。
【营养功效】益气补血，养阴生津。
【健康贴士】桃子中含有多种维生素，具有美容养颜的功效，适宜女士饮用。

桃子蜂蜜奶汁

【主料】桃子1/2个，牛奶200毫升
【配料】蜂蜜5克，冰块50克。
【制作】① 桃子去皮、核，取果肉备用。② 在牛奶中加入蜂蜜，用榨汁机搅拌，然后加进冰块，继续搅拌。③ 把桃子的果肉放进榨汁机中，搅打30～40秒即可。
【营养功效】滋阴润燥，美白肌肤。
【健康贴士】一般人皆宜饮用。

桃子苹果汁

【主料】桃子200克，苹果200克。
【配料】柠檬汁5毫升，白砂糖6克，凉开水适量。
【制作】① 桃子、苹果洗净，去核，切片，放入榨汁机内，加适量凉开水搅打成汁。② 将打好的果汁与柠檬汁混合，用砂糖调味即可。
【营养功效】生津润肤，健身美容。
【健康贴士】饮用过多的桃会加重肠胃负担，脾胃虚弱者慎食。

桃子香瓜汁

【主料】桃子1个，香瓜200克。
【配料】柠檬1个，冰块30克。
【制作】① 桃子洗净，去皮、核，切小块；香瓜去皮，切小块；柠檬洗净，切片。② 将桃子、香瓜、柠檬放进榨汁机中榨出果汁，倒入杯中，加入冰块即可。
【营养功效】缓解便秘，改善肾病、心脏病。
【健康贴士】桃子中含有的大分子物质不宜消化，婴幼儿忌食。

蜜桃菠萝汁

【主料】水蜜桃350克。
【配料】菠萝60克。
【制作】① 水蜜桃洗净，去皮、核；菠萝去皮、取果肉。② 将水蜜桃和菠萝放入榨汁机中搅打成汁即可。
【营养功效】助消化，排肠毒。
【健康贴士】桃子的含糖量较高，糖尿病患者忌食。

桃李佳人汁

【主料】桃子200克，李子150克。
【配料】白砂糖8克，凉开水适量。
【制作】① 桃子、李子洗净，去核，切片，放入榨汁机内，加适量凉开水搅打成汁。② 将打好的果汁用砂糖调味即可。
【营养功效】生津解渴，消积润肠。
【健康贴士】李子性寒，体质虚寒者不宜多食。

猕猴桃

猕猴桃含有丰富的维生素 C，可强化免疫系统，促进伤口愈合；它所富含的肌醇及氨基酸，可抑制抑郁症。猕猴桃含有丰富的果胶及维生素 E，可以降低胆固醇，对中老年人的心脏健康很有帮助。猕猴桃所含的精氨酸等氨基酸，能强化脑功能，促进生长激素的分泌。猕猴桃还含有其他水果中少见的镁，且几乎不含脂肪，是最合适的美容减肥食品。

中医认为，猕猴桃性寒，味甘、酸，归脾、胃经；有清热止渴，消痈通淋的功效。可用于热病伤津、烦热口渴、湿热黄疸、淋浊带下等症。

猕猴桃汁

【主料】猕猴桃 1 个。
【配料】白砂糖 8 克。
【制作】① 将猕猴桃洗干净，去皮，与纯净水 150 毫升一起放入榨汁机中榨出果汁，倒入杯中。② 在打好的果汁中加入适量白砂糖调味即可。
【营养功效】降低胆固醇，帮助消化。
【健康贴士】猕猴桃含有大量的天然糖醇类物质，能有效地调节糖代谢，适合糖尿病患者饮用。

猕猴桃香蕉汁

【主料】猕猴桃 1 个，香蕉 1 根。
【配料】冰块 50 克，凉开水适量。
【制作】① 猕猴桃洗净、去皮，切成小块备用。② 香蕉去皮，切小段备用。③ 将猕猴桃、香蕉放入榨汁机中，加入凉开水、冰块搅打均匀，即可倒入杯中。
【营养功效】降低胆固醇，防止便秘。
【健康贴士】情绪低落、常吃烧烤、经常便秘者宜饮用。

猕猴桃柠檬柳橙汁

【主料】柳橙 1 个，柠檬 2 片，猕猴桃 1 个。
【配料】蜂蜜 10 克，纯净水 200 毫升。
【制作】① 柳橙剥皮、撕成瓣，猕猴桃去皮取肉。② 将猕猴桃、柳橙、纯净水放入榨汁机中，把柠檬汁挤入，将材料搅打 20 秒。③ 将蜂蜜加入打好的果汁中拌匀即可。
【营养功效】美容瘦身，滋阴润燥。
【健康贴士】猕猴桃含有的叶酸能预防胚胎发育的神经管畸形，适合孕妇饮用。

猕猴桃苹果汁

【主料】猕猴桃 2 个，苹果 1/2 个。
【配料】柠檬 1/3 个。
【制作】① 猕猴桃、苹果洗净，去皮、切块。② 把猕猴桃、苹果、柠檬汁和水一起放入榨汁机中搅打均匀，冷藏即可。
【营养功效】防癌抗癌，营养丰富。
【健康贴士】猕猴桃性寒，月经过多和先兆流产的病人忌食。

猕猴桃柳橙汁

【主料】猕猴桃 2 个，柳橙 1/2 个。
【配料】糖水 30 毫升，蜂蜜 15 克。
【制作】① 猕猴桃洗净，对切，挖出果肉；柳橙洗净，切成小块。② 将所有材料放入榨汁机内，榨汁即可。
【营养功效】强身健体，提高免疫。
【健康贴士】猕猴桃的纤维素能加快分解脂肪酸素的速度，避免过剩脂肪让腿部变粗，适宜女士饮用。

猕猴桃酸奶汁

【主料】猕猴桃 1/4 个，酸奶 30 毫升。
【配料】草莓酱 8 克。
【制作】① 猕猴桃去皮，取 1/4 捣碎过滤出汁。② 酸奶放入杯子，将猕猴桃汁倒入，最后加一点儿草莓酱拌匀即可。

【营养功效】降低胆固醇，刺激胃肠蠕动。

【健康贴士】此饮品含酸量较多，胃酸过多者不宜饮用。

猕猴桃蜂蜜汁

【主料】猕猴桃 600 克。

【配料】蜂蜜 40 克。

【制作】① 猕猴桃去皮，取果肉。② 将猕猴桃放入榨汁机中榨取汁液，用蜂蜜调匀即可。

【营养功效】提神健脑，补充体力。

【健康贴士】蜂蜜有增强肠蠕动的作用，适宜便秘者饮用。

猕猴桃桑葚奶汁

【主料】桑葚酱 10 克，猕猴桃 1 个。

【配料】牛奶 30 毫升。

【制作】① 猕猴桃去皮、取果肉，桑葚洗净。② 将所有材料放入榨汁机内榨取汁液即可。

【营养功效】降低血脂，美颜护肤。

【健康贴士】桑葚中含有的鞣酸会影响人体对铁、钙、锌等物质的吸收，体虚便溏者不宜饮用。

猕猴桃薄荷汁

【主料】猕猴桃 3 个，苹果 1 个。

【配料】薄荷叶 2 ~ 3 片。

【制作】① 猕猴桃洗净，去皮、切成四块；苹果洗净，去核、切小块。② 薄荷叶放入榨汁机中打碎，再加入猕猴桃、苹果一起打成汁。③ 搅拌均匀后，室温下饮用或依个人喜好也可冷藏后饮用。

【营养功效】护肤美白，减少皱纹。

【健康贴士】薄荷会放松食道括约肌，增加胃泛酸的几率，胃病患者不宜饮用此果汁。

菠萝

菠萝有很好的食疗保健作用，它含有
菠萝蛋白酶能防止血栓的形成，大大减少
脏病人的死亡率。菠萝中所含的糖、盐、酶
有利尿、消肿的功效，常服用新鲜菠萝汁对
高血压症有益，也可用于肾炎水肿、咳嗽多
痰等症的治疗。菠萝中大量的蛋白酶和膳食
纤维能够帮助人体肠胃消化，而且由于膳食
纤维体积较大，吸附性好，能带走肠道内多
余的脂肪及其他有害物质，对于预防、缓解
便秘症状都有明显的效果。

中医认为，菠萝性平，味甘、微涩，归脾
胃经；具有清暑解渴、消食止泻的功效。

菠萝豆浆果汁

【主料】菠萝 1/4 个，豆浆 180 毫升。

【配料】蜂蜜 8 克。

【制作】① 菠萝去皮取肉，放入榨汁机榨汁。② 豆浆和蜂蜜倒入榨汁机容杯中搅拌后，再倒入玻璃杯中。③ 在玻璃杯中加入菠萝汁，与混合均匀即可。

【营养功效】健胃消食，解暑止渴。

【健康贴士】对菠萝蛋白酶过敏的患者忌食菠萝。

菠萝果汁

【主料】菠萝 200 克。

【配料】白砂糖 30 克，纯净水 1000 毫升。

【制作】① 菠萝去皮，取肉切片，放入淡盐水中浸泡 10 ~ 20 分钟，取出，切小丁备用。② 将菠萝丁放入榨汁机，加入纯净水搅打成汁，放入适量白砂糖调味即可。

【营养功效】健脾益胃，清胃解渴。

【健康贴士】菠萝含酸量较多，溃疡病患者不宜饮用。

木瓜菠萝汁

【主料】木瓜 1/2 个，菠萝 200 克。
【配料】寡糖 10 克。
【制作】① 木瓜去皮、子，切小块；菠萝去皮、切块。② 将木瓜和菠萝放入榨汁机中，加入寡糖和凉开水，搅打成汁即可。
【营养功效】健脾消食，改善腹胀。
【健康贴士】木瓜对胎儿的稳定度有害，孕妇忌食木瓜。

菠萝柠檬汁

【主料】菠萝 50 克，柠檬 1 个。
【配料】草莓 8 颗。
【制作】① 柠檬洗净，对切；菠萝去皮，洗净、切小块；草莓洗净、去蒂。② 将所有材料放入榨汁机中，以高速搅打 2 分钟即可。
【营养功效】减肥瘦身，排毒养颜。
【健康贴士】菠萝中含有的苷类对人的皮肤、口腔黏膜有一定刺激性，不宜过多饮用。

菠萝阳桃汁

【主料】阳桃 1 个，菠萝 200 克。
【配料】蜂蜜 2 大匙。
【制作】① 阳桃洗净去皮；菠萝去皮，洗净切块。② 将原材料放入榨汁机中榨汁，放入蜂蜜调味即可。
【营养功效】清热润肺，降低血压。
【健康贴士】菠萝中含有的羟色胺有升高血压的作用，过多饮用会导致头痛。

哈密瓜菠萝汁

【主料】菠萝 100 克，哈密瓜 100 克，
【配料】蜂蜜 2 大匙，冰水适量。
【制作】① 将菠萝洗净，削皮去硬心，切块。② 哈密瓜洗净，削皮去核，切块。把菠萝、哈密瓜、冰水一起放入榨汁机中搅打成汁。③ 将果汁过滤出残渣，加入蜂蜜搅匀即可。
【营养功效】补益脾胃，生津止渴。
【健康贴士】常服用新鲜菠萝汁对高血压症有益，老年人宜多食。

西柚菠萝汁

【主料】菠萝 1 个，西柚 1 个。
【制作】① 西柚去皮取肉；菠萝去皮，洗净切块。② 将原材料放入榨汁机中，加入适量水榨汁即可。
【营养功效】祛斑抗皱，缓解疲劳。
【健康贴士】西柚中含有的呋喃香豆素类能够抑制药物的代谢，不能与药物同食。

火龙果菠萝汁

【主料】火龙果 50 克，菠萝 30 克。
【配料】凉开水 200 毫升。
【制作】① 火龙果、菠萝去皮，取果肉、切小块。② 火龙果块、菠萝块、凉开水一起放入榨汁机中，搅打约 1 分钟，以筛网过滤后倒入杯中即可。
【营养功效】安定神经，帮助消化。
【健康贴士】火龙果中含有的花青素能够降低血压，适宜老年人饮用。

杧果

杧果中含有的胡萝卜素能润泽皮肤，是女士们的美容佳果。杧果中含有的杧果苷有保护脑神经元的作用，能延缓细胞衰老、提高脑功能。杧果含有的营养素及维生素 C、矿物质等，除了具有防癌的功效外，同时也具有防止动脉硬化的作用。

中医认为，杧果性寒，味甘、酸，归肺、脾、胃经；有益胃止呕，解渴利尿的功效。主治口渴咽干，食欲不振，消化不良，晕眩呕吐，咽痛音哑，咳嗽痰多，气喘等病症。

杧果汁

【主料】杧果 2 ~ 3 个。
【配料】柠檬汁 200 毫升，蜂蜜 5 克。
【制作】① 杧果去皮、核，切成小块。② 将所有材料放入榨汁机中搅打成汁即可。
【营养功效】润肠通便，排毒养颜。
【健康贴士】杧果本性湿毒，皮肤病或肿瘤患者不宜多食。

杧果牛奶汁

【主料】杧果 1 个，鲜奶 300 毫升。
【配料】蜂蜜 10 克，碎冰 30 克。
【制作】① 杧果洗净，削皮除果核后切成块状放入榨汁机内。② 加入蜂蜜，鲜奶打成汁倒入杯中，放入碎冰调匀即可饮用。
【营养功效】美容护肤，明目护眼。
【健康贴士】过敏体质者饮用杧果可能会引起皮炎，应忌食。

杧果香瓜汁

【主料】杧果 1 个，香瓜 1/2 个。
【配料】蜂蜜 5 克。
【制作】① 杧果洗净，去皮、核，取肉，切小块放入榨汁机内。② 香瓜洗净，去皮、子，切小块放入榨汁机内。③ 加入适量水搅打成汁即可。
【营养功效】防癌抗癌，预防流感。
【健康贴士】杧果不利肾脏，急性或慢性肾炎的患者忌食杧果。

杧果哈密瓜汁

【主料】杧果 150 克。
【配料】哈密瓜 80 克。
【制作】① 杧果、哈密瓜均洗净，去皮去核去子，切大丁。② 杧果、哈密瓜丁放入榨汁内榨汁，滤出果肉即可。
【营养功效】滋润肌肤，美容养颜。
【健康贴士】哈密瓜性寒，不宜吃得过多，以免引起腹泻。

杧果豆奶汁

【主料】杧果 1 个，豆奶 300 毫升。
【配料】莱姆汁 25 克，蜂蜜 15 克，碎冰 50 克。
【制作】① 杧果洗净，去皮、核，取果肉备用。② 将杧果、豆奶、莱姆汁、蜂蜜放入榨汁机中，搅打至起沫，加入碎冰即可。
【营养功效】祛疾止咳，延缓衰老。
【健康贴士】牛奶宜与杧果搭配，美容功效显著。

杧果葡萄柚酸奶汁

【主料】杧果肉 200 克，葡萄柚 1/2 个。
【配料】酸奶 200 毫升。
【制作】① 将葡萄柚去皮，切小块，放入榨汁机中。② 放入杧果肉、酸奶，搅打均匀即可。
【营养功效】消脂降压，减肥瘦身。
【健康贴士】杧果可以降低人体内的胆固醇和三酰甘油，对于防治心血管疾病很有效，适宜老年人饮用。

杧果蜂蜜酸奶汁

【主料】杧果 2 个，柠檬汁 50 毫升。
【配料】蜂蜜 10 克，碎冰 100 克，酸奶 80 毫升。
【制作】① 杧果洗净，去皮、子，切成小块。② 将所有材料一起放入榨汁机中搅打均匀即可。
【营养功效】提神健脑，祛痰止咳。
【健康贴士】此饮品含酸较多，胃酸过多者不宜多喝。

杧果柚汁

【主料】杧果 2 个，柚子 1/4 个。
【配料】碎冰 30 克。

【制作】① 杧果去皮、核，切成小块；柚子去皮，切成小块。② 将杧果、柚子、碎冰放到榨汁机中，搅打约 2 分钟即可。
【营养功效】益胃止呕，解渴利尿
【健康贴士】柚子有滑肠的功效，腹部寒冷和常患腹泻的人不宜饮用。

樱桃

樱桃的含铁量非常高，常食樱桃可补充体内对铁元素的需求，促进血红蛋白再生，具有增强体质，健脑益智的功效。同时，常食樱桃对食欲不振、消化不良、风湿身痛等症均有益处。

中医认为，樱桃性温，味甘，归脾、肝经；具有解表透疹、补中益气、健脾和胃、祛风除湿的功效，适用于病后体虚、倦怠少食、风湿腰痛、贫血等症。

樱桃汁

【主料】樱桃 20 克。
【配料】凉开水 250 毫升。
【制作】① 樱桃洗净去核，放入榨汁机中。② 加入凉开水搅打均匀，用过滤网把汁滤出来即可。
【营养功效】健脾和胃，强身健体。
【健康贴士】樱桃因含铁较多，再加上含有一定量的氰苷，若饮用过多会引起铁中毒或氢氧化物中毒。

樱桃草莓汁

【主料】草莓 100 克，樱桃 100 克。
【配料】蜂蜜 15 克。
【制作】① 草莓清洗干净，再用淡盐水浸泡 5 分钟，去蒂，切块。② 樱桃洗净，去核。③ 把切好的草莓块和去核的樱桃一起放到榨汁机中，搅打成汁。④ 加入蜂蜜，搅拌均匀即可。
【营养功效】益气补血，美容养颜。
【健康贴士】樱桃性温热，热性病及虚热咳嗽者不宜过量饮用。

樱桃牛奶汁

【主料】樱桃 10 颗，牛奶 200 毫升。
【配料】蜂蜜 10 克。
【制作】① 樱桃洗净去子，放入榨汁机中，倒入牛奶与蜂蜜。② 搅拌均匀后即可饮用。
【营养功效】美白护肤，去皱消斑。
【健康贴士】樱桃含钾量较高，肾病患者过多饮用会出现高血钾，故慎食。

樱桃柳橙汁

【主料】樱桃 300 克，柳橙 1 个。
【配料】蜂蜜 5 克。
【制作】① 柳橙洗净对切；樱桃洗净去子。② 将所有材料放入榨汁机中搅打成汁，用滤网去残渣即可。
【营养功效】补中益气，祛风除湿。
【健康贴士】樱桃内的糖含量较高，糖尿病患者不宜饮用。

樱桃柚子汁

【主料】柚子 1/2 个，樱桃 100 克。
【配料】糖水 30 毫升，凉开水 30 毫升。
【制作】① 柚子、樱桃洗净，切块。② 将所有材料放入榨汁机中，搅打 1 分钟，倒入杯中即可。
【营养功效】排毒瘦身，养颜驻容。
【健康贴士】樱桃性温，常上火者应少吃樱桃。

樱桃优酪乳汁

【主料】樱桃 15 颗，优酪乳 30 毫升。
【配料】糖水 15 克，冰水 100 毫升，碎冰 30 克。
【制作】① 樱桃洗净，去子备用。② 将所有材料放入榨汁机中搅打 30 秒即可。

【营养功效】祛风胜湿，收涩止痛。
【健康贴士】樱桃中含有的水杨酸会干扰血液凝结，易引发乙肝患者流鼻血，乙肝患者忌食樱桃。

哈密瓜

哈密瓜中含有的叶酸成分能帮助身体排出多余的钠，还可预防小儿神经管畸形，因此，孕妇适量地饮用哈密瓜，可有效提高身体健康质量。哈密瓜所含的热量和脂肪都很低，是减肥的上乘水果。哈密瓜中含有的钾能够保持人正常的心率和血压，有效地预防冠心病。

中医认为,哈密瓜性寒,味甘,归心、胃经;具有利便、益气、清肺热止咳嗽的功效，适用于肾病、贫血、便秘者、胃病和咳嗽痰多的患者。

哈密瓜汁

【主料】哈密瓜 250 克。
【配料】清糖浆 30 毫升，冰开水 130 毫升，柠檬汁 10 毫升。
【制作】① 哈密瓜洗净、去瓤，切取一块留作装饰，其余去皮后切成小块。② 将哈密瓜净肉放入榨汁机内，注入凉开水；再加入柠檬汁和清糖浆，搅打 1 分钟左右，倒入杯中，用一块哈密瓜装饰即可。
【营养功效】美白护肤，明目护肝。
【健康贴士】哈密瓜性寒，体质虚寒者不宜多食。

哈密瓜柳橙汁

【主料】哈密瓜 50 克，柳橙 1 个。
【配料】冰开水 100 毫升。
【制作】① 哈密瓜洗净，去皮、子，切小块;柳橙洗净，对半切开后榨汁。② 将哈密瓜和冰开水、橙汁放入榨汁机内搅打 30 秒即可。
【营养功效】生津止渴，祛斑养颜。
【健康贴士】哈密瓜含糖较多，糖尿病人应慎食。

哈密瓜柠檬汁

【主料】哈密瓜 250 克，柠檬 1/2 个。
【配料】蜂蜜 8 克。
【制作】① 哈密瓜洗净，去皮、子，切块;柠檬洗净，切块。② 将哈密瓜与柠檬放入榨汁机榨汁，最后放入蜂蜜拌匀即可。
【营养功效】健胃利肠，消暑除烦。
【健康贴士】哈密瓜中含有丰富的抗氧化剂，可以有效增强细胞防晒的能力，减少黑色素的形成，适宜女士饮用。

哈密瓜椰奶汁

【主料】哈密瓜 200 克。
【配料】柠檬 1/2 个，椰奶 40 毫升。
【制作】① 哈密瓜去皮、子，切小丁，柠檬洗净切片。② 将所有材料放入榨汁机内，搅打 2 分钟即可。
【营养功效】防癌抗癌，美白养颜。
【健康贴士】哈密瓜中含有的钾可以预防冠心病，故此果汁适宜老年人饮用。

哈密瓜奶汁

【主料】哈密瓜 100 克，鲜奶 100 毫升。
【配料】蜂蜜 5 克。
【制作】① 哈密瓜去皮、子，放入榨汁机榨汁。② 将哈密瓜汁、牛奶放入榨汁机中，加入矿泉水、蜂蜜，搅打均匀即可。
【营养功效】益气补血，温中和胃。
【健康贴士】肾病、胃病、咳嗽痰喘、贫血和便秘患者宜饮用。

木瓜

木瓜中含有大量水分、碳水化合物、蛋白质、脂肪、维生素及多种人体必需的氨基酸，可有效补充人体的养分，增强机体的抗病能力。木瓜中含有的番木瓜碱具有缓解痉挛疼痛的作用，对腓肠肌痉挛有明显的治疗作用。木瓜里的酶会帮助人体分解肉食，减少胃肠的工作量，可防治便秘，预防消化系统癌变。同时，木瓜能均衡孕妇妊娠期荷尔蒙的生理代谢，润肤养颜。

中医认为，木瓜性平、微寒，味甘，归肝、脾经；有消暑解渴、润肺止咳的功效。

木瓜汁

【主料】木瓜 1 个。
【配料】蜂蜜 8 克，冰水适量。
【制作】① 木瓜去皮、核，放入榨汁机中。② 向榨汁机中加入冰水、蜂蜜，搅拌均匀，倒入杯中即可。
【营养功效】健脾消食，丰胸美白。
【健康贴士】有过敏体质的人及胃寒体虚者不宜饮用。

木瓜牛奶蛋汁

【主料】木瓜 100 克，鲜奶 90 毫升。
【配料】蛋黄 1 个，凉开水 60 毫升。
【制作】① 木瓜洗净，去皮、子，切成小块备用。② 将木瓜及其他材料放入搾汁机内，以高速搅打 3 分钟即可。
【营养功效】平肝和胃，舒筋络，降血压。
【健康贴士】木瓜中的凝乳酶有通乳作用，适宜妇女饮用。

木瓜哈密瓜汁

【主料】木瓜 200 克，鲜奶 90 毫升。
【配料】哈密瓜 20 克。
【制作】① 木瓜、哈密瓜均洗净，去皮、子，切成小块。② 将所有材料放入榨汁机内，以高速搅打 2 分钟即可。
【营养功效】降脂降压，瘦身排毒。
【健康贴士】番木瓜碱具有抗淋巴性白血病的功效，白血病患者宜多食。

木瓜牛奶汁

【主料】木瓜 200 克，牛奶 200 毫升。
【配料】蜂蜜 5 克。
【制作】① 木瓜去皮、子，切成小块。② 将木瓜与牛奶、蜂蜜放入榨汁机中，搅打均匀即可。
【营养功效】补充营养，增强免疫。
【健康贴士】木瓜能强化青少年的生理代谢，适合青少年饮用。

木瓜酸奶汁

【主料】木瓜 1/2 个。
【配料】酸奶 250 毫升。
【制作】① 将 1/2 个木瓜去皮、子、经络，切大块。② 把木瓜放入榨汁机中搅打成汁。③ 将牛奶与木瓜汁混合均匀即可饮用。
【营养功效】美容养颜，延缓衰老。
【健康贴士】木瓜中含有的番木瓜碱具有缓解痉挛疼痛的作用，适宜腓肠肌痉挛患者饮用。

柚子

柚子中含有天然维生素 P 和丰富的维生素 C，维生素 P 有利于皮肤保健和美容，维生素 C 可参与人体胶原蛋白合成，促进抗体的生成，增强机体的解毒功能。柚子还含有天然叶酸，叶酸对胎儿的健康发育非常重要。同时，柚子的热量十分低，是减肥人士的最佳选择。

柚子性寒，味甘，归肺、脾经；具有消食健胃，理气化痰，止咳解酒的功效。

柚子汁

【主料】蜂蜜 10 克，柚子 1 个。
【制作】① 柚子去皮，分成瓣状。② 将柚子瓣放入榨汁机中榨汁，过滤后加入蜂蜜即可。

【营养功效】美白养颜，护肤祛斑。

【健康贴士】柚子中含酸量较多，胃酸过多者不宜饮用。

草莓柚奶汁

【主料】草莓 50 克，柚子 300 克，酸奶 200 克。

【配料】蜂蜜 10 克。

【制作】① 柚子去皮，切成小块；草莓去蒂，放入淡盐水中浸泡片刻，冲洗干净。② 将柚子块和草莓块放入榨汁机中，添加适量酸奶，一起搅打成汁，倒入杯中，加蜂蜜调味即可。

【营养功效】降低胆固醇，消脂降压。

【健康贴士】脾胃虚弱者多食柚子易导致腹胀、腹泻。

其他果汁

蓝莓汁

【主料】蓝莓 90 克，蜂蜜 5 克。

【配料】盐 3 克，凉开水适量。

【制作】① 蓝莓用盐水浸泡五分钟，清水洗净。② 将蓝莓放入榨汁机中，放入适量开水和蜂蜜，搅打成汁即可。

【营养功效】美容养颜，延缓衰老。

【健康贴士】蓝莓中含有的紫檀芪有助于降低癌症前期对身体造成的损害，适宜癌症患者饮用。

荔枝汁

【主料】荔枝 1250 克。

【配料】凉开水适量。

【制作】① 荔枝去皮去核，放入榨汁机中，加适量凉开水。② 搅打两分钟，倒入杯中即可。

【营养功效】增强免疫，补充营养。

【健康贴士】荔枝是补血、壮阳火之物，阴虚火旺者不宜吃荔枝。

杨梅汁

【主料】杨梅 60 克。

【配料】盐 1 克。

【制作】① 杨梅洗净，取其肉放入榨汁机中，榨汁搅匀。② 加入盐与杨梅汁搅匀即可。

【营养功效】开胃消食，生津止渴。

【健康贴士】杨梅含酸较多，胃酸过多者不宜饮用。

石榴苹果汁

【主料】石榴 1 个，苹果 1 个。

【配料】柠檬 1/3 个，蜂蜜 8 克，凉开水 200 毫升。

【制作】① 石榴洗净，取出果粒。苹果洗净，去皮、切成小丁。② 把石榴果粒和苹果倒入料理机内，挤入柠檬汁，加入 200 毫升凉开水，调入少许蜂蜜，搅拌成汁即可。

【营养功效】延缓衰老，抗皱祛斑。

【健康贴士】石榴含糖量较多，糖尿病患者忌食。

甘蔗汁

【主料】甘蔗 4 节，鲜柠檬 1/4 个。

【配料】冰糖 2 块。

【制作】① 甘蔗清洗干净，用刀剁成 4 节，削皮后竖着切为 4 段，再从中间切一刀；柠檬挤汁备用。② 把处理好的甘蔗均匀码放进奶锅中，加入没过甘蔗段的清水，大火煮沸后转小火熬煮至汤汁黏稠，继续加入没过甘蔗段的清水，加入 2 块冰糖，小火熬煮 10 分钟后关火。③ 将熬煮好的甘蔗汁倒出，把鲜柠檬汁和甘蔗汁混合均匀即可。

【营养功效】益气补血，滋阴润燥。

【健康贴士】甘蔗性凉，脾胃虚寒、胃腹寒疼者不宜饮用。

石榴汁

【主料】石榴 2 个，蜂蜜 5 克。
【配料】矿泉水适量。
【制作】① 石榴剥出备用。② 将石榴放入榨汁机中，加入适量水，搅打成汁，用滤网过滤。③ 将打好的果汁加入蜂蜜调味即可。
【营养功效】涩肠止血，益气养颜。
【健康贴士】石榴中含有多种氨基酸和微量元素，能降低血脂和胆固醇，一般人皆宜饮用。

榴梿牛奶汁

【主料】榴梿 1/2 个，牛奶 200 毫升。
【配料】冰块 30 克，蜂蜜 5 克。
【制作】① 榴梿剥壳去核，放入榨汁机。② 加入牛奶、蜂蜜搅打成汁，加入冰块即可。
【营养功效】健脾补气，补肾壮阳。
【健康贴士】榴梿的含糖量较多，糖尿病患者不宜饮用。

桑葚青梅阳桃汁

【主料】桑葚 80 克，青梅 40 克。
【配料】阳桃 5 克，冰块 40 克，凉开水适量。
【制作】① 桑葚洗净；青梅洗净去皮；阳桃洗净后切块。② 将所有材料放入榨汁机中搅打成汁，加入冰块即可。
【营养功效】健脾胃、助消化。
【健康贴士】桑葚所含的挥发油对消化道有刺激作用，不可过量饮用。

火龙果汁

【主料】火龙果 3 个。
【配料】冰块 50 克。
【制作】① 火龙果洗净，去皮、切小块。② 将火龙果及冰块放入榨汁机中搅拌 1 分钟即可。
【营养功效】消脂减肥，润肠通便。
【健康贴士】火龙果中富含较多的铁，适合缺铁性贫血者饮用。

香瓜苹果汁

【主料】香瓜 1/2 个，苹果 1/2 个。
【配料】蜂蜜 5 克，冰水适量。
【制作】① 香瓜、苹果均洗净，去皮、子，切小块。② 将香瓜与苹果放入榨汁机，加入适量冰水，搅拌 15 秒，倒入杯中，放入适量蜂蜜，搅拌均匀即可。
【营养功效】消暑清热，生津解渴。
【健康贴士】一般人皆宜饮用。

果蔬汁

菠菜胡萝卜汁

【主料】胡萝卜 300 克，菠菜 100 克，柠檬 50 克。

【配料】蜂蜜 15 克，凉开水适量。

【制作】① 胡萝卜洗净，切成小块；菠菜洗净，切段；柠檬去皮，果肉切块。② 将胡萝卜块、菠菜段、柠檬块放入榨汁机中，搅打成汁后倒入杯中。③ 倒入凉开水，加入适量蜂蜜拌匀即可。

【营养功效】养血止血，明目护肝。

【健康贴士】菠菜中含有的叶酸有利于胎儿大脑神经的发育，能防止畸胎，适宜孕妇饮用。

菠菜优酪乳汁

【主料】菠菜 100 克，番茄 150 克，低脂优酪乳 100 毫升。

【配料】柠檬汁 10 毫升。

【制作】① 菠菜、番茄洗净，均切成小的块。② 将所有原材料放入榨汁机，搅打成汁即可。

【营养功效】助消化，抗衰老。

【健康贴士】尿路结石、肠胃虚寒、大便溏薄、脾胃虚弱、骨质疏松患者少食。

双芹菠菜蔬菜汁

【主料】芹菜 100 克，胡萝卜 100 克，西芹 20 克，菠菜 80 克。

【配料】柠檬汁 80 毫升，凉开水 250 毫升。

【制作】① 芹菜、西芹、菠菜洗净，均切成小段；胡萝卜洗净、削皮，切成小块。② 将上述所有材料放入榨汁机中，榨出汁，加入柠檬汁、凉开水拌匀即可。

【营养功效】平肝降压，养血滋阴。

【健康贴士】芹菜含铁量较高，能补充妇女经血的损失，适宜妇女和缺铁性贫血患者饮用。

黄瓜芹菜汁

【主料】黄瓜 1 根，芹菜 3 根。

【配料】蜂蜜 8 克。

【制作】① 黄瓜、芹菜均洗净，切块，放入榨汁机中，加入适量的凉开水搅打成汁。② 将果汁倒入杯中，加适量蜂蜜调味即可。

【营养功效】延年益寿，抗衰老。

【健康贴士】黄瓜中所含的葡萄糖苷、果糖等不参与正常的糖代谢，适宜糖尿病人饮用。

黄瓜莴笋汁

【主料】黄瓜半根，莴笋半根，梨 1 个。

【配料】新鲜菠菜 75 克，碎冰 50 克。

【制作】① 黄瓜洗净，切大块；莴笋去皮，切片；梨洗净切块，去皮、核；菠菜洗净去根。② 将上述材料放入榨汁机中搅打成汁，在杯中加入碎冰即可。

【营养功效】美白护肤，滋阴润燥。

【健康贴士】黄瓜富含的 B 族维生素有安神定志的作用，适宜失眠者饮用。

黄瓜生菜冬瓜汁

【主料】黄瓜 1 根，冬瓜 50 克，生菜叶 30 克，柠檬 1/4 个，菠菜 100 克。

【配料】冰水 150 毫升。

【制作】① 柠檬、菠萝去皮洗净；黄瓜、生菜洗净；冬瓜去皮、子，洗净。② 将上述材料切成大小适当的块，放入榨汁机中一起搅打成汁，滤出果肉即可。

【营养功效】消脂降压，减肥瘦身。
【健康贴士】黄瓜中富含的维生素 E 具有抗衰老的作用，适宜女士饮用。

胡萝卜牛奶汁

【主料】胡萝卜半根，牛奶 100 毫升。
【配料】蜂蜜 5 克。
【制作】① 胡萝卜洗净，切小块。② 将所有材料一起放入榨汁机中搅打成汁，用过滤网把汁滤出来即可。
【营养功效】补肝明目，利膈宽肠。
【健康贴士】萝卜所含热量较少，纤维素较多，吃后易产生饱胀感，适宜减肥者饮用。

胡萝卜小黄瓜汁

【主料】黄瓜 100 克，胡萝卜 100 克。
【配料】白砂糖 5 克，矿泉水适量。
【制作】① 黄瓜、胡萝卜洗净切段备用。② 将上述材料放入榨汁机中，加入适量矿泉水搅打成汁，加入白砂糖调味即可。
【营养功效】提高免疫，预防感冒。
【健康贴士】胡萝卜中含有的山柰酚能增加冠状动脉血流量，适合老年人饮用。

莲藕胡萝卜汁

【主料】莲藕 1/2 个，胡萝卜 1/2 个。
【配料】柠檬 1/4 个，凉开水 300 毫升，冰糖 5 克。
【制作】① 将莲藕与胡萝卜洗净，去皮，切块。② 将所有材料放入榨汁机一起搅打成汁，滤出果肉即可。
【营养功效】滋阴润燥，补肝明目。
【健康贴士】胡萝卜对防治高血压有一定效果，老年人宜多食。

胡萝卜红薯牛奶汁

【主料】胡萝卜 70 克，红薯 1 个，牛奶 250 毫升。
【配料】核桃仁 1 克，蜂蜜 5 克，熟芝麻 5 克。
【制作】① 胡萝卜洗净，去皮，切小块；红薯洗净，去皮，切小块，均用开水焯一下。② 将所有材料放入榨汁机内，搅打成汁即可。
【营养功效】开胃消食，润肠通便。
【健康贴士】过量饮用胡萝卜会引起胡萝卜血症，导致食欲不振、烦躁不安。

西蓝花胡萝卜汁

【主料】西蓝花 100 克、胡萝卜 100 克。
【配料】柠檬 1/2 个，蜂蜜 5 克、凉开水 300 毫升。
【制作】① 西蓝花、胡萝卜均洗净、切块；柠檬去皮、子。② 将所有材料放入榨汁机机中，加凉开水搅打成汁，加入蜂蜜调味即可。
【营养功效】美白护肤，抗衰老。
【健康贴士】酒不宜与胡萝卜同食，会造成大量胡萝卜素与酒精一同进入人体，在肝脏中产生毒素，诱发肝病。

胡萝卜南瓜牛奶汁

【主料】胡萝卜 80 克，南瓜 50 克，奶粉 50 克。
【配料】凉开水 200 毫升。
【制作】① 南瓜去皮，切块蒸熟；胡萝卜洗净，去皮、切小丁，奶粉用水调开。② 将上述所有材料放入榨汁机中，搅打 2 分钟即可。
【营养功效】降低血脂，软化血管。
【健康贴士】南瓜性温，胃热炽盛者应少食。

胡萝卜汁

【主料】胡萝卜 200 克。
【配料】凉开水 200 毫升，蜂蜜 5 克。
【制作】① 胡萝卜洗净、去皮，切小段。② 将胡萝卜和凉开水放入榨汁机中搅打成汁，倒入杯中调入蜂蜜即可。
【营养功效】滋润肌肤，延缓衰老。
【健康贴士】胡萝卜中含有的槲皮素具有降压、强心的作用，是高血压、冠心病患者的食疗佳品。

胡萝卜芹菜汁

【主料】胡萝卜 500 克，芹菜 500 克。

【配料】蜂蜜 5 克。

【制作】① 胡萝卜去皮，洗净，切小块；芹菜去根、叶，洗净切段备用。② 将胡萝卜、芹菜放入榨汁机中搅打成汁调入蜂蜜即可。

【营养功效】降脂降压，防癌抗癌。

【健康贴士】吃芹菜可以中和尿酸及体内的酸性物质，对预防痛风有较好效果。

胡萝卜红薯西芹汁

【主料】胡萝卜 70 克，红薯 50 克，西芹 25 克。

【配料】蜂蜜 5 克，冰水 200 毫升。

【制作】① 红薯洗净，去皮，煮熟；胡萝卜、西芹洗净，均切小块。② 将所有材料放入榨汁机一起搅打成汁，滤出果肉即可。

【营养功效】凝神安心，消除烦躁。

【健康贴士】芹菜性凉质滑，脾胃虚寒、大便溏薄者不宜多食。

番茄汁

【主料】番茄 2 个。

【配料】盐 5 克。

【制作】① 番茄用水洗净，去蒂，切成四块。② 在榨汁机内加入番茄、水和盐，搅打均匀即可。

【营养功效】健胃消食，防癌抗癌。

【健康贴士】番茄多汁，具有利尿消肿的功效，适宜肾炎患者饮用。

番茄酸奶汁

【主料】番茄 200 克，酸奶 200 毫升。

【制作】① 番茄用温水浸泡片刻，洗净、切小块，放入榨汁机中，搅打 1 分钟。② 将打好的果汁加酸奶拌匀即可。

【营养功效】生津止渴，健胃消食。

【健康贴士】番茄中含有较多维 C，适宜牙龈出血或皮下出血的患者饮用。

番茄蜂蜜汁

【主料】番茄 100 克。

【配料】白砂糖 10 克，蜂蜜 5 克。

【制作】① 在番茄顶部切上十字刀，把开水浇在番茄上，剥掉番茄皮，将番茄切成小块。② 把番茄、白砂糖放入榨汁机里搅打 20 秒钟，倒入杯中，加蜂蜜搅拌均匀即可。

【营养功效】生津止渴，清热解毒。

【健康贴士】番茄中含有较多的酸，胃酸过多者不宜饮用。

番茄柠檬汁

【主料】番茄 2 个。

【配料】柠檬汁 10 克。

【制作】① 番茄洗净，去蒂后切成小块。② 将番茄放入榨汁机中搅打成汁，最后加入适量柠檬汁调味即可。

【营养功效】止血降压，美容护肤。

【健康贴士】女子有痛经史者在月经期间不宜饮用。

番茄海带汁

【主料】番茄 200 克，泡软的海带 50 克。

【配料】柠檬 1 个，果糖 20 克。

【制作】① 海带洗净切片；番茄洗净切块；柠檬洗净切片。② 将上述材料放入榨汁机中搅打 2 分钟，滤出果菜渣，加入果糖拌匀即可。

【营养功效】化痰软坚，清热利水。

【健康贴士】番茄不宜与黄瓜同食，以避免黄瓜中所含成分破坏番茄中的维生素。

番茄双芹汁

【主料】番茄 2 个，芹菜 20 克，水芹 20 克。

【配料】果糖 20 克。

【制作】① 番茄洗净，切成小块；芹菜、水芹洗净，切成小段。② 将上述所有材料放入榨汁机内搅打成汁即可。

【营养功效】排毒养颜，减肥瘦身。

【健康贴士】番茄中的番茄红素可调节前列腺液，增强精子活性，提高男性生育能力，适宜男性饮用。

番茄洋葱汁

【主料】番茄1个，洋葱1/3个，油菜花1/4束。

【配料】盐3克，凉开水250毫升。

【制作】① 番茄去蒂、洗净，切成大块；洋葱洗净、去皮，切成小块，再包上保鲜膜，放入微波炉中加热1分钟，取出；油菜花洗净，放入开水锅中略煮，捞出沥干，切段待用。② 将番茄、洋葱、油菜花放入榨汁机中，加入凉开水、精盐搅打均匀，即可倒入杯中。

【营养功效】益气补血，清热利尿。

【健康贴士】番茄中含有维生素C、芦丁、番茄红素及果酸，可降低血胆固醇，适宜老年人饮用。

番茄芹菜优酪乳

【主料】番茄100克，芹菜50克。

【配料】优酪乳300毫升。

【制作】① 番茄洗净，去蒂，切小块；芹菜洗净，切碎。② 番茄、芹菜、优酪乳一起放入榨汁机中，搅打均匀即可。

【营养功效】消脂瘦身，排毒养颜。

【健康贴士】番茄具有美白护肤的功效，适宜女士饮用。

番茄豆腐汁

【主料】番茄1个，嫩豆腐100克。

【配料】蜂蜜2大匙，柠檬1/2个，凉开水250毫升。

【制作】① 番茄洗净，切小块；豆腐洗净，切块；柠檬洗净，切片。② 所有材料放入榨汁机中搅打成汁即可。

【营养功效】开胃消食，生津止渴。

【健康贴士】番茄性寒凉，适宜胃热口苦、虚火上升者饮用。

番茄鲜蔬汁

【主料】番茄150克，西芹2根，青椒1个。

【配料】柠檬1/3个，矿泉水150毫升。

【制作】① 番茄洗净，切块；西芹、青椒洗净，切片；柠檬洗净，切片。② 所有材料放入榨汁机中搅打成汁即可。

【营养功效】凉血平肝，清热解毒。

【健康贴士】番茄中含有糖类，糖尿病患者慎食。

芹菜汁

【主料】芹菜150克。

【配料】白砂糖8克。

【制作】① 芹菜洗净，切小段。② 砂锅置火上，入水烧沸，放入芹菜煮熟。③ 将芹菜及水放入榨汁机中打成汁，过滤掉菜泥，加入白砂糖调味即可。

【营养功效】降脂降压。润肠通便。

【健康贴士】芹菜有降血压作用，血压偏低者慎食。

莴笋西芹汁

【主料】西芹2根，莴笋2根，梨1个。

【配料】新鲜菠菜75克，碎冰40克。

【制作】① 西芹洗净，切大块；莴笋去皮，切片；梨洗净切块，去皮、核；菠菜洗净，去根。② 将上述材料榨成汁，倒入杯中碎冰上即可。

【营养功效】保护血管，促进骨骼生长。

【健康贴士】芹菜中含有对白癜风有利的铜元素，白癜风患者宜多食。

牛蒡芹菜汁

【主料】牛蒡2根，芹菜2根。

【配料】蜂蜜6克，凉开水200毫升。

【制作】① 牛蒡洗净、去皮，切小块；芹菜洗净、去叶，切小段备用。② 将上述材料与凉开水一起放入榨汁机中搅打成汁，加入适量蜂蜜拌匀即可。

【营养功效】排毒瘦身，护肤养颜。

【健康贴士】牛蒡有明显的降血糖、降血脂作用，适宜老年人饮用。

甜椒芹菜汁

【主料】甜椒1个，芹菜30克。

【配料】油菜1根，柠檬汁200毫升。

【制作】① 甜椒洗净，去蒂、子；油菜洗净，切小段；芹菜洗净，切小段。② 将芹菜、油菜、甜椒一起放入榨汁机中搅打成汁，最后加柠檬汁拌匀即可。

【营养功效】养血补虚，降脂降压。

【健康贴士】芹菜含酸性的降压成分，适宜老年人饮用。

绿芦笋芹菜汁

【主料】芹菜70克，芦笋2根，苹果1/2个。

【配料】蜂蜜5克，核桃20克，牛奶300毫升。

【制作】① 芦笋去跟；苹果去核；芹菜去叶，洗净后均切成小块。② 将所有材料放入榨汁机一起搅打成汁，滤出果肉即可。

【营养功效】润肠通便，健胃消食。

【健康贴士】芦笋中嘌呤的含量很高，饮用后容易使尿酸增加，所以痛风患者应少吃。

芹菜柠檬汁

【主料】芹菜80克，生菜40克，柠檬1个。

【配料】蜂蜜5克。

【制作】① 芹菜洗净，切段；生菜洗净，撕成小片；柠檬洗净，切成三块。② 将准备好的材料放入榨汁机内搅打成汁，加入蜂蜜拌匀即可。

【营养功效】利尿清热，促进血液循环。

【健康贴士】尿频、胃寒者不宜多饮用。

卷心菜汁

【主料】卷心菜2片。

【配料】凉开水100毫升，蜂蜜5克。

【制作】① 卷心菜洗净，切成4～6等份。② 把叶片卷起来放入榨汁机内，加入凉开水搅打成汁，调入蜂蜜即可。

【营养功效】促进骨质的发育，防止骨质疏松。

【健康贴士】卷心菜富含的叶酸对巨幼细胞贫血和胎儿畸形有预防作用，适宜孕妇饮用。

卷心菜土豆汁

【主料】卷心菜50克，土豆1个，南瓜50克。

【配料】牛奶200毫升，冰水50毫升，蜂蜜5克。

【制作】① 土豆洗净，去皮；南瓜去子，切成小块，焯一下水。卷心菜洗净后切小块。② 将所以材料放入榨汁机内一起搅打成汁，滤出果肉即可。

【营养功效】益心肾，健脾胃。

【健康贴士】土豆中含有较多的糖粉，糖尿病患者不宜饮用。

卷心菜黄花汁

【主料】卷心菜1片，黄瓜半根。

【配料】甜椒1/4个。

【制作】① 卷心菜洗净，切成4～6等份；黄瓜洗净，纵向对半切开；甜椒洗净，去蒂、子。② 将所以材料放入榨汁机内榨成汁即可。

【营养功效】促进消化，防癌抗癌。

【健康贴士】高血压、高脂血、糖尿病、肥胖者宜饮用。

卷心菜白萝卜汁

【主料】卷心菜50克，白萝卜50克。

【配料】无花果150克，冰水300毫升，酸奶 70 毫升。

【制作】① 白萝卜和无花果洗净、去皮，卷心菜洗净，均切成小块。② 将所以材料放入榨汁机一起搅打成汁，滤出果肉即可。

【营养功效】促进消化，增强食欲。

【健康贴士】萝卜具有泄气的功效，平时不宜多食。

卷心菜水芹汁

【主料】卷心菜 1 片，水芹 3 棵。

【配料】凉开水 200 毫升，蜂蜜 5 克。

【制作】① 卷心菜洗净，切成 4 ～ 6 等分；水芹洗净，切小段。② 用卷心菜包裹水芹，放入榨汁机中，加入凉开水搅打成汁，调入蜂蜜即可。

【营养功效】抗氧化、抗衰老。

【健康贴士】芹菜性寒质滑，脾胃虚寒、肠滑不固者不宜饮用。

卷心菜莴笋汁

【主料】莴笋 100 克，卷心菜 100 克，苹果 50 克。

【配料】蜂蜜 5 克，凉开水 300 毫升。

【制作】① 莴笋、卷心菜洗净，切小块；苹果洗净，去皮、核，切小块。② 将以上材料放入榨汁机中，加入凉开水和蜂蜜，搅打成汁即可。

【营养功效】润肠通便，排毒瘦身。

【健康贴士】莴笋中的某种物质对视神经有刺激作用，视力弱者不宜多食，有眼疾特别是夜盲症的患者也应少食。

西蓝花卷心菜汁

【主料】西蓝花 100 克，卷心菜 50 克。

【配料】小番茄 10 个，柠檬汁 100 毫升。

【制作】① 西蓝花、小番茄、卷心菜均洗净，切成大小适当的块，放入榨汁机中，榨出汁液。② 加入柠檬汁拌匀即可饮用。

【营养功效】降低血糖，润肺止咳。

【健康贴士】西蓝花可预防乳腺癌的发生，适宜女士饮用。

西蓝花菠菜汁

【主料】西蓝花 60 克，菠菜 60 克。

【配料】蜂蜜 30 克，凉开水 80 毫升。

【制作】① 将西蓝花洗净，切块；菠菜洗净，切段。② 将所有材料放入榨汁机中，以高速搅打 40 秒即可。

【营养功效】防癌抗癌，强筋壮骨。

【健康贴士】菠菜中的叶酸有利于胎儿大脑神经的发育，孕妇多吃可防止胎儿畸形。

西蓝花白萝卜汁

【主料】西蓝花 100 克，白萝卜 80 克。

【配料】柠檬汁 100 毫升，蜂蜜 10 克。

【制作】① 西蓝花、白萝卜均洗净，切成大小适当的块，放入榨汁机中，榨出汁液。② 加柠檬汁、蜂蜜，拌匀即可。

【营养功效】清热润肺，通气滑肠。

【健康贴士】西蓝花属于高纤维蔬菜，能有效降低血糖，适宜老年人饮用。

西蓝花番茄汁

【主料】西蓝花 100 克，番茄 100 克。

【配料】柠檬 1/2 个。

【制作】① 西蓝花、番茄均洗净，均切成小块，放入榨汁机内，榨成汁，倒入杯中。② 柠檬挤出汁水，倒入杯中，拌匀即可饮用。

【营养功效】生津止渴，健胃消食。

【健康贴士】番茄、柠檬均含酸较多，胃酸过多者不宜饮用。

西蓝花芦笋汁

【主料】西蓝花 60 克，芦笋 15 克，卷心菜 30 克。

【配料】冰水 100 毫升，绿茶粉 5 克，蜂蜜 5 克。

【制作】① 芦笋去根，洗净，切块；卷心菜洗净，切块；西蓝花洗净，掰成小朵焯一下。② 将所有材料放入榨汁机一起搅打成汁，滤出果肉即可。

【营养功效】增强肝脏的解毒能力，提高机体免疫力。

【健康贴士】西蓝花中含有的类黄酮物质对高血压、心脏病有调节和预防的功用，适宜老年人饮用。

南瓜汁

【主料】南瓜 100 克，椰奶 50 毫升。

【配料】红砂糖 10 克，凉开水 350 毫升。

【制作】① 南瓜去皮，洗净后切丝，用水煮熟后捞起，沥干水分。② 将所有材料放入榨汁机内，加凉开水，搅打成汁即可。

【营养功效】排毒健身，消脂降压。

【健康贴士】南瓜含有丰富的钴，对降低血糖有特殊的疗效，适宜老年人饮用。

南瓜牛奶汁

【主料】熟南瓜 300 克，牛奶 500 毫升。

【制作】① 熟南瓜切成块状。② 将熟南瓜块、牛奶倒入榨汁机，搅拌均匀即可饮用。

【营养功效】加强胃肠蠕动，助消化。

【健康贴士】南瓜中含有的果胶可以保护胃肠道黏膜免受粗糙食品刺激，促进溃疡愈合，适宜胃病患者饮用。

银耳汁

【主料】银耳 70 克。

【配料】山药 20 克，鲜百合 20 克，冰块 50 克。

【制作】① 银耳以冷水泡至软，用水煮滚后再煮 30 分钟，捞起放凉。山药洗净，去皮切块百合洗净，焯烫。② 将银耳、山药与百合倒入榨汁机中，加适量水搅打成汁，加入冰块即可。

【营养功效】祛除雀斑，美容养颜。

【健康贴士】银耳对老年慢性支气管炎、肺源性心脏病有一定疗效，适宜老年人饮用。

山药菠萝汁

【主料】山药 35 克，菠萝 50 克。

【配料】枸杞 30 克，蜂蜜 8 克，冰块 40 克。

【制作】① 山药去皮，洗净备用；菠萝去皮，洗净切块；枸杞冲洗备用。② 将所有材料放入榨汁机内，注入适量清水，搅打成汁，加入蜂蜜、冰块拌匀即可。

【营养功效】益志安神，降糖补虚。

【健康贴士】山药有降低血糖的作用，适宜糖尿病患者饮用。

洋葱草莓汁

【主料】洋葱 70 克，草莓 50 克。

【配料】山楂 5 颗，柠檬 1/2 个。

【制作】① 洋葱洗净，切成细丝；草莓洗净，去蒂备用；柠檬洗净，切片；山楂洗净，切开去核。② 将洋葱、山楂、柠檬、草莓放入榨汁机内搅打成汁即可。

【营养功效】暖心驱寒，降压消脂。

【健康贴士】洋葱具有降压作用，适宜高血压、高血脂患者饮用。

【巧手妙招】洋葱放在水里切，可防止眼睛受辣流泪。

蔬菜混合汁

【主料】卷心菜 30 克，番茄 30 克，海带 30 克。

【配料】鲜香菇 1 朵，豆腐 30 克，凉开水 350 毫升。

【制作】① 将卷心菜、番茄、海带、鲜香菇和豆腐洗净，切小块；卷心菜和香菇焯烫熟。② 全部材料放入榨汁机中，加适量水搅打成汁，倒入杯中即可。

【营养功效】消脂降压，软化血管。

【健康贴士】海带中所含的丰富的碘可以恢复卵巢的正常机能，消除乳腺增生的隐患，适宜女士饮用。

小白菜降糖汁

【主料】小白菜 60 克，西蓝花 60 克，柚子 100 克。

【配料】盐 3 克，凉开水 60 毫升。

【制作】① 小白菜、西蓝花洗净，切碎；柚子去皮、子。② 将所有材料一起放入榨汁机中搅打成汁即可。

【营养功效】降糖降脂，润肠通便。

【健康贴士】小白菜中含有的维生素 C 可促进皮肤细胞代谢，防止皮肤粗糙及色素沉着，适宜女士饮用。

土豆莲藕汁

【主料】土豆 200 克，莲藕 100 克。

【配料】蜂蜜 15 克，凉开水 200 毫升，冰块 40 克。

【制作】① 土豆洗净去皮。② 土豆与莲藕一同下入开水锅内煮熟，均切成小块。③ 将土豆块和莲藕块放入榨汁机中搅打成汁，加入冰块和适量凉开水，放入蜂蜜调味即可。

【营养功效】美容养颜，延缓衰老。

【健康贴士】土豆所含的细嫩纤维素有减少胃酸分泌的作用，适宜胃病患者饮用。

山药冬瓜萝卜汁

【主料】山药 80 克，白萝卜 50 克，冬瓜 60 克。

【配料】苹果 1/4 个，冰水 200 毫升。

【制作】① 山药、萝卜去皮；苹果去核；冬瓜去皮、去子，均洗净后以适当大小切块。② 将所有材料放入榨汁机一起搅打成汁，滤出果肉即可。

【营养功效】清肠排毒，益气补虚。

【健康贴士】山药有收涩作用，大便燥结者不宜饮用。

芥蓝薄荷汁

【主料】芥蓝 200 克，菠萝 80 克，柠檬 200 克。

【配料】薄荷叶 20 克。

【制作】① 薄荷叶洗净，芥蓝去皮，洗净，切块；菠萝削皮，切小块。② 将上述材料倒入榨汁机内搅打 2 分钟，加入柠檬汁即可。

【营养功效】消暑解热，提神醒脑。

【健康贴士】风热感冒、头痛目赤、咽喉肿痛者宜饮。

【巧手妙招】采后的芥蓝不要过水，这是保持菜薹柔软爽口的关键。

洋葱苹果汁

【主料】洋葱 1/4 个，苹果 1/4 个。

【配料】蜂蜜 8 克，冰块 40 克。

【制作】① 洋葱去皮洗净，切片后用微波炉加热 2 分钟；苹果连皮去核，切成适当大小。② 将洋葱、苹果、蜂蜜和冰块放入榨汁机中搅打成汁即可。

【营养功效】降低血液黏度、降血压、防血栓。

【健康贴士】洋葱辛温，热病患者应慎食。

紫苏苹果汁

【主料】苹果 1 个，紫苏 70 克。

【配料】柠檬 1/2 个，冰块 50 克。

【制作】① 苹果洗净，去核，切块；紫苏叶重叠，卷成卷；柠檬切块。② 将柠檬、紫苏叶、苹果分别放入榨汁机中榨成汁，将汁液混合，加入冰块即可。

【营养功效】解表散寒，行气和胃。

【健康贴士】紫苏叶辛散耗气，气虚者及热盛者忌用。

苹果油菜汁

【主料】油菜 300 克，苹果 200 克。

【配料】柠檬 1 个，冰块 2 ~ 3 块，盐 2 克。

【制作】① 苹果洗净，去皮、核，切块；油菜洗净，柠檬切块。② 分别将柠檬、苹果、油菜放入榨汁机中榨成汁，倒入杯中混合均匀，调入盐，再加入冰块即可。

【营养功效】润肠排毒，减肥塑身。

【健康贴士】一般人皆宜饮用。

苹果番茄汁

【主料】苹果 2 个，番茄 2 个。

【配料】柠檬汁 200 毫升，蜂蜜 10 克。

【制作】① 苹果、番茄洗净，去皮切块，放入榨汁机中搅打成汁。② 加入适量柠檬汁和蜂蜜调匀即可。

【营养功效】增强胃动力。

【健康贴士】番茄中含有丰富的核黄素、抗坏血酸等，适宜口腔溃疡患者饮用。

苹果白菜柠檬汁

【主料】苹果 1 个，柠檬 1 个，大白菜 100 克。

【配料】冰块 50 克。

【制作】① 苹果洗净，切块；大白菜叶洗干净，卷成卷；柠檬连皮切成三块。② 将上述材料放入榨汁机中榨成汁，倒入杯中，加冰块 50 克即可。

【营养功效】护肤养颜，润肠通便。

【健康贴士】白菜性偏寒凉，胃寒腹痛、气虚胃寒、大便溏泻及寒痢者不可多食。

苹果菠菜柠檬汁

【主料】苹果 1 个，柠檬 1 个，菠菜 150 克。

【配料】冰块 100 克。

【制作】① 苹果洗净，去核，切块；柠檬切块；菠菜洗净备用。② 将柠檬、苹果、菠菜放入榨汁机中搅打成汁，加入冰块即可。

【营养功效】开胃消食，美白护肤。

【健康贴士】柠檬含有较多酸，胃酸过多者不宜饮用。

【举一反三】将菠菜换成油菜也可。

苹果冬瓜柠檬汁

【主料】苹果 1 个，柠檬 1/2 个，冬瓜 70 克。

【配料】冰块 50 克。

【制作】① 苹果洗净，去核，切块；冬瓜去皮、子，切块；柠檬切块。② 将柠檬、苹果、冬瓜放入榨汁机中榨成汁，加入冰块即可。

【营养功效】利尿消肿，排毒塑身。

【健康贴士】便秘、高血压、高脂血、糖尿病、肥胖症、贫血、维生素 C 缺乏者宜饮用。

苹果苦瓜鲜奶汁

【主料】苹果 1 个，苦瓜 1/2 个，鲜奶 100 毫升。

【配料】蜂蜜 10 克，柠檬汁 15 毫升。

【制作】① 苹果洗净，去皮、核，切块；苦瓜洗净，去子切块。② 将所有材料放入榨汁机中搅打成汁即可。

【营养功效】增进食欲，健脾开胃。

【健康贴士】苦瓜内含有的奎宁会刺激子宫收缩，引起流产，故孕妇忌食此果汁。

苹果西芹柠檬汁

【主料】苹果 1 个，西芹 100 克。

【配料】柠檬 1/2 个，冰块 50 克。

【制作】① 苹果洗净，去皮、核；西芹洗净，茎叶切分开；柠檬连皮切成 3 块。② 将柠檬放入榨汁机榨汁，再将西芹的叶、茎和苹果先后放入榨汁机榨汁。③ 将果菜汁倒入杯中，加入冰块即可。

【营养功效】平肝降压，健胃消食。

【健康贴士】一般人皆宜饮用。

苹果莴笋柠檬汁

【主料】苹果 1/2 个，莴笋 150 克，柠檬 1/2 个。

【配料】蜂蜜 30 毫升，凉开水 100 毫升，冰块 100 克。

【制作】① 苹果洗净，去皮、核、子，切小块；莴笋洗净，切片；柠檬洗净，切片。② 将所有材料放入榨汁机中，高速搅打 40 秒即可。
【营养功效】健胃利肠，益气补血。
【健康贴士】莴笋中含有铁元素，适宜缺铁性贫血患者饮用。

苹果茼蒿蔬果汁

【主料】苹果 1/4 个，茼蒿 30 克。
【配料】柠檬汁 20 毫升，凉开水 300 毫升。
【制作】① 苹果去皮、核，切片；茼蒿洗净，切段。② 将所有材料放入榨汁机中搅打成汁即可。
【营养功效】清血养心，润肺化痰。
【健康贴士】茼蒿辛香滑利，胃虚腹泻者不宜多食。

苹果西芹芦荟汁

【主料】苹果 1 个，西芹 50 克，芦荟 50 克。
【配料】青椒 1/2 个，苦瓜半根，凉开水 100 毫升。
【制作】① 苹果去皮、子，切成块；芦荟去皮洗净，切块；西芹、青椒、苦瓜洗净，均切块。② 所有材料放入榨汁机内搅打成汁即可。
【营养功效】降脂降糖，改善免疫功能。
【健康贴士】芦荟中的成分会刺激婴儿胃肠黏膜，引起呕吐、腹泻，哺乳期妇女忌食。

苹果黄瓜柠檬汁

【主料】苹果 1 个，黄瓜 100 克。
【配料】柠檬 1/2 个。
【制作】① 苹果洗净，去核，切成块；黄瓜洗净，切块；柠檬连皮切成三块。② 把苹果、黄瓜、柠檬放入榨汁机中，榨出汁即可。
【营养功效】安神定志，宁心益气。
【健康贴士】黄瓜性寒，腹痛腹泻、肺寒咳嗽者应少吃黄瓜。
【巧手妙招】黄瓜尾部含有较多的苦味素，具有抗癌的作用，不要把黄瓜尾部全部丢掉。

苹果菠萝老姜汁

【主料】苹果 1/2 个，菠萝 1/3 个，老姜 30 克。
【制作】① 苹果洗净，去核，切块；菠萝去皮，切小块；老姜去皮，榨汁备用。② 将苹果块和菠萝块放入榨汁机内搅打成汁，放入老姜汁调匀即可。
【营养功效】排毒养颜，缓解疲劳。
【健康贴士】一般人皆宜饮用。

苹果橘子油菜汁

【主料】苹果 1/2 个，橘子 1 个，油菜 50 克，菠萝 50 克。
【配料】冰水 200 毫升。
【制作】① 油菜择洗干净；橘子、菠萝去皮；苹果去皮、子，均切小块。② 将所有材料放入榨汁机内搅打成汁，滤出果肉即可。
【营养功效】生津润肺，化痰止咳。
【健康贴士】油菜开花后，子房中含有的芥子碱、单宁等都有一定的毒性，不宜食用。

苹果芹菜油菜汁

【主料】苹果 120 克，芹菜 30 克，油菜 30 克。
【配料】蜂蜜 5 克，冰水 300 毫升。
【制作】① 苹果去皮、核，芹菜去叶，油菜去根，均切小块。② 将所有材料放入榨汁机一起搅打成汁，滤出果肉即可。
【营养功效】防癌抗癌，排毒瘦身。
【健康贴士】芹菜性凉质滑，脾胃虚寒，肠滑不固者慎食。

苹果芜菁柠檬汁

【主料】苹果 1 个，芜菁 100 克，柠檬 1 个。
【配料】冰块 80 克。
【制作】① 苹果洗净，切块；柠檬洗净，切块；芜菁洗净，切除叶子。② 将柠檬、苹果、芜菁放进榨汁机中搅打成汁即可。
【营养功效】美容养颜，护肤美白。

【健康贴士】白细胞减少症、前列腺肥大症的病人均不易生吃苹果，以免使症状加重或影响治疗效果。

柠檬小白菜汁

【主料】小白菜 50 克，柠檬汁 30 毫升，柠檬皮 20 克。

【配料】蜂蜜 15 毫升，凉开水 300 毫升。

【制作】① 将小白菜与柠檬皮洗净，均切成小块。② 将柠檬汁、柠檬皮、小白菜及凉开水一起放入榨汁机内搅打成汁，加入蜂蜜拌匀即可。

【营养功效】润肠排毒，祛斑美白。

【健康贴士】小白菜中含有的维生素 C 可使皮肤亮洁，延缓衰老，故此果蔬汁适宜女士饮用。

柠檬西芹橘子汁

【主料】柠檬 1 个，西芹 30 克，橘子 1 个。

【配料】冰块 50 克。

【制作】① 西芹洗净；橘子去皮、子；柠檬切片。② 西芹折弯曲后包裹橘子果肉，连同柠檬一起放入榨汁机中搅打成汁，加入冰块即可。

【营养功效】开胃理气，生津润肺。

【健康贴士】婴幼儿、孕妇及老年人宜饮用。

柠檬菠菜柚汁

【主料】柠檬1个，菠菜100克，柚子120克。

【配料】冰块 50 克，砂糖 5 克。

【制作】① 柠檬洗净后连皮切成 3 块；柚子去皮，去囊衣、子；菠菜洗净，折弯。② 将柠檬、菠菜、柚子肉一起放入榨汁机内榨汁，再加冰块、砂糖搅匀即可。

【营养功效】排毒瘦身，美容养颜。

【健康贴士】菠菜中的草酸会和钙发生反应，带走人体内的钙，钙缺乏者不宜饮用。

【巧手妙招】菠菜榨汁前先投入开水中快焯一下可以去除草酸。

柠檬芹菜香瓜汁

【主料】柠檬 1 个，芹菜 30 克，香瓜 80 克。

【配料】砂糖 5 克，冰块 50 克。

【制作】① 柠檬洗净切片；香瓜去皮、子，切块；芹菜洗净备用。② 将芹菜整理成束，放入榨汁机，再将香瓜、柠檬一起榨汁，最后加冰块、砂糖即可。

【营养功效】美容养颜，排毒瘦身。

【健康贴士】一般人皆宜饮用。

柠檬葡萄梨子牛蒡汁

【主料】柠檬 1/2 个，葡萄 100 克，梨子 1 个，牛蒡 60 克。

【配料】冰块 50 克。

【制作】① 柠檬洗净，切块；葡萄洗净，梨子去皮、核，切块；牛蒡洗净，切条。② 将柠檬、葡萄、梨子、牛蒡放入榨汁集中搅打成汁，加入冰块即可。

【营养功效】提高免疫，延缓衰老。

【健康贴士】牛蒡根中所含的牛蒡苷能使血管扩张、血压下降，适宜高血压患者饮用。

柠檬芥菜蜜柑汁

【主料】柠檬 1 个，芥菜 80 克，蜜柑 1 个。

【制作】① 柠檬连皮切成 3 块；蜜柑剥皮、去子；芥菜叶洗净备用。② 将蜜柑用芥菜叶包裹起来，与柠檬一起放入榨汁机内，榨成汁即可。

【营养功效】提神醒脑，解除疲劳。

【健康贴士】芥菜含有大量饮用纤维素，可润肠通便，适宜便秘患者饮用。

柠檬牛蒡柚汁

【主料】柠檬1个，牛蒡100克，柚子100克。

【配料】冰块 50 克。

【制作】① 柠檬连皮切块；牛蒡洗净切块；柚子除去果囊备用。② 将柠檬、柚子和牛蒡放进榨汁机，榨成汁，加入冰块即可。

【营养功效】祛斑美容，护肤养颜。

【健康贴士】牛蒡中含有的抗癌物质可预防子宫癌，适宜女士饮用。

柠檬芦荟芹菜汁

【主料】柠檬1个，芹菜100克，芦荟100克。

【配料】蜂蜜8克。

【制作】① 柠檬去皮，切块；芹菜择洗干净，切段；芦荟刮去外皮，洗净。② 将柠檬、芹菜、芦荟一起放入榨汁机中搅打成汁，再加入蜂蜜拌匀即可。

【营养功效】健胃理肠，清热解毒。

【健康贴士】体质虚弱者和少年、儿童不要过量饮用芦荟汁，过食易导致过敏。

柠檬西蓝花橘汁

【主料】柠檬1个，西蓝花100克，橘子1个。

【配料】碎冰块50克。

【制作】① 柠檬、西蓝花均洗净切块；橘子去皮、子备用。② 将所有材料一起放入榨汁机内搅打成汁即可。

【营养功效】排毒养颜，护肝明目。

【健康贴士】西蓝花中含有的类黄酮能防止血小板凝结成块，减少心脏病与中风的发病危险，适宜老年人饮用。

柠檬笋杧果芭蕉汁

【主料】柠檬1个，莴笋50克，杧果1个，芭蕉1个。

【配料】冰块50克。

【制作】① 莴笋洗净、切块；柠檬、杧果、芭蕉切块。② 将柠檬、莴笋、杧果、芭蕉放入榨汁机内搅打成汁，加适量冰块即可。

【营养功效】强壮机体，调理心神。

【健康贴士】糖尿病、胃及十二指肠溃疡、胃酸过多、龋齿患者忌食。

柠檬莴笋杧果饮

【主料】柠檬1个，莴笋50克，杧果1个。

【配料】冰块50克。

【制作】莴笋、杧果洗净，切块；柠檬切块。将柠檬、莴笋放入榨汁机中搅打成汁，再加入杧果块搅拌均匀，放入冰块即可。

【营养功效】助消化，养肝脏。

【健康贴士】莴笋的含糖量低，适宜糖尿病患者饮用。

柠檬芹菜汁

【主料】柠檬1个，芹菜100克，油菜80克。

【配料】冰块50克。

【制作】① 柠檬洗净后连皮切成3块；芹菜、油菜洗净切块。② 将柠檬放入榨汁机榨汁，再将芹菜、油菜榨成汁，汁液混合均匀，加入冰块即可。

【营养功效】平肝降压，补益气血。

【健康贴士】柠檬含有较多的酸，胃酸过多及胃溃疡患者慎食。

柠檬橘子生菜汁

【主料】柠檬1个，橘子1个，生菜100克。

【配料】冰块50克。

【制作】① 柠檬、橘子洗净，去皮切块；生菜洗净，切段。② 柠檬、橘子放入榨汁机榨汁，取出备用；生菜榨成汁。③ 将打好的蔬果汁混合均匀，再加入冰块即可。

【营养功效】开胃消食，促进血液循环。

【健康贴士】孕妇过量饮用生菜会增加血清中维生素C的含量，不利于胎儿的营养均衡，故不宜过量饮用。

柠檬青椒柚子汁

【主料】柠檬1个，青椒50克，萝卜50克。

【配料】柚子1/2个，冰块50克。

【制作】① 柠檬洗净、切块；袖子去子、撕瓣；青椒和萝卜切块。② 将柠檬和柚子榨汁，再将青椒和萝卜放入榨汁机榨汁，蔬果汁混合均匀，再加入冰块即可。

【营养功效】增进食欲，帮助消化。

【健康贴士】青椒性热，有火热病症或阴虚火旺者慎食。

柠檬生菜草莓汁

【主料】柠檬 1 个，生菜 80 克。

【配料】草莓 4 颗，冰块 50 克。

【制作】① 柠檬洗净切块；草莓洗净后去蒂；生菜洗净。② 将柠檬、草莓、生菜放入榨汁机里榨汁，加入冰块即可。

【营养功效】镇痛催眠，降低胆固醇。

【健康贴士】草莓是酸性物质，胃溃疡患者不宜饮用。

柠檬西芹柚子汁

【主料】柠檬 1 个，西芹 80 克。

【配料】柚子 1/2 个，冰块 50 克。

【制作】① 柠檬洗净、切块；柚子去皮、子；西芹洗净备用。② 将冰块放进榨汁机容器中。放入柠檬、柚子、西芹搅打成汁即可。

【营养功效】降低胆固醇，保护心血管。

【健康贴士】消化不良、饮酒过量者、孕妇以及患有肾病、心脑血管疾病、咳嗽痰多患者宜饮用。

柠檬油菜汁

【主料】柠檬 1 个，油菜 70 克，橘子 1 个。

【配料】盐 3 克。

【制作】① 柠檬洗净，连皮切成 3 块；橘子剥皮后去子；油菜洗净备用。② 将柠檬和橘子榨成汁，再把油菜整理成束，折弯曲后，放进榨汁机，再次搅打成汁。③ 向果汁中加少许盐调味即可。

【营养功效】润肠通便，排毒瘦身。

【健康贴士】柠檬中含有的柠檬酸具有防止和消除皮肤色素沉着的作用，适宜女士饮用。

瓜果柠檬汁

【主料】苹果 1 个，柠檬 1/2 个，冬瓜 70 克。

【配料】冰块 50 克。

【制作】① 苹果洗净，去核切块；冬瓜去皮、去子，切块；柠檬洗净切块。② 将柠檬、苹果和冬瓜放入榨汁机中榨成汁，加入冰块即可。

【营养功效】排毒养颜，美白护肤。

【健康贴士】冬瓜具有护肾的作用，适宜肾病患者饮用。

葡萄生菜梨汁

【主料】葡萄 150 克，生菜 50 克，梨 1 个。

【配料】柠檬 1/2 个，冰块 50 克。

【制作】① 葡萄、生菜均洗净；梨去皮、核，切块；柠檬洗净，切片。② 将葡萄、生菜、梨、柠檬顺序交错地放入榨汁机中搅打成汁，加冰块调匀即可。

【营养功效】益气补血，美容养颜。

【健康贴士】葡萄具有兴奋大脑神经的作用，适宜神经衰弱患者饮用。

葡萄菠菜汁

【主料】葡萄 15 克，菠菜 100 克，西芹 60 克。

【配料】凉开水 400 毫升，梅汁 10 克。

【制作】① 葡萄洗净，去皮、核；菠菜、西芹洗净后切成段。② 将以上材料加凉开水一起榨汁，再加梅汁搅拌均匀即可。

【营养功效】补血强智，健胃生津。

【健康贴士】葡萄不宜与螺内酯、氨苯蝶啶同食，易引起胃肠痉挛、心律失常等症。

葡萄冬瓜猕猴桃汁

【主料】葡萄 150 克，冬瓜 80 克，猕猴桃 1 个。

【配料】柠檬 1/2 个。

【制作】① 冬瓜去外皮和子，切成块；猕猴桃削皮后，对切；葡萄洗净，去皮、子；柠檬切片。② 将葡萄、冬瓜、猕猴桃、柠檬依次放入榨汁机中搅打成汁，倒入杯中即可。

【营养功效】美容养颜，补充多种维生素。

【健康贴士】儿童、孕妇及贫血者宜饮用。

葡萄冬瓜香蕉汁

【主料】葡萄 150 克，冬瓜 50 克，香蕉 1 根。

【配料】柠檬 1/2 个。

【制作】① 葡萄洗净，去皮、子；冬瓜去皮、子，切小块；香蕉去皮切块；柠檬切片。② 将葡萄和冬瓜放入榨汁机中榨成汁，再放入香蕉、柠檬，继续搅打成汁即可。

【营养功效】帮助消化，清理肠胃。

【健康贴士】糖尿病、便秘、阴虚内热、脾胃虚寒、肥胖症者不宜多饮用。

葡萄西蓝花白梨汁

【主料】葡萄 150 克，西蓝花 50 克，白梨 1/2 个。

【配料】柠檬汁 80 毫升，冰块 50 克。

【制作】① 葡萄洗净，去皮；西蓝花洗净，切小块；白梨洗净，去果核，切小块。② 将葡萄、西蓝花、白梨放入榨汁机内榨汁，加入柠檬汁、冰块，搅匀即可。

【营养功效】改善过敏，防癌抗癌。

【健康贴士】西蓝花中所含的黄酮类化合物可以减少心血管疾病的发生，适宜老年人饮用。

葡萄芦笋苹果汁

【主料】柠檬 150 克，芦笋 100 克，苹果 1 个。

【配料】柠檬 1/2 个。

【制作】① 葡萄洗净，剥皮去子；柠檬洗净，切片；苹果去皮、核，切块；芦笋洗净，切段。② 将苹果、葡萄、芦笋、柠檬放入榨汁机中搅打成汁即可。

【营养功效】清凉降火，消暑止渴。

【健康贴士】芦笋不宜生食，生食会引起腹胀、腹泻。

葡萄蔬果汁

【主料】葡萄 150 克，胡萝卜 50 克。

【配料】酸奶 200 毫升。

【制作】① 胡萝卜洗净、去皮，切小块；葡萄洗净、去子。② 将所有材料放入榨汁机内搅打成汁即可。

【营养功效】润肠通便，明目护肝。

【健康贴士】糖尿病人、动脉粥样硬化病人、胆囊炎和胰腺炎患者不宜喝含糖的全脂酸奶。

葡萄番茄菠萝汁

【主料】葡萄 120 克，番茄 1 个，菠萝 80 克。

【配料】柠檬 1/2 个。

【制作】① 葡萄洗净，去皮、子；番茄、菠萝洗净，切块；柠檬切片。② 将葡萄、番茄、菠萝、柠檬依次放入榨汁机中榨成汁即可。

【营养功效】降压消脂，利尿消肿。

【健康贴士】一般人皆宜饮用。

葡萄芋茎梨子汁

【主料】葡萄 150 克，芋茎 50 克，梨子 1 个，柠檬 1 个。

【配料】冰块 50 克。

【制作】① 葡萄洗净，去子；芋茎洗净，切段；梨子洗净，去皮、核切块；柠檬洗净，切块。② 将所有材料放入榨汁机中搅打成汁即可。

【营养功效】紧致肌肤，延缓衰老。

【健康贴士】梨、葡萄均有美容养颜、延缓衰老的功效，适宜女士饮用。

葡萄仙人掌杧果汁

【主料】葡萄 120 克，仙人掌 50 克，杧果 2 个，香瓜 300 克。

【配料】冰块 50 克。

【制作】① 葡萄和仙人掌洗净，香瓜切块，杧果挖出果肉。② 将冰块、葡萄、仙人掌、香瓜放入榨汁机内搅打成汁，加入杧果搅拌后即可。

【营养功效】降压降糖，益气补血。

【健康贴士】仙人掌性寒质苦，过多饮用会导致腹泻。

葡萄萝卜梨汁

【主料】葡萄120克，萝卜200克，贡梨1个。

【制作】① 葡萄去皮、子；贡梨洗净，去核切块；萝卜洗净，切块。② 将所有原材料放入榨汁机内，搅打成汁即可。

【营养功效】健胃消食，滋阴润燥。

【健康贴士】脾虚便溏、胃寒病、寒痰咳嗽、外感风寒、糖尿病、手脚发凉患者不宜饮用。

葡萄芜菁梨子汁

【主料】葡萄150克，芜菁50克，梨子1个。

【配料】柠檬1/2个，冰块50克。

【制作】① 葡萄去皮、子；芜菁的叶和根切开，入水焯一下；梨洗净，去皮、核，切块；柠檬切片。② 葡萄用芜菁菜包裹，放入榨汁机，再将芜菁的根和叶、柠檬、梨放入，一起榨成汁，加冰块即可。

【营养功效】润肺消痰，清热解毒。

【健康贴士】梨具有降低血压的功效，适宜高血压患者饮用。

葡萄柠檬蔬果汁

【主料】葡萄100克，胡萝卜200克。

【配料】柠檬1/2个，冰糖5克，凉开水适量。

【制作】① 葡萄洗净；胡萝卜洗净、去皮，切成小块；柠檬切成片。② 将葡萄、胡萝卜、柠檬倒入榨汁机内，加入适量凉开水，搅打成汁，加入少许冰糖调味即可。

【营养功效】补肝明目，滋阴润肺。

【健康贴士】饮用胡萝卜可以降低卵巢癌的发病率，适宜女士饮用。

葡萄西芹蔬果汁

【主料】葡萄50克，西芹60克。

【配料】酸奶240毫升。

【制作】① 葡萄洗净，去子；西芹择叶洗净，叶子撕成小块备用。② 将所有材料放入榨汁机内搅打成汁即可。

【营养功效】健胃消食，清肠排毒。

【健康贴士】常饮酸奶可明显降低胆固醇，预防老年人心血管疾病，适宜老年人饮用。

葡萄青椒果汁

【主料】葡萄120克，青椒1个，猕猴桃1个。

【制作】① 葡萄去皮、子；猕猴桃去皮，切成小块；青椒洗净，切小块。② 所有材料放入榨汁机，搅打成汁即可。

【营养功效】暖胃祛寒，防癌抗癌。

【健康贴士】青椒味辛、性热，对肠胃有刺激作用，肠胃炎、胃溃疡患者不宜饮用。

芹菜香蕉汁

【主料】香蕉1个，芹菜120克。

【配料】冰块50克。

【制作】① 芹菜洗净，切成小段；香蕉去皮，切小段。② 将香蕉、芹菜放到榨汁机中，倒入适量水，搅打约2分钟，加入冰块即可。

【营养功效】润肠通便，排毒养颜。

【健康贴士】香蕉富含的钾可平衡钠的不良作用，具有降低血压的功效，适宜高血压患者饮用。

香蕉苦瓜苹果汁

【主料】香蕉1根，苦瓜100克，苹果50克。

【配料】凉开水100毫升。

【制作】① 香蕉去皮，切成小块；苹果洗净，去皮、核，切小块；苦瓜洗净，去子，切小块。② 将所有材料放入榨汁机内搅打成汁即可。

【营养功效】减肥瘦身，防癌抗癌。

【健康贴士】苦瓜具有降压的作用，血压、血糖偏低者不宜饮用。

香蕉茼蒿牛奶汁

【主料】香蕉半根，茼蒿 20 克。
【配料】牛奶 150 毫升。
【制作】① 香蕉去皮，切成小块；茼蒿洗净，切小段。② 将全部材料放入榨汁机中搅打均匀，滤出汁即可。
【营养功效】润肠通便，助消化。
【健康贴士】茼蒿具有降压作用，适宜高血压患者饮用。

香蕉蔬菜汁

【主料】香蕉半根，油菜 1 棵。
【配料】水 300 毫升。
【制作】① 香蕉去皮，切成小块；油菜洗净，切小段。② 将全部材料放入榨汁机中，搅打成汁即可。
【营养功效】清热解毒，利尿通便。
【健康贴士】香蕉具有润肠作用，腹泻、肠炎患者不宜饮用。

香蕉苦瓜油菜汁

【主料】香蕉半根，苦瓜 20 克，油菜 1 棵。
【制作】① 香蕉去皮，切成小块；苦瓜去子，切小块；油菜洗净，切成小段。② 将所有材料放入榨汁机中，搅打成汁即可。
【营养功效】清热消暑，除烦解毒。
【健康贴士】苦瓜性寒，大便溏泄、体质虚寒者不宜饮用。

芝麻香蕉果汁

【主料】香蕉 1 根，芝麻 30 克。
【配料】牛奶 400 毫升。
【制作】① 香蕉去皮，切成小块。② 将香蕉、牛奶、芝麻放入榨汁机中搅打成汁即可。
【营养功效】补血明目，祛风润肠。
【健康贴士】芝麻具有降低胆固醇的作用，适宜高血压患者饮用。

猕猴桃白萝卜香橙汁

【主料】猕猴桃 1 个，橙子 2 个，白萝卜 300 克。
【制作】① 猕猴桃去皮切块，白萝卜洗净、去皮，切条。② 橙子洗净，取出果肉待用。③ 将猕猴桃、白萝卜、橙子放入榨汁机中搅打成汁，再倒入杯中调匀即可。
【营养功效】生津止渴，延缓衰老。
【健康贴士】橙子与猕猴桃一同榨汁服用，具有非常好的生津祛热、增强人体免疫力和美容嫩肤的功效，可为人体提供丰富的维生素 C 等营养成分，是十分理想的水果搭配食用方式。

猕猴桃西蓝花菠萝汁

【主料】猕猴桃 1 个，西蓝花 80 克，菠萝 50 克。
【制作】① 猕猴桃、菠萝去皮，切块；西蓝花洗净，切小朵备用。② 将所有材料放入榨汁机中搅打成汁即可。
【营养功效】降低血糖，润肺止咳。
【健康贴士】猕猴桃中含有的叶酸，能预防胚胎发育的神经管畸形，适宜孕妇饮用。

猕猴桃山药汁

【主料】山药 250 克，猕猴桃 3 个，菠萝 250 克。
【配料】凉开水 500 毫升，蜂蜜 5 克。
【制作】① 山药、菠萝、猕猴桃洗净，去皮，切块。② 将凉开水、山药、猕猴桃、菠萝依次放入榨汁机内搅打成汁，倒入杯中，调入蜂蜜即可。
【营养功效】利脾健胃，益肾补虚。
【健康贴士】山药具有滋肾益精的功效，适宜男性饮用。

猕猴桃蔬果汁

【主料】猕猴桃1个，梨子1个。

【配料】柠檬汁100毫升，果糖8克，凉开水200毫升。

【制作】① 猕猴桃去皮，梨子去皮、核，均切成小块。② 将凉开水、梨子、猕猴桃一起放入榨汁机中，搅打成汁，加入柠檬汁和果糖，拌匀即可。

【营养功效】消暑解渴，增强免疫。

【健康贴士】猕猴桃中含有的镁具有美容作用，适宜女士饮用。

猕猴桃百合桃子汁

【主料】猕猴桃2个，干百合20克，桃子2个。

【配料】薄荷叶2片，牛奶200毫升。

【制作】① 猕猴桃去皮；桃子去皮、核；干百合泡发后，入开水中焯一下；薄荷叶洗净。② 将上述材料切成小块，放入榨汁机中，加入牛奶搅打成汁，滤出果肉即可。

【营养功效】滋阴润肺，生津止渴。

【健康贴士】桃子的含铁量较高，适宜缺铁性贫血患者饮用。

猕猴桃油菜汁

【主料】猕猴桃2个，油菜100克。

【配料】蜂蜜5克，冰水200毫升。

【制作】① 猕猴桃去皮，油菜洗净，均切小块。② 将所有材料放入榨汁机内搅打成汁，滤出果肉即可。

【营养功效】减肥瘦身，排毒养颜。

【健康贴士】油菜具有降低血脂的功效，适宜冠心病患者饮用。

猕猴桃双菜菠萝汁

【主料】猕猴桃1个，油菜80克，芹菜80克，菠萝50克。

【制作】① 猕猴桃、菠萝均去皮，切块；油菜、芹菜均择洗干净，切段备用。② 将所有材料放入榨汁机中搅打成汁即可。

【营养功效】分解脂肪，减肥瘦身。

【健康贴士】菠萝具有润肤美容的作用，适宜女士饮用。

猕猴桃柳橙奶酪

【主料】猕猴桃1个，柳橙1个。

【配料】奶酪100克。

【制作】① 柳橙洗净，去皮；猕猴桃洗净，去皮取果肉。② 将柳橙、猕猴桃、奶酪一起放入榨汁机中搅打均匀即可。

【营养功效】润肠排毒，护肤美颜。

【健康贴士】橙子性寒，体质虚寒的患者不宜饮用。

草莓双笋汁

【主料】芦笋60克，莴笋150克，草莓150克。

【配料】柠檬1/2个，冰糖12克，凉开水250毫升。

【制作】① 草莓洗净，去蒂；芦笋洗净，切成段；莴笋洗净，剥小块。② 将所有材料放入榨汁机中搅打2分钟即可。

【营养功效】健脾和胃，滋养补血。

【健康贴士】莴笋具有宽肠通便的作用，适宜便秘者饮用。

草莓芹菜汁

【主料】草莓80克，芹菜80克。

【配料】凉开水200毫升，蜂蜜10克。

【制作】① 草莓洗净，去蒂；芹菜洗净，切小段备用。② 将草莓、芹菜、凉开水一起放入榨汁机中搅打成汁，调入蜂蜜即可。

【营养功效】生津润肺，养血润燥。

【健康贴士】一般人皆宜饮用。

草莓香瓜椰菜汁

【主料】草莓 20 克，香瓜 1 个，菜花 80 克。
【配料】柠檬 1/2 个，冰块 50 克。
【制作】① 草莓洗净、去蒂，香瓜削皮、切块，菜花洗净、切块，柠檬切片。② 草莓和香瓜放入榨汁机中榨成汁，再放入菜花榨汁。③ 将柠檬榨汁后，加入打好的果汁中调味，加冰块即可。
【营养功效】清暑热，解烦渴，利小便。
【健康贴士】脾胃虚弱、肺寒腹泻、尿路结石者不宜多饮用。

草莓蒲公英汁

【主料】草莓 100 克，蒲公英 50 克，猕猴桃 2 个。
【配料】柠檬 1 个，冰块 50 克。
【制作】① 草莓洗净，去蒂；猕猴桃剥皮后对切；柠檬洗净，切成 3 块；蒲公英洗净。② 将草莓、蒲公英、猕猴桃和柠檬放入榨汁机榨汁，然后加入冰块即可。
【营养功效】益心健脑，预防冠心病。
【健康贴士】草莓含糖量较多，糖尿病患者不宜饮用。

草莓西芹哈密瓜汁

【主料】西芹 50 克，哈密瓜 100 克。
【配料】草莓 5 个。
【制作】① 草莓洗净，去蒂；哈密瓜去皮、子，切成块；将西芹洗净，切段。② 将所有材料放入榨汁机内，榨成汁即可。
【营养功效】减肥瘦身，滋阴润燥。
【健康贴士】适宜高血压、高脂血、肝炎、肝硬化、神经衰弱、经常失眠的患者饮用。

草莓蔬果汁

【主料】草莓 80 克，黄瓜 80 克。
【配料】凉开水 150 克，白砂糖 10 克。
【制作】① 草莓洗净去蒂；黄瓜洗净，切段。② 将草莓、黄瓜和凉开水放入榨汁机榨汁，加入白砂糖调匀即可。
【营养功效】美容养颜，益气补血。
【健康贴士】脾胃虚弱、腹痛腹泻、肺寒咳嗽者不宜饮用。

草莓杧果芹菜汁

【主料】草莓 80 克，杧果 3 个。
【配料】芹菜 80 克。
【制作】① 草莓洗净，去蒂；杧果去皮，取果肉，切小块；芹菜洗净，切小段。② 将草莓和芹菜放入榨汁机中榨汁。③ 把榨出来的果菜汁和杧果肉放入搅拌杯中拌匀即可。
【营养功效】生津止渴，消暑舒神。
【健康贴士】杧果具有增加胃肠蠕动的作用，大便溏泄者不宜饮用。

草莓白萝卜牛奶汁

【主料】草莓 4 个，白萝卜 50 克。
【配料】牛奶 200 毫升，炼乳 10 克。
【制作】① 草莓去蒂，对半切开；白萝卜去皮，切成小片。② 将所有材料放入榨汁机中，搅打成汁即可。
【营养功效】防癌抗癌，通气利肠。
【健康贴士】喝牛奶能促进胃酸分泌，胃溃疡患者不宜饮用。

草莓紫苏橘子汁

【主料】草莓 120 克，紫苏 15 克，橘子 1 个。
【配料】柠檬 1 个，冰块 50 克。
【制作】① 草莓洗净去蒂；橘子、柠檬洗净，切成 4 块；紫苏洗净。② 将所有材料放入榨汁机中搅打成汁，加冰块即可。
【营养功效】滋补调理，益气补血。
【健康贴士】一般人皆宜饮用。

萝卜草莓汁

【主料】胡萝卜 250 克，草莓 250 克。
【配料】柠檬汁 5 毫升，冰块 2 ~ 3 块。
【制作】① 胡萝卜洗净，切小块；草莓洗净去蒂。② 冰块、胡萝卜、草莓依次放入榨汁机中搅打成汁，用过滤网过滤后盛入杯中。③ 将果蔬汁与柠檬汁混合拌匀即可。
【营养功效】减肥瘦身，排毒养颜。
【健康贴士】妇女过多食用胡萝卜会引起闭经，抑制卵巢的正常排卵功能。

木瓜红薯汁

【主料】木瓜 1/2 个，红薯 1 个。
【配料】柠檬汁 1/2 个，牛奶 200 毫升，蜂蜜 5 克。
【制作】① 木瓜去皮，切适当大小；红薯煮熟，压成泥。② 将所有材料放入榨汁机一起搅打成汁，滤出果肉即可。
【营养功效】健脾消食，润肺止咳。
【健康贴士】木瓜性微寒，体质虚寒者慎食。

木瓜蔬菜汁

【主料】木瓜 1 个，紫色卷心菜 80 克。
【配料】鲜牛奶 150 毫升，果糖 5 克。
【制作】① 紫色卷心菜洗净，沥干，切小片；木瓜洗净去皮，对半切开，去子，切块。② 将木瓜、卷心菜、鲜奶放入榨汁机中搅打成汁，滤除果菜渣，倒入杯中，加入适量果糖拌匀即可。
【营养功效】可增强机体的抗病能力。
【健康贴士】木瓜中的番木瓜碱具有缓解痉挛疼痛的作用，腓肠肌痉挛患者宜食。

木瓜苹果莴笋汁

【主料】木瓜 100 克，苹果 300 克，莴笋 50 克。
【配料】柠檬 1/2 个，蜂蜜 30 克，凉开水 100 毫升。
【制作】① 木瓜洗净，去皮、子切小块；苹果洗净，去皮、子后切片，莴笋洗净，切小片；柠檬洗净、对切取 1/2 个。② 将所有材料放入榨汁机内，搅打 2 分钟即可。
【营养功效】润肠排毒，丰胸美白。
【健康贴士】女士宜饮用。

木瓜鲜姜汁

【主料】木瓜 250 克，鲜姜 50 克。
【配料】蜂蜜 8 克，凉开水适量。
【制作】① 鲜姜去外皮，放入榨汁机中榨成汁。② 将木瓜去皮、子，与姜汁、凉开水一起放入榨汁机中，搅打成汁，加入蜂蜜，拌匀即可。
【营养功效】助消化，抗衰老。
【健康贴士】姜汁能缓解妊娠期恶心、呕吐、胃不适等妊娠反应，适宜孕妇饮用。

哈密瓜卷心菜汁

【主料】菠菜 100 克，哈密瓜 150 克。
【配料】卷心菜 50 克，柠檬汁 80 毫升。
【制作】① 将菠菜洗净，去梗，切成小段；哈密瓜去皮、子，切小块；卷心菜洗净，切小块。② 将上述材料放入榨汁机中搅打成汁，加入柠檬汁拌匀即可。
【营养功效】预防冠心病，防止肌肉痉挛。
【健康贴士】哈密瓜含有较多的糖，糖尿病患者不宜饮用。

哈密瓜毛豆汁

【主料】哈密瓜 1/4 片，煮熟的毛豆仁 20 克。
【配料】柠檬汁 50 毫升，酸奶 200 毫升。
【制作】① 哈密瓜去皮，切小块，和毛豆仁一起放入榨汁机中。② 倒入酸奶与柠檬汁，搅打均匀后即可饮用。
【营养功效】防癌抗癌，止渴除烦。
【健康贴士】肾病、胃病、咳嗽痰喘、贫血和便秘患者宜饮用。

哈密瓜黄瓜马蹄汁

【主料】哈密瓜 300 克，马蹄 200 克。
【配料】黄瓜 2 根。
【制作】① 哈密瓜洗净、去皮，切成小块；黄瓜洗净，切块；马蹄洗净，去皮。② 将所有材料一同放入榨汁机中搅打成汁即可。
【营养功效】消暑解渴，润肺止咳。
【健康贴士】哈密瓜、黄瓜均属性寒之物，不可过量饮用，以免引起腹泻。

哈密瓜猕猴桃蔬菜汁

【主料】哈密瓜 150 克，猕猴桃 2 个。
【配料】生菜 50 克。
【制作】① 哈密瓜、猕猴桃去皮，切成小块；生菜洗净。② 将猕猴桃、哈密瓜、生菜和水放入榨汁机中，搅打均匀即可。
【营养功效】美白护肤，减肥瘦身。
【健康贴士】猕猴桃性寒，先兆性流产、月经过多和尿频者忌食。

哈密瓜苦瓜汁

【主料】哈密瓜 100 克，苦瓜 50 克。
【配料】优酪乳 200 毫升。
【制作】① 哈密瓜去皮，切块；苦瓜洗净，去子，切块。② 将所有材料放入榨汁机内搅打成汁，加入优酪乳拌匀即可。
【营养功效】清热祛暑，明目解毒。
【健康贴士】苦瓜中含有的苦瓜苷能够降低血糖，适宜糖尿病患者饮用。

橘子姜蜜汁

【主料】橘子 2 个，姜片 10 克。
【配料】蜂蜜 12 克。
【制作】① 橘子剥皮，掰成小块；姜洗净，切成片。② 将橘子、姜、水放入榨汁机内榨成汁，加入蜂蜜调匀即可。
【营养功效】排汗降温，缓解疲劳。
【健康贴士】妇女产后食姜能起到温经散寒，去除瘀血的作用。

橘子苦瓜汁

【主料】橘子 2 个，苦瓜 60 克。
【配料】苹果 1/4 个，冰水 200 毫升。
【制作】① 橘子去皮，撕成瓣；苹果洗净，去皮、去子；苦瓜洗净，剖开，去子，均以适当大小切块。② 将所有材料放入榨汁机一起搅打成汁，滤出果肉即可。
【营养功效】消炎退热，清心明目。
【健康贴士】苦瓜中含有的草酸会妨碍食物中的钙吸收，需要补充大量钙的人不宜吃太多苦瓜。

橘子萝卜苹果汁

【主料】橘子 1 个，萝卜 80 克，苹果 1 个。
【配料】冰糖 10 克。
【制作】① 橘子、苹果、萝卜均洗净，去皮，切成小块。② 将全部材料放入榨汁机内榨成汁，加入冰糖搅拌均匀即可。
【营养功效】润肠道、助消化。
【健康贴士】冠心病、心肌梗死、肾病、糖尿病的人不宜多喝苹果汁。
【巧手妙招】苹果中含有的锌可以增强儿童的记忆力，儿童宜多食。

橘子菜花芹菜花椰汁

【主料】菜花 100 克，苹果 100 克，芹菜 80 克，橘子 1 个。
【配料】果糖 12 克，凉开水 500 毫升。
【制作】① 橘子去子；苹果、芹菜、菜花分别洗净切块。② 将橘子、苹果、菜花、芹菜放入榨汁机榨汁，在打好的果蔬汁中加果糖和凉开水拌匀即可。
【营养功效】清化血管，防癌抗癌。
【健康贴士】橘子具有健肤美容的功效，适宜女士饮用。

梨椒蔬果汁

【主料】甜椒 100 克，梨子 1 个。
【配料】冰糖 5 克。
【制作】① 将甜椒洗净，去子；梨子洗净，去核切块。② 将所有材料放入榨汁机榨成汁，加入冰块即可。
【营养功效】甜椒中所含的辣椒素能够促进脂肪的新陈代谢，具有降脂减肥的功效。
【健康贴士】辣椒中含有的辣椒素对肠胃有刺激作用，食管炎、胃肠炎患者不宜饮用。

梨子鲜藕汁

【主料】梨子 1 个，莲藕 1 节。
【配料】马蹄 60 克，凉开水 200 克。
【制作】① 将梨子洗净，去皮、核；莲藕洗净，切小块；马蹄洗净，去皮。② 将所有材料放入榨汁机，榨出汁液即可。
【营养功效】莲藕中富含铁元素，具有益气补血的功效。
【健康贴士】莲藕性寒，脾胃虚寒者不宜饮用。

梨子油菜蔬果汁

【主料】梨子 1/2 个，油菜 2 片。
【配料】水 200 毫升。
【制作】① 梨子去皮、核，切成小片；油菜洗净，切小片。② 将所有材料放入榨汁机中搅打成汁即可。
【营养功效】清喉降火，祛痰止咳。
【健康贴士】吃梨能够强健骨骼和牙齿，适宜儿童饮用。

梨子甜椒蔬果汁

【主料】梨子 1/2 个，甜椒 1 个，芹菜 20 克。
【配料】凉开水 200 毫升。
【制作】① 梨子去皮、核，切成小片；甜椒洗净、去子，切小块；芹菜去叶，洗净切段。② 将所有材料放入榨汁机中搅打成汁即可。
【营养功效】消暑解渴，镇静安神。
【健康贴士】芹菜的含铁量较高，适宜缺铁性贫血患者饮用。

荸荠梨藕汁

【主料】荸荠 5 个，莲藕 50 克，梨 1 个。
【配料】蜂蜜 15 克，柠檬汁 8 毫升。
【制作】① 荸荠和莲藕去皮切块，用清水浸泡。② 将所有材料放入榨汁机中搅打成汁即可。
【营养功效】止咳润肺，清除肺火。
【健康贴士】莲藕性寒，适宜高热病人饮用。

西瓜芦荟汁

【主料】西瓜 400 克，芦荟肉 50 克。
【配料】盐 3 克，冰块 50 克。
【制作】① 西瓜洗净，去皮取肉。将西瓜肉放入榨汁机中搅打成汁，倒入杯中。② 调入少许盐，加入芦荟肉、冰块拌匀即可。
【营养功效】清热解暑，除烦止渴。
【健康贴士】西瓜的含糖量较高，糖尿病患者不宜饮用。

西瓜番茄汁

【主料】西瓜 150 克，番茄 1 个。
【配料】柠檬 1/2 个，果糖 5 克，凉开水适量。
【制作】① 西瓜洗净、去子，柠檬去皮、子，番茄洗净，均切成适当大小的块。② 将上述材料放入榨汁机中，加入果糖、凉开水，以高速搅打 60 秒即可。
【营养功效】紧致皮肤，美容养颜。
【健康贴士】西瓜所含的糖和盐能消除肾脏炎症，适宜肾炎患者饮用。

西瓜西芹汁

【主料】西瓜 100 克，西芹 50 克，菠萝 100 克，胡萝卜 100 克。

【配料】凉开水400毫升，蜂蜜5克。
【制作】① 菠萝、胡萝卜去皮、切块；西芹洗净，切小段；西瓜去子取肉。② 将所有材料放入榨汁机中，搅打均匀后过滤即可。
【营养功效】美白护肤，延缓衰老。
【健康贴士】西瓜性寒，体质虚寒者不宜过量饮用。

西瓜橘子番茄汁

【主料】西瓜200克，橘子1个，番茄1个。
【配料】柠檬1/2个，凉开水200毫升，冰糖5克。
【制作】① 西瓜洗净，削皮、去子；橘子剥皮，去子；番茄洗净，切小块；柠檬切片。② 将所有材料倒入榨汁机内搅打2分钟即可。
【营养功效】利尿消肿，排毒养颜。
【健康贴士】西瓜具有美容养颜的功效，适宜女士饮用。

西瓜芹菜葡萄柚汁

【主料】西瓜150克，葡萄柚1个。
【配料】芹菜50克。
【制作】① 西瓜去皮、子；葡萄柚去皮；芹菜去叶，均切小块。② 将所有材料放入榨汁机内搅打成汁，滤出果肉即可。
【营养功效】降低血脂，软化血管。
【健康贴士】西瓜中含有较多水分，过量饮用会导致胃炎、消化不良或腹泻等病。

火龙果柠檬汁

【主料】火龙果200克，柠檬1/2个。
【配料】优酪乳200毫升，芹菜20克。
【制作】① 火龙果去皮，切成小块；柠檬、芹菜分别洗净、切块。② 将所有材料倒入榨汁机中搅打成汁即可。
【营养功效】防止血管硬化，阻止心脏病。
【健康贴士】火龙果具有美容养颜的功效，适宜女士饮用。

胡萝卜卷心菜汁

【主料】卷心菜300克，胡萝卜300克。
【配料】柠檬汁10毫升。
【制作】① 卷心菜洗净，切成4～6等份；胡萝卜洗净，切成细长条。② 将上材料放入榨汁机中榨成汁，最后加入柠檬汁拌匀即可。
【营养功效】稳定血压，预防动脉硬化。
【健康贴士】胡萝卜中含有的植物纤维可以刺激胃肠蠕动，适宜便秘患者饮用。

胡萝卜苹果饮

【主料】胡萝卜100克，苹果1个。
【配料】柠檬1个，冰块50克。
【制作】① 苹果洗净，去皮、核，切块，浸泡在盐水中；胡萝卜洗净，切块；柠檬洗净，切片。② 将胡萝卜、苹果和柠檬放入榨汁机中搅打成汁，最后加入冰块即可。
【营养功效】利膈宽肠，通便防癌。
【健康贴士】胡萝卜具有降压的功效，适宜高血压患者饮用。

胡萝卜草莓汁

【主料】胡萝卜100克，草莓80克。
【配料】柠檬1个，冰块50克，冰糖5克。
【制作】① 胡萝卜洗净，切成小块；草莓洗净，去蒂。② 将草莓、胡萝卜、柠檬放入榨汁机中搅打成汁，加入冰糖、冰块搅拌均匀即可。
【营养功效】滋润皮肤，延缓衰老。
【健康贴士】胡萝卜中含有降糖物质，适宜糖尿病患者饮用。

胡萝卜柑橘汁

【主料】胡萝卜200克，柑橘6个。
【配料】冰块40克。
【制作】① 胡萝卜洗净，切成大块；柑橘洗净，切块，去皮、子。② 将柑橘、胡萝卜依次放入榨汁机中搅打成汁，最后放入冰块即可。

【营养功效】益肝明目，防癌抗癌。

【健康贴士】胡萝卜中含有的维生素 A 可以保护视力，适宜夜盲症和眼干燥症患者饮用。

胡萝卜红薯汁

【主料】胡萝卜 70 克，红薯 1 个。

【配料】核桃仁 1 克，牛奶 250 毫升，蜂蜜 5 克，熟芝麻 5 克。

【制作】① 胡萝卜洗净，去皮切成块；红薯洗净，去皮切小块，均用开水焯一下。② 将所有材料放入榨汁机中搅打成汁即可。

【营养功效】温中益气，润肠通便。

【健康贴士】红薯能够保护皮肤，延缓衰老，适宜女士饮用。

胡萝卜木瓜汁

【主料】胡萝卜 50 克，木瓜 1/4 个，苹果 1/4 个。

【配料】冰水 300 毫升。

【制作】① 木瓜去皮、子；胡萝卜洗净、切块；苹果洗净，去皮、核。② 将所有材料放入榨汁机中搅打成汁，滤出果肉即可。

【营养功效】补充营养，通乳抗癌。

【健康贴士】木瓜有美容护肤的功效，适宜女士饮用。

胡萝卜葡萄汁

【主料】葡萄 100 克，胡萝卜 30 克。

【配料】苹果 1/4 个，柠檬汁 100 毫升，冰水 200 毫升。

【制作】① 胡萝卜洗净，去皮切块；苹果洗净，去皮、核，切块；葡萄洗净，去子。② 将所有材料放入榨汁机中搅打成汁即可。

【营养功效】调养肠胃，补益气血。

【健康贴士】葡萄具有安胎的作用，适宜孕妇饮用。

胡萝卜山竹汁

【主料】胡萝卜 50 克，山竹 2 个。

【配料】柠檬 1 个，水适量。

【制作】① 胡萝卜洗净，去皮，切成薄片；山竹洗净，去皮、切小块；柠檬洗净，切成小片。② 将所有材料放入榨汁机中搅打成汁即可。

【营养功效】补充营养，增强体力。

【健康贴士】山竹含糖量较高，糖尿病患者不宜饮用。

胡萝卜桃子汁

【主料】桃子 1/2 个，胡萝卜 50 克，红薯 50 克。

【配料】牛奶 200 毫升。

【制作】① 胡萝卜洗净，去皮、切小块；桃子洗净，去皮、核，切小块；红薯洗净，切块，入开水焯一下。② 将所有材料放入榨汁机中搅打成汁即可。

【营养功效】防癌抗癌，调中健胃。

【健康贴士】牛奶与丹参同食会降低丹参的药效，正在服丹参片的高血压和冠心病患者不宜饮用牛奶。

胡萝卜西瓜汁

【主料】胡萝卜 200 克，西瓜 150 克。

【配料】蜂蜜 8 克，柠檬汁 20 毫升。

【制作】① 西瓜去皮、子；胡萝卜洗净，切块。② 将西瓜和胡萝卜一起放入榨汁机中搅打成汁，加入蜂蜜、柠檬汁，拌匀即可。

【营养功效】止渴解暑，生津除烦。

【健康贴士】胡萝卜中含有的 B 族维生素具有润肤美容的功效，适宜女士饮用。

胡萝卜冰糖汁

【主料】胡萝卜 80 克，番茄 1/2 个，橙子 1 个。

【配料】冰糖 4 克，凉开水适量。

【制作】① 番茄洗净，切块；胡萝卜洗净，切成片；橙子剥皮备用。② 将番茄、胡萝卜、橙子、凉开水放入榨汁机里搅打成汁，加入少许冰糖拌匀即可。
【营养功效】增强免疫，防癌抗癌。
【健康贴士】空腹时不宜喝番茄汁，否则会引起胃胀痛。

胡萝卜柠檬梨汁

【主料】梨子1个，胡萝卜150克，柠檬1个。
【配料】凉开水250毫升。
【制作】① 胡萝卜洗净，去皮、切块；梨子洗净，去皮、核，切块；柠檬洗净，切片备用。② 将所以材料放入榨汁机内搅打2分钟即可。
【营养功效】疏滞健胃，生津止渴。
【健康贴士】脾胃虚弱的人不宜喝生梨汁，可把梨切块煮水后榨汁饮用。

胡萝卜生菜苹果汁

【主料】生菜1/4颗，胡萝卜1/6根，苹果1/2个。
【配料】冰块50克。
【制作】① 生菜、胡萝卜、苹果均洗净，切块备用。② 将所有蔬果放入榨汁机中搅打成汁，最后加入冰块即可。
【营养功效】利膈宽肠，滋阴润燥。
【健康贴士】苹果具有降压的功效，适宜高血压患者饮用。

胡萝卜猕猴桃柠檬汁

【主料】胡萝卜80克，猕猴桃1个，柠檬1/2个。
【配料】优酪乳40毫升。
【制作】① 胡萝卜洗净、切块；猕猴桃去皮，对切；柠檬洗净，连皮切成三块。② 将柠檬、胡萝卜、猕猴桃放入榨汁机中搅打成汁，加入优酪乳拌匀即可。
【营养功效】生津解渴，开胃消食。
【健康贴士】猕猴桃具有降低胆固醇的功效，适宜中老年人饮用。

胡萝卜柳橙苹果汁

【主料】胡萝卜1根，苹果1/2个。
【配料】柳橙汁100毫升。
【制作】① 胡萝卜用水洗净，切成小块；苹果洗净，去核、皮，切成小块。② 把全部材料放入榨汁机内，搅打均匀后倒入杯中即可。
【营养功效】和中开胃，清热润肺。
【健康贴士】橙汁有润肤美容的功效，适宜女士饮用。

胡萝卜石榴卷心菜汁

【主料】胡萝卜1根，石榴子50克，卷心菜2片。
【配料】蜂蜜5克，凉开水适量。
【制作】① 胡萝卜洗净，去皮，切条；卷心菜洗净，撕片。② 将胡萝卜、石榴子、卷心菜放入榨汁机中搅打成汁，加入蜂蜜、凉开水拌匀即可。
【营养功效】增进食欲，促进消化。
【健康贴士】卷心菜中含有某种溃疡愈合因子，适宜胃溃疡患者饮用。

胡萝卜西芹李子汁

【主料】胡萝卜70克，西芹10克，李子3个，香蕉1根。
【配料】冰水200毫升。
【制作】① 胡萝卜洗净、去皮切小块；香蕉去皮切段；李子洗净、去核，切小块；西芹择去叶子，切小段。② 将所有材料放入榨汁机中搅打成汁，滤出果肉即可。
【营养功效】润肠通便，开胃消食。
【健康贴士】李子中含有大量果酸，胃溃疡患者不宜饮用。

胡萝卜西瓜优酪乳

【主料】胡萝卜 200 克，西瓜 200 克。

【配料】优酪乳 120 毫升，柠檬 1/2 个，冰块 50 克。

【制作】① 胡萝卜洗净、去皮切块；西瓜去皮，切块；柠檬洗净，切片。② 将所有材料放入榨汁机中搅打 2 分钟，倒入杯中，加冰块即可。

【营养功效】养肝明目，生津止渴。

【健康贴士】柠檬具有润肤美容的功效，适宜女士饮用。

黄瓜苹果汁

【主料】苹果 200 克，黄瓜 300 克。

【配料】柠檬 1/2 个，冰块 3 块。

【制作】① 苹果洗净、去核，切成小块；黄瓜洗净，切块；柠檬连皮切成 3 片。② 将柠檬、黄瓜、苹果分别放入榨汁机中榨汁，过滤出汁液，倒入杯中、加冰块即可。

【营养功效】利尿消肿，润肠通便。

【健康贴士】黄瓜中所含的丙氨酸对肝脏病人有利，适宜肝硬化患者饮用。

黄瓜水梨汁

【主料】黄瓜 2 根，水梨 1 个。

【配料】凉开水 200 毫升，蜂蜜 5 克，柠檬汁 10 毫升。

【制作】① 黄瓜洗净，切块；水梨洗净，去皮、核，切成小块。② 将黄瓜、水梨、凉开水一起放入榨汁机中榨成汁，再加入适量蜂蜜和柠檬汁调匀即可。

【营养功效】滋阴润燥，润肺止咳。

【健康贴士】梨宜与蜂蜜同食用，滋养效果显著。

黄瓜木瓜柠檬汁

【主料】黄瓜 2 根，木瓜 400 克。

【配料】柠檬 1/2 个。

【制作】① 黄瓜洗净，切块；木瓜洗净，去皮、瓤，切块；柠檬洗净，切成小片。② 将所有材料放入榨汁机中搅打成汁即可。

【营养功效】补充营养，健脾消食。

【健康贴士】木瓜具有通乳的功效，适宜哺乳期女士饮用。

黄瓜苹果菠萝汁

【主料】黄瓜半根，菠萝 1/4 个，苹果 1/2 个。

【配料】老姜 1 小块，柠檬 1/4。

【制作】① 苹果洗净，去皮、子，切块；黄瓜、菠萝洗净，去皮切块备用。② 柠檬洗净后榨汁，老姜洗净，切片备用。③ 将除柠檬汁外的材料放入榨汁机中榨汁，再加柠檬汁拌匀即可。

【营养功效】生津止渴，健脾益胃。

【健康贴士】菠萝能防止血栓的形成，适宜心脏病患者饮用。

黄瓜西瓜芹菜汁

【主料】黄瓜半根，西瓜 150 克。

【配料】芹菜 20 克。

【制作】① 黄瓜洗净，去皮切条；西瓜去皮和子，切成块；将芹菜去叶，洗净，切成小段。② 将所有材料放入榨汁机中搅打成汁即可。

【营养功效】润肤除皱，美容养颜。

【健康贴士】黄瓜、芹菜均属性寒之物，脾胃虚寒者不宜饮用。

黄瓜西芹蔬果汁

【主料】黄瓜、苦瓜各 1/5 根，西芹 1 根，青苹果 1 个。

【配料】青椒 1/3 个，果糖 8 克。

【制作】① 黄瓜、青椒、苦瓜洗净，切块；青苹果洗净，去核切块；西芹洗净，切段。② 将除果糖外的所有材料放入榨汁机中榨成汁，加入果糖搅拌均匀即可。

【营养功效】消炎退热，降低血糖。

【健康贴士】苦瓜具有润白肌肤的功效，适宜女士饮用。

西瓜小黄瓜汁

【主料】西瓜 200 克，黄瓜 100 克。
【配料】蜂蜜 10 克，柠檬 1/3 个。
【制作】① 柠檬挤汁备用；西瓜、黄瓜去皮切块。② 将黄瓜、西瓜放入榨汁机内搅打成汁，加入柠檬汁及蜂蜜拌匀即可。
【营养功效】利尿解热、调节身体。
【健康贴士】西瓜不宜与羊肉同食，有碍脾胃。

黄瓜柠檬汁

【主料】黄瓜 1 根，柠檬汁 40 毫升。
【配料】白砂糖 50 克。
【制作】① 黄瓜洗净，去皮、切小块。② 黄瓜入沸水锅中煮沸 20 分钟，过滤除去渣滓。③ 将滤出的瓜汁入锅，放入白砂糖，煮沸后取出凉凉，放入柠檬汁拌匀即可。
【营养功效】清热利水，护肤美容。
【健康贴士】柠檬不可与牛奶同食，易影响肠胃消化。

紫卷心菜橘子汁

【主料】紫卷心菜 300 克，橘子 1 个。
【配料】柠檬 1/2 个，砂糖 10 克，冰块 50 克。
【制作】① 紫卷心菜洗净，撕成小块；橘子剥皮，去掉内膜、子；柠檬洗净，切片备用。② 将卷心菜、橘子、柠檬放入榨汁机内榨成汁，再加入砂糖、冰块搅拌均匀即可。
【营养功效】抑菌消炎，增强体质。
【健康贴士】橘子不宜与牛奶同食，不易牛奶的消化吸收。

卷心菜酪梨汁

【主料】酪梨 1/2 个，卷心菜叶 1 片。
【配料】牛奶 200 毫升，蜂蜜 5 克。
【制作】① 酪梨洗净，去皮、子，切块；卷心菜洗净，切块。② 将所有材料放入榨汁机一起搅打成汁，滤出果肉即可。
【营养功效】提高人体免疫力，预防感冒。
【健康贴士】酪梨性寒，孕妇不宜饮用。

卷心菜蜜瓜汁

【主料】卷心菜 80 克，黄河蜜瓜 100 克。
【配料】柠檬 1 个，蜂蜜 10 克，冰块 50 克。
【制作】① 卷心菜叶洗净，卷成卷；黄河蜜瓜洗净，去皮、子；柠檬洗净，连皮切成 3 块。② 将卷心菜、黄河蜜瓜、柠檬放进榨汁机榨汁，倒入杯中，加入蜂蜜调味，再加冰块即可。
【营养功效】清凉消暑，生津止渴。
【健康贴士】黄河蜜瓜性寒，脾胃虚寒者不宜饮用。

卷心菜木瓜汁

【主料】卷心菜 120 克，木瓜 1/2 个。
【配料】柠檬 1/2 个，冰块 50 克。
【制作】① 卷心菜洗净，菜叶卷成卷；木瓜洗净削皮，切块；柠檬洗净，切片备用。② 将卷心菜、柠檬放入榨汁机榨汁，加入木瓜块和蜂蜜，搅拌 30 秒即可。
【营养功效】美白护肤，延缓衰老。
【健康贴士】木瓜不宜和油炸食物同食，会引起腹泻。

卷心菜苹果汁

【主料】卷心菜、苹果各 100 克，柠檬 1/2 个。
【配料】凉开水 500 毫升。
【制作】① 卷心菜洗净，切丝；苹果去核，切块。柠檬洗净，榨汁备用。② 将卷心菜、苹果放入榨汁机中，加入凉开水搅打成汁，加入柠檬汁拌匀即可。
【营养功效】补脑养血、宁神安眠。
【健康贴士】吃苹果可以减轻孕期反应，适宜孕妇饮用。

卷心菜葡萄汁

【主料】卷心菜 120 克，葡萄 80 克。
【配料】柠檬 1 个。
【制作】① 卷心菜、葡萄洗净；柠檬洗净后切片。② 用卷心菜叶把葡萄包起来，将所有的材料放入榨汁机中，搅打成汁即可。
【营养功效】抗毒杀菌，解除疲劳。
【健康贴士】葡萄不宜与牛奶同食，易导致腹泻。

卷心菜桃子汁

【主料】卷心菜 100 克，水蜜桃 1 个。
【配料】柠檬 1 个。
【制作】① 卷心菜叶洗净，卷成卷；水蜜桃洗净，对切后去核；柠檬洗净，切片。② 将所有材料放入榨汁机搅打成汁即可。
【营养功效】补益气血，养阴生津。
【健康贴士】吃桃子后不宜喝茶，易引起肠胃功能紊乱。

卷心菜茼蒿橘汁

【主料】卷心菜 50 克，橘子 1 个，茼蒿 50 克。
【配料】柠檬 1/2 个。
【制作】① 柠檬洗净，切片；橘子剥皮，去囊衣、子；茼蒿、卷心菜洗净备用。② 将柠檬和橘子放入榨汁机搅打成汁，再放入茼蒿和卷心菜一起榨成汁即可。
【营养功效】养心安神，降压补脑。
【健康贴士】茼蒿具有降血压的功效，适宜高血压患者饮用。

卷心菜番茄苹果饮

【主料】卷心菜 300 克，番茄 100 克，苹果 150 克。
【配料】凉开水 250 毫升。
【制作】① 苹果洗净，去皮、核，切块。卷心菜洗净，撕片；番茄洗净，切片。② 将所有材料放入榨汁机内，搅打成汁即可。
【营养功效】利尿消肿，防癌抗癌。
【健康贴士】番茄不宜与黄瓜同食，会破坏番茄中的维生素 C。

卷心菜猕猴桃柠檬汁

【主料】卷心菜 150 克，猕猴桃 2 个。
【配料】柠檬 1/2 个。
【制作】① 卷心菜洗净，卷成卷；猕猴桃洗净，去皮、切块；柠檬洗净，切片。② 将所有材料放入榨汁机中搅打成汁即可。
【营养功效】增强免疫，补充体力。
【健康贴士】猕猴桃不宜与螃蟹同食，可致痉挛、反胃等症状，造成人体不适。

卷心菜杧果柠檬汁

【主料】卷心菜 150 克，杧果 1 个，柠檬 1 个。
【配料】蜂蜜适量。
【制作】① 卷心菜洗净；柠檬洗净、切块；杧果去皮，挖出果肉，包在卷心菜叶里。② 将上述材料放入榨汁机中榨汁，加蜂蜜拌匀即可。
【营养功效】润肠排毒，防癌抗癌。
【健康贴士】杧果性质带湿毒，皮肤病或肿瘤患者忌食。

卷心菜香蕉蜂蜜汁

【主料】卷心菜 150 克，香蕉 1 根。
【配料】蜂蜜 8 克，凉开水 200 克。
【制作】① 卷心菜洗净，把菜叶卷成卷；香蕉剥皮，切成块状。② 将卷心菜、香蕉放入榨汁机中搅打成汁，加入蜂蜜，搅拌均匀即可。
【营养功效】润肺止咳，清热解毒。
【健康贴士】香蕉不宜与芋头同食，易引起胃胀痛。

卷心菜蜜瓜柠檬汁

【主料】卷心菜 100 克，蜜瓜 60 克。

【配料】柠檬 1/2 个，蜂蜜 8 克。
【制作】① 卷心菜叶洗净，切成片；蜜瓜洗净，去皮、子，切块；柠檬洗净，切块。② 将卷心菜、蜜瓜、柠檬放进榨汁机中搅打成汁，加蜂蜜拌匀即可。
【营养功效】生津止渴，清肺止咳。
【健康贴士】柠檬具有化食减肥的功效，适宜减肥者饮用。

莲藕木瓜汁

【主料】莲藕 30 克，杏 30 克，木瓜 1/4 个。
【配料】柠檬汁 15 毫升，冰水 300 毫升。
【制作】① 莲藕洗净，去皮；木瓜洗净，去皮、子；杏洗净，去皮、核，均切小块。② 将所有材料放入榨汁机内搅打成汁，滤出果肉即可。
【营养功效】通便止泻，健脾开胃。
【健康贴士】莲藕性偏凉，故产妇不宜过早饮用莲藕汁。

莲藕苹果汁

【主料】莲藕 1/3 个，柳橙 1 个，苹果 1/2 个。
【配料】凉开水 30 毫升，蜂蜜 3 克。
【制作】① 苹果洗净，去皮、核，切块；柳橙洗净，切块；莲藕洗净，去皮，切小块备用。② 将上述材料放入榨汁机中，注入凉开水搅打成汁，加入蜂蜜拌匀即可。
【营养功效】宽胸开结，清热降逆。
【健康贴士】莲藕具有开胃健中的功效，适宜食欲不振者饮用。

莲藕柠檬汁

【主料】莲藕 150 克，柠檬 1/2 个。
【配料】苹果 1/2 个。
【制作】① 莲藕洗净，切成小块；苹果洗净，去皮切小块；柠檬洗净，切小片。② 将所有好的材料放入榨汁机内搅打成汁即可。
【营养功效】补益气血，增强免疫。
【健康贴士】莲藕宜与黑木耳同食，可起到滋补肾阴的功效。

莲藕菠萝杧果汁

【主料】莲藕 30 克，菠萝 50 克，杧果 1/2 个。
【配料】柠檬汁 15 毫升，冰水 300 毫升。
【制作】① 菠萝、莲藕洗净，去皮；杧果洗净，去皮、核，切小块。② 将所有材料放入榨汁机中搅打成汁，滤出果肉即可。
【营养功效】益血生肌，补中养神。
【健康贴士】莲藕宜与银耳同食，可起到滋补肺阴的功效。

莲藕柳橙蔬果汁

【主料】莲藕 30 克，柳橙 1 个，苹果 1/2 个。
【配料】凉开水 30 毫升，蜂蜜 3 克。
【制作】① 苹果洗净，去皮、核，切块；柳橙洗净，切小块；莲藕洗净、去皮，切小块备用。② 将上述放入榨汁机中，注入凉开水搅打成汁，放入蜂蜜拌匀即可。
【营养功效】开胃消食，生津止渴。
【健康贴士】胸膈满闷、恶心、饮酒过多、宿醉未消者宜饮用。

莲藕香瓜梨汁

【主料】莲藕 30 克，香瓜 1/2 个，梨 1/2 个。
【配料】凉开水 30 毫升，蜂蜜 5 克。
【制作】① 梨洗净，去皮、核，切块；香瓜洗净，去皮、子，切小块；莲藕洗净，去皮，切小块备用。② 将上述材料放入榨汁机中，加入适量凉开水搅打成汁，放入蜂蜜拌匀即可。
【营养功效】保肝护肾，增强体质。
【健康贴士】莲藕、香瓜均属性寒之物，体质虚寒者不宜饮用。

番茄马蹄汁

【主料】番茄 200 克，马蹄 150 克。
【配料】蜂蜜 8 克。

【制作】① 马蹄洗净，去皮切碎；番茄洗净、切碎。② 将马蹄、番茄分别放入榨汁机中榨汁，马蹄汁、番茄汁和蜂蜜混合拌匀即可。

【营养功效】补血益气，保护肝脏。

【健康贴士】番茄不宜与咸鱼同食，易产生致癌物质，对人体有害。

番茄柳橙菠萝汁

【主料】柳橙 500 克，菠萝 100 克，番茄 100 克。

【配料】西芹 50 克，柠檬 30 克，蜂蜜 10 克。

【制作】① 番茄洗净、切小块，柳橙、菠萝去皮洗净、切小块；西芹洗净，切成小段；柠檬去皮，果肉切块。② 将番茄、柳橙、菠萝、西芹、柠檬放进榨汁机中榨取汁液，倒入杯中，加入蜂蜜调匀即可。

【营养功效】滋养肌肤，延缓衰老。

【健康贴士】菠萝是酸性水果，过量饮用会发生“菠萝中毒”的过敏反应。

番茄杧果汁

【主料】番茄 1 个，杧果 1 个。

【配料】蜂蜜 5 克。

【制作】① 番茄洗净，切块；杧果洗净，去皮、核，切成小块。② 将杧果、番茄放入榨汁机中榨汁，倒入杯中，加入蜂蜜拌匀即可。

【营养功效】清热解暑，生津止渴。

【健康贴士】不宜空腹饮用大量番茄汁，否则会导致胃部胀痛。

番茄甘蔗汁

【主料】番茄 200 克，卷心菜 100 克。

【配料】甘蔗汁 500 毫升。

【制作】① 番茄洗净，切成小块；卷心菜洗净，撕成小块备用。② 将所有材料放入榨汁机内搅打 2 分钟即可。

【营养功效】强身健体，增强免疫。

【健康贴士】一般人皆宜饮用。

番茄柠檬汁

【主料】番茄 1 个，柠檬 1/2 个。

【配料】凉开水 200 毫升，蜂蜜 5 克。

【制作】① 番茄洗净、切块；柠檬洗净、切片。② 将所有材料放入榨汁机内搅打成汁即可。

【营养功效】降脂降压，预防动脉粥样硬化。

【健康贴士】糖尿病、胃及十二指肠溃疡、胃酸过多、龋齿患者忌食。

番茄胡柚酸奶

【主料】番茄 200 克，胡柚 1 个。

【配料】酸奶 240 毫升，冰糖 20 克。

【制作】① 番茄洗净，切小块；胡柚去皮，剥掉内膜，切块。② 将所有材料倒入榨汁机内搅打 2 分钟即可。

【营养功效】开胃消食，润肠通便。

【健康贴士】番茄宜与酸奶搭配食用，可以生津止渴、降低血脂。

番茄柠檬柚汁

【主料】沙田柚 1/2 个，柠檬 1 个，番茄 1 个。

【配料】凉开水 200 毫升，蜂蜜 8 克。

【制作】① 沙田柚洗净，剥开，取果肉，放入榨汁机中榨汁。② 将番茄、柠檬洗净，切块，与沙田柚汁、蜂蜜、凉开水一起放入榨汁机内搅打成汁即可。

【营养功效】润肠通便，排毒养颜。

【健康贴士】脾虚泄泻的人不宜喝柚子汁，会引起腹泻。

番茄西瓜西芹汁

【主料】番茄 1 个，西芹 15 克，西瓜 1 个。

【配料】苹果醋 8 克，冰水 100 毫升。

【制作】① 番茄洗净，去皮、切块；西瓜洗净，去皮、切成薄片；西芹撕去老皮，洗净切小块。② 将所有材料放入榨汁机中搅打成汁，滤出果肉即可。

【营养功效】安定心神，消除烦躁。

【健康贴士】芹菜不宜与黄瓜同食，会破坏芹菜中的维生素 C。

番茄西瓜柠檬饮

【主料】西瓜 150 克，番茄 1 个。

【配料】柠檬 1/4 个。

【制作】① 西瓜、番茄洗净后去皮，均切小块。② 将所有材料放入榨汁机中搅打成汁，滤出果肉即可。

【营养功效】利尿消肿，润肠通便。

【健康贴士】西瓜具有明显的利尿作用，尿频患者不宜饮用。

番茄柠檬鲜蔬汁

【主料】番茄 150 克，西芹 2 根，青椒 1 个。

【配料】柠檬 1/3 个，矿泉水 200 毫升。

【制作】① 番茄、青椒洗净切块；西芹洗净切段，柠檬洗净切片。② 将所有原料放入榨汁机内搅打成汁即可。

【营养功效】增加食欲，助消化。

【健康贴士】西芹不宜与菊花同食，易引起呕吐。

番茄甘蔗卷心菜汁

【主料】番茄 100 克，卷心菜 100 克。

【配料】甘蔗汁 500 毫升，冰块 50 克。

【制作】① 番茄洗净，切块；卷心菜洗净，撕成片。② 将所有材料放入榨汁机内搅打 2 分钟即可。

【营养功效】美容养颜，补益气血。

【健康贴士】未成熟的番茄不宜饮用，易引起胃部不适。

番茄苹果优酪乳

【主料】番茄 80 克，苹果 1 个。

【配料】优酪乳 200 毫升。

【制作】① 番茄洗净，去蒂、切块；苹果洗净，去皮、核，切小块备用。② 将所有材料放入榨汁机内搅打成汁即可。

【营养功效】降低固醇，护心健脑。

【健康贴士】便秘、高血压、高脂血、糖尿病、肥胖症、维生素 C 缺乏者宜饮用。

番茄卷心菜柠檬汁

【主料】番茄 2 个，卷心菜 80 克。

【配料】甘蔗汁 400 毫升，柠檬汁 20 毫升。

【制作】① 番茄、卷心菜洗净，切小块备用。② 将番茄和卷心菜放入榨汁机中搅打均匀，倒入杯中，加入柠檬汁和甘蔗汁调匀即可。

【营养功效】强健身体，防癌抗癌。

【健康贴士】口干烦渴、消化不良、孕妇胎动不安、维生素 C 缺乏者宜饮用。

番茄卷心菜芹菜汁

【主料】番茄 1/2 个，卷心菜 60 克。

【配料】芹菜梗半根，芹菜叶 5 克，苹果 1/8 个，柠檬 1/2 个，冰水 200 毫升。

【制作】① 番茄洗净、去皮切块；苹果洗净、去核切块；芹菜洗净、切段；柠檬洗净、切块；卷心菜洗净备用。② 将除冰水外的所有材料放入榨汁机中搅打成汁，最后加入冰水拌匀即可。

【营养功效】补益气血，平肝降压。

【健康贴士】芹菜不宜与蟹、蚬同食，会破坏芹菜中的维生素 B1。

菠菜果汁

【主料】菠菜 300 克，圣女果 100 克。

【配料】木瓜 1/2 个。

【制作】① 菠菜洗净、去根，切成段；圣女果、木瓜洗净，切块备用。② 将所有材料放入榨汁机内，高速搅拌均匀即可。

【营养功效】美白护肤，健脾消食。

【健康贴士】菠菜不宜与豆腐同食，会破坏营养，生成人体不吸收的物质。

菠菜橘汁

【主料】菠菜200克，橘子1个。

【配料】苹果20克，柠檬1/2个，蜂蜜10克，凉开水240毫升。

【制作】① 菠菜洗净，择去黄叶，切成小段；橘子去皮，剥成瓣；苹果带皮去核，切成小块。② 将所有材料倒入榨汁机内搅打2分钟即可。

【营养功效】通肠导便，防治痔疮。

【健康贴士】菠菜不宜与鳝鱼同食，易导致腹泻。

菠菜荔枝汁

【主料】菠菜60克，荔枝10颗。

【配料】凉开水30毫升，冰块50克。

【制作】① 荔枝去皮、核，菠菜洗净、切小段备用。② 将荔枝、菠菜放入榨汁机中，注入凉开水搅打成汁，放入冰块即可。

【营养功效】益智健脑，补充能量。

【健康贴士】荔枝火大，虚火旺盛者不宜多饮。

菠菜芹菜汁

【主料】菠菜300克，芹菜200克。

【配料】香葱半根，柠檬1/4个，凉开水适量。

【制作】① 菠菜泡水洗净，去根切段；芹菜、香蕉去皮，切块；柠檬洗净，榨汁备用。② 将除柠檬汁以外的材料放入榨汁机中榨成汁，最后加入柠檬汁拌匀即可。

【营养功效】补充营养，增强体质。

【健康贴士】一般人皆宜饮用。

菠菜胡萝卜番茄汁

【主料】菠菜50克，胡萝卜1根，番茄1/2个。

【配料】盐5克。

【制作】① 菠菜洗净，切成三段；胡萝卜、番茄用水洗净，切成小块。② 将所有食材放入榨汁机内，搅打均匀即可。

【营养功效】清洁皮肤，延缓衰老。

【健康贴士】菠菜和胡萝卜中都富含维生素A。维生素A可防止胆固醇在血管壁上的沉积，从而保持脑血管畅通，因此将二者同食，不仅能起到防止中风的功效，还能活血通络。

菠菜樱桃汁

【主料】菠菜40克，樱桃5粒。

【配料】蜂蜜10克，凉开水350毫升。

【制作】① 菠菜洗净，折成小段，焯烫后捞起，过冷水备用；樱桃洗净，对切去子。② 将菠菜、樱桃与蜂蜜倒入榨汁机中，注入凉开水搅打成汁即可。

【营养功效】益气补血，健脑益智。

【健康贴士】樱桃不宜与海鲜同食，会发生胃肠道蠕动异常或引起过敏反应。

菠密卷心菜汁

【主料】菠菜100克，哈密瓜150克，卷心菜50克。

【配料】柠檬汁10毫升。

【制作】① 菠菜洗净、去梗，切成小段；哈密瓜去皮、子，切块；卷心菜洗净，切块。② 将菠菜、哈密瓜、卷心菜放入榨汁机中榨汁，最后加入柠檬汁拌匀即可。

【营养功效】美白护肤，瘦身减肥。

【健康贴士】一般人皆宜饮用。

菠菜番茄汁

【主料】番茄100克，菠菜100克，柠檬150克。

【配料】盐2克。

【制作】① 番茄、柠檬洗净去皮，切成小丁；菠菜洗净去根，焯熟后切成小段。② 将番茄、菠菜、柠檬全部放入榨汁机榨成果菜汁，倒入杯中，调入盐即可。

【营养功效】凉血养肝，清热解毒。

【健康贴士】痔疮、便血、习惯性便秘、坏

血病、高血压病、贫血、糖尿病患者宜饮用。

菠菜苹果汁

【主料】菠菜 50 克，苹果 1/4 个。
【配料】凉开水 300 毫升，蜂蜜 8 克。
【制作】① 菠菜叶洗净，苹果去皮、切块。② 用菠菜叶包裹苹果，放入榨汁机内，注入凉开水搅打成汁，放入蜂蜜搅拌均匀即可。
【营养功效】补益气血，美容养颜。
【健康贴士】贫血、维生素 C 缺乏患者尤宜饮用。

西芹苹果汁

【主料】西芹 80 克，苹果 50 克，胡萝卜 60 克。
【配料】蜂蜜 5 克。
【制作】① 西芹洗净，切成段；苹果洗净，去皮、核，切成块；胡萝卜洗净，切块。② 将所有材料倒入榨汁机内，搅打成汁即可。
【营养功效】养血补虚，镇静安神。
【健康贴士】一般人皆宜饮用。

芹菜菠萝鲜奶汁

【主料】西芹 100 克，鲜奶 200 毫升，菠萝 200 克。
【配料】蜂蜜 8 克。
【制作】① 西芹去叶洗净，切段备用；菠萝去皮、洗净，切成小块。② 将所有材料放入榨汁机内，搅打 2 分钟即可。
【营养功效】清洁肠道，调节肤色。
【健康贴士】高血压、高脂血、血管硬化患者宜饮用。

西芹番茄柠檬汁

【主料】西芹 1 根，番茄 1 个。
【配料】水 100 毫升，柠檬汁 50 毫升，菜花 5 克。
【制作】① 西芹切成小块；番茄洗净、去蒂，切成四块；菜花洗净，掰小朵。② 将番茄、西芹、菜花放入榨汁机内，加入水和柠檬汁搅打均匀即可。
【营养功效】防癌抗癌，增强体质。
【健康贴士】芹菜能够降低血压，番茄可以健胃消食，对高血压、高脂血症患者尤为适宜，二者同食，能够使降低血压的效果更显著。

西芹橘子哈密瓜汁

【主料】西芹 100 克，橘子 100 克，哈密瓜 200 克。
【配料】番茄 50 克，蜂蜜 5 克，凉开水少许。
【制作】① 哈密瓜、橘子去皮、子，切块；西芹洗净，切小段；番茄洗净，切薄片备用。② 将所有材料放入榨汁机内，注入适量凉开水搅打成汁，加入蜂蜜拌匀即可。
【营养功效】减肥瘦身，补益气血。
【健康贴士】哈密瓜含糖量较高，糖尿病患者不宜饮用。

芹菜橘子汁

【主料】红色彩椒 1 个，芹菜 200 克，苹果 1/2 个，橘子 1 个。
【配料】冰水 200 毫升。
【制作】① 橘子去皮，撕瓣；彩椒洗净，去子、切块；芹菜去叶，洗净、切段；苹果洗净，去核切块。② 将所有材料放入榨汁机内搅打成汁，滤出果肉即可。
【营养功效】生津止渴，开胃消食。
【健康贴士】苹果宜与茶叶、洋葱同食，能起到保护心脏，减少心脏病发病率的作用。

芹菜柿子饮

【主料】芹菜 85 克，柿子 1/2 个。
【配料】柠檬 1/4 个，凉开水 150 克，冰块 50 克。
【制作】① 芹菜去叶；柿子去皮，洗净后均切小块。② 将所有材料放入榨汁机中搅打成汁，加入冰块即可。

【营养功效】柿子能有效补充人体的养分及细胞内液，具有润肺生津的作用。

【健康贴士】柿子汁不宜空腹饮用，易形成结石。

芹菜番茄饮

【主料】番茄 2 个，芹菜 100 克。

【配料】柠檬 1 个。

【制作】① 番茄洗净，切成小块；芹菜洗净，切成小段；柠檬洗净，切片。② 将所有材料放入榨汁机内搅打成汁即可。

【营养功效】补血益气，保护心脏。

【健康贴士】番茄不宜长久加热，以免破坏番茄中的营养成分。

芹菜阳桃蔬果汁

【主料】芹菜 30 克，阳桃 50 克，葡萄 100 克。

【制作】① 芹菜洗净，切成小段；阳桃洗净，切成小块；葡萄洗净后对切，去子。② 将所有材料倒入榨汁机内搅打成汁即可。

【营养功效】清热止渴，生津消烦。

【健康贴士】阳桃性寒，脾胃虚寒或腹泻患者不宜饮用。

西芹苹果柠檬汁

【主料】苹果 1/2 个，西芹 1 根，柠檬 1/2 个。

【配料】蜂蜜 5 克，凉开水 200 毫升。

【制作】① 苹果洗净，去皮切丁；西芹洗净，去筋、掰成小块。② 将苹果丁和西芹倒入榨汁机内，挤入柠檬汁，加入适量蜂蜜，注入凉开水，搅打成汁即可。

【营养功效】降低血压，健胃利尿。

【健康贴士】痛经者经期不宜吃苹果，易导致气血瘀滞、经血不尽。

芹菜菠萝汁

【主料】芹菜 300 克，菠萝 300 克。

【配料】蜂蜜 10 克，凉开水适量。

【制作】① 菠萝去皮，切成小块；芹菜洗净切成段。② 将菠萝块、芹菜段一同放入榨汁机中，搅打成汁，加入蜂蜜和适量凉开水，搅拌均匀即可饮用。

【营养功效】补脾止泻，健胃消食。

【健康贴士】小便不利、尿血、水肿、妇女更年期综合征患者宜饮用。

芹菜香瓜汁

【主料】西芹 100 克，香瓜 200 克。

【配料】番茄 50 克，蜂蜜 8 克。

【制作】① 西芹洗净，切段；香瓜洗净，去皮切块。② 将上述材料放入榨汁机内搅打成汁，最后加入适量蜂蜜拌匀即可。

【营养功效】除烦安神，改善过敏体质。

【健康贴士】香瓜性寒，脾质虚寒者不宜饮用。

山药蜜汁

【主料】山药 35 克，菠萝 50 克。

【配料】枸杞 30 克，蜂蜜 8 克。

【制作】① 山药洗净，去皮、切段；菠萝去皮，洗净、切块；枸杞洗净备用。② 将山药、菠萝和枸杞放入榨汁机中搅打成汁，加入蜂蜜拌匀即可。

【营养功效】健脾利胃，益肾固精。

【健康贴士】山药能够健脾益肾，蜂蜜可以治疗中气亏虚、肺燥咳嗽，二者同食，健脾益肾功效更佳。

山药苹果汁

【主料】新鲜山药 200 克，苹果 200 克。

【配料】优酪乳 150 毫升。

【制作】① 山药洗净，削皮，切成小段；苹果洗净，去皮、核，切小块。② 将上述材料放入榨汁机内，倒入优酪乳搅打均匀即可。

【营养功效】强健机体，养护肌肤。

【健康贴士】山药有收涩作用，大便燥结者不宜饮用此蔬果汁。

山药苹果酸奶

【主料】新鲜山药 200 克，苹果 200 克。
【配料】酸奶 150 毫升，冰糖 6 克。
【制作】① 山药洗净，削皮，切小块；苹果洗净，去皮，切小块。② 将上药、苹果放入榨汁机内，倒入酸奶、冰糖搅打成汁即可。
【营养功效】滋阴润燥，温中健胃。
【健康贴士】糖尿病、病后虚弱、慢性肾炎、脾虚食少、肾虚遗精者宜饮用。

山药橘子苹果汁

【主料】山药 200 克，橘子 200 克，苹果 1 个。
【配料】蜂蜜 8 克。
【制作】① 山药洗净，削皮、切块；苹果洗净，去皮、切块；橘子去皮，剥成瓣。② 将所有材料放入榨汁机中搅打成汁，最后放入蜂蜜拌匀即可。
【营养功效】健脾益胃，助消化。
【健康贴士】山药不宜与碱性药物同食，会破坏药效。

山药番茄优酪乳

【主料】番茄 50 克，山药 35 克。
【配料】优酪乳 150 毫升。
【制作】① 番茄洗净，去蒂、切块；山药洗净，削皮、切块。② 将所有材料放入榨汁机内搅打成汁即可。
【营养功效】降低血糖，延年益寿。
【健康贴士】一般人皆宜饮用。

茼蒿葡萄柚汁

【主料】葡萄柚 1/2 个，茼蒿 30 克。
【配料】凉开水 200 克，蜂蜜 5 克。
【制作】① 葡萄柚去皮；茼蒿洗净切成小段。② 将所有材料放入榨汁机中搅打成汁即可。
【营养功效】清血化痰，润肺补肝。
【健康贴士】葡萄柚汁不宜多喝，过食易导致腹胀，腹泻。

茼蒿卷心菜菠萝汁

【主料】茼蒿 100 克，卷心菜 100 克，菠萝 100 克。
【配料】柠檬汁 15 毫升。
【制作】① 茼蒿、卷心菜均洗净，切小块；菠萝去皮洗净，切块备用。② 将所有材料放入榨汁机中搅打均匀，加入柠檬调匀即可。
【营养功效】降低血压，稳定情绪。
【健康贴士】高血压患者、脑力劳动人士、贫血者、骨折患者宜饮用。

茼蒿菠萝柠檬汁

【主料】茼蒿、菠萝各 150 克，白萝卜 50 克。
【配料】柠檬汁 100 毫升，果糖 6 克，凉开水 250 毫升。
【制作】① 茼蒿洗净，切小块；菠萝和白萝卜削皮后洗净，均切成小块。② 将上述材料放入榨汁机中，注入凉开水搅打成汁，加入柠檬汁和果糖拌匀即可。
【营养功效】宽中理气，开胃消食。
【健康贴士】茼蒿辛香滑利，胃虚泄泻者不宜多食。

莴笋蔬果汁

【主料】莴笋 80 克，西芹 70 克，苹果 150 克。
【配料】猕猴桃 1/2 个，凉开水 240 毫升。
【制作】① 莴笋、西芹分别洗净，切段；猕猴桃去皮洗净，切块；苹果洗净，去核、切块。② 将所有材料放入榨汁机内搅打 2 分钟即可。
【营养功效】开通疏利，消积下气。
【健康贴士】莴笋具有润肠通便的功效，适宜便秘者饮用。

莴笋苹果汁

【主料】莴笋 80 克，苹果 150 克。
【配料】柠檬 1/2 个，冰糖 6 克，凉开水

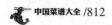

240 毫升。

【制作】① 莴笋洗净，切成小段；柠檬洗净，切片。② 将所有材料放入榨汁机内搅打 2 分钟即可。

【营养功效】强壮机体，防癌抗癌。

【健康贴士】莴笋的含钾量较高，对心脏有益，适宜高血压和心脏病患者饮用。

莴笋菠萝汁

【主料】莴笋 200 克，菠萝 45 克。

【配料】蜂蜜 10 克，凉开水 300 毫升。

【制作】① 莴笋洗净，切细丝；菠萝去皮，洗净，切小块。② 将莴笋、菠萝、蜂蜜倒入榨汁机内，加入凉开水搅打成汁即可。

【营养功效】利尿通乳，宽肠通便。

【健康贴士】莴笋有助于抵御风湿性疾病和痛风，适宜老年人饮用。

莴笋葡萄柚汁

【主料】莴笋 100 克，苹果 50 克，葡萄柚 1/2 个。

【配料】冰块 50 克。

【制作】① 莴笋洗净，切段，入沸水焯烫；苹果去皮、核，切丁；葡萄柚去皮榨汁，取出备用。② 将莴笋、苹果、葡萄柚汁放入榨汁机中搅打成汁，加入冰块拌匀即可。

【营养功效】润肠通便，消脂降压。

【健康贴士】苹果宜与牛奶同食，具有生津除热，抗癌防癌的功效。

芭蕉火龙果萝卜汁

【主料】芭蕉 2 个，白萝卜 100 克，火龙果 200 克。

【配料】柠檬 1/2 个。

【制作】① 柠檬洗净，切块；芭蕉剥皮；火龙果去皮；白萝卜洗净、去皮。② 将柠檬、芭蕉、火龙果、白萝卜及冰块放入榨汁机中，加适量水搅打成汁即可。

【营养功效】消炎止痛，降糖消渴。

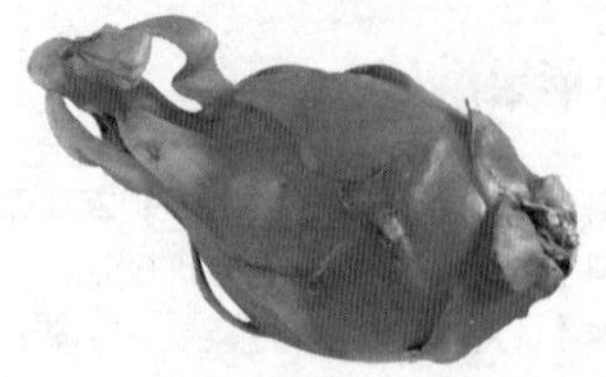

【健康贴士】老年人宜饮用。

莴笋橘子苹果汁

【主料】莴笋 100 克，苹果 1 个，生菜 50 克，橘子 1 个。

【配料】蜂蜜 20 克。

【制作】① 莴笋洗净，切成小块；生菜洗净，撕碎；苹果、橘子洗净，去皮、子，切成小块。② 将上述材料倒入榨汁机内搅打成汁，加入蜂蜜拌匀即可。

【营养功效】化痰止咳，清除肺热。

【健康贴士】橘子与蜂蜜一同食用，润肺生津、解毒的食疗功效更佳。

莴笋西芹综合蔬果汁

【主料】莴笋 80 克，西芹 70 克，苹果 150 克。

【配料】柠檬 1/2 个，凉开水 240 毫升。

【制作】① 莴笋、西芹洗净，切段；柠檬洗净，去皮，切成小块；苹果洗净，去核、切块。② 将所有材料放入榨汁机中搅打成汁即可。

【营养功效】补益气血，开胃消食。

【健康贴士】莴笋汁不宜多喝，过食会诱发眼疾。

芭蕉果蔬汁

【主料】芭蕉 2 个，白萝卜 100 克，火龙果 200 克。

【配料】柠檬 1/2 个，冰块 50 克，水适量。

【制作】① 柠檬洗净，连皮切成 3 块；芭蕉、火龙果去皮；白萝卜洗净、去皮。② 将所有材料放入榨汁机内，加入适量水，搅打成汁即可。

【营养功效】开胃消食，明目益肝。

【健康贴士】芭蕉不宜与白薯同食，会引起复胀。

芭蕉生菜西芹汁

【主料】芭蕉3个，生菜100克，西芹100克。

【配料】柠檬1/2个。

【制作】① 芭蕉去皮；生菜、西芹洗净；柠檬洗净后切片。② 将所有材料放入榨汁机中搅打成汁即可。

【营养功效】润肠通便，健脾和胃。

【健康贴士】生菜性寒，体质虚寒者不宜饮用。

豆浆

五谷豆浆

五豆豆浆

【主料】黄豆30克，黑豆10克，青豆10克，豌豆10克，花生米10克。
【配料】白砂糖6克。
【制作】① 五种豆类浸泡6～16小时，备用。② 将浸泡好的五豆一起放入豆浆机，加入水1200毫升，打碎煮熟，再用豆浆滤网过滤，加入少许糖调味即可。
【营养功效】降脂降压，强筋健脾。
【健康贴士】一般人皆宜饮用。

黑豆豆浆

【主料】黑豆100克，红豆100克，绿豆100克。
【配料】白砂糖5克。
【制作】① 黑豆、红豆、绿豆预先泡好。② 将所有原料放入豆浆机中，注入适量水搅打成豆浆，加入适量糖调味即可。
【营养功效】清心养神，健脾益肾。
【健康贴士】红豆中含有的叶酸具有催乳的功效，适宜哺乳期妇女饮用。

三黑豆浆

【主料】黑豆50克，黑米50克，黑芝麻25克。
【配料】白砂糖8克。
【制作】① 黑豆、黑米洗净，浸泡一晚。② 将黑豆、黑米倒入豆浆机，注入适量清水，再加入黑芝麻，选择“五谷豆浆”键打成豆浆。③ 在打好的豆浆中加入少许白砂糖拌匀即可。
【营养功效】补血安神，明目健脾。
【健康贴士】黑豆具有美容护发的功效，适宜女士饮用。

小米黄豆浆

【主料】黄豆100克，小米80克。
【配料】白砂糖10克。
【制作】① 黄豆浸泡一夜。② 小米淘洗干净，与黄豆一起放入料理机打成豆浆，过滤后大火煮开，最后加入适量白砂糖调味即可。
【营养功效】润燥消水，健脾宽中。
【健康贴士】黄豆能够减轻女士更年期症状，适宜更年期妇女饮用。

玉米豆浆

【主料】玉米60克，黄豆50克。
【配料】白砂糖10克。
【制作】① 黄豆提前泡发；新鲜玉米处理干净后切下玉米粒。② 将黄豆和玉米一起放入豆浆机中打成豆浆，加入适量白砂糖调味即可。
【营养功效】清热解毒，补脾益气。
【健康贴士】黄豆能够降低人体胆固醇，预防心脏病的发生，适宜中老年人饮用。

花生豆浆

【主料】花生30克，黄豆40克。
【制作】① 黄豆、花生浸泡6～16小时，备用。② 将泡好的黄豆和花生放入豆浆机内，注入清水1200毫升，搅打10分钟即可。
【营养功效】补血益气，滋阴润肺。

【健康贴士】花生含钙较多，能够促进人体骨骼发育，适宜青少年饮用。

绿豆豆浆

【主料】干黄豆 30 克，干大米 30 克，绿豆 30 克。
【配料】白砂糖 10 克。
【制作】① 干黄豆用清水浸泡 4 个小时以上，大米、绿豆淘洗干净。② 将黄豆、大米、绿豆放入豆浆机中，加水至上下水位线之间，接通电源，搅打 12 分钟即可。
【营养功效】抗菌抑菌，降低血脂。
【健康贴士】吃黄豆会产生过多的气体，造成胀肚，消化功能不良，故有慢性消化道疾病的患者应尽量少食。
【举一反三】将绿豆换成红豆，即可制成红豆豆浆。

红枣黑豆豆浆

【主料】黑豆 300 克，红枣 100 克。
【配料】黑芝麻 50 克。
【制作】① 黑豆和去皮的红枣浸泡一晚，备用。② 将所有材料放入豆浆机中，注入适量凉开水打成豆浆即可。
【营养功效】益气补血，增强体质。
【健康贴士】红枣不宜过量饮用，过食会引起胃酸过多和腹胀。

红枣枸杞豆浆

【主料】黄豆 45 克，去核红枣 15 克。
【配料】枸杞 10 克。
【制作】① 黄豆浸泡 6 ～ 12 小时；去核红枣洗净；枸杞洗净。② 将所有材料放入豆浆机中，加适量水打成豆浆即可。
【营养功效】补虚益气，安神补肾。
【健康贴士】腐烂的红枣不宜饮用，会出现头晕、视力障碍等不适反应，

百合银耳绿豆浆

【主料】干银耳 10 克，鲜百合 30 克，绿豆 50 克。
【配料】冰糖 20 克。
【制作】① 绿豆用清水泡发；干银耳泡发，去掉黄色的根部，分成小朵备用；鲜百合洗净。② 将所以材料放入豆浆机中，启动豆浆机打成豆浆即可。
【营养功效】防癌抗癌，滋阴润燥。
【健康贴士】银耳能提高肝脏解毒能力，适宜肝病患者饮用。

豌豆豆浆

【主料】豌豆 250 克，小香芹 100 克。
【配料】青椒 10 克，冰糖 10 克。
【制作】① 豌豆煮熟；香芹、青椒洗净，入沸水焯烫，捞出切成细末，备用。② 把所有的材料放入豆浆机中打成豆浆，倒入碗中，放入冰糖搅拌均匀，放入冰箱冷藏 3 小时即可饮用。
【营养功效】防癌抗癌，增强免疫。
【健康贴士】豌豆中富含的粗纤维能促进大肠蠕动，适宜便秘患者饮用。

芝麻黑豆豆浆

【主料】黑芝麻、花生各 10 克，黑豆 80 克。
【配料】糖 10 克。
【制作】① 花生与黑豆浸泡 6 ～ 16 小时备用。② 将黑芝麻与浸泡好的花生、黑豆一起放入豆浆机，加入水 1200 毫升，打碎煮熟，再用豆浆滤网过滤后即可饮用。
【营养功效】乌发养发，补肺益气。
【健康贴士】黑芝麻具有延缓衰老的功效，适宜女士饮用。

红枣花生豆浆

【主料】黄豆 50 克，花生 60 克，红枣 4 枚。

【配料】糖 10 克。

【制作】① 花生、黄豆洗净；红枣去核备用。② 将上述材料放入豆浆机中，加入水 1200 毫升，打碎煮熟，再用豆浆滤网过滤后即可饮用。

【营养功效】滋血通乳，润肺止咳。

【健康贴士】花生具有保护心脏的功效，适宜心脏病患者饮用。

紫米豆浆

【主料】紫米 30 克，黄豆 60 克。

【配料】白砂糖 10 克。

【制作】① 紫米和黄豆淘洗干净，用清水浸泡 8 小时左右。② 把泡米的水和紫米一起倒进搅拌机里。③ 将泡好的黄豆和清水一同放进豆浆机中打成豆浆，放入白砂糖拌匀即可。

【营养功效】滋阴补肾，健脾开胃。

【健康贴士】紫米能够降低血液中的胆固醇，适宜中老年人饮用。

高粱小米豆浆

【主料】干黄豆 50 克，干高粱米 20 克，干小米 20 克。

【配料】白砂糖 10 克。

【制作】① 干黄豆和干高粱米预先浸泡好。② 将干小米和泡好的黄豆、高粱洗净，混合放入豆浆机中，加水至上下水位间，接通电源，搅打十几分钟，加入适量白砂糖拌匀即可。

【营养功效】养阴补虚，补血益气。

【健康贴士】小米具有止泻的功效，适宜脾虚型腹泻患者饮用。

莲子百合绿豆浆

【主料】干绿豆 50 克，百合 30 克，莲子 10 枚。

【配料】白砂糖 10 克。

【制作】① 干绿豆预先浸泡好；百合和莲子用热水浸泡至发软。② 将百合、莲子和泡好的绿豆洗净，混合放入豆浆机中，加水至上下水位间，接通电源，搅打十几分钟，加入适量白砂糖拌匀即可。

【营养功效】健脾益气，润肺止咳。

【健康贴士】百合具有宁心安神的功效，适宜更年期女士饮用。

杏仁芡实薏米浆

【主料】甜杏仁 30 克，芡实 10 克，薏米 10 克。

【配料】糖 10 克。

【制作】① 所有材料洗净，混合放入豆浆机中，加水至上下水位间，接通电源，搅打十几分钟。② 加入适量白砂糖调味即可。

【营养功效】止咳平喘，润肠通便。

【健康贴士】薏米具有美白肌肤的功效，适宜女士饮用。

花草豆浆

红茶豆浆

【主料】黄豆 30 克，红茶 1 包。

【配料】白砂糖 12 克，清水 1100 毫升。

【制作】① 黄豆用清水洗净后浸泡 4 ~ 6 小时。把泡发黄豆的水倒出，用清水再冲洗一遍。② 把泡发的黄豆和红茶末倒入豆浆机桶，倒入清水，选择五谷豆浆键打成豆浆。③ 把打好的豆浆滤出，放入适量白砂糖拌匀即可。

【营养功效】增强免疫，降糖降脂。

【健康贴士】黄豆具有美容养颜，延缓衰老的功效，适宜女士饮用。

茉莉花豆浆

【主料】黄豆 25 克，鹰嘴豆 25 克，茉莉花 15 克。

【配料】开水 1000 毫升，冰糖 50 克。

【制作】① 黄豆、鹰嘴豆提前浸泡 8 小时，洗净沥去水分；茉莉花用清水洗去表面杂质，加入1000毫升开水冲泡成花汁。② 将泡发好的黄豆、鹰嘴豆装入豆浆机网罩中，茉莉花汁和冰糖放入豆浆机杯体，启动豆浆机打成豆浆，用筛网过滤豆渣，倒入碗中即可饮用。

【营养功效】通导大便，清热解毒。

【健康贴士】黄豆具有降糖降脂的功效，适宜中老年人饮用。

【举一反三】将茉莉花换成菊花，即可制成菊花绿豆豆浆。

绿豆百合饮

【主料】干绿豆30克，干黄豆50克。

【配料】百合干10克，莲子5颗。

【制作】① 将绿豆、百合、黄豆、莲子预先泡好。② 将所有材料放入豆浆机中，加入适量水，启动豆浆机打成豆浆，用筛网过滤豆渣，倒入碗中即可饮用。

【营养功效】健脾益气，润肺止咳。

【健康贴士】百合具有美容养颜的功效，适宜女士饮用。

杏仁槐花豆浆

【主料】黄豆70克，杏仁5克，槐花5朵。

【配料】蜂蜜8克，清水适量。

【制作】① 黄豆洗净，浸泡6～8小时，槐花洗净。② 将黄豆、杏仁、槐花和适量清水放入豆浆机中搅打成豆浆。③ 放入适量蜂蜜搅匀即可。

【营养功效】降低胆固醇，防治心血管疾病。

【健康贴士】杏仁含有毒物质氢氰酸，过量服用可致中毒。

荷叶桂花豆浆

【主料】黄豆70克，新鲜荷叶1/10块，绿茶5克。

【配料】桂花5朵，白砂糖8克。

【制作】① 黄豆用清水浸泡6～8小时，洗净备用。荷叶洗净撕小块。② 将黄豆和荷叶块混合放入豆浆机杯体中，加水至上下水位线间，接通电源制成豆浆。③ 杯子里放入冲洗过的绿茶和桂花，加入少量白砂糖拌匀即可。

【营养功效】瘦身纤体，美容养颜。

【健康贴士】孕妇在妊娠期大量饮用大豆食品易造成男性婴儿生殖器官畸形和性功能出现障碍。

菊花百合豆浆

【主料】干黄豆50克。

【配料】百合干10克，菊花干10克。

【制作】① 将百合、黄豆、菊花预先泡好。② 将所有材料放入豆浆机中，加入适量水，启动豆浆机打成豆浆，用筛网过滤豆渣，倒入碗中即可饮用。

【营养功效】散风清热，平肝明目。

【健康贴士】菊花性微寒，体质虚寒者不宜饮用。

清凉薄荷豆浆

【主料】绿豆30克，黄豆20克，大米20克。

【配料】薄荷叶5克。

【制作】① 将黄豆、绿豆分别洗净，放入温水中浸泡8小时左右，泡至发软。② 将泡好的黄豆、绿豆、与大米、少量的薄荷叶一起放入豆浆机杯体中，接通电源，搅打10分钟左右即可。

【营养功效】补中益气，健脾养胃。

【健康贴士】大米中的淀粉在人体中会转化为糖，故糖尿病患者不宜饮用。

茉莉绿茶豆浆

【主料】黄豆50克，茉莉花20克，绿茶20克。

【配料】白砂糖10克。

【制作】① 黄豆洗净用清水浸泡15分钟，茉莉花和绿茶用热水浸泡。② 把泡好的黄豆放入豆浆机中，再倒入过滤的茶汁，加入适量的清水打成豆浆。③ 加入适量白砂糖调味即可。

【营养功效】通便利水，祛风解表。

【健康贴士】茉莉花具有润燥香肌，美发美容的功效，适宜女士饮用。

银耳百合黑豆浆

【主料】黑豆 50 克。

【配料】银耳 30 克，鲜百合 30 克。

【制作】① 将黑豆用清水浸泡至软，洗净；银耳泡发，择洗干净，撕成小朵；鲜百合择洗干净，掰成小瓣。② 将泡好的黑豆、水、银耳和鲜百合瓣一同倒入豆浆机中，加适量清水煮成豆浆即可。

【营养功效】祛风除痹，补肾益阴。

【健康贴士】黑豆能防止大脑老化，适宜老年人饮用。

百合莲子绿豆浆

【主料】干绿豆 50 克，百合 30 克。

【配料】莲子 10 枚。

【制作】① 将干绿豆预先浸泡好，百合和莲子用热水浸泡至发软。② 将百合、莲子和泡好的绿豆洗净，混合放入杯中，加水至上下水位间，接通电源搅打十几分钟左右即可。

【营养功效】清心安神，益肾固精。

【健康贴士】百合易伤肺气，不宜多食。

水果豆浆

苹果豆浆

【主料】苹果 1 个，黄豆 50 克。

【配料】凉开水 200 毫升。

【制作】① 黄豆泡发；苹果切成小丁。② 将苹果和泡黄豆倒入豆浆机，加水至上下水位线，搅打十分钟左右即可。

【营养功效】润肠通便，降低固醇。

【健康贴士】苹果具有延缓衰老，美容养颜的功效，适宜女士饮用。

香蕉草莓豆浆

【主料】黄豆 100 克，草莓 6 颗，香蕉 1/4 根。

【配料】白砂糖 10 克。

【制作】① 黄豆加水泡至发软，捞出洗净；草莓去蒂洗净；香蕉去皮切成小块。② 将香蕉、浸泡过的黄豆、草莓放入豆浆机中，加入适量水，搅打成豆浆，加入白砂糖溶化调匀即可。

【营养功效】润肺生津，清热凉血。

【健康贴士】一般人皆宜饮用。

黄瓜雪梨豆浆

【主料】黄豆 50 克，小黄瓜 50 克。

【配料】雪梨 1/2 个、苹果 1/2 个。

【制作】① 黄豆提前泡好；黄瓜洗净，去皮，切小块；梨洗净，去皮、核，切小块；苹果洗净，去皮、核，果肉切小块。② 将所有材料放入豆浆机中，加入适量水，搅打成豆浆，加白砂糖搅拌均匀即可。

【营养功效】补充钙质，强健骨骼。

【健康贴士】胃寒、慢性消化道疾病、胃脘胀痛、腹胀、腹泻患者不宜饮用。

苹果牛奶豆浆

【主料】黄豆 50 克，苹果 30 克。

【配料】鲜奶 200 毫升，白砂糖 10 克。

【制作】① 黄豆在清水中浸泡 6 小时以上，滤出清洗干净；苹果去皮、核洗净，切成小丁。② 将黄豆和苹果倒入豆浆机，加适量的水制成豆浆，滤去豆渣，加入鲜奶、白砂糖，搅拌均匀即可。

【营养功效】养心益气，润肺除烦。

【健康贴士】黄豆具有防止血管硬化的功效，适宜中老年人饮用。

雪梨豆浆

【主料】黄豆 60 克，雪梨 1 个。
【配料】冰糖 20 克。
【制作】① 黄豆提前浸泡 8 小时；雪梨洗好，去皮切成小块。② 把黄豆、雪梨、冰糖放进豆浆机里，加入适量水制成豆浆即可。
【营养功效】润燥消风，醒酒解毒。
【健康贴士】雪梨中含糖量较高，糖尿病患者不宜饮用。

山楂豆浆

【主料】干黄豆 60 克，干大米 30 克。
【配料】山楂 6 枚。
【制作】① 干黄豆用清水浸泡 4 个小时以上；大米淘洗干净。② 将泡好的黄豆、大米混合放入豆浆机中，加水至上下水位线之间，接通电源，搅打十几分钟即可。
【营养功效】健脾养胃，补虚润燥。
【健康贴士】山楂不宜与海味同食，易引起便秘腹痛。

木瓜豆浆

【主料】木瓜 1 个，干黄豆 50 克。
【制作】① 黄豆泡好、洗净；木瓜切开，挖出果肉。② 将黄豆和木瓜肉装入豆浆机内，加入适量清水制成豆浆即可。
【营养功效】减脂，丰胸，美容。
【健康贴士】木瓜不宜与油炸食物同食，易导致腹泻、呕吐。

葡萄豆浆

【主料】葡萄 100 克。
【配料】干黄豆 60 克，干大米 30 克。
【制作】① 干黄豆用清水浸泡 4 个小时以上；大米淘洗干净；葡萄洗净。② 将泡好的黄豆、葡萄、大米混合放入豆浆机中，加水至上下水位线之间，接通电源制成豆浆即可。
【营养功效】益精强志，聪耳明目。
【健康贴士】糖尿病、便秘、阴虚内热、脾胃虚寒者不宜多饮用。

猕猴桃豆浆

【主料】猕猴桃 2 个，豆浆 200 毫升，橙汁 150 毫升。
【配料】大豆蛋白质粉 30 克，蜂蜜 10 克。
【制作】① 猕猴桃去皮，切块备用。② 将所有材料一起放入豆浆机内，搅拌 20 ~ 30 秒，倒入杯里即可。
【营养功效】减肥健美，美容养颜。
【健康贴士】一般人皆宜饮用。

火龙果豆浆

【主料】黄豆 50 克，火龙果 1 个。
【配料】白砂糖 8 克，水适量。
【制作】① 黄豆用水泡软并洗净；火龙果去皮，洗净后切成小丁。② 将黄豆、火龙果一起放入豆浆机中，加入适量水打成豆浆，加入白砂糖拌匀即可。
【营养功效】排毒解毒，润滑肠道。
【健康贴士】火龙果性寒，体质虚寒者不宜饮用。

芦笋山药豆浆

【主料】芦笋 5 根，山药 100 克。
【配料】红糖 8 克。
【制作】① 芦笋洗干净，切成小段，入沸水焯烫 1 分钟后捞起，切块；山药去皮，切块。② 将切好的芦笋、山药放入豆浆机中打成豆浆，加入红糖调味即可。
【营养功效】清热解毒，生津利水。
【健康贴士】心脏病、高血压、高脂血、体质虚弱、气血不足、营养不良者宜饮用。

桂圆山药豆浆

【主料】黄豆 30 克，山药 60 克，桂圆肉

15 粒。

【配料】白砂糖 8 克。

【制作】① 黄豆用清水浸泡 4 小时；山药去皮，用清水浸泡。② 把山药切成小粒，倒入豆浆机中，加入适量清水，再加入桂圆、洗净的黄豆打成豆浆，加糖拌匀即可饮用。

【营养功效】益肾补虚，滋养脾胃。

【健康贴士】山药、桂圆皆属滋补之物，多食易上火。

雪梨猕猴桃豆浆

【主料】黄豆 50 克，雪梨 1 个，猕猴桃 1 个。

【配料】白砂糖 10 克。

【制作】① 黄豆用清水浸泡 15 分钟；梨去皮、核，切成小块；猕猴桃去皮，切小块。② 将梨、猕猴桃、泡好的黄豆一起放入到豆浆机中，注入适量的清水制成豆浆，加入白砂糖调味即可。

【营养功效】润肺清心，消渴止痰。

【健康贴士】梨性寒，脾胃虚寒者不宜饮用。

蔬菜豆浆

南瓜米香豆浆

【主料】南瓜 100 克，糯米 20 克，黄豆 20 克。

【配料】花生米 10 粒。

【制作】① 黄豆、花生米、糯米分别淘洗干净；南瓜去皮、切小块备用。② 将所有材料放入豆浆机中，加入适量清水打成豆浆即可。

【营养功效】降低血糖，防癌抗癌。

【健康贴士】尤宜老年人饮用。

紫薯牛奶豆浆

【主料】紫薯 150 克，黄豆 150 克。

【配料】牛奶 80 毫升，糖 10 克。

【制作】① 紫薯去皮切小丁；黄豆泡好，过水冲洗干净。② 将黄豆、紫薯放入豆浆机中，注入适量的水制成豆浆。③ 豆浆滤去豆渣，加入糖和适量的牛奶，搅拌均匀即可。

【营养功效】润肠通便，排毒养颜。

【健康贴士】伤寒病患者不宜喝牛奶，饮用后易导致腹胀。

芹菜豆浆

【主料】干黄豆 60 克，芹菜 50 克。

【配料】干大米 30 克。

【制作】① 干黄豆用清水浸泡 4 个小时以上；大米淘洗干净。② 将大米、黄豆、芹菜混合放入豆浆机中，加水至上下水位线之间，制成豆浆即可。

【营养功效】补脾和胃，清肺益气。

【健康贴士】芹菜具有降血压的功效，适宜高血压患者饮用。

山药豆浆

【主料】黄豆 100 克，山药 50 克。

【配料】白砂糖 10 克。

【制作】① 山药去皮；黄豆洗净，均放入水中浸泡 1 个小时左右。② 将浸泡好的黄豆和山药放入豆浆机中打成豆浆，加入白砂糖调味即可。

【营养功效】降低血糖，延年益寿。

【健康贴士】山药具有降低血糖的功效，适宜糖尿病患者饮用。

海带豆浆

【主料】干黄豆 80 克，大米 100 克，海带 70 克。

【配料】盐 2 克，凉开水适量。

【制作】① 干黄豆提前浸泡 8 小时以上；大米淘洗干净；海带浸泡 4 小时以上，清洗干净备用。② 将上述材料一同放入豆浆机中，加入盐，制成豆浆即可。

【营养功效】利尿消肿，排毒瘦身。

【健康贴士】海带不宜与柿子同食，易导致胃肠道不适。

生菜豆浆

【主料】干黄豆 60 克，生菜叶 15 克。
【配料】沙拉 6 克。
【制作】① 干黄豆预先浸泡，洗净备用。② 将生菜叶洗净切成细条，与黄豆一起加入豆浆机中，加入沙拉酱和适量水制成豆浆即可。
【营养功效】减肥瘦身，排毒养颜。
【健康贴士】生菜宜与大蒜同食，具有清热解毒、提高人体免疫力的功效。

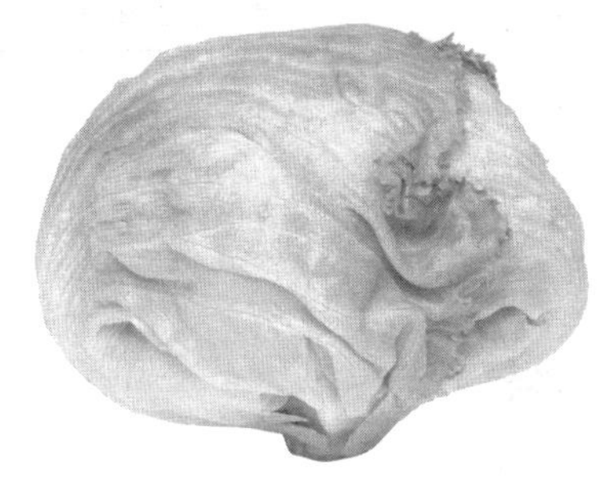

胡萝卜豆浆

【主料】黄豆 60 克，胡萝卜 1 根。
【配料】凉开水适量。
【制作】① 黄豆清洗干净，预先浸泡 6 小时；胡萝卜去皮洗净，切小丁。② 将胡萝卜和泡好的黄豆混合放入豆浆机杯体中，加适量水制成豆浆即可。
【营养功效】益肝明目，利膈宽肠。
【健康贴士】一般人皆宜饮用。

胡萝卜菠菜豆浆

【主料】黄豆 60 克，胡萝卜 1 根，菠菜 40 克。
【制作】① 黄豆清洗干净，预先浸泡 6 小时，胡萝卜去皮洗净，切小丁；菠菜洗净切段。② 将所有材料放入豆浆机中，加适量水制成豆浆即可。
【营养功效】减肥瘦身，延缓衰老。
【健康贴士】菠菜不宜与小白菜同食，易破坏小白菜中的维生素 C，降低营养。

西芹豆浆

【主料】黄豆 70 克。
【配料】西芹 20 克。
【制作】① 黄豆先浸泡好；西芹择洗干净。② 将西芹切成小丁，与泡好的黄豆混合放入豆浆机中，加适量水制成豆浆即可。
【营养功效】清热除烦，利水消肿。
【健康贴士】芹菜性寒，体质虚寒者不宜饮用。

花草茶

玫瑰

玫瑰花具有行气、活血、收敛的作用，可用于妇女月经过多，赤白带下以及肠炎、下痢、肠红半截出血等症。玫瑰花具有显著的美容功效，能祛除雀斑，润肤养颜。此外，玫瑰花性质温和，可缓和情绪、平衡内分泌，对肝及胃有调理的作用，亦可消除疲劳、改善体质。

中医认为，玫瑰花性微温，味甘、微苦，归肝、脾、胃经；具有疏肝解郁，和血调经的功效，主治胸膈满闷，乳房胀痛，月经不调，泄泻痢疾，跌打损伤等症。

玫瑰花茶

【主料】干玫瑰花苞 20 朵，水 250 毫升。
【配料】红茶 1 包，蜂蜜 8 克。
【制作】① 锅置火上，入水烧开，放入干玫瑰花苞，改小火煮 2 分钟后熄火。② 将红茶包放入锅中浸泡 40 秒后取出，茶水过滤到杯中，加入蜂蜜拌匀即可。
【营养功效】理气解郁，化湿和中。
【健康贴士】玫瑰花具有美容养颜的功效，适宜女士饮用。

玫瑰蜜奶茶

【主料】玫瑰花 3 ~ 5 克，红茶 1 包。
【配料】牛奶 45 毫升，蜂蜜 10 克。
【制作】① 红茶包与玫瑰花置入茶壶内，以沸水冲开。② 待花苞泡开后，加入适量蜂蜜和牛奶，调匀即可饮用。
【营养功效】静心安神，舒缓压力。
【健康贴士】玫瑰花具有收敛作用，便秘者不宜饮用。

玫瑰乌龙茶

【主料】乌龙茶 1 包，玫瑰花 3 ~ 5 克。
【配料】蜂蜜 10 克。
【制作】① 乌龙茶、玫瑰花放入茶壶中，以沸水冲泡。② 浸泡约 2 分钟后调入蜂蜜即可饮用。
【营养功效】去脂减肥，活血养颜。
【健康贴士】玫瑰具有调理月经的功效，适宜女士饮用。

玫瑰杞枣茶

【主料】干玫瑰花 6 朵，无子红枣 3 克，枸杞 5 克。
【配料】黄芪 2 片。
【制作】① 将所有材料洗净，红枣切半。② 将所有材料放入壶中，加沸水浸泡 3 分钟即可。
【营养功效】宁心安神，益气补血。
【健康贴士】红枣不宜与维生素同食，易降低疗效。

玫瑰普洱茶

【主料】玫瑰花 15 克。
【配料】普洱茶叶 3 克。
【制作】① 先将普洱茶叶放入杯中，注入沸水。② 冲泡的第一道茶水倒掉，第二道茶水时加入玫瑰花，注入沸水冲泡，待稍凉后加入蜂蜜即可。
【营养功效】提神健脑，美容养颜。
【健康贴士】孕妇不宜喝普洱茶，饮用后会增加心脏和肾脏的负担，导致妊娠中毒症。

玫瑰益母草茶

【主料】益母草 5 克，玫瑰花 3 克。
【配料】当归 3 克。
【制作】① 将所有材料放入茶锅中，加入清水 300 毫升，以小火煎煮约 10 分钟。② 茶汁滤渣即可饮用。
【营养功效】补血、清血、润肠胃。
【健康贴士】当归具有润肠胃的功效，适宜便秘患者饮用。

菊花

菊花具有降血压、消除癌细胞、扩张冠状动脉和抑菌的作用，长期饮用能增加人体钙质、调节心肌功能、降低胆固醇，适合中老年人饮用，对肝火旺盛、用眼过度导致的双眼干涩也有较好的疗效。同时，菊花香气浓郁，提神醒脑，也具有一定的松弛神经、舒缓头痛的功效。

中医认为，菊花性微温，味辛、甘、苦，归肺、肝经；具有疏散风热，清肝明目的功效，主治温病初起，目赤肿痛等症。

菊花蜂蜜水

【主料】菊花 50 克。
【配料】蜂蜜 15 克。
【制作】① 菊花加水稍煮后保温 30 分钟。② 过滤后加入适量蜂蜜，搅匀即可饮用。
【营养功效】养肝护肾，降低血压。
【健康贴士】菊花性微寒，体质虚寒者不宜饮用。

百合菊花茶

【主料】百合 2 朵，菊花 3 朵，红茶叶 3 克。
【配料】蜂蜜 5 克。
【制作】① 将百合、菊花、红茶叶用沸水冲泡 3 分钟。② 加入蜂蜜调匀即可饮用。
【营养功效】补气生津，养心安神。
【健康贴士】菊花具有降血压的功效，适宜高血压患者饮用。

枸杞菊花茶

【主料】枸杞 10 克，白菊花 3 克。
【制作】① 将枸杞子、白菊花放入杯中，注入适量沸水冲泡。② 加盖焖 15 分钟后即可饮用。
【营养功效】降压降脂，清肝泻火，养阴明目。
【健康贴士】菊花具有明目的作用，适宜视力模糊的患者饮用。

菊花山楂茶

【主料】白菊花 15 克，山楂 20 克。
【配料】白砂糖 5 克。
【制作】① 将菊花、山楂洗净，放入煲锅内，水煎 10 分钟。② 滤出茶水调入白砂糖即可饮用。
【营养功效】促进消化，美容养颜。
【健康贴士】菊花具有降低胆固醇的功效，适宜中老年人饮用。

菊花决明饮

【主料】菊花 10 克，决明子 15 克。
【配料】蜂蜜 5 克。
【制作】① 将决明子研碎备用。② 菊花、决明子一同放入锅中水煎。③ 煎好后过滤取汁调入蜂蜜即可。
【营养功效】排毒瘦身，清热降火。
【健康贴士】决明子具有润肠通便的功效，适宜便秘患者饮用。

菊花普洱茶

【主料】甘菊花 3 克，普洱茶 3 克。
【制作】① 将菊花与普洱茶放入瓷杯中，并注入沸水。② 第一道茶水倒掉，再注入沸水，浸泡约 2 分钟即可饮用。

【营养功效】松弛神经，舒缓头痛。

【健康贴士】普洱茶具有降脂降压的功效，适宜中老年人饮用。

绿豆菊花茶

【主料】菊花 10 克，绿豆沙 30 克。

【配料】柠檬 10 克，蜂蜜 5 克。

【制作】① 菊花放入水中煮沸；柠檬榨汁备用。② 将柠檬汁和绿豆沙注入菊花水中搅拌，放入少量蜂蜜即可饮用。

【营养功效】排毒养颜，光洁肌肤。

【健康贴士】柠檬含有较多酸，胃溃疡患者不宜饮用。

桑葚菊花茶

【主料】桑葚 12 克。

【配料】菊花 4 克。

【制作】① 桑葚放入壶中，注入沸水焖泡 5 ~ 8 分钟。② 放入菊花，焖泡出香味后即可饮用。

【营养功效】补肝益肾，生津润肠。

【健康贴士】桑葚具有延缓衰老，美容养颜的功效，适宜女士饮用。

茉莉花

茉莉花具有理气止痛、温中和胃、消肿解毒、强化免疫系统的功效，并对痢疾、腹痛、结膜炎及疮毒等具有很好的消炎解毒的作用。常饮茉莉花茶，能清除体内毒素和多余的水分，促进新陈代谢。茉莉花的香气怡人，可改善昏睡及焦虑现象，起到安定情绪、舒解郁闷的作用。

中医认为，茉莉花性温，味辛、甘，归肝、脾、胃经；具有理气、开郁、辟秽、和中的功效，主治下痢腹痛，结膜炎，疮毒等症。

茉莉薄荷茶

【主料】新鲜茉莉花 5 克，薄荷叶 3 克。

【配料】蜂蜜 3 克。

【制作】① 薄荷叶洗净，放入杯中。② 放入茉莉花，注入适量沸水，浸泡半小时，稍凉后放入蜂蜜，拌匀即可。

【营养功效】理气安神，润肤香肌。

【健康贴士】茉莉花具有保健子宫的功效，适宜女士饮用。

柠檬草茉莉花茶

【主料】柠檬 2 片，茉莉花茶 5 克。

【配料】白砂糖 3 克。

【制作】① 茉莉花茶、柠檬片放入杯中，注入沸水 300 毫升冲泡，加盖闷约 5 分钟。② 将茶放入冰箱冷藏，饮用时加入白砂糖调匀即可。

【营养功效】舒筋活血，祛风散寒。

【健康贴士】茉莉花具有降低血压的功效，适宜高血压患者饮用。

茉莉洛神茶

【主料】新鲜洋甘菊 5 朵，干茉莉花 5 克，干洛神花 1 朵。

【配料】绿茶 1 小包。

【制作】① 新鲜洋甘菊洗净，用沸水冲洗；干茉莉花、洛神花冲净。② 将上述材料与绿茶包一起放入壶中，冲沸水，浸泡约 3 分钟即可饮用。

【营养功效】提神健脑，增强体质。

【健康贴士】一般人皆宜饮用。

迷迭香

迷迭香能增强脑部功能，减轻头痛症状，增强记忆力，对宿醉、头昏晕眩及紧张性头痛也有良效。迷迭香还兼具美容功效，常饮用可祛除斑纹，调理肌肤。迷迭香具有较强的收敛作用，能促进血液循环，刺激毛发再生。此外，迷迭香的香味能刺激神经系统，集中注意力。

中医认为，迷迭香性温，味辛，归肺、胃、脾经；具有发汗、健脾、安神、止痛等功效，主治各种头痛，防止早期脱发。

迷迭香茶

【主料】迷迭香 5 克。

【配料】蜂蜜 4 克。

【制作】① 将迷迭香放入壶中，用沸水冲泡。② 加入适量蜂蜜调匀即可。

【营养功效】提神醒脑，减轻头痛。

【健康贴士】迷迭香能够帮助睡眠，适宜失眠、神经衰弱患者饮用。

迷迭香草茶

【主料】迷迭香草茶 15 克。

【配料】柠檬片 2 片，蜂蜜 20 克。

【制作】① 将迷迭香草茶用开水冲泡开。② 在茶内加入蜂蜜、柠檬片，调匀即可。

【营养功效】增强记忆，提神醒脑。

【健康贴士】迷迭香具有降低血糖的功效，适宜糖尿病患者饮用。

迷迭香柠檬茶

【主料】新鲜迷迭香 2 枝，柠檬汁 30 毫升。

【配料】蜂蜜 5 克，开水适量。

【制作】① 新鲜迷迭香洗净，用沸水冲一遍，再放入杯中，注入沸水 200 毫升，浸泡约 1 分钟。② 将所有材料放入杯中，搅拌均匀即可。

【营养功效】降低胆固醇，抑制肥胖。

【健康贴士】一般人皆宜饮用。

迷迭香玫瑰茶

【主料】新鲜迷迭香 2 枝，干玫瑰花 12 朵，甘草 3 片。

【制作】① 新鲜迷迭香、甘草洗净，用沸水冲一遍；干玫瑰花用温水浸泡后冲净。② 将上述材料放入壶中，冲入开水，浸泡三分钟即可饮用。

【营养功效】改善头痛，帮助睡眠。

【健康贴士】适宜老年人、更年期女士饮用。

迷迭杜松果茶

【主料】新鲜迷迭香 2 枝，干杜松果 10 克。

【制作】① 新鲜迷迭香洗净，用温水冲洗；干杜松果先用温水浸泡再冲净，用汤匙将杜松果压碎。② 将上述材料放入壶中，注入适量沸水，浸泡约 3 分钟即可饮用。

【营养功效】排毒瘦身，美容养颜。

【健康贴士】迷迭香调理肌肤的功效显著，适宜女士饮用。

迷迭香山楂茶

【主料】新鲜迷迭香 2 枝，山楂 5 片，白冬瓜糖 20 克。

【配料】冰糖 15 克，柠檬皮丝 5 克，水 300 毫升。

【制作】① 锅置火上，注入适量温水，加入山楂、迷迭香、白冬瓜糖。② 煮沸约 3 分钟后，放入冰糖，用调匙充分搅拌至冰糖融化。③ 将煮好的茶倒入壶内，加入适量柠檬皮丝拌匀即可。

【营养功效】养护肝脏，降低血糖。

【健康贴士】一般人皆宜饮用。

桂花

桂花具有止咳化痰、养声润肺的功效，能够治疗口干舌燥、胀气、肠胃不适等症。经常饮用，对于视觉不明、荨麻疹、十二指肠溃疡、胃寒胃疼等有预防治疗的功效。同时，桂花还可以美白皮肤，解除体内毒素。桂花的香味清新迷人，能够镇静安心，舒畅精神。

中医认为，桂花性温，味辛，归心、脾、肝、胃经；具有舒肝理气、醒脾开胃的功效，主治牙痛、咳喘痰多、经闭腹痛等症。

桂花茶

【主料】干桂花 1 克，茶叶 2 克。

【制作】① 干桂花用温水浸泡再冲净。② 将桂花、茶叶入杯中，用开水冲泡 6 分钟即可饮用。

【营养功效】强肌滋肤，活血润喉。

【健康贴士】桂花具有润肠通便的功效，适宜便秘患者饮用。

桂花蜜茶

【主料】金萱 20 克，桂花 10 克。

【配料】蜂蜜 12 克。

【制作】① 将金萱及桂花用沸水 500 毫升冲泡，浸泡约 5 分钟，滤出茶汁。② 加入蜂蜜搅拌均匀即可。

【营养功效】芳香辟秽，除臭解毒。

【健康贴士】桂花对胃寒、胃痛等有预防治疗的功效，适宜胃病患者饮用。

桂花普洱茶

【主料】桂花 3 克，普洱茶 3 克。

【制作】① 桂花、普洱茶放入瓷杯中，并注入沸水。② 第一道茶水倒掉，再注入沸水，焖泡约 2 分钟后即可饮用。

【营养功效】降低血压，养胃润肺。

【健康贴士】桂花具有滋润肌肤的功效，适宜女士饮用。

金银花

金银花具有疏利咽喉、消暑除烦的作用，可治疗暑热证、泻痢、流感、疮疖肿毒、急慢性扁桃体炎、牙周炎等症。金银花能促进淋巴细胞转化，增强白细胞的吞噬功能，增强机体免疫力。同时，金银花还能促进肾上腺皮质激素的释放，对炎症有明显的抑制作用，可抗炎、解热。

中医认为，金银花性寒，味甘、辛、微苦，归肺、胃、心、大肠经；具有清热解毒，凉散风热的功效，主治热血毒痢，风热感冒，温病发热等症。

金银花绿茶

【主料】金银花 5 克，绿茶 3 克。

【制作】① 金银花、绿茶放进茶壶中，倒入沸水。② 浸泡 5 ～ 10 分钟后即可饮用。

【营养功效】抗炎解热，增强免疫。

【健康贴士】金银花性寒，体质虚寒者不宜饮用。

金银花蜂蜜茶

【主料】金银花 30 克。

【配料】蜂蜜 20 克。

【制作】① 金银花用沸水浸泡再冲净。② 将金银花、茶叶入杯中，开水冲泡 6 分钟，调入适量蜂蜜即可饮用。

【营养功效】疏利咽喉，消暑除烦。

【健康贴士】咽喉肿痛、虚火旺盛者宜饮用。

荷叶

荷叶中的荷叶碱具有清心火、平肝火、泻脾火、降肺火以及清热养神的功效，同时，荷叶碱中含有多种生物碱，能有效分解体内的脂肪，使之排出体外。常喝荷叶茶可以润肠通便，有利于排毒。

中医认为，荷叶性平，味苦、涩，归肝、脾、胃、心经；有清暑利湿、凉血止血等功效，主治暑湿泄泻、眩晕、水气浮肿、崩漏、便血、产后血晕等症。

荷叶茶

【主料】荷叶 3 克，炒决明子 6 克。
【配料】玫瑰花 3 朵。
【制作】① 荷叶、玫瑰花洗净备用。② 将所有材料用沸水冲泡 10 分钟即可。
【营养功效】消暑利湿，生津止渴。
【健康贴士】荷叶茶具有降血脂的作用，适宜高血脂患者饮用。

荷叶甘草茶

【主料】鲜荷叶 100 克，甘草 5 克。
【配料】白砂糖 8 克。
【制作】① 荷叶洗净剁碎。② 将所有材料放入水中煮 10 分钟，滤去荷叶渣，加白砂糖即可。
【营养功效】消暑解渴，散瘀解热。
【健康贴士】高血压、高血脂、肥胖症患者宜饮用。

荷叶瘦身茶

【主料】荷叶干品 5 克。
【制作】① 干荷叶洗干净，放入锅中，加水煮沸后熄火，加盖焖泡 10 ～ 15 分钟。② 滤出茶渣后即可饮用。
【营养功效】减肥瘦身，排毒养颜。
【健康贴士】一般人皆宜饮用

山楂荷叶茶

【主料】山楂 20 克，荷叶 15 克。
【配料】红枣 2 ～ 3 枚。
【制作】① 山楂、荷叶、红枣清洗干净。② 将所有材料放入沸水中煮滚约 5 分钟后，滤渣饮用即可。
【营养功效】降血压，清心神。
【健康贴士】山楂中含有较多的酸，胃酸过多者不宜饮用。

薄荷

薄荷叶含薄荷油、薄荷霜、蛋白质、脂肪、碳水化合物、矿物质、维生素等成分，有疏散风热、清利咽喉、透疹止痒、消炎镇痛的作用。薄荷能增加呼吸道黏液的分泌，祛除附着于黏膜上的黏液，减少泡沫痰，使呼吸道的有效通气量增大。薄荷油有健胃作用，对实验性胃溃疡有治疗效果，还具有保肝利胆的功效。

中医认为，薄荷性寒，味辛，归肺、肝经；具有疏风散热、清头目、利咽喉、透疹、解郁的功效，主治风热表证，头痛眩晕，目赤肿痛，咽痛声哑，麻疹不透等症。

薄荷茶

【主料】薄荷叶 15 克，柠檬 1 个。
【配料】蜂蜜 10 克，冰块 50 克。
【制作】① 薄荷叶用清水洗去浮灰，用温水泡 1 小时；柠檬洗净切片。② 将泡好的薄荷水倒入茶壶中，放入柠檬片，加入蜂蜜和冰块拌匀即可。
【营养功效】止痒解毒，疏散风热。
【健康贴士】薄荷性寒，脾胃虚寒者不宜饮用。

甘草薄荷茶

【主料】薄荷叶 15 克，甘草 5 克。
【配料】冰糖 8 克。
【制作】① 甘草、薄荷用水略浸泡，洗去灰尘；放入汤锅，加入清水烧开。② 加入冰糖继续煮至冰糖溶解即可关火。
将甘草、薄荷过滤后即可饮用。
【营养功效】保肝利胆，清利咽喉。
【健康贴士】薄荷具有健胃功效，适宜胃溃疡患者饮用。

薄荷柠檬茶

【主料】热红茶200毫升，新鲜薄荷叶20克，柠檬1个。
【配料】冰糖8克。
【制作】① 薄荷叶洗净，沥干水分；柠檬切片备用。② 将薄荷叶、柠檬片放入红茶内浸泡片刻，放入适量冰糖搅拌均匀即可。
【营养功效】清凉止痒，消炎止痛。
【健康贴士】适宜流行性感冒、头疼、目赤、身热、咽喉、牙床肿痛患者饮用。

薰衣草薄荷茶

【主料】薰衣草3克，薄荷叶3克。
【配料】蜂蜜5克。
【制作】① 将薰衣草、薄荷叶放入杯中，加入沸水200毫升冲泡，再加盖闷约5分钟。② 放入适量蜂蜜调匀即可。
【营养功效】安定心神，帮助入眠。
【健康贴士】薰衣草具有健胃止痛的功效，适宜胃病患者饮用。

薄荷冰红茶

【主料】薄荷4克，红茶茶叶5克。
【配料】白砂糖3克，冰块50克。
【制作】① 薄荷叶去老、黄叶，用清水洗净，沥干水分备用。② 将红茶包及薄荷叶放入壶中，加入沸水冲泡5～10分钟，过滤后放凉备用。③ 在杯中放入冰块，再倒入薄荷红茶即可饮用。
【营养功效】健胃消食，滋补心脏。
【健康贴士】阴虚血燥、肝阳偏亢、表虚汗多者不宜多饮。

莲

莲的全株植物体都有利用价值。莲叶含丰富的维生素C及荷叶碱，有清暑、醒脾、化瘀、止血、除湿气之用。莲子含维生素C、蛋白质、铜、锰等矿物质及荷叶碱，极具营养价值。可强身补气、保健肠胃、止泻及祛湿热的效果。莲藕含维生素C、维生素B_1、维生素B_2、蛋白质、氨基酸等养分，可凉血去暑、散瘀气，对健脾、开胃也很有益处。莲蓬可去祛体内湿气、活血散瘀，亦可降火气，让气息恢复顺畅、舒适。莲心有降热、消暑气，具有清心、安抚烦躁、祛火气的功能。莲梗可清热解暑、祛除体内多余水分，并能顺畅体内气息循环。

中医认为，莲花性平，味甘、苦，归心、肝经；具有散瘀止血、去湿消风的功效，主治损伤呕血、崩漏下血、天泡湿疮、疥疮瘙痒等症。

莲子心茶

【主料】莲子心2克，生甘草3克。
【制作】① 莲子心、甘草用水冲洗干净，沥干水分，置于茶杯中。② 注入适量沸水，盖上茶杯盖子焖片刻即可饮用。
【营养功效】清心去热，补脾护胃。
【健康贴士】莲子性寒，体质虚寒者不宜饮用。

莲子心甜菊茶

【主料】干莲子心3克，生甘草2克。
【配料】白砂糖5克。
【制作】① 莲子心冲洗干净备用；生甘草洗

净并切成小片。② 将莲子心、生甘草放入茶具中，注入适量沸水，焖泡 5 分钟即可。

【营养功效】清心养神，泻火解毒。

【健康贴士】莲子心性微寒，脾胃虚寒者不宜饮用。

其他花草茶

芦荟红茶

【主料】芦荟 1 段，菊花少许，红茶 5 克。

【配料】蜂蜜 5 克。

【制作】① 芦荟去皮，取内层白肉。② 将芦荟和菊花放入水中用小火慢煮，水沸后加入红茶和蜂蜜即可。

【营养功效】减肥瘦身，美容养颜。

【健康贴士】芦荟能调节体内的血糖代谢，适宜糖尿病患者饮用。

桃花茶

【主料】桃花 5 ~ 8 朵，茶叶 5 克。

【制作】① 将桃花、茶叶用水冲洗干净，置于茶杯中。② 加入适量沸水焖泡 3 分钟后即可饮用。

【营养功效】活血润肤，化瘀止痛。

【健康贴士】桃花具有泻下通便的功效，大便溏泄者不宜饮用。

乌龙山楂茶

【主料】槐角 18 克，何首乌 30 克，冬瓜皮 18 克，山楂肉 15 克。

【配料】乌龙茶 3 克。

【制作】① 将槐角、何首乌、冬瓜皮、山楂肉诸药煎好去渣。② 用上述药汤冲泡乌龙茶即可。

【营养功效】增强免疫，延缓衰老。

【健康贴士】何首乌具有降血脂的功效，适宜高血脂患者饮用。

番红花茶

【主料】番红花 3 克，茴香 3 克，茶树根 5 克。

【配料】红糖 5 克。

【制作】① 将所有材料洗净，茶树根切碎，和番红花、茴香一起装入纱布中包裹。② 把纱布包放在锅中，注入沸水，煮沸腾后焖泡约 10 分钟即可饮用。

【营养功效】健胃行气，润肠排毒。

【健康贴士】茴香性温，阴虚火旺者不宜饮用。

马蹄茅根茶

【主料】鲜马蹄 100 克，鲜茅根 100 克。

【配料】白砂糖 15 克。

【制作】① 鲜马蹄、鲜茅根洗净切碎。② 所有材料放入沸水煮 20 分钟左右，去渣，加适量白砂糖拌匀后即可饮用。

【营养功效】降低血压，防癌抗癌。

【健康贴士】马蹄性寒，脾胃虚寒者不宜饮用。

玉竹参茶

【主料】玉竹 20 克，西洋参 3 片。

【配料】蜂蜜 6 克。

【制作】① 将西洋参和玉竹用开水冲泡 30 分钟。② 滤去渣，稍凉凉后加入蜂蜜搅拌均匀即可。

【营养功效】滋阴润肺，养胃生津。

【健康贴士】玉竹具有美容护肤的功效，适宜女士饮用。

灵芝草绿茶

【主料】灵芝草 10 克。

【配料】绿茶 8 克。

【制作】① 灵芝草切薄片备用。② 将绿茶、灵芝草放入杯中，用沸水冲泡 15 分钟即可。

【营养功效】养心安神，补肺益气。

【健康贴士】灵芝具有安气益神的功效，适宜心悸失眠患者饮用。

紫苏梅子绿茶

【主料】紫苏叶 3 片，香蜂草叶 6 片，青梅 2 颗，绿茶 1 包。

【配料】蜂蜜 15 克，冰块 1 杯。

【制作】① 新鲜香草与青梅、绿茶包放入杯中，注入适量沸水，浸泡 1 分钟，将茶包及香草叶取出。② 加入蜂蜜、冰块搅拌均匀即可。

【营养功效】散寒解表，宣肺止咳。

【健康贴士】紫苏性温，阴虚、温病患者不宜饮用。

山楂茶

【主料】山楂 5 克，绿茶粉 6 克。

【制作】① 山楂洗净备用。② 将所有材料用水熬煮 10 分钟即可。

【营养功效】开胃消食，平喘化痰。

【健康贴士】山楂含酸较多，胃酸过多、胃溃疡患者不宜饮用。

勿忘我花茶

【主料】红茶包 1 个，勿忘我 5 克。

【配料】冰糖 5 克。

【制作】① 勿忘我与红茶包放入茶杯中，用沸水冲开。② 加入冰糖搅拌均匀即可。

【营养功效】清热解毒，养阴补肾。

【健康贴士】勿忘我具有养血调经、美容养颜的功效，适宜女士饮用。

蒲公英甘草茶

【主料】新鲜蒲公英叶 3 片，甘草 2 片。

【制作】① 新鲜蒲公英及甘草洗净，用水冲洗一遍，沥干水分备用。② 将蒲公英、甘草放入茶壶中，注入适量沸水，浸泡约 3 分钟即可。

【营养功效】清热解毒，消肿散结。

【健康贴士】蒲公英性寒，脾胃虚寒者不宜饮用。

蒲公英凉茶

【主料】蒲公英 75 克。

【制作】① 蒲公英洗净，放入锅中备用。② 注入适量清水煮沸后，转小火再煮 60 分钟，趁热去除茶渣，凉凉后即可饮用。

【营养功效】清热解毒，利尿缓泻。

【健康贴士】蒲公英对肝病有辅助治疗作用，适宜慢性肝炎患者饮用。

丁香绿茶

【主料】丁香 5 克，绿茶 5 克。

【制作】① 丁香、绿茶放入杯中，用沸水冲泡，然后倒出茶水留茶叶。② 向茶杯中注入适量沸水浸泡 2 分钟即可。

【营养功效】温中降逆，散寒止痛。

【健康贴士】丁香性温，胃热炽盛者不宜饮用。

番石榴蕊叶茶

【主料】番石榴嫩叶 3 克。

【制作】① 番石榴的嫩叶晒干，洗净后，放入保温杯中用沸水冲泡。② 约泡 20 分钟后，滤渣即可。

【营养功效】燥湿健脾，清热解毒。

【健康贴士】番石榴叶具有收涩止泻的功效，适宜腹泻患者饮用。

蜂蜜红茶

【主料】蜂蜜 15 克，红茶 250 毫升。

【配料】冰块 40 克。

【制作】① 将冰块放入杯中约 2/3 满，红茶放凉，倒入杯内。② 加入蜂蜜调匀即可饮用。

【营养功效】润滑皮肤，美容养颜。

【健康贴士】蜂蜜可使胃痛及胃烧灼感消

天，适宜胃病患者饮用。

甘草茶

【主料】甘草 10 克。
【配料】茶叶 5 克。
【制作】① 将所有材料放入水中，煮沸 10 分钟左右。② 煮好的茶水倒入杯中，凉凉即可饮用。
【营养功效】安神除烦，排毒瘦身。
【健康贴士】甘草具有降低血压的功效，适宜高血压患者饮用。

玫瑰茄茶

【主料】玫瑰茄干花瓣 5 克。
【配料】红糖 3 克。
【制作】① 玫瑰茄放入杯中，注入适量沸水，焖泡 10 分钟。② 加入红糖搅拌均匀即可饮用。
【营养功效】清凉降火，美白养颜。
【健康贴士】玫瑰茄性寒，处于生理期的女士不宜饮用。

紫罗兰茶

【主料】紫罗兰 5 克，橘皮 8 克，丁香 3 片，葡萄汁 100 毫升。
【配料】蜂蜜 6 克。
【制作】① 橘皮切丝备用。② 将紫罗兰、丁香置入壶中，冲入适量沸水焖泡 4 分钟。③ 加入蜂蜜、葡萄汁充分搅拌均匀，再加入适量切丝橘皮即可。
【营养功效】养颜解毒，延缓衰老。
【健康贴士】紫罗兰具有解酒醒酒的功效，适宜醉酒者饮用。

月季花茶

【主料】月季花 15 克。
【配料】开水适量。
【制作】① 月季花洗净后，放入保温杯中用沸水冲泡。② 焖泡 20 分钟后，滤渣即可饮用。
【营养功效】行血活血，消肿解毒。
【健康贴士】月季花具有行气止痛的功效，适宜痛经、月经不调患者饮用。

玉蝴蝶茶

【主料】玉蝴蝶、人参花各 5 克。
【制作】① 玉蝴蝶、人参花洗净待用。② 把玉蝴蝶和人参花放入茶壶中，缓缓注入沸水冲泡，待温热时饮用即可。
【营养功效】滋阴养颜，强心补肾。
【健康贴士】玉蝴蝶具有美白肌肤，延缓衰老的功效，适宜女士饮用。

合欢花茶

【主料】合欢花干燥花蕾 15 克。
【制作】① 将合欢花花蕾洗净后，放入保温杯中用沸水冲泡。② 焖泡 20 分钟后，滤渣即可饮用。
【营养功效】舒郁，理气，安神。
【健康贴士】合欢花具有安神解郁的功效，适宜虚烦不安、健忘失眠的患者饮用。

药茶

减腹茶

【主料】麦芽3克，枸杞6克，胡萝卜1根。
【配料】山楂2克，槐花2克。
【制作】① 胡萝卜削皮切小块。② 锅置火上，入水烧沸，放入胡萝卜煮熟，加入山楂、麦芽、槐花、枸杞再煮15分钟，倒入杯中，稍凉即可饮用。
【营养功效】排毒瘦身，美容养颜。
【健康贴士】枸杞具有降低血压的功效，适宜高血压患者饮用。

降压茶

【主料】杭菊花10克，龙井茶叶3克。
【配料】松萝3克。
【制作】① 松萝切碎备用。② 把所有材料放入陶瓷茶杯中，用沸水冲泡15分钟即可。
【营养功效】降低血压，清肝解毒。
【健康贴士】杭菊花性微寒，气虚胃寒、食少泻泄者不宜饮用。

降脂茶

【主料】新鲜山楂30～50克，茯苓10克。
【配料】槐花6克，糖5克。
【制作】① 新鲜山楂洗净，去核捣烂，连同茯苓放入砂锅中，煮沸10分钟左右滤去渣。② 用上述汁液浸泡槐花，加入少许糖，温服即可。
【营养功效】排毒瘦身，降低血脂。
【健康贴士】山楂不宜与海鲜同食，易引起便秘腹痛。

清咽茶

【主料】干柿饼10～15克，罗汉果10克。
【配料】胖大海1枚。
【制作】① 柿饼放入小茶杯内盖紧，隔水蒸15分钟后切片备用。② 罗汉果洗净捣烂，与胖大海、柿饼同放入陶瓷茶杯，注入适量沸水，盖上盖子焖泡5分钟后饮用即可。
【营养功效】清咽利喉，润肺止咳。
【健康贴士】罗汉果性寒，体质虚寒者不宜饮用。

乌发茶

【主料】黑芝麻500克，核桃仁200克。
【配料】白砂糖10克，茶水适量。
【制作】① 黑芝麻、核桃仁拍碎备用。② 将黑芝麻、核桃仁、白砂糖放入杯中，用茶水冲服即可。
【营养功效】益气补血，乌发养颜。
【健康贴士】黑芝麻能够降低胆固醇，适宜血管硬化、高血压患者饮用。

养肤茶

【主料】柿叶10克，薏仁15克，紫草10克。
【配料】白砂糖5克。
【制作】① 柿叶、薏仁、紫草放入陶瓷器皿中，加水用小火煎煮15～20分钟。② 滤去渣，加入少许白砂糖，搅拌均匀后即可饮服。
【营养功效】美白护肤，清热祛湿。
【健康贴士】薏仁性寒，体质虚寒者不宜饮用。

薏仁去湿茶

【主料】炒薏仁10克,鲜荷叶5克,山楂5克。
【配料】枸杞3克，开水适量。
【制作】①将所有材料用开水冲一遍后入壶。②注入适量沸水浸泡约5分钟后即可饮用。
【营养功效】利水消肿，健脾去湿。
【健康贴士】薏仁具有美容养颜的功效，适宜女士饮用。

蜂蜜醒脑绿茶

【主料】蜂蜜15克。
【配料】绿茶2克。
【制作】①将绿茶用沸水冲泡。②待水温后加入蜂蜜调匀即可饮用。
【营养功效】提神健脑，美容养颜。
【健康贴士】蜂蜜对胃肠功能有调节作用，可使胃酸分泌正常，适宜胃病患者饮用。

黄芪降糖茶

【主料】黄芪15克。
【配料】红茶1克。
【制作】①黄芪用水煮沸，晾5分钟左右。②加入红茶冲泡饮用即可。
【营养功效】补气固表，利尿排毒。
【健康贴士】黄芪能够调节血糖含量，适宜糖尿病患者饮用。

排毒瘦身大黄绿茶

【主料】绿茶6克。
【配料】大黄2克。
【制作】①将所有材料用沸水冲泡10分钟。②把泡好的茶水倒入杯中即可饮用。
【营养功效】排毒瘦身，凉血解毒。
【健康贴士】大黄能够增加胃肠蠕动，大便溏泄者不宜饮用。

大黄通便茶

【主料】大黄10克，番泻叶10克。
【配料】蜂蜜15克。
【制作】①将大黄用适量水煎煮30分钟后熄火。②加入番泻叶、蜂蜜，加盖焖1分钟后取汁饮用即可。
【营养功效】泻下攻积，清热祛火。
【健康贴士】大黄具有降血压的功效，适宜高血压患者饮用。

红枣党参安神茶

【主料】红枣10～20个，党参20克。
【配料】茶叶3克。
【制作】①将党参、红枣洗干净备用。②将上述材料与茶叶一起放入锅中，用中火煮15分钟即可。
【营养功效】增强免疫，宁心安神。
【健康贴士】一般人皆宜饮用。

柴胡祛脂茶

【主料】柴胡3克，绿茶2克。
【制作】①柴胡用清水冲洗干净备用。②将柴胡和绿茶放入杯中，注入适量沸水冲泡3分钟即可饮用。
【营养功效】减肥瘦身，增强免疫。
【健康贴士】柴胡具有抗肝损伤的作用，适宜肝病患者饮用。

决明子清肝明目苦丁茶

【主料】苦丁茶3克。
【配料】决明子1克。
【制作】将所有材料放入杯中，用沸水冲泡10分钟即可。
【营养功效】降低血压，清肝明目。
【健康贴士】决明子具有润肠通便的功效，适宜便秘患者饮用。

黄芪普洱降压茶

【主料】黄芪 15 克。
【配料】普洱 3 克。
【制作】① 把黄芪放入锅中，加入适量清水煮约 15 分钟。② 放入普洱后再一起煮约 5 分钟即可倒入杯中饮用。
【营养功效】保肝降压，增强免疫。
【健康贴士】黄芪具有补脾益气、补肺固表的功效，适宜脾胃气虚、肺气虚弱、咳喘短气的患者饮用。

养肾益精柳枝茶

【主料】鲜柳枝（带叶）90 克。
【配料】山楂、淮山各 10 克。
【制作】① 鲜柳枝洗净，切碎备用。② 将鲜柳枝与山楂、淮山一同放入砂锅内，用水煎 2 次，去渣，取汁后混匀，代茶饮用即可。
【营养功效】滋肾益精，益肺止咳。
【健康贴士】山楂具有强心作用，对老年性心脏病有益，适宜老年人饮用。

美白麦芽山楂饮

【主料】炒麦芽 10 克，炒山楂片 3 克。
【配料】红糖 5 克。
【制作】① 取炒麦芽、炒山楂放入锅中，加入适量水煎煮 15 分钟。② 加入红糖拌匀，过滤后取汁即可。
【营养功效】美白护肤，健胃消食。
【健康贴士】山楂具有降低血脂的功效，血脂过低者不宜饮用。

美白薏仁茶

【主料】薏仁 10 克。
【配料】山楂 5 克，鲜荷叶 5 克。
【制作】① 山楂、荷叶洗净备用。② 将所有材料用沸水冲泡 15 分钟即可。
【营养功效】美白护肤，健脾止泻。
【健康贴士】薏仁具有健脾胃的功效，适宜脾胃虚弱者饮用。

养阴润肺竹叶茶

【主料】麦门冬 15 克，淡竹叶 2 卷。
【配料】绿茶 3 克。
【制作】① 竹叶洗净备用。② 将麦门冬、竹叶、绿茶放入茶壶中，注入适量沸水，并加盖焖 20 分钟，滤渣即可饮用。
【营养功效】养阴生津，润肺清心。
【健康贴士】麦门冬具有润肠通便的功效，适宜大便燥结者饮用。

秘制珍珠净颜茶

【主料】绿茶 2 克。
【配料】珍珠粉 1 克。
【制作】① 将绿茶置于杯中，注入适量沸水。② 倒入珍珠粉，搅拌均匀即可。
【营养功效】美白护肤，清肝明目。
【健康贴士】珍珠粉具有延缓衰老、美容养颜的功效，适宜女士饮用。

蜜醋润颜散寒茶

【主料】蜂蜜 5 克，醋 10 克。
【配料】姜汁 2 毫升，绿茶 2 克。
【制作】① 蜂蜜、姜汁、醋放入杯中搅拌均匀，倒入 5 倍量的纯净水拌匀备用。② 将绿茶用沸水冲泡，把绿茶与蜂蜜水混合拌匀即可饮用。
【营养功效】美白护肤，排毒养颜。
【健康贴士】蜂蜜具有润肠通便的功效，适宜习惯性便秘患者饮用。

乌龙茯苓溶脂茶

【主料】乌龙茶 5 克，茯苓 3 克。
【配料】普洱茶 2 克，莱菔子 2 克。
【制作】将所有材料加入沸水 300 毫升，冲泡 3 分钟即可。

【营养功效】消食导滞，溶脂瘦身。
【健康贴士】莱菔子具有化痰平喘的功效。适宜老年慢性气管炎、肺气肿患者饮用。

酸溜根降脂茶

【主料】山楂、荠菜花、玉米须、茶树根各10克。
【制作】① 山楂、荠菜花、玉米须、茶树根碾成粗末备用。② 将上述材料放入锅中，注入适量水煎煮，去渣取汁即可饮用。
【营养功效】降低血脂，软化血管。
【健康贴士】荠菜花具有降低血压的功效，适宜高血压患者饮用。

三味乌龙降脂茶

【主料】何首乌5克，冬瓜皮6克，山楂5克。
【配料】乌龙茶4克。
【制作】① 冬瓜皮、何首乌、山楂混合，加水煮沸后，去除残渣。② 在汁液中加入已冲泡好的乌龙茶，再泡5分钟即可。
【营养功效】降低血脂，增强免疫。
【健康贴士】何首乌具有润肠通便的功效，适宜大便燥结者饮用。

山楂消食饮

【主料】山楂片25克。
【配料】绿茶2克。
【制作】① 山楂片洗净。② 将绿茶、山楂片入锅，加水煮沸即可。
【营养功效】开胃消食，平喘化痰。
【健康贴士】山楂不宜与猪肝同食，会破坏山楂中的维生素C。

牛蒡子清热祛脂茶

【主料】牛蒡子10克，枸杞5克。
【配料】绿茶20毫升，冰糖5克。
【制作】① 枸杞洗净后与牛蒡子一起放入锅中，注入清水500毫升，用小火煮至沸腾。② 倒入杯中后加入冰糖、绿茶搅匀即可饮用。
【营养功效】降低血糖，润肺解毒。
【健康贴士】牛蒡子具有利尿消肿的功效，适宜小便不利的患者饮用。

益气强身五味子茶

【主料】山楂50克，五味子30克。
【配料】白砂糖10克。
【制作】① 将山楂、五味子水煎2次，取汁混匀。② 放入白砂糖，搅拌均匀即可饮用。
【营养功效】增强免疫，软化血管。
【健康贴士】山楂宜与芹菜同食，具有益气补血、通便消食的功效。

益气养血茶

【主料】绞股蓝15克。
【配料】枸杞8克。
【制作】① 枸杞用水冲洗干净备用。② 将绞股蓝、枸杞放入杯中，冲入沸水浸泡片刻即可饮用。
【营养功效】防癌抗癌，增强免疫。
【健康贴士】绞股蓝具有降低血压的功效，适宜高血压患者饮用。

薏仁红枣美颜茶

【主料】薏仁50克，红枣25克。
【配料】绿茶叶2克。
【制作】① 绿茶用沸水冲泡备用；红枣去核。② 把薏仁与红枣放入锅中，注入适量清水一起煮至软烂。③ 放入绿茶汁，再煮3分钟，待稍凉后即可饮用。
【营养功效】清热祛湿，光滑皮肤。
【健康贴士】一般人皆宜饮用。

银耳美白润颜茶

【主料】黑木耳、银耳各10克，绿茶5克。
【配料】当归、麦冬各3克。
【制作】① 黑木耳、银耳洗净、泡开后去蒂，撕成片状。② 将当归研碎，与麦冬一起装入纱布袋，把纱布袋、绿茶、黑木耳、银耳放入杯中，用沸水冲泡片刻即可饮用。

【营养功效】美白护肤，补充营养。

【健康贴士】银耳中富含的维生素 D 对生长发育十分有益，适宜青少年饮用。

丹参减肥茶

【主料】丹参 2 克，何首乌 2 克。

【配料】陈皮 1 克，赤芍 1 克。

【制作】① 将丹参、陈皮、赤芍、何首乌先洗净，然后用消毒纱布包起来。② 把做好的药包放入装有 500 毫升沸水的茶杯内，盖好茶杯，焖泡 5 分钟后即可饮用。

【营养功效】排毒瘦身，增强免疫。

【健康贴士】何首乌具有延缓衰老的功效，适宜女性饮用。

解压罗勒茶

【主料】干燥罗勒、薰衣草、薄荷各 5 克。

【制作】① 将所有材料研碎后混合均匀，装入滤茶袋，扎紧袋口。② 滤茶袋放入茶壶中，注入沸水冲泡 5 分钟，茶汤倒入杯中即可饮用。

【营养功效】增强免疫，滋补心脏。

【健康贴士】薄荷具有降低血压的功效，适宜高血压患者饮用。

紫苏止咳茶

【主料】紫苏叶 15 克。

【配料】冰糖 10 克。

【制作】① 将紫苏叶放入锅中，加水至淹过叶子。② 以大火煮沸后再转小火煮 10 分钟左右，加入冰糖调匀即可。

【营养功效】行气和胃，抗菌抑菌。

【健康贴士】紫苏叶可以缓解妊娠呕吐，适宜孕妇饮用。

人参红枣安神茶

【主料】人参 25 克，红枣 25 克。

【配料】红茶 5 克。

【制作】① 人参、红枣洗干净备用。② 将上述材料一起放入锅中，煮成茶饮用即可。

【营养功效】补气安神，固脱生津。

【健康贴士】人参具有降低血糖的功效，适宜糖尿病患者饮用。

咖啡

卡布奇诺

【主料】意大利咖啡 120 毫升，全脂鲜奶 200 毫升。

【配料】柠檬皮 1 小块，肉桂粉少许。

【制作】① 鲜奶加热后打成奶泡，柠檬皮切末。② 咖啡煮好倒入杯中。③ 取奶泡 60 毫升放入杯中，柠檬皮屑撒在奶泡上，再撒入少许肉桂粉即可。

【美食特色】奶香浓郁，口感细腻。

【健康贴士】咖啡能活络消化器官，适宜便秘者饮用。

摩卡咖啡

【主料】牛奶 100 克，咖啡豆 30 克。

【配料】巧克力浆 30 克。

【制作】① 将牛奶倒入奶泡器中，打成奶泡，倒入杯中。② 咖啡豆磨成粉后煮成咖啡，加入奶泡中，再将巧克力浆倒在上面做一层造型即可。

【美食特色】口感润滑，巧克力味浓厚。

【健康贴士】咖啡不宜与茶同服，同服易降低人体对钙的吸收能力。

拿铁咖啡

【主料】现煮的意式浓缩咖啡 60 毫升，蒸汽式奶沫 120 毫升。

【配料】巧克力糖浆 20 毫升，焦糖糖浆 20 毫升。

【制作】① 用意式咖啡机制作 60 毫升的浓缩咖啡。② 在咖啡杯里加入巧克力糖浆和焦糖糖浆，倒入煮好的浓缩咖啡，搅拌一次。③ 牛奶用蒸汽管打起奶沫，把奶沫倒在浓缩咖啡上。④把打发的鲜奶油装入裱花袋，用星形裱花嘴挤在咖啡上作为装饰，再挤上巧克力糖浆、撒上可可粉作为装饰即可。

【营养功效】奶香醇厚，口感润滑。

【健康贴士】孕妇不宜过量饮用咖啡，过食会导致头痛、恶心、心跳加速等症状。

玛琪雅朵

【主料】意大利咖啡 120 毫升，鲜奶油 20 毫升。

【配料】焦糖糖浆 15 毫升。

【制作】① 将意大利咖啡煮好倒入杯中。② 挤上一层鲜奶油，淋上焦糖糖浆即可。

【美食特色】味道浓重，口感香甜。

【健康贴士】咖啡中含有较多的糖类，糖尿病患者不宜饮用。

柠檬咖啡

【主料】浅烘焙咖啡 10 克。

【配料】白兰地适量，鲜柠檬一片。

【制作】① 烘焙咖啡煮好倒入杯中，滴 2 ~ 3 滴白兰地。② 将一片薄切的柠檬浮在其上即可。

【美食特色】酸甜可口，苦辣相兼。

【健康贴士】咖啡因易造成儿童多动症，儿童不宜饮用。

椰香咖啡

【主料】冰咖啡 120 毫升，牛奶 60 毫升，椰奶 70 毫升。

【配料】月桂香精 5 毫升，炼乳 10 毫升，糖浆 30 毫升，菠萝、冰块 40 克。

【制作】① 将除菠萝外的所有材料放入搅拌机中搅拌成汁。② 咖啡倒入杯中，用菠萝装饰即可。

【美食特色】椰香浓郁，口感柔顺。

【健康贴士】喝咖啡易造成神经过敏，焦虑失调者不宜饮用。

蜂王咖啡

【主料】热咖啡 120 毫升，蜂蜜 20 克。

【配料】白兰地 2 ~ 3 滴，鲜奶油 30 克。

【制作】① 将热咖啡倒入杯中，加入适量蜂蜜调匀。② 加入 2 ~ 3 滴白兰地，在最上面旋转加入鲜奶油即可。

【美食特色】口感甜美，酒香清纯。

【健康贴士】咖啡因能够使血压上升，高血压患者不宜饮用。

冰摩卡咖啡

【主料】巧克力酱 25 克，冰牛奶 150 毫升，黑咖啡 40 毫升。

【配料】冰激凌球 1 个，冰块 50 克。

【制作】① 冰块放入杯中，挤入巧克力酱，再倒入冰牛奶搅拌均匀。② 倒入已凉凉的黑咖啡搅匀，挖一个冰激凌球放在表面即可。

【美食特色】香甜醇厚，口感冰爽。

【健康贴士】喝咖啡容易诱发骨质疏松症，中老年人不宜过量饮用。

鸳鸯冰咖啡

【主料】冰红茶 200 毫升，冰咖啡 200 毫升。

【配料】炼乳适量。

【制作】① 将冰红茶与冰咖啡各半混合置于一杯，搅拌均匀。② 根据个人口味放入适量炼乳调节甜度即可。

【美食特色】口感冰爽，茶香浓厚。

【健康贴士】每天喝三杯咖啡可以预防胆结石，适宜男性饮用。

维也纳咖啡

【主料】热咖啡 150 毫升，鲜奶油 50 克，巧克力糖浆 50 毫升。

【配料】七彩米 8 克，糖包 1 包。

【制作】① 将冲调好的热咖啡倒于杯中，约八分满。② 在咖啡上面以旋转方式加入鲜奶油，淋上适量巧克力糖浆，洒上七彩米，附糖包上桌即可。

【美食特色】香甜可口，颜色艳丽。

【健康贴士】老人、儿童、孕妇不宜饮用。

飘浮冰咖啡

【主料】冰咖啡 150 毫升，巧克力冰激凌球 1 个。

【配料】红樱桃 1 颗，碎冰 40 克。

【制作】① 碎冰放入杯中，约八分满，再倒入已加糖的冰咖啡至八分满。② 放入巧克力冰激凌球，在上面先挤上一点儿鲜奶油，再放 1 颗红樱桃即可。

【美食特色】口感清凉，味道甜美。

【健康贴士】喝咖啡能够使血糖上升，糖尿病患者不宜饮用。

密思梅咖啡

【主料】热咖啡 150 毫升，蜂蜜 20 克。

【配料】砂糖 10 克，话梅粉 5 克，鲜奶油适量。

【制作】① 将煮好的热咖啡倒入杯中约八分满，加入适量砂糖。② 加入蜂蜜，再淋入少许鲜奶油，撒上话梅粉即可。

【美食特色】味美甘香，甜而不腻。

【健康贴士】喝咖啡会降低铁的吸收率，缺铁性贫血患者不宜饮用。

百利甜冰咖啡

【主料】咖啡 150 毫升，百利甜酒 25 毫升。

【配料】蜂蜜 10 克，彩糖 10 克。

【制作】① 杯子口上涂上薄薄的一层蜂蜜；纸巾倒上细碎的彩糖，把已经涂好蜂蜜的杯子扣在彩糖上。② 拿起杯子，在杯子里放入冰，在凉凉的咖啡里加入适量的百利甜酒，倒入杯子中即可。

【美食特色】味道醇厚，口感细腻。

【健康贴士】咖啡含钾量较高，不宜于肾衰竭患者饮用。

黑玫瑰咖啡

【主料】冰咖啡 150 毫升，樱桃白兰地 15 毫升，鲜奶油 20 克。

【配料】冰块 40 克。

【制作】① 冰块放入杯中，约八分满，倒入已加糖的冰咖啡。② 将樱桃白兰地加入杯中，上面旋转加入一层鲜奶油即可。

【美食特色】口味浓厚，酒香扑鼻。

【健康贴士】咖啡因能刺激胃酸分泌，胃溃疡患者不宜饮用。

玫瑰浪漫咖啡

【主料】蓝山咖啡 150 毫升，白兰地 20 毫升。

【配料】玫瑰花 1 朵，方糖少许。

【制作】① 将煮好的蓝山咖啡放入杯中，约七八分满。② 在杯口横置一支专用皇家咖啡钩匙，放上方糖，并淋上少许白兰地，点火，最后将玫瑰花放在咖啡上即可。

【美食特色】味道浓烈，造型浪漫。

【健康贴士】咖啡中含有丰富的草酸，容易导致草酸钙结石复发，肾结石患者不宜饮用。

奶茶

冰奶茶

【主料】茶包 1 包，爱尔兰果露 30 毫升，鲜奶油 15 克。

【配料】奶精 10 克，冰块 30 克。

【制作】① 用沸水冲泡茶包，取出茶包、加入奶精溶解备用。② 杯中装入冰块，倒入茶汤及果露摇匀。③ 将汁液滤出，倒入装有冰块的杯中，挤上鲜奶油即可。

【美食特色】开胃消食，冰爽可口。

【健康贴士】喝奶茶容易发胖，减肥者不宜饮用。

花生奶茶

【主料】鲜牛奶 200 毫升，花生粉 5 克。

【配料】蜂蜜 10 克，红茶包 2 个。

【制作】① 将红茶包放入玻璃杯中，注入沸水，10 分钟后取出茶包。② 放入花生粉、鲜牛奶和蜂蜜，调匀即可。

【美食特色】味道香浓，口感润滑。

【健康贴士】喝奶茶容易形成血栓，老年人不宜饮用。

木瓜奶茶

【主料】新鲜木瓜 1/2 个，鲜奶 300 毫升，红茶包 2 个。

【配料】蜂蜜 8 克。

【制作】① 用榨汁机将木瓜打成泥状。② 锅中放入鲜奶，用大火煮至 90℃左右，放入红茶包浸泡 1 分钟。③ 取出红茶包，放入加工后的木瓜，待饮用时调入蜂蜜即可。

【美食特色】美白护肤，奶香十足。

【健康贴士】木瓜宜与银耳同食，具有美白润肤的功效。

香蕉奶茶

【主料】香蕉 1 根，鲜奶 200 毫升，红茶包 2 个。

【配料】蜂蜜 8 克。

【制作】① 香蕉去外皮，放入榨汁机中打成泥备用。② 锅中放入 150 毫升清水，煮沸，加入鲜奶和红茶包，大火煮至 90℃左右。关火后加入打成泥的香蕉，饮用时调入蜂蜜即可。

【美食特色】果味浓厚，开胃消食。

【健康贴士】香蕉不宜与山药同食，易引起腹胀。

香榭奶茶

【主料】红茶包 2 包，橙香果露 30 毫升。

【配料】奶精粉 10 克。

【制作】① 取白瓷壶预热，放入红茶包，注入沸水浸泡。② 取出茶包，将奶精粉和果露倒入壶中搅拌均匀即可。

【美食特色】提神健脑，茶香味浓。

【健康贴士】过量饮用奶茶会影响胎儿的健康，孕妇和哺乳期妇女不宜饮用。

桂花奶茶

【主料】红茶 1 包，桂花 5 克，牛奶 100 毫升。

【配料】冰糖 5 克。

【制作】① 将桂花和红茶包放在壶中，用沸水冲开。② 加入牛奶搅拌均匀，调入冰糖拌匀即可。

【美食特色】花香清淡，奶味十足。

【健康贴士】牛奶具有润泽皮肤的作用，适宜女士饮用。

姜汁奶茶

【主料】牛奶 150 毫升，红茶 1 包。
【配料】生姜 15 克，白砂糖 8 克。
【制作】① 把姜切成碎末，倒入杯中。② 将牛奶煮至 80℃，倒入杯中。③ 放入红茶包浸泡片刻，待姜味散发出来后，加适量白砂糖调匀即可。
【美食特色】甜中有辣，茶香浓厚。
【健康贴士】生姜性温，阴虚火旺者不宜饮用。

坚果奶茶

【主料】牛奶 150 毫升，红茶 1 包，切片坚果 10 克。
【配料】砂糖 10 克。
【制作】① 锅置火上，注入适量清水，放入红茶、坚果煮片刻。② 加入牛奶拌匀，再加入砂糖调味即可。
【美食特色】奶香十足，口感醇厚。
【健康贴士】青少年不宜饮用。

薰衣草奶茶

【主料】牛奶 100 毫升，薰衣草 10 克，热红茶 20 毫升。
【配料】白砂糖 50 克。
【制作】① 牛奶加热备用。② 在牛奶中加入红茶调匀，加入白砂糖搅拌均匀，撒入薰衣草即可。
【美食特色】提神健脑，花香味浓。
【健康贴士】牛奶中含有的钙质容易被人体吸收，适宜缺钙者饮用。

茉莉冰奶茶

【主料】茉莉茶包 1 包，香蕉果露 20 毫升，鲜奶油 15 克。
【配料】奶精 6 克，香蕉片 2 片，冰块 50 克。
【制作】① 茉莉茶包放入杯中，加沸水浸泡 5 分钟后取出茶包。② 加入奶精、冰块、香蕉果露拌匀。③ 将液体滤出，倒入装有冰块的杯中，挤上鲜奶油，加入香蕉片即可。
【美食特色】口感细腻，味道醇正。
【健康贴士】茉莉花茶具有一定的收涩作用，便秘患者不宜饮用。

冰可可奶茶

【主料】锡兰红茶 2 包，巧克力果露 30 毫升，鲜奶油 10 克。
【配料】奶精 6 克。
【制作】① 茶包入杯，注入沸水，加盖浸泡。② 取出茶包，再加入奶精溶解备用。③ 雪克杯装入适量冰块，倒入茶汤及果露，摇匀。④将液体滤出倒入装有冰块的杯中，挤上鲜奶油即可。
【美食特色】消暑解渴，奶味香浓。
【健康贴士】锡兰红茶能够缓解生理期不适，适宜生理期女性饮用。

绿抹冰奶茶

【主料】抹茶粉 8 克，绿抹茶粉 15 克，鲜奶油 15 克。
【配料】奶精 6 克。
【制作】① 杯中加入绿抹茶粉及奶精，注入适量沸水冲泡。② 雪克杯中装入适量冰块，倒入茶汤摇均匀。③ 将液体滤出，倒入装有冰块的杯中，挤上鲜奶油，撒上抹茶粉即可。
【美食特色】甜香味美，消暑解渴。
【健康贴士】喝奶茶容易发胖，不宜过量饮用。

玫瑰冰奶茶

【主料】玫瑰茶 1 包，奶精 6 克，鲜奶油 15 克。
【配料】玫瑰花 4 克。
【制作】① 将玫瑰花及玫瑰茶包放入杯中，注入适量沸水浸泡片刻，滤出茶汤。② 在茶汤内加入奶精、冰块搅拌均匀，挤上奶油即可。

【美食特色】美味可口，消暑解渴。
【健康贴士】玫瑰花具有美容养颜的功效，适宜女性饮用。

香草冰奶茶

【主料】香草茶包 1 包，锡兰红茶 1 包，香草果露 20 毫升，奶油 15 克，焦糖酱 15 克。
【配料】奶精 6 克，冰块 40 克。
【制作】① 将所有茶包放入杯中，用沸水一起冲泡好，取出茶包后加入奶精溶解。② 加入适量冰块，倒入果露拌匀，挤上奶油，淋上焦糖酱即可。
【美食特色】茶香浓郁，口感细腻。
【健康贴士】锡兰红茶具有防治骨质疏松的功效，适宜中老年人饮用。

水蜜桃冰奶茶

【主料】蜜桃香茶包 1 包，水蜜桃丁 30 克，鲜奶油 15 克。
【配料】奶精 6 克。
【制作】① 茶包入杯，注入沸水浸泡片刻。② 取出茶包后加入奶精溶解备用。③ 杯内装入冰块，倒入茶汤，搅拌均匀，挤上鲜奶油，撒上水蜜桃丁即可。
【美食特色】口感细腻，果味香浓。
【健康贴士】水蜜桃中含铁量较高，适宜缺铁性贫血患者饮用。

小珍珠粉奶茶

【主料】小珍珠粉圆 50 克，红茶 250 毫升。
【配料】蜂蜜 15 毫升，奶精 9 克，冰块 40 克。
【制作】① 小珍珠粉煮熟后泡于冷水中。② 将冰块放入杯内，倒入红茶，加入蜂蜜、奶精，搅拌均匀。③ 在杯中加入适量小珍珠粉圆，拌匀后即可饮用。
【美食特色】奶香醇厚，消暑解渴。
【健康贴士】珍珠粉具有美白养颜的功效，适宜女士饮用。

果糖珍珠奶茶

【主料】珍珠粉圆 60 克，红茶 250 毫升。
【配料】果糖 15 克，奶精 9 克，冰块 40 克。
【制作】① 将冰块放入雪克杯内约 2/3 满，倒入放凉的红茶。② 加入果糖、奶精、珍珠粉圆摇匀即可。
【美食特色】提神健脑，茶香浓厚。
【健康贴士】喝奶茶会减少男性荷尔蒙的分泌，男性不宜过量饮用。

玫瑰香草奶茶

【主料】红茶 1 包，香草红茶 1 包，玫瑰果露 30 毫升。
【配料】奶粉精 8 克，冰糖包 1 包。
【制作】① 取白瓷壶预热，加入茶包及奶精粉，注入沸水，加盖浸泡 3 ~ 5 分钟。② 将果露倒入壶中搅拌均匀，附上冰糖包即可。
【美食特色】茶香浓厚，口感清淡。
【健康贴士】喝奶茶容易使血糖上升，糖尿病患者不宜饮用。

香草榛果冰奶茶

【主料】香草坚果牛奶茶 1 包，榛果果露 30 毫升，鲜奶油 15 克。
【制作】① 茶包入杯，注入适量开水冲泡。② 取出茶包，加入奶精溶解备用。③ 雪克杯内装入适量冰块，倒入茶汤及果露，摇匀。④将液体滤出，倒入装有冰块的杯中，挤上鲜奶油即可。
【美食特色】奶味浓厚，甜香可口。
【健康贴士】饮用奶油容易使血压上升，高血压患者不宜过量饮用。

珍珠奶茶

【主料】奶精 10 克，红茶 150 毫升。
【配料】奶茶精 5 克，果粉 5 克，糖 5 克，珍珠粉圆少许。

【制作】① 将奶精放在杯子中，用少量热红茶融化，并加入奶茶精、果粉、糖搅拌均匀。② 珍珠粉圆用小火煮至变大变软，放入杯中即可。

【美食特色】味道香甜，口感细腻。

【健康贴士】糖尿病、高血压、高血脂患者忌饮用。

西米奶茶

【主料】红茶 1 包，西米 100 克。

【配料】牛奶 100 毫升。

【制作】① 先将西米浸透，放入滚水中边搅拌边煮至透明，滤去水分待用。② 牛奶在壶中煮热后，加入红茶浸泡。③ 将泡好的奶茶放入茶杯，加入煮熟的西米，饮用时搅拌均匀即可。

【美食特色】奶香醇厚，口感独特。

【健康贴士】饮用西米会使血糖升高，糖尿病患者不宜饮用。

薄荷奶茶

【主料】薄荷蜜 15 毫升，绿茶 250 毫升，果糖 15 毫升。

【配料】奶精 6 克，冰块 40 克。

【制作】① 将冰块放入雪克杯内约 2/3 满，倒入凉凉的绿茶 250 毫升。② 放入果糖、奶精拌匀，加入薄荷蜜，摇匀装杯即可。

【美食特色】提神健脑，口感清凉。

【健康贴士】薄荷会增加胃泛酸的概率，胃病患者不宜饮用。

杏仁奶茶

【主料】茶包 2 包，奶精粉 8 克，杏仁果露 15 毫升，奶油 15 克。

【配料】冰块 40 克。

【制作】① 将茶包放入杯中，注入适量沸水冲泡片刻。② 取出茶包，加入奶精粉搅溶。③ 放入冰块，倒入茶汤及果露，搅拌均匀后将液体滤出，倒入装有冰块的杯中，挤上奶油即可。

【美食特色】口感细腻，冰爽可口。

【健康贴士】喝奶茶容易使记忆力降低，不宜过量饮用。

鸳鸯奶茶

【主料】牛奶 100 毫升，袋泡红茶 1 包，速溶咖啡粉 10 克。

【配料】砂糖 10 克。

【制作】① 先将红茶包放入杯子内，注入开水冲泡 10 分钟后取出茶包，倒入 100 毫升牛奶调匀成奶茶。② 将速溶咖啡倒入另一杯子，冲入开水调匀，倒入奶茶中，再加入砂糖充分调匀即可。

【美食特色】味道浓厚，奶香十足。

【健康贴士】牛奶具有美白养颜的功效，适宜女士饮用。

草莓杏仁奶茶

【主料】杏仁粉 30 克，红茶 250 毫升，玫瑰露 20 毫升，草莓果粒 40 克。

【配料】奶精 6 克，蜂蜜 8 克，冰块 40 克。

【制作】① 将草莓果粒及玫瑰露用榨汁机打碎，倒入雪克杯内。② 倒入杏仁粉、红茶、奶精、蜂蜜、冰块，摇匀即可。

【美食特色】颜色艳丽，口感丰富。

【健康贴士】草莓性寒，体质虚寒者不宜饮用。

奶昔

香蕉奶昔

【主料】香蕉 200 克，鲜奶 100 毫升。
【配料】酸奶 50 毫升。
【制作】① 香蕉去皮，切成五等份。② 将香蕉、酸奶、鲜奶放入榨汁机中搅打均匀，倒入杯中即可。
【美食特色】开胃消食，利尿通便。
【健康贴士】香蕉性寒，体内燥热者宜多吃香蕉。

金橙奶昔

【主料】鲜橙 1 个，鲜奶 120 毫升，冰激凌球 1 个，浓缩橙汁 30 毫升。
【配料】冰块 1 小杯，蜂蜜 30 毫升。
【制作】① 鲜橙去皮，放入果汁机中榨出鲜橙汁备用。② 浓缩橙汁、蜂蜜、鲜奶、鲜橙汁、冰激凌球和冰块放入果汁机中搅拌均匀，倒入杯中即可。
【美食特色】生津止渴，酸甜可口。
【健康贴士】橙子宜与蜂蜜同食，具有润燥生津、增强免疫力的功效。

椰子奶昔

【主料】牛奶 150 毫升，鲜奶油 80 克，椰浆粉 80 克。
【配料】糖 12 克。
【制作】① 糖放入牛奶中，使糖完全溶解。② 将所有材料放入榨汁机中搅打 1 分钟即可。
【美食特色】奶味醇厚，椰香十足。
【健康贴士】牛奶宜与鸡蛋同食，具有补肺养胃的功效。

巧克力奶昔

【主料】剥皮的榛果 90 克，牛奶 150 毫升，香草冰激凌 4 大勺。
【配料】巧克力 30 克，现磨肉豆蔻 25 克。
【制作】① 榛果炒熟备用；取 10 克榛果、10 克巧克力切成碎屑。② 牛奶、榛果 80 克、巧克力 20 克一同混合加热搅拌，倒出放凉。③ 将牛奶汁、肉豆蔻、香草冰激凌放入搅拌机中搅打均匀，倒入杯中，撒上榛果、巧克力碎屑即可。
【美食特色】消暑解渴，味道醇厚。
【健康贴士】牛奶宜与核桃同食，具有健脾养胃、美容养颜的功效。

杧果奶昔

【主料】杧果 200 克，鲜奶 100 毫升。
【配料】酸奶 50 毫升。
【制作】① 杧果用水洗净，去果核，切块。② 将鲜奶、杧果和酸奶放入榨汁机内，搅打均匀，倒入杯中即可。
【美食特色】奶香十足，酸甜可口。
【健康贴士】杧果具有润泽皮肤的功效，适宜女性饮用。

香蕉双莓奶昔

【主料】香蕉 70 克，蓝莓 50 克，鲜奶 100 毫升。
【配料】草莓 3 颗。
【制作】① 香蕉去皮，切成小块；草莓用水洗净，去蒂。② 把草莓、蓝莓、香蕉和鲜奶放入果汁机内，搅打均匀即可。
【美食特色】味道丰富，口感润滑。
【健康贴士】香蕉不宜与山药同食，易引起

复胀。

香蕉草莓柳橙奶昔

【主料】香蕉 1/2 根，柳橙 1/2 个，鲜奶 100 毫升。
【配料】草莓 5 颗。
【制作】① 香蕉去皮，切成小块；草莓洗净，去蒂。② 把香蕉、草莓、柠檬汁和鲜奶放入榨汁机内，搅打均匀即可。
【美食特色】奶香醇厚，果味鲜浓。
【健康贴士】香蕉不宜与芋头同食，会引起高钾血症。

香蕉巧克力奶昔

【主料】巧克力 300 克，香蕉 200 克，牛奶 300 毫升。
【配料】香草冰激凌 1 个。
【制作】① 香蕉去皮，切小段备用。② 将牛奶、巧克力、香草冰激凌、香蕉放入搅拌机中搅打成汁，倒入杯中即可。
【美食特色】味道浓香，口感冰爽。
【健康贴士】巧克力不宜与芝麻同食，会影响钙质吸收。

蓝莓奶昔

【主料】蓝莓 150 克，鲜奶 100 毫升。
【配料】酸奶 50 毫升，柠檬汁 30 毫升。
【制作】① 蓝莓用流水清洗。② 将蓝莓、鲜奶、酸奶和柠檬汁放入榨汁机内搅匀，倒入杯中即可饮用。
【美食特色】酸甜可口，奶味香浓。
【健康贴士】蓝莓宜与葡萄同食，具有补肝健脑的功效。

紫薯奶昔

【主料】紫薯 200 克。
【配料】鲜奶 100 毫升。
【制作】① 紫薯煮熟，去皮切小块。② 在榨汁机内加入紫薯和鲜奶，搅打均匀，倒入杯中即可饮用。
【美食特色】味道香醇，奶味浓厚。
【健康贴士】紫薯能促进胃肠蠕动，适宜便秘患者饮用。

香蕉柑橘奶昔

【主料】香蕉 100 克，柑橘 100 克，牛奶 200 毫升。
【配料】蜂蜜 15 克，香草冰激凌球 1 个。
【制作】① 香蕉切块，柑橘剥成瓣。② 把牛奶、冰激凌球、香蕉、柑橘一起放入搅拌机中，搅拌均匀，倒入杯中，加入蜂蜜拌匀即可。
【美食特色】酸甜可口，消暑解渴。
【健康贴士】柑橘宜与姜同食，具有止咳祛痰、治疗感冒的功效。

哈密瓜杧果奶昔

【主料】哈密瓜 100 克，杧果 100 克。
【配料】鲜奶 100 毫升。
【制作】① 哈密瓜和杧果去皮、籽。② 将哈密瓜、杧果、鲜奶放入搅拌机内搅打均匀，倒入杯中即可饮用。
【美食特色】果味香浓，口感细腻。
【健康贴士】杧果宜与鸡肉同食，具有健胃补气、滋阴壮骨的功效。

绿茶奶昔

【主料】绿茶粉 40 克，香蕉冰激凌球 1 个，牛奶 300 毫升。
【配料】蜂蜜 15 克。
【制作】① 绿茶粉、香蕉、冰激凌球、牛奶放入搅拌机搅打均匀。② 倒入杯中，加入蜂蜜拌匀即可。
【美食特色】口感清爽，茶味醇香。
【健康贴士】牛奶宜与桃同食，具有生津润肠、美容养颜的功效。

猕猴桃哈密瓜杧果奶昔

【主料】猕猴桃 1 个，哈密瓜 80 克，杧果 70 克。

【配料】鲜奶 100 毫升。

【制作】① 猕猴桃和哈密瓜去皮、子，切成小块；杧果去核，切成六块。② 所有材料放入果汁机内，搅打均匀即可。

【美食特色】清香可口，味道丰富。

荔枝奶昔

【主料】荔枝 200 克，鲜奶 300 毫升。

【配料】香草冰激凌球 1 个，蜂蜜 15 克。

【制作】① 荔枝、鲜奶、香草冰激凌球放入搅拌机搅打成汁。② 奶昔倒入杯中，加入蜂蜜拌匀即可饮用。

【美食特色】消暑解渴，口感清凉。

【健康贴士】荔枝宜与扁豆同食，具有健脾胃、益肝肾的功效。

草莓番茄奶昔

【主料】番茄 1 个，鲜奶 100 毫升，草莓 4 颗。

【配料】蜂蜜 8 克。

【制作】① 草莓洗净、去蒂；番茄洗净、去蒂，切成四块。② 把草莓、番茄、鲜奶和蜂蜜放入果汁机内，搅打均匀即可。

【美食特色】酸甜可口，开胃消食。

【健康贴士】番茄宜与豆腐同食，具有解毒生津、消食利水的功效。

香蕉菠萝奶昔

【主料】香蕉 1 根，菠萝 100 克，鲜奶 100 毫升。

【配料】冰块 30 克。

【制作】① 香蕉去皮，切成小块；菠萝去皮，切小块。② 把香蕉、菠萝、冰块和鲜奶放入果汁机内，搅打均匀即可。

【美食特色】口感清爽，味道丰富。

【健康贴士】菠萝宜与鸡肉同食，具有健脾胃、补虚固元的功效。

香蕉杏仁酪梨奶昔

【主料】香蕉 100 克，杏仁 30 克，酪梨 1/2 个，鲜奶 100 毫升。

【配料】酸奶 50 毫升。

【制作】① 香蕉去皮，切成小块；杏仁用温水浸泡后去皮；酪梨去核、皮，切成小块。② 将所有材料放入果汁机内搅打均匀即可。

【美食特色】酸甜可口，开胃消食。

【健康贴士】杏仁宜与山药同食，具有强肺益肾的功效。

迷迭香杏仁奶昔

【主料】迷迭香嫩枝 4 枝，牛奶 400 毫升，杏仁 50 克。

【配料】香草冰激凌球 1 个。

【制作】① 迷迭香嫩枝与牛奶混合，用慢火加热，倒入榨汁机，加杏仁搅打。② 放入香草冰激凌球一起搅拌至完全混合即可。

【美食特色】清凉解渴，口味香浓。

【健康贴士】牛奶不宜与菠菜同食，易引起腹泻。

杧果菠萝柠檬奶昔

【主料】杧果 100 克，菠萝 100 克。

【配料】柠檬汁 50 毫升，酸奶 50 毫升。

【制作】① 杧果去皮、核，切成六块；菠萝去皮，切成小块。② 将杧果、菠萝、柠檬汁、酸奶放入果汁机内，搅打均匀后倒入杯中即可。

【美食特色】酸甜可口，果味醇香。

【健康贴士】菠萝宜与鱿鱼同食，具有益气血、补脾胃的功效。

柳橙杧果蓝莓奶昔

【主料】柳橙汁 100 毫升，杧果 1/2 个，蓝莓 70 克。

【配料】酸奶 50 毫升。

【制作】① 杧果去皮、核，切成六块；蓝莓用流水洗净备用。② 把所有材料放入果汁机内，搅打均匀即可。

【美食特色】口感细腻，味道丰富。

【健康贴士】蓝莓宜与牛奶同食，具有健脑、抗癌的功效。

黑枣苹果奶昔

【主料】黑枣 50 克，苹果 1 个，鲜奶 100 毫升。

【配料】酸奶 50 毫升，肉桂粉 5 克。

【制作】① 苹果去子，切成小块；黑枣切成两半。② 把黑枣、苹果、肉桂粉、酸奶和鲜奶放入果汁机内，搅打均匀后倒入杯中即可。

【美食特色】奶香浓厚，酸甜可口。

【健康贴士】牛奶不宜与韭菜同食，会影响钙质吸收。

卡式达棉花糖奶昔

【主料】巧克力 75 克，棉花糖 50 克，卡式达酱 600 毫升，牛奶 300 毫升。

【配料】杏仁 40 克，白砂糖 10 克。

【制作】① 巧克力，杏仁均切碎。② 将卡式达酱放入果汁机，加入牛奶、糖，搅打至混合。③ 加入巧克力、杏仁、棉花糖搅打，倒入杯中，撒入碎巧克力即可。

【美食特色】巧克力浓香，口感细腻爽滑。

【健康贴士】吃巧克力会使血糖升高，糖尿病患者不宜饮用。

哈密瓜奶昔

【主料】香草冰激凌球 1 个，牛奶 150 毫升，哈密瓜 200 克。

【配料】砂糖 10 克，开心果 15 克。

【制作】① 哈密瓜取果肉，切 1 片留用，其余切块。② 将哈密瓜和香草冰激凌、牛奶、砂糖放在榨汁机打成泥，冰冻后倒入玻璃杯中。③ 撒上开心果碎末，放上哈密瓜片装饰即可。

【美食特色】果味鲜香，口感冰爽。

【健康贴士】牛奶宜与鸡蛋同食，具有补肺养胃的功效。

南瓜胡萝卜奶昔

【主料】南瓜 60 克，胡萝卜 30 克，牛奶 300 毫升，柠檬 50 克。

【配料】白砂糖 20 克，香草冰激凌球 1 个。

【制作】① 南瓜蒸熟、去皮，胡萝卜洗净、削皮切块，柠檬洗净、切块。② 将南瓜、胡萝卜、牛奶、柠檬、白砂糖和香草冰激凌放入搅拌机搅拌均匀，倒入杯中即可。

【美食特色】酸甜可口，冰爽浓香。

【健康贴士】一般人皆宜饮用。

绿豆奶昔

【主料】绿豆 100 克，牛奶 300 毫升，奶油 50 毫升。

【配料】白砂糖 50 克，香草冰激凌球 1 个。

【制作】① 绿豆煮熟加糖，用榨汁机打碎后冷藏；牛奶和奶油搅匀，冷藏。② 绿豆、牛奶入杯搅拌，加入冰激凌球即可。

【美食特色】消暑解渴，奶香浓厚。

【健康贴士】绿豆宜与黑木耳同食，具有清热活血、滋阴生津的功效。

薄荷奶昔

【主料】酸奶 200 克，牛奶 200 毫升。

【配料】新鲜薄荷 30 克，柠檬汁 20 毫升，白砂糖 10 克，碎冰块 40 克。

【制作】① 薄荷叶切碎，放入小平底锅中加糖和水加热，煮滚后离火。② 加入酸奶和牛奶搅打至起泡，再加入几片洗净的薄荷叶与柠檬汁搅拌，加碎冰即可饮用。

【美食特色】口感清凉，提神健脑。

【健康贴士】一般人皆宜饮用。

香橙柠檬奶昔

【主料】香橙 250 克，酸奶 200 毫升，迷迭香嫩枝 4 枝，柠檬 1/2 个。
【配料】香草雪糕 1 个，白砂糖 8 克。
【制作】① 香橙和柠檬剥皮切小碎块，和冰激凌球、酸奶、迷迭香一起放在搅拌机里打碎。② 倒入杯中，依个人口味放入白砂糖即可。
【美食特色】消暑解渴，酸香冰爽。
【健康贴士】橙子不宜与沙丁鱼同食，会导致消化不良。

葡萄奶昔

【主料】葡萄 300 克，酸奶 300 毫升。
【配料】香草冰激凌球 1 个，冰块 40 克。
【制作】① 葡萄洗净、去皮子；冰块放入搅拌机打碎。② 碎冰块、葡萄、冰激凌球和酸奶一同放入搅拌机充分搅拌，倒入杯中，点缀葡萄即可。
【美食特色】酸甜可口，冰爽十足。
【健康贴士】糖尿病、便秘、阴虚内热、脾胃虚寒、肥胖症者不宜多饮用。

香草奶昔

【主料】牛奶 400 毫升，奶油 200 毫升。
【配料】香草冰激凌 4 汤匙。
【制作】① 把香草冰激凌、牛奶放入榨汁机，充分搅打，直到出现泡沫。② 倒入杯中，加入奶油搅拌均匀即可。
【美食特色】奶香浓厚，口感清凉。
【健康贴士】高血压、高血脂、肥胖症患者不宜饮用。

杧果猕猴桃奶昔

【主料】杧果 300 克，猕猴桃 300 克，牛奶 200 毫升。
【配料】柠檬汁 10 毫升，香草冰激凌球 1 个。
【制作】① 杧果去皮，切片后放入搅拌器内。② 猕猴桃削片后，保留 1 小片，将剩余部分加杧果、牛奶、柠檬汁及冰激凌球搅拌后倒入果杯内，将猕猴桃片放在奶昔表面即可。
【美食特色】果香鲜浓，冰凉爽口。
【健康贴士】杧果不宜与蒜同食，会导致肠胃不适。

菠萝奶昔

【主料】菠萝 2 块，鲜奶 120 毫升。
【配料】冰激凌球 1 个，蜂蜜 30 毫升。
【制作】① 菠萝去皮，取肉切粒。② 所有材料放入搅拌机中搅拌均匀，倒入杯中即可。
【美食特色】酸甜可口，清凉解暑。

玉米奶昔

【主料】玉米 1 根，酸奶 100 毫升。
【配料】水 200 毫升，冰糖 50 克。
【制作】① 玉米洗净后切下玉米粒，煮熟备用。② 把煮熟的玉米粒及汤汁一起放入搅拌机中搅打均匀，加入酸奶及冰糖，继续打匀，倒入杯中即可。
【美食特色】酸香可口，冰凉舒爽。
【健康贴士】玉米富含维生素和矿物质，牛奶能够促进骨骼发育、润泽肌肤，二者同食，能够为人体补充丰富的蛋白质、维生素和矿物质，能强健骨骼和牙齿，还能起到护肤的功效。

香蕉酸奶昔

【主料】香蕉 2 根。
【配料】酸奶 500 毫升。
【制作】① 香蕉去皮、切片，放入料理机。② 倒入酸奶，搅打均匀后倒入杯中即可。
【美食特色】酸香味美，口感润滑。
【健康贴士】香蕉宜与牛奶同食，具有润滑肌肤的功效。

桃子奶昔

【主料】桃子 3 个。
【配料】酸奶 100 克，冰激凌 70 克。
【制作】① 桃子洗净，去核、切小块。② 将桃子块、冰激凌、酸奶一起放入搅拌机中打匀，倒进杯子里略加装饰即可。
【美食特色】冰凉爽口，味道酸甜。
【健康贴士】酸奶宜与草莓同食，具有生津润燥、通便防癌的功效。

南瓜奶昔

【主料】罐装南瓜酱 448 克，牛奶 475 毫升。
【配料】红糖 55 克，肉桂粉 5 克。
【制作】① 南瓜酱入冷柜中冷藏 24 小时以上。② 取出南瓜酱后放入微波炉高火加热 1 ~ 2 分钟。③ 把牛奶倒入搅拌机，加入红糖、肉桂粉和南瓜酱一起搅拌均匀即可。
【美食特色】奶香浓厚，甜美可口。
【健康贴士】牛奶宜与苹果同食，具有健脾益胃、润肺生津的功效。

杧果酸奶昔

【主料】原味酸奶 300 毫升，杧果 200 克，香草冰激凌 3 小勺。
【配料】冰块两块，蜂蜜 8 克。
【制作】① 杧果去皮、核，取果肉切块。② 冰块放入搅拌机中打碎，加入原味酸奶、杧果果肉、香草冰激凌及蜂蜜继续搅打均匀即可。
【美食特色】果味香浓，酸香可口。
【健康贴士】牛奶搭配杧果食用，可以起到非常不错的美容、延缓衰老的食疗效果。

木瓜草莓奶昔

【主料】木瓜 150 克，牛奶 90 毫升。
【配料】香草冰激凌球 1 个，冰块 50 克，草莓果酱 30 克，糖水 10 毫升。
【制作】① 木瓜、牛奶、香草冰激凌球、糖水、冰块放入搅拌机内搅拌均匀。② 将搅拌好的奶昔倒入杯内，淋少许草莓果酱即可。
【美食特色】酸甜可口，冰凉舒爽。
【健康贴士】木瓜宜与牛奶同食，具有补肾健脾、美肤抗衰的功效。

草莓菠萝奶昔

【主料】草莓果酱 100 克，草莓冰激凌球 1 个，牛奶 90 毫升，菠萝片 20 克。
【配料】糖水 10 毫升，冰块 40 克。
【制作】① 草莓果酱、草莓冰激凌球、牛奶、糖水、冰块放入搅拌机内搅拌均匀。② 把搅拌好的奶昔倒入杯内，加菠萝片装饰即可。
【美食特色】冰爽可口，奶香浓厚。

爽口青苹果奶昔

【主料】青苹果果露 30 毫升，牛奶 60 毫升，奶粉 20 克。
【配料】香草冰激凌球 1 个，冰块 35 克，柠檬 1 片。
【制作】① 将青苹果果露、牛奶、奶粉、香草冰激凌球依次倒入冰沙机内，放入冰块搅打成冰沙。② 把打好的冰沙倒入杯中，放上柠檬片装饰即可。
【美食特色】酸爽可口，香甜醇香。
【健康贴士】一般人皆宜饮用。

番茄奶昔

【主料】低脂原味酸奶 240 毫升，番茄 2 个。
【配料】干罗勒 5 克，盐 3 克，冰块 50 克。
【制作】① 番茄去皮、子，切块，干罗勒压碎。② 将酸奶、番茄、罗勒和盐放入果汁机，搅打 2 分钟，倒入杯中，加入冰块即可。
【美食特色】酸甜可口，口感冰爽。

草莓酸奶昔

【主料】草莓 8 个。

【配料】酸奶 200 克。

【制作】① 草莓洗净后切小块。② 把酸奶、草莓放入搅拌机中，搅打 30 秒钟即可。

【美食特色】酸甜可口，颜色鲜艳。

【健康贴士】酸奶宜与苹果同食，具有开胃消食的功效。

猕猴桃奶昔

【主料】猕猴桃 2 个。

【配料】酸奶 200 毫升。

【制作】① 猕猴桃去皮、切块。② 把酸奶和猕猴桃放进料理机，搅打成果泥汁即可。

【美食特色】口感酸甜，营养丰富。

【健康贴士】酸奶宜与猕猴桃同食，有开胃润肠、美容抗癌的功效。

木瓜酸奶昔

【主料】木瓜半个，酸奶 200 毫升。

【配料】蜂蜜 10 克。

【制作】① 木瓜去皮、子，切小块。② 切好的木瓜放入搅拌机里，根据个人口味倒入酸奶和蜂蜜，搅打均匀即可。

【美食特色】味道酸甜，口感细腻。

【健康贴士】木瓜具有美容养颜的功效，适宜女性饮用。

薄荷酸奶昔

【主料】鲜薄荷叶 10 片，酸奶 250 毫升。

【配料】冰雪糕 50 克。

【制作】① 薄荷叶洗净备用。② 所有材料一同放入搅拌机内搅打均匀即可。

【美食特色】口感清香，酸爽冰凉。

【健康贴士】酸奶具有润肠通便的功效，适宜便秘患者饮用。

草莓桑葚奶昔

【主料】桑葚 100 克，草莓 100 克。

【配料】酸奶 200 克。

【制作】① 桑葚、草莓洗净去蒂。② 将所有材料放入搅拌机中搅打均匀即可。

【美食特色】酸甜可口，颜色艳丽。

【健康贴士】脾胃虚弱、肺寒腹泻、尿路结石者不宜多饮用。

杏仁草莓奶昔

【主料】酸奶 200 毫升，草莓 100 克。

【配料】杏仁 25 克。

【制作】① 杏仁剥壳打碎；草莓清洗去蒂。② 把牛奶和草莓放进搅拌机里打几秒钟，倒进杯子里，加入打碎的杏仁即可。

【美食特色】味道酸甜，营养丰富。

【健康贴士】杏仁与薏米相克，同食易引起人腹泻、呕吐。

草莓杧果奶昔

【主料】草莓 100 克，杧果 100 克。

【配料】酸奶 150 毫升。

【制作】① 草莓洗净去蒂；杧果去皮、核，取果肉备用。② 将所有材料放入搅拌机打碎即可。

【美食特色】味道丰富，颜色鲜艳。

【健康贴士】杧果具有预防和治疗高血压的功效，适宜中老年人及高血压患者饮用。

西瓜草莓奶昔

【主料】西瓜 200 克，草莓 200 克。

【配料】酸奶 100 毫升。

【制作】① 草莓洗净、去蒂；西瓜去皮、子。② 将所有材料放入搅拌机中搅打均匀即可。

【美食特色】营养丰富，口感清凉。

【健康贴士】西瓜与草莓均属寒性食物，脾胃虚寒者不宜饮用此饮品。

冰沙

阳桃冰沙

【主料】阳桃 1 个，菠萝汁 30 毫升，柳橙汁 30 毫升。
【配料】果糖 45 克，冰沙粉 1 克，冰块 40 克。
【制作】① 阳桃洗净，切 1 片保留备用。② 将剩余的阳桃去子、切块，与其他所有材料放入榨汁机中一起混合搅打均匀。③ 冰沙倒入杯中，放上阳桃片装饰即可。
【美食特色】冰爽可口，果味醇香。
【健康贴士】鸡肉与菠萝同食，可以健脾胃、补虚强身、固元气。

杧果冰沙

【主料】杧果 300 克，鲜奶 60 毫升。
【配料】冰块 40 克，糖水适量。
【制作】① 杧果去皮、切小块。② 把冰块、鲜奶、糖水和杧果块放入冰沙机中打成冰沙，倒入杯中即可。
【美食特色】消暑解渴，香甜可口。
【健康贴士】杧果性寒，体质虚寒者不宜过多饮用。

绿豆冰沙

【主料】绿豆 100 克，炼乳 50 毫升。
【配料】蜂蜜 15 克。
【制作】① 绿豆用清水淘洗干净，放入锅中，加入适量清水，用大火烧沸后转小火慢慢熬煮约 30 分钟，待绿豆外皮裂开即可。② 将绿豆放入豆浆机中搅打成汁，拌入炼乳和蜂蜜混合均匀，倒入沙冰机中搅打成冰沙即可。
【美食特色】甜香可口，消暑解渴。
【健康贴士】绿豆与南瓜一同饮用，可以起到清肺热、降低血糖、保肝明目的功效。
【举一反三】将绿豆换成红豆，即可制成红豆冰沙。

薯泥冰沙

【主料】紫薯 1 个，牛奶 50 毫升。
【配料】炼乳 30 毫升，新鲜水果粒适量。
【制作】① 紫薯蒸熟、捣成泥，加入牛奶、炼乳调匀，包上保鲜膜放冰箱冷冻 40 分钟。② 把适量水果粒放在紫薯泥上装饰即可。
【美食特色】颜色鲜艳，味道丰富。
【健康贴士】牛奶具有美容养颜的功效，适宜女性适宜。

西瓜冰沙

【主料】西瓜 500 克。
【配料】绵白砂糖 15 克。
【制作】① 西瓜去皮、子，取果肉，切成小块。② 绵白砂糖和 150 毫升清水放入小锅中，以小火熬制成淡黄色的糖水。③ 将西瓜块和糖水放入冰沙机中，高速搅打 20 秒后倒入杯中即可饮用。
【美食特色】消暑解渴，味道清爽。
【健康贴士】虾与西瓜同食，容易引起痢疾。
【举一反三】将西瓜换成橘子，即可制成橘子冰沙。

西瓜杧果冰沙

【主料】小西瓜 1/2 个，杧果 1 个。.
【配料】酸奶 150 毫升。
【制作】① 西瓜取果肉放入碗中，盖上保鲜膜，放入冰箱内冷冻约 3 小时，取出后放入料理机中。② 杧果切丁，放入料理机，与西瓜冰一起打匀，加入少许酸奶调味，撒入杧果粒点缀即可。

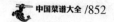

【美食特色】果味鲜香，酸甜可口。

【健康贴士】一般人皆宜饮用。

【举一反三】将西瓜换成柠檬，即可制成柠檬杧果冰沙。

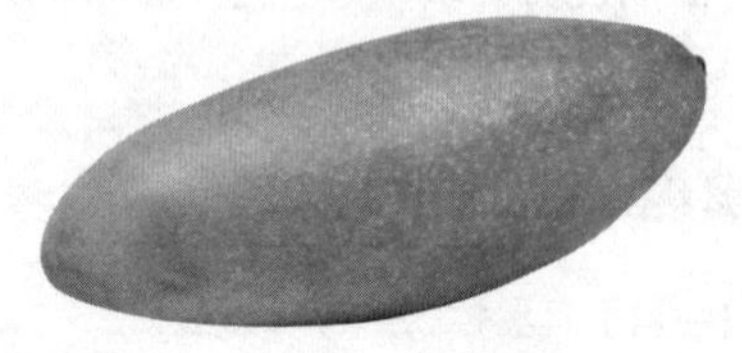

酸奶冰沙

【主料】原味酸奶 60 毫升，果糖 60 克，柠檬果肉 1/4 个。

【配料】冰块 300 克。

【制作】① 在冰沙机内注入适量凉开水，加入原味酸奶。② 柠檬对切，放入榨汁机内榨汁。③ 把柠檬汁倒入冰沙机内，放入果糖及冰块打碎成冰沙即可。

【美食特色】开胃消食，酸甜可口。

【健康贴士】酸奶与番茄搭配食用，可以生津止渴、降低血脂。

菠萝冰沙

【主料】罐头菠萝 10 片。

【配料】原味酸奶 300 毫升。

【制作】① 菠萝放入冰箱中冻硬，酸奶放入冰箱冷藏。② 把冻透的菠萝掰小块放入粉碎机中，加入酸奶打碎成冰沙即可。

【美食特色】味道酸爽，口感冰凉。

【健康贴士】胃酸过多者不宜饮用。

冰激凌

香草冰激凌

【主料】砂糖 400 克，牛奶 250 毫升，鸡蛋 1 个。

【配料】鲜奶油 250 毫升，香草粉 50 克。

【制作】① 砂糖、牛奶入锅加热，加入蛋液搅拌均匀。② 倒入奶油、香草粉，拌匀后出锅，冷却后放入冷藏片刻即可。

【美食特色】消暑解渴，奶味浓香。

【健康贴士】肾结石患者不宜喝牛奶，否则会导致病情加重。

【举一反三】把香草粉改成绿茶粉，就可以做出绿茶口味的冰激凌。

苹果冰激凌

【主料】苹果 400 克，新鲜牛奶 400 毫升。

【配料】白砂糖 150 克。

【制作】① 苹果洗净，去皮挖核，切成薄片，打成酱状，放入白砂糖及适量开水拌匀。② 牛奶煮沸，倒入苹果酱中搅拌均匀，倒入保鲜盒中，冷却后置于冰箱冻结即可。

【美食特色】果味香浓，提神健脑。

【健康贴士】此甜点含糖分较多，不宜糖尿病患者食用。

【举一反三】将苹果换成香蕉，即可制成香蕉冰激凌。

柳橙冰激凌

【主料】柳橙 3 个，炼乳 100 毫升，鲜奶油 100 毫升。

【配料】香橙利口酒 10 毫升。

【制作】① 柳橙果肉捣碎，榨汁，放入冷冻库，待果汁开始凝固时取出，以橡皮刀搅散。② 加入炼乳及鲜奶油拌匀，再放入香橙利口酒混合，冷冻片刻即可。

【美食特色】开胃消食，酸爽可口。

【健康贴士】柳橙含酸较多，胃酸过多、胃溃疡患者不宜食用。

香芋冰激凌

【主料】芋泥 200 克，牛奶 200 毫升，蛋黄 2 个。

【配料】玉米粉 20 克，细砂糖 30 克。

【制作】① 芋泥压散，加入牛奶和蛋黄混合。② 玉米粉中加入适量凉开水，加入芋泥混合物搅拌，再加入砂糖，搅拌至糖溶解，冷藏至硬即可饮用。

【美食特色】奶味香浓，口感甜香。

【健康贴士】丹参分子结构中的羟基氧、酮基氧可与牛奶中的钙离子形成络合物，降低丹参药效，因此服用丹参片的高血压、冠心病患者不宜饮用牛奶。

鸭梨冰激凌

【主料】牛奶 500 毫升，鸭梨 500 克。

【配料】白砂糖 150 克，奶油 150 克，香精 3 克。

【制作】① 将鸭梨洗净，去皮挖核，切成薄片，加水搅打成酱状，放入白砂糖及凉开水。② 倒入热牛奶拌匀，加奶油和香精搅拌均匀后入冰箱冷冻即可。

【美食特色】酸甜冰爽，奶香醇厚。

【健康贴士】鸭梨具有降低血压的功效，适宜高血压患者食用。

红豆冰激凌

【主料】牛奶 250 毫升，水煮红豆 250 克，鲜奶油 100 毫升。

【配料】蛋黄 3 个，砂糖 50 克。

【制作】① 鲜奶油打发备用。② 牛奶、蛋黄、砂糖入锅煮浓稠，浸于冰水中，搅打至冷却，加入打发的鲜奶油。③ 加入水煮红豆，拌匀。放入冰箱冷冻至凝固后取出，以打蛋器搅散，再入冰箱冷冻片刻即可

【美食特色】豆味香浓，冰爽可口。

【健康贴士】红豆具有利尿的功效，尿频者不宜食用。

【举一反三】将红豆换成绿豆，即可制成绿豆冰激凌。

芋头冰激凌

【主料】芋泥 300 克，牛奶 300 毫升，鲜奶油 100 毫升。

【配料】蛋黄 2 个，砂糖 50 克，椰奶 50 毫升，玉米粉 20 克。

【制作】① 将砂糖与蛋黄、玉米粉、牛奶、椰奶混合拌匀，以隔水加热的方式，边搅拌边煮至稠状后熄火。② 加入芋头泥拌匀，冷却后加入鲜奶油搅拌均匀，放入冰箱冷冻片刻即可。

【美食特色】芋头浓香，奶味醇厚。

【健康贴士】芋头具有健胃益脾的功效，适宜脾胃不适者食用。

柠檬冰激凌

【主料】柠檬 1 个，奶油 200 毫升。

【配料】水淀粉 10 克，蛋黄 3 个，白砂糖 30 克。

【制作】① 柠檬去皮挤汁，柠檬皮捣烂。② 白砂糖加水和柠檬皮煮成糖水，过滤。糖水加蛋黄打发起泡，加入水淀粉，加热后凉凉，加柠檬汁和奶油调匀冷冻即可。

【美食特色】冰爽酸甜，美白护肤。

【健康贴士】柠檬中含有较多的酸，胃酸过多者不宜食用。

【举一反三】把柠檬换成橘子，即可制成橘子冰激凌。

蓝莓冰激凌

【主料】蓝莓 100 克，牛奶 250 毫升，鲜奶油 100 毫升。

【配料】柠檬汁 10 毫升，蛋黄 3 个，砂糖 75 克。

【制作】① 将蓝莓淋上柠檬汁、牛奶、蛋黄、砂糖煮至浓稠，搅打到冷却。② 打发鲜奶油，加入牛奶、蛋黄和蓝莓。③ 放入冰箱冷冻至凝固后取出搅散，重复 2 ~ 3 次即可。

【美食特色】提神健脑，果味浓香。

【健康贴士】蓝莓与葡萄同食可以补肝，健脑，助消化，还具有抗氧化、延缓衰老的功效。

牛奶冰激凌

【主料】牛奶 250 毫升，鸡蛋 2 个。

【配料】细玉米粉 10 克。

【制作】① 鸡蛋打散，细玉米粉加水调成稀糊。② 牛奶加热，冲入鸡蛋液中搅匀。③ 加入玉米粉稀糊，倒入锅中，加热煮至微沸后凉凉凝冻即可。

【美食特色】奶香醇厚，开胃消食

【健康贴士】患半乳糖症的儿童喝了牛奶会出现呕吐、腹泻、烦躁不安等症状，应忌食。

【举一反三】将牛奶换成奶粉也可。

杧果冰激凌

【主料】杧果泥 300 克，鲜奶油 200 毫升，牛奶 250 毫升。

【配料】细砂糖 50 克，玉米粉 30 克，蛋黄 3 个。

【制作】① 蛋黄与砂糖混合后打发，加玉米粉、牛奶拌匀。② 倒入锅中加热至稠状，熄火后拌入杧果泥搅匀，放凉后加入打发的鲜奶油，冷冻成型即可。

【美食特色】消暑解渴，果味鲜香。

【健康贴士】杧果具有预防动脉硬化及高血压的食疗作用，适宜中老年人食用。

红茶冰激凌

【主料】泡好的红茶 500 克，鲜奶油 150 毫升，蛋黄 3 个。

【配料】细砂糖 80 克，兰姆酒 15 毫升，杏仁片适量。

【制作】① 将水及细砂糖入锅煮融，熬至剩下 2/3 的量。蛋黄搅散，加入糖水打发。② 加入红茶及兰姆酒，再加入打发的鲜奶油。③ 放入冰箱冷冻至稍微凝固，加杏仁片即可。

【美食特色】酒香清淡，茶味浓厚。

【健康贴士】茶中的咖啡因会增加孕妇心、肾的负荷，因此孕期女士不宜喝红茶。

【举一反三】如果不喜欢红茶的口味，可以把红茶换成其他种类的茶叶。

胡萝卜冰激凌

【主料】胡萝卜 1 根，牛奶 250 毫升，鲜奶油 100 毫升。

【配料】蛋黄 3 个，砂糖 75 克。

【制作】① 胡萝卜去皮，榨汁。② 把牛奶、蛋黄、砂糖混合，入锅煮至浓稠，出锅后冷却并打发。③ 奶油打发，加入牛奶蛋黄和胡萝卜汁拌匀，放入冰箱冻至凝固即可。

【美食特色】颜色艳丽，味道鲜美。

【健康贴士】胡萝卜具有宽肠通便的功效，适宜便秘患者食用。

蜜红豆冰激凌

【主料】蜜红豆 100 克，抹茶冰激凌球 3 个。

【配料】抹茶酱 30 克，锉冰 50 克。

【制作】① 蜜红豆加水煮熟，凉凉。② 将蜜红豆盛入碗底，铺上锉冰，淋入抹茶酱，再放 3 个抹茶冰激凌球。③ 碗内排入剩下的蜜红豆，淋上抹茶酱即可。

【美食特色】颜色诱人，冰爽可口。

【健康贴士】红豆与白酒同食会降低红豆的营养价值，因此二者不宜同食，

猕猴桃冰激凌

【主料】猕猴桃果肉 200 克，牛奶 250 毫升，鲜奶油 100 毫升。

【配料】砂糖 75 克，蛋黄 3 个。

【制作】① 牛奶、蛋黄、砂糖混合煮至浓稠，离火搅打。鲜奶油打发，加入猕猴桃混合均匀。② 加入牛奶蛋黄液搅匀，放入冰箱冷冻至凝固，取出后打散，重复 2 次即可。

【美食特色】果肉鲜香，美白护肤。

【健康贴士】猕猴桃具有延缓衰老的功效，适宜女性食用。

水果丁冰激凌

【主料】鲜牛奶 500 毫升，苹果丁、雪梨丁、草莓丁各 200 克。

【配料】棉花糖 250 克。

【制作】① 牛奶入锅加热，加入棉花糖搅拌融化。② 待棉花糖完全融化后关火倒入容器中，加入水果丁。③ 放入冰箱内冷冻 1 个小时即可。

【美食特色】口味丰富，冰爽解渴。

【健康贴士】草莓性寒，脾胃虚寒者不宜食用。

西瓜汁冰激凌

【主料】西瓜 300 克。

【配料】冰激凌球 2 个。

【制作】① 西瓜榨汁后倒入玻璃杯中。② 加入冰激凌球即可。

【美食特色】消暑解渴，果味鲜美。

【健康贴士】西瓜的含糖量较高，糖尿病患者不宜食用。

蜜瓜酸奶冰激凌

【主料】香瓜 250 克，酸奶 200 克，奶油 100 毫升。

【配料】蜂蜜 50 克。

【制作】① 香瓜切半，取出果肉，加入 60 毫升鲜奶油打成糊状，再入蜂蜜搅打。② 加入酸奶，搅匀后加入剩下的鲜奶油拌匀。③ 放入冰激凌机搅拌成凝固状，倒出后加入香瓜果肉拌匀，放入冰箱冷冻即可。

【美食特色】酸香可口，美白护肤。

【健康贴士】香瓜性寒，脾胃虚寒者不宜食用。

绿豆薏仁冰激凌

【主料】绿豆 20 克，薏仁 20 克，奶粉 40 克。

【配料】白砂糖 60 克，淀粉 5 克。

【制作】① 绿豆和薏仁淘洗干净后加水煮沸。② 取奶粉、白砂糖、淀粉，用水调匀，加入酥烂的绿豆薏仁中，搅拌均匀，冷却后放进冰箱冷冻室冷冻即可。

【美食特色】消暑解渴，甜香冰爽。

【健康贴士】绿豆与大米煮粥食用可以很好地增强食欲，适宜食欲不佳的病人或老年人食用。

番茄冰激凌

【主料】番茄汁 100 毫升，草莓冰激凌 1 个。

【配料】白砂糖浆 10 毫升，凉开水 50 毫升，碎冰适量。

【制作】① 在杯中放入碎冰块，依次加入番茄汁、凉开水和白砂糖浆。② 搅拌调匀后放入草莓冰激凌球即可。

【美食特色】酸甜可口，美白护肤。

【健康贴士】番茄味酸，胃溃疡患者不宜食用。

【巧手妙招】将圆形冰激凌铲子用热水烫一下再舀，就能取出漂亮的球形。

果仁冰激凌

【主料】鲜牛奶 500 克，奶油 150 克，果仁酱 100 克。

【配料】白砂糖 100 克，蛋黄 60 克。

【制作】① 在果仁酱中加入煮沸的牛奶，搅拌均匀。② 将白砂糖放入蛋黄中搅匀，加入果仁酱牛奶。③ 把奶油和鲜牛奶倒入上述材料中，搅匀，倒入容器内冷冻即可。

【美食特色】奶香浓厚，冰爽可口。

【健康贴士】牛奶中的钙最容易被吸收，磷、钾、镁等多种矿物的搭配也十分合理，孕妇应多喝牛奶。

奶油冰激凌

【主料】鲜奶油 200 毫升，蛋清 2 个，蛋黄 1 个。

【配料】白砂糖 150 克，香草粉 50 克。

【制作】① 在鲜奶油中加入白砂糖搅拌均匀。② 蛋清、蛋黄和香草粉充分混合。③ 把鲜奶油倒入蛋清混合液中搅拌均匀，放入冰箱冷冻至凝固即可。

【美食特色】奶味香浓，消暑解渴。

【健康贴士】奶油冰激凌含有较多奶油和糖，糖尿病患者不宜食用。

抹茶冰激凌

【主料】牛奶 250 毫升，蛋黄 80 克，细砂糖 100 克，鲜奶油 100 毫升。

【配料】抹茶粉 25 克。

【制作】① 细砂糖、抹茶粉、蛋黄、牛奶一同混合搅打，入锅加热至浓稠离火，加入打发的鲜奶油拌匀。② 放入冰箱冷冻至凝固，搅拌后再冷冻，重复 2 次即可。

【美食特色】奶香浓厚，美白护肤。

【健康贴士】绝经期前后的中年妇女常喝牛奶可减缓骨质流失。

可可冰激凌

【主料】可可粉 200 克，鲜牛奶 500 毫升。

【配料】白砂糖 80 克，蛋黄 1 个。

【制作】① 把鲜牛奶与可可粉搅拌成可可牛奶，入锅煮沸。② 蛋黄加糖拌匀，倒入可可牛奶混合均匀，冷却后倒入容器内入冰箱冷冻，其间搅拌几次即可。

【美食特色】可可浓香，口感冰爽。

薄荷冰激凌

【主料】牛奶 400 毫升，鸡蛋清 2 个。

【配料】白砂糖 150 克，玉米粉 10 克，薄荷香精少许。

【制作】① 在锅中加入白砂糖和牛奶，加热。② 将鸡蛋清和玉米粉搅匀，倒入牛奶中。③ 边搅边加热，稍熬后凉凉，滴入薄荷香精拌匀，放入冰箱冷冻片刻，冷冻的过程中要注意搅拌。

【美食特色】口感清凉，消暑解渴。

【健康贴士】牛奶与蜂蜜一同食用，能够起到补虚润燥、生津润肠的功效。

玉米冰激凌

【主料】牛奶 250 毫升，蛋黄 80 克，鲜奶油 250 毫升。

【配料】细砂糖 80 克，玉米粉 15 克。

【制作】① 将蛋黄与牛奶、细砂糖、玉米粉搅匀，加热至稠状，放凉备用。② 鲜奶油打发，加入上述材料中，冷冻半小时后取出，搅拌后再冷冻，至冻结成型即可。

【美食特色】奶味香浓，美味爽口。

【健康贴士】牛奶具有镇静安神的功效，适宜失眠患者食用。

果子露冰激凌

【主料】牛奶 500 毫升，鲜奶油 100 毫升，果子露 100 克。

【配料】白砂糖 100 克，玉米粉 100 克。

【制作】① 玉米粉加入适量牛奶调匀，把剩下的牛奶和白砂糖加热，再放入玉米粉牛奶。② 冷却后加入果子露和鲜奶油，放入冰箱凝结片刻即可。

【美食特色】提神健脑，甜香可口。

【健康贴士】腹部手术者喝牛奶不利于术后康复。

巧克力蓝莓冰激凌

【主料】冰激凌 250 毫升，蓝莓果酱 150 毫升，巧克力 100 克。

【配料】白砂糖 30 克。

【制作】① 在白砂糖中放入蓝莓果酱及巧克力，放入冰激凌 125 毫升，入冰箱冷冻。② 取出后放上另一半冰激凌，再入冰箱冷冻即可。

【美食特色】巧克力味香浓，冰爽可口。

【健康贴士】巧克力中含有较多糖分，糖尿病患者不宜食用。

延年益寿药膳篇

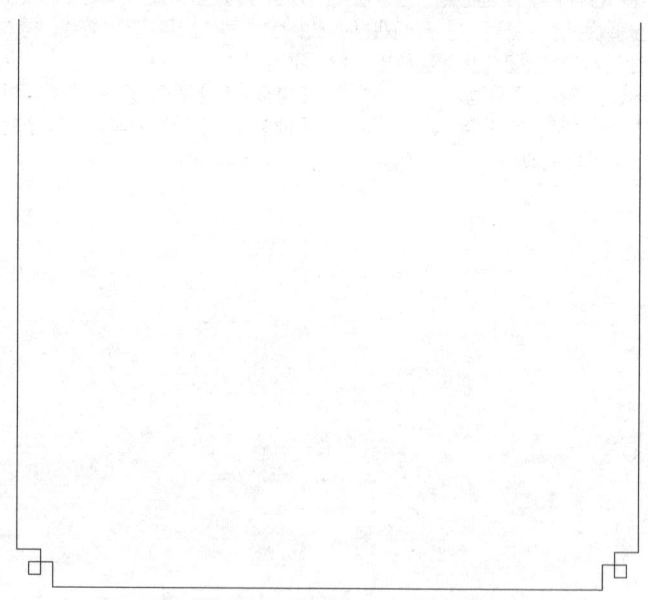

家庭常用中药一览表

天麻

天麻性平，味甘，微辛；能养血熄风，可治疗血虚肝风内动引起的头痛、眩晕，也可用于小儿惊风、癫痫、破伤风，还可用于风痰引起的眩晕、偏正头痛、肢体麻木、半身不遂等。

天麻有镇静、镇痛、抗惊厥的作用；能增加脑血流量，降低脑血管阻力，轻度收缩脑血管，增加冠状血管流量；能降低血压，减慢心率，对心肌缺血有保护作用。

首乌

首乌又名何首乌，中药何首乌有生首乌与制首乌之分，直接切片入药者为生首乌，用黑豆煮汁拌蒸后晒干入药者为制首乌。生首乌味甘、苦，性平，入心、肝、大肠经。制首乌甘、涩，微温，入肝、肾经。

首乌可改善中老年人的衰老征象，如白发、齿落、老年斑等，能促进人体免疫力的提高，抑制能导致人体衰老的物质在身体器官内的沉积。首乌还能扩张心脏的冠状动脉血管，降低血脂，促进红细胞的生成，对冠心病、高脂血症、老年贫血、大脑衰退等都有预防效果。

百合

百合味甘，性微寒；具有清火、润肺、安神的功效，其花为鳞状，花、茎均可入药，是一种药食兼用的花卉。百合具有养心安神，润肺止咳的功效，对病后虚弱的人非常有益。

茯苓

茯苓味甘，性平，入心经，肺经，脾经，肾经；具有利水渗湿、益脾和胃、宁心安神的功效。也可治小便不利、水肿胀满、痰饮咳逆、呕吐、脾虚食少、泄泻、心悸不安、失眠健忘、遗精白浊等症。

枸杞

枸杞味甘，性平，入肝经、肾经、肺经；有降低血糖、抗脂肪肝的作用，并能抗动脉硬化。可用于肝肾亏虚、头晕目眩、目视不清、腰膝酸软、阳痿遗精、虚劳咳嗽、消渴引饮等症。长期服食，有延年益寿、延缓衰老的效果。

天冬

天冬又名天门冬，味甘、微苦，性寒，入肺、心经；具有养阴清热、润肺滋肾的功效。可用于治疗阴虚发热、咳嗽吐血、肺痈、咽喉肿痛、消渴、便秘等病症。天冬又有增加血细胞的作用，能使肌肤靓丽，保持青春活力。

莲子

莲子，是睡莲科水生草本植物莲的种子。莲子味甘，性平，入脾、肾、心经；有清心醒脾、养心安神、护肝明目、补中养神、止泻固精、滋补元气的功效。主治心烦失眠、脾虚久泻、大便溏泄、久痢腰疼、男子遗精等症。

山药

山药味甘，性平，入肺、脾、肾经；具有健脾补肺、固肾固精之功效，适用于脾虚泄泻、久痢、虚劳咳嗽、消渴、遗精带下、尿频等症。山药也是补中益气的良药，具有补益脾胃的作用，特别适合脾胃虚弱者进补食用。

党参

党参为桔梗科多年草本植物党参、素花党参、川党参及其同属多种植物的根。党参含多种糖类、酚类、甾醇、挥发油、黄芩素、葡萄糖苷、皂苷及微量生物碱，具有增强免疫力、扩张血管、降压、改善微循环、增强造血功能等作用。

杜仲

杜仲味辛，性温，入肝、肾经；具有补肝肾强筋骨，清除体内垃圾，加强人体细胞物质代谢，防止肌肉骨骼老化，平衡人体血压，分解体内胆固醇，降低体内脂肪，恢复血管弹性，利尿清热，抗菌，兴奋中枢神经，提高白细胞数量，增强人体免疫力等功效。

芡实

芡实是睡莲科植物芡的干燥成熟种子，味甘，性平，入脾、胃、肝经；有补脾、止泻、固精等功效，适用于慢性泄泻、尿频、梦遗滑精、妇女白带多、腰酸等症。

核桃

核桃仁性味甘，性温，入肾、肺、肠经。核桃仁富含蛋白质及人体营养必需的不饱和脂肪酸，能滋养脑细胞，增强脑功能。此外核桃仁还可补肾、温肺、润肠，多用于治疗腰膝酸软、阳痿遗精、虚寒喘嗽、便秘等症。

黑米

黑米味甘，性平，入脾、胃经；黑米不仅富含锰、锌、铜等无机盐，还含有大米所没有的维生素 C、叶绿素、花青素、胡萝卜素及强心苷等特殊成分。

黑米具有开胃益中、健脾暖肝、明目活血、壮阳补精之功，对于少年白发、妇女产后虚弱、病后体虚及贫血、肾虚均有很好的补养作用。

蜂蜜

蜂蜜味甘，性平，入肺、胃经；含有生素 A、维生素 B_1、维生素 B_2、维生素 B_6、维生素 C、维生素 D、维生素 K、烟酸、泛酸、叶酸等微量元素。

蜂蜜有改善血液成分、促进心脑血管功能、消肿止血、益气补血、润肺止咳、润肠通便等功效。

山楂

山楂味酸甘，性微温，入脾、胃、肝经；是消食健胃、活血化瘀、收敛止痢的良药。山楂的主要成分是黄酮类物质，对心血管系统有明显的药理作用，经常食用山楂可降低血压。

桑葚

桑葚是桑科植物桑树上所结的一种聚花果，味甘，性寒，入心、肝、肾经；含有丰富的胡萝卜素、葡萄糖、苹果酸、琥珀酸、维生素 B_1、维生素 B_2 等元素。是滋补强壮、养心益智的佳果。具有补血滋阴、生津止渴、润肠燥等功效。主治阴血不足而致的头晕目眩、耳鸣心悸、烦躁失眠、腰膝酸软、须发早白、大便干结等症。

菊花

菊花味辛、甘、苦，性微寒，入肺、肝经；菊花含有水苏碱、刺槐苷、葡萄糖苷等成分，尤其富含挥发油，油中主要含菊酮、龙脑、龙脑乙酸酯等物质。

菊花具有散风清热、平肝明目等功效。主要用于治疗风热感冒、头痛眩晕、目赤肿痛、眼目昏花等症。

紫菜

紫菜味甘、咸，性寒，入肺经；紫菜营养丰富，其蛋白质含量超过海带，并含有较多的胡萝卜素、核黄素、维生素A、维生素C、碘、钙、铁、锌、锰、磷、铜等成分。因此紫菜可用于治疗因缺碘引起的大脖子病。经常食用紫菜，有助于儿童、老人骨骼和牙齿的保健。

海参

海参是一种名贵海产动物，因补益作用类似人参而得名。海参味咸，性温；富含蛋白质、碳水化合物、脂肪、维生素E、钙、碘、磷、铁等物质。海参肉质软嫩，营养丰富，是典型的高蛋白、低脂肪食物，具有滋阴补肾、养血益精的功效。

此外，海参对于高血压、高血脂、动脉硬化等都有较好的预防作用。

芝麻

芝麻味甘，性平，入肝、肾、肺、脾经；有护肝明目、祛风散寒、润肠通便、补血养发、通乳汁、强身体，抗衰老的功效。

芝麻可用于治疗头晕耳鸣、高血压、高血脂、咳嗽、身体虚弱、头发早白、贫血萎黄、大便燥结、乳少、尿血等症，疗效明显。

桂圆

桂圆是我国南亚热带的名贵特产，桂圆能够入药，有壮阳益气、补益心脾、养血安神、润肤美容等多种功效，可治疗贫血、心悸、失眠、健忘、神经衰弱及病后、产后身体虚弱等症。服用时方法多样而简单，可生食、煎汤、熬膏，或浸酒服，但痰火郁结，咳嗽痰黏者不宜食用桂圆。

荸荠

荸荠俗称荸荠，味甘，性寒，皮色紫黑，肉质洁白，味甜多汁，清脆可口，自古有地下雪梨之美誉，北方人视之为江南人参。有清热解毒，生津润肺、化痰利肠、利水消肿、凉血化湿、消食除胀的功效。

荸荠属于生冷食物，脾胃虚寒、大便溏泄、血淤不化者不宜食用，此外，虽然老人食用荸荠对身体有好处，但多食会气急攻心。

洋参

洋参味苦，性凉，入心、肺、肾经；有抗疲劳、抗氧化、抗应激、抑制血小板聚集、降低血液凝固性的作用，另外，还可调节糖尿病患者血糖的含量。

洋参能补气养阴、清热生津，用于治疗气虚阴亏、内热、咳喘痰血、虚热烦倦、消渴、口燥咽干等症。

肉苁蓉

肉苁蓉别名苁蓉，味苦、咸，性温，肉苁蓉含有微量生物碱、糖类，有补肾阳、益精血、润肠通便等功效。主要用于治疗阳痿、不孕不育、腰膝酸软、筋骨无力、肠燥便秘等症。

生地

生地也叫生地黄，玄参科草本植物地黄的块根，有生地黄和熟地黄之分。

生地黄味苦，性微寒，入心、肝、肾经；具有清热生津、滋阴养血的功效，多用于治疗阴虚发热、消渴、吐血、血崩、月经不调、胎动不安等症。

熟地黄味甘，性微温，入肝、肾经；具有滋阴补血、益精添髓的功效，常用于治疗肝肾阴虚、腰膝酸软、血虚萎黄、心悸怔忡、崩漏下血等症。

陈皮

陈皮为芸香科植物橘及其栽培变种植物的干燥成熟果皮，陈皮味辛、苦，性温，入脾、胃、肺经；具有理气开胃、燥湿化痰、健脾益胃等功效。主要用于治疗脾胃气滞、消化不良、胸闷腹胀、腹泻便溏、咳嗽气喘等症。

黄芪

黄芪味甘，性微温，入肺、脾、肝、肾经；具有益气固表、敛汗固脱、托疮生肌、利水消肿等功效。多用于治疗气虚乏力、中气下陷、久泻脱肛、便血崩漏、久溃不敛，血虚萎黄、内热消渴、慢性肾炎、糖尿病等。

川贝

川贝又称贝母，味甘，性胃寒，入肺、心经；具有降脂降压、清热化痰、散结开郁、润肺止咳等功效。常用于干咳少痰、疮痈肿毒、肺热燥咳等症。脾胃虚寒、寒痰、湿痰者慎服。

银耳

银耳味甘，性平，入肺、胃、肾经。银耳富含胶质、维生素、无机盐、氨基酸，具有强精补肾、润肠益胃、补气养血、补脑提神、美容嫩肤、延年益寿的功效。用于治肺热咳嗽、肺燥干咳、月经不调、虚劳咳嗽等症。

冬虫夏草

冬虫夏草味甘，性平，入肾、肺经；富含谷氨酸、苯丙氨酸、脯氨酸、丙氨酸、虫草酸、甘露酸、脂肪、碳水化合物等多种成分。有补肾壮阳、补肺平喘、止血化痰的功效。适宜治疗肾气不足、腰膝酸痛、阳痿遗精等症，也是术后患者、产妇恢复身体的滋补佳品。

红花

红花又名草红花，味辛，性温；红花有红花黄素，对子宫有明显的收缩作用，剂量会导致子宫痉挛。有活血通络、散瘀痛的功效。主要用于治疗经闭、痛经、产晕血、恶露不行、跌打损伤等症。

玉竹

玉竹味甘，性平，入肺、胃经；具有阴润肺，养胃生津的功效。玉竹中所含的生素A，能改善干裂、粗糙的皮肤状况，之柔软润滑，起到美容护肤的作用；所含甾苷，具有强心的作用。

薏仁

薏仁又名薏苡仁，味甘、淡，性微寒，入脾胃、肺经。富含氨基酸、薏苡素、薏苡酯、蛋白质、脂肪、碳水化合物等成分。

薏仁有健脾益气、利水消肿、利湿除痹、清热排脓、祛风湿的功效。用于治疗泄泻、筋脉拘挛、屈伸不利、水肿、脚气、肠痈、白带等症。

石斛

石斛味甘，性微寒，入胃、肾经；具有养阴清热，益胃生津的功效。可用于治疗阴伤津亏、口干烦渴、食少干呕、病后体虚、目暗不明等症。

葛根

葛根味甘，性平，入脾、肺、胃经；含多种黄酮类成分，主要活性成分为大豆素、大豆苷、葛根素等。有解表退热，升阳解肌、透疹止泻，宁心除烦的功效。用于治疗发热头痛、高血压、麻疹不透、泄泻等症。

玄参

玄参又名元参，味甘、苦、咸，性微寒；含微量挥发油、植物甾醇、油酸、亚麻酸、糖类及生物碱。有凉血滋阴、泻火解毒的功效。用于治疗热病伤阴、烦渴咽干、温毒发斑、便秘脱肛、目赤、咽痛、白喉、痈肿疮毒等症。

黄精

黄精味甘，性平，入肺、脾、肾经；具有补气养阴、健脾、润肺、益肾的功效。可用于脾胃虚弱、体倦乏力、口干少食、肺虚燥咳、精血不足、内热消渴等症。

麦冬

麦冬又称麦门冬，味甘、微苦，性微寒，入心、肺、胃经；含多种甾体皂苷。具有养阴生津、润肺清心的功效。可用于肺燥干咳、虚劳咳嗽、心烦失眠、内热消渴、肠燥便秘、咽干口燥等症。

甘草

甘草是一种补益中草药，药用部位是根和根茎。甘草味甘，性平，入心、脾二经；甘草富含甘草酸、甘草次酸等成分，有补脾益气、止咳润肺、调和百药、解毒、祛痰、止痛、抗癌等功效。可用于治疗咽喉肿痛、痈疽疮疡、胃肠道溃疡以及解药毒、食物中毒等。

车前草

车前草又名车轮草，味甘，性微寒，入肺、肝、肾经、膀胱经；有清热利尿、渗湿止泻、明目、祛痰等功效。可用于治疗小便不利、淋浊带下、水肿胀满、暑湿泻痢、目赤障翳、痰热咳喘等症。

丹参

丹参又名赤参，味苦，性微寒，入心、脾经；含有丹参酮、异丹参酮、丹参酚、丹参酸甲酯、维生素 E 等，具有活血调经、祛瘀止痛、凉血止痈、养血安神的功效。用于治疗胸肋胁痛、风湿痹痛、癥瘕结块、疮疡肿痛、跌仆伤痛、月经不调、经闭痛经、产后瘀痛等症。

青皮

青皮味苦、辛，性温，入肝、胆、胃经；青皮具有疏肝破气、消积化滞的功效。用于治疗胸胁脘胀痛、乳痈、疝痛、食积气滞等症。

五味子

五味子味甘、酸，性温，入肺、心、肾经；五味子含挥发性成分、木脂素类和有机酸类。五味子能益气生津、敛肺滋肾、止泻、涩精、安神等功效。可用于治疗久咳虚喘、津少口干、遗精久泻、健忘失眠、四肢乏力、慢性肝炎等症。

白茅根

白茅根味甘，性寒，含有木糖、蔗糖、葡萄糖、草酸、苹果酸等成分。白茅根具有凉血、止血、清热、利尿的功效。用于治疗烦渴、吐血、衄血、肺热喘急、胃热、淋病、小便不利、水肿、黄疸等症。

茵陈蒿

茵陈蒿味苦、微辛，性微寒，入肝、胆、脾经；具有清热利湿、利胆退黄的功效。茵陈蒿可用于治疗湿热黄疸、口苦胁痛、外感温热、小便不利、疮疹瘙痒等症。

田七

田七又名三七，味甘、微苦，性温，入肝、胃、心、肺、大肠经；具有止血、散血、定痛、消肿的功效。主要用于治疗跌打损伤、胸痹绞痛、癥瘕、血瘀经闭、痛经、疮痈肿痛等症。

玉米须

玉米须也称玉麦须，味甘，性平；含有脂肪油、挥发油、树脂、苦味糖苷、皂苷、生物碱等成分。玉米须有利尿、泄热、平肝、利胆等功效。主要用于治疗肾炎水肿、脚气、黄疸肝炎、高血压、胆囊炎、胆结石、糖尿病、吐血衄血等症。

红枣

红枣又名大枣，红枣富含蛋白质、脂肪、糖类、胡萝卜素、B 族维生素、维生素 C、磷、钙、铁等成分。

红枣具有补虚益气、养血安神、健脾和胃等功效。红枣是气血不足、倦怠无力、失眠多梦等患者良好的保健营养品。主要用于治疗急慢性肝炎、肝硬化、贫血等症。

丁香

丁香味辛，性温，入胃、脾、肾经；由丁香制成的丁香油、丁香酚有良好的药用价值。丁香有暖胃、温肾的功效。用于治疗胃寒痛胀、吐泻、痹痛、疝痛、口臭、牙痛等症。

荜茇

荜茇味辛，性温，无毒；果实含胡椒碱、棕榈酸、四氢胡椒酸等成分。荜茇有温中下气、杀腥气、消食、除胃冷等功效。主要用于治疗五劳七伤、冷气呕吐、心腹胀满、消化不良等。此外，荜茇也可用于缓解胃寒引起的腹痛、呕吐、腹泻、心绞痛、神经性头痛及牙痛等症。

草果

草果味辛，性温，入脾、胃经；具有燥湿除寒，祛痰截疟，消食化食的功效。主要用于治疗胸膈痞满、脘腹冷痛、恶心呕吐、泄泻下痢、食积不消、霍乱、瘟疫、瘴疟、口臭等症。

半夏

半夏味辛，性温，有毒，入脾、胃经；半夏具有燥湿化痰、和胃止呕、消肿散结、开胃健脾等功效。主要用于治疗伤寒寒热、喉咽肿痛、头眩胸胀、呕吐反胃、肠鸣等症。

白术

白术以根茎入药，味苦、甘，性温，入脾、胃经；白术具有健脾益气、燥湿利水、止汗、安胎的功效。用于治疗脾胃气虚、腹胀泄泻、痰饮眩悸、胎动不安、不思饮食、倦怠无力、慢性腹泻、消化吸收功能低下等症。

砂仁

砂仁味辛，性温，入脾经、胃经、肾经；含挥发油，油中主要成分有乙酸龙脑酯、樟脑、樟烯、柠檬烯等。砂仁具有化湿开胃、温脾止泻、理气安胎等功效。主要用于治疗湿浊中阻、脾胃虚寒、呕吐泄泻、妊娠恶阻、胎动不安等症。

马齿苋

马齿苋味酸，性寒，入心、肝、脾、大肠经；具有清热解毒、凉血止痢、除湿通淋、利水消肿、杀菌消炎、消除尘毒等功效。主要用于治疗痢疾、肠炎、肾炎、产后子宫出血、便血、乳腺炎等症。

决明子

决明子味甘、苦、咸，入肝、肾、大肠经；决明子含决明素、决明内酯、维生素 A、大黄酚、大黄素等成分。

决明子具有清热明目、润肠通便的功效。主要用于治疗目赤涩痛、眼干多泪、头痛眩晕、目暗不明、大便秘结、肝硬化腹水等症。

牛膝

牛膝味苦、酸，性平，入肝、肾经；牛膝具有补肝肾、强筋骨、活血通经、利尿通淋的功效。可用于治疗腰膝酸软、下肢痿软、血滞经闭、通经、产后血瘀腹痛、咽喉肿痛等症。

鹿茸

鹿茸味甘、咸，性温，入肾、肝经；鹿茸含有大量的氨基葡萄糖、半乳糖胺、股胶质、脂肪酸、蛋白质等成分。具有壮肾阳、补精髓、强筋骨、托疮毒的功效。主要用于治疗肾虚、头晕、耳聋、目暗、阳痿、滑精、宫冷不孕、羸瘦、神疲、畏寒、腰脊冷痛、筋骨痿软、崩漏带下、久病虚损等症。

川芎

川芎味辛，性温，入肝、胆、心经；具

有活血去淤、行气开郁、祛风止痛的功效。主要用于治疗头痛、月经不调、经闭痛经、产后瘀滞、癥瘕肿块、头痛眩晕、风寒湿痹、跌打损伤等症。

吴茱萸

吴茱萸味辛、苦，性热，有小毒，入肝、脾、胃、肾经；具有散寒止痛、降逆止呕、助阳止泻的功效。主要用于治疗厥阴头痛、寒疝腹痛、寒湿脚气、痛经、经行腹痛、呕吐吞酸、五更泄泻、高血压等症。

锁阳

锁阳又名不老药，味甘，性温，入脾、肾、大肠经；锁阳含有多种滋阴壮阳的成分，具有补肾虚、润肠燥等功效。主要用于治疗肾阳不足、精血虚亏、阳痿、不孕、腰膝酸软、肠燥便秘、失眠脱发等症。

高血压病药膳

天麻菊花粥

【主料】天麻10克，菊花10克，大米100克。
【配料】茯苓10克，川芎10克，白砂糖15克，第二次淘米水1500毫升。
【制作】① 菊花去杂质，洗净；大米淘洗干净；天麻、茯苓、川芎用第二次淘米水浸泡一昼夜，捞出，川芎、茯苓弃置不用，将天麻置米饭上蒸40分钟备用。② 锅置火上，入水800毫升，下入大米、菊花、天麻，大火烧沸后转小火煮1个小时，加入白砂糖调味即可。
【烹饪技法】煮。
【营养功效】养血熄风，镇静潜阳。
【健康贴士】高血压病患者按中医分类可有多种症型，属于阴虚阳亢型者用菊花较好，属于阴阳两虚型者则不宜用寒凉的菊花。

天麻淡菜煲

【主料】天麻10克，淡菜、西芹各50克。
【配料】姜5克，葱10克，高汤500毫升，植物油、料酒各10克，水淀粉5克，盐3克，鸡精2克。
【制作】① 天麻浸泡20分钟，捞出切片；西芹洗净，切成2厘米的段；淡菜洗净，用清水加料酒浸泡；葱洗净，切段；姜洗净，切片。② 锅置火上，入油烧热，放入葱、姜爆香，再放入天麻、淡菜、西芹、盐，翻炒均匀，注入高汤，倒入煲内，用大火烧沸，再转小火煮30分钟，调入鸡精，用水淀粉勾芡即可。
【烹饪技法】炒，煲。
【营养功效】补阴益气，养血填精。
【健康贴士】西芹与天麻搭配食用，降压作用明显，因此适合高血压患者食用。

山楂银耳粥

【主料】山楂5枚，银耳5克，大米100克
【配料】红糖10克。
【制作】① 山楂洗净，切片；银耳浸泡后去除根蒂，撕成小块；大米淘洗干净。② 锅置火上，注入清水800毫升，下入山楂、银耳大米，大火煮沸后转小火熬煮40分钟，加入红糖调味即可。
【烹饪技法】煮。
【营养功效】滋阴润肺，降低血压。
【健康贴士】山楂能防治心血管疾病，具有扩张血管、强心的作用；银耳味甘、性平，有和血、强心、滋阴、润肺等功效；二者搭配食用，效果更佳。

金银山楂茶

【主料】金银花15克，山楂5枚。
【配料】白砂糖10克。
【制作】① 金银花去除杂质，洗净；山楂洗净，去核，切片。② 炖锅置火上，下入金银花、山楂，注入清水200毫升，大火煮沸，再转小火煎煮10分钟，加入白砂糖调味即可。
【烹饪技法】煎。
【营养功效】清热解毒，降低血压。
【健康贴士】金银花既能宣散风热，也能清解血毒，有疏利咽喉、消暑除烦的作用。

首乌瘦肉煲

【主料】何首乌20克，猪瘦肉、竹笋、上海青各100克，香菇50克。
【配料】姜5克，葱10克，高汤300毫升，植物油、料酒、水淀粉各15克，盐3克，鸡精2克。

【制作】① 何首乌烘干，研成细粉；竹笋泡透，洗净，切段；香菇泡透，去根部，切片；上海青洗净；猪瘦肉洗净，切薄片，装入碗里，加盐、料酒、水淀粉腌制15分钟；姜洗净，切片，葱洗净，切段。② 锅置火上，入油烧热，下姜片、葱段爆香，放入猪瘦肉、竹笋、香菇、上海青、何首乌粉，翻炒均匀，注入高汤，倒入煲内，用中火煲15分钟，加入盐、鸡精调味即可。

【烹饪技法】腌，炒，煲。

【营养功效】益气补血，降低血压。

【健康贴士】何首乌能改善衰老象征，因此多饮此类汤水可防止须发早白。

百合炒鳝丝

【主料】百合17克，鳝鱼100克，芹菜100克。

【配料】姜5克，葱10克，植物油60克，水淀粉10克，盐3克。

【制作】① 百合洗净，润透，蒸熟；桑葚去杂质，洗净；鳝鱼去骨、内脏、头和尾，洗净，切细丝；姜洗净，切丝；葱洗净，切段；芹菜切成4厘米长的段。② 炒锅置火上，入油烧热，下姜丝、葱段爆香，加入鳝鱼丝炒匀，放入百合、芹菜、炒熟，加入盐调味，用水淀粉勾芡即可。

【烹饪技法】蒸，爆，炒。

【营养功效】滋阴补肾，降脂降压。

【健康贴士】百合虽能补气，但也会伤肺气，不宜多服；此外，虚寒滑肠者忌食。

茯苓黄芪粥

【主料】茯苓30克，黄芪30克，大米200克。

【配料】清水1000毫升。

【制作】① 茯苓烘干后研成细粉；黄芪洗净，切片；大米淘洗干净。② 锅置火上，注入清水，下入大米、黄芪片，大火烧沸，再转小火煮35分钟，加入茯苓粉，拌匀，继续煮5分钟即可。

【烹饪技法】煮。

【营养功效】温中养胃，补气除湿。

【健康贴士】茯苓和黄芪搭配，具有补气除湿之功效，适于气虚湿阻型高血压病患者食用。

枸杞猪肾粥

【主料】枸杞15克，猪肾1只，粳米100克。

【配料】盐3克。

【制作】① 枸杞去杂质，洗净；猪肾洗净，一切两半，去臊腺，剁成小粒；粳米淘洗干净。② 将粳米、猪肾、枸杞放入锅内，注入清水800毫升，锅置大火上烧沸，再转小火煮45分钟，加入盐调味，搅匀即可。

【烹饪技法】煮。

【营养功效】补肾明目，固精强腰。

【健康贴士】适宜于肾阴亏损型高血压患者，肾气虚寒者不宜食用。

芝麻山药饮

【主料】山药60克，黑芝麻25克。

【配料】冰糖25克，清水500毫升。

【制作】① 山药去皮，洗净，用清水浸泡2个小时，取出，切片；黑芝麻去杂质，洗净；冰糖打碎。② 山药片、黑芝麻放入搅拌机，注入清水，搅拌成汁，用纱布过滤去渣，将药液倒入锅中，加入冰糖屑，锅置火上大火煮沸后，转小火煮15分钟即可。

【烹饪技法】搅拌，煮。

【营养功效】养胃健脾，降血脂。

【健康贴士】山药有收涩的作用，大便干硬者不宜食用；山药不宜与甘遂、碱性药物同食。

党参炖乳鸽

【主料】乳鸽2只，党参50克，猪瘦肉200克。

【配料】姜片3克，绍酒5克，盐3克。

【制作】① 乳鸽宰杀后，去毛、内脏，洗净，鸽肾去黄衣，冲洗干净；猪瘦肉洗净，切块；

党参洗净，切段。② 把乳鸽、鸽肾、猪瘦肉块放入沸水中汆去血沫，捞出洗净后，放入炖盅内，注入适量清水，加入姜片、党参，浇入绍酒，盖好盖子，隔水慢炖3个小时后，加盐调味即可。

【烹饪技法】汆，炖。

【营养功效】补气除湿，降低血压。

【健康贴士】乳鸽性味平和，体质热、寒者都可以吃；乳鸽补肝、肾，益精气，处于发育期的男孩服食效果更佳；乳鸽配与党参炖制，适合高血压病、气虚湿阻型患者食用。

党参猪蹄汤

【主料】猪蹄500克，党参15克。

【配料】姜3克，葱10克，盐3克，清水1000毫升。

【制作】① 党参洗净，切片；猪蹄去猪毛，洗净，剁成块；姜洗净，切片；葱洗净，切段。② 炖锅置火上，注入清水，放入猪蹄、党参、葱段、姜片，大火煮沸，转小火炖1个小时，加盐调味即可。

【烹饪技法】炖。

【营养功效】滋阴补血，美容养颜。

【健康贴士】党参具有改善体内循环的功效，猪蹄富含胶原蛋白，两者搭配有补益气血、安神降压、美肤养颜的作用。

杜仲大米粥

【主料】杜仲45克，大米150克。

【配料】清水600毫升。

【制作】① 杜仲烘干，研成细粉。② 大米淘洗干净，放进电饭锅内，注入清水，加入杜仲粉，搅拌均匀，按常规煲粥方法，煲至米熟汤稠即可。

【烹饪技法】煮。

【营养功效】补肝肾，降血压。

【健康贴士】以杜仲叶为原料的杜仲茶具有补肝肾、强筋骨、降血压、安胎、通便利尿、美容抗衰、增强机体免疫功能、调节心血管功能等诸多功效。

杜仲兔肉煲

【主料】兔肉200克，杜仲10克，核桃仁30克。

【配料】姜5克，葱10克，高汤500毫升，料酒10克，盐3克。

【制作】① 杜仲用盐水炒焦，洗净；兔肉洗净，切成块；姜洗净，切片；葱洗净，切段。② 煲置火上，注入高汤，放入兔肉、杜仲、姜片、葱段、料酒，大火煮沸后，转小火煲35分钟，加入盐调味即可。

【烹饪技法】煲，煮。

【营养功效】补肝肾，益气血，降血压。

【健康贴士】兔肉性寒，孕妇及经期女性、有明显阳虚症状的女子、脾胃虚寒者不宜食用。

杜仲煮海参

【主料】杜仲20克，水发海参300克。

【配料】姜5克，葱10克，高汤600毫升，盐3克，鸡精2克。

【制作】① 杜仲用盐水炒焦，洗净；水发海参去肠杂，顺切薄片；姜洗净，切片；葱洗净，切段。② 锅置火上，注入高汤，放入水发海参片、杜仲、姜片、葱段，大火煮沸，再转小火煮15分钟，加入盐、鸡精调味即可。

【烹饪技法】炒，煮。

【营养功效】补肝肾，降血压。

【健康贴士】海参含胆固醇极低，是一种典型的高蛋白、低脂肪、低胆固醇食物，加上其肉质细嫩，易于消化，与杜仲搭配非常适宜老年人、儿童以及体质虚弱者食用。

芡实煮老鸭

【主料】芡实200克，老鸭1只。

【配料】姜5克，葱10克，黄酒5克，盐3克，鸡精2克。

【制作】① 芡实洗净；老鸭宰杀后，去毛和内脏，洗净血水，把芡实放入鸭腹内；姜洗净，切片；葱洗净，切段。② 瓦煲置火上，放入老鸭，注入适量清水，大火煮沸后，放入葱段、姜片、料酒，转小火炖 2 个小时，炖至鸭肉熟烂，加入盐、鸡精调味即可。

【烹饪技法】炖。

【营养功效】补中益气，平衡血脂，降血压。

【健康贴士】外伤感染者、疟痢疳痔、气郁痞胀、便秘、食不运化、产妇皆忌食。芡实常与莲子、金樱子搭配食用，对尿频、遗精、白带增多有显著的效果。

木瓜芡实糖水

【主料】芡实 100 克，木瓜 500 克。

【配料】姜 10 克，冰糖 25 克。

【制作】① 芡实用清水浸泡 2 个小时，捞出；木瓜去皮，洗净，切块；姜去皮，洗净，切片。② 锅置火上，注入适量清水，大火煮沸后加入姜片、芡实，转小火煮 1 个小时左右，倒入木瓜块，继续用小火炖煮 30 分钟后，加入冰糖融化，搅拌均匀即可。

【烹饪技法】煮。

【营养功效】平肝和胃，清热解毒，降血压。

【健康贴士】木瓜不仅能均衡青少年和孕妇妊娠期荷尔蒙的生理代谢平衡，润肤养颜，还特别适宜产后缺奶的产妇食用。

牛膝丝瓜汤

【主料】牛膝 20 克，丝瓜 300 克，猪瘦肉 50 克，鸡蛋 2 个。

【配料】姜 6 克，葱 10 克，淀粉 25 克，料酒 10 克，生抽 5 克，植物油 20 克，清水 1000 毫升，盐 2 克。

【制作】① 牛膝去杂质，润透后切成 3 厘米长的段；丝瓜去皮，洗净，切块，猪瘦肉洗净，切块；姜洗净，切丝；葱洗净，切段。② 将猪肉装入碗里，打入蛋清，加料酒、生抽、淀粉搅拌均匀，腌制 10 分钟备用。③ 锅置火上，入油烧至六成热，下入姜丝、葱段爆香，注入清水，大火煮沸，放入丝瓜、猪瘦肉、牛膝煮熟，加入盐调味即可。

【烹饪技法】爆炒，煮。

【营养功效】凉血解毒，清热降压。

【健康贴士】牛膝与玉米搭配食用，具有延缓衰老，增强记忆的功效。

牛膝炒茄子

【主料】牛膝 25 克，茄子 350 克。

【配料】姜 6 克，葱 10 克，大蒜 30 克，淀粉 25 克，料酒 10 克，植物油 20 克，盐、鸡精各 2 克。

【制作】① 牛膝去杂质，润透后切成 3 厘米长的段；茄子洗净，切成茄丝；姜洗净，切丝；葱洗净，切段。② 锅置火上，入油烧至六成热，下姜丝、葱段爆香，放入茄丝、牛膝炒熟，烹料酒，加入盐、鸡精调味即可。

【烹饪技法】炒。

【营养功效】活血通经，降低血压。

【健康贴士】茄子富含维生素 P，维生素 P 能使血管壁保持弹性和生理功能，防止硬化和破裂，经常吃茄子，有助于防治高血压、冠心病、动脉硬化等疾病。

核桃三物饮

【主料】核桃仁、山楂、杏仁各 15 克，草莓汁 250 毫升。

【配料】冰糖 10 克。

【制作】① 核桃仁洗净，磨成浆；山楂洗净，切片；杏仁研成细粉。② 锅置火上，倒入草莓汁，放入核桃浆、山楂片、杏仁粉，大火煮沸，再转小火煮 20 分钟左右，加入冰糖调味即可。

【烹饪技法】煎。

【营养功效】安神补脑，补气降压。

【健康贴士】阴虚火旺、痰热咳嗽及便溏者忌食。

核桃龟肉汤

【主料】核桃仁 30 克，龟 1 只。

【配料】杜仲粉 15 克，姜 6 克，葱 10 克，植物油20克，高汤400毫升，盐3克，鸡精2克。

【制作】① 龟宰杀后，去头、尾、内脏、爪，切成块；核桃去壳留仁，洗净；姜洗净，切片；葱洗净，切段。② 锅置火上，入油烧至六成热，下入姜片、葱段爆香，放入龟肉翻炒均匀，注入高汤，加入杜仲粉、核桃仁，大火煮沸后，倒入煲内，用小火煲30分钟左右，加入盐、鸡精调味即可。

【烹饪技法】爆，炒，煲。

【营养功效】补中益气，降低血压。

【健康贴士】核桃能给人体提供不饱和脂肪酸，龟肉能益阴补血，两者搭配适宜高血压阳虚型患者食用。

菠萝黑米八宝饭

【主料】糯米100克，黑米100克，菠萝片、豆沙馅、玫瑰糖各30克。

【配料】黄油、蜜枣、葡萄干、白果各20克。

【制作】① 糯米、黑米淘洗干净，用清水浸泡12个小时后，捞出，沥干水分，放入电饭锅，加适量清水，煮至八成熟时，放入蜜枣，煮至全熟。② 取一张保鲜膜放入碗内，抹上黄油，摆入菠萝片、白果、玫瑰糖、蜜枣，盖上一层煮熟的黑米和糯米，再放入玫瑰糖，挤上豆沙，盖上一层糯米饭即可。

【烹饪技法】煮。

【营养功效】滋阴补肾，明目活血，降低血压。

【健康贴士】黑米中的钾、镁等矿物质有利于控制血压、减少患心脑血管疾病，所以糖尿病、心血管疾病患者可以把黑米作为膳食调养的一部分。

蜂蜜荠菜汁

【主料】荠菜500克，胡萝卜500克。

【配料】蜂蜜12克。

【制作】① 荠菜择洗干净，切末；胡萝卜洗净，切碎；将胡萝卜粒与荠菜末一起放进搅拌机，搅拌成汁液，用纱布过滤，去渣。② 在过滤好的汁液内放入蜂蜜，搅匀即可。

【烹饪技法】榨汁。

【营养功效】降低血压，美容养颜。

【健康贴士】蜂蜜有扩张冠状动脉和营养心肌的作用，改善心肌功能，对血压有调节作用，因此每天一杯蜂蜜水能起到降低血压的作用。

桃子蜂蜜汁

【主料】蜂蜜10克，桃子500克。

【配料】柠檬10克，白开水100毫升。

【制作】① 桃子去皮，洗净，切块；柠檬切片；凉白开放进冰箱里冻成冰块，取出用保鲜膜包好，用擀面杖打碎。② 把桃子块放入搅拌机里，加入蜂蜜搅拌30秒钟左右，再放入冰块一起打好，倒入杯子里，放入柠檬片即可。

【烹饪技法】榨汁。

【营养功效】活血散瘀，平衡血压。

【健康贴士】桃子和白酒不宜同食，因为桃子、白酒都是燥热食物，同食轻则流鼻血，重则使人昏迷，甚至导致死亡。

桑葚烧瘦肉

【主料】桑葚25克，猪瘦肉200克，蘑菇50克。

【配料】姜5克，葱10克，高汤400毫升，植物油20克，盐3克。

【制作】① 桑葚去杂质，洗净；猪瘦肉洗净，切成块；蘑菇用温水发透，去蒂，对半切开；姜洗净，切丝；葱洗净，切段。② 炒锅置火上，入油烧至六成热时，加入姜丝、葱段爆香，放入猪瘦肉、桑葚、蘑菇翻炒，注入高汤，转小火烧25分钟，加入盐调味即可。

【烹饪技法】烧，炒。

【营养功效】补肾，益气，降血压。

【健康贴士】桑葚与黑豆、红枣相配，会使头发乌黑，因为桑葚与黑豆、红枣相配，能提供使头发变黑的黑色素及供头发生长所需的蛋白质。

桑葚猪肝粥

【主料】粳米 200 克，猪肝 200 克，桑葚 15 克。

【配料】高汤 1000 毫升，盐 3 克。

【制作】① 粳米淘洗干净，用冷水浸泡 30 分钟，捞出，沥干水分；桑葚去杂质，洗净；猪肝洗净，切片。② 锅置火上，下入粳米，注入高汤，大火煮沸，加入桑葚和猪肝片，改用小火熬煮 30 分钟，待粳米熟烂时，加入盐调味即可。

【烹饪技法】煮。

【营养功效】乌发明目，生津润肠，补气降压。

【健康贴士】桑葚宜与肝脏搭配，能起到明目，缓解眼部疲劳干涩的作用。

桑葚大枣饮

【主料】桑葚 30 克，大枣 10 枚。

【配料】清水 400 毫升。

【制作】① 桑葚去杂质，洗净；大枣去核，洗净。② 炖锅置火上，下入桑葚、大枣，注入清水，大火煮沸，再转小火煎煮 25 分钟即可。

【烹饪技法】煎，煮。

【营养功效】平衡血压，营养肌肤。

【健康贴士】女性、中老年人及过度用眼者适宜食用；糖尿病、脾虚腹泻患者忌食。

菊花生地鲤鱼汤

【主料】鲤鱼 1 条，鲜菊花 100 克，生地 10 枚。

【配料】姜 10 克，葱 15 克，大蒜 10 克，植物油 20 克，香油 30 克，水淀粉 10 克，料酒 5 克，盐 4 克。

【制作】① 生地洗净，润透，切片；鲜菊花洗净，沥干水分；鲤鱼去鳃、肠，洗净；姜洗净，切丝；葱洗净，切段；大蒜去皮，剁成泥。② 蒜泥装入碗里，倒入香油，搅拌均匀备用。③ 锅置火上，入植物油烧至六成热，下姜丝、葱段爆香，注入适量清水煮沸；将鲤鱼、生地片放入煲内，注入煮沸的高汤，倒入料酒、水淀粉，明炉上桌，加入盐、鸡精调味，撒上菊花，吃时蘸蒜泥油即可。

【烹饪技法】炖，爆，煮。

【营养功效】补气血，降血压。

【健康贴士】菊花性微寒，鲤鱼性微温，两者搭配能起到中和的作用，发挥滋补降压的功效。

菊花白砂糖饮

【主料】杭白菊 15 克。

【配料】白砂糖 15 克。

【制作】① 杭白菊去蒂，去除杂质，洗净。② 将杭白菊放进杯子里，加入白砂糖，冲入沸水浸泡 5 分钟即可。

【营养功效】疏风，清热，平肝，明目。

【健康贴士】菊花性微寒，气虚胃寒、食少泄泻者忌食。

海带紫菜瓜片汤

【主料】鲜海带 100 克，紫菜（干）20 克，冬瓜 250 克。

【配料】植物油 10 克，香油 3 克，生抽 10 克，黄酒 5 克，盐 2 克，鸡精 1 克。

【制作】① 海带洗净，切丝；冬瓜去皮，切成片；紫菜装入汤盆里。② 锅置火上，注入适量清水，大火煮沸，放入冬瓜片，煮成清汤，放入海带，煮 2 分钟，加入黄酒、生抽、植物油、盐、鸡精调味，关火。③ 将煮好的汤倒入装紫菜的汤盆里，把紫菜烫开，淋上香油即可。

【烹饪技法】煮，烫。

【营养功效】清热润肺，降压减脂。

【健康贴士】紫菜和鸡蛋搭配可以补充维生素 B_{12} 和钙质，青春发育期人群应多食用。

草菇紫菜烩羊肉

【主料】羊里脊肉 300 克，紫菜 15 克，草菇 50 克，鸡蛋 1 个。

【配料】葱、香菜、淀粉各5克，鲜汤500毫升，植物油、熟鸡油、水淀粉各10克，料酒5克，盐3克，鸡精2克。

【制作】① 羊里脊肉剔去筋膜，洗净，切成薄片，装入碗里，打入鸡蛋清，加入淀粉拌匀上浆；紫菜用温水泡发，洗净；草菇洗净，放入沸水里焯烫一下，捞出，沥干水分；葱洗净，切丝；香菜去根，洗净，切段。② 锅置火上，入油烧至七成热，下葱丝爆锅，注入鲜汤煮沸，用筷子将羊肉拨入锅内汆水至熟，撇去浮沫，放入草菇、紫菜烧烩2分钟，加入料酒、盐、鸡精调味，用水淀粉勾芡，撒上香菜段，淋上熟鸡油，盛出即可。

【烹饪技法】焯，汆，烩。

【营养功效】补肾壮阳，平衡血压。

【健康贴士】紫菜与柿子同食，会影响钙的吸收。

芦笋海参汤

【主料】芦笋100克，水发海参200克。

【配料】姜5克，葱10克，植物油20克，盐3克，鸡精2克。

【制作】① 芦笋洗净，切片；海参去肠脏，洗净，切片；姜洗净，切丝；葱洗净，切段。② 锅置火上，入油烧至七成热，下姜丝、葱段爆香，放入芦笋片、海参片，快速翻炒，注入清水400毫升，小火煨30分钟，加入盐、鸡精调味即可。

【烹饪技法】爆，炒，煨。

【营养功效】补血益精，养血润燥。

【健康贴士】海参与芦笋搭配，对高血压，高血脂有明显的食疗作用。

大蒜海参粥

【主料】大米200克，水发海参100克，白皮大蒜50克。

【配料】姜5克，葱10克，植物油20克，清水1000毫升，盐3克，鸡精2克。

【制作】① 水发海参去肠脏，洗净，顺着切成长条；大蒜去皮，对半切开；大米淘洗干净。② 沙煲置火上，下入大米，注入清水，大火煮沸，放入海参片、大蒜充分搅拌，转小火煮45分钟至大米熟烂即可。

【烹饪技法】煮，煲。

【营养功效】补气血，添精髓，降血压。

【健康贴士】海参不宜与甘草酸、醋同食，因为酸会使海参的营养物质流失。

洋参乌鸡汤

【主料】乌鸡1只，西洋参、山楂各12克。

【配料】姜5克，清水1500毫升，料酒10克，盐3克，鸡精2克。

【制作】① 西洋参洗净，润透，切片；山楂洗净，润透；乌鸡宰杀后，去毛、内脏及爪，放入沸水中汆去血水；姜洗净，切片。② 炖锅置火上，注入清水，放入乌鸡，加入西洋参、山楂、姜片、料酒，大火煮沸，转小火炖90分钟，加入盐、鸡精调味即可。

【烹饪技法】汆，炖。

【营养功效】补肾护肝，健脾养胃。

【健康贴士】乌鸡用于食疗时与银耳、黑木耳、茯苓、山药、红枣、冬虫夏草、莲子、天麻、芡实、糯米、枸杞搭配效果更佳。

扁豆大枣包

【主料】白扁豆150克，红枣20枚，面粉500克。

【配料】白砂糖30克，酵母4克。

【制作】① 面粉倒入盆里，放入酵母充分混合，注入适量清水，用筷子搅拌均匀，揉搓成光滑的面团，静置饧发30分钟后，将面团摘成若干个大小均匀的剂子，用擀面杖把剂子擀成包子皮备用。② 白扁豆淘洗干净；红枣去核、皮，洗净；把白扁豆和红枣放入锅内，加200毫升水，煮烂，捞出，沥干水分，搅成泥，加入白砂糖，充分搅拌，做成扁豆大枣馅。③ 将做好的扁豆大枣馅包入包子皮中，包好，做成包子生坯，依此方法将包子逐个包好；把包子生坯整齐地排入蒸笼里，放进蒸锅大火蒸15分钟至熟即可。

【烹饪技法】煮，蒸。

【营养功效】降低血压，消暑化湿。

【健康贴士】高血压、冠心病、脑血管患者适宜食用。

龙马童子鸡

【主料】海马、海龙各 10 克，仔鸡 1 只。

【配料】姜 4 克，葱 8 克，香油 20 克，白酒 8 克，盐 3 克，鸡精、胡椒粉各 2 克。

【制作】① 海龙、海马装入碗里，加入白酒浸泡 2 个小时；仔鸡宰杀后，去毛、内脏及爪，放入沸水中汆去血水；姜洗净，拍松；葱洗净，切段。② 炖锅置火上，注入清水 2000 毫升，放入海龙、海马、仔鸡、姜、葱段里，大火煮沸，撇去浮沫，转小火炖 75 分钟，加盐、鸡精、胡椒粉调味，淋上香油即可。

【烹饪技法】汆，炖。

【营养功效】补肾壮阳，降低血压。

【健康贴士】高血压病阳虚型患者适宜食用。

香蕉煮鹑蛋

【主料】香蕉 2 根，鹌鹑蛋 15 个。

【配料】蜂蜜 10 克。

【制作】① 香蕉去皮，切段；鹌鹑蛋煮熟，去壳。② 锅置火上，注入清水，大火煮沸，放入香蕉、鹌鹑蛋，关火，稍凉后加入蜂蜜搅拌均匀即可。

【烹饪技法】煮。

【营养功效】补气血，降血压，通便秘。

【健康贴士】高血压病肝肾阴虚型患者适宜食用。

鹿茸炖牛肉

【主料】鹿茸 10 克，牛肉 500 克。

【配料】姜 5 克，葱 10 克，高汤 600 毫升，盐 5 克，鸡精、胡椒粉各 2 克。

【制作】① 鹿茸洗净；牛肉洗净，切块，入沸水里汆烫，去血水；姜洗净，切片；葱洗净，切段。② 炖锅置火上，注入高汤，放入牛肉、鹿茸、姜片、葱段，大火煮沸，再转小火炖 2 个小时，加入盐、鸡精、胡椒粉调味即可。

【烹饪技法】汆，炖。

【营养功效】补肾益精，滋补气血，降低血压。

【健康贴士】高血压病导致的腰膝酸软、畏寒患者适宜多食用。

香芹炒肉丝

【主料】芹菜 300 克，猪瘦肉 300 克，胡萝卜 30 克。

【配料】白皮大蒜 10 克，生抽 8 克，淀粉 5 克，植物油 10 克，盐 3 克，鸡精 2 克。

【制作】① 芹菜择洗干净，切段；胡萝卜洗净，切丝；白皮大蒜去皮，拍扁；猪瘦肉洗净，切丝。② 把肉丝装入碗里，加入生抽、淀粉搅拌均匀，腌制 10 分钟。③ 锅置火上，入油 10 克烧至六成热，放入芹菜段略炒，盛出。④ 净锅后，复入油烧至七成热，下大蒜爆香，放入肉丝翻炒至变色，加入胡萝卜丝、芹菜段炒匀，加入盐、鸡精调味，盛出装盘即可。

【烹饪技法】炒。

【营养功效】平肝降压，利尿消肿。

【健康贴士】芹菜含铁量较高，能补充妇女经血的损失，食之能避免皮肤苍白、干燥、面色无华，而且可使目光有神，头发黑亮。此外，还具有清热解毒、减肥的功效。

白菜马蹄汁

【主料】白菜 300 克，马蹄 100 克。

【配料】冰糖 10 克。

【制作】① 白菜择洗干净，切丝；马蹄去皮，洗净，切块。② 把白菜丝、马蹄块放入榨汁机，榨出汁液。③ 锅置火上，将榨出的白菜马蹄汁倒入煮锅里，大火煮沸，放入冰糖化开即可。

【烹饪技法】榨汁，煮。

【营养功效】解热除烦，降低血压。

【健康贴士】马蹄含有粗蛋白、淀粉，能促进大肠蠕动，常用于辅助治疗便秘。马蹄水煎液能利尿排淋，是尿道感染患者的食疗佳品。

银耳炒西蓝花

【主料】银耳20克，西蓝花300克。

【配料】姜5克，葱、大蒜各10克，植物油15克，盐3克，鸡精2克。

【制作】① 银耳用温水泡发，去蒂，撕成小瓣；西蓝花洗净，摘成小朵，放入沸水中焯熟，捞出，沥干水分；姜去皮，洗净，切片；葱洗净，切段；大蒜去皮，切末。② 锅置火上，入油烧至七成热，下姜片、葱段爆香，放入银耳、西蓝花翻炒至熟，加入盐、鸡精调味，盛出装盘，撒上蒜末即可。

【烹饪技法】焯，炒。

【营养功效】护肝抗癌，降压补气。

【健康贴士】隔夜的银耳会产生一种叫作亚硝酸的致癌物质，所以最好不要食用隔夜的银耳。

淫羊藿鸡煲

【主料】淫羊藿15克，仔鸡1只，黑木耳20克，香菇25克，青笋50克。

【配料】姜5克，葱10克，料酒10克，生抽8克，高汤600毫升，盐3克，鸡精2克。

【制作】① 淫羊藿洗净，放入锅内，用清水200毫升煎煮25分钟后，关火，去渣留汁液备用。② 仔鸡宰杀后，去毛、内脏，洗净；黑木耳用温水发透，去蒂，洗净，撕成小瓣；香菇用温水发透，去蒂，洗净，切块；青笋去皮，洗净，切块；姜去皮，洗净，切片；葱洗净，切段。③ 炖锅置火上，放入仔鸡、黑木耳、香菇、青笋、姜片、葱段，倒入淫羊藿汁液，注入高汤，大火煮沸后，加入盐、生抽、料酒、鸡精调味，转小火炖40分钟即可。

【烹饪技法】煮，炖。

【营养功效】益精气，坚筋骨，补腰膝，强心力。

【健康贴士】淫羊藿与鸡搭配，有补虚损，暖肾阳的功效，适合高血压腰痛、滑精、阳痿患者食用。

虫草蒸仔鸡

【主料】冬虫夏草15克，仔鸡1只，大枣15枚。

【配料】姜5克，葱10克，料酒10克，黄酒10克，盐3克，鸡精2克。

【制作】① 冬虫夏草用黄酒浸泡透；仔鸡宰杀后，去毛、内脏及爪，洗净，放入料酒、盐、鸡精腌制10分钟；大枣洗净；姜去皮，洗净，切片；葱洗净，切段。② 将腌制好的仔鸡放入蒸盘内，加入冬虫夏草、大枣、姜片、葱段，把蒸盘移入蒸笼内，大火蒸90分钟即可。

【烹饪技法】腌，蒸。

【营养功效】补肾益阳，降低血压。

【健康贴士】有表邪者慎食。

核桃炒芹菜

【主料】核桃仁20克，芹菜250克。

【配料】葱10克，姜5克，植物油25克，盐2克，鸡精1克。

【制作】① 核桃仁去杂质，洗净；芹菜去叶，洗净，切段；姜洗净，切丝；葱洗净，切段。② 炒锅置火上，入油烧热，下姜丝、葱段爆香，放入芹菜段、核桃仁翻炒至熟，加入盐、鸡精调味，盛出装盘即可。

【烹饪技法】炒。

【营养功效】降血压，降血脂。

【健康贴士】高血压、高血脂患者适宜食用。

生地桃仁红花炖猪蹄

【主料】生地黄10克，红花、桃仁各8克，猪蹄800克。

【配料】葱10克，姜5克，上汤1000毫升，绍酒10克，盐3克，鸡精2克。

【制作】① 生地黄润透，洗净，切片；红花洗净；桃仁洗净，去皮、尖；猪蹄去毛，洗净，剁成块；葱洗净，切段；姜洗净，切片。② 炖锅置火上，注入上汤，把猪蹄、生地黄、红花、桃仁、绍酒、葱段、姜片放入炖锅里，大火煮沸，再转小火煮2个小时，煮至猪蹄软烂，加入盐调味即可。

【烹饪技法】炖，煮。

【营养功效】滋阴补血，美容养颜。

【健康贴士】高血压、高血脂患者适宜食用。

西芹炒鱿鱼

【主料】鱿鱼300克，西芹80克。

【配料】姜10克，葱15克，料酒10克，植物油20克，盐3克，鸡精、胡椒粉各2克。

【制作】① 鱿鱼洗净，改刀切成花；芹菜去叶，洗净，切段；姜洗净，切片；葱洗净，切段。② 锅置大火上，入油烧至六成热，下姜片、葱段爆香，放入鱿鱼花翻炒至变色，烹料酒，倒入芹菜段炒熟，加入盐、鸡精、胡椒粉调味即可。

【烹饪技法】炒。

【营养功效】降血脂，明眼目。

【健康贴士】西芹有降脂降压的作用，经常食用可有效降脂降压。

骨质疏松症药膳

桑葚芝麻糕

【主料】桑葚 20 克，黑芝麻 35 克，玉米粉、大米粉各 300 克。

【配料】白砂糖 100 克，清水 150 毫升，发酵粉 5 克。

【制作】① 桑葚洗净；黑芝麻洗净，沥干水分。② 炒锅置火上，大火将锅烧干烧热，放入黑芝麻炒香，盛出备用。③ 把玉米粉、大米粉倒入盆里，放入白砂糖、发酵粉，充分混合，注入清水，用筷子搅拌均匀后，揉搓成光滑的面团，静置饧发 30 分钟。④ 将饧发好的面团切成几块大小均匀的方糕，在每块方糕上撒上黑芝麻、桑葚，放进蒸笼，大火蒸 7 分钟至熟即可。

【烹饪技法】炒，蒸。

【营养功效】健脾胃，补肝肾。

【健康贴士】骨质疏松症患者适宜多食用。

芝麻茄汁烩鸡脯

【主料】熟芝麻粒 18 克，茄汁 50 克，鸡胸肉 400 克。

【配料】蒜 10 克，植物油 20 克，绍酒 8 克，白酒 5 克，淀粉 4 克，盐 3 克，白砂糖、鸡精各 2 克。

【制作】① 鸡胸肉洗净，切块；蒜去皮，切片。② 将鸡块装入碗里，加入白砂糖、绍酒、淀粉拌匀。③ 锅置火上，入油烧至七成热，下蒜片爆香，放入鸡块翻炒，烹白酒，淋入茄汁，大火煮至鸡块全熟，加入盐、鸡精调味，盛出装盘，撒上熟芝麻粒即可。

【烹饪技法】烩，炒。

【营养功效】补肝益肾，强筋健骨。

【健康贴士】芝麻与茄汁鸡脯共烹，此菜淡中带甘，是一道简单而美味的夏日菜品，去燥除烦。

牡蛎萝卜粥

【主料】牡蛎粉 30 克，白萝卜 150 克，大米 200 克。

【配料】盐 3 克，清水 700 毫升。

【制作】① 白萝卜去皮，洗净，切粒；大米淘洗干净，放入煲里。② 将牡蛎粉、白萝卜粒放进装大米的煲里，注入清水，煲置大火上煮沸，加盐调味，转小火熬 40 分钟即可。

【烹饪技法】熬，煲。

【营养功效】清热解毒，利水消肿，健骨。

【健康贴士】牡蛎肉不宜与白砂糖同烹调。

牡蛎壮骨饮

【主料】牡蛎粉 15 克，杜仲 10 克。

【配料】冰糖 15 克，清水 800 毫升。

【制作】① 锅置火上，烧干烧热，放入杜仲炒焦；冰糖打碎。② 净锅后置火上，把杜仲、牡蛎粉放入锅内，注入清水，大火煮沸后，转小火煎煮 1 个小时，放入冰糖，化开后即可。

【烹饪技法】煮。

【营养功效】补钙，健骨。

【健康贴士】牡蛎忌与麻黄、吴茱萸、辛夷同食。

翠衣香蕉茶

【主料】西瓜皮 200 克，香蕉 2 根。

【配料】冰糖 30 克，清水 500 毫升。

【制作】① 西瓜皮洗净，切块；香蕉剥皮，切小段。② 锅置火上，将西瓜皮、香蕉一起放入锅内，注入清水，大火煮沸后，转小火熬 30 分钟，放入冰糖，待冰糖化开，关火，去除香蕉、西瓜皮即可。

【烹饪技法】煮。

【营养功效】清热，利尿，降骨压。

【健康贴士】骨质疏松患者适宜多食用。

翠衣炒鳝段

【主料】西瓜皮 200 克，鳝鱼 150 克，鸡蛋 1 个。

【配料】葱、姜、蒜各 15 克，料酒 10 克，水淀粉 15 克，植物油 20 克，盐 3 克，鸡精 2 克。

【制作】① 西瓜皮去皮，洗净，切条，放进沸水中焯熟，捞出，沥干水分；葱洗净，切段；姜去皮，洗净，切片；蒜去皮，切片。② 鳝鱼去脏、骨，洗净，切段，装入碗内，加料酒、水淀粉、鸡蛋清搅拌均匀。③ 锅置火上，入油烧至七成热，下姜片、葱段、蒜片爆香，倒入鳝鱼段，翻炒均匀，放入西瓜皮炒匀，将熟时加入盐、鸡精调味，倒入水淀粉勾芡，盛出装盘即可。

【烹饪技法】焯，炒。

【营养功效】补肾利尿，清热解痛，补脾益气，疏经络骨。

【健康贴士】有全身乏力、抽筋等症状的骨质疏松患者适宜多食用。

双瓜翠汁茶

【主料】冬瓜皮 40 克，西瓜皮 40 克。

【配料】白砂糖 30 克，清水 500 毫升。

【制作】① 西瓜皮、冬瓜皮洗净，切片。② 锅置火上，放入西瓜皮、冬瓜皮，注入清水，大火煮沸，放入白砂糖，转小火煮 30 分钟，滤掉西瓜皮、冬瓜皮，取汁液即可。

【烹饪技法】煮。

【营养功效】清热解毒，利水消肿。

【健康贴士】适合肝火旺盛、骨质疏松患者食用。

海参龙眼粥

【主料】大米 200 克，龙眼肉 35 克，海参 50 克。

【配料】冰糖 25 克，清水 700 毫升。

【制作】① 海参去肠脏，洗净，顺切成条；龙眼肉洗净；冰糖打碎；大米淘洗干净。② 锅置火上，注入清水，下入大米，放入海参条、龙眼肉，大火煮沸后，再转小火熬煮 30 分钟，加入冰糖，待冰糖化开即可。

【烹饪技法】熬，煮。

【营养功效】强筋健骨，滋补暖胃。

【健康贴士】海参中含有丰富的蛋白质和钙等营养成分，而葡萄、柿子、山楂、石榴、青果等水果含有较多的鞣酸，同时食用，会导致蛋白质凝固、消化吸收难、腹疼、恶心、呕吐等后果。

龙眼千层酥

【主料】面粉 350 克，龙眼肉、豆沙各 100 克。

【配料】黄油 100 克，白砂糖 15 克，鸡蛋 3 个。

【制作】① 龙眼肉用温水润透后，洗净，切碎，装入碗里，放入豆沙，搅拌均匀，做成馅料。② 将 300 克面粉倒入盆中，加清水 100 毫升，打入鸡蛋，放入黄油、白砂糖，搅拌均匀，揉成光滑的面团。③ 在案板上撒上 50 克面粉，把揉搓好的面团放在案板上，用擀面杖擀成圆形的面皮，撒上一层干面粉，折叠 5 次，继续用擀面杖擀成圆形的面皮，再撒上一层干面粉，再折叠五次，重复此操作 3 遍后，将面团擀成厚度为 1 厘米的圆形，用刀分切成几个大小均匀的千层面皮，将做好的馅包入面皮中，捏好花型，逐个包好，做成龙眼千层酥生坯。④ 把做好的龙眼千层酥生坯，整齐地排在烤盘上，放入预热 200 度的烤箱，烤约 7 分钟，取出即可。

【烹饪技法】烤。

【营养功效】补益肝肾，强健骨髓。

【健康贴士】龙眼肉味甘，性温，入心、脾经，适用于心脾两虚证、气血两虚证以及骨质疏松患者食用。

龙眼炖鲍鱼

【主料】龙眼肉 15 克，鲍鱼 50 克。
【配料】冰糖 30 克，清水 500 毫升。
【制作】① 鲍鱼发透，洗净，切片；龙眼肉去杂质，洗净；冰糖打碎。② 锅置火上，放入鲍鱼、龙眼肉，注入清水，大火上煮沸，再转小火熬煮 1 个小时，加入冰糖碎调味，关火即可。
【烹饪技法】炖。
【营养功效】滋阴养肝，强壮筋骨。
【健康贴士】鲍鱼不能与鸡肉、野猪肉、牛肝同食。

荸荠萝卜粥

【主料】大米 200 克，荸荠 60 克，白萝卜 150 克。
【配料】清水 800 毫升。
【制作】① 荸荠去皮，洗净，切丁；白萝卜去皮，洗净，切成丁；大米淘洗干净。② 锅置火上，下入大米，注入清水，放入荸荠、白萝卜，大火上煮沸，再转小火熬煮约 1 小时即可。
【烹饪技法】熬，煮。
【营养功效】清热解毒，利尿消肿。
【健康贴士】白萝卜不适合脾胃虚弱者、大便稀患者，在服用参类滋补药时忌食本品，以免影响疗效。

马齿苋荸荠粥

【主料】大米 200 克，马齿苋 50 克，荸荠 100 克。
【配料】白砂糖 20 克，清水 800 毫升。
【制作】① 马齿苋洗净，切成 2 厘米长的段；荸荠去皮，洗净，切丁；大米淘洗干净。② 锅置火上，下入荸荠、大米，注入清水，大火上煮沸，转小火熬煮约 30 分钟，放入马齿苋、白砂糖继续煮 10 分钟即可。
【烹饪技法】煮。
【营养功效】清热解毒，利水消肿，补骨壮骨。
【健康贴士】马齿苋有独特的使骨骼肌舒张的特性，将马齿苋煎水局部用于因脊髓损伤所致的骨骼肌损坏，有明显的恢复效果。

茅根茶

【主料】白茅根 60 克，荸荠 120 克。
【配料】白砂糖 25 克，清水 500 毫升。
【制作】① 白茅根洗净，切成 2 厘米长的段；荸荠去皮，洗净，切片。② 锅置火上，将白茅根段、荸荠片一起放入锅内，注入清水，大火煮沸，转小火熬煮约 45 分钟，关火，滤去药渣，加入白砂糖拌匀即可。
【烹饪技法】煎，熬。
【营养功效】清热利尿，降骨压。
【健康贴士】适合口腔溃疡、骨质疏松患者食用。

芡实红枣牛肉煲

【主料】牛肉 500 克，芡实 20 克，红枣 6 枚。
【配料】姜 10 克，葱 15 克，料酒 15 克，盐 3 克，鸡精、胡椒粉各 2 克。
【制作】① 牛肉洗净，切块，放入沸水锅中煮至断生，捞出，沥干水分；红枣洗净，去核；芡实打碎；姜洗净，切片；葱洗净，切段。② 煲置火上，注入清水 1000 毫升，放入牛肉块、红枣、芡实，加料酒、姜片、葱段，大火煮沸，撇去浮沫，转小火炖约 45 分钟至汤稠，加入盐、鸡精、胡椒粉调味即可。
【烹饪技法】炖，煲。
【营养功效】补虚劳，祛风湿，强筋骨。
【健康贴士】适用于骨折、骨质疏松患者食用。

洋参枸杞饮

【主料】西洋参 7 克，枸杞 35 克。
【配料】白砂糖 30 克。
【制作】① 西洋参洗净，润透，切片；枸杞去杂质，洗净泥沙。② 锅置火上，注入清水500毫升，放入西洋参、枸杞，大火煮沸，在转小火煮40分钟，放入白砂糖，搅拌均匀即可。

【烹饪技法】煮。

【营养功效】益气补血，滋阴补肾，养心宁神。

【健康贴士】洋参与枸杞搭配滋阴补肾，强筋健骨效果明显。

木香洋参茶

【主料】西洋参10克，木香10克。

【配料】白砂糖30克。

【制作】① 西洋参洗净，润透，切片；木香洗净，切片；冰糖打碎。② 锅置火上，放入西洋参、木香、冰糖，注入清水500毫升，大火煎煮20分钟，关火，滤去药渣即可。

【烹饪技法】煮。

【营养功效】行气，止痛。

【健康贴士】木香味苦、辛，性寒，孕妇、脾胃虚寒者、胃痛者、泄泻者、心脑血管、肝、肾病患者忌食。

洋参蒸鱼肚

【主料】西洋参8克，鱼肚150克，鸡肉100克，玉兰片、香菇、火腿各50克。

【配料】姜、葱、蒜各15克，料酒10克，盐3克，鸡精2克。

【制作】① 西洋参洗净，润透，切片；鱼肚洗净，发透，切块；鸡肉洗净，切块，放入沸水中氽去血水；鲜香菇发透，洗净，切片；玉兰片发透，洗净，切片；火腿切片；姜洗净，切丝；葱洗净；切段；蒜去皮，切片。② 将鸡块、香菇片、玉兰片、火腿片放入蒸盆内，加入西洋参、鱼肚、姜丝、葱段、蒜片、料酒、盐、鸡精，把蒸盆放入蒸笼中，大火蒸70分钟即可。

【烹饪技法】氽，蒸。

【营养功效】补肾益精，强身壮体。

【健康贴士】鱼肚味甘、性平，入肾、肝经，与西洋参搭配，滋补效果明显。

杜仲猪尾煲

【主料】猪尾500克，杜仲50克。

【配料】姜、葱各10克，高汤1500毫升，料酒10克，盐3克，鸡精、胡椒粉各2克。

【制作】① 猪尾洗净，切段，放入沸水中氽去血水；杜仲洗净，放入热锅内炒去橡胶丝，切块；姜洗净，切片；葱洗净，切段。② 煲置火上，将猪尾、杜仲放入煲内，加入姜片、葱段、料酒，注入高汤，大火煮沸，撇去浮沫，转小火煲2个小时，加入盐、鸡精、胡椒粉调味即可。

【烹饪技法】炒，氽，煲。

【营养功效】补肝肾，强筋骨。

【健康贴士】杜仲味甘，性平，无毒，补肾益肝，一般人都不用忌食，但是气郁体质、湿热体质者不宜食用。

杜仲猪腰煲

【主料】杜仲30克，猪腰300克，冬菇30克，水发黑木耳60克，西芹50克。

【配料】植物油20克，老抽8克，水淀粉10克，高汤800毫升，盐6克，鸡精、胡椒粉各2克。

【制作】① 猪腰对半切开，去除白色臊腺，洗净，切成腰花，装入碗里，加入料酒、水淀粉、胡椒粉拌匀，腌制10分钟。② 杜仲用盐炒焦，盛出凉凉，切丝；冬菇洗净，切块；水发木耳去蒂，洗净，撕成瓣；西芹洗净，切块。③ 炒锅置火上，入油烧至七成热，下姜片、葱段爆香，放入腰花翻炒，加入杜仲、黑木耳、冬菇、西芹稍炒片刻，注入高汤，盛出倒入瓦煲里，小火煲熟，加入盐、鸡精调味即可。

【烹饪技法】腌，炒，煲。

【营养功效】补益气血，益脾固肾，强筋壮骨。

【健康贴士】体质虚弱、肾气不固的妇女适宜多食用，胎漏欲坠、习惯性流产者保胎时也可适量食用有益于胎儿的健康。

核桃杜仲炒鸡胗

【主料】核桃50克，杜仲25克，鸡胗100克。
【配料】姜、葱各15克，植物油20克，老抽、水淀粉各5克，料酒10克，盐6克，鸡精2克。
【制作】① 杜仲3克用盐炒焦，盛出凉凉，切丝；核桃去壳，用油炸香；鸡胗洗净，切花刀形，放入碗里，加入料酒、老抽腌制15分钟；姜洗净，切片；葱洗净，切段。② 炒锅置火上，入油烧至七成热，下姜片、葱段爆香，放入鸡胗、杜仲翻炒断生，倒入水淀粉勾芡，撒入核桃仁，加入盐3克、鸡精调味，盛出装盘即可。
【烹饪技法】炒。
【营养功效】滋补肝肾，固腰健体，强身健骨。
【健康贴士】骨质疏松患者适宜多食，有利于骨骼健康。

杜仲炖甲鱼

【主料】甲鱼250克，红枣4枚，杜仲、玉竹各20克。
【配料】葱15克，姜10克，植物油20克，料酒10克，盐、鸡精、胡椒粉各2克。
【制作】① 杜仲切丝，用盐水炒焦后洗净；玉竹洗净，润透，切片；红枣洗净；甲鱼剁去头、尾、内脏，洗净，放入沸水中汆去血水；姜洗净，切片；葱洗净，切段。② 锅置火上，注入清水800毫升，放入甲鱼，加入杜仲、玉竹、红枣、料酒、姜片、葱段，大火煮沸，转小火炖90分钟，加入盐、鸡精、胡椒粉调味即可。
【烹饪技法】汆，炖。
【营养功效】补肝肾，强筋骨。
【健康贴士】跌打损伤、腰肢酸痛、抽筋等患者适宜食用。

百合莲子泥

【主料】百合450克，莲子170克。
【配料】饴糖300克，玉米粉200克。
【制作】① 百合、莲子洗净，放入锅内，注入清水1000毫升，煮至烂熟后，再把饴糖放入锅内，待饴糖融化后，用筷子拣出百合、莲子备用。② 将百合、莲子放入搅拌机内打成泥，倒入蒸碗里，加入玉米粉，一起搅拌均匀，放入蒸笼里蒸20分钟，取出凉凉，定型即可。
【烹饪技法】煮，蒸。
【营养功效】清心安神，益肾固精，强筋壮骨。
【健康贴士】莲子与百合搭配，能显著改善中老年人体虚、失眠、食欲不振等症状，特别适合癌症患者食用。

苁蓉羊肉面

【主料】肉苁蓉25克，羊肉150克，面条200克。
【配料】红枣6枚，葱6克，香油5克，盐4克，鸡精3克。
【制作】① 肉苁蓉洗净，切片；红枣去核，洗净；羊肉洗净，切片；葱洗净，切成葱花。② 锅置大火上，注入清水800毫升，煮沸后，放入肉苁蓉片、红枣煮50分钟后，放入羊肉片煮熟，再下入面条，用筷子搅拌至煮熟，加入盐、鸡精调味，撒上葱花，淋上香油即可。
【烹饪技法】煮。
【营养功效】补肾益精，养血润燥，强筋骨。
【健康贴士】骨质疏松患者适宜多食。

苁蓉羊腰粥

【主料】大米250克，肉苁蓉25克，羊腰300克，羚羊角屑20克。
【配料】灵磁石、薏仁各30克，香油5克，盐4克，鸡精3克。
【制作】① 将肉苁蓉、羚羊角屑、灵磁石洗净，放入锅里一起水煎，去渣取汁。② 羊腰对半切开，去臊腺，洗净，切成腰花；肉苁蓉洗净；大米、薏仁淘洗干净。③ 煲置火上，把腰花、大米、薏仁一起放入煲内，倒入肉苁蓉、羚羊角屑、灵磁石一起煎出的汁液，并兑入清水1500毫升，大火煮沸后，转小火熬煮50分钟，加入盐、鸡精调味，淋上香油即可。

【烹饪技法】煮。

【营养功效】补肾助阳，强筋壮骨，益精通便。

【健康贴士】羊腰含有丰富蛋白质、维生素A、铁、磷、硒等营养元素，有生精益血、壮阳补肾的功效，尤其适用于肾虚阳痿者食用。

苁蓉虾球

【主料】虾仁250克，肉苁蓉30克，鸡蛋1个。

【配料】葱10克，植物油200克，白砂糖10克，盐4克，鸡精3克。

【制作】① 苁蓉洗净，切成细末；虾仁去虾线，洗净，用厨房用纸擦干，用刀背拍扁，剁成泥，装入碗里，打入鸡蛋清，加入肉苁蓉末、白砂糖、盐、鸡精搅拌均匀。② 锅置火上，入油烧至六成热，将虾泥挤成一个个虾球，放进油锅内以小火炸熟，炸至金黄色即可。

【烹饪技法】炸。

【营养功效】补充钙质，促进骨骼生长。

【健康贴士】肉苁蓉因其补阳而滑肠，故阴虚火旺者、大便溏泻者、便秘者忌食。

生地黄鸡

【主料】生地黄250克，乌鸡1只。

【配料】饴糖150克。

【制作】① 将乌鸡宰杀，去毛、内脏、爪，洗净，沥干水分；生地黄洗净，切丝。② 把生地黄丝与饴糖一起放入碗里，调匀，放入鸡腹中，用牙签缝合切口，然后将鸡装入蒸盆中，切口朝上，放进蒸锅，大火蒸30分钟至熟即可。

【烹饪技法】蒸。

【营养功效】滋阴补血，降骨压。

【健康贴士】生地黄味甘，性寒，脾虚湿滞者、腹满便溏者慎食。

生地炖甲鱼

【主料】生地黄20克，甲鱼1只，红枣4枚。

【配料】葱20克，姜15克，料酒10克，盐3克，鸡精、胡椒粉各2克。

【制作】① 生地黄润透，洗净；甲鱼剁去头、尾、内脏，洗净，放入沸水锅中汆去血水；红枣洗净；葱洗净，切段；姜洗净，切片。② 锅置火上，注入清水1000毫升，放入甲鱼，加入生地黄、红枣、料酒、姜片、葱段，大火煮沸，再转小火炖煮90分钟，加入盐、鸡精、胡椒粉调味即可。

【烹饪技法】汆，炖。

【营养功效】滋阴养肝，强壮筋骨。

【健康贴士】生地黄与甲鱼搭配，营养丰富，对于骨骼的生长和保健有明显的作用。

地黄红枣蒸鸡

【主料】生地黄50克，母鸡1只，红枣20枚。

【配料】姜、葱各5克，料酒10克，白砂糖20克，盐5克，鸡精3克，胡椒粉2克。

【制作】① 将母鸡宰杀后，去毛、内脏、爪，洗净，放入沸水中汆去血水；生地黄洗净，切丝；红枣去核，洗净；姜洗净，切片；葱洗净，切段。② 把母鸡放入蒸盘内，加入姜片、葱段、白砂糖、盐、鸡精、胡椒粉、料酒腌制15分钟，再放入地黄丝、红枣，将蒸盘移入蒸笼中，大火蒸20分钟至熟即可。

【烹饪技法】汆，蒸。

【营养功效】滋阴，生津，补血，健骨。

【健康贴士】地黄有生地黄和熟地黄之分，生地黄性寒，凉血，血热者适宜食用，熟地黄性微温，补肾，血衰者适宜食用，入药时应辩证选择，对症下药。

黑豆炖水鸭

【主料】黑豆100克，水鸭1只。

【配料】葱20克，姜15克，料酒20克，盐3克，鸡精、胡椒粉各2克。

【制作】① 黑豆淘洗干净，浸泡一夜；水鸭宰杀后，去毛、内脏，洗净，放入沸水锅中汆去血水；姜洗净，切片；葱洗净，切段。② 锅置火上，注入清水1500毫升，放入水鸭、黑豆、姜片、葱段、料酒，大火上煮沸，撇去浮沫，转小火炖2个小时后，加入盐、鸡精、胡椒粉调味即可。

【烹饪技法】汆，炖。

【营养功效】利水消肿，清热解毒。

【健康贴士】黑豆味甘，性平，入脾、肾经，有补脾、利水、解毒的功效，可用于食物中毒的动物解毒。

法制黑豆

【主料】黑豆600克。

【配料】山茱萸、茯苓、当归、桑葚、熟地、补骨脂、菟丝子、旱莲草、五味子、枸杞、地骨皮、黑芝麻各12克，食盐100克。

【制作】① 黑豆淘洗干净，温水浸泡30分钟；将山茱萸、茯苓、当归、桑葚、熟地、补骨脂、菟丝子、旱莲草、五味子、枸杞、地骨皮、黑芝麻装入纱布袋内，扎紧。② 把药袋放入锅中，注入适量清水，锅置中火上，煎煮30分钟，把药液倒入一大盆里，再注入清水煎煮30分钟，把药液倒入大盆里，如此反复4次。③ 另起锅，将黑豆、盐放入锅里，注入药液，煮至豆熟药液收干，取出黑豆放在篮子里，曝晒至干，装入罐内即可。

【烹饪技法】煮，晒。

【营养功效】补肾益精，强筋壮骨。

【健康贴士】黑豆与蓖麻子、厚朴不能同时食用。

冬菇枸杞烩海参

【主料】冬菇30克，枸杞20克，水发海参300克。

【配料】青豆50克，葱白20克，植物油30克，老抽5克，水淀粉15克。

【制作】① 水发海参洗净，切条；枸杞去杂质，洗净；冬菇洗净，切丁；葱白洗净，切丁；青豆淘洗干净，放入沸水中焯烫片刻，捞出，凉凉。② 锅置火上，入油烧至六成热，下葱白爆香后，放入海参、冬菇、青豆翻炒，注入清水200毫升，煮透，放入枸杞、老抽翻炒均匀，倒入水淀粉勾芡即可。

【烹饪技法】炒，烩。

【营养功效】补肝肾，强筋骨。

【健康贴士】冬菇补气益胃，枸杞健骨活络，海参补髓益肾，三者搭配有明显改善骨质疏松的功效。

枸杞鸡煲

【主料】枸杞20克，西芹100克，鸡1只。

【配料】葱20克，姜5克，料酒20克，高汤1500毫升，盐3克，鸡精2克。

【制作】① 枸杞去杂质，洗净；西芹洗净，切块；鸡宰杀后，去毛、内脏、爪，洗净；葱洗净，切段；姜洗净，切片。② 煲置火上，注入高汤，将鸡放入煲内，加入枸杞、姜片、葱段，煮沸后，再转小火煲70分钟后，放入西芹，加入料酒、盐、鸡精、调味即可。

【烹饪技法】煲。

【营养功效】补肾明目，健骨。

【健康贴士】骨质疏松造成的腰膝无力、筋骨酸软患者适宜食用。

核桃虾仁粥

【主料】核桃仁35克，虾仁50克，粳米200克。

【配料】盐2克。

【制作】① 粳米淘洗干净，用冷水浸泡30分钟，捞出，沥干水分；核桃仁洗净；虾仁去虾线，洗净。② 锅置火上，注入2000毫升清水，放入泡好的粳米，大火煮沸，放入核桃仁、虾仁，再转小火熬煮40分钟成粥，最后加入盐调味即可。

【烹饪技法】熬，煮。

【营养功效】补气益肾，强身健骨。

【健康贴士】核桃含丰富的脂肪油、蛋白质、钙、磷、铁、胡萝卜素，虾仁还有大量的钙、蛋白质，两者搭配对骨骼保健作用明显。

陈皮扣排骨

【主料】猪大排 600 克。

【配料】大蒜 50 克，陈皮 3 克，淀粉、白砂糖、料酒各 10 克，生抽 8 克，植物油 35 克，红腐乳、甜面酱、香油、红曲末各 5 克，鸡精 3 克。

【制作】① 将排骨洗净，剁成 3 厘米长的段；陈皮洗净，切末；大蒜去皮。② 把排骨装进碗里，加入淀粉、生抽、陈皮末、料酒搅拌均匀，腌制 10 分钟。③ 锅置火上，入油烧至七成热，下排骨炸成红色捞出；把蒜瓣放热油中促一下，捞出；锅中留油少许，倒入红腐乳、甜面酱稍炒，放入排骨、蒜瓣，烹料酒，加入红曲末、白砂糖、鸡精煮沸，关火，将排骨摆入汤盆中，注入高汤，上笼蒸透，取出即可。

【烹饪技法】腌，促，蒸。

【营养功效】开胃生津，强身健骨。

【健康贴士】排骨含丰富的蛋白、脂肪、维生素、磷酸钙、骨胶原、骨黏蛋白，对骨骼的保健、肌肤的保养有很好的功效。

泽泻大米粥

【主料】泽泻 25 克，大米 250 克。

【配料】白砂糖 30 克。

【制作】① 泽泻洗净，润透，切片；大米淘洗干净。② 锅置火上，注入清水 500 毫升，放入泽泻片、大米，大火煮沸后，再转小火熬煮 50 分钟，放入白砂糖化开即可。

【烹饪技法】煮。

【营养功效】除湿，利水，健骨。

【健康贴士】肾虚精滑、无湿热者忌食。

菟丝鸡蛋饼

【主料】菟丝子 40 克，面粉 150 克，鸡蛋 1 个。

【配料】葱花 20 克，盐 6 克，植物油 50 克。

【制作】① 将菟丝子研成细粉，与面粉一起放入盆内，打入鸡蛋，放入葱花、盐，搅拌均匀，揉搓成光滑的面团后，把面团摘成若干个剂子，用擀面杖把剂子擀成饼状，做成菟丝鸡蛋饼生坯。② 锅置火上，入油烧至六成热，放入菟丝鸡蛋饼生坯，煎至两面金黄即可。

【烹饪技法】煎。

【营养功效】补肾益精，养血润燥，强筋骨。

【健康贴士】菟丝子一定要研成细末，才能与面粉充分混合，增强疗效。

女贞子春卷

【主料】米粉 250 克，女贞子 25 克，青笋、胡萝卜各 50 克。

【配料】葱花 10 克，植物油 50 克，香油 10 克，盐 5 克，鸡精 3 克。

【制作】① 将米粉装入盆内，注入清水 100 毫升，和成粘手米团；女贞子研成细粉；青笋去皮，洗净，切丝；胡萝卜去皮，洗净，切丝。② 平底锅置中火上，入油烧至三成热，将米粉团顺势在锅内走一圈，使部分米粉粘贴在锅中，烘至变色即可取出，依此把春卷皮做好，凉凉。③ 把青笋丝、胡萝卜丝装入盆内，加入女贞子粉、葱花、盐、鸡精、香油拌匀后，分别卷入春卷中即可。

【烹饪技法】烘。

【营养功效】滋补肝肾，强身健骨。

【健康贴士】女贞子味甘、苦，性凉，入肝，肾经，脾胃虚寒者、泄泻者、阳虚者忌食。

天冬牛奶饮

【主料】天冬 15 克，牛奶 250 毫升。

【配料】白砂糖 30 克。

【制作】① 将天冬洗净，放入锅里，注入清水 200 毫升，锅置大火上煮沸，转小火煎熬 20 分钟，关火，用纱布滤去药渣，留药液装入大杯备用。② 另起锅置火上，倒入牛奶烧沸，把烧沸的牛奶倒入盛着天冬药液的大杯里，加入白砂糖，搅拌均匀即可。

【烹饪技法】煎，煮。
【营养功效】滋阴补钙，利尿消肿。
【健康贴士】阴虚发热、咳嗽吐血、肺痈、咽喉肿痛、便秘患者适宜饮用。

冰糖莲子饮

【主料】莲子 50 克。
【配料】冰糖 50 克。
【制作】① 将莲子浸透，去心；冰糖打碎。② 锅置火上，注入清水 1000 毫升，把莲子放入锅内，大火煮沸后，转小火煎煮 50 分钟，放入冰糖化开即可。
【烹饪技法】煮。
【营养功效】清肺热，降骨压。
【健康贴士】莲子是滋补的佳品，体质虚弱、失眠多梦、腹泻、滑精、月经不调、食欲不振者适宜食用。

茱萸熘鱼片

【主料】吴茱萸 20 克，草鱼肉 300 克，青笋 100 克。
【配料】姜、葱各 10 克，料酒 30 克，水淀粉 20 克，植物油 40 克，盐 3 克，鸡精 2 克。
【制作】① 吴茱萸洗净后，放入锅中，注入清水 200 毫升，煎煮出浓汁，滤去药渣，留药液备用。② 草鱼洗净，切薄片，装入碗里，加入盐、鸡精、料酒腌制 15 分钟；青笋去皮，姜洗净，切片；姜洗净，切片；葱洗净，切段。③ 锅置火上，入油烧至六成热，放入草鱼片过油，捞出沥干油分，锅底留油，下姜片、葱段爆香，放入青笋片，倒入药液，翻炒至青笋断生，放入草鱼片，加盐、鸡精调味，浇入水淀粉勾芡，盛出装盘即可。
【烹饪技法】腌，熘。
【营养功效】温中除寒，补髓健骨。
【健康贴士】草鱼有黑白两种，白色称草鱼，黑色称青鱼。草鱼是淡水鱼中的上品，含有丰富的蛋白质、脂肪、核酸、锌，有增强体质、延缓衰老的作用。

湘莲蒸鲍鱼

【主料】湘莲 60 克，鲍鱼 100 克，鸡肉 300 克。
【配料】葱 15 克，料酒 20 克，植物油 40 克，盐 3 克，鸡精 2 克。
【制作】① 将湘莲洗净，润透，去心，放入蒸锅中蒸熟；鲍鱼发透，洗净，切成夹片；鸡肉洗净，剁成鸡肉泥；葱洗净，切成葱花。② 把鸡肉泥夹入鲍鱼内，与湘莲、料酒一同放入蒸盘内，加入盐、鸡精调味，撒上葱花，上笼大火蒸 25 分钟即可。
【烹饪技法】蒸。
【营养功效】健脾补虚，补益气血，强身健骨。
【健康贴士】痛风、感冒、发热、喉咙痛者不适宜食用鲍鱼。

党参炖银耳

【主料】党参 20 克，银耳 50 克。
【配料】蜜枣 7 枚，冰糖 30 克。
【制作】① 银耳用温水发透，去杂质、蒂根、泥沙，洗净，撕成小瓣；蜜枣去核，洗净；党参洗净，切段；冰糖打碎。② 锅置火上，注入清水 1000 毫升，放入银耳、党参、冰糖、蜜枣，大火煮沸，转小火炖煮 2 个小时即可。
【烹饪技法】炖。
【营养功效】健脾益气，润肺滋肾。
【健康贴士】四肢乏力、骨质疏松患者适宜食用。

骨碎补鲫鱼汤

【主料】骨碎补 15 克，鲫鱼 500 克。
【配料】葱 20 克，姜 15 克，料酒 10 克，生抽 5 克，盐 3 克，鸡精、胡椒粉各 2 克。
【制作】① 鲫鱼去鳞、内脏，洗净，用料酒、生抽腌制 20 分钟；葱洗净，切段；姜洗净，切片。② 锅置火上，注入清水 800 毫升，大火煮沸，放入鲫鱼、骨碎补、葱段、姜片、料酒，再次煮沸后，转小火炖煮 15 分钟，加入盐、鸡精、胡椒粉调味即可。

【烹饪技法】腌，炖，煮。

【营养功效】补肾，接骨，活血。

【健康贴士】跌打损伤、腰肢酸痛、抽筋等症患者食用有助于身体恢复。

红枣甲鱼煲

【主料】红枣 20 枚，甲鱼 1 只。

【配料】葱、姜各 8 克，料酒 10 克，高汤 1000 毫升，盐 3 克，鸡精、胡椒粉各 2 克。

【制作】① 甲鱼剁去头、尾，去内脏，洗净，切块，放入沸水锅中汆去血水；红枣洗净，去核；葱洗净，切段；姜洗净，切片。② 煲置火上，放入甲鱼、红枣、姜片、葱段、料酒，注入高汤，大火煮沸，撇去浮沫，转小火煲 45 分钟，加入盐、鸡精、胡椒粉调味即可。

【烹饪技法】汆，炖。

【营养功效】滋阴补肾，补气养血。

【健康贴士】红枣含铁，补血，甲鱼含有丰富的蛋白质、氨基酸、矿物质等元素，两者搭配补气养血的效果明显，还能改善骨质疏松。

黄精卤大排

【主料】黄精 25 克，猪排骨 600 克。

【配料】卤水 2000 毫升。

【制作】① 将黄精用温水浸泡 50 分钟，洗净；猪排骨洗净。② 锅置大火上，注入适量清水，放入黄精和猪排骨煮 30 分钟后捞出。③ 另起锅置火上，注入卤水，放入黄精和猪排骨，大火煮沸，再转小火煮 30 分钟，盛出装盘即可。

【烹饪技法】煮，卤。

【营养功效】壮筋骨，益精髓。

【健康贴士】脾虚有湿、咳嗽痰多、体寒泄泻者忌食。

心脑血管病药膳

核桃车前粥

【主料】核桃仁 50 克，车前子 25 克，大米 250 克。

【配料】冰糖 50 克。

【制作】① 大米淘洗干净；核桃仁洗净；车前子去杂质，洗净，用纱布包好；冰糖打碎。② 锅置火上，注入清水 1000 毫升，倒入大米，放入用纱布包好的核桃仁和车前子，大火煮沸，再转小火熬煮 50 分钟，放入冰糖屑，待冰糖化开即可。

【烹饪技法】煮，熬。

【营养功效】补肺肾，补脑益智。

【健康贴士】痰热咳嗽、腹泻、阴虚火旺者忌食。

荷叶绿豆羹

【主料】荷叶 20 克，绿豆 150 克。

【配料】白砂糖 35 克。

【制作】① 绿豆淘洗干净，用清水浸泡 2 个小时；荷叶洗净，切碎。② 锅置火上，放入绿豆、荷叶，注入清水 1000 毫升，大火上煮沸，转小火熬煮 2 个小时，加入白砂糖，关火即可。

【烹饪技法】煮。

【营养功效】清热解暑，安神补气。

【健康贴士】绿豆的消暑之功在皮，解毒之功在内。以消暑为目的，喝绿豆汤为好；以清热排毒为目的，要食用煮得酥烂的绿豆汤。

陈醋黑豆饮

【主料】黑豆 200 克，陈醋 300 克。

【配料】蜂蜜 8 克。

【制作】① 黑豆去杂质，淘洗干净。② 平底锅置火上，烧至五成热，放入黑豆，用中火炒 5 分钟左右，待黑豆皮迸开后，改为小火，再炒 5 分钟，盛入碗里，冷却。③ 把黑豆放入一个带盖子的罐子里，倒入陈醋浸泡 2 个小时，吃时加开水兑开，放点儿蜂蜜即可。

【烹饪技法】炒。

【营养功效】活血利水，补血安神。

【健康贴士】黑豆虽是营养保健佳品，但一定要熟食，因为生黑豆有一种叫抗胰蛋白酶的物质，会影响蛋白质的消化吸收，生吃会引起腹泻。

核桃栗子浆

【主料】核桃仁 50 克，栗子 250 克。

【配料】冰糖 10 克，清水 800 毫升。

【制作】① 核桃仁泡透，去皮；栗子去壳，去皮，切成粒；将核桃仁、栗子粒一起放入搅拌机内，注入清水，磨成汁，用纱布过滤，去渣。② 锅置火上，倒入核桃栗子浆，大火煮沸，加入冰糖调味即可。

【烹饪技法】搅拌，煮。

【营养功效】健脑补肾，养血益智。

【健康贴士】栗子生食难于消化，熟食易滞气，故不可食用太多，且消化不良、温热体质者不宜食用。

红杞煲青笋

【主料】枸杞 20 克，青笋 250 克。

【配料】葱 10 克，姜 5 克，料酒 10 克，高汤 100 毫升，盐 3 克，鸡精、胡椒粉各 2 克。

【制作】① 枸杞去杂质，洗净；青笋去皮，切成小块；葱洗净，切成葱花；姜洗净，切片。② 煲置火上，将青笋块、枸杞、姜片、料酒一起放入煲里，注入高汤，大火煮沸后，转小火煲 25 分钟，加入盐、鸡精、胡椒粉调味，撒上葱花即可。

【烹饪技法】煲。

【营养功效】滋阴养血，降低血脂。

【健康贴士】长期食用红杞煲青笋，能有效预防和改善脑卒中。

枸杞攘梨

【主料】糯米 20 克，枸杞 10 克，梨 1 个。

【配料】冰糖 10 克。

【制作】① 梨洗净，去皮，从蒂下 1/3 处切下，当盖，挖去梨心；枸杞去杂质，洗净，切碎；糯米淘洗干净，放入蒸锅里蒸熟；冰糖打碎。② 把枸杞碎、冰糖屑放入糯米饭里充分搅拌均匀后，装入梨内，盖上梨盖，放入蒸杯内，上笼大火蒸 45 分钟即可。

【烹饪技法】蒸。

【营养功效】滋阴润肺，补肝益肾。

【健康贴士】心律不齐患者、肝阴虚型心脑血管疾病患者适宜多食用。

山药烧草鱼

【主料】山药 20 克，枸杞 20 克，草鱼 500 克。

【配料】葱、姜、生抽、料酒各 10 克，植物油 30 克，清汤 200 毫升，盐 3 克，鸡精、胡椒粉各 2 克。

【制作】① 枸杞去杂质，洗净；山药浸泡一夜，切成薄片；草鱼去鳞、鳃、肠杂，洗净；姜洗净切片；葱洗净，切段。② 锅置大火上，入油烧至六成热，下姜片、葱段爆香，放入草鱼，煎至两面金黄，注入清汤，烹料酒，放入山药、枸杞烧熟，加入盐、生抽、鸡精、胡椒粉调味即可。

【烹饪技法】煎，烧。

【营养功效】降血脂，护肝胆，明眼目。

【健康贴士】草鱼不宜多食，容易诱发各种疮疥。

山药芝麻粥

【主料】粳米 200 克，山药、黑芝麻各 30 克。

【配料】白砂糖 10 克。

【制作】① 山药去皮，洗净，切片；黑芝麻去杂质，洗净；粳米淘洗干净。② 锅置火上，下入山药、黑芝麻、粳米，注入适量清水，用大火煮沸，再转小火炖煮 35 分钟左右，加入白砂糖搅拌均匀即可。

【烹饪技法】煮。

【营养功效】补脑，润肠，补脾。

【健康贴士】孕妇在孕早期适量食用，有利安胎。

山药蒸皖鱼

【主料】山药 50 克，皖鱼 800 克。

【配料】葱 15 克，姜、料酒、白砂糖各 10 克，生抽 8 克，香油 25 克，盐 3 克，鸡精、胡椒粉各 2 克。

【制作】① 山药润透，洗净，切片，放入沸水锅中焯熟；姜洗净，切片；葱洗净，切段。② 鲩鱼宰杀后，去鳞、鳃、肠杂，洗净，放入蒸盘中，摆上焯熟的山药片，加入姜片、葱段，加入盐、白砂糖、鸡精、胡椒粉调味，淋上生抽、料酒、香油，放入蒸笼，大火蒸 40 分钟即可。

【烹饪技法】焯，蒸。

【营养功效】补脾胃，益血气。

【健康贴士】老年痴呆症患者、心脑血管疾病患者适宜食用。

山药炖兔肉

【主料】山药 30 克，兔肉 500 克，红枣 10 枚，枸杞 20 克。

【配料】姜 10 克，葱 15 克，料酒 15 克，熟鸡油 30 克，盐 3 克，鸡精 2 克。

【制作】① 山药润透，洗净，切片；枸杞去杂质，洗净；红枣洗净，去核；兔肉洗净，切块；姜洗净，切片；葱洗净，切段。② 炖锅置火上，将山药、兔肉、枸杞、红枣、姜片、葱段、料酒一起放进炖锅里，注入适量清水，大火煮沸后，撇去浮沫，再转小火炖 1 个小时，加入盐、鸡精、胡椒粉调味即可。

【烹饪技法】炖。

【营养功效】补气血，降血脂。

【健康贴士】兔肉味酸，性平，入肝、肠经，有补中益气、清热解毒的功效。但兔肉不宜常食，农历深秋可食兔肉，其他时间食用伤肾。

山楂丹参粥

【主料】山楂60克，丹参30克，大米200克。

【配料】冰糖50克。

【制作】①山楂洗净，切片；丹参洗净，切段；大米淘洗干净；冰糖打碎。②砂锅置火上，注入500毫升清水，放入山楂片、丹参段炒干，煎取药液，滤去药渣。③砂锅洗净后置火上，放入大米，注入药液，煮沸，放入冰糖屑，转小火炖煮20分钟即可。

【烹饪技法】煮，炖。

【营养功效】开胃生津，补血益气。

【健康贴士】丹参不能与阿司匹林同食，因为两者都有抑制血小板聚集的作用，同食容易出血不止。

山楂炖牛肉

【主料】山楂20克，牛肉250克，胡萝卜200克。

【配料】红花6克，熟地5克，红枣10枚，上汤1000毫升，绍酒8克，姜、葱各10克，盐3克，鸡精2克。

【制作】①将山楂洗净、去核，切片；红花去杂质，洗净；红枣去核，洗净；熟地洗净，切片；胡萝卜洗净，切块；牛肉洗净，用沸水汆一下，切成小块；姜洗净，拍松；葱洗净，切段。②炖锅置火上，注入清水1000毫升，把牛肉、绍酒、盐、葱段、姜块放入炖锅中，用中火煮20分钟后，再注入上汤1000毫升，煮沸，下入胡萝卜、山楂、红花、熟地，转小火炖50分钟，加入盐、鸡精调味即可。

【烹饪技法】汆，炖。

【营养功效】开胃生津，滋补暖胃。

【健康贴士】山楂可以防治心血管疾病，有强心的作用，牛肉富含蛋白质、氨基酸，能提高抗病能力，两者搭配改善心血管疾病效果明显。

首乌煮猪肝

【主料】何首乌30克，猪肝300克，大米200克。

【配料】姜10克，葱15克，料酒10克，生抽8克，水淀粉15克，植物油30克，盐3克，鸡精、胡椒粉各2克。

【制作】①何首乌洗净，放入锅内，锅置火上，注入适量清水，大火煮沸后，转小火煎煮25分钟，滤去药渣，留药液备用。②猪肝洗净，切片，装入碗里，加入生抽、料酒、水淀粉拌匀，腌制10分钟；姜洗净，切片；葱洗净，切段。③锅置火上，入油烧至六成热，下姜片、葱段爆香，倒入何首乌药液，再兑入适量清水，煮沸，放入猪肝片煮熟，加入盐、鸡精、胡椒粉调味即可。

【烹饪技法】煮。

【营养功效】补肝，益肾，祛风。

【健康贴士】老年痴呆症患者、心脑血管疾病患者适宜食用。

首乌炖黑豆

【主料】生首乌15克，黑豆400克，红枣15枚。

【配料】鸡汤600毫升，盐3克，鸡精2克。

【制作】①生首乌去杂质，洗净，切片；红枣洗净，去核；黑豆淘洗干净，润透。②砂锅置火上，注入鸡汤，把生首乌、黑豆、红枣一起放进砂锅里，大火煮沸，再转小火炖3个小时，加入盐、鸡精调味即可。

【烹饪技法】煮，炖。

【营养功效】滋补肝肾，补益气血。

【健康贴士】首乌与黑豆搭配能有效改善心脑血管疾病，煎煮时忌用铁器厨具。

北黄芪大枣粥

【主料】北黄芪15克，粳米250克。

【配料】红枣 15 枚。
【制作】① 北黄芪润透，洗净，切片；粳米淘洗干净；大枣洗净，去核。② 把粳米、北黄芪、红枣一起放入电饭锅内，注入适量清水，按常规煮粥方法煮熟即可。
【烹饪技法】煮。
【营养功效】补心气，宁心神。
【健康贴士】黄芪与红枣搭配，有去气血、降血脂等功效，多食对心律不齐、气虚心悸、心脑血管疾病有明显的改善作用。

黄芪炖鹌鹑

【主料】黄芪 25 克，何首乌 15 克，鹌鹑 2 只。
【配料】姜、葱各 10 克，料酒 15 克，熟鸡油 30 克，盐 3 克，鸡精、胡椒粉各 2 克。
【制作】① 黄芪润透，洗净，切片；何首乌去杂质，洗净；鹌鹑宰杀后，去毛、内脏、爪；姜洗净，拍松；葱洗净，切段。② 炖锅置火上，注入适量清水，把黄芪、鹌鹑、何首乌、姜块、葱段、料酒一起放入炖锅内，大火煮沸后，再转小火炖煮 1 个小时，加入熟鸡油、盐、鸡精、胡椒粉调味即可。
【烹饪技法】炖。
【营养功效】补肝肾，益气血。
【健康贴士】老年痴呆症患者、心脑血管疾病患者适宜食用。

川贝蒸梨

【主料】川贝母 8 克，陈皮 3 克，梨 1 个，糯米 20 克。
【配料】冰糖 20 克。
【制作】① 把梨洗净，去皮，从蒂下 1/3 处切下，当盖，挖去梨心；川贝母拍碎；陈皮洗净，切丝；糯米淘洗干净，放入蒸锅蒸熟；冰糖打碎。② 把糯米饭、川贝母、陈皮、冰糖充分搅拌均匀，装入梨内，盖上梨盖，将梨装入蒸杯内，加入适量清水，放入蒸笼，大火蒸 45 分钟即可。
【烹饪技法】蒸。
【营养功效】润肺化痰，行气活血。
【健康贴士】痰瘀内滞型冠心病患者、心脑血管疾病患者适宜食用。

贝母银耳羹

【主料】川贝母 6 克，杏仁 10 克，银耳 20 克。
【配料】冰糖 15 克。
【制作】① 川贝母去杂质，洗净；杏仁去皮、尖；银耳泡发，去蒂、根，撕成小瓣；冰糖打碎。② 砂锅置火上，注入适量清水，把川贝母细末、杏仁、银耳一起放入砂锅内，大火煮沸，再转小火煮 50 分钟，加入冰糖碎调味即可。
【烹饪技法】煮。
【营养功效】润肺止咳，清热平喘。
【健康贴士】心肺疾病患者、心脑血管疾病患者适宜多食用。

杏仁贝母粥

【主料】川贝母 8 克，粳米 150 克。
【配料】杏仁 10 克。
【制作】① 川贝母去杂质，洗净；杏仁去皮、尖；粳米淘洗干净。② 砂锅置火上，注入适量清水，把粳米、杏仁、川贝母一起放入砂锅内，大火煮沸，再转小火煮 45 分钟即可。
【烹饪技法】煮。
【营养功效】清热解毒，祛痰止咳。
【健康贴士】杏仁与贝母搭配，能有效辅助治疗肺心病引起的咳嗽明显、心脑血管疾病。

人参煮羊心

【主料】羊心 1 个，人参、酸枣仁各 10 克，玉竹 15 克。
【配料】姜 4 克，葱 6 克，料酒 10 克，盐 4 克，鸡精、胡椒粉各 2 克。
【制作】① 羊心洗净，切成薄片，放入沸水中汆去血水，用漏勺捞出，沥干水分；人参润透，切片；玉竹润透，切成约 4 厘米的长段；酸枣仁洗净，放入热锅里炒开口；姜洗净，拍松；葱洗净，切段。② 炖锅置火上，注入适量清水，把羊心、人参、酸枣仁、玉竹、姜块、葱段、料酒一起放入炖锅内，大火煮沸，再转小火煮30分钟，加入盐、鸡精、胡椒粉调味即可。

【烹饪技法】氽，炖。

【营养功效】强身，安神，通窍。

【健康贴士】因心肝失调引起的冠心病患者适宜食用。

人参五味粥

【主料】人参、五味子、麦冬各12克，粳米200克。

【配料】白砂糖25克。

【制作】① 人参润透，切片；麦冬砸扁，去内梗，洗净；五味子去杂质，洗净；粳米淘洗干净。② 锅置火上，注入适量清水，把粳米、人参、五味子、麦冬一起放入锅内，大火煮沸，再转小火煮50分钟，加入白砂糖调味，搅拌均匀即可。

【烹饪技法】煮。

【营养功效】补心气，生津止渴。

【健康贴士】心气不足者、心脑血管疾病患者适宜多食用。

人参核桃饮

【主料】人参10克，五味子9克，核桃仁10克。

【配料】白砂糖10克。

【制作】① 人参润透，切片；五味子去杂质，洗净；核桃仁洗净。② 锅置火上，注入适量清水，把人参、五味子、核桃仁一起放入锅内，大火煮沸，再转小火煮35分钟，加入白砂糖调味，搅拌均匀即可。

【烹饪技法】煮。

【营养功效】补肺肾，益气血。

【健康贴士】人参与核桃搭配煎水食用，有助于肺心病肾不纳气、心脑血管疾病的治疗。

参麦炖瘦肉

【主料】人参、麦冬各10克，五味子6克，猪瘦肉50克，冬菇30克。

【配料】姜5克，葱10克，上汤800毫升，盐5克，鸡精2克，胡椒粉1克。

【制作】① 人参洗净，润透，切片；麦冬洗净，去心；五味子去杂质，洗净；冬菇洗净，对半切开；猪瘦肉洗净，切块，放入沸水中氽去血水；姜洗净，拍松；葱洗净，切段。② 炖锅置火上，注入上汤，把猪瘦肉放入炖锅内，加入人参、麦冬、五味子、冬菇、姜块、葱段，大火煮沸，再转小火炖煮1个小时，加入盐、鸡精、胡椒粉调味即可。

【烹饪技法】氽，煮。

【营养功效】活血清热，滋阴养心。

【健康贴士】虽然瘦肉饱和脂肪酸少，但也不能多食，成人每天食肉量应为50～100克。

人参当归炖乌鸡

【主料】人参、当归各15克，乌鸡1只（约800克）。

【配料】姜4克，葱8克，绍酒10克，盐4克，鸡精3克，胡椒粉2克。

【制作】① 人参洗净，润透，切片；当归润透，切成薄片；乌鸡宰杀后，去毛、内脏、爪，洗净；姜洗净，拍松；葱洗净，切段。② 炖锅置火上，注入清水2800毫升，把乌鸡、人参、当归、姜块、葱段、绍酒一起放入炖锅内，大火煮沸，再转小火炖煮35分钟，加入盐、鸡精、胡椒粉调味即可。

【烹饪技法】炖，煮。

【营养功效】滋阴补肾，补血益气。

【健康贴士】人参、当归、乌鸡都是滋补上品，三者搭配补血益气的作用明显。

丹参炖乌鸡

【主料】丹参10克，红花、川贝母各5克，乌鸡1只。

【配料】姜3克，葱6克，料酒10克，盐4克，鸡精3克，胡椒粉2克。

【制作】① 乌鸡宰杀后，去毛、内脏、爪，洗净；丹参润透，切段；川贝母去杂质，洗净；

红花去杂质，洗净；姜洗净，拍松；葱洗净，切段。② 炖锅置火上，注入清水 2500 毫升，把乌鸡、川贝母、丹参、红花、姜块、葱段、料酒一起放入炖锅内，大火煮沸，再转小火炖煮 50 分钟，加入盐、鸡精、胡椒粉调味即可。

【烹饪技法】炖。

【营养功效】活血祛痰，养气通络。

【健康贴士】瘀痰型冠心病患者适宜多食用。

丹参蒸甲鱼

【主料】丹参 15 克，麦冬 9 克，党参 10 克，甲鱼 1 只。

【配料】姜 5 克，葱 10 克，冬菇 30 克，鸡汤 300 毫升，料酒、生抽各 10 克，盐 4 克，鸡精 3 克，胡椒粉 2 克。

【制作】① 甲鱼宰杀后，去头、内脏、爪，洗净，放入沸水中汆去血水；冬菇发透，洗净，切块；丹参润透，切段；麦冬洗净，去心；党参洗净；姜洗净，拍松；葱洗净，切段。② 将甲鱼放入蒸盘内，抹上料酒、生抽，把丹参、麦冬、党参、冬菇、姜块、葱段放在甲鱼上，注入鸡汤，加入盐、鸡精、胡椒粉，蒸盘放入蒸笼内，大火蒸 1 个小时即可。

【烹饪技法】汆，蒸。

【营养功效】滋肝阴，补气血。

【健康贴士】丹参与甲鱼搭配，能显著改善心律失常、心悸等症状，对心脑血管疾病的治疗有明显的辅助作用。

丹参粥

【主料】大米 150 克，丹参 15 克。

【配料】白砂糖 20 克。

【制作】① 丹参洗净，润透，切片；大米淘洗干净。② 将丹参片放入锅内，注入适量清水，浸泡 10 分钟左右，锅置大火上，煮 30 分钟，煎取丹参药液。③ 用筷子拣出丹参片后，把大米倒进锅里，与丹参液一起拌匀，锅置火上，大火煮沸，再转小火熬煮 30 分钟，放入白砂糖拌匀即可。

【烹饪技法】煮，熬。

【营养功效】温中暖胃，护肝养颜。

【健康贴士】月经不调、痛经经闭、产后瘀滞腹痛、关节痹痛、跌打瘀肿、温病心烦、血虚心悸患者适宜食用。

玄参大枣饮

【主料】玄参 15 克，红枣 30 枚。

【配料】清水 1000 毫升。

【制作】① 玄参洗净；大枣洗净，去核。② 锅置小火上，注入清水，将玄参、大枣一起放入锅内，煎煮 30 分钟左右，煎煮至汤汁剩约 400 毫升即可关火，静置 30 分钟，凉凉即可。

【烹饪技法】煎，煮。

【营养功效】滋阴凉血，利尿止咳。

【健康贴士】心脑血管疾病患者经常饮用，可起到稀释血脂、降血压的功效。

洋参麦冬饮

【主料】西洋参 10 克，麦冬 10 克，五味子 9 克。

【配料】白砂糖 6 克。

【制作】① 西洋参洗净，润透，切片；麦冬洗净，去芯；五味子去杂质，洗净；冰糖打碎。② 砂锅置大火上，注入适量清水，将西洋参、麦冬、五味子放入砂锅内，大火煮沸后，转小火煮 25 分钟，加入白砂糖调味，拌匀即可。

【烹饪技法】煮。

【营养功效】补气血，益心肾。

【健康贴士】麦冬与款冬、苦瓠、苦参、青襄相克，不宜同食。

龙眼洋参茶

【主料】西洋参 6 克，龙眼肉 10 克。

【配料】白砂糖 20 克。

【制作】① 西洋参洗净，润透，切片；龙眼肉洗净。② 将西洋参、龙眼肉放入茶壶内，加入适量清水，茶壶置中火上煮沸，转小火煎煮35分钟后，关火，加入白砂糖搅拌均匀即可。

【烹饪技法】煮。

【营养功效】补气血，宁心神。

【健康贴士】心律不齐、气虚失眠的心悸患者适宜食用。

党参煲猪心

【主料】党参、黄芪各15克，猪心1个，胡萝卜100克。

【配料】陈皮3克，鸡汤300毫升，料酒10克，植物油30克，盐3克。

【制作】① 党参、黄芪、陈皮分别洗净，切片；胡萝卜去皮，洗净，切块；猪心洗净，切薄片，放入沸水中汆去血水，捞出，沥干水分。② 锅置火上，入油烧至六成热，放入猪心、胡萝卜、党参、黄芪、陈皮翻炒，烹料酒，注入高汤大火煮沸，再转小火煲至汤汁黏稠，加入盐调味即可。

【烹饪技法】汆，煲。

【营养功效】补心气，益气血，疏肝解郁。

【健康贴士】党参不宜与藜芦同食。

杏仁梨糖粥

【主料】杏仁10克，粳米100克，雪梨1个。

【配料】冰糖15克。

【制作】① 杏仁去皮、尖；雪梨洗净，去皮，切小粒；粳米淘洗干净；冰糖打碎。② 锅置火上，注入适量清水，将粳米、雪梨、杏仁一起放入锅内，大火煮沸，再转小火煮35分钟，放入冰糖屑调味，搅匀化开即可。

【烹饪技法】煮。

【营养功效】凉血降压，润肺止咳。

【健康贴士】杏仁与雪梨搭配，有凉血降压的功效，心脑血管疾病患者适宜食用。

杏仁煲胡萝卜

【主料】杏仁10克，胡萝卜500克，黄瓜300克。

【配料】姜5克，葱8克，生抽10克，植物油30克，盐3克，鸡精2克。

【制作】① 杏仁去皮、尖；胡萝卜洗净去皮，切块；黄瓜洗净，切块；姜洗净，切片；葱洗净，切段。② 锅置中火上，入油烧至六成热，下姜片、葱段爆香，放入胡萝卜块、黄瓜块、杏仁、清水，用小火炖30分钟至熟烂，加入盐、鸡精调味即可。

【烹饪技法】煲。

【营养功效】清肺热，止喘咳。

【健康贴士】心脑血管疾病患者适宜食用。

冰糖炖双耳

【主料】银耳、黑木耳各25克。

【配料】冰糖20克。

【制作】① 将银耳、黑木耳用温水浸泡2个小时发透，去除蒂头、杂质，洗净，撕成小瓣；冰糖打碎。② 炖锅置火上，注入适量清水，把银耳、黑木耳放入炖锅里，大火煮沸，转小火炖煮2个小时，放入冰糖屑，搅拌至冰糖化开即可。

【烹饪技法】炖。

【营养功效】降血脂，降血压。

【健康贴士】双耳搭配可清热解毒，润肺补气，高血压、高血脂、心脑血管疾病患者适宜食用。

黑木耳甜粥

【主料】黑木耳25克，粳米200克。

【配料】白砂糖10克。

【制作】① 将黑木耳用温水浸泡2个小时发透，去除蒂头、杂质，洗净，撕成小瓣；粳米淘洗干净。② 锅置火上，注入适量清水，下入黑木耳、粳米，大火煮沸，再转小火炖煮35分钟，放入白砂糖搅匀即可。

【烹饪技法】煮。

【营养功效】生津，止渴，降压。

【健康贴士】木耳除了能改善心脑血管疾病外，还能帮助消化纤维类物质，对无意中吃下的头发、木渣、沙子、金属屑等有溶解与氧化作用。因此，它是矿工、纺织工和化工工人不可缺少的保健食品。

大枣银耳饮

【主料】银耳 15 克，大枣 10 枚，枸杞 30 枚。
【配料】冰糖 30 克。
【制作】① 将银耳用温水浸泡 2 个小时发透，去除蒂头、杂质，洗净，撕成小瓣；大枣洗净，去核；枸杞洗净；冰糖打碎。② 锅置火上，注入适量清水，把银耳、大枣、枸杞、冰糖一起放入锅里，大火煮沸，转小火煮 35 分钟即可。
【烹饪技法】煮。
【营养功效】补气血，降血脂，活血化瘀。
【健康贴士】心脑血管疾病患者适宜经常饮用。

双耳核桃粥

【主料】核桃仁 25 克，银耳、黑木耳各 15 克，粳米 150 克。
【配料】黑芝麻 20 克，白砂糖 25 克。
【制作】① 将银耳、黑木耳用温水浸泡 2 个小时发透，去除蒂头、杂质，洗净，撕成小瓣；黑芝麻洗净；核桃仁洗净。② 锅置火上，注入适量清水，把银耳、黑木耳、黑芝麻、核桃仁、粳米一起放入锅里，大火煮沸，再转小火煮 40 分钟，放入白砂糖搅匀即可。
【烹饪技法】煮。
【营养功效】补脑益智，美容乌发。
【健康贴士】银耳、黑木耳、核桃三者搭配，补脑益智的效果明显。

菊花山楂决明茶

【主料】白杭菊 8 克，山楂、草决明各 12 克。
【配料】白砂糖 10 克。
【制作】① 白杭菊洗净；山楂洗净，切片；草决明去杂质，洗净。② 锅置火上，注入适量清水，大火煮沸，把白杭菊、山楂片、草决明一起放入茶壶里，把开水倒进去，冲泡 10 分钟，加入白砂糖搅匀即可。
【营养功效】降血压，明眼目。
【健康贴士】菊花清火明目，决明子降压解毒，经常饮用菊花山楂决明茶可预防心脑血管疾病。

甘草菊花饮

【主料】甘草 3 克，菊花 6 克。
【配料】白砂糖 30 克。
【制作】① 菊花去杂质，洗净；甘草洗净，切片。② 把菊花、甘草放入锅内，注入适量清水，锅置大火上煮沸，转小火煮 15 分钟，关火，滤去药渣留药液，把白砂糖放入药液里搅匀即可。
【烹饪技法】煎。
【营养功效】滋补心肝，理气明目。
【健康贴士】甘草不可与鲤鱼同食，易引起中毒。

妙香舌片

【主料】妙香（酸枣仁）12 克，猪舌 1 只。
【配料】卤水 2500 毫升。
【制作】① 酸枣仁洗净；猪舌洗净，放入沸水中焯透，刮去舌苔外层皮膜；猪舌再放回锅里，放入酸枣仁，一起煮 20 分钟后捞出猪舌备用。② 另起锅，锅置大火上，注入卤水煮沸，放入猪舌，卤 30 分钟后取出猪舌，凉凉，切片，装盘即可。
【烹饪技法】焯，卤。
【营养功效】滋补肝肾，宁心安神。
【健康贴士】心肝失调、心悸多梦患者适宜多食用。

妙香茯神煲

【主料】妙香（酸枣仁）12 克，茯神 10 克，猪瘦肉 50 克，鸡蛋 1 个。
【配料】上海青 100 克，葱 10 克，姜 5 克，上汤 600 毫升，植物油 30 克，料酒 10 克，淀粉 20 克，盐 3 克，鸡精 2 克。

【制作】① 酸枣仁、茯神去杂质，洗净；猪瘦肉洗净，切片，装入碗里，打入鸡蛋，放料酒、淀粉拌匀；上海青择洗干净，切成约4厘米长的段；葱洗净，切成葱花；姜洗净，切丝。② 炖锅置火上，注入适量清水，放入茯神、酸枣仁，用中火煎煮25分钟，滤去药渣留汁液备用。③ 炒锅置火上，入油烧至六成热，下姜丝、葱段爆香，注入上汤，煮沸，放入猪瘦肉煮熟，加入上海青煮至断生，加入盐、鸡精调味，注入茯神、酸枣仁药液，再次煮沸即可。

【烹饪技法】煮。

【营养功效】滋补气血，宁心安神，行气疏肝。

【健康贴士】心脑血管疾病患者适宜食用。

牛膝炖蹄筋

【主料】牛膝10克，猪蹄筋300克，丹参10克。

【配料】葱6克，姜3克，植物油25克，料酒10克，盐3克，鸡精、胡椒粉各2克。

【制作】① 将猪蹄筋发透，切成4厘米长的段；牛膝洗净，切成4厘米长的段；丹参洗净，切成薄片；姜洗净，切片；葱洗净，切段。② 炖锅置火上，注入适量清水，把牛膝、猪蹄筋、丹参、姜块、葱段、料酒一起放入炖锅内，大火煮沸后，转小火炖煮45分钟，加入盐、鸡精、胡椒粉调味，淋上油即可。

【烹饪技法】炖，煮。

【营养功效】化瘀止痛，活血通络。

【健康贴士】脑痹型冠心病、心脑血管疾病患者适宜多食用。

虫草蒸鹌鹑

【主料】冬虫夏草8克，鹌鹑8只。

【配料】葱、姜各10克，鸡汤300毫升，盐3克，胡椒粉2克。

【制作】① 冬虫夏草择去灰屑，用温水洗净；鹌鹑宰杀后去毛、内脏、头、爪，洗净，沥干水分，放入沸水锅内汆去血水，捞出凉凉；姜洗净，切片；葱洗净，切段。② 在每只鹌鹑的腹内放入冬虫夏草1克，然后逐只用线缠紧，放入蒸盆内，放入葱段、姜片、盐、胡椒粉，注入鸡汤，上笼蒸约40分钟取出即可。

【烹饪技法】汆，蒸。

【营养功效】补虚损，益气血。

【健康贴士】气血两虚之冠心病患者适宜食用。

大蒜红花粥

【主料】红花15克，大蒜30克，大米200克。

【配料】清水800毫升，白砂糖适量。

【制作】① 大蒜去皮，洗净，切薄片；红花洗净；大米淘洗干净。② 锅内放入大米、蒜片、红花，注入800毫升清水，锅置大火上煮沸，再转小火煮35分钟，加入白砂糖拌匀即可。

【烹饪技法】煮。

【营养功效】活血化瘀，降脂降压。

【健康贴士】大蒜与红花搭配，对于脑血栓、瘀血、头晕、四肢麻木、高血压、高血脂的辅助治疗有明显效果。

海藻炖香菇

【主料】海藻30克，木耳30克，香菇250克，豆芽300克。

【配料】香油20克，盐3克，鸡精、胡椒粉各2克。

【制作】① 海藻洗净，切丝；木耳用温水发透，去蒂，洗净，撕成小瓣；香菇发透，去蒂，洗净，对半切开；豆芽洗净，去老根。② 锅置火上，注入适量清水，将海藻、木耳、香菇、豆芽一起放入锅内，大火煮沸，淋入香油，再转小火煮5分钟，加入盐、鸡精、胡椒粉调味即可。

【烹饪技法】煮。

【营养功效】降血脂，补气血。

【健康贴士】脾胃虚寒者、气血两亏者、内湿者忌食。

燕窝粳米粥

【主料】燕窝15克，粳米150克。
【配料】冰糖10克。
【制作】① 燕窝用水发透后，用镊子去除燕毛；粳米淘洗干净；冰糖打碎。② 锅置火上，注入适量清水，下入粳米，大火煮沸后，放入燕窝和冰糖屑，转小火熬煮50分钟，煮至粳米熟烂成粥即可。
【烹饪技法】煮。
【营养功效】润肺止咳，美容养颜。
【健康贴士】老年痴呆症患者、高血压、高血脂患者食用可有效改善病情。

玉米须金龟

【主料】玉米须30克，金龟1只，鸡肉50克。
【配料】姜、葱各10克，料酒15克，盐3克，鸡精、胡椒粉各2克。
【制作】① 玉米须洗净；金龟宰杀后，去头、尾、内脏、爪；姜洗净，拍松；葱洗净，切段；鸡肉洗净，用开水汆去血水后，凉凉，切块。② 锅置火上，注入适量清水，放入玉米须、金龟、鸡块、姜块、葱段、料酒，大火煮沸，再转小火炖煮90分钟，加盐、鸡精、胡椒粉调味即可。
【烹饪技法】煮，炖。
【营养功效】补气血，降血压。
【健康贴士】玉米须味甘、淡，性平，入肾、肝、胆经；有活血破瘀、消肿止痛等功效。金龟味甘、咸，性温；有滋阴补血、养心补血等功效，两者搭配能改善心脑血管疾病。

大枣龙眼粥

【主料】大枣15枚，龙眼肉10克，粳米100克。
【配料】黄芪10克，桂枝5克。
【制作】① 大枣去核，洗净；龙眼肉、桂枝洗净；黄芪洗净，润透，切片；粳米淘洗干净。② 把大枣、桂枝、黄芪放入锅内，注入适量清水，用中火煮沸，再转小火煮45分钟，滤去药渣，留药液备用。③ 锅置火上，下入粳米、龙眼肉，注入药液，并且兑入适量清水，大火煮沸，转小火熬煮20分钟至粳米熟烂成粥即可。
【烹饪技法】煎，煮。
【营养功效】滋补心气，宁心安神。
【健康贴士】心气不足、心悸、心脑血管患者适宜多食。

糖尿病药膳

沙参蒸鲍鱼

【主料】沙参 10 克，鲍鱼 150 克。

【配料】枸杞 15 枚，葱 10 克，姜 5 克，料酒 10 克，盐 4 克，鸡精 1 克。

【制作】① 鲍鱼洗净；沙参洗净，润透，切片；枸杞去杂质，洗净润透；姜洗净，切片；葱洗净，切段；把姜片、葱段包在纱布里，搅成汁液。② 把鲍鱼装进碗里，放入葱段、姜片，倒入料酒，加盐、鸡精搅拌，腌制 30 分钟入味。③ 将腌制好的鲍鱼和沙参、枸杞一起放进蒸杯里，放入蒸笼中大火蒸 1 个小时即可。

【烹饪技法】腌，蒸。

【营养功效】滋阴生津，温肾益阳。

【健康贴士】鲍鱼与沙参搭配，对糖尿病有一定的食疗效果。

黄芪猴头汤

【主料】猴头菇 150 克，黄芪 30 克，沙鸡肉 250 克。

【配料】油菜心 100 克，清汤 500 毫升，葱 20 克，料酒 15 克，盐 4 克，鸡精、胡椒粉各 2 克。

【制作】① 黄芪洗净，切片；猴头菇用温水泡发，去蒂，洗净，切片；鸡肉洗净，切丝；油菜心择洗干净；葱洗净，切段。② 锅置火上，入油烧至六成热，下葱段爆香，放入鸡丝煸炒至变色，烹入料酒，放入黄芪片翻炒，注入高汤，大火煮沸后，转小火煮 30 分钟，放入猴头菇，再煮 30 分钟，下入油菜心烫熟，加入盐、鸡精、胡椒粉调味，盛出即可。

【烹饪技法】煸，煮。

【营养功效】补气养血，生津止渴。

【健康贴士】病后体弱、体虚贫血、营养不良、神经衰弱、慢性肾炎、糖尿病患者适宜将此当作滋补药膳。

赤豆百合饮

【主料】百合 30 克，红小豆 30 克。

【配料】木糖醇 5 克。

【制作】① 百合洗净，用清水浸泡 2 个小时；红小豆淘洗干净，用清水浸泡 4 个小时。② 锅置火上，注入 500 毫升清水，放入百合、红小豆，大火煮沸，再转小火熬煮 25 分钟，加入木糖醇调味即可。

【烹饪技法】煮。

【营养功效】补气血，止消渴。

【健康贴士】糖尿病患者适宜多食。

五味沙参茶

【主料】五味、北沙参各 9 克，麦冬、葛根、石斛各 5 克，生地黄、生石膏、天花粉、普洱茶各 15 克，黄芩、知母、玄参、天冬各 6 克。

【配料】木糖醇 3 克。

【制作】① 洗净所有的药材，放进锅里，注入清水 800 毫升，浸泡 30 分钟。② 浸泡好后，锅置火上，大火煮沸，转小火煎煮 25 分钟，放入木糖醇，滤去药渣即可。

【烹饪技法】煮，煎。

【营养功效】滋阴润肺，清热生津。

【健康贴士】经常饮用有利于糖尿病患者的身体恢复。

玉沙蒸龟肉

【主料】玉山、北沙参各 15 克，龟肉 50 克。

【配料】葱 10 克，姜 5 克，高汤 300 毫升，香油 3 克，盐 4 克，鸡精、胡椒粉各 2 克。

【制作】① 龟肉洗净，切成大块；北沙参洗净，润透，切片；玉竹洗净，切段；姜洗净，拍松；葱洗净，切段。② 把龟肉、玉竹、北沙参、姜块、葱段一起放入蒸盘内，注入高汤，倒入料酒，放进蒸笼内大火蒸 50 分钟后，加入盐、鸡精、胡椒粉调味，淋上香油，盖上盖子再焖 5 分钟即可。
【烹饪技法】蒸。
【营养功效】滋阴补血，益胃止渴。
【健康贴士】胃有寒湿者忌食。

山药猪肚粥

【主料】山药 30 克，猪肚 150 克，大米 150 克。
【配料】香油 3 克，盐 4 克，鸡精 2 克。
【制作】① 猪肚洗净，切成 3 厘米长、2 厘米宽的条状，放入沸水锅中汆去血水；山药洗净，润透，切片；大米淘洗干净。② 将山药、猪肚、大米一起放入电饭锅内，注入 700 毫升清水，按下煮粥键，熬煮 30 分钟至大米熟烂，加入盐、鸡精调味，淋上香油即可。
【烹饪技法】汆，煮。
【营养功效】健脾胃，补气虚。
【健康贴士】山药含有黏液蛋白，有降低血糖的作用，是糖尿病患者的食疗佳品。

五味山药粥

【主料】五味子 15 克，山药 30 克，大米 150 克。
【配料】清水 1000 毫升。
【制作】① 山药提前浸泡一夜，洗净，切片；五味子去杂质，洗净；大米淘洗干净。② 锅置火上，注入清水，将山药、五味子、大米一起放入锅内，大火煮沸，再转小火熬煮 55 分钟至大米熟烂即可。
【烹饪技法】熬，煮。
【营养功效】清热润肺，滋阴益气。
【健康贴士】糖尿病患者、病后虚弱者、慢性肾炎患者、长期腹泻者适宜食用。

山药滑鸡煲

【主料】鲜山药 12 克，鸡肉 250 克，西芹、胡萝卜各 100 克。
【配料】枸杞 12 克，葱、蒜各 10 克，姜 5 克，高汤 200 毫升，料酒 10 克，植物油 30 克，水淀粉 5 克，盐 4 克，鸡精 2 克。
【制作】① 鸡肉洗净，切块，装入碗里，放水淀粉、料酒、盐搅拌，腌制 10 分钟备用。② 鲜山药去皮，洗净，切块；西芹洗净，切厚片；胡萝卜洗净，切块；枸杞去杂质，洗净；蒜去皮，切片；葱洗净，切段。③ 锅置中火上，入油 20 克烧热，放入鸡肉滑炒至熟透，用漏勺捞出，沥干油分；原锅内再入油 10 克烧至六成热，下葱段煸香，放入鸡肉、山药、枸杞、胡萝卜、西芹、蒜片炒匀，注入高汤，倒进煲里，煲置小火上煮 10 分钟，加入盐、鸡精调味即可。
【烹饪技法】腌，炒，煮。
【营养功效】益肾气，补脾胃。
【健康贴士】吃猪肝后，不宜吃山药。山药富含维生素 C，猪肝中含铜、铁、锌等金属微量元素，维生素 C 遇金属离子会加速氧化，破坏了营养价值。

山药鲜藕饮

【主料】山药 60 克，鲜藕 60 克。
【配料】木糖醇 3 克，清水 600 毫升。
【制作】① 山药去皮，洗净，用清水浸泡 2 个小时，取出切片；鲜藕去皮，洗净，切片。② 将山药片、鲜藕片放入搅拌机，加入清水，搅拌成汁，用纱布过滤去渣，将药液放入锅中，锅置火上大火煮沸，改用小火煮 15 分钟，加入木糖醇即可。
【烹饪技法】煮。
【营养功效】健脾胃，清肺热。
【健康贴士】糖尿病患者适宜饮用。

玉竹山药炖白鸽

【主料】怀山药、玉竹、麦冬各 13 克，白鸽 1 只。

【配料】葱、姜各 5 克，高汤 800 毫升，料酒 10 克，盐 3 克，鸡精 2 克。

【制作】① 白鸽宰杀后，去毛、内脏、爪，洗净；怀山药洗净，润透，切片；玉竹洗净，切段；麦冬洗净；姜洗净，拍松；葱洗净，切段。② 炖锅置火上，注入高汤，将怀山药、玉竹、白鸽、麦冬、姜块、葱段一起放入炖锅内，大火煮沸，加入料酒，再转小火炖煮 80 分钟，加入盐、鸡精调味即可。

【烹饪技法】炖。

【营养功效】滋补脾胃，生津止渴。

【健康贴士】糖尿病患者经常食用可缓解病情。

莲子薏仁粥

【主料】薏仁 150 克，莲子 50 克。

【配料】红枣 5 枚，冰糖 15 克，清水 1000 毫升。

【制作】① 薏仁淘洗干净，用冷水浸泡 3 个小时，捞出，沥干水分；莲子去莲心，用冷水洗净；红枣洗净，去核；冰糖打碎。② 锅置火上，放入薏仁，注入清水，大火煮沸后，加入莲子、红枣，一起焖煮至熟透，加入冰糖屑，熬至成粥状即可。

【烹饪技法】煮，熬。

【营养功效】调理内分泌，止消渴降血糖。

【健康贴士】薏仁与猪蹄搭配炖汤，多食可以祛风湿。

黄瓜拌海蜇

【主料】薏仁 30 克，黄瓜 300 克，海蜇 150 克。

【配料】红辣椒 5 克，香油 15 克，陈醋 10 克，盐 3 克，鸡精 2 克。

【制作】① 薏仁淘洗干净，用冷水浸泡 3 个小时，捞出，沥干水分，放入锅里煮熟备用；海蜇提前两天浸泡（中途勤换水），洗净，切丝，放入沸水锅中焯透，捞出过凉，沥干水分；黄瓜去皮、子，洗净，切片，用盐腌制，去水分；红辣椒洗净，切丝。② 将黄瓜片、海蜇丝、薏仁、红辣椒丝、陈醋、香油、鸡精放入盆内，搅拌均匀，装盘即可。

【烹饪技法】煮。

【营养功效】滋阴润肺，清热解毒。

【健康贴士】脾胃虚寒患者忌食。

生地炒田螺

【主料】生地黄 15 克，田螺 150 克。

【配料】姜、葱各 10 克，植物油 50 克，生抽、料酒各 8 克，盐 3 克，鸡精 2 克。

【制作】① 将田螺用清水养在盆里，吐沙，洗净；生地黄洗净，润透，切片；姜洗净，切丝；葱洗净，切段。② 锅置火上，入油烧至七成热，下姜丝、葱段爆香，放入田螺、生地黄翻炒，加入生抽、烹料酒，翻炒至田螺熟透，加入盐、鸡精调味即可。

【烹饪技法】炒。

【营养功效】润肠通便，止消渴。

【健康贴士】田螺味甘、咸，性寒，脾胃虚寒患者忌食。

六味烧海参

【主料】熟地黄、山药、茯苓、吴茱萸、泻泽、丹皮各 10 克，水发海参 350 克，猪肉 50 克，蒜苗 30 克。

【配料】姜、葱、料酒各 5 克，高汤 500 毫升，植物油 30 克，水淀粉 15 克，盐 3 克，鸡精、胡椒粉各 2 克。

【制作】① 将熟地黄、山药、茯苓、吴茱萸、泻泽、丹皮洗净，装入 1 个纱布药包，系紧袋口；海参洗净，切片；猪肉洗净，剁成泥；蒜苗洗净，切段；姜洗净，切丝；葱洗净，切段。② 锅置火上，入油烧至七成热，下姜丝、葱段爆香，放入肉粒炒散，烹料酒，炒匀，注入高汤，放入药袋，大火煮 20 分钟后，放入海参、生抽、蒜苗，烧至汤汁浓稠，加入盐、鸡精、胡椒粉调味，倒入水淀粉勾芡，盛出装盘即可。

【烹饪技法】炒，烧。

【营养功效】滋阴补肾，养胃益气。

【健康贴士】经常食用能改善肾阴不足、腰酸腿软、头晕目眩、耳鸣耳聋等病症。

石斛生地茶

【主料】石斛、生地黄、熟地、天冬、麦冬、沙参、女贞子、茵陈、生枇杷叶各10克，炒黄芩、炒枳实各5克

【配料】西瓜汁150毫升，木糖醇5克。

【制作】① 将石斛、生地黄、熟地、天冬、麦冬、沙参、女贞子、茵陈、生枇杷叶、炒黄芩、炒枳实洗净，放入锅里，倒入西瓜汁，并且兑入800毫升清水，浸泡10分钟。② 浸泡好后，锅置火上，大火煮沸，再转小火煮25分钟，加入木糖醇调味，搅拌均匀，滤去药渣即可。

【烹饪技法】煎。

【营养功效】清胃，止渴，通便。

【健康贴士】糖尿病患者适宜饮用。

石斛猪肺煲

【主料】石斛、沙参各9克，猪肺200克。

【配料】葱、姜各5克，料酒6克，高汤800毫升，盐3克，鸡精、胡椒粉各2克。

【制作】① 石斛洗净，切成1厘米长的段；沙参洗净，润透，切片；猪肺洗净，切成小方块；姜洗净，拍松；葱洗净，切段。② 锅置火上，注入高汤，将石斛、猪肺、沙参、姜块、葱段、料酒放入锅内，大火煮沸，再转小火煮1个小时，加入盐、鸡精、胡椒粉调味即可。

【烹饪技法】煮。

【营养功效】清肺热，止烦渴。

【健康贴士】选用猪肺时要注意喂养源，有些不法饲养户大量喂食瘦肉精，导致猪肺有毒，人食用后可能会中毒。

百合葛根粥

【主料】葛根10克，大米200克

【配料】百合10克。

【制作】① 百合洗净，撕成小瓣；葛根洗净，切片；大米淘洗干净。② 锅置火上，注入清水700毫升，将葛根、大米、百合一起放入锅内，大火煮沸，再转小火煮50分钟即可。

【烹饪技法】煮。

【营养功效】补肺，清热。

【健康贴士】糖尿病患者可将百合葛根粥作为食疗药膳，能有效缓解糖尿病病情。

粉葛牛奶饮

【主料】粉葛根15克，麦冬10克，牛奶120毫升。

【配料】木糖醇3克。

【制作】① 粉葛根研成细粉；麦冬洗净，去心。② 锅置火上，倒入牛奶，注入清水400毫升，放入粉葛根、麦冬，中火煮沸，再转小火煮10分钟，加入木糖醇搅匀即可。

【烹饪技法】煮。

【营养功效】滋阴补肾，生津止渴。

【健康贴士】胃火大、口干型糖尿病患者适宜饮用。

枸杞炒虾仁

【主料】枸杞15克，虾仁150克，莴苣50克。

【配料】姜、葱各10克，料酒8克，水淀粉12克，植物油15克，盐3克，鸡精2克。

【制作】① 枸杞去杂质，洗净，润透；虾仁洗净，去虾线，放入沸水中焯熟，捞出，沥干水分；莴苣去皮，洗净，切丁；姜洗净，切片；葱洗净，切段。② 锅置火上，入油烧至六成热，下姜片、葱段爆香，放入虾仁翻炒片刻，烹料酒，放入枸杞、莴苣丁炒匀，加入盐、鸡精调味，倒入水淀粉勾芡，盛出装盘即可。

【烹饪技法】焯，炒。

【营养功效】补中益气，温肾壮阳。

【健康贴士】阴虚火旺者、脾虚便溏者少食，有海鲜过敏史的人要慎食；糖尿病患者食之有益。

枸杞炒芹菜

【主料】枸杞 30 克，芹菜 300 克。

【配料】葱 10 克，水淀粉 12 克，植物油 20 克，盐 3 克，鸡精 2 克。

【制作】① 枸杞去杂质，洗净，润透；芹菜洗净，切段；葱洗净，切成葱花。② 锅置中火上，入油烧至六成热，下葱花爆香，放入芹菜段、枸杞翻炒至断生，加入盐、鸡精调味，倒入水淀粉勾芡，盛出装盘即可。

【烹饪技法】炒。

【营养功效】降脂，降压。

【健康贴士】芹菜能降脂降血糖，枸杞可润肺养肝，两者搭配是糖尿病患者食疗的佳品。

天冬沙参蒸鲫鱼

【主料】沙参、天冬各 10 克，鲫鱼 100 克。

【配料】葱 10 克，姜 5 克，料酒 10 克，植物油 20 克，盐 3 克，鸡精 2 克。

【制作】① 鲫鱼去鳞、鳃、内脏，洗净；沙参、天冬洗净，润透；姜洗净，切丝；葱洗净，切成葱花。② 锅置火上，注入清水 500 毫升，放入沙参、天冬，小火煎煮 30 分钟，关火，凉凉备用。③ 将料酒均匀地抹在鲫鱼身上，放入蒸盘里，把沙参、天冬摆在鲫鱼身上，放入姜丝、葱花、盐、鸡精，淋上油，倒入沙参、天冬药液，放入蒸笼，大火蒸 12 分钟即可。

【烹饪技法】煎，蒸。

【营养功效】补血益气，温中养胃。

【健康贴士】鲫鱼蛋白质含量高、脂肪少，减肥人士、老年体弱者、糖尿病患者适宜食用。

牛蒡鸡翅煲

【主料】鲜牛蒡 20 克，胡萝卜 100 克，鸡翅 4 个。

【配料】姜、葱各 10 克，高汤 300 毫升，植物油 50 克，水淀粉、料酒各 10 克，盐 5 克，鸡精 2 克。

【制作】① 鲜牛蒡去皮，洗净、切块；胡萝卜去皮，洗净切块；姜洗净，切片；葱洗净，切段；鸡翅洗净，切段，装入碗里，加入 3 克盐、料酒腌制 10 分钟。② 锅置火上，入油烧至六成热，下姜片、葱段爆香，放入鸡翅段翻炒至七成熟，注入高汤，放入牛蒡、胡萝卜煮熟，加入盐（2 克）、鸡精调味，用水淀粉勾芡后，连汤带料倒入炖锅里，用大火煲 7 分钟即可。

【烹饪技法】腌，煲。

【营养功效】疏散风热，益气血。

【健康贴士】牛蒡有降血压、降血糖、降血脂的功效，但不能经常饮用，要间歇饮用。

牛蒡金糕

【主料】鲜牛蒡 100 克，玉米粉 200 克，粟粉 20 克。

【配料】木糖醇 30 克，发酵粉 5 克，温水 200 毫升。

【制作】① 鲜牛蒡去皮，洗净，放入锅里煮熟，用大勺打成泥，与粟粉、玉米粉、发酵粉一起放入盆里拌匀，注入温水，搅拌均匀，加入木糖醇揉匀后放入平底蒸盘内饧发 20 分钟。② 饧好后，将平底蒸盘放入蒸笼上，大火蒸 10 分钟后，取出凉凉，切成方糕，装盘即可。

【烹饪技法】煮，蒸。

【营养功效】降血糖，降血脂。

【健康贴士】糖尿病患者适宜食用；孕妇、婴儿、经期女性忌食。

黄精鸡蛋面

【主料】黄精 15 克，黄瓜、胡萝卜各 50 克，挂面 100 克，鸡蛋 1 个。
【配料】葱、蒜各 10 克，高汤 1000 毫升，植物油 30 克，盐 5 克，鸡精 3 克。
【制作】① 黄精洗净；黄瓜洗净，切片；胡萝卜去皮，洗净，切片；蒜去皮，切片；姜洗净，切丝；葱洗净，切成葱花；鸡蛋打入碗里，搅拌成蛋液。② 锅置中火上，入油烧至六成热，倒入蛋液，煎至金黄色，下蒜片、葱花、姜丝煸香，注入高汤，放入黄精、黄瓜、胡萝卜，用小火炖煮 20 分钟后，放入挂面煮熟，加入盐、鸡精、胡椒粉调味，盛出即可。
【烹饪技法】煎，炖，煮。
【营养功效】降血糖，降血脂。
【健康贴士】糖尿病患者适宜食用。

党参鲜肉包子

【主料】党参 25 克，面粉 500 克，鲜猪肉 250 克。
【配料】葱花 20 克，姜末 5 克，骨头汤 100 毫升，生抽、料酒、香油各 10 克，碱水 3 克，盐、胡椒粉、酵母各 5 克。
【制作】① 党参洗净，放入锅里，注入清水 200 毫升，锅置中火上，煎煮 15 分钟，关火，滤出药液。② 将药液倒进盆里，兑入 100 毫升温水，加入发酵粉、面粉搅拌均匀，和成面团，静置饧发 30 分钟后，倒入碱水揉匀，把面团揉成长条，摘成 20 个剂子，用擀面杖逐个把剂子擀成圆皮备用。③ 猪肉洗净剁成肉泥，装入碗里，放入生抽、香油、料酒、葱花、姜末、盐、鸡精、胡椒粉、骨头汤搅拌均匀，做成包子馅。④ 把馅料包入擀好的包子皮里，捏好花纹，逐个把包子包完，做成包子生坯，将做好的包子生坯整齐地排在蒸笼里，用大火蒸 7 分钟至熟即可。
【烹饪技法】煎，蒸。
【营养功效】补脾胃，除烦躁。
【健康贴士】糖尿病患者适宜食用；气滞、肝火旺盛者忌食。

麦冬马奶饮

【主料】麦冬 9 克，马奶 100 毫升。
【配料】木糖醇 3 克。
【制作】① 麦冬洗净，去心；马奶倒入锅内，兑入清水 400 毫升。② 锅置中火上，放入麦冬，煮沸，再转小火煮 10 分钟，加入木糖醇搅匀即可。
【烹饪技法】煮。
【营养功效】清热解毒，降血糖。
【健康贴士】糖尿病患者适宜饮用。

马奶糕

【主料】马奶 100 毫升，米粉 400 克。
【配料】木糖醇 20 克，发酵粉 10 克。
【制作】① 米粉装入盆内，加入发酵粉充分混合，倒入马奶，并且兑入清水 100 毫升，和匀，静置饧发 30 分钟后，加入木糖醇拌匀，放入平底蒸盘内，压平。② 将平底蒸盘放入蒸笼内，大火蒸 7 分钟至熟，取出凉凉后，切成方糕，装盘即可。
【烹饪技法】蒸。
【营养功效】清血热，除烦躁。
【健康贴士】马奶含有蛋白质、脂肪、糖类、磷、钙、钾、钠、维生素 A、维生素 C、烟酸、肌醇等多种成分，含糖量低，适宜糖尿病患者饮用。

怀玉糕

【主料】怀山药、玉米须各 10 克，玉米粉 500 克，鸡蛋 4 个。
【配料】木糖醇、发酵粉各 10 克。
【制作】① 怀山药研成细粉；玉米须洗净，放入锅里，注入清水 200 毫升，煎取药液；鸡蛋去蛋黄取蛋清。② 把玉米粉、发酵粉混合后倒入盆内，倒入蛋清、玉米须药液和 100 毫升清水，和匀成玉米粉团，静置饧发 30 分钟后，放入木糖醇、怀山药粉揉匀，和成玉米粉团。③ 将和好的玉米粉团放入平底蒸盘内，放入蒸笼，大火蒸7分钟至熟，取出凉凉后，切成方糕，装盘即可。

【烹饪技法】蒸。

【营养功效】健脾益胃，补中益气。

【健康贴士】怀山药与玉米须搭配，有降血糖的功效，糖尿病患者适宜食用。

怀山苦瓜煲

【主料】怀山药12克，苦瓜100克，枸杞12克。

【配料】葱10克，姜5克，高汤300毫升，植物油20克，生抽6克，盐3克，鸡精2克。

【制作】① 怀山药洗净，切片；枸杞去杂质，洗净；苦瓜去瓤，洗净，切块；姜洗净，切丝；葱洗净，切段。② 锅置火上，入油烧至六成热，放入苦瓜、怀山药、枸杞、葱段、姜丝翻炒，注入高汤煮沸后，倒入煲内，煲置小火上，煲15分钟后，加入盐、生抽、鸡精调味即可。

【烹饪技法】炒，煲。

【营养功效】补肺肾，益脾胃。

【健康贴士】怀山药补中益气，苦瓜清热解毒，两者搭配可有效降血糖，糖尿病患者适宜食用。

山楂糕

【主料】山楂20克，糯米粉400克，米粉200克。

【配料】木糖醇150克，发酵粉15克。

【制作】① 将糯米粉、米粉、发酵粉放入盆中，混合均匀，注入清水200毫升，搅拌均匀，和成糯米团，静置饧发30分钟后，把木糖醇揉入糯米团中；山楂洗净，润透。② 把饧好的糯米团摘成大小均匀的剂子，逐个揉搓成小圆糕，放上山楂，将做好的山楂糕生坯整齐地放在蒸笼里，用大火蒸5分钟至熟即可。

【烹饪技法】蒸。

【营养功效】消食化积，滋补脾胃。

【健康贴士】糖尿病患者适宜食用。

黄豆鹿鞭汤

【主料】山鹿鞭100克，黄豆150克，小茴香5克。

【配料】大蒜10克，姜6克，料酒5克，植物油15克，盐4克，鸡精2克。

【制作】① 山鹿鞭用料酒润透，洗净，切段；黄豆用清水浸泡4个小时后，淘洗干净，捞出，沥干水分；大蒜去皮，剁成泥；姜洗净，切片；葱洗净，切段。② 锅置火上，入油烧至六成热，下姜片、葱段爆香，放入鹿鞭爆炒出香，再放入黄豆、蒜泥、小茴香，注入高汤，用小火焖煮至鹿鞭熟软，加入盐、鸡精调味即可。

【烹饪技法】炒，焖。

【营养功效】温肾壮阳，降低血糖。

【健康贴士】鹿鞭味甘、咸，性温，与黄豆搭配能使糖尿病患者血糖降低。

甘草藕汁饮

【主料】甘草5克，藕300克。

【配料】木糖醇3克。

【制作】① 藕洗净，切成细丝，用白纱布包起来，绞取汁液；甘草洗净。② 锅置火上，注入清水400毫升，放入甘草，用中火煎煮25分钟，滤去甘草，留甘草液。③ 将藕汁与甘草液混合均匀，加入木糖醇，搅拌均匀即可。

【烹饪技法】榨汁，煎。

【营养功效】清肺润燥，生津凉血。

【健康贴士】甘草与莲藕搭配，可有效缓解糖尿病病情，是糖尿病患者食疗的佳品。

桑菊女贞饮

【主料】桑叶、菊花、竹茹各5克，玉米须、女贞子各10克。

【配料】木糖醇3克。

【制作】① 桑叶、菊花、竹茹、玉米须、女贞子洗净，放入锅里，注入清水400毫升，浸泡30分钟。② 锅置火上，大火煮沸，再转小火煮 25 分钟，加入木糖醇调味，搅拌均匀，滤去药渣即可。

【烹饪技法】煎。

【营养功效】清热解毒，降低血糖。

【健康贴士】糖尿病患者适宜饮用。

菊花猪肝汤

【主料】猪肝 150 克，杭白菊 15 朵。

【配料】植物油 10 克，白酒 4 克，盐 3 克。

【制作】① 猪肝洗净，切片，装入碗里，加入白酒、油一起搅拌，腌制 10 分钟；杭白菊洗净，摘下花瓣，去掉花蕊。② 锅置火上，注入清水 400 毫升，放入杭白菊花瓣稍煮片刻，再放入猪肝片，转小火煮 20 分钟，加入盐调味即可。

【烹饪技法】煮。

【营养功效】补肝护肾，降糖降压。

【健康贴士】常食菊花、猪肝可解热明目，预防夜盲症。

虫草汽锅鸡

【主料】冬虫夏草 2 条，鸡肉 50 克。

【配料】姜 3 克，葱白 4 克，料酒 2 克，盐 2 克，鸡精、胡椒粉各 1 克。

【制作】① 鸡肉洗净，切小块；冬虫夏草洗净，润透；姜洗净，切片；葱洗净，切段。② 锅置火上，注入清水 400 毫升，大火煮沸，放入姜片、葱段、胡椒粉，再放入鸡肉焯熟，捞出，沥干水分。③ 把鸡肉倒进蒸杯里，摆上冬虫夏草，注入适量清水，加入盐、鸡精调味，放入蒸笼中大火蒸 50 分钟即可。

【烹饪技法】焯，蒸。

【营养功效】补肾益肺，降血糖。

【健康贴士】感冒患者、婴幼儿慎食。

白果炖墨鱼

【主料】白果 10 克，花生仁 50 克，墨鱼 200 克，黄瓜 30 克。

【配料】葱、姜各 5 克，高汤 800 毫升，盐 3 克。

【制作】① 白果去壳、心，放入沸水锅里煮 30 分钟，捞出，沥干水分；黄瓜洗净，切片；墨鱼去骨，洗净；花生仁洗净；姜洗净，切片；葱洗净，切段。② 瓦煲置火上，放入白果、墨鱼、花生仁、姜片、葱段，大火煮沸后，放入黄瓜片，转小火煮 20 分钟，加入盐调味即可。

【烹饪技法】炖。

【营养功效】补脾润肺，清痰定喘。

【健康贴士】高血脂、高胆固醇血症、动脉硬化等心血管病及肝病患者慎食。

羊胰粥

【主料】羊胰 250 克，大米 150 克。

【配料】葱 5 克，植物油 4 克，盐 3 克，鸡精 2 克。

【制作】① 羊胰洗净，切成小块；大米淘洗干净；葱洗净，切成葱花。② 锅置火上，注入清水 700 毫升，将大米、羊胰放进锅内，大火煮沸，再转小火煮至成粥，加入盐、鸡精调味淋上油，撒上葱花即可。

【烹饪技法】煮。

【营养功效】清肺热，止消渴。

【健康贴士】喝粥后血糖升高速度较快，因此喝粥时要注意少量多餐，并与干粮和绿叶蔬菜搭配食用，可降低血糖生成指数。

石榴粥

【主料】石榴 100 克，大米 200 克。

【配料】木糖醇 3 克。

【制作】① 石榴去皮，将果粒剥离，洗净；大米淘洗干净。② 锅置火上，注入清水 700 毫升，下入大米、石榴果粒，中火熬煮至粥成，加入木糖醇调味，拌匀即可。

【烹饪技法】煮。

【营养功效】清肺热，降血糖。

【健康贴士】石榴不可与西红柿、螃蟹、西瓜、土豆同食。

萝卜牛肚汤

【主料】白萝卜 150 克，牛肚 100 克。

【配料】陈皮 5 克，葱、姜各 6 克，高汤 1000 毫升，植物油 10 克，盐 3 克，鸡精、胡椒粉各 2 克。

【制作】① 白萝卜去皮，洗净，切块；牛肚洗净，切块；陈皮洗净；姜洗净，拍松；葱洗净，切段。② 锅置大火上，入油烧至六成热，下姜块、葱段爆香，放入牛肚翻炒片刻，盛出，和白萝卜、陈皮一起放入炖锅内，注入高汤，炖锅置大火上煮沸，再转小火炖煮至牛肚熟软，加入盐、鸡精、胡椒粉调味即可。

【烹饪技法】炒，炖。

【营养功效】健脾胃，消积滞。

【健康贴士】糖尿病患者适宜食用。

二冬煮鲜藕

【主料】天冬、麦冬各 10 克，鲜藕 250 克，枸杞 5 克。

【配料】葱 5 克，姜 3 克，植物油 5 克，盐 3 克，鸡精 2 克。

【制作】① 天冬洗净；麦冬提前浸泡一夜，除去内梗，洗净；鲜藕去皮，切成薄片；枸杞去杂质，洗净；姜洗净，拍松；葱洗净，切成葱花。② 锅置火上，注入清水 1000 毫升，放入天冬、麦冬、鲜藕、枸杞、姜块、葱段，大火煮沸，再转小火炖煮 35 分钟，加入盐、鸡精调味即可。

【烹饪技法】煮。

【营养功效】养阴润肺，益胃生津。

【健康贴士】天冬、麦冬、鲜藕搭配，营养丰富，含糖量低，糖尿病患者适宜食用。

乌梅猪肺汤

【主料】乌梅 10 克，猪肺 250 克，胡萝卜 50 克。

【配料】葱 6 克，姜 4 克，高汤 1500 毫升，料酒 10 克，植物油 15 克，盐 3 克，鸡精、胡椒粉各 2 克。

【制作】① 猪肺用清水灌洗干净，切块；乌梅洗净，润透；胡萝卜洗净，切块；姜洗净，拍松；葱洗净，切段。② 锅置火上，注入高汤，将猪肺、乌梅、胡萝卜、姜块、葱段一起放进锅内，大火煮沸，烹入料酒，再转小火炖煮 30 分钟，加入盐、鸡精、胡椒粉调味即可。

【烹饪技法】炖。

【营养功效】清肺热，益肠胃。

【健康贴士】乌梅猪肺汤不仅能辅助治疗糖尿病，也能开胃生津，改善食欲不振，四肢乏力等症。

鱼腥草饮

【主料】鱼腥草 60 克。

【配料】木糖醇 5 克。

【制作】① 鱼腥草用清水洗净。② 锅置火上，注入清水 500 毫升，将鱼腥草放入锅内，大火烧沸，再转小火煎煮 25 分钟，关火，加入木糖醇调味，搅拌均匀即可。

【烹饪技法】煮。

【营养功效】止渴生津，降低血糖。

【健康贴士】虚寒证患者忌食。

苦瓜瘦肉煲

【主料】苦瓜 80 克，猪瘦肉 200 克。

【配料】葱、姜各 5 克，高汤 300 毫升，植物油 15 克，蚝油、盐各 3 克，鸡精 2 克。

【制作】① 猪瘦肉洗净，切小块；苦瓜去瓤，洗净，横切片；姜洗净，切片；葱洗净，切段。② 锅置火上，入油烧至六成热，下姜片、葱段爆香，倒入猪瘦肉，炒至断生，放入苦瓜翻炒至变色，盛入砂锅内，往砂锅注入高汤，砂锅置小火上，煲 20 分钟后，加入盐、鸡精调味即可。

【烹饪技法】炒，煲。

【营养功效】清热解毒，降血糖。

【健康贴士】苦瓜味苦，性寒，脾胃虚寒者忌食。

粟米冬瓜汤

【主料】粟米 20 克，冬瓜 400 克。

【配料】盐 5 克。

【制作】① 冬瓜洗净，去瓤，带皮切成 5 厘米长、3 厘米宽的块；粟米淘洗干净。② 炖锅置火上，注入清水 1000 毫升，下入冬瓜块、粟米，大火煮沸，再转小火炖煮 45 分钟，加盐调味即可。

【烹饪技法】炖。

【营养功效】降脂，降压。

【健康贴士】冬瓜含糖量低，与粟米同煮，是辅助治疗糖尿病的佳品。

红参羊奶饮

【主料】红参 3 克，鲜羊奶 200 毫升。

【配料】蜂蜜 30 克。

【制作】① 将红参研成细粉备用。② 锅置火上，倒入鲜羊奶，大火上煮沸，放入红参粉搅拌均匀，关火，稍凉之后，加入蜂蜜调匀即可。

【烹饪技法】煮。

【营养功效】益心力，补虚损，安神志。

【健康贴士】因为红参性偏温，身体阴虚、易上火的人忌食，有牙龈红肿、口干咽燥、易流鼻血等症状的人服用红参会火上浇油。

肝肺病药膳

贝母甲鱼汤

【主料】川贝母15克，甲鱼1只。

【配料】葱5克，姜、花椒各8克，高汤800毫升，盐3克，鸡精2克。

【制作】① 将川贝母、花椒洗净；用沸水烫甲鱼，令其排尿，切开，去内脏，洗净；姜洗净，拍松；葱洗净，切成葱花。② 炖锅置火上，注入高汤，放入川贝母、甲鱼、姜块、葱段、花椒，大火煮沸，再转小火炖1个小时，炖至甲鱼壳脱落，加入盐、鸡精调味即可。

【烹饪技法】炖。

【营养功效】润肺，清热，止咳。

【健康贴士】脾胃虚寒、寒痰、湿痰等病症患者忌食。

白果鸡丁

【主料】鸡胸肉400克，白果50克，鸡蛋1个。

【配料】葱10克，淀粉5克，料酒10克，水淀粉、香油各8克，植物油15克，盐3克，白砂糖2克。

【制作】① 白果洗净，放入沸水锅里煮5分钟，捞出，沥干水分；鸡胸肉洗净，切丁，放入碗里，加入淀粉，打入蛋清搅拌均匀，腌制20分钟；葱洗净，切段。② 锅置火上，入油烧至四成热，放入鸡丁迅速翻炒至变色，盛出鸡丁，沥干油分；锅底留油，烧至六成热，下葱段煸香，倒入白果翻炒1分钟，放入鸡丁，烹入料酒，翻炒均匀后，加入盐、白砂糖调味，盛出装盘即可。

【烹饪技法】腌，炒。

【营养功效】益气补肺，止咳化痰。

【健康贴士】白果含有白果酸，白果酚、白果醇等有毒物质，所以不宜多食，食用时一定要煮熟透，使毒性挥发。

生地黄炖甲鱼

【主料】生地黄10克，甲鱼1只，山药、茯苓、核桃仁各12克，五味子6克。

【配料】葱10克，姜5克，鸡汤100毫升，料酒10克，盐3克，鸡精、胡椒粉各2克。

【制作】① 生地黄润透，洗净，切片；山药洗净，切片；茯苓洗净，切片；五味子去杂质，洗净；核桃仁洗净；把生地黄、山药、茯苓、五味子放进纱布里，包好系紧，做成药袋备用。② 甲鱼剁去头、尾、内脏，洗净，放入沸水锅中汆去血水；葱洗净，切段；姜洗净，切片。③ 炖锅置火上，注入鸡汤，把甲鱼放入炖锅里，加入葱段、姜片、料酒、核桃仁、药袋，大火煮沸，再转小火炖45分钟，加入盐、鸡精、胡椒粉调味即可。

【烹饪技法】汆，炖。

【营养功效】滋阴润肺，止咳平喘。

【健康贴士】甲鱼有堕胎功效，孕妇忌食。

杏仁藕粉糊

【主料】杏仁20克，藕粉、米粉各150克。

【配料】白砂糖15克。

【制作】① 将杏仁去皮、尖，研成细粉，与藕粉一起放入盆内，充分混合。② 锅置小火上烧干，放入米粉炒熟，凉凉，倒入盆内，加入白砂糖，与藕粉、杏仁粉混合，注入适量清水，搅匀。③ 另起锅，置火上烧热，注入适量清水，大火煮沸，把开水倒入已搅拌好的藕粉、杏仁粉、米粉、白砂糖混合物内，用筷子不停地搅拌，直至成糊即可。

【烹饪技法】拌，煮。

【营养功效】清热解毒，润肺止咳。

【健康贴士】杏仁味苦，微温，有小毒，入肺、大肠经，与藕粉搭配，婴儿慎服，阴虚咳嗽及泄泻便溏者忌食。

杏仁煮雪梨

【主料】杏仁10克，川贝母10克，雪梨1个。
【配料】冰糖15克。
【制作】① 将杏仁用开水烫后去皮；川贝母打碎；雪梨洗净，去皮，切丁；冰糖打碎。② 锅置火上，注入适量清水，把雪梨、杏仁、川贝母、冰糖一起放入锅内，大火煮沸，再转小火煮35分钟即可。
【烹饪技法】煮。
【营养功效】润肺，止咳，祛痰。
【健康贴士】杏仁与雪梨搭配，润肺止咳效果明显，还能凉血降压。

洋参炖燕窝

【主料】西洋参、燕窝、杏仁各15克。
【配料】冰糖15克。
【制作】① 把西洋参、杏仁研成细粉；燕窝发透，用镊子去除燕毛；冰糖打碎。② 锅置小火上，注入适量清水，放入西洋参粉、杏仁粉、燕窝，煮30分钟左右，转小火炖40分钟，加入冰糖碎调味即可。
【烹饪技法】煮，炖。
【营养功效】润肺止咳，美容养颜。
【健康贴士】燕窝富含胶原蛋白，长期食用可以美容养颜、乌发明目。

川贝杏仁梨

【主料】川贝母10克，杏仁10克，梨1个。
【配料】冰糖10克，陈皮6克。
【制作】① 梨洗净，去皮，从蒂下1/3处切下，当盖，挖去梨心；川贝母研成细末；陈皮洗净，切粒；杏仁打成粉末；冰糖打碎。② 把川贝母细末、杏仁粉末、陈皮粒、冰糖充分混合，装入梨内，盖上梨盖，将梨装入蒸杯内，加适量清水，放入蒸笼大火蒸50分钟即可。
【烹饪技法】蒸。
【营养功效】清热解毒，止咳平喘。
【健康贴士】川贝与梨搭配，治疗咳嗽、哮喘、肺热、支气管炎等疾病效果明显。

百合黄瓜汤

【主料】鲜百合25克，黄瓜300克。
【配料】葱白10克，熟鸡油15克，高汤500毫升，白砂糖30克。
【制作】① 百合去杂质，洗净；黄瓜去皮，洗净，切片；葱白洗净，切段。② 锅置大火上，将鸡油放入锅内，烧至七成热，注入高汤，放入百合煮30分钟，再放入黄瓜、葱白、白砂糖，小火煮15分钟即可。
【烹饪技法】煮。
【营养功效】滋阴清热，利水渗湿。
【健康贴士】百合对因秋季气候干燥而引起的季节性疾病有一定的防治作用，鲜百合具有养心安神，润肺止咳的功效，对病后虚弱者也非常有益。

紫菜马蹄豆腐羹

【主料】紫菜50克，马蹄100克，豆腐200克，猪瘦肉150克。
【配料】姜5克，清汤800毫升，香油10克，盐3克，鸡精2克。
【制作】① 紫菜用温水泡发，洗净，挤干水分；马蹄去皮，洗净，切块；豆腐洗净，切块；猪瘦肉洗净，切块；姜洗净，切片。② 锅置火上，注入清汤，大火煮沸，放入猪肉块、马蹄块、姜片煮30分钟后，放入紫菜、豆腐块煮透，加入盐、鸡精调味，淋上香油即可。
【烹饪技法】煮。
【营养功效】利水消肿，补益气血。
【健康贴士】马蹄营养丰富，含有蛋白质、维生素C，还有钙、磷、铁、胡萝卜素等元素，与紫菜搭配能起到清热润肺、生津消滞、疏肝明目的作用。

紫菜骨髓汤

【主料】牛骨髓 150 克，紫菜 10 克。
【配料】葱、姜、香菜各 5 克，清汤 750 毫升，熟猪油、生抽、醋、香油各 10 克，盐、胡椒粉各 3 克，鸡精 2 克。
【制作】① 牛骨髓洗净，去衣，切成小条；紫菜用温水泡发，洗净；葱洗净，切段；姜洗净，切丝；香菜去根，洗净，切段。② 锅置火上，注入适量清水，倒入牛骨髓，大火煮 2 分钟至沸腾，取出，沥干水分。③ 净锅置火上，倒入熟猪油烧至七成热，下葱花、姜丝炝锅，注入清汤煮沸，放入盐、生抽、醋、胡椒粉、鸡精调味，加入牛骨髓和紫菜稍煮，淋上香油，放入香菜段，出锅即可。
【烹饪技法】煮。
【营养功效】补骨髓，益虚劳，滋肾润肺。
【健康贴士】骨髓富含蛋白质、钙、铁、锌等多种人体必需的元素，可以增强骨骼健康，提高自身免疫力，对大脑有很大的帮助。

沙参莲子粥

【主料】沙参、莲子各 15 克，大米 150 克。
【配料】白砂糖 10 克。
【制作】① 沙参洗净，润透，切段；莲子泡透，去心；大米淘洗干净。② 锅置火上，注入 800 毫升清水，放入沙参、大米、莲子，大火烧沸，再转小火煮 40 分钟，加入白砂糖调味即可。
【烹饪技法】煮。
【营养功效】补气除湿，润肺止咳。
【健康贴士】沙参有南沙参与北沙参之别，通常所指是南沙参。南沙参偏于清肺祛痰，北沙参偏于养胃生津，在煮粥时可辨证选用。

天冬炒生蚝

【主料】天冬 20 克，生蚝肉 300 克，西芹 250 克。
【配料】植物油 20 克，水淀粉 15 克，生抽、白砂糖各 5 克，盐 3 克，鸡精 2 克。
【制作】① 生蚝肉洗净，切片，转入碗里，加入水淀粉、生抽、白砂糖、油、盐拌匀，腌制 15 分钟；天冬洗净，润透；西芹洗净，切段。② 锅置大火上，入油烧至八成热，下入姜片、天冬爆香，放入生蚝炒至断生，盛出；原锅留底油，烧热，放入西芹炒香，倒入生蚝肉片、天冬拌炒，加盐、鸡精调味，用水淀粉勾芡即可。
【烹饪技法】腌，爆，炒。
【营养功效】养阴生津，润肺清心。
【健康贴士】生蚝有安神之功效，可辅助治疗心神不安，惊悸怔忡，失眠多梦等症，但脾胃虚寒、慢性腹泻者不宜多吃。

天冬山药泥

【主料】天冬 45 克，鲜山药 450 克。
【配料】盐 10 克，橄榄油 30 克。
【制作】① 鲜山药去皮，洗净，切丁，放入沸水中煮熟，捞出，沥干水分，放入碗中，捣成泥；天冬浸泡 2 小时后，煮熟，捣成泥，和山药泥一起拌匀。② 锅置火上，倒入橄榄油烧至三成热，放入天冬山药泥翻炒，待水分将尽，加盐炒匀，盛出即可。
【烹饪技法】煮，炒。
【营养功效】养阴清热，润燥生津。
【健康贴士】虚寒泄泻及风寒咳嗽者禁服。

枸杞莲子汤

【主料】枸杞 30 克，莲子 120 克。
【配料】白砂糖 10 克。
【制作】① 莲子用温水浸泡至软后，剥去外皮，去除莲心，再用热水洗干净；枸杞用冷水洗净。② 锅置火上，注入清水 800 毫升，放入莲子，大火煮沸后，转小火再煮 10 分钟后，放入枸杞，加入白砂糖调味，再煮 5 分钟即可。
【烹饪技法】泡，煮。
【营养功效】滋肾润肺，养颜明目。

【健康贴士】枸杞有延年益寿的作用，所以可用年老体弱的辅助治疗，也适宜烦热失眠的老人服用。

健脾茯苓糕

【主料】糯米150克，粳米350克，茯苓、山药各20克，党参、莲子肉各10克。

【配料】芡实5克，薏米10克，蜂蜜50克，白砂糖100克。

【制作】①糯米、粳米混合均匀，淘洗干净，沥干水分。②炒锅置火上，烧热，倒入糯米、粳米炒熟，盛出，磨成细粉，装入盆里备用。③把茯苓、党参、山药、莲子肉、芡实、薏米分别磨成细粉，倒入盛放米粉的盆内，和米粉混合均匀，加入蜂蜜和白砂糖，倒入适量清水合成面团，上笼蒸熟，切成方糕即可。

【烹饪技法】炒，蒸。

【营养功效】补脾益气，健胃渗湿。

【健康贴士】便秘者、外伤感染者、湿热内蕴者不宜食用，糖尿病人食用时，应适当减少白砂糖的用量或不加白砂糖，秋冬季服用更佳。

百合丝瓜炒鸡片

【主料】鲜百合200克，鸡胸肉150克，丝瓜400克。

【配料】蒜蓉、姜末各3克，葱片5克，植物油25克，香油、酱汁、绍酒、淀粉、盐各5克，黑胡椒粉3克。

【制作】①丝瓜去硬皮，洗净，切片，用少许盐、油略炒至软，盛出；鲜百合剥成瓣后，洗净，沥干水分备用。②鸡胸肉略冲洗，切成薄片，装入碗里，放入酱汁、料酒、黑胡椒粉、淀粉拌匀，放入四成热的油中煎至九成熟，盛出，沥干油分。③另起锅，入油20毫升烧热，爆香蒜蓉、姜末和葱片，将鸡肉回锅，淋入绍酒，加入丝瓜、鲜百合拌匀，最后加入盐、胡椒粉调味即可。

【烹饪技法】煎，炒，爆。

【营养功效】养阴润肺，清心安神。

【健康贴士】病虚弱者宜食。

赤豆鸭粥

【主料】红小豆50克，鸭肉80克，大米150克。

【配料】姜5克，盐2克。

【制作】①红小豆去杂质，淘洗干净；鸭肉洗净，用沸水汆去血水，凉凉，切丝；姜洗净，切丝；大米淘洗干净。②锅置火上，注入清水800毫升，把红小豆、鸭肉丝、大米放入锅内，加入姜丝，大火烧沸，再转小火熬煮50分钟，加入盐调味即可。

【烹饪技法】汆，熬。

【营养功效】补益肝脾，利水消肿。

【健康贴士】鸭肉忌与兔肉、杨梅、核桃、鳖、木耳、胡桃、大蒜、荞麦同食。

二豆白砂糖泥

【主料】红小豆100克，黄豆100克。

【配料】白砂糖30克。

【制作】①红小豆、黄豆去杂质，淘洗干净，沥干水分。②锅置大火上，烧干烧热，放入红小豆和黄豆炒干后，转小火炒熟、炒香，注入清水500毫升，用大火煮沸，再转小火熬煮成豆泥后，加入白砂糖，煮至豆子熟烂即可。

【烹饪技法】炒，煮。

【营养功效】清热解毒，利水消肿。

【健康贴士】肝硬化腹水患者适宜多食用。

二豆饼

【主料】红小豆、绿豆各50克，面粉400克。

【配料】白砂糖50克，发酵粉、碱水各2克，植物油50克。

【制作】①红小豆、绿豆去除杂质，淘洗干净，润透。②把红小豆、绿豆、白砂糖放入锅里，注入清水500毫升，锅置大火上煮沸，再转小火煮50分钟，取出凉凉，搅拌成馅料。③将面粉、发酵粉倒入盆内，加入适量清水，充分搅拌，揉搓成光滑的面团，静置饧发 30 分钟后，加入碱水揉匀。④ 把饧好的面团分成大小均匀的剂子，用擀面杖逐个擀成圆皮，包入豆馅，做成圆饼，依此方法把饼逐个包好，把做好的饼整齐地排在烤盘上，放入预热 180 度的烤箱里，烤 10 分钟至熟即可。

【烹饪技法】烤。

【营养功效】消肿解毒，补肝润肺。

【健康贴士】急性黄疸型肝炎患者适宜经常食用。

赤豆山药粥

【主料】红豆 50 克，山药 70 克，大米 150 克。

【配料】盐 3 克。

【制作】① 山药去皮，洗净，切片；大米、红豆淘洗干净，沥干水分。② 锅置火上，注入适量清水，把大米和红豆放入锅内，大火煮沸，转小火熬煮至五成熟，再放入山药片煮熟，最后加入盐调味即可。

【烹饪技法】煮。

【营养功效】健脾益胃，清热解毒。

【健康贴士】肺脏病患者适宜食用。

陈皮核桃粥

【主料】陈皮 6 克，核桃仁 20 克，大米 100 克。

【配料】冰糖 10 克，植物油 50 克。

【制作】① 陈皮洗净，润透，切片；核桃仁去衣；大米淘洗干净；冰糖打碎。② 锅置火上，入油烧至六成热，放入核桃仁炸香，捞出沥干油分。③ 砂锅置火上，注入适量清水，把大米放入砂锅内，大火煮沸，转小火煮至八成熟，再放入陈皮、核桃仁、冰糖屑，搅匀，继续熬煮至粥熟即可。

【烹饪技法】炸，煮。

【营养功效】理气化滞，补肝肺。

【健康贴士】气虚体燥、阴虚咳嗽、咳血者慎食。

陈皮炒猪肝

【主料】陈皮 6 克，猪肝 100 克，黑木耳 30 克，鸡蛋 1 个。

【配料】姜 5 克，葱 10 克，植物油 20 克，生抽 5 克，淀粉 20 克，绍酒 5 克，盐 4 克，鸡精 2 克。

【制作】① 陈皮洗净，润透，切丝；猪肝洗净，切薄片；木耳用温水发透，去蒂，撕成小瓣；姜洗净，切丝；葱洗净，切段。② 把猪肝、淀粉、盐、生抽、绍酒一起放入碗内，打入鸡蛋，拌匀，浆 20 分钟。③ 锅置火上，入油烧至七成热，下姜丝、葱段爆香，放入猪肝翻炒至变色，放入黑木耳炒至断生，放鸡精调味，盛出装盘即可。

【烹饪技法】浆，炒。

【营养功效】生津开胃，明目护肝。

【健康贴士】猪肝中有毒的血液是分散存留在数以万计的肝血窦中，因此买回猪肝后洗净，然后放入淡盐水内浸泡 1 ~ 2 个小时消除残血，确保毒素洗净。

红花散瘀粥

【主料】红花、菊花各 8 克，大米 150 克。

【配料】白砂糖 10 克。

【制作】① 红花、菊花去杂质，洗净；大米淘洗干净。② 锅置火上，注入清水 500 毫升，放入大米，大火煮沸，再转小火煮至八成熟，加入红花、菊花继续煮成粥，放入白砂糖调味，搅拌均匀即可。

【烹饪技法】煮。

【营养功效】祛瘀血，清肺热。

【健康贴士】慢性肝炎患者适宜经常食用。

红花鸡肝饼

【主料】红花 6 克，鸡肝 50 克，面粉 200 克。

【配料】葱 5 克，植物油 600 克，盐 2 克。

【制作】① 鸡肝洗净，剁成末，装入碗里，加入盐、红花拌匀。② 将面粉装入盆内，加入鸡肝末，注入适量清水，用筷子搅拌均匀，揉成面团，搓成直径约 4 厘米的粗面条，分切成 4 厘米左右的小段，用擀面杖擀成饼状，做成红花鸡肝饼生坯。③ 锅置火上，入油烧至六成热，放入红花鸡肝饼生坯，炸至两面金黄，捞起，沥干油分，装盘即可。

【烹饪技法】炸。

【营养功效】补肝明目，养血祛瘀。

【健康贴士】慢性肝炎患者适宜经常食用。

红花酥里脊

【主料】红花 6 克，猪里脊 400 克，山药粉 50 克，鸡蛋 1 个。

【配料】植物油 100 克，水淀粉 100 克，料酒 10 克，盐 4 克。

【制作】① 猪里脊洗净，切条，装入碗里，加入盐、料酒拌匀，腌制 10 分钟；红花去杂质；鸡蛋打入碗里，放入水淀粉、山药粉、红花搅拌均匀，放入猪里脊肉条挂浆裹匀。② 锅置火上，入油烧至八成热，用筷子夹着挂浆的肉条，逐个放入油锅内，炸至两面金黄熟透，捞出，沥干油分，装盘即可。

【烹饪技法】腌，炸。

【营养功效】活血祛瘀，补肾益精。

【健康贴士】原发性肝癌患者适宜食用。

薏仁红花粥

【主料】薏仁 30 克，红花 6 克，大米 100 克。

【配料】白砂糖 10 克。

【制作】① 薏仁去杂质，洗净；红花去杂质，洗净；大米淘洗干净。② 锅置火上，注入清水 500 毫升，下入大米、薏仁，大火煮沸，再转小火煮至八成熟，加入红花、白砂糖，搅拌均匀，继续熬煮成粥即可。

【烹饪技法】煮。

【营养功效】祛瘀血，除湿热。

【健康贴士】有血瘀、湿热、水肿、肌肉酸痛等症状的肝炎患者，适宜经常食用。

芝麻桃仁粥

【主料】黑芝麻、桃仁各 10 克，大米 150 克。

【配料】冰糖 20 克。

【制作】① 黑芝麻去杂质，洗净，放入炒锅内，用小火炒香；桃仁去杂质，洗净；大米淘洗干净；冰糖打碎。② 锅置火上，注入清水 500 毫升，放入大米，大火煮沸，再转小火煮至八成熟，加入黑芝麻、桃仁继续熬煮成粥，放冰糖屑调味，搅拌均匀即可。

【烹饪技法】煮。

【营养功效】补肝肾，益五脏，壮筋骨，祛瘀血。

【健康贴士】芝麻有润肠、通乳汁、护肝等作用，与核桃一起熬粥可以改善睡眠，解肝毒。

苏子桃仁粥

【主料】紫苏子、桃仁各 8 克，大米 150 克。

【配料】冰糖 20 克。

【制作】① 紫苏子洗净；桃仁去杂质，洗净；大米淘洗干净；冰糖打碎。② 锅置火上，注入清水 500 毫升，放入大米，大火煮沸，再转小火煮至八成熟，加入紫苏子、桃仁、冰糖屑，搅拌均匀，继续煮成粥即可。

【烹饪技法】煮。

【营养功效】清痰润肺，生津止渴。

【健康贴士】苏子有解毒的功效，因此有保护肝脏、帮助肝脏排毒的功能；吃螃蟹过敏或中毒，可用苏子捣碎开水冲服解之。

荸荠枸杞粥

【主料】荸荠 80 克，枸杞 15 克，大米 150 克。

【配料】白砂糖 15 克。

【制作】① 荸荠去皮，洗净，对半切开；枸杞去杂质、果柄，洗净；大米淘洗干净；冰糖打碎。② 将大米、枸杞、荸荠一起放入锅内，注入清水 500 毫升，锅置大火上煮沸，转小火熬煮 35 分钟，加入白砂糖，搅拌均匀即可。

【烹饪技法】煮。
【营养功效】温中养胃，清热化瘀。
【健康贴士】马蹄和枸杞搭配有明显的解毒功能，肝硬化患者适宜经常食用。

荸荠蒸鸭蛋黄

【主料】荸荠 20 克，咸鸭蛋 3 个。
【配料】鸡精 2 克。
【制作】① 将荸荠洗净泥沙；咸鸭蛋去蛋清，取蛋黄，放入蒸碗里。② 往咸鸭蛋黄里加入清水 200 毫升，放鸡精调味，把荸荠摆在咸鸭蛋黄里，蒸碗移入蒸笼内，大火蒸 15 分钟即可。
【烹饪技法】蒸。
【营养功效】利湿热，消水肿。
【健康贴士】急性疸黄型肝炎患者适宜经常食用。

冰糖绿豆粥

【主料】绿豆 150 克，大米 250 克。
【配料】冰糖 20 克。
【制作】① 绿豆去杂质，淘洗干净；大米淘洗干净；冰糖打碎。② 将大米、绿豆一起放入锅内，注入清水 500 毫升，锅置大火上煮沸，转小火熬煮 50 分钟，加入冰糖屑，搅拌均匀即可。
【烹饪技法】煮。
【营养功效】清热解毒，生津止渴。
【健康贴士】中毒性肝炎患者适宜。

绿豆炖瘦肉

【主料】绿豆 50 克，猪瘦肉 200 克。
【配料】枸杞、芡实、葱、姜各 10 克，高汤 100 毫升，熟猪油 10 克，盐 5 克，鸡精、胡椒粉各 2 克。
【制作】① 绿豆去杂质，淘洗干净，用清水浸泡 1 个小时；芡实洗净，用清水泡发；枸杞去果柄，洗净；猪瘦肉洗净，切小块，放入沸水中汆去血水；姜洗净，切片；葱洗净，切段。② 砂锅置火上，注入高汤，兑入适量清水，放入姜片、葱段、瘦肉块，大火炖煮 10 分钟后，放入泡好的绿豆、芡实，炖煮 15 分钟后，加入盐、鸡精、胡椒粉调味，用筷子拣出姜片、葱段，撒入枸杞，淋上熟猪油，关火，焖 5 分钟即可。
【烹饪技法】汆，炖。
【营养功效】抗菌消炎，清热解毒。
【健康贴士】绿豆清热解毒，瘦肉富含蛋白质、少脂肪，经常食用可改善肺脏病。

丹参蒸海参

【主料】丹参 9 克，海参 100 克。
【配料】姜、葱各 5 克，高汤 100 毫升，料酒 5 克，盐 3 克，鸡精 2 克。
【制作】① 丹参洗净，放入锅内，注入清水 250 毫升，小火煎煮 30 分钟后，滤去药渣，留药液备用。② 海参发透，处理干净，放入盘中，加盐、料酒腌制 20 分钟；姜洗净，拍松；葱洗净，切段。③ 将海参放入蒸盘内，倒入药液，注入高汤，加姜块、葱段、鸡精，蒸碗移入蒸笼内，大火蒸 15 分钟即可。
【烹饪技法】腌，蒸。
【营养功效】滋补肝肾，利水除湿。
【健康贴士】肝硬化腹水患者适宜食用。

丹参玉米糊

【主料】丹参 6 克，玉米粉 100 克。
【配料】白砂糖 10 克。
【制作】① 丹参洗净，润透，切片；玉米粉放入盆内，注入适量清水，搅拌成糊状备用。② 将丹参放入锅内，注入适量清水，煎煮 25 分钟，滤去丹参，留药液。③ 锅置火上，倒入药液，兑入清水 300 毫升，大火煮沸后，把搅拌好的玉米糊缓缓地倒入锅里，加入白砂糖，搅拌均匀，煮至丹参玉米糊熟透即可。
【烹饪技法】煎，煮，搅拌。
【营养功效】去瘀血，利尿，消结石。
【健康贴士】肝炎、肝硬化、肾结石、小便不畅患者适宜食用。

茯苓赤豆包

【主料】茯苓 15 克，红小豆 100 克，面粉 500 克。
【配料】白砂糖 50 克，发酵粉、碱水各 2 克。
【制作】① 将茯苓、红小豆烘干，研成细粉，装入碗里，加入白砂糖，注入清水 100 毫升，搅拌均匀，放入蒸笼大火蒸 30 分钟后，取出做成馅料。② 把面粉、发酵粉倒入盆里，注入适量清水，揉成面团，静置饧发 30 分钟后，加入碱水揉匀，摘成剂子，用擀面杖把剂子擀成包子皮，逐个放入做好的馅料，包好，做成包子生坯，把做好的包子生坯整齐地排在蒸笼里，放入蒸锅，大火蒸 7 分钟即可。
【烹饪技法】烘，蒸。
【营养功效】除湿健脾，利水消肿。
【健康贴士】肝硬化腹水患者适宜经常食用。

白砂糖甘草茶

【主料】生甘草 30 克，绿茶叶 3 克。
【配料】白砂糖 20 克。
【制作】① 将生甘草洗净，润透，切片。② 锅置火上，注入清水 500 毫升，把生甘草片、绿茶叶一起放入锅内，大火煮沸，再转小火煎煮 20 分钟，关火，凉凉，加入白砂糖调味，滤去生甘草、绿茶叶即可。
【烹饪技法】煮。
【营养功效】止痛解毒，利水消肿。
【健康贴士】生甘草善于清火，清热解毒，白砂糖能解盐卤之毒，两者水煎饮用可加速肝脏毒素排出体内。

甘草炖田螺

【主料】甘草 6 克，田螺肉 250 克。
【配料】姜 4 克，葱 8 克，高汤 500 毫升，生抽、料酒各 10 克，盐 3 克，鸡精 2 克。
【制作】① 将甘草洗净，润透，切片；田螺肉洗净，切碎；姜洗净，切片；葱洗净，切段。② 锅置火上，放入甘草片，注入高汤，大火煮沸，再转小火煮 35 分钟，放入田螺肉、生抽、料酒、姜片、葱段，再次煮沸，加盐、鸡精调味即可。
【烹饪技法】煮。
【营养功效】清热解毒，凉血生津。
【健康贴士】肺脏病患者适宜食用。

绿豆甘草汤

【主料】甘草 10 克，绿豆 250 克。
【配料】丹参、石斛各 15 克，生大黄 6 克。
【制作】① 将甘草洗净，润透，切片；绿豆淘洗干净；丹参、石斛、生地黄洗净，润透。② 锅置火上，注入饮用水 2000 毫升，放入绿豆，大火煮沸，转小火煮 35 分钟，放入甘草片、丹参、石斛、生地黄，煎煮 20 分钟即可。
【烹饪技法】煎。
【营养功效】清肺热，解肝毒。
【健康贴士】脾虚胃弱、心悸多梦、肝火旺盛者适宜饮用。

车前白砂糖饮

【主料】车前草 30 克。
【配料】白砂糖 20 克，清水 500 毫升。
【制作】① 将车前草洗净，放入锅内，注入清水，浸泡 10 分钟。② 浸泡好后，锅置大火上煮沸，再转小火煎煮 20 分钟，关火，凉凉，滤去车前草，将药液倒入杯子里，加入白砂糖搅拌均匀即可。
【烹饪技法】泡，煎。
【营养功效】利尿通淋，清热祛湿。
【健康贴士】阳气下陷、肾虚精滑、内无湿热者慎食。

车前草紫薇根炖豆腐

【主料】车前草 12 克，鲜紫薇花根 60 克，豆腐 100 克。

【配料】山楂树根 30 克，水灯草 9 克，高汤 250 毫升，姜、葱、蒜各 5 克，盐 4 克，鸡精 2 克。

【制作】① 将车前草洗净，切碎；鲜紫薇花根洗净，切段；山楂树根洗净，切片；水灯草洗净，切段；把这 4 味药装入白纱布袋里，系紧袋口，放入炖盅里，注入清水 200 毫升，炖锅置大火上煮沸，转小火煎煮 25 分钟后，关火，取出药袋，药液备用。② 豆腐切块；姜洗净，切片；葱洗净，切段；蒜去皮。③ 炖锅置火上，注入高汤，将豆腐块放入炖锅内，加入姜片、葱段、蒜瓣，大火煮沸，再转小火炖煮 25 分钟，加入盐、鸡精调味即可。

【烹饪技法】煎，炖。

【营养功效】行气暖胃，利水消肿。

【健康贴士】车前草有镇咳、平喘、祛痰的作用，紫薇根能辅助治疗脓肿疮毒、牙痛、痢疾，两者搭配能有效清肺热、解肝毒。

山楂树根炖猪小肠

【主料】山楂树根 60 克，野南瓜树根 120 克，紫薇花根 500 克，栀子根 30 克，猪小肠 200 克。

【配料】路边荆 30 克，牡荆根 18 克，水灯草 9 克，姜、葱各 5 克，盐 4 克，鸡精 2 克。

【制作】① 将山楂树根、野南瓜树根、紫薇花根、栀子根、路边荆、牡荆根、水灯草洗净，装入纱布袋内，系紧袋口，放入炖锅内，加水 500 毫升，炖锅置大火上煮沸，转小火煎煮 25 分钟，取出药包，药液备用。② 猪小肠洗净，切成 5 厘米长的段；姜洗净，切丝；葱洗净，切段。③ 炖锅置火上，注入药液，把猪小肠、姜丝、葱段放入炖锅内，大火煮沸，再转小火炖煮 40 分钟，加入盐、鸡精调味即可。

【烹饪技法】煎，炖。

【营养功效】祛湿热，祛瘀血，补肝脾，消腹水。

【健康贴士】此方不能与鱼、虾、笋同食。

青皮白鸭汤

【主料】青皮 10 克，白鸭肉 500 克。

【配料】姜、葱各 5 克，高汤 1500 毫升，盐 4 克，鸡精 2 克。

【制作】① 青皮洗净；白鸭肉洗净，切块，放入沸水中汆去血水，捞出，沥干水分；姜洗净，拍松；葱洗净，切段。② 炖锅置火上，注入高汤，放入白鸭肉，加入青皮、姜块、葱段，大火煮沸，再转小火炖 70 分钟，加入盐、鸡精调味即可。

【烹饪技法】汆，炖。

【营养功效】滋养血气，疏肝理气。

【健康贴士】带有肝郁气滞、肋下隐痛、胸闷等症状的急性病毒性肝炎患者适宜食用。

青皮麦芽饮

【主料】青皮 10 克，生麦芽 30 克。

【配料】白砂糖 20 克。

【制作】① 青皮洗净，切碎；生麦芽去杂质，洗净。② 炖锅置火上，注入清水 250 毫升，放入青皮、生麦芽，大火煮沸后，转小火煎煮 25 分钟，关火，加入白砂糖调味，搅拌均匀即可。

【烹饪技法】煎。

【营养功效】疏肝气，祛瘀滞。

【健康贴士】慢性肝炎、肝气郁滞患者适宜饮用。

首乌炒双肝

【主料】何首乌 15 克，猪肝、羊肝各 150 克。

【配料】姜 10 克，葱 15 克，植物油 50 克，水淀粉 15 克，生抽、料酒各 10 克，盐 3 克，鸡精 1 克。

【制作】① 何首乌烘干后，研成细粉；猪肝、羊肝分别洗净，切薄片；姜洗净，切片；葱洗净，切段。② 将猪肝片、羊肝片装入碗里，加入 10 克水淀粉拌匀，腌制 20 分钟。③ 锅置火上，入油烧至六成热，下姜片、葱段爆香，放入猪肝片、羊肝片翻炒，烹料酒，加入何首乌粉，炒至断生，加入盐、鸡精调味，倒入用剩的水淀粉勾芡，盛出装盘即可。

【烹饪技法】烘，腌，炒。

【营养功效】益肺补肝，清心明目。

【健康贴士】肝脏病、肺脏病患者适宜食用。

五味红枣露

【主料】五味子 60 克，红枣 30 枚。

【配料】蜂蜜 25 克。

【制作】① 五味子去杂质，洗净；红枣洗净，去核。② 锅置火上，注入清水 500 毫升，把五味子、红枣放入锅内，小火煎煮 1 个小时，关火，滤去药渣，将药液盛入杯子里，凉凉，加入蜂蜜搅拌均匀即可。

【烹饪技法】煎。

【营养功效】滋阴生津，宁心安神。

【健康贴士】慢性肝炎、迁延型肝炎患者适宜食用，可辅助治疗右肋隐痛、口干舌燥、夜睡不宁、多梦等症状。

西洋参鸡汤

【主料】西洋参 20 克，土鸡肉 500 克。

【配料】姜、葱各 10 克，高汤 1500 毫升，料酒 10 克，盐 3 克，鸡精、胡椒粉各 2 克。

【制作】① 西洋参洗净，润透，切片；土鸡肉洗净，切块；姜洗净，切片；葱洗净，切段。② 炖锅置火上，注入高汤，放入西洋参、土鸡肉，加入姜片、葱段、料酒，大火上煮沸，转小火炖煮 1 个小时，加入盐、鸡精、胡椒粉调味即可。

【烹饪技法】炖。

【营养功效】补肝益肺，滋补养血。

【健康贴士】肝硬化患者适宜经常食用，可改善喘咳短气、腰膝酸软、神疲少食等症状。

五味洋参茶

【主料】西洋参 10 克，五味子 2 克。

【配料】石斛 15 克。

【制作】① 将西洋参、五味子、石斛研成细粉，装入茶壶里。② 锅置火上，注入适量清水，大火煮沸，将开水倒入茶壶里，冲泡西洋参、五味子、石斛粉，滤去药渣即可。

【营养功效】滋阴补肾，护肝益肺。

【健康贴士】肺脏病患者适宜食用。

茅根蛋花羹

【主料】白茅根 30 克，鸡蛋 1 个。

【配料】白砂糖 20 克。

【制作】① 将白茅根洗净，放入锅内，注入清水 500 毫升，锅置大火上煮沸，转小火煎煮 25 分钟，滤去药渣，留药液备用；鸡蛋打入碗里，搅拌成蛋液。② 锅置火上，注入白茅根药液，大火煮沸，将鸡蛋缓缓倒入药液内，边倒边搅拌，搅成蛋花，再次煮沸后，放入白砂糖搅匀，盛出即可。

【烹饪技法】煎，煮。

【营养功效】滋阴润燥，清热利尿。

【健康贴士】中毒性肝炎患者适宜食用。

白茅根豆浆

【主料】白茅根 30 克，豆浆 500 毫升。

【配料】白砂糖 20 克。

【制作】① 将白茅根洗净，放入锅内，倒入豆浆，并兑入清水 100 毫升，锅置小火上煎煮 25 分钟，滤去白茅根，加入白砂糖搅匀即可。

【烹饪技法】煎。

【营养功效】生津止渴，清热解毒。

【健康贴士】急性病毒性肝炎患者适宜食用。

银花银耳羹

【主料】金银花 30 克，银耳 30 克。

【配料】冰糖 30 克。

【制作】① 金银花洗净；银耳用温水泡发，去蒂，洗净，撕成小瓣；冰糖打碎。② 将金银花放入锅内，注入清水 800 毫升，锅置中火上煮沸，转小火煎煮 15 分钟后，关火，滤去金银花，留金银花水备用。③ 净锅后置火上，放入银耳，倒入金银花水，大火煮沸，转小火煮 2 个小时，放入冰糖屑化开即可。

【烹饪技法】煎，煮。

【营养功效】滋阴润肺，清热解毒。

【健康贴士】金银花清热解毒，银耳润肺养肝，两者搭配对肺脏病的改善有明显效果。

银耳猪肝煲

【主料】银耳 10 克，猪肝 50 克，小白菜 50 克，鸡蛋 1 个。

【配料】姜、葱各 3 克，生抽 5 克，淀粉 15 克，盐 3 克，鸡精 2 克。

【制作】① 银耳放入温水中泡发，去蒂根，洗净，撕成小瓣；猪肝洗净，切片；小白菜择洗干净，切成 5 厘米长的段；姜洗净，切片；葱洗净，切段。② 把猪肝放入碗里，加入淀粉、盐、生抽，打入鸡蛋，搅拌均匀，挂浆。③ 锅置火上，入油烧至六成热，下姜片、葱段爆香，注入清水 300 毫升，煮沸，放入银耳、猪肝，煲 10 分钟至熟，放入小白菜煲至变色，加鸡精调味即可。

【烹饪技法】浆，煲。

【营养功效】补肝明目，润肺养阴。

【健康贴士】慢性肝炎、血虚、萎黄、目赤、浮肿、脚气患者适宜食用。

枸杞兔肝汤

【主料】枸杞 12 克，女贞子 9 克，兔肝 50 克，油菜 100 克。

【配料】姜 3 克，高汤 800 毫升，料酒 10 克，水淀粉 15 克，盐 3 克，鸡精、胡椒粉各 2 克。

【制作】① 将枸杞、女贞子去杂质，洗净；兔肝洗净，切薄片，装入碗里，加入水淀粉、料酒腌制 10 分钟；油菜择洗干净；姜洗净，切片。② 锅置火上，入油烧热，下姜片、葱段爆香，注入高汤，煮沸，放入兔肝片、枸杞、女贞子，煮 10 分钟至熟，放入油菜煮至熟透，加入盐、鸡精、胡椒粉调味即可。

【烹饪技法】煮。

【营养功效】补肝益肾，清心明目。

【健康贴士】兔肝有明目、补肝的功效，枸杞滋补养胃，肝炎患者适宜食用。

枸杞豆腐煲

【主料】枸杞 10 克，豆腐 250 克。

【配料】香菜 10 克，蚝油 5 克，香油 3 克。

【制作】① 豆腐用冷水洗净，切成小块，装入盘内；枸杞去果柄，洗净，用温水浸泡 10 分钟，捞出，沥干水分；香菜择洗干净，切成末。② 锅置火上烧热，倒入蚝油炒热，注入适量清水，煮沸，倒入豆腐块，煮 5 分钟，淋上香油，撒上香菜，盛入沙煲内即可。

【烹饪技法】炒，煮。

【营养功效】补益肝肾，滋阴养血。

【健康贴士】豆腐含钙、蛋白质、异黄酮素等营养物质，有降低胆固醇、强化骨质的功效，适用于食欲不振的孕妇。

茵陈蚌肉煲

【主料】茵陈 10 克，红枣 10 枚，蚌肉 100 克，西蓝花 100 克。

【配料】姜、葱各 5 克，蒜、淀粉各 10 克，植物油 30 克，料酒 8 克，盐、鸡精各 2 克。

【制作】① 蚌肉洗净，切薄片，装入碗里，加入水淀粉、料酒腌制 20 分钟；红枣洗净，去核；西蓝花洗净，摘成小朵；姜洗净，切片；葱洗净，切段；蒜去皮，切片。② 茵陈洗净，放入锅里，注入适量清水，锅置中火上煎煮 30 分钟，关火，滤去茵陈，留药液备用。③ 锅置火上，入油烧热，下姜片、葱段、蒜片爆香，放入蚌肉、西蓝花、红枣翻炒均匀，倒入茵陈药液，兑入适量清水，煮沸后关火，倒入煲内，煲置大火上煮沸，加入盐、鸡精调味即可。

【烹饪技法】腌，煎，煲。

【营养功效】滋阴补血，益肝补肾。

【健康贴士】肝硬化、肝肾阴虚、血虚、失眠患者适宜食用。

茵陈茶

【主料】茵陈蒿 30 克。
【配料】清水 1000 毫升，白砂糖 3 克。
【制作】茵陈蒿洗净，放入锅里，注入清水，锅置大火上煮沸，转小火煎煮 20 分钟，关火，凉凉，滤去茵陈蒿，在茵陈茶里加入白砂糖，拌匀即可。
【烹饪技法】煎。
【营养功效】清热，退黄，利胆。
【健康贴士】蓄血发黄者忌食。

茵陈粥

【主料】茵陈 60 克，粳米 100 克。
【配料】白砂糖适量.
【制作】① 茵陈洗净；粳米淘洗干净。② 把茵陈放入锅里，注入适量清水，锅置中火上煎煮 30 分钟，关火，滤去茵陈，留药液备用。③ 另起锅置火上，放入粳米，倒入茵陈药液，兑入适量清水，大火煮沸，再转小火熬煮 20 分钟至粳米熟烂，加入白砂糖拌匀即可。
【烹饪技法】煎，煮。
【营养功效】清热解毒，护肝利胆。
【健康贴士】茵陈有显著的保肝作用，甲、乙型肝炎、黄疸型肝炎患者适宜食用。

茵陈姜糖茶

【主料】鲜茵陈 50 克，干姜 12 克，姜 6 克。
【配料】红糖 30 克。
【制作】① 茵陈洗净；干姜洗净，润透切丝；姜洗净，切丝。② 锅置火上，注入适量清水，放入茵陈、干姜丝、姜丝，中火煎煮 30 分钟后，放入红糖，搅拌均匀，转小火煮 5 分钟，关火，滤去茵陈即可。
【烹饪技法】煎。
【营养功效】清热祛湿、保肝护肝。
【健康贴士】黄疸型肝炎、病毒性肝炎、肝硬化患者适宜饮用。

三七鳖甲炖瘦肉

【主料】瘦肉 120 克，田七 10 克，鳖甲 30 克，红枣 20 克。
【配料】姜 5 克，盐 3 克，鸡精 1 克。
【制作】① 将三七、鳖甲、红枣洗净；瘦肉洗净，切块；姜洗净，切片。② 把瘦肉、三七、鳖甲、红枣、姜片一起放进炖盅内，盖上盖子，炖盅放入锅内，隔水用中火炖 3 个小时，加入盐、鸡精调味即可。
【烹饪技法】炖。
【营养功效】滋养肝肾，活血祛瘀。
【健康贴士】田七有比较好的降低胆固醇的作用，脂肪肝肝炎患者适宜食用。

枸杞麦冬炒蛋丁

【主料】瘦肉 50 克，麦冬 10 克，鸡蛋 4 个。
【配料】枸杞 10 克，熟花生仁 30 克，水淀粉 3 克，植物油 30 克，盐 3 克，鸡精 1 克。
【制作】① 瘦肉洗净，切丁；麦冬洗净，放入沸水锅里煮熟，捞出凉凉，剁成碎；枸杞去果柄，洗净，放入煮麦冬的沸水里汆烫一下，捞出，沥干水分；鸡蛋打入蒸碗里，加盐搅拌成蛋液，放入蒸锅里隔水蒸熟，冷却后，切成小粒。② 锅置大火上，入油烧热，放入瘦肉丁炒熟后，倒入鸡蛋粒、枸杞、麦冬碎，炒匀，加入盐、鸡精调味，浇入水淀粉勾芡，盛出装盘，撒入熟花生仁即可。
【烹饪技法】汆，炒。
【营养功效】滋补肝肾，强身明目。
【健康贴士】麦冬滋阴，枸杞壮阳，两者相配调理阴阳，不温不燥，鸡蛋、瘦肉含脂肪少，富含蛋白质，肝病患者适宜食用。

玉米须菊明茶

【主料】玉米须 15 克，决明子 9 克，菊花 5 克。
【配料】木糖醇 3 克，沸水 500 毫升。
【制作】① 将玉米须、决明子、菊花洗净，放入茶壶里，用沸水冲泡。② 滤去药渣，加入木糖醇，搅拌均匀即可。

【营养功效】清热利胆，消炎排石。

【健康贴士】胆结石、胆囊炎、黄疸型肝炎等患者适宜食用。

玉米须炖蚌肉

【主料】蚌肉 750 克，玉米须 10 克。

【配料】姜、葱各 5 克，黄酒 10 克，盐 5 克，鸡精 2 克。

【制作】① 蚌肉洗净，放入沸水中汆去腥味，捞出，沥干水分；玉米须洗净；姜洗净，切片；葱洗净，切段。② 将蚌肉、玉米须、姜片、葱段一起放入炖盅内，注入适量清水，炖盅放入锅里，用中火隔水炖煮 70 分钟后，加入盐、鸡精调味即可。

【烹饪技法】汆，蒸，炖。

【营养功效】护肝利胆，明目清心。

【健康贴士】玉米须味甘，性平，有利尿除湿的功效，蚌肉味咸，性寒，可滋阴养血、清热解毒，两者搭配有辅助治疗肝炎的效果。

乌梅大米粥

【主料】乌梅 10 克，大米 100 克。

【配料】山茱萸 10 克。

【制作】① 将乌梅、山茱萸去杂质，洗净；大米淘洗干净。② 锅置火上，注入清水 500 毫升，放入乌梅、山茱萸、大米，大火煮沸，撇去浮沫，转小火熬煮 1 个小时即可。

【烹饪技法】煮。

【营养功效】益气生津，补养肝肾。

【健康贴士】肝脏病患者经常食用，可以改善肝硬化、口渴、自汗、慢性腹泻、神经衰弱等症状。

桑葚鸡肝汤

【主料】桑葚 15 克，鸡肝 100 克，鸡蛋 1 个。

【配料】姜、葱、生抽、料酒各 5 克，高汤 500 毫升，植物油、水淀粉各 20 克，盐 3 克，鸡精 2 克。

【制作】① 将桑葚去杂质，洗净；鸡肝洗净切薄片，装入碗里；姜洗净，切片；葱洗净切段。② 鸡蛋打入装有鸡肝的碗里，放料酒水淀粉搅拌均匀，腌制 10 分钟。③ 锅置大火上，入油烧至六成热，下姜片、葱段爆香注入高汤煮沸，放入鸡肝、桑葚煮熟，加入盐鸡精调味，再煮 5 分钟即可。

【烹饪技法】腌，煮。

【营养功效】补肝肾，祛风止痛。

【健康贴士】鸡肝味甘，性微温，能养血补肝，肝炎患者适宜食用。

党参烧鲫鱼

【主料】党参 20 克，鲫鱼（1 条）300 克。

【配料】姜、葱、各 6 克，料酒 10 克，高汤 300 毫升，植物油 50 克，水淀粉 3 克，盐 3 克，鸡精、胡椒粉各 2 克。

【制作】① 党参洗净，润透，切成 3 厘米长的段；鲫鱼去鳞、鳃、内脏，洗净，沥干水分；姜洗净，切丝；葱洗净，切段。② 锅置火上，入油烧热，下姜丝、葱段爆香，放入鲫鱼煎至两面金黄，烹料酒，注入高汤，放入党参煮至熟透，加入盐、鸡精、胡椒粉调味后，倒入水淀粉勾芡即可。

【烹饪技法】煎，炒，烧。

【营养功效】温补滋润，利水消肿。

【健康贴士】鲫鱼含质优齐全的蛋白质，易于被人体消化吸收，是肝肾疾病、心脑血管疾病患者的良好蛋白质来源，肝炎、肾炎、高血压患者常食可增强抗病能力。

豆芽瘦肉煲

【主料】绿豆芽 100 克，猪瘦肉 250 克，鲜藕 250 克。

【配料】甘草 6 克，姜、葱各 5 克，料酒 10 克，高汤 600 毫升，植物油 20 克，盐 3 克，鸡精 2 克。

【制作】① 甘草洗净，润透，切片；绿豆芽洗净；猪瘦肉洗净，切小块；鲜藕去皮，洗净，切小块；姜洗净，切丝；葱洗净，切段。

②煲置火上，注入高汤，放入甘草、猪瘦肉、鲜藕、姜丝、葱段，大火煮沸后，浇入料酒，再转小火炖45分钟，放入绿豆芽煮至断生后关火，加盐、鸡精调味，盖上盖子焖2分钟即可。

【烹饪技法】煲。

【营养功效】清热解毒，补血凉血。

【健康贴士】豆芽所含膳食纤维较粗，不易被人体消化，且性偏寒，所以脾胃虚寒之人不宜多食。

蜂蜜脐橙汁

【主料】脐橙4个。

【配料】蜂蜜20克。

【制作】将脐橙去皮，洗净，切块，放入搅拌机里，加入蜂蜜一起打成汁，滤去果渣即可。

【营养功效】清热润肺，止咳平喘。

【健康贴士】脐橙味甘、甜，性微寒，具有生津止渴，开胃下气的功效，食欲不振、胸腹胀满作痛、腹中雷鸣、腹泻患者适宜食用。

无花果大肠煲

【主料】鲜无花果10个，猪大肠500克。

【配料】姜、葱各5克，高汤1000毫升，料酒10克，盐3克，花椒、鸡精、胡椒粉各2克。

【制作】①无花果洗净，切成薄片；猪大肠灌洗干净，切成2厘米长的段；姜洗净，切片；葱洗净，切段。②煲置火上，注入高汤，放入鲜无花果、猪大肠、姜片、葱段、料酒、花椒，大火煮沸，转小火炖煮1个小时后，加入盐、鸡精、胡椒粉调味即可。

【烹饪技法】煲。

【营养功效】健胃清肠，解毒消肿。

【健康贴士】无花果味甘，性微寒，入肺、胃、大肠经，有健脾开胃，解毒消肿的功效。猪大肠味甘，性寒，有润肠，清除内脏毒素的功能。两者搭配适宜肝炎、肺炎患者食用。

黑豆猪肉煲

【主料】黑豆50克，玉米须30克，猪瘦肉100克。

【配料】姜、葱各5克，蒜10克，高汤1000毫升，盐3克，鸡精2克。

【制作】①玉米须去杂质，洗净，用纱布包紧系好；黑豆淘洗干净，浸透；猪瘦肉洗净，切块；姜洗净，切片；葱洗净，切段；蒜去皮。②煲置火上，注入高汤，放入玉米须、黑豆、猪瘦肉、蒜瓣、姜片、葱段，大火煮沸，再转小火炖煮1个小时后，加入盐、鸡精调味即可。

【烹饪技法】煲。

【营养功效】平肝利胆，利水泄热。

【健康贴士】黑豆味甘、性平、无毒；有解表清热、养血平肝、补肾壮阴、补虚黑发的功能。猪瘦肉富含蛋白质，脂肪含量少。两者搭配是肝病患者优质的蛋白质摄取来源。

豆腐鳝鱼煲

【主料】鳝鱼300克，豆腐300克，茯苓粉10克。

【配料】姜、葱各5克，料酒10克，高汤200毫升，植物油50克，水淀粉20克，盐5克，鸡精3克，胡椒粉2克。

【制作】①鳝鱼宰杀后，去头、尾、骨、内脏，洗净，切成2厘米长的块；姜洗净，切片；葱洗净，切段。②炒锅置火上，入油烧至六成热，将豆腐放进油锅里，煎至两面金黄，盛出备用。③锅底留油，烧至四成热，下姜片、葱段、鳝鱼爆香，注入高汤，煮沸后，加入料酒、豆腐、茯苓粉煮10分钟，浇入水淀粉勾芡后，倒入沙煲内，用大火煮5分钟后，加入盐、鸡精、胡椒粉调味即可。

【烹饪技法】煎，煲。

【营养功效】清利湿热，利水消肿。

【健康贴士】豆腐中嘌呤含量较多，对嘌呤代谢失常的痛风病人和血尿酸浓度高的患者忌食。

术后恢复药膳

赤小豆鲫鱼煲

【主料】红小豆20克，鲫鱼300克。
【配料】葱20克，高汤500毫升，醋20克，老抽5克，盐3克，鸡精、胡椒粉各2克。
【制作】① 红小豆淘洗干净，放入锅里煮熟；鲫鱼去鳞、内脏，洗净；葱洗净，切段。② 煲置火上，注入高汤，将鲫鱼、红小豆、醋、葱段、老抽放入煲内，大火煮沸后，转小火煲30分钟后，加入盐、鸡精、胡椒粉调味即可。
【烹饪技法】煮，煲。
【营养功效】滋补肝肾，降血压。
【健康贴士】产后、术后、病后体虚者，经常吃适量鲫鱼有益于身体的恢复。

人参当归炖母鸡

【主料】人参10克，母鸡1只，当归15克。
【配料】姜5克，葱12克，盐4克，鸡精3克，胡椒粉3克。
【制作】① 母鸡宰杀后，去毛、内脏、爪，洗净；人参洗净，润透；当归洗净，润透；姜洗净，切片；葱洗净，切段。② 炖锅置火上，注入适量清水，把母鸡放进炖锅里，加入人参、当归、姜片、葱段、料酒，大火煮沸后，转小火炖50分钟，加入盐、鸡精、胡椒粉调味即可。
【烹饪技法】炖。
【营养功效】补气血，敛伤口。
【健康贴士】人参、当归、乌鸡都是滋补的上品，三者搭配温补效果明显，术后患者适宜食用。

气血大补汤

【主料】猪肉500克，墨鱼、猪肚各50克，党参、炙黄芪、炒白术、酒白芍、茯苓各10克，熟地黄、当归各15克，草川芎、炙甘草各6克，桂圆肉3克。
【配料】猪杂骨500克，姜30克，葱10克，料酒10克，花椒5克，盐4克，鸡精3克。
【制作】① 把党参、炙黄芪、炒白术、酒白芍、茯苓、熟地黄、当归、草川芎、炙甘草、桂圆肉洗净，润透，装进纱布袋里备用。② 猪肉洗净，切块；墨鱼处理干净，切条；猪肚洗净，切条；猪杂骨洗净，捶碎；姜洗净，拍松；葱洗净，切段。③ 炖锅置火上，注入适量清水，将猪肉块、墨鱼条、猪肚条、药袋、花椒、姜块、葱段放入炖锅里，加入料酒，大火煮沸后，转小火炖煮至猪肉熟烂，加入盐、鸡精调味，取出药袋即可。
【烹饪技法】炖。
【营养功效】补益气血，温中养胃。
【健康贴士】术后患者、身体虚弱者适宜食用。

当归炖鸡

【主料】母鸡1只，当归20克。
【配料】姜5克，葱6克，料酒5克，盐4克，鸡精2克。
【制作】① 母鸡宰杀后，去毛、内脏、爪，洗净，放入沸水中汆去血水，再放入清水中过凉，捞出，沥干水分；当归洗净，润透；姜洗净，切片；葱洗净，切段。② 炖锅置火上，注入适量清水，将当归、姜块、葱段装入鸡腹里，鸡腹朝上放入炖锅里，加入料酒，大火煮沸，转小火炖煮至母鸡熟烂，加入盐、鸡精调味即可。
【烹饪技法】炖。
【营养功效】滋阴补肾，益气补血。
【健康贴士】血虚萎黄、眩晕心悸、月经不

、经闭痛经、虚寒腹痛、跌扑损伤、术后者适宜食用。

黄芪当归蒸鸡

【主料】母鸡 1 只，炙黄芪 100 克，当归0 克。

【配料】姜 5 克，葱 6 克，料酒 5 克，盐 4 克，鸡精、胡椒粉各 2 克。

【制作】① 母鸡宰杀后，去毛、内脏、爪，洗净，放入沸水中汆去血水，再放入清水中过凉，捞出，沥干水分；炙黄芪洗净，润透；当归洗净，润透；姜洗净，切片；葱洗净，切段。② 将炙黄芪、当归装入鸡腹里，鸡腹朝上放入蒸盘里，摆上姜块、葱段，加入料酒，加入盐、鸡精、胡椒粉调味，盖上盖子，用湿棉纸将盘口封严，把蒸盘放进蒸笼里，大火蒸 2 个小时即可。

【烹饪技法】汆，蒸。

【营养功效】滋补精血，生肌，愈合伤口。

【健康贴士】黄芪、当归与母鸡搭配食用，可辅助治疗血虚所导致的各种疾病，对术后身体恢复也有很大的作用。

黄芪牡蛎粥

【主料】黄芪 20 克，牡蛎肉 100 克，大米60 克。

【配料】盐 2 克。

【制作】① 黄芪洗净，润透，切薄片；牡蛎肉洗净，切薄片；大米淘洗干净。② 锅置火上，放入大米，加入黄芪片、牡蛎片和适量清水，大火煮沸，转小火煮 30 分钟，加入盐调味即可。

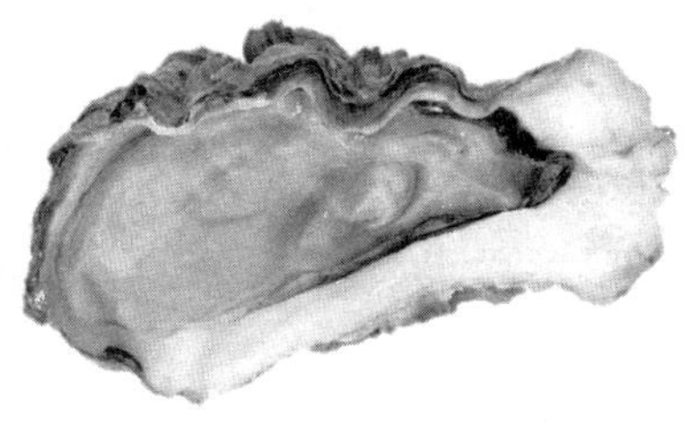

【烹饪技法】煮。

【营养功效】养胃补气，滋阴润燥。

【健康贴士】牡蛎虽有滋补功效，但药性较强，多服久服会导致心脏失血，所以要按时按量食用。

人参炖鳖肉

【主料】人参 10 克，鳖 1 只。

【配料】姜 5 克，葱 10 克，料酒 10 克，香油 20 克，盐 3 克，鸡精、胡椒粉各 2 克。

【制作】① 人参洗净，润透，切薄片；鳖宰杀后，去头、内脏、爪，洗净；姜洗净，拍松；葱洗净，切段。② 炖锅置火上，注入适量清水，将人参、鳖、姜块、葱段一起放入炖锅里，加入料酒，大火煮沸，转小火炖煮 40 分钟，加入盐、鸡精、胡椒粉调味，淋上香油即可。

【烹饪技法】炖。

【营养功效】滋阴补血，增补维生素。

【健康贴士】人参与鳖肉同炖，食用后对于术后滋补恢复，促进伤口愈合有明显的作用。

人参粥

【主料】人参粉 3 克，粳米 100 克。

【配料】冰糖 5 克。

【制作】① 粳米淘洗干净，放进砂锅里，加入人参粉搅拌均匀，注入适量清水，砂锅置大火上煮沸，再转小火煮至粳米熟烂。② 另起锅，锅置小火上，注入适量清水，放入冰糖，将冰糖化开，熬成汁。③ 待粥熟后，把冰糖汁缓缓地倒入人参粥里，搅拌均匀即可。

【烹饪技法】煮。

【营养功效】益元气，振精神，促进伤口愈合。

【健康贴士】久病羸弱、气短乏力、神疲肢倦、术后患者适宜食用，可促进伤口愈合，体力恢复。

人参鹿肉汤

【主料】鹿肉、鹿骨各 250 克，人参、黄芪、芡实、枸杞各 5 克，白术、茯苓、熟地黄、肉苁蓉、肉桂、白芍、益智仁、仙茅、泽泻、枣仁、怀山药、远志、当归、菟丝子、怀牛膝、淫羊藿各 3 克。

【配料】姜 5 克，葱 10 克，盐 4 克，胡椒粉 2 克。

【制作】① 鹿肉去筋膜，洗净，放入沸水中汆去血水，捞出凉凉，切成 3 厘米左右的小块；鹿骨洗净，捶碎；姜洗净，拍松；葱洗净，切段。② 将人参、黄芪、芡实、枸杞、白术、茯苓、熟地黄、肉苁蓉、肉桂、白芍、益智仁、仙茅、泽泻、枣仁、怀山药、远志、当归、菟丝子、怀牛膝、淫羊藿洗净，润透，装进纱布袋里备用。③ 锅置火上，注入适量清水，放入鹿肉、鹿骨、药袋、姜块、葱段，大火煮沸，撇去浮沫，转小火炖煮 150 分钟至鹿肉熟烂，加入盐、胡椒粉调味即可。

【烹饪技法】汆，炖。

【营养功效】填精补肾，大补元阳。

【健康贴士】人参与鹿肉搭配食用营养丰富，对于体虚羸弱、面色萎黄、四肢厥冷、腰膝酸软、阳痿、早泄及术后患者，有明显的滋补作用。

人参大枣炖乌鸡

【主料】乌鸡 1 只，人参 15 克，红枣 50 克。

【配料】姜 5 克，盐 3 克，鸡精 1 克。

【制作】① 乌鸡宰杀后，去毛、内脏、爪，洗净，放入沸水中汆去血水，再放入清水中过凉，捞出，切成块；人参洗净，润透；红枣洗净，去核；姜洗净，切片。② 炖锅置火上，注入适量清水，将乌鸡放入炖锅内，加入人参、红枣、姜片，大火煮沸，撇去浮沫，转小火炖煮至乌鸡熟烂，加入盐、鸡精调味即可。

【烹饪技法】汆，炖。

【营养功效】滋阴补肾，补血益气。

【健康贴士】人参大补元气，红枣补铁补血，乌鸡气血双补、滋补肝肾，三者搭配对术后患者恢复身体有很好的功效。

怀山药泥

【主料】怀山药 200 克，京糕 100 克。

【配料】豆沙 150 克，白砂糖 150 克，水豆粉 50 克，猪油 100 克。

【制作】① 怀山药研成细末，装进碗里，加入白砂糖 50 克，注入适量清水，充分搅拌成泥状；将京糕捏成泥状，另置碗内，加入白砂糖 25 克，拌匀；豆沙放入蒸碗里，放入蒸笼大火蒸透。② 锅置火上，入猪油 50 克烧至六成热，倒入怀山药泥，炒至浓稠时盛在盘中央，净锅后复入猪油 50 克，依次炒透豆沙和京糕泥，分别盛在怀山药泥的两边。③ 将手勺置大火上，加入少许清水，放入白砂糖 75 克，煮沸去沫，用水豆粉勾成黄汁，浇在京糕泥、豆沙、怀山药泥上即可。

【烹饪技法】蒸，炒，浇。

【营养功效】健脾和胃，滋补五脏。

【健康贴士】山药富含维生素 C，有温补元气的功效，但不宜与黄瓜、南瓜、胡萝卜、笋瓜同食，因为黄瓜、南瓜、胡萝卜、笋瓜中均含维生素 C 分解酶，同食会分解破坏维生素 C。

藏红花怀山药芝麻糊

【主料】藏红花 6 克，怀山药 15 克，黑芝麻 120 克，粳米 60 克。

【配料】鲜牛奶 200 毫升，玫瑰糖、冰糖各适量。

【制作】① 藏红花洗净，沥干水分；粳米淘洗干净，用清水浸泡 1 个小时，捞出，沥干水分；怀山药洗净，切成小粒；黑芝麻放入炒锅内炒香。② 将藏红花、粳米、黑芝麻放进绞磨机内，加入适量清水，倒入鲜牛奶搅拌均匀，磨碎后取汁备用。③ 锅置火上，注入适量清水，加入冰糖，将冰糖化开，把磨好的牛奶、藏红花、粳米、怀山药、黑芝麻倒入锅内，加入玫瑰糖，不断搅动，煮熟盛出即可。

【烹饪技法】煮。

【营养功效】活血化瘀，滋阴补肾。
【健康贴士】血瘀、胸闷、头疼、肢体麻木、术后患者适宜食用。

西洋参茶

【主料】西洋参 10 克。
【配料】冰糖 25 克。
【制作】① 西洋参洗净，润透，切片；冰糖打碎。② 将西洋参放入烧杯内，注入清水 300 毫升，烧杯置大火上煮沸，转小火煎煮 25 分钟，加入冰糖屑化开即可。
【烹饪技法】煎。
【营养功效】补气升压。
【健康贴士】西洋参除了滋阴补虚外，还可改善失眠、烦躁、记忆力衰退及老年痴呆等症状，因为西洋参含有皂苷可以有效增强中枢神经功能，达到静心凝神、消除疲劳、增强记忆力等作用。

西洋参五味茶

【主料】西洋参、五味子、麦冬各 10 克。
【配料】冰糖 25 克。
【制作】① 西洋参洗净，润透，切片；五味子去杂质，洗净；麦冬去内梗，洗净；冰糖打碎。② 锅置火上，放入西洋参、麦冬、五味子，注入清水 1000 毫升，大火煮沸，转小火煎煮 25 分钟，加入冰糖屑化开即可。
【烹饪技法】煎。
【营养功效】消渴生津，补气升压。
【健康贴士】术后患者经常食用有助于身体恢复。

红花山药面

【主料】红花 6 克，山药、猪瘦肉各 60 克，挂面 250 克。
【配料】姜 5 克，葱 10 克，植物油 15 克，熟鸡油 35 克，料酒 10 克，盐 3 克，鸡精 2 克。
【制作】① 山药洗净，浸泡一夜，捞出，切块；猪瘦肉洗净，切丁；红花洗净，沥干水分；姜洗净，切片；葱洗净，切成葱花。② 炒锅置火上，入植物油烧至六成热，下姜片、葱段爆香，放入肉丁翻炒致变色，加入山药块、红花翻炒，倒入熟鸡油，烹料酒，注入适量清水烧沸，下入挂面煮熟，加入盐、鸡精调味，盛出即可。
【烹饪技法】炒，煮。
【营养功效】健脾固肾，增强免疫。
【健康贴士】红花有活血通脉的作用，适宜高血压患者、月经不调者食用；孕妇、有出血倾向患者忌食。

红花炖鱿鱼

【主料】红花 10 克，鱿鱼 250 克。
【配料】姜 5 克，葱 10 克，熟鸡油 25 克，料酒 12 克，盐 3 克，鸡精 2 克。
【制作】① 红花去杂质，洗净，沥干水分；鱿鱼洗净，切块；姜洗净，切片；葱洗净，切成葱花。② 锅置火上，注入适量清水，放入红花、鱿鱼、姜片、葱段、料酒，大火煮沸，再转小火，炖煮 30 分钟，加入盐、鸡精调味，淋上熟鸡油即可。
【烹饪技法】炖。
【营养功效】活血化瘀，消肿止痛。
【健康贴士】跌打损伤、刀枪伤、疮疡肿痛、术后患者适宜食用，可促进伤口愈合。

人参山药粥

【主料】人参粉 3 克，山药粉 10 克，粳米 100 克。
【配料】冰糖 20 克。
【制作】① 粳米淘洗干净，放入砂锅中，注入适量清水，加入人参粉、山药粉搅拌均匀，砂锅置大火上煮沸，转小火熬煮至熟。② 另起锅，注入适量清水，放入冰糖，小火熬成冰糖汁后，将冰糖汁缓缓地倒入煮熟的人参山药粥内，搅拌均匀即可。
【烹饪技法】煮，搅拌。
【营养功效】益元气，振精神。
【健康贴士】适用于术后患者恢复身体，也

适合阴虚体弱的妇女食用。

山药白饭鱼蒸蛋

【主料】白饭鱼 50 克，山药粉 10 克，鸡蛋 1 个。

【配料】胡萝卜 100 克。

【制作】① 胡萝卜去皮，洗净，放进沸水里汆透，捞出凉凉，切成粒；白饭鱼洗净，放入沸水中汆去腥味，捞起，切碎。② 鸡蛋打入深碗中，放入山药粉、白饭鱼，注入清水 100 毫升搅拌均匀，放入蒸锅中大火蒸 5 分钟至鸡蛋熟透，撒上胡萝卜粒即可。

【烹饪技法】汆，蒸。

【营养功效】补益健胃，强身健体。

【健康贴士】适宜术后患者恢复身体食用。

山药芝麻糊

【主料】怀山药 15 克，黑芝麻 120 克，粳米 60 克。

【配料】鲜牛奶 200 毫升，玫瑰糖 6 克，冰糖 15 克。

【制作】① 粳米淘洗干净，用清水浸泡 1 个小时，捞出，沥干水分；怀山药洗净，切成小粒；黑芝麻去杂质，洗净，捞出，沥干水分，放入炒锅内炒香。② 将粳米、怀山药粉、黑芝麻放进绞磨机内，加入适量清水，倒入鲜牛奶搅拌均匀，磨碎备用。③ 锅置火上，注入适量清水，加入冰糖，大火烧沸，将冰糖化开，把磨好的牛奶、粳米、怀山药、黑芝麻倒入锅内，加入玫瑰糖，不断搅动，煮熟盛出即可。

【烹饪技法】搅拌，煮。

【营养功效】滋阴补肾，乌发明目。

【健康贴士】脾肾两虚引起的智力、记忆力减退者，术后患者适宜食用。

山药炖乌鸡

【主料】乌鸡 1 只，山药 200 克。

【配料】姜、葱各 15 克，料酒 5 克，八角、花椒，香叶、丁香、桂皮、肉蔻各 2 克，盐 5 克

【制作】① 乌鸡宰杀后，去毛、内脏、爪，洗净，放入沸水中汆去血水，捞出，沥干水分；山药去皮，洗净，切段；葱洗净，切片；姜洗净，切段。② 锅置火上，注入清水 1500 毫升，放入乌鸡、姜片、葱段、八角、花椒、香叶、丁香、桂皮、肉蔻，大火煮沸，倒入料酒，放入山药，转中火炖 10 分钟，煮至山药熟透，加入盐调味即可。

【烹饪技法】汆，炖。

【营养功效】益气健胃，滋阴补血。

【健康贴士】山药与甘遂不能同食，两者功效相反。

龙眼核桃粥

【主料】龙眼肉 10 克，核桃仁 20 克，大米 250 克。

【配料】清水 100 毫升。

【制作】① 龙眼肉洗净；核桃仁洗净；大米淘洗干净。② 把龙眼肉、核桃仁、大米放入锅内，注入清水，锅置大火上煮沸，再转小火熬煮 30 分钟即可。

【烹饪技法】煮。

【营养功效】补脑益智，补气养血。

【健康贴士】龙眼味甘，性温，温补功效明显，适宜术后患者恢复身体适宜。

龙眼人参饮

【主料】龙眼肉 15 克，人参 9 克。

【配料】冰糖 20 克，牛奶适量。

【制作】① 人参洗净，切片，装入碗里，用牛奶浸泡 30 分钟后捞出；龙眼肉洗净；冰糖打碎。② 砂锅置火上，放入龙眼肉、人参片，注入适量清水，大火煮沸，转小火煎煮 1 个小时，放入冰糖屑，搅拌至冰糖化开即可。

【烹饪技法】煎。

【营养功效】补脑益智，强身健体。

【健康贴士】有上火发炎症状者，风寒感冒者，糖尿病患者，经量过多者慎食。

蜜饯龙眼

【主料】龙眼肉、大枣各 250 克。
【配料】蜂蜜 250 克，姜汁适量。
【制作】① 龙眼肉洗净；大枣洗净。② 砂锅置火上，注入适量清水，放入龙眼肉、大枣，大火煮沸后，转小火煎煮至七成熟，加入姜汁和蜂蜜，搅拌均匀，煮至全熟，盛出。③ 待煮熟的蜜饯龙眼冷却后，装入瓶子内，密封瓶口即可。
【烹饪技法】煮，甜。
【营养功效】健脾益胃，滋补心血。
【健康贴士】每天吃龙眼肉、红枣各 7 粒，有助于改善脾虚、血亏所导致的食欲缺乏、面色萎黄，以及对术后恢复也有很大的作用。

荔枝龙眼老鸽汤

【主料】老鸽 1 只，荔枝 10 枚，龙眼 10 枚。
【配料】陈皮 4 克，姜 5 克，盐 4 克。
【制作】① 老鸽宰杀后，去毛、内脏、爪，洗净，切成块，放入沸水中，氽去血水；将荔枝、龙眼分别去壳、核，取肉；姜洗净，切片；陈皮用清水泡软，刮去白瓤。② 瓦煲置火上，注入适量清水，煮沸后，放入老鸽、姜片、陈皮，再次煮沸后，转小火炖煮 60 分钟，放入荔枝肉、龙眼肉煮 5 分钟后，加入盐调味即可。
【烹饪技法】氽，煮。
【营养功效】补血养颜，补心安神。
【健康贴士】血气不足、面色苍白、气促、精神不振、食欲不振、胃口欠佳者可用来做食疗药膳；皮肤生疮患者忌食。

芡实鲫鱼汤

【主料】芡实 15 克，怀山药 15 克，鲫鱼 1 条（约 150 克）。
【配料】植物油 20 克，盐 3 克。
【制作】① 鲫鱼去鳞、鳃、内脏，洗净，沥干水分；芡实洗净，润透；怀山药洗净，润透，切片。② 锅置火上，入油烧至六成热，放入鲫鱼煎至两面金黄后，盛出放入砂锅里，摆上芡实怀山药片，注入适量清水，砂煲置中火上炖煮 55 分钟，加入盐调味即可。
【烹饪技法】煎，炖。
【营养功效】补气、健脾、固肾。
【健康贴士】芡实与鲫鱼搭配，除滋阴补血外，还有健脑益智、改善神经衰弱的功效。

枸杞炖乳鸽

【主料】乳鸽 2 个，枸杞 20 克，油菜心 20 克。
【配料】葱 10 克，姜 5 克，料酒 10 克，香油 2 克，盐 3 克，鸡精 2 克，胡椒粉 1 克。
【制作】① 乳鸽宰杀后，去毛、内脏、爪，洗净，每只剁成 4 块，放入沸水中氽去血水，捞出，沥干水分；枸杞洗净，用温水泡软；油菜心择洗干净，切段；姜洗净，切片；葱洗净，切段。② 锅置火上，注入清水 800 毫升，放入乳鸽块、枸杞、姜片、葱段，倒入料酒，大火煮沸后，撇去浮沫，转小火炖煮 1 个小时。③ 待乳鸽熟烂后，用筷子挑出葱段、姜片扔掉，放入油菜心烫熟，加入盐、鸡精、胡椒粉调味后炖煮 20 分钟，盛出装碗，淋上香油即可。
【烹饪技法】氽，炖。
【营养功效】滋补肝肾，清肺顺气。
【健康贴士】乳鸽肉味咸，性平，具有滋补肝肾、补气益血的功效，乳鸽肉含有较多的支链氨基酸和精氨酸，可促进体内蛋白质的合成，加快创伤愈合，是术后伤口恢复的佳品。

桃酥豆泥

【主料】扁豆 150 克，黑芝麻 10 克，核桃仁 5 克。
【配料】白砂糖 125 克，熟猪油 125 克。
【制作】① 扁豆淘洗干净，放入沸水中煮 30 分钟，煮至能挤脱皮，捞出挤去外皮，放入碗里，加入没过扁豆仁的清水，放入蒸笼内大火蒸 2 个小时，蒸至扁豆仁熟烂，取出捣成泥。② 锅置火上，小火烧干，放入黑芝麻炒香，盛出，放入绞磨机里，研成细粉备用。③ 净锅后，注入熟猪油 50 克烧至六成热，倒入扁豆泥翻炒至水分将尽时，放入白砂糖炒匀，再放入 75 克猪油化开，最后放黑芝麻粉、核桃仁混合炒匀即可。

【烹饪技法】蒸，炒。

【营养功效】健脾胃，补肝肾，润五脏。

【健康贴士】适宜术后患者恢复身体食用。

核桃仁鸡丁

【主料】鸡胸肉 250 克，核桃仁 100 克，水发香菇 15 克，玉兰片 15 克，鸡蛋 1 个。

【配料】火腿 10 克，水淀粉 10 克，植物油 50 克，熟鸡油、料酒各 10 克，盐 4 克，鸡精 2 克。

【制作】① 鸡胸肉洗净，切丁，装入碗里，打入蛋清，倒入水淀粉 5 克浆 20 分钟。② 水发香菇洗净，切丁；玉兰片洗净；火腿切粒；锅置火上，入植物油烧至六成热，将核桃仁放入油锅里炸至金黄色，捞出沥干油分。③ 另起锅，注入熟鸡油烧至六成热，倒入鸡丁翻炒至七成熟，放入香菇丁、玉兰片、火腿粒炒匀，烹料酒，注入适量清水，煮熟后加入盐、鸡精调味，倒入用剩的水淀粉勾芡，放入核桃仁翻炒即可。

【烹饪技法】炸，炒，煮。

【营养功效】补脑益智，愈合伤口。

【健康贴士】核桃味甘，性温，入肾、肺、大肠经，上火、腹泻者忌食。

芪萸地黄猪胰饮

【主料】生黄芪、山萸肉各 15 克，生猪胰 10 克。

【配料】大生地黄、山药各 30 克。

【制作】① 将生黄芪、山萸肉、大生地黄、山药洗净，放入砂锅中，注入适量清水，砂锅置大火上烧沸，转小火煎煮 1 个小时，滤出第一煎液，倒入碗里，再往药渣里注入适量清水，煎煮 30 分钟，滤出第二煎液，将两次煎液混合。② 生猪胰洗净，切碎，放入炖锅内，注入混合好的煎液，炖锅置大火上煮沸，转小火炖煮至生猪胰熟透即可。

【烹饪技法】煎，炖。

【营养功效】凉血生肌，愈合伤口。

【健康贴士】猪胰多吃会损阳，故男子不宜经常食用。

地黄蒸鸡

【主料】生地黄 250 克，乌鸡 1 只。

【配料】饴糖 250 克。

【制作】① 乌鸡宰杀后，去毛、内脏、爪，洗净；生地黄洗净，润透，切条，装入碗里，放入饴糖搅拌均匀。② 将裹有饴糖的生地黄装入鸡腹内，把鸡放入蒸盘中，整盘移入蒸笼内，大火蒸 30 分钟至乌鸡熟透即可。

【烹饪技法】蒸。

【营养功效】补髓养血，愈合伤口。

【健康贴士】有骨髓虚损、腰膝酸软、不能久立、身重气乏等症状的患者适宜食用。

参芪精

【主料】党参、黄芪各 250 克。

【配料】白砂糖 500 克。

【制作】① 党参、黄芪洗净，放入锅内，注入适量清水浸泡 30 分钟后，再加入适量清水，锅置大火上煮沸，滤出第一药液，再往锅里注入清水，煎煮 30 分钟，滤出第二药液，将两次药液充分混合。② 锅置火上，倒入混合好的药液，小火煎煮至黏稠，关火，冷却后，加入白砂糖，使白砂糖吸进药液，混合均匀后，晒干，压碎，装入玻璃瓶里密封即可。

【烹饪技法】煎，煮。

【营养功效】健脾益气，润肺生津。

【健康贴士】党参与黄芪搭配，滋补效果明显，可作为术后恢复的食疗药膳。

八宝鸡汤

【主料】母鸡 1 只，党参、茯苓、炒白术、白芍各 5 克，炙甘草② 5 克，熟地黄、当归各7克，川芎3克。

【配料】姜、葱各10克，料酒15克，盐3克，鸡精2克。

【制作】① 母鸡宰杀后，去毛、内脏、爪，洗净；姜洗净，拍松；葱洗净，切段。② 将党参、茯苓、炒白术、白芍、炙甘草、熟地黄、当归、川芎洗净，装入纱布药袋里，系紧袋口。③ 铝锅置火上，注入适量清水，把母鸡、药袋放入铝锅内，大火煮沸，撇去浮沫，加入姜块、葱段、料酒，转小火炖至母鸡熟烂，捞出药袋丢掉，加入盐、鸡精调味即可。

【烹饪技法】炖。

【营养功效】温补滋润，调补血气。

【健康贴士】气血两虚及术后患者适宜食用。

莲子猪肚

【主料】猪肚1个，莲子40粒。

【配料】姜、葱、蒜各10克，料酒15克，盐3克，鸡精2克。

【制作】① 猪肚洗净；莲子，去心，洗净；将莲子装入猪肚内，加入适量清水，用线缝好；姜洗净，拍松；葱洗净，切段；蒜去皮，切片。② 锅置火上，注入适量清水，放入猪肚，大火煮沸，再转小火炖煮至猪肚熟透，捞出凉凉。③ 将凉凉的猪肚拆线，取出莲子放入砂锅内，猪肚切成细丝，放入砂锅内，放入姜块、葱段、蒜片、料酒，注入煮猪肚的高汤，砂锅置中火上炖煮10分钟，加入盐、鸡精调味，最后淋上香油即可。

【烹饪技法】煮，炖。

【营养功效】健脾益胃，补虚益气。

【健康贴士】脾虚消瘦者、术后患者适宜食用。

赤小豆荷叶粥

【主料】红小豆50克，荷叶1张，大米100克。

【配料】冰糖15克。

【制作】① 红小豆去杂质，淘洗干净；荷叶洗净，切丝；大米淘洗干净；冰糖打碎。② 锅置火上，注入适量清水，放入红小豆、大米、荷叶丝，大火煮沸后，转小火炖煮35分钟，除去荷叶不用，放入冰糖屑，化开，搅拌均匀即可。

【烹饪技法】煮。

【营养功效】祛暑热，止肿痛。

【健康贴士】外伤肿痛、跌打损伤、疮疡肿痛、术后患者适宜食用，有助于止肿痛，愈合伤口。

红枣桂圆蛋汤

【主料】鸡蛋2个，桂圆肉50克，红枣30克，当归30克。

【配料】红糖50克。

【制作】① 桂圆肉、红枣、当归洗净，润透；鸡蛋放入锅里，注入适量清水煮熟，捞出，凉凉，剥去鸡蛋壳。② 取一瓦煲，瓦煲置火上，放入桂圆肉、红枣、当归，注入适量清水，大火煮沸后，再转小火煲20分钟后，放入剥好的鸡蛋，加红糖，搅拌均匀，煮15分钟即可。

【烹饪技法】煮，煲。

【营养功效】补血健脾，温中益气。

【健康贴士】红枣有补铁补血的功效，桂圆补益气，鸡蛋滋补养阴，三者搭配温补效果明显，有助于术后患者恢复身体。

椰子红枣老鸽汤

【主料】椰子1个，老鸽1只，红枣10枚。

【配料】姜5克，盐3克。

【制作】① 椰子取椰汁、椰肉；老鸽宰杀后，去毛、内脏、爪，洗净，放入沸水中汆去血水；红枣洗净；姜洗净，切片。② 取一瓦煲，瓦煲置火上，注入适量清水，倒入椰汁，放入椰肉、老鸽、红枣、姜片，大火煮沸，转小火炖煮3个小时至老鸽熟软，加入盐调味即可。

【烹饪技法】汆，炖。

【营养功效】滋润补益，强心利尿。

【健康贴士】精神疲惫、面色苍白、心跳过

快、失眠多梦者及术后患者适宜食用。

玉丁桂花蛋

【主料】春笋 150 克，鸡蛋 5 个。
【配料】葱 10 克，熟猪油 20 克，香油 10 克，盐 3 克，鸡精 2 克。
【制作】① 春笋洗净，切丁；鸡蛋打入碗里，搅拌成蛋液；葱洗净，切段。② 锅置火上，倒入熟猪油烧至六成热，下入春笋丁煸炒几下，盛出，凉凉后，和葱段一起放入蛋液里搅拌均匀。③ 净锅后置火上，入香油烧至五成热，倒入蛋液，炒散，加入盐、鸡精调味，盛出装盘即可。
【烹饪技法】煸，炒。
【营养功效】利九窍、通血脉。
【健康贴士】春笋中含有难溶性草酸钙，所以尿道结石、肾结石、胆结石患者忌食。

桂花糖芋头

【主料】芋头 300 克，糖桂花 25 克。
【配料】白砂糖 75 克。
【制作】① 将芋头洗净，放入锅中，注入适量清水，锅置大火上煮沸，转小火煮 10 分钟至芋头熟透，关火，取出凉凉，去皮，切成小块。② 净锅后置火上，注入适量清水，放入芋头块，盖上锅盖，大火煮沸，再转小火煮至芋头酥软，放入白砂糖拌匀，撒上糖桂花即可。
【烹饪技法】煮。
【营养功效】洁齿防龋，通便养颜。
【健康贴士】芋头为碱性食品，能中和体内积存的酸性物质，调整人体的酸碱平衡，产生美容养颜、乌黑头发的作用，还可用来防治胃酸过多症。

三七粥

【主料】三七（田七）15 克，大米 100 克。
【配料】白砂糖 15 克。
【制作】① 三七研成细粉；大米淘洗干净。② 锅置火上，注入适量清水，放入三七细末、大米，大火煮沸，再转小火熬煮 35 分钟，加入白砂糖搅拌均匀即可。
【烹饪技法】熬，煮。
【营养功效】止血散瘀，消肿镇痛。
【健康贴士】外伤出血者、术后患者适宜食用。

田七青鸭汤

【主料】田七 20 克，青鸭 1 只。
【配料】葱 9 克，姜 5 克，料酒 9 克，盐 3 克，鸡精 2 克。
【制作】① 田七洗净，润透；青鸭宰杀后，去毛、内脏、爪，洗净；姜洗净，切片；葱洗净，切段。② 炖锅置火上，注入适量清水，将青鸭放进炖锅里，加入田七、姜片、葱段、料酒，大火煮沸，撇去浮沫，再转小火炖 40 分钟，加入盐、鸡精调味即可。
【烹饪技法】炖。
【营养功效】消炎敛口，生肌止痛。
【健康贴士】痈疮溃后不愈、恶疮疼痛、术后患者适宜食用。

牛蒡根炖猪蹄

【主料】牛蒡根 100 克，猪蹄 2 只。
【配料】葱 10 克，姜 5 克，料酒 10 克，盐 3 克，鸡精 2 克。
【制作】① 牛蒡根洗净，切段；猪蹄去毛，洗净，斩成块；姜洗净，切片；葱洗净，切段。② 炖锅置火上，注入适量清水，放入牛蒡根、猪蹄、料酒、姜片、葱段，大火煮沸，再转小火炖 50 分钟，加入盐、鸡精调味即可。
【烹饪技法】炖。
【营养功效】清热解毒，消肿止痛。
【健康贴士】牛蒡含有丰富的蛋白质、钙、维生素、胡萝卜素等，这些成分可促进新陈代谢，猪蹄胶原蛋白丰富，两者搭配，能促进新生细胞生长，具有驻颜抗衰老的功能。

素炒牛蒡

【主料】牛蒡200克，白菡蒻片1片，胡萝卜50克。

【配料】姜10克，生抽5克，陈醋6克，盐3克，鸡精、白砂糖各2克。

【制作】① 牛蒡擦洗干净，切丝；白菡蒻洗净，切条，放入沸水中，汆烫去味；胡萝卜洗净，切片；姜洗净，切片。② 把陈醋倒入大碗里，兑入适量清水，将牛蒡丝放进醋水里浸泡，去泥土味。③ 锅置火上，入油烧至六成热，下姜片爆香，放入牛蒡丝、白菡蒻条、胡萝卜片翻炒均匀，加入盐、鸡精、白砂糖调味即可。

【烹饪技法】泡，炒。

【营养功效】补益脾胃，清血养颜。

【健康贴士】腹疼胀气者忌食。

天冬膏

【主料】天冬500克。

【制作】将天冬去皮、根须，洗净，放进木杵内捣碎，用白纱布绞取汁液，沉淀片刻，滤去天冬药渣，把天冬液倒入瓷罐内，瓷罐置小火上，熬煮成膏状即可。

【烹饪技法】煮。

【营养功效】轻身益气，健体强身。

【健康贴士】将天冬与茯苓混合研成细粉，每天用开水冲服，可以改善畏寒症状。

蜂蜜大米粥

【主料】大米100克，蜂蜜25克。

【配料】清水500克。

【制作】① 将大米淘洗干净，浸泡30分钟后，捞出，沥干水分。② 锅置火上，注入清水，下入大米，大火煮沸，再转小火熬煮30分钟，凉至温热加入蜂蜜调味即可。

【烹饪技法】煮。

【营养功效】补中和胃，增补维生素。

【健康贴士】蜂蜜大米粥能滋补气血、促进伤口愈合、恢复体力，适宜术后患者食用。

黄牛肉粥

【主料】大米100克，黄牛肉50克。

【配料】川芎6克，丹参10克，姜3克，葱6克，料酒5克，盐3克，鸡精2克。

【制作】① 将川芎、丹参研成细末；黄牛肉洗净，切小块 大米淘洗干净，浸泡30分钟后，捞出，沥干水分；姜洗净，切片；葱洗净，切段。② 锅置火上，注入适量清水，把大米、黄牛肉、川芎粉、丹参粉、姜片、葱段、料酒一起放入锅内，大火煮沸，再转小火熬煮35分钟，加入盐、鸡精调味即可。

【烹饪技法】煮。

【营养功效】活血化瘀，消肿止痛。

【健康贴士】黄牛肉富含蛋白质、脂肪、维生素 B_1、钙、磷、铁、氨基酸等，健脾益气效果明显，大米温中养胃，两者搭配，适宜术后患者食用。

灵芝大蒜粥

【主料】灵芝15克，粳米150克，大蒜30克。

【配料】白砂糖适量。

【制作】① 灵芝研成细粉；大蒜去皮；粳米淘洗干净。② 锅置火上，放入灵芝粉、大蒜、粳米，注入适量清水，大火煮沸，再转小火煮至粳米熟烂，放入白砂糖搅拌均匀即可。

【烹饪技法】煮。

【营养功效】散痈肿，健脾胃。

【健康贴士】吃蒜能增强身体免疫力，灵芝能保肝解毒，两者搭配食用，能通血管、清毒素、增强免疫力。

鹿角胶粳米粥

【主料】鹿角胶15克，粳米100克。

【配料】姜3克。

【制作】① 粳米淘洗干净，浸泡20分钟，捞出，沥干水分；姜洗净，切片。② 锅置火上，注入适量清水，将粳米放入锅里，大火煮沸，放入鹿角胶、姜片，转小火煮至粳米熟烂即可。
【烹饪技法】煮。
【营养功效】补肾阳，益精血。
【健康贴士】肾阳不足以及术后患者适宜食用。

甘草蒸鹌鹑

【主料】鹌鹑 2 只，甘草、柏子仁各 6 克。
【配料】姜、葱各 5 克，料酒 10 克，盐 4 克，鸡精、胡椒粉各 2 克。
【制作】① 鹌鹑宰杀后，去毛、内脏、爪，洗净，沥干水分，装入碗里，放入料酒、盐腌制 10 分钟；甘草洗净，切段；柏子仁洗净；姜洗净，切片；葱洗净，切段。② 将鹌鹑、甘草、柏子仁、姜片、葱段放入蒸碗里，把蒸碗移入蒸笼中大火蒸 10 分钟，放鸡精、胡椒粉调味即可。
【烹饪技法】腌，蒸。
【营养功效】补气养血，养心安神。
【健康贴士】鹌鹑味甘，性平，入心、肝、脾、肺、肾、大肠经，可补中益气，清利湿热。甘草可清热解毒，缓急止痛。两者搭配健脾补气效果明显，适宜体虚瘦弱者、术后患者食用。

何首乌煨鸡

【主料】何首乌 30 克，母鸡 1 只。
【配料】姜 5 克，料酒 10 克，盐 4 克，鸡精 2 克。
【制作】① 将何首乌研成细粉备用。② 母鸡宰杀后，去毛、内脏、爪，洗净，沥干水分；将何首乌细粉用白纱布包好，装入鸡腹内；姜洗净，切片。③ 锅置火上，注入适量清水，放入母鸡、姜片，大火上煮沸后，转小火煨至母鸡熟烂，取出何首乌药袋，加入盐、鸡精调味即可。
【烹饪技法】煨。
【营养功效】补肝养血，滋肾益精。
【健康贴士】适用于因血虚、肝肾阴虚所引起的头昏眼花、失眠、脱肛、子宫脱垂、术后患者食用。

妙香鸡片

【主料】妙香（酸枣仁）15 克，鸡胸肉 250 克。
【配料】姜 5 克，葱 10 克，香油 20 克，生抽 5 克，盐 3 克，鸡精 2 克。
【制作】① 酸枣仁洗净；鸡胸肉洗净；将酸枣仁、鸡胸肉一起放入锅内，注入适量清水，锅置大火上煮 30 分钟后，将鸡胸肉捞出，凉凉，切片；姜洗净，切丝；葱洗净，切段。② 将鸡肉片、酸枣仁装入盘内，加入姜丝、葱段、生抽、盐、鸡精、香油，一起搅拌均匀即可。
【烹饪技法】煮，拌。
【营养功效】养肝敛汗，宁心安神。
【健康贴士】术后虚烦不眠、惊悸怔忡、烦渴、虚汗患者适宜食用。

猪骨炖黄豆

【主料】猪骨 500 克，黄豆 100 克。
【配料】姜、葱、黄酒各 10 克，盐 3 克，鸡精 2 克，胡椒粉 1 克。
【制作】① 猪骨洗净，捶碎，放入沸水中汆去血水；黄豆洗净，发透；姜洗净，切片；葱洗净，切段。② 炖锅置火上，注入适量清水，将猪骨、黄豆一起放入炖锅内，加入姜片、葱段、黄酒，大火煮沸，撇去浮沫，转小火炖煮至黄豆熟软，加入盐、鸡精、胡椒粉调味即可。
【烹饪技法】汆，炖。
【营养功效】补钙益气，补精益髓。
【健康贴士】患有严重肝病、肾病、痛风、消化性溃疡等病人群及低碘患者忌食；患疮痘期间不宜吃黄豆及其制品。

胃肠病药膳

芡实饼

【主料】生芡实180克，生鸡内金90克，白面粉250克。
【配料】白砂糖适量。
【制作】① 生芡实用清水淘去浮皮，晒干，研成细末，过筛；生鸡内金研成细粉，过筛，放入盆内，注入适量清水，浸泡6个小时。② 将芡实粉、白面粉、白砂糖放入浸泡生鸡内金粉的盆内，搅拌均匀，和成面团，压成薄饼状。③ 平底锅置火上，小火烧干，放入薄饼，烙至焦黄色即可。
【烹饪技法】泡，烙。
【营养功效】消积食，补虚损。
【健康贴士】芡实有较强的收涩作用，便秘者、尿赤者、产妇忌食。

山楂牛肉汤

【主料】山楂15克，牛肉50克，番茄100克，鸡蛋1个。
【配料】姜、葱各5克，高汤500毫升，植物油20克，生抽、料酒各5克，水淀粉20克，盐4克，鸡精、胡椒粉各2克。
【制作】① 山楂去核，洗净，切片；番茄洗净，切薄片；牛肉洗净，切薄片；姜洗净，切丝；葱洗净，切段。② 将牛肉片装入碗里，放入水淀粉、生抽、料酒，打入鸡蛋，用筷子搅拌均匀，腌制30分钟。③ 锅置火上，入油烧至六成热，下姜丝、葱段爆香，注入高汤，大火煮沸，放入牛肉片、山楂片、番茄片煮10分钟，加入盐、鸡精、胡椒粉调味即可。
【烹饪技法】腌，煮。
【营养功效】滋阴润燥，健胃消积。
【健康贴士】山楂与柠檬同食会影响消化，导致腹胀。

陈皮砂仁藕

【主料】陈皮、砂仁各6克，藕100克。
【配料】姜、葱、香油各5克，盐3克，鸡精2克。
【制作】① 陈皮洗净，刮去白瓤；砂仁洗净；藕洗净，切片，放入沸水中焯熟，捞出，过凉；姜洗净，切片；葱洗净，切段。② 锅置火上，注入适量清水，放入陈皮、砂仁，大火煮沸，转小火煎煮10分钟后，滤去药渣，取药液备用。③ 将藕、姜片、葱段放入盆内，倒入陈皮砂仁药液，加入盐、鸡精、香油拌匀，装盘即可。
【烹饪技法】焯，煎。
【营养功效】消食开胃，行气化瘀。
【健康贴士】陈皮与砂仁搭配能改善脾胃气滞、脘腹胀满、消化不良、食欲不振等症状，也可预防高血压、心肌梗死、脂肪肝、乳腺炎。

山药煮萝卜

【主料】排骨250克，山药200克，胡萝卜150克。
【配料】香菜5克，盐3克，鸡精2克。
【制作】① 山药去皮，洗净，切片；胡萝卜去皮，洗净，切块；排骨洗净，剁成段，放入沸水中汆去血水，捞出，沥干水分；香菜择洗干净，切末。② 锅置火上，注入适量清水，把排骨放入锅内，大火煮沸，转小火熬煮50分钟，煮至汤呈奶黄色，放入胡萝卜炖5分钟，再放入山药片煮熟，最后加入盐、鸡精调味，撒上香菜末即可。
【烹饪技法】汆，煮。
【营养功效】补脾健胃，滋阴润燥。
【健康贴士】秋天宜多吃山药，补水润肤；冬天宜多吃萝卜，补血驱寒。

沙参蒸蟹

【主料】沙参10克，大闸蟹。

【配料】葱10克，姜5克，料酒10克，盐4克。

【制作】① 大闸蟹处理干净后，装入碗里，加盐、料酒腌制10分钟；沙参洗净，润透，切片；姜洗净，切丝；葱洗净，切段。② 把大闸蟹放入蒸盘内，将沙参、姜丝、葱段放在大闸蟹上，淋入腌制大闸蟹的味汁，把蒸盘放入蒸笼里，大火蒸12分钟后取出，去除姜丝、葱段、沙参，摆盘即可。

【烹饪技法】腌，蒸。

【营养功效】健脾和胃，利湿消肿。

【健康贴士】大闸蟹和柿子在1个小时内同食，会造成蛋白质凝固，导致肠痉挛。

山药炒螺片

【主料】鲜山药60克，螺肉200克。

【配料】枸杞10克，姜、葱各15克，料酒20克，水淀粉5克，盐3克，白砂糖2克。

【制作】① 山药洗净，切片；枸杞润透，洗净；螺肉洗净，切片，加盐、水淀粉、料酒拌匀，腌制20分钟；姜洗净，切片；葱洗净，切段。② 锅置火上，入油烧至六成热，下入姜片、葱段爆香，放入螺肉、山药、枸杞翻炒至断生，加入白砂糖、盐、鸡精调味，盛出装盘即可。

【烹饪技法】炒。

【营养功效】健脾和胃，滋阴补气。

【健康贴士】吃山药炒螺片时，不可饮用冷饮，否则会导致腹泻。

茯苓冬瓜脯

【主料】茯苓粉25克，冬瓜300克，虾仁150克。

【配料】高汤100毫升，水淀粉20克，料酒8克，盐3克，鸡精2克。

【制作】① 冬瓜洗净，切成夹片；虾仁洗净，去虾线，用刀背拍扁，剁成虾泥，装入碗里，加入盐、水淀粉、料酒、茯苓粉搅拌至上劲。② 把虾泥放入冬瓜夹片中，整齐地排在蒸盘内，注入高汤，放入蒸笼，大火蒸25分钟即可。

【烹饪技法】蒸。

【营养功效】健脾开胃，利尿消肿。

【健康贴士】茯苓味甘、淡，性平，有利水渗湿、健脾、安神的功效。

韭黄炒对虾

【主料】韭黄200克，对虾300克。

【配料】姜5克，葱10克，植物油20克，盐3克，鸡精2克。

【制作】① 韭黄择洗干净，切段；对虾去头、尾、壳、虾线，洗净，切成两段；姜洗净，切丝；葱洗净，切段。② 净锅后置火上，复入油烧至七成热，下姜丝、葱段爆香，放入虾仁翻炒2分钟，倒入韭黄段，炒至断生，加入盐、鸡精调味即可。

【烹饪技法】爆，炒。

【营养功效】活血散瘀，润肠通便。

【健康贴士】韭菜与对虾搭配，有健胃补虚、益精壮阳的作用，适用于腰膝无力、盗汗遗精、阳痿遗尿的病人。

砂仁猪肚汤

【主料】砂仁6克，猪肚1副。

【配料】姜、葱各5克，盐5克，胡椒粉3克，料酒适量。

【制作】① 猪肚洗净，用盐搓匀，加料酒腌渍片刻，去异味，洗净切块；姜洗净，拍松；葱洗净，切段；砂仁研成细粉。② 砂锅置火上，入水适量，放入砂仁粉、姜块、葱段、猪肚，大火煮沸后转小火炖至猪肚熟透，加入盐、胡椒粉调味即可。

【烹饪技法】腌，炖。

【营养功效】温中和胃，消炎止痛。

【健康贴士】急性胃炎患者适宜食用。

砂仁开胃粥

【主料】砂仁10克，大米100克。

【配料】白砂糖10克，小番茄2枚。
【制作】①大米淘洗干净，用水浸泡20分钟，备用；小番茄洗净，切片；砂仁研成细粉。②砂锅置火上，注入适量清水，下入大米，大火煮沸后，放入砂仁粉，转小火熬煮成粥，加入白砂糖调味，放上小番茄片装饰即可。
【烹饪技法】煮。
【营养功效】开胃消食，益气利脾。
【健康贴士】食欲不振、肠胃消化不良者宜食。

丁香鸡

【主料】丁香10克，鸡1只。
【配料】姜10克，葱15克，陈皮5克，植物油20克，醋5克，生抽、老抽各8克，盐3克，鸡精、胡椒粉各2克。
【制作】①鸡宰杀后，去毛、内脏、爪，洗净，切块；陈皮洗净，润透；姜洗净，切片；葱洗净，切段。②锅置火上，入油烧热，下入丁香、陈皮、姜片、葱段爆香，放入鸡块翻炒，淋入醋、生抽，注入没过鸡块的清水，转小火炖煮20分钟后，倒入老抽炒匀，待汤汁收干，加入盐、鸡精、胡椒粉调味，盛出装盘即可。
【烹饪技法】炒，炖。
【营养功效】温中益气，滋补养胃。
【健康贴士】丁香有温中、暖肾、降逆的功效，因此热性病及阴虚内热者忌食。

丁香卤鹌鹑

【主料】丁香5克，鹌鹑200克。
【配料】草豆蔻、肉桂、姜、葱、香油各5克，冰糖10克，盐3克，鸡精2克，卤汁适量。
【制作】①鹌鹑宰杀后，去毛、内脏，洗净，放入沸水中汆去血水；丁香、肉桂、草豆蔻放入炖锅内，注入适量清水，煎煮2次，每次煎煮20分钟后，滤出药液，将两次药液混合；姜洗净，拍松；葱洗净，切段；冰糖打碎成屑。②将药液倒入锅内，放入鹌鹑，加入葱段、姜块，锅置大火上煮至六成熟时，捞起晒凉。③另起锅，锅置小火上，把卤汁倒入锅内，放入鹌鹑卤熟捞出；将盐、冰糖屑、鸡精放入卤汁内，煮沸，转小火，再次放入鹌鹑，边滚动鹌鹑边浇卤汁，直到卤汁均匀地粘在鹌鹑上，色红亮时捞出装盘，淋上香油即可。
【烹饪技法】汆，煎，煮，卤。
【营养功效】温中和胃，暖肾壮阳。
【健康贴士】急性胃肠炎患者适宜食用。

荜茇鲫鱼羹

【主料】荜茇10克，鲫鱼1000克，砂仁5克，陈皮10克。
【配料】蒜、葱各5克，植物油50克，盐3克，鸡精、胡椒粉各2克。
【制作】①将鲫鱼去鳞、鳃、内脏，洗净，沥干水分；陈皮、砂仁、荜茇洗净；葱洗净，切段；蒜去皮，切片。②把陈皮、砂仁、荜茇、蒜片、葱段装入鲫鱼腹内。③锅置火上，入油烧热，将鲫鱼放入油锅内煎炸，煎至两面金黄，再注入适量清水，转小火炖成羹，加入盐、鸡精、胡椒粉调味，盛出装盘即可。
【烹饪技法】煎，炖。
【营养功效】健脾暖胃，和胃止痛。
【健康贴士】由胃寒引起的腹痛、呕吐、腹泻、冠心病心绞痛、神经性头痛、牙痛等患者适宜食用。

草果羊肉粥

【主料】草果5枚，羊肉250克，大米200克。
【配料】香菜8克，料酒5克，盐4克，鸡精2克。
【制作】①将羊肉洗净，切片，装入碗里，加入盐、料酒拌匀，腌制10分钟；大米用开水淘洗干净；草果洗净，拍破；香菜择洗干净，切末。②炖锅置火上，下入大米、羊肉、草果，注入适量清水，大火煮沸，再转小火熬煮成粥状，加入鸡精拌匀，撒上香菜末即可。
【烹饪技法】腌，煮。
【营养功效】温中暖胃，驱寒，去腹胀。

【健康贴士】草果也与牛肉同烹，不仅味道鲜美，而且起到润肠养胃的作用。

丁香草果面

【主料】丁香 2 克，草果 1 枚，面条 250 克。

【配料】盐 3 克，鸡精 2 克，胡椒粉 3 克。

【制作】① 将草果去心，与丁香一起研成细粉。② 锅置火上，注入清水适量，大火烧沸，放入面条，煮至水再次沸腾，加入丁香粉、草果粉、盐、鸡精、胡椒粉，煮至面条熟透即可。

【烹饪技法】煮。

【营养功效】暖肠胃，止泄泻。

【健康贴士】丁香与草果搭配，对慢性肠炎、泄泻患者有明显的食疗效果。

草果羊肉萝卜汤

【主料】草果 5 克，羊肉 500 克，豌豆 100 克，白萝卜 300 克。

【配料】姜 5 克，香菜 10 克，醋 8 克，盐 4 克，胡椒粉 2 克。

【制作】① 草果去心，洗净；羊肉洗净，切成小丁；白萝卜洗净，切成小丁；豌豆淘洗干净；姜洗净，切片；香菜择洗干净，切段。② 锅置火上，注入适量清水，将草果、白萝卜丁、羊肉丁、豌豆、姜片一起放入锅内，大火煮沸，再转小火炖煮 1 个小时至羊肉熟烂，加入盐、胡椒粉调味，撒上香菜段，盛出装盘即可。

【烹饪技法】煮。

【营养功效】补气厚肠，温中暖胃。

【健康贴士】肠胃病患者经常食用，可改善肠胃功能。

天冬卤腐竹

【主料】天冬 20 克，腐竹 500 克。

【配料】卤水 3000 毫升。

【制作】① 将天冬洗净，润透；腐竹用冷水浸泡 5 个小时后，捞出，洗净，切成约 4 厘米长的段。② 炖锅置火上，倒入卤水，放入天冬、腐竹，大火煮沸后，转小火卤制 30 分钟，关火，盛出装盘即可。

【烹饪技法】卤，炖。

【营养功效】厚肠益胃，养阴生津。

【健康贴士】慢性肠炎患者适宜食用。

姜萝卜饼

【主料】白萝卜 250 克，面粉 300 克，猪瘦肉 100 克。

【配料】姜、葱各 10 克，植物油 50 克，盐 3 克。

【制作】① 白萝卜洗净，切成细丝；猪瘦肉洗净，剁成泥；姜洗净，切末；葱洗净，切成葱花。② 锅置火上，入油 10 克烧热，下白萝卜丝炒至五成熟，盛进碗里，加入姜末、葱花、盐调味，做成馅料。③ 面粉倒入盆里，注入适量清水，和成面团，搓成长条，摘成若干个剂子，用擀面杖擀成薄片，填入馅料，制成夹心饼。④ 锅置中火上，入油 40 克烧至六成热，放入做好的饼，逐个烙至两面金黄即可。

【烹饪技法】炒，烙。

【营养功效】解毒驱寒，补水养胃。

【健康贴士】生姜与白萝卜搭配，开胃生津，慢性胃炎患者经常食用可起到养胃的功效。

姜牛奶羹

【主料】姜 30 克，牛奶 250 毫升。

【配料】韭菜 400 克。

【制作】① 姜去皮，洗净，切丝；韭菜择洗干净，切末。② 锅置火上，注入适量清水，将姜丝、韭菜末一起放入白纱布袋里，系紧袋口，放入锅里，大火煮沸，再转小火煎煮至水位为原来的 1/4 时，倒入牛奶，煮沸即可。

【烹饪技法】煮。

【营养功效】温中祛寒，健脾养胃。

【健康贴士】姜牛奶羹一定要趁热喝，否则容易引起腹泻。

姜大枣粥

【主料】姜 9 克，粳米 150 克，红枣 4 枚。
【配料】清水 500 毫升。
【制作】① 姜去皮，洗净，切片；红枣去核，洗净，对半切开；大米淘洗干净，浸泡 30 分钟，捞出，沥干水分。② 锅置大火上烧至四成热，倒入粳米干炒片刻，注入准备好的清水，煮沸，用勺子不断搅拌，放入红枣、姜片，转小火熬煮成粥即可。
【烹饪技法】煮。
【营养功效】滋阴补血，暖胃健脾。
【健康贴士】每天食用一次姜大枣粥，会起到驱寒暖胃、改善肠胃功能的作用。

姜牛肉粥

【主料】牛肉 100 克，大米 100 克。
【配料】姜 20 克，葱 10 克，料酒 10 克，盐 3 克，鸡精 2 克。
【制作】① 牛肉洗净，用沸水汆去血水，切成片；大米淘洗干净；姜洗净，切片；葱洗净，切成葱花。② 炖锅置火上，放入牛肉片，加入姜片、料酒，注入适量清水，大火煮沸，再转小火炖煮 40 分钟，再倒入大米，熬煮成粥，加入盐、鸡精调味，撒上葱花即可。
【烹饪技法】汆，煮。
【营养功效】暖脾胃，散风寒，增食欲。
【健康贴士】胃酸过少、脾胃虚寒、食欲减退患者适宜食用。

山楂瘦肉干

【主料】山楂 100 克，猪瘦肉 1000 克。
【配料】植物油 1000 克（实耗 50 克），姜、葱各 15 克，花椒 6 克，香油、料酒各 20 克，白砂糖 30 克。
【制作】① 将猪瘦肉剔去皮筋膜，洗净；山楂去杂质，洗净，拍破；姜洗净，切片；葱洗净，切段。② 将一半山楂放入锅内，注入适量清水，锅置火上煮沸，放入猪瘦肉，煮至猪瘦肉六成熟，捞出，稍晾后，切成条，装入碗里，加入植物油（10 克）、姜片、葱段、料酒、花椒，拌匀，腌渍 1 个小时后，沥干水分。③ 锅置小火上，入油烧至四成热，放入猪肉条炸干水分，炸至微黄色，即用漏勺捞起，沥干油分。④ 将锅内的油倒出后，锅底留少许余油，再置大火上烧热，放入余下的山楂，略炸后，倒入肉条反复翻炒，小火焙干，盛出装盘，淋入香油，撒上白糖，拌匀即可。
【烹饪技法】煮，腌，炒，焙。
【营养功效】滋阴润燥，化食消积。
【健康贴士】山楂与猪瘦肉两者搭配可有效改善肠胃功能。

乌梅山楂粥

【主料】糯米 50 克，大米 30 克，山楂 10 克，乌梅 8 克。
【配料】冰糖适量。
【制作】① 糯米淘洗干净，浸泡 2 个小时；大米淘洗干净；山楂、乌梅分别洗净，润透，切片；冰糖打碎成屑。② 锅置火上，注入适量清水，放入糯米、大米，大火上煮沸后，转小火熬煮至米汤变浓稠时，放入山楂片、乌梅片，煮至熟软，加入冰糖屑，拌匀即可。
【烹饪技法】煮。
【营养功效】健脾开胃，肠润通便。
【健康贴士】经期妇女、孕妇、产妇忌食。

蜂蜜山楂饮

【主料】鲜山楂 40 克，蜂蜜 10 克。
【制作】① 将山楂去果柄，洗净，晾干，切成两半。② 锅置火上，注入适量清水，放入鲜山楂，大火煮沸后，转小火煎煮 30 分钟，关火，滤去山楂果，把山楂水倒入杯里，兑入蜂蜜，搅拌均匀即可。
【烹饪技法】煎。
【营养功效】开胃生津，润肺止渴。
【健康贴士】胃弛缓症患者坚持每天服用 400 毫升，可以改善肠胃功能。

吴茱萸米粥

【主料】吴茱萸末 5 克，大米 150 克。
【配料】葱 10 克，盐 3 克。
【制作】① 大米淘洗干净；葱洗净，切成葱花。② 锅置火上，注入适量清水，下入大米，大火煮沸，放入吴茱萸末，搅拌均匀，转小火熬煮 1 个小时至米汤变浓稠时，加入盐调味，撒上葱花即可。
【烹饪技法】煮。
【营养功效】暖脾胃，止疼痛，降气止呕。
【健康贴士】无溃疡、胃炎患者适宜经常食用。

山药甜汤圆

【主料】山药 50 克，糯米 500 克。
【配料】胡椒粉 30 克，白砂糖 90 克。
【制作】① 将山药研成细粉，装入蒸碗里，注入适量清水，搅拌均匀，放入蒸锅里蒸熟，取出，加入白砂糖，胡椒粉拌匀，做成馅料。② 糯米洗净，提前浸泡一夜后，捞出，沥干水分，研成汤圆粉，装入盆里，注入适量温水，揉成糯米团，摘成若干个小剂子，捏成汤圆皮，逐个包入做好的馅料。③ 锅置火上，注入适量清水，大火煮沸，放入白砂糖，搅匀，熬成糖水，放入包好的汤圆，大火煮至汤圆全部浮起，盛出即可。
【烹饪技法】煮。
【营养功效】补中益气，补益脾胃。
【健康贴士】胃下垂、体虚、四肢乏力患者经常食用可起到治病强身的功效。

山药糯米粥

【主料】鲜山药 150 克，糯米 100 克。
【配料】清水 1000 毫升。
【制作】① 将山药去皮，洗净，切丁；糯米淘洗干净，浸泡 30 分钟，捞出，沥干水分。② 锅置火上，注入清水，下入糯米，大火煮沸，再转小火煮至糯米五成熟时，放入山药丁，继续煮熟即可。
【烹饪技法】煮。
【营养功效】暖胃健脾，补水润肤。
【健康贴士】皮肤容易过敏者切山药时要戴好手套，否则会手痒。

山药扁豆粥

【主料】白扁豆 10 克，大米 30 克，山药 30 克。
【配料】白砂糖 15 克。
【制作】① 将山药去皮，洗净，切片；白扁豆去杂质，淘洗干净；大米淘洗干净。② 锅置火上，注入适量清水，下入大米、白扁豆，大火煮沸，再转小火煮至五成熟时，放入山药片，继续熬煮至熟，加入白砂糖，拌匀即可。
【烹饪技法】煮。
【营养功效】补益脾胃，调中固肠。
【健康贴士】由脾胃气虚引起的便溏、消瘦患者适宜食用。

胡椒火腿汤

【主料】白胡椒 15 克，火腿 50 克。
【配料】青菜 150 克，盐 3 克。
【制作】① 将白胡椒研成细粉；火腿切成薄片；青菜择洗干净。② 锅置火上，注入适量清水，下入火腿、白胡椒粉，大火煮沸，放入青菜，再次煮沸后，加入盐调味，盛出即可。
【烹饪技法】煮。
【营养功效】暖胃，补血，止痛。
【健康贴士】寒邪反胃、呕吐清水患者适宜食用。

豆蔻馒头

【主料】白豆蔻粉 6 克，面粉 500 克。
【配料】苏打 6 克，发酵面团 50 克。
【制作】① 将面粉放在案板上，加入适量清水，揉成面团，放入发酵面团，静置饧发 30 分钟后，放入苏打粉、白豆蔻粉揉匀，再搓成长条，分切成若干个馒头生坯。② 把做好的馒头生坯整齐地放入蒸笼内，大火蒸15分钟至熟即可。

【烹饪技法】蒸。

【营养功效】消积食，止酸水。

【健康贴士】胃酸过多患者经常食用可起到中和胃酸、平衡胃液的作用。

半夏粥

【主料】半夏6克，大米100克。

【配料】干姜、炙甘草各5克，红枣6枚，黄连2克，白砂糖20克。

【制作】① 将半夏、干姜、红枣、炙甘草、黄连洗净，装入白纱布袋里，系紧袋口；大米淘洗干净。② 把药袋放入药罐内，注入适量清水，药罐置小火上煎煮30分钟，取出药袋，药液备用。③ 锅置火上，倒入药液，兑入适量清水，把大米放进锅里，大火熬煮50分钟后，加入白砂糖调味，拌匀即可。

【烹饪技法】煎，煮。

【营养功效】止呕吐，止下痢，消炎。

【健康贴士】适宜恶心、呕吐、下痢肠炎患者食用。

白术红枣饼

【主料】白术15克，红枣250克，面粉500克。

【配料】干姜6克，鸡内金粉15克，植物油50克。

【制作】① 红枣洗净，去核；白术、干姜洗净，装入白纱布袋里，系紧袋口，与红枣一起放入锅内，注入适量清水，锅置小火上煮1个小时，取出药袋，把红枣拌成枣泥备用。② 将面粉倒入盆内，加入鸡内金粉充分混合，倒入枣泥，并加入适量清水，揉成面团，把面团搓成长条，切成若干个大小均匀的剂子，用擀面杖逐个擀成饼状。③ 锅置中火上，入油烧至六成热，将做好的饼逐个放入油锅内，烙至两面金黄即可。

【烹饪技法】煮，烙。

【营养功效】健脾益气，开胃消食。

【健康贴士】白术味苦，性温，入脾、胃经，能有效改善腹胀泄泻、胎动不安等症，但白术不宜与桃子同食，会引发心绞痛。

白术人参饮

【主料】白术30克，人参、干姜各9克，炙甘草10克。

【配料】白砂糖20克。

【制作】① 将人参、白术、干姜、炙甘草分别洗净，切片。② 锅置火上，注入适量清水，放入人参、白术、干姜、炙甘草，中火煎煮25分钟，滤去药渣，取药液；把过滤出来的药液倒进碗里，加入白砂糖调味，搅拌均匀即可。

【烹饪技法】煎。

【营养功效】益中气，止吐泻。

【健康贴士】白术与人参搭配煎水，对胃肠虚弱、腹冷、下痢肠炎等疾病有明显的改善效果。

人参炖鱼头

【主料】大鱼头1个，西洋参、红参各10克，红枣5枚。

【配料】姜4克，植物油20克，糯米酒50克，盐3克。

【制作】① 将大鱼头去鳃，洗净，沥干水分，分切两半；红枣洗净，去核；西洋参、红参洗净，润透；姜洗净，切片。② 把大鱼头、西洋参、红参、红枣、姜片、糯米酒、油、盐一起放入炖盅内，注入适量清水，盖上盖子，把炖盅放进炖锅里，隔水炖2个小时即可。

【烹饪技法】炖。

【营养功效】补气养阴，补肺退热。

【健康贴士】人参可提高兴奋度，降低麻醉药的作用时间，而手术前需要注射普鲁卡因、氯仿等麻醉剂，故术前患者不宜食用人参。

人参茯苓炖鱼肚

【主料】人参、半夏、陈皮各10克，茯苓、白术各15克，鱼肚250克。
【配料】红枣6枚，甘草5克，葱10克，姜15克，鸡汤500毫升，料酒15克，盐3克。
【制作】①将鱼肚洗净，发透，切块；人参、茯苓、甘草洗净，切片；陈皮洗净，切丝；红枣洗净，去核；姜洗净，切片；葱洗净，切段。②炖锅置火上，注入少量清水，把鱼肚、人参、茯苓、甘草、陈皮、红枣、姜片、葱段、料酒一起放入炖锅里，大火上煮沸，注入鸡汤，转小火炖煮30分钟，加入盐调味即可。
【烹饪技法】炖。
【营养功效】补气和中，益胃健脾。
【健康贴士】经常食用对胃弛缓症患者出现的神疲乏力、面色不佳、头晕、上腹胀气有较好的辅助治疗效果。

当归粟米粥

【主料】粟米150克，当归、白芍、川芎、人参、白术各15克。
【配料】茯苓20克，桂枝10克。
【制作】①将当归、白芍、川芎、人参、白术、茯苓、桂枝洗净，放入锅内，注入适量清水，锅置大火上煮沸，转小火煎煮30分钟，关火，滤去药渣，留药液备用。②粟米淘洗干净，放入炖锅内，倒入药液，并兑入适量清水，炖锅置大火上煮沸，转小火炖煮30分钟至熟即可。
【烹饪技法】煎，炖。
【营养功效】滋补养胃，祛痛止痢。
【健康贴士】当归补血活血，板栗养胃健脾、补肾壮腰，两者搭配对直肠溃疡、肠绞痛、便血患者有很好的食疗作用。

乌梅冰糖饮

【主料】乌梅2枚，冰糖少许。
【配料】清水250毫升。
【制作】将乌梅洗净，润透，放入炖锅内，注入清水，炖锅置大火上煮沸，再转小火煎煮10分钟，放入冰糖，搅拌均匀即可。
【烹饪技法】煎。
【营养功效】开胃生津，润肺止渴。
【健康贴士】经常饮用有助于肠胃健康，改善肠胃功能。

乌梅山楂饮

【主料】乌梅15克，山楂30克。
【配料】清水1500毫升。
【制作】将乌梅、山楂洗净，润透，放入炖锅内，注入清水，炖锅置大火上煮沸，再转小火煎煮1个小时，关火，滤去药渣即可。
【烹饪技法】煎。
【营养功效】开胃生津，利水消肿。
【健康贴士】山楂不宜与海鲜、人参、柠檬同食。

苍术炖猪肚

【主料】猪肚1只，苍术15克，厚朴、陈皮各10克，甘草5克，红枣6枚。
【配料】姜、葱各10克，料酒15克，盐5克。
【制作】①猪肚洗净；姜洗净，切片；葱洗净，切段；苍术、厚朴、陈皮、甘草、红枣洗净，装入猪肚内，扎好口。②炖锅置火上，注入适量清水，放入猪肚，加入料酒、姜片、葱段，盖上盖子，大火煮沸，再转小火炖煮至猪肚熟透，加入盐调味，捞出猪肚，凉凉，去除药渣，切成条，装盘即可。
【烹饪技法】炖。
【营养功效】健脾胃，益中气。
【健康贴士】苍术忌与白菜同食，因为苍术两者性味相反，味辛、苦，性温；白菜味甘，性平。

鲜艾叶甜饮

【主料】鲜艾叶500克。
【配料】白砂糖10克。
【制作】①将鲜艾叶洗净，放入搅拌机搅碎，倒入白纱布袋里，挤出艾叶汁，装入杯子里。②锅置火上，倒入艾叶汁，注入适量清水，大火煮沸后，加入白砂糖调味，搅拌均匀即可。

【烹饪技法】煮。

【营养功效】健脾胃。

【健康贴士】鲜艾叶能调经止血，散寒止痛；用干艾叶来熏肚脐可以暖宫。

陈皮炖鹌鹑

【主料】鹌鹑2只，陈皮、苍术、厚朴、香附子各10克。

【配料】砂仁2克，红枣6枚，甘草5克，姜、葱各10克，料酒15克，盐5克。

【制作】① 鹌鹑宰杀后，去毛、内脏、爪，洗净；陈皮、苍术、厚朴、香附子、砂仁、红枣、甘草洗净，润透；姜洗净，切片；葱洗净，切段。② 炖锅置火上，注入适量清水，把鹌鹑、陈皮、苍术、厚朴、香附子、砂仁、红枣、甘草一起放入炖锅内，加入料酒、姜片、葱段，盖上盖子，大火煮沸，再转小火炖煮50分钟，加入盐调味拌匀即可。

【烹饪技法】炖。

【营养功效】健脾胃，补气血。

【健康贴士】鹌鹑味甘，性平，入肠、脾、肺、肾经，具有补五脏、益精血等作用，适宜高血压、血管硬化、胃病患者食用；鹌鹑忌与黑木耳、蘑菇等菌类同食，易引发痔疮。

旋覆炖鱼头

【主料】大鱼头1个，旋覆花、代赭石、人参各15克，半夏10克。

【配料】红枣3枚，炙甘草5克，胡椒3克，姜、葱各10克，料酒10克，盐3克，鸡精2克。

【制作】① 大鱼头去鳃，洗净，沥干水分，分切两半；姜洗净，切片；葱洗净，切段。② 把旋覆花、代赭石、人参、半夏、红枣、炙甘草洗净，润透，装入白纱布药袋里，系紧袋口，放入锅内，锅置大火上煮沸，转小火煎煮20分钟，去掉药袋，留药液备用。③ 炖锅置火上，倒入药液，放入鱼头，加入料酒、胡椒，大火煮沸，再转小火炖煮40分钟，加入盐、鸡精调味即可。

【烹饪技法】煎，炖。

【营养功效】补元气，健脾胃，下气止呕。

【健康贴士】胃酸过多、腹部无力、嗳气、胸闷患者适宜食用。

六药乌鸡汤

【主料】乌鸡1只，党参15克，三七、干姜、红枣、甘草各5克，黄连3克。

【配料】姜、葱、料酒各10克，盐5克，鸡精、胡椒粉各3克。

【制作】① 乌鸡宰杀后，去毛、内脏、爪，洗净，切块；党参、三七、干姜、红枣、甘草、黄连洗净，装入白纱布药袋里，系好袋口；姜洗净，拍松；葱洗净，切段。② 炖锅置火上，注入适量清水，放入乌鸡、药袋，大火煮沸，撇去浮沫，加入姜块、葱段、料酒，转小火炖50分钟至鸡肉熟烂，去除药袋，加入盐、鸡精、胡椒粉调味即可。

【烹饪技法】炖。

【营养功效】健脾胃，补气血。

【健康贴士】乌鸡与六药同炖，滋补效果明显，对于治疗胃酸过多、胃功能减退有大的帮助。

齿苋香米粥

【主料】鲜马齿苋60克，香米60克。

【配料】白砂糖20克。

【制作】① 将鲜马齿苋洗净，切成2厘米长的段；香米淘洗干净。② 锅置火上，注入适量清水，下入香米，大火煮沸，再转小火煮30分钟，放入马齿苋，继续煮10分钟，加入白砂糖调味，搅拌均匀即可。

【烹饪技法】煮。

【营养功效】养胃，清热，止痢。

【健康贴士】马齿苋还有驱虫的功效，适用于小儿钩虫病。

白及燕窝汤

【主料】白及10克，燕窝3克。

【配料】冰糖 15 克。

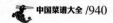

【制作】① 燕窝用温水泡发，用镊子夹去燕毛；白及洗净，润透，切薄片；冰糖打碎。② 炖锅置火上，注入适量清水，放入燕窝、白及，大火煮沸，再转小火炖煮 15 分钟，加入冰糖屑调味，煮至冰糖化开，拌匀即可。

【烹饪技法】炖。

【营养功效】止血，消肿，生肌。

【健康贴士】结肠炎、便血患者适宜食用。

白及大米粥

【主料】白及 10 克，大米 100 克。

【制作】① 白及洗净，润透，切小块；大米淘洗干净。② 锅置火上，注入适量清水，下入大米、白及，大火煮沸，再转小火熬煮 40 分钟至成粥状即可。

【烹饪技法】煮。

【营养功效】养胃，止血，消肿。

【健康贴士】外伤感染、咳血、肺胃有实热者忌食。

扁豆大米粥

【主料】白扁豆 30 克，大米 150 克。

【配料】红糖 20 克。

【制作】① 白扁豆去杂质，淘洗干净；大米淘洗干净。② 炖锅置火上，注入适量清水，下入白扁豆，大火煮沸，再转小火炖煮至白扁豆五成熟时，放入大米，再煮 30 分钟，加入红糖拌匀即可。

【烹饪技法】煮。

【营养功效】健脾胃，理气滞。

【健康贴士】脾虚、体倦乏力、少食便溏、水肿、脾胃不和，呕吐腹泻患者适宜食用。

蚕豆香米粥

【主料】蚕豆 50 克，香米 100 克。

【配料】红糖 20 克。

【制作】① 蚕豆去杂质，淘洗干净；香米淘洗干净。② 炖锅置火上，注入适量清水，下入蚕豆，大火煮沸，再转小火煮至蚕豆五成熟时，放入香米，再煮 30 分钟至熟即可。

【烹饪技法】煮。

【营养功效】温中养胃，杀菌抗癌。

【健康贴士】胃癌患者经常食用可改善胃癌，非胃癌患者食用可起到抗癌的作用。

大黄白芍饮

【主料】大黄 5 克，白芍 10 克。

【配料】甘草、桂枝各 5 克，红枣 4 枚，姜片 6 克，白砂糖 30 克。

【制作】① 将大黄、白芍、甘草、红枣、桂枝、姜片洗净，润透。② 锅置火上，注入适量清水，放入大黄、白芍、甘草、红枣、桂枝、姜片，大火煮沸，再转小火煎煮 30 分钟，滤去药渣，取药液，倒入大碗里，加白砂糖拌匀即可。

【烹饪技法】煎。

【营养功效】消炎，止痛，止泻。

【健康贴士】对泄泻次数多、量少、伴随腹痛的肠炎有很好的治疗效果。

桑叶桔梗饮

【主料】桑叶、佩兰、鲜茅根、生地黄、薄荷各 12 克，桔梗 8 克。

【配料】杏仁、黄芩、赤芍、桑枝各 10 克，白砂糖 30 克。

【制作】将桑叶、佩兰、鲜茅根、生地黄、薄荷、桔梗、杏仁、黄芩、赤芍、桑枝洗净，放入锅里，注入适量清水，锅置大火上煮沸，再转小火煎煮 30 分钟，滤去药渣，取药液，倒入大碗里，加白砂糖拌匀即可。

【烹饪技法】煎。

【营养功效】清热化湿，润肠益胃。

【健康贴士】桑叶与桔梗都有清热解毒的功效，经常饮用有助于通便顺畅、清肠排毒、改善肠胃功能。

豆芽黄花菜面

【主料】面条 500 克，豆芽 250 克，水发香菇30克，黄花菜15克。

【配料】姜3克，芹菜5克，植物油75克，生抽15克，盐5克，鸡精3克。

【制作】① 豆芽去跟，洗净；黄花菜用温水泡发，洗净，切段；香菇洗净，切片；芹菜择洗干净；姜洗净，切丝。② 锅置火上，注入适量清水，大火煮沸，放入面条煮透，捞出，沥干水分，装入碗里，淋上15克油；把芹菜放入煮面的沸水中焯熟，捞出，沥干水分，切碎。③ 炒锅置火上，入油60克烧热，下姜丝爆香，放入香菇、黄花菜、豆芽翻炒，注入适量清水，煮沸后，倒入面条，加盖焖煮至熟透，加入盐、鸡精调味，盛出装盘，撒上芹菜碎即可。

【烹饪技法】焯，炒，煮。

【营养功效】补脾健胃，补虚益精。

【健康贴士】胃病患者经常食用，可起到食疗的作用，改善胃功能。

车前子甜茶

【主料】车前子20克。

【配料】白砂糖5克。

【制作】将车前子去杂质，洗净，放入砂锅里，注入适量清水，砂锅置大火上煮沸，再转小火煎煮30分钟，关火，滤去药渣，药液装入大碗里，加入白砂糖拌匀即可。

【烹饪技法】煎。

【营养功效】止疼痛，止泄泻。

【健康贴士】鲜车前叶用银针密刺细孔，用开水泡软，整张敷贴在疮上，半天换一张，有排脓生肌的作用。

苹果大米粥

【主料】苹果200克，大米100克。

【配料】白砂糖20克。

【制作】① 将苹果洗净，去核，切块；大米淘洗干净。② 锅置火上，注入适量清水，下入大米，大火煮沸，再转小火熬煮40分钟，放入苹果块，再次煮沸时，加入白砂糖调味，拌匀即可。

【烹饪技法】煮。

【营养功效】清热解毒，消炎止泻。

【健康贴士】慢性肠炎患者长期食用可改善肠炎。

痛风病药膳

人参茯苓饮

【主料】人参 3 克，茯苓 20 克。
【配料】冰糖 15 克。
【制作】① 将人参、茯苓洗净；冰糖打碎。② 锅置火上，注入适量清水，放入人参、茯苓，大火煮沸，转小火煎煮 25 分钟，关火，滗出药液，再往锅内注入 300 毫升清水，转中火煎煮 25 分钟，关火，滤去药渣，将两次煎得的药液混合倒入大碗里，加入冰糖屑，搅拌均匀即可。
【烹饪技法】煎。
【营养功效】行气，补血，镇痛。
【健康贴士】气血不足的痛风患者适宜饮用。

人参饼

【主料】人参 3 克，面粉 90 克。
【配料】植物油 30 克，盐 2 克。
【制作】① 将人参研成细粉，与面粉一起倒入盆内，充分混合，注入适量清水，加入盐，用筷子搅拌成糊状。② 锅置中火上，入油烧至六成热，用勺子将人参面粉糊放入油锅内，烙至两面金黄即可。
【烹饪技法】烙。
【营养功效】补元气，益气血，祛风湿。
【健康贴士】人参性微温，秋冬季节天气凉爽，食用人参较好，而夏季天气炎热，则不宜食用人参。

人参大米粥

【主料】人参 6 克，大米 60 克。
【配料】清水 600 毫升。
【制作】① 人参洗净，润透，切成薄片；大米淘洗干净。② 炖锅置火上，注入清水，下入人参、大米，大火煮沸，转小火熬煮 30 分钟成粥状即可。
【烹饪技法】煮。
【营养功效】健脾补血，祛风止痛。
【健康贴士】食用人参后，不可饮用茶水，否则人参的功效受损。

独活茯苓饮

【主料】独活 10 克，茯苓 20 克。
【配料】冰糖 15 克。
【制作】① 将独活、茯苓洗净，润透；冰糖打碎。② 锅置火上，注入适量清水，下入独活、茯苓，大火煮沸，转小火煎煮 25 分钟，关火，滗出药液，再往锅内注入 300 毫升清水，转中火煎煮 25 分钟，关火，滤去药渣，将两次煎得的药液混合倒入大碗里，加入冰糖屑，搅拌均匀即可。
【烹饪技法】煎。
【营养功效】行气，补血，镇痛。
【健康贴士】血气不足的痛风患者适宜饮用。

土茯苓粥

【主料】土茯苓 10 克，大米 40 克。
【配料】冰糖 15 克。
【制作】① 土茯苓研成细粉；大米淘洗干净；冰糖打碎成屑。② 炖锅置火上，注入适量清水，放入土茯苓粉、大米，大火煮沸后，再转小火熬煮 35 分钟成粥状，加入冰糖屑化开，搅拌均匀即可。
【烹饪技法】煮。
【营养功效】祛风湿，补元气。
【健康贴士】风湿、痛风患者经常食用会起到明显的治疗作用。

茯苓饼

【主料】土茯苓 20 克，面粉 80 克。

【配料】植物油 30 克，盐 1 克。

【制作】① 将茯苓研成细粉，与面粉一起倒入盆内，充分混合，注入适量清水，加入盐，用筷子搅拌成糊状。② 锅置中火上，入油烧至六成热，用勺子将茯苓面粉糊放入油锅内，烙至两面金黄即可。

【烹饪技法】烙。

【营养功效】祛风湿，除痹痛。

【健康贴士】肝肾虚损、风湿、痛风患者经常食用，可起到辅助治疗的功效。

茯苓土豆泥

【主料】茯苓 20 克，土豆 300 克。

【配料】植物油 30 克，白砂糖 15 克。

【制作】① 将茯苓研成细粉；土豆去皮，洗净，切成小块，装入蒸碗里。② 把土豆放入蒸锅里蒸熟，取一半装入碗里，用勺子背压成土豆泥，加入茯苓粉，搅拌均匀，留一半土豆块备用。③ 锅置大火上，入油烧热，放入白砂糖、土豆块、茯苓土豆泥，翻炒均匀，盛出装盘即可。

【烹饪技法】蒸，炒。

【营养功效】 祛风湿，止疼痛。

【健康贴士】茯苓味甘、淡，性平，与土豆搭配，祛风湿、止痛效果明显。

白茯苓里脊

【主料】茯苓 30 克，白果 15 克，猪肉里脊 250 克，鸡蛋 1 个。

【配料】姜、葱各 5 克，面粉、豆粉各 20 克，植物油 1000 克，生抽、料酒、白砂糖各 10 克，盐 4 克，鸡精 2 克。

【制作】① 将茯苓研成细粉，过 100 目筛；白果去心，研磨成粉；猪肉里脊洗净，切成 2 厘米宽、4 厘米长的片；姜洗净，切末；葱洗净，切成葱花。② 把茯苓粉、白果粉、面粉、豆粉、姜末、葱花、白砂糖、鸡精一起倒入盆内，淋入料酒、生抽，打入鸡蛋，注入适量清水，搅拌成糊状，再放入猪肉里脊片，两面裹上茯苓面粉糊。③ 锅置大火上，入油烧至六成热，用筷子将猪肉里脊片一片一片地放进油锅里，炸至两面金黄，捞出沥干油分，装盘即可。

【烹饪技法】炸。

【营养功效】补血益气，祛风止痛。

【健康贴士】阴虚而无湿热、虚寒精滑、气虚下陷者慎食。

薏仁粥

【主料】薏仁 20 克，大米 40 克。

【配料】冰糖 15 克。

【制作】① 将薏仁、大米分别淘洗干净；冰糖打碎成屑。② 炖锅置火上，注入适量清水，下入薏仁、大米，大火煮沸，转小火熬煮 35 分钟成粥状，加入冰糖屑化开，搅拌均匀即可。

【烹饪技法】煮。

【营养功效】祛风湿，除痹痛。

【健康贴士】长期食用对风湿、痛风等病具有明显的辅助治疗作用。

薏仁煮樱桃

【主料】薏仁 80 克，樱桃 100 克。

【配料】冰糖 30 克。

【制作】① 薏仁淘洗干净；樱桃去果柄，洗净；冰糖打碎成屑。② 炖锅置火上，注入适量清水，下入薏仁、樱桃，大火煮沸，再转小火熬煮 28 分钟，加入冰糖屑化开，搅拌均匀即可。

【烹饪技法】煮。

【营养功效】健脾渗湿，除痹止泻。

【健康贴士】薏仁与樱桃搭配，祛风止痛效果明显，长期饮用对风湿、痛风等病具有很好的治疗作用。

薏仁蒸冬瓜

【主料】薏仁 15 克，冬瓜 200 克。

【配料】姜 10 克，葱 15 克，香油 20 克，盐 3 克，鸡精 2 克。

【制作】① 薏仁淘洗干净；冬瓜去皮，洗净，切 3 厘米宽、4 厘米长的块；姜洗净，切片；葱洗净，切段。② 把冬瓜块放入蒸盘内，放入薏仁、姜片、葱段、盐、鸡精，淋上香油，腌制 30 分钟后，放入蒸笼内，大火蒸 35 分钟即可。

【烹饪技法】腌，蒸。

【营养功效】祛风湿，补肝肾，止疼痛。

【健康贴士】风湿、肝肾虚损、痛风病患者适宜食用。

薏仁炒西芹

【主料】薏仁 15 克，西芹 200 克。

【配料】姜 10 克，葱 15 克，植物油 20 克，盐 3 克，鸡精 2 克。

【制作】① 薏仁淘洗干净，提前浸泡一夜，捞出，沥干水分；西芹洗净，切段；姜洗净，切片；葱洗净，切段。② 锅置火上，入油烧热，下姜片、葱段爆香，放入西芹段、薏仁翻炒至熟后，加入盐、鸡精调味，盛出装盘即可。

【烹饪技法】炒。

【营养功效】祛风止痛，降血压。

【健康贴士】脾胃虚寒者、血压偏低者、婚育期男士应少吃西芹。

薏仁烧西蓝花

【主料】薏仁 15 克，西蓝花 200 克。

【配料】姜 10 克，葱 15 克，植物油 20 克，盐 3 克，鸡精 2 克。

【制作】① 薏仁淘洗干净，浸泡一夜，捞出，沥干水分；西蓝花洗净，摘成小朵；姜洗净，切片；葱洗净，切段。② 锅置火上，入油烧至六成热，下姜片、葱段爆香，放入西蓝花、薏仁翻炒至熟后，加入盐、鸡精调味，盛出装盘即可。

【烹饪技法】泡，烧。

【营养功效】祛风止痛，健脾渗湿。

【健康贴士】牛奶与西蓝花相克，同食会影响钙的吸收。

薏仁煮葡萄

【主料】薏仁 80 克，葡萄 250 克。

【配料】冰糖 30 克。

【制作】① 薏仁淘洗干净，浸泡一夜，捞出，沥干水分；葡萄去皮、子；冰糖打碎。② 锅置火上，注入适量清水，放入薏仁、葡萄，大火煮沸，转小火煮 25 分钟，加入冰糖屑，搅拌均匀即可。

【烹饪技法】炖。

【营养功效】祛风湿，除痹痛。

【健康贴士】风湿、风湿痹痛、筋脉拘挛者适宜食用。

薏仁拌黄瓜

【主料】薏仁 15 克，黄瓜 200 克。

【配料】香油 20 克，生抽 10 克，盐 2 克，鸡精 3 克。

【制作】① 薏仁淘洗干净，提前浸泡一夜，捞出，沥干水分，放入蒸锅里蒸熟；黄瓜洗净，切成宽 2 厘米、长 4 厘米的段。② 将薏仁、黄瓜放入盆里，加入香油、生抽、盐、鸡精，搅拌均匀即可。

【烹饪技法】拌。

【营养功效】祛风湿，止疼痛。

【健康贴士】风湿、风湿痹痛者适宜食用。

薏仁煮胡萝卜

【主料】薏仁 50 克，胡萝卜 200 克。

【配料】姜 5 克，葱 10 克，植物油 20 克，盐 2 克，鸡精 3 克。

【制作】① 将薏仁去杂质，淘洗干净；胡萝卜去皮，洗净，切块；姜洗净，切片；葱洗净，切段。② 炖锅置火上，注入清水 1800 毫升，放入薏仁、胡萝卜、姜片、葱段，大火煮沸，再转小火炖煮35分钟，加入盐、鸡精调味，淋上植物油即可。
【烹饪技法】煮。
【营养功效】祛风湿，除痹痛。
【健康贴士】便秘、尿多者、孕妇、消化功能较弱的儿童和老弱病者忌食。

薏仁煮苦瓜

【主料】薏仁80克，苦瓜250克。
【配料】姜、葱各5克，料酒10克，植物油20克，盐2克，鸡精3克。
【制作】① 将薏仁去杂质，洗净；苦瓜去瓤，洗净，切块；姜洗净，切片；葱洗净，切段。② 炖锅置火上，注入清水600毫升，放入薏仁、苦瓜，加入姜片、葱段、料酒，大火煮沸，再转小火炖煮30分钟，加入盐、鸡精调味，淋上植物油即可。
【烹饪技法】煮。
【营养功效】祛风止痛，清热解毒。
【健康贴士】薏仁煮苦瓜见效慢，宜多服久服，脾虚无湿者，大便燥结者、孕妇慎食。

白芷粥

【主料】白芷15克，大米50克。
【配料】冰糖15克。
【制作】① 将白芷研成细粉；大米淘洗干净；冰糖打碎成屑。② 炖锅置火上，注入适量清水，下入大米、白芷粉，大火煮沸后，转小火熬煮35分钟成粥状，加入冰糖屑化开，搅拌均匀即可。
【烹饪技法】煮。
【营养功效】祛风燥湿，消肿止痛。
【健康贴士】寒湿腹痛、痛风患者适宜食用。

川芎白芷炖豆腐

【主料】白芷20克，川芎10克，豆腐400克。
【配料】姜5克，葱10克，熟鸡油20克，盐5克，鸡精3克，胡椒粉2克。
【制作】① 将白芷提前浸泡一夜，洗净，切片；川芎洗净；豆腐洗净，切小块；姜洗净，拍松；葱洗净，切段。② 炖锅置火上，注入适量清水，放入白芷、川芎、豆腐、姜块、葱段，大火煮沸，再转小火炖煮35分钟，加入盐、鸡精、胡椒粉调味即可。
【烹饪技法】炖。
【营养功效】祛风解表，散寒止痛。
【健康贴士】白芷水煎剂对大肠杆菌、痢疾杆菌有抑制的作用。

菟丝子烧鸭肉

【主料】菟丝子15克，鸭肉300克
【配料】姜10克，葱15克，植物油20克，料酒、老抽、白砂糖各10克，盐3克，鸡精2克。
【制作】① 炒锅置中火上，烧至五成热，放入菟丝子炒香，盛出，研成细粉；鸭肉洗净，切块；姜洗净，拍松；葱洗净，切段。② 净锅后置火上，入油烧至六成热，下姜块、葱段爆香，放入鸭肉翻炒至变色，加入菟丝子粉、白砂糖、老抽、料酒，注入少许清水，煮熟后，加入盐、鸡精调，盛出装盘即可。
【烹饪技法】炒，烧。
【营养功效】祛风止痛，补肝益肾。
【健康贴士】阴虚火旺、阳强不痿及大便燥结者禁服。

菟丝子焖西蓝花

【主料】菟丝子15克，西蓝花200克
【配料】姜10克，葱15克，植物油20克，盐3克，鸡精2克。
【制作】① 西蓝花洗净，摘成小朵；姜洗净，切片；葱洗净，切段。② 炒锅置中火上，烧至五成热，放入菟丝子炒香，盛出，研成细粉。③ 炒锅置大火上，入油烧至六成热，下入姜块、葱段爆香，加入西蓝花、菟丝子粉翻炒均匀，注入少许清水，焖熟后，加入盐、鸡精调味，盛出装盘即可。
【烹饪技法】炒，焖。

【营养功效】降血脂，祛风湿。

【健康贴士】菟丝子味辛，性微温，入肾经，阴阳并补，若与鹿茸、枸杞、巴戟天等搭配，温肾壮阳效果明显。

菟丝子拌西芹

【主料】菟丝子 15 克，百合 15 克，西芹 200 克。

【配料】香油 20 克，生抽 10 克，盐 3 克，鸡精 2 克。

【制作】① 百合洗净，浸泡一夜，捞出，沥干水分；西芹洗净，切成约 3 厘米长的段。② 炒锅置中火上，烧至五成热，放入菟丝子炒香，盛出，研成细粉；煮锅置火上，注入适量清水，大火煮沸，放入西芹、百合焯熟，捞出，沥干水分。③ 将百合、西芹放入盆内，加入菟丝子粉、香油、生抽、盐、鸡精，用筷子搅拌均匀即可。

【烹饪技法】炒，焯。

【营养功效】清热解毒，固涩镇痛。

【健康贴士】有口干、烦渴、遗精、脾胃虚弱、痛风症状的患者适宜食用。

菟丝子饼

【主料】菟丝子 10 克，面粉 90 克。

【配料】植物油 30 克，盐 1 克。

【制作】① 炒锅置中火上，烧至五成热，放入菟丝子炒香，盛出，研成细粉；把菟丝子粉与面粉一起倒入盆内，充分混合，注入适量清水，加入盐，用筷子搅拌成糊状。② 锅置中火上，入油烧至六成热，用勺子将菟丝子面粉糊刮入油锅内，摊平，烙至两面金黄即可。

【烹饪技法】烙。

【营养功效】止痛散瘀，愈合伤口。

【健康贴士】菟丝子可与熟地黄、车前子、枸杞搭配，可以起到滋肾养肝明目的作用。

莲子拌西芹

【主料】莲子 20 克，西芹 200 克。

【配料】香油 20 克，生抽 10 克，盐 3 克，鸡精 2 克。

【制作】① 莲子洗净，浸泡一夜，捞出，沥干水分；西芹洗净，切成约 3 厘米长的段。② 煮锅置火上，注入适量清水，大火煮沸，放入莲子煮熟，捞出，沥干水分；将西芹放入煮莲子的开水中焯熟，捞出，沥干水分。③ 将莲子、西芹、香油、生抽、盐、鸡精一起放入盆内，用筷子搅拌均匀即可。

【烹饪技法】焯，煮。

【营养功效】清热，固涩，镇痛。

【健康贴士】有口干、烦渴、遗精、脾胃虚弱、痛风症状的患者适宜食用。

百合炒西芹

【主料】百合 15 克，西芹 200 克。

【配料】姜 10 克，葱 15 克，植物油 20 克，盐 3 克，鸡精 2 克。

【制作】① 百合洗净，提前浸泡一夜，捞出，沥干水分；西芹洗净，切成约 3 厘米长的段；姜洗净，切片；葱洗净，切段。② 炒锅置火上，入油烧至六成热，下入姜片、葱段爆香，加入西芹、百合炒熟，加入盐、鸡精调味，盛出装盘即可。

【烹饪技法】炒。

【营养功效】祛风止痛，降低血压。

【健康贴士】风湿、痛风病患者适宜食用。

百合炒肉丝

【主料】百合 15 克，西芹 200 克，猪瘦肉 150 克。

【配料】姜 10 克，葱 15 克，植物油 20 克，淀粉、料酒各 10 克，盐 3 克，鸡精 2 克。

【制作】① 百合洗净，提前浸泡一夜，捞出，沥干水分；西芹洗净，切成约 3 厘米长的段；猪瘦肉洗净，切成丝，装入碗里，加入淀粉抓匀；姜洗净，切片；葱洗净，切段。② 炒锅置火上，入油烧至六成热，下姜片、葱段爆香，放入肉丝翻炒至变色，烹入料酒，加入西芹、百合炒熟，加入盐、鸡精调味，盛出装盘即可。

【烹饪技法】炒。

【营养功效】祛风湿，祛痛风。

【健康贴士】百合跟鸡蛋搭配可以更好地清心补阴，因为百合能清痰火，补虚损，而蛋黄能除烦热，补阴血。

茯苓山药羹

【主料】茯苓 30 克，山药 30 克。

【配料】冰糖 25 克。

【制作】① 将茯苓、山药研成细粉；冰糖打碎。② 把茯苓粉、山药粉放入碗里，注入清水 400 毫升，搅拌均匀，制成浆。③ 锅置中火上，把茯苓山药浆缓缓倒入锅内，用筷子不断搅拌，待成糊状，加入冰糖屑，化开，搅匀即可。

【烹饪技法】煮。

【营养功效】祛湿，镇痛。

【健康贴士】风湿、痛风患者适宜食用。

山药肉汤

【主料】山药 25 克，猪瘦肉 200 克。

【配料】姜 10 克，葱 15 克，植物油 20 克，料酒 10 克，盐 3 克，鸡精 2 克。

【制作】① 将山药浸泡一夜，洗净，沥干水分；猪瘦肉洗净，切片；姜洗净，切片；葱洗净，切段。② 炒锅置火上，入油烧热，下姜片、葱段爆香，放入猪肉片翻炒至变色，烹入料酒，注入 500 毫升清水，加入山药煮熟，加入盐、鸡精调味，盛出即可。

【烹饪技法】炒，煮。

【营养功效】祛风湿，健脾胃。

【健康贴士】脾胃虚损、风湿、痛风患者适宜经常食用。

山药茯苓烧肘肉

【主料】鲜山药 100 克，茯苓 10 克，猪肘肉 250 克。

【配料】姜 10 克，葱 15 克，植物油 20 克，料酒 10 克，盐 3 克，鸡精 2 克。

【制作】① 山药洗净，切小块；茯苓洗净，研成细粉；猪肘肉去毛，洗净；姜洗净，切片；葱洗净，切段。② 炒锅置火上，入油烧热，下姜片、葱段爆香，放入猪肘肉炒至变色，撒上茯苓粉，烹入料酒，注入 500 毫升清水，煮至猪肘肉七分熟时，加入山药煮至全熟，加入盐、鸡精调味，盛出即可。

【烹饪技法】炒，烧。

【营养功效】祛湿止痛，滋补益气。

【健康贴士】除祛风止痛功能外，山药富含多种人体需要的黏液蛋白，能增加黏膜与皮肤的润滑度，猪肘肉富含胶原蛋白，两者搭配能起到很好的美容养颜作用。

山药烧乌鸡

【主料】乌鸡肉 300 克，鲜山药 100 克。

【配料】姜 10 克，葱 15 克，料酒、生抽、白砂糖各 10 克，植物油 20 克，盐 3 克，鸡精 2 克。

【制作】① 乌鸡肉洗净，切块；山药去皮，洗净，切块；姜洗净，切片；葱洗净，切段。② 炒锅置火上，入油烧至六成热，下姜片、葱段爆香，放入乌鸡肉炒至变色，烹入料酒，加入山药、白砂糖、生抽，炒匀，注入少量清水，将乌鸡、山药烧熟后，加入盐、鸡精调味，盛出即可。

【烹饪技法】炒，烧。

【营养功效】祛风止痛，滋阴补血。

【健康贴士】乌鸡味甘，性平，具有滋阴补血、补肝益肾、健脾止泻的作用。食用乌鸡，可提高生理机能、延缓衰老、强筋健骨，对防治骨质疏松、风湿、痛风有明显的效果。

茱萸蒸乌鸡

【主料】乌鸡 1 只，山茱萸 15 克。

【配料】姜 10 克，葱 15 克，生抽、料酒各 10 克，盐 3 克，鸡精 2 克。

【制作】① 乌鸡宰杀后，去毛、内脏、爪，洗净，放入沸水中汆去血水，捞出，沥干水分；山茱萸洗净；姜洗净，切片；姜洗净，切段。② 把乌鸡放入蒸盘内，加入山茱萸、姜片、葱段、生抽、料酒、盐、鸡精，使乌鸡入味后，放入蒸笼大火蒸 45 分钟即可。

【烹饪技法】汆，蒸。

【营养功效】祛风湿，补气血。

【健康贴士】阴虚火旺者忌食。

川牛膝粥

【主料】川牛膝 10 克，大米 60 克。

【配料】冰糖 15 克。

【制作】① 川牛膝洗净，润透；大米淘洗干净；冰糖打碎成屑。② 炖锅置火上，注入适量清水，放入川牛膝、大米，大火煮沸，转再小火熬煮 30 分钟成粥状，加入冰糖屑搅拌均匀即可。

【烹饪技法】煮。

【营养功效】祛风湿，除疼痛。

【健康贴士】风湿、痛风患者适宜食用。

牛膝烧猪肘

【主料】川牛膝 10 克，猪肘肉 250 克。

【配料】姜 10 克，葱 15 克，植物油 20 克，料酒 10 克，盐 3 克，鸡精 2 克。

【制作】① 猪肘肉去毛，洗净；川牛膝洗净，润透；姜洗净，切片；葱洗净，切段。② 炒锅置火上，入油烧热，下姜片、葱段爆香，放入猪肘肉炒至变色，烹入料酒，加入川牛膝翻炒，注入少量清水，烧熟，加入盐、鸡精调味，盛出即可。

【烹饪技法】炒，烧。

【营养功效】祛风止痛，补髓益肾。

【健康贴士】牛膝与猪肘搭配，辅助治疗风湿、痛风的效果明显。

川牛膝焖西蓝花

【主料】川牛膝 15 克，西蓝花 200 克。

【配料】姜 10 克，葱 15 克，植物油 20 克，盐 3 克，鸡精 2 克。

【制作】① 川牛膝洗净，润透；西蓝花洗净，摘成小朵；姜洗净，切片；葱洗净，切段。② 炒锅置火上，入油烧至六成热，下姜片、葱段爆香，放入西蓝花、川牛膝翻炒，注入少许清水，焖熟后，加入盐、鸡精调味，盛出装盘即可。

【烹饪技法】炒，焖。

【营养功效】祛痛风，抗癌症。

【健康贴士】风湿、痛风患者经常食用可缓解因风湿、痛风带来的疼痛。

牛膝烧乳鸽

【主料】川牛膝 10 克，乳鸽 1 只。

【配料】姜 10 克，葱 15 克，料酒、生抽、白砂糖各 10 克，植物油 20 克，盐 3 克，鸡精 2 克。

【制作】① 将乳鸽宰杀后，去毛、内脏、爪，洗净，切成块；川牛膝洗净；葱洗净，切片；姜洗净，切段。② 炒锅置火上，入油烧热，下姜片、葱段爆香，放入乳鸽炒至变色，烹入料酒，加入川牛膝、白砂糖、生抽炒匀，注入少量清水，将乳鸽、川牛膝烧熟，加入盐、鸡精调味，盛出装盘即可。

【烹饪技法】炒，烧。

【营养功效】祛风止痛，滋补肝肾。

【健康贴士】牛膝炖乳鸽，可以有效排出体内毒素、活血化瘀、舒筋活络、镇痛，对各类风热湿毒引起的风湿骨痛，关节痛也有显著改善的作用。

肉苁蓉烧兔肉

【主料】肉苁蓉 15 克，兔肉 300 克。

【配料】姜 10 克，葱 15 克，料酒 10 克，植物油 20 克，盐 3 克，鸡精 2 克。

【制作】① 肉苁蓉洗净，切片；兔肉洗净，剁成小块；姜洗净，切片；姜洗净，切段。② 炒锅置火上，入油烧热，下姜片、葱段爆香，放入兔肉炒至变色，烹入料酒，加入肉苁蓉炒匀，注入少量清水烧沸，转小火烧至兔肉全熟，加入盐、鸡精调味，盛出装盘即可。

【烹饪技法】炒，烧。

【营养功效】祛湿，补肾，镇痛。

【健康贴士】肾虚、风湿痛、痛风患者适宜食用。

肉苁蓉烧排骨

【主料】肉苁蓉 15 克，猪排骨 250 克。

【配料】姜 10 克，葱 15 克，料酒 10 克，植物油 20 克，盐 3 克，鸡精 2 克。

【制作】① 肉苁蓉洗净，切片；猪排骨洗净，剁成 3 厘米长的小段；姜洗净，切片；葱洗净，切段。② 炒锅置火上，入油烧至六成热，下姜片、葱段爆香，放入猪排骨炒至变色，烹入料酒，加入肉苁蓉炒匀，注入少量清水煮沸，转小火烧至排骨全熟，加入盐、鸡精调味，盛出装盘即可。

【烹饪技法】炒，烧。

【营养功效】祛湿止痛，补髓益精。

【健康贴士】肉苁蓉含有丰富的生物碱、氨基酸、微量元素、维生素等成分，能补肾阳、益精血，猪排骨富含蛋白、钙、骨胶原等，两者搭配食用，有助于痛风、风湿的治疗。

肉苁蓉饼

【主料】肉苁蓉 10 克，面粉 90 克。

【配料】植物油 30 克，盐 1 克。

【制作】① 将肉苁蓉研成细粉，与面粉一起倒入盆内，充分混合，注入适量清水，加入盐，用筷子搅拌成糊状。② 锅置中火上，入油烧热，用勺子将肉苁蓉面粉糊刮入油锅内，烙至两面金黄即可。

【烹饪技法】烙。

【营养功效】祛风湿，补肝肾。

【健康贴士】肝火偏旺、胃弱便溏、腹胀便秘者忌食。

肉苁蓉蒸冬瓜

【主料】肉苁蓉 15 克，冬瓜 200 克。

【配料】姜 10 克，葱 15 克，香油 20 克，生抽 10 克，盐 3 克，鸡精 2 克。

【制作】① 肉苁蓉洗净；冬瓜去皮，洗净，切 3 厘米宽、4 厘米长的段；姜洗净，切片；葱洗净，切段。② 把冬瓜放入蒸盘内，放入肉苁蓉、姜片、葱段、盐、鸡精，倒入生抽，腌制 30 分钟后，放入蒸笼内，大火蒸 35 分钟后取出，淋上香油即可。

【烹饪技法】腌，蒸。

【营养功效】清热解毒，祛风止痛。

【健康贴士】风湿、痛风、肝肾虚损患者适宜食用。

杏仁粥

【主料】杏仁 10 克，大米 40 克。

【配料】冰糖 15 克。

【制作】① 杏仁去杂质，洗净；大米淘洗干净；冰糖打碎成屑。② 锅置火上，注入适量清水，下入杏仁、大米，大火煮沸，转小火熬煮 35 分钟成粥状，加入冰糖屑化开，搅拌均匀即可。

【烹饪技法】煮。

【营养功效】祛风湿，除痹痛。

【健康贴士】痛风、痹痛患者可以杏仁粥作为食疗的药膳。

川芎杏仁粥

【主料】川芎 6 克，杏仁 10 克，大米 40 克。

【配料】冰糖 15 克。

【制作】① 川芎洗净；杏仁去杂质，洗净；大米淘洗干净；冰糖打碎成屑。② 锅置火上，注入适量清水，下入川芎、杏仁、大米，大火煮沸，再转小火熬煮 35 分钟成粥状，加入冰糖屑化开，搅拌均匀即可。

【烹饪技法】煮。

【营养功效】祛风湿，除痹痛。

【健康贴士】痛风、痹痛患者长期食用，可起到辅助治疗风湿、痛风病的作用。

川芎烧牛肉

【主料】川芎10克，牛肉300克。

【配料】姜10克，葱15克，料酒10克，植物油20克，盐3克，鸡精2克。

【制作】① 川芎洗净，润透；牛肉洗净，切成小块；姜洗净，切片；葱洗净，切段。② 炒锅置火上，入油烧热，下姜片、葱段爆香，放入牛肉块炒至变色，烹入料酒，加入川芎炒匀，注入适量清水，烧沸后，转小火烧45分钟，烧至牛肉全熟，加入盐、鸡精调味，盛出装盘即可。

【烹饪技法】炒，烧。

【营养功效】活血行气，祛风止痛。

【健康贴士】川芎味辛，性温，阴虚阳亢、肝阳偏旺者慎食。

川芎蒸牛奶

【主料】川芎10克，牛奶250毫升。

【配料】冰糖15克。

【制作】① 川芎洗净，润透，切片；牛奶倒入炖盅内；冰糖打碎成屑。② 锅置火上，注入清水100毫升，放入川芎，中火煎煮25分钟后，关火，滤去川芎，取药液。③ 锅置火上，注入适量清水，把川芎药液倒入盛牛奶的炖盅里，用大火隔水蒸30分钟后，加入冰糖屑，搅拌均匀即可。

【烹饪技法】煮，蒸。

【营养功效】活血益气，祛风止痛。

【健康贴士】川芎味辛，性温，入肝、胆、心经，所以经量过多者、孕妇忌食。

锁阳蒸鸡肉

【主料】公鸡1只，锁阳、黄精各15克，巴戟天10克，枸杞20克。

【配料】姜10克，葱白5克，八角2克，高汤800毫升，料酒10克，盐3克，鸡精2克。

【制作】① 公鸡宰杀后，去毛、内脏、爪，洗净，沥干水分；锁阳、巴戟天、黄精、枸杞去杂质，洗净；姜洗净，切片；葱白洗净，切段。② 把锁阳、巴戟天、黄精、枸杞、姜片、葱段装进鸡腹内，用线扎好，放入大碗内，加入八角、料酒、盐、鸡精，注入高汤，使乌鸡入味后，放入蒸笼大火蒸90分钟至鸡肉熟烂，取出，拣出鸡腹内的药物、姜片、葱段即可。

【烹饪技法】蒸。

【营养功效】壮阳补肾，祛风止痛。

【健康贴士】锁阳与肉苁蓉、枸杞子、菟丝子、淫羊藿、茯苓、龙骨、熟地、龟甲等搭配食用，补肾壮阳效果明显。

锁阳饼

【主料】锁阳10克，面粉90克。

【配料】植物油30克，盐1克。

【制作】① 将锁阳研成细粉，与面粉一起倒入盆内，充分混合，注入适量清水，加入盐，用筷子搅拌成糊状。② 锅置中火上，入油烧至六成热，用勺子将锁阳面粉糊放入油锅内，烙至两面金黄即可。

【烹饪技法】烙。

【营养功效】祛风湿，补肝肾

【健康贴士】锁阳除了有改善痛风的功效外，单用或与桑葚、肉苁蓉、麻子仁等配合，也可润肠通便。

红花玫瑰茶

【主料】红花6克，红枣4枚，玫瑰花2朵。

【配料】冰糖15克，热开水25毫升。

【制作】① 红枣洗净，去核；红花放入炒锅内，略炒；玫瑰花去蒂，撕成小瓣，洗净，沥干水分；冰糖打碎成屑。② 将红花、红枣、玫瑰花、冰糖放入炖杯内，注入开水冲泡，浸泡5分钟即可。

【营养功效】祛风止痛，滋润肌肤。
【健康贴士】痛风病患者适宜经常饮用。

红花桃仁煲墨鱼

【主料】红花、桃仁各 6 克，鲜墨鱼、芹菜各 200 克。
【配料】西蓝花 100 克，冬菇 50 克，高汤 500 克，姜、葱、生抽、料酒各 10 克，盐 3 克。
【制作】① 红花洗净；桃仁洗净，放入沸水中焯透，去皮；鲜墨鱼洗净，切片；芹菜去叶，洗净，切段；西蓝花洗净，摘成小朵；冬菇洗净，对半切开；姜洗净，切片；葱洗净，切段。② 炒锅置火上，入油烧热，下入姜片、葱段爆香，放入鲜墨鱼翻炒，烹入料酒，加入芹菜、西蓝花、冬菇、红花、桃仁、生抽，翻炒均匀，注入高汤，转小火煲至汤汁浓稠，加入盐、鸡精调味即可。
【烹饪技法】焯，炒，炖。
【营养功效】活血化瘀，滋补气血。
【健康贴士】红花活血散瘀，孕妇忌食，否则可能导致流产。

白术葛根粥

【主料】白术 6 克，葛根 10 克，大米 40 克。
【配料】冰糖 15 克。
【制作】① 将白术、葛根洗净，润透；大米淘洗干净；冰糖打碎成屑。② 锅置火上，注入适量清水，下入大米、白术、葛根，大火煮沸，转小火熬煮 35 分钟成粥状，加入冰糖屑化开，搅拌均匀即可。
【烹饪技法】煮。
【营养功效】祛风湿，除痹痛。
【健康贴士】风湿、痛风患者可以将白术葛根粥作为药膳调理的一部分，经常食用可改善风湿、痛风。

草果排骨汤

【主料】草果 15 克，排骨 300 克。
【配料】姜 10 克，葱 15 克，料酒 10 克，盐 3 克，鸡精 2 克。
【制作】① 草果洗净；排骨洗净，剁成约 3 厘米长的段；姜洗净，切片；葱洗净，切段。② 炖锅置火上，注入适量清水，放入排骨，加入草果、姜片、葱段、料酒，大火煮沸，再转小火炖煮 20 分钟后，加入盐、鸡精调味即可。
【烹饪技法】炖。
【营养功效】祛湿消食，滋阴养血。
【健康贴士】风湿、痛风、肝肾虚损患者适宜食用。

海带拌白菜

【主料】海带 100 克，白菜 200 克。
【配料】香油 5 克，生抽 10 克，盐 3 克，鸡精 2 克。
【制作】① 将海带浸泡一夜，洗净，切丝；白菜择洗干净，切丝。② 锅置火上，注入适量清水，大火煮沸，放入白菜丝，焯熟，捞出，沥干水分；把海带丝放入焯白菜丝的锅内煮熟，捞出，沥干水分。③ 将海带丝、白菜丝、生抽、香油、盐、鸡精一起放入盆内，搅拌均匀，装盘即可。
【烹饪技法】焯，拌。
【营养功效】祛风湿，祛痛风。
【健康贴士】风湿、痛风患者适宜食用。

蜂蜜香蕉

【主料】蜂蜜 20 克，香蕉 250 克。
【配料】凉白开 50 毫升。
【制作】① 香蕉去皮，切成约 3 厘米长的段；蜂蜜装入杯子里，加入准备好的凉白开搅拌，稀释。② 把香蕉一段一段地摆在盘里，将稀释好的蜂蜜水淋在香蕉上即可。
【烹饪技法】甜，淋。
【营养功效】祛痛风，润肠通便。
【健康贴士】食用蜂蜜香蕉后不宜很快吃葱，蜂蜜与葱同食会出现恶心呕吐、腹痛、腹泻等症状。

防患未然养生篇

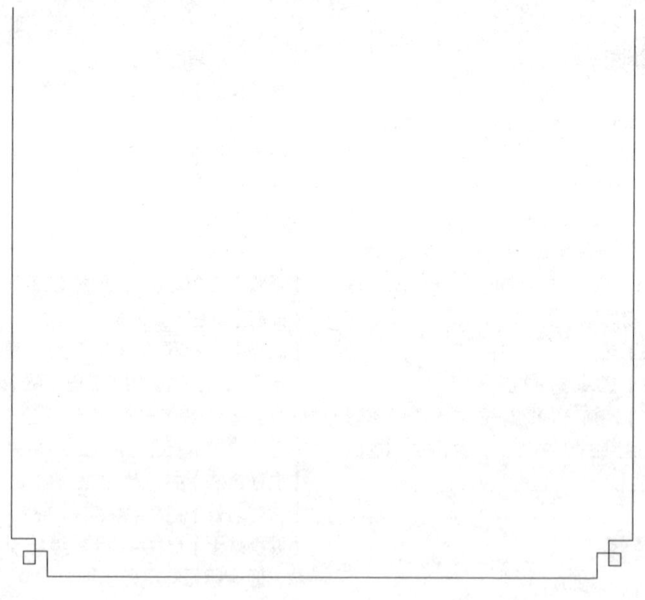

女士养生

美白丰胸

素炒萝卜丝

【主料】白萝卜 450 克。
【配料】葱 1 根，姜 10 克，盐 3 克，鸡精 2 克，糖 2 克，植物油 15 克。
【制作】① 白萝卜洗净去皮，切成细丝；葱、姜切成末。② 锅置火上，入油烧至六成热，下葱末、姜末爆香，放入萝卜丝翻炒至萝卜丝变透明，注入适量水，转中火将萝卜丝炖软，待锅中汤汁略收干，放入盐、糖和鸡精调味，翻炒均匀，出锅盛盘即可。
【烹饪技法】爆，炒，炖。
【营养功效】清热解毒，排毒养颜。
【健康贴士】萝卜性寒，脾胃虚寒者不宜多食。

清炒豆苗

【主料】豌豆苗 500 克。
【配料】盐 2.5 克，味精 2 克，植物油 10 克。
【制作】① 豆苗择除老叶洗净，沥干水分备用。② 锅置火上，入油烧至七成热，下豆苗、盐、味精，颠勺翻炒，至嫩熟出锅即可。
【烹饪技法】炒。
【营养功效】清热解毒，祛斑美白。
【健康贴士】豆苗性微寒，体质虚寒者不宜多食。

枸杞炒肉片

【主料】猪里脊肉 200 克，嫩枸杞 100 克。
【配料】植物油 15 克，蛋清 30 克，芹菜粒 20 克，盐 3 克，味精 1 克，料酒 8 克，水淀粉 7 克。
【制作】① 里脊肉切片，用盐、水淀粉 5 克和料酒拌匀上劲，加蛋清搅匀；鲜枸杞洗净后入沸水中焯烫，过凉备用。② 锅置火上，入油烧至四成热，将肉片入锅，划散起色时捞出沥油。③ 锅内留底油，倒入鲜枸杞稍煸后，加芹菜粒、盐、味精、水淀粉 2 克调稀勾薄芡，倒入里脊片，略炒后出锅盛盘即可。
【烹饪技法】焯，煸，炒。
【营养功效】补肝护肾，补气养颜。
【健康贴士】一般人皆宜食用。

杏仁拌三丁

【主料】西芹 100 克，杏仁 50 克，黄瓜 80 克，胡萝卜 20 克。
【配料】盐 2 克，味精 1 克，香油 2 克。
【制作】① 杏仁洗净，黄瓜、西芹、胡萝卜均洗净切丁。② 锅置火上，入水烧沸，放入杏仁、西芹、胡萝卜丁焯烫，捞出入冷水过凉，倒入盘中。③ 加入黄瓜丁、盐、味精、香油拌匀即可。
【烹饪技法】焯，拌。
【营养功效】祛斑美白，明目降压。
【健康贴士】高血压、便秘患者宜食。

虾仁韭菜

【主料】韭菜 250 克，虾仁 30 克，鸡蛋 1 个。
【配料】盐 2 克，酱油 5 克，植物油 15 克，淀粉 5 克，香油 1 克。
【制作】① 虾仁洗净后泡入水中至发胀，约 20 分钟后捞出，沥干水分；韭菜择洗干净，切成 3 厘米长的段；鸡蛋打散，加入淀粉、香油调成蛋糊；把沥干的虾仁倒入蛋糊中拌匀。② 锅置火上，入油烧热，入虾仁翻炒，糊凝后放入韭菜同炒，待韭菜熟时调入盐、酱油，起锅盛盘即可。

【烹饪技法】炒。

【营养功效】补肾温脾，美白祛斑。

【健康贴士】韭菜与虾仁都富含优质的蛋白质，同食更可为人体提供大量的蛋白质，营养十分丰富。

蒜蓉蒸丝瓜

【主料】丝瓜 1 根。

【配料】蒜 4 瓣，小红辣椒 6 个，海鲜酱油 5 克，盐 3 克。

【制作】① 蒜、小红辣椒分别切末，蒜末中加入盐，搅拌均匀；丝瓜切段，码入盘中，撒上蒜蓉和小红辣椒末。② 表面淋上适量海鲜酱油，放入蒸箱的蒸盘中，用 100℃蒸汽蒸 8 分钟左右即可。

【烹饪技法】蒸。

【营养功效】解毒通便，嫩白肌肤。

【健康贴士】丝瓜性凉，体虚、脾胃虚寒、大便溏薄、腹泻者不宜多食。

香菇扒菜胆

【主料】干香菇 100 克，青梗白菜 400 克，

【配料】植物油 5 克，耗油 15 克，姜蓉 2 克，蒜片 3 克，糖 3 克，绍酒 10 克，淀粉 6 克，盐 4 克。

【制作】① 香菇洗净，用清水浸泡 2 小时，剪去菇蒂，放入碗内，加入姜蓉、绍酒、糖、盐、淀粉各少许拌匀，浸香菇水保留；青梗白菜去老叶，切为两半。② 锅置火上，入水烧沸，加入少许盐、植物油 5 克，放入白菜焯熟，捞出沥干水分，排放在圆碟上。③ 净锅置火上，入耗油烧热，下蒜片爆香，放入香菇、浸香菇水及糖，以慢火炖 10 分钟，加蚝油、酱油调味，入水淀粉勾芡，出锅后摆放在菜胆中间即可。

【烹饪技法】焯，爆，炖。

【营养功效】益智安神，美容养颜。

【健康贴士】痛风、尿酸过高、脾胃寒湿气滞、顽固性皮肤瘙痒患者不宜多食。

翡翠豆腐

【主料】豆腐 250 克，莴苣 250 克。

【配料】生姜 10 克，味精 1 克，盐 3 克，植物油 10 克。

【制作】① 莴苣洗净，切成 4 厘米的长片；生姜切丝，豆腐切 1 厘米厚的块。② 锅置火上，入油烧热，下姜丝爆香，加半碗水、放入莴苣，加盖焖煮 2 分钟，放入豆腐，调入味精和盐，轻轻翻炒几下即可。

【烹饪技法】爆，炒，煮。

【营养功效】生津止渴，清洁肠胃。

【健康贴士】适宜营养不良、气血双亏、产后乳汁不足的女士食用。

桃仁莴笋

【主料】莴笋 300 克，桃仁 20 克。

【配料】盐 3 克，鸡精 2 克，香油 5 克。

【制作】① 莴笋去皮洗净，切成蓑衣片；桃仁切成条。② 锅置火上，注入清水，水开后倒入莴笋片、桃仁焯至变色捞出，过凉备用。③ 把莴笋片中间开口处掀开，将桃仁嵌入莴笋片中，再放入小盆中，加入盐、香油、鸡精拌匀即可。

【烹饪技法】焯，拌。

【营养功效】排毒护肤，美白祛斑。

【健康贴士】莴笋性寒，脾胃虚寒者不宜多食。

荸荠丝瓜

【主料】丝瓜 300 克，荸荠 150 克，胡萝卜 50 克。

【配料】葱末、姜末各 2 克，植物油 8 克，盐 3 克，香油 2 克，料酒 8 克，高汤 200 毫升。

【制作】① 丝瓜洗净，去皮、瓤，切小块；荸荠去皮洗净，入沸水中焯烫，取出切小块。② 锅置火上，入油烧热，下葱、姜末爆香，

加丝瓜块炒软，倒入高汤，加入料酒、盐调味，煮沸后放入荸荠，稍煮片刻，淋上香油即可。

【烹饪技法】焯，爆，炒，煮。

【营养功效】清热润肺，美白养颜。

【健康贴士】丝瓜性寒，体虚内寒者不宜多食。

西蓝花香菇

【主料】西蓝花 500 克，香菇 20 克。

【配料】植物油 15 克，盐 4 克，味精 2 克，料酒 8 克，葱、姜各 3 克。

【制作】① 西蓝花去根，洗净切成块，入沸水锅中焯透，捞出凉凉盛盘；香菇用开水泡发，去蒂洗净，切成片。② 锅置火上，入油烧热，下葱、姜爆香，放入香菇和盐、味精、料酒煸炒几下，倒入盘中凉凉，倒入装有西蓝花的盘中间即可。

【烹饪技法】焯，煸，炒。

【营养功效】滋阴润肺，护肤美白。

【健康贴士】消化不良、食欲不振、肥胖者、骨质疏松、心脏病患者和维生素 K 缺乏者宜食。

大枣煮猪蹄

【主料】花生米 100 克，大枣 50 克，猪蹄 3 个。

【配料】绍酒 10 克，葱段 10 克，盐 4 克，味精 2 克。

【制作】① 大枣洗净，去核；猪蹄入沸水汆烫后洗净，刮去老皮，放入瓦煲中，注入清水，置光波炉上大火煮沸，撇去浮沫，加绍酒、葱转中火加热 35 分钟。② 再加入花生米、大枣，调入盐、味精，大火加热 15 分钟即可。

【烹饪技法】汆，煮。

【营养功效】益气补血，补充蛋白。

【健康贴士】猪蹄宜与花生搭配，两者都富含蛋白质，是丰胸圣品。

骨汁扣双冬

【主料】猪骨 150 克，冬笋 100 克，干香菇 50 克。

【配料】葱段、生姜片各 2 克，味精 2 克，盐 3 克，糖 2 克，蚝油 3 克，香油 2 克。

【制作】① 猪骨洗净剁成小块；干香菇泡软，洗净去蒂；冬笋洗净切片。② 锅置火上，入水烧沸，投入猪骨，中火煮至汤白。捞出猪骨，汤留用。③ 香菇入碗，加冬笋片、生姜片、葱段、盐、味精、糖、蚝油、香油，注入少许骨汁汤，入锅蒸 40 分钟，取出拣掉姜、葱即可。

【烹饪技法】煮，蒸。

【营养功效】益气健体，美白祛斑。

【健康贴士】香菇具有延缓衰老的功效，尤宜女士食用。

海米炒洋葱

【主料】水发海米 30 克，洋葱 150 克。

【配料】盐 2 克，姜丝 5 克，酱油 3 克，色拉油 25 克，料酒 5 克，香油 5 克，味精 1 克。

【制作】① 洋葱去皮、洗净、切成丝放入盘中，水发海米洗净备用。② 将料酒、味精、酱油、盐、姜丝放入碗中制成调味汁。③ 锅置火上，入色拉油烧热，加入洋葱、海米，烹入调味汁炒熟，淋入香油即可。

【烹饪技法】炒。

【营养功效】补肾益气，养血丰胸。

【健康贴士】对海鲜过敏者不宜多食。

芥蓝炒白玉

【主料】芥蓝 200 克，冬瓜 100 克。

【配料】胡萝卜、木耳各 10 克，蒜片 4 克，植物油 15 克，盐 2 克，糖 2 克，水淀粉 4 克，鸡精 2 克。

【制作】① 所有材料洗净，芥蓝去皮，切斜片；冬瓜去瓤，切厚片；胡萝卜去皮，切片；木耳切片。② 锅置火上，入水烧沸，投入芥蓝、冬瓜、胡萝卜，煮至八成熟捞起，冲凉备用。③ 净锅置火上，入油烧热，下蒜片、木耳爆香。加芥蓝片、冬瓜片、胡萝卜、盐、糖、鸡精，炒透入味，入水淀粉勾芡即可。

【烹饪技法】煮，爆，炒。
【营养功效】润肠去热，去火消斑。
【健康贴士】一般人皆宜食用。

芹菜炒香菇

【主料】芹菜 400 克，鲜香菇 50 克。
【配料】盐 2 克，淀粉 10 克，酱油 3 克，味精 1 克，植物油 15 克。
【制作】① 香菇洗净切片；芹菜去叶、根，洗净，剖开，切成 2 厘米长的段，用盐拌匀，腌 10 分钟后，用清水漂洗，沥干水分备用。② 将醋、味精、淀粉混合，加入约 50 毫升水，兑成芡汁。③ 锅置火上，入油烧热，下芹菜煸炒 2 ~ 3 分钟，投入香菇片迅速炒匀，再加入酱油稍炒，淋入芡汁，速炒起锅即可。
【烹饪技法】腌，炒。
【营养功效】延缓衰老，美白养颜。
【健康贴士】香菇也可与鸡肉同食，滋补功效明显。

蒜苗炒豆腐

【主料】豆腐 320 克，蒜苗 100 克，腊八豆 60 克。
【配料】植物油 15 克，盐 3 克，洋葱 3 克，生抽 6 克，白胡椒粉 2 克。
【制作】① 豆腐切小块；蒜苗、洋葱洗净，切好备用。② 锅置火上，入油烧热，下豆腐煎至微黄，盛起备用。③ 锅中留余油，下洋葱爆香，放腊八豆，炒出香味。倒入豆腐，炒匀，放入蒜苗，翻炒均匀，再加入白胡椒粉，淋入生抽调味，炒好出锅盛盘即可。
【烹饪技法】煎，爆，炒。
【营养功效】补充营养，益气补血。
【健康贴士】豆腐能够预防乳腺癌的发生，适宜更年期女士食用。

莴苣炒香菇

【主料】莴苣 200 克，莴苣叶 10 克，香菇 2 朵。
【配料】植物油 20 克，盐 3 克，酱油 4 克，蒜片 3 克。
【制作】① 香菇泡发；莴苣切丝备用。② 锅置火上，入油烧热，下蒜片爆香，加入香菇爆香，倒入莴苣丝翻炒，淋入酱油继续爆炒，待莴苣丝变软后，调入盐，转小火翻炒片刻即可出锅盛盘。
【烹饪技法】爆，炒。
【营养功效】利尿丰胸，调养气血。
【健康贴士】莴苣能促进肠壁蠕动，帮助大便排泄，适宜便秘患者食用。

洋葱炒斑鸠

【主料】斑鸠胸脯肉 250 克，洋葱 100 克。
【配料】盐 4 克，葱末 5 克，味精 1 克，白砂糖 25 克，姜末 5 克，植物油 25 克，绍酒 15 克，水淀粉 20 克，鸡汤 100 毫升。
【制作】① 斑鸠胸脯肉在清水中漂去血污，沥干水分，用刀背将肉拍松，切成小丁，加盐 2 克、绍酒、淀粉 10 克拌匀上浆；洋葱洗净，切成小丁。② 锅置火上，入油 15 克烧至五成热，放入斑鸠脯丁煸炒至乳白色捞出。③ 净锅置大火上入油 10 克，下洋葱丁爆香，加姜末、鸡汤、盐、白砂糖、味精煮沸后，用水淀粉勾芡，放入斑鸠脯丁翻炒均匀，撒上葱末即可。
【烹饪技法】爆，炒。
【营养功效】益气明目，补虚养颜。
【健康贴士】洋葱一次不宜多食过多，过食容易引起目糊和发热。

芦笋扒冬瓜

【主料】芦笋 200 克，冬瓜 300 克。
【配料】姜 5 克，大葱 5 克，盐 3 克，味精 2 克，淀粉 5 克。
【制作】① 芦笋、冬瓜均去皮洗净，切丁，用沸水焯烫，捞出后入冷水过凉。② 锅置火上，入水烧沸，下芦笋、冬瓜、盐、葱末、姜丝，煨炖 30 分钟，放入味精、水淀粉勾芡，出锅盛盘即可。

【烹饪技法】焯，炖。
【营养功效】美白护肤，祛斑养颜。
【健康贴士】芦笋宜与冬瓜同食，防癌抗癌功效更佳。

香素咕噜肉

【主料】土豆 250 克，鸡蛋 1 个，菠萝肉 20 克。
【配料】红椒 1 个，香菜 8 克，植物油 100 克，盐 5 克，白砂糖 30 克，水淀粉 10 克，茄汁 15 克，白醋 10 克。
【制作】① 土豆去皮、切块；菠萝肉切块；红椒切片；香菜叶洗净；鸡蛋打入碗内，放入土豆、水淀粉 6 克拌匀。② 锅置火上，入油烧热，逐块下入土豆块，炸至金黄色捞起，沥干油。③ 锅内留油，放红椒片，少许水、茄汁、盐、白砂糖、醋煮沸，放入菠萝和炸好的土豆，用水淀粉 4 克勾芡出锅即可。
【烹饪技法】炸，煮。
【营养功效】滋阴润燥，美白护肤。
【健康贴士】一般人皆宜食用。
【巧手妙招】菠萝用淡盐水浸泡后，能减弱酸味，防过敏。

辣椒炒干丝

【主料】青椒 250 克，豆腐干 100 克。
【配料】植物油 15 克，葱末 5 克，酱油 10 克，盐 10 克，糖 5 克。
【制作】① 青椒去蒂，洗净，直刀切成细丝；豆腐干切成细丝。② 锅置火上，入油烧至九成热，下葱末爆香，依次放入青椒丝、豆腐干丝翻炒几下，调入适量酱油、盐、糖翻炒片刻即可出锅盛盘。
【烹饪技法】爆，炒。
【营养功效】祛皱养颜，排毒祛斑。
【健康贴士】青椒能够促进新陈代谢，皮肤光滑柔嫩，适宜女士食用。
【举一反三】除青椒外，绿豆芽、黄豆芽、笋干、芹菜、菠菜、油菜、冬菇等都能与豆腐干丝同炒，滋味各有千秋。

双菇苦瓜丝

【主料】苦瓜 150 克，香菇 100 克，金针菇 100 克。
【配料】姜 3 克，酱油 8 克，植物油 10 克，糖 2 克，香油 4 克。
【制作】① 苦瓜剖开，去瓤，切成细丝；姜切细丝；香菇浸软切丝；金针菇切去尾端，洗净。② 锅置火上，入油烧热，下姜丝爆香，加入苦瓜丝、香菇丝，调入盐炒至苦瓜丝变软，放入金针菇同炒，调入适量糖、香油调味，炒匀后出锅盛盘即可。
【烹饪技法】爆，炒。
【营养功效】清热消暑，美白祛斑。
【健康贴士】苦瓜含奎宁，会刺激子宫收缩，容易引起流产，孕妇不宜多食。

雪梨木瓜汁

【主料】雪梨、木瓜各 1 个。
【配料】柠檬汁 25 毫升，蜂蜜 5 克。
【制作】① 雪梨、木瓜去皮，切小块。② 将雪梨、木瓜、柠檬汁放入榨汁机中搅打成汁，加入适量蜂蜜调匀即可。
【烹饪技法】榨汁。
【营养功效】健体瘦身，丰胸养颜。
【健康贴士】一般人皆宜食用。

苋菜黄鱼羹

【主料】苋菜 100 克，黄花鱼肉 150 克。
【配料】熟火腿丁 20 克，熟鸡油 50 克，盐 3 克，料酒 5 克，白砂糖 4 克，胡椒粉 2 克，水淀粉 25 克，鸡汤 600 克，香油 10 克，大葱 10 克，姜 5 克，辣椒油 5 克。
【制作】① 苋菜择去老茎、黄叶，洗净后沥干水分；黄花鱼去皮、刺，切成小丁，放入碗内，加料酒拌匀，腌渍片刻；大葱、生姜去皮，洗净，均切成碎末。② 锅置火上，入熟鸡油烧至五成热，下葱末、姜末爆香，放苋菜稍加煸炒后，倒出，用同样的方法将黄花鱼丁煸炒后，倒出。③ 净锅置火上烧热，倒入鸡汤，加入盐、白砂糖烧沸后，放入鱼丁及火腿丁，待锅再次煮沸后，撇去浮沫，下入水淀粉勾芡，随即放入苋菜，加香油、辣椒油、胡椒粉，出锅装碗即可。

【烹饪技法】爆，炒。

【营养功效】补气清热、排毒祛斑。

【健康贴士】肠炎、痢疾、大便秘结、小便赤涩、贫血者宜食。

玉米汁鲫鱼汤

【主料】鲫鱼 1 条，玉米须 100 克，玉米心 100 克。

【配料】料酒 8 克，姜片、葱末各 5 克，味精 2 克。

【制作】① 锅置火上，入水煮沸，下玉米须、玉米心煮沸 20 分钟后取汁；鲫鱼去鳞、肠杂，洗净后加料酒腌渍片刻。② 玉米汁倒入锅中，大火烧沸，下入鲫鱼，加料酒、姜片，烩 30 分钟，撒上葱末、味精即可。

【烹饪技法】腌，烩。

【营养功效】丰胸养颜，益气补血。

【健康贴士】一般人皆宜食用，尤宜女士产后调养。

西瓜皮竹笋鲤鱼汤

【主料】鲤鱼 1 条，鲜竹笋 500 克，西瓜皮 500 克，

【配料】眉豆 60 克，姜 5 克，红枣 15 克，盐 4 克，味精 2 克。

【制作】① 竹笋削去硬壳、老皮，切片，入水浸泡 1 天；鲤鱼去鳃、内脏（不去鳞），洗净；眉豆、西瓜皮、生姜、红枣洗净。② 锅置火上，入水烧沸，放入所有材料，大火煮沸后，改小火煲 2 小时，放入盐、味精调味即可。

【烹饪技法】煮。

【营养功效】排毒养颜，温中益气。

【健康贴士】鲤鱼也可与红豆同煮为汤，不仅可以有效地利水消肿，还能够帮助产后乳汁不通的女性通乳催乳。

香油莴笋叶

【主料】莴笋叶 100 克

【配料】蒜末 5 克，辣椒 1 个，香油 20 克，盐 3 克。

【制作】① 莴笋叶洗净、沥干水分；辣椒切片。② 锅置火上，入香油烧热，下蒜末、辣椒煸炒，放入莴笋叶，快炒 1 分钟，调入盐拌匀即可。

【烹饪技法】煸，炒。

【营养功效】静心安神，帮助睡眠，排毒祛斑。

【健康贴士】莴笋能够改善肝脏功能，适宜肝病患者食用。

山药薏仁粥

【主料】山药、薏仁各 30 克，小米 50 克。

【配料】莲子肉 15 克，大枣 10 枚，白砂糖 5 克。

【制作】① 山药去皮，洗净，切细丝；莲子去心；红枣去核，薏仁淘洗干净。② 锅置火上，入水烧沸，将除白砂糖外的所有材料下锅，大火煮沸后转小火熬煮成粥，加入白砂糖调匀即可。

【烹饪技法】煮。

【营养功效】清热去湿，美白养颜。

【健康贴士】薏仁具有美白肌肤的功效，最宜女士食用。

塑身排毒

扁豆小鱼干

【主料】小鱼干 100 克，扁豆 200 克。

【配料】辣椒 2 个，胡萝卜干 50 克，盐 3 克，糖 2 克，植物油 20 克。

【制作】① 扁豆斜切段，入沸水中焯烫一下；辣椒斜切片。② 锅置火上，入油烧热，下小鱼干略炒，放入扁豆，加入辣椒片、胡萝卜

干翻炒5分钟，调入盐、糖出锅即可。

【烹饪技法】焯，炒。

【营养功效】益气利肾，消暑排毒。

【健康贴士】扁豆一定要熟食，生食会引起人体恶心、呕吐、腹痛、头晕、头痛等症状。

香菇酿豆腐

【主料】豆腐300克，香菇3只。

【配料】榨菜50克，酱油5克，糖2克，盐2克，香油3克，淀粉5克。

【制作】① 豆腐切成四方小块，中间挖空；香菇洗净泡软、切碎；榨菜切碎。② 香菇、榨菜入碗，加入糖、盐、淀粉拌匀制成馅料。③ 将馅料放入豆腐中心，摆在碟上，入锅蒸熟，淋上酱油、香油即可食用。

【烹饪技法】蒸。

【营养功效】生津润燥，清热解毒。

【健康贴士】豆腐宜与香菇同食，不仅能起到非常显著的抗癌功效，还能够健脾和胃、滋补气血。

绿豆芽肉丝

【主料】绿豆芽250克，瘦肉100克。

【配料】植物油15克，料酒8克，白砂糖3克，酱油3克，盐3克。

【制作】① 绿豆芽择去根，洗净，沥干水分备用；猪肉洗净，切丝。② 锅置火上，入油15克烧热，下肉丝煸炒，调入酱油、料酒、白砂糖翻炒均匀。待肉丝微卷，即可盛出。③ 净锅置火上，入油15克烧热，先放入盐，随即把绿豆芽倒入，待豆芽炒至半熟时，将肉丝倒入，翻炒至豆芽熟后即可出锅。

【烹饪技法】煸，炒。

【营养功效】清热解毒，排废利尿。

【健康贴士】豆芽性偏寒，脾胃虚寒者不宜多食。

素三丝

【主料】白萝卜250克，胡萝卜150克，芹菜梗100克。

【配料】葱1根，姜5克，蒜5克，盐3克，鸡精2克，醋4克，植物油15克，水淀粉6克。

【制作】① 白萝卜、胡萝卜分别去皮，洗净切丝；芹菜梗洗净切丝；葱切长段、蒜切片、姜切丝备用。② 胡萝卜、芹菜、白萝卜丝分别入沸水中略焯，捞出过冷水至凉。③ 锅置火上，入油烧热，下葱段、姜丝、蒜片爆香，再放入三丝煸炒1分钟。④ 调入盐、鸡精，淋入少许白醋，翻炒均匀，最后用水淀粉勾一层薄芡即可出锅盛盘。

【烹饪技法】焯，爆，炒。

【营养功效】润肠通便，防癌抗癌。

【健康贴士】萝卜不宜与中药同食，易影响药效。

竹笋炒鸡片

【主料】竹笋100克，鸡胸脯肉200克。

【配料】红辣椒10克，姜片10克，葱段10克，青辣椒10克，盐5克，味精2克，白砂糖2克，香油2克，水淀粉20克，绍酒50毫升，色拉油20克。

【制作】① 竹笋、红椒、青椒分别洗净切片；鸡脯肉切片后用绍酒腌渍5分钟。② 锅置火上，入水烧沸，放入竹笋片、红椒片、青椒片焯烫，捞起沥干水分备用。③ 净锅置火上，入色拉油烧热，下姜片、竹笋片、红椒片、青椒片，中火翻炒片刻，加入鸡肉片用小火翻匀，再放葱段，调入盐、味精、白砂糖炒透入味，用水淀粉勾芡，淋入香油即可。

【烹饪技法】焯，炒。

【营养功效】宽胸利膈，通肠排便。

【健康贴士】竹笋与鸡片都属于低脂、低糖、富含纤维素的食物，同食可有助于塑身减肥，非常适合肥胖者食用。

拌果蔬三丝

【主料】梨1个，黄瓜100克，果丹皮30克。

【配料】白砂糖3克，白醋4克，盐3克。

【制作】① 黄瓜洗净，切丝，加盐，腌10

分钟左右；梨洗净，去皮、核，切丝；果丹皮去包装，切丝。② 将黄瓜丝挤干水分，把三丝放在大碗中，加白砂糖、白醋拌匀即可。

【烹饪技法】腌，拌。

【营养功效】减肥瘦身，延缓衰老。

【健康贴士】一般人皆宜食用，尤宜虚火旺盛者食用。

凉拌魔芋丝

【主料】魔芋 150 克，黄瓜 100 克，金针菇 50 克。

【配料】酱油 5 克，香油 3 克，白醋 3 克。

【制作】① 金针菇去根，魔芋切丝，两丝都放入沸水中焯烫至熟，捞出沥干水分；黄瓜洗净切丝，放在碗中加白醋抓拌一下，捞出，以凉开水冲净，沥干备用。② 将魔芋丝、黄瓜丝、金针菇放入碗中，加酱油、香油搅拌均匀即可。

【烹饪技法】焯，拌。

【营养功效】利肝脏，益肠胃，排肠毒，降血压。

【健康贴士】魔芋富含维生素和膳食纤维，黄瓜富含蛋白质、膳食纤维、矿物质、维生素、糖类等，二者搭配同食，有益于维生素的吸收。

黄瓜拌绿豆芽

【主料】黄瓜 250 克，绿豆芽 350 克。

【配料】火腿丝 20 克，鸡蛋皮丝 20 克，香油 20 克，芥末 1 克，盐 3 克，味精 2 克，酱油 5 克，白砂糖 3 克，醋 3 克。

【制作】① 黄瓜去蒂，洗净切丝；绿豆芽去根、洗净，入沸水锅中焯烫，捞出沥干水分。② 将芥末、盐、味精、酱油、白砂糖、香醋、香油一起放入碗中，兑成味汁。③ 黄瓜丝、绿豆芽入盘，撒上火腿丝、鸡蛋皮丝，再浇上味汁即可。

【烹饪技法】焯，拌。

【营养功效】减肥瘦身，利尿消肿。

【健康贴士】绿豆芽性寒，体质虚寒者不宜多食。

豆豉苋菜

【主料】苋菜 400 克，豆豉 25 克 .

【配料】水淀粉 15 克，干辣椒 5 克，姜 5 克，盐 3 克，味精 2 克，糖 2 克，清汤 50 毫升，植物油 15 克，酱油 4 克，香油 5 克。

【制作】① 苋菜择去老茎、黄叶。洗净、切短段，入沸水中略焯烫，捞出后下冷水中过凉，沥干水分备用。② 锅置火上，入油烧热，下豆豉、辣椒和姜末煸炒出香味，调入盐、酱油、糖，加清汤煮沸，放入苋菜翻炒均匀，加水淀粉勾芡，调入味精、淋上香油，出锅盛盘即可。

【烹饪技法】焯，炒，煮。

【营养功效】补气清热，排毒养颜。

【健康贴士】贫血、减肥者、术后女士宜食，孕妇不宜多食。

韭黄鸡丝

【主料】鸡肉 200 克，韭黄 300 克，香菇 15 克。

【配料】蛋清 30 克，淀粉 8 克，姜 3 克，大蒜 2 克，盐 4 克，味精 2 克，香油 3 克，胡椒粉 2 克，黄酒 10 克，植物油 25 克。

【制作】① 鸡肉切成 6 厘米长，宽、厚各 3 毫米的丝备用，分别用蛋清、水淀粉 5 克拌匀；韭黄择洗干净，切成 5 厘米长的段；香菇去蒂，洗净，切丝；盐、味精、香油、胡椒粉、水淀粉混合调成芡汁。② 锅置火上，入油烧热，放入鸡丝翻炒 1 ~ 2 分钟至刚熟后捞起，沥干油备用。③ 锅内剩余的油倒出，重新入油烧热，下姜丝、蒜泥爆香，倒入香菇丝、韭黄、鸡丝翻炒，淋黄酒，加芡汁勾芡，炒匀后出锅盛盘即可。

【烹饪技法】爆，炒。

【营养功效】行气理血，润肠通便。

【健康贴士】韭黄性温，阴虚火旺者不宜多食。

豆苗鸡片

【主料】鸡胸脯肉 300 克，豆苗 500 克，蛋青 50 克。
【配料】植物油 15 克，盐 8 克，味精 6 克，料酒 30 克，水淀粉 30 克，高汤适量。
【制作】① 豆苗择洗干净，蛋清和水淀粉搅拌成糊；鸡胸脯肉切成 4 厘米长、2 厘米宽的片，淋上料酒，再加入蛋糊、少许油拌匀；盐、味精、料酒、水淀粉和高汤混合均匀制成味汁。② 锅置火上，入油烧热，下入鸡片轻轻拨散滑熟，捞出沥油。③ 锅内留少许底油，下豆苗翻炒几下，再投入鸡肉片翻炒均匀，倒入兑好的味汁，汁沸时翻炒均匀，出锅即可。
【烹饪技法】炒。
【营养功效】清热解毒，利尿止泻。
【健康贴士】豆苗也可与芋头同食，有强胃消食的功效。

海带冬瓜汤

【主料】冬瓜 200 克，海带 200 克。
【配料】盐 5 克，植物油 15 克，姜 3 克，料酒 5 克，鸡精 2 克。
【制作】① 海带泡洗干净；冬瓜去皮、瓤，洗净切片。② 锅置火上，入油烧热，下冬瓜煸炒，注入适量清水，下海带、姜片、料酒，大火煮沸，转中火煮至冬瓜熟，放盐、鸡精调味即可。
【烹饪技法】煸，煮。
【营养功效】润肺生津，排毒养颜。
【健康贴士】冬瓜具有排毒润肠、通便、光洁皮肤的功效，海带能降血压、防止肥胖，将冬瓜与海带一同食用，可以达到降低血压、降脂减肥的作用。

莲子豆腐汤

【主料】豆腐 1 块，莲子 20 克。
【配料】银耳、枸杞各 10 克，冰糖 6 克。
【制作】① 豆腐切块；莲子泡好，去心、洗净；银耳洗净，去杂质，撕成小朵；枸杞洗净。② 锅置火上，注入适量清水，放莲子煮沸，下入豆腐块、银耳、枸杞、冰糖煮 5 分钟即可。
【烹饪技法】煮。
【营养功效】补脾止泻，养心清火。
【健康贴士】一般人皆宜食用。

红豆冬瓜汤

【主料】冬瓜 400 克，红豆 200 克。
【配料】盐 5 克。
【制作】① 冬瓜洗净，去皮、切块；红豆淘洗干净，浸泡 6 小时备用。② 锅置火上，入水烧沸，倒入红豆煮熟。③ 将冬瓜块放入锅中，开盖中火煮至冬瓜变透明，加盐调味即可。
【烹饪技法】煮。
【营养功效】补血利尿，消脂减肥。
【健康贴士】红豆、冬瓜皆有通水利尿之效，尿多、尿频者不宜多食。

番茄冬瓜汤

【主料】冬瓜 200 克，番茄 150 克。
【配料】香菜 8 克，清鸡靓汤口味浓汤宝 1 块。
【制作】① 冬瓜切成 0.5 厘米左右的片；番茄切滚刀块备用。② 锅置火上，注水 750 毫升烧沸。加入清鸡靓汤口味浓汤宝，煮至微开。③ 依次放入冬瓜片、番茄块，盖上锅盖中火煮约 5 分钟，放入香菜调味即可。
【烹饪技法】煮。
【营养功效】利尿消肿，减肥瘦身。
【健康贴士】脾胃虚寒、肾虚、寒性痛经及经期不宜多食。

李子蜂蜜牛奶汤

【主料】李子 7 颗，牛奶 100 毫升。
【配料】蜂蜜 25 克。
【制作】① 李子洗净去核；切小块备用。② 将李子、蜂蜜、牛奶一起加水煮 5 分钟左右即可。

【烹饪技法】煮。

【营养功效】清肝利水，促进消化。

【健康贴士】李子不宜多食过多，过食会伤脾胃。

翡翠粥

【主料】大米 100 克，鲜嫩黄瓜 300 克。

【配料】盐 2 克，姜 10 克。

【制作】① 黄瓜洗净，去皮、瓤，切成薄片；大米淘洗干净；生姜洗净拍碎。② 锅置火上，注入清水 1000 毫升，下入大米、生姜，大火煮沸后，改用小火慢煮至米烂，下入黄瓜片，再煮至汤稠，入盐调味即可。

【烹饪技法】煮。

【营养功效】排毒祛斑，消脂瘦身。

【健康贴士】脾胃虚寒、腹痛腹泻、肺寒咳嗽者不宜多食。

白萝卜粥

【主料】白萝卜 100 克，大米 50 克。

【配料】红糖 10 克。

【制作】① 白萝卜洗净切丁；大米淘洗干净。② 大米、白萝卜丁、红糖入锅，注入适量清水，大火煮沸，转小火熬煮 15 分钟即可。

【烹饪技法】煮。

【营养功效】排毒去火，益气养阴。

【健康贴士】白萝卜通气去火，尤宜虚火旺盛者食用。

水果燕麦粥

【主料】苹果 1 个，香蕉 2 根，燕麦 30 克。

【配料】纯牛奶 250 毫升。

【制作】① 香蕉去皮；苹果洗净去核，均切成丁。② 锅置火上，入水烧沸，放燕麦煮沸，加入牛奶、苹果丁同煮，微沸后加香蕉，稍搅拌一下后关火，盖上锅盖焖 2 ~ 3 分钟即可。

【烹饪技法】煮。

【营养功效】降糖减肥，润肠通便。

【健康贴士】一般人皆宜食用。

萝卜土豆汤

【主料】青萝卜 50 克，土豆 2 个。

【配料】大葱 5 克，姜 4 克，色拉油 7 克，盐 5 克，鸡精 3 克。

【制作】① 萝卜洗净，去皮、切丝；土豆洗净去皮、切滚刀块；葱、姜切丝。② 锅置火上，入油烧热，下葱、姜爆香，放入土豆块翻炒，注入适量清水，盖上锅盖烧沸，转中小火煮至土豆熟透，放入萝卜丝，再盖锅煮约 3 分钟，加盐、鸡精调味即可。

【烹饪技法】煮。

【营养功效】和胃健脾，美容减肥。

【健康贴士】土豆也可与羊肚搭配同食，滋补养身的功效更佳。

蜜汁甘薯

【主料】红薯 700 克。

【配料】植物油 250 克，白砂糖 100 克，糖玫瑰 13 克，蜂蜜 13 克。

【制作】① 红薯洗净去皮，切成长 5 厘米、宽 1 厘米见方的条。② 锅置火上，入植物油烧热，投入红薯条略炸，捞入大碗内，撒上白砂糖 50 克，用白纸浸湿封严碗口，上笼蒸 30 分钟，取出盛盘，碗中汁水备用。③ 净锅置火上，注入开水 100 毫升、白砂糖 50 克、蜂蜜、糖玫瑰，再将红薯碗中的汁倒入锅内，用中火将蜜汁熬浓，浇在红薯条盘中即可。

【烹饪技法】炸，蒸，浇汁。

【营养功效】补中和血，宽肠通便。

【健康贴士】便秘患者宜食，但血糖较高者忌食。

韭菜豆渣饼

【主料】豆渣 50 克，韭菜 50 克，鸡蛋 1 个。

【配料】玉米面 20 克，盐 3 克，香油 5 克，植物油 50 克。

【制作】① 豆渣放入玉米面中，混合均匀，打入鸡蛋拌匀。② 韭菜择洗干净，切碎，倒入面中，调入盐、香油，混合均匀，制成面团。③ 将面团分成均等的小面团，团成圆形，略压成小饼状。④ 锅置火上，入少许油烧热，放入小饼小火煎，煎至两面金黄色即可。

【烹饪技法】煎。

【营养功效】健胃消食，润肠通便。

【健康贴士】韭菜宜与鸡蛋同食，有益气补肾之效。

韭菜香菇炒豆干

【主料】韭菜 100 克，豆腐干 100 克。

【配料】干香菇 6 朵，植物油 15 克，盐 3 克。

【制作】① 干香菇用温水泡发后切成片；韭菜择洗干净，切段；豆腐干切成小片。② 锅置火上，入油烧热，下香菇片翻炒 5 分钟，倒入豆腐干片，继续翻炒，待香菇和豆腐干炒熟，倒入韭菜，转大火翻炒均匀后关火，再利用锅中余热翻炒几下，调入盐炒匀即可。

【烹饪技法】炒。

【营养功效】助消化，利肠胃。

【健康贴士】熟韭菜放置时间过长会产生大量的亚硝酸盐，对身体有害，因此剩韭菜不宜多食。

红花炖牛肉

【主料】牛肉 750 克，土豆 250 克。

【配料】红花 15 克，葱 3 克，姜 3 克，盐 3 克，味精 2 克，胡椒粉 3 克。

【制作】① 牛肉洗净、切片；土豆洗净、去皮、切片；葱、姜切丝。② 锅置火上，注入适量水，下牛肉、红花，先大火煮沸后改小火，炖 1 小时，再下土豆片、葱姜丝、盐继续炖至牛肉酥烂，加入味精、胡椒粉调味即可。

【烹饪技法】炖。

【营养功效】活血散瘀，排毒养颜。

【健康贴士】孕妇、女性经期忌食。

皮蛋黄瓜汤

【主料】皮蛋 2 个，黄瓜 2 根。

【配料】葱 1 根，胡椒粉 3 克，盐 5 克，香油 5 克。

【制作】① 皮蛋去壳，洗净，切月牙状；黄瓜洗净，切片；葱切末。② 锅置火上，入水烧沸，下皮蛋煮 2 分钟，调入胡椒粉，放入黄瓜煮两分钟，调入盐、葱末，淋入香油即可起锅。

【烹饪技法】煮。

【营养功效】除湿利尿，降脂减肥。

【健康贴士】贫血、脚气病、神经炎、火旺者宜食。

香菜拌豆腐丝

【主料】豆腐皮 100 克，香菜 50 克。

【配料】色拉油 15 克，盐 3 克，花椒 5 克，生抽 15 克，葱白 10 克，干红辣椒 4 个。

【制作】① 香菜洗净，沥干水分，拦腰切段；豆腐皮入沸水中焯烫，捞出沥干水分，切细丝；葱白切细丝。② 依次将香菜、豆腐丝和葱丝放在盆里，葱丝在最上面。③ 锅置火上，入油烧至五成热，放入花椒煸炒，待花椒出香味，放入干红辣椒，炒至辣椒变色后关火，把热油淋在葱丝上。④ 将生抽倒入余热的锅中，温热后淋入豆腐丝中，再入盐调味即可。

【烹饪技法】焯，炒。

【营养功效】消食下气，生津润燥。

【健康贴士】一般人皆宜食用。

芹菜烧豆腐

【主料】芹菜 100 克，豆腐 1 块。

【配料】蒜末 5 克，盐 3 克，香油 5 克，水淀粉 5 克，高汤 100 克。

【制作】① 豆腐切成 1 厘米左右的小方丁；芹菜择洗干净，切小段。② 锅置火上，入油烧热，下蒜末爆香，倒入豆腐丁滑散，倒入高汤煮 5 分钟，放入芹菜段，小火煨煮

10 ~ 15 分钟，加入盐调味，再用水淀粉勾薄芡，淋上香油即可。

【烹饪技法】爆，煮。

【营养功效】降压消脂，排毒塑身。

【健康贴士】芹菜宜与豆腐同食，两者搭配是一道很好的减肥菜。

金针菇烩豆腐

【主料】日本豆腐 300 克，金针菇 100 克。

【配料】葱 3 根，大蒜 3 瓣，植物油 500 克，香油 5 克，蚝油 4 克，酱油 8 克，味精 2 克。

【制作】① 金针菇洗净，去根、切段；日本豆腐切成块；葱切末；大蒜切片。② 锅置火上，入油烧热，下日本豆腐，炸成金黄色后捞起。③ 锅内留少许油，下葱、蒜爆香，注入少许水，倒入日本豆腐、金针菇翻炒几下，调入盐、味精、酱油、蚝油翻炒均匀，淋入香油起锅即可。

【烹饪技法】炸，爆，炒。

【营养功效】抗菌消炎，促进代谢。

【健康贴士】金针菇宜与豆腐同食，不仅可以为人体提供丰富而均衡的营养，还能够防癌抗癌。

白果烧鸡块

【主料】鸡肉 800 克，白果肉 20 粒。

【配料】姜片 12 克，植物油 20 克，料酒 8 克，盐 3 克，高汤 1500 毫升，葱 3 克，味精 2 克。

【制作】① 鸡肉洗净、切块，加料酒、盐腌渍 10 分钟；姜洗净，切片；葱洗净，打结。② 锅置火上，入植物油，烧至七成热，下入姜片爆香，倒入鸡块炒透后，下白果肉再翻炒几下。③ 加入高汤，大火煮沸后，放入葱结，小火焖至鸡肉块软烂时，加少许盐、味精调味，略带汁起锅即可。

【烹饪技法】腌，爆，炒，炖。

【营养功效】生津止渴，排毒养颜。

【健康贴士】适宜尿频、体虚白带异常的女性食用，但白果不宜多食。

回锅鲫鱼

【主料】鲫鱼 1500 克。

【配料】鸡蛋 65 克，植物油 100 克，淀粉 20 克，豆瓣 15 克，蒜苗 50 克，甜面酱 30 克，酱油 15 克，味精 2 克，白砂糖 10 克，料酒 20 克，盐 5 克。

【制作】① 鲫鱼去鳞、鳃及内脏，洗净剁块；蒜苗斜切成段；鸡蛋打散，加入淀粉搅拌制成蛋糊。② 锅置火上，入油烧至六成热，将鱼块逐一均匀挂上蛋糊，放入锅中炸至金黄色捞出。③ 锅内留适量底油，倒入豆瓣爆香，放入鲫鱼块翻炒几下后倒入甜面酱、酱油、白砂糖、盐、味精、料酒翻炒均匀，最后放入蒜苗略炒几下即可。

【烹饪技法】炸，爆，炒。

【营养功效】益脾利湿，健胃消食。

【健康贴士】感冒发热、高脂血患者不宜多食。

泡菜鲫鱼

【主料】鲫鱼 500 克，泡菜 80 克。

【配料】泡红辣椒 5 个，姜 3 克，蒜蓉 3 克，葱 2 根，酱油 8 克，醋 5 克，鸡精 2 克，水淀粉 5 克，植物油、盐各适量。

【制作】① 鲫鱼处理干净，用刀在鱼两侧划细纹，撒盐腌 10 分钟；泡菜、泡红辣椒、姜、葱切碎。② 锅置火上，入油烧至七成热，放入鲫鱼炸至金黄，盛出备用。③ 锅留底油，放入泡红辣椒炒香至油呈红色，下葱末、姜末、蒜蓉爆香，放入泡菜炒匀，加入酱油、水、鸡精烧沸，下鱼煮约 5 分钟，捞出盛盘。④ 锅中留汤，入水淀粉勾芡，加醋、葱末搅匀，淋在鱼上即可。

【烹饪技法】腌，炸，爆，煮。

【营养功效】滋阴补虚，清热解毒。

【健康贴士】一般人皆宜食用。

姜汁海螺

【主料】净海螺肉 250 克，黄瓜 50 克。
【配料】姜末 15 克，蒜末 10 克，盐 4 克，味精 1 克，醋 10 克，鸡汤 10 克，香油 10 克。
【制作】① 黄瓜洗净，切成蓑衣形花刀块，加盐腌制 5 分钟；海螺肉切成大薄片，放在清水中漂净。② 锅置火上，入水烧热，下海螺片，大火焯熟，捞出放冷开水中凉透。③ 将姜末、醋、鸡汤、盐、味精、蒜末、香油调成味汁。④ 蓑衣黄瓜用手捏开，放在冷盘内连成一圈，海螺片沥干水分，放在冷碟的中央。将调好的味汁淋在海螺片上即可。
【烹饪技法】焯，拌。
【营养功效】清热明目，利膈益胃。
【健康贴士】海螺性寒，体质虚寒者不宜多食。

虾仁炒油菜

【主料】鲜虾仁 50 克，油菜 200 克。
【配料】植物油 10 克，淀粉 5 克，酱油 5 克，盐 5 克，料酒 3 克，葱 3 克，姜 3 克。
【制作】① 鲜虾仁洗好，用料酒、酱油和淀粉拌匀；油菜择洗干净，切成寸段。② 锅置火上，入油烧热，入虾仁煸炒几下后盛出。③ 锅中入葱、姜爆香，放入油菜煸炒至半熟，调入盐、倒入虾仁，大火快炒几下后出锅即可。

【烹饪技法】炒。
【营养功效】消脂降压，排毒养颜。
【健康贴士】油菜具有润肠通便的功效，适宜便秘患者食用。

抗衰除皱

青红椒炒丝瓜

【主料】丝瓜 350 克，红椒 30 克，青椒 50 克。
【配料】大蒜 15 克，盐 5 克，白砂糖 4 克，蚝油 5 克，植物油 15 克，水淀粉 5 克。
【制作】① 丝瓜洗净，去皮、切滚刀块；青椒、红椒洗净，去子切菱形片；大蒜切片。② 锅置火上，入植物油烧至五成热，下蒜片爆香，放丝瓜块，再入青椒、红椒翻炒，加蚝油、盐、糖大火快速翻炒 30 秒，调入水淀粉勾芡，快速翻炒后即可出锅。
【烹饪技法】爆，炒。
【营养功效】提高免疫，护肤养颜。
【健康贴士】丝瓜还可与鸡肉同食，有活血通络、清热益气的功效。

蘑菇木耳炒白菜

【主料】白菜 500 克，干黑木耳 10 克，干蘑菇 10 克。
【配料】植物油 15 克，酱油 5 克，盐 3 克，味精 3 克，胡椒粉 3 克，葱末 4 克。
【制作】① 干黑木耳、干蘑菇分别用水泡发，去蒂洗净、撕成片；白菜洗净，选菜心，去菜叶，切成小片。② 锅置火上，入油烧热，下葱末爆香，下入白菜片煸炒，炒至白菜片油润明亮时放入黑木耳，炒至入味后加酱油、盐、花椒粉炒匀，加味精调味即可。
【烹饪技法】爆，炒。
【营养功效】养胃利水，解热除烦，延缓衰老。
【健康贴士】白菜也可与猪肝搭配食用，具有保肝护肾的功效。

皮蛋炒黄瓜

【主料】黄瓜1根半，皮蛋1个。

【配料】红辣椒2个，植物油15克，葱末3克，姜末3克，盐3克，白砂糖2克，鸡精2克。

【制作】① 黄瓜洗净，对切成两根半圆条，切滚刀块；皮蛋去皮洗净，先切4瓣，每瓣再斜切一刀成块；红辣椒洗净，去蒂、子，切斜长片。② 锅置火上，入油烧热，下葱姜爆香后放入皮蛋，翻炒几下后放入黄瓜和辣椒，同时加入白砂糖继续翻炒，至辣椒油润红亮时调入盐和鸡精炒匀即可。

【烹饪技法】爆，炒。

【营养功效】健脑安神，延缓衰老。

【健康贴士】皮蛋含铅量较多，孕妇慎食。

清蒸萝卜

【主料】萝卜500克。

【配料】口蘑50克，冬笋25克，盐6克，味精2克，黄酒10克，大葱10克，香油10克，姜5克，色拉油25克。

【制作】① 萝卜去皮、洗净，切成长4厘米、宽2.5厘米、厚0.4厘米的长方片，在开水中焯烫一下，捞出入凉水过凉，沥干水分备用；口蘑去蒂洗净，冬笋去壳、皮，洗净，均切成薄片；葱洗净切段；姜洗净切片。② 将萝卜放入碗中，码上口蘑片、冬笋片，摆成花形，然后放上葱段、姜片，加入盐、味精、绍酒、鲜汤，淋入烧热的色拉油，加盖入蒸笼，蒸15分钟左右，取出，拣出葱段、姜片，淋入香油即可。

【烹饪技法】焯，蒸。

【营养功效】提高免疫，抗衰防癌。

【健康贴士】萝卜能刺激胃肠蠕动，增进食欲，适宜食欲不振者食用。

山药烩鱼头

【主料】山药300克，鲑鱼头1/2个。

【配料】葱2根，香菇5朵，植物油15克，酱油8克，酒4克，糖3克，醋3克，胡椒粉3克，水淀粉5克。

【制作】① 鲑鱼头洗净；香菇泡软、去梗，大的对切两半；山药去皮、切厚片；葱洗净，切小段。② 锅置火上，入少许油烧热，放入鲑鱼头两面略煎，取出沥油备用。③ 净锅置火上，入油烧热，下香菇翻炒，放入鱼头，调入适量酱油、酒、糖、醋、胡椒粉调味，注入清水900毫升煮沸，改小火，加入山药同煮入味。④ 待汤汁收至稍干时，加入葱段并淋水淀粉勾芡，出锅盛盘即可。

【烹饪技法】煎，炒，煮。

【营养功效】润肤防皱，补虚益肾。

【健康贴士】孕妇、过敏体质者以及患有痛风、高血压病症者不宜多食。

茄子炒青蒜

【主料】茄子250克，青蒜100克。

【配料】盐3克，酱油3克，植物油10克。

【制作】① 茄子洗净，切小段，入沸水焯烫，捞出盛盘；青蒜洗净，切段。② 锅置火上，入油烧热，下青蒜大火爆香，放入茄子、盐、酱油一起拌炒3分钟，出锅盛盘即可。

【烹饪技法】焯，爆，炒。

【营养功效】清热消肿，延缓衰老。

【健康贴士】茄子性寒，脾胃虚寒者不宜多食。

芹菜炒豆腐干

【主料】芹菜200克，豆腐干300克，胡萝卜50克，水发木耳30克。

【配料】植物油15克，盐3克，江米酒10克，鸡精2克。

【制作】① 胡萝卜去皮，洗净，切丝；黑木耳、豆腐干分别洗净，切均丝；芹菜去叶、洗净，以刀背拍菜梗，切小段备用。② 锅置火上，入油烧热，下芹菜炒香，放入胡萝卜丝、黑木耳丝、豆腐干丝炒热，再加入盐、米酒、鸡精、胡椒粉炒匀即可。

【烹饪技法】炒。

【营养功效】益气补血，防癌抗癌。
【健康贴士】高血压、肥胖者宜食。

核桃薏仁汤

【主料】核桃仁 70 克，薏仁 70 克。
【配料】枸杞 15 克，红枣 10 克，白砂糖 5 克。
【制作】① 核桃仁用水浸泡透，洗净；红枣洗净、去核；薏仁淘洗干净；枸杞洗净备用。② 锅置火上，入水烧沸，下入核桃仁、薏仁，大火煮沸，转中火煮 40 分钟左右，倒入红枣、枸杞，再转小火煮约 30 分钟熄火，加适量白砂糖调味即可。
【烹饪技法】煮。
【营养功效】清热祛湿，护肤养颜。
【健康贴士】薏仁具有健脾养胃的功效，适宜脾胃虚弱者食用。

黄豆排骨蔬菜汤

【主料】黄豆 500 克，猪肋排 200 克。
【配料】西蓝花 50 克，鲜香菇 40 克，盐 5 克。
【制作】① 排骨洗净切块备用；黄豆洗净，与排骨一同放入沸水中焯烫；香菇去蒂，洗净切半；西蓝花切块、洗净。② 锅置火上，入水烧沸，下黄豆、排骨，大火开后转小火，约煮 40 分钟，放入香菇、西蓝花、盐，煮沸即可。
【烹饪技法】焯，煮。
【营养功效】健脾宽中，益智安神。
【健康贴士】黄豆也可与花生搭配同食，抗衰老的功效更佳。

香菇鸡爪汤

【主料】鸡爪 300 克，鲜香菇 100 克。
【配料】冬笋 15 克，火腿 15 克，黄酒 10 克，味精 1 克，盐 2 克，葱汁 8 克，姜汁 7 克，熟鸡油 10 克。
【制作】① 鸡爪洗净，剁成两段，入沸水锅中汆烫一下，捞出，撕去黄皮；香菇放入温水中泡透，捞出，去蒂，用清水洗净；冬笋、火腿均切成片。② 取大汤碗，放入鸡爪、香菇、冬笋片、火腿，淋入葱姜汁、加黄酒、盐、味精，上笼用大火蒸至鸡爪软糯酥烂时取出，淋入熟鸡油即可。
【烹饪技法】汆，蒸。
【营养功效】护肤养颜，延缓衰老。
【健康贴士】鸡爪富含胶原蛋白，是丰胸美容的一道佳肴。

银耳雪梨汤

【主料】银耳 50 克，雪梨 1 个。
【配料】冰糖 40 克，鲜百合 20 克。
【制作】① 银耳泡发，去除根部，雪梨去皮切块，鲜百合洗净。② 锅置火上，入水烧热，下银耳，大火煮沸后，转中小火煮 20 分钟。③ 放入冰糖，下梨块，煮 20 分钟后，加入百合，煮 15 分钟关火，再焖 10 分钟后即可食用。
【烹饪技法】煮，焖。
【营养功效】滋阴润燥，美容防衰。
【健康贴士】银耳与梨一同炖汁服用，可以起到非常显著的滋阴润肺、镇咳祛痰的作用，适合阴虚咳喘、肺热多痰者服用。

圣女果酸奶汁

【主料】圣女果 60 克，苹果、橘子各 100 克，葡萄、樱桃各 50 克。
【配料】酸奶 100 毫升。
【制作】① 圣女果洗净，对半切开，放在盘子的周围；苹果洗净，去子，切成块；橘子去皮，掰瓣；葡萄、樱桃分别洗净。② 先把葡萄、橘子瓣、苹果块放在盘子中间，淋上酸奶后，把樱桃点缀在盘子上面即可。
【烹饪技法】拌。
【营养功效】润肠滋胃，美肌养颜。
【健康贴士】多种水果同食，补充多种维生素。

花生红枣蛋糊粥

【主料】糯米 60 克，花生米 50 克，红枣

30克，鸡蛋1个。

【配料】蜂蜜15克。

【制作】① 花生米去除红衣、洗净；红枣洗净；糯米淘洗干净，用水浸泡2小时；鸡蛋打散。② 锅置火上入水，下入糯米，大火煮沸后转小火，熬煮30分钟后，放入红枣继续熬煮30分钟。③ 将蛋液顺时针淋入粥中，边倒边搅拌，熄火后凉至温热调入蜂蜜即可。

【烹饪技法】煮。

【营养功效】益气补血，延缓衰老。

【健康贴士】糯米具有健脾暖胃的功效，适宜脾胃虚寒者食用。

【巧手妙招】这道粥要熬得稀一点儿，淋入蛋液口感色泽才好，太稠的粥容易与蛋液结块。

清蒸鲳鱼

【主料】鲳鱼1条。

【配料】葱1根，香油5克，蒸鱼豉油8克，盐4克，料酒8克，生抽2.5克，姜2片。

【制作】① 鲳鱼处理干净，在鱼身的两面划几刀，抹上盐腌10分钟。② 葱、姜切丝，取适量撒在鱼身上，再加入料酒、生抽，入锅蒸15分钟。③ 将蒸好的鱼取出后倒掉汤汁，淋上香油和蒸鱼豉油即可。

【烹饪技法】腌，蒸。

【营养功效】延缓衰老，护肤养颜。

【健康贴士】鲳鱼鱼子有毒，不宜多食。

芝麻海带

【主料】海带250克，熟芝麻50克。

【配料】料酒8克，辣椒油6克。

【制作】① 海带切宽条，入沸水锅中煮软。② 锅置火上，入油烧至六成热，下煮软的海带，中火炸一分钟，用漏勺将海带捞起沥干油，盛入碗中，放入料酒、油辣椒、盐、熟芝麻，拌匀即可食用。

【烹饪技法】煮，炸，拌。

【营养功效】润肠补肝，抗衰老。

【健康贴士】海带宜与芝麻同食，美容、防衰老的食疗效果显著。

紫薯红豆汤

【主料】紫薯2个，红豆100克。

【配料】白砂糖8克。

【制作】① 红豆淘洗干净，提前浸泡2小时；紫薯洗净，去皮，切成小块。② 锅置火上，入水煮沸，下红豆，大火煮至红豆开花，倒入紫薯块煮熟，加入适量的白砂糖，稍煮片刻后即可出锅。

【烹饪技法】煮。

【营养功效】润肠通便，益气养颜。

【健康贴士】一般人皆宜食用。

麻辣小土豆

【主料】小土豆250克

【配料】辣椒粉10克，胡椒粉8克，孜然8克，糖4克，鸡精2克，油20克，盐3克。

【制作】① 小土豆洗净备用。② 锅置火上，入水烧沸，放少许盐，下土豆煮15分钟至软，捞出土豆沥干水分备用。③ 净锅置火上，入油烧热，下土豆煎至金黄。按个人口味放入辣椒粉、花椒粉、孜然、糖、鸡精，翻炒均匀即可。

【烹饪技法】煮，煎，炒。

【营养功效】和胃调中，健脾益气，养颜强身。

【健康贴士】土豆能够减少胃酸分泌，适宜胃溃疡患者食用。

西蓝花炒鱿鱼

【主料】西蓝花150克，鲜鱿鱼100克。

【配料】植物油20克，盐10克，味精8克，白砂糖2克，姜3克，胡萝卜15克，水淀粉8克，香油3克。

【制作】① 西蓝花冲洗干净，切小朵；姜去皮，切片；胡萝卜洗净，切片；鱿鱼切薄片，用少许水淀粉拌匀备用。② 锅置火上，入水烧沸，下鱿鱼片焯烫，再放入西蓝花焯熟备用。③ 净锅置火上，入油烧热，放姜片、胡萝卜片、西蓝花、鱿鱼片、盐、味精、白砂糖同炒，用水淀粉勾芡，淋入香油翻炒几下出锅即可。

【烹饪技法】焯，炒。

【营养功效】补益气血，缓解疲劳。

【健康贴士】鱿鱼也可与银耳同食，有防衰老、降血压的功效。

番茄炒西蓝花

【主料】西蓝花 250 克，番茄 100 克。

【配料】油 30 克，盐 3 克，糖 2 克，番茄酱 20 克，水淀粉 8 克。

【制作】① 西蓝花洗净，入沸水中焯烫，过凉备用；番茄上面划十字形的小口，放到开水中烫一下，去皮切成小块。② 锅置火上，入油烧热，下葱末爆香，放入番茄翻炒，再加入少许番茄酱、糖继续翻炒 5 分钟，加入西蓝花，调入适量盐、鸡精，放少许淀粉勾芡即可。

【烹饪技法】焯，爆，炒。

【营养功效】保护心脏，美颜护肤。

【健康贴士】番茄具有增进食欲的功效，适宜食欲不振者食用。

葱烧黄豆牛蹄筋

【主料】西蓝花 200 克，水发牛蹄筋 150 克，水发黄豆 50 克。

【配料】大葱 1 根，姜片 5 克，红彩椒 1 个，盐 3 克，鸡汁 100 毫升，胡椒粉 3 克，水淀粉 8 克，白砂糖 5 克，熟芝麻 8 克，绍酒 8 克，植物油 15 克。

【制作】① 牛蹄筋洗净切斜刀块；大葱切寸段；西蓝花切小块。② 锅置火上，入水烧沸，下西蓝花、少许油、盐焯烫；净锅置火上，入水烧沸，下牛蹄筋、少许绍酒焯熟捞出。③ 净锅置火上，入油烧热，下葱段炸出葱油捞出，锅内留油，煸香姜片，放入水发黄豆、鸡汁，加清水略煮，放入牛蹄筋，加盐、白砂糖、酱油改小火烧 5 分钟，再放入红椒块，水淀粉勾芡，倒入葱油炸好的葱段，撒上熟芝麻，翻炒均匀后出锅，用西蓝花围边盛盘即可。

【烹饪技法】焯，炸，煸，炒。

【营养功效】补脾和胃，清化血管，抗衰防癌。

【健康贴士】一般人皆宜食用。

莲子山药粥

【主料】莲子 50 克，山药 30 克，粳米 50 克，薏仁 30 克。

【配料】白砂糖 20 克。

【制作】① 莲子浸泡，去心洗净；山药去皮，洗净切块；粳米、薏仁均淘洗干净，用水浸泡 1 小时。② 瓦煲置火上，入水 1500 毫升，下入莲子、山药块、粳米、薏仁，大火煮沸，转小火煲制 90 分钟至粥黏稠，加入白砂糖调味，即可盛碗食用。

【烹饪技法】煮，煲。

【营养功效】滋阴润燥，益肾补虚。

【健康贴士】山药可以补肾健脾，莲子则有益肾涩精、抗衰老的功效，二者同食，健脾补肾、抗衰老。

红豆山药粥

【主料】红豆、薏仁各 100 克，山药 1 根。

【配料】燕麦片 80 克。

【制作】① 山药削去外皮，洗净切小块。② 红豆和薏仁洗净后，放入砂锅中，加水盖好盖子，中火加热至锅中水煮沸，再煮 2 ~ 3 分钟，关火后焖 30 分钟。③ 放入山药块和燕麦片，盖好盖子，开火继续煮。④ 煮至锅中水再次沸腾后，再煮 2 ~ 3 分钟，关火，继续焖 30 分钟即可。

【烹饪技法】煮，焖。

【营养功效】利水消肿，美容润肤。

【健康贴士】红豆宜与薏仁同煮粥食用，是一道非常好的美容粥品。

补益气血

金针菇炒肚丝

【主料】金针菇 150 克，猪肚 500 克。

【配料】青蒜段 50 克，盐 5 克，黄酒 10 克，味精 2 克，葱段、姜块各 25 克，鸡汤 50 毫升，香油 5 克，米醋 3 克，植物油 20 克，面粉适量。

【制作】① 金针菇择洗干净；猪肚放入盆内，加米醋、盐各 3 克，面粉适量拌匀，不断揉搓，除去黏液，放入水盆中冲洗干净。② 锅置火上，入水煮沸，下猪肚汆烫，捞出沥干水分，剥去黄衣，再冲洗干净，并在肚后背开一个 5 厘米的口。③ 猪肚再次放入沸水锅内，加入花椒、葱段 15 克、姜块 15 克，煮至八成熟，捞出凉凉。将猪肚自肚口处切开，切成宽 6 厘米的段，在每段中间横向片开，顶刀切成粗丝，放在沸水锅中汆透，捞出放入冷水中过凉，沥干水分备用。④ 葱、姜各取 10 克，切成末；锅置火上，入植物油烧至五成热，下葱末、姜末爆香，放入金针菇、肚丝再煸炒几下，调入味精、盐、黄酒、胡椒粉和鸡汤，稍炒几下，淋入水淀粉，撒上青蒜段炒匀，淋上香油，出锅盛盘即可。

【烹饪技法】汆，煮，爆，炒。

【营养功效】补虚损，健脾胃，补气血。

【健康贴士】脾胃虚寒、腹泻便溏者不宜多食。

双冬鲜蚕豆

【主料】鲜蚕豆瓣 250 克，冬笋、香菇各 25 克，胡萝卜 20 克。

【配料】植物油 15 克，盐 3 克，料酒 8 克，高汤 100 克，味精 2 克，水淀粉 5 克，熟鸡油 10 克。

【制作】① 鲜蚕豆瓣洗净；香菇用温水泡软，去蒂、切块；冬笋、胡萝卜去皮，切丁。② 锅置火上，入油烧热，下鲜蚕豆煸炒 1 分钟，取出沥油备用。③ 净锅置火上，入油烧至六成热，下冬笋、香菇、胡萝卜丁煸炒，调入盐、料酒、高汤炒匀，放入炒好的鲜蚕豆瓣翻炒均匀，撒上味精，入水淀粉勾芡，淋入熟鸡油即可。

【烹饪技法】煸，炒。

【营养功效】健脾益气，补血利尿。

【健康贴士】脾胃虚弱、消化不良、慢性结肠炎、尿毒症等病症者不宜多食。

扁豆田鸡汤

【主料】扁豆 500 克，田鸡 640 克。

【配料】陈皮 10 克，盐 5 克。

【制作】① 田鸡去头、爪尖、皮、内脏，剁块；扁豆、陈皮用水浸洗。② 瓦煲置火上，入水煮沸，放入全部材料，中火煲 3 小时，入盐调味即可。

【烹饪技法】煲。

【营养功效】益气生津，安心养神。

【健康贴士】脾胃虚弱、反胃、呕吐、久泻、积食者宜食。

河虾烧墨鱼

【主料】墨鱼 200 克，河虾 80 克，芥蓝 100 克。

【配料】生姜 10 克，盐 4 克，味精 2 克，白砂糖 1 克，植物油 20 克，蚝油 1 克，绍酒 1 克，水淀粉 6 克，香油 1 克。

【制作】① 墨鱼洗净切卷；河虾去虾线洗净；生姜去皮切小片；芥蓝切片洗净。② 锅置火上，入油烧至九成热，下墨鱼卷、河虾，泡炸至熟后倒出。③ 锅内留油，放入姜片、芥蓝煸炒片刻，投入墨鱼卷、河虾，倒入绍酒，调入盐、味精、白砂糖、蚝油，用大火炒至入味后，放入水淀粉勾芡，淋入香油即可。

【烹饪技法】炸，煸，炒。

【营养功效】滋阴养血，止血降脂。

【健康贴士】虾中蛋白含量高、脂肪含量低，是女性美容佳品。

桂圆花生汤

【主料】桂圆、红枣、花生各 100 克。
【配料】冰糖 3 克。
【制作】① 桂圆去壳，清洗干净；红枣洗净，去核；花生拣去杂质，淘洗干净。② 锅置火上，注入水，放入桂圆、红枣、花生，大火煮沸，改小火炖 2 个小时左右即可。
【烹饪技法】炖。
【营养功效】益心脾、补气血。
【健康贴士】一般人皆宜食用，但桂圆火大，不宜多食。

蚝油蒜拌菠菜

【主料】菠菜 200 克。
【配料】大蒜 2 瓣，耗油 15 克。
【制作】① 菠菜清洗干净，放入开水中焯烫，烫至将熟时捞出放冷水中投凉。② 把焯好的菠菜切小段，沥干水分后盛盘。③ 大蒜去皮拍碎，与耗油混合均匀，淋在菠菜上即可。
【烹饪技法】焯，拌。
【营养功效】通利肠胃，补血益气。
【健康贴士】肠胃虚寒、大便溏薄、脾胃虚弱者不宜多食。

双花鸡肉汤

【主料】西蓝花、鸡肉各 200 克，菜花 150 克。
【配料】玉米、胡萝卜各 1/2 根，水发木耳 2 朵，姜 3 克，盐 4 克，料酒 5 克。
【制作】① 西蓝花、菜花洗净，掰小朵；鸡肉洗净，切块，焯去血水；玉米、胡萝卜、木耳洗净，切块。② 锅置火上，注入清水，下玉米、胡萝卜、鸡肉、姜片、料酒煮沸约 30 分钟，放入西蓝花、菜花、木耳煮 5 分钟，入盐调味即可。
【烹饪技法】焯，煮。
【营养功效】补脾和胃，温中益气。
【健康贴士】鸡肉宜与菜花同食，滋补功效更佳。

黄花菜焖肉

【主料】净牛肉 600 克，水发笋干 50 克，水发黄花菜 25 克，水发黑木耳 25 克，鸡蛋 2 个，牛肉汤 50 毫升。
【配料】盐 8 克，味精 3 克，糖 3 克，酱油 6 克，水淀粉 6 克，葱段 5 克，姜片 5 克，胡椒粉 4 克，植物油 50 克。
【制作】① 锅置火上，入水烧沸，下牛肉大火煮至酥嫩，取出凉凉，切成长条，盛入碗内，加水淀粉、蛋清、味精、面粉、盐一起搅匀挂糊。② 净锅置火上，入油烧至六成热，将牛肉逐块挂糊放入油锅炸至黄色后捞出。③ 锅置大火上，留底油烧热，下葱段、蒜片略煸，放入黄花菜、黑木耳、笋干、酱油、盐、糖、味精、牛肉片翻炒均匀，焖 20 分钟即可。
【烹饪技法】煮，炸，焖。
【营养功效】安中益气，强筋壮骨。
【健康贴士】牛肉不宜与红糖搭配食用，易引起胀肚。

鲜虾什锦火龙果盅

【主料】火龙果 1 个，活虾 8 只，小番茄 8 个，橙子 1 个。
【配料】葡萄干、蔓越莓干、核桃仁各 20 克，沙拉酱 30 克。
【制作】① 火龙果从中间一切为二，用取球器取出火龙果肉；小番茄一切为二；橙子切片，活虾处理干净。② 锅置火上，注入适量清水，加葱段、姜片和少许盐，水烧沸后下入虾，煮熟后捞出，入冷水中过凉，把橙子片摆在盘子的周围，把所有原料放入火龙果盅里，挤入适量沙拉酱即可。
【烹饪技法】煮，拌。
【营养功效】益气补血，降低血糖。
【健康贴士】火龙果中含铁量较高，具有补血的作用，适宜缺铁性贫血患者食用。

番茄柠檬泡泡饮

【主料】番茄1个，柠檬1/3个，牛奶200毫升。
【配料】蜂蜜5克。
【制作】① 番茄洗净，切成小块，倒入料理机中，挤入柠檬汁。② 加入牛奶，调入适量蜂蜜，搅打成汁即可。
【烹饪技法】搅打。
【营养功效】补血益气，保护心脏。
【健康贴士】番茄不宜与草鱼同食，会破坏番茄中的维生素C。

发菜枸杞汤

【主料】干发菜100克，鸡肝100克。
【配料】枸杞25克，油菜心50克，味精1克，盐3克，水淀粉5克，胡椒粉1克，鲜汤1500克。
【制作】① 发菜提前用沸水发胀，洗干净；枸杞洗净；鸡肝洗净，切成片，放入碗内，加盐1克、水淀粉5克拌匀；菜心洗净，沥干水分。② 锅置火上，加入鲜汤，下入发菜煮沸，放入枸杞、盐、味精、胡椒粉、菜心、鸡肝片，熟透后盛入汤盆即可。
【烹饪技法】煮。
【营养功效】补血益气，明目养肝。
【健康贴士】鸡肝与萝卜同食会破坏萝卜中的维生素C，因此二者不宜搭配食用。

桂圆黑豆肉汤

【主料】羊肉500克，黑豆200克。
【配料】桂圆肉15克，姜片5克，盐3克。
【制作】① 黑豆放入铁锅中干炒至豆衣裂开，用水洗净，沥干水分备用； 羊肉、桂圆肉、姜片分别洗净；羊肉切成块状备用。② 汤锅置火上，注入适量水，大火烧沸，下黑豆、桂圆肉、羊肉和姜片，转中火继续炖约3小时，加入盐调味即可。
【烹饪技法】炒，炖。
【营养功效】补血温经，滋补脾胃。
【健康贴士】易上火，不宜多食。

地黄乌鸡

【主料】生地黄250克，饴糖250克，乌鸡1只。
【制作】① 乌鸡宰杀后，去毛和内脏，洗净；生地黄洗净，切成宽0.5厘米、长2厘米的条状，与饴糖拌匀，装入鸡腹内，将鸡放入盆中。② 将盛鸡的盆置入蒸笼中蒸熟，食用时不放盐、醋，吃肉，喝汤。
【烹饪技法】蒸。
【营养功效】益气补血，强筋健骨。
【健康贴士】乌鸡还可与红豆同食，滋补功效更佳。

红烧羊肉

【主料】羊肋条肉500克。
【配料】胡萝卜片20克，青蒜段50克，植物油20克，白酒10克，红烧羊肉30克，绍酒40克，辣椒酱5克，酱油10克，白砂糖2克，葱段、姜片各20克，大料4颗。
【制作】① 羊肋条肉洗净，切成4厘米见方的块。② 锅置火上，加适量清水，放入少许葱段姜片、白酒，下羊肋条肉煮沸，焯烫1分钟，捞出放清水中洗净。③ 净锅置火上，入油烧热，下葱段、姜片爆香，放羊肉焖至5分钟，再放入胡萝卜片、酱油，煸炒至肉呈红色即可。
【烹饪技法】焯，爆，炒。
【营养功效】助元阳，补精血，疗肺虚。
【健康贴士】羊肉与胡萝卜同食，不仅能够去除羊肉的腥膻，而且因胡萝卜含有丰富的维生素A、羊肉含有丰富的蛋白质和多种维生素，从而使食物具有很高的营养价值。

花生牛奶

【主料】花生50克，牛奶600毫升。
【配料】蜂蜜8克。

【制作】① 花生洗净。② 将牛奶、花生倒入豆浆机中，再加水 700 毫升，按“米糊键”，搅打 20 分钟，稍凉后放入蜂蜜调味即可。
【烹饪技法】搅打。
【营养功效】润肺止咳，益气补血。
【健康贴士】一般人皆宜食用。

烧豆腐

【主料】豆腐 500 克，豆腐渣 200 克，玉米粉 100 克。
【配料】姜、大蒜、盐各 10 克，植物油 20 克。
【制作】① 豆腐切成厚 3 厘米、长 6 厘米的方块，用大火烤至淡黄色。② 锅置火上，入油烧热，下玉米粉炒香备用。③ 把姜、蒜捣成泥，放入豆腐渣、玉米粉、盐制成蘸头。④ 用清水将豆腐煮熟，蘸上蘸头，趁热食用即可。
【烹饪技法】烤，炒，煮。
【营养功效】补中益气，清热润燥。
【健康贴士】豆腐宜与姜同食，抗癌功效更佳。

莲子炖猪肚

【主料】猪肚 1 个，水发莲子 40 粒。
【配料】植物油 15 克，盐 8 克，姜 5 克，味精 2 克，面粉适量。
【制作】① 生姜去外皮，洗净，切成细丝；猪肚用面粉、盐分别揉搓，反复清洗干净；水发莲子去心，洗净备用。② 将水发莲子放入洗好的猪肚内，用线缝合好，放入盘中，隔水炖至肚熟，取出凉凉后切块。③ 锅置火上，入油烧热，下姜丝煸香后放入猪肚莲子烩炒，入盐调味后出锅即可。
【烹饪技法】炖，炒。
【营养功效】补脾益胃，养心安神。
【健康贴士】猪肚宜与莲子搭配食用，可以起到非常好的补气养血、补脾健胃的食疗效果，尤宜气血虚弱者食用。同时，适用于饮食欠佳，食少消瘦，脾虚泄泻，水肿病等症。

红枣粥

【主料】粳米 100 克，薏仁 75 克。
【配料】山药 50 克，荸荠 25 克，红枣 3 枚，白砂糖 20 克。
【制作】① 糯米、薏仁分别淘洗干净，用冷水浸泡 3 小时，捞出沥干水分；荸荠、山药去皮，洗净，分别捣碎；红枣去核，洗净备用。② 薏仁、糯米下入锅内，加入适量冷水，置大火上煮至米粒开花，下入红枣，转小火熬煮成粥，待糯米软烂时，边搅拌边加入山药粉，继续煮 20 分钟，加入荸荠、白砂糖搅匀，即可出锅食用。
【烹饪技法】煮。
【营养功效】益气补血，美白护肤。
【健康贴士】贫血、病后体虚者宜食。

山药奶肉羹

【主料】羊瘦肉 500 克，山药 100 克。
【配料】牛奶 100 毫升，盐 2 克，姜 25 克。
【制作】① 山药洗净，去皮，切片；姜切片；羊肉洗净，切块。② 锅置火上，入水烧沸，下羊肉块、姜片小火炖 4 ~ 6 个小时。③ 取羊肉汤 1 碗，入锅加入山药片煮烂，倒入牛奶，调入盐，煮沸即可。
【烹饪技法】炖，煮。
【营养功效】益气补虚，温中暖下。
【健康贴士】羊肉宜与姜同食，暖胃温补效果更佳。

白菜板栗汤

【主料】栗子肉 150 克，白菜 300 克。
【配料】干香菇 3 朵，火腿 40 克，植物油 15 克，香油 5 克，盐 3 克。
【制作】① 栗子入沸水焯烫，趁热搓去外皮，每个切两半；白菜择好洗净，切成长条；火腿洗净，切成条；香菇用清水泡发，洗净、切条。② 锅置火上，入油烧热，下姜片爆香，放水、栗子和香菇，煮至九成熟时，放入白菜、火腿煮至熟，加入盐、少许香油调味即可。

【烹饪技法】焯，爆，煮。

【营养功效】补脾健胃，活血止血。

【健康贴士】栗子生吃难消化，熟食又容易滞气，故一次不宜吃太多，每天最多吃10个。

红枣香菇汤

【主料】干香菇20朵，红枣8枚。

【配料】料酒8克，盐3克，味精2克，姜片5克，植物油5克。

【制作】① 干香菇用温水浸发至软，捞出用冷水洗去泥沙；红枣洗净，去核。② 取有盖炖盅，注入适量清水，放香菇、红枣、盐、味精、料酒、姜片、植物油，盖上盅盖，上蒸笼蒸1小时左右，出笼即可食用。

【烹饪技法】蒸。

【营养功效】益气补血，养胃和中。

【健康贴士】一般人皆宜食用。

枣香乌鸡汤

【主料】净乌鸡200克，红枣8枚。

【配料】枸杞10克，盐5克，料酒8克，葱段5克，姜片5克。

【制作】① 乌鸡洗净，去头、尾、爪，剁块，焯水备用；红枣、枸杞用清水洗去浮尘，温水略泡备用。② 汤锅至火上，注入清水，放乌鸡块，加料酒、葱段、姜片、红枣同煮约45分钟，把枸杞放入汤中，继续用小火炖10分钟，调入适量盐即可。

【烹饪技法】煮，炖。

【营养功效】滋阴添精，补肾益肝，补虚养血。

【健康贴士】乌鸡宜与红枣同食，补血补虚效果更为显著。

红小豆鲫鱼汤

【主料】鲫鱼400克，红小豆50克。

【配料】料酒8克，姜片5克，葱段5克，盐6克，味精2克。

【制作】① 鲫鱼去鳞、内脏、腮，撕掉颌下硬皮后洗净，加入料酒腌渍片刻；红小豆洗净。② 锅置火上，注入清水，下红小豆，小火煮至六成熟，放入鲫鱼、姜片、葱段，煮至红小豆熟烂，放入盐、味精调味即可。

【烹饪技法】腌，煮。

【营养功效】健脾开胃，益气补血。

【健康贴士】鲫鱼宜与红豆同食，滋补效果更为明显。

红豆莲藕炖排骨

【主料】莲藕500克，排骨500克，红豆100克。

【配料】盐4克。

【制作】① 莲藕去皮、切小块；红豆洗净；排骨洗净，剁块，焯水备用。② 汤锅置火上，加适量清水，下入莲藕、排骨、红豆，大火烧沸，转小火煲2个小时，煲好后放盐调味即可。

【烹饪技法】焯，煲。

【营养功效】滋阴养血，清热润肺。

【健康贴士】一般人皆宜食用，尿频者慎食。

红枣山药炖南瓜

【主料】山药300克，南瓜300克，枣15枚。

【配料】红糖15克。

【制作】① 山药洗净，去皮，切成3厘米见方的块；南瓜洗净，去皮和内瓤，切成与山药相同大小的块；红枣用水洗净，划开后去除枣核。② 炖盅至火上，加入水，放入所有材料，煮沸后改用小火炖1小时左右，至山药、南瓜熟烂时即可。

【烹饪技法】煮，炖。

【营养功效】补脾益气、解毒止痛。

【健康贴士】南瓜也可与红豆搭配食用，滋补效果显著。

南瓜红枣排骨汤

【主料】南瓜600克，猪大排500克。

【配料】红枣8枚，干贝20克，盐6克，

姜2片。

【制作】① 干贝洗净，用清水浸软；红枣洗净，去核；排骨洗净，剁成大块，放入沸水中煮片刻，捞出用清水冲洗干净，沥干水分备用；南瓜皮洗净，去瓤留皮，切厚块。② 汤锅置火上，注入清水2500毫升，水沸后下入猪排骨大火煮沸，放入除南瓜外的其他材料，煮沸后，转中火煮30分钟，下入南瓜，以大火煮沸，转为小火再煮2 ~ 3小时，放盐调味即可。

【烹饪技法】煮。

【营养功效】润肺益气，补虚健脾。

【健康贴士】一般人皆宜食用。

猪血炒青蒜

【主料】猪血400克，青蒜3根。

【配料】高汤300毫升，植物油15克，鸡精2克，盐4克，红尖椒2个。

【制作】① 猪血切4厘米见方的片；青蒜、红尖椒切斜段。② 锅置火上，入油烧热，下青蒜、红尖椒爆香，捞出后加入猪血块拌炒几下，倒入高汤将猪血块焖熟，放入青蒜、红尖椒，加盐、鸡精调味，收干汤汁即可出锅。

【烹饪技法】爆，焖。

【营养功效】益气补血，润肠排毒。

【健康贴士】猪血不宜与黄豆同吃，会引起消化不良。

玉米刺梨粥

【主料】鲜玉米30克，粳米60克。

【配料】刺梨15克。

【制作】① 玉米洗净；刺梨去皮，洗净、切片；粳米淘洗干净。② 锅置火上，注入适量清水，将所有材料放入锅中，小火煮成稀粥，根据个人喜好调味即可。

【烹饪技法】煮。

【营养功效】调中开胃，补血补气。

【健康贴士】玉米不宜与牡蛎同食，玉米中的植物纤维会阻碍人体对牡蛎中锌元素的吸收，使吸收量减少65%以上。

参枣米饭

【主料】糯米250克。

【配料】党参10克，大枣5枚，白砂糖50克。

【制作】① 党参、大枣放入瓷锅内，加水泡发，煎煮30分钟，捞出党参、大枣，药液备用。② 糯米淘洗干净，放入大瓷锅中，加适量水蒸熟后扣在盘中。③ 在药液中加入白砂糖，入锅煎成浓汁，把党参、大枣摆在糯米饭面上，淋上浓汁即可。

【烹饪技法】蒸，煎。

【营养功效】补中益气，健脾养胃。

【健康贴士】糯米也可与蜂蜜同食，滋阴补虚功效更佳。

黄花猪心汤

【主料】黄花菜20克，小油菜50克，猪心半副。

【配料】盐3克。

【制作】① 黄花菜去蒂，洗净；小油菜择洗干净；猪心洗净，入开水焯烫，捞起放入凉水中，挤去血水，反复换水直到去净血水。② 锅置火上，注入适量清水，放入猪心，大火煮沸后转小火煮约15分钟，取出切薄片。③ 净锅置火上，注入适量水，放入黄花菜，煮沸后将小油菜、猪心片放入略煮，加盐调味即可出锅。

【烹饪技法】焯，煮。

【营养功效】补心养血，明目安神。

【健康贴士】猪心宜与黄花菜同食，养心安神效果明显。

羊肉暖身汤

【主料】羊肉500克，白菜500克。

【配料】胡萝卜1根，腊肉70克，植物油15克，枸杞10克，葱15克，姜15克，胡椒粉7克，盐8克。

【制作】① 胡萝卜洗净，切滚刀块；白菜撕成片，洗净；腊肉切片；羊肉洗净，切成小块，焯水备用。② 锅置火上，入油烧热，下葱、姜爆香，放入羊肉翻炒片刻，加入适量水，放入高压锅中压 20 分钟，再倒入汤锅中继续煮。③ 羊肉煮好后，倒入少许腊肉，再加入胡萝卜和白菜，待白菜煮软后，放入胡椒粉、盐起锅，放入枸杞即可。

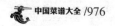

【烹饪技法】焯，爆，煮。

【营养功效】益气补虚，温中暖下。

【健康贴士】羊肉性温，热病患者不宜多食。

松子酒

【主料】松子仁 70 克，黄酒 500 毫升。

【制作】① 松子仁炒香，捣烂成泥。② 锅置火上，倒入黄酒，放入松子仁泥，小火煮至稍沸，取下待冷，加盖密封，置阴凉处。③ 经 3 昼夜后开封，用细纱布滤去渣，倒入干净瓶中即可。

【烹饪技法】炒，煮。

【营养功效】滋阴润肺，益气温中。

【健康贴士】松子酒养颜美容效果很好，一般人皆宜饮用。

桂圆补血酒

【主料】桂圆肉 50 克，鸡血藤 50 克，何首乌 50 克，白酒 1000 毫升。

【制作】① 鸡血藤、何首乌切成小块，与桂圆、白酒一起置入容器中。② 密封浸泡 10 日即可，浸泡期间要常摇动，泡好后早晚各服 1 次，每次 10 毫升。

【烹饪技法】泡。

【营养功效】补血安神，健脑益智，补养心脾。

【健康贴士】桂圆也可与芝麻搭配同食，补血养颜、抗衰老的功效更佳。

八宝素汤

【主料】竹笋 8 克，核桃仁 20 克，牛蒡 20 克，桂圆肉 10 克，山药 10 克，枸杞 10 克，莲子 10 克，百合 10 克。

【配料】盐 8 克。

【制作】① 所有材料洗净，用清水浸泡 10 分钟备用。② 锅置火上，入水 2000 毫升，将所有材料放入锅中，盖上盖子，大火煮滚后转小火煲 90 分钟，加入适量盐调味即可饮用。

【烹饪技法】煮。

【营养功效】补益心脏，延缓衰老。

【健康贴士】核桃不宜多食，过量食用会导致生痰、恶心。

护肤养发

玉米芝麻糊

【主料】玉米粉 150 克，黑芝麻 50 克。

【配料】糖 3 克，清水适量。

【制作】① 黑芝麻洗净，炒熟。② 豆浆机放入适量清水，倒入玉米粉、黑芝麻，按“湿豆”键煮熟即可。

【烹饪技法】炒，打汁。

【营养功效】补血润肠，生津乌发。

【健康贴士】黑芝麻还可与海带同食，美容养颜效果更好。

黑芝麻糊

【主料】黑芝麻 50 克，黑米 50 克，糯米 50 克。

【配料】冰糖 20 克。

【制作】① 黑芝麻、黑米、糯米用清水淘洗干净。② 锅置火上，放入黑芝麻小火炒熟，

再放入黑米和糯米，小火炒至黑米微开花。③ 把炒过的黑米和糯米倒入豆浆机中，加入炒熟的黑芝麻，放入冰糖和适量的清水，加盖按下“八宝米糊”键即可。
【烹饪技法】炒，搅打。
【营养功效】益气乌发，调节固醇。
【健康贴士】黑芝麻宜与紫米同食，暖肝活血的功效显著。

黑芝麻鸡蛋饼

【主料】面粉 200 克，鸡蛋 2 个。
【配料】黑芝麻 10 克，虾皮 10 克，植物油 10 克，盐 5 克。
【制作】① 鸡蛋打入碗中，加入适量冷开水，搅拌均匀。② 取适量面粉放入鸡蛋液中搅拌均匀，再放入虾皮拌匀，制成面糊。③ 锅置火上，入油烧热，取一汤勺面糊倒入平底锅内，把面糊摊成饼状，撒入适量黑芝麻。待面饼颜色变深后翻面，再加热 1 分钟即可出锅。
【烹饪技法】烙。
【营养功效】润肠通便，补血养颜。
【健康贴士】芝麻具有降低固醇的功效，适宜高血压患者食用。

黑芝麻花生豆浆

【主料】黄豆 50 克，花生 15 克，黑芝麻 10 克。
【配料】白砂糖 5 克。
【制作】① 花生、黄豆用清水浸泡 10 分钟；黑芝麻用清水洗净。② 把芝麻、黄豆、花生倒入豆浆机中，加入适量清水搅打成汁，加入适量白砂糖调味即可饮用。
【烹饪技法】搅打。
【营养功效】益智养发，美颜护肤。
【健康贴士】发枯发落、头发早白者宜食。

奶香黑豆西米露

【主料】黑豆 200 克，牛奶 250 毫升。
【配料】西米露 50 克，蜂蜜 5 克，葡萄 2 粒，白砂糖 5 克。
【制作】① 锅置火上，入水烧热，下西米露，中小火煮 10 分钟，煮时要不停搅拌，煮好后盖上盖子焖 10 分钟，至西米露完全透明，捞出入冷开水过凉，放入牛奶里浸泡一夜。② 锅置火上，下入黑豆，注入适量水中火煮沸后转小火慢煮，放入白砂糖，煮至黑豆微开花，收汁即可。③ 把煮熟的黑豆放入玻璃杯中，加上西米露，放上葡萄，入冰箱冷藏片刻，食用时淋点儿蜂蜜即可。
【烹饪技法】煮，焖。
【营养功效】滋润皮肤，养颜乌发。
【健康贴士】不宜多食，易上火。

核桃黑芝麻西米露

【主料】核桃 50 克，黑芝麻 50 克，西米 20 克，牛奶 250 毫升。
【配料】冰糖 5 克。
【制作】① 核桃、黑芝麻用冷水浸泡 30 分钟；西米用开水煮熟，捞出过冷水备用。② 将泡好的核桃和黑芝麻用搅拌机搅成糊，倒入锅中，加入牛奶煮 10 分钟，加入冰糖，煮至糖化，最后加入煮好的西米，搅拌均匀出锅即可。
【烹饪技法】煮，搅打。
【营养功效】美容养颜，益补心脏。
【健康贴士】核桃不宜与豆腐皮搭配食用，二者同食会导致腹痛腹胀、消化不良。

紫甘蓝雪梨沙拉

【主料】紫甘蓝 1/2 个，雪梨 1 个，甜玉米粒 200 克，小黄瓜 1 根。
【配料】沙拉酱 30 克。
【制作】① 玉米粒入锅中焯熟，捞起备用；雪梨去皮，切成细条；紫甘蓝洗净，沥干后切细丝；黄瓜去皮，切条。② 所有材料放入碗中混合均匀，淋上适量沙拉酱调味即可。
【烹饪技法】焯，拌。
【营养功效】美容护肤，滋阴润燥。

【健康贴士】玉米也可与牛奶同食，滋补效果更佳。

玉米笋凤爪煲

【主料】凤爪 200 克，冬瓜 100 克，玉米笋 50 克。

【配料】白草菇 30 克，香菇 20 克，莲子 20 克，百合 20 克，葱 5 克，盐 4 克，鸡精 2 克，绍酒 5 克。

【制作】① 冬瓜切块；玉米笋切段；白草菇、鲜香菇、姜切片；鲜百合掰瓣；莲子、百合用水泡发；葱切段。② 蘑菇、玉米笋用水焯烫；凤爪剁去指尖，放入沸水中焯透捞出。③ 锅置火上，注入适量清水，下姜片、葱段，放入凤爪，加少许绍酒，大火煮约 40 分钟，至汤汁浓白后放入玉米笋、白草菇、香菇再煮 10 分钟，放入冬瓜块，加盐、鸡精调味，煮沸即可。

【烹饪技法】焯，煮。

【营养功效】护肤美白，益气补血。

【健康贴士】鸡爪胶原蛋白质丰富，具有很好的滋养皮肤之效。

芝麻橙香三文鱼

【主料】三文鱼 300 克，胡萝卜 1 根，橙子 1 个，甜豌豆 100 克。

【配料】橄榄油 5 克，盐 3 克，熟芝麻 10 克，白葡萄酒 15 毫升，黄油 15 克，百里香 4 克，白砂糖 8 克，植物油 50 克。

【制作】① 三文鱼切条，放入百里香、白葡萄酒、盐、少许橄榄油腌渍；鲜橙取一半、挤汁，另一半切片备用。② 锅置火上，入水烧沸，放入黄油 7 克和少许盐，放入胡萝卜丁、甜豌豆煮熟捞出备用。③ 净锅置火上，入油烧热，放入三文鱼，两面煎熟后捞出，锅留底油，放入黄油 8 克、甜豌豆、胡萝卜，倒入鲜橙汁，加盐、白砂糖，大火熬稠，淋在煎好的三文鱼上，撒熟芝麻盛盘，放上香橙片装饰即可。

【烹饪技法】腌，煮，煎。

【营养功效】养颜护肤，健脾护胃。

【健康贴士】三文鱼不宜与鸡蛋同食，易引起腹泻。

乌发糕

【主料】黑芝麻 200 克，山药 80 克，制首乌 100 克，旱莲草 50 克，女贞子 40 克，糯米粉 500 克。

【配料】白砂糖 200 克。

【制作】① 山药、女贞子、旱莲草、首乌四味中药洗净、晾干，打成粉末；芝麻用锅炒后，研细末。② 将糯米粉与所有粉末充分和匀，加清水、白砂糖揉匀，制成米糕，放入容器中，上笼蒸 30 分钟即可食用。

【烹饪技法】炒，蒸。

【营养功效】润肠通便，乌发美容。

【健康贴士】一般人皆宜食用。

鸡蓉芋泥

【主料】芋头 400 克，鸡胸脯肉 100 克。

【配料】火腿肠半根，蛋清 60 克，鸡油 15 克，盐 7 克，味精 2 克，胡椒粉 1 克，水淀粉 15 克，鸡汤 1000 毫升。

【制作】① 鸡胸脯肉去筋剁蓉，火腿剁成蓉状备用；芋头去皮，洗净，切成厚片，上笼蒸烂，压成芋泥。② 鸡蓉与蛋清、盐 2.5 克、味精 0.5 克、水淀粉 15 克、鸡汤 250 毫升调匀成糊状。③ 锅内加鸡汤 750 毫升，再下芋泥、盐 4.5 克、味精 1.5 克调好味。将鸡蓉糊慢慢倒入，再搅匀，煮沸后盛入汤盆，淋上鸡油，撒上火腿蓉、胡椒粉拌匀即可。

【烹饪技法】蒸，煮。

【营养功效】温中益气，养发美颜。

【健康贴士】芋头生食有小毒，热食不宜过多，易引起闷气或胃肠积滞。

山药玫瑰黑芝麻糊

【主料】鲜牛奶 200 毫升，冰糖 100 克，黑芝麻 150 克，粳米 60 克。

【配料】山药15克，玫瑰糖6克。
【制作】①粳米用清水浸泡1小时，捞出滤干；山药去皮，洗净，切成小颗粒。②黑芝麻洗净后晒干，入锅炒香，加鲜牛奶和清水拌匀，倒入搅打机中磨成浆，滤出浆汁。③锅置火上，加适量水，放入冰糖，大火煮至冰糖融化，将浆汁倒入锅内与冰糖搅匀，加入玫瑰糖，边煮边搅拌成糊，熟后即可出锅食用。
【烹饪技法】炒，煮。
【营养功效】滋补肝肾，乌发润肠。
【健康贴士】一般人皆宜食用。

核桃猪瘦肉汤

【主料】核桃100克，猪腿肉400克。
【配料】干山药25克，芡实米50克，姜片2克，盐3克。
【制作】①核桃、芡实、山药洗净，沥干水分。②锅置火上，入水烧沸，下猪腿肉，大火煮3分钟，取出洗净。③净锅置火上，注入适量水烧沸，放入猪腿肉、核桃、山药、芡实、姜片，中火煮40分钟，加入盐调味即可。
【烹饪技法】煮。
【营养功效】顺气补血，养发益智。
【健康贴士】一般人皆宜食用。

鸡茸馄饨

【主料】鸡胸肉300克，馄饨皮、豆苗各400克。
【配料】海米100克，香油10克，鸡蛋2个，胡椒粉、盐各3克。
【制作】①鸡胸肉剁成肉茸；海米浸泡10分钟后洗净剁成细末；鸡蛋打散备用。②将肉茸、海米、蛋液、胡椒粉、盐放在一起搅匀，包成馄饨生坯。③锅置火上入水大火烧开后，下入馄饨生坯煮熟即可。
【烹饪方法】煮。
【营养功效】温中补脾，益气养血。
【健康贴士】体虚多病、营养不良、女士宜食。

男性养生

强筋健骨

木耳山药

【主料】山药 500 克，木耳 100 克。
【配料】葱 3 克，植物油 15 克，盐 3 克，鸡精 2 克，糖 2 克，白醋 3 克。
【制作】① 山药去皮，切薄片；木耳用温水泡发，去蒂后撕成小朵；葱切末。② 锅置火上，入油烧热，下葱末爆香，放入木耳煸炒，加入山药片和适量水，翻炒均匀。③ 加入糖和白醋，调入盐、鸡精翻炒均匀即可出锅。
【烹饪技法】爆，炒。
【营养功效】健脾胃，助消化，强筋骨。
【健康贴士】一般人皆宜食用。

砂仁蒸猪肘

【主料】猪肘 500 克。
【配料】砂仁 50 克，葱 100 克，生姜 30 克，花椒 5 克，黄酒 100 克，盐 4 克，香油 8 克。
【制作】① 猪肘子洗净，用竹签扎满小孔；葱、姜切碎；砂仁研成细末备用。② 锅置火上，下花椒、盐炒烫，放于肘子上稍微揉搓后，将砂仁末撒在肘子上。③ 用干净的白布将肘子包卷成筒形，用细线捆紧，放入大碗中，加入葱、姜、料酒，上笼蒸熟透，取出抹上香油即可。
【烹饪技法】炒，蒸。
【营养功效】和血脉、润肌肤、填肾精、健腰脚。
【健康贴士】阴虚、头晕、贫血、大便秘结、营养不良、燥咳无痰者宜食。

陈皮蚌肉粥

【主料】蚌肉 50 克，大米 100 克。
【配料】陈皮 6 克，皮蛋 1 个，姜 5 克，葱 5 克，盐 5 克。
【制作】① 陈皮烘干，打成细粉；蚌肉剁成颗粒；皮蛋去皮，切成颗粒；葱切花，姜切粒；大米淘洗干净。② 锅置火上，注入水 500 毫升，下入米，大火烧沸后加入皮蛋、蚌肉、姜、葱、盐，用小火煮 40 分钟即可。
【烹饪技法】煮。
【营养功效】健脾养胃，强壮筋骨。
【健康贴士】此粥也可加少许菠菜叶，有补血益气之效。

姜蒜炒羊肉丝

【主料】净羊肉 250 克，嫩生姜 50 克，青蒜苗 50 克。
【配料】甜椒 30 克，黄酒 5 克，盐 4 克，酱油 5 克，水淀粉 6 克，甜面酱 8 克，植物油 15 克。
【制作】① 羊肉洗净，切成粗丝，放在碗中，加黄酒、盐拌匀；嫩生姜切丝，甜椒去子、蒂，切丝，青蒜苗切段；水淀粉、酱油放入碗内调成芡汁。② 锅置大火上，入油烧热，下甜椒丝煸炒至熟，盛入碗内。③ 净锅置火上，入油烧至七成热，下羊肉丝炒散，再加嫩姜丝、甜椒丝及青蒜苗翻炒数下，加甜面酱炒匀，下芡汁颠炒数下即可。
【烹饪技法】煸，炒。
【营养功效】益气补虚，生肌健力。
【健康贴士】羊肉宜与生姜同食，温补效果显著。

五香西芹

【主料】西芹 250 克，油皮 200 克。
【配料】干香菇 20 克，植物油 15 克，香油 15 克，姜 5 克，白砂糖 5 克，红尖辣椒 10 克，盐 3 克，五香粉 3 克，味精 2 克，碱 1 克。
【制作】① 西芹洗净，拍扁切段；豆皮切丝，在热碱水中浸泡 15 分钟后，加入少许盐搅拌 1 分钟，捞起洗净，沥干；香菇蒂泡软，拍碎；红尖椒切丝。② 锅置火上，入植物油 10 克烧热，下香菇蒂、姜末爆 2 分钟，捞去残渣，加香油、糖、适量盐、味精、少许水煮沸，放入豆皮丝煮五分钟，捞起用纱布包成圆筒状绑紧，蒸 1 小时放凉切条。③ 净锅置火上，入植物油 20 克烧热，把西芹、豆皮条、红辣椒放入拌炒，下盐、味精、五香粉调味后即可。
【烹饪技法】爆，煮，炒。
【营养功效】平肝降压，健美肌肤。
【健康贴士】芹菜也可与牛肉同食，能达到很好的健脾利尿、控制体重的功效。

牛肉蔬菜浓汤

【主料】牛肉 100 克，土豆 50 克，洋葱 50 克，芹菜茎 50 克，番茄 100 克。
【配料】面粉 15 克，盐 2 克，味精 1 克，黑胡椒碎 3 克，黄油 5 克。
【制作】① 牛肉切小丁，在沸水中焯烫 2 遍，加清水约 1000 毫升，用火煮 30 ~ 40 分钟至八成熟。② 土豆、洋葱去外皮；芹菜茎、土豆、洋葱分别切成小粒；番茄在热水中浸泡 2 分钟后剥去外皮，切成薄片。③ 锅置中火上，入黄油烧至微热，放入面粉，转小火炒匀，炒至面粉呈金黄色时，依次将洋葱丁、土豆丁、芹菜丁和番茄片放入，一同翻炒 2 分钟，加入煮好的牛肉和牛肉汤。④ 转大火烧煮，调入盐、味精，改小火慢炖 15 分钟，食用前调入黑胡椒即可。
【烹饪技法】焯，煮，炒，炖。
【营养功效】补脾胃，益气血，强筋骨。
【健康贴士】牛肉宜与芹菜同食，健脾、利尿、降压的功效明显。

壮筋鸡

【主料】乌骨鸡 700 克。
【配料】三七 5 克，黄酒 10 克，酱油 10 克。
【制作】① 乌骨雄鸡宰杀后，去毛及内脏，洗净。② 将三七放入鸡肚中，入蒸碗内，加适量黄酒，隔水小火清炖，炖至烂熟后出锅，蘸酱油食用即可。
【烹饪技法】炖。
【营养功效】补益气血，强壮筋骨。
【健康贴士】乌鸡也可与莲子搭配食用，具有健脾止泻、补肾填精的功效。

芝麻肉丝

【主料】猪瘦肉 500 克，植物油 500 克。
【配料】熟芝麻 25 克，姜、葱各 10 克，盐 4 克，料酒 10 克，糖色 25 克，大料 2 克，糖 10 克，味精 1 克，香油 10 克，鲜汤 350 毫升。
【制作】① 猪肉洗净，切成长约 10 厘米的粗丝，用姜、葱、盐、料酒拌匀腌制约 30 分钟。② 锅置火上，入油烧热，下肉丝炸至呈浅黄色时捞出。③ 净锅置火上，下肉丝，入鲜汤烧沸，加盐、白砂糖、大料、糖色烧沸后，转小火收至汁干吐油时，放入味精、香油略收，起锅凉凉，盛盘撒上熟芝麻即可。
【烹饪技法】腌，炸，炒。
【营养功效】养血强筋，滋阴润燥。
【健康贴士】猪肉还可与栗子同食，滋补效果更佳。

胡萝卜炖牛肉

【主料】牛肉 110 克。
【配料】胡萝卜半根，大料 2 粒，胡椒粉 3 克，盐 4 克，糖 3 克，酱油 6 克，姜 5 克，干辣椒 2 个，豆瓣酱 8 克，桂皮 3 克，香菜 5 克，葱段 5 克。

【制作】① 牛肉切成小块，放入热水里慢煮，清理出瘀血，捞出沥干水分备用。② 锅置火上，入油烧热，下姜、辣椒、大料等爆香，放入牛肉，调入适量的盐爆炒。③ 牛肉倒入砂锅内，加入适量的清水，放入姜，大火炖20分钟后改小火慢炖。④ 将胡萝卜切成滚刀状，用清水浸泡。待牛肉熟透后加入切好的胡萝卜，再以大火炖约10分钟，加入适量盐，以小火慢炖约30分钟，放入鸡精、香菜和葱段，关火盖上盖子焖约5分钟即可。

【烹饪技法】煮，爆，炖。

【营养功效】益气血，强筋骨，消水肿。

【健康贴士】久病体虚、面色萎黄、头晕目眩者宜食。

番茄虾仁

【主料】虾仁300克，豌豆100克。

【配料】蛋清30克，猪油40克，番茄酱50克，盐10克，白砂糖10克，料酒5克，味精2克，淀粉25克。

【制作】① 虾仁洗净，沥干水分，用盐、料酒、蛋清和干淀粉上浆；盐、料酒、味精、水淀粉混合均匀，兑成芡汁。② 锅置火上，入猪油烧至四成热，倒入虾仁用铁筷轻轻拨散，倒漏勺中控去油。③ 锅内留底油，加番茄酱炒至翻沙，倒入豌豆和虾仁同炒，烹入芡汁即可。

【烹饪技法】炒。

【营养功效】养血固精，益气滋阳，强筋健骨。

【健康贴士】虾仁还宜与油菜同食，具有清热解毒、消肿散血的功效。

姜葱螃蟹

【主料】肉蟹3只。

【配料】盐2克，味精2克，胡椒粉2克，高汤50毫升，姜片20克，长葱节60克，水豆粉少许，色拉油1000克，香油2克。

【制作】① 肉蟹宰后去壳，洗净改成六块，大钳拍破；盐、味精、胡椒粉、高汤、水豆粉混合兑成味汁。② 锅置大火上，放入适量色拉油烧至五成热，将蟹壳炸后摆于盘中，然后倒入蟹肉炸熟，用漏勺捞起。③ 净锅置火上，入色拉油烧热，下姜片、长葱节爆香，倒入蟹肉翻炒，烹入味汁炒至亮油，淋上香油，起锅盛盘即可。

【烹饪技法】炸，炒。

【营养功效】养筋益气，理胃消食。

【健康贴士】一般人皆宜食用。

南瓜牛腩盅

【主料】牛腩250克，南瓜200克，蒜薹末100克。

【配料】咖喱酱200克。

【制作】① 牛腩洗净、切成小块，用沸水焯烫。② 锅置火上，入油烧热，锅中放少量油，下入蒜薹末炒香，加入咖喱酱略炒，再倒入牛腩翻炒几下，注入适量水将牛腩炖烂。③ 南瓜切下顶端当盖子，用勺挖去瓜瓤，将煮好的牛腩和汤汁填入南瓜中，放入开水锅中蒸25分钟即可。

【烹饪技法】焯，炒，炖，蒸。

【营养功效】强筋健骨，防癌抗癌。

【健康贴士】营养不良、高血糖患者宜食。

豆腐苋菜羹

【主料】苋菜50克，豆腐250克。

【配料】植物油20克，盐3克，水淀粉5克，香油5克，香菜8克，胡椒粉3克，葱末5克，鸡精2克。

【制作】① 豆腐洗净切丁，苋菜洗净切段，分别焯水备用。② 锅置火上，入油烧热，下葱末爆香，加入适量的清水烧沸。③ 放入豆腐、苋菜，加适量盐、胡椒粉煮1分钟。④ 调入鸡精、少许香油，加水淀粉勾芡，洒上香菜末，出锅盛盘即可。

【烹饪技法】焯，爆，煮，炒。

【营养功效】益气宽中，生津润燥，补钙壮骨。

【健康贴士】一般人皆宜食用。

核桃仁纸包鸡

【主料】净鸡肉 500 克，糯米纸 24 张，核桃仁 60 克，鸡蛋 2 个。

【配料】盐 3 克，香油 5 克，植物油 15 克，白砂糖 5 克，胡椒粉 4 克，淀粉 5 克，姜、葱各 5 克。

【制作】① 鸡肉去皮，切成薄片；核桃仁用开水浸泡片刻，去掉外皮，过油炸熟，切成小颗粒；葱、姜切成细末；鸡蛋去蛋黄，留蛋清。② 盐、香油、白砂糖、胡椒粉、葱末、姜末、核桃仁末、蛋清混合均匀，放入鸡片拌匀。③ 取糯米纸一张放在桌上，放上鸡片，包成一个长方形的纸包，用淀粉粘一下以防纸包松开，剩余鸡片依次做好。④ 锅置火上，入油烧至五成热，把纸包鸡下锅炸熟，捞出放入盘中即可。

【烹饪技法】炸。

【营养功效】健脾胃，活血脉，强筋骨。

【健康贴士】鸡肉也可与豌豆搭配食用，具有温中益气、活血消肿的功效。

芸豆土豆炖排骨

【主料】猪排 300 克，土豆 200 克，芸豆 200 克。

【配料】姜片 3 克，大料 4 克，豆瓣酱 5 克，盐 5 克，糖 3 克，味精 2 克。

【制作】① 芸豆掐头尾、去筋，掰成大段；土豆洗净，切块；排骨斩段，放入冷水中泡去血水。② 锅置火上，入油烧热，下姜片、大料翻炒，部分芸豆变翠绿色后放入排骨和盐，继续翻炒。③ 待芸豆全部炒到翠绿色时放入豆瓣酱，翻炒均匀后放入土豆。④ 注入适量水，调入糖，汤煮沸后中火炖 20 ~ 30 分钟，炖至汤汁浓稠，芸豆变黄，排骨熟透后，关火，放少许味精调味即可。

【烹饪技法】炒，炖。

【营养功效】和胃健脾，强筋健骨。

【健康贴士】土豆具有养胃的功效，适宜胃病患者食用。

雪里蕻炖豆腐

【主料】腌雪里蕻 100 克，豆腐 200 克。

【配料】猪油 30 克，味精 1 克，盐 3 克，大葱 5 克，姜 3 克。

【制作】① 将腌雪里蕻洗净切成末；豆腐切成 1.5 厘米见方的块，放入开水锅内焯烫，捞出过凉，沥干水分备用。② 锅置火上，入猪油烧热，下入葱末、姜末爆香，随后放雪里蕻炒出香味，下入豆腐。③ 注入适量水，加入盐，大火烧沸后，用小火炖 5 分钟，待豆腐入味，汤汁不多时，加入味精即可。

【烹饪技法】焯，爆，炖。

【营养功效】健美身体，清热润燥。

【健康贴士】豆腐还宜与鲤鱼搭配食用，具有清热解毒、补脾健胃的功效。

白菜炖烧排骨汤

【主料】猪排骨 2 根，大白菜 1 棵。

【配料】姜 5 克，盐 4 克，鸡精 2 克。

【制作】① 排骨剁长段；大白菜切成三厘米的段。② 锅置火上，注水烧热，下姜片、排骨、白菜，煮沸后小火慢炖 1 小时。③ 下盐、鸡精调味即可。

【烹饪技法】煮，炖。

【营养功效】补中益气，养血健骨。

【健康贴士】一般人皆宜食用。

海米煮干丝

【主料】豆腐干 150 克，虾米 50 克，豌豆苗 50 克。

【配料】植物油 20 克，料酒 10 克，盐 3 克，味精 1 克。

【制作】① 豆腐干放入沸水锅中，加少许盐焯烫片刻，捞出过凉后用重物压平，先切成薄片，再切成细丝；虾米洗净，加温水、料酒浸泡，豌豆苗去老根，洗净备用。② 锅置火上，注水烧热，放入豆腐干丝、豌豆苗略焯烫，挑散，捞出过凉，连续 3 遍。③ 净锅置火上，入油烧热，下入海米稍煸，烹入料酒，放入水、豆腐干丝烧沸，撇去浮沫，加入盐，再放入豆苗烧煮片刻，撒入味精调味即可。

【烹饪技法】焯，炒。

【营养功效】润滑肌肤，补益清热。

【健康贴士】虾米也可与圆白菜同食，具有清热凉血、强壮骨骼的功效。

火腿扒腐竹

【主料】泡发腐竹 200 克，火腿肠 80 克。

【配料】植物油 20 克，盐 3 克，葱 5 克。

【制作】① 腐竹泡发后切成细段，粗火腿肠切成细段。② 锅置火上，入油烧热，下火腿肠炒香后盛出。③ 净锅置火上，不放油，下葱末炒香，加入腐竹丝炒香炒透，加入炒好的火腿丝，加盐调味出锅即可。

【烹饪技法】炒。

【营养功效】益气补血，补充钙质。

【健康贴士】腐竹还可与香菜搭配食用，有清热解毒的功效。

海米木耳煮冬瓜

【主料】冬瓜 500 克，虾米 100 克，香菜 20 克，木耳（干）30 克。

【配料】盐3克，料酒3克，大葱5克，姜3克，鲜汤适量。

【制作】① 冬瓜去皮、瓤，洗净，切成长方形片；海米、木耳泡发洗净；香菜洗净，切小段；大葱、姜切丝。② 锅置火上，入油烧热，下入葱、姜丝、海米煸炒几下，放入冬瓜片、木耳、盐、料酒，注入适量鲜汤，烧至菜熟、汤白，加入味精，撒上香菜段，翻炒均匀出锅即可。

【烹饪技法】炒。

【营养功效】清热解暑，利尿消肿。

【健康贴士】冬瓜宜与虾米同食，补钙壮骨效果明显。

核桃胡萝卜炒鸡丁

【主料】核桃仁 30 克，桂圆肉 20 克，乌鸡肉 100 克，胡萝卜 30 克。

【配料】生姜 10 克，蒜苗 10 克，花生油 50 克，盐 6 克，白砂糖 5 克，料酒 10 克，水淀粉 6 克。

【制作】① 桂团肉用温水泡透，乌鸡肉切成丁、用料酒腌好，胡萝卜去皮切丁，生姜切小片，蒜苗洗净切丁。② 锅置火上，入油烧至 50℃，下核桃仁，炸至刚熟后捞起，下入乌鸡丁炸熟，捞出。③ 锅内留油，下入姜片、蒜苗、胡萝卜丁炒至快熟，加入乌鸡丁，调入盐、白砂糖，加入核桃仁、桂圆肉炒透入味，用水淀粉勾芡，翻炒几下，出锅盛盘即可。

【烹饪技法】炒。

【营养功效】养血乌发，益气补钙。

【健康贴士】一般人皆宜食用。

益肾壮阳

核桃花生猪尾汤

【主料】猪尾 500 克，花生 100 克，核桃肉 50 克。

【配料】姜 2 片，盐 3 克，杜仲 18 克。

【制作】① 花生洗净，提前用水浸泡 2 小时；核桃肉和杜仲洗净；猪尾剔毛洗净，斩成小段，焯水后捞起。② 瓦煲置火上，注水烧沸，放入所有材料，大火煮沸后转小火煲 90 分钟，下盐调味即可食用。

【烹饪技法】焯，煲。

【营养功效】补脑安神，温肺补肾。

【健康贴士】花生与螃蟹不宜同食，易引起腹泻。

花生眉豆鲫鱼汤

【主料】花生、眉豆各 100 克，鲫鱼 1 条。

【配料】蒜头3个，陈皮1克，盐3克。

【制作】① 鲫鱼去鳞、鳃、内脏，处理干净备用；眉豆、花生和陈皮洗净，花生留皮。② 瓦煲置火上，注入适量清水，加眉豆、花生、蒜和陈皮，用大火煮至沸腾后放鲫鱼，改用中火继续煲至眉豆、花生熟烂，加少许盐调味即可。

【烹饪技法】煲。

【营养功效】健脾利湿，滋阴补虚。

【健康贴士】一般人皆宜食用。

芡实薏仁老鸭汤

【主料】老鸭1只，薏仁50克，猪扇骨300克。

【配料】扁豆50克，芡实50克，冬瓜700克，姜4片，蜜枣2个。

【制作】① 芡实、薏仁和扁豆洗净，薏仁用水提前浸泡1～2小时；冬瓜洗净，去皮、瓤和仁，切大块；老鸭、猪扇骨分别洗净、剁块，焯水捞起。② 瓦煲置火上，注入适量清水，放入所有材料，大火煮沸后转小火煲2个小时，下盐调味即可饮用。

【烹饪技法】焯，煲。

【营养功效】消暑滋阳，健脾化湿。

【健康贴士】身体羸弱、营养不良、体弱多病者宜食。

粉葛鲫鱼猪骨汤

【主料】粉葛960克，鲫鱼640克，猪排骨640克。

【配料】陈皮5克，蜜枣30克。

【制作】① 鲫鱼宰杀洗净，猪排骨斩件洗净，陈皮浸软刮净，粉葛去皮切件。② 瓦煲置火上，注水煮沸，下猪排、蜜枣，煮沸后放猪排骨，蜜枣煲1小时。③ 放入鲫鱼、粉葛，慢火煲2小时，下盐调味即可。

【烹饪技法】煲。

【营养功效】清热解渴，利湿除烦，消肿轻身。

【健康贴士】此汤也可加几枚枸杞，鲫鱼宜与枸杞搭配食用，滋阴补虚的功效更佳。

大麦片汤面

【主料】羊肉1000克，大麦1000克，豆粉1000克。

【配料】胡椒粉3克，盐3克，味精2克，草果15克，生姜3克。

【制作】① 将草果、生姜洗净，用刀拍碎；羊肉切块。② 锅置火上，注入适量水，下羊肉，大火烧沸，转小火煨炖。③ 将大麦粉、豆粉加水和成面团，切成面片。④ 待羊肉熟后下入切好的面片，煮熟后放入胡椒粉、盐、味精调味即可。

【烹饪技法】炖，煮。

【营养功效】温中暖下，补肾壮阳。

【健康贴士】羊肉还可与山药搭配食用，具有健脾胃、益中气的功效。

栗子娃娃菜

【主料】娃娃菜1棵，栗子100克。

【配料】藏红花1克，盐5克，水淀粉15克。

【制作】① 栗子去壳，剥出栗子仁。娃娃菜洗净，剥去外层的老叶，对半切开。② 锅置火上，入水烧沸，将娃娃菜焯烫，取出沥干水分。③ 净锅置火上，注入适量清水，放入栗子仁50克，加入藏红花，大火烧沸后转小火煮15分钟，倒入搅拌机中搅打成栗子汁。④ 将栗子汁倒入锅中，加入盐和剩余的栗子，以小火熬煮15分钟，最后调入水淀粉，将汤汁收稠，淋在娃娃菜上即可。

【烹饪技法】焯，煮。

【营养功效】养胃健脾，补肾强腰。

【健康贴士】栗子不宜与牛肉同食，易引起呕吐。

虾米海带丝

【主料】水发海带丝300克，虾米25克。

【配料】酱油8克，盐3克，味精2克，香油5克，姜末4克。

【制作】① 海带丝洗净，放入沸水中焯熟，捞出，沥干水分，虾米用温水泡发，洗净后捞出，沥干水分，放在海带丝上。② 将酱油、盐、味精、香油、姜末一起放入海带中拌匀即可。

【烹饪技法】焯，拌。

【营养功效】壮阳益肾，降压消肿。

【健康贴士】海带宜与虾同食，壮阳益肾功效更佳。

菠萝虾仁

【主料】虾仁 200 克，菠萝 100 克，青椒 30 克，红椒 30 克。

【配料】葱5克，姜5克，油30克，料酒8克，胡椒粉5克，盐3克，白砂糖5克，水淀粉6克。

【制作】① 虾仁去除虾线，用料酒、胡椒粉、盐腌几分钟。② 锅置火上，入油 15 克烧至四成热，下虾仁翻炒片刻后取出，滑虾仁的油淋在青红椒上。③ 净锅置火上，入油 15 克烧热，下葱姜爆香，放入虾仁翻炒，再放入青红椒、白砂糖、盐快速翻炒，最后放入菠萝，出锅前用水淀粉勾芡即可。

【烹饪技法】爆，炒。

【营养功效】补肾壮阳，排毒抗毒。

【健康贴士】虾仁也可与蕨菜同食，能增强体质。

口蘑椒油小白菜

【主料】小白菜 250 克，口蘑 50 克。

【配料】酱油 10 克，盐 3 克，味精 3 克，淀粉 15 克，花椒 10 克，香油 40 克，清汤 500 毫升。

【制作】① 小白菜心洗净，入沸水中焯烫，再放冷水中过凉，沥干水分；口蘑切成薄片，用沸水焯过捞出。② 锅置火上，加清汤、酱油、小白菜心、口蘑、盐，小火煨沸后，用水淀粉勾芡，调入味精，倒入汤盘内。③ 锅置火上，入香油烧至五成热，放入花椒，炸至金黄色时，取出花椒。

将椒油淋在口蘑小白菜上即可。

【烹饪技法】焯，炸，拌。

【营养功效】润泽皮肤，益肾防衰。

【健康贴士】口蘑宜与小白菜同食，防癌抗癌效果更佳。

香芹虾皮肉末炒饭

【主料】米饭 200 克，芹菜 50 克，肉末 50 克，虾皮 20 克。

【配料】植物油 20 克，盐 3 克，胡萝卜 50 克，姜 3 克，料酒 5 克，胡椒粉 4 克。

【制作】① 胡萝卜、芹菜分别洗净切末；肉末放料酒、姜末腌制 5 分钟；虾皮用清水冲洗一下、沥干水分备用。② 锅置火上，入油烧热，下肉末翻炒变色后出锅。③ 锅里留底油，放入芹菜、胡萝卜末，翻炒半分钟，倒入米饭，翻炒均匀后再放入肉末、虾皮，调入适量盐即可出锅。

【烹饪技法】炒。

【营养功效】利水健胃，益精固肾。

【健康贴士】芹菜也可与花生搭配食用，具有降压降脂、延缓衰老的功效。

芝麻鱼条

【主料】青鱼肉 250 克，熟芝麻 40 克，蛋清 60 克。

【配料】香菜 30 克，葱段 10 克，生姜 10 克，绍酒 20 克，盐 4 克，干淀粉 40 克，味精 1 克，熟猪油 50 克。

【制作】① 青鱼肉洗净，切成 4 厘米长、1 厘米宽的长条，放入盆内，加绍酒、盐、味精、葱段、姜片拌匀腌渍 10 分钟，取出放入碗内，加蛋清、干淀粉拌匀备用。② 锅置大火上，入熟猪油烧至六成热，将鱼条沾上芝麻，放入油锅炸至呈金黄色、鱼肉熟透时捞起，凉凉盛盘，撒上香菜装饰即可。

【烹饪技法】腌，炸。

【营养功效】补肾阳，壮腰膝，温中补虚。

【健康贴士】青鱼不宜与葡萄同食，二者同食会引起肠胃不适。

木耳腰花

【主料】猪肾 1 个，木耳 80 克。

【配料】蒜叶 2 根，红绿椒 30 克，姜末 5 克，蒜末 5 克，盐 5 克，色拉油 15 克，陈醋 3 克，淀粉 8 克。

【制作】① 猪肾从中间对半切开，用手撕掉白色的筋膜，切成小方块；青红椒切成小斜方块；木耳提前泡发洗净、撕开成小朵；蒜叶切碎。② 向切好的猪肾中撒入适量淀粉，用手将淀粉和腰花揉捏均匀。③ 锅置火上，入油烧热，下姜末爆香，倒入腰花快速翻炒至变色，盛盘备用。④ 净锅置火上，入油烧热，下蒜末爆香，加青红椒翻炒，放入黑木耳继续翻炒，调入适量盐，将腰花、蒜叶倒入锅中翻炒入味，起锅前调入少量的陈醋，出锅盛盘即可。

【烹饪技法】爆，炒。

【营养功效】补血气，清肠胃，益肾阳。

【健康贴士】木耳也可与鸡肉同食，具有补血活血、益气健胃的功效。

核桃腰片

【主料】猪网油 350 克，猪肾 150 克，核桃 100 克，鸡蛋 3 个。

【配料】盐 3 克，黄酒 5 克，水淀粉 15 克，植物油 50 克，干淀粉 20 克。

【制作】① 猪网油晾干，切成 12 片，用刀拍平油筋；猪肾去臊，洗净，片成 6 片，每片再切成两半，用少许盐、黄酒腌渍入味；核桃去壳，取仁拍成 6 瓣，用开水焯烫一下，剥去核桃皮晾干水分。② 将网油摊在砧板上，每片上面涂上一层水淀粉，将腰片分别摆在网油上，每片腰片上再摆放一瓣核桃仁，然后从一边卷起，卷成圆筒形，用水淀粉封口。照此一一做好，共 12 条，每条分切 4 段，每段内有一片腰片，一瓣核桃仁。③ 鸡蛋打入碗内，用筷子打出泡沫，加适量水淀粉搅匀，再放干淀粉继续搅动，放入植物油 2 克，搅匀成油酥蛋糊，把卷好的网油卷逐个放入蛋糊内滚粘。④ 锅置大火上，入油烧至七成热，将滚粘的网油卷下入油锅中翻炸，待炸至黄色时捞出，转小火，放入炸好的核桃卷续炸 2 分钟，捞出沥油，码入盘内即可。

【烹饪技法】焯，腌，炸。

【营养功效】健脑益智，滋阴补虚。

【健康贴士】一般人皆宜食用。

木瓜炖排骨

【主料】排骨 500 克，木瓜半个。

【配料】姜 2 片，盐 5 克。

【制作】① 木瓜洗净，去子切块。② 锅置火上，注入适量清水，下入排骨，烧沸后去除血沫，冲洗干净备用。③ 煨罐置火上，倒入凉水，将排骨、木瓜、姜片一同入罐，大火烧沸后转小火炖 2 个小时，关火 10 分钟前加入盐调味即可。

【烹饪技法】炖。

【营养功效】滋阴壮阳，益精补血。

【健康贴士】骨折初期不宜饮用排骨汤，中期可少量进食，后期饮用可达到很好的食疗效果。

红薯栗子排骨汤

【主料】栗子 400 克，红薯 200 克，排骨 400 克。

【配料】红枣 4 枚，姜 2 片。

【制作】① 排骨洗净，切块，焯水后捞起，沥干水分备用；栗子去壳、衣；红薯去皮，切大块；红枣洗净，拍扁去核。② 锅置火上，入水煮沸，下排骨、栗子、红枣和姜片，大火煮 20 分钟，转小火煲 1 小时，放入红薯块，再煲 20 分钟，下盐调味即可。

【烹饪技法】焯，煮，煲。

【营养功效】补气健脾，滋阴补肾。

【健康贴士】肠胃消化弱者慎饮用。

海参蛋清豆腐

【主料】水发海参 400 克，豆腐 300 克，牛奶 150 毫升，蛋清 3 个。

【配料】水发香菇片 15 克，青菜心 3 棵，熟火腿片、熟鸡片各 25 克，黄酒 5 克，葱汁 5 克，姜汁 5 克，味精 2 克，盐 4 克，高汤 200 毫升，猪油 40 克，水淀粉 8 克。

【制作】① 豆腐切块，加入牛奶、蛋清、味精、盐搅拌均匀，上笼蒸 20 分钟；水发海参切片，入沸水中焯烫。② 锅置火上，入猪油烧热，下海参片、黄酒、葱姜汁、盐、味精、鲜汤烧沸，改用小火焖烧入味后，加熟火腿片、水发香菇片、青菜心、熟鸡片炖烧片刻，用水淀粉勾芡。③ 起锅装入汤盘，海参放在盘中间，再将蒸好的豆腐放在海参四周即可。

【烹饪技法】蒸，炖。

【营养功效】补肾滋阴，养血益精。

【健康贴士】海参宜与豆腐同食，滋补护肝功效明显。

枸杞肉丝

【主料】枸杞 100 克，青笋 150 克，猪瘦肉 250 克。

【配料】白砂糖 2 克，盐 3 克，味精 2 克，香油 5 克，水淀粉 6 克。

【制作】① 猪瘦肉洗净、切丝，放入适量淀粉拌匀；青笋洗净，切丝；枸杞洗干净。② 锅置火上，入油烧热，下肉丝、笋丝滑散，烹入料酒，加白砂糖、盐、味精炒匀，再下枸杞，翻炒数下，淋入香油，炒熟即可。

【烹饪技法】炒。

【营养功效】滋阴润燥，补益肝肾。

【健康贴士】猪肉宜与笋搭配食用，清热化痰的功效明显。

木耳西芹炒肉片

【主料】西芹 100 克，黑木耳 100 克，猪肉 200 克。

【配料】葱末、姜末各 5 克，味精 2 克，酱油 3 克，料酒 3 克，盐 3 克，植物油 15 克，水淀粉 3 克。

【制作】① 黑木耳入水中泡发；芹菜切成段；猪肉切片。② 锅置火上，入油烧至五成热，下葱、姜爆香，放入肉片爆炒至断生后烹料酒、酱油。③ 下入木耳、西芹炒匀后，加盐、味精调味，入淀粉勾芡即可。

【烹饪技法】爆，炒。

【营养功效】利水健胃，益肾固精。

【健康贴士】西芹宜与猪肉同食，不但滋补效果佳，还有降压的食疗效果。

红烧蹄筋

【主料】鲜牛蹄筋 250 克。

【配料】酱油 15 克，料酒 10 克，盐 3 克，味精 2 克，白砂糖 5 克，鸡汤 200 毫升，淀粉 2 克，葱 30 克，植物油 50 克。

【制作】① 牛蹄筋切成长 5 厘米、宽厚约 1 厘米的条，入沸水锅中焯烫后取出；葱切段。② 锅置火上，入油烧热，下葱段爆香，放入蹄筋，迅速翻炒，使蹄筋均匀受热。③ 加入酱油、料酒、盐、味精、白砂糖、鸡汤，开锅后，转小火煨 10 分钟，再用大火加热，调入淀粉勾芡即可出锅。

【烹饪技法】焯，爆，炒。

【营养功效】强筋健骨，益肾壮阳。

【健康贴士】骨质疏松症者宜食。

黄精蒸猪肘

【主料】猪肘 500 克。

【配料】黄精 20 克，姜 15 克，葱 20 克。

【制作】① 猪肘洗净，去毛；黄精洗净，切片；葱切段，姜切片。② 锅置火上，入水烧沸，下猪肘焯烫。③ 将猪肘放入蒸盆内，放入葱、姜和黄精，置蒸笼内，用大火蒸 2 小时即可。

【烹饪技法】焯，蒸。

【营养功效】滋阴益气，强身健体。

【健康贴士】体质虚弱、营养不良者宜食。

清炖全鸡

【主料】母鸡 1 只。

【配料】味精2克，水发香菇15克，姜片2克，绍酒20克。

【制作】① 母鸡处理干净，在沸水锅中焯烫一下，放入炖钵内。② 下入香菇，放盐、味精、清水500毫升、绍酒，用牛皮纸将炖盅封严，上蒸笼用大火蒸20分钟后改中火蒸2小时取出，出锅装入汤碗即可。

【烹饪技法】焯，蒸。

【营养功效】益五脏，补虚损，健脾胃。

【健康贴士】鸡肉宜与香菇同食，滋补功效佳。

粉蒸鸡翅

【主料】鸡翅中500克，蒸肉粉100克。

【配料】酱油6克，料酒6克，鸡精2克，胡椒粉3克，盐4克。

【制作】① 鸡翅中洗净，加入盐、鸡精、料酒、酱油、胡椒粉腌制30分钟入味。② 将腌制好的翅中粘满蒸肉粉，码入盘内。③ 蒸锅置火上，入水烧沸，将装有翅中的盘放入蒸锅内，蒸20分钟后出锅即可。

【烹饪技法】腌，蒸。

【营养功效】温中益气，补精填髓。

【健康贴士】鸡翅还宜与栗子同食，具有健脾养胃的功效。

青蒜羊肉

【主料】羊肉250克，青蒜50克。

【配料】甜椒35克，姜丝15克，豆瓣酱6克，酱油15克，植物油50克，味精2克，盐15克，料酒10克，水淀粉5克，肉汤适量。

【制作】① 羊肉洗净、放入冰箱内，稍冻取出，切成丝，放入碗中，加料酒、盐拌匀入味。② 青蒜洗净切成丝；甜椒去蒂、子，洗净切丝；肉汤、水淀粉、酱油、味精混合均匀，制成芡汁。③ 锅置火上，入油烧热，下甜椒丝煸炒至断生，盛入盘内，再次入油烧热，放羊肉丝炒散，下豆瓣酱炒出香味，加入青蒜丝、姜丝、甜椒丝，炒几下后烹入芡汁，翻炒出锅即可。

【烹饪技法】炒。

【营养功效】生肌健力，抵御风寒。

【健康贴士】羊肉也可与山药搭配食用，滋肾壮阳功效明显。

虾仁黄瓜炒蛋

【主料】鸡蛋200克，黄瓜100克，虾仁150克。

【配料】韭菜50克，植物油20克，料酒15克，盐3克，胡椒粉2克，姜汁3克。

【制作】① 虾仁中加入盐、料酒、姜汁拌匀；韭菜择洗干净，切成段；黄瓜去皮、洗净，切成斜刀片，加盐2克腌片刻，冲洗干净备用。② 鸡蛋打散，加盐1克、胡椒粉搅匀。③ 锅置火上，入油烧热，下入蛋液、韭菜段、黄瓜片、虾仁，迅速翻炒至熟即可。

【烹饪技法】腌，炒。

【营养功效】滋阴养血，益精补气。

【健康贴士】鸡蛋宜与虾仁同食，滋补功效更佳。

胡萝卜烧羊肉

【主料】羊肉1000克，胡萝卜400克。

【配料】大葱25克，花椒1克，桂皮2克，大料3克，料酒100克，姜15克，酱油20克，白砂糖20克，植物油100克。

【制作】① 羊肉洗净，刮尽细毛，放入清水中，加葱、姜略煮一下，去除血污和腥膻味，捞出放入清水中洗净。② 将羊肉切成3厘米见方的块，胡萝卜洗净，切成长3厘米的斜块。③ 锅置大火上，入油烧热，放羊肉翻炒一下，加酱油上色，再放入黄酒、葱结、姜片、花椒、桂皮、大料、白砂糖，注入适量水，先大火烧沸，再改用小火烧至五成熟，放入萝卜烧至酥烂。④ 取出桂皮、大料、葱姜、花椒，用大火烧至汤汁浓稠，起锅盛盘即可。

【烹饪技法】煮，炒。

【营养功效】益气补虚，温中暖下。

【健康贴士】羊肉宜与胡萝卜搭配食用，二者互补，养肾固精。

当归生姜羊肉汤

【主料】羊肉 500 克。

【配料】当归 50 克，生姜 100 克，盐 4 克，味精 2 克。

【制作】① 羊肉洗净、切块，用开水焯烫，沥干水分；当归、生姜分别用清水洗净；生姜切片。② 锅置火上，下生姜略炒片刻，再倒入羊肉炒至血水干，取出与当归同放砂煲内，加适量开水，大火煮沸后，改用小火煲 2 ~ 3 小时，放入适量盐、味精调味即可。

【烹饪技法】焯，炒，煲。

【营养功效】养肝补虚，增强免疫。

【健康贴士】羊肉宜与当归同食，不但滋补营养，还有补肾抗衰的功效。

红枣炖兔肉

【主料】红枣 9 枚，兔肉 300 克。

【配料】姜 5 克，味精 1 克，盐 3 克，葱 3 克，姜 3 克，绍酒 5 克。

【制作】① 红枣洗净；葱、姜切丝；兔肉洗净，切成长 2 厘米、宽 1 厘米的块，入沸水中焯烫。② 将兔肉块、红枣放入锅内，加入葱丝、姜丝、盐、绍酒及适量清水，大火炖 1 小时，肉烂后调入味精即可。

【烹饪技法】焯，炖。

【营养功效】补虚养身，益智补脑。

【健康贴士】一般人皆宜食用。

辣子兔丁

【主料】兔子腿 2 个。

【配料】大料 3 克，大蒜 5 克，姜 3 克，红辣椒 4 个，花椒 5 克，青蒜 30 克，植物油 40 克，盐 4 克，酱油 4 克，白砂糖 3 克，料酒 5 克。

【制作】① 兔子腿剁小块，辣椒去子切段，蒜切片。② 锅置火上，入油烧热，下兔子肉，用小火煎至金黄后盛出。③ 锅中留底油，下大料、蒜片爆香，加入兔肉丁、辣椒和花椒翻炒均匀。④ 依次加入料酒、酱油、糖，炒至水快干时，加入青蒜炒匀即可。

【烹饪技法】煎，爆，炒。

【营养功效】补中益气，滋阴润肤，凉血活血。

【健康贴士】兔肉还可与松子同食，能起到润肤养颜、益智醒脑的功效。

芦笋炒虾仁

【主料】虾仁 400 克，芦笋 100 克。

【配料】圣女果 50 克，植物油 15 克，醋 5 克，酱油 18 克，芝麻 10 克，姜 3 克。

【制作】① 把酱油 15 克、醋、姜末混合拌匀备用。② 锅置火上，入油烧热，下芝麻翻炒几分钟，待芝麻颜色转为金黄色时，捞出备用。③ 净锅置火上，入油烧热，下芦笋翻炒至熟软，加入圣女果、酱油 3 克、熟虾仁翻炒几下，撒上芝麻即可。

【烹饪技法】炒。

【营养功效】补阳调理，壮腰健肾。

【健康贴士】芦笋也可与海参搭配食用，具有提高身体免疫，防癌抗癌的功效。

蚕豆炒虾仁

【主料】虾仁 500 克，嫩蚕豆 120 克，蛋清 30 克。

【配料】植物油 50 克，盐 4 克，味精 2 克，料酒 15 克，胡椒粉 1 克，姜 3 克，葱 5 克，水淀粉 20 克，高汤 25 毫升。

【制作】① 将虾仁用葱、姜、盐、味精各 1.5 克和胡椒粉 1 克、料酒 5 克拌匀腌制片刻，挑出葱姜，浆上蛋清、水淀粉 12 克。② 蚕豆去皮、掰成两半，入沸水中焯两次后再过冷水；葱、姜均切片；味精、盐各 3 克，水淀粉、料酒各 8 克和高汤混合兑成汁。③ 锅置火上，入油烧热，下蚕豆快炒，放入虾仁，翻炒几下，将兑好的汁倒入，汁开后翻匀即可。

【烹饪技法】焯，炒。

【营养功效】补肾壮阳，温中益气。

【健康贴士】虾仁还可与枸杞同食，也有补肾强精的功效。

冰糖炖鹌鹑

【主料】鹌鹑肉 250 克。
【配料】冰糖 5 克，黄酒 5 克。
【制作】① 鹌鹑去毛及内脏，洗净，切块。锅置火上，放入鹌鹑，注入适量水，加入黄酒，炖至熟烂。② 加入冰糖调味即可食用。
【烹饪技法】炖。
【营养功效】温肾助阳，补五脏，益精血。
【健康贴士】鹌鹑不宜与平菇同食，易生痔疮。

猪肾豆腐汤

【主料】豆腐皮 100 克，猪肾 600 克。
【配料】干蘑菇 15 克，冬笋 50 克，料酒 5 克，盐 2 克，酱油 5 克，大葱 3 克，姜 1 克，胡椒粉 1 克，清汤 1000 毫升。
【制作】① 将猪肾切成薄片，加入葱段、姜片、料酒，拌匀后，用清水浸泡；豆腐皮撕成块；冬笋切成薄片；蘑菇用温水浸泡洗净。② 猪肾下入沸水中焯烫片刻备用。③ 锅置火上，注入清汤 1000 毫升，煮沸后下豆腐皮、蘑菇、笋片、猪肾、葱段、姜片，再次煮沸后放入适量盐、胡椒粉调味即可。
【烹饪技法】焯，煮。
【营养功效】补肾养胃，止咳消痰。
【健康贴士】猪肾容易使血脂升高，故高血脂患者不宜多食。

拔丝山药

【主料】山药 600 克。
【配料】白砂糖 200 克，植物油 500 克。
【制作】① 山药洗净蒸熟，去掉外皮，切成滚刀块。② 锅置中火上，入油烧至五成热，将山药下锅炸制，中间顿火 3 次，炸成柿黄色，捞出沥油。③ 锅内留少许油，下白砂糖炒成稀汁、起小花时，把炸好的山药下锅，甩点儿清水，翻身出锅，外带一小碗凉开水，同时上桌即可。
【烹饪技法】蒸，炸，炒。
【营养功效】滋肾益精，养护肌肤。
【健康贴士】糖尿病患者不宜食用。

玉竹蛤蜊汤

【主料】蛤蜊 500 克，玉竹、百合各 32 克。
【配料】盐 4 克，味精 2 克。
【制作】① 百合、玉竹加水放入锅中，大火煮沸后，转小火煮至百合变软。② 加入蛤蜊煮沸，放入盐、味精调味即可。
【烹饪技法】煮。
【营养功效】滋阴润燥，利尿化痰。
【健康贴士】一般人皆宜食用。

酱驴肉

【主料】带皮驴肉 5000 克。
【配料】酱油 300 克，盐 30 克，大葱 30 克，花椒 10 克，肉豆蔻 2 克，红曲 20 克，山楂 10 克，桂皮 5 克，冰糖 50 克，白芷 5 克，草果 5 克，姜 20 克，料酒 100 克，大料 5 克。
【制作】① 将驴肉用清水洗净，浸泡 5 小时。红曲入水中煮红，取水备用。② 汤锅置火上，注入清水烧沸，放入泡好的驴肉焯烫，放入凉水中过凉。③ 锅置火上，加入冰糖炒至金红色，放入清水、酱油、盐、料酒烧沸，打去浮沫。④ 加入红曲米水及山楂片，将花椒、豆蔻、草果、桂皮、白芷、大料装入纱布袋内扎好口，同放入锅中，再加入葱段、姜片，烧沸后煮约 3 分钟。⑤ 放入驴肉，用大火烧沸，撇去浮沫，再转中火炖烧 3 ~ 4 小时至酥烂，取出凉凉，切片盛盘即可。
【烹饪技法】煮，焯，炖。
【营养功效】益气补血，补虚宁神。
【健康贴士】驴肉与金针菇性味相反，不宜同食。

养胃润肺

花生大鱼头汤

【主料】鱼头1个，花生米100克，新鲜猪肉丝100克。

【配料】腐枝1条，红枣10枚，姜2片，盐4克，味精2克。

【制作】① 花生米洗净，放入清水浸泡30分钟；腐枝洗净、浸软，切小段；红枣去核，洗净。② 鱼头洗净，斩开两边，下油锅略煎。③ 锅置火上，注入适量清水，放入花生、猪肉丝，红枣、姜片，大火煮沸后改小火煲1小时，放入鱼头、腐枝再煲1小时，放入适量盐、味精调味即可。

【烹饪技法】煎，煲。

【营养功效】益气养血，清补脾胃。

【健康贴士】花生宜与鲫鱼搭配食用，滋养益肾的功效明显。

红枣芡实山斑鱼汤

【主料】红枣20克，芡实30克，山斑鱼2条，猪瘦肉150克。

【配料】生姜3片，盐5克。

【制作】① 山药、芡实洗净，用水浸泡片刻；猪瘦肉洗净，切大块；山斑鱼处理干净。② 锅置火上，入油烧热，下山斑鱼，中火煎至两边微黄。③ 瓦煲置火上，入水烧沸，下山斑鱼、姜、红枣、芡实、猪瘦肉，大火煮沸后转小火煲1小时，下入适量盐调味即可。

【烹饪技法】煎，煲。

【营养功效】清润身体，滋补脾胃。

【健康贴士】食欲不振、肠胃消化虚弱者宜食。

红焖芦笋鳗鱼

【主料】芦笋300克，鳗鱼段肉500克。

【配料】香菇15克，猪肉25克，料酒30克，酱油60克，味精3克，白砂糖20克，汤500毫升，水淀粉6克，花椒5克，葱、姜各5克，香油5克，植物油80克。

【制作】① 鳗鱼肉洗净，在鱼身上斜划几刀，用少许酱油腌渍一下；葱切段，姜切片；猪肉切薄片，香菇切开，芦笋切斜刀片。② 锅置火上，入油烧至八成热，下鳗鱼肉炸成金黄色捞出。③ 锅中留底油，下葱、姜爆香，加入香菇、猪肉片煸炒，再放入料酒、酱油、白砂糖、花椒等佐料翻炒，加入汤、鳗鱼肉、芦笋，大火烧沸，转用小火焖至汤汁稠浓时，拣去葱、姜、花椒，放入味精调味，用水淀粉勾芡，淋上香油即可。

【烹饪技法】腌，炸，爆，炒。

【营养功效】养阴润肺，祛湿化痰。

【健康贴士】鳗鱼还宜与山药同食，具有补中益气、温肾止泻的功效。

平菇鲍鱼汤

【主料】鲜平菇100克，鲍鱼肉100克。

【配料】高汤200毫升，盐4克，淀粉4克。

【制作】① 平菇洗净，切片；鲍鱼肉洗净切条，用少许盐及淀粉调和匀。② 锅置火上，加入清汤、盐、放入平菇片，加盖焖煮5分钟，再放入鲍鱼条烧沸，煮5分钟即可。

【烹饪技法】煮。

【营养功效】平肝补虚，增强免疫。

【健康贴士】一般人皆可饮用。

洋葱玻璃鸡片

【主料】鸡胸肉250克，洋葱150克。

【配料】姜丝5克，白砂糖4克，黄酒4克，盐5克，水淀粉6克，味精2克，植物油55克。

【制作】① 鸡脯肉洗净，切成薄片，加入姜丝、黄酒、盐、白砂糖、味精、水淀粉拌匀；洋葱去皮，洗净，切成块。② 锅置火上，入油25克烧至六成热，放入洋葱煸炒出香味，加入清水、盐煮1分钟，将洋葱盛入盘内。③ 净锅置大火上，入油30克烧至六成热，下鸡肉片炒透，倒入洋葱翻炒片刻，加少量味精调味即可。
【烹饪技法】煸，炒。
【营养功效】补心养血，温中益气。
【健康贴士】鸡肉宜与洋葱搭配食用，有健胃活血、益气散寒的食疗效果。

萝卜丁

【主料】白萝卜 500 克，
【配料】大葱 3 克，姜 3 克，大蒜 3 克，酱油 3 克，盐 3 克，味精 1 克，胡椒粉 2 克，淀粉 3 克。
【制作】① 萝卜洗净切丁，用开水焯至八成熟捞出，用凉水过凉，沥干水分备用；葱、姜切丝；蒜切末。② 锅置火上，入油烧热，下葱、姜爆香，放入萝卜丁翻炒，再放入酱油、盐、胡椒粉，加少量水，用水淀粉勾芡出锅即可。
【烹饪技法】焯，爆，炒。
【营养功效】清热化痰，健脾补虚。
【健康贴士】常吃萝卜可降低血脂、软化血管、稳定血压，可预防冠心病、动脉硬化、胆石症等疾病。

绿豆藕合

【主料】莲藕 500 克，去皮绿豆 100 克。
【配料】盐 4 克。
【制作】① 去皮绿豆洗净，加水浸泡 2 个小时；莲藕去皮、洗净，顶端用刀切断，将浸泡好的绿豆灌入莲藕的孔中，一边灌一边用筷子压实。把切下来的莲藕盖子扣上，四周用牙签固定。② 把莲藕和剩下的去皮绿豆一并放入锅中，注入适量水，大火烧沸后转小火煮 1 小时。③ 放入盐，再加盖小火煮 10 分钟，将莲藕取出、切成块，和汤一起食用即可。
【烹饪技法】煮。
【营养功效】滋阴养血，强壮筋骨。
【健康贴士】莲藕宜与绿豆搭配食用，润肺养血功效更佳。

鸡丝鱼翅

【主料】鸡肉 100 克，鱼翅 150 克。
【配料】香菇 30 克，黄酒 5 克，葱末、姜末各 4 克，味精 2 克，盐 3 克，醋 4 克，白砂糖 3 克，鸡汤 100 毫升。
【制作】① 香菇用温开水泡发；鱼翅放入清水中泡软、洗净，再放入沸水锅焯煮片刻，捞出；鸡肉、香菇切成丝。② 锅置火上，入油烧至六成热，下葱末、姜末爆香，放入鸡肉丝及鱼翅，大火熘炒，加入黄酒翻炒片刻，出锅装入蒸碗中。③ 将鸡汤、香菇加入蒸碗中，上笼用大火蒸 40 分钟，取出后调入盐、味精、蒜末、醋、白砂糖，拌匀即可
【烹饪技法】焯，爆，炒，蒸。
【营养功效】益气，补虚，开胃。
【健康贴士】鱼翅宜与姜同食，散寒、开胃功效显著。

番茄豆腐羹

【主料】番茄 200 克，豆腐 1 块。
【配料】毛豆米 50 克，姜末 5 克，蒜末 5 克，生抽 6 克，水淀粉 6 克，盐 4 克，味精 2 克，高汤 300 毫升，胡椒粉 4 克。
【制作】① 毛豆米洗净；豆腐切片，入沸水稍焯，沥干水分备用；番茄洗净，用沸水略烫后去皮，剁成蓉。② 锅置火上，入油烧热，下番茄煸炒，加盐 2 克、味精 1 克调味炒匀，制成番茄酱汁备用。③ 净锅置火上，注入高汤，起油锅烧热，下清汤，放毛豆米、豆腐、盐 2 克、味精 1 克、胡椒粉、生抽、姜末、蒜末，烧煮至入味，入淀粉勾芡，下番茄酱汁炒匀即可。
【烹饪技法】焯，煸，炒。
【营养功效】健脾和胃，增进食欲。
【健康贴士】一般人皆宜食用。

西湖银鱼羹

【主料】银鱼 70 克，鸡胸脯肉 300 克。

【配料】蛋清30克，料酒5克，盐3克，味精2克，胡椒粉2克，淀粉5克，鸡油5克，香菜末10克，高汤1000毫升。

【制作】① 银鱼洗净、沥干水分，鸡脯肉切成5厘米长的细丝；将蛋清、淀粉、盐混合调匀，放入鸡丝上浆，腌渍片刻后入水焯烫。② 锅置火上，注入高汤烧沸，将银鱼、鸡丝放入锅内，加入盐、味精，用干淀粉勾芡，撒上香菜末、胡椒粉，淋上鸡油，倒入汤盘即可。

【烹饪技法】焯，煮。

【营养功效】益气补虚，养胃健脾。

【健康贴士】一般人皆宜食用。

菠菜烧豆腐

【主料】豆腐500克，菠菜200克，瘦猪肉100克。

【配料】虾米25克，火腿50克，淀粉10克，猪油100克，香油15克，盐10克，料酒25克，味精3克，姜10克，大葱10克，酱油15克，高汤300毫升。

【制作】① 火腿切成长2厘米、宽1厘米、厚3毫米的片；菠菜拣洗干净，切成3厘米长的段；豆腐切成5厘米长、3厘米宽、1厘米厚的长方块；瘦猪肉剁碎，加葱姜末、酱油、盐4克、味精1克、香油、虾米末拌成馅。② 锅置火上，入油烧热，下豆腐煎呈金黄色后取出，用刀划一长口，装入拌好的肉馅。③ 净锅置火上，将豆腐口朝上，摆放入锅内，加高汤、酱油、盐3克、料酒、味精1克烧透捞出，在每块豆腐开口处放一片火腿，放入盘中，将锅内余汤用水淀粉勾芡，将香油淋在豆腐上。④ 净锅置火上，入油烧热，下菠菜急炒，加盐3克、味精1克炒熟后均匀地放在豆腐周围即可。

【烹饪技法】煎，炒。

【营养功效】滋阴润燥，通利肠胃。

【健康贴士】菠菜宜与豆腐同食，活血通络的功效明显。

绿豆芽拌豆腐

【主料】豆腐300克，绿豆芽100克。

【配料】芝麻酱10克，辣椒油5克，醋3克，酱油5克，大葱5克，姜5克。

【制作】① 大葱去根，洗净，切成葱末；姜洗净，去皮切丝；豆腐洗净，切成小块；绿豆芽择洗干净，投入沸水锅中焯熟。② 将酱油、芝麻酱和辣椒油一同放入碗中调匀成味汁。③ 豆腐放入盆中，旁边用绿豆芽装饰，上面撒上姜丝和葱末，淋上调味汁，拌匀盛盘即可。

【烹饪技法】焯，拌。

【营养功效】滋补身体，清肠解毒。

【健康贴士】绿豆芽宜与辣椒油搭配食用，清热开胃，增加食欲。

麦冬甲鱼

【主料】麦冬30克，甲鱼1只。

【配料】葱段5克，姜末3克，黄油20克，盐3克，味精2克，香油4克。

【制作】① 麦冬洗净；甲鱼宰杀，剖开甲壳，去内脏，洗净，并把软边剔下，剁成8块。② 锅置火上，入水烧沸，下少量葱段、姜片及黄酒，入甲鱼块、甲壳，焯烫片刻，捞出，用清水冲洗，沥干水分。③ 将甲鱼肉放在碗中间，软边放在周围，加入葱段、姜末、黄酒、盐、麦冬，把甲鱼壳盖在上面，加入适量清水，放入笼屉，用大火蒸至甲鱼肉酥烂，趁热加适量味精，淋入香油即可。

【烹饪技法】焯，蒸。

【营养功效】益气补虚，滋阴壮阳。

【健康贴士】营养不良、腹泻、疟疾、痨热、心血管疾病患者宜食。

牛肉末炒香芹

【主料】牛肉50克，芹菜200克。

【配料】酱油5克，淀粉10克，料酒、葱、姜各2.5克，植物油15克，盐5克。

【制作】① 牛肉去筋膜，洗净、切碎，用适量酱油、淀粉、料酒调汁拌好；芹菜洗净切碎，用开水焯烫片刻；葱切葱末，姜切末。② 锅置火上，入油烧热，下葱、姜煸炒，放入牛肉末大火快炒，取出备用。③ 锅中留余油烧热，下芹菜快炒，调入盐，放入牛肉末，大火快炒，调入剩余的酱油和料酒，翻炒几下即可出锅盛盘。

【烹饪技法】炒。

【营养功效】补中益气，滋养脾胃。

【健康贴士】一般人皆宜食用。

莲藕红枣猪骨髓汤

【主料】猪骨髓、莲藕各100克，红枣20克。

【配料】盐3克，味精2克，料酒5克，葱段5克，姜片5克，香油3克，高汤1500毫升，植物油15克。

【制作】① 猪骨髓冲洗净，入沸水焯烫；莲藕洗净，去皮，切成条，放入水中浸泡；红枣去核，洗净。② 锅置火上，入油烧至五成热，下入葱段、姜片爆香，加入高汤，下入猪骨髓、莲藕、红枣、盐、料酒，用小火炖至熟烂，加味精调味，淋香油即可。

【烹饪技法】焯，爆，炖。

【营养功效】清热凉血，健脾开胃。

【健康贴士】莲藕宜与红枣同食，补血益气效果明显。

西洋参山药乳鸽汤

【主料】西洋参10克，山药30克，乳鸽2只。

【配料】红枣（去核）6枚，陈皮10克，盐4克，味精2克。

【制作】① 将西洋参洗净，切薄片；山药洗净，入清水浸泡30分钟；红枣、陈皮洗净；乳鸽宰杀，去毛和内脏，洗净斩件。② 炖盅置火上，加适量开水，放入全部材料，炖盅加盖，小火隔水炖3小时即可放入适量盐、味精调味食用。

【烹饪技法】炖。

【营养功效】益气生津，补肺健脾。

【健康贴士】乳鸽宜与山药同食，滋阴补肾功效更佳。

萝卜丝饼

【主料】白萝卜1根，面粉270克。

【配料】葱1根，香油15克，植物油50克，盐5克，胡椒粉2克。

【制作】① 萝卜去皮洗净，切细丝，下热水焯30秒钟，捞出过凉，挤干水分备用；葱切碎末。② 将香油、盐和胡椒粉加入萝卜丝中，放入葱末混合，充分搅拌均匀，备用。③ 取面粉270克，倒入植物油10克、盐2克，加凉水，揉成光滑的面团，饧15分钟，稍揉，搓成长条，摘成每个30克的小面团，搓成长条，表面均匀涂抹上植物油，入盘中，盖保鲜膜饧15分钟。④ 案板上刷少许油，将长条按扁，擀成宽一点儿的长片，按住长片一端，将另一端慢慢抻长，不能扯破。⑤ 取约30克的馅料，放在面片一端，将面片掀起，盖住馅，先向右前方卷一下，再向左前方卷一下，如此交替进行。在距离另一端还有20厘米处，向正前方卷起。将卷好的饼剂竖放，稍饧片刻。⑥ 锅置火上，入油烧至五成热，放入按扁的饼坯，小火煎制。底面上色时翻面，待两面都煎至金黄色时即熟。

【烹饪技法】焯，煎。

【营养功效】化痰清热，下气宽中。

【健康贴士】萝卜富含纤维素，食后易使人产生饱胀感，因此有助于减肥。

椒盐火腿

【主料】火腿150克。

【配料】姜5克，大葱5克，花椒6克，盐3克。

【制作】① 将花椒洗净，沥干水分，与盐一同放入锅内炒熟至脆，待凉研成椒盐粉。② 生姜洗净，葱去须洗净，切段；火腿肉洗净切薄片。③ 把火腿肉片放碟中，铺上姜、葱，隔水蒸熟，食用时蘸椒盐粉即可。

【烹饪技法】炒，蒸。

【营养功效】健脾开胃，生津益血。

【健康贴士】一般人皆宜食用。

酸梅藕片

【主料】乌梅 30 克，嫩藕 500 克。

【配料】白砂糖 5 克。

【制作】① 乌梅去核，切细，加水煮取汁液 2 次，共得汁液约 50 毫升，趁热加入白砂糖及适量水，制成乌梅糖浆。② 嫩藕去皮洗净，切薄片，沸水快焯，捞出，浸入凉开水中。③ 乌梅糖浆冷却后，捞出藕片，浇上乌梅糖浆即可。

【烹饪技法】煮，焯，拌。

【营养功效】健脾开胃，强壮筋骨。

【健康贴士】莲藕还可与百合同食，益心润肺功效更佳。

山楂荸荠糕

【主料】荸荠粉 300 克，面粉 200 克，山楂酱 150 克。

【配料】冰糖 150 克，鸡蛋 2 个，发酵剂 15 克，猪油适量。

【制作】① 将荸荠粉与面粉混合，加发酵剂、鸡蛋液、冰糖水和匀。② 在方形蒸屉四周涂上猪油，倒入发酵粉糊至蒸屉的 1/3 量，放入笼蒸蒸 15 分钟，铺上山楂酱，再倒入约为 1/3 量的发酵粉糊，再上笼蒸 15 分钟即可。

【烹饪技法】蒸。

【营养功效】健胃消食，利气通化。

【健康贴士】食欲不振、脾胃消化不良者宜食。

五九玄胡鸭

【主料】鸭肉 500 克。

【配料】五灵脂 10 克，九香虫 15 克，玄胡索 15 克，醋 5 克。

【制作】① 将鸭肉洗净，用少许盐腌渍至入味。② 五灵脂、九香虫、玄胡索洗净放入碗内，加水适量，隔水蒸 30 分钟左右，然后去渣存汁。③ 将鸭肉放入盆内，倒上药汁，盆入锅，隔水蒸至鸭酥软，食前滴少许醋调味即可。

【烹饪技法】腌，蒸。

【营养功效】养胃滋阴，清肺解热。

【健康贴士】营养不良、体内有热、上火、水肿、瘀血、低热、体虚者宜食。

猪油夹沙球

【主料】鸡蛋 6 个，红豆沙 150 克。

【配料】淀粉 25 克，猪板油 150 克。

【制作】① 猪板油剥去筋膜，用刀片薄，再切成长方条，放平后中间再放少许豆沙，然后卷成长圆形的猪油夹沙条，再切成段，搓成小圆球。② 鸡蛋打散，取蛋清打至起泡，加干淀粉拌匀成蛋糊，放入小圆球蘸一层蛋糊。③ 锅置火上，加猪油烧至三成热，下入小圆球炸至外层结皮时捞出。待油温烧至六成熟时，将捞出的小圆球再下锅炸至淡黄色，外壳松脆即捞出盛盘，撒上绵白糖即可。

【烹饪技法】炸。

【营养功效】利胃健脾，润肠排毒。

【健康贴士】高血脂、肥胖者不宜多食。

烩酸辣肚丝

【主料】熟猪肚 300 克。

【配料】春笋 25 克，香菜 15 克，植物油 15 克，香油 5 克，黄酒 6 克，盐 3 克，味精 2 克，酱油 3 克，醋 3 克，鲜汤 100 毫升，胡椒粉 3 克，水淀粉 6 克，葱末 5 克，姜末 5 克，蒜蓉 5 克。

【制作】① 将熟猪肚切成细丝，春笋切细丝，香菜切末。② 锅置火上，加水烧沸，下猪肚丝充分焯透，捞出，控净水。③ 净锅置中火上，入油烧热，下葱末、姜末、蒜蓉爆香，倒入醋、黄酒、酱油、鲜汤翻炒，下猪肚丝、春笋丝翻炒几下后，加入盐、味精、胡椒粉调味，用水淀粉勾芡，淋上香油，撒入香菜末，出锅即可。

【烹饪技法】焯，爆，炒。

【营养功效】补脾胃，安五脏，补虚损。

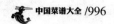

【健康贴士】患有湿热痰滞内蕴、感冒等病

症者不宜多食。

香菇牛肉粥

【主料】粳米 50 克，香菇 60 克，牛前腿肉 30 克。

【配料】大葱 15 克，猪油（炼制）10 克，姜 10 克，味精 3 克，盐 3 克。

【制作】① 水发香菇去梗洗净，挤干切丝；牛肉洗净切丝；粳米淘洗干净；葱切末，姜切片，备用。② 锅置火上，下香菇、牛肉、粳米，注入适量水，用小火熬至肉烂米熟，加葱末、姜片、猪油、盐、味精再煮 3 分钟即可。

【烹饪技法】煮。

【营养功效】补虚养身，健脾开胃。

【健康贴士】此粥具有降血压的功效，适宜高血压患者食用。

莲子煲猪肚片

【主料】猪肚 250 克，莲子 50 克。

【配料】味精 2 克，盐 3 克，矾 2 克，植物油 15 克，葱末 5 克，姜末 5 克，醋 3 克，五香粉 4 克，水淀粉 6 克。

【制作】① 莲子用温水浸泡 2 小时，切成两半，去除莲心；猪肚刮洗干净，再用盐、醋、矾揉搓，清洗干净后放入锅中，加水煮熟，取出熟猪肚，切成 3 厘米长的片。② 锅置火上，入植物油烧至六成热，加葱末、姜末爆香，放入肚片煸炒片刻，烹入黄酒，加适量清水，并放入莲子，大火煮沸，改用小火煲 40 分钟，待肚片熟透、莲肉呈酥烂状时，加盐、味精、五香粉，拌匀，用水淀粉勾芡即可。

【烹饪技法】煮，爆，炒，煲。

【营养功效】补脾益胃，安五脏，补虚损。

【健康贴士】猪肉宜与莲子同食，可以起到很好的补虚养心、祛火强身的功效。

砂仁大蒜煮猪肚

【主料】猪肚 500 克。

【配料】大蒜 50 克，砂仁 6 克，香菜 10 克，盐 6 克，大葱 5 克，姜 5 克，胡椒粉 3 克。

【制作】① 将猪肚洗净，大蒜去皮，砂仁研成粉，姜拍松，葱切段。② 大蒜、砂仁、葱、姜一同放入猪肚内，用白棉线缝合。③ 炖锅置火上，入水烧沸，放入猪肚，小火炖熟，最后加入盐、胡椒粉拌匀即可。

【烹饪技法】炖。

【营养功效】补虚损，健脾胃。

【健康贴士】猪肚与姜同食，对阻止胆固醇的吸收有很好的效果。

健脾养胃八宝饭

【主料】糯米 150 克。

【配料】山药 10 克，薏仁 10 克，白扁豆 10 克，莲肉 10 克，龙眼 20 克，红枣 10 枚，栗子 10 克，猪油 15 克，白砂糖 5 克，桂花 8 克。

【制作】① 山药片、薏仁、白扁豆、莲肉、龙眼肉、红枣洗净，蒸熟；栗子洗净煮熟，剥出栗子肉，切成片状；糯米淘洗干净，加水蒸熟。桂花加入白砂糖、适量水，煮成汁备用。② 在大碗里面涂上猪油，碗底均匀铺上山药片、薏仁、白扁豆、莲肉、龙眼肉、枣、栗子片等，将糯米饭铺盖在上面。③ 将大碗放入笼屉，上笼，用大火蒸 20 分钟，取出，扣在圆盘中，浇上白砂糖桂花汁即可。

【烹饪技法】蒸，煮。

【营养功效】益气健脾，补中益气。

【健康贴士】营养丰富，一般人皆宜食用。

清白汤

【主料】嫩豆腐 150 克，莴苣叶 100 克。

【配料】味精 2 克，盐 3 克，香油 4 克，鲜汤 100 毫升。

【制作】① 将嫩豆腐切成片，用开水焯烫。② 莴苣叶洗净，切成段，用开水焯烫，捞出放入汤碗中。③ 锅置火上，入鲜汤煮沸，加入豆腐、盐、味精，待汤沸后去掉浮沫，盛入汤碗中，淋上香油即可。

【烹饪技法】焯，煮。

【营养功效】益气宽中，生津润燥。

【健康贴士】消化不良、脾胃虚寒、腹泻便溏者不宜多食。

刀豆肉片汤

【主料】刀豆 50 克，木瓜 100 克，猪瘦肉 50 克。

【配料】盐3克，黄酒5克，葱末、姜末各5克，味精 2 克，水淀粉 6 克。

【制作】① 猪肉洗净，切成薄片，放入碗中，加盐、水淀粉抓揉均匀。② 将刀豆、木瓜洗净。木瓜切成片，与刀豆同入砂锅，加适量水，煎煮 30 分钟，过滤。取汁后放回砂锅，大火煮沸。③ 加入肉片、烹入黄酒，再煮沸，入葱末、姜末并加盐、味精拌匀即可。

【烹饪技法】煮。

【营养功效】健脾胃，助消化，润白肌肤。

【健康贴士】阴虚、头晕、贫血、大便秘结、营养不良者宜食。

木瓜鲩鱼汤

【主料】番木瓜 1 个，鲩鱼尾 100 克。

【配料】姜 3 片，植物油 15 克。

【制作】① 木瓜削皮切块，鲩鱼尾入油煎片刻。② 下木瓜及姜片，注入适量水，煮 1 小时即可。

【烹饪技法】煎，煮。

【营养功效】暖胃，平肝，祛风，降压。

【健康贴士】鲩鱼宜与木瓜同食，有利于营养吸收。

白胡椒火腿汤

【主料】火腿 50 克，小白菜 150 克。

【配料】白胡椒 15 克，盐 2 克。

【制作】① 将白胡椒研成细粉，火腿肉切成薄片，青菜叶洗净。② 锅置火上，下火腿、白胡椒粉，加入适量清水煮沸。③ 放入白菜叶煮沸后，加入盐调味即可。

【烹饪技法】煮。

【营养功效】通肠利胃，清热除烦。

【健康贴士】便秘患者宜食。

姜汁糖

【主料】白砂糖 300 克，生姜 50 克。

【配料】植物油 20 克。

【制作】① 锅置火上，下入白砂糖，注入适量水，小火熬至浓稠。② 生姜洗净，榨成汁后放入白砂糖液中搅拌均匀，继续熬至起丝状时停火。③ 将姜汁糖倒在表面涂有植物油的大搪瓷盘中，凉凉，用刀划成小块，装入糖盒内即可。

【烹饪技法】熬。

【营养功效】发表散寒，暖胃温中。

【健康贴士】糖尿病患者不宜多食。

芋头饺

【主料】芋头 500 克，小麦淀粉 150 克。

【配料】豆沙馅 200 克，白砂糖 50 克，猪油 50 克。

【制作】① 芋头洗净，蒸熟压碎，小麦淀粉加入沸水烫熟，加入白砂糖和猪油揉匀。② 将芋头和熟小麦淀粉一起揉成面团，做成剂子、压成面皮，包入豆沙馅捏成饺子。③ 锅置火上，入油烧至四成热，将饺子放入锅中用中小火炸至表皮金黄色即可食用。

【烹饪技法】炸。

【营养功效】健胃益脾，调补中气。

【健康贴士】一般人皆宜食用。

香芋肉末

【主料】肉馅 200 克，芋头 300 克。

【配料】绍酒 5 克，酱油 4 克，盐 3 克，白砂糖 3 克，葱末 5 克，植物油 15 克。

【制作】① 锅置火上，入油烧热，下入肉馅，炒至血水消失、肉色变白时，加绍酒和酱油炒匀，盛出。② 芋头去皮，洗净，切小块。③ 净锅置火上，入油烧热，下芋头翻炒，加酱油、盐、白砂糖、胡椒粉，加水烧沸，倒入肉馅烧至入味，汤汁收干后撒入葱末，出锅盛盘即可。

【烹饪技法】炒。

【营养功效】化痰散瘀，健胃益脾。

【健康贴士】芋头宜与猪肉同食，滋补效果更佳。

苹果蛋饼

【主料】苹果2个，鸡蛋4个，鲜奶100毫升。

【配料】糖25克，色拉油适量。

【制作】① 鸡蛋打散，加入鲜奶及糖搅拌。苹果去核，切成花片。② 锅置火上，入油烧热，将蛋浆倒入锅中用小火煎熟。③ 把苹果片铺在蛋饼上，待底部熟后再翻转煎，熟后盛盘即可。

【烹饪技法】煎。

【营养功效】润肺止泻，消食下气。

【健康贴士】苹果宜与牛奶同食，生津消食、益智安眠的功效明显。

山药鸡蛋面

【主料】山药粉500克，白面粉1000克，鸡蛋3个克，豆粉50克。

【配料】香油5克，葱末6克，盐4克，味精2克。

【制作】① 将山药粉、白面粉、豆粉放入容器中混合均匀。② 鸡蛋打散，倒入容器内，加适量水及少量盐，揉成面团，擀成薄面片，切成面条。③ 锅置火上，入水烧沸，下入面条，煮熟后加适量香油、葱末、盐，味精等调味即可。

【烹饪技法】煮。

【营养功效】健脾胃，助消化，补肺肾。

【健康贴士】山药具有益肺气、养肺阴的功效，适宜肺病患者食用。

炒红薯乳瓜

【主料】红薯300克，乳瓜200克。

【配料】香菜叶50克，盐5克，葱段6克，蒜末5克，植物油15克，鸡精2克。

【制作】① 红薯洗净、去皮切成滚刀块，乳瓜洗净，去皮、子、瓤后切成小滚刀块。② 锅置火上，入油烧至四成热，下蒜末、葱段爆香，倒入红薯块煸炒至五成熟时放入乳瓜炒匀，加入适量清水、盐、鸡精、待汤汁收干时，撒上香菜叶点缀即可。

【烹饪技法】爆，炒。

【营养功效】润肠通便，延缓衰老。

【健康贴士】红薯不宜与燕麦同食，会导致胃痉挛、胃胀气。

糖拌番茄

【主料】番茄750克。

【配料】白砂糖150克。

【制作】① 番茄用沸水烫一下，撕去皮，切成小块。② 用冷开水洗去番茄子，放入碗中，加白砂糖拌匀即可。

【烹饪技法】拌。

【营养功效】生津止渴，清热解毒。

【健康贴士】糖尿病患者慎食。

果汁白菜心

【主料】嫩白菜心200克，黄瓜半根，胡萝卜1根。

【配料】鲜橙汁50毫升，白砂糖15克，盐3克。

【制作】① 白菜心、黄瓜分别洗净，切丝；胡萝卜去皮、切丝，盛入碗中，撒盐腌15分钟。② 沥干水分，加入适量鲜橙汁、白砂糖拌匀即可。

【烹饪技法】腌，拌。

【营养功效】解热除烦，润肠排毒。

【健康贴士】白菜性偏寒凉，胃寒腹痛、大便溏泻及寒痢者不宜多食。

红小豆鸭汤

【主料】红小豆100克，苹果100克，鸭肉

500克。

【配料】盐5克。

【制作】①红小豆洗净，用清水浸泡4小时。②苹果去皮，洗净、切块，放入淡盐水中浸泡片刻。③鸭肉洗净切块，入沸水中焯透，捞出。④锅置火上，注入适量清水，下鸭肉、红小豆、苹果，大火煮沸后改小火煲3小时，加盐调味即可。

【烹饪技法】焯，煲。

【营养功效】养胃滋阴，清肺解热。

【健康贴士】尿频、尿多者慎食。

生姜鲫鱼汤

【主料】鲫鱼1条，生姜30克。

【配料】陈皮2克，白胡椒2克，盐3克，味精2克。

【制作】①将鲫鱼去鳞、内脏，洗净。②生姜、陈皮、白胡椒用纱布包好，放入鱼肚中。③锅置火上，注入适量清水，下鱼煮熟，加适量盐、味精调味即可。

【烹饪技法】煮。

【营养功效】健脾利湿，活血通络。

【健康贴士】鲫鱼也可与绿豆芽同食，利尿通络的功效更佳。

砂仁鲫鱼汤

【主料】鲫鱼450克。

【配料】砂仁15克，植物油10克，姜5克，盐3克。

【制作】①鲫鱼去鳞、洗净肠杂；砂仁研末，放入鱼腹内；姜洗净，切片。②炖盅注入适量水，下鲫鱼、姜片，隔水炖熟后，放入油、盐调味即可。

【烹饪技法】炖。

【营养功效】清热解毒，活血通络。

【健康贴士】慢性肾炎水肿、慢性胃炎、肝硬化腹水、营养不良性水肿患者宜食。

板栗猪肉汤

【主料】鲜栗子200克，猪瘦肉250克。

【配料】植物油10克，盐3克，味精1克。

【制作】①栗子去壳，栗肉洗净；猪肉切成方块。②锅置火上，入油烧热，下猪肉煸炒片刻，加适量水、盐，再入栗肉炖汤，熟后加入适量味精调味即可。

【烹饪技法】炒，炖。

【营养功效】滋养脏腑，降低固醇。

【健康贴士】猪肉宜与栗子同食，具有很好的滋养脏腑、抗衰老功效。

大麦葡萄粥

【主料】大麦仁200克，葡萄干、糙粳米各100克。

【配料】蜂蜜50克，麦芽糖100克。

【制作】①大麦仁、葡萄干、糙粳米分别洗净、浸泡至胀发，淘洗干净。②锅置火上，放入上述材料，加适量水，大火烧沸后改用小火煮成稀粥，调入蜂蜜和麦芽糖即可。

【烹饪技法】煮。

【营养功效】滋补虚劳，益气宽中，健脾开胃。

【健康贴士】一般人皆宜食用。

干贝蟹肉炖白菜

【主料】白菜500克，蟹肉150克。

【配料】干贝50克，味精2克，盐5克，鸡精2克，大葱15克，姜5克，猪油20克，鲜汤500毫升。

【制作】①白菜心洗净，顺长切成4瓣，用沸水焯透，入冷水过凉备用。②干贝泡软洗净，入锅蒸透，撕成丝。蟹肉撕成丝。③锅置火上，放鲜汤、盐、味精、鸡精、葱丝、姜丝，下白菜心，加猪油，小火炖30分钟，再下干贝丝、蟹肉丝，小火炖20分钟即可。

【烹饪技法】焯，蒸，炖。

【营养功效】润肠排毒，解渴利尿。

【健康贴士】蟹肉也可与芦笋同食，有非常

明显的补虚消食、提高免疫力的功效。

杏仁苹果瘦肉汤

【主料】苹果2个，猪瘦肉500克，南杏仁、北杏仁各30克，银耳30克。

【配料】无花果4粒，盐4克，白醋4克。

【制作】①所有材料洗净。苹果去核，切成四瓣；银耳浸在水中泡软；无花果切两半；瘦肉切大块，放入滚水锅中焯烫，捞出沥干水分备用。②汤煲置火上，入水烧沸，放入苹果、瘦肉、无花果、南杏仁、北杏仁，大火煮20分钟，改小火炖1～2小时，放入银耳再炖2小时，最后放入盐、白醋调匀即可。

【烹饪技法】焯，煮，炖。

【营养功效】滋阴润燥，补虚养血。

【健康贴士】一般人皆宜食用。

番茄黄豆炖牛肉

【主料】牛腩500克，番茄500克，黄豆200克。

【配料】桂皮1小块，大料3克，葱5克，姜4片，干辣椒5个，料酒15克，生抽5克，盐4克。

【制作】①牛腩洗净、沥干水分，切小块，番茄洗净切块。②锅置火上，入油烧热，下桂皮、大料煸香，倒入切好的牛腩翻炒至变色。把炒好的牛腩转至炖锅，加开水没过牛腩，放入黄豆、料酒和生抽。③葱、姜、干辣椒放入布袋中封口，制成调料包，放入炖锅。大火烧沸后，转小火焖1小时。加入番茄继续炖1小时，出锅前加入盐调味即可。

【烹饪技法】煸，炒，炖。

【营养功效】补脾胃，益气血，强筋骨。

【健康贴士】虚损羸瘦、消渴、脾弱不运、水肿、腰膝酸软者宜食。

荸荠玉米煲老鸭

【主料】水鸭1只，猪腿肉150克，荸荠150克，玉米200克。

【配料】盐5克，鸡精2克，姜4片，葱5克。

【制作】①将水鸭洗净，去内脏，切大块；猪腿肉切成3厘米见方的块；水鸭、猪腿肉、玉米下沸水中焯透，取出用冷水洗净。②煲置火上，注入适量水，下葱、姜、水鸭、猪腿肉、荸荠、玉米煮沸，转小火煲2小时，下盐、鸡精调味即可。

【烹饪技法】焯，煮，煲。

【营养功效】大补虚劳，利水消肿。

【健康贴士】感冒、慢性肠炎、脾胃虚寒者不宜多食。

番茄鸡块

【主料】鸡腿2个，番茄2个。

【配料】洋葱4个，腌渍嫩姜30克，茄汁30克，糖8克，酱油8克，盐4克，水淀粉6克，植物油15克。

【制作】①鸡腿洗净，切块；番茄切滚刀块、洋葱切粗丝、嫩姜切丝。②锅置火上，入油烧热，下洋葱炒香，再加入鸡块，拌炒至肉变色且看不到血水。下番茄翻炒，再加入姜片、茄汁、糖、酱油翻炒2分钟，加入适量水炒匀，加盖焖煮10分钟，加盐调味后，下水淀粉勾芡即可。

【烹饪技法】炒，煮。

【营养功效】健脾胃，活血脉，强筋骨。

【健康贴士】鸡腿也可与油菜搭配食用，能帮助消化、增进食欲。

鱼香藕丁

【主料】猪肉250克，嫩藕500克。

【配料】甜椒1个，泡椒8克，嫩姜3克，大葱2根，独蒜1个，花椒3克，干海椒3克，豆瓣5克，淀粉8克。

【制作】①将猪肉切丁，加入酱油、味精、少许鸡精、料酒腌制片刻，加入淀粉揉拌一下备用；藕切丁，甜椒切菱形小丁，嫩姜和大葱切丁备用；白砂糖、醋、泡椒、大蒜泥混合调制好鱼香汁。②锅置火上，入油烧热，下猪肉丁、花椒和干海椒，同时将鱼香汁倒入同炒，炒至肉丁刚熟，放入豆瓣，炒出香气后倒入藕丁。③ 藕丁炒熟后将甜椒丁、嫩姜和大葱加入，加入盐、味精调味即可。

【烹饪技法】腌，炒。

【营养功效】滋阴养血，清热润肺。

【健康贴士】莲藕宜与猪肉同食，不仅营养丰富，而且滋补强身的功效显著。

豌豆鸡丝

【主料】鸡脯肉 200 克，豌豆 60 克。

【配料】植物油 50 克，蛋清 30 克克，料酒 25 克，盐 2 克，味精 5 克，白砂糖 30 克，水淀粉 60 克，高汤 500 毫升。

【制作】① 鸡肉切丝放碗里，加蛋清、淀粉，抓匀糊。豌豆焯烫。② 锅置火上，入油烧至四成热，下鸡丝划开后倒出。③ 净锅置火上，下料酒、汤、盐、糖、鸡丝、豌豆、味精，烧沸后除沫，下淀粉勾芡后出锅即可。

【烹饪技法】焯，炒。

【营养功效】和中益气，防癌抗癌。

【健康贴士】鸡肉宜与豌豆搭配食用，既可以温中益气，又能起到一定的活血消肿的效果。

糯米鸡腿

【主料】鸡大腿 4 个，糯米 250 克。

【配料】沙茶酱 10 克，耗油 10 克，盐 5 克，葱、姜各 5 克，生抽 5 克。

【制作】① 鸡腿去骨后用蚝油、生抽、盐、葱、姜拌匀腌制一夜，糯米泡 2 小时后煮熟。② 腌制好的鸡肉挑去葱姜块，糯米加入适量沙茶酱、生抽拌匀。将搅拌好的糯米饭塞入去骨的鸡腿里。③ 锅置火上，入水烧沸，糯米鸡上锅蒸 20 分钟即可。

【烹饪技法】腌，煮，蒸。

【营养功效】补血健脾，补中益气。

【健康贴士】虚劳瘦弱、营养不良、气血不足、头晕心悸、面色萎黄者宜食。

芹菜鱿鱼丝

【主料】水发鱿鱼 500 克，芹黄 100 克。

【配料】黄酒 10 克，盐 6 克，味精 3 克，白砂糖 1 克，香油 25 克。

【制作】① 鱿鱼撕去明骨、衣皮，洗净，切成 4 厘米长的丝；芹黄洗净，切成 3 厘米长的段，入开水锅焯烫捞起，盛盘凉开。② 鱿鱼丝入开水锅焯烫捞起，投入冷开水中过凉，沥干水分，放在芹黄盘内，加入盐、味精、糖、酒、香油，拌匀盛盘即可。

【烹饪技法】焯，拌。

【营养功效】补虚养气，滋阴养颜。

【健康贴士】鱿鱼能够有效治疗贫血，适宜贫血患者食用。

香菇扁豆

【主料】扁豆 300 克，香菇 200 克。

【配料】葱末 3 克，姜末 3 克，料酒 15 克，酱油 25 克，盐 2 克，鸡精 2 克，植物油 15 克，香油 10 克。

【制作】① 扁豆掐两头撕去筋，用开水焯透，过下凉水，再斜刀切成 4 厘米长的丝。香菇放入温水中泡透，去蒂，用清水洗净，捞出挤去水分，切成片。② 锅置火上，入油烧热，下扁豆丝煸炒片刻，然后放香菇炒出香味，放葱末、姜末、料酒、盐炒匀，放鸡精，最后淋上香油出锅盛盘即可。

【烹饪技法】煸，炒。

【营养功效】安神养精，益气生津，解毒下气。

【健康贴士】一般人皆宜食用。

酸辣土豆丝

【主料】土豆 300 克。

【配料】红辣椒 15 克，青辣椒 15 克，花椒 2 克，干红辣椒 5 克，大葱 5 克，盐 3 克，味精 2 克，醋 5 克，植物油 10 克，香油 5 克，蒜 5 克。

【制作】① 土豆削皮，切细丝，泡在水中洗去淀粉，炒前捞出，沥干水分；青、红辣椒去子、蒂，切成细丝；干辣椒切丝。② 锅置火上，入油烧热，下葱丝爆锅，加入干辣椒炒香，再加入青红椒丝、土豆丝，炒至八成熟时加入盐、味精调味，再淋上香油和醋，炒熟即可。

【烹饪技法】爆，炒。

【营养功效】健脾和胃，宽肠通便。

【健康贴士】土豆能够降低血压，高血压患者宜食。

素鸡烧白菜

【主料】白菜 300 克，素鸡 1 个，胡萝卜 20 克。

【配料】色拉油 25 克，盐 3 克，五香粉 2 克，米醋 3 克，味精 3 克，葱末、姜末各 3 克。

【制作】① 白菜洗净，切成小片，装入碗中；素鸡切成小片；胡萝卜洗净切成小片，装入盘中备用。② 锅置火上，入油烧热，下葱末、姜末爆香，加入五香粉、胡萝卜片翻炒均匀，倒入白菜，炒至断生后，倒入素鸡片继续翻炒，加入盐、米醋翻炒均匀，最后加入味精调味，翻炒均匀，出锅盛盘即可。

【烹饪技法】炒。

【营养功效】润肠通便，利尿解毒。

【健康贴士】白菜也可与青椒搭配食用，有帮助消化、增强免疫力的功效。

土豆烧牛肉

【主料】卤牛肉 250 克，土豆 50 克。

【配料】料酒 10 克，酱油 30 克，植物油 50 克，盐 10 克，味精 2 克，胡椒粉 2 克，白砂糖 15 克，姜 10 克，葱 10 克，蒜末 10 克，青椒 30 克，香辣酱 20 克。

【制作】① 将牛肉切成两厘米见方的块，土豆切小块。② 锅置火上，入油烧至四成热，下土豆、牛肉，小火炸 2 分钟，待土豆表面呈金黄色时，改大火，至土豆七成熟后捞出土豆和牛肉。③ 净锅置火上，入油烧热，下葱、姜、蒜爆香，加入适量水，放酱油、料酒、盐、味精、白砂糖、胡椒粉，倒入炸好的土豆和牛肉，改成大火，汤汁收干时淋少许水淀粉勾芡即可出锅。

【烹饪技法】炸，炒。

【营养功效】补气健脾，通便解毒。

【健康贴士】牛肉宜与土豆同食，不但营养上可以保持酸碱平衡，还能有效保护胃黏膜。

糯米蒸排骨

【主料】糯米 300 克，排骨 500 克。

【配料】红萝卜 100 克，盐 16 克，生粉 8 克，胡椒粉 4 克，糖 4 克，酒 5 克，生抽 7 克。

【制作】① 糯米提前半天用水泡发，排骨用盐、生粉、胡椒粉、糖、酒、生抽腌 30 分钟以上。② 泡好的糯米沥干水分，把腌过的排骨块裹一层糯米，用红萝卜片垫底排在碟内。③ 锅置火上，下入排骨，大火蒸 15 分钟，加点儿红萝卜碎再蒸 1 分钟即可。

【烹饪技法】腌，蒸。

【营养功效】补脾气，润肠胃，生津液。

【健康贴士】一般人皆宜食用。

豌豆辣牛肉

【主料】豌豆 400 克，牛肉丁 100 克。

【配料】盐 5 克，味精 5 克，糖 5 克，蚝油 10 克，尖椒 5 克，姜 3 克，酱油 5 克，料酒 5 克，水淀粉 6 克，色拉油 7 克。

【制作】① 豌豆用沸水焯熟，冲凉备用；牛肉切丁，加色拉油、盐、水淀粉、料酒拌匀。② 锅置火上，入油烧至四成热，下牛肉滑散，捞出沥油。③ 锅底留油，放姜、尖椒炒香，倒入豌豆、牛肉炒匀，加蚝油、味精、盐调味，下水淀粉勾芡即可。

【烹饪技法】焯，炒。

【营养功效】增强免疫，温中养胃。

【健康贴士】牛肉宜与豌豆同食，对于治疗营养性水肿有较好的食疗效果。

芹菜拌豆腐干

【主料】白豆腐干 300 克，芹菜 300 克。
【配料】红油 5 克，香油 5 克，盐 3 克，味精 2 克，泡辣椒 6 克，酱油 5 克。
【制作】① 白豆腐干切丝，放入开水中焯烫，用开水浸泡 30 分钟，捞出沥干水；泡辣椒切成丝；芹菜去根、叶，洗净，拍破切段，用开水焯烫，捞出沥干。② 泡辣椒丝、豆腐干丝、芹菜放在碗内，加入酱油、盐、味精、红油、香油拌匀盛盘即可。
【烹饪技法】焯，拌。
【营养功效】利水健胃，降压降脂。
【健康贴士】芹菜具有降血压的功效，适宜高血压患者食用。

糖醋心里美萝卜

【主料】心里美萝卜 250 克。
【配料】白砂糖 50 克，醋 25 克。
【制作】① 将心里美萝卜洗净，切成细丝，放入碗内。② 加入白砂糖、醋拌匀，盛入盘内即可。
【烹饪技法】拌。
【营养功效】化痰清热，下气宽中。
【健康贴士】萝卜还可与荸荠同食，具有清热生津、化痰消积的功效。

鲫鱼木瓜汤

【主料】鲫鱼 250 克，木瓜 500 克。
【配料】植物油 15 克，盐 5 克，姜 4 克。
【制作】① 生姜切片；鲫鱼处理干净；木瓜去皮、子、经络，切成小块。② 锅置火上，入油烧热，下鲫鱼煎至两面金黄时，放入姜片、倒入热水，大火烧沸后加入木瓜块，转中小火炖 20 分钟后加入调味料即可饮用。
【烹饪技法】煎，炖。
【营养功效】滋阴补虚，温中下气。
【健康贴士】一般人皆宜食用。

冬瓜薏仁瘦肉汤

【主料】冬瓜 350 克，薏仁 50 克，瘦猪肉 200 克。
【配料】姜 2 片，陈皮 1 块，盐 5 克。
【制作】① 薏仁用清水浸泡 4 小时，冬瓜洗净、切大块，瘦肉洗净后切块焯水，陈皮用清水浸软后去瓤、剪成丝。② 将冬瓜、薏仁、瘦肉、陈皮、姜放入电砂煲中，加入 1000 毫升水煲 2 小时，加入适量盐调味即可。
【烹饪技法】焯，煲。
【营养功效】利水消肿，滋阴润燥。
【健康贴士】冬瓜宜与薏仁搭配食用，排毒健身功效明显。

百合银耳肉排汤

【主料】猪排骨 250 克。
【配料】百合 15 克，银耳 15 克，盐 4 克，葱末 5 克。
【制作】① 百合洗净，银耳用水泡发后去根、撕成块。排骨洗净，用开水汆烫后沥干。② 砂锅置火上，注入适量清水，下百合、猪排骨、银耳，大火煮沸后转小火煲 2 小时，放入盐和葱末调味即可。
【烹饪技法】焯，煲。
【营养功效】补中益气，养胃润肠。
【健康贴士】排骨还可与茶树菇同食，具有滋阴美容、延缓衰老的功效。

香菇荷兰豆炒荸荠

【主料】鲜香菇 3 朵，荷兰豆 100 克，荸荠 6 只。
【配料】红椒 2 个，蒜蓉 8 克，色拉油 6 克，盐 4 克，鸡精 2 克，高汤 100 毫升。
【制作】① 香菇洗净，切片；荷兰豆去老筋，撕成小片，洗净；荸荠洗净，去皮、切片。② 锅置火上，入油烧至五成热，下蒜蓉爆香，放入香菇翻炒几下。倒入荷兰豆翻炒均匀，放入荸荠、红椒同炒。

到入适量高汤，下盐和鸡精调味即可。

【烹饪技法】爆，炒。

【营养功效】清热解毒，利尿通便。

【健康贴士】一般人皆宜食用。

解酒护肝

丝瓜烧豆腐

【主料】豆腐300克，丝瓜200克。

【配料】盐8克，大葱15克，酱油5克，味精2克，水淀粉10克，植物油25克。

【制作】① 豆腐切成1.5厘米见方的小丁，放入沸水中焯烫，捞出沥干水分；丝瓜削去外皮，洗净，切成菱形旋刀块。② 锅置大火上，入油烧至八成热，放入丝瓜略炒。③ 加入酱油、葱末，注入适量水，烧沸后倒入豆腐，改用小火焖烧至豆腐鼓起，汤剩下一半时，再用大火略烧。④ 放入味精，用水淀粉勾芡，起锅盛盘即可。

【烹饪技法】焯，炒。

【营养功效】保护肝脏，提高免疫。

【健康贴士】丝瓜也可与鸡肝同食，具有补血养颜的功效。

肉末黄豆雪里蕻

【主料】腌雪里蕻150克，五花肉75克，大豆50克。

【配料】猪油30克，味精2克，大葱2克，姜2克，料酒15克，酱油15克，香油15克。

【制作】① 葱、姜洗净，切成末备用；五花肉剁成肉末；腌制好的雪里蕻去根，切成碎末，用开水焯过后，再用凉水浸泡，挤干水分备用。② 锅置火上，入油烧至七成熟，下肉末、葱末、姜末煸炒，待肉末断生时烹料酒、酱油、放味精少许，下雪里蕻、黄豆，颠炒几下后淋香油出锅即可。

【烹饪技法】炒。

【营养功效】滋肝阴，润肌肤，利二便。

【健康贴士】一般人皆宜食用。

芝麻豆腐

【主料】嫩豆腐300克，牛肉、植物油、蒜苗各100克。

【配料】芝麻、胡椒粉各15克，酱油、水淀粉各20克，盐10克，高汤200毫升，植物油50克。

【制作】① 豆腐切成1厘米见方的小丁，用温开水略焯；蒜苗洗净，切成1厘米长的小段；牛肉剁成末。② 锅置火上，入油烧热，下牛肉末炒散，至颜色发黄时，加盐、酱油同炒。③ 倒入高汤，下豆腐块，最后放入蒜苗，用水淀粉勾芡，浇少许熟油，出锅盛盘，撒上芝麻即可。

【烹饪技法】焯，炒。

【营养功效】益气宽中，生津润燥，清热解毒。

【健康贴士】痛风、消化不良、脾胃虚寒、腹泻便溏者不宜多食。

青虾炒韭菜

【主料】青虾200克，韭菜100克。

【配料】植物油20克，盐3克，味精2克。

【制作】① 青虾洗净，韭菜洗净、切段。② 锅置火上，入油烧热，下青虾煸炒，加适量盐、味精调味，将熟时加入韭菜，炒熟即可。

【烹饪技法】煸，炒。

【营养功效】祛寒散瘀，理气降逆。

【健康贴士】韭菜食用过多会引起上火、消化不良，故阴虚火旺、胃肠虚弱者不宜多食。

韭菜炒羊肝

【主料】韭菜300克，羊肝250克。

【配料】植物油40克，盐5克，糖3克，料酒5克，鸡精2克，姜4克，生抽5克。

【制作】① 韭菜洗净切段，羊肝用清水浸泡1小时，去杂质，切片。② 锅置火上，入油烧热，下姜片爆香，放入羊肝煸炒，加入料酒焖5分钟后盛出。③ 净锅置火上，入油烧热，下韭菜煸炒10秒钟，放入羊肝炒匀，加糖、盐、鸡精、生抽调味炒匀即可。

【烹饪技法】爆，炒。

【营养功效】滋阴壮阳，活血化瘀。

【健康贴士】韭菜宜与羊肝同食，养血明目、益肝温肾的功效更佳。

荠菜豆腐羹

【主料】嫩豆腐200克，荠菜100克，胡萝卜25克，水发香菇25克，熟竹笋25克，水面筋50克。

【配料】盐4克，味精2克，姜末5克，水淀粉6克，高汤200毫升，香油5克，植物油40克。

【制作】① 将嫩豆腐，熟笋、面筋分别切成小丁；荠菜去杂，洗净切成细末；水发香菇洗净切小丁；胡萝卜洗净，入沸水锅中焯熟，捞出凉凉、切小丁。② 锅置火上，入油烧至七成热，加高汤、豆腐丁、香菇丁、胡萝卜丁、笋丁、面筋丁、荠菜末、盐、姜末，煮沸后加入味精，用水淀粉勾薄芡，淋上香油，出锅装入大汤碗即可。

【烹饪技法】焯，煮。

【营养功效】清热利水，补中益气。

【健康贴士】一般人皆宜食用。

平菇猪肉汤

【主料】鲜平菇100克，猪瘦肉100克。

【配料】盐3克，葱丝、姜丝各4克。

【制作】① 猪瘦肉洗净，切片；鲜平菇洗净，撕成条。② 汤锅置火上，注入适量水，放入肉片、平菇煮熟，撒入葱、姜丝，加盐调味即可。

【烹饪技法】煮。

【营养功效】滋阴润燥，健胃补脾。

【健康贴士】平菇宜与猪肉同食，滋补功效更佳。

苦瓜炒猪肝

【主料】苦瓜125克，猪肝250克。

【配料】大蒜1瓣，黄酒8克，酱油5克，香油4克，盐3克，味精2克。

【制作】① 苦瓜洗净、去子，放入盐渍5分钟后切块；猪肝洗净，切成薄片、加黄酒、盐渍10分钟，用开水焯烫，沥干水分备用。② 锅置火上，入油烧热，下苦瓜翻炒几下，放入酱油、香油略烹，倒入猪肝翻炒，加入味精调入味后即可。

【烹饪技法】焯，炒。

【营养功效】补肝，养血，明目。

【健康贴士】猪肝也可与白菜搭配食用，补肝明目的功效明显。

桑葚枸杞茶

【主料】桑葚15克，枸杞15克。

【配料】陈皮6克，白砂糖20克。

【制作】① 桑葚去杂质，洗净；枸杞去杂质，陈皮润透，切丝。② 把桑葚、枸杞、陈皮放入炖杯内，加水250毫升。③ 炖杯置大火上，烧沸后再用小火煎煮25分钟，去药渣，加入白砂糖，搅匀即可饮用。

【烹饪技法】煮。

【营养功效】疏肝解郁，延缓衰老。

【健康贴士】一般人皆可饮用。

香菇炖猪血

【主料】水发香菇50克，猪血块200克。

【配料】水发干贝30克，鲜汤200毫升，料酒8克，植物油15克，葱末、姜末各5克，盐5克，味精2克，水淀粉6克，香油6克。

【制作】① 水发香菇洗净，去蒂留柄，切成丝；干贝用温水洗净，放入碗内，加入鲜汤及料酒，上笼蒸烂后，取下备用；猪血块洗净，入沸水锅中焯烫片刻，捞出后入冷水过凉，切成1.5厘米见方的猪血块。② 锅置火上，入植物油烧至五成热，加入猪血块及鲜汤，大火煮沸。③ 放入香菇丝，倒入蒸熟的干贝及液汁，改用小火煨炖30分钟，加葱末、姜末、盐、味精拌匀，再煮至沸腾，以水淀粉勾薄芡，淋入香油即可。

【烹饪技法】蒸，焯，煮。

【营养功效】补血，排毒，通便。

【健康贴士】高胆固醇血症、肝病、高血压和冠心病患者不宜多食。

当归咖喱饭

【主料】胡萝卜20克，牛肉50克，番茄50克，青豆15克，当归10克，米饭125克。

【配料】盐2克，味精1克，咖喱5克，猪油15克，红葡萄酒10克。

【制作】① 牛肉切片，与当归一起倒入锅内，注入适量水，用小火焖至肉酥，连肉带汤盛入碗中；番茄切块，萝卜切丁，入锅煸炒后备用。② 锅置火上，入猪油烧热，放入适量咖喱粉翻炒几下，倒入米饭，加盐炒至饭黄，加糖、牛肉、当归汁以及煸炒过的番茄、萝卜丁继续翻炒。③ 把葡萄酒倒入锅内拌匀，加水焖烩至出香味，撒入青豆略煮片刻，加味精调味即可食用。

【烹饪技法】焖，炒，煮。

【营养功效】利尿解毒，降低血压。

【健康贴士】番茄宜与牛肉同食，滋补功效更佳。

陈皮瘦肉粥

【主料】猪瘦肉50克，大米100克。

【配料】陈皮9克，盐3克。

【制作】① 陈皮润透，切片；猪瘦肉洗净，切成颗粒状；大米淘洗干净。② 锅置火上，放入大米、陈皮，注入清水800毫升，大火烧沸，加入猪瘦肉、盐，再用小火煮45分钟即可。

【烹饪技法】煮。

【营养功效】行气健脾，补气补血。

【健康贴士】食欲不振、脾胃虚弱者宜食。

枸杞山药煲鸽

【主料】肉鸽1只，枸杞、山药各50克。

【配料】盐4克，酱油5克，料酒6克，香油5克。

【制作】① 枸杞、山药洗净；山药去皮，切块；肉鸽宰杀，去毛及内脏，洗净。② 高压锅中注入清水1000毫升，放入肉鸽、枸杞、山药块、酱油、料酒煲熟，再加入盐、香油调味后出锅即可。

【烹饪技法】煲。

【营养功效】补肝壮肾，益气补血。

【健康贴士】肉鸽、枸杞、山药皆属滋补之物，男士宜食。

仙人掌炒牛肉

【主料】牛肉60克，仙人掌60克。

【配料】姜5克，盐3克，植物油15克，味精2克，酱油6克，胡椒粉5克，水淀粉6克。

【制作】① 牛肉洗净，用盐、酱油、胡椒粉腌好；仙人掌去刺，洗净，切细丝。② 锅置大火上，入油烧热，下姜爆香，放入牛肉炒至八成熟后取出。③ 净锅置火上，入油烧热，下仙人掌炒熟，然后放入牛肉，调入味精、加入水淀粉勾芡即可。

【烹饪技法】爆，炒。

【营养功效】行气活血，清热解毒。

【健康贴士】牛肉宜与仙人掌搭配食用，可起到抗癌止痛、提高机体免疫力的效果。

当归山药猪肾

【主料】猪肾500克。

【配料】当归10克，党参10克，山药（干）10克，酱油10克，姜5克，大蒜（白皮）10克，香油2克，醋25克。

【制作】① 猪肾切开，洗净；当归、党参、山药装入纱布袋内。② 锅置火上，注入适量水，下猪肾、药袋，待猪肾煮熟后，捞出冷却，切成薄片盛盘。③ 将酱油、醋、姜丝、蒜末、香油兑成汁，淋在猪肾上即可。

【烹饪技法】煮，拌。

【营养功效】补血和血，润燥滑肠。

【健康贴士】当归性温，阴虚火旺者不宜多食。

黑豆凤爪汤

【主料】鸡爪 8 个，黑豆 150 克。

【配料】杜仲 25 克，淮牛膝 15 克，红枣 8 枚，姜、葱各 5 克，盐 5 克，味精 2 克。

【制作】① 杜仲、淮牛膝分别用清水洗净，放入锅内加适量清水煎汁，去渣备用；鸡爪洗净，黑豆、红枣（去核）洗净。② 锅置火上，入水煮沸，下鸡爪、黑豆、红枣焯烫一下，捞出沥干水分备用。③ 砂煲置火上，入水烧沸，下葱、姜、黑豆、鸡爪、红枣，大火煮沸后，改用小火煲至豆熟，再放入药汁煲 10 分钟，调入味精、盐即可食用。

【烹饪技法】煎，焯，煮，煲。

【营养功效】补肝益肾，强壮筋骨。

【健康贴士】黑豆也可与海带搭配食用，有活血祛风、利水解毒的作用。

香菇豆腐汤

【主料】豆腐 200 克，鲜香菇 150 克。

【配料】冬笋 50 克，油菜 25 克，盐 2 克，味精 1 克，胡椒粉 1 克，鸡油 25 克，高汤 500 毫升。

【制作】① 香菇放入温水中泡透，去蒂，用清水洗净，捞出沥干水分；豆腐切成小方块，入开水锅中略焯，捞出沥干水分；冬笋切成薄片，油菜叶用水洗净。② 汤锅置火上，倒入高汤烧沸，下冬笋片、香菇、豆腐块，加盐、味精煮沸，撇去浮沫，下油菜叶、胡椒粉，淋入熟鸡油出锅即可。

【烹饪技法】焯，煮。

【营养功效】益胃和中，益气健体。

【健康贴士】一般人皆宜食用。

虫草鸡丝汤

【主料】鸡脯肉 200 克，冬瓜 200 克。

【配料】黄芪 15 克，升麻 40 克，冬虫夏草 5 克，葱末、姜末各 5 克，盐 5 克，黄酒 6 克，水淀粉 6 克，香油 5 克，植物油 40 克，鸡汤 500 毫升。

【制作】① 冬虫夏草洗净，晾干，切成小段；鸡脯肉洗净，切细丝，放入碗中，用水淀粉抓匀；冬瓜放入清水中冲洗，去瓤，切丁。② 锅置火上，入油烧至六成热，下葱末、姜末爆香，放入鸡丝煸炒，出锅。③ 锅内留余油，烧热后倒入冬瓜丁，急火翻炒，再加适量鸡汤、鸡丝、黄酒，小火煨煮 30 分钟。放入虫草、盐等翻拌匀，继续小火煨煮 10 分钟，加入水淀粉勾薄芡，淋入香油即可。

【烹饪技法】爆，炒，煮。

【营养功效】补虚损，健脾胃，活血脉。

【健康贴士】鸡肉宜与冬瓜搭配食用，既可补中益气，又有清热养颜、活血消肿之功效。

香附豆腐汤

【主料】豆腐 200 克。

【配料】香附子 9 克，姜 5 克，葱 5 克，盐 5 克，植物油 15 克。

【制作】① 香附子洗净，去杂质；豆腐洗净，切成 5 厘米见方的块；姜切片，葱切段。② 锅置大火上，入油烧至六成热，下葱、姜爆香，注入清水 600 毫升，加香附子烧沸，下入豆腐、盐，煮 5 分钟即可。

【烹饪技法】爆，煮。

【营养功效】行气健脾，清热解毒。

【健康贴士】饮酒时食用此汤能减少酒精对肝脏的毒害，起到保护肝脏的作用。

苦瓜豆腐汤

【主料】苦瓜 150 克，猪肉瘦 100 克，豆腐 400 克。

【配料】黄酒 8 克，盐 4 克，香油 5 克，味精2克，酱油3克，香油3克，水淀粉6克，植物油15克。

【制作】①猪肉剁成末，加黄酒、酱油、香油、水淀粉4克腌10分钟。②锅置火上，入油烧热，下肉末划散，加入苦瓜片翻炒数下。③倒入沸水，下豆腐块，调入盐、味精煮沸，放入剩余的水淀粉勾薄芡，淋上香油即可。

【烹饪技法】腌，炒，煮。

【营养功效】补肾健脾，防癌抗癌。

【健康贴士】苦瓜宜与猪肉搭配同食，不仅滋补肝脾，还能消脂降压。

葱油萝卜丝

【主料】白萝卜300克。

【配料】白砂糖5克，色拉油20克，盐5克，小葱10克。

【制作】①白萝卜去皮、洗净，切成细丝，放入盘中，撒上盐腌20分钟；小葱去根和老叶，洗净、切成葱末备用。②锅置火上，入油烧至四成热，下葱末爆香，将热油淋在腌萝卜丝上，快速拌匀，再加入白砂糖拌匀即可食用。

【烹饪技法】腌，爆，拌。

【营养功效】消积化热，增进食欲。

【健康贴士】一般人皆可食用。

萝卜海带丝

【主料】胡萝卜250克，海带丝100克。

【配料】盐3克，味精2克，白砂糖3克。

【制作】①胡萝卜洗净，切丝；海带丝泡洗干净，切段，焯水后备用。②锅置火上，入水烧沸，下胡萝卜丝、海带丝煮熟，加盐、味精、白砂糖调味即可。

【烹饪技法】焯，煮。

【营养功效】利尿消肿，降脂降压。

【健康贴士】海带宜与胡萝卜搭配食用，明目护肝效果佳。

香菇黑木耳炒猪肝

【主料】香菇30克，黑木耳20克，新鲜猪肝200克。

【配料】葱末5克，姜末5克，盐3克，味精2克，酱油5克，红糖3克，五香粉3克，香油4克，料酒6克，水淀粉8克，植物油15克，鸡汤100毫升。

【制作】①香菇、黑木耳分别洗净，放入温水中泡发，捞出沥干水分，浸泡水留用；香菇切片，黑木耳撕成花瓣状；猪肝洗净，除去筋膜，切成片，放入碗中，加葱末、姜末、料酒、水淀粉4克，搅拌均匀。②锅置火上，入油烧至六成热，投入葱末、姜末进行翻炒，出香后放入猪肝片，再以急火翻炒，加入香菇片及木耳，继续翻炒片刻。③加入适量的鸡汤及泡香菇水，再加入盐、味精、酱油、红糖、五香粉，以小火煮沸，加入水淀粉4克勾芡，淋入香油即可。

【烹饪技法】炒。

【营养功效】益气补血，明目护肝。

【健康贴士】猪肝还可与苦瓜搭配食用，有清热解毒、增强免疫的功效。

干贝扒冬瓜

【主料】冬瓜1个，干贝15克。

【配料】盐2克，鸡精3克，白胡椒粉3克，黄酒10克，葱油10克，水淀粉8克。

【制作】①干贝用清水洗净，冬瓜去皮、子，切成条。②锅置火上，注入适量清水，加少许黄酒，下干贝煮烂，用勺捻成丝状。③把冬瓜条放入干贝水中，待瓜条煮至颜色发透，放入少许盐、胡椒粉、鸡精调味，加适量水淀粉勾芡，待芡汁糊化后，滴入适量葱油，出锅盛盘即可。

【烹饪技法】煮。

【营养功效】利水消肿，减肥瘦身。

【健康贴士】此菜清热生津，适宜夏季食用。

猪肝百合羹

【主料】猪肝 100 克，百合 50 克。

【配料】盐 2 克，生粉 4 克，葱、姜各 3 克，泡辣椒 4 克，鸡精 2 克，猪油 20 克。

【制作】① 猪肝洗净，滤干水分，去掉肝筋，切成 0.3 厘米厚的片装入碟内，加入细盐、生粉拌匀；百合用开水煮 30 分钟，滤干水分备用。② 锅置火上，下猪油烧至七成热，倒入肝片炒散，下百合、姜、葱、泡辣椒炒几下，加水适量，煮至熟时，加入鸡精即可。

【烹饪技法】【营养功效】 补肝养血，宁心安神。

【健康贴士】胆固醇较高者不宜多食。

糖醋带鱼

【主料】带鱼 400 克。

【配料】葱 1 棵，生姜 1 小块，植物油 60 克，酱油 6 克，料酒 5 克，醋 5 克，盐 3 克，白砂糖 10 克。

【制作】① 带鱼处理干净，切段；葱洗净，切成葱末；姜洗净，切丝；带鱼段用料酒、酱油腌制 30 分钟。② 锅置火上，入油烧热，下带鱼段炸至金黄色，捞出沥油。③ 锅内留少许油，下葱姜爆香，倒入带鱼块，再加入酱油、料酒、水，盖上锅盖焖几分钟，最后加入白砂糖、醋、盐，用小火煨几分钟即可。

【烹饪技法】腌，炸，爆，煨。

【营养功效】和中开胃，补气养血。

【健康贴士】带鱼还可与香菇同食，具有健胃消食、增强抵抗力的功效。

枸杞烧鲫鱼

【主料】鲫鱼 1 条。

【配料】枸杞 12 克，植物油 50 克，葱、姜各 5 克，盐 4 克，胡椒粉 3 克，味精 2 克。

【制作】① 鲫鱼去内脏、鳞，清洗干净；葱切丝，姜切末。② 锅置火上，入油烧热，下鲫鱼炸至微黄。③ 加入葱、姜、盐、胡椒粉及适量水，稍焖片刻，投入枸杞再焖烧 10 分钟，加味精调味即可。

【烹饪技法】炸，焖。

【营养功效】健脾利湿，温中下气。

【健康贴士】一般人皆宜食用。

枸杞蒸猪肚

【主料】鲜猪肚 200 克。

【配料】枸杞 10 克，姜 10 克，葱 10 克，植物油 15 克，盐 10 克，味精 8 克，胡椒粉 5 克，蚝油 10 克，香油 5 克，生粉 10 克。

【制作】① 鲜猪肚洗净切片，枸杞用水泡发，葱、姜切碎。② 将猪肚片、枸杞、姜、盐、味精、蚝油、香油、生粉混合拌匀，摆入碟内。③ 蒸锅置火上，入水烧沸，放入猪肚，中火蒸 6 分钟后取出。④ 炒锅置火上，入油烧热，将热油淋在猪肚上即可。

【烹饪技法】蒸。

【营养功效】健脾胃，安五脏，补虚损。

【健康贴士】虚劳羸弱、脾胃虚弱、中气不足、食欲不振、气虚下陷者宜食。

腰果炒鸡丁

【主料】鸡腿肉 150 克，腰果 100 克。

【配料】姜末 6 克，黄瓜 20 克，盐 2 克，味精 2 克，淀粉 5 克，料酒 5 克，糖 0.5 克，蛋清 2 个，植物油 15 克。

【制作】① 将鸡脯肉切成方丁，加入蛋清、盐、淀粉上浆入味；黄瓜洗净，切丁备用。② 锅置火上，入油烧热，下腰果炒香后盛出。③ 净锅置火上，入油烧热，下鸡丁滑散，炒至变色，捞出沥油。④ 用锅中的余油爆香姜末，放入黄瓜丁翻炒，然后下入腰果和鸡丁，加入盐、料酒、味精调味，下水淀粉勾芡即可出锅。

【烹饪技法】爆，炒。

【营养功效】护肝利肾，防癌抗癌。

【健康贴士】腰果宜与鸡腿肉同食，滋补功效更佳。

松仁焖香菇

【主料】鲜香菇 200 克，松子仁 50 克。

【配料】酱油 10 克，甜面酱 15 克，白砂糖 50 克，盐 5 克，味精 3 克，植物油 50 克，香油 5 克。

【制作】① 香菇浸入冷水中，待其吸透水分回软后，剪去根蒂，用清水反复洗净灰沙，挤干水分。② 锅置火上，入油烧至六成热，下香菇过油，捞出沥油，松仁入温油锅，炸熟后捞出。③ 锅留余油，下甜面酱煸炒片刻，放白砂糖、酱油、盐，投入香菇翻炒均匀。加入适量清水，大火烧沸后转中火烧透，下味精、松仁翻炒，收干卤汁后放入香油，起锅盛盘即可。

【烹饪技法】炸，煸，炒。

【营养功效】益胃和中，防癌抗癌。

【健康贴士】一般人皆宜食用。

松仁黄鱼块

【主料】大黄鱼 175 克。

【配料】松仁 10 克，火腿肠 3 克，水浸海参 6 克，冬笋 3 克，鸡蛋 1 个，豌豆 2 克，小麦面粉 15 克，水淀粉 8 克，盐 2 克，味精 2 克，料酒 6 克，醋 5 克，大葱 3 克，植物油 75 克，姜 3 克，白砂糖 10 克，酱油 5 克，鸡汤 100 毫升。

【制作】① 冬笋、火腿、海参切成 0.6 厘米见方的小丁，葱、姜切成细末，鸡蛋、面粉调成蛋糊。② 将黄鱼肉片洗净，切成两大片后再切成斜十字的花刀，用手拧成鱼肉卷，沾上鸡蛋糊，入温油中炸成金黄色，捞出滤去油。③ 净锅置火上，入油烧热，将除鱼卷外的所有材料放入锅中，调成白色的浓汁，淋在炸好的鱼卷上即可。

【烹饪技法】炸，拌。

【营养功效】健脾利肝，安神止痢。

【健康贴士】黄鱼也可与蒜薹同食，具有补气安神的功效。

冬瓜芥菜汤

【主料】芥菜 300 克，冬瓜 150 克。

【配料】盐 4 克，味精 2 克，胡椒粉 3 克，香油 4 克，植物油 15 克，高汤 500 毫升，葱段 5 克，姜片 5 克。

【制作】① 芥菜洗净，切段；冬瓜洗净，去皮、瓤，切片。② 锅置火上，入油烧至五成热，下葱段、姜片炝锅，倒入高汤煮沸，下入芥菜和冬瓜。③ 调入盐、胡椒粉、味精，淋上香油即可。

【烹饪技法】煮。

【营养功效】降压明目，止血利肝。

【健康贴士】荠菜不宜与大麦同食，易伤胃。

蘑菇烧土豆

【主料】土豆 200 克，蘑菇 100 克。

【配料】植物油 15 克，盐 3 克，葱、姜、蒜各 5 克，酱油 5 克，味精 2 克，红辣椒 2 个。

【制作】① 蘑菇去蒂洗净，撕成片；土豆去皮洗净，切条；葱切段，辣椒切丝，姜蒜切末备用。② 锅置火上，入油烧热，下土豆条小火翻炒至土豆条表皮略微金黄，出锅备用。③ 锅里留底油，放入姜蒜煸香，下蘑菇翻炒半分钟，放入土豆条，加入盐、适量酱油翻炒均匀。④ 往锅里加少许水，盖上锅盖稍微焖煮一下，揭盖，放入红辣椒丝、葱段、味精炒匀即可。

【烹饪技法】煸，炒。

【营养功效】补气健脾，平肝利胃。

【健康贴士】土豆还可与豆角同食，具有防治急性肠胃炎的功效。

木耳西瓜皮

【主料】西瓜皮 500 克，黑木耳 30 克。

【配料】味精 2 克，白砂糖 10 克，香油 3 克。

【制作】① 削去西瓜硬皮、洗净，切片。② 黑木耳用温水泡发，用开水略焯烫一下，沥干水分备用。③ 将西瓜皮、黑木耳放入盘内拌匀，加入味精、白砂糖、香油调拌均匀即可。

【烹饪技法】焯，拌。

【营养功效】补血气，助消化，清肠胃。

【健康贴士】黑木耳还可与黄瓜同食，消脂塑身功效明显。

葡萄干焖鸡块

【主料】鸡肉 1000 克，葡萄干 100 克，番茄 125 克，土豆 750 克，青椒 150 克，新鲜豌豆 125 克，芹菜 50 克，葱头 50 克。

【配料】植物油 100 克，大蒜 5 克，醋精 2.5 克，盐 10 克，胡椒粉 8 克，鸡汤 200 毫升。

【制作】① 鸡洗净切成块，抹上少许盐、胡椒粉腌片刻；番茄、土豆、青椒洗净切块；葱头洗净切丁；大蒜、芹菜洗净切末备用。② 锅置火上，入油烧至六成热，下大蒜、葱头炒至微黄后，放入鸡块一起炒至呈黄色。③ 放入番茄、芹菜炒透，倒入鸡汤，用小火焖至 8 成熟，放入葡萄干，土豆、青椒、豌豆拌匀，用小火焖熟后，加入盐、胡椒粉、醋精调好口味即可

【烹饪技法】腌，炒，焖。

【营养功效】温中益气，润肠通便。

【健康贴士】鸡肉宜与青椒同食，滋补效果更佳。

西蓝花炒百合

【主料】西蓝花 150 克，百合 80 克。

【配料】盐 3 克，糖 2 克，鸡精 2 克，水淀粉 5 克，植物油 15 克，姜 5 克。

【制作】① 西蓝花洗净，切小块。百合去杂质，瓣开洗净。② 百合焯 10 秒钟捞出，西蓝花焯 2 分钟捞出。③ 锅置火上，入油烧热，下姜丝爆香，放入西蓝花与百合煸炒，放盐、糖、鸡精调味，用水淀粉勾芡即可。

【烹饪技法】焯，爆，炒。

【营养功效】补中益气，清心安神。

【健康贴士】一般人皆可食用。

辣炒空心菜梗

【主料】空心菜 200 克，熏干 200 克，胡萝卜 100 克。

【配料】生抽 5 克，盐 4 克，鸡精 2 克，香油 5 克，蒜末 5 克，青、红辣椒各 2 个，植物油 15 克。

【制作】① 先将空心菜梗切下，梗洗净，切成小丁；熏干切丁；胡萝卜洗净，去皮切成丁；大蒜切末；青红辣椒去子、切丁。② 锅置火上，入油烧热，下蒜末和辣椒爆香，然后放入熏干丁翻炒，放入胡萝卜，翻炒至胡萝卜油亮后淋下酱油，放入空心菜梗，加入盐，中火炒匀，出锅前放入鸡精和香油炒拌均匀即可。

【烹饪技法】爆，炒。

【营养功效】补肝明目，健脾化滞。

【健康贴士】食欲不振、脾胃虚弱者宜食。

苋菜炒螺片

【主料】苋菜 200 克，田螺片 100 克。

【配料】姜 5 克，葱 5 克，盐 3 克，植物油 15 克。

【制作】① 苋菜洗净，切 5 厘米长的段；田螺肉洗净，切薄片；葱切段，姜切片。② 锅置大火上，入油烧至六成热，下入姜、葱爆香，加入螺片、苋菜、盐，翻炒至熟即可。

【烹饪技法】爆，炒。

【营养功效】补气清热，解毒排毒。

【健康贴士】此菜肴具有清热解毒的功效，适宜急性黄疸型肝炎患者食用。

番茄牛肉煲

【主料】牛腩肉 500 克，番茄 300 克，水发黄花菜 100 克。

【配料】盐 4 克，味精 4 克，番茄沙司 20 克，葱 5 克，生姜 5 克，植物油 5 克，胡椒粉 1 克。

【制作】① 将牛腩肉放清水中浸泡约 30 分钟，泡去血水，放入高压锅内，注入 1500 毫升水，大火压 25 分钟后捞出放凉。牛腩切成 3 厘米见方的块，汤汁留用。② 番茄切块，黄花菜切段。③ 将牛肉和汤汁 1000 克放入沙煲内，加番茄块、水发黄花菜小火煲制 15 分钟，离火前 5 分钟放入盐、味精、番茄沙司、葱、姜，上桌前撒入胡椒粉即可。

【烹饪技法】煲。

【营养功效】健胃消食，醒酒护肝。

【健康贴士】番茄宜与牛肉同食，有开胃、增进食欲的功效。

胡萝卜炒鸡蛋

【主料】胡萝卜 100 克，鸡蛋 100 克。

【配料】姜 5 克，大葱 10 克，盐 2 克，白砂糖 5 克，胡椒粉 1 克，植物油 15 克。

【制作】① 鸡蛋打散，加入盐、白砂糖、胡椒粉拌匀成蛋浆；姜、葱洗净，姜切成末，葱切成段备用；胡萝卜去皮，切成细丝，用开水焯透，捞出沥干水分。② 锅置火上，入油烧热，下葱姜爆香，投入胡萝卜丝炒透，沥油，油备用。③ 净锅置火上，入一半胡萝卜油，放入蛋浆，倒入胡萝卜拌炒至熟，出锅后淋上剩下胡萝卜油即可。

【烹饪技法】焯，爆，拌。

【营养功效】利膈宽肠，滋阴润燥，护肝明目。

【健康贴士】胡萝卜宜与鸡蛋同食，补虚损、健脾胃的功效明显。

老人养生

延年益寿

拌香椿

【主料】豆腐200克，香椿30克。
【配料】盐3克，味精2克，熟植物油20克，辣椒油4克。
【制作】① 豆腐放入沸水中焯烫一下，捞出凉凉，沥干水分，切成小方块放入盆内，加入盐、味精搅拌均匀；香椿洗净，焯水后沥干水分，切成细末，撒在豆腐上拌匀。② 淋入熟植物油和少许辣椒油拌匀盛盘即可。
【烹饪技法】焯，拌。
【营养功效】温中养肾，燥湿清热。
【健康贴士】香椿宜与豆腐同食，滋补功效明显。

麻辣蹄筋

【主料】牛蹄筋500克。
【配料】辣酱15克，高汤500毫升，色拉油40克，花椒油10克，姜片5克，大蒜10克，花椒5克，姜米5克，葱结10克，鲜红椒米15克，蒜薹米15克，葱末5克，水淀粉5克，味精2克，盐1克。
【制作】① 牛蹄筋洗净后，置锅中，加冷水、料酒、姜片、葱结大火煮15分钟至断生，捞起沥干水分；大葱、姜、大蒜、花椒，放入肉料袋中备用；牛蹄筋切成4厘米长的段，入砂锅中，加高汤小火炖1小时。② 锅置火上，入油烧至六成热，下辣酱煸出油，放蒜薹米、姜米、红椒米、牛蹄筋大火翻炒1分钟，烹料酒，加盐、味精调味，用水淀粉勾芡，撒葱末、淋花椒油，出锅盛盘即可。
【烹饪技法】煮，炖，煸，炒。
【营养功效】益气补虚，温中暖中。
【健康贴士】牛蹄筋延缓皮肤衰老的功效显著，但消化不好的老年人不宜多食。

油炸香椿

【主料】鸡蛋1个，面粉100克，香椿250克。
【配料】植物油20克，盐3克，胡椒粉5克，鸡精2克。
【制作】① 香椿洗净后用盐腌制5分钟；大碗内放面粉，加胡椒粉、水，打入鸡蛋，加少许盐、鸡精，搅成糊状。② 将香椿放入面糊中，均匀地粘上面糊。③ 锅置火上，入油烧至七成热，一片片放入粘好面糊的香椿，待其金黄变硬时捞出，盛盘即可食用。
【烹饪技法】炸。
【营养功效】增强免疫，润燥美容。
【健康贴士】虽有抗衰效果，但不宜多食。

泥鳅炖豆腐

【主料】泥鳅（去内脏）100克，豆腐100克。
【配料】植物油20克，料酒5克，盐3克，味精2克。
【制作】① 泥鳅去内脏、洗净，豆腐切小块。② 锅置火上，入油烧至七成热，下豆腐、泥鳅熘煸，烹入料酒，加入清水220毫升。③ 煮沸后改小火炖20分钟，调入盐、味精拌匀即可。
【烹饪技法】煸，炖。
【营养功效】健脾益气，延年益寿。
【健康贴士】泥鳅宜与豆腐搭配食用，滋补功效更佳。

洋葱大排

【主料】猪排 500 克，洋葱半个。

【配料】番茄酱 30 克，辣椒油 5 克，盐 5 克，糖 4 克，生抽 5 克，绍酒 6 克，鸡精 3 克，淀粉 8 克。

【制作】① 将猪排用刀背拍松，用盐、淀粉、绍酒、少量水拌匀，腌 1 小时；洋葱切丝。② 锅置火上，入油烧热，下洋葱炒香，加入番茄酱、辣椒油、生抽、糖、盐和适量水调好口味，用小火烧沸煮香，盛出备用。③ 净锅置火上，入油烧热，将猪排用小火煎至两面金黄，烹入绍酒、加入刚才烧好的汁料，大火收干即可。

【烹饪技法】腌，煮，煎，炒。

【营养功效】补脾气，润肠胃，生津液。

【健康贴士】排骨不宜与苦瓜同食，会阻碍钙质吸收。

葱烧海参

【主料】大葱 200 克，海参 100 克。

【配料】白砂糖 15 克，熟猪油 100 克，料酒 20 克，盐 4 克，清汤 250 毫升，水淀粉 250 克，味精、糖色各 3 克，姜、酱油各 25 克。

【制作】① 海参切成宽片，下锅煮透后沥干水分。② 锅置火上，入适量猪油烧至六成热，下入葱段，炸至金黄色时捞出，葱油备用。③ 净锅置火上，加入清汤、葱、姜、盐、料酒、酱油、白砂糖、海参，烧沸后微火煨 2 分钟，捞出沥干水分。④ 锅置火上，下猪油烧热，放入炸好的葱段、盐、海参、清汤、白砂糖、料酒、酱油、糖色，烧沸后转火煨 2 ~ 3 分钟。转大火，放入味精，调入淀粉勾芡，用中火烧透收汁，淋入葱油，盛入盘内即可。

【烹饪技法】煮，炸，烧。

【营养功效】滋阴润燥，养血止血。

【健康贴士】高血脂、高血压、糖尿病患者不宜多食。

番茄烧豆腐

【主料】豆腐 1 块，番茄 2 个，猪肉片 100 克。

【配料】小干香菇 5 朵，酱油 10 克，料酒 5 克，盐 3 克，白砂糖 10 克，鸡精 3 克，葱 2 根，蒜苗 1 根，植物油 15 克，高汤 250 毫升，水淀粉 15 克。

【制作】① 所有材料择洗干净，葱、青蒜切细末；番茄切大块；干香菇温水发 2 小时，去蒂，挤干水分；豆腐切成 2 厘米见方的小丁，入沸水加适量盐，焯烫片刻。② 净锅置火上，入油烧热，下豆腐块煎至外皮呈金黄色，捞出沥油。③ 净锅置火上，入油烧热，下青蒜末爆香，放肉片、香菇、番茄，翻炒片刻盛出备用。④ 砂锅置火上，放入豆腐、肉片、香菇、番茄和酱油、盐、白砂糖、料酒，加高汤大火煮沸，调入鸡精，下水淀粉勾芡，盛盘后用葱末和青蒜末点缀即可。

【烹饪技法】焯，煎，爆，烧。

【营养功效】清热解毒，凉血平肝。

【健康贴士】番茄宜与豆腐搭配食用，不仅能延年益寿，还可有效降低血脂。

栗子炒丝瓜

【主料】丝瓜 300 克，栗子 50 克。

【配料】葱末 5 克，香油 4 克，盐 3 克，水淀粉 6 克，鸡精 2 克，植物油 15 克。

【制作】① 丝瓜去皮洗净，切滚刀块；栗子洗净，煮熟取肉。② 锅置火上，入油烧至七成热，下葱末和香油爆香，倒入丝瓜和栗子肉翻炒均匀，加适量清水，盖上锅盖焖 3 分钟，用盐和鸡精调味，加水淀粉勾芡即可。

【烹饪技法】煮，爆，炒，焖。

【营养功效】化痰止咳，利尿通便。

【健康贴士】丝瓜还可与虾仁同食，具有润肺补肾、美容养颜的功效。

栗子烧白菜

【主料】白菜 500 克，熟栗子 20 颗。

【配料】火腿片 20 克，葱丝、姜丝各 5 克，酱油 5 克，绍酒 5 克，花椒油 3 克，水淀粉 6 克。
【制作】① 栗子去壳，切两半；大白菜择洗干净，切成长条。② 锅置大火上，入油至七成热，下白菜条、栗子仁略炸，捞出备用。③ 净锅置火上，入油烧热，下葱、姜爆香，烹入绍酒，下白菜条、栗子仁、火腿片、酱油、盐和适量水，烧沸后撇去浮沫，小火煮 3 分钟，入水淀粉勾芡，淋入花椒油出锅即可。
【烹饪技法】炸，爆，烧。
【营养功效】润肠通便，排毒解毒。
【健康贴士】一般人皆宜食用。

冬瓜老鸭煲

【主料】老鸭约 500 克，冬瓜 100 克。
【配料】陈皮 4 克，盐 8 克。
【制作】① 老鸭处理干净，切成大块，入沸水中焯烫，捞出沥干；冬瓜去皮、瓤，洗净，切成块；陈皮洗净。② 煲锅置火上，入水煮沸，放入老鸭块、冬瓜块、陈皮，大火烧沸后，转中火煲 3 小时，加盐调味即可。
【烹饪技法】焯，煮，煲。
【营养功效】清肺解热，利水消肿。
【健康贴士】脾胃虚寒者不宜多食。

菠菜炒猪肝

【主料】猪肝 250 克，菠菜 200 克。
【配料】葱末、姜末各 4 克，盐 4 克，白砂糖 3 克，酱油 4 克，料酒 4 克，淀粉 6 克。
【制作】① 猪肝放入水中浸泡 30 分钟左右，去除血水，捞出切片，放入碗中，加葱末、姜末、酱油、料酒、淀粉拌匀腌制约 10 分钟；菠菜择洗干净，切段备用。② 锅置火上，入油烧热，下猪肝大火炒至变色，盛出。③ 原锅留少许油加热，放入菠菜稍炒，再放入猪肝、盐、白砂糖炒匀即可出锅。
【烹饪技法】腌，炒。
【营养功效】养血止血，通利肠胃。
【健康贴士】菠菜宜与猪肝同食，益气养血功效更佳。
【举一反三】加入泡椒末 2 小匙，泡姜末 1 小匙，即变成泡椒菠菜猪肝。

鸡蛋牛奶香蕉汁

【主料】香蕉 180 克，鸡蛋 2 个，牛奶 240 毫升。
【配料】蜂蜜 5 克。
【制作】① 将香蕉去皮，切成小段；牛奶倒入搅拌器中，打入鸡蛋，搅拌 30 秒钟。② 锅置火上，将打好的鸡蛋牛奶入锅，煮沸后加入香蕉，凉至温热调入蜂蜜即可。
【烹饪技法】煮。
【营养功效】润肺利咽，补脾和胃。
【健康贴士】鸡蛋宜与香蕉、牛奶同食，滋补效果明显，尤宜便秘患者饮用。

鱼香猴头蘑

【主料】猴头蘑 400 克。
【配料】植物油 20 克，酱油 5 克，料酒 10 克，醋 8 克，豆瓣酱 5 克，淀粉 10 克，胡椒粉 3 克，泡椒 6 克，白砂糖 8 克，盐 3 克，味精 2 克，大葱 5 克，姜 4 克。
【制作】① 将猴头蘑用水泡发后洗净，切成厚片，下入开水锅内焯透，捞出沥干水分，加盐、胡椒粉、干淀粉、少许水拌匀；酱油、白砂糖、醋、料酒、水淀粉混合调匀，制成鱼香汁。② 锅置火上，入油烧至六成热，下猴头蘑过油，捞出控油。③ 净锅置火上，入油烧热，下葱末、姜末、泡椒煸炒，加辣豆瓣酱炒出红油，放入猴头蘑翻炒，倒入鱼香汁，炒至汁浓时撒入味精即可。
【烹饪技法】焯，煸，炒。
【营养功效】健胃，补虚，抗癌。
【健康贴士】脾胃虚寒、腹泻便溏者不宜多食。

柚子肉炖鸡

【主料】公鸡 500 克，柚子 300 克。
【配料】盐 5 克。

【制作】① 公鸡宰杀，去毛和内脏，洗净。② 将柚子肉装入鸡肚中，放入炖盅内，隔水炖熟，加入适量盐调味即可。
【烹饪技法】炖。
【营养功效】温中益气，健脾护胃。
【健康贴士】鸡肉宜与柚子同食，滋补功效更佳。

豌豆炖猪蹄

【主料】猪蹄 2 个，豌豆 200 克。
【配料】姜 5 克，花椒 3 克，大料 3 克，鸡精 2 克，盐 4 克。
【制作】① 锅置火上，入水烧沸，下猪蹄焯烫一下，捞出后冲洗干净。② 净锅置火上，注入适量水，下猪蹄、姜、花椒、大料炖至水开，倒入豌豆继续炖 1 小时。③ 调入鸡精和盐，拌匀出锅即可。
【烹饪技法】焯，炖。
【营养功效】补虚填精，护理皮肤。
【健康贴士】猪蹄不宜消化，胃肠消化功能减弱的老人不宜多食。

白果蒸猕猴桃

【主料】白果仁 20 克，猕猴桃 2 个。
【配料】圣女果 1 个。
【制作】① 白果仁洗净；猕猴桃去皮洗净，切成方丁；圣女果洗净，切丁。② 白果仁、猕猴桃丁放入盘内，上笼蒸 15 分钟后取出，撒圣女果丁作为点缀即可。
【烹饪技法】蒸。
【营养功效】开胃健脾，润肠通便。
【健康贴士】一般人皆宜食用。

滑菇丝瓜

【主料】滑菇 100 克，丝瓜 100 克。
【配料】蛋清 6 个，牛奶 250 毫升，海米 30 克，枸杞 10 枚，盐 5 克，醋 3 克，水淀粉 7 克，植物油 40 克，葱末、姜末各 5 克，鸡精 2 克。
【制作】① 丝瓜洗净、切块，放入适量水、盐 2 克、醋浸泡片刻；滑菇洗净；蛋清与牛奶混合，加入水淀粉 3 克、盐 1 克搅匀；丝瓜、滑菇入沸水中焯烫。② 锅置火上，入油 20 克烧至五成热，倒入牛奶蛋清，边倒入边搅拌，翻炒片刻后取出沥油。③ 锅置火上，入油 20 克烧热，下海米煸炒，加入葱末、姜末，入少许水翻炒均匀，调入盐 2 克、鸡精，放入水淀粉 4 克勾芡。④ 放入炒好的蛋清，倒入丝瓜、滑菇、枸杞翻炒，淋入香油出锅即可。
【烹饪技法】焯，煸，炒。
【营养功效】通经活络，清暑解毒。
【健康贴士】一般人皆宜食用。

葱枣汤

【主料】大红枣 20 克。
【配料】葱白 7 根。
【制作】① 红枣洗净，用水泡 5 天；葱白洗净备用。② 将红枣放入锅内，加适量水，大火煮沸，加葱白，继续用小火炖 10 分钟即可。
【烹饪技法】煮，炖。
【营养功效】益脾养胃，养血安神。
【健康贴士】此汤不仅养血功效明显，还可祛寒暖胃。

奶油番茄汤

【主料】番茄 500 克，洋葱 1/4 个。
【配料】黄油 25 克，鲜奶油 20 克，鸡汤 250 毫升，盐 10 克，面粉 10 克，香叶 2 片。
【制作】① 在番茄底部用刀轻画十字，放入开水中烫一会儿，去掉番茄皮，切成小块备用；洋葱切末。② 锅置火上，入黄油加热，下洋葱末爆香，放入番茄块同炒。加入香叶、鸡汤，烧滚后加盖，转小火炖 30 分钟。③ 取出香叶，用少量水将面粉调匀，加入汤中，搅拌使其均匀黏稠。④ 将汤倒入搅拌机中，搅拌成糊状，汤糊重新倒入锅中，用小火加热，加盐调味。出锅后盛入汤盘中，倒入鲜奶油装饰即可。
【烹饪技法】爆，炖。

【营养功效】延缓衰老，美白肌肤。

【健康贴士】高血脂、肥胖者不宜多饮用。

牛奶冬瓜汤

【主料】冬瓜 400 克，牛奶 200 毫升。

【配料】植物油 20 克，葱末 5 克，盐 3 克，味精 2 克。

【制作】① 冬瓜去皮、瓤，洗净，切成 3 厘米见方的块。② 锅置火上，入油烧至四成热，放入葱末、盐、适量清水，烧沸后放入冬瓜块，烧至入味，倒入牛奶，转小火焖 2 分钟，放入味精，搅匀即可。

【烹饪技法】烧，焖。

【营养功效】利水消肿，排毒润肠。

【健康贴士】老年便秘患者宜饮用，此汤还可有效抑制老年斑。

蚕豆三鲜汤

【主料】虾仁、蚕豆各 100 克。

【配料】海米 25 克，紫菜 10 克，盐 3 克，胡椒粉 3 克，味精 2 克。

【制作】① 虾仁去虾线，清洗干净；海米用温水略泡、洗净；紫菜冲洗干净，蚕豆洗净备用。② 锅置火上，注入适量清水，加盐烧沸，放入虾仁、海米、蚕豆煮 10 分钟，放入紫菜煮 2 分钟，撒入胡椒粉、味精调味即可。

【烹饪技法】烧，煮。

【营养功效】祛湿，通肠，健脑，抗癌。

【健康贴士】蚕豆还可与白菜搭配食用，具有润肺生津、利水通肠的功效。

洋葱牛肉蔬菜汤

【主料】牛肉300克，洋葱、圆白菜、胡萝卜、土豆各 100 克，芹菜段 25 克。

【配料】葱段 5 克，黄油 30 克，盐 8 克，胡椒粉 5 克。

【制作】① 洋葱洗净，切丁；圆白菜洗净，切块；胡萝卜、土豆洗净，去皮，切丁；牛肉洗净，切大块。② 锅置火上，注入适量清水，下牛肉块煮沸，撇去浮沫，用小火煮约 1 小时，捞出牛肉块凉凉，切成牛肉丁。③ 净锅置火上，下牛肉丁、洋葱丁、胡萝卜丁、土豆丁、圆白菜块、芹菜段、葱段，加黄油、胡椒粉及适量清水，煮至土豆软烂，加盐调味即可。

【烹饪技法】煮。

【营养功效】益气补血，强健筋骨。

【健康贴士】牛肉宜与洋葱同食，可有效降低胆固醇。

杏仁牛奶芝麻粥

【主料】杏仁 30 克，核桃仁 25 克，白芝麻、糯米各 50 克，黑芝麻 50 克，淡奶 250 克。

【配料】冰糖 20 克，枸杞 5 克，果料 10 克。

【制作】① 糯米洗净，用温水浸泡 30 分钟。② 将黑、白芝麻炒至微香，与杏仁、核桃仁、糯米一起放入搅拌机中打成糊状，滤汁备用。③ 冰糖入锅，加入适量水煮沸，倒入糊拌匀，撒上枸杞、果料，用小火煮沸，冷却后食用即可。

【烹饪技法】炒，煮。

【营养功效】益智补脑，延缓衰老。

【健康贴士】常食此粥可有效预防老年痴呆症状。

清蒸白鸽

【主料】白鸽 1 只。

【配料】党参 1 根，泡好的天麻 1 块，白莲 5 颗，猪瘦肉 50 克，盐 10 克。

【制作】① 鸽子处理干净，切块，入沸水焯烫；猪瘦肉剁末；天麻切片；党参切段；白莲清洗干净。② 炖盅置火上，将猪肉末铺到盅底部，再铺上天麻、党参、白莲，然后放上乳鸽，加适量水，放入蒸锅里隔水蒸 90 分钟，加适量盐调味，继续蒸 30 分钟即可。

【烹饪技法】焯，蒸。

【营养功效】清热解毒，美容养颜。

【健康贴士】鸽肉与玉米同食，具有提神健脑的功效。

山药豌豆泥

【主料】秋山药 300 克，豌豆糊 35 克。
【配料】盐 5 克，牛奶 30 毫升。
【制作】① 山药洗净去皮、切小段，隔沸水蒸 15 分钟左右至绵软。② 豌豆糊用煎锅炒熟，用小擀面杖将山药捣成泥，将豌豆糊分三次加入山药泥中捣匀。③ 加入盐、牛奶，继续捣至山药和豌豆糊充分混合，放入模具中定型，脱模后盛盘即可。
【烹饪技法】蒸，炒。
【营养功效】健脾益胃，延年益寿。
【健康贴士】山药具有降低血糖的功效，适宜糖尿病患者食用。
【巧手妙招】山药一定要捣成泥状，豌豆糊捣入时要尽量使两者混合均匀，这样做出来的点心味道才更醇厚。

降压

洋葱焖鱼

【主料】鳊鱼 1 条。
【配料】洋葱 1 个，番茄 200 克，葱碎 10 克，姜 2 片，酒 8 克，糖 6 克，盐 8 克，生抽 6 克，胡椒粉 5 克，植物油 80 克，生粉 8 克，水淀粉 5 克。
【制作】① 番茄放沸水中浸泡 5 分钟，取出去皮，切小粒；鱼处理干净，用适量盐、胡椒粉腌料擦匀鱼身内外，腌 30 分钟。沥干水，抹上少许生粉。② 锅置火上，入适量油烧热，下鱼慢火煎至两面金黄色铲起，煎时放 2 片姜。③ 净锅置火上，入适量油烧热，下洋葱、番茄爆香，放入鱼、酒，加入盐、糖、胡椒粉煮沸，慢火炖 5 分钟至鱼熟，铲起鱼上盘。锅中留汁，下葱再煮滚，加少许水淀粉勾芡，淋到鱼上即可。
【烹饪技法】腌，煎，爆，煮，炖。
【营养功效】益脾健胃，降低血压。
【健康贴士】此菜对于贫血、低血糖、高血压和动脉硬化病症有一定的食疗作用。

苦瓜肥肠

【主料】苦瓜 200 克，猪大肠 100 克。
【配料】辣椒 10 克，植物油 15 克，酱油 20 克，料酒 10 克，白砂糖 10 克，蒜 10 克，胡椒粉 1 克，水淀粉 5 克。
【制作】① 苦瓜洗净，剖开去子，切成条状；猪大肠洗净，煮烂取出，剖开后切条；辣椒切斜片，蒜切末。② 锅置火上，入油烧热，下蒜爆香，放入猪大肠同炒，接着放苦瓜，并加入酱油、料酒、白砂糖、胡椒粉，翻炒均匀。
放入辣椒片，烧至汤汁将尽时，用水淀粉勾芡即可。
【烹饪技法】煮，炒。
【营养功效】润肠祛风，消脂降压。
【健康贴士】高血脂和胆固醇较高者慎食。

番茄草菇

【主料】番茄 250 克，油菜 100 克，草菇 250 克。
【配料】植物油 20 克，香油 5 克，料酒 10 克，酱油 3 克，白砂糖 5 克，盐 3 克，味精 2 克，水淀粉 6 克。
【制作】① 油菜叶洗净，用开水焯烫，捞出控水，抹上香油，码在盘中；草菇去蒂洗净，切成丁；番茄洗净去皮，从根部挖出瓤，口朝上，码在油菜上。② 锅置火上，入油烧热，下草菇、料酒、酱油、白砂糖、水烧沸，用水淀粉勾芡，撒入味精，装入西红柿即可。
【烹饪技法】焯，烧。
【营养功效】养阴生津，补脾养胃。
【健康贴士】番茄宜与草菇搭配食用，降压效果明显。

苦瓜炒牛肉

【主料】苦瓜 200 克，牛里脊 200 克。

【配料】红辣椒10克，茶香汁30克，蒜蓉5克，生抽5克，胡椒粉4克，盐6克，香油5克，植物油50克。

【制作】① 牛肉洗净、挑筋后切成薄片，放入茶香汁及香油拌匀后捞出沥干；苦瓜洗净，去内瓤，切薄片，沥干；红辣椒去蒂、子，洗净切块。② 锅置火上，入油20克，烧至七成热，将苦瓜略炒盛起。③ 原锅入油30克烧热，下蒜蓉爆香，放入剩余的茶香汁煮匀，下牛肉、红辣椒炒匀，加入生抽、胡椒粉后，与炒好的苦瓜一同翻炒，入盐调味即可。

【烹饪技法】炒，爆。

【营养功效】除烦降压，明目抗癌。

【健康贴士】诸无所忌。

红枣煨肘子

【主料】猪肘子1200克。

【配料】红枣10颗，枸杞30克，姜片30克，盐8克，料酒6克，生抽12克，老抽8克，冰糖100克，植物油50克，大料4颗，花椒10克，小茴香10克。

【制作】① 大料、花椒、小茴香放入布袋中做成料包备用；肘子先用盐腌制1小时，再用开水焯烫捞出，用凉开水洗去血沫，将毛处理干净备用。② 锅置中火上，入油烧热，下姜片爆香，注入适量水，下入除猪肘子外的其他所有材料，煮沸后放入肘子，加盖煨煮，再次煮沸后旋转锅盖转小火继续焖煮1小时左右取出即可。

【烹饪技法】焯，爆，煮。

【营养功效】滋补虚弱，降压护肤。

【健康贴士】一般人皆宜食用。

芹菜炒鸡杂

【主料】鸡杂400克，芹菜200克。

【配料】大葱2棵，大蒜10克，姜5克，干红辣椒5克，蒜茸剁辣椒10克，盐1茶匙，鸡精2克，料酒10克，生抽5克，油50克。

【制作】① 鸡杂洗净，切好备用；芹菜、大葱洗净，切成1厘米的小段；大蒜、姜、干红辣椒切碎。② 锅置火上，入水烧沸，下芹菜焯烫30秒，捞出沥干水分；倒掉锅内的水，再加入适量水煮沸，下鸡杂焯烫1分钟，捞出用清水冲洗，沥干水分备用。③ 锅置火上，入油烧至五成热，下蒜末、姜末、干红辣椒煸炒出香味，转大火，倒入鸡杂一同煸炒。调入料酒、生抽，翻炒约2分钟，加入芹菜，放入蒜茸剁辣椒翻炒均匀，调入盐、鸡精，放入大葱段翻炒均匀即可。

【烹饪技法】焯，煸，炒。

【营养功效】清热平肝，利水健胃。

【健康贴士】此菜虽有降压作用，但高血脂和胆固醇较高者不宜多食。

猪血黄花菜

【主料】猪血200克，干黄花菜100克。

【配料】植物油15克，大葱10克，盐2克，味精2克。

【制作】① 猪血洗净，切块；黄花菜用清水发好，洗净，切段。② 锅置火上，入油烧热，下葱段炒至色黄。

加入猪血、水发黄花菜炒熟，用盐、味精调味即可。

【烹饪技法】炒。

【营养功效】益气补血，降压降脂。

【健康贴士】猪血还可与菠菜搭配食用，降压之余也能益气补血。

芦笋炒鸡丝

【主料】鸡腿2个，芦笋150克，辣椒1个。

【配料】盐5克，胡椒粉4克，淀粉5克。

【制作】① 芦笋切成小段，放沸水里焯烫1分钟捞起，辣椒切丝。② 鸡腿去皮、骨，肉切丝，用盐、胡椒粉、淀粉抓匀。③ 锅置大火上，入油烧热，入鸡丝快速划开，加入芦笋、辣椒，调入少许盐翻炒2分钟就可以了。

【烹饪技法】焯，炒。

【营养功效】滋补肾脏，利水消肿。

【健康贴士】芦笋性寒，体质虚寒者不宜多食。

草菇瘦肉汤

【主料】鲜草菇120克，猪瘦肉250克。
【配料】韭黄30克，生姜4片，葱末5克，盐6克，糖4克，淀粉5克，味精2克。
【制作】① 鲜草菇、韭黄洗净；猪瘦肉洗净，切片，用适量盐、糖、淀粉拌匀。② 锅置火上，入水煮沸，下葱、姜、鲜草菇焯烫，取出鲜草菇沥干水分备用。③ 净锅置火上，注入适量清水，大火煮沸，下鲜草菇煮5分钟，再下肉片，待肉刚熟，下韭黄、葱末，加适量盐、味精调味即可。
【烹饪技法】焯，煮。
【营养功效】强身健体，降脂降压。
【健康贴士】草菇宜与猪肉同食，滋补功效更佳。

鲜竹笋炒肉片

【主料】猪瘦肉100克，竹笋200克。
【配料】植物油15克，盐4克，味精2克，蚝油5克。
【制作】① 瘦肉切片，竹笋焯水备用。锅置火上，入油烧热，下猪肉片翻炒至快熟时加入竹笋。② 翻炒片刻后调入盐、味精，加入蚝油炒几下，出锅即可。
【烹饪技法】焯，炒。
【营养功效】清热解毒，利尿平压。
【健康贴士】竹笋具有润肠通便的功效，适宜习惯性便秘患者食用。

罗汉冬瓜

【主料】冬瓜320克。
【配料】莲子、百合、洋薏仁、香菇、面筋各20克，珍珠笋粒、豆腐粒各15克，素上汤2500毫升，姜2片，盐6克，植物油20克。
【制作】① 冬瓜去皮，切粒；莲子、百合、洋薏仁洗净，浸软，隔水蒸熟；香菇浸软，洗净，切粒；面筋洗净，切粒。② 锅置火上，入油烧热，下姜片爆香，倒入素上汤煮沸，将除盐外的所有材料放入锅内，大火煮10分钟后加入盐调味即可。
【烹饪技法】蒸，爆，煮。
【营养功效】消脂降压，排毒润肠。
【健康贴士】一般人皆宜食用。

糖醋海带

【主料】鲜海带500克。
【配料】植物油15克，白砂糖100克，醋20克，料酒20克，酱油10克，盐5克，大葱3克，姜3克。
【制作】① 大葱去根，洗净切末；姜洗净，去皮切末；海带洗净，一片一片叠好，卷成卷。② 锅置火上，入油烧热，下葱、姜末爆香，放入酱油、料酒、盐、白砂糖和适量清水，把海带卷放入锅内煮20分钟，转小火烧至汁较浓时淋入醋拌匀，食用时切成丝即可。
【烹饪技法】爆，煮。
【营养功效】化痰，软坚，清热，降压。
【健康贴士】糖尿病患者不宜多食。

豆沙香蕉

【主料】香蕉2根，豆沙75克。
【配料】蛋清2个，干淀粉5克，植物油50克，色拉酱20克。
【制作】① 香蕉剥皮，切成两半，压扁弄直成条形；豆沙分成4份，搓成条；蛋清搅打至起泡，加入干淀粉调成糊状。② 每2片香蕉条中夹入1条豆沙，捏紧，平摊在砧板上，以斜刀法切成菱形小块，滚匀干淀粉，抖去粉屑，挂匀蛋清糊。③ 锅置火上，入油烧至三成热，下香蕉条，低温炸至外酥内软，捞起盛盘，挤上沙拉酱即可。
【烹饪技法】炸。
【营养功效】清热解毒，利尿通便。
【健康贴士】香蕉不宜与山药同食，易引起腹胀。

椒油藕片

【主料】莲藕 500 克。

【配料】姜 10 克，盐 3 克，辣椒油 10 克，酱油 10 克，醋 10 克，味精 3 克。

【制作】① 姜洗净去皮，切成末；鲜藕洗净，去皮，切薄片，放入凉水中稍洗。② 锅置火上，入水烧沸，下藕片焯熟，捞出放入凉水中过凉。③ 藕片加盐、酱油、醋、味精拌匀盛入盘内，放上姜末，淋上辣椒油即可。

【烹饪技法】焯，拌。

【营养功效】降脂降压，开胃健脾。

【健康贴士】此菜不但降压效果明显，对肝病、便秘、糖尿病的改善也十分有益。

香菇酥桃仁

【主料】香菇 100 克，核桃仁 100 克。

【配料】植物油 25 克，盐 3 克，香油 5 克，味精 2 克，酱油 6 克，绍酒 8 克，姜末 6 克，水适量。

【制作】① 香菇去蒂，放入温水中浸泡，切成片。② 锅置火上，入油烧至四成热，下核桃仁炸酥，出锅倒入漏勺沥油。③ 锅留少许底油，下姜末爆香，放入香菇煸炒，加入水、绍酒、酱油、盐、味精烧沸，下核桃仁，改用小火煨片刻，再用大火收稠汤汁，淋入香油，出锅盛盘即可。

【烹饪技法】炸，爆，煸，炒。

【营养功效】化痰理气，益胃和中。

【健康贴士】高血压、高脂血、动脉硬化、糖尿病患者宜食。

牛骨髓炒面

【主料】荞麦面粉 500 克。

【配料】核桃仁 20 克，瓜子仁 10 克，牛骨髓油 150 克，芝麻 40 克，白砂糖 5 克，糖桂花 8 克。

【制作】① 荞麦粉放入炒锅，用小火炒几分钟，取出过筛。芝麻仁用小火炒出香味。核桃仁炒熟，去皮，剁成细末。② 净锅置火上，入牛骨髓油烧至八成热，倒入炒面拌匀。放入核桃碎末、芝麻仁、瓜子仁拌匀，制成油炒面。③ 将糖桂花放在碗内，加入凉开水调成桂花汁。吃时将油炒面盛在小碗内，用开水冲搅成稠糊，再放上白砂糖和桂花汁搅匀即可。

【烹饪技法】炒。

【营养功效】滋补肝肾，降压醒神。

【健康贴士】核桃能够改善失眠状况，适宜失眠患者食用。

红油芹菠菜

【主料】新鲜菠菜、新鲜芹菜各 250 克。

【配料】味精 2 克，盐 5 克，辣椒油适量。

【制作】① 菠菜去老叶及根，洗净切段；芹菜去叶，洗净切段；芹菜、菠菜均放入沸水中焯 2 分钟，捞出沥干水分。② 将菠菜和芹菜放入小盆中，加盐、味精和辣椒油拌匀即可。

【烹饪技法】焯，拌。

【营养功效】滋阴润燥，通利肠胃。

【健康贴士】高血压、高血脂、气血不足者宜食。

番茄炒鱼片

【主料】鱼肉 200 克，番茄 200 克。

【配料】植物油 50 克，淀粉 20 克，葱、姜各 5 克，盐 5 克。

【制作】① 鱼肉用刀切成坡刀薄片，洗净、沥干水分，放入碗内，用盐、葱、姜、淀粉腌渍；番茄洗净，用开水烫一下，去蒂、皮、子，切成薄片，拌上盐。② 锅置火上，入油烧至六成热，将鱼片下锅划开，取出放到漏勺上沥油。③ 锅内留油，下番茄煸炒几下，加适量水煮沸，用淀粉勾上薄芡，把漏勺中的鱼片倒下锅，颠翻几下即可。

【烹饪技法】煸，炒。

【营养功效】生津止渴，降脂降压。

【健康贴士】一般人皆宜食用。

番茄炖鲍鱼

【主料】鲜鲍鱼 1 只，番茄 1 个。
【配料】姜丝 4 克，盐 3 克。
【制作】① 鲜鲍鱼去壳、脏杂，洗净，划几刀备用；番茄洗净，在顶处切开、去瓤，把鲍鱼放入番茄内。② 炖盅置火上，放入番茄，加盖隔水炖 15 ~ 30 分钟，调入少许盐即可。
【烹饪技法】炖。
【营养功效】滋阴养血，平肝明目。
【健康贴士】气虚哮喘、糖尿病、高血压、更年期综合征者宜食。

油炸海带肉丸

【主料】水发海带、瘦猪肉各 250 克。
【配料】味精 2 克，盐 4 克，葱、姜各 5 克，植物油 60 克。
【制作】① 海带切成细末，猪肉剁成肉泥。② 海带末、猪肉泥同放盆中，加味精、盐、葱姜末拌匀，制成丸子。③ 锅置火上，入油烧热，下丸子炸熟，捞出控净油即可。
【烹饪技法】炸。
【营养功效】降脂降压，散结抗癌。
【健康贴士】海带虽有降压功效，但油炸食品不宜多食。

花生木瓜排骨汤

【主料】熟木瓜半个，花生仁 60 克，排骨 200 克。
【配料】盐 3 克。
【制作】① 排骨斩件，入沸水中焯片刻，取出用清水冲洗干净；木瓜去皮、子，洗净，切大块；花生洗净备用。② 汤煲置火上，入水烧沸，放入除盐外的所有材料，大火煮沸后转小火慢煮，煲至花生熟透时，放少许盐调味即可。
【烹饪技法】焯，煮，煲。
【营养功效】健脾和胃，消脂降压。
【健康贴士】一般人皆宜饮用。

降脂

银耳蜂蜜蒸南瓜

【主料】小南瓜 1 个，糯米、黑米、粟米各 50 克。
【配料】银耳 2 朵，大枣 5 枚，蜂蜜 5 克，葡萄干 10 克。
【制作】① 把糯米、黑米、粟米泡发两个小时；银耳去蒂，洗净；红枣、葡萄干洗净；小南瓜清洗，在距南瓜蹄 1/4 处横切开，挖出南瓜子，把南瓜肉切成小丁，放入进南瓜盅中。② 将银耳、米、大枣分别放入南瓜盅，入锅蒸 50 分钟即可。
【烹饪技法】蒸。
【营养功效】补中益气，降脂降压。
【健康贴士】糖尿病、高血压、高血脂患者宜食。

腐竹拌芹黄

【主料】腐竹 200 克，芹黄 300 克。
【配料】盐 4 克，味精 5 克，香油 20 克。
【制作】① 将水发腐竹洗净，用斜刀法切成寸段；芹黄去掉叶、老根，撕去筋，洗净。② 锅置火上，入水烧热，下入芹黄焯烫片刻，捞出放入冷水中浸泡。③ 将芹黄取出，沥干水分，用斜刀切成寸段，放入盆中，加入切好的腐竹，再加入盐、味精调匀，淋上香油拌匀即可。
【烹饪技法】焯，拌。
【营养功效】补气健脑，降低胆固醇。
【健康贴士】腐竹中含有较高的热量，肥胖者不宜多食。

凉拌什锦黄豆

【主料】黄豆 250 克，豆腐干 150 克，豇豆

150克，粉丝100克。

【配料】姜5克，大葱5克，酱油15克，盐3克，香油2克，醋10克，味精2克。

【制作】① 黄豆洗净煮熟，豆腐干洗净、切条，粉丝泡软、切长段。② 豆角抽筋洗净，切块，入沸水锅焯熟，捞出沥干水分；葱、姜洗净，切末备用。③ 将黄豆、豆腐、粉丝、豆角混合，加入酱油、盐、姜末、葱末、味精、香油、醋，拌匀盛盘即可。

【烹饪技法】焯，拌。

【营养功效】增强免疫，降糖降脂。

【健康贴士】黄豆具有降低血糖的功效，适宜糖尿病患者食用。

西芹炒豆筋

【主料】西芹150克，水发豆筋200克，红椒30克。

【配料】葱、姜末各5克，鲜汤100毫升，鸡精2克，盐3克，花生油30克。

【制作】① 西芹洗净斜切成段，水发豆筋沥干水分、切块。② 锅置火上，入油烧至六成热，下葱、姜末爆香后投入西芹、豆筋和红椒一同翻炒片刻，注入鲜汤烧沸后，调入盐和鸡精，烧至熟透入味即可。

【烹饪技法】爆，炒，烧。

【营养功效】健体养颜，降脂降压。

【健康贴士】芹菜不宜与蛤子同食，易导致腹泻。

芦笋百合炒虾球

【主料】芦笋200克，百合80克，虾球100克。

【配料】胡萝卜片10克，植物油15克，盐3克，鸡精2克。

【制作】① 所有原料洗净。芦笋削去根部的老皮，斜切成段，入沸水略焯1分钟；百合掰开稍微掰小。② 锅置火上，入油烧至五成热，下芦笋、百合、虾球、胡萝卜片翻炒片刻，调入盐、鸡精翻炒4分钟即可。

【烹饪技法】焯，炒。

【营养功效】利水消肿，提高免疫。

【健康贴士】百合宜与芦笋同食，不仅降脂降压，还具有宁神安心之效。

木耳炒笋段

【主料】竹笋1棵，木耳5克。

【配料】葱末、姜末、蒜末各15克，蚝油、醋、糖各15克，盐3克，鸡精1克。

【制作】① 竹笋洗净，切成丁；黑木耳用40℃温水泡发后洗净，用手撕成小块；葱、姜、蒜切末。② 锅置大火上，入水烧沸，放入黑木耳焯烫1分钟后捞出沥干。再放入笋块焯烫2分钟捞出沥干。③ 锅置火上，入油烧至七成热，下葱、姜、蒜爆香，放入笋块煸炒1分钟后，放入木耳翻炒几下，倒入蚝油、醋、糖、盐和清水，继续炒约2分钟，关火后调入鸡精即可。

【烹饪技法】焯，爆，煸，炒。

【营养功效】清热解毒，宽肠通便。

【健康贴士】高血脂、高血压患者宜食。

胡萝卜丝炒柴鸡蛋

【主料】胡萝卜150克，鸡蛋1个。

【配料】植物油20克，盐3克。

【制作】① 胡萝卜切丝，用水焯烫；鸡蛋打散，加少许盐，搅拌均匀。② 锅置火上，入少许油烧热，下入鸡蛋，炒成大块，调入少许盐，大火翻炒2分钟即可。

【烹饪技法】焯，炒。

【营养功效】补脾健胃，提高免疫。

【健康贴士】胡萝卜还具有降低血糖的功效，适宜糖尿病、高血脂患者食用。

平菇烩鱼肚

【主料】平菇200克，鱼肚100克。

【配料】火腿25克，冬笋50克，油菜心100克，猪油60克，料酒5克，盐2克，味精2克，水淀粉5克，鸡清汤500毫升。

【制作】① 平菇去蒂，去杂质洗净，切成大片；鱼肚用温水浸泡后，切成大片；油菜心用刀一剖两半。② 炒锅置大火上，添入鸡清汤，放入鱼肚、平菇、熟火腿片、冬笋片、油菜心、熟猪油，烹料酒翻炒。烧至汤汁浓白时，加盐、味精，用水粉勾芡，起锅盛盘即可。

【烹饪技法】炒。

【营养功效】提高免疫，降脂降压。

【健康贴士】高血压、高脂血、动脉硬化、冠心病、肝炎、胃溃疡、十二指肠溃疡者宜食。

鸡胗炖土豆

【主料】鸡胗 100 克，土豆 80 克。

【配料】盐 3 克，料酒 5 克，白砂糖 3 克，葱、姜各 5 克，香油 5 克。

【制作】① 葱洗净，切段；姜洗净，切片；土豆洗净，去皮、切块。② 鸡胗洗净，放入高压锅内，注入适量清水，加酱油、盐、料酒、白砂糖、葱、姜，盖盖上汽 3 分钟。③ 锅置火上，倒入高压锅内的所有材料，放入土豆，小火炖熟土豆，大火收汁后加点儿香油即可。

【烹饪技法】炖。

【营养功效】补气健脾，通便解毒。

【健康贴士】高血压、高血脂患者宜食。

燕麦面条

【主料】香菜末 50 克，黄瓜丝、白萝卜丝各 100 克，燕麦面 500 克。

【配料】蒜蓉 10 克，酱油 3 克，醋 4 克，香油 5 克。

【制作】① 燕麦面倒进盆里，沸水烫面，制成面团，揪小剂子，搓成细条，码在笼屉中，蒸熟。② 把蒜蓉、酱油、盐、醋、香油倒在小碗里，调成卤汁。③ 面条取出，拌散，放在碗里，放黄瓜丝、香菜末、白萝卜丝，淋上卤汁，拌匀即可。

【烹饪技法】拌。

【营养功效】排毒健身，降低固醇。

【健康贴士】此面有降低血糖、降脂减肥的功效，适合高血脂、糖尿病患者食用。

金钩玉条

【主料】茭白 250 克。

【配料】海米 25 克，香油 10 克，黄酒 5 克，味精 2 克，盐 4 克。

【制作】① 海米用水冲洗片刻，放入碗内，倒入黄酒，注入适量水，浸泡 30 分钟；茭白顺长一剖为二，切成 5 厘米长的茭白条。② 将茭白条放入沸水锅中焯烫，捞出沥干水分，加入少许盐拌匀。③ 锅置中火上，倒入泡海米的水，加少许盐，加盖煮 5 分钟，调入味精，淋上香油盛盘即可。

【烹饪技法】焯，煮。

【营养功效】通便解毒，消脂排毒。

【健康贴士】茭白宜与海米搭配食用，降脂排毒功效更佳。

什锦沙拉

【主料】胡萝卜 1 根，熟土豆 2 个，小黄瓜 2 根，火腿 3 片，熟鸡蛋 1 个。

【配料】胡椒粉 3 克，盐 3 克，糖 2 克，沙拉酱 50 克。

【制作】① 胡萝卜去皮，洗净切丁；土豆洗净去皮，切薄片，用水泡 10 分钟，取出沥干；将胡萝卜、土豆分别放入耐热袋中，入微波炉高功率煮 12 分钟。② 黄瓜切成丁，盐腌 10 分钟；火腿切成小丁，熟土豆压成泥，鸡蛋取蛋清切成丁，蛋黄切碎。③ 土豆泥中加入胡萝卜、黄瓜丁、火腿丁及蛋白丁，再加入糖、沙拉酱、胡椒粉拌匀，撒上碎蛋黄即可。

【烹饪技法】煮，拌。

【营养功效】健脾和胃，排毒降脂。

【健康贴士】一般人皆宜食用。

芹菜炒鱼丝

【主料】嫩芹菜心 150 克，净青鱼肉 200 克。

【配料】蛋清 30 克，盐 3 克，料酒 15 克，味精 1 克，植物油 20 克，姜丝 5 克，水淀粉 25 克，葱丝 10 克，高汤 80 毫升，猪油

300克。

【制作】①芹菜心洗净，切寸段；青鱼肉顺长切成6厘米长的细丝，加入蛋清、盐1.5克、水淀粉20克拌匀上好浆。②锅置火上，放猪油烧至三成热，放入鱼丝滑散滑熟，变色后倒入勺中沥油。③锅内留少许底油，下入葱、姜丝炝锅，倒入芹菜翻炒至五成熟，加盐、味精、高汤调味，再放入鱼丝、料酒，用水淀粉勾芡，淋入香油，颠勺出锅即可。

【烹饪技法】炝，炒。

【营养功效】润肤美容，降低血脂。

【健康贴士】此菜降压降脂功效明显，适宜高血压、高血脂患者食用。

猕猴桃炒肉丝

【主料】猕猴桃2个，瘦肉200克。

【配料】盐6克，味精3克。

【制作】①猕猴桃去皮切丝；瘦肉洗净、切成丝。②锅置火上，入油烧热，下入瘦肉丝炒至变色，加入猕猴桃丝稍炒，调入盐、味精炒匀即可。

【烹饪技法】炒。

【营养功效】止渴利尿，滋补强身。

【健康贴士】猕猴桃消脂降压效果明显，适宜老年人食用。

洋葱味噌汤

【主料】鸡腿1个，豆腐泡100克。

【配料】洋葱半个，鲜香菇2朵，味噌酱10克，鸡精2克。

【制作】①洋葱切丝，鸡腿去骨切丁。②将洋葱丝放入水中煮熟，再放入鸡腿丁，煮熟。③下豆腐泡、香菇煮熟后，入味噌酱和鸡精调味即可。

【烹饪技法】煮。

【营养功效】补虚劳，润肤，抗癌。

【健康贴士】海带与洋葱同食易引起便秘，故不宜同食。

红枣芹菜汤

【主料】香芹500克。

【配料】红枣5枚，白砂糖4克。

【制作】①红枣洗净，香芹去根、叶，洗净。②锅置火上，注入适量水，下红枣、香芹煮20分钟。③取汁，加入白砂糖调味即可。

【烹饪技法】煮。

【营养功效】护脑健脑，降压降脂。

【健康贴士】此汤不仅消脂降压，还有益气补血之效，适宜中老年人饮用。

小白菜口蘑汤

【主料】小白菜300克，口蘑200克，火腿300克。

【配料】鸡汤1500毫升，盐5克，胡椒粉4克。

【制作】①小白菜洗净，切块；口蘑冲洗干净，切小块；火腿切粒。②锅置火上，注入鸡汤，放入火腿粒，加入适量水，大火煮沸。③放入小白菜，煮至沸腾后加入口蘑，待再次开锅后，转小火煲煮15分钟，最后加盐、胡椒粉调味即可。

【烹饪技法】煮。

【营养功效】提高免疫，降低固醇。

【健康贴士】口蘑还可与冬瓜一同炒食，可以起到降低胆固醇、解毒利水、减肥的功效，是十分理想的食物搭配方式。

丁香鸭

【主料】鸭子1只。

【配料】丁香5克，肉棒皮5克，豆蔻5克，生姜15克，葱20克，盐3克，卤汁500克，冰糖30克，味精1克，香油25克。

【制作】①鸭子宰杀后，除去毛和内脏，洗净；生姜、葱拍碎备用。②将丁香、肉桂、草豆蔻放入锅内，加适量水煎熬两次，每次水沸后煮20分钟滗出汁，取液3000克。药液倒入锅内，加生姜和葱，放入鸭子，在小火上煮至六成熟，捞出凉凉。③ 锅置火上，倒入卤汁，放入鸭子，小火卤熟后捞出，撇净浮沫。④ 净锅置火上，倒入卤汁，加盐、冰糖屑、味精拌匀，再放入鸭子，置小火上、边滚动鸭子边浇卤汁，直到卤汁均匀的黏在鸭子上，色红亮时捞出，再均匀地涂上香油即可。

【烹饪技法】煮。

【营养功效】温中和胃，降脂降压。

【健康贴士】老年性肺结核、糖尿病、脾虚水肿、慢性支气管炎、大便燥结、慢性肾炎患者宜食。

口蘑蒸鸡

【主料】鸡肉 750 克。

【配料】口蘑 50 克，香葱 2 根，生姜 1 小块，水淀粉 6 克，鸡油 20 克，料酒 8 克，盐 5 克，白砂糖 4 克，味精 2 克。

【制作】① 鸡洗净去骨剁块，用味精、盐、糖、料酒拌匀，调上水淀粉再拌上鸡油盛入碗内；葱、姜洗净拍碎备用；口蘑洗净，用开水焖涨透，抠去根部的表皮层，用盐轻搓一下后切片，放在鸡上，葱姜放在最上面。② 把鸡放入蒸锅内，大火蒸约 30 分钟，熟透后取出，挑去葱、姜盛入盘中即可。

【烹饪技法】蒸。

【营养功效】补益五脏，消脂排毒。

【健康贴士】鸡属温补之品，芥末是热性之物，同食易生热助火，故二者不宜同食。

苦瓜酿肉

【主料】苦瓜 750 克，猪肉 300 克。

【配料】虾米 15 克，干香菇 10 克，鸡蛋 1 个，小麦面粉 25 克，水淀粉 20 克，大蒜 50 克，酱油 15 克，胡椒粉 1 克，味精 1 克，盐 2 克，香油 2 克，猪油 60 克。

【制作】① 苦瓜切去两顶端，切成 4 厘米长的段，去瓤；锅置火上，注入适量水，下苦瓜煮熟，捞出放入冷水过凉，挤干水分放入大碗中备用；水发香菇去蒂、洗净泥沙；猪肉洗净、剁成泥；水发香菇、虾米切碎。② 将猪肉泥、香菇粒、虾米粒盛入碗中，再放入鸡蛋、面粉、水淀粉 10 克、盐，调匀制成馅。将调好的馅塞入苦瓜筒内，两端用水淀粉封口。③ 锅置大火上，入猪油 30 克烧至六成热，下蒜瓣炸一下捞出。将苦瓜下锅，待表面炸至淡黄色时捞出，放大碗内，撒上蒜瓣，淋上酱油，放入蒸笼蒸熟。④ 净锅置大火上，入猪油 30 克，烧至七成热，倒入蒸苦瓜的原汁，煮沸后放入味精、水淀粉 3 克勾芡成汁。把苦瓜翻扣在盘中，淋上汁，撒上胡椒粉、淋入香油即可。

【烹饪技法】煮，炸，炒。

【营养功效】清热解毒，益气降脂。

【健康贴士】猪肉与苦瓜同食，不但可以清热滋阴，而且还有很好的解毒明目的作用，适用于阴虚火旺者食用。

百合炒鸡片

【主料】鸡肉 300 克，鲜百合 30 克。

【配料】山药粉 10 克，蛋清 2 个，植物油 500 克，葱末 5 克，姜丝 5 克，香菜 8 克，盐 4 克，味精 2 克，胡椒粉 3 克，菊糖 3 克，醋 4 克，料酒 5 克，香油 4 克。

【制作】① 鸡肉洗净，沥干水分，切片，加蛋清、山药粉、盐、料酒、胡椒粉拌匀；菊糖、味精，香油、盐、醋调成汁，香菜切段备用；鲜百合洗净，入沸水焯烫，捞出入冷水过凉。② 锅置大火上，入油烧热，下鸡肉片滑散溜透，捞出沥油。③ 锅内留油，下葱、姜、百合、鸡片、料酒煸炒，炒匀后加入调好的料汁炒匀，放入香菜段出锅即可。

【烹饪技法】焯，炒。

【营养功效】滋阴生津，消脂降压。

【健康贴士】百合也可与粳米搭配食用，可以改善心烦和失眠的症状，具有养心安神的功效，适宜失眠患者及更年期女士食用。

冬瓜海米涡蛋

【主料】冬瓜 30 克，鸡蛋 2 个。

【配料】海米5克，盐3克，香油3克。
【制作】① 冬瓜洗净，削去外皮，切薄片；海米挑去杂质，泡发，洗净；鸡蛋打散。② 锅置火上，注入500毫升清水，下海米、冬瓜煮沸，淋入蛋液，加盐、香油调味即可。
【烹饪技法】煮。
【营养功效】利尿祛湿，清热消渴，消脂降糖。
【健康贴士】冬瓜也可与芦笋搭配食用，是防治癌症的食疗佳品。

虾仁冬瓜

【主料】冬瓜250克，虾仁200克。
【配料】植物油20克，盐3克，葱末5克，味精2克。
【制作】① 冬瓜切片，虾仁焯熟。② 锅置火上，入油烧至八成热，放入冬瓜翻炒，快熟时倒入虾仁快速翻炒，加入适量的盐、葱末，调入味精，出锅盛盘即可。
【烹饪技法】焯，炒。
【营养功效】润肠排毒，降脂降压。
【健康贴士】冬瓜宜与虾仁搭配食用，可以起到降低血压、降低血脂、抗癌、减肥瘦身的食疗功效。

椒油炝茭白

【主料】净茭白250克。
【配料】香油10克，味精1克，盐3克，花椒油8克。
【制作】① 茭白洗净，切成滚刀块，用开水焯烫一下捞出，沥干水分，凉凉，放入碗内。② 加入香油、味精、花椒油、盐拌匀，盛盘即可。
【烹饪技法】焯，拌。
【营养功效】清热解毒，消脂去烦。
【健康贴士】一般人皆宜食用。

洋葱拌花生

【主料】洋葱100克，花生米150克。
【配料】植物油25克，盐3克，醋5克，白砂糖6克，香油5克。
【制作】① 洋葱去皮洗净，切丁入盘；醋、白砂糖混合均匀，制成味汁备用。② 锅置火上，入油烧热，下花生米炒熟，出锅入盘。③ 将花生米与洋葱混合，倒入味汁搅拌均匀即可。
【烹饪技法】炒，拌。
【营养功效】散寒健胃，发汗祛痰，开胃消脂。
【健康贴士】洋葱具有较强的杀菌功能，可杀灭金黄色葡萄球菌和白喉杆菌，帮助防治流行性感冒。

豆豉炒苦瓜

【主料】豆豉10克，苦瓜200克。
【配料】蒜蓉5克，色拉油15克，香油5克，盐2克，味精1克。
【制作】① 锅置火上，入色拉油烧热，下豆豉、蒜苗小火翻炒，制成豆豉酱。② 苦瓜洗净，剖开去子后切成菱形片，放入沸水中焯烫熟，捞出沥干水分，盛入盘中。③ 放入豆豉酱、香油、盐、味精拌匀即可。
【烹饪技法】焯，炒，拌。
【营养功效】清热解毒，降脂降糖。
【健康贴士】脾胃虚寒、腹泻便溏、痞闷胀满者不宜多食。

猪蹄炖苦瓜

【主料】猪蹄2只，苦瓜300克。
【配料】姜20克，葱20克，盐3克，味精2克，植物油25克。
【制作】① 猪蹄入沸水中焯烫后切块，苦瓜洗净、去子，切成长条，葱、姜拍碎。② 锅置火上，入油烧热，下葱、姜爆香，放入猪蹄、盐同煮。③ 猪蹄熟时，放入苦瓜稍炖，调入味精，出锅即可。
【烹饪技法】焯，爆，煮，炖。
【营养功效】补肾健脾，防癌抗癌。
【健康贴士】糖尿病、高血压、高血脂、急性痢疾、肿瘤患者宜食。

枸杞炖兔肉

【主料】鲜兔肉 250 克。
【配料】枸杞 15 克，葱段 5 克，姜片 5 克，味精 2 克，盐 4 克，香油 4 克，清汤适量。
【制作】① 鲜兔肉洗净，切成约 2.5 厘米见方的块，入沸水中焯透，放温开水中漂洗干净，捞出放入砂锅内。② 加入清汤、葱段、姜片、盐、枸杞，大火煮沸后撇去浮沫，盖上锅盖，改用小火炖约 45 分钟，待兔肉熟烂，调入味精、香油即可。
【烹饪技法】焯，煮。
【营养功效】滋阴润肤，降脂降压。
【健康贴士】兔肉性偏寒凉，脾胃虚寒者不宜多食。

明目

椒麻四件

【主料】鸭肫 150 克，鸭肝 150 克，鸭心 100 克，鸭肠 150 克，小白菜 75 克，水发木耳 30 克，竹笋 200 克。
【配料】香油 10 克，大葱 20 克，花椒 5 克，盐 20 克，味精 5 克，醋 20 克。
【制作】① 鸭肫、鸭肝、鸭心、鸭肠切成薄片，木耳洗净、切片，笋去壳、切成薄片，小白菜洗净、切段。② 将鸭肫、鸭肝、鸭心、鸭肠用热水焯烫熟，置于冷开水中过凉，沥干水分，加入盐 20 克、味精、醋 20 克拌匀。③ 花椒压碎，与葱末、香油拌匀，淋在四件上即可。
【烹饪技法】焯，拌。
【营养功效】开胃健脾，化痰益气。
【健康贴士】①木耳不宜与野鸭同食，野鸭味甘性凉，遇上滑利的木耳，不利于消化，所以二者不宜同食。② 动物内脏，胆固醇较高者不宜食用。

海米杂菜

【主料】虾米 50 克，鲜草菇 100 克，西蓝花 200 克，生菜 200 克。
【配料】粉丝 25 克，姜 4 片，葱 1 根，盐 4 克，糖 3 克。
【制作】① 虾米洗净、浸软；粉丝浸软，西蓝花、生菜洗净切块；草菇洗净，葱切段。② 锅置火上，入水煮沸，下姜 2 片、葱段、草菇焯烫，入冷水过凉，切块。③ 净锅置火上，入水煮沸，下虾米、草菇、姜煮 5 分钟，再放入西蓝花和生菜，最后放粉丝，调入糖和盐略煮即可。
【烹饪技法】焯，煮。
【营养功效】补脾养胃，养肝明目。
【健康贴士】草菇不宜与鹌鹑肉一同食用，易引发痔疮食。

荠菜冬笋

【主料】熟冬笋 300 克，熟胡萝卜 50 克，荠菜 50 克。
【配料】盐 5 克，味精 3 克，植物油 60 克，水淀粉 5 克，高汤 150 毫升。
【制作】① 冬笋切块，胡萝卜切丁；荠菜用沸水焯烫，捞出放进冷水中过凉，挤出水分，切粗末。② 锅置火上，入油烧热，下冬笋块略煸，加入高汤，烧滚后改用小火烧两分钟，转用大火收汁，放进荠菜末，用水淀粉勾芡，放入胡萝卜丁翻炒均匀即可起锅盛盘。
【烹饪技法】焯，炒。
【营养功效】止血解毒，降压明目。
【健康贴士】荠菜也可与豆腐同食，能起到很好的通便解毒、降低血压的功效。

柠檬鸭肝

【主料】鸭肝 100 克，青椒 100 克，柠檬 1 个。
【配料】胡萝卜 20 克，高汤 100 毫升，盐 3 克，白砂糖 2 克。
【制作】① 鸭肝洗净，焯水备用；柠檬洗净，切片；胡萝卜洗净，切片；青椒洗净，切块。② 锅置火上，倒入高汤，下柠檬、胡萝卜，加白砂糖、盐调起汤汁。③ 放入鸭肝，用小火焖熟入味，稍煮片刻后放入青椒，汤汁快收干时出锅盛盘即可。

【烹饪技法】焯，焖。

【营养功效】清火明目，开胃消食。

【健康贴士】胆固醇较高者不宜多食。

木耳鸭肝

【主料】鸭肝 150 克，木耳 150 克。

【配料】麦子头 50 克，蒜 10 克，盐 3 克，植物油 15 克。

【制作】① 木耳泡发后，去蒂、洗净，切丝；鸭肝切片，麦子头洗净。② 锅置火上，入油烧热，下入蒜和麦子头翻炒。③ 放木耳炒匀，调入少许盐，加入鸭肝翻炒至入味后出锅即可。

【烹饪技法】炒。

【营养功效】助消化，清肠胃，补血气。

【健康贴士】一般人皆宜食用。

茶树菇拌菠菜

【主料】茶树菇 100 克，菠菜 200 克。

【配料】白芝麻 8 克，植物油 10 克，盐 6 克，香油 3 克。

【制作】① 锅置火上，入水烧沸，加入植物油，下菠菜焯烫熟后捞起；锅中加入盐 3 克，投入茶树菇焯烫熟捞出。② 净锅置火上，放入白芝麻炒香，出锅备用。③ 将茶树菇、菠菜、盐 3 克、香油混合拌匀，最后撒上芝麻即可。

【烹饪技法】焯，炒。

【营养功效】滋阴润燥，延缓衰老。

【健康贴士】菠菜还可与海带同食，有助于预防结石。

养血明目酒

【主料】熟地、制首乌、丹参各 10 克，50 度以下低度白酒 250 毫升。

【制作】① 将熟地、首乌、丹参浸泡于低度白酒中。② 盖上瓶盖，放置 2 个月即可。

【烹饪技法】泡。

【营养功效】滋阴补肾，养血明目。

【健康贴士】丹参能够加强心肌收缩力、改善心脏功能，适宜心脏病患者饮用。

椿芽鳝鱼丝

【主料】鳝鱼 400 克，香椿 100 克。

【配料】姜 10 克，胡椒粉 5 克，味精 3 克，淀粉 5 克，黄酒 8 克，盐 3 克，酱油 8 克，香油 10 克，猪油 15 克，植物油 15 克，高汤 200 毫升。

【制作】① 鳝鱼去骨，切粗丝；椿芽去尾部老茎，切细末。② 锅置大火上，入植物油烧至六成热，下鳝鱼丝、黄酒 4 克爆炒，至血水爆干后加入高汤，倒入猪油、胡椒粉、盐、酱油、黄酒 4 克，转中火上慢烧。③ 烧至汁浓油亮时，下椿芽大火煸炒 30 秒，下水淀粉、香油、味精炒匀后出锅即可。

【烹饪技法】爆，炒，煸。

【营养功效】温阳健脾，祛风通络。

【健康贴士】糖尿病、高脂血、冠心病、动脉硬化、眼疾患者宜食。

核桃仁枸杞炒肉丁

【主料】核桃 100 克，瘦猪肉 200 克。

【配料】蛋清 30 克，枸杞 25 克，大葱 10 克，大蒜 5 克，淀粉 5 克，色拉油 15 克，胡椒粉 2 克，姜 5 克，料酒 5 克，味精 2 克，盐 3 克，植物油 15 克。

【制作】① 瘦猪肉切成丁，加入淀粉、蛋清、盐拌匀；葱、姜、蒜切成丝，核桃仁用开水浸泡后去皮，沥干水分；枸杞洗净；料酒、盐、胡椒粉、味精、淀粉、清汤混合成调味汁备用。② 锅置火上，注入色拉油烧至四成热，下入核桃仁，炸至浅黄色捞出，沥尽油，再投入肉丁略炸片刻，捞起沥尽油。③ 净锅置火上，入植物油烧至七成热，加入葱、姜、蒜炒香，再放入炸好的肉丁、核桃仁以及枸杞炒匀，淋入调味汁勾芡即可。
【烹饪技法】炸，炒。
【营养功效】养肝明目，润泽肌肤。
【健康贴士】中老年人宜食。

桂圆鸡蛋羹

【主料】桂圆 100 克，鸡蛋 1 个。
【配料】红糖 8 克。
【制作】① 桂圆去壳放入碗中，注入适量温开水，放入红糖；鸡蛋打在桂圆上面，置锅内蒸 10 ~ 20 分钟。② 将蒸好的鸡蛋、桂圆一起连汤服下，每日 1 ~ 2 次，连服 7 ~ 10 天。
【烹饪技法】蒸。
【营养功效】养血明目，补养心脾。
【健康贴士】桂圆甘甜滋腻，内有痰火及湿滞停饮者慎食。

松子核桃膏

【主料】松子仁、核桃仁各 30 克。
【配料】蜂蜜 250 克。
【制作】① 松子仁、核桃仁用水浸泡后去皮，研成末。② 放入蜂蜜拌匀，每日 2 次，每次取 1 汤匙，用开水冲服即可。
【烹饪技法】泡。
【营养功效】益精润燥，清火明目。
【健康贴士】蜂蜜有润肠的作用，大便溏泻者不宜多食。

鲜奶核桃玉露

【主料】核桃仁 60 克，大米 50 克。
【配料】鲜奶 500 克，白砂糖 3 克。
【制作】① 大米提前泡 1 小时；取 40 克核桃仁，用少量油炸成金黄色。② 泡好的大米、40 克炸核桃仁、20 克生核桃仁、500 克鲜奶混合放入搅拌机搅碎，原料过滤去掉残渣。③ 锅置火上，入水烧沸，倒入滤好的汁液，用勺子慢慢搅动，至微微煮沸关火即可。
【烹饪技法】炸，煮。
【营养功效】开胃活血，暖脾暖肝。
【健康贴士】大米也可与绿豆煮粥食用，增强食欲，健胃消食，适合食欲不佳者和老年人食用。

黑芝麻蜂蜜饮

【主料】黑芝麻粉 45 克，蜂蜜 30 克。
【制作】将黑芝麻粉、蜂蜜和温水拌匀，即可饮用。
【烹饪技法】拌。
【营养功效】益发亮睛，补肾益脏。
【健康贴士】黑芝麻也可与紫米搭配食用，能够暖肝活血，同时还有减肥的功效。

菊花鱼片火锅

【主料】鲤鱼 300 克。
【配料】鲜菊花 30 克，干菊花 30 克，大葱 5 克，姜 5 克，鸡精 2 克，味精 1 克，酱油 3 克，五香粉 2 克，盐 2 克，嫩肉粉 1 克，鸡汤 1000 毫升。
【制作】① 干菊花用温水泡 15 分钟，鲜菊花洗净，鲤鱼洗净切片。② 锅置火上，注入鸡汤，下鱼片，加入姜片、葱段、鸡精、嫩肉粉、盐、五香粉、味精、酱油搅匀，小火煮 5 分钟。③ 把鲜菊花的花瓣均匀地撒在火锅里，放入泡好的干菊花，用小火煮 2 分钟即可。
【烹饪技法】煮。
【营养功效】补脾健胃，止嗽明目。
【健康贴士】一般人皆宜食用。

南瓜花煮猪肝

【主料】猪肝 200 克，南瓜花 50 克。
【配料】盐 1 克，葱末 3 克，姜末 2 克，味精 1 克。
【制作】① 南瓜花洗净。猪肝入沸水焯烫，去血水备用。② 锅置火上，注入适量清水，下南瓜花、猪肝同煮。③ 放入葱末、姜末，调入盐、味精即可。
【烹饪技法】焯，煮。

【营养功效】养肝明目，益气补血。

【健康贴士】猪肝宜与南瓜花同食，降脂效果明显。

豆苗猪肾粥

【主料】粳米100克，猪肾90克，猪肝60克，干贝60克，豌豆苗150克。

【配料】大葱3克，盐2克，色拉油5克

【制作】① 猪肾洗净切开，去白膜，切薄片；猪肝洗净切薄片；猪肝、猪肾、葱末、色拉油、盐混合拌匀；粳米洗净，用冷水浸泡30分钟，捞出，沥干水分；豌豆苗洗净，切短段；干贝浸软，撕细丝。② 锅置火上，入水烧沸，下粳米、干贝，大火煮沸后转小火煮至粳米熟烂，放入猪肾、猪肝，再煮沸5分钟，最后放入豆苗煮熟，调入盐出锅即可。

【烹饪技法】煮。

【营养功效】补虚明目，温补生津。

【健康贴士】此粥滋补效果显著，适宜老年人食用。

桑葚明目粥

【主料】桑葚罐头50克，糯米100克。

【配料】冰糖4克。

【制作】① 桑葚子捣烂，糯米洗净备用。② 砂锅置火上，注入适量清水，放入糯米煮粥，先大火，后小火，待粥熟后加入捣烂的桑葚子和冰糖，稍煮至冰糖后溶化即可。

【烹饪技法】煮。

【营养功效】补肝滋肾，益血明目。

【健康贴士】糯米也与莲藕同食，能够起到清热生津、益气养心的功效。

核桃滋补粥

【主料】核桃仁、粳米各30克，莲子、怀山药、黑眉豆各15克。

【配料】巴戟天10克，锁阳6克，盐4克，糖4克。

【制作】① 所有材料洗净。黑眉豆先行泡软，莲子去心，核桃仁捣碎；巴戟天与锁阳用纱布包裹，制成药包。② 锅置火上，注入适量清水，放入所有材料煮至米烂，捞出巴戟天、锁阳药包，根据个人口味调入适量盐或糖即可。

【烹饪技法】煮。

【营养功效】补肾壮阳，益气明目。

【健康贴士】莲子还具有降低血压的功效，适宜高血压患者食用。

鲜菊猪肝汤

【主料】猪肝100克。

【配料】鲜菊花10朵，盐5克，料酒6克。

【制作】① 鲜菊花洗净，去花托，撕开花瓣；猪肝洗净，切薄片，用3克盐、料酒腌10分钟。② 锅置火上，入水烧沸，下猪肝、菊花瓣，大火煮沸后转小火煲至猪肝熟，加盐调味即可。

【烹饪技法】腌，煮。

【营养功效】滋养肝血，养颜明目。

【健康贴士】猪肝若与虾同食，能够补肝肾，养血明目，可辅助治疗肾虚。

冬笋红萝卜汤

【主料】香菜160克，冬笋120克，红萝卜120克。

【配料】花椒3克，盐3克，味精2克，植物油5克。

【制作】① 红萝卜、冬笋洗净切块，香菜洗净切段。② 锅置火上，注入适量清水，放入红萝卜、冬笋煲至半熟，加入香菜，调入盐、味精、花椒稍煮片刻即可。

【烹饪技法】煮。

【营养功效】通淋利水，益肠明目，软化血管。

【健康贴士】香菜还可与羊肉搭配食用，它不仅使羊肉变得更鲜美，而且能促进营养吸收，有助于增强人体免疫力。

百合枸杞莲子汤

【主料】鲜百合120克，莲子70克。

【配料】枸杞 30 粒，冰糖 10 克。
【制作】① 莲子去心，泡水 2 小时后洗净捞出。② 锅置火上，注入 600 毫升清水，放入莲子、枸杞，大火煮沸 5 分钟后，加入鲜百合、冰糖，改小火续煮 30 分钟即可。
【烹饪技法】煮。
【营养功效】明目安神，健脾益胃。
【健康贴士】百合不宜与毛豆同食，易引发高钾血症。

苋菜鱼头豆腐汤

【主料】苋菜 480 克，鲢鱼头 300 克，豆腐 200 克。
【配料】盐 5 克，姜 5 克。
【制作】① 鱼头用水漂洗净，剁块；苋菜用水洗净，切段；豆腐用水洗净；生姜用水洗净，去皮，切片。② 瓦煲置火上，入水煮沸，放入苋菜、鲢鱼头、豆腐、姜，中火煲 2 小时，加入盐调味即可。
【烹饪技法】煮。
【营养功效】补虚明目，清热解毒。
【健康贴士】一般人皆宜食用。

玄参绿茶

【主料】玄参 10 克，绿茶 3 克。
【配料】沸水 300 毫升，冰糖 3 克。
【制作】① 将玄参、绿茶放入杯中，注入沸水搅匀。② 放入适量冰糖调味即可。
【营养功效】滋阴明目，除烦解毒。
【健康贴士】玄参本性寒凉，体质虚寒者不宜饮用。

健脑

拌茼蒿

【主料】茼蒿 300 克。
【配料】大蒜 5 克，酱油 5 克，孜然 3 克，醋 5 克，盐 3 克，五香粉 2 克，味精 1 克，芥末 3 克，香油 5 克。
【制作】① 取茼蒿嫩叶，洗净沥干；蒜切成末。② 将所有材料混合拌匀，盛盘即可。
【烹饪技法】拌。
【营养功效】益智提神，开胃健脾。
【健康贴士】泥鳅不宜与茼蒿同食，会降低营养价值。

鸡丝茼蒿

【主料】鸡脯肉 150 克，茼蒿 750 克。
【配料】鸡蛋 1 个，盐 2 克，黄酒 25 克，鸡精 0.3 克，清汤 50 毫升，姜丝 5 克，蒜片 5 克，鸡油 15 克，植物油 50 克，水淀粉 15 克，葱油 15 克。
【制作】① 鸡脯肉洗净、去筋皮，切成粗丝放入碗里，用盐、黄酒、蛋清、水淀粉腌渍入味，上浆备用；茼蒿洗净，切成寸段；盐、鸡精、黄酒、清汤、水淀粉混合成调味汁。② 锅置大火上，入油烧至六成热，下入鸡丝滑散，倒入茼蒿滑散，沥干油。③ 净锅置火上，下葱油、姜丝、蒜煸出香味，放入鸡丝和茼蒿，烹入调味汁，颠翻两下，淋入鸡油即可。
【烹饪技法】腌，煸。
【营养功效】清心安神，增强体魄。
【健康贴士】虚劳瘦弱、营养不良、气血不足、头晕心悸、面色萎黄、脾胃虚弱者宜食。

蒜蓉蒿子秆

【主料】蒿子秆 500 克。
【配料】植物油 15 克，盐 3 克，蒜蓉 5 克。
【制作】① 蒿子秆洗净，沥干水分，切段。

② 锅置火上，入油烧热，下蒿子秆迅速翻炒几下，下蒜蓉、调入盐翻炒均匀即可。

【烹饪技法】炒。

【营养功效】增强记忆，延缓衰老。

【健康贴士】茼蒿不宜与柿子同食，容易形成不易消化的沉淀物，造成胃部不适。

鹌鹑蛋炒韭菜

【主料】韭菜 100 克，鹌鹑蛋 200 克。

【配料】香油 50 克，盐 2 克，味精 1 克。

【制作】① 韭菜洗净、切碎；鹌鹑蛋去壳、打散。② 锅置大火上，入油烧至八成热，倒入鹌鹑蛋，炒至结块时盛入碗内。③ 净锅置火上，入香油烧至八成热，倒入韭菜煸炒至稍热，放入已炒好的鹌鹑蛋，炒匀，放入盐、味精调味即可。

【烹饪技法】炒。

【营养功效】温肾养血，健脾和胃，防衰益智。

【健康贴士】鹌鹑蛋宜与韭菜同食，滋补效果更佳。

清炒鳝丝

【主料】鳝丝 300 克。

【配料】葱末 5 克，姜末 5 克，淀粉 6 克，绍酒 6 克，盐 3 克，白砂糖 3 克，味精 2 克，胡椒粉 3 克，熟色拉油 30 克。

【制作】① 用绍酒 3 克、盐、白砂糖、味精、淀粉与鳝丝拌匀，腌 10 分钟。② 将腌后的鳝丝装入盘内，加入绍酒 3 克和熟色拉油 15 克，加盖大火入锅焖 3 分钟，淋上葱末、姜末、胡椒粉炒匀，浇上剩余的熟色拉油即可。

【烹饪技法】腌，焖，炒。

【营养功效】温阳健脾，益智补脑。

【健康贴士】糖尿病、高脂血、冠心病，及身体虚弱、气血不足者宜食。

涮椒鳝丝

【主料】鳝鱼 350 克。

【配料】绿豆芽 50 克，西芹 25 克，茶树菇 25 克，鲜红辣椒 5 克，香菜 15 克，盐 3 克，白砂糖 5 克，鸡精 2 克，醋 5 克，酱油 5 克，大蒜 10 克，姜 5 克，大葱 10 克，胡椒粉 2 克，干红辣椒 5 克，花椒粉 2 克，香油 10 克。

【制作】① 蒜蓉、姜米、葱末、香菜末、盐、白砂糖、鸡精、醋、酱油混合，制成味汁；鲜红辣椒和干红辣椒切碎；西芹洗净，切丝；豆芽掐去头尾，洗净。② 锅置火上，入水烧沸，下豆芽、西芹丝、茶树菇焯烫一下，装入盘中，黄鳝丝焯烫后放在蔬菜丝上。③ 淋上味汁，撒上胡椒粉、干辣椒末、红辣椒末、花椒末，淋入烧热的香油即可。

【烹饪技法】焯，炒。

【营养功效】补气养血，祛风通络。

【健康贴士】鳝鱼还可与菜花搭配食用，能够起到消除烦渴的作用。

白煮葱油鲫鱼

【主料】鲫鱼 750 克。

【配料】大葱 20 克，植物油 10 克，料酒 15 克，花椒 2 克，盐 3 克，姜 10 克，味精 1 克。

【制作】① 鲫鱼开膛，去除鳞、鳃、内脏，洗净，两面切斜刀，用沸水焯烫捞出。② 锅置火上，注入适量水，放入料酒、盐、姜片煮沸，下入鲫鱼，煮至半熟时捞出控干，留原汁备用。③ 净锅置火上，入油烧热，加入花椒、葱片炸出香味，拣去花椒、姜片。下入葱丝煸炒，加入料酒、适量清水，放入鲫鱼，用大火收浓汤汁，调入味精即可。

【烹饪技法】焯，煮，煸，炒。

【营养功效】滋阴补虚，醒神益智。

【健康贴士】鲫鱼宜与豆腐同食，既能补充异黄酮，还可有效预防更年期综合征。

萝卜干炖带鱼

【主料】带鱼 500 克，萝卜干 150 克。

【配料】花椒 1 克，大料 2 克，干红辣椒 2 克，大葱、姜、大蒜各 15 克，白砂糖 10 克，酱油、料酒各 15 克，醋 20 克，盐 2 克，味精 1 克，植物油 20 克。
【制作】① 带鱼处理干净后切段，萝卜干切成小段。② 锅置火上，入油烧热，放入带鱼两面稍煎一下，铲出。③ 锅中留底油，下入花椒、大料、干辣椒爆香，再下葱、姜、蒜片、萝卜干翻炒片刻。加入酱油、白砂糖、料酒、盐、醋及少量清水，烧沸后下入带鱼，焖至汤汁将干时放入味精拌匀即可。
【烹饪技法】煎，爆，炒。
【营养功效】暖胃补虚，益气养血。
【健康贴士】带鱼也可与香菇搭配食用，能够起到健胃消食、增强抵抗力的功效，可辅助治疗肝脏疾病、消化不良、高血压等症。

黄瓜拌兔肉丝

【主料】兔肉 500 克，黄瓜 100 克。
【配料】酱油、香油各 5 克，醋 5 克，味精 1 克，芥末 2 克，辣酱油 3 克。
【制作】① 兔肉去骨洗净，剔除皮筋，入锅煮熟凉凉，顺刀切成丝；黄瓜洗净，切成丝。② 用黄瓜丝垫盘底，放上兔肉丝，加酱油、醋、香油、味精、辣椒油，芥末另碟上桌，食用时拌匀即可。
【烹饪技法】煮，拌。
【营养功效】宁神养心，解毒祛热。
【健康贴士】兔肉性凉，姜性温，二者性味相反，不宜同食，会引起胃肠功能紊乱，导致腹泻。

猪血菠菜汤

【主料】菠菜 3 棵，猪血 100 克。
【配料】葱段 10 克，盐 3 克，香油 4 克。
【制作】① 菠菜择去黄叶，洗净后切段；猪血洗净后切块。② 锅置火上，入适量香油烧热，下葱段炒香，放入适量开水，大火煮沸。③ 将猪血放入锅中，煮至水再次滚沸，加入菠菜段、盐，煮至菠菜变色即可。
【烹饪技法】炒，煮。
【营养功效】清肠解毒，益气补血。
【健康贴士】猪血也可与海蜇一起炖食，解毒清肠、化痰软坚，对于缓解哮喘有一定的帮助。

菠菜鸽片汤

【主料】菠菜 50 克，鸽肉 100 克。
【配料】蛋清 30 克，盐 3 克，味精 2 克，干淀粉 3 克，水淀粉 6 克。
【制作】① 菠菜择洗干净，切长段；鸽肉洗净，切成片，加入蛋清、盐、干淀粉拌匀，上浆备用。② 锅置火上，注入适量清水烧沸，下入鸽片，待其变白，放入菠菜段、盐、味精搅匀，下水淀粉勾芡即可。
【烹饪技法】煮。
【营养功效】益智补脑，健胃利脾。
【健康贴士】一般人皆宜食用。

原味鲜鱼汤

【主料】鲤鱼、胖头鱼、鲫鱼各 150 克。
【配料】白酒 8 克，黄酒 5 克，葱 5 克，姜 5 克，盐 4 克，味精 3 克，色拉油 40 克，醋 8 克。
【制作】① 将鲤鱼、胖头鱼、鲫鱼处理干净备用。② 锅置火上，入色拉油烧至八成热，将鱼下锅，点少量白酒烧至微黄。放入葱段、姜片、白萝卜片，加水，大火煮至微白。③ 点少许黄酒，调入盐，中火煎煮至酒味消失，待汤显白色，放入味精即可。
【烹饪技法】煎，煮。
【营养功效】利水消肿，补脑安神。
【健康贴士】三鱼同食，滋补效果更佳。

金针黄豆排骨汤

【主料】金针菇 100 克，黄豆 50 克，小排骨 150 克。
【配料】姜片 5 克，盐 3 克，红枣 5 枚。
【制作】① 黄豆用水泡软，清洗干净；金针菇洗净，切段；红枣洗净，去核；排骨洗净，切小块，放入沸水中焯烫，去掉血水。② 锅置火上，注入适量清水烧沸，放入所有材料，中小火焖 30 分钟即可。

【烹饪技法】焯，焖煮。

【营养功效】增强智力，抗菌消炎。

【健康贴士】此汤滋补益脑，可预防老年痴呆，还有降压的食疗效果。

养心鸭

【主料】净老母鸭 1 只。

【配料】黄花菜 30 克，百合 30 克，香菇 10克，糯米 30 克，大枣 10 枚，葡萄酒 30 克，葱 4 根，生姜 5 片，盐 5 克，味精 2 克。

【制作】① 糯米用水洗净，浸泡 2 小时；黄花菜用水浸泡一会儿，去蒂备用；百合洗净后剥成瓣；香菇用水泡发后去蒂；将葱 2 根打成1结，共打成2个结。② 将黄花菜与糯米、百合、香菇、盐、葡萄酒 15 克混合搅拌均匀，塞入鸭腹内，在开口处塞上 2 个葱结，用线将鸭腹部缝好。③ 将鸭子入锅蒸至酥烂，取出即可。

【烹饪技法】蒸。

【营养功效】养心安神，健脑益智。

【健康贴士】一般人皆宜食用。

水晶驴肉

【主料】驴肉 1500 克，驴皮 800 克。

【配料】葱 5 克，生姜 5 克，大料 2 粒，葡萄酒 20 毫升，盐 6 克，味精 2 克。

【制作】① 驴肉洗净；驴皮刮去毛、洗净。② 锅置火上，入水烧沸，下入驴肉和驴皮，水开后将驴皮捞出，放入凉水盆中，再刮洗一遍。待驴肉不见血水时，捞出洗净。③ 驴皮切片，驴肉切成 2 厘米长的块，一同放入盆内，加入葱、生姜和大料、盐、葡萄酒，再加水 800 毫升。④ 驴肉入蒸锅内蒸熟后，把驴皮、大料、葱、生姜捞出，把肉和汤倒入有型盆内，放入冰箱内冻成水晶冻即可。

【烹饪技法】焯，蒸。

【营养功效】补益气血，安神定志。

【健康贴士】驴肉补气血、益脏腑，是久病初愈、气血虚亏者的食疗佳品。

益智鳝段

【主料】净鳝鱼肉 250 克。

【配料】干地黄 12 克，菟丝子 12 克，净笋 10 克，黄瓜 10 克，木耳 3 克，酱油 5 克，味精 2 克，盐 3 克，水淀粉 8 克，料酒 6 克，胡椒粉 4 克，姜末 5 克，蒜末 5 克，香油 6 克，白砂糖 4 克，蛋清 30 克，高汤 200 毫升。

【制作】① 菟丝子、干地黄入锅煎两次，取汁过滤；木耳用水泡发，鳝鱼肉切成片，笋切片，黄瓜切方片；鳝鱼片放入碗内，加水淀粉、蛋清、盐、药汁煨好。② 锅置火上，入油烧至五成热，下入鳝鱼滑散，捞出沥油。③ 锅内留油，下蒜末、姜末爆香，放笋片、黄瓜片、木耳、鱼片，加盐、味精、白砂糖翻炒均匀，烹入料酒、高汤，淋上香油，出锅盛盘，撒上胡椒粉即可。

【烹饪技法】煎，爆，炒。

【营养功效】补肾养肝，益智补脑。

【健康贴士】鳝鱼还可与木瓜一同食用，不仅补益肾虚，还能起到很好的祛风通络、强筋骨的功效。

糖醋焖鲫鱼

【主料】鲜鲫鱼 500 克，醋、酱油、白砂糖、泡红辣椒各 20 克。

【配料】植物油 80 克，姜丝、葱末各 6 克，花椒油 6 克，味精 2 克。

【制作】① 鲫鱼处理干净，洗净沥干水分；红辣椒切丝。② 锅置火上，入油烧至七成热，下鲫鱼炸成金黄色，肉质酥后滗出多余的油。③ 加入适量的水，放入盐、酱油、糖、醋、葱末、姜丝和泡红辣椒丝，继续焖煮至水沸后，改用中火焖至汁浓。加入花椒油、味精，改用小火煨至汁呈黏稠状即可。

【烹饪技法】炸，煮，煨。

【营养功效】滋阴补虚，活血通络。

【健康贴士】一般人皆宜食用。

香菇芹菜炒墨鱼

【主料】芹菜 300 克，墨鱼肉 100 克。
【配料】香菇 15 克，猪油 30 克，黄酒 8 克，盐 3 克，味精 2 克。
【制作】① 香菇泡开，去蒂，切丝；芹菜去叶，切成 2 厘米长的段。② 锅置火上，入水烧沸，倒入黄酒，将墨鱼肉煮 1 分钟，捞出。③ 净锅置火上，入猪油烧至八成热，下芹菜翻炒 1 分钟，放入香菇丝、墨鱼丝翻炒 2 分钟，调入味精即可。
【烹饪技法】煮，炒。
【营养功效】健脑强身，消除疲劳。
【健康贴士】墨鱼若与白砂糖同食，可以益气润肺，化痰止咳，对于辅助治疗哮喘有一定的帮助。

杞苗炒猪心

【主料】猪心 400 克，枸杞叶 150 克。
【配料】盐 4 克，植物油 25 克。
【制作】① 枸杞叶洗净，沥干水分；猪心洗净，切小片。② 锅置火上，入油烧热，下猪心翻炒至八成熟，放入枸杞叶同炒，调入盐，翻炒均匀即可。
【烹饪技法】炒。
【营养功效】补益气血，养心安神。
【健康贴士】猪心富含锌、铁等矿物质，而花生中含植酸，二者不宜同食，会影响锌的吸收。

珍珠南瓜

【主料】鹌鹑蛋 10 个，老南瓜 200 克。
【配料】青椒 1 只，生姜 1 块，植物油 20 克，盐 8 克，味精 3 克，白砂糖 3 克，水淀粉 6 克。
【制作】① 鹌鹑蛋煮熟、去壳；老南瓜去皮、子，切块；青椒切片，生姜去皮、切片。② 锅置火上，入油烧热，放入生姜片、鹌鹑蛋、南瓜、青椒片、盐炒至八成熟。③ 调入味精、白砂糖轻炒，再用水生粉勾芡，炒至汁浓时出锅盛盘即可。
【烹饪技法】炒。
【营养功效】降压益气，凝神安心。
【健康贴士】病后虚弱、胃病、心血管疾病、营养不良者宜食。

五香鸽子

【主料】雏鸽 1 只。
【配料】盐 5 克，花椒 5 克，淀粉 5 克，干红辣椒 10 克，料酒 15 克，大料 3 克，香油 10 克，桂皮 5 克，酱油 15 克，小茴香子 2 克，白砂糖 5 克，小葱 5 克，猪油 50 克，姜 15 克，高汤适量。
【制作】① 鸽子处理干净，入沸水中焯烫一下，捞出沥干水分，趁热抹上酱油。② 锅置火上，入猪油烧至七成热，下鸽子炸至金黄色，捞出沥油。③ 将桂皮、大料、甘草、茴香子用净布包好，放入砂钵内，再放进鸽子，加酱油、白砂糖、盐、料酒、葱节、姜块、高汤、干红辣椒，砂钵加盖，用小火焖至酥烂，取出鸽子切成块状，摆码入盘中即可。
【烹饪技法】焯，炸，焖。
【营养功效】益气补血，生津止渴。
【健康贴士】鸽肉还可与玉米同食，能够起到健脑的作用，对于预防神经衰弱有一定的疗效。

麻酱拌菠菜

【主料】菠菜 500 克。
【配料】芝麻酱 20 克，盐 3 克，酱油 10 克，白砂糖 5 克，香油 10 克，味精 2 克。
【制作】① 菠菜洗净，放沸水中焯烫熟，捞出凉凉，挤掉水分，切成粗段，放入干净盘内。② 麻酱加少许凉开水，慢慢调稀，加入盐、酱油、白砂糖、味精，调匀后浇在菠菜段上，淋上香油，拌匀即可。
【烹饪技法】焯，拌。
【营养功效】滋阴润燥，健脑益智。
【健康贴士】菠菜最宜与猪血同食，既可以补充营养，又能起到很好的净化血液、润肠通便的作用，适于血虚肠燥、贫血及出血患者食用。

补钙

蚝香油菜心

【主料】菜心 500 克。

【配料】蚝油 15 克，料酒 8 克，植物油 15 克，糖 4 克，味精 2 克，水淀粉、酱油各 5 克，蒜末 5 克，香油 4 克。

【制作】① 把菜心清洗干净，去掉老叶。② 锅置火上，注入适量水，放入盐、糖、少许植物油烧沸，放入菜心焯 20 秒，捞出沥干水分，放入盘中备用。③ 净锅置火上，入植物油烧热，下蒜末爆香，加蚝油、料酒、糖、味精、酱油，注入适量水，煮沸后下水淀粉勾芡，放入香油拌匀，淋在菜心上即可。

【烹饪技法】焯，爆，煮。

【营养功效】活血消肿，益气补钙。

【健康贴士】菜心还可与鸡肉同食，可以起到活血化瘀、滋补身体的功效，特别适合久病、身体羸弱者食用。

翡翠蟹柳

【主料】西蓝花 2 朵，蟹柳 3 条，蛋清 2 个。

【配料】盐 5 克，糖 2 克，水淀粉 5 克，植物油 15 克。

【制作】① 蟹柳用刀拍扁，撕成丝；西蓝花切成小朵；盐 3 克、糖、水淀粉混合制成芡汁。② 锅置火上入水，放入盐 2 克、油 8 克，下入西蓝花焯熟，捞起盛盘。③ 净锅置火上，入油烧热，下入蟹柳和芡汁煮至糊状，再加入蛋清及少量香油拌匀，取出淋在西蓝花上即可。

【烹饪技法】焯，煮。

【营养功效】润肺止咳，强筋壮骨。

【健康贴士】一般人皆宜食用。

虾仁炒什锦

【主料】虾仁 300 克，玉米粒 100 克，熟豌豆粒 100 克。

【配料】火腿 1 根，胡萝卜 1 根，盐 3 克，橄榄油 20 克。

【制作】① 全部食材洗净，胡萝卜切成丁。② 锅置火上，入油烧热，下虾仁煸熟后盛出。③ 锅内留底油，放入胡萝卜翻炒至半熟，下入玉米粒和豌豆粒翻炒，将虾仁倒入锅中，加入少许盐炒熟即可。

【烹饪技法】煸，炒。

【营养功效】补充钙质，增强免疫。

【健康贴士】虾仁也可与蕨菜同食，可以起到健脾润肺、增强体质、防治癌症的作用。

小白菜牡蛎汤

【主料】小白菜 150 克，牡蛎 200 克。

【配料】盐 3 克，味精 2 克，葱末 4 克，植物油 20 克。

【制作】① 小白菜、牡蛎分别洗净备用。② 锅置火上，入油烧热，下葱末爆香，注入适量水，放入牡蛎。③ 水煮沸后下入小白菜、盐，再次煮沸后调入味精，出锅即可。

【烹饪技法】爆，煮。

【营养功效】加固骨质，强健筋脉。

【健康贴士】牡蛎和牛奶都富含钙质，二者也可同食，可强化骨骼和牙齿，够预防骨质疏松。

小白菜羊脊骨汤

【主料】羊脊骨 300 克，小白菜 200 克。

【配料】植物油 15 克，盐 4 克，葱段 5 克，葱末 3 克，姜片 3 片，鸡精 2 克。

【制作】① 羊脊骨、小白菜洗净备用。② 锅置火上，注入适量水，放入羊脊骨煮沸。③ 锅中水倒出，重新注入水，放入葱段、姜片煮 2 小时。④ 净锅置火上，入油烧热，放入葱末爆香，添入脊骨汤煮沸，放入羊脊骨和小白菜稍煮片刻即可。
【烹饪技法】煮，爆。
【营养功效】通肠利胃，强身健体。
【健康贴士】小白菜若与薏仁同食，可以辅助治疗脾虚湿热证。

虾皮炒小白菜

【主料】小白菜 200 克，虾皮 80 克。
【配料】葱末 5 克，植物油 20 克，盐 3 克。
【制作】① 小白菜洗干净，切成 6 厘米长的段，用沸水焯烫；虾皮用清水浸泡 5 分钟后洗干净。② 锅置火上，入油烧至五成热，下葱末爆香，放入小白菜翻炒 2 分钟后，倒入虾皮继续翻炒，调入适量盐即可。
【烹饪技法】焯，爆，炒。
【营养功效】清肝明目，补钙强身。
【健康贴士】小白菜也可与排骨搭配食用，不仅营养丰富，更能清热除烦、通利肠胃，食疗功效颇佳。

蚝油口蘑小白菜

【主料】小白菜 200 克，口蘑 200 克。
【配料】糖 3 克，盐 3 克，蚝油 8 克，植物油 20 克。
【制作】① 口蘑洗干净，切成薄片，放入开水中焯 1 分钟，捞出沥干水分；小白菜摘去根部，洗净备用。② 锅置火上，入植物油烧热，下小白菜大火快炒，炒至小白菜稍变软后加入口蘑片，加少许蚝油提鲜，最后放适量糖、盐调味即可。
【烹饪技法】焯，炒。
【营养功效】消肿散瘀，益补筋骨。
【健康贴士】小白菜有通便的作用，兔肉性凉、易致腹泻，二者同食极易导致人体出现腹泻或呕吐症状。

小白菜炒鸡片

【主料】熟鸡脯肉 100 克，嫩小白菜 500 克。
【配料】牛奶 50 克，盐 4 克，葱 5 克，姜 5 克，料酒 8 克，水淀粉 7 克，鸡汤 150 克，植物油 15 克。
【制作】① 熟鸡脯肉切成片；葱、姜洗净，切成末；把小白菜去根，洗净，切成 10 厘米长的段，用开水焯透，捞出，理齐放入盘内，沥干水分。② 锅置火上，入油烧热，下葱末、姜末炝锅，烹料酒，加入鸡汤和盐，放入鸡脯肉和小白菜（顺着放），用大火烧沸，加入味精、牛奶，用水淀粉勾芡，出锅盛盘即可。
【烹饪技法】焯，炝，炒。
【营养功效】益气补钙，润肠通便。
【健康贴士】鸡肉还可与栗子同食，可以健脾养胃，对于增强人体造血功能有一定的帮助作用。

腐竹炒小白菜

【主料】腐竹 100 克，小白菜 200 克。
【配料】色拉油 25 克，盐 3 克，五香粉 2 克，味精 3 克，生抽 5 克，葱末、姜末各 3 克。
【制作】① 小白菜清洗干净，切成片装入盘中；腐竹用开水焯烫一下，切成小段。② 锅置火上，入油烧热，下葱末、姜末爆香，放入五香粉，倒入小白菜翻炒均匀，放入腐竹。③ 调入盐、生抽微炒一会儿，最后放入味精调味，出锅盛盘即可。
【烹饪技法】焯，爆，炒。
【营养功效】强筋壮骨，降低固醇。
【健康贴士】此菜可加速人体的新陈代谢和增强人体的造血功能，还有助于荨麻疹的消退。

小白菜炒鸡蛋

【主料】小白菜 300 克，鸡蛋 2 个。
【配料】植物油 15 克，盐 3 克，蒜苗 50 克。
【制作】① 小白菜洗净，沥干水分，切成段；鸡蛋打散；蒜苗洗净，切段。② 锅置火上入油，下鸡蛋液炒熟备用。③ 净锅置火上，入油烧热，放入小白菜翻炒，加入适量盐调味。放入蒜苗同炒，待蒜苗变软后放入鸡蛋，翻炒均匀即可。

【烹饪技法】炒。
【营养功效】益精补气，清热解毒，强健筋骨。
【健康贴士】老年人宜食。

猪肝炒小白菜

【主料】猪肝 300 克，小白菜心 30 克。
【配料】植物油 15 克，盐 4 克，料酒 6 克，生粉 5 克，葱末、姜末各 5 克，干辣椒丝 8 克。
【制作】① 鲜猪肝在清水中浸泡 10 分钟，去筋切成片，再用清水洗一遍，加盐 3 克、料酒、生粉腌 15 分钟入味；小白菜心洗净备用。② 锅置火上，入油烧至七成热，放葱姜末、干辣椒丝爆香，倒入腌好的猪肝片在锅中迅速划开变色，关火，让猪肝在锅中停 1 分钟烧熟透，盛起备用。③ 余油放入小白菜心加盐 1 克快速翻炒，倒下猪肝搅拌，撒味精盛盘即可。
【烹饪技法】腌，爆，炒。
【营养功效】补气益血，强筋健骨。
【健康贴士】心脑血管疾病、糖尿病、消化系统溃疡、结肠癌、肺热咳嗽者宜食。

白菜烧肚片

【主料】猪肚 1 个，白菜 1 棵。
【配料】胡萝卜 50 克，盐 8 克，糖 2 克，鸡精 2 克，水淀粉 6 克，醋 8 克，玉米面 10 克，葱段 10 克，姜片 5 克，蒜 2 瓣，料酒 10 克，老抽 7 克。
【制作】① 白菜洗净，切片；木耳用温水泡软，撕成小朵；胡萝卜切菱形片。② 猪肚内外用盐 6 克、醋、玉米面分别揉搓，冲洗干净，放入锅中，加葱 6 克、姜 3 克、料酒、花椒、大料煮 90 分钟。将煮好的猪肚放凉，斜切成片。③ 锅置火上，入油烧热，下葱 4 克、姜片 2 克、蒜爆香，加入胡萝卜、白菜翻炒片刻，放入肚片翻炒均匀，加少许老抽上色，加盐 2 克、糖、鸡精调味，调入水淀粉勾芡即可。
【烹饪技法】煮，炒。
【营养功效】润肠排毒，养胃生津，补钙壮骨。
【健康贴士】脾胃虚寒、大便溏薄者不宜多食。

小白菜青鱼丸汤

【主料】小白菜 200 克，鱼丸 80 克。
【配料】猪骨高汤 1500 毫升，盐 4 克，味精 2 克。
【制作】① 小白菜洗净，切块。② 锅置火上，入高汤煮沸，放入鱼丸，待再次煮沸后放入小白菜，煮五分钟后放入盐、味精调味即可。
【烹饪技法】煮。
【营养功效】通利肠胃，益气强筋。
【健康贴士】小白菜与醋同食会导致小白菜中的营养物质流失，因此二者不宜同食。

甘蓝炒番茄

【主料】番茄 100 克，甘蓝 100 克。
【配料】植物油 20 克，盐 3 克，鸡精 2 克，葱末 4 克，老抽 5 克。
【制作】① 番茄、甘蓝分别洗净，切块。② 锅置火上，入油烧热，下葱末爆香，放入番茄爆炒。③ 待番茄出汁后，放入甘蓝，加入适量老抽，转小火翻炒，最后加入适量盐、鸡精调味即可。
【烹饪技法】爆，炒。
【营养功效】健胃消食，强壮筋骨。
【健康贴士】一般人皆宜食用。

海红炒甘蓝

【主料】海红 750 克，绿甘蓝 200 克。

【配料】色拉油 20 克，盐 3 克，味精 2 克，酱油 5 克，葱丝、姜丝各 5 克，香油 5 克。

【制作】① 海红洗净，下锅煮熟，取肉；大头菜洗净，切细丝。② 锅置火上，入色拉油烧热，下葱姜丝爆香，烹入酱油，下入大头菜丝煸炒至八成熟，调入盐、味精、酱油，再下入海红肉翻炒至熟，淋上香油即可。

【烹饪技法】煮，爆，煸，炒。

【营养功效】固筋补钙，益肾填精。

【健康贴士】海红还可与甲鱼同食，既可以补肾益精，又有助于降血压，适合肾虚、高血压患者食用。

【举一反三】将海红换成海米，即可做成海米炒甘蓝。

虾皮炖白菜

【主料】小白菜 500 克，虾皮 40 克。

【配料】姜片 2 克，植物油 20 克，盐 5 克，鸡精 2 克。

【制作】① 小白菜去头洗净；虾皮洗净备用。② 锅置火上，入油烧热，下姜片爆香，放入虾皮煸炒片刻。③ 放入小白菜炒匀，加入水 500 毫升，小火炖 20 分钟，加入盐、鸡精调味即可。

【烹饪技法】爆，煸，炒，炖。

【营养功效】补充钙质，清热除烦。

【健康贴士】小白菜宜与虾皮同食，清热祛火的功效佳。

随性自在烧烤篇

鲜香扑鼻水产烧烤

香茅烤鲫鱼

【主料】鲫鱼1条(约250克),香茅草5克。

【配料】小番茄、香菜、葱、蒜、辣椒各5克,柠檬汁4克,植物油15克,白胡椒粉、白砂糖、盐各3克。

【制作】① 小番茄洗净,对半切开;香菜、葱、蒜、辣椒均洗净,切末;将所有切好的材料放进石臼舂碎后,加入香茅草、柠檬汁、白胡椒粉、白砂糖、盐搅拌均匀,调成馅料。② 鲫鱼剖腹,去肠脏、鳃、鳞,洗净,沥干水分;把1/2的馅料装入鱼腹中,其余的抹在鲫鱼身上,用香茅草捆紧,装入保鲜袋系紧,放入冰箱冷藏室放置1小时,腌制入味。③ 取出鲫鱼,去掉保鲜袋,放在烧烤架上涂上一层油,烤箱预热180℃,设定循环火,放在中层进行烘烤,烤20分钟后取出,在鲫鱼身上再抹上一层油,再次放入烤箱中,用上下火进行烘烤,烤20分钟至鲫鱼表皮呈金黄色即可。

【烹饪技法】腌,烤。

【美食特色】外焦里嫩,咸香适口。

【举一反三】鲫鱼可以换成秋刀鱼、罗非鱼等,味道同样有鲜美。

【巧手妙招】鲫鱼处理干净后,用料酒抹遍鲫鱼全身,可以去腥味,使味道更加鲜美。

孜然辣烤鱼

【主料】鲫鱼1条(约250克),孜然粉5克。

【配料】姜5克,自制辣椒油4克,盐3克,广东米酒20克,植物油15克。

【制作】① 鲫鱼去鳞、鳃,从背部剖开,去内脏,刮尽黑膜,洗净,在鱼身改一字刀;姜洗净,切片。② 将鲫鱼装入碗里,加入广州米酒、2克盐、3克孜然粉,均匀地抹在鱼身上,放入冰箱冷藏24小时,腌制入味。③ 取1张锡纸,在锡纸上刷上植物油,把鲫鱼从冰箱取出,摆在锡纸上,把姜片垫在鱼腹内,撒上用剩的盐、孜然粉,淋上辣椒油,包好,放入烤盘中,将烤盘移入预热为180℃的烤箱里,烤20分钟至熟即可。

【烹饪技法】腌,烤。

【美食特色】焦香诱人,香辣鲜嫩。

【举一反三】把现打孜然粉换成蒜蓉,即可变成蒜香烤鱼。

【巧手妙招】抠鱼鳃时把鱼牙去掉,除内脏时把黑膜去掉,鱼牙和黑膜是最腥的。

茄汁辣味烤鲫鱼

【主料】鲫鱼1条(约300克),番茄100克,尖椒、胡萝卜各30克。

【配料】姜5克,辣椒粉、孜然粉各4克,生抽、料酒各6克,盐8克,植物油15克。

【制作】① 姜洗净,切丝;鲫鱼去鳞、鳃、内脏,洗净,沥干水分,装入碗里,加盐(4克)、料酒、生抽、姜丝腌制入味。② 尖椒去蒂、子,洗净,切块;胡萝卜洗净,切片;番茄洗净,剁成末,装入碗里,加盐(4克)、油、孜然粉搅拌均匀,做成番茄酱备用。③ 用竹签把鲫鱼、尖椒块、胡萝卜片串起来,放在烤架上,用刷子把自制番茄酱刷在鲫鱼身上,将烤架移入预热为180℃的烤箱中,上火,烤20分钟至熟即可。

【烹饪技法】腌,烤。

【美食特色】焦香味美,甜咸适中,鲜嫩可口。

【举一反三】番茄汁用罐头番茄汁,可省去做番茄汁的步骤;将鲫鱼换成秋刀鱼味道更加鲜美。

荷叶烤鲫鱼

【主料】鲫鱼 2 条（约 400 克）。

【配料】葱、姜各 5 克，植物油 15 克，料酒 10 克，盐 4 克。

【制作】① 鲫鱼剖腹，去肠脏、鳃、鳞，洗净，沥干水分；把料酒装入小碗里，加入盐调匀后，均匀地抹在鱼身内外；葱洗净，切丝；姜洗净，切丝。② 准备好 2 张荷叶，用开水泡软，擦干，取 1 张涂上花生油，把鲫鱼放在荷叶上，然后在鲫鱼身上抹一层油，把姜丝、葱丝放在鱼腹和鱼身上，用另一张荷叶包好，再用细铁丝扣好。③ 把鲫鱼摆入垫着锡纸的烤盘中，放入预热 180℃的烤箱中，设定循环火，放在中层进行烘烤，烤约 20 分钟，取出装盘即可。

【烹饪技法】烤。

【美食特色】鲜嫩滑爽，荷叶清香。

【举一反三】鲫鱼可以换成鲶鱼、乌江鱼等，同样有鲜嫩多汁、香糯弹口的口感。

照烧汁烤鱼块

【主料】鲫鱼净肉 500 克，照烧汁 20 克。

【配料】生抽 7 克，蜂蜜 4 克，料酒 5 克，植物油 15 克，胡椒粉 5 克。

【制作】① 鲫鱼净肉洗净，切块，装入碗里，加入 10 克照烧汁、胡椒粉、料酒、2 克蜂蜜，拌匀，腌制 15 分钟至入味。② 取一小碗，放入 10 克照烧汁和 2 克蜂蜜调匀，做成味汁备用。 ③ 在不粘烤盘内刷上一层油，把腌制好的鱼块整齐地放在烤盘上，放入预热 200℃的烤箱烤 10 分钟，取出，翻面，涂上一层味汁，再烤 5 分钟即可。

【烹饪技法】腌，烤。

【美食特色】干香有味，香辣美味。

【举一反三】鲫鱼可替换成草鱼，味道同样鲜美。

香烤鲤鱼

【主料】鲤鱼 1 条（约 500 克）。

【配料】植物油 15 克，料酒 5 克，辣椒粉、胡椒粉、孜然粉各 5 克，盐 4 克。

【制作】① 鲤鱼去鳞、鳃、内脏，洗净，两面改刀，沥干水分，装入碗里，加入 2 克盐和料酒，抹匀鱼身内外，用保鲜膜盖住碗口，放入冰箱腌制 2 个小时。② 把辣椒粉、胡椒粉、孜然粉一起倒入料碗里，加入 5 克植物油，拌匀，调成味汁。③ 取锡纸 1 张铺在烤盘上，在锡纸上刷一层油（约 10 克），将腌制好的鲤鱼从冰箱取出，放在锡纸上，用刷子把辣椒粉、胡椒粉、孜然粉调成的味汁刷在鱼身上，包好。④ 把烤盘放入预热为 200℃的烤箱中，循环火，烤 20 分钟至熟即可。

【烹饪技法】腌，烤。

【美食特色】焦黄肉嫩，香辣鲜美。

【举一反三】家里没有烤箱可用微波炉，会起到同样的效果。

盐烤鲥鱼

【主料】鲥鱼 1 条。

【配料】沙姜 4 克，葱 5 克，植物油 10 克，熟鸡油 20 克，百里香 5 克，盐 200 克，鸡精 5 克，白胡椒粉 5 克。

【制作】① 沙姜洗净，切碎；葱洗净，切成葱末；鲥鱼洗净，去腮、内脏，对剖成两片，去骨，洗净，沥干水分，放入碗里，加入盐（3 克）、百里香、鸡精、白胡椒粉、植物油，拌匀，腌制入味。② 在烤盘上铺上锡纸，刷上熟鸡油，撒上葱末，将 1 片鲥鱼摆在锡纸上，放入沙姜碎，再刷一层熟鸡油后，放上另一片鲥鱼，刷上剩下的熟鸡油，包好锡纸，将剩下的盐全部放在锡纸包的表面上。③ 将烤盘移入预热为 200℃的烤箱中，用循环火烤 20 分钟至熟即可。

【烹饪技法】腌，烤。

【美食特色】肉质紧实，咸香适口。

【举一反三】鲥鱼也可换成青鱼、鲫鱼等，

味道同样鲜美。

炉烤鲥鱼

【主料】鲥鱼 1 条（约 1000 克）。
【配料】葱、姜各 15 克，料酒 25 克，植物油 30 克，盐、白砂糖各 8 克，胡椒粉 5 克。
【制作】① 葱洗净，切成葱末；姜洗净，切末；鲥鱼去腮、内脏，剪去划水，洗净，放入长鱼盘内，加入料酒、盐、白砂糖、胡椒粉拌匀，腌制入味。② 将鲥鱼放入铁烤盘内，葱末、姜末垫在鱼身下，刷上一层油，放进烤炉内，用中火烤，烤至八成熟时，取出，翻面，再刷上一层油，放入烤箱，继续烤 15 分钟左右，烤至鱼身呈金黄色即可。
【烹饪技法】腌，烤。
【美食特色】外皮酥脆，肉质鲜嫩。
【举一反三】鲥鱼可换成其他鱼，味道同样鲜美。

炭烤鲢鱼串

【主料】鲢鱼净肉 500 克，白皮洋葱 80 克。
【配料】奶油 100 克，柠檬汁 25 克，盐 6 克，鸡精、胡椒粉各 2 克。
【制作】① 洋葱洗净，切末；鲢鱼净肉洗净，切小块，装入碗里，加入洋葱末、柠檬汁、盐、鸡精、奶油拌匀，腌制 2 小时左右。② 将腌制好的鱼块用竹签子串好（每根竹签串 4 块），全部串好后，在鲢鱼串的两面撒上胡椒粉，放在烧红的炭火炉上两面翻烤，使鱼肉均匀受热，边烤边刷上腌制鲢鱼的味汁，烤熟出香即可。
【烹饪技法】腌，烤。
【美食特色】鲜咸不腻，奶香浓郁。
【举一反三】鲢鱼净肉可换成鲫鱼或黑鱼净肉，也可做出美味可口的烤鱼。

香烤鱼头王

【主料】鲢鱼头 1 个（约 1000 克），白皮大蒜、葱、姜各 50 克。
【配料】植物油 40 克，花雕酒、鱼露、白砂糖各 50 克，辣椒酱 75 克，盐 10 克，鸡精 5 克。
【制作】① 大蒜去皮；姜洗净，切末；葱洗净，切成葱末；鲢鱼头去鳃，洗净，用刀从鱼颌处劈开成大扇形，放入盆中，加入鱼露、花雕酒、葱末、姜末、盐、鸡精拌匀，腌制 2 小时。② 在烤盘内刷上一层油，摆上蒜瓣，把鲢鱼头皮朝下放在烤盘上，刷上油，涂上一层辣椒酱，放入预热 200℃的烤箱中，大火烤 10 分钟后，取出，把鲢鱼头翻过来，再刷上一层油，涂上一层辣椒酱，放入烤箱中，再烤 10 分钟即可。
【烹饪技法】腌，烤。
【美食特色】造型大气，味鲜美，皮焦香肉嫩滑，鱼香、葱香、酒香、蒜香、酱香融为一体。
【举一反三】将白皮大蒜换成白皮洋葱也同样美味可口。

香烤草鱼

【主料】草鱼 1 条（约 1000 克）。
【配料】迷迭香、百里香各 5 克，朝天椒、葱、大蒜、姜各 10 克，黄油 50 克，植物油 20 克，料酒 15 克，花生碎 30 克，盐 8 克。
【制作】① 大蒜去皮，切末；朝天椒洗净，切碎；葱洗净，切成葱末；姜洗净，切末；草鱼去鳞、鳃、内脏，洗净，沥干水分，装入盆里，将葱末、姜末装进鱼腹里，加入盐、料酒腌制 30 分钟，使之入味。② 炒锅置火上，烧干烧热，放入黄油块化开，加入朝天椒碎、蒜末、迷迭香、百里香、花生碎一起炒匀，制成味汁。③ 在烤盘上刷上一层植物油，将腌制好的草鱼放入烤盘中，移入预热 240℃的烤箱中，烤 15 分钟后，取出，装入锡纸里，浇入味汁，包好锡纸，再放入烤箱中烤 5 分钟即可。
【烹饪技法】腌，烤。
【美食特色】润滑爽口，香辣美味。
【举一反三】把草鱼换成鲶鱼口感更佳香糯。

辣味烤鱼

【主料】草鱼净肉500克，白皮洋葱50克。
【配料】植物油25克，香菜10克，白皮大蒜5克，番茄汁15克，料酒10克，白砂糖3克，辣椒粉15克，盐3克。
【制作】① 将草鱼净肉洗净，沥干水分，装入碗里，加盐、料酒拌匀，腌制20分钟，使之入味。② 白皮洋葱洗净，切末；白皮大蒜去皮，切末；香菜择洗干净，切末。③ 在烤盘上刷一层油（约5克），把腌制好的草鱼净肉放在烤盘上，放入洋葱末，放入预热240℃的烤箱里，烤20分钟取出。④ 炒锅置大火上，入油20克烧热，放入番茄汁、白砂糖、辣椒粉、蒜末烧开制成番茄汁，浇在烤好的草鱼净肉上，撒上香菜末即可。
【烹饪技法】腌，烤，炒。
【美食特色】香辣诱人，鲜嫩多汁。
【举一反三】可将草鱼换成鲶鱼，口感更佳香糯。

洋葱剁椒烤鱼

【主料】鲈鱼1条（约500克），洋葱1/2个。
【配料】朝天椒20克，姜8克，料酒10克，植物油30克，白砂糖、盐各4克，胡椒粉3克。
【制作】① 洋葱洗净，一半切丁，一半切丝；姜洗净，切丝；朝天椒洗净，去蒂，剁成剁椒；鲈鱼去鳞、鳃、内脏，洗净，沥干水分，装入盆里，加入盐、姜丝、料酒，腌制30分钟，使鲈鱼入味。② 炒锅置大火上，入油20克烧热，放入洋葱丁煸炒出香后，加入剁椒、白砂糖翻炒，做成洋葱剁椒备用。③ 在烤盘上刷上一层油，铺上炒好的剁椒，把腌制好的鲈鱼放在烤盘上，放入洋葱丝，淋入剩下的植物油，撒上胡椒粉，放入预热200℃的烤箱中，烤20分钟即可。
【烹饪技法】腌，炒，烤。
【美食特色】菜品色泽红亮，肉质细嫩，口感软糯，鲜辣适口。
【举一反三】可将鲤鱼换成草鱼、鲶鱼、黑鱼、乌江鱼等，味道同样鲜美。

风味烤鳝鱼

【主料】鳝鱼10条（每条约50克），葱、芹菜各50克。
【配料】姜15克，花雕酒10克，辣椒油20克，鱼露8克，盐4克，嫩肉粉、辣椒粉、胡椒粉、孜然粉各3克。
【制作】① 葱洗净，切成段；姜洗净，切成姜丝；芹菜洗净，切成段。② 鳝鱼剪去头尾，用竹筷掏出内脏，洗净，装入盆里，加入姜丝、盐、胡椒粉、料酒、嫩肉粉、鱼露、花雕酒拌匀，腌制入味，接着在鳝鱼肚内插入葱段、芹菜段，用长竹签从头部串至尾部，然后用刀在鳝鱼身上横拉几刀。③ 把穿好的鳝鱼放在烧烤炉上，先用大火烤至皮干后，涮上辣椒油，再用中火烤至外皮酥香时，撒上孜然粉、辣椒粉，然后再刷油，放在烤炉上继续烤至鳝鱼吐油即可。
【烹饪技法】腌，烤。
【美食特色】颜色金黄，外皮酥脆，肉质鲜嫩，风味独特。
【举一反三】把鳝鱼换成泥鳅鱼，不仅味道鲜美而且营养丰富。

辣烤鲶鱼

【主料】鲶鱼1条（约1000克）。
【配料】料酒10克，植物油30克，白砂糖5克，盐6克，辣椒粉、黑胡椒粉、孜然粉各3克。
【制作】① 鲶鱼去内脏，对半剖开，洗净，沥干水分。② 在烤盘上铺上1张锡纸，在锡纸上刷上一层油，把鲶鱼放在锡纸上，均匀地撒上盐、白砂糖、辣椒粉、黑胡椒粉、孜然粉，浇入料酒，淋上剩下的植物油，静置腌制30分钟。③ 鲶鱼腌制好后，将烤盘放入预热250℃的烤箱内，大火烤20分钟至熟即可。
【烹饪技法】腌，烤。
【美食特色】肥而不腻、口感软糯、鲜辣适口。

【举一反三】把鲶鱼换成草鱼、乌江鱼也可以做出味道鲜美的烤鱼。

【巧手妙招】腌制鲶鱼的时候放点儿紫苏，去腥效果会更加明显。

川香烤青鱼

【主料】青鱼1条，洋葱100克，香菜30克。

【配料】姜、蒜各10克，花椒、干辣椒各5克，植物油50克，料酒10克，老抽8克，盐4克，白砂糖3克，生姜粉2克。

【制作】① 洋葱洗净，切丝；香菜择洗干净，切末；姜洗净，切片；蒜去皮；青鱼去鳞、鳃、内脏，刮尽黑膜，洗净，沥干水分，装入盆里，加入生姜粉、料酒、老抽拌匀，腌制30分钟。② 锅置大火上，入油40克烧热，下入姜片爆香，放入青鱼煎至两面金黄，转小火，放盐、蒜瓣、花椒、干辣椒煸香，注入少量清水稍煮，关火。③ 取1张锡纸，平铺在烤盘上，刷上用剩的油，将青鱼连汤带料倒锡纸上，放入洋葱丝，均匀地撒上白砂糖，包好锡纸；将烤盘移入预热220℃的烤箱里，烤25分钟后取出，撒上香菜末即可。

【烹饪技法】腌，煎，烤。

【美食特色】焦香美味，麻辣诱人。

【举一反三】可将青鱼换成鲶鱼、鲤鱼等，味道同样鲜美。

烤武昌鱼

【主料】武昌鱼1条（约800克），茶叶、小麦面粉、白砂糖各8克。

【配料】葱、姜、蒜、熟芝麻粒各5克，植物油30克，料酒6克，盐4克，胡椒粉3克。

【制作】① 葱洗净，切末；姜洗净，切丝；蒜去皮，切末；将武昌鱼去鳞、内脏、头、尾，洗净，切成大块，沥干水分，放入蒸碗里，加盐、料酒、姜丝、胡椒粉拌匀，放入蒸锅蒸熟备用。② 取一张锡纸，铺在炒锅底部，把茶叶、小麦面粉、白砂糖放在锡纸上，混合均匀，在炒锅上架上网格烧烤架，把蒸好的鱼块摆在网格烧烤上，刷上一层油（约20克），盖上锅盖，用中火熏烤8分钟，取出装盘。③ 炒锅置火上，入油10克烧热，放入葱末、蒜末炒香，关火，将炒好的葱蒜酱浇在烤鱼块上，撒上熟芝麻粒即可。

【烹饪技法】蒸，熏，烤。

【美食特色】外焦里嫩，茶香怡人，干香爽口。

【举一反三】可将武昌鱼换成草鱼，也可做出同样鲜美的烤鱼。

火烤鳜鱼

【主料】鳜鱼650克，香葱150克，葱50克。

【配料】花椒30克，沸水400毫升，植物油30克，甜面酱10克，蜂蜜5克，盐3克。

【制作】① 鳜鱼宰杀后，去鳍、鳃、鳞、内脏，洗净，沥干水分；香葱洗净；葱洗净，切成葱末。② 把花椒放进大碗里，放盐，注入适量沸水，盖上盖子，至水凉时，放入香葱浸泡10分钟后，将香葱装进鱼腹里，花椒盐水留着备用。③ 取一把烤叉，由鱼嘴插入至尾部穿出，放在烧红的木炭火盆上，用小火烤边烤边翻动，并不断地将泡过葱的花椒盐水涂刷在鱼身上，烤40分钟左右，待鱼腹焦黄并散发出香味时，刷上蜂蜜，烤干，再刷一层油，然后取下烤叉，装盘。④ 上桌时配以甜面酱和葱末各一小碟佐食即可。

【烹饪技法】烤。

【美食特色】焦香干爽，肉质紧实，咸香适口。

【举一反三】可将鳜鱼换成罗非鱼等，味道同样鲜美。

无敌烧烤鱼

【主料】罗非鱼1条（约500克），洋葱、尖椒、胡萝卜各50克。

【配料】姜、葱末各5克，豆豉8克，植物油30克，生抽5克，料酒5克，淀粉6克，白砂糖、胡椒粉、花椒各2克。

【制作】① 洋葱洗净，切丝；尖椒洗净，切片；胡萝卜洗净，切丝；罗非鱼宰杀后，去鳞、鳃、内脏，洗净，装入碗里，加料酒、淀粉（3

克）、胡椒粉拌匀，腌制30分钟。② 取烤盘，刷上一层油（10克），将腌制好的罗非鱼放进烤盘内，在罗非鱼身上刷一层油（约10克），将烤盘移入预热为200℃的烤箱内，烤20分钟。③ 在烤鱼的同时，炒锅置大火上，入油10克烧热，下葱、姜末爆香后，放入花椒、尖椒片、豆豉煸炒出香，然后加入洋葱丝、胡萝卜丝炒熟，淋入生抽，用淀粉勾芡，关火。④ 将烤好的罗非鱼取出，把炒好的配菜倒在罗非鱼身上即可。

【烹饪技法】腌，烤，炒。

【美食特色】外焦里嫩，口感软糯，鲜辣适口。

【举一反三】配菜里的洋葱、尖椒、胡萝卜可依据个人喜好替换成别的蔬菜。

彩椒三文鱼串

【主料】三文鱼净肉300克，青椒、红椒、黄椒各100克。

【配料】柠檬汁5克，橄榄油20克，蜂蜜4克，黑胡椒粉2克，盐3克。

【制作】① 青椒、红椒、黄椒分别去蒂、子，洗净，切块；三文鱼洗净，切块，用厨房纸吸干水分，装入碗里，加盐、蜂蜜，滴入柠檬汁，拌匀，腌制15分钟。② 用竹签将三文鱼块和青、红、黄椒块相间串好，做成彩椒三文鱼串。③ 取1张锡纸，平铺在烤盘上，刷上一层油，把彩椒三文鱼串整齐地排在烤盘上，刷上一层油，放入预热200℃的烤箱里，烤3分钟，取出，翻面，刷上一层油，再烤2分钟至两面焦黄，取出装盘，撒上胡椒粉即可。

【烹饪技法】腌，烤。

【美食特色】造型美观，味鲜美，皮焦香，肉嫩滑。

【举一反三】三文鱼可换成鳗鱼，味道更加鲜嫩绵软。

盐烧三文鱼头

【主料】三文鱼头1个（约700克）。

【配料】姜5克，白酒15克，植物油20克，盐5克。

【制作】① 姜洗净，切丝；将三文鱼头劈开，斩成块，洗净，用厨房纸吸干水分备用。② 在烤盘上刷上一层油，把三文鱼头鱼皮朝上摆在烤盘上，用刷子在三文鱼头上刷一层油，撒上盐，放入预热250℃的烤箱内，烤30分钟后取出，浇入白酒，再放回烤箱烤10分钟即可。

【烹饪技法】烤。

【美食特色】颜色金黄，外皮酥脆，肉质鲜嫩，风味独特。

【举一反三】如果喜欢荤素搭配也可加洋葱、黑木耳、青笋之类的蔬菜一起烤。

鲜皇汁鲑鱼

【主料】鲑鱼1条(约700克),鲜皇汁10克。

【配料】姜、葱各5克，植物油30克，料酒10克，盐4克，胡椒粉3克。

【制作】① 葱洗净，切丝；姜洗净，切丝；鲑鱼宰杀后，去腮、内脏，洗净，沿着鱼脊对剖，装入盆里，用盐、料酒抹遍鱼身。② 取1张锡纸，平铺在烤盘上，刷上一层油，将鲑鱼摆在烤盘上，放入姜丝、葱丝，倒入鲜皇汁，撒上胡椒粉，淋入用剩的油，包好锡纸，静置腌制10分钟。③ 鲑鱼腌制好后，将烤盘移入预热250℃的烤箱内，烤20分钟，取出，转入烧热的铁板上，上桌剪开锡纸即可。

【烹饪技法】腌，烤。

【美食特色】外焦里嫩,美味多汁,咸香适口。

【举一反三】将鲑鱼换成鲶鱼，即可做成鲜皇汁鲶鱼。

烤三文鱼腩

【主料】三文鱼腩400克。

【配料】姜4克，植物油20克，柠檬汁3克，白酒5克，盐3克。

【制作】① 姜洗净，切丝；将三文鱼腩洗净，装入碗里，加入姜丝、柠檬汁、白酒、盐拌匀，腌制20分钟，使之入味。② 取1张锡纸，平铺在烤盘上，刷上一层油，把腌制好的三文鱼腩放入锡纸中央，淋上用剩的油，包好锡纸，将烤盘移入预热200℃的烤箱内，烤20分钟即可。

【烹饪技法】腌，烤。

【美食特色】肥而不腻，口感软糯，营养丰富。

【举一反三】没有烤箱也可用微波炉代替。

红酒香蒜酱烤鱼

【主料】三文鱼净肉400克，大蒜60克，红酒200毫升。

【配料】黄油10克，植物油8克，盐4克，白胡椒粉3克。

【制作】① 三文鱼净肉洗净，切块，装入碗里，加盐、白胡椒粉拌匀，腌制10分钟；大蒜去皮，切末。② 炒锅置大火上，烧干烧热，放入黄油化开，放入蒜末炒香，倒入红酒拌匀，关火，做成红酒香蒜酱。③ 取1张锡纸，平铺在烤盘上，刷上植物油，把腌制好的三文鱼块放在锡纸上，包好，将烤盘移入预热200℃的烤箱中，烤20分钟至熟。④ 取出烤好的三文鱼块，打开锡纸，倒入炒好的红酒香蒜酱，包好，再放入烤箱中烤10分钟即可。

【烹饪技法】炒，腌，烤。

【美食特色】肉质细嫩，肥而不腻，口感软糯。

【举一反三】可将三文鱼换成鳕鱼、鳗鱼等，味道同样鲜美。

香料烤鲑鱼

【主料】鲑鱼肉200克，洋葱20克，朝天椒4克。

【配料】百里香5克，橄榄油20克，蒜4克，柠檬叶、罗勒叶、盐各3克。

【制作】① 朝天椒洗净，去柄，切片；蒜去皮，切片；鲑鱼肉洗净，切大块，装入碗里，加盐，将鲑鱼肉抹匀备用。② 将柠檬叶、百里香、罗勒叶、辣椒片、洋葱丝、蒜片装入碗里，充分混合均匀。③ 把鲑鱼肉放入烤盘中，把柠檬叶、罗勒叶、辣椒片等混合香料倒在鲑鱼块上，淋上橄榄油，放入预热180℃的烤箱中，烤15分钟至熟即可。

【烹饪技法】烤。

【美食特色】干香美味，香辣适口。

【举一反三】可将鲑鱼换成鳕鱼、鳗鱼等，味道同样鲜美。

香烤三文鱼

【主料】三文鱼净肉2片（约400克）。

【配料】蒜50克，植物油20克，料酒5克，盐4克，黑胡椒粉3克。

【制作】① 蒜去皮，切末；三文鱼片洗净，切大块，沥干水分，装入碗里，加盐、料酒拌匀。② 将三文鱼块整齐地摆在烤盘上，再均匀地铺上蒜蓉，撒上胡椒粉，淋入植物油，把烤盘移入预热180℃的烤箱内，上下火烤18分钟至熟即可。

【烹饪技法】烤。

【美食特色】颜色金黄，外皮酥脆，肉质鲜嫩。

【举一反三】可将鲑鱼换成鳕鱼、鳗鱼等，味道同样鲜美。

烤带鱼

【主料】带鱼1条（约500克），沙茶酱20克。

【配料】香菜20克，姜5克，植物油20克，料酒5克，盐4克。

【制作】① 香菜择洗干净，切末；姜洗净，切丝；带鱼去头、尾、内脏，洗净，切段，沥干水分，装入碗里，加盐、料酒、香菜末、姜丝拌匀，腌制30分钟。② 把腌好的带鱼整齐地排在烤架上，刷上植物油，放入预热210℃的烤箱里，烤15分钟，取出，涂上沙茶酱，再放入烤箱烤10分钟即可。

【烹饪技法】腌，烤。

【美食特色】干香美味，咸香适口。

【举一反三】将沙茶酱换成孜然粉，即可做成孜然烤带鱼。

盐烧秋刀鱼

【主料】秋刀鱼 3 条（约 300 克）。

【配料】姜 5 克，料酒 8 克，植物油 10 克，盐 5 克。

【制作】① 姜洗净，切丝；秋刀鱼去头、尾、内脏，改刀，洗净，用厨房纸吸干水分，装入盘里，加盐、料酒、姜丝拌匀，腌制 20 分钟。② 用植物油在烤盘内刷上一层薄薄的油，将腌制好的秋刀鱼整齐地排在烤盘上，淋上用剩的油，把烤盘移入预热 210℃的烤箱内，烤 10 分钟后，取出，翻面，再放入烤箱，烤 8 分钟至颜色焦黄即可。

【烹饪技法】腌，烤。

【美食特色】外皮酥脆，肉质鲜嫩。

香烤沙丁鱼

【主料】沙丁鱼 10 条（约 500 克）。

【配料】姜 5 克，植物油 30 克，生抽 15 克，料酒 10 克，盐 3 克，花椒粉、辣椒粉各 3 克。

【制作】① 姜洗净，切丝；沙丁鱼去鳃、内脏，洗净，沥干水分，装入碗里，加盐、姜丝、胡椒粉、辣椒粉、料酒、生抽拌匀，放入冰箱腌制 2 个小时。② 取烤盘，在烤盘上刷一层油，将腌制好的沙丁鱼整齐地排在烤盘上，淋上 10 克油，放入预热 250℃的烤箱内烤 10 分钟，取出，翻面，刷上用剩的油，再放进烤箱，烤 10 分钟即可。

【烹饪技法】腌，烤。

【美食特色】颜色金黄，外皮酥脆，肉质鲜嫩，风味独特。

【举一反三】没有烤箱可用微波炉代替。

英式奶油汁烤鱼

【主料】即食鳕鱼 1 袋（约 300 克）。

【配料】西蓝花 100 克，奶酪丝 10 克，柠檬 5 克，盐 2 克。

【制作】① 将即食鳕鱼打开包装袋，不需要解冻，直接放入烤盘内，撒上奶酪丝，放入预热 200℃的烤箱内，烤 30 分钟，烤至表面金黄。② 柠檬洗净，切片；西蓝花洗净，掰成小朵，放入加盐的沸水中焯熟，捞出，沥干水分。③ 取出烤好的鳕鱼，摆在盘子里，用焯熟的西蓝花和柠檬点缀即可。

【烹饪技法】焯，烤。

【美食特色】奶香浓郁，焦香嫩滑。

【举一反三】将鳕鱼换成鳗鱼，味道同样鲜美。

椒香烤鳕鱼

【主料】鳕鱼片 2 片（约 400 克）。

【配料】姜 5 克，植物油 20 克，料酒 6 克，盐 3 克，白胡椒粉 5 克。

【制作】① 姜洗净，切丝；鳕鱼片洗净，用厨房纸吸干水分，装入碗里，放盐、料酒、姜丝拌匀，腌制 30 分钟，使之入味。② 取烤盘，在烤盘上用刷子刷上一层薄薄的油，将鳕鱼片整齐地排在烤盘里，在鳕鱼片上刷上一层油后，均匀地撒上 2 克白胡椒粉，放入预热 200℃的烤箱里，烤 20 分钟，取出，翻面，再撒上 3 克白胡椒粉，刷上用剩的油，放入烤箱，烤 10 分钟即可。

【烹饪技法】腌，烤。

【美食特色】味道鲜美，肉质细腻。

【举一反三】将鳕鱼片换成三文鱼片，也可做出味道鲜美的烤鱼。

酱烤鳕鱼

【主料】鳕鱼片 2 片（约 400 克）。

【配料】橄榄油 20 克，沙茶酱 10 克，黑胡椒粉 5 克，盐 3 克。

【制作】① 将鳕鱼片洗净，用厨房纸吸干水分，装入碗里，加盐拌匀。② 取烤盘，在烤盘上用刷子刷上一层薄薄的油，将鳕鱼片整齐地排在烤盘里，刷上一层油后，涂上一层沙茶酱，均匀地撒上 2 克黑胡椒粉，放入预热 200℃的烤箱里，烤 20 分钟，取出，翻面，再撒上 3 克白胡椒粉，刷上用剩的油、沙茶酱，再放入烤箱，烤 10 分钟即可。

【烹饪技法】烤。
【美食特色】外焦里嫩，酱香诱人，咸香适口。
【举一反三】鳕鱼片可换成三文鱼片，味道同样鲜美。

茯苓烤银鳕鱼

【主料】银鳕鱼肉 400 克，茯苓 25 克，香茅草 5 克，芹菜、洋葱各 25 克。
【配料】葱、姜、蒜末各 5 克，老抽、海鲜酱各 15 克，生抽 50 克，川湘辣酱、麦芽糖各 25 克，陈醋、黄油各 10 克。
【制作】① 茯苓洗净，润透；香茅草洗净；芹菜洗净，切段；洋葱洗净，切丝；银鳕鱼肉洗净，切片；把麦芽糖、陈醋一起装入碗里，搅拌均匀，做成味汁。② 锅置大火上，放入茯苓、香茅草、芹菜段、洋葱丝、葱末、姜末、蒜末、老抽、生抽、川湘辣酱、海鲜酱，注入 200 毫升清水，拌匀，大火煮沸，做成香料卤汁。③ 将鳕鱼片放入香料卤汁中腌制 10 分钟，捞出，沥干；烤盘上铺 1 张锡纸，均匀涂上一层黄油，放上银鳕鱼肉片，刷一层麦芽糖陈醋味汁，移入烤箱，上火 280℃，下火 150℃，烤 6 分钟取出，翻面，再刷上一层味汁，放入烤箱烤 5 分钟，取出装盘即可。
【烹饪技法】煮，腌，烤。
【美食特色】外焦里嫩，口感软糯，咸甜适口。
【举一反三】没有麦芽糖也可用蜂蜜代替。

辣烤明太鱼

【主料】明太鱼 400 克。
【配料】蒜 10 克，橄榄油 20 克，辣椒粉 10 克，白砂糖、盐、孜然粉各 5 克，海鲜酱、芝麻油、鸡精各 2 克。
【制作】① 明太鱼去内脏、骨，洗净，切块，用厨房纸吸干水分，装入盘里；蒜去皮，切片。② 将白砂糖、盐、孜然粉、海鲜酱、芝麻油、鸡精装入料碗里，拌匀后，均匀地抹在鱼块上，静置腌制 30 分钟。③ 在烤盘内铺上锡纸，将蒜片均匀地铺在锡纸上，把明太鱼块摆在蒜片上，淋上橄榄油，撒上辣椒粉，移入预热 200℃的烤箱，烤 15 分钟即可。
【烹饪技法】腌，烤。
【美食特色】外酥里嫩，香辣诱人，干香美味。
【举一反三】明太鱼可换成带鱼、金枪鱼等。

秘制烤河鳗

【主料】河鳗 600 克，芹菜、胡萝卜、洋葱各 50 克。
【配料】海鲜酱、葡萄酒、冰花梅酱、番茄沙司各 5 克，植物油 20 克，糖桂花、麦芽糖各 4 克，盐 3 克，鸡精 2 克。
【制作】① 芹菜洗净，切段；胡萝卜洗净，切丝；洋葱洗净，切丝；河鳗去内脏、骨，洗净，放入碗里，加入海鲜酱、葡萄酒、冰花梅酱、番茄沙司、糖桂花、麦芽糖、盐、鸡精拌匀，腌制 20 分钟。② 取烤盘，用刷子刷上一层薄薄的油，将腌制好的河鳗放进烤盘里，把芹菜段、胡萝卜丝、洋葱丝放在河鳗的两侧，淋上用剩的植物油，放入预热 200℃的烤箱内，烤 30 分钟即可。
【烹饪技法】腌，烤。
【美食特色】色泽乌光透亮，嫩糯酥烂，口味鲜美。
【举一反三】将河鳗换成鲶鱼，也可做出香糯口感的烤鱼。

蒲烧鳗鱼

【主料】鳗鱼 1 条（约 500 克）。
【配料】姜 5 克，红烧酱油 10 克，植物油 20 克，料酒 5 克，烧烤酱 6 克，麦芽糖 5 克，白砂糖 10 克，熟芝麻 3 克。
【制作】① 姜洗净，切丝；鳗鱼去头、尾，从肚皮处剖开，铺在案板上，切段，用刀将中间的硬刺剔除，用镊子拔细刺。② 不粘平底锅置小火上，放入红烧酱油、料酒、烧烤酱、麦芽糖、白砂糖搅拌，加热至黏稠，制成酱汁备用。③ 将鳗鱼装入盘里，倒入 1/2 的酱汁，拌匀，腌制 30 分钟；不粘平底锅洗净，置中火上，入油烧热，放入鳗鱼块，煎至两面金黄，转小火，在平底锅里干烤3分钟至焦香，出锅装盘，将剩下的酱汁淋在烤鱼侧边，撒上熟芝麻即可。

【烹饪技法】腌，煎，烤。

【美食特色】肉质细嫩，肥而不腻，口感软糯。

【举一反三】把鳗鱼换成鲶鱼，也可做出香糯口感的烤鱼。

烤鳗鱼

【主料】鳗鱼1条，芝麻10克。

【配料】姜5克，生抽、老抽、红酒各8克，白砂糖、咖喱粉各6克，胡椒粉、孜然粉各3克。

【制作】① 姜洗净，切丝；鳗鱼去内脏，将鳗鱼肉片下来，洗净，沥干水分，装入盆里，加入姜丝、生抽、老抽、红酒、白砂糖、咖喱粉、胡椒粉、孜然粉拌匀，放入冰箱腌制3个小时。② 取烤盘，垫上锡纸，刷上一层薄薄的油，将腌制好的鳗鱼肉摆在锡纸上，刷上用剩的植物油，撒上芝麻，放入预热250℃的烤箱内，烤12分钟至熟即可。

【烹饪技法】腌，烤。

【美食特色】香糯爽口，外焦里嫩，咸甜适口。

【举一反三】将鳗鱼换成鲶鱼，即可做成绵糯弹口的烤鲶鱼。

晋宁酱烧白仓

【主料】白仓1条（约400克）。

【配料】姜4克，料酒5克，植物油20克，晋宁酱15克，盐3克。

【制作】① 姜洗净，切丝；白仓去内脏，洗净，装入盘里，加入姜丝、料酒、盐，放入冰箱腌制2个小时，使白仓入味。② 将烧烤炉的炭火烧红，用大鱼夹将白仓夹好，放在烧烤炉上烤干，刷上植物油，来回翻转，烤约20分钟时，刷上晋宁酱，烤至白仓熟透即可。

【烹饪技法】腌，烤。

【美食特色】焦香美味，鱼肉鲜嫩，酱香诱人。

【举一反三】可将白仓鱼换成金仓鱼，味道同样鲜美。

蒲烧多春鱼

【主料】多春鱼300克。

【配料】姜4克，植物油20克，烧烤酱25克，料酒5克，白砂糖4克，盐3克。

【制作】① 姜洗净，切丝；多春鱼去内脏，洗净，装入盘里，加入姜丝、料酒、白砂糖、盐拌匀，放入冰箱腌制1个小时，使之入味。② 取一大鱼夹，将腌制好的多春鱼夹在大鱼夹里。③ 将烧烤炉上的炭火烧红，把大鱼夹放在烤炉上，将多春鱼烤干后，刷上植物油，不停翻转，使多春鱼受热均匀，烤至多春鱼七分熟时，刷上烧烤酱，再烤至多春鱼全熟即可。

【烹饪技法】腌，烤。

【美食特色】焦香美味，肉质鲜美，咸香适口。

干烧红杉鱼

【主料】红杉鱼1条。

【配料】植物油10克，烧烤酱15克，盐4克，芥末3克。

【制作】① 红杉鱼去鳞、内脏，洗净，装入碗里，用盐抹遍红杉鱼全身。② 取一大鱼夹，将红杉鱼夹在大鱼夹里。③ 将烧烤炉上的炭火烧红，把大鱼夹放在烧烤炉上，将红杉鱼烤干后，刷上植物油，不停翻转，使红杉鱼受热均匀，烤至红杉鱼七分熟时，刷上烧烤酱，再烤至红杉鱼全熟，蘸着芥末食用即可。

【烹饪技法】烧。

【美食特色】焦香美味，辛辣刺激，咸香适口。

【举一反三】将红杉鱼换成比目鱼，也可做出美味的干烧比目鱼。

【巧手妙招】 放点儿料酒将红杉鱼腌制，去腥效果明显，使烤出来的鱼肉更加鲜美。

烤鲈鱼

【主料】鲈鱼1条。

【配料】植物油20克，料酒5克，白砂糖、盐各4克，黑胡椒粉、孜然粉、辣椒粉各3克。

【制作】① 将鲈鱼去鳞、鳃、内脏，对剖，鱼脊不切断，洗净，用厨房纸吸干水分，装入盘里，加入料酒、白砂糖、盐、黑胡椒粉、孜然粉、辣椒粉拌匀，腌制1个小时。② 取烤盘，刷上植物油，把腌制好的鲈鱼平摊在烤盘内，放入预热200℃的烤箱内，烤10分钟后，取出，翻面，再烤10分钟即可。

【烹饪技法】腌，烤。

【美食特色】外皮酥脆，肉质鲜嫩，风味独特。

烤钱塘鲹鱼

【主料】鲹鱼400克，葱200克。

【配料】料酒5克，植物油20克，盐4克，鸡精2克。

【制作】① 葱洗净，切段；将鲹鱼去鳞、内脏、鳃，洗净，装入碗里，加料酒、盐、鸡精拌匀，腌制30分钟。② 用竹签把腌制好的鲹鱼串好，做成鲹鱼串。③ 取烤盘，垫上锡纸，用刷子在锡纸上刷上一层薄薄的油，垫上葱段，将鲹鱼串放在锡纸上，刷上剩下的油，放入预热240℃的烤箱内，用上下火烤20分钟即可。

【烹饪技法】腌，烤。

【美食特色】焦香美味，干香有味。

面烤五味鲴鱼

【主料】鲴鱼1条(约1000克)，面粉400克。

【配料】黄油300克，火腿、笋尖、胡萝卜各100克，香菜、葱各50克，姜10克，植物油50克，料酒50克，盐10克 。

【制作】① 火腿切丝；胡萝卜洗净，切丝；笋尖洗净，切丝；香菜洗净，切段；葱洗净，切丝；姜洗净，切片。② 鲴鱼去鳞、鳃、内脏，在鱼背上改刀，洗净，装入鱼盘里，加入5克盐、姜片、料酒拌匀，放入冰箱腌制3个小时。③ 锅置中火上，放入黄油加热至化开，关火，把面粉和适量清水倒入锅里，与黄油一起搅拌均匀，做成黄油面粉团，捏成黄油面皮。④ 取出腌制好的鲴鱼，放在黄油面皮中央，将火腿丝、笋尖丝、胡萝卜丝、葱丝、香菜段均匀地洒在鲴鱼两侧，用黄油面皮包裹严实。⑤ 取烤盘，垫上锡纸，刷上一层薄薄的油，放入黄油面粉糊包裹好的鲴鱼，移入预热250℃的烤箱内，考30分钟至熟即可。

【烹饪技法】腌，烤。

【美食特色】外酥里嫩，鲜香适口，风味独特。

金针菇香蒜烤鲍鱼

【主料】鲍鱼3个，金针菇50克，鲜香菇50克。

【配料】蒜5克，老抽4克，色拉油500克，蘑菇汁、浓缩鸡汁、蚝油、花雕酒各2克，胡椒粉、蒜粉、白砂糖各1克。

【制作】① 鲍鱼宰杀，处理干净，在鲍鱼的腹部切十字花刀；蒜去皮，切片；金针菇洗净，拆散，切段；鲜香菇洗净，去蒂。② 锅置火上，入色拉油烧至三成热，放入蒜片小火炸至金黄色时捞出，沥干油分。③ 将金针菇、鲜香菇装入碗里，加入蘑菇汁、浓缩鸡汁、蚝油、老抽、花雕酒、胡椒粉、蒜粉、白砂糖，拌匀，腌渍5分钟。④ 取1张锡纸，平铺在烤盘上，把金针菇铺在锡纸上，摆上鲍鱼，最后放上蒜片和鲜香菇，包好，放入日式明火炉中，用明火烤15分钟至色泽红润，熟透即可。

【烹饪技法】腌，炸，烤。

【美食特色】味道香浓，营养丰富，色泽悦目。

【举一反三】鲍鱼价格比较贵，可以换成生蚝，生蚝价格便宜且味道鲜美。

烤加吉鱼

【主料】加吉鱼500克。

【配料】香葱30克，姜15克，植物油50克，生抽、黄酒、葱油各25克，盐3克，鸡精2克。

【制作】① 香葱洗净，切段；姜洗净，切丝；加吉鱼去鳞、鳃、内脏，洗净，用厨房纸吸干水分，放入鱼盘里，加入黄酒、盐、鸡精，放入冰箱，腌制2个小时。② 炒锅置大火上，入油烧至八成热，放入加吉鱼，炸1分钟后，捞出，放入烤盘内，摆上姜丝、香葱段。

③ 取一料碗，加入葱油、生抽拌匀，调成味汁，倒在加吉鱼的身上，将烤盘移入预热 240℃的烤箱内，烤 30 分钟至熟即可。

【烹饪技法】腌，烤。

【美食特色】皮脆肉嫩，原汁原味，香气浓郁。

酱烤鲷鱼片

【主料】鲷鱼片 4 片，洋葱 100 克。

【配料】蒜 8 克，排骨酱、叉烧酱各 20 克，生抽 10 克，植物油 20 克，白芝麻 5 克，黑胡椒 3 克。

【制作】① 鲷鱼片放在室温内自然解冻，洗净，用厨房纸吸干水分；洋葱洗净，切丝，装入保鲜盒中；蒜去皮，切末。② 将排骨酱、叉烧酱、生抽、黑胡椒、蒜泥放入大碗中，搅拌均匀，调成味汁，放入鲷鱼片，双面沾满味汁后，放入盛放洋葱丝的保鲜盒中，盖上盖子，放冰箱中冷藏保存 2 小时。③ 取烤盘，铺上锡纸，刷上一层薄薄的油，把腌制好的鲷鱼片连同洋葱一起放在锡纸上，淋上用剩的植物油，放入预热 200℃的烤箱内，放在中层，烤 15 分钟至熟即可。

【烹饪技法】腌，烤。

【美食特色】质细柔嫩，筋力绵软，酱香宜人。

烤鲑鱼串

【主料】鲑鱼 300 克，鲜香菇 4 朵，洋葱 100 克，秋葵 50 克。

【配料】植物油 20 克，生抽 8 克，料酒 5 克，盐 3 克，胡椒粉 2 克。

【制作】① 鲑鱼洗净，切块；鲜香菇洗净，去蒂，切块；秋葵洗净，切段。② 用铁钎依次串入洋葱、鲑鱼、香菇、秋葵，串成 5 串备用。③ 把生抽、料酒、盐、胡椒粉一起装入碗里，搅拌均匀，调成味汁。④ 炭火烧红，架上网格烧烤架，放上鲑鱼串，刷上植物油，烤干，边烤边刷上味汁，烤至鲑鱼全熟，香味溢出即可。

【烹饪技法】烤。

【美食特色】荤素搭配，营养丰富，肉质鲜嫩，风味独特。

【举一反三】洋葱、秋葵可根据个人口味换成其他蔬菜，也可做出味道鲜美的烤鲑鱼串。

酱油红糖烤三文鱼排

【主料】三文鱼排 700 克。

【配料】蒜 5 克，柠檬皮 3 克，植物油 30 克，酱油 15 克，红糖 20 克，黑胡椒 3 克。

【制作】① 蒜去皮，切末；柠檬皮洗净，切碎；三文鱼排，洗净，沥干水分。② 将蒜末、柠檬皮碎、10 克植物油、酱油、红糖、黑胡椒一起装入大碗里，搅拌均匀，调成味汁；把三文鱼排放入味汁中浸泡，放入冰箱冷藏 2 个小时。③ 取出腌制好的三文鱼排，放入大鱼夹里，夹好。④ 将烤炉上的炭火烧红，放上大鱼夹，将三文鱼排烤干，刷上植物油，不停地翻转，使其受热均匀，烤至全熟即可。

【烹饪技法】腌，烤。

【美食特色】干香有味，外焦里嫩，咸甜适口。

干烧罗非鱼

【主料】罗非鱼 1 条。

【配料】植物油 20 克，蚝油 10 克，老抽 8 克，料酒 15 克，盐 4 克，孜然粉 3 克。

【制作】① 罗非鱼去鳞片、鳃、内脏，洗净，从腹部剖开，呈扇形状，放入盘里，加入蚝油、老抽、料酒、盐、孜然粉抹匀，放入冰箱腌制 2 个小时。② 取出腌制好的罗非鱼，用大鱼夹夹好备用。③ 将烧烤炉里的炭火烧红，把大鱼夹放在烤炉上，烤干罗非鱼，刷上植物油，边烤边翻转，使罗非鱼受热均匀，少量多次地刷上植物油，烤至鱼肉熟透即可。

【烹饪技法】腌，烤。

【美食特色】外表绛红，肉质鲜嫩，鱼香浓郁。

【举一反三】将罗非鱼换成鲫鱼，即可做成美味的干烧鲫鱼。

茄汁烤罗非鱼

【主料】罗非鱼1条，洋葱50克，茄汁20克。
【配料】植物油20克，烧烤酱15克，生抽10克，淀粉、蜂蜜5克，盐、辣椒粉各3克。
【制作】① 洋葱洗净，切丝；罗非鱼去鳞片、鳃、内脏，洗净，把鱼肉片下来，切块，装入碗里，加盐、淀粉、茄汁、辣椒粉拌匀，腌制30分钟。② 把烧烤酱、生抽、蜂蜜装入料碗里，搅拌均匀，调成味汁。③ 取烤盘，垫上锡纸，刷上一层薄薄的油，铺上洋葱丝，将腌制好的罗非鱼块放在洋葱上，倒入调好的味汁，淋上植物油，放入预热270℃的烤箱内，烤10分钟，取出，翻面，再放进烤箱烤15分钟即可。
【烹饪技法】腌，烤。
【美食特色】色泽红艳，咸甜适口，肉质鲜嫩。

串烧泥鳅

【主料】泥鳅300克。
【配料】植物油100克（实耗20克），盐8克。
【制作】① 泥鳅洗净，沥干水分。② 锅置大火上，入油烧热，放入泥鳅，炸至颜色金黄，捞出，沥干油分，稍凉后，用竹签串好，做成泥鳅鱼串。③ 炭火烧红，架上网格烧烤架，把泥鳅鱼串摆在网格烧烤架上，刷上少许炸泥鳅的油，撒上盐，烤熟即可。
【烹饪技法】炸，烤。
【美食特色】色泽金黄，皮脆酥化，肉嫩鲜香。
【举一反三】泥鳅鱼换成黄鳝鱼，即可做成美味的串烧鳝段。
【巧手妙招】泥鳅在清洗的时候，可放点儿醋或盐，这样清洗得更加干净。

葱油鳕鱼块

【主料】鳕鱼片400克。
【配料】葱10克，姜5克，葱油30克，鲜贝露10克，料酒5克，盐3克，鸡精2克。
【制作】① 鳕鱼片放在室温内自然解冻，洗净，切块；葱洗净，切成葱末；姜洗净，切丝。② 再将鳕鱼装进盘里，加入姜丝、鲜贝露、料酒、盐、鸡精拌匀，放入冰箱腌制1个小时，使鳕鱼块入味。③ 取烤盘，垫上锡纸，将腌制好的鳕鱼块放在锡纸中央，淋上葱油，放入预热240℃的烤箱内，烤20分钟至熟即可。
【烹饪技法】腌，烤。
【美食特色】皮焦香，肉嫩滑，鱼香、葱香、酒香、酱香融为一体。

香酱烤墨鱼

【主料】墨鱼2条。
【配料】植物油20克，沙茶酱、烤肉酱各10克，料酒5克，白砂糖4克。
【制作】① 将墨鱼剥去外皮，切开，再切成长条，整齐地摆在大鱼夹内，夹好备用。② 取一料碗，倒入植物油、沙茶酱、烤肉酱、料酒、白砂糖搅拌均匀，调成味汁。③ 将烧烤炉上的炭火烧红，将大鱼夹放在烧烤炉上烤至变色，用刷子将味汁刷在墨鱼条上，来回翻转，少量多次地给墨鱼条刷上味汁，烤至墨鱼全熟即可。
【烹饪技法】烤。
【美食特色】香味浓郁，肉质紧实，鲜咸浓醇。
【举一反三】将墨鱼换成鲜鱿鱼，即可做出美味的香酱烤鱿鱼。
【巧手妙招】墨鱼去皮之前用沸水汆烫片刻，使墨鱼皮容易剥落。

香辣墨鱼丸

【主料】速冻墨鱼丸300克。
【配料】植物油20克，烧烤酱10克，孜然粉、辣椒粉各5克。
【制作】① 墨鱼丸解冻，洗净，对半切开，用竹签串好（每串4个），用厨房纸吸干水分。② 把木炭火烧旺、烧红，架上网格烤架，将串好的墨鱼丸放在烤架上，用刷子刷上一层油，并不停地翻动，烤干后，再刷一层油，烤至两面焦黄，刷上烧烤酱，均匀地撒上孜然粉、辣椒粉，烤干即可。

【烹饪技法】烤。

【美食特色】鲜香美味，香辣诱人。

【举一反三】墨鱼丸也可换成虾丸、鱼丸、蟹棒等。

【巧手妙招】在穿墨鱼丸之前，先将竹签用水泡制1小时，这样在烧烤时不会将竹签烧焦。

烤鱿鱼须

【主料】鱿鱼须300克。

【配料】植物油20克，清酒5克，盐3克，孜然粉4克，辣椒粉3克。

【制作】① 将鱿鱼须洗净，用厨房纸吸干水分，用竹签串好，均匀地撒上盐。② 把串好的鱿鱼须放在烧红的炭火烤架上，烤干水分，刷上一层油，边烤边翻转，烤至两面焦黄，刷上清酒，烤干后再刷上一层油，均匀地撒上孜然粉、胡椒粉，烤干即可。

【烹饪技法】烤。

【美食特色】色泽艳，味道鲜，有嚼劲。

【举一反三】将鱿鱼须换成鱿鱼身也可烤出同样鲜美的味道。

竹筒烤石斑

【主料】石斑鱼1条（约300克）。

【配料】葱、姜、蒜各5克，老抽、料酒、陈醋各6克，熟猪油15克，白砂糖、胡椒粉各2克。

【制作】① 葱洗净，切成葱末；姜洗净，切丝；蒜去皮，切片；石斑鱼宰杀，去腮、内脏，洗净，沥干水分，装入碗里，加入葱末、姜丝、蒜片、老抽、料酒、白砂糖、胡椒粉拌匀，腌制20分钟，使石斑鱼入味。② 将腌好的石斑鱼装进鲜竹筒里，倒入熟猪油，用粽叶、彩带封好口，系紧。③ 把木炭火烧旺、烧红，架上网格烧烤架，将竹筒放在烧烤架上，并不停地滚动，使竹筒受热均匀，烤至鱼肉熟透即可。

【烹饪技法】腌，烤。

【美食特色】鲜嫩多汁，竹香鱼香融合，口感绵软。

照烧干鱿

【主料】干鱿1只。

【配料】烧烤酱5克，芥末4克。

【制作】① 用刷子将干鱿身上的白灰刷掉，不要用水洗。② 炭火烧红，架上网格烧烤架，把干鱿放在网格架上，小火烧烤，烤至鱿鱼身变弯时，翻面，烤1分钟左右，两面都刷上烧烤酱，略烤，取出，蘸着芥末食用即可。

【烹饪技法】烤。

【美食特色】紧致耐嚼，喷香可口。

【举一反三】干鱿可换成其他鱼干，味道同样鲜美。

葱油烤鱼

【主料】加吉鱼500克，尖椒30克，圆白菜300克，胡萝卜150克。

【配料】姜10克，香葱50克，香菜30克，植物油10克，麻油50克，盐3克，胡椒粉2克。

【制作】① 尖椒去蒂、子，洗净，切丝；圆白菜择洗干净，留6片完整的菜叶，其余切丝；胡萝卜洗净，切成片后，刻成渔网状；姜洗净，切丝；葱洗净，切成葱末；香菜择洗干净，切末。② 将加吉鱼去鳞、鳃、内脏，洗净，由腹部剖开，去骨；把姜丝、葱末、盐、胡椒粉一起放入料碗里，拌匀后，装入加吉鱼的腹部内，腌制15分钟。③ 取烤盘，将整张的圆白菜叶平铺在烤盘上，放入加吉鱼，淋上植物油，放入预热200℃的烤箱内，烤20分钟至熟。④ 取一鱼盘，将圆白菜丝铺在盘底，把烤好的加吉鱼摆在上面，周围放上尖椒丝，放上胡萝卜刻成的渔网点缀。⑤ 炒锅置火上，倒入麻油大火烧至8成热，关火，将热麻油均匀地浇入摆好的加吉鱼身上，撒入香菜末即可。

【烹饪技法】腌，烤。

【美食特色】色泽鲜艳，麻辣诱人，肉质鲜美。

阿胶烤鱼

【主料】黄花鱼 6 条（约 600 克），阿胶原浆 2 支。
【配料】葱、姜各 10 克，二锅头 50 克，植物油 20 克，盐 5 克，鸡精 3 克。
【制作】① 葱洗净，切段；姜洗净，切片；黄花鱼去鳞、鳃、内脏，洗净，装入碗里，加盐、鸡精、二锅头、葱蒜、姜片、阿胶原浆拌匀，腌制 5 个小时。② 用竹签把腌制好的黄花鱼串好，每根竹签串 1 条黄花鱼。③ 取烤盘，刷上一层薄薄的油，把串好的黄花鱼整齐地摆在烤盘上，淋上用剩的植物油，将烤盘移入预热 200℃的烤箱内，烤 20 分钟即可。
【烹饪技法】腌，烤。
【美食特色】色泽金黄，焦香可口，外酥里嫩。
【举一反三】黄花鱼可换成鲫鱼、小黄鱼等，也可做出味道鲜美的烤鱼。

香烤黄花鱼

【主料】黄花鱼 500 克，洋葱 100 克。
【配料】植物油 25 克，蚝油 20 克，料酒 10 克，辣椒粉、孜然粉各 5 克。
【制作】① 洋葱洗净，切丝；黄花鱼去鳞、鳃、内脏，洗净，沥干水分，装入盘里，加料酒、蚝油、辣椒粉、孜然粉拌匀，放入冰箱腌制 4 个小时。② 取烤盘，垫上锡纸，铺上洋葱丝，将腌制好的黄花鱼放在洋葱丝上，刷上植物油，放入预热 200℃的烤箱内，烤约 15 分钟即可。
【烹饪技法】腌，烤。
【美食特色】外焦里嫩，咸辣适口，营养美味。

辣味柠檬烤虾

【主料】鲜虾 300 克，青椒 100 克，柠檬 50 克，洋葱 60 克。
【配料】蒜 20 克，植物油 15 克，盐 3 克，辣椒粉 4 克。
【制作】① 青椒去蒂、子，洗净，切粒；洋葱洗净，切丝；姜洗净，切丝；蒜去皮，切片；将青椒、洋葱、姜、蒜、柠檬一起放入搅拌机，打成浆备用。② 鲜虾去头、壳、虾线，洗净，装入碗里，倒入打好的浆，加盐搅拌均匀，放入冰箱腌制 30 分钟后，取出腌制好的虾仁，用竹签把虾仁串成虾串。③ 炭火烧红，放上网格烤架，把虾串放在网格烤架上，用刷子在虾串上刷一层油，均匀地撒上辣椒粉，不停地翻转虾串，烤干，再刷一层油，再烤干，烤至虾仁全部变红即可。
【烹饪技法】腌，烤。
【美食特色】柠檬清香，虾仁鲜香，爽脆可口。

蒜香烤虾

【主料】河虾 10 只（约 200 克），蒜 30 克。
【配料】生抽、番茄酱、白酒各 10 克，橄榄油 30 克，盐 2 克，黑胡椒粉 5 克。
【制作】① 河虾剪去虾枪、虾须，洗净，用刀在虾背上竖着切一刀，深度为虾身的 2/3，去掉虾线，洗净，装入碗里，加入白酒、生抽拌匀，腌制 20 分钟。② 蒜去皮，切末；锅置中火上，倒入橄榄油烧热，放入蒜末炒香，加盐炒匀，关火。③ 将腌制好的虾沥干水分，把炒好的蒜末装入河虾的背部，然后取烤盘，在烤盘上刷上一层薄薄的炒蒜末的油，将河虾整齐地排在烤盘上，均匀地撒上胡椒粉，放入预热 200℃的烤箱里，烤 8 分钟即可。
【烹饪技法】腌，炒，烤。
【美食特色】色泽鲜艳，蒜香宜人，鲜甜入味。
【举一反三】将蒜蓉换成奶油，即可做成奶香宜人的奶油烤大虾。

葱烤皮皮虾

【主料】皮皮虾 10 只（约 300 克），香葱 500 克。
【配料】蒜 20 克，朝天椒 5 克，植物油 15 克，料酒 8 克，生抽 6 克，椒盐 5 克。
【制作】① 皮皮虾洗净；香葱洗净，横切成两段；朝天椒去蒂，洗净，切碎；蒜去皮，切末，装入碗里，加入植物油、生抽、料酒拌匀，调成味汁。② 取烤盘，把香葱放进烤盘，铺为两层，摆上皮皮虾，将味汁均匀地淋在皮皮虾上，撒上椒盐。③ 将皮皮虾放入预热200℃的烤箱内，烤 10 分钟至熟即可。

【烹饪技法】烤。

【美食特色】皮皮虾膏肥肉厚，香葱葱香宜人，味道鲜美。

【举一反三】将皮皮虾换成对虾或者河虾，味道同样鲜美。

香烤孜然梭子鱼

【主料】梭子鱼 300 克。

【配料】植物油 20 克，盐 5 克，香辣粉 6 克，孜然粉 3 克。

【制作】① 梭子鱼去鳃、内脏，洗净，装入碗里，加盐拌匀，腌制 30 分钟。② 取烤盘，垫上锡纸，将腌制好的梭子鱼放在锡纸上，撒上香辣粉，放入预热 240℃的烤箱内，烤 8 分钟，取出，刷上植物油，再放入烤箱，烤 12 分钟，取出，装盘，撒上孜然粉即可。

【烹饪技法】腌，烤。

【美食特色】外脆里嫩，香酥可口，香辣适口。

酱味烤小海鱼

【主料】小海鱼 6 条（约 400 克），豆瓣酱 15 克。

【配料】蒜、姜各 8 克，色拉油 20 克，生抽 5 克，白砂糖、盐各 3 克，鸡精 2 克。

【制作】① 蒜去皮，切末；姜洗净，切丝；将小海鱼去腮、内脏，洗净，沥干水分，用竹签从头穿到尾，做成小海鱼串备用。② 炒锅置中火上，入色拉油烧热，放入蒜末、姜末炒香，加入豆瓣酱、白砂糖、盐、鸡精、生抽炒匀，关火，做成酱汁。③ 将小海鱼串整齐地排在垫着锡纸的烤盘上，刷上酱汁，放入预热 180℃的烤箱内烤 8 分钟，取出，再刷上一层酱汁，放入烤箱再烤 8 分钟即可。

【烹饪技法】炒，烤。

【美食特色】外焦里嫩，酱香诱人，咸香适口。

【举一反三】小海鱼可以换成比目鱼、金枪鱼等。

烤章鱼丸子

【主料】章鱼烧粉 500 克，鸡蛋 2 个，鱿鱼丝 50 克。

【配料】植物油 50 克，清水 750 毫升。

【制作】① 章鱼烧粉倒入盆里，打入鸡蛋，注入清水，搅拌均匀，做成章鱼烧粉糊；鱿鱼丝切碎，装入盘里备用。② 取一个章鱼小丸子烤盘，在每个孔上都刷上一层植物油，放在电磁炉上，中火烧热，用勺子将拌好的章鱼烧粉糊舀进章鱼小丸子烤盘的孔里，烤至凝固，用竹签将章鱼小丸子翻面，烤至表面金黄色，用竹签叉出来，放入装鱿鱼丝的盘里滚一下，使章鱼小丸子浑身裹着鱿鱼丝即可。

【烹饪技法】烤。

【美食特色】爽口有弹性，鲜香美味，风味独特。

芝士烤龙虾

【主料】龙虾 1 只。

【配料】白兰地 8 毫升，奶酪 40 克，柠檬汁 5 克，盐 4 克，黑胡椒 3 克。

【制作】① 龙虾洗净，放入蒸锅蒸 3 分钟，取出，用剪刀从背部的中缝剪开虾壳，切成两半，去除内脏，洗净。② 奶酪切丝备用。③ 将龙虾放入垫着锡纸的烤盘里，倒入白兰地、柠檬汁，撒上盐、胡椒粉，用手来回翻转龙虾，使其入味，再铺上奶酪丝，放入预热 270℃的烤箱内，烤 15 分钟左右即可。

【烹饪技法】烤。

【美食特色】肉质鲜嫩多汁，奶香浓郁，香甜美味。

照烧基围虾

【主料】基围虾 500 克。

【配料】植物油 30 克，烧烤海鲜酱 20 克，盐 4 克。

【制作】① 基围虾剪去虾枪、虾须，洗净，沥干水分，用竹签串好，每串 1 只虾，从头串到尾。② 炭火烧红，架上网格烧烤架，把串好的基围虾串放在网格烧烤架上，刷上植物油，不停地翻转，使其受热均匀，烤至基围虾稍微变色时，再刷一次油，撒上盐，再刷上海鲜烧烤酱，烤至基围虾全身红透即可。

【烹饪技法】烤。

【美食特色】色泽红润，外焦里嫩，鲜香可口。

【举一反三】将基围虾换成皮皮虾，即可做成美味的照烧皮皮虾。

串烤虾仁

【主料】鲜虾 400 克。

【配料】植物油 30 克，生抽 4 克，料酒 5 克，盐 3 克，胡椒粉 3 克。

【制作】① 鲜虾去头、壳、虾线，洗净，装入碗里，加入生抽、料酒、盐、胡椒粉拌匀，放入冰箱腌制 1 个小时。② 取出腌制好的虾仁，用竹签将虾仁串好，做成虾仁串。③ 取烤盘，垫上锡纸，在锡纸上刷上一层薄薄的油，将虾仁串整齐地排在烤盘上，刷上剩下的油，放入预热 180℃的烤箱内，烤 10 分钟即可。

【烹饪技法】腌，烤。

【美食特色】香甜可口，鲜嫩有弹性。

意式烤虾

【主料】大虾 12 只，香菜 20 克。

【配料】蒜 10 克，面包 20 克，橄榄油 20 克，盐 3 克，胡椒粉 4 克。

【制作】① 大虾去虾枪、须，从背部竖着剖开，去虾线，洗净；香菜择洗干净，切末；蒜去皮，切末；面包切成屑。② 将大虾装入碗里，加入 10 克橄榄油、蒜末、香菜末、盐、胡椒粉、面包屑拌匀，腌 1 个小时。③ 把腌制好的大虾用竹签串好，放入烤盘上，刷上用剩的橄榄油，放入预热 180℃的烤箱内，烤 5 分钟，烤至大虾变红，面包屑呈金黄色即可。

【烹饪技法】腌，烤。

【美食特色】咸香适口，色泽艳丽，营养丰富。

串烤海鲜丸

【主料】鱼丸、虾丸各 200 克，青椒 50 克。

【配料】植物油 20 克，生抽 6 克，烧烤酱 30 克，孜然粉 8 克。

【制作】① 鱼丸、虾丸洗净，用厨房纸吸干水分；青椒去蒂、子，洗净，切成块。② 用竹签依次将鱼丸、青椒、虾丸串好，串成海鲜串。③ 炭火烧红，架上网格烧烤架，把海鲜串放在网格烧烤架上，刷上生抽、植物油，不断翻转使其受热均匀，烤约 5 分钟后，再刷上一层油，刷上烧烤酱，撒上孜然粉，略烤即可。

【烹饪技法】烤。

【美食特色】咸香适口，鲜嫩有弹性。

豉汁烤带子

【主料】带子 10 个，豆豉 15 克。

【配料】姜 5 克，料酒 8 克，植物油 20 克，生抽 6 克，柠檬片 5 克，白砂糖 3 克。

【制作】① 带子去掉半边壳，留半边装着带子，用剪刀修剪整齐，处理干净带子；姜洗净，切末；豆豉洗净，剁成末；柠檬片切粒。② 平底锅置大火上，入油烧热，放入姜末、豆豉末、柠檬粒翻炒，加入白砂糖、料酒、生抽拌匀，关火，调成酱汁。③ 取烤盘，将装着带子的带子壳整齐地排在烤盘上，把调好的酱汁用勺子均匀地分配给每个带子，静置腌制 30 分钟后，将烤盘移入预热 200℃的烤箱里，放中上层，烤 8 分钟即可。

【烹饪技法】腌，烤。

【美食特色】咸香适口，鲜嫩多汁，豉香诱人。

【举一反三】可将带子换成蛤蜊、扇贝等，味道同样鲜美。

香酥烤扇贝

【主料】扇贝 8 只。

【配料】红葡萄酒 15 毫升，马苏里拉奶酪 80 克，盐 3 克。

【制作】① 扇贝宰杀，取出扇贝肉，去杂质，洗净，装入碗里，加盐、红葡萄酒腌制 20 分钟，取 8 个扇贝壳刷洗干净备用。② 马苏里拉奶酪切成粒。③ 将刷洗干净的扇贝壳整齐地排在垫着锡纸的烤盘内，逐个放入扇贝肉，把马苏里拉奶酪粒均匀地分配给 8 个带子，放入预热 180℃的烤箱内，烤 8 分钟至熟即可。

【烹饪技法】腌，烤。

【美食特色】奶香浓烈，扇贝鲜香，肉质鲜嫩多汁。

【举一反三】如果没有马苏里拉奶酪，可用面粉、黄油、蛋黄调制的黄油面代替。

奶油烤大虾

【主料】虾仁 250 克，菜花、鲜蘑菇各 150 克。

【配料】植物油 30 克，面粉、奶油沙司、吉士粉、黄油各 20 克，面粉 30 克，盐、胡椒粉各 3 克。

【制作】① 菜花洗净，切成小朵；鲜蘑菇洗净，切片；黄油切成丝。② 虾仁去虾线，洗净，装入碗里，加盐、胡椒粉拌匀，放入面粉中滚一下，使虾仁全身裹上面粉。③ 炒锅置大火上，入油烧热，放入裹着面粉的虾仁，炸至两面金黄，捞出，沥干油分。④ 取烤盘，垫上锡纸，将奶油沙司 10 克浇在锡纸上，放上炸好的虾仁，周围摆上菜花，把蘑菇片放在虾仁上，再浇入剩下的奶油沙司，撒上吉士粉，放入预热 220℃的烤箱内，烤 20 分钟至熟，取出，趁热撒上黄油、胡椒粉即可。

【烹饪技法】烤。

【美食特色】造型美观，虾仁鲜甜美味，奶香浓郁。

碳烤生蚝

【主料】生蚝 10 只，蒜 50 克。

【配料】黄油 60 克，盐 3 克，鸡精 2 克。

【制作】① 生蚝撬开壳，留较深的那边壳当盘，用流动水冲净；蒜去皮，切成末。② 炒锅置中火上，放入黄油块化开，放入蒜蓉炒香，放盐、鸡精调味，关火，做成黄油蒜香酱汁。③ 炭火烧红，摆上网格烤架，将生蚝整齐地排在烤架上，把炒好的黄油蒜香酱汁用勺子均匀的分配给 10 只生蚝，边烤边转动生蚝壳，使其受热均匀，烤 8 分钟至熟即可。

【烹饪技法】炒，烤。

【美食特色】鲜嫩多汁，美味可口，奶香宜人。

【举一反三】可将生蚝换成蛤蜊，味道同样鲜美。

蒜蓉烤生蚝

【主料】生蚝 10 只，蒜 60 克。

【配料】朝天椒、香葱、柠檬汁各 5 克，植物油 20 克，料酒 4 克，盐 3 克，鸡精、胡椒粉各 2 克。

【制作】① 蒜去皮，剁成蒜蓉；朝天椒洗净，去蒂，切末；香葱洗净，切末；生蚝外壳用刷子刷洗干净，用刀子从开口处用力撬开，剜出生蚝肉冲洗干净，装入碗里，加入蒜蓉、朝天椒末、香菜末、盐、油、鸡精、料酒、柠檬汁、胡椒粉拌匀，腌制 20 分钟。② 将生蚝壳刷洗干净，整齐地排在垫着锡纸的烤盘上，将腌制烤的生蚝肉逐个放进生蚝壳里，浇上酱汁，放入预热 200℃的烤箱内，烤 8 分钟即可。

【烹饪技法】腌，烤。

【美食特色】鲜嫩多汁，蒜香诱人，肉质滑爽。

【举一反三】可将生蚝换成扇贝、带子等，味道同样鲜美。

橙香海鲜串串烧

【主料】三文鱼净肉 100 克，虾仁 10 只，橙子 1 个，甜椒 1 个。
【配料】咖喱叶 5 克，植物油 20 克，盐 4 克。
【制作】① 三文鱼洗净，切块；虾仁去虾线，洗净，切成两段；甜椒去蒂、子，洗净，切片；橙子洗净，取一半切片，一半榨汁；咖喱叶洗净。② 将三文鱼、虾仁放入碗里，加盐、橙汁拌匀，腌制 1 个小时。③ 用竹签依次串上咖喱叶、三文鱼、虾仁、橙子、甜椒，放入垫着锡纸的烤盘内，刷上植物油，移入预热 240℃的烤箱内，烤 20 分钟即可。
【烹饪技法】腌，烤。
【美食特色】颜色艳丽，荤素搭配，营养丰富，橙香诱人。
【举一反三】可依据个人口味选择海鲜和蔬菜的搭配。

日式金针菇烧扇贝

【主料】扇贝 500 克，金针菇 50 克。
【配料】蒜 20 克，植物油 25 克，生抽 4 克，盐 3 克。
【制作】① 用刀将扇贝剖开，去掉一边壳，留一边壳当烤盘，用水冲净扇贝肉；蒜去皮，剁成蒜蓉；金针菇洗净，拆散，切碎。② 把蒜蓉、金针菇装进碗里，加入盐、油、生抽拌匀，做成味汁。③ 炭火烧红，架上网格烤架，将扇贝整齐地排在烤架上，用勺子把味汁均匀地分配给每个扇贝，烤 5 分钟至熟即可。
【烹饪技法】拌，烤。
【美食特色】鲜嫩多汁，咸香适口，味道可口。

干烧剥皮牛

【主料】剥皮牛 1 条（约 250 克）。
【配料】烧烤汁 10 克，植物油 50 克，柠檬汁 4 克，盐 2 克。
【制作】① 剥皮牛去内脏，剥掉外皮，洗净，沥干水分。② 锅置大火上，入油烧至六成热，放入剥皮牛炸至七成熟，捞出；将烧烤汁装入碗里，加入柠檬汁、盐拌匀，调成烧烤酱备用。③ 烧红炭火，架上网格烤架，把炸好的剥皮牛放在烤架上，用烧烤夹来回翻转，边烤边用刷子刷上烧烤酱，烤干即可。
【烹饪技法】炸，烤。
【美食特色】焦香可口，肉质紧实，色泽金黄。
【举一反三】可将剥皮牛换成金丝鱼，味道同样鲜美。

炭烧龙脷柳

【主料】龙脷鱼柳 1 片。
【配料】泰式酸辣汁 20 克，柠檬叶 5 克，植物油 15 克，盐 2 克。
【制作】① 柠檬叶洗净，切丝；龙脷鱼柳洗净，装入碗里，加入柠檬叶丝、泰式酸辣汁、植物油、盐拌匀，腌制 20 分钟。② 烧红炭火，架上网格烤架，将腌制好的龙脷鱼柳放在烤架上，用烧烤夹来回翻转，边烤边用刷子刷上腌制龙脷鱼柳的酱汁，烤熟烤干即可。
【烹饪技法】腌，烤。
【美食特色】香辣可口，鱼香诱人。
【举一反三】龙脷鱼柳可换成三文鱼片，味道同样鲜美。

牛油蛤蜊

【主料】蛤蜊 500 克，洋葱 50 克。
【配料】蒜 10 克，牛油 20 克，蚝油 10 克，料酒 20 克，盐 3 克，鸡精 2 克。
【制作】① 蛤蜊洗净，用刀轻轻地开个边；洋葱洗净，切粒；蒜去皮，切末。② 将蛤蜊装入大碗里，加入洋葱粒、蒜末、料酒、蚝油、牛油、盐、鸡精拌匀，腌制 20 分钟入味。③ 取烤盘，铺上锡纸，将腌制好的蛤蜊倒在锡纸上，包好锡纸，放在烧红的炭火炉上烤 10 分钟至熟即可。
【烹饪技法】腌，烤。
【美食特色】鲜甜可口，美味多汁。
【举一反三】蛤蜊可换成白蛤、毛蛤等贝类，味道同样鲜美。

油滋滋香肉类烧烤

蒜香烤排骨

【主料】猪小排 500 克，蒜 100 克。

【配料】橄榄油 15 克，排骨酱 20 克，蚝油 10 克，黑胡椒粉 5 克，盐 3 克，白砂糖 4 克。

【制作】① 蒜去皮，剁成末；猪小排洗净，剁成段，放入沸水中汆去血水，洗净，沥干水分。② 将猪小排段装入碗里，加入蒜末、排骨酱、蚝油、黑胡椒粉、盐、白砂糖拌匀，腌制 30 分钟，使排骨入味。 ③ 取烤盘，铺上锡纸，把腌制好的排骨摆在锡纸上，浇入腌制排骨的酱汁，刷上植物油，放入预热 250℃的烤箱内，上下火烤 15 分钟，取出，剪开锡纸，再烤 5 分钟即可。

【烹饪技法】汆，腌，烤。

【美食特色】蒜香宜人，甜咸适口，焦香浓郁。

【举一反三】将猪排换成牛排即可做成蒜香烤牛排。

炭烤香料猪排

【主料】猪排 500 克。

【配料】橄榄油 15 克，烧烤汁 10 克，料酒、生抽各 5 克，大料、十三香、嫩肉粉各 3 克，盐 4 克，白砂糖 3 克。

【制作】① 将排骨洗净，剁成段，装入碗里，加入料酒、生抽、大料、十三香、嫩肉粉、盐、白砂糖拌匀，腌制 30 分钟，使排骨入味。② 烧红炭火，架上网格烤架，将腌制好的排骨段放在烤架上，刷上橄榄油，来回翻转，烤干后，再刷上一层油，再烤干时，刷上烧烤汁，再烤 3 分钟即可。

【烹饪技法】腌，烤。

【美食特色】色泽金黄，焦香美味，咸甜适口。

【举一反三】可将猪排换成牛排、羊排，味道更加鲜美。

烤五花肉

【主料】五花肉 400 克。

【配料】烤肉酱 50 克。

【制作】① 五花肉洗净，切片，装入碗里，加入烤肉酱，拌匀，腌制 30 分钟，使五花肉片均匀入味。② 用竹签将五花肉片穿好，做成五花肉串。③ 取烤盘，铺上锡纸，把五花肉串整齐地放在锡纸上，烤盘移入预热 200℃的烤箱内，烤 10 分钟后，取出，翻面，刷上腌制五花肉的酱汁，再放进烤箱烤 10 分钟即可。

【烹饪技法】腌，烤。

【美食特色】色泽焦黄剔透，酱香宜人，肥而不腻。

【举一反三】将烤肉酱换成韩国辣椒酱，加入韩国辣椒粉，即可做成韩式烤五花肉。

酥香里脊

【主料】猪里脊肉 400 克。

【配料】植物油 150 克，脆皮香酥炸鸡料 1 包，盐 4 克，孜然粉 5 克。

【制作】① 猪里脊肉洗净，切成长条，用厨房纸吸干水分，装入碗里，加入脆皮香酥炸鸡料、盐拌匀，腌制 20 分钟。② 炒锅置大火上，入油烧热，放入腌好的猪里脊肉炸，边炸边用筷子搅拌，炸至八成熟，捞出，沥干油分。③ 烧红炭火，架上网格烤架，将炸好的猪里脊肉放在网格烤架上，撒上孜然粉，用烧烤夹来回翻转，烤干即可。

【烹饪技法】腌，炸，烤。

【美食特色】色泽金黄，外酥里嫩，香酥

可口。

【举一反三】猪里脊肉换成鸡柳，即可做成香酥鸡柳。

培根芦笋卷

【主料】培根 4 片，猪肉 100 克，芦笋 4 根（约 250 克）。

【配料】植物油 15 克，生抽 4 克，盐 3 克，黑胡椒粉 4 克。

【制作】① 培根洗净，沥干水分；猪肉洗净，剁成肉末，装入碗里，放盐、生抽拌匀；芦笋洗净，切掉根部老茎，放入沸水中焯熟，捞出，放入冰水中过凉，取出，用厨房纸吸干水分。② 将培根平摊在盘子上，逐一摆上芦笋，用勺子把肉末平均地分配给 4 片培根，卷好培根，将肉末、芦笋卷在培根里。③ 取烤盘，铺上锡纸，将卷好的培根芦笋放在锡纸上，包好，放入预热 200℃的烤箱内，烤 15 分钟即可。

【烹饪技法】腌，焯，烤。

【美食特色】荤素搭配，营养均衡，外焦里嫩，肥而不腻。

【举一反三】芦笋可依据个人喜好换成黄瓜条、金针菇、尖椒等。

蒜烤香肠

【主料】原味香肠 5 条。

【配料】蒜味烧肉酱 100 克，植物油 10 克。

【制作】① 原味香肠提前解冻，洗净，用厨房纸吸干水分，用刀在烤肠身上划出深痕。② 烧红炭火，架上网格烤架，将原味香肠放在网格烤架上，用刷子刷上植物油、蒜味烧肉酱，用烧烤夹来回翻转香肠，烤熟后，再刷一层油和蒜味烧肉酱，烤干即可。

【烹饪技法】烤。

【美食特色】色泽红艳，酱香诱人。

【举一反三】香肠可换成热狗、玉米肠、面筋等。

串烧三明治

【主料】白土司 2 片，牛肉 70 克，蘑菇 4 朵，青、黄、红椒各 1/2 个，柳橙片 4 片。

【配料】奶油 15 克，黑胡椒酱 5 克，盐 3 克，胡椒粉 2 克。

【制作】① 白土司去边，切成小方块；青、黄、红椒分别去蒂、子，洗净，切方块；蘑菇洗净，去蒂，对半切开；柳橙片洗净，切成三角形；牛肉洗净，切片。② 用竹签依次将白土司、蘑菇、柳橙片、牛肉片和青、黄、红椒串好，均匀地撒上盐、胡椒粉。③ 将串好的三明治串放入垫着牛油纸的烤盘内，刷上奶油，放入预热 180℃的烤箱内，烤 20 分钟即可。

【烹饪技法】烤。

【美食特色】奶香浓郁，口味多样，风味独特。

红酒香草烤羊排

【主料】羊排 400 克，洋葱 30 克。

【配料】姜、蒜各 5 克，红酒 10 克，柠檬汁、生抽、蜂蜜各 6 克，迷迭香 3 克，盐 4 克。

【制作】① 羊排洗净，用厨房纸吸干水分；洋葱洗净，切丝；蒜去皮，切末；姜洗净，切丝。② 用盐将羊排抹遍全身，放入大盘里，加入洋葱丝、姜丝、蒜末、柠檬汁、生抽、蜂蜜、红酒、迷迭香拌匀，放入冰箱腌制 24 个小时以上（中途要给羊排翻身）。③ 取烤盘，铺上锡纸，取出羊排，拣去姜丝等配料，将羊排摆在锡纸上，放入预热 200℃的烤箱内，烤 10 分钟，取出，翻面，再放入烤箱烤 15 分钟即可。

【烹饪技法】腌，烤。

【美食特色】葱香、酒香、肉香融为一体，焦香可口。

【举一反三】将羊排换成鸡排、牛排、猪排味道同样鲜美。

明炉烤乳猪

【主料】净乳猪 1 只（约 4000 克）。

【配料】蒜汁 50 克，植物油 100 克，大红浙醋 80 克，八角粉 5 克，五香粉 10 克，南乳、芝麻酱各 25 克，白砂糖、麦芽糖各 50 克，生粉 25 克，汾酒 20 克，盐 40 克。

【制作】① 净乳猪从内腔劈开，使猪身呈平板状，然后斩断第三、四条肋骨，取出这个部位的全部排骨和两边的扇骨，挖出猪脑，在两旁牙关处各斩一刀，洗净，沥干水分。② 把蒜汁、大红浙醋、南乳、芝麻酱、白砂糖、生粉、汾酒、盐一起放入大盆里，拌匀，做成酱汁，均匀地抹遍乳猪内外，腌制 90 分钟。③ 将腌制好的乳猪用专用叉子叉起来，用沸水淋遍全身，使皮绷紧、肉变硬，把乳猪架好，用刷子刷上一层植物油，将炉炭拨成长条形，烧红炭火，通烤猪身，不停地转动翻转使乳猪均匀。④ 麦芽糖、八角粉、五香粉一起放入碗中，浇入腌制乳猪用剩的酱汁，拌匀后，少量多次地用刷子刷在乳猪上，烤至乳猪通红，焦脆即可。

【烹饪技法】腌，烤。

【美食特色】色泽红润，外酥里嫩，香甜可口。

【举一反三】如果觉得乳猪太大，可将乳猪换成猪腿。

古法肋排

【主料】猪肋排 500 克，鸡蛋 2 个。

【配料】南乳 40 克，老抽 10 克，白砂糖 20 克，蜂蜜 5 克，鸡精 3 克。

【制作】① 猪肋排洗净，剁成段，装入盘里，加入南乳、老抽、白砂糖、鸡精，打入鸡蛋清，搅拌均匀，放入冰箱，浆 1 个小时。② 取烤盘，垫上锡纸，将腌制好的猪肋排整齐地排在锡纸中央，放入预热 240℃的烤箱内，上下火烤 10 分钟，取出，翻面，刷上蜂蜜，再放进烤箱烤 15 分钟至熟即可。

【烹饪技法】腌，烤。

【美食特色】香酥可口，美味多汁，咸甜适中。

黑椒蜜汁烤牛排

【主料】牛排 400 克。

【配料】蜂蜜 8 克，橄榄油 20 克，烧烤酱 10 克，嫩肉粉 5 克，红酒 15 克，盐 3 克，黑胡椒 5 克。

【制作】① 牛排洗净，剁成长段，放入盘里，加入嫩肉粉、黑胡椒粉、红酒、烧烤酱、盐拌匀，腌制 2 个小时，使牛排入味。② 锅置火上，入油烧热，放入牛排煎至六成熟，盛出。③ 取烤盘，铺上锡纸，放入煎好的牛排，刷上蜂蜜，放入预热 180℃的烤箱，烤 10 分钟，取出，翻面，再刷一层蜂蜜，放进烤炉烤 5 分钟即可。

【烹饪技法】腌，煎，烤。

【美食特色】色泽红润，咸甜适口，焦香宜人。

蜜汁叉烧

【主料】肥瘦猪肉 500 克。

【配料】汾酒 150 克，生抽 30 克，老抽 20 克，白砂糖 100 克，盐 10 克，麦芽糖 20 克。

【制作】① 肥瘦猪肉洗净，切条，用厨房纸吸干，装入大碗里，加入汾酒、生抽、老抽、白砂糖、盐拌匀，腌制 2 个小时。② 取烤盘，铺上锡纸，将腌制好的猪肉条整齐地排在烤盘上，刷上一层麦芽糖，放入预热 200℃的烤箱里，烤 5 分钟后，取出，翻面，凉凉，再刷上一层麦芽糖，放入烤箱再烤 10 分钟即可。

【烹饪技法】腌，烤。

【美食特色】色泽红润，咸甜适口，肉质紧实。

酱香烤猪蹄

【主料】猪蹄 1 个。

【配料】百里香、罗勒叶各 5 克，橄榄油 50 克，烤肉酱 10 克，白砂糖 6 克，盐 8 克。

【制作】① 猪蹄洗净用火熏掉毛渣，洗净，改刀，用厨房纸吸干水分；百里香洗净，润透；罗勒叶洗净，切丝。② 将猪蹄装入盆里，加入百里香、罗勒叶、白砂糖、盐、橄榄油 20 克，搅拌均匀，来回翻转，腌制 3 个小时。③ 把腌制好的猪蹄放入垫着锡纸的烤盘里，刷上一层油、烤肉酱，放入预热 250℃的烤箱烤 10 分钟，取出，翻面，再刷上一层油、烤肉酱，放进烤箱烤 15 分钟即可。

【烹饪技法】腌，烤。

【美食特色】色泽金黄，酱香宜人，肥而不腻。

【举一反三】将猪蹄换成猪排，味道同样鲜美。

泰式酱汁烤猪颈肉

【主料】猪颈肉 500 克。

【配料】植物油 10 克，料酒、苹果醋、番茄酱各 5 克，烧烤汁 10 克，泰式酱汁 15 克。

【制作】① 猪颈肉洗净，切成大片，装入碗里，加入料酒、苹果醋、番茄酱拌匀，腌制 30 分钟。② 取烤盘，垫上锡纸，刷上植物油，将腌制好的猪颈肉放在锡纸上，放入预热 240℃的烤箱内，烤 30 分钟，烤至猪颈肉焦黄色。③ 将烤好的猪颈肉装盘，食用时，蘸着泰式酱汁即可。

【烹饪技法】腌，烤。

【美食特色】焦香美味，肥而不腻。

梨汁烤牛肉

【主料】牛里脊 300 克，梨 1 个。

【配料】葱 10 克，蒜粉、姜粉各 5 克，植物油 20 克，香油 15 克，生抽 20 克，蜂蜜 15 克，白砂糖 10 克，盐 3 克。

【制作】① 梨洗净，去皮，放入榨汁机榨汁备用；葱洗净，切末；把生抽、白砂糖、蒜粉、姜粉、蜂蜜、葱末、盐、香油放大碗中，加入梨汁搅拌，做成酱汁。② 牛里脊洗净，切厚片，放入盛放酱汁的大碗里，搅拌均匀，放入冰箱腌制 3 个小时。③ 取烤盘，铺上锡纸，刷上植物油，将腌制好的牛里脊肉整齐地摆在锡纸上，放入预热 240℃的烤箱，烤 5 分钟，取出，翻面，再刷上一层油，放进烤箱，再烤 5 分钟即可。

【烹饪技法】腌，烤。

【美食特色】鲜香适口，梨味清香，肉质紧实。

【举一反三】可将牛里脊换成猪里脊，即可做成梨汁烤猪肉。

烤牛舌头

【主料】牛舌头 1 条。

【配料】葱、姜、蒜各 5 克，生抽、老抽各 8 克，白砂糖 6 克，盐 4 克，胡椒粉 3 克。

【制作】① 牛舌头洗净，放入沸水锅里煮至七成熟，捞出，凉凉，刮去舌苔，洗净，切片；葱洗净，切末；姜洗净，切丝；蒜去皮，剁成蓉。② 将牛舌头片装入碗里，加入葱末、姜丝、蒜蓉、白砂糖、盐、胡椒粉、生抽、老抽拌匀，腌制 30 分钟，使牛舌入味。③ 取烤盘，铺上锡纸，倒入腌制好的牛舌，放入预热 200℃的烤箱中，烤 15 分钟至全熟即可。

【烹饪技法】腌，烤。

【美食特色】鲜嫩可口，肉质细嫩。

【举一反三】将牛舌换成猪舌同样美味。

烤牛心

【主料】牛心 1 个。

【配料】料酒 15 克，生抽 10 克，植物油 20 克，五香粉、辣椒粉、烤肉粉各 8 克，盐 4 克。

【制作】① 牛心洗净，切薄片，装入碗里，加盐、生抽、料酒、五香粉、辣椒粉、烤肉粉拌匀，腌制 3 个小时，使牛心入味。② 取烤盘，铺上锡纸，刷上一层油，将腌制好的牛心摆在烤盘上，刷上一层油，放入预热 200℃的烤箱内，烤 10 分钟，取出，翻面，再刷一层油，放进烤箱再烤 5 分钟即可。

【烹饪技法】腌，烤。

【美食特色】外脆里嫩，肉质紧实，香气逼人。

【举一反三】将牛心换成猪心、鸡心等，同样可以烤出美味的烧烤。

香菇牛肉串

【主料】牛肉 300 克，鲜香菇 10 朵。

【配料】 姜 5 克，植物油 30 克，料酒、生抽各8克，嫩肉粉5克，盐3克，孜然粉4克。

【制作】① 鲜香菇洗净，去蒂，背部改十字花刀；姜洗净，切丝；牛肉洗净，切片，装入碗里，加入姜丝、料酒、生抽、嫩肉粉、盐拌匀，腌制30分钟。② 用竹签将鲜香菇和腌制好的牛肉片相间串好，串成香菇牛肉串。③ 炭火烧红，架上网格烧烤架，把香菇牛肉串整齐地排在网格烤架上，用刷子刷上油，烤至牛肉变色，再刷上一层油，不停翻转，烤至全熟，撒上孜然粉即可。

【烹饪技法】腌，烤。

【美食特色】外形美观，荤素搭配，味道独特。

【举一反三】依据个人喜好可将香菇换成青椒或西葫等。

烤牛板筋

【主料】牛板筋300克。

【配料】植物油20克，烧烤酱15克，料酒5克，盐3克，熟芝麻粒2克。

【制作】① 牛板筋洗净，切段，用清水浸泡30分钟，洗去血水，捞出，沥干水分，装入碗里，加入料酒、盐拌匀，腌制30分钟。② 用竹签将腌制好的牛板筋串好备用。③ 炭火烧红，架上网格烧烤架，把牛板筋串放在网格烧烤架上，烧干后，刷上植物油，边烤边翻转，中途不间断地刷上植物油，烤至牛板筋七成熟时，刷上烧烤酱，撒上熟芝麻粒，烤至全熟即可。

【烹饪技法】腌，烤。

【美食特色】耐嚼有弹性，咸香适口。

红酒牛排

【主料】牛排500克，洋葱1个。

【配料】蒜8克，植物油20克，红酒50克，盐、淀粉、小苏打各3克，黑胡椒、孜然粉各2克。

【制作】① 洋葱洗净，切块；蒜去皮后，与洋葱一起放入搅拌机搅成泥。② 牛排洗净，装入盘里，加盐、淀粉、小苏打、黑胡椒，倒入洋葱蒜泥，拌匀，腌制1个小时。③ 取烤盘，垫上锡纸，刷上植物油，放入牛排，浇入用剩的植物油，再用1张锡纸密封好，放入预热250℃的烤箱内，烤30分钟即可。

【烹饪技法】腌，烤。

【美食特色】肉质紧实，干香有味。

【举一反三】将牛排换成羊排，即可做成美味的红酒羊排。

照烧牛仔骨

【主料】牛仔骨500克。

【配料】植物油20克，亨氏牛肉汁50克，盐4克，美国辣椒粉3克。

【制作】① 牛仔骨洗净，用厨房纸吸干水分，把盐均匀地抹在牛仔骨上。② 炭火烧红，架上网格烧烤架，把牛仔骨放在网格烧烤架上，烤干水分后，刷上植物油，边烤边用烧烤夹翻转，中途不间断地刷上植物油，烤至牛板筋七成熟时，刷上亨氏牛肉汁，撒上美国辣椒粉，烤至全熟即可。

【烹饪技法】烤。

【美食特色】焦香美味，香辣适中，干香有味。

【举一反三】可将牛仔骨换成羊骨，味道同样鲜美。

烤沙爹牛肉串

【主料】牛肉200克，糯米饭100克，黄瓜50克，红皮洋葱30克。

【配料】植物油10克，生抽、老抽各5克，沙爹酱20克，胡椒粉2克。

【制作】① 牛肉洗净，切成长条，装入碗里，加入油、生抽、老抽、胡椒粉拌匀，腌制30分钟。② 用竹签将腌制好的牛肉串好，取烤盘，铺上锡纸，将牛肉串整齐地排在烤盘上，放入预热180℃的烤箱内，烤15分钟即可。③ 黄瓜洗净，切小块；洋葱洗净，切丝；糯米饭压实，切成小方块；将黄瓜块、洋葱丝、糯米饭摆盘，取出烤熟的牛肉串，配合沙爹酱食用即可。

【烹饪技法】腌，烤。

【美食特色】荤素搭配，营养丰富，焦香美味，酱香诱人。
【举一反三】黄瓜、洋葱可依据个人口味换成其他的蔬菜，例如胡萝卜等。

烤莲藕牛肉丸

【主料】牛肉馅 200 克，鲜藕 300 克，胡萝卜、洋葱各 100 克。
【配料】姜末 5 克，植物油 20 克，海鲜酱油 10 克，料酒 5 克，白砂糖 4 克，黑胡椒、黑芝麻各 3 克。
【制作】① 鲜藕去皮，洗净，剁成泥，鲜藕泥挤干水分备用；胡萝卜洗净，剁碎；洋葱洗净，切粒。② 将牛肉馅装入大碗里，加入鲜藕泥、胡萝卜碎、洋葱粒、料酒、姜末、黑胡椒、黑芝麻、白砂糖、海鲜酱油拌匀，腌制 30 分钟。③ 把腌制好的牛肉蔬菜馅，搓成大小均匀的牛肉丸子，放入刷好油的烤盘内，烤盘移入预热 200℃的烤箱内，烤 20 分钟即可。
【烹饪技法】腌，烤。
【美食特色】劲弹爽口，美味多汁，荤素搭配，营养丰富。
【举一反三】将牛肉馅换成猪肉馅，即可做成美味可口的烤莲藕猪肉丸。
【巧手妙招】腌制牛肉丸馅料时，加入少许面粉，会使做出来的丸子更香软。

新疆羊肉串

【主料】羊腿肉 500 克，洋葱 50 克。
【配料】牛奶 30 毫升，植物油 30 克，料酒 8 克，孜然粉、辣椒粉、熟白芝麻各 5 克，盐 4 克，白砂糖 3 克。
【制作】① 洋葱洗净，切粒；羊腿肉洗净，切成 2 厘米见方的小块，装入碗里，加入洋葱粒、牛奶、料酒、孜然粉、盐、白砂糖拌匀，腌制 3 个小时。② 将腌制好的羊肉块用竹签串好，串成羊肉串。③ 烧红炭火，架上网格烤架，将羊肉串放在烤架上，刷上油，来回翻转，烤干后，再刷上一层油，再烤干时，撒上辣椒粉、熟白芝麻，再烤 2 分钟即可。
【烹饪技法】腌，烤。
【美食特色】鲜嫩可口，肥而不腻，香辣适宜。
【举一反三】将羊肉换成牛肉也可烤出鲜美的味道。

烤羊排

【主料】羊排 500 克，小洋山芋 8 个。
【配料】洋葱 1/2 个，香草 3 克，白葡萄酒 10 克，植物油 20 克，盐 6 克，辣椒粉、孜然粉各 3 克。
【制作】① 羊排洗净，装入大碗里，加 3 克盐、香草、白葡萄酒拌匀，放入冰箱腌制 6 小时。② 洋葱洗净，切丝；锅置大火上，入油 10 克，放入洋葱丝略炒，盛出备用。③ 小洋山芋洗净，放入锅里，注入适量清水，加入 3 克盐，锅置大火上，煮熟小洋山芋，取出，凉凉，去皮。④ 取烤盘，垫上锡纸，把洋葱、小洋山芋放在锡纸上，摆上羊排，均匀地撒入胡椒粉、辣椒粉，刷上剩下的植物油，再用 1 张锡纸盖严实，放入预热 280℃的烤箱里，烤 30 分钟即可。
【烹饪技法】腌，烤。
【美食特色】焦香美味，肥而不腻，风味独特。
【举一反三】可将羊排换成牛排，即可做成美味的牛排。

迷迭香羊肉串

【主料】羊腿肉 500 克，洋葱、青椒各 100 克。
【配料】迷迭香 5 克，蒜 10 克，植物油 20 克，料酒 6 克，盐 4 克。
【制作】① 蒜去皮，剁成蒜蓉；羊腿肉洗净，切小块，装入碗里，加入迷迭香、盐、料酒、蒜蓉拌匀，腌制 30 分钟。② 洋葱洗净，切片；青椒去蒂、子，洗净，切片；将腌制好的羊肉与洋葱片、青椒片相间用竹签串好。③ 烧红炭火，架上网格烤架，将羊肉串放在烤架上，刷上油，来回翻转，烤干后，再刷上一层油，再烤 2 分钟即可。
【烹饪技法】腌，烤。

【美食特色】荤素搭配，营养均衡，色泽鲜艳，香气逼人。

【举一反三】羊肉可换成牛肉、猪肉、鸡肉等，味道同样鲜美。

【巧手妙招】竹签事先用水浸泡过，在串肉串时不易伤手。

家常烤羊腿

【主料】羊后腿 1 只（约 800 克），洋葱、胡萝卜、芹菜各 80 克。

【配料】白兰地 5 克，植物油 15 克，香叶 5 克，盐 4 克，胡椒 3 克。

【制作】① 洋葱洗净，切块；胡萝卜洗净，切片；芹菜择洗干净，切段。② 羊腿肉去筋膜、洗净，沥干水分，放入大盆内，用盐、白兰地将羊腿抹遍，再加入黑胡椒粉、香叶、洋葱、胡萝卜、芹菜拌匀，腌制 4 个小时。③ 取烤盘，垫上锡纸，刷上一层薄薄的油，放入羊腿及腌料，放入预热 240℃的烤炉内，边烤边将烤盘里的酱汁往羊肉上浇，烤 15 分钟后取出，翻面，再刷上一层油，再烤至上色并熟透后取出，拣出腌料即可。

【烹饪技法】腌，烤。

【美食特色】焦香可口，肉质紧实，风味独特。

【举一反三】没有烤箱可用炭火烤，味道更加纯正。

北京烤肉

【主料】牛肉 500 克，葱 150 克，香菜 50 克。

【配料】姜汁 40 克，料酒 10 克，香油 20 克，植物油 30 克，生抽 75 克，白砂糖 25 克，鸡精 3 克。

【制作】① 牛肉剔除筋膜，洗净，放入冰箱冷冻成块，取出，切成薄片；葱洗净，切丝；香菜洗净，切段。② 将生抽、料酒、姜汁、白砂糖、鸡精、香油一起放入碗中调匀，把切好的肉片放入调料中浸泡，腌制入味。③ 用酒精炉烧热烤盘，在烤盘内刷上一层油，随即将切好的葱丝铺在烤盘上，再把浸好的牛肉片放在葱丝上用中火烤，边烤边用筷子翻动，烤干时，再刷上一层油，葱丝烤软后，将牛肉和葱摊开，放上香菜段继续翻动，烤熟即可。

【烹饪技法】腌，烤。

【美食特色】葱香宜人，肉质紧实，风味独特。

【举一反三】可将牛肉换成羊肉。

烤羊腰

【主料】羊腰子 750 克，番茄 200 克，白皮洋葱 250 克，青椒 200 克。

【配料】蒜汁 15 克，香油 15 克，白酒 10 克，生抽 5 克，盐 4 克，胡椒粉 3 克。

【制作】① 羊腰子对剖，去掉白筋，洗净，切片，装入盘里，加盐、白酒、生抽、胡椒粉拌匀，腌制 30 分钟。② 番茄洗净，切片；白皮洋葱洗净，切丝；青椒去蒂、子，洗净，切块。③ 取烤盘，铺上锡纸，将腌制好的羊腰子放入烤盘里，依次排入番茄片、青椒块、洋葱丝，淋上香油，放入预热 150℃的烤箱内，烤 30 分钟至熟即可。

【烹饪技法】腌，烤。

【美食特色】肉质鲜嫩，咸香适口。

【举一反三】将羊腰子换成猪腰、牛腰子味道同样鲜美。

手撕烤兔

【主料】净兔肉 1 只。

【配料】葱丝 50 克，姜丝 10 克，色拉油 30 克，腐乳卤 50 克，汾酒 25 克，香料、孜然粉、五香粉各 5 克，盐 4 克，鸡精 2 克。

【制作】① 净兔肉洗净，装入大盆里，加入葱丝、姜丝、腐乳卤、汾酒、香料、五香粉、盐、鸡精拌匀，腌制 30 分钟后，放入锅里，注入适量清水，大火将兔肉卤熟。② 取出卤熟的兔肉，凉凉，用烧烤叉串好；炭火烧红，架上网格烤架，放上兔肉，烤干水分，用刷子刷上一层色拉油，边烤边翻转，少量多次地刷上色拉油，烤至兔肉焦黄色，香气溢出即可。

【烹饪技法】腌，卤，烤。

【美食特色】外表绛红，肉质鲜嫩，卤香浓郁。

【举一反三】如果觉得炭火烤比较麻烦，可换成烤箱，更方便快捷。

烤狗肉串

【主料】狗肉 300 克。

【配料】葱、姜各 5 克，植物油 20 克，黄酒 25 克，生抽 15 克，白砂糖 5 克，盐 3 克，胡椒粉 2 克，鸡精 2 克。

【制作】① 葱洗净，切末；姜洗净，切末；将狗肉洗净，切片，装入碗里，加入葱末、姜末、黄酒、生抽、白砂糖、盐、鸡精、胡椒粉、鸡精拌匀，腌制 50 分钟。② 将腌制好的狗肉用竹签串好，每串 4 片狗肉，整齐地排入垫着锡纸的烤箱里，用刷子刷上一层油，移入预热 200℃的烤箱内，烤 5 分钟，取出，再刷上一层油，放入烤箱，再烤 10 分钟即可。

【烹饪技法】腌，烤。

【美食特色】焦香爽口，肥而不腻，风味独特。

【举一反三】将狗肉替换成羊肉即可变成美味的烤羊肉串。

蜂蜜烤鸡翅

【主料】全鸡翅 4 个，蜂蜜 20 克。

【配料】植物油 20 克，蚝油 8 克，生抽 5 克，料酒 5 克，黑胡椒、辣椒粉各 3 克。

【制作】① 全鸡翅洗净，改刀，用厨房纸吸干水分，装入盘里，加入蚝油、生抽、料酒、黑胡椒拌匀，腌制 2 个小时，使鸡翅入味。② 将腌制好的全鸡翅放入垫着锡纸的烤盘中，用刷子刷上一层油，放入预热 200℃的烤箱内，烤 5 分钟，取出，刷上一层油，再刷上一层蜂蜜，再放入烤箱烤 5 分钟，再次取出，刷油、蜂蜜，撒上辣椒粉，再烤 5 分钟即可。

【烹饪技法】腌，烤。

【美食特色】香甜可口，外焦里嫩，香辣适口。

【举一反三】将全鸡翅换成翅中，味道更佳。

烤鸡皮

【主料】速冻专用烧烤鸡皮 10 串。

【配料】植物油 10 克，蜜汁烧烤酱 10 克。

【制作】① 鸡皮放在室温环境下，稍稍解冻。② 烧红炭火，架上网格烧烤架，将鸡皮串放在烧烤架上，刷上植物油，边烤边翻转，烤至鸡皮焦黄色时，刷上蜜汁烧烤酱，略微烤干即可。

【烹饪技法】烤。

【美食特色】滑嫩美味，油而不腻。

烤泰式咖喱翅

【主料】鸡翅中 8 个。

【配料】植物油 15 克，奥尔良烤翅粉、咖喱粉、孜然粉各 8 克，料酒 5 克，盐 3 克。

【制作】① 鸡翅中洗净，装入碗里，加入奥尔良烤翅粉、咖喱粉、孜然粉、料酒、盐拌匀，放入冰箱腌制 1 个小时，使鸡翅中入味。② 取烤盘，垫上锡纸，在锡纸上刷上一层薄薄的植物油，把鸡翅中摆在锡纸中央，放入预热 200℃的烤箱内，烤 10 分钟后，取出，翻面，再烤 10 分钟即可。

【烹饪技法】腌，烤。

【美食特色】咖喱清香浓郁，鸡翅中肉质鲜嫩多汁，咸甜适中，外焦里嫩。

烤鸡肉串

【主料】鸡胸肉 400 克。

【配料】植物油 15 克，柠檬汁 4 克，盐 3 克，印度香料 2 克。

【制作】① 鸡胸肉洗净，切块，装入碗里，加入柠檬汁、盐、印度香料拌匀，腌制 2 小时。② 把腌制好的肌肉块用竹签串好，做成鸡肉串。③ 炭火烧红，架上网格烤架，放上鸡肉串，用刷子刷上一层植物油，边烤边翻转，少量多次地刷上植物油，烤至鸡肉焦黄色，香气溢出即可。

【烹饪技法】腌，烤。

【美食特色】香味浓郁，肉质酥烂，鲜咸浓醇。

【举一反三】将鸡肉换成猪肉即可做出美味的烤猪肉串。

烤鸡腿

【主料】鸡腿6个，柠檬片20克。

【配料】植物油20克，葱、蒜5克，生抽、料酒6克，盐3克，胡椒粉2克。

【制作】① 葱洗净，切段；蒜去皮，切末；鸡腿洗净，改刀，装入盘里，加入葱段、蒜末、生抽、料酒、盐、胡椒粉拌匀，放入冰箱腌制3个小时。② 取烤盘，垫上锡纸，刷上一层薄薄的植物油，将腌制好的鸡腿放在锡纸上，移入预热270℃的烤箱内，烤30分钟即可。

【烹饪技法】腌，烤。

【美食特色】色泽焦黄，外焦里嫩，鲜嫩多汁。

【举一反三】将鸡腿换成鸭腿，味道同样鲜美。

香辣烤鸡脖

【主料】鸡脖4根。

【配料】料酒5克，橄榄油20克，生抽8克，白砂糖4克，红腐乳6克，孜然粉3克，盐3克，鸡精2克。

【制作】① 鸡脖洗净，用厨房纸吸干水分，放入碗里，加入料酒、生抽、白砂糖、红腐乳、孜然粉、盐、鸡精拌匀，腌制3个小时。② 炭火烧红，架上网格烤架，放上鸡脖，用刷子刷上一层橄榄油，边烤边用烧烤夹翻转，少量多次地刷上橄榄油，烤至鸡脖焦黄色，香气溢出即可。

【烹饪技法】腌，烤。

【美食特色】咸甜适口，焦香宜人，风味独特。

【举一反三】将鸡脖换成鸭脖，味道同样鲜美。

骨肉相连

【主料】冷冻骨肉相连5串。

【配料】植物油20克，烧烤酱10克，辣椒粉4克。

【制作】① 把冷冻骨肉相连从冰箱取出，放置室内自然解冻。② 炭火烧红，架上网格烤架，放上骨肉相连，用刷子刷上一层油，边烤边翻转，少量多次地刷上油、烧烤酱，烤至骨肉相连焦黄色时，撒上辣椒粉，烤至香气溢出即可。

【烹饪技法】烤。

【美食特色】清脆爽口，香辣美味。

【举一反三】如果觉得炭火烧烤比较麻烦，可换成烤箱或微波炉，简便快捷。

串烤鸡心

【主料】鸡心300克。

【配料】蒜泥5克，植物油20克，泰式咖喱10克，生抽6克，料酒5克，五香粉、孜然粉、白砂糖、盐各3克，鸡精2克。

【制作】① 鸡心洗净，用清水浸泡30分钟，洗去血水，捞出，沥干水分，装入碗里，加入蒜泥、生抽、泰式咖喱、料酒、五香粉、孜然粉、白砂糖、盐、鸡精拌匀，腌制2个小时。② 用竹签将腌制好的鸡心串好，每串6个鸡心，放入铺着锡纸的烤盘里，刷上一层油，放入预热200℃的烤箱内，烤10分钟，取出，翻面，再刷上一层油，再考5分钟即可。

【烹饪技法】腌，烤。

【美食特色】咖喱清香宜人，鸡心肉质紧实，咸甜适口。

【举一反三】将鸡心换成鸡胗，即可做出美味的串烤鸡胗。

串香凤爪

【主料】凤爪15个（约250克）。

【配料】白兰地20克，植物油20克，老抽6克，白砂糖5克，盐3克，鸡精2克。

【制作】①凤爪洗净，剁掉脚趾甲，用刀背略拍，装入碗里，加入白兰地、老抽、白砂糖、盐、鸡精拌匀，腌制1个小时，使凤爪入味。②把腌制好的凤爪用竹签串好，每串3个凤爪，串成5串。③炭火烧红，架上网格烤架，放上凤爪，用刷子刷上一层油，边烤边翻转，少量多次地刷上油，烤熟至香气溢出即可。

【烹饪技法】腌，烤。

【美食特色】干香有味，咸甜适口，风味独特。

【举一反三】可将凤爪换成鸭掌，味道更佳。

烤鸡胗

【主料】鸡胗8个（约300克）。

【配料】嫩肉粉3克，植物油15克，蚝油8克，盐3克，孜然粉、胡椒粉各2克。

【制作】①鸡胗用盐洗净，一分为二，切成花，装入碗里，加入嫩肉粉拌匀，腌制20分钟。②取烤盘，垫上锡纸，刷上一层薄薄的油，将腌制好的鸡胗整齐地摆在烤盘内，刷上油、蚝油，撒上孜然粉、辣椒粉，放入预热210℃的烤箱内，烤12分钟即可。

【烹饪技法】腌，烤。

【美食特色】香辣适中，爽脆可口。

【举一反三】将鸡胗换成鸭胗即可做出味道鲜美的烤鸭胗。

【巧手妙招】清洗鸡胗时放点儿醋或盐会清洗得更加干净。

十三香鸭胗

【主料】鸭胗300克，十三香10克。

【配料】植物油20克，料酒8克，烧烤酱15克，白砂糖6克，盐4克，鸡精3克。

【制作】①鸭胗洗净，一切为二，再切成花状，装入碗里，加入料酒、白砂糖、盐、鸡精拌匀，腌制30分钟。②用竹签将腌制好的鸭胗串好，做成鸭胗串。③炭火烧红，架上网格烤架，放上鸭胗串，用刷子刷上一层油，边烤边翻转，少量多次地刷烧烤酱，烤熟至香气溢出即可。

【烹饪技法】腌，烤。

【美食特色】香味浓郁，爽脆可口，鲜咸浓醇。

【举一反三】将鸭胗换成鸡胗，也可做出同样美味的十三香鸡胗。

【巧手妙招】在清洗鸭胗的时候，放点儿盐或醋，可清洗得更加彻底。

串烧翅尖

【主料】鸡翅尖300克。

【配料】白兰地20克，植物油25克，老抽8克，白砂糖6克，盐3克，鸡精2克。

【制作】①鸡翅尖洗净，装入碗里，加入白兰地、老抽、白砂糖、盐、鸡精拌匀，腌制1个小时。②用竹签将腌制好的鸡翅尖串好，每串4个。③炭火烧红，架上网格烤架，放上鸡翅尖串，用刷子刷上一层油，边烤边翻转，少量多次地刷上油，烤熟至香气溢出即可。

【烹饪技法】腌，烤。

【美食特色】焦香美味，咸甜适口，干香有味。

【举一反三】可用烤箱代替炭火烧烤，既环保又方便快捷。

【巧手妙招】竹签使用前浸泡一下，串鸡翅尖时不易伤手，烧烤时也不宜烧焦。

烤鸭舌

【主料】鸭舌250克。

【配料】植物油20克，生抽5克，料酒5克，盐、孜然粉、辣椒粉各3克。

【制作】①鸭舌洗净，装入碗里，加入生抽、料酒、盐拌匀，腌制2个小时。②取烤盘，垫上锡纸，刷上一层薄薄的油，将腌制好的鸭舌整齐地摆在烤盘内，刷上油，撒上孜然粉、辣椒粉，放入预热210℃的烤箱内，烤12分钟即可。

【烹饪技法】腌，烤。
【美食特色】焦香宜人，鲜嫩可口，咸辣适中。
【举一反三】将鸭舌换成鸭下巴，即可做出味道鲜美的烤鸭下巴。
【巧手妙招】清洗鸭舌时滴点儿醋，可将鸭舌的黏液洗净。

传统烤腊鸭腿

【主料】腊鸭腿 1 个。
【配料】蜜汁烧烤酱 10 克，辣椒粉 2 克。
【制作】① 腊鸭腿洗净，改一字刀，用烧烤叉叉好。② 炭火烧红，架上网格烤架，放上腊鸭腿，边烤边翻转，使腊鸭腿受热均匀，烤至吐油时，刷上一层蜜汁烧烤酱，再烤至腊鸭腿变成绛红色时，刷上一层蜜汁烧烤酱，撒上辣椒粉，烤至焦香溢出即可。
【烹饪技法】烤。
【美食特色】干香有味，肉质紧实，咸甜适口。
【举一反三】将腊鸭腿换成鸡腿，即可做成美味的传统烤鸡腿。

广东烤鹅

【主料】仔鹅 1 只（约 1000 克）。
【配料】姜末 10 克，蒜蓉 20 克，葱末、白糖、料酒各 30 克，高汤 500 毫升，玫瑰露酒 20 克，五香粉 5 克，盐 10 克，鸡精 4 克，蜂蜜、醋、碱水各 8 克。
【制作】① 仔鹅宰杀后处理干净，从肛门处开口掏出内脏，斩去鹅掌及翅尖，用清水将鹅的腹腔冲洗干净。② 将姜末、蒜茸、葱末、盐、白砂糖、料酒、玫瑰露酒、鸡精、五香粉装入大碗里，注入高汤调匀，制成味汁；另将蜂蜜、白醋、碱水装入料碗里调匀，制成脆皮水。③ 把味汁从肛门开口处灌入鹅的腹腔，再用针线将开口缝住，使味汁不致漏出；用气枪往仔鹅的皮下组织充气，使之胀满。④ 煮锅置大火上注入适量清水，烧开，将仔鹅放进沸水中汆烫 1 分钟后，放入凉水过凉，捞出，用厨房纸吸干水分，均匀地刷上脆皮水，挂在通风处晾干。⑤ 将晾干的鹅挂入烤炉中，用果木木炭烧中火慢烤，烤至鹅肉熟透时，改用大火将鹅的表皮烤至酥脆，取出，倒出鹅腹内的卤汁，将烤鹅剁成块装盘，再淋上卤汁即可。
【烹饪技法】腌，汆，烤。
【美食特色】色泽红润光亮，外酥里嫩，肉质鲜嫩多汁。
【举一反三】可将仔鹅换成鸭，即可做出美味的烤鸭。

烤鹌鹑蛋

【主料】鹌鹑蛋 250 克。
【配料】植物油 15 克，烧烤酱 20 克，辣椒粉、孜然粉各 3 克。
【制作】① 鹌鹑蛋洗净，放入锅里，注入适量清水，锅置大火上，将鹌鹑蛋煮熟，凉凉，剥去外壳，用竹签串好，每串 5 个。② 炭火烧红，架上网格烤架，放上鹌鹑蛋串，用刷子刷上一层油，边烤边翻转，少量多次地刷上油，烤至焦黄时，刷上烧烤酱，撒上孜然粉、辣椒粉，再略烤至香气溢出即可。
【烹饪技法】煮，烤。
【美食特色】酱香诱人，咸辣适口，风味独特。
【举一反三】也可用专门的烤鹌鹑蛋机来烤，方便快捷。
【巧手妙招】鹌鹑蛋煮熟后，用冷水浸泡片刻，比较容易剥壳。

腴嫩多汁蔬果烧烤

麻辣甘蓝串

【主料】紫甘蓝 300 克。

【配料】植物油 20 克，烧烤酱 25 克，孜然粉、辣椒粉、花椒粉各 4 克。

【制作】① 紫甘蓝去老叶，洗净，切方块，用竹签串好。② 炭火烧红，架上网格烤架，放上紫甘蓝串，用刷子刷上一层油，边烤边翻转，少量多次地刷上油，烤至紫甘蓝略微变软时，刷上烧烤酱，撒上孜然粉、辣椒粉、花椒粉，再烤至香气溢出即可。

【烹饪技法】烤。

【美食特色】色泽艳丽，麻辣诱人，咸香适口。

【举一反三】也可将紫甘蓝换成卷心菜、圆白菜等。

烤白萝卜片

【主料】白萝卜 500 克。

【配料】烧烤酱 25 克，植物油 20 克。

【制作】① 白萝卜洗净，切片，用竹签串好。② 炭火烧红，架上网格烤架，放上白萝卜串，用刷子刷上一层油，边烤边翻转，少量多次地刷上油，烤熟至香气溢出，再刷上烧烤酱，略烤即可。

【烹饪技法】烤。

【美食特色】清香可口，酱香诱人。

【举一反三】可将白萝卜片换成西葫片，味道同样可口。

风味烤茭白

【主料】茭白 300 克。

【配料】植物油 15 克，味噌 8 克，米酒 5 克，醋 6 克，红糖 5 克。

【制作】① 茭白去壳，洗净，切段，用竹签穿成串；将味噌、米酒、醋、红糖一起装入碗里，拌匀，调成酱汁。② 取烤盘，垫上锡纸，在锡纸上刷上一层薄薄的油，将茭白串整齐地排在烤盘上，刷上油，放入预热 150℃的烤箱内，隔 5 分钟翻面一次，刷一次油，重复 4 次，烤熟即可。

【烹饪技法】烤。

【美食特色】色艳味足，爽脆可口。

【举一反三】烤箱可用炭火烤炉代替。

锡纸焗西蓝花

【主料】西蓝花 400 克。

【配料】植物油 15 克，蚝油 10 克，盐 5 克，鸡精 3 克。

【制作】① 西蓝花洗净，浸泡 1 个小时，却掉根部老茎，摘成小朵。② 在盘子内铺上一张锡纸，将放入西蓝花，加入植物油、蚝油、盐、鸡精拌匀，包好锡纸呈枕头状，静置腌制 30 分钟。③ 炭火烧红，架上网格烤架，放上锡纸包，戴上防热手套，边烤边翻转，使锡纸包受热均匀，烤至香气溢出即可。

【烹饪技法】腌，烤。

【美食特色】清香宜人，清淡可口，风味独特。

孜然烤香菇西蓝花

【主料】鲜香菇、西蓝花各 250 克。

【配料】植物油 20 克，盐 4 克，鸡精 3 克，熟芝麻、孜然、孜然粉各 5 克。

【制作】① 鲜香菇洗净，去蒂，在背部改十字花刀；西蓝花去掉根部老茎，洗净，切成小朵。② 将鲜香菇、西蓝花整齐地排在铺着锡纸的烤盘上，刷上植物油，均匀地撒上将盐、鸡精、熟芝麻、孜然、孜然粉，放入预热 160℃的烤箱内，上下火烤 10 分钟至熟即可。

【烹饪技法】烤。

【美食特色】清淡可口，孜然飘香，色泽翠绿。

蚝油香菇

【主料】鲜香菇 200 克。

【配料】蚝油 20 克，植物油 25 克，生抽 5 克，孜然粉 3 克。

【制作】① 鲜香菇洗净，去蒂，在背部改十字花刀，放入沸水中焯烫，捞出，挤干水分，用竹签串好，每串 5 朵鲜香菇。② 炭火烧红，架上网格烤架，把香菇串整齐地摆在网格烤架上，刷上植物油，边烤边翻面，少量多次地刷上植物油、生抽，烤至香菇变软，香气溢出，刷上蚝油，撒上孜然粉，略考即可。

【烹饪技法】焯，烤。

【美食特色】酱香浓郁，劲弹爽口。

【举一反三】可将香菇换成杏鲍菇等。

芝士土豆片

【主料】土豆 400 克。

【配料】卡夫芝士粉 20 克，植物油 25 克，盐 10 克。

【制作】① 土豆去皮，洗净，切片，装入盘里，撒上盐，拌匀。② 炭火烧红，架上网格烤架，把土豆片整齐地摆在网格烤架上，刷上植物油，边烤边用烧烤夹将土豆翻面，少量多次地刷上植物油，烤至土豆全熟，香气溢出，撒上卡夫芝士粉即可。

【烹饪技法】烤。

【美食特色】芝香浓郁，香脆可口。

鲍汁烤冬瓜

【主料】冬瓜 500 克。

【配料】植物油 20 克，鲍汁 50 克。

【制作】① 冬瓜洗净，不用去皮，切大块。② 炭火烧红，架上网格烤架，把冬瓜块整齐地摆在网格烤架上，刷上植物油，边烤边用烧烤夹将冬瓜块翻面，少量多次地刷上植物油，烤至冬瓜全熟，装盘，淋上鲍汁即可。

【烹饪技法】烤。

【美食特色】鲍汁清凉味淡，冬瓜清淡爽口。

【举一反三】将鲍汁换成烧烤酱，即可做成酱烤冬瓜片。

金银蒜烧南瓜扒

【主料】南瓜 500 克，蒜 20 克。

【配料】植物油 25 克，生抽 4 克，盐 3 克。

【制作】① 南瓜洗净，切成圈形；蒜去皮，剁成末，炒锅置小火上，入油 10 克烧热，放入 10 克蒜末炒香，立即关火，盛入碗里，加入生蒜末，拌匀，做成金银蒜。② 炭火烧红，架上网格烤架，把南瓜块整齐地摆在网格烤架上，刷上植物油，边烤边用烧烤夹将南瓜块翻面，少量多次地刷上植物油，烤至南瓜全熟，装盘，将金银蒜均匀地撒在南瓜上即可。

【烹饪技法】炒，烤。

【美食特色】蒜香可口，南瓜香甜糯滑。

【举一反三】南瓜可换成土豆或山药等。

麻香云南小瓜

【主料】云南小麻瓜 500 克。

【配料】植物油 20 克，烧烤酱 25 克，花椒粒 5 克。

【制作】① 云南小麻瓜洗净，切薄片。② 炭火烧红，架上网格烤架，把云南小麻瓜片整齐地摆在网格烤架上，刷上植物油，边烤边用烧烤夹将云南小麻瓜片翻面，少量多次地刷上植物油，烤至全熟时，刷上烧烤酱，撒上花椒粒即可。

【烹饪技法】烤。

【美食特色】咸淡适中，薄脆爽口。

【举一反三】也可将云南小麻瓜换成西葫。

蒜蓉烤茄子

【主料】茄子（长条）1 个，蒜 50 克。

【配料】葱 5 克，植物油 20 克，茄子汁 15 克，孜然粉、辣椒粉各5克。

【制作】① 茄子洗净；蒜去皮，剁成蒜蓉；葱洗净，切成葱末。② 炭火烧红，架上网格烤架，把茄子整个放在网格烤架上，中火慢烤，边烤边用烧烤夹翻面，使其受热均匀。③ 待茄子烤至七成熟时，用刀剖开，不切断，压成扇形，用刷子刷上植物油、茄子汁，放上蒜蓉，烤至茄子全熟，撒上葱末即可。

【烹饪技法】烤。

【美食特色】焦香宜人，嫩滑爽口，咸辣适中。

串烤尖椒

【主料】尖椒4个。

【配料】橄榄油20克，烧烤酱25克，孜然粉5克。

【制作】① 尖椒洗净，去蒂，用4根竹签将尖椒分别串好。② 炭火烧红，架上网格烤架，把尖椒串放在网格烤架上，中火慢烤，边烤边翻面，使其受热均匀，烤干时，用刷子刷上橄榄油，再烧干再刷，重复此动作3次，待尖椒烤至全熟时，刷上烧烤酱，撒上孜然粉，略烤即可。

【烹饪技法】烤。

【美食特色】咸香入味，酱香诱人。

【举一反三】可将尖椒换成甜椒、黄辣椒等。

牛油烤玉米

【主料】玉米3根。

【配料】牛油30克。

【制作】① 玉米去头、尾，洗净，每根剁成3段。② 取3张锡纸，平铺在桌面，每张锡纸抹上10克牛油，摆上3段玉米，分别包好锡纸。③ 炭火烧红，架上网格烤架，把用锡纸包好的玉米放在网格烤架上，中火慢烤，戴上防热手套，边烤边翻滚动玉米，使其受热均匀，烤约5分钟至熟即可。

【烹饪技法】烤。

【美食特色】香甜可口，色泽金黄，风味独特。

【举一反三】将牛油换成奶油，即可做出奶香浓郁的奶油烤玉米。

烤鲜玉米

【主料】甜玉米棒2根。

【配料】色拉油20克，蚝油10克。

【制作】① 甜玉米去玉米皮、玉米须，洗净，放入锅里煮熟，捞出，凉凉；玉米皮不扔，洗净备用。② 取烤盘，铺上玉米皮，将煮熟的玉米放在玉米皮上，刷上色拉油，放入预热200℃的烤箱内烤5分钟，取出，翻面，再刷上色拉油、蚝油，放进在烤箱，再烤3分钟即可。

【烹饪技法】煮，烤。

【美食特色】香甜可口，干硬有嚼劲。

炭烤彩椒

【主料】青椒、红椒、黄椒各1个。

【配料】色拉油20克，烧烤汁15克，盐8克。

【制作】① 青椒、红椒、黄椒洗净，用厨房纸吸干水分。② 炭火烧红，架上网格烤架，把青椒、红椒、黄椒一起放在网格烤架上，中火慢烤，刷上色拉油，边烤边翻滚彩椒，使其受热均匀，中途不间断地刷上色拉油、烧烤酱，烤约5分钟时，刷上烧烤酱，撒上盐，略烤至全熟即可。

【烹饪技法】烤。

【美食特色】香甜可口，干硬有嚼劲。

炭烤玉米

【主料】甜玉米3个。

【配料】植物油15克，沙茶酱10克，生抽8克。

【制作】① 甜玉米去皮、须，洗净，用厨房纸吸干水分后，用3根竹签串好。② 炭火烧红，架上网格烤架，把甜玉米串放在网格烤架上，中火慢烤，刷上植物油，边烤边翻滚甜玉米，使其受热均匀，中途不间断地刷上植物油、生抽，烤约5分钟时，刷上沙茶酱，略烤至全熟即可。

【烹饪技法】烤。

【美食特色】酱香美味，香甜可口。

锡纸烤土豆

【主料】土豆 300 克。
【配料】肉松碎 20 克，培根 30 克，香葱 5 克，千岛酱 10 克。
【制作】① 土豆洗净，用厨房纸吸干水分，用锡纸包好，装入烤盘里，放入预热 160℃的烤箱里，烤 40 分钟至土豆全熟；培根洗净，切碎；葱洗净，切成葱末。② 用铁制小勺在每个土豆的顶部都剜出一个小窝，把千岛酱平均挤到每个小窝里，放上培根粒，撒上肉松碎、葱末，再放入烤箱，烤 4 分钟即可。
【烹饪技法】烤。
【美食特色】粉嫩香软，酱香、肉香、葱香、土豆香融为一体，风味独特。
【举一反三】可将土豆换成南瓜或地瓜。

盐烧青豆

【主料】豇豆 200 克。
【配料】植物油 15 克，蚝油 25 克，盐 6 克，孜然粉、熟芝麻粒 2 克。
【制作】① 豇豆洗净，去头、尾，切成长段，整齐地夹入烧烤专用的大网夹里。② 炭火烧红，架上网格烤架，把夹着豇豆的大网夹放在网格烤架上，刷上植物油，中火慢烤，边烤边翻面，使其受热均匀，少量多次地刷上植物油，烤约 5 分钟时，刷上蚝油，撒上盐、孜然粉、熟芝麻粒，再略烤片刻即可。
【烹饪技法】烤。
【美食特色】豆香诱人，咸香适口。

锡纸烤白洋葱

【主料】白皮洋葱 300 克。
【配料】牛油 20 克，盐 5 克。
【制作】① 洋葱去老皮，洗净，一开四，用手掰成片。② 取 1 张锡纸，摊平在案板上，将切好的洋葱片放在锡纸中央，放入盐、牛油拌匀。③ 将锡纸包好的洋葱放进预热 180℃的烤箱内，烤 15 分钟至锡纸鼓起即可。
【烹饪技法】烤。
【美食特色】色泽莹润，香软可口。

迷迭香烤大蒜

【主料】大蒜 4 头。
【配料】橄榄油 15 克，盐 4 克，黑胡椒粉 3 克，干迷迭香 2 克。
【制作】① 剥去大蒜最外层的厚皮，保留贴近大蒜的那层皮，切掉大蒜顶端，露出蒜肉。② 将大蒜排在铺有锡纸的烤盘中，在大蒜表面均匀地刷上橄榄油，然后均匀地在每头蒜上撒入盐、黑胡椒粉，最后再撒上干燥的迷迭香。 ③ 在大蒜表面再盖上一层锡纸，放入预热 180℃的烤箱中层，烤 30 分钟后去掉锡纸，再烤 20 分钟即可。
【烹饪技法】烤。
【美食特色】蒜香宜人，有杀菌消毒的功效，风味独特。

串烧蒜肉

【主料】蒜 150 克。
【配料】植物油 15 克，盐 8 克。
【制作】① 蒜去皮，用竹签串好。② 炭火烧红，架上网格烤架，把蒜串放在网格烤架上，刷上植物油，中火慢烤，边烤边翻滚，使其受热均匀，烤约 5 分钟至熟，撒上盐即可。
【烹饪技法】烤。
【美食特色】蒜香宜人，可杀菌消毒，风味独特。

串烧韭菜

【主料】韭菜 200 克。
【配料】植物油 20 克，烧烤汁 15 克，孜然粉 5 克。
【制作】① 韭菜择洗干净，切掉根部老茎，再切掉尾部黄叶，用竹签把韭菜串好，做成韭菜串。② 炭火烧红，架上网格烤架，把韭菜串放在网格烤架上，刷上植物油，中火慢烤，边烤边翻面，使其受热均匀，少量多次地刷上植物油，烤约 5 分钟时，刷上烧烤汁，撒上孜然粉，再烤片刻即可。

【烹饪技法】烤。

【美食特色】香气逼人，咸香适口，温肾壮阳。

【举一反三】可将孜然粉换成熟芝麻粒。

照烧四季豆

【主料】四季豆 200 克。

【配料】植物油 15 克，烧烤酱 20 克，盐 5 克。

【制作】① 四季豆洗净，切掉头、尾，用竹签串好。② 炭火烧红，架上网格烤架，把四季豆串放在网格烤架上，刷上植物油，中火慢烤，边烤边翻面，使其受热均匀，少量多次地刷上植物油，烤约 5 分钟时，刷上烧烤汁，撒上盐，再略烤片刻即可。

【烹饪技法】烤。

【美食特色】鲜美软香，咸香适口，酱汁宜人。

【举一反三】可将四季豆换成豇豆，味道同样鲜美。

烤藕片

【主料】鲜藕 300 克。

【配料】色拉油 20 克，老抽 5 克，盐 3 克，孜然、辣椒粉各 2 克。

【制作】① 鲜藕去皮，洗净，切厚片，放入沸水中，加盐，焯水后，捞出，沥干水分。② 将色拉油、老抽、孜然、辣椒粉一起装入料碗里，拌匀，调成酱汁。③ 取烤盘，铺上锡纸，把藕片整齐地摆在锡纸上，用刷子刷上一层酱汁，放入预热 180℃的烤箱内烤 5 分钟，取出，翻面，再刷上一层酱汁，再放入烤箱烤 5 分钟即可。

【烹饪技法】焯，烤。

【美食特色】色泽焦黄，香脆可口，咸辣适中。

【举一反三】鲜藕片可依据个人口味换成冬瓜片、地瓜片等。

蜜汁豆腐干

【主料】豆腐干 5 片。

【配料】蜜汁烧烤酱 80 克，植物油 20 克。

【制作】① 豆干洗净，用刀在豆腐干身上轻轻地划上几道痕，使豆腐干好入味。② 把豆腐干整齐地夹入烧烤大网夹里，炭火烧红，架上网格烤架，把大网夹放在网格烤架上，刷上植物油，中火慢烤，边烤边翻面，使豆腐干受热均匀，少量多次地刷上蜜汁烧烤酱，烤至颜色焦黄即可。

【烹饪技法】烤。

【美食特色】焦香美味，咸甜适口，风味独特。

【举一反三】将豆腐干换成年糕即可做成美味的蜜汁年糕。

翻山豆腐

【主料】豆腐 250 克。

【配料】老干妈豆豉 30 克，植物油 15 克，香菜 5 克。

【制作】① 豆腐洗净，切成方块；香菜洗净，切末。② 炭火烧红，架上铁板烤架，把豆腐放在铁板烤架上，刷上植物油，中火慢烤，边烤边翻面，使其受热均匀，少量多次地刷上植物油，烤至颜色金黄时取出，装盘，浇上老干妈豆豉，撒上香菜末即可。

【烹饪技法】烤。

【美食特色】外焦里嫩，鲜香适口。

【举一反三】香菜可依据个人口味换成葱末。

味噌烤豆腐

【主料】嫩豆腐 1 块。

【配料】芝麻酱 8 克，味噌 6 克，海苔丝、香菜 5 克，开水 10 毫升。

【制作】① 芝麻酱、味噌装入碗里，加入开水拌匀，做成酱汁；香菜洗净，切末。② 嫩豆腐切方块，刷上调好的酱汁，放入预热 200℃的烤箱中，调至上火加旋风功能，烤约 10 分钟后，转为只有上火功能，续烤约5分钟，至表面香酥。③ 取出烤好的豆腐，装盘，刷上剩下的酱汁，撒上海苔丝、香菜末即可。

【烹饪技法】烤。

【美食特色】外焦里嫩，爽滑可口，咸香适中。

锡纸金针菇

【主料】金针菇200克。

【配料】葱5克，蚝油10克，植物油15克，盐3克，鸡精2克。

【制作】① 将金针菇去掉头部，洗净，拆散；葱洗净，切段。② 取1张锡纸，平铺在案板上，放入金针菇，加入葱段、蚝油、植物油、盐、鸡精拌匀，包好锡纸，放入预热200℃的烤箱内，烤10分钟至锡纸鼓起即可。

【烹饪技法】烤。

【美食特色】滑嫩爽口，咸香适中，风味独特。

泰式酸辣汁烤木耳

【主料】水发黑木耳300克。

【配料】泰式酸辣汁50克，植物油20克。

【制作】① 水发黑木耳洗净，去根部，用竹签串好。② 把炭火烧红，架上网格烤架，把黑木耳串放在网格烤架上，中火慢烤，烧干后刷上植物油，边烤边翻面，使其受热均匀，少量多次地刷上植物油，烤至变色时，刷上泰式酸辣汁略烤即可。

【烹饪技法】烧，烤。

【美食特色】爽滑可口，酸辣美味，亚热带风情，风味独特。

菠萝虾串

【主料】菠萝1个，鲜虾12只。

【配料】红椒、洋葱各50克，植物油15克，料酒、生抽各5克，红糖3克。

【制作】① 鲜虾去头、壳、皮、虾线，洗净，装入碗里，加入料酒、生抽、红糖拌匀，腌制20分钟。② 菠萝去皮，洗净，一开四后，再切成薄片；红椒去蒂、子，洗净，切块；洋葱洗净，切片。③ 用竹签把虾仁、洋葱、红椒、菠萝相间串好，串成五彩菠萝虾串；把菠萝虾串放入烤盘内，刷上植物油和腌制虾仁的酱汁，移入预热200℃的烤箱，烤5分钟后，取出，再刷一层油、酱汁，再烤3分钟即可。

【烹饪技法】腌，烤。

【美食特色】色泽艳丽，挑逗味蕾，鲜香诱人。

斋烧菠萝

【主料】菠萝1个。

【配料】植物油15克，盐4克。

【制作】① 菠萝去皮，洗净，一开四后，再切成薄片，用竹签串好。② 炭火烧红，架上网格烤架，把菠萝串放在网格烤架上，中火慢烤，烧干后刷上植物油，边烤边翻面，使其受热均匀，少量多次地刷上植物油，烤至菠萝变软时，均匀地撒上盐，略烤即可。

【烹饪技法】烤。

【美食特色】生津开胃，酸甜适中，鲜香诱人。

照烧富士果

【主料】苹果2个。

【配料】植物油15克，盐4克。

【制作】① 苹果去皮，洗净，去心，再切成瓣，用竹签串好。② 炭火烧红，架上网格烤架，把苹果串放在网格烤架上，中火慢烤，烧干后刷上植物油，边烤边翻面，使其受热均匀，少量多次地刷上植物油，烤至变软时，均匀地撒上盐，略烤即可。

【烹饪技法】烤。

【美食特色】生津开胃，酸甜可口。

香烤苹果

【主料】苹果3个。

【配料】奶油20克，白砂糖250克，葡萄干100克，核桃碎50克。

【制作】① 苹果洗净，对半切开，去皮、心，用勺子逐个在对切的苹果内挖一个小坑。

② 取一小碗，放入葡萄干、核桃碎捣碎；锅置小火上，烧热，放入白砂糖化开。③ 取烤盘，刷上奶油，将苹果整齐地排在烤盘内，用勺子将葡萄核桃碎均匀地分配到苹果坑里，浇入白砂糖汁，放入预热 120℃的烤箱内，烤至苹果变软即可。

【烹饪技法】烤。

【美食特色】香甜可口，风味独特。

英式香酥烤苹果

【主料】苹果 2 个，面粉 100 克。

【配料】黄油 50 克，黄砂糖 30 克，盐 2 克，肉桂粉 1 克。

【制作】① 黄油切小丁；取 25 克黄油丁和面粉、黄砂糖、盐、肉桂粉一起放入盆内，用手不断搓拌，搓至细屑状，做成黄油香酥备用。② 苹果去皮、核，切大片，用厨房纸吸干水分，铺在烤盘里，每铺一层苹果撒上一层做好的黄油香酥，最后撒上用剩的黄油丁。③ 将烤盘放入预热 200℃的烤箱内，烤 30 分钟，烤至黄油焦黄色即可。

【烹饪技法】烤。

【美食特色】焦香美味，香甜可口。

【巧手妙招】切好的苹果片可放入淡柠檬水中浸泡，防止氧化变色。

照烧香蕉

【主料】香蕉 350 克。

【配料】植物油 15 克，盐 8 克。

【制作】① 香蕉洗净，不去皮，切段，用竹签串好。② 炭火烧红，架上网格烤架，把香蕉串放在网格烤架上，中火慢烤，刷上植物油，边烤边滚动香蕉串，使其受热均匀，少量多次地刷上植物油，烤至变色时，均匀地撒上盐略烤即可。

【烹饪技法】烤。

【美食特色】香甜嫩滑，风味独特。

【举一反三】用铁板烧烤香蕉风味更佳。

铁板香蕉

【主料】香蕉 2 根。

【配料】黄油 10 克，白兰地 8 克，玉米薄片 15 克，巧克力酱 5 克，薄荷叶 4 片。

【制作】① 香蕉去皮，切成长条。② 炭火烧红，架上铁板烧烤炉，烧热，放入黄油化开，放上香蕉条煎至两面金黄，淋上白兰地，烤干，盛出。③ 把考好的香蕉条摆在盘内，撒上玉米薄片，浇上巧克力酱，用薄荷叶装饰即可。

【烹饪技法】 煎，烤。

【美食特色】香甜嫩滑，美味多汁，风味独特。

【举一反三】巧克力酱可依据个人口味换成蜂蜜等。

烤水果串

【主料】香蕉 2 根，苹果 1 个，火龙果 1 个，圣女果 10 枚。

【配料】植物油 20 克，蜂蜜 10 克，葡萄酒 20 克，盐 8 克。

【制作】① 香蕉、苹果、火龙果分别去皮，切块；圣女果洗净。② 锅置火上，注入适量清水，加盐，大火烧开，放入所有水果，汆烫片刻，捞出，沥干水分；把各种水果用竹签相间串好。③ 炭火烧红，架上网格烤架，把水果串放在网格烤架上，中火慢烤，烧干表面的水分后，刷上植物油，边烤边滚动水果串，使其受热均匀，少量多次地刷上葡萄酒，烤至水果变软立即装盘，淋上蜂蜜即可。

【烹饪技法】汆，烤。

【美食特色】色泽鲜艳，香甜可口，口味众多。

【举一反三】水果可依据个人口味选择，但是要软硬统一，烧烤时才好控制时长和火候。

清润烤梨片

【主料】鸭梨 2 个。

【配料】白砂糖 40 克。

【制作】① 鸭梨洗净，去柄，切成约 2 毫米厚的片，整齐地排在铺着牛油纸的烤盘内，均匀地撒上白砂糖。② 将烤盘放入预热160℃的烤箱内，烤 15 分钟后，取出，翻面，再撒上白砂糖，放入烤箱烤 15 分钟，关掉烤炉。③ 把烤好的鸭梨片取出，放置一边，晾干即可。

【烹饪技法】烤。

【美食特色】清甜可口，焦脆美味，清润解渴。

【巧手妙招】清洗鸭梨时抹上少量苏打粉，可清洗得更彻底。

新奥尔良烤青豆

【主料】青豆 250 克。

【配料】奥尔良烤肉酱 30 克。

【制作】① 青豆淘洗干净，放入垫着牛油纸的烤盘内，加入奥尔良烤肉酱，加入 10 毫升清水，拌匀，腌制 1 个小时。② 把青豆放入预热 200℃的烤箱内，烤 10 分钟后，取出，翻面，再放入烤箱内，烤 10 分钟即可。

【烹饪技法】腌，烤。

【美食特色】酱香脆口，干香有味。

【举一反三】青豆可依据个人口味换成毛豆、茴香豆等。

烤洋葱

【主料】洋葱 400 克。

【配料】百里香 20 克，橄榄油 10 克，盐 3 克。

【制作】① 洋葱去老皮，洗净，横切成 1 厘米的厚片，用厨房纸吸干水分；百里香洗净，晾干。② 取烤盘，均匀地刷上一层薄薄的橄榄油，将洋葱摆在烤盘内，刷上剩下的橄榄油，均匀地撒上百里香、盐，放入预热200℃的烤箱内，烤 25 分钟即可。

【烹饪技法】烤。

【美食特色】洋葱香、百里香两香融合，美味可口，风味独特。

黑椒烤芋头

【主料】芋头 500 克。

【配料】洋葱 50 克，橄榄油 20 克，番茄酱 15 克，盐 3 克，黑胡椒粉 8 克。

【制作】① 芋头去皮，洗净，切小块；洋葱洗净，切丝。② 将芋头块、洋葱丝放入盆内，加入 10 克橄榄油、盐，放入番茄酱，撒上黑胡椒粉，搅拌均匀。③ 取烤盘，刷上橄榄油，倒入拌好的黑椒芋头，铺开，避免重叠，放入预热 200℃的烤箱内，上下火烤 30 分钟，烤至芋头焦黄即可。

【烹饪技法】拌，烤。

【美食特色】焦香美味，软烂粉嫩，咸香适口。

串烤香芋

【主料】香芋 400 克。

【配料】植物油 20 克，烧烤酱 15 克，黑胡椒粉 5 克。

【制作】① 香芋去皮，洗净，切成圆片，用竹签串好，做成香芋串。② 炭火烧红，架上网格烤架，把香芋串放在网格烤架上，中火慢烤，烧干后刷上植物油，边烤边翻面，使其受热均匀，少量多次地刷上植物油，烤至香芋变软时，刷上烧烤酱，撒上胡椒粉，略烤即可。

【烹饪技法】烤。

【美食特色】香芋的香味浓郁，烧烤酱香气诱人，美味可口。

润泽鲍鱼菇

【主料】鲍鱼菇 250 克。

【配料】植物油 20 克，烧烤酱 10 克，香油 5 克。

【制作】① 鲍鱼菇洗净，用厨房纸吸干水分。② 炭火烧红，架上网格烤架，把鲍鱼菇放在网格烤架上，中火慢烤，烧干后刷上植物油，边烤边用烧烤夹翻面，使其受热均匀，少量多次地刷上植物油，烤至鲍鱼菇变软时，刷上烧烤酱，烤干后装盘，用刀子竖着划开鲍鱼菇，淋上香油即可。

【烹饪技法】烤。

【美食特色】鲍鱼菇水分充盈，诱人食欲，

青香可口。

蜂蜜烤紫薯

【主料】紫薯 250 克。
【配料】蜂蜜 10 克，植物油 20 克。
【制作】① 紫薯去皮，洗净，切片，用竹签串好，做成紫薯串。② 炭火烧红，架上网格烤架，把紫薯串放在网格烤架上，中火慢烤，烧干后刷上植物油，边烤边用翻面，使其受热均匀，少量多次地刷上植物油，烤至紫薯变软时，取出装盘，刷上蜂蜜即可。
【烹饪技法】烤。
【美食特色】香甜可口，焦香诱人。
【举一反三】可将紫薯换成番薯或山药，同样美味可口。

原味烤地瓜

【主料】地瓜 1000 克。
【制作】① 把地瓜洗净，用厨房纸吸干水分。② 炭火烧红，架上网格烤架，把地瓜放在网格烤架上，中火慢烤，边烤边用翻面，使其受热均匀，烤 30 分钟至地瓜熟软即可。
【烹饪技法】烤。
【美食特色】外焦里嫩，香甜可口。
【举一反三】可用烤箱或微波炉代替碳烤炉。

香烤奶香紫薯

【主料】紫薯 300 克。
【配料】淡奶油 20 克，白砂糖 15 克，中筋面粉 10 克，淀粉 5 克。
【制作】① 紫薯洗净，放入蒸锅内，加入适量清水，大火蒸熟，取出，凉凉，去皮，装入大碗里，用勺子压成泥。② 将白砂糖、中筋面粉、淀粉一起倒入紫薯泥里，拌匀，用打蛋器搅拌均匀，搅成紫薯面团。③ 将紫薯面团分成若干个小剂子，逐个揉搓成丸子状，用竹签串好，做成紫薯球串。④ 取烤盘，垫上牛油纸，将紫薯球串摆在烤盘里，刷上淡奶油，放入预热 200℃的烤箱内，烤 5 分钟，再调成 180℃，烤 15 分钟即可。
【烹饪技法】煮，烤。
【美食特色】紫色诱惑，焦香可口，奶香浓郁。
【举一反三】将紫薯换成红薯、土豆，也可做出甜美的味道。

蒜汁烤咸方包

【主料】咸味土司 3 片，蒜汁 15 克。
【配料】植物油 15 克。
【制作】① 咸味土司切去边，装入盆里备用。② 炭火烧红，架上网格烧烤架，把切好的咸味土司放在网格烧烤架上，不停地翻转，使土司受热均匀，烤约 2 分钟时，刷上植物油，烤至土司变脆时，取出装盘，淋上蒜汁即可。
【烹饪技法】烤。
【美食特色】蒜香宜人，香脆可口。

炼奶烤馒头

【主料】小馒头 12 个。
【配料】炼奶 100 克，植物油 20 克。
【制作】① 用竹签将小馒头串好，每串 3 个，串成 4 串。② 炭火烧红，架上网格烧烤架，把馒头串放在网格烧烤架上，不停地翻转，使馒头受热均匀，烤约 2 分钟时，刷上植物油，烤至馒头表面金黄时，取出，装盘，淋上炼奶即可。
【烹饪技法】烤。
【美食特色】颜色金黄，外皮酥脆，肉质松软，风味独特。
【举一反三】将小馒头换成馍，即可做成炼奶烤馍。

热情丰盛锅仔篇

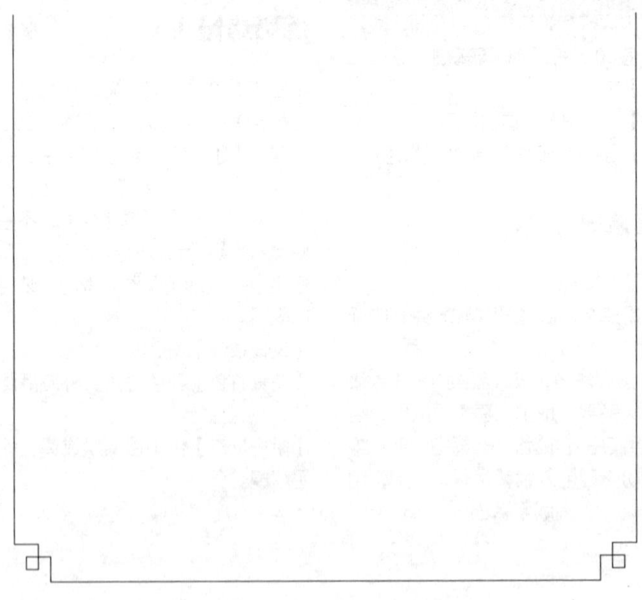

锅仔高汤的制作

高汤是锅仔的灵魂，以高汤为底，加入食材和调味品，就能熬出好汤来，烹炒菜肴时加入高汤就能为菜肴提鲜、提味，下面就来看一下如何熬出一锅鲜美的高汤。注意熬高汤时，一开始要加入足够的冷水，中间不宜加水，也不宜用热水，细熬慢炖，才会更美味。

煲制好的高汤,可冷却后舀入制冰器中，放入冰箱冷却，即成方便的高汤块，能够长期保存。

清汤

【主料】净母鸡 1 只（约 1500 克）。

【配料】葱段 50 克，姜片 25 克。

【制作】① 母鸡剁成大块，放入沸水锅中煮一下，捞出在清水中洗净。② 锅置火上，注入清水，下鸡块烧沸，撇去浮沫，放葱、姜，用中火炖至鸡肉软烂即可。

鲜汤

【主料】净母鸡 1 只（约 1500 克），猪肘 1000 克，猪瘦肉 250 克。

【配料】葱段 50 克，姜片 25 克，料酒 50 毫升，盐 5 克，胡椒粉 2 克。

【制作】① 母鸡剔下脯肉，切块；猪瘦肉洗净，切块。② 用沸水将鸡骨架、肘子焯水，捞出刮洗一次后再次放入锅中，加清水烧沸，撇去浮沫，放入葱姜，以小火煮至鸡和肘子软烂，捞出备用。③ 将煮好的汤撇去浮油，滤去渣，烧沸，加入料酒，煮至汤快沸时，加入猪肉块、鸡肉块，用小火炖沸，用时再加入盐、胡椒粉即可。

奶汤

【主料】净母鸡 1 只（约 1500 克），猪肘 1000 克，猪腿骨 100 克。

【配料】葱段 50 克，姜片 25 克，料酒 50 毫升，盐 5 克，胡椒粉 2 克。

【制作】① 母鸡、猪肘、猪腿骨分别放入沸水锅中稍煮一下，捞出刮洗一次。② 锅置火上，注水煮沸，放入鸡、肘子和猪腿骨，煮沸撇去浮沫，下入葱段、姜片，大火煮沸，转小火煮至汤白如奶时，滤去渣和骨即可，用时再加入盐、胡椒粉、料酒调味。

高汤

【主料】猪大骨 600 克。

【配料】红椒 50 克，红葱头 15 克，洋葱 50 克，葱椒油 15 克，植物油 50 克。

【制作】① 猪大骨洗净，先用沸水焯烫，再洗去大骨表面的油膜，除去腥味，加入约 5000 毫升的水，煮沸。② 红椒去头、拍碎，与拍扁的红葱头及切成片的洋葱放入热锅，加油爆香。③ 把葱椒油倒入猪骨汤汁中，用中火煮约 1 小时。

素高汤

【主料】黄豆芽 300 克。

【配料】红枣 10 枚，香菇 30 克。

【制作】① 黄豆芽、红枣、香菇均洗净。

② 将黄豆芽、红枣、香菇放入汤锅中，加水后以中火熬煮约 3 小时即可。

肉骨高汤

【主料】猪骨 1000 克，瘦猪肉 500 克。
【配料】姜 150 克，桂圆肉 20 克，胡椒 10 克。
【制作】① 猪骨、瘦猪肉焯烫后，洗净备用。② 汤锅置火上，入水煮沸，放入猪骨、瘦猪肉、姜、桂圆肉、胡椒，再以大火煮至再度滚沸，转小火保持微滚。③ 捞除浮沫和油渣，小火熬煮约 4 小时即可。

鸡清汤

【主料】母鸡 200 克，猪肘 500 克。
【配料】盐、味精各 7.5 克，料酒、葱、姜各 10 克。
【制作】① 母鸡宰杀后，去毛及内脏，洗净，将鸡胸肉及鸡腿剔下，与鸡翅一同放入锅中，加入清水，待烧沸后撇去血沫，然后用小火煮 4 ~ 5 小时。② 鸡胸肉及鸡腿肉去净油质后，拍碎成鸡茸，加入清水调稀，放入盐、料酒、葱、姜、味精等备用。③ 将煮好的鸡汤滤净碎骨肉，并撇去浮油，烧沸，把调好的鸡茸倒入汤内搅匀，待煮沸后再撇净油沫等杂质，即可成鸡清汤。

鸡高汤

【主料】鸡骨 1000 克。
【配料】葱 15 克，姜 10 克。
【制作】① 鸡骨先用沸水焯烫，捞出，洗净。② 锅置火上，将鸡骨入锅，加葱、姜及水，煮约 1 小时即可。

牛肉汤

【主料】牛骨 1500 克，牛肉 1000 克。
【配料】姜 200 克，葱 15 克，沙姜 10 克，桂皮 10 克。
【制作】① 牛骨、牛肉汆烫后，洗净备用。② 汤锅置火上，入水煮沸，放入牛骨、牛肉、姜、葱、沙姜、桂皮，再以大火煮至再度滚沸，转小火保持微滚，持续熬煮 4 小时即可。

骨头汤

【主料】猪骨头 1000 克。
【配料】葱 15 克，姜 10 克，酒 10 克。
【制作】① 猪骨头先用沸水煮 5 分钟，煮出杂质及血水，将汤汁全部倒掉。② 煮好的猪骨用自来水冲洗净，全部入锅，加葱、姜、酒、水一起慢慢炖，即成骨头汤。

百吃不厌的家畜类锅仔

白肉血肠火锅

【主料】猪白肉、血肠、熟猪肚和熟肥肠各400克，酸菜、粉丝、冻豆腐各300克。

【配料】牡蛎50克，盐5克，味精2克，海米12克，葱末、姜末各10克，腐乳15克，韭花酱15克，蒜泥10克，酱油5克，芝麻酱15克，辣椒油5克，咸香菜、咸韭菜各5克，鲜汤1500毫升。

【制作】① 白肉洗净，切片；血肠切1.5厘米厚的片；熟猪肚切成一字条；肥肠切片；冻豆腐用水泡一下，切排骨片（长方片）；酸菜洗净，切丝；粉丝剪段，用温水泡好；牡蛎洗净杂质。以上用料整理好后，分别装入盘内。② 将腐乳、韭花酱、蒜泥、酱油、芝麻酱、辣椒油、咸香菜、咸韭菜分别装入小碟。③ 火锅内放入鲜汤煮沸，下盐、海米、葱末、姜末、酸菜丝、粉丝，待火锅内汤再滚沸时，即可烫食各料。

【烹饪技法】煮。

【营养功效】生精补髓，养血益阳，强筋健骨。

【健康贴士】一般人皆宜食用，尤其适合男性食用。

猪肉丸子火锅

【主料】猪瘦肉400克，大白菜800克，水发粉丝500克。

【配料】葱末、姜末各12克，酱油8克，料酒12克，盐3克，味精2克，高汤1500毫升。

【制作】① 将猪瘦肉去筋洗净，剁成蓉，加入适量的葱末、姜末、酱油、盐、料酒和味精，按肉与水1：1的比例，将水打进猪肉蓉内，顺着一个方向搅动，视馅能在水锅中浮起，即已打好，调制好馅料，装入盘内；大白菜心洗净，撕成片，装入盘内；水发粉丝整理好，装入盘内。② 火锅放在桌上，倒入高汤，将调制好的馅料、白菜片和水发粉丝各盘围在火锅周围。汤煮沸后，由食者用汤匙将馅舀成丸子，下入火锅内烫熟，与烫熟的白菜、粉丝一起食用。

【烹饪技法】煮。

【营养功效】补肾养血，滋阴润燥。

【健康贴士】粉丝也可与豆干同食，能抗癌减肥。

里脊什锦火锅

【主料】猪里脊肉500克，猪肝、猪腰、鳝鱼肉、白菜、豌豆苗和菠菜各300克。

【配料】葱、蒜苗和猪油各150克，香菜、郫县豆瓣酱100克，醪糟汁和酱油各50克，盐15克，豆豉、姜末各25克，辣椒粉15克，花椒5克，味精2克，水淀粉20克，鲜汤1500毫升。

【制作】① 将猪里脊肉、猪肝、猪腰和鳝鱼均切成4厘米长、2厘米宽、0.2厘米厚的片，分别装入盘内，加入水淀粉；白菜撕成片；葱和蒜苗拍破后切成长段。② 白菜、葱、蒜苗、豌豆苗、菠菜和香菜分别洗净，装入盘内，置于火锅的周围；郫县豆瓣酱、豆豉和花椒均砸碎。③ 锅置中火上，入油烧至五成热，下豆瓣酱、豆豉、花椒、辣椒粉和姜末炒出香味，且油呈红色时，加入鲜汤、葱段、盐、味精、酱油和醪糟汁，煮沸出味为卤汁。取其中的一半卤汁倒入点燃的火锅中，煮沸，即可烫食各料。食时先荤后素，随吃随涮，并可用卤汁、盐和猪油等调味。

【烹饪技法】炒，煮。

【营养功效】益气丰肌，强身壮体。

【健康贴士】猪腰也可与木耳同食，有补肾益气，养血养颜之效。

猪杂什锦火锅

【主料】熟猪肚、猪肝、熟猪肠、猪心、猪腰、水发粉丝和白菜各 250 克。

【配料】盐 10 克，胡椒粉 2 克，味精 5 克，肉骨高汤 1500 毫升，料酒 20 克。

【制作】① 将熟猪肚和熟猪肠均切成薄片；猪肝洗净，切长薄片后，用沸水汆烫一下去掉血污；猪腰去外膜及腰臊后切成片；猪心洗净血水，切片；猪腰片和猪心片分别放在沸水锅中汆一下；水发粉丝洗净后，剪成段；白菜洗净，切段，用沸水焯一下捞出沥水。以上各料均装盘，放在火锅四周。② 火锅点燃置于桌上，放入肉骨高汤、部分白菜、粉丝和料酒，煮沸后，撒入精盐、味精和胡椒粉，即可烫食各料。③ 可根据个人口味，另用蒜泥、芥末油、醋、香菜末、韭菜花、辣椒油、卤虾油、芝麻酱配置成调味汁，每人一碟。

【烹饪技法】汆，煮。

【营养功效】补虚安神，健脾润肠，补肾壮阳，养心补血。

【健康贴士】猪腰还可与虾同食，滋补肝肾效果更佳。

北京涮肚火锅

【主料】猪肚、白菜各 600 克，粉丝 100 克。

【配料】辣椒油、姜末和蒜泥各 25 克，清汤 800 毫升，酱油 50 克，味精 1 克，白砂糖 5 克，陈醋 10 克，盐 5 克。

【制作】① 猪肚处理干净，切块；白菜洗净，切成粗丝；粉丝用温水泡软。② 将姜末、酱油 25 克、白砂糖 3 克和陈醋 5 克放入一碗内调匀；另将蒜泥、白砂糖 2 克、陈醋、味精和少许热汤放入碗中调匀；辣椒油放入另一碗中。③ 火锅中放入清汤，大火煮沸后上桌，吃时用筷子夹一块肚尖放入沸汤火锅中涮至肚尖卷起，呈葱末状，再烫 1 分钟即可夹出蘸调味汁食用。也可将白菜和粉丝倒入火锅中，边烫边吃。

【烹饪技法】煮，涮。

【营养功效】养胃健脾，益气养身。

【健康贴士】猪肚若与莲子同食，可补益气血。

【巧手妙招】先用盐水将猪肚洗一次，然后放在盆里抹上植物油，浸渍 15 分钟，再用手慢慢揉搓一会儿，用清水冲洗干净，即可去除猪肚的臭味。

猪血豆腐火锅

【主料】猪血 600 克，豆腐 500 克，猪瘦肉、胡萝卜、猪肝各 150 克，水发木耳 15 克，黄花 50 克。

【配料】蒜苗 30 克，蒜片 15 克，猪油 50 克，盐 12 克，味精 2 克，胡椒粉 2 克，鲜汤 1500 毫升。

【制作】① 猪血放入沸水锅中汆一下，捞出洗净，切成薄片；豆腐用沸水焯一下，捞出，切成条；猪瘦肉洗净，切成薄片；胡萝卜洗净，切块；豌豆苗择洗干净；蒜苗择洗干净后，从中间切一刀；猪肝洗净，切成片；水发木耳洗净，去蒂，大的掰成小朵；黄花用水泡发一下。以上用料除胡萝卜和木耳外均可装盘。② 锅置火上，入油烧至五成热，下入蒜片炸一下，放入鲜汤、胡萝卜和胡椒粉煮沸，倒入点燃的火锅中，撒入木耳、盐和味精煮沸后，即可烫食各料。

【烹饪技法】汆，炸，煮。

【营养功效】宽中益气，补脾益胃，补肝养血。

【健康贴士】猪血不宜与海带同食，易导致便秘。

干锅肥肠

【主料】肥肠 1000 克，红、青椒各 30 克。

【配料】植物油 50 克，红油 50 克，盐 2 克，味精 3 克，蚝油 3 克，酱油 5 克，白酒 40 克，豆瓣酱 20 克，辣酱 15 克，香油 3 克，大料、桂皮各 8 克，葱 5 克，姜 15 克，蒜 10 克，整干椒 25 克，鲜汤 500 毫升。

【制作】① 将肥肠刮洗干净，放入冷水锅内，加入白酒煮至熟透，捞出，沥干水分，凉凉后切成 2.5 厘米长、1 厘米宽的条；青、红椒去蒂，切滚刀块；蒜切片，葱切 2 厘米长的段；姜切片。② 锅置大火上，入油烧热，下肥肠，炒干水分，加入白酒、盐、味精、蚝油、酱油煸炒入味，再加入鲜汤、大料、桂皮、整干椒，大火烧沸后，撇去浮沫，转用小火焖至肥肠软烂，再拣出八角、桂皮、整干椒。 ③ 锅置大火上，放入红油烧至五成热，下蒜、姜片炒香、放辣酱、豆瓣酱炒散，倒入焖好的肥肠和青、红椒块，加入盐、味精，翻炒断生，淋香油，撒葱段，装入干锅内，带酒精炉上桌即可。

【烹饪技法】煮，炒，焖。

【营养功效】健脾开胃，润肠治燥。

【健康贴士】肥肠也可与苦瓜同食，能清脂通便。

干锅腊肉茶树菇

【主料】腊肉 400 克，茶树菇 200 克，青、红椒各 30 克。

【配料】大蒜 15 克，盐 5 克，鸡精 3 克，植物油 30 克。

【制作】① 腊肉洗净，入蒸锅蒸熟，取出，切片；茶树菇洗净，切片；青椒、红椒洗净，切圈；大蒜去皮，洗净。② 锅置火上，入油烧热，放入腊肉煸炒至八成熟。③ 加入茶树菇同炒；再放入青椒、红椒、大蒜炒至入味。④ 调入盐、鸡精调味，出锅倒在干锅上即可。

【烹饪技法】蒸，煸，炒。

【营养功效】益气开胃，健脾止泻。

【健康贴士】腊肉含有大量亚硝酸盐，属致癌物质，应少食。

石锅肥肠

【主料】猪大肠 400 克，竹笋、滑子菇各 100 克，红椒 15 克。

【配料】料酒 10 克，酱油、醋、花椒、蒜苗各 5 克，盐 3 克，植物油 30 克。

【制作】① 猪大肠处理干净；竹笋洗净，切段；滑子菇洗净。② 锅置火上，倒入适量清水烧热，放猪大肠汆水，捞出，沥干水分。③ 净锅后置火上，入油烧热，下花椒爆香，放入猪大肠滑炒片刻；加入竹笋、滑子菇，调入盐、料酒、酱油、醋、红椒炒匀，加清水焖煮至熟。④ 加蒜苗，片刻后装入石锅中即可。

【烹饪技法】汆，爆，炒，焖，煮。

【营养功效】润肠治燥，补虚止血。

【健康贴士】猪大肠性寒，感冒期间忌食。

【巧手妙招】先将猪肠用淡盐水浸泡 1 小时，更易洗净猪肠。

锅仔瓦块蹄

【主料】猪蹄 1 只，竹笋 100 克，白萝卜 50 克。

【配料】泡椒 20 克，盐 4 克，鸡精 1 克，料酒 15 克，老抽 5 克，植物油 30 克。

【制作】① 猪蹄处理干净，剁块，入沸水锅中汆水；竹笋洗净，切片；白萝卜洗净，切块。② 锅置火上，入油烧热，放入猪蹄爆炒至八成熟，加入泡椒、竹笋、白萝卜同炒，注入适量清水用大火炖煮 20 分钟。③ 调入盐、鸡精、料酒、老抽调味即可。

【烹饪技法】汆，爆，炒，煮。

【营养功效】壮腰补膝，润肌滑肤。

【健康贴士】猪蹄中的胆固醇含量较高，患有肝胆病，动脉硬化和高血压病的人应当少食或不食。

牛肠牛肚火锅

【主料】熟牛肠、熟牛肚、南瓜各 50 克，豆腐 100 克，包菜 30 克，金针菇、面条各 50 克，红椒 15 克。

【配料】黄油 15 克，葱末、蒜蓉各 5 克，辣椒粉 5 克，盐 3 克，鸡精 2 克。

【制作】① 牛肠切段；牛肚切条；南瓜切片；红椒、豆腐切块；包菜取菜心，洗净。② 锅中调入黄油、辣椒粉、盐、鸡精和少许葱末、蒜蓉调好味煮开。③ 加入牛肠、牛肚、南瓜、红椒、豆腐、包菜、金针菇、面条放入锅中，煮熟即可。

【烹饪技法】煮。

【营养功效】补脾益胃，益气养血。

【健康贴士】一般人皆宜食用，尤适宜于病后虚羸的人食用。

牛肠火锅

【主料】牛肠、上海青、茼蒿各 50 克，鸡蛋 1 个，金针菇、香菇各 20 克，青椒 15 克，西葫芦 50 克，洋葱、胡萝卜、红椒各 30 克，豆腐 150 克。

【配料】盐 3 克，火锅底料 50 克，辣椒粉 3 克，料酒 15 克。

【制作】① 牛肠洗净，切段，用盐、料酒、辣椒粉腌渍；上海青、金针菇、茼蒿洗净；香菇、胡萝卜、西葫芦、豆腐、洋葱、青椒、红椒均洗净切片；鸡蛋打散备用。② 锅中加水，下火锅底料和盐、辣椒粉、料酒。③ 放入牛肠、上海青、茼蒿、鸡蛋、金针菇、香菇、青椒、西葫芦、洋葱、胡萝卜、红椒、豆腐煮熟即可。

【烹饪技法】腌，煮。

【营养功效】开胃消食，补气养血。

【健康贴士】一般人皆宜食用，尤其适合老年人食用。

牛肉牛鞭火锅

【主料】牛肉 600 克，牛脊髓 250 克，牛鞭 300 克，牛尾 400 克，牛肚 100 克，莴笋叶、小白菜、红萝卜、白萝卜、水发海带和水发冬笋各 200 克。

【配料】泡酸菜 50 克，番茄酱、姜块和料酒各 15 克，葱 10 克，鸡骨架 1 副，牛油 75 克，肉骨高汤 2000 毫升。

【制作】① 将牛肉洗净，切成大薄片；牛脊髓洗净，切成条，沥干水分；牛鞭表面的粗皮去尽，剖开洗净，放入沸水锅中汆一下，撕去内壁上的浮皮和杂质，再清洗一下，然后入锅炖约 3 小时捞出，冷后切成 0.8 厘米粗、5 厘米长的条；牛尾用火烧去毛，放入水中刮净表皮污物，从骨节缝处斩段，放入锅中炖至七八成熟取出；牛肝用盐和醋搓揉，清洗干净，切成片；莴笋叶和小白菜择洗干净，沥干；红萝卜、白萝卜、水发海带和水发冬笋分别洗净，沥干水分后，切成片。以上各料均装入盘中，围在火锅四周。② 锅置火上，入油烧热，将洗净的泡酸菜丝炒香，投入姜和葱炸一下，加入肉骨高汤烧沸，下入鸡骨架熬 10 分钟，捞出不用。将汤汁倒入点燃的火锅中，加入料酒和番茄酱煮沸，有香味时，即可烫食各料。可先下牛尾和牛鞭煮，再烫食其他各料。③ 可根据个人口味，另用泡辣椒粉、香油、味精、香菜末配置成调味汁，每人一碟。

【烹饪技法】汆，炖，炒，炸，煮，熬。

【营养功效】补肾益精，益气养血。

【健康贴士】牛肉不宜与黍米酒同食，易引发热病。

牛肉鸡爪火锅

【主料】牛肉 800 克，鸡爪 500 克，牛肝 300 克，小白菜、菠菜、水发海带、水发香菇、土豆和粉丝各 100 克。

【配料】牛肉汤 3000 毫升，盐 10 克，草果 10 个，姜片、葱段各 5 克，料酒 15 克，胡椒粉 3 克，味精 2 克。

【制作】① 将牛肉去筋膜，切成大薄片；草果洗净，沥干水分，牛肝洗净，切成大块；水发海带洗净，切成条；水发香菇去蒂，撕成 2 块；鸡爪去老皮，拍破；土豆去皮；切片；粉丝水发后，沥干水分，切段；小白菜和菠菜去老叶洗净后，沥干水分。以上各料分别装入盘内，放在火锅四周。② 草果逐个拍一下，放入压力锅内，倒入牛肉汤煮沸，加气压阀 10 分钟，降温后倒入火锅中，加入余汤、姜片、葱段、盐、胡椒粉和料酒煮 10 分钟，撇去浮沫，撒入味精，即可上桌烫食各料。

【烹饪技法】煮。

【营养功效】祛寒止痛，消食化积，补脾益气。

【健康贴士】脂肪肝患者常食瘦牛肉，可降脂。

牛筋牛肚火锅

【主料】牛筋、牛肚各 800 克，豆腐皮、粉丝各 300 克。

【配料】盐 12 克，葱段 25 克，姜片 15 克，料酒 50 克，胡椒粉 1 克，牛肉汤 1500 毫升，辣椒油 25 克，牛油 100 克，味精 2 克，葱末 5 克，明矾 3 克。

【制作】① 将牛筋用温水浸泡，撕去筋络及污物，用清水洗净，切成片；牛肚去除黑膜，剔除表面油皮，用清水加少许明矾反复洗净，切成薄片；粉丝用温水泡后，剪成段；豆腐皮切成菱形片。② 锅置火上，下牛筋、葱段、姜片、料酒和适量的水煮熟，捞出冷却后切成 6 厘米长的段；牛肚放入沸水锅中汆一下，捞出冷却后备用。③ 净锅后置火上，入油烧至七成热，将葱末炒出香味，倒入牛肉汤、牛筋、牛肚片、豆腐皮、粉丝、盐、味精和辣椒油煮 5 分钟，然后倒入火锅中焖烧 10 分钟左右，撒入胡椒粉，即可上桌食用。也可以吃完牛筋和牛肚后，下入豆腐皮和粉丝，煮熟后食用。

【烹饪技法】汆，煮，炒，煮，焖。

【营养功效】祛寒止痛，消食化积，补脾益气。

【健康贴士】牛肉不宜与红糖同食，易引起腹胀。

毛肚火锅

【主料】牛肉 200 克，黄牛毛肚、青蒜苗、葱白各 250 克，牛肝、牛腰、牛脊髓、醪糟汁各 100 克，背柳肉 150 克，青菜 500 克。

【配料】干辣椒、姜片、豆豉各 40 克，料酒 15 克，花椒、盐各 10 克，豆瓣 125 克，鸡蛋清 6 个，味精、香油各 2 克，牛油 75 克，牛肉汤 2500 毫升。

【制作】① 毛肚处理干净，切 3 厘米宽片，凉开水漂洗；牛肝、牛腰、牛肉切成薄片；葱和蒜苗切成 8 厘米长段；青菜撕成长片。② 锅置火上，入油烧至六成熟，放豆瓣炒酥，加姜末、辣椒、花椒炒香，加牛肉汤煮沸，放料酒、豆豉，醪糟汁煮沸成火锅卤汁。③ 脊髓、毛肚、肝、腰、牛肉及其青蒜苗、葱段、青菜、盐、牛肉分别盛入小盘，荤素原料随吃随烫，根据汤味浓淡加入盐和牛油；香油加味精调料供蘸食用。

【烹饪技法】炒，煮。

【营养功效】祛寒止痛，消食化积，补脾益气。

【健康贴士】牛肉不宜与韭菜同食，易助热生火，引发口腔炎症、肿痛、口疮等。

肥牛火锅

【主料】牛里脊肉 200 克，牛腰 100 克，熟牛肚 100 克，香菇 100 克，白菜叶 200 克，菠菜 150 克，油菜花 100 克，粉丝 50 克，芹菜 100 克。

【配料】牛肉汤 2000 毫升，猪油 100 克，料酒 20 克，酱油 15 克，白砂糖 6 克，味精 2 克，胡椒粉 2 克，葱段 12 克，盐 8 克，姜块 10 克，干辣椒 10 克，花椒 4 克，虾米 15 克。

【制作】① 将牛里脊肉洗净，剔去筋膜，切成薄片；牛腰洗净，撕去膜，一剖两半，去净腰臊，再片成薄片；香菇去蒂，洗净，切成条；熟牛肚用沸水烫洗干净，切成薄片；大白菜叶洗净，切成条；菠菜、油菜花分别洗净，备用；芹菜去叶、老筋，洗净，切成小段；粉丝泡软后，洗净，剪成长段；干辣椒去蒂，泡软后切成小段。② 电锅置大火上，入油烧热，爆香葱段、拍松的姜块、干辣椒、花椒，烹入料酒，拣去葱、姜不要，倒入牛肉汤，加虾米、酱油、白砂糖、胡椒粉煮沸，再盛入火锅中，插上电放在桌子中间，四周围上荤、素菜盘。食用时加点儿盐、味精和猪油，边涮边吃。

【烹饪技法】爆，煮。

【营养功效】气血双补，健筋强骨。

【健康贴士】牛肉不宜与田螺同食，易引起腹胀。

清汤火锅

【主料】毛肚、鸭掌各250克，牛环喉100克，牛肉、猪肉、午餐肉各200克，鸭肠150克，黄豆芽200克，蘑菇、大葱、水发粉丝各150克。菠菜、平菇各100克，冬瓜300克、豆腐皮300克、土豆250克。

【配料】鸡肉、猪排骨、猪骨各500克，老姜25克，鸡脯肉75克，猪净瘦肉100克，盐5克，味精2克，料酒20克，胡椒粉2克。

【制作】① 制卤水：将鸡肉、猪排骨、猪骨洗净，放入开水中焯烫后，再用清水漂洗干净。然后放入锅中，掺水3000毫升，先用大火煮沸，撇去浮沫后改用小火吊出鲜味。舀出300毫升吊制好的鲜汤冷却；将鸡脯肉和净猪瘦肉捶成茸状，分别用100毫升鲜汤澥散；将鲜汤置火上煮沸。② 用料加工：毛肚洗净，撕去筋膜，开段，起片，剞梗，水漂；牛环喉水泡，撕膜，剞花，开条；牛肉、猪肉横着筋络下刀，要片得大而且薄，不能有连刀；鸭肠用盐反复揉搓，去净黏液，用水反复清洗，并翻出有油的一面，用竹筷方头将油刮去，入开水中快速烫一下，捞出切节备用；午餐肉切片；鸭掌洗净，去粗皮；冬瓜去皮，切片；各种蔬菜洗净，沥干水分，整理齐。以上各种用料和调料分别装入盘中，放在火锅四周。

【烹饪技法】煮。

【营养功效】清热利湿，养气补血，通肠导便。

【健康贴士】一般人皆宜食用，尤其适合女士食用。

鸳鸯火锅

【主料】① 红汤火锅：黄牛背柳肉200克，水牛肝200克，水牛肚250克，鳝鱼片250克，水牛腰300克，活鲫鱼10条（约500克），鱼茸丸150克，鸭血500克，卤汁2500克（制法见毛肚火锅）。② 清汤火锅：猪脊肉（片子）200克，鸭胗花200克，鲶鱼片200克，水发鱿鱼片200克，鸡片150克，鱼茸丸150克，水发刺参片250克，水发牛筋段250克，猪腰片250克，清汤卤汁2500克（制法见清汤火锅）。

【配料】两锅共用大葱500克，蒜苗500克，莲花白500克，豌豆苗尖500克，菠菜500克，黄秧白500克，粉丝250克，冬笋200克，冬菇100克，香油、蚝油各5克，盐3克，味精2克。

【制作】① 将以上各种荤素用料分盘装好，围在鸳鸯火锅四周，点燃火，煮沸汤汁，打去浮沫，即可烫食。鸳鸯火锅一炉分为两部分，中间隔开，分别装红汤火锅和清汤火锅料。② 味碟用香油、蚝油加盐和味精制成，每碟中放入1个鸡蛋的蛋清即可。③ 吃时，鳝鱼片、鸭胗花、鱼茸丸可先下锅煮；鲫鱼处理干净后用筷子从鱼口中插入，放入火锅中煮入味，连筷子拿起食用。

【烹饪技法】煮。

【营养功效】补中益气，滋养脾胃，强筋健骨。

【健康贴士】诸无所忌。

干锅牛肉

【主料】红椒50克，白萝卜200克， 带皮牛肉1000克。

【配料】植物油50克，盐3克，味精8克，鸡精5克，蚝油10克，辣妹子辣椒酱20克，料酒20克，姜20克，蒜子50克，大料、桂皮各5克，整干椒30克，胡椒粉2克，红油20克，糖色10克，鲜汤500毫升。

【制作】① 将带皮牛肉烫尽毛，洗净，入锅内煮至断生，捞出切成4厘米长，2.5厘米宽，0.5厘米厚的片备用。② 红椒去蒂，洗净，切成1厘米长的段；蒜去蒂；姜切成厚片；白萝卜去皮，切成与牛肉一样大小的厚片。③ 净锅置大火上，入油烧至六成热，下牛肉煸炒至皮上起小泡时，放大料、桂皮、姜片、整干椒炒香，再烹入料酒，炒干水分，注入鲜汤，加盐、味精、鸡精、蚝油、辣妹子辣椒酱调好味，加糖色调好色，倒入高压锅内煮12分钟，再选出大料、桂皮、整干椒、姜片待用。④ 净锅置大火上，入红油烧热，下蒜、红椒圈煸香，将牛肉带汁一块倒入锅内，再收浓汤汁，出锅盛入垫有白萝卜的干锅内即可。

【烹饪技法】炒，煮，烧。

【营养功效】固肾壮阳，强身壮体，防病祛病。

【健康贴士】牛肉宜与姜同食，美容养颜功效更佳。

干锅牛蹄筋

【主料】牛蹄筋300克，火腿、竹笋各30克，芹菜15克。

【配料】蒜10克，大料20克，豆瓣酱15克，生抽5克，料酒3克，糖6克。

【制作】① 牛蹄筋洗净，切成长条；火腿切段；竹笋、芹菜洗净切段。② 锅置火上，注水煮沸，下牛蹄筋煮至软捞出；干锅入油烧热，加入蒜、大料、豆瓣酱爆香，下入牛蹄筋。③ 放入生抽、料酒、糖，加水煮沸，倒入火腿、竹笋、芹菜炖制蹄筋软烂即可。

【烹饪技法】爆，煮，炖。

【营养功效】补血养颜，平肝降压。

【健康贴士】火腿也可与冬瓜同食，开胃消食，适宜食欲不振者食用。

火锅涮羊肉

【主料】肥瘦羊肉片500克，白菜150克，粉丝150克，腌韭菜花30克。

【配料】糖蒜60克，麻酱150克，料酒30克，酱豆腐50克，酱油30克，辣椒油30克，香菜30克，大葱30克。

【制作】① 麻酱用凉开水调成稀糊状；将酱豆腐块捣碎，用凉开水调成稀糊状，分别放在小碗中；白菜取心切成块，放在大盘里；羊肉片、水发细粉丝分别放在盘里，其他配料分别放在小碗里；将羊肉片、白菜、水发细粉丝以及各种配料一起摆在席上。② 每人备1个吃碟或小碗，将麻酱、酱豆腐、腌韭菜花、酱油等盛在小碗里混合，作为基础调料，其他调料可根据客人爱好自己调加。③ 火锅加水，火烧旺后，放席上，设法使火保持旺盛，待水沸后，每人即可自己用筷子夹羊肉片（一次不宜过多，以免一时水开不了，使羊肉煮的时间过长而变老）放入沸水，将肉片抖散，当肉片变成白色，即可用筷子夹到自己碗里拌调料，就糖蒜食用。不断向火锅里续入羊肉片，不断夹出食用，使锅汤保持沸腾。席间要注意向锅中加开水，以补充消耗的水分。④ 肉片涮完后，个人可根据自己爱好，如想吃白菜或粉丝，可以放入锅里，当汤菜食用。

【烹饪技法】煮，涮。

【营养功效】益气养血，补虚养身。

【健康贴士】羊肉温而偏热，凡心肺火旺、牙痛、骨蒸、肝炎、高血压等病人不宜多吃。

当归羊肉火锅

【主料】瘦羊肉500克，当归30克。

【配料】盐5克，香菜10克，味精3克，醋15克，芝麻酱20克，香油5克。

【制作】① 将盐、香菜、味精、醋、芝麻酱、香油放入锅中，加足量水；当归洗净，用温水浸软，切片，投入锅中，待火锅汤煮沸时涮羊肉片食用。② 食罢，取火锅内涮罢羊肉的汤，加适量盐和味精调味，即可饮用。

【烹饪技法】煮，涮。

【营养功效】益气养血，补虚养身。

【健康贴士】此锅也可加少许辣椒，羊肉与辣椒同食，有祛寒补虚之效。

石锅牛蹄筋

【主料】牛蹄筋400克，青椒、红椒各30克。

【配料】酱油、红油、姜、蒜各5克，盐3克，鸡精2克，植物油30克。

【制作】① 所有主料处理干净。② 锅置火上，入油烧热，下姜、蒜爆香，放牛蹄筋滑炒。③ 调入盐、鸡精、酱油、红油炒至八成熟时，放入青椒、红椒，加适量清水焖煮至熟。④ 盛入石锅即可。

【烹饪技法】爆，滑炒，炒，焖，煮。

【营养功效】益气补虚，温中散寒。

【健康贴士】牛蹄筋性温，凡外感邪热或内有宿热者忌食。

羊蝎子火锅

【主料】羊蝎子 1000 克。

【配料】香菜 10 克，葱 10 克，姜 6 克，花椒 15 克，小茴香 10 克，孜然 15 克，良姜 12 克，草果 1 个，香叶 2 片，桂皮 3 克，干辣椒 12 克，白胡椒 15 克，生抽 45 克，老抽 30 克，盐 15 克，料酒 45 克。

【制作】① 把羊蝎子处理干净后，放入锅中，倒入可以没过羊蝎子水量的凉水，大火煮开后，煮 5 分钟左右，捞出羊蝎子，用水冲净浮沫，并倒掉锅中汆烫的水。② 净锅置火上，入油烧至五成热时，倒入香菜、葱、姜、花椒、小茴香、孜然、良姜、草果、香叶、桂皮、白胡椒煸炒出香味后，放入清洗干净的羊蝎子炒 3 分钟左右。③ 等羊蝎子炒出香味后，将羊蝎子和已炒好的香菜、葱、姜、花椒、小茴香、孜然、良姜、草果、香叶、桂皮、白胡椒，一起倒入一个大锅中，锅内倒入可以没过肉的开水，放入干辣椒。④ 大火煮沸后，撇去浮沫，改成中小火，然后倒入生抽、老抽和料酒，盖上盖子炖 1 ~ 2 小时，加入盐调味，在临出锅前撒上香菜即可。

【烹饪技法】汆，煮，炒，炖。

【营养功效】益气养血，补虚养身。

【健康贴士】羊肉宜与生姜同食，可辅助治疗腰背冷痛。

羊肉葱菜火锅

【主料】羊肉 1200 克，洋葱、莴笋叶各 600 克。

【配料】面粉、花生仁和植物油各 100 克，瓶装沙茶酱 50 克，红辣椒粉 15 克，香叶 2 片，葱 250 克，花椒粉 5 克，姜末、盐和味精各 10 克，料酒 25 克，白砂糖 30 克，大蒜和生菜各 20 克。

【制作】① 将羊肉表皮筋膜剔尽，切成 1.5 厘米见方的块；洋葱剥去外皮，洗净，切成 1.5 厘米见方的块；葱择洗干净，切成 3 厘米长的段；莴笋叶洗净，装入盘内；大蒜捶成细泥。② 锅置火上，注水煮沸，投入羊肉块汆烫片刻，捞出沥干水分；原热锅内，加清水、羊肉块和洋葱块煮沸后，撇去浮沫，下入葱段、姜末、盐、花椒粉、料酒和香叶滚开后，转用小火炖至羊肉酥烂备用。③ 锅置火上，入油烧热，加入红辣椒粉、花生仁粉（花生仁烤熟后，去皮，碾成粉末状）、沙茶酱、白砂糖和少许面粉炒香，放入蒜泥，然后一起倒入羊肉汤内滚透，至汤稠浓时，撒入味精成羊肉羹，即可倒入点燃的火锅内。进食时，可用筷子夹住生菜，浸入羊肉羹内烫食。

【烹饪技法】煮，炖，炒。

【营养功效】化湿去痰，和胃下气，益脏通脉，补中益气。

【健康贴士】此火锅可适量加几片山楂片，羊肉与山楂同食，可助消化、增食欲。

羊杂什锦火锅

【主料】熟羊肉、羊心、羊肺、羊肝、羊血和粉丝各 250 克，白菜 500 克。

【配料】海米、姜片和料酒各 25 克，葱段和酱油各 50 克，干辣椒 15 克，盐 5 克，猪油 75 克，羊肉汤 2500 毫升。

【制作】① 用清水灌入羊肺中，反复清洗至干净；羊心剖开，洗净；羊肝洗净。将以上三种用料分别放入清水锅内用小火慢煮 1 小时，视成熟度分别捞出，然后改刀成片；羊血用沸水煮一下切成小片；白菜择洗干净后，切成 4 厘米左右的片；粉丝用温水泡好，剪成段；海米用清水洗净；干辣椒切末；熟羊肉切成片。② 锅置火上，入油烧至六成热，将辣椒粉炒出香味，加入羊肉汤和海米煮沸后，撇去浮沫，盛入盆中备用。③ 将白菜片和粉丝段放入火锅锅底，然后分别将羊肝、羊肺、羊心、羊血和羊熟肉整齐地码入火锅中，加入备好的辣味羊肉汤，点燃火锅，放入料酒、酱油、姜片、葱段、猪油和精盐，调好味，煮沸后，即可上桌食用。

【烹饪技法】煮，煎，炒。

【营养功效】补益肺气，补血养肝，明目止血，解郁补心，健脾益气。

【健康贴士】此汤最适宜在冬天食用。

羊肉三鲜火锅

【主料】带皮羊肉 800 克，鱼丸 30 只，水发海参和熟鸡脯肉各 100 克。

【配料】菠菜 250 克，青蒜 80 克，香菜 50 克，醋 25 克，盐 5 克，白砂糖、料酒各 10 克，清汤 1500 毫升，大料 5 克，白胡椒粉 2 克，酱油 10 克，红辣椒酱。

【制作】① 将羊肉处理干净，连皮切成 3 厘米见方的块，放入沸水锅里，汆烫净血水后捞起，用冷水冲去浮沫；菠菜、香菜和青蒜择洗干净，香菜和青蒜均切成 2 厘米长的段，分别装在小盘中；海参放在冷水锅里煮沸 5 分钟后捞出，切成坡刀片；熟鸡脯肉切成与海参片差不多的片。以上用料均放入盘内备用。② 锅置火上，放入羊肉、酱油、醋、盐、白砂糖、青蒜、大料、料酒以及清汤，用大火煮沸后，移到小火上炖烂，倒入火锅中，随即放入鱼丸，在羊肉上围成一圈，海参和鸡脯肉分别放在鱼丸上，点燃火锅，煮沸后，撒入白胡椒粉，即可烫涮各料，蘸红辣椒酱食用。③ 可根据个人口味，另用红辣椒酱等配制成调味汁，每人一碟。

【烹饪技法】汆，煎，炒，煮，涮。

【营养功效】强壮祛疾，益气补虚，补肾壮阳，生肌健力。

【健康贴士】羊肉也可与魔芋同食，祛火，防病养身。

泡菜羊血火锅

【主料】八成熟的新鲜羊血 600 克，山羊蹄 6 只，羊脊肉、水发香菇各 100 克，泡青菜、小白菜、豌豆苗各 75 克。

【配料】火锅底料 100 克，香辣酱 50 克，沙嗲酱 35 克，朝天椒 45 克，香油 10 克，味精 5 克，鸡精 10 克，葱白 15 克，盐 10 克，大料、桂皮、干辣椒节各 2 克，鲜汤 2500 毫升。

【制作】① 将羊血切成大片，入沸水锅中汆 1 分钟捞出；山羊蹄燎毛处理干净，入沸水中汆熟，捞出，剁块；羊脊肉洗净，切条；水发香菇去蒂，洗净，切块；泡青菜切丝；小白菜、豌豆苗去根须及杂质，洗净，沥干水。以上各料分别装盘围在火锅四周。② 锅置火上，入油烧热，放入大料、桂皮、朝天椒炒香，加入汤、姜块、盐熬出香味，放入火锅底料、香辣酱，煮一会儿，打去渣，放入沙嗲酱、鸡精、葱白、香油，煮沸舀入火锅中。可先下羊蹄煮一会儿，便可烫食各料。③ 可根据个人口味，另用香菜末、蚝油、味精和盐等配置成调味汁，每人一碟。

【烹饪技法】汆，熬，煮。

【营养功效】活血化瘀，防癌抗癌。

【健康贴士】羊血性温，患有上消化道出血阶段患者忌食。

锅仔开胃羊排

【主料】羊排 400 克。

【配料】香菜 10 克，红油、醋、老抽、料酒各 5 克，盐 4 克，鸡精 2 克。

【制作】① 羊排洗净，剁块，入沸水锅中汆去血沫，捞起，沥干水分；香菜洗净，切段。② 锅置火上，入油烧热，下入羊排煸炒至八成熟；放入红油、醋、老抽、料酒翻炒至入味。③ 倒入适量清水焖煮 20 分钟；加入盐、鸡精调味。④ 撒上香菜，装盘即可。

【烹饪技法】汆，煸炒，焖，煮。

【营养功效】【健康贴士】 羊排也可与芋头同食，能促进营养的吸收。

砂锅焖狗肉

【主料】狗后腿肉 500 克。

【配料】薄荷 20 克，大料 5 克，干辣椒 6 克，葱 5 克，姜 5 克，大料 5 克，花椒粒 4 克，植物油 1000 克，肉汤 500 毫升，盐 5 克，酱油 10 克，白砂糖 3 克，白酒 10 克，草果 3.5 克。

【制作】① 将狗肉切成 4 厘米见方的块，用清水漂洗两次，捞出沥干水分；薄荷洗净，摘取嫩尖。② 锅置火上，入油烧至七成热，下草果、大料、花椒、白砂糖、盐、干辣椒段、葱、姜、酱油，下狗肉煸炒20分钟，注入肉汤，煮沸后倒入砂锅。将砂锅上火，把白酒分两次加入，改用小火，焖约1小时，汤汁收稠时，放上薄荷，连同砂锅上桌。

【烹饪技法】煮，煸炒，焖。

【营养功效】补血益气，驱寒温中。

【健康贴士】狗肉也可与胡萝卜同食，有补脾胃、益肾助阳之效。

典食趣话：

清朝时期，满族人忌吃狗肉，原因是狗救过努尔哈赤的命。但有次被京都一位内务府京官打破了，有次他被派到云南的文山办差，因劳累病倒在文山的一家饭店里。好心的店主便为其熬制了文山砂锅焖狗肉汤，一口一口地送进他的嘴里。后来京官知道自己吃的是狗肉，于是以后出差时，就把一些官员都带到那家饭店吃狗肉，结果吃得官员们个个流连忘返，文山砂锅焖狗肉由此名扬天下。

狗肉火锅

【主料】狗肉1500克，茴香15克，当归50克。

【配料】桂皮15克，黄酒100克，白酒25克，干红椒10克，酱油75克，味精2克，盐5克，辣椒酱25克，白砂糖15克，猪油100克，青蒜20克，葱结10克，姜片10克。

【制作】① 将狗肉皮上的绒毛烙尽，投入冷水中刮洗干净，切成约4厘米见方的小块，与冷水同时下锅煮沸，去除污血，用清水洗净，沥干水分，用高粱酒、盐和味精拌匀略腌；青蒜切成约3.5厘米长的段；桂皮，茴香用清水洗净。② 锅置火上，入油烧至八成热，下狗肉煸炒3～5分钟烹入黄酒，加辣酱，白砂糖，酱油、盐继续煸炒，收干水，使狗肉入味；再下葱结，姜片，加干红椒（整只）、桂皮、茴香、当归、清水，加盖煮沸后，移小火上煨2小时左右，至肉酥，捞出桂皮，茴香，葱结，姜片，红干辣椒，然后将其倒入火锅内，继续煮10分钟左右即可食用。

【烹饪技法】汆，腌，煸炒，煨，煮。

【营养功效】补血益肾，活血化瘀。

【健康贴士】狗肉可与米汤同食，消暑解渴。

兔肉山药火锅

【主料】兔肉1500克，牛毛肚、猪瘦肉、火腿肉和豆腐干各200克，青菜、水发粉丝、莴笋和莲藕各300克，山药30克。

【配料】蒜30克，枸杞、葱结各10克，葱100克，料酒50克，肉骨高汤2000毫升，盐5克，味精2克。

【制作】① 兔肉处理干净，放入水锅中煮沸后，改用小火煮至八成熟，捞出，沥干水分，切成5厘米见方的块；牛毛肚水发后洗净，撕开，切成小块；猪瘦肉去筋膜，切片；火腿肉切片；青菜去老叶，洗净；豆腐干切条；水发粉丝切段；莴笋和莲藕去皮后分别切成条和片。以上各料装盘并置于火锅的周围。② 将山药切片与枸杞一起放入火锅中，倒入肉骨高汤煮20分钟，再下葱结、蒜、料酒、盐和味精煮沸，加入煮兔肉的汤煮沸，便可烫食各料。

【烹饪技法】煮。

【营养功效】补中益气，凉血明目，健脾除湿，益肺固肾。

【健康贴士】兔肉还可与豆苗同食，能促进新陈代谢。

啤酒兔肉火锅

【主料】兔肉1200克，啤酒500克，牛毛肚、猪瘦肉片、火腿、青菜叶、猪肚、水发粉丝、莴笋和豆腐各250克。

【配料】葱、猪油各10克，植物油250克（实耗约100克），老姜50克，花椒8克，蒜瓣、白砂糖和泡辣椒段各20克，盐5克，味精4克，胡椒粉2克，豆瓣酱末15克。

【制作】① 将兔肉洗净，放入冷水锅中煮沸，煮至八成熟，捞出，切成小方块；牛毛肚水发好，洗净，撕成小块；猪肚用清水洗净，去肚头，剞成十字花刀，切成6厘米长的条；火腿切片；水发粉丝剪段；青菜叶择洗干净；莴笋去皮，切片；豆腐用沸水汆一下切成条；葱择洗净后，拍破，切成段。以上各料，除兔肉外分别装盘，连同猪肉片盘上桌。② 锅置火上，入植物油烧至五成热，投入泡辣椒段、豆瓣酱末和拍破的老姜炒几下，滗去余油。③ 另取锅置火上，下入猪油、蒜瓣和花椒炒几下，倒入煮兔肉的汤煮10分钟，下入兔肉块、啤酒、盐、白砂糖和胡椒粉煮沸，撇去浮沫，倒入火锅中并放入炸好的豆瓣酱末和泡辣椒段，煮沸撒入味精，上桌边食肉边烫食各料。④ 可根据个人口味，另用香油、味精、盐和蒜泥等配制成调味汁，每人一碟。

【烹饪技法】煮，炒。

【营养功效】益气活血，增进消化，解热利尿，强心镇静，补中益气，解热利尿，活血消食。

【健康贴士】兔肉也可与生菜同食，能促进营养吸收。

兔肉辣酱火锅

【主料】净兔肉800克，白菜和水发粉丝各400克。

【配料】盐、姜片和葱段各10克，熟酱油和辣酱油各50克，料酒25克，鲜汤2000毫升，味精3克。

【制作】① 将兔肉切成4厘米见方的块，投入沸水锅中略汆，捞出，洗净，沥干水分；白菜择洗干净，切成5厘米长的条，放入沸水锅中略烫一下，捞出；水发粉丝剪成段。② 锅置火上，放入兔肉、葱段、姜片和清水煮沸后，撇去浮沫，加入料酒焖烧至兔肉熟。③ 火锅中依次放入白菜、粉丝、熟兔肉块、鲜汤和盐，点燃火锅煮沸后，撒入味精，将熟酱油和辣酱油各一小碗上桌食用。食用过程中，可随时加鲜汤和盐调味。

【烹饪技法】汆，煮，焖。

【营养功效】补中益气，止渴健脾。

【健康贴士】兔肉也适宜与松子同食，能养颜益智。

干锅兔

【主料】兔肉800克，竹笋、莲藕、豌豆各30克。

【配料】盐3克，鸡精2克，白砂糖5克，料酒15克，生抽12克，干辣椒16克，干花椒、辣椒粉、花椒粉各2克，孜然粉1克，姜、葱各5克。

【制作】① 将兔肉切成块，投入沸水锅中略汆，捞出，洗净，沥干水分。② 锅置火上，入油烧热，调糖色、糖色起泡时将兔肉下锅上色，下料酒、姜、蒜爆炒去腥味，加干辣椒、干花椒炒香后，放竹笋、莲藕、豌豆、葱段一并炒熟（可依据个人口味加辣椒粉、花椒粉、孜然粉），加鸡精、生抽出锅。

【烹饪技法】汆，爆，炒。

【营养功效】凉血解毒，清热利胃。

【健康贴士】兔肉不宜与芥末同食，影响人体健康。

驴肉粉丝火锅

【主料】驴肉800克，粉丝300克，海米60克，大白菜600克。

【配料】猪油50克，胡椒粉1克，盐10克，味精5克，肉骨高汤1500毫升，酱油15克，卤虾油10克，麻酱20克，辣椒油和腐乳各10克。

【制作】① 将驴肉剔骨洗净，放入冰箱冷冻3小时，取出后切成大薄片；大白菜切成粗条；粉丝水发后剪成段。以上各料均分装盘，上桌。② 火锅中放入肉骨高汤、海米和盐，点燃煮沸，撒入味精，即可烫涮、蘸食。涮食完驴肉后，将大白菜和粉丝放入锅中，待菜熟后，放入盐、胡椒粉和猪油，调好口味即可食用。③ 可根据个人口味，另用酱油、卤虾油、麻酱、辣椒油和腐乳等配置成调味汁，每人一碟。

【烹饪技法】煮，涮。

【营养功效】补气益血，安神益智，除烦清热。

【健康贴士】驴肉宜与红椒同食，能增强免疫力。

驴鞭墨鱼火锅

【主料】鲜驴鞭 700 克，水发墨鱼肉 500 克，基围虾 300 克，鸡肉、小白菜、水发海带和豆腐各 250 克。

【配料】香菜 10 克，葱段和姜片各 50 克，盐 6 克，料酒 35 克，味精 6 克，胡椒粉 3 克，清汤 2500 毫升。

【制作】① 将鲜驴鞭洗净，投入沸水锅中汆透捞出，放入冷水中浸泡，剖开剥去膜皮洗净，再入锅中，加入清汤、葱段、姜片和料酒煮熟捞出，用刀将驴鞭一剖为二，切成 1 厘米厚的片；水发墨鱼肉洗净，片成片；基围虾洗净，沥干水分；鸡肉洗净，片成片；小白菜去根须后，洗净，沥干水分；海带水发后，洗净，切片；豆腐切条。以上各料分别装盘围于火锅的四周。② 锅置火上，注入清汤、盐、料酒、味精、胡椒粉和姜葱汁煮沸，倒入火锅中再煮沸，加入香菜末少许，即可烫食各料。先下入驴鞭煮一会儿再吃，其汤可饮，营养丰富。③ 可根据个人口味，另用盐、味精、碎花生、葱末和香油等配置成调味汁，每人一碟。

【烹饪技法】汆，煮。

【营养功效】补气益血，健身强体。

【健康贴士】墨鱼还可与木耳搭配同食，可辅助治疗缺铁性贫血。

干锅湘之驴

【主料】驴肉 400 克，红椒 100 克。

【配料】蒜苗 40 克，料酒、酱油各 15 克，熟芝麻 10 克，盐 4 克，鸡精 1 克。

【制作】① 驴肉洗净，切片，入沸水锅中汆水；红椒洗净，切圈；蒜苗洗净，切段。② 锅置火上，入油烧至七成热，下驴肉煸炒至熟，放红椒、蒜苗翻炒，调入盐、鸡精、料酒、酱油同炒至入味。③ 出锅倒在干锅中，撒上熟芝麻即可。

【烹饪技法】汆，煸，炒。

【营养功效】益气补血，健脑安神。

【健康贴士】驴肉若与黄芪、枸杞熬汤喝，滋补功效更佳。

浓醇味香的家禽类锅仔

鸡笋三鲜火锅

【主料】熟鸡肉、冬笋片各400克，熟猪肉、鲜蘑菇、菠菜、白菜和水发粉丝各250克。

【配料】鸡高汤1000毫升，鸡油25克，盐10克，味精2克，葱15克。

【制作】① 将熟鸡肉和熟猪肉切片；鲜蘑菇洗净，焯水并凉透；粉丝洗净后，沥干水分；白菜洗净，切块；葱切末；菠菜择洗干净后，整齐地码入盘中。② 在火锅中分别依次放入鸡高汤、鸡油、白菜、粉丝、鸡片、猪肉片、冬笋片和鲜蘑菇，点燃火锅，煮沸，至白菜熟时，撒入盐、味精和葱末，即可上桌。食菜喝汤，菠菜随吃随烫。

【烹饪技法】焯，煮。

【营养功效】温中益气，补精添髓。

【健康贴士】鸡肉也可与菜心同食，有活血调经之效。

泡菜仔鸡火锅

【主料】仔公鸡1只，泡青菜500克，毛肚、鸭肠、鳝鱼、金针菇、玉兰片各100克，菠菜150克。

【配料】泡红辣椒50克，泡子姜40克，蒜米10克，葱段50克，盐10克，醪糟汁100克，植物油150克，老姜30克，干辣椒段10克，味精5克，芝麻15克，香菜100克。

【制作】① 将仔公鸡去尽毛桩，洗净，沥干水分，用刀剁4厘米见方的块；泡青菜洗净，沥干水分，亦切成条；毛肚处理干净，片成合适的大片；鸭肠处理干净，破开，切成约6厘米的长节；鳝鱼洗净，切成4厘米长的节，沥干水分；菠菜、金针菇洗净，去根、老叶、杂质，理好；玉兰片淘尽涩味，片成薄片。以上各种用料除鸡肉、泡青菜外，均各分装两盘，对称围在火锅四周。② 锅置大火上，入油烧至五成热，先下姜片稍炸，继下蒜米、泡红辣椒、泡子姜炒几下，再下泡青菜节，待炒出香辣，下仔公鸡块，炒至七成熟，加入醪糟汁、葱段、开水、干辣椒段，煮开5分钟，用手勺撇去浮沫，加盐再煮5分钟，倒入火锅内，撒上香菜。随即下味精、芝麻煮沸，便可烫食。

【烹饪技法】炸，炒，煮。

【营养功效】健脾益胃，滋补气血。

【健康贴士】一般人皆宜食用。

鸡杂什锦火锅

【主料】鸡肉片400克，鸡肝、芹菜心、油炸豆腐和鸡血各250克，鸡腰300克，鸡蛋10个，鸡肠、熟鸡油和粉丝各100克。

【配料】洋葱100克，料酒、香附粉各20克，味精3克，酱油50克，盐10克，鲜汤1500毫升。

【制作】① 锅置火上，放入清水和香附粉煎30分钟，用布过滤，取汁备用；鸡肝、鸡腰和洋葱分别洗净切片；鸡血放入沸水锅中焯一下，捞出，切成条；粉丝用水泡发后，剪段；油炸豆腐切成骨牌块；芹菜心洗净，切段；鸡蛋煮熟，去壳；鸡肠洗净，切段。② 火锅置桌上，点燃，依次放入香附汤汁、鸡肉片、鸡肝、鸡血、鸡腰以及适量的鲜汤，加入料酒、酱油、味精、盐和熟鸡油煮至断生，即可食用。

【烹饪技法】焯，煎，煮。

【营养功效】理气解郁，补肾补肝，补血养血。

【健康贴士】鸡肉也可与绿豆芽搭配同食，能减少心血管病。

游龙戏凤火锅

【主料】水发大刺参4只（约100克），活嫩鸡1只（约1000克），鲜人参、火腿各50克，冬笋、水发香菇各80克，菜心500克。

【配料】料酒40克，味精3克，植物油75克，葱段、姜块各10克，鸡高汤1500毫升，盐6克。

【制作】①将鸡宰杀后，去头爪及其他杂物，用沸水汆透，再用冷水浸凉；大刺参用沸水汆一下，捞出，沥干水分；冬笋和火腿切成长方形骨牌片；香菇大的一切两片；姜块去皮，拍松。②锅置火上，入油烧热，下葱段和姜块煸出香味，放鸡高汤煮沸后，撇去浮沫，倒入置在火上的大砂锅内，加入鸡、刺参和人参，待炖烂后，从砂锅中取出，鸡脯和参背部朝上放在火锅里，人参、火腿片、香菇片、冬笋、料酒、盐、味精与菜心等，放在鸡身上，另将砂锅中的汤过滤，倒在火锅内。点燃火锅，煮沸后再炖一会儿，即可端锅上桌食用。

【烹饪技法】汆，煸，炖。

【营养功效】补身益气，健身强体。

【健康贴士】急性痢疾患者应忌食鸡肉。

典食趣话：

传说武宗皇帝朱厚照喜欢到民间巡访。有一天走进梅龙镇酒馆。他见该店的凤姐美而聪慧，逐生爱慕之心，让凤姐亲手烹制了美味菜肴，而武宗却“醉翁之意不在酒”，故意与凤姐巧为周旋。他问“此菜何名？”凤姐笑而不答，正德皇帝便戏封此菜为“游龙戏凤”。最终朱厚照表露了自己真龙天子的身份及对凤姐的渴慕之情，凤姐随皇上进京，被封为娘娘。她进献皇上的美馔也被赐“游龙戏凤”，正式列入宫廷名菜谱中，一直流传至今。

怪味仔鸡火锅

【主料】仔鸡1只，猪肉300克，牛毛肚和猪肚各250克，菠菜和大葱各200克，豆腐干、小白菜各150克。

【配料】植物油150克，芥末酱50克，姜末、蒜末、料酒各15克，豆瓣45克，辣椒油、花椒油各5克，胡椒粉、味精各2克，鲜汤2000毫升，盐5克，白砂糖4克，陈醋10克。

【制作】①将仔鸡宰杀，去尽毛、爪尖、内脏，洗净，投入沸水锅中汆一下，捞出，沥干水分，斩成4厘米见方的块；猪肉洗净，沥干水分，切薄片；牛毛肚洗净，切片；猪肚洗净，投入沸水锅中焯熟，捞出，切片；菠菜和大葱洗净，切段；豆腐干切条；小白菜洗净，沥干水分。以上各料分别装盘，并置于火锅的四周。②锅置火上，入油烧至五成热，投入豆瓣、姜末和蒜末炸香，加入鲜汤煮15分钟，捞去渣，倒入鸡块，倒入料酒、盐、白砂糖、陈醋、胡椒粉和味精，煮沸一会儿，倒入点燃的火锅中煮沸，加入花椒油、辣椒油和芥末酱，煮沸后即可烫食各料。③可根据个人口味，另用姜汁、香油、盐、蒜泥和味精等配置成调味汁，每人一碟。

【烹饪技法】汆，炸，煮。

【营养功效】理气解郁，提神醒脑。

【健康贴士】鸡肉还可与百合同食，滋补宁神效果明显。

四川三鲜火锅

【主料】熟鸡肉、熟火腿各200克，平菇300克，白菜500克。

【配料】盐5克，胡椒粉1克，味精3克，鸡高汤2000毫升，猪油50克。

【制作】① 将白菜和平菇分别洗净后，撕成大片；火腿和鸡肉分别切成 4 厘米长、2.5 厘米宽、0.2 厘米厚的片。② 锅置中火上，入油烧至五成热，投入平菇和白菜翻炒几下，加入鸡肉和火腿炒匀，下入盐、味精、鸡高汤和胡椒粉，煮沸，倒入火锅内。点燃火锅，煮沸后即可食用。
【烹饪技法】炒，煮。
【营养功效】温中益气，补虚填精。
【健康贴士】鸡肉还适宜与人参同食，有填精补髓、调经之效。

啤酒鸭火锅

【主料】嫩鸭 1 只，牛肚、猪肉片和莴笋各 300 克，豆瓣酱和泡姜片各 30 克，猪肚 150 克，午餐肉、青菜和莲藕各 250 克，啤酒 350 克。
【配料】植物油 200 克（实耗约 100 克），猪油 100 克，泡辣椒段、老姜各 40 克，蒜瓣 15 克，花椒 15 克，白砂糖 20 克，盐 5 克，味精 2 克，胡椒粉 1 克。
【制作】① 将鸭子去爪尖，洗净，沥干水分，放入冷水锅中烧至八成熟，捞出剁成 4 厘米见方的块；牛肚洗净，切成薄片；猪肚洗净后，剞十字花刀后，切成 6 厘米长的条；午餐肉切成片；青菜洗净，取嫩叶；莲藕和莴笋去皮，刮洗干净后，分别切成片。以上各料除鸭子外，均分成 2 份，与猪肉片分别装盘放在火锅四周。② 锅置火上，入植物油烧热，下泡姜片、泡辣椒段、豆瓣酱末和拍破的老姜炒几下，滗去余油，倒入猪油、蒜瓣和花椒等再炒几下，舀入煮鸭子的汤煮 10 分钟，加入鸭块、啤酒、白砂糖、盐、味精和胡椒粉煮沸，撇去浮沫，倒入点燃的火锅中煮沸，边吃边煮，各种荤素菜随意烫食。
【烹饪技法】炒，煮。
【营养功效】益气活血，滋阴养胃，清肺解热。
【健康贴士】鸭肉还可与干贝同食，能补充蛋白质。

肥鸭虫草火锅

【主料】肥鸭 1 只（约 2000 克），冬虫夏草 35 克，鸭肠 150 克，鸭肫 6 只，海带和小白菜各 200 克，水发木耳 50 克。
【配料】料酒 15 克，姜 10 克，葱白 12 克，鲜汤 1000 毫升，猪油 100 克，花椒 5 克，大蒜 15 克，酱油 25 克，胡椒粉 2 克，醋 5 克，盐 5 克。
【制作】① 将肥鸭去除头爪，投入沸水锅中汆一下，捞出，沥干水分，剁成 4 厘米见方的块；鸭肠用盐和醋反复揉搓，去黏液洗净，切成段；鸡肫去内外膜，剞十字花刀，切片；冬虫夏草洗净，沥干水分；海带水发好后，横切丝；小白菜和水发木耳分别择洗干净整理好。以上各料除冬虫夏草和鸭块外均分装盘上桌。② 高压锅置火上，入油烧至五成热，下姜片、葱段、花椒和大蒜炒几下，加入酱油、醋、盐和胡椒粉和匀，倒入清水和鲜汤，放入冬虫夏草、鸭块和料酒，加气压阀 20 分钟，降温后倒入点燃的火锅中煮沸，撇去浮沫，上桌即可烫食。海带丝和鸭肫可先下锅煮好，稍后再食。
【烹饪技法】汆，炒，煮。
【营养功效】补虚止咳，补肺益肾，滋阴养胃，利水消肿。
【健康贴士】鸭肉也可与山药同食，滋阴补肺功效更佳。

红酒鸭子火锅

【主料】净鸭 1 只（约 1500 克），猪肉、毛肚各 300 克，猪肚、午餐肉、红葡萄酒各 200 克，豆腐皮、莴笋、冬笋、青菜、鲜莲藕各 250 克。
【配料】植物油、熟猪油各 100 克，豆瓣酱、泡姜片各 30 克，泡辣椒段 40 克，大蒜 20 克，姜 60 克，盐 8 克，味精 3 克，胡椒粉 2 克，白砂糖 5 克，花椒 2 克。
【制作】① 将鸭子去杂，洗净，晾干，放入冷水锅中，用小火煮至八成熟时，捞出，剁成块；猪肉和毛肚分别洗净，切片；猪肚剔去表皮和油筋，切去肚头，洗净，剞花刀后，改成条；午餐肉和豆腐皮均切成片；莴笋和鲜莲藕均去皮，刮洗干净，与冬笋分别切成片，青菜洗净，沥干水分。以上各料分别装盘上桌。② 锅置火上，入植物油烧热，加入泡姜片、泡辣椒段、豆瓣酱和拍破的姜块炒几下，滗去植物油，再放入熟猪油、花椒和大蒜瓣煸炒，倒入煮鸭子的汤煮一会儿，下入鸭块、红葡萄酒、盐、味精、胡椒粉和白砂糖，煮沸后撇去浮沫，倒入火锅内，点燃煮沸，即可上桌食用。

【烹饪技法】炒，煸，煮。

【营养功效】补虚止咳，滋阴养胃，美容养颜。

【健康贴士】鸭肉若与金银花同食，能润肤消疮。

带丝全鸭火锅

【主料】仔鸭 1 只，鸭肠 150 克，鸭肫 20 克，鸭掌 20 克，鸭血、海带、小白菜、四季豆各 250 克，水发木耳 50 克。

【配料】醪糟汁 50 克，植物油 200 克，酱油和姜片各 25 克，大蒜、醋、盐各 15 克，胡椒粉、味精各 3 克，花椒 10 克。

【制作】① 将仔鸭宰杀，去毛除爪尖，剖腹去内脏，洗净，投入沸水锅中汆一下，捞出，沥干水分，斩成 4 厘米见方的块；鸭肠用醋和糖盐揉搓，去尽黏液，洗净，沥干水分；鸭肫去内膜，洗净剞成十字花刀，切成块；鸭掌洗净，去粗皮及爪尖；鸭血倒沸水锅中汆一下，切成一指条；海带水发好，洗净，横切成细丝，放入水中泡一下，捞出；小白菜和木耳分别择洗干净，整理好；四季豆入沸水锅中焯透，捞出。以上原料除鸭块和海带之外，均装入盘中上桌，围在火锅的四周。② 高压锅置火上，入油烧至五成热，将姜片、花椒和大蒜炒几下，下鸭块炒香，加入酱油、醋、盐、胡椒粉、醪糟汁和味精炒匀，倒入清水和焯鸭子的汤，加盖，上气后加阀煮 20 分钟，冷却后开盖，倒入点燃的火锅中煮沸，撇去浮沫，上桌即可烫食各料。海带丝、鸭掌和鸭肫可先下锅煮，稍后食用。吃的过程中要及时添汤和用料。

【烹饪技法】汆，炒，煮。

【营养功效】补脾健胃，滋阴益肾。

【健康贴士】一般人皆可食用。

四珍鸭子砂锅

【主料】净鸭 1 只，党参、红枣、当归、枸杞各 25 克。

【配料】植物油 500 克（实耗 90 克），鲜汤 1200 毫升，盐 5 克，味精 3 克，料酒 15 克。

【制作】① 将鸭子剁成块，用水泡去血污，沥干水分，投入烧至七成热的油锅中炸至金黄色，捞出沥油，再下入沸水锅内汆一下；党参、红枣、当归、枸杞用水洗净。② 砂锅内放入鸭块、鲜汤和料酒，置火上煮沸，撇去浮沫，加入党参、红枣、当归、枸杞，盖好后用小火炖至鸭块熟烂，撒入盐和味精即可。

【烹饪技法】汆，炸，炖。

【营养功效】强筋壮身，益气补血。

【健康贴士】鸭肉也可与酸菜同食，不但开胃消食，还能治腹痛。

鸭杂什锦火锅

【主料】鸭肫、鸭心、鸭肝、鸭肠各 250 克，青菜、粉丝各 400 克，冬笋、冬菇各 150 克。

【配料】酱油、盐各 10 克，味精 6 克，鸡油 10 克，猪油 80 克，鸡清汤 1500 毫升，胡椒粉 2 克。

【制作】① 将鸭肫剖开除去内膜、鸭肝去筋络、鸭心去外膜，分别洗净后，切成薄片；鸭肠反复清洗干净，剖开切成段。以上各料分别投入沸水锅内汆一下，捞出，用冷水投凉备用；青菜去老帮，洗净后，切块；冬菇用温水泡开，去净杂质，择去根蒂，用清水洗净；冬笋切片备用。② 火锅底部放入青菜和粉丝，依次放上鸭杂、冬菇、冬笋、鸡清汤、盐、味精、胡椒粉、酱油、鸡油和猪油，待汤煮沸，即可食用。

【烹饪技法】汆，煮。
【营养功效】健胃润肠，清热下火。
【健康贴士】鸭肝含胆固醇高，胆结石患者忌食。

冬笋鹅掌砂锅

【主料】鹅掌 500 克，冬笋 250 克。
【配料】盐 4 克，料酒 50 克，味精 2 克，香油 10 克，葱、姜各 5 克。
【制作】① 将鹅掌洗净，剁去爪尖，再剁成两半，投入沸水锅中焯透，捞出；冬笋去壳，洗净，切成 3 厘米长的条，投入沸水锅内焯透。② 砂锅置火上，放入鹅掌和适量清水，煮沸，撇去浮沫，用小火炖至鹅掌八成熟时，放入冬笋条继续煨至鹅掌和冬笋均熟烂时，加入葱、姜、料酒、盐和味精，淋入香油即可。
【烹饪技法】焯，煨，炖。
【营养功效】健脾开胃，养颜美容。
【健康贴士】鹅掌也可与苦瓜同食，有排毒瘦身之效，最宜减肥者食用。

卤味鹅肝火锅

【主料】鹅肝 400 克，白菜、鲜蘑菇、粉丝各 250 克。
【配料】盐、姜片、葱段、桂皮和大料各 10 克，料酒和黄酱各 15 克，胡椒粉 1 克，猪油 25 克，陈皮 5 克，花椒 3 克，清汤 1000 毫升。
【制作】① 鹅肝洗净，用沸水略烫至微硬后，切成片状，放入盘中；鲜蘑菇择洗干净，放入沸水锅中焯一下；白菜心切成丝。② 将大料和桂皮放案板上，用刀拍碎，剁成细末；花椒去子。将以上各料和陈皮、葱、姜一起放入清汤锅中煮沸，煮约 15 分钟，加入鲜蘑菇、白菜丝、粉丝、盐、黄酱、料酒和猪油烧至白菜熟时，倒入点燃的火锅内，煮沸后撒入胡椒粉，将鹅肝一点点放入，熟时即可捞出食用。
【烹饪技法】焯，煮。
【营养功效】补胃生津，养胃止渴。
【健康贴士】鹅肝含有较高的胆固醇，高胆固醇血症、肝病、高血压和冠心病患者应少食。

板鸭鹅肠火锅

【主料】板鸭 1 只（约 1000 克），鹅肠 1500 克，鹅翅 500 克，卤鸡肫、豆腐皮、水发木耳、熟芋头片、熟土豆片、白萝卜、大白菜、莴笋叶各 250 克。
【配料】泡辣椒、豆瓣酱各 25 克，姜、葱各 30 克，醪糟汁 50 克，盐、花椒各 5 克，味精 3 克，番茄酱 15 克，肉骨高汤 2500 毫升，植物油 150 克。
【制作】① 将鹅肠去除污物，用醋和盐反复搓揉，洗净，呈鲜红色；板鸭剁成块；鹅翅去尽残毛，洗净后，沥干水分；卤鸡肫切片；豆腐皮切条；水发木耳去蒂，沥干水分；白萝卜洗净，切片；大白菜和莴笋叶洗净，沥干水分。以上各料与芋头片、土豆片分别装入盘中，围于火锅的四周。② 锅置火上，入油烧至五成热，下入豆瓣酱和泡辣椒炒香，加入姜、葱、醪糟汁、盐、花椒和味精炒几下，下入番茄酱和肉骨高汤煮沸，倒入点燃的火锅中煮沸，即可烫食各料。可先将鹅翅和板鸭放入，煮沸之后再烫食其他各料。③ 可根据个人的口味，另用香菜末、碎花生、青椒粉、味精、盐和香菜等配置成调味汁，每人一碟。
【烹饪技法】炒，烧。
【营养功效】清肠利胃，美颜护肤。
【健康贴士】一般人皆宜食用，尤其适合女士食用。

干锅鸭头

【主料】鸭头 400 克，青椒、红椒各 50 克。
【配料】大蒜 30 克，豆豉 50 克，红油 10 克，料酒 15 克，酱油 10 克，盐 4 克，鸡精 2 克，植物油 30 克。
【制作】① 鸭头处理干净；青椒、红椒洗净，切块；大蒜去皮，洗净，切片。② 锅置火上，入油烧热，下鸭头爆炒至八成熟，放青椒、红椒、豆豉、大蒜同炒至香，注入适量清水焖煮。③ 加盐、鸡精、红油、酱油、料酒一起焖煮至入味、汁干，出锅倒在干锅中即可。

【烹饪技法】爆，炒，焖，煮。

【营养功效】祛风除湿，散寒止痛。

【健康贴士】鸭头性寒，阴虚火旺者忌食。

菜鸽火腿火锅

【主料】菜鸽 2 只，熟火腿 250 克，鸽蛋 15 个。

【配料】盐 10 克，味精 3 克，料酒 50 克，鲜汤 1500 毫升。

【制作】① 将菜鸽宰杀后去毛、去内脏洗净，切成 5 厘米长、2 厘米宽的块，放入沸水锅中略汆取出；鸽蛋煮熟去壳；火腿切成 5 厘米长、2 厘米宽的块。② 放入鸽肉块和清水置砂锅中，加盖用小火煨至鸽肉八成熟时，倒入火锅内，加入火腿片、鸽蛋、盐、味精、鲜汤和料酒煮沸，继续焖烧 10 分钟左右，即可食用。

【烹饪技法】汆，煮，煨，焖。

【营养功效】补肝益肾，益精补血。

【健康贴士】鸽肉也可与芝麻同食，益智健脑，适宜老年人食用。

乳鸽山药火锅

【主料】乳鸽 4 只，山药、猪肉、毛肚和青菜各 250 克，猪肚、水发粉丝、莴笋、莲藕和豆腐干各 200 克。

【配料】姜片 25 克，葱白段 15 克，料酒 30 克，鸡高汤 3000 毫升，味精 3 克，盐 10 克，胡椒粉 2 克。

【制作】① 将乳鸽宰杀、去毛、内脏、头和爪，洗净，投入沸水锅中焯一下，捞出一劈两片；山药去皮洗净，切成 0.5 厘米厚的片；猪肉去筋膜，切成大而薄的片；毛肚切成块；猪肚洗净，剞十字花刀后，切成条；豆腐干用水洗净，切成条；水发粉丝切成段；莴笋和莲藕分别去皮后，切成片；青菜洗净。以上各料除山药和乳鸽块外，分别装盘，放在火锅四周。② 高压锅置火上，放入鸡高汤、山药片、乳鸽块、姜、葱、料酒、胡椒粉和盐，煮沸后，撇去浮沫，加气压阀 12 分钟，停火降温后倒入点燃的火锅中煮沸，撒入味精，即可烫食各料。③ 可根据个人口味，另用香油、盐、味精和蒜泥配置成调味汁，每人一碟。

【烹饪技法】焯，煮。

【营养功效】补肾益气，强壮滋阴。

【健康贴士】鸽肉也可与甲鱼同食，滋肾美颜，尤宜男士食用。

乳鸽乌鸡火锅

【主料】乳鸽 4 只，乌鸡 1 只（约 750 克），水发魔芋 750 克，牛肚、水发海带、黄豆芽、金针菇和青菜各 250 克。

【配料】猪油 50 克，姜块 30 克，冰糖 15 克，龟板 10 克，清汤 2500 毫升，花椒、大蒜、盐各 10 克，味精 3 克，胡椒粉 3 克。

【制作】① 将乳鸽宰杀去杂洗净，投入沸水锅中汆一下，捞出沥水，剁成大块；乌鸡宰杀去杂洗净；牛肚洗净，切成片；水发海带洗净，横切丝；黄豆芽、金针菇和青菜分别择洗干净；龟板打碎；魔芋洗净，切条。以上各料除乳鸽、乌鸡、龟板和魔芋外，分别装入盘中，置于火锅周围。② 高压锅置火上，放入乳鸽、乌鸡、龟板、魔芋、清汤、姜块、花椒、胡椒粉、冰糖、猪油和盐煮沸，撇去浮沫，加气压阀 12 分钟。停火降温后倒入点燃的火锅中，撒入大蒜和味精，煮沸即可烫食各料。

【烹饪技法】汆，煮。

【营养功效】滋阴补肾，益气补血。

【健康贴士】一般人皆可食用。

龟肉乳鸽火锅

【主料】活乌龟 1 只，乳鸽 2 只，冬瓜各 250 克，瘦猪肉、水发香菇、水发粉丝、水发木耳各 200 克。

【配料】植物油 250 克，老姜块、花椒、盐各 10 克，清汤 2000 毫升，味精 4 克，大蒜瓣12克。

【制作】① 将乌龟宰杀去杂洗净，投入沸水锅中烫一下；乳鸽宰杀去杂洗净沥水；冬瓜去皮及瓤，洗净，切片；香菇和木耳去蒂洗净，撕成小朵；猪瘦肉洗净，切片；水发粉丝洗净，剪段。以上各料除乌龟和乳鸽外，其他均各装2盘上桌置于火锅周围。② 锅置火上，入油烧至五成热，下花椒和大蒜炒出香味，加入盐、姜块、清汤、味精、乌龟和乳鸽煮40分钟左右，倒入点燃的火锅中煮沸，即可吃肉饮汤、烫食各料。可直接食用，也可蘸食。③ 可根据个人口味，另用香油、姜末、味精、精盐、酱油和醋等配置成调味汁，每人一碟。

【烹饪技法】汆，炒，煮。

【营养功效】滋阴补阳，补虚益精。

【健康贴士】食积胃热、先兆流产、尿毒症、皮肤生疮毒患者及孕妇忌食。

鹌鹑河蟹火锅

【主料】鹌鹑、酸菜各500克，河蟹350克，粉丝200克，冬菇、海米和冬笋各50克。

【配料】味精4克，葱末、姜末各20克，盐8克。

【制作】① 将鹌鹑处理干净，剔下其肉并切成薄片，装在盘内；鹌鹑骨架放在锅中注水煮一会儿，捞出汤留用；酸菜帮掰开，洗净，去掉边菜叶，顺着菜帮片两刀，再顶刀切成细丝；粉丝温水泡软，剪成18厘米长的段；冬笋洗净，切片；冬菇用温水泡30分钟，择洗干净，切薄片；河蟹洗净，剖成两半，去脐及食包。② 把酸菜丝放入火锅的底部，摆上粉丝、海米、河蟹、冬笋和冬菇，最后把煮好的鹌鹑鲜汤倒入火锅中，随即撒入盐、味精、葱末和姜末，点燃火锅，汤煮沸后，与已备好的鹌鹑肉、粉丝、海米、河蟹、冬笋、冬菇和味精、葱末、姜末、盐一起上桌。食用时，用筷子夹鹌鹑肉片，在火锅中烫熟，取出蘸调味汁食用。吃完肉片后，再吃菜喝汤。③ 可根据个人口味，另用酱油、香油、腐乳、辣椒油、大蒜末和香菜末等配置成调味汁，每人一碟。

【烹饪技法】煮。

【营养功效】补骨添髓，滋阴补血。

【健康贴士】鹌鹑肉还可与松蘑同食，有强身健体的功效。

鹌鹑香菌火锅

【主料】鹌鹑5只，水发香菇300克，水发玉兰片、水发粉丝、净猪肚、白菜心和鸡肉各250克。

【配料】猪油60克，鲜汤2500毫升，姜片、葱段、料酒各15克，盐6克，味精4克。

【制作】① 将鹌鹑去杂洗净，投入沸水锅中汆一下，捞出，沥干水分；水发香菇去蒂，切成两半；水发玉兰片切片；水发粉丝切成段；猪肚用沸水烫一下，切片；白菜心洗净；鸡肉切片。以上各料除香菇、鹌鹑和猪肚外，均分装盘内，置于火锅的周围。② 高压锅置火上，放入鹌鹑、猪肚、香菇、猪油、料酒、鲜汤、姜、葱和盐，加气压阀8分钟，冷却后倒入点燃的火锅中，撇去浮沫，撒入味精，即可烫食各料。

【烹饪技法】汆，煮。

【营养功效】滋补五脏，补虚益气。

【健康贴士】鹌鹑肉还可与茄子同食，有预防心血管病的功效。

鹌鹑红豆火锅

【主料】鹌鹑10只，毛肚、葱白、绿叶菜和冬瓜300克，红豆、豆腐和猪肝各150克。

【配料】姜片10克，肉骨高汤3000毫升，盐10克，味精5克，料酒15克。

【制作】① 将红豆淘洗干净，沥干水分，鹌鹑去杂洗净，毛肚洗净，切块；猪肝洗净，切成薄片；冬瓜去皮及瓤，切片；豆腐用沸水焯一下后，切片；绿叶菜和葱白分别择洗干净，切段。以上各料分装盘内，置于火锅周围。② 高压锅置火上，放入肉骨高汤、红豆、鹌鹑、料酒、盐和姜片，加气压阀12分钟，停火降温后倒入点燃的火锅中，煮沸，撇去浮沫，撒入味精，即可烫食各料。

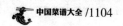

【烹饪技法】焯，煮。

【营养功效】补气益血，除湿解毒。

【健康贴士】鹌鹑肉不宜与蘑菇同食，易引发痔疮。

香菇鹌鹑砂锅

【主料】鹌鹑1只，香菇30克，黑木耳25克。

【配料】盐3克，味精2克，姜片、葱段各5克，胡椒粉1克，香油5克，鲜汤1500毫升，料酒15克。

【制作】① 鹌鹑处理干净；香菇和黑木耳泡发，去杂，洗净。② 将鹌鹑、黑木耳、香菇、料酒、盐、姜片、葱段放入砂锅，加鲜汤，大火煮沸，撇去浮沫，改用小火慢炖至入味，拣出姜片和葱段，撒入味精和胡椒粉，淋入香油即可。

【烹饪技法】煮，炖。

【营养功效】防癌抗癌，美容益寿。

【健康贴士】鹌鹑肉还适宜与菠 菜同食，可保护心血管。

鲜美绝伦的水产类锅仔

鲤鱼红豆火锅

【主料】活鲤鱼1条，红豆50克，冬瓜、小白菜、豆腐各250克。

【配料】姜块、葱段各50克，陈皮、干辣椒各6克，草果10个，鸡高汤2000毫升，胡椒粉5克，盐8克。

【制作】① 将活鲤鱼宰杀去杂洗净，沥干水分，切块；冬瓜去皮及瓤，切片；小白菜去老叶，洗净；豆腐用沸水氽一下，切块；红豆洗净。以上各料分别装盘，摆在火锅周围。② 火锅置桌上点燃，放入鸡高汤煮沸，下红豆、陈皮、草果和干辣椒煮15分钟后，放姜块、葱段、胡椒粉和盐煮沸，撇去浮沫，去掉陈皮、辣椒和草果，加鲤鱼煮沸，即可烫食各料。

【烹饪技法】氽，煮。

【营养功效】除湿利尿，安胎通乳，健脾利尿，清热消肿。

【健康贴士】鲤鱼不可与狗肉同食，同食会产生对人体不利的物质。

鲤鱼粉皮火锅

【主料】鲤鱼1条，粉皮600克，笋片100克。

【配料】鲜汤1500毫升，猪油80克，酱油80克，香油15克，料酒50克，盐、味精、白砂糖、葱段、姜末、青蒜叶各5克。

【制作】① 将鲤鱼去鳞、去腮，开膛去内脏，用清水洗净，切下鱼头，斩成两半，再将鱼身切成4厘米见方的小块；粉皮切成6厘米长、1.5厘米宽的小条。② 锅置火上，入油烧热，下葱段煸出香味，投入鱼块稍煎，随即烹入料酒，加盖略焖，放姜末、酱油、白砂糖和鲜汤焖烧5分钟左右，倒入点燃的火锅中，加粉皮、笋片、盐和味精，再焖烧10分钟左右，烧至鱼熟汤浓，撒入青蒜叶，淋入香油，即可上桌食用。

【烹饪技法】煸，煎，焖，烧。

【营养功效】清口开胃，保肾护肝。

【健康贴士】鲤鱼不宜与咸菜同食，对肠道消化不利。

鲤鱼奶汤火锅

【主料】鲤鱼1条，熟火腿、水发玉兰片、水发香菇各50克，豆腐、菠菜各500克，

【配料】醋50克，香菜段25克，肉骨高汤500毫升，葱段、盐和料酒各15克，姜片2克，白胡椒粉1克，猪油100克，奶汤1500克。

【制作】① 将鲤鱼去鳞、鳃及内脏，洗净，从头到尾剖成两半，剁掉鱼头，切成瓦片形；菠菜洗净，切段，用沸水焯一下，捞出放盘内；豆腐切成0.5厘米厚、1.5厘米见方的片，放碗中，倒入肉骨高汤，上笼蒸1分钟，取出倒在菠菜上；火腿、玉兰片和香菇均切成薄片。② 锅置火上，入油大火烧至六成热，下葱段、姜片和鱼块炒几下，放料酒、盐、奶汤、火腿片、玉兰片和香菇片炖2分钟。待鱼块呈白色，倒入点燃的火锅中，盖上盖，煮沸后撒入白胡椒粉和香菜段，与豆腐和菠菜以及姜醋碟一起上桌。食用时，夹出鱼肉，蔬菜蘸姜醋汁吃，随吃随加所剩奶汤，汤菜一起吃。

【烹饪技法】焯，蒸，炒，炖。

【营养功效】清口开胃，滋补健胃。

【健康贴士】鲤鱼宜与醋同食，利湿消肿效果明显。

砂锅鲜嫩鲤鱼

【主料】鲤鱼1条，瘦肉、水发香菇各25克。

【配料】盐6克，白砂糖1克，猪油25克，

姜块 50 克，味精 4 克，葱条 150 克，鲜汤 400 毫升，老抽、生抽各 5 克，香油 10 克，胡椒粉 2 克。

【制作】① 将鲤鱼去鳞鳃及内脏，洗净，用盐擦抹鱼腹；瘦肉、香菇和姜均切成细丝，放入碗内，加白砂糖、老抽、生抽和味精拌匀腌制。② 锅置火上，倒入鲜汤，垫上竹垫在砂锅的底部，排入葱条，放上鲤鱼，再铺上瘦肉、香菇和姜丝。③ 锅置火上，入油烧沸，倒在鱼身上；加盖煮沸后，改用中火焗约 15 分钟至熟，取出装盘，淋入原汁和香油，撒上胡椒粉即可。

【烹饪技法】腌，焗。

【营养功效】利水消肿，清热解毒。

【健康贴士】鲤鱼还可与卷心菜同食，能增强营养吸收。

石锅鱼

【主料】草鱼 1 条，鸡蛋 1 个，西红柿 50 克，香菇 20 克。

【配料】猪油 150 克，淀粉，盐 16 克，味精 15 克，红枣、小葱段 10 克，料酒 10 克，胡椒粉 8 克，姜片、葱段 5 克，枸杞 20 枚，鸡精 3 克，清汤 2250 毫升。

【制作】① 红枣、枸杞用温水泡软；香菇切条，热水汆烫；西红柿洗净，切片；小葱洗净，切段；草鱼去鳞、鳃和内脏，洗净，剁去头尾，去骨。② 将鱼肉抹刀片成 5 厘米长、厚 0.3 厘米的片；鱼头劈开，鱼骨斩成 5 厘米长的菱形块，冲洗干净；鱼头、鱼骨用盐、味精、鸡精腌 10 分钟；鱼片用盐、味精、料酒腌 10 分钟，用蛋清和淀粉上浆。③ 锅置火上，入油烧至六成热，放入葱段、姜片炒香；倒入鱼骨、鱼头中火煎香；烹入料酒；倒入清汤，用中火煮沸；改小火打去浮沫；加入盐、味精、胡椒粉调味；待鱼骨成熟时，捞出鱼骨、鱼头，将其放入烧热的石锅内。④ 将腌好的鱼片入鱼骨汤锅内滑熟，然后同汤一起倒入垫有鱼骨的石锅内，撒上红枣、枸杞、西红柿片、香菇条、小葱段即可。

【烹饪技法】腌，煎，煮。

【营养功效】滋阴泻火，暖胃和中。

【健康贴士】草鱼也可与冬瓜同食，有清热、祛风、平肝之效。

典食趣话：

清初康熙年间，长沙湘江河畔，有一家小店擅长做一道“石锅鱼”，风味独特。康熙皇帝微服下江南时，在这间小店尝了这道菜，感觉味道鲜美无比，龙颜大悦，故欣然提笔将这道菜赋名为“金福鱼”。此后，“石锅鱼”也就变成“金福鱼”了，而这家小店也因此得名为“金福林”。

草鱼菊花火锅

【主料】净草鱼肉 300 克，鲜菊花瓣和鸭肠各 50 克，金针菇 100 克，莴笋尖 150 克，水发粉丝和豆腐各 200 克，鸡蛋 5 个。

【配料】生姜 20 克，葱、香油各 15 克，盐 10 克，料酒 30 克，胡椒粉 3 克，味精 4 克，骨头汤 2000 毫升。

【制作】① 金针菇、莴笋尖和粉丝分别洗净理好，沥干水分，豆腐投入沸水锅中焯一下，捞出，切块；鸭肠用醋和盐揉匀，洗净，沥干水分，切段。以上各料放入盘中待用。② 草鱼肉去刺捶蓉；菊花瓣洗净，剁成碎末；生姜和葱各取 10 克洗净，切末，鸡蛋去黄留清；将鱼蓉和菊花末拌匀成菊花鱼泥；鸡蛋清中加入适量的清水、味精、盐、料酒、香油、葱末和姜末拌匀备用。③ 骨头汤倒入点燃的火锅中，加入生姜、盐、料酒和胡椒粉煮沸，撇去浮沫；把菊花鱼泥用小勺做成丸子，放入蛋清裹匀，投入火锅中，淋入香油，煮沸，即可饮汤及烫食各料，并吃鱼丸。

【烹饪技法】焯，腌，煮。

【营养功效】健脑益智，滋阴泻火。

【健康贴士】一般人皆可食用。

草鱼豆腐火锅

【主料】草鱼肉、冻豆腐各 500 克，竹荪 30 克，猪心、冬笋各 200 克，白菜 30 克。

【配料】鸡高汤 1800 毫升，味精 5 克，盐 4 克，料酒 20 克。

【制作】① 猪心洗净，切片，放入沸水锅中汆一下，捞出，沥干水分；竹荪用水泡软，洗净；鱼肉切成薄片；冻豆腐切成骨牌块；白菜洗净，切成斜片；冬笋洗净，切片。② 将草鱼肉、冻豆腐、竹荪、猪心、冬笋和白菜一起倒入点燃的火锅中，加入鸡高汤，放入料酒、盐和味精，煮熟即可食用。

【烹饪技法】汆，煮。

【营养功效】祛风除湿，健脾暖胃。

【健康贴士】一般人皆宜食用，尤其适合孕产妇食用。

鳙鱼菜心火锅

【主料】鳙鱼 1 条，菠菜、白菜、白萝卜、豆腐各 400 克。

【配料】蒜苗 100 克，鸡油 100 克，青鱼片 500 克，味精 3 克，肉苁蓉、料酒各 30 克，酱油 50 克，盐 15 克，胡椒粉 2 克，鲜汤 1500 毫升。

【制作】① 将肉苁蓉和白菜分别洗净；菠菜择洗干净，从中间切一刀；蒜苗洗净，切段；白萝卜洗净，切薄片；豆腐用沸水焯一下，切块；鳙鱼除去鳞和内脏，洗净。以上各料除鳙鱼和肉苁蓉外，同青鱼片均装盘，上桌置于火锅周围。② 锅置火上，注入鲜汤、肉苁蓉和鳙鱼一起煎汤，煮约 50 分钟，鱼肉与骨已分离，除去药渣和鱼骨，倒入点燃的火锅中煮沸，放料酒、酱油、精盐、味精、胡椒粉和鸡油，即可烫食各料。

【烹饪技法】焯，煎，煮。

【营养功效】补肾益精，暖胃益脑，补虚化痰，增强体质。

【健康贴士】鳙鱼宜与白菜同食，营养更丰富。

鳙鱼豆腐火锅

【主料】鳙鱼 1 条，豆腐 500 克，水发草菇 100 克，熟鸡腿、火腿、豆瓣酱各 50 克，菜心 100 克。

【配料】葱末、姜末各 50 克，淀粉、料酒各 40 克，酱油 15 克，盐 10 克，味精 3 克，肉骨高汤 1000 毫升，猪油 500 克（实耗约 50 克）。

【制作】① 鳙鱼去鳞、头及内脏，洗净，切 4.5 厘米长、3 厘米宽的条块，并裹上淀粉；草菇和火腿切片；鸡腿切成 1.5 厘米见方的粒；菜心一剖为四；豆腐切成 3 厘米见方的块。② 锅置火上，入油烧热，将鱼块分三次入锅过油，去尽腥味。捞出，滤去油。③ 原锅留油 40 克，下豆瓣酱炒香，放葱末、姜末、肉骨高汤、鱼块、豆腐、火腿片、草菇、鸡肉粒、酱油、料酒、盐和味精，煮沸后即可倒入火锅内，加盖，上桌。进餐时，鱼块可蘸香醋、姜末作料。

【烹饪技法】煎，煮，烧。

【营养功效】健脾益气，润泽皮肤，利水化湿。

【健康贴士】鳙鱼不宜多食，容易引发疮疥。

鱼头豆腐火锅

【主料】鳙鱼头 1 个，豆腐 500 克，豆腐泡 100 克，白菜 300 克，韭黄 80 克，熟冬菇 15 克，胡萝卜 15 克。

【配料】姜 10 克，植物油 25 克，料酒、盐各 5 克，清汤 500 毫升。

【制作】① 将鳙鱼头去鳞、鳃洗净，沥干水分；白菜和韭黄洗净后，分别切段；姜拍破；豆腐泡每只切成两半；嫩豆腐切成 2 厘米见方的块。② 锅置火上，入油烧热，将姜炒出香味，加入白菜段，炒软后取出。③ 原锅中入油烧热后，投入鱼头煎至两面微黄，烹入料酒，把鱼头倒入火锅中，四周围上白菜，菜上放冬菇、胡萝卜片、豆腐块、豆腐泡、清汤、盐和姜块，加盖煮几分钟，即可食用，边食边下韭黄等。

【烹饪技法】炒，煎，煮。

【营养功效】健脾益气，利水化湿。

【健康贴士】鳙鱼性温，瘙痒性皮肤病以及有内热、荨麻疹、癣病者慎食。

鱼头海参火锅

【主料】鳙鱼头 1 个，水发海参 300 克，水发虾米 60 克，水发墨鱼 75 克，熟猪肚、熟猪舌、熟猪心、熟火腿各 150 克，熟鸡肉、豆腐、白菜各 250 克，水发玉兰片、水发口蘑各 50 克

【配料】鲜汤 2500 毫升，姜片、蒜片、葱段各 5 克，胡椒粉 2 克，盐 5 克，味精 2 克，香油 12 克。

【制作】① 将水发虾米洗净，沥干水分，切片；鳙鱼头从中间劈开，洗净；水发口蘑洗净，切成两半；水发玉兰片切片，沥干水分；豆腐用沸水焯一下，切块；白菜洗净，切块；熟鸡肉、熟猪肚、熟猪舌、熟猪心、熟火腿和水发墨鱼均切片。以上原料分别装入盘中，置于桌上火锅周围。② 高压锅置火上，下海参、鱼头、鲜汤、姜、葱、盐和蒜片煮沸，加气压阀 10 分钟，停火降温后倒入点燃的火锅中，放入玉兰片、水发口蘑和虾米煮沸，撇去浮沫，加香油、味精和胡椒粉，即可烫食备料。

【烹饪技法】焯，煮。

【营养功效】健脑益智，养血滋阴，补肾益精。

【健康贴士】海参也可与竹笋同食，滋阴润燥的效果更佳。

鳝鱼百合火锅

【主料】鳝鱼肉 600 克，百合 30 克。

【配料】葱段 20 克，猪肉、毛肚、菜花、空心菜、鲜西瓜皮各 250 克，姜片、料酒各 10 克，清汤 2500 毫升，味精 2 克，盐 4 克。

【制作】① 将百合去杂质，洗净；西瓜皮洗净，切块；鳝鱼处理干净，切块；猪肉和毛肚处理干净，切片；空心菜洗净，沥干水分；菜花洗净，掰成小朵。以上各料装盘置于桌上火锅周围备用。② 火锅点燃，注入清汤煮沸，下鳝鱼块、百合、西瓜皮、料酒、姜片和葱段，撇去浮沫，撒入味精，即可烫食各料。

【烹饪技法】煮。

【营养功效】清热解毒，祛风利湿。

【健康贴士】鳝鱼不宜与菠菜同食，易引发腹泻。

鳝鱼五花火锅

【主料】鳝鱼 500 克，五花肉、韭黄、粉丝、白菜各 250 克，冬笋、火腿各 50 克，香菇 100 克。

【配料】葱、酱油、香油各 50 克，姜、陈醋各 25 克，味精 5 克，胡椒粉 1 克，清汤 1000 毫升，盐 5 克。

【制作】① 将鳝鱼从背一侧脊骨剖开，剔去脊骨，用水洗去血污，去掉内脏及头尾，用干净纱布擦去外表黏液，皮朝下放在砧板上，用刀剞成平行的深刀纹，再交叉地用刀剞十字刀，剁成约 5 厘米长的段；五花肉、冬笋、香菇和火腿分别切成片；粉丝、白菜和韭黄分别洗净切成段，装盘上桌。② 锅置火上，入油烧热，下五花肉煸炒至出油，放酱油 25 克、冬笋、香菇和火腿再炒一下，放入清汤煮 30 分钟。③ 另起锅置火上烧热，下香油和葱末、姜末炒出香味，加入酱油 25 克、盐、胡椒粉、陈醋、味精及适量的清水，调成汁后，分装入小碟中。将烧好的汤料倒入点燃的火锅中煮至汤沸，即可烫食各料。

【烹饪技法】煸，炒，煮。

【营养功效】祛风活血，壮阳补虚。

【健康贴士】鳝鱼不宜与狗肉同食，易生热助火，对身体不利。

鳝鱼里脊火锅

【主料】鳝鱼肉、猪里脊肉各 250 克，猪肝、猪腰、豌豆苗各 150 克，白菜 400 克。

【配料】葱、蒜苗、豌豆苗、猪油各 150 克，香菜和、豆瓣酱各 100 克，醪糟汁、酱油各 50 克，盐、辣椒粉各 15 克，姜末 25 克，味精 1 克，鲜汤 1500 毫升。

【制作】① 将猪里脊肉、猪肝、猪腰和鳝鱼分别洗净，切片，放入烧热的油锅内煸熟，盛入盘内；葱和蒜苗切成段；白菜切成丝。② 锅置火上，入油烧热，加入豆瓣酱、辣椒粉、姜末、葱段、白菜煸炒，再下入葱段、鲜汤、味精、盐、酱油和醪糟汁煮沸，倒入点燃的火锅中再煮沸，即可上桌烫食各料。

【烹饪技法】煸，炒，煮。

【营养功效】补虚活血，强体健身。

【健康贴士】一般人皆宜食用。

生涮鳝片火锅

【主料】鳝鱼 800 克，熟鸡肉、火腿、熟白猪肉、冬笋各 200 克。

【配料】蒜黄 300 克，清汤 1000 毫升，香油、蚝油、葱、香菜各 50 克，酱油、醋、生姜各 25 克，盐 15 克，胡椒粉 2 克。

【制作】① 将鳝鱼从肚子上剖开，去除内脏及头尾，用干布抹去黏液，皮朝下平放在案板上，刀放平将鳝鱼片成薄片，每两片相连，然后放入盘中；火腿、熟鸡肉、猪肉和冬笋分别洗净后切成片：蒜黄洗净，切段，整齐地码入盘中；香菜、葱和姜分别洗净，切末。② 锅置火上，下清汤、盐、火腿、熟鸡肉、猪肉和冬笋煮沸后，转用小火煮 30 分钟，倒入火锅内上桌。③ 将蚝油加少许热汤调稀，放入酱油、胡椒粉、醋、葱末、姜末、香菜末，分装在味碟内，淋少许香油，每人 1 碟，供蘸食用。食用鳝片时，将其放入火锅中涮熟，捞出后蘸上味汁食用。中途可将蒜黄放入火锅，边烫边吃。

【烹饪技法】煮，炒，涮。

【营养功效】滋阴补血，益气消肿。

【健康贴士】鳝鱼不宜与柿子同食，会降低营养价值。

鸡翅鳝鱼砂锅

【主料】活鳝鱼 600 克，鸡翅中段 350 克，去骨猪肋条肉 60 克。

【配料】植物油 150 克，盐 8 克，料酒 15 克，酱油 10 克，胡椒粉 1 克，白砂糖 5 克，葱段 10 克，姜片 6 克，蒜片 15 克，鲜汤 1200 毫升，香油 10 克。

【制作】① 鳝鱼宰杀后，剖去内脏，洗净血水，脊背朝下放在砧板上，切成 6 厘米长的段，洗净，沥干水分；猪肉切片；鸡翅洗净，沥干水分，用料酒、盐、酱油、葱段和姜片腌 15 分钟。② 锅置火上，入油烧至六成热，分别将鸡翅和鳝鱼炸至棕红色。③ 原锅留少许底油，下猪肉片煸炒至冒油，加入葱、姜、蒜、鳝鱼、鸡翅、鲜汤、料酒、盐、酱油和白砂糖大火煮沸，撇去浮沫。④ 将鸡翅排入砂锅周围，中间排鳝鱼，倒入汤汁小火炖 45 分钟，淋入香油，撒入胡椒粉即可。

【烹饪技法】炸，煸炒，炖。

【营养功效】补肝健脾，益气通乳。

【健康贴士】鳝鱼若与松子搭配食用，美容养颜的功效更好。

川味鲶鱼火锅

【主料】鲶鱼 1 条，猪瘦肉、平菇、冬笋、豆腐、水发粉丝各 250 克。

【配料】海米、香油、料酒各 50 克，泡菜、酱油各 100 克，猪油 1000 克（实耗约 150 克），鲜汤 2000 毫升，姜 25 克，葱段 40 克，味精 3 克，泡红椒 75 克，盐 10 克，冰糖 15 克，胡椒粉 2 克。

【制作】① 将鲶鱼置砧板上，在头骨距腰 8 厘米处斩断，摘去鱼鳃，洗净，在鱼头下脖处用刀斩开，于鱼颈肉的两面各剞一字刀纹，再在鱼头顶上斩 4 厘米长的口子；鱼身部分，用刀片成 5 厘米见方、0.3 厘米厚的片（鱼刺剔除）；猪瘦肉去筋络后，切成薄片；平菇洗净，撕成块；冬笋洗净，切片；豆腐切块；水发粉丝切成段；泡菜切条；海米洗净。以上各料除鱼头之外，其余全部装入盘中，置于火锅的周围。② 锅置大火上，入油烧至八成热，将鱼头炸至色黄时捞出。③ 锅内留油，放入泡红辣椒段炒至油色发红时，加入鲜汤烧出味，下入葱段、拍破的姜和鱼头，用大火烧 10 分钟，撇去浮沫，加入料酒、胡椒粉和冰糖，熬至汤香味浓时，倒入点燃的火锅中，加入盐、味精、酱油和香油，煮沸，即可烫食各料。

【烹饪技法】炸，炒，熬煮。

【营养功效】滋阴养血，利尿通乳。

【健康贴士】鲶鱼不宜与野鸡肉同食，不利于身体健康。

鲶鱼豆腐火锅

【主料】鲶鱼肉 1000 克，豆腐 750 克，菠菜 100 克，香菇 50 克。

【配料】油炸粉丝 50 克，香菜 50 克，盐 15 克，味精 4 克，胡椒粉 4 克，葱段 40 克，姜块 40 克，料酒 5 克，鲜汤 1500 毫升，香辣酱 10 克，腐乳汁 5 克。

【制作】① 将加工后的鲶鱼改刀成 5 厘米长的段；豆腐改刀成长 6 厘米，厚 2 厘米的条，用沸水烫透，浸泡在鲜汤中；菠菜、香菜洗净，装入盘内；粉丝、香菇分别炸好装盘。② 锅置火上，入油烧热，下姜、葱炒香，倒入肉骨高汤，用盐、味精、料酒、胡椒粉、腐乳汁调好味，再放入鲶鱼条煮沸，除去浮沫，转用小火炖至鲶鱼熟透时，放入豆腐条，汤再开起时，倒入酒精火锅。③ 上桌时，点燃固体酒精，配上菠菜、粉丝、香菇、香菜组成的烫料，再配上香辣酱碟子即成。

【烹饪技法】炸，炒，炖。

【营养功效】补肾壮阳，健骨强身。

【健康贴士】鲶鱼不宜与鹿肉同食，性味相反。

麻辣酱鲶鱼火锅

【主料】鲶鱼 1 条，麻辣酱 50 克。

【配料】葱段 50 克，料酒 20 克，猪油 30 克，盐 5 克，姜片 10 克，胡椒粉 1 克。

【制作】① 将鲶鱼去头一剖为二，片下两片肉，剥去鱼皮，切成片，放入碟中备用。② 把鱼头、鱼骨及鱼皮剁成小块。③ 锅置火上，入油烧热，将葱段和姜片略煸，倒入鱼头、鱼骨及鱼皮加热至断生，倒入清水大火煮沸，撇去浮沫，加入料酒、盐、胡椒粉，保持大火将汤煮至奶白色、鱼头熟烂即可倒入点燃的火锅中，将麻辣酱及生鱼片一同上桌。食用时，将鱼片放入汤中烫约 30 秒钟，即可蘸麻辣酱食用。

【烹饪技法】煸，煮。

【营养功效】催乳利尿，补中益气，滋阴开胃。

【健康贴士】鲶鱼也可与茄子同食，有补血消肿之效。

鲶鱼茄子砂锅

【主料】鲶鱼 1 条，茄子 250 克，尖椒 100 克。

【配料】鸡高汤 1200 毫升，姜片 12 克，葱段 10 克，大料 3 克，料酒 15 克，盐 5 克，味精 2 克，胡椒粉 1 克。

【制作】① 将鲶鱼除去内脏及鳃，冲洗干净，沥干水分，每隔 2 厘米下刀切成连刀段；茄子去蒂，洗净，切成滚刀块；尖椒洗净，顶刀切片。② 砂锅放入鲶鱼段、茄子块、姜片、葱段、大料、料酒及鸡高汤，用大火煮沸，撇去浮沫，加盖用小火炖熟后拣出葱、姜和大料，撒入盐、味精、胡椒粉和尖椒片稍炖即可。

【烹饪技法】煮，炖。

【营养功效】滋阴开胃，健脑强身。

【健康贴士】鲶鱼为发物，有痼疾、疮疡者忌食。

湘味银鱼火锅

【主料】干银鱼50克，肥瘦猪肉和冬笋各100克，水发香菇40克，水发粉丝和白菜心各500克。

【配料】青蒜、酱油各15克，胡椒粉1克，味精2克，盐3克，猪油100克，清汤1200毫升。

【制作】① 将干银鱼冲洗干净，浸泡10分钟，水发粉丝切段；猪肉、冬笋和白菜心分别切成5厘米长的细丝；香菇洗净，切成小块；青蒜切成丝。② 把干银鱼、白菜、粉丝和清汤置火锅内。③ 锅置火上，入油烧热，下冬笋丝、香菇、肉丝和酱油煸炒一下后倒入火锅内，火锅点燃煮沸，撒入盐、味精、胡椒粉和青蒜丝，端锅上桌即可。

【烹饪技法】煸炒，煮。

【营养功效】健脾益胃，益气养血。

【健康贴士】银鱼还可与蕨菜同食，减肥补虚，适宜肥胖者食用。

银鱼白菜火锅

【主料】鲜银鱼400克，猪五花肉300克，大白菜1000克，水发粉丝、水发香菇、冬笋各200克。

【配料】鲜汤1500毫升，猪油100克，香油、大蒜各25克，酱油、香菜各50克，盐15克，味精5克，胡椒粉3克。

【制作】① 将银鱼洗净；猪五花肉、水发香菇和冬笋分别洗净，切丝；粉丝剪断；白菜洗净，切块；大蒜切片；香菜洗净，切末。② 将白菜和粉丝放入火锅的底部，炒锅置火上，入油烧至七成热，下肉丝炒至变色，放银鱼、水发香菇和冬笋炒至熟，倒在白菜和粉丝上。③ 净锅后置火上，倒入鲜汤煮沸，加入酱油、盐、味精和胡椒粉，倒入火锅内。点燃火锅，加盖，煮至汤沸，加入香油、大蒜片和香菜末即可上桌。

【烹饪技法】炒，煮。

【营养功效】润肺止咳，补虚利尿。

【健康贴士】一般人皆可食用，尤其适合老年人食用。

香辣银鱼火锅

【主料】银鱼150克，豌豆苗、金针菇、莴笋尖、芹菜、青蒜苗和酸青菜各250克。

【配料】豆瓣30克，泡红椒40克，干红辣椒15克，豆豉、白砂糖、姜片、蒜片各10克，花椒5克，料酒20克，盐3克，醋5克，味精2克，醪糟汁50克，猪油150克，鲜汤2000毫升，熟芝麻12克，大料2克。

【制作】① 将银鱼去头和内脏；豌豆苗去老叶；金针菇去杂质；莴笋尖、芹菜分别洗净，沥干水分；青蒜苗洗净，切成段；酸青菜淘洗后，泡一下，沥干水分，切丝。以上各料分别装盘并围于火锅的四周。② 锅置火上，入油烧至六成热，将干辣椒段和花椒炸至棕红色，捞出，剁细末；下入剁细的泡红椒和豆瓣炒香呈红色时，加入豆豉炒至酥香，随即放入姜片、蒜片和大料炒出香味，加入鲜汤、料酒、醪糟汁、白砂糖和醋炒几分钟，下入酸菜丝煮沸，倒入点燃的火锅中，煮沸，撒入芝麻、盐和味精，即可烫食各料。吃时，银鱼可分几次放入。③ 可根据个人口味，另用炸后研制的干辣椒粉、香油、香菜末、盐和味精等配置成调味汁，每人一碟。

【烹饪技法】炸，炒，煮。

【营养功效】补虚健胃，益肺利水。

【健康贴士】银鱼不宜和甘草同食，对身体不利。

青鱼咬羊火锅

【主料】净青鱼肉500克，羊肉400克，水发香菇、冬笋片各100克，火腿片25克，香菜150克，菠菜、水发粉丝、豆腐各500克，鸡蛋清5个。

【配料】葱段20克，姜片10克，酱油12克，盐6克，白砂糖6克，料酒15克，大料3克，胡椒粉1克，淀粉15克，清汤1500毫升，猪油100克，色拉油15克。

【制作】① 羊肉切成块，放入沸水锅内汆一下，捞出，沥干水分，切成 4 厘米长、1.5 厘米宽的长方形小条，投入烧热的油锅中煸炒片刻，加清水、酱油、料酒、葱段、姜片、大料、白砂糖和盐烧至羊肉八成烂时出锅，拣去葱、姜备用。② 青鱼肉切成 6 厘米长、3 厘米宽、0.15 厘米厚的片，共 74 片，装入碗里，放入葱、姜、料酒和盐腌 10 分钟，拣去葱、姜，放入鸡蛋清和淀粉拌匀浆好。③ 将鱼片铺在砧板上，撒入少许淀粉，每片放上两根羊肉条，卷成圆筒状，如此一一做好；把鸡蛋清放盆里，打成泡沫状，加适量的淀粉和匀。④ 锅置中火上，放入色拉油烧至四成热，将鱼卷一一裹上蛋泡糊，投入油锅中炸至金黄色，倒入漏勺，沥去油。⑤炒锅里放入清汤、冬笋片、水发香菇、火腿片、盐、料酒、胡椒粉和猪油煮沸，倒入火锅里，把炸好的鱼卷摆入火锅内。火锅上桌，点燃，即可食用。随带香菜段、菠菜段、粉丝段和豆腐片各盘上桌烫食。

【烹饪技法】汆，煸炒，煮，腌，炸。

【营养功效】滋阴壮阳，健身强体。

【健康贴士】青鱼为发物，瘙痒性皮肤病、荨麻疹、癣病患者忌食。

什锦鱼丸火锅

【主料】青鱼肉 500 克，冬笋、冬菇、粉丝各 100 克，菜心 150 克。

【配料】青蒜末、葱段各 20 克，姜片 10 克，酱油 12 克，盐 6 克，白砂糖 6 克，料酒 15 克，大料 3 克，胡椒粉 1 克，淀粉 15 克，清汤 1500 毫升，猪油 100 克，色拉油 15 克。

【制作】① 将青鱼肉剔尽小刺，切碎，用刀剁成蓉，加入猪油、盐和适量的清水搅成鱼蓉，待上劲后，另备一锅，放入温热水，将鱼蓉挤成丸，上火煮沸，捞出备用。② 火锅中放入清汤、冬笋片和冬菇片煮 20 分钟，加入菜心、鱼丸、粉丝以及盐、料酒、胡椒粉和猪油煮至汤沸后，撒上青蒜末，即可上桌食用。

【烹饪技法】煮。

【营养功效】补肾宁心，健脾止泻。

【健康贴士】青鱼还可与银耳同食，有安眠健胃、补脑明目之效。

砂锅煨焖三鲜

【主料】青鱼肉、鸡腿肉、猪五花肉各 150 克。

【配料】香菜 1 克，葱结 3 克，姜块和盐各 5 克，酱油 50 克，白砂糖 8 克，大料 2 克，味精、白胡椒粉各 2 克，水淀粉 25 克，鸡清汤 800 毫升，猪油 100 克。

【制作】① 将猪五花肉和鸡腿肉分别投入沸水锅中焯一下，捞起，洗去血沫，沥干水分，放砧板上切成块。② 锅置火上，入油烧至五成热时，把青鱼肉块蘸匀水淀粉后下锅炸至鱼片两面呈黄色，取出沥油。③ 将猪肉、鸡腿肉、葱结、姜块、白砂糖、胡椒粉、大料、酱油、鸡清汤和煎鱼剩下的猪油一起放入砂锅中，盖上锅盖，置火上煮沸，撇去浮沫，放入盐，改小火炖至鸡肉烂时，放入鱼块煨 30 分钟左右，拣出葱结、姜块和大料，撒入味精、白胡椒粉和香菜末即可。

【烹饪技法】焯，炸，炖，煨。

【营养功效】滋阴补肾，养肝明目。

【健康贴士】青鱼不宜与芦荟同食，易导致腹痛、腹泻。

鱼片火锅

【主料】净鳜鱼肉 800 克，白菜 250 克，竹笋 150 克，香菜 150 克，粉丝 150 克，香菇 100 克，海米 50 克，鸡蛋 2 个，面条 60 克。

【配料】植物油 20 克，料酒 10 克，辣椒油 5 克，香油 10 克，胡椒 2 克，青蒜 10 克，大葱 5 克，姜 5 克，香糟 5 克，醋 5 克，白砂糖 5 克，盐 5 克，味精 1 克。

【制作】① 净鳜鱼肉洗净，沥干水分，片成长 5 厘米，宽 2 厘米，厚 0.1 厘米的片，均分装入 10 个小盘里，再分别洒上少许清汤、料酒；水发香菇用清水漂洗干净，去蒂，切片，挤去水分；大白菜、香菜分别择洗干净，沥干水分，白菜纵刀切成 7 厘米长的条，与香菜分别码入净盘内；青蒜丝、辣椒油、胡椒粉、香油、香醋、香糟、白砂糖、葱丝、姜丝、盐、味精分别装小碗里。② 锅置火上，注清水煮沸，下鸡蛋、面条煮熟，捞出，沥净水，装入碗内，加入香油拌匀，净锅置中火上，入油烧至七成热，先放入一个直径 14 厘米、高 3.5 厘米的白铁圈，再将面条放入白铁圈内进行油炸，炸脆后捞出沥油，放入净盘中。③ 取出白铁圈放入漏勺内，将粉丝放入铁圈内，上置重物，使粉丝压入圈内，再放入热油锅里，将粉丝炸脆，捞出沥油，去掉重物和铁圈，炸粉丝放在净盘内。④ 净锅后置火上，加入清汤、海米、香菇片、熟冬笋片，煮沸后倒入酒锅里，将酒锅放置于转台中间，周围摆放上各料盘、配料放入酒锅滚汤中烫熟，取出蘸料进食，最后下入炸面条食用即可。

【烹饪技法】煮，拌，炸。

【营养功效】补气益脾，养血行瘀。

【健康贴士】鳜鱼为发物，患有哮喘、咯血的病人不宜食用。

牡丹火锅

【主料】鳜鱼 1 条，草鱼 1 条，菠菜 300 克，粉条 150 克，鸡蛋清 60 克，肥肉 25 克。

【配料】陈醋 50 克，香油 100 克，盐 10 克，黄酒 15 克，味精 5 克，胡椒粉 3 克，香葱 30 克，酱油 100 克，猪油 30 克，姜 30 克，猪油 500 克（实耗约 100 克），鲜汤 1500 毫升。

【制作】① 香葱洗净，切葱末，装盘；姜去皮洗净，切片，装盘；菠菜洗净，装盘；粉条用油炸起泡，捞出，装盘。② 鳜鱼宰杀处理干净，片取净肉，将净鱼肉推去皮，切成 3 厘米长、0.1 厘米厚的片，叠成内圆小，外围大，一层大一层，共 5 ~ 7 片花瓣的牡丹花；取 4 个盘，每盘放一朵，花上撒上少许盐即可。③ 草鱼宰杀处理干净，片取净鱼肉，把鱼肉切碎成泥，加入肥肉和盐、味精、胡椒粉、香油、蛋清、淀粉拌匀，并用大匙做成鱼圆。④ 火锅置火上，注入鲜汤煮沸，将 4 盘牡丹花鱼、菠菜、粉条、鱼圆连盘一同上桌；然后将盐、味精、胡椒粉、酱油、醋、葱末、姜丝、香油分装小碟，一同上桌即可。

【烹饪技法】炸，煮。

【营养功效】益气补虚，健脾利胃。

【健康贴士】菠菜与鸡血同食，可养肝护肝，养血补血。

大边炉

【主料】鸡肉、鳜鱼肉、猪瘦肉、猪腰、鱼丸各 100 克，鸡蛋 12 个，水发香姑、冬笋各 50 克，油条 2 根，油炸馓子 2 个，湘粉丝 25 克，菠菜、芽白菜、冬苋菜、白菜各 100 克，芥菜 25 克。

【配料】青蒜丝 25 克，猪油 250 克（实耗 125 克），酱油 25 克，味精 1.5 克，胡椒粉 1 克，盐 6 克，鸡清汤 1250 毫升。

【制作】① 猪腰片剖开，剔去腰臊，与鸡肉、猪瘦肉、鳜鱼肉分别切成 4.5 厘米长、3 厘米宽、0.2 厘米厚的薄片；油条从中分开，切成 6 厘米的段；馓子分散；鸡蛋洗净；冬笋切成薄片；香菇去蒂，洗净；芥菜洗净，切碎。② 将鸡肉，猪瘦肉、鳜鱼肉、猪腰分别盛入四个盘里。炒锅置大火上，入油烧至六成热，依次下入油条、馓子、粉丝入锅炸至焦脆，捞出分别盛入 3 个盘里；鸡蛋放入 1 个大瓷盘里；味精、胡椒粉和盐、香蒜、猪油 50 克等均分别盛在各小碟中。③ 净锅后置大火上，入油烧至六成热时，先下冬笋片炒几下，加香菇、鱼丸、盐、酱油合炒几下，放鸡高汤、芥菜，煮沸后，倒入边炉锅内，边炉炉膛加木炭燃烧，将汤再煮沸，用大瓷盘衬底（盆内稍放冷水）与上述生荤素食物等料一起上桌，边煮边吃。

【烹饪技法】炸，炒，煮。

【营养功效】补肾健脾，温中开胃。

【健康贴士】一般人皆宜食用，尤其适合肾虚者食用。

鲜活黑鱼火锅

【主料】鲜活黑鱼 1 条。

【配料】香油、猪油各 150 克，盐 10 克，味精 5 克，干辣椒粉 5 克，蒜片、姜末各 8 克。

【制作】① 活黑鱼处理干净，用刀从鱼鳃两边各切一刀，刀口切至鱼骨，但不可切掉鱼头；再从鱼背脊处两边各切一刀，要一直切至鱼尾；剖开鱼腹，去掉内脏，清洗干净；用刀刮去鳞，再刮下两边的鱼肉。② 将两块长条的鱼肉切成蝴蝶形薄片，鱼的头、骨、皮和尾收起备用；将鱼肉片盛入盘中，加入香油、盐、味精、蒜片、姜末和干辣椒粉，搅拌均匀腌渍，使鱼片入味。③ 把鱼头、骨、皮和尾倒入火锅内煮汤，待汤汁有鲜味时，捞出头、尾、皮和骨，在清汤中加入猪油，汤煮沸时，即可涮食鱼肉。

【烹饪技法】腌，煮。

【营养功效】开胃增食，补脾利水，益阴壮阳。

【健康贴士】黑鱼不宜与茄子同食，易损肠胃。

鱼肉鸭血火锅

【主料】黑鱼 1 条，鸭血、鸭肠各 250 克，水发海带 200 克，水发木耳 50 克，小白菜和油菜各 300 克。

【配料】姜片 8 克，葱段 25 克，鲜汤 2000 毫升，料酒、白术各 15 克，党参、黄芪各 30 克，盐 10 克，醋 8 克。

【制作】① 将党参、黄芪和白术分别洗净，沥干水分，切片，放砂锅中煮成药汁，过滤后备用；黑鱼洗净，沥干水分；鸭肠用醋和盐揉匀，洗净，沥干水分，切段；鸭血入沸水锅中汆一下，切条；海带横切成丝；小白菜和油菜洗净；水发木耳去蒂。以上各料除黑鱼外均分别装盘，置于桌上火锅周围。② 火锅点燃，注入鲜汤和药汁煮沸，撇去浮沫，加入鱼、盐、姜片、葱段和料酒煮沸，即可烫食各料。

【烹饪技法】汆，煮。

【营养功效】补中益气，健脾利水，养血补虚，防病健身。

【健康贴士】黑鱼还可与红小豆同食，利水除湿效果更佳。

麻辣黑鱼火锅

【主料】黑鱼中断 600 克，猪肚片、水发蹄筋、蘑菇各 200 克，冬苋菜、胡萝卜、莴笋、白萝卜、土豆、黄豆芽各 250 克。

【配料】猪油 150 克，醪糟汁、花椒、盐各 15 克，干辣椒 25 克，豆瓣、水淀粉各 30 克，鸡蛋 1 只，胡椒粉、味精各 2 克，蒜苗 50 克，香油、姜片、蒜片各 5 克，葱段 10 克，鲜汤 2500 毫升。

【制作】① 黑鱼中段从中间平片成两半，再斜刀片成 1.3 厘米厚的大片，放入碗中加盐和醪糟汁腌至入味；鸡蛋磕入碗中搅散，用水淀粉调成全蛋淀粉糊；随即将鱼片用蛋粉糊浆匀装盘。② 锅置火上，入油烧热，将花椒和干辣椒炸至深红色用漏勺捞出，置菜墩上剁碎；锅内油倒出 2/3 入碗。③ 冬苋菜洗净；黄豆芽去须，洗净；蘑菇用温水泡好，淘去泥沙；土豆和莴笋洗净，去皮并与洗净的胡萝卜、白萝卜均切成片；水发蹄筋切片；肚片及以上各料分别装盘上桌置于火锅的四周。④ 锅置火上，入油烧热，将豆瓣、姜片和蒜片炒酥为棕红色，加入适量鲜汤煮沸，撇去浮沫，拌入胡椒粉、味精、蒜苗、葱段、花椒和干辣椒，再加入鲜汤及剩余的猪油，倒入点燃的火锅中煮沸，淋入香油，即可烫食各料。⑤可根据个人口味，将蒜泥、香油、味精、芝麻、盐和酱油等配置成调味汁，每人一碟。

【烹饪技法】腌，炸，炒，煮。

【营养功效】养血补虚，益阴补肾。

【健康贴士】黑鱼也可与菠菜同食，能养血补虚。

黑鱼笋耳火锅

【主料】黑鱼 1 条，冬笋 200 克，木耳、腐皮各 100 克。

【配料】料酒 50 克，盐、姜片各 10 克，醋、葱段各 25 克，胡椒粉 1 克，味精 3 克，猪油 80 克，清汤 1200 毫升。

【制作】① 将黑鱼宰杀，刮去鱼鳞，去掉内脏，用清水洗净，剁下鱼头，再顺脊骨剖成两片，剁成小块；冬笋切片；木耳洗净；腐皮用温水泡软，切成小块。② 锅置火上，入油烧至七成热，下鱼块、葱段、姜片和料酒煸炒至鱼块焦黄时，加入清汤煮沸，撇去浮沫后，下入笋片，转用小火烧 15 分钟。③ 把腐皮和盐放入鱼汤后，用大火煮沸，倒入点燃的火锅中，撒入味精，煮沸即可食用。

【烹饪技法】煸炒，煮。

【营养功效】益阴壮阳，养血补虚，养心补肾。

【健康贴士】黑鱼也宜与莴笋同食，益精活络，尤宜男士食用。

带鱼木瓜火锅

【主料】带鱼肉 600 克，木瓜 300 克，火腿、牛毛肚、白菜叶、葱白、鸡爪、鸡肫、水发木耳、水发香菇各 200 克。

【配料】鸡高汤 2500 毫升，姜片、葱段各 12 克，盐 8 克，味精 2 克，香油 5 克。

【制作】① 将带鱼肉处理干净，切段；木瓜去皮、去核，切块；火腿和白菜叶分别切片；牛毛肚洗净，划开切片，水发木耳和香菇洗净，撕成朵；鸡肫去内膜，切片；鸡爪去粗皮及趾尖，拍破；葱白洗净，切段。以上各料装盘上桌，置于火锅周围。② 火锅置火上，点燃，注入鸡高汤、姜片、葱段和盐煮沸，下木瓜块煮 5 分钟，撇去浮沫，放入味精和香油，即可烫食各料。

【烹饪技法】煮。

【营养功效】补虚通乳，健胃消食。

【健康贴士】带鱼还可与杧果同食，能延缓细胞衰老。

腐竹炖带鱼煲

【主料】带鱼肉 600 克，腐竹 100 克。

【配料】料酒 15 克，姜丝 10 克，葱末 10 克，植物油 100 克，盐 5 克，白砂糖 4 克，味精 2 克。

【制作】① 带鱼肉处理干净，切块；腐竹用水泡发，切段。② 火锅置火上，入油烧热，分别将腐竹和带鱼下锅中炸至变色。③ 将炸好的腐竹和带鱼放入煲内，加入料酒、姜丝、植物油、盐及适量的清水，上火煮沸后，用小火炖至鱼肉熟透，撒入白砂糖、葱末和味精即可。

【烹饪技法】炸，煮，炖。

【营养功效】补益五脏，健身益体。

【健康贴士】带鱼属发物，患有疥疮、红斑性狼疮、湿疹等皮肤病或皮肤过敏者忌食。

干锅带鱼

【主料】带鱼肉 600 克，青椒块 30 克。

【配料】姜 15 克，葱 15 克，蒜 10 克，盐 5 克，味精 3 克，胡椒粉 3 克。

【制作】① 葱洗净，切段；蒜去皮、切片；姜去皮、切片；带鱼肉处理干净，切块，放入碗中，调入盐、味精、葱段腌 15 分钟；② 锅置火上，入油烧热，下腌好的带鱼块炸香，捞出，沥油。③ 锅中留少许油，放姜、蒜、葱和青椒块炒香，加入炸好的带鱼，调入盐、味精、胡椒粉炒入味，即可装入干锅中。

【烹饪技法】腌，炸，炒。

【营养功效】益气养血，养肝补气。

【健康贴士】对海鲜过敏者慎食。

鳕鱼片火锅

【主料】鳕鱼肉 600 克，鳕鱼丸 150 克，虾、虾饺、火腿、莴笋、菠菜、水发粉丝各 100 克，雪菜梗 50 克。

【配料】料酒 25 克，葱段、姜末各 10 克，盐 8 克，胡椒粉 2 克，色拉油 20 克，花生酱 15 克，锅底汤 1500 毫升。

【制作】① 雪菜梗切成末；菠菜择洗干净；水发粉丝切成段；火腿、鳕鱼肉切片；莴笋去皮，切成片；虾剪去虾须、虾脚，洗净。② 锅中倒入水煮沸，放入莴笋片焯水，取出，同火腿片、清水、雪菜梗末放入火锅中，点燃加盖煮约 15 分钟，至鲜味溢出。③ 锅置火上，倒入色拉油、鳕鱼丸、虾饺、虾、葱段、姜末、料酒、盐，再次煮沸，下入其余涮料烫食即可。

【烹饪技法】焯，煮，涮。

【营养功效】活血祛瘀，补血养颜。

【健康贴士】鳕鱼还可与香菇搭配使用，有补血防病之效。

鳕鱼豆腐锅

【主料】鳕鱼1条，豆腐300克，西蓝花100克，荷兰豆30克，海带结100克，鸡蛋1个。

【配料】甜椒12克，鱼板50克，青葱末10克，盐8克，料酒15克，胡椒粉1克。

【制作】① 鳕鱼去骨，切成边长7厘米长正方块后，放入油锅中炸至金黄；豆腐与甜椒均切小块；西蓝花切小朵；葱切成马耳状。② 把除鸡蛋、青葱末以外的所有用料放入汤锅内，先煮15分钟，再打入鸡蛋煮3分钟，加入盐、料酒、胡椒粉调味，撒上青葱末即可。

【烹饪技法】煮。

【营养功效】滋阴润燥，润肺养颜。

【健康贴士】一般人皆宜食用，尤其适合女士食用。

河鳗火腿火锅

【主料】河鳗1条，白膘100克，水发冬菇、火腿肉各80克，红椒20克。

【配料】葱50克，生姜、酱油各10克，料酒25克，鲜汤1500毫升，味精、盐、香油各5克，胡椒粉1克。

【制作】① 鳗鱼去肠及鳃，洗净，切片；白膘、火腿、冬菇、葱和红辣椒均切片备用。② 将白膘、冬菇、火腿、葱和红椒倒入烧热的油锅内略煸几下，烹入料酒，加入酱油、味精、盐和鲜汤煮沸，倒入火锅内，撒入葱和姜，淋入香油，下入胡椒粉，即可涮河鳗片食用。

【烹饪技法】煸，煮，涮。

【营养功效】补虚养血，祛湿抗痨。

【健康贴士】鳗鱼不宜与银杏同食，不利于人体健康。

鳗鱼菜心火锅

【主料】鳗鱼1条，白菜心250克，猪腿肉、火腿、冬菇、冬笋、虾仁各50克。

【配料】清汤1000毫升，料酒、醋、酱油、猪油、葱段各50克，姜片25克，盐10克，白砂糖、味精各5克。

【制作】① 鳗鱼宰杀后去内脏，斩去头尾，用刀沿脊骨剖成两片，剔去脊骨，两片脊肉剞上十字花刀，再切成5厘米长的段；火腿、猪腿肉、冬笋和冬菇都切成片；白菜心切成长条，入沸水中焯一下。② 锅置火上，入油烧至六成热，下入葱段和姜片煸炒至香，放入猪腿肉煸至断生，再放入火腿、笋片、冬菇、虾仁、酱油和白砂糖一起煸炒，倒入清汤煮沸，撇去浮沫，放入盐、味精、料酒和醋。③ 火锅底部放入焯过水的白菜心，将汤倒入点燃的火锅中煮至汤沸，投入鳗鱼段，用筷子划开，烧5分钟后即可上桌食用。

【烹饪技法】焯，煸炒，涮，煮。

【营养功效】养血补虚，祛湿抗痨。

【健康贴士】对海鲜过敏者慎食。

鲳鱼蛙腿火锅

【主料】鲳鱼1条，牛肉30克，蛙腿500克，莲藕、莴笋各200克，粉丝100克，西蓝花、胡萝卜各250克，金针菇、香菇各50克。

【配料】姜末20克，香菜5克，胡椒粉5克，盐15克，葱末25克，味精5克，植物油100克，料酒20克，姜片15克，清汤2000毫升。

【制作】① 将鲳鱼去鳞、除内脏，洗净，切下头，将其余部分切片；牛肉洗净，切块，沥干水分；蛙腿洗净，沥干水分；莲藕、莴笋均洗净，去皮，分别切成片与条；粉丝洗净，沥干水分；西蓝花洗净，掰成小朵；胡萝卜洗净切片；金针菇洗净，沥干水分；香菇洗净，一切为二。以上各料分别装盘，围于火锅四周。② 锅置火上，入油烧热，下姜片炸香，注入清汤煮沸，放姜末、胡椒粉、精盐、味精、料酒、葱末再煮沸，撇去浮沫，倒入火锅中煮沸，撒上香菜，便可烫食。先下鱼头煮几分钟，出香味之后，再烫食。③ 可根据个人口味，另用香油、芝麻酱、味精、醋、碎花生米等配置成调味汁，每人一碟。

【烹饪技法】炸，煮。

【营养功效】健脾益胃，补虚养身。

【健康贴士】鲳鱼为发物，瘙痒性皮肤病患者忌食。

鲍鱼双笋火锅

【主料】罐头鲍鱼 500 克，竹笋 300 克，罐头芦笋 10 根，猪肉 150 克，火腿 30 克。

【配料】姜片 8 克，葱段 15 克，料酒 20 克，盐 5 克，味精和胡椒粉各 2 克，猪油 90 克，香油 4 克，水发香菇 40 克，鲜汤 1500 毫升。

【制作】① 鲍鱼切成 0.5 厘米厚的片；竹笋洗净，切成小片；芦笋每根切成 3 段；猪肉切片；火腿切末；水发香菇洗净后一切为二。② 锅置火上，入油烧至六成热，下猪肉片、竹笋片和鱼片炒几下，放鲜汤煮沸，倒入点燃的火锅中，加入香菇、姜、葱段、料酒、胡椒粉、芦笋、盐、味精和火腿末，煮沸煮熟，淋上香油，即可食用。

【烹饪技法】炒，煮。

【营养功效】滋阴清热，益精明目。

【健康贴士】痛经者可多食鲍鱼。

鱿鱼莴笋火锅

【主料】鲜鱿鱼肉 300 克，莴笋 150 克，鸡肉 100 克，竹荪 50 克，水发粉丝 75 克，香菇 25 克。

【配料】山药、红枣、薏米各 20 克，枸杞 10 枚，葱、姜各 25 克，鱼汤 2500 毫升，盐 6 克，味精 2 克。

【制作】① 山药用水泡一下，沥干水分，切片；鱿鱼肉和鸡肉分别洗净，切块；红枣、薏米和枸杞洗净；香菇择洗干净，一剖两半；竹荪切片；姜切块；葱和水发粉丝切成段；莴笋洗净，切片。② 高压锅置火上，下鱼汤、山药、鱿鱼片、鸡块、枸杞、红枣、薏米、香菇、竹荪、姜、葱和盐，用大火煮沸，加气压阀 15 分钟，停火降温后倒入点燃的火锅中煮开，撒入味精，即可烫食各料。

【烹饪技法】煮。

【营养功效】健脾除湿，益肺固肾，益精补气，滋阴补血。

【健康贴士】鱿鱼还宜与猪蹄同食，补气养血效果更佳。

鱿鱼三鲜火锅

【主料】鱿鱼肉 250 克，水发鱼肚、熟猪肉丸子和水发粉丝各 150 克，白菜叶 25 克。

【配料】猪油 25 克，盐 8 克，味精 5 克，鸡高汤 1200 毫升。

【制作】① 鱿鱼肉和鱼肚分别洗净，斜刀切成 1.5 厘米宽的片；白菜叶洗净，切成 0.7 厘米宽的片；分别投入沸水锅中焯一下，捞出，沥干水分备用。② 将白菜叶放入火锅的底部，依次放上盐和粉丝摊平，将鱿鱼肉、鱼肚和肉丸子在粉丝上摆成三角形。③ 汤锅置大火上，下鸡高汤、盐和味精煮沸，出锅倒入火锅内，淋入猪油，盖好盖，点燃火锅，煮沸汤，上桌即成。

【烹饪技法】焯，煮。

【营养功效】滋阴养胃，补虚润肤。

【健康贴士】鱿鱼也可与黄瓜同食，能促进营养均衡。

三味鱿鱼火锅

【主料】干鱿鱼 150 克，水发鱿鱼和芹菜各 500 克，冬菇、冬笋各 25 克。

【配料】清汤 1000 毫升，甜酱、香油各 50 克，料酒、酱油各 25 克，白砂糖、盐和姜末各 10 克，葱末 15 克，花椒、醋各 5 克，味精、胡椒粉各 1 克。

【制作】① 水发鱿鱼撕下外皮膜，切成薄片，头须也同样切好，鱼身切成麦穗花刀，整齐地码在盘中；干鱿鱼用水洗净外表污物，切成长条后改成菱形块，表面剞上花纹；冬笋和冬菇分别切成薄片；芹菜择洗干净，切成3.5厘米长的段。② 取小碗两只，一只碗中放入花椒混成的末，将葱末、姜末、料酒、酱油、胡椒粉、盐、醋、味精和香油的一半调匀后，分装小碟中；另一碗中放入甜酱、白砂糖和香油，调匀后也分成几只小碟中。③ 将清汤、冬菇和笋片放入点燃的火锅中，煮至汤沸后，倒入鱿鱼外皮膜和芹菜烫熟食用。④ 把鱿鱼花边烫边蘸调味汁食用。用铁筷夹起干鱿鱼放在火锅口上，慢慢烧烤至软，起香微焦时，蘸甜酱汁食用。

【烹饪技法】煮，烧烤。

【营养功效】滋阴养胃，补虚泽肤。

【健康贴士】鱿鱼若与木耳同食，会使泽肤造血功效更佳。

茄汁墨鱼火锅

【主料】鲜墨鱼600克，番茄酱20克，芹菜300克。

【配料】清汤1000毫升，火腿、虾仁各50克，色拉油80克，料酒25克，盐15克，胡椒粉2克。

【制作】① 将鲜墨鱼洗净，头须和身子都切成细丝；火腿切丝；芹菜择洗干净，切段。② 锅置火上，入油烧至四成热，下番茄酱煸炒至色呈深玫瑰色时，倒入清汤和墨鱼丝，煮沸后撇去浮沫，转小火再煮20分钟，下入火腿丝和虾仁煮沸，加入盐、料酒，倒入火锅上桌。③ 芹菜食用时放入火锅中烫3分钟，淋入剩下的色拉油，撒入胡椒粉即可。

【烹饪技法】煸炒，煮。

【营养功效】养血益胃，通气滋阴。

【健康贴士】墨鱼含胆固醇较高，高血压患者忌食。

墨鱼毛肚火锅

【主料】水发墨鱼600克，毛肚300克，水发粉丝、金针菇、白菜叶、菠菜各250克。

【配料】姜块50克，桃仁、红花各6克，鸡高汤2500毫升，植物油75克，香油10克，盐6克，味精2克，胡椒粉1克。

【制作】① 桃仁用沸水浸泡去皮；红花洗净，沥干水分；水发墨鱼淘洗干净，切成方块；毛肚洗净，撕成大张，片开后再切成5厘米长的段；水发粉丝洗净，剪段；金针菇去蒂，洗净；白菜叶洗净，切片；菠菜洗净。以上各料装盘，置于桌上火锅周围。② 火锅点燃，入油烧热，加入鸡高汤、姜块和胡椒粉煮20分钟，撒入盐，下入桃仁和红花煮开，放入味精和香油，即可烫食各料。

【烹饪技法】煮。

【营养功效】养血滋阴，补心通脉。

【健康贴士】病后体虚，营养不良的人宜食用牛肚。

鲷鱼肉火锅

【主料】鲷鱼1条，猪肉100克。

【配料】料酒50克，花椒水、葱段、姜丝各10克，盐5克，味精3克，植物油15克，鲜汤1000毫升。

【制作】① 鲷鱼剖洗干净，两面剞交叉花刀，放入沸水锅中烫一下捞出，沥干水分；猪肉切成片。② 锅置火上，入油烧热，用葱和姜炝锅，注入鲜汤、料酒、花椒水、盐和猪肉片，煮沸后撇净浮沫，倒入点燃的火锅内，再放入鲷鱼，加盖炖20分钟左右，撒入味精，即可蘸糖醋汁食用。③ 可根据个人口味，另用糖、醋等配成调味汁，每人一碟。

【烹饪技法】炝，煮，炖。

【营养功效】补虚益气，健脾养胃。

【健康贴士】鲷鱼也可与杏仁搭配食用，有强化脑力，抗氧化的功效。

黄鱼芥菜火锅

【主料】鲜黄鱼2条（约1200克），腌芥菜梗200克，冬笋、火腿、豆腐各250克。

【配料】植物油100克，料酒30克，清汤2000毫升，姜丝、葱段各10克，盐8克，味精2克。

【制作】① 鲜黄鱼剖开，去杂洗净，分别在鱼身两侧剞上花刀；芥菜洗净，切末；冬笋和火腿分别洗净，切片；豆腐放入沸水锅中汆一下，切成条。② 锅置火上，入油烧热，下黄鱼煎至鱼两面皮坚实，倒入料酒焖一下，加入清汤煮沸，一起倒入点燃的火锅内，加盖煮 15 分钟，至汤汁乳白色时，撒入雪菜、冬笋片、火腿片、豆腐条、葱段、姜丝和盐再煮沸，放入味精，即可上桌食用。

【烹饪技法】汆，煎，焖，煮。

【营养功效】养肾固精，健脾开胃，益气补虚。

【健康贴士】黄鱼宜与豆腐同食，可提高钙的吸收。

干锅黄鱼

【主料】黄鱼 12 条。

【配料】盐 3 克，酱油 12 克，葱段、蒜瓣、姜片各 5 克，辣椒段 15 克，辣椒末 12 克，豆瓣酱 12 克，辣酱 15 克，料酒 15 克，植物油 45 克。

【制作】① 黄鱼处理干净，用盐、酱油腌 15 分钟。② 锅置火上，入油烧至六成热，下蒜头炸香，放入黄鱼，炸至两面呈微黄色，捞出。③ 锅内留底油，下姜片、辣椒、豆瓣酱、辣酱炒香，再入黄鱼、蒜头、葱段、辣椒，烹入料酒，加水，用大火煮沸，加盐、红油调味，出锅装入干锅即可。

【烹饪技法】腌，炸，炒。

【营养功效】开胃增食，益气补虚。

【健康贴士】一般人皆宜食用。

甲鱼火腿火锅

【主料】甲鱼 1 条，火腿 250 克，熟鸡肉 200 克，笋片 100 克。

【配料】料酒 100 克，葱段 8 克，姜片 5 克，味精 2 克，盐 10 克，植物油 700 克，鲜汤 1500 毫升。

【制作】① 将甲鱼宰杀，用沸水浸泡 10 分钟，用刷子擦去甲鱼背壳上的黑膜，用小刀剥去四周裙边上白膜，剖开鱼肚，取出内脏，洗净，剁去头后，将身子斩成两半，再分别斩成 10 块。将熟火腿和熟鸡脯肉分别片成薄片。② 锅置火上，入油烧至八成热，将葱段和姜片煸出香味，捞出，下甲鱼块略煎，随即烹入料酒，加盖略焖，去腥，接着加入鲜汤和盐，加盖，用大火煮沸后，改用小火焖煮 50 分钟左右，倒入点燃的火锅中，加入笋片、火腿片、鸡片和味精，煮 20 分钟左右，至甲鱼肉酥、汤浓即可食用。

【烹饪技法】煸，煎，焖，煮。

【营养功效】益气滋阴，壮阳补血。

【健康贴士】甲鱼也可与冬瓜同食，营养更丰富。

全耳甲鱼砂锅

【主料】甲鱼 1 条，黄花菜、黑木耳各 60 克。

【配料】料酒 20 克，葱末 8 克，姜片 5 克，姜末 10 克，盐 4 克，味精 2 克，五香粉 1 克。

【制作】① 将甲鱼剁去头，放净血，入热水锅中烫一下捞出，刮去黑皮，揭去硬壳，挖出内脏，洗净；黄花菜用冷水泡发，除去黄水，洗净；黑木耳用冷水泡发，去蒂及杂质，洗净。② 砂锅置火上，注入适量的温开水，加入甲鱼、料酒、葱末和姜末，用大火煮沸后改用小火慢煮至甲鱼酥烂，倒入黑木耳和黄花菜，继续用小火慢煮至熟，撒入少许盐、味精和五香粉即可。

【烹饪技法】煮。

【营养功效】滋阴补血，宁心安神。

【健康贴士】甲鱼还可与香菜同食，能改善人体造血功能。

泥鳅豆腐火锅

【主料】活泥鳅 1200 克，豆腐 600 克，鸡蛋清 50 克。

【配料】植物油 50 克，葱末、姜末各 50 克，酱油 20 克，料酒 30 克，盐 10 克，胡椒粉 2 克。

【制作】① 先在清水盆里加入鸡蛋清搅匀，再把泥鳅放入浸养，待泥鳅腹内的脏物全部排泄出来后，再用清水洗净；豆腐切成小块，用沸水煮 3 分钟。② 锅置火上，入油烧至四成热，将泥鳅投入锅内煸至断生，同时加入葱末、姜末、酱油和料酒略烧一会儿。③ 锅中放入清水 800 毫升，加入豆腐块用小火烧 30 分钟，撒入盐和胡椒粉，倒入火锅中煮沸，即可上桌食用。

【烹饪技法】煸，煮。

【营养功效】调中益气，滋阴清热。

【健康贴士】泥鳅不宜与狗肉同食，不利于身体健康。

海虾蔬菜火锅

【主料】大海虾 800 克，白菜叶、莴笋叶各 400 克。

【配料】葱段、姜片各 10 克，香菜末 50 克，盐 10 克，味精 2 克。

【制作】① 将大海虾剪去头须及其他杂物，剥去壳，洗净，沥干水分，分装 2 只盘内；白菜叶洗净撕成小片；莴笋叶洗净，分装盘内。以上各菜均放置火锅四周。② 火锅点燃，倒入开水、葱段、姜片、盐和味精煮沸后，撒入香菜末，即可烫食各料。③ 可根据个人口味，另用蚝油、料酒、葱末、姜末、酱油、香油和白砂糖等配置成调味汁，每人一碟。

【烹饪技法】煮。

【营养功效】补肾壮阳，健脾暖胃，健体强身。

【健康贴士】海虾不宜与猪肝同食，易损精。

双丸什锦火锅

【主料】熟虾丸、熟肉丸各 20 只，嫩白菜 500 克，水发粉丝、冬笋、水发香菇、猪瘦肉、香肠、熟猪肚、水发墨鱼、水发海带、豆腐干、醪糟汁和豆瓣酱各 100 克。

【配料】植物油 200 克，豆豉、姜末各 50 克，冰糖 20 克，辣椒粉 25 克，花椒 6 克，盐 10 克，料酒 15 克，牛肉汤 2000 毫升。

【制作】① 将水发粉丝沥干水分，剪段；嫩白菜切成 4 厘米长、3 厘米宽的块；冬笋切成 4 厘米长、2 厘米宽、0.3 厘米厚的片；水发香菇去蒂，洗净；猪瘦肉和水发海带分别切成同冬笋一般大小的片；熟猪肚和水发墨鱼分别斜切成 2.5 厘米长的段；豆腐干洗净，切成 2 厘米宽的条；香肠切片。以上各料分别装盘，围在火锅四周。② 锅置大火上，入油烧热，将剁碎的豆瓣酱、姜末和豆豉用手勺煸炒至色红味香，加牛肉汤煮沸，下料酒、醪糟汁、辣椒粉、花椒、盐和冰糖一起熬制，待汤汁较浓、香气四溢、味道麻辣香甜时，倒入点燃的火锅内上桌。③ 依次放入虾丸、肉丸、香肠、粉丝、白菜和海带，其余荤素料随烫随吃。④ 可根据个人口味，另用香油、盐和味精等配置成调味汁，每人一碟。

【烹饪技法】煸炒，煮，熬。

【营养功效】养血固精，开胃化痰。

【健康贴士】海带也可与紫菜同食，有去脂减肥之效，适宜肥胖者食用。

石锅大虾

【主料】虾 300 克，洋葱 20 克。

【配料】盐 3 克，葱、姜、蒜各 5 克，鸡精 2 克，植物油 100 克。

【制作】① 虾处理干净；洋葱洗净，切圈；葱洗净，切段；姜去皮，洗净，切片；蒜去皮，洗净。② 锅置火上，入油烧热，下姜、蒜爆香，放入虾煎炸片刻，加入洋葱，调入盐、鸡精、醋炒匀，快熟时，放入葱段略炒，装入石锅即可。

【烹饪技法】煎，炸，炒。

【营养功效】提神健脑，宁心安神。

【健康贴士】虾不宜与果汁同食，影响健康。

鲜香螃蟹火锅

【主料】螃蟹 10 只。

【配料】盐 10 克，料酒 30 克，葱段、姜片各 50 克，紫苏、桂皮各 5 克。

【制作】① 将螃蟹刷洗干净，挖开蟹脐，剔除泥沙，用刀剖成两半，装入盘内备用。② 锅置火上，注入适量清水，加紫苏、桂皮、盐和料酒煮沸，即可倒入点燃的火锅内，再放入葱段和姜片，汤煮沸即可烫食。进餐时，

要保持火锅水沸，螃蟹随煮随蘸调料汁食用。③ 可根据个人口味，另用镇江香醋、绵白糖和姜末等配制成调味汁，每人一碟。

【烹饪技法】煎，炸，炒。

【营养功效】清热解毒，补骨添髓。

【健康贴士】螃蟹性寒，哺乳期妇女不宜食用。

海螺参带火锅

【主料】海螺肉300克，水发海带、水发海参、水发粉丝和豆腐各250克，豌豆苗100克。

【配料】竹荪、薏米、枸杞和鸡油各50克，料酒25克，姜片、葱段各20克，清汤2500毫升，盐5克，味精2克。

【制作】① 将竹荪洗净，放入水中泡透，捞出去两头后，切成条；薏米和枸杞洗净，沥干水分；海螺肉和水发海参分别洗净，切片；水发海带横切成丝；水发粉丝切段；豆腐用沸水烫一下，切成条；豌豆苗择好洗净，沥干水分。以上各料除竹荪、薏米、枸杞和海螺肉片外，分别装盘，放在火锅四周。② 高压锅置火上，下竹荪、薏米、枸杞、海螺肉片、姜片、葱段、清汤、盐和料酒煮沸，撇去浮沫，加气压阀10分钟，停火冷却后倒入点燃的火锅中，加入鸡油和味糖，即可烫食各料。

【烹饪技法】煮。

【营养功效】补肾益中，清热解毒，润肺止咳。

【健康贴士】海螺肉不宜与蛤蚧同食，易导致腹泻。

牛蛙冬瓜火锅

【主料】牛蛙1000克，冬瓜1000克，干贝100克，带皮肥瘦猪肉250克，猪脑髓20克，水牛毛肚、泡青菜、葱白、蒜苗各150克，小白菜75克。

【配料】植物油75克，盐、冰糖各10克，姜片25克，胡椒粉3克，料酒30克，味精、花椒各5克，清汤2500毫升。

【制作】① 牛蛙宰杀，斩去头，去皮及内脏，洗净，剁成4块（分别与四肢相连），沥干水分；冬瓜去皮及瓤，切成0.5厘米厚的片；干贝洗净，放碗中，加少许开水，上笼蒸10分钟，取出冷却后用手撕碎；猪肥瘦肉入沸水锅中汆去血水，煮几分钟，捞出，切片；猪骨髓泡水中，撕去皮膜及血管等，洗净，沥干水分；水牛毛肚片开，切块；泡青菜、葱白、蒜苗、小白菜洗净，沥干水分。以上各料分别装盘，围在火锅四周备用。② 锅置火上，入油烧至六成热，将姜片和花椒炸出香味，加冰糖、料酒、盐、胡椒粉和清汤煮开，撇去浮沫，下牛蛙块、冬瓜片和干贝煮几分钟，倒入点燃的火锅中，撒入味精，便可烫食各料。

【烹饪技法】汆，蒸，炸，煮。

【营养功效】利水消肿，益胃健脾。

【健康贴士】一般人皆宜食用，尤其适合老年人食用。

【举一反三】可以把冬瓜换成香菇或木耳。

干贝腿脯火锅

【主料】干贝、火腿各150克，熟鸡脯肉、笋各200克，猪腿肉390克。

【配料】葱结20克，姜10克，料酒80克，盐7克，味精4克，植物油35克，鲜汤1500毫升。

【制作】① 干贝用温水浸30分钟后，洗净，放入碗中，加葱结、姜片和料酒少许，上笼或隔水蒸30分钟，至干贝涨胖取出，去除葱结和姜片；熟火腿、鸡肉、猪腿肉和笋分别切成小方丁。② 锅置火上，入油烧至五成热，下肉丁炒至断生，烹入料酒，放鲜汤、笋丁、干贝及干贝汤焖烧5分钟，倒入点燃的火锅内，撒入盐、味精、鸡肉丁和火腿丁，加盖焖煮10分钟即可食用。

【烹饪技法】蒸，炒，焖，煮。

【营养功效】滋阴补肾，抗癌防病。

【健康贴士】干贝也适宜与鸡蛋同食，有益气活血、壮骨的功效。

东北海味火锅

【主料】牡蛎 150 克，干贝 50 克，虾干 100 克，子蟹 200 克，熟白肉 300 克，酸菜、水发粉丝、冻豆腐各 250 克。

【配料】盐 3 克，味精 2 克，料酒、香油各 15 克，醋 20 克，酱油 4 克，植物油 75 克，胡椒粉 2 克，清汤 1500 毫升，葱末、姜末各 10 克。

【制作】① 子蟹去爪，平刀片开，去沙包，剁成 4 块；熟白肉和冻豆腐切片；干贝洗净，蒸透，去筋；牡蛎去壳，洗净；虾干泡好，洗净；酸菜去根，洗净，切丝。② 锅置火上，入油烧热，将葱末和姜末炒出香味，加白肉、酸菜、粉丝、冻豆腐、干贝、子蟹、牡蛎、虾干、酱油、盐、味精、胡椒粉、料酒和清汤，煮沸，撇去浮沫，倒在点燃的火锅内，煮沸后即可食用。③ 可根据个人口味，另用香油、醋等配置成调味汁，每人一碟。

【烹饪技法】蒸，炒，煮。

【营养功效】益脑增智，有益身心。

【健康贴士】牡蛎若与小米搭配食用，滋阴补肾效果更佳。

蚬肉茵陈火锅

【主料】蚬肉400克，茵陈50克，泥鳅、菜花、黄豆芽、豆腐各 200 克，水发玉兰片、水发海带、豌豆苗各150克，土豆、莲藕各100克。

【配料】姜 20 克，葱 15 克，胡椒粉 5 克，味精 6 克，盐 8 克，鸡油 35 克，鸡清汤 2500 毫升。

【制作】① 茵陈洗净，沥干水分，入药罐中，加入适量的水煎 15 分钟，过滤出液汁；蚬肉洗净，入沸水锅中汆一下，去异味；泥鳅剪去头尾，剖腹去内脏，洗净，沥干水分；水发玉兰片切片；水发海带横切成丝；土豆和莲藕去皮，切片；菜花洗净，掰成小朵；黄豆芽去根洗净；豆腐入沸水锅中焯一下，捞出，切条；豌豆苗去老叶后，择洗干净。以上各料分别装盘，围于火锅的四周。② 将鸡清汤、茵陈液汁、姜、葱、胡椒粉和精盐放入点燃的火锅中煮沸，撇去浮沫，加入味精和鸡油调味，即可烫食各料。

【烹饪技法】汆，煮。

【营养功效】清热利湿，解毒下热。

【健康贴士】成年男士常食泥鳅可滋补强身。

蛤蜊墨鱼火锅

【主料】蛤蜊肉 300 克，墨鱼 1 条，虾仁、鱼圆各 150 克，粉丝、芹菜和冻豆腐各 250 克。

【配料】丁香 6 克，鸡高汤 2000 毫升，味精 3 克，盐 5 克，葡萄酒 15 克。

【制作】① 将蛤蜊肉和虾仁分别洗净；鱼圆切成片；墨鱼除去腹内杂物，洗净，入沸水中速烫一遍后，切成小片；粉丝用热水泡软，剪段；芹菜洗净，切成 1 厘米长的段；冻豆腐在清冷水中泡软，切成小块；葱择洗干净，切成小段。② 火锅上桌，放入以上原料的一半、鸡高汤 1500 毫升、葡萄酒、丁香和盐，点燃火锅，用大火煮 5 分钟，便可食用，剩下的原料要边吃边加。

【烹饪技法】煮。

【营养功效】滋阴明目，滋润皮肤。

【健康贴士】蛤蜊性寒凉，孕妇不宜多食。

全家福禄火锅

【主料】水发海参、水发鱼肚、猪肉皮、鱼丸、鸡肉丸各 500 克，水发木耳 300 克，香菇、玉兰片、白菜各 250 克。

【配料】料酒 15 克，盐 8 克，白砂糖 5 克，葱段 10 克，胡椒粉 4 克，鲜汤 2000 毫升，植物油 100 克。

【制作】① 将鱼肚漂洗干净，猪肉皮洗净，切成 5 厘米长、3 厘米宽的长方块；海参洗净，切条；木耳洗净，撕成小朵；香菇洗净，一切两半；玉兰片切片；白菜洗净，切块。② 锅置火上，入油烧热，下鱼肚、猪肉皮和海参煸炒一下，放鲜汤煮成八成熟，倒入点燃的火锅中煮沸，加入鱼丸、鸡肉丸、料酒、盐、白砂糖、葱、胡椒粉、白菜、玉兰片、香菇和木耳，煮沸后煮至熟，即可上桌食用。

【烹饪技法】煸炒，煮。

【营养功效】补肾益精，壮骨强筋。

【健康贴士】海参不宜与青果同食，易导致腹痛、腹泻。

三鲜什锦火锅

【主料】水发海参、青鱼中段、菠菜、水发粉丝各500克，肉丸、鱼丸各30克，熟冬笋片、净猪腰片、鸡肫片、水发蹄筋、虾仁、韭黄段各150克。

【配料】料酒75克，植物油100克，盐8克，味精3克，肉骨高汤1500毫升。

【制作】① 水发海参切成3厘米长、5厘米宽的段，入沸水锅中煮沸，捞出，沥干水分；青鱼切成12厘米长、3厘米宽的条，放入沸水中汆熟，捞出，沥干水分。② 锅置火上，入油烧热，加入适量的肉骨高汤、料酒、盐、味精、蹄筋、肉丸、鱼丸、海参块和鱼块煮沸，煮15分钟后倒入点燃的火锅中，下入笋片、净腰片、鸡肫片、虾仁、韭黄和猪油煮沸煮熟后，即可食用。将水发粉丝和菠菜分别装入盘中上桌，吃的过程中，可随时烫食。

【烹饪技法】汆，煮。

【营养功效】补肾益精，壮阳疗痿。

【健康贴士】海参不宜与柿子同食，易导致腹痛、腹泻。

创意非凡的其他类锅仔

蔬菜什锦火锅

【主料】豆腐、豌豆苗、白菜、菠菜各100克，土豆50克，胡萝卜30克，水发冬菇30克，粉丝、豆腐皮、肉末各100克。

【配料】植物40克，肉骨高汤1000毫升，盐、葱末各10克，味精4克，胡椒粉2克，水淀粉20克，姜末20克。

【制作】① 豆腐放入盆内，加入盐和水淀粉、葱末和姜末，用手拌匀捏成泥状；白菜和菠菜洗净，切成4厘米长的段；豌豆苗掐成段；粉丝和豆腐皮用温水泡发后在凉水中漂一下；土豆去皮，切成滚刀片；胡萝卜洗净，切片。② 火锅中倒入肉骨高汤，下盐及味精、胡椒粉，点燃煮沸，放入土豆片煮至五成熟后，分别下入白菜、菠菜、粉丝、水发冬菇、豆腐皮、胡萝卜片和肉末，然后将豆腐泥捏成丸子，摆在面上，淋入猪油即成。豌豆苗放入盘内，同时上桌，随烫随吃。

【烹饪技法】煮。

【营养功效】润肠通便，补血降压，解毒醒酒。

【健康贴士】此火锅可放几枚红枣，胡萝卜宜与红枣同食，有解毒止咳之效。

全素杂烩火锅

【主料】胡萝卜、冬笋、菜花、菜心、番茄各300克，豆腐500克，口蘑200克，水发香菇和水发木耳各100克。

【配料】盐15克，味精10克，料酒25克，胡椒粉1克，鸡油20克，植物油500克（实耗约30克），浓白奶汤1000毫升。

【制作】① 胡萝卜削去外皮，切成圆形薄片；冬笋刻成3厘米长的树叶状，再切成片；番茄用沸水烫后，撕去皮，切成菱形块；豆腐切成边长为3厘米的等边三角形块，再切成1厘米厚的片；菜花掰成小块；口蘑和香菇分别洗净，切成菱形块。② 锅置火上，入油烧热，投入豆腐片炸至黄色，捞出；胡萝卜、冬笋、口蘑、香菇和菜花分别用沸水烫透，捞在凉水盆内泡凉。③ 点燃火锅，放入浓白奶汤和所有原料，加入盐、味精、胡椒粉和料酒煮沸后，淋入鸡油，撒入菜心，即可加盖上桌。

【烹饪技法】炸，煮。

【营养功效】养血润燥，健脾益胃。

【健康贴士】胡萝卜也可与菊花同食，能预防早衰。

干锅千叶豆腐

【主料】千叶豆腐750克，洋葱60克，青椒15克，红椒15克，五花肉50克。

【配料】味精2克，十三香10克，鲜露3克，酱油15克，蚝油20克，料酒15克，盐2克，姜、蒜各8克，尖椒12克。

【制作】① 千叶豆腐在油中略炸，捞出沥油。② 锅内留少许油，放入五花肉煸出油，再放入姜、蒜、尖椒煸香，倒入炸过的千叶豆腐、青椒、红椒及各调料炒香后出锅。③ 在锅仔内垫上洋葱，放入炒好的菜肴即可。

【烹饪技法】炸，煸，炒。

【营养功效】补中益气，清热润燥，生津止渴，清肠洁胃。

【健康贴士】洋葱还可与粟米搭配食用，有降糖降脂之效。

五色豆腐火锅

【主料】南豆腐500克，鸡蛋3个，火腿50克，青萝卜50克，香菇50克，鸡肉50克，冬笋50克。

【配料】盐15克，大葱25克，猪油25克，味精1克，姜10克，鸡高汤1200毫升。

【制作】① 刀蘸上水，将豆腐切成丝，放入水锅中，上火煮至微沸，捞出备用；鸡肉煮熟备用；冬菇、火腿、熟鸡肉、冬笋切成与豆腐同样的丝；青萝卜切丝后用沸水煮约3分钟，捞出，用冷水凉透。② 锅置火上，入油烧热，鸡蛋打散，入锅中摊成蛋皮煎熟取出，将蛋皮切成与豆腐丝一样长的丝。③ 锅中放入鸡高汤、豆腐丝、香菇、火腿、鸡肉、冬笋、蛋皮和葱、姜、盐、猪油、味精等煮沸后即可食用；青萝卜丝随吃随放。

【烹饪技法】煎，煮。

【营养功效】益精补气，清热解毒，滋阴润燥。

【健康贴士】一般人皆宜食用。

豆腐什锦火锅

【主料】豆腐、白菜、豌豆苗和莴笋尖各300克，猪肝、鸡肝、鸭肝、水发玉兰片、青蒜苗各200克，水发香菇50克。

【配料】料酒、酱油各50克，淫羊藿25克，味精3克，盐15克，胡椒粉1克，鸡油100克，鸡高汤2500毫升。

【制作】① 淫羊藿洗净，放入砂锅中，加入适量的清水煎煮，取汁200克，澄清，除渣沉淀；猪肝、鸡肝和鸭肝分别洗净，切片；豆腐用沸水汆一下，切条；香菇、玉兰片、蒜苗、莴笋尖和豌豆苗分别洗净，香菇和玉兰片切成薄片，莴笋尖切破，蒜苗切成段。以上各料除淫羊藿、香菇和玉兰片外，全部装盘，上桌待用。② 火锅点燃，放入鸡高汤、淫羊藿汁、香菇、玉兰片、胡椒粉、酱油、盐、料酒和鸡油煮沸后，撒入味精，即可烫食各料。

【烹饪技法】汆，煮。

【营养功效】补肝益肾，补肾壮阳。

【健康贴士】豆腐宜与白菜同食，不但可以美白肌肤，还能有效消脂降压、减肥。

芥菜冬笋火锅

【主料】芥菜500克，冬笋250克，白豆腐干150克，青豆150克。

【配料】青蒜4克，干辣椒5克，白砂糖25克，米醋30克，姜15克，香油20克，植物油100克，鲜汤1500毫升，盐3克。

【制作】① 芥菜去老叶，用水泡去大部分咸味，用清水洗干净，切成均匀的小段；冬笋洗净，切成细丝，在沸水中焯一下，捞出，沥干水分；白豆腐干切成丝。② 锅置火上，注入清水，水煮沸后，下入青豆焯2分钟，捞出；另取锅置火上，入油烧至七成热时，放入姜丝，煸出香味，再放入豆腐干丝同炒，至炒透为止。③ 将鲜汤放入火锅内，然后放入辣椒、笋片、青豆、豆腐干丝、芥菜，加入盐、白砂糖、米醋、香油。点燃火锅，锅煮沸后，撒入青蒜段，淋上少许香油，上桌，即可食用。

【烹饪技法】焯，煸，炒，煮。

【营养功效】清热消痰，利膈爽胃。

【健康贴士】豆腐干宜与青蒜苗同食，益气消炎功效佳。

淮扬萝卜火锅

【主料】萝卜1000克，咸猪腿肉、厚百叶各300克。

【配料】青蒜叶100克，鲜汤1500毫升，猪油50克，盐5克，味精3克，食碱2克。

【制作】① 咸猪腿肉用热水洗净，放入锅中煮熟，取出冷却后切成3厘米见方的块；萝卜择洗干净，切成3厘米大小的菱形小块，投入沸水锅略焯取出，沥干水分，去除辣味；厚百叶切成6厘米长、1.5厘米宽的条，用温开水加食碱少许泡软，清水漂净。② 下入萝卜、百叶和咸肉置火锅中，倒入咸肉汤，再加鲜汤，用盐调味，点燃火锅煮10分钟左右，加入味精和猪油，撒入青蒜叶即成。

【烹饪技法】焯，煮。

【营养功效】健脾益胃，生津润燥。

【健康贴士】一般人皆可食用。

菇笋全素火锅

【主料】冬菇、冬笋各200克，白菜500克，腐竹 300 克，豆腐丸子 100 克，油面筋 10 只。

【配料】香油 10 克，酱油 15 克，鲜汤 1500 毫升，盐 5 克，味精 2 克，姜末 5 克。

【制作】① 白菜洗净，切丝；腐竹用冷水泡发后，切成 3 厘米长的段；冬菇和冬笋切成片；面筋每只一分为二。② 将白菜、腐竹、冬菇、冬笋、豆腐丸子和油面筋放入火锅内，添入鲜汤，加入酱油、盐、味精和姜末，淋入香油煮沸后，蘸腐乳食用。

【烹饪技法】煮。

【营养功效】清热消痰，益气消渴。

【健康贴士】竹笋也可与鸡肉同食，益气、补精添髓功效明显。

山鸡鹌鹑火锅

【主料】山鸡和鹌鹑各 1 只，菠菜和水发粉丝各 400 克，冬菇和冬笋各 50 克，用红萝卜片刻成的小鸟若干只。

【配料】泡红辣椒 10 克，盐 8 克，味精 4 克，葱末、姜末各 10 克。

【制作】① 山鸡和鹌鹑宰杀去毛，开膛去内脏，剔下肉后，均片成薄片，分装在盘内；剩下的骨架放锅内，熬汤后剔下肉，留汤备用；冬菇泡发好，大的撕开；冬笋切片；泡红辣椒切丝；粉丝泡软，洗净；菠菜择洗干净。② 将骨架汤倒入点燃的火锅内煮沸后，依次放入粉丝、胡萝卜、冬菇、冬笋、辣椒丝和菠菜后上桌。③ 火锅再次煮沸后，放入葱末、姜末、盐、味精，食者用筷子夹山鸡和鹌鹑肉片在火锅汤中烫熟，蘸调味汁食用，然后再吃粉丝和菠菜等。④ 可根据个人口味，另用腐乳、辣椒油、大蒜末、香菜末、酱油和香油等配置成调味汁，每人一碟。

【烹饪技法】熬，煮。

【营养功效】清热消痰，益气消渴。

【健康贴士】山鸡不宜与鹿肉同食，不利健康。

干锅娃娃菜

【主料】娃娃菜 1000 克，五花肉 50 克，干红椒 15 克。

【配料】青蒜 10 克，大蒜 5 克，生姜 5 克，老抽 5 克，红油豆瓣酱 10 克，白砂糖 2 克，香油 5 克，盐 3 克，鸡精 2 克，花椒 3 克，豆豉 15 克，植物油 40 克。

【制作】① 五花肉切薄片；娃娃菜切开；青蒜切小段；大蒜切块；生姜切薄片。② 锅内放入盐、油、水大火烧沸，放入娃娃菜焯水 1 分钟取出，沥干水分。③ 净锅置火上，入油烧热，下五花肉片小火煸炒，待肉片熟时，放入豆豉，红油豆瓣酱翻炒，再放入大蒜，生姜片继续煸炒至肉色转淡黄色，加入蒜白，老抽、白砂糖，鸡精，香油调味，最后加入娃娃菜及蒜青翻炒片刻即可。④ 将干锅置火上入油，放入花椒，红椒炒出香味。把娃娃菜转至干锅中，点上酒精灯便可边热边吃。

【烹饪技法】焯，煸，炒，

【营养功效】清热解毒，凉血平肝。

【健康贴士】娃娃菜性微寒，哺乳期的妇女不宜过多食。

干锅手撕卷心菜

【主料】卷心菜 500 克。

【配料】蒜片 6 克，葱段 10 克，植物油 30 克，盐 2 克，味精 3 克，鸡精 3 克，老抽 5 克，水淀粉 10 克，高汤 50 毫升，醋 5 克。

【制作】① 卷心菜手撕成大片焯水备用。② 锅置火上，入油烧热，下蒜片炒香，下过水的卷心菜同炒，下盐、味精、老抽、醋、高汤煮沸，水淀粉勾芡出锅装入干锅，撒葱段即可。

【烹饪技法】焯，炒，煮。

【营养功效】益肾壮腰，健脑提神。

【健康贴士】卷心菜也可与海米搭配使用，营养价值更高。

砂锅菜花

【主料】菜花 300 克，干辣椒、红椒各 20 克。

【配料】盐 3 克，蒜苗 10 克，蒜 5 克，酱油 10 克，醋 5 克，植物油 25 克。

【制作】① 菜花洗净，切块；干辣椒洗净，切段；红椒去蒂，洗净，切圈；蒜苗洗净，切段；蒜去皮洗净，切末。② 锅置火上，入油烧热，下入干辣椒、蒜爆香，放入菜花炒片刻，放入红椒，调入盐、醋、酱油，快熟时，加入蒜苗略炒，出锅盛入砂锅即可。

【烹饪技法】爆，炒。

【营养功效】养心润肺，平肝益胆。

【健康贴士】菜花还宜与香菇同食，有利肠、壮筋、降脂之效。

干锅菜花

【主料】菜花 500 克，五花肉 30 克，肥肉 20 克。

【配料】植物油 20 克，朝天椒 15 克，青蒜 8 克，蒜 10 克，盐 8 克，酱油 15 克，蒸鱼豉油 15 克。

【制作】① 菜花洗净，掰成小瓣；青蒜切段；蒜切成片；朝天椒切段；五花肉切成薄片；肥肉切薄片备用。② 锅置火上，注水煮沸，下入菜花入热水中，加入盐 3 克汆 2 分钟捞出。③ 锅置火上，入油烧至八成热，下肥肉煸出香味，放入五花肉、辣椒、蒜、花菜小火翻炒，煸出花菜香味后，放入酱油、蒸鱼豉油开大火翻炒收汁，放入青蒜翻炒 20 秒即可出锅。

【烹饪技法】汆，煸。

【营养功效】滋阴润燥，补血益气。

【健康贴士】菜花宜与猪肉同食，可增强体质。

干锅土豆片

【主料】土豆 300 克，五花肉 100 克，尖椒 25克，笋片 30克，胡萝卜 30克，绿豆芽 50克。

【配料】豆瓣酱30克，辣酱10克，蒜末3克，生抽 5 克，料酒 10 克，盐 5克，味精 2 克，糖 3 克。

【制作】① 土豆去皮切成 0.5 厘米厚的片；五花肉切成相同薄厚的片；尖椒，笋片，胡萝卜都加工成菱形片；绿豆芽用水焯一下，捞出垫在砂锅底。② 锅置火上，入油烧至三成热，下土豆片炸成表面微微变黄即可捞出锅。③ 锅中留少许底油，放入五花肉片煸出油，然后下蒜末、豆瓣酱、辣酱、尖椒、笋片、胡萝卜片再一次煸香，淋入料酒、生抽翻炒，再加入炸好的土豆片翻炒均匀，加盐、糖、味精调味即可出锅。

【烹饪技法】焯，炸，煸，炒。

【营养功效】健脾开胃，抗老防衰。

【健康贴士】土豆若与大米搭配食用，能提高氨基酸的利用率。

干锅茶树菇

【主料】茶树菇 200 克，五花肉 50 克。

【配料】植物油 50 克，盐 2 克，味精、胡椒粉、鸡精、白砂糖各 1 克，红油、豆瓣酱、豆瓣辣酱各 5 克，干辣椒 30 克，葱 10 克，香油 3 克，高汤 500 毫升。

【制作】① 干茶树菇用温水泡发，去蒂，剪成 4 厘米长的段，再下锅炒干水分；五花肉洗净，切丝；干椒、葱切段；豆瓣酱剁细。② 锅置火上，入油烧热，下入五花肉丝煸香至出油，再下入豆瓣酱、辣酱、干椒段煸香，倒入茶树菇，稍微煸炒；然后倒入高汤，加入盐、味精、鸡精、白砂糖，小火煨至入味。③ 待汤汁快干时，淋入红油和香油，出锅装入干锅内，撒胡椒粉、葱段即成。

【烹饪技法】煸，炒，煨。

【营养功效】健脾开胃，防癌抗癌。

【健康贴士】茶树菇宜与猪肉同食，滋补功效更佳。

干锅滑子菇

【主料】滑子菇 500 克，五花肉 200 克，红尖椒 30 克，青蒜 15 克。

【配料】盐 5 克，辣酱 10 克，香辣酱 15 克，蚝油 3 克，料酒 8 克，红油 12 克，蒜片 5 克，葱段 5 克，植物油 40 克。

【制作】① 滑子菇洗净；五花肉洗净、切片；红椒洗净，去蒂，切碎；青蒜洗净，切段。② 锅置火上，入油烧热，将五花肉煸香，下红尖椒、蒜片、辣酱、香辣酱翻炒。③ 下滑子菇、青蒜段、蚝油、盐炒匀，烹入料酒、下入葱段，大火收汁，淋香油、红油，装入干锅即可。

【烹饪技法】煸，炒。

【营养功效】滋阴补肾，健脑提神。

【健康贴士】一般人皆可食用。

香锅小蘑菇

【主料】蘑菇、五花肉各 200 克，芹菜 50 克，青椒、红椒各 10 克。

【配料】老抽 5 克，盐、鸡精各 3 克，植物油 30 克。

【制作】① 五花肉洗净，汆水，切片；蘑菇洗净，切块；青、红椒去蒂，洗净，切段；芹菜洗净，切段。② 锅置火上，入油烧热，下入五花肉炒至五成熟，放入蘑菇、青椒、红椒、芹菜炒香，加入少许水焖至熟，加入盐、鸡精、老抽炒匀，装盘即可。

【烹饪技法】炒，焖。

【营养功效】平肝降压，补血明目。

【健康贴士】身体羸弱、营养不良、食欲不振者宜食。

吉祥野味火锅

【主料】山鸡肉、鹌鹑肉、鹿肉、猪里脊肉和羊肉各 400 克，水发海米、水发香菇和冬笋各 50 克。

【配料】鸡高汤 1500 毫升，味精 5 克。

【制作】① 鹿肉、山鸡肉、鹌鹑肉、猪里脊肉和羊肉分别洗净，切成柳叶片，分装在圆盘中；冬笋切成骨牌片；水发香菇大的片开。② 把鸡高汤、海米、冬笋片和香菇放入火锅内，点燃煮沸，撒入味精后端到桌上，并将所有的原料一齐上桌，由食者任意涮烫蘸食。③ 可根据个人口味，另用酱油、料酒、醋、麻酱、香油、辣椒油和香菜末等配置成调味汁，每人一碟。

【烹饪技法】煮，涮。

【营养功效】益气补中，滋阴补血。

【健康贴士】鹿肉不宜与蒲白同食，易引发恶疮。

砂锅煨甲鱼肉

【主料】活甲鱼 1 只，火腿 30 克。

【配料】清汤 1500 毫升，植物油 15 克，香油 20 克，葱段 20 克，姜块 10 克，味精 1 克，料酒 15 克，胡椒粉 2 克，盐 4 克，香片 3 克。

【制作】① 活甲鱼头剁掉放血，剥开壳，去掉苦胆，取出龟肉，洗净，切成 3 厘米长、1.5 厘米宽的肉块；火腿切片。② 锅置火上，入油烧热，将葱段和姜片煸出香味，加入甲鱼块、盐和香片一起爆炒，出锅盛入砂锅中，倒入清汤，上火煮沸，置小火上煨至熟烂，加入火腿片和料酒，继续煨至汤汁浓稠、散发出香气时，撒入味精和胡椒粉，淋入香油即可。

【烹饪技法】煸，爆炒，煨。

【营养功效】益精补血，健脾固肾。

【健康贴士】甲鱼若与蜂蜜同食，可为人体提供丰富的营养。

蜗牛香菌火锅

【主料】蜗牛肉 600 克，水发木耳、金针菇和猪瘦肉各 250 克，玉竹 40 克，豆腐干 100 克，鸡爪 40 克，鸡血、菜花和黄豆芽各 150 克。

【配料】料酒 50 克，姜 30 克，葱 25 克，鲜汤 3000 毫升，盐 5 克，味精 2 克，胡椒粉3克。

【制作】① 将蜗牛肉洗净，入沸水锅中汆去异味，沥干水分；玉竹用温水泡一下后，切成片；猪瘦肉去筋膜，切成大而薄的片；鸡爪去粗皮后，拍破；鸡血入沸水锅中汆一下，捞出，切成条；豆腐干切成条；黄豆芽去根蒂，洗净，沥干水分；菜花用手掰成小朵；水发木耳和金针菇去杂质洗净，沥干水分。以上各料除玉竹、蜗牛肉和鸡爪外分别装盘，放在火锅四周。② 压力锅置火上，放入鲜汤、玉竹片、蜗牛肉、鸡爪、料酒、姜、葱、盐和胡椒粉，煮沸，撇去浮沫，加气压阀10分钟，停火降温后倒入点燃的火锅中煮沸，撒入味精，即可烫食各料。

【烹饪技法】汆，煮。

【营养功效】养阴清热，消肿解毒。

【健康贴士】金针菇还可与绿豆芽同食，解毒防暑效果明显。

十景暖锅

【主料】水发海参、水发蹄筋、风鸡、鸭舌各150克，鱼丸、火腿、鸡肫、冬笋、虾仁各100克，白灵菇200克。

【配料】高汤1500毫升，白砂糖、胡椒粉、盐各5克，味精2克，鸡精1克，玫瑰露酒15毫升，猪油100克，姜片、葱段各10克。

【制作】① 海参洗净，切块，入沸水中汆一下，捞出；水发蹄筋切滚刀块；火腿洗净，切块；冬笋洗净，切块，入沸水中焯一下；鸡肫剞花刀，切片；风鸡洗净，剁块；鱼丸滚上豆粉，下油锅中炸呈金黄色捞出；鸭舌去骨，入沸水中汆一下，捞出。② 锅置火上，入油烧热，下姜片、葱段炒香，掺入高汤煮沸，拣去葱、姜，放蹄筋、鱼丸、虾仁、火腿、鸡肫、风鸡、鸭舌、冬笋煮20分钟，再转入暖锅内，下盐、味精、鸡精、胡椒粉、玫瑰露酒、白砂糖、猪油调味，盖好暖锅盖煮沸，加入海参、白灵菇即可上桌食用。

【烹饪技法】汆，焯，炸，炒，煮。

【营养功效】补中益气，丰肌生津，润肠强体。

【健康贴士】虾仁还可与韭菜花同食，能有效改善夜盲症。

开胃下饭腌菜篇

根菜类

五味姜

【主料】鲜姜坯 1000 克。

【配料】盐 80 克，明矾 1 克，糖精 1 克，食用红 0.5 克，苯甲酸 0.7 克，米醋 60 克。

【制作】① 生姜去外皮，用刀将姜块拍破备用。② 取冷开水 920 毫升、盐 80 克、明矾混合制成盐水；将糖精、食用红、苯甲酸、米醋、冷开水 140 毫升混合调匀，制成五味香卤水。③ 姜放入盐水中漂洗，捞出后吹干水分。④ 把姜放入五味香卤水中，每四小时拌动一次，第二天捞出沥干，在太阳光下晒至 500 克左右，装坛密封即可。

【烹饪技法】腌，晒。

【美食特色】甜、辣、咸、酸、鲜五味俱全，质脆而嫩。

糖醋姜

【主料】鲜姜 500 克。

【配料】白醋 250 克，冰糖 250 克，盐 10 克，枸杞 8 枚。

【制作】① 姜表面洗干净，切成薄片，用盐抓匀腌制 20 分钟。② 白醋、冰糖、枸杞放入锅中加热，使冰糖溶化，盛入一个可密封的玻璃罐中凉凉待用。③ 腌制好的姜片攥干水分，放入糖醋汁中密封腌制 1 天即可。

【烹饪技法】腌。

【美食特色】鲜辣开胃，酸甜可口。

【巧手妙招】攥出的姜汁可以腌制肉类或者做凉拌菜，糖醋姜腌制的时间越长越入味。

糖醋萝卜

【主料】咸萝卜 1000 克。

【配料】白糖 250 克，酱油 150 克，醋 150 克，姜 15 克。

【制作】① 咸萝卜切成 0.2 厘米厚的方形片，放入清水中浸泡 2 ～ 3 小时，中间换两次水，待咸味减轻时捞出沥干水分。② 酱油、醋烧沸，放入萝卜浸泡一夜。③ 第二天放入白糖、生姜丝搅拌均匀，腌制 5 天后即可食用。

【烹饪技法】腌。

【美食特色】甜酸嫩脆。

胡萝卜干

【主料】胡萝卜 1000 克。

【配料】辣椒 30 克，酱油 50 克，盐 100 克，植物油 10 克。

【制作】① 胡萝卜洗净，切成条，晒至半干。② 加入辣椒、酱油、盐、植物油拌匀，放入罐中，腌至入味即可。

【烹饪技法】晒，腌。

【美食特色】咸辣适中，口感脆爽。

腌大萝卜

【主料】白萝卜 1000 克。

【配料】盐 40 克，五香粉 20 克，50 度以上白酒 10 毫升。

【制作】① 白萝卜洗净，切成 1.5 厘米宽、

3 厘米长的条，晒至六成干。② 加入盐、五香粉、白酒拌匀，放入罐中密封，十天后即可食用。
【烹饪技法】晒，腌。
【美食特色】咸淡适中，口感鲜脆。

腊八蒜

【主料】紫头蒜 1000 克。
【配料】米醋 500 克。
【制作】① 蒜头去皮、洗净、晾干，放入干净的罐中，倒入米醋至没过大蒜为止。② 盖上盖子，把罐子置于 10 ~ 15℃的室内，浸泡 10 天后至蒜呈翠绿色即可食用。
【烹饪技法】腌。
【美食特色】酸辣可口，美味消食。

蜜酱胡萝卜

【主料】胡萝卜 1000 克。
【配料】红糖 100 克，蜂蜜 50 克，酱油 60 克，醋 10 克，水 800 毫升。
【制作】① 胡萝卜去根须，洗净，切成小块备用。② 锅置火上，放入水、酱油、醋烧沸，下胡萝卜煮 5 ~ 10 分钟后熄火，冷却后倒入容器内。③ 将红糖、蜂蜜分别倒入容器内，搅拌均匀，封口，放置阴凉处，一个月后即可食用。
【烹饪技法】煮，腌。
【美食特色】色泽鲜艳，香甜适口。

胭脂萝卜

【主料】白萝卜 1 根，杨梅 50 克。
【配料】米醋 15 克，白砂糖 50 克。
【制作】① 杨梅洗净去核，用料理机打成汁，用筛网过滤。② 汤锅置火上，倒入杨梅汁，加入米醋、适量白砂糖，做成糖醋杨梅汁，凉凉备用。③ 白萝卜洗净、切成薄片，用模具切出自己喜欢的形状，放入干净的碗中，倒入糖醋杨梅汁，盖上保鲜膜，放入冰箱冷藏一晚即可。
【烹饪技法】腌。
【美食特色】色彩亮丽，酸甜可口。

酒醉银菜

【主料】绿豆芽 500 克。
【配料】白酒 15 克，盐 10 克，葱 10 克，姜 5 克，花椒 10 粒。
【制作】① 绿豆芽择去须根和豆壳，洗净，投入开水锅中焯烫一下，迅速捞起，放入冷开水中泡凉，捞出沥干水分；葱打结，姜拍松，花椒粒用纱布包住。② 锅置火上，注入清水 400 毫升，放入盐、葱、姜、花椒，大火煮沸，倒入玻璃罐中凉凉。③ 倒入白酒搅拌均匀，放入绿豆芽，用玻璃纸封口，静置 150 分钟后即可食用。
【烹饪技法】焯，腌。
【美食特色】质地脆嫩，酒香扑鼻。

剁椒泡萝卜

【主料】白萝卜 1 根。
【配料】茶油剁椒 500 克。
【制作】① 白萝卜去皮洗净，切成 5 厘米长的条，放置一夜，晾干萝卜表面的水分。② 将萝卜放入无水保鲜盒中，依据个人口味倒入适量茶油剁椒，用干净无水的筷子拌匀，盖上盖子放在阴凉处，放置两天后即可食用。
【烹饪技法】腌。
【美食特色】脆爽可口，开胃下饭。

叶菜类

腌白菜

【主料】大白菜 1000 克。
【配料】盐 100 克。
【制作】① 白菜洗净，竖切成四份，沥干水分备用。② 在缸底撒一层盐，将白菜切口向下放入，放一层白菜撒一层盐，层层叠置。③ 入缸后 24 小时内倒缸一次，将缸下边的白菜翻到上边，第三天翻一次，7 天后再翻一次，20 天后即可食用。
【烹饪技法】腌。
【美食特色】色白嫩脆，清利爽口。

腌芹菜

【主料】鲜芹菜 1000 克。
【配料】盐 150 克。
【制作】① 芹菜去叶、洗净，切成 3 厘米长的小段，放入沸水中焯一下，入冷水过凉，捞出沥干水分。② 向芹菜中加入盐拌匀，腌制 3 ~ 4 小时后装入容器中，上压石块，置于阴凉通风处。③ 第二天翻倒一次，以后每隔 3 天翻倒一次，10 天后即可食用。
【烹饪技法】焯，腌。
【美食特色】颜色鲜绿，嫩脆清香。

腌韭菜

【主料】韭菜 500 克。
【配料】盐 100 克。
【制作】① 韭菜洗净，置于阳光下稍晒。② 向韭菜中加入盐，搅拌均匀，腌制 5 天左右至入味即可食用。
【烹饪技法】晒，腌。
【美食特色】根白叶绿，味鲜清香。

腌雪里蕻

【主料】雪里蕻 1500 克。
【配料】粗盐 100 克，花椒 5 克。
【制作】① 雪里蕻去根、洗净，沥干水分；粗盐与花椒混合拌匀。② 将雪里蕻平铺在缸内，撒一层花椒盐再铺一层雪里蕻，层层叠置，最上层多撒些花椒盐，压上石块。③ 第二天倒缸一次，以后每两天倒缸一次，腌制 15 天后即可食用。
【烹饪技法】腌。
【美食特色】颜色碧绿，咸而不酸。

虾油芹菜

【主料】芹菜 1000 克。
【配料】虾油 800 克。
【制作】① 鲜芹菜择叶、去根，切成 1 厘米长的段，入沸水中焯一下，入冷水中过凉，沥干水分备用。② 将芹菜放入缸中，倒入虾油拌匀，腌制 7 天即可食用，中间倒 2 次缸。
【烹饪技法】焯，腌。
【美食特色】口感质脆，颜色碧绿，虾味浓厚。

韩式泡菜

【主料】大白菜 1000 克。
【配料】苹果 50 克，梨 50 克，白萝卜 100 克，牛肉清汤 300 克，葱 50 克，大蒜 50 克，盐 30 克，辣椒面 30 克，味精 10 克。
【制作】① 白菜去除根和老帮，用清水洗净，沥干水分，用刀竖切成 4 份，放入盆内，撒上盐 15 克腌 4 ~ 5 小时。② 萝卜去根须、皮，切成薄片，用盐 15 克腌制一下；苹果去皮，切成片；葱切碎，蒜捣成泥。③ 将腌渍好的白菜、萝卜沥去盐水，装入坛内。④ 把苹果、梨、牛肉汤等所有调料混合在一起浇到白菜上，卤汁要淹没白菜，上面用一干净重物压紧，使菜下沉。⑤ 夏季腌制 1 ~ 2 天，冬天腌制 3 ~ 4 天即可取出食用。

【烹饪技法】腌。

【美食特色】咸辣适口，口感质脆。

酸辣白菜帮

【主料】大白菜帮 1000 克。

【配料】盐 50 克，青椒 50 克，醋 100 克，大蒜头 20 克，麻油 10 克。

【制作】① 大白菜帮洗净，切成碎块，沥干水分。② 青辣椒、大蒜头切碎，与醋、盐、麻油混合搅拌均匀，制成调味汁。③ 把切碎的白菜与调味汁混合拌匀，装缸密封，七天后即可食用。

【烹饪技法】腌。

【美食特色】酸辣可口，口感脆爽。

酸辣菜

【主料】卷心菜 200 克，脆苹果 1 个，胡萝卜 75 克。

【配料】盐 5 克，白醋 12 克，干红椒 2 个，淡盐水适量。

【制作】① 卷心菜择洗干净，切成菱形片；胡萝卜洗净，切成斜方片；卷心菜、胡萝卜片入沸水锅内焯烫一下，捞出过凉，沥干水分。② 苹果去皮、核，切成薄片，浸在淡盐水内；干红辣椒去蒂、子，洗净，放入锅中，加少许水煮 10 分钟，拣去辣椒，把辣椒水倒入碗内。③ 苹果片捞出，浸入辣椒水中，再加入白醋、盐拌匀，凉凉后放入卷心菜、胡萝卜片，放入冰箱，20 小时后即可食用。

【烹饪技法】焯，煮，腌。

【美食特色】酸辣适口，增进食欲。

腌香菜

【主料】香菜 1000 克，葱 500 克。

【配料】辣椒面 50 克，盐 25 克，蒜 50 克，姜 25 克，味精 4 克。

【制作】① 香菜洗净、从中间切断，葱洗净、一切为二，将香菜和葱用盐水腌 5 ~ 6 小时。② 辣椒面用开水泡一下，姜、蒜捣成末，加入味精调匀，做成调料。③ 取出腌好的香菜和葱，用清水洗两遍，沥干水分，放入大盆中。④ 把做好的调料与香菜、葱搅拌均匀后，移入坛内，压上石头，七天后即可食用。

【烹饪技法】腌。

【美食特色】咸中有辣，味道清香。

腌芥菜缨

【主料】芥菜缨 1000 克。

【配料】粗盐 100 克。

【制作】① 芥菜缨择净洗净，沥干水分。② 芥菜缨上撒上适量粗盐，用手搓揉，待菜缨出水发蔫后，放进干净坛子中，每放一层芥菜缨撒一层粗盐，放完后封好坛口。③ 腌 2 天后，用干净擀面杖将菜缨捣实，以后每天捣一次，连续 3 天，待盐充分溶化、盐水没过菜缨后，加盖封好，放置阴凉处，30 天后即可食用。

【烹饪技法】腌。

【美食特色】开胃下饭，咸淡适中。

瓜果类

腌红辣椒

【主料】红辣椒 1000 克。

【配料】熟植物油 30 克，盐 100 克，酱油 500 克，白砂糖 40 克，大蒜 40 克，味精 5 克，白酒 75 克。

【制作】① 大蒜、生姜洗净切片；酱油煮沸后凉凉；辣椒洗净、晾干、去蒂，切成两半。② 将熟油倒入辣椒中，搅拌均匀后静置 4 小时，向辣椒中加入所有材料搅拌均匀，放入坛子内密封，腌制 5 天后即可食用。

【烹饪技法】腌。

【美食特色】辣香爽口，甜咸适中。

腌黄瓜

【主料】鲜黄瓜三根。

【配料】盐 7 克，白醋 35 克，冰糖 5 克，蜂蜜 6 克，味精 4 克，干红辣椒 4 个。

【制作】① 黄瓜洗净，切成约 8 厘米长、手指粗细的小段，放进干净盆内，加入盐拌匀。② 白醋、冰糖、蜂蜜、味精、干红辣椒放入碗中搅拌均匀，静置片刻，至冰糖完全溶解，制成调味汁液。③ 将黄瓜捞出，沥干盐水，放入调味汁液中搅拌均匀，放入冰箱中冷藏一天即可食用。

【烹饪技法】腌。

【美食特色】酸中带甜，辣味适中，冰爽可口，开胃消食。

腌南瓜

【主料】老南瓜 500 克，白菜 1200 克，萝卜 120 克。

【配料】蒜 8 克，辣椒粉 8 克，酱虾 15 克，葱 50 克，盐 120 克。

【制作】① 白菜洗净，梗、叶分开，萝卜切成丝，与白菜一起用盐腌 30 分钟；老南瓜洗净，切成 4 厘米长、2 厘米厚的块。② 把腌好的白菜、萝卜取出，用清水洗 2 遍，放入葱丝、蒜末、辣椒粉搅拌均匀，放入南瓜继续搅拌，最后放入酱虾和盐拌匀。③ 把拌好的南瓜放入坛中，用重物压好，密封保存。2 ~ 3 天后，向坛子中倒入淡盐开水，继续腌制 10 ~ 15 天即可食用。

【烹饪技法】腌。

【美食特色】脆硬可口，开胃下饭。

辣味黄瓜条

【主料】黄瓜 1200 克。

【配料】盐 250 克，酱油 600 克，姜丝 50 克，白酒 100 克，红糖 100 克，鲜辣椒 100 克，味精 10 克，熟油 50 克，醋 25 克。

【制作】① 黄瓜洗净晾干，切成长方块，加入盐腌制 2 小时，捞出，沥干水分备用。② 在腌黄瓜的水中加入酱油、醋、糖，入锅煮沸后凉凉，制成味汁，把姜丝、辣椒、白酒、味精、熟油混合搅拌均匀，制成调料。③ 将黄瓜放入坛子中，放一层黄瓜撒一层调料，最后倒入凉凉的味汁，腌制 8 小时后即可食用。

【烹饪技法】煮，腌。

【美食特色】清香爽口，甜咸辣俱佳。

虾油辣椒

【主料】咸辣椒皮 1000 克。

【配料】虾油 800 克。

【制作】① 咸辣椒皮用清水浸泡 8 小时，洗净后捞出沥干水分。② 将咸辣椒放入缸中，倒入虾油搅拌均匀，腌制 7 天，中间倒 2 次缸即可。

【烹饪技法】腌。

【美食特色】色泽青绿，质地脆嫩，虾油味浓厚。

腌香瓜

【主料】香瓜 1000 克。

【配料】盐 150 克。

【制作】① 香瓜洗净，去瓜蒂，切成两半，除去瓜瓤。② 缸底少放些盐，将香瓜入缸，一层香瓜一层盐，顶部多洒些盐，满缸后压上石块，加入适量浓度为 17% 的盐水，第二、三天各倒缸一次，15 天后即可。

【烹饪技法】腌。

【美食特色】咸中带甜，口感脆爽。

蒜茄子

【主料】鲜茄子 1000 克。

【配料】盐 200 克，大蒜 100 克，香菜 20 克。

【制作】① 选用细长的新鲜茄子，去除柄蒂，洗净后入锅蒸至八成熟；香菜洗净切末。② 大蒜捣碎，加入少许盐、香菜末混合制成馅，切开茄子，将馅夹入。③ 将茄子以一层茄子一层盐的方法放入缸中腌制，3 周后即可食用。

【烹饪技法】蒸，腌。

【美食特色】咸淡可口，蒜香味浓。

芥末茄子

【主料】嫩茄子 1000 克。

【配料】芥末 25 克，酱油 200 克，醋 50 克，盐 80 克，白糖 250 克。

【制作】① 茄子洗净，去掉柄和蒂，在茄身上切个口，放进盆中，加盐腌制 3 小时后取出。② 把酱油、醋、白糖混合均匀，入锅煮沸，冷却后加入少量清水搅匀，制成味汁，依次倒进茄子的切口中，腌制 3 小时。③ 另取干净坛子，在坛子底部撒一层芥末粉，然后以一层茄子一层芥末的方式将茄子放入容器中，上压石块，腌制 3 天后即可食用。

【烹饪技法】煮，腌。

【美食特色】咸中有辣，酸甜适度。

糖醋黄瓜

【主料】嫩黄瓜 1000 克。

【配料】白砂糖 50 克，盐 50 克，醋 4 克。

【制作】① 黄瓜洗净，切开、去子，晾晒至半干。② 白砂糖、醋、盐混合调匀，制成腌汁。③ 将腌汁倒入坛子内，放入黄瓜拌匀，密封 15 天后即可食用。

【烹饪技法】腌。

【美食特色】开胃下饭，酸甜可口。

酸黄瓜

【主料】小黄瓜 10 根。

【配料】茴香 15 克，盐 15 克，白砂糖 20 克，白醋 50 毫升，红胡椒 20 粒，香菜子 20 粒，黑芥 15 克。

【制作】① 小黄瓜洗净，沥干水分，放在一个干净无油的保鲜盒里，盖上保鲜膜，放入冰箱冷藏备用。② 锅置火上，倒入水 1000 毫升、白砂糖、盐、红胡椒、香菜子、黑芥，煮沸后关火冷却，制成卤水。③ 待卤水完全冷却后，倒入苹果醋拌匀，盖上保鲜膜，放入冰箱里，和小黄瓜一起冷藏 24 小时，使卤水和黄瓜的温度一致。④ 将黄瓜装瓶，码齐塞紧，尽量不要擦破黄瓜表皮，把卤水倒入瓶中，至淹没黄瓜为止，封严瓶口，放入冰箱冷藏，7 天后即可食用。

【烹饪技法】煮，腌。

【美食特色】口感质脆，酸味适中。

腌茄子

【主料】小茄子 1500 克。

【配料】剁椒酱 200 克，香菜段 100 克，葱 4 根，酱油 16 克，味噌酱 40 克，白糖 8 克。

【制作】① 小茄子洗净，入锅蒸熟，取出后摊平放凉。② 把香菜段、葱末、酱油、味噌酱、剁椒酱、白糖混合拌匀，制成酱料。③ 将茄子以一层茄子、一层酱料的方式放入腌缸中，密封冷藏 1 天后即可食用。

【烹饪技法】蒸，腌。

【美食特色】清凉爽口，味道丰富。

腌青辣椒

【主料】青辣椒 1000 克。

【配料】盐 150 克，大料 2.5 克，花椒 3 克，姜 10 克。

【制作】① 辣椒洗净、晾干、扎眼，放入干净的坛子内。② 将盐、大料、花椒、姜放入水中煮沸 10 分钟，凉凉后倒入盛辣椒的坛子中，腌制 15 ~ 20 天，期间注意适时搅拌即可。

【烹饪技法】煮，腌。

【美食特色】色泽鲜绿，味道咸辣。

银丝木瓜

【主料】木瓜 500 克，胡萝卜 500 克。

【配料】盐 60 克，白砂糖 200 克。

【制作】① 木瓜、胡萝卜分别用清水洗净，晾干表面后，装入坛内，用浓度为 30% 的盐水腌 3 个月。② 捞出腌好的木瓜、胡萝卜，切成丝，放入冷水中冲泡一下，再捞出压干水分，放入盆中，加入白砂糖拌匀，待糖融化后即可食用。

【烹饪技法】腌。

【美食特色】咸中带甜，脆嫩爽口，营养丰富。

虾油茄子

【主料】小茄子 2000 克。

【配料】虾油 2000 克，盐 500 克。

【制作】① 茄子洗净，去柄、蒂，入开水锅中焯一下，捞出后入凉水中过凉，换水两次。② 将茄子以一层茄子一层盐的方式放入腌器中，腌渍 16 个小时，捞出沥干水分。③ 另取干净的坛子，倒入虾油，放入茄子浸泡 10 天后即可食用。

【烹饪技法】焯，腌。

【美食特色】清香鲜嫩，虾味十足。

虾油小黄瓜

【主料】小黄瓜 750 克。

【配料】白醋 120 克，盐 5 克，生抽 120 克，老抽 45 克，糖 150 克。

【制作】① 小黄瓜洗净，去掉头、尾，切成两段。② 锅置大火上，放入白醋、盐、生抽、老抽、糖煮滚，转小火分批放入黄瓜，焯烫 10 ~ 15 秒钟后捞出，反复焯烫两次。③ 将黄瓜切成 1 厘米的片，放入大玻璃瓶里，待锅中汤汁冷却后，倒入瓶中，加盖放入冰箱，冷藏 2 天后即可食用。

【烹饪技法】煮，焯，腌。

【美食特色】色泽碧绿，清脆爽口。

酱黄瓜

【主料】黄瓜 500 克。

【配料】盐 15 克，蒜末 10 克，辣椒酱 30 克，生抽 30 克，白糖 20 克，芝麻香油 10 克。

【制作】① 黄瓜切成 0.5 厘米厚的小片，加入盐拌匀。② 黄瓜放在一个漏网中，上面放上重物压一天。③ 用蒜末、辣椒酱、生抽、白糖、芝麻香油、冷开水 150 毫升混合调成酱汁，倒入盆中，放入黄瓜搅拌均匀即可。

【烹饪技法】腌。

【美食特色】咸淡适中，脆爽怡人。

韩国腌黄瓜

【主料】黄瓜 500 克。

【配料】大蒜35克，生姜20克，青苹果100克，干辣椒粉10克，干辣椒碎2克，盐25克，味精2克，白砂糖25克，鱼露10克，白米醋20克。

【制作】① 黄瓜洗净，切菱形块，放入保鲜盒中，加盐拌匀，蒙上保鲜膜放入冰箱冷藏腌制2小时；姜拍碎、蒜去皮拍碎，混合放入捣罐里捣碎成蓉；青苹果去皮、切小块，捣成苹果蓉。② 把捣好的蒜蓉、姜蓉和苹果蓉倒入料理盆，放入干辣椒粉和干辣椒碎，再加入白砂糖和味精，倒入适量白醋、鱼露拌匀，制成酱料备用。③ 把腌制好的黄瓜攥干水分，倒入混合好的酱料拌匀，盖上保鲜膜放入冰箱再次腌制2小时即可。

【烹饪技法】腌。

【美食特色】脆爽可口，咸淡适中。

韩式泡黄瓜

【主料】黄瓜2根，韭菜50克。

【配料】蒜末8克，葱末8克，姜末5克，辣椒粉45克，盐15克。

【制作】① 黄瓜洗净，擦干水，撒上盐整根搓揉，腌10分钟左右；韭菜切成末，加入葱、姜、蒜末和辣椒粉拌匀。② 腌好的黄瓜切成4厘米长的段，在一端切上十字形刀口，不要切断，再撒少许盐腌至黄瓜回软。③ 将拌好的韭菜料填满黄瓜的缝隙中，放入冰箱冷藏1～2天，入味后即可食用。

【烹饪技法】腌。

【美食特色】冰凉脆爽，口味清香。

糖醋南瓜片

【主料】南瓜2000克。

【配料】白糖40克，酱油10克，醋、盐各50克，香油20克，白酒20克。

【制作】① 南瓜洗净、去皮，剖成两瓣，去瓤、子，切成5厘米长、2厘米宽、0.2厘米厚的薄片，放入碗内，加入盐腌渍10个小时，挤干水分，放在强光下晒至半干。② 取小碗，放入白糖、盐、酱油、醋、白酒调成卤汁。③ 将坛子洗净，放入南瓜片，倒入调好的卤汁翻拌均匀，坛口密封、压实，放阴凉处腌制7天，取出后拌入香油即可食用。

【烹饪技法】晒，腌。

【美食特色】酸甜可口，口感质脆。

豆果类

腌扁豆

【主料】嫩扁豆 500 克，韭菜花 200 克。
【配料】盐 120 克，花椒 30 克。
【制作】① 嫩扁豆择洗干净，沥去水分，以一层扁豆一层盐的方式放入缸内，腌制 8 ~ 10 天，每天翻拌一次。② 将新鲜韭菜花加少许盐捣碎，放入缸内，再放入花椒和冷水 1000 毫升拌匀，浸泡 5 天即可。
【烹饪技法】腌。
【美食特色】开胃下饭，咸淡适中。

腌咸豆角

【主料】鲜豆角 1000 克。
【配料】盐 160 克。
【制作】① 取盐 60 克，制成浓度为 20% 的盐水备用。② 豆角洗净，整理成束，一束一束地放入缸内，放入时摆一层豆角，洒一次盐水，撒一层盐，将剩下的盐全部撒入。③ 第三天翻一次缸，把盐水澄清，豆角从一头取齐，用麻线扎成小捆，再放入缸中，加入澄清过的盐水，用干净石头压住。以后每三天翻一次缸，腌制 1 个月后即可食用。
【烹饪技法】腌。
【美食特色】咸脆可口，口味适中。

腌豇豆

【主料】鲜豇豆 1000 克。
【配料】盐 200 克。
【制作】① 鲜豇豆切去蒂梗，洗净，沥干水分，放入浓度为 16% 的盐水中蘸一下，以一层豇豆一层盐的方式把豇豆放入腌器中，共撒盐 100 克。② 第二天将豇豆取出，倒出盐水，将剩下的 100 克盐再以一层豇豆一层盐的方式重新装入缸中。③ 第三天将豇豆取出，切成3厘米长的小段，放入缸中继续腌制，每隔 2 ~ 3 天翻动一次，腌制 20 天后即可食用。
【烹饪技法】腌。
【美食特色】脆嫩可口，咸淡适中。

腊八豆

【主料】黄豆 500 克。
【配料】盐 50 克，鲜姜 100 克，干红椒末 50 克。
【制作】① 黄豆提前浸泡一夜，泡发后入水煮熟，取出沥干水分，凉凉备用。② 把黄豆放入干净无水的盆中，静置，进行第一次发酵，至黄豆起涎发黏时，完成第一次发酵。③ 鲜姜去皮、洗净、切细末，把切好的姜倒入黄豆中，加入盐、辣椒碎，倒入适量冷开水充分拌匀。④ 将黄豆装入荷叶坛子中，封严坛口，进行二次发酵，腌制 10 ~ 20 天后即可开坛食用。
【烹饪技法】煮，腌。
【美食特色】鲜香味美，开胃消食。

水生菜类

甜辣藕

【主料】莲藕 1000 克。
【配料】白糖 100 克，生姜片 20 克。
【制作】① 莲藕切成三角形片状，放入开水中焯一下，入冷水过凉，捞出晾晒一天。② 将莲藕放入腌缸中，加入生姜片、白糖拌匀，封严缸口，腌制 10 ~ 15 天即可食用。
【烹饪技法】焯，腌。
【美食特色】咸辣香甜。

腌莲藕

【主料】鲜莲藕 1000 克。
【配料】盐 200 克。
【制作】① 鲜莲藕洗净，剔除根须，切成 15 厘米长的段，置阳光下晾干。② 将莲藕以一层藕一层盐的方式放入缸中腌制，顶部多放些盐，压上石块。③ 第二天翻缸一次，以后每隔一天翻动一次，共翻动三次，至盐水没过莲藕为止，20 天后即可食用。
【烹饪技法】腌。
【美食特色】色美味鲜，口感脆爽。

珊瑚藕

【主料】鲜藕 500 克。
【配料】蜜樱桃 10 克，白砂糖 150 克，盐 2.5 克，柠檬酸 1.5 克。
【制作】① 鲜藕刮去外皮，洗净，横切成 0.2 厘米厚的薄片，放入淡盐水中浸泡 10 分钟。② 将浸泡好的莲藕捞出，放入沸水锅中焯至断生，捞出入冷开水中过凉。③ 锅置火上，入水烧沸，加入盐、白砂糖融化后，离火冷却，再放入柠檬酸搅匀，放入鲜藕片腌制 1 小时至入味，捞入盘中码放整齐，用蜜樱桃点缀即可。
【烹饪技法】焯，腌。
【美食特色】色泽洁白，甜酸爽口。

其他菜类

腌香椿

【主料】香椿 1000 克。
【配料】盐 50 克。
【制作】① 取香椿树嫩尖，洗净沥干水分。② 放入盐揉搓均匀，装入干净的坛中压紧，腌制 3 ~ 5 天即可食用。
【烹饪技法】腌。
【美食特色】鲜香适口，味道独特。

什锦咸菜

【主料】黄瓜 500 克，芸豆 500 克，辣椒 250 克。
【配料】料酒 50 克，酱油 750 克，蒜 50 克，姜 50 克，植物油 60 克，白砂糖 88 克，盐 60 克，味精 10 克，大料 5 克。
【制作】① 黄瓜切长条，辣椒切开，芸豆择好，洗净后放入热水中焯一下，捞出晾干；姜、蒜洗净晾干，切片备用。② 锅置火上，入植物油烧热，下大料炸香，放入酱油、白砂糖、料酒、盐、味精熬好，熄火凉凉，制成卤汁。③ 把晾干的黄瓜、芸豆、辣椒放入坛子中，倒入卤汁拌匀，上面放上蒜、姜片，封口腌 24 小时后即可食用。
【烹饪技法】焯，腌。
【美食特色】口感脆爽，味道丰富。

五香什锦丁

【主料】胡萝卜 500 克，黄瓜 500 克，花生米 150 克，黄豆 300 克，豆腐干 150 克。
【配料】盐 75 克，八角 10 克，酱油 25 克，生姜 10 克。
【制作】① 胡萝卜、黄瓜洗净，沥干水分，切成丁；豆腐干切丁；黄豆、花生米用水泡发，入锅中煮烂，捞出沥干水分。② 将胡萝卜、黄瓜、花生米、黄豆、豆腐干放入盆中，加入盐、八角、酱油、生姜混合拌匀，装入坛内密封，腌制 30 天左右即可食用。
【烹饪技法】煮，腌。
【美食特色】色鲜味香，味道丰富。

花样百变烘焙篇

面包

茄司面包

【主料】高筋面粉750克，番茄汁400毫升，砂糖145克，鸡蛋4个，奶油80克。

【配料】奶粉15克，酵母10克，盐8克，改良剂4克，番茄片12片，番茄酱30克。

【制作】① 将除番茄片和鸡蛋以外的所有原料拌至面团可拉出薄膜状，盖上保鲜膜，在温度30℃、湿度80%的环境下松弛20分钟。② 松弛好的面团分成每个70克的小团，滚圆小面团，盖上保鲜膜，松弛15分钟。③ 把松弛好的小面团用擀面杖压扁排气，卷成长条形，放入模具里。饧发90分钟后扫上鸡蛋液，在中间划一刀，放上番茄片，挤上番茄酱。④ 入炉烘烤15分钟左右，温度上火190℃，下火165℃，烤好后出炉即可。

【美食特色】甜中带酸，松软可口。

酸奶面包

【主料】高筋面粉950克，低筋面粉150克，奶油115克，鸡蛋2个，砂糖200克，酸奶60毫升，奶粉40克。

【配料】酵母15克，改良剂3.5克，盐12克。

【制作】① 将除鸡蛋外的所有原料混合，快速搅拌至面团可拉出薄膜状；盖上保鲜纸发酵20分钟，温度29℃，湿度80%。② 把发酵好的面团分成每个40克的小面团，把小面团滚圆，盖上保鲜膜，松弛20分钟。排入烤盘，放入饧发柜，饧发80分钟，保持温度37℃，湿度75%。③ 在饧发好的小面团上扫上鸡蛋液，再挤上奶油，放入烤箱烘烤12分钟，温度上火195℃，下火180℃，烤好后出炉即可。

【美食特色】酸甜可口，奶味浓厚。

红糖面包

【主料】高筋面粉500克，鸡蛋1个，奶粉20克，红糖100克，奶油45克。

【配料】酵母6克，盐5克，改良剂1.5克，瓜子仁10克。

【制作】① 将除鸡蛋、瓜子仁外的其他原料混合拌匀至可拉出薄膜状；面团松弛20分钟，保持温度31℃，湿度80%。② 把松弛好的面团分切成每个70克的小面团，将小面团滚圆至光滑，再松弛20分钟。③ 松弛好的小面团用擀面杖擀开排气，卷成长形，放入纸模具，放进发酵箱饧发70分钟，保持温度37℃，湿度80%。④ 在饧发好的小面团上扫上鸡蛋液，撒上瓜子仁，放入烤箱烘烤15分钟左右，温度上火190℃，下火165℃，烤好后出炉即可。

【美食特色】色彩艳丽，甜香可口。

草莓面包

【主料】高筋面粉750克，鲜奶380毫升，砂糖155克，鸡蛋2个，奶油70克，草莓酱50克。

【配料】奶香粉3克，酵母8克，盐7克，改良剂3克，草莓10个。

【制作】① 高筋面粉、酵母、改良剂、奶香粉、砂糖、鸡蛋、奶油、盐混合拌匀至面筋扩展。松弛20分钟，保持温度30℃，湿度80%。② 松弛好的面团分成每个50克的小面团，滚圆，再松弛20分钟。③ 把松弛好的小面团压扁排气，包入草莓酱，包圆放入纸杯。排入烤盘，放发酵箱饧发80分钟，保持温度36℃，湿度70%。④ 饧发好后在上面交叉划两刀，再刷上鸡蛋液，放入烤箱烘烤13分钟，温度上火185℃，下火165℃，出炉待面包凉以后挤上奶油，放上半个草莓装饰即可。

【美食特色】口感松软，奶香纯正。

番茄面包

【主料】高筋面粉1000克，番茄汁550毫升，砂糖180克，鸡蛋2个，奶油180克，糖粉50克，蛋黄45克，液态酥油115克。

【配料】奶粉20克，盐11克，酵母12克，改良剂5克，炼奶15克，番茄丝适量。

【制作】① 糖粉、蛋黄、液态酥油、炼奶、奶油70克、盐1克拌匀做成蛋黄酱备用；高筋面粉、奶粉、番茄汁、酵母、砂糖、改良剂、鸡蛋1个、盐10克、奶油110克混合搅拌均匀至可拉出薄膜状，松弛20分钟。② 松弛好的面团分成每个60克的小面团，把小面团滚圆，再松弛20分钟。③ 将松弛好的小面团滚圆至紧实光滑，排入烤盘，放进发酵箱，饧发80分钟，温度37℃，湿度75%。④ 用棍在小面团上方插一个孔，在孔上放入番茄丝，再在小面团上扫上蛋液，挤上蛋黄酱。放入烤箱烘烤15分钟，温度为上火185℃，下火160℃，烤好后出炉即可。

【美食特色】酸甜可口，色彩丰富。

咖啡面包

【主料】高筋面粉750克，砂糖150克，奶油50克，鸡蛋1个。

【配料】酵母8克，改良剂5克，咖啡粉10克，盐8克。

【制作】① 将除鸡蛋外的原料混合在一起拌匀至面筋扩展，制成面团，松弛25分钟，温度31℃，湿度75%。② 把松弛好的面团分成每个50克的小面团，滚圆至光滑，再松弛20分钟。松弛好后用擀面杖擀开排气，卷成形，放入模具。③ 排入烤盘，放进发酵箱饧发85分钟，温度38℃，湿度75%，饧发至模具九分满，扫上鸡蛋液，放入烤箱烘烤15分钟，温度上火185℃，下火190℃，烤好出炉即可。

【美食特色】咖啡味浓厚，口感松软适度。

雪山椰卷

【主料】高筋面粉2400克，砂糖700克，鸡蛋6个，椰蓉300克，奶油40克。

【配料】奶粉15克，椰香粉12克，酵母22克，盐25克，改良剂5克，奶香粉20克，糖粉15克。

【制作】① 砂糖200克、奶油15克慢速拌匀，打入2个鸡蛋继续搅拌，最后加入椰蓉、椰香粉拌匀制成椰蓉馅备用；高筋面粉1450克、适量清水、酵母慢速拌匀，再快速搅拌2分钟，发酵2小时成种面，温度30℃，湿度70%。② 将种面、砂糖500克、鸡蛋4个和适量清水快速打至糖溶化，加入高筋面粉950克、奶香粉和改良剂慢速拌均匀，转快速拌2分钟，再加入奶油25克、盐慢速拌匀，转快速搅拌均匀至面筋扩展，松弛20分钟制成主面。③ 松弛好的主面分成每个65克的小面团，滚圆，再松弛20分钟。把松弛好的小面团压扁排气，包入椰蓉馅。用擀面杖擀开，在擀开的面皮上划几刀，将面皮卷起来成长形，打结。④ 放入模具，进发酵箱，温度36℃，湿度72%，饧发至模具九分满，入炉烘烤15分钟，温度为上火185℃，下火160℃，出炉后筛上糖粉即可。

【美食特色】松软适度，咸香可口。

卡士达面包

【主料】高筋面粉500克，鸡蛋1个，奶油60克，低筋面粉50克，砂糖105克，酸奶300毫升，奶粉15克，牛奶150毫升，即溶吉士粉50克。

【配料】改良剂2克，酵母6克，盐6克。

【制作】① 将除牛奶、即溶吉士粉之外的所有原料搅拌均匀，揉至面团扩展，盖上保鲜膜饧发25分钟，温度30℃，湿度80%。② 把饧好的面团分成每个75克的小面团，滚圆面团后盖上保鲜膜，再饧20分钟。饧好后用擀面杖将小面团擀开排气，卷成长条，放入发酵箱，饧发 85 分钟，温度 36℃，湿度 75%。③ 饧发好的面团放入烤箱烘烤 15 分钟，温度上火 190℃，下火 160℃。④ 面包凉透后从中间划开，把牛奶、吉士粉拌成卡士达馅，挤在划开的刀缝中间，再在面包表面筛上糖粉即可。

【美食特色】色泽鲜艳，甜咸适度。

牛油排面包

【主料】高筋面粉 900 克，砂糖 220 克，鸡蛋 2 个，蛋黄 50 克，低筋面粉 100 克，奶粉 40 克，牛油 135 克。

【配料】酵母 15 克，改良剂 35 克，奶香粉 4 克，盐 11 克。

【制作】① 把除鸡蛋外的全部原料混合搅拌至面团可拉出薄膜状，盖上保鲜膜饧发 20 分钟，温度 30℃，湿度 70% ~ 80%。② 把面团分成每个 40 克的小面团，再把小面团滚圆，松弛大约 15 分钟，温度 30℃，湿度 70% ~ 80%。用擀面杖压扁排气，卷成长条形，放入扫过油的模具内，饧发 90 分钟，发至模具九分满，温度 38℃，湿度 75%。③ 在面包上喷水，入炉烘烤，温度上火 180℃，下火 200℃，烤 18 分钟，出炉后马上扫上鸡蛋液即可。

【美食特色】香味纯正，松软可口。

果盆子面包

【主料】高筋面粉 1000 克，牛奶 500 毫升，砂糖 95 克，鸡蛋 1 个，苹果馅 25 克，奶油 23 克，低筋面粉 16 克。

【配料】奶粉 12 克，酵母 10 克，盐 10 克，瓜子仁 8 克，奶香粉 5 克，改良剂 2 克。

【制作】① 先把高筋面粉 700 克、酵母慢速拌匀，再加入鸡蛋、适量清水慢速搅拌，转快速搅打制成种面团。发酵 2 小时，温度 30℃，湿度 70%。② 把砂糖、适量清水和发酵好的种面慢速拌匀，加入高筋面粉 300 克、奶粉、改良剂慢速拌均匀，转快速拌 2 分钟，加入盐、奶油 8 克慢速拌匀，转快速搅拌至面筋扩展，制成主面。松弛 20 分钟，温度 32℃，湿度 75%。③ 把松弛好的主面分成每个 20 克的小面团，滚圆，再松弛 20 分钟。松弛好后压扁排气，包入苹果馅，放进模具，排在烤盘上，进发酵箱饧发 65 分钟，温度 36℃，湿度 75%。④ 把奶油 15 克，低筋面粉 16 克、牛奶 500 毫升拌匀制成奶油面糊，在饧发好的小面团上挤上奶油面糊，撒上瓜子仁，入炉烘烤 16 分钟左右，温度上火 185℃，下火 195℃，烤好出炉即可。

【美食特色】香软可口，奶味十足。

亚提士面包

【主料】高筋面粉 1400 克，鲜奶 430 克，鸡蛋 3 个，芝士馅奶油芝士 120 克，奶油 135 克，砂糖 280 克，奶粉 70 克，糖粉 60 克。

【配料】低筋面粉 20 克，酵母 16 克，提子干 10 克，砂糖杏仁 8 克，盐 5 克，改良剂 4 克。

【制作】① 奶油芝士、奶油 120 克、糖粉、低筋面粉、奶粉 45 克混合拌匀，制成芝士馅备用。② 高筋面粉 800 克、鲜奶、鸡蛋 2 个、酵母慢速拌匀，快速搅拌 2 分钟，制成种面，发酵 90 分钟，温度 30℃，湿度 72%。③ 将适量砂糖和热水与种面拌至砂糖溶化，加入高筋面粉 600 克、改良剂和奶粉 25 克慢速拌匀，转快速搅拌 2 分钟，最后加入盐、奶油 15 克慢速拌匀，再快速搅拌至拉出薄膜状，制成主面。松弛 20 分钟，将主面分割成每个 75 克的小面团，滚圆，再松弛 20 分钟。④ 将松弛好的小面团用擀面杖擀开，放入提子干，卷成长条形，放入纸模，排好放入发酵箱饧发 65 分钟，温度 34℃，湿度 74%。⑤ 扫上蛋液，挤上芝士馅，撒上杏仁，入炉烘烤 15 分钟，上火 185℃，下火 160℃，烤好后出炉即可。

【美食特色】口感香醇，色泽纯正。

毛毛虫面包

【主料】高筋面粉 1825 克，鸡蛋 5 个，奶油 185 克，白奶油 100 克，砂糖 90 克，糖粉 65 克，植物油 65 克，鲜奶油 50 克，奶粉 45 克。

【配料】盐 35 克，酵母 20 克，蛋糕油 10 克，奶香粉 8 克，改良剂 5 克。

【制作】① 奶油 75 克、适量清水、植物油加热拌匀，煮开倒入 75 克高筋面粉中搅拌，加入 2 个鸡蛋拌成泡芙糊。② 奶油 50 克、白奶油 100 克搅拌均匀，再加入糖粉、奶粉、鲜奶油拌匀即制成奶露馅备用。③ 先将高筋面粉 1750、酵母、改良剂、奶香粉、砂糖慢速拌匀，再加入 3 个鸡蛋和适量清水拌匀，打至面团光滑，加入奶油 60 克、盐拌打至面团可拉出薄膜状，制成主面。盖上保鲜膜，松弛 20 分钟，温度 31℃，湿度 72%。④ 松弛好的主面分割成每个 85 克的小面团，把小面团滚圆放上烤盘，盖上保鲜膜，松弛 25 分钟。松弛好的小面团用擀面杖压扁排气，卷成长条形，放上烤盘，放入发酵箱，发酵 90 分钟，温度 30℃，湿度 70%。⑤ 将泡芙糊按 "Z" 字形挤在发酵好的面团上，入烤箱，上火 185℃，下火 165℃，大约 13 分钟即可出炉。将出炉的面包用刀从中间划开，挤入奶露馅即可。

【美食特色】造型独特，咸甜可口。

麻糖花面包

【主料】高筋面粉 2500 克，鸡蛋 4 个，奶油 250 克，奶粉 85 克，砂糖 200 克。

【配料】盐 50 克，蜂蜜 35 克，酵母 22 克，改良剂 6 克，植物油适量。

【制作】① 酵母和高筋面粉 1750 克慢速拌均匀，打入 4 个鸡蛋，加清水 900 克，慢速拌均匀后转快速，打 3 分钟左右制成种面。盖上保鲜膜，发酵 2 个小时，温度 30℃，湿度 70%。② 将发酵好的种面、砂糖、清水 320 克、蜂蜜快速打 2 分钟。把高筋面粉 750 克、奶粉、改良剂倒入搅拌均匀，转快速搅拌，拌至面团表面有些光滑，倒入奶油、盐，慢速拌匀，快速打至面筋扩展，制成主面。盖上保鲜膜，发酵 20 分钟，温度 32℃，湿度 70%。③ 将发酵好的主面分割为每个 60 克的小面团，将小面团滚圆，松弛 20 分钟。松弛好后用擀面杖压扁排气，搓成长条，卷成麻花形。④ 放入烤盘，常温发酵 80 分钟。把发酵好的面团放进 165℃的油里，炸成金黄色，立即粘上细砂糖即可。

【美食特色】口感酥软，甜香可口。

香菇鸡面包

【主料】高筋面粉 500 克，色拉油 450 克，鸡肉 175 克，鸡蛋 3 个，香菇 100 克，砂糖 95 克，奶油 50 克。

【配料】生抽 20 克，奶粉 18 克，淡奶 18 克，白醋 12 克，酵母 4 克，改良剂 2 克，鸡精、玉米淀粉、盐、植物油各适量。

【制作】① 鸡肉、香菇下锅爆炒，放入适量生抽、鸡精、盐、玉米淀粉调味，制成香菇鸡馅将砂糖 50 克、鸡蛋 1 个、适量盐和鸡精搅匀，加入色拉油打发，加入白醋、淡奶拌匀成沙拉酱。② 将高筋面粉、酵母、改良剂、奶粉、砂糖 45 克慢速拌匀，加入 1 个鸡蛋和适量清水慢速搅拌均匀，转快速搅拌，拌至面团光滑，加入奶油、适量盐，继续搅拌至面团扩展光滑，制成主面。③ 将主面盖上保鲜膜松弛 15 分钟，温度 30℃，湿度 90%。松弛好后分割成每个 70 克的小面团，滚圆。盖上保鲜膜，松弛 20 分钟。④ 把香菇鸡馅包进松弛好的小面团里，揉成椭圆形，放入模具内，排好放入烤盘，放入饧发箱饧发 80 分钟，温度 35℃，湿度 75%。⑤ 发至模具九分满，用刀划三刀，扫上鸡蛋液，挤上沙拉酱烘烤，上火 175℃，下火 190℃，时间大约 15 分钟，烤好出炉即可。

【美食特色】口感松软，肉香十足。

西式香肠面包

【主料】高筋面粉 176 克，低筋面粉 72 克，鸡蛋 1 个，香肠 7 根。

【配料】无盐黄油 18 克，细砂糖 18 克，速溶干酵母 2.5 克，盐 3 克。

【制作】① 将除黄油和鸡蛋外的所有材料混

合，揉至面团表面光滑。加入黄油，将面团揉至可拉成薄膜状态的扩展阶段。② 面团放入盆内，盖上保鲜膜，放置温暖处发酵至2倍大。取出发酵好的面团，按压排气，滚圆，盖上保鲜膜，松弛20分钟。③ 用手按压面团，除去小气泡，用擀面杖擀成椭圆形，将香肠放面团一边，卷起，收口处捏紧。放入烤盘，盖上锡纸，放置温暖处二次发酵。④ 发酵结束后，刷上蛋液，放入烤箱烘烤，上火185℃，下火160℃，烤好出炉即可。

【美食特色】咸香可口，松软适度。

玉米沙拉面包

【主料】高筋面粉415克，细砂糖60克，沙拉酱50克，奶油50克，鸡蛋1个，玉米粒40克。

【配料】干酵母15克，火腿25克，奶粉8克，盐5克。

【制作】① 将除奶油外的所有材料搅拌至光滑，最后加入奶油搅拌至扩展阶段，放入盆中基本发酵1小时；火腿切丁，与沙拉酱及玉米粒拌匀做成馅料备用。② 发酵完成后，将面团分割成每个60克的小面团，滚圆、静置松弛10分钟，再次滚圆、发酵20分钟。③ 在每个面团表面用刀划开十字，并置入适量馅料，再进行10分钟的最后发酵。发酵完成后，放入烤箱，上火200℃，下火160℃，烘烤10 ~ 12分钟即可。

【美食特色】色泽鲜艳，味道丰富。

鸡肉芝士面包

【主料】高筋面粉1250克，香菇100克，鸡肉175克，砂糖95克，鸡蛋2个，奶粉50克，奶油120克。

【配料】鲜奶油25克，盐27克，生抽15克，玉米淀粉7.5克，酵母16克，改良剂3.5克，鸡精3克，芝士丝35克，沙拉酱30克。

【制作】① 高筋面粉、砂糖85克、鲜奶油、酵母、奶粉、盐25克、改良剂、奶油、鸡蛋1个混合拌至面筋扩展，松弛20分钟，温度30℃，湿度80%。② 把松弛好的面团分割成每个65克的小面团，滚圆至面团表面光滑，再松弛20分钟。③ 将鸡肉、香菇下锅爆炒，放入鸡精、玉米淀粉、生抽、芝士丝、沙拉酱、砂糖10克、盐2克、适量清水调味，制成香菇鸡馅备用。④ 将香菇鸡馅包入面团中，包成三角形，放入纸杯，放进发酵箱，饧发85分钟，温度37℃，湿度75%。⑤ 饧发好的面团扫上鸡蛋液，放上芝士丝，挤上沙拉酱，入炉烘烤，上火185℃，下火165℃，时间大约15分钟，烤好后出炉即可。

【美食特色】咸香可口，营养丰富。

全麦核桃面包

【主料】高筋面粉150克，全麦粉50克，牛奶125毫升，核桃仁35克。

【配料】红糖15克、盐4克、干酵母2.5克、黄油20克。

【制作】① 将除了奶油、核桃仁以外的所有材料搅拌至面团表面光滑，加入奶油，搅拌至面筋扩展，再加入核桃仁混合均匀。放在38℃的环境中进行发酵。取出发酵好的面团分成2等分，滚圆，松弛15分钟。② 把面团压扁，擀成椭圆形，卷起成两头尖的橄榄状，收口处捏紧，排入烤盘，进行第二次发酵。发酵到25分钟的时候取出，用刀划3道，继续发酵。③ 将发酵好的面团放入预热至180℃的烤箱，烘烤20分钟即可。

【美食特色】麦香浓厚，松软可口。

杏仁提子面包

【主料】高筋面粉300克，黄油50克，鸡蛋1个，黑提子干50克，美国大杏仁30克，杏仁粉30克，奶粉20克，细砂糖20克。

【配料】酵母3克，盐2克。

【制作】① 提子干提前用朗姆酒浸泡过夜，沥干酒液备用；黄油从冰箱取出回温；大杏仁入烤箱160℃烤5分钟至香味飘出，切碎备用。② 将除了奶油、提子干、碎杏仁以外的所有材料搅拌至面团表面光滑，加入奶油，搅拌至面筋扩展。把面团擀开，分 3 次铺上提子干和杏仁碎，每次铺完用面团将干果裹起，压扁后再铺下一层。③ 面团整形成圆形，盖上保鲜膜，置于温暖环境处发酵 1 小时左右。发酵好后分切成 4 等份，轻压面团排出空气，再整形成圆形，盖上湿毛巾松弛 15 分钟。④ 松弛好的面团轻压排出空气，再次整形成圆形，排入烤盘，覆盖湿毛巾作最后 40 分钟的发酵。⑤ 用刀在发酵好的面团表面刻出一个十字，放入预热至 170℃的烤箱，烘烤约 25 分钟至表面金黄即可出炉。

【美食特色】口感松软，味道醇香。

红糖提子面包

【主料】高筋面粉 1250 克，鸡蛋 2 个，红糖 245 克，奶油 130 克，提子 50 克，奶粉 45 克。

【配料】酵母 135 克，盐 12 克，改良剂 4.5 克，瓜子仁 30 克。

【制作】① 高筋粉、奶粉、清水、酵母、红糖、盐、改良剂、鸡蛋 1 个、奶油混合拌至可拉出薄膜状。盖上保鲜膜，松弛 20 分钟，温度 32℃，湿度 72%。② 把松弛好的面团分成每个 80 克的小面团，滚圆，松弛 20 分钟。松弛好的小面团压扁排气，放入提子干，卷成橄榄形，放上烤盘，放入发酵箱发酵 90 分钟，温度 38℃，湿度 70%。③ 发酵至原体积的 3 倍，划几刀，扫上鸡蛋液，撒上瓜子仁。入炉烘烤 13 分钟左右，温度为上火 185℃，下火 165℃，烤好出炉即可。

【美食特色】色泽鲜艳，甜香可口。

黄金杏仁面包

【主料】高筋面粉 750 克，鸡蛋 2 个，砂糖 150 克，液态酥油 500 克，奶油 80 克，糖粉 60 克，奶粉 35 克，淡奶 30 克，杏仁 100 克。

【配料】酵母 8 克，炼奶 15 克，盐 10.5 克，改良剂 3 克，蛋糕油 5 克，蛋黄 4 个。

【制作】① 高筋面粉 500 克，酵母 8 克，清水 285 克拌匀，快速搅拌 1 ~ 2 分钟制成种面。发酵 10 分钟，温度 33℃，湿度 75%。② 将种面、砂糖、鸡蛋和清水倒入拌至糖溶化，再加入高筋面粉 250 克、奶粉和改良剂慢速拌匀，转快速搅拌 3 分钟至面筋扩展。松弛 15 分钟，温度 32℃，湿度 75%，最后加入奶油、盐 7.5 克和蛋糕油拌匀，制成主面。把松弛好的主面分割成每个 30 克的小面团，把小面团滚圆，再松弛 15 分钟。③ 松弛好的小面团滚圆至表面光滑，粘上杏仁粒，排在烤盘上，放入饧发箱饧发 75 分钟，温度 37℃，湿度 80%，饧发至面团体积 2 ~ 3 倍。④ 将蛋黄、糖粉、盐 3 克拌匀，再加入液态酥油打发，最后加淡奶和炼奶拌匀即成黄金酱。⑤ 在面包上挤上黄金酱入炉烘烤，上火 185℃，下火 160℃，时间 12 分钟左右，烤至金黄色出炉即可。

【美食特色】颜色艳丽，口感松软。

芝士可松面包

【主料】高筋面粉 900 克，片状酥油 500 克，香酥粒 200 克，鸡蛋 3 个，低筋面粉 100 克，冰水 500 克，砂糖 90 克，奶粉 85 克，奶油 85 克。

【配料】酵母 10 克，改良剂 4 克，盐 15 克，沙拉酱、芝士条各适量。

【制作】① 将高筋面粉、低筋面粉、酵母、砂糖、改良剂和奶粉拌匀，加入鸡蛋和冰水慢速拌匀，快速拌 2 分钟，最后加入奶油和盐慢速拌匀，转快速拌至面团光滑。把面团压扁成长形，用保鲜膜包好放入冰箱冷冻 30 分钟以上。② 用擀面杖将面团稍微擀开擀长，放上 500 克片状酥油，把油包在里面，捏紧收口，擀开擀长。叠三折，用保鲜膜包好放入冰箱冷藏 30 分钟以上，取出后用擀面杖擀宽、擀长，叠三层，再放入冰箱冷藏。如此动作重复三次。③ 将面从冰箱中取出，擀宽擀长，切成长约 7 厘米，宽约 0.6 厘米的长条，排好进发酵箱饧发 1 小时，温度 35℃，湿度 70%。④ 在饧发好的面团上扫上鸡蛋液，放上芝士条，挤上沙拉酱，撒上香酥粒，入炉烘烤，上火185℃，下火160℃，烘烤约16分钟出炉即可。

【美食特色】香甜可口，营养丰富。

椰奶提子面包

【主料】高筋面粉750克，砂糖245克，鸡蛋2个，奶粉45克，奶油155克，椰子粉145克。

【配料】酵母10克，蜂蜜15克，改良剂2克，鲜奶15克，提子干55克，杏仁片50克，盐适量。

【制作】① 奶油80克、砂糖100克充分拌匀，分次加入鲜奶慢速拌匀，最后加奶粉15克、椰子粉和提子干拌匀。② 高筋面粉525克、酵母、鸡蛋1个、蜂蜜、清水275克慢速拌匀，转快速搅拌2分钟制成种面，发酵100分钟，温度30℃，湿度80%。③ 把种面、砂糖145克和清水85克拌至糖溶化，加入高筋面粉225克、改良剂和奶粉30克慢速拌匀，快速搅拌至七八成筋度。加入盐和奶油75克慢速拌匀，快速拌至可出薄膜状即可。松弛15分钟，制成主面。分割成每个75克的小面团，滚圆，松弛15分钟。④ 将松弛好的小面团压扁排气，包入椰奶提子馅，擀开成长方形，再划几刀，卷起成形。排好进饧发柜饧发80分钟，温度36℃，湿度80%。⑤ 饧好的面团扫上鸡蛋液，撒上杏仁片，入炉烘烤15分钟，上火190℃，下火165℃，烤至熟透出炉即可。

【美食特色】椰香味浓，松软可口。

果酱面包

【主料】牛奶110克，高筋面粉200克，果酱30克。

【配料】鸡蛋2个，干酵母3克，盐2克。

【制作】① 干酵母倒入牛奶中，混合均匀，再加入高筋面粉、鸡蛋1个、奶粉、盐、砂糖混合搅拌成团，再加入黄油，揉至面团表面光滑。盖上一层潮湿的布，放室温内饧发40分钟。把发酵好的面团分成6等份，将小面团揉圆，盖上湿毛巾静置松弛10分钟。② 将松弛好的面团用擀面杖擀成长椭圆形，涂一层果酱在面片上，然后从一端卷起，卷成两头尖、中间鼓的橄榄形。在面包的表面上刷一层鸡蛋蛋液，用刀在面团表面划3刀，最后发酵30分钟。③ 将发酵好的面团放入预热190℃的烤箱中，放烤箱中上层，烘烤约10分钟即可。

【美食特色】酸甜可口，增强食欲。

培根吐司

【主料】高筋面粉200克，培根100克，鲜奶100毫升，黄油24克，鸡蛋1个，培根4片，苹果酵种60克，奶酪丝30克。

【配料】细砂糖28克，即发酵母1克，奶粉8克，盐4克。

【制作】① 将除了黄油外的所有材料放进厨师机内，先慢速将面粉搅拌成稍黏手的状态，再快速搅拌至面团表面光滑，加入室温软化的黄油继续搅拌，搅拌至面团更光滑且富弹性，可拉出均匀薄膜状。放温暖处发酵至2.5倍大。发酵好的面团分成9等份，滚圆后松弛15分钟。② 取一个松弛好的的面团，用手掌按压排气，用擀面杖擀成厚薄均匀的长片，翻面后将面团由上往下卷起，卷成橄榄形，一端搓长呈萝卜状，依序完成其他8份。再将每份擀长呈水滴状，铺半片培根于面皮中间，由上往下慢慢卷起，尾端收口处捏紧，收口朝下排列于铺有烤纸的烤盘上。③ 将面团放进烤箱，开启烤箱的发酵功能，烤箱内放置一碗温水开始最后发酵。发酵约50分钟，面团膨胀至原来的2倍大后取出，均匀地撒上奶酪丝。④ 将烤箱预热至上火190℃，下火180℃，将面团放进烤箱烘烤15分钟左右，面团的表面呈金黄色即可出炉。

【美食特色】咸香可口，松软适中。

牛奶吐司

【主料】高筋面粉250克，牛奶175毫升，黄油30克，鸡蛋1个。

【配料】糖 25 克，盐 3 克，奶粉 10 克，干酵母 5 克。

【制作】① 除黄油、鸡蛋以外的其他材料放在一起，揉成面团，将黄油加入，慢慢揉进面团，至面团表面光滑。放置温暖湿润处进行第一次发酵至原来 3 倍大。② 发酵好的面团取出，分割成 3 分，滚圆，盖上保鲜膜松弛 10 分钟左右。松弛好后压扁，擀成一个长方片，折三折，再次擀长卷起，排进土司盒。放到温暖湿润处发酵到 9 分满左右，表面刷上鸡蛋液。③ 放入预热至 180℃的烤箱下层，烘烤 15 分钟左右，待土司表皮上色，在土司表面盖上锡纸，并将烤箱温度调节到 160℃再继续烘烤 20 ~ 25 分钟即可。

【美食特色】奶香浓郁，松软可口。

蜜豆面包

【主料】高筋面粉 300 克，南瓜泥 150 克，牛奶 100 毫升，蜜豆 180 克。

【配料】干酵母 3 克，盐 2 克，白砂糖 25 克，黄油 25 克。

【制作】① 把除黄油和蜜豆以外的原料全部混合，用打蛋器以中速搅拌至全部混合后，放入黄油继续搅拌至面团表面光滑，放至温暖处发酵至 2 倍大。② 把发酵好的面团分成 8 份，滚圆盖上保鲜膜饧发 15 分钟，把饧发好的面团压扁包上 15 克蜜豆。滚圆放至烤盘上，放至温暖处进行二次发酵。发酵好后表面刷蛋液，排入烤盘。③ 放入预热至 160℃的烤箱中，上下火烘烤 15 分钟左右即可。

【美食特色】口感松软，味道丰富。

丹麦牛角面包

【主料】高筋面 200 克，低筋面 40 克，片状黄油 120 克，液态黄油 20 克，鸡蛋 1 个。

【配料】奶粉 10 克，糖 20 克，盐 2 克酵母 5 克。

【制作】① 除黄油以外所有原料混合在一起，揉到面团表面光滑，再加入 20 克液态黄油，继续揉至扩展阶段，饧发 20 分钟。把面团擀成大片，用保鲜袋包好，放入冰箱速冻 30 分钟。② 将冻好的面团继续擀成大片，将片状黄油放在面团中间，两边的面皮朝中间叠起，接口处捏紧。擀成长方形的大片，折三折，再擀成大片，将面团再次对折，重复 3 次，制成千层酥皮。用保鲜膜包好放入冰箱冷藏 30 分钟。③ 将千层酥皮擀成 0.5 厘米厚的面片，切成大小均匀的等腰三角形。取一片三角面片，三角形底边开一个小口，刀口向左右两边分开，从底部向上卷起，制成牛角状。依次做好后排入烤盘，放入烤箱进行发酵，发酵至 2 倍大，刷上蛋液。以 180℃的温度烘烤 15 ~ 20 分钟即可出炉。

【美食特色】形状独特，松软酥脆。

全麦吐司

【主料】高筋面粉 250 克，低筋面粉 50 克，鸡蛋 1 个，黄油 25 克，奶粉 30 克。

【配料】干酵母 8 克，盐 3 克，白砂糖 16 克。

【制作】① 酵母加入温水中，静置 2 分钟；黄油软化备用；除黄油以外的原料放入盆内混合，揉至扩展阶段。② 加入软化的黄油，揉至面团可以拉出薄膜状。放置温暖处发酵至 2 倍大。发酵好后分割成 2 份，揉圆，静置 10 分钟。③ 将面团擀成长条状，再卷起，放入土司模中二次发酵至土司模九分满。放入预热至 170℃的烤箱下层，烘烤 40 分钟左右即可。

【美食特色】口感松软，麦香醇厚。

葱香香肠面包

【主料】高筋面粉 220 克，鸡蛋 2 个，色拉油 20 毫升，糖 20 克，火腿肠 2 根。

【配料】酵母 3 克，盐 2 克，葱 1 根。

【制作】① 取高筋面粉 20 克放入碗中，加入开水，搅拌均匀放凉制成汤种。② 将高筋面粉 200 克、糖、水、汤种、鸡蛋 1 个、盐、酵母放入搅拌机搅拌成为面团，再加入色拉油，继续搅拌至拉出筋膜的面团，发酵两倍大备用。③ 火腿肠剥去皮，葱切葱花备用。

发酵好的面团分为三份，滚圆静置 10 分钟。④ 小面团擀成椭圆形放入火腿肠，封口捏紧包成长条状，封口朝下。用小刀在上面均匀地切开，不要切到底，用手把切口翻开成为花形。放在烤盘中，发酵至两倍大，刷上蛋液，再撒上葱花，排入烤盘。⑤ 放入预热至 180℃的烤箱中，烘烤 25 ~ 30 分钟即可。

【美食特色】鲜香可口，颜色丰富。

胡萝卜营养面包

【主料】高筋面粉 250 克，黄油 20 克，鸡蛋 1 个，奶粉 10 克，砂糖 35 克，胡萝卜 50 克。

【配料】盐 3 克，酵母 3 克，芝麻少许。

【制作】① 胡萝卜切薄片，放在盘中蒸熟，稍凉后用勺在筛网中过滤出胡萝卜泥。② 将高筋面粉、鸡蛋、奶粉、砂糖、水、盐、酵母、胡萝卜泥放在一起搅拌，至面团成团、水分被吸收后加入黄油，继续搅拌至扩展状态。面团搅拌完成后放入盆中基础发酵，发至原来体积的 2.5 倍。③ 面团发酵完成后取出排气，分成每个 40 克的小面团，滚圆，盖保鲜膜松弛约 15 分钟。松弛好的小面团再次揉圆，放烤盘中于温暖处做最后发酵。④ 最后发酵至 2 倍大时，表面刷上鸡蛋液、撒芝麻，放入预热至 190℃的烤箱中，烘烤 20 分钟即可。

【美食特色】口感松软，营养丰富。

夹心面包

【主料】高筋面粉 200 克，牛奶 110 毫升，鸡蛋 1 个，蜂蜜 30 克，黄油 20 克。

【配料】盐 2 克，酵母 3 克，椰蓉 20 克，果酱 80 克。

【制作】① 将除黄油、鸡蛋外的所有材料混合均匀，揉成面团，加入黄油继续揉至面筋扩展。发酵至 2.5 倍大，分成 6 份，揉圆松弛 15 分钟。② 面团擀成椭圆形，底边压薄，卷成橄榄形，排入烤盘最后发酵至 2 倍大。表面刷一层蛋液，放入预热至 180℃的烤箱中层，上下火烘烤 15 分钟即可出炉。③ 烤好的面包凉凉，拿一个从中间切开，把果酱抹到半个面包上，扣上另外一半，把面包周边也抹上果酱，沾上椰蓉即可。

【美食特色】甜咸可口，松软适度。

豆沙面包

【主料】高筋面粉 300 克，奶粉 20 克，豆沙馅 60 克，鸡蛋 1 个，白砂糖 30 克，黄油 30 克。

【配料】盐 2 克，酵母 4 克。

【制作】① 除黄油、鸡蛋外的所有原料混合，揉至面筋扩展再加入软化的黄油，继续揉至可拉开薄薄的薄膜。收圆入盆，放温暖处发酵至两倍大。② 取出面团按压排气，平均分割成 12 份，逐个滚圆，盖保鲜膜松弛 15 分钟。取一个小面团再次按压排气，压成圆饼形，包入豆沙馅，捏紧收口。③ 把包好馅料的面团压扁擀成椭圆形，用小刀在表面轻划几刀，面团翻面卷起，两头弯成圆形并捏紧，排入烤盘进行最后发酵。发好后在面包的表面轻轻刷上一层蛋液，放入预热至 175℃的烤箱中，烘烤 20 分钟即可。

【美食特色】豆沙松软，味道香浓。

辫子面包

【主料】高筋粉 250 克，牛奶 100 克，淡奶油 75 克，鸡蛋 1 个，糖 35 克。

【配料】酵母 3 克，盐 2 克，黄油 5 克。

【制作】① 除面粉、酵母、黄油以外所有材料倒入面包桶。放入面粉，在面粉上撒上酵母。② 选择面包机的和面程序，10 分钟后加入软化的黄油，继续揉面 30 分钟左右至面筋扩展。发酵至原来的三倍大小，取出发酵好的面团，按压排气。③ 将面团等分成 6 份，取 3 份揉成长条，编成辫子。放入铺了油纸的烤盘中，烤盘放入烤箱中层，下面放一盆热水，关上烤箱门，进行二次发酵。④ 发酵好后涂上蛋液，撒上芝麻，放入预热至 180℃的烤箱中，上下火烘烤 15 分钟左右即可。

【美食特色】造型独特，香甜可口。

雪球小面包

【主料】高筋面粉 500 克，黄油 20 克，糖 30 克。

【配料】盐 5 克，酵母粉 10 克。

【制作】① 高筋面粉 300 克、盐 5 克、水 170 毫升、酵母粉 5 克揉成光滑面团，放冰箱冷藏过 24 小时。② 另取高筋面粉 200 克、水 110 毫升、黄油 20 克、糖 30 克、酵母粉 5 克，把放了一夜的面团揪成小块一起加入，揉成光滑可以拉成薄膜的面团，发酵到两倍大。③ 将发酵好的面团分割成 20 个大小相等的小面团，滚圆再进行第二次发酵，在发酵完成的面包上划一刀。④ 放入预热至 170℃的烤箱，另加进一盘用微波炉烧到沸腾的水进烤箱，上下火烤 15 分钟即可。

【美食特色】味道香甜，口感松软。

谷物面包

【主料】高筋面粉 170 克，全麦面粉 30 克，糖 20 克，黄油 20 克，炒熟的亚麻子、黑芝麻、燕麦、苦荞麦共 40 克。

【配料】酵母 4 克，盐 1.5 克。

【制作】① 除黄油和炒熟的谷物外，其他材料全部放进面盆，加水和成软硬适中的光滑面团。放进面包机搅拌十分钟后加黄油搅拌出膜。放入预热至 35℃的烤箱，用湿布盖住，发酵 2 小时左右，发至两倍大。② 取出发酵好的面团排出空气，加入谷物和匀，分成 6 份。分别做成橄榄形状，喷上水，放入预热至 35℃的烤箱，发酵 40 分钟左右。③ 用刀片在面包上划一个口，喷水，放入烤箱中层，以 200℃烘烤 25 ~ 30 分钟，面包成焦黄色即可。

【美食特色】麦香醇厚，营养丰富。

红糖面包

【主料】高精面粉 200 克，低筋面粉 20 克，红糖 25 克，鸡蛋 1 个，奶粉 15 克，无盐黄油 15 克，红豆沙 50 克。

【配料】盐 3 克，芝麻少许。

【制作】① 将除黄油、红豆沙、鸡蛋以外的所有材料放入面包机中，先低速搅拌均匀，再中速搅拌成团。当表面稍具光滑状时，加入无盐黄油，用中速搅成可拉出透明薄膜状的面团。② 面团盖上保鲜膜，发酵到两倍大。分割成 8 等份，盖上保鲜膜，松弛 15 分钟，包入红豆沙揉圆。③ 烤盘铺上油纸，面团轻轻压成圆饼状，用剪刀剪出开口，最后盖上保鲜膜发酵 10 分钟。刷上蛋液，点上芝麻，放入预热至 190℃的烤箱，烘烤 20 分钟即可。

【美食特色】豆沙松软，香甜可口。

苹果面包

【主料】高筋面粉 250 克，鸡蛋 1 个，牛奶 110 毫升，红糖 25 克，黄油 25 克，苹果 2 个。

【配料】盐 2.5 克，发酵粉 3 克，蜂蜜 15 克。

【制作】① 把除了黄油和苹果的所有原料放入面包机，启动发面程序，搅拌 30 分钟。放入黄油继续搅拌 20 分钟到出膜。放入室温 30℃，发酵 40 分钟。② 苹果切成丁，加入蜂蜜，放入微波炉加热 10 分钟到没有水分为止，拿出凉凉。③ 把发酵好的面团分成等量的三块，不用排气，先把一块整成圆形放入模具的底部，上面铺满苹果粒。把第二块面团整成圆形盖在苹果粒上面，在第二层面团上再铺满苹果粒，再把最后一块面团盖在上面，发酵 30 分钟。④ 在面团表面用剪刀剪出十字，剪到露出第一层苹果粒，放入预热至 220℃的烤箱，烘烤 30 分钟即可。

【美食特色】果香十足，奶味醇厚。

巧克力面包

【主料】高筋面粉 185 克，鸡蛋 1 个，黄油 50 克，黑巧克力 90 克，细砂糖 25 克。

【配料】可可粉 15 克，盐 2 克，干酵母 6 克。

【制作】① 黑巧克力 45 克切成小块，和黄油 25 克一起放入碗里，隔水加热并不断搅拌，直到巧克力与黄油完全溶化成为液态。

在溶化的巧克力液里加入打散的鸡蛋，搅拌均匀。② 高筋面粉和可可粉混合过筛，然后与细砂糖、盐混合均匀，在案板上筑成一个面粉坑。干酵母溶解在水里，倒入面粉坑里，再倒入做好的巧克力鸡蛋混合液。翻拌均匀，将面团揉成可以形成薄膜的扩展阶段。揉好的面团放入大碗里，盖上保鲜膜，在室温下进行第一次发酵，一直发酵到面团变成 2 倍大，手指蘸面粉捅入面团并拔出，捅出的孔不会回缩，就表示发酵好了。③ 发酵完的面团用手揉出空气，再次揉成圆形，在室温下进行 15 分钟的饧发，然后在案板上擀开成为椭圆形。④ 黄油 25 克和巧克力 45 克切小块，隔水加热并不断搅拌直到溶化成液态，然后冷却到室温，制成软硬度适当的巧克力酱，把巧克力酱涂抹在擀开的椭圆形面团上。⑤ 将面团卷起来，成为长椭圆形，把卷好的椭圆形面团收口朝下放在烤盘上，放在适宜的环境下进行第二次发酵。⑥ 面团发酵到 2 倍大以后，在表面刷一层鸡蛋液，放进预热至 180℃的烤箱，烤 25 ~ 30 分钟，烤到表面深棕色时出炉，面包完全冷却后即可食用。

【美食特色】味道香浓，甜软可口。

法式短棍面包

【主料】高筋面粉 650 克，低筋面粉 350 克。

【配料】干酵母 20 克，细砂糖 20 克。

【制作】① 干酵母、水、细砂糖一起放入盆中，拌至颗粒完全溶解。加入面粉，并用橡皮刮刀拌匀成面团，将面团揉至完全阶段。② 面团滚圆，置于抹油的盆中，发酵 1 小时。取出分割成 4 等份，滚圆置于烤盘上，用保鲜膜盖上，松弛 10 分钟。③ 将面团取出用擀面杖擀成椭圆形面皮，长度约与烤盘相同。④ 面皮一边卷起，并一边由左而右用手指将面皮慢慢捏合，使面团紧密的卷起，收口处必须紧密捏合，以免烤焙时裂开。将其余面团依次处理完，置于烤盘上，最后发酵 40 分钟。⑤ 用小刀在面团表面斜划几刀，放入预热好的烤箱，以上火 220℃、下火 170℃烘烤 18 分钟左右，待面包表面呈现金黄色泽时，即可出炉。

【美食特色】外脆内软，色泽鲜艳。

番茄火腿面包

【主料】面粉 200 克，牛奶 120 毫升，火腿肠 4 根。

【配料】酵母粉 3 克，盐 2 克，番茄沙司 20 克。

【制作】① 将除番茄沙司、火腿肠之外的所有材料混合，揉成光滑可以拉出薄膜的面团。发酵至 2 倍大。分割成 8 个面团，分别整形成椭圆形。② 在中间压入半根火腿肠，静置 10 分钟，挤上番茄沙司。放入预热至 200℃的烤箱，烘烤 15 分钟即可。

【美食特色】咸香可口，营养丰富。

玉米芝士面包

【主料】高筋面粉 300 克，鸡蛋 1 个，牛奶 165 毫升，奶酪 8 片，蜂蜜 45 克，黄油 30 克，鲜玉米粒 50 克，

【配料】酵母 3 克，盐 3 克，沙拉酱 20 克。

【制作】① 将除黄油、鸡蛋外的所有材料混合，揉成面团，加入黄油，将面团揉到出筋膜后进行基础发酵。发酵至 2.5 倍大时，将面团分成 8 等份，揉圆，松弛 15 分钟。② 将松弛好的面团压平，擀成圆形，排于烤盘上，用叉子在表面均匀的刺洞，然后放温暖处进行最后发酵。在发酵好的面包坯上涮蛋液，放一片奶酪，再放玉米粒，最后挤上沙拉酱。③ 放入预热至 180℃的烤箱，烘烤 20 分钟左右即可。

【美食特色】奶香醇厚，松软可口。

饼干

手指饼干

【主料】低筋面粉 100 克，鸡蛋 2 个。

【配料】糖 50 克。

【制作】① 鸡蛋打破，将蛋清蛋黄分离，蛋清加 30 克糖，蛋黄加 20 克糖，蛋清打至九成发，蛋黄和糖搅拌均匀。② 取大部分蛋清到蛋黄中翻拌均匀，筛入低筋面粉，搅拌均匀，装入裱花袋，挤出自己喜欢的形状。放入预热至 190℃的烤箱中，烘烤 20 分左右即可。

【美食特色】酥脆可口，味道香醇。

柠檬饼干

【主料】低筋面粉 100 克，黄油 65 克，糖粉 50 克。

【配料】新鲜柠檬半个，盐 2 克。

【制作】① 新鲜柠檬挤汁，将柠檬皮切成屑。柠檬皮切屑之前，需要用小刀把内侧的白色部分刮掉，否则口感会苦涩。② 黄油切成小块放在大碗里，黄油软化后，把糖粉、盐倒入碗里，轻轻搅拌使糖粉和黄油混合均匀。将柠檬汁倒入黄油里，继续轻轻搅拌，使柠檬汁和黄油混合均匀，不要打发黄油。③ 低筋面粉筛入搅拌好的黄油里，再倒入 5 克柠檬皮屑充分拌匀，使面粉、柠檬皮屑和黄油拌成均匀的面团。④ 把面团放在案板上，用手滚圆成一个直径 5 厘米左右的圆柱形，把圆柱形面团放在油纸上，用油纸把面团卷起来，放进冰箱冷冻 90 分钟以上，直到把面团冻得坚硬。取出冻硬的面团，用刀切成薄片，排在烤盘上。⑤ 放入预热好的烤箱中层，烤箱 180℃，上下火，烤 15 分钟左右，饼干表面微金黄色即可出炉。

【美食特色】酸甜可口，味道香醇。

杏仁巧克力棒

【主料】低筋面粉 100 克，黄油 45 克，糖粉 50 克，鸡蛋 1 个，美国大杏仁（切碎）25 克。

【配料】可可粉 12 克，小苏打 1 克，杏仁香精数滴。

【制作】① 黄油软化后，把糖粉倒入盛黄油的碗里，用打蛋器搅拌到糖粉和黄油混合均匀，不要打发黄油。分 3 次加入鸡蛋，加入鸡蛋后继续搅拌均匀，每一次都要让鸡蛋和黄油完全融合再加下一次。滴几滴杏仁香精到黄油里，搅拌均匀。② 低筋面粉、可可粉、小苏打混合后，筛入盛黄油的碗里，然后加入切碎的大杏仁，用手揉成一个面团，用擀面杖把面团擀成长方形面片。切去不规整的边角，使面片成为规整的长方形。用刀把面片切成长条。③ 把长条摆入烤盘，放进预热好的烤箱中层烘焙。烤箱 190℃，上下火，12 分钟左右，烤至饼干按上去比较硬即可。冷却后密封保存。

【美食特色】口感酥脆，味道香浓。

摩卡果仁甜饼

【主料】普通面粉 100 克，黄油 65 克，细砂糖 30 克，红砂糖 50 克，鸡蛋 1 个，碎牛奶巧克力 25 克，碎核桃 35 克。

【配料】速溶咖啡粉 1.8 克，开水 10 毫升，泡打粉 3 克，小苏打 2 克。

【制作】① 黄油软化后，和细砂糖、红砂糖一起混合入大碗中，用打蛋器打发至黄油的颜色变浅，状态膨松。鸡蛋打破备用。② 在打发好的黄油里分 3 次加入打散的鸡蛋液，搅打均匀。每一次都搅打到鸡蛋和黄油完全融合再加下一次。③ 把速溶咖啡粉溶解在开水里，倒入黄油鸡蛋液中，用打蛋器搅打均匀。④ 把面粉、泡打粉、苏打粉混合过筛，倒入上述材料中，用橡皮刮刀搅拌均匀，至面粉完全湿润。倒入切碎的牛奶巧克力和核桃仁，继续用橡皮刮刀搅拌均匀，制成饼干面糊。⑤ 用勺子把面糊挖起，排放到烤盘上。每块面糊之间要留出较大的空隙，面糊都排好后，用勺子稍稍压扁。将烤盘放入预热好的烤箱中层，以 180℃温度烘烤 10 ~ 15 分钟即可出炉。

【美食特色】酥脆可口，甜香味浓。

牛奶方块小饼干

【主料】低筋面粉 145 克，牛奶 40 克，黄油 35 克，糖粉 40 克。

【配料】奶粉 15 克，鸡蛋 15 克。

【制作】① 黄油切成小块，稍微加热融化成液态。加入打散的鸡蛋、40 克牛奶，用打蛋器搅拌均匀。加入糖粉、奶粉，继续搅拌均匀。② 低筋面粉倒入混合液体中，用手揉成一个光滑的面团。擀成厚约 0.3 厘米的长方形面片。③ 裁去面片不规整的四边，制成长方形。将长方形面片切成约 1.8 厘米见方的小方块，排入烤盘。放入预热至 180℃的烤箱，烘烤 12 分钟左右，出炉冷却后密封保存。

【美食特色】奶香浓厚，甜淡适中。

巧克力奇普饼干

【主料】低筋面粉 100 克，黄油 60 克，巧克力豆 50 克，鸡蛋 1 个，大杏仁 20 克，核桃仁 20 克，红糖 30 克，细砂糖 20 克。

【配料】小苏打 1 克，盐 2 克，香草精 2 克。

【制作】① 黄油室温软化后加入红糖、细砂糖、盐，用打蛋器打发。② 分两次加入打散的鸡蛋液，加第一次鸡蛋液后，用打蛋器打到鸡蛋和黄油完全混合后再加下一次。加入香草精，并用打蛋器搅打均匀。③ 低筋面粉和小苏打混合过筛，倒入上述材料中，用橡皮刮刀拌匀制成饼干面糊。④ 核桃仁和大杏仁切碎，倒入饼干面糊里，加入巧克力豆，用橡皮刮刀把面糊拌匀。用手抓起一小块饼干面糊，拍在垫了烤盘纸的烤盘里，不用刻意整形。⑤ 将烤盘放进预热好的烤箱中层，上下火 190℃，烘烤约 12 分钟，烤制表面金黄色即可出炉。

【美食特色】甜香酥脆，巧克力味浓厚。

巧克力夹心脆饼

【主料】黄油 120 克，黑巧克力 100 克，低筋面粉 70 克，糖粉 80 克。

【配料】蛋清 40 克。

【制作】① 取黄油 100 克室温软化，加入糖粉搅拌均匀，再倒入蛋清拌匀，不要把黄油打发。② 面粉过筛，倒入黄油糊里继续搅拌均匀，制成饼干面糊。装入裱花袋，用中号的圆孔裱花嘴在烤盘上挤出圆形面糊。每一个面糊之间要留出较大的空隙。放入预热好的烤箱上层，上下火 160℃，烘烤 15 分钟左右，烤至边缘金黄即可出炉。③ 饼干出炉后，趁热用大小合适的圆形切模将饼干不规整的边缘切去，修成规整的圆形。④ 把黑巧克力和黄油 20 克都切成小块，放进碗里，把碗坐在热水里加热，并不断搅拌，直到巧克力和黄油完全融化。⑤ 准备一个 8 寸烤盘，在烤盘内铺上油纸，把融化的巧克力倒入烤盘里，用橡皮刮刀把巧克力抹平，使巧克力均匀铺在烤盘上。等待巧克力凝固以后，用同样大小的圆形切模切出圆形巧克力片。取两片圆饼干，中间夹上一片巧克力片即可。

【美食特色】味道香甜，口感脆爽。

奶香曲奇

【主料】低筋面粉 140 克，黄油 80 克，白砂糖 60 克。

【配料】牛奶 15 毫升，奶香粉 10 克。

【制作】① 黄油中加入白砂糖，用电动打蛋器打发，加入牛奶，继续搅打均匀。② 低筋面粉加入奶香粉，过筛后倒入黄油糊中，用刮刀搅拌均匀，制成面糊。③ 准备一个花嘴，将面糊放入裱花袋，在烤盘上挤出花形。放入预热至 175℃的烤箱中层，烘烤 15 分钟左右即可出炉。

【美食特色】酥脆可口，奶香味浓。

巧克力曲奇

【主料】低筋面粉 70 克，黄油 75 克，鸡蛋 1 个，可可粉 15 克。

【配料】糖粉 40 克。

【制作】① 黄油切成小丁，加入糖粉，用电动打蛋器打至乳膏状，分 3 次加入蛋液，将黄油搅拌至打发。② 面粉过筛，倒入黄油中搅拌均匀，刮刀自上而下翻拌，注意不要出筋。③ 选择一个花嘴，将面糊放入裱花带中，在烤盘上挤出花形。放入预热至 180℃的烤箱中层，烘烤 18 分钟左右即可出炉。

【美食特色】口感酥脆，味道香甜。

果酱夹心饼干

【主料】面粉 125 克，黄油 60 克。

【配料】细砂糖 25 克，果酱 50 克，蛋黄 1 个。

【制作】① 黄油在室温中软化，与面粉混合搓成均匀的颗粒，加入蛋黄和细砂糖，揉成光滑的面团，放入冰箱冷藏室内冷藏至面团变硬。② 把面团擀成约 0.5 厘米厚的面皮，用饼干模压出一个空心、一个实心的形状。放入预热至 180℃的烤箱中层烘焙约 5 分钟。③ 取出饼干放在通风处凉凉后，在空心中间涂上果酱即可。

【美食特色】颜色艳丽，味道甜美。

燕麦葡萄饼干

【主料】全麦面粉 200 克，燕麦片 50 克，黄油 80 克，糖粉 80 克，酒浸葡萄干 50 克，鸡蛋 1 个。

【配料】牛奶 20 克。

【制作】① 黄油室温软化，加入糖粉打发，分 3 次加入蛋液拌匀。加入酒浸葡萄干、全麦面粉、燕麦片、牛奶拌匀，制成面团，分割成大小均匀的小球。② 烤盘内铺上油纸，放入面团球，用勺子底部压扁成形。③ 将烤盘放入预热至 180℃的烤箱中，入炉烘烤 20 分钟至表面变黄即可。

【美食特色】麦香浓厚，酥脆可口。

果仁饼干

【主料】面粉 100 克，黄油 60 克，鸡蛋 1 个，巧克力碎 50 克，核桃 50 克。

【配料】红砂糖 30 克，细砂糖 30 克，泡打粉 3 克，苏打粉 5 克。

【制作】① 黄油软化后，和细砂糖、红砂糖一起混合放入大碗里，用打蛋器打发至黄油颜色变浅，状态膨松即可。② 在打发好的黄油里分 3 次加入打散的鸡蛋液搅打均匀，每一次都搅打到鸡蛋和黄油完全融合再加下一次。③ 把面粉、泡打粉、苏打粉混合过筛，倒入搅拌好的黄油混合物中，用橡皮刮刀翻拌均匀，直到面粉完全湿润，倒入巧克力碎和核桃仁，继续用橡皮刮刀搅拌均匀，制成饼干面糊。④ 用勺子把面糊挖起，排放到烤盘上。每块面糊之间要留出较大的空隙，面糊排好后，用勺子稍稍压扁。放入预热至 180℃的烤箱，烘烤 10 ~ 15 分钟即可出炉。

【美食特色】果仁香脆，味道鲜美。

蓝莓小饼干

【主料】低筋面粉 150 克，黄油 75 克，鸡蛋 1 个，糖粉 40 克，

【配料】蓝莓酱 15 克，杏仁 20 克。

【制作】① 黄油室温软化，加入糖粉搅拌均匀，注意不要打发。② 鸡蛋打破，分两次加入黄油中，搅拌均匀后加入蓝莓酱拌匀。分 3 次加入低筋面粉，切拌均匀，制成面团。把面团整形成宽 6 厘米，高 4 厘米的长方体，放入冰箱冷冻 1 小时至面团变硬。③ 冻硬的长方形面团用刀切成厚约 0.7 厘米的片，用饼干模具压出形状，排入烤盘。放入预热至 150℃的烤箱中层，烘烤约 20 分钟，至表面微金黄色即可出炉。

【美食特色】香甜可口，口感酥脆。

甜酥小饼干

【主料】鸡蛋 5 个，低筋面粉 300 克，细糖 55 克。
【配料】可可粉 10 克。
【制作】① 鸡蛋打破，分离蛋清、蛋黄。② 在蛋清中加入细糖 30 克搅拌均匀，打至干性发泡，蛋黄中加入可可粉、细糖 25 克打发，加入过筛的低筋面粉拌匀。③ 将蛋清、蛋黄混合后拌匀，制成面糊备用。④ 准备一个花嘴，将面糊放入裱花袋，挤出一个个花形，排入烤盘。放入预热至 180℃的烤箱中，烘烤约十分钟即可出炉。
【美食特色】香酥可口，甜淡适中。

手工小圆饼

【主料】黄油 100 克，糖粉 70 克，低筋面粉 150 克，杏仁粉 70 克。
【配料】蛋黄 1 个，香子兰豆 1/4 颗，盐少许。
【制作】① 无盐黄油室温软化，香子兰豆去荚，低筋面粉过筛。② 黄油用打发器搅拌至发白，加入 50 克糖粉混合，再加入盐、蛋黄、香子兰豆，充分搅拌均匀备用。加入低筋面粉、杏仁粉，从下向上搅拌成团，拍平后用塑料保鲜膜包好，置于冰箱冷藏室内松弛 1 小时以上。③ 取出面团，用刀切成 50 等份，将小面团揉圆，摆在烤盘上。放入预热至 170℃的烤箱中，烘烤约 15 分钟，至表面成焦黄色即可出炉。
取出后趁热倒入装有糖粉的盘中，使每个小圆饼都能均匀地蘸满糖粉即可。
【美食特色】味道甜香，松软酥脆。

牛奶棒

【主料】低筋面粉 250 克，糖粉 80 克，牛奶 60 毫升。
【配料】奶油 50 克，奶粉 20 克。
【制作】① 糖粉加入软化的奶油中，加热融化成水状，分两次加入牛奶和面粉，搅拌均匀后揉成面团。② 将揉好的面团擀成 0.4 厘米左右的面片，再切成宽为 0.7 厘米左右的长条，排入烤盘。③ 放入预热至 160℃的烤箱中层，烘烤 25 分钟即可。
【美食特色】奶香浓厚，酥脆可口。

玉米片饼干

【主料】黄油 125 克，棕糖 110 克，玉米片 120 克，鸡蛋 1 个。
【配料】椰子粉 40 克，混合生坚果 50 克。
【制作】① 黄油在火上溶化，加入棕糖搅匀。加入椰子粉、玉米片、鸡蛋、坚果，轻轻搅匀，制成饼干面糊。② 烤盘上铺上油纸，用勺子一小块一小块地将饼干面糊摆在烤纸上。③ 放入预热至 180℃的烤箱中，烘烤 15 分钟左右，至饼干变成金棕色即可出炉。
【美食特色】玉米香浓，口感甜酥。

花生核桃饼干

【主料】颗粒花生酱 60 克，中筋面粉 100 克，色拉油 50 毫升，生核桃仁 40 克。
【配料】糖粉 50 克，泡打粉 2 克。
【制作】① 花生酱和油混合均匀，糖粉过筛加入其中拌匀。② 泡打粉、中筋面粉混合均匀过筛后加入上述材料中拌匀，揉成面团。将面团等分成小块，搓圆压扁，在表面轻轻按上一块核桃，排入烤盘。③ 放入预热至 160℃的烤箱中，中层烘烤 20 分钟左右，关火后可利用余温继续烘焙，至烤箱冷却出炉即可。
【美食特色】味道香浓，口感酥脆。

双色格子饼干

【主料】低筋面粉 250 克，黄油 130 克，糖粉 130 克，鸡蛋 1 个。
【配料】无糖可可粉 20 克，香子兰精油 12 克，蛋清 50 克。
【制作】① 黄油软化打散，加入糖粉打发。分两次加入鸡蛋，搅拌均匀做成黄油面团。

分成两份，取一份黄油面团，滴少许香子兰精油，再加入过筛的 140 克低筋面粉进行搅拌。再将另一份黄油面团与 120 克低筋面粉和可可粉进行搅拌。② 两份面团均擀成 1.5 厘米厚，放入保鲜袋内，置于冰箱冷冻 1 小时。取出后用刷子在两个面团上刷上一层薄薄的蛋清，把两个面团重叠放在一起，切掉四周的面团，将面团修整齐，切掉的边料备用。③ 面团切成厚度为 1.5 厘米的长条，颜色交叉放好，在面团长条的表面涂抹上蛋清，使各个小面团相互粘贴，粘成一个长方体的格子面团。④ 将切去的边料面团擀成薄片，涂上蛋清，将格子面团包裹住，切去多余的面片入冰箱稍做冷冻。⑤ 把面团取出切成厚度为 1.5 厘米的小片，制成饼干坯，均匀地摆放在烤盘上，放入预热至 180℃的烤箱烘烤 15 ~ 20 分钟，取出凉凉即成。

【美食特色】甜脆可口，味道香浓。

芝麻薄片饼干

【主料】低筋面粉 20 克，糖粉 60 克，蛋清 50 克。

【配料】溶化的黄油 25 克，白芝麻、黑芝麻各 5 克。

【制作】① 低筋面粉与糖粉混合在一起，筛入盆中，放入蛋清和溶化的黄油，用手动打蛋器搅拌均匀。放入黑芝麻和白芝麻，用橡皮刮刀搅匀，制成饼干面糊。② 在烤盘上放上一张不沾油纸，用勺子把面糊挖起，排放到烤盘上。每块面糊之间要留出较大的空隙，面糊都排好以后，用勺子稍稍压扁。③ 放入预热至 180℃的烤箱，烘烤 10 分钟左右即可。

【美食特色】脆香可口，营养丰富。

土豆咸酥脆饼

【主料】土豆 250 克，淀粉 60 克，色拉油 30 克。

【配料】黑胡椒粉 2 克，盐 2 克。

【制作】① 土豆削皮后洗净，切成小块，加入适量水煮 10 分钟至软。将煮软的土豆块沥干水分，用叉子压成泥，稍微凉凉，取 200 克备用。② 将其他材料、调料与 200 克土豆混合，用手慢慢揉成均匀的团状。桌上铺一张保鲜膜，放上揉好的土豆团，再盖上一张保鲜膜。用手稍微压扁，再用擀面杖擀成 0.3 厘米厚的面皮。用钢尺和切面刀将面皮分成整齐的片状。③ 在烤盘上放上一张不沾油纸，将面片一片片轻轻地拿起，整齐地排入烤盘。放入预热至 170℃的烤箱中，烘烤 15 ~ 18 分钟，再将温度调整为 150℃，烘烤 5 分钟，然后关火，用余温焖至冷却即可出炉。

【美食特色】咸香可口，口感酥脆。

核桃酥

【主料】面粉 200 克，玉米油 120 克，核桃仁 60 克，白砂糖 70 克，鸡蛋 2 个。

【配料】盐 4 克，泡打粉 2 克，小苏打 1 克。

【制作】① 白砂糖、玉米油、鸡蛋 1 个放入盆中，用手动打蛋器将盆中材料搅打均匀备用。② 将面粉、盐、泡打粉、小苏打混合均匀，过筛后倒入盆中。倒入核桃仁混合均匀，揉成团。③ 将混合面团揉成均匀大小的圆球形，稍加按扁，间隔一定距离排入烤盘，表面刷上蛋液。④ 两烤盘分别放入预热好的烤箱中层及中下层，150 度上下火烘烤 10 分钟，将两烤盘上下置换位置继续烘烤 10 分钟；把其中一个烤盘取出，将另一烤盘移至烤箱上层，加烤 3 分钟左右，达到满意的金黄色后取出冷却；换另一盘移到烤箱上层，加烤 3 分钟左右上色即可。

【美食特色】核桃味浓，咸香可口。

花生薄饼

【主料】低筋面粉 460 克，酥油 375 克，鸡蛋 5 个，糖粉 250 克，牛奶 150 毫升，奶粉 100 克。

【配料】奶香粉 5 克，食盐 3 克，花生碎 10 克。

【制作】① 酥油、糖粉、食盐混合搅拌至奶白色，分次加入鸡蛋、牛奶拌至均匀。加入低筋面粉、奶粉、奶香粉搅拌均匀制成面糊。② 用花嘴和裱花袋装入面糊，挤出花形，粘上花生碎，排入烤盘。③ 放入烤箱中，上火170℃，下火140℃，烘烤25分钟左右即可。

【美食特色】味道咸香，奶味醇厚。

全麦饼干

【主料】低筋面粉140克，全麦粉50克，大燕麦40克，色拉油60克，炼乳30克，黑芝麻30克。

【配料】盐1克，小苏打2克，泡打粉3克。

【制作】① 所有材料混合后，放入水40毫升，用橡皮刮刀拌匀，制成面团，饧发20分钟。② 把面团擀成厚3厘米的面片，用饼干模具压出形状来。将压好的饼干整齐地排入烤盘。③ 放入预热至190℃的烤箱中，烘烤20分钟左右即可出炉。

【美食特色】麦香浓厚，酥脆可口。

蛋黄饼干

【主料】低筋面粉180克，蛋黄5个，黄油80克。

【配料】细砂糖60克，盐少许。

【制作】① 黄油室温软化后，用打蛋器打散，再加入细砂糖，用打蛋器打至颜色略发白，体积膨大。分几次加入五个蛋黄，每一次都要完全搅拌到蛋黄和黄油混合后再加下一次。倒入低筋面粉，用橡皮刮刀翻拌均匀，制成软面团。② 烤盘铺油纸，用手把面团分成大小均匀的小面团，搓圆，再稍按扁。③ 放入预热至180℃的烤箱里，中层烘烤20分钟左右，烤至边缘出现金黄色即可。

【美食特色】味道香甜，口感脆爽。

果酱饼干

【主料】低筋面粉300克，黄油190克，细砂糖100克，鸡蛋1个，果酱30克。

【配料】奶粉10克，泡打粉4克。

【制作】① 黄油室温软化，加入砂糖打发，再分次加入鸡蛋液打均。加入低筋面粉、奶粉、泡打粉搅拌均匀制成面团。② 将面团分成每个10克的小面团，揉圆，表面压一小坑，添入果酱，排入烤盘。

放入预热至160℃的烤箱，上层烤18分钟到饼干上色即可。

【美食特色】颜色鲜艳，甜香可口。

海苔饼干

【主料】低筋面粉240克，黄油120克，蛋黄2个，鸡蛋1个。

【配料】白砂糖50克，海苔10克。

【制作】① 将除海苔、鸡蛋外的所有原料混合揉成团静置一会儿。② 面团分成每个10克的小面团，按扁，扫上蛋液。③ 海苔切碎，把小面团上粘上海苔，排入烤盘中。放入预热至180℃的烤箱中，烘烤5分钟左右即可。

【美食特色】咸香酥脆，味道鲜浓。

玫瑰花香饼干

【主料】低筋面粉180克，黄油80克，牛奶100毫升，干玫瑰花60克。

【配料】盐2克，小苏打粉2克，糖粉50克。

【制作】① 干玫瑰花捏碎，取出花萼，只留花瓣，用冷水浸泡约10分钟。② 黄油软化后加入糖粉和盐，搅打至松发状态。筛入面粉和小苏打粉，搅拌均匀，加入浸泡后的玫瑰花，加入牛奶，用手轻轻抓揉成做面团。③ 将面团擀成0.5厘米厚的面片，用饼干模具切割面团，排入烤盘。放入预热至160℃的烤箱中，烘烤20分钟，再用150℃烘烤10分钟左右即可出炉。

【美食特色】花香清淡，口感脆爽。

意大利杏仁脆饼

【主料】低筋面粉180克，杏仁、核桃仁、开心果仁、杏干等各式干果共50克，鸡蛋1个，细砂糖80克，黄油80克，

【配料】泡打粉3克。

【制作】① 黄油切小粒，室温软化，然后放入打蛋盆内，加入细砂糖，用打蛋器打发。加入鸡蛋，用打蛋器搅打均匀。放入过筛的低筋面粉和泡打粉，再将各式干果仁也倒入面糊中，用手揉成长条形面团。② 将长条形面团放在铺好了油布的烤盘上，放入预热至160℃的烤箱中层，进行第一次烘焙，时间约 30 钟，烤好后取出放凉冷却。③ 把冷却的饼干面团，横切成厚 1 厘米左右的半月形饼干片。把饼干片排列在烤盘上，横切面向上，放入预热至 130℃的烤箱中层，继续烘烤约 30 分钟即可。

【美食特色】坚果酥脆，味道浓香。

巧克力杏仁酥饼

【主料】低筋面粉 130 克，巧克力 42 克，杏仁 50 克，橄榄油 42 克，鸡蛋 1 个。

【配料】细砂糖 36 克，泡打粉 1.5 克。

【制作】① 巧克力隔水融化，加入细砂糖搅打均匀。加入橄榄油搅打均匀后，再倒入鸡蛋液搅打均匀。筛入低筋面粉和泡打粉，改用橡皮刮刀翻拌均匀后加入杏仁，翻拌成团。② 将面团放入保鲜袋，用硬纸板整形成长方柱，两头用橡皮筋固定，放入冰箱冷藏 1 小时以上。取出硬面团，打开硬纸板和保鲜袋，用刀切成约 6 毫米厚的饼干坯，排入烤盘。③ 放入已经预热至 190℃的烤箱中层，烘烤 25 分钟，余热再焖 10 分钟，取出烤盘，将饼干移至烤网上凉凉，密封保存即可。

【美食特色】巧克力浓香，增加能量。

葡萄干红茶酥饼

【主料】低筋面粉 100 克，鸡蛋 1 个，黄油 60 克，细砂糖 35 克，葡萄干 24 克，

【配料】苏打粉 2 克，泡打粉 1.5 克，红茶包半包。

【制作】① 黄油室温软化，用打蛋器打成乳霜状，加入细砂糖，搅拌至泛白。分次加入鸡蛋液，每次都搅拌均匀，蛋液吸收后再加下一次。加入红茶包，搅拌均匀。② 低筋面粉、苏打粉和泡打粉分两次过筛，用刮刀按压，混合成团。加入切碎的葡萄干，将面团混合均匀后，封上保鲜膜，冷藏 30 分钟，方便整形。③ 将冷藏好的面团搓成每个 10 克的圆球形，摆入烤盘稍稍按压。放入预热至 160℃的烤箱中上层，烘烤 18 分钟左右，至表面金黄即可。

【美食特色】茶香清淡，香甜可口。

豆渣红薯高纤饼干

【主料】豆渣 100 克，红薯泥 200 克，熟黑芝麻 80 克，奶油 50 克，细砂糖 30 克，低筋面粉 40 克，全麦面粉 40 克。

【配料】蛋黄 1 个。

【制作】① 奶油室温软化，红薯蒸熟压成泥放凉，豆渣放入炒锅小火炒干至松散状。② 软化的奶油用打蛋器打至乳霜状态，加入细砂糖搅打至泛白。分两次加入蛋黄，拌至完全吸收，再依次加入豆渣、红薯泥、黑芝麻混合均匀，最后筛入低筋面粉及全麦面粉，用按压方式混合成团。③ 将混合好面团放在保鲜膜上，包起来捏紧搓成直径 4 厘米的圆柱体，放入冷冻室 2 ~ 3 小食冻硬。④ 取出冻硬的面团切成厚约 0.5 厘米的圆片状，放上烤盘，保持间距，放入已预热 160℃的烤箱中，烘烤 18 ~ 20 分钟即可。

【美食特色】味道丰富，松软酥脆。

玛格丽特饼干

【主料】低筋面粉 100 克，玉米淀粉 100 克，黄油 100 克，糖粉 50 克。

【配料】熟蛋黄 2 个，盐 1 克。

【制作】① 熟蛋黄过筛。② 黄油软化后加入糖粉，用打蛋器打至体积稍微膨大，颜色变浅。倒入过筛的蛋黄，搅拌均匀。③ 把混合过筛后的低筋面粉和玉米淀粉倒入黄油里，用手揉成面团，包保鲜膜放冰箱冷藏 1 小时。取出冷藏好的面团，分成每个 60 克的小面团，揉成小圆球。④ 将小圆球放入烤盘中，用大拇指按扁，放入预热至 170℃的烤箱中层烘

烤 15 分钟左右即可。

【美食特色】颜色鲜艳，香浓可口。

芝麻薄脆饼干

【主料】低筋面粉 180 克。

【配料】色拉油 30 克，白芝麻 16 克，黑芝麻 16 克，糖 10 克，水 80 毫升，小苏打 2 克，盐 2 克，酵母粉 1 克。

【制作】① 用水将小苏打和盐溶化。加入所有材料，揉成面团。② 将面团擀成薄片，用饼干模具制成自己喜欢的形状，排入烤盘。放入预热至 170℃的烤箱中层，上下火烘烤 10 分钟，停火后再焖 10 分钟即可。

【美食特色】薄爽酥脆，芝麻香浓。

花生饼干

【主料】低筋面粉 190 克，黄油 100 克，鸡蛋 1 个，白砂糖 80 克，颗粒花生酱 100 克。

【配料】盐 2 ～ 3 克。

【制作】① 黄油切成小块，室温下软化。分 3 次加入白糖，用电动打蛋器打至发白、体积变大。② 将鸡蛋打破，分次加入黄油中，打匀，再加入花生酱，继续拌匀。③ 低筋面粉、盐混合，筛入面盆中搅拌均匀，揉成表面光泽的面团。将面团分成小块搓成球，放入铺了锡纸的烤盘中，用叉子在面团上交叉按两下。放入预热至 180℃的烤箱中层，烘烤 15 ～ 20 分钟，烤至饼干边缘着色即可。

【美食特色】咸香可口，芝麻香浓。

奶酪饼干

【主料】奶酪 110 克，黄油 160 克，去皮花生 100 克，低筋面粉 270 克。

【配料】细砂糖 60 克，奶粉 40 克，盐 2 克，柠檬香精 2 滴，香草香精 2 滴。

【制作】① 花生和细砂糖一起打磨成粉。黄油、奶酪放在 22℃的室温中软化。② 用手动打蛋器把黄油和奶酪搅打至均匀，滴入香草精油、柠檬精油，撒入盐，再次搅匀。倒入花生糖粉、筛入低筋面粉，抓拌、按压成团。放入保鲜袋中，整成球形，放冰箱冷藏 1 小时。③ 把松弛好的面团擀成 1 厘米厚的面片，用模具压出形状，排入烤盘。放入预热至 170℃的烤箱中层，烘烤 25 分钟左右，至底边金黄、表面微黄即可。

【美食特色】奶香浓郁，咸甜酥软。

枫叶饼干

【主料】低筋面粉 240 克，黄油 160 克，糖粉 75 克，鸡蛋 1 个。

【配料】盐 3 克，香草香精 4 克。

【制作】① 黄油室温软化后加糖粉搅打均匀，加入香草精华，搅匀。分次加入鸡蛋液，搅拌均匀。② 筛入低筋面粉和盐，切拌成团，将面团按扁后装入食品袋，入冰箱冷藏 30 分钟。③ 将面团取出后擀成 2 毫米的薄片，用枫叶形模具造型，排入烤盘。放入预热至 180℃的烤箱中层，上下火烘烤 8 ～ 10 分钟即可。

【美食特色】造型独特，口感酥脆。

蛋清饼干

【主料】低筋面粉 50 克，黄油 50 克，糖粉 50 克。

【配料】蛋清 50 克。

【制作】① 黄油室温融化，加糖粉打发。加入蛋清拌匀，再筛入低筋面粉搅拌均匀。② 装入裱花袋，挤到烤盘上，放入预热至 180℃的烤箱中，烘烤 15 分钟左右，出炉后趁热取出即可。

【美食特色】味道香浓，甜而不腻。

芝麻咸饼干

【主料】低筋面粉 150 克，鸡蛋 1 个，黄油 30 克，细砂糖 20 克，牛奶 20 毫升，炒熟的黑芝麻 20 克。

【配料】盐 3 克，泡打粉 3 克。

【制作】① 低筋面粉、泡打粉、盐混合过筛后，加入细砂糖和软化的黄油，用手搓匀，成为粗玉米粉的状态。倒入牛奶和打散的鸡蛋，用手揉成光滑的面团后倒入黑芝麻，继续揉 1 分钟左右，使黑芝麻均匀分布在面团里，盖上保鲜膜，静置松弛 30 分钟。② 把松弛好的面团擀开成为厚度约 0.2 厘米的薄面片，用饼干模压出形状，排入烤盘，每个面片间留出一定距离。放入预热至 180℃的烤箱中层，上下火，烘烤 15 分钟左右，直到表面微金黄色即可。

【美食特色】咸香可口，芝麻香浓。

蔓越莓饼干

【主料】低筋面粉 115 克，黄油 75 克，糖粉 60 克，鸡蛋 1 个。

【配料】蔓越莓干 35 克。

【制作】① 黄油软化后，加入糖粉，搅拌均匀，不需要打发。加入打散的鸡蛋液，搅拌均匀，再倒入蔓越莓干拌匀。② 倒入低筋面粉，搅拌均匀，制成面团。用手把面团整形成宽约 6 厘米，高约 4 厘米的长方体，并放入冰箱冷冻约 1 小时至面团变硬。③ 冻硬的长方形面团用刀切成厚约 0.7 厘米的片，排入烤盘，放入预热至 165℃的烤箱中层，烘烤约 20 分钟，至表面微金黄色即可。

【美食特色】味道酸甜，口感酥脆。

切达奶酪饼干

【主料】低筋面粉 135 克，鸡蛋 1 个，切达奶酪 90 克，黄油 70 克，

【配料】糖粉 40 克。

【制作】① 在每片切达奶酪片撒上低筋面粉，重叠起来，用刀切成细条再切碎，把奶酪碎弄松散。② 黄油室温软化，加入糖粉，用搅拌器打至松发，颜色变白。加入鸡蛋液（留一部分备用）搅打均匀，加入过筛的低筋面粉，用刮刀切拌均匀。加入切碎的切达奶酪碎，切拌均匀。③ 将拌匀的面团搓成细长条状，再切成小段，表面上刷蛋液。放入预热至 180℃的烤箱，烘烤 20 分钟左右即可。

【美食特色】奶味醇厚，酥脆爽口。

圣诞饼干

【主料】面粉 160 克，黄油 125 克，果珍粉 40 克，白糖 50 克，鸡蛋 1 个。

【配料】盐 2 克。

【制作】① 面粉过筛，加盐混合在一起。黄油室温软化，用手搓碎黄油，和面粉混合在一起揉搓，使黄油和面粉充分融合。② 将鸡蛋、果珍粉和白糖打发，直到白糖和果珍粉完全融入蛋中。③ 把打发好的蛋糊倒入面粉和黄油的混合物中，轻柔迅速地将其揉成一个面团，并将其擀成 2 ~ 3 毫米的薄片。用饼干模具压出形状，烤盘喷油，把做好形状的饼干排入烤盘。放入预热至 180℃的烤箱中层，用 200℃烘烤 10 ~ 12 分钟，直到饼干表面变黄色即可。

【美食特色】味道咸香，口感酥脆。

挤花饼干

【主料】低筋面粉 150 克，鸡蛋 1 个，糖粉 80 克，黄油 100 克。

【配料】红曲粉 4 克，什锦水果糖适量。

【制作】① 黄油软化后，加入糖粉打发，再分两次加入蛋液打发。② 低筋面粉加入红曲粉过筛，将混合后的低筋面粉倒入打发好的黄油中，搅拌均匀。③ 将挤花花嘴装入花袋中，挤出形状。糖果敲碎后，放在饼干中间。放入预热至 175℃的烤箱中层，上下火烘烤 15 分钟左右上色即可。

【美食特色】形状独特，颜色鲜艳。

猫舌饼干

【主料】奶油 50 克，糖粉 50 克，蛋清 50 克，低筋面粉 50 克，白巧克力 60 克。

【配料】红茶 1 包，香草香精 3 克。

【制作】① 黄油切小块，室温软化后放入盆中打散。分次加入糖粉，搅打至颜色变白。② 加入红茶与香草精拌匀，缓慢加入蛋清

拌匀。加入过筛后的面粉，拌匀。③ 在烤盘上铺上烤盘纸，将面糊摊在上面，整形成猫舌状。放入预热至 180℃的烤箱中，烘烤 10 ~ 12 分钟即可。

【美食特色】奶香浓郁，形状独特。

咖啡核桃酥饼

【主料】无盐奶油 120 克，细砂糖 80 克，低筋面粉 240 克，热牛奶 30 毫升，核桃仁 100 克。

【配料】蛋黄 1 个，速溶咖啡粉 15 克。

【制作】① 核桃仁放入预热至 150℃的烤箱中，烘烤七八分钟后取出凉凉；热牛奶倒入速溶咖啡中，搅拌至溶化后凉凉。② 无盐奶油切成小块，用打蛋器搅打成乳霜状，加入细砂糖，搅打至颜色泛白，拿起打蛋器尾端呈尖角状，分两次加入蛋黄充分搅拌均匀。③ 将咖啡牛奶和低筋面粉翻拌均匀，揉成面团，加入烤香的核桃仁，混合均匀，放在一大张保鲜膜上，用保鲜膜包裹起来并捏紧两端，整形成圆柱体，放入冰箱冷冻 2 ~ 3 小时至硬。④ 从冰箱中取出冻硬的面团，切成约 0.5 厘米厚的片状，整齐地排入烤盘，保持适当距离，放入预热至 150℃的烤箱中，烘烤 16 ~ 18 分钟，烤好后取出，放在网架上凉凉即可。

【美食特色】咖啡味香浓，酥脆可口。

【巧手妙招】烘烤的过程中，烤盘需调转方向一次，使饼干均匀上色。

朗姆葡萄干饼干

【主料】低筋面粉 260 克，无盐奶油 100 克，鸡蛋 2 个，葡萄干 100 克。

【配料】细砂糖 60 克，朗姆酒适量。

【制作】① 葡萄干装入干净的玻璃瓶中，倒入朗姆酒，酒要淹没葡萄干约 1 厘米，密封后放入冰箱冷藏 5 小时，取出，切碎备用。② 无盐奶油放置室温软化至用手指可以按压凹陷，加细砂糖混合，用打蛋器打至颜色泛白，呈乳霜状。分 5 次加入鸡蛋液，搅打至颜色泛白，拿起打蛋器尾端呈尖角状。③ 分两次加入低筋面粉，搅拌均匀，用刮刀在盆底以摩擦、按压的方式混拌成团。加入切碎的朗姆葡萄干，搅匀。④ 将搅拌好的面团均匀地分成若干小面团，将小面团保持适当间距，整齐地放入铺好烘焙纸的烤盘中，用手蘸点儿水，将面团压扁。放入预热至 170℃的烤箱中，烘烤约 15 分钟。烤好后取出，放在网架上凉凉即可。

【美食特色】酒香清淡，味道酸甜。

杏仁瓦片饼

【主料】低筋面粉 10 克，糖粉 100 克，杏仁片 50 克，黄油 25 克。

【配料】玉米淀粉 10 克，蛋清 70 克。

【制作】① 糖粉加入蛋清中，轻轻拌匀，将融化的奶油、香草精加入拌匀。② 低筋面粉、玉米淀粉过筛后加入蛋清液中拌匀，最后再加入杏仁片搅拌均匀，制成杏仁蛋清面糊。将面糊静置 15 分钟备用。③ 烤盘内垫不沾油布，用勺子舀一勺杏仁蛋清糊倒入烤盘，再用勺子底将面糊摊匀成圆片状，每个之间留有一定空隙。放入预热至 180℃的烤箱中上层，烘烤约 10 分钟即可。

【美食特色】味道香甜，口感酥脆。

黄豆芝麻饼干

【主料】低筋面粉 130 克，鸡蛋 1 个，糖 50 克，炒熟的黄豆 40 克，

【配料】黄油 25 克，泡打粉 4 克，黑芝麻 20 克，白芝麻 20 克。

【制作】① 黄油隔水软化，面粉和泡打粉混合后过筛。② 鸡蛋打破，取蛋液和糖放碗中，再加入融化后的黄油拌匀。加入过筛后的面粉，用刮刀拌匀，再加入芝麻和黄豆继续搅拌均匀，揉成湿性面团。③ 将面团整形成细长状薄面团，放入预热至 180℃的烤箱，烘烤约 20 分钟，取出后，趁热切成 1.5 厘米宽的薄饼。④ 烤箱温度降至 160℃，将切好的薄饼再放入烤箱中烤 20 分钟，取出，放烤架上凉凉即可。

【美食特色】口感酥爽，芝麻浓香。

小熊饼干

【主料】黄油 55 克，鸡蛋 1 个，中筋面粉 125 克。

【配料】糖粉 50 克。

【制作】① 黄油软化，用打蛋器打散，加入糖粉，先手动拌匀，再低速转中速搅打至膨胀。② 分次少量加入鸡蛋液，搅拌至成乳膏状，每次需搅打至完全融合再加入下一次。筛入中筋面粉，用橡皮刮刀翻拌均匀，用手抓捏成面团，盖上保鲜膜松弛 15 分钟。③ 用擀面杖将面团擀成 2 厘米厚的圆饼，用小熊饼干模按压出饼干形状，排入烤盘。放入预热至 175℃的烤箱中，以上下火烘烤 10 ~ 12 分钟即可。

【美食特色】口感酥脆，形状可爱。

戚风蛋糕

【主料】蛋黄 100 克，蛋清 200 克，低筋面粉 500 克，白砂糖 650 克，色拉油 250 克。

【配料】泡打粉 10 克，盐 5 克，塔塔粉 5 克。

【制作】① 蛋黄和白砂糖 350 克放入不锈钢盆中，用打蛋器搅打至白砂糖溶化且蛋黄液呈乳白色时，再分多次加入色拉油和清水搅拌均匀，然后放入过筛后的面粉、泡打粉和盐，轻轻搅拌均匀。② 蛋清和塔塔粉放入不锈钢盆里，用打蛋器搅打至蛋清呈粗泡沫状且颜色发白时，下入白砂糖 300 克，继续搅打至蛋清呈软峰状，并硬性发泡。③ 先将约 1/3 的蛋清膏倒入蛋黄糊里轻轻搅匀，再倒入剩余的蛋清膏轻轻搅匀。④ 将混合好的蛋糕糊倒入模具中，刮平表面，放入烤箱中烘烤，上火 180℃、下火 150℃，烘烤约 40 分钟即可出炉。

【美食特色】松软可口，味道甜香。

抹茶蜜语

【主料】鸡蛋 5 个，低筋面粉 105 克，糖 100 克，色拉油 80 克。

【配料】抹茶粉 15 克，牛奶 50 毫升，盐 2 克，柠檬汁 10 毫升，蜜豆 10 克，防潮糖粉适量。

【制作】① 鸡蛋打破，分离蛋清、蛋黄；蛋清打发，蛋黄加糖、色拉油、牛奶用电动打蛋器搅拌均匀。② 低筋粉和抹茶粉过筛，放入蛋黄液搅拌均匀，把 1/3 的蛋清加入蛋黄液中，搅拌均匀，再倒入剩余的蛋清搅拌均匀，制成蛋糕糊。③ 备一个烤盘，铺上油纸，倒入蛋糕糊，轻轻地震动两下烤盘，放入预热至 190℃的烤箱中，烘烤 15 分钟即可。④ 出炉后冷却，用模具刻出你需要的形状，取一块蛋糕，将打发的奶油挤到蛋糕上，在奶油上撒上蜜豆，接着再挤第二层奶油覆盖，再放上一块蛋糕，挤上一圈奶油，中间摆上蜜豆，上面撒防潮糖粉装饰即可。

【美食特色】抹茶淡香，味道甜蜜。

香蕉蛋糕

【主料】中筋面粉 156 克，色拉油 125 克，白砂糖 100 克，大杏仁 65 克，鸡蛋 3 个，香蕉 3 根。

【配料】泡打粉 5 克，小苏打 1.25 克，肉桂粉 2 克，苹果酱适量。

【制作】① 中筋面粉过筛，与泡打粉、小苏打粉、肉桂粉混合备用。② 鸡蛋液用自动打蛋器低速打发，提到中速挡分 3 次加入白砂糖继续打发，直至蛋糊成丝带状，再将色拉油慢慢倒入蛋糊中，继续打发 1 分钟左右即可。③ 过筛的混合粉分次撒于蛋糊表面，上下轻轻翻拌至均匀。④ 香蕉碾压打成碎泥，放入面糊中继续翻拌。⑤ 大杏仁提前烤熟切碎加入面糊中搅拌均匀。⑥ 烤盘铺入油纸，涮少许油。将面糊倒入烤盘中，轻轻振动排出气泡。⑦ 放入预热至 200℃的烤箱，烘烤 20 分钟左右，取出在表面刷一层稀释的苹果酱即可。

【美食特色】果味香浓，甜香可口。

蜂蜜蛋糕

【主料】低筋面粉 80 克，鸡蛋 2 个，蜂蜜 40 克，细砂糖 40 克。

【配料】色拉油 30 毫升。

【制作】① 细砂糖、蜂蜜倒入碗中，打入鸡蛋。② 将碗放入另一个装有 40℃温水的大碗中，开始用手持式打蛋器，先以低速搅打。等到形成颜色变浅，体积膨大、有细泡出现时，转高速搅打，直到将鸡蛋打发到非常浓稠即可。③ 筛入一半的低筋面粉，上下翻动搅拌，最后加入色拉油搅拌均匀。④ 将搅拌均匀的面糊用力震两下，装入模具中，约八分满，放入预热至 190℃的烤箱中，烘烤 15 分钟即可。

【美食特色】蜂蜜浓香，口感松软。

花生奶油蛋糕

【主料】低筋面粉 205 克，黄油 383 克，细砂糖 295 克，动物性淡奶油 180 克，花生酱 240克，鸡蛋3个，糖粉55克，花生米180克。

【配料】鲜奶 55 毫升，泡打粉 4.5 毫升。

【制作】① 细砂糖取 90 克，和花生米一起放进研磨杯里打碎，制成花生糖粉。② 黄油软化后取 220 克，加入剩余的细砂糖，用打蛋器打发，分 4 次加入打散的鸡蛋液，最后加入鲜奶，搅拌均匀。③ 在低筋面粉内加入泡打粉，拌匀过筛；花生糖粉取 80 克，加入过筛后的低筋面粉里，翻拌均匀，倒入打发好的黄油里，翻拌均匀，制成蛋糕糊。④ 在蛋糕模内壁涂抹上黄油，将蛋糕糊倒入蛋糕模内，放入预热好的烤箱内烤制，烤好后趁热脱模，等待蛋糕冷却。⑤ 动物性淡奶油打发至不流动状态；在剩下的黄油中加入糖粉进行打发，放入花生酱继续搅打，再加入打发好的动物性淡奶油，继续搅打至成为形态稳定的奶油状，即成花生奶油。⑥ 把冷却后的蛋糕顶部削平，横切成两片，先取一片蛋糕片，在表面均匀地涂一层花生奶油，盖上另一片蛋糕片，用花生奶油涂抹蛋糕的顶部及侧面，剩下的花生糖粉撒在蛋糕表面及侧面即可。

【美食特色】奶味浓香，甜软可口。

椰蓉果酱蛋糕

【主料】低筋面粉 60 克，鸡蛋 3 个，黄油 150 克，细砂糖 60 克，椰蓉 30 克。

【配料】水 20毫升，糖粉 35 克，果酱 20 克。

【制作】① 鸡蛋打入大碗，加白砂糖，大碗坐在热水里，用电动打蛋器将蛋打发；取椰蓉 15 克放水里搅拌，然后倒入鸡蛋液、低筋面粉。② 黄油融成液态，取 50 克倒入面粉中，用橡皮刮刀从底部向上拌匀，倒入 8 寸盘，下面放油纸，放入预热至 190℃的烤箱中，上下火，烘烤 20 分钟即可。③ 用圆柱形切具把蛋糕切成小圆块，两个蛋糕块一组，中间抹果酱，粘在一起，取黄油 50 克中，倒入糖粉，搅拌至黄油打发，涂抹在粘好的蛋糕四周，滚上椰蓉。④ 将剩余的黄油放进袋子里，用小号裱花嘴在蛋糕表层挤一小圈，中间补上果酱即可。

【美食特色】颜色艳丽，味道丰富。

果酱三明治蛋糕

【主料】低筋面粉 60 克，鸡蛋 1 个，细砂糖 40 克，黄油 60 克。

【配料】泡打粉 2 克，盐 2 克，果酱 20 克。

【制作】① 黄油切成块，软化以后，用打蛋器稍微打发；将细砂糖、盐加入至黄油中，继续用打蛋器打发至颜色略发白，体积膨大。② 将打散的鸡蛋液分 3 次加入黄油中，每一次都需要搅拌至鸡蛋液与黄油充分融合以后再加下一次。③ 低筋面粉与泡打粉混合后筛入黄油混合物中，用橡皮刮刀把面粉与黄油混合物拌匀，做成蛋糕糊。④ 将蛋糕糊倒入锡纸方模中，稍稍抹平，放入预热至 160℃的烤箱中层，上下火，烘烤 20 分钟左右，待蛋糕表面稍微上色即可。⑤ 烤好后取出，撕去锡纸，稍微冷却后，将蛋糕切去边角，切成相同大小的三角形块，取两片三角形蛋糕，中间涂上果酱夹起来即可。

【美食特色】松软可口，味道浓香。

巧克力乳酪蛋糕

【主料】奶油奶酪 200 克，细砂糖 100 克，低筋面粉 20 克，动物性鲜奶油 150 克。

【配料】无糖可可粉 20 克，巧克力豆 20 克。

【制作】① 奶油奶酪在室温软化后放入大碗中，加入细砂糖。将大碗坐在热水里，用打蛋器搅拌至奶油奶酪呈无颗粒的光滑状。② 加入动物性鲜奶油，用打蛋器搅拌均匀，离开热水，待降温后分别加入低筋面粉及无糖可可粉，用打蛋器搅呈均匀的乳酪糊，放入巧克力豆，改用橡皮刮刀搅拌均匀。③ 在模型内的底部垫上蛋糕纸，用橡皮刮刀将乳酪糊刮入模型内，将表面抹平。④ 烤箱预热后，在烤盘上倒入一杯热水，以上火180℃、下火180℃烘烤25 ~ 30分钟即可。

【美食特色】巧克力甜香，奶酪味浓厚。

香橙玫瑰蛋糕

【主料】低筋面粉140克，绵白糖90克，黄油120克，橙子1个，鸡蛋3个，牛奶200毫升。

【配料】无盐杏仁粉40克。

【制作】① 橙子榨汁，剩下的皮切成碎末；黄油隔热水融化后，慢慢加入绵白糖，不停搅拌，直至糖完全融化。② 将鸡蛋一个一个的加入搅拌好的黄油中，把橙皮末、牛奶、杏仁粉加入搅拌，最后加入低筋面粉，再轻轻搅拌均匀，倒入玫瑰形模具。③ 烤箱预热至190℃，将模具放入烤箱中层，烘烤45分钟，烤好后脱模即可。

【美食特色】形状独特，橙香味浓。

巧克力蛋糕卷

【主料】鸡蛋3个，低筋面粉50克，淡奶油125克，白砂糖70克，牛奶30克。

【配料】玉米淀粉8克，可可粉5克，柠檬汁2毫升，泡打粉2克，盐1克，巧克力酱25克。

【制作】① 鸡蛋打破，分离蛋清、蛋黄；蛋黄和白砂糖20克用电动打蛋器搅打至糖融化，蛋液变浓稠，加入牛奶、色拉油、少许香草精拌匀，制成蛋黄液。② 低筋粉、玉米淀粉、可可粉、盐和泡打粉混合，加入蛋黄液中，用橡皮刮刀翻拌均匀，形成巧克力面糊。③ 蛋清用电动打蛋器打至变稠后加入柠檬汁，分3次加入白砂糖50克，打至蛋清硬性发泡，形成蛋清糊。④ 将蛋黄面糊和1/3蛋清糊混合，快速翻拌均匀，再分两次继续加入其余的蛋清糊，轻轻快速翻拌均匀，制成蛋糕面糊。⑤ 烤盘内垫油纸，将蛋糕面糊倒入烤盘，用刮板将面糊表面刮平，放入预热至160℃的烤箱中上层，烘烤约15分钟至表面变微黄色、表皮不粘手即可，倒扣在另一张油纸上，凉凉，再将蛋糕片翻面。⑥ 将淡奶油液用电动打蛋机打发，加入巧克力酱，调成巧克力棕色奶油，将奶油均匀涂在蛋糕片表面，从一端将蛋糕片卷成卷，用油纸包好放冰箱冷冻30分钟，取出切片后即可食用。

【美食特色】巧克力浓香，口感松软。

肉松蛋糕卷

【主料】低筋面粉63克，鸡蛋3个，牛奶30克，色拉油30克，肉松50克，细砂糖65克。

【配料】沙拉酱20克，柠檬汁2毫升，盐2克。

【制作】① 牛奶、色拉油混合，用手动打蛋器搅拌至乳化状；分离蛋清、蛋黄；细砂糖15克放入蛋黄内，搅拌至蛋黄发白、砂糖溶化。② 将打好的蛋黄和牛奶混合搅拌均匀，加入过筛后的低筋面粉，搅拌均匀制成蛋黄糊；蛋清中加入柠檬汁、盐，用电动打蛋器打发至起大泡，分3次加入50克砂糖打到九成发。③ 把打发的蛋清分3次加入蛋黄糊中，快速翻拌均匀，倒入垫了油布的烤盘，晃动几下使气泡排出，用刮刀将面糊抹平，放入预热至160℃的烤箱中上层，烘烤15分钟左右至表面微黄色出炉。④ 倒扣在烤网上凉凉。将凉凉的蛋糕翻面，均匀抹上沙拉酱、放上肉松，从一端将蛋糕卷起，卷成卷后用保鲜膜包好冷藏30分钟定型，取出切片后即可食用。

【美食特色】肉松咸香，甜软可口。

黑枣核桃蛋糕

【主料】黑枣150克，低筋面粉220克，鸡蛋4个，牛奶120毫升，糖粉100克，色拉油 132 克，核桃仁 50 克。

【配料】柠檬汁 35 毫升，小苏打 4 克，泡打粉 7 克。

【制作】① 黑枣切成丁，加入牛奶 60 毫升，再加入柠檬汁和小苏打拌匀，制成黑枣酱备用。② 鸡蛋和糖粉拌匀，打发至浓稠状，慢慢加入色拉油，拌匀，加入牛奶 60 毫升，拌匀，再加入准备好的黑枣酱，继续搅拌，倒入过筛的低筋面粉、泡打粉和核桃仁 40 克，充分拌匀，制成面糊。③ 用裱花袋将面糊挤入小纸模里，表面用少量核桃装饰，排入烤盘，放入预热至 180℃的烤箱，烘烤 30 ~ 35 分钟即可。

【美食特色】甜中带酸，枣香醇厚。

巧克力香蕉蛋糕

【主料】低筋面粉 200 克，鸡蛋 1 个，可可粉 30 克，香蕉 2 根，牛奶 130 毫升，植物油 100 克，红糖 160 克。

【配料】核桃仁 25 克，泡打粉 8 克，小苏打 2 克。

【制作】① 香蕉去皮，碾成香蕉泥；低筋面粉、泡打粉、小苏打、可可粉过筛备用。② 鸡蛋打破，加入植物油、牛奶、红糖混合在一起，搅拌均匀，加入香蕉泥继续拌匀。③ 加入过筛后的低筋面粉、泡打粉、小苏打、可可粉，用刮刀迅速搅拌均匀，拌匀后迅速将面糊倒入模具内抹平，面糊在模具内 6 分满即可，撒上核桃仁。④ 放入预热至 170℃的烤箱中层，上下火烘烤 45 分钟，用竹签插入蛋糕中取出时没有沾面糊即可。

【美食特色】果味鲜浓，甜软可口。

经典提拉米苏

【主料】马斯卡彭奶酪 200 克，雀巢奶油 200 克，细砂糖 50 克，手指饼干 120 克。

【配料】可可粉 30 克，朗姆酒 5 毫升，柠檬汁 5 毫升，蛋黄 60 克，咖啡酒 5 毫升，吉利丁片 5 克，咖啡粉 3 克。

【制作】① 吉利丁片用凉水泡 5 分钟使其变软；马斯卡彭奶酪搅打松软，加入朗姆酒和柠檬汁拌匀；蛋黄和细砂糖 25 克混合，隔热水(不超过 80℃)打至颜色发白、砂糖融化，加入泡软后的吉利丁片，不断搅拌使吉利丁片完全融化，稍凉后备用。② 奶油和细砂糖 25 克打发至湿性发泡；将分别打好的奶酪、蛋黄和打发的鲜奶油混合，搅拌均匀制成奶酪糊备用。③ 咖啡粉加少许热水混合均匀，凉凉后加入咖啡酒，把手指饼干切成适合大小，沾少许咖啡液后放入模具的底部，在手指饼干上面倒入一半奶酪糊，再放一层浸湿咖啡的饼干，接着倒入剩余的奶酪糊，将模具轻磕几下使最下层的奶酪糊平整，放入冰箱冷藏 4 小时后取出，筛入可可粉做装饰后即可食用。

【美食特色】酥软可口，奶香甜腻。

土豆蛋糕

【主料】黄油 100 克，熟土豆 150 克，白砂糖 250 克，鸡蛋 3 个，面粉 150 克，绵白糖 100 克，柠檬 1 个。

【配料】蛋糕发粉 5 克，柠檬甜酒 20 毫升。

【制作】① 鸡蛋打破，分离蛋清、蛋黄；柠檬挤汁，皮切成细屑；熟土豆去皮，压成土豆泥；面粉与蛋糕发粉混拌均匀。② 黄油加热至软化，加白砂糖、蛋黄、柠檬汁及柠檬皮屑，搅拌均匀，再加入混合面粉及土豆泥，和成面团。③ 蛋清用力搅打成形，缓慢地加入面团中，轻轻搅拌均匀。④ 取长方形烤盒（容积为 1.5 公升），内面涂油，装入面团，按平，放入预热至 170℃的烤箱中，烘烤 45 分钟后取出凉凉。⑥ 绵白糖和柠檬甜酒混合成浆，浇在蛋糕表面上即可。

【美食特色】酒香清淡，营养丰富。

莲蓉蛋糕

【主料】低筋面粉 150 克，莲蓉 50 克，白砂糖 60 克，黄油 60 克，牛奶 60 毫升，鸡蛋 2 个。

【配料】盐 3 克，泡打粉 3 克，葡萄干 20 克。

【制作】① 分次加糖打发黄油，分次加入打散的蛋液，每次都要拌匀后再加下一次。② 加入莲蓉，用搅拌器低速打匀；放入过筛的低筋面粉、泡打粉，放入盐，用刮刀切拌均匀，加入牛奶再切拌均匀，不要划圈搅拌。③ 用勺子装杯，撒上葡萄干，排入烤盘，放入预热至 180℃的烤箱，烘烤 35 分钟左右至完全熟透即可。

【美食特色】甜咸可口，松软适度。

南瓜蛋糕

【主料】南瓜泥 130 克，面粉 70 克，鸡蛋 4 个。

【配料】玉米油 40 克，糖 30 克，柠檬汁 10 毫升，盐 2 克。

【制作】① 分离蛋清、蛋黄，在蛋清中滴几滴柠檬汁，分 3 次加入糖、盐，用打蛋器打至干性发泡。② 蛋黄打散，加入油搅匀，放入南瓜泥中拌匀，筛入低筋面粉继续轻搅拌匀，放入 1/3 的蛋清，翻拌均匀，再把剩下的蛋清倒入，翻拌均匀，制成蛋糕糊。③ 将蛋糕糊倒入模具纸杯中，排入烤盘，放入预热至 175℃的烤箱中下层，烘烤 40 分钟左右即可。

【美食特色】甜中有酸，营养丰富。

山药蛋糕

【主料】山药泥 200 克，低筋面粉 120 克，鸡蛋 5 个，牛奶 60 毫升，奶油 50 克，糖 120 克。

【配料】泡打粉 2 克。

【制作】① 山药洗净，去皮，切小块，蒸熟后取出压成泥，趁热加入牛奶和奶油拌匀。② 鸡蛋打破放入小盆中，加入糖，锅中烧温水，将装有鸡蛋液的盆放在上面，隔水加热打发 3 ~ 5 分钟。③ 将山药泥加入打发的蛋液，轻轻拌匀，加入过筛的低筋面粉和泡达粉，轻轻拌匀，分别倒入大纸杯，排入烤盘，放入预热至 165℃的烤箱中层，烘烤约 40 分钟即可。

【美食特色】甜香可口，奶味香浓。

紫菜蛋糕

【主料】鸡蛋 6 个，糖 240 克，低筋面粉 300 克，玉米胚芽油 250 克。

【配料】盐 3 克，泡打粉 4 克，紫菜 5 克。

【制作】① 紫菜用水洗净，浸透后，挤干水，切碎；鸡蛋加糖和盐混合，搅拌至糖充分溶化，筛入低筋面粉和泡打粉，搅拌均匀。② 把玉米胚芽油加入面糊中，搅拌至完全混合，加入紫菜，搅拌均匀。③ 将面糊倒入纸杯中，八分满即可，放入预热至 160℃的烤箱中，烘烤 25 分钟左右即可出炉。

【美食特色】紫菜鲜香，色泽诱人。

蓝莓蛋糕

【主料】低筋面粉 45 克，鲜奶 40 毫升，鸡蛋 3 个，油 30 克，砂糖 30 克，蓝莓干 30 克。

【配料】蜂蜜 8 克。

【制作】① 鸡蛋打破，分离蛋清、蛋黄；鲜奶与油搅拌成看不到油星的乳液，筛入低筋面粉，用翻拌的手法将低筋面粉和油乳液均匀混合，然后加入蛋黄，拌至面粉光滑。② 用打蛋器以低速将蛋液打发 1 分钟左右，加入砂糖，再调快打蛋器至最大速度，打发至筷子插上去不倒的程度即可。③ 取 1/3 的蛋清加入蛋黄糊中，轻轻翻拌，将蛋黄糊和蛋清混合，加入剩下的蛋清继续用轻轻翻拌手法混合。④ 将混合好的蛋糕糊倒入模具中，轻轻震动几下模具，排出气泡，将蓝莓与蜂蜜搅拌均匀后放入蛋糊中，放入预热至 160℃的烤箱中，烘烤 20 分钟即可。

【美食特色】口感松软，味道鲜香。

肉松夹心蛋糕

【主料】沙拉酱 100 克，肉松 100 克，鸡蛋 4 个，低筋面粉 80 克，细砂糖 80 克。

【配料】玉米油 50 克，泡打粉 3 克。

【制作】① 鸡蛋打破，分离蛋清、蛋黄；蛋黄与细砂糖 20 克混合后用打蛋器打发，分 3 次加入玉米油，每次都用打蛋器混合均匀再加下一次，加入水 50 毫升，轻轻搅拌均匀，倒入过筛后的低筋面粉和泡打粉，用橡皮刮刀翻拌均匀，制成蛋黄面糊。② 蛋清用打蛋器打至粗泡，分 3 次加入细砂糖 60 克，再把蛋清分 3 次放入蛋黄面糊里，翻拌均匀，倒入铺了锡纸的烤模里，抹平，震几下模具，排出气泡，放入预热至 180℃的烤箱中，烘烤 15 ~ 20 分钟即可。③ 准备一张油纸，把蛋糕倒在上面，趁热撕掉上面的锡纸，稍冷却后，将蛋糕对半切开，其中一块涂一层沙拉酱，然后洒满肉松，再将另一块蛋糕覆盖在上面，切成适当大小的蛋糕块即可。

【美食特色】味道咸香，松软可口。

法式海绵蛋糕

【主料】鸡蛋 6 个，低筋面粉 200 克，细砂糖 150 克。

【配料】植物油 50 克。

【制作】① 鸡蛋打入盆中，加入白糖，用隔水加热的方法搅打 15 分钟，至打发；分 3 次筛入低筋面粉，用橡皮刮刀慢慢地从底部往上翻拌，使蛋糊和面粉混合均匀。② 在搅拌好的蛋糕糊里倒入植物油，继续翻拌均匀。③ 在烤盘里铺上油纸，把拌好的蛋糕糊全部倒入烤盘，把蛋糕糊抹平，震动烤盘、排出气泡，放入预热至 180℃的烤箱，烘烤 15 ~ 20 分钟即可。

【美食特色】味道香甜，口感松软。

蜜豆麦芬蛋糕

【主料】低筋面粉 100 克，黄油 60 克，细砂糖 60 克，鸡蛋 50 克，牛奶 50 毫升，蜜豆 60 克。

【配料】柠檬 1 个，盐 2 克，泡打粉 4 克。

【制作】① 柠檬切开，挤出汁；低筋面粉和泡打粉、盐混合，过筛；黄油软化后，加入细砂糖打发至颜色发白，体积稍膨大；分 3 次加入打散的鸡蛋液，每一次都需要使鸡蛋和黄油完全融合后再加下一次。② 加入牛奶、柠檬汁，倒入过筛后的低筋面粉，用橡皮刮刀拌匀，加入蜜豆，把蜜豆和面糊拌匀，倒入模具约 2/3 满，放入预热至 185℃的烤箱，烘烤约 30 分钟即可。

【美食特色】豆香浓郁，口感松软。

【举一反三】将蜜豆换成蔓越莓，即可制成蔓越莓麦芬蛋糕。

超软巧克力麦芬

【主料】低筋面粉 85 克，黄油 60 克，细砂糖 85 克，牛奶 80 毫升，鸡蛋 1 个。

【配料】可可粉 15 克，盐 2 克，泡打粉 5 克，小苏打 3 克。

【制作】① 把低筋面粉、可可粉、泡打粉、小苏打混合过筛；黄油软化后，用打蛋器稍微打发，并加入糖粉搅匀，分 3 次加入打散的鸡蛋液，并搅拌均匀。② 倒入牛奶、过筛后的面粉，用橡皮刮刀轻轻翻拌均匀至光滑无颗粒。③ 把拌好的面糊倒入纸杯，1/2 满，放入预热至 185℃的烤箱烤焙约 30 分钟即可。

【美食特色】口感松软，巧克力浓香。

香蕉松糕

【主料】低筋面粉 150 克，细砂糖 50 克，植物油 30 克，香蕉 1 根，鸡蛋 1 个，牛奶 90 毫升。

【配料】泡打粉 3 克。

【制作】① 香蕉去皮，放入保鲜袋中，用擀面杖捣成泥；牛奶、植物油倒入盆中，打入鸡蛋，放入香蕉泥，搅拌均匀，倒入过筛后的面粉，拌匀。② 倒入纸杯中，七八分满，放入预热至 180℃的烤箱中，烘烤 15 ~ 20 分钟，表面微黄即可。

【美食特色】颜色诱人，奶味飘香。

香蕉巧克力麦芬

【主料】低筋面粉 100 克，鸡蛋 1 个，红糖 80 克，植物油 50 克，牛奶 65 毫升，熟透的香蕉 1 根。

【配料】泡打粉 8 克，小苏打 2 克，可可粉 15 克。

【制作】① 香蕉去皮，放进保鲜袋里，压成泥；低筋面粉、泡打粉、小苏打、可可粉混合过筛；鸡蛋打破，加入植物油、牛奶、红糖，轻轻搅拌均匀，再倒入压好的香蕉泥，搅拌均匀。② 加入过筛后的面粉，用橡皮刮刀翻拌至面粉全部湿润即可。③ 装入纸杯七成满，放入预热至 170℃的烤箱中层，上下火烘烤 25 ~ 30 分钟即可出炉。

【美食特色】奶味香浓，果香醇厚。

啤酒蛋糕

【主料】黄油 100 克，低筋面粉 120 克，红糖 80 克，核桃碎 60 克，黑啤酒 80 毫升，葡萄干 60 克，鸡蛋 1 个。

【配料】泡打粉 1 小勺。

【制作】① 黄油放入室温中软化后，用打蛋器搅打至颜色发白，加入红糖，继续搅打至均匀浓稠，分 3 次加入打散的蛋液并搅打均匀，每一次都要完全搅打均匀后再加下一次。② 黑啤酒 50 毫升分 3 次加入黄油蛋液中，搅匀后加入过筛的面粉与泡打粉，轻轻搅匀，加入葡萄干和核桃碎轻轻翻拌均匀，倒入蛋糕模八分满，放入预热至 170℃的烤箱中下层，烘烤 35 分钟左右即可。③ 出炉后，趁热淋上剩下的 30 毫升啤酒，待凉凉后密封放置，隔夜放两天后食用味道更佳。

【美食特色】酒香清淡，口感蓬松。

轻芝士蛋糕

【主料】奶酪 200 克，低筋面粉 35 克，黄油 35 克，砂糖 65 克，鸡蛋 6 个。

【配料】白醋 10 毫升，玉米淀粉 10 克。

【制作】① 鸡蛋打破，分离蛋清、蛋黄；奶酪隔热水打至顺滑、无粒状，分次加入融化的黄油搅拌均匀；分次加入蛋黄搅拌，每次搅拌均匀后再加下一次；筛入低筋面粉拌匀。② 蛋清中加入几滴白醋及少量的玉米淀粉，分次加入砂糖，将蛋清打至九成发。③ 模具擦一层黄油，放冰箱冻 10 分钟，再撒上一层薄薄的面粉，再次放入冰箱冷冻。④ 取 1/3 打发的蛋清放入蛋黄糊中搅拌，再加入剩下的蛋清搅拌均匀，制成蛋糕糊，倒入冷冻好的模具中，振出气泡，放入烤盘，在烤盘中加入冷水。⑤ 放入预热至 200℃的烤箱，先烤 10 分钟，上色后再转 150℃烤 1 小时左右出炉，出炉后脱模即可。

【美食特色】奶酪浓香，松软可口。

黑森林蛋糕

【主料】低筋面粉 90 克，鸡蛋 5 个，黑巧克力 150 克，色拉油 65 毫升，牛奶 65 毫升，樱桃 35 颗，淡奶油一盒。

【配料】可可粉 10 克，细砂糖 20 克，糖粉 20 克。

【制作】① 鸡蛋打破，分离蛋清、蛋黄；樱桃洗净、去核，切成两半；淡奶油、糖粉倒入盆里，用电动打蛋器打发。② 把蛋黄 100 克加入 20 克细砂糖，用打蛋器轻轻打散，依次加入色拉油和牛奶，搅拌均匀，加入过筛后的面粉和可可粉，用橡皮刮刀轻轻翻拌均匀。③ 用打蛋器把蛋清打发至干性发泡，取 1/3 蛋清放入蛋黄糊中，用橡皮刮刀轻轻翻拌均匀。翻拌均匀后，把蛋黄糊全部倒入盛蛋清的盆中，用同样的手法翻拌均匀，直到蛋清和蛋黄糊充分混合。④ 将混合好的蛋糕糊倒入模具，抹平，震动两下，排出气泡，放入预热至 170℃的烤箱中，烘烤约 1 小时，取出，立即倒扣在冷却架上直到冷却，横切成三片。⑤ 取一片蛋糕，涂上打发的鲜奶油，再铺满切成对半的樱桃，盖上第二片蛋糕，压实，涂上打发的鲜奶油，铺上樱桃，再盖上第三片蛋糕，在整个蛋糕外部涂抹上鲜奶油。⑥ 把巧克力放在盘中，隔水加热至融化，放入冰箱冷冻室 10 分钟，把凝固的巧克力取出，用勺子在上面刮，刮出大片的巧克力屑。⑦ 用橡皮刮刀铲起巧克力屑，轻轻粘在蛋糕侧面，及撒在蛋糕顶部，在蛋糕表面挤上 8 朵奶油花，放上 8 个完整的黑樱桃即可。

【美食特色】造型美观，巧克力浓香。

酒渍果粒蛋糕

【主料】低筋面粉 120 克，葡萄干 50 克，黄油 80 克，白砂糖 40 克，鸡蛋 2 个。

【配料】砧酒 20 毫升。

【制作】① 葡萄干用酒泡好；黄油室温软化，加糖打发至颜色发白，蛋打散，分次加入，搅拌均匀，筛入低筋面粉，用切拌法搅拌均匀，放入用酒泡好的葡萄干并搅拌均匀即成蛋糕糊。② 把蛋糕糊倒入模具，放入预热至 170℃的烤箱，烘烤 25 分钟，烤至表面金黄色即可出炉。

【美食特色】颜色金黄，酒味淡香。

咖啡戚风蛋糕

【主料】低筋面粉 55 克，速溶咖啡粉 40 克，砂糖 40 克，鸡蛋 3 个，植物油 40 克。

【制作】① 鸡蛋打破，分离蛋清、蛋黄；蛋黄加入 1/3 砂糖拌匀，再加入牛奶搅拌均匀，加入植物油继续搅拌，分两次筛入低筋面粉，翻拌均匀制成面糊，筛入咖啡粉，拌匀制成咖啡面糊。② 把剩下 2/3 的砂糖分两次加入蛋清中打发，取 1/3 的蛋清加入咖啡面糊中切拌均匀，再把拌好的咖啡面糊倒入剩下的蛋清中，翻拌均匀。③ 将拌好的面糊倒入模具中，放入预热至 150℃的烤箱下层，上下火，烘烤 85 分钟，出炉后将蛋糕倒扣在烤网上凉凉即可。

【美食特色】咖啡味浓，松软味香。

酸奶奶酪蛋糕

【主料】奶油乳酪 100 克，酸奶 100 克，鸡蛋 2 个，牛奶 50 克，低筋面粉 38 克，细砂糖 40 克。

【制作】① 奶油乳酪放入大碗里，倒入酸奶和牛奶，放入料理机中，搅打 1 分钟，搅打成细腻、无颗粒、浓稠的液体；鸡蛋打破，分离蛋清、蛋黄，蛋黄加入奶酪酸奶糊里，搅拌均匀；低筋面粉过筛，加入奶酪到酸奶糊，搅拌成面糊，将面糊再过一次筛。② 细砂糖分 3 次加入蛋清中，打发蛋清，搅打至干性发泡；取 1/3 的蛋清加入酸奶奶酪面糊里，上下翻拌均匀。③ 把酸奶奶酪面糊倒入剩下的蛋清里，用同样的手法翻拌均匀。④ 在乳酪模具中抹上薄薄一层油，将面糊倒入模具里，用力震几下，排出气泡，放入预热至 110℃的烤箱中层，上下火烘烤 60 ~ 70 分钟，烤好的蛋糕冷却后，放入冰箱冷藏至少 4 小时再吃。

【美食特色】酸甜可口，松软适中。

年轮蛋糕

【主料】低筋面粉 65 克，牛奶 70 毫升，白砂糖 50 克，鸡蛋 4 个，色拉油 50 毫升，吉士粉 25 克。

【配料】果酱 35 克，白醋 10 毫升。

【制作】① 低筋面粉、吉士粉过筛两次；牛奶加入少量白砂糖搅拌至糖融化，加入植物油搅拌均匀，呈米汤状，筛入粉类继续搅拌，再加入蛋黄搅拌均匀。② 蛋清加入白醋打至粗泡，再加入白糖打至湿性发泡，取 1/3 蛋清与蛋黄糊混合拌匀，再倒入剩下的蛋清继续切拌均匀。③ 烤盘内铺油纸，倒入蛋糕面糊，放入预热至 150℃的烤箱中下层，烘烤 40 分钟左右即可。

【美食特色】造型独特，酸甜可口。

提子蛋糕

【主料】低筋面粉 70 克，奶粉 50 克，鸡蛋 2 个，糖 70 克，黄油 30 克，提子 60 克。

【配料】水 65 毫升。

【制作】① 鸡蛋打破，分离蛋清、蛋黄；在蛋黄中加入软化好的黄油、奶粉搅拌均匀，依次加入水、过筛的低筋面粉、提子，轻轻搅拌均匀，制成面糊。② 糖分 3 次加入蛋清中，打发蛋清，打至提起打蛋器，蛋清可以拉出短小直立的尖角。③ 取 1/3 蛋清放入面糊中，翻拌均匀，再把拌匀的面糊全部倒入剩下的蛋清盆中，继续翻拌均匀。④ 倒入涂了油的模具中，放入预热至 175℃的烤箱，烘烤 35 分钟左右即可。

【美食特色】松软适度，甜香可口。

红枣奶油蛋糕

【主料】低筋面粉 120 克，红枣 80 克，鸡蛋 4 个，红糖 90 克。

【配料】色拉油 30 克，盐 2 克，朗姆酒几滴。

【制作】① 去核红枣温水浸泡，水没枣即可，然后煮至枣软烂，连枣带水倒入料理机，打成泥状。② 取 80 克枣泥，加色拉油、盐，充分拌匀；鸡蛋加红糖搅拌均匀，加朗姆酒几滴，坐热水盆低速打至糖化，转高速打到蛋糊花纹明显；面粉少量多次筛到蛋糊中，快速翻拌均匀，制成面糊。③ 取少量面糊加到枣泥中，快速拌匀，制成枣泥糊，再将枣泥糊倒入蛋糊中，拌匀。④ 倒入烤盘，震出气泡，放入预热至 180℃的烤箱中层，烘烤 18 分钟左右，放凉后脱模切块装饰。

【美食特色】枣香醇厚，松软甜香。

奶油苹果蛋糕

【主料】低筋面粉 85 克，牛奶 60 毫升，鸡蛋4个，苹果碎 50 克，细砂糖 65 克，油 60 克。

【配料】盐 1 克。

【制作】① 鸡蛋打破，分离蛋清、蛋黄；蛋黄打散，依次加入牛奶、油，搅拌均匀，再加入过筛的低筋面粉拌匀备用。② 蛋清中加入盐，分 3 次加入糖，打发至湿性发泡，把 1/3 蛋清加入蛋黄糊中拌匀，再将剩余的蛋清加入搅拌均匀，最后加入苹果碎拌匀。③ 将拌好的面糊倒入铺好油纸的烤盘中，放入预热至 160℃的烤箱中层，上下火烘烤 20 分钟。④ 烤好后，倒扣放凉，揭去油纸，再将蛋糕卷放在一张新的油纸上，在蛋糕上抹上奶油，卷成卷，最后放在冰箱冷藏 10 分钟，取出后切块即可。

【美食特色】果肉松软，奶味香浓。

杧果奶酪蛋糕

【主料】鸡蛋 3 个，低筋面粉 150 克，奶酪 250 克，细砂糖 100 克，奶油 100 克，杧果丁 150 克。

【配料】酸奶 50 毫升，泡打粉 2.5 克。

【制作】① 奶酪、奶油放入盆中，搅拌至光滑无颗粒状，加入细砂糖拌匀，再将打散的鸡蛋液分数次加入拌匀，加入过筛后的粉类拌匀，加入酸奶、杧果丁拌匀即成面糊。② 将面糊倒入模具中，放入预热至 170℃的烤箱烘烤 45 分钟即可出炉。

【美食特色】果味鲜美，奶酪浓香。

南瓜戚风蛋糕

【主料】南瓜泥 100 克，低筋面粉 80 克，玉米油 50 克，鸡蛋 5 个，糖 60 克，

【配料】椰蓉 20 克，白芝麻 8 克，白醋 10 毫升，盐 2 克。

【制作】① 鸡蛋打破，分离蛋清、蛋黄，取蛋黄 80 克，蛋清 100 克备用。② 蛋黄打匀，一点点加入玉米油，搅打均匀，加入南瓜泥打匀，筛入低筋面粉切拌均匀。③ 蛋清中加入几滴白醋、适量盐，分 3 次加入糖，搅打至硬性发泡，分 3 次加入蛋黄糊中，翻拌均匀，倒入铺了油纸的烤盘中，用力震几下，排出气泡。④ 表面撒上椰蓉、白芝麻，放入预热至 175℃的烤箱中层，烘烤 20 分钟左右，出炉后倒扣，放凉、撕去油纸切块即可。

【美食特色】瓜味香浓，酸甜可口。

桑葚戚风蛋糕

【主料】鸡蛋 5 个，低筋面粉 70 克，牛奶 70 毫升，糖 70 克，油 70 克。

【配料】桑葚 30 克，柠檬汁 15 毫升。

【制作】① 鸡蛋打破，分离蛋清、蛋黄；蛋黄里加入油、牛奶，拌匀，再筛入低筋面粉翻拌均匀，放入桑葚，拌匀，制成蛋糕糊。② 在蛋清中加入几滴柠檬汁，分 3 次加入糖，

打发蛋清，直到把蛋清搅拌成干性发泡，分3次把搅拌好的蛋清放入面糊里，用橡皮刮刀按不规则方向，上下翻拌均匀，倒入蛋糕模中，用力震几下，排出气泡，放入预热至180℃的烤箱中下层，烘烤40分钟左右即可。③ 烤好的蛋糕立即取出倒扣，冷却后脱模、切小块即可食用。

【美食特色】甜中有酸，松软可口。

香橙戚风蛋糕

【主料】鸡蛋5个，低筋面粉80克，白砂糖30克，油40克，鲜榨橙汁80毫升。

【制作】① 鸡蛋打破，分离蛋清、蛋黄；蛋黄加入油、低筋面粉、白砂糖、橙汁搅拌均匀。② 蛋清打至硬性发泡，将蛋黄糊和蛋清糊混合拌匀。③ 倒入模具，放入预热至140℃的烤箱，烘烤1小时，出炉倒扣烤网上放凉，脱模。

【美食特色】橙味鲜美，松软甜香。

古典巧克力蛋糕

【主料】黑巧克力80克，鸡蛋3个，低筋面粉40克，糖粉100克，黄油70克，鲜奶油50毫升。

【配料】可可粉20克，盐2克，小苏打2克，薄荷叶2片，牛奶5毫升，油适量。

【制作】① 鸡蛋打破，分离蛋清、蛋黄；黑巧克力掰成小块，与黄油一同置于碗中，隔水加热，用小勺边加热边搅拌，至完全溶化后，取出坐于冷水中冷却至35℃左右。② 取蛋黄、糖30克入盆中，用打蛋器搅打均匀，倒入巧克力溶液，再加入牛奶，用打蛋器搅打均匀。③ 另取盆，入蛋清用搅拌机打起粗泡，分3次加入60克糖，打至七分发，取1/3打发蛋清，与巧克力糊混合，搅拌均匀。④ 将可可粉、低筋面粉、小苏打混合过筛，筛入盆中，快速搅拌至没有干粉的状态，加入剩余的蛋清，用橡皮刮刀轻轻翻拌均匀。⑤ 模具底部包好锡纸，将蛋糕糊倒入模具中，刮平表面，用力震动排出气泡，放入预热至170℃的烤箱中层，下层烤盘注水，以上下火烘烤50分钟左右，冷却后分切装盘，表面筛上糖粉做装饰即可。

【美食特色】味道丰富，巧克力香浓。

巧克力核桃海绵蛋糕

【主料】鸡蛋10个，细砂糖310克，低筋面粉248克，全脂鲜奶100毫升，沙拉油55可，可可粉100克。

【配料】小苏打5克。

【制作】① 沙拉油以中火加热至有油纹，倒入过筛的可可粉拌匀成热可可油备用。② 鸡蛋、细砂糖放入搅拌缸中以高速搅拌，至蛋液体积变大、颜色变白、有明显纹路，转中速继续拌，打至中性发泡。③ 低筋面粉过筛2次，加入打好的鸡蛋中拌匀成面糊；分次将可可油和面糊混合，翻拌均匀，加入全脂鲜奶拌匀。④ 在烤盘上铺上油纸，倒入面包糊，震荡几下、排出气泡，再抹平面糊表面，放入烤箱，以上火190℃、下火140℃烘烤约25分钟，至轻拍蛋糕表面蓬松有弹性即可出炉，置于凉架上凉凉即可。

【美食特色】松软可口，奶味浓香。

黑枣蛋糕

【主料】黄油100克，低筋面粉70克，糖粉50克，鸡蛋1个，黑枣50克。

【配料】泡打粉3克，盐2克。

【制作】① 黑枣去核、切碎；黄油软化后，加入糖粉、盐，打至颜色发白，体积变大。② 分四次加入鸡蛋液，每次都要搅拌至鸡蛋和黄油完全融合再加入下一次。③ 面粉和泡打粉混合过筛到黄油里，搅拌均匀，然后加入黑枣碎，搅拌均匀成为蛋糕糊。④ 把蛋糕糊倒入模具，七分满，放入预热至165℃的烤箱下层，烘烤25 ~ 30分钟即可。

【美食特色】枣香浓厚，甜香适口。

贝壳蛋糕

【主料】鸡蛋2个，低筋面粉50克，黄油

50克，细砂糖50克。

【配料】抹茶粉2克，泡打粉1.5克，盐2克。

【制作】① 鸡蛋室温打散，加入细砂糖充分搅匀，加入过筛的低筋面粉、泡打粉和盐拌匀成泥状。② 加入抹茶粉搅拌均匀，再加入融化的黄油。搅匀后，放入冰箱冷藏3小时。③ 模具先涂油再洒粉处理，用小勺子倒入事先处理过的模具中，约八分满，放入预热至180℃的烤箱，中层，上下火，烘烤15分钟，出炉后翻过来凉凉即可。

【美食特色】造型独特，颜色鲜艳。

柠檬蛋糕

【主料】低筋面粉150克，鸡蛋4个，黄油60克，白砂糖130克，柠檬汁50毫升。

【制作】① 将鸡蛋与白砂糖混合，用搅拌器高速打发制成蛋糊。② 黄油加热，使其溶化成液态。③ 在低筋面粉中加入蛋糊，搅拌均匀成面糊，在面糊中加入融化的黄油（留少量备用）和柠檬汁搅拌均匀。④ 将烤箱预热至180℃，在模具中铺好油纸，再刷上一层剩下的黄油，倒入面糊，放入烤箱下层烤制20～30分钟后即可取出。

【美食特色】酸甜可口，松软适中。

无水蛋糕

【主料】鸡蛋4个，低筋面粉100克，白砂糖45克。

【配料】白醋10毫升。

【制作】① 鸡蛋打破，分离蛋清、蛋黄；蛋黄中加入白砂糖15克，打匀；蛋清中滴几滴白醋，分3次加入30克白糖，用打蛋器打至干性发泡。② 取1/3蛋清，放入蛋黄液中，拌匀。再把拌好的混合物倒入蛋清中，用刮板翻拌均匀，筛入面粉，翻拌均匀成蛋糕糊。③ 倒入蛋糕模具中，排入烤盘，放入预热至170℃的烤箱中层，烘烤25分钟即可。

【美食特色】味道香甜，口感松软，颜色鲜艳。

松子蛋糕

【主料】低筋面粉160克，细砂糖120克，沙拉油80克，鲜奶100克，鸡蛋2个。

【配料】松子20克，即溶咖啡粉12克，水12毫升，泡打粉3可，小苏打2克。

【制作】① 即溶咖啡加水，用小汤匙调匀呈咖啡液；鸡蛋加细砂糖用打蛋器搅匀，再加入沙拉油搅拌均匀。② 将鲜奶和咖啡液分别加入鸡蛋液中，搅成均匀的液体状，筛入低筋面粉、泡打粉及小苏打粉，用橡皮刮刀以不规则方向轻轻搅拌呈均匀的面糊。③ 用汤匙将面糊舀入纸膜内约七分满，并在面糊表面放上适量的松子。④ 烤箱预热后，以上火190℃，下火180℃烘焙25～30分钟即可。

【美食特色】奶香浓厚，营养丰富。

原味蛋糕

【主料】鸡蛋3个，低筋面粉90克。

【配料】糖50克。

【制作】① 鸡蛋打破，分离蛋清、蛋黄。② 将三个蛋黄、20克糖搅拌均匀。③ 三个蛋清、30克糖用打蛋器打发。④ 取1/3的蛋清加入蛋黄中搅拌均匀，再倒入剩下的蛋清，继续搅拌。⑤ 筛入低筋面粉翻拌均匀，倒入蛋糕模具中。⑥ 放入预热至180℃的烤箱中层，上下火烘烤25分钟即可。

【美食特色】口感松软，蛋香十足。

枸杞蛋糕

【主料】低筋面粉100克，糖70克，牛奶85毫升，鸡蛋5个，油20克。

【配料】盐3克，枸杞15克。

【制作】① 鸡蛋打破，分离蛋清、蛋黄；蛋清加入少许盐，分3次加入糖40克，打至干性发泡；蛋黄里倒入糖30克、油、奶，低速打10秒。② 将低筋面粉和玉米淀粉筛入蛋黄里，再倒入泡软的枸杞，低速打30秒。③ 取1/3的蛋清，加入面糊中，用刮刀翻拌均匀，然后再加入剩下的蛋清，继续拌匀。④ 将面糊倒入模具中，刮平，用力震出气泡，放入预热至 145℃的烤箱中层，上下火烘烤 40 ~ 45 分钟，烤好后，单上火再加固烤 1 分钟即可出炉。⑤ 蛋糕出炉后，倒扣在烤网上，待蛋糕凉、脱模即可。

【美食特色】口感松软，营养丰富。

椰香蛋糕

【主料】鸡蛋 6 个，细砂糖 50 克，椰浆 40 克，玉米油 45 克，低筋面粉 90 克，

【配料】椰蓉 30 克。

【制作】① 鸡蛋打至起粗泡，一次加入细砂糖，将鸡蛋打至干性发白，加入椰浆、玉米油搅拌均匀后加入面粉，搅拌均匀。② 倒入铺好油纸的烤盘，用力震几下，排出气泡，放入预热至 150℃的烤箱中层，上下火烘烤 20 分钟，出炉后揭开周围油纸，涂上果酱，撒上椰蓉，切成块状即可。

【美食特色】椰香浓郁，口感松软。

蜜桂圆蛋糕

【主料】蜜桂圆肉 200 克，糖粉 150 克，奶油 216 克，鸡蛋液 150 克，蛋黄 60 克，低筋面粉 187 克

【配料】泡打粉 5 克，糖浆 20 克。

【制作】① 糖粉、奶油混合搅拌至奶白色，加入鸡蛋液、蛋黄拌匀，再倒入过筛的低筋面粉、泡打粉，再加入糖浆拌至透彻纯滑，加入蜜桂圆肉后再拌匀。② 将拌好的面糊倒入耐高温纸杯至八分满，在表面放一些装饰食物。③ 放入预热好的烤箱，以上火 160℃、下火 140℃烘烤 30 分钟左右即可。

【美食特色】桂圆甜香，松软可口。

鲜奶油蛋糕

【主料】鸡蛋 3 个，低筋面粉 90 克，鲜奶油 200 克，奶酪 100 克，橄榄油 50 克，白砂糖 60 克。

【配料】泡打粉 3 克，塔塔粉 2 克。

【制作】① 鸡蛋打破，分离蛋清、蛋黄；蛋黄搅散后加入糖、水 50 毫升、橄榄油，搅拌至无颗粒，再筛入低筋面粉、泡打粉，搅拌成有流动性的面糊。② 在蛋清里放塔塔粉，用打蛋器打至出粗泡，加入小份白糖，续打至出细泡，再加入剩下的白糖，打至硬性发泡状态，打蛋器上挑起的蛋清很坚挺即可。③ 取 1/3 蛋清加入面糊中稍拌，再将剩下的蛋清加入拌均匀，放入预热至 180℃的烤箱，烘烤 40 分钟左右即可。

【美食特色】奶味浓厚，香甜可口。

双层芝士蛋糕

【主料】奶油奶酪 250 克，蓝莓果酱 60 克，杧果果酱 30 克，原味酸奶 70 克，消化饼干 90 克，黄油 35 克，鸡蛋 2 个，白砂糖 30 克。

【配料】蓝莓、草莓各适量。

【制作】① 消化饼干掰碎放到保鲜袋里，用擀面杖擀成粉末；鸡蛋打破，打匀。② 炒锅置火上烧热，放入黄油 35 克融化后，下入饼干碎翻炒 2 分钟，起锅倒入模具中，压实后放凉。③ 奶油奶酪室温放软，加入白砂糖，用打蛋器把奶酪搅拌至丝滑无颗粒，加入酸奶、蛋液搅拌均匀，分成 1:3 的两份，分别加入杧果果酱和蓝莓果酱，制成果酱奶酪糊。④ 把蓝莓奶酪糊、杧果奶酪糊分别倒入已经铺好饼干底的模具中，在烤盘中倒入一半清水，放入预热至 160℃的烤箱中下层，上下火烘烤 1 小时。⑤ 烤好的芝士蛋糕凉凉后放入冰箱冷藏 4 小时以上，取出脱模，将小芝士蛋糕放在大蛋糕的上面，根据自己喜好用蓝莓、草莓进行装饰即可。

【美食特色】造型美观，口味香浓。

香草布丁蛋糕

【主料】奶油奶酪 100 克，黄油 75 克，牛奶 105 克，蛋黄 20 克，细砂糖 40 克。

【配料】砂糖 15 克，香草粉 3 克，玉米淀粉 15 克，低筋面粉 10 克，柠檬汁 8 毫升，

蛋清 50 克。

【制作】① 奶油奶酪、黄油、牛奶放入碗中，隔水加热至软；蛋黄、砂糖搅拌均匀，再加入过筛的低筋面粉、玉米淀粉、香草粉、搅拌均匀后，倒入奶油奶酪中搅拌均匀。② 将蛋清、细砂糖、柠檬汁一起打发成湿性发泡，倒入面粉中搅拌均匀，制成起司面糊。③ 取出烤杯，并在杯内抹一层黄油，倒入起司面糊，八分满，倒入适量的冷水在烤盘中，将烤杯放在烤盘上面，放入预热至 160℃的烤箱下层，烘烤 25 分钟即可。

【美食特色】味道清香，酸甜可口。

香草奶油蛋糕

【主料】低筋面粉 200 克，动物性黄油 150 克，白砂糖 150 克，酸奶 100 克，鸡蛋 2 个，香草酱 50 克。

【配料】泡打粉 10 克。

【制作】① 低筋面粉、泡打粉混合过筛；取无水无油的盆打发黄油，加入白糖、香草酱继续打发。② 慢慢打入鸡蛋拌匀，再加入酸奶继续搅拌；放入低筋面粉、泡打粉，用橡皮刀拌匀，倒入 8 寸蛋糕模。③ 放入预热至 180℃的烤箱，烘烤 45 分钟左右，脱模放在网架上凉凉即可。

【美食特色】味道酸香，口感松软。

葱味肉松蛋糕

【主料】鸡蛋 4 个，细砂糖 60 克，色拉油 40 克，牛奶 60 毫升，低筋面粉 100 克。

【配料】葱 10 克，肉松 25 克。

【制作】① 鸡蛋打破，分离蛋清、蛋黄；葱绿切末；烤盘铺好油纸。② 蛋清打至粗泡，一次性加入糖打至中性发泡；蛋黄、色拉油、牛奶用打蛋器打至粗泡，加入糖，筛入低筋面粉，用刮刀拌匀。③ 取 1/3 蛋清糊加入蛋黄糊内切拌均匀，剩余的蛋清糊也用同样方法加入蛋黄糊内切拌均匀。④ 加点儿肉松末到油纸上，然后将面糊倒入烤盘，用刮板刮平表面，最后将葱末和肉松撒到面糊上，放入预热至 150℃的烤箱中层，烘烤 20 ~ 25 分钟即可出炉。⑤ 蛋糕出炉立刻扣在准备好的油布上，撕掉蛋糕上的油纸，趁热将擀面杖卷起底部的油布，然后一点点卷起蛋糕卷，定型后切片即可食用。

【美食特色】葱香味美，甜香可口。

红蜜豆奶油蛋糕

【主料】低筋面粉 100 克，鸡蛋 5 个，牛奶 50 毫升，植物油 50 克，红蜜豆 50 克，糖 50 克，淡奶油 40 克。

【配料】盐 2 克，醋 10 克。

【制作】① 鸡蛋打破，分离蛋清、蛋黄；蛋黄中加入牛奶打匀，再加入植物油继续搅打均匀后，筛入低筋面粉，用橡皮刮刀上下切拌均匀。② 蛋清中加入少许盐、几滴白醋打发成鱼眼泡，分 3 次加入糖，打至干性发泡。③ 将打好的 1/3 蛋清加入蛋黄糊中切拌匀匀，再加入剩下的蛋清继续切拌，倒入铺了油纸的烤盘中，用力震几下，排出气泡，放入预热至 170℃的烤箱，烘烤 25 分钟左右，出炉后倒扣放凉，撕去油纸。④ 淡奶油打发，涂抹在蛋糕体上，铺上一层红蜜豆。⑤ 借助擀杖将蛋糕卷起，卷好后放冰箱定型半个小时左右，取出后切块食用。

【美食特色】味道丰富，口感松软。

巧克力腰果蛋糕

【主料】鸡蛋 1 个，砂糖 18 克，低筋面粉 12 克，牛奶 25 毫升，鲜奶油 25 克，腰果 20 克，白巧克力 45 克。

【配料】可可粉 6 克，糖浆 5 克，黄油 10 克。

【制作】① 鸡蛋打入碗中，慢慢加入砂糖，用打蛋器搅打呈丝带状；面粉、可可粉混合后筛入蛋糊中，用打蛋器翻拌均匀。② 黄油 5 克隔水融化，加入牛奶搅拌，当牛奶和黄油完全融合后，再加入 1/3 拌好的面粉拌匀，再加入剩下的面粉继续翻拌均匀。③ 烤盘上铺上油纸，将将拌好的面糊倒入烤盘，震动几下，排出气泡，放入预热至 190℃的烤箱，烘烤15～20分钟，取出冷却。④巧克力切碎，和黄油5克一起隔水融化，再加入奶油和糖浆拌匀，均匀地抹在蛋糕表面，然后再撒上碎腰果，卷成蛋糕卷，用保鲜膜包住，放冰箱中冷藏1小时，至奶油巧克力凝固，取出切片即可食用。

【美食特色】巧克力浓香，味道鲜美。

巧克力布丁蛋糕

【主料】黑巧克力60克，黄油60克，鸡蛋1个，面粉12克，细砂糖30克。

【配料】蛋黄25克。

【制作】①巧克力、黄油隔热水融化，搅拌均匀。②鸡蛋、蛋黄和砂糖用蛋抽打至稍浓稠，加入面粉，打匀。将混合物倒入巧克力溶液中，拌匀。③在模具内壁刷一层油，沾一层细砂糖。将巧克力混合物倒入模具，放入预热至190℃的烤箱中层，烘烤10分钟左右。出炉后待稍凉，用小刀沿蛋糕边缘划一圈，倒扣脱模即可。

【美食特色】甜香可口，味道香浓。

玛德琳蛋糕

【主料】低筋面粉50克，黄油40克，细砂糖35克，鸡蛋液50克。

【配料】泡打粉3克，柠檬皮屑适量。

【制作】①柠檬皮切碎，加砂糖腌制过夜；鸡蛋打破；粉类过筛。②鸡蛋液加入过筛的粉类，用打蛋器搅至均匀。③黄油用微波炉热至完全液化，倒入面糊中，搅匀成黏稠的糊状，倒入模具，排入烤盘，放入预热至200℃的烤箱中层，烘烤10分钟即可。

【美食特色】味道清香，口感松软。

咖啡蛋糕

【主料】鸡蛋4个，面粉100克，淡奶80毫升，细砂糖80克，

【配料】咖啡粉12克，油20毫升。

【制作】①鸡蛋打破，分离蛋清、蛋黄；用打蛋器将蛋清打至干性发白，然后再加入细砂糖打至糖溶，加入咖啡粉搅打均匀。②蛋黄搅匀，然后与奶、油继一同搅匀，逐步加入面粉搅拌均匀。③将一半蛋清糖倒入蛋黄浆中搅拌均匀，然后再倒入剩下的一半蛋清糖搅匀。④在烤盘上抹一层油，然后将搅拌均匀的浆慢慢倒在烤盘中，放入预热至175℃的烤箱，以175～120℃烘烤15～20分钟即可。

【美食特色】咖啡味香浓，松软可口。

酸奶蛋糕

【主料】酸奶200克，鸡蛋4个，黄油45克，低筋面粉40克，玉米淀粉25克，白砂糖30克。

【配料】柠檬半个。

【制作】①鸡蛋打破，分离蛋清、蛋黄；黄油隔水融化，加入酸奶拌匀，分次加入蛋黄拌匀，筛入混合好的低筋面粉和玉米淀粉，将蛋黄糊搅拌均匀。②柠檬挤汁，取几滴加入蛋清里，分3次加入糖，打至干性发泡。③取1/3蛋清加入蛋黄糊中拌匀，再加入剩下的蛋清切拌均匀，倒入模具，用力震一下，排出气泡。④烤盘内加2/3的水，将模具置于烤盘内，放入预热至170℃的烤箱中层，烘烤1小时，烤好后自然冷却脱模即可。

【美食特色】酸甜可口，开胃消食。

草莓蛋糕卷

【主料】鸡蛋液200克，蛋黄80克，细砂糖100克，中筋面粉55克，黄油35克，淡奶油100克。

【配料】玉米淀粉17克，泡打粉3克，糖浆10克，糖粉16克，炼乳25克，草莓10颗。

【制作】①黄油与糖浆混合，用微波加热溶解；草莓洗净，切丁；中筋面粉、玉米淀粉和泡打粉混合过筛。②鸡蛋液、蛋黄、细砂糖隔热水中速打发，直到浓稠发白，加入黄油糖浆溶液，继续打匀，分3次加入粉类，用橡皮刮刀轻轻切拌均匀。③倒入烤盘，放

入预热至 170℃的烤箱第二层，烘烤 15 分钟左右，出炉，倒扣在另一张油纸上，待凉。④ 将淡奶油、糖粉、炼乳一起打发，均匀涂在冷却的蛋糕上，撒上草莓丁，连同油纸扶起蛋糕体，边卷边收起油纸，放入冰箱定型后，取出切片即可食用。

【美食特色】果香浓郁，造型独特。

咖啡奶酪蛋糕

【主料】消化饼干 100 克，融化黄油 40 克，奶油奶酪 200 克，鸡蛋 2 个，淡奶油 60 克，浓黑咖啡 40 克，糖 30 克。

【配料】碎核桃仁 20 克，黑巧克力 20 克，牛奶 20 克，玉米淀粉 20 克，朗姆酒 15 毫升。

【制作】① 鸡蛋打破，分离蛋清、蛋黄；饼干、核桃仁均碾碎；放入室温软化的黄油，平铺模具底部，压紧，放冰箱备用。② 奶酪软化、打至顺滑，分两次加入蛋黄，搅打均匀，再加入淡奶油打匀；牛奶和黑巧克力隔水融化，加入奶酪糊中搅打均匀；再加入黑咖啡和朗姆酒，筛入玉米淀粉拌匀，制成奶酪糊。③ 蛋清分次加糖打至湿性发泡，取 1/3 的蛋清加入奶酪糊切拌均匀，再加入剩下的蛋清拌匀，倒入模具中，放入预热至 150℃的烤箱，隔水烘烤 1 小时，烤好不脱模放凉，冰箱冷藏一夜后脱模即可。

【美食特色】咖啡味浓郁，奶酪香甜。

花生酱蛋糕卷

【主料】鸡蛋 4 个，低筋面粉 80 克，白砂糖 80 克，色拉油 50 克，牛奶 50 克，花生酱 50 克。

【配料】泡打粉 3 克。

【制作】① 鸡蛋打破，分离蛋清、蛋黄；蛋清分 3 次加入白砂糖 60 克，打发至湿性发泡的状态，放入冰箱中冷藏备用。② 蛋黄加入白砂糖 20 克，用打蛋器打发到体积膨大，状态浓稠，颜色变浅时分 3 次加入色拉油，拌至蛋黄和油脂完全融合，再加入牛奶，搅拌均匀，把低筋面粉和泡打粉混合，筛入蛋黄里，轻轻搅拌均匀。③ 从冰箱中取出打发好的蛋清，分 3 次加入蛋黄盆里拌匀，倒入铺锡纸的烤盘中，抹平、并用力震几下，排出气泡，放入预热至 120℃的烤箱中，烘烤 10 分钟至表面金黄色，取出。④ 把蛋糕倒在新油纸上，趁热撕去蛋糕上的锡纸，待蛋糕稍冷却后，翻过来，使表面重新朝上，在蛋糕表面抹上一层花生酱，卷起来，用保鲜膜把裹住，两头拧紧，放入冰箱冷藏 30 分钟定型后，即可切开食用。

【美食特色】花生酱香浓，松软可口。

平底锅蛋糕

【主料】鸡蛋 2 个，白砂糖 60 克，低筋面粉 50 克，色拉油 20 克，橙汁 20 克。

【配料】泡打粉 1 克，塔塔粉 1 克。

【制作】① 鸡蛋打破，分离蛋清、蛋黄；蛋黄中加入白砂糖 20 克，倒入橙汁，搅拌好，加入色拉油，继续搅拌均匀，低筋面粉和泡打粉混合过筛，倒入蛋黄糊中，搅拌均匀。② 蛋清加入塔塔粉，分两次加入 40 克白砂糖，用打蛋器打至硬性发泡。③ 将 1/3 的蛋清糊倒入蛋黄面糊中，自下而上搅拌均匀，再加入剩下的蛋清糊，用同样的方法搅拌均匀。④ 不粘锅中放入两个饼干模具，饼干模具内壁涂上油，模具烤热后，倒入蛋糕面糊至饼干模的五分满，慢慢用中小火煎熟即可。

【美食特色】造型独特，颜色鲜艳。

甜点

咖啡慕斯

【主料】酸奶 300 毫升，低筋面粉 60 克，鸡蛋 5 个，玉米淀粉 36 克，速溶咖啡 65 克，牛奶 200 克，奶油 200 克，糖 40 克。

【配料】盐 3 克，白醋 10 克，吉利丁片 3 片，巧克力碎少许。

【制作】① 鸡蛋打破，分离蛋清、蛋黄；蛋黄打散后和酸奶混合均匀，加入过筛的低筋面粉，玉米淀粉，混合均匀。② 蛋清打至近干性发泡，分次放入蛋黄糊中，切拌均匀，倒入模具，放入预热至 150℃的烤箱中下层，烘烤 1 小时左右，出炉后倒扣，凉后脱模。③ 速溶咖啡和牛奶混合均匀，加入用水泡软的吉利丁片，加热混合均匀，奶油打至 6 成发。④ 将奶油和牛奶咖啡液混合均匀制成慕斯糊，铺上一层蛋糕片，倒入 1/2 的慕斯糊，再铺一层蛋糕片，倒入剩下的慕斯糊，放入冰箱冷藏过夜后，表面撒上巧克力碎即可。

【美食特色】咖啡浓香，入口即化。

提拉米苏慕斯

【主料】戚风蛋糕 2 片，马斯卡彭 231 克，奶油 85 克，绵白糖 75 克，牛奶 60 毫升，鸡蛋 2 个，草莓 20 颗。

【配料】鱼胶粉 14 克

【制作】① 马斯卡彭、蛋黄、绵白糖、奶油倒在一起，隔水加热成无颗粒的奶酪糊。② 鸡蛋打破，分离蛋清、蛋黄；蛋清打到湿性发泡，倒入奶酪糊拌匀，制成慕斯馅。③ 鱼胶粉加牛奶浸湿后隔水加热融化，倒入慕斯馅拌匀。④ 取一片戚风蛋糕放入蛋糕模，在蛋糕上排列上草莓，倒入一部分慕斯馅，盖住草莓，盖上另一片戚风蛋糕，倒入剩余慕斯馅后放入冰箱冷藏，取出后脱模即可。

【美食特色】香滑甜腻，美味可口。

玫瑰巧克力慕斯

【主料】奥利奥饼干 1 包，白巧克力 100 克，淡奶油 250 克，牛奶 50 毫升，黄油 30 克，果膏 20 克。

【配料】吉利丁片 2 片，玫瑰花瓣适量。

【制作】① 奥利奥饼干用擀面杖压碎，加入隔水融化的黄油，搅拌均匀，放入模具底部，用干净的平底杯子压实，放冰箱冷藏备用。② 奶油倒在盆中打发；白巧克力剪成小块，放碗里，隔水加热至溶解；吉利丁片剪开放在冰水中浸泡，隔水加热溶解成水。③ 打发的淡奶油里加入牛奶混合均匀，把吉利丁水和巧克混合好，再和奶油混合均匀，制成巧克力慕斯糊。④ 在饼干上倒入慕斯糊，凝固 1 小时后在表面刷上一层果膏，放冰箱冷藏一个晚上，取出后脱模，再用玫瑰花瓣适当装饰即可。

【美食特色】造型浪漫，味道温和。

红枣布丁

【主料】红枣 250 克，白砂糖 100 克，淀粉 150 克，淡乳 500 克。

【配料】蜂蜜 50 克。

【制作】① 红枣洗净后放入锅中煮烂，去皮、核，留肉、汁备用。② 把白糖、蜂蜜、淀粉慢慢放入红枣汁中煮开，边煮边搅以免粘锅结块。③ 将淡乳与枣肉倒进锅中搅匀，冷却后放入冰箱中即可。

【美食特色】色泽深红，细嫩柔软。

红薯布丁

【主料】牛奶313毫升，动物性鲜奶油188克，细砂糖157克，鸡蛋液250克，红薯泥188克，蛋黄40克。
【配料】盐3克。
【制作】①将牛奶、动物性鲜奶油、细砂糖、盐一起放入锅内后，加温至40℃左右，倒入鸡蛋和蛋黄拌匀，过筛两次备用。②红薯泥过筛，倒入锅中，继续加热至70℃后，静置30分钟再倒入模型中。③放入预热至150℃的烤箱上层，烘烤约50分钟后，呈现凝结状态即可取出。
【美食特色】造型多样，味道鲜美。

香蕉布丁

【主料】鸡蛋液100克，牛奶220毫升，香蕉泥50克。
【配料】白糖30克。
【制作】①鸡蛋液和糖一起用打蛋器打散，加入香蕉泥搅拌；牛奶烧至微沸，慢慢地冲入香蕉泥混合物中，边倒边搅拌即成布丁液。②将布丁液过滤三次，倒入小碗中，把液体上的小泡沫舀走。③烤盘里倒上温水，温水中放入小碗，隔水烘烤，以150℃烘烤45分钟至表面凝固，轻轻碰触有弹性即可出炉，放入冰箱冷藏味道更好。
【美食特色】果味浓香，口感嫩滑。
【举一反三】将香蕉泥换成南瓜泥，即可制成南瓜布丁。

米饭布丁

【主料】鸡蛋液100克，米饭100克，牛奶800毫升，白砂糖30克。
【配料】桂皮粉3克，葡萄干15克，牛油5克。
【制作】①锅中倒入米饭、牛奶、葡萄干和白砂糖搅匀，用小火焖煮5分钟，冷却后倒入蛋液搅拌。②在碗中涂上牛油，倒入拌好的米饭蛋液，放入微波炉中高火加热4分钟，取出稍微凉凉一点儿，在表面撒上桂皮粉即可。
【美食特色】香滑甜嫩，入口即化。

香橙布丁

【主料】橙子1个，蛋黄40克，牛奶110毫升。
【配料】细砂糖16克。
【制作】①橙子去皮，取橙肉；蛋黄中加入细砂糖，用手动打蛋器搅打均匀。②将牛奶冲入蛋黄中，搅拌均匀制成布丁液。③把橙肉按照喜好摆放在盘中，将布丁液倒入，放入预热至190℃的烤箱中层，烘烤18分钟左右即可。
【美食特色】口感清新，细腻滑嫩。

蓝莓杏仁牛奶布丁

【主料】牛奶200毫升，蓝莓果泥40克，杏仁碎末20克，打发淡奶油25克，
【配料】糖19克，吉利丁粉2克，白兰的4克，吉利丁粉1克。
【制作】①牛奶和糖15克加热至糖溶化，加入泡好的吉利丁粉，搅拌至均匀。②牛奶降至手温后，加入打发的淡奶油，搅拌均匀后，再加入杏仁末拌匀，装入杯中，放到冰箱冷却至凝固。③蓝莓果泥加入糖4克后，置火上加热至糖完全溶化，加入泡好的吉利丁粉、白兰的拌匀，倒入牛奶中，再次放冰箱冷凝，表面撒上杏仁碎末即可。
【美食特色】颜色艳丽，细腻爽口。

洋甘菊布丁

【主料】吉利丁片20片，动物性鲜奶油200克，鲜奶600毫升，细砂糖60克，洋甘菊30克。
【配料】蛋黄40克。
【制作】①吉利丁片用冰水泡软，沥干水分；动物性鲜奶油打至六成发备用。②鲜奶和洋甘菊一起用中火加热至85℃后熄火，洋甘菊浸泡片刻，过滤备用。③蛋黄加细砂糖打发

至呈浓稠状，再加入洋甘菊牛奶拌匀，继续以小火加热，不停搅拌，直到变浓稠，不要沸腾，加入吉利丁融化，过筛制成布丁液。④ 将布丁液隔冰水降温，变成浓稠状时，迅速将打发的鲜奶拌匀，装入模型中，冷藏约 2 小时凝固定型即可。

【美食特色】味道清香，口感润滑。

豆奶玉米布丁

【主料】甜豆浆 300 毫升，鸡蛋液 100 克，细砂糖 50 克，玉米酱 100 克。

【配料】蛋黄 40 克。

【制作】① 蛋黄、鸡蛋液混合打匀；豆浆加热至 40℃，再加入蛋液和细砂糖，用打蛋器同方向搅拌均匀，随即过筛两次，再加入玉米酱搅拌均匀。② 将布丁液倒入杯中，盖上一层保鲜膜，放入电饭锅中蒸 12 分钟即可。

【美食特色】味道香美，老少皆宜。

燕麦牛奶布丁

【主料】燕麦片 60 克，鲜奶 500 毫升，细砂糖 100 克，鸡蛋 4 个。

【配料】葡萄干适量。

【制作】① 先取 1/2 的鲜奶煮沸，冲入燕麦中拌匀备用。② 将剩余的 1/2 鲜奶加热至 40℃时，加入鸡蛋和细砂糖，再用打蛋器同方向搅拌均匀，随即过筛两次。③ 将布丁液倒入杯中，盖上一层保鲜膜，放入电饭锅中蒸 12 分钟，取出后放上葡萄干即可。

【美食特色】营养丰富，口感清淡。

白葡萄酒水果布丁

【主料】牛奶 120 毫升，糖 40 克，蜂蜜 30 克，淡奶油 260 克，白葡萄酒 30 克。

【配料】黄油 15 克，蛋黄 40 克，玉米粉 15 克，各式水果丁适量。

【制作】① 牛奶和黄油隔热水拌匀；蛋黄打散加入糖拌匀，再将玉米粉和蜂蜜依次加入拌匀。② 将牛奶黄油加入蛋黄液中拌匀，再加入淡奶油拌匀，兑入白葡萄酒继续搅拌，制成布丁液。③ 布丁液倒入模具内八分满，放入烤炉以 160℃隔热水烤 20 ~ 25 分钟，出炉装饰水果丁即可。

【美食特色】酒香清淡，果味鲜美。

红糖肉桂苹果布丁

【主料】青苹果丁 300 克，鸡蛋 2 个，牛奶 100 毫升，淡奶油 100 克，

【配料】红糖 20 克，玉米粉 5 克，杏仁片 8 克，酒渍葡萄干 10 克，肉桂粉 5 克，光亮膏适量。

【制作】① 鸡蛋和红糖拌匀，依次加入玉米粉、牛奶和淡奶油，继续搅拌，拌匀后隔网筛过滤出杂质。② 倒入放有青苹果丁的模具内，表面撒上些肉桂粉，再撒上葡萄干和杏仁片，放入 160℃烤炉，烤 40 分钟左右出炉冷却，挤上光亮膏即可。

【美食特色】果味香甜，口感甜淡。

甜橙果冻布丁

【主料】橙肉 100 克，糖 45 克，淡奶油 85 克，鲜橙汁 65 毫升，

【配料】果冻粉 5 克，水 180 毫升，鱼胶粉 3 克，橙皮屑 5 克，香橙果馅 5 克，薄荷叶 2 片。

【制作】① 糖 30 克和水 150 毫升煮沸，加入橙皮屑煮至橙皮变软。再将果冻粉和适量水调匀后加入煮溶。倒入装有橙肉的果冻杯内至一半高，放入冰箱冻凝固备用。② 鲜橙汁、糖 15 克，加热至糖溶；鱼胶粉、水 15 毫升调匀，倒入鲜橙汁中拌至溶化，冷却至手温，再加入打发的淡奶油拌匀。③ 冰箱中的果冻杯取出，把鲜橙汁混合物倒入果冻杯内至八分满，再放入冰箱冻凝固后，取出，表面装饰香橙果馅和薄荷叶即可。

【美食特色】橙味香浓，细腻润滑。

芦荟苹果醋布丁

【主料】糖 105 克，苹果醋 80 毫升。

【配料】果冻粉 12 克，吉利丁粉 3 克，芦

荟丁 12 克，薄荷叶 2 片。

【制作】① 水 470 毫升、糖 90 克加热煮沸，加入芦荟丁 10 克，煮开拌匀；果冻粉加水适量调匀，放入糖水中拌匀至溶化，倒入杯中，放入冰箱冻至凝固备用。② 苹果醋和糖 15 克加热至糖溶，再加入调好的吉利丁水拌匀。③ 将冰箱中的杯子取出，加入调好的苹果醋水，放入冰箱冻至凝固后，取出，在布丁的表面放上芦荟丁 2 克、薄荷叶装饰即可。

【美食特色】口感清香，酸甜可口。

猕猴桃香蕉布丁

【主料】香蕉 1 根，糖 60 克，牛奶 300 毫升，猕猴桃 1 个，

【配料】酸奶 1 杯，吉利丁 13 克。

【制作】① 猕猴桃、酸奶均打成泥，与糖 20 克加热至糖溶，加入泡好的吉利丁 5 克拌至溶解，放凉备用。② 牛奶和糖 40 克加热至糖溶，离火，加入泡好的吉利丁 8 克拌至溶解。③ 在杯子侧边贴上香蕉片，再倒入牛奶，牛奶盖过香蕉片即可，放入冰箱冻至凝固，取出，猕猴桃酸奶泥倒入牛奶中，放入冰箱冻至凝固。④ 将布丁杯拿出，表面放上香蕉片装饰即可。

【美食特色】果味鲜美，颜色艳丽。

绿豆布丁

【主料】绿豆 80 克，糖 40 克，炼乳 30 克。

【配料】果冻粉 6 克。

【制作】① 锅置火上入水，下入绿豆大火煮开，再转小火将绿豆煮烂，把绿豆过筛，绿豆皮去掉，剩下绿豆仁和水，加热，放入糖，搅至糖溶。② 加入适量的水和果冻粉调匀，再加入炼乳搅拌均匀，倒入模具中，放入冰箱冻至凝固后，取出，按自己的喜好稍做装饰即可。

【美食特色】口味清淡，润滑可口。

豆浆乳酪布丁

【主料】奶油乳酪 100 克，打发鲜奶油 90 克，豆浆 100 毫升，糖 45 克，酸奶 75 克。

【配料】吉利丁粉 9 克，蛋黄 60 克，柠檬汁 8 克，棉花糖 3 块，巧克力旋条 2 条。

【制作】① 奶油乳酪隔热水软化，分次加入酸奶拌匀；蛋黄、糖、豆浆混合拌匀后隔热水搅拌至浓稠，再加入吉利丁粉和适量的水拌匀。② 将豆浆分次加入奶油乳酪中拌匀，冷却到 40℃，再加入打发鲜奶油拌匀，兑入柠檬汁拌匀，倒入布丁杯中，放入冰箱冻凝固后，取出，用棉花糖和巧克力旋条装饰即可。

【美食特色】造型美观，味道丰富。

柳橙山药布丁

【主料】山药丁 150 克，柳橙汁 500 毫升，打发鲜奶油 50 克，糖 130 克，

【配料】吉利丁粉 25 克。

【制作】① 锅置火上入水烧沸，加入山药煮熟，滗水，留山药丁备用。② 柳橙汁 450 毫升和糖加热至糖溶，放入山药丁拌匀，加入泡好的吉利丁粉拌至溶解，倒入果冻杯中，放入冰箱冻至凝固，留下 1/2 柳橙山药果冻液备用。③ 将剩下的柳橙山药果冻液与打发鲜奶油拌匀，倒入果冻杯中，放回冰箱中冻至凝固后，取出，淋上柳橙汁 50 毫升，再根据自己的喜好装饰即可。

【美食特色】橙香味美，酸甜可口。

薰衣草布丁

【主料】牛奶 250 毫升，淡奶油 250 克，糖 80 克，蛋黄 20 克。

【配料】干燥薰衣草 4 克，核桃仁 3 粒，焦糖适量。

【制作】① 牛奶加热至 85℃，加入干燥薰衣草焖 10 分钟，用筛子过滤出薰衣草渣，加入淡奶油拌匀。② 蛋黄搅散加入糖拌匀，倒入牛奶薰衣草淡奶油中搅拌均匀，过滤出杂质，倒入布丁杯内八分满。③ 放入 100℃ 烤炉中隔水烤 45 分钟左右，出炉冷却备用，表面装饰焦糖、核桃即可。

【美食特色】清香淡雅，味道香甜。

欲罢不能小吃篇

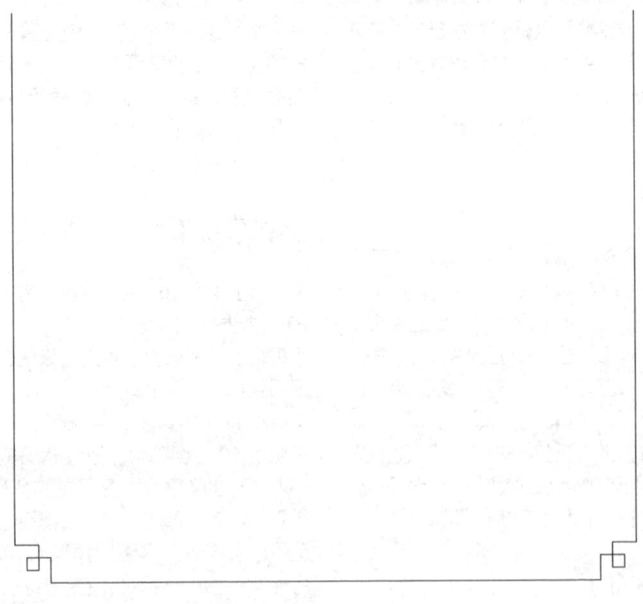

海南

煎菜粽

【主料】糯米 500 克，糖冬瓜粒、熟肉丁 100 克，花生米 50 克，鲜芥菜叶 10 片。

【配料】糖 100 克，芝麻、熟猪油各 10 克，姜汁、料酒、桂皮粉各适量。

【制作】① 糯米用热水浸 5 小时，洗净捞起，蒸熟；芝麻、花生米分别炒熟，同熟肉丁、糖冬瓜粒、桂皮粉、姜汁、料酒等一起拌匀成馅；鲜芥菜叶去柄，汆软。② 糯米饭凉凉，分 10 份，压片，包入馅料，成饼状，里面铺一层芥菜叶卷好，入笼蒸 12 分钟，取出凉凉，放入熟猪油锅煎熟即可。

【烹饪方法】蒸，炒，汆，煎。

【营养功效】温中益气，乌发补血。

【健康贴士】高血脂、高血压患者慎食。

椰子饭

【主料】糯米 250 克，椰子 2 个，虾仁、叉烧各 100 克，火腿 10 克，干虾米、湿冬菇各 25 克。

【配料】盐 5 克，鸡油 100 克，蒜蓉 25 克。

【制作】① 糯米淘净，用水浸泡 4 小时；椰子从蒂部往下约 1/5 处锯开，椰子水倒出，椰肉刨蓉，只留完整椰壳和一薄层椰肉，榨出椰子肉中的椰子油；湿冬菇、叉烧泡软，分别切粒；火腿剁蓉；虾米用清水浸软；虾仁洗净。② 炒锅置火上，下鸡油 50 克烧热，放蒜蓉爆香，落鲜椰蓉略炒，倒入糯米炒匀，装入瓦撑内，加适量清水煮成饭，取出待凉。③ 炒锅复置火上，烧热下鸡油 50 克，将饭倒入略炒，再放入虾仁、叉烧粒、虾米、湿各菇粒、味精、盐炒匀，分别装入两只椰壳中加盖，上笼蒸约 2 分钟，即可。

【烹饪方法】炒，蒸。

【营养功效】清肝明目，健脾温中。

【健康贴士】糯米不宜消化，肠胃不好者慎食。

抱罗粉

【主料】大米 500 克，猪骨 200 克，牛骨 200 克。

【配料】花生米、炒芝麻各 10 克，炒笋丝、炒酸菜、牛肉干丝、猪肉丝各 30 克，植物油 15 克，盐、味精、香菜、葱末、胡椒粉各 3 克。

【制作】① 大米淘净浸泡，磨浆，装进布袋，沥水再泡，然后抖出分团，入植物油和清水调匀成糊浆，装入压粉筒，用力将糊浆徐徐挤压出粉条，入沸水至刚熟捞起，过凉水，置竹箩中沥去水分。② 用猪骨、牛骨熬煮上汤，调入盐、鸡精。抓一把粉条于碗中，加入花生米、炒芝麻、炒笋丝、炒酸菜、牛肉干丝、猪肉丝、胡椒粉，浇上汤，撒上香菜、葱末即可。

【烹饪方法】磨浆，汆，熬煮。

【营养功效】健胃消食，温中益补。

【健康贴士】一般人皆宜食用。

爆鱼面

【主料】草鱼 1 条，鲜汤 500 毫升，面条 500 克。

【配料】料酒 30 克，老抽、植物油 75 克，糖、葱各 25 克，香油 5 克，姜 5 克，胡椒粉、盐各 3 克。

【制作】① 草鱼切段，淋上老抽腌渍上色。② 锅置火上入油，烧至八成热，下入鱼块炸至表层发硬时，用漏勺捞出沥油。③ 原锅倒出余油，放入葱、姜煸出香味，再下入料酒、老抽、糖、盐、鲜汤、炸好的鱼块煮沸，小火煮 4 分钟，淋上香油，撒胡椒粉，出锅盛在煮好的面条上即可。

【烹饪方法】腌，炸，煸，煮。

【营养功效】调中健胃，益肠明眼。

【健康贴士】老年人、儿童宜食。

文昌按粑

【主料】糯米粉 1000 克，椰子 1 个。

【配料】植物油 25 克，白芝麻 50 克，花生米 100 克，红糖 500 克。

【制作】① 干糯米粉堆放案板上开窝，加入适量清水拌匀，再加入植物油，不断揉搓，使之柔韧有劲，分成 20 等份，逐个揉成圆形，按扁，即成按粑生坯。② 椰子剥去外衣，破开硬壳，将椰肉刨成细粒椰蓉；花生米、白芝麻分别爆炒熟香，碾成粉末状，放入鲜椰蓉、红糖一起搅混和匀，即成馅料。③ 锅置火上，入水烧沸，下入生坯，用中火煮熟，捞起，逐个放馅料中沾上一层馅料，即可食用。

【烹饪方法】爆炒，煮。

【营养功效】温中养胃，益智养发。

【健康贴士】婴幼儿、老年人、病后消化力弱者忌食。

海南煎堆

【主料】糯米粉 500 克。

【配料】白砂糖 100 克，植物油 200 克。

【制作】① 取糯米粉 100 克用清水调拌，搓成粉团，放沸水锅里煮熟，捞出放在案板上，混入余下的 400 克糯米粉并加入白砂糖，拌匀后用手掌反复搓至有韧性和黏性，即成糯米粉团。② 将糯米粉团分成两等份，分别揉圆，压平，捏成空心圆球状，留一小洞，往里充气后快速封口，即成两个煎堆坯。③ 热锅入油，烧至 120℃时，将煎堆坯轻轻放进热油中，边炸边用长筷子翻动，使之均匀受热，炸至体积比原坯大 1 倍时捞起，待完全冷却后再用同样方法炸一遍，如此反复 3 ~ 4 次，使之膨涨至排球般大小即可。

【烹饪方法】煮，炸。

【营养功效】补中益气，健脾养胃。

【健康贴士】油炸食品，高血脂、高血压、肥胖症、糖尿病患者忌食。

海鲜炒面

【主料】手拉面条 200 克，牡蛎、虾、花蛤各 100 克。

【配料】高汤 250 毫升，盐 3 克，植物油 10 克，蘑菇 8 克，辣椒、姜、葱段各 5 克。

【制作】① 锅置火上，入油烧热，放入辣椒、葱段、姜爆香。② 加牡蛎、虾、花蛤、蘑菇快速拌炒片刻，捞起。③ 倒入 250 毫升高汤加盐煮开，放入熟面条拌炒至汤收干，放回海鲜料翻炒均匀即可。

【烹饪方法】爆，炒，煮。

【营养功效】滋阴明目，益精润脏。

【健康贴士】海鲜过敏者不宜食用。

【巧手妙招】海鲜生吃先冷冻、浇点儿淡盐水可以起到杀菌作用。

椰子凉糕

【主料】洋菜粉 200 克，椰子水 150 毫升，椰浆 200 毫升。

【配料】糖 35 克。

【制作】① 洋菜粉用适量清水调开。② 锅置火上，加清水、糖煮溶，再倒入调好的洋菜液，煮沸后熄火，舀 200 毫升煮好的洋菜液调入椰浆，将剩余的洋菜液和椰子水倒入模型，等快凝结时再倒入白色椰浆洋菜液，冰凉后切块即可。

【烹饪方法】煮。

【营养功效】利尿消肿，补充细胞内液。

【健康贴士】大便清泄、体内热盛者忌食。

海南椰子盅

【主料】椰子 1 个。

【配料】高汤 350 毫升，盐、鸡骨各适量。

【制作】① 椰子硬壳剥去，凿开椰眼漏干椰汁，用小刀在椰蒂部圈出1块，作为椰盅盖子；鸡骨洗净，入沸水汆一下，放入椰盅，加入高汤，调入盐，盖上椰子盖。② 把椰子放入已经盛好水的炖锅中，上笼蒸1小时左右，取出即可。

【烹饪方法】汆，蒸。

【营养功效】养颜护肤，益气祛风。

【健康贴士】鸡骨汤最宜滋补，故病后虚弱、营养不良者宜食。

椰汁板兰糕

【主料】糯米1000克，椰子2个，淀粉1000克

【配料】糖300克，炼奶250毫升，盐5克，板兰叶数片，植物用油适量

【制作】① 板兰叶洗净捣烂取汁；糯米淘洗干净，浸泡2小时，磨成浆；椰子取汁。② 米浆掺入淀粉搅拌揉和至起筋，加入糖、炼奶、盐一起搅拌均匀，然后分2份，一份调入板兰叶汁呈绿色，另一份调入椰汁呈白色。③ 蒸盘抹油，倒入一层白色米浆，上笼蒸5分钟至熟取出；再倒入一层绿色米浆，蒸5分钟取出。如此反复蒸8层，凉凉，入冰箱30分钟，取出切块即可。

【烹饪方法】磨浆，蒸。

【营养功效】清热健脾，补中养胃。

【健康贴士】糖尿病患者慎食。

【巧手妙招】每一层都要均匀，不宜太厚。

韭菜海参粥

【主料】韭菜、海参各60克，粳米100克。

【配料】盐3克。

【制作】① 韭菜洗净切碎；海参用水泡开后，洗净切小丁；粳米洗净。② 锅置火上入水，下入处理好的韭菜、海参、粳米大火煮沸后转小火熬煮成粥，待粥成时加盐调味即可。

【烹饪方法】熬煮。

【营养功效】滋阴补阳，益气温中。

【健康贴士】隔夜的韭菜不宜再吃。

广东

油煎

【主料】低筋面粉 400 克

【配料】黄油 300 克，蛋液 250 毫升，白砂糖 10 克。

【制作】① 低筋面粉、蛋液 200 毫升，适量清水拌成团，盖上松弛 20 分钟；黄油敲松，擀薄片备用。② 面团擀皮，放黄油，对折松弛 15 分钟，再擀开、对折、松弛，反复 3 次，四边切齐，撒糖后从两端向中央折，重叠前两端刷水，中间压折痕，再叠，冷藏 30 分钟后，取出切 3 厘米厚薄片，刷剩余蛋液和白砂糖，烤箱预热 220℃，烤 18 ~ 22 分钟，表面金黄即可。

【烹饪方法】烤。

【营养功效】温中益气，助消化。

【健康贴士】孕妇、肥胖症、糖尿病患者忌食。

姜糖

【主料】姜块、红糖各 500 克。

【配料】糯米 100 克，植物油适量。

【制作】① 姜块去皮，用搅拌器搅碎，调少量水，用纱布滤汁；糯米淘洗干净，用温水浸泡 30 分钟，捞出，沥干水分，大火渗沙炒熟后过筛去沙，磨成细粉。② 锅置火上入水，下红糖熬化，滤去杂质，放姜汁和糯米粉，以 80 ~ 90℃熬至半固态状出锅，用铁钩钩住半固态糖浆，不断拉抻，至糖浆完全变硬，剪成细粒即可。

【烹饪方法】炒，熬。

【营养功效】补血止痛，和中助脾。

【健康贴士】姜糖刺激性较大，容易损伤儿童的口腔、食道和胃黏膜，因此，儿童慎食。

葡挞

【主料】低筋面粉 500 克，鸡蛋清液 50 克，鸡蛋黄液 50 克，片状玛琪琳 800 克。

【配料】牛奶 60 毫升，蜂蜜 5 克，黄油 100 克，白砂糖 100 克，淡奶油适量。

【制作】① 将适量清水、黄油、鸡蛋清液、白砂糖 50 克加入面粉，搓匀，放入玛琪琳，拌匀揉成面团，用保鲜膜包好，放入冰箱冷藏 30 分钟。② 把牛奶、白砂糖 50 克、蜂蜜放在碗中，搅拌至白砂糖融化后加入淡奶油，搅拌均匀后加入鸡蛋黄液，再搅拌均，过筛即成挞水。③ 取出面团切片，放入蛋挞模，倒入挞水，入 220℃烤箱，烤 20 分钟即可。

【烹饪方法】烤。

【营养功效】健胃养肠，除烦安神。

【健康贴士】玛琪琳中含有反式脂肪酸，不宜多食。

奶黄包

【主料】面粉 500 克，牛奶 400 毫升，鸡蛋 4 个。

【配料】白砂糖 20 克，奶油适量。

【制作】① 鸡蛋打成蛋液与牛奶、白砂糖、面粉300克搅匀，制成馅料，放入蒸锅内蒸熟。② 面粉 200 克加入适量清水，拌匀，和成面团，摘成小剂，分别压平，擀薄，放入馅料，包好，捏紧，用剪刀在包子顶部剪十字开口，即成奶黄包生坯。③ 蒸锅复置火上，注水，放上奶黄包生坯，蒸熟即可。

【烹饪方法】蒸。

【营养功效】宁神安心，温中益气。

【健康贴士】血脂黏稠、糖尿病患者慎食。

炸云吞

【主料】云吞皮 250 克，猪肉 350 克，虾仁 150 克。

【配料】盐 3 克，葱末 5 克，白砂糖、鸡精、胡椒粉各 2 克，料酒、葱姜汁各 10 克，植物油 500 克。

【制作】① 猪肉洗净，剁末；虾仁洗净，剁碎；猪肉末、虾仁末、盐、葱末、白砂糖、鸡精、料酒、胡椒粉、葱姜汁加少许水一起搅拌均匀，制成肉馅。② 将馅料包入云吞皮内，捏拢成形，稍冷藏。③ 锅置火上入水烧沸，下入云吞煮熟后捞出，沥干水分，另置锅入油，大火烧热后，逐个放入云吞炸至金黄色，沥油即可。

【烹饪方法】煮，炸。

【营养功效】温中益气，强筋健骨。

【健康贴士】高血脂患者少食油炸食物。

龙须糖

【主料】麦芽糖 1 块，炒米粉适量。

【配料】花生酥、芝麻、椰糜、白砂糖各 50 克。

【制作】① 将花生酥、芝麻、白砂糖一起拌匀炒香，撒上椰糜，起锅备用。② 锅置火上入水，大火煮沸后放入麦芽糖，小火煮至麦芽糖软化，起锅后反复揉搓，揉成细条，黏上炒米粉，继续卷拉，待麦芽糖颜色变淡后，将其做成一个圆形，放入炒米粉堆中继续拉细，制成白发一样的糖龙须。③ 取一小把糖龙须，放入炒好花生酥、芝麻、白砂糖、椰糜，卷好即可。

【烹饪方法】炒，煮。

【营养功效】健脾养胃，润肺止咳。

【健康贴士】血脂黏稠、糖尿病患者忌食。

笑口枣

【主料】面粉 450 克，糖 100 克。

【配料】泡打粉 5 克，植物油 300 克，白芝麻 100 克。

【制作】① 面粉、泡打粉拌匀过筛，再加植物油 50 克、糖、水搓成粉团，静置发酵约 30 分钟。② 将粉团搓成细条，切玻璃球大小的小粉粒，搓为圆形，均匀洒上水和白芝麻，即为笑口枣生坯。③ 锅置火上入油烧热，下入笑口枣生坯以小火炸至裂开且呈金黄色，即可捞起沥油。

【烹饪方法】炸。

【营养功效】清热去湿，止瘙痒、去暗疮。

【健康贴士】高血压、高血脂、糖尿病患者忌食。

龟苓膏

【主料】龟苓膏粉 45 克。

【配料】冷水 100 毫升，牛奶 60 毫升。

【制作】① 在龟苓膏粉中徐徐调入冷水，不停搅拌至调匀。② 锅置火上，入水 500 毫升大火烧沸后，把调好的龟苓膏缓缓倒入沸水，并用汤勺混合均匀。③ 将龟苓膏倒入大碗中，入冰箱冷藏 60 分钟，凝固后扣出切块，倒入牛奶，即可食用。

【烹饪方法】煮，冻。

【营养功效】滋阴补肾，润燥护肤。

【健康贴士】女士最宜食用，可起到养颜护肤、美白丰胸的功效。

窝蛋奶

【主料】牛奶 500 毫升，鸡蛋 2 个。

【配料】糖 50 克。

【制作】① 锅置火上，倒入牛奶煮沸，加糖搅拌至完全溶解。② 打入鸡蛋，煮至鸡蛋八成熟即可关火，盛碗食用。

【烹饪方法】煮。

【营养功效】滋阴养血，益精补气。

【健康贴士】牛奶宜与鸡蛋搭配食用，二者均含有丰富的蛋白质，同食营养更丰富、全面。

红小豆冰

【主料】红小豆 100 克。

【配料】白砂糖 50 克，冰粒 200 克。

【制作】① 红小豆淘洗干净，用清水浸泡 1 小时。② 锅置火上，注入清水 1000 毫升，下入红小豆大火煮沸后转中火煲 1 小时，放入白砂糖拌煮至溶，熄火，凉凉后装碗，加入冰粒即可。

【烹饪方法】煮，煲。

【营养功效】益气补血，清热解暑。

【健康贴士】此饮品最宜夏季消暑食用，一般人宜食。

南乳蛋散

【主料】面粉 500 克，南乳适量。

【配料】猪油 300 克，植物油 500 克，黑芝麻、盐各 5 克。

【制作】① 南乳块压成酱，黑芝麻炒熟。② 面粉加水揉面团，拌入南乳酱、黑芝麻、猪油、盐，擀长方形面皮，均切成口香糖大小的面片，再在面片中间划一刀，将面片的一端穿入划口，翻出即成蛋散坯子。③ 锅置火上倒入植物油烧热，加入蛋散坯子炸至金黄酥脆，起锅沥油即可。

【烹饪方法】炒，炸。

【营养功效】健脾开胃，温中补气。

【健康贴士】一般人皆宜食用。

大良膏煎

【主料】面粉 1000 克，白砂糖 500 克。

【配料】植物油 200 克，小苏打适量。

【制作】① 面粉 200 克加植物油 80 克、白砂糖 50 克及水和成面团，擀薄，分两块。② 面粉 800 克加白砂糖 420 克、植物油及小苏打、水和成酥心，擀长条，与面皮长短相等。将酥心面条放入面皮，将另一块盖上压紧，横切成长条，两头曲向中间，成玉钏形。③ 植物油烧热，炸至浮起熟透即可。

【烹饪方法】炸。

【营养功效】温中养胃，益气健脾。

【健康贴士】高温高糖油炸食品，老年人、糖尿病、肥胖症患者忌食。

香芋米网

【主料】香芋馅 300 克，网皮 500 克。

【配料】植物油 500 克，沙拉酱适量。

【制作】① 香芋馅放在网皮上，向前卷起，取一些沙拉酱封口，即成米网生坯。② 锅置火上入油，烧至油温 180℃，下入生坯炸至米网成形，捞起即可。

【烹饪方法】炸。

【营养功效】散积理气，解毒补脾。

【健康贴士】小儿食滞、胃纳欠佳、糖尿病患者慎食。

琉璃桃仁

【主料】核桃仁 300 克。

【配料】糖 200 克，植物油 800 克。

【制作】① 核桃仁放入开水泡至薄皮已软，去皮洗净。② 锅中加植物油，四成热时放核桃仁，小火炸至微黄色捞出。③ 锅内留少许油，放糖中火炒至溶化，成茶色时放炸过的核桃仁，使糖均匀地挂在核桃仁上，倒出用筷子逐块拨开，凉凉即可。

【烹饪方法】炸。

【营养功效】补肾助阳，益智健脑。

【健康贴士】一般人宜食，糖尿病患者忌食。

虎皮鸡爪

【主料】鸡爪 500 克。

【配料】玉米粉、淀粉、面粉各 50 克，花椒、桂皮、大料、盐、胡椒粉、糖各 5 克，豆豉、蒜茸、红椒圈、生抽、老抽、牡蛎油、葱油、香油各 10 克。

【制作】① 鸡爪洗净，切好入锅煮熟，锅置火上入油烧热，下入鸡爪炸至焦黄，捞出用冷水浸泡 1 小时，拌花椒、桂皮、大料、盐、胡椒粉、糖，再上蒸锅蒸熟。② 净锅置火上，加入冷水、玉米粉、淀粉、面粉、生抽、老抽、糖、牡蛎油煮沸，放豆豉、蒜茸、红椒圈、葱油、香油制酱汁。③ 鸡爪拌酱汁，蒸 6 分钟即可。

【烹饪方法】炸，煮，蒸。

【营养功效】软化血管，养颜美容。

【健康贴士】一般人宜食，尤宜女士食用。

【巧手妙招】煮鸡爪时可以放点儿白醋和麦芽糖，防鸡爪烂皮。

虾仁烧卖

【主料】面粉 250 克，梅肉 500 克，鲜虾、黑木耳、胡萝卜各 100 克，鸡蛋 1 个。

【配料】盐、糖、鸡精、白胡椒各 5 克，酱油 10 克。

【制作】① 面粉加温水搅至结块，揉成面团，包好静置 30 分钟；黑木耳、胡萝卜均洗净，切碎；鸡蛋打散。② 将梅肉、黑木耳、胡萝卜、盐、白胡椒、糖、酱油、鸡精、蛋液拌匀制馅。③ 面团发好后摘成剂子，分别包入肉馅，封口处放 1 只虾仁即成烧卖坯子，将烧卖坯入笼蒸 5 ~ 7 分钟即可。

【烹饪方法】蒸。

【营养功效】健脾益肾，滋阴润肺。

【健康贴士】虾仁宜与鸡蛋同食，可起到十分显著的滋阴补肾、清热解毒之功效。

【巧手妙招】用温度稍低的水来和面可以使烧卖皮较硬。

干炒牛河

【主料】河粉 300 克，瘦牛肉 80 克，绿豆芽 50 克。青、红椒丝 50 克。

【配料】葱 30 克，姜 10 克，玉米淀粉 10 克，老抽、生抽、糖各 5 克，盐 10 克，豉油 10 克。

【制作】① 牛肉清洗干净，切成丝，用豉油和淀粉搅拌均匀，腌制 30 分钟使其充分入味；葱洗净切段；姜去皮，洗净切成细丝；豆芽洗净备用。② 锅置火上，大火烧热后入油，待油温至三成热时，把腌好的牛肉丝慢慢滑入锅中不停翻炒，炒至牛肉变白后盛出。③ 将锅中余油烧热，下姜丝、河粉翻炒，然后将牛肉丝放进锅里，加入葱段、豆芽、青、红椒丝一起翻炒，使之均匀地混合在一起。再加上老抽、生抽和糖继续翻炒均匀至熟即可。

【烹饪方法】腌，炒。

【营养功效】补气健脾，和胃调中。

【健康贴士】吃此小吃不宜再喝白酒，容易导致上火，引起牙齿发炎等症。

【巧手妙招】炒的时候要稍微多放些油，最好拿一把铲子和一双筷子配合着炒，动作要轻，这样才可以保证河粉不会被炒碎，又不至于粘锅。

菠菜蒸饺

【主料】猪肉馅 500 克，香菇 50 克，菠菜 500 克，面团适量。

【配料】盐 5 克，味精 2 克，白砂糖 3 克，淀粉 6 克，香油、姜汁各 10 克。

【制作】① 香菇洗净，切成粒；菠菜择洗干净，切碎；猪肉馅与盐打起胶，加香菇粒、菠菜末、盐、味精、白砂糖、淀粉、香油、姜汁拌匀，入冰箱冻 30 分钟，取出作馅用。② 把面团揉匀搓成长条，切小块，擀成圆皮包入馅，入笼大火蒸 10 分钟左右即可。

【烹饪方法】蒸。

【营养功效】益气补血，抗衰老、助消化。

【健康贴士】老年人、儿童、营养不良、身体虚弱者宜食。

奶酪汤圆

【主料】奶酪 5 片，酸奶 250 毫升，玉米粉 100 克，糯米皮、花生碎适量。

【配料】牛油 50 克，白砂糖 100 克。

【制作】① 奶锅置火上，放入牛油、白砂糖、酸奶煮溶，转小火冲入玉米粉水，边冲边搅拌至软滑。② 加入切碎的奶酪片，凉冻后作馅；用糯米皮包馅，搓圆，放入开水内煮熟，捞起，滚上花生碎即可。

【烹饪方法】煮。

【营养功效】健胃消食，补肺润肠。

【健康贴士】糖尿病、肥胖症患者忌食。

【巧手妙招】选用新鲜酸奶味道更鲜美。

凤凰排粿

【主料】猪肉馅、韭菜各500克，面团500克，鸡蛋2个。

【配料】味精1克，盐、白砂糖各5克，淀粉、香油、姜汁各10克。

【制作】①韭菜择洗干净，切末；猪肉馅加盐打起胶，加入韭菜末，打入鸡蛋1个、味精、盐、白砂糖、姜汁、香油、淀粉搅拌均匀。②面团摘剂，擀成皮，包馅，即成排粿生坯。③不粘锅置火上入油，并列放入生坯，加点儿水小火煎10分钟，倒入蛋液煎香即可。

【烹饪方法】煎。

【营养功效】健脾利肾，补虚养血。

【健康贴士】韭菜宜与鸡蛋搭配同食，可以起到益气补肾的效果。

锦卤云吞

【主料】猪瘦肉400克，肥肉100克，面皮300克。

【配料】胡椒粉、盐各4克，味精1克，白砂糖3克，淀粉、香油各10克，水煮鱼酱料、上汤各适量。

【制作】①猪瘦肉、肥肉分别洗净，切粒，用刀剁成糜，加胡椒粉、盐、味精、白砂糖、淀粉、香油调味，拌匀，放入冰箱冷藏1小时后即成馅。②将馅包入面皮内，包成云吞形，即成云吞生坯，剩余馅依次包好备用。③锅置火上，注入上汤烧沸，放入水煮鱼酱料，再下入云吞生坯，煮5分钟至熟即可。

【烹饪方法】煮。

【营养功效】益气补虚，丰肌泽肤。

【健康贴士】猪肉宜与紫菜搭配食用，不仅可以起到很好的软坚化痰、滋阴润燥的作用，也可以降低胆固醇，辅助治疗大便秘结等症。

【举一反三】也可以根据自己的口味在上汤里加入虾米、紫菜、香菜等。

广式月饼

【主料】面粉200克，豆沙600克，咸蛋黄10个。

【配料】植物油40克，转化糖浆120克，碱水3克，盐少许，米酒10克，蛋黄液20克。

【制作】①油、糖浆、碱水及盐放碗中，用微波炉加热10秒，至糖浆变稀，取出倒入面粉中，加水拌匀，覆盖保鲜膜，室温下放置6小时。②咸蛋黄放入米酒中浸泡10分钟，放入烤盘中，325℃烤7分钟，取出凉凉备用。③面粉取出揉成面团，摘成小剂，压平即成月饼皮，豆沙分别包半个蛋黄，搓圆；每个皮包裹一个馅，依次做好即成月饼生坯。④月饼模型中撒入少许干面粉，摇匀，把多余的面粉倒出，包好的月饼生坯也抹一层干面粉，放入模型中，压平，脱模。⑤烤箱预热至350℃，在月饼表面轻轻喷一层水，放入烤箱烤5分钟。取出刷蛋黄液，把烤箱温度调低至300℃，再把月饼放入烤箱烤7分钟，取出再刷一次蛋黄液，再烤5分钟至熟，取出，放在架子上完全冷却，放入密封容器搁置3天，使其回油，即可食用。

【烹饪方法】烤。

【营养功效】健脾养胃，益气补血。

【健康贴士】一般人皆宜食用。

【举一反三】可根据个人喜好把红豆沙换成其他馅料。

心思鱼饼

【主料】鲮鱼肉500克，胡萝卜粒50克，青豆30克，肥猪肉20克

【配料】植物油20克，糖15克，淀粉50克，盐4克，味精、鸡精各1克，香油10克。

【制作】①肥猪肉洗净，切粒；青豆淘洗干净。②把胡萝卜粒、青豆、猪肉粒放入鲮鱼肉中拌匀，加盐、味精、糖、鸡精、淀粉调味，兑入生油、香油拌匀，倒在方盘里，抹平，上蒸锅蒸8分钟至熟，取出凉凉后用心形印模印出鱼饼，下锅煎至金黄色即可。

【烹饪方法】蒸，煎。
【营养功效】补肾益精，滋养筋脉。
【健康贴士】体质虚弱、气血不足、营养不良者以及患有膀胱热结、小便不利、肝硬化腹水者宜食。
【举一反三】可根据个人喜好把鲮鱼肉换成其他鱼肉。

潮州肠粉

【主料】黏米粉 240 克，猪肉片 100 克，淀粉、澄面各 50 克。
【配料】植物油 6 克，盐 2 克，葱末 5 克，熟植物油 3 克，芝麻酱 6 克，辣酱适量。
【制作】① 黏米粉、淀粉、澄面、盐及植物油加水调成粉浆；猪肉片用盐腌好备用。② 白洋布浸水，平铺在蒸盆上；加入粉浆推平，将葱末、腌好的猪肉片铺于其上，蒸约 2 分钟至熟。③ 拉去白布，把面皮卷成肠粉，加芝麻酱、熟植物油、辣酱拌匀即可。
【烹饪方法】蒸。
【营养功效】益气补虚，滋阴润燥。
【健康贴士】身体虚弱、营养不良、妇女产后宜食。

客家福满船

【主料】黑米 500 克，莲子、红枣各适量。
【配料】白砂糖 100 克，椰汁适量。
【制作】① 黑米淘洗干净，放入清水中浸泡一夜，捞出沥水，蒸熟，加入椰汁、白砂糖搅匀。② 莲子对半开，去心，入蒸笼蒸熟；红枣去核，对半切块。③ 把黑米分为若干份，置于编织好的船形竹叶中，再放上莲子、红枣，入笼蒸 10 分钟即可。
【烹饪方法】蒸。
【营养功效】健脾暖肝，明目活血。
【健康贴士】黑米宜与莲子、红枣同食，保健养生功效更佳。
【巧手妙招】浸泡黑米后的水不要倒掉，同黑米一起煮食用更香。

罗汉果糖水

【主料】罗汉果 1 个。
【配料】红枣 5 枚，百合适量。
【制作】① 红枣、百合、罗汉果分别洗净，罗汉果拍碎备用。② 锅中注入适量清水，加红枣、百合、罗汉果以大火煮 8 分钟，再转小火煮 40 分钟即可。
【烹饪方法】煮。
【营养功效】清肺利咽，化痰止咳，润肠通便。
【健康贴士】罗汉果极甜，故本品不宜再加糖调味。

清汤鱼蓉窝

【主料】鱼肉 250 克，蛋清 40 克，香菇 1 个，芹菜 50 克，上汤 500 毫升，面团适量。
【配料】淀粉 5 克，植物油 10 克，味精 1 克，盐、糖、胡椒粉各 4 克。
【制作】① 鱼肉洗净煎香；香菇切细粒；上汤煮沸，放香菇、鱼肉、盐、味精、糖、胡椒粉，勾上淀粉芡成羹状；然后关火，倒入蛋清、芹菜粒拌匀。② 将面团用模具取出，放入扫了油的铁模内，捏成铁模深窝型，静发 1 小时后蒸熟，用油炸至金黄色，然后倒入鱼糜即可。
【烹饪方法】煎，煮，蒸，炸。
【营养功效】清热解毒，止嗽下气。
【健康贴士】一般人皆宜食用。

豆糜黄金盒

【主料】绿豆糜 350 克，网皮适量。
【配料】植物油 800 克，蛋液 100 克。
【制作】① 黄色网皮裁成大小适中的圆形，扫上蛋液，皮中心放上豆糜馅，然后盖上另外一块，即成生坯。② 锅置火上入油，烧至油温 150℃时下入生坯，炸至金黄色即可。
【烹饪方法】炸。
【营养功效】清热下火，益气温中。
【健康贴士】高血压、高血脂患者慎食。

广式叉烧酥

【主料】叉烧肉 500 克，叉烧酱 250 克。

【配料】高筋面粉 800 克，低筋面粉 200 克，黄油 80 克，汤、蛋黄汁各 50 克，芝麻、糖、盐、各 5 克，酥油、酱油各 10 克，洋葱丁 20 克。

【制作】① 炒香叉烧肉，下洋葱丁、水、酱油、汤、叉烧酱一起烧，收干凉凉做馅。将高筋面粉、低筋面粉、水、糖、盐、酥油揉成面团，放冰箱松弛 1 小时。② 面团擀成皮，放上黄油，包住，擀开，切方形面皮。③ 面皮包上叉烧馅，刷上蛋黄汁，撒芝麻，放入烤炉烤熟即可。

【烹饪方法】烧，烤。

【营养功效】补肾养血，滋阴润燥。

【健康贴士】老年人、孕妇、血脂较高者不宜食用。

顺德鱼包饺

【主料】鱼肉 500 克，腊肉 50 克，花生 50 克，面团适量

【配料】虾米、香菜各 30 克，盐、白砂糖各 5 克，胡椒粉、味精各 2 克，淀粉、香油各 8 克。

【制作】① 鱼肉搅成糜，用盐打起胶，加腊肉、花生、虾米、香菜、淀粉、调味料拌匀，入冰箱冷藏 30 分钟后作馅用。② 把面团揉匀搓成长条切小块，擀成圆皮包入馅，包成面皮鱼形。③ 用剪刀剪出鱼尾，然后煮熟即可。

【烹饪方法】冷藏，煮。

【营养功效】温中养胃，明目利肠。

【健康贴士】鱼肉含有叶酸、维生素 B_2、维生素 B_{12} 等多种营养，最宜孕妇食用。

潮州韭菜粿

【主料】猪肉 500 克，韭菜 100 克，澄面（水皮）300 克。

【配料】虾米 20 克，菜脯 50 克，炸花生米 50 克，盐、水淀粉各适量。

【制作】① 猪肉、虾米、菜脯、韭菜切碎，入热锅爆炒，加盐调味，倒入水淀粉勾芡，凉凉作馅。② 澄面揉匀，摘剂，擀成圆形；包上馅料，捏成鸡冠形，上蒸笼蒸 5 分钟至熟即可。

【烹饪方法】炒，蒸。

【营养功效】滋阴壮阳，补虚养血。

【健康贴士】阴虚不足、头晕者宜食。

【举一反三】也可以用糯米皮包馅，搓圆，压扁；用不粘锅中火煎至两面金黄色就成了潮州韭菜饼。

均安鱼糜糕

【主料】鱼肉 500 克，玉米粉 250 克，澄面 100 克。

【配料】荸荠粉、葱末、淀粉各 50 克，虾米 20 克，盐、白砂糖、胡椒粉各 3 克，味精 1 克。

【制作】① 鱼肉煎香后拆肉去骨，即成鱼糜；玉米粉、淀粉、荸荠粉、澄面一起放入盆中，倒入开水 150 毫升拌成粉浆。② 鱼糜冲入粉浆，拌匀，倒入碗内，上蒸炉蒸 30 分钟至熟即可。

【烹饪方法】煎，蒸。

【营养功效】养肝补血，泽肤养发。

【健康贴士】高血压、高脂血症、冠心病、肥胖症、脂肪肝、癌症、习惯性便秘及维生素 A 缺乏者宜食。

桂花云片糕

【主料】糯米 500 克。

【配料】糖粉、糖、饴糖、香油各 10 克，桂花精 3 克，熟面干适量。

【制作】① 糯米淘洗干净，沥干水分，掺砂炒熟，过筛沥砂，磨粉备用。② 糖粉、糖、饴糖、香油、桂花精加水搅拌均匀，倒入糯米粉拌匀，静置 12 小时。③ 将适量糯米粉倒入模具压平，以小火煮 5 分钟，冷却后再用大火煮 5 分钟，取出糕条修齐整，撒熟干面，入密封不透光容器静置 24 小时后切片即可。

【烹饪方法】煮。
【营养功效】补中益气，健脾养胃。
【健康贴士】糯米和蜂蜜都是滋补强身的佳品，同食能够起到补虚养身、美容养颜的功效。

金丝凤凰球

【主料】猪瘦肉 400 克，肥肉 100 克，鸡蛋 1 个。
【配料】胡椒粉、盐各 4 克，味精 1 克，白砂糖 3 克，淀粉、香油各 10 克。
【制作】① 猪瘦肉、肥肉分别洗净、切粒，用刀剁成糜，盛入小盆中，加胡椒粉、盐、味、白砂糖、淀粉、香油搅拌均匀，放入冰箱冷藏 1 小时后即成馅。② 鸡蛋打开，鸡蛋液搅拌均匀，煎成的蛋皮切成丝，装盘；取出馅用力挤成若干肉丸，逐个沾上鸡蛋丝，上笼大火蒸 15 分钟至熟即可。
【烹饪方法】煎，蒸。
【营养功效】滋阴润燥，补虚养血。
【健康贴士】身体虚弱、头晕、贫血者宜食。

雷州田艾饼

【主料】糯米粉 150 克，艾草 100 克，花生 80 克。
【配料】白芝麻、黏米粉、糖各 50 克，芭蕉叶适量。
【制作】① 艾草洗净煮熟，用冷水浸泡 24 小时，沥干水分备用；花生浸泡去衣，剁成碎粒；艾草洗净，剁烂，加入糯米粉、黏米粉搅拌制成粉皮；花生粒、白芝麻、糖一起拌匀制成馅料。② 将艾草粉皮分别捏成数个剂子，逐个包入花生馅料，捏成饼形，再放入模具中压制成饼坯。③ 蒸笼置火上，垫入芭蕉叶，放上饼坯蒸熟即可。
【烹饪方法】蒸。
【营养功效】健脾利胃，温经止血。
【健康贴士】脘腹冷痛、经寒不调、宫冷不孕患者宜食。

佛山盲公饼

【主料】生糯米粉 300 克，熟糯米粉 200 克，绿豆粉 500 克，花生米、白芝麻各 100 克，肥猪肉 100 克，熟猪油 300 克。
【配料】糖粉 50 克，糖 100 克。
【制作】① 肥猪肉洗净，切条，入锅煮熟，冷水浸 5 分钟，用糖腌 1 周，切薄片；花生米、芝麻炒熟磨粉。② 绿豆粉、生糯米粉、熟糯米粉，加清水、熟猪油、糖粉、花生米、芝麻揉成粉团。③ 将粉团分剂子，压平，放入糖、肥肉后入饼模，压成型取出，整齐摆入烤箱，以 50℃烘 40 分钟，再以 120℃烘至饼色变黄即可。
【烹饪方法】煮，炒，烘。
【营养功效】温中暖胃，益智解毒。
【健康贴士】高血脂、肥胖症、糖尿病患者忌食。
【巧手妙招】腌肥肉时发现湿糖，要及时换掉。

阳江炒米饼

【主料】大米 500 克。
【配料】椰丝、芝麻、鲜奶粉精各 15 克，糖、板栗粉、花生米各 50 克，香葱 10 克，植物油、鸡蛋各适量。
【制作】① 大米洗净沥干，翻炒至金黄色，碾粉；糖煮成糖胶，加炒米粉、鸡蛋、植物油、鲜奶粉精和板栗粉拌匀。② 锅置火上，放入花生米、芝麻翻香，压碎，拌入椰丝、香葱，制成内馅。③ 将适量炒米粉倒入饼模，加入少许内馅，底部再用炒米粉填平，敲出后制成饼坯，将饼坯放入炭炉，烤至松脆即可。
【烹饪方法】炒，煮，烤。
【营养功效】益智补脑，温中养胃。
【健康贴士】一般人皆宜食用，尤其是板栗粉对小儿口舌生疮有益。

肇庆裹蒸粽

【主料】冬叶 200 ~ 250 克，糯米 500 克，绿豆 250 克，猪肉 125 克。

【配料】芝麻末 10 克，胡椒粉 3 克，绍酒 15 克，白砂糖 15 克，盐 20 克，马莲叶 100 克，植物油 50 克。

【制作】① 锅置火上，入水 2000 毫升，中火煮沸，冬叶去掉梗头，放进沸水中烫至柔软，取出，用清水过冷，洗净取出用布擦干。② 糯米淘洗干净，用水浸泡 30 分钟，捞起倒在竹箕内滤去水分，再倒入盆内，加入盐、植物油拌匀。③ 绿豆拣去杂质，磨成豆瓣，清水浸泡 4 小时，淘去豆壳，取出放在竹箕内，滤去清水。④ 猪肉去皮，切成长方形块，每块约重 15 克，加盐 10 克、白砂糖、芝麻末、胡椒粉、绍酒拌匀，腌制 1 小时，作馅料用。⑤取烫软揩干的冬叶 10 片，大叶在底，小叶在面，在案板上排叠成鱼鳞片状，放上糯米 50 克压平，然后再依次加上绿豆 10 克、猪肉 1 块、绿豆 10 克、糯米 50 克，包成方形，中间稍有突起，用马莲叶捆成“井”字形，扎牢，按此法依次做好粽子生坯。⑥将包好的粽子放进锅里，加入清水，使水面高出粽子 3 寸，用大火煮约 6 小时，煮熟即可。（其间如水位下降使粽子露出水面，要立即加入沸水，务必使沸水高过粽面，让粽子均匀受热）

【烹饪方法】腌，煮。

【营养功效】补中益气，健脾养胃。

【健康贴士】婴幼儿、老年人及病后消化力弱的人不宜多食。

典食趣话：

据说肇庆人制裹蒸始于秦代，秦始皇当政时，苛捐特重，劳役繁多，农民悲苦难言。当时农民为方便田间劳作，便用竹叶或芒叶裹以大米，煮熟后随身携带以作干粮，这就是最早的裹蒸了。至汉代，肇庆的城乡居民已有在春节、端午节包裹蒸和粽子的习俗，一直沿袭至今。如今，肇庆裹蒸已经成为讲白话地方家喻户晓的传统产品，作为春节探亲拜年的必备礼品，寓意着丰衣足食和来年好运。由此可见，裹蒸与粽子不同，它并不是用来纪念屈原的，而是人们希望生活蒸蒸日上的吉祥食物。

德庆竹篙粉

【主料】大米 500 克。

【配料】淀粉、酱油、食植物油各 10 克。

【制作】① 大米淘洗干净，用水浸泡 2 小时，磨成米浆，反复冲撞数次，调入油、淀粉拌匀。② 将米浆倒入方形平盘中，摊成薄薄一层，入锅蒸熟。③ 把蒸熟的米浆小心铲起，铺于竹篙上凉凉，切为数段，拌入酱油、植物油食用即可。

【烹饪方法】蒸，拌。

【营养功效】温中养胃，健脾利肾。

【健康贴士】一般人皆宜食用。

炸俩蒸肠粉

【主料】油条 100 克，来米粉 200 克 .

【配料】淀粉 20 克，澄粉 30 克，酱油、牡蛎油各 8 克，糖、盐各 3 克，味精 1 克。

【制作】① 来米粉、淀粉、澄粉混合，加入水拌匀，过滤后成肠粉浆。② 平底锅置火上，铺上白纱布，倒入肠粉浆，放上油条，加盖蒸 3 分钟后取出，趁热卷成长条形，用刀切成 3 段后入盘。③ 酱油、牡蛎油、糖、盐、味精调成酱汁，配肠粉食用即可。

【烹饪方法】蒸。

【营养功效】开胃消食，益气温中。

【健康贴士】糖尿病、胃热患者不宜多食。

珍珠糯米烧卖

【主料】珍珠糯米 500 克，面皮 100 克。

【配料】香菇、腊肉、花生米各 50 克，虾米、香油各 10 克，盐、糖各 3 克，味精 1 克。

【制作】① 糯米用水浸泡 10 小时，捞出滤水后，用竹网隔水蒸熟。② 香菇洗净，切粒；腊肉切粒；虾米洗净；锅置火上入香油，下入香菇粒、腊肉粒、虾米、花生米爆炒；将蒸熟的糯米拌入其中，加盐、糖调味，放入冰箱冷冻成馅。③ 取出馅后，用面皮包馅，成圆柱形，依次包好，放入蒸笼蒸 5 分钟至熟即可。

【烹饪方法】炒，蒸。

【营养功效】温中养胃，理气化痰。

【健康贴士】一般人皆宜食用；顽固性皮肤瘙痒和对海鲜过敏者慎食。

福建

炸枣

【主料】糯米 400 克，大米 100 克。

【配料】白砂糖 200 克，花生米 150 克，植物油 500 克。

【制作】① 糯米、大米用清水浸泡 2 个小时，洗净，沥干水分，加少量水磨成米浆，盛入布袋内，扎紧口，压成干浆；花生米炒熟，去皮，研成碎末，与白砂糖 100 克拌成馅料。② 取大盆 1 个，倒入干浆掰散，加白砂糖 100 克拌匀，即成糖浆，竹筛铺上净布，取糖浆搓圆，用手指捏成凹形，包馅，再收口搓圆，捏成枣的形状，放在净布上。③ 锅置火上入油，烧至七成热，下入枣，炸至浮起油面、呈金黄色时捞起，沥干油即可。

【烹饪方法】炒，炸。

【营养功效】温中养胃，益智补脑。

【健康贴士】糖尿病、肥胖症、肠胃消化不良者忌食。

【巧手妙招】花生米可先用开水冲泡一会儿再用手捏搓去皮，然后入油锅炒熟即成。

芋粿

【原料】大米 750 克，白芋 150 克。

【配料】小茴香 10 克，盐 20 克，虾油 50 克，植物油 750 克。

【制作】① 大米用清水浸泡 2 小时，洗净，滗去水，放入炒熟的小茴香，加水磨成浆；白芋去皮，用擦刀擦成丝条。② 锅置火上入水，大火烧沸，放上笼屉，笼内铺上净纱布，夹上通气板。先倒入芋丝蒸约 5 分钟，再倒入米浆、虾油、盐搅拌均匀，盖严盖，蒸约 10 分钟，揭外盖，用凸板和竹筷不断在米浆里搅拌，见浆稍有硬度，再用热汤边冲边搅拌至米浆稍浓时，盖严盖，继续蒸约 5 分钟，再揭盖搅拌，如此反复，蒸约 3 小时至熟，用布擦干粿面上的蒸气水，抹上植物油，取出凉凉，倒在板上，再翻面，抹上植物油，切成三角块。③ 锅置大火上，入油烧至八成热，将芋粿逐块下锅，炸至金黄色时捞起沥干油即可。

【烹饪方法】炒，蒸、炸。

【营养功效】排便通畅，补脾健胃。

【健康贴士】一般人皆宜食用，尤宜身体虚弱者食用。

【巧手妙招】蒸制时锅内需加沸水 2 ~ 3 次，以防止烧干锅，蒸至用布角盖在粿面上用手指朝粿面一弹，见有颤动、有弹性时即熟。

酥糍丸

【主料】松溪粉 300 克

【配料】八果馅、白砂糖各 75 克，玻璃纸 1 张，熟猪油 50 克。

【制作】① 松溪粉研碎，用筛子筛至细似面粉，入锅焙酥，盛出凉凉，加猪油、白砂糖揉成黏粉团，摘成 12 个剂子，用手按扁包入八果馅，捏成枕头式的酥米时丸。② 玻璃纸剪成 12 张约 8.5 厘米见方的小块，每张放一个酥米时丸，卷起，两端用手捏向不同方向，封住两头即可。

【烹饪方法】烘。

【营养功效】开胃养颜，润肠养发。

【健康贴士】高血糖患者不宜多食。

【巧手妙招】松溪粉需用小火焙制，勿用大火，以免焦煳；八果馅可以根据个人喜好调配。

光饼

【主料】面粉 1700 克，酵面 200 克 .

【配料】苏打粉、盐各适量。

【制作】① 面粉中间扒窝，加苏打粉、盐、水搅动至盐溶化，再加酵面搅匀，再把四周的面粉和入，加水揉匀，搓成长条状，分割成等份的小面团，滚圆后擀扁，用手指从中间戳穿到底制成生坯。② 炉内放炭，待炉温升到 60 ~ 70℃时，把炭收拢让火熄灭，煽出炉内水气，将生坯贴进炉壁内，并把水轻轻撒到饼上。用扇子把火煽大，当饼面呈浅黄色时，加紧煽火，直至饼面呈全黄色时，将火拨拢，用小铲将饼铲出即可。

【烹饪方法】烘。

【营养功效】健胃消食，温中益气。

【健康贴士】一般人皆宜食用。

【巧手妙招】光饼可切口，夹上糟肉、粉蒸肉、蔬菜等，浇点儿醋蒜汁，别有一番风味。

典食趣话：

福州光饼又称“征东饼”。明嘉靖四十一年(1562)农历九月二十七，抗倭英雄戚继光，率部追歼倭寇至福清牛田（今龙田）。为减少饮食，戚继光布置各营以炭火烤炙用面粉做成的两种圆饼。一种小而干燥；一种大而松软，略带甜味。两者中间均打一小孔，用绳串起背于身上，便于士兵携带作为临时干粮。由于它随处可充饥，增强了队伍的机动性，为歼灭倭寇立下大功。此后，为纪念戚公，福清及福州、闽清等地人民仿制这两种圆饼，前者叫“光饼”，后者称“征东饼”。

金包银

【主料】豆腐 500 克，面粉 20 克，精肉 100 克。

【配料】干香菇 30 克，葱末 5 克，沙司 50 克，色拉油 5 克，胡椒粉 5 克，白米醋 20 克，五香粉 3 克，沙司 50 克，水淀粉、白砂糖各 10 克，盐 5 克，老抽、香油各 5 克，味精 2 克，高汤 100 毫升。

【制作】① 豆腐切成块，下入八成热的油锅中炸至四面呈金黄色时，捞出沥油；精肉剁成馅；香菇泡发，切成米粒丁；面粉加水调成面糊备用。② 将精肉馅、香菇粒一起放入大碗内，加盐、胡椒粉、五香粉、色拉油及水淀粉搅拌均匀，取一块炸好的豆腐，用小汤匙挖一个洞，放入调好的肉馅，上面压上挖好的豆腐，外面抹上面糊，摆入汤碗内。③ 蒸笼置火上，入水烧沸后放入豆腐蒸 8 分钟，待馅料完全熟透后取出装盘。④ 另起锅下色拉油、沙司、白砂糖、味精、醋、高汤调成味汁，勾少许芡，起锅浇在已蒸熟的豆腐上，撒上葱末即可。

【烹饪方法】炸，蒸，浇汁。

【营养功效】补脾益胃，清热润燥。

【健康贴士】豆腐属于豆制品，过多食用会导致腹痛、腹胀和消化不良。

【巧手妙招】炸豆腐时油温要高，否则豆腐不成型；蒸的时间要足、否则不入味；调味时，注意糖与醋的比例，以酸甜微咸为佳。

鱼茸卷

【主料】净鱼肉 1000 克，猪肥膘肉 150 克，鸭蛋 2 个，豆腐皮 3 张。

【配料】盐 10 克，味精 2 克，辣椒酱 10 克，醋 10 克，干淀粉 150 克，植物油 500 克。

【制作】① 鱼肉用刀尖刮成鱼茸；肥膘肉切成细丝；鸭蛋打散成蛋液。② 鱼茸、肥膘肉拌匀，加入干淀粉、蛋液、盐、味精及清水 150 毫升搅拌匀成馅料。③ 豆腐皮铺平，放上馅料、卷成一条长约 23 毫米的卷，入笼蒸约 10 分钟取出，稍凉后切成块。④ 炒锅置火上，入油烧至八成热，放入鱼卷炸至金黄色时捞起，沥干油即可。食时，配上醋、辣椒酱即可。

【烹饪方法】蒸、炸。

【营养功效】养肝补血，泽肤养发。

【健康贴士】老年人、孕妇、儿童、肥胖、血脂较高者忌食。

【举一反三】食用时也可以配上番茄片、香菜同食。

锅边糊

【主料】大米500克，虾仁50克，木薯粉750克，韭菜140克，骨头汤3000毫升。

【配料】鱼露、植物油、酱油各50克，香菇30克，味精10克，炸蒜丁各少许。

【制作】① 大米洗净，用清水浸2小时捞出沥干水分，加适量清水磨成细米浆，加入木薯粉和水搅拌均匀，分成3份备用。② 香菇、虾仁用清水浸透切成片，韭菜洗净切成寸段，分成3份辅料备用。③ 锅置大火上，入骨头汤，烧至七成热时，锅边抹匀植物油，用碗舀米浆，绕锅边一圈浇匀，盖上锅盖，约煮3分钟后，见锅边米浆烙熟起卷时，用锅铲将米浆铲下锅底，放入一份辅料，依此法分三次将米浆绕浇完毕；入酱油、鱼露烧到沸后，放蒜丁和味精，出锅装在盆中。

【烹饪方法】烧，烙，煮。

【营养功效】养血健骨，补脾润胃。

【健康贴士】一般人皆宜食用。

【巧手妙招】食时可撒上胡椒粉或自己喜好的配料，配上油条、卤大肠、卤肉等更有风味。

典食趣话：

锅边糊又称鼎边糊，是福建小吃，用米浆烙煮而成，色白质嫩味鲜。配蜗饼，韭菜酥同食，味道别致，是福州地区佳点之一。相传明嘉靖四十二年（1563）冬，戚继光闻知倭寇在福州郊区高盖山一带集结，便下令将士屯兵于雁山商议对策。这一带的居民浸米磨浆，准备精制米齐米果送往军营，慰劳抗倭将士。忽然一匹快马急驰而来，飞报倭寇正在策划偷袭戚家军营，戚继光决定三更出发，攻其不备，天亮前攻打高盖山。可是磨好的水浆尚未压干，做不了米齐米果。这时，有位老伯提议把做馅的佐料放入铁锅内，加上调料做成汤，等汤沸后，再将米浆倒入搅拌，让将士吃碗米糊暖身子。一会儿，戚家军来了，将士接过百姓手中的米糊，喝得津津有味。戚继光喝完后大加赞赏，问："老人家，这叫什么呀？"老伯急中生智说："将军，这……这叫锅边糊。"从此锅边糊流传至今。锅边糊软嫩味美、经济实惠，是福州居民日常早点。

醉蚶瓣

【主料】蚶1000克。

【配料】葱末、蒜末、白砂糖、紫菜各5克，姜末2克，料酒25克，白酱油5克，香油5克。

【制作】① 蚶洗净，放入大碗内，冲入沸水汆几分钟，滗去水后用手掰开，剔去无肉的一瓣空壳，将带肉的蚶瓣排在盘上。② 紫菜洗净，挤干水分，抖散，同葱末一起撒在蚶瓣上，把生抽、料酒、白砂糖、蒜末、姜末、香油调匀，浇在紫菜、蚶肉上即可。

【烹饪方法】汆，拌。

【营养功效】补气养血，破结消痰。

【健康贴士】不可多食；内有湿热者慎食。

韭菜盒

【主料】韭菜250克，鸡蛋250克，虾皮50克，面粉500克，粉丝少量。

【配料】盐5克，胡椒粉、鸡精各3克，香油10克，熟猪油200克，植物油少量。

【制作】① 200克的面粉，放在案板上，与100克熟猪油拌和，揉成纯油酥面团，搓成圆长条，摘成 15 个纯油酥面团坯；300 克面粉与 100 克熟猪油和清水揉成水油酥面团，搓成圆长条，摘成 15 个水油酥面团坯。② 将每个水油酥面团压扁，分别加一个纯油酥面团坯，压平，用圆木棒将相叠的坯子，擀成长条形 . 然后将长条坯子卷成圆筒状，依此法连续再擀三次。第四次回卷时，切成三段，每段面团坯用左手按扁，并以左手的大拇指、示指、中指三个手指捏住边沿，放在案板上，一面向后边转动，右手即以面杖在按扁面团的 1/3 处推擀面杖，不断地向前转动，转动时用力要均匀，如此擀成中间稍厚、边沿略薄的圆形的片。③ 韭菜洗净，切成末，放在盆里加少许盐，用手捏至柔软。粉丝泡发切成碎米状，鸡蛋打散，热油炒成碎鸡蛋花，等凉凉放入虾皮、切好的韭菜、粉丝，加鸡精、胡椒粉、香油拌匀成馅料。④ 取一块圆形坯片，舀放馅料，两边对折，捏成水饺形状，然后把饺的两头拉在一起稍捏，盘成纹丝形花边，依此办法，把韭菜盒做好，放在盘里。⑤炒锅置中火上，入油烧至四成热时，放入生韭菜盒，用小火炸至起酥浮起，再用大火炸至呈金黄色，捞出沥油即可。

【烹饪方法】炒，炸。

【营养功效】行气理血，益肝健胃。

【健康贴士】一般人群均能食用。

【巧手妙招】韭菜盒的捏边方式稍显复杂，可改用碗口压边。

闽生果

【主料】花生米 300 克。

【配料】五香粉、椒盐粉各 3 克，白砂糖 40 克，熟冻猪油 5 克，植物油 200 克。

【制作】① 花生米用开水泡 15 分钟左右捞出，剥皮。② 锅入油，花生米炸至酥脆，捞出，放凉备用。③ 把放凉的花生米与熟猪油拌匀，再与白砂糖、五香粉、椒盐粉混合拌匀即可。

【烹饪方法】炸。

【营养功效】健脾和胃，利肾去水，润肺化痰。

【健康贴士】肥胖、高血脂、消化不良者忌食；花生与红酒同食，有利于促进心脏血管畅通。

【巧手妙招】花生米颜色变红时，就要关火，再用铲子翻几下，利用余温炸熟。

地瓜粉粿

【主料】蒸好的地瓜粉粿、白菜各 250 克。

【配料】蒜苗 2 根、红烧猪肉罐头 15 克，生抽 6 克，盐 3 克。

【制作】① 白菜洗干净后切成细丝，蒜苗洗净切段。② 锅置火上入油，烧热后倒入白菜丝煸炒，加入水、红烧猪肉、生抽和盐。③ 煮开后放入地瓜粉粿，略微拌炒，调成小火，焖煮 3 分钟，开大火，一手持筷子，一手持锅铲，轻轻将菜和粿条拌匀，并收汤汁到八成干，撒入蒜苗即可。

【烹饪方法】煸，炒，焖，煮。

【营养功效】通便健胃，宽中下气。

【健康贴士】一般人皆宜食用，肺热咳嗽、便秘、肾病患者可多食。

【举一反三】地瓜粉粿炒制过程中，可加入各种海鲜，比如海蛎、小虾等可以提味。

沙茶烤肉

【主料】猪肋条肉 500 克，沙茶辣油 50 克，面包 750 克。

【配料】高粱酒、酱油各 50 克，白砂糖 25 克，咖喱粉 5 克。

【制作】① 猪肋条肉去筋膜，洗净切成薄片，放入盆内，加入白砂糖、酱油、高粱酒、咖喱粉抓匀，腌渍 30 分钟。取一条约 53 厘米长的 14 号铁丝，弯成有柄的叉形，插进 5 片肉片，排放在盘内，面包切成 10 片。② 取烤炉一个，用木炭烧旺，架上两根铁条，将叉成串的猪肉片刷上沙茶辣油放在烤炉铁条上烤熟。③ 面包片排在用铁丝编的丝网上，放在烤炉铁条上烤至面包两面呈金黄色即可。食时，每盘放上烤面包 1 片、沙茶烤肉 4 串，还可配上沙茶辣油、香菜、荞头、萝卜酸、芥菜酸、酸姜佐食。

【烹饪方法】腌，烤。
【营养功效】补肾养血，滋阴润燥。
【健康贴士】肥胖、血脂较高者慎食；肉烤得太焦容易致癌。
【巧手妙招】烧烤时可用锡纸包裹肉片加热，既健康，又能减少致癌物质的产生。

福建锅贴

【主料】面粉 500 克，猪五花肉 250 克。
【配料】植物油 10 克，葱、盐、味精、五香粉、红酒各 5 克，酱油 10 克，蘸食调料 1 碟（豆豉油 100 克，辣椒、蒜末、味精、盐、香油各 5 克）。
【制作】① 面粉扒成窝状，放温水、盐与面粉调成面团，饧 10 分钟后切条，摘成面剂，擀成锅贴皮备用。② 五花肉洗净去皮，剁成肉末；葱切成葱末，加肉末、酱油、味精、盐、五香粉拌成馅料，包入锅贴皮，捏成月牙形；少许面粉和水调成面浆备用。③ 平底锅烧热，入油刷匀，将锅贴从外圈向内摆满，稍煎一会儿，沿缝隙淋入面浆，盖上盖，用中火焖 8 ~ 10 分钟，待有渣渣声响，香味扑鼻时，可揭盖按其皮柔软有弹性即熟，淋上少许熟植物油，底朝上装入盘内即可。
【烹饪方法】烙。
【营养功效】补肾养血、滋阴润燥。
【健康贴士】肥胖、血脂较高者不宜多食。
【巧手妙招】皮坯调制要掌握好吃水量，一般应占面粉的 45% ~ 50%，且面团要揉匀；烙制时火不宜大，以免烧焦糊；食时可蘸上调味碟中的作料，风味更佳。

葛粉包汤

【主料】葛粉 1000 克，八果馅 400 克。
【配料】白砂糖 500 克。
【制作】① 葛粉研成末，盛入碗内；八果馅加水揉匀，搓成 160 个小馅丸，放入葛粉碗内滚匀葛粉，盛入漏勺，入沸水汆一下，再入葛粉盆滚匀葛粉，以上重复 3 次，至馅丸粘不上葛粉为止，制成生粉包。② 锅内加水烧沸，放生粉包，煮至浮出水面至熟，捞出装碗，加入白砂糖即可。
【烹饪方法】汆，煮。
【营养功效】清热解毒、生津止渴。
【健康贴士】适用于高血压、冠心病、老年性糖尿病、慢性脾虚泻泄等患者食用；脾胃虚寒者忌食。
【巧手妙招】八果馅丸入盆要边摇边滚匀葛粉；八果馅可根据个人口味调配。

包心鱼丸

【主料】净鲜鱼肉 500 克，猪五花肉 250 克。
【配料】淀粉 250 克，猪骨汤 1000 毫升，胡椒粉、味精、盐各 3 克，酱油、香油、虾油各 10 克，葱、虾干各 5 克。
【制作】① 鱼肉剁成泥，加水、盐搅 15 分钟，加淀粉再搅成鱼羹糊，虾干、葱白碾成末备用。② 猪五花肉剁成泥，加虾末、葱末、酱油搅匀成馅，分成等量的圆团；取鱼羹糊摊在左手掌心上，中间放一肉馅团，握紧手指，从虎口中挤出小圆球，用勺子将圆球舀起，入水盆。③ 锅置小火上，加猪骨汤、虾油、味精，煮至胀大盛入汤碗，淋香油，撒胡椒粉、葱末即可。
【烹饪方法】煮。
【营养功效】补虚养身、气血双补。
【健康贴士】一般人群皆可食用；水肿、浮肿、腹胀、少尿、黄疸、乳汁不通者可常食。
【巧手妙招】剁鱼肉时，案板可铺上一层鲜肉皮，以防剁肉时杂质进入肉茸内。

莆田卤面

【主料】卤肉 300 克，大白菜 50 克，香菇 4 朵，香菜 2 根，油面 150 克。
【配料】清水 1000 毫升，盐 3 克，酱油 10 克，水淀粉、醋各 15 克，胡椒粉少许。
【制作】① 大白菜洗净、切丝，香菇泡软切丝，用两大匙油先炒香菇，再放入大白菜同炒至软，加入清水、盐、酱油、水淀粉烧沸，改小火，并放入肉卤同煮。② 另外半锅水烧沸，放入面条煮熟，捞入碗内备用；香菜切碎备用。③ 待卤肉已熟且汤汁黏稠时关火，加入胡椒粉、醋和香菜末；将肉汤淋入装面条的碗内即可。

【烹饪方法】炒，烧，煮。

【营养功效】开胃健脾，消食化滞。

【健康贴士】肥胖和血脂较高者不宜多食。

豆芽煎饼

【主料】绿豆芽80克，面粉80克，鸡蛋1个。

【配料】胡椒粉、盐各3克，葱末5克，植物油适量。

【制作】① 豆芽洗净沥水。② 将鸡蛋、面粉、葱末、胡椒粉、加入适量水拌匀；再加入适量的植物油、盐、拌匀后加入豆芽拌匀。③ 锅入少量油，用勺挖入豆芽面糊，煎至两面黄脆即可。

【烹饪方法】煎。

【营养功效】清热解毒、利尿除湿。

【健康贴士】适合口腔溃疡、消化道癌症和减肥人士食用；脾胃虚寒者慎食。

【举一反三】面粉可换成米浆，味道更正宗。

厦门薄饼

【主料】薄饼皮30张、包菜500克，胡萝卜300克，猪五花肉250克，净鱼肉50克，虾仁、豆干、冬笋各200克，豌豆苗100克，青蒜250克。

【配料】鸡蛋2个，干海苔、肉松、干鳊鱼各20克，花生酥、绿豆芽、熟猪油各50克，虾汤150克，猪骨汤100克，香油少许，蒜泥、料酒、白醋、味精、辣椒酱、花生酥、香菜、芥米酱适量。

【制作】① 包菜、豌豆苗、青蒜洗净，胡萝卜削皮洗净与猪五花肉、虾仁、冬笋、豆干分别切成一样规格的细丝。干鳊鱼下油锅炸酥，研成末，冬笋下沸水锅汆一下。② 锅置中火上，倒猪油烧热，放入豆干丝炒几下，再把肉丝、虾仁丝、冬笋丝下锅合炒10分钟，再倒入虾汤、骨汤烧沸，改用小火焖1小时，然后加入包菜丝、胡萝卜丝，翻匀再焖1小时至熟烂，投入豌豆苗、青蒜丝，拌匀再焖2分钟加鳊鱼末、盐、味精、白砂糖调味，成为薄饼主要馅料。③ 鸡蛋炸成蛋松，盛一小碟；加力鱼肉切4片，用适量料酒，味精腌渍30分钟，然后下油锅炸酥，撕成细丝装小碟；绿豆芽去头根入沸水锅汆一下，捞出沥干水分，用盐、味精、香油调味装一小碟；干海苔下油锅焙酥，加少许白砂糖拌匀，装一小碟；蒜泥、白醋调匀装一小碟；花生酥研末，装一小碟，香菜用凉开水洗净，装一小碟；芥米酱、肉松、辣椒酱各分装一小碟，共计10个小碟，连同薄饼皮，主要馅料一起上席。④ 吃时，先将薄饼皮张开，按口味抹上酱料，放海苔茸、馅料，再撒上海苔卷起即可。

【烹饪方法】炸，汆，炒，焖，腌，焙。

【营养功效】开胃润腑，营养丰富。

【健康贴士】一般人群均可食用。

包心豆腐丸

【主料】豆腐500克，地瓜粉100克，五花肉200克。

【配料】香菇、虾仁、姜、酱油各5克，葱白、香油、香葱各3克，盐、味精各10克，高汤300克，胡椒粉1克。

【制作】① 豆腐沥干，放入纱布中包好，用手挤捏成泥，加上盐、味精及地瓜粉，搅拌成豆腐泥备用。② 五花肉剁蓉，姜、香菇、虾仁切成末与肉搅匀，再加上酱油、味精、葱白末、香油，搅匀后捏成圆丸备用。③ 锅置中火上，加水烧微开时，右手抓豆腐泥推在手掌上，左手抓肉馅丸放在右手豆腐泥上，右手握成拳状，使豆腐泥包匀馅心，再用勺子从右手虎口中舀出豆腐丸，入热水锅中汆至浮起，捞起放入小碗中。④ 小碗中加入高汤、盐、味精、香油调味，撒上葱末、胡椒粉即可。

【烹饪方法】汆。

【营养功效】益气宽中，清热润燥，调和脾胃。

【健康贴士】一般人皆宜食用。

【巧手妙招】汆制时用小火，以免肉丸松散；调味时，也可加少许熟红菇末，以增加其风味。

糖枣包糍粑

【主料】糯米 1900 克，红糖 300 克，白砂糖 250 克。

【配料】红豆沙 100 克，熟芝麻末 20 克，植物油 1500 克。

【制作】① 红糖熬成液，将糯米淘洗干净，用清水浸泡 3 小时，捞出沥干，取 400 克碾成米粉，与红糖液搅拌，捏成 20 个小馅丸；白砂糖、红豆沙、熟芝麻末混合均匀，制成白砂糖混合料备用。② 锅入油烧至六成热，入小馅丸炸熟，捞出沥油，制成糖枣备用。③ 剩余糯米蒸熟，凉凉舂成糍粑，将糍粑捏成 20 个小丸，入白砂糖混合料里滚匀后切开口，装白砂糖等混合料，封口。④ 糖枣开口，分别装入糍粑，再撒白砂糖等混合料即可。

【烹饪方法】炸，蒸。

【营养功效】健脾暖胃，补中益气。

【健康贴士】糖尿病患者、脾胃虚弱者慎食。

【巧手妙招】捏糍粑丸时，双手可抹适量蜂蜡，以免糯米粘手。

海澄双糕嫩

【主料】糯米 2500 克，红板糖 1250 克，猪肥膘肉 250 克

【配料】豆腐皮 6 张，冬瓜糖 250 克，干洋葱 100 克，植物油 500 克。

【制作】① 糯米洗净，用清水浸泡 10 分钟，先捞出 2250 克，放入石臼舂成细粉末，取出过筛，将筛下的粗米再舂再筛，成粉末状为止。红板糖碾成粉末状，过筛，粗糖再碾再筛成粉末状，与糯米粉末搅拌均匀；余下的糯米 250 克磨成米浆。② 干洋葱去皮，切成薄片，下油锅，用中火煸成深黄色；猪肥膘肉、冬瓜糖均切成小四方块，与干洋葱拌成混合料。③ 豆腐皮用水喷湿，变软后，铺在笼内，倒入红板糖粉，用小竹片轻轻抹平，盖严盖，上锅蒸约 30 分钟，揭开盖，淋上糯米粉，再用小竹片抹平，然后撒上混合料，盖严盖，再蒸约 40 分钟，取出凉凉，放在案板上，切成菱形块即可。

【烹饪方法】煸，蒸。

【营养功效】补中益气，健脾养胃。

【健康贴士】糖尿病患者不宜多食。

【巧手妙招】入笼蒸制时要用沸水旺火速蒸。

闽南肉粽子

【主料】糯米 1500 克，带皮猪腿肉 1500 克。

【配料】鲜栗子 450 克，水发香菇、红糖各 75 克，虾仁干 90 克，炸酥鳊鱼 60 克，鸭肉 600 克，熟猪油 150 克，酱油香料卤汁 750 克，味精 5 克，竹棕叶 80 片，咸草若干条。

【制作】① 糯米洗净用清水浸泡 2 小时，捞出沥干水分；鲜栗子放入木炭炉内烘裂壳，去壳取肉；水发香菇去蒂切片；虾仁干用温水泡软；竹棕叶洗净用沸水泡软；炸酥鳊鱼切碎备用。② 锅内入酱油香料卤汁、猪肉、鸭肉煮至卤熟，取出切成 30 等块；炒锅置火上，入熟猪油烧至五成热，放入糯米翻炒，加入卤汁、红糖、味精、熟猪油拌匀，待糯米呈赤黄色、五成熟时，盛出凉凉。③ 取棕叶二三片并列互叠，折成尖底三角形漏斗状，先倒入糯米约 25 克，再放入栗子、香菇、虾仁各粘在三角形叶沿，中间放入卤猪肉、鸭肉、鳊鱼碎粒，最上边盖上糯米约 25 克，收拢棕叶两端，包成有四个角的立体形，用咸草捆扎四角及中腰，每 15 个扎成一串。④ 锅内放入肉粽、水，用中火煮约 3 小时，捞出保温即可。

【烹饪方法】烘，煮，炒。

【营养功效】养胃健脾，补肾强筋，滋养脏腑。

【健康贴士】脾胃虚弱，消化不良，糖尿病患者不宜多食。

【巧手妙招】食时解开捆草，蘸食芥辣酱、辣椒酱佐食，风味更佳。

福建炒米粉

【主料】福建米粉 500 克，猪瘦肉 200 克，鲜虾 400 克，韭菜 25 克，匏瓜 300 克。

【配料】葱 50 克，白砂糖 20 克，酱油 40 克，味精 10 克，植物油 150 克。

【制作】① 猪瘦肉切丝，匏瓜去皮切粗丝，韭菜、葱切长段，鲜虾剥壳洗净。② 炒锅置大火上，入清水 1500 毫升，将碎虾壳下锅煮 5 分钟，滤去壳渣，保留虾汤。③ 锅洗净烧热后，入植物油、白砂糖、用铁勺搅至糖溶化起泡，再入酱油、虾汤搅匀。④ 锅置大火上，放入植物油烧热，将葱煸炒几下，再入瘦肉、虾肉、匏瓜，煸至匏瓜柔软，倒入虾汤。然后将米粉顺锅沿放入煮沸，并翻动米粉，待其熟透并均匀吸干汤汁时，加入味精、韭菜。出锅时先将米粉捞起装盘，然后将配料略炒，盛起盖铺在米粉上即可。

【烹饪方法】煮，煸，炒。

【营养功效】补肾壮阳，健脾养胃。

【健康贴士】患有皮肤疥癣者忌食。

【巧手妙招】鲜虾放入冰箱冻 10 分钟更易剥壳。

白砂糖碗糕

【主料】粳米 2500 克，白砂糖 1500 克，酵面 200 克。

【配料】食碱 5 克。

【制作】① 粳米浸泡 1 小时，磨成米浆，放入用水调稀的酵面中拌匀，同时食碱用水调稀备用。静置发酵 6 ~ 10 小时。发好后加白砂糖、食碱水搅拌至似浓米汤。② 笼内排上碗糕杯或茶杯，略蒸片刻，待锅里水沸后，将米浆舀入每个热杯中，盖严盖，蒸约 20 分钟取出即可。

【烹饪方法】蒸。

【营养功效】补中益气、平和五脏。

【健康贴士】糖尿病患者不宜多食。

【举一反三】蒸时可根据个人口味加入黑芝麻、果脯等佐食。

浙江

雪团

【主料】糯米 300 克，粳米 175 克。

【配料】豆沙馅 100 克，金橘饼 10 克，白砂糖 60 克，糖桂花 10 克。

【制作】① 金橘饼切成米粒状，放入豆沙馅内，加热水搅拌成稠浆状豆沙馅；白砂糖、糖桂花拌匀成盖糖。② 粳米、糯米 200 克分别淘净，沥干水分，洒上少许水使糯米发胀后分别磨成粳米粉、糯米粉，筛细。③ 粳米粉放入竹匾摊开，用沸水边冲边搅，待熟呈糊状，冷却；糯米粉留少许作燥粉，其他与粳米糊一起和成面团，放在案板上搓成圆柱形，摘成剂子，按扁成皮子，裹入豆沙馅 12 克及盖糖适量，包成圆团放入竹匾。④ 取糯米 100 克，淘洗干净，沥干水分，用温水冲淋，使其涨发，放入另一只竹匾中，把包好的团子撒少许水，倒在糯米里，用手轻轻摇晃竹匾，使团子滚粘上糯米，入笼上火蒸 10 分钟，揭去笼盖，淋上少许水，再蒸 5 分钟，待糯米熟透开花即可。

【烹饪方法】蒸。

【营养功效】行气解郁，消食化痰。

【健康贴士】疲弱气虚者不宜多食。

猫耳朵

【主料】精面粉 500 克，浆虾仁 100 克，熟鸡胸肉、熟瘦火腿各 125 克，熟干贝、冬笋丁、绿色蔬菜各 50 克，水发香菇 150 克。

【配料】鸡清汤 1500 毫升，味精 5 克，盐 10 克，鸡油 10 克，葱 20 克，绍酒、姜各 10 克。

【制作】① 锅置火上，入鸡油，下入浆虾仁滑熟，盛出；鸡胸肉、火腿、香菇切成小片；干贝洗净，放入小碗中，加入清水、绍酒、葱段、姜片，入笼蒸熟，取出后撕成丝。② 面粉加水，和面后揉匀揉透，搓成长条，切成丁，放入干粉中略拌，将其直立，用大拇指向前推捻成猫耳朵形状，放入沸水锅中煮约 10 分钟捞出，过凉水冲凉。③ 炒锅置火上，倒入鸡汤煮沸，放入虾仁、干贝、鸡胸肉、香菇、笋丁，大火煮沸，撇去浮沫，放入猫耳朵坯料，待上浮成熟后，加入盐、味精、绿色蔬菜，出锅盛入碗即可。

【烹饪方法】炒，煮。

【营养功效】温中益气，健胃消食。

【健康贴士】一般人皆宜食用。

藕粉饺

【主料】精面粉 900 克，核桃仁 100 克，红小豆 400 克。

【配料】苋菜汁 40 克，饴糖 750 克，白砂糖 430 克，咸桂花 8 克，猪板油 150 克，植物油 35 克。

【制作】① 红小豆淘洗干净，下入锅中，加水至浸没为止，用大火煮烂，盛入淘箩，下接面盆，用手搓揉煮烂的红小豆，注入凉水 1000 毫升慢慢沿边加入箩内，使细豆沙出壳，静置 15 分钟澄清，撇去浮沫，倒入布口袋挤干。② 锅置中火上，加入饴糖和水 150 毫升，待糖完全熔化后，除去沉渣，复入糖水锅，下入细豆沙，加白砂糖 250 克、植物油 30 克，不断翻炒至细沙呈褐红色时，盛入盆中，撒上桂花。③ 猪板油去筋膜，切成约 7 毫米见方，用白砂糖 180 克、咸桂花拌匀成糖板油，核桃仁去皮，切成黄豆大的粒。④ 锅置大火上，加清水 250 毫升、苋菜汁烧沸，改用小火，放入面粉，不断翻炒约 3 分钟出锅。⑤案板上抹一层植物油，倒上烫面粉揉成面团，搓成条，揪成面剂，擀成中间厚边缘薄的面皮，每张包入细豆沙 40 克、糖板油粒、核桃粒，把面皮边分成三等份，相互捏住，捏成鸡冠花形状，即成藕粉饺生坯。⑥笼内铺上笼布，放入饺生坯，置大火上蒸约3分钟，揭开盖，喷洒少些凉水，再加盖蒸约2分钟至熟，出笼装盘即可。

【烹饪方法】煮，炒，蒸。

【营养功效】健脾利湿，散血解毒。

【健康贴士】一般人宜食，但阴虚者不宜多食。

重阳栗糕

【主料】糯米粉1700克，粳米粉、板栗各750克。

【配料】白砂糖650克，红糖100克。

【制作】①板栗洗净，剖开后入锅，煮至七成熟时，捞出去壳和内膜。②糯米粉加水拌匀搓碎，再加红糖拌匀，用18眼竹筛筛成松粉。③盆内加入粳米粉、糯米粉，白砂糖用水1400毫升溶化后，搅成糊状，移入垫好屉布的笼内摊平，上火蒸约6分钟后，揭去笼盖，用竹筛筛在糕面上松粉，把栗肉整齐地铺在松粉上，再用大火上蒸约20分钟至熟，停火晾透，切成菱形块即可。

【烹饪方法】煮，蒸。

【营养功效】健肾补脾，延年益寿。

【健康贴士】板栗有辅助治疗腰腿软弱无力的功效，但糖尿病人忌食。

干菜油酥饼

【主料】精面粉1300克，猪五花肉1000克，肥膘肉120克。

【配料】雪菜干菜250克，植物油25克。

【制作】①雪菜干菜择洗干净，切成碎粒，放入箅子，上笼蒸15分钟，至干菜质地柔软；猪五花肉洗净，切成丁，与蒸好的干菜拌匀，放置15分钟，使干菜与肉味互相渗透。②取面粉50克，加入植物油，制成油酥面，分成5份，其余的面粉加入清水500毫升搅匀，揉成粉团，分为5份，每份擀成带状条，取油酥面1份均匀地揉在上面，自外向里卷成筒形条，拉长后把两端并在一起，然后左手捏头，右手由上而下轻轻抻成长条，摘剂擀成圆皮，包馅收口，擀成圆饼，以此法逐个做好饼坯。③平底锅置大火上，放入肥膘肉，熬出油，待油烧至六成热时，再放入饼坯煎烤至呈金黄色时出锅即可。

【烹饪方法】蒸，熬，煎。

【营养功效】开胃消食，明目利膈，补中益气。

【健康贴士】消化功能不全者不宜多食。

荷叶粉蒸肉

【主料】猪五花肉500克，糯米100克。

【配料】鲜荷叶2张，姜丝、葱段各30克，大料、桂皮、丁香各1克，甜酱35克，料酒20克，酱油20克，白砂糖8克。

【制作】①糯米淘洗干净，晒干放锅内，加入大料、丁香、桂皮，小火炒至黄色，凉凉后磨粉。②猪五花肉洗净，切8块，放酱油、甜酱、料酒、白砂糖、葱段、姜丝拌匀，腌1小时，待汁水渗入肉片，加糯米粉拌匀。③荷叶用沸水焯烫一下，每张切4小张，包肉成方形，大火蒸2小时左右，至肉酥烂，溢出荷叶香时即可。

【烹饪方法】炒，腌，焯，蒸。

【营养功效】消暑利湿，健脾升阳。

【健康贴士】产后虚弱、体虚盗汗、营养不良者宜食。

湖州大馄饨

【主料】精面粉500克，猪腿肉700克。

【配料】猪骨500克，笋衣15克，蛋皮丝25克，葱末50克，料酒、盐各25克，酱油、熟猪油各100克，白砂糖、芝麻各5克，味精7克，香油250克。

【制作】①猪腿肉洗净，剁粗粒，加笋衣、料酒、芝麻、香油、白砂糖、味精、盐搅拌成肉馅。②面粉加水，和成面团，擀成大薄圆皮，对四折，切成宽长条，再切成四方形馄饨面皮，包肉馅，捏成突肚、翻角、略呈长方形的馄饨；依次包好。③猪骨熬煮成清汤，加酱油、熟猪油成汤料；馄饨下入沸水，煮5分钟至煮热，捞入汤料碗内，撒葱末、蛋皮丝即可。

【烹饪方法】煮。

【营养功效】补虚益肾，润泽肌肤。

【健康贴士】一般人皆宜食用。

双林子孙糕

【主料】糯米粉1000克，粳米粉200克，绵白糖500克。

【配料】猪板油200克，核桃仁50克，青梅、芝麻各25克，糖桂花5克，金橘饼、玫瑰酱各40克，糖佛手末80克。

【制作】① 猪板油去膜，切成方片，用绵白糖50克腌渍一周成糖板油；核桃仁、金橘饼、青梅均切成小丁，拌匀后成果料馅。② 将糯米粉与粳米粉混匀，取混合粉1000克加入绵白糖50克、400毫升水拌匀，稍静置后搓散并筛细；取混合粉150克，加入绵白糖400克、玫瑰酱、糖佛手末、糖桂花、芝麻与水50毫升一起揉拌均匀成芝麻玫瑰糖馅。③ 取方糕架一个，将筛过的粉料倒入后铺平，用刀匀称地挖出小粉坑，每个粉坑内放入果料馅1份、芝麻玫瑰糖馅1份、糖板油5片，把留下的混合粉50克在馅面上薄薄地筛上一层，盖住馅心，再盖上一张纸，用手轻轻抹平，揭去纸，用刀均匀切块。④ 将成形后的整块糕坯连同槎架一起放于笼屉中，大火沸水蒸约20分钟至熟，取出即可。

【烹饪方法】腌，蒸。

【营养功效】益智补脑，健脾利中。

【健康贴士】糖尿病、高血脂、高血压患者不宜多食。

典食趣话：

双林子孙糕是浙江湖州的传统风味面点，迄今已有近百年的历史。相传，当年一大户人家定亲时，请糕团师傅做糕，当取糕时，见是一块方糕，而不是年糕，十分生气，但品尝之后，顿觉味美可口，便转怒为喜。问起糕名，糕团师傅随答曰“子孙糕”，意喻子孙步步高（糕）升，此糕自此而得名。如今，双林子孙糕已成为双林一带定亲、婚嫁、寿庆、端午、建房等喜庆场合的必用糕点。

松丝汤包

【主料】精面粉500克，猪五花肉600克，鲜猪肉皮130克，猪骨头250克。

【配料】香油8克，葱末、姜块、小苏打各5克，植物油、酱油、蛋皮丝各25克，白砂糖10克，盐15克，熟猪油20克，松树枝叶、味精适量。

【制作】① 猪肉皮处理干净，入沸水汆烫，捞出沥干水分；姜块洗净；净锅置火上，入水500毫升，大火烧沸，放入猪肉皮，改用小火焖煮六成熟时捞出，趁热与姜块一起放入绞肉机中绞成茸，放回原锅，用大火熬至浓，盛入盆中，冷凝成皮冻。② 猪五花肉洗净，切块，放入绞肉机中绞成茸，加入盐10克、酱油、糖、香油、味精少许，再将皮冻绞碎后拌入，制成肉馅。③ 面粉加水250毫升拌匀，小苏打加少量水化开，倒入面粉中，揉匀揉透，制成酵面，揪成剂子，植物油洒在剂子上，把剂子用手掌压成皮，包馅收口，依次做好。④ 松树枝叶洗净，用沸水泡过，垫在笼内，放入汤包用大火蒸约5分钟至熟。⑤猪骨头加水2500毫升，煮成浓饧，加入盐5克、少许味精及蛋丝、葱末，分盛小碗，每笼汤包带上1小碗汤上桌即可。

【烹饪方法】汆，煮，蒸。

【营养功效】补虚益气，健胃利肾。

【健康贴士】猪皮富含胶原蛋白，一般人皆宜食用。

吴山酥油饼

【主料】精面粉 1250 克，绵白糖 600 克。

【配料】蜜饯青梅 125 克，糖桂花 100 克，玫瑰花干 5 朵，熟植物油 1000 克，

【制作】① 取面粉 550 克放在案板上，中间挖一凹形，加入熟植物油 225 克调和拌匀，搓揉成光洁的干油酥面团。② 取面粉 700 克放在案板上，中间挖一凹形，加入熟植物油 125 克、温水 275 毫升调和拌匀，搓揉成光滑、柔软的水油酥面团。③ 将水油酥面团和干油酥面团分别摘剂，取 1 个水油酥剂按扁，包入干油酥剂子 1 个，擀开成片条状，从一头卷起成筒形，再擀开成片条状后，从一头卷起成筒形，横放，从中间切成两个圆饼形坯子，切面朝上，擀成圆饼，并用手指的弯节部位轻轻推挤无切口的一面，使有切口的一面慢慢隆起，呈半球形生坯，依次做好。④ 油炸锅置中小火上，倒入植物油烧至 120℃，下入生坯，切口面朝下，汆炸 6 ~ 7 分钟，待饼面呈微黄色时，捞起，沥油冷却后，撒上白砂糖、青梅末、糖桂花和玫瑰花即可。

【烹饪方法】炸。

【营养功效】益气养胃，温中补虚。

【健康贴士】油炸制品不宜多食。

虾肉小笼包

【主料】小麦面粉 250 克，虾仁 250 克。

【配料】酵面 75 克，猪肉 250 克，肉皮清冻 100 克，芝麻 5 克，食碱 1 克，香油、酱油各 10 克，盐 3 克、味精 1 克、姜 5 克。

【制作】① 酵面研碎，加温水调匀，加面粉和成面团，放温热处发酵，发好后放适量碱水揉匀。② 猪肉洗净，剁成泥状；虾仁切碎，混合猪肉馅加酱油、盐、味精、姜末、香油、芝麻、肉皮清冻拌匀成馅。③ 面团搓长条摘剂，擀成小圆皮子，包馅，收口，依次做成包子生坯，蒸笼置火上，入水大火烧沸，放入包子生坯，蒸 5 分钟至熟即可。

【烹饪方法】蒸。

【营养功效】气血双补，补虚养身。

【健康贴士】肥胖、血脂较高者不宜多食。

温州白蛇烧饼

【主料】食碱烫酵面 1000 克，精面粉 500 克，猪肥膘肉 300 克。

【配料】葱 60 克，甜酱瓜 200 克，虾米、饴糖各 20 克，京冬菜 40 克，料酒 20 克，盐 50 克，芝麻 13 克，香油 5 克，熟猪油 200 克。

【制作】① 猪肥膘肉切成条，加盐腌渍约 3 天，切成丁；甜酱瓜切成丁；京冬菜切细末；虾米浸料酒后切细末，加香油拌匀；葱切细末；把以上原料拌成饼馅。② 取面粉 450 克加熟猪油揉成油酥面，摘剂；食碱烫酵面搓成条，摘剂；把油酥面剂放在烫酵面剂上，用手掌推成椭圆形，倒卷 4 层，按扁，两头折拢成 12 层，搓成圆形皮子，包入饼馅，擀成生坯烧饼。③ 取饴糖 20 克加水 15 毫升搅匀，刷在饼面上，撒上芝麻，对折。④ 烧饼炉用木炭生火，待炉温升至 200℃时，塞住风口，右手在生坯饼背面掸少许水，交叉贴在炉壁上，贴完后启开风口，烘至饼呈淡黄色时，封住炉口及风口，再焖烘约 5 分钟至熟，即可出炉。

【烹饪方法】腌，烘。

【营养功效】温中益气，健胃利脾。

【健康贴士】血脂较高者不宜食用。

加味天门冬粥

【主料】大米 60 克，天门冬 15 克。

【配料】百合 10 克，桔梗 6 克，冰糖适量。

【制作】① 天门冬、桔梗、百合分别洗净，入锅备用；大米洗净，浸泡 30 分钟。② 锅置火上，加入适量清水，大火煮沸，转小火煎煮 1 小时，滤去渣，下入大米煮粥，待粥成时，加入冰糖煮溶即可。

【烹饪方法】煎，煮。

【营养功效】利肺补肾，健脾养胃。

【健康贴士】适宜于肺肾阴虚，干咳少痰者

食用。

【巧手妙招】天门冬放石灰缸内盖紧保存，可防潮防霉。

宁波猪油汤团

【主料】糯米 1000 克，绵白糖 900 克，猪板油 250 克。

【配料】糖桂花 25 克，黑芝麻 600 克。

【制作】① 黑芝麻淘洗干净、沥干水分，倒入锅中，大火炒干，转小火缓炒至熟，冷却后碾成粉末，过筛；猪板油去膜，用绞肉机绞成泥，加入绵白糖 450 克、熟芝麻粉一起揉拌均匀，即成猪油芝麻馅。② 糯米淘洗干净，用清水浸泡 12 小时（夏季 8 小时）至米粒松脆时，用水磨法磨制成米浆，装于布袋中压干水分成汤团粉，取汤团粉加入清水 100 毫升搓揉匀透成汤团面坯。③ 将调制好的粉团摘成小剂，搓圆后捏成内凹形坯皮，包入馅心，再搓捏成光滑的小圆球即成汤圆生坯。④ 锅置火上，入水烧沸，下入汤圆生坯，用勺在锅边轻轻推动，使其不相互黏结和粘底，待煮至汤团浮起，加入少量凉水，煮约 8 分钟至熟，即可捞出装碗，加入白砂糖，撒上糖桂花即可。

【烹饪方法】炒，煮。

【营养功效】乌发养颜，益气温中。

【健康贴士】糖尿病、肥胖症、老人及肠胃消化不良者不宜多食。

典食趣话：

宁波猪油汤团是浙江宁波著名的传统风味面点。汤团又名汤圆、元宵，暗含吉祥、团圆之意。宁波猪油汤团因其以猪板油、白砂糖、黑芝麻制成的猪油馅做馅心而得名。在浙江宁波流传着这样一首民谣：“三更四更半夜头，要吃汤团缸鸭狗。一碗落肚勿肯走，两碗三碗发瘾头。一摸口袋钱不够，脱落布衫当押头。”诗中提到的“缸鸭狗”实为一家汤团店的店名，其创始人江定发，小名江阿狗，抗战初期在开明街租了一店面，他别出心裁地在招牌上画了一只缸、一只鸭、一只狗做店名。在宁波方言中，“江阿狗”与“缸鸭狗”谐音，奇特的招牌，饶有风趣，吸引了大量顾客，一时名声大振，蜚声海内外。

嘉兴鲜肉粽子

【主料】糯米 1000 克，去骨猪腿肉 600 克。

【配料】白酒 5 克，红酱油 50 克，白砂糖 25 克，盐 20 克，粽叶 100 克，水草 10 根，味精少许。

【制作】① 粽叶煮后取出洗净，沥干水分。② 糯米淘洗干净，连箩静置 15 分钟沥干水分，加入糖、盐及红酱油拌匀；猪腿肉洗净切块，加糖、盐、味精、料酒，反复搓揉肉块至泛出白沫。③ 取粽叶叠成漏斗状，放入糯米、肉块，包成粽子，放入沸水锅内，加水高出粽子，煮 2 小时后改小火煮 1 小时至熟即可。

【烹饪方法】煮。

【营养功效】补肾养血，滋阴润燥。

【健康贴士】胃病、肠道病患者不宜食用。

温州豆沙汤团

【主料】糯米 650 克，红小豆 100 克。

【配料】白砂糖 500 克，饴糖 10 克，猪肉丁 50 克，桂花 3 克，熟猪油 10 克。

【制作】① 糯米淘洗干净，用水浸泡 2 小时，磨细，压成水糯米粉；红小豆淘洗干净，用水浸泡 4 小时，入锅煮 1 小时至酥烂捞入淘箩，汤留用，豆沙边搓边加水，豆浆压成干豆沙。② 干豆沙加白砂糖 500 克、熟猪油炒成胶状，加肉丁、饴糖炒拌均匀，凉凉后捏馅。

③ 水糯米粉加水揉匀，做成剂子，包馅团成汤团，下入沸水中煮 5 分钟，待汤团浮起加冷水 1 小碗，再煮 5 分钟至熟，连汤盛入碗内，撒上桂花即可。

【烹饪方法】煮，炒。

【营养功效】益气补血，温中养胃。

【健康贴士】红小豆宜与鸡肉同食，有祛风解毒之效。

绍兴喉口馒头

【主料】酵面 300 克，精面粉 500 克，净猪肉 750 克。

【配料】小苏打、葱末各 5 克，酱油 15 克，味精 2 克。

【制作】① 猪肉洗净，切小粒，加酱油、味精、葱末调成馅。② 精面粉加水、酵面、小苏打揉匀略饧，搓条揪面剂，按成圆形面皮，包馅料，提起面皮边缘，逆时针方向捏褶，制成喉口馒头坯，依次包好。③ 蒸锅置火上，入水烧沸，馒头生坯置锅中箅上，大火蒸约 6 分钟至熟即可。

【烹饪方法】蒸。

【营养功效】养胃补虚，温中固精。

【健康贴士】产后血虚、营养不良、体质虚弱者宜食。

猪油细沙八宝饭

【主料】糯米 900 克，白砂糖 750 克，熟猪油 250 克，豆沙馅 300 克。

【配料】糖猪板油 50 克，莲子 100 克，青梅、佛手萝卜、桂圆肉各 50 克，葡萄干、熟松仁、蜜饯红瓜各 25 克，蜜枣 75 克，糖桂花少量。

【制作】① 糖猪板油切成小丁；莲子浸胀、去衣、心、掰成两半；蜜枣去核，与青梅、佛手萝卜切成片。② 糯米淘洗干净，用清水浸泡 4 小时，上笼大火蒸约 1 小时，中途在米饭上洒 2 ~ 5 次水，待熟后倒入盆内，加入白砂糖、熟猪油 150 克拌匀。③ 取碗并在每只碗壁上涂猪油 10 克，将糖板油丁分别放于碗中间，蜜枣、青梅、桂圆、葡萄干、佛手萝卜、红瓜、松仁、莲子也从内向外，依次排列围边，再铺上一层糯米饭，夹入一层豆沙馅，再盖上一层糯米饭，按实。④ 将糯米饭连碗一起上笼蒸 1 小时，取出扣在盆内，撒上少许糖桂花即可。

【烹饪方法】蒸。

【营养功效】温中益气，补血健脾。

【健康贴士】糯米宜与红豆、枣搭配食用，滋补效果更佳；糖尿病、肥胖症患者不宜多食。

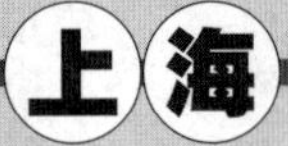

上海

青团

【主料】糯米粉150克，黏米粉30克，澄粉25克，红豆沙适量。

【配料】白砂糖10克。

【制作】①糯米粉、黏米粉、澄粉三种粉类搅拌均匀备用。②用热水150毫升浸泡艾草粉，等水晾温后，加入砂糖搅拌，再分多次一点点加入糯米粉中，揉成柔软的面团，摘成面剂，压扁，包入适量豆沙馅，团起即成生坯。③蒸锅置大火上，入水烧沸，把青团生坯放入笼屉里蒸熟即可。

【烹饪方法】蒸。

【营养功效】温暖脾胃，补益中气。

【健康贴士】脾胃虚寒、食欲不佳、腹胀腹泻者宜食。

【巧手妙招】艾草味道有点儿苦，可以加少量糖释解苦味。

典食趣话：

传说有一年清明节，太平天国将领李自成被清兵追捕，附近耕田的一位农民上前帮忙，将李自成化装成农民模样，与自己一起耕地。没有抓到李自成，清兵并未善罢甘休，于是在村里添兵设岗，每一个出村人都要接受检查，防止他们给李自成带吃的东西。

回家后，那位农民在思索带什么东西给李自成吃时，一脚踩在一丛艾草上，滑了一跤，爬起来时只见手上、膝盖上都染上了绿莹莹的颜色。他顿时计上心头，连忙采了些艾草回家洗净煮烂挤汁，揉进糯米粉内，做成一只只米团子。然后把青溜溜的团子放在青草里，混过村口的哨兵。李自成吃了青团，觉得又香又糯且不粘牙。天黑后，他绕过清兵哨卡安全返回大本营。后来，李自成下令太平军都要学会做青团以御敌自保。吃青团的习俗就此流传开来。

麻球

【主料】水磨粉750克。

【配料】红豆100克，白砂糖250克，白芝麻200克，植物油1000克。

【制作】①红豆、白砂糖100克制成豆沙馅心；水粉放入盆内，加白砂糖150克拌匀揉透，静置（热天热3小时，冷天需12小时）至粉团发烂即可。②分次摘取粉团，稍加揉捏后将粉团搓圆，用大拇指在中间掀捏成碗形，包入豆沙，捏拢收口，滚上芝麻，即成麻球生坯。③锅置火上入油，中火烧至七八成热时，放入生坯，并用漏勺沿锅边搅拌，以防粘底。待麻球浮上时，用漏勺沿锅边逐只掀压，使外形发足，体积倍增，再用漏勺不断搅翻，使其受热均匀，待外壳发硬时，捞出沥油即可。

【烹饪方法】炸。

【营养功效】补中益气，健脾养胃。

【健康贴士】糖尿病患者不宜多食。

擂沙圆

【主料】红豆1000克，已成形的各式汤团100克。

【制作】① 红豆淘洗干净，倒入锅中加水煮至酥烂，磨成细粉，压干水分，平铺于烤盘入烤箱烘烤（1500℃以下）至豆沙水分完全蒸发，成为干燥的粉末。② 炒锅置火上，放入干豆沙，用小火炒制约 30 分钟，当豆沙成为细粒状、棕黄色有香味时倒出，再碾细、过筛即成擂沙粉。③ 锅置火上，入水烧沸，把各式成形后的汤团投入，待煮至汤团浮起，表皮呈玉白色透明状成熟后捞出，沥干水分，倒入装有豆沙粉的盘中，滚动汤团使之沾满豆沙粉即可。

【烹饪方法】烘，炒，煮。

【营养功效】益气补血，温中健脾。

【健康贴士】一般人皆宜食用。

【巧手妙招】红豆沙在干制时，用低温焙烘至干燥，这样可便于保藏。

典食趣话：

相传清朝末年，上海城内三牌楼（今三牌楼路）有一位开汤团店的雷氏老太太，为便于顾客把熟汤团带回家进食而找到了窍门，即把煮熟的汤团捞起，投放在炒熟的赤豆粉中搅拌，使汤团外层沾满红色的豆沙粉。这样汤团不再带汤，携带方便，热吃冷食悉听尊便，故名“雷沙圆”。上海乔家食府创设后，大宗生产这种雷沙圆。该店还改进制作方法，将赤豆粉炒制成干沙后，再用十七眼筛筛过，使赤豆粉更加细腻，熟汤圆沥干水分再投入粉盘播滚，成品呈紫红色，清香软糯，深受食客欢迎。乔家食府遂将“雷沙圆”改名“擂沙圆”，成为上海传统小吃之一。

蟹壳黄

【主料】精面粉 900 克，酵面 350 克。

【配料】食碱 5 克，净猪板油 250 克，绵白糖 50 克，饴糖 10 克，芝麻 150 克，熟猪油 400 克，植物油 10 克。

【制作】① 猪板油去膜，切成丁，放入盆内加入绵白糖拌匀，压实后腌渍 3 天即成糖油馅。② 取面粉 400 克放在案板上，中间挖一凹形，加入熟猪油调和拌匀，搓揉成光洁的干油酥面团。③ 取面粉 500 克放在案板上，中间挖一凹形，加入沸水烫成雪花状成团，然后加入酵面、清水调和拌匀，搓揉成光滑的发酵面团，并饧发 1 小时。④ 将发酵好的面团摊开，加入碱水后揉匀透，再饧发 30 分钟。然后，将发酵面团放于案板上，案板与手上都需抹上少许植物油，擀成长方形面片，将干油酥面团均匀地铺在面片上，卷成筒状；再擀成长方形面片，叠成三层；再擀成面片，卷成筒状，摘剂。⑤剂子横放，压成中间稍厚的圆形坯皮，包入糖油馅捏拢收口，用手按扁后在光面处用软刷刷上饴糖水，再沾满芝麻即成生坯。⑥烘炉加热，使之发烫，把酥饼生坯无芝麻的一面蘸上一层冷水，随即贴于炉壁上，烘烤 4 ~ 5 分钟，待饼面呈金黄色、饼身胀发时用长铁钳钳出即可。

【烹饪方法】腌，烘。

【营养功效】益智补脑，温中益气。

【健康贴士】糖尿病、高血压、高血脂患者不宜食用。

粢毛团

【原料】糯米粉 1500 克，籼米粉 750 克，糯米 250 克。

【配料】豆沙（或鲜肉）馅 1000 克，白砂糖 400 克。

【制作】① 糯米淘净干净，用清水浸泡 24 小时，捞出沥干水分。② 盆内加入糯米粉、籼米粉、水拌匀揉透，搓成条，摘成每个约 25克的坯子，捏成锅状，包入馅料，捏拢收口，团成球形，外面滚上糯米即成粢毛团生坯。③ 生坯入笼，上锅蒸约 20 分钟，出笼即可。

【烹饪方法】蒸。

【营养功效】籼米粉中含有丰富的蛋白质、维生素 B_1 和铁、磷、钾等营养元素，可通血脉、止烦止渴。

【健康贴士】体虚脾弱者宜食。

重阳糕

【主料】糯米粉 1000 克，粳米粉 500 克，红豆沙 300 克，白砂糖 300 克，果脯 100 克。

【配料】红糖 50 克、植物油 30 克。

【制作】① 糯米粉、粳米粉掺和，拌上白砂糖加水 300 毫升，拌和、拌透成糕粉备用。② 蒸锅置火上，蒸笼里铺上清洁湿布，放入 1/2 糕粉刮平，将豆沙均匀地撒在上面，再把剩下的 1/2 的糕粉铺在豆沙上面刮平，随即用大火沸水蒸。待蒸汽透出面粉时，把果脯等材料均匀地铺在上面，继续蒸至糕熟，即可离火。③ 将糕取出，稍凉后用刀切成菱形，另用彩纸制成小旗，插在糕面上即可。

【烹饪方法】拌，蒸。

【营养功效】补中益气，平和五脏。

【健康贴士】粳米对胃病、便秘食疗效果显著，但糯米不易消化，因此肠胃不好者慎食，老年人不宜多食。

【举一反三】也可以将糯米粉、粳米粉换成大米粉，拌入干酵母后加温水搅匀、发酵即可。

典食趣话：

重阳糕亦称“花糕”，汉族重阳节食品。流行于全国大部分地区。因在重阳节食用而得名。南朝时已有。多用米粉、果料等做原料，制法因地而异，主要有烙、蒸两种，糕上插五色重阳糕小彩旗，夹馅并印双羊，取“重阳”的意思。

后人在重阳节这一天，还有吃“重阳糕”的习惯。那是由于没有山的地方无高可登，有人就由登高想到了吃糕。以吃糕代替登高，表示步步升高。因为专在重阳吃，就被命名为“重阳糕”。唐时，因为刘禹锡在作诗的时候不敢用“糕”字，以致重阳节又多了一个典故，叫作“题糕”。《邵氏闻见后录》载：“刘梦得作《九日》诗，欲用‘糕’字，以《五经》中无之，辍不复为。”这样，才被宋祁开玩笑说：“刘郎不敢题糕字，虚负诗中一代豪。”

百合酥

【主料】面粉 250 克。

【配料】枣泥馅 150 克，熟猪油 1000 克，鸡蛋清 20 克，可可粉、食用红色素少许。

【制作】① 面粉 100 克加猪油 50 克揉成干油酥。② 取面粉 150 克加水 50 毫升，猪油 20 克和成水油面，将水油面包入干油酥，起酥擀皮，坯皮用剪刀修圆，四周涂上鸡蛋清，中间包入馅心，收口成圆球形。用刀片在顶端划上十字花，再将四瓣扒开。在每个刀口处染上红色，即成生坯。③ 锅置火上入油，烧至五成热时，将生坯入锅慢炸，炸至酥层放开，浇上热油起锅即可。

【烹饪方法】炸。

【营养功效】温中益气，健脾利胃。

【健康贴士】油炸食品，老年人和肥胖者不宜多食。

枣泥酥饼

【主料】小麦面粉 500 克，红枣 1500 克，芝麻 50 克，红豆沙 500 克。

【配料】白砂糖 25 克，熟猪油 750 克，植物油 150 克，色拉油 6 克。

【制作】① 红枣洗净去皮、核，放入小锅，加少量水及糖，用中小火将红枣煮烂收干。

用木勺将红枣捣烂，加色拉油、红豆沙，用中小火将其炒匀，抄至可成圆团为止。② 面粉加适量水和 20 克猪油，揉成均匀的面团，分成剂子，擀成旁边薄中间厚的面皮，面皮中间放 10 克猪油包好，擀成椭圆形卷起，盖上湿布。③ 依次把所有剂子擀开卷好后，再重复两次擀开卷起。将卷起的剂子两端折向中间，做成圆团状，按扁，擀成旁边薄中间厚的面皮，用右手将坯子光滑的一面按薄后，包入枣泥馅料收口，按扁即成圆形酥饼生坯，在生坯的圆周围粘上芝麻。④ 锅置火上入油，烧至四成热时，将生坯排放在漏勺中，下油锅稍炸后，再用小火炸约 4 分钟，待呈金黄色时捞出即可。

【烹饪方法】煮，炸。

【营养功效】补血明目，抗衰老，补益脾胃。

【健康贴士】芝麻宜与枣泥同食，补益效果显著，但慢性肠炎、便溏腹泻患者不宜多食。

紫菜蛋卷

【主料】紫菜 8 张，猪瘦肉馅 1000 克，鸡蛋 12 个，韭菜 100 克。

【配料】盐 15 克，料酒 10 克，味精 5 克，香油 20 克，葱 25 克，姜 25 克，胡椒粉 5 克，水淀粉 30 克，辣酱 20 克。

【制作】① 韭菜择洗干净，切末；葱、姜去皮，洗净，均切成末，备用。② 猪肉馅放入瓷盆内，加入 10 克盐，打入鸡蛋 3 个，水淀粉 20 克和味精、料酒、香油、胡椒粉、韭菜末、葱末、姜末搅拌均匀后，用力打上劲；再将余下的 9 个鸡蛋，打入碗中，加入盐 5 克、水淀粉 10 克，搅拌均匀，备用。③ 平底锅置火上烧热，擦少许油，倒入适量鸡蛋液，摊成圆形蛋皮，依次做好 8 张蛋皮，平放在净案板上；把搅拌均匀后的猪肉韭菜馅，放在蛋皮上抹平，再放一张紫菜，抹一层猪肉韭菜馅，从两侧向里折一个小边，再从两头向中部卷起，至中部合拢，用净纱布扎好，依次将所有肉馅制成 8 个蛋卷。④ 把做好的紫菜蛋卷，逐个放入在平盘里码好，入蒸锅隔水蒸30分钟左右至熟透，把蒸熟的紫菜蛋卷，用平面的重物压平，去掉纱布包，食用时，将紫菜韭菜蛋卷切成片整齐地码在盘上，随配一小碟辣酱蘸食即可。

【烹饪方法】煎，蒸。

【营养功效】补虚强体，增强记忆。

【健康贴士】因缺碘引起的甲状腺肿大者宜食。

肉松蛋卷

【主料】鸡蛋 1 个，面粉 20 克。

【配料】葱末 5 克，盐 3 克，肉松 10 克。

【制作】① 把面粉、盐、葱末、鸡蛋充分打匀做成面糊。② 平底锅置火上烧热，倒入面糊，慢火微煎，反面再煎一下，煎好饼后平摊在碟子上，均匀洒上肉松后卷起来，从中段对半切开，即可食用。

【烹饪方法】煎。

【营养功效】健脾和中，温补气血。

【健康贴士】一般人皆宜食用。

叉烧蛋球

【主料】面粉 250 克，叉烧肉 250 克，鸡蛋 3 个。

【配料】葱 15 克，黄酒 8 克，盐 5 克，胡椒粉 3 克，熟猪油 15 克，植物油 250 克，味精 1 克。

【制作】① 叉烧肉、葱分别切成细丁与末；鸡蛋打散，搅拌；面粉加入蛋液与清水 100 毫升左右，搅拌成面糊，拌入叉烧丁与香葱末，以黄酒、盐、胡椒粉、味精调味，并调入熟猪油 15 克左右，用力顺一个方向搅打至面糊粘而上劲。② 锅置火上，入油 250 克，烧热后降至五成热，左手抓起面糊，从示指与拇指中挤出小球，右手持汤匙蘸水后刮起小球入油锅炸至上浮，表面呈金黄色，捞起沥油即可。

【烹饪方法】炸。

【营养功效】宁心安神，增强免疫力。

【健康贴士】高胆固醇者不宜多食。

凤尾烧卖

【主料】精面粉 1250 克，净猪五花肉 1500 克，河虾仁 100 只，青菜 500 克，火腿 125 克，鸡蛋 3 个。

【配料】白砂糖、姜汁水各 10 克，味精 5 克，盐 30 克，植物油 125 克。

【制作】① 鸡蛋打成蛋糊，用平底锅摊成薄薄的鸡蛋饼，切成细末；猪五花肉绞碎放入盆中，加入盐、白砂糖、味精 3 克、少量姜汁水、清水 1000 毫升搅拌成馅；火腿、青菜洗净，分别剁成末；虾仁洗净、沥干，加味精 2 克略拌。② 取面粉 870 克放在案板上，加入沸水 500 毫升，用筷子搅拌匀，凉后揉成面团，搓成圆形长条，摘成剂子，用手按成圆饼状，案板上放余下的干面粉，再放上按扁的剂子，擀成中间厚边缘呈荷叶状的烧卖皮子。③ 把皮子摊在左手掌心，右手将皮子边缘拉起，并在 2/3 的高度处由外向内紧捏下，使之呈青菜形状，在开口处放入青菜末、火腿末、蛋皮末，正中放虾仁 1 只，即成烧卖生坯。④ 取蒸笼 1 只铺上层蓑草，刷上少许植物油，放入烧卖生坯，置锅上蒸 5 分钟左右，约八成熟时，用竹丝帚洒清水少许，继续蒸 2 分钟，待皮子透明，手触烧卖底部感到肉馅已硬时即可出笼食用。

【烹饪方法】煎，蒸。

【营养功效】温中养胃，健胃消食。

【健康贴士】高血脂患者不宜多食。

【巧手妙招】入笼蒸时要大火沸水速蒸，中途开盖洒清水，可以免面皮表面的干面粉生硬发白。

香糟螺蛳

【主料】田螺 1500 克，熟猪肉膘 150 克。

【配料】熟猪油 50 克，植物油 2 克，酱油 75 克，白砂糖 15 克，味精 1.5 克，糟卤 75 克，料酒 50 克，葱结、姜片、茴香、桂皮各 3 克，鲜汤 500 毫升。

【制作】① 田螺洗净，放入清水内养 1 ~ 3 天，剪去尾尖壳洗净，再放入清水、植物油，漂养 3 ~ 4 小时，使其吐尽泥沙。② 锅置火上入熟猪油，烧至六七成热时，放葱、姜、茴香、桂皮煸出香味，捞出调料，随即放入田螺煸炒几下，烹入料酒，加鲜汤和酱油烧沸，捞出田螺，撇净锅内汤中的浮沫，再将田螺倒入，加熟猪肉膘、白砂糖、味精，用大火烧约 3 分钟，出锅前淋上糟卤和熟猪油即可。

【烹饪方法】煸，烧。

【营养功效】解暑利尿，止渴醒酒。

【健康贴士】田螺不宜与牛、羊肉同食，易造成人体不适。

麻糖锅炸

【主料】鸡蛋 1 个，干生粉 150 克，白砂糖 100 克。

【配料】杏仁香精 2 克，植物油 1000 克，麻糖酥 100 克。

【制作】① 鸡蛋打散，加干生粉 100 克、清水 75 毫升调成蛋粉糊。② 锅内加清水 375 毫升、白砂糖及杏仁香精烧沸，改用小火，慢慢倒入蛋粉糊，待煮熟后倒入涂过油的盘内，冷却凝固，倒出，先切成 4 厘米宽的长条，再切成菱形块，滚上干生粉，即成锅炸坯子。③ 锅置火上，入油烧至八成热时，放入锅炸坯子，炸至结皮时捞起，待油温升至九成热时，再将锅炸复入锅中炸至金黄色、表皮发脆时，捞出沥油装盘，撒上麻糖酥即可。

【烹饪方法】煮，炸。

【营养功效】暖肺养胃，温中益气。

【健康贴士】一般人皆宜食用，但糖尿病患者忌食。

细沙条头糕

【主料】糯米粉 500 克，粳米粉 200 克。

【配料】红豆沙、香油各 500 克，白砂糖 900 克，玫瑰酱 5 克。

【制作】① 炒锅置火上，入香油烧热，加入红豆沙、白砂糖 750 克、玫瑰酱炒制成细甜豆沙泥，冷却备用。② 盆内加糯米粉、粳米粉、白砂糖 150 克、清水 100 毫升调成稠糊，入笼蒸约 30 分钟取出，倒在案板上，反复揉搓至光滑。③ 熟米粉糕坯搓揉按平成长方块皮坯，豆沙泥搓成条，包入皮坯内，搓成圆卷，切成小段，即成条头糕。

【烹饪方法】炒，蒸。

【营养功效】壮筋活血，益精强体。

【健康贴士】玫瑰酱对便秘患者有很好的食疗效果，但此糕点甜腻，糖尿病患者不宜多食。

虾米葱油面

【主料】虾米 20 克，面条 500 克。

【配料】葱 100 克，酱油 25 克，白砂糖 2 克，黄酒 5 克，味精 2 克，植物油 30 克。

【制作】① 虾米用黄酒浸发；葱切成段。② 炒锅置火上，入油烧热，放葱段煎约 1 分钟，葱色转黄时加虾米煸炒一下，见葱段已焦黄时再加酱油，白砂糖，炒至葱段颜色将近变黑时出锅。③ 面条煮好后，分装在盛有味精，酱油的碗里，浇上葱油，拌透即可。

【烹饪方法】煎，煸炒，煮。

【营养功效】补肾壮阳，理气开胃。

【健康贴士】虾米为发物，患有皮肤病疥癣者慎食。

三丝眉毛酥

【主料】精面粉 500 克，净猪瘦肉 250 克，香菇 25 克，冬笋肉 50 克。

【配料】盐 10 克，绍酒 10 克，味精 2 克，水淀粉 25 克，鲜汤 50 毫升，熟猪油适量。

【制作】① 猪肉洗净切成丝，加入盐 5 克、水淀粉 15 调拌上浆；冬笋肉切丝，焯水后用冷水冲凉；香菇用温水泡软后去蒂，切丝。② 炒锅置火上烧热，滑锅后加入熟猪油 1000 克，烧热，下入肉丝滑熟，捞出；锅留底油，烧热后放入冬笋丝、香菇丝略炒，再放入绍酒、盐、鲜汤、味精烧至入味后，用水淀粉 10 克勾芡，倒入肉丝拌匀即成三丝馅。③ 取面粉 250 克放在案板上，中间挖一凹形，加入熟猪油 125 克调和拌匀，搓揉成光洁的干油酥面团。④ 取面粉 250 克放在案板上，中间挖一凹形，加入熟猪油 50 克、清水 100 毫升调和拌匀，搓揉成光滑、柔软的水油酥面团。⑤将水油酥面团包住干油酥面团，按扁后擀开成大片状，叠成三层后再擀开成大片状，然后从一头卷起成筒形，最后横放后逐一切成圆饼形坯子。将面坯切口朝上放于案板上，用擀面杖自中心向四周方向轻轻擀成圆坯皮，擀面朝外，包入三丝馅，先将坯皮对折，将其中一角向皮内叠进一段，再将边缘捏拢后叠捏成麻花形花边即成生坯。⑥油炸锅置中小火上，倒入熟猪油烧到约 100℃时，下入生坯，用小火汆炸 6 ~ 7 分钟，待制品呈微黄色、出现层次时，稍升温后将制品捞起，将油沥尽即可。

【烹饪方法】焯，烧，炸。

【营养功效】开胃健脾，宽肠利膈，养肝明目。

【健康贴士】本品含动物油脂，肾炎患者不宜多食。

油煎南瓜饼

【主料】糯米粉 400 克，南瓜 250 克。

【配料】白砂糖 20 克，植物油 15 克，红豆沙 200 克。

【制作】① 南瓜洗净，切块，上蒸锅蒸熟后去皮，揉入糯米粉，加白砂糖搓拌成团，再上笼蒸熟，取出放入抹过油的盆内冷却。② 冷却后的粉团再揉透，摘成 12 个面坯，按扁，包入红豆沙，即成南瓜生坯。③ 平底锅置火上，放入少量植物油，将饼坯依次排入锅内，用中火煎至两面呈金黄色时即可。

【烹饪方法】蒸，煎。

【营养功效】降脂降压，帮助消化。

【健康贴士】一般人皆宜食用。

小绍兴鸡粥

【主料】净三黄鸡 1 只，粳米 500 克。

【配料】白砂糖、盐各 3 克，葱、姜各 6 克，酱油 8 克，味精 1 克，香油 25 克。

【制作】① 锅置火上，入水加入葱、姜，大火烧沸，鸡身放锅内浸烫片刻拎起，待水再沸腾复放入浸烫，如此反复浸烫 3 ~ 4 次，将鸡放凉水内洗净，待水再沸时，撇去浮沫，稍加凉水，改用小火，把鸡放入，盖上锅盖炖 20 分钟左右捞出，用水冲泡，冷却捞出，待沥干水后用香油抹遍鸡身。② 粳米淘洗干净，鸡汤用滤布滤去葱、姜杂物回锅浇沸，加入粳米，先用大火烧沸，再改用中小火焖煮 25 ~ 30 分钟至稠黏。③ 锅中放酱油 150 克，加清水 75 克、白砂糖、味精、姜末烧沸，倒入调味罐内，冷却后加入葱末即成三黄鸡作料；酱油、盐、味精烧沸，倒入调料罐内即成鸡粥调味料。④ 将鸡分部位按需要量切成长条块，装盘，浇上作料上桌。鸡粥盛入碗中，加上葱末、姜末和鸡粥调味料即可。

【烹饪方法】炖，煮，烧。

【营养功效】强身健体，滋阴补阳。

【健康贴士】感冒发热者不宜多食。

典食趣话：

“小绍兴”鸡粥店坐落在“大世界”东侧的云南路上，创办至今已有数十年历史，创办人是章润牛、章如花兄妹。他们曾讲述了“小绍兴”的由来和兴衰。

“小绍兴”这个店名是顾客喊出来的。粥店的前身原为粥摊，摊主章润牛，16 岁时与他妹妹章如花随父从浙江绍兴马鞍章家大村逃荒到上海，在西新桥附近（即现在的云南南路）栖身。那是 1940 年春，他们迫于生计，批些鸡头鸭脚鸡翅膀来，烹调后拎着篮子走街串巷叫卖，兄妹俩省吃俭用，积攒了点钱，于 1946 年在云南南路 61 号茶楼底下的弄堂口，用二条长凳、三块铺板摆了个摊头，卖些馄饨、鸡头鸭脚、排骨面条。当年，这一带各类小吃摊头云集，尽管章氏兄妹喊破嗓子，光顾者也还是寥寥无几。于是便改为鸡粥摊，但生意也不景气。章氏兄妹怏怏不乐，唉声叹气，担忧着一家老小的生计。

一天章润牛与章如花在谈论出路时，忽然想起孩提时听到老人们讲过绍兴产的越鸡曾向清代仁宗皇帝进贡的传说。据说，在绍兴有一个四面环山的山村里住着几家农户，每年都要养许多鸡，每天清早就把鸡放上山去觅食，这些专靠它们自己寻觅野生活食长大的鸡，其肉特别肥嫩，烧好以后味道特别鲜美，有一次给皇帝尝了以后特别喜爱，从此，要他们年年进贡，并称之为越鸡。章润牛从这个传说中受到启发，开始选用农村老百姓放养长大的鸡做原料。这一改，鸡粥鲜味果然非同一般，继章氏之后开设的一些鸡粥店不知其中奥秘，因此生意都不如章氏兄妹的鸡粥店。那时，一些文艺界的知名演员如周信芳、王少楼、盖叫天、赵丹、王丹凤等，每当他（她）们半夜演完戏后，总要来到章氏兄妹鸡粥摊上吃夜宵，并成了常客，由于章氏兄妹的鸡粥摊没有招牌，而摊主章润牛一口绍兴音，加上他个子瘦小，一些老顾客都以“小绍兴”相称呼，久而久之，“小绍兴”就成了鸡粥摊的摊名了。

上海核桃酪

【主料】糯米、核桃肉各 100 克。

【配料】红枣 50 克，白砂糖 150 克。

【制作】① 糯米去净杂质，淘洗干净，放入温水中浸泡约 1 小时；核桃肉用沸水浸泡，剔去外衣；红枣洗净，用沸水浸泡 30 分钟，剥去外皮，去核。② 糯米、核桃肉，红枣加清水 100 毫升，用石磨磨成浆。③ 锅置火上，注入清水 350 毫升，放入白砂糖烧沸，倒入糯米浆煮沸成糊即可。

【烹饪方法】煮。
【营养功效】补血益气，健脑固肾。
【健康贴士】糖尿病、肺热痰多者不宜食用。

油豆腐线粉汤

【主料】干线粉、净猪瘦肉各 250 克，大百叶 5 张，油豆腐 60 块，油面筋 20 块，海蜒 75 克。
【配料】盐 20 克，味精 3 克，食碱 5 克，熟猪油 100 克。
【制作】① 海蜒放在布袋内，扎紧袋口，放入盛有 8000 毫升水的锅内，加入盐 15 克煮沸，即成鲜汤；食碱放入碗中，加沸水使其溶化，再加入适量冷水冷却，放入大百叶浸泡 3 分钟，待回软后捞出；另取油豆腐泡入碱水中，浸泡柔软后捞出洗净，放入鲜汤锅内烧透。② 猪瘦肉用绞肉机绞成肉末，放入盆内，加入盐、适量冷水拌匀成馅；取百叶逐张叠好，用刀对切开，每张一切为四，包入肉馅，做成百叶包，每 10 个用线扎成一捆，放入鲜汤锅内煮熟。③ 剩余的肉馅分别嵌入油面筋内，放入鲜汤锅内煮熟；干线粉入沸水煮熟。④ 取空碗一只，加味精，再从鲜汤锅内取出油豆腐 4 块、百叶包 1 个、肉馅油面筋 1 个放入碗内，取线粉 65 克捞入装有油豆腐等的碗内，浇上海蜒汤，淋入熟猪油 5 克即可。
【烹饪方法】煮。
【营养功效】滋肝阴，润肌肤。
【健康贴士】一般人皆宜食用。

猪油百果松糕

【主料】镶粉（粳米粉、糯米粉各半）500 克。
【配料】猪板油 90 克，核桃肉 2 个，糖莲子 4 颗，蜜枣 2 个，白砂糖 250 克，玫瑰花、糖桂花各少许。
【制作】① 猪板油撕去皮膜，切成丁，加入白砂糖 50 克拌匀，浸渍 7 ~ 10 天；糖莲子掰开；蜜枣去核，切片；核桃肉切成小块。② 盆内加入镶粉、白砂糖 200 克、清水 30 毫升拌匀，用箩筛去粗粒，静饧 1 天，放入铺有纱布的圆笼内刮平，上面用各种干果料、蜜饯、香花及糖板油丁排列成不同的图案，上锅蒸至将熟时，揭开盖洒少许温水，再蒸至糕熟取出冷却即可。
【烹饪方法】腌，蒸。
【营养功效】破血祛瘀，润燥滑肠。
【健康贴士】蜜枣对防治骨质疏松和贫血有重要功效，但腹泻、阴虚火旺者不宜多食。
【举一反三】如果想制成赤豆松糕或豆沙松糕时，可将豆沙填入糕坯中，或将赤豆煮熟后拌入糕中；如果是制成豆沙馅的，糕粉中只需用白砂糖 150 克，其他原料不变。

上海杏仁豆腐

【主料】杏仁霜 1 小包，琼脂 10 克。
【配料】白砂糖 250 克，牛奶 200 克，糖水橘子瓣适量。
【制作】① 琼脂择洗干净，放入锅内，加清水 750 毫升，小火煮熔化，加入牛奶、杏仁霜、白砂糖 100 克调匀，煮至微滚，出锅倒入汤盘内，冷却后放入冰箱或阴凉处，使其凝结，即成杏仁豆腐。② 锅置火上，入清水 500 毫升、白砂糖烧沸，倒出冷却，放入冰箱中冰凉，即成冰冷糖水。③ 杏仁豆腐用消毒过的小刀划成斜刀薄片，放入碗内，倒入冰凉的糖水，放上几瓣糖水橘子即可。
【烹饪方法】煮。
【营养功效】滋润美白，塑身养颜。
【健康贴士】食欲不振者可多食用。

银牙肉丝春卷

【主料】精面粉 500 克，猪肉丝 250 克，绿豆芽 1200 克。
【配料】盐、白砂糖、绍酒各 10 克，味精 3 克，肉骨汤 400 毫升，水淀粉 150 克，熟猪油 400 克，熟植物油 1000 克。
【制作】① 绿豆芽掐去两头，洗净后放入沸水锅中焯烫片刻，捞出沥干水分；猪肉丝加水淀粉 40 克拌匀上浆，炒锅置火上，入猪油烧至 120℃，投入猪肉丝滑熟，捞出，锅留底油，下入肉骨汤、盐 5 克、绍酒、白砂糖、味精烧沸后，用水淀粉勾芡后再将熟肉丝倒入拌匀，取出倒入盆中，倒入银芽拌匀成馅。② 面粉放在盆内，分次加入清水 275 毫升、盐 5 克拌和均匀，反复调制，甩拍至面团具有很大的韧性，摊平面浆，徐徐倒入清水淹没浆团，静置约 1 小时。③ 取平锅在小火上烘热，用油纸擦光滑并烧热，一手捞起一小块静置后的面浆不停地甩动，不使浆团下落，然后把浆团下垂至锅中间，自里向外顺时针方向转一圈，摊成圆形薄皮，随即将浆团向上一提，浆团应时缩回手中，待薄皮变色边缘微翘起后立即揭起翻身略烘，取出叠在一起以防干裂，依次逐一摊完。④ 取一张坯皮光面朝上放在面板上，另取馅心放在皮子的一边，包卷成长卷，并用少量面浆水封口，即成生坯。⑤锅置火上，入熟植物油，大火烧至 180℃左右时，将春卷生坯逐个投入，边炸边翻动至淡黄色时捞出，待油温再次升高后复炸至金黄色捞出即可。

【烹饪方法】焯，烧，烘，炸。

【营养功效】理气消肿，健胃利脾。

【健康贴士】一般人皆宜食用，但肥胖症、高血脂者不宜多食。

南翔小笼馒头

【主料】精面粉粉 2500 克，净猪前腿肉 2500 克，肉皮冻 750 克。

【配料】盐 60 克，白酱油、白砂糖、植物各 75 克，味精 4 克，绍酒、香油、葱姜末各 25 克。

【制作】① 猪腿肉洗净，绞成肉末，放入盆内，加入盐、白酱油、绍酒、清水搅拌上劲，再放入白砂糖、味精、肉皮冻、香油拌匀，放入冰箱冷藏。② 面粉放入盆内，加入清水 1150 毫升拌成雪花面和成面团，反复揉匀揉透至面团光滑。③ 案台上扫油，将面团置于案台上搓成长条，摘成小剂，擀成中间稍厚的圆形坯皮，一手托皮，另一手用馅挑上馅，提捏成 20 个以上的皱褶，并收成鲫鱼嘴即成生坯。④ 取小笼，涮油后装生坯，放于大火沸水锅上蒸 10 分钟至熟即可。

【烹饪方法】蒸。

【营养功效】温中益气，补虚利肾。

【健康贴士】营养不良、身体虚弱、老年人、儿童、孕妇宜食。

百果馅酒酿圆子

【主料】精糯米 300 克。

【配料】白砂糖 175 克，桂花 10 克，核桃仁 30 克，白芝麻 15 克，橘饼、甜酒药各 10 克。

【制作】① 糯米 150 克、甜酒药制成酒酿，其余的糯米淘洗干净，在冷水中浸 1 小时，用水冲洗沥干，再用石臼捣成粉，用 60 眼的筛子筛过，即成圆子粉，盛于竹匾中，备用。② 芝麻炒熟碾成细末；橘饼去核，与核桃仁一起切成细粒；芝麻末、橘饼、核桃粒与白砂糖 150 克、桂花一起拌匀，再加入冷水适量，在案板上用手揉匀，用擀面槌捶成薄片，再用方木棒在上面拍打，使之成 1 厘米厚的薄片，切成方块即成馅心。③ 馅心放入水中浸一下，使其湿润，然后放入铺有圆子粉的竹匾内，用双手晃动竹匾，使馅心滚动，待馅心滚满糯米粉后，再放入水中浸一下，复放入竹匾内滚上干粉。如此反复进行 6 次，即成每只重约 6 克的圆子生坯，最后用干粉滚一下，使表面光洁。④ 冷开水 200 毫升加入全部酒酿中捣散，锅置火上，入水烧沸，倒入圆子煮沸，不断加入少许冷水，待圆子上浮时，再煮 2 分钟，倒入酒酿，煮至水将沸时，加入白砂糖 20 克、桂花拌匀，连汤分盛于碗中即可。

【烹饪方法】炒，煮。

【营养功效】温寒补虚、促进血液循环。

【健康贴士】酒酿圆子与味精性味相反，同食易引起人恶心、反胃等不适症状。

【巧手妙招】煮圆子时要用大火沸水，分次加入冷水，保持水微沸，这样可以避免水太沸圆子煮破散糊。

江苏

火饺

【主料】面粉 500 克，鲜肉茸 500 克。

【配料】姜、葱米各 10 克，绍酒 8 克，味精 2 克，酱油 8 克，糖、盐各适量，素油 500 克。

【制作】① 面粉倒入盆内，加入沸水，迅速搅拌均匀成块，倒在案板上，洒上冷水，分成小块。使之散出面团中热气，再揉成团，盖着湿面布备用。② 鲜肉茸放入大碗内，加入酱油拌匀，再放入水、姜、绍酒、白砂糖、盐，搅拌上劲，加入味精、葱末，拌和均匀。③ 面团搓条，摘成剂子，擀成圆皮，包入馅心，对折成半圆形，用手捏出花纹，即成火饺子的生坯。④ 锅置火上烧热，倒入素油，烧热，下入饺子生坯炸 30 秒，捞出；待油温凉至八成热时，再复炸，使之色泽金黄，外壳起泡，捞出沥油，装盘即可。

【烹饪方法】炸。

【营养功效】温中宜气，滋阴润燥。

【健康贴士】温热痰滞内蕴者、外感病人不宜食。

【举一反三】也可在馅中加入皮冻，味道更鲜美。

莲花酥

【主料】精面粉 500 克，熟猪油 1000 克。

【配料】枣泥馅 300 克，食用红色素少许，白砂糖适量。

【制作】① 面粉调水油面团和油酥面团，油酥面团包入水油面团中，擀长方形酥皮，一叠为三，复擀，然后由外向内卷粗条，切成生坯。② 生坯的切面朝两侧，用手按扁，包枣泥馅，收口朝下按扁，在生坯上切出 5 瓣。③ 熟猪油烧至四成热，放生坯，炸至浮起，捞出，将少量染上食用红色色素的白砂糖撒在中间即可。

【烹饪方法】炸。

【营养功效】益气补血，消食滑肠。

【健康贴士】莲花酥属油炸食品，不宜多食。

定胜糕

【主料】粳米 600 克，糯米粉 400 克。

【配料】红曲粉 5 克，白砂糖 200 克。

【制作】① 粳米粉、糯米粉、红曲粉、糖加水拌匀，静置涨发。② 取定胜糕模型，放入米粉按实，面上用刀刮平，入笼蒸 20 分钟至熟取出，翻扣在案板上即可。

【烹饪方法】蒸。

【营养功效】温中养胃，益气利脾。

【健康贴士】多吃粳米能降低胆固醇，减少心脏病发作和中风的概率，故中老年人宜食。

山药桃

【主料】山药 750 克，糯米粉 200 克。

【配料】枣泥、绵白糖各 100 克，水淀粉 15 克，糖桂花、苋菜红各少许，熟猪油 800 克。

【制作】① 山药洗净，下锅煮熟，取出去皮，捣成泥，与糯米粉一起入盆中拌和揉匀。② 山药泥摘成剂子，按成圆皮，放上枣泥馅，做成桃子，桃尖上端用苋菜红汁略刷喷色，放在漏勺中。③ 炒锅置大火上，加熟猪油烧至八成热时，用勺舀油反复浇炸桃身，炸至结软壳后放入盘内，上笼用大火蒸 10 分钟取出。④ 炒锅置大火上，加清水 200 毫升、白砂糖烧化，再加糖桂花，用水淀粉勾芡，起锅浇在桃子上即可。

【烹饪方法】煮，炸，蒸，浇汁。

【营养功效】益肺止咳，滋阴壮阳。

【健康贴士】山药有降血糖的功效，因此糖尿病人可适当食用。

马蹄酥

【主料】面粉 2000 克，绵白糖 800 克。

【配料】酵种 10 克，饴糖 30 克，食碱 5 克，植物油 1000 克。

【制作】① 面粉 800 克放入面盆，酵种撕碎后放入，把绵白糖 200 克，植物油 200 克分放在面粉的两边，倒入沸水 250 毫升，拌和揉成油糖面团；食碱 2 克用热水溶化后倒入面团，反复用劲揉匀，划开透气，5 分钟后，仍揉合到一起，制成糖油面备用。② 食碱 3 克用热水溶化后倒入面盆，再放入剩余面粉、绵白糖 500 克、植物油拌和，搓匀即成糖油酥；将糖油面搓成条长，摘成剂子按扁成圆形皮子，包入糖油酥收口捏拢，再按扁擀成酥坯，在酥坯正面刻上马蹄印。③ 将饴糖用热水稀释后，涂刷在酥坯面，待桶炉烧热，酥坯底面抹少许清水贴入炉中，炉口上盖一水钵，用小火烘烤 4 分钟后，端去水钵，把绵白糖 100 克撒入火中，覆盖水钵（不使漏气），同时用湿布塞住桶炉风口，焖约 3 分钟，待炉内糖烟消散、热气冒出时，端去水钵，出炉即可。

【烹饪方法】烘，焖。

【营养功效】温中益气，健胃消食。

【健康贴士】糖尿病患者忌食。

典食趣话：

马蹄酥原为唐代的宫廷食品。相传唐王李世民的原配夫人长孙皇后回家乡陕西省探亲时，携带马蹄酥作为随身礼物。乡亲们尝后赞叹不已，经皇后同意，娘家派一名心灵手巧的人，向随行御厨学制作此佳点的工艺，后来传入民间。唐代开辟闽疆，这种宫廷佳点随南下人员传入闽南。

马蹄酥制作时将饼贴在竖炉壁上烘烤，饼呈马蹄形，故称。清代诗人就写过“乍经面起还留迹，不踏花蹄也自香”的诗句来赞美马蹄酥，说明它历史悠久并受到文人墨客的喜爱。

糯米藕

【主料】藕 300 克，糯米 100 克。

【配料】糖 50 克，糖桂花 10 克。

【制作】① 藕去皮，洗净，切下一端藕节；糯米浸泡约 4 小时，泡透。② 在糯米中加糖拌匀，逐一灌入藕孔，将切下的藕节头放回原位，用牙签插牢。③ 把灌满糯米的藕段大火蒸 1 小时左右，凉凉后去牙签、藕节头，切成厚圆片，加糖桂花即可。

【烹饪方法】蒸。

【营养功效】健脾开胃，止泻固精

【健康贴士】老年人常吃藕可益血补髓，延年益寿。

【举一反三】糯米藕通常配糖桂花食用，天气冷则可用红糖。

阳春面

【主料】面条 150 克。

【配料】鸡蛋 1 个，小白菜 20 克，葱、青蒜各 10 克，盐 2 克，味精 1 克，植物油适量。

【制作】① 面条煮熟；小白菜切段，入煮面水中烫熟；鸡蛋用筷子打匀。② 锅置火上，入油烧热，倒入蛋液摊成蛋皮，取出切细丝；青蒜切成 3 厘米的段。③ 鲜汤加热煮开，盛入碗中，放盐调味，盛面条、小白菜，撒葱末、蒜末、蛋丝即可。

【烹饪方法】煮，煎。

【营养功效】温中益气，健胃消食。
【健康贴士】一般人皆宜食用。

烫干丝

【主料】豆干 350 克，虾米 50 克。
【配料】姜、香菜各 10 克，糖、盐各 3 克，酱油 6 克，味精 1 克，香油 8 克。
【制作】① 豆干先劈成片，再切成丝；虾米用水清洗干净后，用沸水烫；姜切成细丝。② 干丝用开水反复冲烫 5 ~ 6 次至熟，沥干水分备用。③ 锅里放盐、酱油、糖、味精和适量水烧沸，干丝堆在盘里，摆上姜丝、虾米、香菜，把汁浇在上面，淋上香油即可。
【烹饪方法】烧，浇汁。
【营养功效】补肾壮阳，强壮补精。
【健康贴士】一般人皆宜食用，尤宜男士食用。

荸荠饼

【主料】新鲜荸荠 500 克，糯米粉 150 克。
【配料】白砂糖、糖板油各 125 克，蜜枣 100 克，糖桂花 5 克，玫瑰酱 25 克，水淀粉 5 克，熟猪油 100 克。
【制作】① 蜜枣洗净、去核，放入碗中，加入清水浸没蜜枣置于笼屉中，在蒸锅上蒸至酥烂，取出后捣成枣泥；糖板油切成细粒状，与枣泥一同放入碗中，再加入白砂糖 75 克、糖桂花一起搅拌均匀即成馅。② 荸荠洗净、去皮，切成细米粒状，放入盆中，再加入糯米粉搅拌均匀，搓成长条，摘剂按扁后包入馅心，捏成圆饼形即成生坯，以此法逐个做好。③ 平锅置中火上烧热，放入猪油滑锅后，离火，逐一将生坯放入，两面稍煎后即加入猪油煎炸至两面呈淡黄色出锅装盘。④ 炒锅置火上，加入清水 50 毫升、白砂糖 50 克、玫瑰酱一同烧沸，待糖溶化后用水淀粉勾芡成糖汁，起锅淋浇在饼上即可。
【烹饪方法】蒸，煎，炸，浇汁。
【营养功效】清热解毒，祛火生津。
【健康贴士】女士月经期间、脾胃虚寒以及血虚、血瘀者应慎食，小儿遗尿以及糖尿病患者禁食。

文蛤饼

【主料】净文蛤肉 500 克，熟净荸荠 150 克，猪瘦肉、熟猪肥膘肉各 100 克。
【配料】鸡蛋 1 个，水淀粉 50 克，姜末、葱末各 25 克，精面粉 150 克，料酒 20 克，盐 10 克，骨头汤 50 毫升，香油 10 克，熟猪油 100 克。
【制作】① 文蛤肉放在竹篮内，在水中顺一个方向搅动，洗净泥沙，滤水后用刀剁碎，放入盆内；猪瘦肉、熟肥膘肉一起剁蓉；荸荠用刀拍碎，和肉茸一起放入蛤肉盆内，加入姜末、葱末、盐、料酒 10 克，打入鸡蛋，拌匀后放入水淀粉、面粉拌匀，即成文蛤饼料。② 锅置火上烧热，加入少量熟猪油润锅，用手将文蛤饼料捏成饼坯放入锅中，煎至两面金黄时，烹入骨汤和料酒 10 克，略焖后揭去锅盖，待蒸气散尽，淋入香油拌匀即可。
【烹饪方法】煎，焖。
【营养功效】滋阴润燥，利尿化痰。
【健康贴士】文蛤对腹水型肝癌有抑制作用，是一道食疗佳品。

江苏寿桃

【主料】细糯米粉 600 克，粳米粉 400 克。
【配料】白砂糖 200 克，红曲粉、玫瑰末各 5 克。
【制作】① 糯米粉、粳米粉、糖、红曲粉加水拌匀，蒸 20 分钟至米粉呈玉色时取出。② 熟粉稍冷，趁热用手工揉搓，分成小糕团，用手搓圆并捏成桃形，放上玫瑰花末即可。
【烹饪方法】蒸。
【营养功效】活血化瘀，健脾暖胃。
【健康贴士】红曲粉可用于治瘀滞腹痛、赤白下痢症状，故女士宜食。

文楼汤包

【主料】精面粉 1250 克，母鸡 1 只，净猪五花肉、螃蟹、鲜猪肉皮、猪骨头各 750 克。

【配料】盐 10 克，绍酒、白酱油、白砂糖各 50 克，味精 20 克，白胡椒 1 克，醋、香菜末、葱末、姜末各 5 克，熟猪油 100 克。

【制作】① 螃蟹刷洗干净，蒸熟后剥壳取肉；锅置火上烧热，放入猪油、葱末、姜末、绍酒 25 克、盐 6 克、白胡椒粉，再放入螃蟹肉炒匀备用。② 猪肉洗净切成片，鸡宰杀干净，鲜肉皮洗净，猪骨洗净，一同放入沸水锅中汆烫，捞出后换成清水再放入同煮，待猪肉、鸡肉八成熟时，取出切成丁；肉皮酥烂时捞出绞成蓉状；骨头捞出，肉汤备用。③ 原汤过滤后放入锅中，加入肉皮蓉烧沸后再过滤，煮至汤浓稠时，放入鸡丁、肉丁同煮，撇去浮沫，加入葱姜末、盐、白酱油、绍酒 25 克、白砂糖、味精和炒好的蟹粉，烧沸装盆，并不停地搅拌至冷却，放入冰箱冷藏，待凝固后用手将其捏碎即成汤包馅。④ 面粉放入盆内，加入清水、少许盐拌成雪花面，和成面团，将其反复揉匀揉透，边揉边加入少许水，揉至面团光滑，置于案台上搓成长条，稍饧后摘成剂子，擀成圆形坯皮，包入馅心提捏成圆腰形的包子生坯。⑤将生坯放入专用的汤包笼内，放于大火沸水锅上蒸 7 分钟至熟即可，食用时佐以姜末、醋、香菜末。

【烹饪方法】炒，氽，煮，冷藏，蒸。

【营养功效】生精益血，温中养胃。

【健康贴士】此品含有丰富的蛋白质、维生素，一般人皆宜食用。

典食趣话：

文楼建于清朝道光八年（1828 年），位于运河东侧的古镇河下，同萧湖中的曲香楼隔水相望。登临文楼，观赏湖光水色，顿觉幽雅神怡，常为文人学士聚会之所，故由此得名曰“文楼”。

文楼兴办之初，开清茶馆，卖小点，后来，由店东陈海仙的武楼酵面串汤包改制成水调面汤包，皮面筱薄，点火就着；包内馅心以肉皮、鸡丁、肉块、蟹黄、虾米、竹笋、香料、绍兴酒等十二种配料混合而成，先加温成液体，后冷却凝固。把冷冻后的馅心纳入包内，入笼而蒸，出笼汤包中的馅心成液体，用手撮入碟内，倒上醋，撒上姜米，再用香菜，上席后，食用时以嘴开口，再吸入汤汁，汤鲜美可口，弛明京都，流传百载。

现在每年中秋时节，当螃蟹上市，则蟹黄汤包便开始供应，文楼美名在外，顾客争购品尝，令文楼应不暇接，门庭若市。

有名谣夸奖：“桂花飘香菊花黄，文楼汤包人争尝，皮薄蟹鲜馅味美，入喉顿觉身心爽。”

淮阴小饺

【主料】精面粉 500 克，鸡蛋 1 个，精肉 250 克。

【配料】盐 5 克，白砂糖 2 克，味精 3 克，葱姜汁 150 克，鸡汤 1500 毫升，干菱粉 50 克，胡椒粉少许。

【制作】① 精肉剔净筋，洗净，用刀背捶松后，再剁成细泥盛入碗内，加入盐 3 克、白砂糖、味精 2 克、胡椒粉拌匀，随后加入葱姜汁搅匀上劲。② 精面粉放在案板上，中间扒一个窝，打入鸡蛋，加入清水 250 毫升揉匀，盖上湿布静饧 10 分钟，用擀面杖反复擀成纸薄形的面皮，四折后切成宽长条，再切成方饺皮，放入馅心，斜角包成小饺状。

③ 锅置火上，倒入鸡汤，再加入盐 2 克、味精 1 克煮沸，盛入汤碗内；另取锅加水烧沸，下入小饺，煮熟捞起，放入鸡汤碗内即可。

【烹饪方法】煮。

【营养功效】健脾养胃，温中利肾。

【健康贴士】一般人皆宜食用。

蟹黄汤包

【主料】活大闸蟹 800 克，活母鸡 2500 克，猪肉皮 1500 克，高筋面粉 500 克。

【配料】葱、姜各 10 克，绍酒 30 克，盐 22 克，醋 20 克，白胡椒粉 11 克，熟猪油 50 克，葱段、酱油各 50 克，姜片、虾子、食碱各 20 克，葱末 15 克，白砂糖 3 克，鸡精 10 克，陈村枧水 2 克，姜丝 5 克。

【制作】① 活螃蟹刷洗干净，用绳子捆绑好，上笼大火蒸 20 分钟至熟，取出放凉，去壳取蟹肉、蟹黄备用。② 锅置火上入熟猪油，烧至三成热，下入葱末、姜末炒香，入蟹肉和蟹黄，翻炒至出蟹油，加绍酒 10 克、盐 4 克、白胡椒粉 3 克调味，打去浮沫，淋上醋 4 克，起锅装盘备用。③ 母鸡宰杀，去内脏，用清水洗净，冷水下锅，大火烧沸，汆去血水捞出，用热水洗净；将猪肉皮洗净，冷水下锅，大火煮沸，煮 5 分钟至肉皮断生，待肉皮卷曲时捞出。④ 在盆中放入 50℃左右的温水 300 毫升，加食碱调匀，放入肉皮，洗掉油脂，取出冲洗掉碱味，去掉残留的猪毛和油脂，漂洗干净。⑤将猪皮、母鸡一同放锅中，入清水 10000 毫升，放入葱段、姜片大火煮沸，改小火焖制 2 小时捞出，用绞肉机绞碎肉皮，制成猪皮蓉；鸡汤过滤，放入锅中，下入猪皮蓉，大火煮沸，改小火熬制 50 分钟，打去浮沫，待汤汁约剩 7000 毫升时，依次放入虾子、酱油、盐 15 克、白砂糖、绍酒 20 克调味，待汤稠浓时，调入鸡精、白胡椒粉 8 克，撒上葱末，2 分钟后起锅，趁热过滤，将汤汁放在盘中，并不断搅拌，待汤汁冷却，凝固后捏碎即成皮冻馅。⑥将制好的皮冻蓉和蟹黄放入盆中，向一个方向拌匀，制成蟹黄馅备用；盐 3 克、陈村枧水放入碗中，加清水 275 毫升调匀，制成混合水；高筋面粉放在案板上，逐次倒入混合水，揉和成面团，搓成粗条，放在案板上，用干净的湿毛巾盖好，饧 20 分钟。⑦把饧好的粗条搓细，摘剂，均擀成圆面皮，包入蟹黄馅后对折收口，成圆腰形汤包坯，置于笼屉中，置于沸水锅上，大火蒸制 7 分钟至熟。⑧ 装汤包的盘子用沸水烫过、沥干水分，用右手五指把包子轻轻提起，左手拿盘随即插于包底，配醋、姜丝，带吸管上桌即可。

【烹饪技法】蒸，炒，汆，煮，焖，蒸。

【营养功效】清热解毒，补骨添髓，养筋接骨，活血祛痰。

【健康贴士】脾胃虚寒、大便溏薄、腹痛、风寒感冒未愈、宿患风疾、顽固性皮肤瘙痒患者忌食。

典食趣话：

传说镇江“蟹黄汤包”是三国时传下来的。刘备白帝城托孤后，一命呜呼。身在东吴的夫人孙尚香万分悲伤。

忠于爱情的孙夫人遥望滚滚大江，满含悲愤登上了北固山。她祭拜过上苍和丈夫亡灵后，跳入长江。后人为了追怀孙夫人的忠贞贤淑，用面粉包上猪肉茸和蟹肉馅儿的馒头，前往奠祭孙夫人。这种肉馒头味道鲜美可口，竟引来了不少美食家的关注，很快就成了饭店餐桌上的热门食品，从三国起代代相传至今。“蟹黄汤包”到明清时代其制作工艺达到巅峰，美名远播。在镇江，人们早上通常到老宴春，吃一碗白汤面配一碟肴肉，再来上一笼汤包配上酸甜的镇江醋，过一个惬意的早晨。

江苏春卷

【主料】春卷皮 50 张，净猪腿肉、冬笋各 250 克，韭黄 130 克。

【配料】盐 10 克，味精 3 克，白砂糖 10 克，水淀粉 25 克，熟猪油、酱油各 50 克，植物油 100 克，肉汤 200 毫升。

【制作】① 猪肉、冬笋分别洗净，切成细丝；韭黄择洗干净，切成段；锅置火上，加入熟猪油，烧至六成热时，放入肉丝炒散，再放入笋丝略炒，随即加酱油、白砂糖、味精、盐 8 克和肉汤 200 毫升烧沸，用水淀粉勾芡，起锅装盆，冷却后放入韭黄段，拌匀成馅料。② 春卷皮平铺在板上，放入馅料在皮子上卷成条，用稀面糊黏口，待炸。③ 锅置大火上，加入植物油，烧至八成热时，放入春卷生坯，炸至中间鼓起，表面呈金黄时即可。

【烹饪方法】炒，炸。

【营养功效】止汗固涩，补肾助阳。

【健康贴士】阴虚火旺、胃肠虚弱者不宜多食。

淮安茶馓

【主料】精面粉 2500 克，黑芝麻 75 克。

【配料】盐、香油、植物油适量。

【制作】① 面粉加水、黑芝麻、盐拌匀，揉成面团，反复揉 3 次，湿布盖好静饧。② 面团搓条，盘旋放入抹有香油的盆内，每盘一层浇一次香油，1 小时后将面条放在抹油的案板上搓成毛笔杆粗的条，仍用上法盘入盆。③ 锅置火上入油烧至八成热，面条拉成细线放入油锅，筷子撑住条，在油锅中摆动几下，然后将两只筷子交错叠在一起使面条叠成扇形，抽出筷子，炸至金黄色时即可。

【烹饪方法】炸。

【营养功效】补肝肾、润五脏、益气力。

【健康贴士】慢性肠炎、便溏腹泻者不宜多食。

翡翠烧卖

【主料】精面粉 500 克，青菜叶 2000 克。

【配料】绵白糖 500 克，火腿末 120 克，盐 10 克，食碱 20 克，熟猪油 400 克。

【制作】① 青菜叶择洗干净，放入沸水锅内，焯至三成熟后捞出，用冷水漂清，凉透，捞出沥干水分，剁碎，盛入盆内，撒上盐、绵白糖搅拌，加熟猪油拌匀即成馅心。② 取面粉 400 克放入面盆内，加入沸水 120 毫升搅拌成半熟面，再用冷水 50 毫升揉匀，取出放案板上。③ 面粉少许撒在案板上，放上面团搓成长条，分成剂子，拍扁，用擀面杖将其制成中间稍厚、边缘较薄呈荷叶形的皮子。④ 左手托起面皮，挑馅心抹在面皮中间，随即五指合拢包住馅心，五指顶在烧卖坯的 1/4 处捏住，让馅心微露，再将烧卖在手心转动一下位置，以大拇指与示指捏住“颈口”，并在烧卖坯口上点缀少许火腿末，放入有马尾松针的蒸笼内，盖上盖，上锅蒸约 5 分钟至熟即可。

【烹饪方法】焯，蒸。

【营养功效】温中益气，健胃消食。

【健康贴士】青菜有防止血液中胆固醇形成的功效，高胆固醇患者宜食。

水晶猪蹄

【主料】猪蹄 500 克

【配料】盐 3 克，葱白段、姜片各 5 克，大料 20 克，花椒、桂皮各 10 克，香料 10 克，料酒 8 克，老卤、硝水适量。

【制作】① 猪蹄髈刮洗干净，逐只用刀剖开，剔去骨，皮朝下放在菜板上，分别用竹签在瘦肉上戳一些孔，均匀地洒上硝水，再抹上盐与香料揉匀搓透后，平放进缸内腌渍约 3 天。② 将腌渍好的猪蹄髈放入清水中浸泡约 10 小时，捞出，刮去肉皮上的污物，用温水漂洗干净；大料、桂皮、花椒装入一纱布袋内，姜片、葱白段装入另一纱布袋中，分别把袋口扎紧。③ 蹄髈和纱包放入锅内，加老卤以淹没肉面为准，大火烧沸后，转小火焖煮 2 小时，蹄肉翻换，再继续用小火焖煮 1 小时，至酥取出，皮朝下放入盆内，舀出少量卤汁，撇去浮油，浇在蹄膀上，再用重物压紧，冷透后即成肴肉，食用时切片装盆，配上姜丝、醋两小碟即可。

【烹饪方法】腌，焖煮。

【营养功效】美颜护肤，益气补虚。

【健康贴士】女士宜食，但外感发热和一切热证、实证期间不宜多食。

鳝鱼辣汤

【主料】鳝鱼丝 200 克。

【配料】鸡汤、鳝鱼汤各 300 毫升，鸡丝、面筋条各 80 克，鸡蛋 1 个，酱油 5 克，醋 8 克，葱末、姜丝各 5 克，胡椒粉、盐各 3 克，味精 1 克，香油 10 克，水淀粉 3 克。

【制作】① 锅置火上，放入鸡汤，鳝鱼汤，烧沸后放入鳝鱼丝、鸡丝、面筋条，加入酱油、醋、葱、姜、盐。② 煮沸后，倒入鸡蛋成花，加入水淀粉勾芡，开锅后盛入碗中，加上胡椒粉、味精、香油拌匀即可。

【烹饪方法】煮。

【营养功效】气血双补，调养心神。

【健康贴士】鳝鱼不宜与狗肉、狗血、南瓜、菠菜、红枣同食，性味相克。

金陵盐水鸭

【主料】肥鸭 1 只。

【配料】盐 125 克，葱结 5 克，姜 2 克，花椒 1 克，大料 1 克，醋 8 克，五香粉 3 克。

【制作】① 盐、花椒、五香粉炒热；鸭去内脏，填入热盐晃匀，再将盐从鸭嘴塞入鸭颈，余盐搓遍鸭身，腌 1.5 小时后入清卤缸浸 4 小时，清卤由水、盐、葱、姜、大料和腌鸭的血制成。② 沸水放姜块、葱段、大料和醋，鸭头朝下，盖焖 20 分钟，提起鸭腿沥去汤汁，反复几次，然后盖严焖 20 分钟，去净汤汁冷却，食时改刀装盘即可。

【烹饪方法】腌，焖。

【营养功效】滋阴润燥，益气虚补。

【健康贴士】鸭肉富含 B 族维生素，一般人皆宜食用。

王兴记馄饨

【主料】精面粉、净猪腿肉各 500 克。

【配料】香干丝 25 克，蛋皮丝、青蒜末各 20 克，榨菜 30 克，青菜叶 100 克，干淀粉 20 克，料酒 5 克，绵白搪、盐各 10 克，味精 15 克，肉骨汤 1800 毫升，食碱 3 克，熟猪油 30 克。

【制作】① 面粉倒入盆内，加入用沸水 25 毫升化开的碱水，再倒入清水 300 毫升拌成雪花面，用压面机反复轧 3 次，压成约 1 毫米厚的薄皮，叠成梯形皮子。② 猪腿肉洗净，绞成肉末，加盐、料酒拌匀；青菜叶择洗干净，用沸水烫过沥干水分，与榨菜分别剁成末，放入肉末中，加味精、绵白糖、清水适量，搅匀，即成肉馅。③ 取皮子 1 张放左手上，右手挑馅，逐个包成馄饨。④ 锅置火上，入水烧沸，下入馄饨，煮至全部浮于水面，碗内放入味精、熟猪油、青蒜末、肉汤，约七成满，捞入馄饨，再撒上蛋皮丝、香干丝即可。

【烹饪方法】煮。

【营养功效】益气补虚，滋阴润燥。

【健康贴士】身体虚弱、营养不良儿童、产后妇女宜食。

玫瑰蜂糖糕

【主料】精面粉 1000 克，鲜酵母适量。

【配料】糖板油丁、白砂糖各 250 克，红枣 50 克，玫瑰酱 150 克，红瓜丝、青梅丝、桂花、生油各 10 克。

【制作】① 盆内加鲜酵母、温水 250 毫升搅匀，倒入面粉 500 克，搓匀揉透，静饧 2 ~ 3 小时即成酵面。② 擀开酵面，加白砂糖、糖板油丁、温水 250 毫升、面粉 500 克、桂花少许后，反复搓揉均匀，再揉成馒头形状。③ 取钵头一只洗净，里面涂上生油，放入酵面盖上布，放入盛有六成热的水锅中焐 1 小时，待酵面发起平钵头时取出，即成糖糕生坯。④ 蒸笼内铺上清洁湿布，倒入糖糕生坯，用手按平，放上红枣、红瓜丝、青梅丝排成图案，上锅蒸 30 ~ 40 分钟至熟，出笼，用刀横剖成相等的两片，中间涂上玫瑰酱，再黏合起来。食用时，用刀切成小块即可。

【烹饪方法】焐，蒸。

【营养功效】宁心安神，益智健脑。

【健康贴士】肥胖症、糖尿病患者不宜多食。

无锡小笼包

【主料】面粉 2000 克，鲜酵母 1 块，猪瘦肉 250 克。

【配料】料酒 6 克，盐 5 克，糖 3 克，酱油 8 克，味精 1 克，葱末、姜末各 10 克，胡椒粉 2 克，肉皮冻、食碱适量。

【制作】① 猪肉切末，加除食碱外的各种配料和水搅成馅。② 鲜酵母用温水调成糊，倒入面粉 1000 克中，加温水揉透，盖布饧发后，加食碱揉透即成酵面团；另取面粉用同样方法不加鲜酵母揉成水面团，两种面团拌匀揉透。③ 面团搓条摘剂，擀成包皮，入馅料，收口蒸 10 分钟即可。

【烹饪方法】蒸。

【营养功效】益气补虚，利肾固精。

【健康贴士】此品富含 B 族维生素，适宜 B 族维生素缺乏者食用。

虾仁伊府面

【主料】全蛋面条 150 克，虾仁 100 克，鲜香菇、青豆各 20 克，胡萝卜 80 克。

【配料】熟猪油 15 克，葱、姜、酱油各 5 克，盐、白砂糖各 2 克，味精 1 克，胡椒粉 3 克，香油 5 克，黄酒 10 克，鲜汤 500 毫升。

【制作】① 虾仁挑去泥肠洗净；冬菇、胡萝卜洗净切片；青豆洗净；葱、姜洗净切末备用。② 将虾仁、冬菇、胡萝卜用水焯烫，捞出沥水；锅内加清水，烧沸后下入全蛋面，煮 3 分钟，捞出备用。③ 锅置火上，入猪油烧热，用葱末、姜末炝锅，倒入酱油、绍酒和鲜汤、虾仁、冬菇、青豆、胡萝卜、全蛋面，用小火煮至汤汁浓稠，撒入盐、味精、白砂糖、胡椒粉，淋香油，出锅装盘即可。

【烹饪方法】焯，煮，炝。

【营养功效】健胃消食，促进人体新陈代谢。

【健康贴士】对海鲜过敏者忌食。

松子枣泥拉糕

【主料】细糯米粉 700 克，细粳米粉 500 克，红枣 750 克，干豆沙 300 克，松子仁 50 克。

【配料】猪板油丁 250 克，绵白糖 850 克，熟猪油 150 克。

【制作】① 红枣洗净，放盆内，加适量清水，上笼蒸烂，取出去皮、核，碾成枣泥，枣汤备用。② 将枣泥、枣汤、干豆沙、绵白糖及熟猪油 125 克倒锅中熬至溶化，离火稍凉。③ 细糯米粉、细粳米粉倒盆中拌匀，加枣汤和匀，再加入猪板油丁，和匀后摊于抹过熟猪油的瓷盘内，撒上松子仁，上笼用大火蒸 45 分钟，至筷触不黏时出锅即可。

【烹饪方法】蒸，熬。

【营养功效】补中益气，平和五脏。

【健康贴士】适宜妇女产后、体虚者食用。

常州重油酥饼

【主料】碱酵面 2200 克，精面粉 1300 克，净猪板油 750 克。

【配料】饴糖、芝麻各 50 克，葱 300 克，熟猪油 600 克，盐适量。

【制作】① 葱去根洗净，切成末；饴糖加水 250 毫升调成饴糖水；净猪板油切成丁，加盐拌匀，即成猪板油馅心。② 取面粉 1200 克倒在案板上，加入熟猪油，用双手揉搓均匀即成油酥面；案上撒上面粉，放上酵面揉搓成条，摘成剂，按扁，擀成椭圆形，随后自右向左卷拢，按扁，擀成长条，再自上而下卷拢，按扁，包入猪板油馅、葱末，收口后再擀成椭圆形，随即用排刷蘸饴糖水刷饼面，放入芝麻盘中，即成酥饼生坯。③ 烘炉加热，无芝麻一面的饼涂一层冷水，贴在炉壁，烘烤5分钟至熟即可。
【烹饪方法】烘。
【营养功效】温中益气，健胃消食。
【健康贴士】高血脂、肥胖者不宜多食。

富春三丁大包

【主料】碱酵面750克，净猪肋条肉600克，熟鸡肉、熟冬笋各85克。
【配料】虾子10克，酱油65克，绵白糖50克，水淀粉15克，葱、姜各10克，料酒10克，鸡汤1500毫升。
【制作】① 葱、姜洗净，放在石臼捣碎，加清水50毫升浸泡成葱姜汁水；猪肋条肉放入沸水锅内焯水，捞出洗净，放入锅中，加满清水煮至七成熟捞出，待冷却后切成丁；鸡肉、熟冬笋切丁备用。② 炒锅置火上烧热，放入笋丁、猪肉丁、鸡肉丁煸炒几下，倒入料酒及葱姜汁水，再放入酱油、绵白糖、虾子、鸡汤，大火煮沸，用水淀粉勾芡，待卤汁渐稠时起锅，即成三丁馅心。③ 酵面搓成长条，摘剂，撒上少许面粉，逐个用手拍成边缘薄中间稍厚的圆形面皮，入馅收口捏拢成鲫鱼嘴、荸荠肚形，放入垫有马尾松针的笼内，上锅蒸15分钟至熟即可。
【烹饪方法】焯，煮，煸炒，蒸。
【营养功效】滋阴凉血，和中润肠。
【健康贴士】肾炎患者不宜多食。

中华海鲜烧面

【主料】蒸面500克，包虾10只，章鱼半只，卷心菜200克。
【配料】黑木耳、腐竹各30克，葱片、姜丝、蒜片各10克，鸡汤1000毫升，酒8克，酱油5克，蚝油酱6克，盐、糖、胡椒粉各3克，水淀粉15克，香油、色拉油各适量。
【制作】① 木耳泡发洗净；腐竹泡发，切段；卷心菜洗净，切丝；虾去壳，去泥肠；章鱼处理好，切丁。② 平底锅置火上，放适量香油，煎至两面金黄，滑入案板，用刀切份，装盘。③ 另起锅，放适量色拉油，爆香葱片、姜丝、蒜片，再放入虾、章鱼、卷心菜叶、木耳、腐竹翻炒片刻，加入所有调味料，沸腾后，混入水淀粉，变稠后，关火，淋香油装盘即可。
【烹饪方法】煎，炒。
【营养功效】补血益气，催乳生肌。
【健康贴士】有荨麻疹病史者不宜食用。

安徽

小茶糕

【主料】糯米 1650 克，粳米 1100 克。

【配料】白砂糖 320 克。

【制作】① 糯米、粳米分别淘净，晾干，磨成米粉，放在大盆内，加入白砂糖和清水 2000 毫升，拌和均匀，搓碎，再用细砂筛擦成无团的细粉。② 把木制方框放在铝片托板上，倒入米粉，刮平，再用铝片在粉面上梭成条纹，铝片两头开一小口，略陷框内 7 毫米深，两手握住两端，顺序上下移动，即成蜜排的横条纹。③ 用刀将糕粉划成条状，去掉木框，连托板上笼蒸 20 分钟左右即可。

【烹饪方法】蒸。

【营养功效】健脾养胃，止虚汗。

【健康贴士】糯米对尿频、盗汗有较好的食疗效果，但婴幼儿、老年人不宜多食。

乌饭团

【主料】糯米 600 克，粳米、豆腐各 50 克，猪瘦肉丁 25 克，鸭肉丁 40 克。

【配料】姜末 5 克，葱末 10 克，酱油 8 克，干淀粉 10 克，乌饭树叶 250 克，植物油 150 克，味精适量。

【制作】① 乌饭树叶捣碎泡透，留汁去渣，放糯米 100 克泡至米粒呈淡乌色，捞出，沥干水分。② 锅置火上，入油烧热，放入豆腐稍炸，捞出切丁，锅留底油烧热，再下豆腐丁、肉丁、鸭丁、酱油、葱末、姜末、味精勾芡成馅；粳米加糯米 200 克磨粉，加水揉成面团；剩余的糯米淘洗干净，磨粉。③ 米粉揉入面团摘成剂，包馅，黏乌米，蒸熟即可。

【烹饪方法】炸，烧，蒸。

【营养功效】明目壮肾，温中益气。

【健康贴士】肠胃虚弱者不宜多食。

徽州饼

【主料】精面粉 550 克。

【配料】红枣 400 克，糖 100 克，香油 30 克，植物油 150 克。

【制作】① 红枣蒸 1 小时，去皮、核，碾泥；香油和糖入锅溶化，加枣泥炒至稠糊，凉凉成枣泥馅。② 面粉 50 克与油拌匀成油酥面团；剩余面粉先用沸水烫，再加冷水搓揉，盖布略发，揉开拉条，包入油酥面团，摘剂包入枣泥馅料，收口捏紧，即成圆饼坯。③ 锅置小火上烧热，饼坯一面刷油朝下入锅，另一面刷香油，一面烙至微黄色时翻烙另一面，反复 4 次，烙至呈透明状时即可。

【烹饪方法】蒸，炒，烙。

【营养功效】益气补血，温中健脾。

【健康贴士】糖尿病患者不宜多食。

【巧手妙招】和面加冷水时要分次加入，不要一次加足，这样的面会更劲道。

粉子饼

【主料】面粉 1000 克。

【配料】植物油、蒜泥、酱油各 25 克，醋、香油各 12 克。

【制作】① 面粉放入盆内，加冷水 775 毫升，搅匀，约停 20 分钟，再搅动一次，如此间隔时间搅动，搅到面不粘盆时，再加入冷水 7500 毫升左右，洗成面筋，放入冷水盆内养着；淀粉水盛入盆内沉淀，滗去上层清水，下面淀粉分作两层，上层为“黑粉”，下层为“白粉”，继续控水；“黑粉”捞出，调成稀糊状。② 植物油放入碗内，加水 25 毫升，调成“油水”，锅置中火上烧热，用刷子沾“油水”擦锅，舀汤匙淀粉糊倒入锅内，用锅铲摊成圆薄片，待呈乳白色时，翻过来，略烙30秒钟至熟，取出放在盘中，依次做好。③ 酱油、醋、香油、蒜泥放入碗内，配成调料，把粉子饼卷起，蘸食即可。

【烹饪方法】烙。

【营养功效】杀菌消炎，健胃理气。

【健康贴士】一般人皆宜食用。

示灯粑粑

【主料】糯米粉1000克，咸猪瘦肉、香菜、虾仁各200克，荠菜400克，酱油豆腐干5块。

【配料】葱末、青蒜末各5克，熟猪油75克，香油25克，植物油200克。

【制作】① 荠菜、香菜择洗干净，入沸水略烫，捞出挤干水分，切成末；酱油豆腐切碎；猪肉切成绿豆大小的丁。② 炒锅置火上，加熟猪油烧至七成热时，下肉丁、酱油豆腐干煸炒几下，加水75毫升烧沸，放入虾仁炒匀，盛入盆内，加葱末、蒜末，荠菜末、香菜末拌匀成馅料。③ 净锅置小火上，倒入干糯米粉，炒至淡黄色时，加入沸水750毫升拌匀，倒在案板上凉凉，揉搓成条，摘成20个面剂，逐个捏成窝形，包入馅料一份，手沾一点儿香油，按成圆形，即成饼坯。④ 平锅置中火上，倒入植物油烧热，放入饼坯，煎至表面呈微黄色时，翻身煎另一面至熟即可。

【烹饪方法】煸炒，炒，煎。

【营养功效】消食下气，醒脾和中。

【健康贴士】香菜中维生素C含量比普通蔬菜高，一般人皆宜食用。

典食趣话：

示灯粑粑是安徽肥东负有盛名的传统小吃，距今已有近千年的历史。相传，唐代安徽肥东一带的人民，为纪念泾河老龙，把农历正月十三日至二月二日定为龙灯节。节日期间普遍举行玩龙灯集会活动，此间群众皆喜食这种圆饼而得名。直到今天，每当春节过后，肥东的家家户户都得准备点儿示灯粑粑，来款待亲朋好友。

葛粉圆子

【主料】葛粉350克，猪肥膘肉200克。

【配料】白砂糖150克，青红丝10克，桂花5克。

【制作】① 葛粉碾碎，过箩筛成细粉；猪肥膘肉洗净，剁碎；青红丝切碎，与白砂糖、桂花拌匀，做成圆子。② 圆子滚上葛粉，入漏勺，连勺一起入沸水锅略烫，放到葛粉上再滚一次，复入沸水中略烫，如此反复三四次，入笼用大火蒸熟，取出即可。

【烹饪方法】蒸。

【营养功效】健脾利胃，温中养胃。

【健康贴士】葛粉能防治脑梗死、偏瘫、血管性痴呆等脑血管疾病，中老年人宜食。

屯溪醉蟹

【主料】螃蟹600克。

【配料】酱油60克，糯米酒80毫升，姜15克，盐10克，大蒜10克，冰糖20克，料酒20克，花椒3克。

【制作】① 先将螃蟹放在活水中浸养2～3天，让其吐尽泥沙，然后洗净，沥干水分。② 炒锅置小火上，放入盐、花椒粒，待盐炒热，花椒粒炒干时，将其倒在案板上，用擀面杖碾碎，做成椒盐。③ 姜、蒜洗净，姜拍松，蒜拍散，备用；取蟹1只掀开脐盖，挤出脐底污物，放入椒盐3克，合上脐盖，掰下蟹爪尖1个，从脐盖上扎进蟹体内，钉牢脐盖，不使其张开，余下螃蟹依法制作。④ 取一只能容下4只蟹的坛子，将蟹装于坛中，坛口用两根小竹片十字形卡住，压住蟹身，勿使动弹；冰糖放酱油中加热熬化，凉凉后倒入坛中，再入料酒、姜块、蒜，最后倒入糯米酒，用油纸将坛口扎紧密封，醉腌一个星期后，即可开坛食用。

【烹饪方法】炒，腌。

【营养功效】舒筋益气，理胃消食。

【健康贴士】螃蟹对瘀血、损伤有食疗效果，但患有冠心病者不宜多食。

三丁酥合

【主料】精面粉 500 克，猪五花肉丁 250 克，熟鸡肉丁 10 克，水发香菇丁 50 克。

【配料】葱末、姜末各 10 克，盐 2.5 克，酱油 35 克，味精 1 克，水淀粉 15 克，熟猪油 250 克。

【制作】① 锅置大火上，加熟猪油 20 克烧热，下肉丁、鸡丁、香菇丁、葱末、姜末、盐 2 克、酱油炒熟，放入味精调味，用水淀粉勾芡成馅料。② 取面粉 185 克，加熟猪油 90 克、盐 0.5 克揉成油酥面团。剩余的面粉加熟猪油 10 克、水 160 毫升拌匀成水油面团。两种面团各分成 20 个面剂。取一个水油面剂，包入一个油酥面剂，擀成柳叶片面皮，竖叠起来，再擀成薄面皮，卷起，切成两段，刀口面向下放在案板上，按成圆面皮。每张面皮包入馅料，再用同样大小的一块面皮盖上，周围捏成花边形，即成生坯，以此法逐个包好。③ 锅内倒入熟猪油，用小火烧至四成热时，下生坯炸约 3 分钟，加温升至六成热，见酥合呈奶油色时出锅即可。

【烹饪方法】炒，炸。

【营养功效】益胃助食，促进代谢。

【健康贴士】脾胃寒湿气滞者不宜多食。

黄豆肉馃

【主料】面粉 750 克，黄豆、猪五花肉丁各 250 克。

【配料】植物油 100 克，芝麻、盐各 25 克。

【制作】① 黄豆炒熟磨粉，加五花肉丁、盐拌馅；面粉 500 克加水揉成水面团；余下面粉加油揉油酥面团，各分 10 个面剂。② 油面剂包入水面剂，按扁，包馅料，按圆饼洒水，再撒芝麻，轻按成馃生坯。③ 小火烧热锅，放馃生坯，每馃中间压一块特制砖块，边烙边按动砖块，使黄豆粉和五花肉中的油分渗透，煎均匀至熟即可。

【烹饪方法】炒，煎。

【营养功效】安心凝神，温中益气。

【健康贴士】黄豆内含亚油酸，能促进儿童的神经发育，但胃寒者不宜多食。

巢县干丝

【主料】五香豆腐干、臭豆腐干各 2 块，菠菜、嫩黄瓜各 50 克。

【配料】卤猪瘦肉、红辣椒香油各 15 克，虾米 5 克，姜 10 克，酱油 10 克，醋 5 克。

【制作】① 豆腐干切细丝，放成两边低、中间高的“品”字形，用刀一切两段，铲起，铺在盘中。② 菠菜入沸水略焯烫，挤去水分，切 5 厘米长的段；卤瘦肉、黄瓜、姜、红辣椒均切丝后和菠菜段分色间隔平放在豆腐干丝上，中心处放虾米，浇酱油、醋、香油即可。

【烹饪方法】焯，浇汁。

【营养功效】护五脏，补气血。

【健康贴士】豆腐干可预防心血管疾病，保护心脏，因此适合老年人食用。

三河米饺

【主料】籼米粉 1500 克，猪五花肉 200 克，豆腐干 500 克。

【配料】酱油 100 克，盐 15 克，葱末 75 克，姜末 10 克，味精 1 克，干淀粉 75 克，熟猪油 35 克，植物油 1500 克。

【制作】① 猪五花肉、豆腐干切成黄豆大的丁备用，锅置大火上，加熟猪油烧热，先放入肉丁炒熟，再放入豆腐干丁、葱末、姜末、酱油、盐、味精煸炒，同时将干淀粉加水调稀，缓缓淋入锅内，煮开即成馅料。② 锅置中火上，放入米粉和盐 10 克拌匀，炒至米粉温度至 60℃时，加入清水 2400 毫升拌匀，烧至熟出锅；粉团放在案板上稍晾，揉透后摘成面剂；案板上抹少许植物油，放上面剂揉成圆团，用刀压成面皮，左手托皮，包上馅料一份，捏成饺子形状，即成生坯，依法逐个做好。③ 锅置大火上，加植物油烧至七成热时，下饺子生坯，炸至金黄色时，改用中火再炸 5 分钟左右，出锅即可。

【烹饪方法】煸炒，炒，烧，炸。

【营养功效】温中益气，滋阴补虚。

【健康贴士】一般人皆宜食用。

典食趣话：

相传，1858 年陈玉成率太平军与清军另一主力湘军决战于安徽合肥的三河镇。年轻的主帅身先士卒，一马当先冲入敌阵，全军将士备受鼓舞，无不奋勇杀敌。太平军犹如天降神兵，经数日苦战，全歼湘军李续宾部，彻底扭转了军事上不利的形势。天王洪秀全为表彰陈玉成的赫赫战功，加授他“英王”称号。这就是历史上有名的太平军“三河大捷”。陈玉成的丰功永载史册。

英王陈玉成的军队爱护百姓，所到之处军纪严明，秋毫无犯。三河镇老百姓拥护太平军，在战斗最艰苦的日子里，家家户户给太平军将士送吃送喝。其间，最受太平军战士喜爱的就是“三河米饺”了。以后，陈玉成及太平军的足迹踏遍了江南江北，“三河米饺”的美名也被传扬到各地，至今盛名不减当年。

淮凤酥饼

【主料】精面粉 1000 克，猪五花肉 250 克。

【配料】水发香菇 50 克，虾米 15 克，青菜心 100 克，黑芝麻 50 克，鸡蛋 1 个，白砂糖、盐各 5 克，葱末、姜末、香油各 10 克，熟猪油 1000 克，味精 1 克。

【制作】① 菜心洗净，入沸水焯烫捞出沥干水分，与猪肉、香菇、虾米一起剁成碎末，放入盆内，加入葱末、姜末、白砂糖、盐、味精、香油拌匀成馅料。② 盆内加面粉 250 克、熟猪油 200 克拌匀成油酥面团；剩余的面粉 750 克加入熟猪油 150 克，用沸水 250 毫升烫拌均匀，揉透成水油面团；两种面团各摘成面剂。③ 取水油面剂一个按扁，包入油酥面剂一个，用擀面杖擀成薄长面皮，卷起来，再擀成长面皮，再卷起来，切成段，按扁，包上馅料一份，收口捏紧，按成扁圆形，抹上水，撒上黑芝麻，即成酥饼生坯。④ 平锅置中火上，放入熟猪油，烧至四成热时，放入酥饼生坯煎炸，待底面呈黄色时，翻身，再煎约 3 分钟即可。

【烹饪方法】焯，煎。

【营养功效】健脑益智，延年益寿。

【健康贴士】老年人宜食，但血脂高者不宜多食。

毛豆抓饼

【主料】鲜毛豆粒、猪五花肉、葛粉各 150 克，肉汤 500 毫升，菠菜叶 15 克。

【配料】姜 10 克，盐 7.5 克，香油 100 克，味精 1 克。

【制作】① 猪五花肉、鲜毛豆粒和姜均切成绿豆大的丁，放入碗内，加葛粉、盐 5 克、水 1500 毫升搅拌成糊。② 锅置大火上，加香油烧至八成热，用勺将油在锅中浇匀，抓一小团豆糊，贴在锅边，随即用手摊成薄饼，饼面上不断用勺淋热油，煎至底面呈深金黄色而上面柔软时，铲起装盘，即成抓饼，切块。③ 锅内放入肉汤煮沸，下菠菜叶及盐 2.5 克煮烧沸，盛入碗内，随抓饼一起上桌食用即可。

【烹饪方法】煎，煮。

【营养功效】益智健脑，延缓衰老。

【健康贴士】毛豆富含卵磷脂，可以改善大

脑的记忆力和智力水平，但幼儿和尿毒症患者忌食。

双冬肉包

【主料】精面粉 900 克，酵面 250 克，食碱 8 克，猪夹心肉末 500 克，净冬笋 250 克，水发冬菇 100 克，虾米 25 克。

【配料】盐 15 克，酱油 30 克，白砂糖 10 克，味精 5 克，绍酒 10 克，葱末、姜末各 25 克，香油 50 克。

【制作】① 虾米用温水浸泡，捞出，和冬笋、冬菇一起切成末；猪夹心肉末放入盆内，加入盐、酱油搅匀，加入清水 150 毫升搅打上劲，再加入切好的冬笋、冬菇、虾米、白砂糖、绍酒、味精、葱末、姜末、香油等拌匀。② 酵面放入盆内用清水 450 毫升抓成糊状，再加入面粉，揉匀揉透至光滑的面团，静饧 1 小时，待面团发酵成熟后加入碱水调匀，揉匀。③ 将调制好的面团搓条后揪成剂子，按成中间稍厚、四周稍薄的圆皮，一手手指略凹托皮，另一手上馅，提捏皱褶并收拢封口即成生坯。④ 笼内填上干净的马尾松松针，把生坯放于笼屉内，稍饧后用大火蒸约 10 分钟至熟即可。

【烹饪方法】蒸。

【营养功效】滋阴润燥，益气补虚。

【健康贴士】一般人皆宜食用。

典食趣话：

双冬肉包是安徽屯溪的地方特色风味面点。此面点因其馅心中配有冬菇、冬笋而得名。屯溪市地处皖南，是香菇、冬笋的主要产区。相传在二三百年前，当地就有专门制作这种面点的小店，一直到了 19 世纪中期，当地的一家最为有名的餐馆——紫云楼，改进了双冬肉包的制作工艺，同时在馅心的配料上增加了别的原料，使之风味更加鲜明，并流传至今。

安徽盘丝饼

【主料】面粉 1000 克，酵面 100 克。

【配料】芝麻 70 克，香油 50 克，盐 50 克，花椒 15 克，食碱 1 克。

【制作】① 芝麻 30 克用小火炒至微黄出香时盛出；花椒和盐放入锅内，用小火炒至花椒出香时盛出，再同芝麻一起碾成末即成芝麻椒盐。② 面粉放入盆内，加入酵面和冷水 350 毫升拌匀，盖上湿布静饧，加入食碱揉透，擀成大面皮，抹上香油 10 克，撒上芝麻椒盐抹匀，从一边向另一边卷起，封口处抹点儿水压紧，搓成如香肠粗的长条，先将长条的一端略压扁，卷起头，接着把长条围绕这头盘成圆饼。③ 平锅置小火上烧热，刷上一层香油，用双手从圆饼底下慢慢插进，托起，放锅里，先在圆饼上涂一层水，撒匀剩余的芝麻，略按，使芝麻黏合，烙约 2 分钟，将饼转动半圈，再烙约 20 分钟，再转动饼坯，饼翻身，顺锅四周淋入香油后稍烙一会儿，在饼下放入弹性钢丝垫子，继续用小火炕约 20 分钟即可。

【烹饪方法】炒，烙，炕。

【营养功效】健胃温中，驱寒利脾。

【健康贴士】一般人皆宜食用。

江毛水饺

【主料】精面粉 1250 克，净猪腿肉 1500 克，虾子酱油 500 克。

【配料】食碱 25 克，干淀粉 250 克，盐 45 克，味精 5 克，绍酒 10 克，胡椒粉 30 克，葱末 250 克，熟猪油 250 克，肉骨头汤 7500 毫升。

【制作】① 猪腿肉洗净，绞成肉末，放入盆内，加入盐、绍酒、清水 550 毫升搅拌上劲，再放入味精拌匀。② 面粉放入盆内，倒入清水，再加入清水拌成雪花面，用压面机压至面皮光滑后，再压成较薄的面皮，用擀面棍将面皮卷起后，叠层切成长方形坯皮。③ 一手托皮，另一手用馅挑上馅于面皮一边，顺势卷向另一边，抽出馅挑，将面皮折拢粘牢即成生坯，如此逐个成形。④ 取碗放入味精、熟猪油、葱末、酱油及开沸的肉汤，锅内加入清水烧沸后，下入水饺坯煮至上浮，点水后稍煮即可捞出分装于碗中，撒上胡椒粉即可。

【烹饪方法】煮。

【营养功效】补虚养血，滋养脏腑。

【健康贴士】营养不良、身体虚弱、妇女产后宜食。

典食趣话：

“江（gan）毛水饺”的创制人江庆福，于清光绪年间在安庆小南门一带，挑担卖水饺。这种水饺用料选用山区黑猪后腿肉，佐以虾仁，榨菜制馅，用炖鸡汁或骨头鸡煮饺，具有皮薄、肉嫩、汤鲜的独特风味。因江庆福颈上长有一撮白毛，绰号“江毛”，故有“江毛水饺”名号。民国3年（1914年）开设“江万春”水饺店，子孙承业，经营久盛不衰。

一闻香包子

【主料】精面粉1800克，酵面120克，净羊肉800克。

【配料】盐20克，酱油80克，姜末25克，葱末50克，五香粉7.5克，食碱5克，香油275克。

【制作】① 羊肉洗净，绞成蓉，放入盆内，加入姜末、五香粉、盐、酱油和清水400毫升拌匀，再加入香油拌成馅料。② 面粉放在案板上，中间扒窝，放入酵面和清水900毫升和匀，静饧1小时，加食碱揉透，搓成条，摘成面剂。③ 取面剂一个，按成扁圆形，包入馅料一份，收口处捏成24道花纹，包顶留指头大的口，即成包子生坯，以此法逐个做好，入笼用大火蒸10分钟左右即可。

【烹饪方法】蒸。

【营养功效】温热补虚，祛寒养胃。

【健康贴士】羊肉含丰富的蛋白质及脂肪，体虚胃寒者可以多食用。

【巧手妙招】羊肉蓉加水时不能一次加足，要分数次加入，并朝一个方向搅打起筋，中途不宜改变方向，这样做成的馅味道更加鲜香。

庐江小红头

【主料】精面粉500克，酵面25克。

【配料】金橘饼、青梅各25克，核桃仁、糖桂花各15克，白砂糖400克，猪板油50克，盐5克、食用红色素少许。

【制作】① 面粉275克加酵面和水揉透，发好做成大馍，切碎；猪板油切丁，拌大馍屑绞细，加白砂糖、青梅、核桃仁、金橘饼、糖桂花拌馅。② 剩余面粉加温水、盐揉透，摘面剂，擀皮包馅，封口包成石榴花形，顶端点红色素，大火蒸7分钟，冷却即可。

【烹饪方法】蒸。

【营养功效】乌发补脑，开胃消食。

【健康贴士】素体虚寒、胃弱易泻者不宜多食。

正福斋汤团

【主料】湿米粉2500克，红豆沙500克。

【配料】糖1000克，植物油200克，香油50克。

【制作】① 锅置火上，注入植物油、糖熬化，加豆沙熬1小时，至锅铲能立在豆沙中时再倒入香油，停火，凉凉后搓成小丸子。② 取1/3 湿米粉揉至有黏性，做成饼状，下沸水锅煮熟，待浮起时立刻注入冷水，捞出饼，加余下湿米粉揉透，做成剂子，包入豆沙丸子即成生坯。③ 另起锅置火上，入水烧沸，下入汤团，煮沸后加冷水，保持水微沸煮 2 ~ 3 分钟，煮至汤团浮水盛碗即可。

【烹饪方法】 熬，煮。

【营养功效】 补脾和胃，清肺润燥。

【健康贴士】 肥胖、高血脂患者不宜食用。

【巧手妙招】 煮汤团时注意加冷水，可以避免破馅。

小笼渣肉蒸饭

【主料】 糯米 500 克，猪五花肉 250 克。

【配料】 红腐乳汁 10 克，渣粉 8 克，白砂糖、盐各 5 克，葱末，姜末各 5 克，酱油 10 克。

【制作】 ① 糯米淘洗干净，用水浸泡 8 ~ 12 小时，沥干水分，笼内垫净布，倒入糯米，蒸 20 分钟至熟，取出凉凉。② 猪五花肉切片，加酱油、盐、糖、葱末、姜末、腐乳汁拌匀，腌渍入味后放渣粉拌匀，大火蒸 15 分钟至九成熟时取出。③ 每只小笼内，垫净布，放糯米饭适量，上盖三片渣肉，套成垛笼，中火蒸透即可。

【烹饪方法】 蒸，腌。

【营养功效】 健脾利胃，温补强身。

【健康贴士】 糯米不宜消化，老人、小孩不宜多食。

霉干菜烧饼

【主料】 面粉 1250 克，酵面 500 克，猪肥膘肉 750 克，霉干菜 135 克。

【配料】 芝麻、葱末各 10 克，盐 20 克、食碱 1 克，香油 100 克，饴塘适量。

【制作】 ① 霉干菜切碎，加猪肥膘肉丁、盐、葱末、香油拌馅。② 沸水烫 1/6 面粉，再加其他面粉、酵面、水揉匀静饧 10 分钟，加食碱搓条，摘剂包馅，刷饴糖，撒芝麻制成生坯。③ 烤炉烧热，堵炉门，将生坯无芝麻一面蘸水，贴在炉壁上，去掉门塞，烤 10 分钟即可。

【烹饪方法】 烤。

【营养功效】 益智补脑，健胃滑肠。

【健康贴士】 肥胖症患者不宜食用。

八公山豆腐脑

【主料】 黄豆、泡发粉丝各 250 克，熟牛肉 150 克。

【配料】 盐 10 克，酱油 30 克，姜末 8 克，葱末 15 克，辣椒酱 20 克，味精 2 克，素油脚 5 克，熟石膏 10 克，牛肉汤 1000 毫升，香油 15 克。

【制作】 ① 锅置火上，放入牛肉汤、葱末、姜末、泡发切成小段的粉丝和味精，煮沸后改用小火保温，撒上牛肉片；香油、辣椒酱、酱油分别放于小钵内备用。② 黄豆淘洗干净，放在缸内，加入清水 1250 毫升，浸泡（夏季 4 小时左右，春秋季 8 小时左右，冬季 12 小时左右），待豆瓣涨润时，用清水冲洗干净，放入磨浆机中磨制，边磨边加进八公山泉水 2650 毫升，磨成豆糊，放入缸内，把素油脚用热水化开，倒入豆糊中搅拌，除去泡沫后装入细滤布袋中，滤下豆浆。③ 大铁锅置火上，倒入豆浆烧煮，边烧边搅拌，烧沸后舀到缸内；熟石膏粉放在盆中，加水 25 毫升调和均匀，随同豆浆冲入缸内，稍搅后盖上缸盖，静置约 20 分钟后，揭去盖，即成豆腐脑。④ 食用时，用扁圆勺将豆腐脑舀入碗中，再舀入粉丝牛肉汤，加入酱油、辣椒酱、香油即可。

【烹饪方法】 煮。

【营养功效】 健脾益气，宽中润燥。

【健康贴士】 高血压、冠心病、高脂血、糖尿病、气血不足者宜食。

【巧手妙招】 豆浆在滤浆前，加入素油脚搅匀，可防止豆腐浮面有泡沫。

江西

鱼饼

【主料】鳜鱼肉 250 克，鸡蛋 2 个，鲜香菇 15 克，菠菜 25 克。

【配料】盐 15 克，玉米淀粉 30 克，味精 3 克，香油 5 克，鲜汤 1000 毫升，植物油 50 克，猪油 15 克。

【制作】① 净鱼肉用刀剁茸，盛入盆内；菠菜择洗干净，切段；香菇去蒂洗净，用冷水涨发，大的一撕两半，备用。② 用碗盛清水 100 毫升，加入淀粉调匀，倒入盛鱼茸的盆内和匀，加入盐 10 克，从左至右顺一个方向搅打，打入鲜蛋搅打上劲。③ 锅置中火烧热，加入植物油，烧至六成热，左手抓鱼茸，以拇指与示指间挤出，略比肉丸大些，用瓷汤匙蘸水，逐个舀入油锅中炸，待鱼茸呈淡黄色，并且翻动时略有响声时，捞起滤油，压成饼状。④ 锅放炉火上，倒入鲜汤，放入鱼饼，煮沸 10 分钟，再加盐 5 克、水发香菇、味精、最后放菠菜、猪油，起锅盛碗内，淋上香油即可。

【烹饪方法】炸，煮。

【营养功效】补气血，益脾胃，补五脏。

【健康贴士】鳜鱼对肺结核、咳嗽、贫血有益，老人、小孩及体弱者宜食。

典食趣话：

鱼饼历来被视为传统名菜，有了上千年的历史，长期以来只在王宫贵族的御宴中流行。相传在上古时期，舜帝南巡，深得他宠幸的潇湘二妃陪伴左右。由于旅途劳累，二妃茶饭不思，日渐消瘦。无奈中舜帝便寻名方，仍不能缓解。后来一个名叫伯的渔夫，奉上他精心制作的鱼饼，潇湘二妃吃后，顿觉精神倍增，旅途劳累一扫而除。爱民如子的舜帝，见鱼饼如此神奇，遂令伯将制作方法传与众人，自此鱼饼广为流行。

清朝光绪年间，光绪帝的爱妃——珍妃，从小对鱼饼情有独钟，每餐必食。而她爱吃的鱼饼自传入宫中，在宫中盛极一时。为彰显皇宫气派，御膳房的御厨们，根据珍妃所授的配方，经过精心改进和提升，成了宫廷中的一道名菜，这就是著名的珍妃鱼饼。但是，随着珍妃因追随光绪支持戊戌变法，而被慈禧赐死后，珍妃鱼饼也随珍妃一起在宫中消失。

汽糕

【主料】釉米 9500 克。

【配料】娘粉 15 克，豆芽、虾米、酱干、干豆角、笋、胡萝卜各 50 克，盐 5 克、植物油 15 克、葱末、辣椒粉各 8 克。

【制作】釉米用水浸泡一天，磨成水粉；豆芽、酱干、干豆角、笋、胡萝卜。虾米均洗净，切粒；炒熟；净锅置火上，入油，放入辣椒粉，拌匀炒熟。② 水粉中加娘粉，静置 8 小时后，在蒸屉上铺一块布，浇水粉，撒炒熟的菜馅，大火蒸 4 分钟至熟，反盖在锅盖上，抹辣油、撒葱末即可。

【烹饪方法】炒，蒸。

【营养功效】温中益气，美颜护肤。

【健康贴士】糖尿病患者不宜多食。

蜜茄

【主料】茄子 500 克。

【配料】蜂蜜 250 克。

【制作】① 茄子洗净，去果柄，用针在茄子上扎许多小孔，放入 70 ~ 80℃的热水中盖好焖 1 ~ 2 小时（不能焖烂），捞起沥干水分，用双手压挤茄子中黄水，压成扁平形，放入搪瓷盆中，按 2:1 的比例加蜂蜜，拌匀后盖布，放在太阳下晒。② 每天蒸 1 小时再晒，反复蒸晒使茄子中水分充分蒸发，吸收饱和蜂蜜后，再蒸一次，冷却到和常温一致装缸密封，食用时切成条状即可。

【烹饪方法】焖，蒸。

【营养功效】活血化瘀，清热消肿。

【健康贴士】蜜茄与豆腐、韭菜性味相反，不宜同食。

灯芯糕

【主料】陈糯米粉 500 克。

【配料】炼糖 240 克，香油 35 克，籼米粉 30 克，糕粉适量。

【制作】① 锅置火上，入水适量，倒入糖熬至糖化开，淋入香油，入缸发酵。② 糯米粉放炼糖，撒糕粉，进行舂糕，舂好再加糕粉，舂满盆为止，沿盆边削平，平行切四条，白纸包好保温，再切片撒籼米粉，切长丝即可。

【烹饪方法】熬。

【营养功效】温补气血，健脾宽中。

【健康贴士】一般人皆宜食用。

炒糯米

【主料】糯米 300 克。

【配料】植物油 30 克，盐 3 克。

【制作】① 糯米入沸水浸泡并加以搅动，约 10 分钟后捞出，滤干，加以少量油、盐，以手拌匀。② 锅置火上烧热，下入糯米，边炒边以竹帚蘸油水淋洒，炒至糯米膨松、黄脆时即可。

【烹饪方法】炒，

【营养功效】健脾养胃，止虚汗。

【健康贴士】糯米性黏，难消化，老人、婴幼儿不宜多食。

万载卷饼

【主料】富强粉 750 克，面粉 75 克。

【配料】绵白糖 375 克，花生米 75 克，芝麻 75 克，黄豆 150 克，盐 15 克，香油少许。

【制作】① 盐溶于水中，面粉慢慢投入水中，用手不停地搅拌，至面浆均匀后再静置 1 小时备用。② 花生米、芝麻、黄豆分别入热锅内炒熟，磨成粉末，上笼蒸熟，冷却后，混合拌匀即成馅料。③ 平底锅置火上，烧至七成热，用香油擦光锅面，倒入适量面浆，用竹片轻轻推开、拖平、成薄皮状，贴至底面略呈金黄色，再翻过来煎贴片刻即可出锅。④ 煎好的面皮铺开，摊上一层馅料，由一端卷起呈长筒状后再用刀切为一指宽的小段即可食用。

【烹饪方法】炒，蒸，煎。

【营养功效】健脾宽中，润燥消水。

【健康贴士】黄豆是脑力工作者、减肥者的理想食品，但慢性消化道疾病患者不宜多食。

永新柚皮

【主料】柚皮 500 克。

【配料】青铜、明矾各 0.5 克，糖 1000 克。

【制作】①柚子切去果肉部分，入锅内加水煮到 80℃，捞出用冷水浸漂，挤出柚皮的苦水。② 再将水煮沸，放入柚皮，加青铜和明矾，煮至柚皮表皮转绿，再漂，再挤出苦水，反复多次，直到柚皮无苦味为止。③ 将柚皮中水挤干，加糖，用手压挤揉搓，使其充分吸收糖，暴晒 3 天即可。

【烹饪方法】煮。

【营养功效】化痰消食，下气快膈。

【健康贴士】糖尿病患者忌食。

豫章酥鸭

【主料】鸭 1 只。
【配料】香菇丝、冬笋丝、目鱼丝各 100 克，高汤 200 毫升、红油、料酒、酱油各 12 克，干椒丝、姜丝、姜块、葱段、大料、五香粉、椒盐、盐、鸡精各 3 克，植物油 1000 克。
【制作】① 鸭处理干净，鸭肚塞姜块、葱段、大料、五香粉等香料，擦料酒、椒盐腌制 30 分钟，蒸至六成熟抹料酒、酱油晾干，锅置火上入油烧至油七成热炸鸭。② 鸭去骨头，斜刀批条，皮朝下摆碗内，放姜丝、香菇丝、干椒丝、冬笋丝、目鱼丝，高汤加酱油、盐、鸡精兑成卤汁，淋在碗内，入蒸锅，蒸酥烂倒汤，扣盘中，原汤勾稀芡淋红油浇鸭上，撒胡椒粉即可。
【烹饪方法】腌，蒸，炸。
【营养功效】补阴益血，清虚热。
【健康贴士】肺结核患者宜食此菜。

弋阳米果

【主料】弋阳本地大禾米 5000 克。
【配料】青红丝 100 克。
【制作】① 大禾米淘洗干净，浸泡 7 ~ 10 天，滤干水分蒸至半熟，放入石臼中捣烂，然后再蒸熟再捣烂，反复 5 次。② 取捣好的禾米粉制成圆饼或长条形印上图案，加上少许青红丝。食用时将制好的米果或炒或煮或蒸，各有风味。
【烹饪方法】蒸。
【营养功效】温中养胃，益气消食。
【健康贴士】一般人皆宜食用。

九江桂花茶饼

【主料】上好茶油 200 克，优质面粉 500 克。
【配料】芝麻、白砂糖、桂花各 20 克。
【制作】① 优质面粉和成面团，揉匀后摘剂，擀制成皮。② 白砂糖、茶油、桂花、芝麻拌匀即成馅。③ 取皮包入馅心按扁，制成饼坯，放入烤箱焙烤至熟，取出晾温，复入烤箱烘制即成成品。
【烹饪方法】烘。
【营养功效】止咳化痰，养声润肺。
【健康贴士】胃肠功能紊乱者不宜多食。

宜春松花皮蛋

【主料】鸭蛋 200 个。
【配料】石灰 2000 克，食碱 400 克，淀粉 20 克，红茶叶 100 克、盐 250 克。
【制作】① 红茶放入大缸，注入沸水，将茶叶泡开，分批放石灰、食碱、盐、淀粉搅成料液，冷却。② 把洗净的蛋放入缸内，使蛋浸入不浮起来，经过 5 ~ 10 天初熟阶段，蛋清开始凝固，此时不要搬动缸以防影响凝固，再过 35 天左右的成熟阶段，蛋内逐渐显出松花图样，成熟后的蛋壳又满又脆时，即可起缸。
【烹饪方法】腌。
【营养功效】清热消炎、养心养神、滋补健身。
【健康贴士】不宜过量食用，婴幼儿慎食。

兴国牛皮糖薯干

【主料】红薯 3 块。
【配料】橙皮、棕叶丝适量。
【制作】① 薯块晾在通风处，以失水至薯软为止。② 薯块洗净入锅，煮熟后捞起剥皮，切成 5 毫米厚薯片，摊在簸箕上暴晒，不可太干或太湿，至适度为止。③ 将薯干叠贴起来，用棕叶丝捆住，放入蒸笼中，放橙皮大火暴蒸，至薯干软熟后去棕叶丝，摊晒至适度即可。
【烹饪方法】蒸。
【营养功效】通便抗癌，补脾健胃，补中益气。
【健康贴士】儿童不宜多食。

湖南

社饭

【主料】糯米350克，大米150克，蒿菜50克，腊猪肉，肥瘦各半50克。

【配料】盐3克，植物油15克。

【制作】① 糯米、大米淘洗干净，沥干水分；腊肉切丁；蒿菜用中火煮20分钟沥水，剁碎挤干水分。② 炒锅置火上，入油烧至七成热，下入蒿菜碎，炒香，盛出。③ 腊肉丁、蒿菜倒入盛米的盆内，加盐、水拌匀，蒸20分钟后将米饭翻动，再上笼蒸10分钟至熟即可。

【烹饪方法】煮，炒，蒸。

【营养功效】清热解毒，降脂降压。

【健康贴士】一般人皆宜食用。

鸡蛋球

【主料】精面粉500克，鸡蛋15个。

【配料】绵白糖200克，饴糖200克，苏打粉7.5克，熟猪油10克，植物油1500克。

【制作】① 炒锅注入清水500毫升烧沸，放入面粉和熟猪油，边煮边搅拌，熟后离火，凉凉至80℃，磕入鸡蛋，加入苏打粉揉匀。② 另起锅置火上，入油烧至三成热时，将和好的鸡蛋面用左手抓捏，使面团从手的虎口处挤出呈圆球状，再用右手逐个刮入锅内，炸至全部浮起后，提高油温炸透，待蛋球外壳黄硬时，用漏勺捞出沥去油。③ 净锅置火上，注入清水200毫升烧沸，加入饴糖、绵白糖150克，推动手勺使之溶化，离火稍冷却，将鸡蛋球逐个入锅挂满糖汁，再在绵白糖碗内滚一圈即可。

【烹饪方法】煮，炸，挂糖。

【营养功效】预防癌症，延缓衰老。

【健康贴士】糖尿病患者忌食。

肠旺面

【主料】鸡蛋面90克，猪大肠50克，五花肉250克，血旺25克，绿豆芽15克，豆腐250克。

【配料】甜酒酿、醋、红油各8克，糍粑、辣椒、豆腐乳各10克，鸡精2克，蒜泥、姜末、葱末各5克，高汤适量。

【制作】① 猪肠洗净去异味，煮至半熟，捞出切成块；五花肉煮熟切成小丁，入锅加盐炒出油后，滗去油放入甜酒酿，烹点儿醋，炸成脆哨。② 豆腐切成小丁用盐水泡一下捞出滤干，用油炸成泡哨捞出；油锅中再加入脆哨油少许、糍粑、辣椒，炒出香味，加入姜末、蒜泥、豆腐乳加水煮开，滗出红油备用。③ 鸡蛋面与豆芽放入沸水锅中约煮1分钟，捞入面碗中放上肠子、脆哨、豆腐泡哨，用漏勺装入血旺片在锅中汆一下，放在面条上，舀入高汤，倒入红油，撒上味精、葱末即可。

【烹饪方法】煮，炒，炸，汆。

【营养功效】排毒润肠，健胃消食。

【健康贴士】动物内脏，高血脂者慎食。

米切糕

【主料】大米500克。

【配料】葱末50克，味精2克，白胡椒粉3克，辣椒粉5克，盐5克，稻草1000克。

【制作】① 稻草烧成灰，取灰泡水，澄清后，将清水滗入盆中，即成灰碱水；大米用灰碱水浸泡4小时，淘洗干净，沥干水分，加清水200毫升磨成粉浆，盛入铝制平底方盆，入笼蒸约30分钟取出，切成条，再横切糕片。② 锅内加清水1000毫升烧沸，倒入切好的糕片，加入盐、味精、白胡椒粉、辣椒粉，稍煮后连汤舀入碗中，撒上葱末即可。

【烹饪方法】蒸，煮。
【营养功效】聪耳明目，补中益气。
【健康贴士】诸无所忌。

钵钵糕

【主料】大米 500 克，绵白糖 100 克。
【配料】食碱 1 克，植物油 1000 克。
【制作】① 大米淘洗干净，用清水浸泡 4 ~ 8 小时，取出沥干水分，加清水 250 毫升磨成细滑的浆，盛入盆内，放入绵白糖、食碱搅拌均匀。② 平锅置小火上，烧热后用竹刷蘸油擦锅底，用铁瓢逐次舀米浆倒入，煎至两面均成黄色，熟透即可。
【烹饪方法】煎。
【营养功效】健脾养胃，益精强志。
【健康贴士】口舌生疮、火气旺者不宜多油炸食品。

灌肠粑

【主料】糯米 1200 克，猪血 800 克。
【配料】猪肠、辣椒末、大蒜丝、生姜丝、酱油、盐各适量。
【制作】① 糯米泡软洗净，倒入猪血盆内，加适量清水和盐，用手将凝结的猪血抓匀抓烂，拌匀米血；取洗净晾干的猪肠子一段，扎紧一头，将米血灌入肠内，扎紧另一头肠口。② 把灌好的米血肠平放于蒸锅箅子上，盖严锅盖，用大火足汽蒸 1 小时至熟时，用竹签在各段膨胀部位刺通，再盖好盖蒸约 7 分钟即可。③ 食用时，可横切成小圆片，再用油煎成两面金黄，佐以辣椒末、大蒜段、生姜丝、酱油等。
【烹饪方法】蒸，煎。
【营养功效】补血益气，健脾养胃。
【健康贴士】高胆固醇血症、肝病、高血压、冠心病及肠胃消化不良者应慎食。

姊妹团子

【主料】糯米 600 克，大米 400 克，猪五花肉 350 克。
【配料】糖 100 克，桂花糖 10 克，红枣 150 克，水发香菇 15 克，酱油 20 克，味精、盐各 5 克，熟猪油 30 克。
【制作】① 糯米、大米均淘洗干净，用清水浸泡 4 小时（冬季约泡 7 小时），捞出用清水冲洗干净，沥干水分，加冷水 1250 毫升磨成浆，灌入布袋内，挤干水分，取出倒入盆内，取米粉 150 克搓成扁饼，入笼蒸约 30 分钟至熟，取出与其他生粉掺和揉匀。② 红枣洗净去核，剁成枣泥，盛入盆内，入笼用大火蒸约 1 小时，取出；炒锅置火上，入熟猪油烧热，先倒入糖拌炒溶化，再倒入枣泥和桂花糖，拌炒均匀，出锅盛入盆内即成糖馅。③ 猪五花肉洗净，剁成肉茸，盛入碗内；香菇去蒂，剁碎后与盐、味精一起倒入肉碗内，先拌两遍，加酱油及适量清水拌匀，即成肉馅。④ 和好的粉团搓成条，摘成剂子逐个搓圆，并用手指在中间捏成窝子，分别放入糖馅和肉馅，捏拢收口（糖馅的捏成圆形，肉馅的捏成尖角形或其他形状，以便区别），依法逐个做好，即成姊妹团子生坯，笼内铺块白布，放入团子生坯，用沸水大火蒸约 10 分钟至熟，取出即可。
【烹饪方法】蒸，炒。
【营养功效】健脾利胃，温中益气。
【健康贴士】糖尿病患者不宜食用。

三角豆腐

【主料】水豆腐 25 片，黑豆豉 100 克。
【配料】辣椒粉 15 克，猪骨汤 1500 毫升，味精 5 克，盐 10 克，酱油 25 克，葱末 20 克，蒜瓣 20 克，香油 15 克，植物油 1500 克
【制作】① 水豆腐沥干水分，对角划开成三角形；黑豆豉、盐放入猪骨汤内，烧制成豆豉骨头汤。② 锅置火上入油，烧至六成热时，放入豆腐，炸至金黄色时，取出沥干油。③ 净锅置火上，倒入豆豉骨头汤浇沸，下入炸豆腐，煮约 30 分钟，取碗数只，每碗内分别放入辣椒粉、葱末、蒜瓣、酱油、味精，带汤舀入豆腐 2 块，淋上香油即可。

【烹饪方法】烧，炸，煮。
【营养功效】防癌抗癌，生津润燥。
【健康贴士】蜂蜜不宜与豆腐同食，易造成腹泻。

桂花粑粑

【主料】糯米 600 克，桂花糖 20 克。
【配料】豌豆、绵白糖各 250 克。
【制作】① 糯米浸泡 3 小时，淘洗干净，沥干水分，入甑用大火蒸约 30 分钟，加一次热水，再蒸 30 分钟取出，倒入盆内，用擀面杖捣成泥团。② 石磨轴心用布包起，使两扇磨中间有一小间隙；豌豆除去杂质，淘洗干净，沥干水分，放炒锅内炒熟，然后入磨破壳，用簸箕簸去壳，再入磨磨成细粉，过箩筛，筛剩的粗粉复磨一次，然后取一半与桂花糖、绵白糖拌和成馅，另一半作铺粉用。③ 案板上先撒一层豆粉，放上糯米泥团揉匀，搓成圆条，撒一层豆粉，将圆条摘成剂子，再撒上一层豆粉，按扁，逐块包入馅料，对折成半圆形，压紧边沿，沾上少许豆粉即可。
【烹饪方法】蒸，炒。
【营养功效】防癌抗癌，滋肠润道。
【健康贴士】糖尿病患者忌食。

排楼汤圆

【主料】大米 1250 克。
【配料】葱末 150 克，五香粉 5 克，白胡椒粉 2.5 克，盐 12 克。
【制作】① 大米用清水浸泡 6 小时，淘洗干净，沥去水分，加冷水 500 毫升磨成细滑的米浆。锅内倒入米浆，加入盐 5 克、五香粉煮熟，倒在案板上，稍冷却后，用手反复揉光揉透，搓成竹筷粗的圆条，横切段，搓圆，即成汤圆。② 锅置火上，入水 2500 毫升煮沸，放入汤圆，加入盐 7 克，煮约 5 分钟，带汤舀入 25 只碗中，撒上葱末，白胡椒粉即可。
【烹饪方法】煮。
【营养功效】止渴止泻，益气温中。
【健康贴士】一般人皆宜食用。

珍珠罗饺

【主料】糯米 500 克，冬瓜 500 克，猪瘦肉 200 克。
【配料】鲜荷 2 张，盐 10 克。
【制作】① 猪瘦肉洗净切片；荷叶洗净撕碎；冬瓜洗净，带皮切块。② 肉片、冬瓜块、荷叶入砂锅，加适量清水，大火煮沸，转小火炖 2 小时后，撒盐即成罗饺馅。③ 糯米煮熟捣成泥，揉匀后搓条，切小剂，擀片包馅，即成珍珠罗饺生坯；蒸锅置大火上入水烧沸，放入生坯蒸制 10 分钟至熟即可。
【烹饪方法】煮，蒸。
【营养功效】健脾养胃，清热解暑。
【健康贴士】老年人、幼儿、脾胃消化不良者慎食。

椒盐馓子

【主料】精面粉 1000 克。
【配料】盐 20 克，白胡椒粉 5 克，植物油 1500 克。
【制作】① 面粉中加入胡椒粉、盐、冷水 475 毫升和匀，揉透成面团，盖上净湿布静置 50 分钟。② 将揉好静置过的面团搓成圆条，压扁擀成厚约 3 厘米的长方形块，用刀按 5 厘米距离相对切成不断的条，再搓成小指头粗细的条，盘放在油盆里，泡约 1 小时。③ 锅中油烧至约 200℃，把在油盆里的小条拈起，右手拿起条拉成筷子头粗细，朝左手 4 个指头上依次连绕 10 圈，然后揪断条，断条纳进条内，两手指头伸进圈，上下来回扯抻，竹筷伸进圈内，绷抻拉至 17 厘米长时，放入油锅中，双手拿着筷子灵活摆动，使其炸透，再用筷子挑扭定型，炸成两面金黄，捞出沥油即可。
【烹饪方法】炸。
【营养功效】生津止汗，养心益肾。
【健康贴士】油炸食品，肥胖、高血脂患者不宜多食。

怀化侗果

【主料】香糯米 2000 克。

【配料】红糖 600 克，芝麻 150 克，黄豆浆、甜藤水各少许，植物油 1500 克。

【制作】① 香糯米淘洗干净、蒸熟，入石碓中加黄豆浆、甜藤水一起舂烂成稠米糊，取出压成一块块的粑粑，再用刀切成拇指大小的四方块或拇指大小的长方条。② 将糍粑入锅炒软，待膨胀起后，放入热油锅中温火炸，待方块形的粑胀成核桃大小的圆形果，长条形的胀成鸡蛋大小的椭圆形金黄果时，捞出放入红糖中拌匀，滚上芝麻即可。

【烹饪方法】炒，炸。

【营养功效】益气健脾，补血润燥。

【健康贴士】糖尿病。肥胖症患者不宜使用。

冰糖湘莲

【主料】湘白莲 200 克。

【配料】豌豆、樱桃、桂圆各 25 克，鲜菠萝 50 克，冰糖 300 克。

【制作】① 莲子去皮、心加温水，蒸至软烂；桂圆温水洗净，泡 5 分钟滗水；菠萝去皮切丁。② 炒锅置中火，放水 500 毫升，再放冰糖煮沸，糖化后去糖渣，将冰糖水加豌豆、樱桃、桂圆、菠萝，大火煮开。③ 熟莲子加煮开的冰糖及配料，煮至莲子浮在上面即可。

【烹饪方法】蒸，煮。

【营养功效】安神固精，润肺清心。

【健康贴士】便秘患者不宜多食，会加重便秘。

龙脂猪血

【主料】猪血 300 克，雪菜 100 克。

【配料】香油 2 克，盐 3 克，味精 1 克，酱油 10 克，辣椒粉 2 克，葱 8 克。

【制作】① 猪血洗净，切薄片；鲜雪菜洗净，切碎。② 香油、盐、味精、鲜雪菜、酱油、辣椒粉、葱末加肉汤做成底汤，倒入碗中备用。③ 将切好的猪血放入沸水锅中，焯熟，捞出放入汤碗内即可。

【烹饪方法】焯。

【营养功效】解毒清肠，清肺利肝。

【健康贴士】猪血不宜与黄豆同吃，会引起消化不良。

碧玉裙边

【主料】活甲鱼裙边 250 克，嫩苦瓜 400 克，胡萝卜片 50 克。

【配料】盐 3 克，高汤 500 毫升，料酒 6 克，色拉油 20 克，葱、姜各 5 克。

【制作】① 甲鱼裙边放入高汤中煨至八成熟，捞出撒盐 3 克，腌入一点儿底味；苦瓜去蒂、瓤，斜切成菱形片，下盐 1 克略腌入味。② 锅置火上，入色拉油烧热，下苦瓜过油至断生，捞出沥油。③ 锅内留底油，下少许葱末、姜丝爆香，下苦瓜、胡萝卜片、煨好的裙边、高汤一起煨熟，用水淀粉勾薄芡，吃味后装盘即可。

【烹饪方法】煨，腌，爆。

【营养功效】滋阴凉血，益气宽中。

【健康贴士】体弱肾虚者宜食。

炒码河蚌

【主料】鲜河蚌 10 只。

【配料】泡红辣椒 150 克，冬笋 50 克，陈皮 25 克，熟葱油 5 克，葱段、姜末各 5 克，盐 5 克。

【制作】① 河蚌放入清水喂养 3 天，待其吐尽泥沙后，用小刀将壳撬开，取其斧足冲洗干净，去掉泥肠后再冲洗干净；泡红辣椒剁成末；冬笋切成米粒状；陈皮剁成末。② 锅置火上，入油烧热，下入泡红辣椒剁末、冬笋米、陈皮末，调入盐，炒成酸辣调料酱。③ 河蚌肉放在洗净的蚌壳内，淋入调料酱、葱段、姜末一起上笼蒸 3 ~ 4 分钟，出锅淋上熟葱油即可。

【烹饪方法】炒，蒸。

【营养功效】清热解毒，滋阴明目。

【健康贴士】脾胃虚弱者、小孩、老人不宜多食。

五香油虾

【主料】鲜大河虾 250 克。

【配料】姜片 10 克，葱末 25 克，料酒 5 克，白砂糖 15 克，盐 5 克，五香粉 1 克，香油 2.5 克，植物油 350 克。

【制作】① 虾剪去须、脚，洗净，沥干水分，盛入碗内，放入姜片、葱末 20 克、料酒、五香粉、白砂糖和盐拌匀，腌渍 40 分钟。② 炒锅置火上，入油烧至七成热，放入虾，拣出姜片、葱末，炸至红色时，用漏勺捞出沥去油，盛入盘内，撒上葱末 5 克，淋上香油即可。

【烹饪方法】腌，炸。

【营养功效】补肾壮阳，益脾胃，解毒。

【健康贴士】河虾营养丰富，对病后需要调养的人来说是极好的食物，但忌与葡萄、石榴同食。

珍珠肉卷

【主料】糯米 1750 克，精面粉 750 克，猪瘦肉 500 克。

【配料】葱末 25 克，酱油 50 克，盐 50 克，味精 1.5 克，植物油 2000 克，熟猪油 50 克。

【制作】① 糯米浸泡 4 ~ 8 小时，取出淘洗干净，沥去水分，入甑蒸熟成饭，取出倒入盆内；猪肉洗净剁成肉茸，加入酱油、盐、味精、糯米饭，拌匀成馅。② 面粉盛入盆内，倒入沸水 400 毫升，用竹筷搅拌，稍凉后用手揉透；案板上抹一层熟猪油，放上揉好的面团，搓成条，摘成剂子，用面杖擀成薄皮子，每块中间横铺上一条馅料，先将未铺馅料的部分翻折在馅料上，然后从两端朝中间各翻折 1/4，再折成四层。③ 锅置火上入植物油，烧至七成热时，放入卷子炸至金黄色，捞出沥去油即可。

【烹饪方法】蒸，炸。

【营养功效】滋阴润燥，温中养胃。

【健康贴士】一般人皆宜食用。

甜酒冲蛋

【主料】糯米 300 克、鸡蛋 5 个。

【配料】桂圆肉 15 克，香元条 5 克，酒曲末 2.5 克，白胡椒粉 3 克，红丝 3 克，白砂糖 150 克，桂花糖 3 克。

【制作】① 糯米浸泡 2 小时，取 200 克蒸 30 分钟，拌一点儿热水后再蒸 15 分钟，然后用冷水冲浇糯米，至不烫手时，沥干水分，倒入盆内，将酒曲粉末均匀地撒在米上，搅拌均匀，盛入瓦钵内，稍压紧，加盖，在 30℃温度下放置 34 小时即成甜酒；剩余糯米 100 克淘洗干净，蒸熟备用。② 锅置火上，入水 1000 毫升烧沸，倒入糯米饭，煮至表面软滑，水成清糊状，加入甜酒一半，搅散，即成热甜酒。③ 取碗磕入鸡蛋一个，用筷打散，把滚开的热甜酒冲入碗内，轻轻搅动使鸡蛋成丝状，再放入少许冷甜米酒，加入桂花糖、白砂糖、红丝及碎桂圆肉、香元条即可。

【烹饪方法】蒸，煮。

【营养功效】益中利脾，健胃消食。

【健康贴士】体内虚寒、感冒患者宜食。

油炸臭豆腐

【主料】豆腐 1000 克

【配料】植物油 1000 克，卤水 2500 克，辣椒油 50 克，鲜汤 150 克，青矾 3 克，盐 8 克，酱油 50 克，鸡精 3 克，香油 25 克。

【制作】① 青矾放入桶内，倒入沸水，用木棍搅动，水豆腐压干水分放入桶中，浸泡 2 小时，捞出凉凉，沥去水分，再放入专用卤水中浸泡（春秋季浸泡 3 ~ 5 小时，夏季浸泡 1 ~ 2 小时，冬季浸泡 6 ~ 10 小时），豆腐经卤水浸泡后，呈黑色的豆腐块时，取出用冷开水稍冲洗一遍，平放在竹板上沥去水分。② 干红椒末放入盆内，加入盐、酱油拌匀，香油烧热淋入，然后放入鲜汤、味精兑成汁备用。③ 锅置中火上，放入植物油烧至六成热，逐片下入臭豆腐块，炸至豆腐呈膨空焦脆即可捞出，沥去油，装入盘内。再用筷子在每块熟豆腐中间扎一个眼，将兑汁装入小碗一同上桌即可。

【烹饪方法】炸。

【营养功效】益气宽中，生津润燥。

【健康贴士】臭豆腐发酵过程中易受污染，不宜多食。

茶络花生米

【主料】花生米 500 克。

【配料】黄芩 200 克，冰糖 250 克。

【制作】① 花生米用沸水泡胀，去皮洗净后放入温水碗中，上笼蒸熟；黄芩切小片加沸水，蒸溶后过箩筛。② 冰糖加水 1000 毫升煮至溶化，净锅倒入糖水、花生米、黄芩汁，煮沸后撇去浮沫，入汤盅即可。

【烹饪方法】蒸，煮。

【营养功效】滋肠润道，抗癌防癌。

【健康贴士】花生炒熟、油炸后性燥热，不宜多食。

洪江鸭血粑

【主料】净鸭 1 只，糯米 500 克，鸭血 100 克。

【配料】植物油 200 克，白酒 3 克，甜面酱 10 克，辣椒油 10 克，盐 3 克，姜、味精各 2 克，香油、辣椒、大葱各 5 克。

【制作】① 糯米淘洗干净，用温水浸泡 2 小时，捞出沥干水分；红辣椒去蒂、子，洗净切块；净鸭剁块。② 糯米倒入鸭血拌匀，上锅蒸熟，凉凉搓成条；锅置火上入油烧至五成热，下入糯米条炸至金黄色，捞出控油，凉凉切片。③ 净锅置火上，入油烧热，下入鸭块煸炒，加入白酒、盐、甜面酱、姜片、红椒块、干辣椒、水烧沸，放入鸭血粑小火焖至鸭熟透入味，淋入红油，撒入葱末即可。

【烹饪方法】蒸，炸，煮。

【营养功效】补血益气，清肺解毒。

【健康贴士】营养不良、体内有热、上火、水肿、瘀血、体虚、遗精、小便不利者宜食。

卤汁豆腐干

【主料】豆腐干 300 克。

【配料】小茴香 10 克，丁香 5 克，大料 4 颗，香叶 4 片，冰糖 40 克，老抽 8 克，生抽 15 克，冰梅酱 30 克。

【制作】① 小茴香、丁香、大料、香叶放在卤味包里备用。② 豆腐干放在锅里，倒入老抽和生抽，开大火，再加入适量的水煮沸，放入卤味包和冰糖，煮开后转小火煮 20 分钟，加入冰梅酱，再煮 45 分钟，转大火收干汁水即可。

【烹饪方法】煮。

【营养功效】益气宽中，清热解毒。

【健康贴士】脾胃虚弱、小儿、消化不良者不宜食用。

【巧手妙招】豆腐先用盐水汆一下，不易碎，此品冷藏后食用口味更佳。

云贵

毫甩

【主料】软米 1000 克，豌豆面 200 克。

【配料】盐、草果粉、蒜泥各 30 克，味精 5 克，酱油、姜汁各 100 克，辣椒油 200 克，香油 40 克，葱末、老缅香菜各 50 克，肉汤 2000 毫升。

【制作】① 软米淘洗干净，用清水浸泡 1 小时，捞入木甑中大火蒸熟成饭，趁饭热舂成泥，揉成长方形块，待凉后片成片，再切成丝即成毫甩丝。② 豌豆面放入盆中，注入清水用筷子调匀成浆。锅置火上，注入水，待水温烧到 40℃左右时，徐徐淋入豆浆，边淋边搅，煮熟即成稀豆粉。③ 毫甩丝入沸水锅中烫软，捞入碗内，兑入肉汤，放入配料，浇入稀豆粉，拌匀即可。

【烹饪方法】蒸，煮。

【营养功效】温中养胃，清热消毒。

【健康贴士】一般人皆宜食用。

麻补

【主料】糯米 1500 克，籼米 800 克，白米饭 100 克，鲜猪血、猪大肠各 1500 克。

【配料】盐 60 克，味精 10 克，五香粉 25 克，姜末 100 克。

【制作】① 糯米、籼米分别淘洗干净，在清水中泡 5 小时捞出，上笼蒸 30 分钟；猪大肠翻洗干净，除尽臭味；猪血接入盆内，经常搅动防止凝结。② 就猪血盆放入糯米饭、白米饭、盐、味精、五香粉、姜末拌匀成馅，灌入大肠，至满时，扎紧灌口，肠表面扎眼，上笼大火猛蒸 1 小时，熟后取出稍待片刻即可食用。亦可储存，需要时或蒸或煎或烤而食之。

【烹饪方法】蒸。

【营养功效】益气补血，温中利脾。

【健康贴士】糖尿病、高血脂患者不宜多食。

麻子茶

【主料】大叶茶 50 克，芝麻 500 克。

【配料】盐 6 克。

【制作】① 大叶茶用温水稍泡，去水留茶；芝麻入锅，用小火焙黄，取出冷却后捣碎。② 锅置火上，放入茶叶、麻子、清水，煮沸 7 分钟，取出滤去渣，汤汁仍入锅，用大火烧沸，放盐入碗即可。

【烹饪方法】煮。

【营养功效】益智养颜，润燥滑肠。

【健康贴士】小儿、肾功能不全者不宜饮用。

【举一反三】也可以把盐换成放糖。

太师面

【主料】面粉 400 克，发面 100 克，白砂糖 200 克，熟猪肉 200 克，油炸花生米 200 克。

【配料】玫瑰糖、熟芝麻、核桃仁、瓜片各 25 克，红绿丝 10 克，碱 10 克。

【制作】① 面粉 150 克加清水 50 毫升和发面调匀，待其发酵后放入碱揉匀；另用面粉 250 克加清水 75 毫升和成水面。然后把两种面混合在一起，用力揉透；再加白砂糖 100 克揉匀，擀成 6 块方块。② 用猪油抹遍方块面片，把每两块方块面片叠在一起，再用刀切成面条形，20 刀为一组，切完为止，逐一把各组面条抖散，平摊顺放在蒸笼内。剩余未满 20 刀的一组，用手揉擀和成薄面皮，盖在面条上面，蒸笼盖紧，用大火蒸 30 分钟左右。③ 面条蒸熟起笼，揭去所盖面皮，用筷子将面条轻轻抖散，再整齐地摆入盘内；油炸花生米去皮剁细；核桃仁、瓜片切成细丁；红绿丝切细；连同熟芝麻、白砂糖100克、玫瑰糖拌和后，盖在面上即可。

【烹饪方法】蒸，拌。

【营养功效】温中养胃，健脾利肠。

【健康贴士】肠滑便泻者慎食。

绵菜粑

【主料】糯米200克，籼米300克，白蒿100克。

【配料】芝麻10克，猪油30克，花生碎15克，桃仁10克，桂圆20克，肉末50克，豆腐30克，酸辣椒8克，盐菜末5克，盐3克，味精1克，半肥瘦腊肉50克，绿豆30克，红糖10克，白砂糖5克，高粱叶或桐子叶数张，玉米叶数张，芭蕉叶数张。

【制作】① 糯米、籼米分别清洗后用温水浸泡2～4小时（糯米2小时，籼米4小时），捞起混合后滤干，置石碓窝中舂成米粉，过筛得细粉备用。② 白蒿清洗去杂质，入沸水锅煮约30分钟捞出用清水冷却并沥干水分，切成细末，再入锅煮沸，加入1/3的米粉翻铲拌匀，打成芡状，然后铲入其余米粉，慢慢滚粉揉搓成面团，摘成剂子。③ 用白砂糖、芝麻、猪油、花生碎、桃仁、桂圆炒制白砂糖馅；另用净锅置中火加热，下肉末、酸辣椒、盐菜末、豆腐、盐、味精等炒制成肉馅；绿豆煮烂后压泥，与煮熟切末的腊肉，用猪油、白砂糖、红白砂糖合炒与之制成腊肉豆沙馅。④ 将剂子捏圆压扁，包入各式馅，外包一层高粱叶（或桐子叶、苞谷叶、芭蕉叶），依次做好，上笼蒸约1小时即可。

【烹饪方法】煮，炒，蒸。

【营养功效】补脑益智，宽中消暑。

【健康贴士】一般人皆宜食用。

碗耳糕

【主料】大米1000克。

【配料】红糖20克，白砂糖30克，食碱5克。

【制作】① 选用优质大米淘洗干净后，浸泡4～6小时，换水磨成米浆。② 净锅置火上，下入1/2米浆，加热炒成熟芡，离火倒入盆中，掺入剩余米浆混合均匀，拌至熟芡无结块时，静置发酵至表面起泡后，根据饧发程度施碱中和。③ 净锅置火上，下入红、白砂糖加热至溶解，离火过滤、去杂质，倒入盆中与米粉拌和均匀，注入蒸笼模型中，以大气蒸8分钟至熟即可。

【烹饪方法】炒，蒸。

【营养功效】健脾养胃，补中益气。

【健康贴士】糖尿病患者忌食。

考糯索

【主料】糯米400克。

【配料】花生仁、苏子各200克，芝麻、糯索花各100克，红糖200克，熟猪油50克，芭蕉叶适量。

【制作】① 糯米淘洗干净，用清水浸泡2小时，捞出米带水入石磨，磨成浆，装入布袋压滤去水成吊浆面，晒干收存。② 锅置火上入油，依次分别将花生、芝麻、苏子炒香，糯索花炒香，取出；花生去衣舂碎；芝麻、苏子舂细。③ 吊浆面入盆，加冷水和成稠糊，下花生、芝麻、苏子、红糖、花末拌匀；取青芭蕉叶洗净，入开水锅烫过取出，切成方块，用两层芭蕉叶把粉糊包成方块，蒸或煮熟即可。

【烹饪方法】炒，蒸。

【营养功效】益智补脑，健胃利脾。

【健康贴士】糖尿病患者不宜多食。

三合汤

【主料】糯米100克，猪蹄1只，白芸豆50克。

【配料】脆臊、酥肉、油酥花生米、熟鸡丝各50克，盐5克，酱油、醋各8克，葱末、辣椒粉各3克。

【制作】① 糯米淘洗干净，浸泡2小时，沥干水分，蒸熟成糯米；猪蹄刮洗干净；白芸豆淘洗干净，一同入锅，加入清水，大火烧沸，转小火炖至软烂，放盐入味。② 将糯米饭盛入碗，盖上炖好的芸豆，再舀入炖汤，放入脆臊、酥肉、花生米、熟鸡丝、炖猪脚，以及酱油、醋、胡椒粉、辣椒粉、葱末即可。

【烹饪方法】蒸，炖。

【营养功效】补虚弱，填肾精，美容养颜。

【健康贴士】老人、女士和失血者宜食。

典食趣话：

三合汤是贵州省黔西南布依族苗族自治州安龙县的地方风味小吃，流行于兴义、兴仁、贞丰等县市。因以糯米、白芸豆、猪脚3种主料烹制而成，故名三合汤。

据传，南明的一位大臣正用午餐，忽接差报上朝，匆忙中用肉汤泡饭赶餐赴朝。退堂后，顿觉腹中饥饿，回味午餐之食尚觉味存，于是，嘱咐厨师照此制作，饭食竟美味无比。自此，这位大臣常食三合汤，并增添葱、醋、胡椒粉等改善风味。大臣因常以此食宴待客人，三合汤很快被仿效而流传至上层之家，并慢慢传入民间，成为地方著名风味小吃。如今的三合汤，主料、配料、调料均有改进，是当地人早餐常用的大众食品。除用猪脚外，也有用蹄髈（肘子）、排骨和鸡丝替代猪蹄的，并加入鸡汤，味更鲜美。

威宁荞酥

【主料】苦荞细粉1000克，熟苦荞粉300克，红小豆300克，火腿1000克。

【配料】熟植物油20克，猪油150克，鸡蛋3个，白矾3克，苏打8克，白碱5克，玫瑰糖50克，红糖60克，白砂糖40克，桃仁50克，冰橘30克，苏麻50克，瓜条20克，椒盐25克。

【制作】① 先将适量红糖加水煮沸，熬成红糖水，停火后，放入植物油，再依次加入碱、小苏打和白矾水，搅匀后加入荞面、鸡蛋和匀，将面团和好后从锅内取出，晾8～12小时制成面团。② 红小豆煮烂，洗成沙，加入红糖，煮至能成堆时，加入熟菜油出锅，即成馅料。③ 将面团分若干剂子，擀成皮，包入馅心，在印模内成型，入炉烘烤，至皮酥黄即可。

【烹饪方法】熬，煮，烘。

【营养功效】益气补血，清热解毒。

【健康贴士】尿频患者不宜多食。

典食趣话：

“黔西、大方一枝花，威宁、毕节苦荞粑。”这是一句赞美贵州省威宁彝族回族苗族自治县的传统名点——荞酥的古老民语。威宁属高寒山区，盛产苦荞、甜荞，常以荞粑为主食。苦荞味苦，但用苦荞粉精心制作的荞酥却甜美芳香，为众多黔点中的佼佼者。

荞酥的出现已有六百多年历史。相传明太祖朱元璋曾把云南王安光的正命夫人奢香认作义女，明初袭其夫蔼翠贵州宣慰使职。1368年，朱元璋过生日，奢香就用苦荞面做一种寿糕送“干爹”，但是她连续做了49天也没有成功。于是她的厨师丁成久就替她制作，最后做成了每个重达4公斤的荞酥，面上有九龙围着一个“寿”字，意为“九龙捧寿”。奢香把荞酥进贡朱元璋，他尝后连声称赞之为“南方贵物，南方贵物”。

石板粑粑

【主料】甜荞粉 1000 克。
【配料】红糖 100 克。
【制作】① 红糖用刀削成末，入盆与甜荞粉拌匀，用清水 500 毫升拌成糊状，稍饧。② 将专用石锅刷洗干净，架在火塘上的铁三脚架上，待石锅温度达 150℃时，把荞面糊舀在锅内摊平，使其厚薄均匀，面光圆平，烙熟即可。
【烹饪方法】烙。
【营养功效】健胃、消积、止汗、活血。
【健康贴士】体虚气弱、脾胃虚寒、腹泻、消化功能不佳者慎食。

夹沙荞糕

【主料】苦荞面 1400 克。
【配料】面粉、豆沙各 1000 克，芝麻 100 克，明矾、土碱各 30 克，白砂糖 1800 克，猪油 50 克。
【制作】① 土碱放锅中加水煮化；明矾加热水溶化；荞面、面粉放入盆，加水搅拌均匀，加明矾水搅拌匀，再加土碱水、白砂糖、猪油继续搅拌成糊状。② 蒸笼底上铺白纱布，将荞面糊倒 2/3 入笼，上火蒸 20 分钟，抬下后把豆沙铺在上面，再将余下的荞面糊倒上，上火蒸 30 分钟，并在表层用竹筷插些气孔加速其成熟。撒上芝麻，凉凉后切成棱形块即可。
【烹饪方法】煮，蒸。
【营养功效】安神活血，降气宽肠，清热消毒。
【健康贴士】糖尿病、高血压、高血脂、冠心病、中风、胃病患者宜食。

遵义黄粑

【主料】大米、糯米各 500 克，黄豆 100 克。
【配料】斑竹笋壳或叶数张，绳子 1 段。
【制作】① 大米淘洗干净，磨成粉备用；糯米用热水泡涨后蒸成糯米饭。② 黄豆浸泡后用水磨成豆浆，与米粉和糯米饭充分混合拌匀，搓揉成团，然后捏成长方块，斑竹笋壳或叶用温水泡软洗净，包粑块，用绳子扎紧，上笼中大火蒸 8 ~ 10 小时，再小火保温 8 ~ 12 小时，取出晾冷即可食用。
【烹饪方法】蒸，煮。
【营养功效】补中益气，润燥利脾。
【健康贴士】胃寒、慢性消化道疾病、胃脘胀痛、腹胀、腹泻患者慎食。

鸡片肠旺

【主料】鸡蛋面条 100 克，生猪肠 100 克，猪血 500 克，熟鸡肉 30 克，生猪颈肉 50 克。
【配料】熟猪油 50 克，辣椒油 10 克，酱油 20 克，味精 2 克，葱末 5 克，鸡汤 500 毫升，盐 5 克，醋 8 克。
【制作】① 猪大肠用温热水翻洗几遍，捞起，再用盐、醋干揉一遍，用清水漂净，入锅加水煮约 2 小时至熟，捞起，冷却后切成小片。② 猪颈肉切成如蚕豆大小的小粒，下油锅炸脆成“脆臊”；鸡肉片成小薄片；生猪血用刀划成小片，入沸水锅内氽熟。③ 鸡蛋面条放入沸水锅内，煮至漂在水面，即捞起盛入碗内，舀入鸡汤，加猪血、肠子、鸡肉片、脆臊、酱油、猪油和葱末拌匀即可。
【烹饪方法】煮，炸，氽。
【营养功效】益气补血，温中健胃。
【健康贴士】营养不良、身体虚弱者宜食。
【巧手妙招】清洗大肠时加点儿盐、醋，这样不仅去异味，还能清洗的比较干净。

都督烧卖

【主料】鲜猪肉 320 克，面粉 2000 克，熟猪肉皮 120 克，鸡蛋 5 个，水发笋丝、火腿丁各 60 克，冬菇 20 克。
【配料】熟猪油 600 克，盐 20 克，味精、胡椒粉、白砂糖各 4 克，猪油 80 克，葱末 30 克，山西醋 150 克，辣椒油、香菜末各 50 克，香油 10 克，油汤 100 毫升，干淀粉 160 克。

【制作】① 面粉内加鸡蛋、油汤合拌揉匀成面团，揪成面剂，拍上淀粉，擀成烧卖皮；笋丝焯熟切末；冬菇切成细丝。② 鲜猪肉剁成末，熟猪肉、肉皮剁成粒，三者拌和，加入笋丝末、火腿丁、冬菇丝、葱末、盐、味精、胡椒、猪油拌匀成馅心。③ 用面皮包入馅心，捏成长石榴花状，入笼蒸熟装盘，连同用醋、白砂糖、油辣椒、香油、香菜末兑成的汁水一起上桌，用烧卖蘸吃即可。

【烹饪方法】焯，蒸。

【营养功效】滋阴补虚，强筋健骨。

【健康贴士】一般人皆宜食用。

典食趣话：

宜良烧卖，何以冠以"都督"二字？说来还有一段趣闻。

清宣统年间，宜良县城有一祝氏开了个映兴园，专售煮品、卤菜、烧卖，尤以烧卖驰名。一日，云南督军唐继尧来到宜良县城，晚上想吃夜宵，便进了映兴园点吃烧卖。烧卖上桌，盘中仅放了3个。当他尝后，拍案叫好，要再来一盘。祝老板应声道："不卖了。"唐问为什么。祝道："这是本店规矩，一人只卖3个，县太爷来也是如此！"唐不高兴又问为什么。祝氏指着门外拥挤的顾客说："你看那么多顾客，要让大家都吃点儿。"这时有识唐者悄悄对祝说："他就是唐都督，得罪不得啊！"祝氏猛然醒悟，破例让他吃了个痛快。从此，宜良祝家烧卖就被人称为"都督烧卖"。

四味荞包

【主料】荞面1000克，面粉500克。

【配料】白砂糖500克，猪油400克，泡打粉180克，桃仁、樱桃、芝麻、玫瑰糖、豆沙各20克。

【制作】① 荞面、猪油、白砂糖、泡打粉加水调成面团，静置发酵，至发起时放案板上充分揉匀。② 玫瑰糖、豆沙、芝麻、桃仁各分成若干份，荞面团揉匀、搓条、摘剂，将剂子按扁，分别包入一种馅心，装入模具上笼蒸10 ~ 15分钟至熟，取出脱模装盘，用樱桃点缀即可。

【烹饪方法】蒸。

【营养功效】益智补脑，清凉降火。

【健康贴士】脾胃虚寒者宜食。

香竹烤饭

【主料】糯米1000克。

【配料】花生米200克。

【制作】① 选用嫩香竹3节，一头留节当底，一头锯去竹节为入口；花生焙香捣碎；糯米淘洗干净，与花生拌匀，装入竹筒，加入清水浸泡4 ~ 5小时，筒口用芭蕉叶塞紧。② 把竹筒斜放栗炭火上大火烧煮，至竹筒外表烧焦，嘭的一声将芭蕉叶塞子弹出时，取出竹筒，沿竹筒四周用锤均匀敲裂，剥去竹皮，取出被竹膜紧紧包住的饭柱，切圆片装盘即可。

【烹饪方法】焙，煮。

【营养功效】补中益气，健脾养胃。

【健康贴士】肠胃虚弱、老年人、幼儿不宜多食。

【举一反三】把糯米换成紫米，口感更佳。

油炸麻脆

【主料】糯米600克，红芋头、魔芋各50克，地瓜100克。

【配料】甘蔗汁100克，红糖70克，山豆根20克。

【制作】① 芋头、魔芋、地瓜刮洗干净，捣成泥取出汁；豆根洗净煨后，过滤取其水；糯米淘洗后蒸成饭。② 饭入石臼，放入芋头、魔芋、地瓜、豆根汁拌匀，边捣边加入红糖、甘蔗汁，捣至饭成泥，取出放在案板上，揉团擀片，用模具压成各种动物形状，晒干收存。③ 食时，用温油炸至泡脆即可。

【烹饪方法】煨，蒸，炸。

【营养功效】健胃益脾，调补中气。

【健康贴士】湿热痰火偏盛者忌食。

云南春卷

【主料】面粉150克，鲜猪肉末200克，香椿、豆芽、韭菜各80克，鸡蛋3个，水发金钩、玉兰片、冬菇末各20克，热火腿末30克。

【配料】淀粉100克，盐14克，甜酱油30克，咸酱油20克，味精、胡椒粉各5克。

【制作】① 肉末、金钩、玉兰片、火腿末、冬菇末入锅煸炒发香，下酱油、盐10克，味精、胡椒粉勾清芡出锅装碗；豆芽、韭菜、香椿经沸水焯后切碎，拌入馅料中。② 面粉、鸡蛋、淀粉、盐4克，用水调均匀成糊浆状，锅置火上，烧热，用肥膘抹匀，倒入糊浆混成圆形，小火烤熟，撕下，从圆心处均分6块呈扇形，包入馅心，裹成长方条。③ 净锅置火上，入油烧至七成热时，下卷炸成金黄色，捞出沥油，蘸水上桌即可。

【烹饪方法】煸，焯，烤，炸。

【营养功效】健脾利胃，醒脑提神。

【健康贴士】一般人皆宜食用。

吴家汤圆

【主料】干糯米粉825克，白砂糖350克。

【配料】玫瑰糖、熟芝麻、蜜枣、冰糖各50克，瓜片、核桃仁各100克，熟猪油适量。

【制作】① 核桃仁、瓜片、蜜枣切成细末；冰糖、芝麻碾碎，五种食材均与白砂糖、玫瑰糖拌匀成玫瑰馅。② 糯米粉加温水揉匀，搓成长圆条，摘成剂子，按成扁圆形，包入15克馅料，封口搓圆，即成汤圆生坯，依次做好。③ 锅置火上，入熟猪油烧热，下入汤圆生坯，炸约2分钟即可。

【烹饪方法】炸。

【营养功效】降脂减肥，润肤养颜。

【健康贴士】糯米不宜消化且甜腻，老人、孩子、糖尿病患者慎食。

干巴月饼

【主料】面粉380克，牛干巴240克，熟面粉300克。

【配料】糖200克，蜂蜜25克，熟牛油30克，植物油500克。

【制作】① 牛干巴蒸熟切丁，拌糖、蜂蜜、熟面粉、熟牛油，静置分小坨为馅。② 面粉加水打浆，加植物油、蜂蜜、水拌成皮面。③ 熟面粉与植物油揉酥面；皮面分团，包酥面，擀椭圆形对折，横面擀薄长方形，横面卷条切段，段面包馅捏拢，中火烤至金黄即可。

【烹饪方法】蒸，烤。

【营养功效】温中益气，护肝清肠。

【健康贴士】糖尿病患者忌食。

云南油茶

【主料】粗茶叶50克，米花300克，炒黄豆、炒玉米各200克，熟芋头、熟红薯各100克，熟粉丝、焙花生米各50克。

【配料】盐10克，豆豉20克，姜丝、葱末、香菜末各10克，熟猪油15克，猪骨汤1000毫升。

【制作】① 茶叶入碗，用温热水稍泡，去水留叶；盐入热锅焙后备用；芋头、红薯去皮，切片；粉丝切成段。② 锅置火上，下茶叶、姜丝，轻轻擂动煸干，下猪油、豆豉、盐爆香出味，加入猪骨汤熬煮沸后，下花生、米花、玉米、黄豆、芋头、红薯、粉丝和适量沸水，煮至糊化，撒上葱末、香菜，入碗即食。

【烹饪方法】焙，煸，爆，煮。

【营养功效】治疗感冒，发汗驱寒。

【健康贴士】风寒感冒患者宜食。

过手米线

【主料】米线500克，豌豆凉粉300克。

【配料】花生米 50 克，香菜 20 克，大蒜、青辣椒各 30 克，味精 1 克，香油 8 克，盐 5 克，酸水 50 克。

【制作】① 香菜、辣椒择洗干净，切成末；大蒜去皮，洗净后剁成茸；花生米焙香，捣成末；豌豆凉粉塌成泥；香菜、辣椒、蒜泥、花生、盐、味精、香油、酸水、豆粉入盆拌匀成馅。② 双手洗净，用右手抓一撮米线放在左手掌心，用筷子挑馅料放在米线中间，用右手拇指、示指和中指将米线裹缠包住馅心即可进食。

【烹饪方法】焙。

【营养功效】消食下气，清热祛火。

【健康贴士】香菜宜与豌豆同食，有助于治疗呕吐和腹泻症状。

喜洲粑粑

【主料】面粉 1000 克

【配料】酵面 300 克，芝麻 300 克，红糖 200 克，食碱 2 克，植物油 50 克。

【制作】① 芝麻用锅焙香，拌红糖捣成蓉做馅；面粉、水、酵面混合为半酵面，揉匀静置。② 面团下碱揉匀，摘剂，压扁，依次包入芝麻红糖馅，压成粑粑形。③ 平锅置大火，烧热后抹上植物油，下入粑粑，中火烙至硬皮，转小火烤熟即可。

【烹饪方法】焙，烙，烤。

【营养功效】调节胆固醇，润肠滑道。

【健康贴士】慢性肠炎、腹泻者忌食。

瑶家大粽

【主料】糯米 500 克，鲜猪肉 150 克，腊肥肉 50 克。

【配料】木浆子树枝 3 节，盐 15 克，草果粉 6 克，芭蕉叶适量。

【制作】① 糯米淘洗干净，用清水浸泡 4 小时；鲜猪肉洗净，切成条；腊肥肉切成丝；取特产香味浓烈的木浆子树枝切成 3 节 3 厘米长的段，洗净；翠绿色芭蕉叶洗净，用沸水烫过。② 绿芭蕉叶铺在案上，放上全部糯米、肉条、腊肥肉丝、木浆子节、盐、草果粉，包成三角形状，用嫩竹片捆紧，放入水缸浸泡 4 ~ 5 小时。③ 铁锅置火上，放入大粽，加足水，再用锅盖盖上，封严，用大火猛煮 4 ~ 5 小时至熟，取出粽，去芭蕉叶，切片而食。

【烹饪方法】煮。

【营养功效】补中益气，健脾养胃。

【健康贴士】多汗、血虚、脾虚、体虚、盗汗、肺结核、神经衰弱患者宜食。

毕节汤圆

【主料】糯米粉 1000 克。

【配料】火腿馅、五仁馅、玫瑰馅、洗沙馅、冰橘馅、芝麻馅、桃仁馅、白砂糖馅、蜜枣馅各 50 克，猪板油 200 克。

【制作】① 糯米淘洗、浸泡后加工成水磨粉，用温水调匀搓揉成面团，分成小剂子，制成汤圆皮。② 各种馅心用撕去筋膜的猪板油按透揉匀，汤圆皮分别包入各种馅料，做成圆形、扁圆形、桃子形、菱形、饺子形等形状，制成汤圆生坯。③ 锅置火上，入水烧沸，下入汤圆煮熟即可。

【烹饪方法】煮。

【营养功效】益智补脑，温中养胃。

【健康贴士】高血脂、肥胖、糖尿病患者不宜多食。

沓臊馄饨

【主料】精制面粉 500 克，鸡蛋 10 个，猪肉 200 克。

【配料】海米 50 克，桃仁 30 克，香油 10 克，酱油 6 克，胡椒粉 3 克，蔻仁、味精各 2 克，猪骨、黄豆芽各适量。

【制作】① 精面粉磕入鸡蛋，揉匀擀制成馄饨皮；猪肉洗净，与海米、核桃仁剁蓉至泥状，加香油、酱油、胡椒粉、蔻仁、味精、鸡蛋调匀成馅；馄饨皮逐个包入馅料制成馄饨生坯，煮熟。② 汤锅置火上，注入清水，放入猪骨、黄豆芽，大火烧沸，改小火煨汤，将滚烫的鲜汤冲入放有8克肉馅的碗中，肉馅烫熟，再放入馄饨即可食用。

【烹饪方法】煮。

【营养功效】补脾气，润肠胃，生津液，丰机体。

【健康贴士】对海鲜过敏者慎食。

灰水粽粑

【主料】糯米5000克，五花肉丁500克，新鲜干秧苗1000克。

【配料】花椒碎150克，盐15克，粽叶适量。

【制作】① 在插秧苗时将剩余的秧苗洗净，捆成小把挂在竹竿或屋檐下晾干，使用时取下烧成秧灰备用。② 糯米浸泡淘洗干净，与秧灰混合，倒入石碓窝中，轻轻磕至糯米表面沾上一层灰褐色，然后捞出筛去多余秧灰即得灰米。③ 取灰米与花椒碎、五花肉丁、盐混合均匀，将粽叶洗净晾干，包入拌匀的灰糯米，以草绳捆绑成粽子，下锅煮至熟透即可。

【烹饪方法】煮。

【营养功效】补中益气，健脾养胃。

【健康贴士】湿热痰火偏盛、发热、咳嗽痰黄、黄疸、腹胀、糖尿病患者不宜多食。

花溪牛肉粉

【主料】鲜米粉200克，牛肉100克。

【配料】酸菜50克，混合油（包括植物油、牛油、化猪油)50克，香料、盐、煳辣椒、花椒粉、鸡精各3克，糖色、味精各2克，香菜、酱油、醋各6克，原汁牛肉汤适量。

【制作】① 牛肉洗净切大块入锅，煮至断生捞出，一半投入锅内加糖色、香料卤到熟透，切大薄片，另一半切丁炖至烂熟；酸菜切碎片；香菜切寸长段备用。② 鲜米粉投入开水中烫熟，捞入大碗内，再将牛肉切片和牛肉丁、酸菜、香菜放于粉上，加入原汁牛肉汤、混合油、鸡精、盐、煳辣椒、花椒粉、味精、酱油、醋拌匀即可。

【烹饪方法】煮。

【营养功效】补脾胃，益气血，强筋骨。

【健康贴士】高血压、冠心病、血管硬化和糖尿病等病症者，以及老年人、儿童、贫血、身体虚弱、病后恢复期、目眩者宜食。

石屏烧豆腐

【主料】石屏正方形豆腐1000克。

【配料】熟植物油、甜酱油、卤腐汁、煳辣子面、花椒油、香菜末、薄荷各适量。

【制作】① 将栗炭放入火盆燃烧，架上铁条网架，铁架烧热后抹上植物油，摆上豆腐，边烘边翻动，底面翻过来时再抹点儿油，入盘上桌。② 甜酱油、卤腐汁、花椒油、香菜末、薄荷、煳辣子面入碗，兑成调味汁水，与烧豆腐同上桌，蘸汁而食即可。

【烹饪方法】烘。

【营养功效】益气宽中，生津润燥。

【健康贴士】消化不良、脾胃虚寒、腹泻便溏者不宜多食。

小鸡煮稀饭

【主料】大米2000克，仔鸡1只。

【配料】辣椒粒、葱丝、姜丝、野香菜各100克，盐50克

【制作】① 鸡宰杀取出鸡杂，洗净切碎；大米淘洗干净，用水浸泡备用。② 砂锅置火上，放全鸡加水，大火煮沸，改小火炖至离骨时取出鸡，砍下鸡头，撕下鸡肉，骨架放回原锅，下米，加水、姜丝、鸡杂用大火煮沸，改小火熬至米化为粥，拌鸡肉、辣椒粒、葱丝、香菜、盐，鸡头置于粥中，呈昂立状上桌即可。

【烹饪方法】煮，炖。

【营养功效】养肝催乳，滋阴降火。

【健康贴士】营养不良、身体虚弱、妇女产后宜食。

贵州豆花粉

【主料】米粉条1500克，豆花500克。

【配料】油炸黄豆、油炸花生米、泡酸菜、

油炸豆腐干丁、黑芥各 50 克，香菜 25 克，脆臊 150 克，酱油 200 克，味精 5 克，葱末适量。

【制作】① 黑芥切成末；泡酸菜切细；豆花煮嫩熟。② 米粉条分别装在碗内，每碗放入沸水锅中烫熟，再盛在碗内，并稍加一些汤水。③ 豆花等各种配料加在米粉上即可。

【烹饪方法】煮。

【营养功效】健脾利胃，润肠滑道。

【健康贴士】配料多油炸，高血脂者少食。

腾冲大救驾

【主料】饵块 400 克，鲜猪肉 100 克

【配料】火腿 60 克，番茄 50 克，鸡蛋 1 个，菠菜 40 克，葱白段、糟辣椒各 30 克，盐 5 克，咸酱油 20 克，味精 2 克，水淀粉 10 克，熟猪油 350 克，肉汤 250 毫升，酸菜 60 克。

【制作】① 鲜猪肉洗净，切片，拌盐、水淀粉；饵块切片；火腿切薄片；番茄洗净切块；酸菜切丝；菠菜择洗干净，切段。② 锅置火上，入熟猪油烧热，下饵块片，炒至回软入盘，锅留底油烧热，下肉片过油。③ 净锅置火上，入油烧热，下葱段、番茄块、菠菜段、肉片、火腿片、鸡蛋、辣椒、味精、盐、酱油、肉汤、饵块拌匀，把酸菜丝和肉汤煮汤入碗配炒饵块同吃。

【烹饪方法】炒，煮。

【营养功效】滋阴补虚，益肾固精。

【健康贴士】结石患者慎食。

典食趣话：

江南有“大救驾”油饼，云南腾冲有“大救驾”饵丝。前者救了赵匡胤，后者救了朱由榔，一个是宋朝开国皇帝，一个是明亡后的流亡皇帝。说来都巧合，赵匡胤起兵反唐，被追入安徽寿县，饿急了，要吃不要命，抓起饼摊的饼就吃。追兵到了，要抓吃饼人，卖饼大娘抢先发话：“这是俺崽，赵胆大。”赵匡胤也索性对着官兵嬉皮笑脸地大嚼起来，瞒过了追兵。后赵匡胤当了大宋皇帝，下令寻找卖饼大娘，终未找到，就御赐寿县油饼为“大救驾”。

清初，吴三桂打进昆明，桂王朱由榔仓皇逃往滇西，逃至腾冲，天色已晚，住在一个靠山的村子里，主人炒了一盘饵块让其充饥。这位落难皇帝本是深宫弱质，又经数月来的长途奔波，历尽生活的艰辛和劫难，饥不择食，只见其食饵块如食山珍海味，遂言“真乃大救驾也”！从此，腾冲炒饵块名声远扬，应誉改名为“大救驾”。

鸡豌豆凉粉

【主料】鸡豌豆面粉 1500 克，焙花生 100 克，绿豆芽 200 克。

【配料】盐 10 克，酱油 50 克，醋、姜、蒜汁、香菜各 80 克，花椒粉、油辣椒、香油各 30 克，味精 2 克。

【制作】① 花生擂碎去皮；绿豆芽洗净焯熟；豆粉入碗，加入清水调化；锅置火上，加入清水、盐，化开后徐徐淋入豆粉，边淋边往一个方向搅动，防止糊锅，搅至无生豆味即熟，舀入盆内冷却即成豌豆凉粉。② 取凉粉划片或切成条入碗，放上绿豆芽、花生粒，配入酱油、醋、姜蒜汁、花椒粉、油辣椒、香菜末、味精、香油，拌匀入味即可。

【烹饪方法】焯，拌。

【营养功效】清热解毒，消暑利胃。

【健康贴士】一般人皆宜食用。

大理三道茶

【主料】绿茶 40 克

【配料】乳扇贝 10 对，核桃仁 200 克，鲜

牛奶 1000 毫升，红糖 300 克。

【制作】① 红糖切成末；核桃仁刨细片；用筷子挟住乳扇贝，放至炭火上烤成卷筒状，揉碎。② 沙罐烘干至底发白放茶叶，抖动茶罐 100 次至嫩茎发泡成蚂蚱腿状，冲少量沸水，至水泡冒到罐口、泡沫往下落时再冲沸水。③ 牛奶煮沸放红糖，分成 10 份入杯，加核桃片、乳扇三片，加茶水上桌供饮。

【烹饪方法】烘，煮。

【营养功效】消食化痰，去腻减肥。

【健康贴士】一般人皆宜饮用。

典食趣话：

大理三道茶是云南洱泡地区白族待客的极品。“以茶为礼”，是白族人民重情好客的习俗。每当客人临门，安座后，主人立即敬上糖果、蜜饯、糕点、瓜子、香烟，接着主人要为客人烹制三道茶。

说起三道茶，历史可上溯千年。唐樊绰《蛮书》记载：“茶出银生城界诸山，散收无采选法。蒙舍蛮以椒姜桂和烹而饮之。”意思是说，唐代南诏就以配有椒、姜、桂等作料的茶敬献来客。明代徐霞客游大理时，对这种品茶方式作了较完备的记载：“注茶为玩，初清茶，中盐茶，次蜜茶”。

三道茶演变至今，第一首是苦茶，第二道是甜茶，第三道是回味茶。有借茶喻世、寓意哲理的道理，即先苦后甜，苦尽甘来，回味人生，百尺竿头，更进一步。三道茶确实有较高的艺术价值，品后给客人留下诗情画意的感觉。难怪大理州政协原副主席杜乙简为此题词：“雪月风华杯里趣，诗书画艺笑中吟。”

遵义豆花面

【主料】面粉 1000 克，鸡蛋 4 个，含浆豆花 1000 毫升。

【配料】酥花生米、熟鲜鱿鱼丁各 10 克，熟鸡肉丁 25 克，豆豉 5 克，薄荷 8 克，豆腐乳汁 4 克，盐 25 克，辣椒油、姜米、蒜米各 15 克，葱末、花椒油、酱油、香油、熟菜油各 10 克，味精 2 克，食碱适量。

【制作】① 面粉加鸡蛋、清水、食碱拌和均匀，调成面团，充分揉合后压成薄片，撒些干面粉，把面片折叠起来，切成 1 厘米宽的“宽刀面”，分成 75 克一堆，摆放在瓷盘内，用湿润纱布盖好备用。② 锅置火上，注入豆浆、清水烧沸，下入面条煮至翻滚熟透，捞入碗内，舀入含浆豆花盖在面条上。③ 取中碗，调入辣椒油、鸡肉丁、鲜鱿鱼丁、花椒油、味精、香油、酱油、姜末、蒜米、豆豉、腐乳汁、鱼香菜、葱末和酥花生米同面一起上桌即可。

【烹饪方法】煮。

【营养功效】健脾益气，宽中润燥。

【健康贴士】高血压、冠心病、动脉硬化、糖尿病、缺铁性贫血、骨质疏松症、神经衰弱患者宜食。

遵义羊肉粉

【主料】精米粉 125 克，带皮熟羊肉、熟羊杂各 50 克。

【配料】羊肉骨头 200 克，猪羊混合油 20 克，酱油 8 克，盐 15 克，煳辣椒粉 20 克，胡椒粉 5 克，花椒粉 5 克，葱末 8 克，香菜 12 克。

【制作】① 将去净肉的羊骨头洗净放入锅底，加清水煮沸后，把备好的羊肉分数次下锅煮熟捞出，晾至还有余热时，用纱布将羊肉包裹成长方形，每包为 1000 ~ 1500 克，并用重物压干后取出，切成大薄片备用。② 取精米粉用凉水淘散，去掉酸味，捞入竹丝篓内，放入开水锅中烫透，盛于大碗内，把羊肉片、羊杂碎盖于粉的上面，舀入原汁羊汤，加混合油、酱油、煳辣椒粉、花椒粉、盐、胡椒粉、葱末、香菜即可。

【烹饪方法】煮。

【营养功效】益气补虚，温中暖下。

【健康贴士】体虚胃寒、反胃、腹痛、骨质疏松、肾虚腰痛、虚劳羸瘦者宜食。

蒙自过桥米线

【主料】熟米线 200 克，排骨 300 克，鲜鸡 200 克，鲜鸭 200 克，云南火腿 100 克，鲜草鱼肉、鲜猪里脊各 80 克。

【配料】老姜 50 克，盐 15 克，鹌鹑蛋 2 枚，韭菜 30 克，香葱 30 克，榨菜 30 克，绿豆芽 30 克，白胡椒粉 3 克。

【制作】① 排骨、鲜鸡、鲜鸭洗净，斩成大块，分别放入沸水，汆去血沫，捞出冲洗干净备用。② 把处理好的排骨、鲜鸡、鲜鸭和拍散的姜块、云南火腿一同放入大砂锅，加入 2000 毫升的水，大火煮沸，转小火煨制 1 小时以上，调入盐。③ 鲜草鱼肉、鲜里脊肉分别切成极薄的肉片，把沸腾的浓汤盛入保温的大碗，依次平放入鲜鱼肉片、鲜里脊肉片、绿豆芽、榨菜和韭菜，放入生鹌鹑蛋、盐、白胡椒粉，静置 2 分钟后，再放入沸水烫过的米线，撒上香葱即可。

【烹饪方法】汆，煮，煨。

【营养功效】补充多种营养，提高免疫力。

【健康贴士】一般人皆宜食用。

【巧手妙招】为防切好的肉类表面变干，可以先码好，蒙上保鲜膜。

典食趣话：

过桥米线是云南极富特色的名食。它源于滇南，已有一百多年的历史。过桥米线的起源传说较多，但最为人们津津乐道的是“过桥情”之说。

传说蒙自城的南湖旧时风景优美，常有文墨客攻书读诗于此。有位杨秀才，经常去湖心亭内攻读，其妻将饭菜送往该处。秀才读书刻苦，往往学而忘食，以至常食冷饭凉菜，身体日渐不支。其妻焦虑心疼，思忖之余把家中母鸡杀了，用砂锅炖熟，给他送去。待她再去收碗筷时，看见送去的食物原封未动，丈夫仍如痴呆在一旁看书。只好将饭菜取回重热，当她拿砂锅时却发现还烫乎乎的，揭开盖子，原来汤表面覆盖着一层鸡油、加之陶土器皿传热不佳，把热量封存在汤内。以后其妻就用此法保温，另将一些米线、蔬菜、肉片放在热鸡汤中烫熟，趁热给丈夫食用。后来不少都仿效她的这种创新烹制，烹调出来的米线确实鲜美可口，由于杨秀才从家到湖心亭要经过一座小桥，大家就把这种吃法称之“过桥米线”。经过历代滇味厨师不断改进创新，“过桥米线”声誉日著，享誉海内外，成为滇南的一道著名小吃。

巍山耙肉饵丝

【主料】饵丝 1000 克，猪后腿肉（肘子或五花肉）500 克。

【配料】味精、胡椒粉各 5 克，盐 30 克，姜 3 克，草果 2 个，熟猪油 400 克，葱末 15 克，香油 10 克，肉清汤 400 毫升。

【制作】① 猪腿烧焦，刮呈黄色洗净，放入砂锅加清水，上火煮开，去浮沫，下姜、草果，用大火猛煮沸，改用小火煮熟，捞出凉凉，在肉皮上擦上酱油；净锅置火上，加入熟猪油，烧至六成热，下肉炸至肉皮呈棕红色出锅，再放入汤锅中煮耙，捞入盆中，撕成小块。② 饵丝入沸水中烫一下，捞出装入 10 个碗中，放入味精、胡椒粉、盐，冲上好汤，盖上肉耙，撒上葱末，淋上香油即可。

【烹饪方法】煮，炸。

【营养功效】益气补虚，温中健脾。

【健康贴士】一般人皆宜食用。

【举一反三】主料亦可用米线、面条。

绥阳银丝空心面

【主料】面粉 1500 克。

【配料】盐 120 克（冬季 50 ~ 60 克），鸡鲜汤 150 毫升，豌豆苗 50 克，酱油 8 克，醋 5 克，辣椒粉 15 克，姜米、葱末各 5 克，熟植物油 15 克。

【制作】① 面粉放入木盆，慢慢注入盐水，边加边搅和，直至揉匀揉透，软硬适度，静置 30 分钟，在案板上反复揉搓，再擀成 2 厘米厚的面皮，切成 2×2.5 厘米宽的条坯，进而将条坯揉为圆条，边揉边抹植物油，盘卷在簸箕内，盖上保鲜纸，静置 30 分钟，再将之搓成直径约 11 厘米的条，边搓边抹植物油，再盘卷在簸箕内用保鲜纸盖好静置 30 分钟。② 用两根小竹竿固定在木方的眼孔上，竿距 15 ~ 20 厘米，将面条连拉带缠在两根小竹竿上，面条粗约 0.5 厘米，置木柜静置 1 小时后，两人各持一根竹竿，把面条拉长至约 80 厘米，再放入木柜静置 1 小时后取出。两根竹竿分别插在晾面条木架上的小孔内，使面条成弧形。③ 用手抹面，边抹边移动小竹竿的距离，使之逐渐抻为数米长的细面，另用小竹竿将面条轻擀轻刮，使面条再延长为细丝，同时将粘连的面条轻轻分开。面条风干后，平放在面案板上切成 15 厘米的长条，分 500 克一把，白皮纸条拴住面条中部，用小铜夹子将粗细不匀的面条夹出即可。④ 大火宽汤稍煮面条，捞起放在垫有已烫熟的豌豆苗上，舀入鲜鸡汤，加入酱油、醋、辣椒粉、姜米、葱末，即可食用。

【烹饪方法】煮。

【营养功效】健脾厚肠，除热止渴。

【健康贴士】肝病、糖尿病患者及妇女在怀孕期间和哺乳期内不宜多食。

【举一反三】豌豆苗也可以换成菠菜、白菜心。

典食趣话：

“条条银龙游绿水，颗颗油珠泛玉波。阵阵清香扑鼻来，长长口涎牵线落。”生活中空心之物，不胜枚举，可这首诗赞扬的却是色如白银，细小如丝，丝中有孔的绥阳银丝空心面。

绥阳银丝空心面已有 200 多年的历史，清乾隆年间（1736 ~ 1795）就有面市。《心斋随笔》有“绥阳制作水面，极细者银丝面，其城中者尤佳。商人多贩运至湖南、湖北、四川，市者珍之”的记载。咸丰三年（1853），绥阳进士张昭在北京附近当县令，省亲返京时，带去空心面分送达官贵人，其中一大臣食后赞不绝口，问清其来历后，责成第三代空心面传人精制 10 挑（约 500 千克）专献皇帝，空心面从此被誉为“贡面”。贡面在民间传为美谈，其手工制作技术因此在绥阳广泛流传，并成为当地不少农村家庭的致富行业。如今的空心面已成为绥阳人乃至遵义人、贵州人访亲探友时必带的礼品。在遵义及贵州较有影响的饭店、宾馆，用空心面招待国内顾客和外宾，获得了一致的好评。

气焖玉米粑粑

【主料】鲜玉米粒 1000 克，面粉 300 克。

【配料】白砂糖 200 克，植物油 10 克。

【制作】① 鲜玉米用石磨磨成玉米浆，下入面粉、白砂糖搅拌均匀，制成玉米糊浆。② 尖底铁锅置火上，加入清水 400 毫升烧热，锅边抹上油，下一勺玉米糊由其自然摊开成粑粑状，加盖密封，焖至水干，铲出即可。

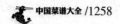

【烹饪方法】焖。

【营养功效】调中健胃，利尿祛湿。

【健康贴士】高血压、高脂血症、冠心病、肥胖症、脂肪肝、癌症、习惯性便秘患者宜食。

【举一反三】可以把面粉换成米饭或青毛豆，只是加入青毛豆和米饭时同时也要用石磨磨细。

丽江火腿粑粑

【主料】面粉 500 克，火腿末 150 克。

【配料】焙芝麻、白砂糖、瓜子仁、核桃仁各 50 克，小苏打、食碱各 1.5 克，熟猪油 200 克，熟植物油 5 克。

【制作】① 面粉入搪瓷盆，小苏打、食碱用温水 350 毫升溶化后倒入面粉盆中，加温水和成稍软的面团，盖上洁净湿布，饧 30 分钟；白砂糖、芝麻、瓜子仁、核桃仁混合拌成馅心。② 大理石石板，抹上植物油，取面团均分成小剂若干个，搓成圆条，再擀成扁圆形长条，抹上猪油，撒上火腿末，用手从一头拉长卷紧成圆筒状，再将两头搭拢，用掌心轻轻按扁，包入馅心，收口捏紧，按扁制成生坯。③ 平锅置火上，刷猪油，放入生坯，煎成金黄色至熟即可。

【烹饪方法】煎。

【营养功效】生津益血，滋肾填精。

【健康贴士】高血脂、肥胖症患者不宜多食。

川渝

酿藕

【主料】鲜藕2节，糯米100克。
【配料】白砂糖、蜜玫瑰各适量。
【制作】① 藕洗净，去藕节和皮；糯米淘净，浸泡20小时，洗净；蜜玫瑰用刀切成细末；白砂糖加水熬化，收浓汁后加入蜜玫瑰制成糖汁备用。② 藕段立放在案板上，把糯米灌入藕的孔内，将藕平放入笼内蒸熟至软，凉凉，用刀横切成1厘米厚的藕片，装入盘内，淋上玫瑰糖汁即可。
【烹饪方法】煮，蒸。
【营养功效】健脾开胃，益血补心，通便止泻。
【健康贴士】瘀血、吐血、衄血、尿血、便血者以及产妇宜食。
【巧手妙招】熬糖汁时需用小火，火大易焦煳；糯米灌入藕的孔内时可边灌边用筷子捅紧。

绿豆团

【主料】糯米350克，大米150克。
【配料】绿豆、蜜玫瑰各250克，蜜樱桃25克，芝麻、核桃仁、瓜条各50克，糖粉100克，熟猪油150克。
【制作】① 两种米混合洗净，浸泡24小时，洗净，磨细制成吊浆。② 绿豆去杂质洗净，用沸水煮至皱皮，捞入小筲箕内，用木勺压搓去掉皮，倒入清水中，使皮浮于水上，去掉绿豆皮，入笼蒸熟，制成绿豆粒备用。③ 芝麻、核桃仁炒熟，压成细粉；瓜条、蜜樱桃用刀切成绿豆大的粒，与蜜玫瑰一起用刀切碎，与细粉搅拌，再加熟猪油、糖粉揉匀成馅料。④ 吊浆粉子加适量水揉匀，分块，包入馅料，制成团子，锅内入水烧沸，放上蒸笼，分别将团子生坯放入笼内，蒸约15分钟全熟，裹上蒸熟的绿豆粒即可。
【烹饪方法】煮，蒸，炒。
【营养功效】健胃消食，清热解毒。
【健康贴士】一般不宜冬季食用；脾胃虚寒、泄泻者慎食。
【巧手妙招】绿豆用沸水浸泡10分钟，待冷却后，将绿豆放入冰箱的冷冻室内，冷冻4个小时，取出再煮，绿豆更易熟。

三合泥

【主料】糯米200克。
【配料】大米、黄豆各150克，白砂糖200克，冬瓜条100克，熟芝麻25克，熟花生米、橘饼、核桃仁各50克，熟猪油250克。
【制作】① 两种米淘洗干净，沸水淋发后，用帕盖焖2小时，小火炒至微黄色；黄豆炒熟，与两种米一起磨成细粉，制成三合粉；橘饼、冬瓜条、花生米、桃仁分别剁成细粒备用。② 锅置火上，入清水500毫升、白砂糖熬化，倒入三合粉中，用木棒搅匀成泥状。③ 另取锅加熟猪油适量化开，放入三合泥反复翻炒，加入花生粉、熟芝麻、核桃粒、熟猪油，再放入冬瓜条、橘饼粒炒匀，盛入盘中即可。
【烹饪方法】焖，炒。
【营养功效】健脾养胃，润燥消水，补中益气。
【健康贴士】三合泥所含热量和糖非常高，糖尿病患者不宜多食。

毛血旺

【主料】鸭血500克，黄豆芽、火腿肠各150克，鳝鱼、猪五花肉、莴笋头各100克，黄花菜、水发木耳50克。
【配料】大葱、植物油各50克，盐3克，红辣椒15克，花椒5克，料酒、味精各10克，火锅底料1袋。

【制作】① 鸭血切成条块，入沸水汆煮后捞出；黄豆芽切去须根；火腿肠切成大片；猪肉切成；莴笋头切成条；黄花菜抽去雌蕊；干辣椒切成节；鳝鱼切成片。② 火锅底料用水化开，放入锅内烧沸熬味，入盐、味精，血旺、鳝片、火腿肠、猪肉片、黄豆芽、水发木耳、大葱共煮。③ 等黄豆芽断生后起锅转入盆内，炒锅置大火上，入油烧至六成热，放入辣椒节炸至棕红色，放入花椒炸香后快速将热油淋在盆内即可。

【烹饪方法】汆，煮，炸。

【营养功效】补血解毒，滋补肝肾。

【健康贴士】胆固醇高、口腔溃疡者不宜多食。

典食趣话：

据说，民国初年，重庆磁器口有一姓王的屠夫每天贱价处理卖肉剩下的杂碎，他的媳妇王张氏觉得可惜，于是当街支起卖杂碎汤的小摊，用猪头肉、猪骨加豌豆熬成汤，加入猪肺叶、肥肠，放入老姜、花椒、料酒用小火煨制，味道特别好，后来在杂碎汤里，王张氏又放入新鲜的猪血旺，没想到这种血旺越煮越嫩，味道更鲜。因为这种“血旺”不同于市场上卖的方块成型的“旺子”，是新鲜猪血快速凝固而成，比较粗糙杂碎，所以称之为“毛血旺”。“毛”是重庆方言，就是粗糙、马虎的意思。

樟茶蛋

【主料】鸭蛋10个，茶叶50克。

【配料】樟树叶200克，川盐、大料、花椒各适量。

【制作】① 川盐放入缸内，加入开水，冷却后，再放大料、花椒、茶叶各25克，樟树叶100克；洗净鸭蛋，泡至鸭蛋入味。② 锅入清水、茶叶25克、樟树叶100克、鸭蛋煮熟即可。

【烹饪方法】煮。

【营养功效】大补虚劳，滋阴养血，润肺美肤。

【健康贴士】鸭蛋不宜与鳖鱼、李子、桑葚同食，性味相反。

【巧手妙招】煮鸭蛋时冷水下锅，小火加热煮熟更佳。

豆花饭

【主料】米饭1碗，水豆花500克，黄豆芽、猪肉末各200克。

【配料】植物油、水豆豉、油辣椒、酱油各10克，盐3克，味精1克，姜末、葱末各5克，高汤适量。

【制作】① 豆芽焯熟铺碗底，水豆花入高汤煮熟，放在豆芽上。② 锅置火上，入油烧热，加盐、姜末、葱末爆香，入猪肉末炒散，加水豆豉、油辣椒、酱油、味精炒匀，制成蘸酱。③ 水豆花加蘸酱，下饭即可。

【烹饪方法】煮，焯，炒。

【营养功效】补脾益气，消热解毒。

【健康贴士】一般人皆宜食用。

【巧手妙招】黄豆芽煮熟透，可除豆腥味；高汤煮豆花时加点儿盐可使豆花更好的入味。

烤鱼片

【主料】活草鱼1条。

【配料】白胡椒粉、盐各3克，料酒、姜葱汁、植物油各10克。

【制作】① 草鱼处理好，刮下鱼肉加盐、白胡椒粉、料酒、姜葱汁腌制。② 取烤盘拌上少许植物油，将拌好的鱼肉薄薄的摊于烤盘内，放入微波炉内，开小火烤8分钟后，翻面再烤7分钟，然后再翻面，开中火烤3分钟。③ 端出，冷却即可。

【烹饪方法】腌，烤。

【营养功效】暖胃和中，益肠明目。

【健康贴士】适宜虚劳、风虚头痛、肝阳上亢高血压、头痛、久疟、心血管病患者食用。

赖桃酥

【主料】面粉500克，熟粉150克，香油400克，瓜元300克，玫瑰、核桃仁各80克，糖100克。

【配料】芝麻50克，樱桃40克，饴糖20克，小苏打8克。

【制作】① 面粉加糖、小苏打、热油、开水揉成面团；各种果仁剁碎，芝麻炒熟，加糖、香油和饴糖拌匀成馅料。② 擀皮包馅成饼坯，皮心重量各半，饼坯底垫油纸，入烤炉280℃左右烤2～3分钟，取出压扁，使其自然裂口，接着再烘1～2分钟即可。

【烹饪方法】烤，烘。

【营养功效】开胃养心，健脾厚肠。

【健康贴士】含热量、糖分较多，糖尿病患者不宜多食。

【巧手妙招】果仁可根据个人口味搭配。

赖汤圆

【主料】糯米500克，大米75克，黑芝麻70克。

【配料】白砂糖粉300克，面粉50克，板化油200克，白砂糖、麻酱各适量。

【制作】① 糯米、大米淘洗干净，浸泡48小时，磨前再清洗一次；用适量清水磨成稀浆，装入布袋内，吊干成汤圆面。② 芝麻去杂质，淘洗干净，用小火炒熟、炒香，用擀面杖压成细面，加入糖粉、面粉、板化油，揉拌均匀，置于案板上压紧，切成1.5厘米见方的块备用。③ 汤圆面加清水适量，揉匀，分成坨，分别将小方块心子包入，成圆球状的汤圆生坯。④ 锅置火上，入水烧沸，放入汤圆后小火煮，待汤圆浮起，放少许冷水，保持滚而不腾，汤圆翻滚，心子熟化，皮软即熟，食用时随上白砂糖、麻酱小碟，供蘸食用。

【烹饪方法】炒，煮。

【营养功效】温暖脾胃、润泽皮肤。

【健康贴士】食多不宜消化。

【举一反三】汤圆心子可改用红糖、花生粉。

酸辣汤

【主料】豆腐30克，熟鸡肉丝、冬菇、熟瘦猪肉丝、水发海参、水发鱿鱼各15克，鸡蛋1个。

【配料】淀粉25克，葱末3克，酱油10克，猪油30克，味精、胡椒粉各1克，醋6克，盐5克，鸡汤750毫升。

【制作】① 豆腐、冬菇、海参、鱿鱼、分别切成细丝，同熟瘦猪肉丝、熟鸡丝放入锅内，加鸡汤、盐、味精、酱油，用大火烧至沸滚，再放水淀粉勾芡后，改小火加打散的鸡蛋。② 胡椒粉、醋、葱末及少许猪油放入汤碗内，锅内蛋花浮起时即改大火，至肉丝滚起，冲入汤碗内即可。

【烹饪方法】烧，煮。

【营养功效】暖胃醒酒，帮助消化。

【健康贴士】一般人皆宜食用。

【巧手妙招】可煮一些火锅面铺在碗底再冲入酸辣汤，除喝汤之外还能饱肚，不失为酒后暖胃果腹的好办法。

三大炮

【主料】糯米1000克。

【配料】红糖150克，芝麻50克，黄豆250克。

【制作】① 糯米洗净，浸泡12小时，淘洗后，倒入蒸笼中，用大火蒸熟，中间洒1～2次水，再蒸后翻出倒在木桶内，掺沸水适量，用盖盖上，待水分进入米内后，用木棒舂茸（或用搅拌机绞成茸），制成糍粑坯料。② 红糖放入清水300毫升，熬成糖汁；芝麻、黄豆分别炒熟，磨成细粉。③ 糍粑坯料分成10份，把每份分成3坨，即用手分3次，连续甩向木盘，发出三响而弹入装有黄豆面的簸箕内，使每坨都均匀地裹上黄豆面，再淋上糖汁，撒上芝麻面粉可。

【烹饪方法】蒸，炒。

【营养功效】补虚补血，健脾暖胃。

【健康贴士】糖尿病、肥胖、高血脂、肾脏病患者慎食。

【巧手妙招】避免糍粑有米粒感，糯米浸泡时间要够，将米粒泡透心，在蒸制时火力要旺，过程中不断洒适量清水，让糯米不断吸收水分。

龙抄手

【主料】面粉500克，猪腿肉500克。

【配料】肉汤200毫升，胡椒粉、味精各2克，姜汁4克，香油10克，盐6克，鸡油适量，鸡蛋2个。

【制作】① 面粉放案板上呈“凹”形，放盐少许，磕入鸡蛋1个，再加清水调匀，揉合成面团，用擀面杖擀成纸一样薄的面片，切成方形的抄手皮备用。② 把肥三瘦七比例的猪肉用刀背捶茸去筋，剁细成泥，加入盐、姜汁、鸡蛋1个、胡椒粉、味精，调匀，掺入适量清水，搅成干糊状，加香油，拌匀，制成馅心备用。③ 馅心包入皮中，对叠成三角形，再把左右角向中间叠起黏合，成菱角形抄手坯；煮熟后，用碗分别放入盐、胡椒、味精、鸡油和原汤，捞入煮熟的抄手即可。

【烹饪方法】煮。

【营养功效】健脑益智，保护肝脏。

【健康贴士】肾病、胆固醇过高患者忌食。

【巧手妙招】皮擀得越薄，猪肉去筋膜剁得越茸，抄手口感更细腻。

丹棱冻粑

【主料】丹棱籼米500克，熟糯米、大豆各100克，花生米、玫瑰酱各50克。

【配料】红糖、猪油块、玉米叶适量。

【制作】① 籼米洗净，使用地下水浸泡6～12小时，捞起沥干水分磨成米浆，装入大缸掺入熟糯米放至发酵（一般是20～30天）。② 大豆、花生米分别洗净沥干水分，倒入发酵好的米浆中，再下入玫瑰酱、红糖、猪油块，最后分别舀入玉米叶，包成玉米状，以大火急蒸至熟即可。

【烹饪方法】煮。

【营养功效】健脑益智，保护肝脏。

【健康贴士】肝病患者不宜食用。

油炸麻圆

【主料】糯米粉300克，白砂糖200克。

【配料】熟鸡油35克，蜜玫瑰花末50克，芝麻、色拉油适量。

【制作】① 白砂糖、熟鸡油、蜜玫瑰花末拌成糖馅备用。② 糯米粉加适量清水揉搓成团，分成12等份，分别压成扁圆，包入糖馅，搓成圆球形，裹上芝麻。③ 锅置火上，入色拉油烧至五成热时，投入麻圆，用平铲不断从锅底向上推动，炸至麻圆浮起，外表微带金黄时，捞起沥干油，盛入盘内即可。

【烹饪方法】炸。

【营养功效】温中补脾，益气养血，补肾益精。

【健康贴士】糖尿病、肥胖、高血脂、肾脏病患者慎食。

【巧手妙招】要达到麻圆膨松中间空心的效果，糯米粉与水的比例5 ： 2为宜。

【举一反三】配以豆浆、牛奶食用可作早餐，宜冬季食用。

八宝瓤梨

【主料】梨 500 克，糯米 100 克，百合、莲米、蜜樱桃、核桃、蜜橘各 30 克，薏米、蜜枣各 50 克。

【配料】白砂糖 100 克，植物油 15 克。

【制作】① 梨削皮后，在梨把顶端 1.5 厘米处切下，于剖口处挖去核及部分内瓤，用清水冲洗干净。② 百合、莲米、薏米等用水发透；蜜樱桃、核桃、蜜枣、蜜橘均切小颗；糯米煮至断生，然后将百合、莲米、薏米、蜜樱桃、核桃、蜜枣、蜜橘品混合加白砂糖，化猪油拌匀。③ 瓤入梨内，盖上梨把，逐一制完后，放于盘中上笼蒸至软透时，取出挂上糖汁即可。

【烹饪方法】煮，蒸，挂糖。

【营养功效】清肺解热、化痰止咳。

【健康贴士】上火、喉咙有炎症者宜食。

【巧手妙招】八宝可根据个人口味调配。

珍珠圆子

【主料】瘦猪肉 400 克，肥猪肉 100 克，荸荠 100 克，糯米 100 克。

【配料】葱末、姜末各 15 克，味精 2 克，黄酒、胡椒粉、盐各 5 克。

【制作】① 瘦肉剁成茸；荸荠削皮，与肥肉分别切成黄豆大小的丁；糯米淘洗干净，用温水浸泡 2 小时后捞出沥干水分备用。② 猪肉茸入钵加味精、盐、葱末、姜末、黄酒、胡椒粉，分三次加入 300 毫升清水，不断搅拌，加入肥肉丁和荸荠丁一起拌匀，挤成肉圆。③ 将肉圆放入装有糯米的筛内滚动粘上糯米，再逐个地将粘上糯米的肉圆捡放在蒸笼内排放整齐，在大火沸水锅蒸 15 分钟，取出装盘即可。

【烹饪方法】蒸。

【营养功效】健脾开胃，补肾养血。

【健康贴士】肥胖人群及血脂较高者慎食。

【巧手妙招】装盘时，盘底可铺白菜叶，抹一点儿植物油，圆子既不黏，也有白菜清香的味道。

仙桃豆泥

【主料】鲜土豆 250 克，桃酱 100 克。

【配料】白砂糖、植物油各适量。

【制作】① 鲜土豆洗净，入笼锅中蒸至熟烂，取出去皮，绞成茸泥。② 锅入油烧热，入土豆泥炒散后，放入白砂糖、桃酱合炒至翻沙吐油，起锅即可。

【烹饪方法】蒸，炒。

【营养功效】和胃调中，补气温肺。

【健康贴士】一般人皆宜食用。

【巧手妙招】存放久的土豆表面有蓝青色的斑点，在煮土豆的水里放些一汤匙醋，斑点就会消失。

八宝甜粽

【主料】糯米 1000 克。

【配料】粽叶 80 张，瓜条 100 克，百合、薏苡仁、莲子各 70 克，橘饼、蜜樱桃各 50 克，白砂糖 250 克。

【制作】① 糯米用清水浸泡 24 小时，淘洗干净，沥干水分；瓜条、橘饼、蜜樱桃用刀切成比绿豆大小的颗粒；百合、薏苡仁、莲子用水涨发，洗净，百合切碎备用。② 涨发好的百合、薏苡仁、莲子放入盆内，加白砂糖拌匀，入笼蒸软，加入切碎的瓜条等及糯米一起拌匀。③ 粽叶洗净，泡入水中，每制作一个粽子，用两张粽叶重叠 1/3，折成圆锥形，装入拌好的糯米，封口包成三棱形，用麻绳扎紧，制成粽子生坯。④ 生坯放入锅中，加足水，盖严锅盖，煮约 1 小时即可。

【烹饪方法】蒸，煮。

【营养功效】温中益气，健脾开胃。

【健康贴士】糖尿病患者不宜食用。

土沱麻饼

【主料】面粉 500 克，糖、香油各 300 克。

【配料】核桃仁、花生米、枣泥、芝麻、冰

糖各 50 克，桂花、玫瑰各 20 克。

【制作】① 面粉、香油和水和成面团，面粉与热香油揉成油酥面；把面团包入油酥面中充分揉匀，制成皮料；瓜果料剁碎、冰糖碾成绿豆粒大小，加熟面、糖、香油、玫瑰、桂花、枣泥拌匀成馅料。② 擀皮包入馅料，收口搓圆，按扁，沾芝麻。③ 入烤箱，用 180℃烤至表面金黄即可。

【烹饪方法】烤。

【营养功效】疏肝宁心、润肺养肠。

【健康贴士】口舌生疮者不宜多食。

蜜汁苕枣

【主料】红苕 500 克，金丝蜜枣 200 克，白砂糖 300 克，蜜玫瑰 25 克，鸡蛋 1 个。

【配料】面包粉、植物油各适量。

【制作】① 红苕洗净，切成厚片，入笼蒸软，用漏勺挤压成泥，制成苕泥块。② 蜜枣去核，加白砂糖及蜜玫瑰揉匀，制成馅料；把苕泥块分别包入馅料，制成红枣形的生坯。③ 鸡蛋打散，用部分白砂糖加清水适量熬成稀糖汁，每个红枣生坯在蛋液中拖过，蘸匀面包粉，放入热油锅内炸至金红色时捞出，沥干油装盘，淋上糖汁即可。

【烹饪方法】炸。

【营养功效】补脾益气，宽肠通便。

【健康贴士】牙病、糖尿病患者不宜食用。

【巧手妙招】炸制时先入六成热的油锅内炸约 2 分钟定型，捞出，待油温升至七成热时，再放入炸约 3 分钟，这样可使成品外酥脆、内软嫩。

酸辣豆花

【主料】生黄豆 1000 克，酥黄豆、大头菜、花生米各 100 克。

【配料】酱油、醋各 100 克，红油辣椒 50 克，熟石膏、红苕粉各 20 克，盐 15 克，味精、花椒粉、葱末各 3 克。

【制作】① 黄豆洗净杂质，用清水泡胀透心，浸泡换水几回，洗净后磨成浆汁装入布袋，使劲挤压出豆浆。② 锅置大火上，倒入豆浆烧开，打去浮沫，舀入盒内，石膏用 1500 毫升清水解散，淋于豆浆中，待浆与水分开水变清，豆浆凝固为豆花时，用竹刀将豆花划成块，入锅用小火煮 15 分钟。③ 清水烧开加入酱油、盐，用红苕粉勾成糊状，加味精制成卤汁，豆花等量舀入每个碗内，舀入卤汁、红辣椒油、花椒粉、醋，上面撒上葱末、酥黄豆粒、花生米、大头菜颗粒即可。

【烹饪方法】煮。

【营养功效】补虚润肠，清肺化痰。

【健康贴士】适宜身体虚弱、消化不良、老年人、心脑血管疾病患者食用。

【巧手妙招】点石膏时，点嫩一点儿就成豆腐脑，点老一点儿就成豆花，豆花压去多余的水就是成块的豆腐。

粉皮片肉

【主料】瘦肉 500 克，粉皮 5 张。

【配料】葱、香菜、红辣椒、蒜茸、生抽、老抽、白砂糖各 5 克，胡椒粉、盐各 3 克，香油、辣椒油各 8 克。

【制作】① 瘦肉放滚水内，煮约二十分钟至熟，凉凉后切薄片；粉皮切长条状，放滚水一烫即熟，加调味料拌匀，垫于碟底。② 葱切成葱末，红辣椒切丝，香菜切碎，将拌料煮滚，放入蒜茸、葱末、香菜及红辣椒丝调成葱蒜汁，肉片放粉皮上，食时蘸葱蒜汁即可。

【烹饪方法】煮。

【营养功效】补虚滋阴、丰肌泽肤。

【健康贴士】阴虚火旺体质者慎食。

粉皮拌莴笋

【主料】粉皮 4 张，莴笋半根。

【配料】香油、芝麻酱各 15 克，盐、白酱油、米醋各 3 克，味精 1 克。

【制作】① 莴笋削去皮，洗净，先顺长一剖两半，再切成柳叶形薄片，加入少许盐拌匀，腌渍 20 分钟；粉皮切成条；芝麻酱放入小锅内，用少许凉水调开备用。② 粉皮条放入沸水锅内汆烫一下，捞出沥干水分，趁热加入白酱油、盐、味精、米醋、芝麻酱、香油拌匀，盛入盘内，莴笋片挤去盐水，盖在粉皮条上面，拌匀即可。

【烹饪方法】腌，汆。

【营养功效】清热利尿，活血通乳。

【健康贴士】体寒、痛风、眼疾患者不宜食用。

【巧手妙招】莴笋汆水后用冰水过凉会更脆。

平都牛肉松

【主料】鲜牛后腿肉 500 克。

【配料】白砂糖 30 克，料酒、酱油各 20 克，姜 10 克，盐 3 克，植物油适量。

【制作】① 牛肉处理干净，焯水去腥。② 牛肉加清水、姜、盐煮 3 小时至酥烂，捞出入炒锅用锅铲将牛肉拍散成丝，加原汁、植物油、白砂糖小火拌煮收汁。③ 起锅放到竹簸箕里，放在锅口上，以原灶内余火慢慢烘去水分，晾 12 小时，用木制梯形搓板，反复搓松即可。

【烹饪方法】焯，煮，烘。

【营养功效】滋养脾胃，强健筋骨。

【健康贴士】一般人皆宜食用。

【巧手妙招】搓松后出去杂质，成品可用盒、瓶、罐和塑料袋装，置干燥处能保存 3 个月。

四川水豆豉

【主料】黄豆 500 克。

【配料】姜 20 克，盐、花椒粉各 10 克，干辣椒 50 克，酱油、植物油各 15 克，料酒、葱末各 5 克。

【制作】① 黄豆洗净，加水泡一晚，捞出煮熟，发酵 3 天，发酵好的样子是豆子之间有黏黏的液体即可。② 在煮豆的水中加盐放入冰箱；干辣椒、姜洗净，分别切末备用。③ 发酵好的黄豆沥干水，锅置火上加油烧热，倒入黄豆煸炒，加盐、干辣椒、花椒粉、姜末、酱油炒匀，滴料酒至汁干，装入盘，撒上葱末即可。

【烹饪方法】煮，煸，炒。

【营养功效】解表清热、透疹解毒。

【健康贴士】一般人士皆宜食用，尤其适合血栓患者。

【巧手妙招】烹饪鱼肉时加入豆豉可解腥调味。

四川炸元宵

【主料】糯米粉 250 克，橘饼 75 克，白砂糖、熟芝麻各 50 克。

【配料】熟鸡油、熟鸭油各 10 克，色拉油适量。

【制作】① 橘饼切成细粒，盛入碗内，拌上白砂糖、熟鸡油、熟鸭油、熟芝麻制成糖馅。② 糯米粉掺适量清水揉成粉团，扯成 10 个小团，分别包上糖馅，搓成元宵。③ 锅内入色拉油，烧至五成热，将元宵放入油锅中炸至外金黄内熟透时，起锅即可。

【烹饪方法】炸。

【营养功效】健脾暖胃，滋肺补虚。

【健康贴士】糖尿病、肥胖、高血脂、肾脏病患者尽量少吃或不吃。

【巧手妙招】糖馅儿可根据个人口味不同随意搭配。

辣酱鸡丝粉皮

【主料】鲜粉皮 200 克，白萝卜、莴笋各 10 克，核桃仁、薄脆、葱各 3 克，香菜叶、红椒各 2 克，熟鸡肉 6 克，黄瓜 5 克。

【配料】麻酱 10 克，花生酱、花椒油各 5 克，味精 2 克，醋 15 克，香油、盐各 6 克，辣椒油 8 克，上汤 50 毫升。

【制作】① 粉皮用热水焯一下，凉凉后切条摆盘；白萝卜、莴笋、红椒、鸡肉、黄瓜、葱同样处理干净，切丝摆盘。② 混合调料浇在菜品上，最后点缀核桃仁、薄脆、香菜叶即可。

【烹饪方法】焯。

【营养功效】清热解暑，润泽肌肤。

【健康贴士】体虚寒多汗者慎食。

酉阳麻辣牛肉片

【主料】黄牛肉 500 克。

【配料】植物油 10 克，料酒、糖、辣椒、花椒、香料、盐各 5 克。

【制作】① 牛肉切块，清理血污，漂洗干净，下锅煮 20 分钟捞出，原汤留用；肉块凉后，切成均匀的肉片。② 各种配料放入原汤煎熬至稍微黏稠，再倒入牛肉片煮熟，小火收汁，入热油锅内煎炒至焦酥即可。

【烹饪方法】煮，煎。

【营养功效】温补脾胃，消肿利水，强壮筋骨。

【健康贴士】黄牛肉性偏温，凡火热、痰火、湿热之证均不宜食用。

五通桥叶儿粑

【主料】糯米粉 500 克，肉末、火腿末、笋丁各 50 克。

【配料】料酒、水淀粉各 10 克，盐、糖、葱、姜末、植物油各 5 克，味精 2 克，高汤、荷叶各适量。

【制作】① 锅置火上，入清水烧沸，加入料酒、盐少许，下入火腿末和笋丁焯一下捞出备用。② 净锅置火上入油，放入葱、姜末炒出香味，下入肉末煸干，下火腿末和笋丁，加入高汤、料酒、盐、味精，最后下入少许水淀粉勾芡。③ 糯米粉加入白砂糖、适量水和成软硬适中的面团，将面团摘成剂子；荷叶浸入水后，剪成 10 厘米宽、4 厘米的长方片备用。④ 面剂包馅，揉搓成椭圆形包入荷叶中，上屉蒸 8 分钟即可食用。

【烹饪方法】焯，煸。

【营养功效】清热利尿，疏通经脉。

【健康贴士】糯米性黏滞，难于消化，不宜一次食用过多；老人、小孩或病人慎食；脾胃虚寒、痛风者忌食。

韩包子

【主料】特级面粉 450 克，老酵面 50 克，半肥瘦猪肉 400 克，鲜虾仁 150 克。

【配料】化猪油 15 克，小苏打 5 克，鲜浓鸡汁 150 毫升，盐 6 克，酱油 45 克，白砂糖 25 克，胡椒粉 1 克，味精 2 克。

【制作】① 面粉中加入酵面浆和清水拌匀发酵，当发酵适当后，加入小苏打揉匀，再加入白砂糖、化猪油反复揉匀，然后用湿布盖好静置约 20 分钟备用。② 猪肉切成米粒大小，鲜虾仁洗净剁细，与肉粒一起放入盆内，加盐、酱油、胡椒粉、味精、鸡汁拌和均匀制成馅心。③ 已饧好的发酵面团搓揉光滑，搓成圆条，摘成剂子，洒上少许面粉；取剂子用手掌压成圆皮，包入馅心，捏成细皱纹，围住馅心，馅心上部裸露其外，置于笼中。用大火沸水蒸约 15 分钟至熟即可。

【烹饪方法】蒸。

【营养功效】养心益肾、除热止渴。

【健康贴士】一般人皆宜食用。

【巧手妙招】馅心易散，包制困难，可将调制好的馅心，放入冰箱保鲜室稍加降温，更易包制。

金钩包子

【主料】面粉 500 克，酵面 50 克，猪肥瘦肉 200 克，海米 100 克。

【配料】味精 2 克，香油 10 克，盐、植物油、熟猪油各 5 克，白砂糖、苏打粉、胡椒粉各 3 克。

【制作】① 面粉加入水、酵面和匀，发酵后加入白砂糖、熟猪油少许和苏打粉，揉匀成面团；海米用少许开水泡发。② 肥肉煮熟，捞起用刀切成绿豆大小的粒；猪瘦肉切细，拌入味精、胡椒粉、香油、盐、植物油及海米水，再加入熟肥肉和海米切成的细粒即成馅料。③ 面团搓成长条，摘成面剂，用手按成圆皮，将馅料放入中央包成包子，入笼蒸约 15 分钟即可。

【烹饪方法】蒸。

【营养功效】补肾壮阳，理气开胃。

【健康贴士】患有皮肤病疥癣者忌食。

银芽米饺

【主料】糯米 200 克，大米、猪肥瘦肉、绿豆芽各 300 克。

【配料】料酒、香油、豆油各 8 克，胡椒粉、盐各 3 克，味精 2 克。

【制作】① 糯米、大米混合加入清水，浸泡 20 小时，洗净，加清水碾成米浆，装入布袋内挤干水分，然后用手揉匀成团，入笼蒸熟，倒在案板上用手揉匀，制饺皮。② 绿豆芽掐去头、根，在锅中微炒，切成小段。猪肥瘦肉斩碎，在锅中焯熟后，放入料酒、盐、豆油微上色，最后起锅拌入银芽、味精、胡椒粉、香油成馅料。③ 面团搓成条，摘成剂子，用手按扁，擀成圆形的饺皮，包入馅料，包捏成月牙饺，入笼蒸约 10 分钟即可。

【烹饪方法】蒸，炒，焯。

【营养功效】健脾养胃，止虚汗。

【健康贴士】老年人不宜多食。

【巧手妙招】蒸时要用沸水旺火速蒸，蒸至表面光滑不粘手即可。

【举一反三】绿豆芽也可以换成黄豆芽，称豆芽米饺。

卤肉锅盔

【主料】小麦面粉 500 克，瘦卤肉 200 克。

【配料】酵母 10 克、泡打粉、盐、香叶各 5 克，生菜 150 克，花椒粉 2 克，辣椒粉、山柰各 10 克，芝麻、草果、白砂糖各 15 克，植物油 25 克，桂皮 20 克。

【制作】① 温水和面，和成死面块，放在案头上用木杠压，边折边压，压匀切成两块，分别加入酵母和泡打粉再揉压，直至面光色润，酵面均匀时，用温布盖严静置 30 分钟。② 面块摘成面剂，擀成圆形饼，上鏊勤翻转，烙到皮色微鼓时即熟，周围并有菊花形的毛边即成锅盔。③ 剩余配料除生菜外加水煮开即成卤水，卤肉切成片入卤烫热，锅盔用刀在边围切开，把生菜、卤肉片夹入锅盔中，再用勺浇点儿卤水即可。

【烹饪方法】烙，煮。

【营养功效】养胃强筋，补虚壮阳。

【健康贴士】一般人皆可食用，偏食者尤其适合食用。

椒盐锅盔

【主料】面粉 2500 克，椒盐 15 克。

【配料】植物油 10 克，盐、苏打各 3 克。

【制作】① 取 150 克面粉加植物油炒成油酥备用，余下的面粉加适量清水和苏打揉搓成面团，摘成剂子。② 剂子擀成牛舌形，在前半段抹油酥、椒盐 1 次，自外向内裹成圆筒，两端封好，再按扁擀成圆形即成锅盔坯。③ 平锅烧热抹油，放上锅盔，反复转动，使两面呈黄白色后，再放入炉内烘烤至熟，取出改刀成三角块，按原形摆入盘中央，撒上椒盐即可。

【烹饪方法】炒，烘。

【营养功效】养心益肾、健脾厚肠。

【健康贴士】阴虚火旺者不宜食用。

四川薄饼

【主料】面粉 250 克，黄豆芽 200 克，豌豆粉丝 100 克。

【配料】芥末 40 克，葱末 30 克，红油 50 克，香油、保宁醋、酱油各 6 克，盐 3 克，味精 1 克，色拉油 5 克。

【制作】① 面粉加 170 毫升清水和盐 2 克，调匀成有一定筋力的稠糊状。② 平铁锅置小火炉上，将锅置好后，用粘有色拉油的净布抹一下，用手抓一坨稠糊迅速在锅上从中至外抹一圈，烙成直径约 15 厘米的圆形，随抹随熟而成一张薄饼，揭下装入盘中，逐一按此法制作完毕备用。③ 芥末盛入瓷杯中，加温开水搅匀成稠糊状，加盖密封 1 小时后，取出装入碗中加盖；粉丝用开水涨发至全软后，沥干水分，改刀成段；豆芽掐根投入沸水锅中焯水至熟，捞起用冷开水透凉，与粉丝、盐 1 克、酱油、香油、味精、葱末、红油拌均匀，配上备好的薄饼、芥末糊、保宁醋一同上桌即可。

【烹饪方法】烙，焯。

【营养功效】和暖肠胃，消肿除痹。

【健康贴士】虚寒尿频者不宜食用。

炒银针粉

【主料】银针粉 100 克，青椒丝、红甜椒丝、肉丝各 40 克，豆芽、韭黄段各 20 克，鸡蛋 1 个。

【配料】盐 3 克，胡椒粉、鸡精粉各 2 克，香油 8 克，植物油 6 克，沙拉油适量。

【制作】① 银针粉放入蒸笼蒸约 3 分钟，取出后用少许沙拉油将银针粉拌开，以防沾黏。② 鸡蛋打散成蛋液，以小火煎成蛋皮，起锅切成丝备用。③ 锅置火上入油烧热，以小火炒肉丝及青椒丝、红甜椒丝，倒入银针粉与盐、胡椒粉、鸡精粉一起炒至味道均匀时，加入韭黄段及豆芽拌炒均匀即可起锅，装盘后洒上蛋丝，淋上香油即可。

【烹饪方法】蒸，煎，炒。

【营养功效】健脾开胃。

【健康贴士】银针粉不宜消化，肠胃不好者少食。

重庆酸辣粉

【主料】红薯粉 100 克，五香花生米 30 克，涪陵榨菜 20 克，白芝麻 10 克。

【配料】葱、香菜、香油各 6 克，花椒、干辣椒各 2 克，植物油 30 克，高汤 200 毫升，醋 10 克，盐 3 克，味精 1 克，花椒粉、辣椒粉各 5 克。

【制作】① 红薯粉洗净，用清水泡发；香菜洗净切段；葱洗净切花；榨菜切末备用。② 锅入油，烧热，爆香花椒、干辣椒、花椒粉、辣椒粉、白芝麻，加入高汤烧沸，盛入碗内。③ 另起锅入水 500 毫升烧开，下红薯粉烫热，放入汤碗中，加味精、醋、盐、五香花生米、榨菜、香油，撒上香菜段、葱末即可。

【烹饪方法】炒，烧。

【营养功效】润滑爽口，酸辣开胃。

【健康贴士】多食易上火。

慈姑枣泥饼

【主料】慈姑 500 克，干糯米粉 50 克，白砂糖粉 50 克，蜜枣 150 克，蜜玫瑰 25 克。

【配料】熟猪油 10 克，植物油 300 克。

【制作】① 慈姑去皮，洗净略煮，用刀斩成绿豆大小的粒，干糯米粉烫熟，与慈姑粒揉匀成面坯料，摘成剂子。② 蜜枣入笼蒸粑去核，与熟猪油、糖粉、蜜玫瑰揉匀，制成馅料。③ 用皮料包入馅料，做成小圆饼，放入七成热的油锅内，炸至金黄色时捞出，沥干油即可。

【烹饪方法】蒸，炸。

【营养功效】治疮消肿，消炎解毒。

【健康贴士】孕妇、便秘者不宜多食。

蘑菇烩粉丝

【主料】金针菇、海鲜菇各 75 克，肉丝 100 克，粉丝 200 克，

【配料】蒜末、料酒各 8 克，盐 3 克，豆瓣酱 10 克。

【制作】① 金针菇、海鲜菇洗净焯水，去除涩味，捞起备用；粉丝焯熟，捞起放入盛有凉水的容器中。② 蒜末炝锅，放入肉丝翻炒，待肉丝发白时放入豆瓣酱和料酒翻炒，放入焯好的海鲜菇和金针菇。③ 粉丝沥干水后放入锅内同炒，加盐，待粉丝上色后即可出锅。

【烹饪方法】焯，炒。

【营养功效】防病健身、抗菌消炎。

【健康贴士】脾胃虚寒者不宜吃太多金针菇。

三鲜炒粉丝

【主料】鸡蛋 1 个，粉丝 200 克，鳗鱼干 100 克，胡萝卜、虾干各 50 克。

【配料】植物油、料酒、生抽各 8 克，鸡精 2 克，盐 3 克。

【制作】① 胡萝卜、葱、鳗鱼干洗净后切丝；粉丝在凉水中浸泡 10 分钟，使其软化；鸡蛋打散备用。② 锅置火上入油炒蛋，待蛋结

成块后，起锅，将切好的胡萝卜、葱、鳗鱼干丝放入锅中翻炒，再放入粉丝翻炒，入生抽、料酒炒匀后放入炒好的蛋、鸡精煸炒一会儿，起锅装盘即可。

【烹饪方法】炒，煸。

【营养功效】补虚养血、祛湿抗结核。

【健康贴士】感冒、发热、红斑狼疮患者不宜食用鳗鱼。

苏稽米花糖

【主料】糯米 500 克。

【配料】糖、鲜猪边油各 200 克，花生米 300 克，饴糖、黑芝麻各 100 克。

【制作】① 竹筛选出颗粒均匀的糯米，泡水 8 小时，捞起沥干水分，用甑子加热蒸熟，取出，在晒垫中铺开，摊晾阴干。② 糖、饴糖、猪油加热熬化，搅匀成糖浆；花生米炒酥脆，去壳，选瓣大、色白的备用；熬制糖浆的铁锅离火，加糯米和花生米，拌和均匀立即起锅。先将脱壳炒脆的黑芝麻铺在板上，再将米花配料倒入，趁热碾薄压平即可。

【烹饪方法】蒸，炒。

【营养功效】益智延寿，止血养血。

【健康贴士】晾干的糯米不宜在阳光下暴晒，也不易高温烘烤。

痣胡子桂圆包子

【主料】特级面粉 450 克，猪肥瘦肉 500 克，荸荠 60 克，老酵面 50 克。

【配料】小苏打 4 克，鸡汁、姜葱水各 150 克，盐 6 克，酱油、香油各 10 克，胡椒粉 1 克，熟猪油、白砂糖各 20 克，料酒 5 克，清水 250 毫升。

【制作】① 面粉、清水、老酵面调制成面团发酵，加入小苏打、白砂糖、熟猪油反复揉匀，用温纱布盖好，饧约 10 分钟。② 猪肉剁成茸，荸荠去皮，切成粒；把各种调料加入肉中拌匀，再将姜葱水和鸡汁分几次加入肉中，每加一次要用力向同一个方向搅拌，待水汁被肉完全吸收后，再加入荸荠粒即为馅心。③ 把饧好的面团揉匀，搓成条，摘成剂子，再用手掌按成圆皮，包上馅心，提成细花纹，中间不封口，放入笼中，用大火开水蒸约 8 分钟至熟即可。

【烹饪方法】蒸。

【营养功效】生津润肺，化痰利肠。

【健康贴士】脾胃虚寒、有瘀血者不宜食用。

砂锅酸辣肠粉

【主料】熟肥肠 150 克，豌豆粉丝 50 克，净韭菜短节 30 克。

【配料】胡椒粉 8 克，红油 12 克，生姜片 15 克，高汤 400 毫升，盐 3 克，鸡精 2 克，醋 10 克，熟猪油、香油各 5 克。

【制作】① 豌豆粉丝用开水泡软后，用手抓断成约 10 厘米长；肥肠改刀成片。② 砂锅置火上，放入熟猪油烧热，下姜片、熟肥肠片、胡椒粉炒几下，掺高汤烧沸 2 分钟后，放上粉丝、盐，煮至入味后，再放入鸡精、醋、香油、红油、净韭菜节，端锅上桌即可。

【烹饪方法】烧。

【营养功效】行气理血，补肾温阳。

【健康贴士】产后乳汁不足的女性不宜食用韭菜。

三义园牛肉焦饼

【主料】面粉 500 克，牛肉 250 克，牛油 100 克。

【配料】食碱 10 克，豆瓣 50 克，植物油 250 克，豆豉、醪糟汁各 75 克，盐 20 克，酱油、豆腐乳汁各 70 克，葱末、姜末各 100 克，五香粉、花椒粉各 30 克。

【制作】① 面粉倒在案板上，用沸水加食碱和成烫面团，和匀后铺开，将牛油熬熟，调入 25 克生植物油，待冷却凝固，抹在铺开的面上稍微和匀。② 牛肉去筋，切成绿豆大的粒，放入醪糟汁、豆瓣、盐、姜末、花椒粉、豆腐乳汁、酱油、豆豉、五香粉拌匀，再撒上葱末，制成焦饼馅料。③ 和匀的面团卷成长条，摘成面剂，用手按成中间厚、边缘薄的圆皮，分别包入馅料，封口向下，按平成圆饼。④ 炉上放平锅，入植物油少许，将圆饼放入，两面先煎一下，然后倒入植物油，油面与饼平，炸至两面呈棕红色时即可。

【烹饪方法】煎，炸。

【营养功效】补脾健胃，益气养血。

【健康贴士】肝病、肾病患者慎食。

典食趣话：

据说，清光绪三十四年夏季的一天，成都暑袜南街曹记剪刀铺里传出了一阵婴儿落地的啼哭声。店主曹建修中年得子，不禁大喜过望。为了让儿子将来能够发家致富，于是给这个孩子取名曹大亨。可是一年过去了，曹大亨却不会说话。父母觉得奇怪，就抱着儿子去看中医，这才发现他是个先天性哑巴。父母心急如焚，抱着他四处寻访名医，但均无功而返。无奈之下，也只好认命了。曹大亨9岁时，其父将他送进九龙巷盲哑学校读书。谁知哑巴却天生不是读书的料，对书本一点儿兴趣也没有。挨了两年，就死活不愿再读了，其父只得让他辍学。哑巴虽然读书毫无长进，对做“活路”却兴趣很浓。他一边玩耍一边学磨剪刀，到后来还真磨出了些名堂，得到了大人的夸奖。

13岁那年，其父把他送进了走马街口的“三义园”当学徒。“三义园”是清末王静庭与两个朋友合伙开设的面店，取刘、关、张“桃园三结义”的故事作店名。该店专门经营牛肉焦饼和牛肉面。店堂不大，仅十余平方米，摆了几张条桌和条凳后，就没有地方了，所以煎焦饼的炉子只得放在街边上。店内请了两个师傅和两个伙计，哑巴就跟着那两个师傅学手艺。每天清晨，当焦饼的锅中响起“滋滋”的声音时，小店门口便会飘来一股诱人的香味，吸引了不少过往的行人。食客走进店来，刚一落座，马上就能品尝到刚出锅的牛肉焦饼，外加一小碗免费牛肉汤。此外，“三义园”的红烧牛肉面也很受欢迎。当时走马街附近的东大街、春熙路、青石桥等都是成都有名的商业中心，商店、钱庄、当铺、影院、剧场、茶馆、旅店林立，客流量很大。无论是衣冠楚楚的商人、职员、文人，还是拉车抬轿卖苦力的脚夫，大家都喜欢到“三义园”吃这种价廉物美、方便快捷的牛肉焦饼和牛肉面。“三义园”也因此而成了远近驰名的小吃店。

香菇肉丝炒米粉

【主料】香菇3朵，韭黄50克，瘦肉100克，米粉300克。

【配料】盐3克，老抽6克，植物油15克。

【制作】① 香菇泡软切条；米粉焯水至软，捞出沥干水分；瘦肉切丝；韭黄切成段备用。② 锅置火上入油烧热，将肉丝、香菇炒至八成熟时加焯过水的米粉、韭黄段，略炒至熟，加入盐、老抽炒匀盛盘即可。

【烹饪方法】焯，炒。

【营养功效】补气活血，降脂散瘀。

【健康贴士】胃虚有热、溃疡病患者忌食韭菜。

凉蛋糕

【主料】鸡蛋500克。

【配料】面粉、白砂糖各250克。

【制作】① 鸡蛋去壳入缸，倒入白砂糖，用细竹刷顺着一个方向用力搅，使糖、鸡蛋融为一体，起大泡呈乳白色时，再将面粉筛入，轻轻搅匀，不能起疙瘩。② 笼锅水浇沸，将湿蒸帕布垫入蒸笼中的木箱架内，先舀1/4的蛋浆倒入木箱架中，盖上笼盖，用大火蒸8分钟后揭盖，接着再倒入1/3的蛋浆，加盖用大火再蒸5分钟至熟取出，翻扣在案板上，去箱架和蒸布，待其晾冷后切成若干块即可。

【烹饪方法】蒸。
【营养功效】健脑益智，保护肝脏。
【健康贴士】肾炎、肝炎、胆结石患者忌食。

八宝油糕

【主料】鸡蛋、植物油各 100 克，糖 150 克，蜂蜜 40 克，面粉 80 克。
【配料】蜜瓜片、核桃仁各 30 克，蜜樱桃、玫瑰酱各 20 克。
【制作】① 鸡蛋打散加糖、植物油、面粉、蜂蜜、玫瑰酱拌匀，制成馅料。② 模具排入烤盘抹油，加入馅料约五成满，然后将混合的碎核桃仁、蜜瓜片撒于其上，中间放一颗蜜樱桃点缀。③ 入烤炉烘至糕体膨胀，糕面呈谷黄色时即可。
【烹饪方法】烤。
【营养功效】活血解郁，润肠养肤。
【健康贴士】阴虚上火者不宜食用。

四川藕丝糕

【主料】鲜藕 500 克，藕粉 70 克，鸡蛋 1 个。
【配料】白砂糖 250 克，琼脂、香油各 5 克，食用红色素、白矾各 1 克。
【制作】① 藕洗净去皮，用刀切成细丝，放入白矾水中浸泡，再放入沸水中略烫，起锅晾干。② 锅置火上，入清水 1000 毫升烧沸，放入白砂糖，下入蛋清，撇净浮杂，放入琼脂熬化，再放入适量食用红色素，制成粉红色的糖水；藕粉调成稀糊状，倒入糖水中，搅稠倒入藕丝和匀，然后倒入抹油的瓷盘内，放入冰箱冷藏。③ 凉后用刀切成小长方块即可。
【烹饪方法】烧。
【营养功效】通便止泻，健脾开胃。
【健康贴士】适宜高血压、肝病患者食用。

蛋烘糕（甜）

【主料】面粉 500 克，鸡蛋 250 克，白砂糖 300 克，红糖、密瓜砖、橘饼、熟芝麻、熟花生仁、熟黑桃仁各 50 克，密樱桃 25 克，密玫瑰 20 克。
【配料】化猪油、酵母面各 50 克，水、苏打各适量。
【制作】① 面粉放入盆内，在面中放入用蛋液、白砂糖 200 克和红糖化成的水，用手从一个方向搅成稠糊状，30 分钟后再放入酵母面与适量的苏打粉。② 花生仁、芝麻、桃仁擀压成面，与白砂糖和各种切成细颗粒蜜饯拌和均匀，制作成甜馅。③ 专用的烘糕锅或平底锅放火上，待锅热后，将调好的面浆舀入锅中，用盖盖上烘制。待面中间干后，放入 1 克化猪油，再放入 4 克调制好的甜馅，最后用夹子将锅中的糕的一边提起，将糕夹折成半圆形，再翻面烤成金黄色即可。
【烹饪方法】烘，烤。
【营养功效】健脑益智，保护肝脏。
【健康贴士】可作为小儿、老人、产妇以及肝炎、结核、贫血患者、手术后恢复期病人的良好补品。
【举一反三】蛋烘糕也可以制成咸馅，将各种蜜饯和红糖换成肥瘦猪肉 250 克和榨菜 200 克，配料里加盐、植物油、料酒、味精、胡椒面适量，制法一样。

四川千层发糕

【主料】面粉 1000 克，冬瓜糖、橘饼、山楂、蜜樱桃、青梅各 50 克。
【配料】白砂糖 250 克，熟猪油 50 克、酵面 10 克，苏打粉 5 克。
【制作】① 面粉加入酵面、清水、白砂糖揉匀成面团，用湿布盖好，等 3 小时发酵后，放入苏打粉、熟猪油少许揉匀成正碱酵面。② 发面团放案板上，用擀面杖擀成长方形面皮，抹上熟猪油，叠成 3 层，反复做 3 次，最后擀成 5 厘米厚的长方形面皮。③ 笼内抹油，用擀面杖卷上面皮，抽出擀面杖，将卷坯放入蒸笼内，再将用刀切成薄片的各种蜜饯放在糕面上，蒸 30 分钟后翻出笼，凉凉，切成 20 个菱形千层发糕即可。
【烹饪方法】蒸。

【营养功效】补中益气，开胃消食。

【健康贴士】溃疡症状者慎食。

肥肠米粉

【主料】猪大肠 1000 克，鲜米粉 1500 克。

【配料】净香菜、料酒、红油、郫县豆瓣各 6 克，胡椒粉、葱末、大料、三奈、丁香、陈皮、生姜片、葱节、盐、花椒粉各 3 克，鸡精、味精各 1 克，猪骨汤、熟猪油、花椒粒各适量。

【制作】① 大肠内外洗净，去净油筋，投入沸水锅中焯水至断生，捞起再次洗净。② 净锅内放猪骨汤、大料、三奈、丁香、陈皮、生姜片、花椒粒、葱节、肥肠煮熟，将调味料全部过滤起锅；拣出软肥肠改刀成片，炒锅内放上熟猪油烧热，下郫县豆瓣炒香，再放煮肥肠的原汤，烧沸 3 分钟后，打渣，再放料酒、盐、鸡精、肥肠烧沸 3 分钟，盛入缸内，置于大锅中的猪骨汤的骨头上。③ 米粉用清水透洗干净；盐、香菜、葱末、红油、味精、花椒粉分别装入器具内备用，骨汤烧沸后，将米粉抓入竹丝漏子里，放入滚开的汤锅内一放一提，反复 4 ~ 6 次将米粉烫热，倒入碗中，填上肥肠及汤、盐、味精、葱末、香菜、红油、花椒粉即可。

【烹饪方法】焯，煮。

【营养功效】滋养肠道，利水消肿。

【健康贴士】胆固醇高者不宜食用。

川北凉粉

【主料】土豆淀粉 100 克。

【配料】老干妈豆豉酱 10 克，蒜泥、葱末、香油、老抽各 5 克，醋 8 克，花椒粉 2 克，辣椒油、生抽各 6 克，盐 3 克。

【制作】① 土豆淀粉和水混合在一起搅均匀，将搅好的土豆淀粉水倒入锅中，中火煮制，并不停搅拌，待有纹路后转小火，并搅拌。② 当全部的液体成浆状黏合在一起时关火，把搅好的冻状凉粉倒入饭盒中抹平，放凉后盖上饭盒放冰箱里冷藏 30 分钟。③ 冷藏好的凉粉块倒扣在案板上，切之前过凉水，切成细丝或块状，码盘。④ 配料调成汁，淋在码放好的凉粉上即可。

【烹饪方法】煮。

【营养功效】通利大便，健脾和胃。

【健康贴士】一般人皆宜食用。

【举一反三】土豆淀粉也可以换成绿豆淀粉、红薯粉。

凉拌酸辣蕨根粉

【主料】蕨根粉 100 克。

【配料】生抽 15 克，米醋 40 克，白砂糖 10 克，盐 3 克，大蒜 2 瓣，青红椒各一根，红油 15 克，油炸花生米 20 克。

【制作】① 汤锅入水烧沸，用手握住蕨根粉的一端，轻轻散开，立即用筷子搅拌，使蕨根粉全部被水浸泡住；火调成中火，煮约 4 分钟，直到蕨根粉变软，用筷子掐断，中间没有硬心。② 用漏勺捞出，放在清水中过凉。用筷子轻挑几下，防止蕨根粉粘连，大蒜去皮后，用压蒜器压成末，青红椒切成小片，取一只小碗，放入酱油、醋、白砂糖、盐搅拌拌匀。③ 捞出凉透的蕨根粉，沥干水分，放入调料碗中拌匀，最后加上蒜末、青红椒、炸花生米，淋入红油即可。

【烹饪方法】煮。

【营养功效】消脂降压，滑肠通便，降气化痰。

【健康贴士】消化不良者慎食。

雪菜烤鸭丝焖炒米粉

【主料】米粉、烤鸭胸肉各 100 克，雪菜、豆芽各 40 克，韭黄 30 克。

【配料】姜末 5 克，高汤 200 毫升，蚝油 8 克，盐 3 克，鸡精粉、糖、胡椒粉各 2 克。

【制作】① 米粉以冷水浸泡约 10 分钟至软，捞起沥干；烤鸭肉去骨并切丝；雪菜洗净，切成小丁备用。② 锅烧热，入稍多的油量，放入软米粉以小火煎至两面稍黄，盛起沥干油脂备用。③ 另热锅下油，放入姜末及雪菜、鸭肉丝以中火稍炒一下，加入所有调味料拌炒入味，放入煎好米粉以小火慢炒至汤汁稍干，放韭黄及豆芽略炒即可。

【烹饪方法】煎，炒。

【营养功效】滋阴补虚，清热健脾。

【健康贴士】鸭肉忌与鸡蛋、甲鱼同食。

宋嫂面

【主料】手工细面条 1000 克，水发香菇、芽菜各 25 克，冬笋 75 克，鲜鲤鱼肉 500 克，鸡蛋清 30 克，虾仁 50 克。

【配料】葱、豆瓣酱、料酒各 50 克，生姜 10 克，醋 15 克，鲜肉汤 500 毫升，盐、味精、胡椒粉各少许，冷水 100 毫升，酱油、油脂各 100 克，熟猪油 500 克，鳝鱼骨 250 克，干淀粉、花椒油、水淀粉各 25 克。

【制作】① 鲤鱼宰杀后洗净，去骨、皮后切成指甲片状，放于盆中，加适量盐、料酒、鸡蛋清、淀粉及冷水调拌均匀备用；豆瓣酱剁细，香菇、冬笋切成片状，虾仁、芽菜剁细，葱切成葱末。② 锅置火上，入熟猪油烧至六成热，放入鱼片，倒入漏勺内沥去余油，将油脂烧热，放入豆瓣酱煸出红油，掺入鲜汤烧沸后，捞出豆瓣渣，放入鱼骨、鳝鱼骨、葱末、姜块，煮出香味后；将各种原料捞出，再加入虾仁、冬笋片、香菇，稍煮，加入盐、鱼片、醋，用水淀粉勾芡，最后加入花椒油制成臊子。③ 酱油、胡椒粉、75 克熟猪油、红辣椒油、味精分别放于 20 个碗中，水沸后放入面条，煮熟后捞入碗内，浇上臊子，撒上葱末。

【烹饪方法】煸，煮。

【营养功效】健脾益气，养身催乳。

【健康贴士】小儿痄腮患者不宜食用鲫鱼。

宜宾燃面

【主料】切面 250 克，芽菜肉末、烤花生各 20 克。

【配料】蒜 15 克，酱油、醋、辣椒油、葱、麻椒粉各 10 克，香油 30 克，美极鲜、糖各 5 克，芝麻 8 克。

【制作】① 切面入锅中煮熟，取出放入凉白开水中稍微拔一下，捞出沥干水分，加入少许香油。拌匀防止粘连。② 花生切碎，蒜切成末，放入碗中加入除花生碎和葱末之外所有的调料拌匀，浇到煮好的面上，再分别撒上花生碎，芽菜肉末，葱末即可。

【烹饪方法】煮。

【营养功效】健脾养胃，温中益气。

【健康贴士】一般人皆宜食用。

酸辣三丝面

【主料】挂面 150 克，猪肉瘦、鲜香菇、黄瓜各 100 克，青椒、红辣椒各 30 克

【配料】植物油 20 克，葱、姜各 5 克，辣椒油、酱油各 10 克，黄酒、醋各 15 克，盐 3 克，味精 1 克，胡椒粉、香油各 2 克。

【制作】① 猪肉、香菇、黄瓜分别洗净切丝；青椒、红辣椒洗净切圈备用；葱、姜洗净切末备用。② 锅入油烧热，放入肉丝炒熟，放入葱末、姜末，酱油、黄酒，翻炒入味，装碗备用。③ 锅入清水，烧开后放入挂面煮熟，捞出装入碗内，码好猪肉、香菇、黄瓜三丝，炒锅内倒入鲜汤，烧开放入青椒、红辣椒，加醋、辣椒油、盐、味精、胡椒粉、香油，调好口味，浇到面上即可。

【烹饪方法】炒，煮。

【营养功效】开胃健脾，调理消化。

【健康贴士】黄瓜不宜与花生同食，否则易导致腹泻。

川香麻辣烫

【主料】辣火锅底料。

【配料】鱼丸、鹌鹑蛋、百叶、金针菇、午餐肉、蔬菜、豆腐、鸡心各 200 克，芝麻酱 100 克，蒜泥 50 克。

【制作】① 各种材料穿成串。② 烧一锅水（如果是平锅就要尽量口大，如果是口小的锅就要尽量深，要把所有的材料都能没过），水开后倒入火锅底料，根据食材的易熟程度，陆续放入串串煮熟。③ 芝麻酱、蒜泥拌匀，

食用时蘸酱即可。
【烹饪方法】煮。
【营养功效】暖胃养身。
【健康贴士】多食易上火，口腔溃疡者慎食。

三丝锅盔

【主料】面粉 250 克，豆芽、胡萝卜丝、海带丝各 100 克。
【配料】酵母、油辣子各 10 克，酱油、醋各 8 克，盐 3 克，味精 1 克，葱段、姜丝、白砂糖、植物油各 5 克。
【制作】① 温水加酵母和面，发酵至两倍大后摘成小剂子，取一块剂子，搓成长条，压扁。从面条的一端开始往另一端卷起，卷到头后把尾巴塞到一端里面去。② 把卷好的面团竖着放平，塞了尾巴的那一面放底下，用手把面团压平，擀成小圆饼，把擀好的面饼表面拍薄薄一层面粉，平底锅不放油，把面饼烙熟成为白面锅盔，白面锅盔用刀切开 1/2 圈成为口袋状备用。③ 炒锅置火上入油，下葱段，姜丝爆香，入豆芽、胡萝卜丝、海带丝炒熟，放好调味料盛盘，夹到白面锅盔里即可。
【烹饪方法】炒，烙。
【营养功效】疏肝宁心、润肺养肠。
【健康贴士】一般人皆宜食用。
【举一反三】三丝也可以是莴笋丝、土豆丝等，根据个人爱好调整。

四川姜糖

【主料】鲜姜 10 克，上等红糖 300 克。
【配料】优质熟油 50 克，上等糯米 110 克，芝麻、桃仁各 20 克，蜜玫瑰 10 克。
【制作】① 鲜姜洗净，用绞肉机绞碎，加少量水拌匀，挤出姜汁备用。② 按配料将糯米用 50 ~ 60℃温水淘洗 4 ~ 5 分钟，捞起摊在簸箕里滤干水分，次日早晨用植物油制过的河砂大火炒制，不能炒黄；用电磨磨成细粉，再摊在地上露 2 ~ 3 天后，以手捏粉子成团，不散垮即可。③ 红糖放入锅内，加适量的水熬化，过滤沉淀，除去杂质，再放入锅内加姜汁和细粉继续熬制。温度掌握在 80℃ ~ 90℃，火色不宜大，边熬边搅拌，使糖与细粉、姜汁渐渐成浓糊状态时加入优质熟油，继续煮开，然后加芝麻和香料拌匀。④ 熬好的姜糖糊舀到案台上摊开，冷却后用木棒擀薄，开条切成长条形，然后装盒，即为成品。
【烹饪方法】炒，熬。
【营养功效】健胃生津，温肺止咳。
【健康贴士】消化不好、胃肠容易胀气者，身边可常备些姜糖。

苕酥糖

【主料】红苕泥 100 克，糯米粉 200 克。
【配料】植物油、饴糖各 80 克，白砂糖 120 克，熟芝麻 20 克。
【制作】① 熟糯米在 80℃的热水中濯浸，打转后即滤起，用布或盖子捂住，至糯米不见明水时，即磨制成粉，红苕洗泥去皮，略蒸后，用擦筛擦揉成泥，趁苕泥尚热，将糯米粉与苕泥揉合分成小团后，上笼蒸制 2 小时左右。② 蒸好的粉团倒入石碓窝内舂捣，待米粉、苕泥充分融合，检视无颗粒，质细腻时，倒入簸盖内摊平晾干。坯子晾干后切成条，分为片，稍微静置以免粘连。然后切成丝条，再晾至不粘手，能折断时即可炸制，炸制时油温 160℃左右。③ 白砂糖、饴糖加水熬制，糖温在 120℃左右端锅。舀出 2/3 的糖浆后，将酥丝下于锅内拌和，边拌和边淋下舀出的糖浆，淋完为止，拌和均匀即可。
【烹饪方法】蒸，炸，熬。
【营养功效】补脾益气，宽肠通便。
【健康贴士】高血脂、肥胖患者慎食。

鸡汁锅贴

【主料】特级面粉、猪前夹肉各 500 克，鸡汤 100 克。
【配料】葱、姜块各 50 克，胡椒粉 2 克，味精 5 克，白砂糖、盐、香油、绍酒各 10 克，熟猪油 100 克。

【制作】① 猪肉洗净剁茸，姜拍破，葱洗净切成 5 厘米长并拍破，与姜同用清水 100 毫升浸泡。肉茸置盆内，加鸡汤用力向同一方向搅动，至鸡汁全部被肉茸吸收后，再加入味精、胡椒粉、白砂糖、绍酒、香油、浸泡过的葱姜汁，和匀即为馅心。② 面粉少许留作扑粉，其余面粉加 80℃左右热水，烫和均匀，置案板上凉凉后，再揉搓均匀成条，摘成剂子，擀成圆形饺皮，包馅成型。③ 平锅置小火上，将饺坯整齐地置于平锅内，淋熟猪油 50 克，再撒入清水 100 毫升。盖上锅盖，并不断转动平锅，使其均衡受热，至锅内水将干时，再淋入熟猪油 50 克，盖上锅盖，继续煎贴 3 分钟，至饺底呈金黄色即可。

【烹饪方法】煎。

【营养功效】养胃强筋，补虚壮阳。

【健康贴士】一般人皆宜食用。

【举一反三】锅贴饺在煎贴过程中喷洒适量的清水，可以防止饺皮干硬。

湖北

虾宰

【主料】精面粉 500 克，熟猪油 1000 克，鲜虾仁 250 克，鸡蛋清 50 克。
【配料】盐 5 克，味精 2 克。
【制作】① 虾仁去壳洗净剁成茸，放入盆内，加蛋清、盐、味精拌匀，锅置大火上，加熟猪油烧热，放入拌好的虾茸滑油滤出，再放入锅内勾芡烩熟。② 面粉 200 克、熟猪油 100 克揉匀，揉成干油酥面；面粉 300 克、清水 150 毫升、熟猪油 25 克拌和揉匀，揉成水油酥面；分别搓成条状，摘面剂，将水油酥面逐个按成圆皮，包入干油酥面，按扁，擀成长面皮，卷成圆条，再擀成长面皮，从中间划开，面皮的一端贴在左手的示指上，围着中指绕成圆形面皮，放在案板上，用圆筒朝中间一按呈铜钱状，再用剪刀在铜钱状面皮周围剪成风扇叶形。③ 锅置大火上，加熟猪油烧至六成热，离火，逐个放入制好的扇形面条炸 3 分钟，改用小火炸 7 分钟，离火，再用小火炸 7 分钟，捞出沥油，盘内放入炸好的扇叶，把烩好的虾馅放入每个扇形洞内，填满堆起即可。
【烹饪方法】烩，炸。
【营养功效】补肾壮阳，温中益脾。
【健康贴士】海鲜过敏者慎食。

五香炖藕

【主料】湖藕 5000 克，猪骨头 1000 克。
【配料】桂皮 100 克，盐 5 克，酱油 8 克，辣椒粉 1 克，葱末 5 克。
【制作】① 湖藕去节洗净，用刀切成边长约 3.3 厘米的菱形块；猪骨、桂皮一起放入瓦钵内，加入清水 5000 毫升煮成骨清汤，捞出骨头，放入藕块煮熟。② 取碗，放入盐、酱油、辣椒粉、葱末，将煮好的藕块舀入碗内即可。
【烹饪方法】煮。
【营养功效】补血养血，消食止泻，健脾开胃。
【健康贴士】老弱妇孺、产妇、体弱多病、肝病、便秘、糖尿病患者宜食。

秭归粽子

【主料】糯米 250 克。
【配料】糖 50 克，红枣 10 枚，芦苇叶、芦草各适量。
【制作】① 糯米淘洗干净，沥干水分；芦苇叶剪长条，大火煮至黄色捞出；芦草剪成 1.6 米，沸水烫软。② 芦叶三张置左手，下两张重叠宽 8 厘米，上一张在两叶交缝处，左右相折卷成圆锥形，放入糯米 27 克、红枣 1 枚，按压结实，余叶封口，包成菱形，用芦草扎紧，依次做好。③ 大火煮 1 小时，水渐干加水煮 1 小时至熟，捞出用水冲凉，入冷水浸漂，食时取出，解绳去叶，盛盘撒糖即可。
【烹饪方法】煮。
【营养功效】补中益气，健脾养胃。
【健康贴士】一般人皆宜食用。

金丝馓子

【主料】面粉 1000 克。
【配料】香油 250 克，盐 20 克。
【制作】① 盐、清水 550 毫升、面粉揉成圆形，饧 15 分钟后搓成长条，饧 10 分钟搓细，由内向外盘旋入盆，边旋边刷油，旋完饧 30 分钟。② 大火将香油烧到八成热，牵起面条头，在左手虎口上缠 24 ～ 28 圈捏断，撑开面条插两支竹筷后炸，抖动竹筷二三下扭成鱼肚形，抽出竹筷拨动，炸至金黄色即可。

【烹饪方法】炸。
【营养功效】润肠滑道，宽中利脾。
【健康贴士】偏油腻不易消化，肠胃不好者慎食。

黄州烧卖

【主料】精面粉 500 克，白砂糖 1500 克，猪肥肉 1500 克。
【配料】淀粉300克，蜜橘饼、冰糖各200克，葡萄干、核桃仁、蜜桂花各 100 克，红绿丝 30 克，盐 10 克。
【制作】① 猪肥膘肉切成 6 块，放入沸水锅中焯 5 分钟捞出，去皮凉凉，改切成如豌豆粒的丁；冰糖砸碎成屑；核桃仁放入温水中浸泡后取出，去皮后与蜜橘饼均切成颗粒；红绿丝切成细末。② 猪肥肉丁、核桃仁、橘饼末、馒头丁、红绿丝末、冰糖屑、葡萄干、白砂糖一起拌匀成馅。③ 面粉倒在案板上，中间开成小窝，加清水 250 毫升及盐拌和，揉匀后饧5分钟，搓条摘成面剂，撒匀干淀粉，擀成荷叶边形的圆皮，放在手掌上，挑入糖馅，包成立体似秤砣形的烧卖，依次做好，上笼蒸 3 分钟左右，揭盖在烧卖上均匀地撒上冷水，盖好盖继续蒸 5 分钟至熟，起锅出笼即可。
【烹饪方法】焯，蒸。
【营养功效】益智健脑，滋阴补虚。
【健康贴士】含糖量过高，糖尿病患者忌食。

田恒启糊汤米粉

【主料】湿米粉 2500 克。
【配料】小活鲫鱼 500 克，干米粉 125 克，猪油、葱末各 250 克，酱豆豉 400 克，鸡精、盐、胡椒粉各 3 克。
【制作】① 鲫鱼宰杀，处理洗净，放入沸水煮至半熟，加酱豆豉、盐煮 30 分钟，滤汤。② 鱼汤加水煮沸，放米粉打糊，汤煮浓稠放猪油、鸡精、胡椒粉，小火保温。③ 将湿米粉 100 克放入沸水烫热，舀 1 勺鱼汤汁，浇在米粉上，撒葱末即可。
【烹饪方法】煮。
【营养功效】利水消肿，清热下乳。
【健康贴士】此品产妇宜食用，但吃鱼前忌喝茶。

湖北油糍

【主料】糯米 425 克。
【配料】香油250克，绿豆75克，桂花10克，白砂糖 75 克，油碱 1 块。
【制作】① 糯米淘洗干净，放入盆中浸泡 4 小时，捞出冲洗干净，沥水入笼，置大火沸水锅上蒸熟，取出倒入盆内，趁热慢慢放入适量沸水，用木棍搅成糍饭。② 绿豆淘洗干净，捞出沥干水分，放入大火锅内，加清水煮至开花，捞出去皮沥水，绞成细豆泥，锅置中火上，加香油 50 克烧热，放入白砂糖炒化，再放入绿豆泥炒散，最后放入桂花炒匀成馅。③ 用干净细布一块，放温水中浸湿拧干，取一块热糍饭放在铝板上搓揉均匀，摘成糍饭坨，逐个包入豆沙糖馅，捏拢收口，做成灯盏窝形的油糍。④ 锅置大火上，入香油烧至九成热时，放入油糍炸，待两面呈金黄色时，捞出沥油即可。
【烹饪方法】蒸，煮，炒，炸。
【营养功效】滋肠润道，清热解毒。
【健康贴士】一般人皆宜食用。

全料糊汤米酒

【主料】糯米 1250 克。
【配料】蜜桂花 50 克，蜜橘饼 75 克，糖 750 克，酒曲 2.5 克，食碱适量。
【制作】① 糯米淘洗干净，与酒曲拌匀，装瓷盆置桶内盖好，发酵 26 小时，米成团浮上即成糯米酒。② 糯米捞出，用清水冲净浸泡 6 小时，加水磨浆，压干水分制成米浆，米浆加糯米酒、食碱、水揉匀，发酵 2 小时。③ 锅置大火上，入水烧沸，将米浆置锅边，用手勺削成块，入锅内，待成稠糊状时，放入食碱水、糖、1/2 的米酒搅匀，待锅内米浆将熟时，再放入桂花、橘饼搅匀即可。

【烹饪方法】煮。
【营养功效】壮气提神，美容益寿。
【健康贴士】糯米性温，肺热、脾虚者慎食。

油墩

【主料】面粉 400 克。
【配料】酵面 100 克，葱末 50 克，香油 200 克，盐 3 克，食碱、明矾各 1 克。
【制作】① 酵面、明矾、食碱加面粉、水揉匀，洒清水饧 15 分钟，揉至不粘手时，让其发酵至起大泡。② 锅入香油烧至七成热时，左手执筷挑面，蘸盐和葱末，右手竹筷刮平，顺盆子边沿，两只竹筷卷进面内绞 3 圈，拉断，右手抖筷子成面筒，左手筷子上的面搭在右边，做成灯状墩子生坯。③ 锅置火上，入香油烧热，下入油墩炸至两面呈金黄色即可。
【烹饪方法】炸。
【营养功效】滑肠润道，宽中下气。
【健康贴士】油炸食品不宜多食。

典食趣话：

据说，有一次，乾隆皇帝路过吴江继续南下前往浙江巡视，龙舟行至一个水域非常宽阔的地方，袅袅的雾气渐渐弥漫升腾，只见一座邸楼在前面的雾气中时隐时现，胜似仙境中的玉宇琼楼。乾隆惊问："这是什么地方？"当地的随行官员告诉皇帝："这里是唐家湖，湖中有个名叫盛墩的小岛。这小岛上有一座高高的敌楼名吞海楼。"

本来龙舟要到平望停船吃晚饭过夜，想不到迷了路饿了一夜。饥肠辘辘的一行人发现湖心岛上有一座寺庙，岂知这寺庙冷落多时了，方丈只得叫烧火和尚用糯米粉包进豆沙馅，揉成球，放入油锅氽制成点心，硬着头皮端了上去。乾隆饥不择食，吃后大为赞赏，问侍臣："此物何名？"侍臣不知，连忙问方丈，方丈只得实说了："此糕点是第一次做，尚无名字。"乾隆见所食之物，圆溜溜，黄澄澄，扁塌塌，活像大殿中菩萨香案前的蒲墩，就笑笑说："此物真像油氽的蒲墩，就叫油墩吧。"从此这道小吃便流传了下来。

面窝

【主料】大米 460 克，黄豆 40 克。
【配料】盐 10 克，葱末 50 克，姜末 10 克，芝麻 10 克，植物油适量。
【制作】① 把大米放入清水盆中淘洗，去掉杂质，洗净沥出，仍放入盆内，加黄豆 15 克，用清水浸泡至水分渗透米内，沥出，磨成细浆；剩余黄豆清水浸泡至渗透，磨成豆浆备用。② 把大米浆盛入盆中放入盐、葱末、姜末搅拌均匀，再兑入适量黄豆浆拌匀。③ 锅置大火上入油，烧至八成热，执铁制圆形窝勺，先将芝麻撒入窝低，然后舀一勺米浆放入窝内，用勺边顺着划一道勺印，呈空心窝状，放入油锅中炸至一面呈金黄色时，翻出铁勺中的米窝，用铁火钳夹实翻面继续炸，待两面呈金黄色时，用铁火钳钳出即可。
【烹饪方法】炸。
【营养功效】温中益气，润燥补血。
【健康贴士】油炸食品不易消化，多食易得胃病。

东坡饼

【主料】精面粉 2500 克。
【配料】盐 12 克，白砂糖 50 克，鸡蛋 3 个，香油 1500 克。
【制作】① 鸡蛋取蛋清，加清水 500 毫升及盐、苏打溶化后，倒入面粉，反复揉合，至面团不沾手时，搓成条，摘成面剂，搓成圆坨，摆放到盛有香油 100 克的瓷盘里，饧 10 分钟。

② 案板上抹匀香油，取出饧好的面坨，在案板上按成长方形薄面皮，从两端向中间卷成双筒状，拉成约一半长条，再侧着从两端向中间卷成一个大、一个小的圆饼，将大圆饼放底层，小圆饼叠在上面，复放在盛香油的瓷盘里浸没，约饧5分钟即成饼坯。③ 锅置中火上，放入香油烧至七成热时，将饼坯平放锅里，边炸边用筷子一夹一松地使饼坯松散，待饼坯炸至浮起时，翻面再炸，边炸边用筷子点动饼坯心，使饼炸至松泡但不散开，呈金黄色时，捞出沥去油，装盘撒上白砂糖即可。

【烹饪方法】炸。

【营养功效】油而不腻，除烦益气。

【健康贴士】高血脂、高血压、高血糖患者不宜多食。

典食趣话：

苏轼在宋神宗元丰年间，被贬黄州。在这里，他除"赤壁之游乐乎"外，也常去隔江相望的西山游览。一天，西山的灵泉寺和尚们为款待这位峨眉名士，特地制作了一种油炸饼，请他吃。苏轼见此饼呈淡黄色，且玲珑剔透，简直如象牙雕成似的。观赏良久，然后才放进嘴里。香甜酥脆，口味极佳。连忙问和尚为何这般好吃？和尚答曰：因寺内有四眼泉，泉水极佳，此饼是汲了四泉之水调制而成，所以好吃。东坡听罢，连连叫绝，并要和尚取来文房四宝，当场对饼挥毫，画了一饼，并写上"东坡居士"四字。画饼与真饼一模一样。从此，这饼便被叫作"东坡饼"了。由于苏东坡也常去黄州赤壁附近的承天寺、定惠院，东坡饼亦成为这一带和尚道士的斋品。到了明清时期，东坡饼便传到社会上，成为黄州府的地方名产，一直流传至今。

烤麻酱饼

【主料】面粉400克。

【配料】香油100克，芝麻、葱末各100克，老酵面、烫面各50克，芝麻酱75克，鸡蛋液50克，盐、食碱各3克。

【制作】① 盆内加面粉250克、老酵面、清水拌匀，揉成面团，盖上净纱布静饧后加烫面、食碱揉匀；面粉150克加入香油，揉成油酥面团。② 将饧好的面包入油酥面，擀成薄皮，抹上芝麻酱、盐、葱末，卷成圆筒，切成面剂，逐个按扁，刷上鸡蛋液，撒上芝麻制成麻酱饼坯。③ 麻酱饼放入烤盘，置烤箱内烘烤，待饼面呈金黄色时，取出即可。

【烹饪方法】烤。

【营养功效】益智补脑，延缓衰老。

【健康贴士】慢性肠炎、便溏腹泻、男子阳痿、遗精患者忌食。

小桃园猪油酥饼

【主料】精面粉250克。

【配料】熟猪油27克，净猪板油42克，盐5克，香油25克，香葱35克

【制作】① 盆内加精面粉100克、熟猪油20克和成油酥面；另将面粉100克先加入沸水烫一下和匀，再加入温水和匀揉透凉凉。② 净猪板油去油皮，切成细丁，加盐拌匀盛入盆内；面粉50克加熟猪油2克、香油10克，调匀作抹酥用；香葱去蒂，洗净切成葱末。③ 案板上抹匀香油，把和好的水调面揉匀揉光滑，搓成大长条，按一下，再把油酥面略揉，搓小长条，放在水调面中间，用手掌横着向两边揉擦，然后卷成圆柱，继续向两边揉擦好，摘成面剂，搓条按扁，揉成长条片，刷匀油酥，放入猪板油丁、葱末叠拢，卷成螺旋形饼坯，边做边放在抹油案板上。④ 把饼坯逐个擀成圆饼，放入抹油的烤盘内，置炉

内烤 5 分钟，取出逐个翻身，继续放炉内烤，待两面呈金黄色时出炉，逐个刷上香油即可。

【烹饪方法】烤。

【营养功效】补虚润燥，润肠滑道。

【健康贴士】猪油忌与梅子同食，性味相反。

鸡冠饺

【主料】面粉 2300 克，糯米 250 克，猪肉茸 500 克。

【配料】酱油 50 克，酵面 300 克，食碱水 50 毫升，味精 5 克，胡椒粉 2.5 克，香油 2500 克，姜末 25 克，白砂糖 100 克，葱白 50 克，盐 7.5 克。

【制作】① 面粉倒入盆内，加酵面和匀，用净湿布盖好静饧，饧好后，加食碱水、白砂糖揉匀揉透。② 糯米淘洗干净，浸泡透，入笼蒸熟，凉凉入盆，加酱油、味精、胡椒粉、猪肉茸、葱白、姜末、盐一起拌匀制成馅料。③ 手掌和案板均抹一层油，取一块面放在案板上，搓成长条，摘成面剂，逐个按成圆形皮子，包入馅料，对折面皮捏拢，略拉长一点儿做成鸡冠形的饺子，依次做好。④ 锅置中火上，加香油烧至七成热时，逐个放入饺子，反复翻动，炸至呈金黄色时，捞出沥油即可。

【烹饪方法】炸。

【营养功效】滋阴补虚，健脾利肾。

【健康贴士】油热偏多，易上火，不宜多食。

一品香大包

【主料】精面粉 4000 克，猪腿肉 2500 克。

【配料】甜面酱 150 克，熟猪油 150 克，白砂糖 300 克，酱油 650 克，味精 10 克，盐 5 克，淀粉 50 克，姜末 25 克，酵面 100 克，食碱适量。

【制作】① 猪肉去筋膜洗净，切成条，放在钵内，放入白砂糖 150 克、酱油腌渍 30 分钟取出，再放入卤水锅内煮至七成熟捞出凉凉，切成小丁；炒锅置大火上，放入熟猪油少许，烧热，再放入猪肉、姜末煸炒出香味，炒至猪肉油汁浸出，再放入甜面酱、盐、味精、清水少许煸炒至汁水渐干，用淀粉调稀勾芡，炒匀成馅。② 酵面放入盆中，加温水 2000 毫升调成面浆，加入面粉、熟猪油 125 克、白砂糖 150 克拌匀，揉至上劲后盖上净纱布静饧。将饧好的面团留出 1000 克，剩余部分置案板上，加入食碱揉透、揉匀、揉光滑，搓条，摘成面剂，按成圆皮，包入肉馅，沿皮边捏成提花纹，放入烘箱内，略饧一会儿，直到包子表面结一层薄膜。③ 锅置火上，入水烧沸，将饧好的包子摆入笼内，大火蒸 10 分钟至熟取出即可。

【烹饪方法】腌，煮，炒，蒸。

【营养功效】补虚养血，滋养脏腑。

【健康贴士】一般人皆宜食用。

佛手豆沙包

【主料】面粉 550 克。

【配料】糖 120 克，老酵面 75 克，香油 30 克，红豆 100 克，食碱 2 克。

【制作】① 红豆淘洗干净，用水浸泡 8 小时，加水煮沸，小火煮烂去皮，压干；锅置火上，入香油小火加热，放糖炒至溶化，放豆沙炒至水分渐干。② 面粉开窝，倒入用温水调成的酵面糊，揉匀，加碱水揉成圆条，摘成小面剂，按成圆皮，包入豆沙糖馅，捏光头形，收口向下，一头按成斧状，切八刀成手指形，除旁两指其余均往反面翻折，在中间向两侧捏，呈“千指佛手”。③ 大火蒸 8 分钟至熟即可。

【烹饪方法】煮，炒，蒸。

【营养功效】排毒养颜，益气补血。

【健康贴士】妇女产后缺乳者宜食。

青山棉花糕

【主料】大米 2500 克。

【配料】橘子香精 0.5 克，泡打粉 25 克，白砂糖 1000 克，食碱适量。

【制作】① 大米放入清水缸内浸泡 10 小时，捞出用清水冲洗 3 次，磨成细米浆，装入袋中压干水分。② 磨好的米浆 750 克盛入盆内，加入清水拌匀，在大火锅中煮熟，取出放入盆内，再加入生米浆 1500 克一起拌匀，盖上木盖，发酵好放入食碱、白砂糖、橘子精搅拌，再放入泡打粉拌匀。③ 笼内铺上细湿纱布，舀入酵浆，置大火沸水锅中蒸 30 分钟出笼，倒在案板上凉凉，切成菱形块即可。

【烹饪方法】蒸。

【营养功效】健脾养胃，开胃消食。

【健康贴士】糖尿病患者忌食。

湖北水晶蛋糕

【主料】鸡蛋 12 个，熟面粉 250 克。

【配料】白砂糖 500 克。

【制作】① 鸡蛋逐个搕入盆内，加入白砂糖搅拌，先轻后重，先慢后快，约搅 1 小时，待蛋浆呈现白色，再放入熟面粉继续搅打均匀。② 用约 30 厘米见方的木隔子一只，约 26.5 厘米见方的铝制方圈一个，先在木隔上垫上净湿白布一块，摆上铝制方圈，倒入搅好的蛋浆。③ 锅置大火上，注入清水，先将四方白铁圈放锅的中央，待水烧沸后，再将盛蛋浆木隔子，放在圈上，盖上盖，约蒸 15 分钟，出锅凉凉。④ 取净湿布一块，平铺在蒸好的蛋糕上，再用四方木板一块，置铺布糕上，翻转过来，撕下垫布，去掉铝制方圈，切成方块即可。

【烹饪方法】蒸。

【营养功效】滋阴养血，益精补气。

【健康贴士】患肾脏疾病患者慎食。

桂花糖炒年糕

【主料】粳米 250 克，白砂糖 250 克。

【配料】猪油 500 克，蜜桂花 12.5 克。

【制作】① 粳米淘洗干净，放入缸内加清水浸泡 10 小时，捞出，带水磨成浆，倒入布袋内，系紧袋口，压成半干半湿的浆。② 米浆放入垫有干丝瓜瓤的木甑里，置大火上蒸 15 分钟取出，倒在年糕机中，压轧出长约 20 厘米、宽约 5 厘米、厚约 1 厘米的年糕，凉凉再切成年糕片。③ 锅置大火上，加猪油烧至八成热时，放入年糕片炸约 1 分钟，倒入漏勺内沥油。④ 原锅仍置大火上，加猪油 190 克烧热，放入蜜桂花、白砂糖、清水 750 毫升熬炒，视糖炒至溶化后，放入过油的年糕片，炒匀盛入盘内即可。

【烹饪方法】蒸，炸，熬，炒。

【营养功效】健胃消食，滋肠润道。

【健康贴士】糖尿病、高血脂患者慎食。

老通城豆皮

【主料】去皮猪肉（瘦七肥气）350 克，糯米 700 克，水发香菇 25 克，水发玉兰片、绿豆、净猪肚、净猪心、净猪口条各 100 克，鸡蛋 4 个，大米、鲜虾仁各 200 克，叉烧肉 75 克，

【配料】熟猪油 175 克，料酒 10 克，盐 35 克，味精 5 克，酱油 50 克，

【制作】① 把绿豆磨碎置清水中浸泡 4 小时，去壳洗净，大米洗净，放入清水中浸泡 6 小时，与绿豆一起混合磨成细浆；猪肉洗净，切成肉块；猪肚、猪心、猪口条放入锅内，加清水浸没，在大火上煮 1 小时左右，再放入猪肉合煮，加入酱油、料酒、味精、盐、清水 500 毫升焖烧，待烧熟入味，捞出凉凉，与叉烧肉一起分别切成如豌豆粒大的丁；香菇、玉兰片切成小丁，分别放入沸水锅中煮 10 分钟，捞出晾干；鲜虾仁洗净备用。② 炒锅置大火上，下入熟猪油烧热，放入玉兰片丁煸炒 5 分钟，再放入香菇煸炒几下，倒入煮肉卤汁烧 10 分钟，下入猪肉丁、鲜虾仁、口条丁、猪心丁、肚丁、叉烧肉丁合烧 10 分钟，待锅内原料全部烧熟入味，卤汁渐渐烹干，起锅成馅。③ 糯米洗净，在清水中浸泡 8 小时，捞出沥干水分，上笼用大火沸水蒸熟，取出稍凉，即下锅置中火上，加入熟猪油、盐、温水炒匀，待糯米入味炒散时，盛在盆内保温备用；净锅置火上，用少许油和水刷锅，待锅烧至红滑时，舀入绿豆米浆锅内，迅速用蚌壳把锅心浆朝上向四周烫匀，成圆形豆皮，打入鸡蛋 4 个，用同样方法涂匀，盖上盖，减低炉火，烙 1 分钟成熟皮。④ 用小铁锅铲将熟皮周围铲松，双手把豆皮翻过面来，均匀地撒入盐，再将熟糯米在皮上铺匀，

再撒入炒好的肉馅及葱末，把豆皮周围边角折叠整齐，将米及肉馅包拢，沿豆皮边淋入熟猪油，边煎边切成小块，迅速翻面，再浇入熟猪油，起锅分别盛入盘内即可。

【烹饪方法】煮，焖，烧，煸炒，炒，蒸，烙。

【营养功效】化痰理气，益胃和中。

【健康贴士】食欲不振、身体虚弱、形体肥胖、肿瘤疮疡患者宜食。

武汉热干面

【主料】面粉 2500 克，叉烧肉 60 克，虾米 55 克，大头菜 100 克。

【配料】芝麻酱 250 克，香油 150 克，小磨香油 100 克，味精 10 克，酱油 750 克，白醋 100克，辣椒粉 25克，食碱 20克，葱末 100克。

【制作】① 芝麻酱放于钵内，下小磨香油 50 克调匀；辣椒粉入钵，淋入烧沸的香油拌匀成辣椒油；大头菜、叉烧肉、虾米切成小米粒丁，分别盛入小钵内；味精另盛一小杯内。② 在面粉内加入食碱水揉匀上劲，直至面粉拌和成蝴蝶翼形小薄片，入轧面机，先轧成 0.4 厘米厚的薄面片，再轧出直径为 0.33 厘米粗的圆面条。③ 大锅置大火上，下清水烧沸，面条抖散下锅煮，随即用竹筷拨散，煮约 3 分钟，至八成熟时捞出沥水，置案板上，用电扇吹凉，再刷上香油，抖开拌匀，凉至根根散条。④ 面条放入竹捞其中，投大火沸水锅里，上下抖动着烫至滚热，捞起，沥干水，倒入碗内，撒上虾米丁、叉烧肉丁、大头菜丁，浇上芝麻酱，加入小磨香油、白醋、辣椒油、味精，撒上葱末，拌匀即可。

【烹饪方法】烧，煮。

【营养功效】补肾壮阳，通乳益胃。

【健康贴士】一般人皆宜食用。

典食趣话：

20 世纪 30 年代初期，汉口长堤街有个名叫李包的食贩，在关帝庙一带靠卖凉粉和汤面为生。有一天，天气异常炎热，不少剩面未卖完，他怕面条发馊变质，便将剩面煮熟沥干，晾在案板上。一不小心，碰倒案上的油壶，香油泼在面条上。李包见状，无可奈何，只好将面条用油拌匀重新晾放。第二天早上，李包将拌油的熟面条放在沸水里稍烫，捞起沥干入碗，然后加上卖凉粉用的调料，弄得热气腾腾，香气四溢。人们争相购买，吃得津津有味。有人问他卖的是什么面，他脱口而出，说是“热干面”。从此他就专卖这种面，不仅人们竞相品尝，还有不少人向他拜师学艺。

过了几年，有位姓蔡的在中山大道满春路口开设了一家热干面面馆，取财源茂盛之意，叫作“蔡林记”，成为武汉市经营热干面的名店。后迁至汉口水塔对面的中山大道上，改名武汉热干面。

江陵八宝饭

【主料】薏仁米 100 克，红枣 250 克，桂圆肉 50 克，莲子 150 克，冬瓜条 100 克，蜜樱桃 50 克，瓜子仁 10 克，糯米 300 克。

【配料】白砂糖 300 克，猪油 45 克，水淀粉 10 克，清水 3000 毫升。

【制作】① 薏仁米洗净浸泡后，蒸至开花，用清水淘洗沥干；莲子去皮、心，入笼在大火上蒸熟；红枣洗净去核后，再和冬瓜条、桂圆肉均分切成3毫米见方的小颗粒。② 糯米淘净，加白砂糖100克、清水1000毫升，调匀，入笼用大火蒸熟，再放猪油30克拌匀。③ 取碗10只，将上述8种配料分成10份，莲子、红枣、薏仁米、冬瓜条、桂圆肉、瓜子仁放入碗底，熟糯米盖在上面，入笼用大火蒸30分钟取出。④ 炒锅置大火上，入清水2000毫升，白砂糖200克，把蒸好的八宝饭下锅，一起拌和烩沸，再加上猪油15克，用水淀粉调稀勾芡，起锅分盛碗内，撒上蜜樱桃即可。

【烹饪方法】蒸，烩。

【营养功效】利水益肾，滋阴补血。

【健康贴士】薏米能够健脾化湿，冬瓜能够清热利水，二者同食，可以使利水祛湿的功效更显著。

谈炎记水饺

【主料】高精面粉500克，鲜猪腿肉250克，牛肉、猪排骨、猪油各100克，猪蹄200克，虾米25克，猪筒骨200克，原汁汤2500毫升，五香菜50克。

【配料】酱油75克，盐25克，淀粉70克，葱末、食碱、胡椒粉、味精各10克。

【制作】① 猪腿肉、牛肉去皮、去筋，剁成肉蓉，下盐、凉水搅拌成馅；猪蹄、排骨、筒骨放砂锅内，加入清水置中火上煨熬成原汁浓汤。② 面粉下清水250毫升和食碱，揉匀、揉光滑，用干淀粉作沾粉压擀3次，折叠后，切成6.6厘米见方的面皮，逐张包入肉馅，制成水饺。③ 取碗数个，分别放入猪油、味精、虾米、胡椒粉、五香菜、酱油、盐，舀入原汁沸汤，锅置大火上，加清水烧沸，下水饺入锅煮2分钟，待水饺浮出水面，点入凉水续煮30秒，捞出分盛碗中，撒上葱末即可。

【烹饪方法】煨，煮。

【营养功效】滋阴润燥，补虚养血。

【健康贴士】阴虚、头晕、贫血、大便秘结、营养不良、燥咳无痰、产后乳汁缺乏等病症者及妇女、青少年、儿童宜食。

樊城薄刀

【主料】精面粉1000克，鲜猪肉100克，水发玉兰片、水发木耳、水发黄花菜各50克。

【配料】酱油50克，盐1.5克，味精1克，胡椒粉0.5克，大葱100克，生姜25克，葱末10克，淀粉25克，香油200克。

【制作】① 把面粉置案板上，注入清水350毫升拌和反复揉搓后擀成圆面皮，从中间划开，横着切约5厘米宽的面片，再切成约3毫米宽的面条。② 猪肉洗净，与黄花菜、木耳、玉兰片均切成细丝；大葱切马蹄葱；姜切末；锅置火上入水烧沸后下薄刀面，煮沸后捞入冷水中浸凉，捞出沥水。③ 炒锅置火上，下香油烧热，将大葱、姜末下锅煸出香味时，放入肉丝、酱油炒至收缩，再加入黄花菜、玉兰片、木耳翻炒几下盛出，原锅洗净置大火上，下香油烧热，将面条入锅煎炒至两面呈金黄色时，倒入肉丝等配料翻炒几下，收干水分，起锅分别盛入10个盘中。④ 原汤在大火上烧沸，下酱油、盐、味精等，撒上葱末、胡椒，分别盛入小碗内，随炒面一同上桌即可。

【烹饪方法】煮，煸，炒，煎。

【营养功效】养心益肾，镇静益气。

【健康贴士】一般人皆宜食用。

欢喜坨

【主料】湿糯米面900克，发酵糯米面480克，豆馅300克，芝麻200克。

【配料】糖腌桂花20克，红糖200克，饴糖300克，植物油800克，小苏打2克。

【制作】① 湿糯米面与发酵糯米面放盆内，加入沸水约450毫升，红糖、饴糖、糖腌桂花、小苏打等，拌和均匀，调成粉团。② 把和好的粉团分成大块，再搓条，摘剂子，按扁，包入豆馅，封口捏圆；包好以后，表面粘匀芝麻，即成麻团生坯。③ 锅置火上，入油烧至八成热，然后降至六成热左右，放入麻团生坯，炸至外壳发挺、发硬，离火降温炸，并不断翻动，直到麻团膨胀成为空壳球时，再移到火上，加大火力，稍炸片刻，至外壳硬脆，色泛金黄即可。

【烹饪方法】炸。

【营养功效】补中益气，健脾养胃。

【健康贴士】糖尿病、高血脂、肥胖者不宜多食。

典食趣话：

欢喜坨又称欢喜团、麻汤圆、麻鸡蛋，为湖北荆州江陵等地的传统风味小吃。据传，清末荆州城内有陶姓一家，在战乱中走散，历尽苦难，终于又合家团聚了。陶姓老人庆幸一家人没有丧生战乱，找出所存的糯米，经淘洗、磨浆、沥干后，掺入适量面粉和红糖，搓为小团，再蘸满芝麻，炸制成熟。为了纪念团圆，就此称之为“欢喜团”。

什锦豆腐脑

【主料】黄豆、糯米各1250克，馓子15把，大米浆1000克，虾米、叉烧肉、榨菜、酱瓜、五香菜各100克。

【配料】芝麻125克，香油、葱末各250克，味精2.5克，酱油250克，胡椒粉5克，石膏50克。

【制作】① 黄豆拣净，用清水浸泡4～6个小时，洗净后带水磨成豆浆倒入净布过滤去渣，即得浆液；石膏捣碎放在碗里，用清水溶化，滤去膏渣，成石膏汁。② 糯米淘洗干净，用清水泡4小时，沥干水分，上笼蒸熟；榨菜、酱瓜、五香菜、虾米和叉烧肉均切细末；锅置大火上，将大米浆徐徐入锅，搅成浓糊，盛盆保温。③ 大锅置中火上，倒入豆浆烧煮成熟，3/4的石膏汁倒入木桶内，用竹刷不断搅打至膏汁起泡沫溅满木桶时，迅速将锅内熟浆舀出，冲入桶内石膏浆中，再用竹刷蘸上剩余的石膏浆，均匀洒在豆浆上盖上桶盖，静置20分钟，即凝结成洁白的豆腐脑。④ 取碗50只，每碗放入掰碎的馓子、糯米饭，舀入半勺大米糊、豆腐脑3～4勺，加酱油、味精、榨菜末、叉烧肉末、五香菜末、酱瓜、虾米、葱末、胡椒粉等调料，淋入香油即可。

【烹饪方法】蒸，煮。

【营养功效】健脾益气，宽中润燥。

【健康贴士】高血压、冠心病、动脉硬化、糖尿病、缺铁性贫血、骨质疏松症、神经衰弱、更年期综合征患者宜食。

荠菜春卷

【主料】面粉750克，猪肉（瘦七肥四）300克，荠菜500克。

【配料】盐7.5克，酱油50克，味精1.5克，水淀粉、稀面糊各150克，香油50克，植物油1000克。

【制作】① 面粉放入盆内，加盐、冷水600毫升拌匀，再加入冷水浸泡约10分钟，滗去水；荠菜择洗干净，用沸水烫一下，挤干水分，剁碎。② 平锅置小火上，涂上一层油烧热，用手抓起面团，在手中不停地甩动，然后在鏊子上抹成圆面皮，面团即在锅底上黏成一层薄皮，手中余面放回，待锅里的面皮边缘微张，用手揭下，即成春卷皮。③ 猪肉切成黄豆大的丁，放入锅内炒散，加冷水1350毫升，用大火煮沸后，用水淀粉勾芡，待烧至呈糊状时，盛出凉凉，加入荠菜、酱油、味精、香油拌匀，即成馅料。④ 取春卷皮一张，包入馅料，手粘稀面糊，抹在春卷皮的周围，包卷成长方扁平状，用手将两头轻按使封口粘牢，即成春卷生坯。⑤锅置大火上，加植物油烧至七成热时，下春卷生坯，炸约3分钟，呈金红色时即可。

【烹饪方法】煎，煮，炸。

【营养功效】降压明目，止血利水。

【健康贴士】冠心病、肥胖症、糖尿病、肠癌、胃癌、食管癌及痔疮患者宜食。

河南

浆面条

【主料】精面粉450克，面粉、黄豆粉、绿豆各150克。

【配料】小磨香油50克，辣椒油25克，黄豆100克，酱胡萝卜50克，芹菜250克，酵面50克，酥花生米50克，花椒3克，盐3克。

【制作】① 面粉加清水和成面团，分成两份擀成皮，先取1份抹上油，再用另一份盖在上面，擀成0.3厘米厚，切成菱形块，下入八成热的油锅中炸成浅黄色，即成棋炒。② 绿豆先粗磨1遍，簸去豆皮，用清水浸泡4小时，然后用水磨磨成粉浆，用稀布滤成豆浆，再向浆内放入10克酵面，放置24～48个小时使浆发酵起酸味；芹菜去叶、根洗净，用开水焯透，顶刀切成菜花；酱胡萝卜切成小粒；花椒炒焦后擀成粉末；小磨香油在锅内烧热，投入花椒粉，制成花椒油；黄豆煮熟成豆。以上配料分别盛在小碗中备用。③ 精面粉350克和黄豆粉放在案板上，中间扒一个小窝，加清水和成面团，盖上湿布饧15分钟，然后擀成薄皮，切成细面条，把豆浆上面澄清的浆水加入锅内，再加入适量的清水烧沸，放入面条，待面条煮熟后，捞入凉开水盆内过凉。④ 留下的豆浆加入精面粉100克调成糊，倒入锅内烧沸，把过水的回条捞入，搅拌均匀，滚开后盛入桶内。食用时，把花椒油、芹菜花、咸豆、酱萝卜、棋炒、辣椒油等小配料，根据个人爱好，任意选取，放在面条上佐食即可。

【烹饪方法】炸，焯，煮。

【营养功效】润道滑肠，降压降脂。

【健康贴士】一般人皆宜食用。

典食趣话：

粉浆面条是起源于河南省方城县，当时是以豌豆粉浆面条著称，历史悠久。据传在明朝正德年间，该县一个姓史的人开了个饭店，生意很兴隆。有一年小麦欠收，豌豆丰收，饭店天天卖豌豆面饭，一时生意萧条。一天，京城一位钦差大臣带随从路过此店吃饭，店主因无上等米菜下锅急得团团转。当他看到盆里磨碎的豌豆和桌上的面条时，急中生智，用椒叶、藿香等作作料，用豌豆浆作汤下入面条，做了一锅豌豆浆面条。钦差大臣吃后十分满意。此后店主便新增了粉浆面条这一食谱，小店生意又兴旺起来，从此，这粉浆面条便成了河南的一道名吃。

烩面

【主料】羊脊骨腿骨300克，羊腿肉200克，粉条、黄花菜、香菜、豆腐丝、海带、木耳各100克，鹌鹑蛋2个，面粉500克。

【配料】大料、草果、茴香各5克，盐3克，味精2克，香油15克，色拉油适量。

【制作】① 羊肉切成大块，羊肉和羊骨头用清水洗净，在清水中浸泡约1小时，捞出，冲洗干净；大料、草果、茴香一起用纱布包裹，制成调料袋。② 锅中填满水，将羊肉和羊骨头放入，大火煮开，撇去浮沫，放入调料袋，转小火慢炖2～3小时，熬至羊肉软烂，捞出调料袋，加入盐调味，待凉备用。③ 面粉中加入盐，混合均匀，慢慢加入清水，揉成软硬适中的面团，蒙上保鲜膜饧 20 分钟。然后再揉 10 分钟后盖上保鲜膜饧 20 分钟。反复 3 ~ 4 次后，将揉好的面团搓成粗长条，摘成剂子，每个面剂擀成厚度约 1 厘米的长方形面片，在面片上抹上色拉油，盖上保鲜膜，饧 20 分钟。④ 粉丝用水泡软；香菜洗净，切段儿；黄花菜和木耳泡软，木耳撕成小朵；海带泡发后洗净，切丝；鹌鹑蛋煮熟，去皮；羊肉切片；锅置火上放入熬好的羊肉汤，煮开后依次放入羊肉片、黄花菜、木耳、海带、豆腐丝，搅拌均匀。⑤再次开锅时，取一块面片，双手捏住两头轻轻抻开，将面片抻成宽约 1 厘米的面条，下入锅中，如此反复，将所有面片抻好入锅，煮沸后下入粉丝，加盐调味，即可出锅。

【烹饪方法】煮，炖，熬。

【营养功效】补肾强筋，健脑补血。

【健康贴士】贫血、筋骨疼痛、腰软乏力、白浊、淋痛、久泻、久痢者宜食。

典食趣话：

烩面是响当当的河南郑州名吃，听说过的、吃过的人很多，可烩面的故事，听过的人就不多了。

相传唐太宗李世民在登基前的一个隆冬雪天，患寒病落难于一个农院。农家母子心地善良，将家养的角似鹿非鹿、头似马非马、身似羊非羊、蹄似牛非牛的四不像（亦称麋鹿）屠宰炖汤，又和面想做面条为李世民解饿。但追敌逼迫，情形紧急，老妇人草草将面团拉扯后直接下入汤锅，煮熟后端给李世民。李世民吃得满身冒汗、暖流涌身，不觉精神大振，寒疾痊愈。于是策马谢别。

李世民即位后，整日山珍海味倒觉不出什么滋味，就想起吃过的农家母子做的面，想到他们的救命之恩，便想派人寻访母子二人，给以厚加赏赐。还真是黄天不负有心人，终于找到了那母子。太宗又命御厨向老人拜师学艺。从此，唐宫廷御膳谱上就多了这救命之面——麒麟面。

后来，因为四不像极其稀少，觅猎困难，武则天为此杀几贡使仍无济于事，只得取山羊代替四不像，麒麟面也改称山羊烩面。但是经御厨、御医鉴定其口感滋味和医用价值都不亚于麒麟面，于是羊肉烩面便成为宫廷名膳，长盛不衰。

清代八国联军打进北京城，慈禧太后逃到山西避难，仍牢记烩面补身祛寒，多次差总管李莲英诏贡山羊做烩面食用，及时解除了寒疾病险。直到清末满汉全席宗师御厨庞恩福因不甘宫廷御膳房苛律束缚，逃出皇宫隐居河南后，正宗的烩面才传艺民间。

随着时代的发展，烩面日益受到人们的肯定和青睐。烩面也以其汤肥肉瘦、浓香爽口、营养丰富、独特的风味而享誉全国。

烩饼

【主料】精面粉 1000 克，熟羊肉 250 克。

【配料】小磨香油 75 克，水发黄花菜 250 克，水发木耳 50 克，水粉条 250 克，大料粉、味精少许，高汤、时令青菜适量。

【制作】① 面粉倒入盆里，用 500 毫升温水和成软硬适中的面团，擀成大片，抹上一层植物油，撒上大料粉，随手卷起，分成 5 个面剂，擀成 0.3 厘米厚的圆饼，放入平底鏊内，烙至起花时翻个身，待饼熟后切成 5 厘米长、0.6 厘米宽的条备用。② 锅置火上，注入高汤，煮沸后放入饼条，盖上盖，大火烩 2 分钟，放入切好的熟羊肉、黄花菜、木耳，待汤沸起，再放入水粉条、味精，出锅时淋上小磨香油即可。

【烹饪方法】烙，烩。

【营养功效】益气补虚，温中暖下。

【健康贴士】体虚胃寒、骨质疏松、肾虚腰痛、虚劳羸瘦、阴虚遗尿者宜食。

浆粥

【主料】黄豆 150 克。

【配料】小米 350 克。

【制作】① 黄豆、小米拣去杂质，放入冷水盆中浸泡 2 ~ 3 小时，磨成稀浆，然后用箩滤成浆汁，盛入盆中。② 锅内加适量清水烧沸，将滤好的浆汁倒入锅内，煮沸即可。

【烹饪方法】煮。

【营养功效】抗癌补钙，延缓衰老。

【健康贴士】黄豆富含极丰富的蛋白质，与粮谷类食物一同食用，可以有助提高蛋白质的利用率。

豆沫

【主料】小米 500 克，黄豆、花生米各 250 克，水发海带 75 克，豆腐、菠菜各 125 克，粉条 375 克。

【配料】芝麻 50 克，盐 30 克，花椒、大料各 3 克，芝麻酱 100 克。

【制作】① 小米淘洗干净泡透，同焙制好的花椒、大料掺在一起，用石磨磨成米浆；花生米泡涨后煮熟；黄豆泡涨后磨成豆瓣；豆腐用油炸后切成丁；海带洗净切成丝，煮熟；菠菜择洗干净，切成小段；芝麻炒黄。② 锅内加清水约 750 毫升，放入花生米、豆瓣、海带丝、盐，待水沸豆瓣将要熟时，把小米浆用清水 2500 毫升搅拌开，倒入锅内，然后下入粉条烧沸，同时下入豆腐丁、菠菜，撒入芝麻搅匀，食用时，每碗淋入和开的芝麻酱即可。

【烹饪方法】煮，炸，炒。

【营养功效】健脾益气，宽中润燥。

【健康贴士】黄豆宜与花生、芝麻同食，可以达到非常理想的补脑益智、抗衰老的食疗功效。

三鲜豆腐脑

【主料】黄豆 1500 克，净鸡肉、鲜虾仁、水发鱿鱼各 250 克。

【配料】熟石膏粉 100 克，熟猪油 500 克，味精 15 克，盐 25 克，酱油 150 克，鸡蛋清 100 克，水淀粉 500 克，面粉 25 克，高汤 5000 毫升，芝麻酱 50 克。

【制作】① 黄豆拣净杂质，淘洗干净，浸泡 4 ~ 5 小时后，用水磨磨成稠浆，倒入布兜内，边过滤边兑入清水 1500 克毫升，把浆汁滤净为止；熟石膏用温水约 1000 毫升化开；浆汁倒入锅内，用大火烧沸，盛入缸里，趁热把石膏水慢慢倒入缸内，然后将缸口盖严，约 20 分钟即成豆腐脑。② 净鸡肉切成虾仁大小的丁，放在用 50 克蛋清、50 克水淀粉搅成的糊内拌匀，在五六成热的猪油锅内滑开捞出备用；虾仁放入用蛋清 50 克、水淀粉 50 克、面粉 25 克、盐少许搅成的糊内，搅上劲后，放入 25 克猪油搅匀，用手甩入八成开的清水锅内，煮透捞出；水发鱿鱼切成与虾仁一样大小的丁。③ 净锅置火上，注入高汤，放入盐、味精、酱油后，再放入鸡丁、虾仁和鱿鱼丁煮沸，勾入流水芡，即成三鲜卤，食用时，将豆腐脑盛入碗内，浇上三鲜卤，淋入和开的芝麻酱即可。

【烹饪方法】烧，煮。

【营养功效】润燥补血，降低胆固醇。

【健康贴士】掺有石膏粉，不宜多食。

鸡丝卷

【主料】面粉 500 克，熟鸡肉丝 100 克，酵面 50 克。

【配料】水 250 毫升，白砂糖 125 克，植物油、食碱各适量。

【制作】① 酵面用水化开，加面粉和成面团，静置发酵，待酵面发起后，兑碱揉匀。② 面团切下 2/3，加白砂糖揉匀，饧一会儿，使糖溶化，像拉拉面一样拉条出丝，刷上油备用；将剩余的面团摘成剂、擀成四边薄、中间厚的长圆形皮子。③ 把拉出的细面切成 6.7 厘米长的段，放在皮子中间，撒上熟鸡肉丝，四面对折，包紧包严，使 其呈枕头形状即成生坯，把生坯摆入屉内，用大火蒸约 20 分钟至熟即可。

【烹饪方法】蒸。

【营养功效】温中益气，补精填髓。

【健康贴士】营养不良、畏寒怕冷、乏力疲劳、月经不调、贫血、虚弱者宜食。

腐皮肉卷

【主料】豆腐皮 3 张，瘦肉 300 克。

【配料】葱、姜各 10 克，面粉 20 克，植物油 500 克，香油 5 克，酱油 8 克，料酒 5 克，盐 3 克，白砂糖 2 克，味精 1 克。

【制作】① 葱洗净切段；姜洗净切末；猪肉洗净，剁成茸，盛入碗内，加适量的清水，放入盐、味精、料酒和姜末，搅拌成肉馅；面粉加适量水调成稀面糊备用。② 豆腐皮铺在菜板上，撕去毛边，放入肉馅成粗条形，将豆腐皮由里向外卷起，边缘用稀面糊封口，锅内放油，烧至七成热，放入肉卷炸至熟透，捞出沥油，切好后装盘。③ 锅内留底油，放入葱段、姜末、酱油、糖，用小火烧至汤汁收浓，再加入香油后起锅，淋在腐皮肉卷上即可。

【烹饪方法】炸，烧。

【营养功效】益气宽中，生津润燥。

【健康贴士】营养不良、气血双亏以及身体虚弱、产后乳汁不足的妇女、青少年、儿童宜食。

鲜酵母馒头

【主料】面粉 500 克。

【配料】绵白糖 80 克，鲜酵母 7.5 克，盐 3 克，植物油 5 克。

【制作】① 面粉放入面盆，中间扒窝，鲜酵母用温水 200 毫升溶化，加入绵白糖、盐，溶化后搅匀，倒入面粉盆内，揉成面团，待其发酵。② 先用植物油涂抹案板，再将发面放上，切开，搓成长条，然后分摘成面剂做成馒头生坯。③ 将笼屉上蒸锅先蒸热，取下后再用植物油分别将笼屉垫涂刷，然后将馒头生坯放入 3 格笼屉内，待其充分发酵后，置大火沸水锅上，蒸约 15 分钟至熟即可。

【烹饪方法】蒸。

【营养功效】养心神，敛虚汗，润五脏。

【健康贴士】心血不足、心悸不安、多呵欠、失眠多梦盗汗、多汗患者宜食。

牛肉烩馍

【主料】锅盔 500 克，牛肉鲜汤 500 毫升，熟牛肉、水粉条各 150 克。

【配料】香菜 50 克，辣椒油、蒜苗段各 50 克，盐 5 克，味精 1 克，香油 50 克。

【制作】① 锅盔掰成大筛子丁；熟牛肉切成小块；香菜择洗干净，切成马牙段。② 锅置火上，注入牛肉鲜汤，把掰好的锅盔倒入，煮沸后将粉条和切好的熟牛肉放入烩制，并不断地将汤沫撇去，第二次煮沸后下盐，稍停片刻，放入味精、香油拌匀，盛入碗内时先放入蒜苗段，再将烩馍盛入，放上香菜即可。

【烹饪方法】煮，烩。

【营养功效】补脾胃，益气血，强筋骨。

【健康贴士】老年人、儿童、贫血、身体虚弱、病后恢复期、目眩者宜食。

【举一反三】把牛肉换成羊肉，牛肉汤换成羊肉汤即为羊肉烩馍。

红薯丸

【主料】红薯 300 克，糯米粉 50 克。

【配料】炼乳 50 克，植物油 500 克。

【制作】① 红薯去皮切块，入加水的锅中蒸熟，取出，用叉子压成薯泥，加入糯米粉和炼乳，混合拌匀，用双手团成小团备用。② 锅置火上，入油烧四成热，小火将薯丸煎炸成金黄色，用竹签串起炸好的薯丸，放在厨房纸上吸去多余油分即可。

【烹饪方法】蒸，炸。

【营养功效】排便通畅，防治便秘。

【健康贴士】红薯属于碱性食物，肉类属于酸性食物，二者同食，可以帮助人体维持酸碱平衡，红薯的减肥降脂功能还能降低肉类蕴含的脂肪，达到减肥的功效。

元妙观扒素鸡

【主料】豆腐皮 10 张 .

【配料】花椒 1 粒，葱末 3 克，糯米 3 克，盐 1.5 克，黄芽汤 10 毫升，胡椒粉 2 克。

【制作】① 豆腐皮 10 张，在水锅内煮滚后，取出用新抹布包压起来，10 ~ 15 分钟后揭掉抹布，用刀片成 5 厘米长、1.5 厘米宽、1.5 厘米厚的块，摆放碗内。② 上放花椒、葱末、糯米、盐，淋黄芽汤，入笼蒸 15 分钟端出，再兑少许沸水和胡椒粉即可。

【烹饪方法】蒸。

【营养功效】清热润肺，止咳祛痰。

【健康贴士】儿童食用豆腐皮能提高免疫能力，促进身体发育。

僧帽双瓤烧饼

【主料】面粉 2500 克，老酵面 1000 克。

【配料】食碱 10 克，大料粉 25 克，香油 50 克，芝麻 200 克，饴糖 50 克，盐 5 克。

【制作】① 面粉倒入盆中，把老酵面用水化开兑入盆内，用手抄匀，和成软硬适度的面块，饧 20 分钟，待其发酵，将碱水兑入揉匀。② 面团搓成长条，摘成面剂，逐个揉成一头尖的面团，左手拿起，右手将面剂尖的一端掐下指头大的小面块 2 个，一大一小，然后将面剂在案子上团圆按扁，抹上香油、大料粉、盐和用面粉调制的油馅，放上第二次掐下的小面块，包住口，用手按成扁圆形。然后用右手不停地向里转动，左手执刀，均匀地划成花纹露出馅，抹上饴糖，面朝下用手挤住边沿的花纹，研成边厚中间薄的圆饼。抹点儿水，撒芝麻，粘有芝麻的一面朝下贴在烤炉内，烤成柿黄色鼓起即可。

【烹饪方法】烤。

【营养功效】健脾厚肠，除热止渴。

【健康贴士】一般人皆宜食用。

枣锅盔

【主料】面粉 2000 克，老酵面 150 克，红枣 1750 克。

【配料】白砂糖 150 克，玫瑰、饴糖、芝麻各 50 克，青红丝 25 克，食碱适量。

【制作】① 老酵面化开倒入盆内，倒入面粉，兑水和成面块，略饧后加入适量碱水，放入干面粉揉匀；红枣洗净煮熟，捞出凉凉。② 面团分成 3 份，其中 1 份擀成圆片，把枣立着均匀地排在上面；另一份擀成圆片，切成长条，每排一圈枣，用长面条紧贴一圈，固定枣的位置，并和下圈枣隔开，同时撒入玫瑰；枣排完后，将剩下的面也擀成圆片，并稍大于底面皮片，盖在枣的上面，周围包住，制成“枣锅盔”生坯。③ 生坯放入平底鏊里，用小火烙制片刻，即在面上撒少许水，粘上芝麻，翻身烙另一面，待花纹起匀时，再翻个身，并垫上垫圈，继续烙 30 分钟左右，待呈柿黄色、锅盔熟时，将鏊端离火口，刷上饴糖，撒上白砂糖和青、红丝，食时切成长方块即可。

【烹饪方法】煮，烙。

【营养功效】益气补血，宽中润燥。

【健康贴士】面粉宜与红枣同食，补益气血效果更佳。

炸菜角

【主料】鸡蛋 5 个，韭菜 200 克，虾皮 50 克，面粉 500 克，

【配料】盐 5 克，五香粉 3 克，鸡精 2 克，香油 15 克。

【制作】① 韭菜洗净沥干水分，切碎；鸡蛋液炒熟，切碎；虾皮洗净，沥干水分；韭菜、鸡蛋、虾皮加盐、五香粉、鸡精、香油拌匀

成馅。② 面粉用沸水烫匀，冷却，和成烫面团，饧 30 分钟，将烫面团揉匀，搓成条，下剂，擀成圆片，放上馅，包成大饺子形状的角子，用温油炸金黄色即可。

【烹饪方法】炸。

【营养功效】益肝健胃，滋补壮阳。

【健康贴士】虾皮有镇定作用，常用来治疗神经衰弱等症；阴虚火吸的人不宜多食。

双批油条

【主料】面粉 500 克。

【配料】植物油 250 克，食碱、白矾各 5 克，盐 10 克。

【制作】① 食碱、白矾、盐放入盆内，先将水 100 毫升兑入，溶化后再兑入剩余的水 200 毫升，放入面粉，抄成面穗，然后淋水搓成面块，揉匀后盖上湿布，饧约 20 分钟，饧至面皮光滑时，四边叠起，聚口向上，放在抹了油的案板上，停约 20 分钟，即可炸制。② 锅置火上，入油烧至八成热时，先切下一条面块，放在抹了油的案板上，从一头起排成约 10 厘米宽、1 厘米厚的长条，抹上一层油，切成 1.6 ~ 1.9 厘米宽的长条，然后两个小条合在一起，边拧边拉长，下入油锅内，炸至柿黄色出锅即可。

【烹饪方法】炸。

【营养功效】除烦润燥，消食开胃。

【健康贴士】油炸食品，不宜多食。

绿豆糊涂

【主料】绿豆 300 克。

【配料】面粉 100 克，食碱 2 克。

【制作】① 绿豆淘洗干净，沥净水分，锅置火上入清水 2000 毫升，放入绿豆，大火烧沸后加食碱小火继续煮 20 分钟。② 取碗另入 150 毫升清水放面粉搅拌至无干面粉时再续加清水，制成面糊浆，取汤勺一边把面糊浆倒入锅中一边搅拌锅内的绿豆汤，大火煮至绿豆面汤沸腾，转小火再煮 5 分钟即可。

【烹饪方法】煮。

【营养功效】清热解毒，消暑止渴。

【健康贴士】脾胃虚寒、腹泻便溏、服温补药者慎食。

凉拌汝州粉皮

【主料】粉皮 150 克。

【配料】醋 5 克，辣椒油 10 克，盐 2 克。

【制作】① 汝州干粉皮洗净，用温水泡软，切成丝条状，装盘中备用。② 将醋、辣椒油、盐调成汁浇在粉皮上，食用时拌匀即可。

【烹饪方法】浇汁。

【营养功效】消食开胃，清热去暑。

【健康贴士】此品适宜夏季食用，效果更佳。

朱仙镇五香豆腐干

【主料】香干 150 克。

【配料】香葱 30 克，香油 15 克。

【制作】① 五香豆腐干放沸水中泡约 15 分钟，或上笼蒸 20 分钟后取出，先切成片，再改刀切成长约 6 厘米的丝，放盘中备用。② 葱去根须，洗净，切成丝，在豆腐丝上，浇上香油，吃时拌匀即可。

【烹饪方法】蒸，拌。

【营养功效】健脾养胃，滋肾益阴。

【健康贴士】心血管疾病、骨质疏松以及小儿、老年人宜食。

郑州豌豆黄

【主料】豌豆 230 克。

【配料】红糖、柿饼片各 100 克。

【制作】① 豌豆洗净、沥干水分，用水浸泡，静置 5 ~ 6 小时，水平面以没过豌豆 3 厘米为宜。② 泡好的豌豆用磨拉成小豆瓣。③ 锅置火上入水，下磨好的小豆瓣大火烧煮，水开后转小火焖煮至酥烂，捞出豆瓣搅捣成糊，下入赤黄色红糖、柿饼片，豌豆黄与柿饼逐层依次装盆，凉后可放入冰箱冷冻 5 分钟，拿出切块即可食用。

【烹饪方法】煮，焖。

【营养功效】利小便、止渴，和中下气，解疮毒。

【健康贴士】豌豆还有除脂肪、减肥的功效，女士宜食。

景家麻花

【主料】面粉 1000 克，老酵面 100 克。

【配料】食碱 3 克，白砂糖 300 克，盐 15 克，植物油 1000 克。

【制作】① 老酵面加水化开呈浓液状，放入糖、盐、碱等拌匀，再入面粉、温水和成面团放置 20 分钟后，在面板上涂抹香油，将面团压平切成条状，涂油搓成条状，放置 10 分钟。② 饧好的面剂向两端扯拉，尔后两端合拢，搓成绳状，再扯拉，如此反复合成八股麻花面坯。③ 锅置火上，入油烧至 170℃，把麻花生坯双手持平轻放入锅，炸出一点儿硬度时用筷子轻轻翻动，不变其形，待色泽金黄捞出，沥油即为成品。

【烹饪方法】炸。

【营养功效】除烦润燥，消食开胃。

【健康贴士】营养不多，不宜多食。

典食趣话：

景家麻花又名“贡品麻花”，相传清朝康熙皇帝御驾南巡，路经山东景匡庄发现路旁有人高声叫卖：“景家的麻花又香又甜……”康熙闻之便道：“提名叫卖，必是别有风味。”即令侍者购买食之，果然香酥可口，顿龙颜大悦，赞道：“美哉美哉。”遂即兴题词：“形如绳头，香酥可口，出类拔萃，别具风味。”自此景家麻花被列入朝廷御餐，年年进贡，由此名声大振，代代相传。

信阳勺子馍

【主料】大米 500 克，白萝卜丝、红萝卜丝、黄豆各 50 克，黄豆芽 30 克。

【配料】植物油 1000 克，葱、姜各 15 克，五香粉 3 克。

【制作】① 大米、黄豆混合磨成浆，加入红白萝卜丝、黄豆芽、葱、姜、五香粉调成稠面糊，再把糊舀倒到铁制的凹底勺子里，在勺子中间扒开小洞。② 将锅放火上，倒入植物油烧到七成热，将勺子连同面糊放入，炸到面糊与勺子自动分离，并飘浮在油面上时即可。

【烹饪方法】炸。

【营养功效】利膈宽肠，滋阴润燥。

【健康贴士】胡萝卜富含维生素 A，能够治疗小儿软骨病，黄豆富含钙和磷，能够预防小儿佝偻病，二者同食，可以促进儿童骨骼发育，防治小儿软骨病、佝偻病。

博望锅盔

【主料】面粉 500 克。

【配料】食碱 3 克，酵面 35 克（冬季 75 克、春秋季 50 克）。

【制作】① 按季节掌握水温，先和成死面块，放在案头上用木杠压，边折边压，压匀盘倒，然后切成两块，分别加入酵面和碱水再揉压，直至面光色润，酵面均匀时，用温布盖严盘饧。② 把面块摘成面剂，推擀成圆形饼，上鏊勤翻转，火均匀烙至皮色微鼓、周围有菊花形的毛边时即可。

【烹饪方法】烙。

【营养功效】养阴生津，除烦止渴。

【健康贴士】一般人皆宜食用。

开封灌汤包

【主料】面粉 1000 克，猪五花肉 700 克，肉皮冻 280 克，蟹肉 160 克。

【配料】蟹黄、酱油各 40 克、猪油 100 克，辣椒 6 克，料酒 6 克，香油 8 克，白砂糖、葱末、姜末各 5 克，盐 15 克，胡椒粉、味精各 1 克。

【制作】① 面粉加水和匀揉透，放置片刻。② 猪肉剁成肉茸；蟹肉剁碎；锅内加猪油烧热，放入蟹肉、蟹黄、姜末煸出蟹油，与肉茸、皮冻、酱油、料酒等调拌成馅。③ 将面团搓成长条，摘成面坯，擀成圆皮，加馅捏成提褶包，上蒸笼用大火蒸 10 分钟至熟即可。

【烹饪方法】煸，蒸。

【营养功效】滋阴润燥，补虚养血，滋养脏腑。

【健康贴士】阴虚、头晕、贫血、大便秘结、营养不良、产后乳汁缺乏及妇女、青少年、儿童宜食。

坛子肉焖饼

【主料】小麦富强粉 125 克，面粉 375 克，鸡蛋 3 个，带皮五花猪肉 500 克。

【配料】香腐乳 100 克，黄油 500 克，醋 5 克，盐 10 克，香料（茴香、花椒、丁香、桂皮、香叶、肉桂、草果）共 100 克，生菜适量。

【制作】① 黄油擀成薄片，一点儿一点儿地蘸上面粉至用完全部富强粉，再擀成大薄方块，放入冰箱冷冻，将面粉放案板上加入鸡蛋、醋和盐水，揉成面团，再擀成与酥面大小相似的方块，放入冰箱冷冻。② 20 分钟后取出两块面合在一起擀制成酥面包皮，擀成大方块放入冰箱，连续擀 3 次，叠 3 次最后擀成大片，平放在烤盘内，烤约 30 分钟至熟即成千层饼，切丝备用。③ 带皮五花猪肉处理干净，切成 2 厘米见方的方块，先放入锅内添水煮开，撇去浮沫杂质，捞出肉块装入坛内，下足香料，外加香腐乳，倒入肉汤封口，大火烧沸后，改用小火慢炖，煨至烂热。④ 锅内用生菜铺底，放上饼条和坛子肉，加高汤稍焖即可。

【烹饪方法】冻，烤，煮，炖，煨，焖。

【营养功效】润泽肌肤，补益五脏。

【健康贴士】诸无所忌。

蔡记蒸饺

【主料】低精面粉 1000 克，猪后腿肉 1200 克。

【配料】酱油 200 克，香油 100 克，绍酒 50 克，盐 2 克，味精 10 克，姜 50 克。

【制作】① 猪后腿肉剔净筋膜；姜去皮洗净，与猪后腿肉一起绞成蓉，加酱油、绍酒、盐、味精、清水和上劲，加香油搅匀成馅料。② 面粉用沸水烫成烫面后放凉，摘成剂子并按薄片包入馅料，捏成月牙形饺子，依次做好，放入笼屉内，用大火蒸 10 分钟至熟即可。

【烹饪方法】蒸。

【营养功效】补虚养血，温中健脾。

【健康贴士】冠心病、高血压、高脂血、湿热多痰、舌苔厚腻及体胖者不宜多食。

新野板面

【主料】凉盐水 220 毫升，面粉 500 克，羊肉 200 克。

【配料】羊油 25 克，香油 10 克，辣椒、花椒、白醋各 5 克，豆瓣酱 10 克，茴香、盐各 2 克，丁香 2 拉，香菜 20 克，肉桂适量。

【制作】① 凉盐水和面，放盘中稍饧后，摘成小面剂，揉搓成条，抹上香油，用手分抓面剂两头，拉开在面案上使劲摔打 3 ~ 5 次，拉至丈余，然后下锅煮熟捞出放入碗中。② 鲜羊肉切成小肉丁，用羊油将辣椒炸黄捞出，加入羊肉丁、花椒和醋一起放在锅内煸炒，炒至肉烂油清时，再加入盐和豆瓣酱，同时放入茴香、丁香、肉桂等调料，在锅内炒干成臊子。③ 将臊子加入面碗中，撒上香菜即可。

【烹饪方法】煮，炸，煸炒，炒。

【营养功效】生肌健力，抵御风寒。

【健康贴士】贫血、缺钙、营养不良、肾亏阳痿、腹部冷痛、体虚怕冷者宜食。

花生糕

【主料】花生 1000 克。

【配料】白砂糖 1500 克。

【制作】① 把少许花生撒在墩子上，用大锤碾碎做铺底，锅里入水加糖，大火熬至糖发棕色，转小火，放入花生，不停搅拌，使花生和糖稀充分混合。② 将搅拌好的花生倒在铺了底的墩子上，弄成团状，用大锥子砸花生团，花生团砸开后，用刀从边上往中间翻，再弄成团状，反复 4 ~ 5 次，直至花生砸匀。③ 把两边翻到中间，趁糖还热拉成长条状，切开即可。

【烹饪方法】熬。

【营养功效】健脾和胃，利肾去水，理气通乳。

【健康贴士】营养不良、食少体弱、燥咳少痰、咯血、齿衄鼻衄、皮肤紫斑、产妇乳少及大便燥结者宜食；但此品较甜腻，糖尿病患者忌食。

山东

油旋

【主料】面粉 500 克。

【配料】猪油 50 克，盐 5 克，葱 50 克，植物油少许。

【制作】① 面粉加水和软，稍饧后，摘剂子，揉匀后，擀成薄皮；猪板油加大葱剁成泥，抹在面片上，边卷边抻，至面皮极薄，卷成螺旋形圆柱，依次做好。② 鏊子擦油，把圆柱用手按扁成圆饼，置鏊子上，烘至两面挺身，再放入下面炉壁周围烘烤，中间翻烤一次，至深黄色。③ 取出后趁热将有旋纹一面的中间用手指压出窝，即成多达五六十层的油旋。

【烹饪方法】烘，烤。

【营养功效】温中益气，健胃消食。

【健康贴士】油炸食品，不宜多食。

罐儿蹄

【主料】鲜猪蹄 1500 克。

【配料】酱油 250 克，冰糖 15 克，肉桂 15 克，大料 10 克，葱段 15 克，姜片 15 克，鲜荷叶适量。

【制作】① 猪蹄在火上燎去毛，放温水中浸泡后刮洗干净。② 取坛子一个洗净，坛底层糊上一层耐火土，把猪蹄、酱油、冰糖、肉桂、大料、葱段、姜片放入坛内，加清水至刚漫过猪蹄，鲜荷叶盖住坛口，放在大火上烧热至沸后，转小火上炖约 7 小时即可。

【烹饪方法】烧，炖。

【营养功效】补虚弱，填肾精，通乳汁。

【健康贴士】一般人皆宜食用，尤宜女士食用。

油爆双脆

【主料】猪肚 200 克，猪腰子 250 克。

【配料】大葱段 10 克，蒜米 5 克，生抽 5 克，香油、白砂糖、淀粉各 10 克，醋 20 克，花椒、味精各 3 克，植物油 50 克。

【制作】① 猪肚尖剔净油、内膜，剞十字花刀，每只肚尖切 6 块；猪腰剖 2 片割去筋膜，放清水中加花椒浸泡 1 小时去臊味后剞十字花刀，每三刀切 1 块。② 锅置大火上，入植物油烧八成热时，肚尖用少许干淀粉抓匀，下油锅过油，腰花过油，迅速倒入漏勺沥干油，酱油、白砂糖、米醋、香油、味精、水淀粉调匀成卤汁备用。③ 锅留余油，回置大火上，下入葱段、蒜米煸出香味，倒入卤汁，烧沸后，倒入肚尖、猪腰，翻炒两下即可。

【烹饪方法】煸，烧，炒。

【营养功效】补脾益胃，安五脏、补虚损。

【健康贴士】湿热痰滞内蕴、感冒及大病久病初愈者不宜多食。

鸡鸭饸饹

【主料】精面粉 2500 克，净肥油鸭 1 只，净肥油鸡 1 只，旱肉 2500 克，腌香椿末、糖蒜片各 50 克，摊鸡蛋饼 100 克。

【配料】花椒油 100 克，辣椒油 200 克，酱油 250 克，盐 200 克，料酒 50 克，味精 25 克，淀粉 150 克，葱、姜各 2.5 克，大料 15 克。

【制作】① 鸡、鸭洗净，放入锅内，加清水 5000 毫升煮沸，撇去浮沫，加大料、葱、姜、盐 100 克煮烂，捞出鸡鸭，剔下肉，切成肉丁；旱肉、摊鸡蛋饼切丁。② 炒锅置火上，入花椒油，烧至七成热时，放入酱油烧沸，倒入鸡、鸭汤内，加味精、料酒制成卤。③ 面粉放入盆内，加淀粉，逐渐加水 1000 毫升和匀，放到安在锅台上的饸饹里，待锅内水沸时压下饸饹，煮熟后盛入碗中，浇上汤卤，加鸡丁、鸭丁、旱肉丁、鸡蛋饼丁、糖蒜片、香椿末、辣椒油即可。

【烹饪方法】烧，煮，浇汁。

【营养功效】养胃滋阴，清肺解热。

【健康贴士】营养不良、体内有热、上火、水肿、瘀血、低热、体虚、食少、盗汗、遗精、小便不利、妇女月经少者宜食。

九转大肠

【主料】猪大肠 750 克。

【配料】胡椒粉、肉桂粉、砂仁粉各 3 克，香菜末、葱末、蒜末各 5 克，姜末 2.5 克，绍酒 10 克，酱油 25 克，白砂糖 100 克，醋 54 克，熟猪油 500 克，花椒油 15 克，清汤、盐各适量。

【制作】① 猪大肠洗净，用 50 克醋和少许盐里外涂抹揉搓，除去黏液污物，漂洗后放入沸水锅中，加葱、姜、酒焖烧熟，捞出切成 3 厘米长的段，再放入沸水锅中焯过，捞出沥水。② 炒锅置中火上，倒入猪油烧至七成热，下大肠炸至呈红色时捞出，锅留底油 25 克，放入葱、姜、蒜末炸出香味，烹醋，加酱油、白砂糖、清汤、盐、绍酒，迅速放入肠段炒和，移至小火上，烧至汤汁收紧时，放胡椒粉、肉桂面、砂仁面，淋上花椒油，翻炒均匀，盛入盘内，撒上香菜末即可。

【烹饪方法】焖，焯，炸，炒，烧。

【营养功效】润肠祛风，解毒止血。

【健康贴士】胆固醇较高者不宜食用。

临清烧卖

【主料】精面粉 500 克，净羊肉 500 克。

【配料】花椒水 300 克，葱末 150 克，姜末 50 克，酱油 100 克，甜面酱 50 克，盐 30 克，绿豆干淀粉 300 克，香油 200 克，植物油 100 克。

【制作】① 羊肉剔去筋，剁成肉末，放入盆内，加入花椒水、盐、甜面酱、植物油搅拌成肉糊状，再加葱末、姜末、香油拌匀。② 面粉放入盆内，加沸水约 375 毫升用木棍搅匀，凉凉后揉好，搓成长条，摘成面剂，用绿豆干淀粉作铺面，压成圆形，边沿用走槌压成皱褶，包入馅料，边缘向上收拢，捏成石榴嘴状，依次做好，入笼用大火蒸约 15 分钟，上桌时配高汤即可。

【烹饪方法】蒸。

【营养功效】益气补虚，温中暖下。

【健康贴士】体虚气弱、虚劳、遗精、盗汗、腰膝疼痛者宜食。

山东蟹壳黄

【主料】精面粉 500 克。

【配料】白砂糖 100 克，芝麻 10 克，鸡蛋 1 个，熟猪油 70 克。

【制作】① 精面粉 400 克放入盆中，加适量水和成面团；剩余的面粉加熟猪油 50 克和成油酥面；剩余的熟猪油加白砂糖拌成糖馅；鸡蛋磕入碗内搅打均匀。② 面团擀平，放上油酥面摊平，卷成卷，摘成面剂，逐个擀成饼皮，放上糖馅包严，两端捏成尖状，再擀成长椭圆的蟹壳状，依次做好，用刷子蘸着鸡蛋糊刷到每个饼上，撒上芝麻，放入烤炉中，烤至呈熟蟹壳似的黄色时即可。

【烹饪方法】烤。

【营养功效】滋阴润燥，延缓衰老。

【健康贴士】一般人皆宜食用。

潍县杠子头火烧

【主料】面粉 1000 克。

【制作】① 面粉放入盆内，加水 150 ~ 200 毫升和成面团，放到擀面杠上反复擀压 20 多次，摘剂。② 取面剂 1 块用右手压搓，转成圆形，再按扁，用手掌按住中心，边搓边转，使之成中间薄边缘厚、直径约 9 厘米的圆饼，左手把饼托起，用小指从底面中间向上顶起一个凸形，逐个做好。③ 饼平面朝下，放在炉鏊上烙约 40 分钟即可。

【烹饪方法】烙。

【营养功效】温中益气，健胃消食。

【健康贴士】燕麦具有降糖降压的功效，小麦能够养心、消除烦躁，二者同食，可以起到降血糖、降血压的功效

济南甏肉

【主料】带皮五花猪肉2500克，鸡蛋30个，生面筋1000克。

【配料】干淀粉50克，特级酱油1000克，甜酱100克，盐40克，白砂糖50克，料酒200克，姜块、丁香、草果、肉桂、花椒、大料各5克，蒲菜头、笋丁共250克，葱末150克，姜末40克，植物油100克。

【制作】① 取猪肉200克切成50克重的长方块；取鸡蛋27个煮熟，捞出凉凉剥去皮，沿纵向划3～4刀；生面筋500克放在案板上捋压成长条，缠于手指上做成核桃形，放入热水锅内煮熟，捞出沥干水分，制成“面筋蛋”，再在表面划5～6刀。② 另取500克猪肉剁成馅；蒲菜洗净剁碎；葱、姜末调入馅内，加酱油100克、盐10克、料酒25克，拌匀。③ 另取500克面筋分成20份，逐个放在案板上，沾水压成薄长面皮，放上肉馅，边滚边卷，制成包馅面筋丸子，汆熟捞出；剩余的250克馅加淀粉，磕入3个鸡蛋搅匀，团成大肉丸，炸成淡黄色。④ 取大口陶罐（或用大砂锅代替），加水2500毫升烧沸，放入猪肉块搅散，烧沸，撇去浮沫，捞出肉，沥去渣，再倒回原罐，放入葱段、姜块和香料布包，加水3000毫升及剩余的酱油、白砂糖、料酒、盐，用大火烧沸，放入肉块、熟鸡蛋、面筋蛋、面筋丸子、炸肉丸子等，盖好盖，用慢火煨焖至熟即可。

【烹饪方法】煮，汆，炸，烧，煨，焖。

【营养功效】补养虚羸，祛风解毒，润泽肌肤。

【健康贴士】猪肉搭配鸡蛋同食，滋补效果更佳。

平阴梨丸子

【主料】梨1000克，白砂糖80克，核桃仁15克，橘饼10克，玫瑰酱、熟面粉各15克，青、红丝10克。

【配料】绿豆淀粉50克，香油5克，猪板油50克，植物油800克。

【制作】① 梨洗净削去皮，先切成片，再切成细丝，放入盆内与熟面粉拌匀；猪板油去皮筋，用刀压抹成板油泥；橘饼、核桃仁剁成细末，放入玫瑰酱、青红丝、白砂糖及香油拌匀成馅，捏成丸子馅心。② 拌好的梨丝分成10份，丸子馅用梨丝包起来，团成丸子，再滚上一层干绿豆淀粉。③ 炒锅置火上入油，用中火烧至六七成热时，把丸了逐个下入油中，炸透后捞出沥干净油，放入盘中，摆成塔形即可。

【烹饪方法】炸。

【营养功效】生津止渴，降火润燥。

【健康贴士】梨不宜开水同食，会导致人体出现腹泻。

泰山豆腐丸子

【主料】泰山嫩豆腐100克，水发海米20克，鲜荸荠50克。

【配料】香菜5克，酱苤蓝咸菜3克，鸡蛋1个，盐3克，味精1克，淀粉适量，植物油500克，椒盐5克，糖醋汁10克。

【制作】① 嫩豆腐去掉四周的硬皮，抹细成泥；海米斩细；咸菜切细末；香菜切末；上述材料连同鸡蛋、盐、味精加入豆腐内调拌均匀，挤成丸子。② 把淀粉摊在盘内，下入豆腐泥丸子，使周身粘匀淀粉，下入热油锅内炸成金黄色，捞出装盘即可。

【烹饪方法】炸。

【营养功效】益气宽中，生津润燥。

【健康贴士】营养不良、气血双亏、高血压、高脂血症、糖尿病、痰火咳嗽、哮喘、高胆固醇患者宜食。

河岔口咸鸭蛋

【主料】河岔口鸭蛋5000克。

【配料】盐50克。

【制作】① 灰腌法：将草木、花椒粉、盐水和成糨糊状，涂在鸭蛋外壳，放入瓷坛内用泥密封，腌 45 天即可。② 盐腌法：先将鸭蛋洗净杂质，分层加盐放入坛内，以黄泥密封坛口，50 天即可。③ 水腌法：沸水加盐溶化，凉凉，倒入盛鸭蛋的坛内，使盐水漫过鸭蛋为宜，加盖腌 60 天即可。④ 中药浸盐水腌法：用中药透骨草加水煮透，再加入盐，待凉凉后，倒入盛鸭蛋的坛内，腌 18 天即可。

【烹饪方法】腌。

【营养功效】开胃消食。

【健康贴士】腌制品，不宜多食。

青岛大鸡包

【主料】酵面 750 克，猪肉 75 克，雏鸡 1 只。

【配料】水发玉兰片、水发冬菇、酱油各 15 克，味精 1 克，盐 5 克，大葱、香油、熟猪油各 10 克。

【制作】① 雏鸡去毛及内脏洗净，剔肉去骨，把肉切成小丁；猪肉切成小丁片；玉兰片和冬菇切成小片；葱切末；上述材料拌和在一起，加酱油、盐、味精、香油、熟猪油搅拌成馅。② 酵面搓成长条，摘成面剂，用手按成锅底状面皮，包长馅，包成提花式包，捏紧口，依次做好，入笼用大火蒸约 15 分钟至熟即可。

【烹饪方法】蒸。

【营养功效】温中益气，补精填髓，益五脏，补虚损。

【健康贴士】营养不良、畏寒怕冷、乏力疲劳、月经不调、贫血、虚弱者宜食。

青岛对虾小笼包

【主料】嫩酵面 2000 克，鲜对虾 300 克，韭黄 50 克，猪肉 750 克。

【配料】酱油 150 克，盐 15 克，香油 50 克。

【制作】① 猪肉剁成泥；对虾去皮和沙线，片开，切成丁，与猪肉拌在一起，再把虾脑、虾黄挤入，加酱油、香油、盐、韭黄及清水 100 毫升，搅拌均匀即可馅料。② 嫩酵面搓成圆长条，摘成面剂，逐个擀成圆形薄皮。③ 把馅包入面皮内，逐个捏上小褶，制成菊花顶圆形小包，口不捏紧，使馅料微露，依次做好，放入小笼用大火蒸约 15 分钟至熟即可。

【烹饪方法】蒸。

【营养功效】补肾壮阳，益脾胃，解热毒。

【健康贴士】阳痿体倦、腰痛、腿软、筋骨疼痛、失眠不寐、产后缺乳者宜食。

济南馄饨

【主料】面粉 500 克，猪五花肉、鸡肉各 150 克，蒲菜 200 克。

【配料】酱油 6 克，香油 10 克，盐 5 克，花椒水 15 毫升，醋 8 克，葱末、姜末、去皮蒜瓣各 5 克。

【制作】① 面粉加水和成软面；五花肉、鸡肉剁碎加酱油、花椒水、盐、葱末、姜末、香油搅稀糊状，加蒲菜末拌成馅。② 面团搓条摘剂子，擀圆皮，放馅，捏月牙状，依次做好。③ 锅置火上入水，大火烧沸，下生坯煮熟，捞出装盘中，香油滴入醋碟，与去皮蒜瓣同时上桌即可。

【烹饪方法】煮。

【营养功效】健肾补腰，和肾理气。

【健康贴士】一般人皆宜食用。

泰山四粉窝头

【主料】泰山栗子粉 300 克，小米粉 200 克，高粱粉 500 克，地瓜粉 200 克。

【配料】酵面团 100 克。

【制作】① 酵面团加适量的温水搅拌，加入小米粉、高粱粉和地瓜粉揉成面团，发酵至半酵状态加入栗子粉，稍饧。② 把发酵的面团摘成面剂，逐个做成窝头状，排入蒸笼内，置于沸水锅上，蒸制 20 分钟至熟即可。

【烹饪方法】蒸。

【营养功效】温中益气，滋肠润道。

【健康贴士】便秘、高血糖、肥胖者宜食。

胶东大虾面

【主料】面条 100 克，对虾 60 克，香菜、韭菜各 20 克。

【配料】大葱 10 克，姜 5 克，盐 3 克，味精、胡椒粉各 2 克，香油 5 克，淀粉 10 克。

【制作】① 面条入沸水煮熟，用凉开水过一遍，捞出盛碗内。② 大虾剪去虾枪、须、腿，挑去沙袋、沙线，由脊部片开 1 厘米口，挤出虾脑，放水中加盐煮熟，剥去脊部皮，放在面条上。③ 勺中加上汤 300 毫升、盐、味精、胡椒粉、虾脑调好味和色，用水淀粉勾稀芡，淋热香油，撒香菜末，倒在大虾面上，撒上韭菜末即可。

【烹饪方法】煮。

【营养功效】补肾壮阳，通乳益脾。

【健康贴士】虾忌与葡萄、石榴、山楂、柿子等含有鞣酸的水果同吃。虾含有比较丰富的蛋白质和钙等营养物质。如果把它们与含有鞣酸的水果同食，不仅会降低蛋白质的营养价值，而且鞣酸和钙离子结合形成不溶性结合物刺激肠胃，引起人体不适，出现呕吐、头晕、恶心和腹痛腹泻等症状。

鲜虾馄饨面

【主料】青江菜 800 克，红萝卜 200 克，虾仁 220 克，绞肉 200 克，馄饨皮 300 克，干面条 200 克。

【配料】白胡椒粉 10 克，葱、生姜各 10 克，玉米粉、盐各 5 克，酱油、香油各 10 克，高汤 1000 毫升。

【制作】① 葱及生姜分别洗净切末；青江菜洗净切段；红萝卜洗净，去皮切丝备用。② 虾仁及绞肉剁成泥状后，加入葱末、姜末、白胡椒粉、玉米粉、盐、酱油、香油，拌匀腌渍入味，即成馄饨馅料。③ 馄饨皮摊开，取适量馅料包入，制成馄饨，依次包好；干面条放入滚沸的水中煮熟，捞起沥干水分，盛在碗中备用。④ 锅置火上，倒入高汤中煮沸，依序加入馄饨、青江菜及红萝卜丝煮熟，起锅前，将已煮好的面条放入锅中一同搅拌一下即可。

【烹饪方法】腌，煮。

【营养功效】益气温中，健脾利尿。

【健康贴士】对海鲜过敏者忌食。

锅饼

【主料】精面粉 2000 克，酵面 1000 克。

【配料】食碱 10 克，盐 15 克，植物油 20 克。

【制作】① 面粉、酵面加适量温水和成面团，加碱和匀成面坯，擀成圆饼，在正面做成各种各样的花纹。② 圆饼正面朝下放入热平锅内，淋入少许植物油，小火烙成淡黄色，将饼翻转，用略大的火烙成淡黄色，再用铁丝圈把饼垫起来，盖上锅盖，用小火烘熟即可。

【烹饪方法】烙，烘。

【营养功效】健胃消食，去烦除噪。

【健康贴士】一般人皆宜食用。

菜煎饼

【主料】小米 500 克，豆腐 300 克，粉条 100 克，韭菜 150 克。

【配料】植物油 35 克，葱末、姜末各 2.5 克，盐 5 克。

【制作】① 小米用水泡透，磨成糊，用鏊子摊成 7 个煎饼；豆腐、粉条剁碎；韭菜切碎。② 炒锅置火上，入油 25 克烧热，加入葱末、姜末炸出香味，放入豆腐煸炒 1 分钟，再放入粉条、盐继续拌炒至熟，盛出凉凉，放入韭菜拌成馅。③ 把煎饼铺平，将馅 100 克推成长方形，四边折向内，包成方形；鏊子抹植物油 10 克，把煎饼包口朝下烙约 5 分钟，使其挺身，翻过来再烙 1 分钟，烙至发黄时，再对拆成长方形，翻两次烙至深黄色时即可。

【烹饪方法】煎，炸，煸炒，炒，烙。

【营养功效】滋阴壮阳，促进新陈代谢。

【健康贴士】韭菜可以促进血液循环、治疗便秘，豆腐能够消肿利水、清热化瘀、润燥生津，二者搭配食用，可对便秘起到很好的食疗效果。

山东煎饼

【主料】小米 1000 克。
【配料】黄豆 100 克，植物油 200 克。
【制作】① 小米煮到七成熟时捞出，放凉后加黄豆、水磨成米糊，待其稍微发酸。② 鏊子抹油烧热，米糊倒在鏊子中央，将米糊沿顺时针方向推开成圆饼形，推匀后即熟，约 1 分钟后用刮刀顺边刮起煎饼的边缘，两手提边揭起即可。
【烹饪方法】煎。
【营养功效】健脾养胃，促进消化。
【健康贴士】做煎饼的原料都带皮壳，含粗纤维多，能够清除体内垃圾，促进血液循环降血脂。

典食趣话：

“九·一八”事变之后，日伪军又侵占我国热河省，并向察哈尔省进犯。冯玉祥将军联络吉鸿昌、方振武等爱国将领在中国共产党支持下，于当年五月在张家口组织成立察绥抗日同盟军万余人，迎头痛击日伪军，收复宝昌、沽源、多伦等地，打击了日军嚣张气焰。至此，蒋介石仍采取不抵抗政策，派兵围困张家口，解散同盟军。冯玉祥在蒋介石威胁下于当年八月间到泰山隐居。冯玉祥虽然隐居在泰山过着布衣素食生活，但是心中念念不忘抗日救国。山东煎饼是泰山百姓日常主食，冯玉祥的餐桌上也常备煎饼，为了方便，他的伙房也有炉鏊，自摊煎饼。有一天，他去伙房慰问炊事员，看见摊焦的煎饼上的焦痕像个文字，他触景生情，立即派人去铁匠铺定做一个摊煎饼的鏊子，并让铁匠在鏊子中间凿上他写的四个隶书字——抗日救国。做好后，伙房用它摊出的煎饼，果然中间显出“抗日救国”四个大字。从此冯玉祥招待客人都摆上这种煎饼，借以宣传抗日救国。

抗日战争期间，冯玉祥出任军政要职，转战各地，招待客人也都少不了这种煎饼，如老舍、郭沫若、翦伯赞等人，不仅品尝而且带回去做纪念，称之为“冯玉祥煎饼”。冯玉祥在泰安时处处体察民情，经常从普照寺到山上的三阳观去吃煎饼，对煎饼产生了兴趣。于是他写了一本《煎饼——抗日与军食》，详细介绍了制作煎饼的方法和营养价值。1937 年卢沟桥事变之后，他将这本书送给蒋介石，希望能解决抗日战争中军队的粮食补给问题。实际上，在后来的抗日战争和解放战争中，山东煎饼确实发挥了很大作用。

周村酥烧饼

【主料】面粉 500 克。
【配料】盐 10 克，芝麻 150 克。
【制作】① 面粉放入盆内，加水 250 毫升，再放入盐和成软面；芝麻用水淘洗干净，晾干。② 面团搓成长条，摘成面剂，制成圆形，逐个蘸水在瓷墩上压扁，再向外延展成圆形薄饼片，上面抹一遍水，使有水的一面朝下粘满芝麻。③ 取已粘芝麻的饼坯，平面朝上贴在挂炉壁上，用锯末火或木炭火烘烤至成熟，用铁铲子铲下，同时用长勺头按住取出即可。
【烹饪方法】烘。
【营养功效】滋阴润燥，健脾利中。
【健康贴士】一般人皆宜食用。
【举一反三】如制甜酥烧饼，可将盐换成白砂糖 55 克，用温水化开，与面粉和好，制法同咸烧饼，比咸烧饼稍薄。

枣酿糕

【主料】红枣 1500 克，糯米面、芝麻各

250克。

【配料】白砂糖100克，青红丝、桂花酱各10克，竹叶适量。

【制作】①红枣洗净，煮熟后去核、皮，制成枣泥，加糯米面和好，搓成长条，摘成面剂，擀成皮。②芝麻炒熟后压碎，加白砂糖、青红丝、桂花酱搓匀后分切开，逐个包入面皮中，放在模子里压成型，垫上竹叶，入笼蒸熟即可。

【烹饪方法】煮，炒，蒸。

【营养功效】益气补血，抗皱延衰。

【健康贴士】女士宜食，糖尿病患者慎食。

黄米切糕

【主料】新黄黏米面500克。

【配料】红小豆500克。

【制作】①黄米磨成细粉，过滤后备用；红小豆洗净，入锅煮至熟软，捞出沥干水分。②黄米面与水按1∶1的比例调成稠糨糊，倒在铺有湿布的蒸笼上，摊成约3厘米厚，放入蒸锅用大火蒸至金黄色将熟时，开锅，撒上一层红小豆，约3厘米厚，摊平，紧接着再倒上一些黄米面稠糊，约3厘米厚，摊平，上笼再蒸，然后再撒上一层红小豆和黄米糊再蒸，熟透即可，总厚度达10厘米以上，取出翻扣在案板上，切块食用。

【烹饪方法】煮，蒸。

【营养功效】利水消肿，健脾利胃。

【健康贴士】肾脏性水肿、营养不良性水肿、心脏性水肿患者宜食。

曲阜鹅脖银丝卷

【主料】酵面500克，精面粉100克。

【配料】绵白糖25克，椒盐15克，猪板油75克，香油25克。

【制作】①猪板油剁碎，与香油、椒盐一起拌匀。②取酵面250克加入绵白糖揉匀揉透，擀成长方形面皮；余下的250克酵面加精面粉和适量水揉匀，搓揉成长约1米、宽约20厘米的长条，再对折数次并抻拉成面条状，最后折成1米长的面丝束，放在长方形面皮上。③把猪板油、香油、椒盐刷抹到面丝束上，再把外面的面皮包起，使包口朝下，切成10段，入笼上用大火沸水锅蒸约20分钟，熟后取出即可。

【烹饪方法】蒸。

【营养功效】健胃消食，温中养胃。

【健康贴士】高血脂。高胆固醇患者不宜多食。

瓜荅

【主料】面粉500克，大葱250克。

【配料】盐15克，花椒粉2.5克，净猪板油150克，植物油50克。

【制作】①根据季节的不同，和面时烫面与死面的比例也不同。冬季用烫面四成，死面六成，和死面时要用温水；春秋季用烫面三成，死面七成；夏季烫面二成，死面八成；把烫面与死面掺在一起揉软，饧20分钟左右即可使用。②大葱择洗干净，与净猪板油100克剁在一起，制成葱油泥；和好的面团揉成长条，擀成长片，抹上葱油泥、盐、花椒粉，卷成卷，两端捏严，擀压成长方形。③平鏊烧热，把所余净猪板油切成块，放在鏊子上，使之化后浸润鏊子，把饼放在上面烙，反复烙4次，待两面呈黄色并挺身后，再放在叉子上送到鏊子下面烤，烤时要向饼上刷植物油4次，烤至熟呈金黄色时即可。

【烹饪方法】烙，烤。

【营养功效】降压降脂，散寒健胃。

【健康贴士】表虚多汗、自汗者慎食。

朝天锅

【主料】猪肉750克，青鱼1条，粉丝250克，白菜150克，竹笋50克。

【配料】香糟150克，干木耳2克，盐4克，味精2克，料酒50克，炼猪油50克，清汤250毫升。

【制作】①青鱼中段洗净，从脊背剖开为两片，再切成4.5厘米长、1.5厘米宽的骨牌块，放入钵中，加入盐拌匀，腌 30 分钟左右；香糟放入碗中，加入料酒调稀调匀，倒入青鱼块钵中拌匀，腌渍 2 小时左右，取出用清水洗净，沥干水分。② 去骨咸猪腿肉用热水刷洗，洗净油污，放入蒸盘内，加入料酒，上屉蒸熟，取出凉凉，再切成 4.5 厘米长、3.3 厘米宽、1 厘米厚的块；白菜择洗干净，切成条块；水发线粉漂清，截成长段；竹笋去掉老硬部分，洗净后切成薄片。③ 锅置火上，加入猪油烧热，下入白菜块略煸，加入清汤、线粉段、盐、味精煮沸，倒入火锅里。④ 原锅置火上，加入清汤煮沸，下入腌青鱼块、料酒、盐氽熟后取出青鱼块铺摆在火锅里，再将熟咸猪腿肉块和冬笋片相间地铺摆在青鱼块上，火锅煮沸后即可上桌食用。

【烹饪方法】腌，蒸，煸，煮，氽。

【营养功效】健脾养胃，养肝明目，益气化湿。

【健康贴士】肝炎、肾炎、脾胃虚弱、气血不足、营养不良者宜食。

黄县肉盒

【主料】精粉 500 克，精猪肉 300 克。

【配料】水发海米 15 克，盐 6 克，味精 5 克，酱油 15 克，香油 3 克，生菜 750 克，葱姜米 12 克，猪油 250 克，清汤 100 毫升，植物油适量。

【制作】① 精粉 50 克加猪油搓成油酥面，精粉 225 克，加 80℃水烫面团；另 225 克面粉用凉水调成冷水面团；烫面团和冷水面团合一起揉，擀成薄长方饼；油酥面团也擀成同样大小的长薄饼，摞到水面饼上面，顺长卷成长条状，摘成面剂，擀成薄皮备用。② 精肉切成小丁、加酱油、盐、味精、清汤、香油拌匀，再加上切成丁的海米，生菜和葱姜末拌匀成馅。③ 面皮逐个包馅，捏成菊花顶式的圆包，放到烧热的平锅内，煎至两面呈金黄色，再将肉盒竖起煎成六面方圆形，取出肉盒，平锅置火上，入油烧热，复将肉盒放之半煎半炸至热透即可。

【烹饪方法】煎，炸。

【营养功效】滋阴润燥，健脾利胃。

【健康贴士】高血压、高脂血、湿热多痰、舌苔厚腻及体胖者不宜多食。

济南米粉

【主料】小米 5000 克。

【配料】酱油、姜汁、醋各 5 克，紫菜、青蒜末、椿芽末、咸香椿芽末、咸胡萝卜末、黄瓜丝各 20 克，高汤 500 毫升，芝麻酱 10 克，盐 3 克。

【制作】① 小米放入缸内，用温水浸泡一昼夜（冬季约 2 昼夜），加水磨成稀糊，再用细箩过滤于罐内，沉淀后撇去清水，装入袋内，扎牢袋口，平放在案板上，挤干水分，倒入盆内。② 取一半米粉用手做成重约 500 克的圆团，放入沸水锅内煮 15 分钟至半熟，捞出倒入大盆内，倒入剩余米粉，用力搓匀，见粉团有筋时即可开始压粉。③ 漏床或压饸饹机放在沸水锅边，把粉团放进漏床槽内，压成细条落入沸水锅中，随落随用竹筷挑动，待米粉条全部漂起后捞出，先用清水冲洗，再放冷水缸中冷却。④ 酱油、紫菜、姜汁、青蒜末撒放碗中，浇入高汤，米粉用沸水烫过，盛入碗内，芝麻酱用凉开水调稀、放入盐和醋，浇在米粉上，咸香椿芽末、咸胡萝卜末、黄瓜丝即可。

【烹饪方法】煮，浇汁。

【营养功效】健脾胃，补虚损。

【健康贴士】小米与虾皮性味不和，同食用容易导致人体出现恶心、呕吐等不适症状。

石子旋饼

【主料】中筋面粉 300 克，肉馅 500 克。

【配料】葱末 10 克，椒盐 10 克。

【制作】① 面粉过筛后，倒入沸水 150 毫升，用筷子将面粉与沸水混拌成粗粒状，用手搓揉，再加入冷水 60 毫升，揉匀后，饧 20 分钟即成烫面团。② 肉馅，葱末，椒盐搅拌均匀，制成肉馅；烫面团揉匀，搓成长条，分成若干小份，擀成圆形的面皮，用勺子将肉馅均匀的铺在擀成圆片的面皮上，卷起。

③ 卷成长条状后再卷成蜗牛状，稍压扁，略擀，即成肉末旋饼生坯，依次做好所有小饼，放入平底锅中煎熟，也可以用炉温 200℃的烤箱烤熟即可。

【烹饪方法】煎，烤。

【营养功效】滋阴补虚，益气温中。

【健康贴士】一般人皆宜食用。

闻喜煮饼

【主料】面粉 1400 克，饴糖 1100 克，芝麻 650 克。

【配料】白砂糖 300 克，红糖 220 克，蜂蜜 550 克，香油 1000 克，苏打粉 10 克。

【制作】① 面粉 1100 克上笼蒸熟，晾干，搓碎，再掺入饴糖 500 克、蜂蜜 100 克、香油 175 克、红糖 220 克、少许清水、苏打粉及剩余的生面粉 300 克，搓揉成面团。② 锅置火上入香油约 1000 克，烧热后手摘面剂，揉成鸽蛋大的圆球，放铁丝笊篱内在水里蘸一下，沥干水分，投入油锅中，中火炸 3 分钟左右，待其外皮呈枣红色时捞出。③ 另起锅置火上放入蜂蜜 450 克、白砂糖 300 克、饴糖 600 克熬制 10 分钟，至能拉起长丝即成，把炸好的煮饼放入蜜汁内浸约 2 分钟，然后捞出放入熟芝麻中翻滚，蘸匀芝麻即可。

【烹饪方法】蒸，炸，熬。

【营养功效】益肾养血，养颜抗衰。

【健康贴士】由肝肾不足所致的视物不清、腰酸腿软、耳鸣耳聋、发枯发落、眩晕、眼花、头发早白者宜食。

典食趣话：

闻喜煮饼始于清康熙年间，至今已有三百多年的历史。相传康熙皇帝巡行路经闻喜时，闻喜官绅为迎接圣驾，遍选名师治宴。席间，皇上觉得其他肴馔都淡而无味，唯有煮饼滋味独特，余味绵长，不禁喜问其名，众官宦搜索枯肠，都想取一个吉利的名称来讨皇上高兴，但因皇上猝然发问，不免一时语塞，无言以对。皇上见此情状不觉笑说：就叫煮饼吧。于是康熙皇帝命名的闻喜煮饼就此名声大噪并流传至今。

单县羊肉汤

【主料】单县剔骨青山羊肉 1500 克，鲜羊骨 1250 克，果木炭盖炉烧饼 50 克。

【配料】生羊油 200 克，白芷 12.5 克，盐、草果、良姜各 5 克，桂皮 15 克，净大葱白 5 克，姜块 10 克，丁桂粉 3 克，香油、香菜末、青蒜苗末各 6 克，味精 1 克，香料水（将花椒、白豆蔻、肉豆蔻、砂仁、小茴香、山楂、陈皮各 2 克洗净加开水 500 毫升泡 2 小时出味即可。）150 毫升。

【制作】① 鲜羊骨剁块，腿骨用刀背砸碎，用清水泡 2 小时，入 60℃的温水锅中大火煮沸，反复撇去浮沫后捞出，用清水冲洗干净。② 锅置火上，入清水 2500 毫升，烧至 90℃时下羊骨铺底，上放羊肉码齐，大火煮沸，撇出血沫，再加清水 500 毫升大火煮沸，再撇出血沫，随后将羊油铺在羊肉上，大火煮沸并去除浮沫，煮 50 分钟至汤浓发白、肉至八成熟时，入白芷、草果、桂皮、良姜同煮，再下拍松的葱段、姜块、盐，同时要不断地翻动锅内羊肉，使之均匀煮熟。③ 捞出煮熟的羊肉放晾，切薄片，装入碗内，并分别撒丁桂粉、香菜末、青蒜苗末、味精，把煮好的汤在临出锅前加入香料水并搅匀后装入碗内淋上香油，跟果木炭盖炉烧饼上桌即可。

【烹饪方法】煮。

【营养功效】补气滋阴，暖中补虚，开胃健力。

【健康贴士】男士宜食。

泰山豆腐面

【主料】面条 300 克，鸡蛋 2 个，豆腐、苔菜、木耳、笋片、茭白各 20 克。

【配料】花椒油、绍酒、酱油各 6 克，盐 3 克，豆芽汤 400 毫升，植物油 10 克，水淀粉 5 克，味精 1 克。

【制作】① 锅置火上，入水大火烧沸，下入面条煮熟，捞出分盛入碗中；豆腐洗净切成丁；鸡蛋搅打好，备用。② 炒锅置火上，入油烧至七成热，加入切好的豆腐丁，炸至呈金黄色捞出控油；苔菜洗净切段；木耳洗净撕碎；笋切片，茭白切片；除豆腐外均放入沸水中汆过捞出。③ 净锅置火上，注入豆芽汤，加入豆腐丁、苔菜段、木耳、笋片、茭白、绍酒、酱油、盐，煮沸后把搅打好的鸡蛋洒入汤中，使其成碎蛋片，再用水淀粉勾芡，加味精，滴入花椒油，浇到面条碗内即可。

【烹饪方法】煮，炸，汆，浇汁。

【营养功效】温中养胃，补钙健固。

【健康贴士】儿童、老年人宜食。

京津

灌肠

【主料】淀粉 1000 克。

【配料】明矾 25 克，盐 10 克，大蒜 100 克，食用红色素、汤油各适量。

【制作】① 淀粉加水调成糊；锅烧沸 500 毫升清水，加食用红色素、明矾、淀粉糊拌成团，用手蘸水拍成长圆形淀粉块，即为灌肠，切片备用。② 大蒜剁蓉，加盐、清水制成蒜汁。③ 烧热饼铛加汤油，下灌肠片，煎至两面焦黄装盘，浇蒜汁即可。

【烹饪方法】煎。

【营养功效】降低血压，降低胆固醇。

【健康贴士】食用色素不宜加得过量。

锅贴

【主料】小麦面粉 300 克，白皮洋葱 50 克，韭黄 150 克，猪肉 200 克。

【配料】盐 3 克，胡椒粉 2 克，香油 2 克，植物油 10 克。

【制作】① 韭黄洗净，洋葱去皮切末；猪肉剁细，加入盐、胡椒粉、香油同一方向拌匀，再加入韭黄、洋葱拌匀成肉馅。② 面粉加适量清水搅拌后，揉成光滑面团，擀成大面皮，对折三下成长条状，再切成方块抖开，再切成方皮，即成饺子皮。③ 饺子皮摊开，放入肉馅捏成长形，两端轻压一下，依次做好。④ 平底锅倒入 15 克油烧热，以小火慢慢煎煮；待水分收干改大火略煎一下，盛起前淋上 10 克油即可。

【烹饪方法】煎，煮。

【营养功效】滋阴润燥，利水消肿。

【健康贴士】洋葱能杀菌利水，猪肉可以滋阴润燥，二者搭配食用，对治疗阴虚干燥、口渴、体倦、乏力、便秘以及预防高血压和脑出血等症均有一定的辅助治疗功效。

焦圈

【主料】面粉 500 克。

【配料】盐 3 克，碱、矾各 1 克，植物油 500 克。

【制作】① 用温水将盐、碱、矾化开，加面粉、水 200 毫升和成面团，然后饧 3 小时。② 把面团按扁，切条；取一个面坯，用手按住一端，另一手将面坯抨成长条扁片，用刀背将面片切成 4 厘米宽的剂子，每两个剂子叠一起，从中间切一刀，两边稍连一点儿。③ 锅置火上入油烧至五成热时，用手拿住焦圈生坯一头下油锅，随即用筷子从中间撑开，使之成圈形，定形后翻面，炸至枣红色即可。

【烹饪方法】炸。

【营养功效】助消化，除烦躁。

【健康贴士】焦圈在连续高温中炸制而成，是高热量、高油脂类食物，主要含有脂肪、碳水化合物，故不宜多食。

爆肚

【主料】羊肚 500 克。

【配料】香菜 30 克，植物油 80 克，大葱 100 克，姜 15 克，大蒜 20 克，酱油 40 克，盐 3 克，味精 5 克，料酒 30 克，醋 30 克，芝麻酱 30 克，辣椒油 10 克。

【制作】① 羊肚翻卷过来，彻底洗净，切成小段或切成片状，把肚厚的和肚薄的分开，分别装入盆中或大盘中；葱洗净，60 克斜切成丝，40 克切成细丝末；姜洗净，切成薄片；蒜拍破去皮，再略切两下；香菜洗净，切成细末。② 芝麻酱先用凉白开调开，再加入盐调成稀麻酱；取小碟若干，每只小碟中放入适量的酱油、稀麻酱、醋、辣椒油，调好味，再撒些葱末和香菜末，制成调料汁备用。③ 炒锅置火上，放入植物油 80 克，用大火烧热冒烟，先下入肚厚的，紧接着下肚薄的，加进葱丝、姜片、蒜片，用炒锅翻动，爆炒，稍一变色，马上放入料酒、味精，爆炒两下，迅速离火，出锅装盘，蘸汁食用即可。

【烹饪方法】爆炒。

【营养功效】补虚劳，健脾胃，止消渴，固表止汗。

【健康贴士】羊肚宜与葱搭配食用，既可以健脾胃，又能起到很好的杀菌效果。

炒肝

【主料】肥肠、猪肝各 200 克。

【配料】口蘑汤、猪骨汤各 200 毫升，料酒 30 克，淀粉、酱油各 8 克，花椒、大料、桂皮、小茴香、香叶、葱、姜、蒜各 5 克。

【制作】① 肥肠处理干净后在锅内倒凉水，加入肥肠、花椒和料酒待煮沸后焯水 5 分钟，改刀放入锅中，加水、料酒、花椒、大料、桂皮、香叶、小茴香、葱、姜，煮 40 分钟，滤掉调料备用。② 猪肝切薄片，用清水反复冲洗揉搓至无血污，锅内倒凉水，加入花椒煮沸后加入料酒和猪肝汆 20 秒后关火，搅动 30 秒后捞出。③ 锅中倒入猪骨汤、口蘑汤、煮肥肠汤、肥肠以酱油调色煮沸 10 分钟后，加入猪肝同时调入淀粉勾芡，撒上蒜末出锅即可。

【烹饪方法】焯，煮，汆。

【营养功效】补肝，明目，养血。

【健康贴士】高血压、冠心病患者忌食，因为肝中胆固醇含量较高；有病而变色或有结节的猪肝忌食。

【巧手妙招】猪肝常有一种特殊的异味，烹制前，首先要用水将肝血洗净，然后剥去薄皮，放入盘中，加放适量牛乳浸泡，几分钟后，猪肝异味即可清除。

杏仁茶

【主料】杏仁粉 250 克，鸡蛋 2 个，牛奶 500 毫升。

【配料】黑芝麻、冰糖各适量。

【制作】① 备一干净的瓷碗，倒入杏仁粉、牛奶搅拌 1 分钟；另取一空碗，把鸡蛋打成蛋液，搅拌出泡泡，备用。② 锅置火上入水 500 毫升烧沸，倒入冰糖煮成冰糖水，把搅拌好的杏仁水倒入锅里，与冰糖水一并搅拌成糊状，在杏仁茶将近八成熟的时候，再倒入一些凉水，令杏仁茶不干稠。③ 待杏仁茶重新烧沸后，倒入已经调好的鸡蛋液，搅拌均匀后关火，把煮好的杏仁茶倒入瓷碗里，撒上黑芝麻即可。

【烹饪方法】煮。

【营养功效】祛斑美容，延缓衰老。

【健康贴士】杏仁含有大量的各种脂类和微量元素，它可以使人肌肤润泽而有光泽，同时还有大量的维生素 E，可以抗氧化，防止各种因素对面部的损伤，尤宜女士食用。

酸梅汤

【主料】干山楂、干乌梅各 250 克。

【配料】桂花 50 克，甘草 50 克，红糖适量。

【制作】① 干乌梅、干山楂和甘草放入小碗中，用流动的水冲洗干净。② 在汤锅中加入水，放入洗净的干乌梅、干山楂片和甘草，大火煮沸后转小火继续煮制 30 分钟，放入红糖汤，不断搅拌，直至红糖彻底溶化。③ 把汤锅中的酸梅汤倒在玻璃凉杯中，在温室下稍稍放凉即可。

【烹饪方法】煮。

【营养功效】平降肝火，脾胃消化、滋养肝脏。

【健康贴士】酸梅是天然的润喉药，可以温和滋润咽喉发炎的部位，缓解疼痛的功效。

麻豆腐

【主料】豆腐 500 克，肉末 50 克。

【配料】植物油 100 毫升，豆瓣辣酱 35 克，味精 2 克，骨头汤 10 毫升，花椒粉 0.5 克，淀粉 30 克，葱 100 克，姜 10 克，蒜头 2 瓣。

【制作】① 豆腐切丁，沸水泡 10 分钟，捞出，沥干；葱、姜、蒜头洗净，剁蓉。② 锅置火上，入油烧热，下肉末炒散，加入葱、姜、蒜末，炒香，入豆瓣辣酱，炒出红油。③ 热汤锅入豆腐丁、骨头汤、味精烧沸后用水淀粉勾芡，淋入植物油、红油，撒花椒粉即可。

【烹饪方法】炒，烧。

【营养功效】消暑养颜，明目解酒。

【健康贴士】痛风、消化不良、脾胃虚寒、腹泻便溏者不宜多食。

炒疙瘩

【主料】青豆 50 克，胡萝卜、黄瓜、青椒、红椒各 75 克，面粉 150 克。

【配料】酱油 5 克，植物油适量。

【制作】① 面粉加适量水揉成面团，揉成长条，揪成见方的小疙瘩，撒上面粉抖撒；青豆洗净，胡萝卜，黄瓜，红椒洗净切丁备用。② 锅中加清水大火烧沸，加入抖散的小疙瘩，煮熟捞出备用。③ 锅中放油烧热，放入胡萝卜，黄瓜、青椒、红椒翻炒至熟，放入煮熟的小疙瘩，加少许水，适量酱油翻炒至料熟即可。

【烹饪方法】煮，炒。

【营养功效】养肝明目，温中益气。

【健康贴士】一般人皆宜食用。

蜜三刀

【主料】发酵面 500 克，面粉 150 克，饴糖 200 克。

【配料】食碱 10 克，植物油 300 克，白芝麻、蜂蜜各适量。

【制作】① 酵面发成老酵面，加食碱揉匀略饧；白芝麻炒熟；干面粉加饴糖 100 克和成饴糖面。② 把老酵面一分为二，擀成皮；将饴糖面也擀成同样大小的面片；两块皮一层饴糖面片成三层，用刀切块，四角对齐折好，顺切三连刀。③ 锅置火上入油烧热，下入生坯，炸熟捞出，迅速下入蜂蜜中过蜜，沾上白芝麻，再捞起凉凉即可。

【烹饪方法】炒，炸。

【营养功效】安神补血，滋补肝肾。

【健康贴士】高血脂、高血压、高血糖、肥胖症患者不宜多食。

豌豆黄

【主料】去壳豌豆 500 克，白砂糖 250 克。

【配料】干桂花 5 克，琼脂粉 10 克。

【制作】① 去壳豌豆稍微清洗后倒入 1000 毫升清水泡约 30 分钟。② 把泡好的豆子连同水倒入高压锅内，再加入另外 1000 毫升清水，盖上高压锅盖大火煮到排气后转小火再煮约 30 分钟，至豆子煮成豆茸，趁热加入白砂糖搅拌均匀，用漏网过滤到炒锅内。③ 琼脂粉加少许清水调和后倒入豆沙中，再倒入干桂花搅拌均匀，开小火慢慢翻炒豆沙，并且不时搅拌至豆沙炒到较干，捞起再落下时不会立即溶和。④ 把炒好的豆沙盛入保鲜盒内，盖上盖子放入冰箱冷藏至完全凝固，取出扣在案板上切成块装盘即可。

【烹饪方法】煮，炒，冷藏。

【营养功效】和中益气，利小便，抗菌消炎。

【健康贴士】脾胃较弱以及患有尿路结石、皮肤病和慢性胰腺炎者不宜食用；糖尿病患者、消化不良者慎食。

嘎巴菜

【主料】大米、绿豆各 500 克，香干片 50 克。

【配料】葱末、姜末、香菜段各 5 克，盐水 5 毫升，植物油 200 克，芝麻酱、腐乳汁、辣椒油、香油各 6 克，水淀粉 5 克，五香粉、大料粉、面酱各 3 克，酱油 8 克，食碱 1 克。

【制作】① 绿豆、大米洗净，用水浸泡至回软，上磨磨成糊状，用铁鏊摊成极薄的煎饼，切成柳叶条形即成嘎巴。② 锅置火上入油 10 克烧热，加入葱末、姜末、香菜段爆香，下大料粉、面酱炒熟，倒入酱油烧沸，再加盐水、五香粉、食碱煮开，用水淀粉勾成卤汁。③ 香干片成小菱形，炒锅置火上入油 190 克烧热放入切好的香干炸至外皮发脆，再放入酱油水中煮开略煨。④ 碗内盛上嘎巴，浇上卤汁拌匀，再加香油、腐乳汁、辣椒油、香干片、芝麻酱、香菜末即可。

【烹饪方法】煎，爆，炒，煮，炸，煨。

【营养功效】清热解毒，消暑止渴。

【健康贴士】一般人皆宜食用。

萨其马

【主料】富强粉 1050 克，鸡蛋 12 个，白砂糖 105 克，饴糖 1300 克。

【配料】植物油 1000 克，淀粉 100 克。

【制作】① 鸡蛋打发，与面粉等原料拌匀，搓揉，稍加淀粉防粘，和成面团后，擀薄，切成面条。② 面条生胚入热油锅炸至完全松发为圆丝状、呈均匀的乳黄色时，即捞出备用；砂糖加水下锅煎熬，糖沸后约 5 分钟投入饴糖，再熬至具有一定黏度即可。③ 糖浆熬好后，将糖锅移离火炉，把半成品的胚料投入锅内，充分拌匀，然后倒入面积较大的木框内，压实，使其互相黏结，待冷却后，切成 6 厘米正方形糕块即可。

【烹饪方法】炸，熬。

【营养功效】除烦去燥，健胃消食。

【健康贴士】糖尿病患者忌食。

驴打滚

【主料】糯米粉 100 克，玉米淀粉 25 克。

【配料】糖 30 克，色拉油 20 克，黄豆粉、椰丝各 100 克，红豆沙适量。

【制作】① 糯米粉、淀粉、糖粉、色拉油、水混合搅拌成浆，把方形的微波饭盒套上一个微波食品袋，把浆倒入食品袋，整理好，微波加热 5 分钟。② 取出食品袋，在案板上放平，擀成薄长形糯米片，隔着食品袋切成两块，剪开食品袋，揭去上面的薄膜，把红豆沙袋剪掉一个约两厘米的口子，挤到糯米片中间，然后把下层食品袋剪开，两片糯米片叠合，卷起，压实。③ 案板上垫保鲜膜，撒上黄豆粉，把糯米卷放上去，滚满粉，快速切断，再滚上椰丝即可。

【烹饪方法】加热。

【营养功效】益气健脾，温补强身。

【健康贴士】糯米能够利水养脾，红豆能够止泻消肿，二者同食，能有效缓解脾虚腹泻及水肿症状。

煎焖子

【主料】绿豆淀粉 500 克。

【配料】明矾 1 克，酱油、醋、芝麻酱、蒜泥各 8 克，植物油适量。

【制作】① 锅内加入清水，烧沸后加入适量明矾溶化，再加入绿豆淀粉搅成稠粥状的糊，倒入沸水内，移中火上，熬至绿豆糊黏稠，倒出盛盆，冷却后即凝固成焖子。② 将焖子泡入凉开水中，凉透后，取出切成菱形角块。③ 平底煎锅内刷入植物油烧热，加入菱形焖子，煎至两面发黄热透，盛出装入盘内，浇上酱油、醋、芝麻酱、大蒜泥即可。

【烹饪方法】熬，煎。

【营养功效】清暑热、通经脉，清肠胃、解毒，补肾利尿。

【健康贴士】脾胃虚寒、体质虚弱者不宜多食。

艾窝窝

【主料】糯米 500 克，大米粉 150 克。

【配料】青梅、白芝麻、金糕、瓜子仁、核桃仁各 50 克，糖 30 克，糖桂花 10 克。

【制作】① 糯米洗净泡 24 小时，上笼蒸 40 分钟，取出淋上沸水焖 20 分钟，再蒸 25 分钟，把米饭搅至起劲成团，凉凉；大米粉蒸 40 分钟左右，熟后散开热气过箩备用。② 芝麻、核桃仁、瓜子仁分别用小火焙熟，凉凉后搓去核桃仁皮，切成碎粒；青梅、金糕也切成碎粒。将处理好的青梅、白芝麻、金糕、瓜子仁、核桃仁混合均匀，加糖、糖桂花拌匀，放少许沸水拌成馅。③ 糯米团搓条切剂，包馅，表面滚上一层大米粉即可。

【烹饪方法】蒸，焖，焙。

【营养功效】补中益气，健脾养胃。

【健康贴士】糯米极柔黏，难以消化，脾胃虚弱者不宜多食；老人、小孩、病人慎食。

小窝头

【主料】细玉米面粉 400 克，黄豆面粉 100 克。

【配料】小苏打 2 克，糖、桂花酱各 10 克。

【制作】① 玉米面粉、黄豆面粉、糖、小苏打混合均匀后加入温水，揉搓成团，以不粘手为佳。② 面团搓条摘剂，每个约 50 克，桂花酱加半碗水搅成桂花水，蘸着桂花水把剂子捏成窝头状，饧后放在笼屉中。③ 大火蒸 15 分钟左右，待香气扑鼻时即可出锅。

【烹饪方法】蒸。

【营养功效】健脾开胃，排毒养颜。

【健康贴士】五谷杂粮，多食有助于消化，缓解便秘症状，玉米还可预防心脏病和癌症。

典食趣话：

北京的北海公园内仿膳饭庄有一种甜点心，名叫“小窝头”。它是用黄豆、玉米加工成精细面粉，再加入白砂糖和桂花蒸制而成的美点。其特点是上尖下圆，小巧玲珑，看上去像一个个金色的“小宝塔”；吃起来味道香甜，细腻滋润。因而，凡是光顾仿膳饭庄的人们，都以一尝脍炙人口的小窝头为快事。

小小窝头怎么成为北京仿膳名点的呢？这有一则与当年慈禧太后逃亡有关的传说。1990 年，八国联军入侵北京，尽管义和团及北京军民奋力抵抗，但由于清朝政府的腐朽无能，北京还是被攻陷了。慈禧太后带着光绪皇帝和一批宫女、太监、卫兵乘夜黑人静，化装成逃难的百姓，坐上三辆破车混出了紫禁城，仓皇向西安逃去。

出逃匆匆，来不及带上足够的食物，且兵荒马乱，慈禧太后一行人也不敢暴露身份，无法得到地方官吏的侍奉和保护，一路上风声鹤唳，饥饿难忍。当行至前不着村后不着店的地方时，荒无人烟，更难找到能吃的东西，而慈禧太后又非要吃东西不可，这可难坏了随身的太监。就在这时，有一个名叫贯世里的随从，身上还留有一个从民间要来的玉米面窝窝头，便掏出来进献给了慈禧太后。俗话说：“饱了喝蜜蜜不甜，饿了吃糠甜如蜜”，平时吃惯奇珍异馐的慈禧太后这时竟也将这粗劣不堪的窝窝头吃得津津有味，倍觉甘美。不久，丧权辱国的《辛丑条约》签订后，八国联军退出北京，慈禧太后回到了北京。据说那个随从贯世里由于献食有功，还被封为“引路侯”。一次慈禧太后想起了那顿“又香又甜”的吃食，就命御膳房给做窝窝头吃。这可使御膳房的厨师们犯难了，窝窝头本是民间的一种普通食品，一般富户人家只食精米精面，对这种玉米面窝窝头并不问津，更何况深居宫禁的慈禧太后了。但厨师们又深知她的性情暴戾乖张，怎敢违抗旨意。于是，便依照大窝头的式样，加进一些黄豆粉和大量白砂糖，还有桂花，精心制成了小窝头，松软甜美，慈禧太后果然喜欢吃。从此，小窝头便成了慈禧太后食谱上的一味甜点。清朝灭亡以后，小窝头和其他清宫菜点一样，流传到了民间，成为北京著名的风味小吃。

芸豆卷

【主料】白芸豆 500 克，豆沙 250 克。

【配料】食碱 2 克。

【制作】① 用小磨将芸豆破碎去皮，放在盆里，用沸水泡一夜，把未磨掉的豆皮泡起来，再用温水把豆皮泡掉，芸豆碎瓣放入沸水锅里煮，加少许碱，煮熟后用漏勺捞出，用布包好，上屉蒸20分钟，取出过箩，将瓣擦成泥，豆泥通过箩而形成小细丝。② 芸豆丝凉凉后，倒在湿布上，隔着布糅合成泥，取方形湿白布一块平铺在案板边上，把芸豆泥搓成 3 厘米粗的条，放湿布中间，用刀面抹成长方形薄片，然后抹上一层豆沙，顺着湿白布的边缘两面卷起，各一半后，合并为一个圆柱形，压实。③ 布拉起，使卷慢慢地滚在案板上，切去两端不齐的边，然后切成段即可。

【烹饪方法】煮，蒸。

【营养功效】温中下气，利肠胃，止呃逆，益肾补元气。

【健康贴士】芸豆与山药同食，可以强身健体，提高人体免疫力。

元宝酥

【主料】精面粉 1200 克，核桃仁丁 40 克，青梅丁 40 克。

【配料】香油 220 克，饴糖 100 克，玫瑰酱 30 克，白砂糖 30 克，植物油 1500 克。

【制作】① 盆内加面粉 500 克、香油 200 克搓成油酥面团；另取面粉 500 克、香油 25 克、清水 150 毫升搓成水油面团，即皮面团。② 取面粉 200 克入笼蒸熟，取出风干，过细箩，掺入白砂糖、饴糖揉匀，再放入核桃仁丁、青梅丁、玫瑰酱搓匀，即成糖馅。③ 案板上抹油，放上皮面揉匀，擀成圆皮，包入油酥面，收口捏严，收口朝下按扁，擀成长方皮，顺长把两头各对折一下，叠为 3 层，再擀成长薄皮，沿宽边卷成卷，切成剂子，将剂子逐个按成圆皮，包入糖馅，收口捏严，再捏成两头上翘的元宝形，即成生坯。④ 锅置中火上入油烧热，将生坯排放在笊篱上，空置在油锅上的空勺里，用烧热的植物油浇炸 7 分钟即可。

【烹饪方法】蒸，炸。

【营养功效】健脾利气，消食开胃。

【健康贴士】油炸食品，不宜多食。

炸口袋

【主料】面粉 1000 克，鸡蛋 20 个。

【配料】盐 10 克，食碱 5 克，明矾 3 克，植物油 1500 克。

【制作】① 盆内放盐、食碱、明矾、清水 500 毫升，明矾用木槌研碎至溶化，倒入面粉揉匀，抹上油，放在油案上略饧。② 面团用刀切一长段，用手抻长，按扁成带状，再切成 10 厘米长、6 厘米宽的片。③ 锅置火上，入油烧至六成热，放入面片炸至金黄色时捞出，挑开一边口，打入一个鸡蛋液，将口夹严，再入油锅略炸，鸡蛋液凝固即可。

【烹饪方法】炸。

【营养功效】益精补气，润燥安胎。

【健康贴士】一般人皆宜食用。

箱子豆腐

【主料】板豆腐 3 方块，虾仁 150 克，香菇 3 朵，荸荠 5 粒。

【配料】姜泥 5 克，姜片 5 克，葱段 10 克，盐 3 克，土豆淀粉 5 克，酱油 7 克，高汤 600 毫升，酒、香油 5 克，植物油 300 克，胡椒粉 2 克。

【制作】① 豆腐每 1 方对切成 2 块长方形，放入热油中炸至外表金黄色时捞出，在约 1/4 厚度处切一刀口，不切断，挖出中间少许豆腐备用；虾仁切成小粒；香菇泡软切丁；荸荠切丁。② 锅置火上，入油烧热，放入虾仁及姜泥炒香，再放入荸荠及香菇炒匀，撒胡椒粉调味，用少许土豆淀粉勾芡后盛出。③ 在豆腐中填入虾馅料，豆腐边缘抹少许土豆淀粉后盖起来，锅中另用油爆香葱段及姜片，放酱油、酒及高汤，同时放豆腐，小火煮 5 ~ 8 分钟，勾芡后淋香油即可装盘。

【烹饪方法】炸，炒，爆，煮。

【营养功效】益气宽中，生津润燥。

【健康贴士】豆腐宜与平菇、香菇、草菇、金针菇、鸡腿蘑、口蘑等蘑菇类食物一同食用，可以起到非常显著的抗癌功效。

姜丝排叉

【主料】精面粉 1000 克，鲜姜 100 克。

【配料】青红丝、糖各 30 克，桂花、饴糖各 10 克，植物油适量。

【制作】① 面粉加水和成硬面团，擀压成片，叠长条，切成排叉片，两片合一，中间切一长二短三刀，翻成排叉生坯。② 姜去皮切丝，用水煮成鲜姜水，加糖、饴糖、桂花熬煮至蜜稠，放在温火上保温。③ 锅置火上入油烧热，将排叉生坯下油锅，炸至金黄色捞出，再下姜汁蜜锅中过蜜，捞出撒上青红丝，凉凉即可。

【烹饪方法】煮，炸。

【营养功效】清热解毒，祛风散寒。

【健康贴士】一般人皆宜食用。

冰糖葫芦

【主料】山楂 20 ~ 25 个。

【配料】白砂糖、冰糖、蜂蜜各 100 克，水 200 毫升，竹签若干。

【制作】① 山楂洗净，去根、蒂、子，拦腰切开，用竹签串起来，每串 5 个。② 糖与水倒入锅中，用大火熬 20 分钟左右，边熬边搅拌，熬煮至糖水冒出了细小密集泡沫，颜色变成浅金黄色，用筷子蘸糖浆，能微微拉出丝即可。③ 将锅子倾斜，把串好的山楂贴着熬好的热糖上泛起的泡沫轻轻转动，裹上薄薄一层糖浆，放到砧板上冷却 2 ~ 3 分钟即可食用。

【烹饪方法】熬。

【营养功效】健胃消食，利肠润道。

【健康贴士】胃酸、胃溃疡、十二指肠溃疡、口腔口溃疡患者忌食。

酥皮焗鲜奶

【主料】鲜奶 150 毫升，鸡蛋 2 个。

【配料】糖 30 克，酥皮 1 块。

【制作】① 鸡蛋打开，把蛋黄蛋清分离；糖倒入鲜奶之中，再倒入蛋清，将其搅拌，用筛网过滤到烤碗中。② 剩余蛋液放入烤碗内，盖上酥皮，再扫一层蛋液后放入烤箱，隔水用 230℃温度烤 30 分钟即可。

【烹饪方法】烤。

【营养功效】滋阴养血，益精补气。

【健康贴士】缺铁性贫血者不宜多食。

京味塌糊子

【主料】玉米面 50 克，面粉 50 克，西葫芦 250 克，鸡蛋 2 个。

【配料】盐 3 克，鸡精 2 克，植物油 5 克。

【制作】① 西葫芦洗净，对切开后去子，用擦子擦成细丝入盆中，放入玉米面、面粉、鸡蛋、盐、鸡精，搅成稠粥状。② 平锅置火，刷一层植物油，用手勺舀稀糊入锅中，再用平铲抹平，将底面煎至上色在翻面煎另一面，熟后即可食用。

【烹饪方法】煎。

【营养功效】除烦止渴，润肺止咳，清热利尿。

【健康贴士】西葫芦宜与鸡蛋搭配食用，滋阴润燥食疗功效显著。

陆记烫面炸糕

【主料】面粉 550 克。

【配料】桂花酱 10 克，鲜山楂 250 克，植物油 1500 克，白砂糖 250 克。

【制作】① 面粉 450 克放入盆内，用沸水 450 毫升猛冲，迅速用搅面棍搅拌，搅到面黏稠、不溏水时，把盆内的面疙瘩打开，打好后，双手略蘸植物油，将烫面团放在刷了油的案板上，趁热用双手反复推揉成长方形，稍凉，将烫面团在铺有面粉的案板上再推揉一遍，使面团揉匀揉透，盖上湿布，饧 1 小时。② 白砂糖与面粉 100 克搓匀；鲜山楂剔核、去把，剁压成泥状，与拌好的糖面、桂花酱搓匀，即成山楂馅。③ 将饧好的烫面团放在铺有一层面粉的案板上揉匀，搓成长条，摘成面剂，逐个团圆、按扁，以右手示指、中指蘸上油，在扁剂中间按下成“碗”状，抹入山楂馅，收口，再团圆，压成扁饼状即成生坯。④ 锅置大火上，倒入植物油，烧至八成热时，下入生坯，并马上将油温提高到九成热。待炸糕浮上来后，用筷子翻转几次，炸成金黄色，即可出锅。

【烹饪方法】炸。

【营养功效】助消化，益肠道。

【健康贴士】胃酸、胃溃疡患者不宜多食。

糖火烧

【主料】面粉、红糖、芝麻酱各 500 克。

【配料】酵母粉 5 克，温水 350 毫升。

【制作】① 面粉与酵母粉拌匀，倒入温水和成面团，饧 30 分钟备用；红糖擀细与芝麻酱一起拌匀。② 将面团擀成长方形，均匀涂上芝麻酱红糖，卷起，略压扁，从两边向中间折叠，再擀成长方形薄片，依旧从两边向中间折叠擀成长方形薄片，卷成卷，摘成一个个小剂，两边收口向下捏紧成圆形，稍压扁，烤箱预热 180℃烤约 25 分钟即可。

【烹饪方法】烤。

【营养功效】润肠滑道，气补血。

【健康贴士】糖尿病患者忌食。

卤煮火烧

【主料】火烧 5 个，北豆腐 500 克，面粉 400 克，猪肠、猪肺各 150 克。

【配料】炖肉料包 1 个，芝麻酱、黄豆酱各 10 克，冰糖、韭菜花、酱豆腐、大蒜、香菜各 15 克，酱油、辣椒油、料酒各 8 克。

【制作】① 面粉和成面团后擀成饼，上挡烙熟。② 锅置大火上放清水、猪肠、猪肺、炖肉料包、料酒、黄豆酱、酱油、白酒、冰糖烧沸，小火卤熟；北豆腐切片，炸至金黄；将豆腐、火烧入汤煮入味；香菜切段；蒜剁蓉；芝麻酱、辣椒油和酱豆腐、韭菜花和成酱料。③ 将火烧捞出切块放碗底，豆腐切块放碗边，猪肺、猪肠切好放在火烧上面，浇上卤汤、酱料、蒜蓉、香菜即可。

【烹饪方法】烙，卤，炸，煮。

【营养功效】润肠祛风，解毒止血。

【健康贴士】三高人士不宜多食。

褡裢火烧

【主料】面粉 500 克，肉末 200 克，白菜馅 150 克。

【配料】植物油 50 克，葱末、姜末各 5 克，盐 10 克，酱油 25 克，味精 2 克。

【制作】① 肉末、葱末、姜末和白菜馅放入大碗中，加入盐、味精、酱油拌匀，制成馅。② 面粉倒入和面盆中，加水，揉合面，待面团揉好后，盖上湿布饧发 5 ~ 10 分钟；案板略抹植物油后，放上面团，再揉几下，用刀切成面坯，按扁，擀成长方形面皮，再将宽面一端的两角略向外抻宽。③ 将 15 ~ 20 克馅横放在面皮中间，摊成馅条，把较窄的一端翻起盖在馅上卷起，再将抻宽的一端两角掀起压住边口即成生坯。④ 煎盘加植物油置于大火上烧热，放入生坯（将压住边口的一面向下），烙 2 ~ 3 分钟，再刷抹少量植物油，翻面烙 2 ~ 3 分钟，待其两边呈金黄色时即可。

【烹饪方法】烙。

【营养功效】解热除烦，解渴利尿。

【健康贴士】白菜宜与猪肉同食，滋补效果显著。

杜称奇火烧

【主料】精面粉 500 克。

【配料】绵白糖 125 克，瓜条、核桃仁、熟芝麻、橘丁各 8 克，香油 100 克。

【制作】① 盆内加面粉 150 克、香油 75 克拌成油酥面团；面粉 250 克加冷水 125 毫升和成水面团，盖湿布静饧 10 分钟。② 核桃仁、瓜子仁、熟芝麻、橘丁、瓜条、青梅剁碎，拌入绵白糖、桂花，与香油 50 克拌匀成馅料。③ 饧好的水面团在刷有香油的案板上揉匀，按扁，擀成长 35 厘米，一端宽 16 厘米、另一端宽 10 厘米的扇形面皮，先在右半边面皮上抹油酥面 50 克，从右向左顺长卷至一半（随卷随抻），再将左半边面皮擀至 0.3 厘米，抹上油酥面 100 克，继续卷成长卷，摘面剂，逐个按扁，包馅料，收好口，接口处朝上按入圆形模具内，揰出，在正面刷上香油。④ 铛置中火上，抹上香油，生坯正面朝下放在上，背面刷上香油，待正面烙呈金黄色时，翻个，再在正面刷上香油，待背面烙呈金黄色时，再翻个，背面再刷一次油，待火烧鼓起后，入炉烤 2 分钟，取出即可。

【烹饪方法】烙，烤。

【营养功效】益智补脑，开胃消食。

【健康贴士】一般人皆宜食用。

狗不理包子

【主料】面粉 750 克，净猪肉 500 克，净葱末 625 克。

【配料】生姜水 10 克，酱油 125 克，水 422 毫升，香油 60 克，味精少许，碱适量。

【制作】① 猪肉按肥瘦 3 ：7 匹配，剔净骨及渣、剁碎，使肉成大小不等的肉丁，在搅肉过程中加适量生姜水，上酱油，置冰箱内 15 分钟后端出馅分次上水，然后放入味精、香油和葱末搅拌均匀。② 面粉加水合成面团，搓成长条，切成面剂，把剂子滚匀，擀成薄厚均匀，大小适当的圆皮。③ 左手托皮，右手拨入馅，掐褶 18 ~ 22 个，掐包时拇指往前走，拇指与示指同时将褶捻开，收口，依次做好，上屉蒸 4 ~ 5 分钟至熟即可。

【烹饪方法】蒸。

【营养功效】滋阴润燥，补虚养血，滋养脏腑。

【健康贴士】此品对治疗阴虚干燥、口渴、体倦、乏力、便秘以及预防高血压和脑出血等症均有一定的辅助治疗功效。

白记牛肉水饺

【主料】精面粉 500 克，鲜牛肉 300 克，白菜馅 300 克。

【配料】葱末 25 克，姜末 3 克，盐 6 克，味精 2 克，酱油 60 克，花椒 2 克，香油 35 克。

【制作】① 碗内加入花椒、沸水 500 毫升浸泡花椒味，捞出花椒后，加入盐备用。② 精面粉放入盆内，加冷水 185 毫升和成面团，盖上湿布略饧；牛肉按肥瘦比例绞成肉茸，加花椒水、味精、葱姜末、香油和白菜馅拌匀成馅料。③ 饧好的面团揉匀，搓成长条，摘成面剂，擀成圆皮，包入馅料，捏成饺子，依次做好。④ 锅内加水烧沸，下入饺子，煮沸后淋入冷水少许，撇出浮沫，当饺子都浮起水面时，捞出即可。

【烹饪方法】煮。

【营养功效】解热除烦，润肠排毒，滋阴润燥。

【健康贴士】营养不良、贫血、头晕、大便干燥者宜食。

京味打卤面

【主料】五花肉 100 克，香菇、黄花菜、水发木耳、口蘑各 20 克，鸡蛋 1 个。

【配料】蒜、大葱各 5 克，姜 3 克，花椒 2 克，玉米淀粉 4 克，鸡精 2 克，盐 3 克，老抽 3 克，香油 5 克。

【制作】① 大蒜切末；鸡蛋磕入碗内打散；香菇、黄花、木耳、口蘑用热水浸泡发开洗净，发蘑菇的水备用。② 取汤锅加水，放入葱、姜、五花肉煮熟，取出切薄片；香菇切片，与黄花、木耳、口蘑一起放入锅中，加入煮肉的汤和发蘑菇的水炖 20 分钟，再加入盐、鸡精、老抽，调味后勾芡，加入鸡蛋液，取出倒入汤盆，卤即做成。③ 取炒锅加香油和花椒，再加入蒜末，炸香后浇在做好的卤上，煮面摆肉浇卤即可。

【烹饪方法】煮，炖，炸。

【营养功效】化痰理气，益胃和中。

【健康贴士】食欲不振、身体虚弱、便秘、

形体肥胖、动脉硬化、肝硬化患者宜食。

蟹黄烧卖

【主料】面粉 500 克，猪肉 250 克，湿冬菇 100 克，冬笋 50 克，蟹黄 150 克。

【配料】香油 50 克，盐 10 克，酱油 5 克，糖 2 克，胡椒粉、味精各 4 克，干淀粉 250 克。

【制作】① 面粉置于案板上开窝，用温水和成面团，揉光备用。② 猪肉剁碎；冬菇、冬笋切碎；肉放入盆内加调料，分次加入凉水打至水肉有黏性时放入冬菇、冬笋拌匀即成馅心。③ 将面团搓条揪剂，擀成小圆皮，再加淀粉用圆走槌打出裙边，包入馅心，收口时放一点儿蟹黄即成生坯，依次做好，上笼大火蒸 8 分钟至熟即可。

【烹饪方法】蒸。

【营养功效】舒筋益气、理胃消食、通经络、散诸热。

【健康贴士】蟹肉性寒，不宜多食。

桂发祥什锦麻花

【主料】面粉 1000 克，酵面 100 克，青梅、糖姜、核桃仁、青丝、红丝各 50 克。

【配料】碱水、白砂糖水各 50 毫升，白砂糖、桂花各 20 克，植物油适量。

【制作】① 面粉加酵面、碱水、白砂糖水和成面团，揉匀饧透后，制成扁长条，用刀轧成直径 1 厘米的面条，断成 36 厘米、26 厘米两种规格，然后将短条沾满芝麻，搓成 36 厘米长。② 青红丝、青梅、糖姜、核桃仁切碎，加面粉、植物油、白砂糖、桂花、碱水和匀成面团，搓成直径 1.5 厘米、长 36 厘米的馅条。③ 将 1 根馅条与 7 根白条、2 根带芝麻的面条凑一起，搓成麻绳形，折过两头捏好，拧成长扁圆形；然后放入热油锅中，炸至呈棕黄色熟透，捞出凉透即可。

【烹饪方法】炸。

【营养功效】健胃消食，去烦除躁。

【健康贴士】营养单一，不宜多食。

王记剪子股麻花

【主料】面粉 1250 克，青丝、红丝各 25 克，绵白糖 450 克。

【配料】冰糖屑 50 克，酵面 100 克，桂花油 10 克，食碱 5 克，糖精 1 克，植物油 1500 克，芝麻 100 克。

【制作】① 盆内加绵白糖、糖精、桂花油、200 毫升水调匀，加入酵面、食碱、100 克植物油、面粉揉成硬面团，揉好后用轧面机轧几遍，轧至表面光滑。② 面团放在案板上，用刀切成长 66 厘米的面片 12 片、长 56 厘米的面片 3 片（面片厚度为 6 毫米）。③ 长 66 厘米的面片上刷上植物油，竖着放入出条机中，每片轧成 53 条细白条（每条长 26 厘米、厚 5 毫米、重 30 克）。另将长 56 厘米的面片也按此法各轧成 53 条（不刷植物油）。然后在凉水中涮一下，放入盛有芝麻的盆中，粘匀芝麻，即为麻条。④ 白条 12 条顺放在案板上，再将麻条 3 条顺放在白条靠外的一侧，放好后，用手捏紧条的两头一抻，顺势使条拧两扣，对折起来，两头按在一起，将条提起，拧两个花，“8”字形的剪子股麻花生坯即可。⑤锅置大火上，加植物油烧至 160 ~ 180℃时，放入麻花生坯，炸至麻花浮起后，用筷子整形拨散，约 5 分钟后，将麻花翻个，炸至均匀的深红色时，用笊篱捞出沥油，凉凉，撒上冰糖屑和青、红丝即可。

【烹饪方法】炸。

【营养功效】健胃消食，去烦除躁。

【健康贴士】三高人士及肥胖者不宜多食。

京东肉饼

【主料】面粉 1000 克，牛肉 500 克。

【配料】大葱 250 克，姜 5 克，淀粉 5 克，植物油 10 克，盐 5 克，胡椒粉 3 克，生抽、料酒、香油各 8 克，鸡蛋 1 个。

【制作】① 面粉加适量温水和成软面团，饧 30 分钟备用；牛肉洗净剁成肉末；大葱切碎；姜切碎成末。② 牛肉末中加入淀粉抓匀，再加入植物油、盐、胡椒粉、生抽、料酒、香油、打入鸡蛋，朝一个方向搅拌上劲，加入大葱末与姜末，继续朝一个方向拌匀后盖上保鲜膜腌制 30 分钟即成馅。③ 将饧好的面团揉搓成长条，再分成小剂、揉圆，用手按扁，擀成大薄片，从面皮的圆心位置下刀，切至面皮的边缘，将面皮的一半切开，在面皮的 3/4 均匀地涂上腌制好的肉馅，注意面皮的边缘不要涂。④ 没有涂肉馅的面皮向上叠起，再向右叠，最后将下面剩下的部分向上叠起，用手把边缘按紧，平底锅内放油，放入叠好的肉饼，盖上锅盖，小火将其煎至两面金黄中间熟透时即可。

【**烹饪方法**】腌，煎。

【**营养功效**】补脾胃，益气血，强筋骨。

【**健康贴士**】牛肉宜与葱同食，除了可以很好地利水消肿以外，葱还可以降低牛肉中的胆固醇。

【**举一反三**】也可以把原料中的牛肉换成羊肉，即成羊肉馅饼。

明顺斋什锦烧饼

【**主料**】精面粉 425 克，酵面 100 克，牛肉末 175 克。

【**配料**】食碱 3 克，葱末 35 克，姜末 5 克，盐 5 克，味精 1 克，酱油 17 克，咖喱粉 3 克，香油 17 克，植物油 1000 克。

【**制作**】① 植物油 60 克烧热后倒入盛有 100 克精面粉的盆内，拌成油酥面。② 盆内加牛肉末、冷水、酱油、葱末、姜末、盐、味精、咖喱粉、香油拌匀成馅料。③ 冷水 160 克调稀酵面，加入 300 克精面粉及食碱揉匀，放在刷有植物油的案板上，分成份，每份擀成方面皮，抹上少许植物油，摊上 1/4 油酥面，将面皮从外向里边卷边抻，然后摘成剂子，逐个按成薄皮，裹上牛肉馅，封口朝上按扁。④ 铛置小火上，刷匀植物油，烧饼封口朝下放上，正面刷一层油，烙至两面发黄时，入烤炉烤 3 分钟即可。

【**烹饪方法**】烙，烤。

【**营养功效**】温中健胃，益气利肾。

【**健康贴士**】虚损羸瘦、消渴、脾弱不运、癖积、水肿、腰膝酸软宜食。

面茶

【**主料**】小米面 500 克，芝麻 10 克，花生仁 100 克，豆腐干 200 克，核桃仁 100 克。

【**配料**】植物油 50 克，红枣 6 枚，姜片 6 克，盐 3 克。

【**制作**】① 锅至火上入油烧热后，倒入小米面、红枣、姜片，用小铲翻炒，略炒后再加入芝麻、核桃仁翻炒，待将小米面炒至黄色，有明显的炒面香味时，即可出锅放入盆内，捡出红枣和姜片。② 取适量炒面加入冷水搅成稀糊；豆腐干切成小片；花生仁用水泡发。③ 锅置火上加入清水，放入盐、花生仁、豆腐干片，煮沸后，将面糊倒入锅内，搅开，煮沸后略熬片刻即可食用。

【**烹饪方法**】炒，熬，煮。

【**营养功效**】滋阴润燥，补益气血。

【**健康贴士**】一般人皆宜食用。

扒糕

【**主料**】荞麦面 250 克。

【**配料**】蒜 15 克，芥末糊 5 克，辣椒油 10 克，咸胡萝卜丝 25 克，盐 6 克，芝麻酱 6 克，醋 8 克，酱油 5 克。

【**制作**】① 胡萝卜切成丝加盐 2 克腌制 8 分钟；蒜拍成泥，放入小碗中，加入芝麻酱、醋、酱油、盐、芥末糊调匀备用。② 凉水 1000 毫升加盐倒锅内烧沸，倒入荞麦面，用木棍搅成团后过凉水。③ 将面团用手沾凉水拍成圆饼形，用小刀打成条状入碗，浇以酱油、辣椒油、醋、蒜汁，放和好的芝麻芥末糊，撒上咸萝卜丝，即可食用。

【**烹饪方法**】腌，浇汁。

【**营养功效**】健胃消食，防癌抗癌。

【**健康贴士**】荞麦性凉，可以收涩止汗，蜂蜜可用于治疗中气亏虚、肺燥咳嗽，二者同食，有润肺止咳的功效。

秋梨膏

【主料】鸭梨 6 个，干红枣 80 克。
【配料】冰糖 150 克，老姜 20 克，蜂蜜 80 克。
【制作】① 干红枣洗净后对切去核；生姜去皮后切成细丝；梨削去外皮，擦板架在锅上，把梨擦成梨蓉和梨汁。② 将去核后的红枣与姜丝、冰糖放入锅内和梨蓉梨汁一起，盖上锅盖，用小火煮约 30 分钟，然后用漏网捞起梨蓉用另一只汤匙按压，挤出更多梨汁。③ 把挤压后的梨渣、红枣和姜丝扔掉，锅内只留梨汁，继续用小火熬煮约 1 小时后至梨浆浓稠后熄火放凉，在放凉后的梨浆里调入蜂蜜拌匀后放入密封罐保存即可。
【烹饪方法】煮，熬。
【营养功效】润肺止咳，生津止渴。
【健康贴士】脾胃虚弱者不宜多食。

炒红果

【主料】山楂 2500 克。
【配料】白砂糖 1750 克，香油 20 克。
【制作】① 山楂洗净，入沸水焯烫，从中间切开去核。② 不锈钢锅置火上，加水、糖，下山楂，煮至水沸后打去浮沫，用小火焖，待水蒸发后，看汁黏变红时淋香油，凉凉后即可食用。
【烹饪方法】焯，煮，焖。
【营养功效】开胃消食，益气利脾。
【健康贴士】山楂不宜与海鲜、人参、柠檬同食，性味相反。

油炒面

【主料】面粉 400 克。
【配料】黄油 50 克，核桃仁 80 克，熟芝麻 60 克，瓜子仁 40 克。
【制作】① 核桃仁洗净放入无油锅中，小火不断翻炒至熟后取出，稍凉凉后切碎；熟芝麻用擀面杖擀碎。② 净锅无油置火上，倒入面粉，不断翻炒面粉，使面粉均匀受热，炒约 30 分钟至面粉颜色变黄，盛出，并把熟面疙瘩过筛，稍凉凉；黄油放入锅中加热，融化后倒入炒好的面粉，不断翻炒使面粉和黄油充分搅拌匀，再把切碎的核桃仁、黑芝麻和瓜子仁倒入面粉中，翻炒匀即可关火，利用余热继续翻炒片刻静置凉凉。③ 食用时取几勺油炒面放入碗中，根据口味，加入糖或盐，再倒入沸水搅拌成糊状，在上面点缀一些干果即可。
【烹饪方法】炒。
【营养功效】益智补脑，润肠排毒。
【健康贴士】便秘患者、大便干燥及中老年人宜食。

炸咯吱盒

【主料】绿豆面 600 克，中筋面粉 100 克，胡萝卜 1 根，土豆 1 个，肉馅 100 克，鸡蛋 1 个。
【配料】盐 5 克，生抽 6 克，白胡椒粉 3 克，蚝油 3 克，料酒 6 克，香油 30 克。
【制作】① 肉馅用盐 2 克、料酒、蚝油腌制入味备用；绿豆面和中筋面搅拌均匀，打进鸡蛋，搅拌均匀。② 用温水稀释面粉；胡萝卜、土豆擦成丝，拌入肉馅，加入盐 3 克、生抽、白胡椒粉拌匀，淋香油。③ 平锅置火上，抹上油，倒入适量的面糊，混开，摊成煎饼皮，全部摊好后至凉，取一张煎饼码好馅料，在上面盖上一张，面皮边抹上面粉糊粘紧，然后切成等宽的长条，即成咯吱盒。④ 炒锅置火上，入油烧至六成热时下入切好的咯吱盒，炸制表面稍硬即可。
【烹饪方法】腌，煎，炸。
【营养功效】清热解毒，消暑止渴，利水消肿。
【健康贴士】油炸食品，不宜多食。

杏仁豆腐

【主料】甜杏仁 30 克，白砂糖 500 克，冻粉 15 克。
【配料】鲜牛奶 500 毫升，京糕丁、蜜桂花各 10 克。

【制作】① 甜杏仁洗净，用沸水泡透后去皮，再用搅拌器磨成浆状，然后用纱布滤去料渣，即得杏仁汁；冻粉放入碗中，加入适量清水，上笼蒸化后取出，再用纱布滤去杂质，即得冻粉液。② 净锅置火上，倒入杏仁汁和冻粉液，放入白砂糖和鲜牛奶，煮沸搅匀后，起锅盛入方形盘内凉凉，再放入冰箱内冷藏，至凝结成冻时取出，用刀划成小块，装入碗中，撒上京糕丁、蜜桂花即可。

【烹饪方法】蒸，煮。

【营养功效】润肺祛痰，美白护肤。

【健康贴士】适宜女士引用，糖尿病患者忌食。

一窝丝清油饼

【主料】面粉 500 克。

【配料】香油 50 克，盐 3 克。

【制作】① 面粉加盐（冬天不用）拌匀，再加入凉水和成面团，揉至光润，揉成粗条，经九次抻拉成很细的面丝，铺在案板上，在面丝上刷上一层香油，使面丝浸透油，用刀切成 5 寸长的段。② 再次将面丝抻拉成更细的面丝，然后盘成圆饼，丝头放在饼中间，揪一小块面团压在面丝头上按一下。③ 将饼放在烧热的铛上，刷上油约烙 10 分钟，两面呈金黄色时，取下，用手指在中间按一下，使饼丝散开，放入盘中即可。

【烹饪方法】烙。

【营养功效】温中益气，健胃消食。

【健康贴士】一般人皆宜食用。

芙蓉糕

【主料】面粉 500 克，鸡蛋 5 个。

【配料】植物油 250 克，泡打粉 15 克，白砂糖 750 克，饴糖 150 克，蜂蜜 100 克。

【制作】① 面粉倒入盆内，磕入鸡蛋，加适量清水和起，揉匀揉光成蛋面团，饧 5 ~ 6 分钟后，上案擀成大片，切成面条，下油锅炸成米黄色捞出。② 饴糖、蜂蜜与白砂糖 250 克一并倒入锅内上火熬成浆，放入炸好的面条拌匀，将木框模型放在案上，抹点儿油，再把拌匀蜜汁的面条倒入模型里，用抹上油的轴槌轧擀结实，上面撒上白砂糖 500 克，再用槌砸实擀平。放在烤盘上，入炉稍烤 2 ~ 3 分钟即可，出炉后切成 3 ~ 4 厘米见方的块或菱形块即可。

【烹饪方法】炸，熬，烤。

【营养功效】滋阴润燥，益精补气。

【健康贴士】糖尿病患者忌食。

河北

拨御面

【主料】荞麦面条110克，鸡蛋1个。

【配料】海苔2克，葱20克，辣椒粉2克，蚝油5克，陈醋4克，白砂糖1克，植物油10克。

【制作】① 锅置火上，入水800毫升，烧沸，加入荞麦面条，煮5分钟至熟，捞出放入冰水中冷却，沥干水分备用。② 鸡蛋打散，用植物油将其煎成薄片，冷却后切丝；海苔剪成细丝；葱洗净，切成葱末。③ 水20毫升加蚝油、陈醋、白砂糖，在锅内烧沸做成淋汁，将荞麦面盛碟，加入蛋丝、海苔丝，撒上葱末、辣椒粉，在淋上汁即可。

【烹饪方法】煮，煎。

【营养功效】健胃、消积、止汗。

【健康贴士】荞麦所含的纤维素可使人大便恢复正常，并可预防各种癌症。

典食趣话：

河北承德吃荞麦的方法很多，最享盛誉的当首推河北省隆化县张三营镇的拨御面。

张三营原名"一百家子"，据《承德府志》及《隆化县志》记载，乾隆二十七年（公元1762年），乾隆皇帝率文武百官赴木兰围场狩猎，途经一百家子，住在伊逊河东龙潭山脚下的行宫（康熙四十二年所建）。当天下午，行宫主事周桐向随驾太监呈报御膳安排，特命当地拨面师姜家兄弟为乾隆制作荞麦拨面，并从西山龙泉沟取来上好的龙泉水和面，以老鸡汤、猪肉丝、榛蘑丁和纯木耳做卤。饭菜呈上后，御前太监将饭盘银盖取下，乾隆一见眼前的拨面洁白无瑕，条细如丝，且清香扑鼻，顿开食欲，连吃两碗并一再称赞此面"洁白如玉，赛雪欺霜"，还当即吟诗一首："罢围依例犒筵加，施惠兼因答岁华，耐可行宫逢九日，雅宜应节见黄花，朱提分赐一千骑，文绮均颁廿九家，苏对何妨频令预，由来泽欲不遗遐。"又命御前太监赏赐姜家兄弟白银二十两。从此，拨面改名"拨御面"，一百家子白荞面名声大震，姜家兄弟生意也更加兴隆。

豆酥肉酱面

【主料】绞肉120克，豆酥50克，蔬菜面条200克。

【配料】葱10克，蒜末5克，辣豆瓣酱5克，植物油10克，米酒、生抽各3克，白砂糖、盐、鸡精粉各2克

【制作】① 葱洗净，切粒；锅置火上，倒入植物油烧热，放入蒜末、豆酥以小火煸炒至香味溢出且呈金黄色时捞出，放入绞肉炒散至出油，加入辣豆瓣酱、生抽炒香。② 放入炒好的蒜末、豆酥和葱粒、米酒、砂糖、鸡粉略拌炒即成豆酥肉酱汁。③ 另取锅倒入适量的水煮至滚沸，放入蔬菜面条烫熟后，捞起盛入盘中，淋上豆酥肉酱汁即可。

【烹饪方法】煸炒，炒，煮。

【营养功效】滋润肠道，温中健胃。

【健康贴士】一般人皆宜食用。

蜂蜜麻糖

【主料】特制粉 215 克，白砂糖 152 克，上等蜂蜜 40 克。

【配料】植物油 200 克，香油 95 克，饴糖 30 克，桂花 3 克。

【制作】① 白砂糖加水溶化，加入面粉和成较硬的面团，再多次沾水，反复搅拌成筋性好、软硬适度的面团。把面团分成 500 克左右的块，用熟面粉培埋饧发 1 小时左右。② 把饧好的面团擀成直径约 0.5 米的底片，每擀一遍都要均匀撒上浮面，第三遍擀开撒浮面后，将两边对折成扁筒状，用擀面杖卷紧，擀、拍、抖、滚，经二次掉头，擀到五遍后，即成长 2.7 米、宽 2 米薄如纸的面片（这道工序要求在 3 ～ 4 分钟内完成，否则易使面片风干）。③ 将面片卷在擀面杖上提起，迅速转动放开，使空气鼓进筒内，抖出浮面，同样，掉头再抖净另一半浮面，摊开面片，两边各切去 0.3 米，铺在大片上，再把大片卷在“花杠”上。④ 把卷在花杠上的面片破成面条，每条宽药 1 厘米，15 ～ 17 层，再把每条斜剁成 3 厘米宽的菱形 35 块，每块中间剁一切口翻卷一端网花，即成生坯。⑤ 锅置火上，注入植物油烧热注入香油，放入生坯炸约 7 分钟，其间要翻动一次，待炸成金黄色时起锅、控油。⑥ 白砂糖加适量水溶解熬成浆，熬好后加入桂花、蜂蜜、饴糖，进行搅拌，分两次烧浆，即为成品。

【烹饪方法】炸，熬。

【营养功效】调补脾胃，润肠通便。

【健康贴士】腹泻、糖尿病患者不宜食用。

雪花冬粉

【主料】干冬粉丝 100 克，净鲟鱼肉、白菜、净荸荠、芹菜、青蒜各 100 克。

【配料】蛋清 30 克，牛奶 200 毫升，盐 3 克，味精、胡椒粉各 2 克，水淀粉 10 克，高汤 500 毫升，植物油 500 克。

【制作】① 冬粉丝剪成 10 厘米长的段；白菜、荸荠均切细丝；青蒜、芹菜切眉毛丝。② 锅置火上烧热，下少许植物油，放入青蒜、白菜丝、荸荠丝略炒，加入高汤、牛奶、盐、味精，烧沸后用水淀粉勾芡，加入好鱼肉及打散后的鸡蛋清，撒入芹菜丝、胡椒粉，装入砂锅，煲热备用。③ 净锅置火上烧热，倒入植物油烧至 180℃时，放入冬粉丝段炸至膨胀，捞起沥油，装盘，把煲热的料汁浇在蓬松的冬粉丝上，使之发出吱吱作响的声音即可上席。

【烹饪方法】炒，烧，煲，炸，浇汁。

【营养功效】益气补虚，活血通淋。

【健康贴士】适合体质虚弱、营养不良者以及患有腰痛、胃痛、脱发等病症者食用，女士经常食用可美容养颜。

软兜带粉

【主料】鳝鱼 250 克，粉丝 100 克。

【配料】猪油 60 克，料酒 15 克，酱油 30 克，盐 2 克，白砂糖 10 克，味精 1 克，香油 5 克，玉米淀粉 10 克，醋 5 克，大葱 10 克，姜 4 克，胡椒粉 2 克，鲜汤适量。

【制作】① 用烫死剔骨法宰杀鳝鱼，洗净，切成长 8 厘米左右的段；粉丝洗净，过长的掐短。② 锅置大火上，放入猪油烧至七成热，推入鳝丝肉段，用铁筷划开，滑炸至七八成熟时倒入漏勺，沥去余油，锅里留油 25 克，烧至七八成热，放入葱末、姜末炝锅，煸出香味后再下入粉丝煸炒几下，加入料酒、酱油、盐、糖和适量鲜汤，烧沸，稍烧片刻。③ 把粉丝推向锅的一边，把鳝丝肉段下锅放在锅的另一边，同烧，边烧边翻拌（翻炒时不要将鳝丝肉和粉丝搅在一起），烧透入味后，用水淀粉勾芡，加入醋，淋入香油，出锅，粉丝盛入盘垫底，鳝丝肉段盛在其上，撒入胡椒粉即可。

【烹饪方法】炸，炝，煸，烧，炒。

【营养功效】补气养血，滋补肝肾。

【健康贴士】适宜身体虚弱、气血不足、营养不良者食用。

芝麻煎堆

【主料】玉米粉 100 克，糯米粉 250 克。

【配料】白砂糖 80 克，熟猪油 50 克，豆沙 150 克，白芝麻、植物油各适量。

【制作】① 玉米粉用沸水冲烫，拌成糊状，与糯米粉混合，加入白砂糖、熟猪油，揉匀，稍饧。② 饧好的面团搓成长条，分切成 15 份，逐一按扁，包入少许豆沙搓圆，滚满芝麻，即成煎堆生坯。③ 锅内入植物油，烧至七八成热时，逐一放入煎堆生坯，慢慢炸成表面为金黄色时即可。

【烹饪方法】炸。

【营养功效】健脾开胃，美白肌肤。

【健康贴士】适宜女士食用。

任丘茄子饼

【主料】茄子 500 克，面粉 200 克。

【配料】大蒜 15 克，青椒 50 克，花椒粉 2 克，味精 1 克，盐 5 克，植物油 300 克。

【制作】① 茄子切丝、拌盐腌 1 刻钟，使变软；大蒜拍成泥；辣椒切细丝与花椒粉、味精拌入茄丝中，再加面粉搅匀至上劲。② 植物油入锅烧热，把拌好的茄料搓圆成饼状，入锅中炸 2 分钟捞起装盘即可。

【烹饪方法】腌，炸。

【营养功效】活血化瘀，清热消肿。

【健康贴士】虚寒腹泻、皮肤疮疡、眼疾患者不宜多食。

粉皮炒鱼嘴

【主料】草鱼嘴 500 克，粉皮 100 克，葱丝、红椒丝、青椒丝各 20 克。

【配料】葱段、姜片各 5 克，盐 5 克，鸡精 2 克，海鲜酱 10 克，糖、色拉油各 3 克。

【制作】① 草鱼嘴洗净，一切两半；粉皮切片，焯水备用。② 锅内入油烧热，入葱段、姜片煸香，放入处理好的鱼嘴和粉条，加盐、鸡精、海鲜酱、糖、色拉油翻炒煮熟，撒上葱丝、红椒丝、青椒丝即可。

【烹饪方法】焯，煸，炒。

【营养功效】暖胃平肝，益肠明目。

【健康贴士】风虚头痛、肝阳上亢高血压、头痛、久疟、水肿、肺结核、心血管疾病患者宜食。

老槐树烧饼

【主料】面粉 450 克，老酵面 75 克。

【配料】椒盐 5 克，香油 10 克，食碱 5 克，芝麻 10 克。

【制作】① 老酵面放盆中，放入食碱，加水拌匀，再放入面粉，和成面团，揉匀揉光，饧至发酵。② 将发好的面团摘成每个 140 克的面剂，逐个擀开，抹上香油，撒上椒盐，再摘一块小面团（10 克）蘸上香油包入面剂内，压平擀成圆饼坯，光的一面沾上芝麻，入炉烤 10 分钟，接近成熟时，用薄刀绕着饼边拉一圈，刀口不要拉通，使之熟后饼盖崩开即可。

【烹饪方法】烤。

【营养功效】益肾养血，养颜抗衰。

【健康贴士】芝麻与牛奶搭配食用，可使人体吸收到的营养更全面。

一篓油水饺

【主料】精猪肉 350 克，面粉 500 克。

【配料】酱油 15 克，盐 7 克，味精 1 克，姜末 10 克，葱白 25 克，香油 25 克，鲜汤适量。

【制作】① 猪肉处理干净，绞成馅，加入酱油、盐、味精、姜末、鲜汤拌匀上以劲，葱白剁碎后与香油一起放入拌匀成馅。② 面粉倒入盆内，加清水和成面团，放案板上搓条，揪剂，擀成皮包上馅，逐个做好。③ 锅置火上入水烧沸，下入水饺，中间点两次凉水烧沸，水饺熟后捞出即可。

【烹饪方法】煮。

【营养功效】补虚养血，滋养脏腑。

【健康贴士】一般人皆宜食用。

山西

烤薄脆

【主料】精粉500克，红糖200克，酵面150克。

【配料】植物油25克，芝麻15克，食碱少许。

【制作】① 面粉放入盆内，加酵面及清水250毫升和成面团，发酵12小时后成酵面团。② 将面团内对入碱水，加入红糖，揉匀揉光，搓条，摘成小剂，逐个蘸上植物油，拍上芝麻，擀成薄饼，放入吊炉烤，烤成黄色即可。

【烹饪方法】烤。

【营养功效】益智补脑，延缓衰老。

【健康贴士】糖尿病患者不宜多食。

油糊角

【主料】黍面粉1000克，红豆600克，白砂糖100克，鸡蛋150克，豆腐、韭菜各200克，粉丝、芝麻各50克。

【配料】植物油1000克，酱油、香油各10克，盐3克。

【制作】① 面粉500克用沸水和成烫面团，摘成剂子，压成扁圆面皮；红豆煮烂，加白砂糖拌成红豆馅；面皮包入豆馅，捏成花边饺子，即成红豆馅油糊角，放入七成热的油锅中炸成金黄色。② 鸡蛋磕入碗中打散，炒熟后切碎；芝麻炒熟碾碎；粉丝泡软剁碎；韭菜择洗干净,切碎;以上几种原料放入盆内，加酱油、香油、盐拌匀成馅；剩余面粉500克用沸水和成烫面团，摘成剂子，包入菜馅，即成菜馅油糊角，放入油锅中炸成金黄色。

【烹饪方法】炸，炒。

【营养功效】补中益气，滋补肾阴，健脾活血。

【健康贴士】黍面宜与红豆搭配食用，滋补养身效果更佳。

典食趣话：

据传唐代时有位将军远征，其妻身怀有孕。将军征战得胜而归，其妻用家乡的特产黍米面，炸成油糊角犒劳丈夫，将军食后赞不绝口。即日其妻分娩，得一男一女，将军大喜，命军厨做油糊角犒劳三军，以示庆贺。有趣的是油糊角里分别包上了红豆馅和胡萝卜馅，红豆馅表示生男，胡萝卜馅表示生女。此后，人们为了纪念这位将军，就用油糊角作为生儿育女的吉祥物。

炒糊拔

【主料】面粉150克，植物油50克，油炸豆腐30克，猪肉50克，蒜薹50克。

【配料】细粉丝10克，葱、蒜各5克，味精1克，醋3克，酱油6克。

【制作】① 面粉加水和成面团，擀成薄片，放在铛上烙成两面带黄的薄饼，切成细丝；猪肉洗净，切成细丝；蒜薹切成段。② 炒锅置火上，入油烧热，放入肉丝、蒜薹、细粉丝、油炸豆腐、葱、蒜、味精、酱油炒匀，再放入烙饼丝，烹入醋，翻炒片刻即可。

【烹饪方法】烙，炒。

【营养功效】滋阴润燥，降低血脂。

【健康贴士】蒜薹富含多种维生素，肉类富

含蛋白质、脂肪和矿物质，将蒜薹与肉类搭配食用，可为人体提供丰富的营养成分，口感佳。

米脐饭

【主料】小米500克，面粉500克，黄豆150克，花生米150克。

【配料】盐3克，葱丝5克，姜粉3克，味精1克，香菜5克，花椒油6克。

【制作】① 黄豆、小米、花生米淘洗干净入锅熬成稀米汤；面粉加水和成面团，擀成铜钱厚的薄片，折切成细面条，撒入沸滚米汤中煮熟，起锅即成米脐饭。② 花椒油烧热后，放入葱丝、盐、姜粉、味精，立刻倒入米脐饭中拌匀，撒上香菜即可。

【烹饪方法】煮，拌。

【营养功效】温中健脾，益气补血。

【健康贴士】适宜产妇、病人、老年人及神经衰弱、睡眠不佳者食用

炸蛋包

【主料】面粉250克，鸡蛋10个。

【配料】植物油50克，白矾3克，食碱1克，盐5克，蛋面糊少许。

【制作】① 白矾磨成粉，加食碱、盐及适量水化开，倒入面粉中，和成面团，在面团表面抹少许油略饧。② 面团用手拉成宽5厘米、厚1厘米的长条，再切成长约7厘米的长方块，投入热油锅中，炸至鼓起时捞出。③ 在炸面块一端挤开一个小口成壳形状，取一个鸡蛋磕入面壳内，在开口处抹少许蛋面糊，再用一小块面皮黏住开口，重新投入油锅内炸成金黄色即可。

【烹饪方法】炸。

【营养功效】滋阴养血，益精补气，润燥安胎。

【健康贴士】鸡蛋和面粉中都富含蛋白质、维生素和矿物质，二者同食，可有利于营养物质的吸收。

油食子

【主料】小米粉200克，精面粉100克，面粉300克。

【配料】红糖100克，植物油50克，食碱2克。

【制作】① 小米粉加温水和成软米团，放在温暖处饧；红糖加食碱放入盆内，加入沸水150毫升搅拌溶化，放入小米团拌匀，再加面粉300克和成软糖面团；精面粉100克加温水50毫升和成皮面团。② 皮面团擀成大圆片，把糖面团放在面片中间，从三面折回面片，包成长三角形，稍微擀压，切成12个形状各异的面块，放入油锅炸成棕黄色即可。

【烹饪方法】炸。

【营养功效】滋阴养血，温中利脾。

【健康贴士】小米能够健脾胃，补虚损；红糖有益气补血的功用，二者同食，补益气血功效更佳。

搓豌子

【主料】面粉500克，瘦猪肉100克，海带、菠菜、黄瓜、豆角、粉条、西葫芦各50克。

【配料】植物油50克，辣椒、葱、姜、蒜各5克，酱油、醋各6克，味精1克，花椒3克，盐5克。高汤500毫升。

【制作】① 面粉放入盆内，倒入清水200毫升，打成穗子和成面团，稍饧后揉光，擀成0.2厘米厚的大长薄片，切成3厘米见方的小片，逐片捏豌，先将一对角捏合在一起，再从对合的地方横捏一下，呈空心元宝状，即成搓豌。② 猪肉切丝或片；黄瓜、豆角、西葫芦切丝；菠菜切段；葱、姜、蒜、辣椒剁成末；海带切丝；粉条煮泡至软。③ 锅置火上，入油烧热，放入花椒，随即放入肉丝煸炒至发白时，再放入葱、姜、蒜与辣椒，稍炒再放入切好的各式蔬菜及酱油、盐、味精，炒至七成熟时放高汤，再放入粉条、海带丝烧沸即可。④ 另起锅置火上，加入清水烧沸，放入捏成的“搓豌”，煮熟后捞出放入菜锅内，

食时盛入碗中，调入少许醋即可。

【烹饪方法】煮，煸炒，炒，烧。

【营养功效】滋养脏腑，健身长寿。

【健康贴士】猪肉宜与海带同食，对人体滋养效果明显。

大头麻叶

【主料】面粉 500 克。

【配料】饴糖、植物油各 150 克，食碱 1 克，酵面 50 克。

【制作】① 温水 170 毫升、酵面、饴糖 100 克，倒入盆内，加入食碱，待饴糖、酵面澥开，倒入面粉 350 克和成面团，略饧备用；面粉 100 克、饴糖 50 克和成与面团一样软的面，即成糖瓤。② 将饧好的面团倒在抹油的案上，擀成约 1 厘米厚的长方大片，再将糖瓤也擀成 2 毫米厚、同样大的片，把糖瓤片铺在面片上，抹适量油防止干皮，略饧 20 分钟备用。③ 用刀切成 7 厘米宽的长条 2 条，糖瓤对糖瓤叠起来，切成 4 厘米宽的剂子，用拇指在剂子中间顺条压成凹形，凹形最薄不得低于 1 厘米，在凹形的正中间开孔，左手拿起一个剂子，右手将另一头从孔中穿过，下油锅炸成橘红色即可。

【烹饪方法】炸。

【营养功效】养心静气，宽中下气。

【健康贴士】油炸食品，不宜多食。

应州牛腰

【主料】面粉 1000 克，红糖稀 700 克，鸡蛋 10 个。

【配料】香油 400 克，食碱 2 克。

【制作】① 面粉 100 克加糖稀 50 克和成酵面；剩余的面粉与糖稀与对好碱的酵面和成面团。② 取面团 150 克搓成香柱粗细的条，另取面团揉成直径 5 ~ 7 厘米长的条，然后细面条顺粗面条按好，再切成 4 厘米宽的小段，面段刀口朝上，用手指在有细面条处按成凹形，用手掌托压一下，即成牛腰状，依次做好。③ 锅置火上，入香油烧热，转小火，待油温稍降，放入牛腰坯，炸至金红色即可。

【烹饪方法】炸。

【营养功效】补脾和胃，健脑益智。

【健康贴士】糖尿病患者不宜多食。

莜面窝窝

【主料】莜面、肥瘦羊肉各 500 克，面粉 100 克。

【配料】胡椒粉、桂皮、花椒各 2 克，盐 3 克，干辣椒、葱末、姜末、香菜末各 5 克，植物油 20 克，酱油 8 克，鲜汤 500 毫升。

【制作】① 羊肉洗净，剁成末；干辣椒剁成末；锅置火上入油烧热，放花椒、桂皮炸香捞出，加姜、葱末、羊肉末炒至八成熟，加酱油、盐、辣椒末和鲜汤、胡椒粉，小火煨至羊肉酥烂成卤汁。② 莜面和面粉加沸水制成烫面，趁热揉成小面剂，推成薄片，揭起搭在拇指上，卷成空小卷竖放，大火蒸 10 分钟备用。③ 食用时在窝窝上浇卤汁，撒香菜末即可。

【烹饪方法】炒，煨，蒸，浇汁。

【营养功效】补肾壮阳，温中暖下。

【健康贴士】便秘、虚火旺生者不宜多食。

永济麻花

【主料】精面粉 1000 克。

【配料】植物油 1000 克，糖 5 克，盐 3 克，食碱 2 克。

【制作】① 面粉加糖、盐、食碱、水和成软硬合适的面团，摘剂搓成小条，用洁布盖好。② 取剂子从两头反方向搓，搓上劲之后，双手一提，面条自动盘成麻花，再搓紧成生坯。③ 锅置火上，入油烧至五成热，放入生坯，炸至金黄色即可。

【烹饪方法】炸。

【营养功效】健胃消食，除烦去燥。

【健康贴士】油炸食品，不宜多食。

尧乡火锅

【主料】猪白肉、猪肚、尖刀丸子、白煮鸡净肉、水发鱿鱼各 100 克，海米、水发冬菇各 15 克，水发海参 250 克，冬笋 50 克，青笋 300 克，胡萝卜 25 克，净油菜心、水粉丝各 150 克，白菜叶 500 克。

【配料】油炸豆腐 1 小块，清汤 1500 毫升，味精 1.5 克，盐 5 克，料酒 5 克，胡椒粉少许。

【制作】① 白肉、猪肚、白煮鸡切成长 5 厘米、宽 2 厘米、厚 0.3 厘米的片；海参切抹刀片；海米洗净用温水泡软；冬笋、冬菇切成骨牌片；青笋、胡萝卜去皮，切成和白肉一样大小的柳叶片；油菜心、白菜叶入沸水烫一下，再用凉水冲凉，油菜心一破两开，切成长 5 厘米的段。② 粉丝、白菜叶、油炸豆腐拌匀，放在火锅底部作为锅底，再码上白肉、猪肚、尖刀丸子、白煮鸡、海参、鱿鱼、冬笋、冬菇等主料。③ 清汤加盐、味精、料酒、胡椒粉调好味，倒入火锅内煮沸即可。

【烹饪方法】煮。

【营养功效】补脾益胃，安五脏，补虚损。

【健康贴士】虚劳羸弱、脾胃虚弱、中气不足、食欲不振、气虚下陷者宜食。

乡宁油糕

【主料】面粉 650 克。

【配料】白砂糖 150 克，植物油 150 克。

【制作】① 锅置火上入水烧沸，把面 500 克倒入锅内，待面喷起泡时，用木棍充分搅拌均匀，待烫面不粘手时，把面翻到案板上。② 拿一块干净的湿布把烫面摊开，用筷子划成小块放气，凉凉后，按烫面 500 克干面 150 克的比例，分两次掺入水 600 毫升揉匀，静置（天热晾放 2 小时，天冷堆放 7 ~ 8 小时，可使油糕发软），切成面剂。③ 在案板上放一块平面光滑的小铁片，把面剂用手掌在铁片上压成薄片，包上白砂糖馅即成糕坯。④ 锅置火上，入油烧至 100℃左右时，下糕坯炸制，来回翻动，炸至油糕熟透捞出沥油，放在空气流通的篮筐里即可。

【烹饪方法】炸。

【营养功效】除烦去燥，消食下气。

【健康贴士】高血脂、高血压、高血糖、肥胖者忌食。

壶冲油茶

【主料】面粉 500 克。

【配料】盐 5 克，核桃仁、细米各 50 克，大料、小茴香粉各 3 克，花椒油 5 克，植物油 100 克。

【制作】① 笼内放一块干布，倒入干面摊平，在面上扎几个洞，蒸 30 分钟后倒出摊开，凉透后过箩。② 大锅置火上，入油烧微热时，倒入面，加盐、核桃仁、细米、大料、小茴香粉、花椒油拌匀，用小火炒至微黄挑出大料，倒出。③ 壶置火上，入水烧沸，炒好的面放入碗中，离壶嘴稍远，用滚开的水冲入碗中即可食用。

【烹饪方法】蒸，炒。

【营养功效】益智补脑，温中利脾。

【健康贴士】一般人皆宜食用。

蒙城葱末烙

【主料】面粉 500 克。

【配料】净猪板油 100 克，葱末 250 克，香油 6 克，盐 3 克，味精 2 克。

【制作】① 沸水注入面粉中，制成烫面，再用凉水和面至软硬适当，揉匀备用。② 净猪板油切成小丁，用开水焯烫，捞出沥水；葱切碎，放香油、味精和盐，与油丁一起拌匀成馅。③ 将揉好的面摘成小剂，擀成薄片，再把馅摊在薄片上，顺一头往回卷，盘成圆形后把口捏紧，擀成圆饼，逐个做好。④ 圆饼上铛烙制，待两面成金黄色即可。

【烹饪方法】焯，烙。

【营养功效】温中益气，健胃消食。

【健康贴士】高血脂、高胆固醇患者不宜多食。

曲沃羊杂汤

【主料】羊血、羊心、羊肝、羊肺、羊头肉、羊骨架、羊头各 100 克，羊尾、羊肚、羊肠各 50 克。

【配料】葱、辣椒各 50 克，盐 6 克。

【制作】① 羊心、羊肝、羊肺、羊头肉及羊骨架下冷水，煮沸，去浮沫，加冷水再撇浮沫，煮 40 分钟后捞出羊肝，下水、骨架、肉煮熟捞出，汤备用。② 羊骨架、羊头骨砸碎，大火熬至羊骨髓、羊大脑熬入汤内，呈凝糊为宜。③ 羊血割方块，先入热水，后冷水。一、二次羊汤各半，放羊下水片、羊肉片、羊血条，煮至汤将沸时，放辣椒、葱段、盐即可。

【烹饪方法】煮，熬。

【营养功效】养肝明目，益血补血。

【健康贴士】动物内脏，不宜多食。

典食趣话：

相传，元世祖忽必烈由晋入中原途经山西曲沃时，他的母亲因病驻足休息，请当地名医许国帧为其诊治。许母韩氏善做菜肴，精于烹调，她看到蒙古人把羊肉吃掉后，“下水”全部丢弃，觉得非常可惜，就收拾起来，认真淘洗加工，并把羊骨剁断放入锅中一起煮制，配上花椒、大葱、辣椒等佐料，果然味鲜好吃。忽必烈母亲偶见品尝，连连称赞，并赐名“羊杂酪”，从此成为民间时令小吃。

麻子金蝉元宵

【主料】糯米 500 克，红糖 125 克。

【配料】冰糖 5 克，橘饼 7.5 克，青、红丝各 10 克，桂花酱 10 克，梅花酱 10 克，蜂蜜 17.5 克，桃仁 30 克。

【制作】① 糯米用冷水淘洗 3 次后，泡入水中，泡至用手指能将米搓碎，捞出沥水，碾成面过箩，先箩出的 35% ~ 40% 为上等面，次为酿面。② 各种配料放在一起搅匀，湿度以用手握紧捏成团为宜，然后用蜂蜜揉搓在一起打成方锭，切成杏核大小的方块。③ 簸箩中先放酿面，后放上等面，把小方馅用笊篱放入水中浸湿后，倒入簸箩中推拉滚动，边沾水边撒面，同时推拉簸箩使之滚动，反复 5 ~ 6 次即成元宵生坯。④ 锅置火上入水烧沸，下入元宵，水滚开后待元宵浮起，改用小火煮 10 分钟左右即可。

【烹饪方法】煮。

【营养功效】益气健脾，温补强身。

【健康贴士】糯米不易消化，肠胃消化不好者慎食。

沁州干饼

【主料】面粉 1000 克，卤肉片 500 克。

【配料】植物油 10 克，盐 3 克，花椒粉 2 克。

【制作】① 盆内加面粉及适量水和成面团，反复揉匀饧透；熟植物油加入盐和花椒粉拌匀，制成调味料。② 面团搓成长条，摘成剂子，按扁，放入适量调味料包成饼状，再用特制小擀面杖压成饼坯，依次做好，置铛上烙制，待两面上色定型后，取下放入铛下面的炉圈内烤熟，出炉将卤肉片夹进干饼内即可食用。

【烹饪方法】烙，烤。

【营养功效】润泽肌肤，补益五脏。

【健康贴士】一般人皆宜食用。

甩饼

【主料】精面粉 1000 克，熟腊肉片 500 克。

【配料】香油 10 克，椒盐、葱末各 5 克。

【制作】① 精面粉加水和成面团，沾水揉匀，盖湿布饧发，搓条摘剂，擀开，撒葱末、椒盐，卷起盘圆形，边擀边甩成圆形薄饼。② 饼面上抹香油，放铛上烙约 1 分钟，把饼翻过来也抹香油，烙 1 分钟后至熟即可。

【烹饪方法】烙。

【营养功效】甩饼开胃祛寒、消食健胃，温中益气。

【健康贴士】腊肉一般为腌制品，含有亚硝酸盐，不宜多食。

典食趣话：

相传，唐明皇李隆基任潞洲督察府别驾时，微服私访至潞称县南门口，突然下起了大雨，主仆二人走进一家拉面火烧铺落脚用膳，每人想吃碗“拉面”。结果店伙计秦亨在和面时，放的水多了，晃条拿不住，又不小心把面团掉进了油盆里，店主师傅董芳灵机一动，把掉到油盆里的面团赶紧取出来，放在案板上擀成圆饼，抹上油，撒上椒盐粉，两边一叠盘成圆形用杆仗擀饼，在擀饼片时，面团有收缩性，所以董师傅就擀一擀，甩一甩，待饼片厚薄均匀立刻放在打火烧的铛上烙制。但饼片一上铛，因皮薄有层立即鼓了起来，用手指将鼓得地方捅了一个窟窿，顿时洞开气跑，而董芳的手指也烫疼了，不由得在葱末盆里蘸了一下，手上带出了葱末。他随手把葱末甩在饼上，翻个盖即可食用。李隆基边吃边问：“这叫什么饼？又薄又软又好吃。”董芳支支吾吾说不上来。李隆基说：“我看你的饼是甩圆的，就叫‘甩饼吧’”。后来李隆基做了皇帝来潞洲视察，府衙设宴招待，李隆基一看没有甩饼和腊肉，就叫快马到潞城城南饭店取来助兴。这时经营甩饼卷腊肉的董芳才知道前几年第一次吃甩饼的客人是皇帝。于是他写了一块招牌挂在店门外，甩饼就成了小店的招牌小吃，四村八乡、南来北往的民众、客商都要到小店吃吃皇帝吃过的“甩饼卷腊肉”。

山西红脸烧饼

【主料】面粉 1000 克，酵母 10 克，红糖 150 克。

【配料】盐、花椒粉各 3 克。

【制作】① 面粉与酵母加清水混合揉匀，揪成等份剂子，擀成圆片，每片内包入红糖、花椒粉、盐，捏拢擀开。② 鏊子烧热抹油，将烧饼上鏊烙烤后，两面擦油各翻烙 3 次，至一面呈枣红色，另一面呈虎皮黄色即可。

【烹饪方法】烙。

【营养功效】温中益气，健胃利脾。

【健康贴士】糖尿病患者不宜多食。

典食趣话：

红脸烧饼，是流行在山西各地的传统面制品，距今已有 1700 多年的历史。传说东汉末年，关云长因打死人逃往涿州，途中在虎亭镇宋二吾烧饼摊买烧饼吃，因无钱付账，许诺日后还上。摊主宋二吾不肯，云长大怒，将宋二吾痛打一顿，宋二吾憎恨这“红脸大汉”，便把他做的烧饼叫作红脸烧饼，意思是将“红脸大汉”烧死。后来，关云长真的派人持重金千里迢迢前来还账。当宋二吾知道当年赊饼打人的“红脸大汉”就是关云长时，对他千里还账之举十分敬佩，便用关云长赠给的钱修建了 5 间高大的店堂。店堂正中悬挂一块巨额横匾，上书“宋记关云红脸烧饼铺”。从此，宋二吾烧饼摊生意兴隆，一直流传至今。

孟封饼

【主料】面粉 800 克，白砂糖 210 克。

【配料】酵母 5 克，泡打粉 5 克，温水 250 毫升，植物油 300 克，鸡蛋 1 个，芝麻适量。

【制作】① 面粉 500 克加入温水、糖 10 克、酵母调成面团，揉匀揉光制成水面团；鸡蛋打开搅匀，备用。② 另用面粉 300 克，加植物油、白砂糖 200 克和成酥面团，摘小剂，水面团搓条、下剂、按扁、包入酥面团小剂子，按扁擀成鸭蛋形，卷起，用刀从中间切开，层次向外，拧成螺丝形，擀开，刷蛋液，撒芝麻，入烤炉烤成金黄色即可。

【烹饪方法】烤。

【营养功效】宽中健胃，滋阴润燥。

【健康贴士】糖尿病患者不宜多食。

典食趣话：

传说当时南里旺村有一姓冯的财主，雇佣孟封村的赵晋山做饭。冯家财大气粗，苛求每天吃饭不重样，顿顿要调剂花样。尽管赵厨师手艺高超，也经不住这顿顿变样，技艺已经到了山穷水尽的地步。一天，赵厨师偶用面粉与油、糖炒成油酥面和面粉加水混在一起和成面团，不料面团过稀，无法做饼，只好一块块堆在铛上，自然摊成饼形。熟后一尝酥软香甜。摆到桌上，财主一吃，非常可口，问这叫什么饼，赵厨师因家住孟封，随口道："孟封锅块"。后来赵晋山回到孟封，自己经营起饼铺，"孟封锅块"又改称为孟封饼。这样，"孟封饼"的名字流传开来，孟封饼越来越被人们追捧，成为逢年过节不可少的一道传统美食。如今，孟封饼依然广受清徐以及周边人民的欢迎，而且花样越来越多，口味更加丰富。

羊肉焖饼

【主料】面粉 500 克，羊肉 100 克，酵面 10 克。

【配料】植物油 20 克，盐 3 克，酱油 8 克，味精、胡椒粉、花椒各 2 克，葱末、姜末、香菜末各 5 克，食碱 2 克。

【制作】① 盆内加面粉、酵面及适量的水、食碱和成面团，擀开，刷油后卷起，做成 1 厘米厚的饼，上鏊子烙成黄红色，再切成宽 1 厘米、长 4 厘米的条；羊肉切成小薄片。② 炒锅置火上入适量的油和花椒，炸出香味后捞去花椒不用，再放入葱末、姜末炒出香味，放入羊肉急炒，同时放入酱油、盐、味精、胡椒粉，炒熟后加水，放入饼条，盖上锅盖，焖至饼条发筋时，撒入香菜末出锅即可。

【烹饪方法】烙，炸，炒，焖。

【营养功效】补肾壮阳，生精益气。

【健康贴士】肾虚劳损、腰脊酸痛、足膝软弱、阳痿、尿频者宜食。

荞面灌肠

【主料】荞面、面粉各 500 克，豆芽 300 克。

【配料】盐 3 克，白矾 1 克，植物油适量。

【制作】① 荞面，面粉放入盆内加入盐、白矾、水，顺着一个方向边加水，边搅动成稀糊状，用手抓起看似一条线即可。② 将 4 寸小碟洗净，依次刷上油摆入笼内，舀入稀糊到碟的 2/3，盖盖大火蒸熟后，下笼凉凉，即成灌肠，取下切条；豆芽择洗干净。③ 炒锅置火上，入油烧热，下入灌肠条、豆芽煸炒，亦可凉调食用。

【烹饪方法】蒸，煸炒。

【营养功效】开胃消食，清凉解毒。

【健康贴士】一般人皆宜食用。

长子炒饼

【主料】面粉 300 克，肉丝 200 克，蒜薹 300 克，粉条 100 克。

【配料】鸡汤 50 毫升，植物油 20 克，盐 3 克，酱油 7 克，葱末、蒜苗末各 5 克，香醋 5 克，猪头肉 250 克。

【制作】① 面粉扒池加温水揉均匀、揪成面剂，擀制成合页饼状，加油烙熟，顶刀切成 10 厘米长、0.8 厘米宽的细条。② 锅置火上入油，下入葱末爆香，放入肉丝、蒜薹、粉条、饼丝加鸡汤炒熟，再放入盐、酱油炒匀，撒上蒜苗末盛盘，食用时加香醋，配上猪头肉即可。

【烹饪方法】烙，爆，炒。

【营养功效】温中益气，补精填髓。

【健康贴士】猪肉宜与蒜薹搭配食用，能起到增强体质的食疗功效。

典食趣话：

相传，长子县清代著名书法家冯士翘先生，经常徒步民间深入农户写写画画。一日，他行至石哲村，口干肚饿，到一户人家打尖。户主见是冯先生到了，就吩咐家人做待客饭。冯士翘将主人端的饭、汤吃了个精光。并问，这么好吃的饭，好喝的汤，叫什么？主人回答说："你吃的饭是用小粉面、粉条，白萝卜条做成的，叫'炉卜'，这是我们这儿待客饭。"冯先生听了主人的叙说，高兴地取出文房四宝写了一首诗："徒步特游发鸠山，漳河源头碧水翻。下山行至石哲村，进宅解渴来打尖。主人端出待客饭，粗粮细做炉卜香。"写好后，赠给主人作为留念，扬长而去。冯士翘回家后，把在石哲村打尖吃"炉卜"的事说给夫人。夫人按先生说的方法也做"炉卜"吃，可是怎么也做不好。于是她再次给先生做炉卜时，和面烙饼时抓了几把面粉，掺入小粉面内烙成饼，切成丝同粉条和白萝卜丝焖炒在一起给先生吃。先生边吃边说："好吃！好吃！如果用油炒一炒，可能味道更佳。""炉卜"后经历代饭店厨师们的改革，进化成现在的"炒饼"，但因"炉卜"是长子、屯留民间百姓的祖传，所以至今长子、屯留的百姓，叫"炒饼"还是"炉卜"。

拨鱼儿面

【主料】面粉 500 克，土豆 250 克。

【配料】辣椒油 10 克，盐 3 克，醋 15 克，生抽 6 克，芝麻 5 克，香油 8 克。

【制作】① 土豆洗净，蒸熟削去皮，捣成泥，土豆泥与面粉掺和，加水约 50 毫升揉成硬面团，再加水 30 毫升，搓成软面团，放入盆内，盖上湿布略饧。② 饧好的面取出一部分放在碗内，左手端碗，倾向锅边，右手用削尖的竹筷子将流向碗边的面往开水锅内拨，使其成 6.6 厘米长、0.5 厘米粗、中间大、两头尖的小鱼形，煮至面鱼儿浮起时，盛入碗内。③ 辣椒油、盐、醋、生抽、香油拌好淋在面上，撒上芝麻即可。

【烹饪方法】蒸，煮。

【营养功效】健脾和胃，通便排毒。

【健康贴士】脾胃气虚、营养不良、胃及十二指肠溃疡、高血压、高脂血、关节疼痛、动脉硬化患者宜食。

饸饹面

【主料】面粉 1000 克，猪肉 200 克。

【配料】食碱 1 克，葱、蒜、姜各 5 克，植物油 20 克，豆瓣酱 20 克，鲜汤 700 毫升，酱油、醋各 6 克，韭菜 100 克。

【制作】① 面粉倒入盆内，放入食碱，用水和成面团，饧好后，搓成10厘米长的圆条，机械制作面条，在水里蘸一下，投入饸饹床筛孔，将面压入沸水锅内，煮熟后捞出，过清凉水，再拌少许植物油；猪肉洗净，切丁；韭菜择洗干净，切成段备用。② 锅置火上，入油烧热，下入豆瓣酱炒香，放入葱、蒜、姜稍炒一下，再下肉丁炒熟即成“臊子”。③ 把炒好的臊子装入锅内，用小火慢慢煮透；鲜汤酱油上色，煮沸，撒入韭菜段，把面条捞到笊篱里，在锅内稍带点儿汤盛入碗内，浇两勺臊子和醋即可食用。

【烹饪方法】煮，炒，浇汁。

【营养功效】补虚养血，滋养脏腑。

【健康贴士】老少皆宜，尤其适合患有阴虚、头晕、贫血、大便秘结、营养不良、产后乳汁缺乏等病症者及妇女、青少年、儿童食用。

典食趣话：

郏县当地有一个古老的传说，商纣王听闻苏护之女苏妲己相貌奇美，下诏纳其为妃，苏妲己就由其兄嫂护送前往国都朝歌，途中路经获嘉，下榻于当地驿馆，妲己之嫂颇通玄术，夜观天象知道会有妖魔不利于妲己，于是下厨用面粉佐以驱邪镇灾之物做了一碗面，亲自给小姑妲己端过去，走到门口，已经晚了一步，正好看到受女娲之命来秽乱殷商的九尾狐狸精正在吸取妲己的元神，其嫂法力有限，眼睁睁地看着九尾狐狸幻化成妲己模样，与妲己肉身合二为一，惊恐的说不出话。假妲己笑吟吟地问嫂嫂所端面食叫何名字，妲己之嫂见天命如此，痛心疾首，只是喃喃道“活啦，活啦……”。而后，西晋时期刘伶被罢官最后流落到获嘉县亢村时，晚年时期开了一家饭馆，刘伶依据苏妲己的“活啦面条”传说把“饸饹”作为自己小饭馆的特色食谱之一，并将“饸饹的传说”写好悬挂在店门口，食客也由此日渐增多。刘妻也看出了门道，决心在此基础之上再锦上添花。她遍访名医，引经据典，将搅饸饹的肉卤中加入六六三十六味中草药，不仅食饸饹能充饥，还能强身健体，甚至于还能预防多种疾病，成为众口称道的绝世佳肴。由此，“饸饹条”一时名噪太行南北，黄河上下，后来传到全国各地，成为一种名吃。

太平臊子面

【主料】精面粉500克，鸡蛋清30克，烧肉块、油豆腐、水发海带、金针、水豆腐、茄子各100克。

【配料】植物油20克，胡椒粉、花椒各2克，酱油6克，盐3克，香油、料酒各8克，味精1克，香菜末、葱末、葱丝、蒜片、姜末各5克，菠菜叶100克，高汤适量。

【制作】① 盆内放入鸡蛋清、面粉拌匀，加入适量的水和成硬面团，放在案板上擀成大薄面皮，切成细面条。② 油炸豆腐和烧肉块分别切成樱桃丁；海带洗净后切成菱形小块；水豆腐切成菱形小块；金针泡好后择洗干净切段；茄子削去皮，切成小块，再用热油炸成金黄色捞出。③ 炒锅置火上，入油和花椒，待花椒炸出香味后，捞去不用，放入黑酱、葱末、蒜片、姜末煸炒，再放入烧肉丁煸炒，烹入料酒、酱油，加入盐及高汤适量，用小火煨炖至熟，下入炸豆腐、水豆腐、金针段、海带块、炸茄块，以及味精、高汤煮沸，即成臊子。④ 另取锅置火上，加入适量肉汤以及酱油、味精、胡椒粉、姜末、菠菜叶、葱丝，兑成汤料；面条入沸水锅，煮熟后用凉开水过一下，捞入碗中，舀入适量的臊子和汤料，撒上香菜末，淋香油即可。

【烹饪方法】炸，煸炒，煨，煮。

【营养功效】营养丰盛，补虚益气。

【健康贴士】一般人皆宜食用。

雁北冷莜面

【主料】莜麦面 500 克，面筋粉 8 克。

【配料】青椒 10 克，姜末 5 克，郫县豆瓣酱 6 克，生抽 5 克，糖 8 克，醋 15 克，盐 3 克。

【制作】① 莜麦面里加入面筋粉，倒入沸水搅成絮状，晾至不烫手时揉成团，饧 20 分钟。② 面团分成 2 个剂子，擀成面片，上锅蒸 15 分钟，凉凉切条。③ 锅置火上烧热，入油爆香姜末，放入郫县豆瓣酱炒出红油，倒入青椒翻炒均匀，淋入调味汁和水煮开，淋在面条上即可。

【烹饪方法】蒸，爆，炒，煮。

【营养功效】健胃消食，温中养胃。

【健康贴士】荞麦富含蛋白质、维生素及多种矿物质，小麦富含蛋白质、粗纤维、维生素及多种矿物质，还含有少量的精氨酸、淀粉酶、谷甾醇、卵磷脂等，二者搭配食用，可使营养更加全面。

子推蒸饼

【主料】面粉 200 克，酵母 2 克，温水 105 毫升。

【配料】葱末、胡萝卜泥各 20 克，椒盐 3 克，植物油适量。

【制作】① 面粉放在和面盆中，酵母放入温水中搅拌均匀，静置 5 分钟后，分次倒在面粉里，用筷子把酵母液和面粉充分搅拌均匀，形成湿性面絮，用手揉合，制成表面光滑的软面团，盖一块湿布静置 30 分钟饧发。② 将饧发好的面团放在案板上，用手反复揉制几次后，搓成长条，切成面剂，取其中一份切面朝上、按扁，擀成薄片。③ 用手指蘸取植物油，均匀涂抹在面片表面，撒上椒盐、葱末、胡萝卜泥，两手握着面片的一端，向上往里卷起，一边卷制一边轻轻向两边抻拉，卷成长条状，再用手握着长条面团的一端，向里卷曲，形成一个厚厚的圆饼状。④ 用擀面杖在圆饼上轻轻擀压几下，使饼皮结合处黏合，依次做完，覆盖一层保鲜膜，静置饧制 20 分钟，锅置火上注入冷水，支好蒸架，铺一层吸油纸。⑤将饧好的饼坯放在吸油纸上，大火蒸至上气，继续蒸 10 分钟至熟即可。

【烹饪方法】蒸。

【营养功效】养心神，敛虚汗。

【健康贴士】适宜儿童食用。

【举一反三】可以把胡萝卜泥换成菠菜泥或紫薯泥。

米面摊花

【主料】玉米面、小米面、粳米面各 50 克。

【配料】酵面、白砂糖各 50 克，食碱 1 克，植物油适量。

【制作】① 酵面放盆内撕开，加温水 200 毫升溶解开，再放入 3 种米面搅成稠糊状发酵。② 面糊发好后兑碱加糖搅匀；电饼铛的上下火同时打开烧热，刷子蘸油，在热铛上刷一遍，用勺舀约面糊 50 克倒在饼铛上，自然流成小圆饼，盖上盖将两面煎烙成棕红色，熟透取出，将饼从中间折回成半圆形，码摞在盘中即可。

【烹饪方法】烙。

【营养功效】健脾胃，补虚损。

【健康贴士】诸无所忌。

五台万卷酥

【主料】面粉 450 克，酵面 75 克，香油 110 克。

【配料】盐 5 克，食碱 1 克。

【制作】① 酵面放盆内撕开，倒入水 165 毫升、香油 35 克、盐 2 克，再放入食碱搅匀，然后倒入面粉 300 克和成面团。② 面粉 150 克加盐 3 克、香油 75 克拌匀，搓揉成油酥面团，酥面的 1/3 包入皮面内，擀开成长方形片，卷回后摘成剂子；剩下 2/3 酥面分成 10 份，取一个酥皮剂平放在手中，上面放上一块酥剂，用手托推开。推时要上下调换推，推得越薄越好，最后卷成筒形，放在案上，一只手捏住一头，另一只手用小木槌顺长轧成凹形。③ 全部做完后，把面坯码在烤盘里，推进 250℃的烤箱内，烤约 10 分钟，呈金黄色熟透即可。

【烹饪方法】烤。

【营养功效】补肝益肾，润肠通便。

【健康贴士】一般人皆宜食用。

典食趣话：

据说，有一年乾隆皇帝来到五台山，于一日黄昏独自一人扮作客商模样走下山来。一路穿街过庙，留恋于青山绿水间，不知不觉夜幕低垂，星月当空。自知返途甚远，加之腹中饥饿难耐，欲寻一人家吃顿饭。但夜幕茫茫，哪能看见人家？只好信步徒走。也不知走了多久，突然看见有一处灯光，走近一看竟是一户人家。乾隆上前敲门，开门的老人带出了一股油香，引逗得乾隆皇帝更加饥饿。老人比较好客，就热情地把乾隆迎接进来。乾隆进门一看，昏暗的油灯下，只有几件粗陋的家具，地上堆着一些柴火，灶膛里小火悠悠，那香味就是从炉灶里溢出来的。

老人见他如此，赶紧掀开炉盖，捡了几条酥状点心，放在一个盘子里，双手送在乾隆的面前，乾隆急不可待地拿起一条，贪馋地咬了一口，顿觉酥软香甜。再看外表，黄而透白，形如长条。乾隆一连吃了三条，方才感到饱腹。是夜与老人长谈，方知老人世居此地，老妇早年去世，只生一子，在县衙当差，平常也不回来。因老实憨厚，一年下来只挣得几两官银，勉强能够度日。老人每日做些面食，卖与四方游人、寺庙僧众。因是素食，又且制作精良，小本经营倒也做得起、卖得出。只是数量并不多，又值微利，也就没有多少利润可图。乾隆听后，深感老人心地善良，待人诚实。有心要帮助他，又怕老人不肯，只得休息，来日再做打算。

第二天清晨，老人侍奉乾隆洗漱以后，将一盘万卷酥、二碗稀饭、一碟咸菜放在乾隆面前，乾隆也不推让，又一饱口福。饭后，问及这面食的做法，老人不答，却寻来一页黄纸，递与乾隆说："这是老伴去世前留下的制作配方，老汉不识字，放着也没用，客官要有兴，可拿去。"乾隆又一次被老汉的精神所感动。说话间，忽听门外人喊马嘶，一队官军骑马扬鞭而来，转眼而至并跪倒在地口呼万岁。此时，老人尚才醒悟那是当今的皇帝。乾隆皇帝走到老人面前双手递上一包银两恳请老人收下后就打马回宫了，即命御用厨师如法制作，并以万卷酥宴请百官，百官赞不绝口。如此"万卷酥"也成了皇宫里的一等御膳，列进了皇家膳谱，"万卷酥"之名也就逐渐传开了。

豌豆面瞪眼

【主料】豌豆面 150 克，面粉 350 克。

【配料】香油 125 克，盐 5 克。

【制作】① 面粉内加 25 克香油和温水 190 毫升和成团，揉匀稍饧；锅置火上，入香油 100 克烧热，倒入豌豆面和盐搅匀炒成油酥。② 将饧好的面团包入油酥，擀成长方形薄片，卷回揪 10 个剂子；取一个剂子，一手持冠，另一手从剂子的一端开口处拧成圆锥形，然后用示指在锥尖处向下按成一个小洞，深约 2 厘米，不能戳透。③ 全部做完后在饼面上刷油，上鏊子烙成两面微黄，定型后入炉膛烤成金黄色出炉，待饼凉凉后，放入小瓮内，回软后即可食用。

【烹饪方法】炒，烙，烤。

【营养功效】利水消肿，清热解毒。

【健康贴士】一般人皆宜食用。

新田泡泡糕

【主料】优质面粉 250 克，熟猪油 75 克，红枣 250 克，绵白糖 75 克。

【配料】核桃仁、熟花生仁、熟芝麻各 25 克，玫瑰酱、青红丝各 15 克，党参、黄芪各 10 克，上等红茶水 120 毫升，色拉油 2500 克，海马、山芋肉、枸杞各适量。

【制作】① 红枣煮熟去皮、核；海马、山芋肉、枸杞切碎；花生仁、核桃仁、青红丝切成细粒；熟芝麻略擀、与绵白糖、玫瑰酱拌匀成馅；党参、黄芪用温水泡汁备用。② 炒锅置火上，放入猪油 35 克，融化后倒入党参、黄芪汁和适量的沸水，徐徐倒入面粉，边倒边搅，搅匀熟透后倒在案板上摊开，晾至不烫手时，分次加入红茶水和剩下的猪油，揉匀，至三不粘为止。③ 面团搓条，摘 15 个剂子，逐个揉圆压扁，包入馅心，收口后在手心团成“泡肚”状糕坯，逐个做好。④ 锅置火上，入油烧至 1200℃，将捏成形的糕坯封口朝上顺锅边溜入锅内，并迅速把糕翻过，待油糕呈蘑菇状，形似花朵，色泽金黄即捞出，装盘后撒上白砂糖即可。

【烹饪方法】烧，炸。

【营养功效】益气补血，健脑益智。

【健康贴士】孕妇慎食。

自治区

刀切

【主料】面粉 2500 克。
【配料】植物油、绵白糖各 900 克。
【制作】① 面粉 700 克摊成圆圈，绵白糖 150 克、植物油 100 克倒入圈内，加适量温开水将糖、油搅拌成浆，再将四周的面粉掺入逐渐和匀，和好后要放在温暖处回饧、破筋，即成水面团。② 绵白糖 750 克、面粉 1800 克混合过筛，加植物油 800 克擦匀制成糖酥。③ 水面团揉匀，搓条，摘剂，擀成皮，包入糖酥，再次擀成长方型薄片，从两端相对向中间卷起成长卷，然后切成 4 毫米厚薄片。④ 把切好的片均匀地摆入烤盘，入炉烘烤，炉温 160 ~ 170℃，待底面呈麦黄色时即可。
【烹饪方法】烘。
【营养功效】消食健胃，除烦去燥。
【健康贴士】高血脂、高血压、高血糖、肥胖患者忌食。

肉馕

【主料】精面粉 500 克，嫩酵面 50 克，洋葱 200 克，羊肉 350 克。
【配料】盐 6 克，胡椒粉 5 克，味精 3 克。
【制作】① 面粉倒入盆内，加嫩酵面、清水 200 毫升揉成面团，盖上湿布静饧 5 ~ 10 分钟。② 饧好的面分成 3 份揉成圆形，盖上湿布略饧 10 分钟；洋葱洗净切丁；羊肉切丁，放入盆内，加盐、清水 100 毫升，放入洋葱丁、味精、胡椒粉拌匀成馅。③ 饧好的面团擀成长圆形，上面抹一层馅，从一端卷成卷，再从两端折叠成圆形按扁，略饧后从中间砸成内低外稍高的窝状，再抻拉成直径约 15 厘米的圆饼，放入烤盘内，用 280℃的炉温烤 12 ~ 15 分钟，待呈金红色时即可出炉。
【烹饪方法】烤。
【营养功效】温中健脾，益气固精。
【健康贴士】一般人皆宜食用。

回手面

【主料】精面粉 250 克，羊肉 150 克，鸡蛋 2 个，粉丝 25 克，西红柿 100 克，洋葱 100 克，柿子椒 100 克。
【配料】味精、胡椒粉各 3 克，醋 5 克，羊肉汤 250 毫升，盐 6 克。
【制作】① 盆内加精面粉、鸡蛋液和清水 750 毫升揉成面团，静饧后，用擀面杖擀成像纸一样薄的面皮，切成约 1.5 厘米宽的条，摘成小方块。② 粉丝泡好，切成 6 ~ 9 厘米长的段；西红柿、洋葱、柿子椒洗净切成丁；羊肉切成丁。③ 锅内放羊肉汤烧沸，下面片稍煮，再下羊肉、粉丝、西红柿、洋葱，再加入盐、味精、胡椒粉、醋拌匀即可。
【烹饪方法】煮。
【营养功效】清热解毒，抗衰美容。
【健康贴士】鸡蛋宜与西红柿同食，美白效果显著，尤宜女士食用。

曲曲汤

【主料】精面粉 250 克，打好鸡蛋液 50 克，羊后腿肉 150 克。
【配料】洋葱、香菜段各 50 克，辣椒粉 2 克，盐 5 克，味精、孜然各 3 克，羊肉汤 2500 毫升。
【制作】① 面粉、鸡蛋液放一起，加清水 100 毫升和成面团，盖上湿布静饧 10 ~ 15 分钟，用擀面杖擀成像纸一样薄的面皮，切成约 2 厘米见方的块。② 羊肉切成丁，放入盆内加盐 1.5 克、味精 1 克、辣椒粉 1 克搅匀，再加水 50 毫升搅拌均匀，放入洋葱丁即成馅料。③ 面皮中包入馅料，对折起来，用手将边捏好，对折起来使两端合拢，中间留眼，即成曲曲生坯。④ 锅内加羊汤烧沸，放入曲曲生坯煮熟，加入剩余的味精、辣椒粉、孜然、盐等出锅，盛入碗内，撒上香菜段即可。

【烹饪方法】煮。

【营养功效】补脾和胃，保护肝脏，延缓衰老。

【健康贴士】鸡蛋宜与羊肉同食，能促进新陈代谢。

竹筒鸡

【主料】仔公鸡 1 只，水发冬菇 50 克，火腿片 100 克，水发玉兰片 50 克。

【配料】白砂糖 30 克，盐 10 克，味精 3 克，胡椒粉 2 克，葱段 20 克，甜酱油 50 克，姜片 20 克，咸酱油 50 克。

【制作】① 鸡宰杀去毛，剖腹除内脏，冲洗干净；鸡身、肝、肫、冬菇、玉兰片和火腿，加葱、姜、盐、味精、胡椒粉、白砂糖、甜咸酱油腌渍入味。② 选生长一年的青竹一节，约长 50 厘米、外径 12 厘米，一头留节，一头开口；用鸡身装入鸡肝、肫、冬菇、玉兰片和火腿，合拢成全鸡状，塞入竹筒，口用芭蕉叶塞紧，放在栗炭火上烧烤 2 小时左右至熟，取下去掉芭蕉叶，倒入盘内即可。

【烹饪方法】腌，烤。

【营养功效】健脾胃，活血脉，强筋骨。

【健康贴士】营养不良、畏寒怕冷、乏力疲劳、月经不调、贫血、虚弱者宜食。

生菜包

【主料】生菜叶 10 张，糯米 250 克，板栗 250 克，花生米 75 克，水发虾米 25 克。

【配料】盐 3 克，味精 2 克，香油适量。

【制作】① 生菜叶洗干净；糯米淘洗干净，蒸成饭；板栗煮熟去壳；花生米炒熟，去衣碾碎；虾米用油爆香，剁成茸。② 锅置火上，下香油烧热，将糯米饭、板栗、碎花生米、虾米茸加入炒匀，加盐、味精继续略炒，即成馅料。③ 用菜叶一张裹馅料包成若干小长方块，全部包完后，即可装盘食用。

【烹饪方法】蒸，煮，炒，爆。

【营养功效】清热提神，消脂减肥。

【健康贴士】适宜女士食用。

羊肉松

【主料】羊肉 500 克。

【配料】盐 10 克，白砂糖 15 克，葱末 10 克，姜末 5 克，茴香末 2.5 克，味精 3 克，丁香末 1 克，高粱酒 5 克。

【制作】① 羊肉除去皮、骨、肥膘、筋腱等，顺瘦肉的纤维纹路切成肉条，再切成长约 7 厘米、宽约 3 厘米的短条，肉块用白水煮 3 小时，以肉丝用手能撕烂为度。② 把肉块放于石臼内，用木棒舂兼用手揉，使肉块散开，再转入锅内小火干炒，边炒边用干净的洗衣板揉搓，炒 3 小时左右加入除盐、白砂糖和味精以外的所有配料，继续炒 1 小时，再加入白砂糖、盐和味精，炒 30 分钟，待肉块完全成为蓬松的纤维时即可出锅。

【烹饪方法】煮，炒。

【营养功效】补虚劳，健脾胃，止消渴。

【健康贴士】吃羊肉不宜加醋，容易引起内热火攻心。

玉林牛巴

【主料】牛肉 600 克，

【配料】白酒 20 克，盐 8 克，酱油 10 克，白砂糖 10 克，味精 5 克，姜汁、蒜白、葱白各 5 克，小苏打 2 克，硝水 1 克，花椒、大料各 5 克，草果 3 个，桂皮 5 克，沙姜、丁香、桂花各 4 克，橘皮 10 克，茅根 20 克，姜 10 克，蒜白 10 克，浸发冬菇 10 克，植物油适量。

【制作】① 选用上好的黄牛臀部肉，洗净血污后用刀片成长 12 厘米、宽 6 厘米、厚 2 厘米左右的薄片，放在盆内，加白酒、盐、酱油、白砂糖、味精、姜汁、蒜白、葱白、小苏打、硝水，混合拌匀后腌渍 1 ~ 2 小时。

② 取簸箕，将腌制好的牛肉片一块块地摊在簸箕上，放在太阳下晒至七成干。③ 锅置火上，入油少许烧至八成热，下入大料、草果、沙姜、桂皮、丁香、桂花、橘皮、花椒、茅根、姜块、蒜白、浸发冬菇爆香，然后投入晒好的肉干用中火炒，待肉干回软，锅中无汁时，加入植物油翻炒，盖上锅盖，改用小火慢慢煨制 1 ~ 2 小时。（中间需按时揭盖翻炒，以免焦底）④ 牛巴煨好后，拣去姜、蒜及香料，控去油汁凉凉，即可改刀切件上桌。

【烹饪方法】腌，爆，炒，煨

【营养功效】补脾胃，益气血，强筋骨。

【健康贴士】一般人皆宜食用。

藏族血肠

【主料】羊肉、羊血各 500 克。

【配料】盐 3 克，花椒粉 3 克，糌粑粉 2 克。

【制作】① 羊肉洗净，剁碎；羊血内加适量的盐、花椒粉、糌粑粉与剁好的羊肉混拌，灌入肠内，用线系成小段。② 把灌好的血肠，放沸汤中煮至血肠浮起，肠成灰白色，约八成熟时起锅，装入盘内即可食用。

【烹饪方法】煮。

【营养功效】益气补虚，温中暖下。

【健康贴士】羊肉不宜与蒜同食，二者都是热性食物，容易引起体内燥热和上火。

宁夏酿皮子

【主料】精面粉 500 克。

【配料】盐3克，醋、辣椒油各6克，生抽5克，糖 2 克，黄瓜丝 100 克，香菜 5 克。

【制作】① 精面粉洗过面筋后，调成糊状，加盐，用镟子在沸水锅上镟成一张张类似粉皮子的薄膜。② 表面涂植物油，冷却，食用时把粉皮子切成条，加辣椒油、生抽、糖、醋拌匀，撒上黄瓜丝、香菜即可。

【烹饪方法】拌。

【营养功效】除湿利尿，宽中下气。

【健康贴士】一般人皆宜食用。

哈达饼

【主料】面粉 500 克。

【配料】瓜仁、桃仁、芝麻、青红丝各 5 克，绵白糖 150 克，奶油 200 克，桂花香精少许。

【制作】① 面粉 200 克与奶油 100 克合成干油酥；面粉 200 克与奶油 75 克、水 75 毫升合成油水面；面粉 100 克蒸熟与奶油 125 克和瓜仁、桃仁、芝麻、青红丝、桂花、香精放在一起拌成甜馅。② 将酥面、油水面分摘成面剂，油水面包酥面擀成圆片，片上撒遍拌好的甜馅心，从两端相对卷拢起来，再盘成饼状后，擀成直径约 20 厘米、厚约 3 毫米的荷叶饼，上铛用小火烙熟，对切开，堆放式装盘即可。

【烹饪方法】烙。

【营养功效】美颜护肤，温中养胃。

【健康贴士】高血脂、高血压、糖尿病患者不宜多食。

吧啦饼

【主料】特制粉 500 克，白砂糖 250 克。

【配料】核桃仁 50 克，瓜仁 5 克，桂花 25 克，碳酸氢铵、碳酸氢钠、水各适量。

【制作】① 糖、水和碳酸氢铵放入和面机内搅拌，接着放入熟猪油、桂花和桃仁继续搅拌，呈均匀液状时放入面粉。② 用顶钟迅速顶出定量的面剂，每块面剂团按平，在表面印附瓜仁、中心按一凹状的圆坑、打印红戳，即可码入烤盘，依次做好。③ 把盛有生坯的烤盘放入炉烘烤，入炉温度为 170 ~ 180℃，出炉温度为 210 ~ 230℃，烤制 12 分钟左右即可出炉。

【烹饪方法】烤。

【营养功效】益智补脑，健脾利胃，

【健康贴士】糖尿病患者忌食。

烤羊肉串

【主料】瘦羊肉 2000 克，洋葱 150 克。

【**配料**】盐 40 克，辣椒粉 30 克，孜然 50 克。

【**制作**】① 羊肉切成小厚片；洋葱切碎；将羊肉片、洋葱拌在一起，腌约 30 分钟。② 用铁签将羊肉片串成串，把铁槽加木炭烧燃，肉串架在铁槽上面，撒上盐、辣椒粉和孜然粉，烤约 5 分钟。③ 翻身撒上盐、辣椒粉和孜然粉，继续烤约 5 分钟，至熟即可。

【**烹饪方法**】腌，烤。

【**营养功效**】降脂降压，驱寒散热。

【**健康贴士**】洋葱具有抗氧化的功效，可使人体产生大量的谷胱甘肽，使癌症发生率大大下降，羊肉可大补元气，两者同食可增强人体免疫力。

西北

甑糕

【主料】无锡糯米 500 克，大枣 150 克。

【配料】蜜枣、葡萄干各适量。

【制作】① 糯米浸泡 4 ~ 6 小时后，淘洗数遍，去浮沫，沥干水分；大枣洗净，去核。② 先把大枣铺在甑底，再铺一层葡萄干，最后铺米，一层铺一层，逐渐增多量，最后上面放一层蜜枣、葡萄干收顶。③ 大火蒸约 2 小时，期间反复洒水 3 次，后改用小火再蒸 5 ~ 6 小时至熟即可。

【烹饪方法】蒸。

【营养功效】补中益气，健脾养胃

【健康贴士】糯米有收涩作用，对尿频、自汗有较好的食疗效果，但不宜食用过多。

泡儿油糕

【主料】面粉 800 克，白砂糖、熟面粉各 150 克。

【配料】猪板油 150 克，冰糖、核桃仁、糖玫瑰各 50 克，香油、芝麻仁各 10 克，熟猪油 1000 克。

【制作】① 猪板油撕去膜，切成豆粒大小的丁，放入开水锅内略烫捞出，冰糖砸碎，核桃仁切末，与猪板油丁一起放入盆内，加白砂糖、熟面粉、糖玫瑰、芝麻仁、香油、水少许拌匀，轻搓成馅。② 锅内加清水 400 毫升烧开，加熟猪油 175 克，沸后倒入面粉，用筷子穿扎数孔煮烫，盖上锅盖改小火煮约 10 分钟，然后翻炒成块状，倒在案板上摊晾，凉后多次对入适量凉水，揉 5 分钟，使油面呈雪白色，摘成面剂，擀皮，包入馅料，收口捏成饼状。③ 剩余的熟猪油倒入炒锅内，烧至五成热时，将面饼生坯投入油锅内炸到起泡，再稍炸即可。

【烹饪方法】煮，炒，炸。

【营养功效】开胃润肠。

【健康贴士】高血脂、肥胖人士不宜多食。

羊肉炒面片

【主料】普粉、速冻羊肉卷各 100 克，油菜 60 克。

【配料】糖、蒜瓣、辣椒酱、生抽各 5 克，盐 3 克，鸡粉、花椒粉各 2 克，高汤 300 毫升，香醋 10 克。

【制作】① 面粉混合盐，适量水揉成面团，静置 20 分钟左右饧发，饧发好的面团切成等份后搓成长条，再将长条压成片。② 手里托着长面皮一点儿一点儿揪到沸水中煮熟，熟后成型的面片就捞出来泡入冷水中，凉后捞出，沥干水分备用。③ 锅置大火上入油烧热，放入蒜瓣和辣椒酱爆香，转中火，放入羊肉片快速炒几下，再将沥干水分的面片放入，添上高汤，到入生抽、鸡粉、糖、香醋，收干汤汁，放入切段的小白菜，翻炒几下盖上盖子焖 30 秒，出锅前撒上花椒粉即可。

【烹饪方法】煮，炒，焖。

【营养功效】益气补虚，养胃强筋。

【健康贴士】羊肉不宜与西瓜同食，会发生腹泻等不适症状。

清蒸牛蹄筋

【主料】牛蹄筋 500 克。

【配料】香菜、盐各 25 克，鸡汤 500 毫升，味精 3 克，胡椒粉、花椒各 2 克，鲜姜 1 块，香油 5 克，葱 2 根，干辣椒 1 个，蒜末 1.5 克，水淀粉适量。

【制作】① 牛蹄筋留皮去毛，烧烤洗净，刮去焦黑外皮，用碱水略泡，再反复刮洗，直至碱味消失，露出金黄色停止。然后入锅加水煮到八成熟，取出，剔去骨骼，再上笼蒸到筋烂皮熟绽。② 熟蹄筋切成条，放入碗内，加胡椒、花椒、辣椒、盐、姜片、葱段、味精、鸡汤，入笼蒸1小时，使料味渗入筋内取出。拣去葱段、姜片，滗出汤汁，扣入盘内。③ 炒锅置火上，留底油适量烧热，用葱末、姜末、蒜末炝锅，倒入原汁烧沸，加盐、味精、胡椒粉调好味，用水淀粉勾薄芡，淋入香油，出勺浇在蹄筋上，再撒上香菜、蒜即可。

【烹饪方法】烤，煮，炒。

【营养功效】补脾益气，强筋壮骨。

【健康贴士】葱可以杀菌抑菌、利水消肿，牛肉可以治疗体虚、消水肿，将二者同食，既可很好地利水消肿，葱与牛肉同煮还可以降低牛肉中的胆固醇，使食物更健康。

安康窝窝面

【主料】精面粉2250克，水发鱿鱼、水发海参各100克，水发玉兰片200克，鸡蛋18个，菠菜300克，香菇50克，熟猪肚、酱油、生猪肉、粉面、熟猪油各250克。

【配料】酱油、香油各10克，味精2克，韭黄、姜米、葱末、香菜各8克，盐、胡椒粉各5克，鲜汤1500毫升。

【制作】① 盆内加面粉、鸡蛋6个、水和成面絮，再陆续加水和成面团，搓硬揉光，用布盖严，饧15分钟。② 面团搓成较筷子粗的细长条，切成小面丁撒上面铺，用手指将面丁揉圆，略按扁，用筷子粗细的圆头木棒轻轻在中间压成“窝”形，然后投入开水锅煮熟，捞出过水，沥干，加香油搅拌均匀。③ 水海参、鱿鱼、香菇、玉兰片、熟猪肚、酱肉切成小丁。生猪肉剁成肉泥，加入鸡蛋4个、盐2克蒸成糕，切成丁。另将鸡蛋8个磕入碗内打散，也蒸成蛋糕，切成丁。炒锅内加熟猪油烧热，放入姜米、葱末、韭黄炒香，再放入各种碎丁炒少许时间，加入酱油即成。④ 炒锅内加鲜汤烧开，加入炒好的各种丁料，放入窝窝面烧开，调入味精、盐、胡椒粉，出锅撒香菜即可。

【烹饪方法】煮，炒。

【营养功效】滋阴养胃，补虚润肤。

【健康贴士】鱿鱼中含有丰富的钙、磷、铁元素，对骨骼发育和造血十分有益，可预防贫血。

油泼箸头面

【主料】面粉1000克。

【配料】盐、辣椒粉各3克，青菜叶100克，醋8克，植物油10克。

【制作】① 面粉加适量盐、清水和成面团，揉匀饧好，摘成小剂搓成长条，用双手捏住两头，轻轻向外抻拉，如此抻拉3～4次，成为筷子头粗细的面条。② 锅内加水烧开，将拉好的面条投入锅中煮至熟透，捞出，趁热放在碗中。③ 面条碗内加入盐、青菜叶、醋、辣椒粉，锅置火上，放入植物油烧至九成热时，浇泼在面条碗内即可。

【烹饪方法】煮，烧。

【营养功效】养心益脾，调和五脏。

【健康贴士】一般人皆宜食用。

【举一反三】加入的调味料可根据个人喜好任意调制，但油一定要烫热才行。

汉中梆梆面

【主料】面粉200克。

【配料】辣椒粉，生姜、大葱、酱油、醋、盐、辣椒油、花椒粉各适量。

【制作】① 面粉加水和成硬面团，饧5分钟；盘揉；擀成薄片，切条；煮熟。② 姜捣汁；大葱切花；酱油、醋分别熬开。③ 酱油、醋、盐、辣椒油、姜汁、花椒粉、葱末入面，倒入面汤即可。

【烹饪方法】煮，熬。

【营养功效】酸辣鲜香，利湿暖胃。

【健康贴士】一般人皆宜食用。

兰州牛肉面

【主料】面粉1500克，牛肉1000克，牛肝

150克、白萝卜100克。

【配料】花椒45克，草果、姜皮各5克，桂子2.5克，盐10克，酱油200克，胡椒粉、味精各3克，香菜、蒜苗、葱末、清油各25克，灰水35克，辣椒油适量。

【制作】① 先把牛肉及骨头用清水洗净，然后在水里浸泡4小时，血水留下另用，将牛肉及骨头下入温水锅，等即将要开时撇去浮沫，加入盐3克，草果2克，姜皮2克及花椒5克用纱布包成调料包清水淘洗去尘后，也放入锅里，小火炖五小时即熟，捞出稍凉后切成1厘米见方的丁。② 牛肝切小块放入另一锅里煮熟后澄清备用。桂子、花椒、草果、姜皮温火炒烘干碾成粉末，萝卜洗净切成片煮熟。蒜苗、葱末切末、香菜切小段备用。③ 肉汤撇去浮油，把泡肉的血水倒入煮开的肉汤锅里，待开后撇沫澄清，加入各种调料粉，再将清澄的牛肝汤倒入水少许，烧开除沫，再加入盐、胡椒粉、味精、熟萝卜片和撇出的浮油。④ 面粉加水拌匀，再揉合均匀，用灰水和揉匀。案子上擦抹清油，将面搓成条，摘成剂子分别搓条，上面盖上湿条布，静饧后分别拉丝状的面条下锅，面熟后捞入碗内，将牛肉汤、萝卜、肉丁、浮油适量，浇在面条上，撒上香菜、蒜苗、葱末及辣椒油即可。

【烹饪方法】炖，煮，烘，烧。

【营养功效】补中益气、滋养脾胃、强健筋骨、化痰熄风、止渴止涎。

【健康贴士】适用于中气下陷、气短体虚，筋骨酸软和贫血久病及面黄目眩之人食用。

拼杂烩

【主料】熟猪肉片（红烧、红焖各半）、炸洋芋片各250克，粉皮1500克，菠菜100克，猪羊肉制汆丸子数颗，炸丸子数颗，酥肉块、虾米、水木耳、水黄花、海带丝各10克。

【配料】生姜末5克，酱油25克，韭黄、盐各15克，葱末、香菜各10克，胡椒粉、味精、香油各少许。

【制作】① 粉皮切成2厘米宽、10厘米长条。② 锅内加肉汤、水烧开，放入胡椒粉、盐、猪羊肉丸子、酥肉、粉皮等原料烧开，用味精调味，再加上生姜末、酱油、韭黄、葱末、香菜、盐、胡椒粉搅匀，淋上香油即可。

【烹饪方法】烧。

【营养功效】开胃润肠，补虚强身。

【健康贴士】一般人皆宜食用。

【举一反三】可配馒头、烧饼食用。

热粉鱼

【主料】绿豆粉4000克。

【配料】盐5克，醋8克，酱油6克，葱末炸酱300克，花椒粉5克，面酱150克，辣椒油10克。

【制作】① 盆内放豆粉、清水2500毫升搅成糊状，锅内加水15000毫升烧开，倒入芡糊烧开，用小火焖至粉糊呈透明状即熟。盆内加冷水约2/3，然后将漏“鱼箩”架放在木盆上，倒入粉糊即漏出鱼形的粉鱼。漏完后，将盆中的水换2～3次，使粉鱼冷却。② 锅内加水烧开，放入粉鱼，待汤热连汤舀入碗中。另起锅加入盐、醋、酱油、花椒粉、辣椒油、葱末炸酱（用植物油250克，烧热炸葱末500克），待喷出葱香味时，加面酱150克搅炒匀，倒入碗内即可食用。

【烹饪方法】焖，煮，炒。

【营养功效】清热解毒，止渴健胃。

【健康贴士】绿豆与鲤鱼、狗肉、榧子壳性味相反，不宜同食。

葫芦头

【主料】猪大肠300克，馍400克，熟肉、鸡肉、鱿鱼、海参片各100克。

【配料】料酒5克，味精2克，香菜末、蒜苗丝、糖蒜、泡菜、辣子酱各10克。

【制作】① 猪大肠洗净，经焙烤、煮后切片或丝。② 掰成白果大的馍粒放在碗中，再将大肠、熟肉、鸡肉或鱿鱼、海参片整齐地排放在馍粒上，用滚开的专制肉汤浇3～4次，使碗内馍块浸透汤汁。③ 放入料酒、味精、香菜末和蒜苗丝，最后再浇上汤汁，食用佐以糖蒜、泡菜、辣子酱。

【烹饪方法】焙，烤，煮。

【营养功效】润燥补虚，止渴止血。

【健康贴士】适宜大肠病变，如痔疮、便血、脱肛者食用；适宜小便频多者食用；感冒期间忌食。

典食趣话：

相传，有一天唐代医圣孙思邈来到长安，在一家专卖猪肠、猪肚的小店里吃“杂糕”时，发现肠子腥味大、油腻重，问及店主，方知是制作不得法。孙思邈向店主说道：“肠属金，金生水，故有降火、治消渴之功。肚属土居中，为补中益气、养身之本。物虽好，但调制不当。”于是，从随身携带的葫芦里倒出西大香、上元桂、汉阴椒等芳香健胃之药物，调入锅中。果然，香气四溢、其味大增。这家小店从此生意兴隆、门庭若市。店家不忘医圣指点之恩，将药葫芦悬挂在店门首，并改名为“葫芦头泡馍”。从此，“葫芦头泡馍”作为一种风味食品，流传千余年至今。

说起来也有趣，1935年前后，张学良将军的东北军，在西安因水土不服，饮食习惯差异，将士们多有病者。但是，对南院门“春发生”出售的“葫芦头泡馍”，大家却始终食欲不减。以致有一段时间，东北军曾将“春发生”的“葫芦头泡馍”列为病号饭。

金线油塔

【主料】面粉 500 克。

【配料】猪板油 200 克，五香粉、盐各 3 克，葱段 10 克，甜面酱 10 克。

【制作】① 水和面粉搅成絮，搓成硬团，再点水调软，用布盖上饧 5 分钟。② 把面团擀成 10 厘米的大方片，将撕去皮膜、切碎的猪板油丁与五香粉、盐拌匀抹在面片上，然后将面片卷起，切成长条块，每条再擀成 2 厘米厚片，再切成细面丝，用手扯开，拉成细丝，卷起盘成圆塔形，即成油塔。③ 在笼蓖上铺一层薄面片，将油塔有次序地摆好，上面再盖一张薄面片，大火上笼蒸约 30 分钟至熟，盛装在盘子里，用筷子提起塔尖抖一抖即成松散的金线，放上葱段即可。

【烹饪方法】蒸。

【营养功效】养心益肾，健脾厚肠。

【健康贴士】肥胖者不易多食。

【巧手妙招】熟后拍打用力适宜，以蓬松为度，切记使其散碎。

八卦鱼肚

【主料】发好鱼肚 100 克，鸡蛋清蛋皮 1 张，水发香菇 15 克，鸡脯肉 300 克，熟火腿 25 克。

【配料】鸡蛋清 1 份，菠菜叶、水淀粉、熟猪油各 10 克，盐 9 克，绍酒、葱段各 15 克，姜 3 片，味精 2 克，清汤 1250 毫升。

【制作】① 鸡脯肉、葱、姜一起剁碎，捣成细泥加盐 1.5 克、味精 0.5 克、鸡蛋清、水淀粉搅成泥；鱼肚用刀片成 6.7 厘米长、2.5 厘米宽的薄片。② 取中平盘一个涂以熟猪油，将鱼肚平铺成圆形，再将鸡泥子全部盖在鱼肚上，摊平抹光；火腿切成细丝 3 根；直径 0.5 厘米大的圆片 1 个，其余的剁成细茸；菠菜叶切成 3.4 厘米长的细丝 6 根，1.3 厘米长的细丝 12 根；香菇切成直径 0.5 厘米大的圆片 1 个，其余斩成细茸；摊鸡蛋皮切成细丝。③ 先用火腿丝 3 根在鸡泥子的中心围成圆圈，再用鸡蛋皮丝在圆圈中摆成两个首尾相交的鱼形图案，然后将香菇、火腿茸分别铺在两条鱼形里，再用火腿片和香菇片调开颜色，等距离摆成八卦图案，上笼蒸约 5

分钟取出。按照图案花纹，用手勺把“太极图”挖开，推入汤盆内。④ 炒锅加鸡清汤、绍酒、盐，用小火烧沸，撇净浮沫，放入味精，浇入汤盆即可。

【烹饪方法】蒸、烧。

【营养功效】补肾益精，滋养筋脉。

【健康贴士】胃呆痰多、舌苔厚腻者，食欲不振和痰湿盛者不宜食用。

苦荞饸饹

【主料】苦荞麦面 500 克。

【配料】植物油 10 克，酱油 6 克，醋 7 克，盐 3 克，味精 2 克，辣椒油 5 克。

【制作】① 取苦荞麦面加入清水搅匀揉成面团，饧好后备用。② 沸水锅边架好饸饹床子，取荞面团揉成圆柱形，塞入床子圆孔内，用力慢慢下压，长条形面条落入沸水中，用中小火煮至饸饹漂起，捞出放冷水盆内浸凉，再捞出沥干水分，撒入植物油拌匀。③ 食用时，将拌油的饸饹抖松散放入碗内，加入酱油、醋、辣椒油、盐等，调拌均匀即可。

【烹饪方法】煮。

【营养功效】清凉消暑，解毒明目。

【健康贴士】一般人皆宜食用。

六鲜面疙瘩

【主料】面粉 500 克，番茄 2 个，鸡蛋 2 个，香肠 1 根，黑木耳、菌菇各 50 克。

【配料】姜末 5 克，盐 3 克，鸡精 2 克，青菜 100 克。

【制作】① 面粉中加盐 1 克搅匀，加冷水把面和成糊状，饧 15 分钟；香肠切片；黑木耳、菌菇泡发洗净，撕块。② 番茄划十字刀，下沸水烫 2 分钟，捞出剥去皮切块，炒锅置火上入油烧热，下番茄块，炒出番茄汁。③ 净锅后置火上，放油爆香姜末，下青菜翻炒，再下黑木耳和菌菇。④ 在番茄汁中加入沸水再下炒好的素菜，接着倒入切好的香肠片烧沸后用筷子把面糊一点儿一点儿地拨入汤中翻滚片刻，最后淋入蛋液，放盐和鸡精即可食用。

【烹饪方法】炒，爆，煮。

【营养功效】止血降血，利尿消食，防治便秘。

【健康贴士】西红柿宜与鸡蛋同食，抗衰老、美容效果明显。

榆林炸豆奶

【主料】浓豆浆 1000 毫升，鸡蛋 1 个。

【配料】白砂糖 200 克，绿豆水淀粉、植物油各适量。

【制作】① 取豆浆 500 毫升，加入鸡蛋搅散，再加入适量水淀粉搅打均匀，锅内加入豆浆，再加入白砂糖，用大火煮沸，再徐徐倒入打好的鸡蛋豆浆，用手勺轻轻搅动，防止煳底，待豆浆呈糊状时盛出，倒入瓷盘内使其冷凝成冻状。② 案板上撒一层面粉，将冷凝的豆奶翻扣在面粉上，再撒上一层面粉，用刀切成 4 厘米长、6 厘米宽的条，用面粉裹匀。③ 锅置火上入油，烧至八成热时，将豆奶生坯条逐个入锅炸至呈金黄色浮起时，捞出装盘，撒上白砂糖即可。

【烹饪方法】煮，炸。

【营养功效】健脾益气，宽中润燥。

【健康贴士】黄豆含有极高的钾元素，若与同样富含钾的食物同食，易引发高钾血症。富含钾的食物有豆类、银耳、百合、辣椒、蘑菇类等。

羊肉泡馍

【主料】羊肉 1000 克，面粉 1000 克。

【配料】盐水 10 毫升，盐 5 克，粉丝、黑木耳各 100 克，生抽、陈醋各 7 克，四川辣酱 10 克，香菜 20 克，姜、蒜、桂皮、大料、党参、黄芪、山楂、香叶、草寇、砂仁、山楂、花椒各适量。

【制作】① 选六月龄仔羊肉洗净后切成大块，放入砂锅，把姜、蒜、桂皮、大料、党参、黄芪、山楂、香叶、草寇、砂仁、山楂、花椒装入沙袋制成料包放入砂锅，注入清水大火煮开，撇去浮血沫后转小火炖，焖炖 2

小时后，肉烂汤香关火。② 面粉适量放入盆中，加入盐水后再加少许水揉成较硬的面团，盖上饧20分钟，饧开后，用高筋粉揣面团。此过程反复，每饧5～10分钟揣一次面团，反复揣揉面团3～5次，硬度到揣不动为止。③ 将面团摘成大小相同的剂子，擀成圆片，放入平底锅中，不放油，小火烙馍，盖上盖子，保持反复翻面饼馍。④ 将烙好的馍用手或刀具撕切成小丁，另启用一锅，锅中盛入炖羊肉的原汤，放入粉丝、黑木耳煮熟，加盐调味；粉丝木耳熟后，倒入碗中，将馍丁倒入碗中浸泡，最后加生抽、陈醋、四川辣酱、香菜拌匀，2～3分钟后即可食用。

【烹饪方法】煮，炖，焖，烙。

【营养功效】温中暖下，生肌健力，抵御风寒。

【健康贴士】男士、老年人、体虚者宜食。

猴头面

【主料】面粉1000克，猪五花肉300克，鸡蛋1个，韭黄、菠菜各40克，水发木耳20克。

【配料】姜末4克，植物油50克，醋、酱油各100克，味精、料酒各6克，盐10克。

【制作】① 肉切成黄豆大的丁，水发木耳切碎。炒锅置大火上，放油烧热，投入肉丁煸炒1分钟左右，加入姜末、料酒、酱油和盐再煸炒几下，倒入肉汤或清水，放入水发木耳，改用中火烧至肉烂即为臊子。② 炒锅置火上烧热，用油擦亮，将鸡蛋摊成蛋皮，切成3.3厘米长、1.6厘米宽的片；韭黄洗净后切成1厘米长的段，菠菜择洗干净后投入沸水中焯烫，切成1.5厘米长的段。③ 将盐用清水200毫升化开，与面粉同放一盆内和成面絮状，再加水200毫升和成硬面团，用少许水调软，揪成10个面剂，各搓成10厘米长的条，抹上油饧置片刻。④ 锅置大火上，放水2500毫升烧沸，取面剂一个，用手扯成如毛笔杆粗的长条，松缠在左手腕上，用右手的示指、拇指和中指捏住面头，稍用力揪成三角形的面片，其状如猴头，甩入沸水锅里，照此法揪完。煮熟后用漏勺捞入碗内，放上蛋皮、韭黄和菠菜，再浇上臊子，撒入味精即可。

【烹饪方法】煸炒，煎，烧，焯，煮。

【营养功效】滋阴壮阳，活血化瘀。

【健康贴士】痔疮、便血、习惯性便秘、高血压病、贫血、糖尿病患者宜食。

三原疙瘩面

【主料】精粉500克，猪前槽肉400克，猪腿骨250克。

【配料】葱末100克，姜末10克，食碱3克，醋、酱油各15克，盐5克，大料、桂皮各3克，绍酒20克，胡椒10克。

【制作】① 精粉加食碱和清水200毫升搅拌均匀，揉成面团，盖上湿布饧10分钟左右，擀成片，再折叠用刀切成细面条；猪前槽肉切成米粒大的丁。② 炒锅放中火上加热，倒入肉丁干煸至水分出净，烹醋5克，加入绍酒、大料1克、桂皮1克、姜末和盐2克、葱末50克及适量的肉汤或清水，改用小火煨约2小时，即成肉臊子。③ 在锅内加醋，再加入500毫升水，用大火烧沸，下入猪腿骨煮30分钟，加入剩下的酱油、盐、葱末、大料、桂皮及胡椒，用大火烧沸后，改用小火烧约30分钟，即成酸汤。④ 锅内加水，烧沸后下入切好的细面条，煮开便捞入冷水盆中，然后每100毫升水面用筷子在盆内卷成球形，即成疙瘩面。将疙瘩面放在沸水锅中涮一下，放入碗中，另用小碗盛半碗肉臊子，再盛一碗酸汤，连同辣椒油小碟一同上桌即可。

【烹饪方法】煸，煨，煮，烧，涮。

【营养功效】滋养脏腑，美颜护肤。

【健康贴士】猪肉不宜与驴肉同食，会导致人体出现腹泻等不适症状。

渭南时辰包子

【主料】面粉 1250 克，净猪肉、猪板油各 500 克。

【配料】植物油 150 克，葱 1000 克，调和面 30 克，盐、酵面各适量。

【制作】① 盆内加面粉、水和成面团，用湿布盖上静饧，饧发后分批搓成条，再摘成面剂，包时擀成圆形面片。② 猪板油撕去皮膜，切成 2 厘米见方的丁，用调和面、盐拌匀，再拌入干面粉 100 克、清油 50 克继续搓拌至面油裹住油丁时为止，包制时再将切碎的大葱和清油 50 克拌入即成油馅。③ 猪肉洗净切成小丁，放入盆内，加精盐、调和面、清油 50 克拌匀，再加入切碎的葱和植物油 50 克拌匀即成肉馅。④ 擀好的面皮包入馅料，收口捏严，整齐地摆放入笼中，先用大火烧至气足后，再改用小火蒸 30 分钟即熟。

【烹饪方法】蒸。

【营养功效】滋阴补虚，益气利肾。

【健康贴士】一般人皆宜食用。

典食趣话：

清朝时，离渭南城三十里的一个村庄里，住着一家人。这家人只有老母、儿子、媳妇三口。母亲年已七十，是她在老伴死后，茹苦含辛将儿子抚养成人。儿子柳春发很孝顺，媳妇李香兰也很贤惠。

有一年秋天，老母病倒在床，小两口白天黑夜尽心服侍。儿子端去红薯稀饭，老母不想吃，媳妇又端去荷包鸡蛋，老母还是不想吃。媳妇问老母想吃什么？老母回答说想吃城里最好吃的包子。春发说：“好，明天我就去买。第二天春发吃过早饭就起身赶路，准知走到包子铺门前已经午时，店门早就关了。第三天，天才麻麻亮，春发就起身赶路，准知走到包子铺前，最后一笼又刚刚卖完。第四天，鸡叫头遍，春发就起身赶路，他一路连走带跑，直累得汗流浃背，气喘吁吁。这一次功夫不负孝心人，走到正赶上辰时，包子刚刚下笼。他连忙买了十个。得到包子后，他心里高兴，就买了一张红纸，借店家的笔墨写了一首打油诗贴在包子铺门口。这诗是：城里包子确是香，想买包子敬老娘。午时巳时都错过，正当辰时才赶上。从此以后，人们就把这家的包子称为“时辰包子”。

韩城大刀面

【主料】精粉 500 克，食碱 8 克，猪五花肉 160 克。

【配料】葱末 40 克，姜末 10 克，酱油 40 克，绍酒 10 克，香菜 20 克，盐、植物油各 6 克，味精 3 克。

【制作】① 猪五花肉洗净去皮切成 1 厘米见方的丁，锅置火上入油大火烧至 200℃时，倒入肉丁煸炒，至水分出净时，加入绍酒、酱油、盐、姜末炒一下，加少许汤改用小火煨炖约 1 小时至肉烂后，再加葱末、味精盛入盆中，即成肉臊子；香菜切碎备用。② 食碱用清水化开，倒入面粉中搓匀，再加温水 1200 毫升搓成面絮，用木杠压成硬面团后，盖上湿布，饧约 30 分钟，再将面团放在案板上用长擀面杖压平，擀成薄面片，撒上一层干面粉，提起擀面杖，边抖展边反复折叠成宽约 26 厘米的面片层，然后用特制的大刀置放在面的右端，右手执刀柄，左手按住叠好的面，右手提刀一起一落，刀身自然向左移动，即成宽约 3.3 毫米的细面条。③ 锅中加清水烧沸，下入面条煮沸，淋入冷水，再沸时，捞出面条分装在碗内，浇上肉臊子，撒上适量香菜即可。

【烹饪方法】煸，煨，炖，煮。

【营养功效】滋阴润燥，补益气血。

【健康贴士】阴虚、头晕、贫血、大便秘结、营养不良、产后乳汁缺乏者宜食。

蒲城椽头馍

【主料】特制面粉 5000 克。

【配料】酵面适量。

【制作】① 案板上先放面粉 4000 克，加水 1500 毫升和适量酵面和成面团，用杠子压，每压一遍，撒上干面粉一层，直至把 1000 克干面粉全部压入湿面团中为止，然后切成 3 块，放入盆内，用湿布盖上。② 先取出一块面，用小杠子再压，压至面块潮湿发黏，然后用力揉搓制馍，放暖和处使面发起，发好后把馍翻个过，整齐地摆放笼中，沸水锅上笼，先搭两格，上气后，再陆续上完，蒸 1 小时即可。

【烹饪方法】蒸。

【营养功效】健胃消食，除烦去燥。

【健康贴士】诸无所忌。

石子馍

【主料】精面粉 1000 克，酵面 10 克。

【配料】食碱 2 克，黄豆大的石子若干。

【制作】① 盆内加精面粉及水、酵面和成面团，饧发后加适量食碱揉匀，搓成长条，摘成剂子，按扁，擀成直径约 30 厘米、厚约 0.2 厘米的薄面片。② 鏊子上放石子烧热，铲出一半烧热的石子，放上薄面片，再把铲出的一半热石子均匀地撒在面片上，待烙熟呈微黄色时即可。

【烹饪方法】烙。

【营养功效】除烦去燥，健胃消食。

【健康贴士】心血不足、心悸不安、多呵欠、失眠多梦、易悲伤者宜食。

西安糍糕

【主料】糯米 1250 克。

【配料】红小豆、红糖各 500 克，黄桂酱 100 克，玫瑰酱 50 克，熟芝麻 125 克，植物油 75 克，食碱 1 克。

【制作】① 糯米淘洗干净，铁锅内加水 1500 毫升，用大火烧沸，倒入糯米，改用小火焖煮，边煮边将米搅动，约 1 时后，米成糊状再改用小火。用锅铲将米糊抹平，加盖焖 30 分钟，把锅底的米翻上来抹平，再焖 30 分钟。将米糊铲出放在案上，用木槌来回砸压，使米粒完全碾碎成米粉团后，摊在案上备用。② 红小豆淘洗干净放入沸水锅里，加食碱煮 2 小时，豆煮烂后捞入竹筛中凉凉，放在瓷盆上，先用手掌将豆子搓开，再用凉水过滤，沉淀 1 小时，滗去水分，装入布袋中，将水沥干制成豆沙；桃仁切碎，连同红糖和豆沙一并倒入锅中，用小火翻炒至红糖熔化，放入黄桂酱、玫瑰酱搅拌均匀即成豆沙馅。③ 案上抹一层油，取糯米团一块，搓成条，下成约 50 克重的剂子，分别包上豆沙馅，压成直径 6.6 厘米、厚约 2 厘米的圆形饼，撒上少许熟芝麻即成糍糕。

【烹饪方法】焖，煮，炒。

【营养功效】利水消肿，利脾健胃。

【健康贴士】尿频、糖尿病患者慎食。

乾州锅盔

【主料】精面粉 950 克。

【配料】酵面 50 克，食碱 5 克。

【制作】① 精面粉 750 克、酵面和溶化后的碱水放入盆内，加温水 2000 毫升和成面团，放在案板上用木杠边压边折，并不断地分次加入面粉，反复排压，直至 200 克面粉加完，揉至面光、色润、酵面均匀时即可。② 面团平分成剂子，逐块用木杠转压，制成直径 26 厘米、厚约 2 厘米的菊花形圆饼坯。③ 三扇鏊用木炭火烧热，把饼坯放于上鏊，烙至饼坯的波浪花纹部分上色，将饼坯放入中鏊烘烤，5 ~ 6 分钟后，取出放另一平鏊上，用小火烙烤，烙烤至颜色均匀、皮面微鼓时即熟。

【烹饪方法】烙，烤。

【营养功效】宽中下气，益气滋补。

【健康贴士】一般人皆宜食用。

典食趣话：

乾州锅盔历史悠久，始于1000多年前的唐代。相传，在修筑唐高宗李治与武则天的合葬墓时，将其墓址选在奉天县城北6公里的梁山上。因这个方向为“八卦图”中的“乾”，遂将所筑之陵称为“乾陵”。奉天县后来也被改为乾州、乾县。修筑乾陵，工程浩大，征集的民工和监工的军队数以万计。每日需要大量饭食，一时难以制作出来。于是，民夫便用头盔烙饼，以应急需，这样烙出的饼，形似头盔，所以就叫“锅盔”。这种锅盔香味异常，既耐饥，又久放不馊，颇受民工和士卒的欢迎。后又经不断改进，更加可口。乾陵修成竣工后，随着修筑乾陵而形成和发展起来的“锅盔馍”，却因它具有许多独特的优点而世代相传，延续到今。

西安大肉饼

【主料】精面粉 565 克，肥瘦猪肉 300 克。

【配料】食碱 2 克，葱末 150 克，花椒粉 3 克，盐 5 克，植物油 175 克。

【制作】① 精面粉 500 克倒入盆内，加入碱水和适量的温水搅成面絮，再加水和成软面团，揉搓均匀，饧置 20 分钟。② 炒锅置大火上，倒入植物油 25 克烧热，离火，陆续倒入面粉 65 克，边倒边搅至面粉与油调和均匀，制成酥面倒入碗中。③ 将饧好的面团搓成长条，制成 10 个剂子，再搓成长约 16.5 厘米的条，全部搓完后，在上面抹一层油，叠放起来，使面回饧；把肥瘦肉剁碎加花椒粉 2.5 克、盐 3.5 克搅拌均匀制成饼馅；剩余的花椒粉、盐混合成椒盐粉。④ 取面剂一个放在案板上，先用手指压平，再用小面杖擀成长 23 厘米、宽 10 厘米的片，然后取饼馅 15 克放在面皮的一端摊平，再用 15 克葱末放在馅上，撒椒盐粉少许，随即将馅包住；在皮面的一端抹一层酥面，这时用右手拿起包馅的一端，趁着手劲边抻边卷，卷好后用左手握住卷，用右手捏住下端，制好后，放在案板上，用手压成中间薄、四周厚、直径 10 厘米左右的圆形饼坯，依次制完。⑤ 在三扇鏊里加入植物油烧热，再放入肉饼坯，烙烤至上色发脆时翻个，烙至两面焦黄时即可。

【烹饪方法】烙。

【营养功效】滋阴补虚，利脾益肾。

【健康贴士】营养不良、体虚多病、老人、儿童宜食。

西安油酥饼

【主料】精面粉 500 克，标准面粉 80 克。

【配料】食碱 2 克，花椒盐 10 克，植物油 150 克。

【制作】① 在锅内加入植物油 50 克，用大火烧热后，离火，陆续倒入标准面粉，边倒边用擀面杖搅拌，直至面粉与油拌匀即可。② 用温水 150 毫升将食碱化开，精面粉倒入瓷盆内注入碱水，先拌成面絮，再倒入 30℃的温水 50 毫升揉成硬面块，然后将温水 30 毫升用拳头边蘸边在面块上用力扎压，使水分全部渗入面内，揉至光滑时将面取出放案上，先用两手拍叠，揉搓成椭圆形后再进行盘揉，即左手侧立，虚拢面团，右手掌向下用力由里向外，再由外向里反复揉搓约 5 次，分揪成 10 个面剂，逐个搓成约 15 厘米的条，抹上油，用布盖好。③ 取面剂一个放案上压扁，用小擀面杖擀成宽 10 厘米、长 30 厘米的鱼脊形的片，抹上约 10 克的油酥面，撒上花椒盐 1 克，然后右手将右边的面头拾起向外伸拉一下，抻拉至约 90 厘米长，再将抻开面片的 2/5 处回折三四折，每折长约 10 厘米，再由右向左卷拢。卷时右手将面剂微向右下方拉长，左手拇指与示指将面剂边向宽处拉扯，此时右手则陆续向左卷进拢，边卷边在面片上抹油，最后收卷成蜗牛状即成饼坯。④ 三扇鏊的底鏊内倒入植物油 50 克，用木炭火加热，待油温达到 220℃时，用手指将饼坯压成直径约 7 厘米的圆饼，逐个面向下排放在底鏊内，底鏊火力要均匀，上鏊火力要集中，鏊中温度达到 150℃时饼坯才能烘起。待 3 分钟后，揭开上鏊，给酥饼淋上植物油 50 克，达到火色均匀、两面金黄即可。

【烹饪方法】烘。

【营养功效】温中健脾，除烦去燥。

【健康贴士】一般人皆宜食用。

秦镇米面皮

【主料】绿豆芽 200 克，大米 1000 克.

【配料】盐、食醋、辣椒油各 20 克，芝麻酱 70 克，熟植物油 40 克，蒜末水 50 克。

【制作】① 大米淘洗干净，放置瓷缸中，加入凉水浸泡 2 天，捞入石磨中，徐徐加水磨成米浆。取米浆于盆中加入盐 5 克，再加入沸水 1000 毫升烫开，再加凉水制成浓米浆；绿豆芽淘洗干净后，用沸水焯过备用。② 将干净的湿布铺在笼上，摊上厚约 0.6 厘米的浓米浆，摊平，上笼用大火蒸 10 分钟至熟，取出凉凉，给每张面皮抹上少许熟植物油，摞叠起来，切成 0.3 厘米宽的细条。③ 食用前将米面皮分装成 10 碗，调入绿豆芽、盐、芝麻酱、食醋、蒜、辣椒油拌和后即可。

【烹饪方法】焯，蒸，拌。

【营养功效】健胃消食，解毒清热。

【健康贴士】适宜夏季食用，有清凉去火之效。

典食趣话：

相传，秦始皇在位时，有一年关中大旱，沣河缺水，户县秦镇一带稻子干枯。百姓心急似火，官府还催逼纳贡大米，坑得大家无法，只好在田里挖井浇地，费了九牛二虎之力，好不容易才长出了稻穗。可收割后，碾出的大米又小又干巴，根本没法向皇帝纳贡。大家正在发愁的时候，有个叫李十二的，用这种米碾成米面，蒸出了面皮，大家吃后，个个称奇。于是，李十二带着面皮，和纳贡的人来到咸阳。秦始皇见贡米又少又差，传旨问罪，李十二急忙跪奏道："此米虽差，却能制出佳肴，今奉上面皮，望万岁御品。"秦始皇吃了面皮，其味甚美，颇感稀奇，这才赦了众人之罪，并让李十二天天蒸上几张面皮供他食用。

后来，李十二在某一年的正月二十三去世。秦镇一带的人们为纪念他，在这天总要蒸些面皮。这种蒸面皮一直延续到今天，成了户县秦镇驰名的小吃。

岐山臊子面

【主料】精面粉 1000 克，带皮猪肥瘦肉 500 克，鸡蛋丁个，水发木耳、水发黄花各 50 克，豆腐 150 克，蒜苗、韭菜各 100 克。

【配料】盐 10 克，酱油 50 克，姜末 20 克，葱 15 克，食碱 5 克，辣椒油 30 克，红醋 500 克，细辣椒粉 30 克，五香粉 10 克，味精 3 克，植物油适量。

【制作】① 用温水 400 毫升加入食碱兑成温碱水，再将温碱水加入面粉当中，先将面粉拌成麦穗状，再揉成团，反复多揉几遍，盖上湿布饧 20 分钟左右，擀成 0.16 厘米厚的大薄片，切成 0.33 厘米宽的细丝。② 豆腐切成1厘米见方的丁；黄花菜切成0.6厘米长段；木耳撕小块。锅内放植物油 10 克，油热后，下豆腐、黄花、木耳煸炒一下，作为“底菜”；鸡蛋磕入锅内，打散，摊烙成鸡蛋皮，切成1厘米大小的菱形片；韭菜、蒜苗、葱切成 0.6 厘米长段，作为“漂菜”。③ 带皮生猪肉切成 0.33 厘米厚和 2 厘米大小的片，炒锅内放入植物油 12 克，用大火烧热，加入肉片煸炒至七成熟，依次加入酱油、五香粉 8 克、姜末 20 克、盐 5 克、红醋 250 克、细辣椒粉搅拌，使之入味均匀，然后小火煨约 10 分钟即成臊子。④ 净锅置火上，入清水 1500 毫升，大火烧沸放入余下的盐、红醋、味精，煮沸后倒入辣椒油，即成醋汤，保持微沸状态备用。⑤另起锅置火上，加水 6000 毫升，大火烧沸，下入面条，煮至沸腾后，点入凉水少许。煮开后，捞入冷水盆中，划散，用笊篱捞出，

沥干水分，分别将面条装入碗中，先放入底菜，再放入肉臊子，每碗分别浇上醋汤，然后放上漂菜即可。

【烹饪方法】煸炒，烙，煨，煮。

【营养功效】温中益气，生津止渴。

【健康贴士】诸无所忌。

典食趣话：

据说在汉代景帝年间，岐山县京当村有户人家娶了一个媳妇，聪明伶俐，贤惠能干，针线绣活做得好，厨房内还精于烹调。过门后有一天，她做了次面条，光滑细薄，用料多样，汤汁浓香，味醇厚鲜美可口。全家食后交口称赞，年幼的小叔子尤其爱吃，经常嚷着、哭闹着要吃嫂子擀的面条。后来，小叔子用功读书，经常是废寝忘食，嫂子看到小叔子的学业一天天长进，学习十分辛苦，也时常擀面给其补养身体，小叔子学习也就更加用功。有一年，小叔子进京赶考，榜上有名，做了个地方官员，过年时邀请同僚到家里做客，客人吃过他嫂子做的面条，饱餐之余同声夸赞鲜美无比。此后“嫂子面”便出了名，到处传开来，争相仿制品尝。由于“嫂”与“臊”是异字谐音，天长岁月稠，“嫂子面”演变成了“臊子面”，在岐山一直延续至今。每当家里遇到婚、丧、嫁、娶，红白喜事，逢年过节，都用臊子面待客。

富平太后饼

【主料】精面粉 800 克，酵面 200 克，猪板油 400 克。

【配料】盐 30 克，食碱 4 克，大料、花椒、桂皮各 2 克，蜂蜜 5 克，植物油 50 克。

【制作】① 猪板油撕去油膜切成丁；把大料、花椒、桂皮加水熬成 100 克调料水；板油丁用刀背拍砸成泥，拍砸时将盐及调料水分次加入，制成油泥；蜂蜜用少许水调开备用。② 精面粉倒入盆中，加入酵面、食碱及温水拌匀，揉成软面团，盖上湿布，饧 30 分钟。③ 将面团分成 2 个面剂，用手将面拍平，在案上抻拉成 6.6 毫米厚的长方形面片，在面片上面抹一层板油泥，然后从右向左卷起呈圆柱形，搓成条用手按扁回叠三折，再搓成长条，揪成 5 个剂子，分别将剂子竖起，在

手中旋转 5 次后，用拇指压住顶端，边旋转边向下按，如此转 5 次后，用手将其拍成直径约 6.6 厘米的圆饼即为生坯。④ 在饼坯上抹以蜂蜜，放入烧热的三扇鏊中或烤箱中烤烙约 15 分钟成熟即可。

【烹饪方法】烙，烤。

【营养功效】健胃消食，宽中下气。

【健康贴士】高血脂、高血压、高胆固醇患者不宜多食。

典食趣话：

富平太后饼，历史悠久，起源于西汉文帝（公元前 180 年至前 157 年）时期。相传，文帝刘恒建都长安（今西安），他的外祖母灵文侯夫人，建园于当时的怀德县（今陕西省富平县华朱乡怀阳城），在那里居住。文帝的母亲薄太后经常由长安来此省母，随行御厨将烤饼技艺传授给当地村民。从此，汉宫烤饼，落户民间，故取名“太后饼”。两千多年来，这一烤饼技艺世代相传，延续至今，成为地方风味名食。

腊汁肉夹馍

【主料】精面粉 500 克，面肥 100 克，猪肋肉 1000 克。

【配料】碱粉 1.5 克，绍酒 20 克，盐 15 克，冰糖 7 克，生姜、大葱各 20 克，酱油 1 克，大料 8 粒，花椒 10 粒，桂皮、小茴香各 1 克，丁香 3 拉，草果、玉果各 1 个，砂仁 5 粒，良姜 2 克，荜茇 2 个，腊汁原汤 1000 毫升。

【制作】① 猪肋肉改刀成 3.5 厘米厚的长条片，用清水浸泡一下，刮洗干净，沥干水分；腊汁原汤倒入锅内，加入 1000 ~ 1500 毫升清水，烧沸撇去浮沫，将洗净的肉条放入锅内，加入绍酒、酱油、盐、姜、葱、大料、花椒、桂皮、丁香、草果、小茴香、玉果、砂仁、良姜、荜茇等调料，再在肉片上压一小铁箅，以便使肉充分浸入汤中，大火烧沸后，转入小火炖煮，煮约 2 小时，肉酥烂时捞出放于盘中。② 留出 50 克干粉，将面粉 450 克按 50% 的含水量加酵面，调制成面团，置 30℃下饧发 2 小时，兑入碱，加入剩余干粉，揉匀揉透后再饧约 10 分钟。③ 将面团分成 10 个面剂，每个面剂重约 75 克，每个面剂单独擀成 8 厘米长、中间粗、两头细的长条，然后压扁长条，擀成中间宽、两头窄的舌形，反复两次，用手掌回卷起来，卷成中间粗两头尖的卷子，用手捏住上下两头，呈互逆方向旋转两圈，一面置于案板上，用另一只手压平，再用擀面杖擀成直径为 10 厘米的圆饼，再用两手将饼边轻轻拢一下，使边卷呈窝窝形，然后用手在饼中心轻轻按一小窝，即成白吉馍生坯。④ 将白吉馍生坯置于烧热的三扇鏊上面，待底面呈淡黄色时，翻转再烙另一面，待边呈黄色时，再放入鏊内烘烤约 3 分钟，至两面鼓起时即熟，加入腊汁肉上桌食用。

【烹饪方法】煮，烙。

【营养功效】补虚养血，滋养脏腑，健身长寿。

【健康贴士】一般人皆宜食用。

东北

海城馅饼

【主料】面粉、肥瘦相间的猪肉各 700 克，牛肉 300 克。

【配料】大料、花椒、茴香、豆蔻、砂仁、桂皮、盐各 5 克，味精 2 克，姜末、葱末各 10 克，香油 15 克，海米水、青菜各适量。

【制作】① 面粉加温水调成软硬适中的面团，揉匀。② 取大料、花椒、茴香、豆蔻、砂仁、桂皮加水上锅熬成汁，滤去渣备用。③ 猪肉、牛肉一起剁成茸，加入香料水、海米水、盐、味精、姜末搅打至起劲，再加葱末、青菜末、香油调匀成馅。④ 面团分成小剂，擀成面皮，包入适量肉馅，按压成直径约 12 厘米、边薄中间稍厚的圆饼，放入涂有一层油的平底锅中煎成两面红黄色熟透即可。

【烹饪方法】熬，煎。

【营养功效】补虚强身，滋阴润燥。

【健康贴士】体虚、营养不良、老人、儿童宜食。

【巧手妙招】① 面团宜软不宜硬；② 猪肉与牛肉的比例为 7 ∶ 3，要搅打均匀；③ 油煎时，火不宜太猛，以免煎煳。

老鼎丰川酥月饼

【主料】特制粉 1750 克，标准粉 700 克，白砂糖 1200 克。

【配料】青梅 125 克，蜂蜜、鸡蛋各 100 克，桃仁、瓜仁、芝麻各 50 克，果脯 150 克，橘饼 75 克，玫瑰酱、桂花各 50 克，植物油适量。

【制作】① 果脯切成均匀的小块；芝麻洗净用文火炒至产生香味；烘烤各种果仁；标准粉高温蒸制成细砂状的熟面；鸡蛋打散；植物油熬熟、凉透备用。② 将熟面倒在案面上推成圆圈，加上桂花、玫瑰酱等，放入糖、油，快速搅匀。③ 先调酥，后调浆皮。调浆皮时先把化好的凉浆倒入搅拌机内，同时倒入油，搅至油不上浮，浆不沉底，充分乳化时，缓缓倒入特制粉，搅拌成油润细腻具有一定韧性的面团即可。④ 先把酥和浆皮按照 1 ∶ 2.5 的比例包好，擀成片状，切成八条，卷起备用。按每千克 10 块，皮、馅比为 1 ∶ 1 的比例包成球形饼坯，封口要严。⑤根据月饼馅、味不同、选用不同模具。刻模时要按平、严防凹心，偏头、飞边；出模时要求图案清晰，形态丰满，码盘时轻拿轻放，留有适当间距，产品表面蛋液涂刷均匀，适量。⑥用转炉烘烤，炉温 180 ~ 190℃，最高不超过 200℃，时间为 12 分钟左右，产品火色均匀，表面棕黄，墙乳白色，并有小裂纹，底部檫红色即可出炉。

【烹饪方法】蒸，炒，烘。

【营养功效】生津解渴，消除疲劳。

【健康贴士】糖尿病患者忌食。

李连贵熏肉大饼

【主料】精粉 500 克。

【配料】猪油（汤油）110 克，盐 5 克，花椒粉 2.5 克。

【制作】① 取精粉 40 克放入小盆中，加入猪油 50 克、盐、花椒粉搅和成粥状软酥。② 剩余精粉加温水和成软面团，静置饧 5 分钟后，将面团揉匀，搓成长条，摘成 5 个长条剂子，擀成 6.6 厘米宽、中间厚、四边薄的长方片，抹一层软油酥，再将长方片伸长，由一头叠起，把两头分别擀开、擀薄后包严，把四个角往回按一下，再擀成直径 17 厘米左右的圆饼，即成生坯。③ 平锅烧热后，饼面朝上放锅内烙，烙起泡时刷一层猪油，翻过来再烙片刻、刷油，如此反复至饼鼓起熟透即可出锅。

【烹饪方法】烙。

【营养功效】补虚润燥，清热解毒。

【健康贴士】一般人皆宜食用。

韭菜烙盒

【主料】面粉 2500 克，猪肉 1250 克，韭菜 750 克。

【配料】姜末 6 克，花椒粉 2 克，酱油 5 克，熟猪油 15 克，香油 10 克，味精 1 克，盐 3 克。

【制作】① 猪肉剁成茸，韭菜洗净，甩净水，切成末。② 炒锅烧热，放入熟猪油，油热后放入肉茸，炒至变色时加入姜末、花椒粉、酱油，熟后盛入盆内，凉凉，放入韭菜，加入香油、味精、盐拌匀成馅。③ 用 1250 毫升沸水将面粉和成烫面团，凉凉揉搓成约 2 厘米粗的长条，摘成 100 克的剂子，逐个按扁，擀成直径约 6.5 厘米的面皮。左手托皮，右手挑馅，另取一皮覆盖在馅上，将皮边周围捏严，再用圆周带花棱的铁圈压一下，即成生坯。④ 平锅烧热，刷少许油，将盒子逐个放入，烙约 4 分钟，见两面呈深虎皮色时即可。

【烹饪方法】炒，烙。

【营养功效】止汗固涩，补肾助阳。

【健康贴士】有阳亢及热性病症的人不宜食用。

辽宁锅贴

【主料】猪五花肉、面粉、菜末各 500 克，骨头汤 200 毫升，水发海米 40 克，水发木耳 10 克。

【配料】酱油 10 克，盐 3 克，味精 2 克，葱、姜末各 7 克，香油、植物油各适量。

【制作】① 面粉加入清水和成面团，揉匀静饧；猪肉绞成粗粒状，放入盆内加骨头汤和酱油，拌搅至起劲时，加入盐、味精、葱姜末调拌均匀，最后加菜末、水发木耳和海米拌匀成馅。② 面团取小块搓条、下剂、擀皮，逐个放左手上，右手持馅板抹馅，四指略拢，右手三指抓紧边皮，形成中间紧合两头见馅的长条形即成锅贴生坯。③ 平锅置火上，淋入一层植物油，摆入锅贴生坯，加入适量清水，加盖煎至皮面变白，开锅盖，淋入植物油，随即用铲铲动锅贴，使油布满锅底，再浇第二次水，加盖加热焖 4 ~ 5 分钟，至熟透铲出，底部朝上摆在盘中间即可。

【烹饪方法】煎，焖。

【营养功效】清热解毒，补虚润燥。

【健康贴士】湿热痰滞内蕴者慎服；肥胖、血脂较高者不宜多食。

【巧手妙招】面、馅使用比例为 1 ∶ 1，第二次加水为第一次水量的 1/3，加盖焖时，火不宜太旺。

松仁小肚

【主料】猪肉 1000 克，绿豆水淀粉 250 克，松子仁 10 克。

【配料】香油 30 克，大葱 20 克，鲜姜 10 克，味精 3 克，盐 45 克，花椒粉 2 克。

【制作】① 猪肉切成 4 ~ 5 厘米长、3 ~ 4 厘米宽和 2 ~ 2.5 厘米厚的小薄片，把肉片、淀粉和香油、大葱、鲜姜、味精、盐、花椒粉一并放入拌馅槽内，加入适当的清水溶解拌匀，搅到馅浓稠带黏性为止。② 将肚皮洗净，沥干水分，灌入 70% ~ 80% 的肉馅，用竹针缝好肚皮口，每灌 3 ~ 5 个将馅用手搅拌一次，以免肉馅沉淀。③ 下锅前用手将小肚捏均匀，防止沉淀。④ 用水洗净肚面上馅汤。水沸时入锅，保持水温 80℃左右。入锅后每半小时左右扎针放气一次，把肚内油水放尽。并经常翻动，以免生熟不均。锅内的浮沫随时清出。煮到 2 个多小时出锅。⑤熏锅或熏锅内糖和锯末的比例为 3 ∶ 1，将煮好的小肚装入熏屉，间隔 3 ~ 4 厘米，熏制 6 ~ 7 分钟后出炉，冷晾后除去竹针即可。

【烹饪方法】煮，熏。

【营养功效】清热解毒，补虚润燥。

【健康贴士】一般人皆宜食用。

【巧手妙招】① 卤汤最好选用煮鸡剩余的老卤汤；② 焖烧时，火不宜大，以免猪肚破裂；

老边饺子

【主料】面粉 1000 克，猪肉、熟猪油各 500 克。

【配料】鸡汤 1000 毫升，盐 3 克，韭菜 1000 克。

【制作】① 猪肉清洗干净，剁成肉馅，放盐调味后煸炒片刻，然后用鸡汤慢煨，煨至汤汁浸入馅体、膨胀、散落后停火；韭菜择洗干净，切碎放入肉馅中拌匀即成饺子馅。② 面粉掺入熟猪油、开水烫拌和制面团，搓条摘剂，擀成圆皮、包馅。③ 锅置火上入水，烧沸后下饺子，煮熟即可。

【烹饪方法】煨，煸，炒，煮。

【营养功效】清热解毒，补肾助阳。

【健康贴士】有阳亢及热性病症的人不宜食用。

典食趣话：

相传清朝道光年间，河北任丘市一带多年灾荒，官府却加紧收租收捐，老百姓忍无可忍只好背井离乡，四散逃亡。这其中有个边家庄的边福老汉，原来是开饺子馆的，此时他与一家人向东北逃亡。一天晚上，他们投宿在一户人家中，恰巧这家在为老太太祝寿，于是这家人给边福老汉一家每人一碗寿饺充饥。边福老汉觉得这水饺清香可口，其馅肥嫩香软而不腻人，于是就虚心向这家人求教。主人看边福老汉诚实厚道，便告诉了他其中的秘密，原来这家人为了让老太太吃起来舒服，在做饺子时就把和好的馅用锅煸一下再包，如此做出来的饺子便又香又软，而且不那么油腻了。边福将此记在心中，后来辗转到沈阳市小东门外小津桥护城河岸边住了下来，打了个马架子小房，开起了“老边饺子馆”。由于技术上的改进，老边饺子名声渐渐响了起来。为了在激烈的竞争中立足，从创始人边福开始，其煸馅的秘方便传子不传妻，于是每天直到闭店，等伙计离店妻子入睡后，老边家的儿孙们才开始煸馅。这一招也使得老边饺子成为独树一帜的沈阳名吃。

哈尔滨羊干肠

【主料】新鲜猪瘦肉 770 克，肥肉 190 克，羊小肠衣 2 把。

【配料】干淀粉 40 克，胡椒粉、味精各 2 克，白砂糖 5 克，桂皮粉、蒜泥、盐、硝石各适量。

【制作】① 瘦肉洗净后切成块，用盐、硝石腌渍 72 小时左右，肥肉用盐腌制。腌好的瘦肉用 10 毫米直径筛板孔眼绞肉机绞碎；肥肉切成 7 立方毫米的小丁，加入淀粉及其他配料搅拌均匀。用灌肠机或手工将肉馅灌入已洗干净的肠衣内，然后用细绳扎紧拧节。② 将灌肠用木柴或无烟煤烘烤 20 分钟，放进 84℃热水中煮 15 分钟，待肠冷却再上杆熏制 6 小时左右即可。

【烹饪方法】腌，烘，煮，熏。

【营养功效】滋阴润燥，丰肌泽肤

【健康贴士】高血压、冠心病等疾病患者不宜多食。

吊炉饼鸡蛋羹

【主料】面粉、鸡蛋各 500 克，蘑菇末、猪肉末、海米、豌豆、熟鸡丝各 100 克。

【配料】香油 10 克，盐 3 克，味精 1 克，酱油、辣椒油各 6 克。

【制作】① 面粉加适量温水和成面团，揉匀饧透，揪成剂子，按扁擀开甩片，抹上香油，卷叠起来，放在平底锅中，用炭火上烤下烙，等到烙烤至半熟时，揭锅翻个、刷油按平，再烙，至两面呈虎皮色时，即成吊炉饼。② 将鸡蛋打散，加适量清水搅匀，放入蒸笼内蒸至熟软。另用锅加少许油，烧热后加入蘑菇、肉末、海米、豌豆炒熟，加汤、盐、酱油、味精烧开，制成卤汁，浇在鸡蛋羹上，撒上熟鸡丝，淋上香油、辣椒油与吊炉饼佐食。

【烹饪方法】烙，蒸，炒。

【营养功效】健脑益智，延缓衰老。

【健康贴士】婴幼儿、孕妇、产妇、病人宜食。

哈尔滨风干口条

【主料】猪口条 1000 克。

【配料】盐 50 克，酱油 200 克，花椒面 5 克，甘草 30 克，花椒、大料各 10 克，桂皮 20 克。

【制作】① 口条浸入开水内烫到表面呈现白色时，捞出剥去外衣，用水洗净。② 盐和花椒拌和，搓擦口条表面，平放在木板上，上面压以木板或石块，经 4 ~ 5 小时，揭开木板，晾 2 ~ 3 小时，再按原样搓擦盐和花椒，并继续腌压，这样每天 2 次，到 5 次以后，口条中水分大部分排尽。再将各种辅料放入锅内煮沸，晾透后倒进缸里，将口条投入浸泡，经 2 天捞出。③ 将口条一个个用细绳串上，挂在阴凉通风干燥处，半个月取下，放在老鸡汤内，约煮半个小时捞出即为成品。

【烹饪方法】煮。

【营养功效】滋阴润燥，温中止痛。

【健康贴士】胆固醇偏高的人都不宜食用。

杀生鱼

【主料】上等鲤鱼或鲟鱼 1 条，野辣椒 100 克。

【配料】野韭菜、醋各 200 克，盐适量。

【制作】① 取最新鲜的上等鲤鱼或鲟鱼，从鱼脊处将鱼劈开，把鱼肉从鱼骨上剔下两整块，用刀横切成相连的薄片，再从鱼皮上将鱼片片下来，切丝，用醋熬一下。② 鱼皮上火烤至半熟后切丝，将鱼肉丝、鱼皮丝拌以葱丝、野辣椒或野韭菜即可。

【烹饪方法】熬，烤。

【营养功效】清热解毒，止嗽下气。

【健康贴士】慢性病者患者不宜多食。

辽阳塔糖

【主料】砂糖 5000 克。

【配料】矾 1.8 克，香料 15 克，香草片 1 片，水适量。

【制作】① 锅置火上，入水加入砂糖搅拌，使其加热至沸腾，以筛过滤，将过滤的糖液加入矾后，加温至 156℃。② 把熬好的糖坯，放在冷糖板上，加入香料及香草片，然后冷却至 65 ~ 75℃，将冷却的糖坯进行捣白，并且打进一定量的空气使成梅花形并多孔。③ 捣白后的塔糖切成规格长，在 15℃以下干燥环境下保存，可保存 1 ~ 2 年，经暑不变。

【烹饪方法】煮。

【营养功效】舒缓肝气，润肺生津。

【健康贴士】糖尿病患者忌食。

松果黄鱼

【主料】大黄鱼 1000 克，猪肉(肥瘦)300 克，冬笋、豌豆、鲜香菇各 25 克，鸡蛋 50 克。

【配料】植物油 100 克，味精 3 克，玉米淀粉、盐、姜、小葱各 10 克，黄酒、白砂糖、白皮大蒜各 15 克，番茄酱 50 克。

【制作】① 大黄鱼整理干净，去掉头尾，剔除骨刺成为四扇鱼肉，在鱼肉面剞十字花刀，每扇鱼肉改为四块，用刀略微切掉每块四个尖角，用盐、黄酒、味精煨制入味备用。② 香菇、冬笋切丝备用；猪肉绞成肉馅放入碗中，加入黄酒、盐、味精、鸡蛋清、淀粉搅拌均匀后，挤 16 个丸子放入盘内，上屉蒸熟取出。③ 将煨好的鱼块，醮上一层面粉，皮朝上放在案板上，把蒸好的丸子蘸上蛋清，每个鱼皮面放上一个，整理成球形。④ 炒锅放油，烧至六七成熟，将鱼球入油炸透，呈松果形捞出，码在盘中；炒锅留底油，下葱、姜、蒜末炝锅，放入番茄酱炒一下，下入少许鲜汤、黄酒、白砂糖、醋、盐、味精及配料，调好口味烧开，撇去浮沫，勾少许芡，加明油浇在松果上即可。

【烹饪方法】蒸，煨，炸，炒。

【营养功效】通利五脏，健身美容。

【健康贴士】黄鱼难以消化，不易多食。

扒冻豆腐

【主料】冻豆腐 400 克。

【配料】面粉、水淀粉、姜、葱各 30 克，熟猪油 100 克，花椒水、鸡油各 40 克，料酒 20 克，盐 5 克，味精 2 克。

【制作】① 炒锅置火上，入凉水、冻豆腐浸泡，待冰融化后切 4 厘米长、1.5 厘米宽、0.5 厘米厚的长方片，放回锅内，上火烧开捞出沥干水分。② 锅内加熟猪油，烧至三成热，放面粉炒开，加汤、味精、花椒水、葱姜水、料酒及豆腐，用小火扒制，汤快尽时，用水淀粉勾芡，大火拢汁，淋入鸡油，出锅装盘即可。

【烹饪方法】烧，炒，扒。

【营养功效】益气和中，润燥生津。

【健康贴士】豆腐消化慢，小儿消化不良者不宜多食；豆腐含嘌呤较多，痛风病人及血尿酸浓度增高的患者慎食。

煎烧虾饼

【主料】对虾 400 克，鸡蛋 120 克，玉兰片、豌豆各 30 克。

【配料】玉米淀粉、白砂糖各 15 克，炼制猪油 40 克，味精 1 克，小葱、姜、白皮大蒜各 10 克，酱油 30 克。

【制作】① 对虾去头、皮、尾和沙包，洗净沥干水分，剁成茸装碗中，虾茸内放入蛋清、盐、味精、鲜汤拌匀成馅，做成均匀的丸子码在盘里；玉兰片发好，洗净，切小片；葱、姜洗净，蒜剥去蒜衣，均切末。② 炒锅放油烧热，把丸子推入锅中，用手勺按扁，两面煎至金黄时，滗去余油，再放玉兰片、豌豆、葱、姜、蒜、酱油、盐、白砂糖、味精、鲜汤，烧开至汤汁剩少许时，用水淀粉勾芡，淋油出锅即可。

【烹饪方法】煎，烧。

【营养功效】补肾壮阳，强身健体。

【健康贴士】一般人皆可食用。

阿玛尊肉

【主料】猪肉（肥瘦）500 克。

【配料】大葱 50 克，大料 5 克，桂皮、肉豆蔻、芥末各 10 克，酱油、醋、姜、白皮大蒜各 20 克，腌韭菜花、辣椒油、花椒各 15 克。

【制作】① 新宰杀的猪肉切成大块，清洗干净，锅置火上，放入清水，加入葱，姜、花椒、大料、桂皮、豆蔻、大块猪肉烧开，煮至猪肉熟烂即可停火，将肉捞出。② 把捞出的肉，按头肉、尾根、肩、硬肋各部位各取 100 克，切成菱形片，分别码放在盘中，将酱油、醋、辣椒油、韭菜花、芥末、蒜泥放入碗中，调拌均匀。③ 兑好的汁，分装数个小盘内，与切好码盘的肉，一同上桌蘸食即可。

【烹饪方法】烧，煮，浇汁。

【营养功效】镇心化痰，补血养气。

【健康贴士】患有胃肠道疾病特别是溃疡病的人，高血压、冠心病等疾病患者不宜多食。

新兴园蒸饺

【主料】精面粉 500 克，猪肉 350 克，青菜 250 克。

【配料】酱油 40 克，猪油 25 克，香油 20 克，大葱 50 克，猪骨汤 100 毫升，姜末 7.5 克，味精、花椒粉各 3 克，盐 5 克。

【制作】① 猪肉剁成馅，加入酱油、盐拌匀，再放入花椒粉、猪油加入水向一个方向搅动，至搅匀为止，把青菜洗净剁碎，挤净水分，放在肉馅内加入味精、葱末、姜末、香油拌匀成馅。② 把精面粉放在案板上用开水烫熟拌成雪花状，揉成面团，揉匀搓成长条，摘成小剂子，撒点儿干面按扁，擀成圆形薄皮。③ 左手拿皮子，右手抹馅，然后用手顺饺子皮边，从右到左捏合在一起，做成月牙形的饺子，将饺子摆在蒸锅内蒸 10 分钟左右即熟。

【烹饪方法】蒸。

【营养功效】延缓衰老，滋阴润燥。

【健康贴士】一般人皆宜食用。

回头烧饼

【主料】面粉 500 克，猪肉 50 克，时令蔬菜 100 克。

【配料】葱、香油各 10 克，姜 15 克，味精 2 克，盐 3 克。

【制作】① 面粉加入水 250 毫升和盐调成面团备用；猪肉和时令鲜菜剁好切碎拌在一起，加葱、姜、味精、香油等调料制成馅。② 将揉好的面团搓成长条，摘小剂，用手将剂子按扁、擀平、抻薄、上馅，折叠成长方形再把两头包紧即成回头烧饼生坯。③ 平锅内放油烧热，将回头烧饼生坯摆入锅内，两两反复煎烙，待回头鼓起即可出锅。

【烹饪方法】煎，烙。

【营养功效】延缓衰老，强身健体。

【健康贴士】一般人皆宜食用。

典食趣话：

相传在清朝光绪年间，姓金的一家人在沈阳北门里开设烧饼铺谋生，因为经营不善，生意一直不好。一日正值中秋节，生意更加萧条，时至中午尚不见食客上门，店主茫然，遂将铁匣内几枚铜钱取出，买了些牛肉回家剁成肉馅，将烧饼面擀成薄皮，一折一叠地包拢起来，准备自家过节食用。这时，从外面忽然进来一位差人，进店见锅中所烙食品造型新奇，一经品尝，品味甚佳。这位差人当即告诉店主，再烙一盒送往衙门，众人食后齐声叫绝。此后，这种食品一时名声大振，官民争相购买，生意日趋兴隆，故而取名“回头烧饼”。

大连烤鱼片

【主料】马面鲀 1000 克。

【配料】白砂糖 200 克，盐 300 克，五香粉、味精各 50 克。

【制作】① 马面鲀以清水冲洗干净，然后在流水中将两片鱼肉沿脊骨两侧一刀剖下，将剖下的鱼片在清水中洗净后放在水槽中，漂洗约半小时，每 10 分钟轻轻搅拌一次。② 将漂洗干净的鱼片捞出沥干水分，把白砂糖、盐、五香粉、味精倒入鱼片中，搅拌均匀，放置渗透 1 ~ 2 小时，其间每 15 分钟用手搅拌一次。③ 经渗透过的鱼片在尼龙网片上摆片，两片鱼片拼成一片，呈树叶状。摆好鱼片的尼龙网片放置在特制的小车上推入烘道中烘干。温度应控制在 40 ~ 42℃，最高不超过 45℃。④ 烘干的鱼片用手从网片上揭下，保持鱼片的完整，将揭下的生片在清水中浸润片刻后放置 5 ~ 10 分钟，再把鱼片放在链式烤箱内烘烤至熟即可。

【烹饪方法】烘，烤。

【营养功效】通利五脏，健身美容。

【健康贴士】一般人皆宜食用。

港澳台

鸡蛋仔

【主料】面粉、糖各150克，鸡蛋2个，淡奶20克。

【配料】泡打粉2克，吉士粉4克，淀粉5克，清水150毫升，植物油20克。

【制作】① 面粉、泡打粉、吉士粉、淀粉一同过筛拌匀；鸡蛋、糖打一起，加入淡奶打透。② 把筛好粉料与水分次加入蛋糖内、打成面糊，加入植物油拌匀，静置30分钟备用。③ 鸡蛋模两面烧热，注入面糊至八分满，将模夹紧摇匀，反转置炉上，以中小火两面各烧2分钟，即可开模食用。

【烹饪方法】烤。

【营养功效】健脑益智，保护肝脏。

【健康贴士】婴幼儿、孕妇、产妇、病人宜食。

鼎边趖

【主料】米粉500克，肉丝40克，虾米10克，笋片150克，金针8条，湿木耳2朵，芹菜丝50克。

【配料】水200毫升，盐、酒各5克，汤头1500毫升，蒜酥6克，白胡椒粉3克。

【制作】① 粉浆料调匀，肉丝、笋片、金针、湿木耳、芹菜丝用水焯熟备用。② 煮锅中加2杯水煮沸改中火，粉浆沿锅边慢慢淋下成片状，稍凝结时可用锅铲挑起面片并卷成圆卷状，用锅铲在锅中即可切段取出。③ 另将煮锅洗净炒香虾米，再加入汤头煮开，将汆烫过的肉丝等菜料加入，煮开后将面皮放入稍煮即可盛碗，撒上蒜酥与白胡椒粉即可食用。

【烹饪方法】焯，煮，汆。

【营养功效】补中益气，健脾养胃。

【健康贴士】一般人皆宜食用。

虎咬猪

【主料】五花肉500克，荷叶饼5个，尖椒3个，花生米、香菜各100克。

【配料】干辣椒、姜各10克，冰糖5颗，花椒、大料、盐、五香粉各3克，生抽、老抽各6克，味精2克。

【制作】① 荷叶饼蒸热，五花肉切片，稍微厚点儿；锅里放姜片、花椒，焯煮一下五花肉。捞出过冷水，洗净，尖椒切丝。② 花生炸好，碾碎和香菜碎一起，五花肉煸炒到微微发黄，放入姜丝，红辣椒，大料，五香粉，炒一下，放生抽、老抽、冰糖、一碗水，大火煮开，小火焖二十分钟，放盐、尖椒丝，炒断生，放味精调味。③ 荷叶饼夹肉，花生碎，香菜碎一起食用即可。

【烹饪方法】焯，煮，炸，炒，焖。

【营养功效】清热解毒，补气健脾。

【健康贴士】湿热痰滞内蕴者慎服；肥胖、血脂较高者不宜多食。

棺材板

【主料】去皮白吐司半条，虾仁、蘑菇丁各50克，土豆丁60克，甜玉米粒、柿子椒丁、红椒丁、洋葱丁各30克。

【配料】牛奶、淡奶混合液100毫升，橄榄油20克，白胡椒、盐、白砂糖、鸡精各3克，植物油适量

【制作】① 炒锅烧热，注入橄榄油，将土豆丁、洋葱丁、蘑菇丁和玉米粒、虾仁、柿子椒丁和红椒丁依次放入煸炒，再加盐、白胡椒、白砂糖、鸡精调味，最后加混合奶，炒至黏稠。② 将吐司中心掏空剖开，下热油锅炸至表面金黄。将炒好的馅料装入，盖另一边即可。

【烹饪方法】【营养功效】　煸，炒，炸。健胃消食，解毒消肿。

【健康贴士】油炸食品，不宜多食。

典食趣话：

棺材板由名唤许六一的先生发明，有些店家为求吉利，将其改称为“官财板”。棺材板的前身是用西式酥盒加上鸡肝等中式配料做成的，一开始不称棺材板，而为“鸡肝板”。据闻某日，台湾大学考古队来到这家点心店品尝鸡肝板。在茶余饭后，考古队与许六一先生闲聊之际，一位教授忽然说：“这鸡肝板外形很像我们正在挖掘的石板棺呢！”。而生性乐观开朗的许六一先生听完后，便爽朗地回答：“那从此我的鸡肝板就命名为棺材板吧！”。因此，这个有点耸人听闻的名号“棺材板”便取代了“鸡肝板”的称号。而由于形状和偏甜的口味都很特殊，使得棺材板一炮而红，遂成台南著名小吃之一。

鱼丸汤

【主料】河鳗 500 克，猪肉松 200 克，豌豆苗 50 克。

【配料】豌豆淀粉 100 克，盐、黄酒、各味精 10 克，酱油、大葱各 5 克。

【制作】① 鱼肉拣去细骨刺，用刀背砸烂，再用刀排斩成鱼末放入盛器，加盐，黄酒，味精各 5 克拌和，将清水 500 毫升慢慢倒入，边倒水边用筷子朝一个方向不断使劲搅打上劲，挑出小块鱼糊放入冷水中，至浮起时，加淀粉调和。肉末中加盐、黄酒、味精、酱油、葱姜末拌和制成馅心。② 清水半锅放置在小火上，用左手抓起一把鱼糊在掌心中，右手取馅心 1.5 克放在左手掌中，然后左手捏拢，从大拇指，示指中挤出一只中间包有馅心的鱼丸，用调羹盛住，再倒入清水锅中，此时如锅中水已烧沸，加些冷水，不使其翻滚，待鱼丸浮到水面上，即可捞出。③ 锅内放鲜汤、盐，烧沸后放鱼圆丸、黄酒，然后撇去浮沫，加几根豆苗、味精、汤，沸后盛在碗里即成。

【烹饪方法】煮。

【营养功效】滋补健胃，养肝补血，利水消肿。

【健康贴士】鳗鲡体内含有一种很稀有的西河洛克蛋白，具有良好的强精壮肾的功效；鳗鱼忌与醋、白果同食。

香鸡排

【主料】地瓜粉 750 克，带骨鸡胸 2 副，蒜泥 5 克，玉米粉 15 克，面粉、在来米粉各 20 克。

【配料】盐、白胡椒粉各 10 克，五香粉、肉桂粉、咖喱粉各 3 克。盐 2 小匙，肉桂粉、五香粉、咖喱粉各半小匙，白胡椒粉 2 大匙。

【制作】① 取一个碗，倒入蒜泥、盐 5 克、白胡椒粉 3 克、玉米粉、面粉、在来米粉和水 500 毫升调匀成为腌料。② 鸡胸先从中间一切为二，再从肉较厚的地方，以不切断的方式片开，翻面成厚度平均的大片状，放入腌料中沾裹均匀后，放入冰箱冷藏腌放 2 ~ 3 小时。③ 干锅中倒入白胡椒粉 7 克、盐 5 克、五香粉、肉桂粉和咖喱粉，开火以摇锅的方式烧热，再熄火继续摇动炒至炝鼻后，放凉成为椒盐备用。④ 将腌好的鸡肉取出并拉平，再沾上地瓜粉放至略微反潮后，放入油锅以中火炸至熟透浮起，再转大火炸酥，然后起锅撒上椒盐即可。

【烹饪方法】腌，烧，炒，炸。

【营养功效】温中补脾，益气养血

【健康贴士】油炸食品，不宜多食。

芋头米粉

【主料】湿米粉、芋头条各 300 克。
【配料】汤头 1200 毫升，油葱酥 5 克，肉臊 6 克，芹菜 2 棵，胡椒粉、盐各 3 克。
【制作】① 芋头去皮切条入油锅炸至金黄取出；芹菜择洗干净，切粒备用。② 汤头加入炸酥的芋头条煮开，再放入已泡软的米粉，淋入油葱酥，加入肉臊、盐再煮沸即可盛碗。③ 盛碗后撒上芹菜粒与胡椒粉即可。
【烹饪方法】炸，煮。
【营养功效】健脾养胃，化痰散结。
【健康贴士】不宜食多，易引起闷气或胃肠积滞。
【巧手妙招】芋头去皮妙法：将带皮的芋头装进小口袋里（只装半袋）用手抓住袋口，将袋子在水泥地上摔几下，再把芋头倒出，便可以发现芋头皮全脱下了。

姜汁撞奶

【主料】姜 100 克，纯鲜奶 500 毫升。
【配料】糖 10 克。
【制作】① 姜去皮洗净，把姜磨出姜汁，用纱布或小密筛隔 1 次，倒入碗中备用。② 纯鲜牛奶煮沸加糖，熄火后不停地搅拌，直至温度下降到 70℃左右。③ 迅速地将牛奶倒入盛有姜汁的碗中，几分钟后即可凝固成姜汁撞奶。
【烹饪方法】煮。
【营养功效】生津润肠，暖胃表热。
【健康贴士】体热者不宜多食。

泰椒黄金虾

【主料】罗氏虾 500 克，泰国干辣椒 100 克。
【配料】咸蛋黄、尖青椒各 2 个，蒜蓉 10 克，盐 3 克，鸡精 1 克。
【制作】① 罗氏虾剪去虾须，虾身纵分为二，洗净晾干后，放入油锅炸至金黄色，捞起备用。② 泰椒放入热水浸 5 分钟，变软后捞起；咸蛋黄蒸熟、压碎；尖青椒切圈，用滚油烫过后，捞起，起装饰作用。③ 锅置火上，入油烧热，倒入蒜蓉、泰椒炒香，再加入虾和咸蛋黄炒匀后，出锅，最后在菜面洒上椒圈即可。
【烹饪方法】炸，炒。
【营养功效】补肾壮阳，强身健体。
【健康贴士】油炸食品，不宜多食。
【巧手妙招】泰椒主要起调味的作用，如果买不到，也可用其他干辣椒代替。

河虾烧乌贼

【主料】乌贼 200 克，河虾 80 克。
【配料】生姜 10 克、芥蓝 100 克，白砂糖、盐各 3 克，味精 1 克，蚝油、料酒、水淀粉、香油各适量。
【制作】① 乌贼切卷，河虾去虾枪处理洗净。② 锅置火上，入油烧至油温 90℃时，放入乌贼卷、河虾，泡炸至熟倒出。③ 锅内留油，放入姜片、芥蓝片煸炒片刻，投入乌贼卷、河虾，倒料酒，调盐、味精、白砂糖、蚝油，大火炒至入味后用水淀粉勾芡，淋香油即可。
【烹饪方法】炸，煸，炒。
【营养功效】滋阴养血，止血降脂。
【健康贴士】常吃此菜对体形稍胖的女性有瘦身功效。

台式咸粥

【主料】白米、猪肉馅各 200 克，芹菜 30 克，胡萝卜、竹笋、干香菇各 40 克，虾米 20 克。
【配料】大骨高汤 1800 毫升，盐 3 克，料酒 5 克，胡椒粉 2 克。
【制作】① 胡萝卜、竹笋洗净，切丝；干香菇泡软后切丝；虾米泡软后沥干水分；白米洗净泡水 1 小时。② 锅置火上，入油烧热，放入猪肉馅、胡萝卜丝、竹笋丝、香菇丝、虾米用中火炒出香味，继续炒至熟后，加入水、盐、料酒、胡椒粉煮开。③ 白米与大骨高汤及炒好的猪肉馅、胡萝卜丝、竹笋丝、香菇丝、虾米用中小火熬煮成粥后，盛碗并撒上芹菜末即可。

【烹饪方法】炒，煮。

【营养功效】补虚强身，滋阴润燥

【健康贴士】一般人皆宜食用。

炒黄鳝面

【主料】黄鳝、油面各 300 克。

【配料】汤头 500 毫升，葱丝、姜丝、蒜末、辣椒丝各 15 克，料酒、酱油、陈醋各 8 克，糖、胡椒粉、盐各 3 克，香油、植物油各适量。

【制作】① 黄鳝切 7 厘米的细条状，用盐、料酒腌 30 分钟。② 黄鳝下热油锅过油后备用；锅内留底油爆香葱丝、蒜末及姜丝，下汤头。③ 黄油面下锅焖炒 5 分钟，待面条质感滑软、汤汁近收干时，加黄鳝肉及调味料，大火快速拌炒起锅，撒葱丝和姜丝即可。

【烹饪方法】腌，爆，炒，焖。

【营养功效】补气养血、温阳健脾

【健康贴士】鳝鱼不宜与犬肉同食，性味相反。

大肠蚵仔面线

【主料】蚵仔 150 克，猪大肠 200 克，地瓜粉适量，红面线 120 克。

【配料】高汤 1200 毫升，太白粉 8 克，柴鱼片、红葱酥各 10 克，酱油 8 克，味精 2 克，糖 3 克，香菜少许，乌醋、胡椒粉各适量。

【制作】① 清洗过的猪大肠放入卤水中煮至滚沸即熄火，浸泡约 1 小时待大肠够软烂时，取出切小段；将每粒蚵仔清洗干净后，外层裹入少许地瓜粉后，放入滚水中汆烫至外层凝固时捞起备用。② 红面线先泡水 10 分钟以退除咸味沥干捞起切成小段；太白粉加水备用。③ 取一汤锅，先倒入高汤，再放入柴鱼片及泡好的红面线略煮一下，加入红葱酥、酱油、味精、糖煮至汤汁微滚时转小火。④ 在汤锅中一边倒入太白粉水一边用汤勺搅拌的方式勾芡成琉璃芡，再放入处理好的大肠及蚵仔，食用时加入乌醋、香菜、胡椒粉即可。

【烹饪方法】煮。

【营养功效】补虚止血，润肠治燥。

【健康贴士】一般人皆宜食用。

野菜沙拉乌龙面

【主料】熟乌龙面 200 克，鸡胸肉 60 克，莴苣 20 克。

【配料】小西红柿 8 颗，醋、德式芥末酱、橄榄油各 8 克，盐、黑胡椒粉各 3 克。

【制作】① 鸡胸肉用平底锅及少许油煎熟，再切成小片状；小番茄洗净，均切成 4 片；莴苣则用手撕成小片状备用。② 醋、德式芥末酱、橄榄油、盐、黑胡椒粉拌匀，和乌龙面及煎熟的鸡胸肉、莴苣、小西红柿一起拌匀即可食用。

【烹饪方法】煎。

【营养功效】温中补脾，益气养血。

【健康贴士】营养不良、体虚多病宜食。

圆肉杞子桂花糕

【主料】干桂花 5 克，枸杞子 2 克，干桂圆肉、鱼胶粉各 10 克，冰糖 30 克。

【配料】热水、凉开水各 125 毫升。

【制作】① 热水将枸杞子、桂圆肉泡熟，捞起备用，用热水 125 毫升泡少许干桂花，倒出桂花茶水。② 将倒出的桂花茶水用小火煮，加入鱼胶粉及冰糖拌匀至完全溶解，再加入凉开水倒入布丁模，加入已熟的桂花、枸杞子及桂圆肉拌匀，放入冷冻柜冷藏至凝固即可。

【烹饪方法】煮。

【营养功效】化痰止咳，养血安神。

【健康贴士】痰火郁结，虚火旺盛者慎食。

礼记芝麻花生软糖

【主料】麦芽糖、花生米各 1000 克，糖 650 克。

【配料】淀粉、饴糖各 320 克，植物油 40 克，盐 60 克，芝麻适量。

【制作】① 花生米用锅慢火炒熟炒香，盛起待凉，剥去外皮，每颗花生捏开两半，吹去花生皮备用。② 起锅烧热油，下麦芽糖、白砂糖慢火炒融，放入花生和芝麻快速拌匀。③ 趁热装入已涂油的模具里，用铲子摊平压紧，放凉 5 分钟，倒扣出模，趁有余温切块即可。

【烹饪方法】炒。

【营养功效】滋养补益，润肺止咳。

【健康贴士】糖尿病患者忌食。

礼记葵瓜仁芝麻酥糖

【主料】花生米 2500 克，白砂糖 1500 克。

【配料】淀粉、饴糖 800 克，植物油 20 克，盐 50 克，芝麻适量。

【制作】① 花生米、芝麻预炒至四成熟，入盐水中泡 2 小时沥干水分，再炒至淡黄色，筛去砂子，除去衣膜及杂质备用；将白砂糖、淀粉、饴糖入锅加适量清水，做成熬糖，然后与花生、芝麻、植物油拌好。② 拌匀的糖料趁热平摊，用手拉，使其摊成薄厚不均的薄片，冷却后，断成若干不定型的块即可用。

【烹饪方法】炒，熬。

【营养功效】健脾益胃，益气养血。

【健康贴士】花生能促进儿童骨骼发育；高血糖、高血脂者忌食。

太阳饼

【主料】高筋面粉 50 克，低筋面粉 305 克。

【配料】猪油 96 克，奶油 36 克，色拉油 26 克，水 85 毫升，糖粉 100 克，麦芽糖 20 克。

【制作】① 高筋面粉 50 克、低筋面粉 150 克、猪油 36 克、奶油 16 克、色拉油、糖粉 25 克加水 80 毫升揉成油皮面团；再把低筋面粉 125 克、猪油 60 克揉成油酥面团，两种面团都平分成 15 份。② 每一份油皮揉圆后压平，包入一个油酥，收口捏紧，用擀面棍将包好的油酥皮擀成牛舌饼状，卷起放平，再擀一次，成长条状，卷起后放正，最后再擀一次，即可擀压成一张圆皮。③ 内馅部分先将麦芽糖与糖粉 20 克搓匀，再加水 5 毫升及奶油 20 克拌匀，最后和入面粉 30 克揉匀，制成馅料，并均分为 15 等份。④ 将馅料搓成一个个小圆球后，包进已擀好的面皮中，以手稍压扁，再擀成圆薄饼状，放入烤箱以 190℃烤 12 分钟即可。

【烹饪方法】烤。

【营养功效】滋养补益、润肺止咳。

【健康贴士】一般人皆宜食用，糖尿病患者忌食。

煎酿三宝

【主料】红萝卜 200 克，蘑菇 8 粒，西芹 150 克，冬菇 2 只，鱼肉 250 克，荸荠 2 粒，虾米 6 克，叉烧 25 克。

【配料】盐、糖各 3 克，生抽、蚝油各 5 克，胡椒粉 2 克，老抽、香油各 6 克，粟粉 4 克，水淀粉植物油 10 克。

【制作】① 冬菇、虾米浸软切碎粒；叉烧、荸荠切碎粒。② 鱼肉拌调味料，搅至起胶，再拌入切碎的冬菇、虾米、叉烧、荸荠；西芹切段；蘑菇切去蒂部；红萝卜挖出圆球，在圆球上再挖一小孔。② 西芹、蘑菇和红萝卜球均涂上少许粟粉，并把鱼肉嵌进，用大火预热煎碟约 2 分钟，加植物油。③ 把嵌满鱼肉的蔬菜放在煎碟上，鱼肉向上摆放，大火煮 2 ~ 3 分钟，加入粟粉和水勾芡，中高火煮 1 分钟，即可食用。

【烹饪方法】煎，煮。

【营养功效】化痰解毒，平肝健胃。

【健康贴士】服用人参、西洋参时不要同时吃萝卜，以免药效相反，起不到补益作用。